EXEMPLOS DE GRUPOS FUNCIONAIS COMUNS

GRUPO FUNCIONAL*	CLASSIFICAÇÃO	EXEMPLO	CAPÍTULO
R—X: (X= Cl, Br ou I)	Haleto de alquila	 **Cloreto de *n*-propila**	7
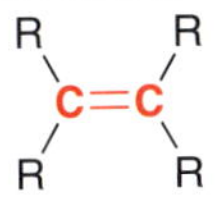	Alqueno	 **1-Buteno**	8, 9
R—C≡C—R	Alquino	 **1-Butino**	10
R—OH	Álcool	 **1-Butanol**	13
R—O—R	Éter	 **Dietil éter**	14
R—SH	Tiol	 **1-Butanotiol**	14
R—S—R	Sulfeto	 **Sulfeto de dietila**	14
	Aromático (ou areno)	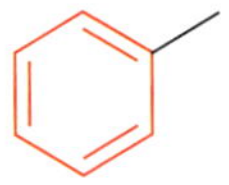 **Metilbenzeno**	18, 19
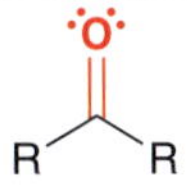	Cetona	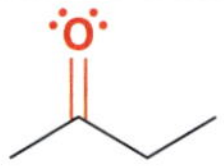 **2-Butanona**	20
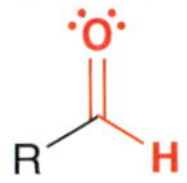	Aldeído	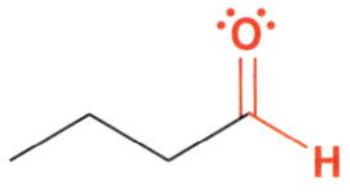 **Butanal**	20
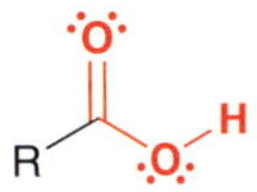	Ácido carboxílico	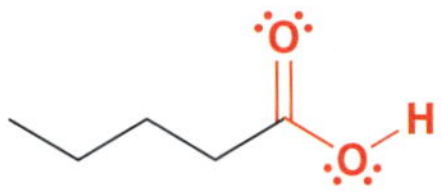 **Ácido pentanoico**	21
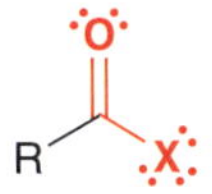	Haleto de acila	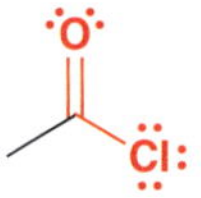 **Cloreto de acetila**	21
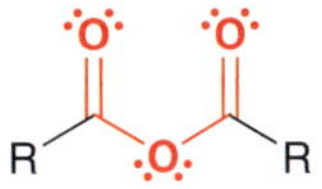	Anidrido	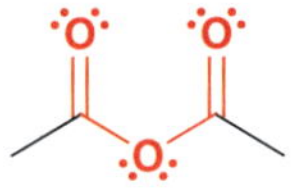 **Anidrido acético**	21
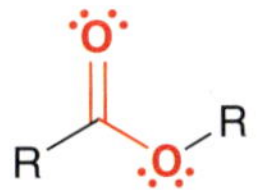	Éster	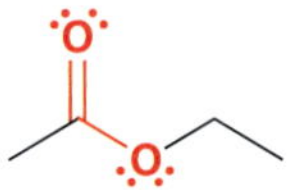 **Acetato de etila**	21
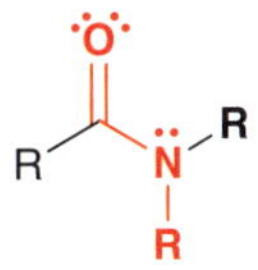	Amida	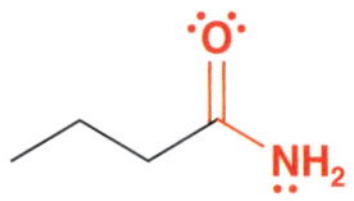 **Butanamida**	21
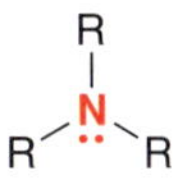	Amina	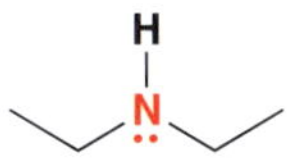 **Dietilamina**	23

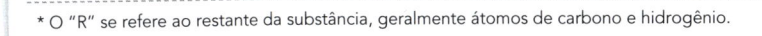

* O "R" se refere ao restante da substância, geralmente átomos de carbono e hidrogênio.

Química Orgânica

SEGUNDA EDIÇÃO

Volume 2

Química Orgânica

SEGUNDA EDIÇÃO

Volume 2

DAVID KLEIN

Johns Hopkins University

Tradução e Revisão Técnica

Oswaldo Esteves Barcia, D.Sc.
Professor do Instituto de Química – UFRJ

Leandro Soter de Mariz e Miranda, D.Sc.
Doutor em Química de Produtos Naturais, Professor Adjunto do Departamento de Química Orgânica – UFRJ

Edilson Clemente da Silva, D.Sc.
Professor do Instituto de Química – UFRJ

gen | LTC

Apesar dos melhores esforços do autor, dos tradutores, do editor e dos revisores, é inevitável que surjam erros no texto. Assim, são bem-vindas as comunicações de usuários sobre correções ou sugestões referentes ao conteúdo ou ao nível pedagógico que auxiliem o aprimoramento de edições futuras. Os comentários dos leitores podem ser encaminhados à **LTC — Livros Técnicos e Científicos Editora** pelo e-mail ltc@grupogen.com.br.

Traduzido de
ORGANIC CHEMISTRY, SECOND EDITION

ISBN 978-1-118-45228-8

Travessa do Ouvidor, 11
Rio de Janeiro, RJ – CEP 20040-040
Tels.: 21-3543-0770 / 11-5080-0770
Fax: 21-3543-0896
ltc@grupogen.com.br
www.ltceditora.com.br

Créditos das fotos de capa/prefácio: frasco 1-(cápsula de pílula amarela e vermelha) rya sick/iStockphoto, (pílulas pequenas) coulee/iStockphoto; frasco 2-(seringa) Stockcam/Getty Images, (líquido) mkurthas/iStockphoto; frasco 3-(chave) Gary S. Chapman/Photographer's Choice/Getty Images, (pilha de chaves) Olexiy Bayev/Shutterstock; frasco 4-(papoula) Margaret Rowe/Garden Picture Library/Getty Images, (papoulas) Kuttelvaserova Stuchelova/Shutterstock; frasco 5-(evolução dos tomates) Alena Brozova/Shutterstock, (tomates-cereja) Natalie Erhova (summerky)/Shutterstock, (pilha de tomates-cereja) © Jessica Peterson/Tetra Images/Corbis; frasco 6-(fita) macia/Getty Images (símbolo fita vermelha) JamesBrey/iStockphoto; frasco 7-(pá) Fuse/Getty Images (grãos de café) Vasin Lee/Shutterstock, (expresso) Rob Stark/Shutterstock; frasco 8-(fumaça) stavklem/ Shutterstock, (pimentas) Ursula Alter/Getty Images.

Editoração Eletrônica: Edel

CIP-BRASIL. CATALOGAÇÃO NA PUBLICAÇÃO
SINDICATO NACIONAL DOS EDITORES DE LIVROS, RJ

K72q
2. ed.
v. 2

Klein, David
Química orgânica, volume 2/David Klein; tradução Oswaldo Esteves Barcia, Leandro Soter de Mariz e Miranda, Edilson Clemente da Silva. - 2. ed. - Rio de Janeiro: LTC, 2016.
il.; 28 cm.

Tradução de: Organic chemistry
Apêndice
Inclui bibliografia e índice
ISBN 978-85-216-3106-4

1. Química orgânica. I. Barcia, Oswaldo Esteves. II. Miranda, Leandro Soter de Mariz e. III. Silva, Edilson Clemente da. IV. Título.

16-33156 CDD: 547
CDU: 547

Dedicatória

Para Larry,

Por me inspirar a seguir uma carreira no ensino de química orgânica, você serviu de centelha para a criação deste livro. Você me mostrou que qualquer assunto pode ser fascinante (até química orgânica!) quando apresentado por um professor habilidoso. Sua orientação e amizade deram forma profunda ao curso da minha vida, e eu espero que este livro sempre sirva de fonte de orgulho e como um lembrete do impacto que você teve nos seus alunos.

Para minha esposa, Vered,

Este livro não teria sido possível sem a sua parceria. Enquanto eu trabalhava durante anos no meu escritório, você honrou todas as nossas responsabilidades, inclusive o cuidado de todas as necessidades dos nossos incríveis cinco filhos. Este livro é uma realização coletiva e para sempre servirá de testamento do seu constante apoio do qual eu cheguei a depender para todas as coisas da vida. Você é meu rochedo, minha parceira e minha melhor amiga. Eu te amo.

Material Suplementar

Este livro conta com os seguintes materiais suplementares:

- Capítulo 27: em formato (.pdf) (acesso livre);
- Capítulo 28: em formato (.pdf) (acesso livre);
- Clicker PowerPoint Files: arquivo em formato (.ppt), em inglês, contendo sistema automático de resolução de questões seguido de respostas por meio de slides (restrito a docentes);
- Ilustrações da obra em formato de apresentação (restrito a docentes);
- Lecture Answer PowerPoint: arquivo em formato (.ppt), em inglês, contendo soluções de questões selecionadas e específicas presentes nos Lecture PowerPoint Slides (restrito a docentes);
- Lecture PowerPoint: arquivo em formato (.ppt), em inglês, contendo apresentações para uso em sala de aula e com questões específicas respondidas no PowerPoint Slides (restrito a docentes);
- Test Bank: arquivos em formato (.pdf), em inglês, disponibilizando banco de testes (restrito a docentes).

O acesso aos materiais suplementares é gratuito, bastando que o leitor se cadastre em http://gen-io.grupogen.com.br.

Sumário Geral

Volume 1

Volume 2

Use este código para visualizar os Capítulos 27 e 28, *Polímeros Sintéticos* e *Introdução aos Compostos Organometálicos*, respectivamente. Também acessível em www.ltceditora.com.br.

Sumário

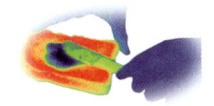

18

Compostos Aromáticos 154

19

Reações de Substituição Aromática 196

20

Aldeídos e Cetonas 253

21

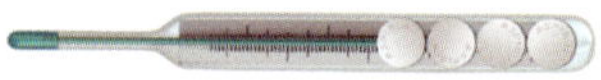

Ácidos Carboxílicos e Seus Derivados 306

22

Química do Carbono Alfa: Enóis e Enolatos 366

23

Aminas 424

24

Carboidratos 473

Use este código para visualizar os Capítulos 27 e 28, *Polímeros Sintéticos* e *Introdução aos Compostos Organometálicos*, respectivamente. Também acessível em www.ltceditora.com.br.

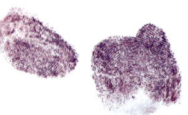

Prefácio

POR QUE EU ESCREVI ESTE LIVRO?

Alunos com fraco desempenho em exames de química orgânica frequentemente dizem ter investido horas a fio estudando. Por que muitos alunos têm dificuldade em se preparar para exames de química orgânica? Certamente, diversos fatores contribuem para isso, inclusive hábitos de estudo deficientes, mas talvez o fator mais dominante seja uma *discrepância* fundamental entre o que os alunos aprendem nas salas de aula e as tarefas esperadas deles durante um exame. Para ilustrar a discrepância, considere a analogia a seguir.

Imagine que uma renomada universidade ofereça um curso chamado de "Introdução ao Ciclismo". Durante todo o curso, professores de física e engenharia explicam muitos conceitos e princípios (por exemplo, como as bicicletas foram construídas para minimizar a resistência do ar). Os alunos investem um tempo significativo estudando as informações que foram apresentadas e, no último dia do curso, o exame final consiste em guiar uma bicicleta por uma distância de 30 metros. Alguns alunos podem ter talentos inatos e podem cumprir a tarefa sem cair. Mas a maioria dos alunos vai cair diversas vezes, lentamente alcançando a linha de chegada, arroxeados e machucados; e muitos alunos não conseguirão pedalar nem mesmo por um segundo sem cair. Por quê? Porque há uma *discrepância* entre o que os alunos aprenderam e o que se espera que eles façam no seu exame.

Há muitos anos, eu notei que uma discrepância semelhante existe no ensino tradicional de química orgânica. Isto é, aprender química orgânica é muito semelhante a andar de bicicleta; assim como era esperado que os alunos da analogia do ciclismo pedalassem uma bicicleta após assistir às aulas, frequentemente se espera que os alunos de química orgânica desenvolvam independentemente as habilidades necessárias para resolver problemas. Embora uns poucos alunos tenham talentos inatos e possam desenvolver as habilidades necessárias de maneira independente, a maioria dos alunos necessita de orientação. Essa orientação não era integrada consistentemente nos livros-texto existentes, levando-me a escrever a primeira edição do meu livro, *Química Orgânica, 1ª ed.* O objetivo principal era usar uma abordagem baseada no aprendizado para preencher a lacuna entre teoria (conceitos) e prática (habilidades de resolver problemas). O sucesso fenomenal da primeira edição foi extremamente gratificante porque apresentou forte evidência de que minha abordagem baseada no aprendizado é realmente eficiente no preenchimento da lacuna descrita acima.

Eu creio firmemente que a disciplina científica de química orgânica NÃO seja meramente uma compilação de princípios, mas, em vez disso, seja um método disciplinado de reflexão e análise. Os alunos devem certamente entender os conceitos e princípios, porém, mais importante, os alunos devem aprender a pensar como químicos orgânicos... isto é, eles devem aprender a se tornar metodicamente competentes na abordagem de novas situações, baseados em um repertório de habilidades. Essa é a verdadeira essência da química orgânica.

UMA ABORDAGEM BASEADA EM HABILIDADES

Para tratar da discrepância no ensino da química orgânica, desenvolvi uma *abordagem baseada em habilidades* desse ensino. Esta obra inclui todos os conceitos tipicamente discutidos em um livro-texto de química orgânica, complementado com *testes conceituais* que promovam o domínio dos conceitos, mas é colocada ênfase especial no desenvolvimento de habilidades por meio de pequenas seções chamadas Desenvolvendo a Aprendizagem para dar suporte a esses conceitos. Cada seção Desenvolvendo a Aprendizagem contém 3 partes:

Aprendizagem: contém um problema resolvido que demonstra uma habilidade particular.

Praticando o que você aprendeu: inclui numerosos problemas (semelhantes ao problema resolvido em *Aprendizagem*) que dão aos alunos valiosas oportunidades de praticar e dominar a habilidade em questão.

Aplicando o que você aprendeu: contém um ou dois problemas mais desafiadores nos quais o aluno deve aplicar a habilidade em um ambiente ligeiramente diferente. Esses problemas incluem problemas conceituais, cumulativos e aplicados, que estimulam os alunos a pensar fora do padrão. Às vezes também são incluídos problemas que preveem conceitos apresentados em capítulos subsequentes.

Ao final de cada seção Desenvolvendo a Aprendizagem, uma referencia *É Necessário Praticar Mais?* sugere problemas de final de capítulo que o aluno pode resolver para praticar a habilidade.

Essa ênfase no desenvolvimento de habilidades dará aos alunos uma maior oportunidade de desenvolver proficiência nas habilidades fundamentais necessárias para ser bem-sucedido em química orgânica. Certamente, nem todas as habilidades necessárias podem ser discutidas em um livro-texto. No entanto, há certas habilidades que são fundamentais para todas as outras habilidades.

Como exemplo, as estruturas de ressonância são utilizadas repetidamente em todo o curso, e os alunos devem se tornar mestres em estruturas de ressonância logo no início do curso. Portanto, uma parte significativa do Capítulo 2 é dedicada ao reconhecimento de padrões para representar estruturas de ressonância. Em vez de apenas fornecer uma lista de regras e, então, poucos problemas de acompanhamento, a abordagem baseada em habilidades oferece aos alunos uma série de habilidades, cada qual devendo ser dominada em sequência. Cada habilidade é reforçada com numerosos problemas de revisão. A sequência de habilidades é concebida para promover e desenvolver proficiência na representação de estruturas de ressonância.

Como outro exemplo da abordagem baseada em habilidades, o Capítulo 7, Reações de Substituição, coloca ênfase especial nas habilidades necessárias para representar todas as etapas do mecanismo para os processos S_N2 e S_N1. Os alunos frequentemente ficam confusos quando veem um processo S_N1 cujo mecanismo compreende quatro ou cinco etapas mecanísticas (transferências de prótons, rearranjos de carbocátions etc.). Esse capítulo contém uma nova abordagem que treina os alunos a identificar o número de etapas mecanísticas necessárias em um processo de substituição. Os alunos recebem numerosos exemplos e ampla oportunidade para praticar a representação de mecanismos.

Essa abordagem baseada em habilidades para o ensino da química orgânica é uma abordagem única. Certamente, outros livros-textos contêm sugestões para solução de problemas, mas nenhum outro livro-texto apresenta consistentemente o desenvolvimento de habilidades como o principal veículo para o ensino.

O QUE HÁ DE NOVO NESTA EDIÇÃO

A revisão feita por profissionais teve um papel muito forte no desenvolvimento da primeira edição da obra *Química Orgânica*. Especificamente, o rascunho da primeira edição foi revisto por quase 500 professores titulares e mais de 5.000 alunos. No preparo da segunda edição, a revisão paritária teve um papel igualmente proeminente. Nós recebemos um grande número de contribuições do mercado, inclusive pesquisas, testes de classe, revisões diárias e entrevistas telefônicas. Todas essas contribuições foram cuidadosamente selecionadas, e foram de importância fundamental na identificação do foco da segunda edição.

Problemas de Desafio Baseados na Literatura

A primeira edição do meu livro-texto, *Química Orgânica 1ª ed.*, foi escrita para tratar de uma lacuna entre a teoria (conceitos) e a prática (habilidades de resolver problemas). Na *Química Orgânica 2ª ed.*, empenhei-me no preenchimento de outra lacuna entre teoria e prática. Especificamente, os alunos que estudam química orgânica por um ano inteiro com frequência ficam profundamente desconectados do mundo dinâmico e excitante da pesquisa no campo da química orgânica. Isto é, os alunos não são expostos à pesquisa real realizada pela prática da química orgânica em todo o mundo. Para preencher essa lacuna e levar em consideração o *retorno* do mercado, que sugeria que o texto se beneficiaria de um número maior de problemas de desafio, eu criei para esta edição os Problemas de Desafio baseados na literatura. Esses problemas vão expor os alunos ao fato de que a química orgânica é um ramo ativo e emergente da ciência, central para o tratamento de desafios globais.

Os Desafios baseados na literatura são mais desafiadores do que os problemas apresentados nas seções Desenvolvendo a Aprendizagem porque eles exigem que os alunos pensem "fora da caixa" e prevejam ou expliquem uma observação inesperada. Mais de 225 novos Problemas de Desafio baseados na literatura foram adicionados à *Química Orgânica 2ª ed.* Todos esses problemas são baseados na literatura química e incluem referências. Os problemas são todos concebidos para serem enigmas desafiadores, que provocam a reflexão, mas que são solucionáveis com os princípios e as habilidades desenvolvidos no livro-texto. A inclusão de problemas baseados na literatura vai expor os alunos a excitantes exemplos do mundo real da pesquisa química que está sendo realizada em laboratórios reais. Os alunos verão que a química orgânica é um vibrante campo de estudo, com infinitas possibilidades de exploração e pesquisa que pode beneficiar o mundo de maneiras muito concretas. A maior parte dos capítulos de *Química Orgânica 2ª ed.* terá 8-10 Desafios baseados na literatura.

Reescrevendo para Maior Clareza

Em resposta ao *feedback* do mercado algumas seções do livro-texto foram reescritas para maior clareza:

Capítulo 7: Reações de Substituição/Seção 7.5 O Mecanismo S_N1

- A discussão da etapa determinante da velocidade foi revista para enfatizar o estado de transição de maior energia. Agora foi incluída uma discussão mais detalhada dos princípios termodinâmicos envolvidos.

Capítulo 20: Aldeídos e Cetonas/Seção 20.7 Estratégias de Mecanismo

- A seção sobre hidrólise, bem como a seção Desenvolvendo a Aprendizagem correspondente, foi reescrita para maior clareza.

Capítulo 20: Aldeídos e Cetonas/Seção 20.10 Nucleófilos de Carbono

- A discussão do mecanismo da reação de Wittig foi revista para melhor refletir as observações e percepções discutidas na literatura.

Aplicação e Aberturas de Capítulos

Assim como os Problemas de Desafio baseados na literatura destacam a relevância da química orgânica para a atual pesquisa no campo, as aplicações de Medicamente Falando e Falando de Modo Prático demonstram como os primeiros princípios da química orgânica são relevantes aos médicos e têm aplicações comerciais todos os dias. Recebemos *feedback* muito positivo do mercado em relação a tais aplicações. Reconhecendo o fato de algumas aplicações gerarem maior interesse que outras, substituímos aproximadamente 10% das aplicações para torná-las ainda mais relevantes e excitantes. Como tais aplicações frequentemente são previstas nas Aberturas de Capítulos, muitas Aberturas de Capítulos também foram revistas.

Materiais de Referência

Um apêndice contendo regras para dar nome a compostos polifuncionais bem como uma tabela de referência de valores de pK_a foram incluídos nesta edição.

Além disso, todos os erros conhecidos, imprecisões ou ambiguidades foram corrigidos na segunda edição.

ORGANIZAÇÃO DO TEXTO

A sequência de capítulos e tópicos em *Química Orgânica 2ª ed.* não difere muito daquela de outros livros-texto de química orgânica. Na verdade, os tópicos são apresentados na ordem tradicional, baseados em grupos funcionais (alquenos, alquinos, álcoois, éteres, aldeídos e cetonas, derivados de ácidos carboxílicos etc.). Apesar dessa ordem tradicional, há uma forte ênfase nos mecanismos, com foco no reconhecimento de padrões para ilustrar as semelhanças entre reações que de outra forma pareceriam não estar relacionadas (por exemplo, a formação de acetais e a formação de enaminas, que são mecanisticamente bastante semelhantes). Não utilizamos nenhum atalho em qualquer dos mecanismos, e todas as etapas estão claramente ilustradas, incluindo-se todas as etapas de transferência de prótons.

Dois capítulos (6 e 12) são dedicados quase inteiramente ao desenvolvimento de habilidades e geralmente não são encontrados em outros livros-texto. O Capítulo 6, *Reatividade Química e Mecanismos*, enfatiza as habilidades que são requeridas para a representação de mecanismos, enquanto o Capítulo 12, *Síntese*, prepara os alunos para propor sínteses. Esses dois capítulos estão estrategicamente posicionados na ordem tradicional descrita anteriormente e podem ser confiados aos alunos para estudo independente. Isto é, esses dois capítulos não precisam ser abordados durante as preciosas horas de aulas, mas podem ser, caso desejado.

A ordem tradicional permite aos professores a adoção da abordagem baseada em habilidades sem que eles tenham de alterar suas notas de aulas ou métodos. Por essa razão, os capítulos de espectroscopia (Capítulos 15 e 16) foram escritos para serem autônomos e passíveis de serem deslocados, de modo que os professores possam discutir esses capítulos em qualquer ordem desejada. De fato, cinco dos capítulos (Capítulos 2, 3, 7, 13 e 14) que precedem os capítulos de espectroscopia incluem espectroscopia nos problemas de final de capítulo para os alunos que estudaram espectroscopia anteriormente. A cobertura de espectroscopia também aparece em capítulos subsequentes sobre grupos funcionais, especificamente o Capítulo 18 (Compostos Aromáticos), Capítulo 20 (Aldeídos e Cetonas), Capítulo 21 (Ácidos Carboxílicos e Seus Derivados), Capítulo 23 (Aminas), Capítulo 24 (Carboidratos) e Capítulo 25 (Aminoácidos, Peptídeos e Proteínas).

PESSOAS QUE CONTRIBUÍRAM PARA *QUÍMICA ORGÂNICA, 2ª ED.*

Devo agradecimentos especiais às pessoas que contribuíram com este livro por sua colaboração, trabalho árduo e criatividade. Muitos dos novos problemas de desafio baseados na literatura foram escritos por Kevin Caran, *James Madison University*; Danielle Jacobs, *Rider University*; William Maio, *New Mexico State University, Las Cruces*; Kensaku Nakayama, *California State Universiy, Long Beach*; e Justin Wyatt, *College of Charleston*. Muitas das aplicações de Medicamente Falando e Falando de Modo Prático ao longo do texto foram escritas por Susan Lever, *University of Missouri, Columbia*; Glenroy Martin, *University of Tampa*; John Sorensen, *University of Manitoba*; e Ron Swisher, *Oregon Institute of Technology*.

AGRADECIMENTOS

O *retorno* recebido do corpo docente e dos alunos deu suporte à criação, ao desenvolvimento e à execução da primeira e segunda edições de *Química Orgânica*. Desejo estender sinceros agradecimentos aos meus colegas (e seus alunos) que graciosamente dedicaram seu tempo para oferecer valiosos comentários que ajudaram a dar forma a este livro-texto.

SEGUNDA EDIÇÃO

Revisores

ALABAMA
Marco Bonizzoni, The University of Alabama
Richard Rogers, University of South Alabama
Kevin Shaughnessy, The University of Alabama
Timothy Snowden, The University of Alabama

ARIZONA
Satinder Bains, Paradise Valley Community College
Cindy Browder, Northern Arizona University
John Pollard, University of Arizona

CALIFÓRNIA
Dianne A. Bennett, Sacramento City College
Megan Bolitho, University of San Francisco
Elaine Carter, Los Angeles City College
Carl Hoeger, University of California, San Diego
Ling Huang, Sacramento City College
Marlon Jones, Long Beach City College
Jens Kuhn, Santa Barbara City College
Barbara Mayer, California State University, Fresno
Hasan Palandoken, California Polytechnic State University
Teresa Speakman, Golden West College
Linda Waldman, Cerritos College

CANADÁ
Ashley Causton, University of Calgary
Michael Chong, University of Waterloo
Isabelle Dionne, Dawson College
Paul Harrison, McMaster University
Edward Lee-Ruff, York University
R. Scott Murphy, University of Regina
John Sorensen, University of Manitoba
Jackie Stewart, The University of British Columbia

CAROLINA DO NORTE
Deborah Pritchard, Forsyth Technical Community College

CAROLINA DO SUL
Rick Heldrich, College of Charleston

COLORADO
Kenneth Miller, Fort Lewis College

DAKOTA DO SUL
Grigoriy Sereda, University of South Dakota

FLÓRIDA
Eric Ballard, University of Tampa
Mapi Cuevas, Santa Fe College
Donovan Dixon, University of Central Florida
Andrew Frazer, University of Central Florida
Randy Goff, University of West Florida
Harpreet Malhotra, Florida State College, Kent Campus
Glenroy Martin, University of Tampa
Tchao Podona, Miami Dade College
Bobby Roberson, Pensacola State College

GEÓRGIA
Vivian Mativo, Georgia Perimeter College
Michele Smith, Georgia Southwestern State University

INDIANA
Hal Pinnick, Purdue University Calumet

KANSAS
Cynthia Lamberty, Cloud County Community College

KENTUCKY
Lili Ma, Northern Kentucky University
Tanea Reed, Eastern Kentucky University
Chad Snyder, Western Kentucky University

LOUISIANA
Kathleen Morgan, Xavier University of Louisiana
Sarah Weaver, Xavier University of Louisiana

MAINE
Amy Keirstead, University of New England

MARYLAND
Jesse More, Loyola University Maryland
Benjamin Norris, Frostburg State University

MASSACHUSETTS
Rich Gurney, Simmons College

MICHIGAN
Dalia Kovacs, Grand Valley State University

MISSOURI
Eike Bauer, University of Missouri, St. Louis
Alexei Demchenko, University of Missouri, St. Louis
Donna Friedman, St. Louis Community College at Florissant Valley
Jack Lee Hayes, State Fair Community College
Vidyullata Waghulde, St. Louis Community College, Meramec

NEBRASCA
James Fletcher, Creighton University

NEVADA
Pradip Bhowmik, University of Nevada, Las Vegas

NOVA JERSEY
Thomas Berke, Brookdale Community College
Danielle Jacobs, Rider University

NOVA YORK
Michael Aldersley, Rensselaer Polytechnic Institute
Brahmadeo Dewprashad, Borough of Manhattan Community College
Eric Helms, SUNY Geneseo
Ruben Savizky, Cooper Union

OHIO
James Beil, Lorain County Community College
Adam Keller, Columbus State Community College
Mike Rennekamp, Columbus State Community College

OKLAHOMA
Steven Meier, University of Central Oklahoma

OREGON
Gary Spessard, University of Oregon

PENNSYLVANIA
Rodrigo Andrade, Temple University
Geneive Henry, Susquehanna University
Michael Leonard, Washington & Jefferson College
William Loffredo, East Stroudsburg University
Gloria Silva, Carnegie Mellon University
Marcus Thomsen, Franklin & Marshall College
Eric Tillman, Bucknell University
William Wuest, Temple University

TENNESSEE
Phillip Cook, East Tennessee State University

TEXAS
Frank Foss, University of Texas at Arlington
Scott Handy, Middle Tennessee State University
Carl Lovely, University of Texas at Arlington
Javier Macossay, The University of Texas-Pan American
Patricio Santander, Texas A&M University
Claudia Taenzler, University of Texas, Dallas

VIRGÍNIA
Joyce Easter, Virginia Wesleyan College
Christine Hermann, Radford University

Testes em Sala de Aula

Steve Gentemann, Southwestern Illinois College
Laurel Habgood, Rollins College
Shane Lamos, St. Michael's College
Brian Love, East Carolina University
James Mackay, Elizabethtown College
Tom Russo, Florida State College, Kent Campus
Ethan Tsui, Metropolitan State University of Denver

Participantes do Grupo de Foco

Beverly Clement, Blinn College
Greg Crouch, Washington State University
Ishan Erden, San Francisco State University
Henry Forman, University of California, Merced
Chammi Gamage-Miller, Blinn College
Randy Goff, University of West Florida
Jonathan Gough, Long Island University
Thomas Hughes, Siena College
Willian Jenks, Iowa State University
Paul Jones, Wake Forest University
Phillip Lukeman, St. John's University
Andrew Morehead, East Carolina University
Joan Muyanyatta-Comar, Georgia State University
Christine Pruis, Arizona State University
Laurie Starkey, California Polytechnic University at Pomona
Don Warner, Boise State University

Verificadores da Exatidão

Eric Ballard, University of Tampa
Kevin Caran, James Madison University
James Fletcher, Creighton University
Michael Leonard, Washington and Jefferson College
Kevin Minbiole, Villanova University
John Sorenson, University of Manitoba

REVISORES DA PRIMEIRA EDIÇÃO: PARTICIPANTES DOS TESTES EM SALA DE AULA, PARTICIPANTES DO GRUPO DE FOCO E VERIFICADORES DA EXATIDÃO

Philip Albiniak, Ball State University
Thomas Albright, University of Houston
Michael Aldersley, Rensselaer Polytechnic Institute
David Anderson, University of Colorado, Colorado Springs
Merritt Andrus, Brigham Young University
Laura Anna, Millersville University
Ivan Aprahamian, Dartmouth College
Yiyan Bai, Houston Community College
Satinder Bains, Paradise Valley Community College
C. Eric Ballard, University of Tampa
Edie Banner, Richmond University
James Beil, Lorain County Community College
Peter Bell, Tarleton State University
Dianne Bennet, Sacramento City College
Thomas Berke, Brookdale Community College
Daniel Bernier, Riverside Community College
Narayan Bhat, University of Texas Pan American
Gautam Bhattacharyya, Clemson University
Silas Blackstock, University of Alabama
Lea Blau, Yeshiva University
Megan Bolitho, University of San Francisco
Matthias Brewer, The University of Vermont
David Brook, San Jose State University
Cindy Browder, Northern Arizona University
Pradip Browmik, University of Nevada, Las Vegas
Banita Brown, University of North Carolina Charlotte
Kathleen Brunke, Christopher Newport University
Timothy Brunker, Towson University
Jared Butcher, Ohio University
Arthur Cammers, University of Kentucky, Lexington
Kevin Cannon, Penn State University, Abington
Kevin Caran, James Madison University
Jeffrey Carney, Christopher Newport University
David Cartrette, South Dakota State University
Steven Castle, Brigham Young University
Brad Chamberlain, Luther College
Paul Chamberlain, George Fox University
Seveda Chamras, Glendale Community College
Tom Chang, Utah State University
Dana Chatellier, University of Delaware
Sarah Chavez, Washington University
Emma Chow, Palm Beach Community College
Jason Chruma, University of Virginia
Phillip Chung, Montefiore Medical Center
Steven Chung, Bowling Green State University
Nagash Clarke, Washtenaw Community College
Adiel Coca, Southern Connecticut State University
Jeremy Cody, Rochester Institute of Technology
Phillip Cook, East Tennessee State University
Jeff Corkill, Eastern Washington University
Sergio Cortes, University of Texas at Dallas
Philip J. Costanzo, California Polytechnic State University, San Luis Obispo
Wyatt Cotton, Cincinnati State College
Marilyn Cox, Louisiana Tech University
David Crich, University of Illinois at Chicago
Mapi Cuevas, Sante Fe Community College
Scott Davis, Mercer University, Macon
Frank Day, North Shore Community College
Peter de Lijser, California State University, Fullerton
Roman Dembinski, Oakland University
Brahmadeo Dewprashad, Borough of Manhattan Community College
Preeti Dhar, SUNY New Paltz
Bonnie Dixon, University of Maryland, College Park
Theodore Dolter, Southwestern Illinois College
Norma Dunlap, Middle Tennessee State University
Joyce Easter, Virginia Wesleyan College
Jeffrey Elbert, University of Northern Iowa
J. Derek Elgin, Coastal Carolina University
Derek Elgin, Coastal Carolina University
Cory Emal, Eastern Michigan University
Susan Ensel, Hood College
David Flanigan, Hillsborough Community College
James T. Fletcher, Creighton University
Francis Flores, California Polytechnic State University, Pomona
John Flygare, Stanford University
Frantz Folmer-Andersen, SUNY New Paltz
Raymond Fong, City College of San Francisco
Mark Forman, Saint Joseph's University
Frank Foss, University of Texas at Arlington
Annaliese Franz, University of California, Davis
Andrew Frazer, University of Central Florida
Lee Friedman, University of Maryland, College Park
Steve Gentemann, Southwestern Illinois College
Tiffany Gierasch, University of Maryland, Baltimore County
Scott Grayson, Tulane University
Thomas Green, University of Alaska, Fairbanks
Kimberly Greve, Kalamazoo Valley Community College
Gordon Gribble, Dartmouth College
Ray A. Gross, Jr., Prince George's Community College
Nathaniel Grove, University of North Carolina, Wilmington
Yi Guo, Montefiore Medical Center
Sapna Gupta, Palm Beach State College
Kevin Gwaltney, Kennesaw State University
Asif Habib, University of Wisconsin, Waukesha
Donovan Haines, Sam Houston State University
Robert Hammer, Louisiana State University
Scott Handy, Middle Tennessee State University
Christopher Hansen, Midwestern State University
Kenn Harding, Texas A&M University
Matthew Hart, Grand Valley State University
Jack Hayes, State Fair Community College
Eric Helms, SUNY Geneseo
Maged Henary, Georgia State University, Langate

Amanda Henry, Fresno City College
Christine Hermann, Radford University
Patricia Hill, Millersville University
Ling Huang, Sacramento City College
John Hubbard, Marshall University
Roxanne Hulet, Skagit Valley College
Christopher Hyland, California State University, Fullerton
Danielle Jacobs, Rider University
Christopher S. Jeffrey, University of Nevada, Reno
Dell Jensen, Augustana College
Yu Lin Jiang, East Tennessee State University
Richard Johnson, University of New Hampshire
Marlon Jones, Long Beach City College
Reni Joseph, St. Louis Community College, Meramec Campus
Cynthia Judd, Palm Beach State College
Eric Kantorowski, California Polytechnic State University, San Luis Obispo
Andrew Karatjas, Southern Connecticut State University
Adam Keller, Columbus State Community College
Mushtaq Khan, Union County College
James Kiddle, Western Michigan University
Kevin Kittredge, Siena College
Silvia Kolchens, Pima Community College
Dalila Kovacs, Grand Valley State University
Jennifer Koviach-Côté, Bates College
Paul J. Kropp, University of North Carolina, Chapel Hill
Jens-Uwe Kuhn, Santa Barbara City College
Silvia Kölchens, Pima County Community College
Massimiliano Lamberto, Monmouth University
Cindy Lamberty, Cloud County Community College, Geary County Campus
Kathleen Laurenzo, Florida State College
William Lavell, Camden County College
Iyun Lazik, San Jose City College
Michael Leonard, Washington & Jefferson College
Sam Leung, Washburn University
Michael Lewis, Saint Louis University
Scott Lewis, James Madison University
Deborah Lieberman, University of Cincinnati
Harriet Lindsay, Eastern Michigan University
Jason Locklin, University of Georgia
William Loffredo, East Stroudsburg University
Robert Long, Eastern New Mexico University
Rena Lou, Cerritos College
Brian Love, East Carolina University
Douglas Loy, University of Arizona
Frederick A. Luzzio, University of Louisville
Lili Ma, Northern Kentucky University
Javier Macossay-Torres, University of Texas Pan American
Kirk Manfredi, University of Northern Iowa
Ned Martin, University of North Carolina, Wilmington
Vivian Mativo, Georgia Perimeter College, Clarkston
Barbara Mayer, California State University, Fresno
Dominic McGrath, University of Arizona
Steven Meier, University of Central Oklahoma
Dina Merrer, Barnard College
Stephen Milczanowski, Florida State College
Nancy Mills, Trinity University
Kevin Minbiole, James Madison University
Thomas Minehan, California State University, Northridge
James Miranda, California State University, Sacramento
Shizue Mito, University of Texas at El Paso
David Modarelli, University of Akron
Jesse More, Loyola College
Andrew Morehead, East Carolina University
Sarah Mounter, Columbia College of Missouri
Barbara Murray, University of Redlands
Kensaku Nakayama, California State University, Long Beach
Thomas Nalli, Winona State University
Richard Narske, Augustana College
Donna Nelson, University of Oklahoma
Nasri Nesnas, Florida Institute of Technology
William Nguyen, Santa Ana College
James Nowick, University of California, Irvine
Edmond J. O'Connell, Fairfield University
Asmik Oganesyan, Glendale Community College
Kyungsoo Oh, Indiana University, Purdue University Indianapolis
Greg O'Neil, Western Washington University
Edith Onyeozili, Florida Agricultural & Mechanical University
Catherine Owens Welder, Dartmouth College
Anne B. Padias, University of Arizona
Hasan Palandoken, California Polytechnic State University, San Luis Obispo
Chandrakant Panse, Massachusetts Bay Community College
Sapan Parikh, Manhattanville College
James Parise Jr., Duke University
Edward Parish, Auburn University
Keith O. Pascoe, Georgia State University
Michael Pelter, Purdue University, Calumet
Libbie Pelter, Purdue University, Calumet
H. Mark Perks, University of Maryland, Baltimore County
John Picione, Daytona State College
Chris Pigge, University of Iowa
Harold Pinnick, Purdue University, Calumet
Tchao Podona, Miami Dade College
John Pollard, University of Arizona
Owen Priest, Northwestern University, Evanston
Paul Primrose, Baylor University
Christine Pruis, Arizona State University
Martin Pulver, Bronx Community College
Shanthi Rajaraman, Richard Stockton College of New Jersey
Sivappa Rasapalli, University of Massachusetts, Dartmouth
Cathrine Reck, Indiana University, Bloomington
Ron Reese, Victoria College
Mike Rennekamp, Columbus State Community College
Olga Rinco, Luther College
Melinda Ripper, Butler County Community College
Harold Rogers, California State University, Fullerton
Mary Roslonowski, Brevard Community College
Robert D. Rossi, Gloucester County College
Eriks Rozners, Northeastern University
Gillian Rudd, Northwestern State University
Thomas Russo, Florida State College—Kent Campus
Lev Ryzhkov, Towson University
Preet-Pal S. Saluja, Triton College
Steve Samuel, SUNY Old Westbury
Patricio Santander, Texas A&M University
Gita Sathianathan, California State University, Fullerton
Sergey Savinov, Purdue University, West Lafayette
Amber Schaefer, Texas A&M University
Kirk Schanze, University of Florida
Paul Schueler, Raritan Valley Community College
Alan Schwabacher, University of Wisconsin, Milwaukee
Pamela Seaton, University of North Carolina, Wilmington
Jason Serin, Glendale Community College
Gary Shankweiler, California State University, Long Beach
Kevin Shaughnessy, The University of Alabama
Emery Shier, Amarillo College
Richard Shreve, Palm Beach State College
John Shugart, Coastal Carolina University
Edward Skibo, Arizona State University
Douglas Smith, California State University, San Bernadino
Michelle Smith, Georgia Southwestern State University
Rhett Smith, Clemson University

Irina Smoliakova, University of North Dakota
Timothy Snowden, University of Alabama
Chad Snyder, Western Kentucky University
Scott Snyder, Columbia University
Vadim Soloshonok, University of Oklahoma
John Sowa, Seton Hall University
Laurie Starkey, California Polytechnic State University, Pomona
Mackay Steffensen, Southern Utah University
Mackay Steffensen, Southern Utah University
Richard Steiner, University of Utah
Corey Stephenson, Boston University
Nhu Y Stessman, California State University, Stanislaus
Erland Stevens, Davidson College
James Stickler, Allegany College of Maryland
Robert Stockland, Bucknell University
Jennifer Swift, Georgetown University
Ron Swisher, Oregon Institute of Technology
Carole Szpunar, Loyola University Chicago
Claudia Taenzler, University of Texas at Dallas
John Taylor, Rutgers University, New Brunswick
Richard Taylor, Miami University
Cynthia Tidwell, University of Montevallo
Eric Tillman, Bucknell University
Bruce Toder, University of Rochester
Ana Tontcheva, El Camino College
Jennifer Tripp, San Francisco State University
Adam Urbach, Trinity University
Melissa Van Alstine, Adelphi University
Christopher Vanderwal, University of California, Irvine
Aleskey Vasiliev, East Tennessee State University
Heidi Vollmer-Snarr, Brigham Young University
Edmir Wade, University of Southern Indiana
Vidyullata Waghulde, St. Louis Community College
Linda Waldman, Cerritos College
Kenneth Walsh, University of Southern Indiana
Reuben Walter, Tarleton State University
Matthew Weinschenk, Emory University
Andrew Wells, Chabot College
Peter Wepplo, Monmouth University`
Lisa Whalen, University of New Mexico
Ronald Wikholm, University of Connecticut, Storrs
Anne Wilson, Butler University
Michael Wilson, Temple University
Leyte Winfield, Spelman College
Angela Winstead, Morgan State University
Penny Workman, University of Wisconsin, Marathon County
Stephen Woski, University of Alabama
Stephen Wuerz, Highland Community College
Linfeng Xie, University of Wisconsin, Oshkosh
Hanying Xu, Kingsborough Community College of CUNY
Jinsong Zhang, California State University, Chico
Regina Zibuck, Wayne State University

CANADÁ

Ashley Causton, University of Calgary
Michael Chong, University of Waterloo
Andrew Dicks, University of Toronto
Torsten Hegmann, University of Manitoba
Ian Hunt, University of Calgary
Norman Hunter, University of Manitoba
Michael Pollard, York University
Stanislaw Skonieczny, University of Toronto
Jackie Stewart, University of British Columbia
Shirley Wacowich-Sgarbi, Langara College

Este livro* não poderia ter sido criado sem os incríveis esforços das pessoas citadas a seguir da John Wiley & Sons, Inc.

A Editora de Fotografia Lisa Gee ajudou a identificar fotos excitantes. Maureen Eide e a *designer freelance* Anne DeMartrinis concebeu um *design* de interior e capa visualmente revigorante e atrativo. A Editora Sênior de Produção Elizabeth Swain manteve o livro em dia e foi vital para garantir um produto de alta qualidade. Joan Kalkut, Editora de Promoção, foi inestimável na criação de ambas as edições deste livro. Seus incansáveis esforços, juntamente com sua orientação e percepção diárias, tornaram este projeto possível. A Gerente Sênior de Marketing Kristine Ruff criou com entusiasmo uma estimulante mensagem para este livro. As assistentes editoriais Mallory Fryc e Susan Tsui ajudaram a gerir muitas facetas da revisão e processo de suplementos. A Editora Sênior de Projetos Jennifer Yee gerenciou a criação da segunda edição do manual de soluções. A Editora Petra Recter nos deu uma forte visão e orientação para levar este livro ao mercado.

Apesar dos meus melhores esforços, bem como dos melhores esforços dos revisores, dos verificadores da exatidão e dos participantes dos testes em sala de aula, ainda podem existir erros. Eu assumo inteira responsabilidade por quaisquer desses erros e estimularia aqueles que utilizam meu livro-texto a entrar em contato comigo a respeito de quaisquer erros que vocês possam encontrar.

David R. Klein, Ph.D.
Johns Hopkins University
klein@jhu.edu

*No agradecimento a seguir o autor se refere à edição original *Organic Chemistry*. (N.E.)

Química Orgânica

SEGUNDA EDIÇÃO

Volume 2

15

Espectroscopia de Infravermelho e Espectrometria de Massa

VOCÊ JÁ SE PERGUNTOU...
como os óculos de visão noturna funcionam?

Existem muitos tipos diferentes de óculos de visão noturna. Um desses tipos se baseia no princípio de que os objetos quentes emitem radiação infravermelha, que pode ser detectada e, em seguida, exibida como uma imagem, chamada termograma (um exemplo é mostrado a seguir). Veremos em breve que uma tecnologia semelhante foi implementada com sucesso no rastreamento preventivo do câncer de mama. Estas tecnologias dependem das interações entre a luz e a matéria, sendo o estudo dessas interações chamado espectroscopia. Este capítulo servirá como uma introdução à espectroscopia e sua relevância para o campo da química orgânica. Após uma breve revisão de como a radiação eletromagnética e a matéria interagem entre si, vamos passar a maior parte do capítulo estudando duas técnicas espectroscópicas muito importantes, que são frequentemente utilizadas pelos químicos orgânicos para verificar as estruturas das substâncias.

Menos de cem anos atrás, a determinação estrutural era uma tarefa difícil e demorada. Não era incomum que um químico passasse anos determinando a estrutura de uma substância desconhecida. O advento de técnicas espectroscópicas modernas transformou completamente o campo da química, e as estruturas podem ser atualmente determinadas em alguns minutos. Neste capítulo, começaremos a estudar como a espectroscopia pode ser usada para determinar as estruturas de substâncias desconhecidas.

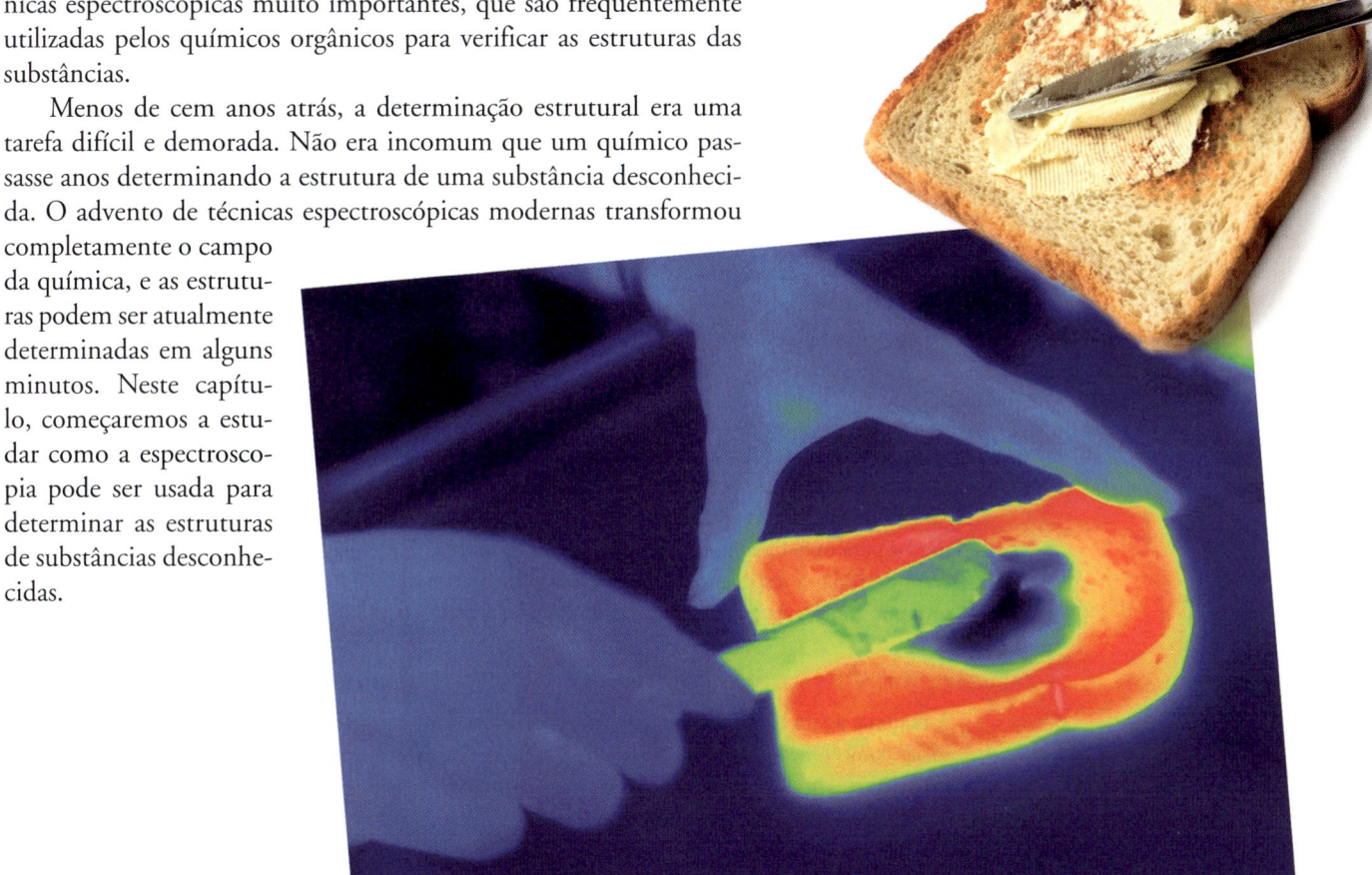

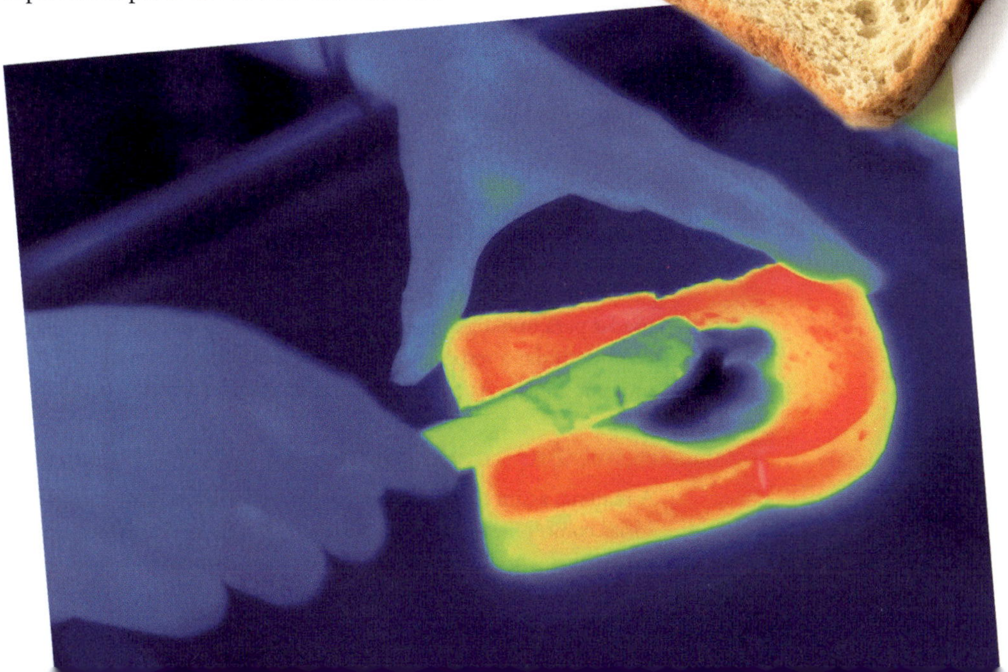

VOCÊ SE LEMBRA?

Antes de avançar, tenha a certeza de que você compreendeu os tópicos citados a seguir. Se for necessário, revise as seções sugeridas para se preparar para este capítulo.

- Mecânica Quântica (Seção 1.6, Volume 1)
- Ligação de Hidrogênio (Seção 1.12, Volume 1)
- Representação de Estruturas de Ressonância (Seções 2.7-2.10, Volume 1)
- Estabilidade de Carbocátion (Seção 6.11, Volume 1)

15.1 Introdução à Espectroscopia

A fim de entender como a **espectroscopia** é utilizada para a determinação de estruturas, temos primeiro que rever algumas das características básicas da radiação eletromagnética e da matéria.

A Natureza da Radiação Eletromagnética

A radiação eletromagnética (luz) exibe tanto propriedades ondulatórias como propriedades de partícula. Consequentemente, a radiação eletromagnética pode ser vista como uma onda ou como uma partícula. Quando vista como uma onda, a radiação eletromagnética consiste em campos elétrico e magnético oscilantes e perpendiculares (Figura 15.1).

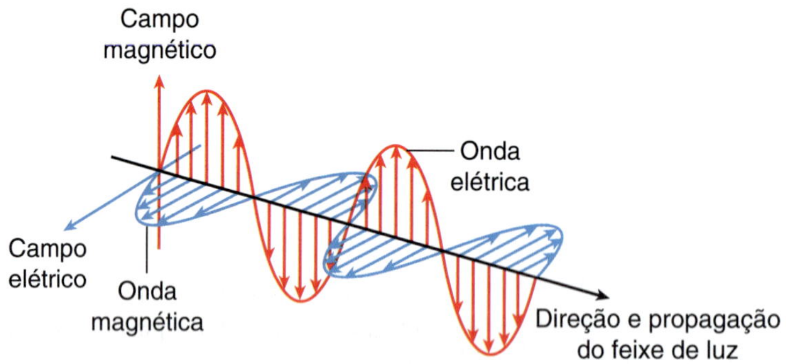

FIGURA 15.1
Campos elétrico e magnético oscilantes e perpendiculares, associados à radiação eletromagnética.

O **comprimento de onda** descreve a distância entre picos adjacentes de um campo oscilante, enquanto a **frequência** descreve o número de comprimentos de onda que passam em determinado ponto no espaço por unidade de tempo. Assim, um comprimento de onda longo correspondente a uma frequência pequena, e um comprimento de onda curto correspondente a uma frequência grande. Essa relação inversa é resumida na equação vista a seguir, em que a frequência (ν) e o comprimento de onda (λ) são inversamente proporcionais. A constante de proporcionalidade é a velocidade da luz (c):

$$\nu = \frac{c}{\lambda}$$

Quando vista como uma partícula, a radiação eletromagnética é constituída por pacotes de energia chamados de **fótons**. A energia de cada fóton é diretamente proporcional à sua frequência,

$$E = h\nu$$

em que h é a constante de Planck ($h = 6{,}626 \times 10^{-34}$ J · s). A faixa de todas as frequências possíveis é conhecida como **espectro eletromagnético**, que é arbitrariamente dividido em várias regiões em função do comprimento de onda (Figura 15.2). Diferentes regiões do espectro eletromagnético são usadas para investigar os diferentes aspectos da estrutura molecular (Tabela 15.1). Neste capítulo, vamos estudar a respeito das informações obtidas quando a radiação infravermelho interage com uma substância. As espectroscopias de RMN e UV-VIS serão discutidas nos próximos capítulos.

A Natureza da Matéria

A matéria, assim como a radiação eletromagnética, também apresenta tanto propriedades ondulatórias como propriedades de partícula. Na Seção 1.6, vimos que a mecânica quântica descreve as propriedades ondulatórias da matéria. De acordo com os princípios da mecânica quântica, a energia

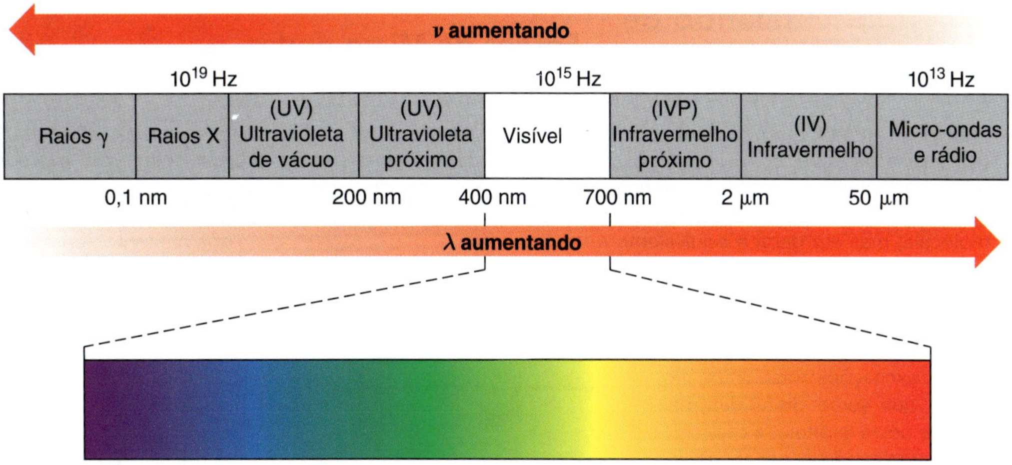

FIGURA 15.2
O espectro eletromagnético.

TABELA 15.1 ALGUMAS FORMAS COMUNS DE ESPECTROSCOPIA E SUAS UTILIZAÇÕES

TIPO DE ESPECTROSCOPIA	REGIÃO DO ESPECTRO ELETROMAGNÉTICO	INFORMAÇÃO OBTIDA
Espectroscopia de ressonância magnética nuclear (RMN)	Ondas de rádio	O arranjo específico de todos os átomos de carbono e hidrogênio na substância
Espectroscopia de IV	Infravermelho	Os grupos funcionais presentes na substância
Espectroscopia UV-VIS	Visível e ultravioleta	Qualquer sistema π conjugado presente na substância

de uma molécula é "quantizada". Para entender o que isso significa, vamos comparar a rotação de uma molécula com a rotação de um pneu de automóvel ligado diretamente a um motor. Quando o motor é ligado, o pneu começa a rodar e um dispositivo de medição é usado para determinar a velocidade de rotação. A nossa capacidade para controlar a velocidade de rotação parece estar limitada apenas pela precisão do motor e da sensibilidade do dispositivo de medição. Seria inconcebível sugerir que uma velocidade de rotação mensurável é inatingível pelas leis da física. Se queremos girar o pneu em exatamente 60,0621 rotações por segundo, não há nada que nos impeça de fazê-lo. Ao contrário, as moléculas se comportam de maneira diferente. A rotação de uma molécula parece estar restringida a níveis de energia específicos. Isto é, uma molécula só pode girar com velocidades específicas, que são definidas pela natureza da molécula. Outras velocidades de rotação simplesmente não são permitidas pelas leis da física. A energia de rotação de uma molécula é chamada de quantizada.

As moléculas podem armazenar energia de várias maneiras. Elas giram no espaço, suas ligações vibram como molas, seus elétrons podem ocupar vários orbitais moleculares possíveis, e assim por diante. Cada uma dessas formas de energia é quantizada. Por exemplo, uma ligação de uma molécula só pode vibrar em níveis de energia específicos (Figura 15.3). As linhas horizontais no diagrama representam os níveis de energia vibracional permitidos para determinada ligação. A ligação está limitada a esses níveis de energia e não pode vibrar com uma energia que está entre os níveis permitidos. A diferença de energia (ΔE) entre os níveis de energia permitidos é determinada pela natureza da ligação.

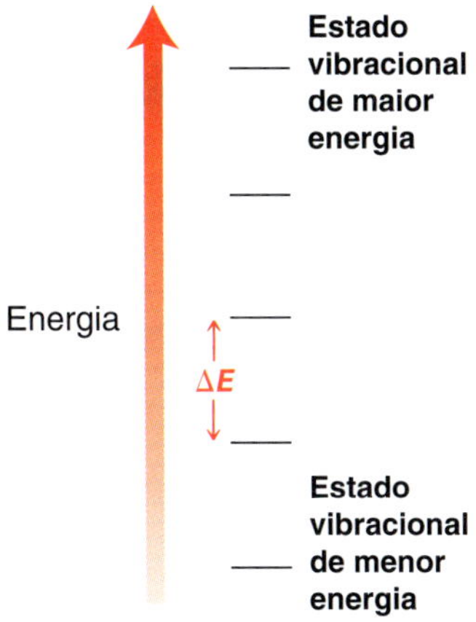

FIGURA 15.3 Um diagrama de energia mostrando a diferença de energia entre estados vibracionais permitidos.

A Interação entre Radiação Eletromagnética e Matéria

Na seção anterior, vimos que os níveis de energia de vibração para determinada ligação estão separados uns dos outros por uma diferença de energia (ΔE). Se um fóton de radiação eletromagnética possui exatamente essa quantidade de energia, a ligação pode absorver o fóton para promover uma **excitação vibracional**. A energia do fóton é temporariamente armazenada como energia vibracional até que seja liberada de volta para o ambiente, geralmente na forma de calor. Cada forma de espectroscopia utiliza uma região diferente do espectro eletromagnético e envolve um tipo diferente de excitação. Neste capítulo, vamos nos concentrar principalmente na interação entre moléculas e radiação infravermelho; essa interação promove excitações vibracionais das ligações em uma molécula.

falando de modo prático | Fornos de Micro-ondas

Fornos de micro-ondas são uma aplicação direta da mecânica quântica e da espectroscopia. Vimos que as moléculas só podem girar em níveis específicos de energia. A diferença exata de energia entre os níveis (ΔE) é dependente da natureza da molécula, mas em geral é equivalente a um fóton na região de micro-ondas do espectro eletromagnético. Em outras palavras, as moléculas absorverão radiação eletromagnética na região de micro-ondas para promover excitações rotacionais. Por razões que serão discutidas mais adiante neste capítulo, a capacidade de uma molécula em absorver a radiação eletromagnética depende muito da presença de um momento de dipolo permanente. As moléculas de água, em particular, possuem um momento de dipolo forte e, portanto, são extremamente eficientes na absorção de radiação na região de micro-ondas.

Quando o alimento congelado é bombardeado com radiação na região de micro-ondas, as moléculas de água no alimento absorvem a energia e começam a girar mais rapidamente. Quando as moléculas vizinhas colidem entre si, a energia de rotação é convertida em energia translacional (ou calor), e a temperatura dos alimentos aumenta rapidamente. Esse processo só ocorre quando as moléculas de água estão presentes. Os artigos de plástico (como recipientes de *tupperware*) geralmente não ficam muito quentes, porque eles são constituídos de polímeros longos que não podem girar livremente.

Além de causar excitação rotacional, a radiação de micro-ondas também pode provocar a excitação eletrônica nos metais. Ou seja, os elétrons podem ser promovidos para orbitais de energia mais elevada. Esse tipo de excitação eletrônica é responsável pelas faíscas que podem ser observadas quando os objetos de metal são colocados em um forno de micro-ondas.

15.2 Espectroscopia de Infravermelho

Excitação Vibracional

Na seção anterior, vimos que a radiação infravermelho provoca excitação vibracional das ligações em uma molécula. Existem muitos tipos diferentes de excitação de vibração, porque as ligações armazenam energia vibracional de várias maneiras. As ligações podem sofrer *estiramento*, do mesmo modo que uma mola estica, e as ligações podem sofrer *deformação angular* de várias maneiras.

Existem muitos outros tipos de vibrações de **deformação angular**, mas, neste capítulo, vamos concentrar mais nas vibrações de **estiramento**. Neste capítulo, as deformações angulares só serão mencionadas brevemente.

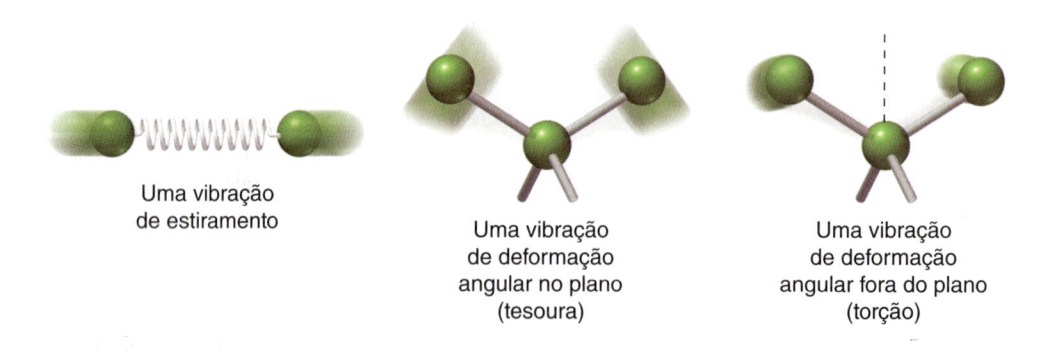

Uma vibração de estiramento

Uma vibração de deformação angular no plano (tesoura)

Uma vibração de deformação angular fora do plano (torção)

Identificação de Grupos Funcionais com Espectroscopia de IV

Para qualquer ligação em uma molécula, a diferença de energia entre os estados vibracionais é muito dependente da natureza da ligação. Por exemplo, a diferença de energia para uma ligação C–H é muito maior do que a diferença de energia para uma ligação C–O (Figura 15.4).

Ambas as ligações irão absorver radiação infravermelho, mas a ligação C–H vai absorver um fóton de energia mais elevada. Na verdade, cada tipo de ligação vai absorver uma frequência característica, permitindo-nos determinar quais os tipos de ligações estão presentes em uma substância.

medicamente falando | Imagem Térmica por IV para Detecção de Câncer

Vimos que ligações vibrando irão absorver radiação na região do IV alcançando um estado vibracional mais elevado, mas vale a pena notar que o processo inverso também ocorre na natureza. Ou seja, as ligações vibrando podem decair para um estado vibracional *mais baixo emitindo* radiação na região do IV. Desse modo, os objetos quentes são capazes de liberar parte da sua energia sob a forma de radiação no infravermelho. Essa ideia tem encontrado aplicação numa grande variedade de produtos. Por exemplo, alguns óculos de visão noturna são capazes de produzir uma imagem na ausência total de luz visível através da detecção da radiação no infravermelho emitida por objetos quentes. Zonas mais quentes emitem mais radiação infravermelho, fornecendo o contraste necessário para a construção de uma imagem.

Mais recentemente, as imagens térmicas encontraram aplicação na detecção de câncer de mama. Quando um paciente é exposto ao ar frio, o sistema nervoso responde com a redução do fluxo de sangue para a superfície, conservando assim o calor. As células cancerosas e o tecido vizinho são menos afetados por esse processo e permanecem quentes durante um longo período de tempo. O contraste entre as regiões quente e fria do corpo pode então ser medido utilizando-se sensores de IV que detectam a quantidade de radiação infravermelho que está sendo emitida a partir de regiões diferentes. Essa técnica de imagem térmica permite a detecção precoce do câncer de mama. Várias regiões são codificadas por cores para indicar a temperatura, com as áreas vermelhas sendo as mais quentes. A imagem vista a seguir mostra a detecção de um tumor de mama.

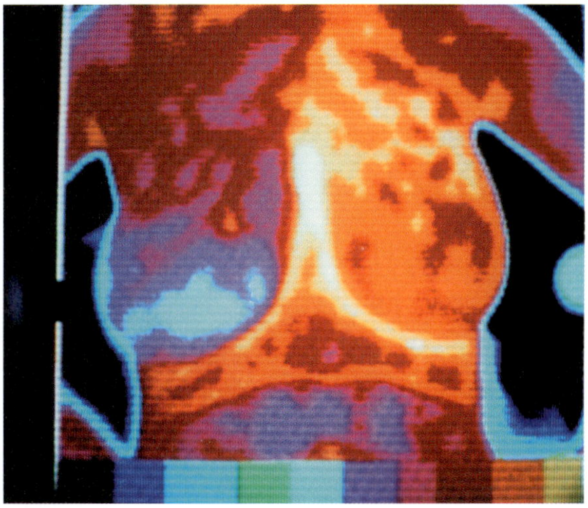

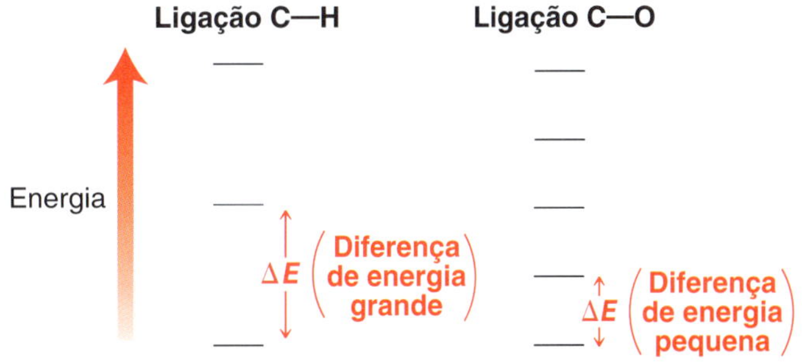

FIGURA 15.4 A diferença de energia entre os níveis de energia vibracional é função da natureza da ligação.

Nós simplesmente irradiamos a substância com todas as frequências da radiação infravermelho e, a seguir, detectamos quais as frequências que foram absorvidas. Por exemplo, uma substância contendo uma ligação O–H irá absorver uma frequência da radiação infravermelho característica da ligação O–H. Dessa forma, a espectroscopia de IV pode ser utilizada para identificar a presença de grupos funcionais em uma substância.

Espectrômetro de IV

Em um espectrômetro de IV, uma amostra é irradiada com frequências de radiação infravermelha, e as frequências que passam através da amostra (que não são absorvidas pela amostra) são detectadas. É construída então uma representação gráfica mostrando quais as frequências que foram

Uma placa de sal utilizada para espectroscopia de IV. Essas placas são sensíveis à umidade e têm de ser guardadas em um ambiente livre de umidade.

absorvidas pela amostra. O tipo de espectrômetro mais utilizado, chamado de espectrômetro com transformada de Fourier (IV-TF), irradia a amostra com todas as frequências ao mesmo tempo e, em seguida, utiliza uma operação matemática chamada de transformada de Fourier para determinar quais as frequências que passaram através da amostra.

Várias técnicas são utilizadas na preparação de uma amostra para a espectroscopia de IV. O método mais comum envolve a utilização de placas de sal. Essas placas são feitas a partir de cloreto de sódio e são usadas porque são transparentes à radiação infravermelho. Se a substância sob investigação é um líquido à temperatura ambiente, uma gota da amostra é colocada entre duas placas de sal formando um "sanduíche". Se a substância é um sólido à temperatura ambiente, ela pode ser dissolvida em um solvente apropriado e colocada entre duas placas de sal. Alternativamente, as substâncias insolúveis podem ser misturadas com KBr em pó; em seguida, a mistura é pressionada formando-se um filme fino, transparente, chamado de pastilha de KBr. Todas essas técnicas de amostragem são geralmente utilizadas para a espectroscopia de IV.

A Forma Geral de um Espectro de Absorção de IV

Um espectrômetro de infravermelho mede a porcentagem de transmitância em função da frequência. Essa representação gráfica é chamada de **espectro de absorção** (Figura 15.5). Todos os sinais, chamados de bandas de absorção, apontam para baixo em um espectro de IV. A localização de cada um dos sinais no espectro pode ser especificada pelo *comprimento de onda* correspondente ou pela *frequência* da radiação correspondente que foi absorvida. Várias décadas atrás, os sinais eram registrados em função dos seus comprimentos de onda (medidos em micrômetros, ou mícrons). Atualmente, a localização de cada sinal é registrada mais frequentemente em termos de uma unidade relacionada com a frequência, chamado **número de onda** ($\tilde{\nu}$). O número de onda é simplesmente a frequência da radiação dividida por uma constante (a velocidade da luz, *c*):

$$\tilde{\nu} = \frac{\nu}{c}$$

A unidade de número de onda é o centímetro recíproco (cm^{-1}), e o intervalo de valores usados vai de 400 a 4000 cm^{-1}. Todos os espectros neste capítulo serão mostrados em número de onda em vez de comprimento de onda, para ser consistente com a prática comum. Não confunda os termos número de onda e comprimento de onda. Número de onda é proporcional à frequência e, portanto, um número de onda maior representa uma energia mais elevada. Os sinais que aparecem no lado esquerdo do espectro correspondem à radiação de energia mais elevada, enquanto os sinais no lado direito do espectro correspondem à radiação de energia mais baixa.

Todo sinal em um espectro de IV tem três características: número de onda, intensidade e forma. Vamos agora explorar cada uma dessas três características, começando com o número de onda.

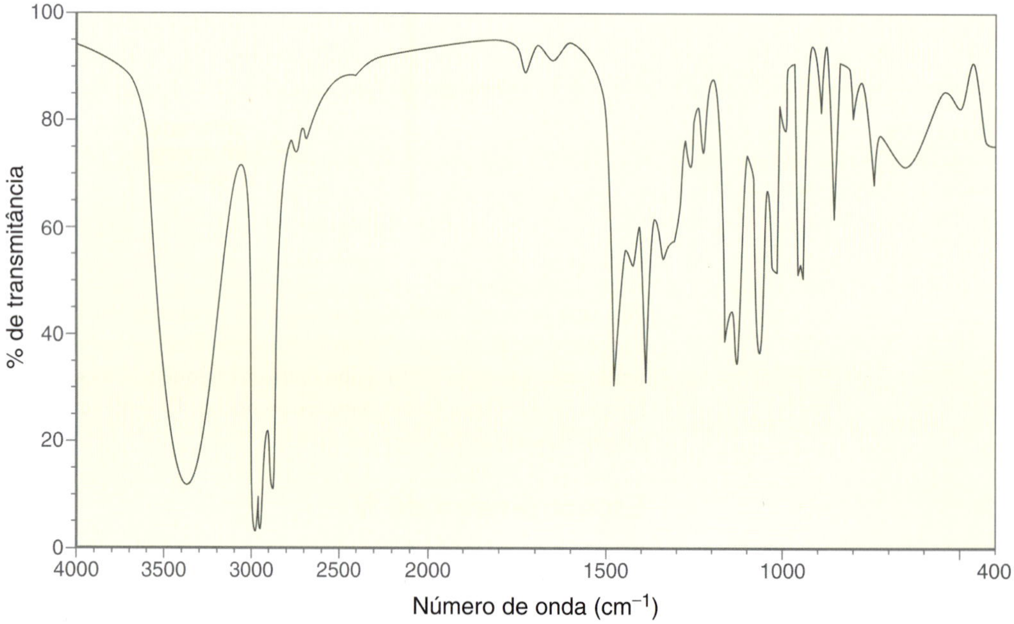

FIGURA 15.5 Um exemplo de um espectro de absorção no IV.

15.3 Características do Sinal: Número de Onda

Lei de Hooke

Para cada ligação, o número de onda de absorção associado com o estiramento da ligação é dependente de dois fatores: (1) força da ligação e (2) massas dos átomos que compartilham a ligação. O impacto desses dois fatores pode ser explicado quando consideramos uma ligação como se ela fosse uma mola vibrando, ligando dois pesos.

Usando essa analogia, podemos obter a equação vista a seguir, deduzida a partir da lei de Hooke, que nos permite obter a frequência aproximada de vibração para uma ligação entre dois átomos de massas m_1 e m_2:

$$\tilde{\nu} = \left(\frac{1}{2\pi c}\right)\left(\frac{f}{m_{red}}\right)^{\frac{1}{2}}$$

constante de força (força de ligação)

massa reduzida $= \left(\frac{m_1 m_2}{m_1 + m_2}\right)$

Nessa equação, f é a constante de força da mola, que representa a força de ligação da ligação, e m_{red} é a *massa reduzida* do sistema. O uso da massa reduzida nessa equação permite tratar os dois átomos como um único sistema. Observe que m_{red} aparece no denominador. Isso significa que os átomos menores dão ligações que vibram em frequências mais elevadas, correspondendo assim a um número de onda de absorção maior. Por exemplo, compare as seguintes ligações. A ligação C–H envolve o menor átomo (H) e, portanto, aparece no número de onda mais elevado.

C–H	C–D	C–O	C–Cl
~3000 cm^{-1}	~2200 cm^{-1}	~1100 cm^{-1}	~700 cm^{-1}

Enquanto m_{red} aparece no denominador da equação, a constante de força (f) aparece no numerador. Isso significa que as ligações mais fortes irão vibrar em frequências mais elevadas, correspondendo assim a um número de onda de absorção maior. Por exemplo, compare as ligações a seguir. A ligação C≡N é a mais forte das três e, portanto, aparece no número de onda mais elevado.

C≡N	C=N	C–N
~2200 cm^{-1}	~1600 cm^{-1}	~1100 cm^{-1}

Usando as duas tendências mostradas, podemos entender por que tipos de ligações diferentes irão aparecer em diferentes regiões de um espectro de IV (Figura 15.6). Ligações simples (exceto para ligações X–H) aparecem no lado direito do espectro (abaixo de 1500 cm^{-1}) porque ligações simples são geralmente as mais fracas. Ligações duplas aparecem em números de onda maiores (1600-1850 cm^{-1}), porque elas são mais fortes do que as ligações simples, enquanto ligações triplas aparecem em números de onda ainda maiores (2100-2300 cm^{-1}) porque elas são mais fortes do que as ligações

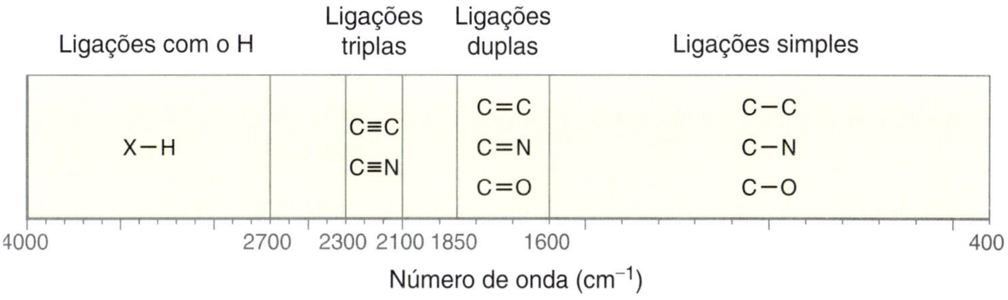

FIGURA 15.6
Um espectro de absorção no IV dividido em regiões com base na força de ligação e na massa atômica.

duplas. E, finalmente, o lado esquerdo do espectro contém sinais produzidos por ligações X–H (tais como as ligações C–H, O–H ou N–H), todas sofrendo estiramento em um número de onda elevado, porque o hidrogênio tem a menor massa.

Os espectros de IV podem ser divididos em duas regiões principais (Figura 15.7). A **região de diagnóstico** tem geralmente menos picos e fornece a informação mais clara. Essa região contém todos os sinais que surgem a partir de ligações duplas, ligações triplas e ligações X–H. A **região de impressão digital** contém sinais que resultam da excitação de vibração da maioria das ligações simples (estiramento e deformação angular). Essa região contém geralmente muitos sinais e é mais difícil de analisar. O que aparece como um estiramento C–C pode ser, na verdade, outra ligação que está sofrendo deformação. Essa região é denominada região de impressão digital porque cada substância tem um padrão único de sinais nesse local, assim como cada pessoa tem uma impressão digital única. Para ilustrar esse ponto, comparamos os espectros do 2-butanol e 2-propanol (Figura 15.8). As regiões de diagnóstico dessas substâncias são praticamente indistinguíveis (ambos contêm sinais característicos de ligações C–H e O–H), mas as regiões de impressões digitais dessas substâncias são muito diferentes.

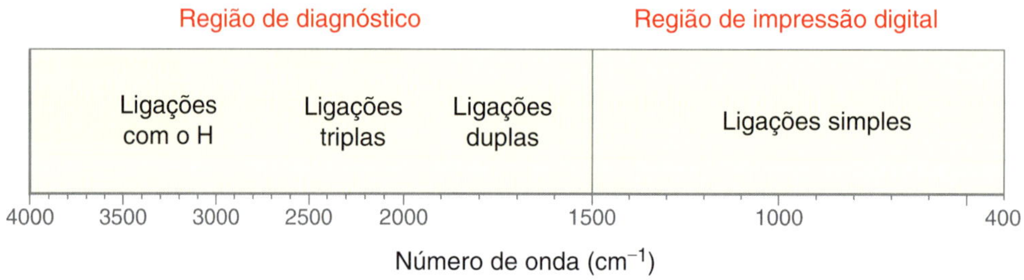

FIGURA 15.7
As regiões de diagnóstico e impressão digital de um espectro de IV.

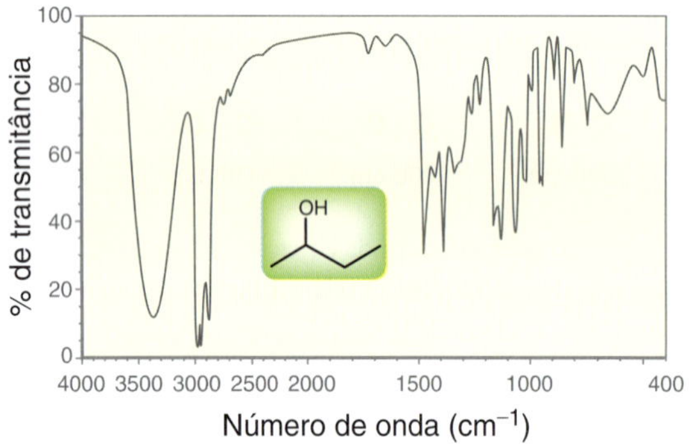

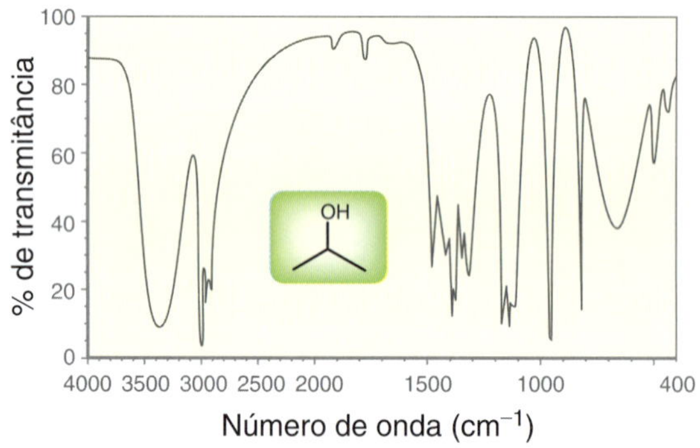

FIGURA 15.8
Espectros de IV para o 2-butanol e 2-propanol.

Efeito dos Estados de Hibridização sobre o Número de Onda de Absorção

Na seção anterior, vimos que as ligações envolvendo hidrogênio (como as ligações C–H) aparecem no lado esquerdo de um espectro de IV (número de onda elevado). Vamos agora comparar vários tipos de ligações C–H.

O número de onda de absorção para uma ligação C–H é muito dependente do estado de hibridização do átomo de carbono. Compare as três ligações C–H vistas a seguir.

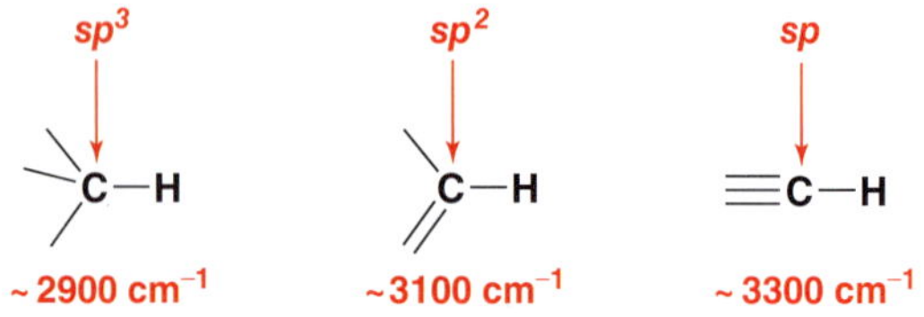

Das três ligações mostradas, a ligação C_{sp}–H produz o sinal de maior energia (~3300 cm^{-1}), enquanto uma ligação C_{sp^3}–H produz o sinal de menor energia (~2900 cm^{-1}). Para entender essa tendência, devemos rever as formas dos orbitais atômicos hibridizados (Figura 15.9). Como ilustrado, orbi-

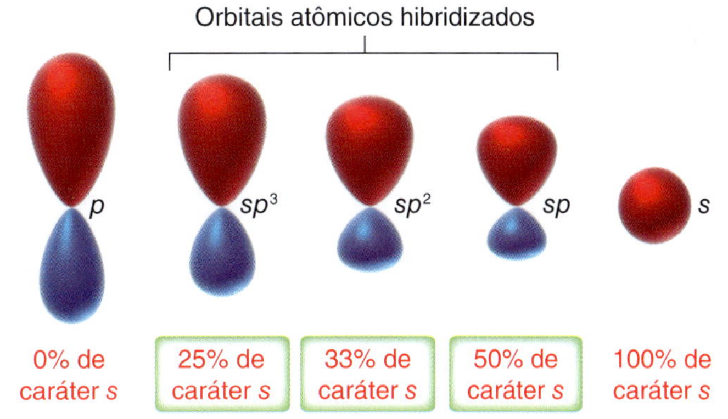

FIGURA 15.9
As formas dos orbitais atômicos.

tais *sp* têm mais caráter *s* do que os outros orbitais atômicos hibridizados e, portanto, orbitais *sp* se parecem mais com os orbitais *s*. Compare as formas dos orbitais atômicos hibridizados e observe que a densidade eletrônica de um orbital *sp* está mais próxima do núcleo (muito parecido com um orbital *s*). Em consequência disso, uma ligação C_{sp}–H será mais curta do que outras ligações C–H. Compare os comprimentos de ligação das três ligações C–H que são vistos a seguir.

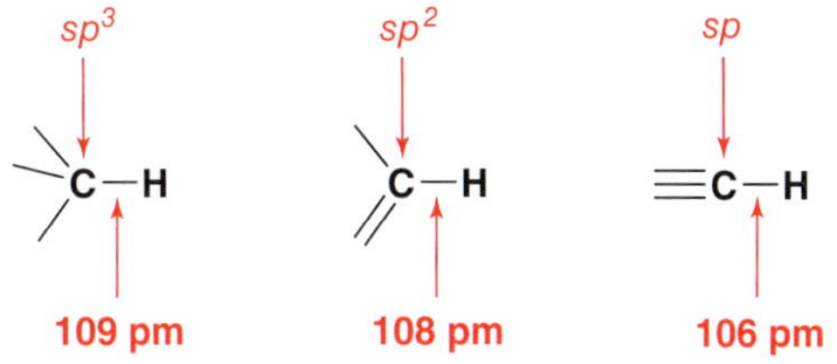

A ligação C_{sp}–H tem o menor comprimento de ligação e é, portanto, a ligação mais forte. A ligação C_{sp^3}–H tem o maior comprimento de ligação e é, portanto, a ligação mais fraca. Compare o espectro de um alcano, um alqueno e um alquino (Figura 15.10). Em cada caso, traçamos uma linha em 3000 cm^{-1}.

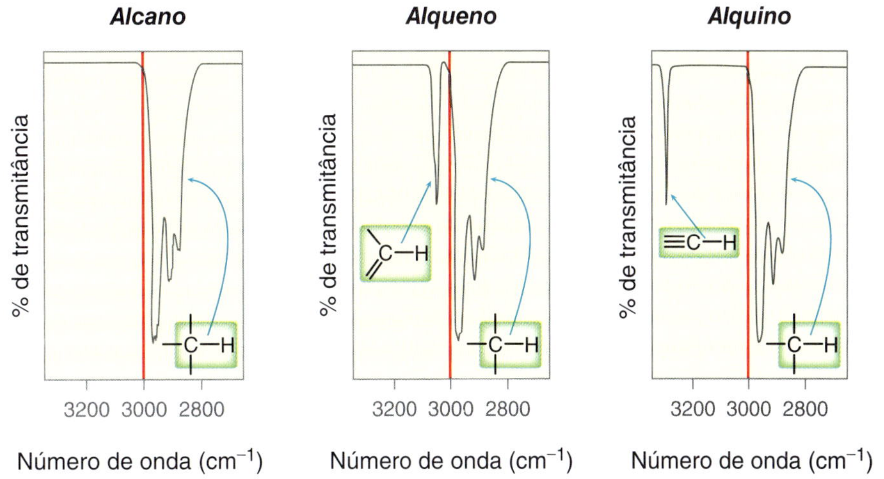

FIGURA 15.10
As regiões relevantes dos espectros de IV para um alcano, um alqueno e um alquino.

Todos os espectros têm três sinais à direita da linha, devido às ligações C_{sp^3}–H. O mais importante é procurar quaisquer sinais à esquerda da linha. Um alcano não tem um sinal à esquerda de 3000 cm^{-1}. Um alqueno tem um sinal em 3100 cm^{-1}, e um alquino tem um sinal em 3300 cm^{-1}. Mas, cuidado, a ausência de um sinal à esquerda de 3000 cm^{-1} *não* indica necessariamente a ausência de uma ligação dupla ou ligação tripla na substância. Ligações duplas tetrassubstituídas não possuem quaisquer ligações C_{sp^2}–H, e ligações triplas internas também não possuem quaisquer ligações C_{sp}–H.

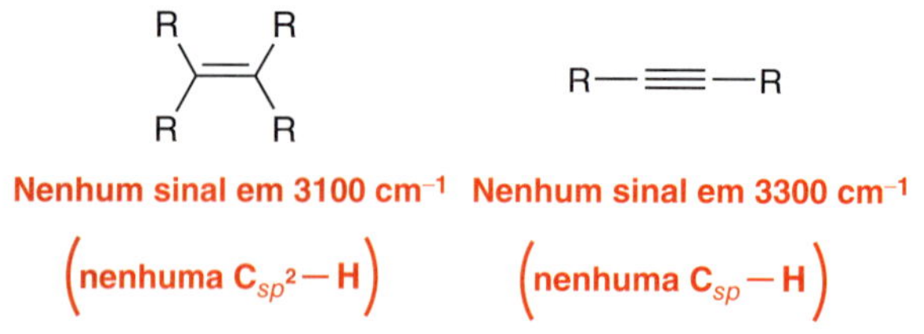

Efeito da Ressonância sobre o Número de Onda de Absorção

Vamos agora considerar os efeitos de ressonância no número de onda de absorção. Como uma ilustração, comparamos os grupos carbonila (ligações C=O) nas duas substâncias a seguir.

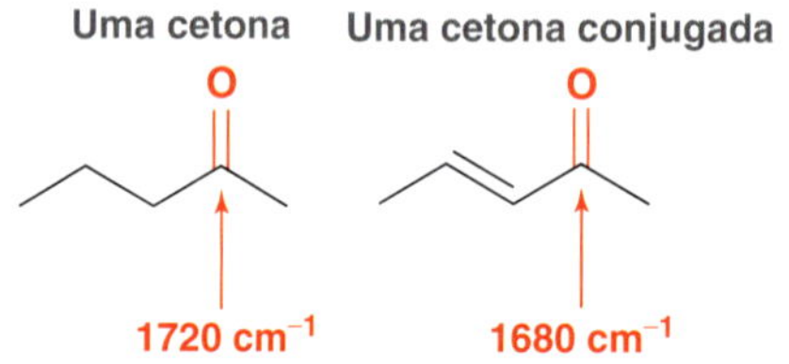

A segunda substância é chamada de uma cetona insaturada conjugada. Ela é *insaturada* devido à presença de uma ligação C=C (mais adiante neste capítulo teremos oportunidade de ver mais detalhadamente essa terminologia), e ela é **conjugada** porque as ligações π estão separadas uma da outra por exatamente uma ligação simples. Vamos explorar sistemas π conjugados com mais detalhes no Capítulo 17. Agora, vamos apenas analisar o efeito da conjugação sobre a absorção do grupo carbonila no IV. Como mostrado, o grupo carbonila de uma cetona insaturada conjugada produz um sinal em um número de onda (1680 cm^{-1}) menor do que o grupo carbonila de uma cetona saturada (1720 cm^{-1}). Para entender por que, temos de representar as estruturas de ressonância para cada substância. Vamos começar com a cetona saturada.

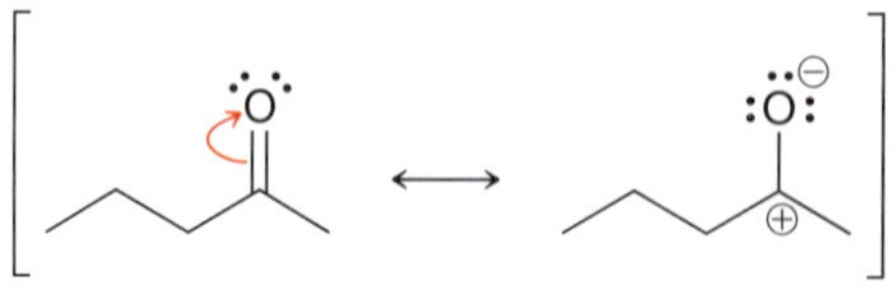

Cetonas têm duas estruturas de ressonância significativas. O grupo carbonila é representado como uma ligação dupla na primeira estrutura de ressonância, e é representado como uma ligação simples na segunda estrutura de ressonância. Isso significa que o grupo carbonila tem algum caráter de ligação dupla e algum caráter de ligação simples. A fim de determinar a natureza dessa ligação, temos de considerar a contribuição de cada uma das estruturas de ressonância. Em outras palavras, o grupo carbonila tem mais caráter de ligação dupla ou mais caráter de ligação simples? A segunda estrutura de ressonância apresenta separação de carga, bem como um átomo de carbono (C+) que tem menos de um octeto de elétrons. Essas duas razões explicam por que a segunda estrutura de ressonância contribui pouco para o híbrido de ressonância global. Portanto, o grupo carbonila de uma cetona tem principalmente caráter de ligação dupla.

Agora, consideramos as estruturas de ressonância de uma cetona insaturada conjugada.

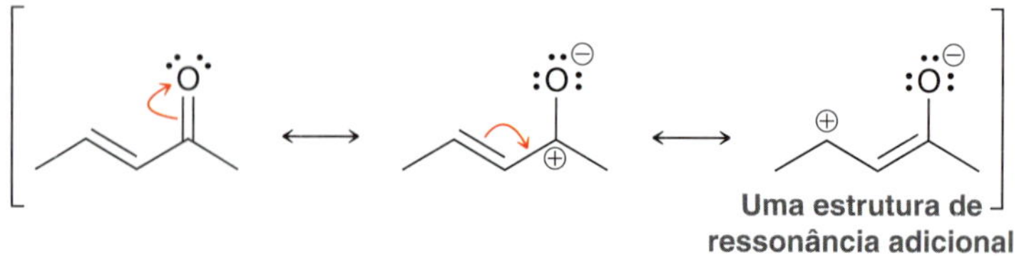

Cetonas insaturadas conjugadas têm três estruturas de ressonância em vez de duas. Na terceira estrutura de ressonância, o grupo carbonila é representado como uma ligação simples. Mais uma vez, essa estrutura de ressonância apresenta separação de carga bem como um átomo de carbono (C+), com menos de um octeto de elétrons. Como consequência, essa estrutura de ressonância também contribui pouco para o híbrido de ressonância global. No entanto, essa terceira estrutura de ressonância contribui com algum caráter para o híbrido de ressonância global, dando a esse grupo carbonila um pouco mais de caráter de ligação simples do que o grupo carbonila de uma cetona saturada. Com mais caráter de ligação simples, ela é uma ligação ligeiramente mais fraca e, portanto, produz um sinal em um número de onda menor (1680 cm^{-1}, em vez de 1720 cm^{-1}).

Ésteres apresentam uma tendência semelhante. Um éster normalmente produz um sinal em torno de 1740 cm^{-1}, mas ésteres insaturados conjugados produzem sinais de energia mais baixa, normalmente por volta de 1710 cm^{-1}. Mais uma vez, o grupo carbonila de um éster insaturado conjugado é uma ligação mais fraca devido à ressonância.

Um éster **Um éster insaturado conjugado**

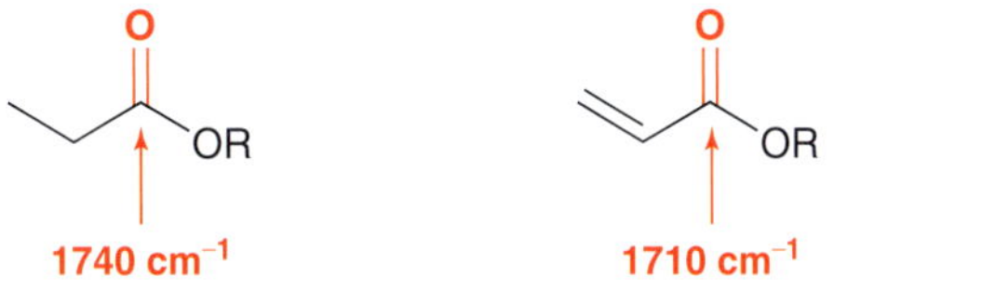

VERIFICAÇÃO CONCEITUAL

15.1 Para cada uma das seguintes substâncias, ordene as ligações destacadas em termos de número de onda crescente:

(a) 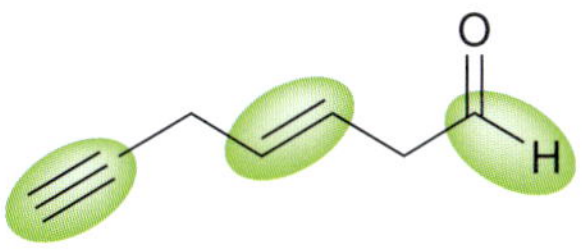

(b) 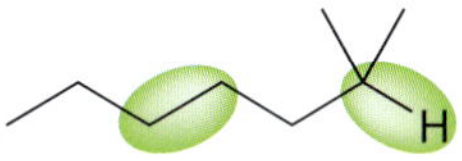

15.2 Para cada uma das substâncias a seguir, determine se você espera (ou não) que o seu espectro de IV apresente um sinal à esquerda de 3000 cm^{-1}.

(a) 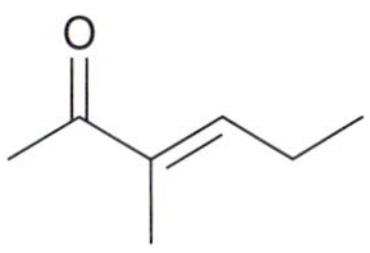

(b) 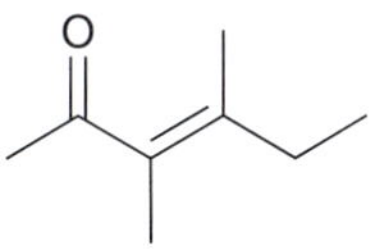

(c) 

(d) 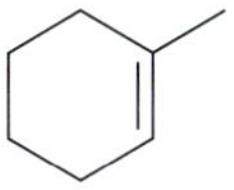

(e) 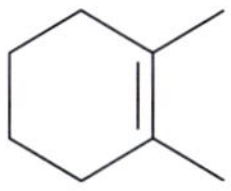

(f) 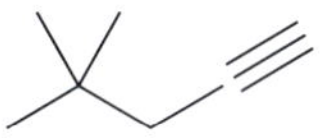

15.3 Cada uma das substâncias a seguir contém dois grupos carbonila. Identifique qual grupo carbonila apresenta um sinal em menor número de onda.

(a) 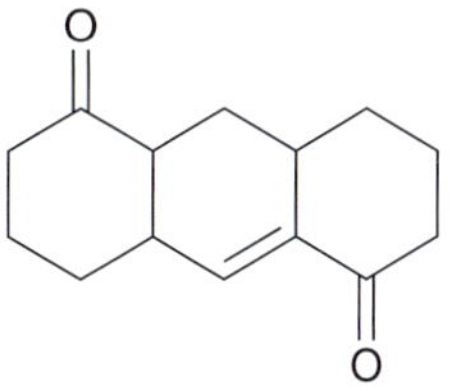

(b) 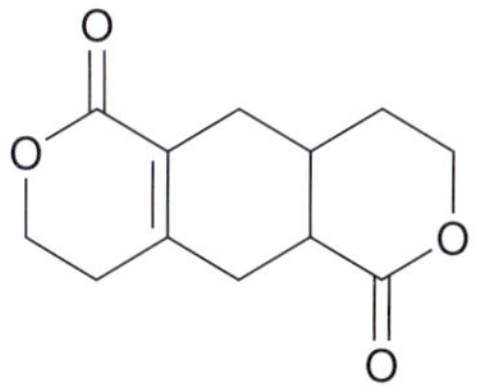

(c) 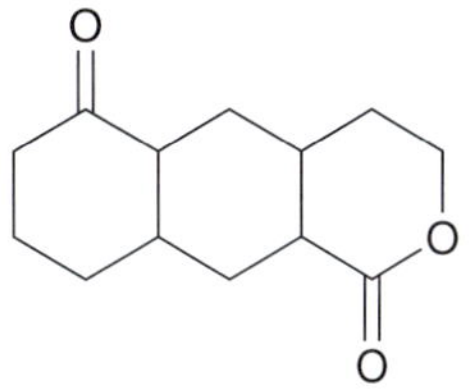

15.4 Compare o número de onda de absorção para as duas ligações C=C seguintes. Use estruturas de ressonância para explicar por que a ligação C=C na substância conjugada produz um sinal com número de onda menor.

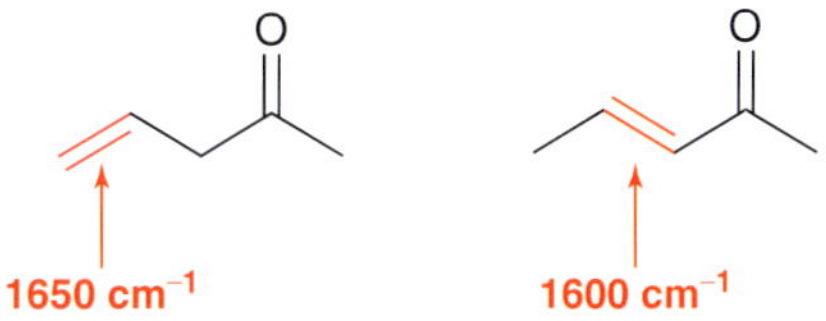

15.4 Características do Sinal: Intensidade

Em um espectro de IV, alguns sinais são muito fortes em comparação com outros sinais no mesmo espectro (Figura 15.11). Isto é, algumas ligações absorvem a radiação infravermelho de forma muito eficiente, enquanto outras ligações são menos eficientes na absorção da radiação infravermelho. Para entender a razão disso, temos de considerar como o valor do momento de dipolo varia quando uma ligação vibra. Lembre-se de que o momento de dipolo (μ) de uma ligação é definido pela equação a seguir.

$$\mu = e \times d$$

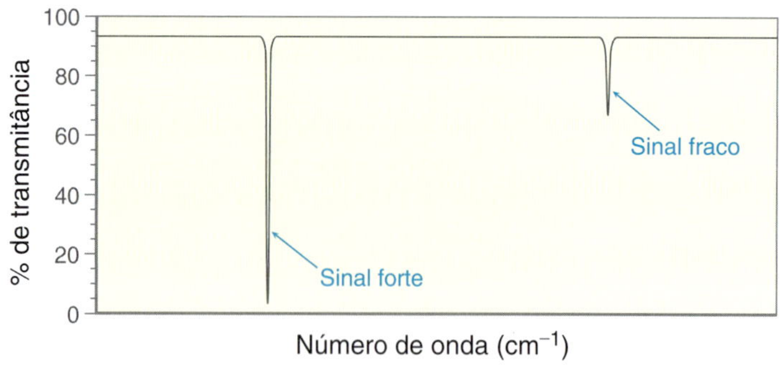

FIGURA 15.11
Uma comparação entre um sinal forte e um sinal fraco em um espectro de IV.

em que *e* é o valor de cargas parciais (δ+ e δ–) e *d* é a distância que as separa. Consideramos agora o que acontece com o valor do momento de dipolo à medida que a ligação vibra.

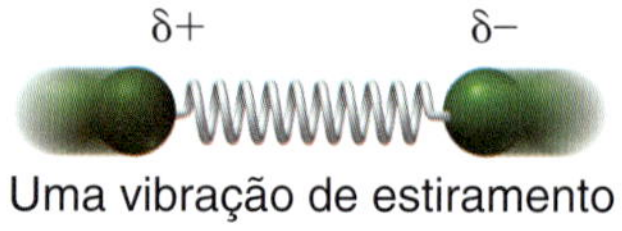

Quando uma ligação vibra, a distância entre as cargas parciais varia seguidamente, o que significa que o valor do momento de dipolo também varia com o tempo. A representação gráfica do momento de dipolo em função do tempo mostra um momento de dipolo oscilante (Figura 15.12).

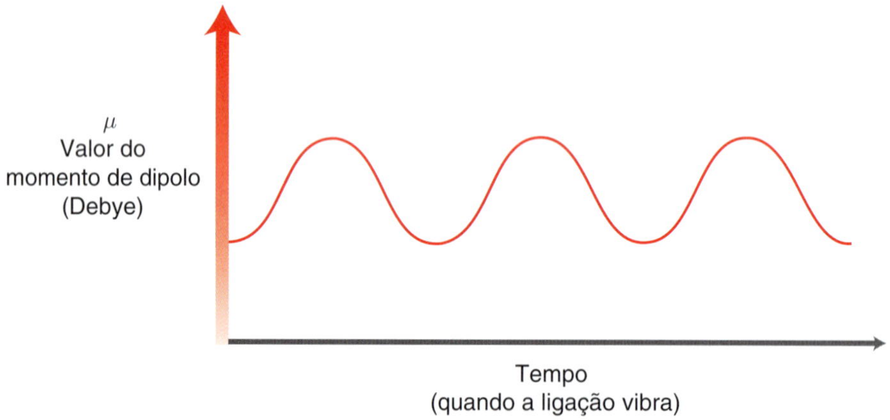

FIGURA 15.12
Para uma ligação vibrando, o valor do momento de dipolo oscila em função do tempo.

O momento de dipolo é um campo elétrico em torno da ligação. Assim, quando o momento de dipolo oscila, a ligação é essencialmente cercada por um campo elétrico oscilante, que funciona como uma antena (por assim dizer) para a absorção de radiação infravermelho. Uma vez que a própria radiação eletromagnética é constituída por um campo elétrico oscilante, a ligação pode absorver um fóton porque o campo elétrico oscilante da ligação interage com o campo elétrico oscilante da radiação infravermelho.

A eficiência de uma ligação em absorver a radiação infravermelho, portanto, depende do valor do momento de dipolo. Por exemplo, compare as duas ligações destacadas a seguir:

Cada uma dessas ligações tem um momento de dipolo mensurável, mas os valores deles diferem significativamente. Vamos primeiramente analisar o grupo carbonila (ligação C=O). Devido à ressonância e à indução, o átomo de carbono possui uma carga parcial positiva grande, e o átomo de oxigênio tem uma carga parcial negativa grande. O grupo carbonila, portanto, tem um momento de dipolo grande. Agora vamos analisar a ligação C=C. Uma posição vinílica está ligada a grupos alquila doadores de elétrons, enquanto a outra posição vinílica está ligada a átomos de hidrogênio. Como consequência, as duas posições vinílicas não são eletronicamente idênticas, de modo que haverá um pequeno momento de dipolo.

O campo elétrico oscilante associado com o grupo carbonila é muito mais forte do que o campo elétrico oscilante associado com a ligação C=C (Figura 15.13). Portanto, o grupo carbonila se comporta como uma antena melhor para absorver a radiação infravermelho. Isto é, o grupo carbonila é mais eficiente na absorção de radiação infravermelho, produzindo um sinal mais forte (Figura 15.14). Grupos carbonila geralmente produzem os sinais mais fortes em um espectro de IV, enquanto ligações C=C frequentemente produzem sinais relativamente fracos. Realmente, alguns alquenos nem produzem nenhum sinal devido a C=C. Por exemplo, consideramos o espectro de IV do 2,3-dimetil-2-buteno (Figura 15.15). Esse alqueno é simétrico. Isto é, ambas as posições vinílicas são eletronicamente idênticas, e a ligação não tem nenhum momento de dipolo. Quando a ligação C=C vibra, não há nenhuma variação no momento de dipolo, o que significa que a ligação não pode se comportar como uma antena para a absorção de radiação infravermelho. Em outras palavras, ligações C=C simétricas são ineficientes na absorção de radiação infravermelho e não se observa nenhum sinal. O mesmo é verdadeiro para ligações C≡C simétricas.

Há outro fator que pode contribuir significativamente para a intensidade dos sinais em um espectro de IV. Considere o grupo de sinais aparecendo logo abaixo de 3000 cm^{-1} na Figura 15.15. Esses sinais estão associados com o estiramento das ligações C–H na substância. A intensidade desses sinais depende do número de ligações C–H que deram origem aos sinais. De fato, os sinais logo abaixo de 3000 cm^{-1} estão normalmente entre os sinais mais fortes em um espectro de IV.

OLHANDO PARA O FUTURO
Você pode estar se perguntando por que há mais de um sinal para essas ligações C–H. Essa questão será respondida na próxima seção.

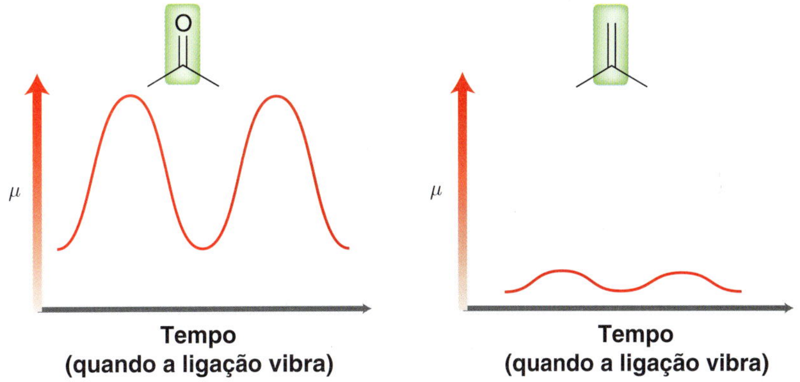

FIGURA 15.13
Uma comparação dos campos elétricos oscilantes para uma ligação C=O e uma ligação C=C.

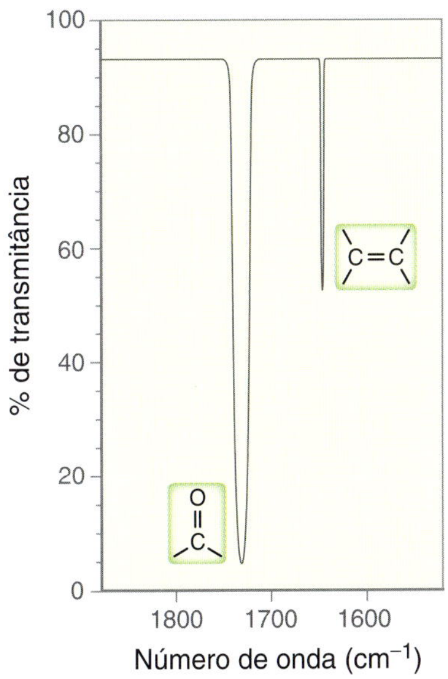

FIGURA 15.14 Uma comparação das intensidades dos sinais devidos à ligação C=O e à ligação C=C.

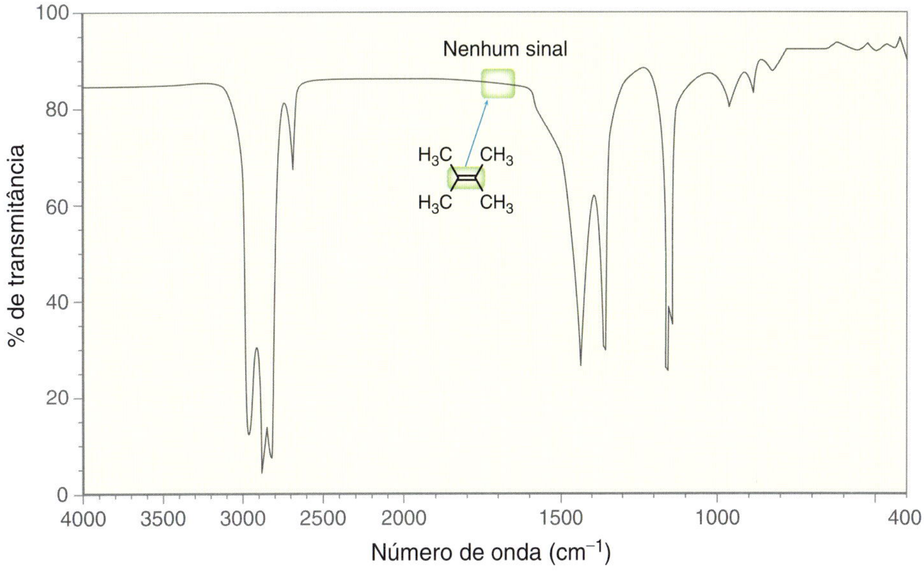

FIGURA 15.15
Um espectro de IV do 2,3-dimetil-2-buteno.

VERIFICAÇÃO CONCEITUAL

15.5 Para cada par de substâncias vistas a seguir, determine qual a ligação C=C que irá produzir um sinal mais forte.

(a) 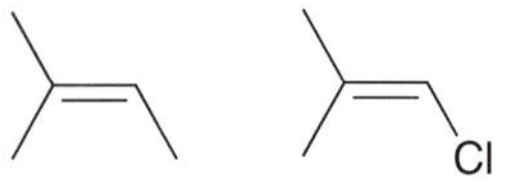

(b) 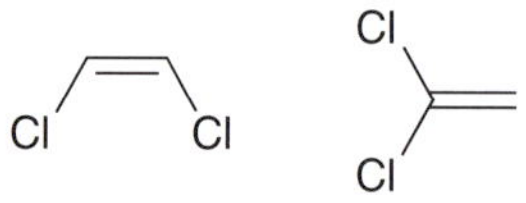

15.6 A ligação C=C na 2-ciclo-hexenona produz um sinal extraordinariamente forte. Explique utilizando estruturas de ressonância.

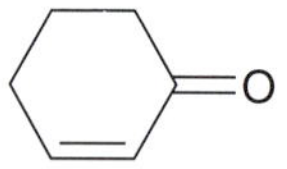

15.7 O *trans*-2-Buteno não apresenta nenhum sinal na região de ligação dupla do espectro (1600 – 1850 cm^{-1}), no entanto a espectroscopia de IV ainda é útil para identificar a presença da ligação dupla. Identifique o outro sinal que indica a presença de uma ligação C=C.

falando de modo prático | Espectroscopia de IV para Teste dos Níveis de Álcool no Sangue

Na seção anterior, vimos que a intensidade de um sinal em um espectro de IV é dependente da eficiência com que uma ligação absorve a radiação infravermelho. A intensidade do sinal também é dependente de outros fatores, como a concentração da amostra a ser analisada. Esse fato é usado por agentes policiais para medir com exatidão os níveis de álcool no sangue. Um dispositivo para medir os níveis de álcool no sangue é chamado de intoxímetro.

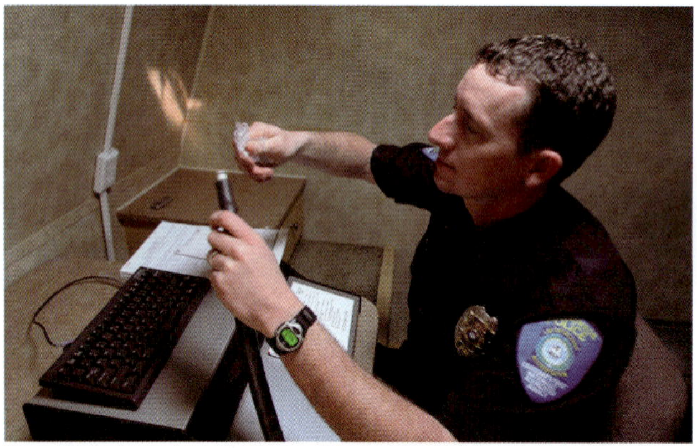

Ele é, essencialmente, um espectrômetro de infravermelho, que é especificamente ajustado para medir a intensidade dos sinais para as ligações C–H no etanol. Por exemplo, o intoxímetro 5000 mede a intensidade de absorção nas cinco frequências ilustradas.

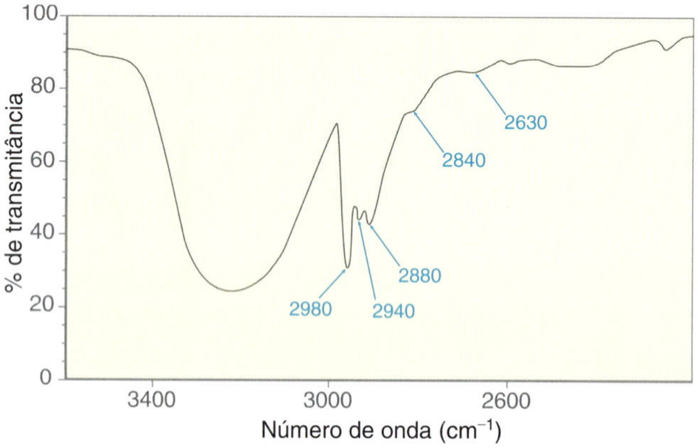

Uma amostra da respiração é analisada e o dispositivo é capaz de calcular a concentração de etanol na amostra com base na intensidade desses sinais.

15.5 Características do Sinal: Forma

Nesta seção, vamos explorar alguns dos fatores que afetam a forma de um sinal. A forma dos sinais em um espectro de IV varia; alguns sinais são muito largos, enquanto os outros são muito estreitos (Figura 15.16).

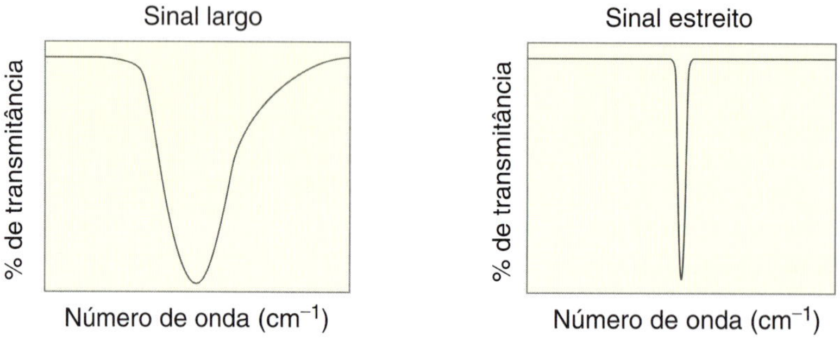

FIGURA 15.16 Uma comparação entre um sinal largo e um sinal estreito em um espectro de IV.

Efeitos da Ligação de Hidrogênio

Álcoois apresentam ligações de hidrogênio, como foi discutido na Seção 13.1. Um dos efeitos da ligação de H é enfraquecer a ligação O–H existente.

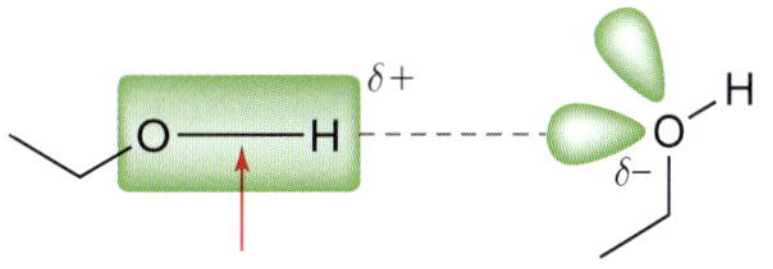

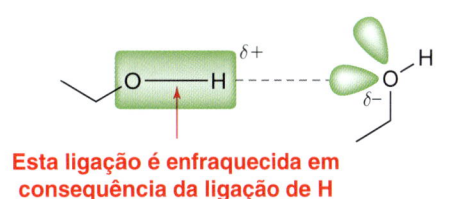

Álcoois concentrados dão origem a sinais largos devido a esse efeito de enfraquecimento. Em dado instante, a ligação O–H em cada molécula está enfraquecida em um grau diferente. Como consequência, as ligações O–H não têm um único valor de força de ligação, mas, em vez disso, há uma *distribuição* das forças de ligação. Isto é, algumas moléculas praticamente não participam da ligação de H, enquanto outras estão participando da ligação de H em graus variados. O resultado é um sinal largo.

A forma do sinal do OH é diferente quando o álcool é diluído em um solvente que não pode formar ligações de hidrogênio com o álcool. Nesse ambiente, é provável que as ligações O–H não participem da ligação de H. O resultado é um sinal estreito. Quando a solução não é muito concentrada nem é muito diluída, dois sinais são observados. As moléculas que não participam na ligação de H dão origem a um sinal estreito, enquanto as moléculas que participam na ligação de H dão origem a um sinal largo. Como exemplo, considere o espectro do 2-butanol, em que ambos os sinais podem ser observados (Figura 15.17). Quando as ligações O–H não participam da ligação de H, elas geralmente produzem um sinal em aproximadamente 3600 cm^{-1}. Esse sinal pode ser observado no espectro. Quando as ligações O–H participam da ligação de H, elas geralmente produzem um sinal largo entre 3200 e 3600 cm^{-1}. Esse sinal também pode ser visto no espectro. Dependendo das condições, um álcool vai dar ou um sinal largo, ou um sinal estreito ou ambos.

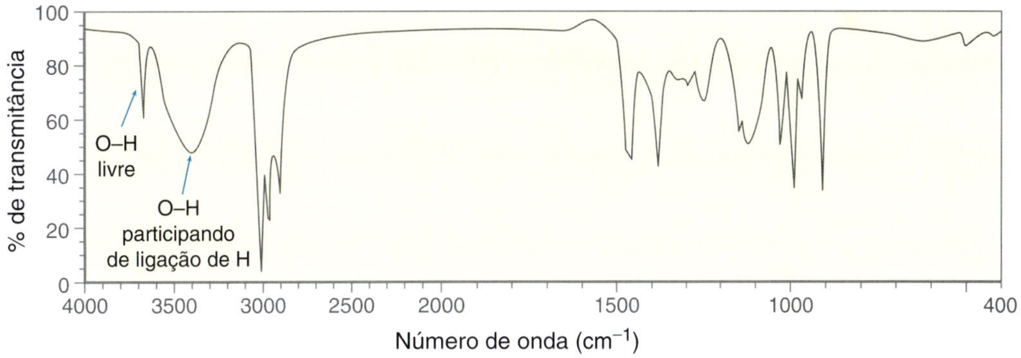

FIGURA 15.17
O espectro de IV do 2-butanol.

VERIFICAÇÃO CONCEITUAL

15.8 Como foi explicado anteriormente, a concentração de um álcool pode ser selecionada de tal forma que um sinal largo e um sinal estreito aparecem simultaneamente. Nesses casos, o sinal largo está sempre à direita do sinal estreito, nunca à esquerda. Explique.

Os ácidos carboxílicos apresentam comportamento semelhante, só que mais pronunciado. Por exemplo, considere o espectro do ácido butírico (Figura 15.18). Observe o sinal muito largo no lado esquerdo do espectro, estendendo-se de 2200 a 3600 cm^{-1}. Esse sinal é tão largo que se estende sobre os sinais habituais de C–H que aparecem em torno de 2900 cm^{-1}. Esse sinal muito largo, característico de ácidos carboxílicos, é um resultado da ligação de H. O efeito é mais pronunciado

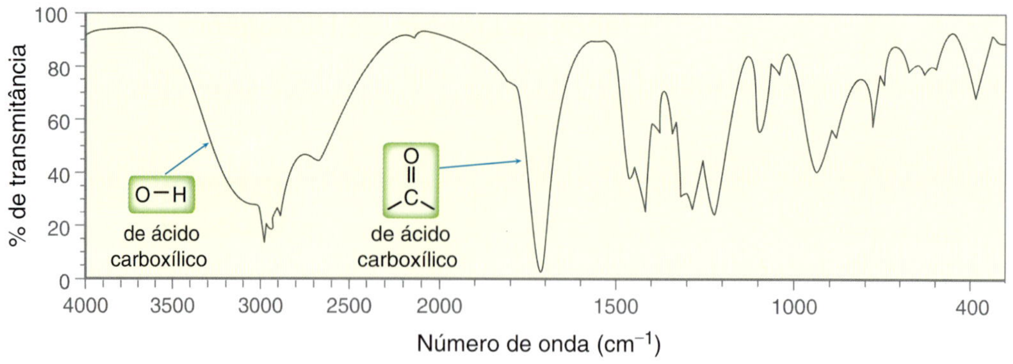

FIGURA 15.18
O espectro de IV do ácido butírico.

do que nos álcoois, porque as moléculas de ácido carboxílico podem formar duas interações de ligação de hidrogênio, resultando em um dímero.

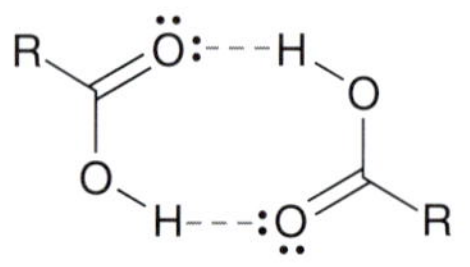

O espectro de IV de um ácido carboxílico é fácil de reconhecer, por causa do sinal característico largo que abrange cerca de um terço do espectro. Esse sinal largo também é acompanhado por um sinal largo associado a C=O logo acima de 1700 cm^{-1}.

VERIFICAÇÃO CONCEITUAL

15.9 Para cada um dos espectros de IV a seguir, identifique se ele é compatível com a estrutura de um álcool, de um ácido carboxílico ou nenhum deles.

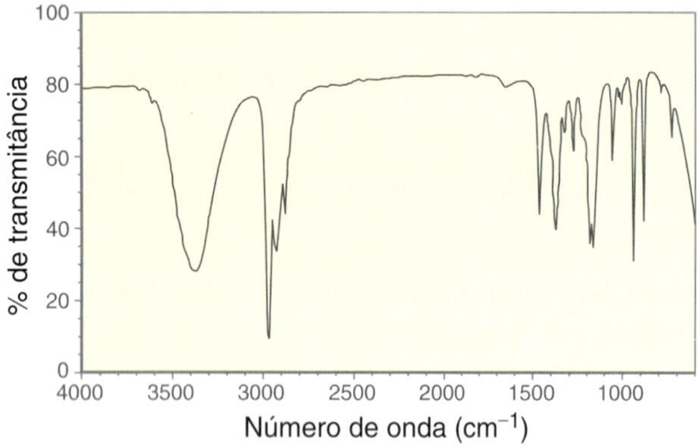

(a)

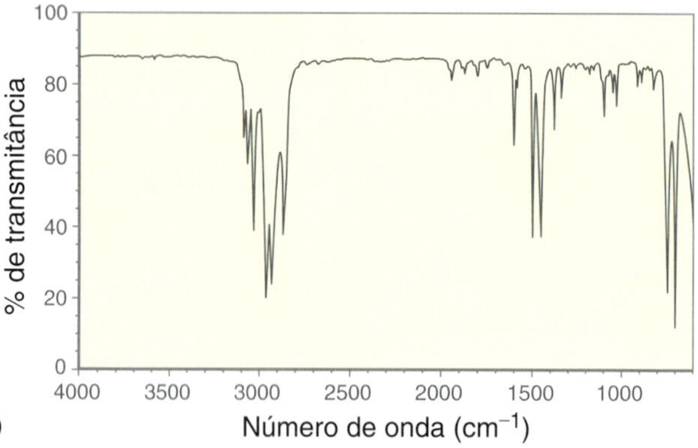

(b)

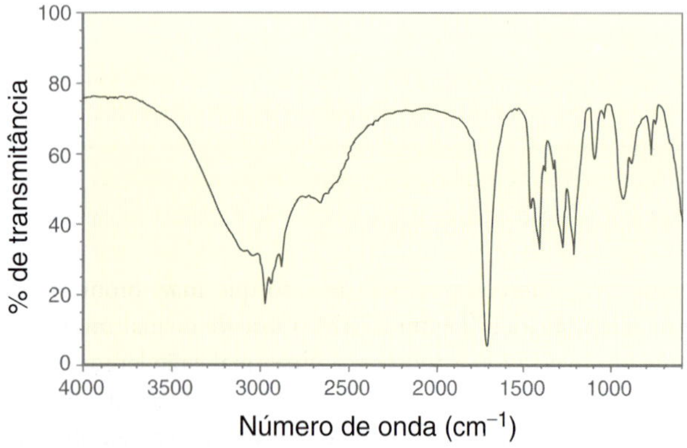

(c)

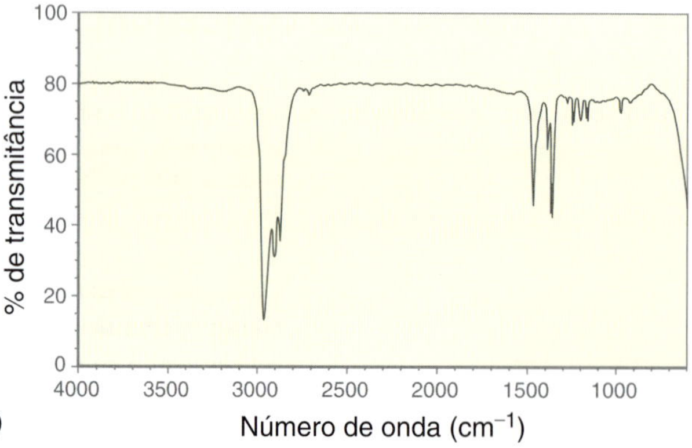

(d)

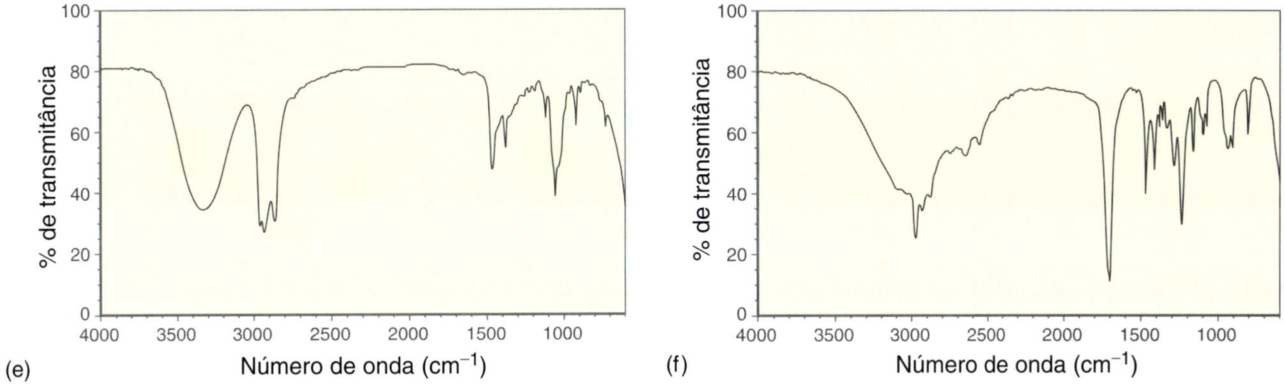

Aminas: Simétricas *versus* Assimétricas

Há outro fator importante além da ligação de H que afeta a forma de um sinal. Consideramos a diferença na forma dos sinais correspondentes a N–H para as aminas primária e secundária (Figura 15.19).

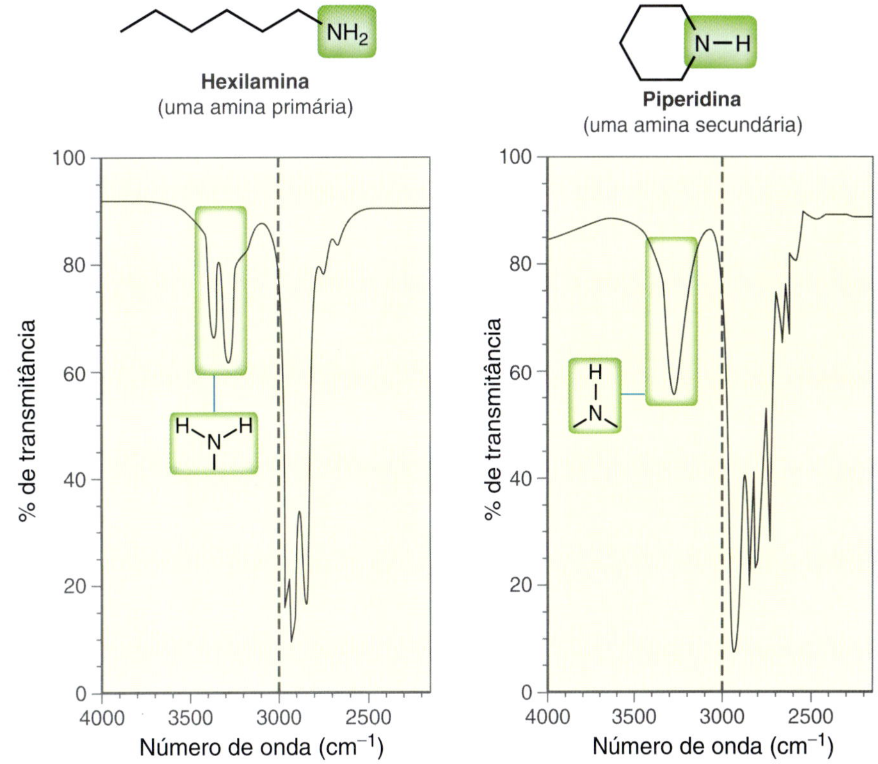

FIGURA 15.19 A diferença na forma dos sinais para uma amina primária e uma amina secundária.

A amina primária apresenta dois sinais: um de 3350 cm^{-1} e o outro em 3450 cm^{-1}. Ao contrário, a amina secundária exibe apenas um sinal. Pode ser tentador explicar isso argumentando que cada ligação N–H dá origem a um sinal, e, consequentemente, uma amina primária dá dois sinais porque tem duas ligações N–H. Infelizmente, a explicação não é tão simples assim. Na verdade, as duas ligações N–H de uma única molécula produzem juntas apenas um sinal. A razão para o aparecimento de dois sinais é explicada de forma mais precisa considerando-se as duas formas possíveis com que o grupo NH_2 inteiro pode vibrar. As ligações N–H podem estar alongando e encurtando (sofrendo estiramento) em fase uma com a outra, denominado **estiramento simétrico**, ou elas podem estar sofrendo estiramento fora de fase uma com a outra, denominado **estiramento assimétrico**. Em dado instante, aproximadamente metade das moléculas estão vibrando simetricamente, enquanto a outra metade está vibrando de forma assimétrica. As moléculas que vibram simetricamente irão absorver determinada frequência da radiação infravermelho para promover uma excitação de vibração, enquanto as moléculas vibrando de forma assimétrica absorverão uma frequência diferente. Em outras palavras, um dos sinais é produzido pela metade das moléculas e o outro sinal é produzido pela outra metade das moléculas.

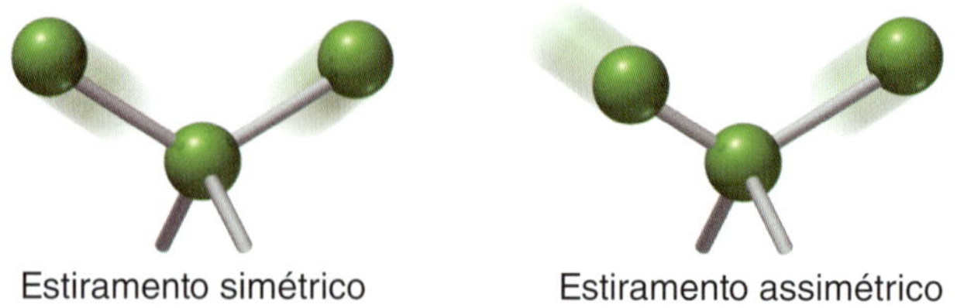

Por uma razão semelhante, as ligações C–H de um grupo CH_3 (aparecendo logo abaixo de 3000 cm^{-1} num espectro de IV) em geral dão origem a uma série de sinais, em vez de apenas um sinal. Esses sinais surgem em função das várias maneiras com que um grupo CH_3 pode ser excitado.

VERIFICAÇÃO CONCEITUAL

15.10 Para cada um dos espectros de IV a seguir, determine se ele está de acordo com a estrutura de uma cetona, de um álcool, de um ácido carboxílico, de uma amina primária ou de uma amina secundária.

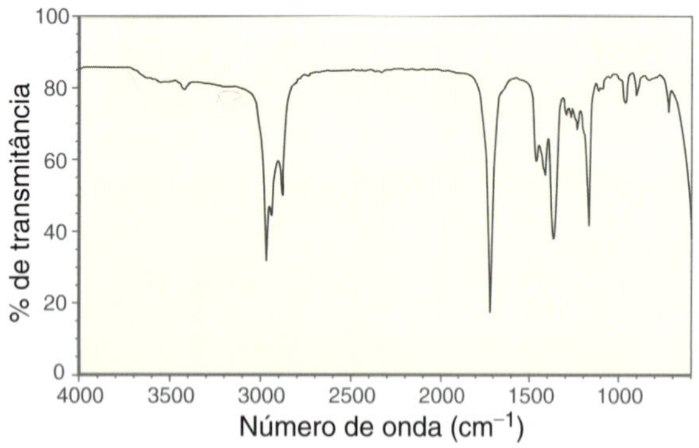

(a)

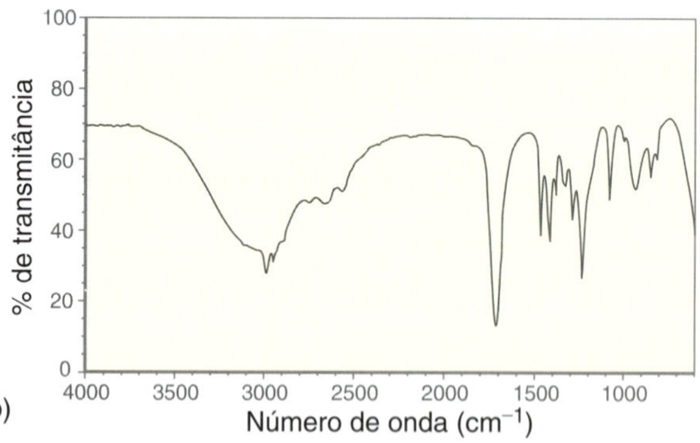

(b)

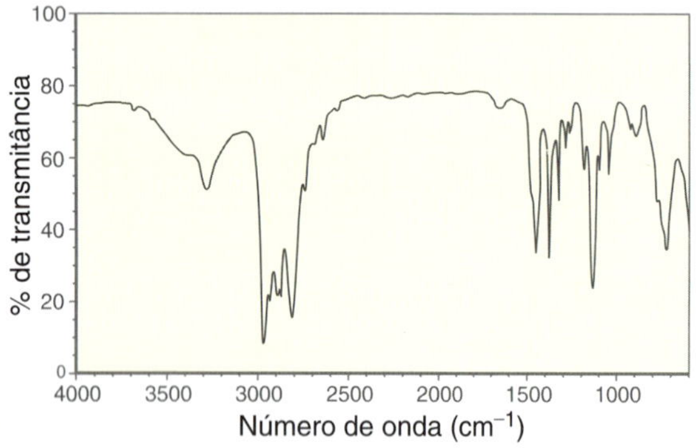

(c)

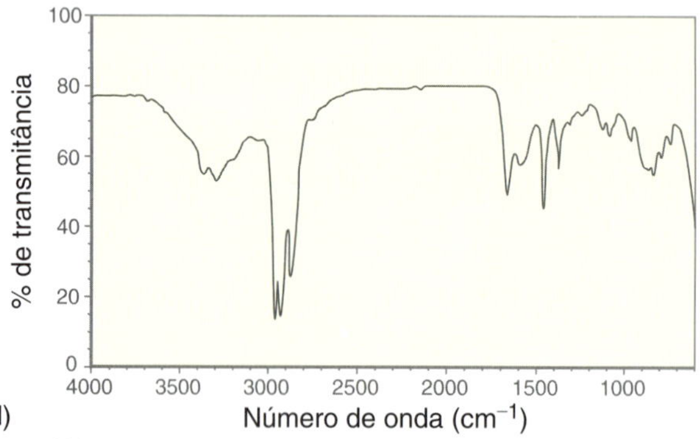

(d)

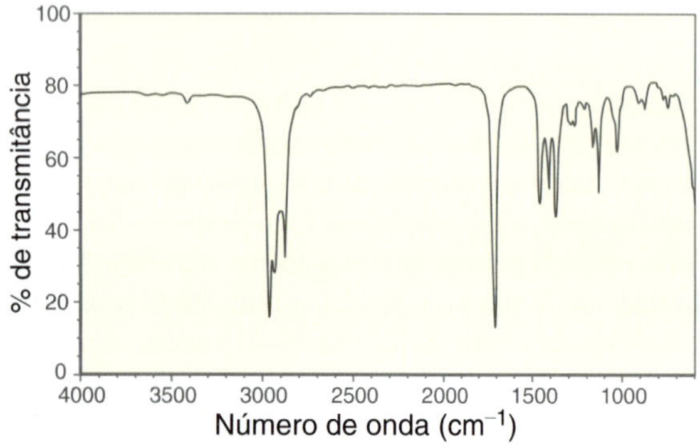

(e)

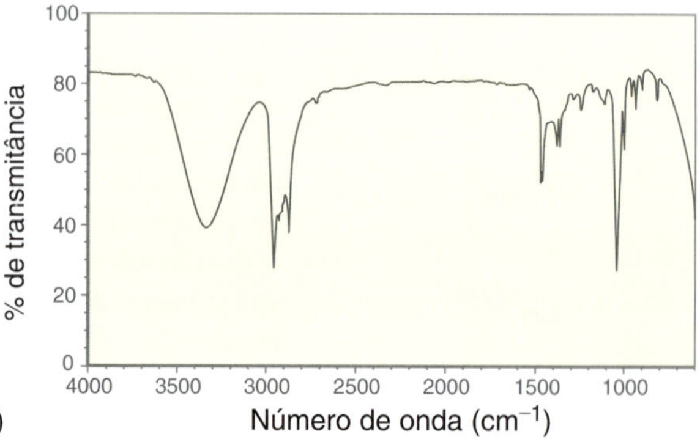

(f)

15.11 Considere cuidadosamente a estrutura do 2,3-dimetil-2-buteno. Existem 12 ligações C_{sp^3}–H, e todas elas são idênticas. No entanto, há mais de um sinal logo a direita de 3000 cm^{-1} no espectro de IV dessa substância. Como você explica isso?

15.6 Análise de um Espectro de Infravermelho

A Tabela 15.2 é um resumo dos sinais úteis na região de diagnóstico de um espectro de IV, bem como alguns sinais úteis na região de impressão digital.

TABELA 15.2 SINAIS IMPORTANTES NA ESPECTROSCOPIA DE IV

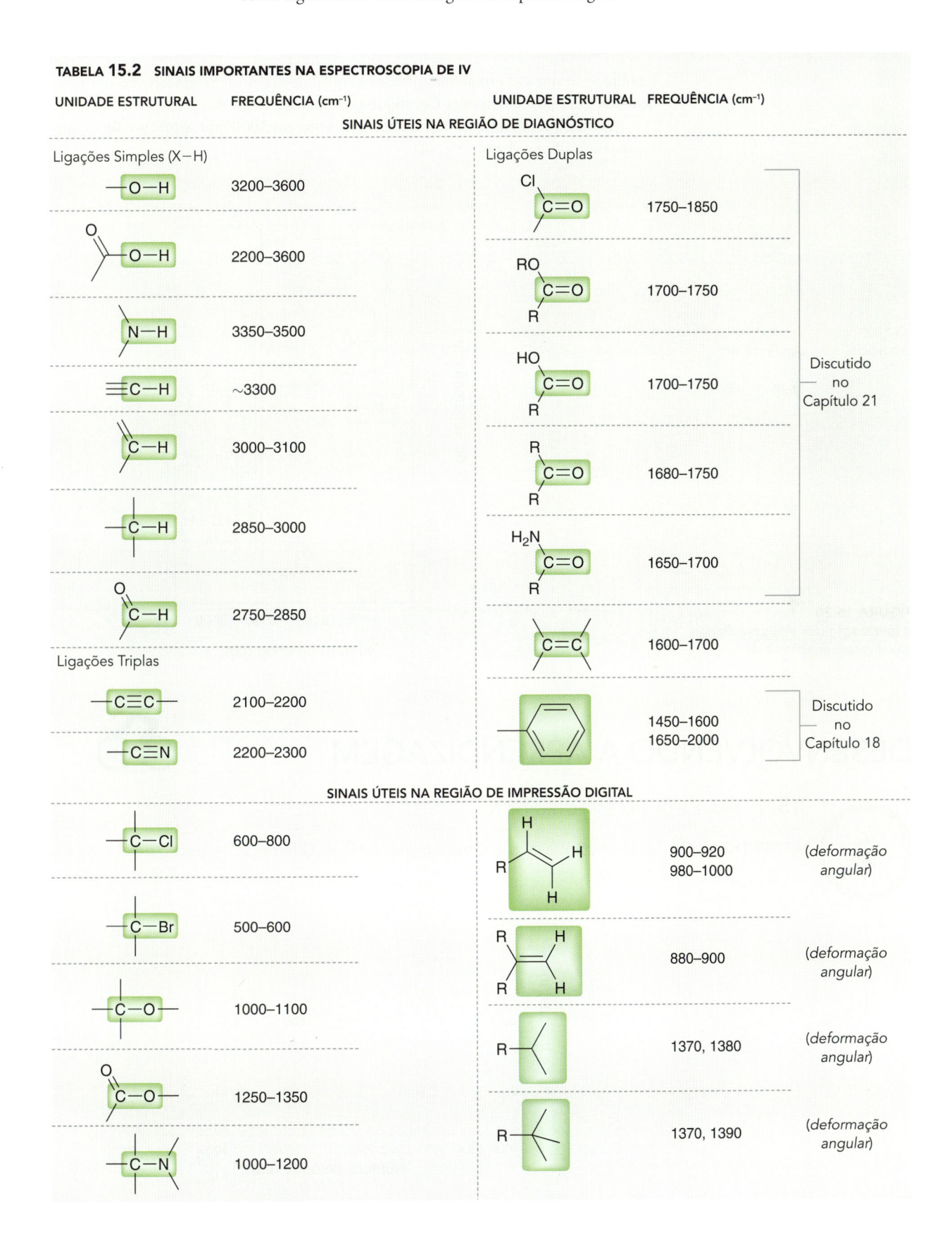

SINAIS ÚTEIS NA REGIÃO DE DIAGNÓSTICO

UNIDADE ESTRUTURAL	FREQUÊNCIA (cm^{-1})
Ligações Simples (X–H)	
O–H	3200–3600
(C=O)O–H	2200–3600
N–H	3350–3500
≡C–H	~3300
=C–H	3000–3100
C–H	2850–3000
(O=)C–H	2750–2850
Ligações Triplas	
C≡C	2100–2200
C≡N	2200–2300

UNIDADE ESTRUTURAL	FREQUÊNCIA (cm^{-1})	
Ligações Duplas		
Cl–C=O	1750–1850	Discutido no Capítulo 21
RO–C(=O)–R	1700–1750	Discutido no Capítulo 21
HO–C(=O)–R	1700–1750	Discutido no Capítulo 21
R–C(=O)–R	1680–1750	Discutido no Capítulo 21
H_2N–C(=O)–R	1650–1700	Discutido no Capítulo 21
C=C	1600–1700	
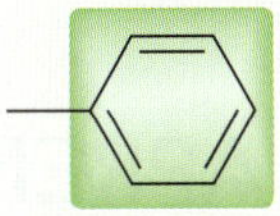	1450–1600 1650–2000	Discutido no Capítulo 18

SINAIS ÚTEIS NA REGIÃO DE IMPRESSÃO DIGITAL

UNIDADE ESTRUTURAL	FREQUÊNCIA (cm^{-1})
C–Cl	600–800
C–Br	500–600
C–O	1000–1100
(O=)C–O	1250–1350
C–N	1000–1200

UNIDADE ESTRUTURAL	FREQUÊNCIA (cm^{-1})	
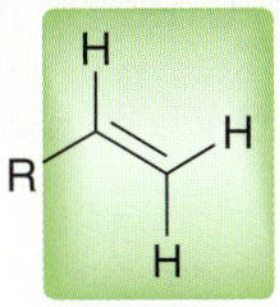	900–920 980–1000	*(deformação angular)*
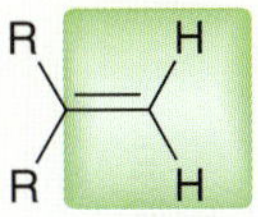	880–900	*(deformação angular)*
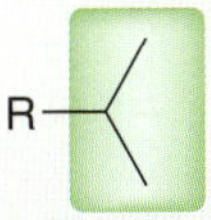	1370, 1380	*(deformação angular)*
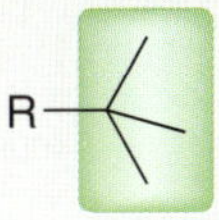	1370, 1390	*(deformação angular)*

Quando se analisa um espectro de IV, a primeira etapa é traçar uma linha em 1500 cm^{-1}. Concentre-se em todos os sinais à esquerda dessa linha (a região de diagnóstico). Ao fazer isso, será extremamente útil verificar se você pode identificar as seguintes regiões:

- Ligações duplas: 1600-1850 cm^{-1}
- Ligações triplas: 2100-2300 cm^{-1}
- Ligações X–H: 2700-4000 cm^{-1}

Lembre-se de que cada sinal que aparece na região de diagnóstico terá três características (número de onda, intensidade e forma). Certifique-se de analisar todas elas.

Ao olhar para as ligações X–H, trace uma linha em 3000 cm^{-1} e procure sinais que aparecem à esquerda da linha (Figura 15.20).

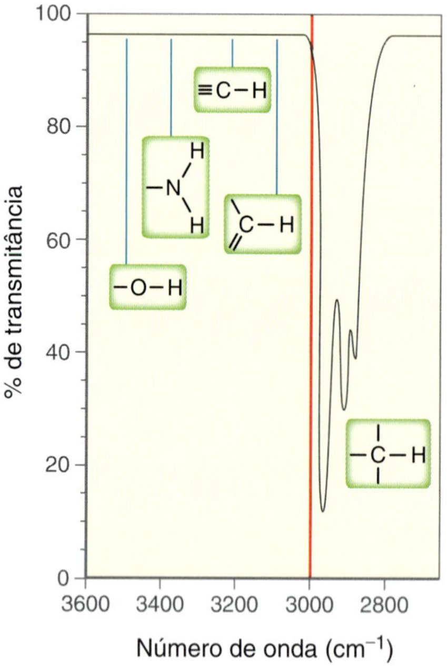

FIGURA 15.20
A localização dos sinais resultantes das diversas ligações X–H.

DESENVOLVENDO A APRENDIZAGEM

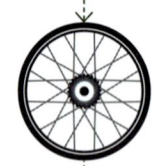

15.1 ANÁLISE DE UM ESPECTRO DE IV

APRENDIZAGEM Uma substância com a fórmula molecular $C_6H_{10}O$ fornece o espectro de IV visto a seguir.

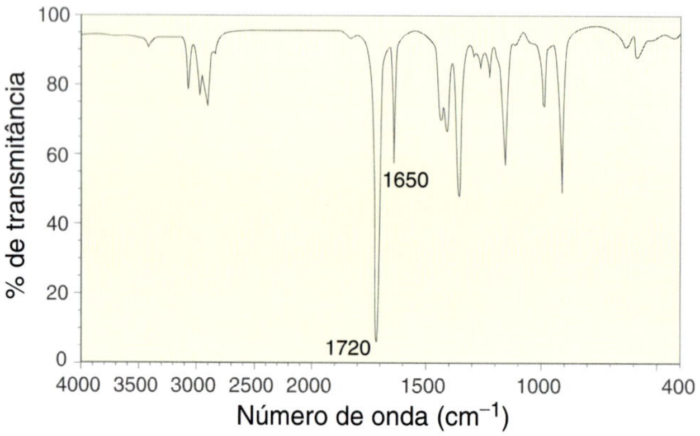

Identifique qual estrutura é mais consistente com o espectro.

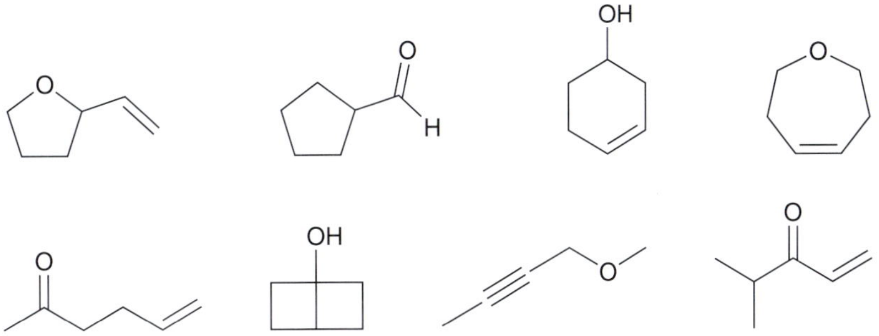

SOLUÇÃO

ETAPAS 1 e 2
Procurar ligações duplas (1600-1850 cm^{-1}) e ligações triplas (2100-2300 cm^{-1})

Traçamos uma linha em 1500 cm^{-1} e nos concentramos na região de diagnóstico (à esquerda da linha). Começamos olhando para a região de ligação dupla e para a região de ligação tripla.

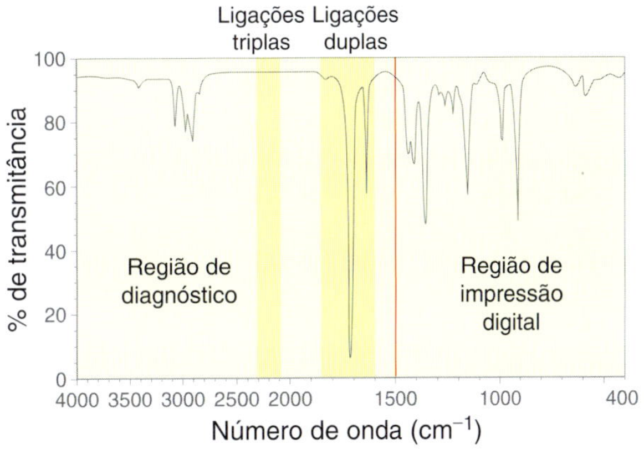

Não existem sinais na região de ligação tripla, mas há dois sinais na região de ligação dupla. O sinal em 1650 cm^{-1} é estreito e fraco, consistente com uma ligação C=C. O sinal em 1720 cm^{-1} é largo e forte, de acordo com a ligação C=O.

ETAPA 3
Procurar pelas ligações X–H. Traçar uma linha em 3000 cm^{-1}.

Em seguida, olhamos para as ligações X–H. Traçamos uma linha em 3000 cm^{-1} e identificamos se existe algum sinal a esquerda dessa linha.

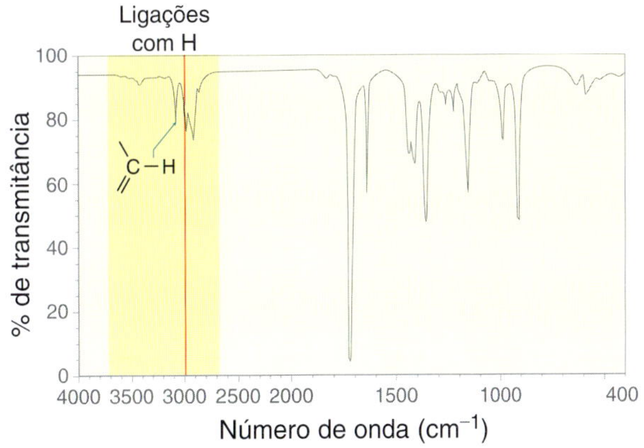

Esse espectro apresenta um sinal logo acima de 3000 cm^{-1}, indicando uma ligação C–H vinílica.

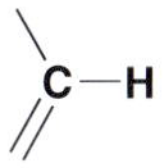

A identificação de uma ligação C–H vinílica é consistente com o sinal associado a C=C, presente na região de ligação dupla (1650 cm^{-1}). Não existem outros sinais acima de 3000 cm^{-1}, de modo que a substância não possui ligações OH ou NH.

A pequena saliência entre 3400 e 3500 cm^{-1} não é forte o suficiente para ser considerada um sinal. Essas saliências muitas vezes são observadas nos espectros de substâncias contendo uma ligação C=O. A saliência ocorre em exatamente o dobro do número de onda do sinal de C=O e é chamada um *sobretom* do sinal C=O.

A região de diagnóstico fornece as informações necessárias para resolver esse problema. Especificamente, a substância tem de possuir as seguintes ligações: C=C, C=O e C–H vinílico. Entre as escolhas possíveis, existem apenas duas substâncias que têm essas características.

Para distinguir entre essas duas possibilidades, observamos que a segunda substância é conjugada, enquanto a primeira substância *não* é conjugada (as ligações π estão separadas por mais do que uma ligação simples). Lembre que as cetonas produzem sinais em aproximadamente 1720 cm^{-1}, enquanto as cetonas conjugadas produzem sinais em cerca de 1680 cm^{-1}.

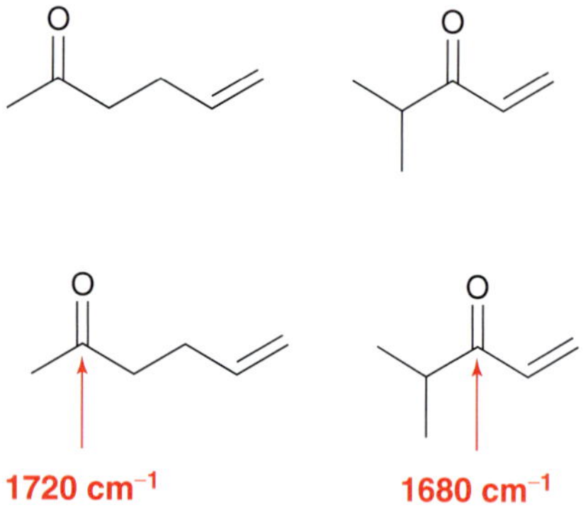

No espectro fornecido, o sinal C=O aparece em 1720 cm^{-1}, indicando que ela não é conjugada. O espectro é, portanto, compatível com a substância a seguir.

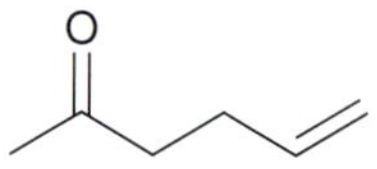

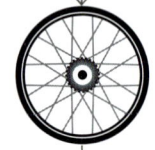

PRATICANDO o que você aprendeu

15.12 Faça a associação de cada substância com o espectro de IV apropriado:

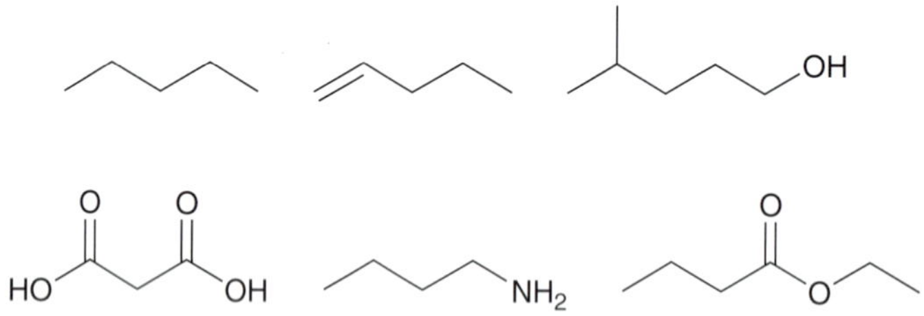

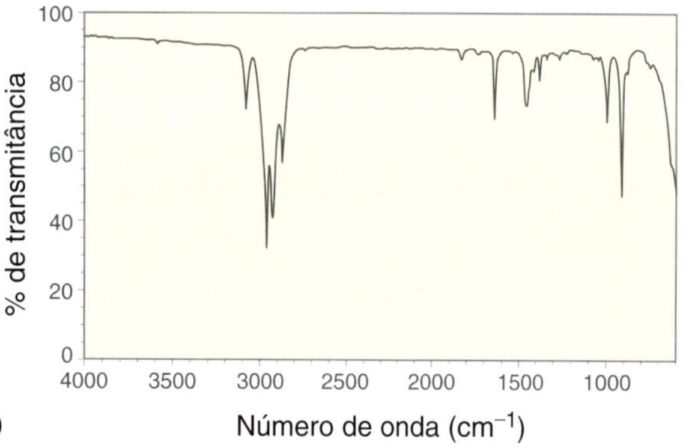

(a)

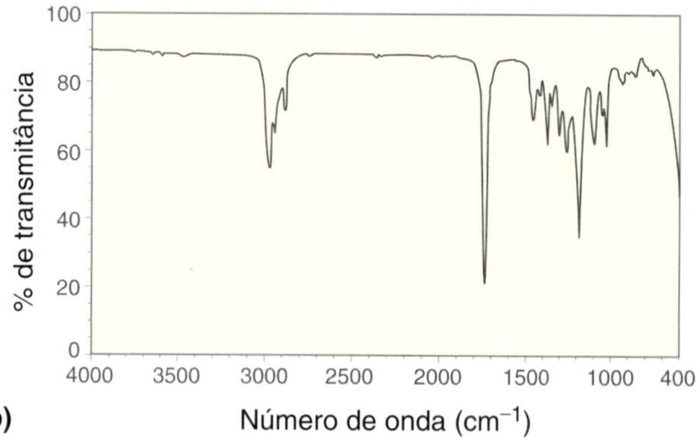

(b)

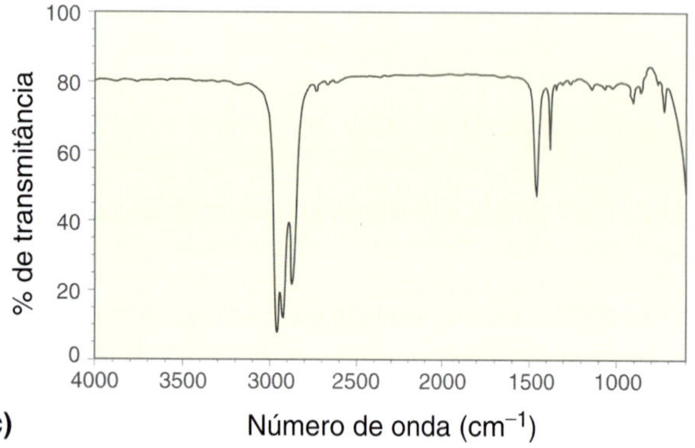

(c)

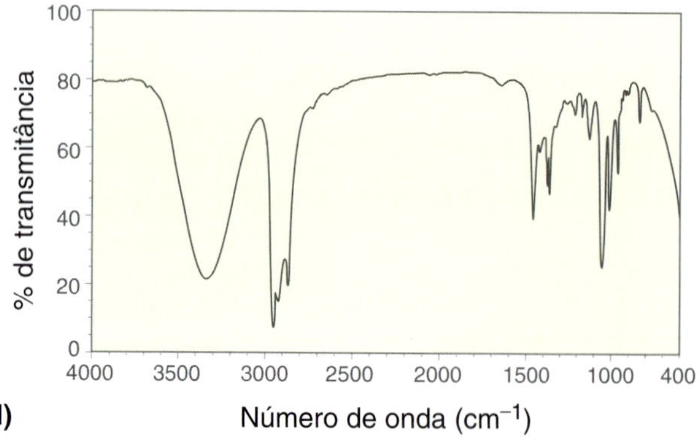

(d)

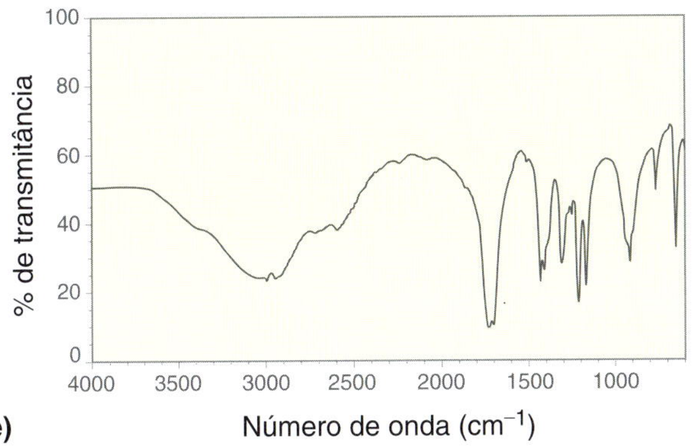

(e)

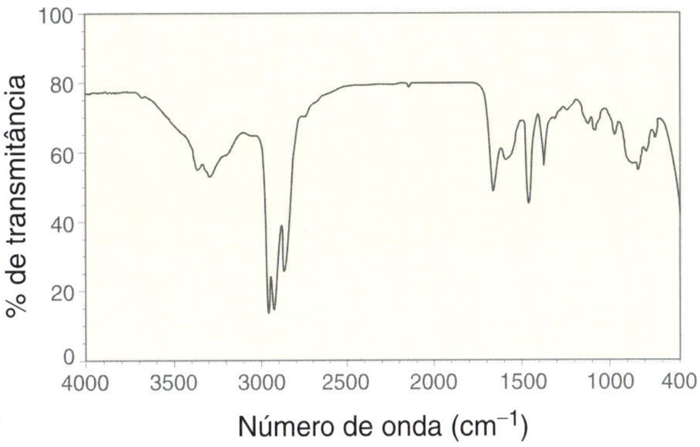

(f)

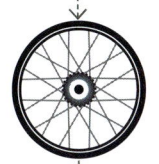

APLICANDO o que você aprendeu

15.13 O ácido crisantêmico é isolado a partir de flores do crisântemo. O espectro de IV do ácido crisantêmico apresenta cinco sinais acima de 1500 cm^{-1}. Identifique a fonte de cada um desses sinais.

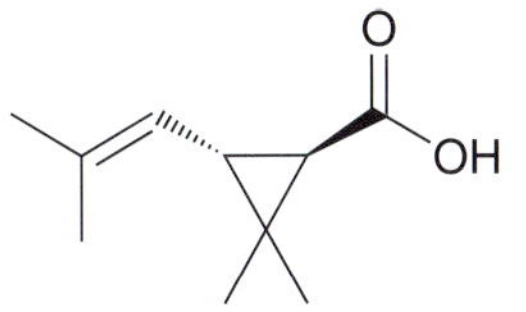

Ácido (+)-*trans*-crisantêmico

é necessário **PRATICAR MAIS?** **Tente Resolver os Problemas 15.42, 15.57**

15.7 Uso da Espectroscopia de Infravermelho para Distinguir entre Duas Substâncias

A espectroscopia de infravermelho pode ser utilizada de modo a distinguir entre duas substâncias. Essa técnica é, com frequência, muito útil quando se realiza uma reação em que um grupo funcional é transformado em um grupo funcional diferente. Por exemplo, considere a seguinte reação.

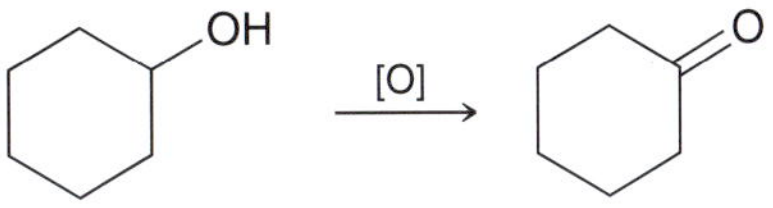

Depois de ocorrer a reação, é possível verificar a formação do produto olhando para a ausência de um sinal O–H e para a presença de um sinal C=O. Para fazer a distinção entre duas substâncias usando espectroscopia de infravermelho, deve-se saber o que procurar no espectro.

DESENVOLVENDO A APRENDIZAGEM

15.2 DISTINÇÃO ENTRE DUAS SUBSTÂNCIAS UTILIZANDO ESPECTROSCOPIA DE IV

APRENDIZAGEM Identifique como a espectroscopia de infravermelho pode ser utilizada para monitorar o progresso da reação a seguir.

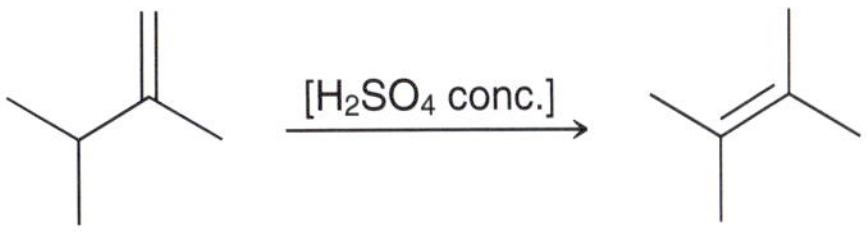

SOLUÇÃO

Inspecionamos cuidadosamente ambas as substâncias (reagente e produto), de modo a podermos saber que sinais cada uma das substâncias iria produzir no seu espectro de infravermelho. Pode ser útil considerar as várias regiões do espectro e determinar se haveria uma diferença em cada uma das regiões.

Vamos começar com a região de ligação dupla (1600-1850 cm^{-1}). Cada substância tem uma ligação C=C, mas consideramos a intensidade dos sinais esperados. O reagente tem uma ligação C=C assimétrica, enquanto o produto tem uma ligação C=C simétrica.

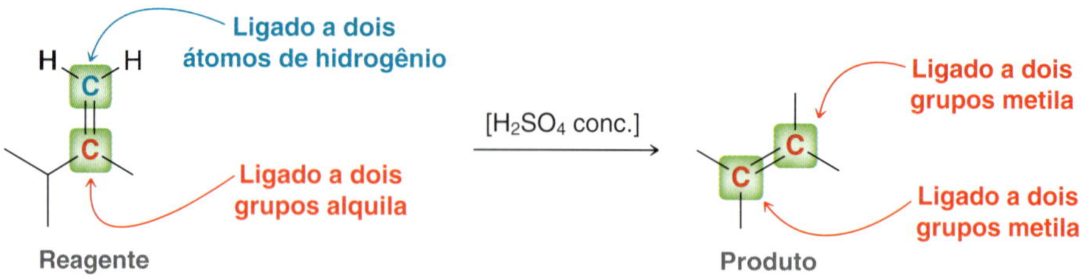

O reagente tem um momento de dipolo fraco porque cada átomo de carbono é vinílico num ambiente eletrônico ligeiramente diferente. Portanto, espera-se um sinal fraco em 1650 cm^{-1}. Em contraste, cada posição vinílica do produto está ligada a dois grupos metila, de modo que não há momento de dipolo associado com essa ligação. A absorção de radiação de infravermelho é completamente ineficiente e, portanto, o produto não produzirá um sinal em 1650 cm^{-1}.

Essa diferença pode ser usada para monitorar o progresso da reação. Uma alíquota da mistura reacional pode ser retirada do frasco de reação em intervalos periódicos e analisada por meio um espectro de IV. À medida que o produto se forma, o sinal em 1650 cm^{-1} deve desaparecer.

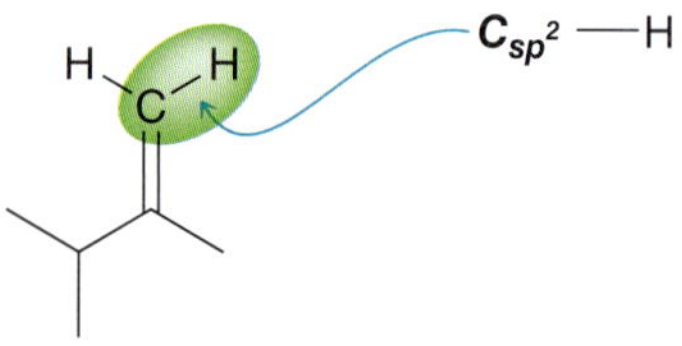

Agora vamos considerar a região que contém sinais provenientes das ligações X–H (2700-4000 cm^{-1}). Nenhuma das substâncias tem uma ligação O–H ou N–H. Ambas as substâncias têm ligações C_{sp^3}–H, mas somente o reagente tem ligações C_{sp^2}–H.
O produto não tem esse tipo de ligação C–H. Esperamos, portanto, que o reagente produza um sinal em 3100 cm^{-1}, enquanto o produto não. Mais uma vez, essa diferença pode ser utilizada para monitorar o progresso da reação. À medida que o produto se forma, o sinal em 3100 cm^{-1} deve desaparecer.

Nossa análise produziu duas maneiras diferentes de distinguir essas substâncias. Vemos a seguir os espectros de IV reais dessas duas substâncias com as regiões relevantes destacadas.

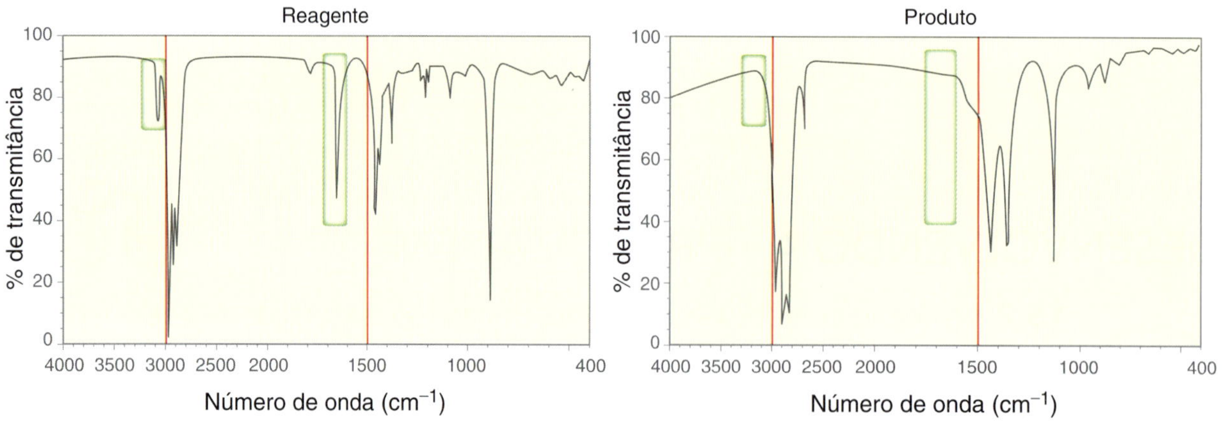

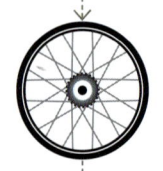

PRATICANDO o que você aprendeu

15.14 Descreva como a espectroscopia de infravermelho pode ser utilizada para monitorar o progresso de cada uma das reações a seguir.

(a) 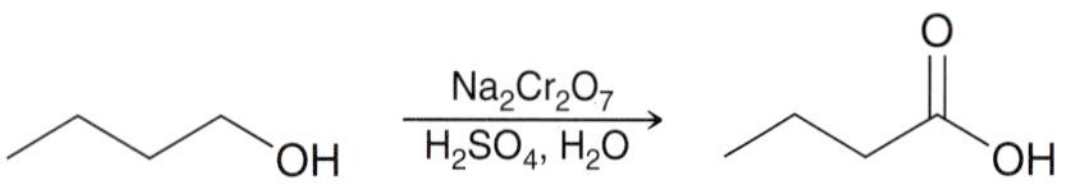

(b) 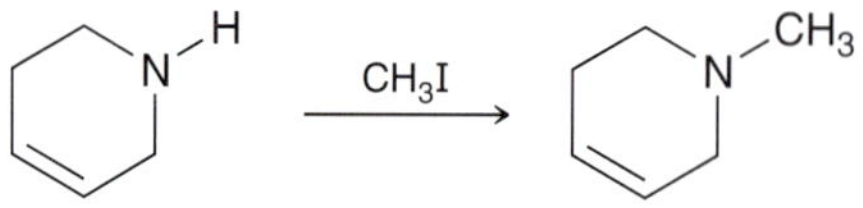

(c) 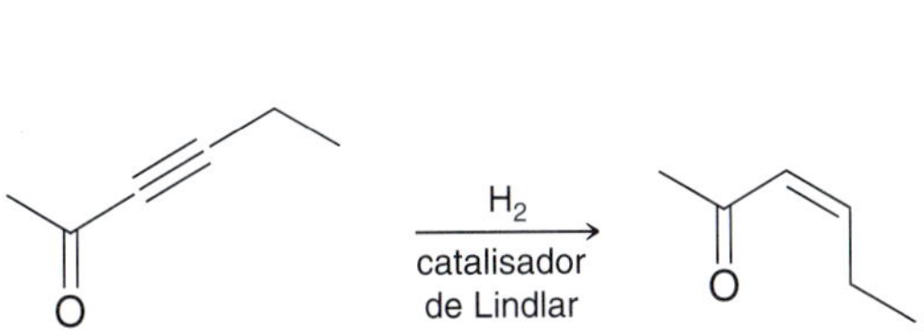

(d) 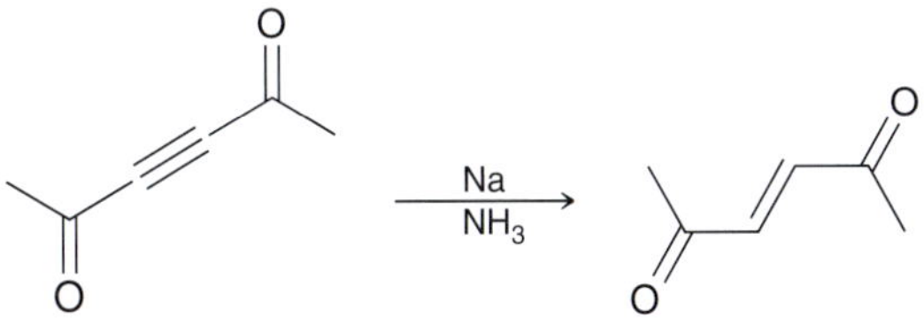

(e) 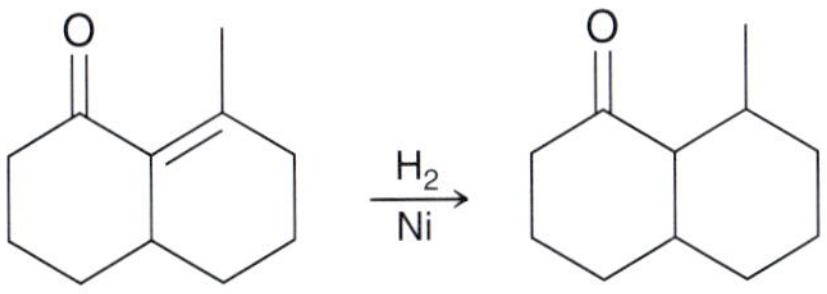

APLICANDO o que você aprendeu

15.15 No Capítulo 21 iremos explorar como nitrilas podem ser convertidas em ácidos carboxílicos. Como você usaria a espectroscopia de infravermelho para monitorar o progresso dessa reação?

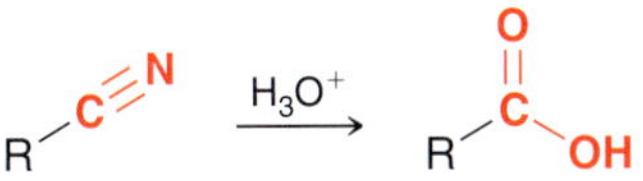

Nitrila A **Ácido carboxílico A**

15.16 Tratou-se o 1-butino com amideto de sódio seguido de iodeto de etila. Foi obtido um espectro de infravermelho do produto e, em seguida, comparado com o espectro do alquino de partida. Foi observado um sinal no espectro de IV do alquino de partida em 2200 cm^{-1}, mas o mesmo sinal não foi observado no espectro de infravermelho do produto. Explique essa observação.

15.17 Ciclopentanona foi tratada com hidreto de alumínio e lítio e em seguida por H_3O^+. Explique o que se procura no espectro de IV do produto para verificar se a reação esperada ocorreu. Identifique qual sinal deve estar presente e qual sinal deve estar ausente.

15.18 Quando o 1-clorobutano é tratado com hidróxido de sódio, dois produtos são formados. Identifique os dois produtos e explique como eles podem ser distinguidos entre si utilizando espectroscopia de infravermelho.

é necessário **PRATICAR MAIS?** **Tente Resolver os Problemas 15.38-15.41, 15.48d**

15.8 Introdução à Espectrometria de Massa

No início deste capítulo, definimos a espectroscopia como o estudo da interação entre matéria e radiação eletromagnética. Em contraste, a **espectrometria de massa** é o estudo da interação entre matéria e uma fonte de energia diferente da radiação eletromagnética. A espectrometria de massa é usada principalmente para determinar a massa molecular e a fórmula molecular de uma substância.

Em um **espectrômetro de massa**, uma substância é vaporizada primeiramente e convertida em íons, que são, em sequência, separados e detectados. A técnica de ionização mais comum envolve o bombardeio da substância com elétrons de alta energia. Esses elétrons carregam uma quantidade extraordinária de energia, geralmente em torno de 1600 kcal/mol ou 70 elétrons-volts (eV). Quando um elétron de alta energia atinge a molécula, faz com que um dos elétrons da molécula seja ejetado. Essa técnica, conhecida como **ionização por impacto de elétrons (IE)**, gera um intermediário de alta energia, que é ao mesmo tempo um radical e um cátion.

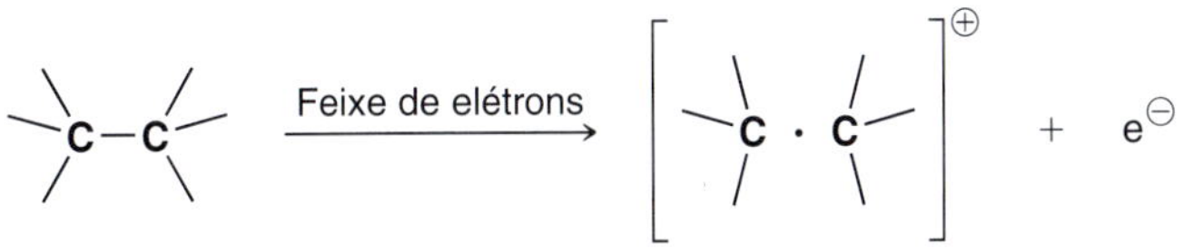

Um cátion radical

É um radical porque tem um elétron não emparelhado e é um cátion porque tem uma carga positiva, como resultado da perda de um elétron. A massa do elétron ejetado é insignificante em comparação à massa da molécula, de modo que a massa do cátion radical é essencialmente equivalente à massa da molécula original. Esse cátion radical, simbolizado por $(M)^{+\bullet}$, é chamado **íon molecular** ou **íon pai**. O íon molecular é frequentemente muito instável e é suscetível à **fragmentação**, o que dá origem a dois fragmentos distintos. Frequentemente, um fragmento transporta o elétron não emparelhado, enquanto o outro fragmento transporta a carga.

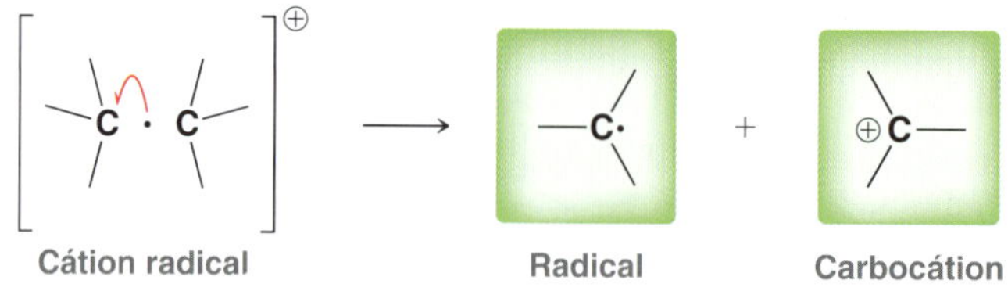

Dessa forma, o processo de ionização gera muitos cátions diferentes; além do íon molecular, muitos fragmentos que constituem carbocátions diferentes. Todos esses íons são acelerados e, em seguida, enviados através de um campo magnético, onde eles são defletidos em trajetórias curvas (Figura 15.21).

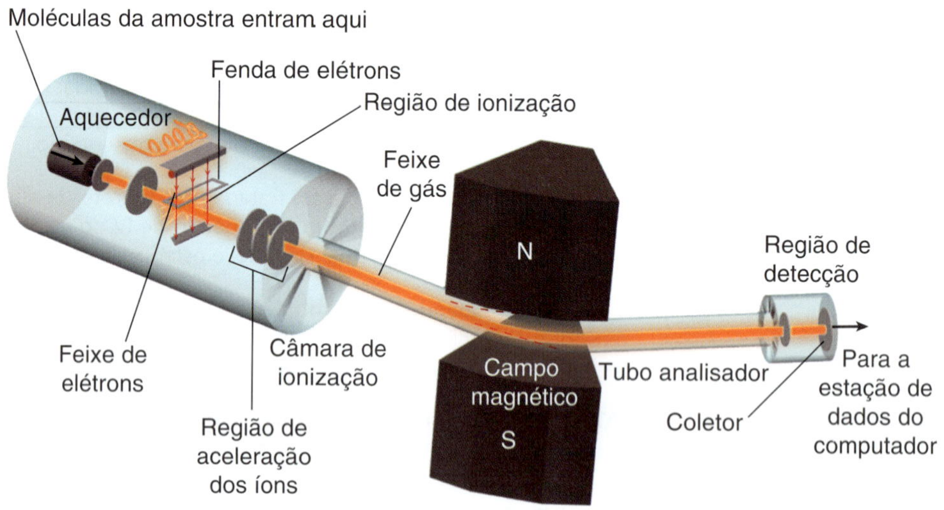

FIGURA 15.21
Um diagrama esquemático de um espectrômetro de massa.

Os fragmentos radicais sem carga não são desviados pelo campo magnético e não são, portanto, detectados pelo espectrômetro de massa. Apenas o íon molecular e os fragmentos catiônicos são desviados. Os íons menores são mais desviados do que os íons maiores, e íons com cargas múltiplas são desviados mais do que íons com uma carga de +1. Dessa forma, os cátions são separados pela sua **razão massa-carga** (m/z). A carga (z) na maioria dos íons é +1 e, portanto, m/z é efetivamente uma medida da massa (m) de cada cátion. É gerada então uma representação gráfica, chamada de **espectro de massa**, que mostra a abundância relativa de cada cátion que foi detectado. A Figura 15.22 é um espectro de massa do metano. Ao pico mais alto no espectro é atribuído um valor re-

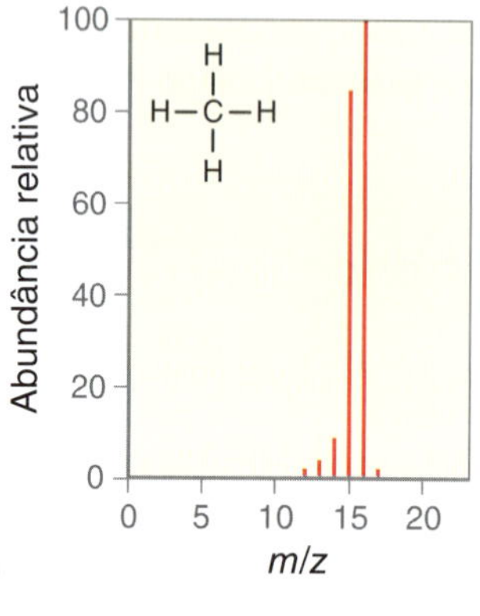

(a)

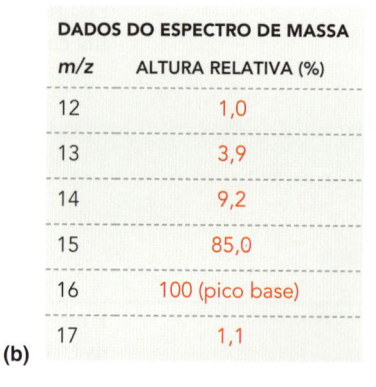

DADOS DO ESPECTRO DE MASSA

m/z	ALTURA RELATIVA (%)
12	1,0
13	3,9
14	9,2
15	85,0
16	100 (pico base)
17	1,1

(b)

FIGURA 15.22
Um espectro de massa do metano.

falando de modo prático — Espectrometria de Massa para Detecção de Explosivos

A espectrometria de massa é um instrumento extremamente importante que tem encontrado uma ampla faixa de aplicações. O que se segue é um resumo de algumas aplicações relevantes da espectrometria de massa, agrupadas pela área em que são aplicadas:

Farmacêutica: descoberta de fármacos, metabolismo de fármacos, monitoramento de reações
Biotecnologia: sequenciamento de aminoácidos, análise de macromoléculas
Clínica: triagem neonatal, análise de hemoglobina
Ambiental: testes de fármacos, teste de qualidade de água, medidas do nível de contaminação dos alimentos
Geológica: avaliação das composições de óleos
Forense: detecção de explosivos

Avanços significativos têm ocorrido no desenvolvimento do campo da espectrometria de massa para uso na detecção de explosivos nos aeroportos. Em um mundo pós-11/09, há uma grande demanda de aparelhos que podem detectar com exatidão e confiabilidade a presença de materiais explosivos presentes na bagagem despachada ou na bagagem de mão. Espectrômetros de massa especializados, chamados espectrômetros de mobilidade iônica, estão agora sendo utilizados em centenas de grandes aeroportos dos EUA. Esses dispositivos de coleta de substâncias químicas na superfície de uma bagagem, submete essas substâncias a um processo que as converte em íons e, em seguida, mede a velocidade desses íons à medida que passam através de um campo elétrico. Esses espectrômetros são concebidos para detectar a presença de quaisquer íons que se movam com uma velocidade consistente com materiais explosivos conhecidos. Vários avanços recentes tornaram isso possível, e novas técnicas estão sendo constantemente desenvolvidas, pois essa é uma significativa área de pesquisa em andamento. Uma dessas técnicas, desenvolvida por pesquisadores da Universidade de Purdue (Estados Unidos), possibilita a obtenção de substâncias químicas a partir da superfície da bagagem em apenas alguns segundos. Esse método utiliza uma técnica chamada *ionização de dessorção por eletrospray* (*desorption electrospray ionization* – DESI), na qual a superfície da mala é pulverizada com uma mistura gasosa que desaloja quaisquer substâncias explosivas residuais que possam estar presentes na superfície de uma mala com explosivos. A mistura gasosa é então sugada para um espectrômetro de massa, onde ela pode ser analisada em segundos. Muitos outros avanços nesse campo estão surgindo a cada ano, e o papel da espectrometria de massa na detecção de explosivos provavelmente crescerá ainda mais nos próximos anos.

lativo de 100% e é chamado de **pico base**. A altura de todos os outros picos é então descrita em relação à altura do pico base. No caso do metano, o pico do íon molecular é o pico base, mas isso nem sempre é o caso para outras substâncias. Nos espectros de massa das substâncias maiores, é muito comum que um dos fragmentos produza o pico mais alto. Nesse caso, o pico do íon molecular não é o pico base. Vamos ver exemplos disso nas próximas seções.

No espectro do metano, os picos abaixo de 16 são formados por fragmentação do íon molecular. O metano é uma pequena molécula, e existem poucas maneiras para o íon molecular fragmentar. Existem apenas ligações C–H, de modo que a fragmentação do metano simplesmente envolve a perda de átomos de hidrogênio.

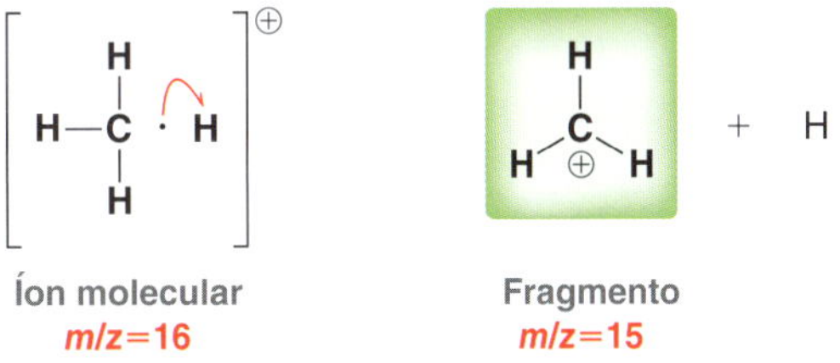

A perda de um átomo de hidrogênio produz um fragmento constituído por um carbocátion com m/z = 15. O espectro de massa do metano (Figura 15.22) indica que esse fragmento é quase tão abundante quanto o próprio íon molecular. Esse carbocátion pode, então, perder outro átomo de hidrogênio, o que resulta em um novo fragmento de *m*/*z* = 14, embora esse novo fragmento não seja muito abundante, como pode ser observado no espectro. Esse processo pode continuar até que todos os quatro átomos de hidrogênio tenham sido perdidos, dando origem a uma série de picos com valores de *m*/*z* que variam de 12 a 15.

Explicamos todos menos um dos picos no espectro de massa do metano. Observe que existe um pico em *m*/*z* = 17. Esse pico, chamado pico $(M+1)^{+\bullet}$, será discutido com mais detalhes na Seção 15.10.

15.9 Análise do Pico $(M)^{+\bullet}$

Para algumas substâncias, o pico $(M)^{+\bullet}$ é o pico base. Consideramos, por exemplo, o espectro de massa do benzeno (Figura 15.23). Claramente, o íon molecular (*m*/*z* = 78), não é muito suscetível à fragmentação, uma vez que ele é o íon mais abundante a passar através do espectrômetro. Mas esse geralmente não é o caso. A maioria das substâncias irá fragmentar facilmente, e o pico $(M)^{+\bullet}$ não será o íon mais abundante.

Por exemplo, consideramos o espectro de massa do pentano (Figura 15.24). No espectro de massa do pentano, o pico $(M)^{+\bullet}$ (em *m*/*z* = 72) é muito pequeno. Nesse caso, o fragmento em *m*/*z* = 43 é o íon mais abundante e, por isso, esse pico é chamado de pico base e recebe um valor de 100%. Em alguns casos, é possível que o pico $(M)^{+\bullet}$ esteja totalmente ausente, se ele é particularmente suscetível à fragmentação. Em tais casos, existem métodos mais suaves de ionização (diferentes da IE) que permitem que o íon molecular sobreviva tempo suficiente para passar através do espectrômetro. Vamos rever brevemente um desses métodos mais tarde neste capítulo.

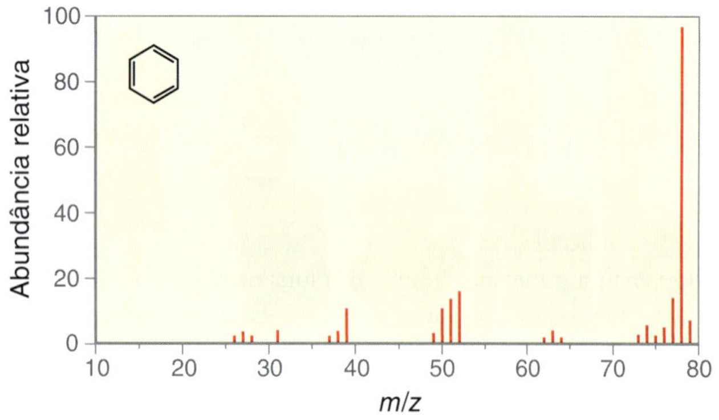

FIGURA 15.23
Um espectro de massa do benzeno.

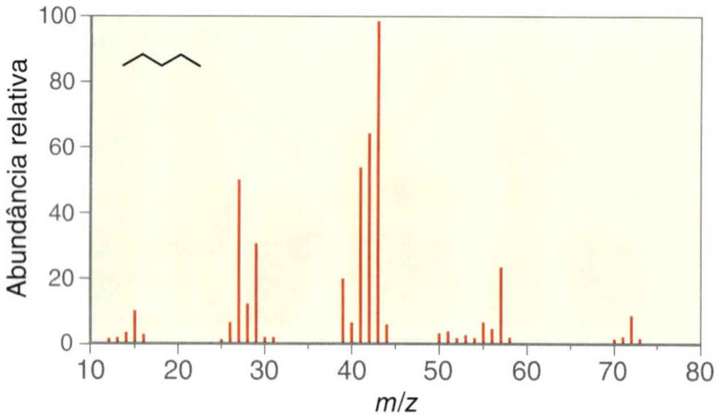

FIGURA 15.24
Um espectro de massa do pentano.

Quando se analisa um espectro de massa, a primeira etapa é olhar para o pico $(M)^{+\bullet}$, uma vez que ele indica a massa molecular da molécula. Essa técnica pode ser utilizada para distinguir as substâncias. Por exemplo, a comparação das massas moleculares do pentano e do 1-penteno.

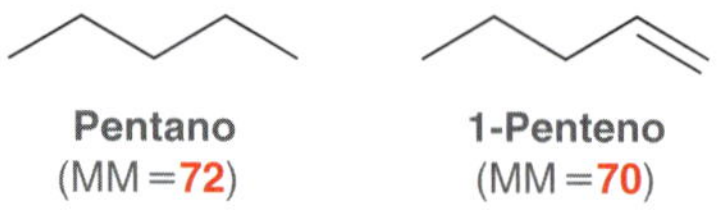

O pentano tem 5 átomos de carbono (5 × 12 = 60) e 12 átomos de hidrogênio (12 × 1 = 12), portanto uma massa molecular de 72. Em contraste, o 1-penteno tem somente 10 átomos de hidrogênio e, portanto, tem uma massa molecular de 70. Como resultado, espera-se que o espectro de massa do pentano exiba um pico correspondente ao íon molecular em 72, enquanto o espectro de massa do 1-penteno deve apresentar um pico correspondente ao íon molecular em 70.

Informações úteis podem também ser obtidas por meio da análise se a massa molecular do íon molecular é par ou ímpar. Uma massa molecular de número ímpar geralmente indica um número ímpar de átomos de nitrogênio na substância, enquanto uma massa molecular par indica ou a ausência de nitrogênio ou um número par de átomos de nitrogênio. Trata-se da chamada **regra do nitrogênio**, ilustrada nos exemplos vistos a seguir.

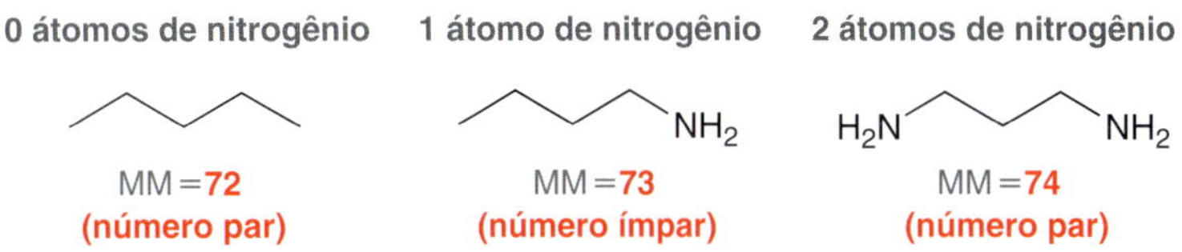

VERIFICAÇÃO CONCEITUAL

15.19 Como você distinguiria entre cada par de substâncias a seguir usando espectrometria de massa?

(a) 

(b) 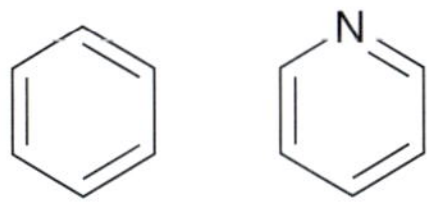

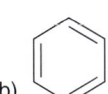

15.20 Para cada uma das substâncias a seguir, utilize a regra do nitrogênio para determinar se a massa molecular deve ser par ou ímpar. Em seguida, calcule o valor esperado de *m/z* para o íon molecular.

(a) 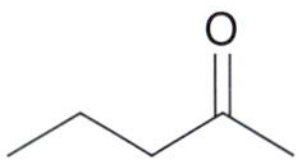

(b) 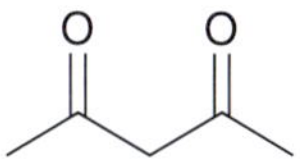

(c) 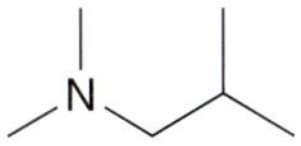

(d) 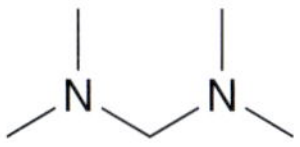

15.10 Análise do Pico $(M+1)^{+\bullet}$

Lembre-se do seu curso de química geral em que isótopos diferem entre si apenas no número de nêutrons. Por exemplo, o carbono tem três isótopos: ^{12}C (chamado carbono 12), ^{13}C (chamado de carbono 13) e ^{14}C (chamado carbono 14). Cada um desses isótopos tem seis prótons e seis elétrons, mas diferem entre si pelos seus números de nêutrons. Eles têm seis, sete e oito nêutrons, respectivamente. Todos esses isótopos são encontrados na natureza, mas o ^{12}C é o mais abundante, constituindo 98,9% de todos os átomos de carbono encontradas na Terra. O segundo isótopo de carbono mais abundante é o ^{13}C, constituindo cerca de 1,1% do total de átomos de carbono. A quantidade de ^{14}C encontrada na natureza é muito pequena (0,0000000001%).

Num espectrômetro de massa, cada molécula individual é ionizada e, em seguida, passa através do campo magnético. Quando se analisa o metano, 98,9% dos íons moleculares irão conter um átomo de ^{12}C, enquanto apenas 1,1% irá conter um átomo de ^{13}C. O último grupo de íons moleculares são responsáveis pelo pico observado em $(M+1)^{+\bullet}$. A altura relativa do pico é de aproximadamente 1,1% da altura do pico $(M)^{+\bullet}$, tal como esperado. Substâncias maiores, que contêm mais átomos de carbono, terão um pico $(M+1)^{+\bullet}$ maior. Por exemplo, o decano tem 10 átomos de carbono na sua estrutura, de modo que a probabilidade de que uma molécula de decano possua um átomo de ^{13}C é 10 vezes maior do que a probabilidade de uma molécula de metano possuir um átomo de ^{13}C. Consequentemente, o pico $(M+1)^{+\bullet}$ no espectro de massa do decano tem 11% da altura do pico do íon molecular (10 × 1,1%). De modo semelhante, o pico $(M+1)^{+\bullet}$ no espectro de massa do icosano ($C_{20}H_{42}$) tem 22% da altura do pico do íon molecular (20 × 1,1%) (Figura 15.25). Isótopos de outros elementos também contribuem para o pico $(M+1)^{+\bullet}$, mas o

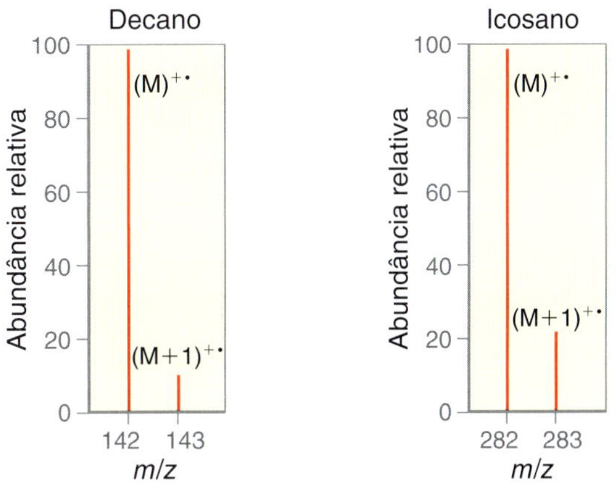

FIGURA 15.25
As alturas relativas dos picos $(M)^{+\bullet}$ e $(M+1)^{+\bullet}$ para o decano e o icosano.

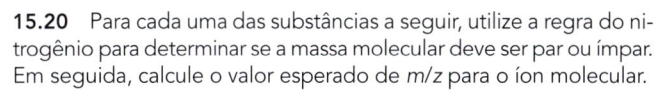

^{13}C é o maior contribuinte, e, portanto, é geralmente possível determinar o número de átomos de carbono em uma substância desconhecida comparando as alturas relativas do pico $(M)^{+\bullet}$ e do pico $(M+1)^{+\bullet}$. Essa informação pode ser muito útil na determinação da fórmula molecular. O exercício visto a seguir ilustra essa técnica.

DESENVOLVENDO A APRENDIZAGEM

15.3 USO DA ABUNDÂNCIA RELATIVA DO PICO $(M+1)^{+\bullet}$ PARA PROPOR UMA FÓRMULA MOLECULAR

APRENDIZAGEM Observa-se a seguir o espectro de massa e os dados tabelados do espectro de massa para uma substância desconhecida. Proponha uma fórmula molecular para essa substância.

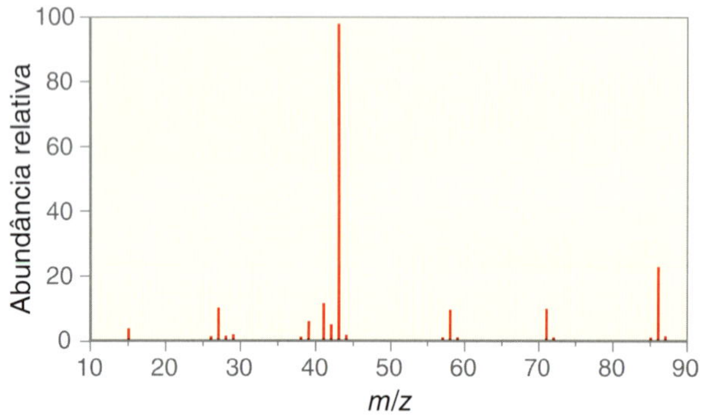

DADOS DO ESPECTRO DE MASSA

m/z	ALTURA RELATIVA (%)	*m/z*	ALTURA RELATIVA (%)
15	4,8	42	4,0
26	1,3	43	100 (pico base)
27	10,5	44	2,3
28	1,3	58	10,3
29	1,9	71	11,0
38	1,2	86	20,9 $(M^{+\bullet})$
39	6,3	87	1,2
41	11,9		

SOLUÇÃO

Para resolver esse problema, não é necessário inspecionar visualmente o espectro. Os dados por si só são suficientes. É importante se acostumar com a interpretação dos dados mesmo quando o próprio espectro não é fornecido, do mesmo modo que os pilotos aprendem a voar em aviões durante a noite usando a leitura dos instrumentos.

Começamos com o pico do íon molecular, que aparece em $m/z = 86$. Agora comparamos a abundância relativa desse pico e do pico $(M+1)^{+\bullet}$ (que aparece em $m/z = 87$). A altura relativa do pico $(M+1)^{+\bullet}$ é de 1,2%, mas tenha cuidado nesse momento. Nesse caso, o íon molecular não é o pico mais alto. O pico mais alto (pico base) aparece em $m/z = 43$. Os dados indicam que a altura do pico $(M+1)^{+\bullet}$ é 1,2% da altura do pico base. Mas precisamos saber como o pico $(M+1)^{+\bullet}$ se compara ao pico do íon molecular. Para fazer isso, tomamos a altura relativa do pico $(M+1)^{+\bullet}$, dividimos pela altura relativa do pico $(M)^{+\bullet}$, e em seguida multiplicamos por 100%.

$$\frac{1{,}2\%}{20{,}9\%} \times 100\% = 5{,}7\%$$

ETAPA 1
Determinação do número de átomos na substância por meio da análise da abundância relativa do pico M+1.

Em outras palavras, a altura do pico $(M+1)^{+\bullet}$ é 5,7% da altura do pico $(M)^{+\bullet}$.

Lembre-se de que cada átomo de carbono na substância contribui com 1,1% para a altura do pico $(M+1)^{+\bullet}$, portanto, dividimos por 1,1% para determinar o número de átomos de carbono na substância.

$$\text{Número de C} = \frac{5{,}7\%}{1{,}1\%} = 5{,}2$$

ETAPA 2
Análise da massa do íon molecular para determinar se heteroátomos estão presentes.

Obviamente, a substância não pode ter um número fracionário de átomos de carbono, de modo que o valor deve ser arredondado para o número inteiro mais próximo, ou seja, 5. Essa análise sugere que a substância desconhecida tem cinco átomos de carbono. Essa informação é extremamente útil para determinar a fórmula molecular. A massa molecular é conhecida como 86, pois o pico do íon molecular aparece em $m/z = 86$. Cinco átomos de carbono são iguais a $5 \times 12 = 60$, de modo que os outros elementos na substância têm de dar um total de $86 - 60 = 26$. A fórmula molecular não pode ser C_5H_{26}, porque uma substância com cinco átomos de carbono não pode ter tantos átomos de hidrogênio.

Portanto, concluímos que tem de existir outro elemento presente. Os dois elementos mais comuns na química orgânica (diferentes de C e H) são o nitrogênio e o oxigênio. Ele não pode ser um átomo de nitrogênio, porque isso daria uma massa molecular ímpar (lembre-se da regra do nitrogênio). Logo, tentamos o oxigênio. Isso dá a seguinte fórmula molecular possível:

$$C_5H_{10}O$$

PRATICANDO o que você aprendeu

15.21 Proponha uma fórmula molecular para uma substância que apresenta os seguintes picos no seu espectro de massa.

(a) $(M)^{+\bullet}$ em m/z = 72, altura relativa = 38,3% do pico de base

$(M+1)^{+\bullet}$ em m/z = 73, altura relativa = 1,7% do pico de base

(b) $(M)^{+\bullet}$ em m/z = 68, altura relativa = 100% (pico de base)

$(M+ 1)^{+\bullet}$ em m/z = 69, altura relativa = 4,3%

(c) $(M)^{+\bullet}$ em m/z = 54, altura relativa = 100% (pico de base)

$(M+1)^{+\bullet}$ em m/z = 55, altura relativa = 4,6%

(d) $(M)^{+\bullet}$ em m/z = 96, altura relativa = 19,0% do pico de base

$(M+l)^{+\bullet}$ em m/z = 97, altura relativa = 1,5% do pico de base

APLICANDO o que você aprendeu

15.22 Enquanto o ^{13}C é o principal contribuinte para o pico $(M+1)^{+\bullet}$, há muitos outros elementos que podem também contribuir para o pico $(M+1)^{+\bullet}$. Por exemplo, existem dois isótopos naturais de nitrogênio. O isótopo mais abundante, ^{14}N, representa 99,63% de todos os átomos de nitrogênio na Terra. O outro isótopo, ^{15}N, representa 0,37% de todos os átomos de nitrogênio. Em uma substância com fórmula molecular $C_8H_{11}N_3$, se o pico do íon molecular tem uma abundância relativa de 24,5%, então qual a abundância percentual que você espera para o pico $(M+1)^{+\bullet}$?

é necessário **PRATICAR MAIS?** **Tente Resolver os Problemas 15.45, 15.47**

15.11 Análise do Pico $(M+2)^{+\bullet}$

A maioria dos elementos tem apenas um isótopo dominante. Por exemplo, o isótopo de hidrogênio dominante é o ^{1}H, enquanto o ^{2}H (deutério) e o ^{3}H (trítio) representam apenas uma pequena fração de todos os átomos de hidrogênio. Da mesma forma, o isótopo de carbono dominante é o ^{12}C, enquanto o ^{13}C e o ^{14}C representam apenas uma pequena fração de todos os átomos de carbono. Em contraste, o cloro tem dois isótopos principais. Um isótopo do cloro, ^{35}Cl, representa 75,8% de todos os átomos de cloro; o outro isótopo de cloro, ^{37}Cl, representa 24,2% de todos os átomos de cloro. Como resultado, as substâncias que contêm um átomo de cloro darão um pico $(M+2)^{+\bullet}$ caracteristicamente forte. Por exemplo, consideramos o espectro de massa do clorobenzeno (Figura 15.26). O íon molecular aparece em m/z = 112. O pico (M+2) (m/z = 114) tem aproximadamente um terço da altura do pico molecular. Esse padrão é característico das substâncias que contêm um átomo de cloro.

As substâncias contendo bromo também têm um padrão característico. O bromo tem dois isótopos, ^{79}Br e ^{81}Br, que são quase igualmente abundantes na natureza (50,7% e 49,3%, respectivamente). Substâncias contendo bromo, consequentemente, tem um pico característico em (M+2), que é aproximadamente da mesma altura que o pico do íon molecular. Por exemplo, consideramos o espectro de massa do bromobenzeno (Figura 15.27).

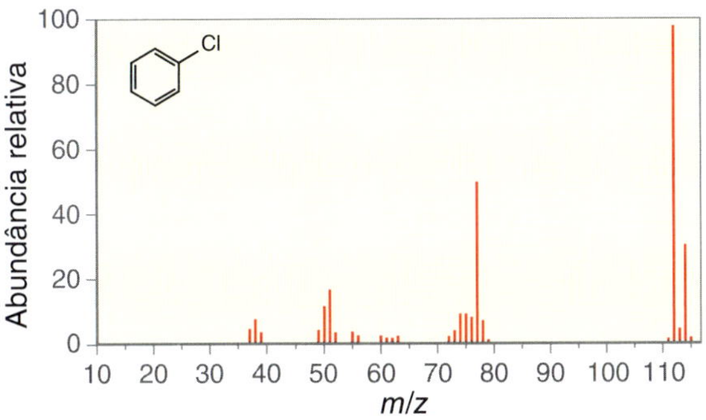

FIGURA 15.26
Um espectro de massa do clorobenzeno.

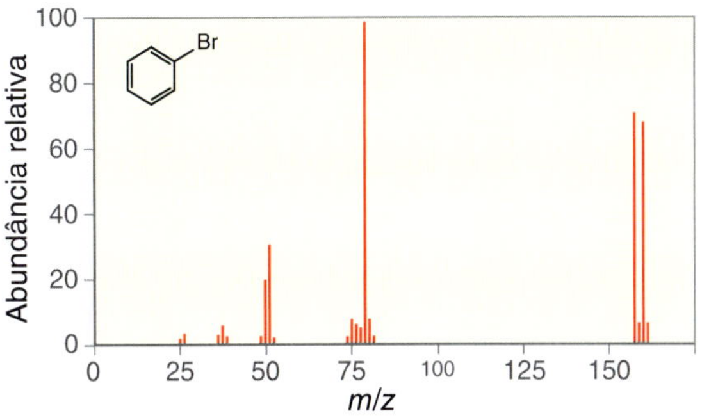

FIGURA 15.27
Um espectro de massa do bromobenzeno.

A presença de cloro ou bromo em uma substância é facilmente identificada pela análise da altura do pico $(M+2)^{+\bullet}$ comparando-a com a altura do pico $(M)^{+\bullet}$.

VERIFICAÇÃO CONCEITUAL

15.23 No espectro de massa do bromobenzeno (Figura 15.27), o pico base aparece em *m*/*z* = 77.

(a) Será que esse fragmento contém Br? Explique seu raciocínio.

(b) Qual estrutura do fragmento catiônico que representa o pico de base?

15.24 A seguir são vistos os espectros de massa para quatro substâncias diferentes. Identifique se cada uma dessas substâncias contém um átomo de bromo, um átomo de cloro ou nenhum deles.

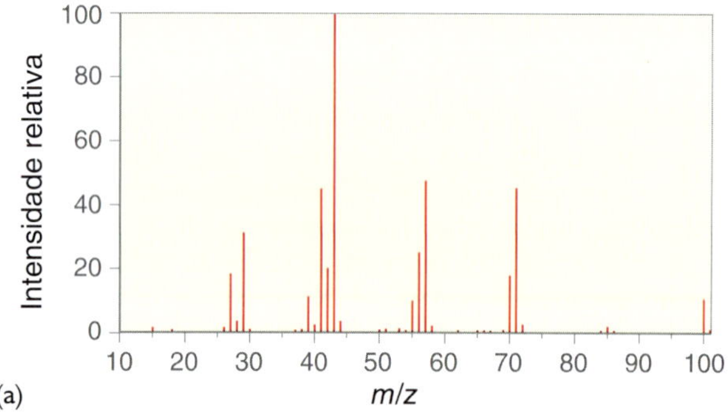

(a)

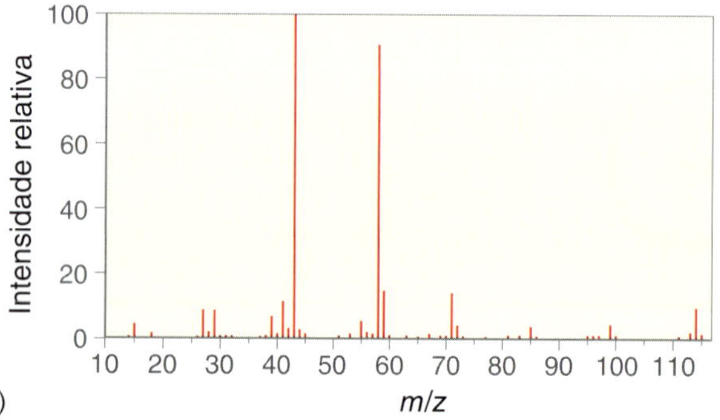

(b)

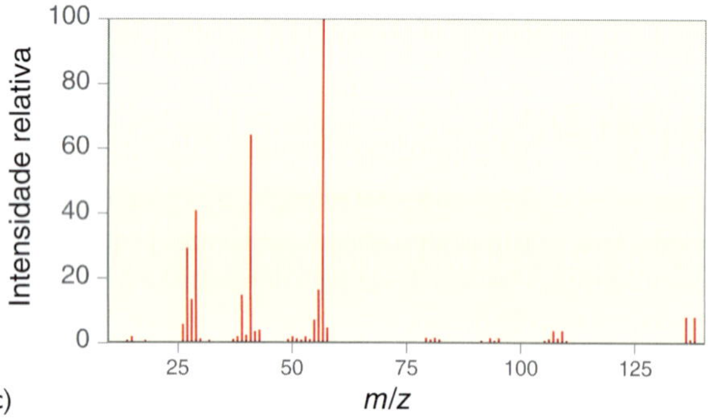

(c)

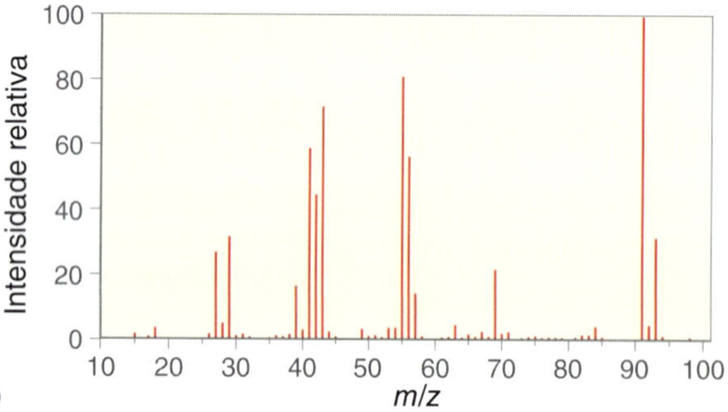

(d)

15.12 Análise dos Fragmentos

A maioria dos picos no espectro de massa é produzida a partir da fragmentação do íon molecular. Nesta seção, vamos explorar os padrões de fragmentação característicos de uma série de substâncias. Esses padrões são frequentemente úteis na identificação de algumas características estruturais de uma substância, mas geralmente não é possível a utilização dos padrões de fragmentação para determinar toda a estrutura da substância.

Fragmentação de Alcanos

Consideramos as diferentes formas em que o íon molecular do pentano pode fragmentar. O pentano tem cinco átomos de carbono ligados por uma série de quatro ligações C–C. Cada uma dessas ligações é suscetível à fragmentação, dando origem a quatro cátions possíveis (Figura 15.28). Lembre-se de que um espectrômetro de massa não detecta os fragmentos radicais, ele só detecta os íons. O primeiro cátion mostrado é formado a partir da perda de um radical metila. O radical metila tem uma massa igual a 15, de modo que o cátion resultante aparece como um pico em M-15. O segundo cátion é formado a partir da perda de um radical etila (massa 29), de modo que o pico resultante aparece em M-29. De um modo semelhante, os outros dois cátions possíveis aparecem em M-43 e M-57, o que corresponde à perda de um radical propila ou um radical butila. Todos

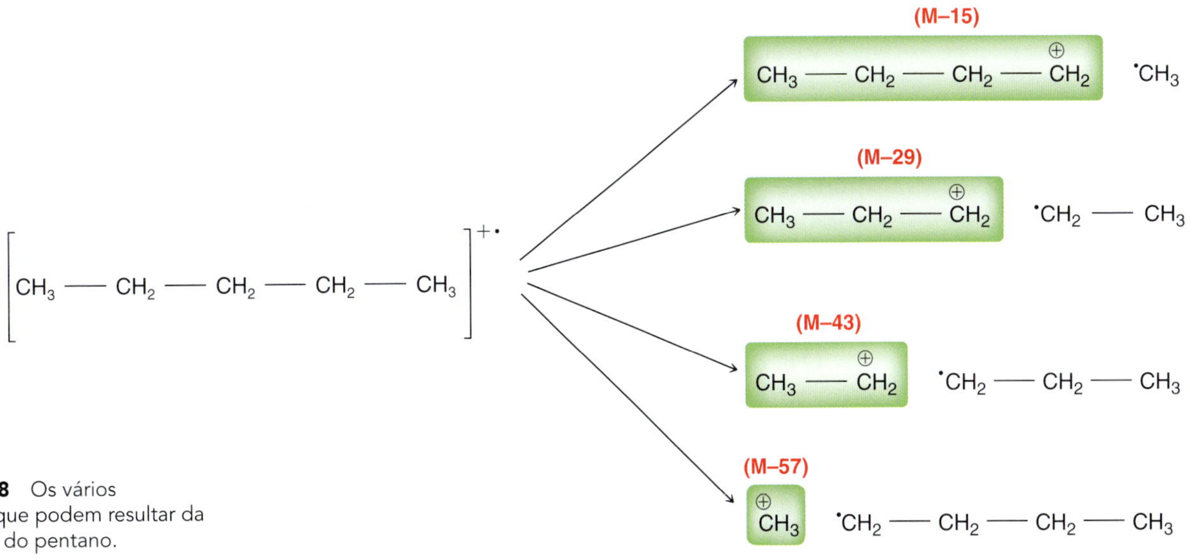

FIGURA 15.28 Os vários carbocátions que podem resultar da fragmentação do pentano.

esses quatro cátions podem ser observados no espectro do pentano (Figura 15.29). Observamos que cada um desses quatro picos aparece em um grupo de picos menores. Esses picos menores são o resultado de uma maior fragmentação dos carbocátions com a perda de átomos de hidrogênio, assim como vimos no espectro do metano (Figura 15.22). Essa é a tendência geral no espectro de massa da maioria das substâncias. Isto é, há muitos fragmentos possíveis diferentes, cada um dos quais dá origem a um grupo de picos. Isso pode ser claramente visto no espectro de massa do icosano, $C_{20}H_{42}$ (Figura 15.30).

Icosano é um hidrocarboneto de cadeia linear com 20 átomos de carbono ligados por 19 ligações C–C. Cada uma dessas ligações é suscetível à fragmentação para produzir um cátion detectado pelo espectrômetro de massa. Cada um desses 19 carbocátions possíveis aparece no espectro como um grupo de picos (exceto para o pico M-15, que tem uma abundância relativa muito pequena).

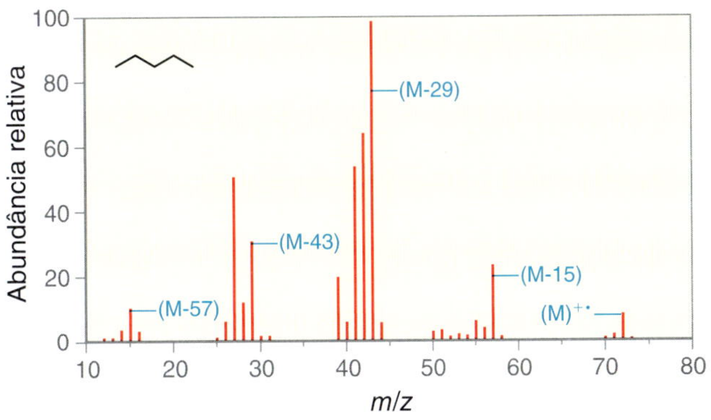

FIGURA 15.29
Um espectro de massa do pentano.

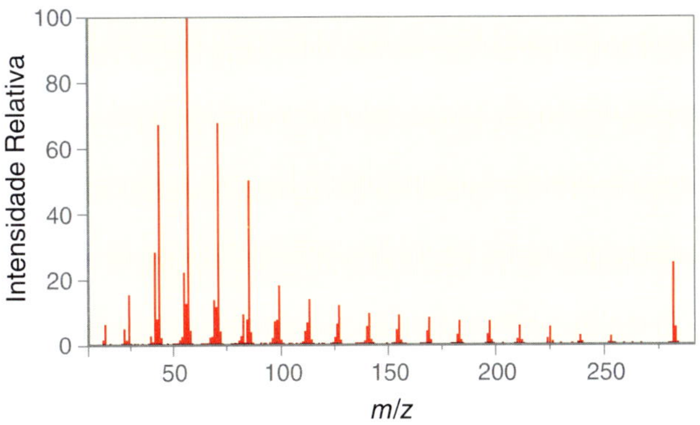

FIGURA 15.30
Um espectro de massa do icosano.

RELEMBRANDO
Para uma revisão da estabilidade de carbocátions, veja a Seção 6.11, do Volume 1.

Ao analisar um pico de um fragmento, o importante é olhar para a sua proximidade em relação ao pico do íon molecular. Por exemplo, um sinal em M-15 indica a perda de um grupo metila; e um sinal em M-29 indica a perda de um grupo etila. A probabilidade de fragmentação aumenta com a estabilidade do carbocátion formado, bem como a estabilidade do radical que é ejetado.

Por exemplo, olhemos novamente para os vários carbocátions possíveis formados pela fragmentação do pentano (Figura 15.28). O carbocátion correspondente a M-57 é um carbocátion metila, que é menos estável do que os outros possíveis carbocátions (que são todos primários). Isso explica por que o pico M-57 é um pico relativamente pequeno no espectro. Em geral, a fragmentação ocorre em todas as posições possíveis, mas normalmente a formação do carbocátion mais estável é favorecida.

Como outro exemplo, consideramos a fragmentação mais provável do íon molecular visto a seguir.

(M–43)

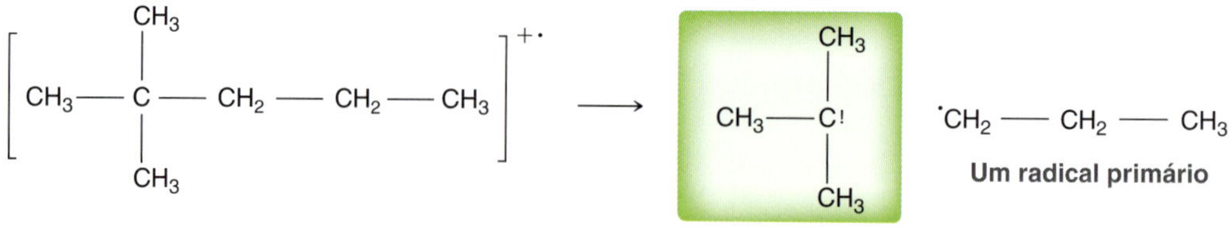

Um radical primário

Um carbocátion terciário

O pico mais abundante no espectro dessa substância é previsto estar em M-43, o que corresponde a formação de um carbocátion terciário, por meio da perda de um radical propila. Um carbocátion terciário pode também ser produzido por meio da perda de um radical metila (a partir do lado esquerdo do íon molecular visto anteriormente); no entanto, um radical metila é menos estável do que um radical primário. Certamente, todas as fragmentações possíveis são observadas nas condições de alta energia utilizadas, mas o pico mais abundante irá geralmente resultar da formação do carbocátion mais estável por meio da ejeção do radical mais estável possível. Portanto, geralmente é possível prever a localização do pico mais abundante que se espera no espectro de massa de um alcano simples e de um alcano ramificado.

Fragmentação de Álcoois

Álcoois exibem dois padrões comuns de fragmentação: a clivagem alfa e a desidratação. Durante a clivagem alfa, uma ligação na posição alfa do álcool é clivada para formar um cátion estabilizado por ressonância e um radical.

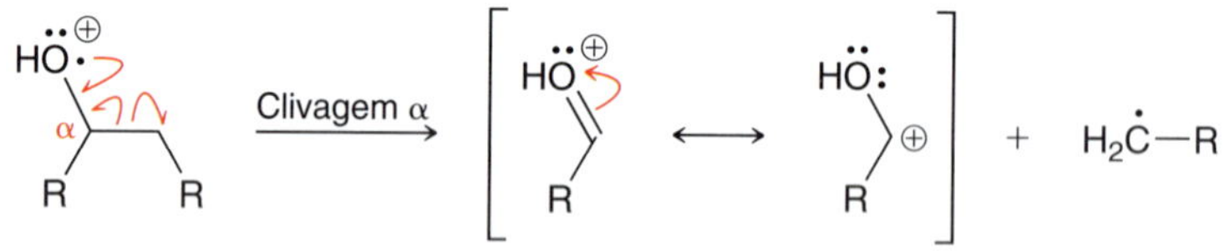

Íon molecular

Estabilizado por ressonância

Alternativamente, os álcoois podem ser submetidos à desidratação por meio da perda de uma molécula de água.

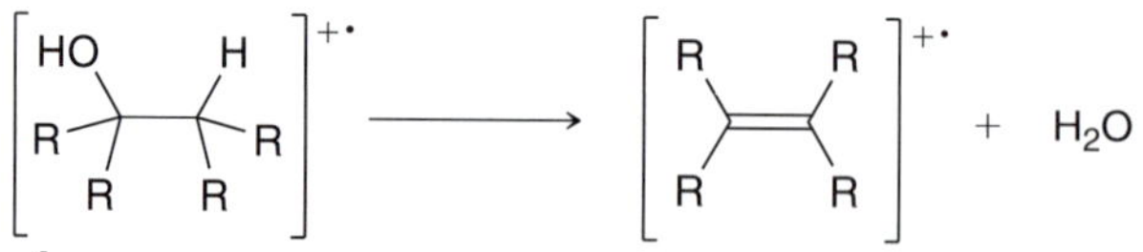

Íon molecular

(M–18)

Essa fragmentação resulta de um processo de eliminação intramolecular, que pode ocorrer por causa da alta energia do íon molecular. Essa fragmentação não ejeta um radical, mas, em vez disso, ela ejeta uma molécula neutra (água). A perda de uma molécula neutra produz um novo cátion radical, que gera um pico em M-18 (porque a massa molecular da água é 18). A molécula de água em si não aparece no espectro, porque o espectrômetro só detecta íons. Um sinal em M-18 é, consequentemente, característico de álcoois.

Fragmentação de Aminas

Assim como os álcoois, também se observa que as aminas sofrem clivagem alfa gerando um cátion estabilizado por ressonância e um radical.

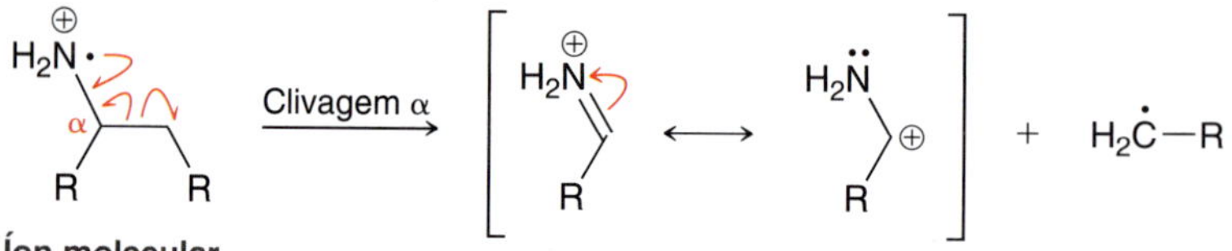

Íon molecular

Estabilizado por ressonância

Fragmentação de Cetonas e Aldeídos

Aldeídos e cetonas contendo um átomo de hidrogênio na posição gama geralmente sofrem uma fragmentação característica chamada *rearranjo de McLafferty*, que resulta na perda de um fragmento constituído por um alqueno neutro.

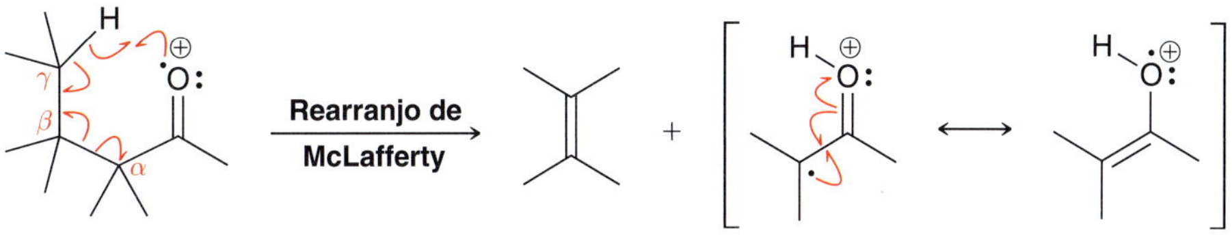

O fragmento alqueno tem uma massa par. Ao contrário, a maioria dos fragmentos radicais encontrados até agora, têm uma massa ímpar (M-15 para a perda de um grupo metila, M-29 para a perda de um grupo etila, M-43 para a perda de um grupo propila etc.). Portanto, o espectro de massa de uma cetona ou um aldeído frequentemente contém um pico M-*x*, em que *x* é um número par.

Alguns dos fragmentos mais comuns estão listados na Tabela 15.3.

TABELA 15.3 FRAGMENTOS COMUNS NA ESPECTROMETRIA DE MASSA

M–15	Perda de um radical metila
M–29	Perda de um radical etila
M–43	Perda de um radical propila
M–57	Perda de um radical butila
M–18	Perda de água (a partir de um álcool)
M–*x* (em que *x* = número par)	Rearranjo de McLafferty (cetona ou aldeído)

VERIFICAÇÃO CONCEITUAL

15.25 Embora o 2,2-dimetil-hexano tenha uma massa molecular de 114, nenhum pico é observado em *m/z* = 114. O pico base no espectro de massa ocorre em M-57.

(a) Represente a fragmentação responsável pela formação do íon M-57.

(b) Explique por que esse cátion é o íon mais abundante passando pelo espectrômetro.

(c) Explique por que íons moleculares não sobrevivem tempo suficiente para serem detectados.

(d) Você pode explicar por que o pico M-15 não é o pico base?

15.26 Identifique dois picos que são previstos aparecerem no espectro de massa do 3-pentanol. Para cada pico, identifique o fragmento associado com o pico, e mostre um mecanismo para a sua formação.

15.27 Identifique o pico base esperado no espectro de massa do 2,2,3-trimetilbutano. Represente o fragmento associado a esse pico, e explique por que o pico base resulta desse fragmento.

15.28 Os seguintes espectros de massa são os espectros dos isômeros constitucionais etilciclo-hexano e 1,1-dimetilciclo-hexano. Com base em padrões de fragmentação prováveis, associe a substância com o seu espectro.

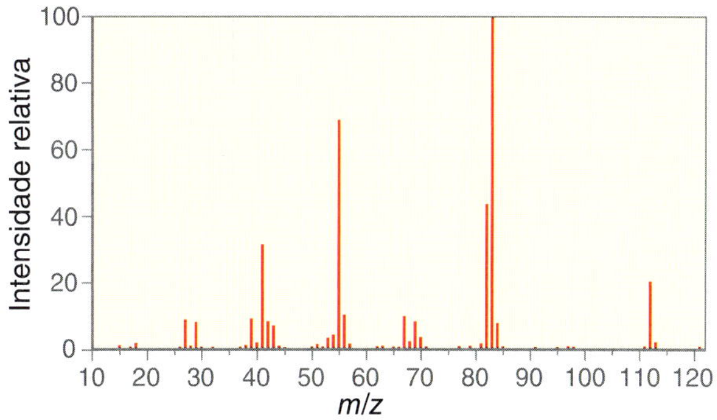

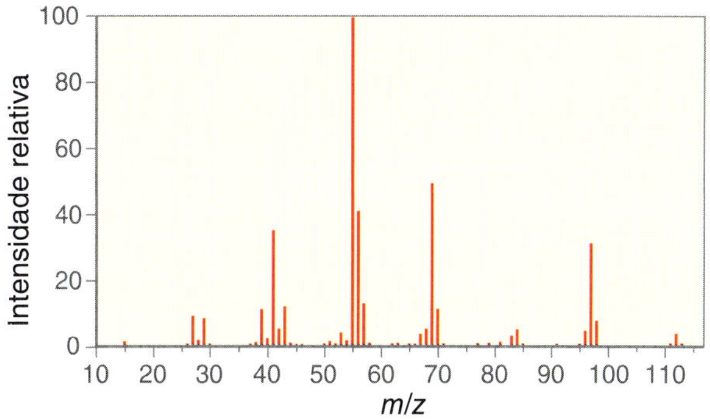

15.13 Espectrometria de Massa de Alta Resolução

A **espectrometria de massa de alta resolução** envolve a utilização de um detector que pode medir valores de *m/z* com quatro casas decimais. Essa técnica permite a determinação da fórmula molecular de uma substância desconhecida. A fim de analisar os dados obtidos a partir da espectrometria de massa de alta resolução, é preciso primeiro rever algumas informações básicas. Especificamente, temos de discutir por que as massas atômicas não são números inteiros (apesar de elas terem sido consideradas como tal até agora).

A massa de um átomo é aproximadamente igual à soma de seus prótons e nêutrons, pois a massa dos elétrons é insignificante em comparação com os prótons e nêutrons. Originalmente, a massa de um próton foi considerada como igual à massa de um nêutron, resultando nas massas atômicas *relativas* dadas na Tabela 15.4. Com esse modelo simples, as massas atômicas aparecem como números inteiros.

Esses são os números que usamos neste capítulo até agora, e eles são uma boa aproximação. Mas eles não são exatos por duas razões:

1. Prótons não têm exatamente a mesma massa dos nêutrons:

$$\text{um próton} = 1{,}6726 \times 10^{-24}\text{ g}$$
$$\text{um nêutron} = 1{,}6749 \times 10^{-24}\text{ g}$$

   Como resultado, a massa de um átomo de hélio (que tem dois prótons e dois nêutrons) não é exatamente quatro vezes a massa de um átomo de hidrogênio (que tem um próton).
2. Prótons se repelem entre si, mas se ligam nos núcleos dos átomos sob a influência da força nuclear forte. Esses prótons possuem uma enorme quantidade de energia potencial, o que é alcançado à custa de alguma massa. De acordo com a famosa equação de Einstein ($E = mc^2$), matéria e energia são interconversíveis. Quando prótons se unem para formar o núcleo de um átomo, parte da sua massa é convertida em energia potencial. Como resultado, dois prótons ligados terão menos massa do que dois prótons individuais. Isso explica por que a massa do carbono, que tem seis prótons e seis nêutrons, é menor do que seis vezes a massa de um átomo de deutério, que tem um próton e um nêutron.

TABELA 15.4 MASSAS ATÔMICAS RELATIVAS DE VÁRIOS ELEMENTOS

ELEMENTO	NÚMERO DE PRÓTONS	NÚMERO DE NÊUTRONS	MASSA ATÔMICA RELATIVA
H	1	0	1
He	2	2	4
C	6	6	12
N	7	7	14
O	8	8	16

Devido a essas duas razões, as massas atômicas não são números inteiros. Para registrar a massa atômica, os químicos usam a **unidade de massa atômica (u)**, que é equivalente a 1 g dividida pelo número de Avogadro:

$$1\text{ u} = \frac{1\text{ g}}{6{,}02214 \times 10^{23}} = 1{,}6605 \times 10^{-24}\text{g}$$

O número de Avogadro é definido como o número de átomos em exatamente 12 g de ^{12}C. Em outras palavras, o valor de 1 unidade de massa atômica (1 u) é definido em relação ao ^{12}C. Consequentemente, o ^{12}C é o único elemento com uma massa atômica que é um número inteiro. Um átomo de ^{12}C tem uma massa atômica de exatamente 12 u, por definição.

Com base nessa definição, outros isótopos de carbono podem ser medidos com precisão utilizando-se um espectrômetro de massa de alta resolução, em que o detector pode medir valores de *m/z* com quatro casas decimais. Por exemplo, quando os átomos de carbono passam através de um espectrômetro de massa de alta resolução, são observados três picos: um pico representando os átomos de ^{12}C, um pico menor representando os átomos de ^{13}C, e um pico muito pequeno que representa os átomos de ^{14}C. Ao definir o pico de ^{12}C como exatamente 12,0000 u, os outros dois picos são medidos em m/z = 13,0034 u e em m/z = 14,0032 u. Dessa forma, os isótopos de cada elemento podem ser precisamente "pesados", o que dá os valores mostrados na Tabela 15.5.

TABELA 15.5 MASSA ATÔMICA RELATIVA E ABUNDÂNCIA DE VÁRIOS ELEMENTOS

ISÓTOPO	MASSA ATÔMICA RELATIVA (u)	ABUNDÂNCIA NA NATUREZA	ISÓTOPO	MASSA ATÔMICA RELATIVA (u)	ABUNDÂNCIA NA NATUREZA
^{1}H	1,0078	99,99%	^{16}O	15,9949	99,76%
^{2}H	2,0141	0,01%	^{17}O	16,9991	0,04%
^{3}H	3,0161	<0,01%	^{18}O	17,9992	0,20%
^{12}C	12,0000	98,93%	^{35}Cl	34,9689	75,78%
^{13}C	13,0034	1,07%	^{37}Cl	36,9659	24,22%
^{14}C	14,0032	<0,01%	^{79}Br	78,9183	50,69%
^{14}N	14,0031	99,63%	^{81}Br	80,9163	49,31%
^{15}N	15,0001	0,37%			

Observação: Dados obtidos do Instituto Nacional de Padrões e Tecnologia (NIST) dos Estados Unidos.

Os valores que aparecem normalmente em uma tabela periódica são as médias ponderadas para cada elemento, ou a **massa atômica padrão**, que leva em conta a abundância isotópica. Por exemplo, a massa atômica padrão do carbono é 12,011 u (em vez de 12,0000 u), que é uma média ponderada dos vários isótopos com base na sua abundância na natureza. Com a espectrometria de massa de alta resolução, os valores da tabela periódica são irrelevantes, uma vez que cada íon molecular (ou fragmento catiônico) passa através do espectrômetro individualmente e atinge o detector em uma localização particular, que é dependente de quais isótopos estão presentes na molécula específica. A maioria dos íons que atingem o detector será constituída pelos isótopos mais abundantes (^{1}H, ^{12}C, ^{14}N e ^{16}O). Portanto, para fins de interpretação dos dados da espectrometria de massa de alta resolução, os valores na Tabela 15.5 têm de ser utilizados, em vez dos valores na tabela periódica.

Agora estamos prontos para ver como a espectrometria de massa de alta resolução pode revelar a fórmula molecular de uma substância desconhecida. Como exemplo, comparamos as duas substâncias a seguir.

C_5H_8O (MM = **84**) C_6H_{12} (MM = **84**)

Ambas as substâncias possuem a mesma massa molecular quando arredondada para o número inteiro mais próximo. Espera-se, portanto, que o espectro de massa de baixa resolução de cada substância forneça um pico do íon molecular em m/z = 84. No entanto, com a espectrometria de massa de alta resolução, os picos do íon molecular dessas substâncias podem ser diferenciados. Os cálculos para cada substância são vistos a seguir.

$$C_5H_8O = (5 \times 12{,}0000) + (8 \times 1{,}0078) + (1 \times 15{,}9949) = \mathbf{84{,}0573}\text{ u}$$
$$C_6H_{12} = (6 \times 12{,}0000) + (12 \times 1{,}0078) = \mathbf{84{,}0936}\text{ u}$$

Quando medida com quatro casas decimais, essas substâncias não têm a mesma massa, e a diferença é detectável. Num espectrômetro de massa de alta resolução, o íon molecular para a primeira substância aparecerá próximo a m/z = 84,0573, enquanto o íon molecular da segunda substância irá aparecer perto de m/z = 84,0936. Dessa maneira, a fórmula molecular de uma substância desconhecida pode ser determinada por meio da espectrometria de massa de alta resolução. A massa do íon molecular é medida com exatidão, e um programa de computador simples pode, então, calcular a fórmula molecular correta. O programa de computador não é inteiramente necessário, porque as tabelas de dados publicadas podem ser cruzadas para encontrar a fórmula molecular correspondente.

VERIFICAÇÃO CONCEITUAL

15.29 Como você distinguiria cada par das substâncias a seguir usando a espectrometria de massa de alta resolução?

(a)

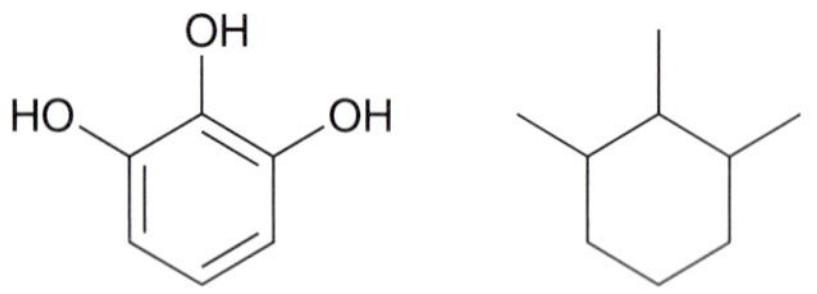

(b)

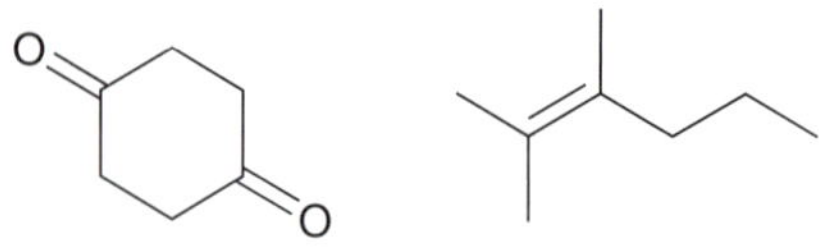

15.30 Como você distinguiria cada par de substâncias do Problema 15.29 usando a espectroscopia de IV?

15.14 Cromatografia a Gás-Espectrometria de Massa

A espectrometria de massa é idealmente adequada para a análise de substâncias puras. No entanto, quando se trata de uma mistura que contém diversas substâncias, elas devem ser inicialmente separadas umas das outras e, em seguida, injetadas individualmente no espectrômetro de massa produzindo espectros diferentes. Esse processo foi simplificado pelo advento do **cromatógrafo a gás-espectrômetro de massa** (Figura 15.31), muitas vezes chamado de "espectro de massa CG". Essa poderosa ferramenta de análise combina um cromatógrafo a gás com um espectrômetro de massa. Primeiro, a mistura de substâncias é separada no cromatógrafo a gás e, em seguida, cada uma das substâncias é analisada sequencialmente pelo espectrômetro de massa. O cromatógrafo a gás é constituído por um tubo longo e estreito, contendo um líquido viscoso, de ponto de ebulição elevado sobre um suporte sólido, chamado *fase estacionária*. O tubo está contido em um forno, permitindo que a temperatura seja controlada. Uma seringa é usada para injetar a amostra no cromatógrafo a gás, onde ela é evaporada, misturada com um gás inerte, e, em seguida, transportada através do tubo. As várias substâncias na mistura se deslocam através da fase estacionária com velocidades diferentes com base nos seus pontos de ebulição e nas suas afinidades pela fase estacionária. Cada substância na mistura geralmente exibe um **tempo de retenção** único, que é o intervalo de tempo necessário para que ela atinja a saída do cromatógrafo a gás. Deste modo, as substâncias são separadas umas das outras com base nos seus tempos de retenção diferentes. Uma representação gráfica, chamada **cromatograma**, identifica o tempo de retenção de cada substância na mistura. O cromatograma da Figura 15.32 mostra cinco substâncias diferentes que saem do cromatógrafo a gás em tempos diferentes. Cada uma dessas substâncias passa, então, através do espectrômetro de massa, onde a sua massa molecular pode ser medida.

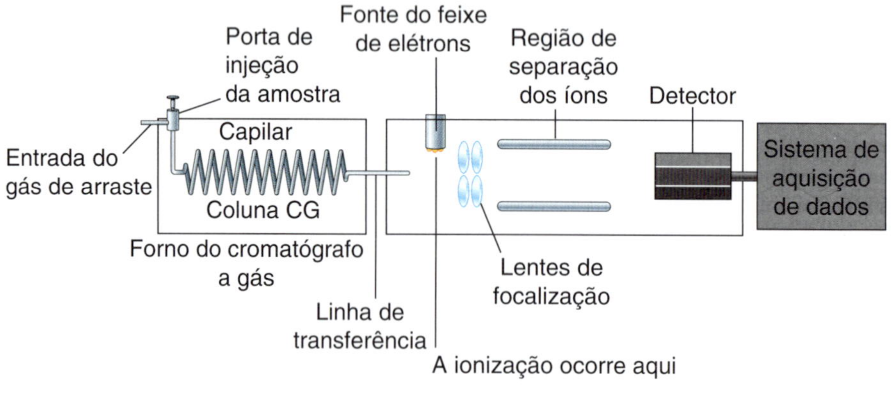

FIGURA 15.31
Visão esquemática de um cromatógrafo a gás-espectrômetro de massa.

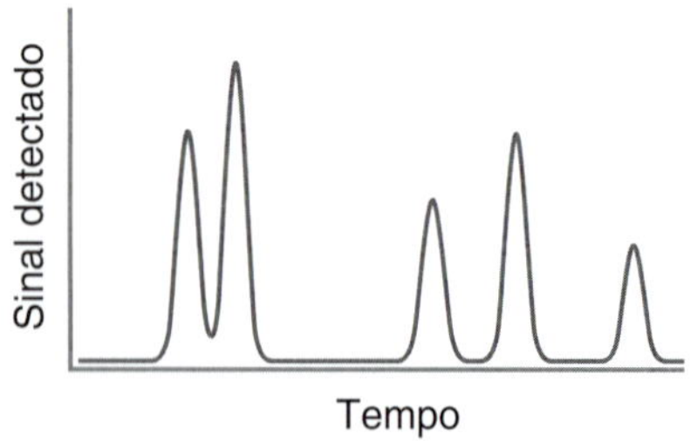

FIGURA 15.32
Exemplo de um cromatograma mostrando cinco substâncias diferentes, cada uma com um único tempo de retenção.

A análise CG-EM é frequentemente utilizada para rastreamento de drogas, que pode ser realizada em uma amostra de urina. As substâncias orgânicas presentes na urina são extraídas em primeiro lugar e, em seguida, injetadas no cromatógrafo a gás. Cada fármaco específico tem um único tempo de retenção, e a sua identidade pode ser confirmada por meio da espectrometria de massa. Essa técnica é usada para testar maconha, esteroides ilegais e muitas outras drogas ilegais.

15.15 Espectrometria de Massa de Biomoléculas Grandes

Até cerca de 30 anos atrás, a espectrometria de massa foi limitada a substâncias com massas moleculares abaixo de 1000 u. As substâncias com massas moleculares mais elevadas não podiam ser vaporizadas sem sofrer decomposição. Ao longo dos últimos 30 anos surgiram uma série de técnicas novas, expandindo o âmbito da espectrometria de massa. Uma dessas técnicas, chamada **ionização por eletrospray (ESI)**, é utilizada frequentemente para moléculas grandes, como proteínas e ácidos nucleicos. Nessa técnica, a substância é dissolvida inicialmente em um solvente iônico e, em seguida, pulverizada através de uma agulha de alta-tensão para dentro de uma câmara de vácuo. As pequenas gotas de solução tornam-se carregadas ao passarem pela agulha, e a evaporação subsequente forma íons moleculares em fase gasosa que normalmente têm múltiplas cargas. Os íons resultantes passam então através de um espectrômetro de massa e o valor de m/z para cada íon é registrado. Essa técnica tem provado ser extremamente eficaz para a aquisição de espectros de massa de substâncias grandes biologicamente importantes, particularmente porque os íons moleculares formados geralmente não sofrem fragmentação. Pelo desenvolvimento da técnica de ESI, o Dr. John Fenn (Universidade de Yale, Estados Unidos) dividiu o Prêmio Nobel de 2002 em Química.

medicamente falando — Aplicações Médicas da Espectrometria de Massa

A espectrometria de massa está sendo atualmente usada em numerosas aplicações médicas, várias das quais são descritas a seguir.

Defeitos Metabólicos em Recém-Nascidos

Uma única gota de sangue de um recém-nascido pode ser analisada através da espectrometria de massa para revelar aproximadamente 30 anomalias genéticas do metabolismo. A espectrometria de massa é uma ferramenta eficaz nesses casos, porque pode ser utilizada para detectar níveis sanguíneos anormais de aminoácidos (Capítulo 25), ácidos graxos (Capítulo 26) e açúcares (Capítulo 24), tudo em uma única análise de uma amostra muito pequena de sangue. Por exemplo, a fenilcetonúria (PKU) é uma doença que ocorre em cerca de 1 em cada 14.000 nascimentos nos Estados Unidos. Para um bebê com essa doença, uma dieta de quantidades típicas de proteína resultará em níveis sanguíneos elevados do aminoácido fenilalanina e dos seus produtos metabólicos. Se não for tratada, essa doença provoca retardo mental grave. Se, no entanto, o bebê é mantido em uma dieta baixa do aminoácido fenilalanina imediatamente após o nascimento, a criança pode se desenvolver com inteligência normal. Praticamente todos os bebês nos EUA são agora testados para os níveis sanguíneos elevados de fenilalanina, logo após o nascimento. Isso foi feito originalmente com o teste de Guthrie (teste do pezinho), um ensaio laborioso e demorado, desenvolvido em 1963, utilizando o crescimento bacteriano para detectar níveis elevados de fenilalanina. O teste de Guthrie tem sido largamente substituído pela espectrometria de massa para medir os níveis sanguíneos de fenilalanina, uma vez que essa técnica fornece resultados rápidos e confiáveis.

Análise de Fármacos

A espectrometria de massa pode ser utilizada para avaliar a pureza de fármacos e para caracterizar os fármacos que estão sendo desenvolvidos e cuja estrutura não é ainda conhecida. A espectrometria de massa pode também ser usada para medir níveis sanguíneos ou de urina de substâncias (drogas) lícitas e ilícitas e os seus metabólitos. Por exemplo, a espectrometria de massa pode efetivamente medir os níveis sanguíneos de cotinina, o metabólito primário da nicotina que resulta do uso de tabaco na saliva, e essa aplicação pode aumentar devido ao uso na avaliação pelas companhias de seguros sobre fatores de risco, como o tabagismo.

Identificação de Bactérias Patogênicas

Para os pacientes com infecções bacterianas, é frequentemente crítico descobrir rapidamente a identidade da bactéria. Isso é importante porque o conhecimento da natureza de uma infecção bacteriana em particular permite a administração dos medicamentos mais eficazes contra aquela cepa bacteriana específica. Se a identidade da cepa bacteriana não pode ser avaliada em tempo hábil, o paciente pode ser tratado com medicamentos menos eficazes, permitindo que a infecção progrida de forma fatal. As técnicas de identificação tradicionais envolvem a utilização de culturas, que muitas vezes requerem vários dias e nem sempre fornecem uma resposta definitiva.

Para superar esse problema – a reação em cadeia da polimerase (do inglês *polymerase chain reaction* – PCR) – têm sido desenvolvidas técnicas para identificar cepas bacterianas no intervalo de algumas horas após a obtenção de uma amostra. A espectrometria de massa pode proporcionar uma técnica alternativa para a identificação clínica rápida das cepas bacterianas patogênicas, por meio de técnicas especiais para identificar proteínas bacterianas específicas para várias cepas de bactérias patogênicas. Assim como a PCR, a espectrometria de massa pode frequentemente fornecer a identidade de uma cepa bacteriana, no entanto, dentro de algumas horas, em vez de dias. As técnicas de PCR chegaram ao mercado primeiro, mas a espectrometria de massa tem potencial para ser um sério concorrente.

Outras Aplicações

Ao nível de pesquisa médica, a espectrometria de massa também está sendo utilizada para detectar biomarcadores proteicos específicos para vários tipos de câncer e, frequentemente, pode detectar esses biomarcadores mais rapidamente do que quaisquer outras técnicas. A espectrometria de massa também tem sido utilizada com sucesso para separar variantes das lipoproteínas envolvidas no transporte do colesterol (Capítulo 26), que apresentam diferentes riscos de doenças cardiovasculares.

Apesar de um espectrômetro de massa ser um equipamento caro, ele requer apenas pequenas amostras de sangue e fornece resultados rápidos (frequentemente disponíveis em uma ou duas horas, em vez de dias). Um espectrômetro de massa dedicado à execução de amostras clínicas em um modo de "produtividade extremamente elevada" pode fornecer informação definitiva a um custo razoável e muito mais rapidamente do que as técnicas mais antigas.

15.16 Índice de Deficiência de Hidrogênio: Graus de Insaturação

Este capítulo explicou como a espectrometria de massa pode ser utilizada para determinar a fórmula molecular de uma substância desconhecida. Por exemplo, é possível determinar que a fórmula molecular de um substância é $C_6H_{12}O$, mas isso não é ainda uma informação suficiente para representar a estrutura da substância. Há muitos isômeros constitucionais que têm a fórmula molecular $C_6H_{12}O$. A espectroscopia de IV pode nos dizer se uma ligação dupla está ou não presente e se uma ligação O–H está ou não presente. Contudo, uma vez mais, isso não é suficiente para representar a estrutura da substância. No Capítulo 16, vamos estudar a espectroscopia de RMN, que fornece ainda mais informações. Mas, antes de passar para a espectroscopia de RMN, ainda há mais uma informação que pode ser obtida a partir da fórmula molecular. Uma análise cuidadosa da fórmula molecular muitas vezes pode nos fornecer uma lista de possíveis estruturas moleculares. Essa capacidade será importante no próximo capítulo, porque a fórmula molecular sozinha oferece pistas úteis sobre a estrutura da substância. Para ver como isso funciona, vamos começar analisando a fórmula molecular de vários alcanos.

Comparamos as estruturas dos alcanos vistos a seguir, dedicando atenção especial ao número de átomos de hidrogênio ligados a cada átomo de carbono.

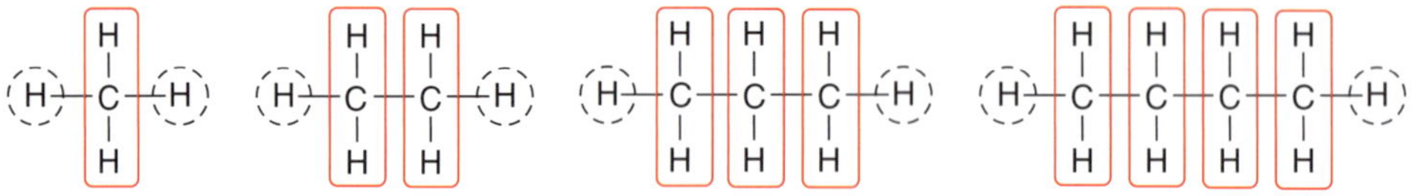

Metano Etano Propano Butano

Em cada caso, existem dois átomos de hidrogênio nas extremidades das estruturas (envolvidos por um círculo), e existem dois átomos de hidrogênio em cada átomo de carbono. Isso pode ser resumido da seguinte maneira:

$$H—(CH_2)_n—H$$

em que n é o número de átomos de carbono da substância. Consequentemente, o número de átomos de hidrogênio será $2n + 2$. Em outras palavras, todas as substâncias indicadas têm a fórmula molecular C_nH_{2n+2}. Isso é verdadeiro mesmo para as substâncias que são ramificadas, em vez de ter uma cadeia linear.

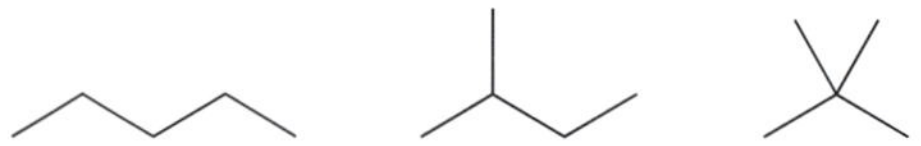

C_5H_{12} C_5H_{12} C_5H_{12}

Essas substâncias são chamadas de **saturadas** porque elas possuem o número máximo de átomos de hidrogênio possível em relação ao número de átomos de carbono presentes.

Uma substância com uma ligação π (uma ligação dupla ou tripla) terá menos átomos de hidrogênio do que o número máximo possível. Tais substâncias são chamadas de **insaturadas**.

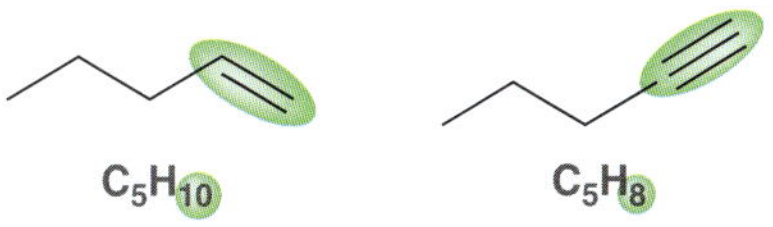

Uma substância contendo um anel também terá menos átomos de hidrogênio do que o número máximo possível, assim como uma substância com uma ligação dupla. Por exemplo, compare as estruturas do 1-hexeno e do ciclo-hexano.

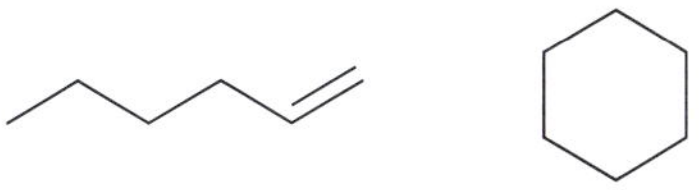

1-Hexeno (C_6H_{12}) **Ciclo-hexano (C_6H_{12})**

Ambas as substâncias têm a fórmula molecular C_6H_{12}, pois em ambas estão "faltando" dois átomos de hidrogênio [6 átomos de carbono requerem $(2 \times 6) + 2 = 14$ átomos de hidrogênio]. Diz-se que cada uma dessas substâncias tem um **grau de insaturação**. O **índice de deficiência de hidrogênio (IDH)** é uma medida do número de graus de insaturação. Uma substância é dita ter um grau de insaturação para cada dois átomos de hidrogênio que estão faltando. Por exemplo, para uma substância com a fórmula molecular C_4H_6 estão faltando quatro átomos de hidrogênio (se fosse saturada, seria C_4H_{10}), de modo que ela tem dois graus de insaturação (IDH = 2).

Há várias maneiras de uma substância possuir dois graus de insaturação: duas ligações duplas, dois anéis, uma ligação dupla e um anel, ou uma ligação tripla. Vamos explorar todas essas possibilidades para o C_4H_6 (Figura 15.33).

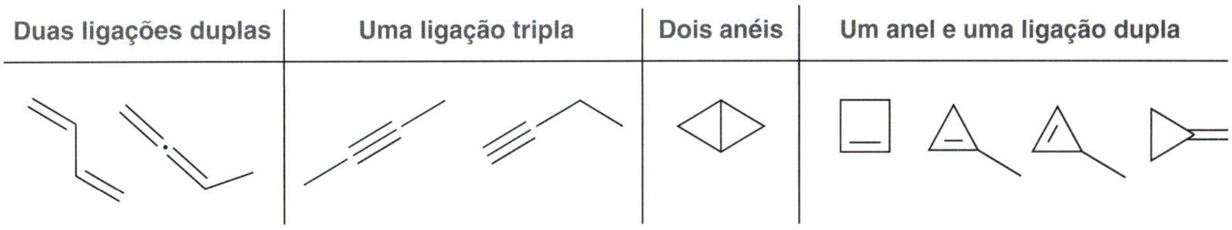

FIGURA 15.33 Todos os possíveis isômeros constitucionais do C_4H_6.

Com isso em mente, vamos expandir o nosso estudo. Vamos explorar como calcular o IDH quando outros elementos estão presentes na fórmula molecular.

1. ***Halogênios***: Comparamos as duas substâncias a seguir. Observamos que o cloro toma o lugar de um átomo de hidrogênio. Portanto, para efeitos de cálculo do IDH, tratamos um halogênio como se ele fosse um átomo de hidrogênio. Em outras palavras, o C_2H_5Cl deve ter o mesmo IDH que o C_2H_6.

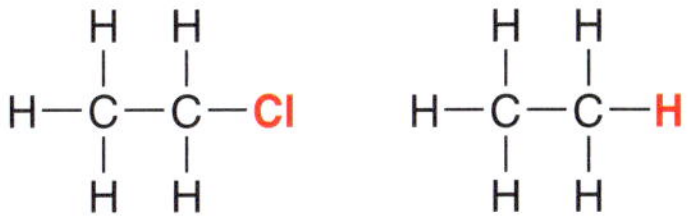

Cloroetano **Etano**

2. ***Oxigênio***: Comparamos as duas substâncias seguintes. Observamos que a presença do átomo de oxigênio não afeta o número esperado de átomos de hidrogênio. Portanto, sempre que um átomo de oxigênio aparece na fórmula molecular, ele deve ser ignorado para efeitos de cálculo do IDH. Em outras palavras, o C_2H_6O deve ter o mesmo IDH que o C_2H_6.

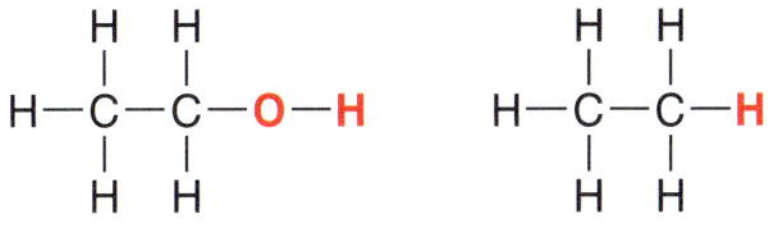

Etanol **Etano**

3. ***Nitrogênio***: Comparamos as duas substâncias a seguir. Observamos que a presença de um átomo de nitrogênio muda o número de átomos de hidrogênio esperados. Há um átomo de hidrogênio a mais do que seria esperado. Portanto, sempre que um átomo de nitrogênio aparece na fórmula molecular, um átomo de hidrogênio deve ser subtraído da fórmula molecular. Em outras palavras, o C_2H_7N deve ter o mesmo IDH que o C_2H_6.

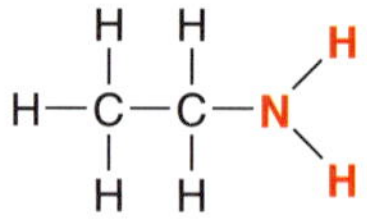

Etilamina

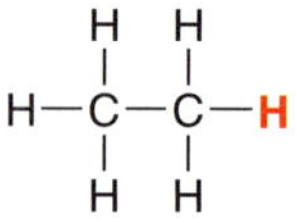

Etano

Em resumo:

- Halogênios: ***Somamos*** um H para cada halogênio.
- Oxigênio: ***Ignoramos***.
- Nitrogênio: ***Subtraímos*** um H para cada N.

Essas regras vão permitir a determinação do IDH para a maioria das substâncias simples. Alternativamente, a fórmula a seguir pode ser usada,

$$\text{HDI} = \frac{1}{2}(2C + 2 + N - H - X)$$

em que C é o número de átomos de carbono, N é o número de átomos de nitrogênio, H é o número de átomos de hidrogênio e X é o número de átomos de halogênio. Essa fórmula irá funcionar para todas as substâncias que contêm C, H, N, O e X.

O cálculo do IDH é particularmente útil, pois fornece pistas sobre as características estruturais da substância. Por exemplo, um IDH igual a zero indica que a substância não pode ter anéis ou ligações π. Essa é uma informação extremamente útil quando se tenta determinar a estrutura de uma substância, e é uma informação que pode ser facilmente obtida simplesmente analisando a fórmula molecular. Da mesma forma, um IDH igual a 1 indica que a substância tem de ter uma ligação dupla ***ou*** um anel (mas não ambos). Se o IDH é 2, então existem algumas possibilidades: dois anéis, duas ligações duplas, um anel e uma ligação dupla ou uma ligação tripla. A análise do IDH para uma substância desconhecida muitas vezes pode ser uma ferramenta útil, mas somente quando a fórmula molecular é conhecida com certeza.

No Capítulo 16, vamos usar essa técnica com frequência. Os exercícios seguintes foram concebidos para desenvolver a capacidade de cálculo e interpretação do IDH de uma substância desconhecida cuja fórmula molecular é conhecida.

DESENVOLVENDO A APRENDIZAGEM

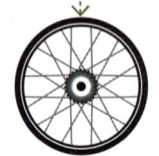

15.4 CÁLCULO DO IDH

APRENDIZAGEM Calcule o IDH de uma substância com fórmula molecular $C_4H_8ClNO_2$, e identifique a informação estrutural fornecida pelo IDH.

SOLUÇÃO

ETAPA 1
Identificação da fórmula molecular de um hidrocarboneto (uma substância que tem somente C e H) que terá o mesmo IDH.

O cálculo é:

Número de H:	8
Somamos 1 para cada Cl:	+1
Ignoramos cada O:	0
Subtraímos 1 para cada N:	−1
Total:	8

Essa substância terá o mesmo IDH que uma substância com a fórmula molecular C_4H_8. Para ser totalmente saturada, quatro átomos de carbono necessitariam (4 × 2) + 2 = 10 H. De acordo com os nossos cálculos, dois átomos de hidrogênio estão em falta, e, portanto, essa substância tem um grau de insaturação: IDH = 1.

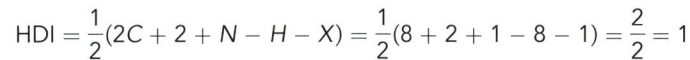

ETAPA 2
Determinação de quantos átomos de hidrogênio estão faltando e atribuição de um IDH.

Alternativamente, a fórmula a seguir pode ser usada.

$$\text{HDI} = \frac{1}{2}(2C + 2 + N - H - X) = \frac{1}{2}(8 + 2 + 1 - 8 - 1) = \frac{2}{2} = 1$$

Com um grau de insaturação, a substância tem de conter um anel ou uma ligação dupla, mas não ambos. A substância não pode ter uma ligação tripla, pois isso exigiria dois graus de insaturação.

PRATICANDO o que você aprendeu

15.31 Calcule o grau de insaturação para cada uma das fórmulas moleculares a seguir.

(a) C_6H_{10} **(b)** $C_5H_{10}O_2$ **(c)** C_5H_9N **(d)** C_3H_5ClO **(e)** $C_{10}H_{20}$
(f) $C_4H_6Br_2$ **(g)** C_6H_6 **(h)** C_2Cl_6 **(i)** $C_2H_4O_2$ **(j)** $C_{100}H_{200}Cl_2O_{16}$

15.32 Identifique, dentre as substâncias a seguir, quais as duas que têm o mesmo grau de insaturação.

C_3H_8O $C_3H_5ClO_2$ $C_3H_5NO_2$ C_3H_6

APLICANDO o que você aprendeu

15.33 Proponha todas as estruturas possíveis para uma substância com a fórmula molecular C_4H_8O que apresenta um sinal em 1720 cm^{-1} no seu espectro de IV.

15.34 Proponha todas as estruturas possíveis para uma substância com a fórmula molecular C_4H_8O que apresenta um sinal largo entre 3200 e 3600 cm^{-1} no seu espectro de IV e que não contém nenhum sinal entre 1600 e 1850 cm^{-1}.

15.35 Proponha a única estrutura possível para um substância com a fórmula molecular C_4H_6 que apresenta um sinal em 2200 cm^{-1} no seu espectro de IV.

15.36 Quais são as características estruturais que estão presentes em uma substância com a fórmula molecular $C_{10}H_{20}O$?

15.37 Cada par de substâncias vistas a seguir tem o mesmo número de átomos de carbono. Sem contar com os átomos de hidrogênio, determine se o par de substâncias tem a mesma fórmula molecular. Em cada caso, simplesmente determine o IDH das substâncias para tomar sua decisão. Em seguida, conte o número de átomos de hidrogênio para ver se a sua análise estava correta.

(a) 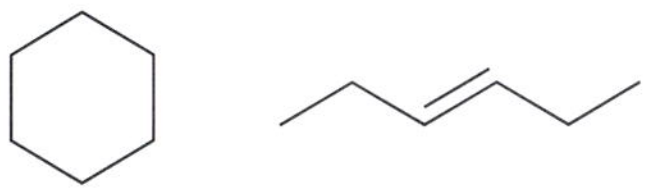 **(b)** 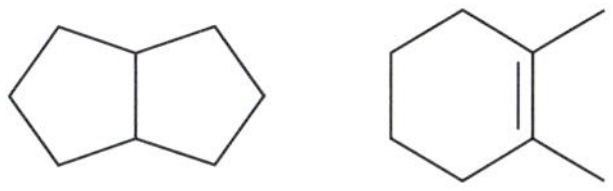 **(c)** 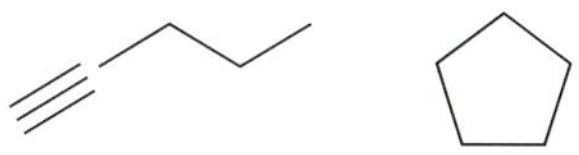

é necessário **PRATICAR MAIS?** **Tente Resolver os Problemas 15.48b, 15.54–15.55**

REVISÃO DE CONCEITOS E VOCABULÁRIO

SEÇÃO 15.1

- **Espectroscopia** é o estudo da interação entre a luz (radiação) e a matéria.
- O **comprimento de onda** da luz (radiação) descreve a distância entre picos adjacentes de um campo oscilante, enquanto a **frequência** descreve o número de comprimentos de onda que passam em determinado ponto no espaço por unidade de tempo.
- A energia de cada **fóton** é determinada pela sua frequência. A faixa de todas as frequências possíveis é conhecida como **espectro eletromagnético**.
- As moléculas podem armazenar energia de várias maneiras. Cada uma dessas formas de energia é quantizada.
- A diferença de energia (ΔE) entre os níveis de energia de vibração é determinada pela natureza da ligação. Se um fóton de luz (radiação) possui exatamente essa quantidade de energia, a ligação pode absorver o fóton para promover uma **excitação vibracional**.

SEÇÃO 15.2

- Existem muitos tipos diferentes de excitação vibracional, incluindo o **estiramento** e a **deformação angular**.
- A espectroscopia de IV pode ser utilizada para identificar quais os grupos funcionais que estão presentes em uma substância.
- Um **espectro de absorção** é uma representação gráfica que mede a transmitância percentual em função da frequência.
- A localização de cada sinal em um espectro de IV é registrada em termos de uma unidade relacionada com a frequência chamada **número de onda**.

SEÇÃO 15.3

- O número de onda de cada sinal é função principalmente da força de ligação e das massas dos átomos que compartilham a ligação.
- A **região de diagnóstico** contém todos os sinais que surgem a partir de ligações duplas, ligações triplas e ligações X–H .
- A região de **impressão digital** contém sinais que resultam da excitação vibracional da maioria das ligações simples (estiramento e deformação angular).
- Uma ligação C=O **conjugada** produzirá um sinal de energia menor do que uma ligação C=O não conjugada.

SEÇÃO 15.4

- A intensidade do sinal é dependente do momento de dipolo da ligação que dá origem ao sinal.
- As ligações C=O produzem sinais fortes em um espectro de IV, enquanto as ligações C=C frequentemente produzem sinais bastante fracos.
- Ligações C=C simétricas não produzem sinais. O mesmo é verdadeiro para ligações triplas simétricas.

SEÇÃO 15.5

- Álcoois concentrados dão origem a sinais largos, enquanto álcoois diluídos dão origem a sinais estreitos.
- As aminas primárias apresentam dois sinais resultantes do **estiramento simétrico** e do **estiramento assimétrico**.

SEÇÕES 15.6 E 15.7

- Ao analisar um espectro de IV, procura-se por ligações duplas, ligações triplas e ligações X–H.
- Todo sinal tem três características: número de onda, intensidade e forma. Analisam-se todas as três características.
- Ao procurar pelas ligações X–H, verifica-se se algum sinal aparece à esquerda de uma linha desenhada em 3000 cm^{-1}.

SEÇÃO 15.8

- A **espectrometria de massa** é utilizada para determinar a massa molecular e a fórmula molecular de uma substância.
- Em um **espectrômetro de massa**, uma substância é convertida em íons, que são depois separados por um campo magnético.
- A **ionização por impacto de elétrons (IE)** envolve o bombardeamento de uma substância com elétrons de alta energia, gerando um cátion radical que é simbolizado por $(M)^{+\bullet}$ e é chamado **íon molecular** ou **íon pai**.
- O íon molecular muitas vezes é muito instável e é suscetível à **fragmentação**.
- Apenas o íon molecular e os fragmentos catiônicos são defletidos e eles são, então, separados em função da **razão massa-carga (*m/z*)**.
- Um **espectro de massa** mostra a abundância relativa de cada cátion detectado.
- Ao pico mais alto em um espectro de massa é atribuído um valor relativo de 100%, e esse pico é chamado de **pico base**.

SEÇÃO 15.9

- O pico $(M)^{+\bullet}$ pode ser fraco ou totalmente ausente se ele é particularmente suscetível à fragmentação.
- O pico $(M)^{+\bullet}$ indica a massa molecular da molécula.
- De acordo com a **regra do nitrogênio**, uma massa molecular ímpar indica um número ímpar de átomos de nitrogênio, enquanto uma massa molecular par indica a ausência de nitrogênio ou um número par de átomos de nitrogênio.

SEÇÃO 15.10

- As alturas relativas do pico $(M)^{+\bullet}$ e do pico $(M+1)^{+\bullet}$ indicam o número de átomos de carbono.

SEÇÃO 15.11

- Informação útil pode ser obtida através da comparação entre as alturas relativas do pico $(M+2)^{+\bullet}$ e do pico $(M)^{+\bullet}$. A estrutura provavelmente contém um átomo de cloro se o pico $(M)^{+\bullet}$ tem aproximadamente um terço da altura do pico $(M+2)^{+\bullet}$. A presença de um átomo de bromo é indicada quando esses dois picos têm alturas parecidas.

SEÇÃO 15.12

- Um sinal em M-15 indica a perda de um grupo metila, um sinal em M-29 indica a perda de um grupo etila.
- A probabilidade de fragmentação aumenta com a estabilidade do carbocátion formado.

SEÇÃO 15.13

- A fórmula molecular de uma substância pode ser determinada com a **espectrometria de massa de alta resolução**.
- A **unidade de massa atômica (u)** é equivalente a 1 g dividido pelo número de Avogadro.
- A **massa atômica padrão** é uma média ponderada, que leva em conta a abundância isotópica relativa.

SEÇÃO 15.14

- Em um **cromatógrafo a gás-espectrômetro de massa**, uma mistura de substâncias é separada primeiramente com base nos seus pontos de ebulição e afinidade pela fase estacionária. Cada substância é então analisada individualmente.
- Cada substância na mistura geralmente apresenta um único **tempo de retenção**, que é representado graficamente em um **cromatograma**.

SEÇÃO 15.15

- A **ionização por eletrospray** (**electrospray ionization – ESI**) é utilizada mais frequentemente para moléculas grandes como proteínas e ácidos nucleicos.

SEÇÃO 15.16

- Alcanos **saturados** têm uma fórmula molecular da forma C_nH_{2n+2}.
- Uma substância que possua uma ligação π é **insaturada**.
- Cada ligação dupla e cada anel representa um **grau de insaturação**.
- O **índice de deficiência de hidrogênio (IDH)** é uma medida do número de graus de insaturação.

REVISÃO DA APRENDIZAGEM

15.1 ANÁLISE DE UM ESPECTRO DE IV

ETAPA 1 Procurar ligações duplas entre 1600 e 1850 cm^{-1}.

Orientações:
- Ligações C=O produzem sinais fortes.
- Ligações C=C geralmente produzem sinais fracos. Ligações C=C simétricas não aparecem.
- A posição exata de um sinal indica características sutis que afetam a rigidez da ligação, como a ressonância.

ETAPA 2 Procurar ligações triplas entre 2100 e 2300 cm^{-1}.

Orientações:
- Ligações triplas simétricas não produzem sinais.

ETAPA 3 Procurar ligações X–H entre 2750 e 4000 cm^{-1}.

Orientações:
- Desenhar uma linha em 3000 cm^{-1}, e procurar ligações C–H vinílica ou acetilênica à esquerda da linha.
- A forma de um sinal O–H é afetado pela concentração (devido à ligação H).
- Aminas primárias apresentam dois sinais N–H (estiramento simétrico e assimétrico).

Tente Resolver os Problemas **15.12, 15.13, 15.42, 15.57**

15.2 DISTINÇÃO ENTRE DUAS SUBSTÂNCIAS UTILIZANDO ESPECTROSCOPIA DE IV

ETAPA 1 Verificação metódica do espectro de IV esperado de cada substância.

ETAPA 2 Determinação se algum sinal de uma substância estará presente e se algum sinal da outra substância estará ausente.

ETAPA 3 Comparação, para cada sinal esperado, de quaisquer possíveis diferenças de número de onda, intensidade ou forma.

Tente Resolver os Problemas **15.14-15.18, 15.38-15.41, 15.48d**

15.3 USO DA ABUNDÂNCIA RELATIVA DO PICO $(M+1)^{+\bullet}$ PARA PROPOR UMA FÓRMULA MOLECULAR

ETAPA 1 Determinação do número de átomos de carbono na substância por meio da análise da abundância relativa do pico $(M + 1)^{+\bullet}$:

$$\frac{\left(\dfrac{\text{Abundância do pico } (M + 1)^{+\bullet}}{\text{Abundância do pico } (M)^{+\bullet}}\right) \times 100\%}{1{,}1\ \%}$$

ETAPA 2 Análise da massa do íon molecular para determinar se está presente algum heteroátomo (como oxigênio ou nitrogênio).

Tente Resolver os Problemas **15.21, 15.22, 15.45, 15.47**

15.4 CÁLCULO DO IDH

ETAPA 1 Reescrever a fórmula molecular "como se" a substância não tivesse outros elementos além de C e H, utilizando as seguintes regras:
- Adicionar um H para cada halogêneo.
- Ignorar todos os átomos de oxigênio.
- Subtrair um H para cada nitrogênio.

ETAPA 2 Determinar se algum H está faltando. Cada dois H representa um grau de insaturação:

$C_4H_9Cl \longrightarrow C_4H_{10} \longrightarrow$ HDI=0

$C_4H_8O \longrightarrow C_4H_8 \longrightarrow$ HDI=1

$C_4H_9N \longrightarrow C_4H_8 \longrightarrow$ HDI=1

Tente Resolver os Problemas **15.31-15.37, 15.48b, 15.54, 15.55**

PROBLEMAS PRÁTICOS

15.38 Todas as substâncias a seguir absorvem radiação infravermelho no intervalo entre 1600 e 1850 cm^{-1}. Em cada caso, identifique a(s) ligação(ões) específica(s) responsável(is) pela(s) absorção(ões) e preveja o número de onda aproximado da absorção para cada uma dessas ligações.

(a) 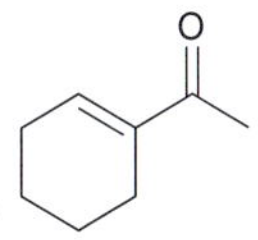

(b) 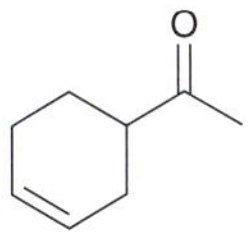

(c) 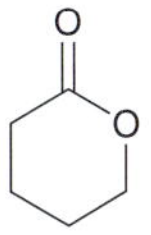

(d) 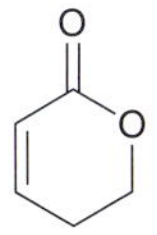

(e) 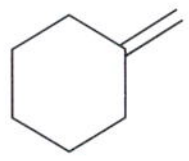

15.39 Classifique cada uma das ligações identificadas em ordem de número de onda crescente.

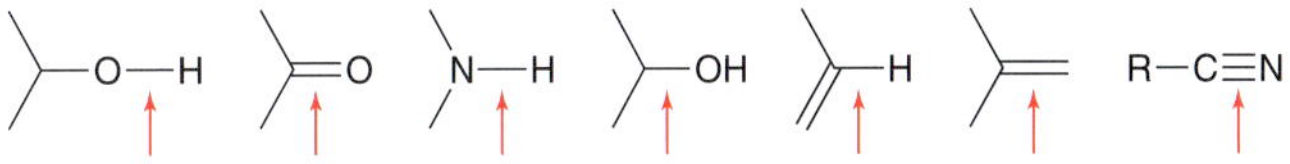

15.40 Identifique os sinais que seriam de esperar na região de diagnóstico do espectro de IV para cada uma das substâncias a seguir.

(a) 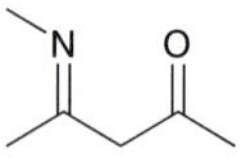

(b) 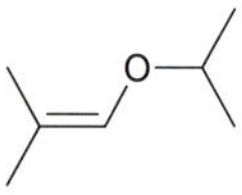

(c) 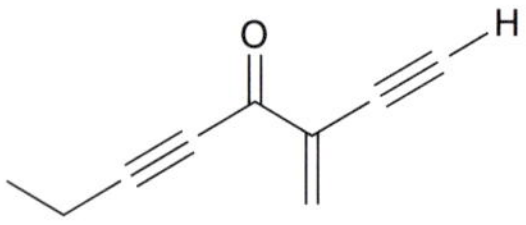

(d) 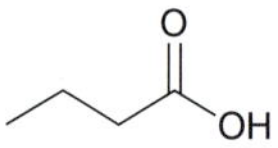

15.41 Identifique como a espectroscopia de IV pode ser utilizada para monitorar o progresso de cada uma das reações a seguir.

(a) 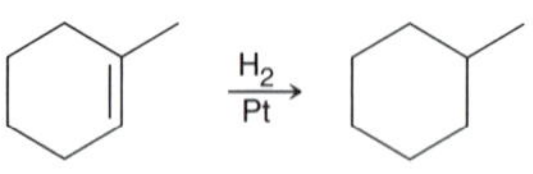

(b) 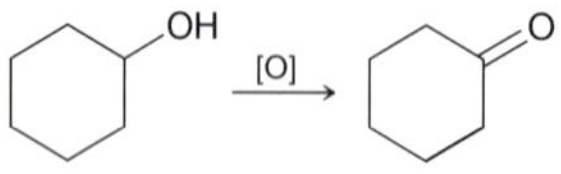

(c) 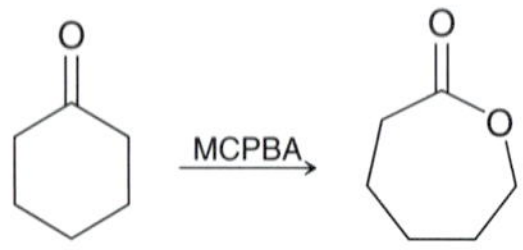

(d) 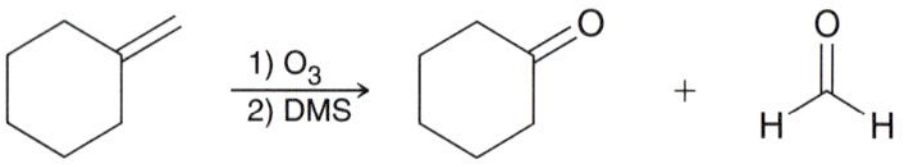

(e) 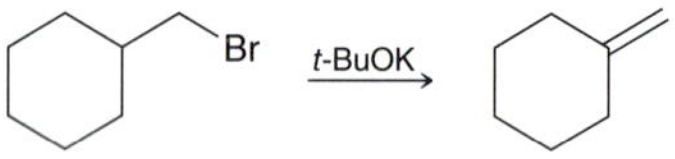

15.42 Identifique os sinais característicos que seriam de esperar na região de diagnóstico de um espectro de IV de cada uma das substâncias seguintes.

(a) 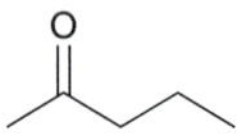

(b) 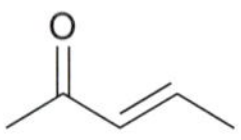

(c) 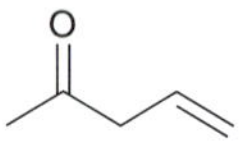

(d) 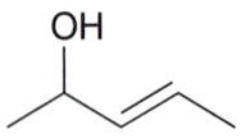

(e) 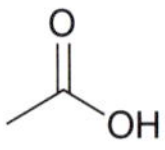

(f) 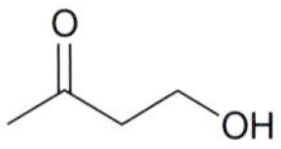

15.43 Identifique a fórmula molecular para cada uma das substâncias a seguir e, então, preveja a massa do íon molecular esperado no espectro de massa de cada substância.

(a) 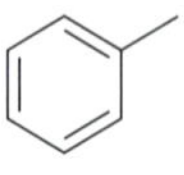

(b) 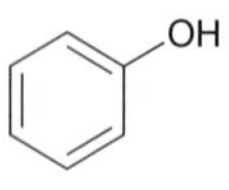

(c) 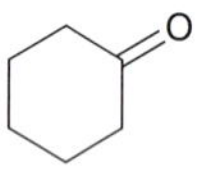

(d) 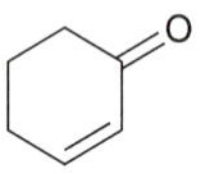

(e) 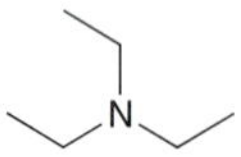

15.44 Proponha uma fórmula molecular para uma substância que tem um grau de insaturação e um espectro de massa que apresenta um sinal do íon molecular em $m/z = 86$.

15.45 O espectro de massa de um hidrocarboneto desconhecido apresenta um pico $(M + 1)^{+\bullet}$ cuja altura é 10% da altura do pico do íon molecular. Identifique o número de átomos de carbono na substância desconhecida.

15.46 Faça a correspondência de cada substância com o espectro apropriado.

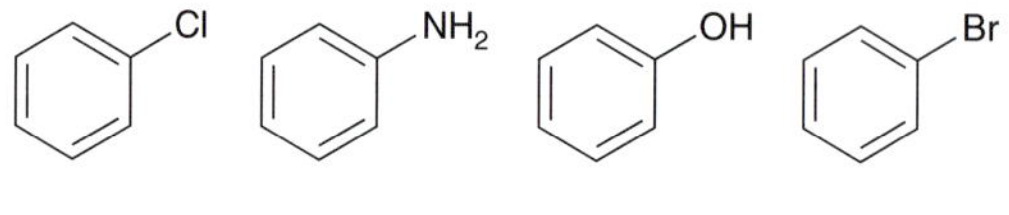

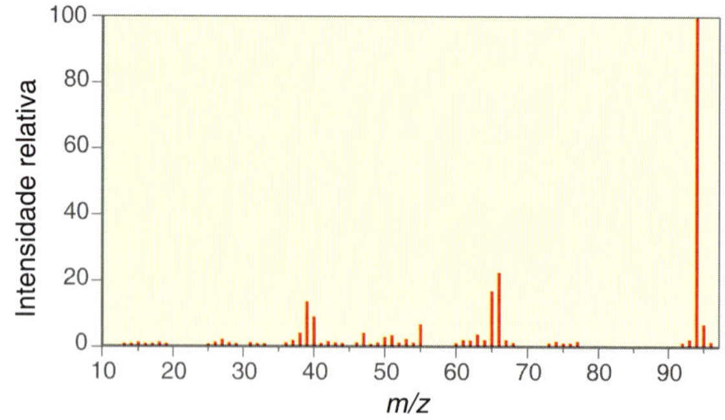

(a)

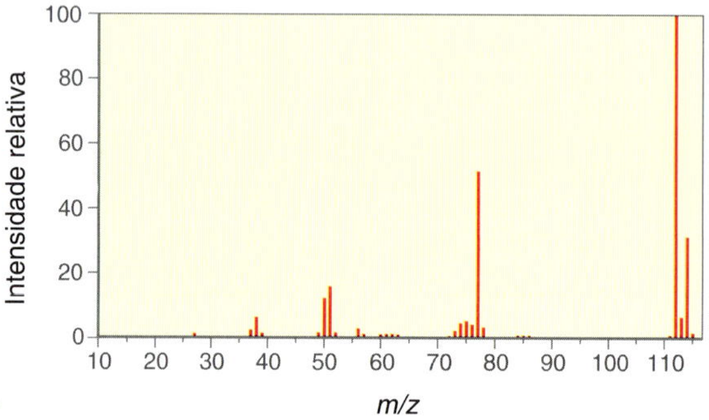

(b)

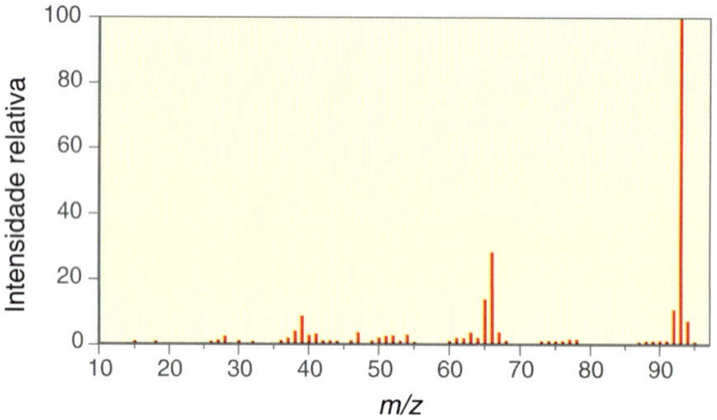

(c)

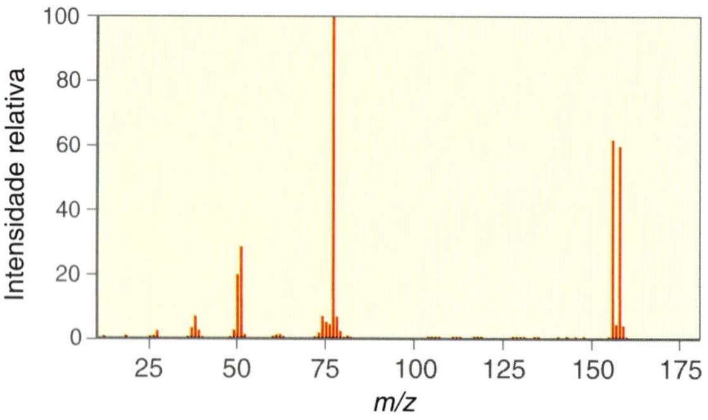

(d)

15.47 O atrator sexual da mariposa-das-maçãs dá um espectro de IV com um sinal largo entre 3200 e 3600 cm^{-1}, e dois sinais entre 1600 e 1700 cm^{-1}. No espectro de massa dessa substância, o pico do íon molecular aparece em $m/z = 196$, e as abundâncias relativas do íon molecular e do pico $(M + 1)^{+\bullet}$ são 27,2% e 3,9%, respectivamente.

(a) Que grupos funcionais estão presentes nessa substância?
(b) Quantos átomos de carbono estão presentes na substância?
(c) Com base na informação dada, proponha uma fórmula molecular para a substância.

15.48 Compare as estruturas do ciclo-hexano e do 2-metil-2-penteno.

(a) Qual é a fórmula molecular de cada substância?

(b) Qual é o IDH de cada substância?

(c) A espectrometria de massa de alta resolução pode ser utilizada para distinguir essas substâncias? Explique.

(d) Como você diferenciaria entre essas duas substâncias utilizando a espectroscopia de IV?

15.49 O espectro de massa do 1-etil-1-metilciclo-hexano mostra muitos fragmentos, com dois deles tendo abundância muito grande. Um aparece em m/z = 111 e o outro aparece em m/z = 97. Identifique a estrutura de cada um desses fragmentos.

15.50 O espectro de massa do 2-bromopentano mostra muitos fragmentos.

(a) Um fragmento aparece em M-79. Você esperaria um sinal em M-77 com a mesma altura que o pico M-79? Explique.

(b) Um fragmento aparece em M-15. Você esperaria um sinal em M-13 com a mesma altura que o pico M-15? Explique.

(c) Um fragmento aparece em M-29. Você esperaria um sinal em M-27 com a mesma altura que o pico M-29? Explique.

15.51 Quando tratado com uma base forte, o 2-bromo-2,3-dimetilbutano vai sofrer uma reação de eliminação formando dois produtos. A escolha da base (etóxido *versus* *terc*-butóxido) irá determinar qual dos dois produtos predomina. Represente a estrutura dos dois produtos e determine como você pode distinguir entre eles usando a espectroscopia de IV.

15.52 Proponha uma fórmula molecular que se ajuste aos seguintes dados.

(a) Um hidrocarboneto (C_xH_y) com o pico do íon molecular em m/z = 66

(b) Uma substância que absorve radiação infravermelho em 1720 cm^{-1}, e apresenta o pico do íon molecular em m/z = 70

15.53 O espectro de massa visto a seguir é para o octano.

(a) Que pico representa o íon molecular?

(b) Que pico é o pico base?

(c) Represente a estrutura do fragmento que produz o pico base.

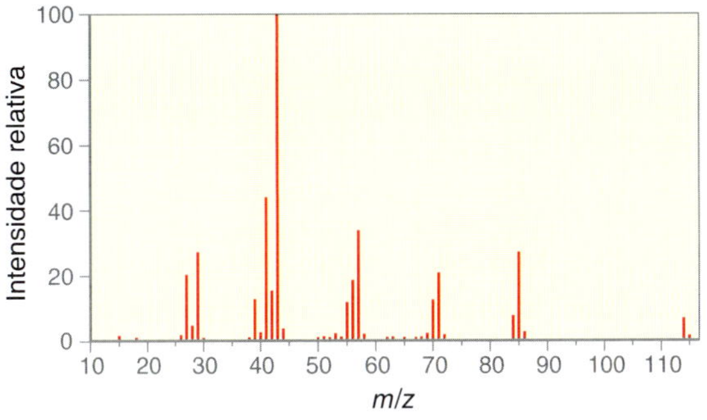

15.54 Calcule o IDH para cada fórmula molecular.

(a) C_4H_6	(b) C_5H_8	(c) $C_{40}H_{78}$	(d) $C_{72}H_{74}$
(e) $C_6H_6O_2$	(f) $C_7H_9NO_2$	(g) $C_8H_{10}N_2O$	(h) $C_5H_7Cl_3$
(i) C_6H_5Br	(j) $C_6H_{12}O_6$		

15.55 Proponha duas estruturas possíveis para uma substância com a fórmula molecular C_5H_8 que produz um sinal de IV em 3300 cm^{-1}.

15.56 Limoneno é um hidrocarboneto encontrado na casca do limão e que contribui significativamente para o odor dessa fruta. O limoneno tem o pico do íon molecular em m/z = 136 no seu espectro de massa, e tem duas ligações duplas e um anel na sua estrutura. Qual é a fórmula molecular do limoneno?

15.57 Explique como você utilizaria a espectroscopia de IV para distinguir entre o 1-bromo-3-metl-2-buteno e o 2-bromo-3-metil-2-buteno.

15.58 Uma solução diluída de 1,3-pentanodiol não produz o sinal característico de IV para um álcool diluído. Em vez disso, produz um sinal que é característico de um álcool concentrado. Explique.

15.59 A seguir vemos os espectros de IV e de massa de uma substância desconhecida. Proponha pelo menos duas estruturas possíveis para a substância desconhecida.

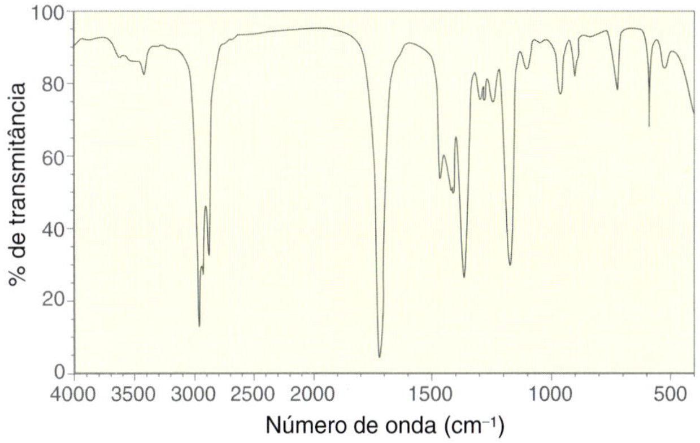

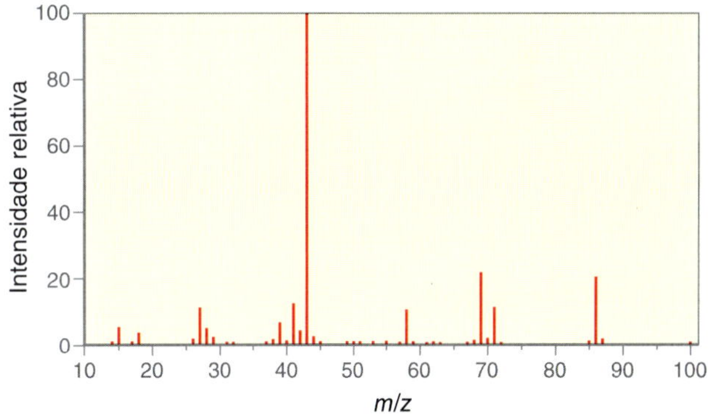

15.60 Os espectros vistos a seguir são o espectro de IV e o espectro de massa de uma substância desconhecida. Proponha pelo menos duas estruturas possíveis para a substância desconhecida.

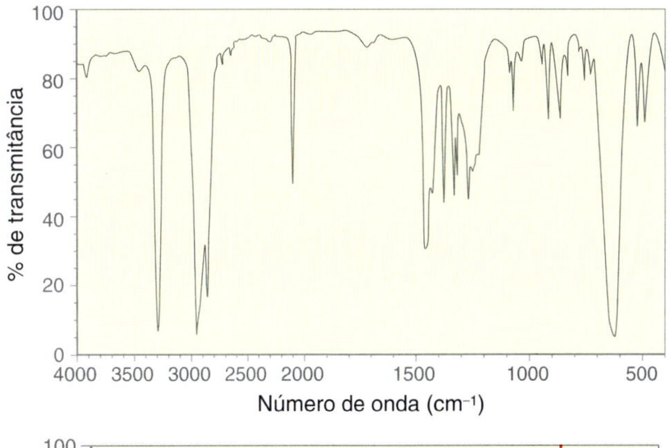

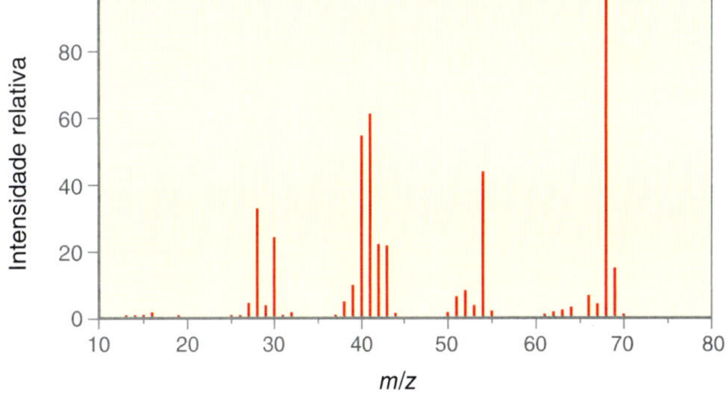

PROBLEMAS INTEGRADOS

15.61 Considere a seguinte sequência de reações:

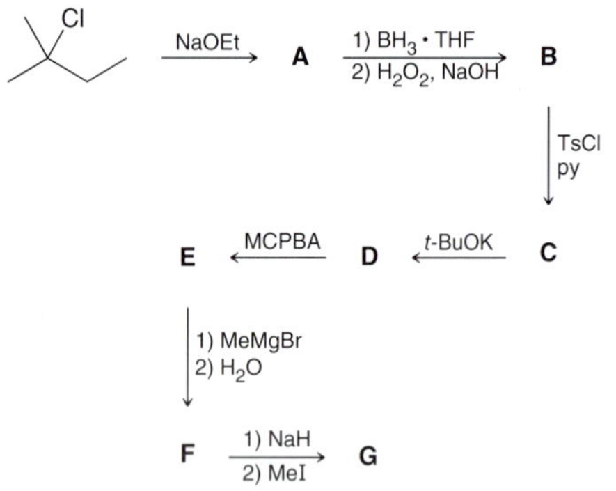

(a) Explique como você poderia usar a espectroscopia de IV para diferenciar entre as substâncias **F** e **G**.

(b) Explique como você poderia usar a espectroscopia de IV para diferenciar entre as substâncias **D** e **E**.

(c) Se você quisesse fazer a distinção entre as substâncias **B** e **F**, seria mais adequado usar a espectroscopia de IV ou a espectrometria de massa? Explique.

(d) A espectrometria de massa seria mais útil para distinguir entre as substâncias **A** e **D**? Explique.

15.62 Há cinco isômeros constitucionais com a fórmula molecular C_4H_8. Um dos isômeros exibe um sinal especialmente forte em M-15 no seu espectro de massa. Identifique esse isômero e explique por que o sinal em M-15 é muito forte.

15.63 Existem quatro isômeros com a fórmula molecular C_4H_9Cl. Apenas um desses isômeros (substância **A**) tem um centro de quiralidade. Quando a substância **A** é tratada com etóxido de sódio, três produtos são formados: as substâncias **B**, **C** e **D**. As substâncias **B** e **C** são diastereômeros, com a substância **B** sendo o diastereômero menos estável. Você espera que a substância **D** apresente um sinal em aproximadamente 1650 cm^{-1} no seu espectro de IV? Explique.

15.64 O cloranfenicol é um antibiótico isolado a partir da bactéria *Streptomyces venezuelae*. Preveja o padrão isotópico esperado no espectro de massa dessa substância (as alturas relativas do pico do íon molecular e dos picos adjacentes).

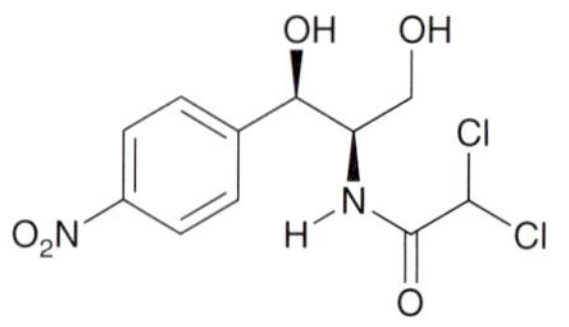

Cloranfenicol

15.65 A efedrina é um broncodilatador e descongestionante obtido a partir da planta chinesa *Ephedra sinica*. Uma solução concentrada de efedrina apresenta um espectro de IV com um sinal largo entre 3200 e 3600 cm^{-1}. Um espectro de IV de uma solução diluída de efedrina é muito semelhante ao espectro de IV da solução concentrada. Isto é, a faixa de sinal entre 3200 e 3600 cm^{-1} não é transformada em sinais estreitos, como seria de esperar para uma substância contendo um grupo OH. Explique.

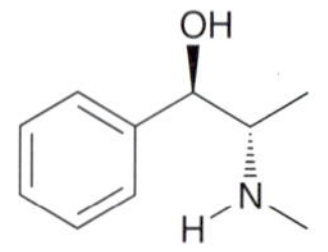

Efedrina

15.66 Preveja o padrão isotópico esperado no espectro de massa de uma substância com a fórmula molecular $C_{90}H_{180}Br_2$.

15.67 Ésteres contêm duas ligações C–O e, portanto, produzem dois sinais separados de estiramento na região de impressão digital de um espectro de IV. Um desses sinais aparece normalmente em aproximadamente 1000 cm^{-1}, enquanto que o outro aparece em aproximadamente 1300 cm^{-1}. Preveja qual das duas ligações C–O produz o sinal de energia mais elevada. Usando os princípios que aprendemos neste capítulo (fatores que afetam o número de onda de absorção), enuncie duas explicações diferentes para sua escolha.

15.68 O tratamento do 1,2-ciclo-hexanodiol com ácido sulfúrico concentrado gera um produto com a fórmula molecular $C_6H_{10}O$. Um espectro de IV do produto apresenta um sinal forte em 1720 cm^{-1}. Identifique a estrutura do produto e um mecanismo para mostrar sua formação.

15.69 Represente o padrão isotópico esperado que seria observado no espectro de massa do CH_2BrCl. Em outras palavras, preveja as alturas relativas dos picos em M, M + 2 e M + 4.

DESAFIOS

15.70 A figura vista a seguir é a estrutura proposta de um corante azul para tecidos, com base em dados de espectrometria de massa de alta resolução (*Anal. Chem.* **2013**, *85*, 831–836). O método descrito utilizou um laser pulsado para dessorver moléculas de corante diretamente de uma amostra de tecido tingido. Essas moléculas, em seguida, foram introduzidas a um espectrômetro de massa de alta resolução, no modo de íon negativo (em que os ânions são detectados em vez de cátions). O espectro resultante mostrou os seguintes picos e intensidades relativas: m/z = 423,0647 (100%), 424,0681 (22,5%) e 425,0605 (4,21%).

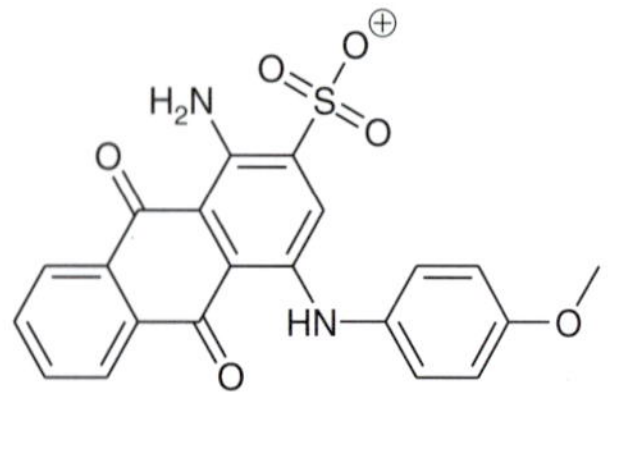

(a) Explique as origens e a abundância relativa de cada um desses picos. Observe que os dois isótopos mais abundantes de enxofre são ^{32}S (31,9721 u, 95,02%) e ^{34}S (33,9679 u, 4,21%).

(b) O espectro de massa também inclui um sinal em m/z = 425,0715. Explique a origem desse sinal.

15.71 O pico base de um espectro de baixa resolução de ciclo-hexanona é em m/z = 55. Um espectro de alta-resolução revela que esse pico na verdade consiste em dois picos em 55,0183 e 55,0546, com intensidades relativas de 86,7 e 13,3, respectivamente (*Appl. Spectrosc.* **1960**, *14*, 95–97). Para cada um desses dois picos, proponha uma fórmula para o íon responsável pelo pico.

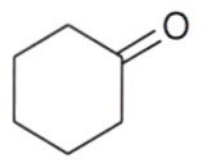

Ciclo-hexanona

15.72 Uma substância **A** existe em equilíbrio com a sua forma tautomérica, a substância **B**. Um espectro de IV de uma mistura de **A** e **B** apresenta quatro sinais na região de 1600-1850 cm^{-1}. Esses sinais aparecem em 1620, 1660, 1720 e 1740 cm^{-1} (*J. Am. Chem. Soc.* **1952**, *74*, 4070–4073).

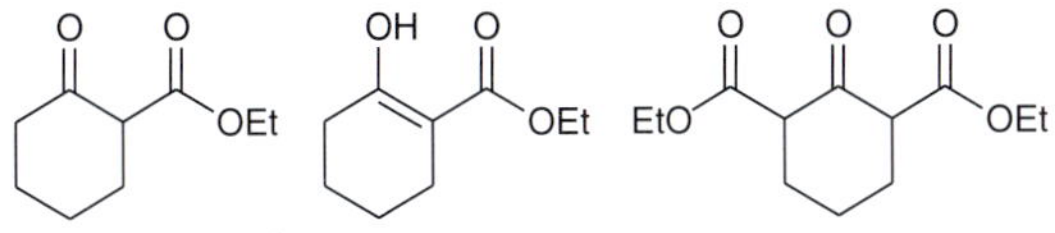

A **B** **C**

(a) Identifique a fonte para cada um desses quatro sinais e forneça uma justificativa para a localização do sinal em 1660 cm^{-1}.

(b) Para a maioria das cetonas simples, a concentração do tautômero enólico é quase desprezível no estado de equilíbrio. Entretanto, neste caso, a concentração de **B** é significativa. Forneça uma justificativa para essa observação.

(c) O espectro de IV da substância **C** não apresenta um sinal em 1720 cm^{-1}. Represente o tautômero de **C** e, em seguida, determine qual a forma tautomérica que predomina em equilíbrio. Explique sua escolha.

15.73 Como parte de um estudo sobre os derivados ciclopropano de ácidos graxos, a amida vista a seguir foi submetida a análise por espectrometria de massa (*J. Org.Chem.* **1977**, *42*, 126–129). O pico mais abundante no espectro foi encontrado em m/z = 113. Proponha uma estrutura razoável e um mecanismo de formação para o íon consistente com o pico em m/z = 113.

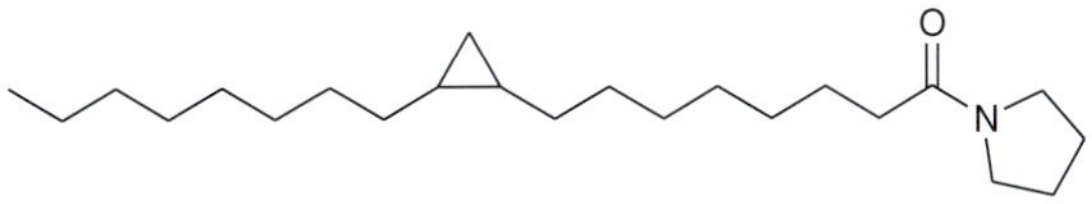

15.74 O ácido pinolênico ($C_{17}H_{29}CO_2H$) é um ácido carboxílico não ramificado com três grupos alqueno com uma configuração *cis*. Ele pode ser encontrado nos pinhões e, às vezes, é usado em regimes de perda de peso como um inibidor de fome. Nem toda técnica de espectrometria de massa requer ionização através da ejeção de elétrons individuais; alguns instrumentos se baseiam em métodos de ionização mais brandos, como a protonação ou a desprotonação para formar espécies carregadas. Espectros de massa do ácido pinolênico foram obtidos em modo de íon positivo (usando condições que facilitam a protonação) e em modo de íon negativo (usando condições que facilitam a desprotonação). Uma pequena quantidade de ozônio estava presente nos dois experimentos. Os picos significativos em modo de íon positivo são m/z = 279, 211, 171 e 117. Na ausência de ozônio, no entanto, apenas o pico em 279 permaneceu (*Anal. Chem.* **2011**, *83*, 4738–4744).

(a) Represente a estrutura do ácido pinolênico, bem como as estruturas iônicas consistentes com cada um dos picos citados.

(b) Preveja os valores de m/z para quatro picos significativos em modo de íon negativo, especificando o íon responsável por cada pico.

15.75 Os dois isômeros vistos a seguir foram cada um deles submetidos a análise por espectrometria de massa. Alguns dos picos significativos presentes em cada um dos dois espectros são mostrados a seguir (*J. Chem. Ed.* **2008**, *85*, 832–833). Associe cada isômero (**A**, **B**) aos seus dados de espectrometria de massa correspondentes (**X**, **Y**) e forneça as atribuições estruturais para cada pico.

Amostra **X**, m/z = 202, 200, 187, 185, 159, 157, 121

Amostra **Y**, m/z = 202, 200, 171, 169, 121

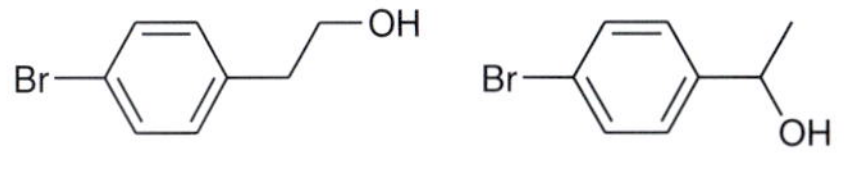

A **B**

15.76 A miosmina pode ser isolada a partir de tabaco juntamente com várias outras substâncias estruturalmente semelhantes, incluindo a nicotina. A estrutura inicialmente aceita para a miosmina foi refutada com dados de espectroscopia no IV (*Anal. Chem.* **1954**, *26*, 1428–1431):

Estrutura originalmente aceita da miosmina

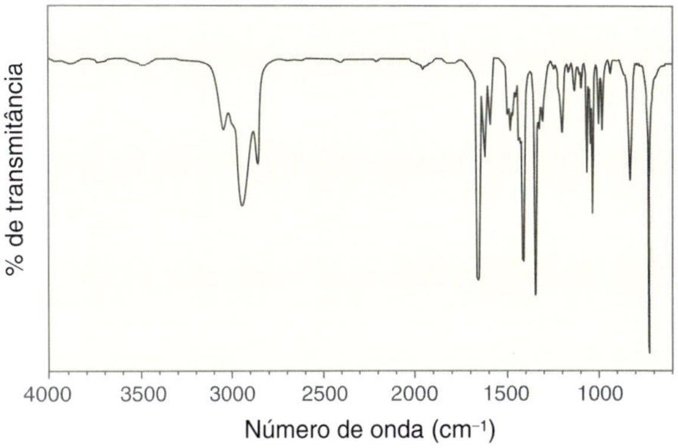

(a) Explique por que o espectro de IV não está de acordo com a estrutura inicialmente proposta.

(b) A discordância entre a estrutura proposta e o seu espectro de IV foi resolvida através do reconhecimento de que a miosmina existe principalmente como um tautômero da estrutura proposta. Represente este tautômero e explique por que sua estrutura é mais consistente com o espectro de IV observado.

(c) Identifique a fonte provável para o sinal bastante intenso em 1621 cm^{-1}.

15.77 A substância **1** contém um anel tetrazol (um anel que contém quatro átomos de nitrogênio), enquanto o seu isômero constitucional, substância **2**, apresenta um grupo azida (–N_3). As substâncias **1** e **2** rapidamente se interconvertem, e a espectroscopia no infravermelho fornece evidências de que o equilíbrio favorece muito o tetrazol neste caso (*J. Am. Chem. Soc.* **1959**, *81*, 4671–4673). Especificamente, falta no espectro de IV da substância **1** um sinal na região de 2120-2160 cm^{-1}. Explique por que a ausência de um sinal na região fornece evidências de que a substância **1** é favorecida em relação a substância **2**.

1 **2**

15.78 O espectro de IV de uma solução diluída da substância **1** (em CS_2) mostra um sinal em 3617 cm^{-1}, enquanto que o espectro de IV de uma solução diluída da substância **2** apresenta um sinal em 3594 cm^{-1} (*J. Am. Chem. Soc.* **1957**, *79*, 243–247).

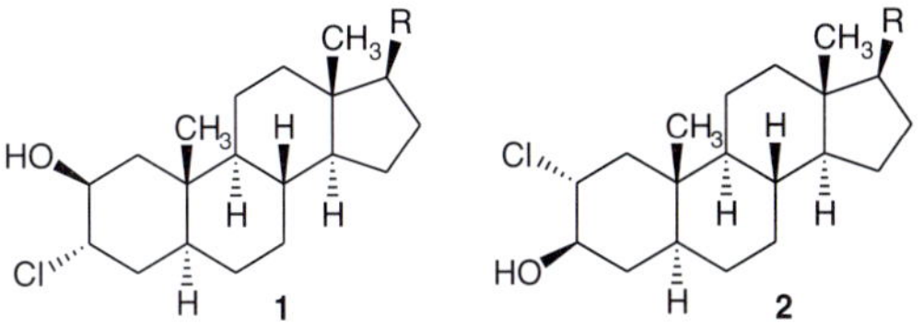

1 **2**

(a) Explique por que o último sinal aparece em um número de onda menor de absorção.

(b) Identifique o sinal que você espera ser mais largo. Explique sua escolha.

15.79 Fosfolipídios são uma classe de substâncias responsáveis em grande parte pela estrutura em bicamada das membranas celulares de plantas e animais (discutido no Capítulo 26). O fosfolipídio mostrado a seguir tem duas cadeias hidrocarbônicas não ramificadas, uma das quais contém um grupo alqueno com uma configuração *cis*. Um espectro de massa desse fosfolipídio no modo de íon negativo (em que os ânions são detectados em vez de cátions) mostra um pico para o íon molecular em m/z = 673 Quando o ozônio está presente, um novo pico aparece em m/z = 563 (*J. Am. Chem. Soc.* **2006**, *128*, 58–59).

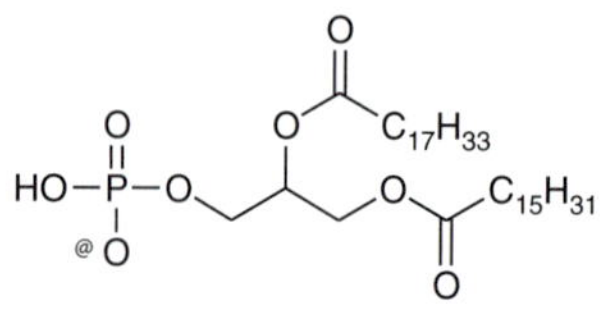

(a) Represente a estrutura completa do fosfolipídio (indicando a posição do grupo alqueno) consistente com esses dados.

(b) Quando se utiliza metanol como solvente no experimento com ozônio presente, o aparecimento do pico em m/z 563 é acompanhado por um pico em m/z = 611. Quando o solvente é trocado para etanol, o pico em m/z = 563 permanece, mas o pico em m/z = 611 é deslocado para 625. Proponha uma explicação consistente para esses resultados.

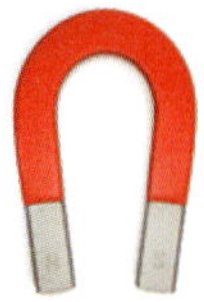

16

Espectroscopia de Ressonância Magnética Nuclear

VOCÊ JÁ SE PERGUNTOU...

se é cientificamente possível para um ser humano levitar?

Quando um objeto qualquer (mesmo de plástico) é colocado em um campo magnético forte, os elétrons do objeto começam a se mover de uma maneira que eles produzem um pequeno campo magnético que se opõe ao campo magnético externo. Em consequência, o objeto repele, e é repelido, pelo campo magnético externo. Este efeito fraco, chamado de diamagnetismo, fará com que os objetos levitem em um campo magnético forte. Objetos maiores exigem um campo magnético externo maior para induzir a levitação, mas, em teoria, qualquer objeto vai levitar se for colocado em um campo magnético suficientemente forte.

Os campos magnéticos mais fortes disponíveis atualmente são capazes de fazer com que pequenos objetos levitem. Em 1997, pesquisadores da Radboud University (na Holanda), demonstraram que avelãs, morangos e até mesmo sapos levitam em um campo magnético de 16 tesla. Infelizmente, os nossos eletroímãs mais fortes não permitem ainda que um ser humano levite. Mas, em teoria, eletroímãs mais fortes permitiriam até mesmo que pessoas desfrutassem a perda de peso sem ter que viajar para o espaço.

Neste capítulo, vamos ver o papel que o diamagnetismo desempenha na espectroscopia de ressonância magnética nuclear (RMN), que fornece mais informações estruturais do que qualquer outra forma de espectroscopia. Também vamos aprender como a espectroscopia de RMN é usada como uma ferramenta poderosa para a determinação de estruturas.

VOCÊ SE LEMBRA?

Antes de avançar, tenha certeza de que você compreendeu os tópicos citados a seguir. Se for necessário, revise as seções sugeridas para se preparar para este capítulo.

- Mecânica Quântica (Seção 1.6, do Volume 1)
- Relações Estereoisoméricas: Enantiômeros e Diastereoisômeros (Seção 5.5, do Volume 1)
- Simetria e Quiralidade (Seção 5.6, do Volume 1)
- Introdução à Espectroscopia (Seção 15.1)
- Índice de Deficiência de Hidrogênio (Seção 15.16)

16.1 Introdução à Espectroscopia de RMN

A **espectroscopia de ressonância magnética nuclear** (RMN) é provavelmente a técnica disponível para os químicos orgânicos mais poderosa e amplamente aplicável para a determinação de estruturas. Ela fornece a maior parte da informação sobre a estrutura molecular e, em alguns casos, a estrutura de uma substância pode ser determinada usando-se somente a espectroscopia de RMN. Na prática, a estrutura das moléculas complicadas é determinada por meio de uma combinação de técnicas que incluem a espectroscopia de RMN e de IV, e a espectrometria de massa.

A espectroscopia de RMN envolve o estudo da interação entre a radiação eletromagnética e os núcleos dos átomos. Uma grande variedade de núcleos pode ser estudada utilizando-se a espectroscopia de RMN, incluindo ^{1}H, ^{13}C, ^{15}N, ^{19}F e ^{31}P. Na prática, a espectroscopia de RMN de ^{1}H e a espectroscopia de RMN de ^{13}C são as técnicas utilizadas mais frequentemente pelos químicos orgânicos, devido ao fato de o hidrogênio e o carbono serem os principais constituintes das substâncias orgânicas. A análise de um espectro de RMN fornece informações sobre a forma como os átomos de carbono e de hidrogênio individualmente estão ligados um ao outro em uma molécula. Essa informação permite determinar a estrutura carbono-hidrogênio de uma substância, ou seja, como muitas das peças do quebra-cabeças podem ser montadas para formar uma imagem.

Um núcleo com um número ímpar de prótons e/ou um número ímpar de nêutrons possui uma propriedade quântica chamada de *spin nuclear*, e essa propriedade pode ser investigada através de um espectrômetro de RMN. Consideremos o núcleo de um átomo de hidrogênio, que consiste em apenas um próton e, portanto, tem um spin. Um próton girando pode ser visto como a rotação de uma esfera de carga elétrica, o que gera um campo magnético, chamado de **momento magnético**. O momento magnético de um próton girando é semelhante ao campo magnético produzido por um ímã na forma de uma barra (Figura 16.1). O núcleo de um átomo de ^{12}C tem um número par de prótons e um número par de nêutrons e, portanto, não possui essa propriedade. Ao contrário, o núcleo de ^{13}C tem um número ímpar de nêutrons e, portanto, apresenta spin. Nosso estudo da espectroscopia de RMN começará com a espectroscopia de RMN de ^{1}H e terminará com espectroscopia de RMN de ^{13}C.

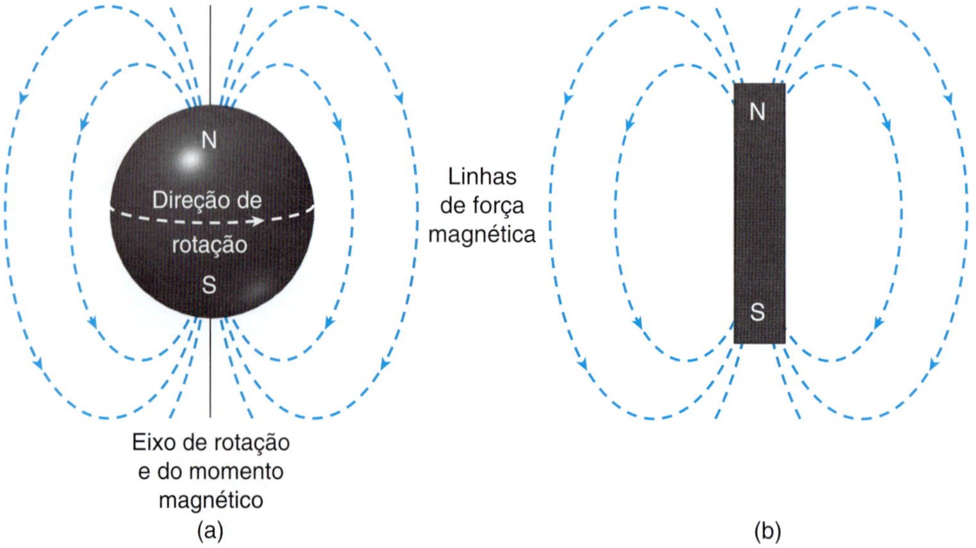

FIGURA 16.1
(a) O momento magnético de um próton girando. (b) O campo magnético de um ímã em forma de barra.

Quando o núcleo de um átomo de hidrogênio (um próton) é submetido a um campo magnético externo, a interação entre o momento magnético e o campo magnético é quantizada, e o momento magnético tem de alinhar ou com o campo, ou contra o campo (Figura 16.2). Um próton alinhado com o campo está ocupando o estado de spin alfa (α), enquanto um próton alinhado contra o campo está ocupando o estado de spin beta (β). Os dois estados de spin não são equivalentes em energia e há uma diferença mensurável de energia (ΔE) entre eles (Figura 16.3).

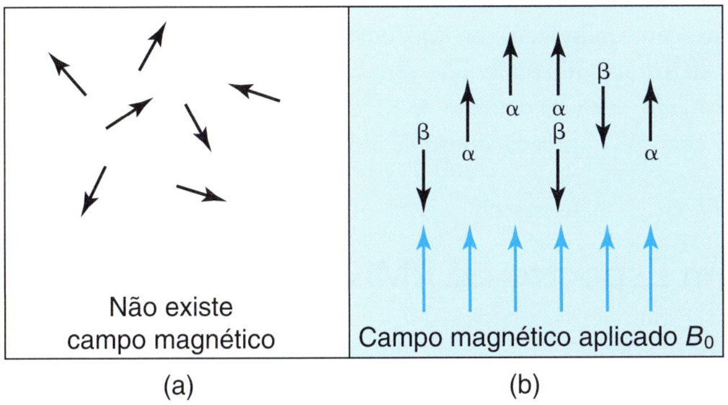

FIGURA 16.2
A orientação dos momentos magnéticos de prótons na (a) ausência de um campo magnético externo ou (b) na presença de um campo magnético externo.

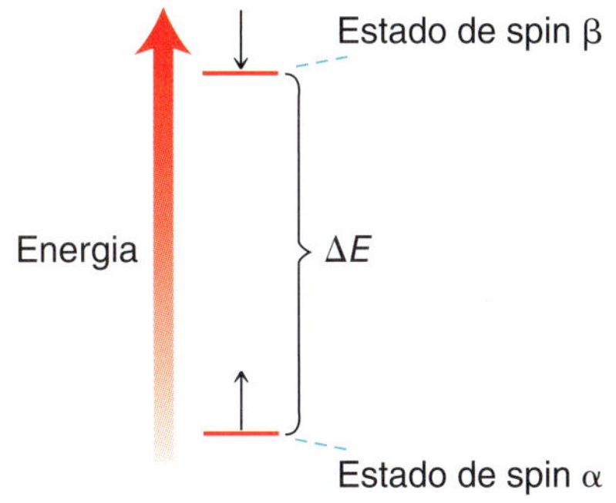

FIGURA 16.3
A diferença de energia entre os estados de spin alfa e beta como consequência de um campo magnético externo aplicado.

ATENÇÃO
Não confunda o termo "ressonância" usado aqui com as estruturas de ressonância das substâncias.

Quando um núcleo ocupando um estado de spin α é submetido à radiação eletromagnética, pode ocorrer uma absorção se a energia do fóton for equivalente à diferença de energia entre os estados de spin. A absorção faz com que o núcleo *mude* para o estado de spin β, e diz-se que o núcleo está em *ressonância* com o campo magnético externo; temos então o termo *ressonância magnética nuclear*. Quando um campo magnético forte é utilizado, a frequência da radiação normalmente necessária para a ressonância nuclear se situar na região das ondas de rádio do espectro eletromagnético [chamada radiação de radiofrequência (RF)].

Em uma determinada intensidade de campo magnético, poderíamos esperar que todos os núcleos absorvessem na mesma frequência de radiação de RF. Felizmente, este não é o caso, pois os núcleos estão rodeados por elétrons. Na presença de um campo magnético externo, existe um movimento circular da densidade eletrônica, o que produz um campo magnético (induzido) local que se opõe ao campo magnético externo (Figura 16.4). Esse efeito, chamado **diamagnetismo**, foi discutido na abertura deste capítulo. Todos os materiais possuem propriedades diamagnéticas, porque todos os materiais contêm elétrons. Este efeito é muito importante para a espectroscopia de RMN. Sem este efeito, todos os prótons iriam absorver a mesma frequência de radiação de RF, e a espectroscopia de RMN não nos forneceria nenhuma informação útil.

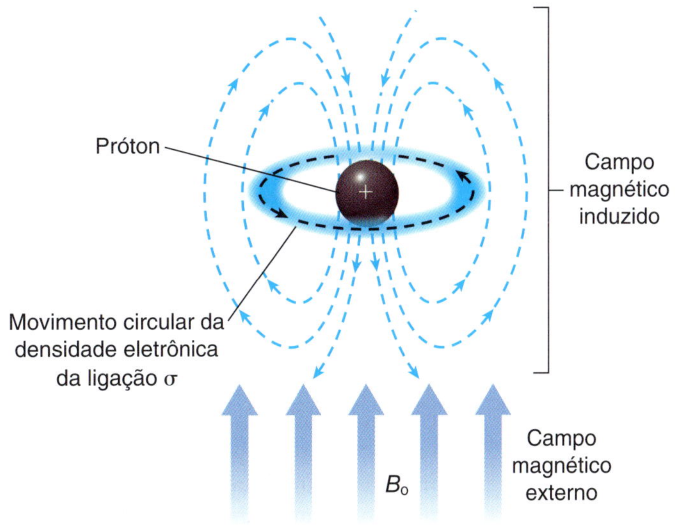

FIGURA 16.4
O campo magnético induzido gerado devido ao movimento dos elétrons que estão envolvendo o próton.

Quando a densidade eletrônica circula em torno de um próton, o campo magnético induzido tem um efeito pequeno, mas importante sobre o próton. O próton está agora submetido a dois campos magnéticos – campo magnético externo forte e o campo magnético induzido fraco que é estabelecido pelo movimento circular da densidade eletrônica. O próton, portanto, experimenta uma intensidade líquida de campo magnético que é ligeiramente menor do que a do campo magnético externo. Diz-se que o próton está **blindado** pelos elétrons.

Nem todos os prótons ocupam ambientes eletrônicos idênticos. Alguns prótons estão cercados por uma densidade eletrônica maior e estão mais blindados, enquanto outros estão cercados por uma densidade eletrônica menor e estão menos blindados, ou seja, estão **desblindados**. Como consequência, os prótons em ambientes eletrônicos diferentes irão apresentar diferenças de energia entre os estados de spin α e β e, portanto, irão absorver radiação de RF com frequências diferentes. Isso nos permite investigar o ambiente eletrônico de cada átomo de hidrogênio em uma molécula.

16.2 Aquisição de um Espectro de RMN de ^1H

Intensidade do Campo Magnético

Vimos que a espectroscopia de RMN requer um forte campo magnético, bem como uma fonte de radiação de RF. O campo magnético estabelece uma diferença de energia (ΔE) entre os estados de spin, o que permite que os núcleos absorvam radiação de RF. A magnitude desta diferença de energia depende da intensidade do campo magnético externo que é imposto (Figura 16.5). A diferença de energia cresce com o aumento da intensidade do campo magnético.

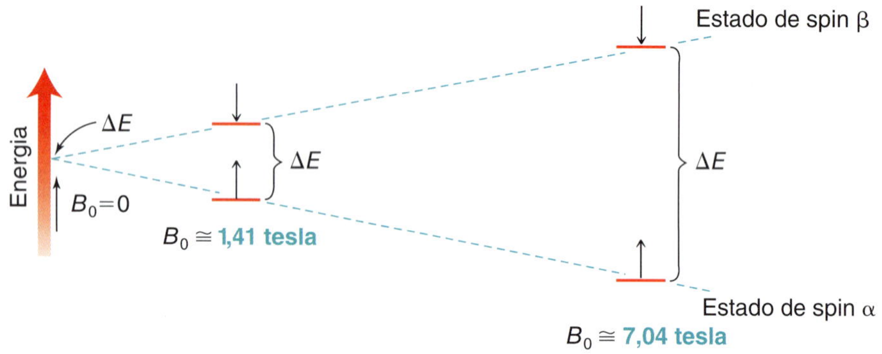

FIGURA 16.5
A relação entre a intensidade do campo magnético e a diferença de energia entre os estados de spin alfa e beta.

Com uma intensidade de campo magnético de 1,41 tesla, todos os prótons em substâncias orgânicas irão sofrer ressonância em um pequeno intervalo de frequências próximo de 60 MHz (60.000.000 Hz). Se, no entanto, uma intensidade de campo magnético de 7,04 tesla é utilizada, todos os prótons em substâncias orgânicas irão sofrer ressonância em um grande intervalo de frequências próximo de 300 MHz (300.000.000 Hz). Em outras palavras, a intensidade do campo magnético determina a faixa de frequências que tem que ser usada. Um espectrômetro de RMN, que utiliza uma intensidade de campo magnético de 7,04 tesla é dito ter uma *frequência de operação* de 300 MHz. Mais tarde neste capítulo veremos a vantagem em se usar um espectrômetro de RMN com uma frequência de operação maior.

A PROPÓSITO
As intensidades do campo magnético são geralmente medidas em gauss:
10.000 gauss = 1 tesla.

Os campos magnéticos fortes utilizados na espectroscopia de RMN são produzidos pela passagem de uma corrente de elétrons através de um circuito formado por materiais supercondutores. Esses materiais oferecem praticamente resistência zero à corrente elétrica, o que permite a produção de grandes campos magnéticos. Os materiais supercondutores mantêm suas propriedades somente em temperaturas extremamente baixas (apenas alguns graus acima do zero absoluto) e têm, portanto, que ser mantidos em um recipiente em temperatura muito baixa. A maioria dos espectrômetros utiliza três câmaras para alcançar essa temperatura baixa. A câmara interior contém hélio líquido, que tem um ponto de ebulição de 4,3 K. Ao redor do hélio líquido existe uma câmara que contém nitrogênio líquido (ponto de ebulição 77 K). A terceira câmara é a mais externa e é um vácuo que minimiza a transferência de calor a partir do ambiente. Todo o calor desenvolvido no sistema é transferido do hélio líquido para o nitrogênio líquido. Desse modo, a câmara interior pode ser mantida 4 graus acima do zero absoluto. Esse ambiente extremamente frio permite o uso de supercondutores que geram os grandes campos magnéticos que são necessários na espectroscopia de RMN.

Espectrômetros de RMN

A geração anterior de espectrômetros, chamados de **espectrômetros de onda contínua** (em inglês, *continuous-wave* – CW), mantinham o campo magnético constante e lentamente variam uma faixa de frequências de RF, registrando que frequências eram absorvidas. Alternativamente, esses dispositivos podiam produzir o mesmo resultado mantendo a frequência da radiação de RF constante e lentamente aumentando a intensidade do campo magnético, enquanto registravam a intensidade de campo que produzia um sinal. Ambas as técnicas funcionam, mas espectrômetros CW praticamente não são mais usados. Eles foram substituídos por espectrômetros de **RMN com transformada de Fourier (RMN-TF)**, em que se utilizam pulsos de RF.

Em um espectrômetro RMN-TF (Figura 16.6), a amostra é irradiada com um pulso curto, que cobre toda a faixa de frequências de RF relevantes. Todos os prótons são excitados simultaneamente e, em seguida, eles começam a retornar (ou decair) para seus estados de spin originais. Quando cada tipo de próton decai, ele libera energia de um modo particular, gerando um impulso elétrico em uma bobina receptora. A bobina receptora registra um sinal complexo, chamado de **decaimento de indução livre** (em inglês, *free induction decay* – FID), que é uma combinação de todos os impulsos elétricos gerados por cada tipo de próton. O FID é, então, convertido em um espectro por meio de uma técnica matemática denominada uma transformada de Fourier. Uma vez que cada FID é adquirido em 1-2 segundos, é possível adquirir centenas de FID, em apenas alguns minutos, e os FIDs podem ser promediados. Mais tarde, neste capítulo, vamos ver que a promediação do sinal é a única maneira prática de produzir um espectro de RMN de ^{13}C.

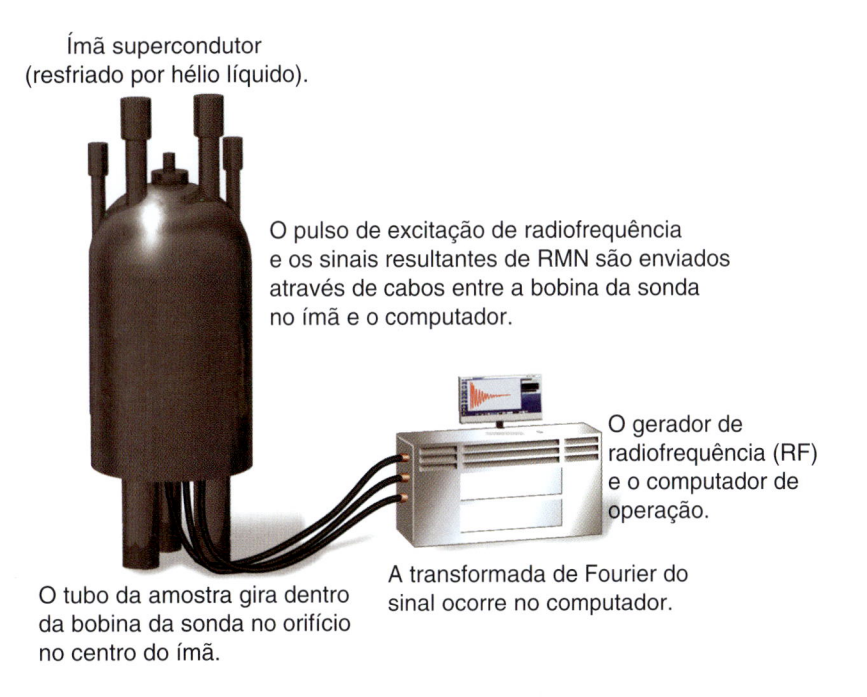

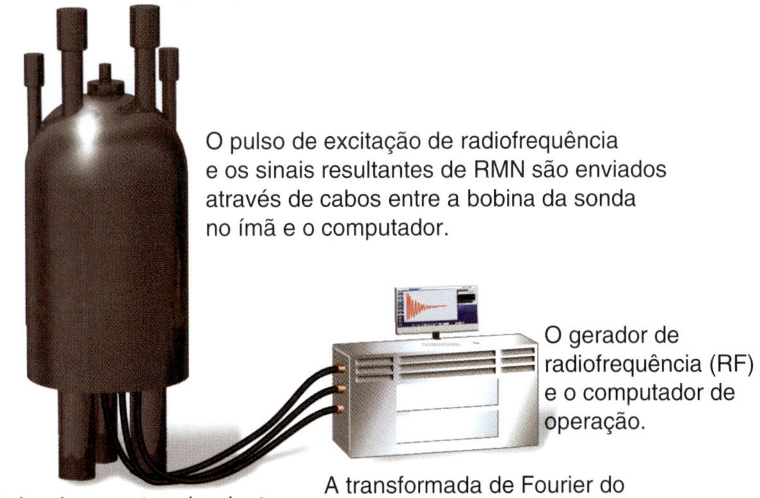
Ímã supercondutor
(resfriado por hélio líquido).
O pulso de excitação de radiofrequência e os sinais resultantes de RMN são enviados através de cabos entre a bobina da sonda no ímã e o computador.
O gerador de radiofrequência (RF) e o computador de operação.
A transformada de Fourier do sinal ocorre no computador.
O tubo da amostra gira dentro da bobina da sonda no orifício no centro do ímã.

FIGURA 16.6
Um espectrômetro de RMN-TF.

Preparação da Amostra

De modo a adquirir um espectro de RMN de ^1H (chamado "RMN de próton") de uma substância, ela é geralmente dissolvida em um solvente e colocada em um tubo de vidro estreito, que é então inserido no espectrômetro de RMN. Se o próprio solvente tem prótons, o espectro vai estar saturado com os sinais do solvente, tornando-se ilegível. Em consequência, têm que ser usados solventes sem prótons. Embora existam vários solventes que não possuem prótons, como o CCl_4, esses solventes não dissolvem todas as substâncias. Na prática, geralmente são utilizados solventes deuterados.

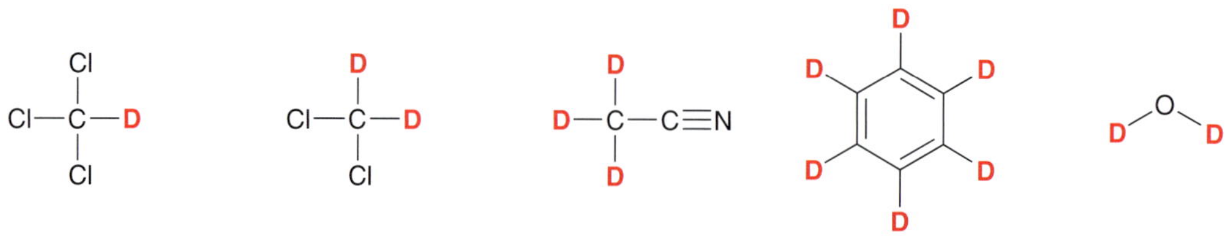

Clorofórmio-d | Cloreto de metileno-d_2 | Acetonitrila-d_3 | Benzeno-d_6 | Óxido de deutério

Os núcleos de deutério também apresentam spin nuclear e, portanto, também sofrem ressonância, mas eles absorvem a radiação de RF em uma faixa de frequências muito diferente dos prótons. Em um espectrômetro de RMN, é utilizada uma faixa muito estreita de frequências, cobrindo apenas as frequências absorvidas pelos prótons. Por exemplo, um espectrômetro de 300 MHz usará um pulso que consiste apenas de frequências entre 300.000.000 e 300.005.000 Hz. As frequências necessárias para a ressonância do deutério não caem neste intervalo, de modo que os átomos de deutério são invisíveis a um espectrômetro de RMN. Todos os solventes já indicados rotineiramente utilizados, e muitos outros solventes deuterados, também estão disponíveis comercialmente, embora sejam bastante caros.

16.3 Características de um Espectro de RMN de ^1H

O espectro produzido por espectroscopia de RMN de ^1H geralmente é rico em informações que podem ser interpretadas para determinar uma estrutura molecular. Considere o espectro de RMN de ^1H.

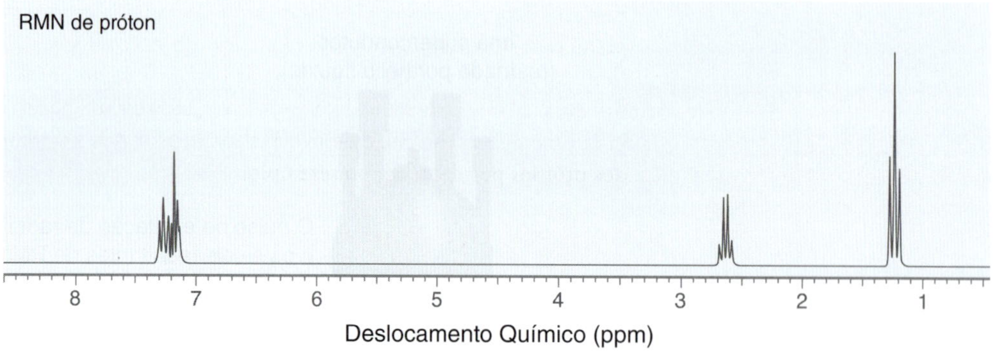

A primeira informação valiosa é o número de sinais. Este espectro parece ter três sinais diferentes. Na Seção 16.4, vamos aprender a interpretar essa informação. Além disso, cada sinal tem três características importantes:

1. A *localização* de cada sinal indica o ambiente eletrônico dos prótons responsáveis pelo sinal.
2. A *área* sob cada sinal indica o número de prótons responsáveis pelo sinal.
3. A *forma* do sinal indica o número de prótons vizinhos.

Vamos discutir essas características nas Seções 16.5-16.7.

16.4 Número de Sinais

Equivalência Química

RELEMBRANDO
Para uma revisão de operações de simetria, consulte a Seção 5.6, do Volume 1.

O número de sinais em um espectro de RMN de ^1H indica o número de tipos diferentes de prótons (prótons em diferentes ambientes eletrônicos). Prótons que ocupam ambientes eletrônicos idênticos são chamados de **quimicamente equivalentes**, e produzem apenas um sinal. Dois prótons são quimicamente equivalentes se eles podem ser trocados entre si através de uma operação de simetria (rotação ou reflexão). Os exemplos vistos a seguir ilustram a relação entre simetria e equivalência química. Vamos começar considerando os dois prótons no carbono do meio do propano. Imagine que essa molécula gira de 180° em torno do eixo visto a seguir enquanto seus olhos estão fechados.

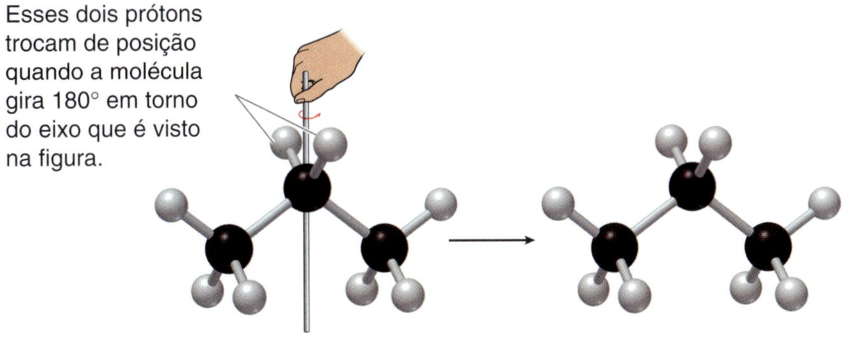

Esses dois prótons trocam de posição quando a molécula gira 180° em torno do eixo que é visto na figura.

Ao abrir os olhos, você não pode determinar se a molécula girou ou não. Do seu ponto de vista, a molécula aparece exatamente como antes da rotação e, portanto, tem um eixo de simetria. Os dois prótons no carbono do meio do propano são permutáveis por simetria rotacional e, portanto, diz-se que eles são **homotópicos**. Prótons homotópicos são quimicamente equivalentes. Alguns exemplos de outros prótons homotópicos são vistos a seguir.

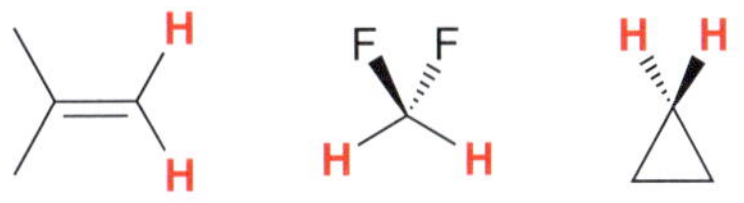

Em cada um desses exemplos, os dois prótons identificados são homotópicos porque podem ser permutados entre si por simetria rotacional. (Você consegue identificar o eixo de rotação em cada substância mostrada anteriormente?) Se você está tendo problemas para ver eixos de simetria, há um método simples, chamado de **teste de substituição**, que lhe permitirá verificar se dois prótons são homotópicos ou não. Desenhe a substância duas vezes e substitua em cada uma das vezes um dos prótons por deutério, por exemplo:

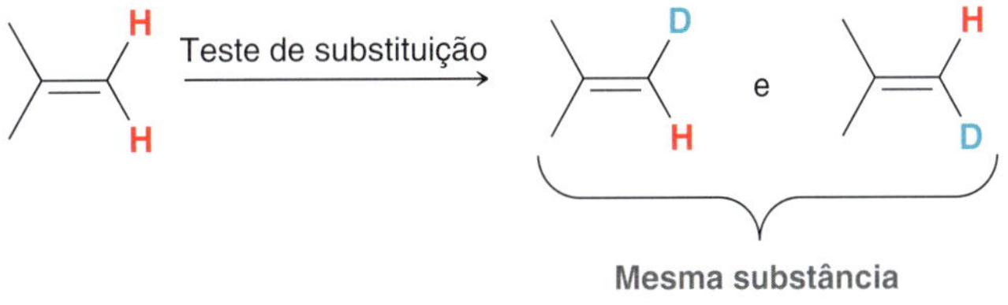

Em seguida, determine a relação entre os dois desenhos. Se eles representam a mesma substância, então os prótons são homotópicos.

Agora, considere os dois prótons no carbono alfa do etanol, e imagine que esta molécula gira 180°, enquanto seus olhos estão fechados.

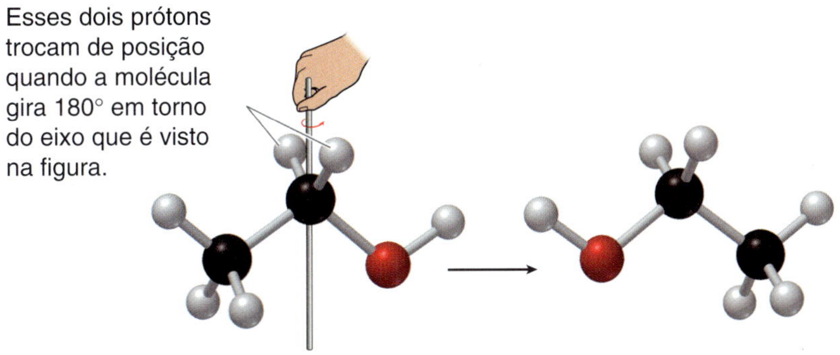

Esses dois prótons trocam de posição quando a molécula gira 180° em torno do eixo que é visto na figura.

Ao abrir os olhos, você *será capaz* de verificar que a molécula girou. Especificamente, o OH está agora no lado esquerdo. Isto é, os dois prótons no carbono alfa do etanol não são permutáveis entre si por simetria rotacional. Esses prótons não são, portanto, homotópicos. No entanto, eles podem ser permutados entre si por simetria reflexional. Imagine que a molécula se reflete sobre o plano da página, enquanto seus olhos estão fechados.

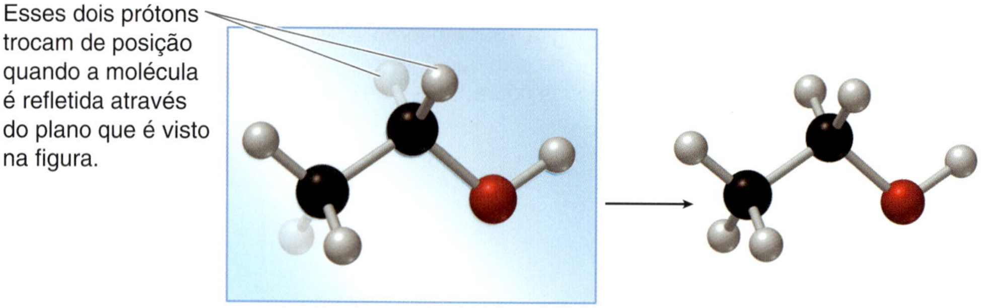

Ao abrir os olhos, você não pode determinar se a molécula foi refletida ou não. A molécula aparece exatamente como antes da reflexão. Neste caso, existe um plano de simetria, e os prótons são chamados de **enantiotópicos**. No ambiente aquiral de um experimento de RMN, prótons enantiotópicos são quimicamente equivalentes porque eles são permutáveis entre si por simetria reflexional. Aqui estão dois outros exemplos de prótons enantiotópicos.

A PROPÓSITO
Prótons enantiotópicos só são quimicamente equivalentes quando o solvente é aquiral, que é normalmente o caso durante análises de RMN de rotina. Entretanto, se um solvente quiral é usado, então prótons enantiotópicos não são mais quimicamente equivalentes e darão sinais diferentes.

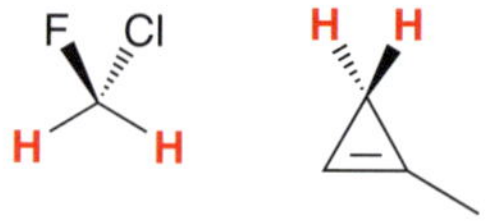

Em cada um desses exemplos, os dois prótons realçados são enantiotópicos porque eles são permutáveis entre si por simetria reflexional. (Você pode ver o plano de simetria em cada uma das substâncias?) Se você está tendo problemas para ver os planos de simetria, você pode recorrer mais uma vez ao teste de substituição. Simplesmente desenhe duas vezes a substância, e de cada vez substitua um dos prótons por deutério. Em seguida, determine a relação entre os dois desenhos. Se eles são enantiômeros, então os prótons são enantiotópicos.

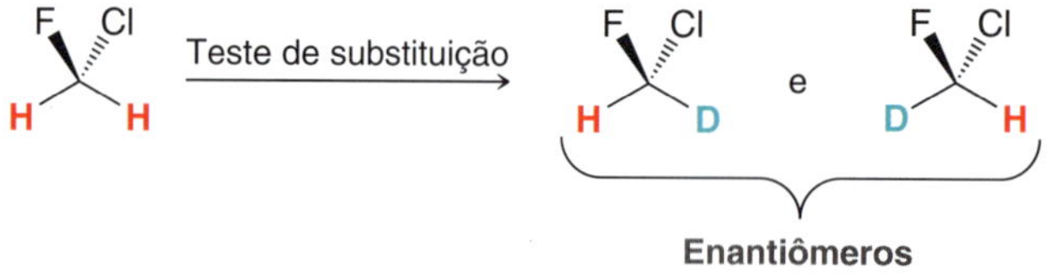

Quando determinamos a relação entre os dois prótons, sempre procuramos em primeiro lugar pela simetria rotacional. A Figura 16.7 indica como determinar a relação entre os dois prótons. Primeiro determinamos se existe um eixo de simetria que troca os prótons entre si. Se existe, então os prótons são homotópicos, independente se existe ou não um plano de simetria. Se os prótons não podem ser trocados entre si por rotação, então procuramos pela simetria reflexional. Se existe um plano de simetria, então os prótons são enantiotópicos.

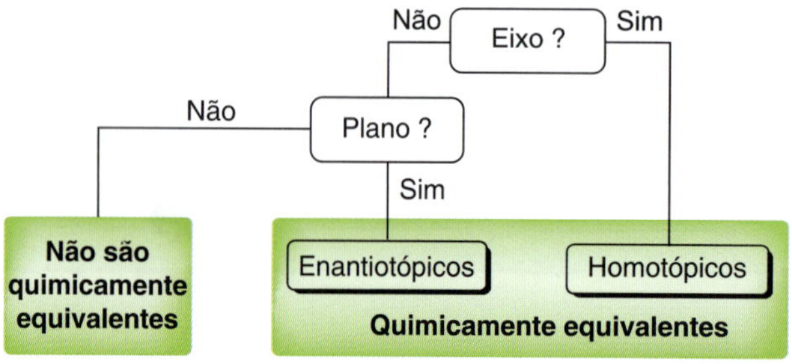

FIGURA 16.7
Um fluxograma que mostra o processo para a determinação se dois prótons são quimicamente equivalentes.

Se dois prótons não são nem homotópicos nem enantiotópicos, então eles não são quimicamente equivalentes. Como um exemplo, considere os prótons em C3 do (*R*)-2-butanol.

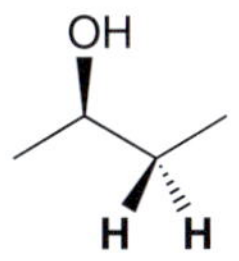

Esses prótons *não podem* ser trocados entre si por simetria rotacional ou por simetria reflexional. Portanto, esses dois prótons não são quimicamente equivalentes. Neste caso, o teste de substituição produz diastereômeros.

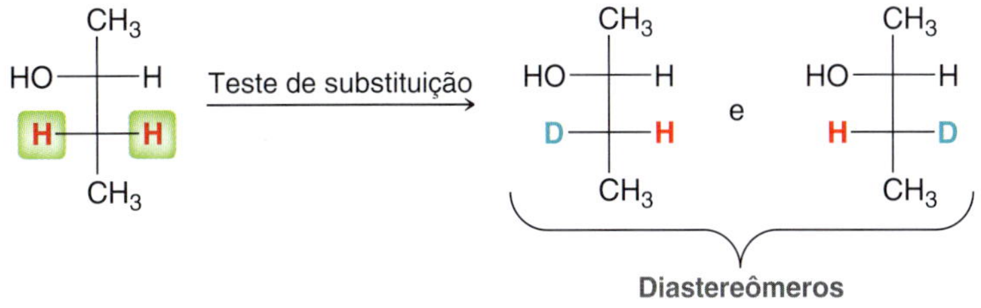

Esses prótons são, portanto, **diastereotópicos**. Eles não são quimicamente equivalentes, porque não podem ser trocados entre si por simetria.

DESENVOLVENDO A APRENDIZAGEM

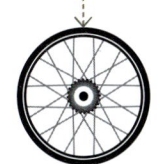

16.1 DETERMINAÇÃO DA RELAÇÃO ENTRE DOIS PRÓTONS EM UMA SUBSTÂNCIA

APRENDIZAGEM Determine se os dois prótons mostrados em vermelho são homotópicos, enantiotópicos, diastereotópicos ou simplesmente não estão relacionados entre si.

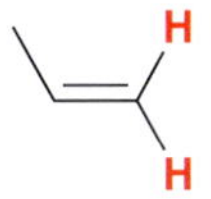

SOLUÇÃO

Começamos procurando por um eixo de simetria. Não procuramos por nenhum eixo de simetria, mas sim por aquele que permuta especificamente os dois prótons de interesse.

ETAPA 1
Determinação se os prótons são permutáveis entre si por simetria rotacional.

Se os seus olhos estavam fechados durante a operação, a posição do grupo metila poderia indicar que a rotação ocorreu. Uma vez que a molécula não é desenhada exatamente como era antes da rotação, os prótons não são permutáveis entre si por rotação. Eles não são homotópicos.

ETAPA 2
Se os prótons não são permutáveis por simetria rotacional, determina-se se eles são permutáveis por simetria reflexional.

Em seguida, procuramos um plano de simetria. Mais uma vez, não procuramos nenhum plano de simetria, mas sim aquele que permuta especificamente os dois prótons de interesse.

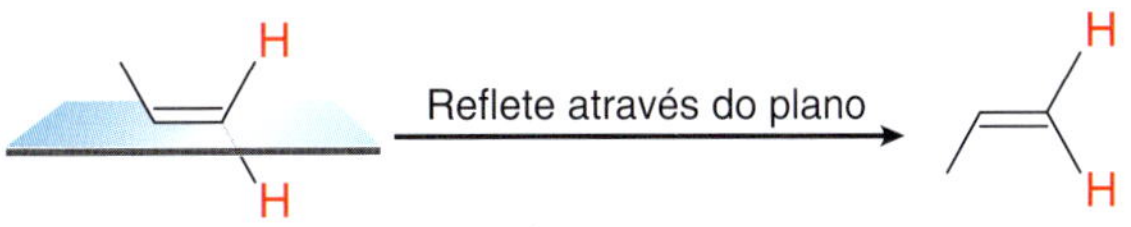

Se os seus olhos estavam fechados durante a operação, a posição do grupo metila poderia indicar que uma reflexão ocorreu. Uma vez que a molécula não é desenhada exatamente como era antes da reflexão, os prótons não são permutáveis por reflexão e, portanto, eles não são enantiotópicos. Neste problema, os prótons não são nem homotópicos nem enantiotópicos. Portanto, esses prótons não são quimicamente equivalentes. Cada um deles produzirá um

ETAPA 3
Se os prótons não podem ser permutados entre si por meio de uma operação de simetria, então eles não são quimicamente equivalentes.

sinal diferente em um espectro de RMN. Os dois prótons têm que ser diastereotópicos ou simplesmente não estão relacionados entre si. Para determinar se eles são diastereotópicos, faça o teste de substituição.

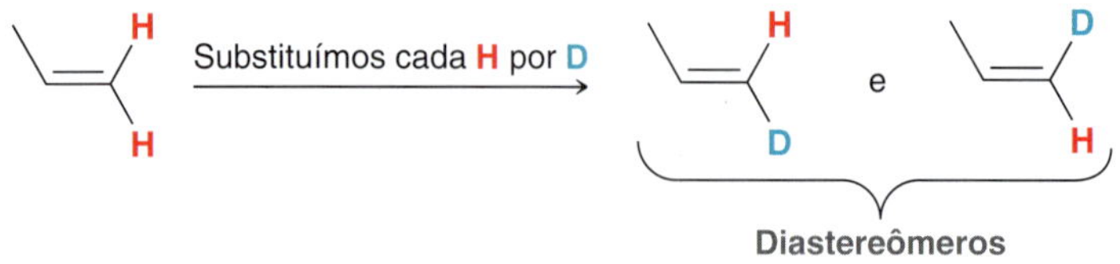

As duas substâncias são diastereômeros, e, portanto, os prótons são diastereotópicos.

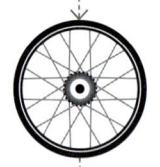

PRATICANDO o que você aprendeu

16.1 Para cada uma das substâncias vistas a seguir, determine se os dois prótons indicados em vermelho são homotópicos, enantiotópicos ou diastereotópicos:

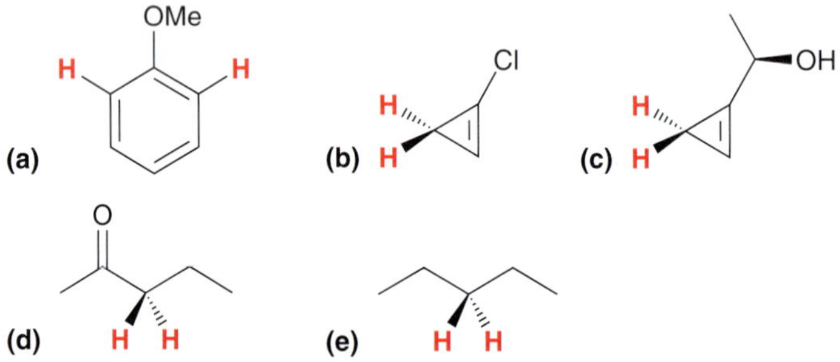

APLICANDO o que você aprendeu

16.2 O butano (C_4H_{10}) apresenta somente duas espécies diferentes de prótons, mostrados aqui em vermelho e azul.

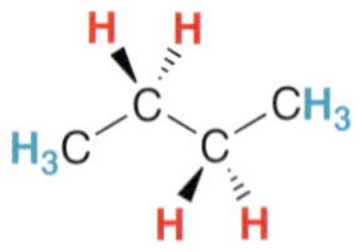

(a) Explique por que todos os quatro prótons mostrados em vermelho são quimicamente equivalentes.

(b) Explique por que todos os seis prótons mostrados em azul são quimicamente equivalentes.

(c) Quantos tipos diferentes de prótons estão presentes no pentano?

(d) Quantos tipos diferentes de prótons estão presentes no hexano?

(e) Quantos tipos diferentes de prótons estão presentes no 1-cloro-hexano?

16.3 Identifique a estrutura de uma substância com a fórmula molecular C_5H_{12} que apresenta apenas um tipo de próton. Isto é, todos os 12 prótons são quimicamente equivalentes.

é necessário **PRATICAR MAIS?** **Tente Resolver o Problema 16.40**

A fim de prever o número de sinais esperados no espectro de RMN de ^1H de uma substância, não é necessário comparar todos os prótons e ficar louco procurando eixos e planos de simetria. Em geral, é possível determinar o número de sinais esperados para uma substância utilizando-se algumas regras simples:

- Os três prótons de um grupo CH_3 sempre são quimicamente equivalentes. Exemplo:

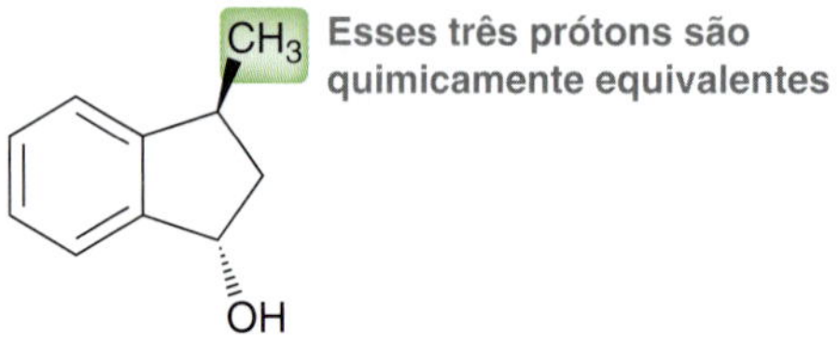

- Os dois prótons de um grupo CH_2 geralmente serão quimicamente equivalentes, se a substância não tem centros de quiralidade. Se a substância tem um centro de quiralidade, então os prótons de um grupo CH_2, normalmente não são quimicamente equivalentes. Exemplos:

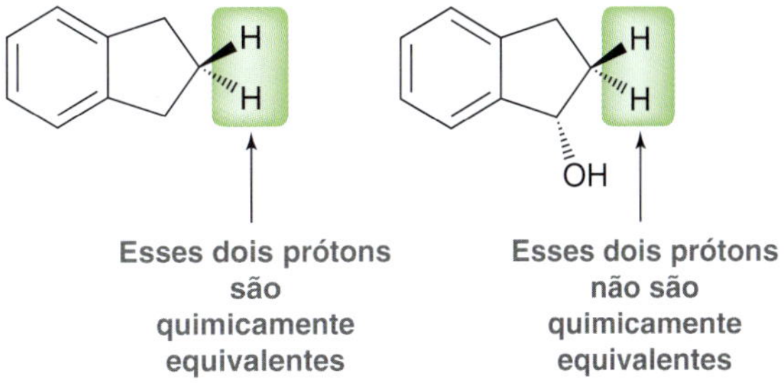

- Dois grupos CH_2 serão equivalentes um ao outro (dando quatro prótons equivalentes), se os grupos CH_2 podem ser permutados entre si por uma rotação ou reflexão. Exemplo:

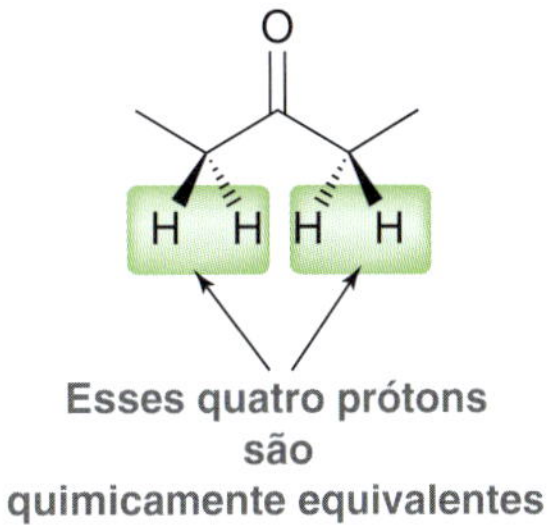

DESENVOLVENDO A APRENDIZAGEM

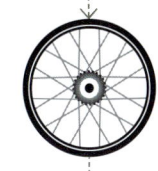

16.2 IDENTIFICAÇÃO DO NÚMERO DE SINAIS ESPERADOS EM UM ESPECTRO DE RMN DE ^{1}H

APRENDIZAGEM Identifique o número de sinais esperados no espectro de RMN de ^{1}H da substância vista a seguir.

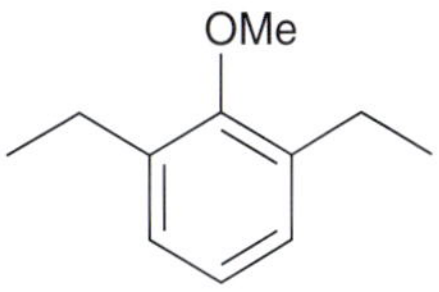

SOLUÇÃO

Quando procurar pela simetria, não se confunda com a posição das ligações duplas no anel aromático. Lembre-se de que podemos representar as seguintes estruturas de ressonância.

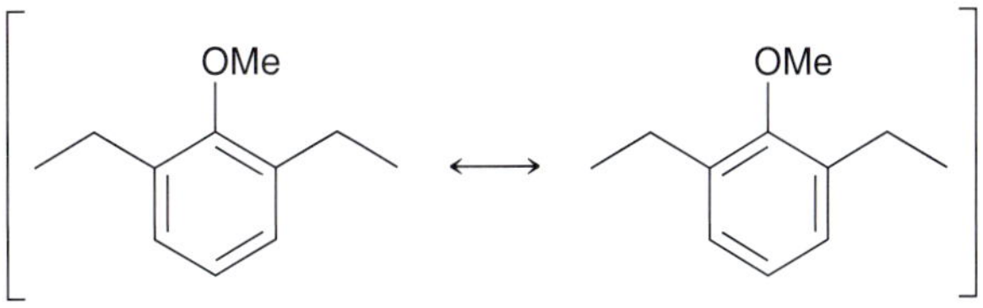

Nenhuma estrutura de ressonância é mais correta do que a outra. Para fins de procura de simetria, será menos confuso representar a substância da seguinte forma:

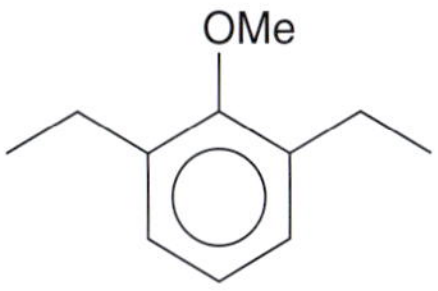

Começamos com o grupo metoxi (OCH_3). Estes três prótons estão todos ligados a um átomo de carbono e são, portanto, equivalentes. Eles vão produzir um sinal.

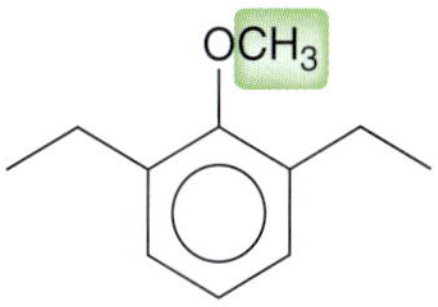

Agora olhamos para os outros grupos CH_3 restantes na substância. Esses dois grupos CH_3 são permutáveis por simetria, o que significa que todos os seis prótons dão origem a um sinal.

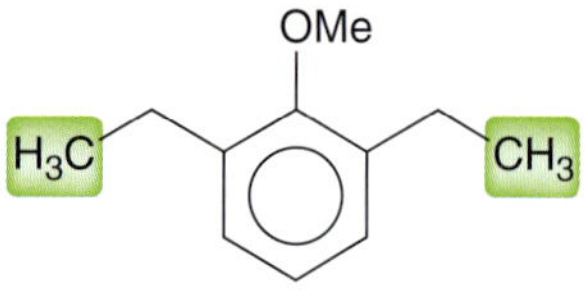

Agora olhamos cada um dos grupos CH_2. Para cada grupo CH_2, os dois prótons são equivalentes, porque a substância não tem centros de quiralidade. Além disso, os dois grupos CH_2 são permutáveis por simetria, assim todos os quatro prótons dão origem a um sinal.

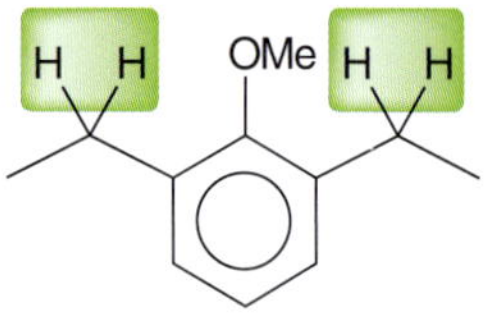

Agora olhamos para os prótons no anel aromático. Dois deles são permutáveis por simetria, dando origem a um sinal.

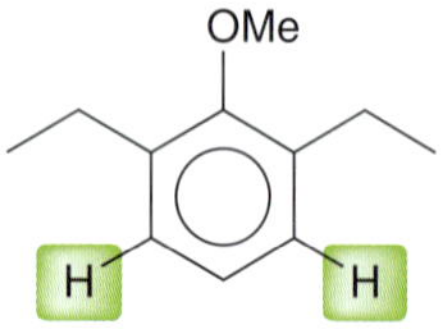

O próton aromático restante dá mais um sinal, dando um total de cinco sinais.

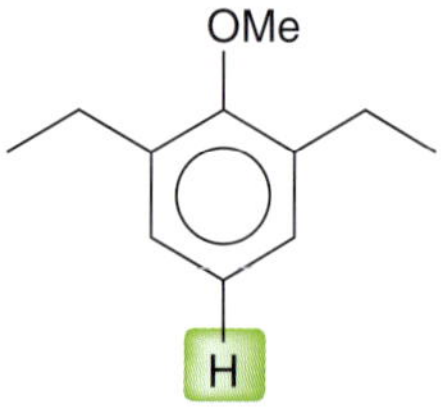

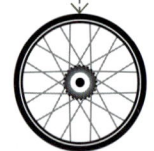

PRATICANDO o que você aprendeu

16.4 Identifique o número de sinais esperados no espectro de RMN de ^1H das substâncias vistas a seguir.

(a) 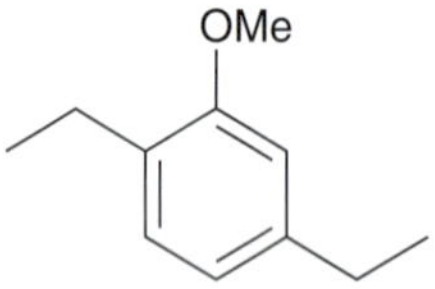 **(b)** 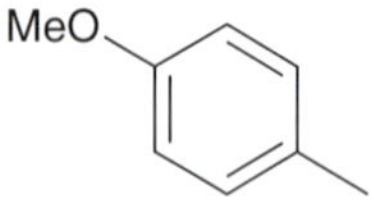 **(c)** 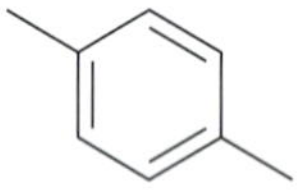 **(d)** 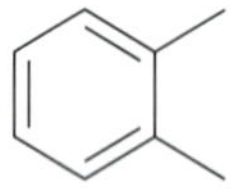

(e) 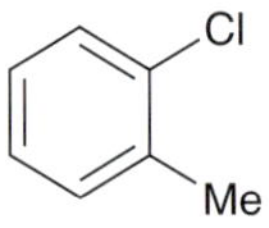 **(f)** 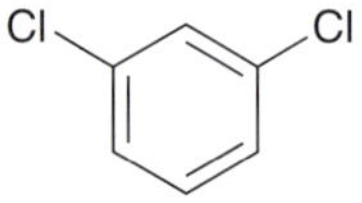 **(g)** 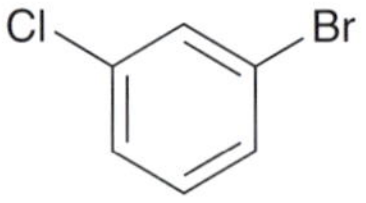 **(h)** 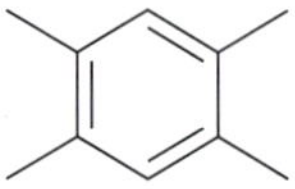

(i) 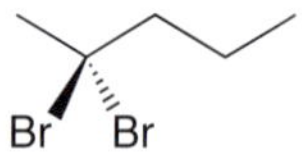 **(j)** 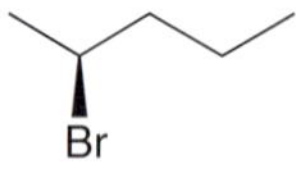 **(k)**  **(l)** 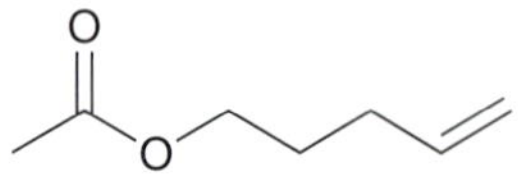

PRATICANDO o que você aprendeu 16.4

16.5 Vimos uma regra geral de que os dois prótons de um grupo CH_2 serão quimicamente equivalentes se não existirem centros de quiralidade na substância. Um exemplo de uma exceção é o 3-bromopentano. Esta substância não possui um centro de quiralidade. No entanto, os dois prótons destacados não são quimicamente equivalentes. Explique.

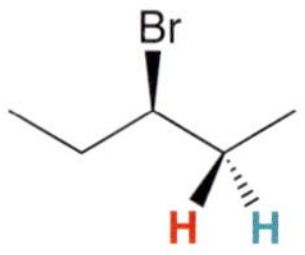

16.6 Identifique a estrutura de uma substância com a fórmula molecular C_9H_{20} que exibe quatro grupos CH_2, todos os quais são quimicamente equivalentes. Quantos sinais no total você espera no espectro de RMN de ^1H desta substância?

é necessário **PRATICAR MAIS?** **Tente Resolver os Problemas 16.34, 16.42a, 16.44, 16.48**

A Temperatura na RMN

No Capítulo 4 do Volume 1, aprendemos que a conformação mais estável do ciclo-hexano é uma conformação em cadeira em que seis dos prótons ocupam posições axiais e seis ocupam posições equatoriais.

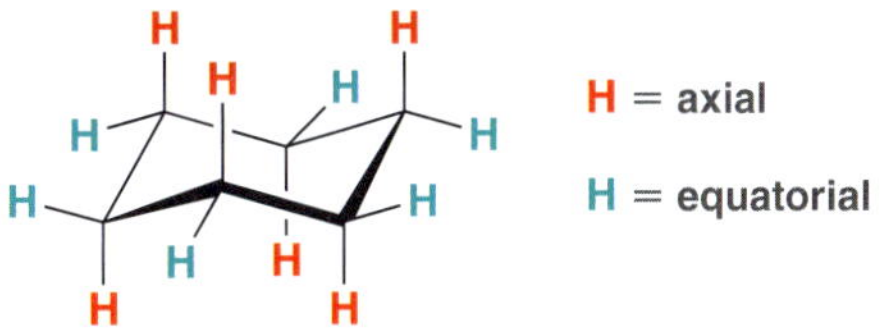

Prótons axiais (mostrados em vermelho) ocupam um ambiente eletrônico diferente dos prótons equatoriais (mostrados em azul). Isto é, os prótons axiais e equatoriais não são quimicamente equivalentes, porque eles não podem ser permutados entre si por uma operação de simetria. Consequentemente, podemos esperar dois sinais no espectro de RMN de ^{1}H: um para os seis prótons axiais e um para os seis prótons equatoriais. No entanto, o espectro de RMN de ^{1}H do ciclo-hexano só apresenta um sinal. Por quê?

A observação pode ser explicada considerando-se a rapidez com que a inversão do anel ocorre à temperatura ambiente.

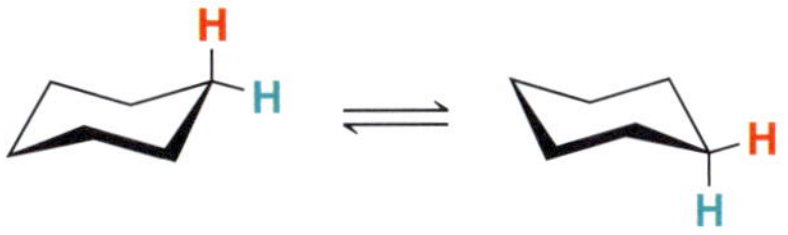

O espectrômetro de RMN é análogo a uma câmera com uma velocidade lenta que produz uma imagem difusa quando um objeto em movimento rápido é fotografado. O espectrômetro de RMN é demasiado lento para adquirir um espectro de uma única conformação em cadeira. Enquanto o espectrômetro está adquirindo o espectro, o anel está invertendo rapidamente entre as duas conformações em cadeira, produzindo uma imagem difusa. O espectrômetro só "vê" o ambiente eletrônico médio dos prótons, e apenas um sinal é observado. No entanto, se a amostra de ciclo-hexano é resfriada no interior do espectrômetro, o processo de inversão do anel ocorre com uma velocidade mais lenta. Se a amostra é resfriada a –100°C, a inversão do anel ocorre com uma velocidade muito lenta, e sinais separados são, de fato, observados para os prótons axiais e equatoriais. Através da variação da temperatura, é possível medir as velocidades e as energias de ativação de muitos processos rápidos.

16.5 Deslocamento Químico

Valores do Deslocamento Químico

Vamos começar agora a explorar as três características de cada sinal em um espectro de RMN. A primeira característica é a localização do sinal, chamada o seu **deslocamento químico** (**δ**), que é definida em relação à frequência de absorção de uma substância de referência (tetrametilsilano, TMS).

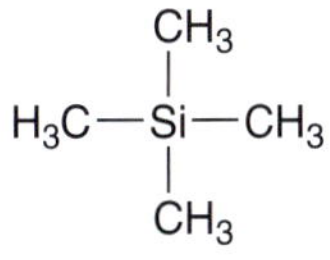

TMS

Na prática, os solventes deuterados utilizados para espectroscopia de RMN normalmente contêm uma pequena quantidade de TMS, que produz um sinal com uma frequência menor do que os sinais produzidos pela maioria das substâncias orgânicas. A frequência de cada sinal é então descrita como a diferença (em hertz) entre a frequência de ressonância do próton a ser observado e a do TMS, dividida pela frequência de operação do espectrômetro.

$$\delta = \frac{\text{deslocamento observado a partir do TMS em hertz}}{\text{frequência de operação do instrumento em hertz}}$$

Por exemplo, quando o benzeno é analisado utilizando-se um espectrômetro de RMN operando a 300 MHz, os prótons do benzeno absorvem a radiação de RF em uma frequência que é 2181 Hz maior do que a frequência de absorção do TMS. O deslocamento químico desses prótons é então calculado da seguinte forma:

$$\delta = \frac{2181 \text{ Hz}}{300 \times 10^6 \text{ Hz}} = 7{,}27 \times 10^{-6}$$

Se um espectrômetro de 60 MHz é usado em vez do espectrômetro de 300 MHz, os prótons do benzeno absorvem a radiação de RF em uma frequência que é 436 Hz maior do que a frequência de absorção do TMS. O deslocamento químico desses prótons é então calculado da seguinte forma:

$$\delta = \frac{436 \text{ Hz}}{60 \times 10^6 \text{ Hz}} = 7{,}27 \times 10^{-6}$$

Observe que o deslocamento químico dos prótons é uma constante, ele é independente da frequência de operação do espectrômetro. É precisamente por isso que os deslocamentos químicos foram definidos em termos relativos, em vez de termos absolutos (hertz). Se os sinais fossem registrados em hertz (a frequência exata da radiação de RF absorvida), então a frequência de absorção seria dependente da intensidade do campo magnético e não seria uma constante.

Nos últimos dois cálculos, observamos que o valor obtido não possui quaisquer dimensões (hertz dividido por hertz dá um número adimensional). O deslocamento químico para o próton do benzeno é registrado como 7,27 ppm (partes por milhão), que é uma unidade adimensional indicando que os sinais são registrados como uma fração da frequência de operação do espectrômetro. Para a maioria das substâncias orgânicas, os sinais produzidos irão se situar em uma faixa entre 0 e 12 ppm. Em casos raros, é possível se observar um sinal ocorrendo em um deslocamento químico inferior a 0 ppm, que resulta de um próton que absorve em uma frequência mais baixa do que o TMS. A maioria dos prótons em substâncias orgânicas absorve em uma frequência maior do que o TMS, de modo que a maioria dos deslocamentos químicos que encontramos é de números positivos.

O lado esquerdo de um espectro de RMN é descrito como **campo baixo**, e o lado direito do espectro é descrito como **campo alto**.

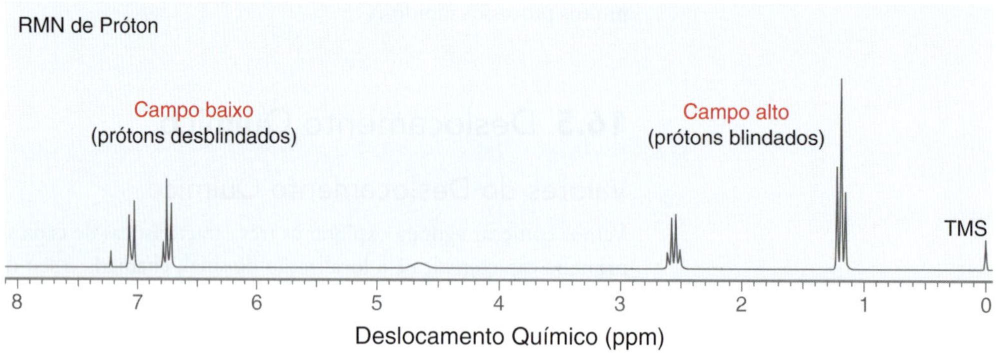

RELEMBRANDO
Lembre-se de que um próton desblindado sofre a ação de um campo magnético mais forte, criando assim uma maior diferença de energia entre os estados de spin alfa e beta (Figura 16.5). Um próton blindado sofre a ação de um campo magnético mais fraco, criando assim uma menor diferença de energia entre os estados de spin alfa e beta.

Esses termos são artefatos históricos que refletem a forma como os espectros eram obtidos. Como mencionado no início deste capítulo, espectrômetros de onda contínua mantinham a frequência da radiação de RF constante e lentamente aumentavam a intensidade do campo magnético enquanto monitoravam quais as intensidades do campo magnético que produziam um sinal. Sinais do lado esquerdo do espectro eram produzidos em menores intensidades de campo (campo baixo), enquanto os sinais no lado direito do espectro eram produzidos em maiores intensidades de campo (campo alto). Com o advento dos espectrômetros de RMN-TF, os espectros não são mais obtidos dessa forma. Nos espectrômetros modernos, a intensidade do campo magnético é mantida constante enquanto a amostra é irradiada com um pulso curto que cobre toda a faixa de frequências de RF relevantes. Consequentemente, os sinais do lado esquerdo do espectro (campo baixo) são "sinais de alta frequência" porque resultam de prótons desblindados que absorvem a radiação de RF em frequências mais elevadas. Ao contrário, os sinais no lado direito do espectro (campo alto) são "sinais de baixa frequência" porque resultam de prótons blindados que absorvem a radiação de RF em frequências mais baixas. Apesar do advento dos espectrômetros modernos, os termos mais velhos "campo baixo" e "campo alto" ainda são utilizados para descrever a posição de um sinal em um espectro de RMN.

Prótons de alcanos produzem sinais em campo alto (geralmente entre 1 e 2 ppm). Vamos explorar agora alguns dos efeitos que podem levar a um sinal em campo baixo.

Efeitos Indutivos

Lembre-se da Seção 1.11, do Volume 1, que os átomos eletronegativos, como halogênios, retiram densidade eletrônica de átomos vizinhos (Figura 16.8). Este efeito indutivo faz com que os prótons do grupo metila estejam desblindados (rodeados por uma densidade eletrônica menor) e, como consequência, o sinal produzido por esses prótons é deslocado para campo baixo, isto é, o sinal

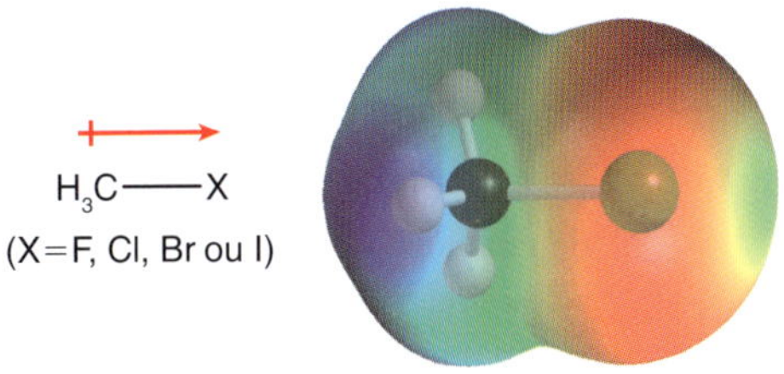

FIGURA 16.8
O efeito indutivo de um átomo eletronegativo faz com que os prótons vizinhos sejam desblindados.

aparece em um deslocamento químico maior do que os prótons de um alcano. A intensidade deste efeito depende da eletronegatividade do átomo de halogênio. Compare os deslocamentos químicos dos prótons nas substâncias que são vistas a seguir.

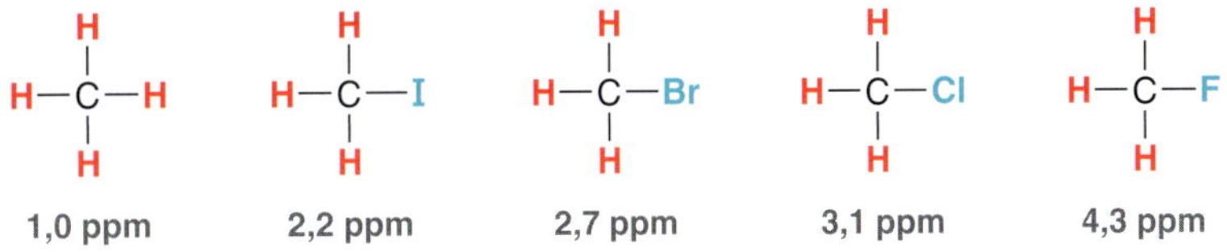

O flúor é o elemento mais eletronegativo e, portanto, produz o efeito mais forte. Quando estão presentes vários átomos de halogênio, o efeito é aditivo, tal como pode ser visto na comparação entre as substâncias que são vistas a seguir.

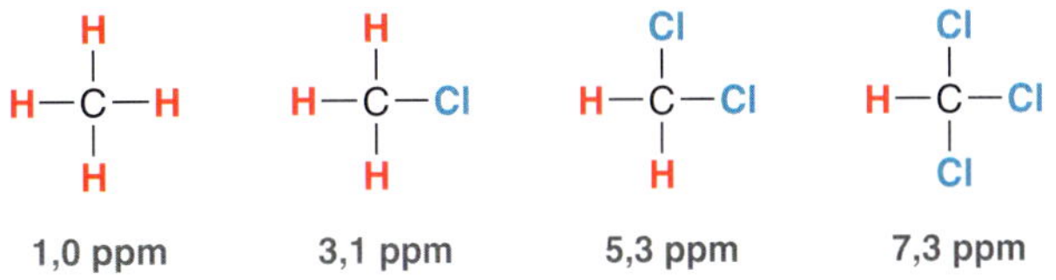

Cada átomo de cloro acrescenta cerca de 2 ppm para o deslocamento químico do sinal. O efeito indutivo decresce drasticamente com a distância, como se pode ver através da comparação dos deslocamentos químicos dos prótons no 1-cloropropano.

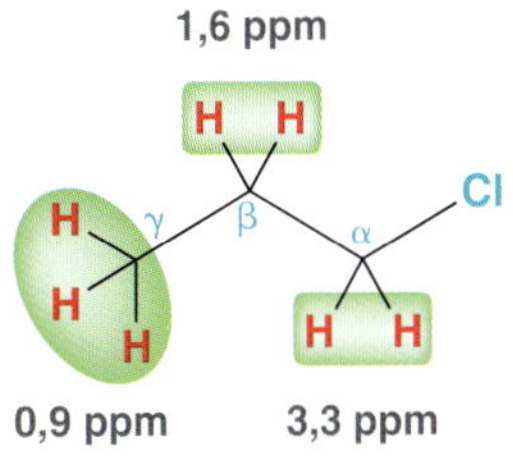

O efeito é mais significativo para os prótons na posição alfa. Os prótons na posição beta são apenas ligeiramente afetados e os prótons na posição gama são praticamente independentes da presença do átomo de cloro.

Memorizando alguns números, é possível prever os deslocamentos químicos para os prótons em uma grande variedade de substâncias, incluindo álcoois, éteres, cetonas, ésteres e ácidos carboxílicos. Os seguintes números são usados como valores de referência:

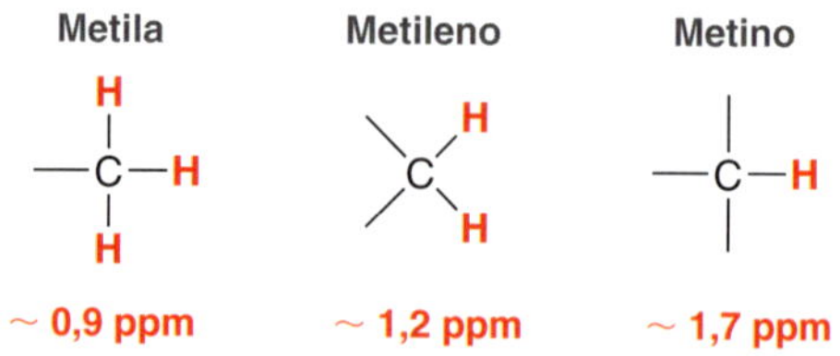

Esses são os deslocamentos químicos esperados de prótons que não têm átomos eletronegativos vizinhos. Na ausência de efeitos indutivos, um grupo metila (CH_3) produzirá um sinal em aproximadamente 0,9 ppm, um grupo **metileno** (CH_2) produzirá um sinal em aproximadamente 1,2 ppm, e um **grupo metino** (CH) vai produzir um sinal em 1,7 ppm. Esses valores de referência são então modificados pela presença de grupos funcionais vizinhos. A Tabela 16.1 mostra o efeito de alguns grupos funcionais sobre os deslocamentos químicos dos prótons alfa. O efeito sobre prótons beta é geralmente cerca de um quinto do efeito sobre os prótons alfa. Por exemplo, em um álcool, a presença de um átomo de oxigênio adiciona +2,5 ppm para o deslocamento químico dos prótons alfa, mas acrescenta apenas +0,5 ppm para os prótons de beta. Da mesma forma, um grupo carbonila adiciona +1 ppm para o deslocamento químico dos prótons alfa, mas apenas +0,2 para os prótons beta.

Os três valores de referência, juntamente com os três valores mostrados na Tabela 16.1, nos permitem prever os deslocamentos químicos para os prótons em uma grande variedade de substâncias, tal como ilustrado no exercício visto a seguir.

TABELA 16.1 EFEITO DE GRUPOS FUNCIONAIS VIZINHOS SOBRE DESLOCAMENTOS QUÍMICOS

GRUPO FUNCIONAL	EFEITO SOBRE PRÓTONS ALFA	EXEMPLO
Oxigênio de um álcool ou éter	+2,5	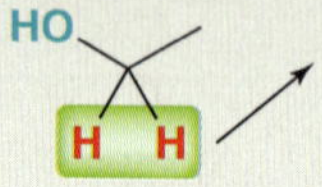 **Grupo metileno (CH_2) = 1,2 ppm** **Próximo ao oxigênio = +2,5 ppm** **3,7 ppm** **Deslocamento químico real = 3,7 ppm**
Oxigênio de um éter	+3	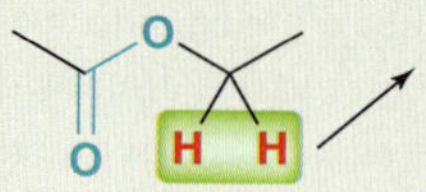 **Grupo metileno (CH_2) = 1,2 ppm** **Próximo ao oxigênio = +3,0 ppm** **4,2 ppm** **Deslocamento químico real = 4,1 ppm**
Grupo carbonila (C=O) Todos os grupos carbonila, incluindo cetonas, aldeídos, ésteres etc.	+1	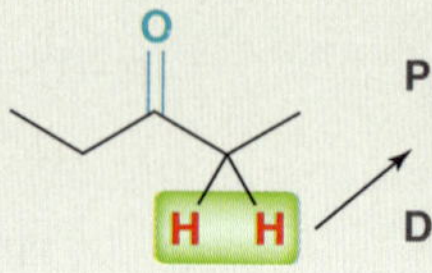 **Grupo metileno (CH_2) = 1,2 ppm** **Próximo ao grupo carbonila = +1,0 ppm** **2,2 ppm** **Deslocamento químico real = 2,4 ppm**

DESENVOLVENDO A APRENDIZAGEM

16.3 PREVENDO DESLOCAMENTOS QUÍMICOS

APRENDIZAGEM Preveja os deslocamentos químicos dos sinais no espectro de RMN de ^1H da substância vista a seguir.

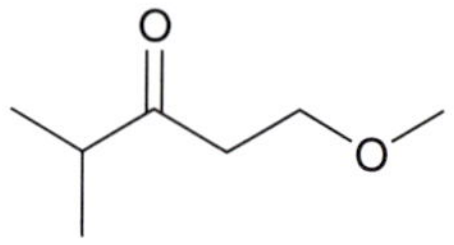

SOLUÇÃO

Inicialmente determinamos o número total de sinais esperados. Nesta substância, existem cinco tipos diferentes de prótons, dando origem a cinco sinais distintos. Para cada tipo de sinal, identificamos se ele representa grupos metila (0,9 ppm), metileno (1,2 ppm) ou metino (1,7 ppm).

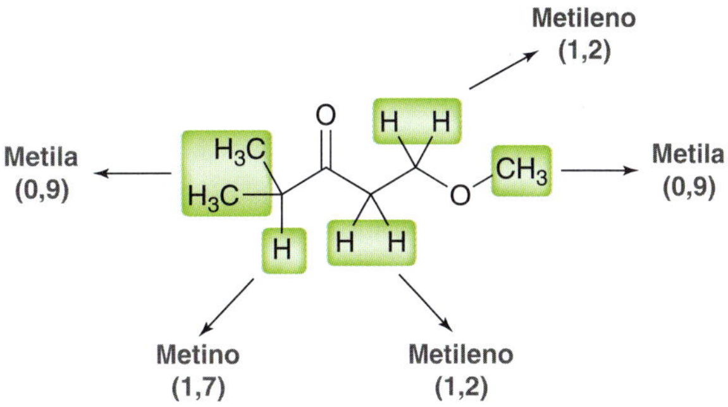

Finalmente, modificamos cada um desses números com base na proximidade com o oxigênio e o grupo carbonila.

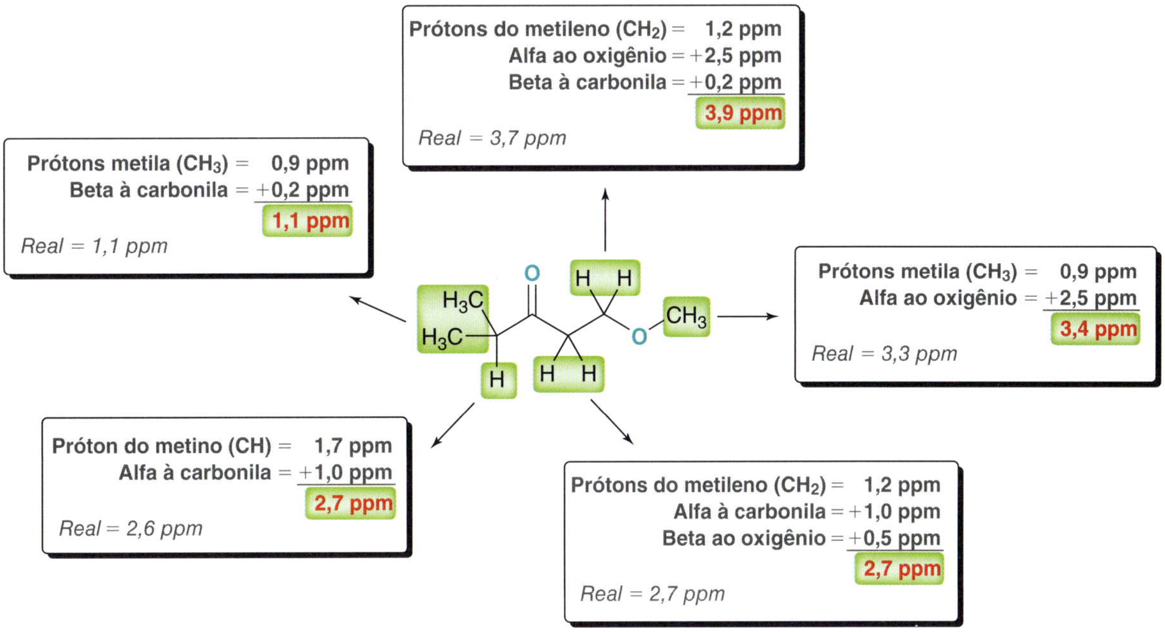

Esses valores são apenas estimativas e os deslocamentos químicos reais podem diferir ligeiramente dos valores previstos. Os valores reais também são mostrados, e eles são realmente muito próximos dos valores estimados.

PRATICANDO o que você aprendeu

16.7 Preveja os deslocamentos químicos dos sinais no espectro de RMN de ^{1}H de cada uma das substâncias vistas a seguir.

(a) 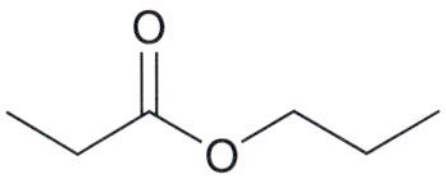

(b) 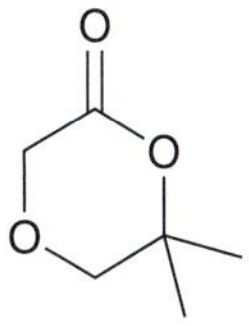

(c) 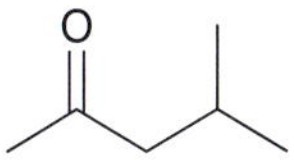

(d) 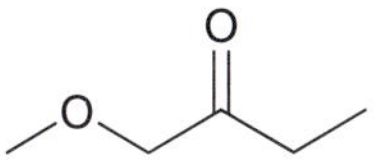

(e) 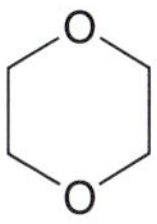

PRATICANDO o que você aprendeu

16.8 Para cada um dos isômeros constitucionais, vistos a seguir, foi obtido um espectro de RMN de ^{1}H. A comparação dos espectros revela que apenas um desses espectros apresenta um sinal entre 6 e 7 ppm. Identifique a estrutura que corresponde a esse espectro.

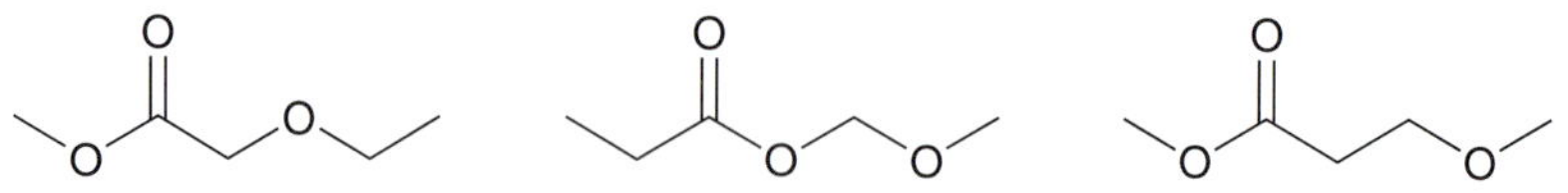

16.9 Um espectro de RMN de ^{1}H foi obtido para cada uma das duas substâncias vistas a seguir. Um espectro apresenta dois sinais em campo baixo em 2,0 ppm, enquanto o outro espectro apresenta apenas um sinal em campo baixo em 2,0 ppm. Combine cada espectro com sua substância correspondente.

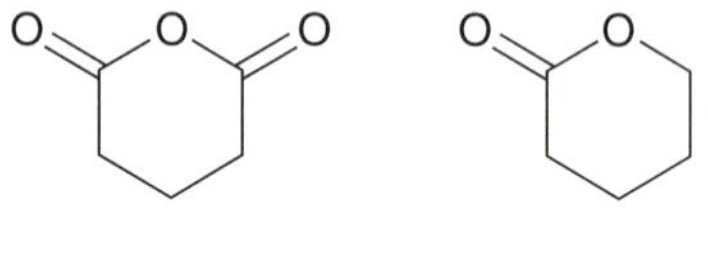

é necessário **PRATICAR MAIS?** **Tente Resolver o Problema 16.42b**

Efeitos anisotrópicos

O deslocamento químico de um próton também é sensível aos efeitos diamagnéticos que resultam do movimento dos elétrons π próximos. Como um exemplo, considere o que acontece quando o benzeno é colocado em um campo magnético forte. O campo magnético faz com que os elétrons π circulem, e este fluxo de elétrons gera um campo magnético local induzido (Figura 16.9). O resultado é a **anisotropia diamagnética**, que significa que diferentes regiões do espaço são caracterizadas por diferentes intensidades de campo magnético. Locais dentro do anel são caracterizados por um campo magnético local que se opõe ao campo externo, enquanto locais fora do anel são caracterizados por um campo magnético local que se adiciona ao campo externo. Os prótons ligados ao anel estão permanentemente posicionados do lado de fora do anel, e como resultado, eles experimentam um forte campo magnético. Esses prótons sofrem a atuação do campo magnético externo mais o campo magnético local. O efeito é semelhante ao efeito de desblindagem e, portanto, os prótons são deslocados para campo baixo. Prótons aromáticos produzem um sinal na

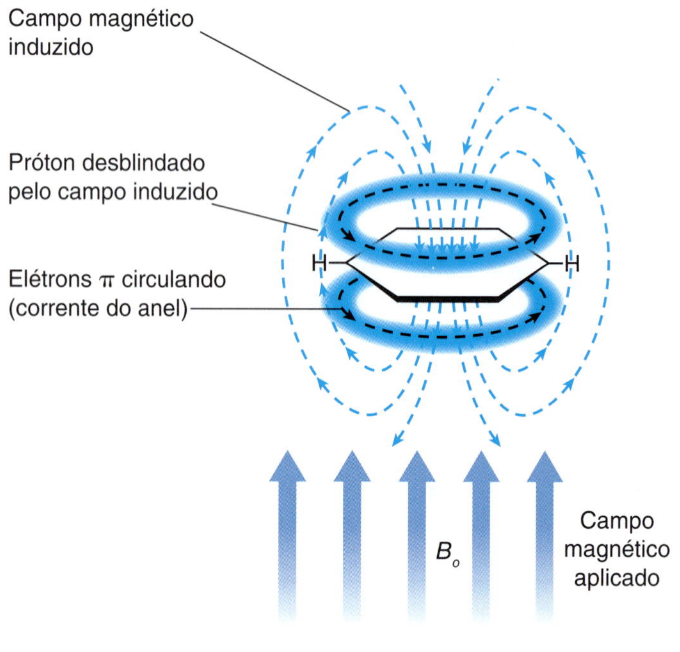

FIGURA 16.9
O campo magnético induzido gerado como resultado do movimento dos elétrons π de um anel aromático.

vizinhança de 7 ppm (por vezes acima de 7, por vezes, um pouco abaixo de 7) em um espectro de RMN. Por exemplo, considere o espectro do etilbenzeno.

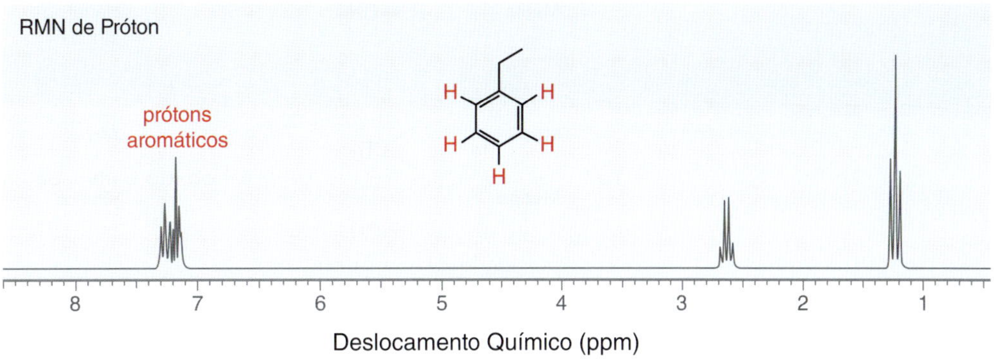

O etilbenzeno tem três tipos diferentes de prótons aromáticos (você pode identificá-los na estrutura?), produzindo um sinal complexo constituído de três sinais se sobrepondo pouco acima de 7 ppm. Um sinal complexo em torno de 7 ppm é característico das substâncias com prótons aromáticos.

O grupo metileno (CH_2) no etilbenzeno produz um sinal em 2,6 ppm, em vez do valor de referência previsto de 1,2 ppm. Esses prótons foram deslocados para campo baixo devido as suas posições no campo magnético local. Eles não são deslocados tanto quanto os prótons aromáticos em si, porque os prótons do grupo metileno estão mais afastados do anel, onde o campo magnético local induzido é mais fraco.

Um efeito semelhante é observado para [14] anuleno.

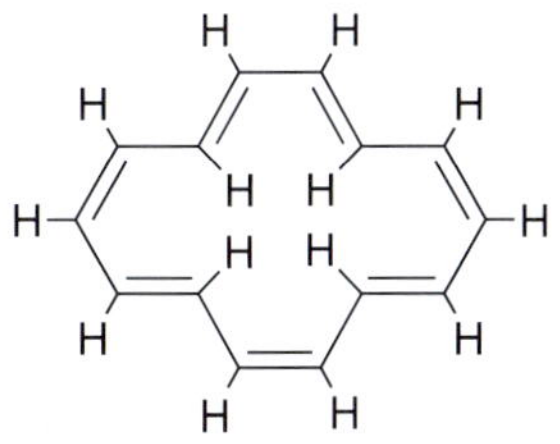

[14] Anuleno

Os prótons fora do anel produzem sinais em aproximadamente 8 ppm, mas, neste caso, existem quatro prótons posicionados no interior do anel, onde o campo magnético local se opõe ao campo magnético externo. Esses prótons sofrem a ação do campo magnético externo menos o campo magnético local. O efeito é semelhante ao de um efeito de blindagem, porque os prótons sofrem a ação de um campo magnético mais fraco e, portanto, os prótons são deslocados para campo alto. Este efeito é muito forte, produzindo um sinal em –1 ppm (campo alto além mesmo do TMS).

Todas as ligações π apresentam um efeito anisotrópico semelhante. Isto é, os elétrons π, circulando sob a influência de um campo magnético externo, geram um campo magnético local. Para cada tipo de ligação π, a localização precisa dos prótons nas proximidades da ligação π determina o seu deslocamento químico. Por exemplo, os prótons aldeídicos produzem sinais característicos em aproximadamente 10 ppm. A Tabela 16.2 resume os deslocamentos químicos importantes. É interessante se familiarizar com esses números, pois eles serão necessários para interpretar os espectros de RMN de ^1H.

VERIFICAÇÃO CONCEITUAL

16.10 Para cada uma das substâncias vistas a seguir, identifique o deslocamento químico esperado para cada tipo de próton:

(a) 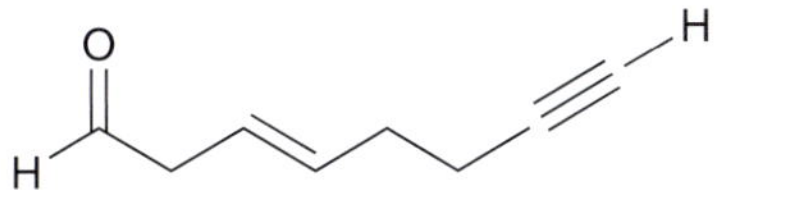

(b) 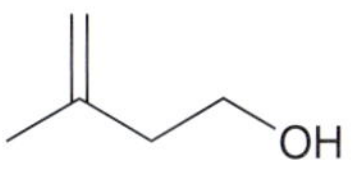

(c) 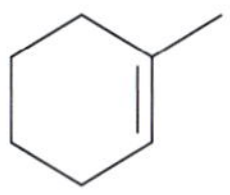

(d) 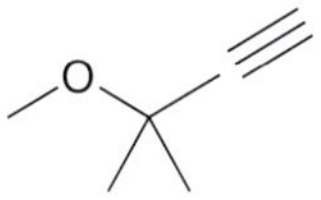

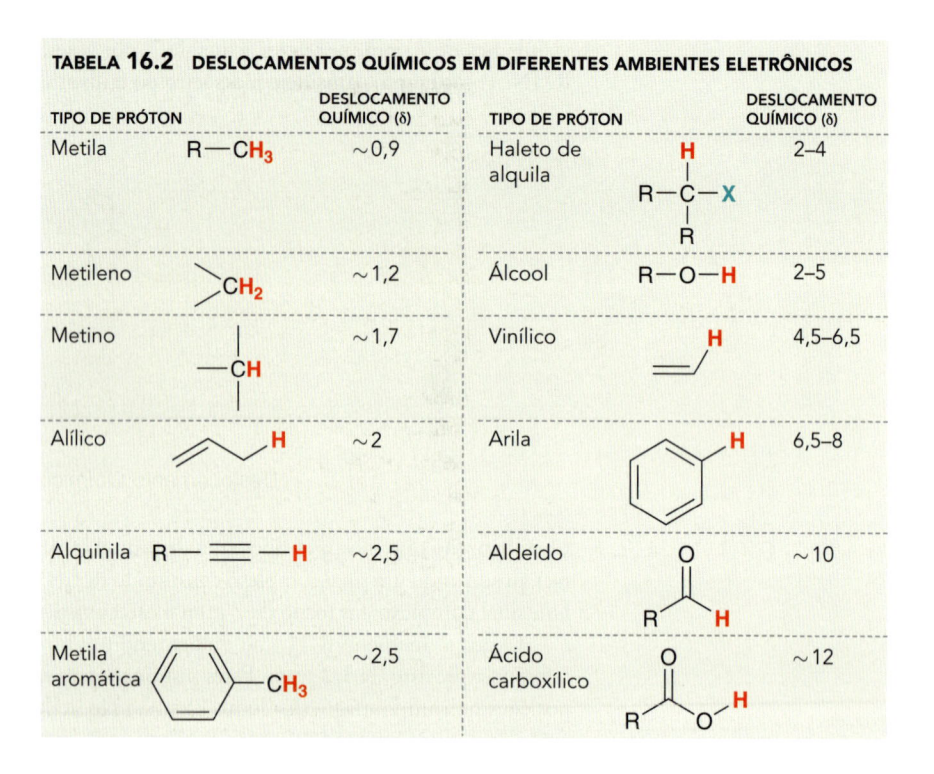

TABELA 16.2 DESLOCAMENTOS QUÍMICOS EM DIFERENTES AMBIENTES ELETRÔNICOS

TIPO DE PRÓTON		DESLOCAMENTO QUÍMICO (δ)	TIPO DE PRÓTON		DESLOCAMENTO QUÍMICO (δ)
Metila	R—CH_3	~0,9	Haleto de alquila	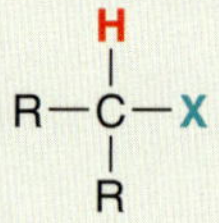	2–4
Metileno	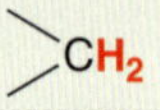	~1,2	Álcool	R—O—H	2–5
Metino	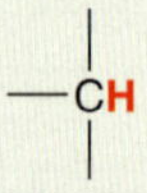	~1,7	Vinílico	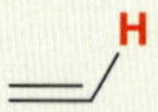	4,5–6,5
Alílico	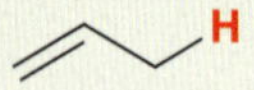	~2	Arila	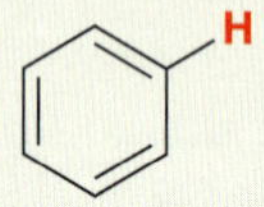	6,5–8
Alquinila	R—≡—H	~2,5	Aldeído	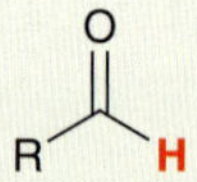	~10
Metila aromática	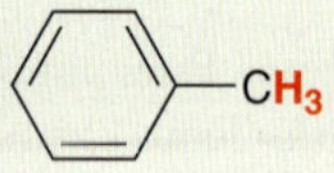	~2,5	Ácido carboxílico	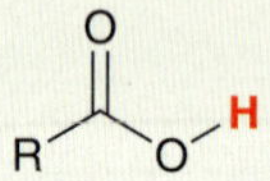	~12

16.6 Integração

Na seção anterior, estudamos a primeira característica de todos os sinais, o deslocamento químico. Nesta seção, vamos explorar a segunda característica, a **integração** ou a área sob cada sinal. Este valor indica o número de prótons que dão origem ao sinal. Após a aquisição de um espectro, o computador calcula a área sob cada sinal e, em seguida, apresenta esta área como um valor numérico colocado acima ou abaixo do sinal.

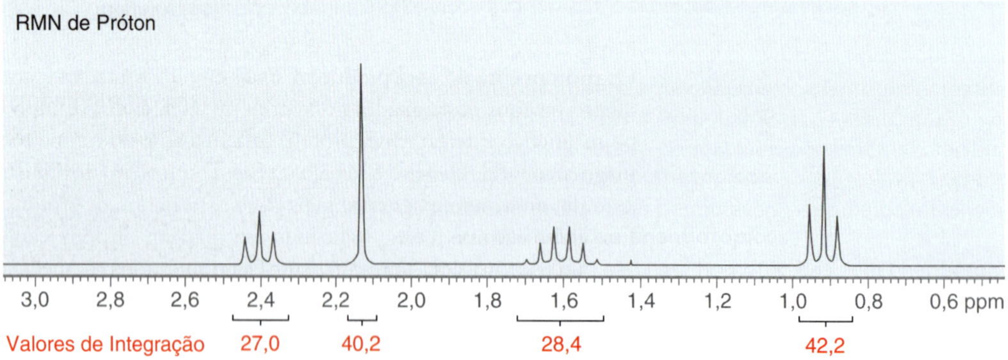

Esses números têm significado apenas quando comparados entre si. A fim de converter esses números em informação útil, escolhemos o menor número (27,0 neste caso) e, em seguida, dividimos todos os valores de integração por este número.

$$\frac{27{,}0}{27{,}0} = 1 \qquad \frac{40{,}2}{27{,}0} = 1{,}49 \qquad \frac{28{,}4}{27{,}0} = 1{,}05 \qquad \frac{42{,}2}{27{,}0} = 1{,}56$$

Esses números fornecem o *número relativo*, ou a razão, de prótons que dão origem a cada um dos sinais. Isso significa que um sinal com uma integração de 1,5 envolve uma vez e meia mais prótons que um sinal com uma integração de 1. A fim de chegar a números inteiros (meio próton é algo que não existe), multiplicamos todos os números por 2, obtendo a mesma razão, mas que agora se expressa em números inteiros, 2:3:2:3. Em outras palavras, o sinal em 2,4 ppm representa dois prótons equivalentes, e o sinal em 2,1 ppm representa três prótons equivalentes.

Integração é frequentemente representada por **curvas-degrau** ou **curvas integrais**:

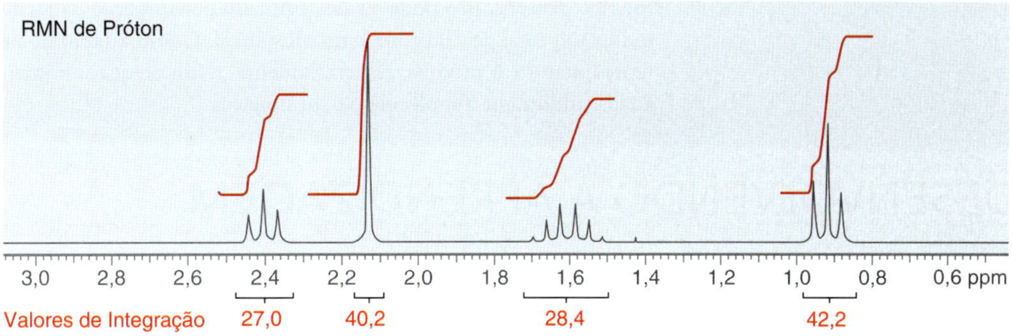

A altura de cada curva-degrau representa a área sob o sinal. Neste caso, uma comparação das alturas das quatro curvas-degrau revela uma razão de 2:3:2:3.

Ao interpretar os valores de integração, não se esqueça que os números são apenas relativos. Para ilustrar este ponto, considere a estrutura do *terc*-butil metil éter (TBME).

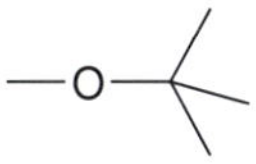

TBME

O TBME tem dois tipos de prótons (o grupo metila e o grupo *terc*-butila) e irá produzir dois sinais no seu espectro de RMN de ^{1}H. O computador analisa a área sob cada sinal e fornece números que permitem calcular uma razão de 1:3. Esta razão indica somente o número relativo de prótons que dão origem a cada um dos sinais, ela não dá os números exatos de prótons. Neste caso, os números exatos são 3 (para o grupo metila) e 9 (para o grupo *terc*-butila). Ao analisar o espectro de RMN de uma substância desconhecida, a fórmula molecular proporciona informação extremamente útil porque nos permite determinar o número exato de prótons que dão origem a cada um dos sinais. Se nós estivéssemos analisando o espectro do TBME, a fórmula molecular ($C_5H_{12}O$) indicaria que a substância tem um total de 12 prótons. Esta informação nos permite, em seguida, determinar que a razão de 1:3 tem que corresponder com 3 prótons e 9 prótons, de modo a dar um total de 12 prótons.

Ao analisar um espectro de RMN de uma substância desconhecida, temos que considerar também a influência da simetria nos valores de integração. Por exemplo, considere a estrutura da 3-pentanona.

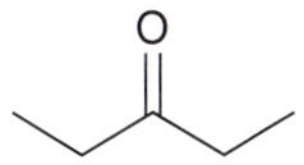

3-Pentanona

Esta substância tem apenas dois tipos de prótons, pois os grupos metileno são equivalentes entre si, e os grupos metila são equivalentes um ao outro. Espera-se, portanto, que o espectro de RMN de ^{1}H mostre apenas dois sinais.

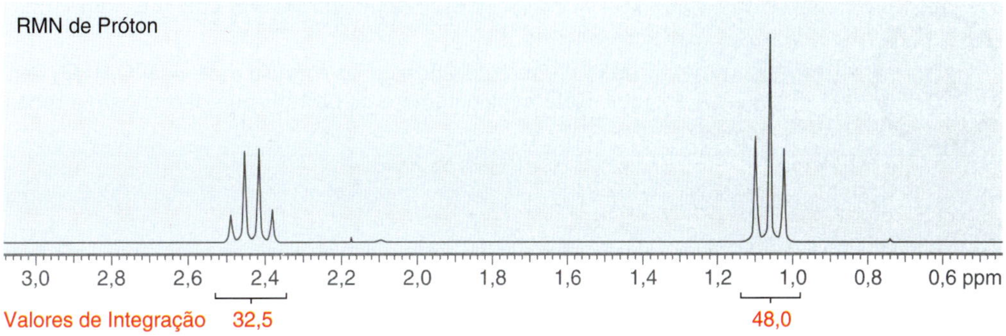

Compare os valores de integração relativos: 32,5 e 48,0. Esses valores dão uma razão de 2:3, mas novamente os valores 2 e 3 são apenas números relativos. Eles realmente representam 4 prótons e 6 prótons. Isso pode ser determinado por inspeção da fórmula molecular ($C_5H_{10}O$), o que indica um total de 10 prótons na substância. Como a razão de prótons é de 2:3, esta razão deve representar 4 e 6 prótons, respectivamente, a fim de que o número total de prótons seja 10. Esta análise indica que a molécula possui simetria.

DESENVOLVENDO A APRENDIZAGEM

16.4 DETERMINAÇÃO DO NÚMERO DE PRÓTONS QUE DÃO ORIGEM AO SINAL

APRENDIZAGEM Uma substância com a fórmula molecular $C_5H_{10}O_2$ tem o espectro de RMN de ^1H visto a seguir.

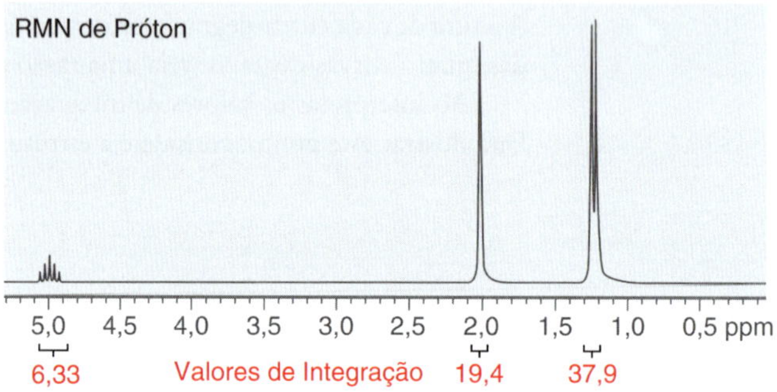

Determine o número de prótons que dão origem a cada um dos sinais.

SOLUÇÃO

ETAPA 1
Comparação dos valores relativos de integração e escolha do menor número.

O espectro apresenta três sinais.

Começamos pela comparação dos valores de integração relativos: 6,33, 19,4 e 37,9. Dividimos cada um desses três números pelo menor número (6,33).

$$\frac{6{,}33}{6{,}33} = 1 \qquad \frac{1{,}94}{6{,}33} = 3{,}06 \qquad \frac{37{,}9}{6{,}33} = 5{,}99$$

ETAPA 2
Divisão de todos os valores de integração pelo o número da Etapa 1, o que dá a razão de prótons.

Isso dá uma razão de 1:3:6, mas esses são apenas números relativos. Para determinar o número exato de prótons que dão origem a cada um dos sinais, olhamos para a fórmula molecular, que indica um total de 10 prótons na substância.

Portanto, os números 1:3:6 não são apenas valores relativos, mas são também os valores exatos. Valores exatos de integração podem ser ilustrados da seguinte forma:

ETAPA 3
Identificação do número de prótons na substância (a partir da fórmula molecular) e, em seguida, ajuste dos valores relativos de integração de modo que a soma total seja igual ao número de prótons na substância.

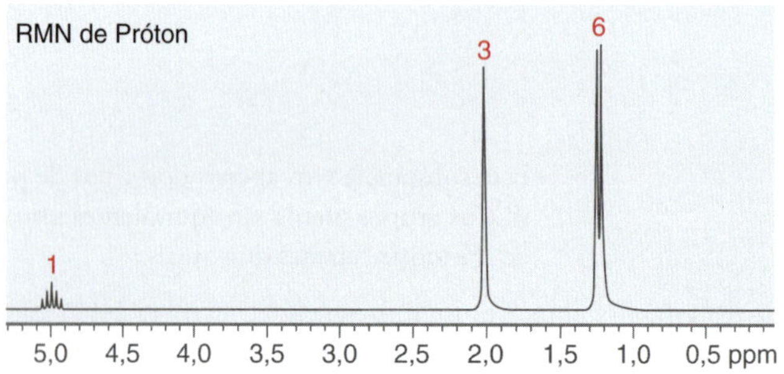

PRATICANDO o que você aprendeu

16.11 Uma substância com a fórmula molecular $C_5H_{10}O_2$ tem o espectro de RMN visto a seguir. Determine o número de prótons que dão origem a cada um dos sinais.

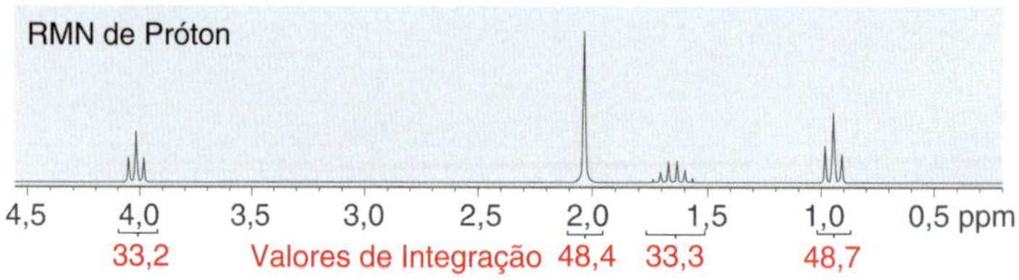

16.12 Uma substância com a fórmula molecular $C_{10}H_{10}O$ tem o espectro de RMN visto a seguir. Determine o número de prótons que dão origem a cada um dos sinais.

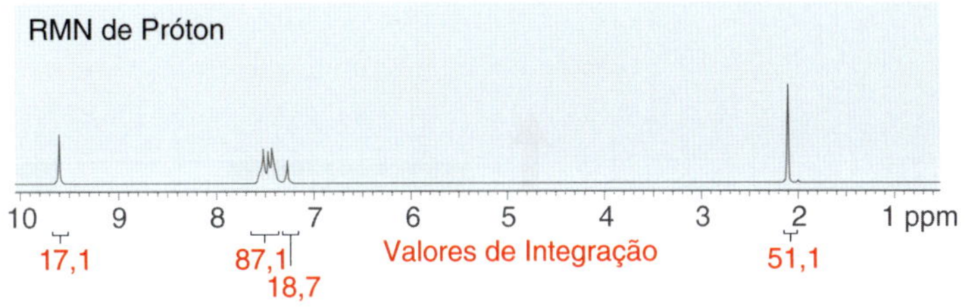

16.13 Uma substância com a fórmula molecular $C_4H_6O_2$ tem o espectro de RMN visto a seguir. Determine o número de prótons que dão origem a cada um dos sinais.

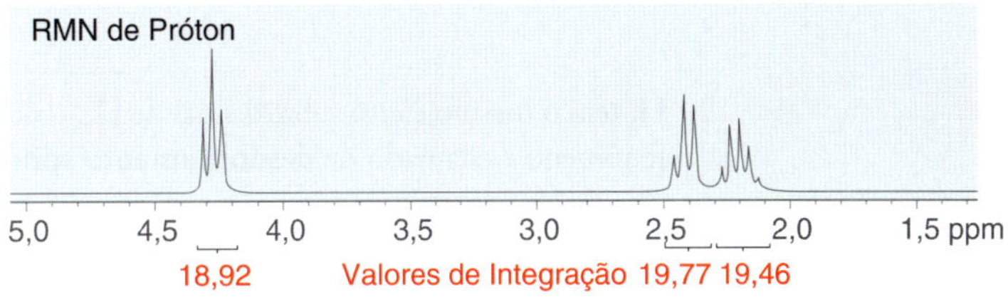

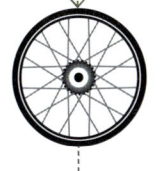

APLICANDO o que você aprendeu

16.14 O espectro de RMN de ¹H de uma substância com a fórmula molecular $C_7H_{15}Cl$ apresenta dois sinais com integração relativa de 2:3. Proponha uma estrutura para esta substância.

é necessário **PRATICAR MAIS?** **Tente Resolver os Problemas 16.54**

16.7 Multiplicidade

Acoplamento

A terceira e última característica de cada um dos sinais é a sua **multiplicidade**, que é definida pelo número de picos no sinal. Um **simpleto** tem um pico, um **dupleto** tem dois picos, um **tripleto** tem três picos, um **quadrupleto** tem quatro picos, um **quinteto** tem cinco picos, e assim por diante.

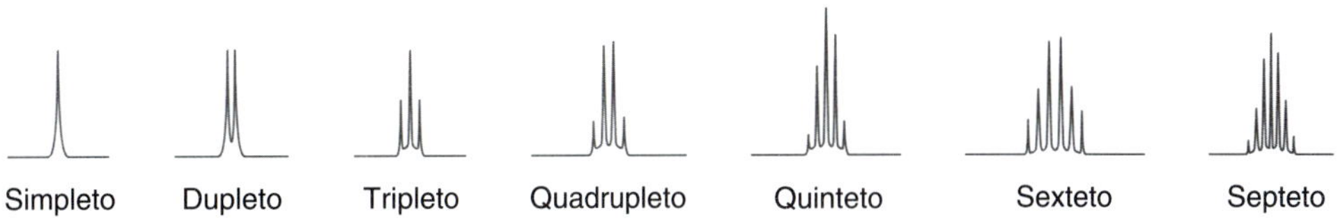

A multiplicidade de um sinal é o resultado dos efeitos magnéticos de prótons vizinhos e, portanto, indica o número de prótons vizinhos. Para ilustrar esse conceito, consideremos o seguinte exemplo.

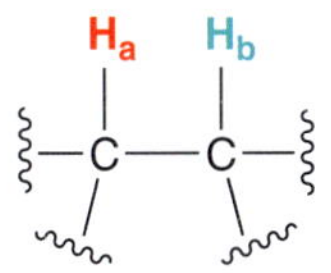

Se H_a e H_b não são equivalentes entre si, eles vão produzir sinais diferentes. Vamos centrar a nossa atenção no sinal produzido por H_a. Nós já vimos vários fatores que afetam o deslocamento químico de H_a, incluindo efeitos indutivos e efeitos de anisotropia diamagnética. Todos esses efeitos modificam o campo magnético sentido por H_a, o que afeta a frequência de ressonância de H_a. O deslocamento químico de H_a também é influenciado pela presença de H_b, devido a H_b ter um momento magnético, que pode ser alinhado com o campo magnético externo ou contra o campo magnético externo. H_b é como se fosse um ímã minúsculo e o deslocamento químico de H_a depende do alinhamento desse ímã minúsculo. Em algumas moléculas, H_b estará alinhado com o campo, enquanto em outras moléculas, H_b estará alinhado contra o campo. Como consequência disso, o deslocamento químico de H_a em algumas moléculas será ligeiramente diferente do deslocamento químico de H_a em outras moléculas, o que resulta no aparecimento de dois picos. Em outras palavras, a presença de H_b desdobra o sinal de H_a em um dupleto (Figura 16.10).

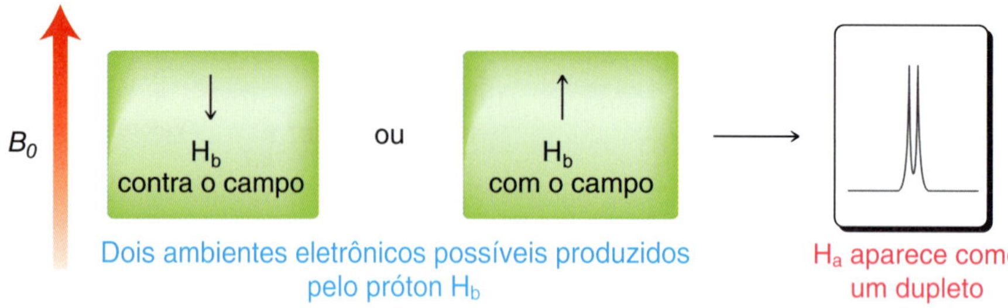

FIGURA 16.10
A fonte de um dupleto.

H_a tem o mesmo efeito sobre o sinal de H_b, o desdobramento do sinal de H_b para um dupleto. Este fenômeno é chamado de **desdobramento spin-spin** ou **acoplamento**.

Agora, considere um cenário em que H_a tem dois prótons vizinhos.

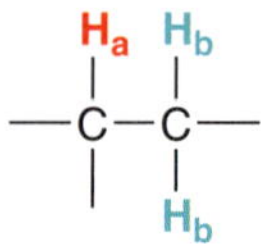

O deslocamento químico de H_a é influenciado pela presença de ambos os prótons de H_b, cada um dos quais pode ser alinhado com ou contra o campo externo. Mais uma vez, cada H_b é como um ímã pequeno e tem uma influência sobre o deslocamento químico de H_a. Em cada molécula, H_a pode encontrar-se em um de três possíveis ambientes eletrônicos, o que resulta em um tripleto (Figura 16.11). Se cada pico do tripleto é integrado separadamente, é observada uma razão de 1:2:1, consistente com as expectativas estatísticas.

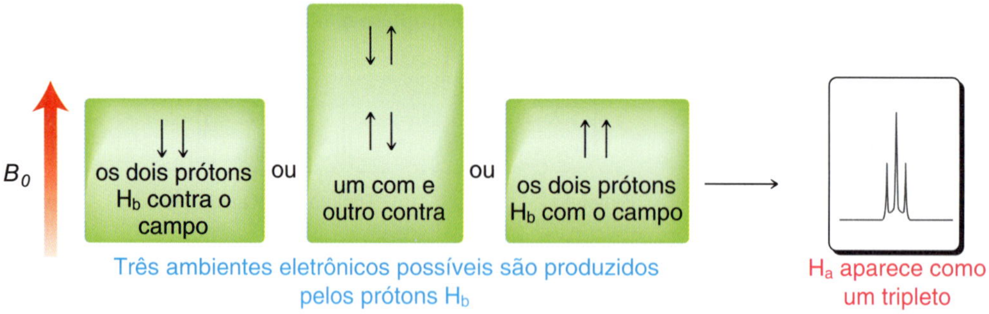

FIGURA 16.11
A fonte de um triplete.

Agora, considere um cenário em que H_a tem três vizinhos.

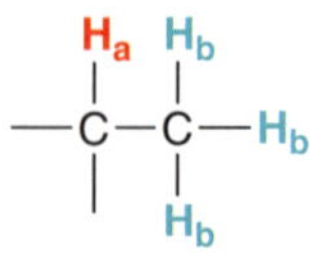

O deslocamento químico de H_a é influenciado pela presença de todos os três prótons H_b, cada um dos quais pode estar alinhado com o campo, ou contra o campo. Mais uma vez, cada H_b é como um ímã pequeno e tem uma influência sobre o deslocamento químico de H_a. Em cada molécula, H_a pode encontrar-se em um de quatro possíveis ambientes eletrônicos, o que resulta em um quadrupleto (Figura 16.12). Se cada pico do quadrupleto é integrado separadamente, é observada uma razão de 1:3:3:1, consistente com as expectativas estatísticas.

FIGURA 16.12
A fonte de um quadrupleto.

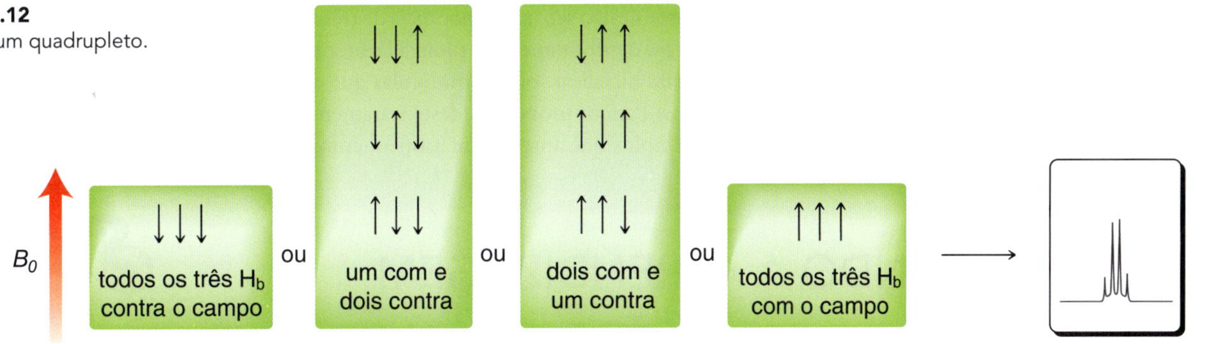

A Tabela 16.3 resume os padrões de desdobramento e intensidades de pico para os sinais que resultam de acoplamento com prótons vizinhos. Ao analisar essa informação, surge um padrão. Especificamente, se n é o número de prótons vizinhos, então, a multiplicidade será $n + 1$. Estendendo esta regra, um próton com seis vizinhos ($n = 6$) será desdobrado em um septeto (7 picos, ou $n + 1$). Esta observação, chamada de **regra $n + 1$**, só se aplica quando todos os prótons vizinhos são quimicamente equivalentes entre si. Se, no entanto, existem duas ou mais espécies diferentes de prótons vizinhos, então o desdobramento observado será mais complexo, como veremos no final desta seção.

TABELA 16.3 A MULTIPLICIDADE INDICA O NÚMERO DE PRÓTONS VIZINHOS

NÚMERO DE VIZINHOS	MULTIPLIDADE	INTENSIDADES RELATIVAS DE PICOS INDIVIDUAIS
1	Dupleto	1:1
2	Tripleto	1:2:1
3	Quadrupleto	1:3:3:1
4	Quinteto	1:4:6:4:1
5	Sexteto	1:5:10:10:5:1
6	Septeto	1:6:15:20:15:6:1

Existem dois fatores principais que determinam se o desdobramento ocorre ou não:

1. Prótons equivalentes não se desdobram entre si. Considere os dois grupos metileno no 1,2-dicloroetano. Todos os quatro prótons são quimicamente equivalentes e, portanto, eles não se desdobram entre si. A fim de que o desdobramento ocorra, os prótons vizinhos têm que ser diferentes dos prótons que produzem o sinal.

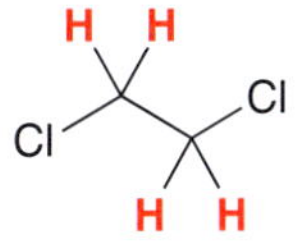

Quatro prótons equivalentes
Nenhum desdobramento

2. Desdobramento é observado mais frequentemente quando os prótons estão separados por duas ou três ligações σ, isto é, quando os prótons são prótons diastereotópicos sobre o mesmo átomo de carbono (geminais) ou quando eles estão ligados a átomos de carbono adjacentes (vicinais).

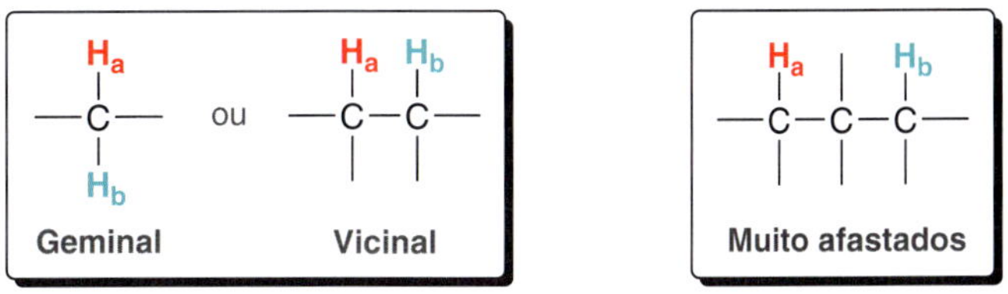

Desdobramento é observado
Desdobramento não é observado

Quando dois prótons estão separados por mais de três ligações sigma, o desdobramento geralmente não é observado. Tal desdobramento de longa faixa somente é observado em moléculas rígidas, tais como as substâncias bicíclicas, ou em moléculas que contêm grupos estruturais rígidos, tais como os sistemas alílicos. Para os propósitos deste tratamento introdutório da espectroscopia de RMN, evitaremos os exemplos que apresentam acoplamento de longa faixa.

DESENVOLVENDO A APRENDIZAGEM

16.5 PREVENDO A MULTIPLICIDADE DE UM SINAL

APRENDIZAGEM Determine a multiplicidade de cada sinal no espectro esperado de RMN de ¹H para a substância vista a seguir.

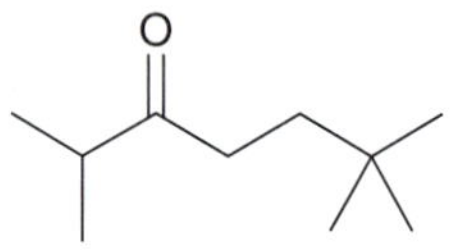

SOLUÇÃO

Começamos identificando os diferentes tipos de prótons. Isto é, determinamos o número de sinais esperados.

ETAPA 1
Identificação de todos os diferentes tipos de prótons.

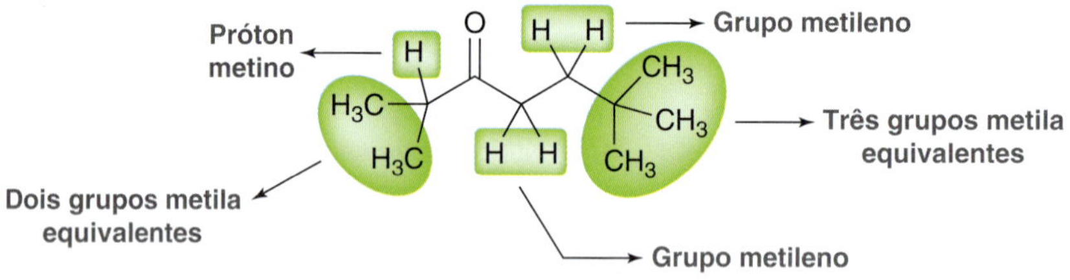

Espera-se que esta substância produza cinco sinais no seu espectro de RMN de ¹H. Vamos agora analisar cada sinal usando a regra n + 1.

ETAPA 2
Identificação para cada tipo de próton do número de vizinhos (*n*). A multiplicidade seguirá a regra *n* + 1.

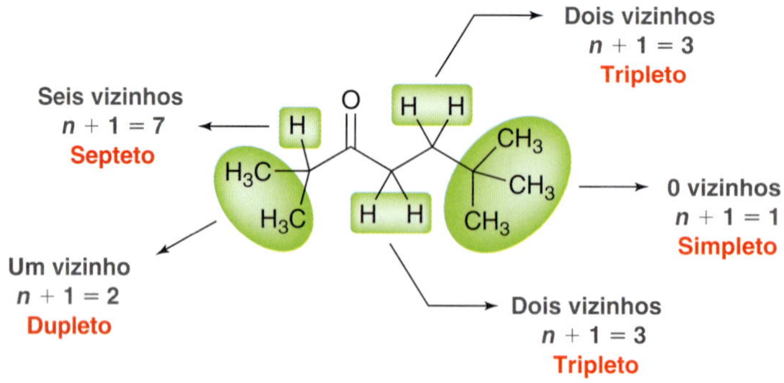

Observamos que o grupo *terc*-butila (do lado direito da molécula) aparece como um simpleto porque o átomo de carbono visto a seguir não tem prótons.

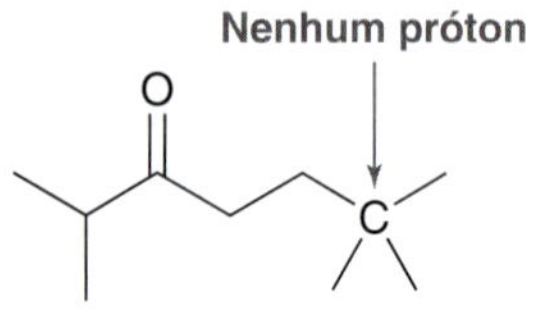

Este átomo de carbono quaternário é vicinal para cada um dos três grupos metila ligados a ele, e, como resultado, cada um dos três grupos metila não tem prótons vizinhos. Isto é característico do cloreto de *terc*-butila.

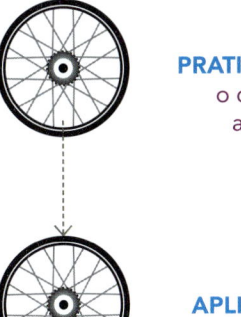

PRATICANDO o que você aprendeu

16.15 Para cada uma das substâncias vistas a seguir, determine a multiplicidade de cada um dos sinais no espectro de RMN de ^1H esperado:

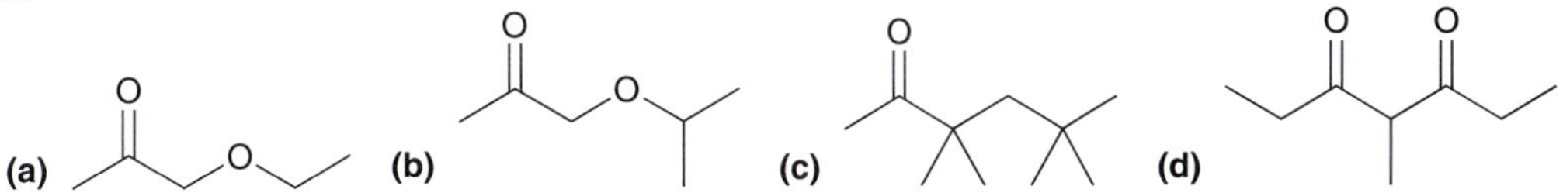

APLICANDO o que você aprendeu

16.16 Proponha a estrutura de uma substância que não tem um grupo metila, mas, no entanto, apresenta um quadrupleto no seu espectro de RMN de ^1H.

é necessário **PRATICAR MAIS?** **Tente Resolver o Problema 16.37**

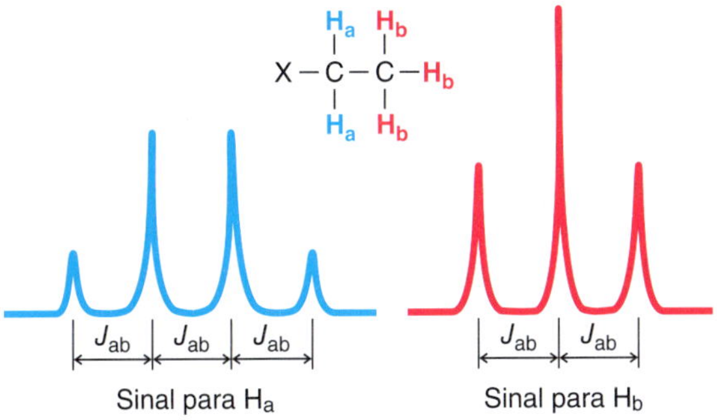

FIGURA 16.13
A constante de acoplamento (J_{ab}) é a mesma para ambos os sinais, porque estes sinais estão desdobrando um ao outro.

Constante de Acoplamento

Quando ocorre o desdobramento de sinal, a distância entre os picos individuais de um sinal é chamada de **constante de acoplamento**, ou **valor de *J***, e é medida em hertz. Prótons vizinhos sempre desdobram entre si, com valores de J equivalentes. Por exemplo, considere os dois tipos de prótons em um grupo etila (Figura 16.13). O sinal de H_a é desdobrado em um quadrupleto, sob a influência dos seus três vizinhos, enquanto o sinal de H_b é desdobrado em um tripleto sob a influência de seus dois vizinhos. Diz-se que H_a e H_b estão acoplados entre si. A constante de acoplamento J_{ab} é a mesma nos dois sinais. Os valores de J podem variar entre 0 e 20 Hz, dependendo do tipo de prótons envolvidos, e são independentes da frequência de operação do espectrômetro. Por exemplo, se J_{ab} é medido como 7,3 Hz em um espectrômetro, o valor não se altera quando o espectro é obtido em um espectrômetro diferente, que utiliza um campo magnético mais forte. Como consequência disso, os espectrômetros de RMN com frequências de operação mais altas proporcionam uma melhor resolução. Como um exemplo, compare os dois espectros do cloroacetato de etila na Figura 16.14. O primeiro espectro foi obtido em um espectrômetro de RMN de 60 MHz, e o segundo espectro foi obtido em um espectrômetro de RMN de 300 MHz. Em cada espectro, a constante de acoplamento J_{ab} é de aproximadamente 7 Hz.

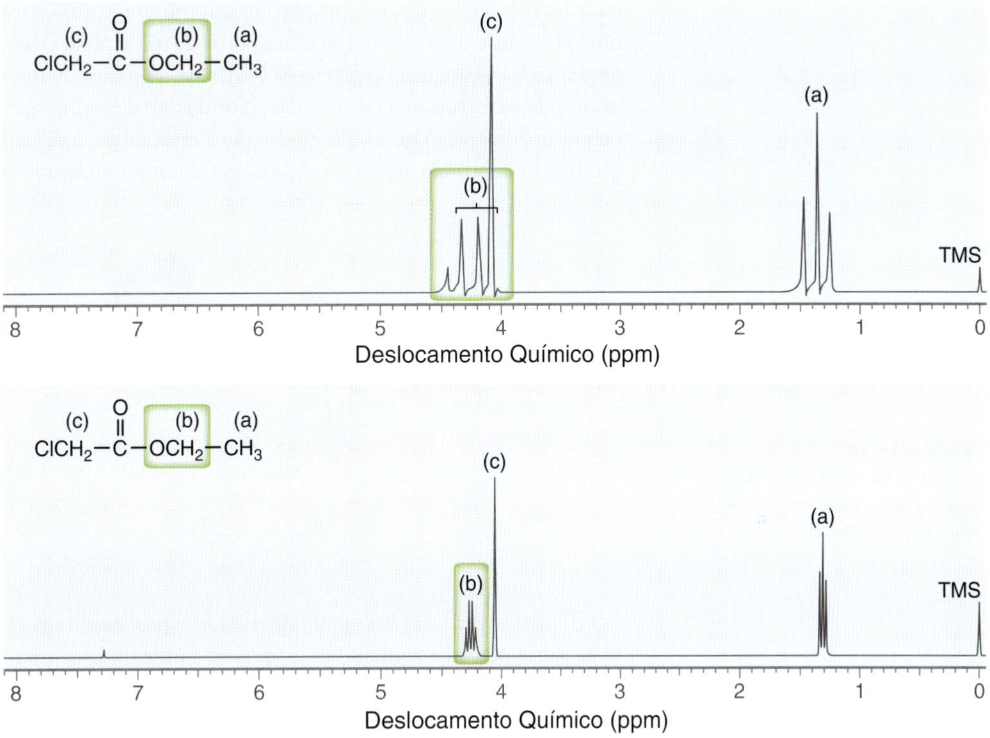

FIGURA 16.14
O espectro de RMN de ^1H de 60 MHz (na parte de cima) do cloroacetato de etila e o espectro de RMN de ^1H de 300 MHz (na parte de baixo) do cloroacetato de etila. O espectro de 300 MHz evita a sobreposição dos sinais.

A constante de acoplamento só parece maior no espectro de RMN de ^{1}H de 60 MHz porque cada unidade δ corresponde a 60 Hz. A distância entre cada pico (7 Hz), é mais do que 10% de uma unidade δ. Ao contrário, a constante de acoplamento parece muito menor no espectro de RMN de ^{1}H de 300 MHz, porque cada unidade δ corresponde a 300 Hz, e, em consequência, a distância entre cada pico (7 Hz) é de apenas 2% de uma unidade δ. Este exemplo ilustra por que espectrômetros com frequências operacionais mais altas fornecem uma resolução melhor e evitam a sobreposição de sinais. Por esse motivo, os espectrômetros de RMN de 60 MHz são raramente utilizados para a pesquisa de rotina. Eles têm sido largamente substituídos por instrumentos de 300 e 500 MHz.

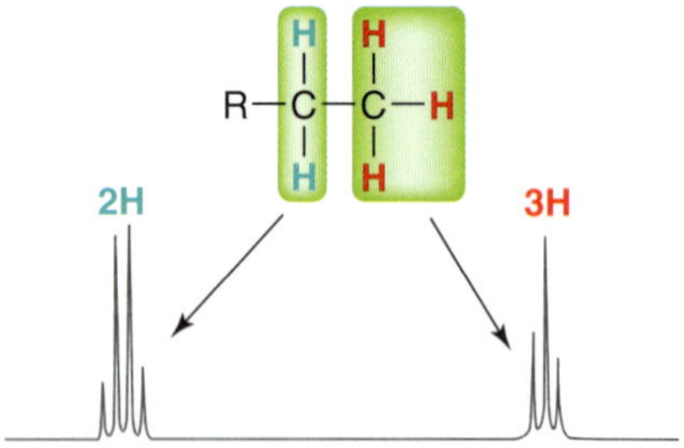

FIGURA 16.15
O padrão de desdobramento característico para um grupo etila isolado.

Reconhecimento de Padrões

Padrões de desdobramentos específicos são normalmente observados nos espectros de RMN de ^{1}H, e o reconhecimento desses padrões permite uma análise mais eficiente. A Figura 16.15 mostra o padrão de desdobramento característico de um grupo etila isolado (*isolado* significa que os prótons do CH_2 estão sendo desdobrados somente pelos prótons do CH_3). Uma substância contendo um grupo etila isolado apresentará no seu espectro de RMN de ^{1}H um tripleto com uma integração de 3 em campo alto a partir de um quadrupleto com uma integração de 2. A presença desses sinais no espectro é fortemente sugestiva da presença de um grupo etila na estrutura da substância. Uma vez que os dois tipos de prótons de um grupo etila estão desdobrando um ao outro, os valores de J para o tripleto e quadrupleto têm que ser equivalentes. Se é claro que os valores de J são diferentes, então os dois sinais não indicam de um grupo etila.

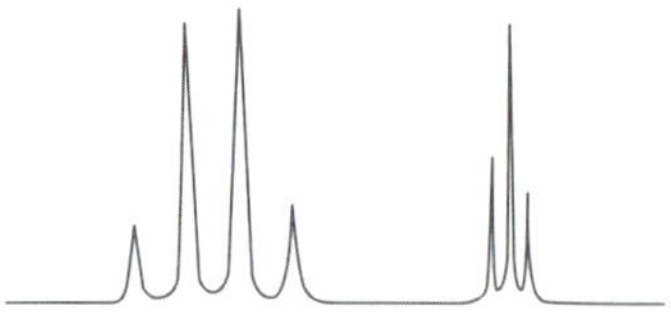

<u>Não</u> indicam um grupo etilo

Nessa imagem, o quadrupleto tem um valor de J maior do que o tripleto, de modo que esses dois sinais não estão desdobrando entre si. Em uma situação como essa você precisa olhar para o resto do espectro de RMN e encontrar os sinais que estão desdobrando entre si.

Outro padrão de desdobramento geralmente observado é produzido por grupos isopropila (Figura 16.16). Uma substância contendo um grupo isopropila isolado apresentará um dupleto com uma integração de 6 em campo alto a partir de um septeto (sete picos) com uma integração de 1. A presença desses sinais no espectro de RMN de ^{1}H é fortemente sugestiva da presença de um grupo isopropila na estrutura da substância. Um septeto é geralmente difícil de ver, uma vez que ele é tão pequeno (integração de 1), de modo que a reprodução ampliada do sinal (inserida no espectro) é geralmente mostrada acima do sinal original (como mostrado na Figura 16.16).

FIGURA 16.16
O padrão de desdobramento característico para um grupo isopropila isolado.

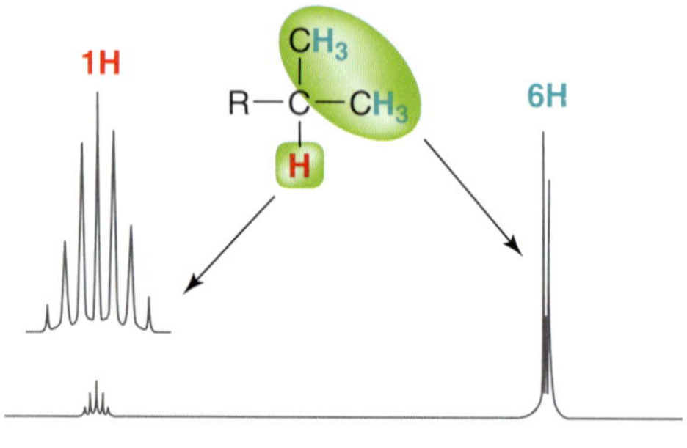

Outro padrão normalmente observado é produzido pelos grupos *terc*-butila (Figura 16.17). Uma substância que contém um grupo *terc*-butila irá apresentar um simpleto com uma integração relativa de 9. A presença desse sinal no espectro de RMN de ^{1}H é fortemente sugestiva da presença de um grupo *terc*-butila na estrutura da substância.

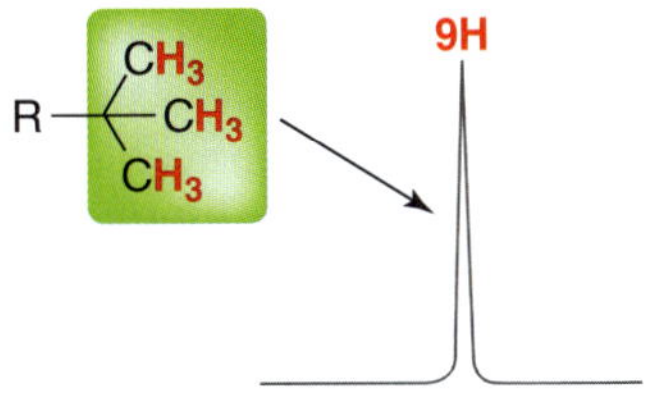

FIGURA 16.17
O padrão de desdobramento característico para um grupo *terc*-butila.

O reconhecimento de padrões é uma ferramenta importante na análise de espectros de RMN, de modo que vamos rever rapidamente os padrões que vimos anteriormente (Figura 16.18).

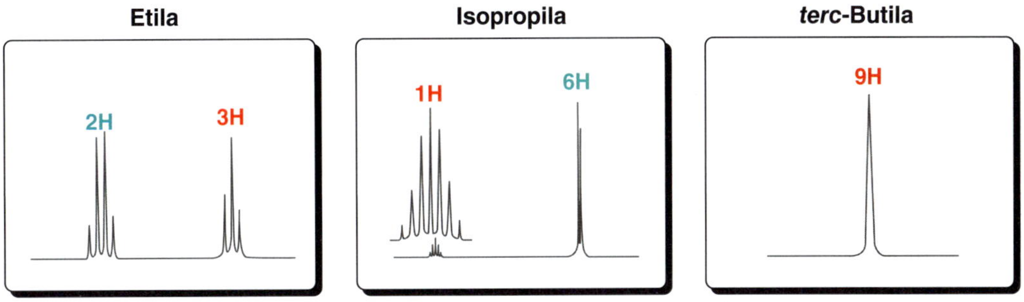

FIGURA 16.18
Os padrões de desdobramento característicos dos grupos etila, isopropila e *terc*-butila.

VERIFICAÇÃO CONCEITUAL

16.17 Os espectros vistos a seguir são espectros de RMN de várias substâncias. Identifique se essas substâncias são prováveis em conterem um (ou mais de um) dos grupos etila, isopropila e *terc*-butila:

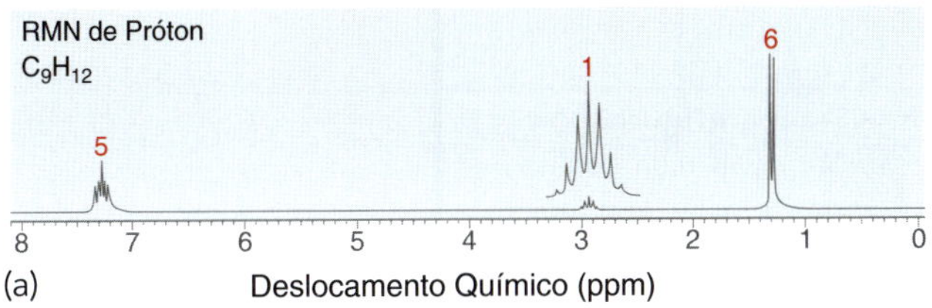

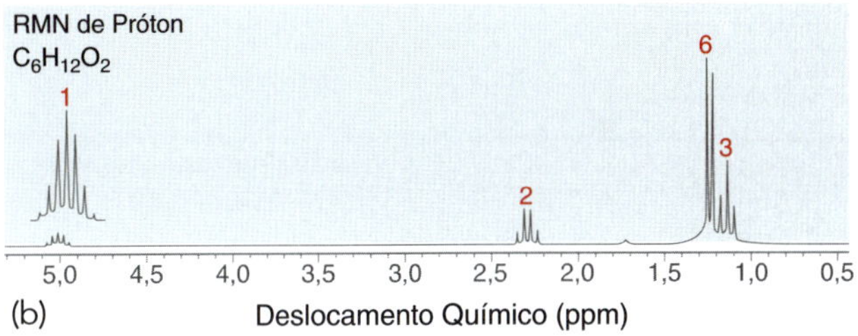

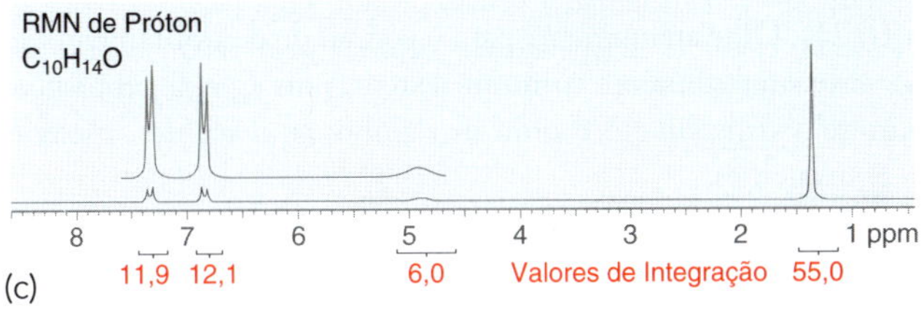

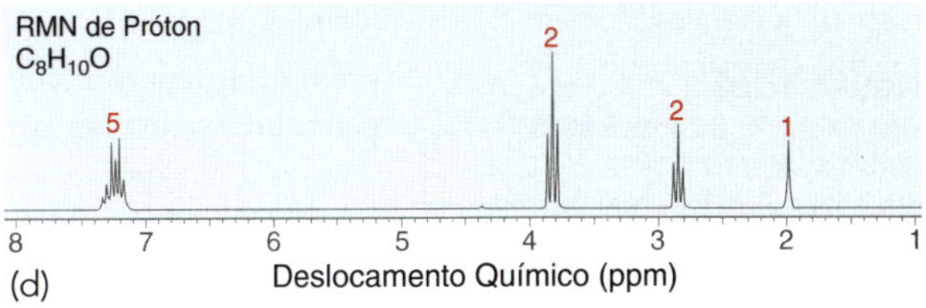

Desdobramento Complexo

O desdobramento complexo ocorre quando um próton tem dois tipos diferentes de prótons vizinhos. Por exemplo:

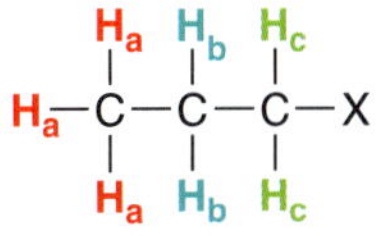

Considere o padrão de desdobramento esperado para H_b neste exemplo. O sinal para H_b é desdobrado em um quadrupleto devido aos prótons H_a vizinhos, e ele está sendo desdobrado em um tripleto devido aos prótons H_c vizinhos. O sinal será constituído, portanto, de 12 picos (4 × 3). A aparência do sinal dependerá em grande parte dos valores de J. Se J_{ab} é muito maior do que J_{bc}, então, o sinal aparecerá como um quadrupleto de tripletos. Isto é ilustrado no diagrama de árvore para desdobramento mostrado na Figura 16.19.

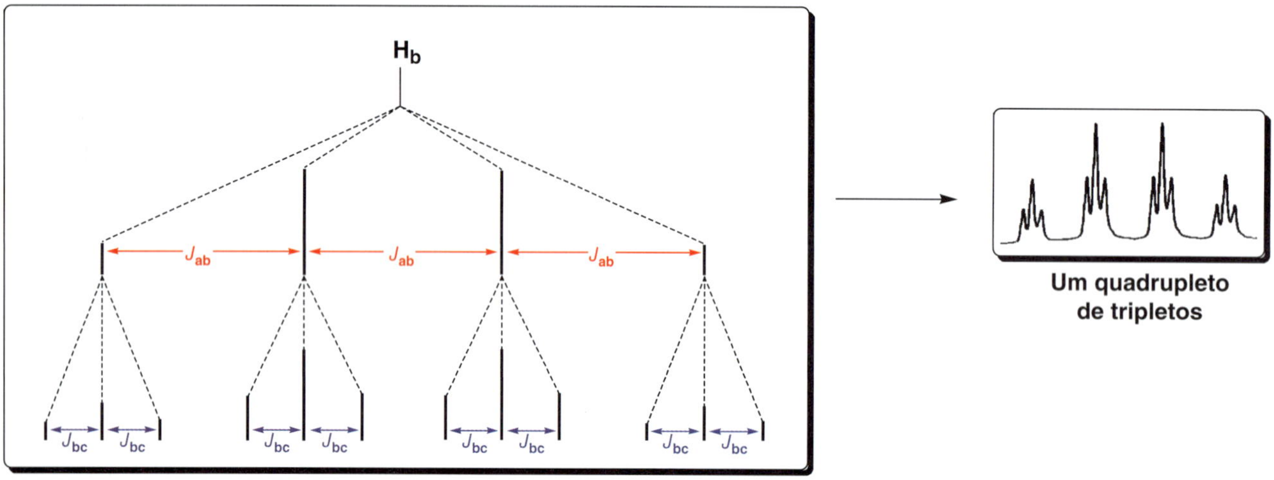

FIGURA 16.19 Um diagrama de árvore para desdobramento mostrando como um quadrupleto de tripletos é formado.

Se, no entanto, J_{bc} é muito maior do que J_{ab}, então, o sinal aparece como um tripleto de quadrupletos (Figura 16.20). Na maioria dos casos, os valores de J serão bastante semelhantes, e não vamos observar claramente nem um quadrupleto de tripletos, nem um tripleto de quadrupletos. Mais frequentemente, vários dos picos irão se sobrepor, produzindo um sinal que requer uma análise mais detalhada e que é simplesmente chamado de **multipleto**.

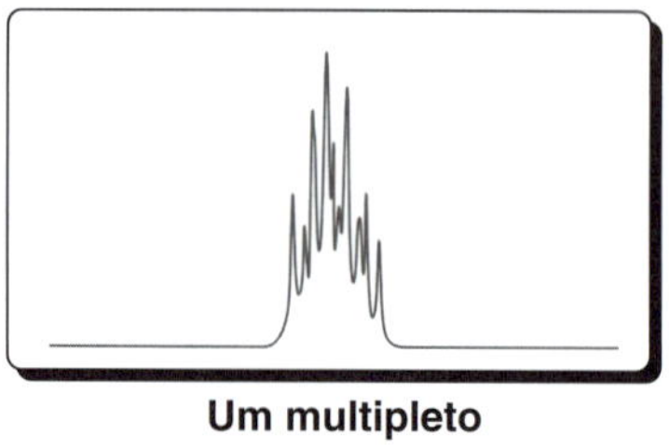

Em alguns casos, J_{ab} e J_{ac} serão quase idênticos. Por exemplo, considere o espectro de RMN de ^{1}H do 1-nitropropano (Figura 16.21). Olhe atentamente para o padrão de desdobramento dos prótons H_b (em torno de 2 ppm). Este sinal se parece com um sexteto, pois J_{ab} e J_{bc} têm valores parecidos. Neste caso, parece "como se" existissem cinco prótons vizinhos equivalentes, apesar de todos os cinco prótons não serem equivalentes.

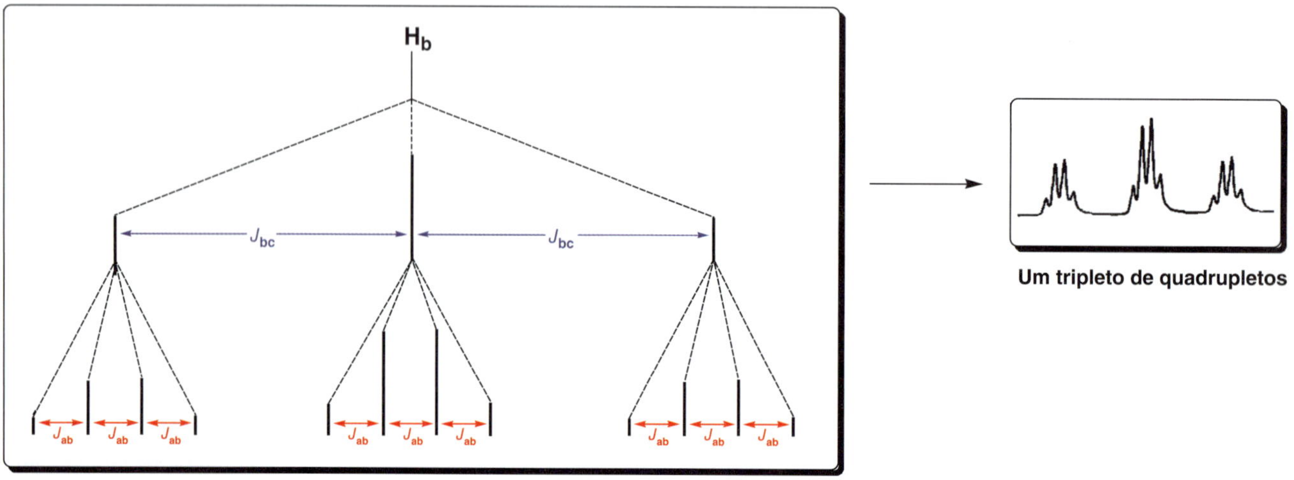

FIGURA 16.20 Um diagrama de árvore para desdobramento mostrando como um tripleto de quadrupletos é formado.

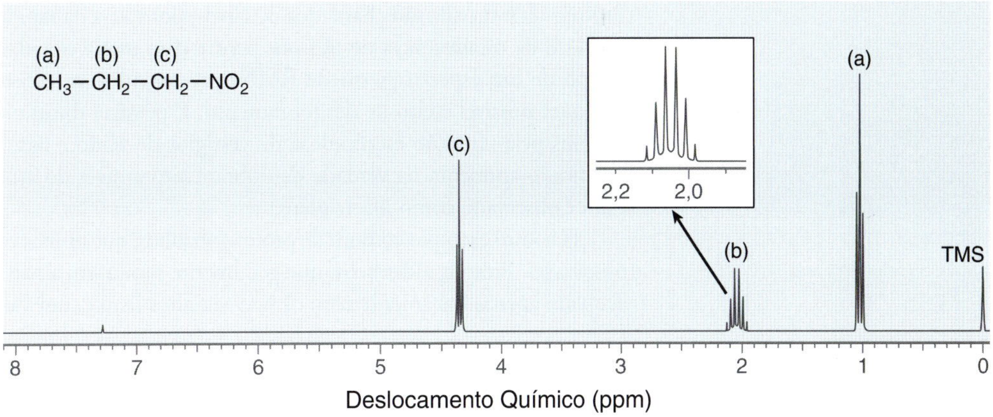

FIGURA 16.21
O espectro de RMN de ¹H do 1-nitropropano, mostrando um sexteto "aparente" para Hb.

VERIFICAÇÃO CONCEITUAL

16.18 Cada um dos três prótons vinílicos do estireno é desdobrado pelos outros dois, e os valores de J são determinados como J_{ab} = 11 Hz, Jac = 17 Hz e J_{bc} = 1 Hz. Usando essa informação, represente o padrão de desdobramento esperado para cada um dos três sinais (H_a, H_b e H_c).

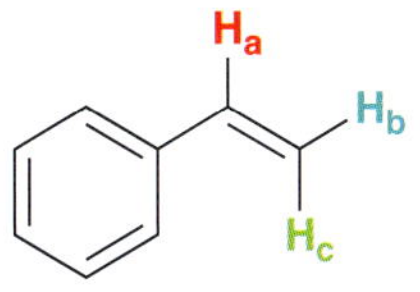

Estireno

Prótons que Não Têm Constantes de Acoplamento Observáveis

Vimos que alguns prótons podem produzir sinais que apresentam desdobramento complexo. Em contraste, vamos agora examinar os casos em que um próton pode produzir um sinal cujo desdobramento não é observado, apesar da presença de prótons vizinhos. Considere o espectro de RMN de ¹H do etanol:

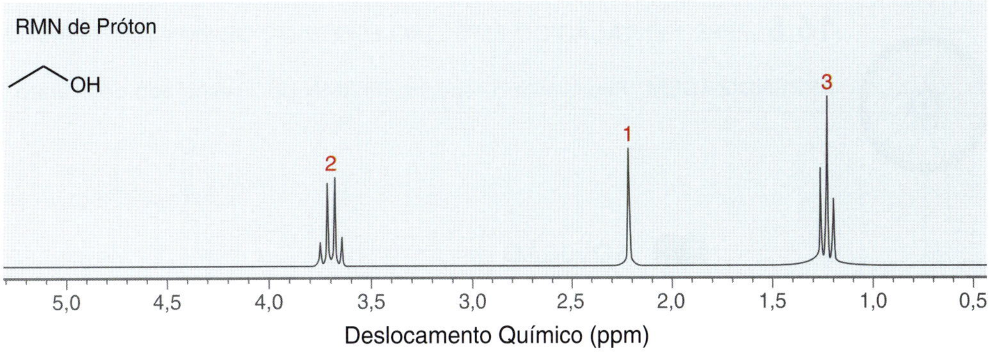

Como esperado, o espectro apresenta os sinais característicos de um grupo etila. Além disso, outro sinal é observado em 2,2 ppm, o que representa o próton da hidroxila (OH). Prótons da hidroxila produzem normalmente um sinal entre 2 e 5 ppm, e é muitas vezes difícil prever exatamente onde o sinal aparecerá. Observe que neste espectro de RMN o próton da hidroxila não está desdobrado em um tripleto a partir do grupo metileno vizinho. Geralmente, não é observado nenhum desdobramento passando pelo oxigênio de um álcool, porque a troca de prótons é um processo muito rápido que é catalisado por pequenas quantidades de ácido ou de base.

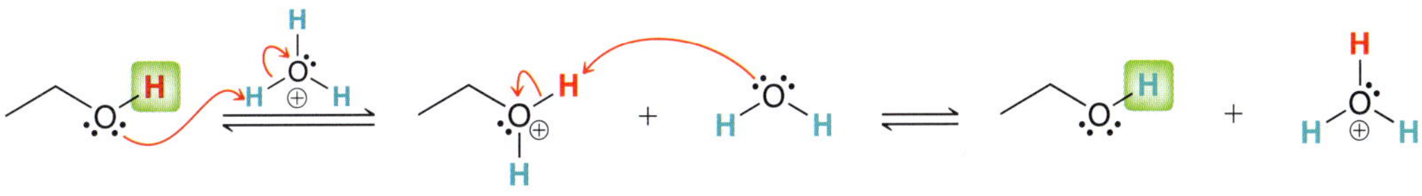

Prótons da hidroxila são chamados de lábeis, por causa da rapidez com que eles são trocados. Este processo de transferência de prótons ocorre com uma velocidade mais rápida do que a escala de tempo de um espectrômetro de RMN, produzindo um efeito de obscurecimento que impede qualquer possível efeito de desdobramento. É possível diminuir a velocidade de transferência de prótons pela remoção escrupulosa de vestígios de ácido e base dissolvidos em etanol. Tal etanol purificado apresenta na verdade desdobramento através do átomo de oxigênio, e o sinal em 2,2 ppm é observado como um tripleto.

Há outro exemplo comum de prótons vizinhos, que muitas vezes não produzem desdobramento observável. Prótons aldeídicos, que geralmente produzem sinais perto de 10 ppm, muitas vezes se acoplam apenas fracamente com os seus vizinhos (isto é, um valor muito pequeno *J*).

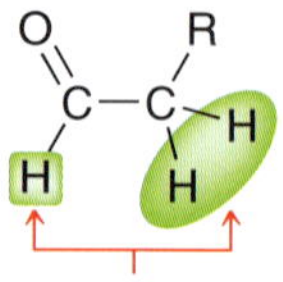

Este valor de *J* é frequentemente muito pequeno

Dependendo do valor de *J*, a separação pode ser ou não ser observada. Se o valor de *J* é muito pequeno, então o sinal próximo de 10 ppm será parecido com um simpleto, apesar da presença de prótons vizinhos.

16.8 Representação do Espectro Esperado de RMN de ^{1}H de uma Substância

Nas seções anteriores, exploramos as três características de cada sinal (deslocamento químico, multiplicidade e integração). Nesta seção, vamos aplicar os conceitos estudados e a visão prática desenvolvida nas seções anteriores, e vamos praticar a representação do espectro esperado de RMN de ^{1}H de uma substância. O exercício visto a seguir ilustra o procedimento.

DESENVOLVENDO A APRENDIZAGEM

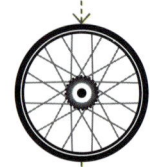

16.6 REPRESENTAÇÃO DO ESPECTRO ESPERADO DE RMN DE ^{1}H PARA UMA SUBSTÂNCIA

APRENDIZAGEM Represente o espectro de RMN de ^{1}H esperado do acetato de isopropila.

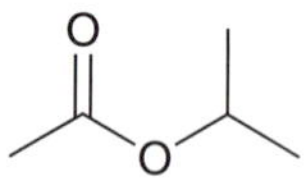

SOLUÇÃO

Começamos determinando o número de sinais:

ETAPA 1
Determinação do número de sinais.

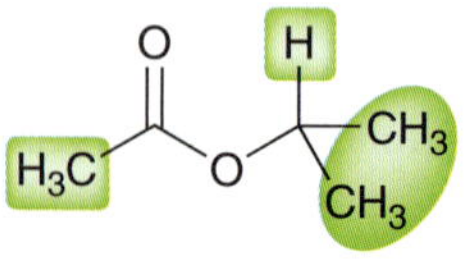

Espera-se que esta substância produza três sinais no seu espectro de RMN de ^{1}H. Para cada sinal, analisamos todas as três características metodicamente. Vamos começar com o grupo metila, no lado esquerdo da molécula. Espera-se que um grupo metila produza um sinal em 0,9 ppm, e que o grupo carbonila vizinho adicione +1, de modo que espera-se que o sinal apareça em aproximadamente 1,9 ppm. A integração deve ser de 3, porque há três prótons (I = 3H). A multiplicidade deve ser um simpleto, porque não existem vizinhos.

ETAPAS 2-4
Previsão do deslocamento químico, da integração e da multiplicidade de cada um dos sinais.

Consideramos agora o sinal do próton metino no lado direito. O valor de referência para um próton metino é de 1,7 ppm, e o átomo de oxigênio vizinho adiciona +3, por isso, esperamos que o sinal apareça em 4,7 ppm. A integração deve ser 1, porque há um próton (I = 1H). A multiplicidade deve ser um septeto, porque há seis vizinhos.

ETAPA 5 Representação de cada um dos sinais.

O último sinal é proveniente dos dois grupos metila no lado direito. Grupos metila têm um valor de referência de 0,9 ppm, e o átomo de oxigênio distante adiciona +0,6, de modo que esperamos um sinal em aproximadamente 1,5 ppm. A integração deve ser de 6, porque há seis prótons (I = 6H), e a multiplicidade deve ser um dupleto, porque há apenas um vizinho. Esta informação permite representar o espectro esperado de RMN de ^{1}H. Em uma folha de papel tente representar o espectro. Em seguida, compare o seu espectro com o espectro real que é visto a seguir.

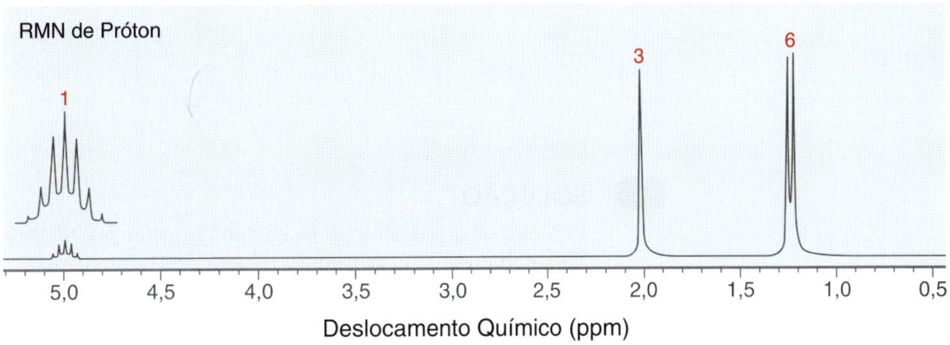

Observe que os deslocamentos químicos previstos são apenas estimativas e devem ser tratados como tais. Os deslocamentos químicos reais serão geralmente bastante próximos dos valores previstos.

PRATICANDO o que você aprendeu

16.19 Represente o espectro de RMN de ^{1}H esperado para cada uma das substâncias que são vistas a seguir:

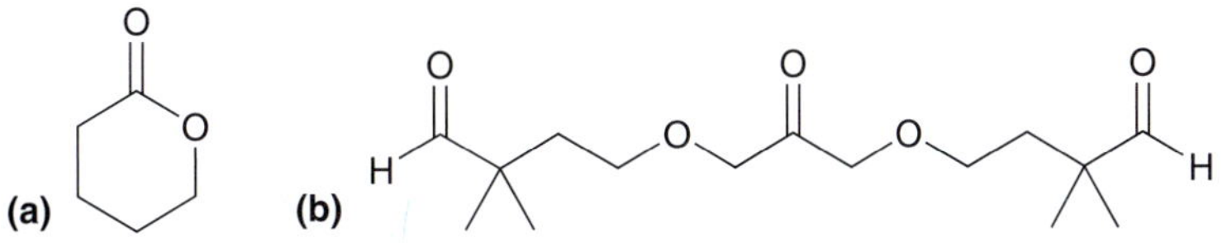

APLICANDO o que você aprendeu

16.20 O espectro de RMN de ^{1}H de uma substância com a fórmula molecular $C_7H_{14}O_3$ apresenta apenas três sinais, e todos os três sinais aparecem acima de 2 ppm (campo baixo de 2 ppm) no espectro. Proponha uma estrutura para esta substância.

é necessário **PRATICAR MAIS?** Tente Resolver o Problema 16.41

16.9 Uso da Espectroscopia de RMN de ^{1}H para Diferenciar Substâncias

A espectroscopia de RMN é uma ferramenta poderosa para distinguir as substâncias umas das outras. Por exemplo, considere os três isômeros constitucionais vistos a seguir, que produzem diferentes números de sinais em seus espectros de RMN de ^{1}H.

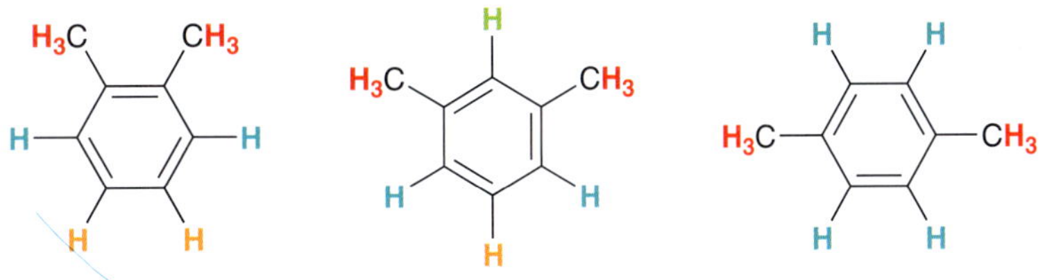

Esses exemplos ilustram como substâncias semelhantes podem ter espectros de RMN muito diferentes. Mesmo as substâncias que produzem o mesmo número de sinais podem muitas vezes ser facilmente distinguidos com a espectroscopia de RMN. Você só precisa identificar um sinal que seja diferente nos dois espectros. O exercício visto a seguir ilustra esse ponto.

DESENVOLVENDO A APRENDIZAGEM

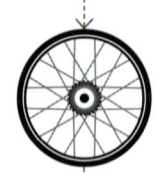

16.7 USO DA ESPECTROSCOPIA DE RMN DE ¹H PARA DISTINGUIR ENTRE SUBSTÂNCIAS

APRENDIZAGEM Como você usaria a espectroscopia de RMN de ¹H para distinguir entre as substâncias vistas a seguir?

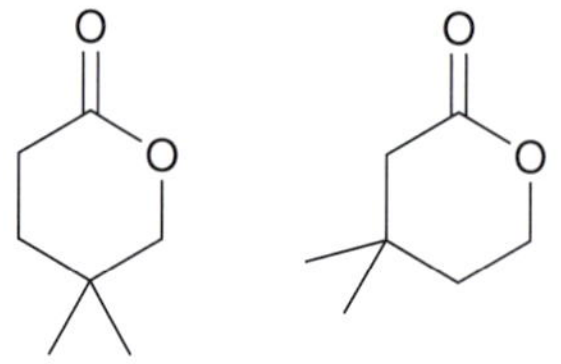

SOLUÇÃO

Primeiro olhamos para ver se as duas substâncias irão produzir um número diferente de sinais. Para cada uma das estruturas, esperamos quatro sinais.

ETAPA 1
Identificação do número de sinais que cada substância produzirá.

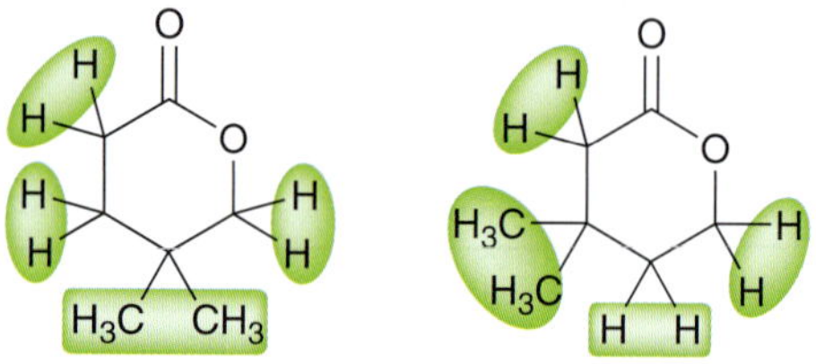

No entanto, existem muitas outras formas para distinguir essas duas substâncias. Para ver todas as maneiras possíveis, vamos analisar metodicamente todas as três características para cada sinal:

ETAPA 2
Determinação do deslocamento químico esperado, da integração e da multiplicidade de cada sinal nas duas substâncias.

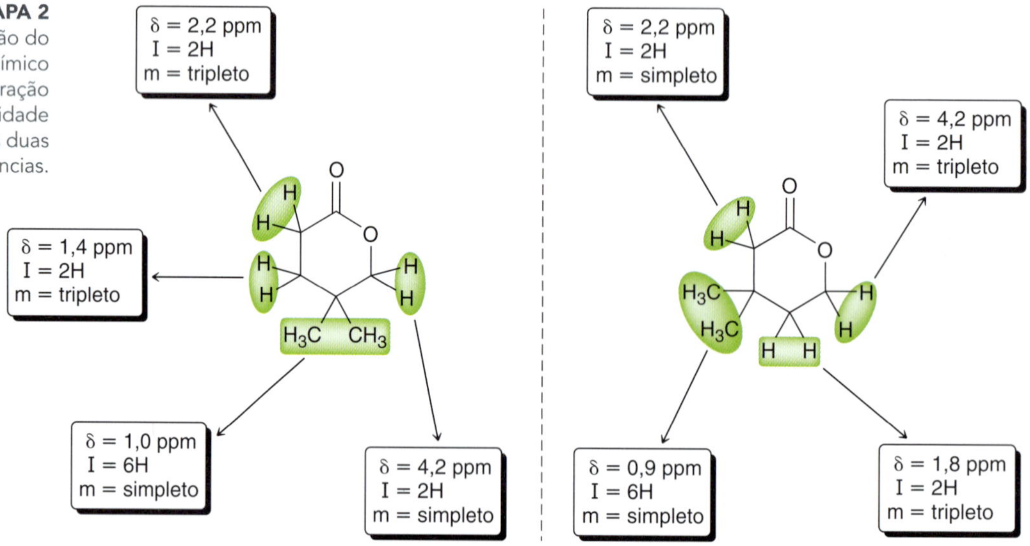

ETAPA 3
Procura pelas diferenças entre os valores dos deslocamentos químicos, das multiplicidades e dos valores de integração dos sinais.

Agora podemos comparar os valores previstos anteriormente e procurar diferenças. Se olharmos para os deslocamentos químicos de todos os quatro sinais, descobrimos que as localizações dos sinais produzidos pelas duas substâncias são semelhantes. No entanto, a natureza desses sinais é diferente. Por exemplo, as duas substâncias produzem sinais em 4,2 ppm, mas a primeira substância produz um simpleto, enquanto a segunda substância produz um tripleto. Se olharmos para 2,2 ppm, vemos que a primeira substância deve ter um tripleto em 2,2 ppm, enquanto a segunda substância deve ter um simpleto.

Aqui está o ponto principal: se você é capaz de prever todas as três características de cada sinal, então você deve ser capaz de encontrar várias diferenças, mesmo para substâncias que têm estruturas muito semelhantes. No início, realmente pode ser útil escrever todas as três características de cada sinal e então comparar os valores previstos, como fizemos anteriormente. Mas depois de trabalhar vários problemas, você deve achar que é possível identificar diferenças, sem ter que escrever todos os valores.

PRATICANDO o que você aprendeu

16.21 Como você usaria a espectroscopia de RMN de ^{1}H para distinguir entre as substâncias vistas a seguir?

(a) 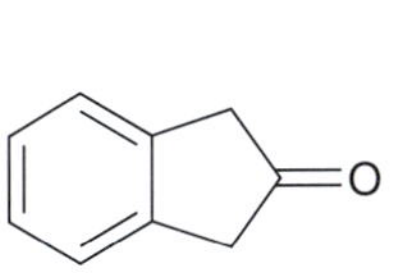

(b) 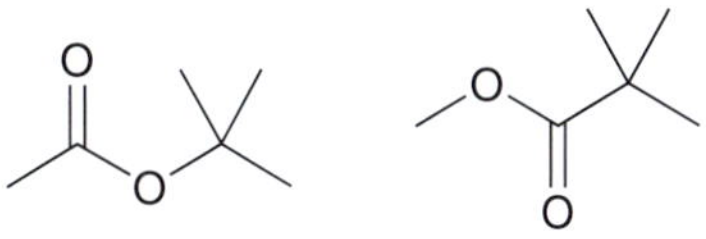

(c) 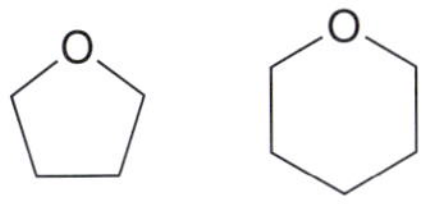

(d) 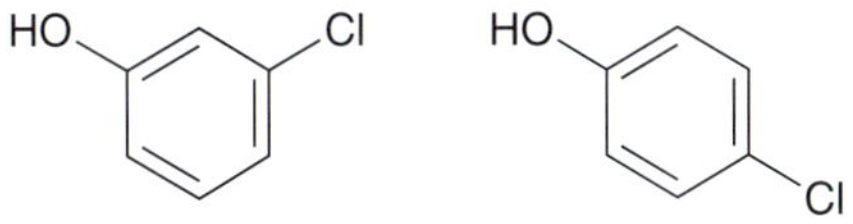

(e) 

(f) 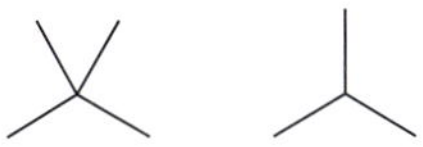

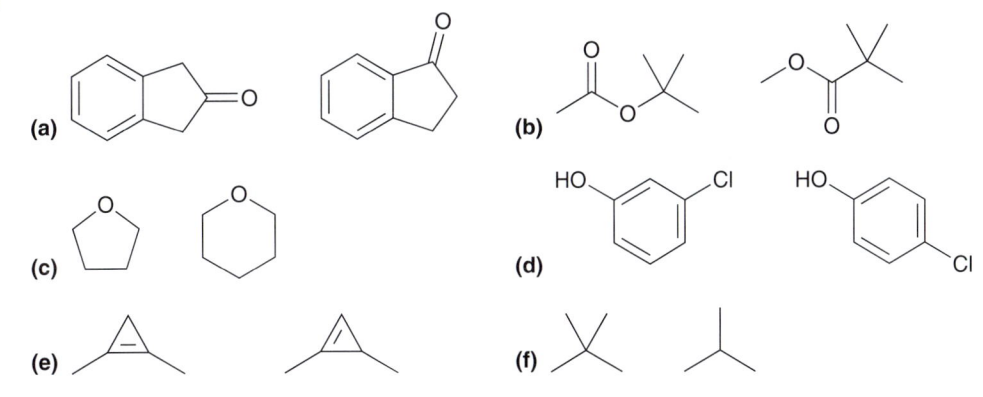

APLICANDO o que você aprendeu

16.22 Um químico estava tentando obter a seguinte transformação:

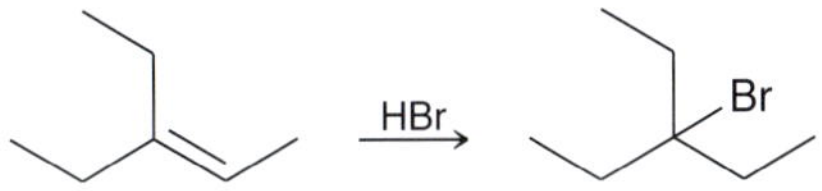

A espectrometria de massa foi então utilizada para verificar que a fórmula molecular do produto principal era $C_7H_{15}Br$, tal como esperado. No entanto, o espectro de RMN de ^{1}H do produto apresentou mais de dois sinais. Identifique qual o produto que foi realmente obtido. Você pode sugerir o que pode ter causado a formação deste produto?

é necessário **PRATICAR MAIS?** **Tente Resolver os Problemas 16.38, 16.47**

medicamente falando | Detecção de Impurezas na Heparina Sódica Usando Espectroscopia de RMN de ^{1}H

A heparina sódica é um anticoagulante obtido a partir de intestinos de porco. Ela tem sido utilizada desde a década de 1930 para a prevenção da formação de coágulos sanguíneos que podem provocar a morte. Como a heparina é um produto de origem animal, uma série de etapas é utilizada no processo de produção para assegurar que os agentes infecciosos e as impurezas sejam removidas. Em janeiro de 2008, a FDA (órgão fiscalizador de medicamentos dos Estados Unidos) anunciou o recolhimento de certos lotes de heparina sódica, por causa do aumento no número de relatos de reações adversas (> 350) associados à administração de heparina. Alguns dos eventos adversos relatados foram de

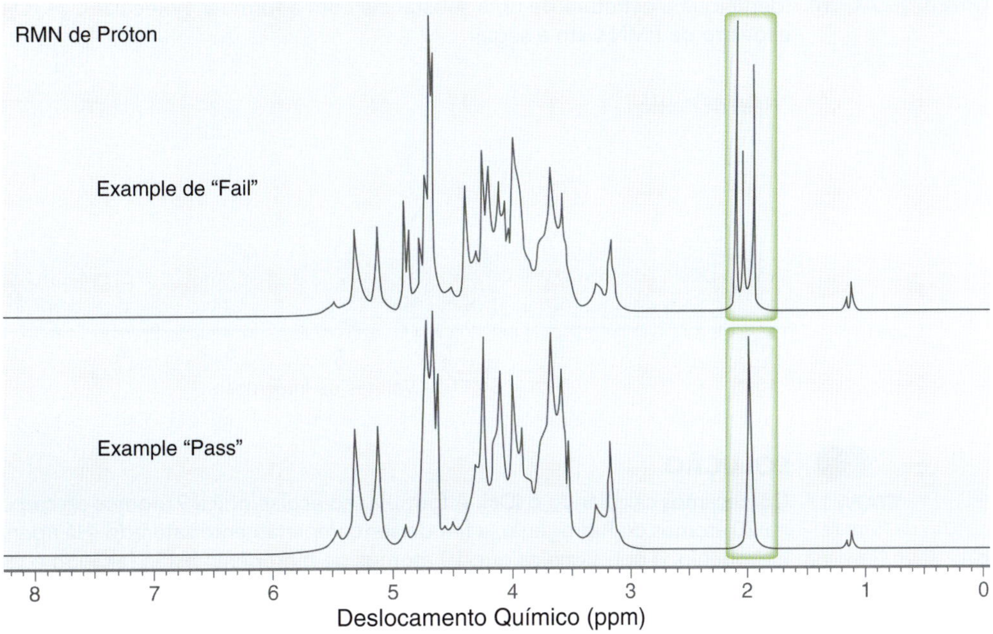

natureza grave, incluindo reações alérgicas ou reações do tipo de hipersensibilidade, com sintomas de inchaço oral, falta de ar e hipotensão grave (baixa pressão sanguínea).

Durante o decurso da investigação da FDA, contaminantes com estruturas semelhantes à heparina foram encontrados em alguns dos produtos recolhidos. Os contaminantes foram encontrados em quantidades significativas (correspondendo a 5-20% da massa total de cada amostra). A fim de assegurar um fornecimento seguro da medicação, a FDA liberou informação sobre dois métodos analíticos para a detecção dos contaminantes.

Um desses métodos utiliza espectroscopia de RMN de ^1H para diferenciar os produtos com e sem contaminantes. Na heparina sódica pura (sem contaminantes), um pico simpleto aparece em campo alto de 2 ppm, sem quaisquer características adicionais entre 2,0 e 3,0 ppm. Nos produtos de heparina sódica contendo contaminantes, dois picos adicionais aparecem próximo de 2 ppm. Para a futura produção de heparina, a FDA recomendou que os fabricantes utilizem a espectroscopia de RMN de ^1H, em conjunto com outros métodos convencionais para verificar impurezas antes da liberação final dos produtos para o mercado.

16.10 Análise de um Espectro de RMN de ^1H

Nesta seção, vamos praticar a análise e interpretação de espectros de RMN, um processo que envolve quatro etapas distintas:

RELEMBRANDO
Para uma revisão de como calcular e interpretar o IDH de uma substância, consulte a Seção 15.16.

1. Sempre comece inspecionando a fórmula molecular (se ela for dada), uma vez que fornece informações úteis. Especificamente, o cálculo do índice de deficiência de hidrogênio (IDH) pode fornecer pistas importantes sobre a estrutura da substância. Um IDH igual a zero indica que a substância não possui quaisquer anéis ou ligações π. Um IDH de 1 indica que a substância tem ou um anel ou uma ligação π. Quanto maior o IDH, menos útil ele é. No entanto, um IDH de 4 ou mais deve indicar a provável presença de um anel aromático:

Quatro graus de insaturação (HDI=4)

2. Considere o número de sinais e a integração de cada sinal (dá pistas sobre a simetria da substância).
3. Analise cada sinal (deslocamento químico, integração e multiplicidade), e, em seguida, represente os fragmentos consistentes com cada sinal. Esses fragmentos tornam-se peças de quebra-cabeças que nós temos que montar para produzir uma estrutura molecular.
4. Reúna os fragmentos em uma estrutura molecular.

O exercício a seguir ilustra como isso é feito.

DESENVOLVENDO A APRENDIZAGEM

16.8 ANÁLISE DE UM ESPECTRO DE RMN DE ^1H E PROPOSTA DA ESTRUTURA DE UMA SUBSTÂNCIA

APRENDIZAGEM Identifique a estrutura de uma substância com a fórmula molecular $C_9H_{10}O$ que apresenta o espectro de RMN visto a seguir.

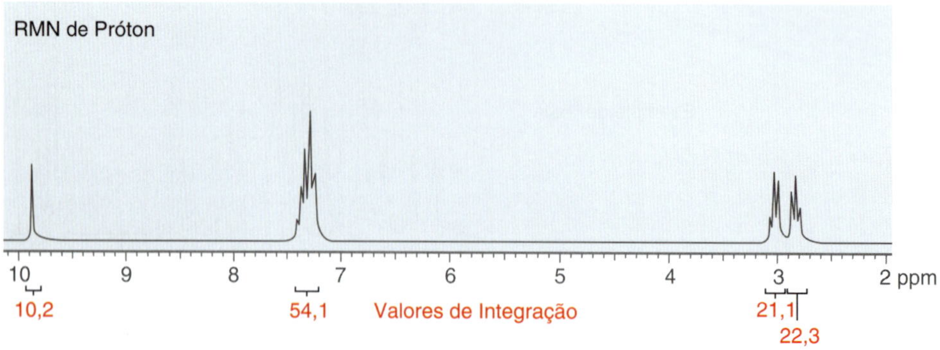

SOLUÇÃO

ETAPA 1 Uso da formula molecular para calcular e interpretar o IDH.

Começamos calculando o IDH. A fórmula molecular indica 9 átomos de carbono, o que exigiria 20 átomos de hidrogênio, a fim de ser completamente saturado. Há apenas 10 átomos de hidrogênio, o que significa que 10 átomos de hidrogênio estão faltando e, portanto, o IDH é 5. Este é um número grande e não seria interessante pensar em todas as maneiras possíveis de ter cinco graus de insaturação. No entanto, a qualquer momento que nos deparamos com um IDH de 4 ou mais, devemos procurar um anel aromático. Temos que manter isso em mente quando se analisa o espectro. Devemos esperar ver um anel aromático (IDH = 4), mais outro grau de insaturação (ou um anel ou uma ligação dupla).

ETAPA 2
Consideração do número de sinais e dos valores de integração de cada sinal.

Em seguida, consideramos o número de sinais e o valor de integração para cada sinal. Procuramos valores de integração que sugiram a presença de elementos de simetria. Por exemplo, um sinal com uma integração de 4 sugeriria dois grupos CH_2 equivalentes.

Neste espectro, vemos quatro sinais. A fim de analisar a integração de cada sinal, é preciso primeiro dividir pelo número mais baixo (10,2).

$$\frac{10{,}2}{10{,}2} = 1 \qquad \frac{54{,}1}{10{,}2} = 5{,}30 \qquad \frac{21{,}1}{10{,}2} = 2{,}07 \qquad \frac{22{,}3}{10{,}2} = 2{,}19$$

A razão é de aproximadamente 1:5:2:2. Agora olhe para a fórmula molecular. Existem 10 prótons na substância, de modo que os valores de integração relativos representam o número real de prótons que dão origem a cada um dos sinais.

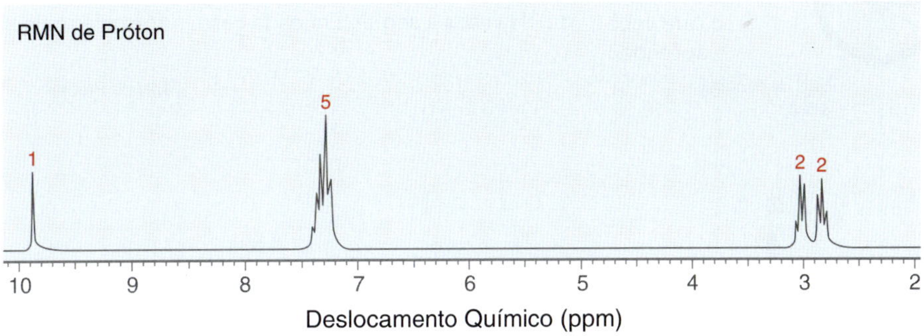

ETAPA 3
Análise do deslocamento químico, da multiplicidade e da integração de cada sinal e, a seguir, representação de um fragmento consistente com cada sinal.

Agora analisamos cada sinal. Começando em campo alto, existem dois tripletos, cada um com uma integração de 2. Isso sugere que há dois grupos metileno adjacentes.

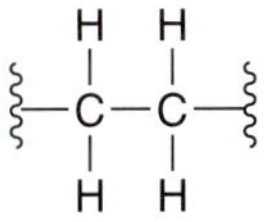

Esses sinais não aparecem em 1,2, onde são esperados grupos metileno, um ou mais fatores estão mudando esses sinais em campo baixo. Nossa estrutura proposta tem que levar isso em conta.

Movendo-se para campo baixo através do espectro, o sinal seguinte aparece logo acima de 7 ppm, característico de prótons aromáticos (como suspeitávamos depois de analisar o IDH). A multiplicidade de prótons aromáticos só raramente dá informações úteis. Com muita frequência observa-se um multipleto de sinais sobrepostos. Mas o valor de integração dá valiosa informação. Especificamente, existem cinco prótons aromáticos, o que significa que o anel aromático é monossubstituído.

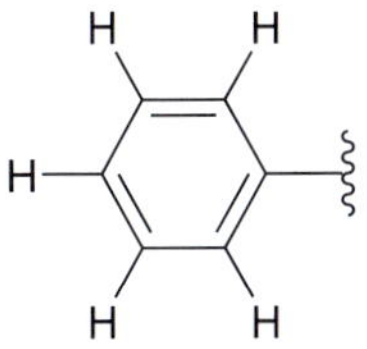

Cinco prótons aromáticos

RELEMBRANDO
Lembre-se da Seção 16.7 que os prótons aldeídicos muitas vezes aparecem como simpletos apesar da presença de prótons vizinhos.

Em seguida, passamos para o último sinal, que é um simpleto em 10 ppm, com uma integração de 1. Isto é sugestivo de um próton aldeídico. Nossa análise produziu os seguintes fragmentos.

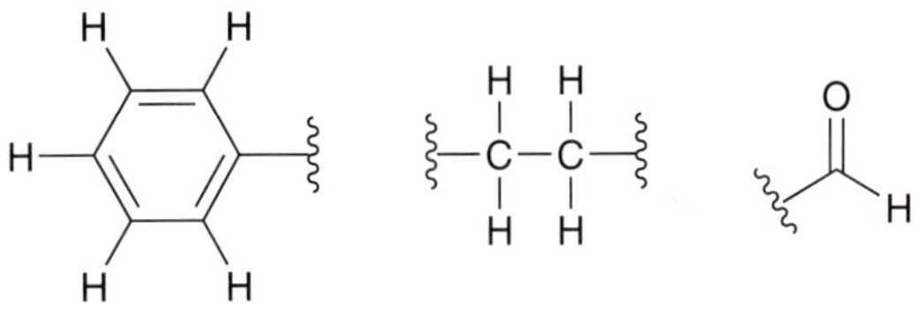

ETAPA 4
Montagem dos fragmentos.

A etapa final consiste em montar esses fragmentos. Felizmente, há apenas uma maneira de montar essas três peças do quebra-cabeça.

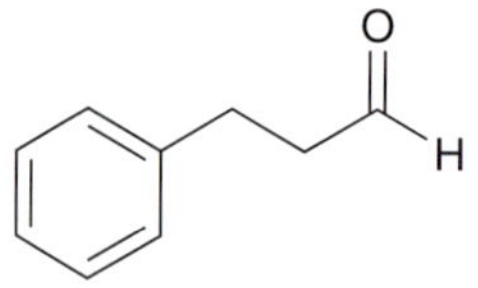

Mencionamos antes que cada grupo metileno está sendo deslocado para campo baixo por um ou mais fatores. A nossa estrutura proposta explica os desvios químicos observados. Em particular, um grupo metileno é deslocado significativamente pelo grupo carbonila e ligeiramente pelo anel aromático. O outro grupo metileno está sendo deslocado significativamente pelo anel aromático e ligeiramente pelo grupo carbonila.

PRATICANDO o que você aprendeu

16.23 Proponha uma estrutura que esteja de acordo com cada um dos espectros de RMN de 1H vistos a seguir. Em cada caso, a fórmula molecular é fornecida.

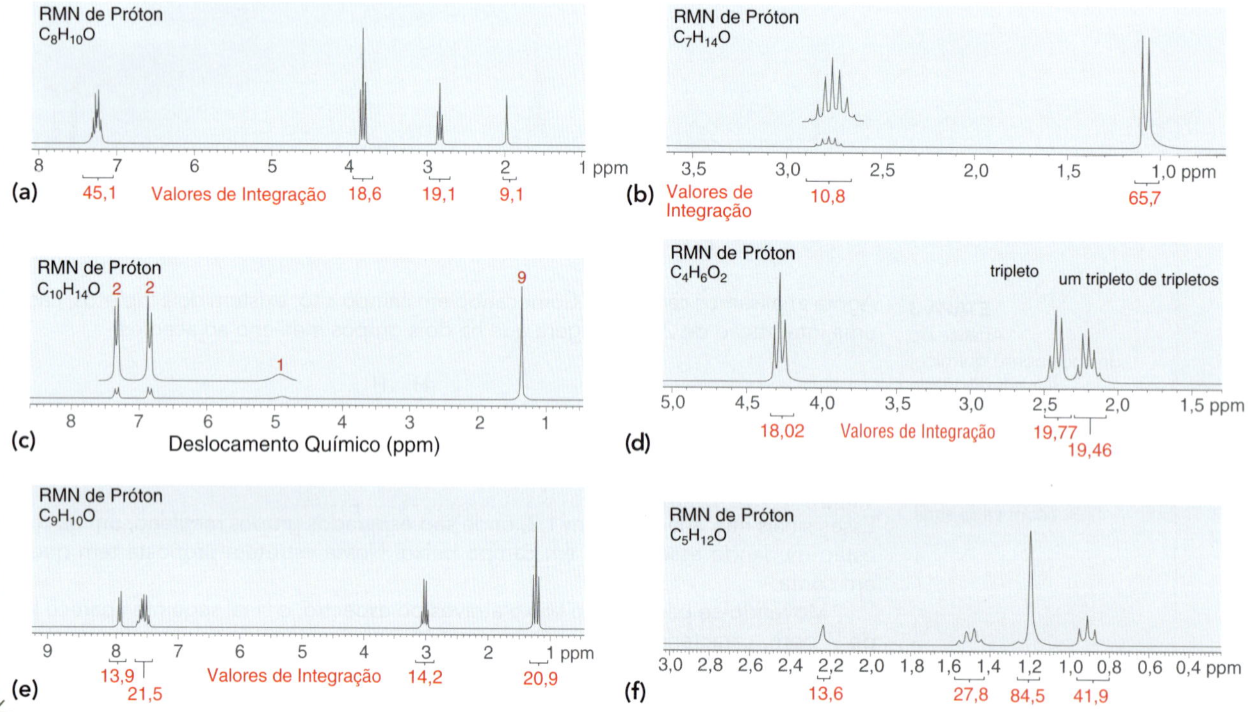

APLICANDO o que você aprendeu

16.24 Uma substância com a fórmula molecular $C_{10}H_{10}O_4$ produz um espectro de RMN de ^1H, que apresenta apenas dois sinais, ambos simpletos. Um sinal aparece em 3,9 ppm, com um valor de integração relativa de 79. O outro sinal aparece em 8,1 ppm, com um valor de integração relativa de 52. Identifique a estrutura desta substância.

é necessário **PRATICAR MAIS?** **Tente Resolver os Problemas 16.54, 16.57**

16.11 Aquisição de um Espectro de RMN de ^{13}C

RELEMBRANDO
Lembre-se da Seção 16.1 que o ^{12}C não tem um spin nuclear e, portanto, não pode ser sondado com a espectroscopia de RMN.

Muitos dos princípios que se aplicam à espectroscopia de RMN de ^1H também se aplicam à espectroscopia de RMN de ^{13}C, mas há algumas diferenças importantes e vamos nos concentrar. Por exemplo, o ^1H é o isótopo mais abundante do hidrogênio, mas o ^{13}C é apenas um isótopo de carbono minoritário, representando cerca de 1,1% do total de átomos de carbono encontrados na natureza. Como resultado, apenas um em cada cem átomos de carbono irá sofrer ressonância, o que exige o uso de uma bobina receptora sensível para a espectroscopia de RMN de ^{13}C.

Na espectroscopia de RMN de ^1H, vimos que cada sinal tem três características (deslocamento químico, integração e multiplicidade). Na espectroscopia de RMN de ^{13}C, apenas o deslocamento químico é geralmente relatado. A integração e a multiplicidade de sinais de ^{13}C não são registrados, o que simplifica muito a interpretação de espectros de RMN de ^{13}C. Valores de integração não são rotineiramente calculados na espectroscopia de RMN de ^{13}C, porque a técnica de pulso utilizada por espectrômetros de RMN-TF tem o efeito indesejado de distorcer os valores de integração. Multiplicidade também não é uma característica comum da RMN de ^{13}C.

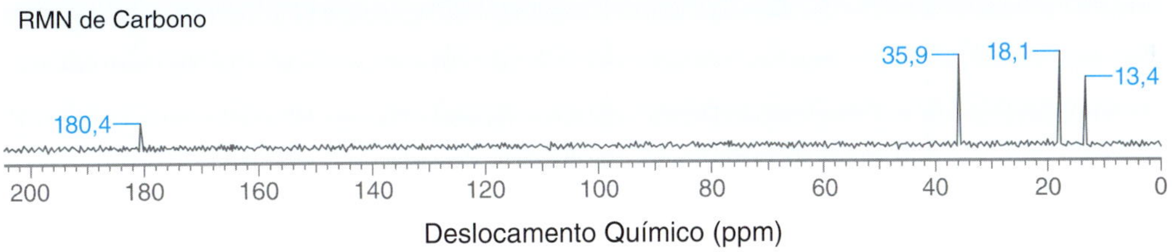

Observe que todos os sinais são registrados como simpletos. Há várias boas razões para isso. Em primeiro lugar, não é observado nenhum desdobramento entre os átomos de carbono vizinhos devido à baixa abundância de ^{13}C. A probabilidade de uma substância ter dois átomos de ^{13}C adjacentes é muito pequena, de modo que o desdobramento ^{13}C–^{13}C não é observado. Ao contrário, o desdobramento ^{13}C–^{1}H ocorre, e isso cria problemas significativos. O sinal de cada núcleo do átomo de ^{13}C é desdobrado não apenas pelos prótons ligados diretamente a ele (separados por apenas uma ligação sigma), mas também pelos prótons que estão distantes duas ou três ligações sigma. Isso conduz a padrões de desdobramento muito complexos, e os sinais se sobrepõem para produzir um espectro ilegível. Para resolver o problema, todos os desdobramentos do ^{13}C são suprimidos com uma técnica chamada de **desacoplamento de banda larga**, que utiliza dois transmissores de RF. O primeiro transmissor fornece breves pulsos na faixa de frequências que fazem com que os núcleos de ^{13}C sofram ressonância, enquanto o segundo transmissor irradia continuamente a amostra com a variedade de frequências que fazem com que todos os núcleos ^{1}H sofram ressonância. Esta segunda fonte de RF efetivamente desacopla os núcleos de ^{1}H dos núcleos de ^{13}C, fazendo com que todos os sinais do ^{13}C colapsem para simpletos.

A vantagem do desacoplamento de banda larga vem à custa de informações úteis que de outra maneira seriam obtidas a partir do acoplamento spin-spin. Uma técnica chamada de **desacoplamento fora de ressonância** nos permite recuperar algumas dessas informações. Com esta técnica, apenas acoplamentos de uma ligação são observados, assim, grupos CH_3 aparecem como quadrupletos, grupos CH_2 aparecem como tripletos, grupos CH aparecem como dupletos, e os átomos de carbono quaternários aparecem como simpletos. No entanto, a técnica de desacoplamento fora de ressonância raramente é utilizada porque produz frequentemente sobreposição de picos que são difíceis de interpretar. A informação desejada pode ser obtida utilizando-se técnicas mais recentes, uma das quais é descrita na Seção 16.13.

16.12 Deslocamentos Químicos na Espectroscopia de RMN de ^{13}C

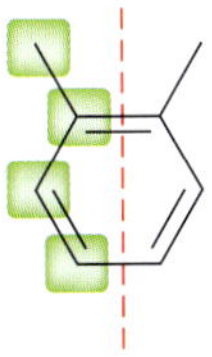
Quatro sinais

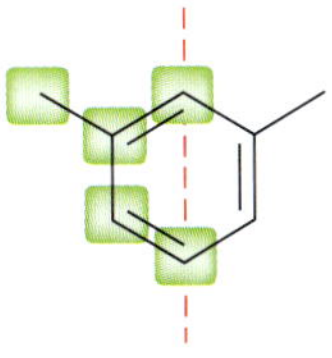
Cinco sinais

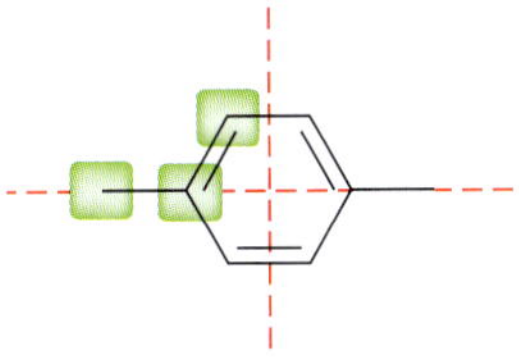
Três sinais

A faixa de frequências de RF na espectroscopia de ^{13}C é diferente da que é utilizada na espectroscopia de RMN de ^{1}H, porque os átomos de ^{13}C sofrem ressonância em uma faixa de frequências diferente. Tal como na espectroscopia de RMN de ^{1}H, a posição de cada um dos sinais é definida em relação à frequência de absorção de uma substância de referência, TMS. Com esta definição, o deslocamento químico de cada átomo de ^{13}C é constante, independentemente da frequência de operação do espectrômetro. Na espectroscopia de RMN de ^{13}C, os valores do deslocamento químico normalmente variam de 0 a 220 ppm.

O número de sinais em um espectro de RMN de ^{13}C representa o número de átomos de carbono em diferentes ambientes eletrônicos (não permutáveis por simetria). Átomos de carbono, que são permutáveis por uma operação de simetria (ou rotação, ou reflexão) irão produzir somente um sinal. Para ilustrar este ponto, considere as substâncias vistas na margem. Cada substância tem oito átomos de carbono, mas não produz oito sinais. Alguns átomos de carbono em cada uma das substâncias estão destacados. Cada átomo de carbono que não está destacado é equivalente a um dos átomos de carbono em destaque.

A localização de cada sinal é dependente dos efeitos de blindagem e desblindagem, conforme vimos na espectroscopia de RMN de ^{1}H. A Figura 16.22 mostra os deslocamentos químicos de vários tipos importantes de átomos de carbono.

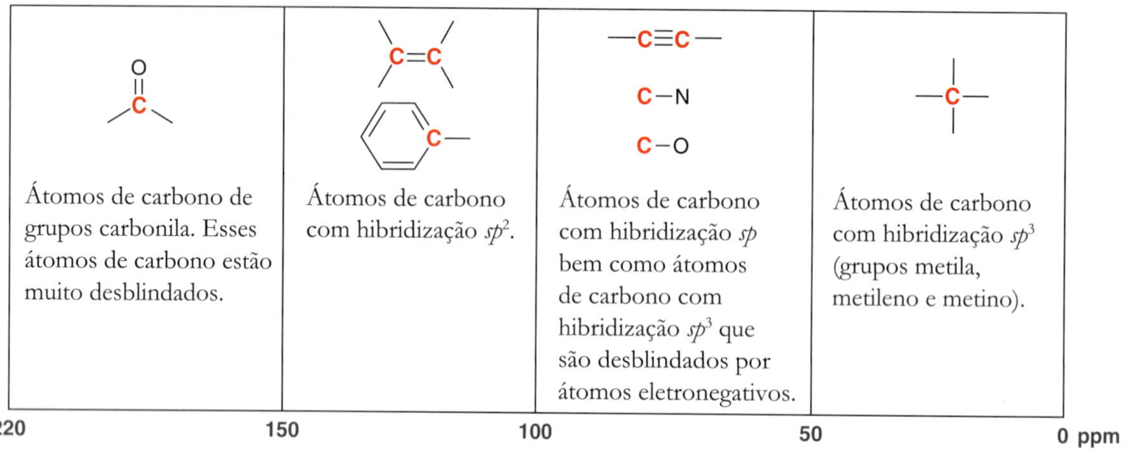

Átomos de carbono de grupos carbonila. Esses átomos de carbono estão muito desblindados.
Átomos de carbono com hibridização *sp*².
Átomos de carbono com hibridização *sp* bem como átomos de carbono com hibridização *sp*³ que são desblindados por átomos eletronegativos.
Átomos de carbono com hibridização *sp*³ (grupos metila, metileno e metino).
220
150
100
50
0 ppm

FIGURA 16.22 A localização geral de sinais produzidos pelos diferentes tipos de átomos de carbono na espectroscopia de RMN de ^{13}C.

Vamos agora usar essa informação para analisar um espectro de RMN de ^{13}C.

DESENVOLVENDO A APRENDIZAGEM

16.9 PREVISÃO DO NÚMERO DE SINAIS E A LOCALIZAÇÃO APROXIMADA DE CADA SINAL NOS ESPECTROS DE RMN DE ^{13}C

APRENDIZAGEM Considere a substância vista a seguir.

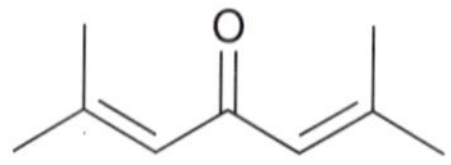

Preveja o número de sinais e a localização de cada um dos sinais no espectro de RMN de ^{13}C dessa substância.

SOLUÇÃO

ETAPA 1
Procure para ver se quaisquer dos átomos de carbono são permutáveis por simetria rotacional ou reflexional e determinação do número de sinais esperados.

Começamos determinando o número de sinais esperados. A substância tem nove átomos de carbono, mas temos de olhar para ver se alguns desses átomos de carbono são permutáveis por uma operação de simetria. Neste caso, há tanto um plano como um eixo de simetria. Como consequência, espera-se apenas cinco sinais no espectro de RMN de ^{13}C.

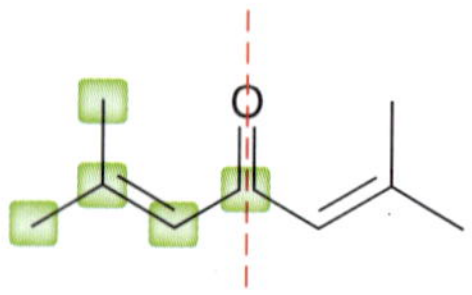

ETAPA 2
Previsão da região esperada em que cada sinal aparecerá, com base nos estados de hibridização e nos efeitos de desblindagem.

Em geral, quando dois grupos metila estão ligados ao mesmo átomo de carbono, eles serão equivalentes. Este não é o caso neste exemplo, porque um grupo metila é cis em relação ao grupo carbonila, enquanto o outro grupo metila é trans em relação ao grupo carbonila.

Os deslocamentos químicos esperados são mostrados a seguir, e classificados de acordo com a região do espectro na qual cada sinal é esperado aparecer:

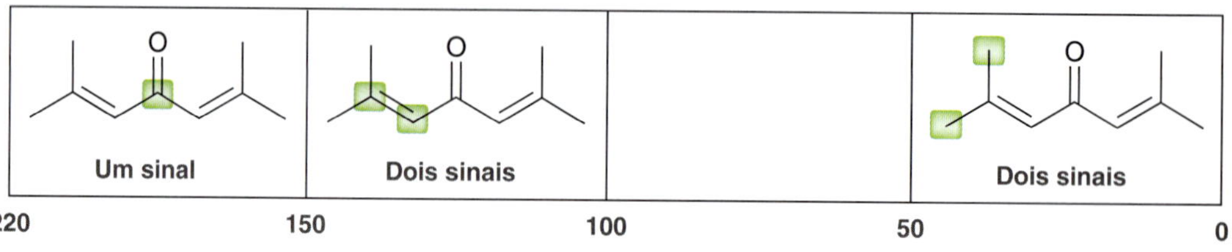

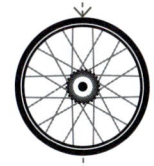

PRATICANDO o que você aprendeu

16.25 Para cada uma das substâncias vistas a seguir preveja o número de sinais e a localização de cada um dos sinais no espectro de RMN de ^{13}C:

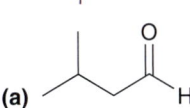

(a) 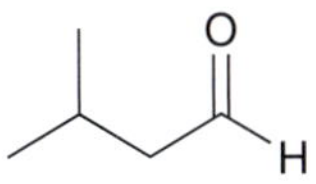

(b) 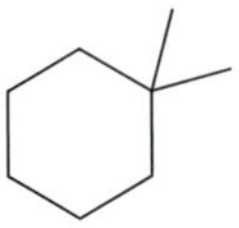
(c) 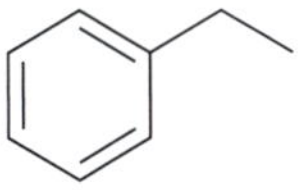
(d) 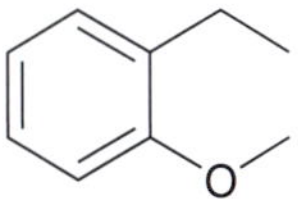

(e) 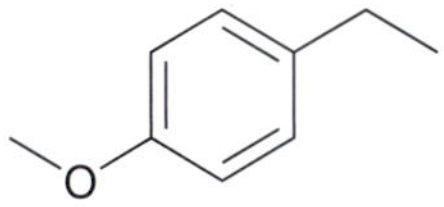

(f) 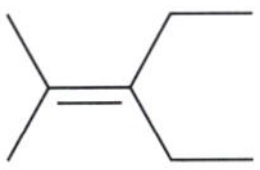
(g) 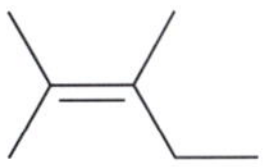
(h) 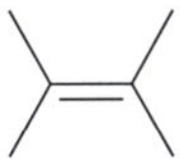
(i) 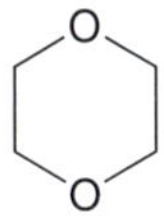

(j) 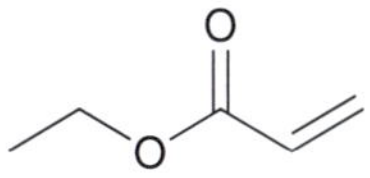

APLICANDO o que você aprendeu

16.26 Compare os dois isômeros constitucionais vistos a seguir. O espectro de RMN de ^{13}C da primeira substância apresenta cinco sinais, enquanto a segunda substância apresenta seis sinais. Explique.

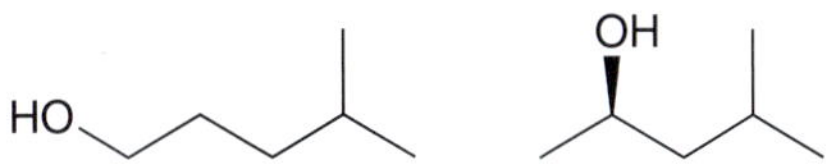

16.27 Represente a estrutura de uma substância com a fórmula molecular C_8H_{10} que apresenta cinco sinais no seu espectro de RMN de ^{13}C, quatro dos quais aparecem entre 100 e 150 ppm.

é necessário **PRATICAR MAIS?** **Tente Resolver os Problemas 16.35, 16.38, 16.46**

16.13 Espectroscopia de RMN de ^{13}C-DEPT

Como mencionado na Seção 16.11, um espectro de ^{13}C obtido através da técnica de desacoplamento de banda larga não fornece informações sobre o número de prótons ligados a cada átomo de carbono em uma substância. Esta informação pode ser obtida por meio de várias técnicas recentemente desenvolvidas, uma dos quais é chamada de transferência de polarização acentuada sem distorção (abreviatura do termo em inglês ***d****istortionless* ***e****nhancement by* ***p****olarization* ***t****ransfer* – DEPT). A espectroscopia de **RMN de ^{13}C-DEPT** utiliza dois emissores de radiação de RF e se baseia no fato de que a intensidade de cada sinal em particular irá responder a sequências de pulsos diferentes de uma forma previsível, dependendo do número de prótons ligados. Esta técnica envolve a aquisição de vários espectros. Em primeiro lugar, um espectro de ^{13}C utilizando a técnica de desacoplamento de banda larga é obtido, indicando os deslocamentos químicos associados a todos os átomos de carbono na substância. Em seguida, uma sequência de pulsos especial é utilizada para produzir um espectro chamado de DEPT-90, em que apenas os sinais dos grupos CH aparecem. Esse espectro não mostra quaisquer sinais resultantes de grupos CH_3, grupos CH_2, ou átomos de carbono quaternários (C sem prótons). Em seguida, uma sequência de pulsos diferente é utilizada para gerar um espectro, chamado de espectro DEPT-135, no qual os grupos CH_3 e os grupos CH aparecem como sinais positivos, os grupos CH_2 aparecem como sinais negativos (apontando para baixo), e os átomos de carbono quaternário não aparecem.

Através da comparação de todos os espectros, é possível identificar cada um dos sinais no espectro de desacoplamento de banda larga como resultante de um grupo CH_3, um grupo CH_2, um grupo CH, ou um átomo de carbono quaternário. Esta informação está resumida na Tabela 16.4. Observe que cada tipo de grupo apresenta um padrão de absorção diferente quando todos os três espectros são comparados. Por exemplo, somente grupos CH dão sinais positivos em todos os três espectros, enquanto grupos CH_2 são os únicos grupos que dão sinais negativos no espectro de DEPT-135. Esta técnica, portanto, produz uma série de espectros que coletivamente contêm toda a informação em um espectro de desacoplamento fora da ressonância, mas sem a desvantagem de sinais sobrepostos. O exemplo visto a seguir ilustra como os espectros de DEPT podem ser interpretados.

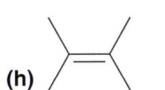

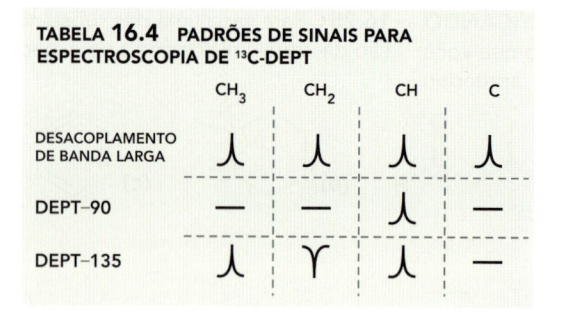

TABELA 16.4 PADRÕES DE SINAIS PARA ESPECTROSCOPIA DE ^{13}C-DEPT

	CH_3	CH_2	CH	C
DESACOPLAMENTO DE BANDA LARGA	⅄	⅄	⅄	⅄
DEPT-90	—	—	⅄	—
DEPT-135	⅄	Y	⅄	—

DESENVOLVENDO A APRENDIZAGEM

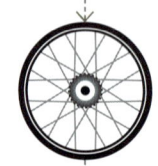

16.10 DETERMINAÇÃO DA ESTRUTURA MOLECULAR UTILIZANDO ESPECTROSCOPIA DE RMN DE ^{13}C-DEPT

APRENDIZAGEM Determine a estrutura de um álcool com a fórmula molecular $C_4H_{10}O$ que apresenta os espectros de RMN de ^{13}C vistos a seguir.

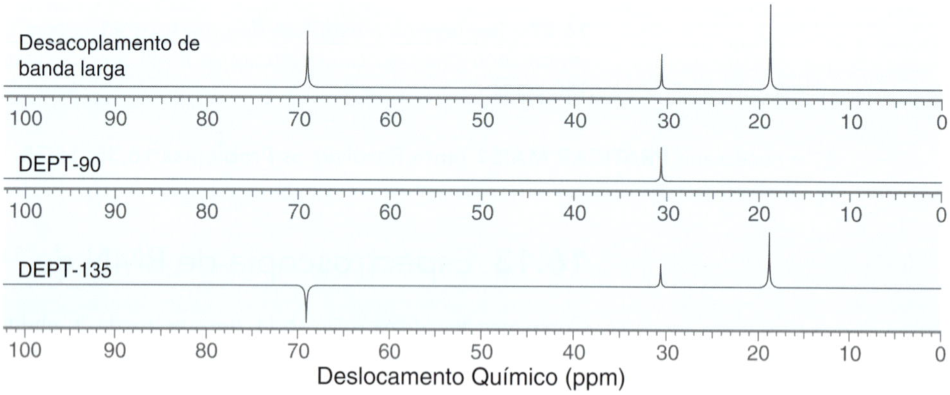

SOLUÇÃO

Sempre que a fórmula molecular é conhecida, a primeira etapa é sempre calcular o IDH e determinar a informação que ele proporciona. Neste caso, há zero grau de insaturação, o que significa que a substância não possui anéis ou ligações π. Em seguida, vamos nos concentrar no número de sinais no espectro de desacoplamento de banda larga. Existem apenas três sinais, mas a fórmula molecular indica que a substância tem quatro átomos de carbono. Portanto, conclui-se que um dos sinais tem que representar dois átomos de carbono quimicamente equivalentes. Agora estamos prontos para analisar cada sinal individual nos espectros. Usando as informações da Tabela 16.4, podemos determinar a seguinte informação:

- O sinal em aproximadamente 69 ppm é um grupo CH_2 (o sinal é negativo no DEPT-135).
- O sinal em aproximadamente 30 ppm é um grupo CH (o sinal positivo em todos os espectros).
- O sinal em aproximadamente 19 ppm é um grupo CH_3 (o sinal positivo no espectro de desacoplamento de banda larga, ausente no DEPT-90, e positivo no DEPT-135).

Nós podemos agora registrar essa informação no espectro de desacoplamento de banda larga para ajudar na nossa análise.

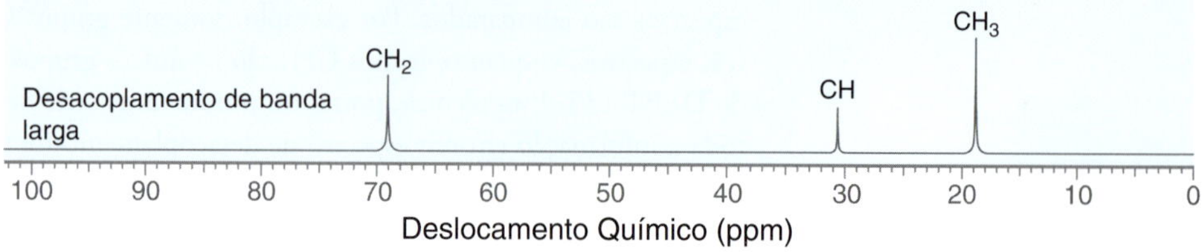

A fim de determinar qual o sinal que representa dois átomos de carbono, observa-se que a fórmula molecular indica que a estrutura tem de ter 10 prótons. Até agora, nós contabilizamos somente 7 dos prótons (CH_2 + CH + CH_3 + OH = 7 prótons). Precisamos encontrar mais três prótons. Portanto, podemos concluir que o sinal CH_3 tem que representar 2 átomos de carbono equivalentes.

Podemos agora analisar os deslocamentos químicos de cada um dos sinais. O sinal CH_2 é mais campo baixo do que os outros (em 70 ppm), de modo que este sinal tem de representar o átomo de carbono ligado diretamente ao átomo de oxigênio. O sinal em 30 ppm também é deslocado levemente para campo baixo (relativo ao sinal de 19 ppm), e, portanto, esperamos que este sinal represente o átomo de carbono que é beta ao grupo OH. Finalmente, o sinal em 19 ppm representa dois grupos metila equivalentes, dando a estrutura vista a seguir.

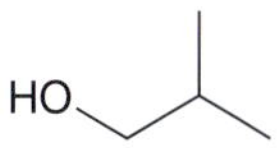

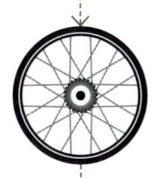

PRATICANDO o que você aprendeu

16.28 Determine a estrutura de uma substância com a fórmula molecular $C_5H_{10}O$ que apresenta os espectros de desacoplamento de banda larga e de DEPT-135 vistos a seguir. O espectro de DEPT-90 não tem nenhum sinal.

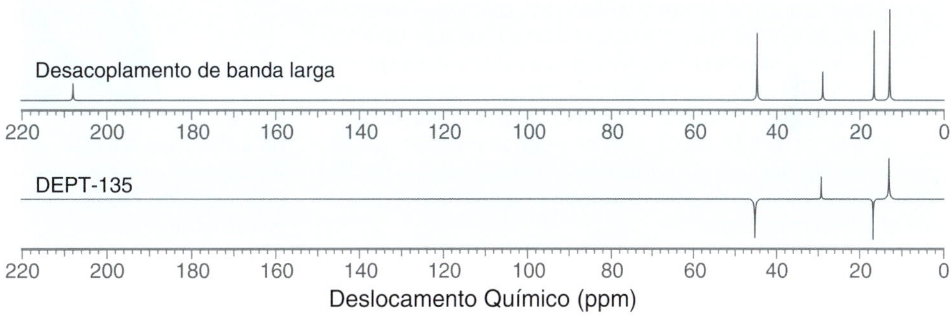

16.29 Determine a estrutura de um álcool com a fórmula molecular $C_5H_{12}O$ que apresenta os seguintes sinais no seu espectro de RMN de ^{13}C:

(a) Desacoplamento de banda larga: 73,8 δ, 29,1 δ e 9,5 δ

(b) DEPT-90: 73,8 δ

(c) DEPT-135: sinais positivos em 73,8 δ e 9,5 δ; sinal negativo em 29,1 δ

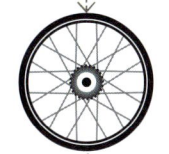

APLICANDO o que você aprendeu

16.30 Uma substância com a fórmula molecular $C_7H_{14}O$ apresenta os seguintes espectros de RMN de ^{13}C:

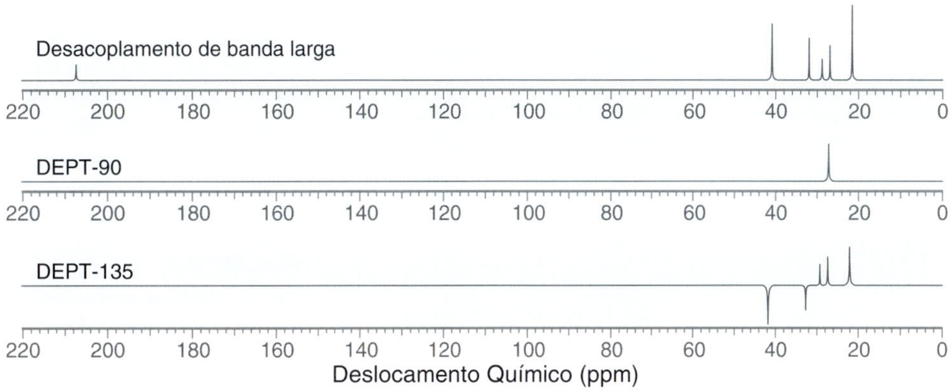

Várias estruturas são consistentes com esses espectros. Para determinar qual a estrutura correta, um espectro de RMN de ^1H foi obtido. Esse espectro apresenta seis sinais. Um desses sinais é um simpleto em 1,9 ppm com uma integração de 3, e um outro dos sinais é um dupleto em 0,9 ppm com uma integração de 6. Usando essa informação, identifique a estrutura correta da substância.

é necessário **PRATICAR MAIS?** Tente Resolver os Problemas 16.60, 16.61

medicamente falando

Imagem por Ressonância Magnética (IRM)

A ressonância magnética tornou-se uma ferramenta inestimável de diagnóstico médico por sua capacidade em obter imagens de órgãos internos. Aparelhos de IRM são essencialmente espectrômetros de RMN que são suficientemente grandes para acomodar um ser humano. Na presença de um campo magnético forte, o sujeito é irradiado com ondas de RF, que cobrem a faixa de frequências de ressonância para os núcleos de H (prótons). Os prótons são abundantes no corpo humano onde há água ou gordura. Quando esses prótons são excitados, os sinais produzidos são monitorados e registrados. Ao contrário dos espectrômetros de RMN, os aparelhos de IRM utilizam técnicas sofisticadas que analisam a localização tridimensional de cada um dos sinais, bem como a sua intensidade. A intensidade de cada sinal é dependente da densidade de átomos de hidrogênio e da natureza do seu ambiente magnético naquele determinado local. Isso permite a identificação de diferentes tipos de tecidos e pode mesmo ser utilizado para monitorar movimento, tal como um coração batendo. Muitos vídeos diferentes de um coração batendo obtidos por um aparelho de IRM estão disponíveis online (tente uma pesquisa no Google por "beating heart MRI" (IRM de coração batendo)).

Aparelhos de IRM são capazes de produzir imagens que não podem ser obtidas com outras técnicas. A imagem obtida por IRM vista ao lado mostra um disco fraturado pressionando a medula espinhal de um paciente.

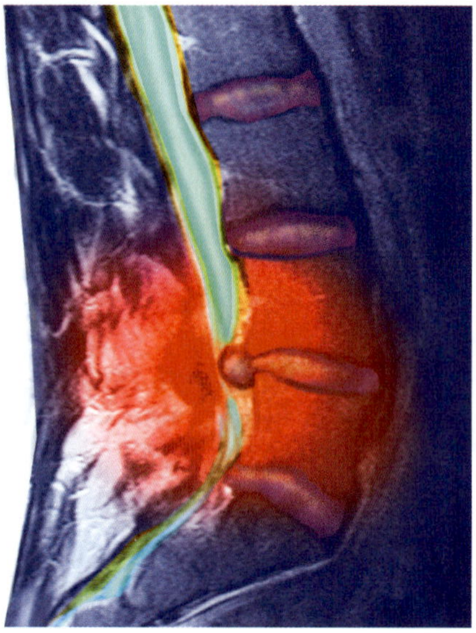

Uma das características mais importantes de aparelhos de IRM é o baixo risco para o paciente. O campo magnético não causa problemas de saúde conhecidos, e a radiação de RF é relativamente inofensiva.

REVISÃO DE CONCEITOS E VOCABULÁRIO

SEÇÃO 1.6

- A **espectroscopia de ressonância magnética nuclear** (RMN) fornece informações sobre a forma como o carbono individual e os átomos de hidrogênio em uma molécula estão ligados entre si.
- Um próton girando gera um **momento magnético**, que tem de alinhar a favor ou contra um campo magnético externo que é imposto.
- Quando irradiado com radiação de RF, o núcleo muda para um estado de spin de energia mais elevada e é dito estar em *ressonância*.
- Todos os prótons não absorvem a mesma frequência por causa do diamagnetismo, um efeito magnético fraco devido ao movimento dos elétrons circundantes que blindam ou desblindam o próton.

SEÇÃO 16.2

- A faixa de frequências de RF necessária para atingir a ressonância é dependente da intensidade do campo magnético, que determina a **frequência de operação** do espectrômetro.
- **Espectrômetros de onda contínua** foram substituídos por espectrômetros de **RMN-TF** em que a amostra é irradiada com um pulso curto, que cobre toda a faixa de frequências de RF relevantes, e um **decaimento de indução livre** (do inglês *free induction decay* – FID) é registrado e então convertido em espectro.
- Solventes deuterados contendo uma pequena quantidade de TMS são geralmente utilizados para a aquisição de espectros de RMN.

SEÇÃO 16.3

- Em um espectro de RMN de ^{1}H, cada sinal tem três características importantes: localização, área e forma.

SEÇÃO 16.4

- Prótons **quimicamente equivalentes** ocupam ambientes eletrônicos idênticos e produzem apenas um sinal.
- Quando dois prótons são permutáveis por simetria rotacional eles são chamados de **homotópicos**.
- Quando dois prótons são permutáveis por simetria reflexional eles são chamados de **enantiotópicos**.
- Se dois prótons não são nem homotópicos nem enantiotópicos, então eles não são quimicamente equivalentes.
- O **teste de substituição** é uma técnica simples para verificar a relação entre prótons. Se o teste de substituição produz diastereômeros, então os prótons são **diastereotópicos**.

SEÇÃO 16.5

- O **deslocamento químico** (δ) é definido como a diferença (em hertz) entre a frequência de ressonância do próton, que está sendo observado, e a do TMS dividida pela frequência de operação do espectrômetro.
- O lado esquerdo de um espectro de RMN é descrito como **campo baixo** e o lado direito é descrito como **campo alto**.
- Na ausência de efeitos indutivos, um grupo metila (CH_3) produzirá um sinal próximo de 0,9 ppm, um **grupo metileno** (CH_2) produzirá um sinal próximo de 1,2 ppm, e um grupo **metino** (CH) produzirá um sinal próximo de 1,7 ppm. A presença de grupos próximos aumenta esses valores um pouco em relação aos valores previstos.

- A **anisotropia diamagnética** faz com que os prótons aromáticos do benzeno estejam fortemente desblindados.

SEÇÃO 16.6

- A **integração**, ou a área sob cada sinal, indica o número de prótons que dão origem ao sinal. Esses números fornecem o número relativo, ou a razão, de prótons que dão origem a cada um dos sinais.
- A integração é frequentemente representada por *curvas-degrau*, ou *curvas integrais*, em que a altura de cada curva-degrau representa a área sob o sinal.

SEÇÃO 16.7

- **Multiplicidade** representa o número de picos do sinal. Um **simpleto** tem um pico, um **dupleto** tem dois, um **tripleto** tem três, um **quadrupleto** tem quatro e um **quinteto** tem cinco.
- A multiplicidade é o resultado do **desdobramento spin-spin**, também chamado de **acoplamento**, que segue a **regra *n* + l**.
- Prótons equivalentes não se desdobram entre si.
- A fim de que os prótons se desdobrem entre si, eles têm que estar separados por não mais de três ligações sigma.
- Quando ocorre o desdobramento do sinal, a distância entre os picos individuais de um sinal é chamada de **constante de acoplamento**, ou **valor de J**, e é medida em hertz.
- Geralmente, não é observado nenhum desdobramento no átomo de oxigênio de um álcool, pois os prótons da hidroxila são **labéis**.
- Ocorre desdobramento complexo quando um próton tem dois tipos diferentes de vizinhos, muitas vezes produzindo um **multipleto**.

SEÇÃO 16.10

- A análise de um espectro de RMN de ^{1}H envolve quatro etapas distintas:
  - Cálculo do IDH (se a fórmula molecular é fornecida).
  - Consideração do número de sinais e da integração de cada sinal.
  - Análise de cada sinal (δ, m, I) e, em seguida, representação dos fragmentos consistentes com cada sinal.
  - Montagem dos fragmentos.

SEÇÃO 16.11

- ^{13}C é um isótopo de carbono que representa 1,1% de todos os átomos de carbono.
- Na espectroscopia de RMN de ^{13}C, apenas o deslocamento químico é geralmente relatado.
- Todo desdobramento do ^{13}C é suprimido com uma técnica chamada de **desacoplamento de banda larga**, fazendo com que todos os sinais do ^{13}C colapsem para simgletos.
- O **desacoplamento fora da ressonância** permite a recuperação de uma parte das informações do acoplamento que foi perdido, mas esta técnica raramente é utilizada porque produz frequentemente sobreposição de picos que são difíceis de interpretar.

SEÇÃO 16.12

- A posição de cada um dos sinais no espectro de RMN de ^{13}C é definida em relação à frequência de absorção de uma substância de referência, tetrametilsilano (TMS).
- Na espectroscopia de RMN de ^{13}C, os valores do deslocamento químico geralmente variam de 0 a 220 ppm.
- O número de sinais no espectro de RMN de ^{13}C representa o número de átomos de carbono, em diferentes ambientes eletrônicos (carbonos, que não são permutáveis por simetria). Átomos de carbono, que são permutáveis por uma operação de simetria (rotação ou reflexão) produzirão somente um sinal.
- A localização de um sinal é dependente de um certo número de fatores, incluindo o estado de hibridização e os efeitos de blindagem.

SEÇÃO 16.13

- **Transferência de polarização acentuada sem distorção** (do inglês *distortionless enhancement by polarization transfer* – **DEPT**) envolve a aquisição de vários espectros e permite a determinação do número de prótons ligados a cada átomo de carbono.

REVISÃO DA APRENDIZAGEM

16.1 DETERMINAÇÃO DA RELAÇÃO ENTRE DOIS PRÓTONS EM UMA SUBSTÂNCIA

MÉTODO 1: OLHANDO PARA SIMETRIA

ETAPA 1 Determinação se os prótons forem permutáveis por simetria rotacional.

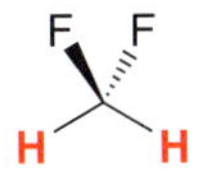

Homotópicos
Quimicamente equivalentes

ETAPA 2 Se não há simetria rotacional, procura-se um plano de simetria:

Enantiotópicos
Quimicamente equivalentes

ETAPA 3 Se os prótons não podem ser permutados através de uma operação de simetria:

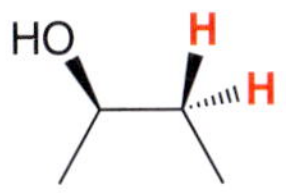

Diastereotópicos
Não são quimicamente equivalentes

MÉTODO 2: TESTE DE SUBSTITUIÇÃO

Substituição de cada próton por um deutério e comparação das estruturas resultantes.

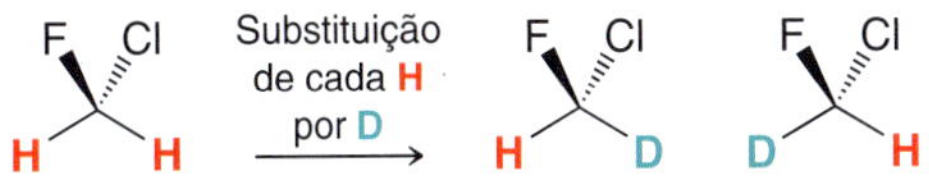

Enantiômeros
Portanto, os prótons são enantiotópicos
Quimicamente equivalentes

Tente Resolver os Problemas 16.1-16.3, 16.40

16.2 IDENTIFICAÇÃO DO NÚMERO DE SINAIS ESPERADOS EM UM ESPECTRO DE RMN DE ¹H

Contagem do número de prótons diferentes usando as seguintes regras práticas:

Os três prótons do grupo metila são sempre equivalentes.

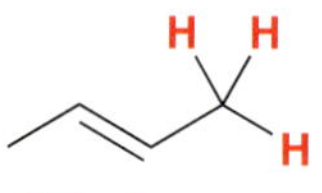

Quimicamente equivalentes

Os dois prótons do grupo metileno (CH_2) são geralmente equivalentes se a substância não tem centros de quiralidade.

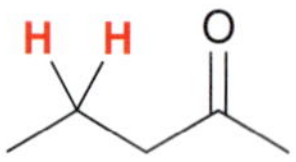

Quimicamente equivalentes

Os dois prótons do grupo metileno (CH_2) não são geralmente equivalente se a substância tem um centro de quiralidade.

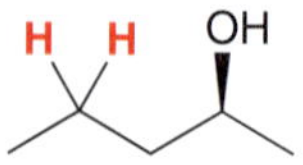

Não são quimicamente equivalentes

Dois grupos metileno serão equivalentes se eles puderem ser permutados entre si por uma rotação ou reflexão.

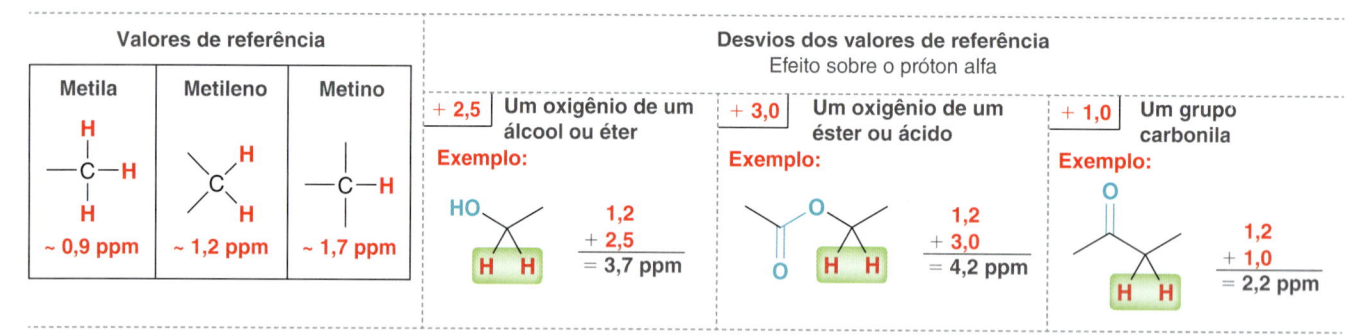

Quimicamente equivalentes

Tente Resolver os Problemas **16.4-16.6, 16.34, 16.42a, 16.44, 16.48**

16.3 PREVENDO DESLOCAMENTOS QUÍMICOS

Valores de referência

Metila	Metileno	Metino
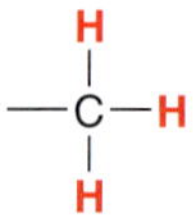	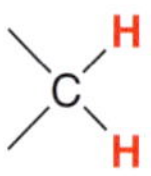	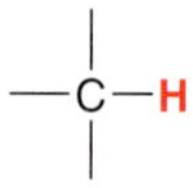
~ 0,9 ppm	~ 1,2 ppm	~ 1,7 ppm

Desvios dos valores de referência
Efeito sobre o próton alfa

+ 2,5 **Um oxigênio de um álcool ou éter**

Exemplo:

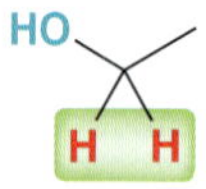

1,2
+ 2,5
= 3,7 ppm

+ 3,0 **Um oxigênio de um éster ou ácido**

Exemplo:

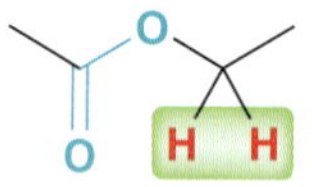

1,2
+ 3,0
= 4,2 ppm

+ 1,0 **Um grupo carbonila**

Exemplo:

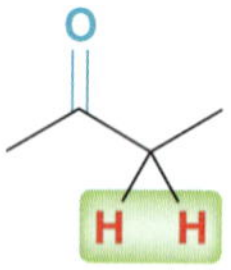

1,2
+ 1,0
= 2,2 ppm

Tente Resolver os Problemas **16.7-16.9, 16.42b**

16.4 DETERMINAÇÃO DO NÚMERO DE PRÓTONS QUE DÃO ORIGEM AO SINAL

ETAPA 1 Comparação dos valores de integração relativa e escolha do menor número.

ETAPA 2 Divisão de todos os valores de integração pelo número escolhido na etapa 1, isto dá a razão dos prótons.

ETAPA 3 Identificação do número de prótons na substância (a partir da fórmula molecular) e, em seguida, ajuste dos valores relativos de integração de modo a que a soma dos valores de integração seja igual ao número de prótons na substância.

Tente Resolver os Problemas **16.11-16.14, 16.54**

16.5 PREVENDO A MULTIPLICIDADE DE UM SINAL

ETAPA 1 Identificação de todos os diferentes tipos de prótons.

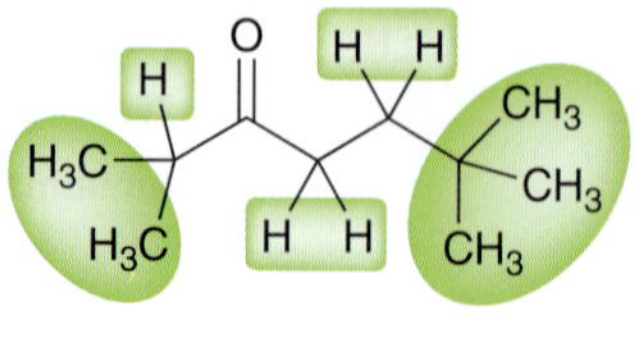

Cinco tipos de prótons

ETAPA 2 Para cada tipo de próton, identificar o número de vizinhos (*n*). A multiplicidade será *n* + 1.

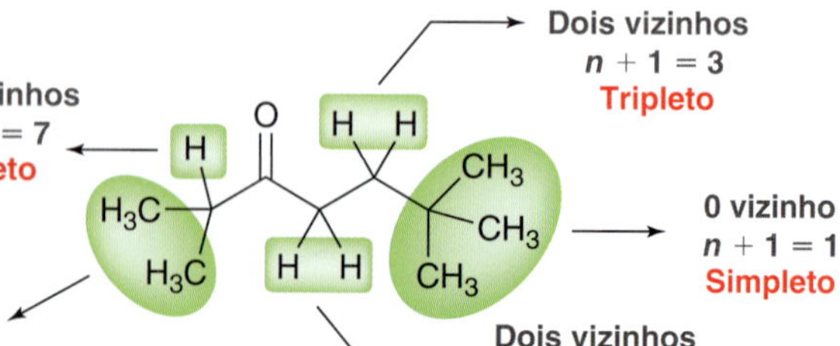

Tente Resolver os Problemas **16.15, 16.16, 16.37**

16.6 REPRESENTAÇÃO DO ESPECTRO ESPERADO DE RMN DE ¹H PARA UMA SUBSTÂNCIA

ETAPA 1 Identificação do número de sinais.

ETAPA 2 Previsão do deslocamento químico de cada sinal.

ETAPA 3 Determinação da integração de cada sinal através da contagem do número de prótons que dão origem a cada um dos sinais.

ETAPA 4 Previsão da multiplicidade de cada sinal.

ETAPA 5 Representação de cada sinal.

Tente Resolver os Problemas **16.19, 16.20, 16.41**

16.7 USO DA ESPECTROSCOPIA DE RMN DE ¹H PARA DISTINGUIR ENTRE SUBSTÂNCIAS

ETAPA 1 Identificação do número de sinais que cada substância produzirá. A maneira mais simples para distinguir as substâncias é se elas são capazes de produzir um número diferente de sinais.

ETAPA 2 Se cada substância é capaz de produzir o mesmo número de sinais, então, determina-se o deslocamento químico, a multiplicidade e a integração de cada sinal em ambas as substâncias.

ETAPA 3 Procure por diferenças nos deslocamentos químicos, nas multiplicidades ou nos valores de integração dos sinais esperados.

Tente Resolver os Problemas **16.21, 16.22, 16.38, 16.47**

16.8 ANÁLISE DE UM ESPECTRO DE RMN DE ¹H E PROPOSTA DA ESTRUTURA DE UMA SUBSTÂNCIA

ETAPA 1 Usa-se a fórmula molecular para determinar o IDH. Um IDH de 4 ou mais, indica a possibilidade de um anel aromático.

ETAPA 2 Considera-se o número de sinais e a integração de cada sinal (dá pistas sobre a simetria da substância).

ETAPA 3 Análise de cada sinal (δ, m, I) e, em seguida, representação dos fragmentos consistentes com cada sinal. Esses fragmentos tornam-se peças de quebra-cabeças que devem ser montados para produzir uma estrutura molecular.

ETAPA 4 Montagem dos fragmentos.

Tente Resolver os Problemas **16.23, 16.24, 16.54, 16.57**

16.9 PREVISÃO DO NÚMERO DE SINAIS E DA LOCALIZAÇÃO APROXIMADA DE CADA SINAL EM UM ESPECTRO DE RMN DE ¹³C

ETAPA 1 Determinação do número de sinais esperados. Procure para ver se qualquer um dos átomos de carbono são permutáveis por uma simetria rotacional ou reflexional.

ETAPA 2 Previsão da região esperada em que cada sinal aparecerá com base nos estados de hibridização e nos efeitos de desblindagem.

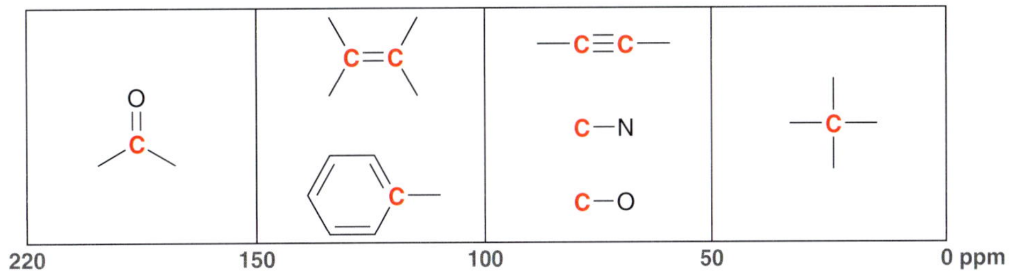

Tente Resolver os Problemas **16.25-16.27, 16.35, 16.38, 16.46**

16.10 DETERMINAÇÃO DA ESTRUTURA MOLECULAR UTILIZANDO ESPECTROSCOPIA DE RMN DE ¹³C-DEPT

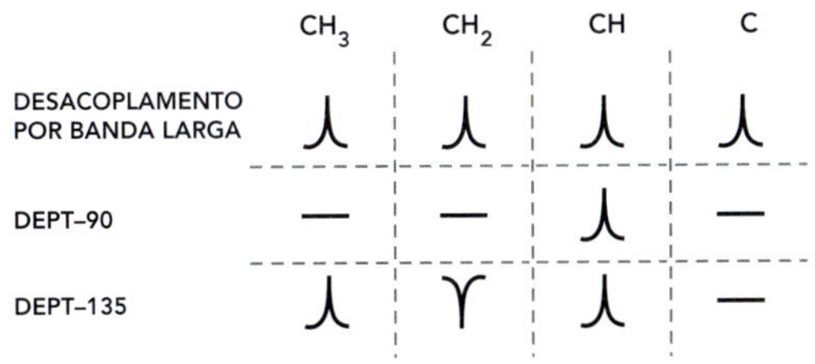

Tente Resolver os Problemas **16.28-16.30, 16.60, 16.61**

PROBLEMAS PRÁTICOS

16.31 Cada uma das substâncias vistas a seguir apresenta um espectro de RMN de ¹H com apenas um sinal. Deduza a estrutura de cada substância:

(a) C_5H_{10} (b) $C_5H_8Cl_4$ (c) $C_{12}H_{18}$

16.32 Uma substância com a fórmula molecular $C_{12}H_{24}$ apresenta um espectro de RMN de ¹H com apenas um sinal e um espectro de RMN de ¹³C com dois sinais. Deduza a estrutura dessa substância.

16.33 Uma substância com a fórmula molecular $C_{17}H_{36}$ apresenta um espectro de RMN de ¹H com apenas um sinal. Quantos sinais você espera no espectro de RMN de ¹³C dessa substância?

16.34 Quantos sinais você espera no espectro de RMN de ¹H de cada uma das substâncias que se seguem:

(a) 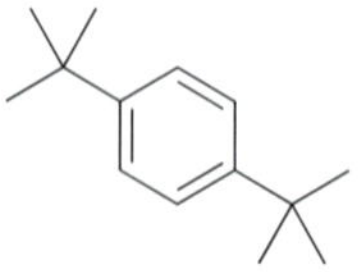

(b) 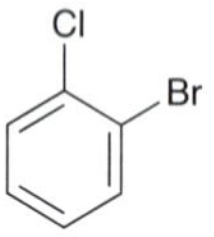

(c) 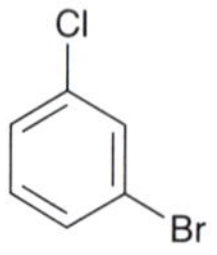

(d) 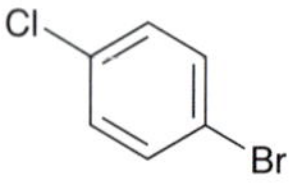

(e) 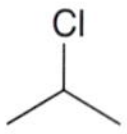

(f) 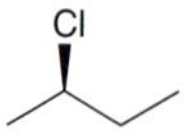

16.35 Quantos sinais você espera no espectro de RMN de ¹³C de cada uma das substâncias no Problema 16.34?

16.36 Como você distinguiria entre as duas substâncias vistas a seguir usando espectroscopia de RMN de ¹³C?

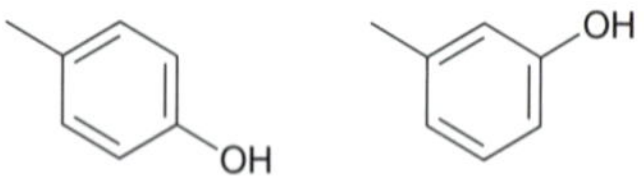

16.37 Preveja a multiplicidade de cada um dos sinais no espectro de RMN de ¹H da seguinte substância:

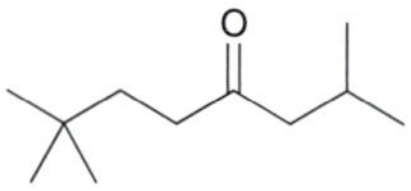

16.38 Para cada par de substâncias vistas a seguir, identifique como você as distinguiria usando espectroscopia de RMN de ¹H ou espectroscopia de RMN de ¹³C:

(a) 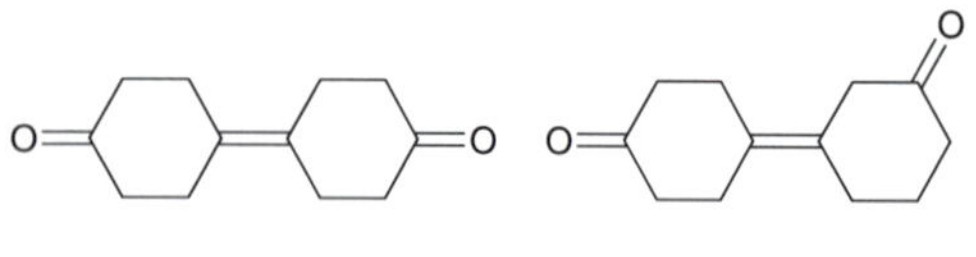

(b) 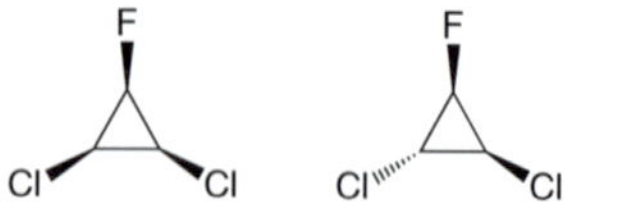

(c) 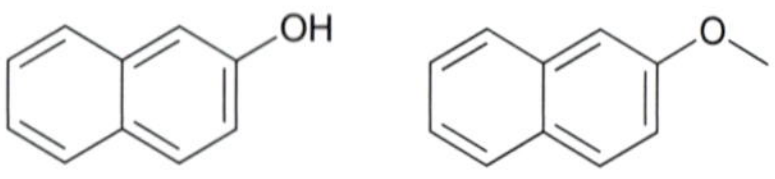

(d) 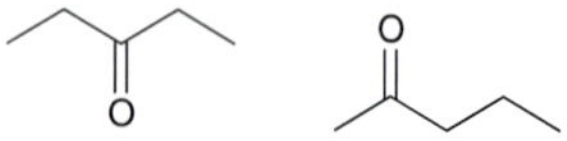

16.39 Uma substância com a fórmula molecular C_8H_{18} apresenta um espectro de RMN de ¹H com apenas um sinal. Quantos sinais você espera no espectro de RMN de ¹³C dessa substância?

16.40 Para cada uma das substâncias vistas a seguir, compare os dois prótons indicados e determine se eles são enantiotópicos, homotópicos ou diastereotópicos:

(a) 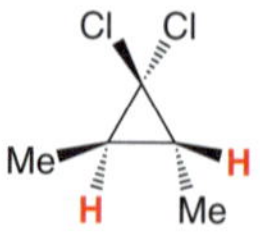

(b) 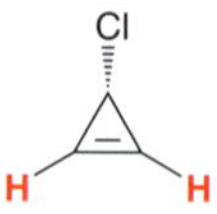

(c) 

(d) 

(e) 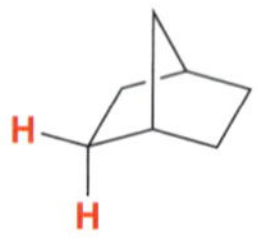

(f) 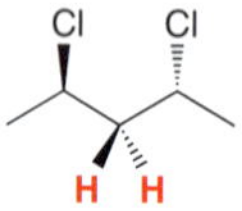

(g) 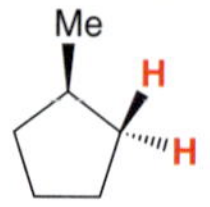

(h) 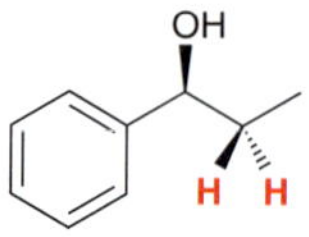

(i) 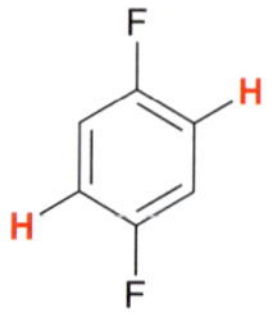

(j) 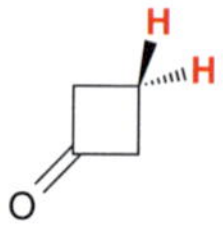

(k) 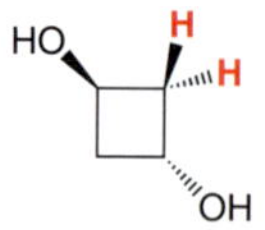

(l) 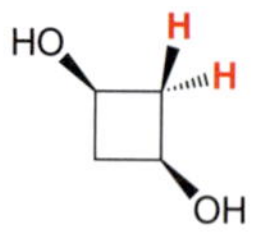

(m) 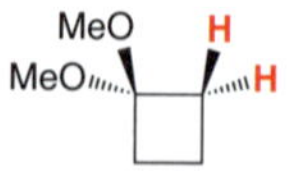

(n) 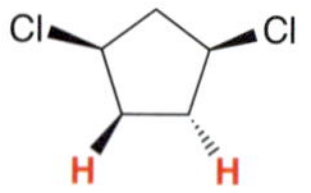

(o) 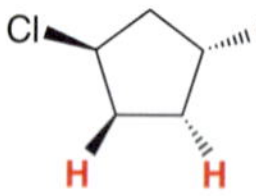

16.41 Represente o espectro de RMN de ¹H esperado da substância que é vista a seguir:

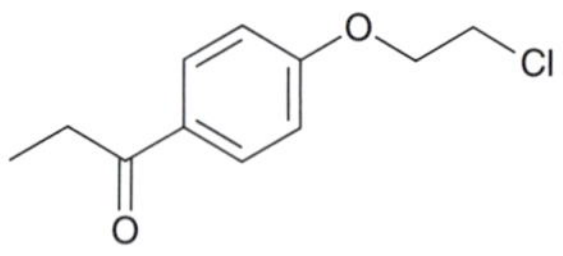

16.42 Considere a seguinte substância:

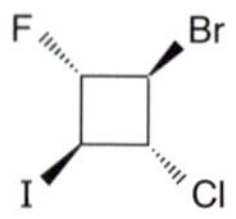

(a) Quantos sinais você espera no espectro de RMN de ¹H dessa substância?

(b) Ordene os prótons em termos de deslocamento químico crescente.

(c) Quantos sinais você espera no espectro de RMN de ¹³C?

(d) Ordene os átomos de carbono, em termos de aumento do deslocamento químico.

16.43 Uma substância com a fórmula molecular C_9H_{18} apresenta um espectro de RMN de ¹H com apenas um sinal e um espectro de RMN de ¹³C com dois sinais. Deduza a estrutura dessa substância.

16.44 Quantos sinais você espera no espectro de RMN de ¹H de cada uma das substâncias que são vistas a seguir:

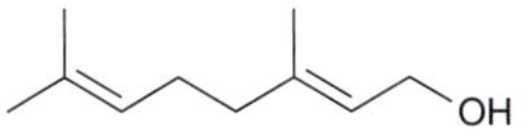

(a) **Geraniol**
Isolado de rosas e utilizado em perfumes

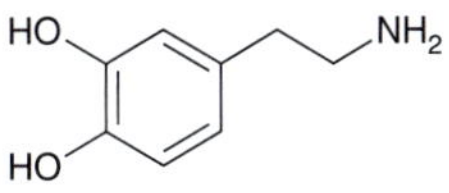

(b) **Dopamina**
O neurotransmissor que é deficiente na doença de Parkinson

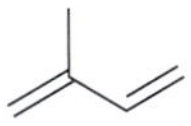

(c) **Isopreno**
Um precursor para a borracha natural

16.45 Classifique os sinais das substâncias vistas a seguir em termos do aumento do deslocamento químico. Identifique o(s) próton(s) que dá(ão) origem a cada um dos sinais:

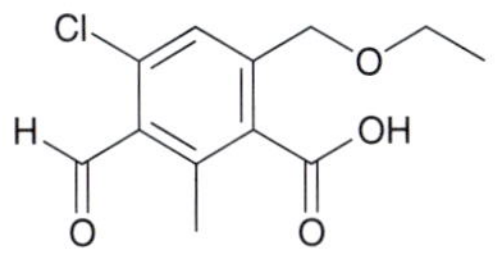

16.46 Preveja o número esperado de sinais no espectro de RMN de ^{13}C de cada uma das substâncias vistas a seguir. Para cada sinal, identifique onde você espera que ele apareça no espectro de RMN de ^{13}C:

(a) 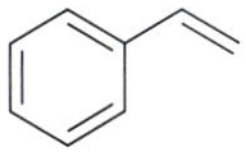 (b) 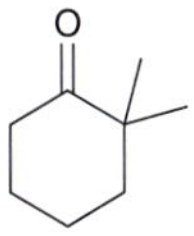 (c) 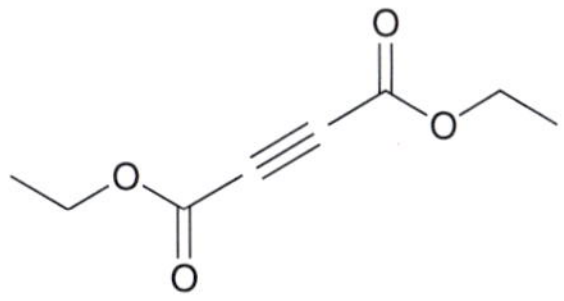

16.47 Quando 1-metilciclo-hexeno é tratado com HCl, observa-se uma adição Markovnikov. Como você usaria a espectroscopia de RMN de ^{1}H para determinar se o produto principal é de fato o produto Markovnikov?

16.48 Quantos sinais são esperados no espectro de RMN de ^{1}H de cada uma das substâncias vistas a seguir?

(a) 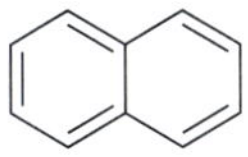 (b) 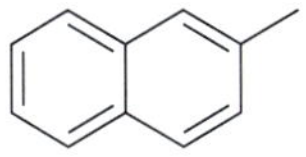

(c) 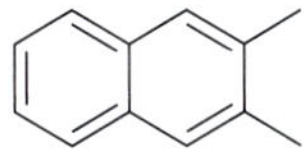 (d) 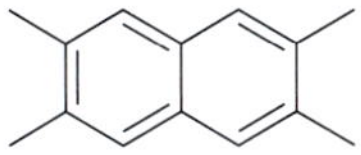

(e) 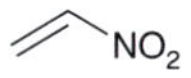 (f) 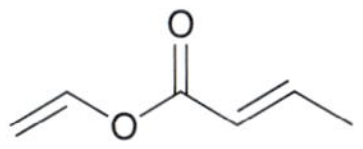 (g)  (h) 

16.49 Compare as estruturas do acetileno, etileno e benzeno. Cada uma dessas substâncias produz apenas um sinal no seu espectro de RMN de ^{1}H. Organize esses sinais em ordem de deslocamento químico crescente.

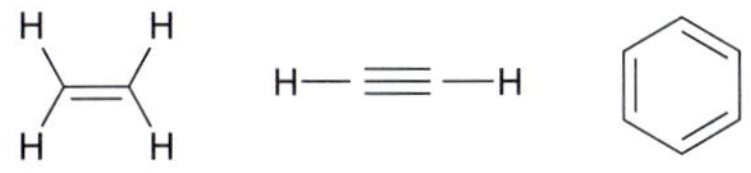

16.50 Admitindo que um instrumento de 300 MHz é utilizado, calcule a diferença entre a frequência de absorção (em hertz) do TMS e a frequência de absorção de um próton com um valor de δ de 1,2 ppm.

16.51 Uma substância com a fórmula molecular $C_{13}H_{28}$ apresenta um espectro de RMN de ^{1}H com dois sinais: um septeto com uma integração de 1 e um dupleto com uma integração de 6. Deduza a estrutura dessa substância.

16.52 Uma substância com a fórmula molecular C_8H_{10} produz três sinais no seu espectro de RMN de ^{13}C e apenas dois sinais no seu espectro de RMN de ^{1}H. Deduza a estrutura da substância.

16.53 Uma substância com a fórmula molecular C_3H_8O produz um sinal largo entre 3200 e 3600 cm^{-1} no seu espectro de IV e produz dois sinais no seu espectro de RMN de ^{13}C. Deduza a estrutura da substância.

16.54 Uma substância com a fórmula molecular $C_4H_6O_4$ produz um sinal largo entre 2500 e 3600 cm^{-1} no seu espectro de IV e produz dois sinais no seu espectro de RMN de 1H (um simpleto em 12,1 ppm, com uma integração relativa de 1, e um simpleto em 2,4 ppm com uma integração relativa de 2). Deduza a estrutura da substância.

16.55 Proponha a estrutura de uma substância que apresenta os seguintes dados de RMN de ^{1}H:

(a) $C_5H_{10}O$
1,09 δ (6H, dupleto)
2,12 δ (3H, simpleto)
2,58 δ (1H, septeto)

(b) $C_5H_{12}O$
0,91 δ (3H, tripleto)
1,19 δ (6H, simpleto)
1,50 δ (2H, quadrupleto)
2,24 δ (1H, simpleto)

(c) $C_4H_{10}O$
0,90 δ (6H, dupleto)
1,76 δ (1H, multipleto)
3,38 δ (2H, dupleto)
3,92 δ (1H, simpleto)

(d) $C_4H_8O_2$
1,21 δ (6H, dupleto)
2,59 δ (1H, septeto)
11,38 δ (1H, simpleto)

16.56 Uma substância com a fórmula molecular $C_8H_{10}O$ produz seis sinais no seu espectro de RMN de 13C e apresenta o espectro de RMN de ^{1}H visto a seguir. Deduza a estrutura da substância.

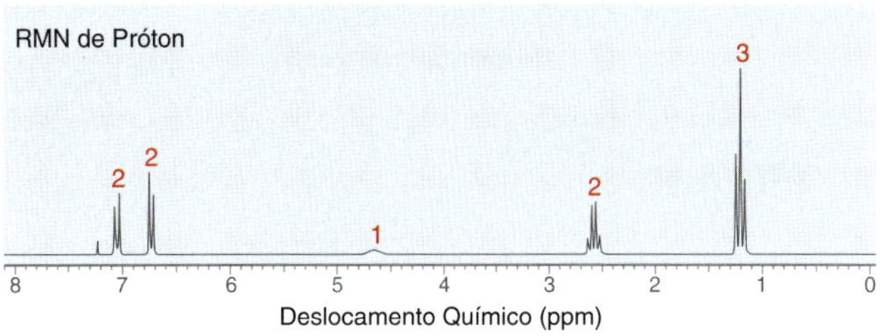

16.57 Deduza a estrutura de uma substância com a fórmula molecular C_9H_{12} que produz o seguinte espectro de RMN de ^{1}H:

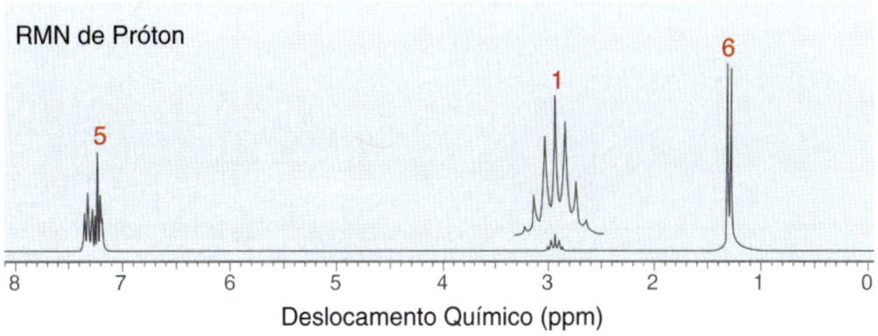

16.58 Deduza a estrutura de uma substância com a fórmula molecular $C_9H_{10}O_2$ que produz o seguinte espectro de RMN de ^1H e o seguinte espectro de RMN de ^{13}C:

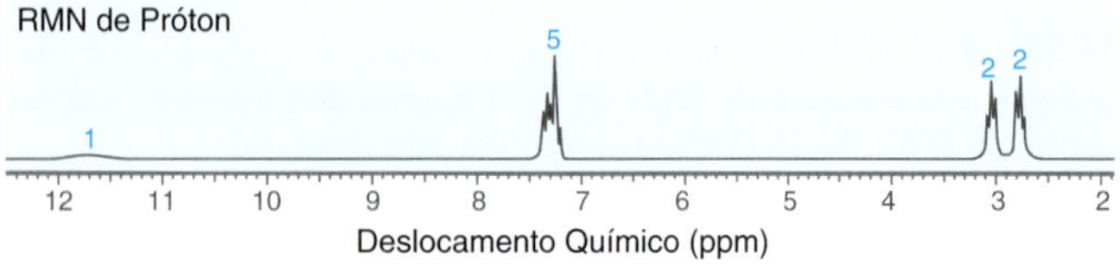

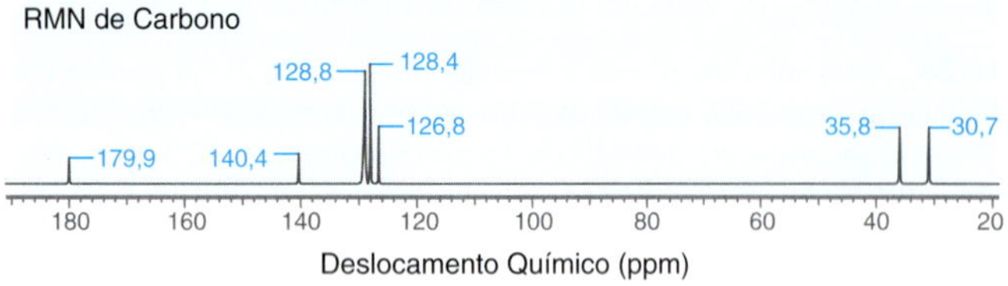

16.59 Proponha a estrutura de uma substância de acordo com os seguintes dados:

(a) $C_5H_{10}O$, desacoplamento de banda larga de RMN de ^{13}C: 7,1, 34,6, 210,5 δ

(b) $C_6H_{10}O$, desacoplamento de banda larga de RMN de ^{13}C: 70,8, 116,2, 134,8 δ

16.60 Determine a estrutura de um álcool com a fórmula molecular $C_4H_{10}O$ que apresenta os seguintes sinais no seu espectro de RMN de ^{13}C:

(a) Desacoplamento de banda larga: 69,3 δ, 32,1 δ, 22,8 δ e 10,0 δ

(b) DEPT-90: 69,3 δ

(c) DEPT-135: sinais positivos em 69,3 δ, 22,8 δ e 10,0 δ, sinal negativo em 32,1 δ

16.61 Determine a estrutura de um álcool com a fórmula molecular $C_6H_{14}O$ que apresenta o seguinte espectro de DEPT-135:

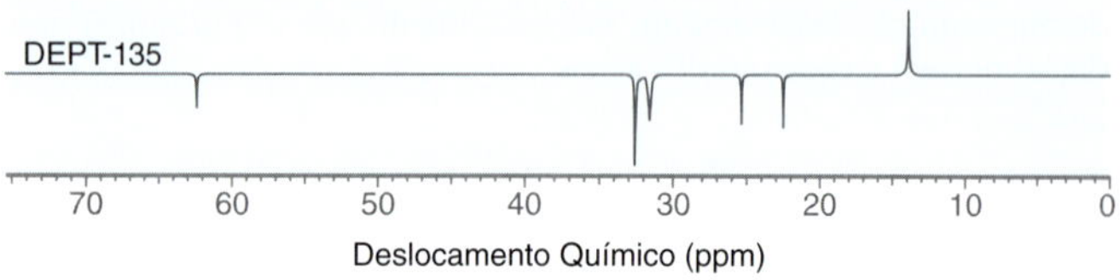

PROBLEMAS INTEGRADOS

16.62 Deduza a estrutura de uma substância com a fórmula molecular $C_6H_{14}O_2$ e que apresenta os espectros de IV, RMN de ^1H e RMN de ^{13}C vistos a seguir.

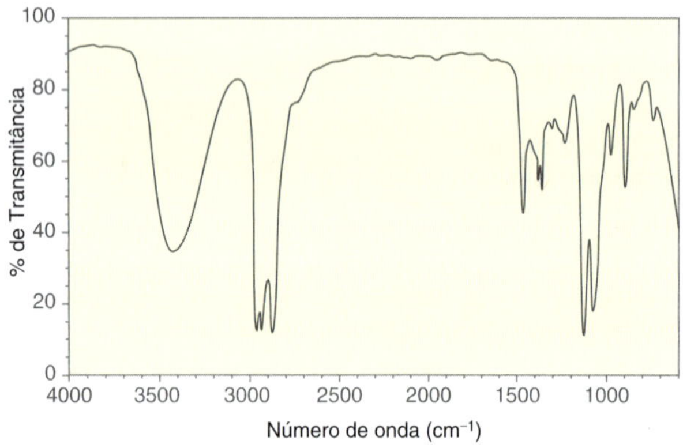

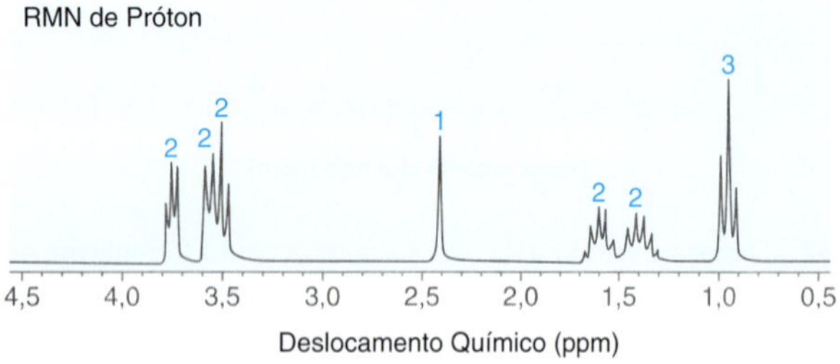

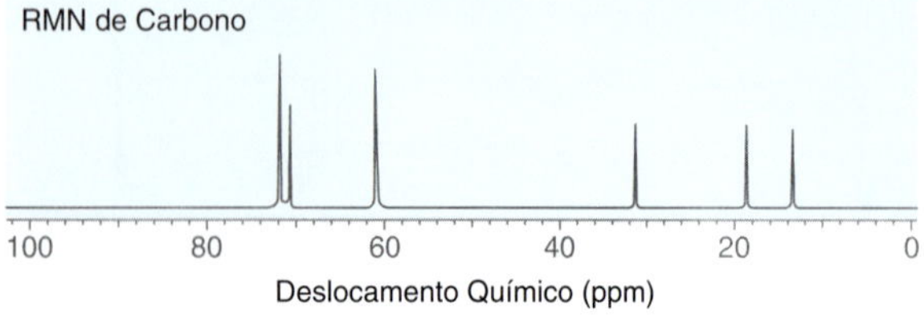

16.63 Deduza a estrutura de uma substância com a fórmula molecular $C_8H_{10}O$ que apresenta os espectros de IV, RMN de ^1H e RMN de ^{13}C vistos a seguir.

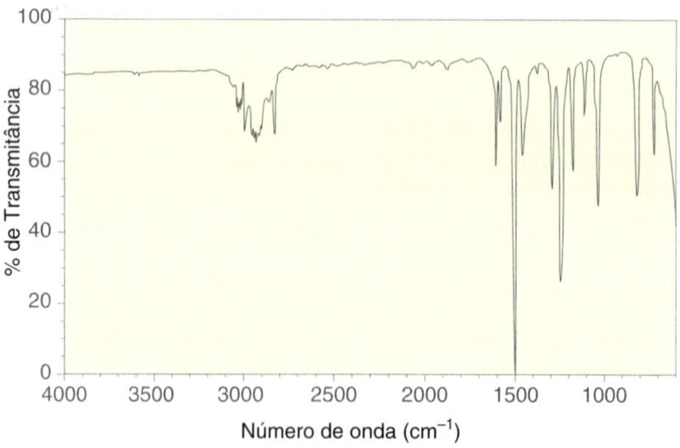

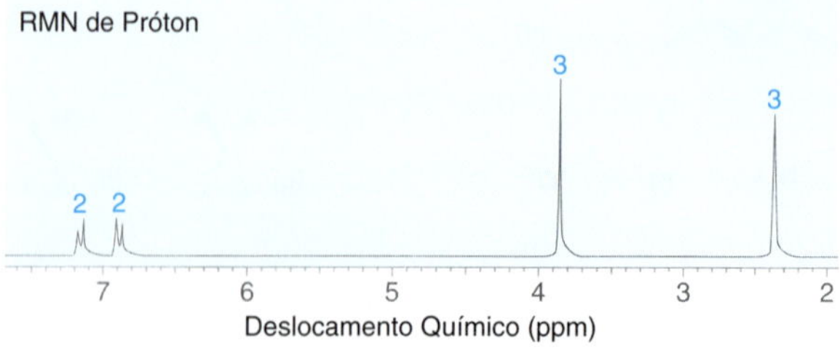

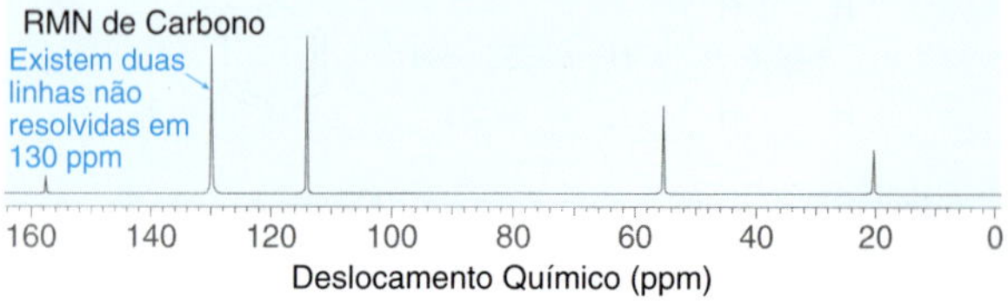

16.64 Deduza a estrutura de uma substância com a fórmula molecular $C_5H_{10}O$ que apresenta os espectros de IV, RMN de ^1H e RMN de ^{13}C vistos a seguir. Os dados do espectro de massa também são fornecidos.

Dados do Espec. de Massa

m/z	abund. relativa
15	23
26	20
27	61
29	92
30	20
31	45
39	47
41	100
45	10
57	82
58	86
86	12

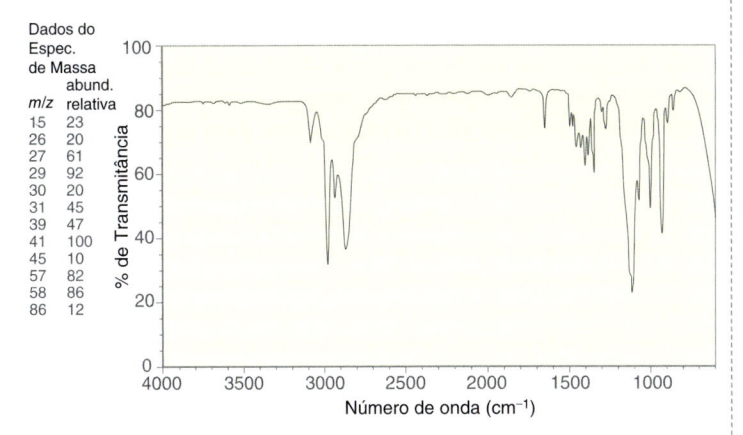

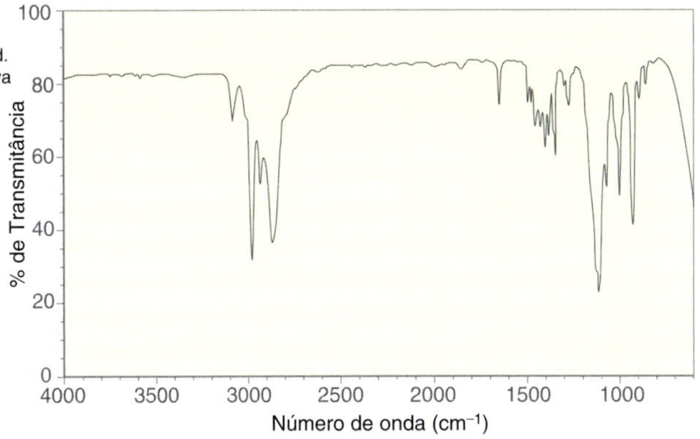

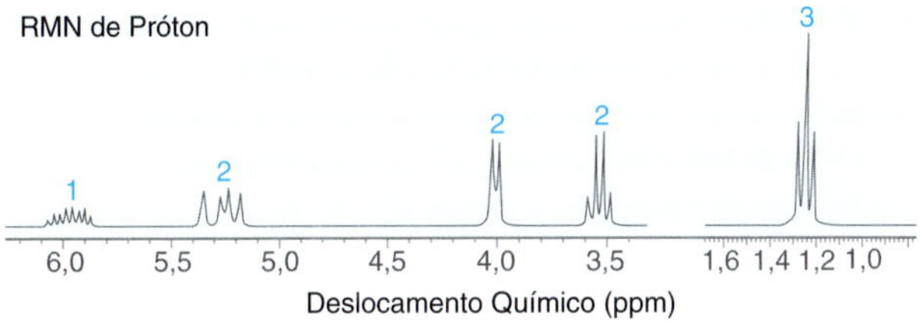

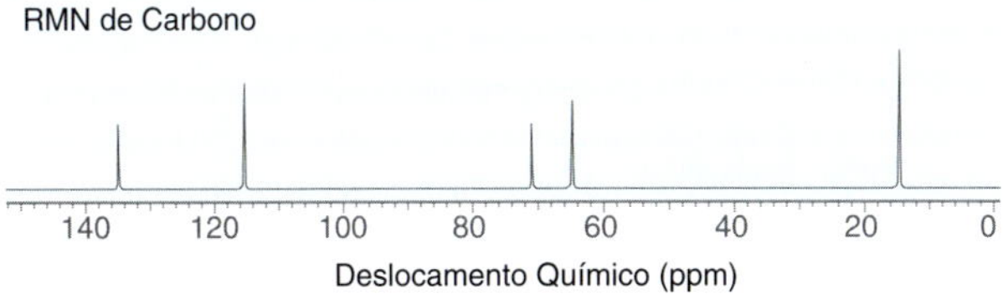

16.65 Deduza a estrutura de uma substância com a fórmula molecular $C_8H_{14}O_3$ que apresenta os seguintes espectros de IV, RMN de ^1H e RMN de ^{13}C:

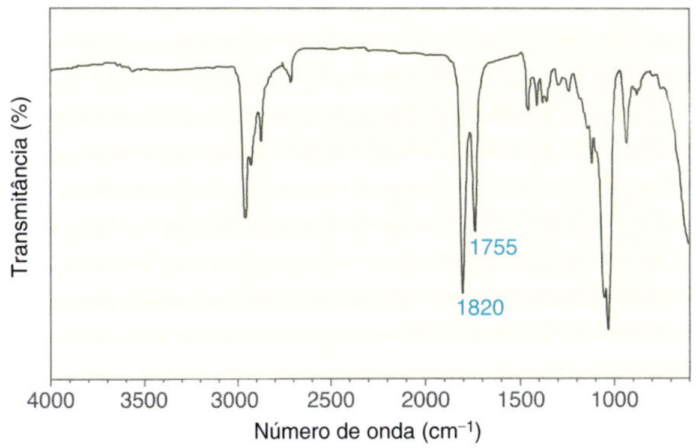

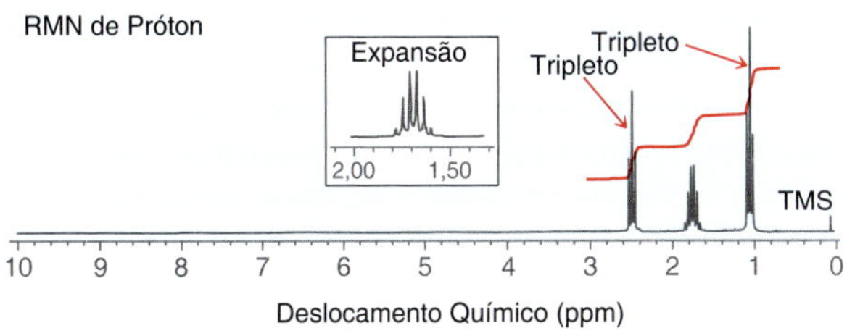

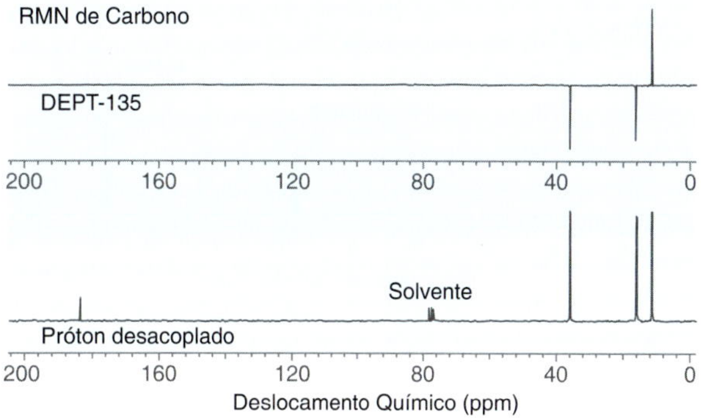

16.66 Deduza a estrutura de uma substância com a fórmula molecular $C_6H_{10}O_4$ que apresenta os seguintes espectros de IV, RMN de ^1H e RMN de ^{13}C (*Angew. Chem. Int. Ed.* **2011**, *50*, 8387–8390):

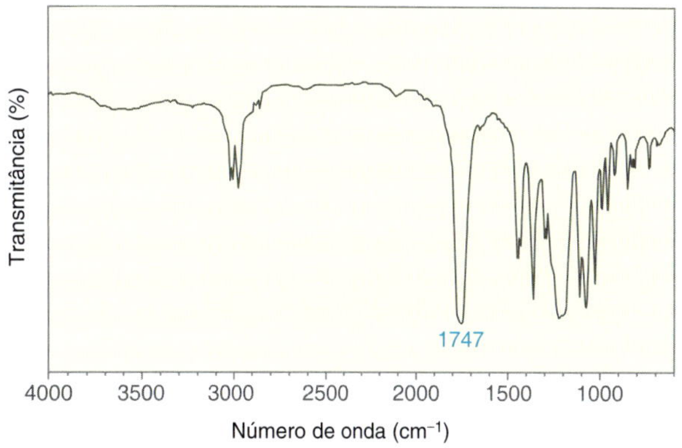

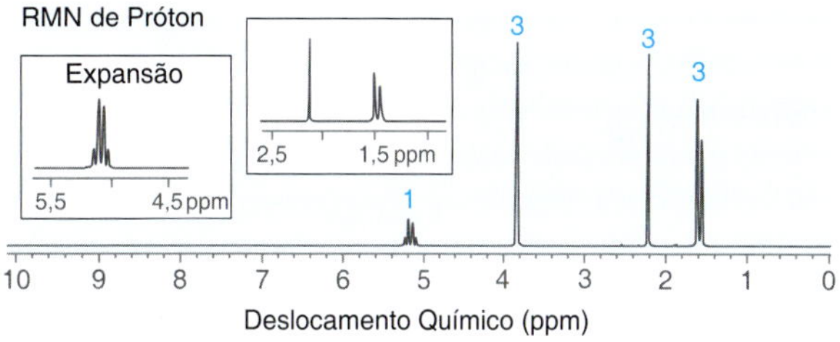

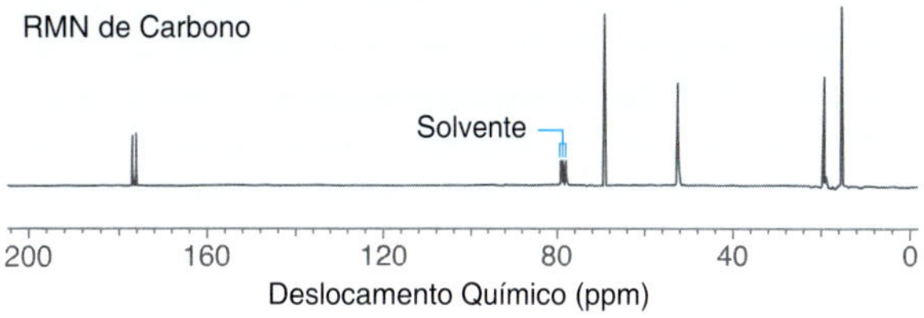

16.67 Deduza a estrutura de uma substância com a fórmula molecular $C_8H_{14}O_4$ que apresenta os seguintes espectros de IV, RMN de ^1H e RMN de ^{13}C:

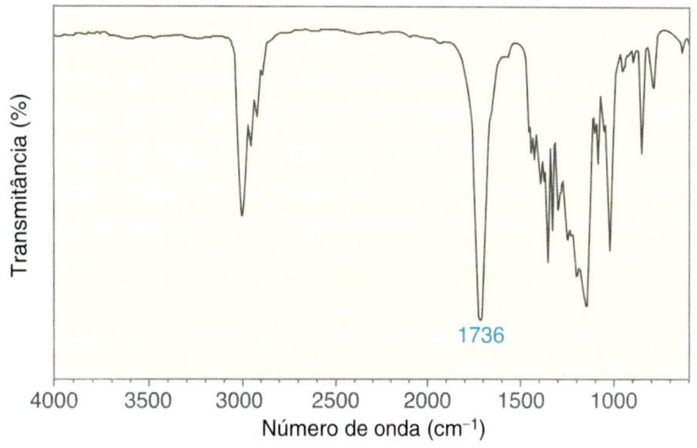

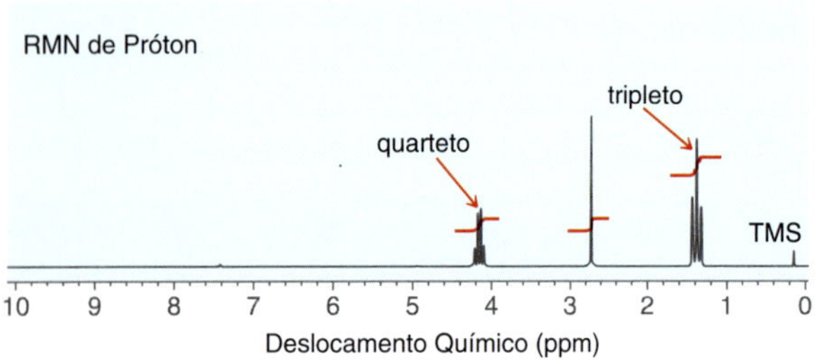

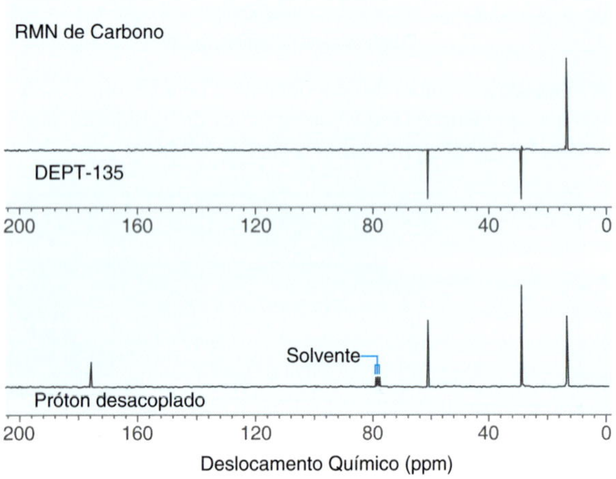

16.68 Deduza a estrutura de uma substância com a fórmula molecular $C_{12}H_8Br_2$ que apresenta os seguintes espectros de RMN de ^1H e de RMN de ^{13}C:

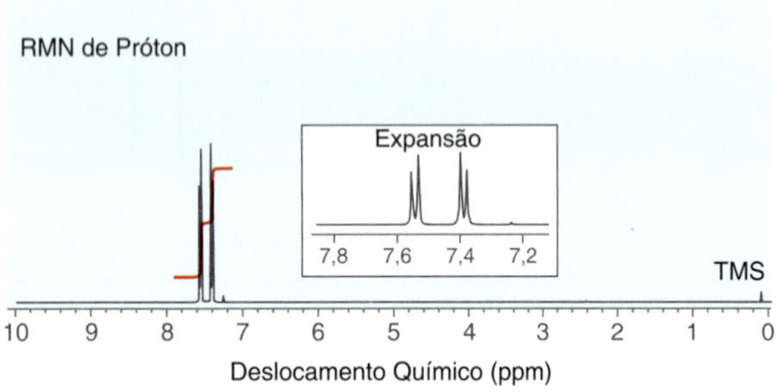

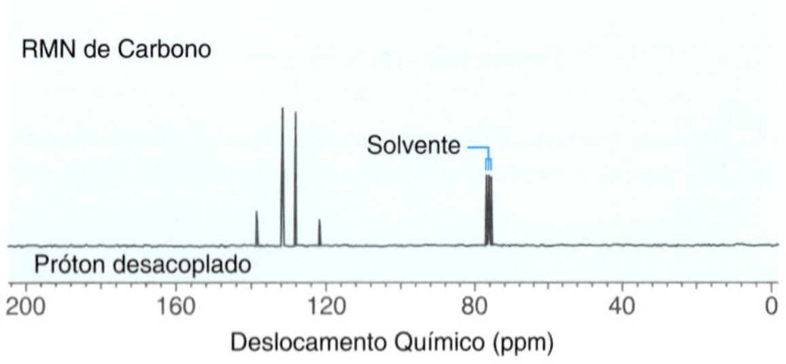

16.69 Uma substância desconhecida, apresenta os espectros de IV, RMN de ^1H e RMN de ^{13}C vistos a seguir. Em um espectro de massa dessa substância, o pico de $(M)^{+\bullet}$ aparece em m/z = 104, e o pico de $(M+1)^{+\bullet}$ tem 4,4% da altura do íon precursor. A análise elementar mostra que a substância consiste apenas de átomos de carbono, hidrogênio e oxigênio.

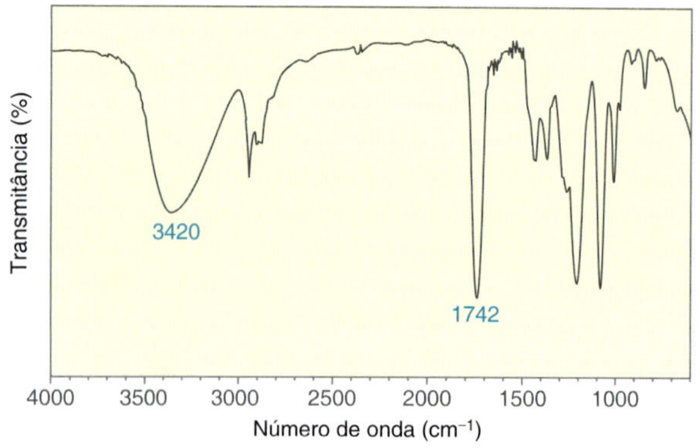

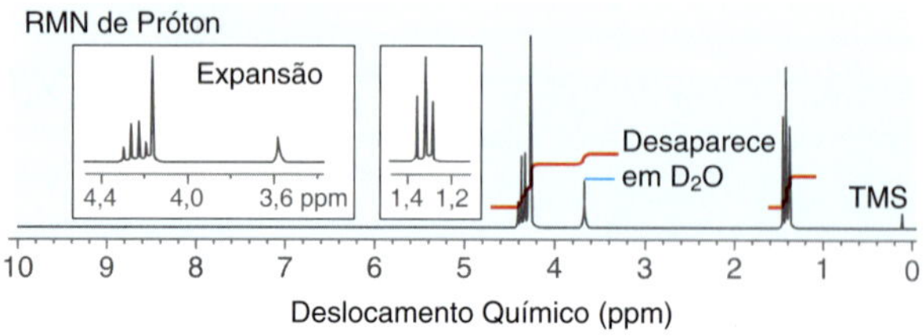

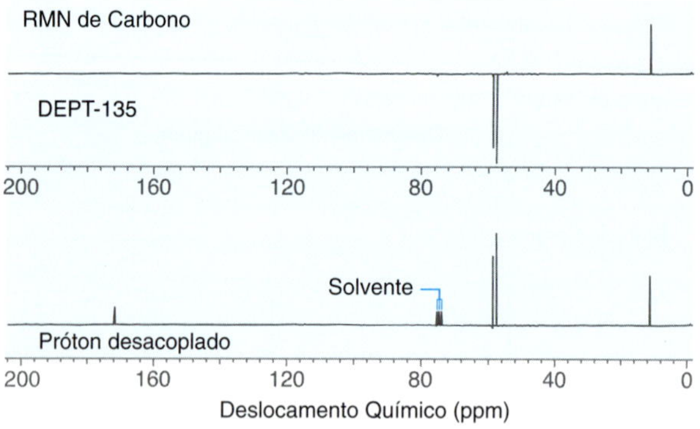

(a) Determine a fórmula molecular da substância.

(b) Deduza a estrutura da substância.

16.70 Considere a estrutura da *N,N*-dimetilformamida (DMF):

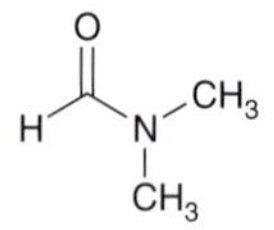

Poderíamos imaginar que os dois grupos metila fossem equivalentes; no entanto, tanto o próton como os espectros de RMN de carbono da DMF mostram dois sinais separados para os grupos metila. Proponha uma explicação para a não equivalência dos grupos metila. Você esperaria que os sinais colapsassem em um sinal em alta temperatura?

(*Sugestão*: Talvez seja interessante que você retorne para a Seção 2.12, do Volume 1, e considere o estado de hibridização do átomo de nitrogênio.)

16.71 Considere os dois grupos metila mostrados na substância vista a seguir. Explique por que o grupo metila no lado direito aparece em deslocamento químico menor.

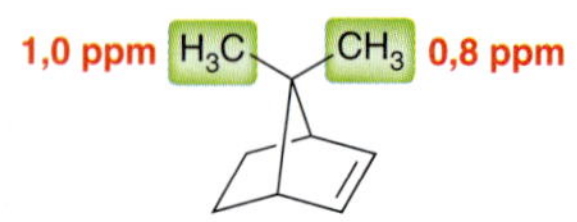

DESAFIOS

16.72 Brevianamida S, um produto natural antituberculose potente, foi recentemente isolado de um sedimento marinho recolhido ao largo da costa da China (*Org. Lett.* **2012**, *14*, 4770–4773). Preveja o deslocamento químico e determine a multiplicidade de cada sinal no espectro de RMN de ^{1}H da brevianamida S (os deslocamentos químicos foram obtidos em situações em que os valores de referência relevantes não foram abordados neste capítulo).

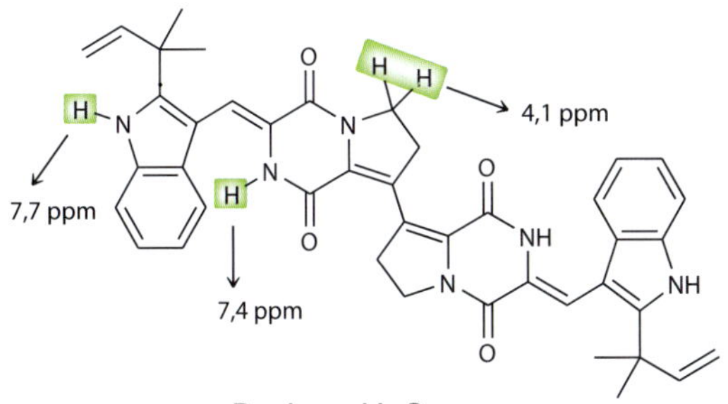

Brevianamida S

16.73 O sistema de anel hidronaftaceno consiste de cinco anéis fundidos de seis membros, como mostrado a seguir nas substâncias **3** e **4**. Um método para a construção desse sistema de anel envolve o tratamento da substância **1** com um carbeno de Fischer tal como **2**. Dois produtos diastereoméricos são obtidos, **3** e **4**, diferindo apenas na configuração em um centro de quiralidade (*Tetrahedron Lett.* **2011**, *52*, 4182–4185). Explique como você poderia distinguir esses dois produtos usando apenas RMN de ^{13}C.

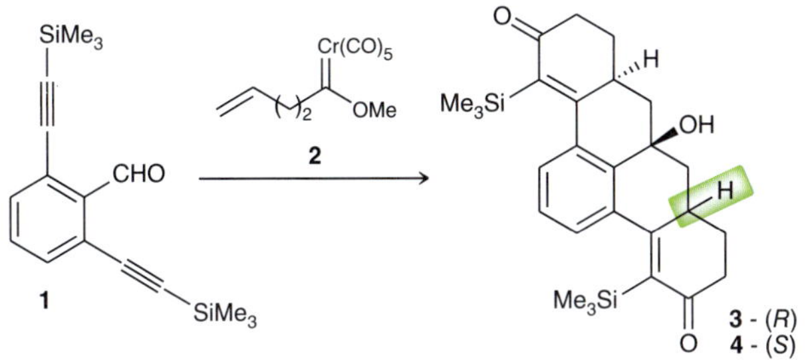

16.74 Tratamento de 1,3,6-ciclononatrieno (substância **1**), ou do seu derivado dimetila (substância **2**), com amida de potássio (KNH_2) em amônia líquida resulta na formação do ânion **1a** ou **2a**, respectivamente, (*J. Am. Chem. Soc.* **1973**, *95*, 3437–3438):

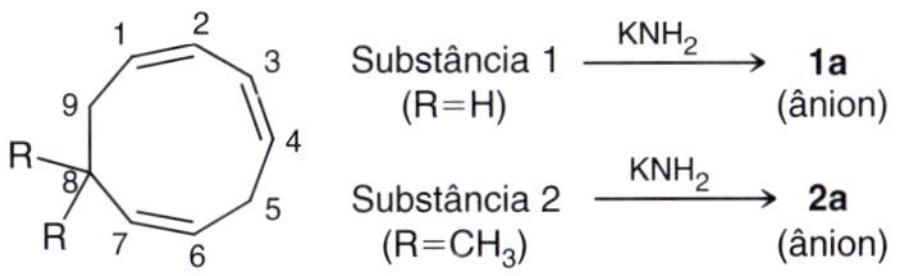

(a) Represente todas as quatro estruturas de ressonância da **1a**.

(b) Quantos sinais você espera no espectro de RMN de ^{1}H de **1a** e de **2a**?

(c) O espectro de RMN de ^{1}H de **1a** mostra sinais em 3,74 e 3,39 ppm, representando os prótons nas posições C1 e C3, respectivamente, enquanto os prótons nas posições C2 e C4 produzem sinais em 5,63 e 5,52 ppm, respectivamente. Explique os dois grupos distintos de sinais.

(d) No espectro de RMN de ^{1}H de **2a**, quantos sinais você espera que apareçam na faixa de 3-4 ppm, e quantos sinais na faixa de 5-6 ppm?

16.75 A substância **1** pode servir como um precursor para a síntese da flutamida (**2**), um fármaco utilizado no tratamento de câncer da próstata (*J. Chem. Ed.* **2003**, *80*, 1439–1443):

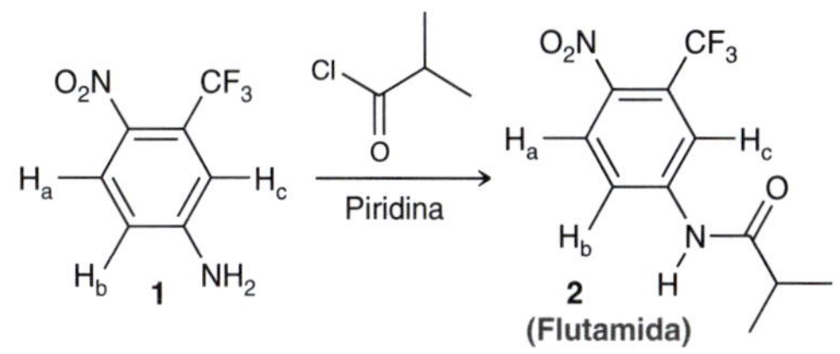

(a) A substância **1** tem três prótons aromáticos distintos, designados por H_a, H_b e H_c. Identifique qual o próton aromático que dá origem ao sinal mais campo baixo. Justifique sua escolha com uma análise dos efeitos de ressonância e dos efeitos indutivos.

(b) Considere os mesmos três prótons aromáticos na substância **2**. Você espera que esses três sinais estejam deslocados campo alto ou campo baixo em relação aos mesmos três sinais para a substância 1? Explique seu raciocínio e preveja que prótons são mais afetados pela transformação de **1** para **2**.

16.76 A cumarina (**1**) e os seus derivados apresentam um amplo leque de aplicações industriais, incluindo, mas não limitado a, cosméticos, conservantes de alimentos e laser de corantes fluorescentes. No espectro de RMN de ^{1}H da substância **2** (um derivado da cumarina), os dois sinais em campo baixo mais distantes estão em 7,38 e 8,42 ppm (*J. Chem. Ed.* **2006**, *83*, 287–289):

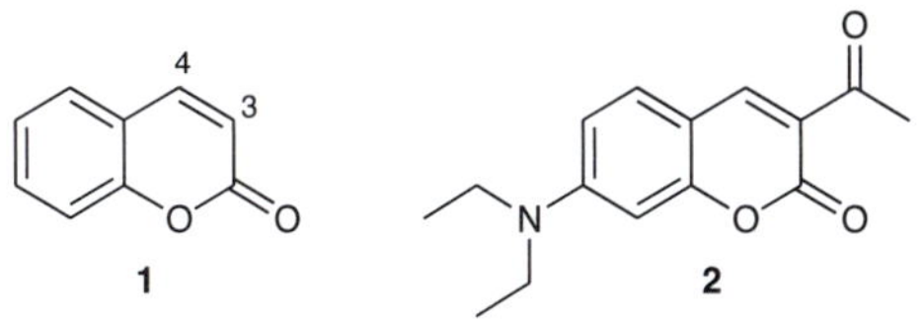

(a) Identifique os dois prótons que provavelmente dão origem a esses sinais e justifique a sua escolha utilizando estruturas de ressonância.

(b) Você espera que o sinal de IV correspondente à ligação C3–C4 seja um sinal mais forte na substância **1** ou na substância **2**? Explique seu raciocínio.

17

Sistemas Pi Conjugados e Reações Pericíclicas

VOCÊ JÁ SE PERGUNTOU...

como os alvejantes removem manchas que não são facilmente removíveis com detergentes comuns?

A maioria dos alvejantes não remove as manchas de verdade, em vez disso, reagem com as substâncias coloridas presentes nas manchas. A mancha continua lá, mas se tornou invisível. Quando iluminada com luz ultravioleta a mancha invisível pode ser novamente vista. Neste capítulo vamos estudar as características estruturais que fazem com que uma substância absorva luz visível. Especificamente, veremos que a cor é consequência de sistemas π conjugados especiais.

Neste capítulo vamos estudar as estruturas, propriedades e reações de sistemas π conjugados.

VOCÊ SE LEMBRA?

Antes de prosseguir, certifique-se de que você compreende os seguintes tópicos.
Se for necessário, faça uma revisão das seções sugeridas para se preparar para este capítulo.

- Teoria do orbital molecular e ligações π (Seções 1.8, 1.9)
- Entalpia, entropia e energia livre de Gibbs (Seções 6.1-6.3)
- Conformações (Seções 4.7, 4.8)
- Equilíbrio, cinética e diagramas de energia (Seções 6.4-6.6)

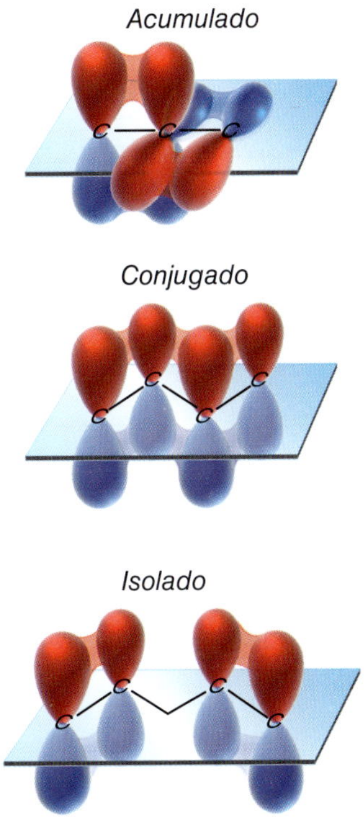

FIGURA 17.1
Arranjo espacial relativo de orbitais *p* em dienos acumulados, dienos conjugados e dienos isolados.

17.1 Classes de Dienos

Dienos são substâncias que possuem duas ligações C=C. Dependendo da proximidade dessas ligações π os dienos são classificados como acumulados (cumulenos), conjugados ou isolados.

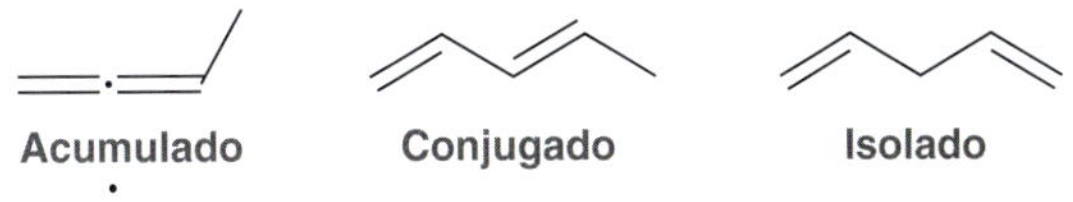

- Em **dienos acumulados**, também conhecidos como *alenos*, as ligações π são adjacentes.
- Em **dienos conjugados**, as ligações π são separadas por exatamente uma ligação σ.
- Em **dienos isolados**, as ligações π estão separadas por duas ou mais ligações σ.

A proximidade das ligações π é essencial para a compreensão da estrutura e reatividade de um dieno. Particularmente, considere um arranjo de orbitais *p* em cada um dos dienos na Figura 17.1. Dienos conjugados representam uma categoria especial, porque contêm um sistema contínuo de orbitais *p* sobrepostos, isto é, duas ligações π juntas constituem um grupo funcional composto de quatro orbitais *p* sobrepostos. Dessa maneira, dienos conjugados apresentam propriedades e reatividade especiais.

Uma ligação π C=C pode também estar conjugada com outros tipos de ligações π, tal como grupos carbonila.

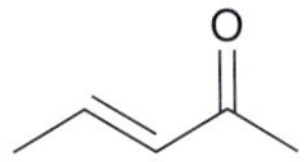

Uma enona conjugada

Este capítulo será centrado nas propriedades e na reatividade de dienos conjugados.

VERIFICAÇÃO CONCEITUAL

17.1 Para cada uma das substâncias a seguir, identifique se o sistema π C=C é acumulado, conjugado ou isolado:

(a) 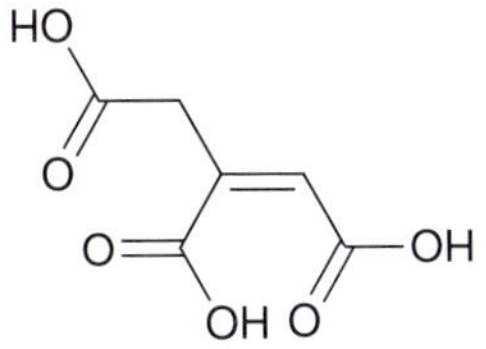

Ácido *cis*-aconítico
Tem papel no ciclo do ácido cítrico

(b) 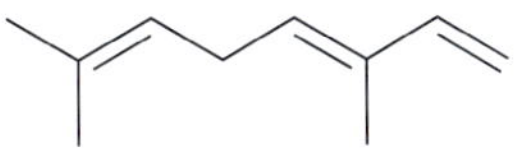

Ocimeno
Presente no óleo essencial de várias plantas

(c) 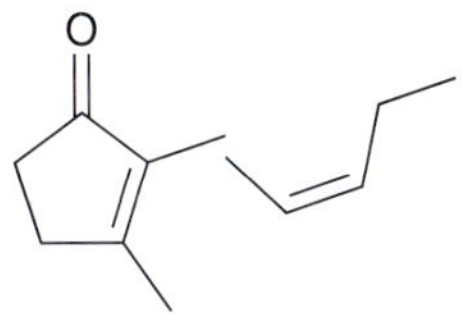

***cis*-Jasmona**
Um constituinte de diversos perfumes

(d) 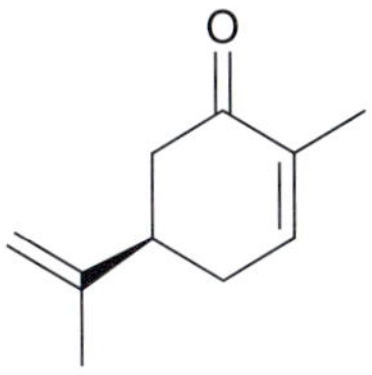

(*R*)-Carvona
Responsável pelo odor de hortelã.

17.2 Dienos Conjugados

Preparação

Dienos conjugados podem ser preparados a partir de haletos alílicos por meio de um processo de eliminação.

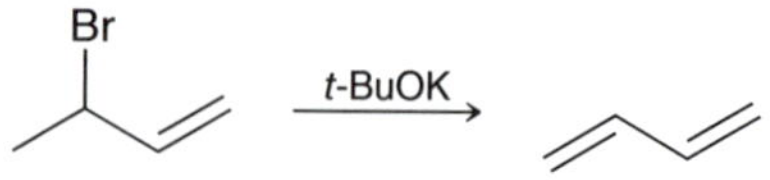

Uma base estericamente impedida, tal qual o *terc*-butóxido de potássio, é utilizada para evitar a competição da reação que ocorre com a reação S_N2. Dienos conjugados podem também ser formados a partir de dialetos em dois processos de eliminação sucessivos.

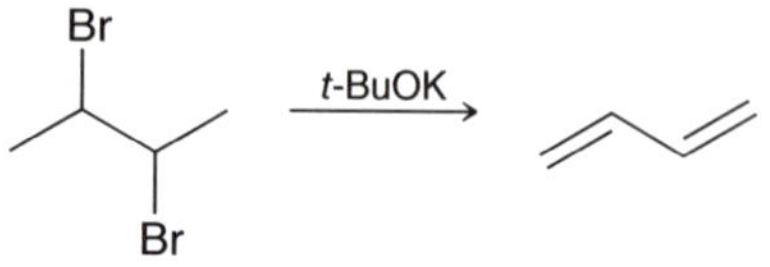

Comprimento das Ligações

Compare o comprimento das seguintes ligações simples:

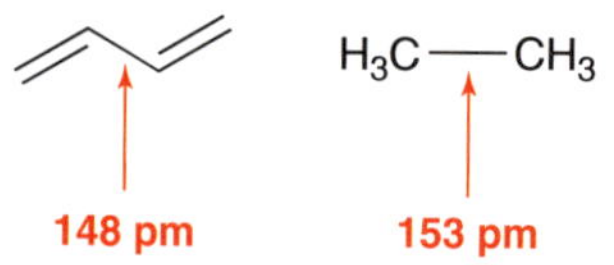

Uma ligação simples em um dieno conjugado é mais curta que uma ligação C–C típica. Existem algumas maneiras de explicarmos essa observação. O modo mais simples provém de uma análise dos estados de hibridização envolvidos:

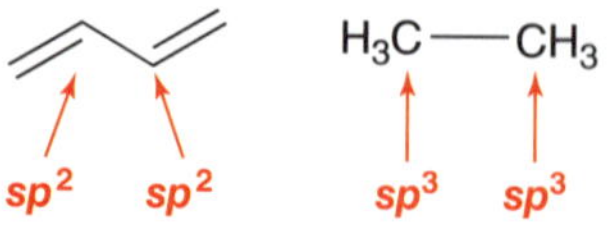

A ligação C–C de um dieno conjugado é formada pela sobreposição de dois orbitais híbridos sp^2, enquanto a ligação C–C no etano é formada a partir da sobreposição de dois orbitais híbridos sp^3. Os orbitais sp^2 têm mais caráter *s* do que orbitais híbridos sp^3 (Figura 17.2).

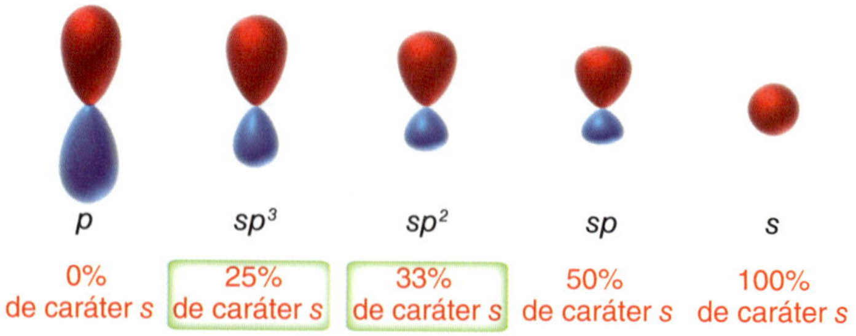

FIGURA 17.2
O percentual de "caráter s" para orbitais atômicos.

Dessa forma, a densidade eletrônica de um orbital híbrido sp^2 será mais próxima do núcleo do que a densidade eletrônica de orbitais híbridos sp^3 e, como resultado, a ligação entre dois orbitais híbridos sp^2 será mais curta que uma ligação entre dois orbitais híbridos sp^3.

Estabilidade

Podemos comparar a estabilidade relativa de dienos conjugados e dienos isolados comparando seus calores de hidrogenação. Por exemplo, compare os calores de hidrogenação do 1-buteno e do 1,3-butadieno (Figura 17.3). Esperamos que o calor de hidrogenação para 2 mols de 1-buteno

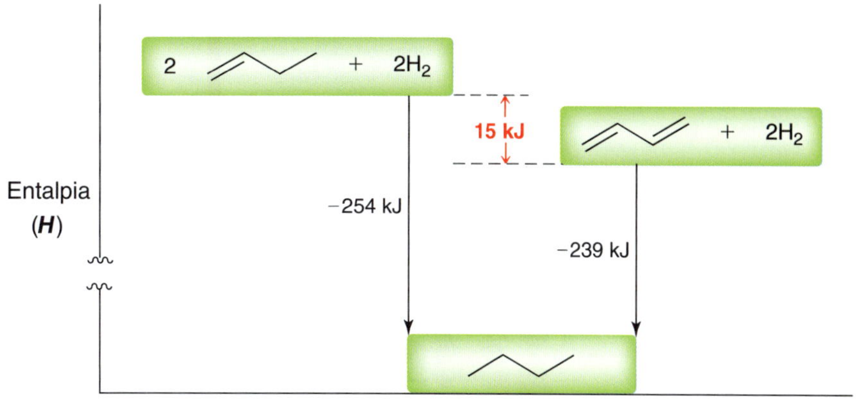

FIGURA 17.3
Comparação dos calores de hidrogenação de ligações π isolada e conjugada.

seja igual ao calor de hidrogenação para 1 mol de 1,3-butadieno. Afinal de contas ambas as reações produzem butano como único produto. Os experimentos revelam, no entanto, que o calor de hidrogenação para um dieno conjugado é menor que o esperado. Esses resultados sugerem que ligações duplas conjugadas são mais estáveis que ligações duplas isoladas, e podemos determinar que a *energia de estabilização* associada a um dieno conjugado é de aproximadamente 15 kJ/mol. A origem dessa energia de estabilização será discutida na Seção 17.3.

VERIFICAÇÃO CONCEITUAL

17.2 Identifique os reagentes necessários para converter o ciclo-hexano no 1,3-ciclo-hexadieno: observe que o material de partida não possui grupos de saída e não pode simplesmente ser tratado com uma base forte. Antes, é preciso introduzir uma função no material de partida (Para ajuda com a introdução de grupos funcionais, veja a Seção 12.2).

17.3 Ordene as três ligações C–C do 1-buteno em relação ao comprimento de ligação (da menor para a maior).

17.4 Compare os três dienos isoméricos a seguir:

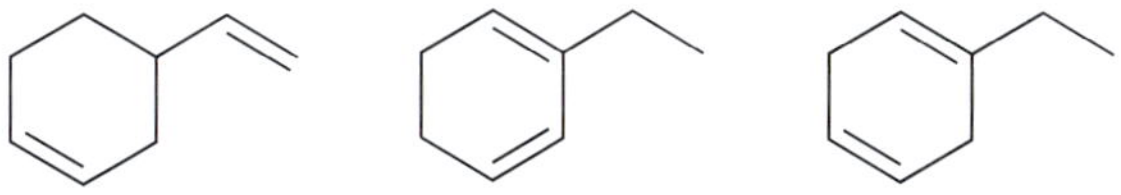

(a) Qual a substância que liberará o calor mínimo na hidrogenação com 2 mols de gás hidrogênio? Por quê?

(b) Qual a substância que liberará o maior calor na hidrogenação com 2 mols de gás hidrogênio? Por quê?

17.5 Identifique a substância mais estável:

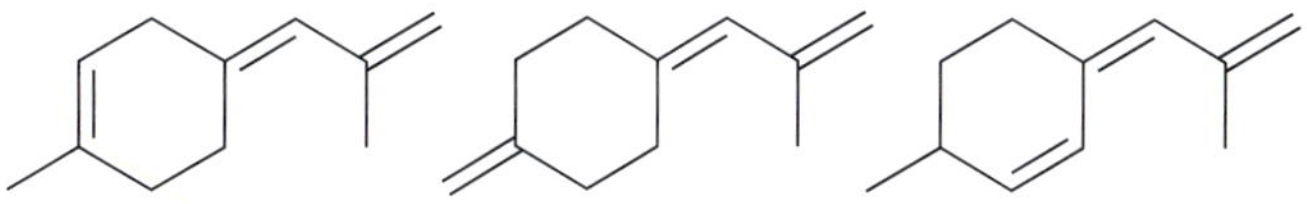

As Conformações do 1,3-Butadieno

Na temperatura ambiente, o 1,3-butadieno possui rotação livre com relação à ligação C2–C3, dando origem a dois importantes confôrmeros.

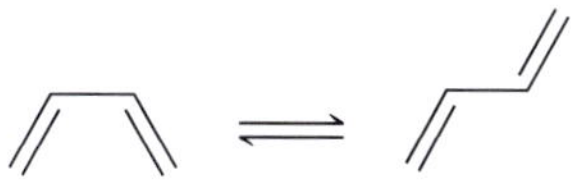

No confôrmero ***s-cis***, a disposição das duas ligações π em relação à ligação simples que as conecta é do tipo *cis* (ângulo diédrico de 0°). No confôrmero ***s-trans***, a disposição das ligações π em relação à ligação simples que as conecta é do tipo *trans* (ângulo diédrico de 180°). Em cada um desses confôrmeros os orbitais *p* se sobrepõem, conduzindo efetivamente a um sistema π conjugado, contínuo (Figura 17.4).

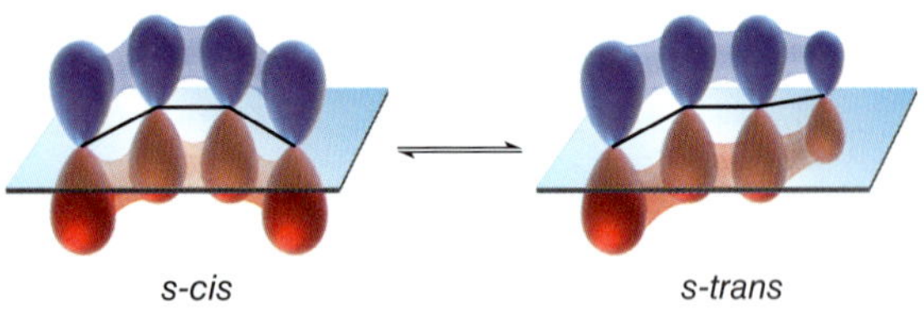

FIGURA 17.4
Os orbitais *p* do 1,3-butadieno estão efetivamente sobrepostos em ambos os confôrmeros *s-cis* e *s-trans*.

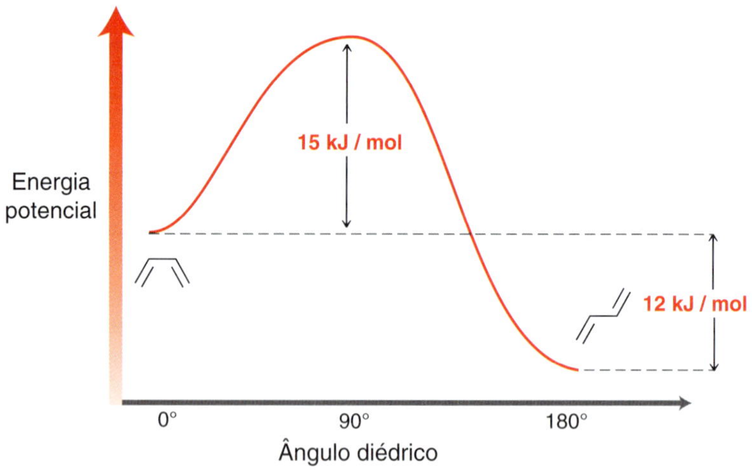

FIGURA 17.5
Diagrama de energia que ilustra o equilíbrio entre as conformações *s-cis* e *s-trans*.

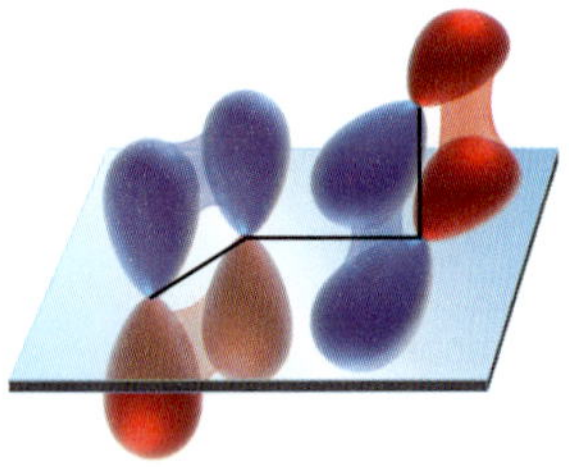

FIGURA 17.6 Os orbitais *p* do 1,3-butadieno são sobrepõem efetivamente quando a ligação C2–C3 é girada por 90°.

Na temperatura ambiente, esses dois confôrmeros se interconvertem rapidamente, estabelecendo um equilíbrio (Figura 17.5). A energia de ativação para a conversão do confôrmero *s-cis* para o confôrmero *s-trans* é de aproximadamente 15 kJ/mol, equivalente à energia de estabilização associada com ligações duplas conjugadas. Em outras palavras, o efeito de estabilização da conjugação é completamente destruído quando a ligação C2–C3 é girada por 90º. Em tal conformação de alta energia as duas ligações π não se sobrepõem efetivamente, de modo que elas são essencialmente equivalentes a duas ligações duplas isoladas (Figura 17.6).

Devido a fatores estéricos, o confôrmero *s-trans* é significativamente menos energético que o confôrmero *s-cis*, de modo que o confôrmero *s-trans* é favorecido no equilíbrio. A qualquer instante, aproximadamente 98% das moléculas assumem a conformação *s-trans*, enquanto apenas 2% das moléculas assumem a conformação *s-cis*.

17.3 Teoria do Orbital Molecular

Durante todo este capítulo utilizaremos a teoria do orbital molecular (OM) para explicar a reatividade de sistemas π conjugados. Essa seção é projetada para rever e introduzir alguns aspectos básicos da teoria do orbital molecular.

Lembre-se de que uma ligação π é construída a partir da sobreposição de orbitais *p* (Figura 1.29). De acordo com a teoria OM, esses dois orbitais *p* atômicos são matematicamente combinados e produzem dois novos orbitais, chamados *orbitais moleculares*. Existe uma grande diferença entre um orbital atômico e um orbital molecular. Especificamente, elétrons que ocupam orbitais atômicos estão individualmente associados a um átomo, enquanto elétrons que ocupam um orbital molecular estão associados à molécula como um todo. Na Seção 1.9, discutimos os orbitais moleculares associados à ligação π do etileno (Figura 17.7). De acordo com a teoria OM, os dois orbitais atômicos *p* são substituídos por dois orbitais moleculares – um orbital molecular ligante e um orbital molecular antiligante. O OM antiligante apresenta um nó que está ausente no OM ligante (mostrado na Figura 17.7) e é, portanto, de maior energia que o OM ligante. A ligação π é resultado da capacidade dos elétrons π em alcançarem um estado de energia menor ao ocuparem o OM ligante.

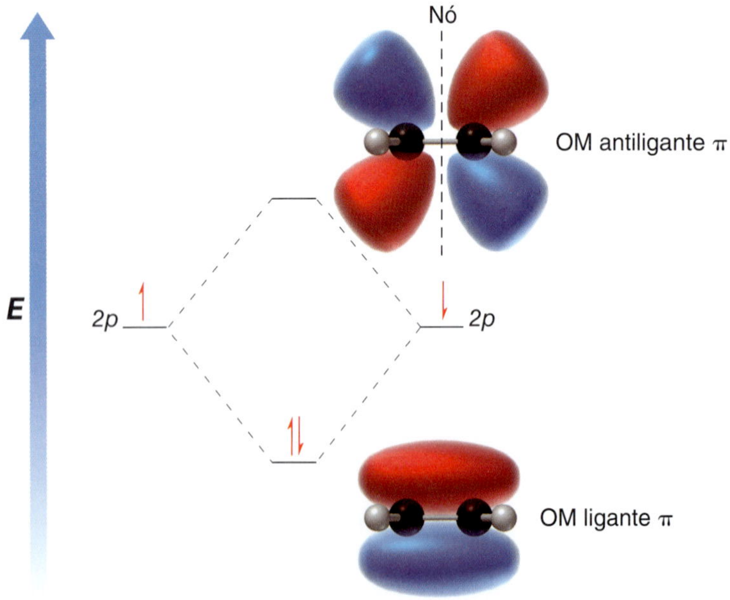

FIGURA 17.7
Diagrama de energia que mostra imagens dos orbitais moleculares ligantes e antiligantes associados à ligação π no etileno.

Orbitais Moleculares do Butadieno

Um dieno conjugado, tal qual o 1,3-butadieno, é formado pela sobreposição de quatro orbitais *p*. De acordo com a teoria dos orbitais moleculares, esses quatro orbitais atômicos *p* são combinados matematicamente, formando quatro orbitais moleculares (Figura 17.8). O OM de menor energia (ψ_1) não tem nenhum nó vertical. O próximo OM (ψ_2) possui um nó vertical, e cada OM de energia mais elevada possui um nó vertical adicional. Esses quatro orbitais moleculares são normalmente representados por figuras, como na Figura 17.9. Apesar de essas representações parecerem com orbitais *p*, na verdade elas são utilizadas para representar orbitais *moleculares* em vez de orbitais *atômicos*. Essas representações são um método rápido para a representação das fases e dos nós dos orbitais moleculares da Figura 17.8. Utilizaremos esse método muitas vezes neste capítulo, de modo que é importante compreender que essas representações são representações simplificadas dos orbitais moleculares.

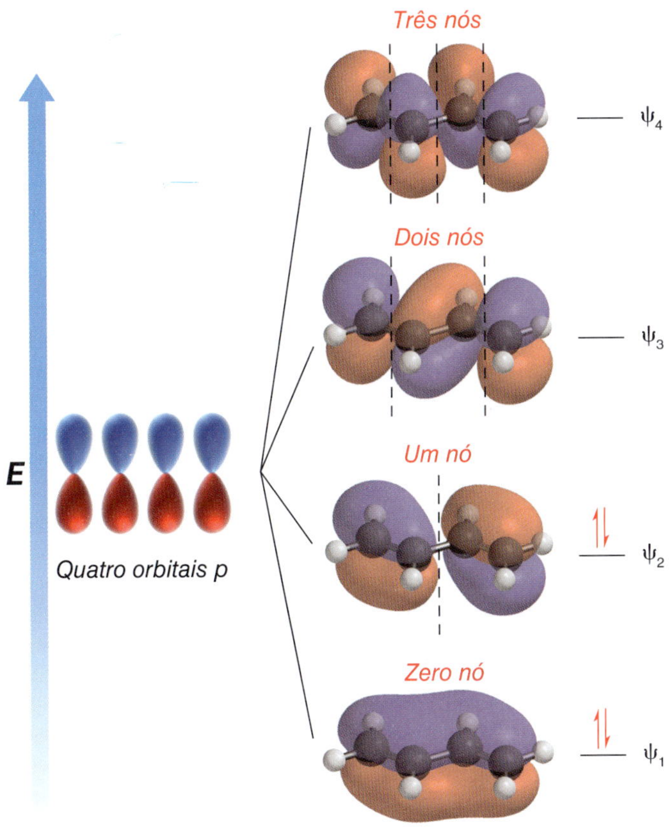

FIGURA 17.8
Orbitais moleculares do 1,3-butadieno.

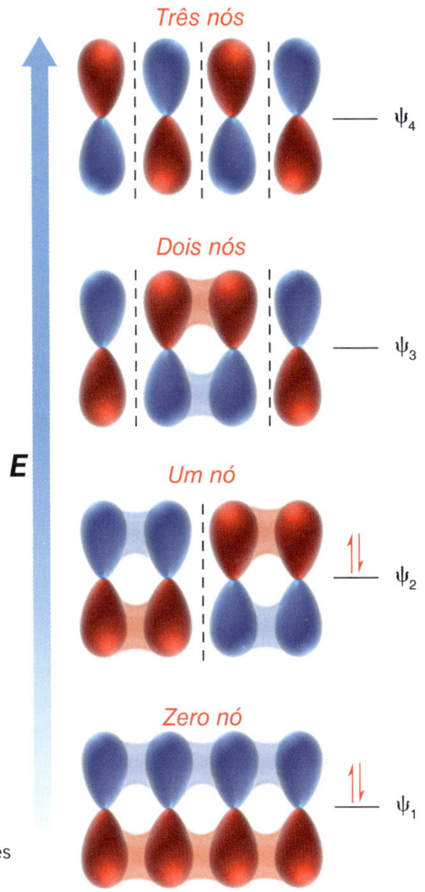

FIGURA 17.9
Representação simplificada dos orbitais moleculares do 1,3-butadieno.

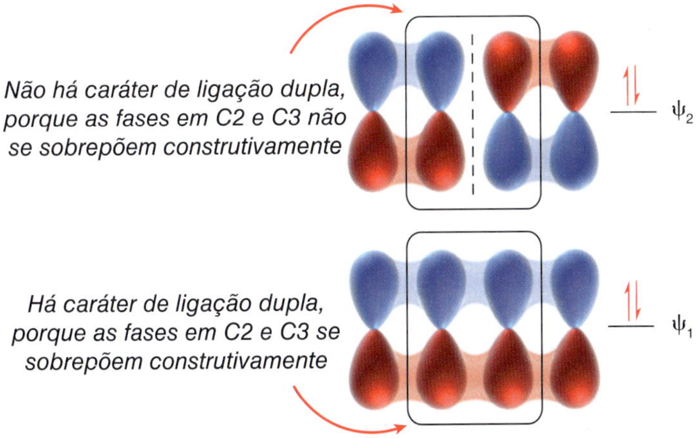

FIGURA 17.10
Os orbitais moleculares ocupados do 1,3-butadieno.

A teoria dos orbitais moleculares fornece uma explicação para a estabilidade associada aos dienos conjugados, como discutido na Seção 17.2. Como foi visto na Figura 17.9 os quatro elétrons π de um dieno conjugado ocupam os dois orbitais moleculares de menor energia (os orbitais moleculares ligantes). Assim, vamos centralizar a nossa atenção sobre esses dois orbitais moleculares. O OM de menor energia (ψ_1) apresenta um caráter de ligação dupla em C2–C3, enquanto o segundo OM (ψ_2), não (Figura 17.10). Todos os quatro elétrons π ocupam esses dois orbitais moleculares (ψ_1 e ψ_2).

Portanto, a ligação entre C2–C3 apresenta algum caráter de ligação dupla e de ligação simples. A teoria OM nos fornece, portanto, um modo alternativo de explicar o comprimento de ligação mais curto da ligação C2–C3. A teoria OM também explica a energia de estabilização associada a um dieno conjugado. Especificamente os dois elétrons que ocupam ψ_1 estão deslocalizados sobre os quatro átomos de carbono. Essa deslocalização é responsável pela energia de estabilização discutida na seção anterior.

Orbitais Moleculares do Hexatrieno

Um trieno conjugado, tal qual o 1,3,5-hexatrieno, é formado por seis orbitais *p* que se sobrepõem. De acordo com a teoria OM, esses seis orbitais são combinados matematicamente, produzindo seis orbitais moleculares (Figura 17.11). Nesse caso, os seis elétrons π ocupam os três orbitais moleculares de menor energia (os orbitais moleculares ligantes). Desses três orbitais moleculares, o de maior energia é chamado de *Orbital Molecular Ocupado de Maior Energia* (do inglês *H*ighest *O*ccupied *M*olecular *O*rbital – HOMO). Dos três orbitais moleculares remanescentes não ocupados (os orbitais moleculares antiligantes), o de menor energia é chamado de *Orbital Molecular Desocupado de Menor Energia* (do inglês *L*owest *U*noccupied *M*olecular *O*rbital – **LUMO**).

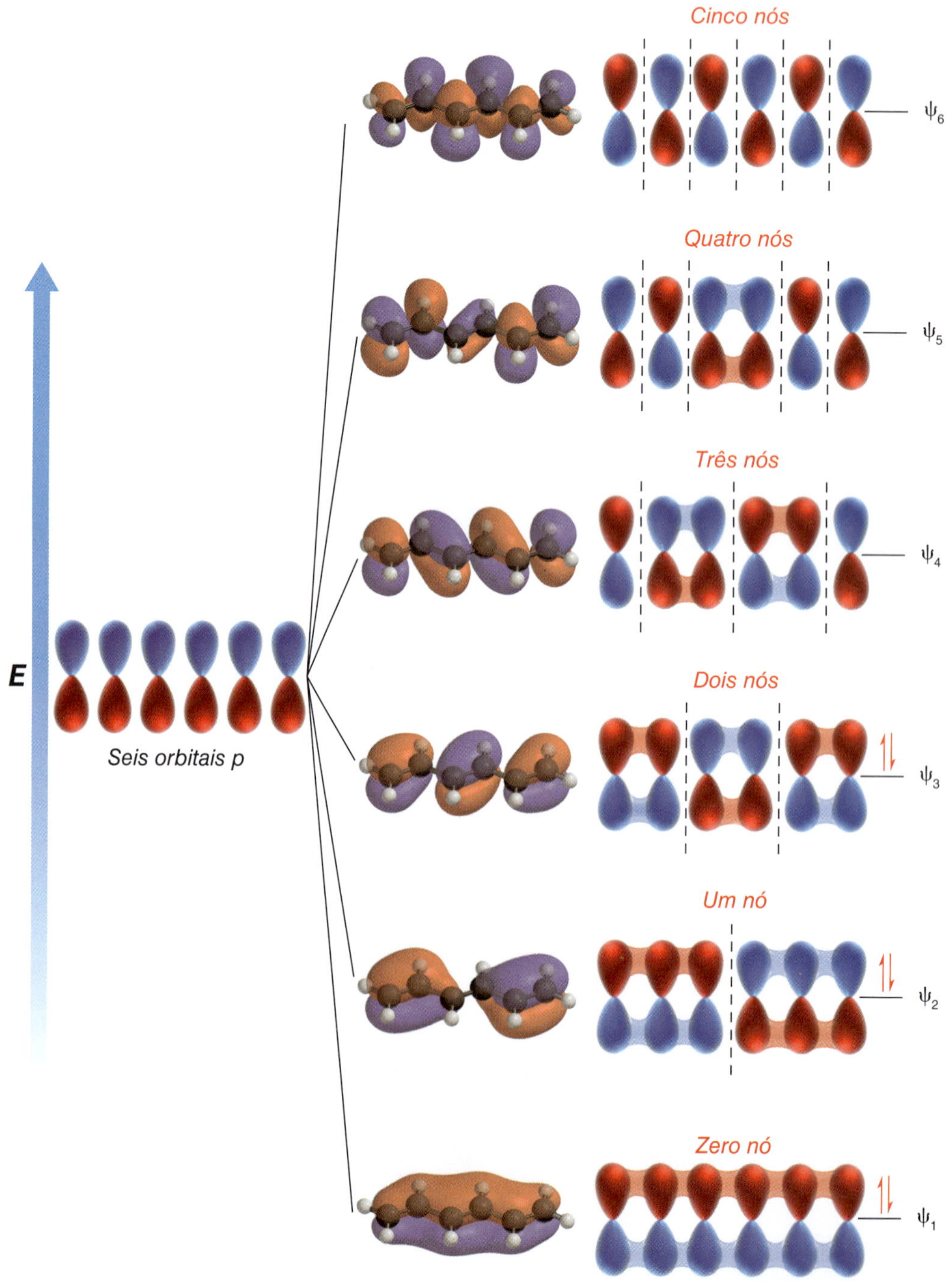

FIGURA 17.11
Os orbitais moleculares do 1,3,5-hexatrieno.

Para qualquer polieno conjugado, o HOMO e o LUMO são os orbitais moleculares mais importantes a serem considerados e são chamados de **orbitais de fronteira**. O HOMO contém os elétrons π de mais alta energia, que são mais prontamente disponíveis para participar de uma reação, enquanto o LUMO é o OM de menor energia que é capaz de aceitar densidade eletrônica. Durante todo este capítulo, vamos explorar a reatividade de polienos conjugados centralizando a nossa atenção em seus orbitais de fronteira, o HOMO e o LUMO. Essa abordagem, chamada de **teoria dos orbitais de fronteira**, foi inicialmente desenvolvida em 1954 por Kenichi Fukui (Kyoto University, Japão), um dos laureados com o Prêmio Nobel de Química de 1981.

Sistemas π conjugados são capazes de interagir com a luz, um fenômeno que discutiremos mais detalhadamente no final deste capítulo. Sob condições adequadas, um elétron π do HOMO pode absorver um fóton com a energia necessária para promover o elétron para o LUMO. Por exemplo, considere a excitação fotoquímica do hexatrieno (Figura 17.12). No estado fundamental (anterior à excitação) o HOMO é ψ_3, mas no **estado excitado**, o HOMO é ψ_4. A excitação causa uma mudança na identidade dos orbitais de fronteira. A capacidade da luz em afetar os orbitais de fronteira será importante na Seção 17.9, quando discutiremos as reações induzidas pela luz, conhecidas como **reações fotoquímicas**.

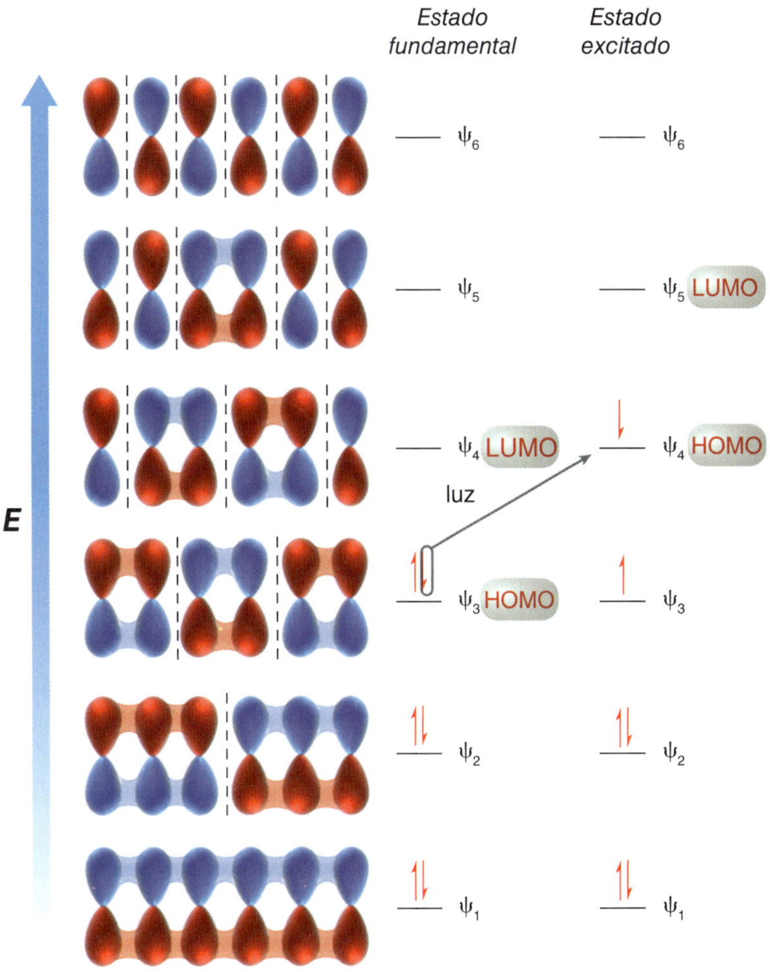

FIGURA 17.12
Diagrama de energia representando a configuração eletrônica do estado fundamental e excitado do 1,3,5-hexatrieno.

VERIFICAÇÃO CONCEITUAL

17.6 Represente um diagrama de energia mostrando os níveis de energia dos orbitais moleculares para o 1,3,5,7-octatetraeno e identifique o HOMO e o LUMO para os estados fundamental e excitado.

17.4 Adição Eletrofílica

Adição de HX ao 1,3-Butadieno

Na Seção 9.3 aprendemos sobre a adição de HX a um alqueno.

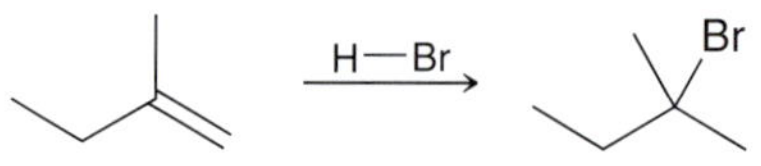

Vimos que a reação ocorre via adição Markovnikov, isto é, o bromo é posicionado no carbono mais substituído. Esse resultado regioquímico foi explicado pelo mecanismo proposto a seguir, composto de duas etapas:

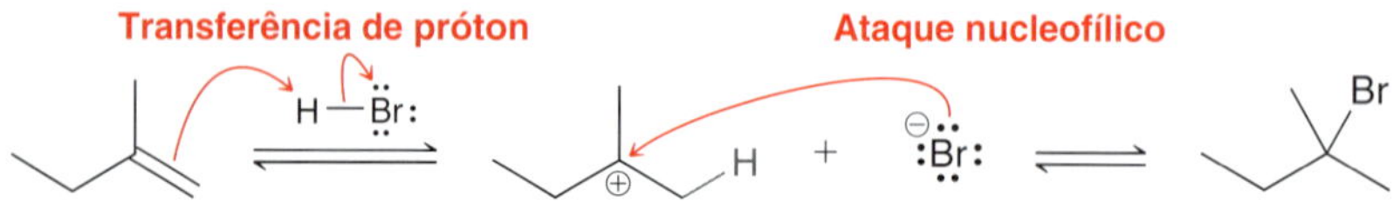

A primeira etapa do mecanismo controla o resultado regioquímico. Especificamente, a protonação fornece o carbocátion terciário, mais estável, em vez do carbocátion primário, menos estável.

Quando o butadieno é tratado com HBr, um processo similar ocorre, mas observamos dois produtos principais.

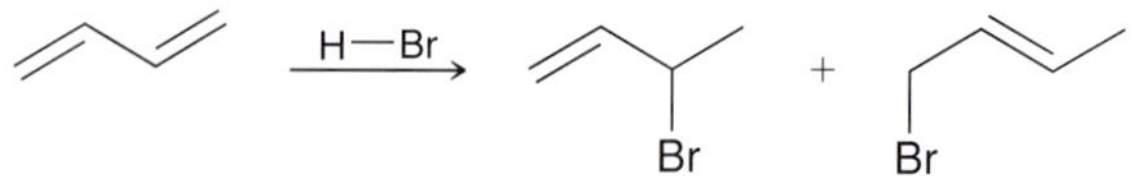

A formação desses dois produtos pode ser explicada por meio de um mecanismo similar de duas etapas: protonação para formar um carbocátion seguido de ataque nucleofílico. Na primeira etapa, a protonação gera o carbocátion alílico, estabilizado por ressonância, mais estável, em vez de um carbocátion primário, menos estável.

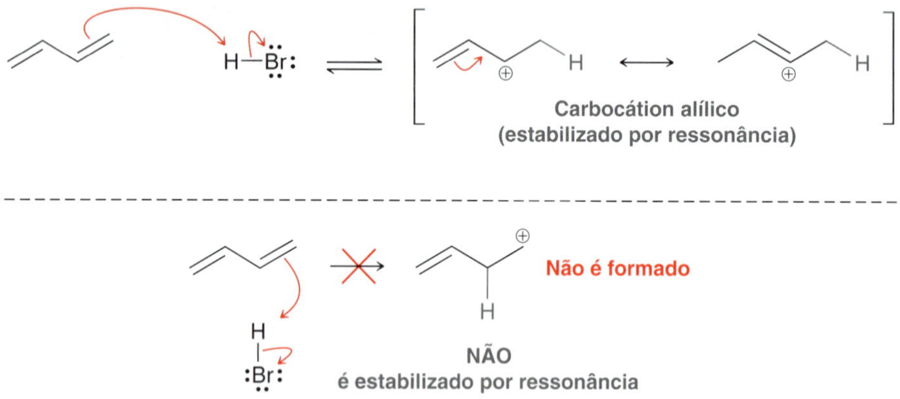

O carbocátion alílico é então alvo de um ataque nucleofílico em duas posições, o que conduz a dois produtos diferentes.

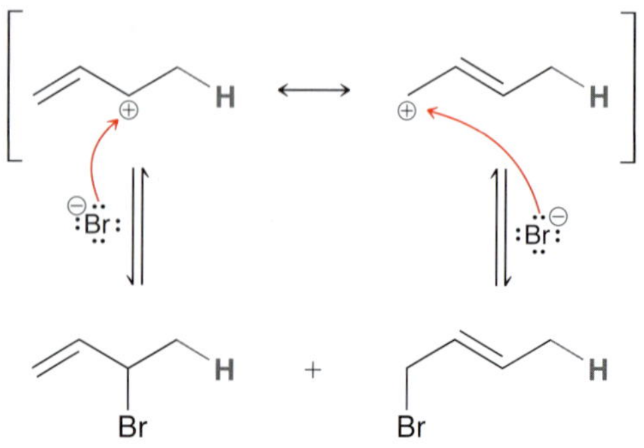

Dizemos que esses produtos são resultado de uma **adição-1,2** e uma **adição-1,4**, respectivamente. Essa terminologia deriva do fato de o dieno de partida possuir um sistema π deslocalizado sobre os quatro átomos de carbono, e as posições dos átomos de H e Br estão em C1 e C2 ou em C1 e C4. Os produtos são chamados de **aduto-1,2** e **aduto-1,4**, respectivamente.

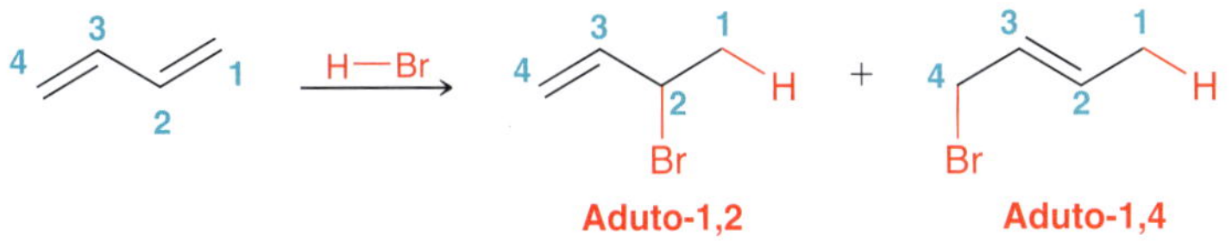

A distribuição exata dos produtos (a razão entre os produtos) é dependente da temperatura. Essa dependência será explorada em detalhes na próxima seção. Por enquanto, vamos praticar a representação dos dois produtos e mostrar o mecanismo de sua formação.

DESENVOLVENDO A APRENDIZAGEM

17.1 PROPOSIÇÃO DO MECANISMO E PREVISÃO DOS PRODUTOS DA ADIÇÃO ELETROFÍLICA A DIENOS CONJUGADOS

APRENDIZAGEM Preveja os produtos da reação a seguir e proponha um mecanismo que explique a formação de cada produto.

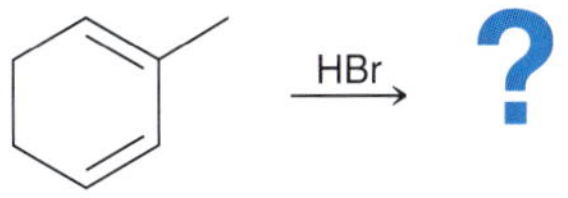

SOLUÇÃO

Este problema envolve a adição de HBr a um sistema π conjugado. Esperamos, portanto, que o mecanismo apresente duas etapas: (1) transferência de próton e (2) ataque nucleofílico. De modo a predizer os produtos de forma correta, temos de explorar o mecanismo e identificar o carbocátion que é formado. Em outras palavras, temos de considerar cuidadosamente a regioquímica da etapa de protonação. Nesse caso, existem quatro posições distintas onde o próton pode ser colocado.

ETAPA 1
Identificação das posições possíveis onde pode ocorrer a protonação.

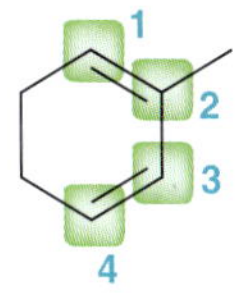

A protonação em C2 ou C3 não produzirá um carbocátion alílico.

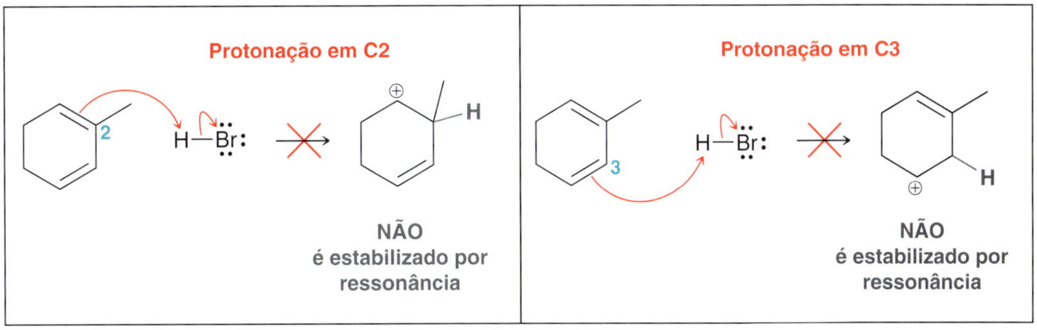

Em ambos os casos, a protonação produz um carbocátion secundário, que não é estabilizado por ressonância. Apenas a protonação em C1 ou C4 produzirá um carbocátion alílico:

ETAPA 2
Determinar as posições onde a protonação produzirá um carbocátion alílico.

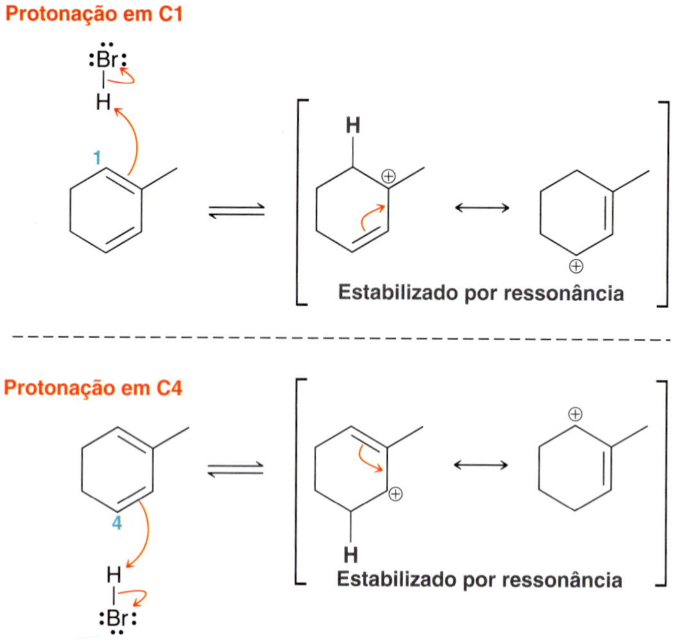

Nesse exemplo existem dois diferentes carbocátions alílicos intermediários que podem ser formados, cada um deles é estabilizado por ressonância. De modo a representar todos os possíveis produtos, considere a consequência do ataque nucleofílico em cada posição eletrofílica possível em cada um dos carbocátions alílicos:

ETAPA 3
Representação do ataque nucleofílico que ocorre em cada posição eletrofílica possível.

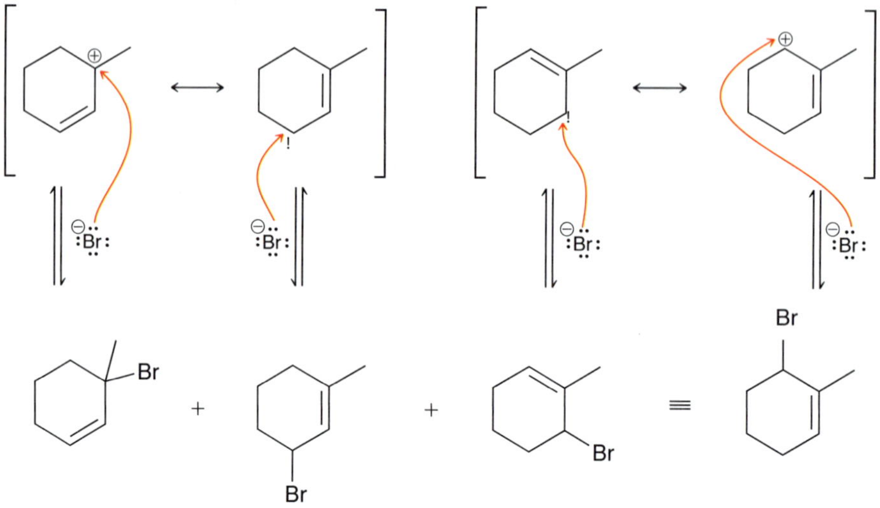

As duas últimas representações são para a mesma substância, fornecendo um total de três isômeros constitucionais esperados.

PRATICANDO o que você aprendeu

17.7 Preveja os produtos de cada uma das seguintes reações e proponha um mecanismo que explique a formação de cada produto:

(a) 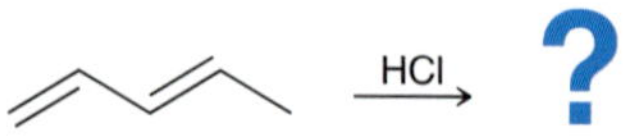

(b) 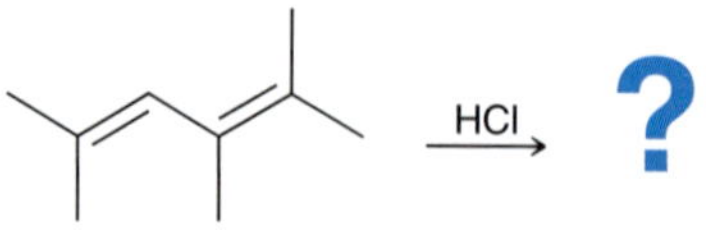

(c) 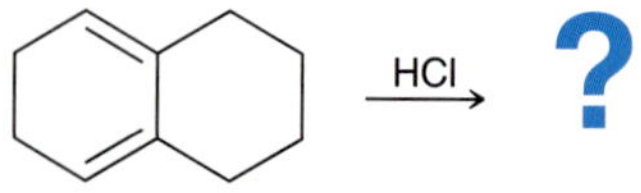

(d) 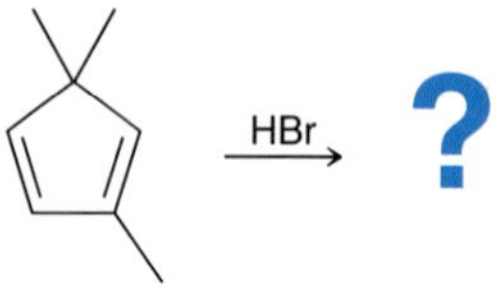

(e) 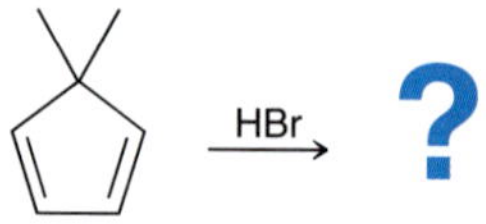

(f) 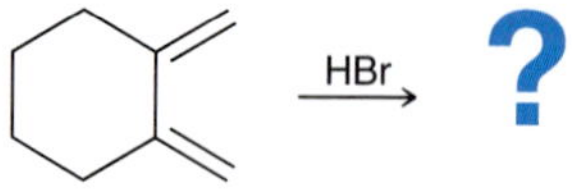

APLICANDO o que você aprendeu

17.8 Considere os dois dienos a seguir. Quando tratados com HBr, um deles forma quatro produtos, enquanto o outro, forma apenas dois produtos. Explique.

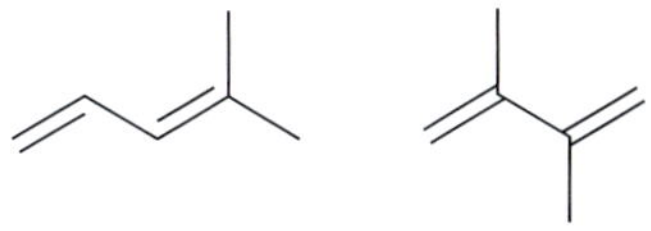

17.9 Proponha a estrutura de um dieno conjugado para o qual a adição-1,2 de HBr produz o mesmo produto de uma adição-1,4 de HBr.

é necessário **PRATICAR MAIS? Tente Resolver os Problemas 17.35, 17.38.**

Adição de Br_2 ao 1,3-Butadieno

Muitos outros eletrófilos irão também se adicionar a sistemas π conjugados, produzindo na mistura de adutos-1,2 e adutos-1,4. Por exemplo, o bromo irá se adicionar ao 1,3-butadieno para produzir a mistura de produtos a seguir.

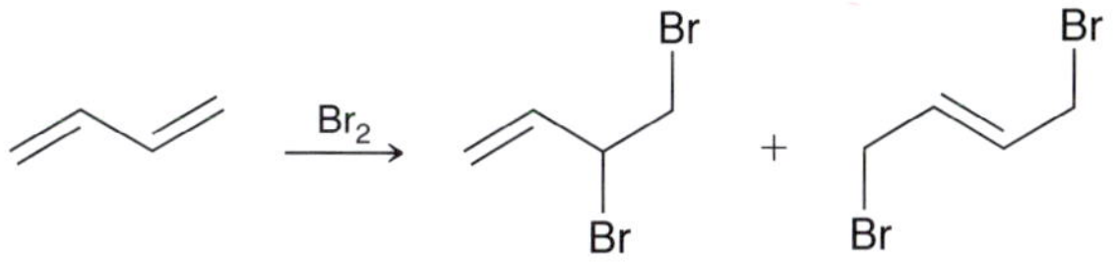

Aduto-1,2 **Aduto-1,4**

17.5 Controle Termodinâmico *versus* Controle Cinético

Nas seções anteriores vimos que sistemas π conjugados sofrerão tanto adição-1,2 quanto adição-1,4. A razão exata entre os produtos é altamente dependente da temperatura na qual a reação se processa.

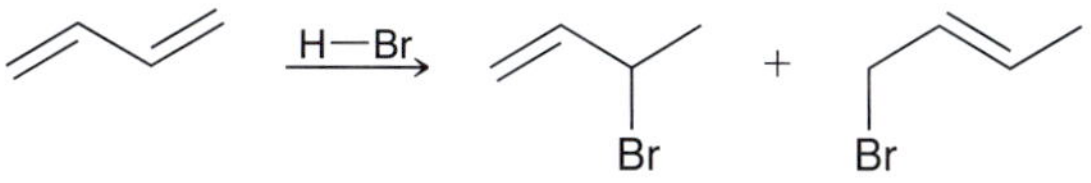

	Aduto-1,2	Aduto-1,4
A 0°C	**71%**	**29%**
A 40°C	**15%**	**85%**

Quando o butadieno é tratado com HBr em temperatura baixa (0°C), o aduto-1,2 é favorecido. Entretanto, quando a mesma reação é realizada em temperaturas elevadas (40°C) o aduto-1,4 é favorecido. Para entendermos o papel da temperatura nessa competição, precisamos olhar cuidadosamente para o diagrama de energia que representa a formação dos dois produtos (Figura 17.13).

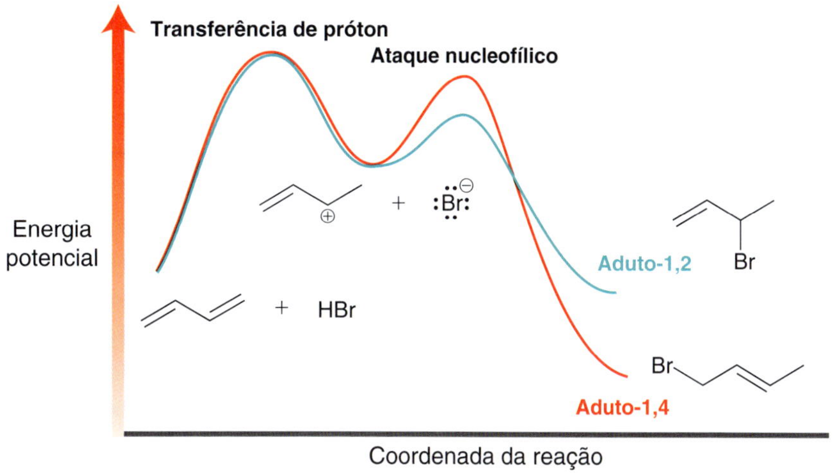

FIGURA 17.13
Um diagrama de energia que ilustra os caminhos reacionais competitivos para a adição-1,2 e a adição-1,4.

A primeira etapa do mecanismo é idêntica tanto para a adição-1,2 quanto para a adição-1,4, ou seja, o dieno conjugado é protonado, formando um carbocátion alílico estabilizado por ressonância e um íon brometo. Entretanto, a segunda etapa do mecanismo pode ocorrer por meio de dois caminhos reacionais competitivos (mostrados em azul e vermelho). Comparando esses caminhos reacionais, vemos que a adição-1,4 conduz ao produto mais estável (de menor energia), enquanto a adição-1,2 ocorre mais rapidamente (menor energia de ativação). O aduto-1,4 tem menor energia porque ele apresenta uma ligação dupla mais substituída (veja ao lado).

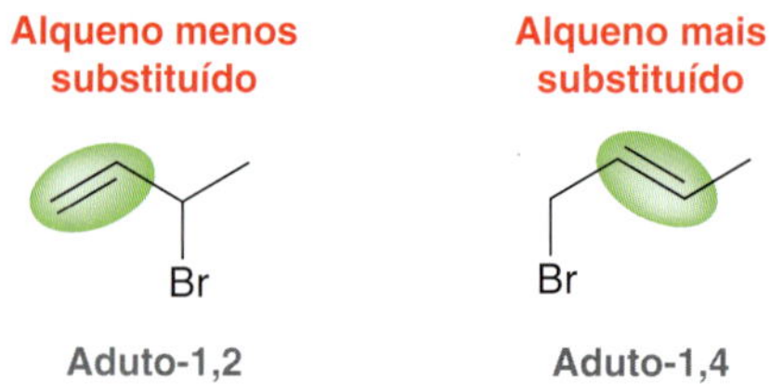

RELEMBRANDO
Para uma revisão sobre a estabilidade dos alquenos, consulte a Seção 8.5, do Volume 1.

Acredita-se que o aduto-1,2 se forme mais rapidamente como resultado do *efeito de proximidade*. De forma específica, o carbocátion e o íon brometo estão inicialmente próximos um ao outro, imediatamente após a sua formação na primeira etapa do mecanismo. O íon brometo está simplesmente mais próximo a C2 do que a C4, logo o ataque a C2 ocorre mais rapidamente.

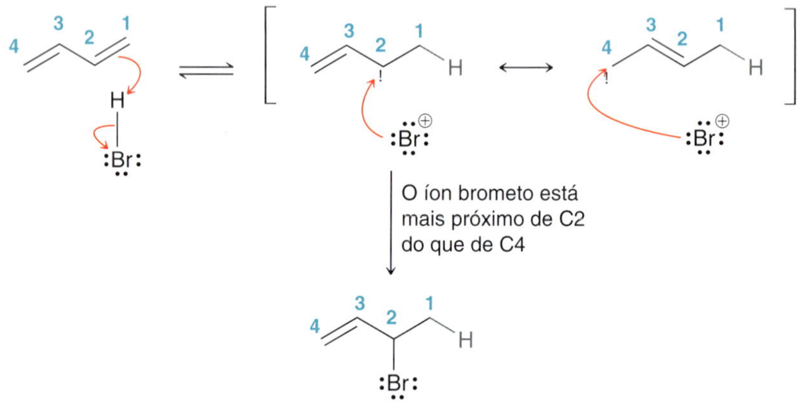

O aduto-1,2 é favorecido em função do efeito de proximidade e, em baixas temperaturas, não há energia suficiente para que ele seja novamente convertido no carbocátion alílico. Esse processo requer a perda de um grupo de saída (brometo), o que é simplesmente muito lento em baixas temperaturas. Nessas condições, os caminhos reacionais competindo (adição-1,2 e adição-1,4) são praticamente irreversíveis. O caminho reacional através da adição-1,2 ocorre mais rapidamente e, portanto, gera o aduto-1,2 como produto principal. Dizemos que essa reação está sob **controle cinético**, o que significa que a distribuição dos produtos é determinada pelas *velocidades relativas* com que os produtos são formados.

Em temperaturas elevadas, os dois caminhos reacionais competitivos não são mais irreversíveis. Os produtos possuem energia suficiente para perder um grupo de saída, regenerando o carbocátion alílico intermediário. Nessas condições, estabelece-se um equilíbrio e a distribuição dos produtos dependerá somente da energia relativa dos dois produtos. O produto de menor energia (aduto-1,4) irá predominar. Dizemos então que a reação está sob **controle termodinâmico**, o que significa que a razão entre os produtos é determinada somente pela distribuição de energia entre eles. Se monitorarmos essa reação, vemos que o produto de adição-1,2 é formado mais rapidamente (como resultado do efeito de proximidade). Entretanto, concentrações de equilíbrio são atingidas rapidamente e o aduto-1,4 predomina no final.

DESENVOLVENDO A APRENDIZAGEM

17.2 PREVISÃO DOS PRODUTOS PRINCIPAIS DE UMA ADIÇÃO ELETROFÍLICA A DIENOS CONJUGADOS

APRENDIZAGEM Preveja os produtos da reação a seguir e determine qual o produto que predominará.

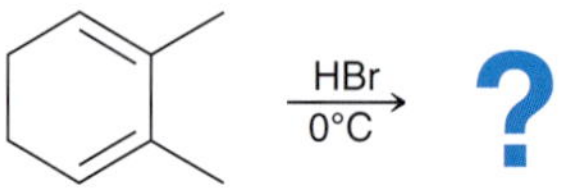

SOLUÇÃO

ETAPA 1
Identificação dos possíveis locais onde a protonação pode ocorrer.

Primeiro, prevemos todos os produtos. Esse problema envolve a adição de HBr a um sistema π conjugado. Esperamos, portanto, que o mecanismo apresente duas etapas: (1) transferência de próton e (2) ataque nucleofílico. De modo que, para prever os produtos corretamente, temos de explorar o mecanismo e identificar o carbocátion que é formado. Começamos considerando cuidadosamente a regioquímica da etapa de protonação. Nesse caso, pode ser visto que existem quatro possibilidades (realçadas).

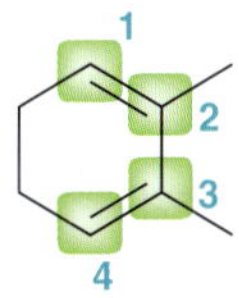

Mas essa substância é simétrica, com C1 sendo equivalente a C4 e C2 sendo equivalente a C3. Portanto, existem apenas duas possibilidades para a etapa de protonação: em C1 ou em C2. O carbocátion alílico estabilizado por ressonância é formado apenas por meio da protonação em C1:

ETAPA 2
Representação da estrutura do carbocátion alílico que é esperado se formar.

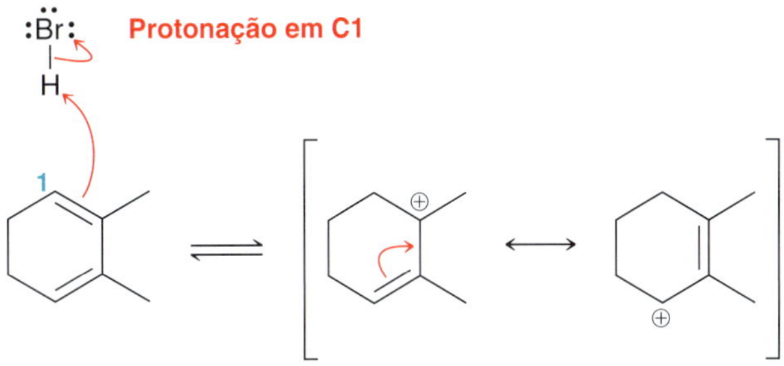

ETAPA 3
Ataque de cada posição eletrofílica com um íon brometo e representação dos produtos possíveis.

Esse carbocátion alílico pode ser atacado em duas posições, conduzindo para a adição-1,2 ou a adição-1,4. Para prever qual é o produto que predomina, temos de determinar qual aduto é o produto cinético e qual é o produto termodinâmico. Espera-se que o aduto-1,2 seja o produto cinético em razão do efeito de proximidade, enquanto o aduto-1,4 apresenta uma ligação π mais substituída (tetrassubstituída) e é, portanto, o produto termodinâmico.

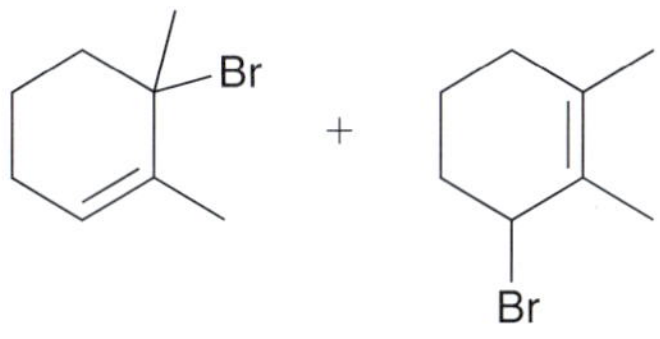

Aduto-1,2 Aduto-1,4

ETAPA 4
Identificação dos produtos cinético e termodinâmico e, então, escolha de qual delas o produto predomina com base na temperatura da reação.

Por fim, olhamos atentamente a temperatura indicada. Nesse caso, é utilizada baixa temperatura, de modo que a reação está sob controle cinético. Portanto, espera-se que aqui o aduto-1,2 seja favorecido.

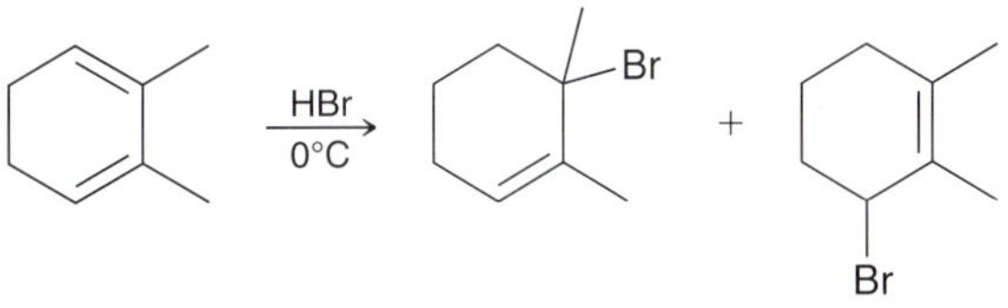

Principal Secundário

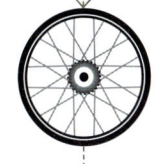

PRATICANDO o que você aprendeu

17.10 Preveja os produtos para cada uma das seguintes reações e em cada caso determine qual é o produto que predomina:

(a) 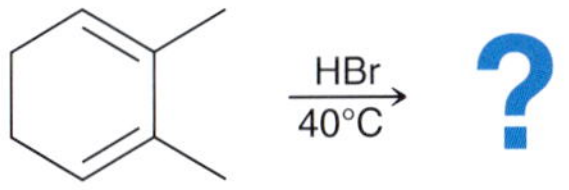

(b) 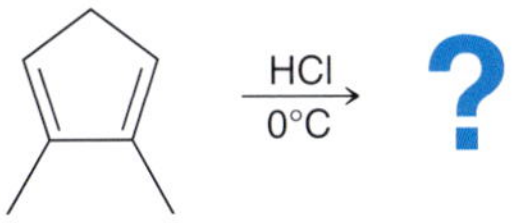

(c) 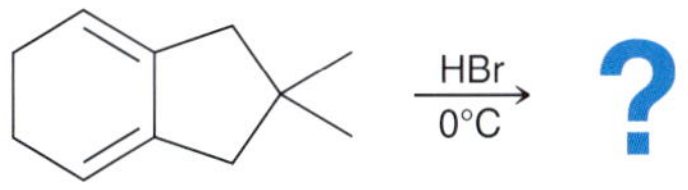

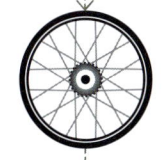

APLICANDO o que você aprendeu

17.11 Quando o 1,4-dimetilciclo-heptan-1,3-dieno é tratado com HBr em temperaturas elevadas, o aduto-1,2 predomina, em vez do aduto-1,4. Explique esse resultado.

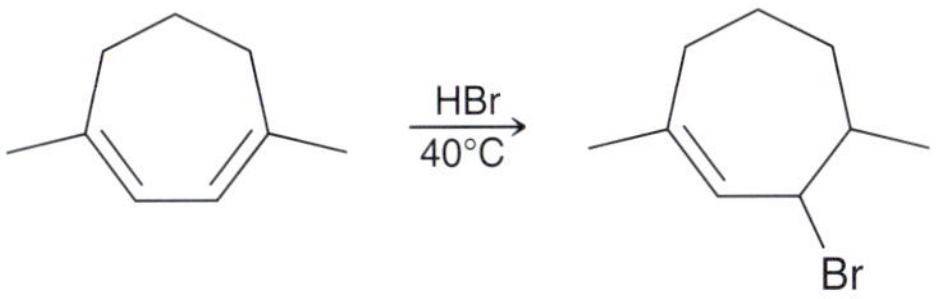

17.12 Quando o 1,3-ciclopentadieno é tratado com HBr, a temperatura não possui influência na identidade do produto principal. Explique.

é necessário **PRATICAR MAIS?** **Tente Resolver os Problemas 17.36, 17.37, 17.39.**

falando de modo prático — Borrachas Sintéticas e Borrachas Naturais

Borrachas naturais são produzidas a partir da polimerização do isopreno:

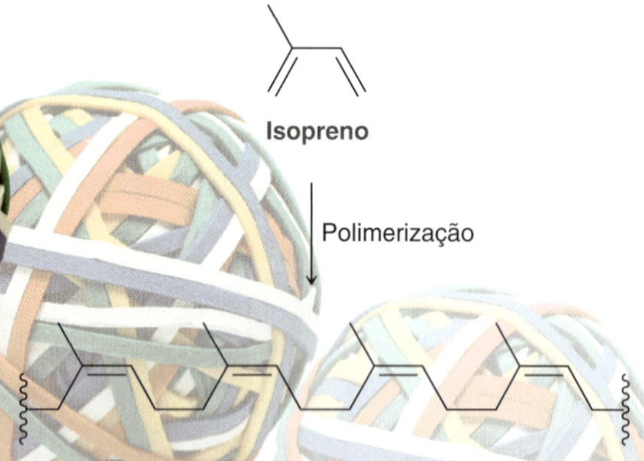

Borracha (*cis*-1,4-Polisopreno)

O isopreno é utilizado por plantas na biossíntese de uma grande variedade de substâncias. A importância do isopreno como um precursor químico será discutida na Seção 26.7. Durante a polimerização do isopreno para a formação de borracha, os monômeros são unidos pela ligação cabeça-cauda das posições C1 e C4. A polimerização do isopreno é, portanto, um caso especial de adição-1,4.

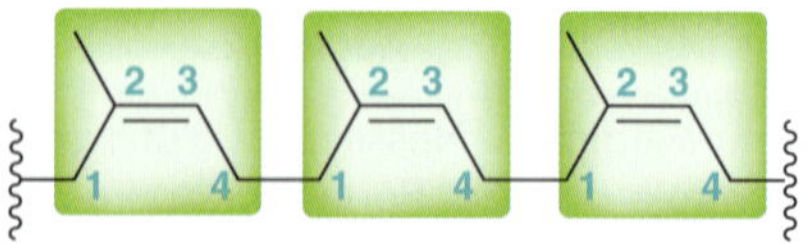

A borracha também pode ser sintetizada no laboratório a partir da polimerização do isopreno na presença de catalisadores adequados que favorecem a formação do polímero *cis*. A borracha produzida dessa maneira é praticamente indistinguível da borracha natural. Outros dienos substituídos também podem ser polimerizados no laboratório para produzir uma variedade de polímeros sintéticos, semelhantes à borracha. No início dos anos 1930, químicos da indústria Du Pont produziram um importante polímero comercial por meio da polimerização radicalar do cloropreno. O polímero resultante é vendido com o nome comercial de Neoprene®.

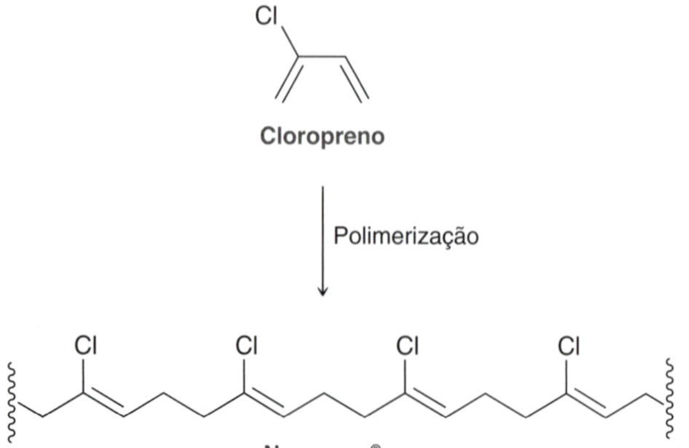

Neoprene®
(*trans*-1,4-Policloropreno)

Há várias aplicações para o Neoprene®, incluindo isolamento de fios elétricos, correias automotivas e roupas de mergulho.

Quando a borracha natural ou sintética é esticada, cadeias poliméricas vizinhas deslizam umas sobre as outras e retornam à sua posição original quando a força externa é removida. Essa capacidade de um polímero em retornar à sua forma original após ser esticado é chamada de *elasticidade*, e os polímeros que apresentam essa característica são conhecidos como *elastômeros*. A elasticidade da borracha natural é restrita a uma faixa de temperatura, o que limita a sua aplicação. Em 1839, Charles Goodyear descobriu que a polimerização de isopreno na presença de enxofre, um processo chamado *vulcanização*, aumenta em muito a elasticidade do polímero resultante. A vulcanização é o resultado da formação de ligações dissulfeto entre as cadeias poliméricas vizinhas.

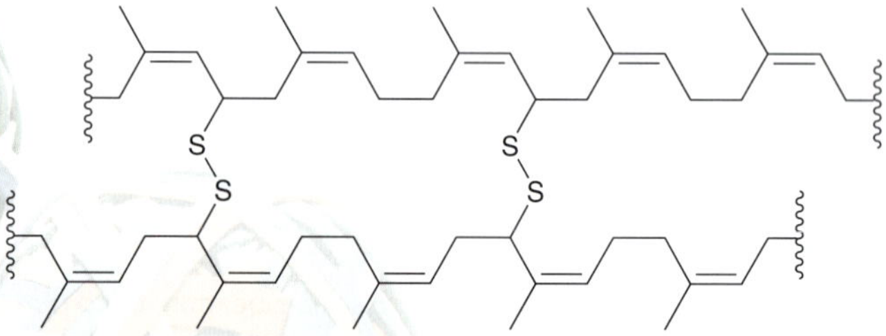

Borracha vulcanizada

As ligações sulfeto aumentam muito a faixa de temperatura de elasticidade da borracha. A borracha vulcanizada mantém sua elasticidade até mesmo em temperaturas elevadas, porque as ligações dissulfeto ajudam as cadeias a retornarem à sua posição original quando a força externa é removida. O elastômero vulcanizado produzido em maior quantidade é a borracha de estireno-butadieno (SBR, do inglês **S**tyrene and **B**utadiene **R**ubber). SBR é preparada comercialmente a partir de estireno e butadieno por meio de um processo de polimerização radicalar. Ela é chamada um copolímero, pois é formada a partir de dois monômeros diferentes.

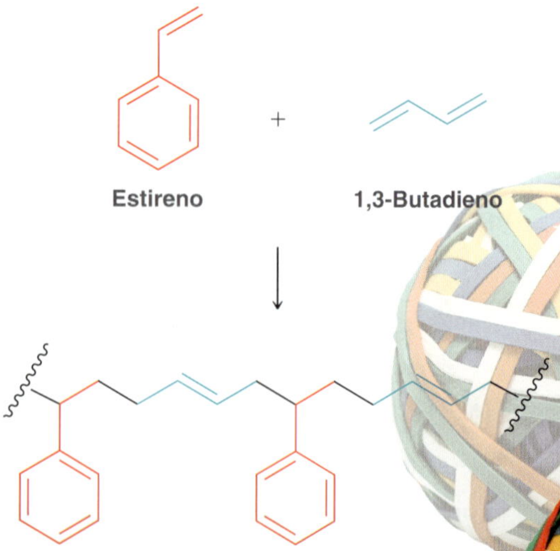

Borracha de estireno-butadieno

Nos Estados Unidos, aproximadamente 370 milhões de toneladas de SBR vulcanizada são produzidas anualmente para a confecção de pneus.

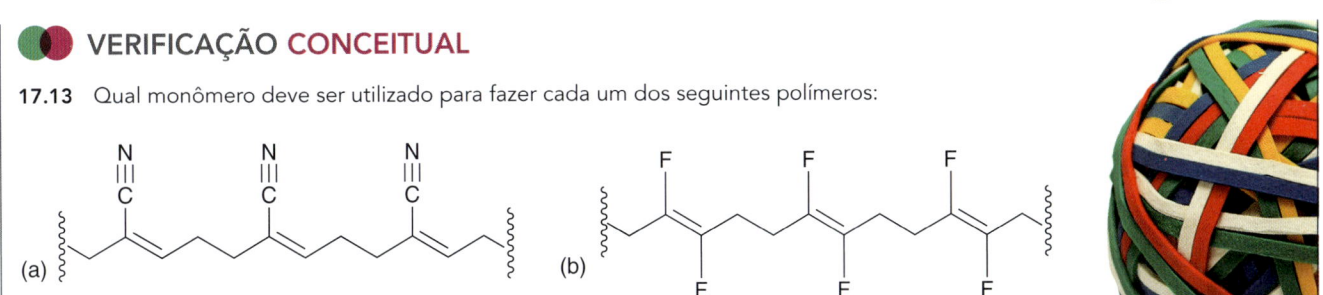

VERIFICAÇÃO CONCEITUAL

17.13 Qual monômero deve ser utilizado para fazer cada um dos seguintes polímeros:

(a) 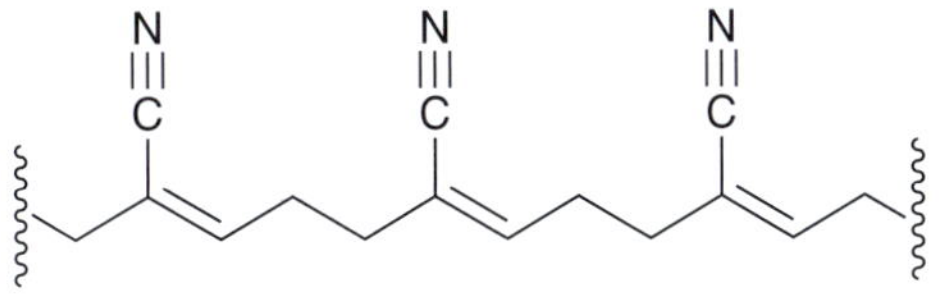

(b) 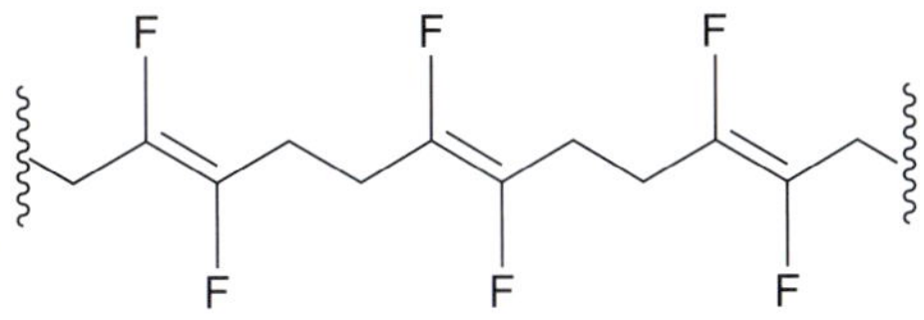

17.6 Introdução a Reações Pericíclicas

A maioria das reações orgânicas, em laboratórios ou organismos vivos, ocorre via intermediários iônicos ou radicalares. Existe, no entanto, uma terceira categoria de reações orgânicas chamadas de **reações pericíclicas**, as quais não envolvem intermediários iônicos ou radicalares. Essas reações são classificadas em três grandes grupos: **reações de cicloadição, reações eletrocíclicas** e **rearranjos sigmatrópicos** (Figura 17.14).

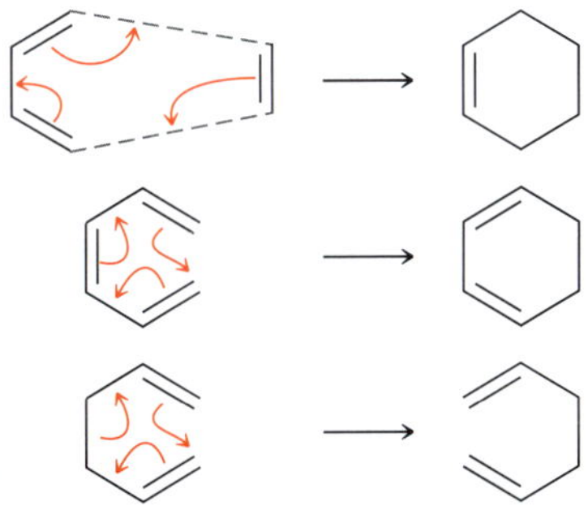

FIGURA 17.14
Exemplos das três principais classes de reações pericíclicas.

Cada uma dessas reações apresenta as seguintes características, típicas de reações pericíclicas:

- A reação ocorre segundo um processo concertado, o que significa que todas as mudanças nas ligações ocorrem em uma única etapa. O resultado é um mecanismo de reação sem intermediários.
- A reação envolve uma corrente cíclica de elétrons.
- A reação apresenta um estado de transição cíclico.
- Em geral a polaridade do solvente não tem impacto na velocidade ou no rendimento da reação, sugerindo que o estado de transição de fato possui pouca (ou nenhuma) carga parcial.

Os três principais tipos de reações pericíclicas diferem no número e no tipo de ligações que são clivadas e formadas (Tabela 17.1). Na reação de cicloadição, duas ligações π são convertidas em duas ligações σ, resultando na adição de dois reagentes para formar um sistema cíclico (um anel). Em uma reação eletrocíclica, uma ligação π é convertida em uma ligação σ, que efetivamente liga as extremidades de um reagente para formar um anel. Em um rearranjo sigmatrópico, uma ligação σ é formada à custa de outra, e as ligações π mudam a localização. As seções subsequentes explorarão cada uma das três categorias de reações pericíclicas, começando com cicloadições.

TABELA 17.1 UMA COMPARAÇÃO DO NÚMERO DE LIGAÇÕES CLIVADAS E FORMADAS EM CADA UM DOS TRÊS PRINCIPAIS TIPOS DE REAÇÕES PERICÍCLICAS

	MUDANÇA NO NÚMERO DE LIGAÇÕES σ	MUDANÇA NO NÚMERO DE LIGAÇÕES π
Cicloadição	+2	−2
Eletrocíclica	+1	−1
Sigmatrópica	0	0

17.7 Reação de Diels-Alder

A PROPÓSITO
Diels e Alder foram laureados em 1950 com o Prêmio Nobel de Química pela descoberta dessa reação.

O Mecanismo da Reação de Diels-Alder

A reação de Diels-Alder é uma reação pericíclica extremamente útil que leva o nome de seus descobridores, Otto Diels e Kurt Alder. Em uma reação de Diels-Alder, duas ligações σ C–C são formadas simultaneamente.

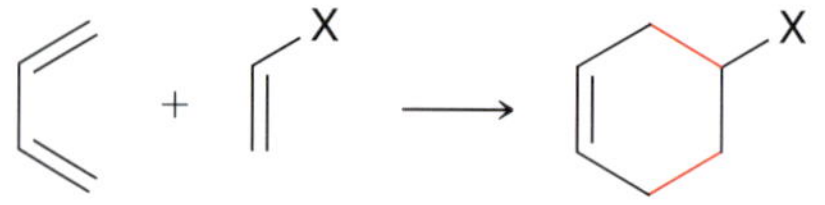

Nesse processo, um sistema cíclico (um anel) também é formado, e o processo é, portanto, uma cicloadição. Especificamente a reação de Dieals-Alder é chamada de **cicloadição [4+2]** porque a reação se passa entre dois sistemas π diferentes, um associado a quatro átomos, enquanto outro está associado a dois átomos. O produto de uma reação de Diels-Alder é um ciclo-hexeno substituído. Assim como para todas as reações pericíclicas, a reação de Diels-Alder é um processo concertado.

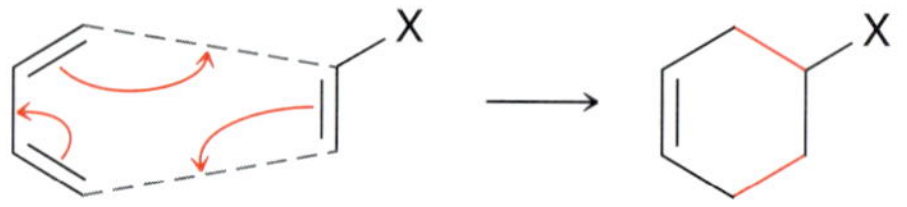

As setas podem ser representadas normalmente tanto no sentido horário quanto no sentido anti-horário. Como a reação se dá em apenas uma etapa, o diagrama de energia possui apenas um único pico, na qual o máximo desse pico representa o estado de transição (Figura 17.15). O estado de transição é um anel de seis membros no qual três ligações estão rompendo e três ligações estão sendo formadas simultaneamente.

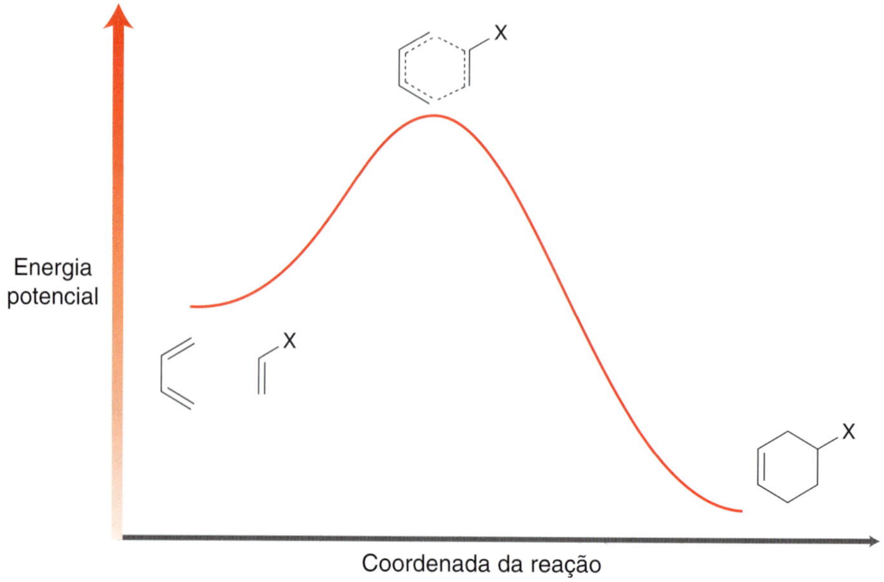

FIGURA 17.15
Um diagrama de energia de uma reação de Diels-Alder.

Considerações Termodinâmicas

Temperaturas moderadas favorecem a formação de produtos em uma reação de Diels-Alder, mas temperaturas muito altas (acima de 200°C) tendem a desfavorecer a formação de produto. De fato, em muitos casos, altas temperaturas podem ser utilizadas para realizar a reação inversa de uma reação de Diels-Alder, chamada de **reação retro Diels-Alder.**

Para compreendermos por que altas temperaturas favorecem a abertura do anel em vez de sua formação, lembre-se da Seção 6.3, em que o sinal de ΔG determina se o equilíbrio favorece reagentes ou produtos. O sinal de ΔG tem de ser negativo para que o equilíbrio favoreça os produtos. Para determinar o sinal de ΔG, existem dois termos que têm de ser considerados.

$$\Delta G = \underbrace{(\Delta H)}_{\text{Termo entálpico}} + \underbrace{(-T\,\Delta S)}_{\text{Termo entrópico}}$$

Vamos levar em conta cada termo individualmente, começando com o termo entálpico. Existem diversos fatores que contribuem para o sinal e a magnitude de ΔH, mas o fator dominante é geralmente a força de ligação. Comparemos as forças de ligação das ligações rompidas e das ligações formadas em uma reação de Diels-Alder.

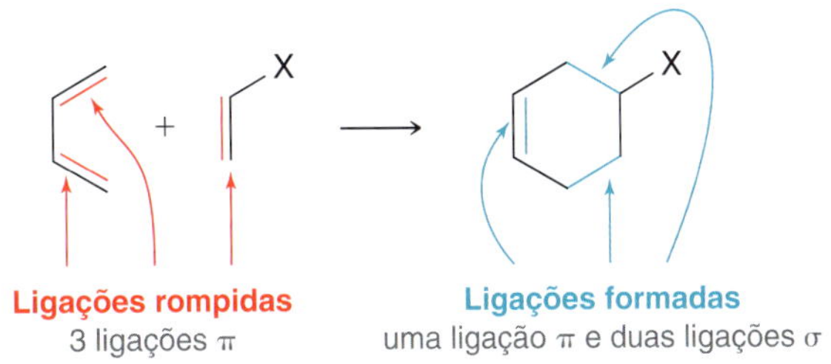

Três ligações π são rompidas e substituídas por uma ligação π e duas ligações σ. Vimos no Capítulo 1, do Volume 1, que ligações σ são mais fortes que ligações π, e, como resultado desse processo, o ΔH tem valor *negativo*, logo a reação é exotérmica.

Agora consideremos o segundo termo, o termo entrópico $-T\,\Delta S$. Esse termo será sempre positivo para uma reação de Diels-Alder. Por quê? Existem duas razões principais: (1) duas moléculas estão se juntando para produzir uma molécula do produto e (2) um sistema cíclico está sendo formado. Como descrito na Seção 6.3, do Volume 1, cada um desses fatores representa uma diminuição da entropia, contribuindo para um valor negativo de ΔS. A temperatura (medida em kelvin) é sempre positiva e, portanto, $-T\,\Delta S$ será positivo.

Agora, vamos combinar os dois termos (entalpia e entropia). O sinal de ΔG para uma reação de Diels-Alder será determinado pela competição entre estes dois termos:

$$\Delta G = \underbrace{(\Delta H)}_{\substack{\text{Termo entálpico} \\ \ominus}} + \underbrace{(-T\,\Delta S)}_{\substack{\text{Termo entrópico} \\ \oplus}}$$

Para que o ΔG de uma reação de Diels-Alder seja negativo, o termo entálpico tem de ser maior que o termo entrópico, que é dependente da temperatura. Em temperaturas moderadas o termo entrópico é pequeno, e o termo entálpico domina. Como resultado, ΔG será negativo, o que significa que os produtos serão favorecidos em relação aos reagentes (a constante de equilíbrio K será maior que 1). Em outras palavras, reações de Diels-Alder são favorecidas termodinamicamente em temperaturas moderadas.

Entretanto, em temperaturas altas, o termo entrópico será grande e dominará o termo entálpico. Como resultado, ΔG será positivo, o que significa que os reagentes serão favorecidos em relação aos produtos (a constante de equilíbrio K será menor que 1). Em outras palavras, a reação inversa (uma retro Diels-Alder) será termodinamicamente favorecida em alta temperatura.

Em resumo, as reações de Diels-Alder são normalmente realizadas em temperaturas moderadas, geralmente entre a temperatura ambiente e 200°C, dependendo do caso específico.

O Dienófilo

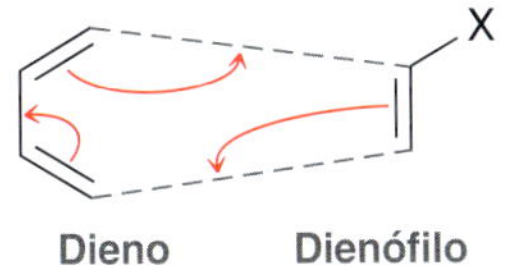

Os materiais de partida para uma reação de Diels-Alder são um dieno e uma substância que reage com o dieno, chamada de **dienófilo**.

Iniciaremos nossa discussão com o dienófilo. Quando o dienófilo não possui nenhum substituinte, a reação apresenta uma alta energia de ativação e ocorre lentamente. Se a temperatura é aumentada para superar a barreira de energia, os materiais de partida são favorecidos em relação aos produtos e o rendimento é baixo:

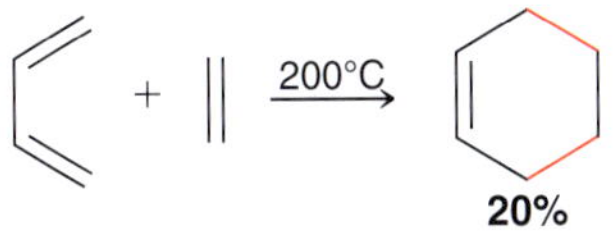

Uma reação de Diels-Alder ocorrerá mais rapidamente e com maiores rendimentos quando o dienófilo apresentar um substituinte retirador de elétrons tal como um grupo carbonila:

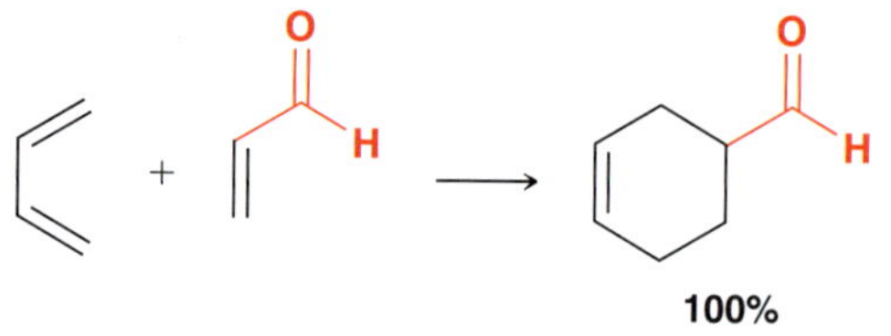

O grupo carbonila é retirador de elétrons devido à ressonância. Você pode representar as estruturas de ressonância? Ao lado estão outros exemplos de dienófilos que possuem substituintes retiradores de elétrons.

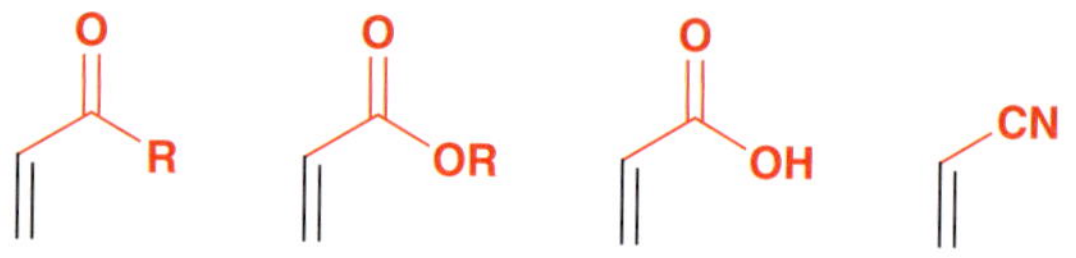

Quando o dienófilo é um alqueno dissubstituído nas posições 1,2 a reação ocorre estereoespecificamente. Isto é, um alqueno *cis* produz um anel dissubstituído *cis*, e um alqueno *trans* produz um anel dissubstituído *trans*.

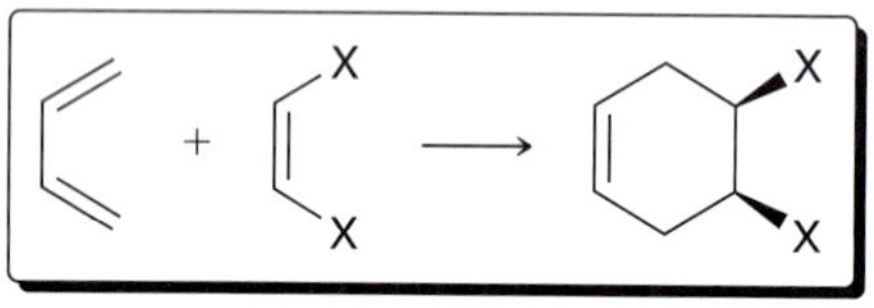

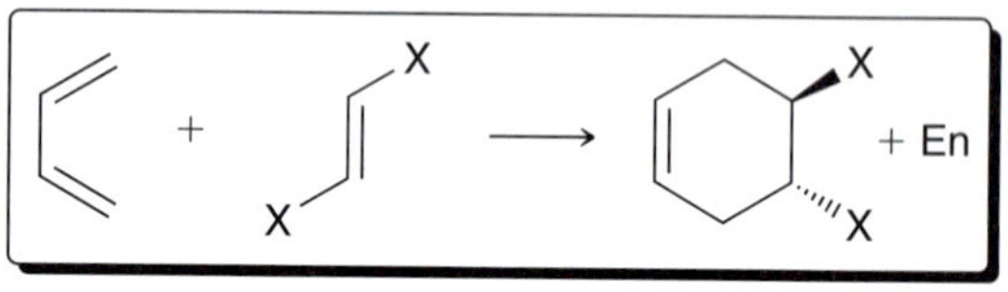

Uma ligação tripla pode também funcionar como um dienófilo, em que o produto, nesse caso, é um sistema cíclico com duas ligações duplas (1,4-ciclo-hexadieno).

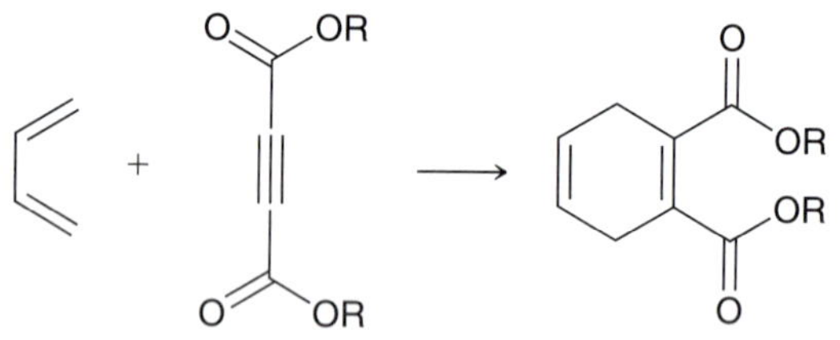

DESENVOLVENDO A APRENDIZAGEM

17.3 PREVISÃO DO PRODUTO DE UMA REAÇÃO DE DIELS-ALDER

APRENDIZAGEM Preveja o produto da seguinte reação:

ETAPA 1
Representação novamente e união das extremidades do dieno com o dienófilo.

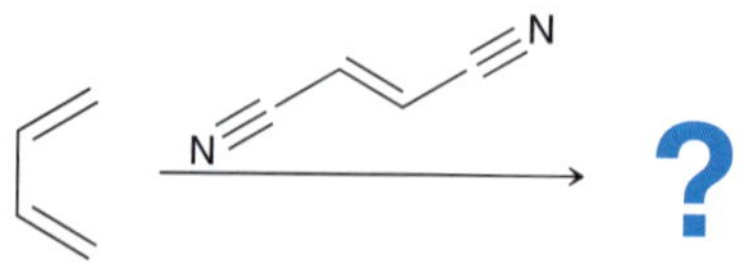

A PROPÓSITO
Não é necessário representar as linhas tracejadas entre o dieno e o dienófilo, mas você pode achar que isso ajuda.

SOLUÇÃO

Represente novamente o dieno e o dienófilo, de modo que as extremidades do dieno fiquem próximas ao dienófilo:

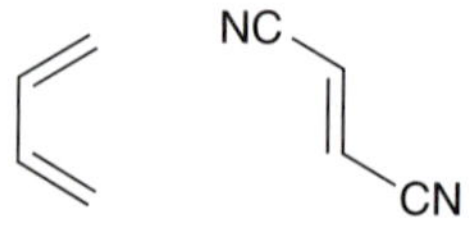

ETAPA 2
Representação de três setas curvas, começando no dienófilo e continuando em sentido horário ou anti-horário.

A seguir, represente três setas curvas que se movem em torno de um círculo. Coloque o final da primeira seta curva sobre o dienófilo e então continue representando todas as três setas em um círculo, seja no sentido horário ou anti-horário:

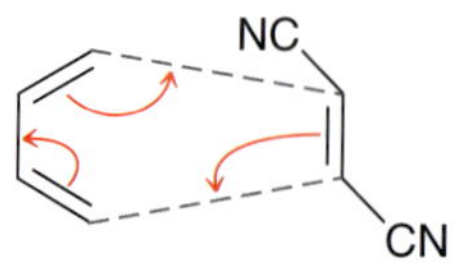

ETAPA 3
Representação do produto com o resultado estereoquímico correto.

Finalmente, represente o produto com o resultado estereoquímico correto. Nesse caso, o dienófilo de partida é um alqueno dissubstituído *trans*, de modo que esperamos que os grupos ciano estejam *trans* um em relação ao outro.

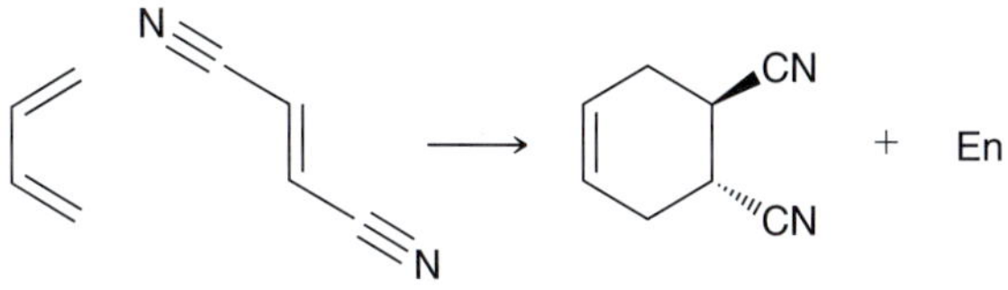

PRATICANDO o que você aprendeu

17.14 Preveja a estrutura dos produtos para cada uma das seguintes reações:

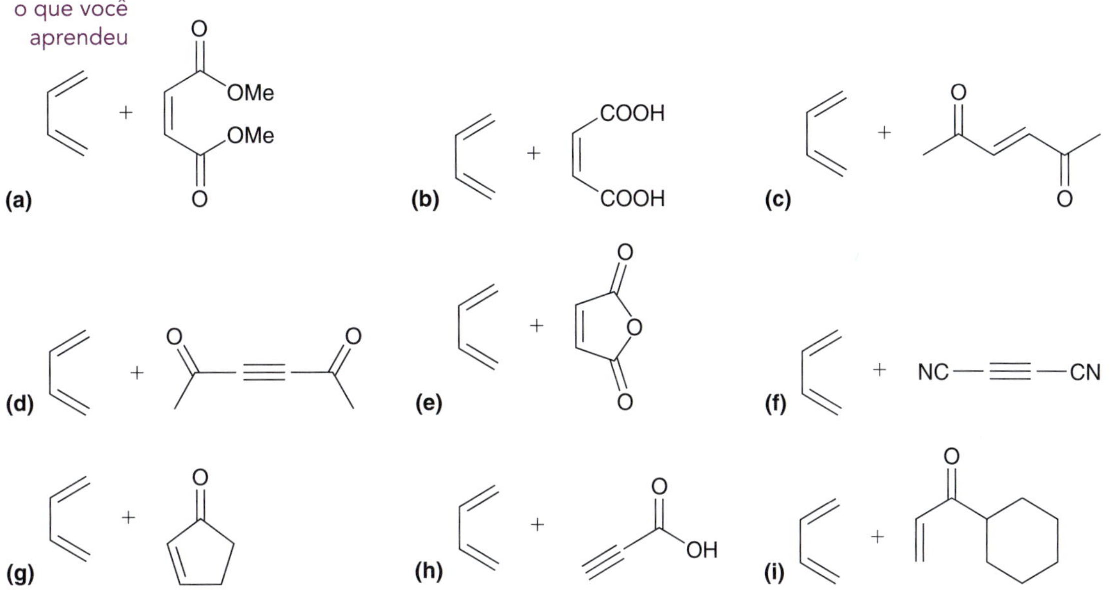

APLICANDO o que você aprendeu

17.15 Preveja o(s) produto(s) obtido(s) quando a benzoquinona é tratada com excesso de butadieno:

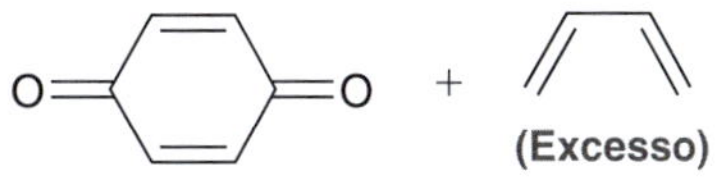

17.16 Proponha um mecanismo para a seguinte transformação:

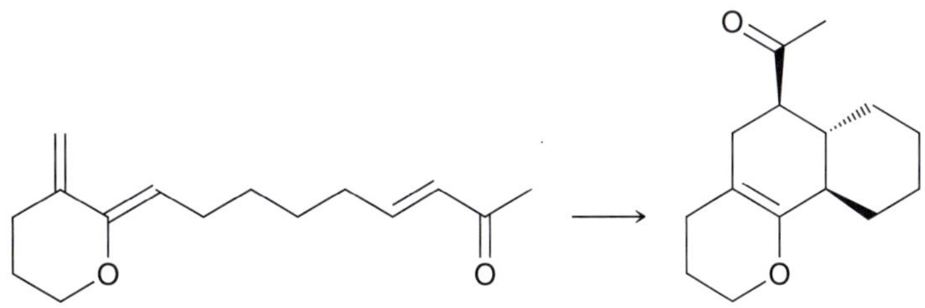

é necessário **PRATICAR MAIS?** **Tente Resolver os Problemas 17.44, 17.46.**

O Dieno

Lembre-se de que o butadieno existe como um equilíbrio entre as conformações *s-cis* e *s-trans:*

A reação de Diels-Alder ocorre apenas quando o dieno está na conformação *s-cis*. Quando a substância está em uma conformação *s-trans*, as extremidades do dieno estão muito distantes para reagirem com o dienófilo. Alguns dienos não são capazes de adotar uma conformação *s-cis*, sendo, portanto, inertes em relação a uma reação de Diels-Alder; por exemplo:

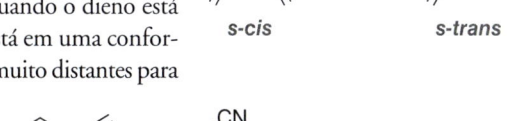

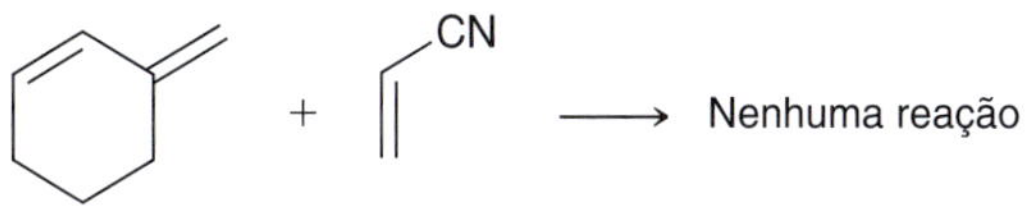

Outros dienos, como o ciclopentadieno, estão permanentemente presos em uma conformação *s-cis*. Tais dienos reagem de forma extremamente rápida em reações de Diels-Alder.

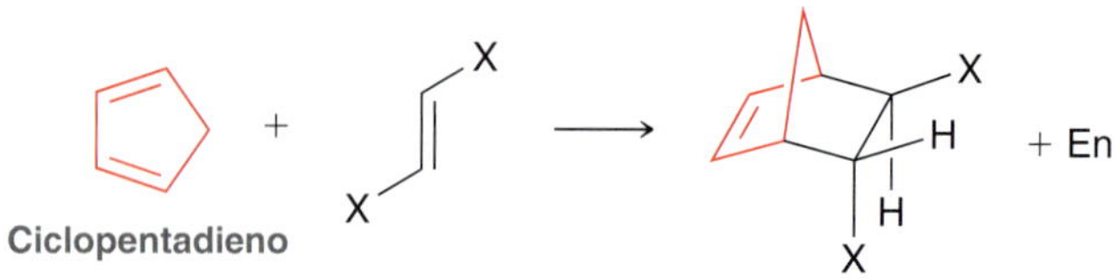

De fato, o ciclopentadieno é tão reativo em reações de Diels-Alder que ele reage com ele mesmo formando um dímero chamado de diciclopentadieno.

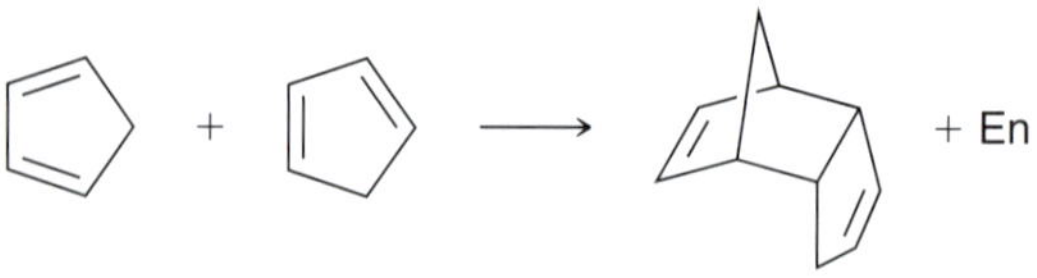

Diciclopentadieno

Quando o ciclopentadieno é deixado a temperatura ambiente, ele é completamente convertido no seu dímero em apenas algumas horas. Por essa razão, o ciclopentadieno não pode ser armazenado a temperatura ambiente por longos períodos de tempo. Quando o ciclopentadieno é utilizado como um material de partida em uma reação de Diels-Alder, ele tem de ser primeiramente obtido a partir do diciclopentadieno por meio de uma reação retro Diels-Alder e, então, utilizado imediatamente ou armazenado em temperaturas muito baixas.

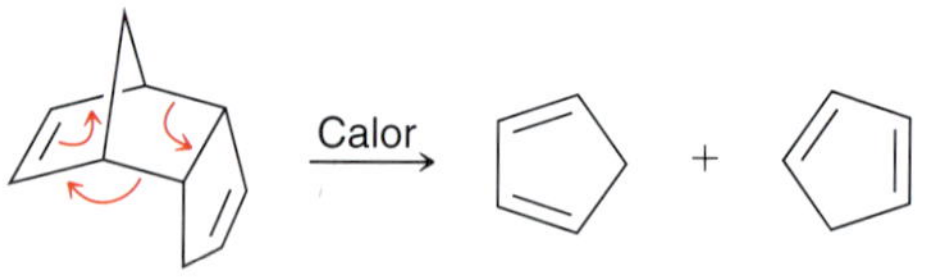

VERIFICAÇÃO CONCEITUAL

17.17 Considere os dois isômeros do 2,4-hexadieno a seguir. Um isômero reage rapidamente como um dieno em uma reação de Diels-Alder e o outro, não. Identifique qual isômero é mais reativo e explique a sua escolha.

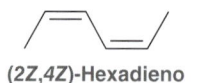

(2*E*,4*E*)-Hexadieno **(2*Z*,4*Z*)-Hexadieno**

17.18 Coloque em ordem crescente os seguintes dienos em função de sua reatividade em uma reação de Diels-Alder:

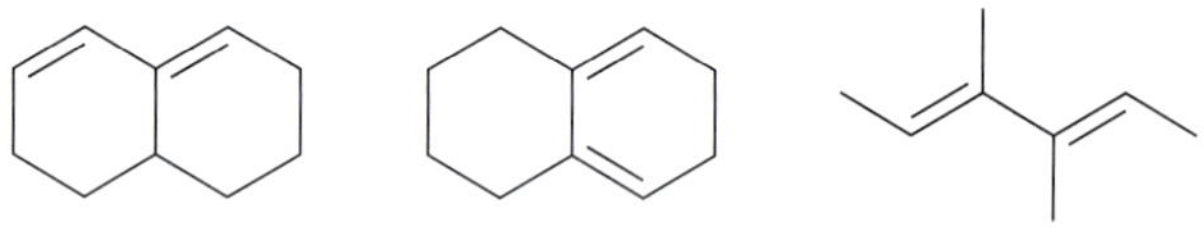

A Preferência Endo

Quando ciclopentadieno é utilizado como o dieno de partida, uma substância bicíclica é obtida como produto. Nesse caso, devemos esperar obter os dois produtos vistos a seguir.

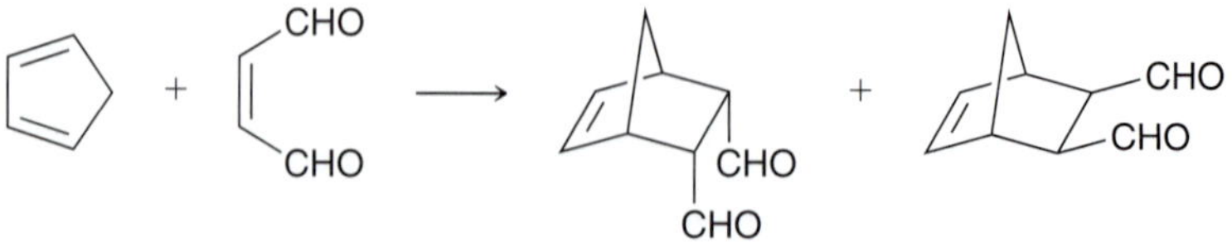

Endo ***Exo***

Em um cicloaduto os substituintes retiradores de elétrons ocupam posições *endo*, e no outro cicloaduto os substituintes ocupam posições *exo*. As posições **endo** são *syn* com a maior ponte do sistema bicíclico, enquanto as posições **exo** são *anti*.

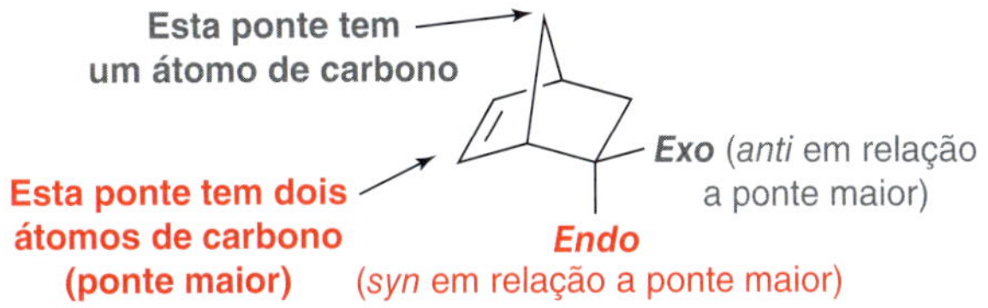

De modo geral, os cicloadutos *endo* são favorecidos perante os cicloadutos *exo*. Em muitos casos o produto *endo* é o único produto. A explicação para essa preferência é baseada na análise dos estados de transição que conduzem aos produtos *endo* e *exo*. Durante a formação do produto *endo*, existe uma interação favorável entre os substituintes retiradores de elétrons e a ligação π que se forma.

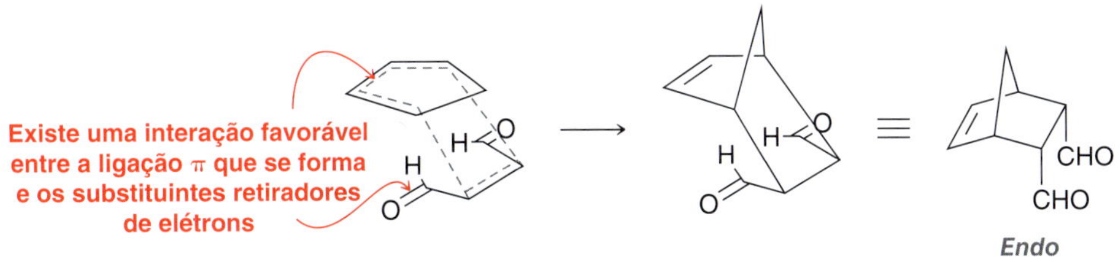

O estado de transição que conduz ao produto *exo* não apresenta interação favorável:

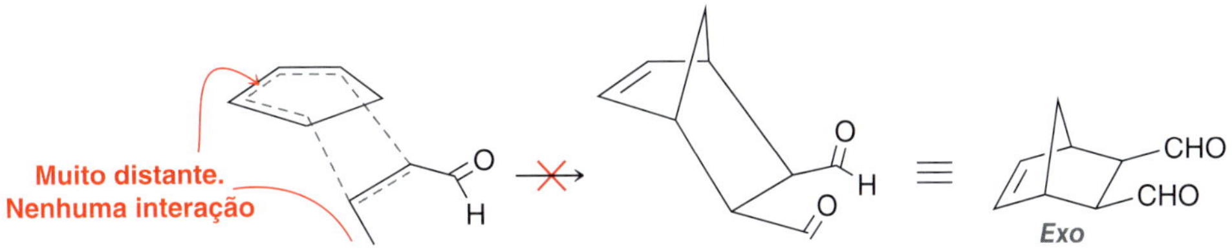

O estado de transição que conduz ao produto *endo* possui menor energia que o estado de transição que conduz ao produto *exo* (Figura 17.16). Como resultado, o produto *endo* é formado mais rapidamente.

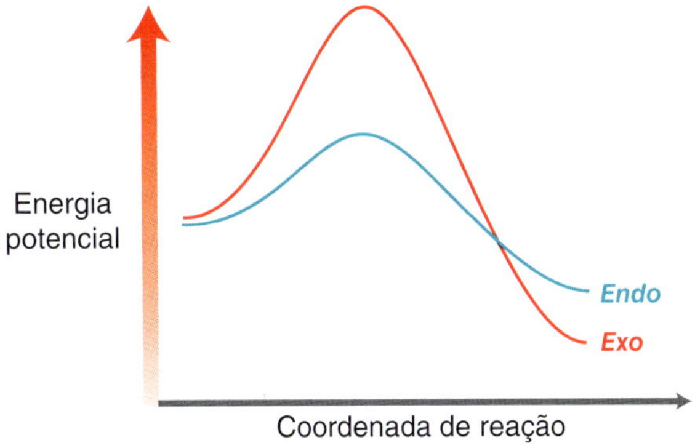

FIGURA 17.16
Diagrama de energia ilustra a formação dos produtos endo (azul) e dos produtos exo (vermelho) em uma reação de Diels-Alder.

VERIFICAÇÃO CONCEITUAL

17.19 Preveja os produtos de cada uma das seguintes reações:

(a) 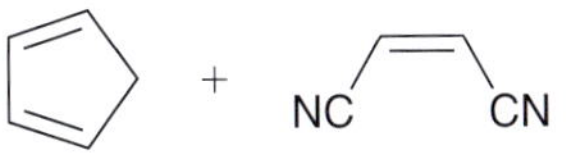

(b) 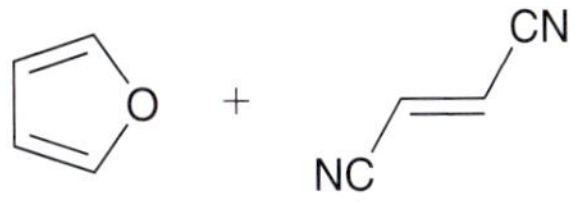

(c) 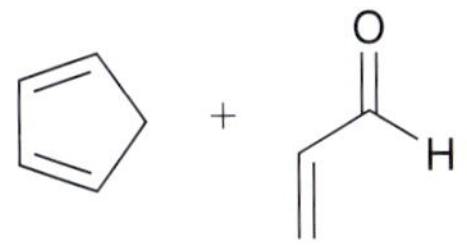

(d) 

(e) 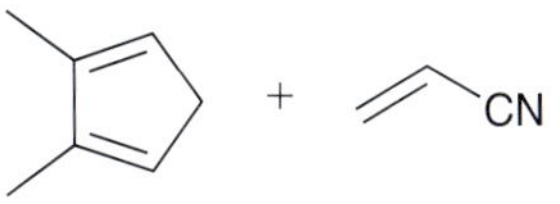

(f) 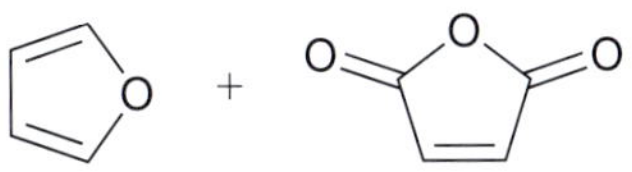

17.8 Descrição das Reações de Cicloadição Segundo a Teoria dos Orbitais Moleculares

Voltaremos nossa atenção agora para os orbitais moleculares envolvidos na reação de Diels-Alder. Estudando as interações entre os orbitais moleculares relevantes para a reação seremos capazes de explorar reações semelhantes à reação de Diels-Alder.

A Figura 17.7 ilustra os orbitais moleculares de um dieno conjugado (1,3-butadieno) e um dienófilo simples (etileno). O HOMO e o LUMO estão claramente destacados nos dois casos. De acordo com a teoria dos orbitais de fronteira, a reação de Diels-Alder ocorre quando o HOMO de

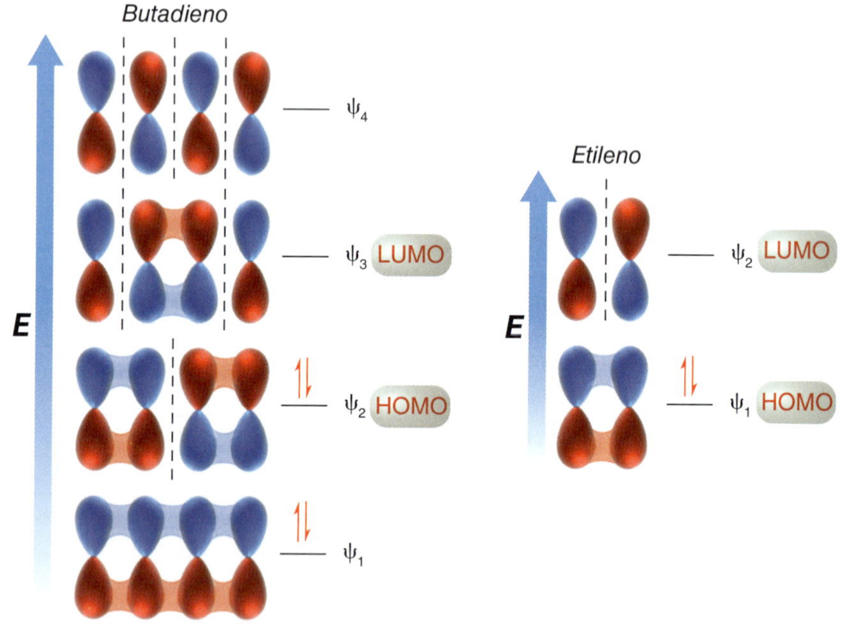

FIGURA 17.17
Os orbitais moleculares do butadieno e do etileno.

um dos reagentes interage com o LUMO do outro. Isto é, a densidade eletrônica flui de um orbital preenchido (o HOMO) de uma substância para o orbital vazio (o LUMO) de outra substância. Uma vez que o dienófilo em uma reação de Diels-Alder geralmente possui um substituinte retirador de elétrons, trataremos o dienófilo como uma espécie elétron deficiente (o orbital vazio) que aceita densidade eletrônica. Em outras palavras, olhamos para o LUMO do dienófilo e o HOMO do dieno. A reação é, portanto, iniciada quando a densidade eletrônica é transferida do HOMO do dieno para o LUMO do dienófilo (Figura 17.18).

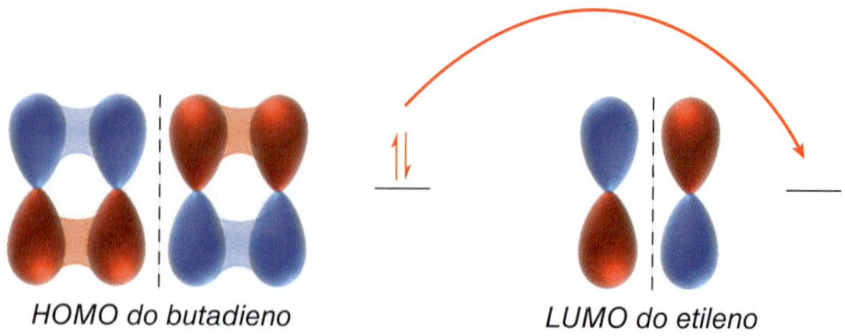

FIGURA 17.18
Em uma reação de Diels-Alder a densidade eletrônica flui do HOMO do dieno para o LUMO do dienófilo.

Quando alinhamos esses orbitais de fronteira, descobrimos que as fases dos orbitais moleculares se sobrepõem de maneira ótima (Figura 17.19). No processo, quatro dos átomos de carbono se reibridizam para dar orbitais sp^3 que formam as ligações σ. De modo que isso possa ocorrer, as fases dos orbitais moleculares têm de se sobrepor, isto é, as fases têm de ser simétricas. Essa condição, conhecida como **conservação da simetria orbital**, foi inicialmente formulada por R. B.

Woodward e Ronald Hoffman (ambos da Harvard University) em 1965. Em uma reação de Diels-Alder, a simetria dos orbitais é de fato conservada e a reação é, portanto, um processo **permitido por simetria.**

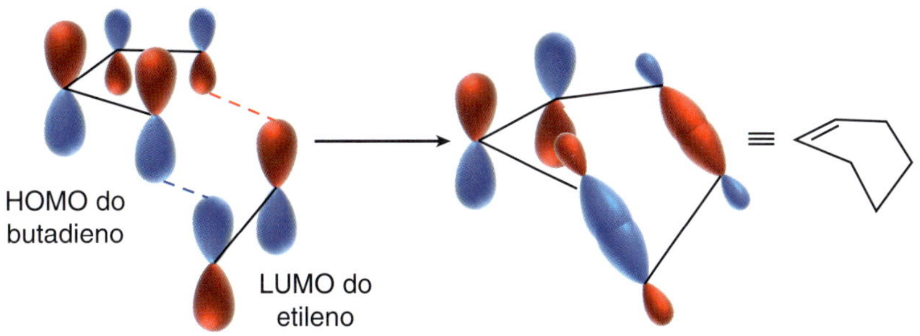

FIGURA 17.19
As fases dos orbitais de fronteira se alinham apropriadamente em uma reação de Diels-Alder.

Agora vamos utilizar a mesma abordagem (analisando os orbitais de fronteira) para avaliar se a seguinte reação é possível:

Como a reação de Diels-Alder, essa reação é também uma cicloadição. Especificamente, ela é chamada de uma cicloadição [2+2], porque ela envolve dois sistemas π diferentes, cada um dos quais associado a dois átomos. Para determinarmos se essa reação é possível, vamos olhar novamente para os orbitas de fronteira – o HOMO de uma substância e o LUMO da outra (Figura 17.20). Quando

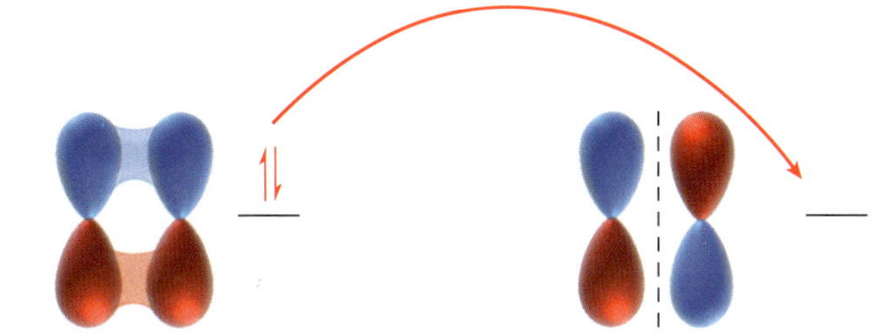

FIGURA 17.20
Em uma cicloadição [2+2], a densidade eletrônica deve fluir do HOMO de um dos reagentes para o LUMO do outro.

tentamos alinhar esses orbitais de fronteira, observamos que as fases dos orbitais moleculares não se sobrepõem (Figura 17.21). Diz-se que essa reação é, portanto, **proibida por simetria** e a reação não ocorre. Uma cicloadição [2+2] só pode ser realizada por meio de excitação fotoquímica. Quando

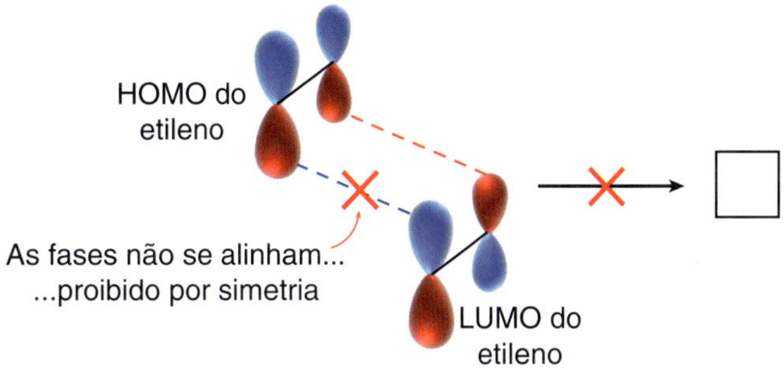

FIGURA 17.21
As fases dos orbitais de fronteira não se alinham apropriadamente em uma cicloadição [2+2].

uma das substâncias é irradiada por luz UV, há a promoção de um elétron π para o próximo nível de energia mais alta (Figura 17.22). Nesse estado excitado, o HOMO é agora considerado ser ψ_2 em vez de ψ_1. O HOMO do estado excitado pode agora interagir com o LUMO do estado fundamental de uma molécula, e a reação é permitida por simetria (Figura 17.23).

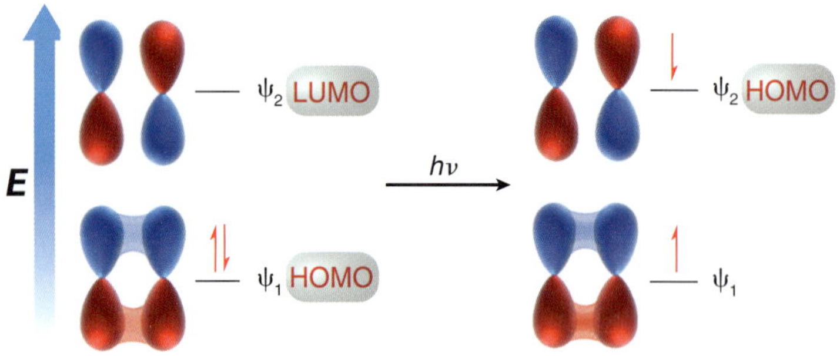

FIGURA 17.22
O estado fundamental do etileno absorve um fóton e atinge o estado excitado, no qual o HOMO é ψ_2.

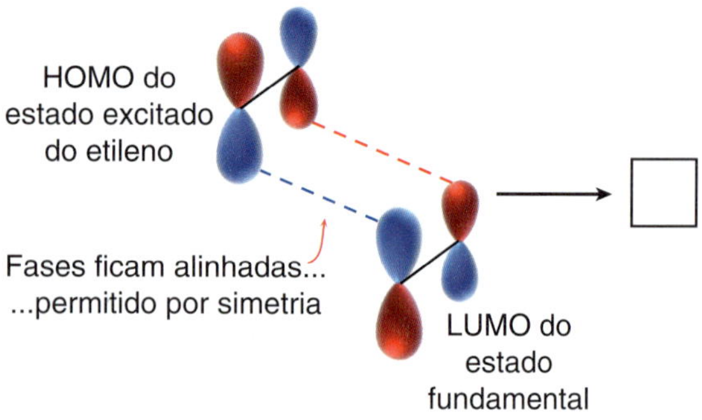

FIGURA 17.23 As fases dos orbitais de fronteira se alinham perfeitamente em uma cicloadição [2+2] fotoquímica.

VERIFICAÇÃO CONCEITUAL

17.20 Considere o seguinte processo de cicloadição [4+4]. Você espera que essa reação ocorra por um caminho reacional térmico ou fotoquímico? Justifique sua resposta com a teoria OM.

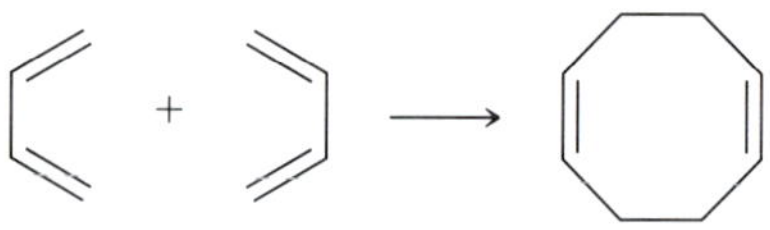

17.9 Reações Eletrocíclicas

Introdução a Reações Eletrocíclicas

Uma reação eletrocíclica é um processo eletrocíclico no qual um polieno conjugado sofre uma ciclização. Nesse processo, uma ligação π é convertida em uma ligação σ, enquanto as ligações π restantes mudam de posição. A nova ligação σ formada une as extremidades do sistema π original, conduzindo à formação de um sistema cíclico (um anel). Dois exemplos são mostrados.

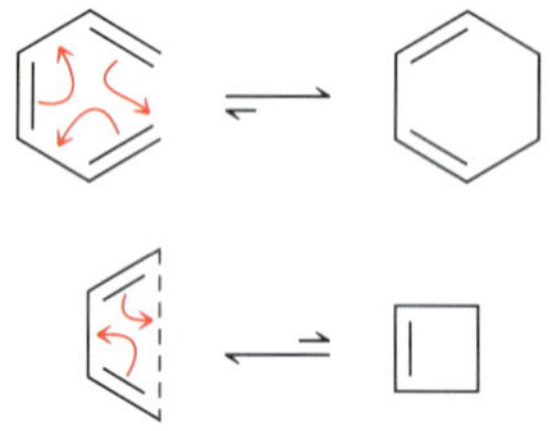

Ambas as reações são reversíveis, mas a posição do equilíbrio é diferente. No primeiro exemplo o produto cíclico é favorecido, enquanto, no segundo, a formação do produto cíclico é desfavorecida, como resultado da tensão anular associada a um sistema cíclico de quatro membros.

Quando substituintes estão presentes nas posições terminais do sistema π, os seguintes resultados estereoquímicos são observados:

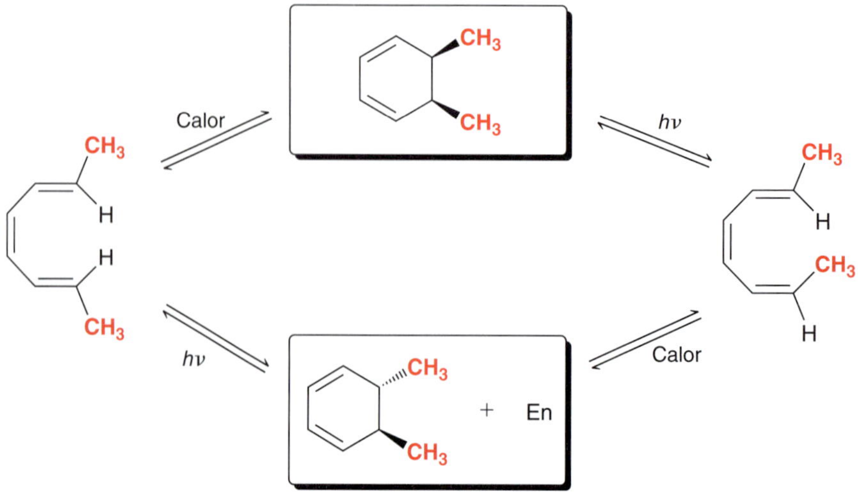

Observe que a configuração do produto não depende apenas da configuração do reagente, mas também das condições reacionais utilizadas para a ciclização. Isto é, um resultado diferente é observado quando a reação ocorre sob condições térmicas (utilizando-se calor) ou sob condições fotoquímicas (utilizando-se luz UV).

A escolha da utilização de condições térmicas ou fotoquímicas também tem impacto no resultado estereoquímico das reações eletrocíclicas com quatro elétrons π:

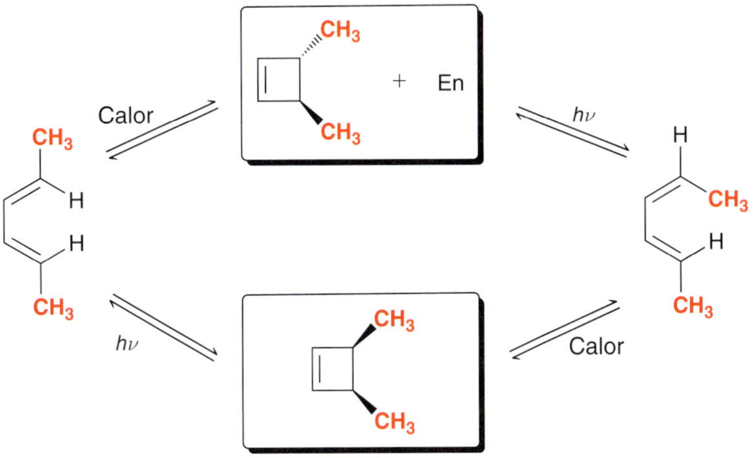

Essas observações em relação à estereoquímica intrigaram os químicos por muitos anos, até que Woodward e Hoffmann desenvolveram a sua teoria descrevendo a conservação da simetria orbital. Essa teoria é capaz de explicar todas as observações. Inicialmente aplicaremos essa teoria para explicar o resultado estereoquímico das reações eletrocíclicas conduzidas sob condições térmicas e depois exploraremos as reações eletrocíclicas conduzidas fotoquimicamente.

A Estereoquímica de Reações Eletrocíclicas Térmicas

Apesar do nome, reações eletrocíclicas térmicas não necessitam de temperaturas elevadas. Elas podem, de fato, ocorrer até mesmo abaixo da temperatura ambiente. Em muitos casos, o calor disponível a temperatura ambiente é suficiente para uma reação eletrocíclica ocorrer.

Sob condições térmicas, a configuração do reagente determina a configuração do produto.

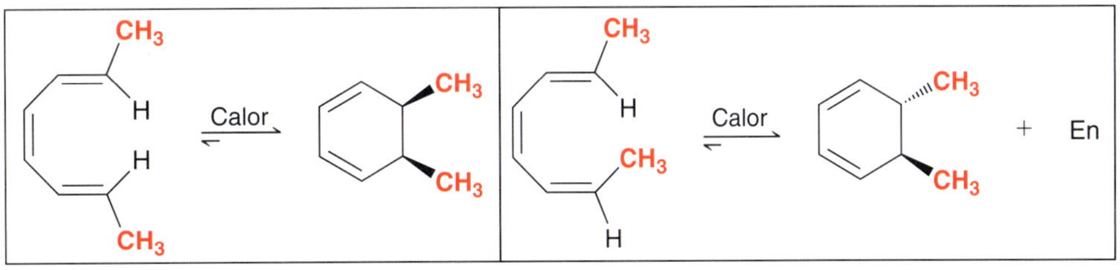

Para explicar esse resultado estereoquímico, vamos centralizar a nossa atenção na simetria do HOMO de um sistema π com três ligações π conjugadas. Como visto na Seção 17.3, o HOMO de um trieno conjugado tem dois nós verticais e pode ser representado utilizando-se nosso método de representação rápida (Figura 17.24). Vamos nos concentrar particularmente nos sinais (ilustrados em vermelho e azul) dos lobos mais externos, porque esses são os lobos que participarão da formação da nova ligação σ. De modo a formar uma ligação, os lobos que interagem entre si têm de apresentar o mesmo sinal. Essa exigência requer que os lobos girem da maneira mostrada na Figura 17.25.

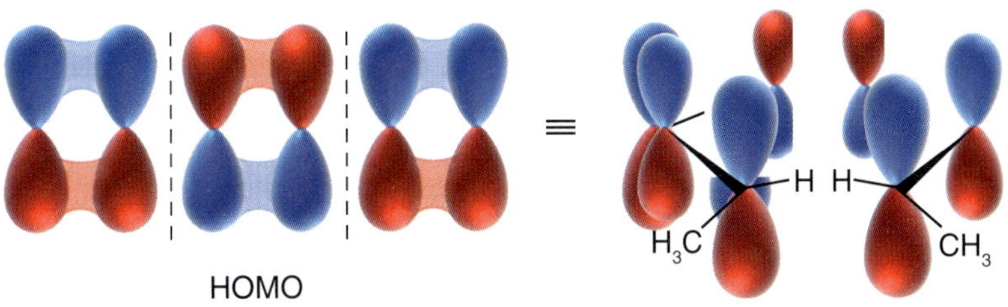

FIGURA 17.24
Representação do HOMO de um dieno conjugado.

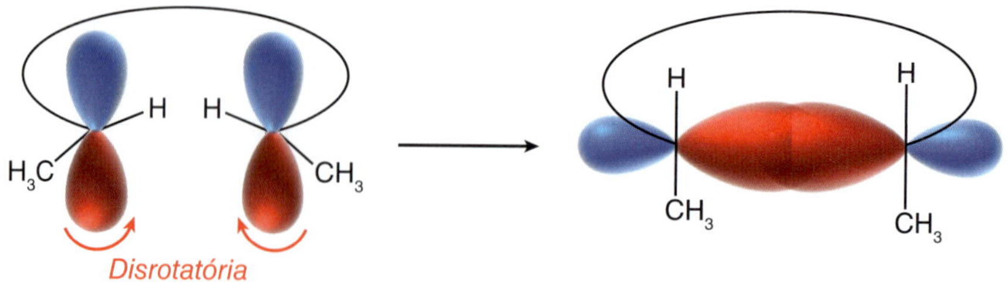

FIGURA 17.25
Ilustração de uma ciclização disrotatória.

Esse tipo de rotação é chamada de **disrotatória** porque um dos lobos gira no sentido horário, enquanto o outro gira em sentido anti-horário. A exigência para uma rotação disrotatória determina o resultado estereoquímico da reação. Especificamente nesse exemplo, os dois grupos metila apresentam uma relação *cis* no produto.

Agora apliquemos essa abordagem para reações eletrocíclicas térmicas de um sistema π contendo apenas quatro elétrons π, em vez de seis elétrons π. Novamente, a configuração do produto depende da configuração do reagente.

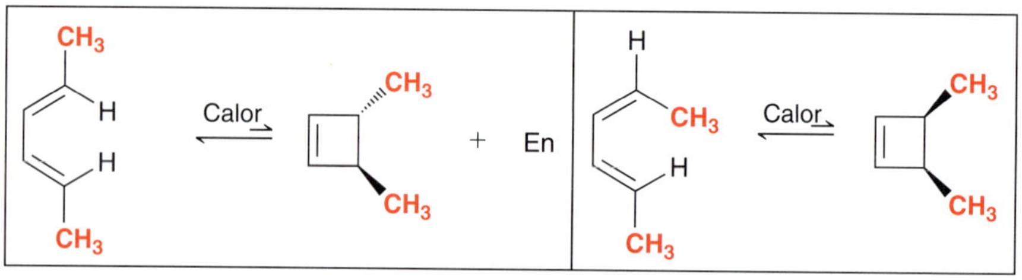

Para explicar esses resultados, vamos analisar novamente os lobos mais externos do HOMO. Como visto na Seção 17.3, o HOMO de um sistema π que contém apenas quatro elétrons π possui um nó e pode ser representado utilizando o nosso método de representação (Figura 17.26). De modo

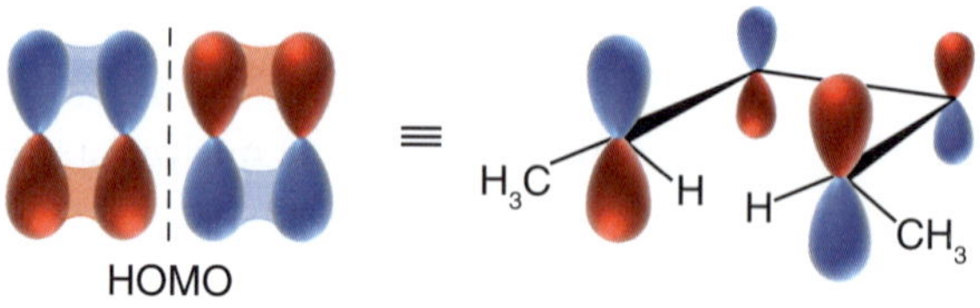

FIGURA 17.26
Um método rápido para a representação do HOMO de um dieno conjugado.

a formar uma ligação, lembre que os lobos que interagem devem apresentar o mesmo sinal. No caso de apenas quatro elétrons π, essa exigência requer que os lobos girem da maneira mostrada na Figura 17.27. Esse tipo de rotação é chamado de **conrotatória** porque ambos os lobos giram da mesma maneira. A exigência para uma ciclização conrotatória determina o resultado estereoquímico da reação. Especificamente nesse exemplo, os dois grupos metila apresetam uma relação estereoquímica *trans* no produto.

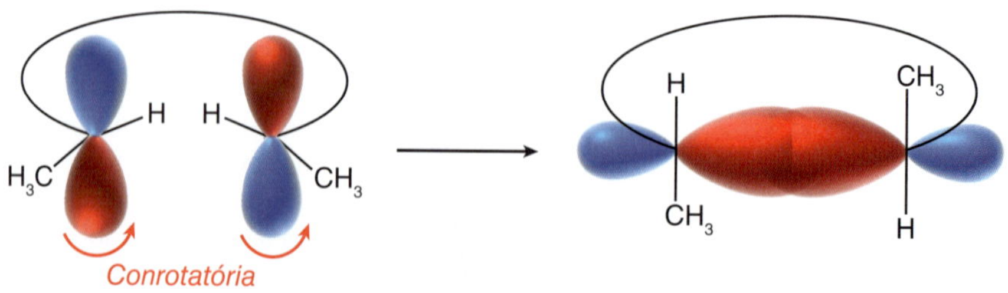

FIGURA 17.27
Ciclização conrotatória.

Para o butadieno, mencionamos que o equilíbrio favorece a cadeia aberta, de modo que a natureza conrotatória desse processo pode ser observada por meio do monitoramento do resultado estereoquímico para a reação de abertura do sistema cíclico do ciclobuteno dissubstituído nas posições 3 e 4 (Figura 17.28). Resumindo, sistemas π conjugados com seis elétrons π sofrem uma reação eletrocíclica térmica de modo disrotatório, enquanto sistemas com quatro elétrons π sofrem reação eletrocíclica térmica de modo conrotatório.

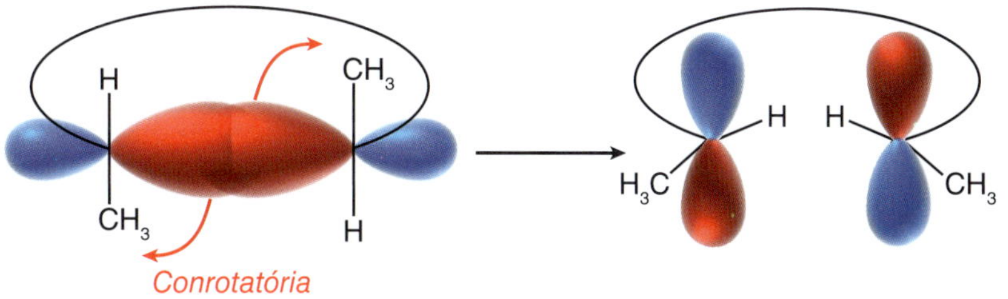

FIGURA 17.28
Abertura conrotatória de um sistema cíclico.

VERIFICAÇÃO CONCEITUAL

17.21 Diga o(s) produto(s) principal(is) para cada uma das seguintes reações eletrocíclicas:

(a) 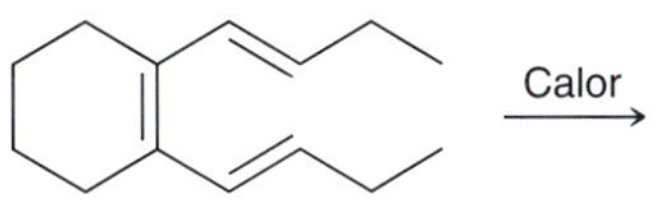

(b) 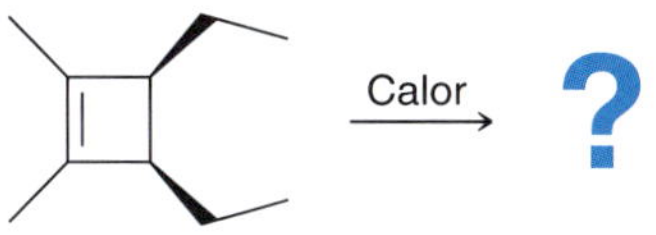

(c) 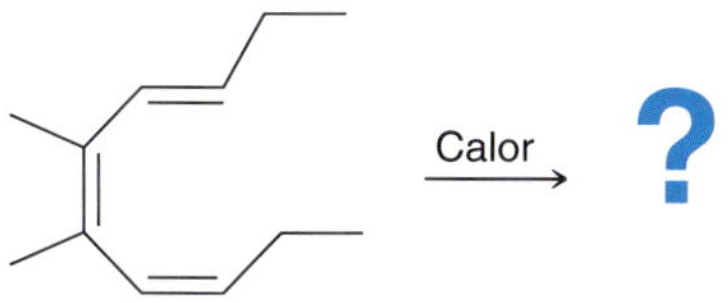

Estereoquímica de Reações Eletrocíclicas Fotoquímicas

Vimos que o resultado estereoquímico de uma reação eletrocíclica depende se ela é conduzida sob condições térmicas ou fotoquímicas.

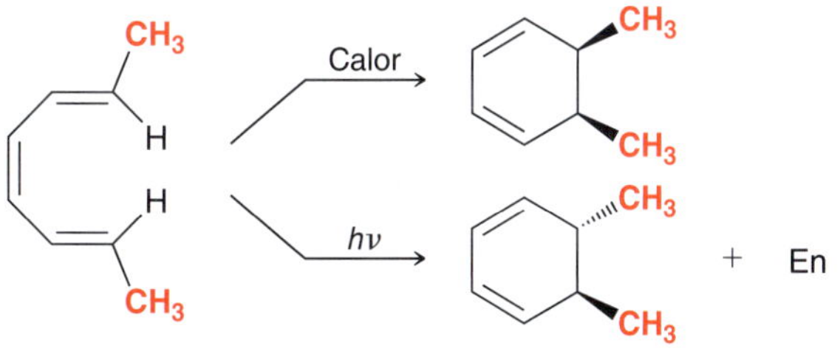

Nesse exemplo, a configuração dos produtos depende das condições nas quais a reação é conduzida. Novamente, podemos explicar essas observações com a teoria da conservação de simetria orbital. Temos de centralizar a nossa atenção na simetria do HOMO envolvido na reação. Lembre-se da Seção 17.3, que diz a excitação de um elétron redefine a identidade do HOMO (Figura 17.29).

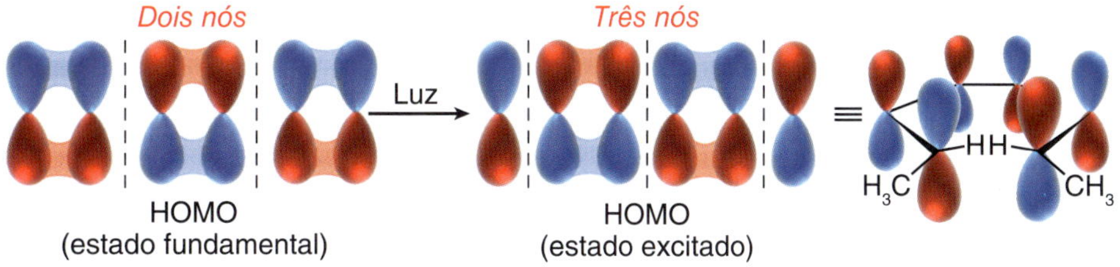

FIGURA 17.29
Um método rápido para representação do HOMO do estado excitado de um trieno conjungado.

Focando nos lobos mais externos, descobrimos que uma ciclização fotoquímica de um sistema π com seis elétrons tem de ocorrer de modo conrotatório (Figura 17.30), ao contrário da ciclização disrotatória observada em condições térmicas. As exigências para uma ciclização conrotatória explica corretamente o resultado estereoquímico observado para essa reação.

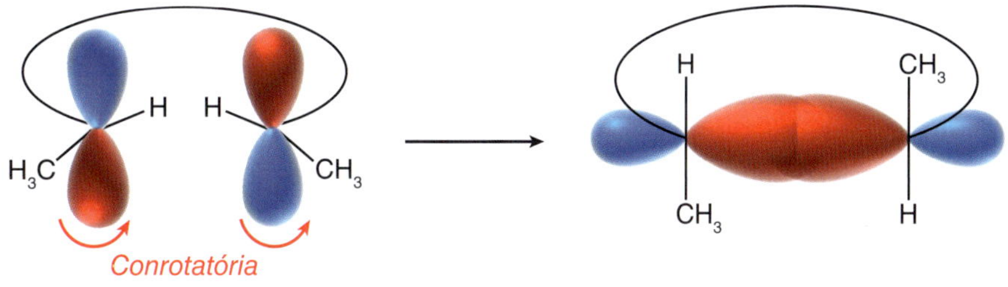

FIGURA 17.30
Um sistema com seis elétrons π sofrerá uma ciclização conrotatória sob condições fotoquímicas.

Uma explicação semelhante pode ser utilizada para as reações eletrocíclicas fotoquímicas com sistemas com quatro elétrons π.

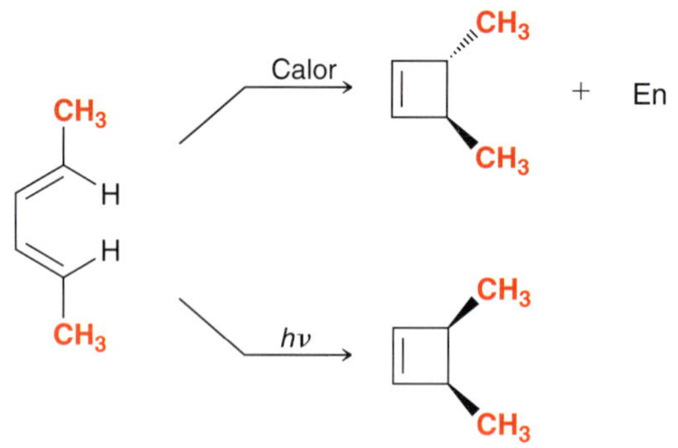

Novamente, observamos que a configuração do produto depende das condições sob as quais a reação é conduzida, e essas observações podem ser explicadas com base na teoria da conservação de simetria orbital. Especificamente, precisamos focar a nossa atenção na simetria do HOMO que participa da reação. Lembre-se da Seção 17.3 que a excitação de um elétron redefine a identidade do HOMO (Figura 17.31). Focando nos lobos mais externos descobrimos que a ciclização fotoquímica de um

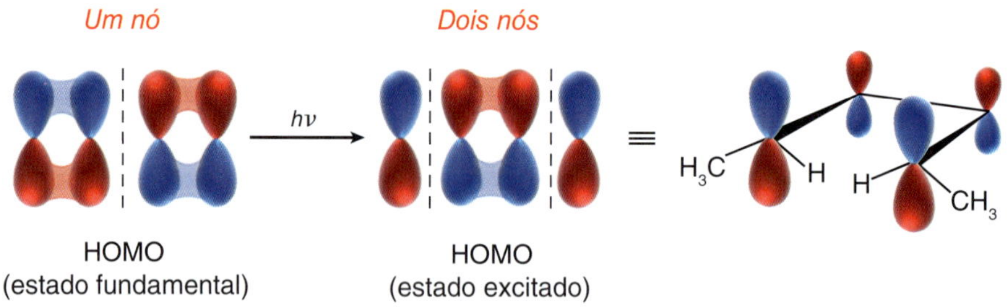

FIGURA 17.31
Um método rápido para a representação do HOMO do estado excitado de um trieno conjugado.

sistema π de quatro elétrons tem de ocorrer de modo disrotatório, em contraste com a ciclização conrotatória observada em condições térmicas. Para o butadieno, o equilíbrio favorece a cadeia aberta, de modo que a natureza disrotatória desse processo pode ser observada monitorando-se o resultado estereoquímico para a reação de abertura do sistema cíclico do ciclobuteno dissubstituído nas posições 3 e 4 (Figura 17.32). A Tabela 17.2 resume as regras de Woodward-Hoffmann para as reações eletrocíclicas comuns.

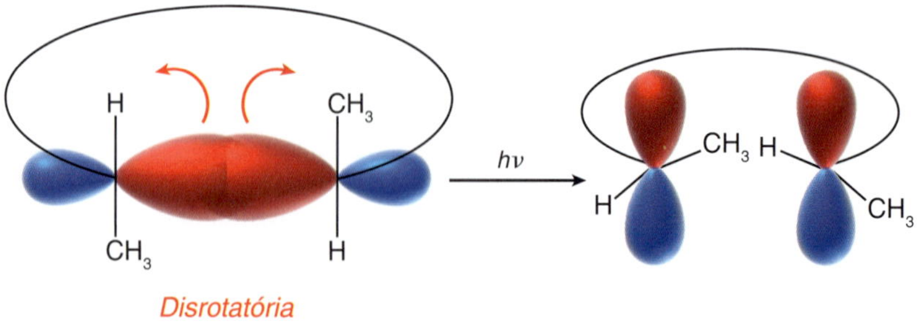

FIGURA 17.32
Reação de abertura disrotatória de um sistema cíclico.

TABELA 17.2 REGRAS DE WOODWARD-HOFFMANN PARA REAÇÕES ELETROCÍCLICAS TÉRMICAS E REAÇÕES ELETROCÍCLICAS FOTOQUÍMICAS

	TÉRMICA	FOTOQUÍMICA
Quatro elétrons π	Conrotatório	Disrotatório
Seis elétrons π	Disrotatório	Conrotatório

DESENVOLVENDO A APRENDIZAGEM

17.4 PREVISÃO DO PRODUTO DE UMA REAÇÃO ELETROCÍCLICA

APRENDIZAGEM Preveja o produto da seguinte reação eletrocíclica:

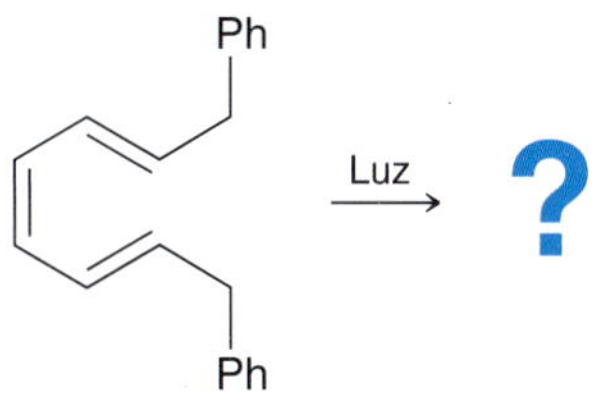

SOLUÇÃO

ETAPA 1 Contagem do número de elétrons π.

Começamos contando o número de elétrons π. Nesse caso, existem seis elétrons π (o número de elétrons π do grupo fenila não está participando da reação).

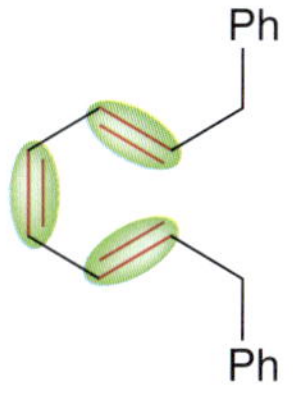

6 elétrons π

ETAPA 2 Determinar se a reação é conrotatória ou disrotatória.

Em seguida, precisamos analisar as condições da reação e determinar se ela ocorre de modo disrotatório ou conrotatório. Como mostrado na Tabela 17.2, para um sistema com seis elétrons π, as condições fotoquímicas conduzem a ciclizações conrotatórias. Utilizamos essa informação para determinar se os substituintes serão *cis* ou *trans* no produto. Nesse caso, os substituintes apresentam uma estereoquímica *trans* entre si no produto. Espera-se uma mistura racêmica porque a ciclização conrotatória do anel pode ocorrer em uma forma horária (produzindo um enantiômero) ou em uma forma anti-horária (produzindo o outro enantiômero).

ETAPA 3 Determinar se os substituintes são *cis* ou *trans* no produto.

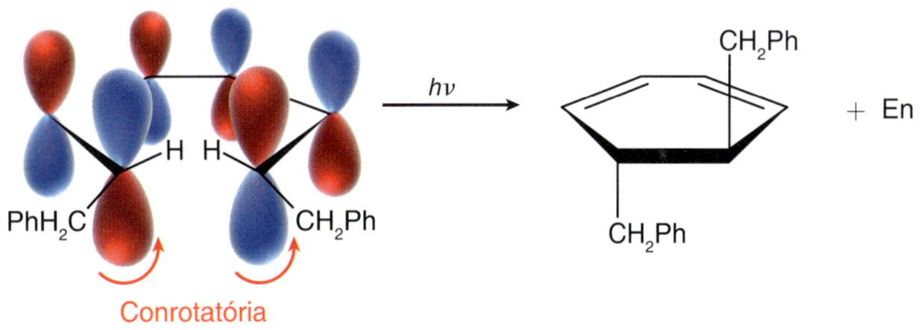

PRATICANDO o que você aprendeu

17.22 Preveja o produto de cada uma das seguintes reações:

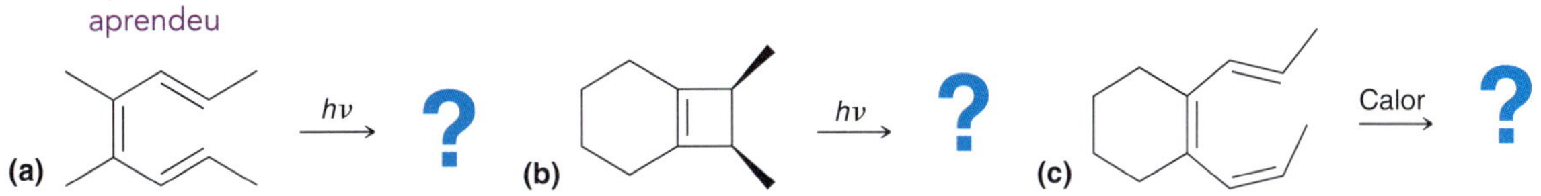

APLICANDO o que você aprendeu

17.23 Represente a estrutura do *cis*-3,4-dietilciclobuteno.

(a) A abertura conrotatória do sistema cíclico produz apenas um produto. Represente o produto e determine se a sua formação é melhor sob condições térmicas ou fotoquímicas.

(b) A abertura disrotatória do sistema cíclico pode produzir dois produtos possíveis, mas apenas um deles é obtido na prática. Identifique o produto que é formado e explique por que o outro produto possível não é formado.

17.24 Identifique se o produto obtido de cada uma das seguintes reações é uma substância meso ou um par de enantiômeros:

(a) Irradiar com luz UV o (2*E*,4*Z*,6*Z*)-4,5-dimetil-2,4,6-octatrieno.

(b) Submeter a elevadas temperaturas o (2*E*,4*Z*,6*Z*)-4,5-dimetil-2,4,6-octatrieno.

(c) Irradiar com luz UV o (2*E*,4*Z*,6*E*)-4,5-dimetil-2,4,6-octatrieno.

é necessário **PRATICAR MAIS?** **Tente Resolver os Problemas 17.55, 17.56.**

17.10 Rearranjos Sigmatrópicos

Introdução aos Rearranjos Sigmatrópicos

Um rearranjo sigmatrópico é uma reação pericíclica na qual uma ligação σ é formada à custa de outra. No processo, a ligação π muda de posição. O termo *sigmatrópico* advém da palavra grega *tropos* que significa "mudança". Um rearranjo sigmatrópico é, portanto, uma reação na qual uma ligação σ sofre mudança em sua posição.

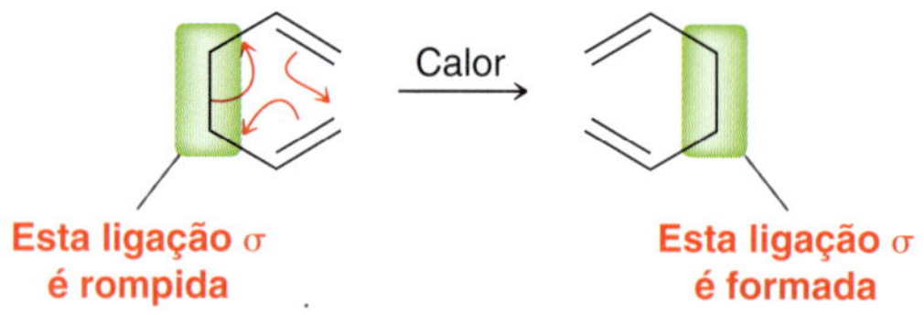

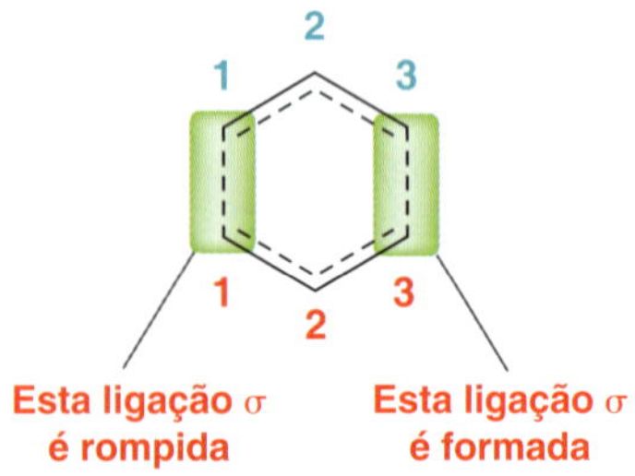

FIGURA 17.33
O estado de transição para um rearranjo sigmatrópico [3,3].

Existem muitos tipos diferentes de rearranjos sigmatrópicos. O exemplo anterior é chamado de rearranjo sigmatrópico [3,3]. Essa notação é diferente de qualquer outra notação utilizada neste livro até aqui. Os números entre colchetes indicam o número de átomos que separa a ligação se formando e a ligação que está se rompendo no estado de transição (Figura 17.33). Observe que o estado de transição é cíclico, o que é uma característica de todas as reações pericíclicas. No estado de transição, a ligação que está sendo rompida e a ligação que está sendo formada estão separadas por dois caminhos reacionais diferentes, cada um contendo três átomos (um está em vermelho e o outro em azul). Portanto, ela é chamada de rearranjo sigmatrópico [3,3].

O exemplo a seguir é um rearranjo sigmatrópico [1,5], também chamado às vezes de migração [1,5] de hidrogênio. No estado de transição, a ligação que é rompida e a ligação que é formada estão separadas por dois caminhos reacionais diferentes: um contendo cinco átomos (marcados em vermelho) e outro contendo apenas um único átomo (marcado em azul).

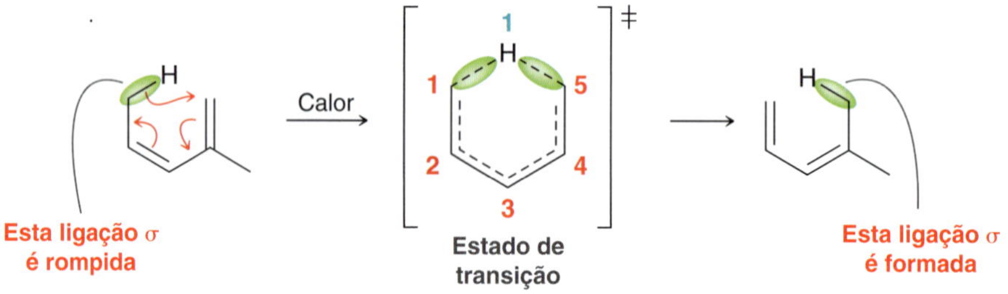

Rearranjo de Cope

Um rearranjo sigmatrópico [3,3] é chamado de **rearranjo de Cope** quando todos os seis átomos do estado de transição cíclico são átomos de carbono.

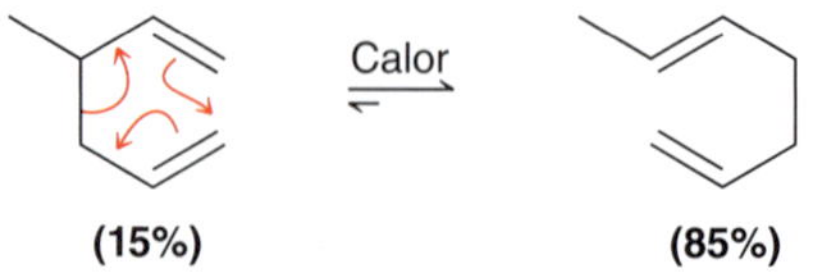

O equilíbrio para um rearranjo de Cope geralmente favorece a formação do alqueno mais substituído. No exemplo anterior, ambas as ligações π do reagente são monossubstituídas, mas no produto, uma ligação π é dissubstituída. Por essa razão, o equilíbrio para a reação favorece o produto.

Rearranjo de Claisen

O análogo oxigenado do rearranjo de Cope é conhecido como **rearranjo de Claisen.**

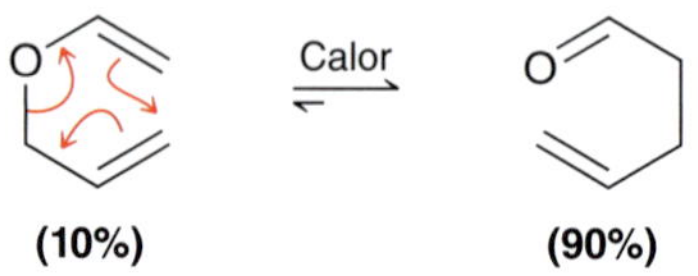

O rearranjo de Claisen é um rearranjo sigmatrópico [3,3] e é comumente observado em alilviniléteres.

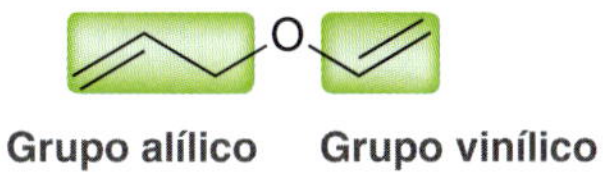

O produto é amplamente favorecido no equilíbrio em função da formação de uma ligação C=O, a qual é termodinamicamente mais estável (energia mais baixa) que uma ligação C=C. O rearranjo de Claisen também é observado com arilaliléteres.

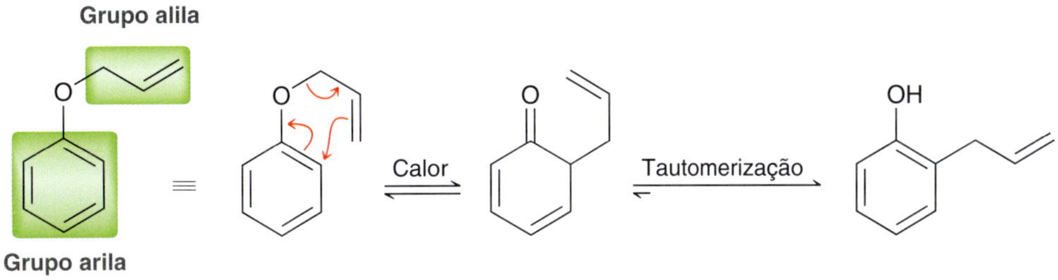

Grupos arila possuem um anel aromático (um anel de seis membros pode representar alternadamente ligações simples e duplas), que é particularmente estável, como veremos no próximo capítulo. No caso de arilaliléteres, o rearranjo de Claisen destrói inicialmente o anel aromático, mas é rapidamente seguido pelo processo espontâneo de tautomerização que regenera o anel aromático. Nesse processo de tautomerização, a conversão de uma cetona em um enol demonstra a estabilidade de um sistema aromático. Substâncias aromáticas, assim como sua estabilidade e reatividade, serão discutidas em detalhe nos próximos dois capítulos.

VERIFICAÇÃO CONCEITUAL

17.25 Para cada uma das seguintes reações, utilize dois números entre colchetes para identificar o tipo de rearranjo sigmatrópico que está ocorrendo:

(a) 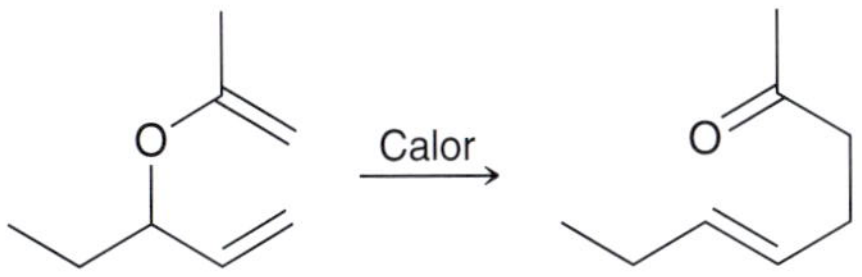

(b) 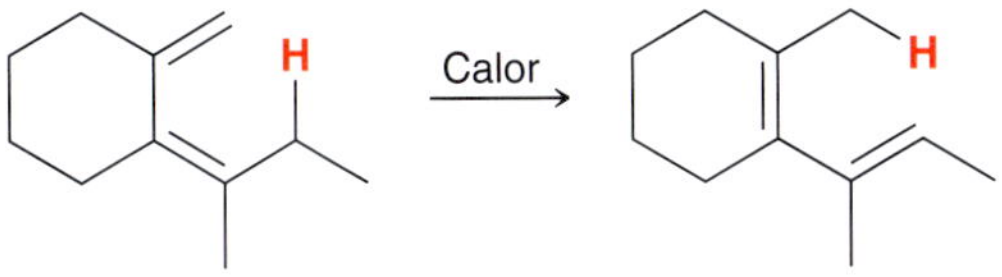

17.26 Considere a estrutura do *cis*-1,2-diviniciclopropano:

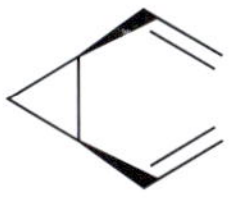

Essa substância é estável a baixas temperaturas, mas sofre rearranjo a temperatura ambiente produzindo 1,4-ciclo-heptadieno.

(a) Represente um mecanismo para essa transformação

(b) Utilizando colchetes e números, identifique o tipo de rearranjo sigmatrópico que ocorre nesse caso.

(c) Essa reação ocorre completamente, isto é, a concentração do reagente é insignificante, uma vez que o equilíbrio é estabelecido. Explique por que a reação ocorre completamente.

17.27 Preveja os produtos de cada uma das reações a seguir.

(a) 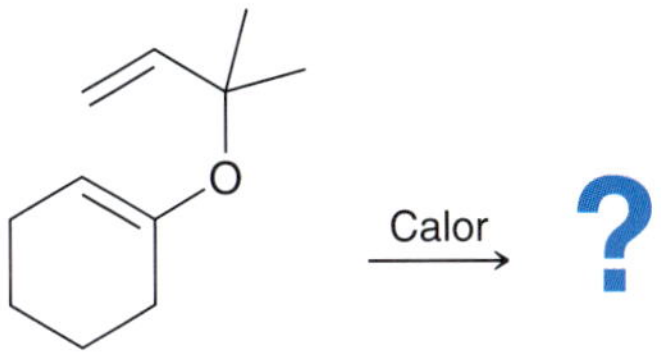

(b) 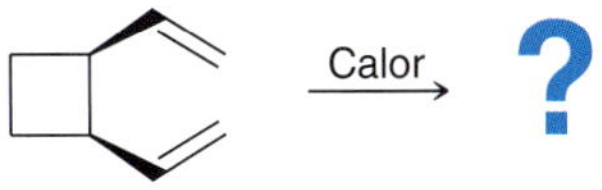

(c) 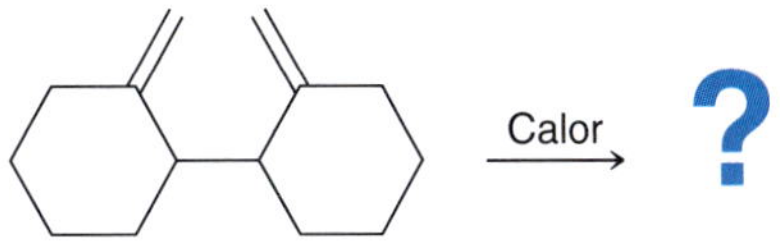

(d) 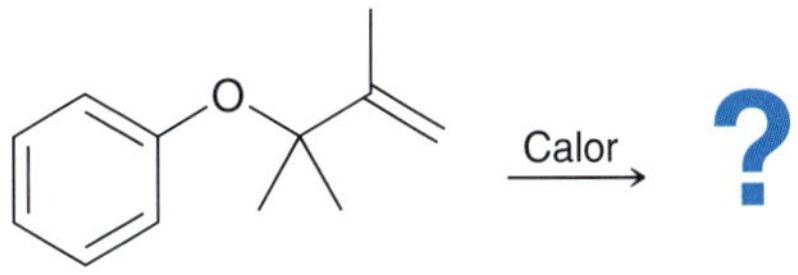

17.28 Represente um possível mecanismo para a seguinte transformação:

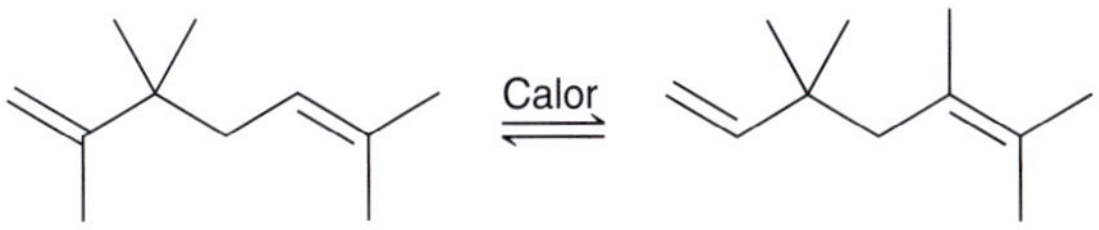

medicamente falando

Biossíntese Fotoinduzida da Vitamina D

Vitamina D é o nome geral de duas substâncias relacionadas chamadas de colecalciferol (vitamina D_3) e ergocalciferol (vitamina D_2). Essas duas substâncias diferem na identidade da cadeia lateral R.

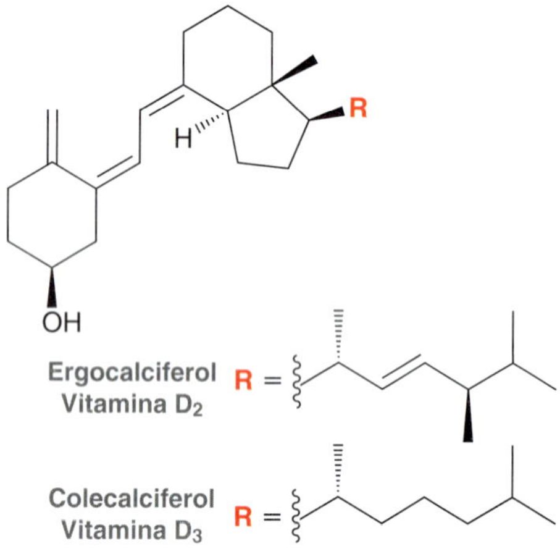

A vitamina D possui importante função no aumento da capacidade de nosso organismo em absorver o cálcio presente nos alimentos que consumimos. O cálcio é essencial porque é utilizado na formação dos ossos e dos dentes. Uma deficiência de cálcio pode causar uma doença na infância conhecida como raquitismo, a qual é caracterizada pelo desenvolvimento anormal dos ossos.

Apesar de a maioria dos alimentos não apresentar quantidades significativas de vitamina D, alguns servem como fontes de um precursor que o organismo precisa para sintetizar a vitamina D. O ergosterol está presente em diversos vegetais, e o 7-desidrocolesterol está presente em peixes e laticínios.

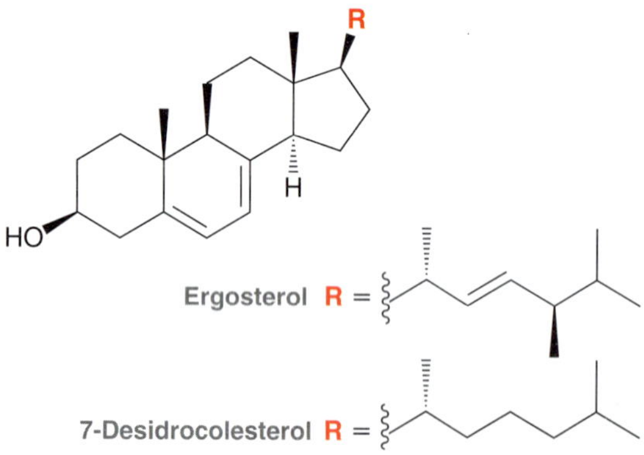

Quando a pele é exposta à luz do sol, esses precursores, localizados logo abaixo da pele, são convertidos em ergocalciferol e colecalciferol, respectivamente. Por essa razão a vitamina D é chamada de a "vitamina da luz solar".

Os precursores são convertidos em vitamina D por meio de duas reações pericíclicas em sequência.

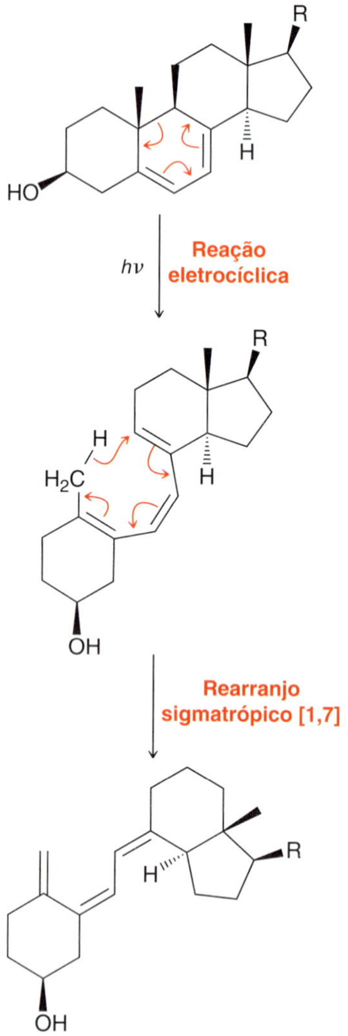

A primeira etapa é uma reação eletrocíclica de abertura do sistema cíclico, e a segunda é um rearranjo sigmatrópico [1,7]. Essa sequência de reações não ocorre apenas em nosso organismo, mas também é utilizada comercialmente para o enriquecimento de leite com vitamina D_3. Todo leite vendido nos Estados Unidos é irradiado com luz ultravioleta, o que converte o 7-desidrocolesterol presente no leite em vitamina D_3.

17.11 Espectroscopia UV-Vis

As Informações do Espectro de UV-Vis

Como visto nos capítulos anteriores, a espectroscopia permite explorar a estrutura molecular ao estudarmos as interações entre a matéria e a radiação eletromagnética. Lembre-se de que a frequência da radiação da luz determina a energia de um fóton e a faixa de todas as frequências possíveis é conhecida como *espectro eletromagnético* (Figura 15.2). Neste capítulo, vamos nos deter na interação entre a matéria e a região UV-Vis do espectro eletromagnético. Especificamente, substâncias orgânicas com sistemas π conjugados absorvem luz UV ou visível, promovendo uma excitação eletrônica. Isto é, um elétron π absorve o fóton e é promovido para um nível de energia mais alto. Como exemplo, considere o que ocorre quando o butadieno é irradiado com luz UV (Figura 17.34).

A energia do fóton (*hν*) é absorvida por um elétron π no HOMO (ψ_2) e, em consequência, é promovido para um OM (ψ_3) de energia mais alta. De modo que para essa excitação ocorrer o fóton tem de possuir a quantidade certa de energia – a energia do fóton tem que ser equivalente à diferença de energia entre os dois orbitais moleculares (ψ_2 e ψ_3). Para a maioria das substâncias orgânicas que possuem sistemas π conjugados essa diferença de energia corresponde à luz UV ou visível. Essa excitação é chamada de transição π →π* (pronuncia-se "pi para pi estrela"). O elétron excitado retorna então para o seu OM original, liberando a energia na forma de calor ou luz. Dessa maneira, substâncias com sistemas π conjugados absorverão luz UV ou visível.

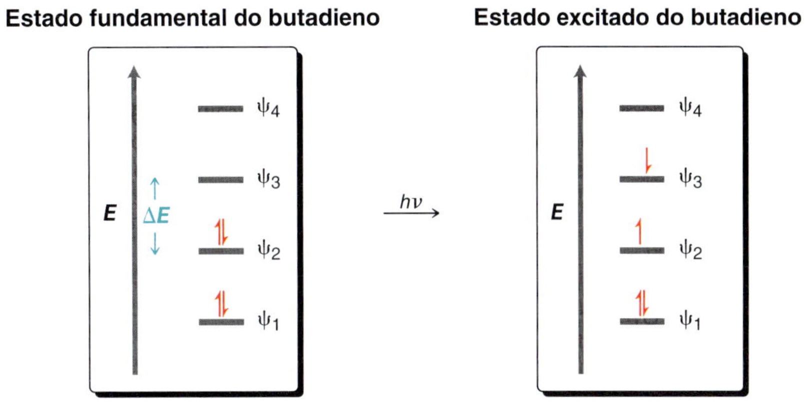

FIGURA 17.34
O estado fundamental do butadieno pode absorver um fóton da luz UV gerando o seu estado excitado, no qual um elétron foi promovido para um OM de energia mais alta.

Um espectrofotômetro UV-Vis padrão irradia a amostra com comprimentos de onda que variam de 200 a 800 nm. A luz é primeiramente dividida em dois feixes. Um feixe passa através de uma cubeta (um pequeno recipiente de vidro) que contém a substância orgânica dissolvida em um solvente, enquanto o outro feixe (o feixe de referência) passa através de uma cubeta que contém apenas o solvente. O espectrofotômetro então compara a intensidade dos feixes em cada comprimento de onda, e os resultados são representados em um gráfico que mostra a **absorbância** em função do comprimento de onda. A absorbância é definida como

$$A = \log\frac{I_0}{I}$$

em que I_0 é a intensidade do feixe de referência e I a intensidade do feixe da amostra. O gráfico gerado é chamado de **espectro de absorção** UV-Vis. Como exemplo, considere o espectro de absorção do butadieno (Figura 17.35). Para os nossos propósitos, a característica mais importante de um espectro de absorção é o $\lambda_{máx}$ (pronuncia-se **lambda máximo**), que indica o comprimento de onda da absorção máxima. Para o butadieno, $\lambda_{máx}$ é de 217 nm. A quantidade de luz UV absorvida no $\lambda_{máx}$ para qualquer substância é descrita pela **absortividade molar** (ε) e é expressa pela equação a seguir, conhecida como **lei de Beer**:

$$\varepsilon = \frac{A}{C \times l}$$

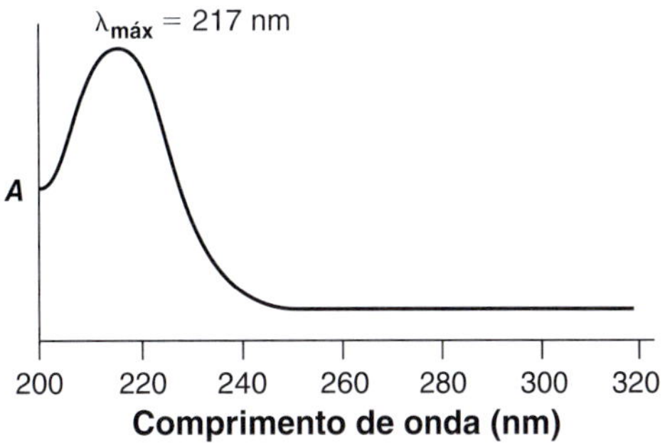

FIGURA 17.35
O espectro de absorbância do butadieno.

em que *A* é a absorbância, *C* é a concentração da solução (mol/L) e *l* é o caminho ótico (o comprimento da cubeta) medido em centímetros. A absortividade molar (ε) é uma característica física de determinada substância sob investigação e está geralmente entre 0-15.000.

O valor de $\lambda_{máx}$ para uma substância em particular é altamente dependente da conjugação. Para ilustrar esse ponto, compare os orbitais moleculares do butadieno, hexatrieno e octatetraeno (Figura 17.36)

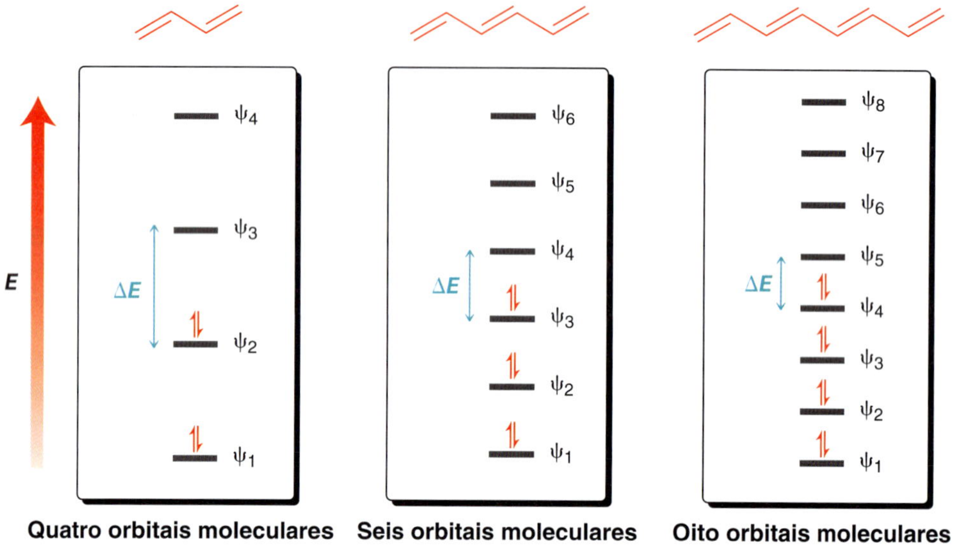

FIGURA 17.36
Um diagrama de energia mostra as energias relativas dos orbitais moleculares para vários sistemas π conjugados.

Substâncias que são altamente conjugadas terão um número maior de orbitais moleculares e vão apresentar uma diferença de energia menor entre esses orbitais. Compare a diferença de energia (ΔE) para cada uma das três substâncias e observe a tendência. Substâncias com sistemas mais conjugados necessitam de menor energia para a promoção de uma excitação eletrônica. Lembre-se de que a energia de um fóton é diretamente proporcional à frequência e inversamente proporcional ao comprimento de onda. Como resultado, comprimentos de onda maiores correspondem a uma energia menor. Portanto, percebemos que substâncias com maior conjugação terão $\lambda_{máx}$ maior (Tabela 17.3). O $\lambda_{máx}$ de uma substância indica, portanto, a extensão da conjugação presente nessa substância. A cada ligação dupla conjugada adicional acrescentamos entre 30 a 40 nm.

TABELA 17.3 O COMPRIMENTO DE ONDA MÁXIMO DE ABSORÇÃO DE DIENOS SIMPLES

SUBSTÂNCIA	$\lambda_{MÁX}$
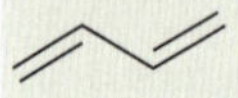	217 nm
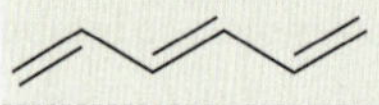	258 nm
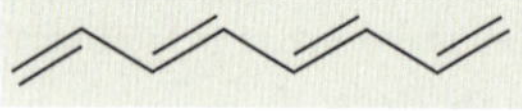	290 nm

Regras de Woodward-Fieser

Na seção anterior, observamos que uma substância que contém um sistema π conjugado absorverá luz UV-Vis. A região da molécula responsável pela absorção (o sistema π) é chamada de **cromóforo**, enquanto os grupos ligados ao cromóforo são chamados de **auxocromos.**

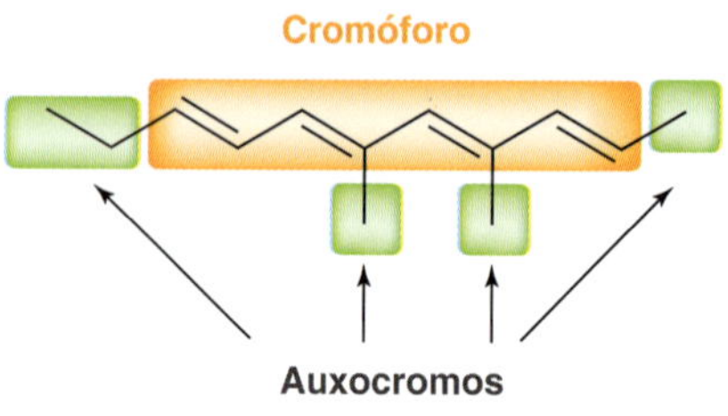

Os auxocromos podem ter também um efeito pronunciado no valor de $\lambda_{máx}$. **As regras de Woodward-Fieser** podem ser utilizadas para realizarmos simples previsões (Tabela 17.14). Uma lista completa das regras de Woodward-Fieser é muito extensa, mas algumas regras na Tabela 17.14 nos permitem realizar previsões simples. Observe que as regras de Woodward-Fieser nos possibilitam apenas estimar o valor de $\lambda_{máx}$. Em alguns casos a estimativa é muito próxima do valor observado, e em outros haverá uma pequena discrepância. As regras devem servir apenas como um guia para realizarmos as previsões, e elas não funcionam bem para substâncias que contêm mais que seis ligações duplas conjugadas.

TABELA 17.4 REGRAS DE WOODWARD-FIESER NA PREVISÃO DO $\lambda_{MÁX}$ PARA SISTEMAS CONJUGADOS

CARACTERÍSTICAS A SEREM PROCURADAS:	$\lambda_{MÁX}$	EXEMPLO	CÁLCULO
Dieno conjugado	Valor base = 217	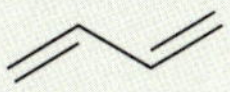	217 nm
A cada ligação dupla adicional	+30	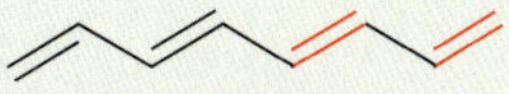 **Duas ligações duplas adicionais**	Base: 217 +2×30 277 nm (observado = 290 nm)
A cada grupo alquila auxocrômico	+5	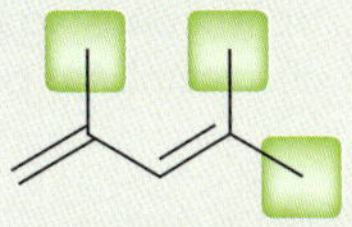 **Três grupos alquila ligados ao cromóforo**	Base: 217 +3×5 232 nm (observado = 232 nm)
A cada ligação dupla exocíclica (uma ligação dupla em que a posição vinílica é parte de um sistema cíclico e a outra posição vinílica está fora desse sistema cíclico)	+5	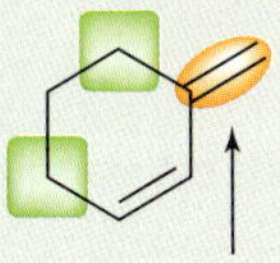 **Exocíclico**	Base: 217 +2×5 grupos alquila +5 ligações duplas exocíclicas 232 nm (observado = 230 nm)
Dieno homoanular – as duas ligações duplas estão contidas em um sistema cíclico, de modo que o dieno está preso em uma conformação *s-cis*	+39	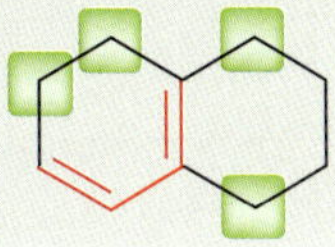	Base: 217 +4×5 grupos alquila +39 dieno homoanular 276 nm (observado = 269 nm)

DESENVOLVENDO A APRENDIZAGEM

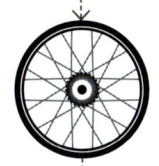

17.5 UTILIZAÇÃO DAS REGRAS DE WOODWARD-FIESER PARA ESTIMAR O $\lambda_{MÁX}$

APRENDIZAGEM Use as regras de Woodward-Fieser para estimar o valor de $\lambda_{máx}$ para a seguinte substância:

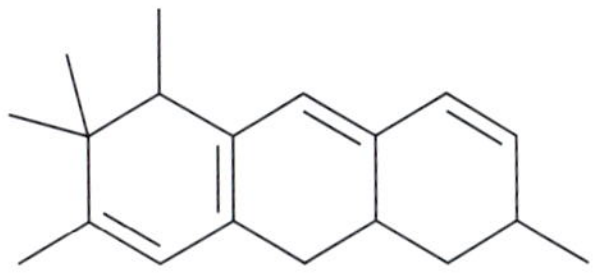

SOLUÇÃO

ETAPA 1
Contagem do número de ligações duplas conjugadas.

Inicialmente conte o número de ligações duplas conjugadas. Essa substância tem quatro ligações conjugadas (destacadas em vermelho). Duas delas contam como fazendo parte do valor básico e às outras duas se adicionam +30 a cada uma.

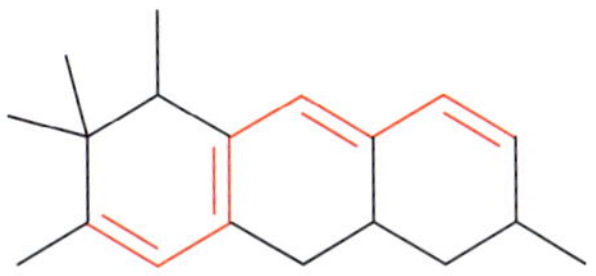

A seguir procuramos pelos grupos alquila auxocrômicos. Eles são os átomos de carbono ligados diretamente ao cromóforo. Essa substância possui seis grupos alquilas auxocrômicos, aos quais se adicionam +5 cada um, perfazendo um total de +30.

ETAPA 2
Contagem do número de grupos alquila auxocrômicos.

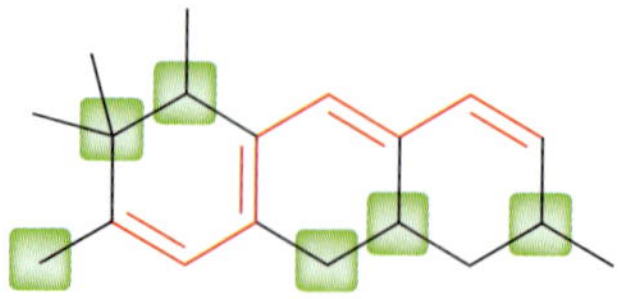

A seguir procuramos pelas ligações duplas exocíclicas. Nesse caso, a ligação dupla destacada em verde é exocíclica ao anel destacado em vermelho. Isso soma +5.

ETAPA 3
Contagem do número de ligações duplas exocíclicas.

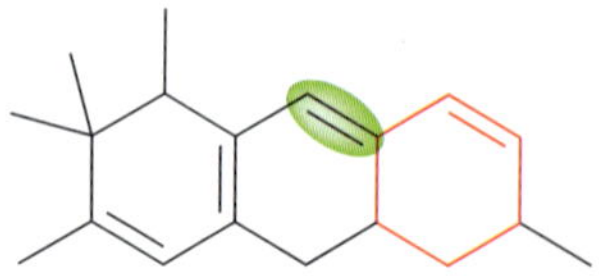

Finalmente procuramos por um dieno homoanular. O primeiro sistema cíclico (o da esquerda) possui duas ligações duplas em um mesmo anel, o que adiciona +39. O segundo sistema cíclico também possui duas ligações duplas no mesmo anel, o que adiciona novamente +39.

ETAPA 4
Procurar dienos homoanulares.

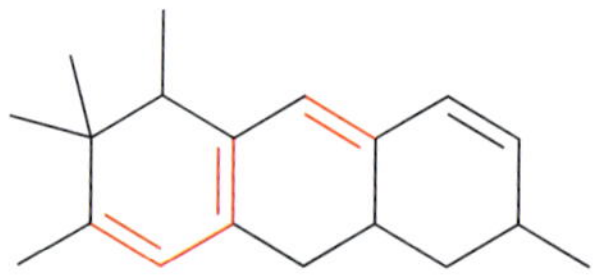

Podemos estimar que essa substância terá um $\lambda_{máx}$ em torno de 390 nm.

ETAPA 5
Somar todos os fatores.

Base = 217
Ligações duplas adicionais (2) = +60
Grupos alquila auxocrômicos (6) = +30
Ligação dupla exocíclica (1) = +5
Dienos homoanulares (2) = +78

Total = 390 nm

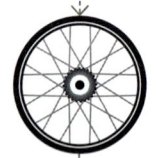

PRATICANDO o que você aprendeu

17.29 Use as regras de Woodward-Fieser para estimar o valor de $\lambda_{máx}$ para cada uma das seguintes substâncias:

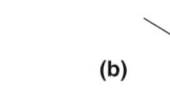

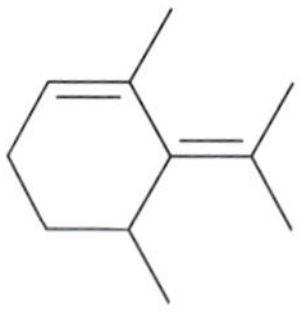

(a)

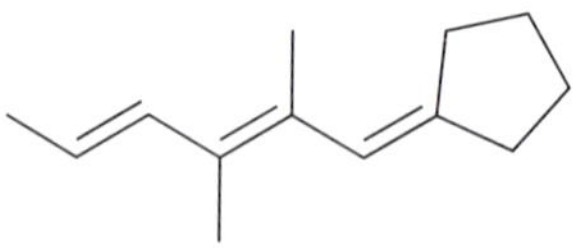

(b)

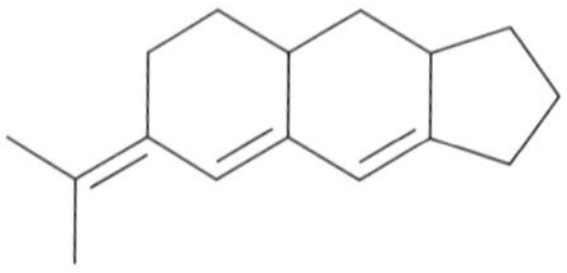

(c)

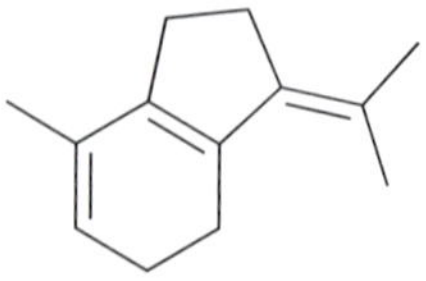

(d)

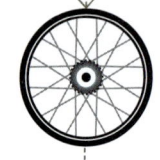

APLICANDO o que você aprendeu

17.30 Identifique qual das substâncias vistas a seguir deve possuir o maior valor de $\lambda_{máx}$:

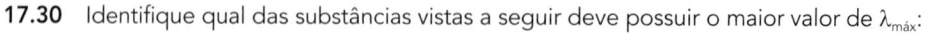

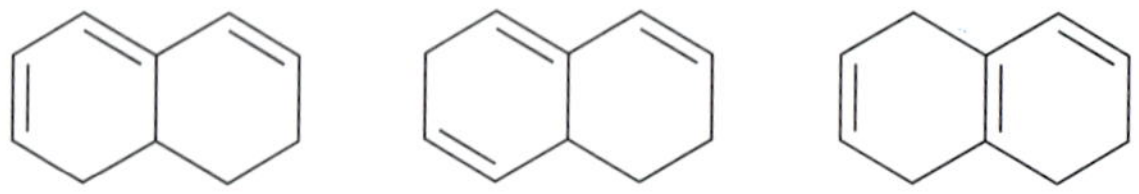

é necessário **PRATICAR MAIS?** **Tente Resolver os Problemas 17.50-17.52, 17.60c.**

falando de modo prático

Protetor solar

Nos Estados Unidos, a atitude da sociedade ante o bronzeado mudou diversas vezes durante os últimos dois séculos. Antes da revolução industrial, o bronzeado era considerado um sinal de classe social inferior. Pessoas abastadas ficavam na sombra, enquanto operários trabalhavam sob o sol. Após a Revolução Industrial os trabalhadores começaram a trabalhar no interior das fábricas, e essa distinção desapareceu. De fato, as atitudes da sociedade deram uma guinada de 180° nos anos de 1920, quando a luz solar foi considerada a cura de muitas enfermidades, da acne à tuberculose. Nos anos de 1940, apareceram no mercado soluções bronzeadoras, que tinham a função de auxiliar no bronzeamento. Nos anos de 1960, as lâmpadas bronzeadoras apareceram e foi possível bronzear-se no inverno.

Nas últimas décadas, as atitudes sociais mudaram novamente, com a descoberta de uma ligação entre luz solar e câncer de pele. A radiação UV nociva é bloqueada pela camada de ozônio, apesar de alguma radiação nociva atingir a superfície da Terra. Existem dois tipos de radiação UV nociva, chamadas de UV-A (315-400 nm) e UV-B (280-315 nm). O UV-B é a radiação de mais alta energia e causa maiores danos, mas o UV-A é também perigoso, uma vez que pode penetrar na pele mais profundamente. Estima-se que 1 em cada 10 norte-americanos desenvolverão câncer de pele, e acredita-se que essa situação ainda irá piorar nas próximas décadas, com a destruição da camada de ozônio pelos CFCs (Seção 11.8). Isso significa que há uma chance de 10% de uma pessoa desenvolver câncer de pele em algum momento da vida a não ser que tome alguns cuidados.

A maneira pela qual a luz UV danifica o DNA foi bastante estudada e são muitos os mecanismos responsáveis. Um desses mecanismos envolve uma base do DNA, a timina, que absorve luz UV, gerando um estado excitado que é capaz de sofrer uma cicloadição [2+2] com outra base timina vizinha.

Na Seção 17.8 vimos que cicloadições [2+2] são permitidas por simetria na presença de luz UV, e esse é um exemplo real daquele processo. Essa reação muda a estrutura do DNA e causa alterações no código genético que, por fim, conduzem ao desenvolvimento de células cancerígenas.

Protetores solares são utilizados para prevenir que a luz UV cause danos na estrutura do DNA. Existem dois tipos básicos de protetores solares: inorgânico e orgânico. Os protetores inorgânicos (tais como dióxido de titânio e óxido de zinco) refletem e dispersam a luz UV. Protetores orgânicos são sistemas π conjugados que absorvem a luz UV e liberam a energia absorvida na forma de calor. As substâncias vistas a seguir são exemplos de protetores solares orgânicos comuns.

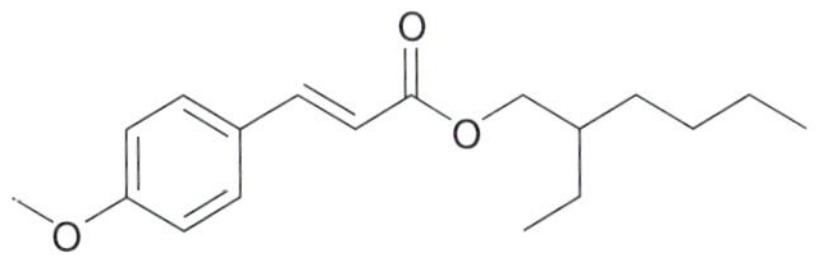

Metoxicinamato de Octila

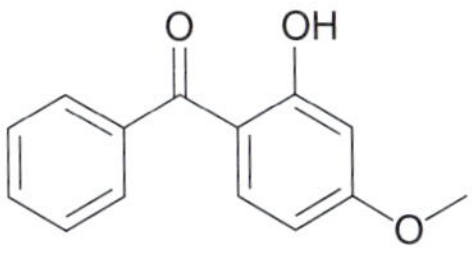

Oxibenzona

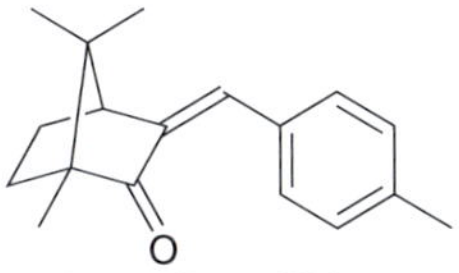

4-Metoxibenzilideno cânfora

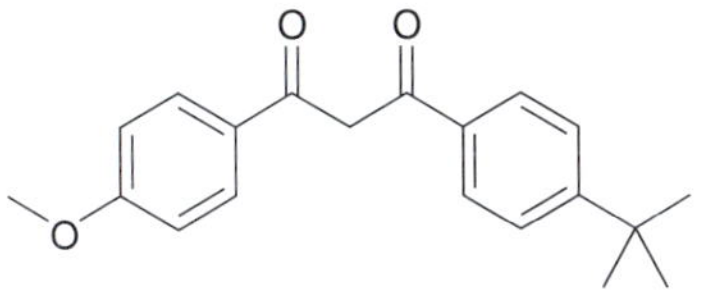

Avobenzona

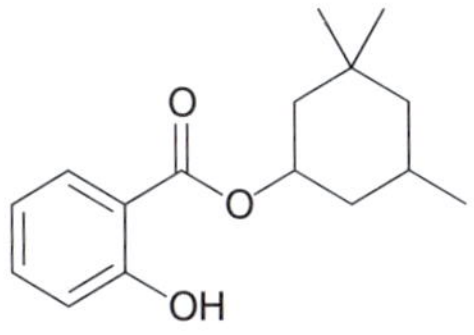

Homosalato

Todas essas substâncias possuem um sistema π conjugado. Ambos os protetores orgânicos e inorgânicos fornecem proteção contra a radiação UV-B. Alguns protetores solares, não todos, também fornecem proteção adicional contra a radiação UV-A. Muitos protetores solares disponíveis comercialmente contêm misturas de substâncias orgânicas e inorgânicas, produzindo um FPS (fator de proteção solar) alto. Entretanto, o valor do FPS indica apenas a capacidade de proteger contra a radiação UV-B, não conta a radiação UV-A. Para os produtos vendidos nos Estados Unidos, não há um modo claro de comparar a capacidade dos protetores solares em filtrar a radiação UV-A, a não ser comparando a lista de ingredientes. Dentre os protetores solares orgânicos aprovados nos Estados Unidos, acredita-se que o avobenzona proporcione a melhor proteção contra a radiação UV-A.

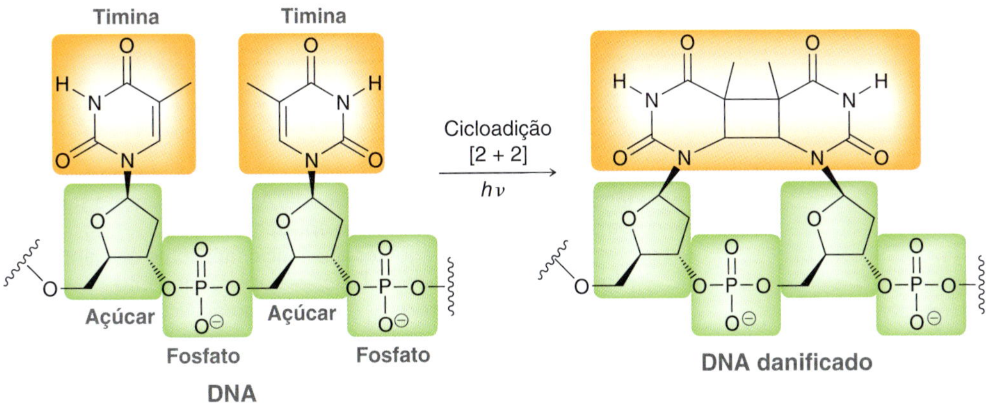

Apesar da ligação estabelecida entre a luz solar e o câncer, muitas pessoas continuam a encarar o bronzeado como atraente. Essa atitude perigosa começará a se tornar menos popular a medida que o público se tornar ciente do perigo envolvido. Como evidência da consciência popular está o aumento da venda de protetores solares a cada ano nos Estados Unidos, que atualmente excede 100 milhões de dólares.

A PROPÓSITO

O que aconteceu com o índigo? Você provavelmente aprendeu em algum momento que o arco-íris é formado pelas cores VLAVAIV (vermelho, laranja etc). O "I" significa índigo, mas você deve ter percebido que o índigo não está presente no círculo de cores. A verdade é que o índigo não deve ser mencionado (é uma cor intermediária entre o azul e o violeta). O índigo é mencionado como uma das cores do arco-íris, porque Sir Isaac Newton, que foi quem as descreveu, acreditava em metafísica e achava que o número 7 era mais espiritual que o número 6. Então as "sete" cores do arco-íris.

17.12 Cor

A região visível do espectro eletromagnético possui comprimentos de onda na faixa de 400-700 nm. Quando uma substância apresenta um sistema π altamente conjugado é possível que o $\lambda_{máx}$ apresente um valor superior a 40 nm. Essa substância absorverá luz na faixa do visível em vez da faixa do UV e será, portanto, colorida. Considere os dois exemplos a seguir:

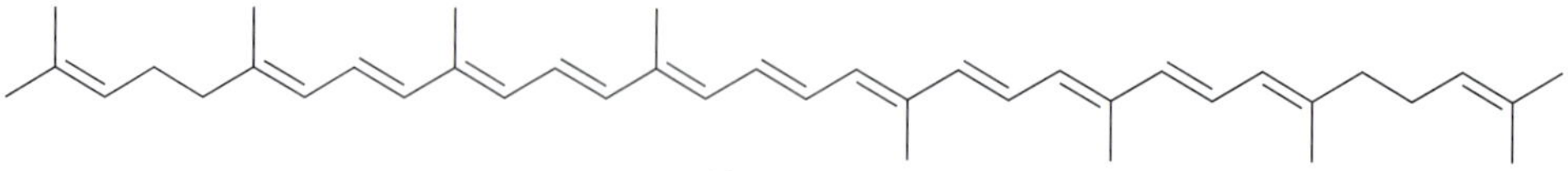

Licopeno

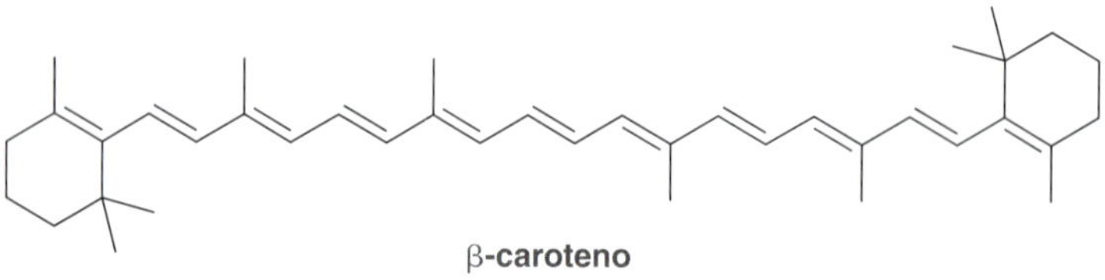

β-caroteno

O licopeno é o responsável pela cor vermelha dos tomates; e o β-caroteno é o responsável pela cor laranja das cenouras. Ambas as substâncias são coloridas porque possuem um sistema π conjugado.

A luz branca é composta de todos os comprimentos de onda visíveis (400-700 nm) e pode ser dividida em grupos de cores complementares, que aparecem opostas umas a outras no círculo de cores da Figura 17.37. Cada par de cores complementares (tais como vermelho e verde) pode ser visto como se cancelando um ao outro de modo a produzir a luz branca. Uma substância será colorida se absorver uma cor específica mais intensamente que a sua cor complementar. Por exemplo, o β-caroteno absorve luz em 455 nm (luz azul), mas reflete a luz laranja. Portanto, essa substância parece laranja.

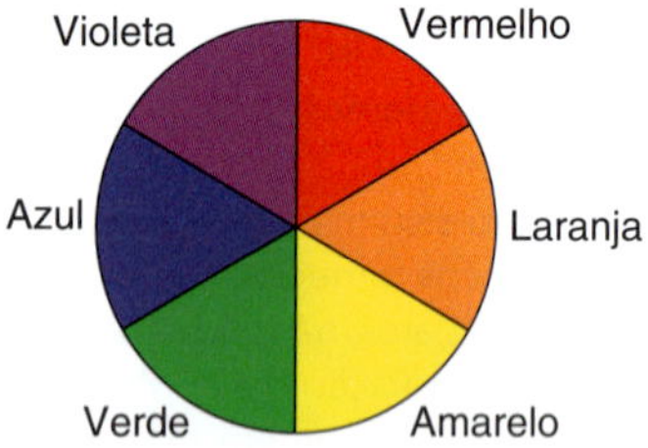

FIGURA 17.37
Círculo de cores que mostra os pares de cores complementares.

falando de modo prático | Alvejantes

Agora que aprendemos a origem das cores em substâncias orgânicas, somos finalmente capazes de explorar como funcionam os alvejantes. A maioria dos agentes alvejantes reage com sistemas π conjugados, destruindo a conjugação.

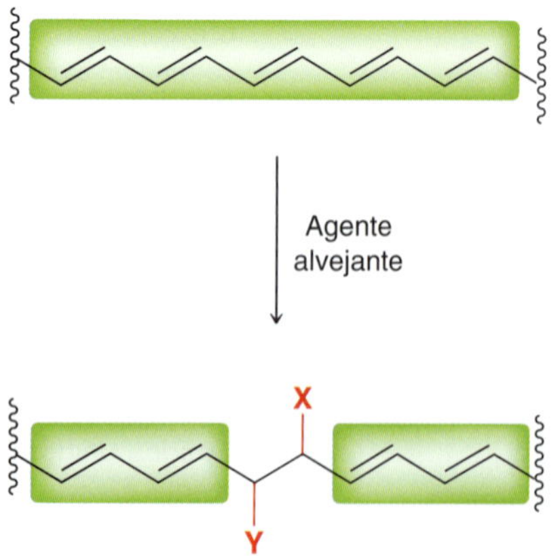

Desse modo, um sistema π conjugado que anteriormente absorvia luz visível é convertido em sistemas π menores que absorverão luz UV.

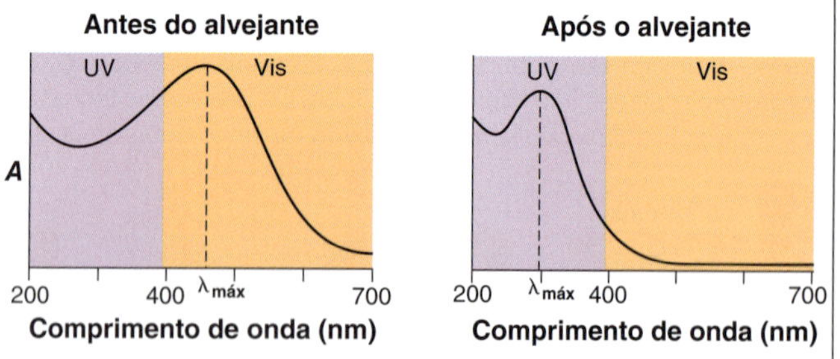

Observe o valor de $\lambda_{máx}$ em cada caso. Antes do alvejante a substância absorve luz visível e é colorida. Após o alvejante, a substância absorve apenas luz UV, não apresentando cor.

Existem muitos agentes que funcionam como alvejantes. Alguns atuam oxidando as ligações duplas, enquanto outros atuam reduzindo-as. Alvejantes domésticos (tal como água sanitária) é uma solução aquosa de hipoclorito de sódio (NaOCl) e é um agente oxidante. Quando a mancha sofre a ação do alvejante ela não foi removida. Em vez disso, ela foi alterada quimicamente de modo a não poder ser mais vista. Quando colocada sob uma lâmpada de UV a substância irá brilhar e sua presença poderá ser detectada.

VERIFICAÇÃO CONCEITUAL

17.31 Para cada uma das questões vistas a seguir, use o círculo de cores na Figura 17.37.

(a) Identifique a cor de uma substância que absorve luz laranja.

(b) Identifique a cor de uma substância que absorve luz entre o azul e o verde.

(c) Identifique a cor de uma substância que absorve luz entre o laranja e o amarelo.

17.13 Química da Visão

As reações químicas responsáveis pela visão foram objeto de investigação por mais de 60 anos.

Dois tipos de células sensíveis à luz funcionam como fotoreceptores: *bastonetes* e *cones*. Os bastonetes não detectam cor e funcionam como os principais receptores de luz na penumbra. Os cones contêm os pigmentos necessários para a visão colorida, mas eles funcionam como receptores dominantes apenas na presença de luz intensa. Humanos possuem tanto bastonetes como cones, mas algumas espécies apresentam apenas um dos dois tipos dessas células. Pombos, por exemplo, apresentam apenas cones. Como resultado, esses animais podem ver com clareza quando está claro, mas são cegos à noite. Corujas, por outro lado, apresentam apenas bastonetes. Corujas enxergam bem à noite, mas não são capazes de perceber cores. Nesta seção, focaremos nossa atenção somente na química dos bastonetes.

A substância sensível à luz nos bastonetes é chamada de *rodopsina*. Em 1952, o vencedor do Prêmio Nobel George Wald (da Universidade de Harvard) e seus colaboradores demonstraram que o cromóforo na rodopsina é o sistema poli-insaturado conjugado do 11-*cis*-retinal. A rodopsina é produzida por meio de uma reação química entre o 11-*cis*-retinal e uma proteína chamada opsina.

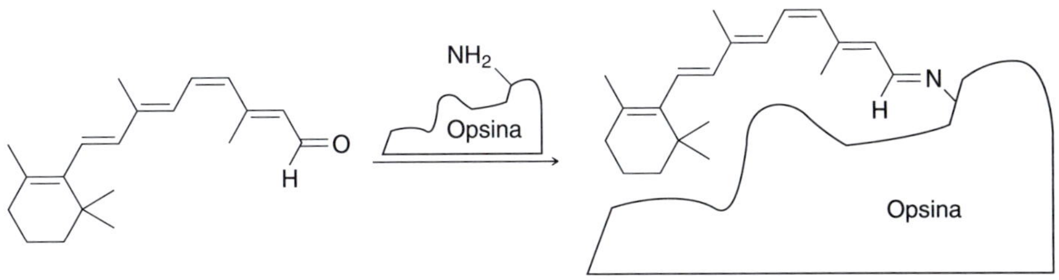

11-*cis*-Retinal **Rodopsina**

O sistema π conjugado se ajusta precisamente em uma cavidade interna da opsina e absorve luz em uma ampla região do espectro visível (400-600 nm). Fontes de 11-*cis*-retinal incluem vitamina A e β-caroteno. A deficiência de vitamina A causa cegueira noturna, enquanto uma dieta rica em β-caroteno pode melhorar a visão:

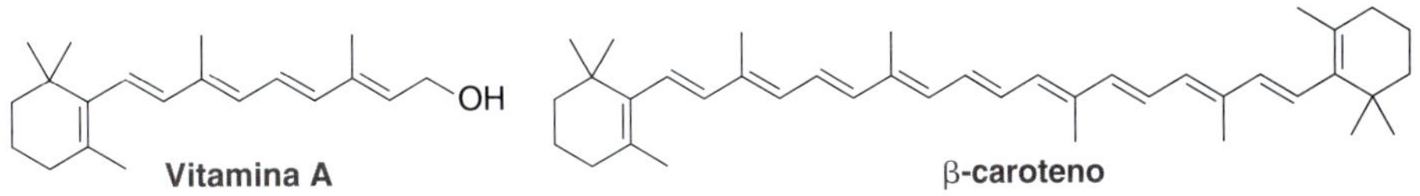

Vitamina A **β-caroteno**

Wald demonstrou que a rodopsina produzida com 11-*cis*-retinal fornece o mesmo fotoproduto que a rodopsina produzida com 9-*cis*-retinal. Ele concluiu que a primeira reação fotoquímica deve ser uma isomerização *cis*-*trans*.

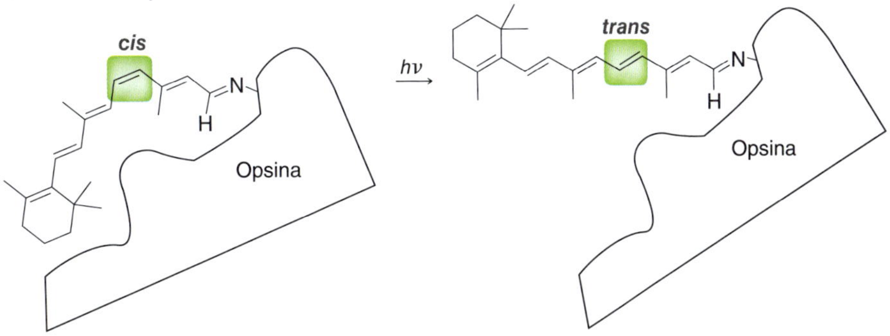

Outras evidências que corroboram essa fotoisomerização vieram do trabalho de Koji Nakanishi, da Columbia University. O grupo de Nakanishi sintetizou um análogo do 11-*cis*-retinal no qual a ligação dupla *cis* foi incorporada em um anel de sete membros, impossibilitando a isomerização para a configuração *trans*.

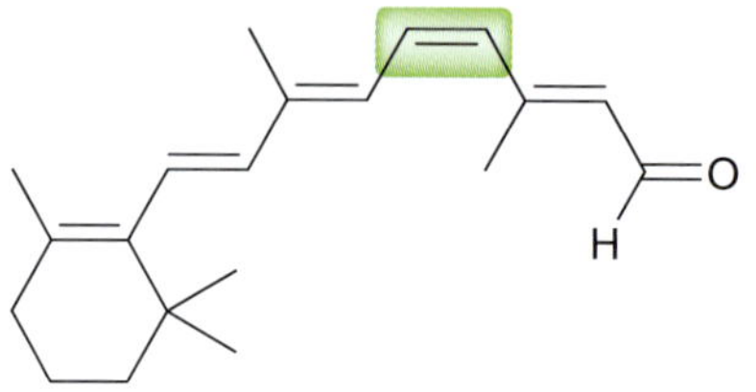

11-*cis*-Retinal

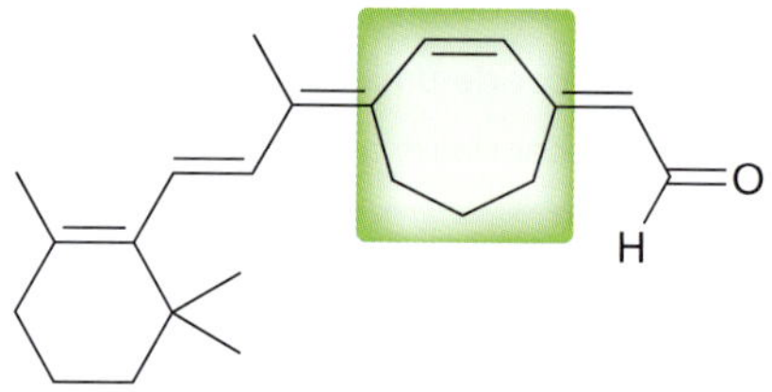

Análogo de Nakanishi

Lembre-se da Seção 8.4, em que anéis com menos de seis átomos de carbono não podem acomodar uma ligação π *trans* a temperatura ambiente. Quando o análogo de Nakanishi se liga com a opsina, o produto é similar à rodopsina, mas incapaz de isomerizar sob a influência da luz. Quando o análogo de Nakanishi foi administrado em camundongos, a sua visão foi altamente comprometida. Com base nessa e em outras evidências importantes é hoje aceito que a primeira etapa na química da visão é uma reação de fotoisomerização.

Quando a rodopsina é excitada para o isômero all-*trans* de alta energia, a mudança resultante na forma da rodopsina inicia uma cascata de reações enzimáticas que resulta na liberação de íons cálcio. Esses íons bloqueiam os canais que normalmente permitem a passagem de bilhões de íons sódio por segundo. Esse fluxo regular de íons sódio é chamado de *corrente escura* e é reduzido quando íons cálcio bloqueiam os canais. Essa redução da corrente culmina em um impulso nervoso que é mandado para o cérebro. A visão humana é extremamente sensível, pois a absorção de um único fóton pode impedir o fluxo de milhões de íons sódio. Nossos olhos podem perceber luz bastante fraca – mesmo uns poucos fótons podem desencadear um impulso nervoso. Podemos também ajustar a nossa visão para uma luz muito brilhante em minutos. Ainda não conseguimos desenvolver um sistema fotográfico que esteja à altura da adaptabilidade e sensibilidade do olho humano

REVISÃO DAS REAÇÕES

Preparação de Dienos

A partir de Haletos Alílicos

A partir de Dialetos

Adição Eletrofílica

Com HBr

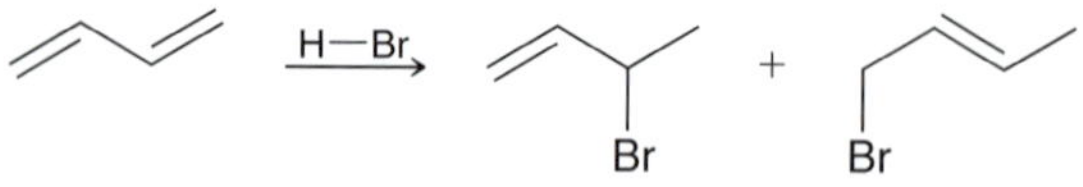

	Aduto-1,2	Aduto-1,4
A 0°C	71%	29%
A 40°C	15%	85%

Com Br_2

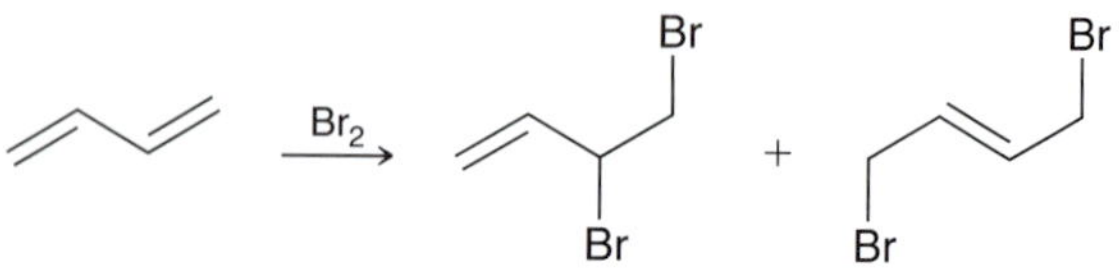

Aduto-1,2 + Aduto-1,4

Reação de Diels-Alder

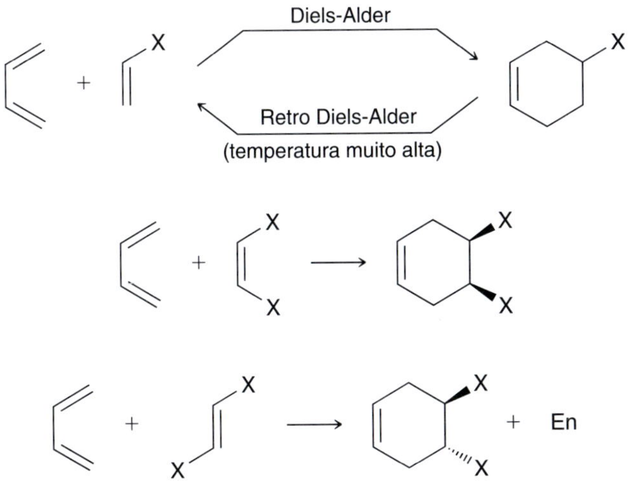

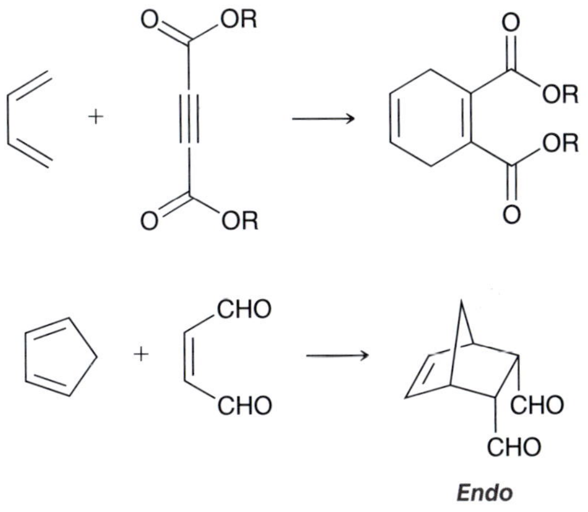

Reações Eletrocíclicas

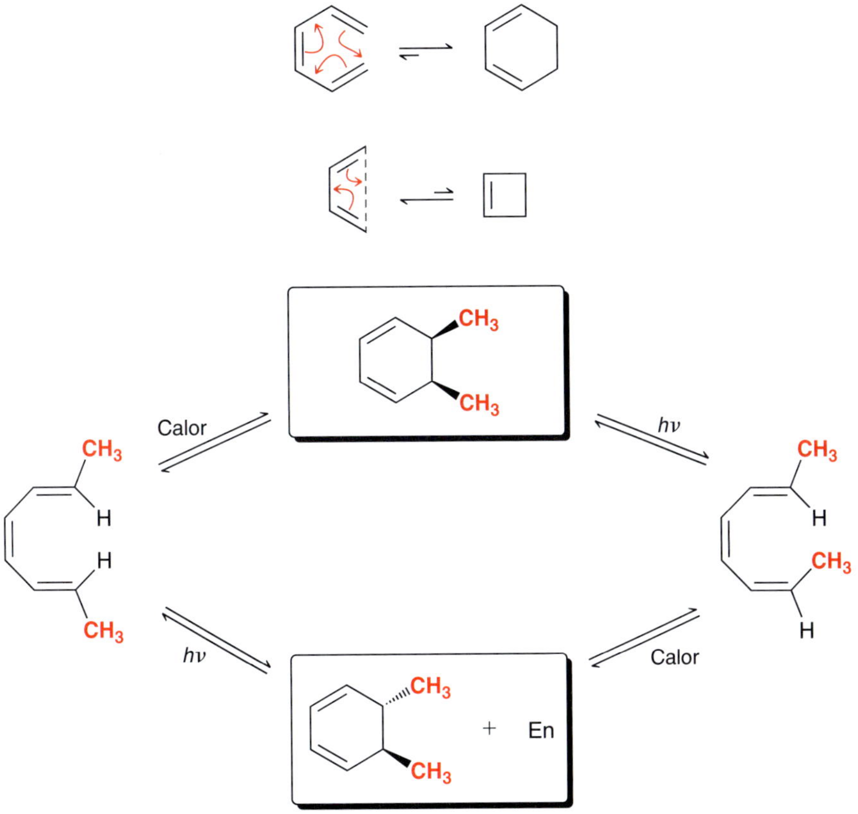

Rearranjos Sigmatrópicos

Rearranjo de Cope

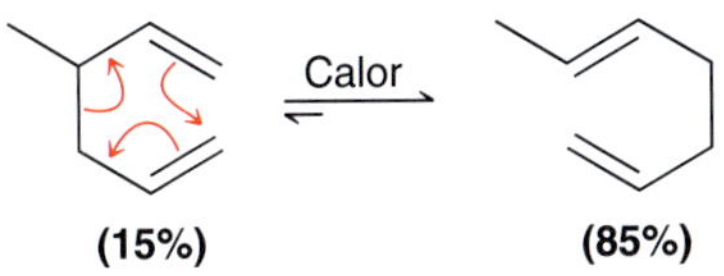

Rearranjo de Claisen

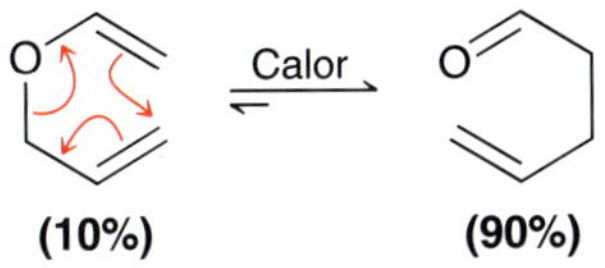

REVISÃO DE CONCEITOS E VOCABULÁRIO

SEÇÃO 17.1

- **Dienos** possuem duas ligações C=C e são classificados como **cumulenos (dienos acumulados), conjugados ou isolados.**
- Dienos conjugados contêm um sistema contínuo de orbitais *p* sobrepostos e possuem, portanto, propriedades e reatividades especiais.

SEÇÃO 17.2

- Dienos conjugados são preparados a partir de haletos alílicos ou dialetos.
- Ligações duplas conjugadas são mais estáveis do que quando isoladas, com uma *energia de estabilização* de aproximadamente 15 kJ/mol.
- Dienos conjugados possuem rotação livre em torno da ligação C2–C3, originando duas importantes conformações: ***s-cis*** e ***s-trans***. A conformação ***s-trans*** possui menor energia.

SEÇÃO 17.3

- Elétrons que ocupam orbitais atômicos estão associados a um átomo individual, enquanto elétrons que ocupam um orbital molecular (OM) estão associados a toda a molécula
- O orbital molecular ocupado de maior energia, ou HOMO, contém os elétrons π que estão mais disponíveis para participar de uma reação química.
- O orbital molecular desocupado de menor energia, ou LUMO, é o orbital molecular de menor energia capaz de aceitar densidade eletrônica.
- O HOMO e o LUMO são chamados de **orbitais de fronteira** e a reatividade de polienos conjugados pode ser explicada com a **teoria dos orbitais de fronteira.**
- Um **estado excitado** é produzido quando um elétron π no HOMO absorve um fóton de energia apropriada para excitá-lo para um orbital de maior energia.
- Reações promovidas pela luz são chamadas de **reações fotoquímicas.**

SEÇÃO 17.4

- Quando o butadieno é tratado com HBr, são observados dois produtos principais resultando da **adição-1,2** e da **adição-1,4.** Esses produtos são chamados de **aduto-1,2** e **aduto-1,4.**
- Outros eletrófilos, como Br_2, também se adicionam a sistemas π conjugados produzindo adutos-1,2 e adutos-1,4.

SEÇÃO 17.5

- Dienos conjugados que sofrem adição a baixas temperaturas estão sob **controle cinético**.
- Dienos conjugados que sofrem adição a temperaturas elevadas estão sob **controle termodinâmico**.

SEÇÃO 17.6

- **Reações pericíclicas** ocorrem por meio de um processo concertado com um estado de transição cíclico e são classificadas **como reações de cicloadição**, **reações eletrocíclicas** e **rearranjos sigmatrópicos**.

SEÇÃO 17.7

- A reação de Diels-Alder é uma **cicloadição [4+2]** na qual duas ligações C–C são formadas simultaneamente.
- O produto de Diels-Alder é sempre um ciclo-hexano substituído.
- Temperaturas moderadas favorecem a formação de produtos da reação de Diels-Alder, mas temperaturas muito altas (acima de 200°C) tendem a desfavorecer a formação do produto. Altas temperaturas podem normalmente ser utilizadas para se realizar a reação inversa de uma reação de Diels-Alder, chamada de **reação retro Diels-Alder**.
- Os materiais de partida para uma reação de Diels-Alder são um dieno e um **dienófilo**.
- Reações de Diels-Alder ocorrem rapidamente e com altos rendimentos quando o dienófilo tem um substituinte retirador de elétrons.
- Quando o dienófilo é um alqueno dissubstituído nas posições 1 e 2, a reação ocorre estereoespecificamente.
- Uma ligação tripla também pode funcionar como dienófilo.
- A reação de Diels-Alder ocorre apenas quando o dieno está na conformação *s-cis*.
- Quando o ciclopentadieno é utilizado como dieno de partida, uma substância bicíclica em ponte é formada e o cicloaduto **endo** é favorecido em relação ao cicloaduto **exo**.

SEÇÃO 17.8

- Em uma reação de Diels-Alder, a densidade eletrônica é transferida do HOMO do dieno para o LUMO do dienófilo.
- A **conservação da simetria orbital** requer que os orbitais moleculares tenham a mesma fase, de modo a ocorrer a sobreposição durante a reação.
- A reação de Diels-Alder é **permitida por simetria**.
- Cicloadições [2+2] térmicas são proibidas por simetria porque as fases dos orbitais de fronteira não se sobrepõem.
- Cicloadições [2+2] podem ser realizadas apenas sob excitação fotoquímica, na qual o HOMO de um estado excitado interage como o LUMO de uma molécula no estado fundamental.

SEÇÃO 17.9

- Uma reação eletrocíclica é um processo pericíclico no qual um polieno conjugado sofre ciclização. No processo, uma ligação π é convertida em uma ligação σ, enquanto todas as ligações π restantes mudam de posição.
- A utilização de condições térmicas ou fotoquímicas tem grande impacto no resultado estereoquímico da reação.
- A conservação da simetria orbital determina quando uma reação eletrocíclica ocorre de modo **disrotatório** ou **conrotatório**.

SEÇÃO 17.10

- Um rearranjo sigmatrópico é uma reação pericíclica na qual uma ligação σ é formada à custa de outra.
- Um rearranjo sigmatrópico [3+3] é chamado de **rearranjo de Cope** quando todos os seis átomos do estado de transição cíclico são átomos de carbono.
- O análogo com oxigênio de um rearranjo de Cope é chamado de **rearranjo de Claisen**.

SEÇÃO 17.11

- Substâncias que possuem um sistema π conjugado absorverão luz UV-Vis, promovendo uma excitação eletrônica chamada de transição $\pi \rightarrow \pi^*$.

- Um espectrofotômetro UV-Vis comum irradiará a amostra com luz UV visível e gerará um **espectro de absorção**, no qual a **absorbância** é representada graficamente em função do comprimento de onda.
- A característica mais importante de um espectro de absorção é o $\lambda_{máx}$ (pronunciado **lambda máximo**), que indica o comprimento de onda da absorção máxima.
- A quantidade de luz UV-visível absorvida no $\lambda_{máx}$ para qualquer substância é descrita pela **absortividade molar** (ε) e está relacionada com a absorbância segundo a equação da **lei de Beer**.
- Substâncias com maior conjugação apresentarão $\lambda_{máx}$ maior.
- A região da molécula responsável pela absorção (o sistema π conjugado) é chamada de **cromóforo**, enquanto os grupos ligados ao cromóforo são chamados de **auxocromos**.
- O $\lambda_{máx}$ para uma substância simples pode ser calculado segundo as **regras de Woodweard-Fieser**.

SEÇÃO 17.12

- Quando uma substância possui $\lambda_{máx}$ acima de 400 nm, ela absorverá luz visível em vez de luz UV. Substâncias que absorvem luz visível são coloridas.

SEÇÃO 17.13

- A substância sensível à luz nos bastonetes é chamada de rodopsina.
- Quando a rodopsina absorve luz, ocorre uma isomerização *cis-trans*, que conduz a formação do isômero all-*trans*. A mudança resultante na estrutura da rodopsina inicia uma cascata de reações enzimáticas que culmina em um impulso nervoso sendo enviado ao cérebro.

REVISÃO DA APRENDIZAGEM

17.1 PROPOSIÇÃO DO MECANISMO E PREVISÃO DOS PRODUTOS DA ADIÇÃO ELETROFÍLICA A DIENOS CONJUGADOS

EXEMPLO Previsão do produto e proposição de um mecanismo.

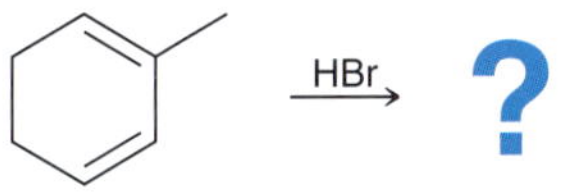

ETAPA 1 Identificação da possível localização onde a protonação pode ocorrer.

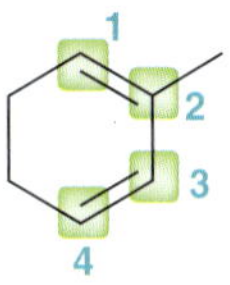

ETAPA 2 Determinar onde a protonação produzirá um carbocátion alílico.

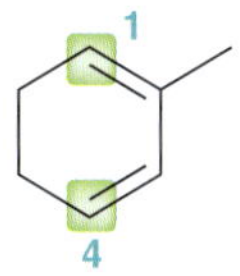

ETAPA 3 Representação de ambas as estruturas de ressonância para cada carbocátion alílico possível, e representação do ataque nucleofílico que ocorre em cada posição eletrofílica possível.

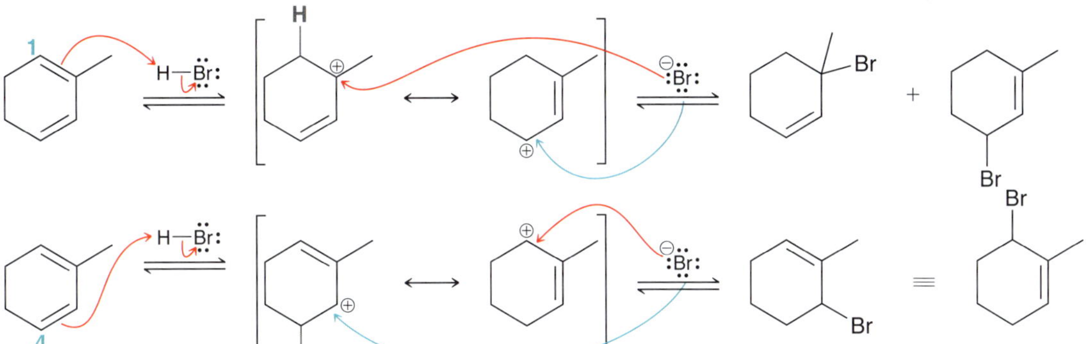

Tente Resolver os Problemas 17.7-17.9, 17.35, 17.38.

17.2 PREVISÃO DOS PRODUTOS PRINCIPAIS DE UMA ADIÇÃO ELETROFÍLICA A DIENOS CONJUGADOS

EXEMPLO

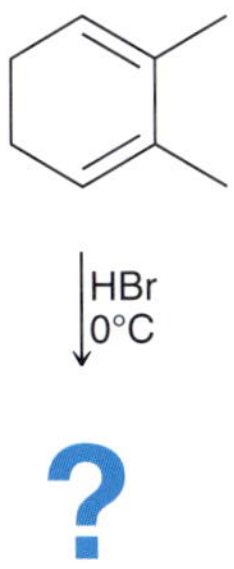

ETAPA 1 Identificação dos possíveis locais onde a protonação pode ocorrer.

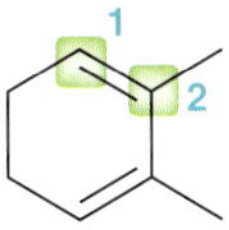

Apenas duas únicas posições

ETAPA 2 Representação da estrutura do carbocátion alílico que se espera ser formado.

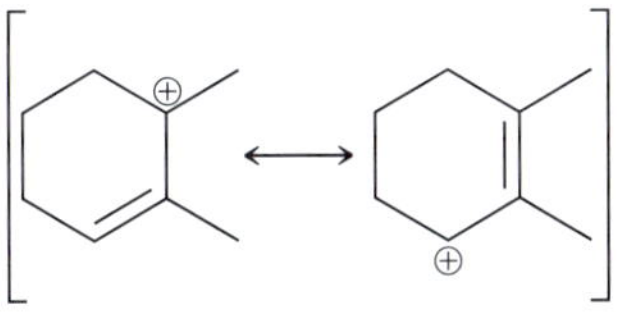

Carbocátion alílico

ETAPA 3 Ataque com o íon brometo a cada uma das posições eletrofílicas e representação dos produtos possíveis.

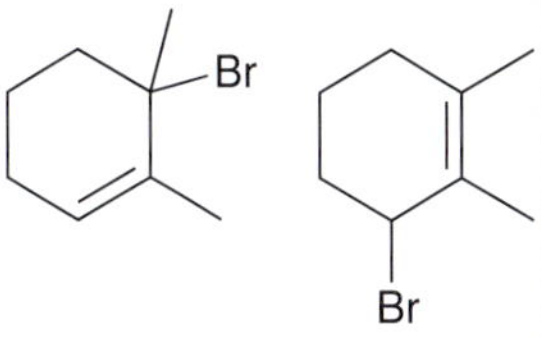

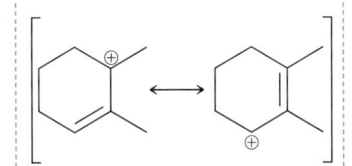

Aduto-1,2 **Aduto-1,4**

ETAPA 4 Identificação dos produtos cinético e termodinâmico e escolher, a seguir, de qual produto predomina com base na temperatura da reação.

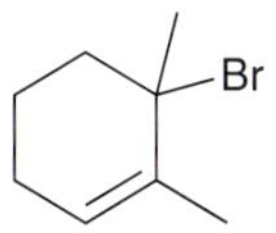

O aduto-1,2 é o produto cinético e é favorecido em baixa temperatura

Tente Resolver os Problemas 17.10-17.12, 17.36, 17.37, 17.39

17.3 PREVISÃO DO PRODUTO DE UMA REAÇÃO DE DIELS-ALDER

EXEMPLO Previsão do produto:

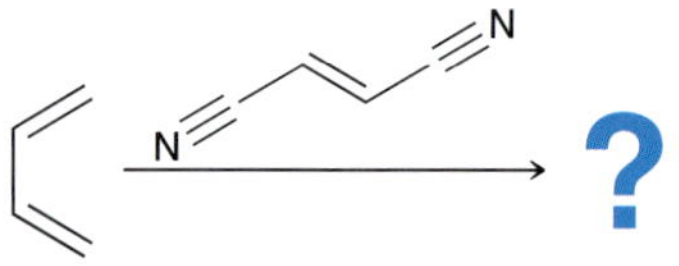

ETAPA 1 Representação novamente e união das extremidades do dieno com o dienófilo.

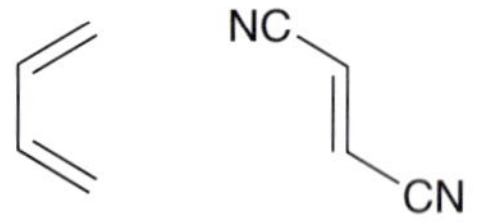

ETAPA 2 Representação de três setas curvas, começando no dienófilo e se movendo em sentido horário ou anti-horário.

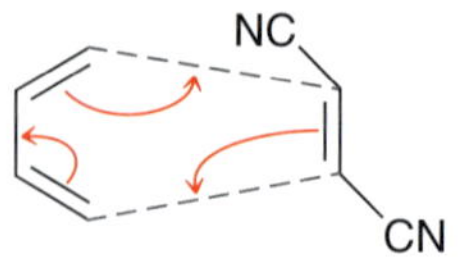

ETAPA 3 Representação do produto com o resultado estereoquímico correto.

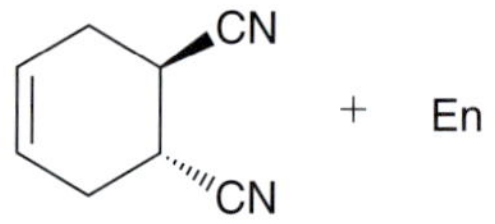

Tente Resolver os Problemas **17.14-17.16, 17.44, 17.46**

17.4 PREVISÃO DO PRODUTO DE UMA REAÇÃO ELETROCÍCLICA

ETAPA 1 Contagem do número de elétrons π.

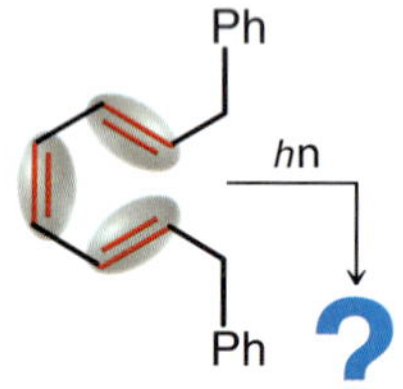

6 elétrons π

ETAPA 2 Determinar se a reação é conrotatória ou disrotatória.

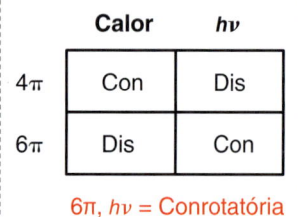

	Calor	*hν*
4π	Con	Dis
6π	Dis	Con

6π, *hν* = Conrotatória

ETAPA 3 Determinar se os substituintes são *cis* ou *trans* no produto.

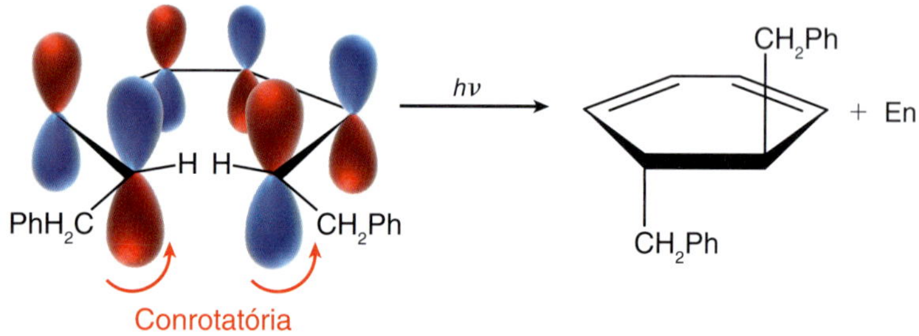

Tente Resolver os Problemas **17.21-17.24, 17.55, 17.56.**

17.5 UTILIZAÇÃO DAS REGRAS DE WOODWARD-FIESER PARA ESTIMAR $\lambda_{MÁX}$

ETAPA 1 Contagem do número de ligações duplas conjugadas.

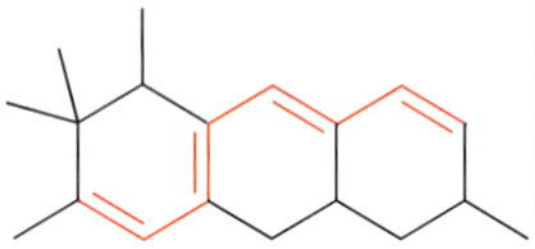

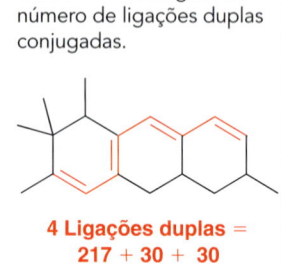

4 Ligações duplas = 217 + 30 + 30

ETAPA 2 Contagem do número de grupos alquila auxocrômicos.

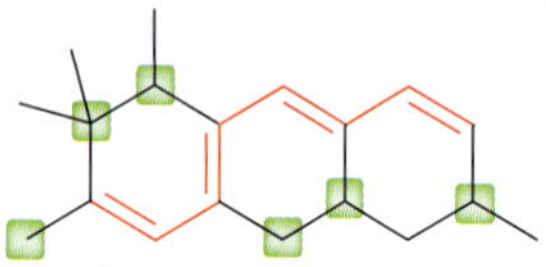

6 Grupos alquila = + (6 × 5) = +30

ETAPA 3 Contagem do número de ligações duplas exocíclicas.

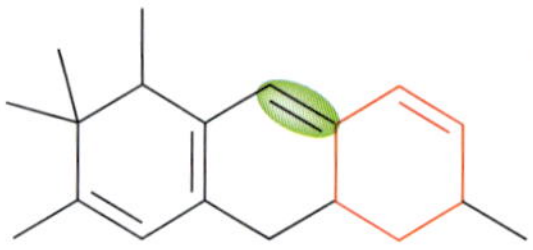

1 Ligação dupla exocíclica = +5

ETAPA 4 Procurar dienos homoanulares.

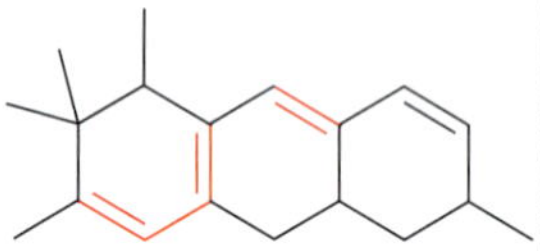

3 Dienos homoanulares = (2 × 39) = +78

ETAPA 5 Soma de todos os fatores:

Valor base	= 217
Ligações duplas adicionais	= +60
Grupos alquila auxocrômicos	= +30
Ligação dupla exocíclica	= +5
Dienos homoanulares	= +78
Total	**= 390 nm**

Tente Resolver os Problemas **17.29, 17.30, 17.50-17.52, 17.60c**

PROBLEMAS PRÁTICOS

17.32 Represente a estrutura de cada uma das seguintes substâncias:

(a) 1,4-Ciclo-hexadieno
(b) 1,3-Ciclo-hexadieno
(c) (*Z*)-1,3-Pentadieno
(d) (*2Z,4H*)-Hepta-2,4-dieno
(e) 2,3-Dimetil-1,3-butadieno.

17.33 Circule cada substância que possui um sistema π conjugado.

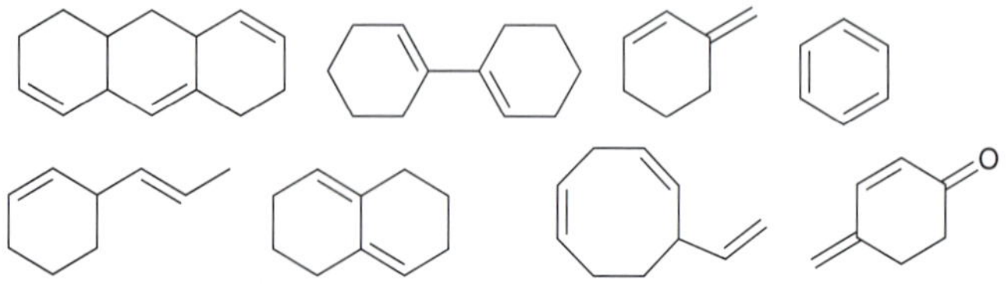

17.34 Para cada um dos seguintes pares de substâncias determine se as duas estariam em equilíbrio a temperatura ambiente ou se elas poderiam ser isoladas uma da outra:

(a)

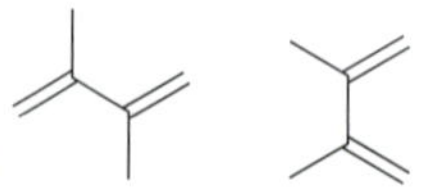

(b)

(c)

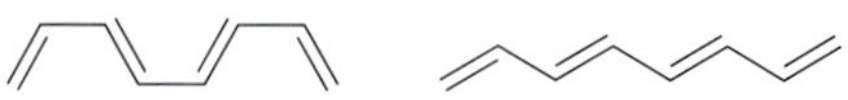

17.35 Identifique a estrutura do dieno conjugado que reagirá com um equivalente de HBr e fornecerá uma mistura racêmica do 3-bromociclo-hexeno.

17.36 Represente o produto principal esperado quando o 1,3-butadieno é tratado com um equivalente de HBr a 0°C e represente o seu mecanismo de formação.

17.37 Represente o produto principal esperado quando o 1,3-butadieno é tratado com um equivalente de HBr a 40°C e represente o mecanismo de sua formação.

17.38 Represente todos os produtos obtidos quando o 2-etil-3-metil-1,3-ciclo-hexadieno é tratado com HBr a temperatura ambiente e represente o mecanismo de sua formação.

17.39 Após realizar a reação do Problema 17.38, o meio reacional é aquecido a 40°C e dois dos produtos se tornam os produtos principais. Quando o meio reacional é resfriado até 0°C, nenhuma mudança ocorre na distribuição dos produtos. Explique por que o aumento na temperatura conduz a uma mudança na distribuição dos produtos e por que uma subsequente diminuição na temperatura não apresenta efeito algum.

17.40 Cada uma das seguintes substâncias não participa de uma reação de Diels-Alder. Em cada caso explique o porquê.

(a) 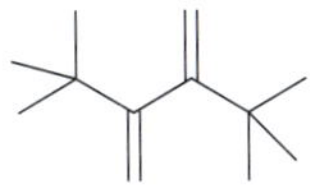

(b) 

(c) 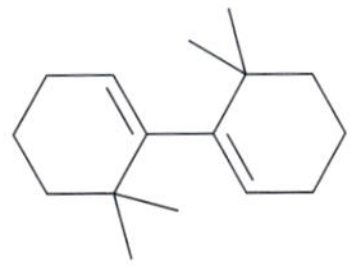

(d) 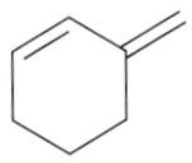

17.41 Ordene os dienófilos a seguir (do menos reativo para o mais reativo) em termos de reatividade em uma reação de Diels-Alder:

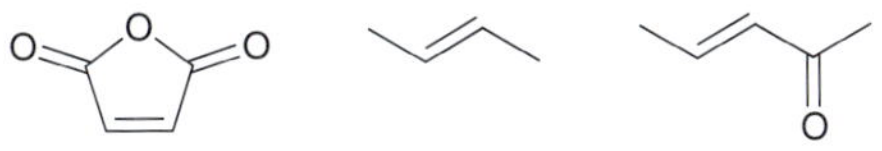

17.42 O espectro de absorção do 1,3-butadieno apresenta absorção na região do UV ($\lambda_{máx}$ = 217 nm), enquanto o espectro de absorção do 1,2-butadieno não apresenta absorção parecida. Explique.

17.43 Escreva o produto de cada uma das seguintes reações de Diels-Alder:

(a) 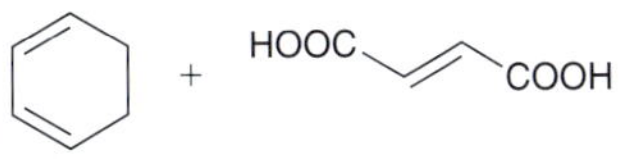

(b) 

(c) 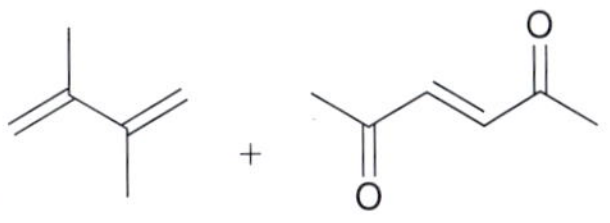

(d) 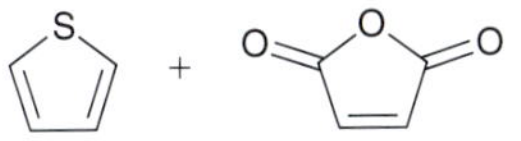

(e) 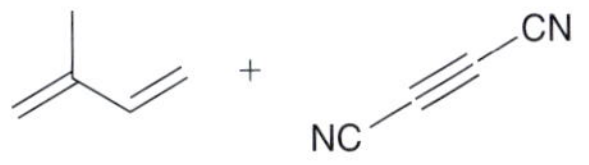

(f) 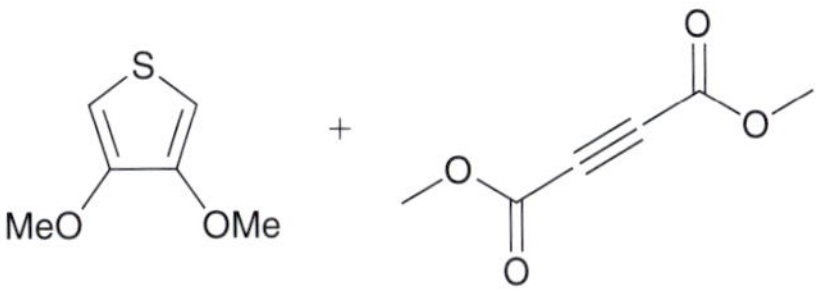

17.44 Identifique os reagentes que você utilizaria para preparar cada uma das seguintes substâncias por meio de uma reação de Diels-Alder:

(a) 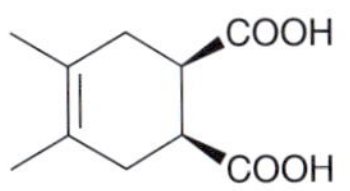

(b) 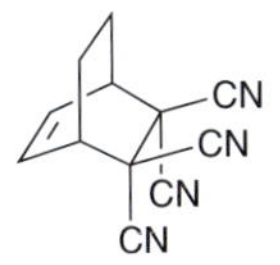

(c) 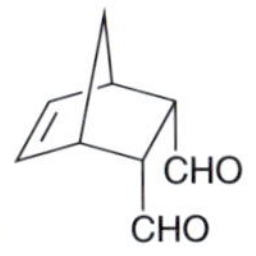

(d) 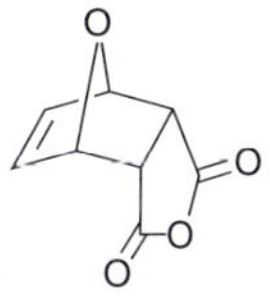

(e) 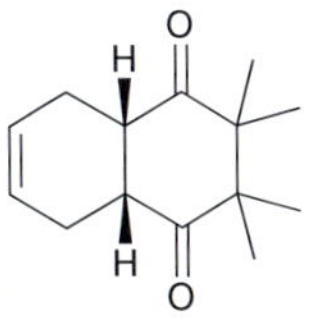

(f) 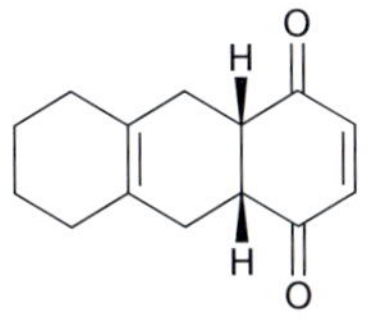

(g) 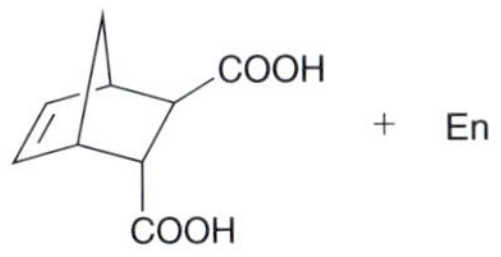

(h) 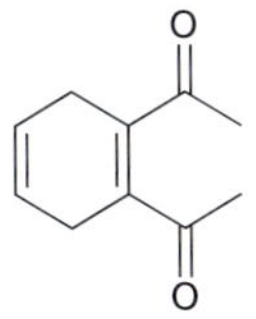

17.45 Começando com o 1,3-butadieno como única fonte de átomos de carbono e utilizando qualquer outro reagente a sua escolha, planeje uma síntese para a seguinte substância:

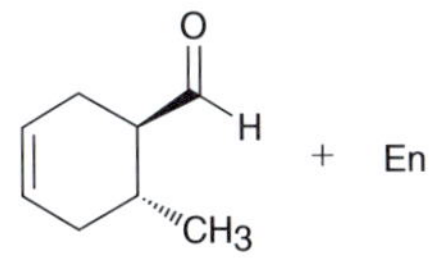

17.46 O trieno a seguir reage com excesso de anidrido maleico produzindo uma substância com fórmula molecular $C_{14}H_{12}O_6$. Represente a estrutura desse produto (ignore a estereoquímica).

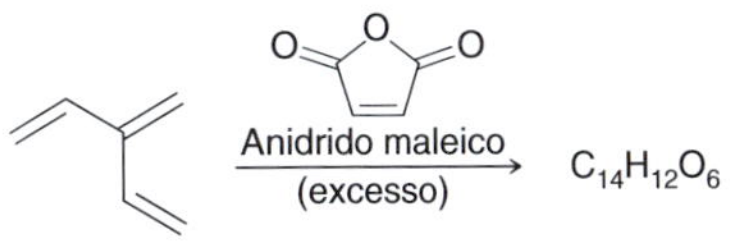

17.47 Clordano foi um inseticida poderoso utilizado nos Estados Unidos durante a segunda metade do século XX. O seu uso foi suspenso em 1988 em função de sua persistência e acumulação no meio ambiente. Identifique os reagentes que você utilizaria para preparar o clordano por meio de uma reação de Diels-Alder.

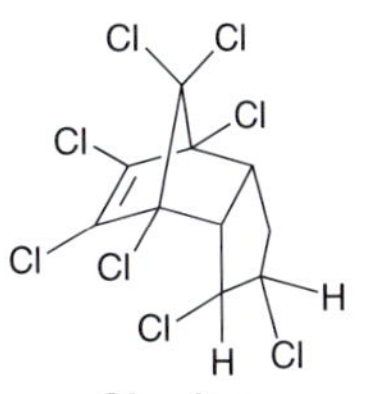

Clordano

17.48 O ciclopentadieno reage rapidamente em reações de Diels-Alder. Por outro lado, o 1,3-ciclo-hexadieno reage mais lentamente e o 1,3-ciclo-heptadieno praticamente não reage. Você pode explicar essa ordem de reatividade?

17.49 Uma substância **A** (C_7H_{10}) apresenta $\lambda_{máx}$ de 230 nm no seu espectro de absorção no ultravioleta. Ao ser hidrogenada com um catalisador metálico, a substância **A** reage com dois equivalentes de gás hidrogênio. A ozonólise da substância **A** produz as duas substâncias a seguir. Identifique duas possíveis estruturas para a substância **A**.

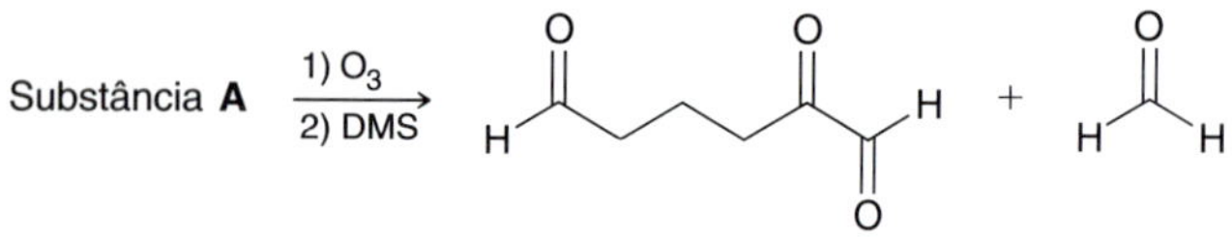

17.50 Ordene as substâncias a seguir em ordem crescente de seu valor de $\lambda_{máx}$.

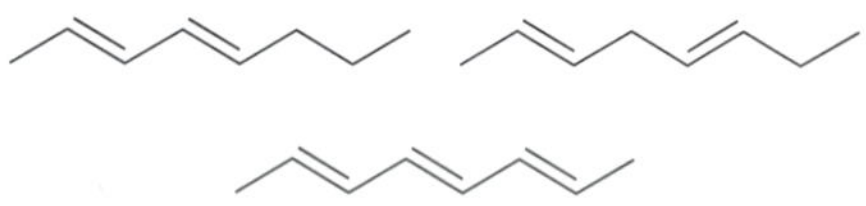

17.51 Qual das substâncias a seguir você espera que tenha o maior valor de $\lambda_{máx}$?

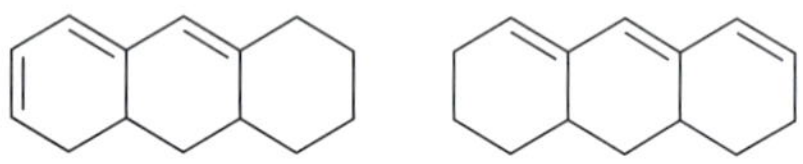

17.52 Diga qual o valor esperado de $\lambda_{máx}$ para a seguinte substância:

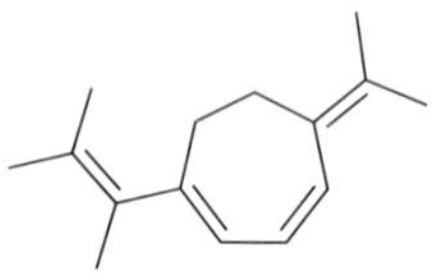

17.53 Quando o 5-deutero-5-metil-1,3-ciclopentadieno é aquecido a temperatura ambiente, ele rapidamente rearranja, dando uma mistura no equilíbrio que contém a substância original assim como outras duas. Proponha um mecanismo plausível para a formação dessas outras duas substâncias.

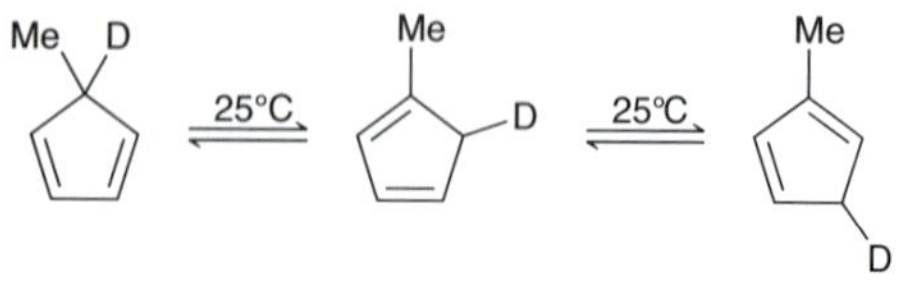

17.54 Proponha um mecanismo plausível para a seguinte transformação:

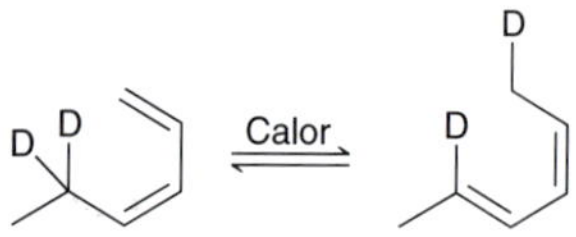

17.55 Proponha um método para obter a seguinte transformação:

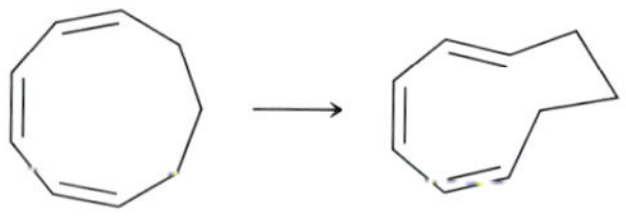

17.56 Preveja o produto de cada uma das seguintes reações eletrocíclicas:

(a) 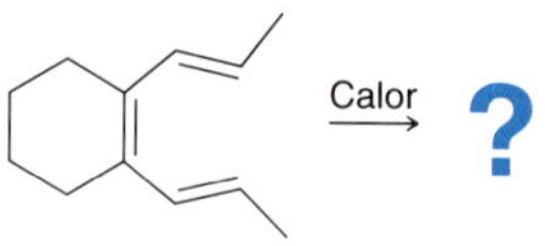

(b) 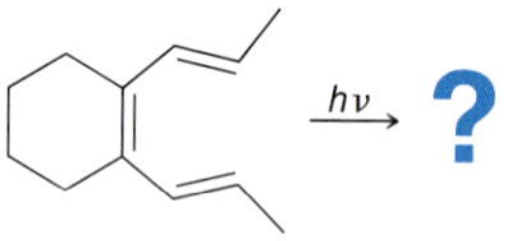

(c) 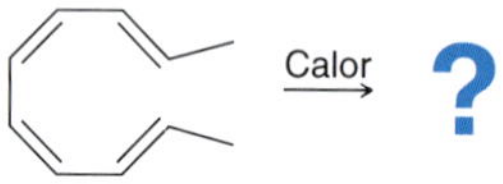

(d) 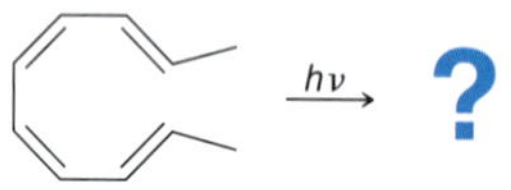

17.57 Preveja qual lado do equilíbrio é favorecido e explique a sua escolha:

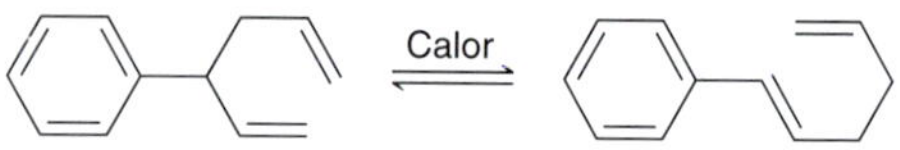

17.58 Quando o *trans*-3,4-dimetilciclobuteno é aquecido, a abertura conrotatória do sistema cíclico pode produzir dois diferentes produtos, mas apenas um é formado. Represente ambos os produtos e identifique qual produto é formado; a seguir, explique por que o outro não é formado.

17.59 Preveja o produto de cada uma das seguintes reações:

(a) 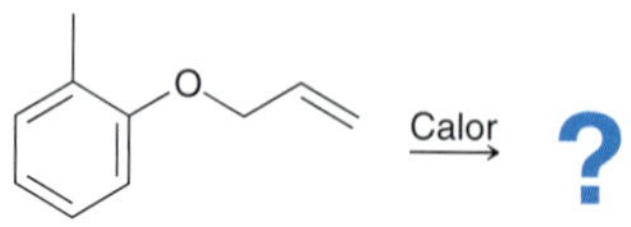

(b) 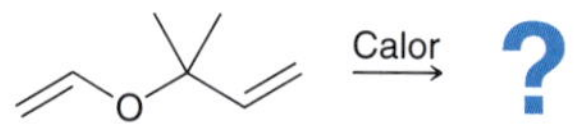

(c) 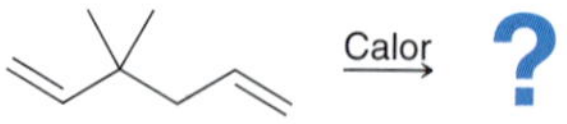

PROBLEMAS INTEGRADOS

17.60 α-Terpineno é uma substância de odor agradável presente no óleo essencial de manjerona, uma erva perene. Quando hidrogenado na presença de um catalisador metálico, o α-terpineno reage com dois equivalentes de gás hidrogênio produzindo 1-isopropil-4-metilciclo-hexano. Ozonólise do α-terpineno fornece as duas substâncias a seguir:

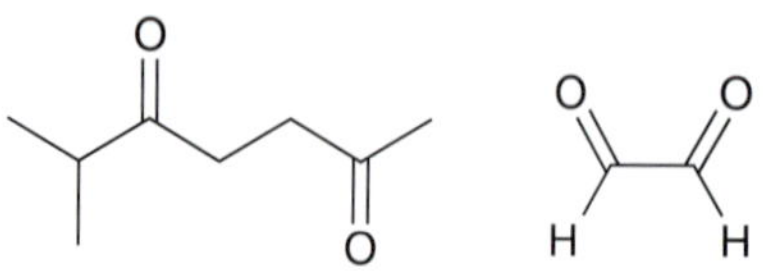

(a) Quantas ligações duplas estão presentes no α-terpineno?
(b) Identifique a estrutura do α-terpineno
(c) Preveja o comprimento de onda máximo ($\lambda_{máx}$) no espectro de absorção do α-terpineno.

17.61 Represente todos os dienos conjugados possíveis de fórmula molecular C_6H_{10}, prestando atenção para não representar a mesma substância duas vezes.

17.62 O tratamento do 1,2-dibromociclo-heptano com excesso de *terc*-butóxido de potássio fornece um produto que absorve luz UV. Identifique o produto.

17.63 Em cada um dos pares de substâncias a seguir, identifique a substância que libera a maior quantidade de calor quando hidrogenada.

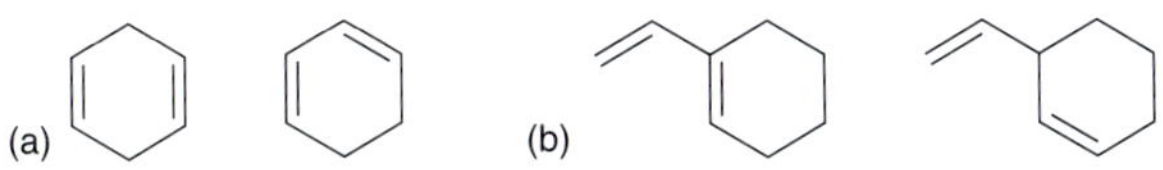

17.64 Você espera que o nitroetileno seja mais ou menos reativo que o etileno em uma reação de Diels-Alder? (*Sugestão*: Represente as estruturas de ressonância do nitroetileno.)

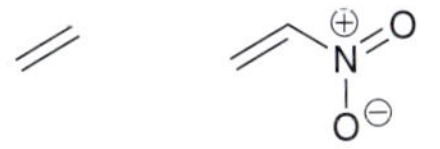

Etileno **Nitroetileno**

17.65 Proponha um mecanismo plausível para a transformação a seguir. (*Sugestão*: Apenas duas reações pericíclicas em sequência são necessárias.)

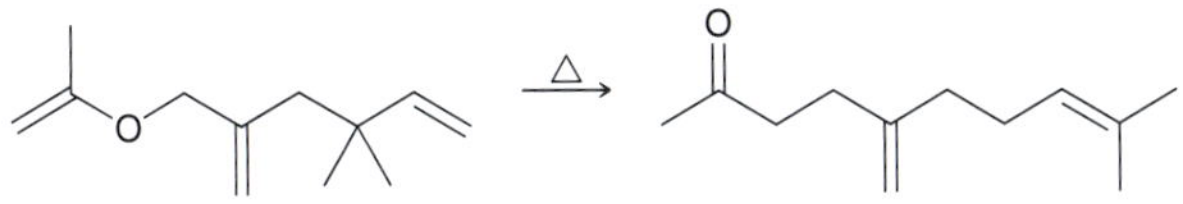

17.66 Quando o 2-metóxi-1,3-butadieno é tratado com 3-buten-2-ona, a reação de Diels-Alder resultante tem dois resultados regioquímicos em potencial:

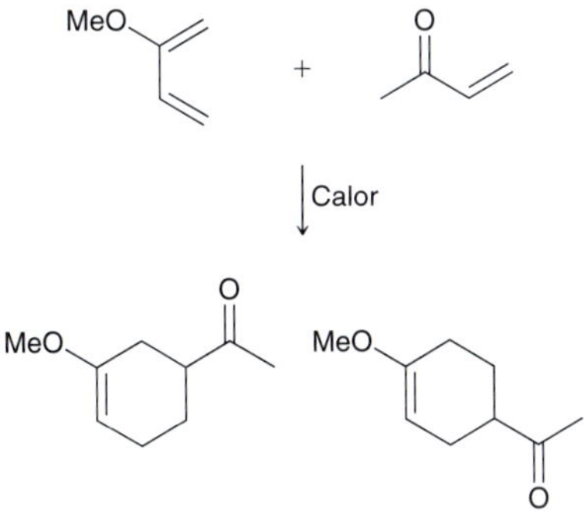

Entretanto, apenas um desses produtos é obtido. Represente as estruturas de ressonância para o dieno e o dienófilo e utilize essas estruturas de ressonância para explicar o produto que é formado.

17.67 Proponha um mecanismo para a reação a seguir:

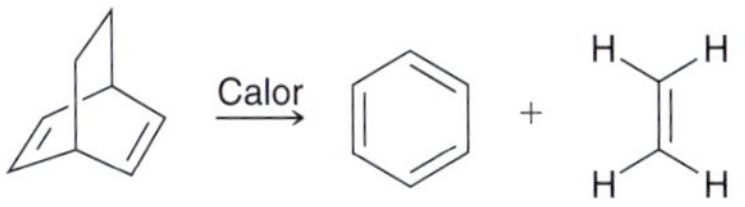

17.68 Com base na sua resposta para o Problema 17.67, proponha um mecanismo para a seguinte transformação:

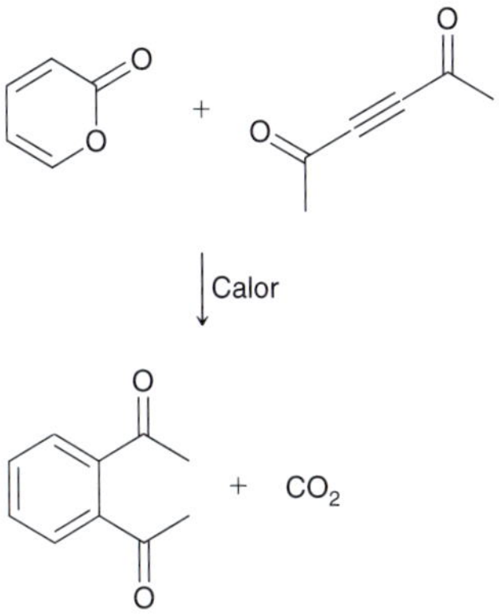

17.69 Compare as estruturas do 1,4-pentadieno e da divinilamina:

1,4-Pentadieno **Divinilamina**

A primeira substância não absorve luz UV na região entre 200 e 400 nm. A segunda substância absorve luz acima de 200 nm. Fazendo uso dessa informação, identifique a hibridização do átomo de nitrogênio na divinilamina e justifique a sua resposta.

DESAFIOS

17.70 O veneno gelsemoxonina pode ser isolado das folhas de uma planta nativa do sudeste da Ásia (*Gelsemium elegans*). Uma etapa decisiva na síntese desse produto natural envolve um rearranjo sigmatrópico (iniciado termicamente, 70°C) da substância mostrada a seguir (R = grupo de proteção) (*J. Am. Chem. Soc.* **2011**, *133*, 17634–17637). Preveja o produto dessa reação e proponha um mecanismo para a sua formação.

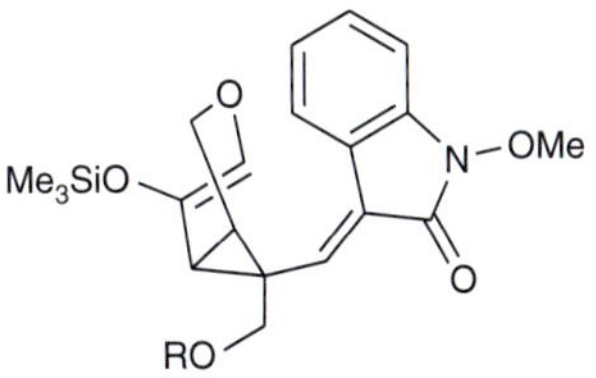

17.71 Após irradiação, algumas substâncias orgânicas sofrem uma mudança reversível na estrutura molecular, tal como a isomerização *cis-trans* ou a ciclização de cromóforos π-conjugados. Essa propriedade, chamada *fotocromismo*, mostrou forte potencial de aplicação no desenvolvimento de materiais de armazenamento de dados ópticos. Por exemplo, após tratamento com luz UV, a substância **1** sofre ciclização do anel eletrocíclico produzindo a substância **2** (*J. Photochem. Photobiols. A.* **2006**, *184*, 177–183). Posterior tratamento de **2** com luz visível causa uma reação de abertura do anel reversível, regenerando **1**. Represente a estrutura de **2**, determine se ela é quiral e proponha um mecanismo para a sua formação.

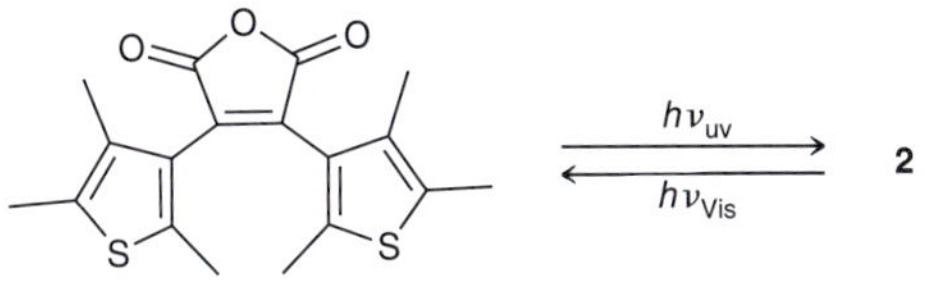

1

17.72 Uma reação hetero Diels-Alder é uma variante da reação de Diels-Alder em que um ou mais átomos de carbono do dieno e/ou do dienófilo são substituídos por outros átomos, tais como oxigênio ou nitrogênio. Com isso em mente, proponha um mecanismo consistente com a transformação vista a seguir, em que um reagente acíclico multifuncional executa um produto macrocíclico (grande anel) (*Org. Lett.* **2001**, *3*, 723–726):

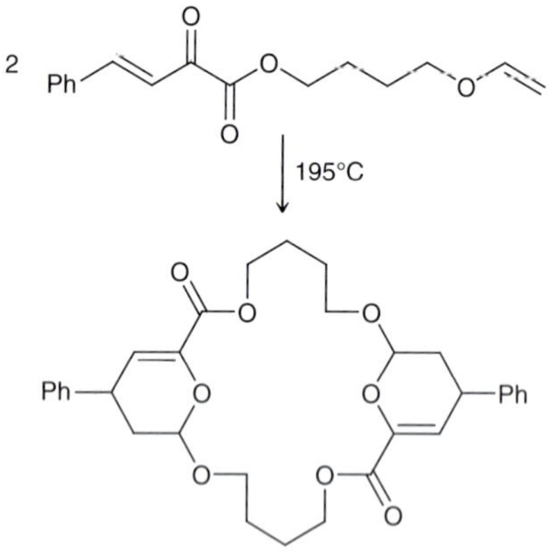

17.73 Durante uma pesquisa recente sobre a química de oligofuranos (polímeros do heterociclo furano, que mostram potencial para ser utilizados em materiais), os pesquisadores observaram uma reação interessante com dienófilos. Quando o trifurano (visto a seguir) é tratado com maleimida, só o furano terminal participa em uma reação [4 +2] (*Org. Lett.* **2012**, *14*, 502–505). Forneça uma explicação razoável para essa observação.

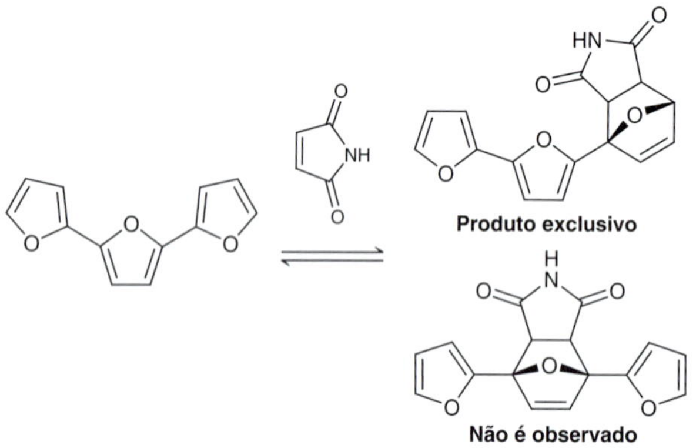

17.74 Durante a primeira síntese total da quelidonina, um produto natural citotóxico isolado a partir da raiz de *Chelidonium majus*, os pesquisadores utilizaram apenas aquecimento para realizar a transformação vista a seguir (*J. Am. Chem. Soc.* **1971**, *93*, 3836–3837). Proponha um mecanismo plausível para esse processo de ciclização térmica.

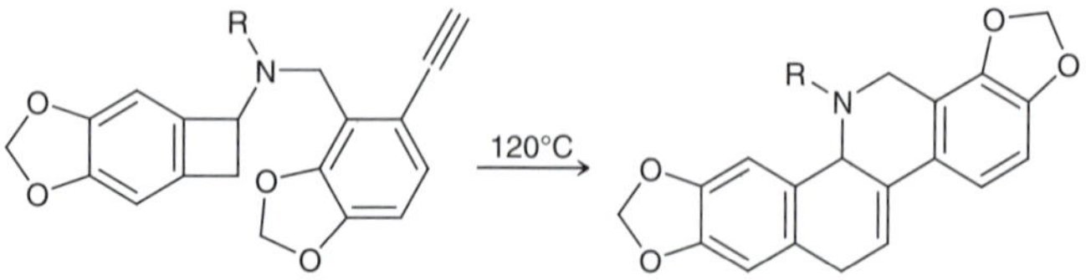

17.75 Durante os estudos voltados para a síntese da atropurpúrea, um diterpeno com arquitetura molecular interessante, os pesquisadores utilizaram a alta temperatura para converter um tetraeno-acíclico em uma substância tricíclica, mostrada a seguir (*Org. Lett.* **2010**, *12*, 1152–1155). Proponha um mecanismo plausível para esse processo de ciclização térmica.

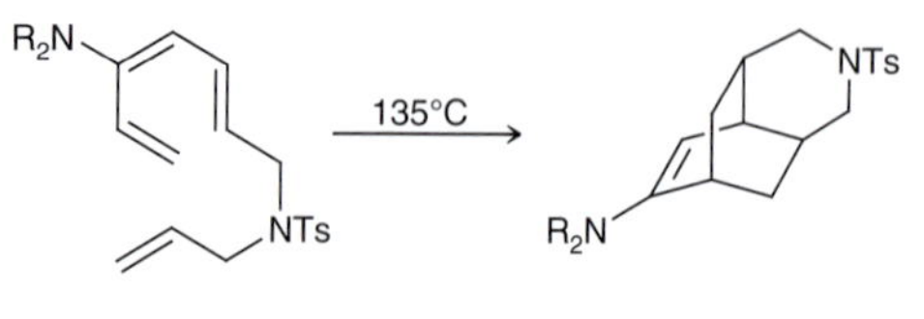

17.76 Quando o derivado ciclo-octino tricíclico **A** reage com azida de benzila ($C_6H_5CH_2N_3$), ocorre uma cicloadição [3 +2] entre o alquino e a azida (chamada *reação clique*) para inserir um novo heterociclo de cinco membros (*J. Am. Chem. Soc.* **2012**, *134*, 9199–9208):

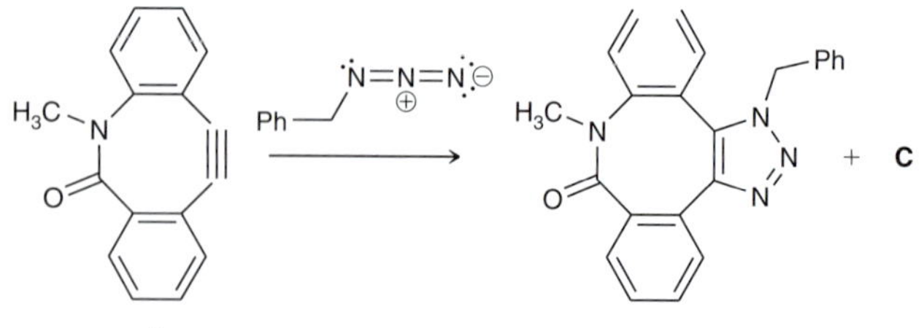

A **B**

(a) Proponha um mecanismo plausível para a formação de **B**.

(b) As substâncias **B** e **C** são isômeros constitucionais, que são formados em quantidades aproximadamente iguais. Represente a estrutura da substância **C**.

(c) A substituição do alquino **A** por cada um dos alquinos vistos a seguir resulta em uma reação significativamente mais lenta. Proponha um ou mais motivos para essa diminuição da velocidade para cada alquino **D-F**.

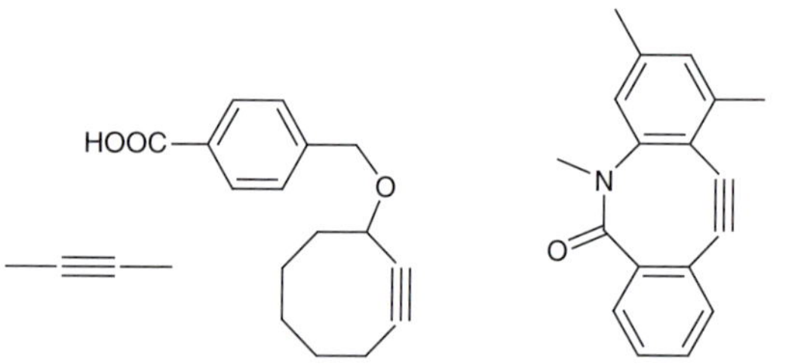

D Não reativo

E Mais lento 375X do que A

F Mais lento 10X do que A

17.77 Ácidos endiândricos constituem uma classe de produtos naturais isolados a partir da planta australiana *Endiandra introrsa*. Os produtos naturais que contêm centros de quiralidade são geralmente encontrados na natureza como uma única forma enantiomérica (opticamente ativa), mas os ácidos endiândricos são uma exceção, uma vez que são isolados como racematos. Foi sugerido que eles são formados por meio de uma série de reações pericíclicas a partir de materiais de partida aquirais, tais como **1** (*Aust. J. Chem.* **1982**, *35*, 2247–2256).

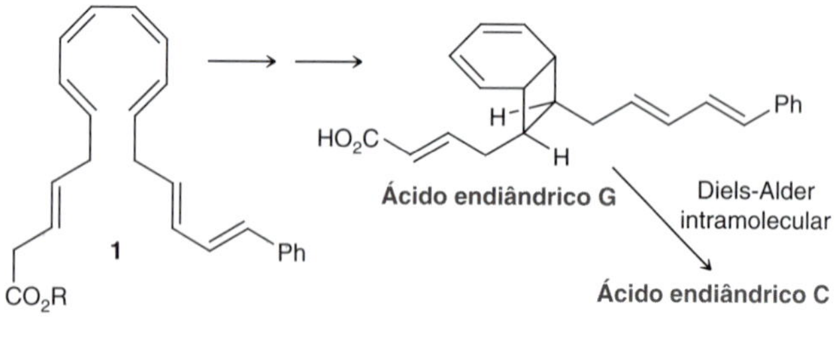

(a) A primeira etapa para a conversão da substância **1** em ácidos endiândricos acredita-se ser uma reação térmica eletrocíclica para formar a substância **2**, que possui um anel de oito membros. Represente a estrutura da substância **2** e explique por que ela é formada como uma mistura racêmica.

(b) A substância **2** pode ser submetida a uma outra reação eletrocíclica, formando, assim, a estrutura do esqueleto do ácido endiândrico G. Represente um mecanismo para esse processo.

(c) O ácido endiândrico **C** é formado a partir de ácido endiândrico **L** através de uma reação de Diels-Alder intramolecular. Represente a estrutura do ácido endiândrico **C** e proponha um mecanismo para a sua formação.

17.78 A roquefortina C pertence a uma família de produtos naturais isolados inicialmente de culturas do fungo *Penicillium roqueforti* em meados dos anos 1970. Desde então, a roquefortina C também foi encontrada em outras fontes naturais, incluindo o queijo blue. Curiosamente, a isorroquefortina C (um diastereômero da roquefortina C) não é encontrada na natureza, apesar de estudos que revelam que ela é mais estável do que a roquefortina C (*J. Am. Chem. Soc.* **2008**, *130*, 6281–6287). Forneça uma explicação racional para a diferença de energia entre as duas substâncias.

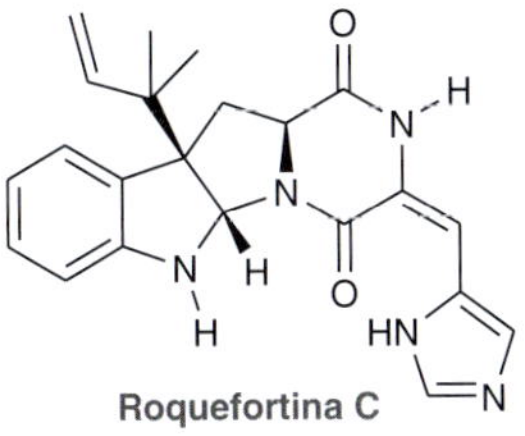

Roquefortina C

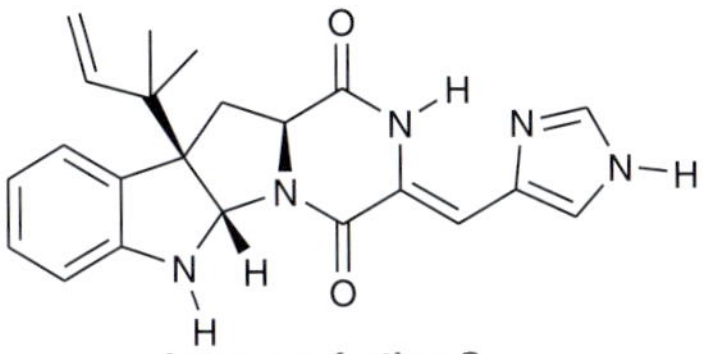

Isorroquefortina C

17.79 Como mostrado a seguir, a substância **1** pode ser transformada na substância **2**, que sofre uma rearranjo de tio-Claisen (semelhante a um rearranjo de Claisen, mas com enxofre em vez de oxigênio) para produzir a substância **3** (*J. Am. Chem. Soc.* **2000**, *122*, 190–191).

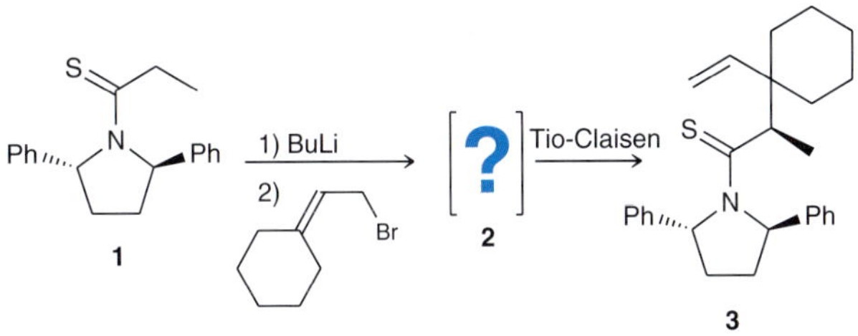

(a) Identifique a estrutura da substância **2**, que contém uma ligação π carbono-carbono na configuração *Z*. (*Sugestão*: faça uma retrossíntese a partir da substância **3**.)

(b) Proponha um mecanismo plausível para a transformação de **1** para **2**.

(c) Dê uma explicação para o resultado estereoquímico que é observado com relação ao centro de quiralidade recém-formado. (*Sugestão*: talvez seja interessante você usar um *kit* de modelos moleculares.)

18

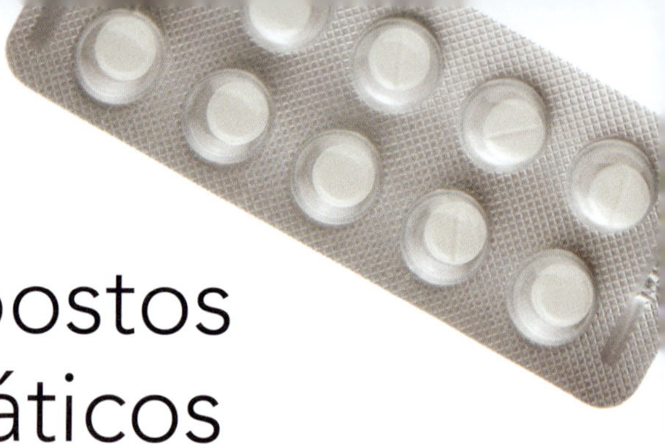

Compostos Aromáticos

VOCÊ JÁ SE PERGUNTOU...

qual é a diferença entre anti-histamínicos que causam sonolência e aqueles que não causam sonolência?

Neste capítulo, vamos expandir a nossa discussão de sistemas π conjugados e explorar os compostos que apresentam ligações π conjugadas fechadas em um anel. Por exemplo, o benzeno e seus derivados pertencem a uma classe de compostos chamados *arenos* (hidrocarbonetos aromáticos).

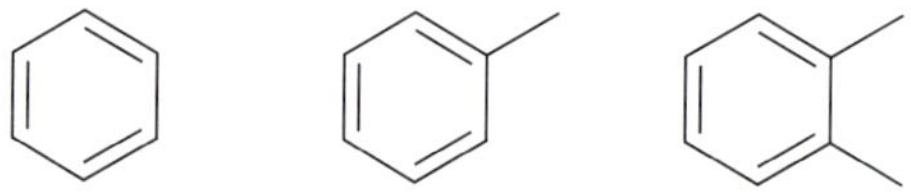

Benzeno **Tolueno** ***orto*-Xileno**

Conforme foi observado nos capítulos anteriores, esses compostos são chamados de aromáticos. Este capítulo irá explorar a estabilidade incomum de anéis aromáticos bem como suas propriedades e reações. Vamos aprender os critérios para a aromaticidade e depois aplicá-los para identificar outros sistemas de anéis que também são aromáticos. Com esse conhecimento, nós estaremos prontos para explorar o papel importante que os anéis aromáticos exercem nos anti-histamínicos.

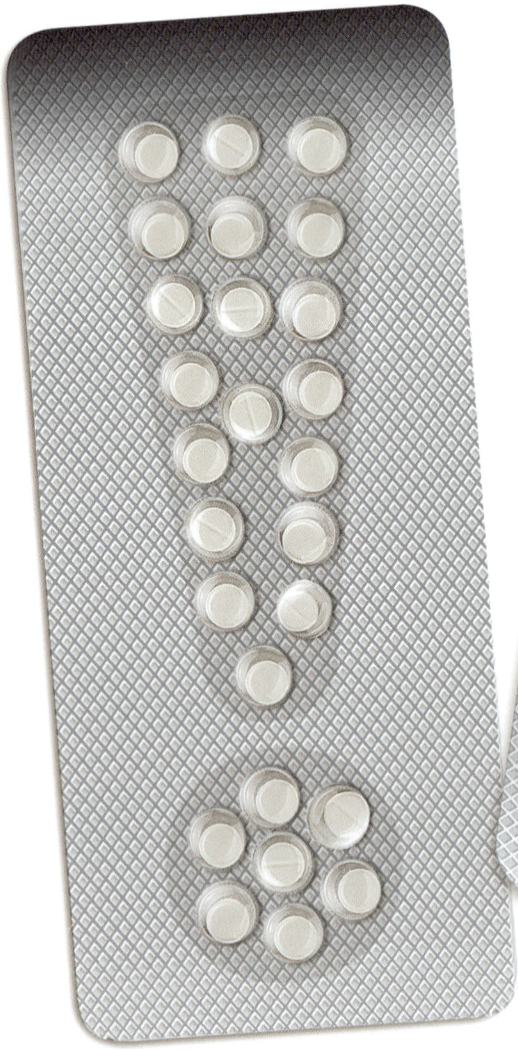

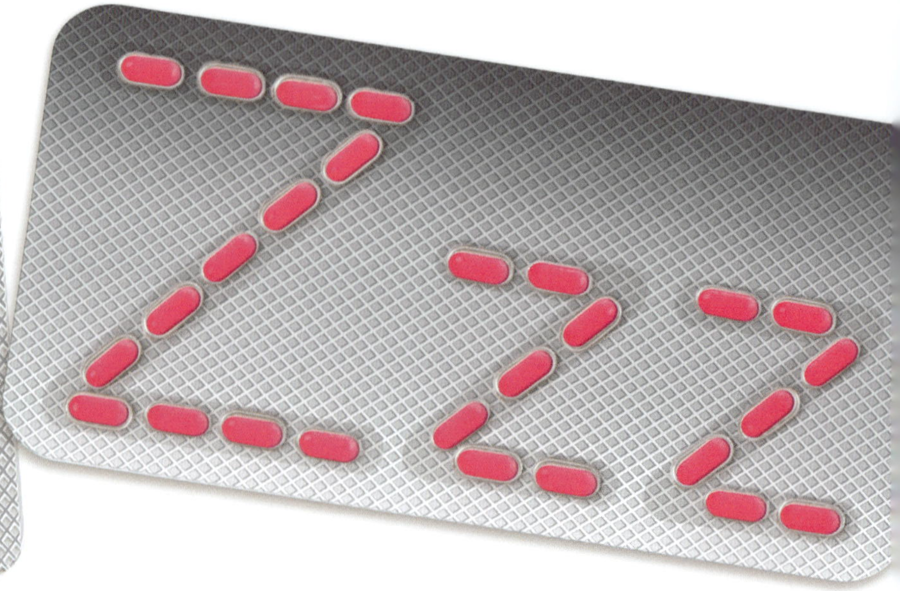

VOCÊ SE LEMBRA?

Antes de prosseguir, tenha a certeza de que você compreendeu os tópicos citados a seguir. Se for necessário, revise as seções sugeridas para se preparar para este capítulo.

- Teoria do Orbital Molecular (Seção 1.8, Volume 1)
- Pares Isolados Deslocalizados e Localizados (Seção 2.12, Volume 1)
- Redução por Metal Dissolvido (Seção 10.5, Volume 1)
- Descrição OM de Dienos Conjugados (Seção 17.3)

18.1 Introdução aos Compostos Aromáticos

Muitos derivados do benzeno foram originalmente isolados a partir de bálsamos perfumados obtidos de árvores e plantas, de modo que esses compostos foram descritos como **aromáticos** em referência aos seus odores agradáveis. Ao longo do tempo, os químicos descobriram que muitos derivados do benzeno são, na verdade, inodoros. No entanto, o termo "aromático" ainda é utilizado para descrever todos os derivados do benzeno, independentemente de serem perfumados ou inodoros. A parte aromática – o anel benzênico – é uma característica estrutural particularmente comum nos fármacos. De fato, 8 dos 10 fármacos mais vendidos em 2007 continham a parte aromática semelhante ao benzeno (destacada em vermelho).

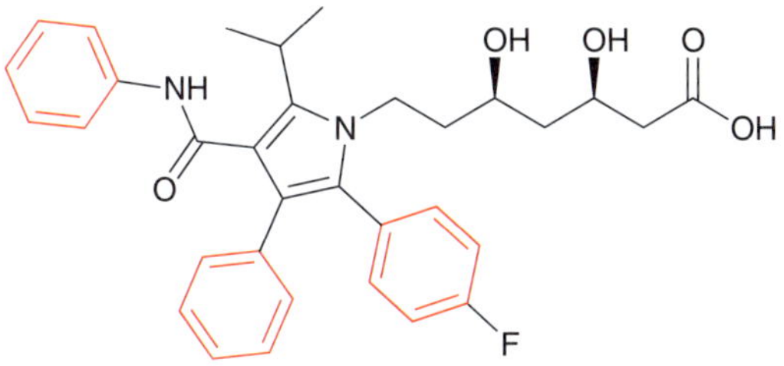

Lipitor™
(atorvastatina)
Reduz os níveis de colesterol e reduz o risco de ataque cardíaco e acidente vascular cerebral

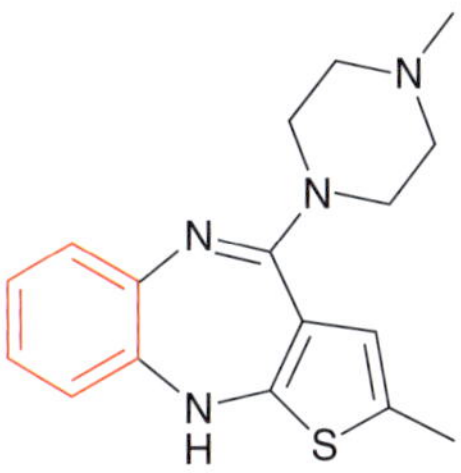

Zyprexa™
(olanzapina)
Um antipsicótico utilizado no tratamento da esquizofrenia e do distúrbio bipolar

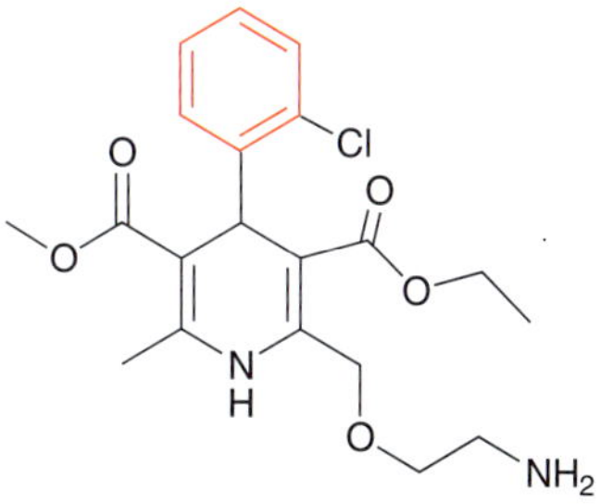

Norvasc™
(amiodipina)
Utilizado no tratamento da angina e da hipertensão

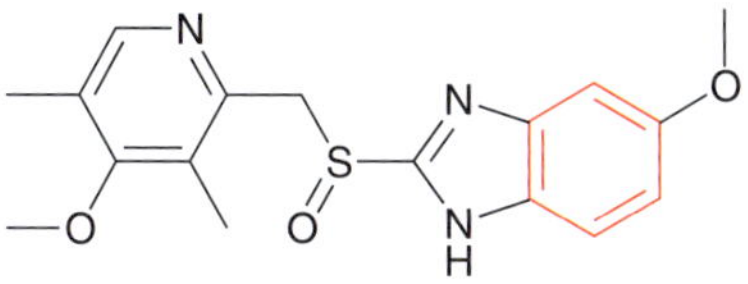

Nexium™
(omeprazol)
Um inibidor da bomba de prótons utilizado no tratamento de úlceras e de refluxo ácido

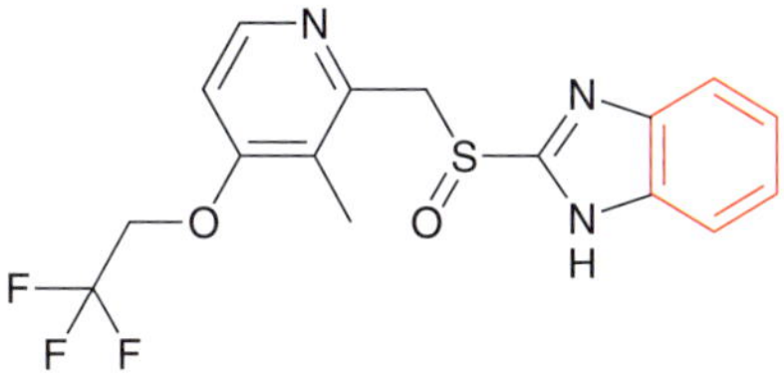

Prevacid™
(lansoprazol)
Um inibidor da bomba de prótons utilizado no tratamento de úlceras e de refluxo ácido

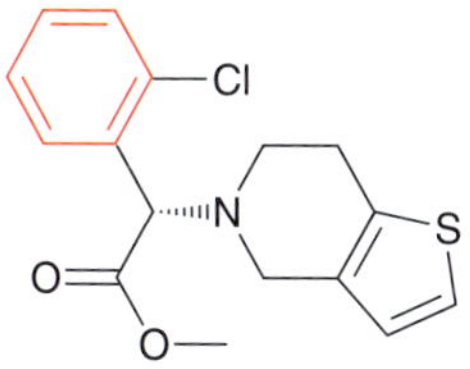

Plavix™
(clopidogrel)
Um agente antiplaquetário (evita a formação de coágulos sanguíneos) utilizado no tratamento da síndrome coronária

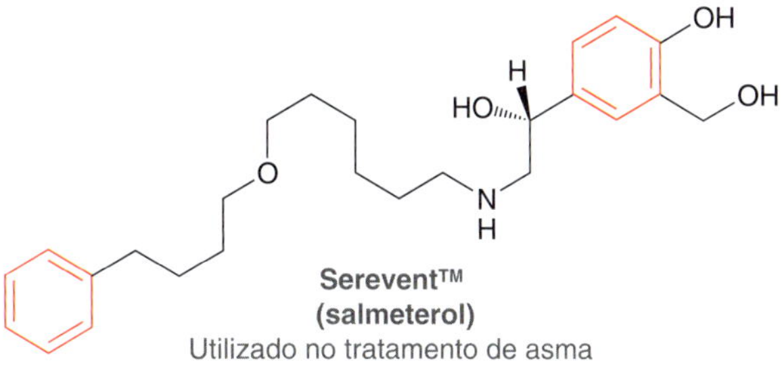

Serevent™
(salmeterol)
Utilizado no tratamento de asma

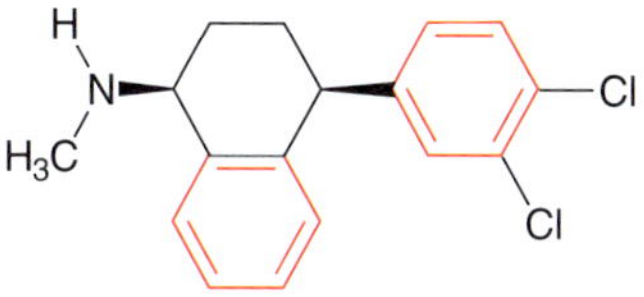

Zoloft™
(sertralina)
Utilizado para o tratamento de depressão

Em 2007, esses oito fármacos coletivamente geraram mais de 38 bilhões de dólares em vendas globais. Neste capítulo, vamos ver que os anéis aromáticos são particularmente estáveis e significativamente menos reativos do que inicialmente se espera.

falando de modo prático | O que É o Carvão?

Estima-se que 25% do carvão recuperável do mundo (carvão que pode ser facilmente extraído) está localizado nos Estados Unidos. Assim, acredita-se que os Estados Unidos têm recursos naturais suficientes para satisfazer todas as suas necessidades de energia por pelo menos 200 anos. Para fornecer uma perspectiva adicional, considere o fato de que esses recursos naturais apresentam mais do que o dobro da energia contida na soma de todas as reservas de petróleo no Oriente Médio.

Acredita-se que os depósitos de carvão da Terra foram formados como matéria orgânica a partir de plantas pré-históricas submetidas a pressões e temperaturas elevadas durante longos períodos de tempo. A estrutura molecular do carvão envolve arranjos ao acaso de partes aromáticas (realçadas por boxes de cor laranja), ligadas umas às outras por ligações não aromáticas (mostradas nos boxes de cor verde):

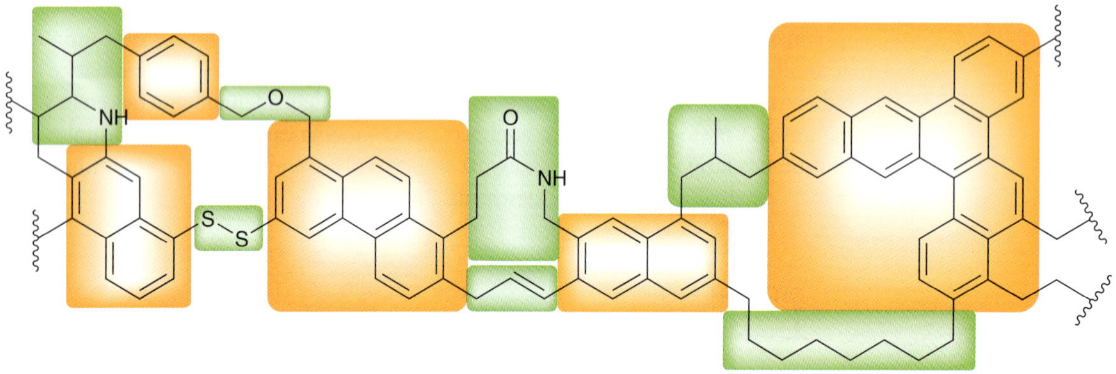

Quando aquecido na presença de oxigênio, ocorre um processo de combustão produzindo dióxido de carbono, água e muitos outros produtos. Durante o processo de combustão, as ligações C–C e C–H são quebradas e são formadas ligações C=O de maior energia, liberando, portanto, energia que pode ser usada para gerar eletricidade. Na verdade, mais do que a metade da eletricidade consumida nos Estados Unidos é produzida a partir da queima de carvão.

Quando o carvão é aquecido a cerca de 1000°C na ausência de oxigênio, forma-se uma mistura de compostos chamada de *alcatrão de carvão*. A destilado alcatrão de carvão produz muitos compostos aromáticos.

Embora os compostos aromáticos possam ser obtidos a partir do carvão, a fonte primária de compostos aromáticos é a partir de petróleo, utilizando um processo chamado *reforma* (Seção 4.5, do Volume 1).

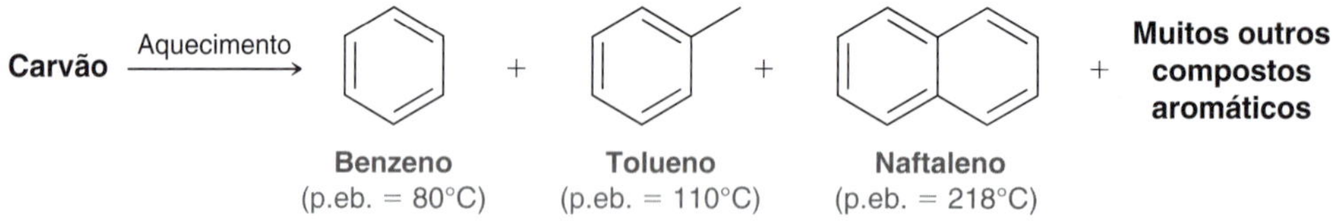

18.2 Nomenclatura de Derivados do Benzeno

Derivados Monossubstituídos do Benzeno

Derivados monossubstituídos do benzeno são nomeados sistematicamente utilizando o benzeno como cadeia principal e listando o substituinte como um prefixo. A seguir são mostrados alguns exemplos.

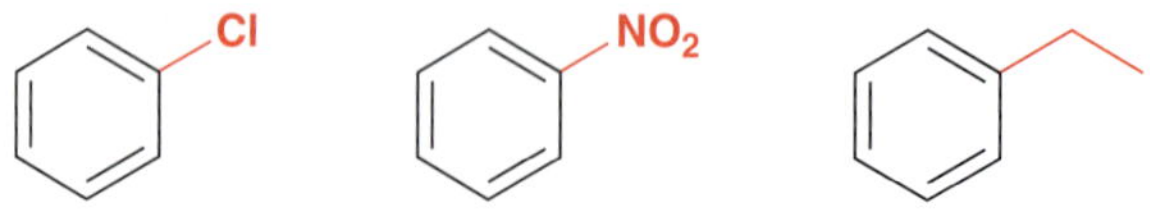

Clorobenzeno **Nitrobenzeno** **Etilbenzeno**

Alguns compostos aromáticos monossubstituídos que têm nomes comuns (vulgares) aceitos pela IUPAC são mostrados a seguir. Você deve memorizar esses nomes, pois eles serão usados extensivamente ao longo dos capítulos restantes.

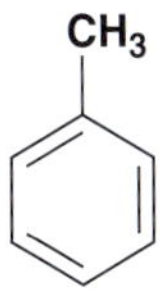
Tolueno

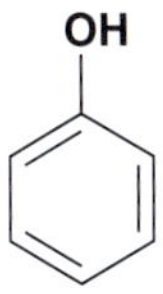
Fenol

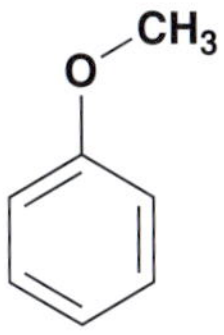
Anisol

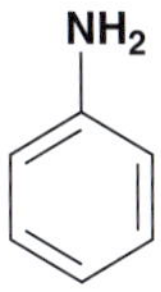
Anilina

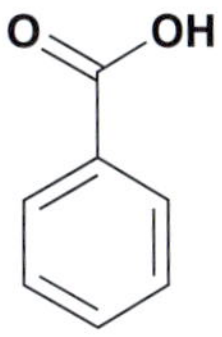
Ácido benzoico

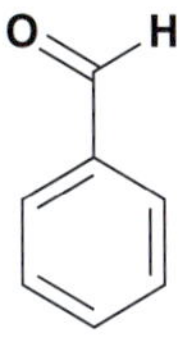
Benzaldeído

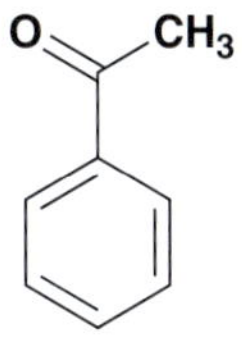
Acetofenona

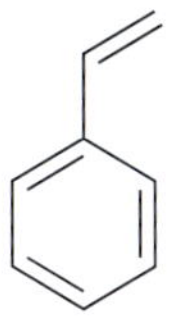
Estireno

Se o substituinte é maior do que o anel benzênico (isto é, se o substituinte tem mais de seis átomos de carbono), então o anel benzênico é considerado como um substituinte e é chamado de **grupo fenila**.

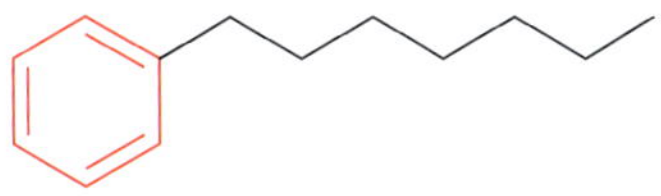
1-Fenil-heptano

A presença de grupos fenila é geralmente indicada com a letra Ph ou com a letra grega fi (ϕ).

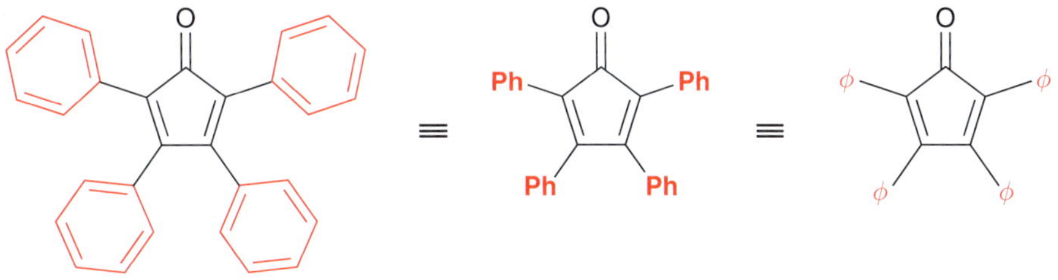
Tetrafenilciclopentadienona

Grupos fenil tendo substituintes são algumas vezes indicados com as letras Ar, o que indica a presença de um anel aromático.

Derivados Dissubstituídos do Benzeno

Derivados dimetílicos do benzeno são chamados de xileno, e existem três xilenos constitucionalmente isoméricos.

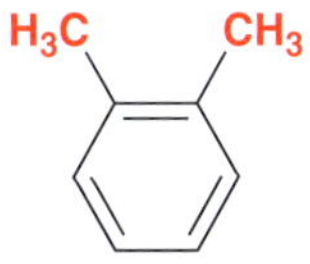
orto-Xileno
(1,2-dimetilbenzeno)

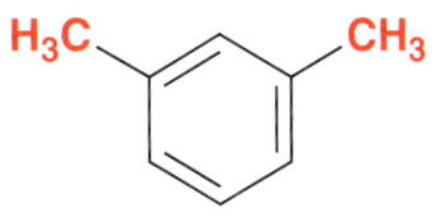
meta-Xileno
(1,3-dimetilbenzeno)

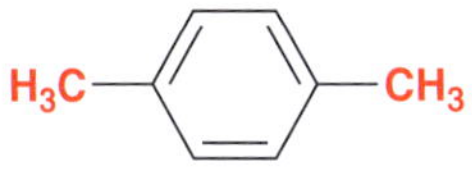
para-Xileno
(1,4-dimetilbenzeno)

Esses isômeros diferem entre si nas posições relativas dos grupos metila e podem ser nomeados de duas maneiras: (1) utilizando os descritores ***orto***, ***meta*** e ***para*** ou (2) usando localizadores (ou seja, 1,3 é o mesmo que *meta*). Ambos os métodos podem ser utilizados quando o nome da cadeia principal é um nome comum:

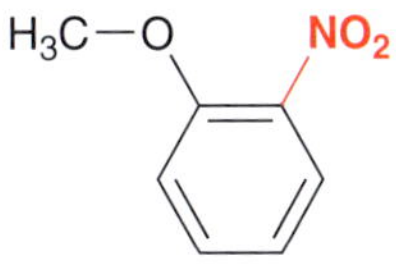
orto-Nitroanisol
(2-Nitroanisol)

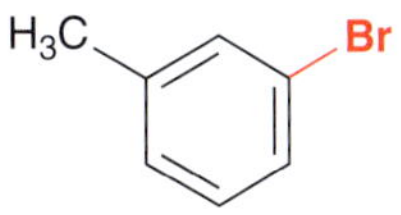
meta-Bromotolueno
(3-Bromotolueno)

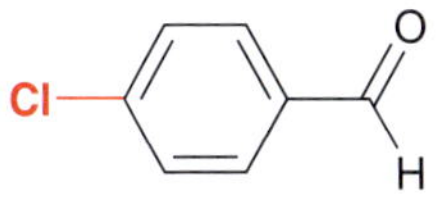
para-Clorobenzaldeído
(4-Clorobenzaldeído)

Derivados Polissubstituídos do Benzeno

Os descritores *orto*, *meta* e *para* não podem ser usados para se dar o nome de um anel aromático tendo três ou mais substituintes. Nesse caso, são necessários localizadores. Isto é, cada substituinte é designado com um número para indicar a sua posição no anel.

Ao nomear um anel benzênico polissubstituído, vamos seguir o mesmo processo de quatro etapas utilizado para dar o nome de alcanos, alquenos, alquinos e álcoois.

1. Identificar e nomear a cadeia principal.
2. Identificar e nomear os substituintes.
3. Atribuir um localizador para cada substituinte.
4. Organizar os substituintes em ordem alfabética.

Ao identificar a cadeia principal, é aceitável (e prática habitual) escolher um nome comum. Considere o exemplo a seguir.

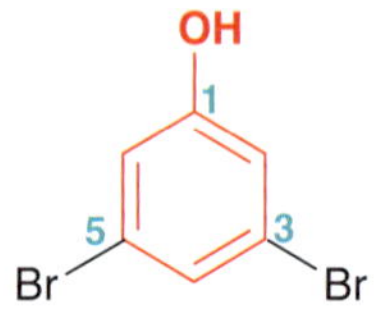

3,5-Dibromofenol

Esse composto poderia certamente ser nomeado considerando-se um anel benzênico trissubstituído. No entanto, é muito mais eficiente nomear a cadeia principal como fenol, em vez de benzeno, e considerar os dois átomos de bromo como substituintes. A escolha de nomear esse composto como um fenol faz com que ao átomo de carbono ligado ao grupo OH seja atribuído o menor localizador (o número 1). Quando existe uma escolha, colocam-se os números de modo a que o segundo substituinte receba o número mais baixo possível.

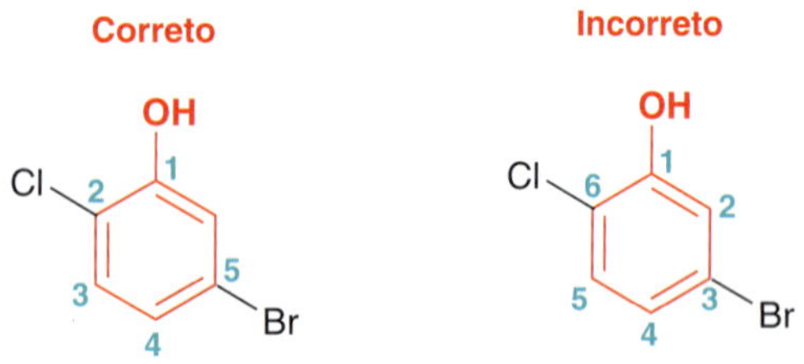

Ao organizar o nome, certifique-se da ordem alfabética dos substituintes. No exemplo anterior, o *b*romo é escrito antes do *c*loro.

DESENVOLVENDO A APRENDIZAGEM

18.1 NOMEAÇÃO DE UM BENZENO POLISSUBSTITUÍDO

APRENDIZAGEM Dê um nome sistemático para o TNT, um explosivo bem conhecido, com a estrutura molecular vista a seguir.

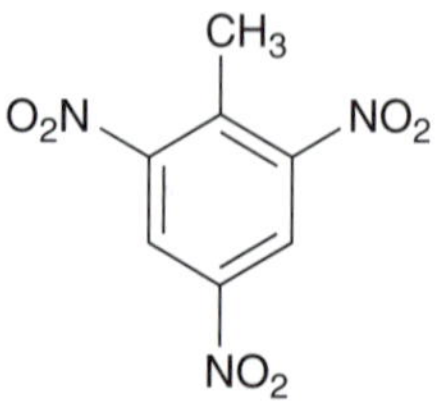

SOLUÇÃO

ETAPA 1
Identificação e nomeação da cadeia principal.

Aplicamos o método de quatro etapas. Primeiro, identificamos e nomeamos a cadeia principal. Nesse caso, podemos escolher tolueno como o nome da cadeia principal (mostrada em vermelho).

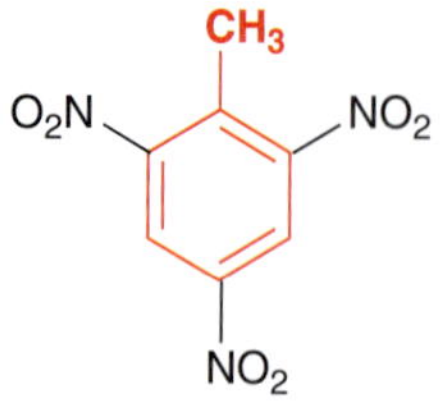

ETAPAS 2 E 3
Identificação dos substituintes e atribuição dos localizadores.

Em seguida, identificamos os substituintes e atribuímos os localizadores. A decisão de se nomear esse composto como um tolueno trissubstituído (em vez de um benzeno tetrassubstituído) faz com que ao átomo de carbono que suporta o grupo metila seja atribuído o menor localizador (o número 1). Nesse caso, dos localizadores restantes podem ser atribuídos tanto no sentido horário como no sentido anti-horário, porque o resultado é o mesmo.

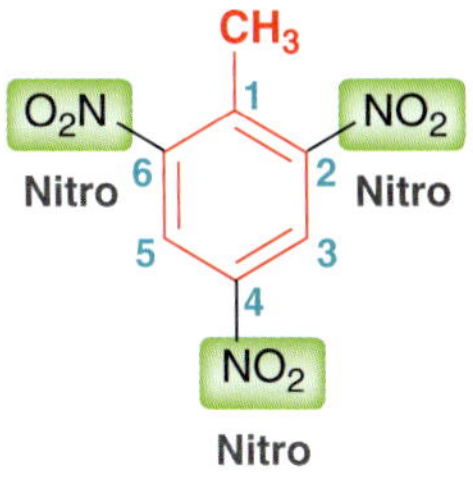

ETAPA 4
Organização dos substituintes em ordem alfabética.

Finalmente, organizamos os substituintes em ordem alfabética. Nesse caso, existem três grupos nitro. Certifique-se de indicar todos os três números no nome do composto.

2,4,6-Trinitrotolueno

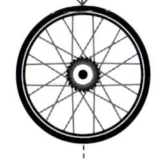

PRATICANDO o que você aprendeu

18.1 Dê um nome sistemático para cada um dos compostos vistos a seguir.

(a)
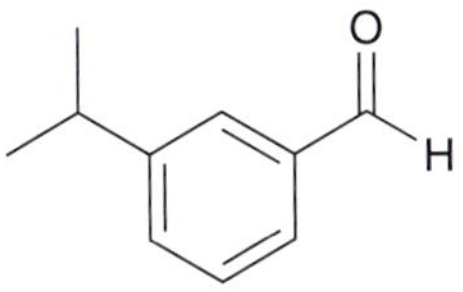

(b)
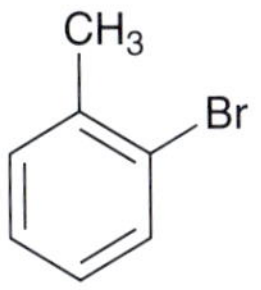

(c)
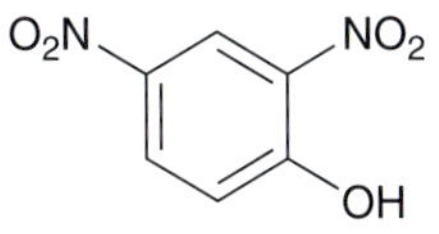

(d)
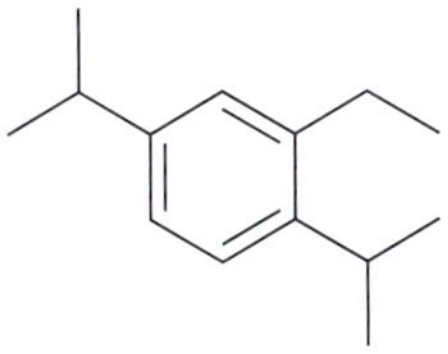

(e)
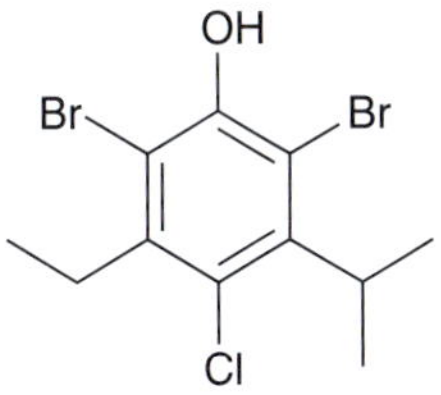

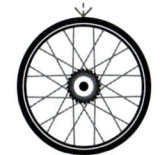

APLICANDO o que você aprendeu

18.2 Compostos aromáticos muitas vezes têm vários nomes que são todos aceitos pela IUPAC. Dê três nomes sistemáticos diferentes (de acordo com a IUPAC) para o composto visto a seguir.

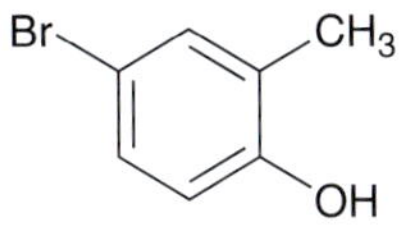

18.3 Para cada um dos compostos vistos a seguir, represente a sua estrutura.

(a) 2,6-Dibromo-4-cloroanisol

(b) *meta*-Nitrofenol

18.4 Dê pelo menos cinco nomes diferentes, aceitos pela IUPAC, para o composto visto a seguir.

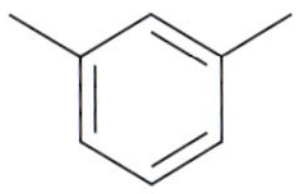

18.5 No Capítulo 9, do Volume 1, vimos que o ácido *meta*-cloroperoxibenzoico (MCPBA) é um peroxiácido comumente usado para converter alquenos em epóxidos. Lembre-se de que os peroxiácidos têm a seguinte estrutura:

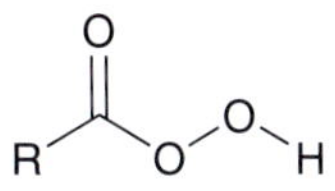

(a) Represente a estrutura do MCPBA.

(b) Dê um nome sistemático do composto formado pela substituição do átomo de cloro no MCPBA por um grupo metila.

é necessário **PRATICAR MAIS?** **Tente Resolver os Problemas 18.28, 18.29, 18.33**

18.3 Estrutura do Benzeno

Em 1825, Michael Faraday isolou o benzeno a partir do resíduo oleoso deixado pelo gás de iluminação dos candeeiros das ruas de Londres. Investigações posteriores revelaram que a fórmula molecular do composto era C_6H_6: um hidrocarboneto constituído por seis átomos de carbono e seis átomos de hidrogênio.

Em 1866, August Kekulé usou sua teoria estrutural da matéria, que havia sido recentemente publicada, para propor uma estrutura para o benzeno. Especificamente, ele propôs um anel formado por ligações duplas e simples alternadas.

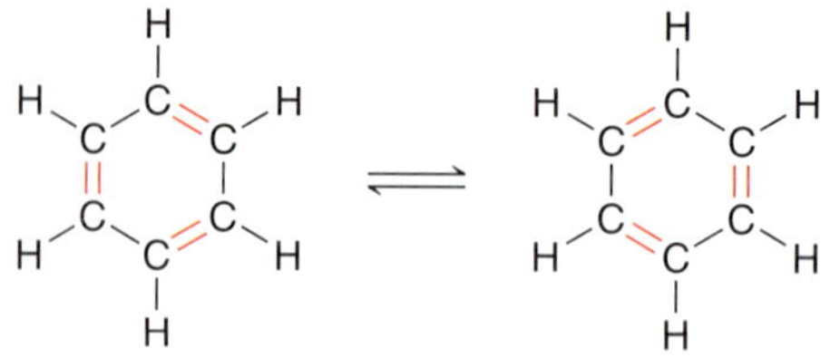

Kekulé descreveu a troca de ligações duplas e simples como um processo de equilíbrio. Com o tempo, essa visão foi refinada com o advento da teoria de ressonância e conceitos de deslocalização. As duas representações anteriores são agora vistas como estruturas de ressonância, e não como um processo de equilíbrio.

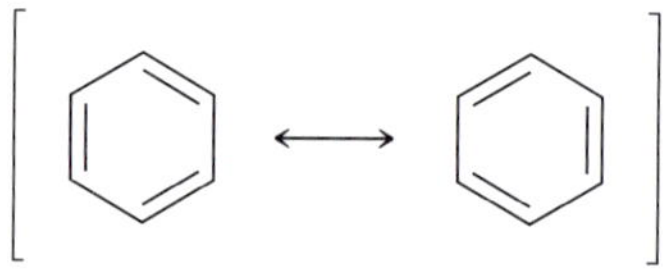

Lembre-se de que a ressonância não descreve o movimento dos elétrons, mas é a maneira pela qual os químicos tratam com a inadequação da representação de ligações por retas. Especificamente, cada representação isolada é insuficiente para descrever a estrutura do benzeno. O problema é que cada ligação C–C não é uma ligação simples nem uma ligação dupla, nem está vibrando para trás e para a frente entre esses dois estados. Em vez disso, cada ligação C–C tem uma ordem de ligação de 1,5, exatamente a meio caminho entre uma ligação simples e uma ligação dupla. Para evitar a representação de estruturas de ressonância, o benzeno é frequentemente representado da seguinte maneira:

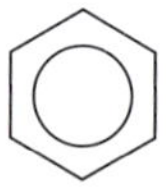

Esse tipo de representação aparece frequentemente na literatura e provavelmente aparecerá na lousa em sua aula de química orgânica. No entanto, essas representações devem ser evitadas ao se proporem mecanismos de reação que exigem um balanço rigoroso dos elétrons. Ao longo do restante deste livro, vamos representar os anéis benzênicos como ligações simples e duplas alternadas (estruturas de Kekulé).

18.4 Estabilidade do Benzeno

Evidências de Estabilidade Incomum

Há muita evidência de que a parte aromática é particularmente estável, muito mais do que o esperado. A seguir vamos explorar duas evidências para essa estabilidade.

Lembre-se do Capítulo 9, do Volume 1, em que alquenos prontamente sofrem reações de adição, como, por exemplo, a adição de bromo para formar um di-haleto.

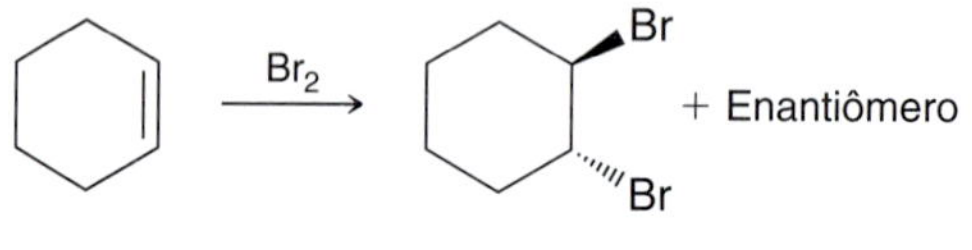

Podemos esperar, portanto, que o benzeno sofra uma reação semelhante, talvez até três vezes. Mas, na verdade, nenhuma reação é observada.

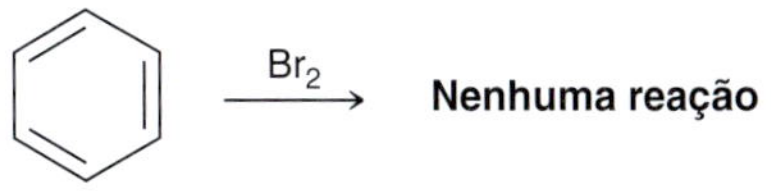

A parte aromática aparentemente apresenta uma estabilidade especial que não existiria se uma reação de adição ocorresse. A estabilidade da parte aromática também é observada quando se comparam calores de hidrogenação para vários compostos semelhantes. Lembre-se de que a hidrogenação de uma ligação π ocorre na presença de um catalisador metálico.

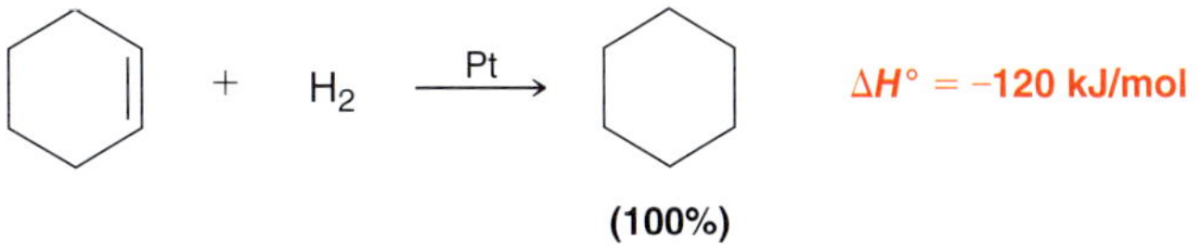

O calor de hidrogenação (ΔH) para essa reação é de –120 kJ/mol. O benzeno geralmente é estável para a hidrogenação sob condições-padrão, mas em condições especiais (pressão elevada e temperatura elevada), o benzeno também é submetido a hidrogenação e reage com três equivalentes de hidrogênio molecular para formar o ciclo-hexano. Portanto, poderíamos esperar que o valor de ΔH fosse de –360 kJ/mol. Mas, na verdade, o calor de hidrogenação para a hidrogenação do benzeno é apenas –208 kJ/mol.

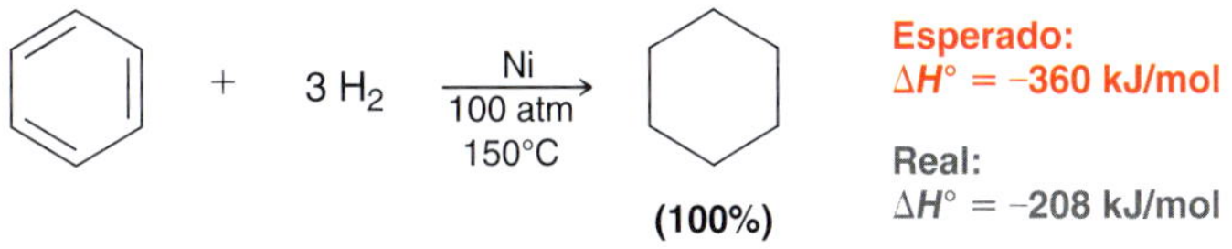

Em outras palavras, o benzeno é muito mais estável do que o esperado. Essa informação é representada graficamente no diagrama de energia da Figura 18.1. Esse diagrama de energia mostra os calores relativos de hidrogenação para o ciclo-hexeno, 1,3-ciclo-hexadieno e benzeno. Observe que o calor de hidrogenação do 1,3-ciclo-hexadieno não é exatamente duas vezes o valor do calor de hidrogenação do ciclo-hexeno. Isso é atribuído à conjugação. Estendendo essa lógica a uma molécula imaginária de ciclo-hexatrieno, seria de esperar que o calor de hidrogenação fosse um pouco menor do que –360 kJ/mol. Na verdade, o calor de hidrogenação do benzeno é de apenas –208 kJ/mol. A diferença entre o valor esperado (–360) e o valor observado (–208), que é chamada *energia de estabilização* do benzeno, é de 152 kJ/mol. Esse valor representa o quanto de estabilização está associado à aromaticidade.

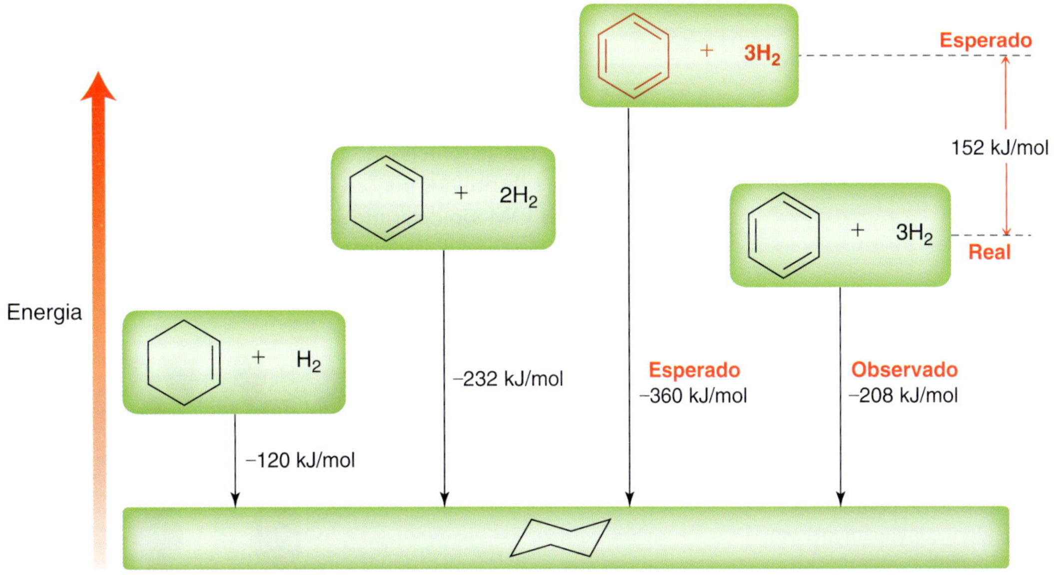

FIGURA 18.1
Um diagrama de energia comparando os calores de hidrogenação para ciclo-hexeno, ciclo-hexadieno e benzeno.

VERIFICAÇÃO CONCEITUAL

18.6 A substância **A** é uma substância aromática com a fórmula molecular C_8H_8. Quando tratada com excesso de Br_2, a substância **A** é convertida na substância **B**, com a fórmula molecular $C_8H_8Br_2$. Identifique as estruturas das substâncias **A** e **B**.

Composto A ⟶ **Composto B**
(C_8H_8) **($C_8H_8Br_2$)**

18.7 Em algumas circunstâncias, a desidrogenação é observada. A desidrogenação envolve a perda de dois átomos de hidrogênio (o inverso da hidrogenação). Analise cada uma das reações de desidrogenação vistas a seguir e use a informação da Figura 18.1 para prever se cada transformação terá uma diminuição de energia (valor negativo de ΔH) ou um aumento de energia (valor positivo de ΔH).

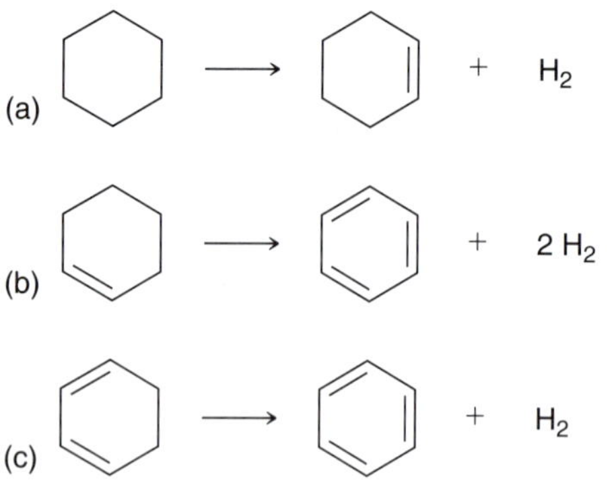

Origem da Estabilidade

A fim de explicar a estabilidade do benzeno, teremos de invocar a teoria OM. Lembre-se de que, de acordo com a teoria OM, quando dois orbitais atômicos *p* se sobrepõem para formar dois orbitais novos, chamados de orbitais moleculares, ocorre a formação de uma ligação π (Figura 18.2). O OM de mais baixa energia é o OM ligante, enquanto o OM de mais alta energia é o OM antiligante. Os dois elétrons π ocupam o OM ligante e, assim, alcançam um estado de energia mais baixo.

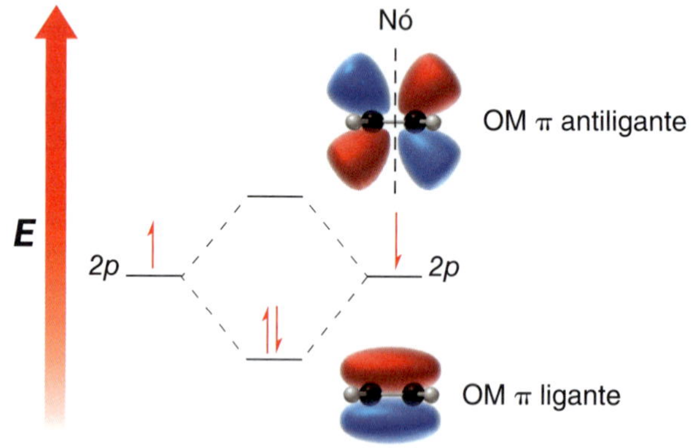

FIGURA 18.2 Os orbitais moleculares de uma ligação π.

Agora vamos explorar como a teoria OM descreve a natureza do benzeno, que é constituído por seis orbitais se sobrepondo (Figura 18.3). De acordo com a teoria OM, esses seis orbitais atômicos *p* são substituídos por seis orbitais moleculares (Figura 18.4). A forma exata e o nível de energia de cada OM são determinados por uma matemática sofisticada que está além do âmbito da nossa discussão atual. Por enquanto, vamos nos concentrar nos conceitos importantes ilustrados pelo diagrama de energia na Figura 18.4.

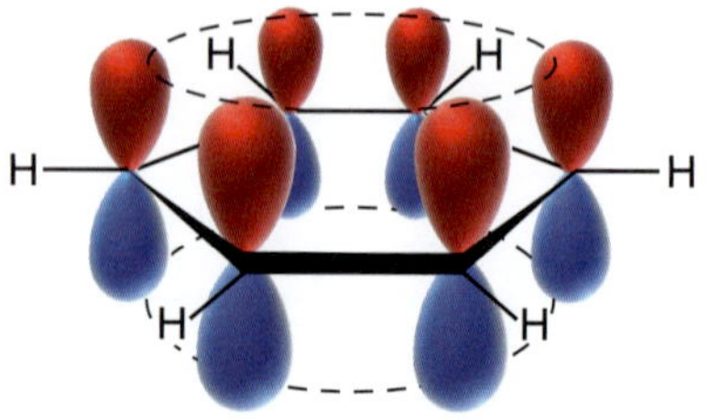

FIGURA 18.3 Os orbitais *p* do benzeno se sobrepõem continuamente em torno do anel.

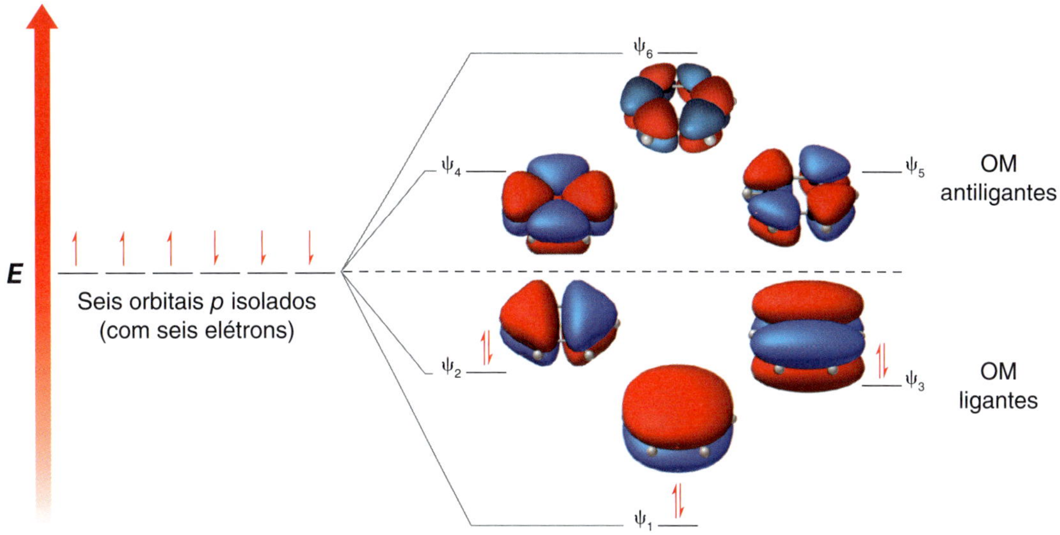

FIGURA 18.4
Os orbitais moleculares do benzeno.

- Existem seis orbitais moleculares, cada um dos quais está associado à molécula inteira (em vez de estar associado a qualquer ligação específica).
- Três dos seis OM (aqueles abaixo da linha tracejada) são OM ligantes, enquanto os outros três OM (aqueles acima da linha tracejada) são OM antiligantes.
- Como cada OM pode conter dois elétrons, os três OM ligantes podem coletivamente acomodar até seis elétrons π.
- Ao ocuparem os OM ligantes, os seis elétrons alcançam um estado de energia mais baixo e se diz que eles estão deslocalizados. Essa é a origem da energia de estabilização associada ao benzeno.

Regra de Hückel

Pode-se esperar que os dois compostos vistos a seguir apresentem estabilização aromática como o benzeno.

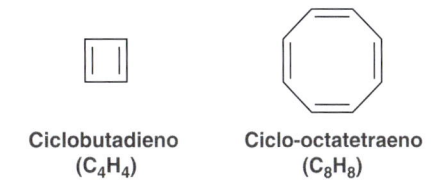

Ciclobutadieno (C_4H_4) **Ciclo-octatetraeno (C_8H_8)**

A PROPÓSITO
Willstätter foi agraciado com o Prêmio Nobel de Química em 1915 por sua pesquisa sobre a elucidação da estrutura da clorofila.

Independentemente do que quer que seja, eles são semelhantes ao benzeno no fato de que cada composto é constituído por um anel de ligações simples e duplas alternadas. O ciclo-octatetraeno (C_8H_8) foi isolado pela primeira vez por Richard Willstätter em 1911. A reatividade desse composto indica que o ciclo-octatetraeno não apresenta a mesma estabilidade exibida pelo benzeno. Por exemplo, esse composto sofre prontamente reações de adição, como a bromação.

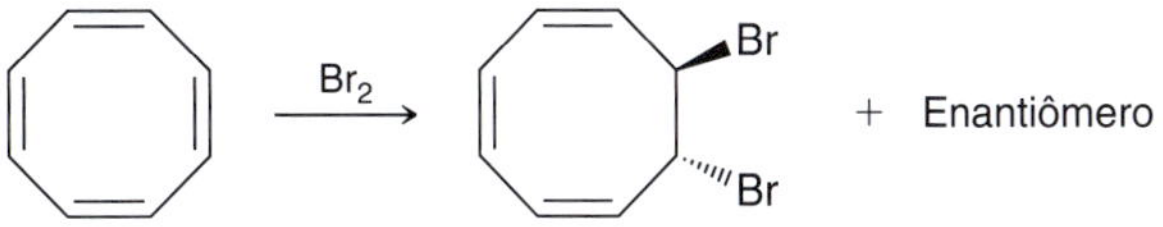

O ciclobutadieno (C_4H_4) também não apresenta estabilidade aromática. Na verdade, muito pelo contrário. Ele é extremamente instável e resistiu a todas as tentativas de ser sintetizado até a segunda metade do século XX (veja o boxe "Falando de Modo Prático", adiante). O ciclobutadieno é tão instável que reage consigo mesmo a –78°C em uma reação de Diels-Alder.

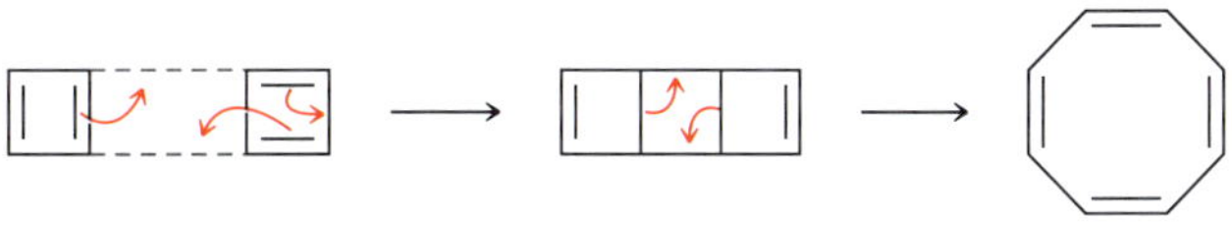

A reação de Diels-Alder gera um produto tricíclico inicial que também é instável e rapidamente se rearranja para formar o ciclo-octatetraeno.

Essas observações indicam que a presença de um anel totalmente conjugado de elétrons π não é o único requisito para a aromaticidade, o número de elétrons π no anel também é importante. Especificamente, é necessário um número ímpar de pares de elétrons para que exista aromaticidade.

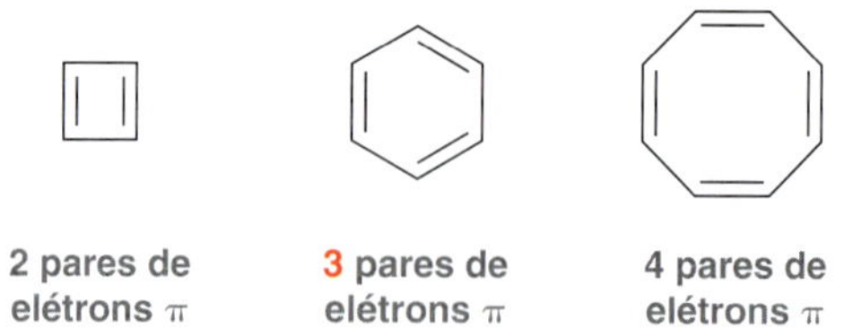

O benzeno tem um total de seis elétrons π ou *três* pares de elétrons. Com um número ímpar de pares de elétrons, o benzeno é aromático. Ao contrário, o ciclobutadieno e o ciclo-octatetraeno têm, cada um deles, um número par de pares de elétrons (dois pares e quatro pares, respectivamente) e não apresentam estabilização aromática.

O requisito de que exista um número ímpar de pares de elétrons é chamado de **regra de Hückel**. Especificamente, um composto só pode ser aromático se o número de elétrons π no anel for 2, 6, 10, 14, 18, e assim por diante. Essa série de números pode ser expressa matematicamente como $4n + 2$, em que n é um número inteiro. Na próxima seção, vamos usar a teoria OM para explicar por que a estabilização aromática requer um número ímpar de pares de elétrons ($4n + 2$ elétrons).

VERIFICAÇÃO CONCEITUAL

18.8 Preveja se cada um dos compostos vistos a seguir deve ser aromático.

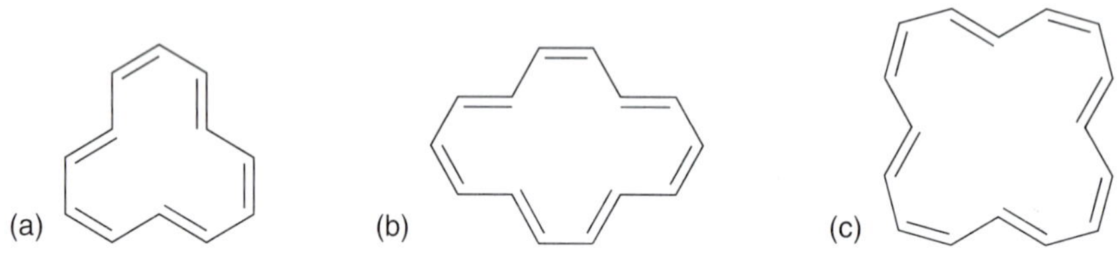

Teoria OM e Círculos de Frost

Nesta seção, vamos usar a teoria OM para explicar a origem da regra de Hückel para sistemas de anel conjugado plano. Nós já analisamos os OM do benzeno (Figura 18.4) para explicar sua estabilidade. Vamos agora voltar nossa atenção para os OM do ciclobutadieno (C_4H_4) e do ciclo-octatetraeno (C_8H_8) para ver como a teoria OM pode explicar a instabilidade observada desses compostos. Começaremos com o ciclobutadieno quadrado, que é um sistema construído a partir da sobreposição de quatro orbitais atômicos *p* (Figura 18.5).

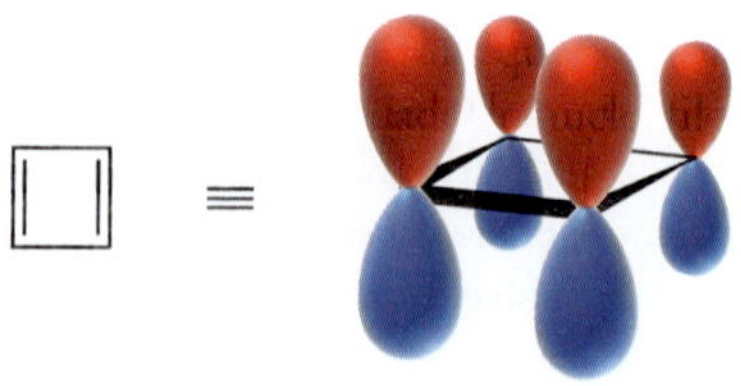

FIGURA 18.5 Os orbitais *p* que são usados no ciclobutadieno.

De acordo com a teoria OM, esses quatro orbitais atômicos são substituídos por quatro orbitais moleculares, com os níveis de energia relativa mostrados na Figura 18.6.

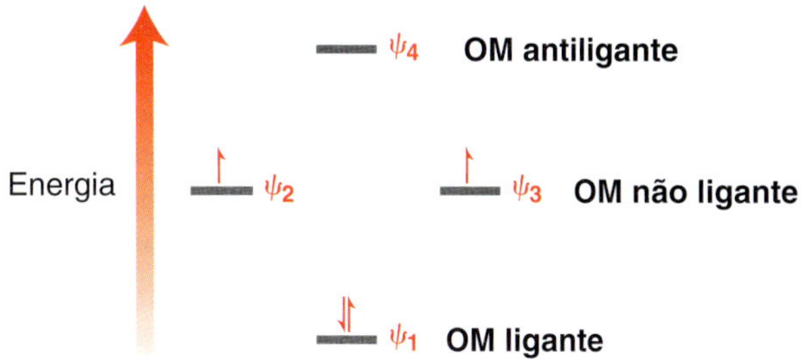

FIGURA 18.6 Os níveis de energia relativa dos orbitais moleculares do ciclobutadieno.

Dos quatro OM, apenas um deles é um OM ligante, e pode acomodar no máximo dois elétrons π. Os dois elétrons π restantes têm de ir para os OM não ligantes degenerados. Cada um desses elétrons ocupa um OM diferente (de acordo com a regra de Hund), de modo que cada elétron está desemparelhado. Elétrons desemparelhados são muito reativos, o que explica o ciclobutadieno quadrado ser tão instável. Devido à sua instabilidade não usual, esse composto é considerado como sendo **antiaromático**. O ciclobutadieno pode diminuir um pouco a sua instabilidade adotando uma forma retangular (como descrito no boxe "Falando de Modo Prático" anterior), na qual a substância se comporta como duas ligações π, em vez de um dirradical. No entanto, o ciclobutadieno ainda é extremamente instável e altamente reativo.

falando de modo prático — Gaiolas moleculares

As primeiras tentativas de preparação do ciclobutadieno falharam seguidamente. Na segunda metade do século XX, vários métodos foram desenvolvidos. Um desses métodos é particularmente fascinante e será descrito agora.

A pesquisa de Donald Cram (UCLA) envolveu a investigação de moléculas semelhantes a gaiolas. Especificamente, Cram obteve moléculas em forma de hemisférios e em seguida ligou-as em conjunto para formar uma gaiola:

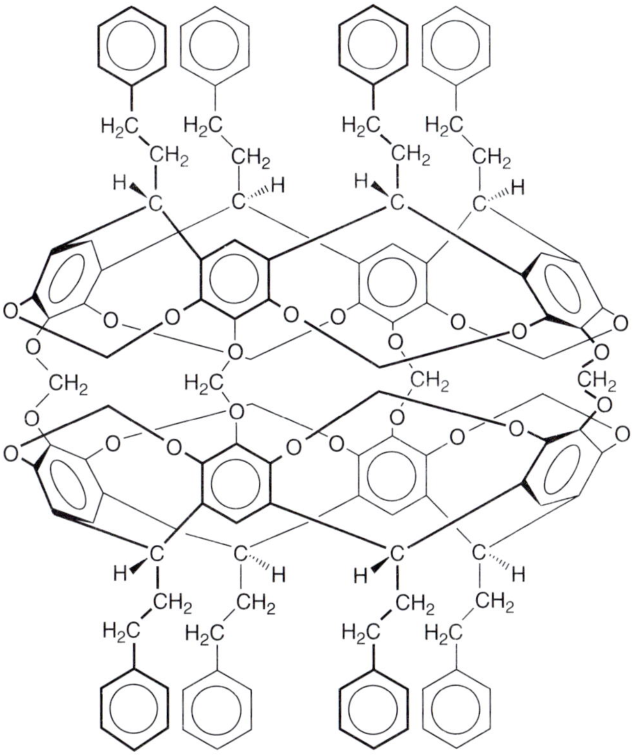

A seguir, Cram usou essas gaiolas para aprisionar α-pirona dentro delas:

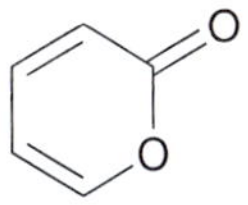

α-Pirona

Sabia-se que quando irradiada com luz UV a α-pirona libera CO_2 formando ciclobutadieno:

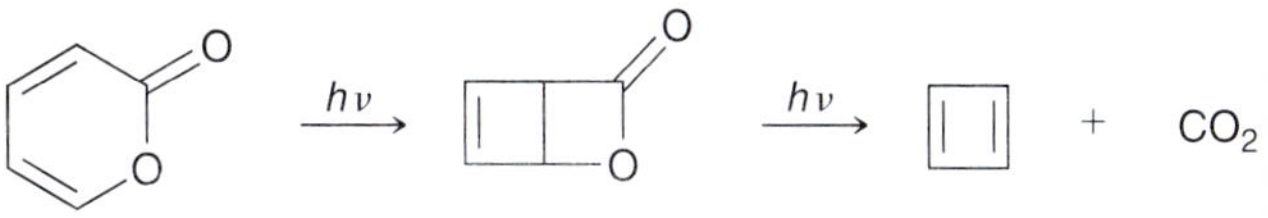

As moléculas de CO_2, geradas por esse processo, eram, então, capazes de escapar através dos espaços entre os elementos de ligação que prendem os hemisférios juntos. No entanto, o ciclobutadieno é muito grande para escapar através dos orifícios na gaiola. Em virtude disso, uma única molécula de ciclobutadieno seria aprisionada e incapaz de reagir com outras moléculas de ciclobutadieno. Esse método extremamente inteligente para aprisionar ciclobutadieno funcionou maravilhosamente e permitiu a sua análise espectroscópica. Os muitos estudos que se seguiram forneceram fortes evidências de que o ciclobutadieno existe em equilíbrio rápido entre duas formas retangulares:

O trabalho de Cram com moléculas semelhantes a gaiolas, chamadas *carcerandos*, abriu a porta para um novo campo da química. Por suas contribuições, ele compartilhou o Prêmio Nobel de Química de 1987.

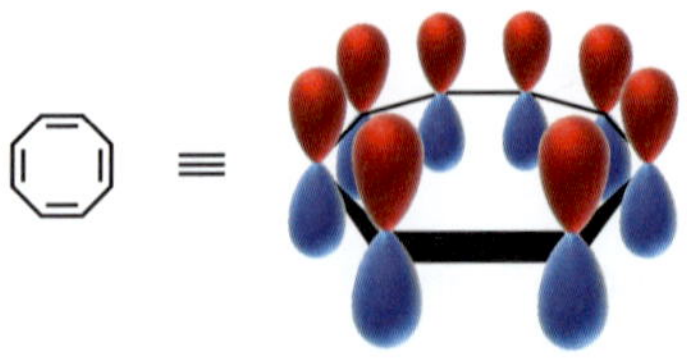

FIGURA 18.7
Em uma conformação plana, os orbitais *p* do ciclo-octatetraeno se sobrepõem continuamente em torno do anel.

Agora, consideramos como a teoria OM trata o ciclo-octatetraeno plano, que é um sistema construído a partir da sobreposição de oito orbitais atômicos *p* (Figura 18.7). De acordo com a teoria OM, esses oito orbitais atômicos são substituídos por oito orbitais moleculares, com os níveis de energia relativa mostrados na Figura 18.8. Quando preenchemos esses OM com oito elétrons π, encontramos uma situação semelhante àquela do ciclobutadieno quadrado, dois dos elétrons estão desemparelhados e ocupam orbitais não ligantes. Mais uma vez, essa configuração eletrônica conduz a uma grande instabilidade e o composto deve ser antiaromático. Mas o composto pode evitar essa

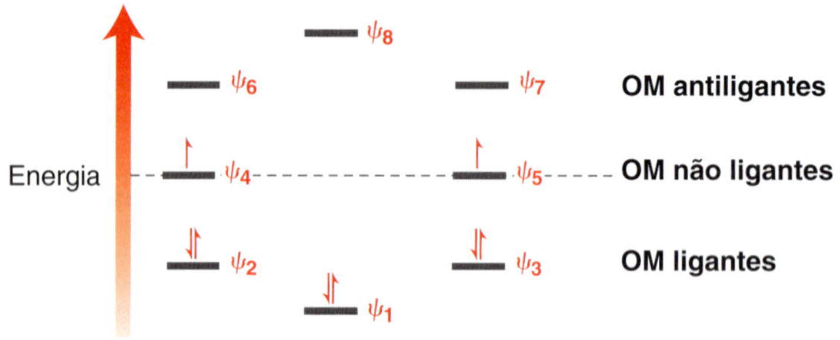

FIGURA 18.8
Os níveis de energia relativa dos orbitais moleculares do ciclo-octatetraeno.

instabilidade desnecessária assumindo a forma de banheira (Figura 18.9). Nessa conformação, os oito orbitais *p* não mais se sobrepõem como um sistema contínuo, e o diagrama de energia na Figura 18.8 (dos oito OM) simplesmente não se aplica. Em vez disso, existem quatro ligações π isoladas, cada uma das quais contém dois elétrons em um OM ligante (como mostrado na Figura 18.2).

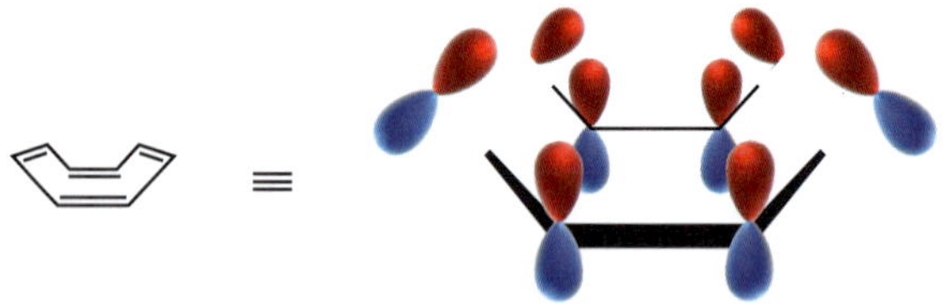

FIGURA 18.9
A estrutura do ciclo-octatetraeno em forma de banheira.

A explicação anterior é baseada na nossa capacidade de representar os níveis de energia relativa dos OM, e como já foi mencionado, essa capacidade requer uma matemática sofisticada que está além do escopo deste livro. Sem entrar muito na matemática da teoria OM, há um método simples que nos permitirá prever e representar os níveis de energia relativa para qualquer sistema de anéis conjugados. Esse método é ilustrado na Figura 18.10, em que se analisa um anel de sete membros, constituído da sobreposição contínua de orbitais *p*.

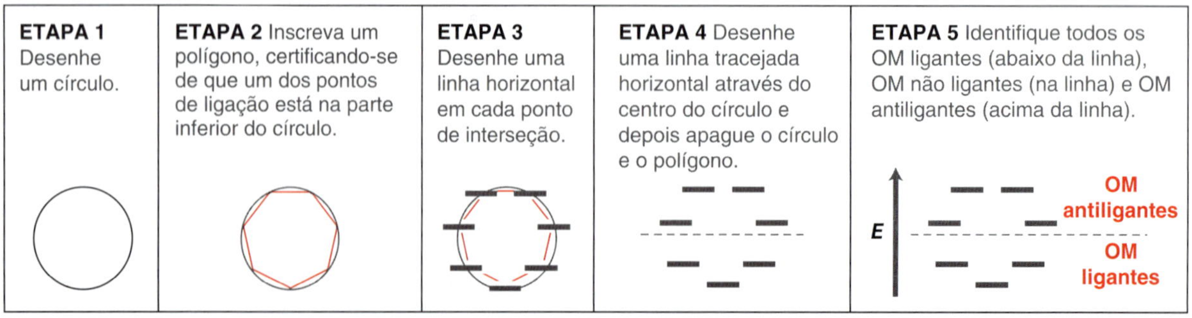

FIGURA 18.10
Um método para determinar os níveis de energia relativa dos orbitais moleculares para um sistema de anel constituído da sobreposição contínua de orbitais *p*.

Começamos desenhando um círculo e inscrevendo um polígono de sete lados dentro do círculo, com um dos pontos de ligação do polígono na parte inferior do círculo. Cada ponto em que o polígono toca o círculo representa um nível de energia. Todos os níveis de energia na metade inferior do círculo são os OM ligantes, e todos os níveis de energia na metade superior do círculo são os OM antiligantes. Esse método é extremamente útil, porque as distâncias relativas entre os níveis de ener-

gia representam de fato a diferença relativa de energia entre os OM. Esse método foi desenvolvido inicialmente por Arthur Frost (Northwestern University), e é chamado de **círculo de Frost**.

Se aceitarmos que os círculos de Frost preveem com precisão os níveis de energia relativa dos OM em um sistema de anel conjugado, então podemos usar os círculos de Frost para obter uma compreensão melhor da regra $4n + 2$. Consideramos os círculos de Frost para sistemas de anel contendo de 4 a 10 átomos de carbono (Figura 18.11). Olhamos para os OM ligantes (destacados por boxes verdes). Observe que o número de OM ligantes é sempre ímpar (1, 3 ou 5). Lembre-se de que a aromaticidade é alcançada quando todos os elétrons π estão emparelhados nos OM ligantes. Dependendo do tamanho do anel, os OM irão acomodar 2, 6 ou 10 elétrons π. Isso explica a origem da regra $4n + 2$.

FIGURA 18.11
Círculos de Frost para sistemas de anel de diferentes tamanhos.

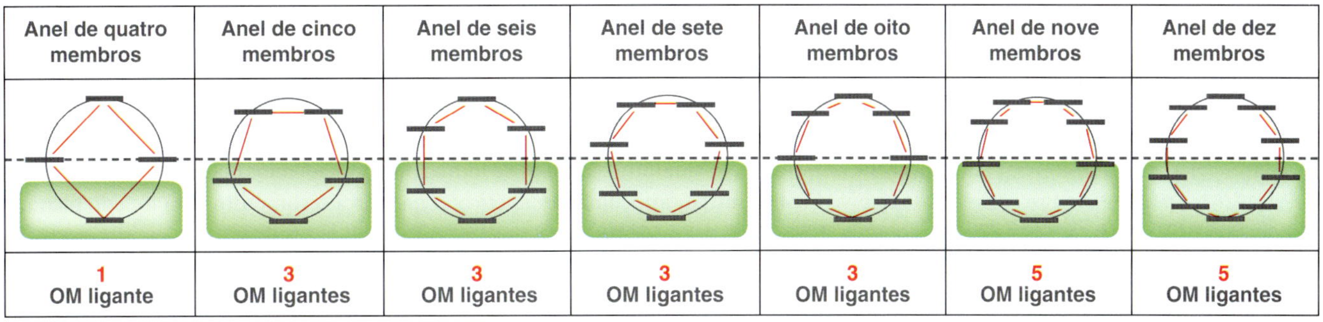

Anel de quatro membros
Anel de cinco membros
Anel de seis membros
Anel de sete membros
Anel de oito membros
Anel de nove membros
Anel de dez membros
1 OM ligante
3 OM ligantes
3 OM ligantes
3 OM ligantes
3 OM ligantes
5 OM ligantes
5 OM ligantes

VERIFICAÇÃO CONCEITUAL

18.9 O cátion ciclopropenila tem um anel de três membros, que contém um sistema contínuo de sobreposição de orbitais *p*. Esse sistema tem um total de dois elétrons π. Usando um círculo de Frost, trace um diagrama de energia mostrando os níveis de energia relativa de todos os três OM e, então, preveja se esse cátion deve mostrar estabilização aromática.

18.5 Outros Compostos Aromáticos Além do Benzeno

Os Critérios para Aromaticidade

O benzeno não é o único composto que apresenta estabilização aromática. Um composto será aromático se preencher os dois critérios vistos a seguir.

1. O composto tem de conter um anel formado pela sobreposição contínua de orbitais *p*.
2. O número de elétrons π no anel tem de ser um número de Hückel.

Os compostos que falham no primeiro critério são chamados **não aromáticos**. A seguir vemos três exemplos, cada um dos quais falha no primeiro critério por um motivo diferente.

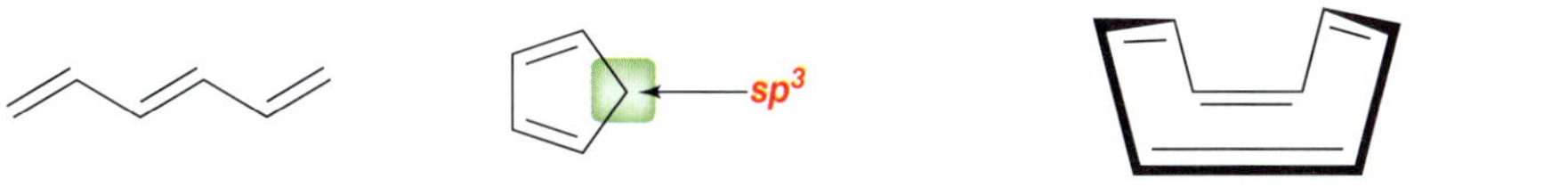

Não é um anel | Não é um sistema contínuo de orbitais *p* | A molécula não é plana, de modo que os orbitais *p* não se sobrepõem

O primeiro composto (1,3,5-hexatrieno) é não aromático, uma vez que não possui um anel. O segundo composto é não aromático, porque o anel não é um sistema contínuo de orbitais *p* (existe um átomo de carbono interveniente com hibridização sp^3). O terceiro composto não é plano, e os orbitais *p* não se sobrepõem de forma eficaz.

Compostos que satisfazem o primeiro critério, mas têm $4n$ elétrons (em vez de $4n + 2$) são antiaromáticos. Na prática, há poucos exemplos de compostos antiaromáticos, porque a maioria dos compostos pode mudar sua geometria para evitar ser antiaromático, como vimos no caso do ciclo-octatetraeno.

Nas seções seguintes, vamos explorar vários exemplos de compostos que respeitam ambos os critérios e, portanto, são aromáticos.

Anulenos

Os **anulenos** são compostos que consistem em um único anel contendo um sistema π completamente conjugado.

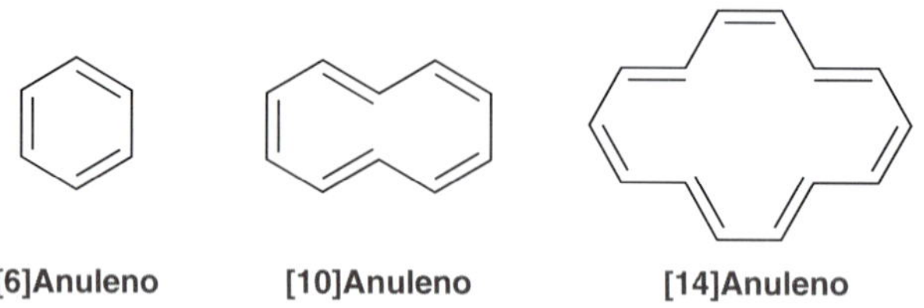

O [6]anuleno é o benzeno que é aromático. Poderíamos também esperar que o [10]anuleno fosse aromático, uma vez que é um anel com um sistema contínuo de orbitais *p* e que tem um número de Hückel de elétrons π. No entanto, os átomos de hidrogênio posicionados no interior do anel (mostrados em vermelho) sofrem impedimento estérico, o que força o composto para fora do plano:

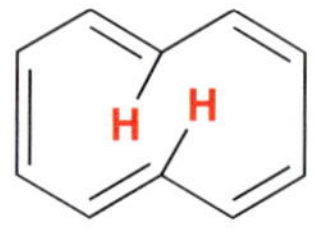

Uma vez que a molécula não pode adotar uma conformação plana, os orbitais *p* não podem se sobrepor um ao outro continuamente para formar um sistema, e como resultado, o [10]anuleno não satisfaz o primeiro critério de aromaticidade, ele é não aromático. De um modo semelhante, o [14]anuleno também é desestabilizado por uma interação estérica entre os átomos de hidrogênio posicionados no anel. Mas em uma extensão menor. Embora o [14]anuleno não seja plano, ele apresenta de fato estabilização aromática, porque o desvio da condição plana não é muito grande. Foi observado que o [18]anuleno é aproximadamente plano e é, portanto, aromático, como seria esperado.

VERIFICAÇÃO CONCEITUAL

18.10 Preveja se o composto que é mostrado a seguir é aromático, não aromático ou antiaromático. Explique seu raciocínio.

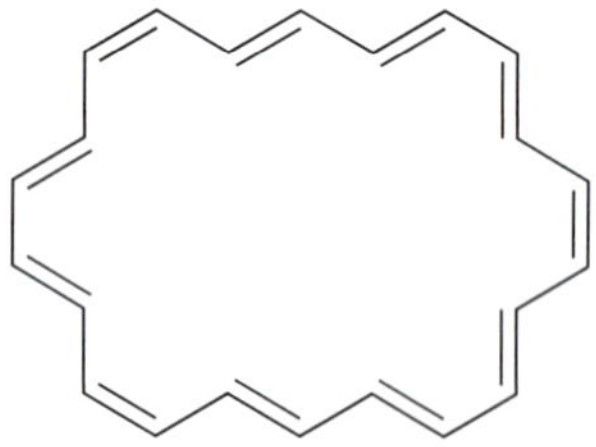

Íons Aromáticos

Anteriormente, utilizamos a teoria OM e os círculos de Frost para explicar a necessidade de um número de Hückel de elétrons π. Vamos agora dar uma olhada no círculo de Frost de um anel de cinco membros (Figura 18.12). Um anel de cinco membros será aromático se ele contém seis elé-

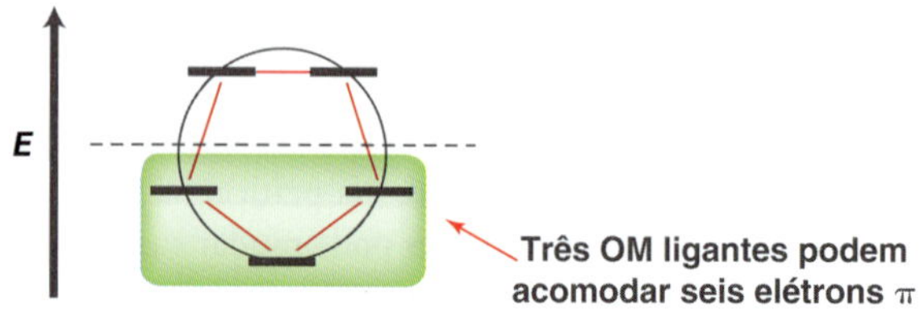

FIGURA 18.12
O círculo de Frost para um sistema de anel de cinco membros.

trons π (um número de Hückel). A fim de ter seis elétrons π, um dos átomos de carbono tem de possuir dois elétrons (um carbânion). O ânion resultante, chamado ânion ciclopentadienila, tem cinco estruturas de ressonância:

O ânion ciclopentadienila é estabilizado por ressonância, mas só isso não explica a estabilidade observada. Esse ânion é especialmente estável porque é aromático. O par isolado ocupa um orbital *p* (Seção 2.12, do Volume 1) e, como resultado, o ânion ciclopentadienila tem um sistema contínuo de sobreposição de orbitais *p*. Com seis elétrons π, esse ânion satisfaz ambos os critérios de aromaticidade. A energia de estabilização do ânion ciclopentadienila explica a acidez notável do ciclopentadieno.

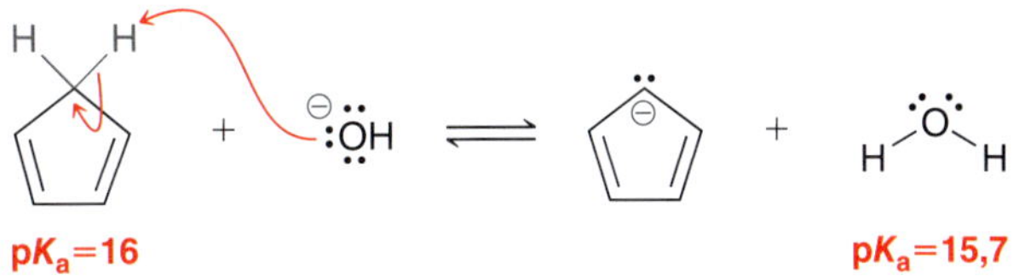

Observe que o pK_a do ciclopentadieno é muito parecido com o pK_a da água (cerca de 16), o que é muito raro para um hidrocarboneto (o pK_a do ciclopentano é >50). A acidez do ciclopentadieno é atribuída à estabilidade da sua base conjugada, que é aromática.

Agora vamos explorar o círculo de Frost de um anel de sete membros (Figura 18.13). Mais uma vez, são necessários exatamente seis elétrons π para atingir a aromaticidade.

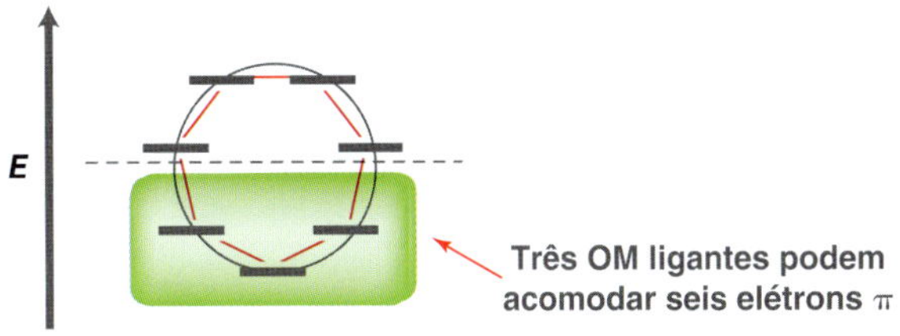

FIGURA 18.13
O círculo de Frost para um sistema de anel de sete membros.

A fim de ter seis elétrons π em um anel de sete membros, um dos átomos de carbono tem de possuir um orbital *p* vazio (um carbocátion). O íon resultante é chamado de cátion tropílio e tem sete estruturas de ressonância.

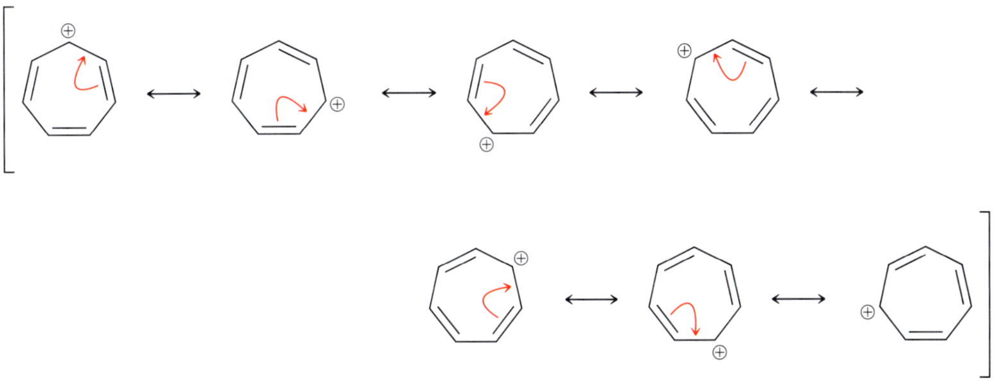

Esse cátion é estabilizado por ressonância, mas só isso não explica a sua estabilidade observada. Ele é especialmente estável porque é aromático, ou seja, apresenta um sistema contínuo de sobreposição de orbitais *p* e tem seis elétrons π, de modo que ambos os critérios de aromaticidade são satisfeitos.

DESENVOLVENDO A APRENDIZAGEM

18.2 DETERMINANDO SE UM COMPOSTO É AROMÁTICO, NÃO AROMÁTICO OU ANTIAROMÁTICO

APRENDIZAGEM Determine se o ânion que é mostrado a seguir é aromático, não aromático ou antiaromático.

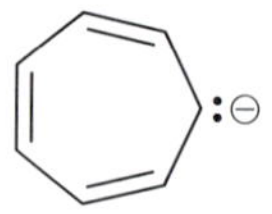

SOLUÇÃO

Para determinar se esse ânion é aromático, temos de fazer duas perguntas:

1. O composto contém um anel formado pela sobreposição contínua de orbitais *p*?
2. Existe um número de Hückel de elétrons π no anel?

A resposta para a primeira pergunta parece ser sim, isto é, o par isolado pode ocupar um orbital *p* fornecendo uma sobreposição contínua de orbitais *p* em torno do anel. No entanto, quando tentamos responder à segunda questão, descobrimos que esse ânion teria oito elétrons π, o que tornaria o composto antiaromático. Assim, a geometria do ânion mudará para evitar a instabilidade associada à antiaromaticidade. Especificamente, o par isolado pode ocupar um orbital hibridizado sp^3 (em vez de um orbital *p*), de modo que o primeiro critério já não é observado. Isso torna o ânion não aromático.

PRATICANDO o que você aprendeu

18.11 Determine se cada um dos íons vistos a seguir é aromático, não aromático ou antiaromático.

(a)  **(b)** 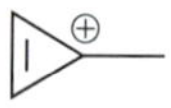 **(c)**  **(d)** 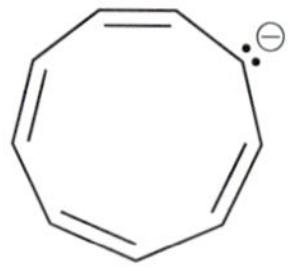

APLICANDO o que você aprendeu

18.12 Explique a grande diferença de valores de pK_a para os dois compostos vistos a seguir, que são aparentemente semelhantes.

pK_a = 16

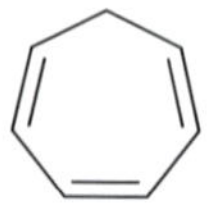

pK_a = 36

18.13 Preveja qual o composto que vai reagir mais rapidamente em um processo S_N1 e explique sua escolha.

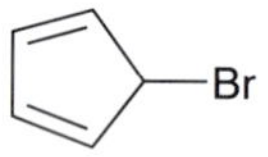

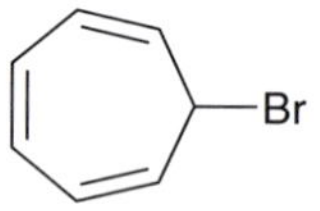

18.14 Identifique qual dos compostos vistos a seguir é mais ácido e explique a sua escolha.

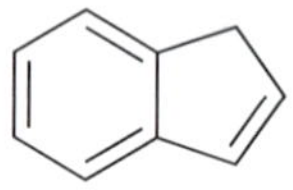

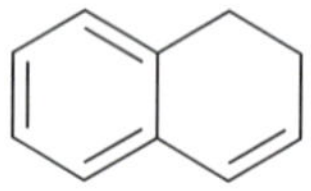

é necessário **PRATICAR MAIS?** **Tente Resolver os Problemas 18.34a,c,e, 18.36e, 18.52**

Heterociclos Aromáticos

Compostos cíclicos contendo heteroátomos (tais como S, N ou O) são chamados **heterociclos**. A seguir vemos dois exemplos de heterociclos nitrogenados.

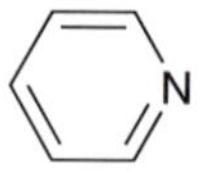

Piridina

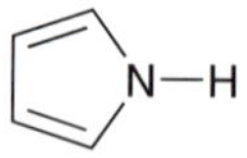

Pirrol

Ambos os compostos são aromáticos, mas por motivos diferentes. Vamos discuti-los primeiro separadamente e depois compará-los entre si.

A piridina apresenta um sistema contínuo de sobreposição de orbitais *p* (Figura 18.14) e, portanto, satisfaz o primeiro critério de aromaticidade.

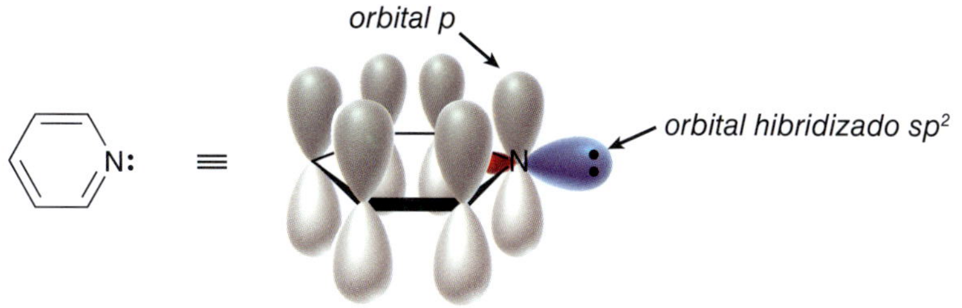

FIGURA 18.14
Os orbitais atômicos *p* da piridina que se sobrepõem para dar um sistema aromático. O par isolado sobre o nitrogênio ocupa um orbital hibridizado *sp*².

O átomo de nitrogênio tem hibridização sp^2 e o par isolado no átomo de nitrogênio ocupa um orbital com hibridização sp^2, que está apontando para fora do anel. Esse par isolado não faz parte do sistema conjugado e, portanto, não é incluído quando se conta o número de elétrons π. Nesse caso, existem seis elétrons π, de modo que o composto é aromático. Uma vez que o par isolado da piridina não participa da ressonância ou da aromaticidade, ela é livre para se comportar como uma base:

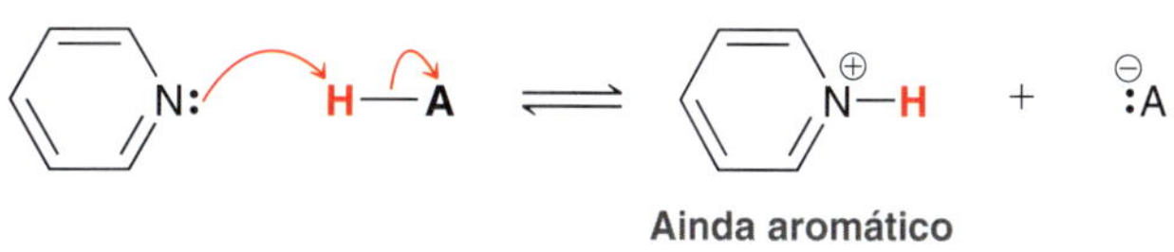

A piridina pode se comportar como uma base, porque a protonação do átomo de nitrogênio não destrói a aromaticidade.

Agora vamos analisar a estrutura do pirrol. Mais uma vez, o átomo de nitrogênio tem hibridização sp^2, mas, nesse caso, o par isolado ocupa um orbital *p* (Figura 18.15). A fim de que o anel do pirrol atinja um sistema contínuo de sobreposição de orbitais *p*, o par isolado do átomo de nitrogênio tem de ocupar um orbital *p*. Com seis elétrons π (quatro das ligações π e dois do par isolado), esse composto é aromático. Nesse caso, o par isolado é crucial no estabelecimento da aromaticidade. A natureza deslocalizada do par isolado explica por que o pirrol não se comporta facilmente como uma base. A protonação do par isolado no nitrogênio efetivamente destrói a sobreposição dos orbitais *p*, destruindo assim a aromaticidade.

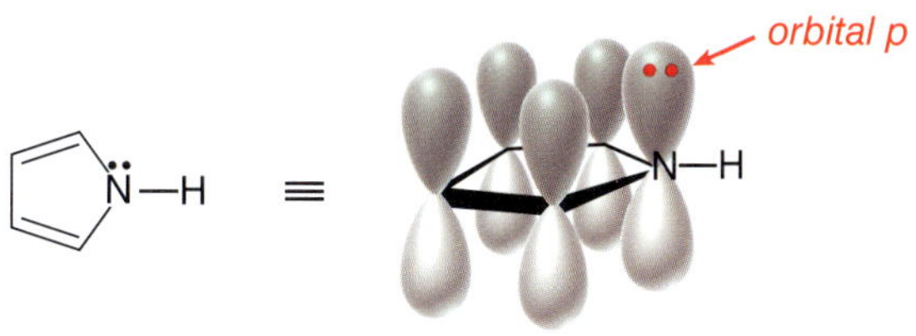

FIGURA 18.15
Os orbitais atômicos *p* do pirrol que se sobrepõem para dar um sistema aromático. O par isolado no nitrogênio ocupa um dos orbitais *p*.

RELEMBRANDO
Lembre-se da Seção 2.12, do Volume 1, em que um par isolado ocupa um orbital *p* se ele participa da ressonância.

A diferença entre a piridina e o pirrol pode ser vista nos mapas de potencial eletrostático desses compostos (Figura 18.16). Em geral, não é seguro comparar mapas de potencial eletrostático ao longo deste livro, porque a escala de cor nos mapas pode ser diferente. No entanto, nesse caso, a mesma escala de cor foi utilizada para gerar os dois mapas de potencial eletrostático, o que nos permite

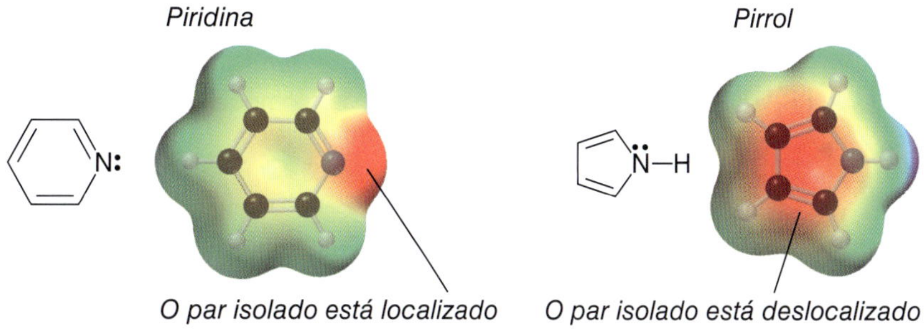

FIGURA 18.16
Mapas de potencial eletrostático da piridina e do pirrol.

comparar a localização da densidade eletrônica nos dois compostos. O mapa da piridina apresenta uma elevada concentração de densidade eletrônica no átomo de nitrogênio, o que representa o par isolado localizado. Esse par isolado não faz parte do sistema aromático e, portanto, está livre para se comportar como uma base. Ao contrário, o mapa do pirrol indica que o par isolado está deslocalizado no anel, e o átomo de nitrogênio não representa um local de alta densidade eletrônica.

DESENVOLVENDO A APRENDIZAGEM

18.3 DETERMINANDO SE UM PAR ISOLADO PARTICIPA NA AROMATICIDADE

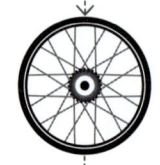

APRENDIZAGEM A histamina é responsável por muitas respostas fisiológicas e é conhecida por mediar o aparecimento de reações alérgicas.

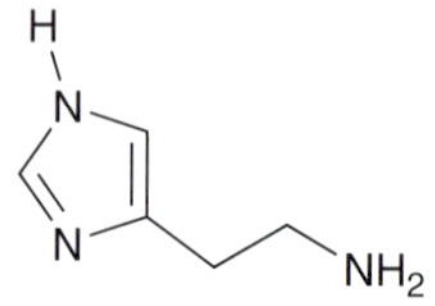

Histamina

A histamina tem três pares isolados. Determine que par(es) isolado(s) participa(m) da aromaticidade.

SOLUÇÃO

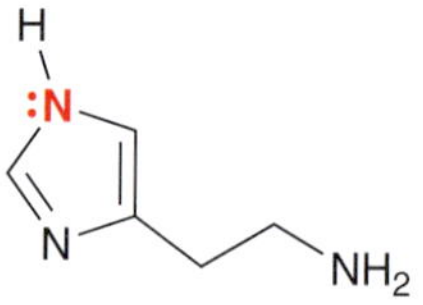

O par isolado na cadeia lateral não está certamente participando da aromaticidade, uma vez que não está situado em um anel. Vamos focar os dois átomos de nitrogênio no anel, começando com o nitrogênio no canto superior esquerdo.

Esse par isolado tem de ocupar um orbital *p*, de modo a existir um sistema contínuo de sobreposição de orbitais *p*. Se esse nitrogênio tivesse hibridização sp^3, então o composto não podia ser aromático. Esse par isolado é parte do sistema aromático. Agora olhe para o resto do anel e conte os elétrons π:

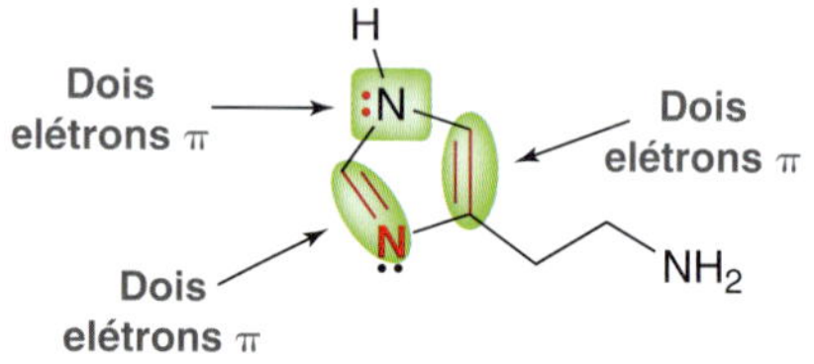

Existem seis elétrons π, sem incluir o par isolado no outro átomo de nitrogênio.

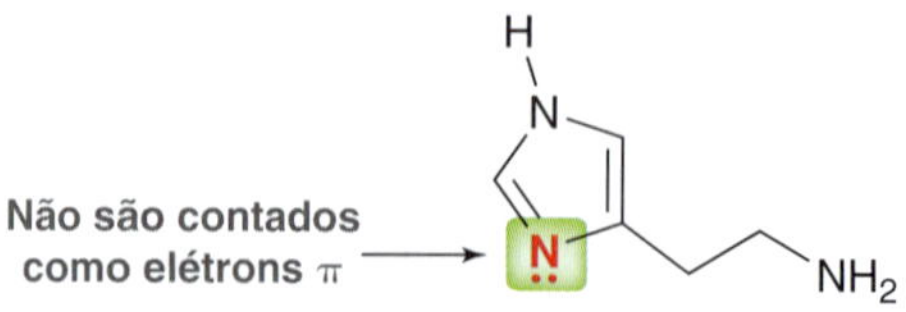

Esse par isolado não pode ser incluído na contagem, uma vez que cada átomo do anel pode ter apenas um orbital *p* se sobrepondo com os orbitais *p* do anel. Nesse caso, o átomo de nitrogênio já tem um orbital *p* da ligação dupla e, portanto, o par isolado não pode também ocupar um orbital *p*.

PRATICANDO o que você aprendeu

18.15 Para cada um dos compostos vistos a seguir determine quais (se houver) pares isolados participam da aromaticidade.

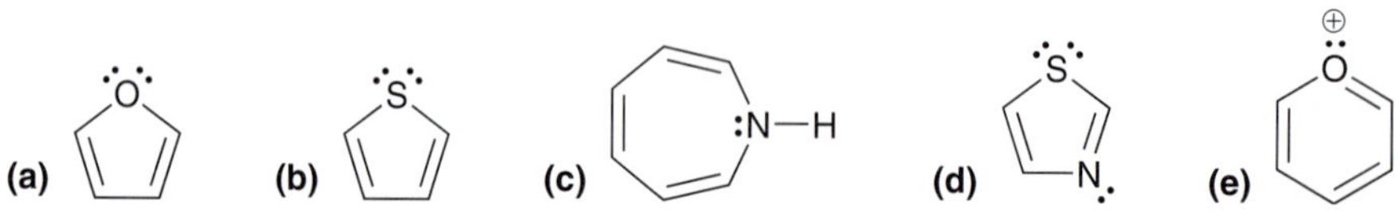

(f) 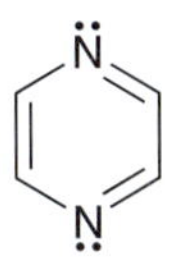 (g) 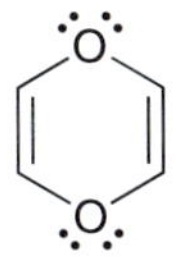 (h) 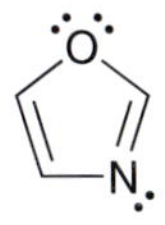

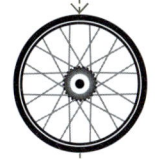

APLICANDO o que você aprendeu

18.16 Vá para o início da Seção 18.1, em que os oito fármacos mais vendidos foram mostrados. Reveja as estruturas desses compostos e identifique todos os anéis aromáticos que não estejam já destacados em vermelho.

18.17 Identifique qual o composto que se espera que tenha o menor pK_a. Justifique sua escolha.

é necessário **PRATICAR MAIS? Tente Resolver os Problemas 18.34b,d, 18.36c,d, 18.38, 18.41, 18.44, 18.62, 18.64**

Compostos Aromáticos Policíclicos

A regra de Hückel ($4n + 2$) só pode ser aplicada para compostos que apresentam um único anel de sobreposição de orbitais *p* (compostos monocíclicos). No entanto, são conhecidos muitos **hidrocarbonetos aromáticos policíclicos (HAP)** que são estáveis e têm sido exaustivamente estudados:

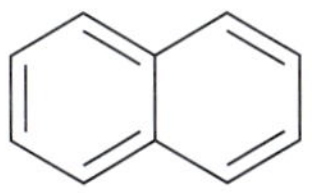

Naftaleno

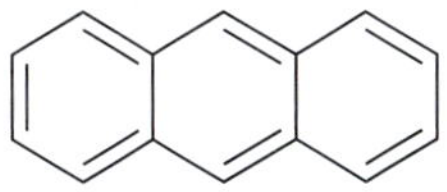

Antraceno

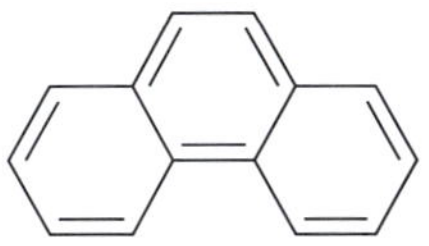

Fenantreno

Esses compostos são constituídos de anéis benzênicos fundidos e apresentam estabilização aromática significativa. Para cada composto, a energia de estabilização pode ser medida por comparação dos calores de hidrogenação, tal como fizemos com o benzeno. Esses valores estão resumidos na Tabela 18.1. Para os hidrocarbonetos aromáticos policíclicos, a energia de estabilização *por anel* é dependente da estrutura do composto e é geralmente menor do que a energia de estabilização do benzeno, como pode ser visto na última coluna da Tabela 18.1. Além disso, os anéis individuais de um hidrocarboneto aromático policíclico muitas vezes apresentam diferentes níveis de estabilização. Por exemplo, o anel do meio do antraceno é conhecido por ser mais reativo do que qualquer um dos anéis externos.

TABELA 18.1 ENERGIA DE ESTABILIZAÇÃO PARA ALGUNS HIDROCARBONETOS AROMÁTICOS POLICÍCLICOS

COMPOSTO	ENERGIA DE ESTABILIZAÇÃO (kJ/MOL)	ENERGIA DE ESTABILIZAÇÃO MÉDIA POR ANEL (kJ/MOL)
Benzeno	152	152
Naftaleno	255	128
Antraceno	347	116
Fenantreno	381	127

medicamente falando — O Desenvolvimento de Anti-histamínicos Não Sedativos

A histamina (conforme foi visto na seção Desenvolvendo a Aprendizagem 18.3) é um composto aromático que desempenha muitos papéis nos processos biológicos dos mamíferos. Ela está envolvida na mediação de reações alérgicas e na regulação da secreção de ácido gástrico no estômago. Extensos estudos farmacológicos revelam a existência de pelo menos três tipos diferentes de receptores de histamina, denominados receptores H_1, H_2 e H_3. A ligação de histamina com os receptores H_1 é responsável por desencadear reações alérgicas. Compostos que competem com a histamina para se ligar com os receptores H_1 (sem desencadear a reação alérgica) são chamados antagonistas H_1 e pertencem a uma classe de compostos chamados anti-histamínicos. Exemplos de antagonistas H_1 incluem Benadryl™ e Chlor-Trimeton™.

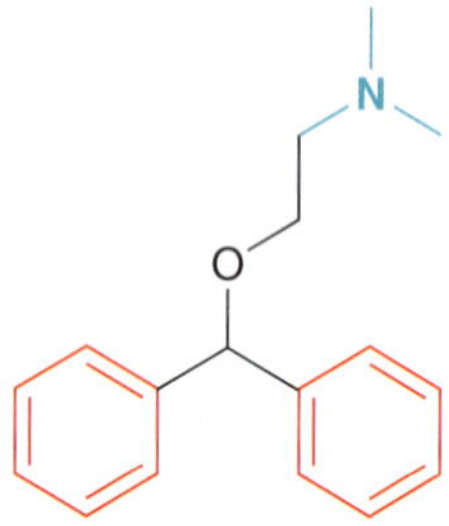

Benadryl™ (difenidramina)

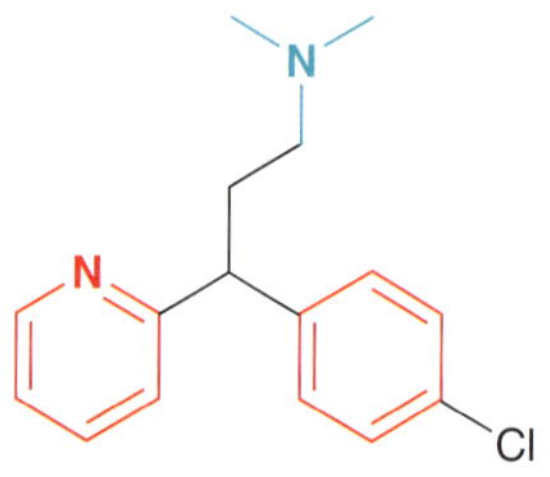

Chlor-Trimeton™ (clorfeniramina)

Observe as semelhanças estruturais entre esses compostos. Os dois compostos apresentam dois radicais aromáticos, destacados em vermelho, bem como uma amina terciária (um átomo de nitrogênio ligado a três grupos alquila), destacada em azul. Extensa pesquisa indica que essas características estruturais são necessárias para que um fármaco exiba antagonismo H_1. Os estudos mostram também que os dois anéis aromáticos têm de estar muito próximos (separados por um ou dois átomos de carbono). Para compreender esse requisito, consideramos a estrutura de um composto simples que tem dois grupos fenila, separados por um átomo de carbono.

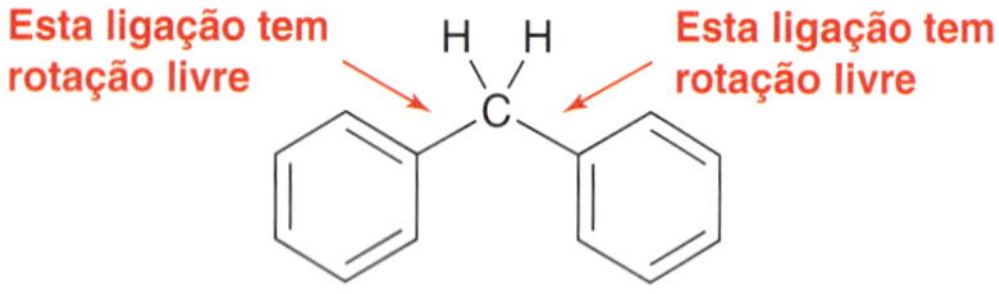

Difenilmetano

As ligações simples sofrem rotação livre à temperatura ambiente, o que permite que a molécula adote diferentes conformações. Quando os dois anéis são coplanares (quando eles estão no mesmo plano), há uma interação estérica significativa entre dois dos átomos de hidrogênio aromáticos.

Os anéis são coplanares

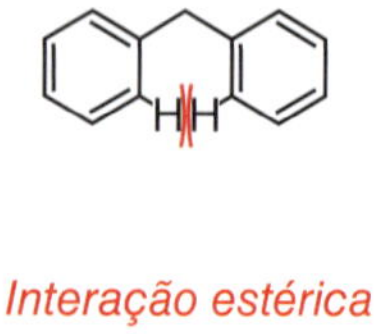

Como resultado, essa conformação é muito elevada em termos de energia. A molécula pode aliviar a maior parte dessa tensão por meio da adoção de uma conformação em que os dois anéis não são coplanares. Essa conformação não coplanar se assemelha a uma máquina de *waffles* torcida.

Os anéis não são coplanares

Assemelha-se a uma máquina de *waffles*

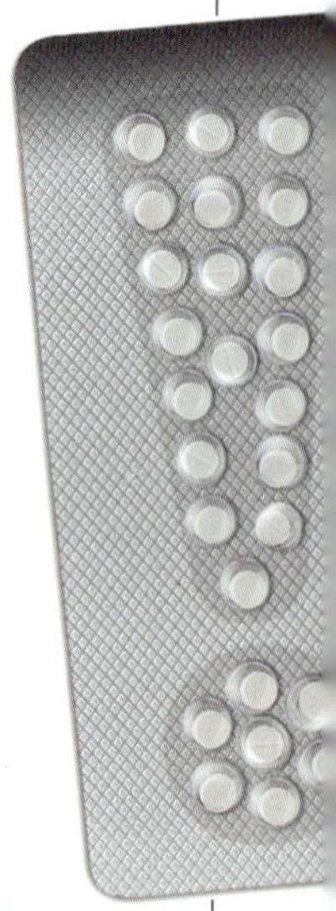

Essa conformação tem muito menos energia do que a conformação coplanar. Como resultado, uma molécula que contém dois anéis aromáticos situados muito próximos passa a maior parte do seu tempo em uma conformação não coplanar.

Os anti-histamínicos possuem essa característica estrutural de "máquina de *waffle*". Por exemplo, a estrutura do Benadyl™ apresenta dois anéis aromáticos, e esses anéis adotam uma conformação não coplanar. Essa característica é importante porque ela permite que a molécula sofra uma ligação significativa com o receptor H_1.

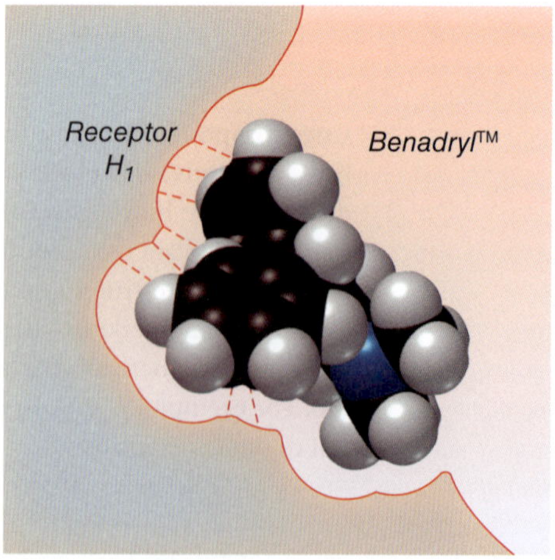

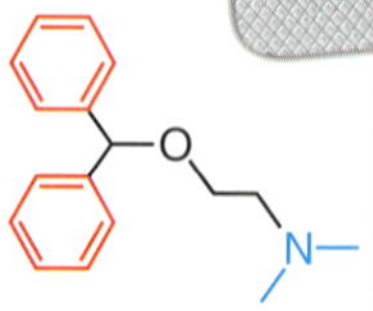

Em uma conformação não coplanar, as duas partes aromáticas atingem uma energia de ligação combinada de aproximadamente 40 kJ/mol (equivalente em energia a duas pontes de hidrogênio). O átomo de nitrogênio (em azul) também se liga ao receptor. Essa interação será discutida com mais detalhes no Capítulo 23.

A tabela (vista a seguir) mostra alguns anti-histamínicos. Observe que cada estrutura contém dois radicais aromáticos muito próximos (vermelho), bem como a amina terciária (azul).

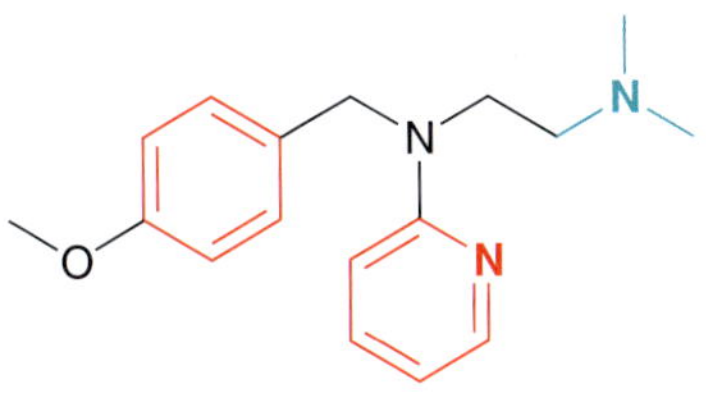

Pirilamina

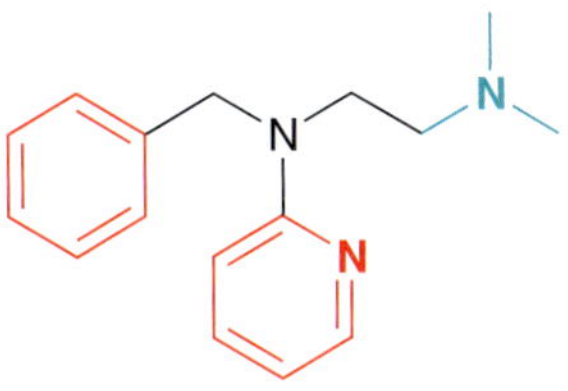

Tripelenamina

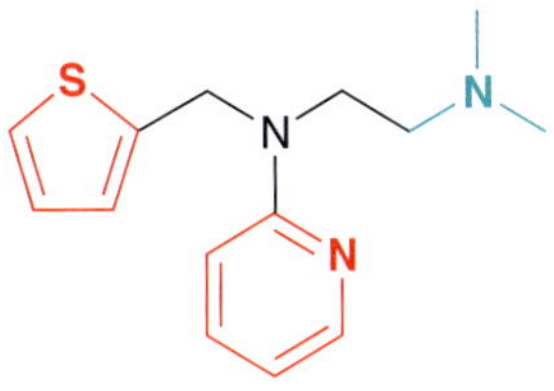

Metapirileno

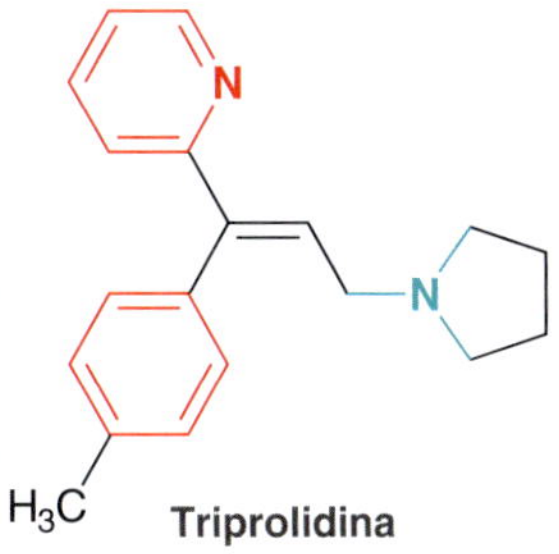

Triprolidina

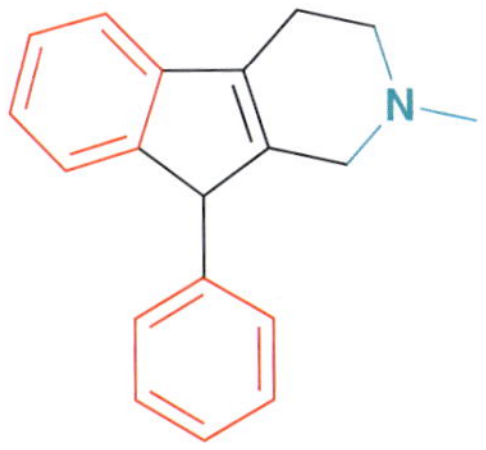

Fenindamina

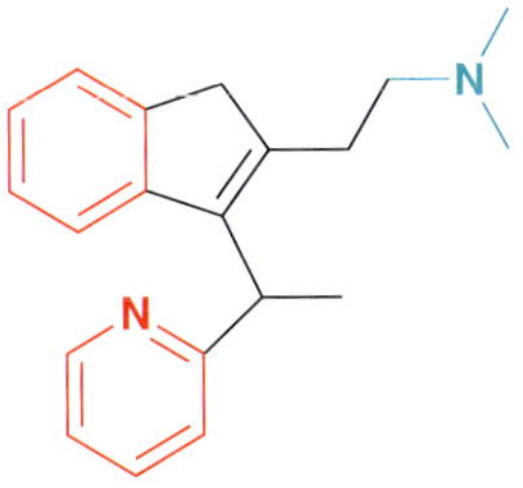

Dimetindeno

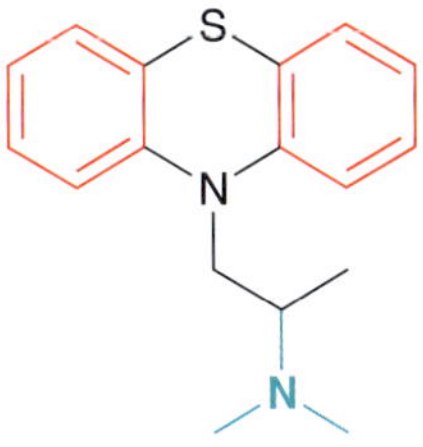

Prometazina

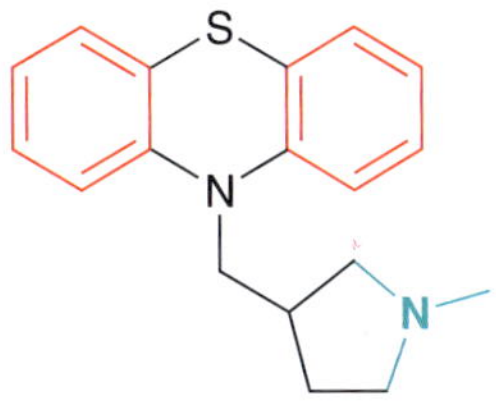

Metdilazina

Além da sua capacidade em se ligar com os receptores H_1, esses anti-histamínicos também se ligam aos receptores no sistema nervoso central, provocando efeitos secundários indesejáveis, como, por exemplo, sedação (sonolência). Todos esses compostos, chamados *anti-histamínicos de primeira geração*, provocam esses efeitos secundários indesejáveis. O efeito sedativo dos anti-histamínicos de primeira geração tem sido atribuído à sua capacidade em atravessar a barreira hematoencefálica, permitindo-lhes interagir com os receptores do sistema nervoso central.

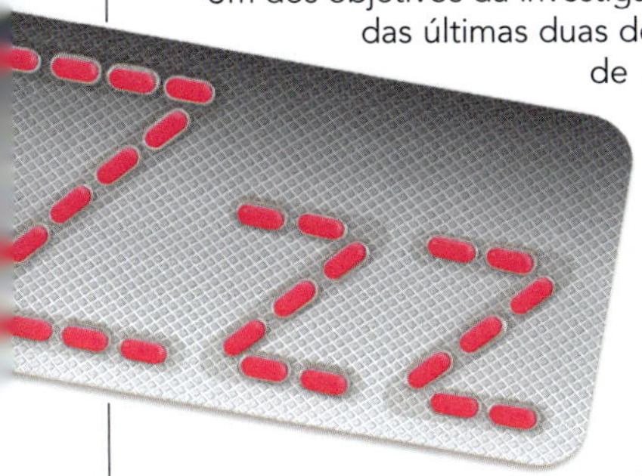

Um dos objetivos da investigação anti-histamínica ao longo das últimas duas décadas foi o desenvolvimento de anti-histamínicos que podem se ligar aos receptores H_1, mas não podem atravessar facilmente a barreira hematoencefálica e, portanto, não podem atingir os receptores, desencadeando a sedação. A pesquisa extensiva tem levado ao desenvolvimento de vários novos fármacos, denominados *anti-histamínicos de segunda geração*, que não são sedativos. Como seria de esperar, esses fármacos contêm o farmacóforo necessário para o antagonismo H_1 (dois anéis aromáticos muito próximos e uma amina terciária). No entanto, a segunda geração de anti-histamínicos também têm grupos funcionais polares, que impedem o composto de atravessar o ambiente apolar da barreira hematoencefálica. Um exemplo é a fexofenadina.

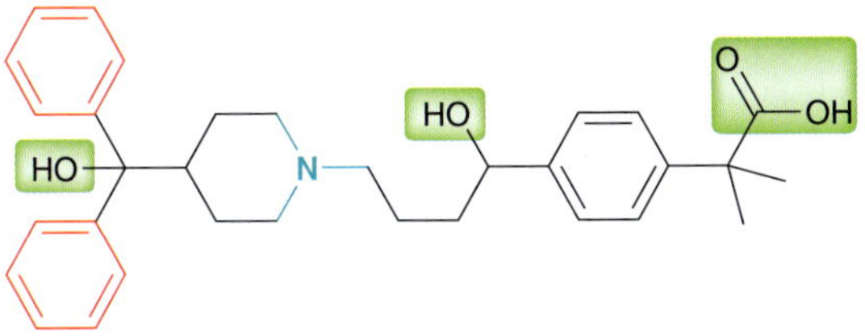

Fexofenadina

Esse composto contém vários grupos polares (destacados por boxes verdes). Além disso, o grupo COOH é desprotonado no pH fisiológico, produzindo um ânion carboxilato (COO^-). Esse grupo iônico, em conjunto com os grupos hidroxila polares, impede que o composto atravesse a barreira hematoencefálica e atinja receptores no sistema nervoso central. Como resultado, a fexofenadina não produz os efeitos sedativos, que são típicos dos anti-histamínicos de primeira geração. Muitos outros anti-histamínicos não sedativos também têm sido desenvolvidos, tais como a loratadina, vendida sob o nome comercial Claritin™. Aparentemente, o grupo carbamato (destacado em verde) é suficientemente polar para reduzir a capacidade desse composto em atravessar a barreira hematoencefálica.

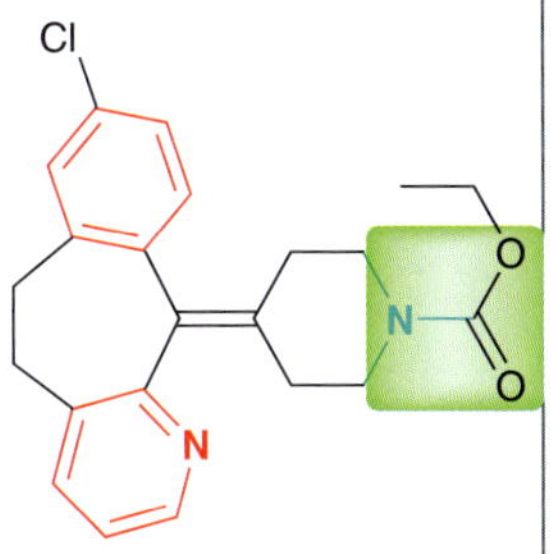

Claritin™ (loratadina)

VERIFICAÇÃO CONCEITUAL

18.18 A meclizina, mostrada a seguir, é um antiemético (previne náusea e vômitos).

a) Você espera que a meclizina seja um anti-histamínico também? Justifique sua resposta.

b) Esse fármaco é conhecido por provocar sedação. Descreva a origem das propriedades sedativas da meclizina.

c) Você pode sugerir uma modificação estrutural que poderia alterar as propriedades sedativas da meclizina?

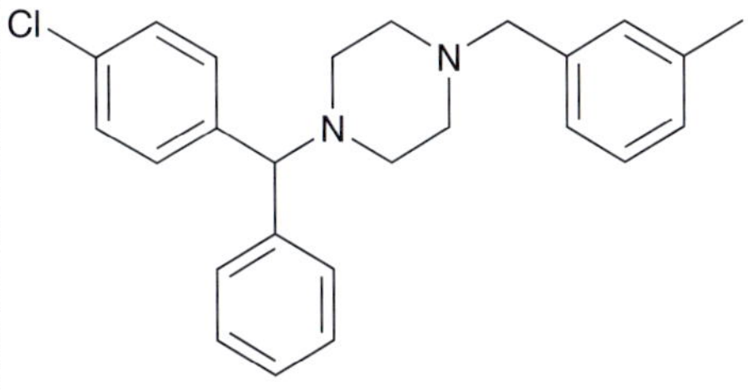

Meclizina

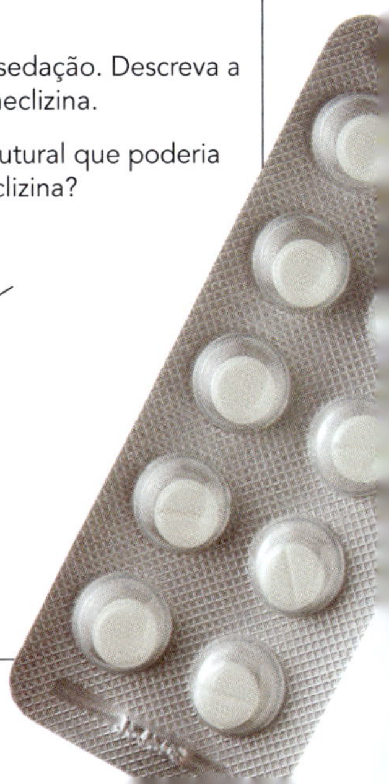

18.6 Reações na Posição Benzílica

Qualquer átomo de carbono ligado diretamente a um anel benzênico é chamado de uma **posição benzílica**.

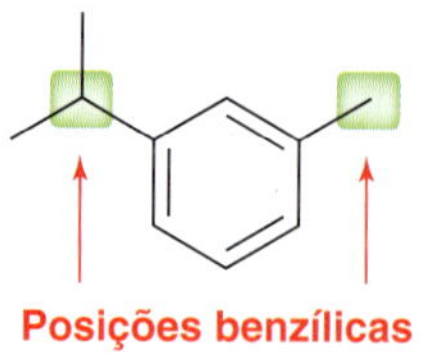

Nas seções seguintes, vamos explorar as reações que podem ocorrer na posição benzílica.

Oxidação

Lembre-se da Seção 13.10, do Volume 1, em que o ácido crômico (H_2CrO_4) é um agente oxidante forte utilizado para oxidar álcoois primários ou secundários. O ácido crômico não reage prontamente com benzeno ou com alcanos:

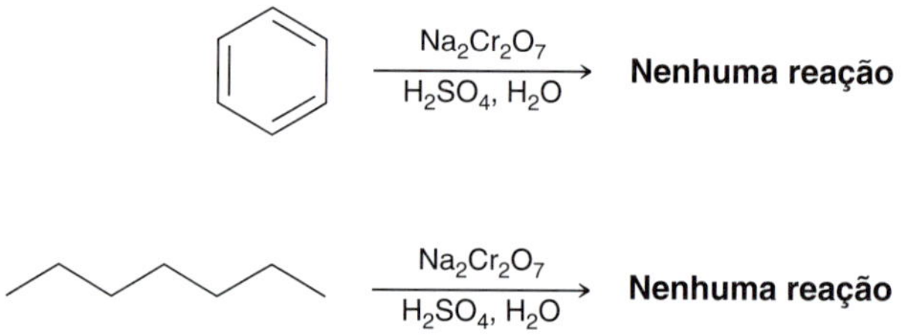

Curiosamente, contudo, os alquilbenzenos são facilmente oxidados pelo ácido crômico. A oxidação é realizada seletivamente na posição benzílica:

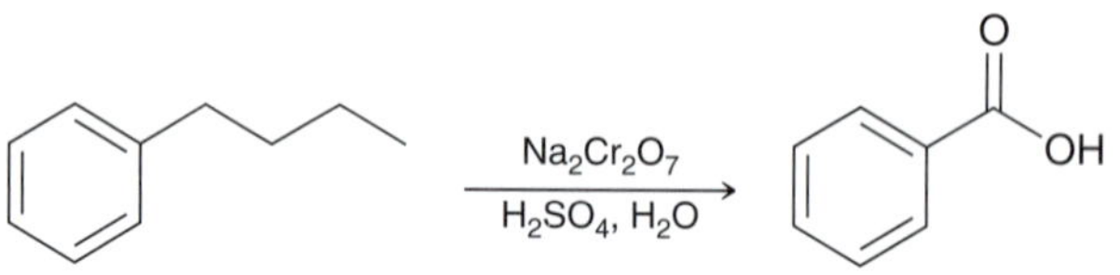

Embora a parte aromática em si seja estável na presença de ácido crômico, a posição benzílica é particularmente suscetível à oxidação. Observe que o grupo alquila é totalmente retirado, restando apenas o átomo de carbono benzílico. O produto é o ácido benzoico, independentemente da natureza do grupo alquila. A única condição é que na posição benzílica tem de existir pelo menos um próton. Se na posição benzílica não existe pelo menos um próton, então a oxidação não ocorre.

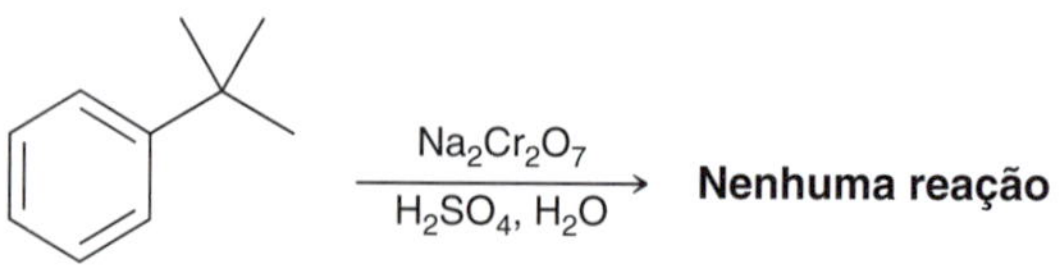

A oxidação de uma posição benzílica que possui prótons também pode ser realizada com outros reagentes, incluindo o permanganato de potássio ($KMnO_4$).

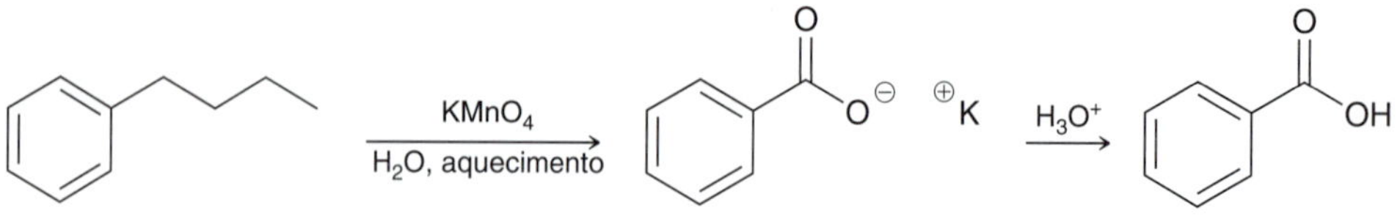

Quando um alquilbenzeno é tratado com permanganato de potássio, um sal de carboxilato de etila é obtido, o qual deve ser tratado então com uma fonte de prótons, a fim de se obter o ácido benzoico.

VERIFICAÇÃO CONCEITUAL

18.19 Represente o produto esperado, quando cada um dos compostos vistos a seguir é tratado com ácido crômico.

(a) 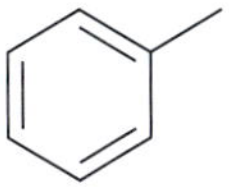 (b) 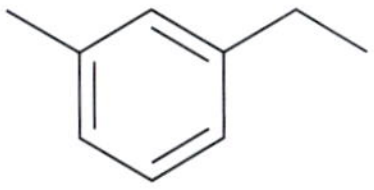 (c) 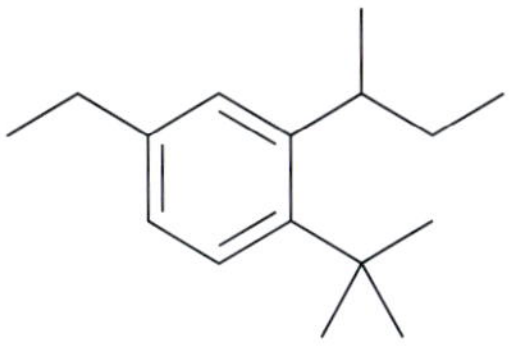

Bromação de Radicais Livres

Na Seção 11.7, do Volume 1, exploramos a bromação de radicais livres em posições alílicas. De modo semelhante, a bromação de radicais livres também ocorre facilmente nas posições benzílicas.

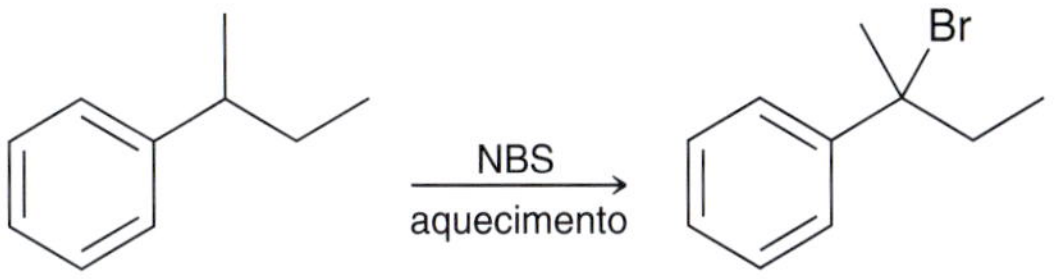

A reação é altamente regiosseletiva (a bromação ocorre principalmente na posição benzílica) devido à estabilização por ressonância do radical benzílico intermediário.

Essa reação é extremamente importante, uma vez que permite a introdução de um grupo funcional na posição benzílica. Uma vez introduzido, o grupo funcional pode então ser trocado por um grupo diferente, como pode ser visto na próxima seção.

Reações de Substituição de Haletos Benzílicos

Como foi visto na Seção 7.8, do Volume 1, os haletos benzílicos sofrem reações S_N1 muito rapidamente.

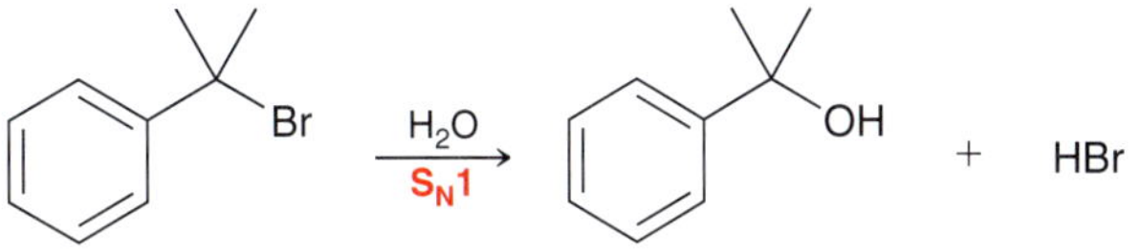

A relativa facilidade de reação é atribuída à estabilidade do carbocátion intermediário. Especificamente, um carbocátion benzílico é estabilizado por ressonância.

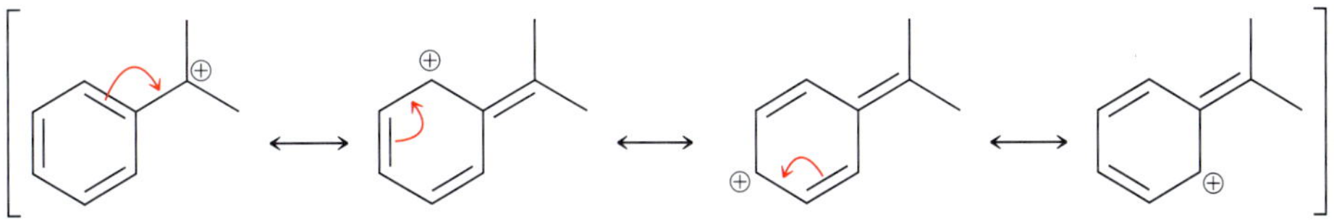

Haletos benzílicos também sofrem reações S_N2 muito rapidamente, desde que não sejam estereoquimicamente impedidos.

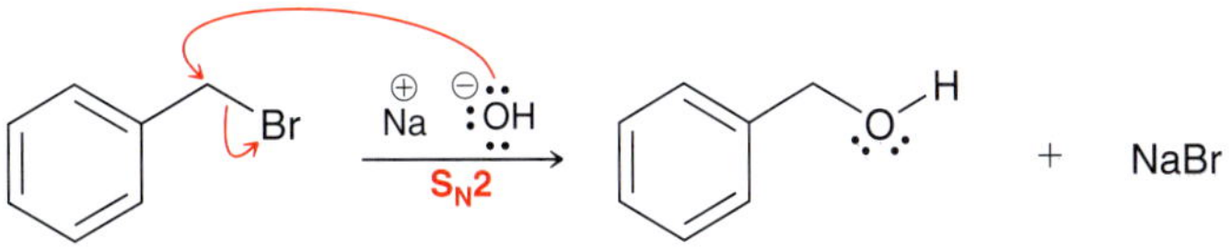

Reações de Eliminação de Haletos Benzílicos

Haletos benzílicos sofrem reações de eliminação muito rapidamente. Por exemplo, a reação E1, vista a seguir, ocorre prontamente.

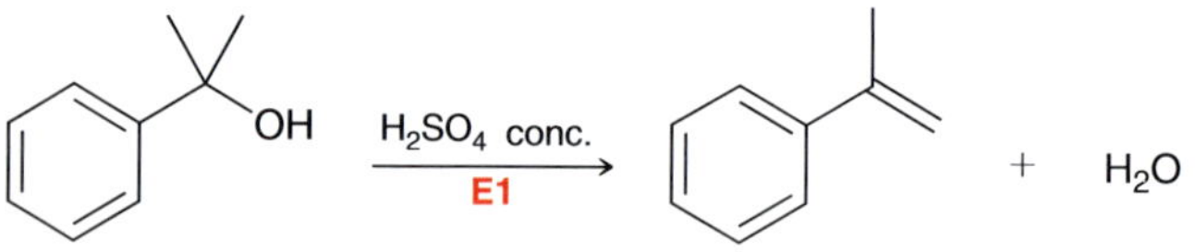

A relativa facilidade da reação é atribuída à estabilidade do carbocátion intermediário (um carbocátion benzílico), tal como se viu com as reações S_N1.

Haletos benzílicos também sofrem reações E2 muito rapidamente.

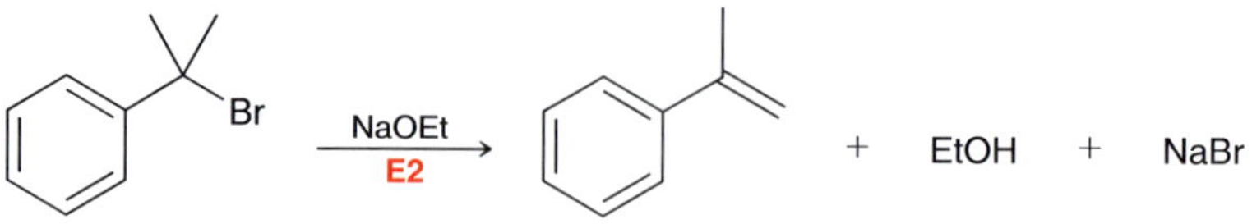

A relativa facilidade da reação é atribuída à baixa energia do estado de transição como resultado da conjugação entre a formação da ligação dupla e o anel aromático.

Resumo das Reações na Posição Benzílica

A Figura 18.17 é um resumo das reações que podem ocorrer na posição benzílica. Observe que há duas maneiras de introduzir a funcionalidade em uma posição benzílica: (1) oxidação e (2) bromação radicalar. O primeiro método produz o ácido benzoico, enquanto o segundo produz um haleto benzílico, que pode ser submetido à substituição ou a eliminação.

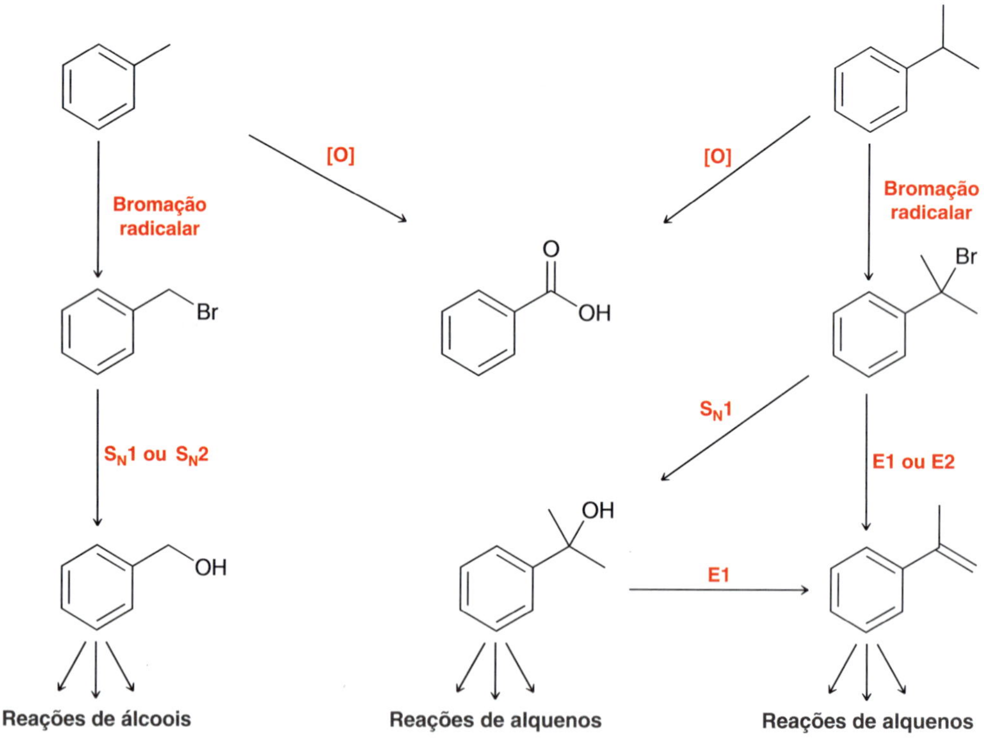

FIGURA 18.17
Reações que ocorrem na posição benzílica.

DESENVOLVENDO A APRENDIZAGEM

18.4 MANIPULANDO A CADEIA LATERAL DE UM COMPOSTO AROMÁTICO

APRENDIZAGEM Proponha uma síntese plausível para a seguinte transformação:

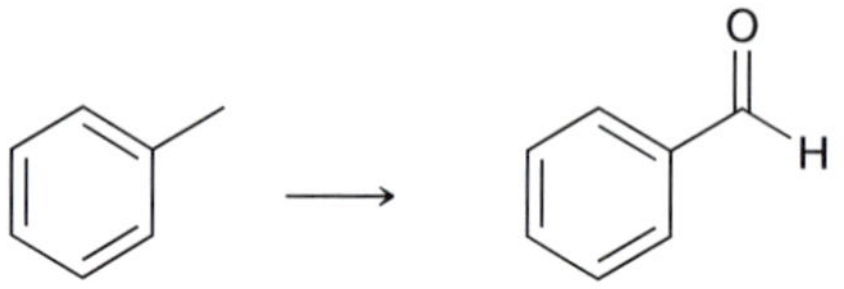

SOLUÇÃO

Lembre-se do Capítulo 12, do Volume 1, sobre quais as duas perguntas que devem ser feitas ao se abordar um problema de síntese:

1. Há uma alteração na cadeia carbônica?
2. Há uma alteração da posição ou da natureza dos grupos funcionais?

Sempre comece com a cadeia carbônica. Nesse caso, não há nenhuma alteração:

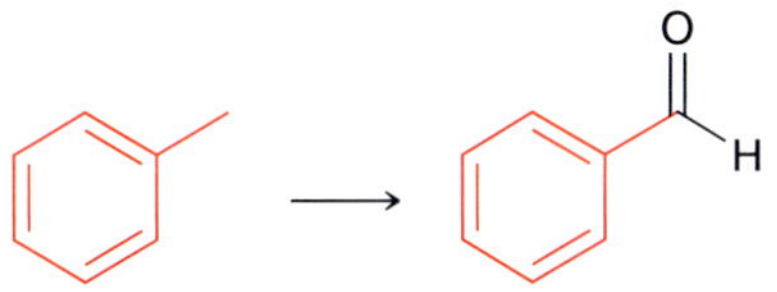

Agora vamos nos concentrar na mudança dos grupos funcionais. Neste exemplo, o reagente não tem um grupo funcional na posição benzílica, enquanto o produto tem. Portanto, precisamos inicialmente introduzir funcionalidade na posição benzílica, e há duas maneiras de se fazer isso.

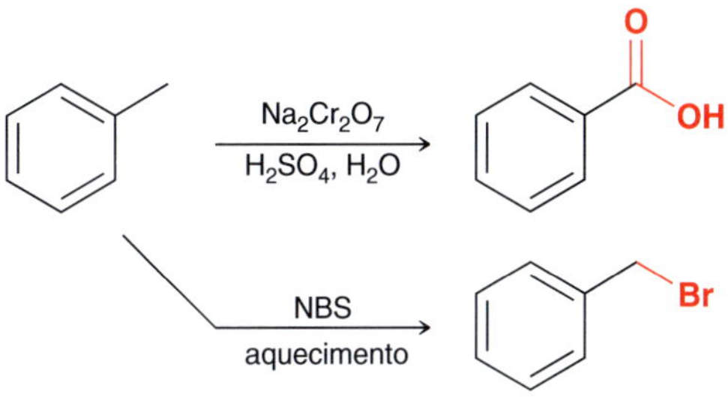

O primeiro método será menos útil, porque nós ainda não sabemos como manipular um grupo ácido carboxílico (COOH). Esse tópico será abordado extensivamente no Capítulo 21. Enquanto isso, vamos ter de usar bromação radicalar para introduzir a funcionalidade. O haleto benzílico resultante pode então ser manipulado. Mas, pode um Br ser convertido em um aldeído? O átomo de bromo tem de ser trocado por um átomo de oxigênio, o que requer uma reação de substituição. Uma vez que o substrato é primário e benzílico, é razoável escolher um processo S_N2.

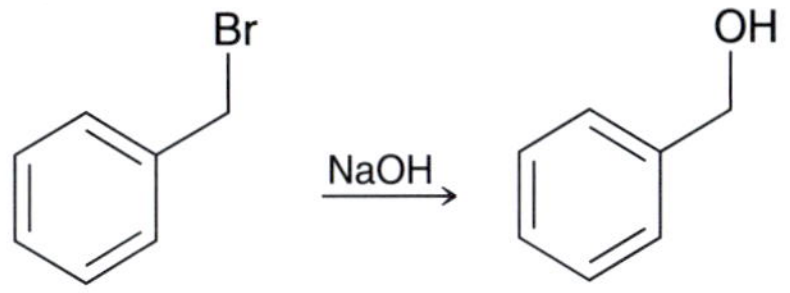

Agora, o átomo de oxigênio está ligado, mas o estado de oxidação não é correto. Temos de oxidar o álcool formando um aldeído. Essa transformação pode ser realizada com PCC (sem oxidação posterior do aldeído formando um ácido carboxílico).

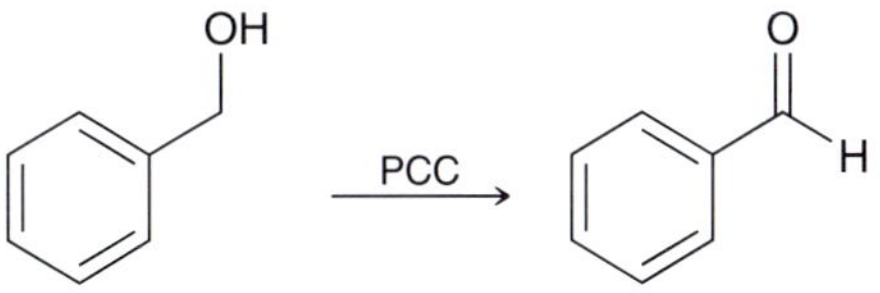

Em resumo, a síntese tem apenas umas poucas etapas:

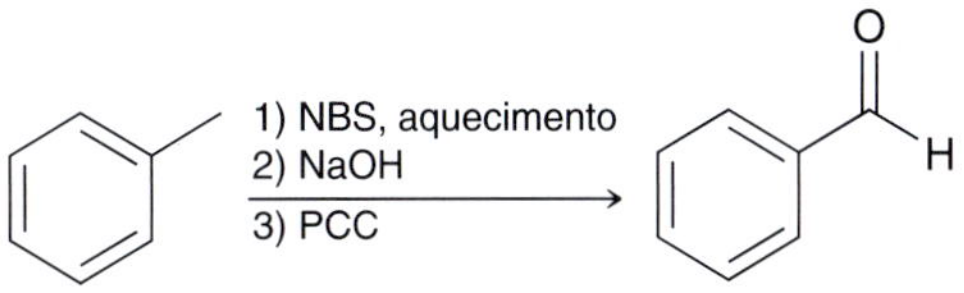

PRATICANDO o que você aprendeu

18.20 Proponha uma síntese plausível para cada uma das transformações vistas a seguir.

(a)

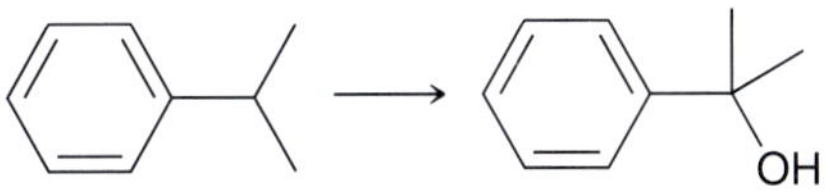

(b)

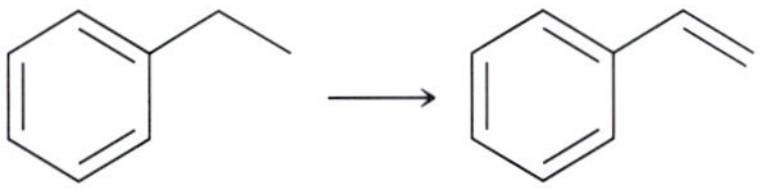

(c)

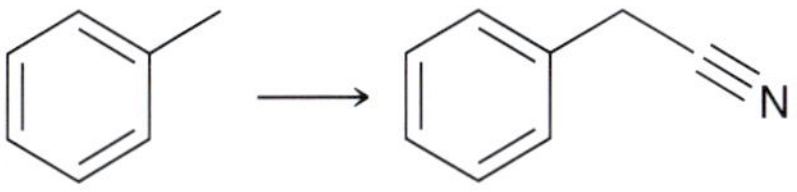

(d)

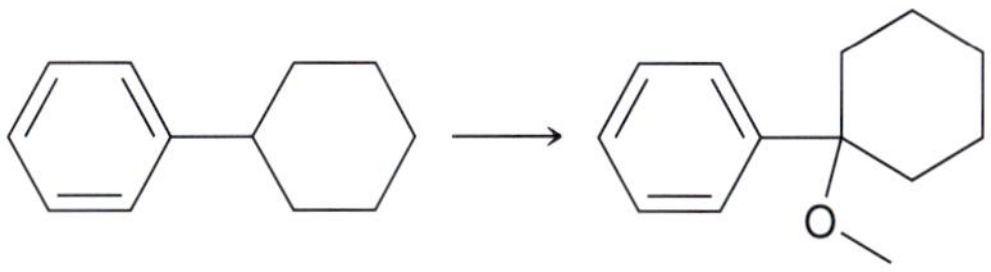

APLICANDO o que você aprendeu

18.21 Proponha uma síntese eficiente para a seguinte transformação:

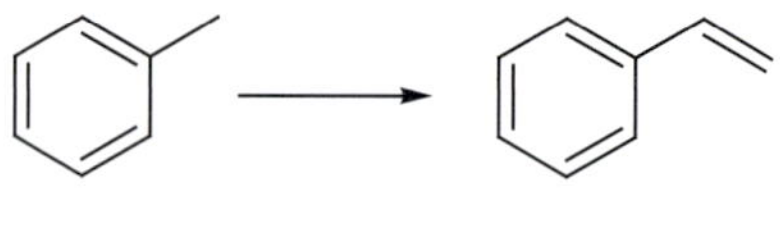

18.22 Começando com isopropilbenzeno, proponha uma síntese da acetofenona. (*Sugestão:* Certifique-se de contar o número de átomos de carbono no material de partida e no produto.)

18.23 Proponha uma síntese plausível para a transformação vista a seguir.

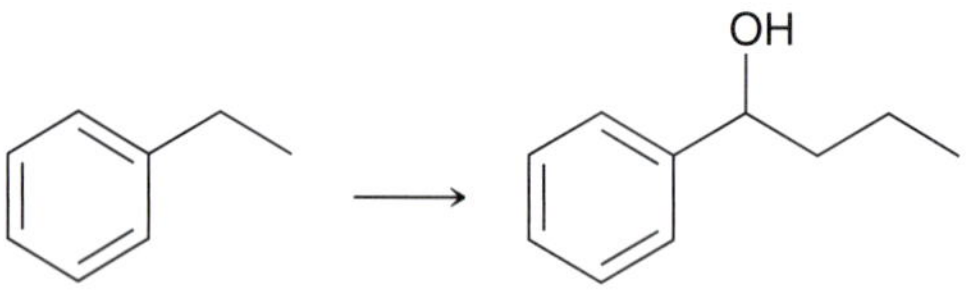

é necessário **PRATICAR MAIS? Tente Resolver os Problemas 18.47, 18.56**

18.7 Redução da Parte Aromática

Hidrogenação

Lembre-se do início deste capítulo em que, sob condições especiais, o benzeno reage com três equivalentes de hidrogênio molecular para produzir ciclo-hexano.

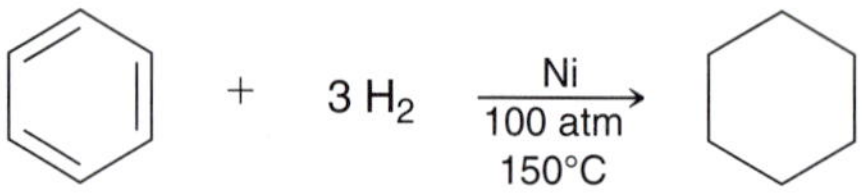

$\Delta H^\circ = -208$ kJ/mol

Com alguns catalisadores e sob certas condições, é possível hidrogenar seletivamente um grupo vinila na presença de um anel aromático.

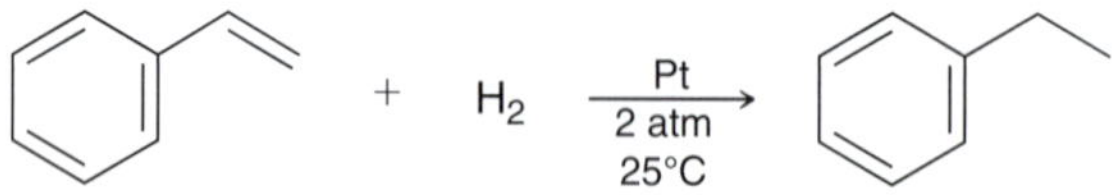

(100%)

$\Delta H^\circ = -117$ kJ/mol

O grupo vinila é reduzido, mas a parte aromática não é. Observe que o ΔH dessa reação é apenas ligeiramente menor do que o que se espera para uma ligação dupla (–120 kJ/mol), o que pode ser atribuído ao fato de que nesse caso, a ligação dupla esteja conjugada.

Redução de Birch

Lembre-se da Seção 10.5, do Volume 1, em que alquinos podem ser reduzidos com a redução por um metal dissolvido. O benzeno também pode ser reduzido sob condições semelhantes para dar o 1,4-ciclo-hexadieno.

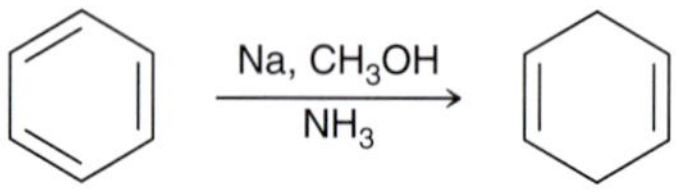

Essa reação é chamada de **redução de Birch** em homenagem ao químico australiano Arthur Birch, que sistematicamente explorou os detalhes dessa reação. O mecanismo, que se acredita ser muito semelhante ao mecanismo de redução dos alquinos por meio de uma redução por metal dissolvido, é constituído de quatro etapas (Mecanismo 18.1).

MECANISMO 18.1 O MECANISMO DE REDUÇÃO DE BIRCH

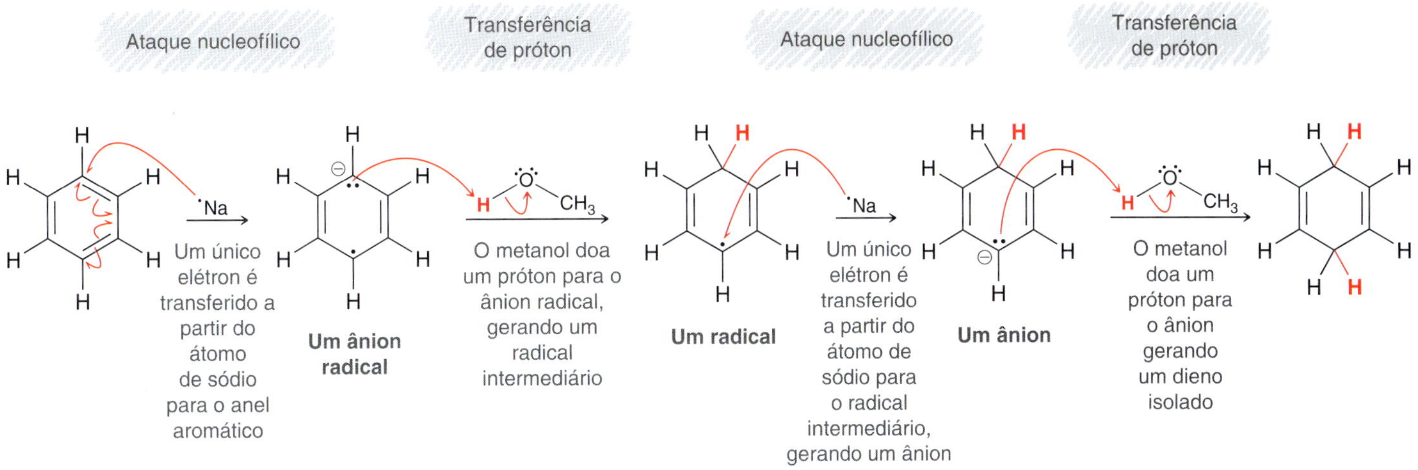

Ataque nucleofílico
Transferência de próton
Ataque nucleofílico
Transferência de próton
Na
Um único elétron é transferido a partir do átomo de sódio para o anel aromático
Um ânion radical
O metanol doa um próton para o ânion radical, gerando um radical intermediário
Um radical
Um único elétron é transferido a partir do átomo de sódio para o radical intermediário, gerando um ânion
Um ânion
O metanol doa um próton para o ânion gerando um dieno isolado

Na etapa 1, um único elétron é transferido para o anel aromático, proporcionando um ânion radical, o qual é então protonado na etapa 2. As etapas 3 e 4 são repetições das etapas 1 e 2, com a transferência de um elétron, seguida por protonação. A fim de memorizar o mecanismo dessa reação, pode ser útil resumir as etapas da seguinte maneira: (1) elétron, (2) próton, (3) elétron e (4) próton.

Em uma redução de Birch, o anel não é completamente reduzido, uma vez que permanecem duas ligações duplas. Especificamente, apenas dois dos átomos de carbono no anel são efetivamente reduzidos. Os outros quatro átomos de carbono permanecem com hibridização sp^2. Além disso, observe que os dois átomos de carbono reduzidos estão em oposição:

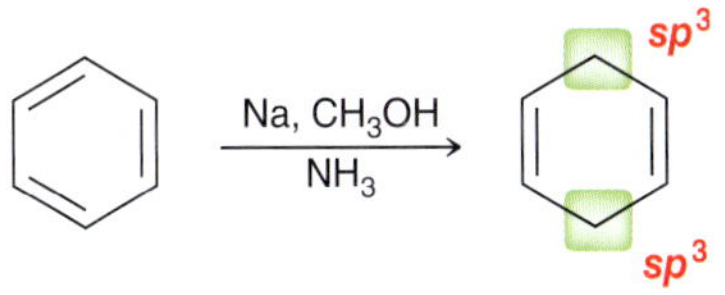

Na, CH_3OH
NH_3
sp^3
sp^3

O produto é um dieno não conjugado, em vez de um dieno conjugado.

Quando um alquilbenzeno é tratado com condições de Birch, o átomo de carbono ligado ao grupo alquila não é reduzido:

R
Na, CH_3OH
NH_3
Não é reduzido
Não é observado

Por que não? Lembre-se de que grupos alquila são doadores de elétrons. Esse efeito desestabiliza o ânion radical intermediário, que é necessário para gerar o produto que não é observado.

Quando grupos retiradores de elétrons são usados, um resultado regioquímico diferente é observado. Por exemplo, considere a estrutura da acetofenona, que tem um grupo carbonila (ligação C=O) próximo ao anel aromático:

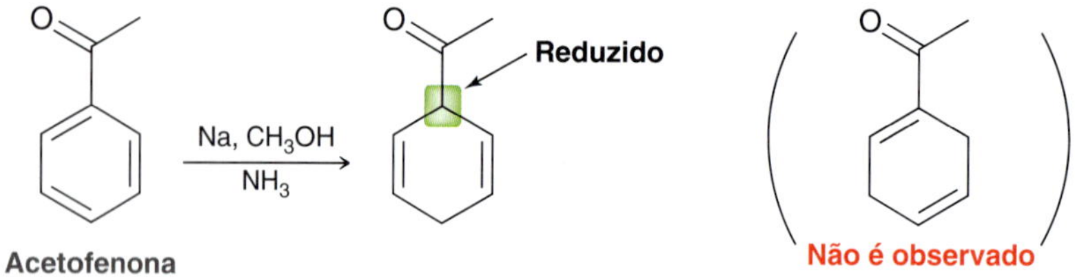

O grupo carbonila é retirador de elétrons via ressonância. (Você pode representar as estruturas de ressonância da acetofenona e explicar por que o grupo carbonila é retirador de elétrons?) Esse efeito de retirada de elétrons estabiliza o intermediário, que é necessário para gerar o produto observado.

DESENVOLVENDO A APRENDIZAGEM

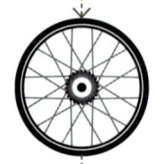

18.5 PREVENDO O PRODUTO DE UMA REDUÇÃO DE BIRCH

APRENDIZAGEM Preveja o produto principal obtido quando o composto visto a seguir é tratado com condições de Birch.

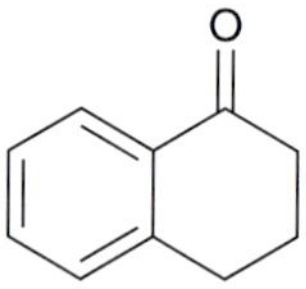

SOLUÇÃO

Determinamos se os grupos ligados ao anel aromático são doadores de elétrons ou são retiradores de elétrons.

Nesse caso, há dois grupos. O grupo carbonila é retirador de elétrons, enquanto o grupo alquila é doador de elétrons.

ETAPA 1
Determinação se cada substituinte é doador ou retirador de elétrons.

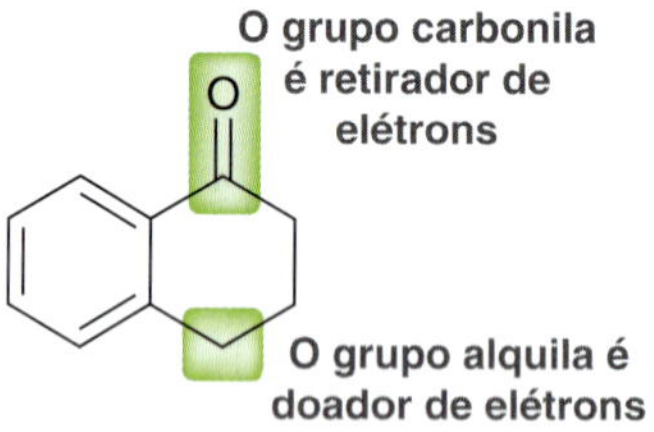

Podemos, portanto, prever que o átomo de carbono próximo ao grupo carbonila será reduzido, enquanto o átomo de carbono ao lado do grupo alquila não será reduzido.

ETAPA 2
Identificação de quais os átomos de carbono são reduzidos.

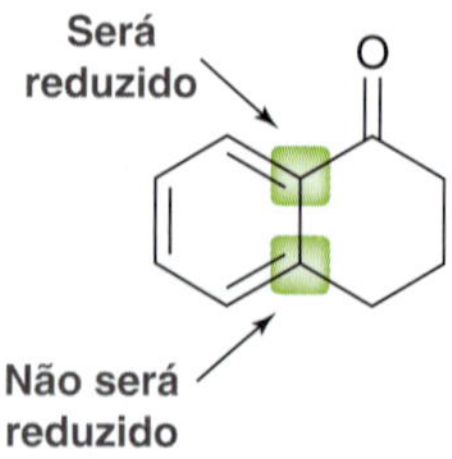

ETAPA 3
Representação do produto, fazendo com que as duas posições reduzidas sejam 1,4 uma em relação à outra.

Lembre-se que apenas duas posições são reduzidas em uma reação de Birch, e essas duas posições têm de estar em lados opostos do anel (1,4 uma em relação à outra). Esse requisito, em conjunto com a informação anterior, dita o resultado visto a seguir.

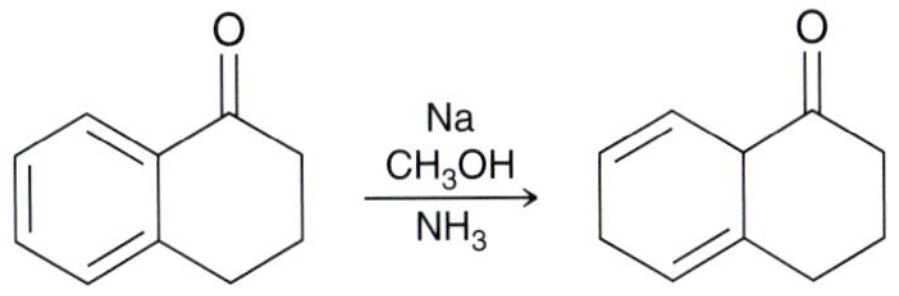

PRATICANDO o que você aprendeu

18.24 Preveja o produto principal obtido quando cada um dos compostos vistos a seguir é tratado com condições de Birch.

(a) 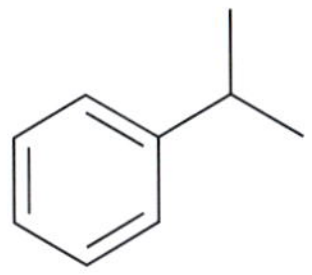

(b) 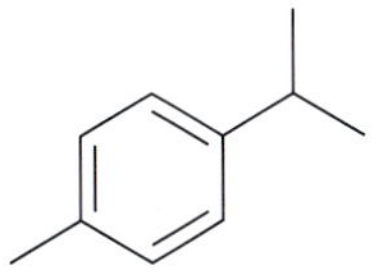

(c) 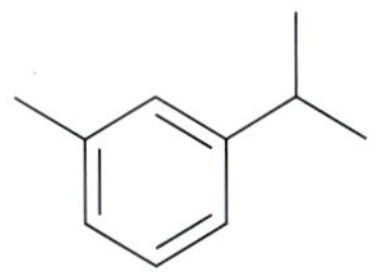

(d) 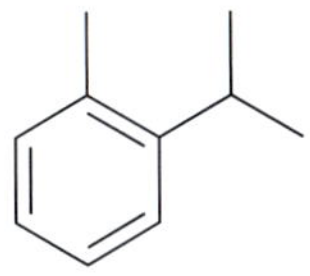

(e) 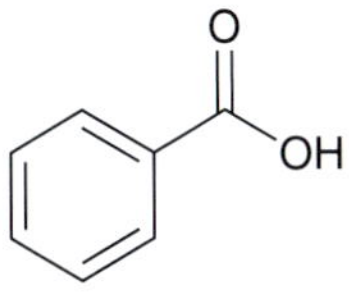

(f) 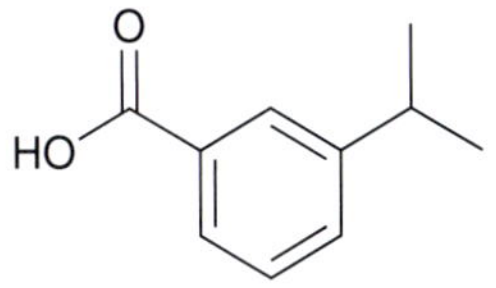

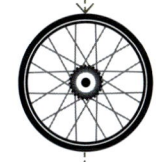

APLICANDO o que você aprendeu

18.25 Considere a estrutura do anisol (também chamado metoxibenzeno). No próximo capítulo, vamos discutir se um grupo metoxi é doador ou retirador de elétrons. Veremos que há uma competição entre os dois fatores. Especificamente, veremos que o grupo metoxi é retirador de elétrons por causa da indução, mas é doador de elétrons devido à ressonância.

(a) Represente as estruturas de ressonância do anisol.

(b) Sempre que a indução e a ressonância competem entre si, a ressonância é geralmente o fator dominante. Usando essa informação, preveja o resultado regioquímico de uma redução de Birch do anisol.

é necessário **PRATICAR MAIS?** **Tente Resolver os Problemas 18.49, 18.50**

18.8 Espectroscopia de Compostos Aromáticos

Espectroscopia de IV

Os derivados do benzeno geralmente produzem sinais em cinco regiões características de um espectro de IV. Essas cinco regiões e as vibrações associadas a elas estão listadas na Tabela 18.2 e podem ser vistas no espectro de IV do etilbenzeno (Figura 18.18). Observe que os sinais logo acima de 3000 cm^{-1}, correspondentes ao estiramento C_{sp^2}–H, aparecem no ombro dos sinais de todos os outros

TABELA 18.2 SINAIS CARACTERÍSTICOS NOS ESPECTROS DE IV DE COMPOSTOS AROMÁTICOS

ABSORÇÃO	CARACTERÍSTICA	COMENTÁRIO
3000–3100 cm^{-1}	Estiramento C_{sp^2}–H	Um ou mais sinais logo acima de 3000 cm^{-1}. A intensidade é geralmente fraca ou média.
1700–2000 cm^{-1}	Bandas de combinação e sobretons	Um grupo de sinais muito fracos
1450–1650 cm^{-1}	Estiramento de ligações carbono–carbono bem como de vibrações do anel	Geralmente três sinais (intensidade média) em torno de 1450, 1500 e 1600 cm^{-1}
1000–1275 cm^{-1}	Deformação angular C-H (no plano)	Vários sinais de forte intensidade
690–900 cm^{-1}	Deformação angular C-H (fora do plano)	Um ou dois sinais fortes

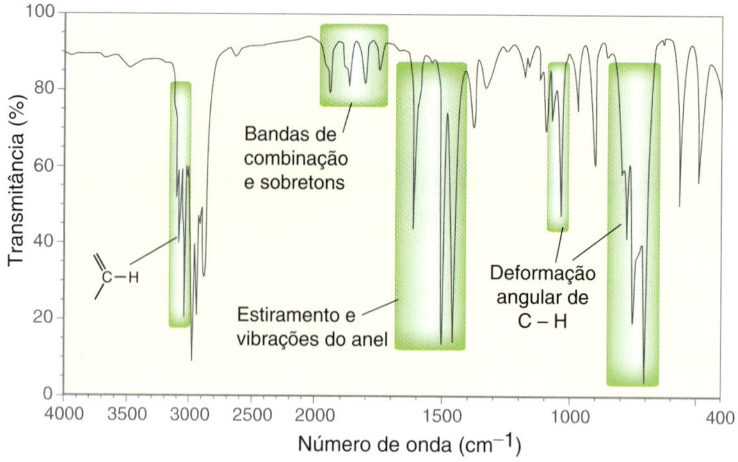

FIGURA 18.18
Um espectro de IV do etilbenzeno, indicando as cinco regiões de absorção, características de compostos aromáticos.

estiramentos C–H (logo abaixo de 3000 cm^{-1}). Esse é, frequentemente, o caso, e esse(s) sinal(is) pode(m) ser identificado(s) traçando-se uma reta em 3000 cm^{-1} e procurando-se quaisquer sinais à esquerda da reta (Seção 15.3, do Volume 1). Compostos aromáticos também produzem uma série de sinais entre 1450 e 1600 cm^{-1}, resultando do estiramento das ligações carbono–carbono do anel aromático bem como das vibrações do anel. O padrão de sinais nas outras três regiões características (como pode ser visto na Tabela 18.2) pode muitas vezes ser utilizado para identificar o padrão de substituição específica do anel aromático (por exemplo, monossubstituído, *orto* dissubstituído, *meta* dissubstituído etc.), embora esse nível de análise não vá ser discutido na nossa abordagem atual da espectroscopia de IV.

RELEMBRANDO
Para ver uma imagem das regiões de blindagem e desblindagem estabelecidas por um anel aromático, veja a Figura 16.9.

Espectroscopia de RMN de ^{1}H

Na Seção 16.5, discutimos inicialmente os efeitos anisotrópicos de um anel aromático. Especificamente, o movimento dos elétrons π gera um campo magnético local que de maneira efetiva desblinda os prótons ligados diretamente ao anel.

Os sinais desses prótons aparecem normalmente entre 6,5 e 8 ppm. Por exemplo, considere o espectro de RMN de ^{1}H do etilbenzeno (Figura 18.19). A presença de um multipleto próximo de 7 ppm é um dos melhores meios para verificar a presença de um anel aromático. Observe que os efeitos de desblindagem do anel aromático são sentidos mais fortemente pelos prótons ligados diretamente ao anel. Prótons em posições benzílicas estão mais distantes do anel e são desblindados em menor grau. Esses prótons produzem geralmente sinais entre 2 e 3 ppm. Os prótons que estão ainda mais distantes do anel aromático apresentam quase nenhum efeito de desblindagem.

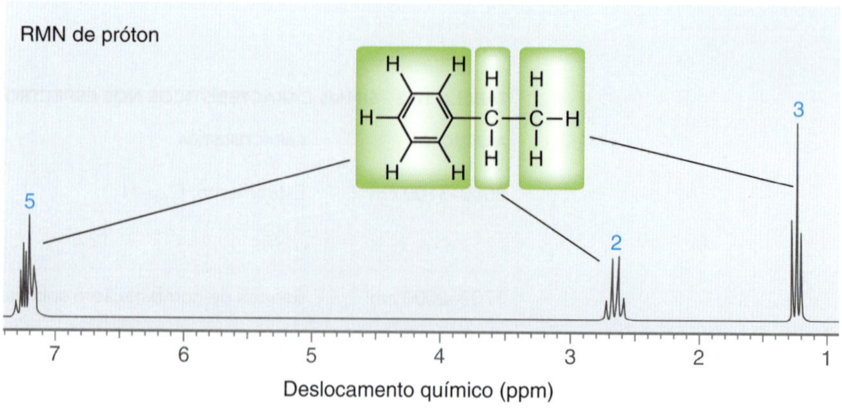

FIGURA 18.19
Um espectro de RMN de ^{1}H do etilbenzeno mostra que os efeitos de desblindagem do anel aromático são fortemente dependentes da proximidade do próton em relação ao anel.

O valor de integração do multipleto próximo de 7 ppm é uma informação muito útil porque indica o grau de substituição do anel aromático (monossubstituído, dissubstituído, trissubstituído etc.) Uma integração de 5 é indicativa de um anel monossubstituído, uma integração de 4 é indicativo de um anel dissubstituído e assim por diante. O padrão de desdobramento desse multipleto é geralmente muito difícil de analisar porque a estrutura rígida plana do benzeno provoca acoplamento de longo alcance entre todos os diferentes prótons aromáticos (mesmo que não sejam vizinhos). Portanto, o padrão de substituição é geralmente complexo, com exceção dos dois casos de *para*dissubstituídos vistos a seguir, ambos produzindo padrões muito distintos e simples.

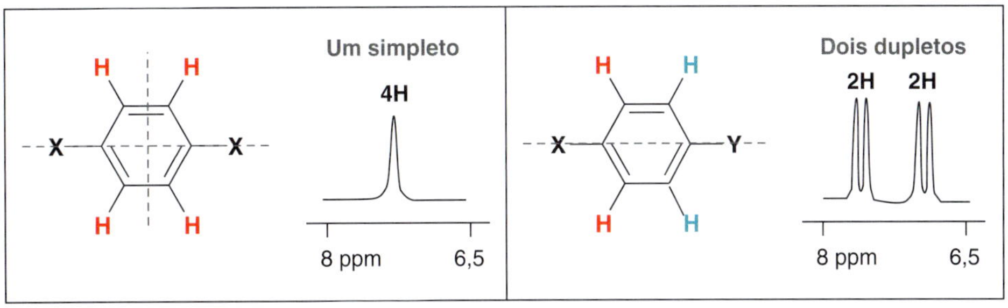

Epectroscopia de RMN de ^{13}C

Como mencionado pela primeira vez na Seção 16.12, os átomos de carbono de anéis aromáticos normalmente produzem sinais na faixa de 100 a 150 ppm em um espectro de RMN de ^{13}C. O número de sinais é muito útil para determinar o padrão de substituição específica para anéis aromáticos substituídos. Vários padrões de substituição comuns são mostrados a seguir.

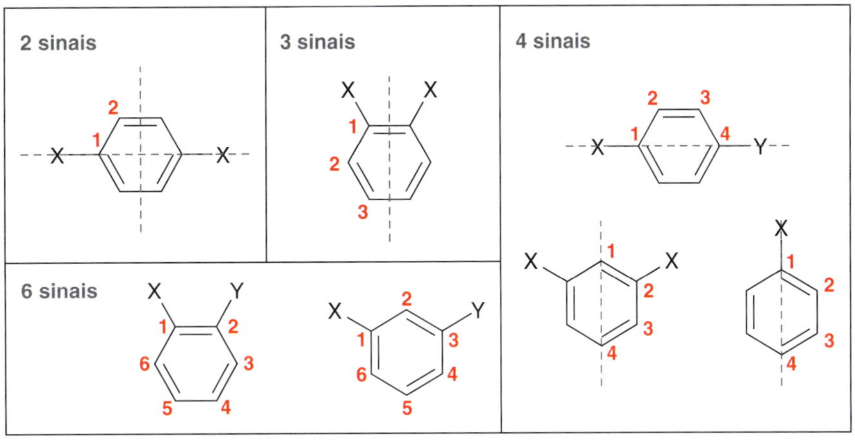

O número de sinais na região de 150 a 200 ppm pode, portanto, fornecer informações valiosas.

VERIFICAÇÃO CONCEITUAL

18.26 Um composto com a fórmula molecular C_8H_8O fornece um espectro de IV com sinais em 3063, 1686 e 1646 cm^{-1}. O espectro de RMN de ^1H desse composto apresenta um simpleto em 2,6 ppm (I = 3H) e um multipleto em 7,5 (I = 5H).

(a) Represente a estrutura desse composto.

(b) Qual é o nome comum desse composto?

(c) Quando esse composto é tratado com Na, CH_3OH e NH_3, ocorre uma redução que produz um novo composto com a fórmula molecular $C_8H_{10}O$. Represente o produto dessa reação.

18.27 Um composto com a fórmula molecular C_8H_{10} produz um espectro de IV com muitos sinais, incluindo 3108, 3066, 3050, 3018 e 1608 cm^{-1}. O espectro de RMN de ^1H desse composto apresenta um simpleto em 2,2 ppm (I = 6H) e um multipleto em 7,1 ppm (I = 4H). O espectro de RMN de ^{13}C desse composto apresenta sinais em 19,7; 125,9; 129,6 e 136,4 ppm.

(a) Represente a estrutura desse composto.

(b) Qual é o nome comum desse composto?

(c) O tratamento desse composto com ácido crômico produz um produto com a fórmula molecular $C_8H_6O_4$. Represente o produto dessa reação.

falando de modo prático | Buckybolas e Nanotubos

Até meados dos anos 1980, apenas duas formas de carbono elementar eram conhecidas – diamante e grafita:

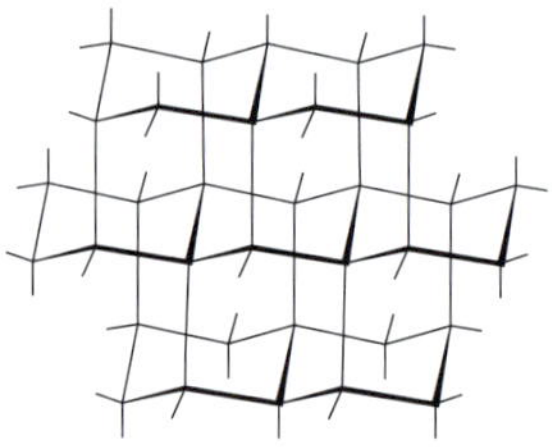

Diamante

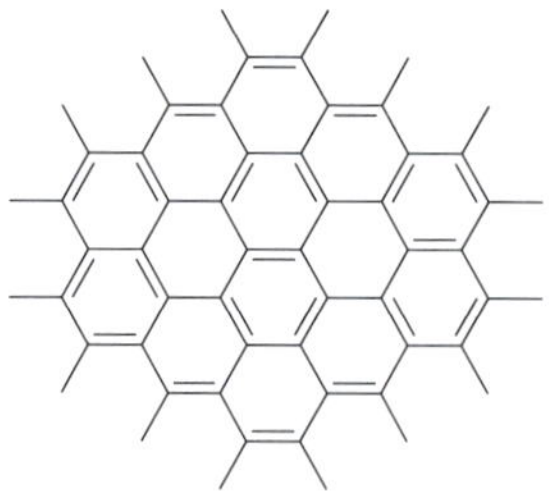

Grafita

O diamante é um retículo tridimensional de conformações em cadeira interligadas. A grafita é constituída de folhas planas de anéis benzênicos interligados. Essas folhas aderem umas às outras, devido à interação de van der Waals, mas podem facilmente deslizar umas sobre as outras, o que faz com que a grafita seja um excelente lubrificante.

Em 1985, uma nova forma de carbono elementar foi descoberta, muito por acaso. Harold Kroto (University of Sussex) estava investigando como certos compostos orgânicos são formados no espaço. Ao visitar Robert Curl e Richard Smalley (Rice University), eles discutiram uma maneira de recriar o tipo de transformações químicas que podem ocorrer em estrelas que são ricas em carbono. Smalley tinha desenvolvido um método para induzir evaporação de metais por laser, e o grupo de cientistas concordou em aplicar esse método para a grafita, na esperança de criar compostos poliacetilênicos:

Os compostos gerados por esse procedimento foram então analisados por espectrometria de massa e, para surpresa de todos, determinadas condições produziam de forma confiável um composto com fórmula molecular C_{60}. Eles teorizaram que a estrutura do C_{60} é baseada em anéis de cinco e de seis membros alternados. Para ilustrar isso, imagine um anel de cinco membros completamente cercado por anéis de benzeno fundidos:

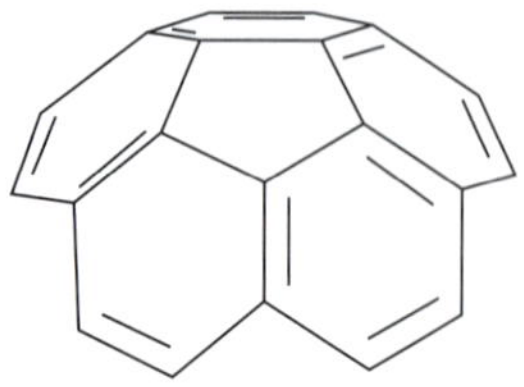

Esse grupo de átomos prevê uma curvatura natural. A extensão desse padrão de ligação proporciona a possibilidade de uma molécula esférica. Com base nesse raciocínio, Kroto, Curl e Smalley teorizaram que o C_{60} é constituído de anéis fundidos (20 hexágonos e 12 pentágonos), parecendo o padrão das costuras de uma bola de futebol.

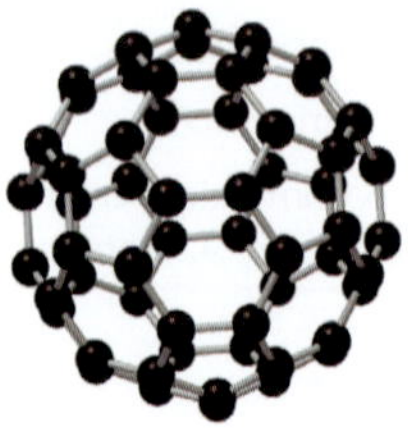

Eles chamaram esse composto incomum de buckminsterfulereno (ou simplesmente fulereno), em homenagem ao arquiteto norte-americano R. Buckminster Fuller, que era famoso por construir domos geodésicos. Esse composto também é comumente chamado de *buckybola*.

Pouco depois da descoberta do C_{60}, foram desenvolvidos métodos para a preparação de C_{60} em quantidades maiores, permitindo a sua análise espectroscópica, bem como a exploração da sua química. Um espectro de RMN de ^{13}C do C_{60} mostra um único pico em 143 ppm, uma vez que todos os 60 átomos de carbono têm hibridização sp^2 e são quimicamente equivalentes.

Uma vez que os fulerenos são constituídos por anéis aromáticos interligados, poderíamos esperar que o C_{60} se comportasse como se fosse um composto aromático grande. No entanto, esse não é o caso, porque a curvatura da esfera impede a sobreposição de todos os orbitais *p* uns com os outros, de modo que o primeiro critério de aromaticidade não é respeitado. Isso explica porque o C_{60} não apresenta a mesma estabilidade que o benzeno. Especificamente, o C_{60} sofre facilmente reações de adição, assim como os alquenos.

Desde 1990, os químicos têm preparado e explorado fulerenos maiores e sua interessante química. Por exemplo, o C_{60} pode ser preparado em condições em que íons podem ser presos no interior do centro da esfera. Esses compostos são supercondutores à temperatura baixa e oferecem a possibilidade de muitas aplicações interessantes. Esses compostos também estão sendo explorados como novos sistemas de liberação de fármacos. Fulerenos tubulares também foram preparados:

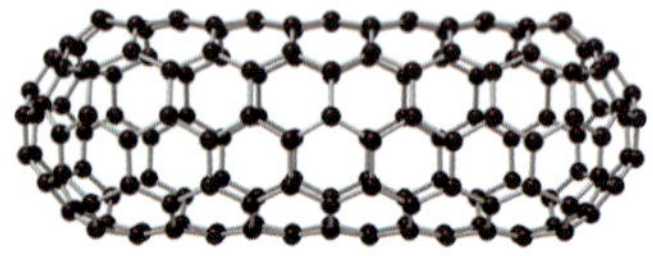

Esses compostos, que são chamados de *nanotubos*, podem ser imaginados como uma folha de grafita enrolada tapada em ambas as extremidades por metade de um fulereno. Os nanotubos têm muitas aplicações potenciais. Eles podem ser fiados em fibras, que são mais fortes e mais leves do que o aço, e eles podem também ser feitos para transportar correntes elétricas de forma mais eficiente do que os metais. É provável que nas próximas décadas sejam vistas muitas aplicações interessantes de buckybolas e nanotubos. Pela descoberta dos fulerenos, Kroto, Curl e Smalley foram agraciados com o Prêmio Nobel de Química em 1996.

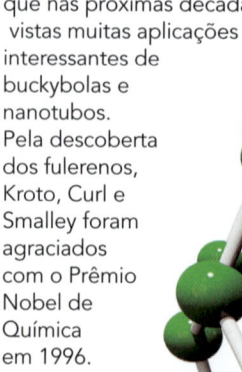

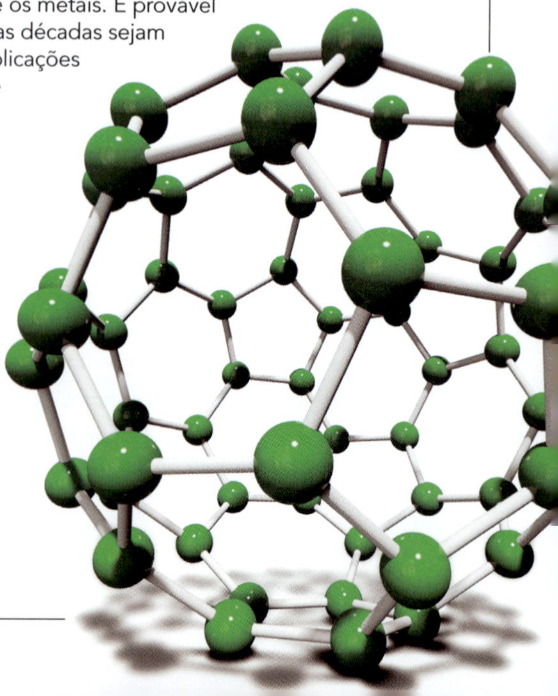

REVISÃO DE REAÇÕES

Reações na Posição Benzílica

Oxidação

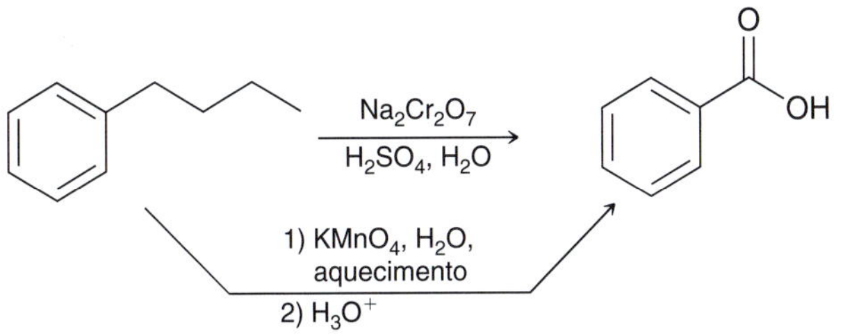

Reações de Substituição

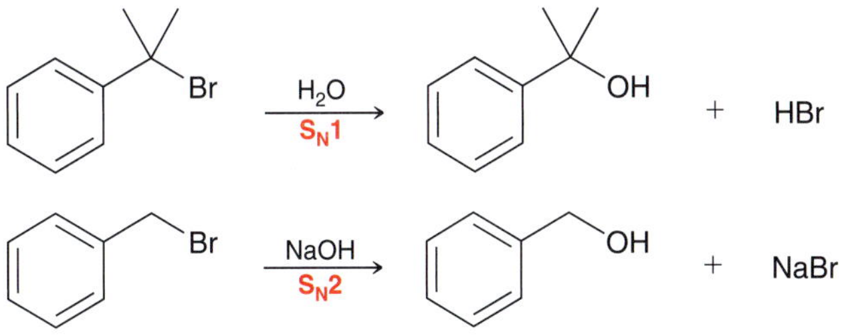

Bromação de Radicais Livres

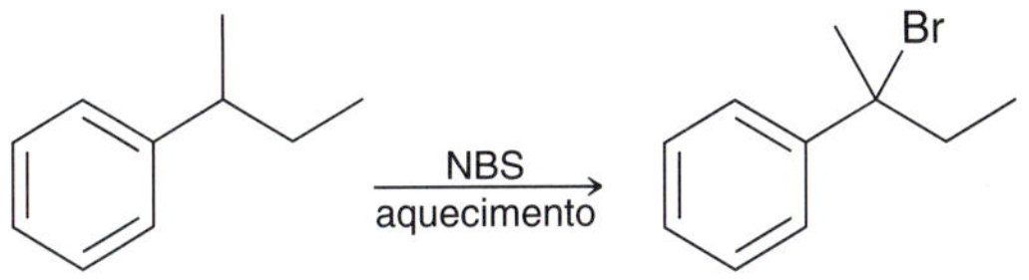

Reações de Eliminação

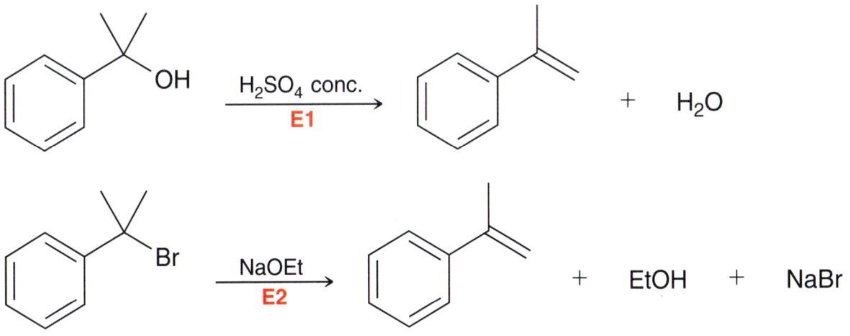

Redução

Hidrogenação Catalítica

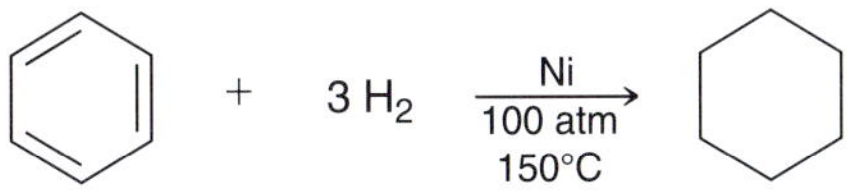

Redução de Birch

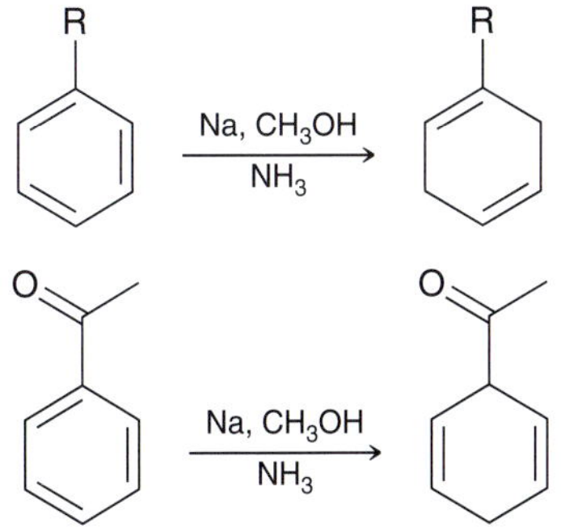

REVISÃO DE CONCEITOS E VOCABULÁRIO

SEÇÃO 18.1

- Os derivados do benzeno são chamados **compostos aromáticos**, independentemente de serem perfumados ou inodoros.

SEÇÃO 18.2

- Derivados monossubstituídos de benzeno são nomeados sistematicamente utilizando o benzeno como a cadeia principal e escrevendo o substituinte como prefixo.

- A IUPAC também aceita vários nomes comuns para benzenos monossubstituídos.
- Quando um anel benzênico é um substituinte, ele é chamado **grupo fenila**.
- Derivados dissubstituídos do benzeno podem ser diferenciados pelo uso dos descritores **orto**, **meta** e **para** ou pela utilização de localizadores.
- Derivados polissubstituídos do benzeno são nomeados utilizando-se localizadores. Nomes comuns podem ser usados para as cadeias principais.

SEÇÃO 18.3

- O benzeno é constituído por um anel de seis ligações C–C idênticas, cada uma das quais tem uma ordem de ligação de 1,5.
- Nenhuma única estrutura de Lewis descreve adequadamente a estrutura do benzeno. São necessárias estruturas de ressonância.

SEÇÃO 18.4

- O benzeno apresenta estabilidade incomum. Ele não reage com bromo em uma reação de adição.
- A *energia de estabilização* do benzeno pode ser medida comparando-se calores de hidrogenação.
- A estabilidade do benzeno pode ser explicada com a teoria OM. Todos os seis elétrons π ocupam OM ligantes.
- A presença de um anel totalmente conjugado de elétrons π não é o único requisito para a aromaticidade. A exigência de um número ímpar de pares de elétrons é a chamada **regra de Hückel**.
- O ciclobutadieno é **antiaromático**; o ciclo-octatetraeno adota uma conformação em forma de banheira e é não aromático.
- Os **círculos de Frost** preveem com precisão os níveis de energia relativa dos OM em um sistema de anel conjugado.

SEÇÃO 18.5

- Um composto é aromático se ele contém um anel constituído por orbitais *p* se sobrepondo continuamente, e se ele tem um número de Hückel de elétrons π no anel.
- Compostos que falham no primeiro critério são chamados de **não aromáticos**.
- Os compostos que satisfazem o pimeiro critério, mas têm 4*n* elétrons (em vez de 4*n* +2) são **antiaromáticos**.
- **Anulenos** são compostos que consistem em um único anel contendo um sistema π completamente conjugado. Devido ao impedimento estérico, o [10]anuleno e o [14]anuleno não atendem ao primeiro critério e são não aromáticos.
- O ânion ciclopentadienila apresenta estabilização aromática, tal como o cátion tropílio.
- Compostos cíclicos contendo heteroátomos, tais como S, N e O, são chamados de **heterociclos**.
- O par isolado na piridina é localizado e não participa da ressonância, enquanto o par isolado no pirrol é deslocalizado e participa da aromaticidade.
- A regra de Hückel (4*n* + 2) só pode ser aplicada a compostos monocíclicos.
- Muitos **hidrocarbonetos aromáticos policíclicos (HAP)** são conhecidos por serem estáveis.

SEÇÃO 18.6

- Qualquer átomo de carbono ligado diretamente a um anel benzênico é chamado **posição benzílica**.
- Alquilbenzenos são oxidados na posição benzílica por ácido crômico ou permanganato de potássio.
- Bromação radicalar ocorre facilmente em posições benzílicas.
- Haletos benzílicos prontamente sofrem reações S_N1, S_N2, E1 e E2.

SEÇÃO 18.7

- Em certas condições, um grupo vinila pode ser seletivamente hidrogenado na presença de um anel aromático.
- Em uma **redução de Birch**, a parte aromática é reduzida para dar um dieno não conjugado. O átomo de carbono ligado a um grupo alquila não é reduzido, enquanto o átomo de carbono ligado a um grupo receptor de elétrons é reduzido.

SEÇÃO 18.8

- Compostos aromáticos geralmente produzem sinais de IV em cinco regiões distintas do espectro de IV.
- Prótons benzílicos produzem sinais de RMN de ^1H entre 2 e 3 ppm, enquanto prótons aromáticos produzem um sinal característico (normalmente um multipleto) em cerca de 7 ppm.
- Os átomos de carbono com hibridização sp^2 de um anel aromático produzem sinais de RMN de ^{13}C entre 100 e 150 ppm.

REVISÃO DA APRENDIZAGEM

18.1 NOMEAÇÃO DE UM BENZENO POLISSUBSTITUÍDO

ETAPA 1 Identificação e nomeação da cadeia principal.

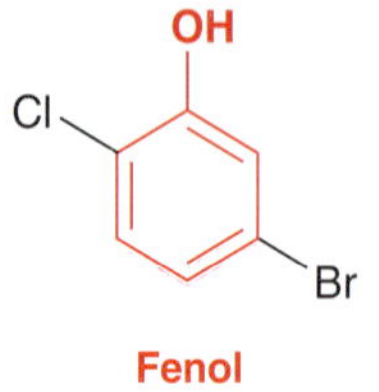

ETAPA 2 Identificação dos substituintes.

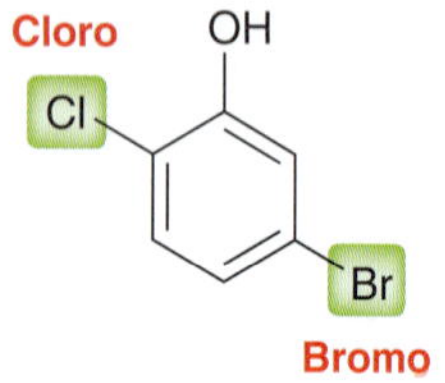

ETAPA 3 Atribuição dos localizadores.

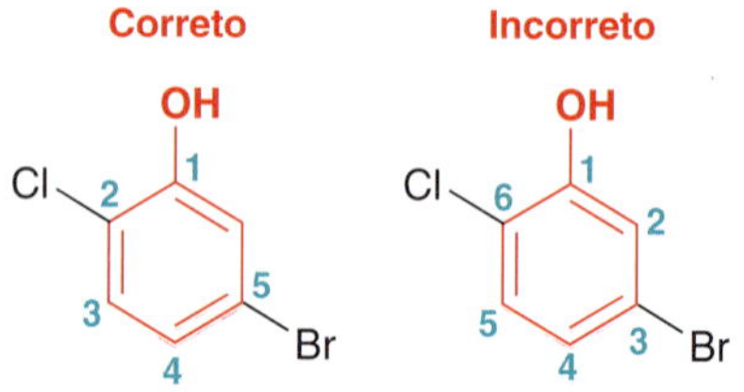

ETAPA 4 Organização dos substituintes em ordem alfabética, com localizadores.

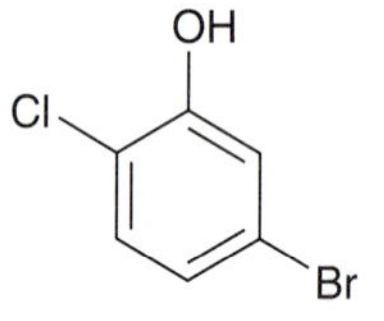

5-Bromo-2-clorofenol

Tente Resolver os Problemas **18.1-18.5, 18.28, 18.29, 18.33**

18.2 DETERMINANDO SE UM COMPOSTO É AROMÁTICO, NÃO AROMÁTICO OU ANTIAROMÁTICO

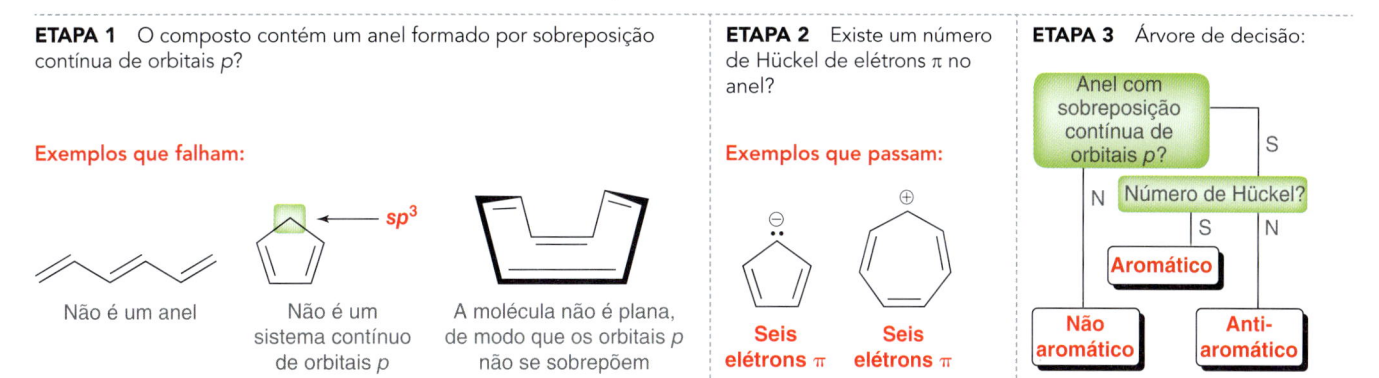

ETAPA 1 O composto contém um anel formado por sobreposição contínua de orbitais *p*?

Exemplos que falham:

Não é um anel

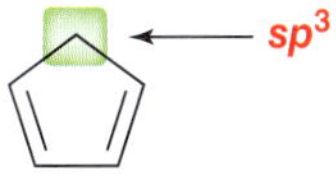

Não é um sistema contínuo de orbitais *p*

A molécula não é plana, de modo que os orbitais *p* não se sobrepõem

ETAPA 2 Existe um número de Hückel de elétrons π no anel?

Exemplos que passam:

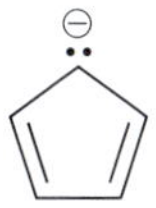

Seis elétrons π

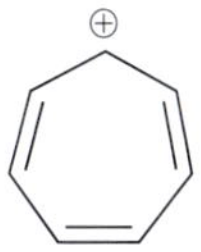

Seis elétrons π

ETAPA 3 Árvore de decisão:

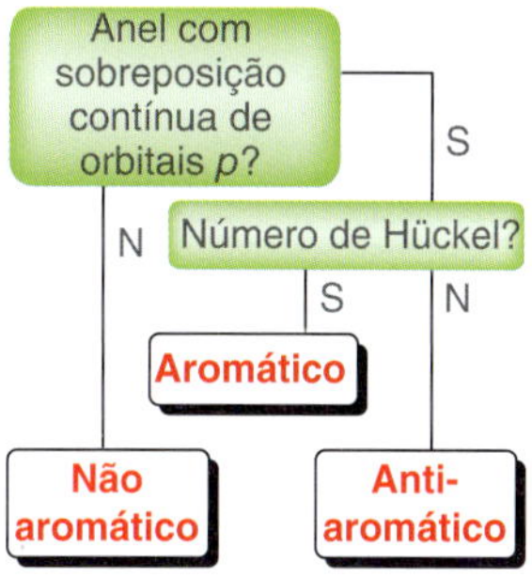

Tente Resolver os Problemas **18.11-18.14, 18.34a,c,e, 18.36e, 18.52**

18.3 DETERMINANDO SE UM PAR ISOLADO PARTICIPA DA AROMATICIDADE

Um par isolado pode ocupar os seguintes orbitais atômicos:

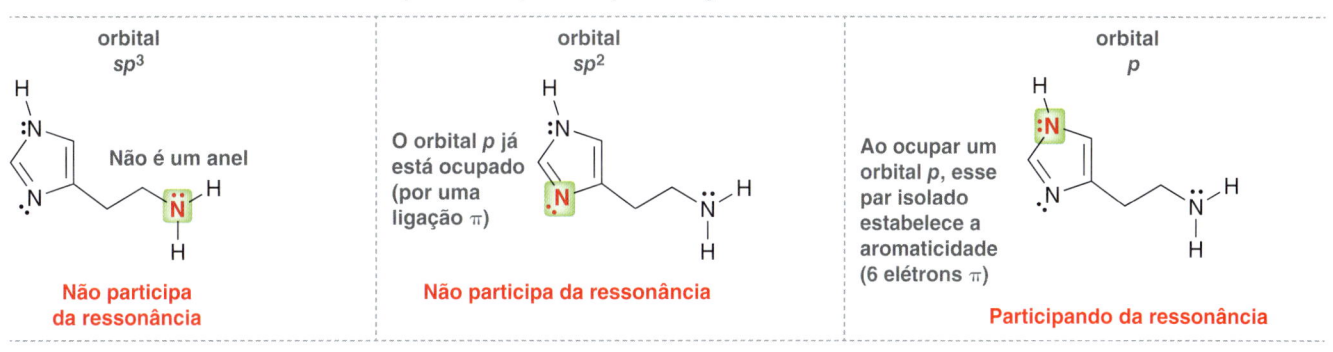

orbital *sp*³

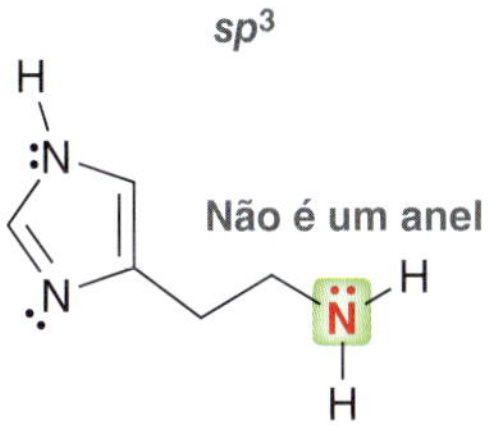

Não participa da ressonância

orbital *sp*²

O orbital *p* já está ocupado (por uma ligação π)

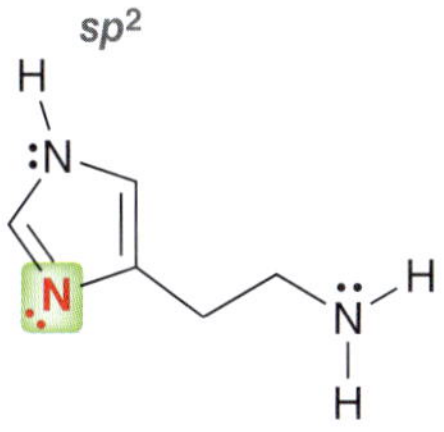

Não participa da ressonância

orbital *p*

Ao ocupar um orbital *p*, esse par isolado estabelece a aromaticidade (6 elétrons π)

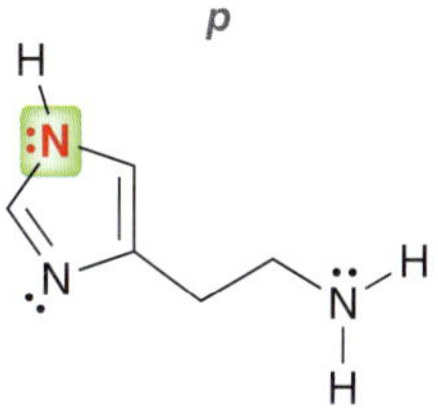

Participando da ressonância

Tente Resolver os Problemas **18.15-18.17, 18.34b,d, 18.36c,d, 18.38, 18.41, 18.44, 18.62, 18.64**

18.4 MANIPULANDO A CADEIA LATERAL DE UM COMPOSTO AROMÁTICO

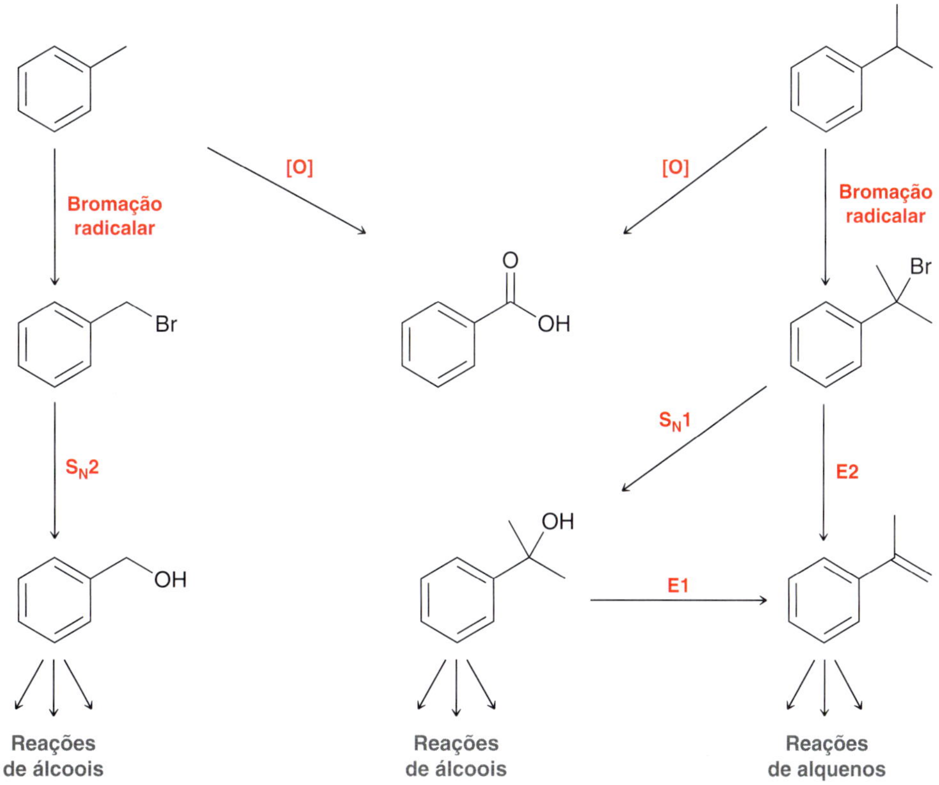

Tente Resolver os Problemas **18.20-18.23, 18.47, 18.56**

18.5 PREVENDO O PRODUTO DE UMA REDUÇÃO DE BIRCH

ETAPA 1 Identificando se cada substituinte é doador ou retirador de elétrons.

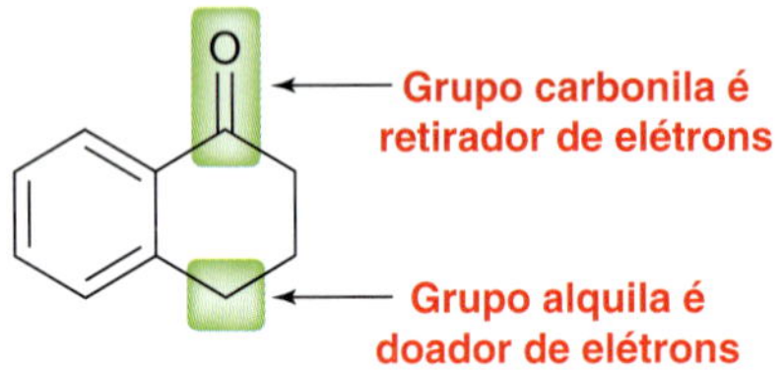

ETAPA 2 Identificação de quais átomos de carbono são reduzidos.

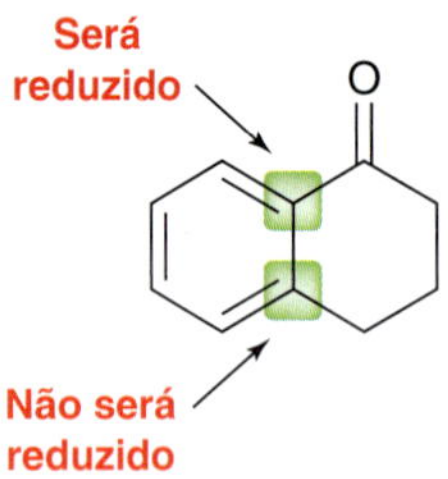

ETAPA 3 Representação do produto. Recorde que as duas posições reduzidas têm de estar 1,4 uma em relação a outra.

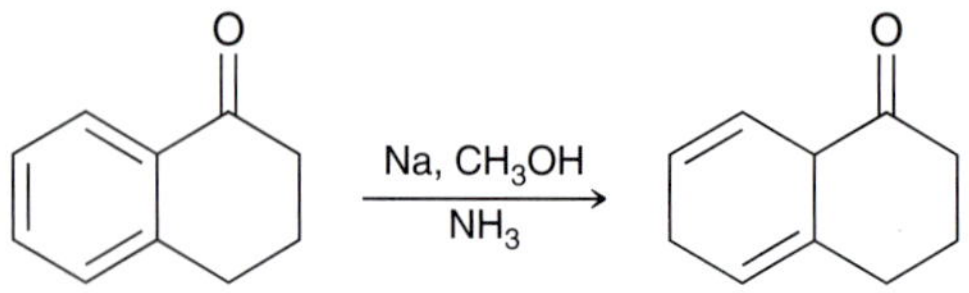

Tente Resolver os Problemas **18.24, 18.25, 18.49, 18.50**

PROBLEMAS PRÁTICOS

18.28 Forneça um nome sistemático para cada um dos compostos vistos a seguir.

(a) 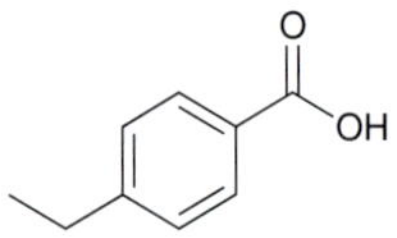

(b) 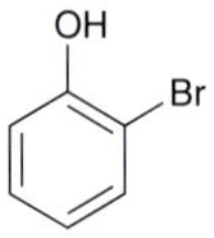

(c) 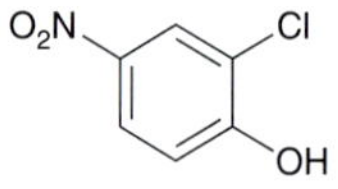

(d) 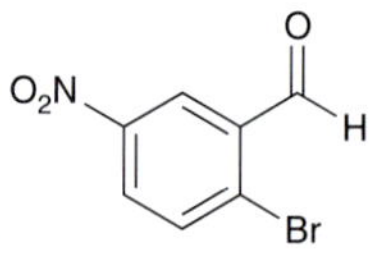

(e) 

18.29 Represente uma estrutura para cada um dos compostos vistos a seguir.

(a) *orto*-Diclorobenzeno (b) Anisol
(c) *meta*-Nitrotolueno (d) Anilina
(e) 2,4,6-Tribromofenol (f) *para*-Xileno

18.30 Represente as estruturas para os oito isômeros constitucionais com fórmula molecular C_9H_{12} que contêm um anel benzênico.

18.31 Represente as estruturas de todos os isômeros constitucionais com fórmula molecular C_8H_{10} que contêm um anel aromático.

18.32 Represente todos os compostos aromáticos que têm fórmula molecular C_8H_9Cl.

18.33 O nome sistemático do TNT, um explosivo bem conhecido, é 2,4,6-trinitrotolueno (como foi visto na seção Desenvolvendo a Aprendizagem 18.1). Existem apenas cinco isômeros constitucionais do TNT que contêm um anel aromático, um grupo metila e três grupos nitro. Represente todos esses cinco compostos e forneça um nome sistemático para cada um deles.

18.34 Identifique o número de elétrons π em cada um dos compostos vistos a seguir.

(a) 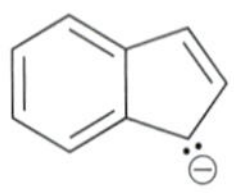

(b) 

(c) 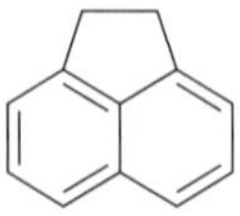

(d) 

(e) 

18.35 Os alunos muitas vezes confundem ciclo-hexano e benzeno.

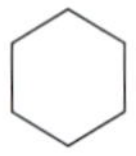

Ciclo-hexano

Benzeno

Na realidade, esses compostos têm propriedades, geometrias e reatividades diferentes. Cada um desses compostos tem também um conjunto único de terminologia. Para cada um dos termos vistos a seguir, identifique se ele é usado em referência ao benzeno ou ao ciclo-hexano:

(a) *meta* (b) Círculo de Frost
(c) sp^2 (d) Cadeira
(e) *orto* (f) sp^3
(g) Ressonância (h) Elétrons π
(i) *para* (j) Inversão de anel
(k) Barco

18.36 Identifique quais os compostos vistos a seguir são aromáticos.

(a) 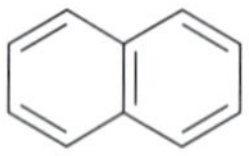

(b) 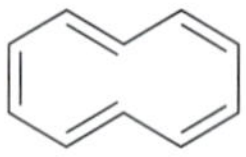

(c) 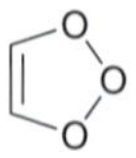

(d) 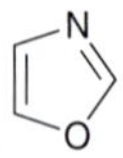

(e) 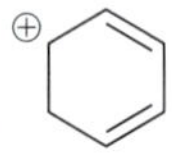

18.37 A luciferina do vaga-lume é o composto que permite que os vaga-lumes brilhem.

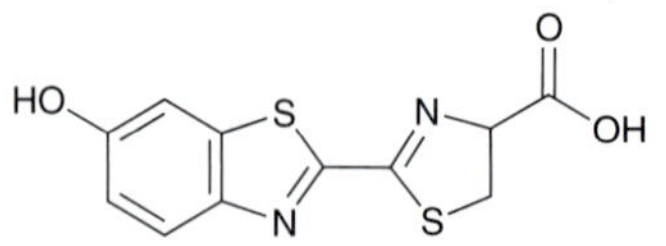

Luciferina do vaga-lume

(a) A estrutura apresenta três anéis. Identifique quais anéis são aromáticos.

(b) Identifique quais pares isolados estão participando da ressonância.

18.38 Identifique cada um dos compostos vistos a seguir como aromático, não aromático ou antiaromático. Explique sua escolha em cada caso.

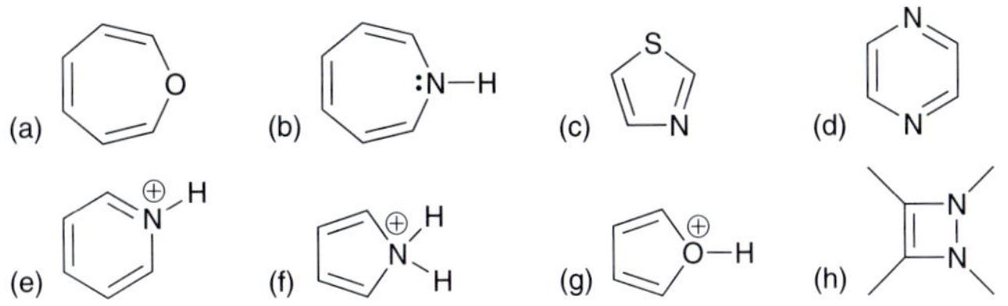

18.39 Considere as estruturas dos seguintes cloretos de alquila:

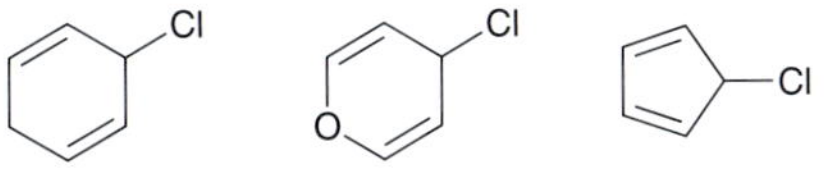

(a) Qual composto você espera que sofra um processo S_N1 mais facilmente? Justifique sua escolha.

(b) Qual composto você espera que sofra um processo S_N1 menos prontamente? Justifique sua escolha.

18.40 Qual dos seguintes compostos você espera que seja mais ácido? Justifique sua escolha.

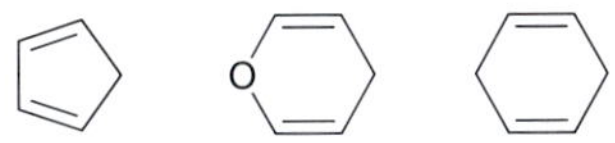

18.41 Identifique qual dos compostos vistos a seguir é esperado ser uma base mais forte. Justifique sua escolha.

18.42 Desenhe um círculo de Frost para o cátion visto a seguir e explique a fonte de instabilidade desse cátion.

18.43 Você espera que o diânion visto a seguir exiba estabilização aromática? Explique.

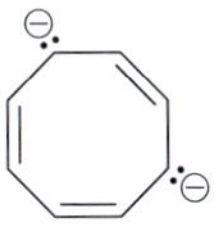

18.44 Você espera que o composto visto a seguir seja aromático? Justifique sua resposta.

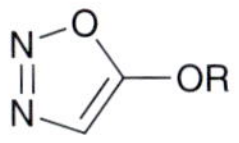

18.45 O difenilmetano apresenta dois anéis aromáticos, que alcançam coplanaridade na conformação de energia mais elevada. Explique.

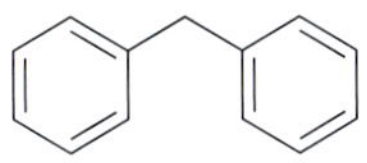

Difenilmetano

18.46 As duas representações vistas a seguir são estruturas de ressonância de um composto:

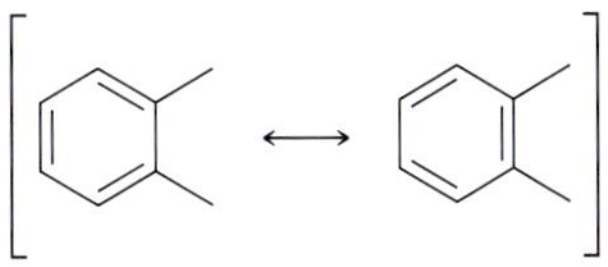

Mas as duas representações vistas a seguir não são estruturas de ressonância:

Elas são, na realidade, dois compostos diferentes. Explique.

18.47 Preveja o principal produto das reações que são vistas a seguir.

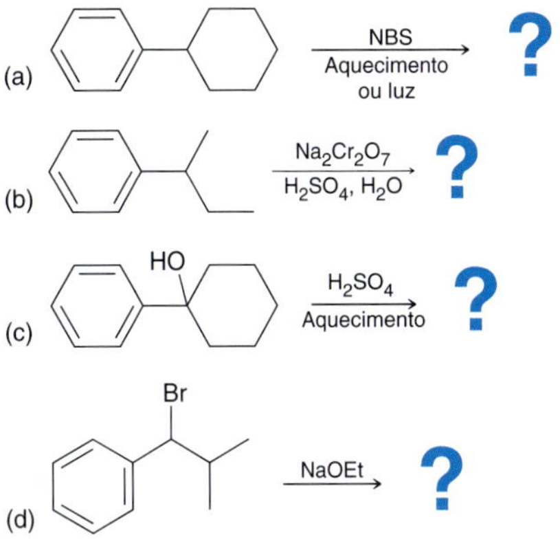

18.48 Quantos sinais você espera no espectro de RMN de ^{13}C de cada um dos seguintes compostos?

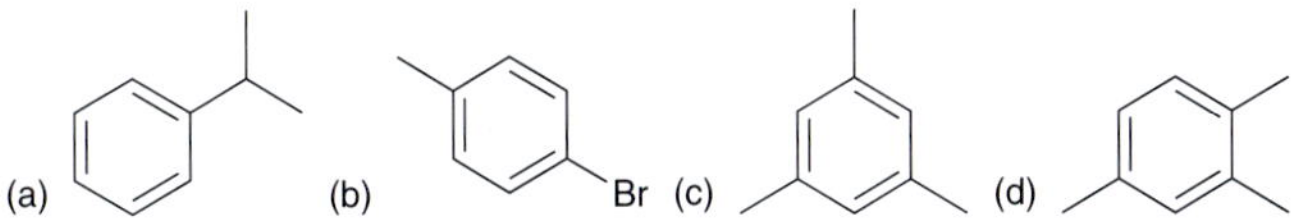

18.49 Preveja o produto da reação que segue, e proponha um mecanismo para a sua formação.

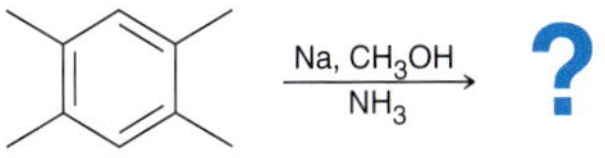

18.50 Um dos isômeros constitucionais do xileno foi tratado com sódio, metanol e amônia, para se obter um produto que apresentou cinco sinais no seu espectro de RMN de ^{13}C. Identifique qual é o isômero constitucional do xileno que foi utilizado como material de partida.

18.51 Considere as duas substâncias vistas a seguir:

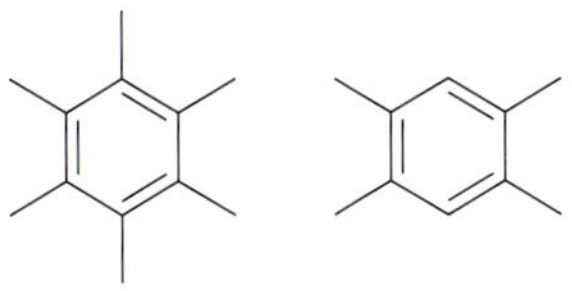

Como você pode distingui-las usando:

(a) Espectroscopia de IV?

(b) Espectroscopia de RMN de ^{1}H?

(c) Espectroscopia de RMN de ^{13}C?

18.52 Explique como os dois compostos vistos a seguir podem ter a mesma base conjugada. Essa base conjugada é aromática?

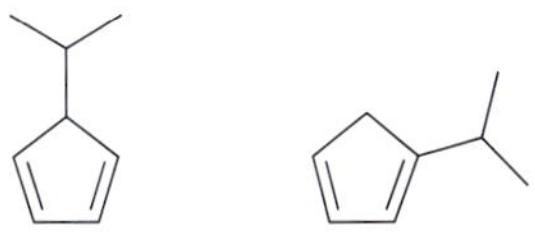

PROBLEMAS INTEGRADOS

18.53 Compare os mapas de potencial eletrostático para a ciclo-heptatrienona e a ciclopentadienona.

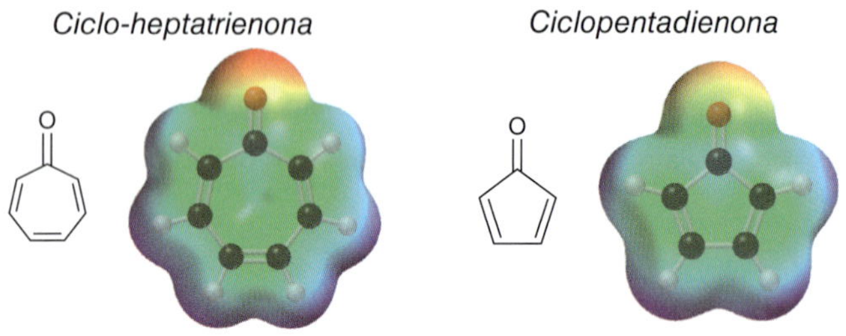

Os dois mapas foram criados utilizando-se a mesma escala de cor, de modo que eles possam ser comparados. Observe a diferença entre os átomos de oxigênio nesses dois compostos. Há mais caráter parcial negativo no oxigênio do primeiro composto (ciclo-heptatrienona). Você pode oferecer uma explicação para essa diferença?

18.54 O azuleno apresenta um momento de dipolo significativo, e um mapa de potencial eletrostático indica que o anel de cinco membros é rico em elétrons (à custa do anel de sete membros).

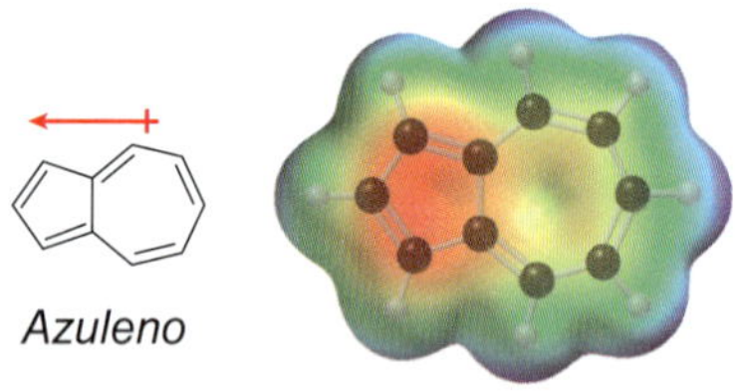

(a) No Capítulo 2, do Volume 1, vimos que uma estrutura de ressonância será insignificante se tem átomos de carbono com cargas opostas (C− e C+). O azuleno representa uma exceção a essa regra, porque algumas estruturas de ressonância (com C− e C+) apresentam estabilização aromática. Com isso em mente, represente as estruturas do azuleno e use-as para explicar o momento de dipolo observado.

(b) Com base na sua explicação, determine qual composto deverá apresentar maior momento de dipolo.

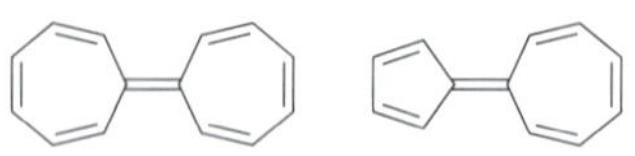

18.55 Proponha uma síntese eficiente para a transformação vista a seguir.

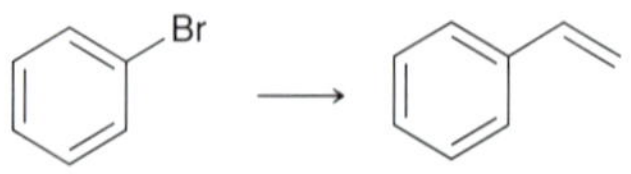

18.56 Proponha um mecanismo plausível para a transformação vista a seguir.

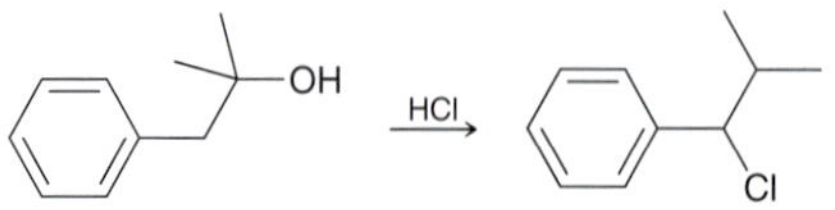

18.57 Identifique a estrutura de um composto com a fórmula molecular $C_9H_{10}O_2$ que apresenta os dados espectrais vistos a seguir.

(a) IV: 3005 cm^{-1}, 1676 cm^{-1}, 1603 cm^{-1}

(b) RMN de ^1H: 2,6 ppm (simpleto, I = 3H), 3,9 ppm (simpleto, I = 3H), 6,9 ppm (dupleto, I = 2H), 7,9 ppm (dupleto, I = 2H)

(c) RMN de ^{13}C: 26,2; 55,4; 113,7; 130,3; 130,5; 163,5; 196,6 ppm

18.58 Proponha uma síntese eficiente para cada uma das transformações vistas a seguir.

(a)

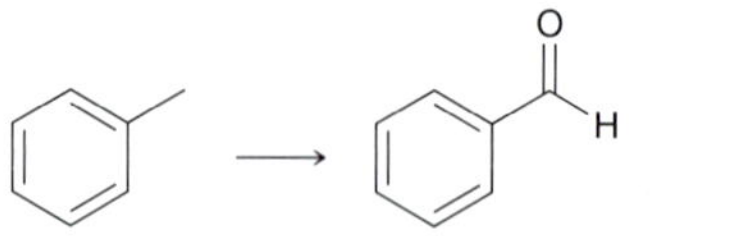

(b)

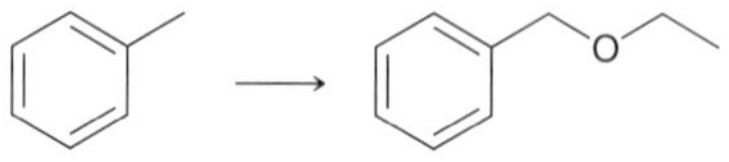

(c)

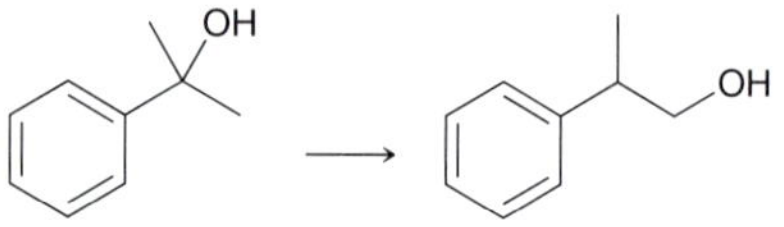

(d)

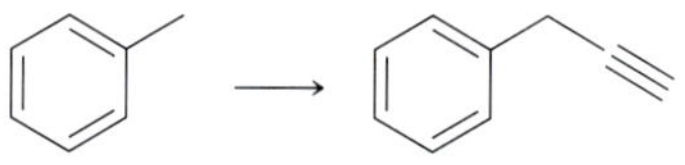

18.59 Um composto com a fórmula molecular $C_{11}H_{14}O_2$ apresenta os espectros (RMN de ^1H, RMN de ^{13}C e de IV) vistos a seguir. Identifique a estrutura desse composto.

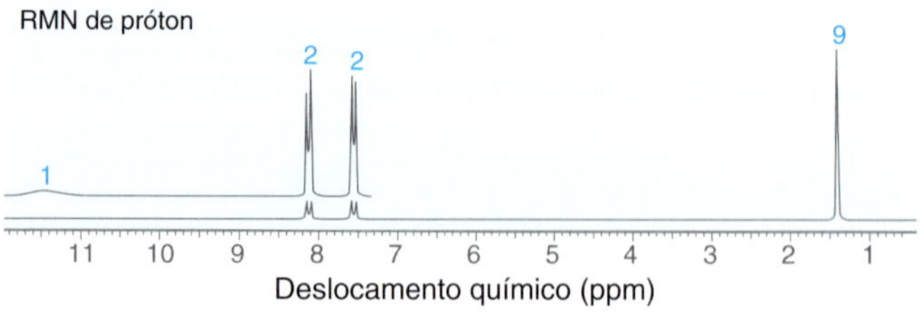

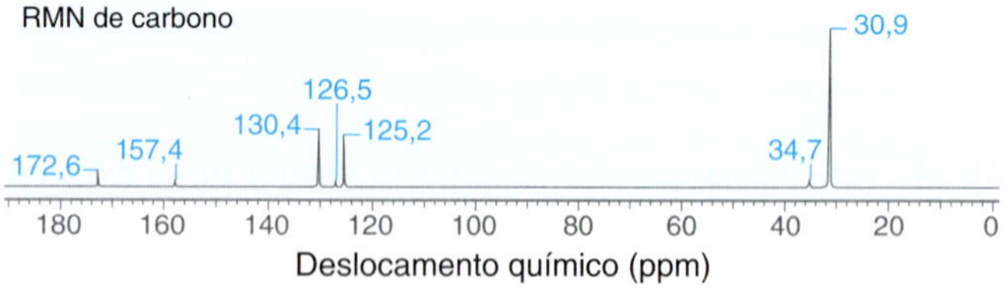

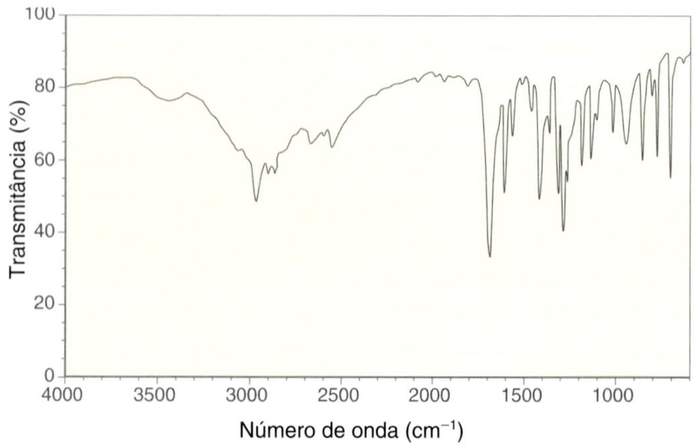

18.60 Um composto com a fórmula molecular $C_9H_{10}O$ apresenta os espectros (RMN de ^1H, RMN de ^{13}C e de IV) vistos a seguir. Identifique a estrutura desse composto.

RMN de próton

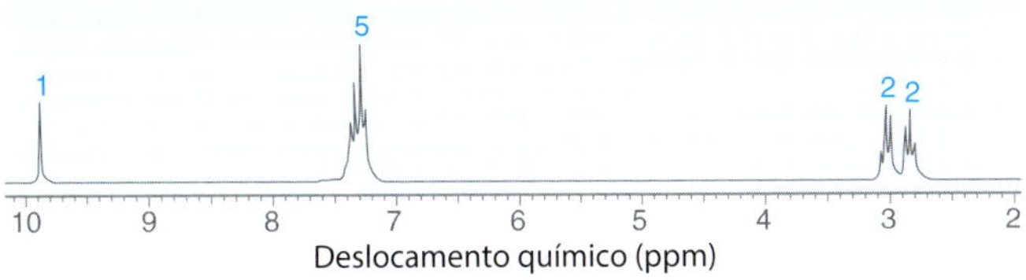

RMN de carbono

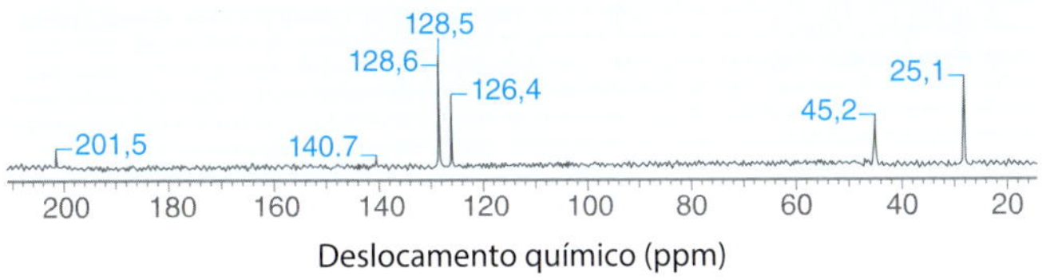

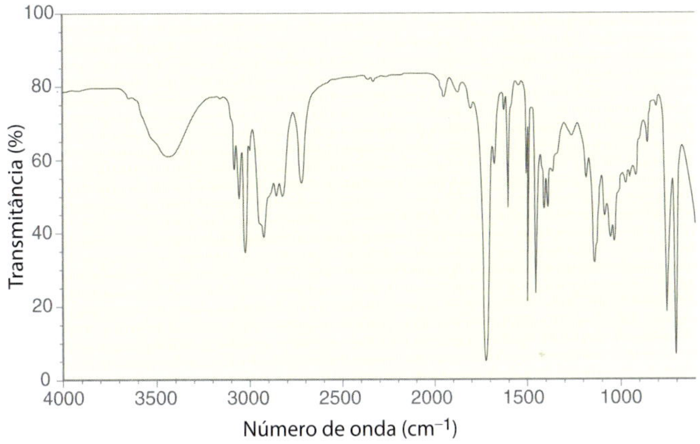

18.61 São vistos a seguir dois compostos hipotéticos.

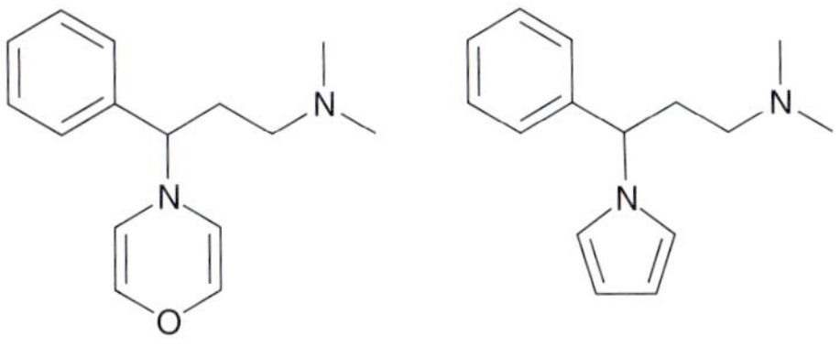

(a) Qual composto você espera que seja a maior promessa como um anti-histamínico potencial? Explique sua escolha.

(b) Você espera que o composto que você escolheu (na parte a) exiba propriedades sedativas? Explique o seu raciocínio.

18.62 Você espera que o composto visto a seguir seja aromático? Justifique sua resposta.

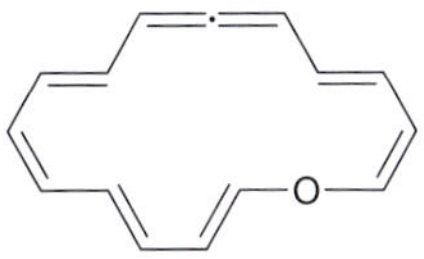

18.63 Os compostos **A**, **B**, **C** e **D** são isômeros constitucionais, compostos aromáticos com fórmula molecular C_8H_{10}. Deduza a estrutura do composto **D** utilizando as seguintes pistas.

- O espectro de RMN de ^1H do composto **A** apresenta dois sinais de campo alto bem como um multipleto próximo de 7 ppm (com I = 5).
- O espectro de RMN de ^{13}C do composto **B** apresenta quatro sinais.
- O espectro de RMN de ^{13}C do composto **C** apresenta apenas três sinais.

18.64 Os dois compostos vistos a seguir apresentam, cada um deles, dois heteroátomos (um átomo de nitrogênio e um átomo de oxigênio).

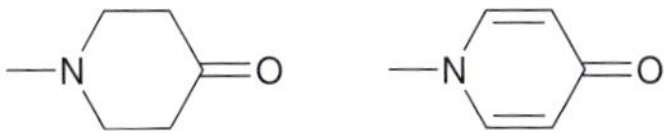

Composto A **Composto B**

No composto **A**, o par isolado no átomo de nitrogênio é mais suscetível de se comportar como uma base. No entanto, no composto **B**, o par isolado no átomo de oxigênio é mais provável de se comportar como uma base. Explique essa diferença.

18.65 Proponha uma síntese eficiente para a transformação vista a seguir.

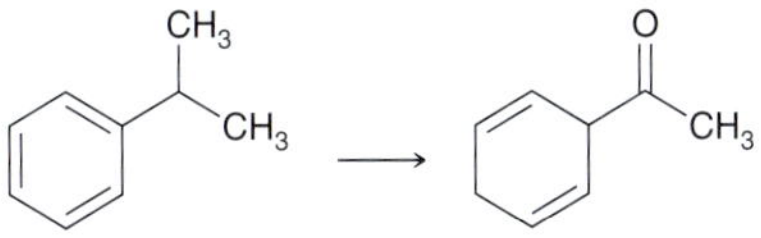

18.66 Usando tolueno e acetileno como suas únicas fontes de átomos de carbono, mostre como você prepararia o composto visto a seguir.

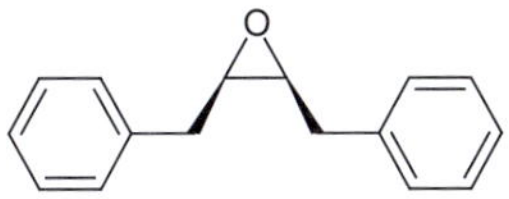

18.67 Devido à sua potencial aplicação em dispositivos eletrônicos orgânicos, tais como telas de televisão, um grande número de substâncias contendo sistemas pi quinoidais (como a substância **A**) foram preparadas. A redução de **A** produz **B**, como é mostrado a seguir (*Tetrahedron Lett.* **2012**, *53*, 5385–5388):

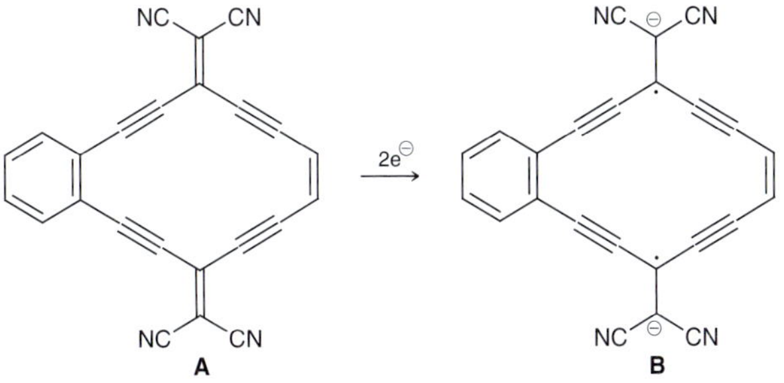

(a) Determine se o anel de 14 membros em **B** é aromático.

(b) Represente estruturas de ressonância que mostram como as cargas negativas em **B** são deslocalizadas.

(c) Represente pelo menos três estruturas de ressonância que demonstram a natureza deslocalizada dos elétrons desemparelhados em **B**.

DESAFIOS

18.68 A substância 1 contém um anel de tetrazol (um anel de cinco membros que contém quatro átomos de nitrogênio), enquanto o seu isômero constitucional, substância **2**, apresenta um grupo azida ($-N_3$). Há evidências de que as substâncias **1** e **2** rapidamente se interconvertam, e existem em equilíbrio uma com a outra (*J. Am. Chem. Soc.* **1959**, *81*, 4671–4673). Dos quatro átomos de nitrogênio nessas substâncias, apenas um deles permanece incorporado em um anel na substância **2**. Determine se este átomo de nitrogênio é submetido a uma mudança no estado de hibridização em consequência do processo de isomerização. Explique.

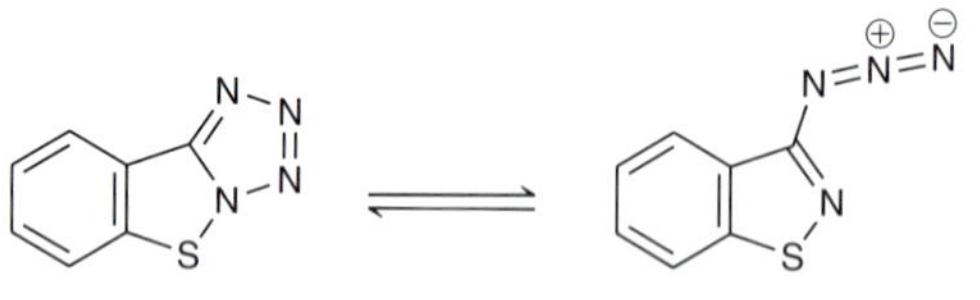

1 **2**

18.69 Estudos de modelagem de reações químicas na atmosfera de Titã, uma lua de Saturno, sugerem que a substância 1,2,5,6-tetracianociclo-octatetraeno pode se formar através de uma série de reações em fase gasosa mediadas pelo magnésio monocatiônico ($Mg^{+•}$). Este composto orgânico forma um complexo em que os pares de elétrons isolados em todos os quatro átomos de nitrogênio interagem com um único íon $Mg^{+•}$ (*J. Am. Chem. Soc.* **2005**, *127*, 13070–13078).

(a) Represente a estrutura deste complexo como descrito. Use linhas pontilhadas para mostrar as interações entre os pares de elétrons isolados e o íon magnésio.

(b) Explique por que o 1,2,4,5-tetracianobenzeno não seria capaz de formar um complexo semelhante.

18.70 Considere as estruturas do naftaleno e do fenantreno.

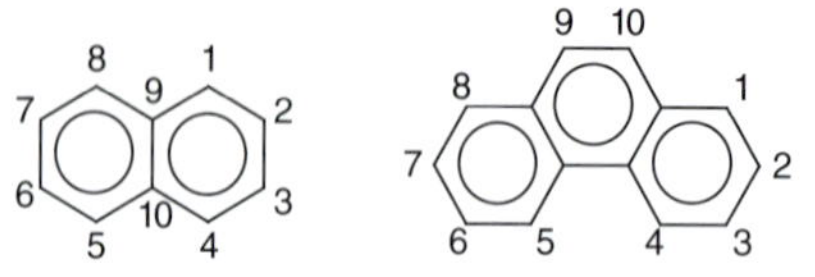

Naftaleno **Fenantreno**

(a) Represente as três estruturas de ressonância do naftaleno e, em seguida, explique por que a ligação C2–C3 tem um comprimento de ligação mais longo (1,42 Å) do que a ligação C1–C2 (1,36 Å).

(b) A diferença de comprimentos de ligação, denominada fixação de ligação, é muito acentuada no fenantreno. Represente todas as cinco estruturas de ressonância do fenantreno e, em seguida, utilize essas estruturas para prever que ligação é esperada mostrar o menor comprimento de ligação.

(c) Tratamento do fenantreno com Br_2 proporciona uma substância com a fórmula molecular $C_{14}H_{10}Br_2$ (*J. Am. Chem. Soc.* **1985**, *107*, 6678–6683). Represente a estrutura do produto.

18.71 O ciclobutadieno não é estável a temperatura ambiente. Após a formação, ele dimeriza rapidamente através de uma reação de Diels-Alder. Entretanto, vários derivados do ciclobutadieno são conhecidos por serem estáveis a temperatura ambiente (*Angew Chem. Int. Ed.* **1988**, *27*, 1437–1455):

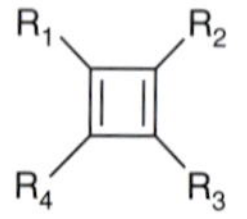

(a) Um desses derivados é o tri-*terc*-butilciclobutadieno (R1=R2=R3=*t*-Bu; R4=H). Proponha uma explicação por que esta substância é estável.

(b) Outro derivado estável do ciclobutadieno foi preparado em que R1=R3=NEt_2 e R2=R4=CO_2Et. Proponha uma explicação por que essa substância é estável.

(c) Na parte (b), vimos que o ciclobutadieno é estabilizado pela presença de grupos NEt_2 e CO_2Et vizinhos. Contrariamente, a presença desses dois grupos tem um efeito desestabilizante sobre sistemas com $4n + 2$ elétrons π. Explique essa observação.

18.72 Quando o [14]anuleno- fundido-ciclopentadieno é tratado com KH resulta uma solução verde de um ânion ciclopentadieno estável. Esta transformação provoca uma alteração dramática em parte do espectro de RMN de ^1H: os grupos metila se deslocam de −3,9 ppm para −1,8 ppm (*J. Org. Chem.* **2004**, *69*, 549–554). Forneça uma explicação para essa observação.

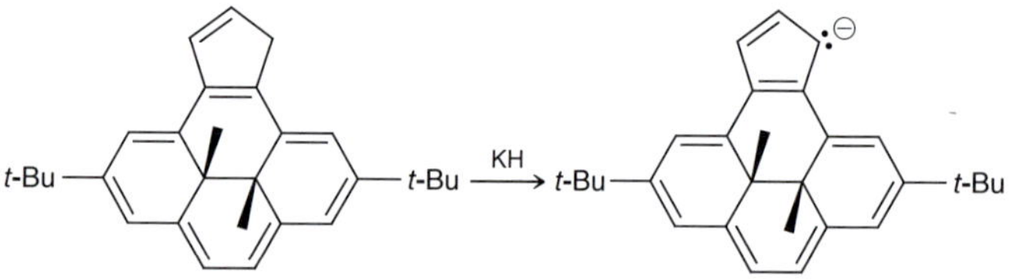

18.73 A substância vista a seguir, isolada a partir de uma ascídia da Nova Zelândia, demonstra atividade contra uma cepa da malária que é resistente a outros tratamentos (*J. Nat. Prod.* **2011**, *74*, 1972–1979). Considere a basicidade relativa de cada átomo de nitrogênio nesta estrutura e represente o produto esperado quando essa substância é tratada com dois equivalentes de um ácido forte (por exemplo, HCl).

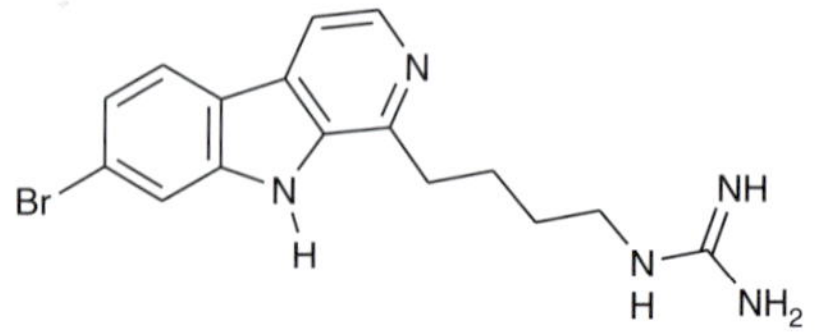

18.74 Em um estudo de espectrometria de massa de substâncias aromáticas nitrogenadas, foi encontrado um pico em m/z = 39 para 17 das 20 substâncias investigadas, incluindo as quatro substâncias na primeira linha vista a seguir, com uma intensidade relativa compreendida entre 5 e 84% do pico base. Esse pico estava ausente no espectro de massa de cada uma das três substâncias da segunda linha (*J. Org. Chem.* **1964**, *29*, 2065–2066). Proponha uma estrutura para o fragmento catiônico com m/z = 39 e uma explicação consistente com as informações fornecidas.

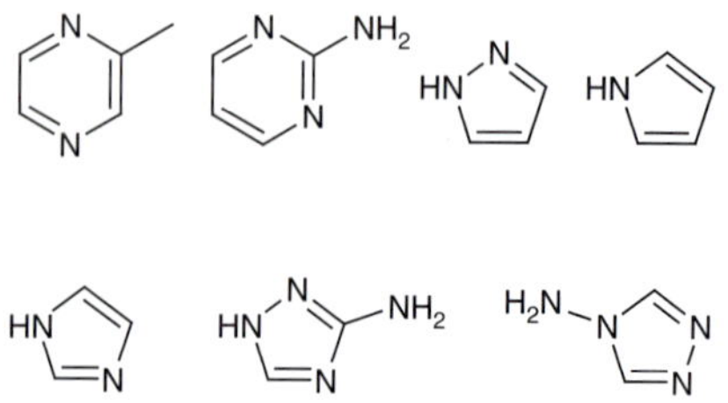

18.75 Fluoronildieno **1** é uma molécula plana, altamente conjugada, que é facilmente oxidada para o dicátion **2** (*J. Org. Chem.* **2002**, *67*, 7029–7036).

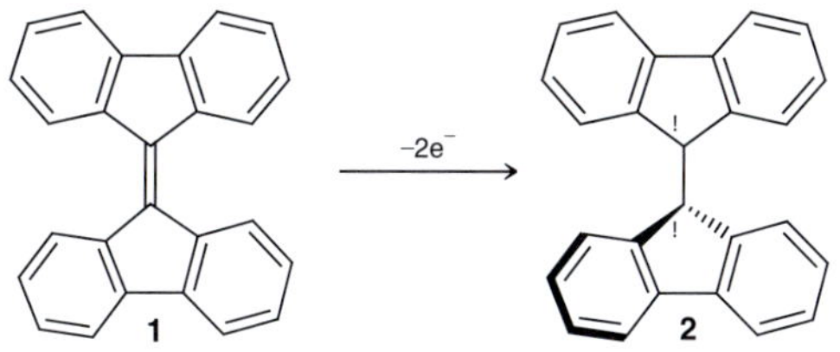

(a) Represente pelo menos quatro outras estruturas de ressonância do dicátion **2** e identifique por que a estrutura de ressonância mostrada aqui é o maior contribuinte para o híbrido de ressonância global, apesar da presença de cargas como vizinhança (que é geralmente um fator de desestabilização).

(b) Explique por que a conformação de menor energia para **2** não é plana e não apresenta um arranjo perpendicular entre os dois sistemas de anel.

18.76 Numerosos herbicidas e fungicidas são conhecidos por conterem um grupo acetilênico. Por exemplo, a substância **A** é um herbicida pirimidinona que funciona inibindo a acumulação de clorofila e β-caroteno. Durante a síntese de **A**, mostrada a seguir, um produto inativo também foi formado (substância **B**), que se verificou ser um isômero constitucional de **A**, contendo também um grupo acetilênico. A proporção de **A:B** foi de 1:4 (*Bioorg. Med. Chem.* **2009**, *17*, 4047–4063).

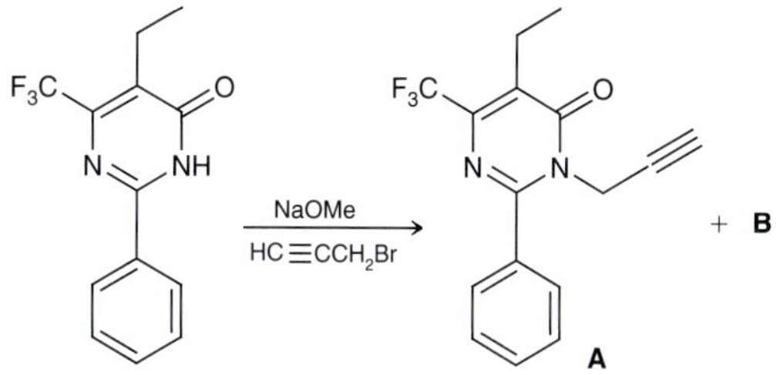

(a) Represente um mecanismo plausível para a formação da substância **A**.

(b) Represente a estrutura provável da substância **B** e forneça um mecanismo para a sua formação.

(c) Explique por que **B** é favorecido em relação a **A** neste processo.

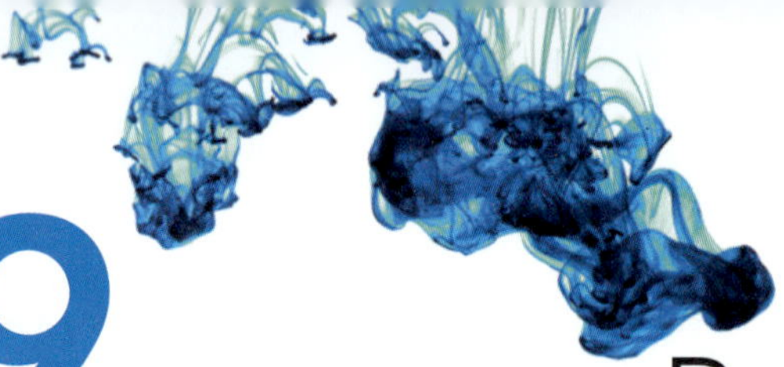

19 Reações de Substituição Aromática

VOCÊ JÁ SE PERGUNTOU...

o que faz com que produtos alimentícios fiquem coloridos? Se você olhar para os ingredientes de diversos produtos alimentícios, como Fruity Pebbles*, você vai encontrar substâncias como Vermelho#40 e Amarelo#6. O que são essas substâncias que podem ser encontradas em muitos produtos alimentícios e que nós ingerimos regularmente?

Neste capítulo, vamos estudar as reações mais comuns dos anéis aromáticos, com o foco principal nas reações de substituição eletrofílica aromática. Durante o decorrer da nossa discussão, vamos ver que muitos corantes usados em alimentos comuns são substâncias aromáticas sintetizadas usando-se este tipo de reação, e vamos ver também como uma extensa pesquisa de substâncias aromáticas no início do século XX fez contribuições significativas para o campo da medicina.

Este capítulo vai pintar os produtos alimentícios de forma absolutamente nova.

*Caixa de cereais vendida nos Estados Unidos. (N.T.)

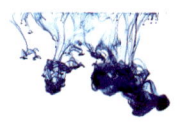

VOCÊ SE LEMBRA?

Antes de avançar, tenha certeza de que você compreendeu os tópicos citados a seguir. Se for necessário, revise as seções sugeridas para se preparar para este capítulo.

- Estruturas de Ressonância (Seções 2.7-2.11)
- Pares Isolados Deslocalizados (Seção 2.12)
- Ácidos de Lewis (Seção 3.9)
- Leitura dos Diagramas de Energia (Seção 6.6)
- Análise Retrossintética (Seção 12.5)
- Aromaticidade e Nomenclatura de Substâncias Aromáticas (Seções 18.1-18.4)

19.1 Introdução à Substituição Eletrofílica Aromática

No capítulo anterior, exploramos a notável estabilidade do benzeno. Especificamente, vimos que enquanto os alquenos sofrem uma reação de adição quando tratados com bromo, o benzeno é inerte sob as mesmas condições.

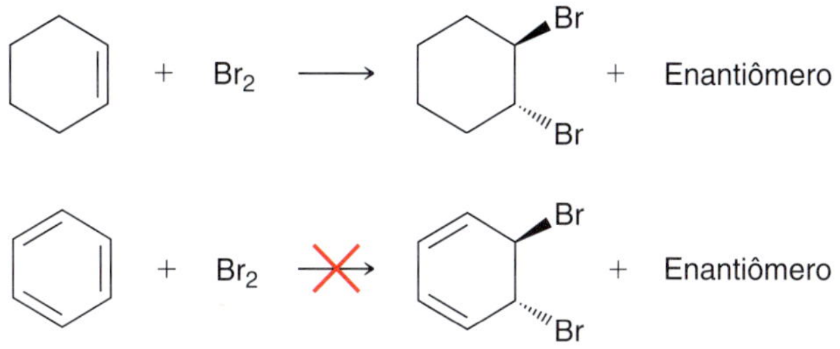

Curiosamente, no entanto, quando o Fe (ferro) é introduzido na mistura, realmente ocorre uma reação, embora o produto não seja o que se poderia esperar.

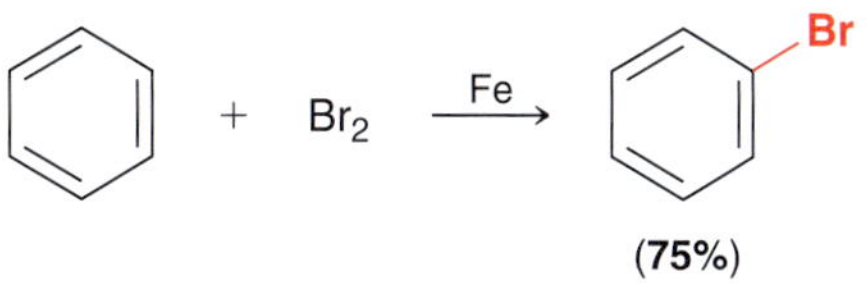

Em vez de ocorrer uma reação de adição, a reação observada é uma **reação de substituição eletrofílica aromática**, na qual um dos prótons aromáticos é substituído por um eletrófilo e a parte aromática é preservada. Neste capítulo, vamos ver muitos outros grupos que também podem ser inseridos em um anel aromático por meio de uma reação de substituição eletrofílica aromática.

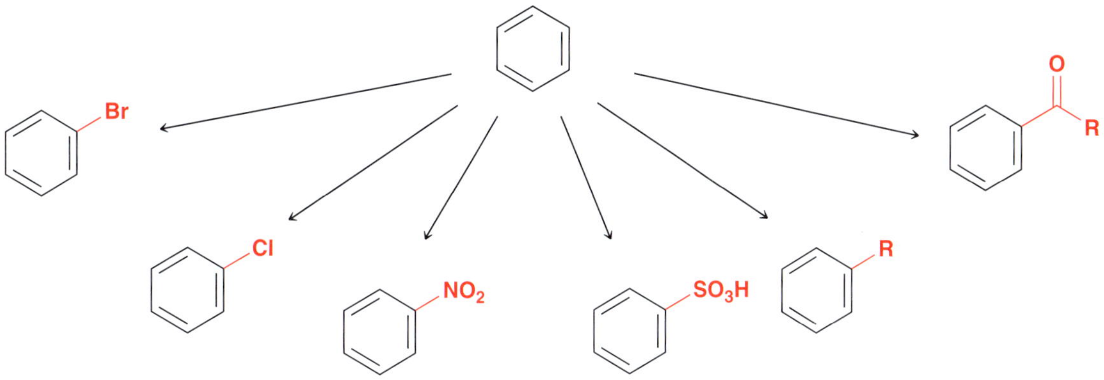

19.2 Halogenação

Lembre-se da Seção 9.8 que durante a bromação de um alqueno, o Br_2 se comporta como um eletrófilo.

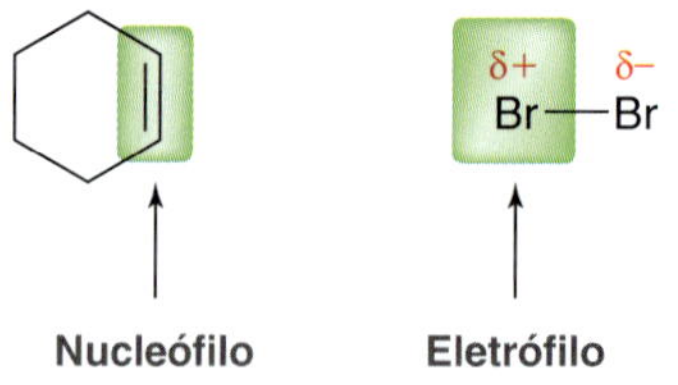
δ+
δ−
Br—Br
Nucleófilo
Eletrófilo

À medida que ele se aproxima da nuvem de elétrons π do alqueno, o Br_2 se torna temporariamente polarizado, fazendo com que um dos átomos de bromo seja eletrofílico (δ+). Este átomo de bromo torna-se suficientemente eletrofílico para reagir com o alqueno, mas não é suficientemente eletrofílico para reagir com o benzeno. A presença de ferro (Fe) na mistura de reação aumenta a eletrofilicidade desse átomo de bromo. Para entender como o ferro realiza essa tarefa, temos de reconhecer que o ferro em si não é o catalisador real. Em vez disso, ele primeiro reage com o Br_2 para gerar o tribrometo de ferro ($FeBr_3$).

$$2\ Fe + 3\ Br_2 \rightarrow 2\ FeBr_3$$

O tribrometo de ferro, um ácido de Lewis, é o verdadeiro catalisador da reação entre o benzeno e o bromo. Especificamente, o $FeBr_3$ interage com o Br_2 para formar um complexo que reage como se fosse Br^+.

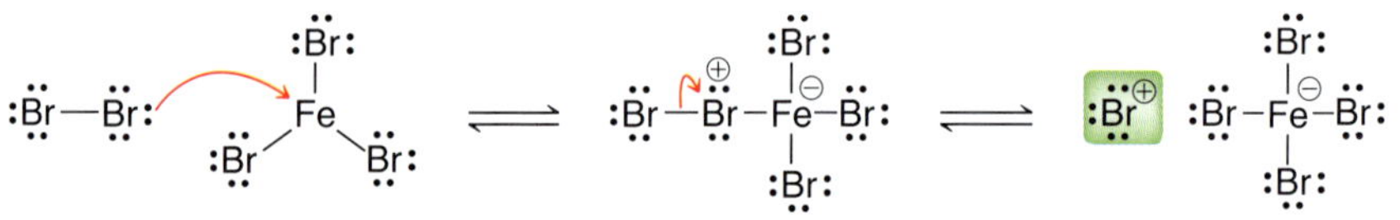

Este complexo serve como um agente eletrofílico que provoca a bromação do anel aromático através de um processo em duas etapas (Mecanismo 19.1).

MECANISMO 19.1 BROMAÇÃO DO BENZENO

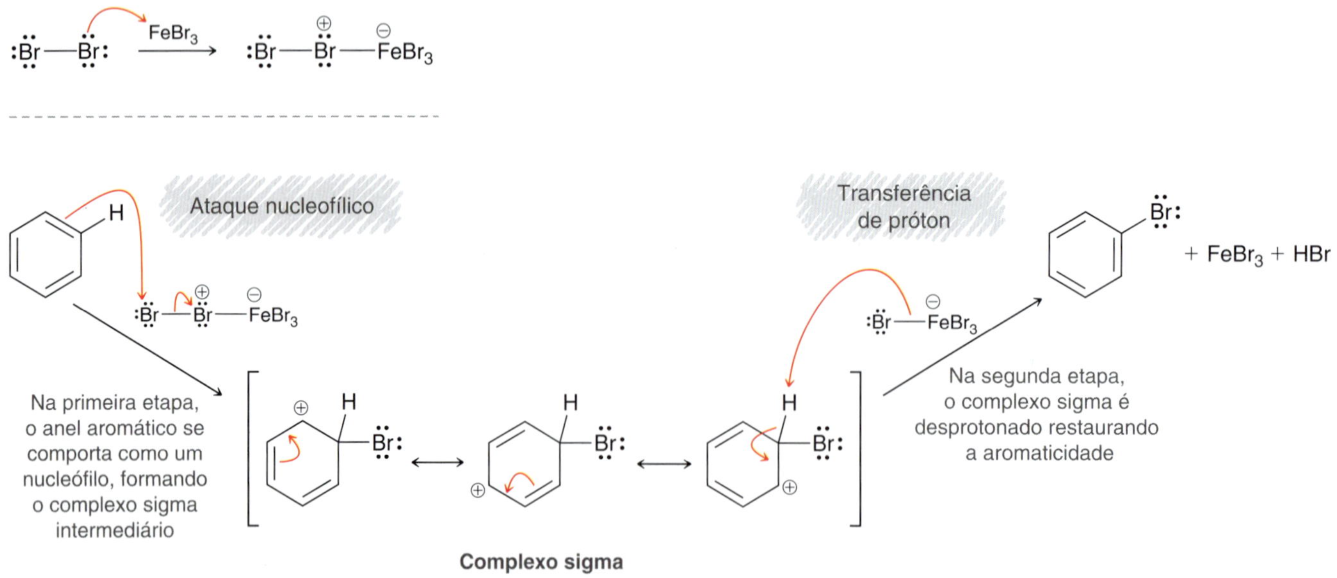
FeBr3
Ataque nucleofílico
Transferência de próton
+ FeBr3 + HBr
Na primeira etapa, o anel aromático se comporta como um nucleófilo, formando o complexo sigma intermediário
Na segunda etapa, o complexo sigma é desprotonado restaurando a aromaticidade
Complexo sigma

Na primeira etapa, a parte aromática se comporta como um nucleófilo e ataca o agente eletrofílico, gerando um intermediário carregado positivamente chamado de **complexo sigma**, ou **íon arênio**, que é estabilizado por ressonância. Esta etapa exige uma entrada de energia, pois envolve a perda temporária da estabilização aromática. A perda de estabilização ocorre porque o complexo sigma não é aromático; ele não possui um sistema contínuo de sobreposição de orbitais *p*.

Na segunda etapa do mecanismo, o complexo sigma é então desprotonado, restaurando assim a aromaticidade e regenerando o ácido de Lewis ($FeBr_3$). Observe que o ácido de Lewis não é consumido pela reação, sendo, portanto, um catalisador. O tribrometo de alumínio ($AlBr_3$) é outro ácido de Lewis comum, que pode servir como uma alternativa adequada para o $FeBr_3$.

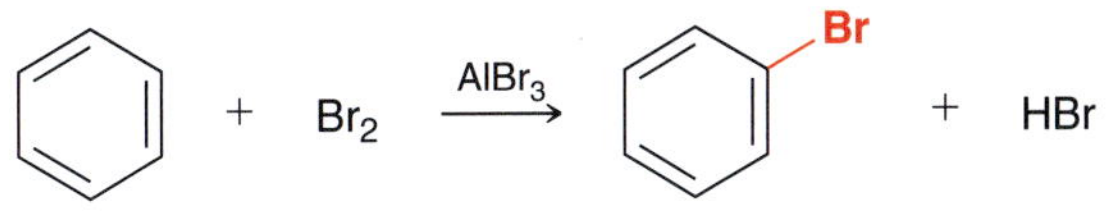

A reação de substituição observada não é acompanhada pela formação de quaisquer produtos de adição. A adição não é observada porque isso implicaria uma perda permanente de aromaticidade, o que é termodinamicamente desfavorável (Figura 19.1). Observe que, no global, a substituição é um processo exergônico (diminuição de energia), enquanto a adição é um processo endergônico (aumento de energia). Por esse motivo, só é observada a substituição.

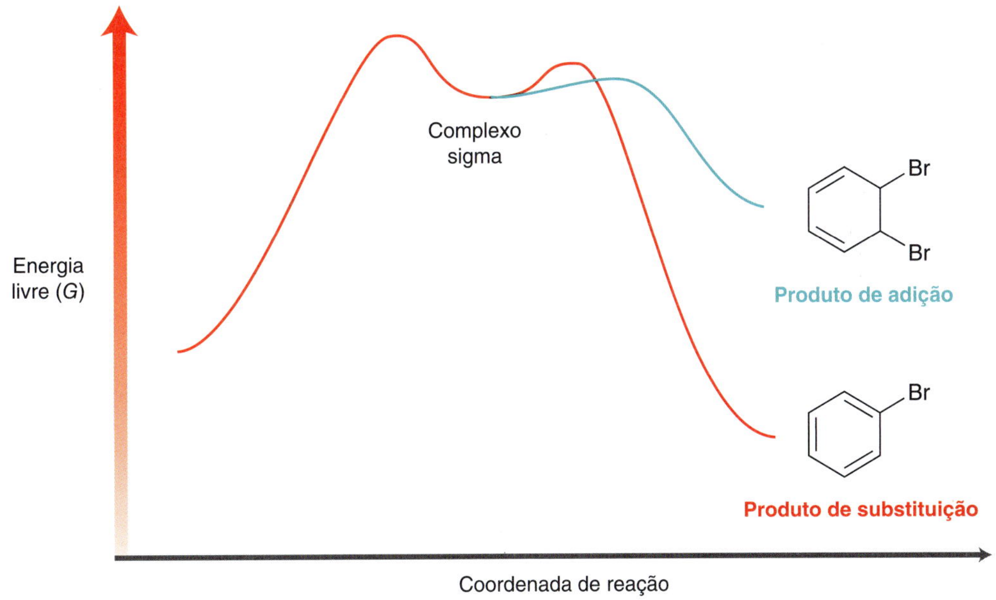

FIGURA 19.1 Um diagrama de energia comparando os caminhos reacionais de substituição e de adição do benzeno.

Uma reação semelhante ocorre quando o cloro é utilizado em vez de bromo. A cloração do benzeno é realizada com um ácido de Lewis adequado, tal como o tricloreto de alumínio.

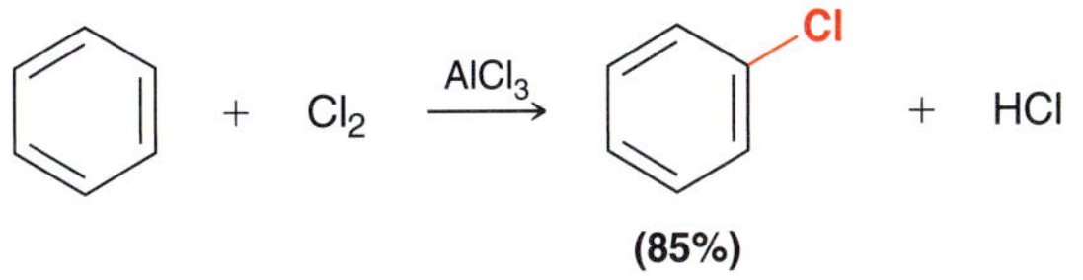

O cloro reage com o $AlCl_3$ para formar um complexo, que reage como se fosse Cl^+.

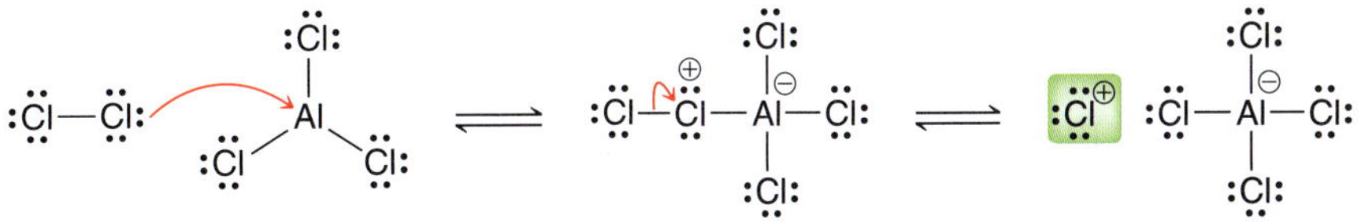

Este complexo é o agente eletrofílico que realiza a cloração do anel aromático, tal como ilustrado no Mecanismo 19.2. Este mecanismo é diretamente análogo ao mecanismo de bromação e envolve as mesmas duas etapas. Na primeira etapa, a parte aromática se comporta como um nucleófilo e ataca o agente eletrofílico, gerando um complexo sigma. A seguir, na segunda etapa, o complexo sigma é desprotonado restaurando assim a aromaticidade e regenerando o ácido de Lewis ($AlCl_3$).

MECANISMO 19.2 CLORAÇÃO DO BENZENO

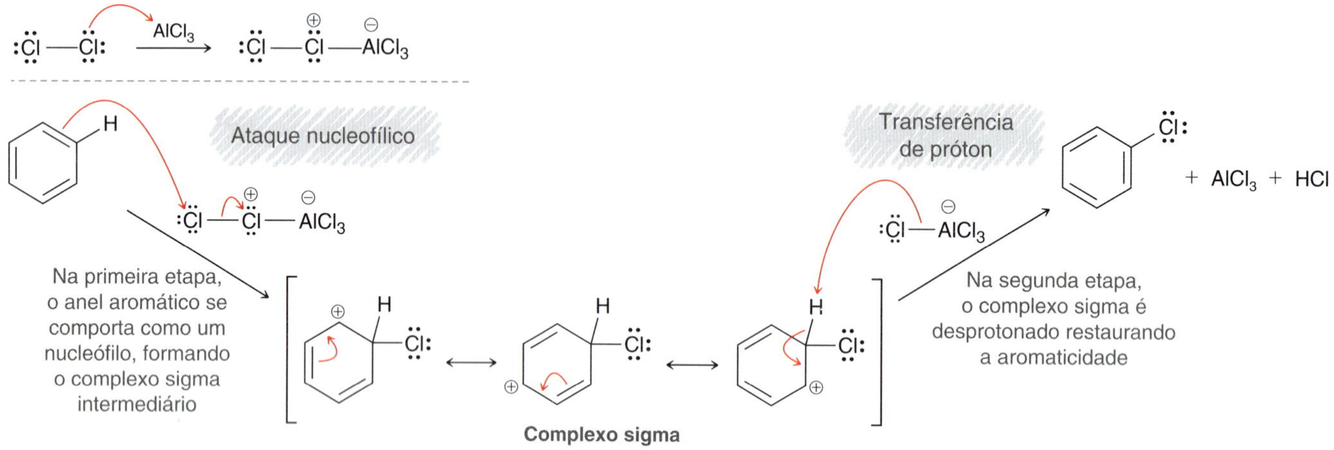

AlCl₃
Ataque nucleofílico
Transferência de próton
+ AlCl₃ + HCl
Na primeira etapa, o anel aromático se comporta como um nucleófilo, formando o complexo sigma intermediário
Na segunda etapa, o complexo sigma é desprotonado restaurando a aromaticidade
Complexo sigma

Bromação e cloração de anéis aromáticos são facilmente realizadas, mas a fluoração e a iodação são menos comuns. A fluoração é um processo violento e difícil de controlar, enquanto a iodação é frequentemente lenta, com rendimentos baixos em muitos casos. No Capítulo 23, veremos métodos mais eficientes para inserir F ou I em um anel de benzeno.

Uma variedade de eletrófilos (E^+) vai reagir com um anel benzênico, e nós vamos explorar muitos deles nas próximas seções deste capítulo. Será útil perceber que todas essas reações ocorrem através do mesmo mecanismo geral que tem apenas duas etapas: (1) o anel aromático se comporta como um nucleófilo e ataca um eletrófilo para formar um complexo sigma seguido pela (2) desprotonação do complexo sigma para restaurar a aromaticidade (Mecanismo 19.3).

MECANISMO 19.3 UM MECANISMO GERAL PARA A SUBSTITUIÇÃO ELETROFÍLICA AROMÁTICA

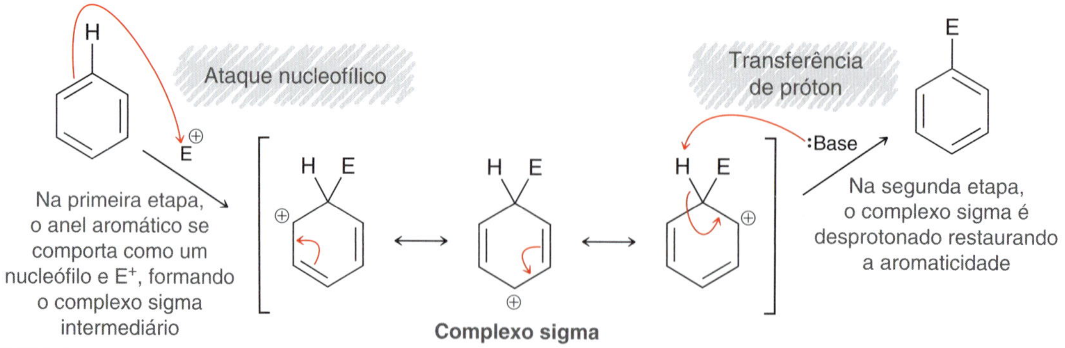

Ataque nucleofílico
Transferência de próton
:Base
Na primeira etapa, o anel aromático se comporta como um nucleófilo e E⁺, formando o complexo sigma intermediário
Na segunda etapa, o complexo sigma é desprotonado restaurando a aromaticidade
Complexo sigma

VERIFICAÇÃO CONCEITUAL

19.1 Quando o benzeno é tratado com I_2 na presença de $CuCl_2$, a iodação do anel é obtida com rendimentos moderados. Acredita-se que o $CuCl_2$ interage com o I_2 formando I^+, que é um excelente eletrófilo. O anel aromático, em seguida, reage com o I^+ em uma reação de substituição eletrofílica aromática. Represente o mecanismo da reação entre o benzeno e o I^+. Certifique-se de que o seu mecanismo tem duas etapas, e certifique-se de representar todas as estruturas de ressonância do complexo sigma.

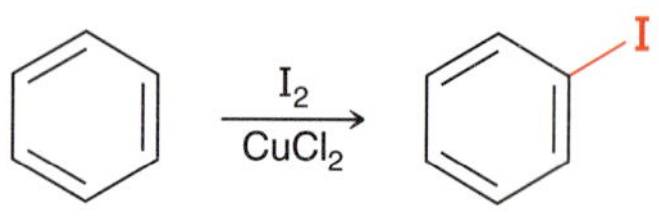

I₂
CuCl₂
I

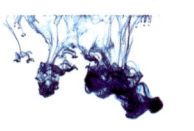

medicamente falando — Halogenação no Projeto de Fármacos

A halogenação aromática é uma técnica comum utilizada na concepção de fármacos, quando os químicos tentam modificar a estrutura de um fármaco conhecido para produzir novos fármacos com propriedades melhoradas. Por exemplo, considere as seguintes três substâncias:

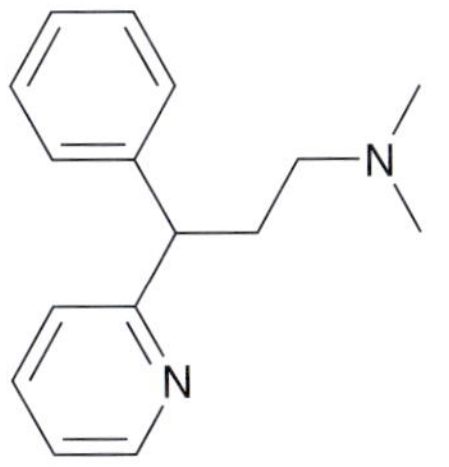

Feniramina

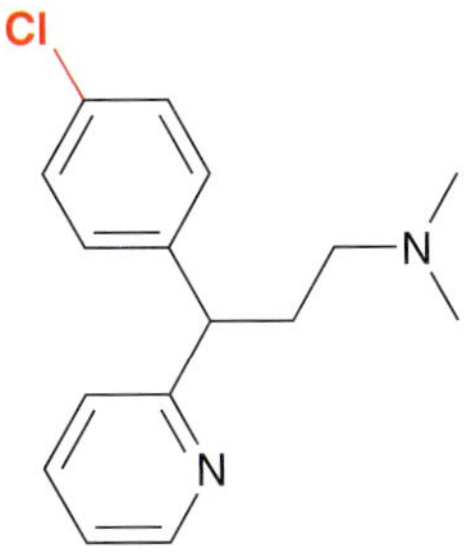

Clorofeniramina

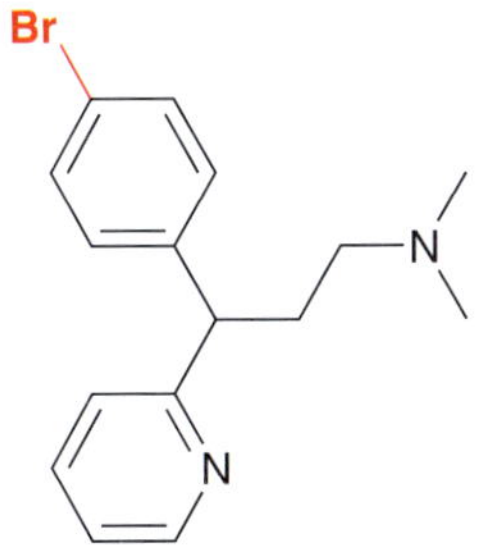

Bromofeniramina

A feniramina é um anti-histamínico (para uma discussão sobre os anti-histamínicos, consulte a Seção 18.5). Quando um átomo de cloro é inserido na posição para de um dos anéis, uma nova substância chamada clorofeniramina é obtida. A clorofeniramina é 10 vezes mais potente que a feniramina e é comercializada sob o nome Chlortrimeton. Quando um átomo de bromo é inserido em vez de cloro, é obtida a bromofeniramina, que é comercializada sob o nome Dimetane. Esta substância é um dos ingredientes ativos no Dimetapp. É semelhante em potência ao Chlortrimeton, mas seus efeitos duram quase o dobro do tempo.

A halogenação também é um processo crítico para a concepção de muitos outros tipos de fármacos. Por exemplo, considere os agentes antifúngicos clotrimazol e econazol:

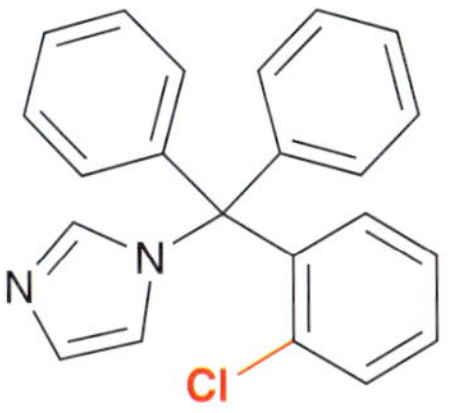

Clotrimazol

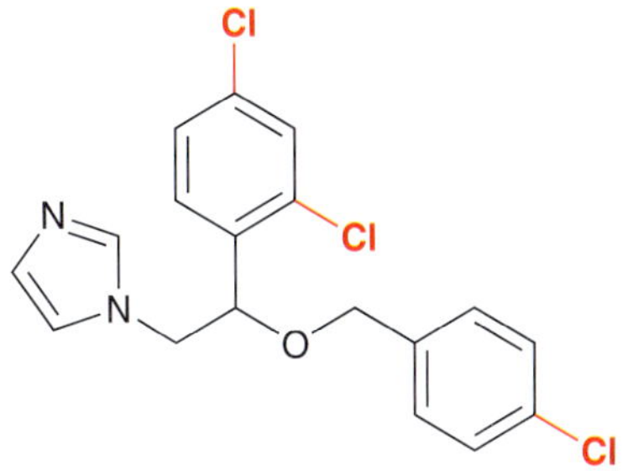

Econazol

Ambas as substâncias são exemplos de agentes antifúngicos azol (azol é um anel aromático de cinco membros contendo dois átomos de nitrogênio). Agentes antifúngicos azol normalmente contêm dois ou três anéis aromáticos adicionais, pelo menos um dos quais está substituído com um halogênio. Estudos de estrutura-atividade revelaram que a presença de um átomo de halogênio é crítica para a atividade do fármaco. Clotrimazol é comercializado sob o nome Lotrimin™, e econazol é comercializado sob o nome Spectazole™. Observe que nas duas substâncias os halogênios estão nas posições orto e para. Nas seções posteriores deste capítulo, vamos ver por que as posições orto e para são mais facilmente halogenadas.

19.3 Sulfonação

Quando o benzeno é tratado com ácido sulfúrico fumegante ocorre uma reação de **sulfonação** e o ácido benzenossulfônico é obtido.

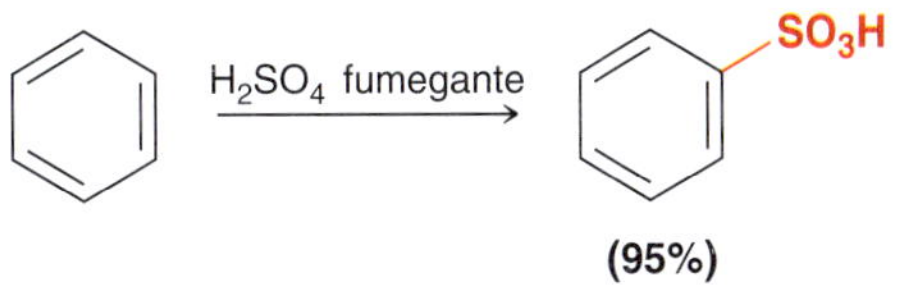

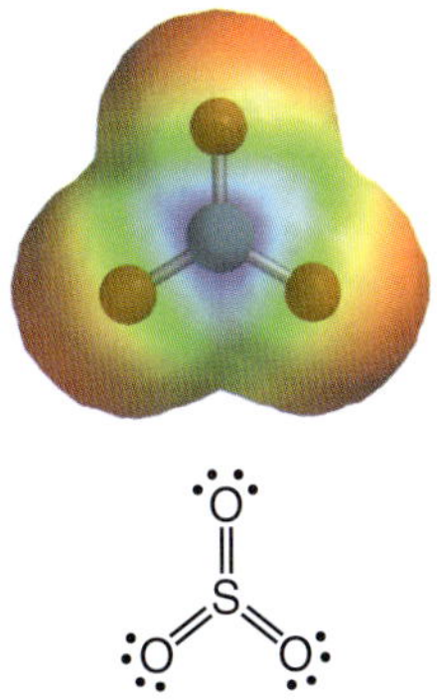

FIGURA 19.2
Um mapa de potencial eletrostático do trióxido de enxofre.

Ácido sulfúrico fumegante é uma mistura de H_2SO_4 e SO_3 gasoso. O trióxido de enxofre (SO_3) é um eletrófilo muito potente, tal como pode ser visto no mapa de potencial eletrostático na Figura 19.2. Essa imagem mostra que o átomo de enxofre é um sítio de baixa densidade eletrônica (um centro eletrofílico). Para entender a razão disso, devemos explorar a natureza das ligações duplas S=O. Lembre-se de que a ligação dupla C=C é formada a partir da sobreposição de orbitais *p*. A ligação dupla S=O também é formada a partir da sobreposição de orbitais *p*, mas a sobreposição é menos eficiente porque os orbitais *p* são de tamanhos diferentes (Figura 19.3). O átomo de enxofre utiliza um orbital 3*p* (o enxofre está na terceira linha da Tabela Periódica), enquanto o átomo de oxigênio utiliza um orbital 2*p* (o oxigênio está na segunda linha da Tabela Periódica).

Sobreposição ineficiente
S—O

FIGURA 19.3
Os orbitais *p* envolvidos em uma ligação S=O.

A sobreposição desses orbitais ineficientes sugere que a ligação deve ser considerada como uma ligação simples que apresenta separação de cargas (S^+ e O^-), em vez de uma ligação dupla. Cada uma das ligações S=O no trióxido de enxofre é muito polarizada, tornando, dessa maneira, o átomo de enxofre extremamente pobre em elétrons e suficientemente eletrófilo para reagir com o benzeno. A reação envolve as duas etapas que são características de todas as reações de substituição eletrofílica aromática, um ataque nucleofílico e uma transferência de prótons (Mecanismo 19.4). O produto dessas duas etapas apresenta uma carga negativa e é protonado na presença de ácido sulfúrico.

MECANISMO 19.4 SULFONAÇÃO DO BEZENO

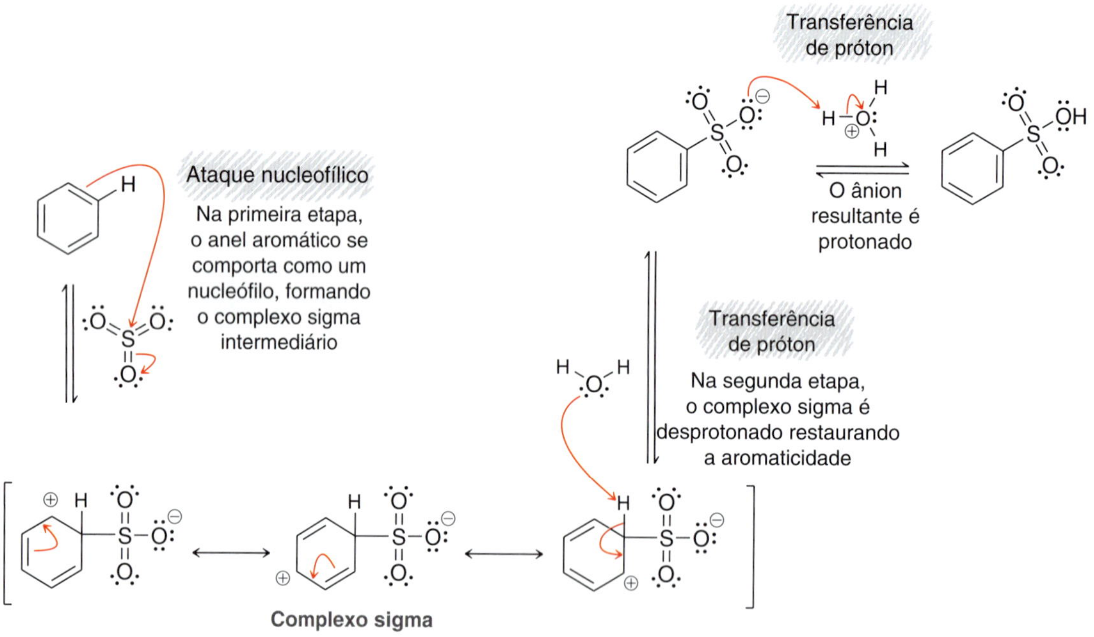
Ataque nucleofílico
Na primeira etapa, o anel aromático se comporta como um nucleófilo, formando o complexo sigma intermediário
Transferência de próton
Na segunda etapa, o complexo sigma é desprotonado restaurando a aromaticidade
Transferência de próton
O ânion resultante é protonado
Complexo sigma

A reação entre o benzeno e o SO_3 é altamente sensível às concentrações dos reagentes e, portanto, é reversível. A reversibilidade deste processo será reexaminada posteriormente neste capítulo e também será muito utilizada na síntese de substâncias aromáticas polissubstituídas.

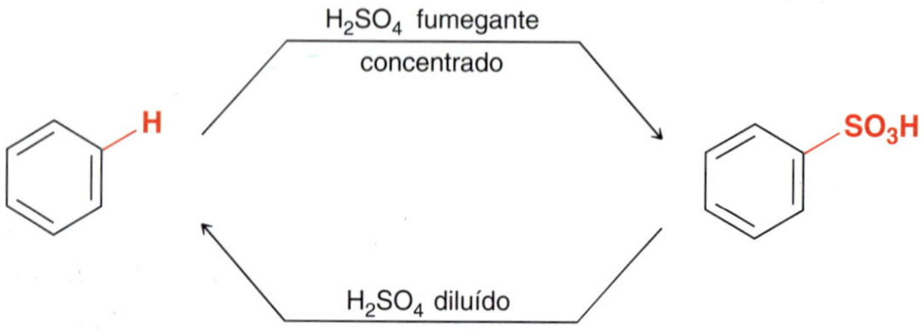
H
H_2SO_4 fumegante concentrado
SO_3H
H_2SO_4 diluído

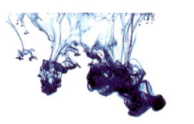

falando de modo prático — O que São as Cores em Vários Produtos Alimentícios

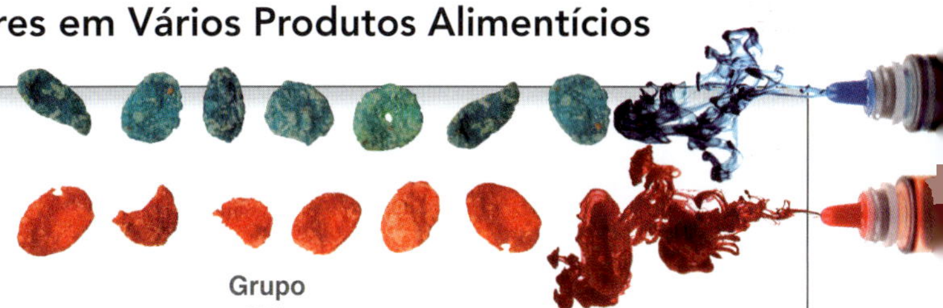

Em meados do século XIX, descobriu-se que dois radicais aromáticos podiam ser ligados por um grupo azo (—N═N—), em um processo chamado de *acoplamento azo*:

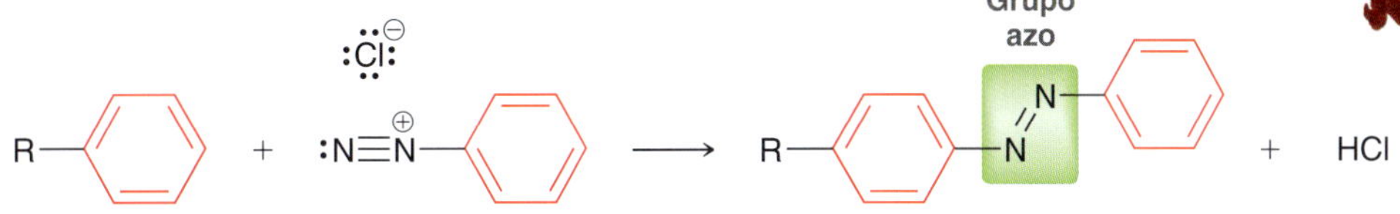

(R = OH ou NH_2)

Acredita-se que este processo, que será explorado em mais detalhes no Capítulo 23, ocorre por meio de uma reação de substituição eletrofílica aromática:

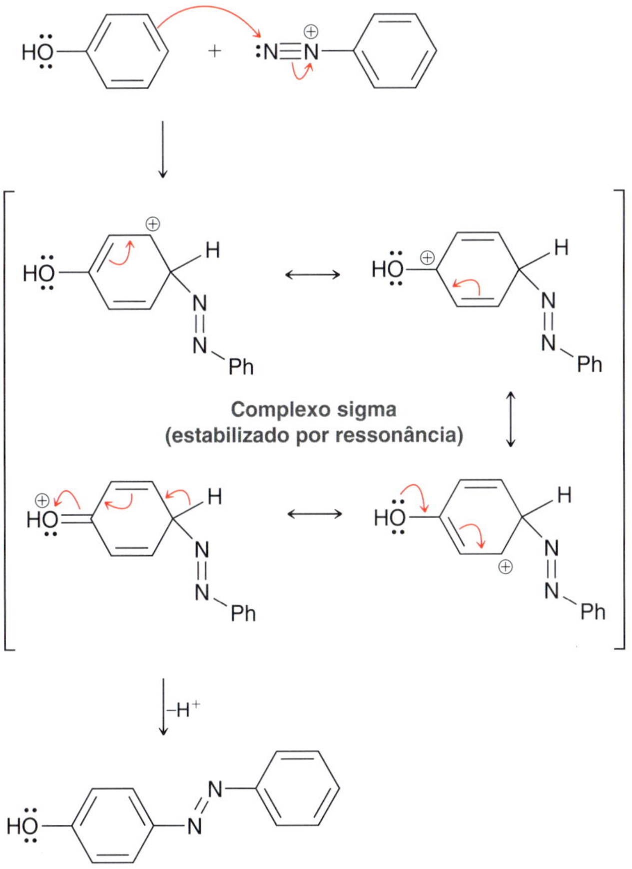

A substância resultante exibe conjugação estendida e é, portanto, colorido (para saber mais sobre a origem da cor, consulte a Seção 17.12).

Através da modificação estrutural dos materiais de partida (colocando os substituintes nos anéis aromáticos antes do acoplamento azo), uma variedade de produtos pode ser obtida, cada um apresentando uma única cor. Devido à variedade de cores que podem ser preparadas, uma quantidade significativa de pesquisa objetivou conceber substâncias que podiam servir como corantes de tecidos. Essas substâncias, chamadas corantes azo, foram produzidas em grandes quantidades e, no final do século XIX, havia um mercado muito grande para eles. Embora outros tipos de corantes tenham sido descobertos desde então, os corantes azo representam ainda mais de 50% do mercado de corantes sintéticos.

Entre muitas outras aplicações, corantes azo são atualmente utilizados em tintas, cosméticos e alimentos. O uso de corantes alimentares é regulamentado nos Estados Unidos pela FDA (Food and Drug Administration). Esses corantes incluem substâncias como o vermelho#40 e o amarelo# 6, citados no início deste capítulo:

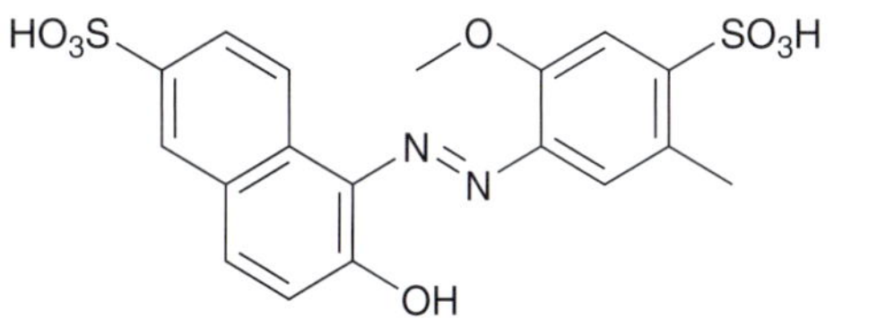

Vermelho #40

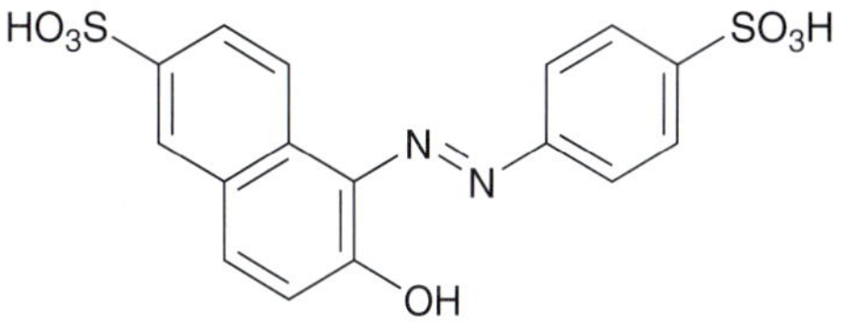

Amarelo #6

Observe a presença de grupos ácido sulfônico (—SO_3H), em ambas as substâncias. Esses grupos são necessários, porque eles são facilmente desprotonados para dar ânions, tornando-se solúveis em água. Os grupos ácido sulfônico são introduzidos por meio do processo de sulfonação que estudamos nesta seção.

Muitos corantes azo também contêm grupos nitro, tal como Laranja# 1:

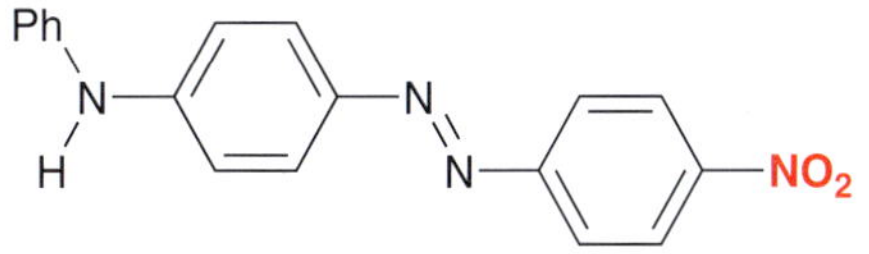

Laranja #1

Na seção seguinte, vamos aprender a inserir um grupo nitro em um anel aromático.

VERIFICAÇÃO CONCEITUAL

19.2 Represente o mecanismo da reação que é vista a seguir. **Sugestão:** Essa reação é o inverso da sulfonação, de modo que você deve ler o mecanismo de sulfonação de trás para a frente. Seu mecanismo deve envolver um complexo sigma (positivamente carregado).

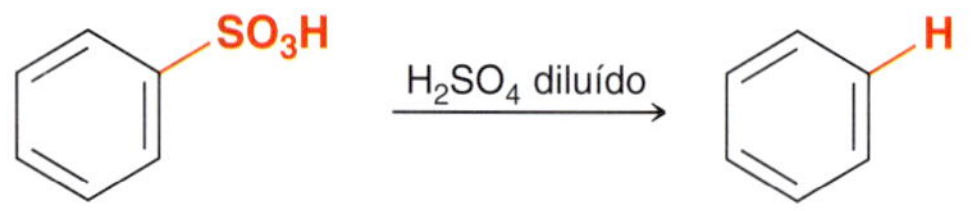

19.3 Quando o benzeno é tratado com D_2SO_4, um átomo de deutério substitui um dos átomos de hidrogênio. Proponha um mecanismo para essa reação. Mais uma vez, certifique-se que seu mecanismo envolve um complexo sigma.

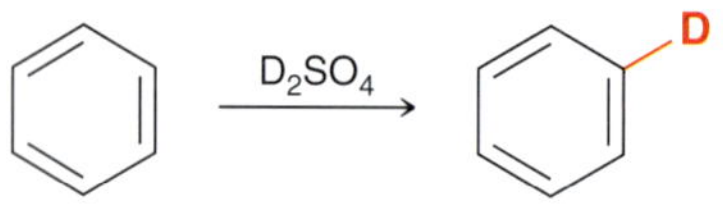

19.4 Nitração

Quando o benzeno é tratado com uma mistura de ácido nítrico e ácido sulfúrico, ocorre uma reação de **nitração** em que o nitrobenzeno é formado.

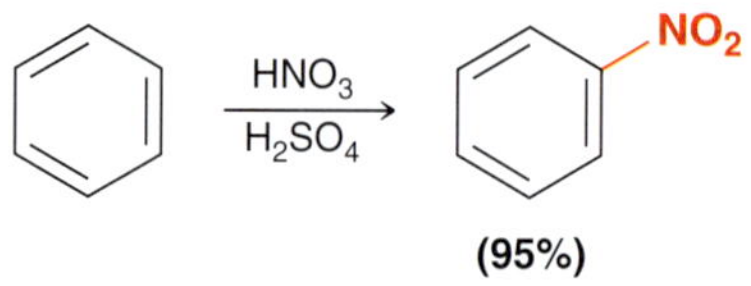

Acredita-se que essa reação prossegue via uma substituição eletrofílica aromática em que um **íon nitrônio** (NO_2^+) seja o eletrófilo. Este eletrófilo forte é formado a partir da reação ácido-base que ocorre entre o HNO_3 e o H_2SO_4. O ácido nítrico se comporta como uma base para aceitar um próton a partir de ácido sulfúrico, seguido da perda de água para produzir um íon nitrônio (Mecanismo 19.5). Pode parecer estranho que o ácido nítrico se comporte como uma base em

MECANISMO 19.5 NITRAÇÃO DO BENZENO

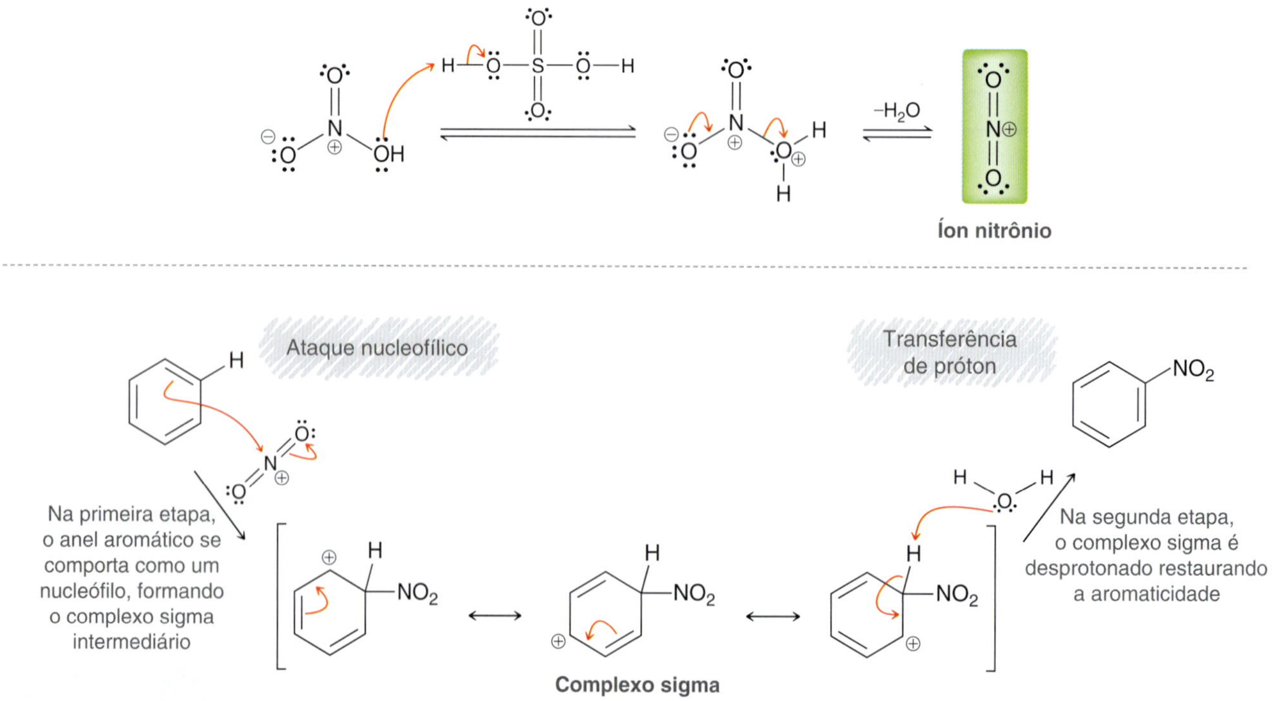

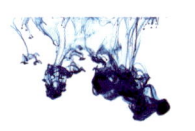

vez de um ácido, mas lembre-se de que a acidez é relativa. O ácido sulfúrico é um ácido mais forte do que o ácido nítrico, e vai protonar o ácido nítrico quando eles são misturados entre si. O íon nitrônio resultante serve então como um eletrófilo em uma reação de substituição eletrofílica aromática.

Este método pode ser utilizado para inserir um grupo nitro em um anel aromático. Uma vez no anel, o grupo nitro pode ser reduzido para dar um grupo amino (NH_2).

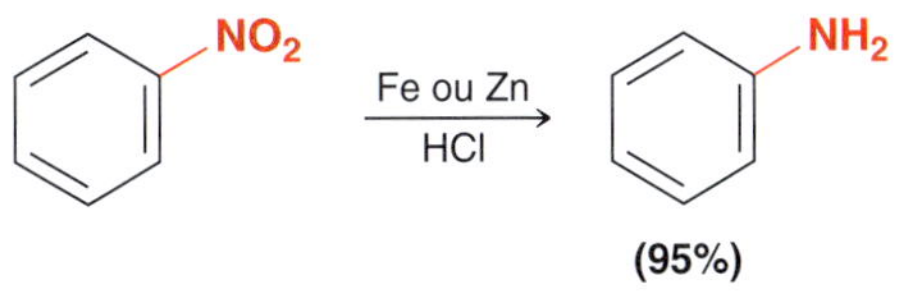

Isso nos dá um método de duas etapas para inserir um grupo amino em um anel aromático: (1) nitração, seguida por (2) redução do grupo nitro.

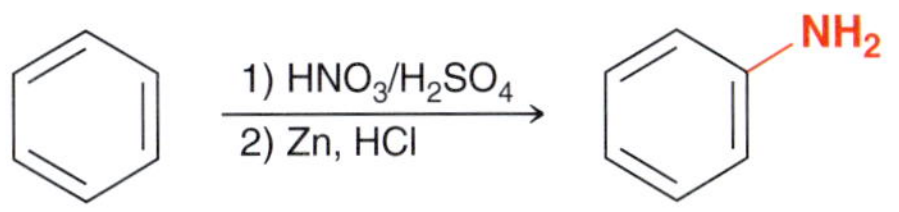

VERIFICAÇÃO CONCEITUAL

19.4 Represente o mecanismo da reação vista a seguir, e certifique-se de representar todas as três estruturas de ressonância do complexo sigma.

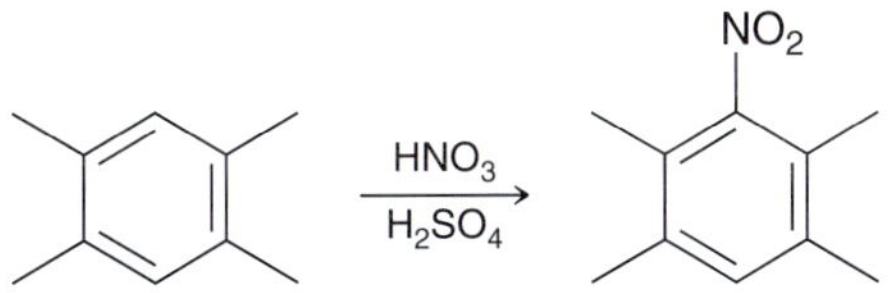

19.5 Alquilação de Friedel-Crafts

Nas seções anteriores, vimos que uma variedade de eletrófilos (Br^+, Cl^+, SO_3 e NO_2^+) reagirá com benzeno em uma reação de substituição eletrofílica aromática. Nesta seção e na próxima, vamos explorar eletrófilos em que o centro eletrofílico é um átomo de carbono.

A **alquilação de Friedel-Crafts**, descoberta por Charles Friedel e Crafts James em 1877, torna possível inserir um grupo alquila em um anel aromático.

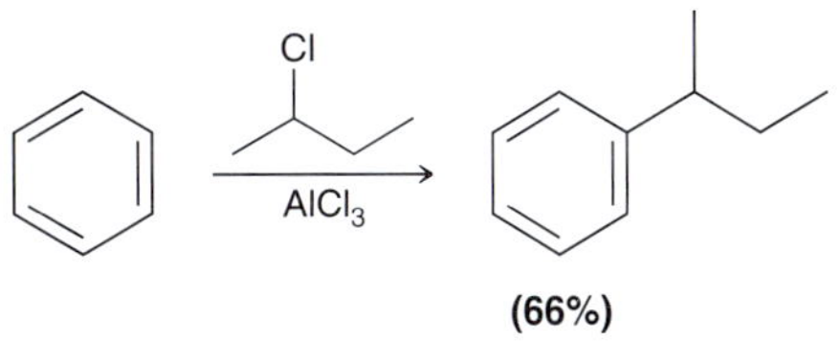

Embora um haleto de alquila, tal como 2-clorobutano, seja, por si só, eletrofílico, ele não é suficientemente eletrofílico para reagir com o benzeno. No entanto, na presença de um ácido de Lewis, tal como o tricloreto de alumínio, o haleto de alquila é convertido em um carbocátion.

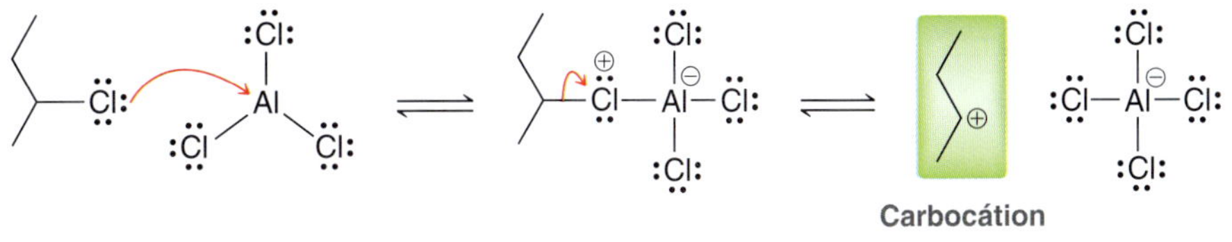

medicamente falando

A Descoberta de Profármacos

Vimos que os corantes são usados em uma variedade de aplicações. Um exemplo de tais aplicações levou a uma descoberta que teve um profundo impacto sobre o campo da medicina. Especificamente, observou-se que certas bactérias absorviam corantes azo, tornando-se mais facilmente visíveis ao microscópio. Em um esforço para encontrar um corante azo que podia ser tóxico para as bactérias, Fritz Mietzsch e Joseph Klarer (da empresa alemã de corantes, IG Farbenindustrie) começaram catalogando corantes azo para possíveis propriedades antibacterianas. Um médico chamado Gerhard Domagk avaliou os corantes pela atividade potencial, o que levou à descoberta das propriedades antibacterianas potentes do prontosil.

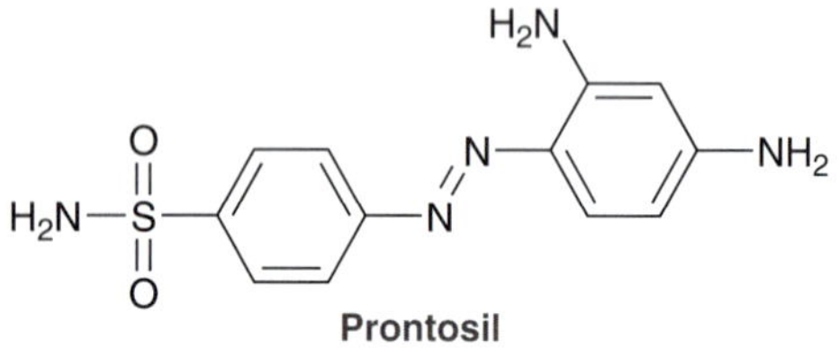

Prontosil

Domagk foi capaz de demonstrar que o prontosil curava infecções estreptocócicas em ratos. Em 1933, os médicos começaram a usar o prontosil em seres humanos que sofriam de risco de vida por infecções bacterianas. O sucesso deste fármaco foi extraordinário, e o prontosil se tornou o primeiro fármaco que foi sistematicamente utilizado para o tratamento de infecções bacterianas. Ao desenvolvimento do prontosil foi creditado o salvamento de milhares de vidas. Por seu trabalho pioneiro que levou a essa descoberta, Domagk foi agraciado com o prêmio Nobel de 1939 em Medicina.

Prontosil exibiu uma propriedade muito curiosa que intrigou os cientistas. Especificamente, verificou-se que ele era totalmente inativo contra bactérias *in vitro* (literalmente em "vidro", em culturas bacterianas cultivadas em placas de vidro). Suas propriedades antibacterianas só foram observadas *in vivo* (literalmente "em vida", quando administrados a seres vivos, como ratos e seres humanos). Essas observações inspiraram muitas pesquisas sobre a atividade do prontosil e, em 1935, verificou-se que o prontosil é metabolizado no corpo produzindo uma substância chamada de sulfanilamida.

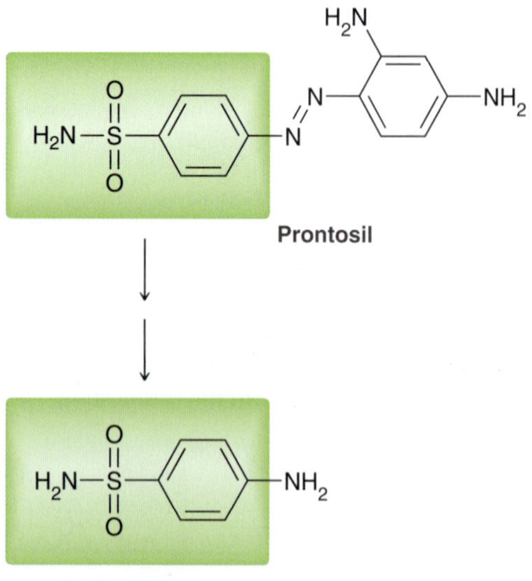

Sulfanilamida

A sulfanilamida foi determinada como a substância ativa, uma vez que é ela que interfere no crescimento de células bacterianas. Em uma placa de vidro, o prontosil não é convertido em sulfanilamida, o que explica por que as propriedades antibacterianas só foram observadas *in vivo*. Essa descoberta inaugurou a era dos profármacos. Os profármacos são substâncias farmacologicamente inativas que são convertidas pelo corpo em substâncias ativas. Essa descoberta levou os cientistas a direcionar suas pesquisas em novas direções. Eles começaram a conceber novos fármacos potenciais com base em modificações estruturais da sulfanilamida em vez do prontosil. Pesquisa extensiva foi dirigida para produzir esses análogos da sulfanilamida, chamados de sulfonamidas. Em 1948, mais de 5000 sulfonamidas foram criadas, das quais mais de 20 foram finalmente utilizadas na prática clínica.

A emergência de cepas de bactérias resistentes à sulfanilamida, em conjunto com o advento de penicilinas (discutido no Capítulo 23), tornou a maioria das sulfonamidas obsoletas. Algumas sulfonamidas são usadas ainda hoje para tratar a infecção bacteriana específica em doentes com SIDA (AIDS), bem como algumas outras aplicações. Apesar do seu pequeno papel na prática corrente, sulfonamidas ocupam um papel único na história, porque o seu desenvolvimento baseou-se na descoberta do primeiro profármaco conhecido.

Há atualmente um grande número de fármacos no mercado. Profármacos são frequentemente concebidos intencionalmente para um propósito específico. Nesse sentido, esse tipo de fármaco é usado no tratamento da doença de Parkinson. Os sintomas da doença de Parkinson são atribuídos aos baixos níveis de dopamina em uma parte específica do cérebro. Esses sintomas podem ser tratados através da administração de L-dopa ao paciente. Esse profármaco é capaz de alcançar o destino desejado (mais efetivamente do que a dopamina), onde ele sofre descarboxilação para produzir a dopamina necessária.

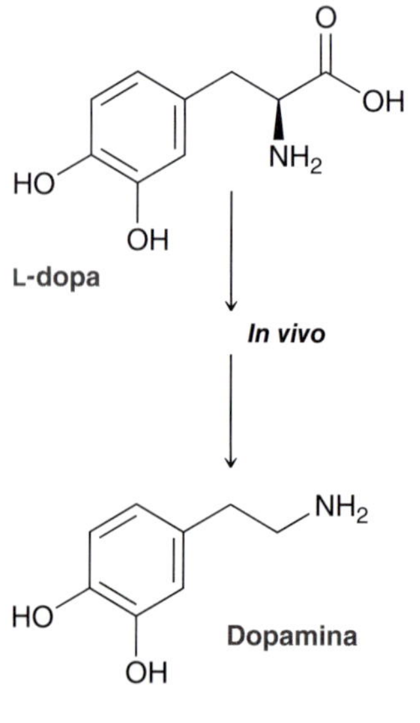

Há muitas variedades diferentes e classes de profármacos, e um tratamento completo está além do escopo da nossa discussão. A descoberta de profármacos foi uma conquista extremamente importante no desenvolvimento da química medicinal, e tudo começou com uma cuidadosa análise de corantes azo, que são do mesmo tipo que os encontrados nos produtos alimentícios.

O catalisador se comporta exatamente como o esperado (compare o papel do $AlCl_3$ aqui com o papel que ele desempenha na Seção 19.2). O resultado aqui é a formação de um carbocátion, que é um excelente eletrófilo e é capaz de reagir com o benzeno em uma reação de substituição eletrofílica aromática (Mecanismo 19.6).

MECANISMO 19.6 ALQUILAÇÃO DE FRIEDEL-CRAFTS

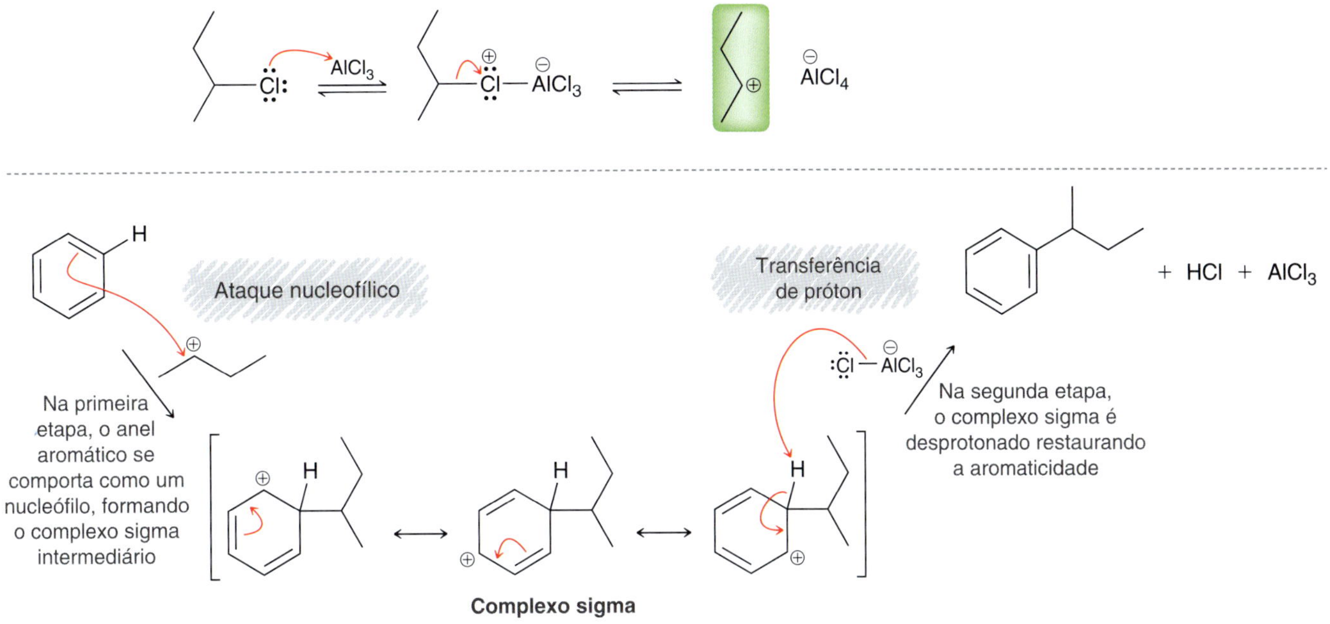
AlCl3
Cl—AlCl3
AlCl4
H
Ataque nucleofílico
Transferência de próton
+ HCl + AlCl3
Na primeira etapa, o anel aromático se comporta como um nucleófilo, formando o complexo sigma intermediário
Cl—AlCl3
Na segunda etapa, o complexo sigma é desprotonado restaurando a aromaticidade
Complexo sigma

Após a formação do carbocátion, duas etapas estão envolvidas nesta substituição eletrofílica aromática. Na primeira etapa, o anel aromático se comporta como um nucleófilo e ataca o carbocátion, formando um complexo sigma. O complexo sigma é então desprotonado para restaurar a aromaticidade.

Muitos haletos de alquila diferentes podem ser usados em uma alquilação de Friedel-Crafts. Haletos secundários e terciários são prontamente convertidos em carbocátions na presença de $AlCl_3$. Haletos de alquila primários não são convertidos em carbocátions, pois carbocátions primários têm energia extremamente elevada. No entanto, uma alquilação de Friedel-Crafts é realmente observada quando o benzeno é tratado com cloreto de etila, na presença de $AlCl_3$.

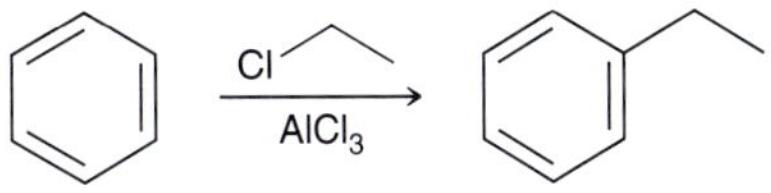
Cl
AlCl3

Neste caso, o agente eletrofílico se presume que seja um complexo entre cloreto de etila e o $AlCl_3$.

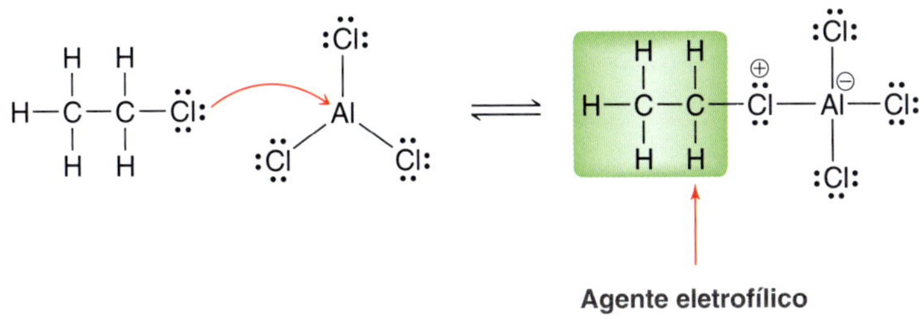
Agente eletrofílico

Este complexo pode ser atacado por um anel aromático, assim como vimos durante a cloração (Mecanismo 19.2). Embora uma alquilação de Friedel-Crafts seja eficaz quando o cloreto de etila

RELEMBRANDO
Para uma revisão de rearranjos de carbocátions, consulte a Seção 6.11, do Volume 1.

é utilizado, a maior parte de outros haletos de alquila primários não pode ser utilizada de forma eficaz, porque os seus complexos com o $AlCl_3$ prontamente sofrem rearranjo para formar carbocátions secundários ou terciários. Por exemplo, quando um clorobutano é tratado com tricloreto de alumínio, um carbocátion secundário é formado por meio de um deslocamento de hidreto.

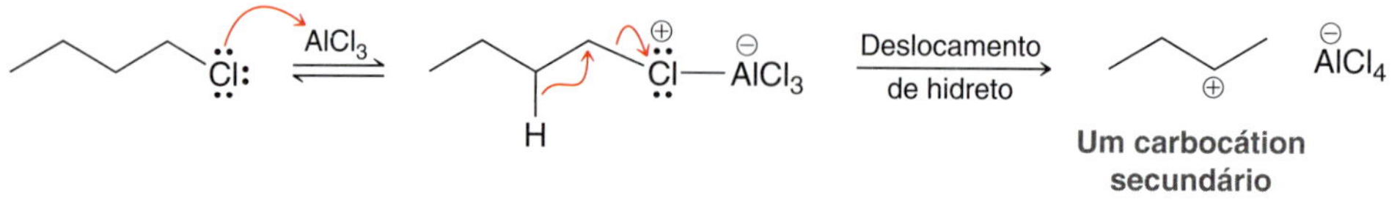

Neste caso, é obtida uma mistura de produtos.

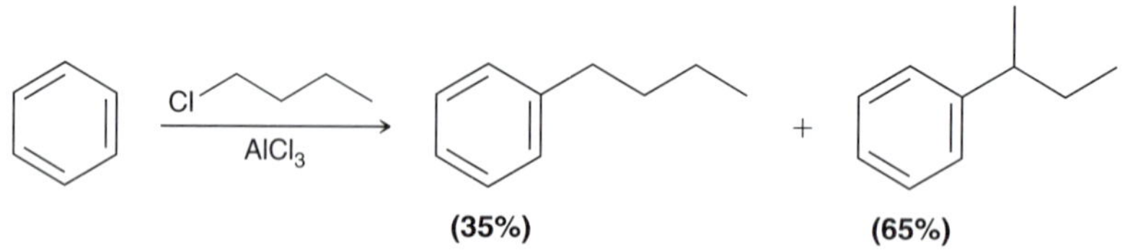

A proporção entre os produtos depende das condições escolhidas (concentração, temperatura etc.), mas uma mistura de produtos é inevitável. Portanto, na prática, uma alquilação de Friedel-Crafts é apenas eficaz quando o substrato não pode sofrer rearranjo.

Existem várias outras limitações que têm que ser observadas.

1. Ao escolher um haleto de alquila, o átomo de carbono ligado ao halogênio deve ser hibridizado sp^3. Carbocátions vinílicos e carbocátions arilílicos não são suficientemente estáveis para serem formados sob condições de Friedel-Crafts.

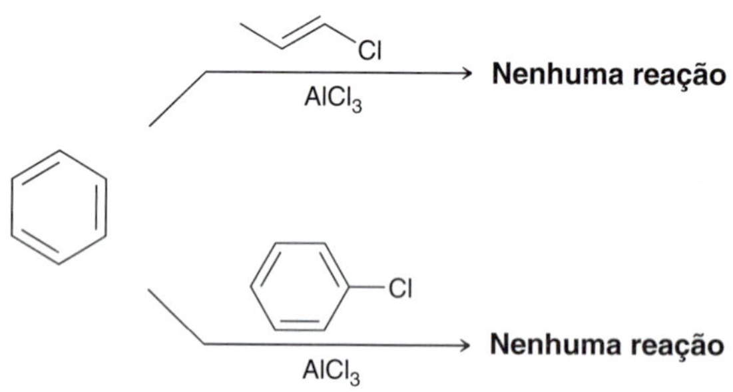

2. A inserção de um grupo alquila ativa o anel para uma alquilação adicional (por questões que iremos explorar nas seções posteriores deste capítulo). Portanto, polialquilações ocorrem frequentemente.

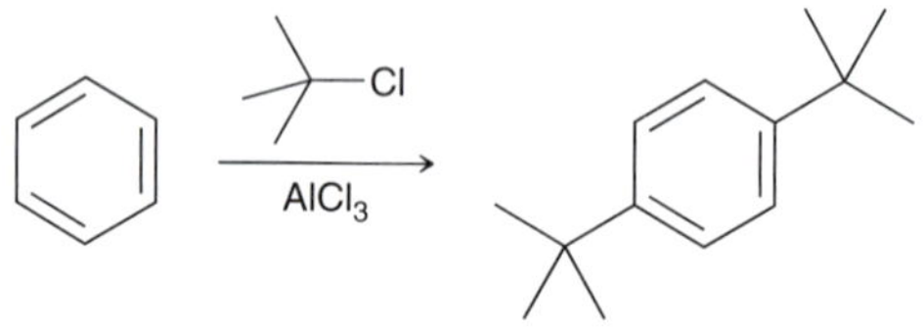

Este problema geralmente pode ser evitado escolhendo as condições de reação que favorecem a monoalquilação. No restante deste capítulo, vamos admitir que todas as alquilações de Friedel-Crafts são realizadas sob condições que favorecem a monoalquilação, salvo indicação em contrário.

3. Existem determinados grupos, tais como um grupo nitro, que são incompatíveis com a reação de Friedel-Crafts. Nas próximas seções deste capítulo, vamos explorar a razão para esta incompatibilidade.

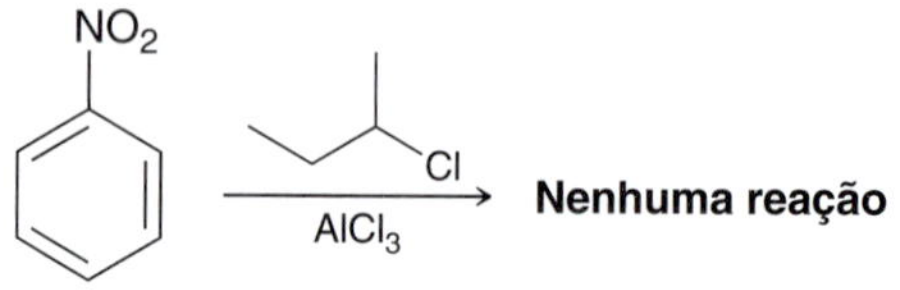

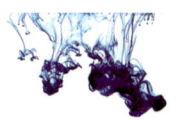

VERIFICAÇÃO CONCEITUAL

19.5 Preveja o(s) produto(s) esperado(s) quando o benzeno é tratado com cada um dos haletos de alquila vistos a seguir na presença de $AlCl_3$. Em cada caso, admita que as condições foram controladas para favorecer a monoalquilação.

(a) 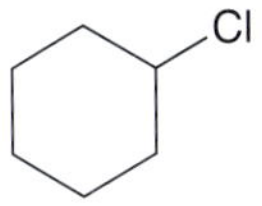

(b) 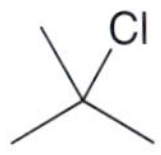

(c) 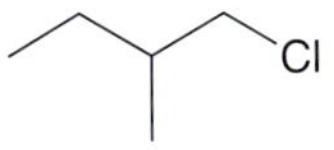

19.6 Represente o mecanismo da reação que é vista a seguir, que envolve duas alquilações de Friedel-Crafts consecutivas. Quando representar o mecanismo, não tente representar as duas alquilações como ocorrendo simultaneamente (esse mecanismo teria muitas setas curvas e cargas simultâneas). Primeiro represente as etapas que inserem um grupo alquila e, a seguir, represente as etapas que inserem o segundo grupo alquila.

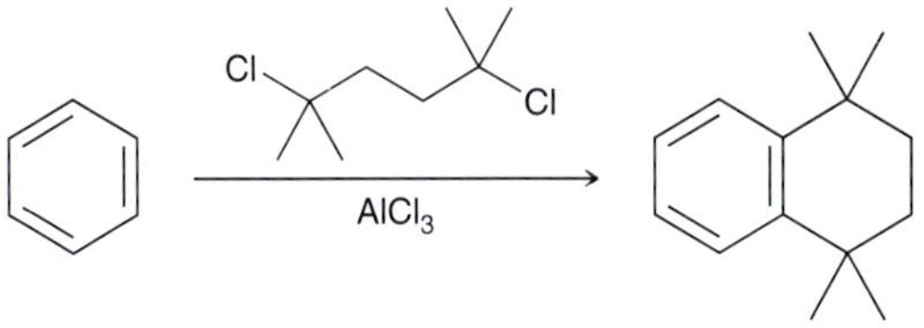

19.7 A alquilação de Friedel-Crafts é uma substituição eletrófila aromática em que o eletrófilo (E^+) é um carbocátion. Nos capítulos anteriores, vimos outros métodos de fomação de carbocátions, tal como a protonação de um alqueno usando um ácido forte. O carbocátion resultante também pode ser atacado por um anel benzênico, o que resulta na alquilação do anel aromático. Com isso em mente, represente um mecanismo para a seguinte transformação:

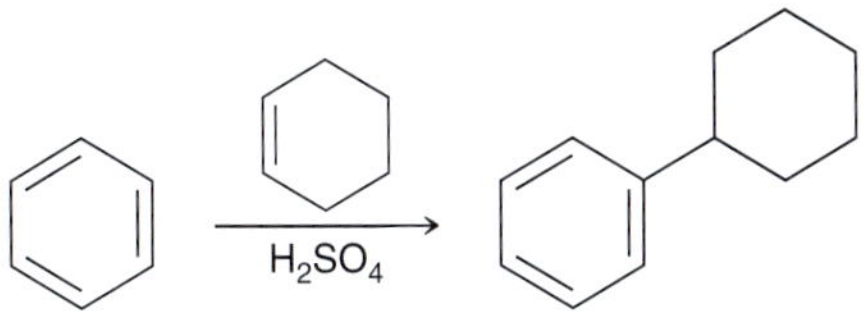

(68%)

19.6 Acilação de Friedel-Crafts

Na seção anterior, aprendemos como inserir um grupo alquila em um anel aromático. Um método semelhante pode ser usado para inserir um grupo acila. A diferença entre um grupo alquila e um grupo acila é mostrada a seguir.

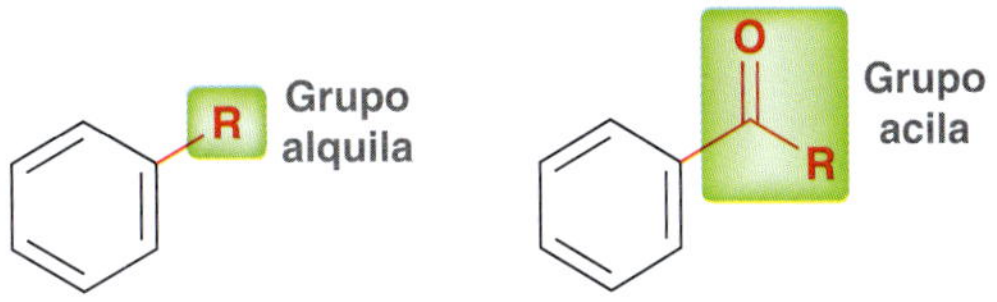

Uma reação que insere um grupo acila é chamada de *acilação*.

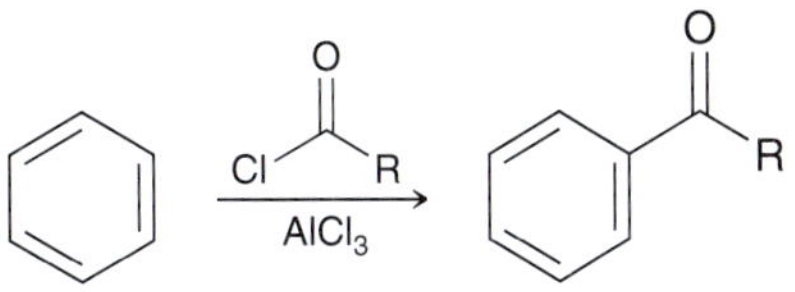

Acredita-se que esse processo, chamado de **acilação de Friedel-Crafts**, avance através de um mecanismo que é muito semelhante ao mecanismo apresentado para a alquilação na seção anterior. Um cloreto de acila é tratado com um ácido de Lewis para formar uma espécie catiônica, chamada de **íon acílio**.

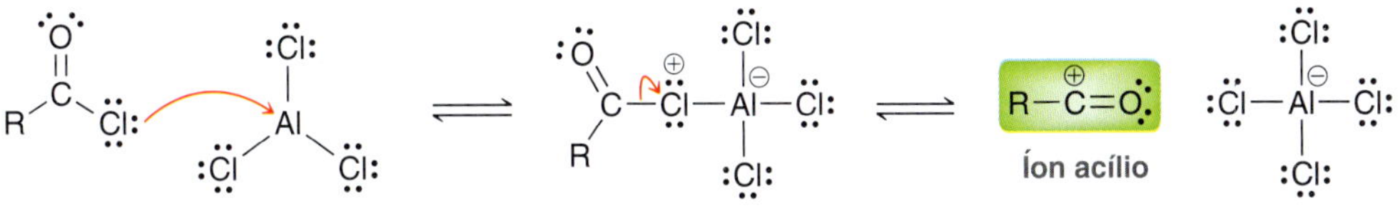

Os íons acílio são estabilizados por ressonância e, portanto, não são suscetíveis de rearranjo.

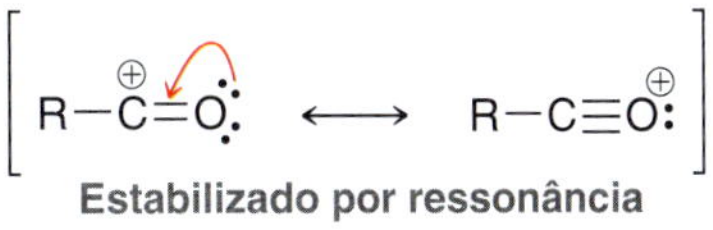

Estabilizado por ressonância

O rearranjo não ocorre porque um rearranjo do carbocátion iria resultar na perda da ressonância de estabilização (um processo endergônico). O íon acílio é um eletrófilo excelente, produzindo uma reação de substituição eletrofílica aromática (Mecanismo 19.7).

MECANISMO 19.7 ACILAÇÃO DE FRIEDEL-CRAFTS

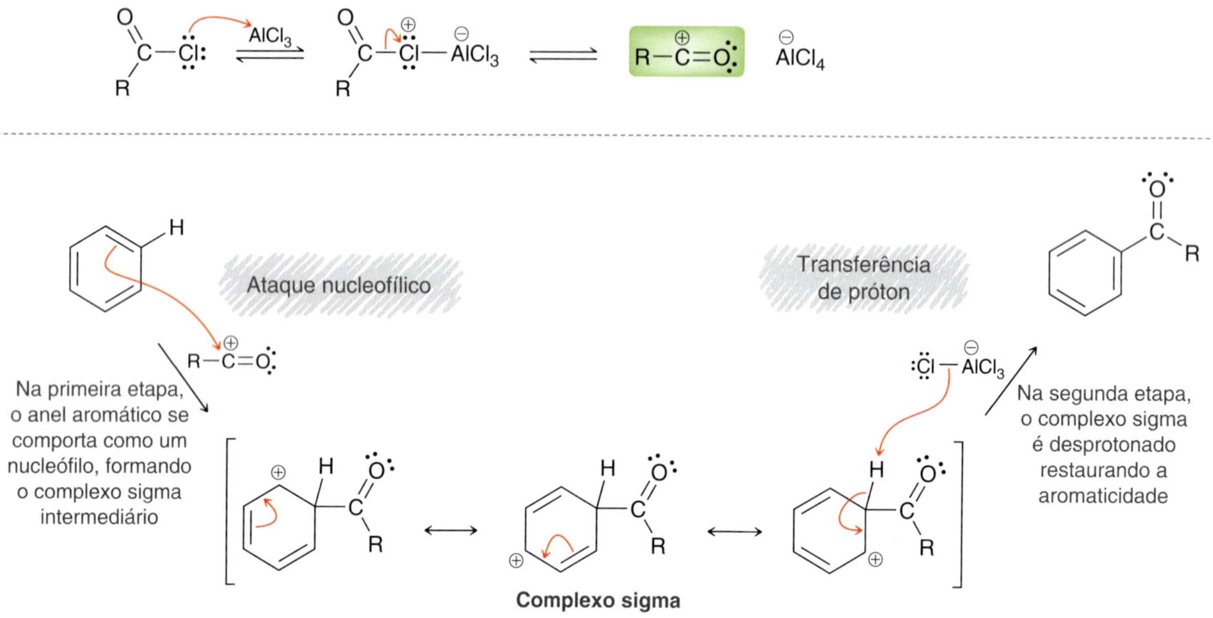
AlCl3
Ataque nucleofílico
Transferência de próton
Na primeira etapa, o anel aromático se comporta como um nucleófilo, formando o complexo sigma intermediário
Na segunda etapa, o complexo sigma é desprotonado restaurando a aromaticidade
Complexo sigma

O íon acílio é atacado pelo anel benzênico para produzir um complexo sigma intermediário, que é então desprotonado para restaurar a aromaticidade.

O produto de uma acilação de Friedel-Crafts é uma cetona de arila, que pode ser reduzida utilizando-se uma **redução de Clemmensen**.

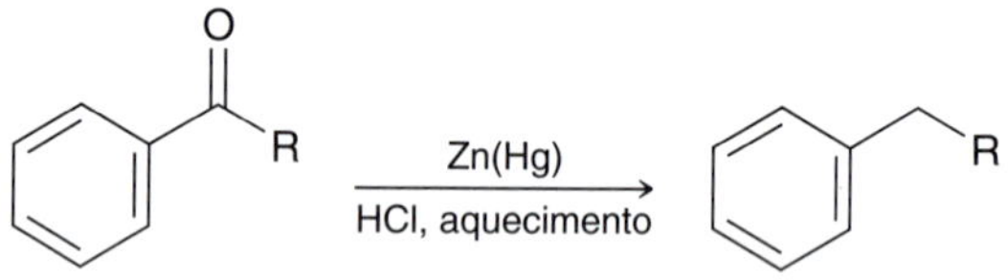
Zn(Hg)
HCl, aquecimento

Na presença de HCl e de zinco amalgamado (zinco que foi tratado de modo que sua superfície é uma liga ou uma mistura de zinco e mercúrio), o grupo carbonila é completamente reduzido e substituído por dois átomos de hidrogênio. Quando a acilação de Friedel-Crafts é seguida por uma redução de Clemmensen, o resultado final é a inserção de um grupo alquila.

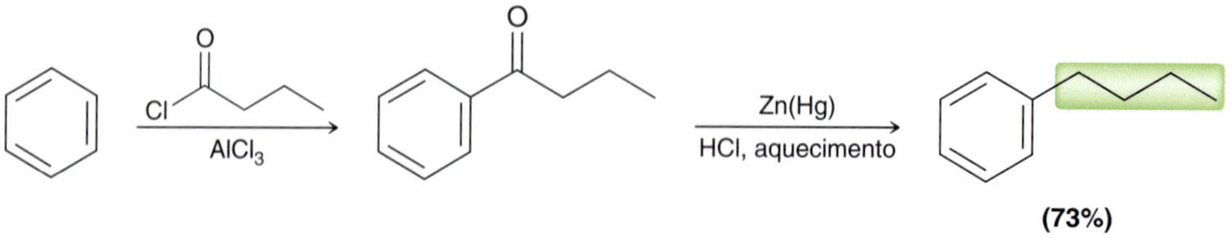
AlCl3
Zn(Hg)
HCl, aquecimento
(73%)

Esse processo em duas etapas é um método sintético útil para inserir grupos alquila que não podem ser eficientemente inseridos com um processo de alquilação direta. Se o produto for fabricado por um processo de alquilação direta, rearranjos de carbocátions dariam uma mistura de produtos. A vantagem do processo de acilação é que rearranjos carbocátion são evitados devido à estabilidade do íon acílio.

Poliacilação não é observada, porque a introdução de um grupo acila desativa o anel para uma acilação adicional. Isso será explicado em mais detalhes nas seções seguintes.

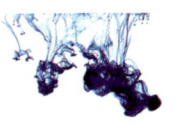

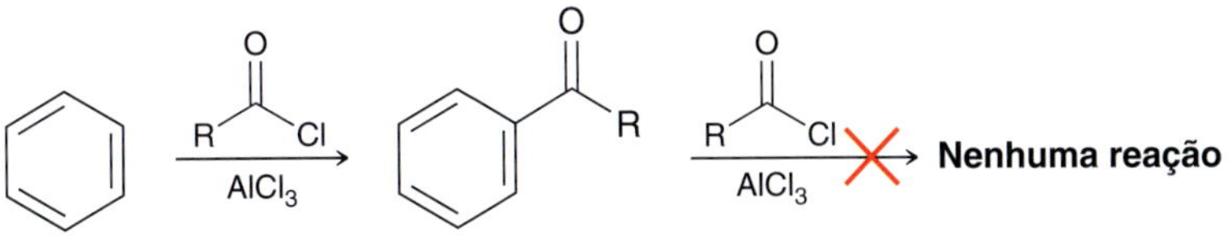

VERIFICAÇÃO CONCEITUAL

19.8 Identifique se cada uma das substâncias vistas a seguir pode ser obtida usando-se uma alquilação de Friedel-Crafts direta, ou se é necessário a realização de uma acilação seguida por uma redução de Clemmensen a fim evitar rearranjos de carbocátions:

(a) 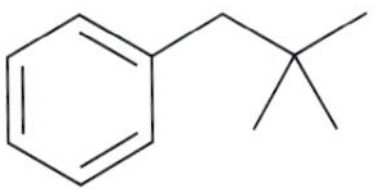

(b) 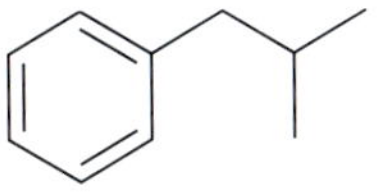

(c) 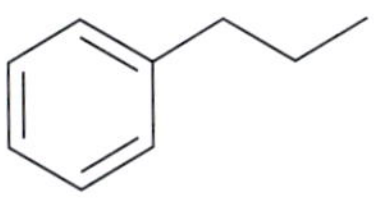

(d) 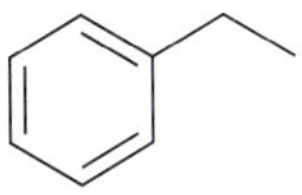

19.9 A substância vista a seguir não pode ser obtida nem com uma alquilação de Friedel-Crafts nem com uma acilação de Friedel-Crafts. Explique.

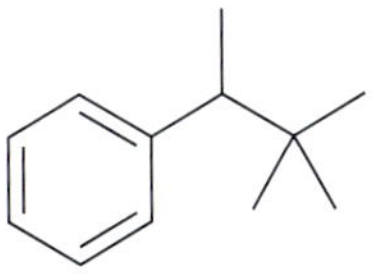

19.10 A acilação de Friedel-Crafts é uma substituição eletrófila aromática em que o eletrófilo (E^+) é um íon acílio. Existem outros métodos de formação de íons acílio, tal como o tratamento de um anidrido com um ácido de Lewis. O íon acílio resultante também pode ser atacado por um anel benzênico, o que resulta na acilação do anel aromático. Com isso em mente, represente o mecanismo da seguinte transformação:

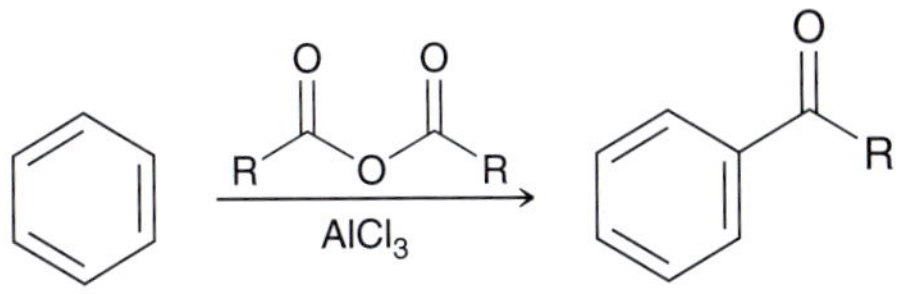

19.7 Grupos Ativantes

Nitração do Tolueno

Até agora, temos tratado apenas com reações do benzeno. Nós agora expandimos a nossa discussão para incluir reações de substâncias aromáticas que já possuem substituintes. Por exemplo, considere a nitração do tolueno:

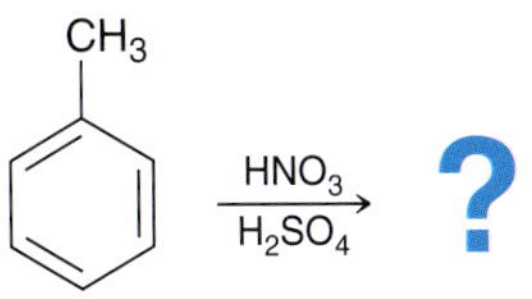

Nesta reação de nitração, a presença do grupo metila levanta dois problemas: (1) o efeito do grupo metila na velocidade de reação e (2) o efeito do grupo metila no resultado regioquímico da reação. Vamos começar com a velocidade de reação.

O tolueno sofre nitração aproximadamente 25 vezes mais rápido do que o benzeno. Em outras palavras, o grupo metila é dito **ativar** o anel aromático. Por quê? Lembre-se de que grupos alquila são geralmente doadores de elétrons através da hiperconjugação (consulte a Seção 6.8, do Volume 1). Como consequência, um grupo metila doa densidade eletrônica para o anel, desse modo estabilizando o complexo sigma carregado positivamente e reduzindo a energia de ativação para a sua formação.

Agora vamos nos concentrar no resultado regioquímico. O grupo nitro pode ser inserido em *orto*, *meta* ou *para* em relação ao grupo metila, mas os três produtos possíveis não são obtidos em quantidades iguais. Como é visto na Figura 19.4, os produtos *orto* e *para* predominam,

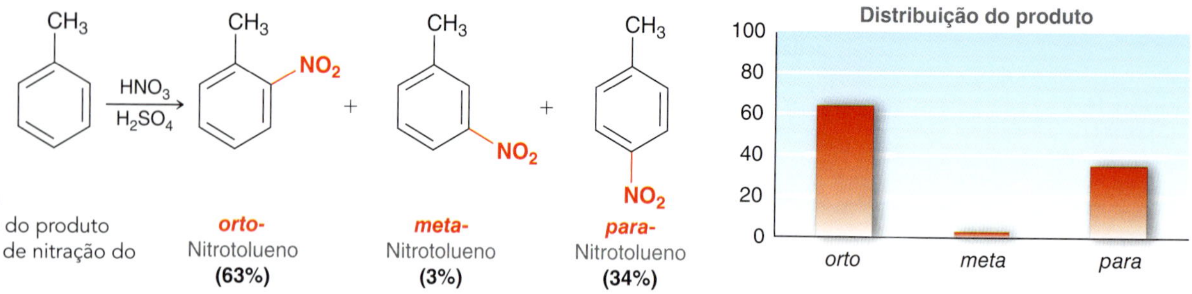

FIGURA 19.4
A distribuição do produto para a reação de nitração do tolueno.

enquanto muito pouco produto *meta* é obtido. Para explicar essa observação, temos de comparar a estabilidade do complexo sigma formado por um ataque *orto*, um ataque *meta* e um ataque *para* (Figura 19.5). Observe que o complexo sigma obtido a partir do ataque *orto* tem uma estabilidade adicional porque uma das estruturas de ressonância (destacada em verde) apresenta uma carga positiva diretamente ao lado do grupo alquila doador de elétrons. Do mesmo modo, o complexo

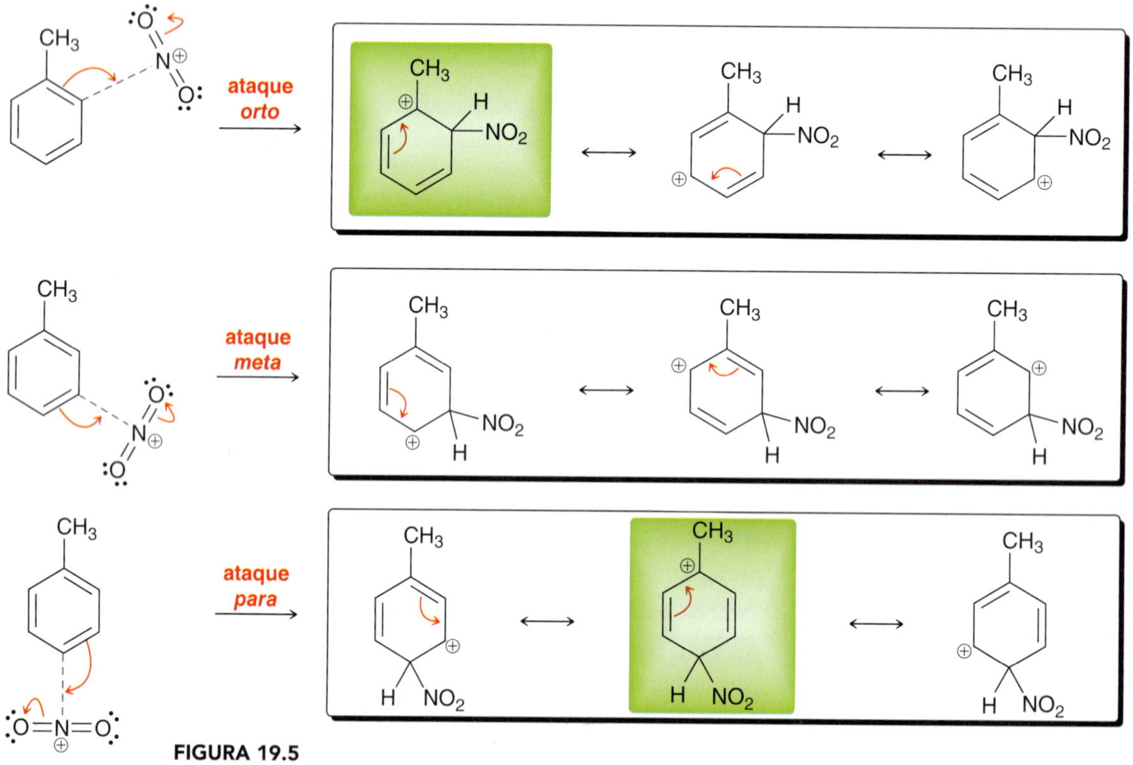

FIGURA 19.5
Uma comparação dos complexos sigma formados para cada um dos possíveis resultados regioquímicos para a nitração do tolueno.

sigma obtido a partir do ataque *para* também apresenta esta estabilidade adicional. O complexo sigma obtido a partir do ataque *meta* não apresenta essa estabilidade e, portanto, tem uma energia mais elevada. A energia relativa de cada complexo sigma é melhor visualizada comparando-se os diagramas de energia para o ataque *orto*, o ataque *meta* e o ataque *para* (Figura 19.6, como pode ser visto a seguir). Observe que o complexo sigma intermediário formado a partir do ataque *meta* é o mais alto em energia e, portanto, requer a maior energia de ativação (E_a). Isso explica por que o produto *meta* só é obtido em quantidades muito pequenas. Os produtos da reação são gerados a partir do ataque *orto* e do ataque *para*, ambos envolvendo uma E_a menor. Se compararmos a E_a para o ataque *orto* e para o ataque *para*, vemos que o ataque *orto* envolve uma E_a ligeiramente mais elevada do que para o ataque *para*, porque o grupo metila e o grupo nitro estão muito próximos e apresentam um pouco de impedimento estérico. Portanto, poderíamos esperar que o produto *para* fosse o produto principal. Na verdade, o produto *orto* predomina neste caso por questões estatísticas – há duas posições *orto* e apenas uma posição *para*.

A PROPÓSITO

A proporção exata entre os produtos *orto* e *para* é frequentemente dependente das condições utilizadas, como a escolha do solvente. Em alguns casos, a nitração do tolueno foi observada favorecer o produto *para* em relação ao produto *orto*.

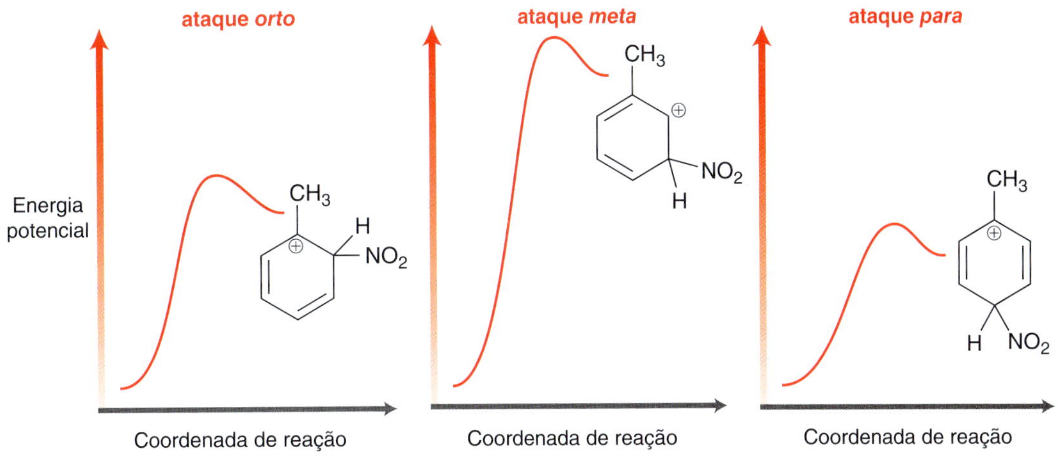

FIGURA 19.6 Diagramas de energia que comparam os níveis de energia relativa dos possíveis complexos sigma que poderão ser formados durante a nitração do tolueno. As diferenças de energia entre esses três caminhos reacionais foram ligeiramente exageradas para clareza de apresentação.

A comparação dos diagramas de energia na Figura 19.6 fornece uma explicação para a observação de que o grupo metila é um **orientador *orto-para***. Em outras palavras, a presença do grupo metila orienta a entrada do grupo nitro nas posições *orto* e *para*.

Nitração do Anisol

Na seção anterior, vimos que a presença de um grupo metila ativa o anel para substituição eletrofílica aromática. Há muitos grupos diferentes que ativam um anel, com alguns mais ativadores do que outros. Por exemplo, um grupo metoxi é um ativador mais potente do que um grupo metila, e o metoxibenzeno (anisol) sofre nitração 400 vezes mais rápido do que o tolueno. Para compreender por que um grupo metoxi é mais ativador do que um grupo metila, temos de explorar os efeitos eletrônicos de um grupo metoxi ligado a um anel aromático.

Um grupo metoxi é retirador de elétrons indutivamente porque o oxigênio é mais eletronegativo que o carbono.

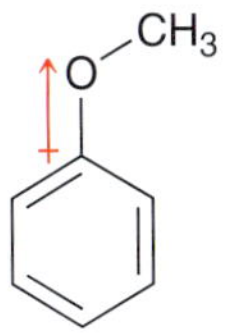

A partir desse ponto de vista, o grupo metoxi retira densidade eletrônica do anel aromático. No entanto, vemos uma imagem diferente quando representamos as estruturas de ressonância do anisol.

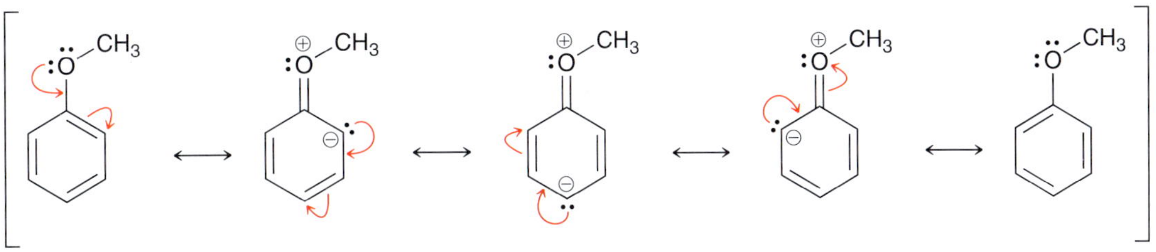

Três das estruturas de ressonância apresentam uma carga negativa no anel. Isso sugere que o grupo metoxi *doa* densidade eletrônica para o anel. Claramente, há uma competição aqui entre indução e ressonância. Indução sugere que o grupo metoxi retira elétrons, enquanto a ressonância sugere que o grupo metoxi doa elétrons. Sempre que a ressonância e a indução competem uma com a outra, a ressonância é geralmente o fator dominante e muito predomina sobre quaisquer efeitos indutivos. Portanto, o efeito líquido do grupo metoxi é doar densidade eletrônica para o anel. Esse efeito estabiliza o complexo sigma carregado positivamente e diminui a energia de ativação para a sua formação. Na realidade, o anel é tão ativado que o tratamento com bromo em excesso, *sem* um ácido de Lewis, proporciona um produto trissubstituído.

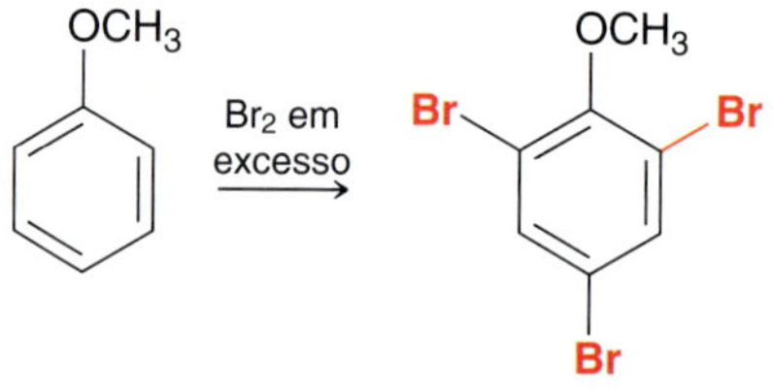

(100%)

As três posições sofrem bromação. Observe que a reação, mais uma vez, ocorre preferencialmente nas posições *orto* e *para*. Este efeito orientador *orto-para* também é observado quando o anisol sofre nitração (Figura 19.7). Mais uma vez, a explicação dessa observação requer que se faça a comparação das estabilidades dos complexos sigma formados pelos ataques *orto*, *meta* e *para* (Figura 19.8). Observe que o complexo sigma obtido a partir do ataque *orto* tem uma estrutura de ressonância adicional (destacada em verde), que estabiliza o complexo sigma. Do mesmo modo, o complexo sigma obtido a partir do ataque *para* também apresenta essa estabilidade adicional. O complexo sigma

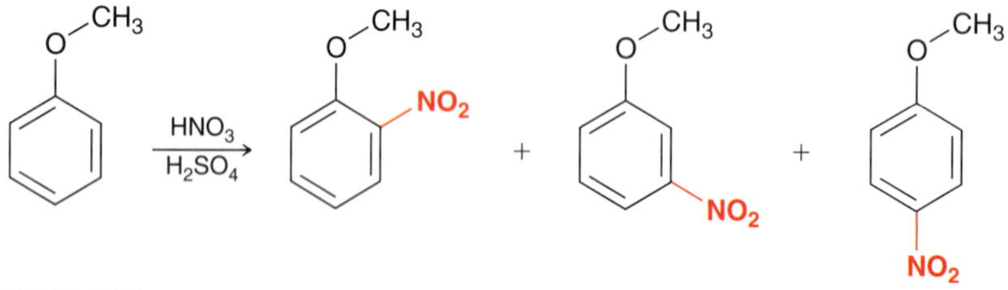

orto- Nitroanisol **(31%)** | **meta-** Nitroanisol **(2%)** | **para-** Nitroanisol **(67%)**

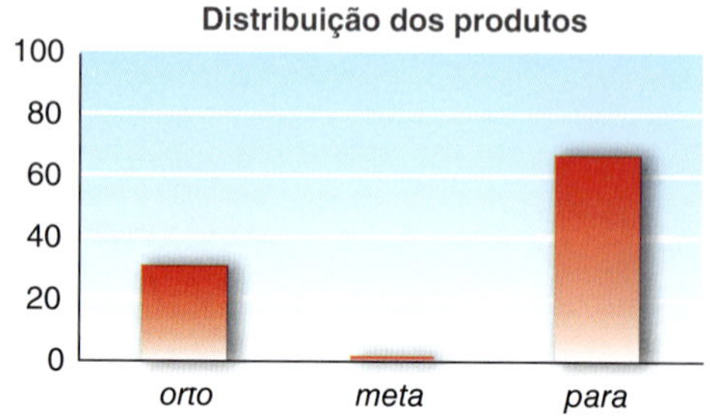

FIGURA 19.7
A distribuição dos produtos para a nitração do anisol.

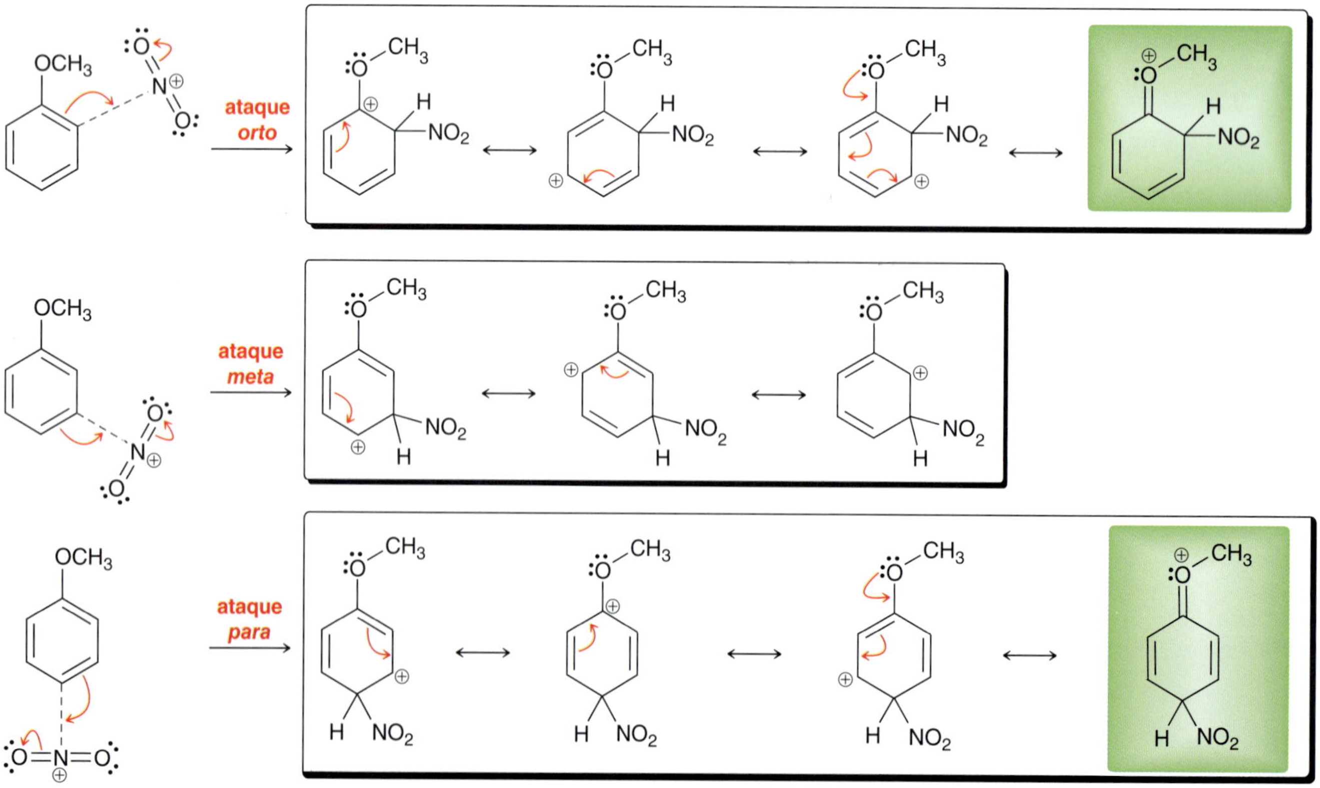

FIGURA 19.8
Uma comparação dos complexos sigma formados para cada um dos possíveis resultados regioquímicos da nitração do anisol.

obtido a partir do ataque *meta* não apresenta essa estabilidade adicional e tem, portanto, uma energia mais elevada. A Figura 19.9 mostra uma comparação entre os diagramas de energia para os ataques *orto*, *meta* e *para*. Observe que o complexo sigma intermediário formado a partir do ataque *meta* é o mais alto em energia e, portanto, requer a maior energia de ativação (E_a). Isso explica por que o produto *meta* só é obtido em quantidades muito pequenas. Os produtos da reação são gerados a partir dos ataques *orto* e *para*, ambos envolvendo uma E_a menor.

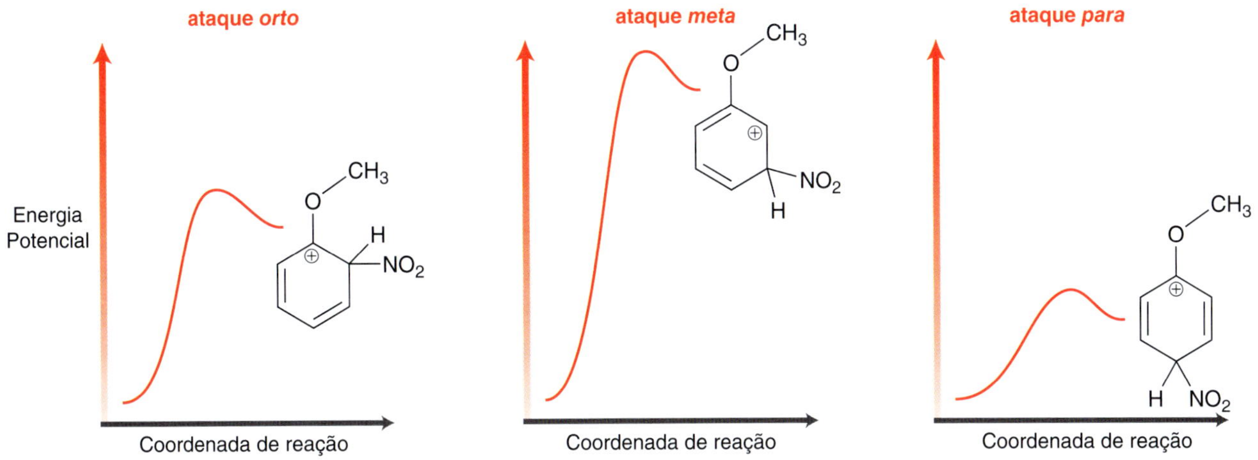

FIGURA 19.9
Diagramas de energia comparando os níveis de energia relativa dos complexos sigma que podem ser formados durante a nitração do anisol. As diferenças de energia entre esses três caminhos reacionais foram ligeiramente exageradas para clareza de apresentação.

Na nitração do anisol, o produto *para* é favorecido em relação ao produto *orto*, apesar do fato de que há duas posições *orto*. Vários fatores contribuem para essa observação. Um fator é certamente a consideração estérica. Isso é, o complexo sigma resultante do ataque *orto* apresenta um impedimento estérico maior e é mais elevado em energia do que o complexo sigma resultante do ataque *para*.

Em resumo, vimos que tanto um grupo metila quanto um grupo metoxi ativam o anel e são orientadores *orto-para*. Essa é de fato uma regra geral que será usada amplamente em todo o restante deste capítulo: *todos os ativadores são orientadores orto-para*.

VERIFICAÇÃO CONCEITUAL

19.11 Represente os dois principais produtos obtidos quando o tolueno sofre monobromação.

19.12 Quando etoxibenzeno é tratado com uma mistura de ácido nítrico e ácido sulfúrico, dois produtos são obtidos, cada um dos quais tem a fórmula molecular $C_8H_9NO_3$.

(a) Represente a estrutura de cada produto.

(b) Proponha um mecanismo de formação para o produto principal.

19.8 Grupos Desativantes

Na seção anterior, vimos que certos grupos vão ativar o anel para a substituição eletrofílica aromática. Nesta seção, vamos explorar os efeitos de um grupo nitro, que é dito **desativar** o anel para a substituição eletrofílica aromática. Para compreender por que o grupo nitro desativa o anel, temos que explorar os efeitos eletrônicos de um grupo nitro ligado a um anel aromático.

Um grupo nitro retira elétrons indutivamente, porque um átomo de nitrogênio carregado positivamente é extremamente eletronegativo.

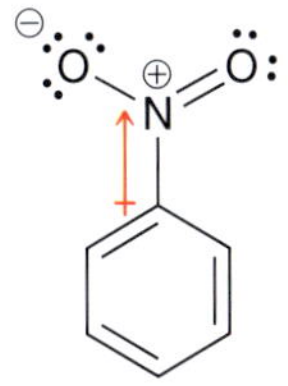

Agora vamos considerar a ressonância. Muitas das estruturas de ressonância exibem uma carga positiva no anel.

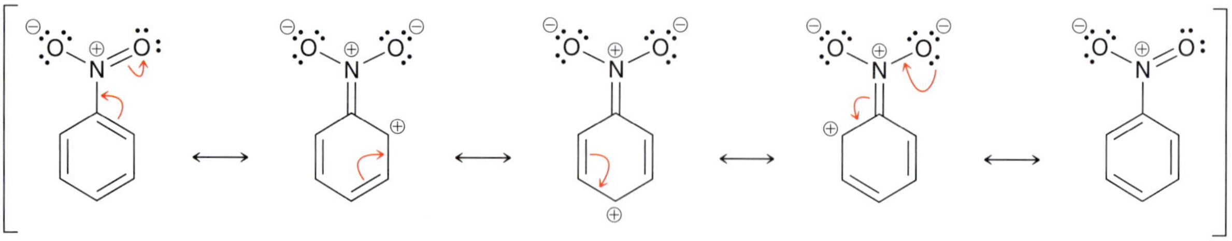

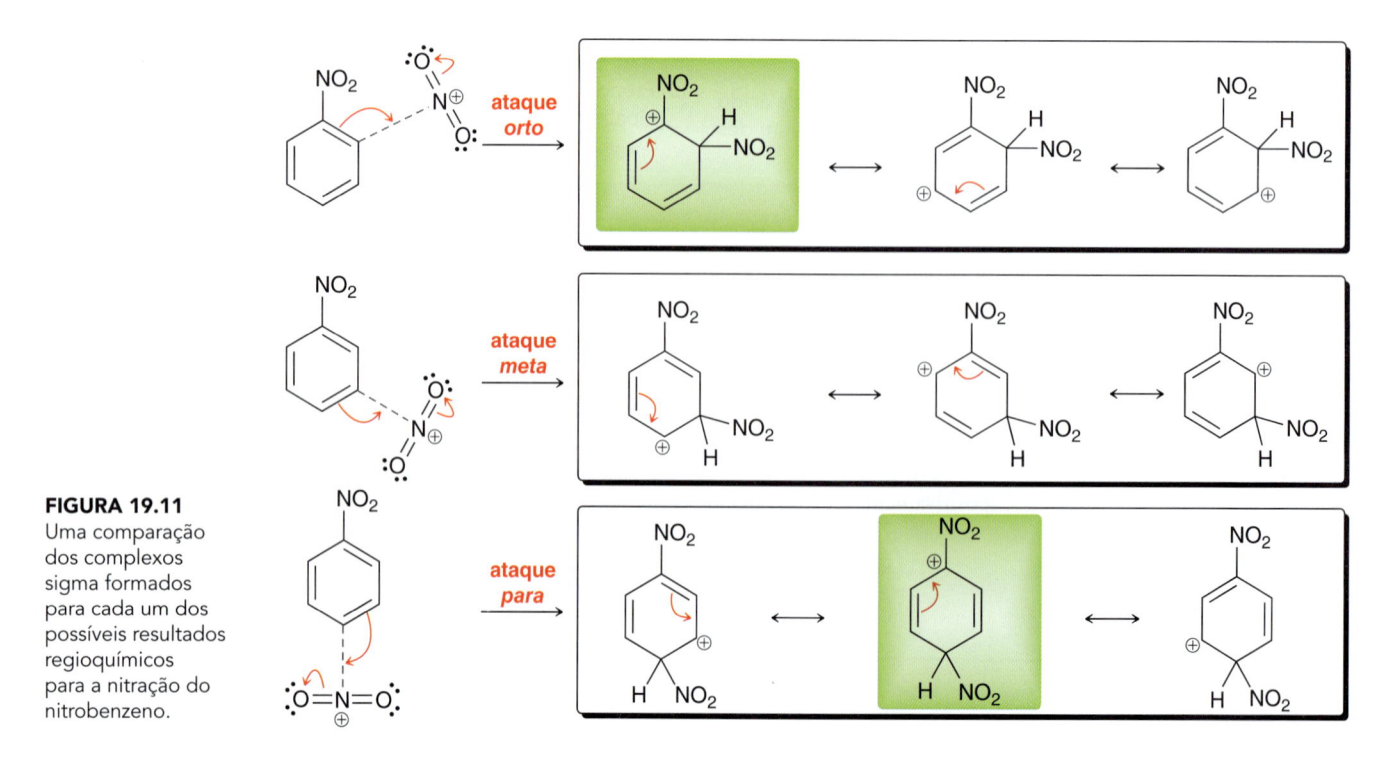

A carga positiva indica que o grupo nitro *retira* densidade eletrônica a partir do anel. Neste caso, não há competição entre a ressonância e a indução. Ambos os fatores sugerem que o grupo nitro é um grupo que exerce um forte efeito em retirar elétrons. Ao retirar densidade eletrônica do anel, o grupo nitro desestabiliza o complexo sigma positvamente carregado e aumenta a energia de ativação para sua formação. Este efeito é muito significativo e pode ser observado através da comparação das velocidades de nitração. Especificamente, o nitrobenzeno é 100.000 vezes menos reativo do que o benzeno para a nitração, e a reação pode ser realizada somente em uma temperatura elevada. Quando a reação é forçada a avançar, o resultado regioquímico é diferente do que vimos até agora (Figura 19.10). Observe que o produto *meta* predomina, em contraste com os exemplos anteriores

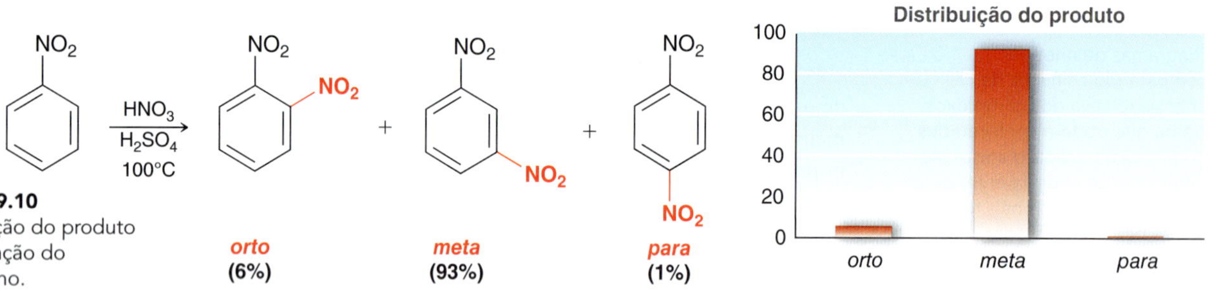

FIGURA 19.10 A distribuição do produto para a nitração do nitrobenzeno.

em que os produtos *orto* e *para* predominaram. Para explicar essa observação, temos de comparar a estabilidade dos complexos sigma formados pelos ataques *orto*, *meta* e *para* (Figura 19.11). Observe que o complexo sigma obtido a partir do ataque *orto* apresenta instabilidade, porque uma

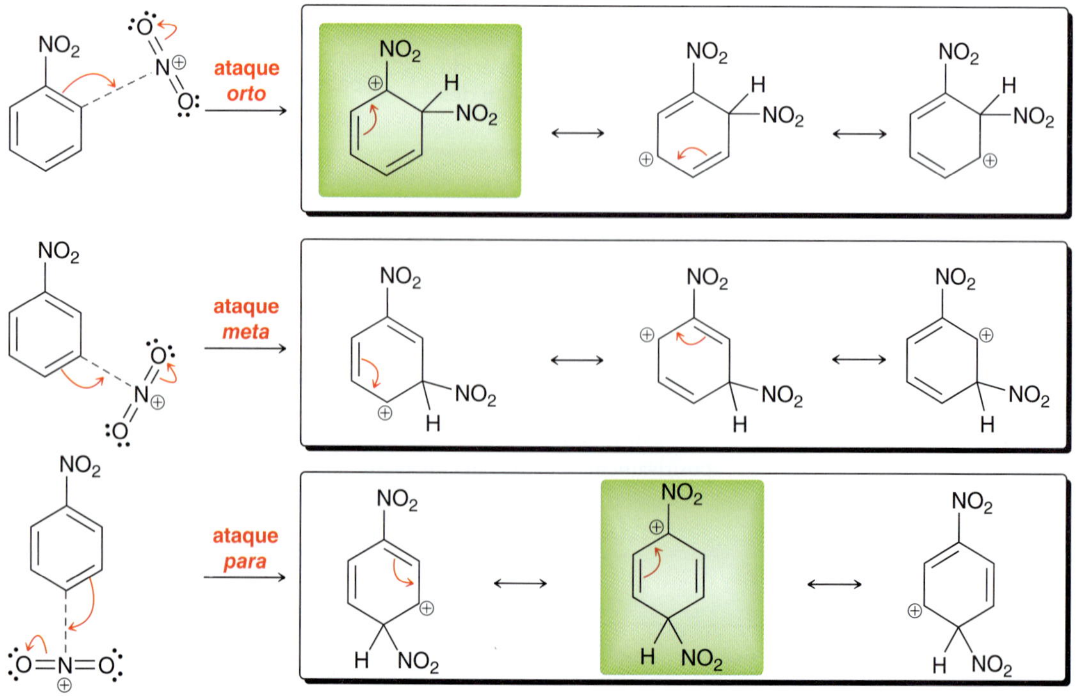

FIGURA 19.11 Uma comparação dos complexos sigma formados para cada um dos possíveis resultados regioquímicos para a nitração do nitrobenzeno.

das estruturas de ressonância (destacada em verde) possui uma carga positiva diretamente adjacente a um átomo de nitrogênio carregado positivamente que é eletronegativo. Do mesmo modo, o complexo sigma obtido a partir do ataque *para* também apresenta essa instabilidade. O complexo sigma obtido a partir do ataque *meta* não apresenta essa instabilidade e é, portanto, inferior em energia. Compare os diagramas de energia para os ataques *orto*, *meta* e *para* (Figura 19.12). Em resumo, vimos que um grupo nitro desativa o anel e é um **orientador *meta***. Essa é de fato uma regra geral que será usada amplamente em todo o restante do capítulo: *a maioria dos desativadores é orientador meta*.

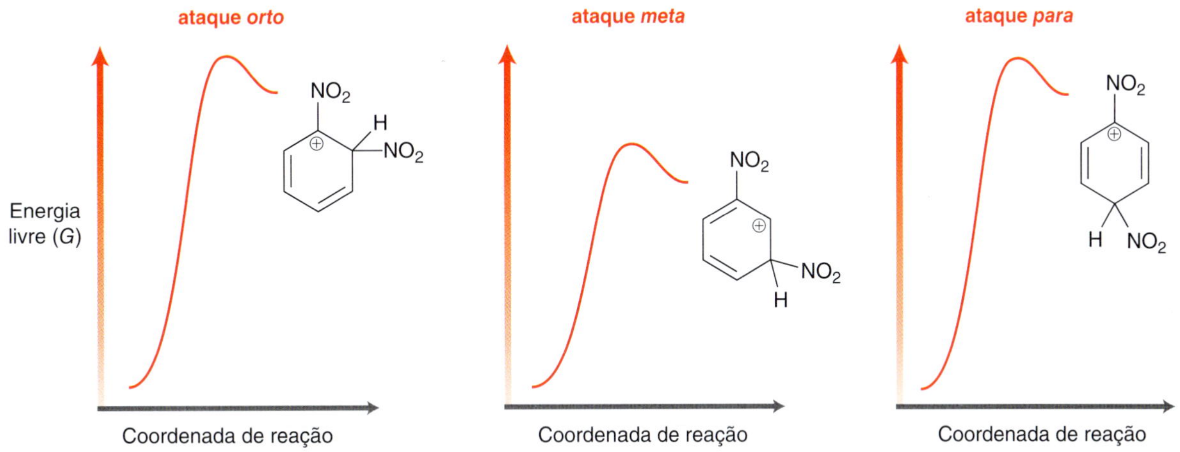

FIGURA 19.12
Diagramas de energia que comparam os níveis de energia relativa dos complexos sigma que poderão ser formados durante a nitração do nitrobenzeno. As diferenças de energia entre esses três caminhos reacionais foram ligeiramente exageradas para clareza de apresentação.

VERIFICAÇÃO CONCEITUAL

19.13 Quando o 1,3-dinitrobenzeno é tratado com ácido nítrico e ácido sulfúrico a uma temperatura elevada, o produto é o 1,3,5-trinitrobenzeno. Explique o resultado regioquímico dessa reação. Em outras palavras, explique por que a nitração tem lugar na posição C5. Certifique-se de representar o complexo sigma para cada caminho de reação possível e comparar a estabilidade relativa de cada complexo sigma.

19.9 Halogênios: A Exceção

Nas seções anteriores, vimos que ativadores são orientadores *orto-para* e que desativadores são orientadores *meta*.

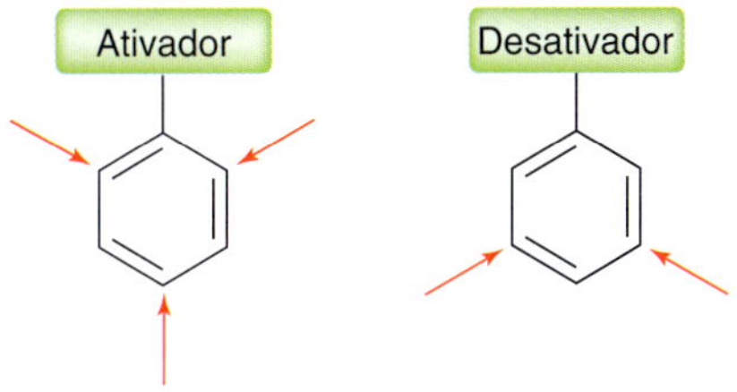

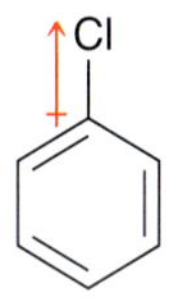

Nós vamos agora explorar uma exceção importante a essas regras gerais. Muitos dos halogênios (incluindo Cl, Br e I) são orientadores *orto-para*, apesar do fato de que eles são desativadores. Para explicar esta exceção curiosa, temos de explorar os efeitos eletrônicos de um átomo de halogênio ligado a um anel aromático. Como já vimos várias vezes, é necessário considerar tanto os efeitos indutivos quanto os efeitos de ressonânica. Vamos começar por explorar os efeitos indutivos.

Halogênios são bastante eletronegativos (mais do que o carbono) e, portanto, *retiram* elétrons indutivamente. Quando representamos as estruturas de ressonância, surge uma imagem diferente.

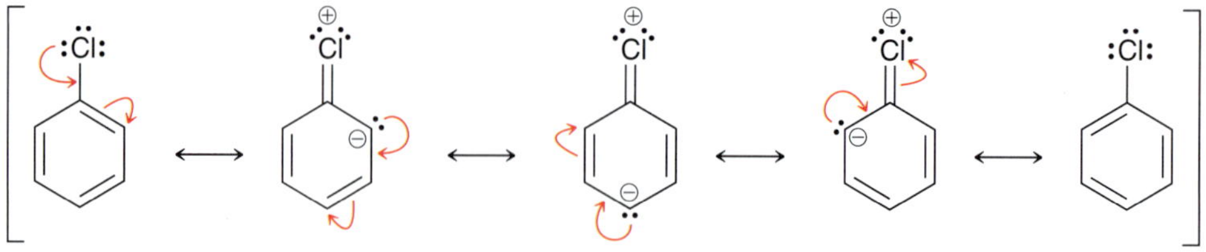

Três das estruturas de ressonância apresentam uma carga negativa no anel. Isso sugere que um halogênio *doa* densidade eletrônica para o anel. A competição entre a ressonância e a indução é muito semelhante à concorrência que vimos ao analisar o metoxibenzeno. A indução sugere que um halogênio retira elétrons, enquanto a ressonância sugere que um halogênio doa elétrons. Embora a ressonância seja geralmente o fator dominante, neste caso, é a exceção. A indução é realmente o fator dominante para os halogênios. Como consequência, os halogênios retiram densidade eletrônica a partir do anel, desestabilizando assim o complexo sigma carregado positivamente e elevando a energia de ativação para a sua formação.

Para explicar o fato dos alogênios serem orientadores *orto-para*, embora sejam desativadores, temos de comparar a estabilidade dos complexos sigma formados por ataques *orto*, *meta* e *para* (Figura 19.13). Observe que o complexo sigma obtido a partir do ataque *orto* tem uma estrutura de ressonância adicional (destacada em verde), que estabiliza o complexo sigma. Do mesmo modo, o complexo sigma obtido a partir do ataque *para* também apresenta essa estabilidade adicional, mas o complexo sigma do ataque *meta* não apresenta essa estabilidade adicional e, portanto, é o mais elevado em energia. Por essa razão, os halogênios são orientadores *orto-para*, não obstante o fato de que eles são desativadores.

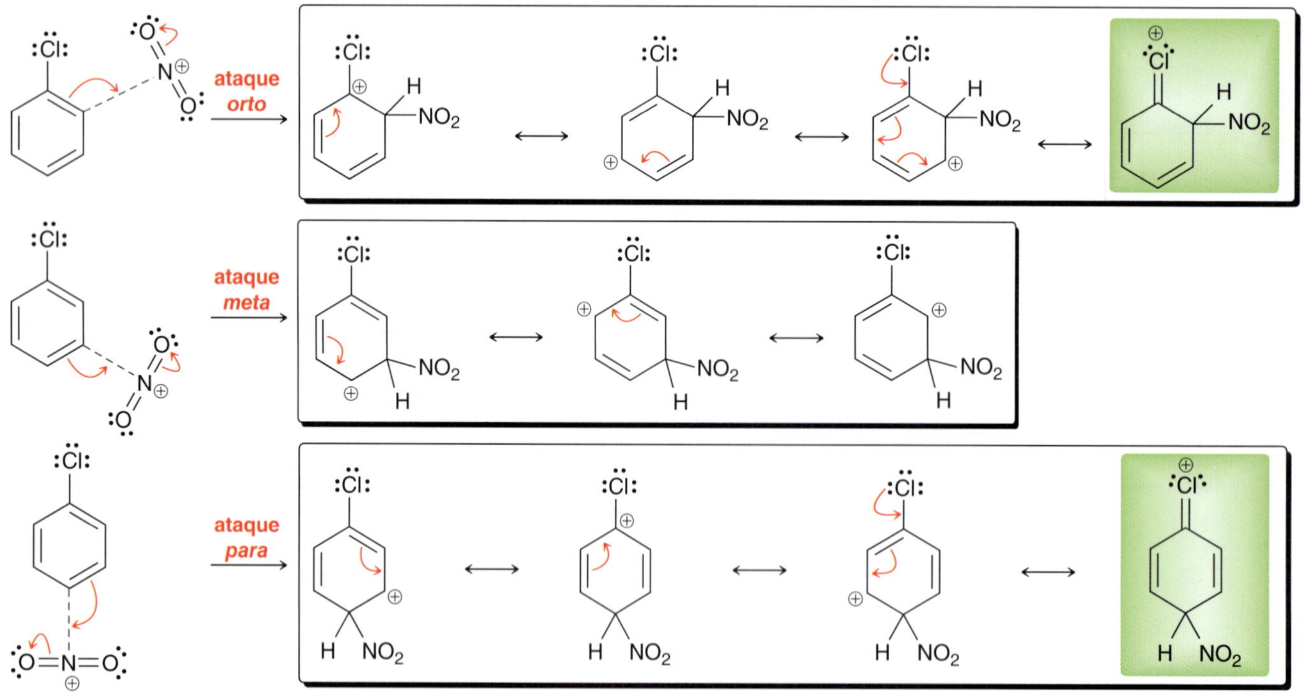

FIGURA 19.13
Uma comparação dos complexos sigma formados para cada um dos possíveis resultados regioquímicos para a nitração do clorobenzeno.

VERIFICAÇÃO CONCEITUAL

19.14 A cloração do clorobenzeno requer a utilização de um ácido de Lewis? Explique por que ou por que não?

19.15 Preveja e explique o resultado regioquímico para a cloração do bromobenzeno.

19.10 Determinação dos Efeitos de Orientação de um Substituinte

As seções anteriores foram centralizadas sobre os efeitos de orientação de alguns poucos grupos específicos (metila, metoxi, nitro e halogênios). Nesta seção, vamos aprender como prever os efeitos de direcionamento para qualquer substituinte. Essa habilidade irá revelar-se essencial nas seções que tratam com síntese.

Tanto os ativadores quanto os desativadores podem ser classificados como forte, moderado e fraco. Cada uma dessas categorias é descrita a seguir, seguida por uma tabela que resume todas as seis categorias. Como discutido nas seções anteriores, os ativadores são orientadores *orto-para*, enquanto os desativadores, exceto os halogênios, são orientadores *meta*.

Ativadores

Ativadores fortes são caracterizados pela presença de um par de elétrons isolado imediatamente adjacente ao anel aromático.

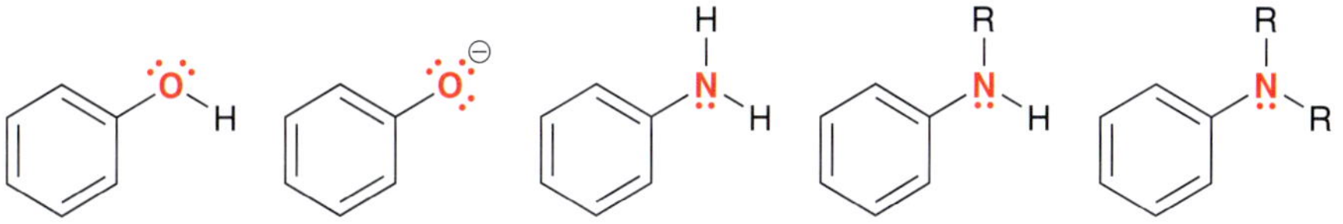

Todos esses grupos apresentam um par de elétrons isolado que é deslocalizado para dentro do anel, como pode ser visto nas suas estruturas de ressonância. Por exemplo, o fenol tem as seguintes estruturas de ressonância:

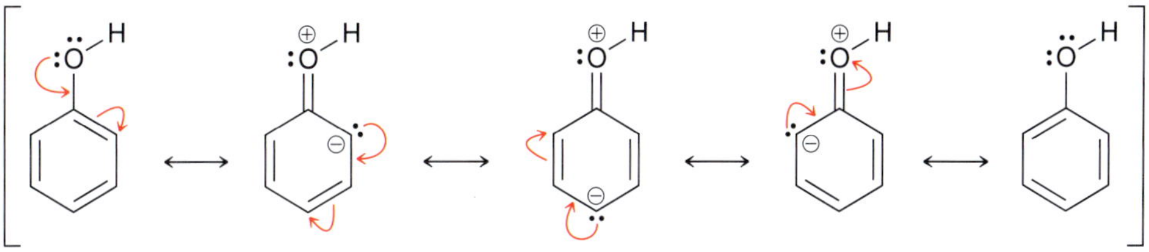

Muitas dessas estruturas de ressonância têm uma carga negativa no anel, indicando que o grupo OH está doando densidade eletrônica para o anel. Este efeito de doação de elétrons ativa fortemente o anel.

Ativadores moderados apresentam um par de elétrons isolado que já está deslocalizado fora do anel.

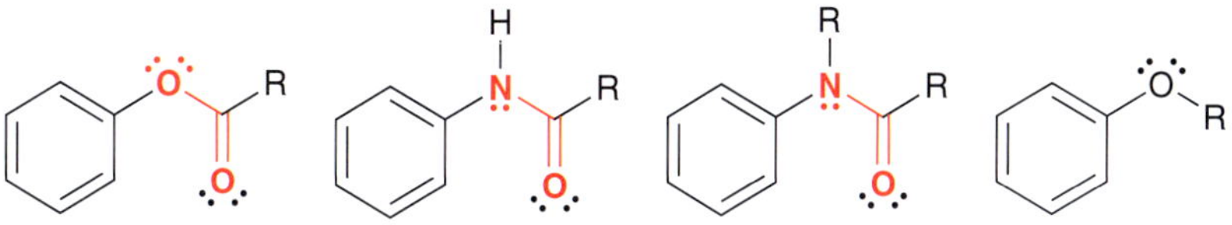

Nas três primeiras substâncias, existe um par isolado ao lado do anel, mas esse par isolado participa na ressonância do lado de fora do anel.

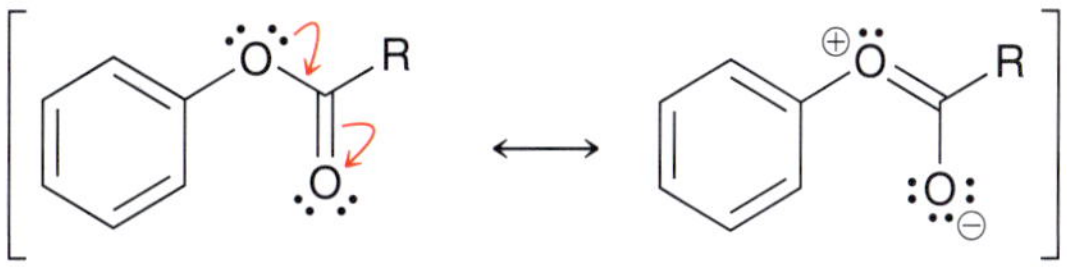

Esse efeito diminui a capacidade do par isolado em doar densidade eletrônica para o anel. Esses grupos são de ativação, mas eles são ativadores moderados. O par isolado do grupo alcoxi (OR) não está particionado da ressonância fora do anel e se poderia, portanto, esperar que ele seria um ativador forte. No entanto, os grupos alcoxi pertencem à classe dos ativadores moderados. Grupos alcoxi são geralmente mais ativadores do que outros ativadores moderados, mas são menos ativadores do que ativadores fortes (tal como os grupos amino).

Grupos alquila são **ativadores fracos**, porque doam densidade eletrônica pelo efeito relativamente fraco de hiperconjugação (como descrito na Seção 6.11, do Volume 1).

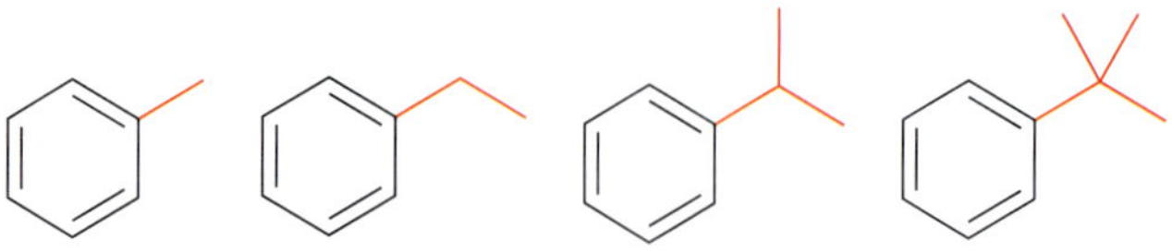

Vamos agora voltar nossa atenção para os desativadores, começando com desativadores fracos e progredindo para desativadores fortes.

Desativadores

Como já vimos, muitos dos halogênios (Cl_2, Br_2 ou I_2) desativam um anel benzênico:

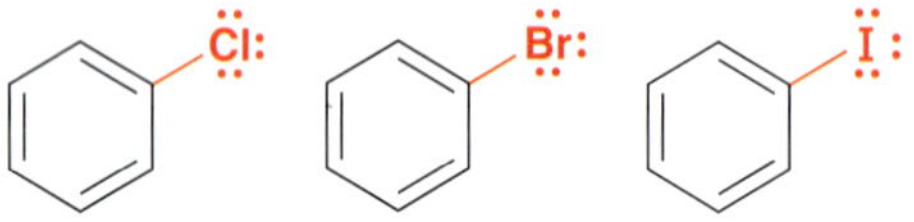

Vimos que os efeitos eletrônicos dos halogênios são determinados pela competição delicada entre a ressonância e a indução, com a indução emergindo como o efeito dominante. Como consequência, os halogênios são **desativadores fracos**.

Desativadores moderados são grupos que apresentam uma ligação π com um átomo eletronegativo, onde a ligação π é conjugada com o anel aromático. A seguir vemos vários exemplos.

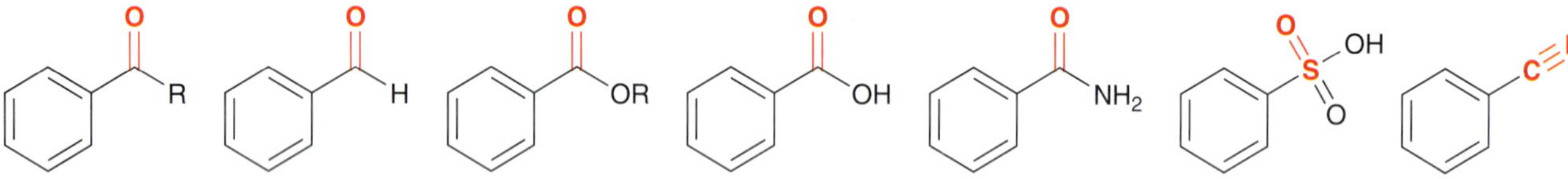

Cada um desses grupos retira densidade eletrônica do anel através de ressonância. Por exemplo.

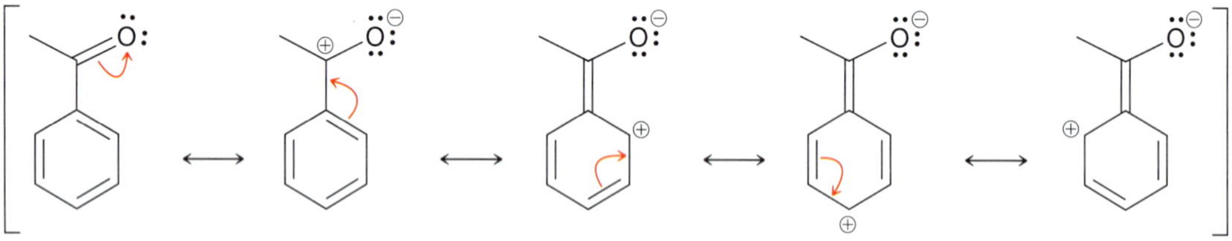

Três das estruturas de ressonância têm uma carga positiva no anel, o que indica que o grupo retira densidade eletrônica a partir do anel. Esse efeito de retirada de elétrons desativa moderadamente o anel.

Há apenas alguns poucos substituintes comuns que são **desativadores fortes**.

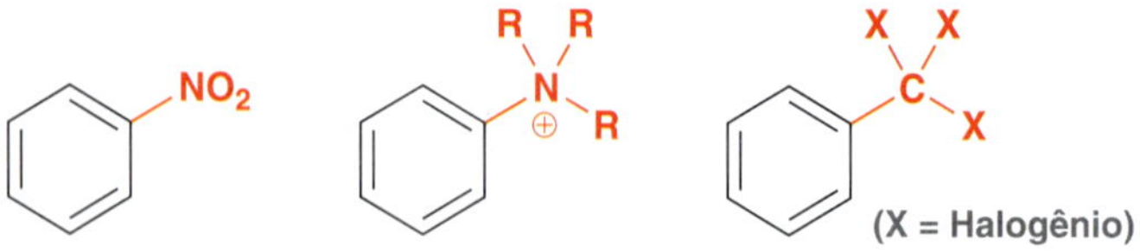

O grupo nitro é um desativador forte por causa da ressonância e da indução. Os outros dois grupos são desativadores fortes por causa de poderosos efeitos indutivos. Um átomo de nitrogênio carregado positivamente é extremamente eletronegativo, e CX_3 tem três elétrons halogênios que retiram elétrons. Não se deve confundir um grupo CX_3 com um halogênio (X).

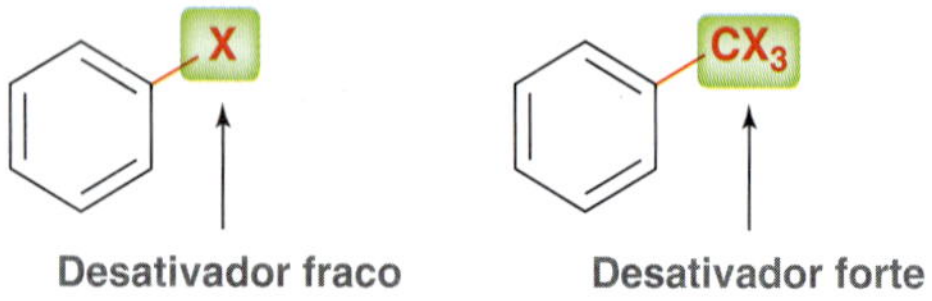

A Tabela 19.1 resume as seis categorias de ativadores e desativadores. Observe a posição única dos halogênios. Em geral, os ativadores são orientadores *orto-para*, enquanto os desativadores são orientadores *meta*, mas os halogênios são a exceção.

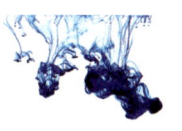

TABELA 19.1 UMA LISTA DE ATIVADORES E DESATIVADORES POR CATEGORIA

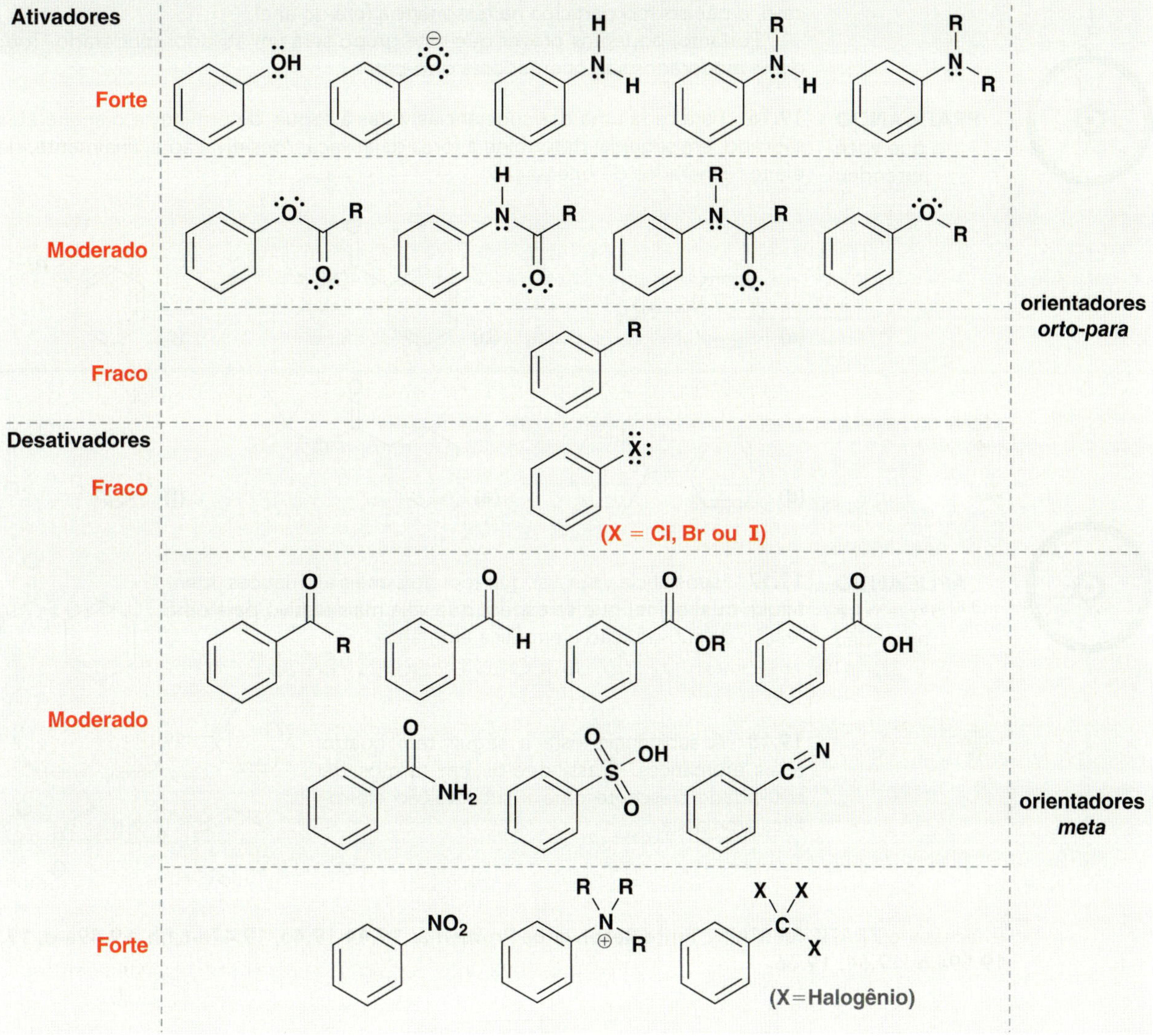

DESENVOLVENDO A APRENDIZAGEM

19.1 IDENTIFICAÇÃO DOS EFEITOS DE UM SUBSTITUINTE

APRENDIZAGEM Considere o anel aromático monossubstituído visto a seguir. Determine se esse anel aromático está ativado ou desativado. Em seguida, determine a força de ativação/desativação (ou seja, é forte, moderada ou fraca). Por fim, determine os efeitos orientadores do grupo.

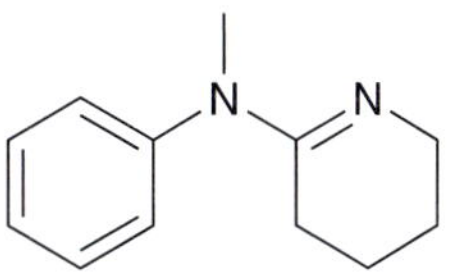

SOLUÇÃO

Procuramos inicialmente por um par isolado imediatamente adjacente ao anel.

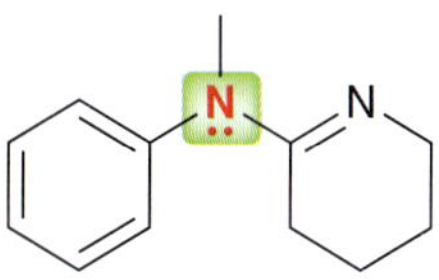

Neste caso, há um par isolado que é adjacente ao anel, de modo que o grupo é um grupo ativador. A fim de determinar a força de ativação, identificamos se o par isolado está deslocalizado fora do anel. Neste caso, o par isolado participa na ressonância fora do anel.

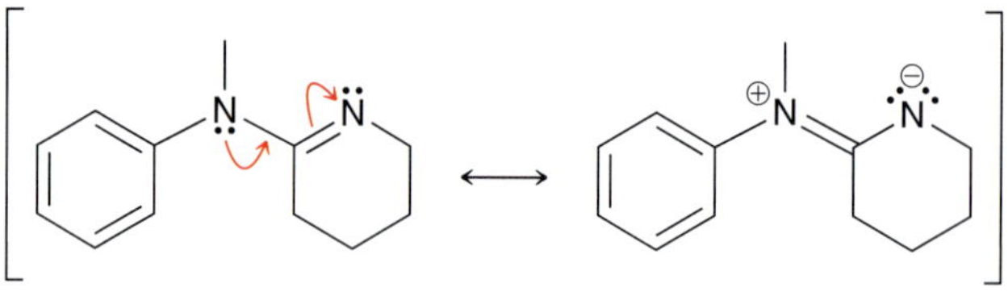

Portanto, podemos prever que este grupo será um ativador moderado. Todos os ativadores moderados são orientadores *orto-para*.

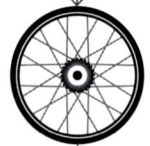

PRATICANDO o que você aprendeu

19.16 Para cada uma das substâncias vistas a seguir, determine se o anel é ativado ou desativado, em seguida, determine a força da ativação/desativação e, finalmente, determine os efeitos esperados de orientação.

(a) 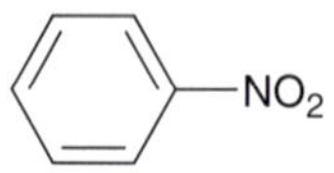

(b) 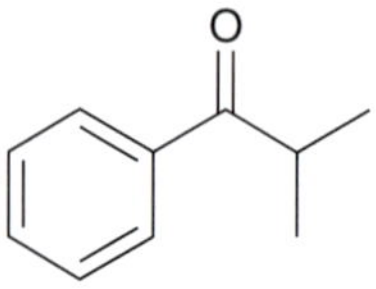

(c) 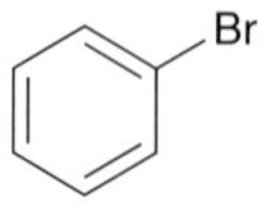

(d) 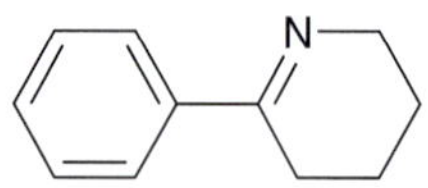

(e) 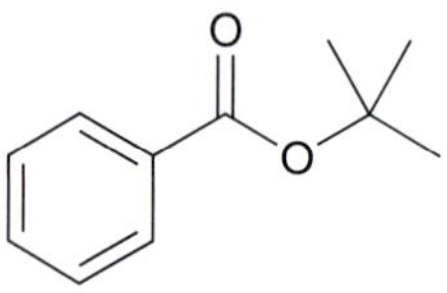

(f) 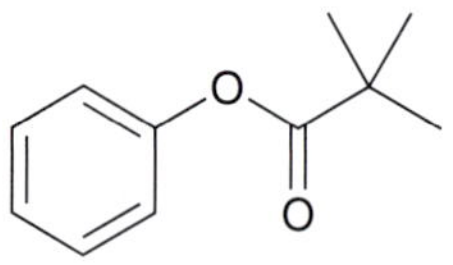

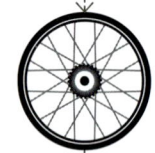

APLICANDO o que você aprendeu

19.17 substância vista a seguir tem dois anéis aromáticos. Identifique qual o anel que se espera que seja mais reativo para uma reação de substituição eletrofílica aromática.

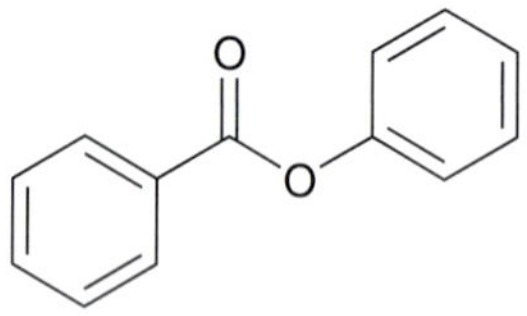

19.18 A substância vista a seguir tem quatro anéis aromáticos. Classifique-os em termos de reatividade crescente para a substituição eletrofílica aromática.

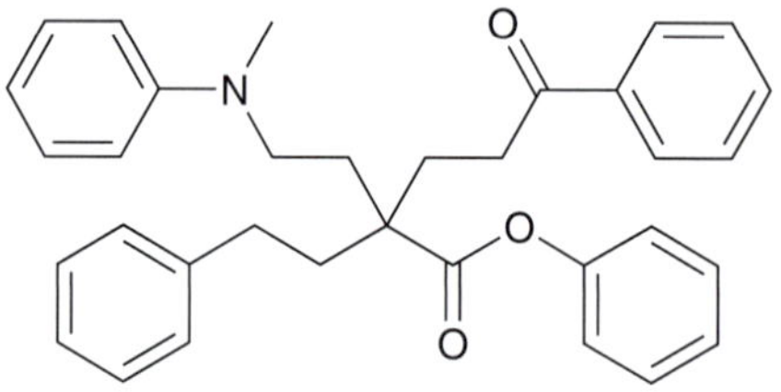

é necessário **PRATICAR MAIS? Tente Resolver os Problemas 19.44-19.46, 19.47a-c,f,h, 19.49a-d, 19.50a,b,d-g, 19.59a,b, 19.64, 19.66**

19.11 Múltiplos Substituintes

Efeitos de Orientação

Iremos agora explorar os efeitos de orientação quando vários substituintes estão presentes em um anel. Em alguns casos, os efeitos de orientação de todos os substituintes reforçam um ao outro, por exemplo:

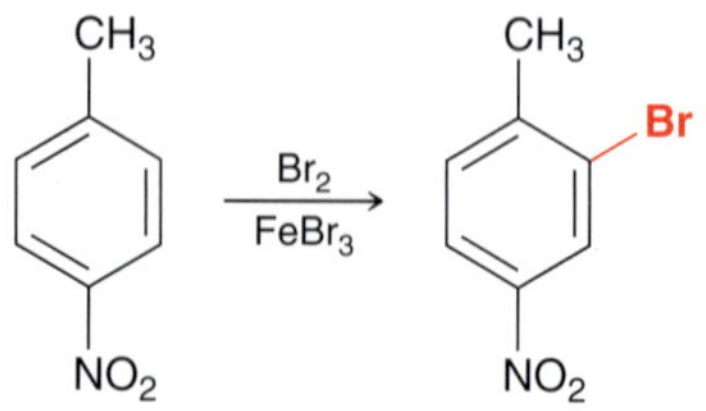

Neste caso, o grupo metila orienta para as posições *orto* (a posição *para* já está ocupada), e o grupo nitro orienta para as posições que são *meta* em relação ao grupo nitro. Neste caso, tanto o grupo metila quanto o grupo nitro orientam para as mesmas duas posições. Uma vez que as duas posições são idênticas (por simetria), apenas um único produto é obtido.

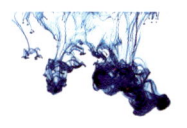

Em outros casos, os efeitos de orientação dos vários substituintes podem competir uns com os outros. Em tais casos, o grupo de ativação mais forte domina os efeitos de orientação.

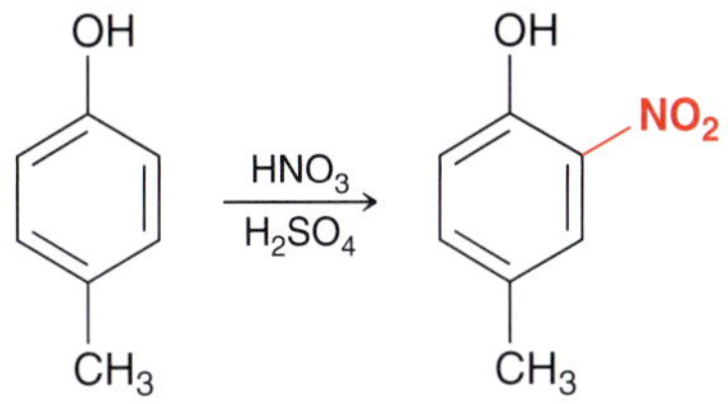

Neste caso, existem dois substituintes no anel: um grupo OH (ativador forte) e um grupo metila (ativador fraco). O ativador forte domina, de modo que o grupo nitro de entrada é inserido em uma posição em que é *orto* relativamente ao ativador forte (a posição *para* já está ocupada).

DESENVOLVENDO A APRENDIZAGEM

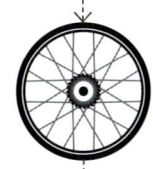

19.2 IDENTIFICAÇÃO DOS EFEITOS DE ORIENTAÇÃO PARA ANÉIS BENZÊNICOS DISSUBSTITUÍDOS E POLISSUBSTITUÍDOS

APRENDIZAGEM Identifique, na substância vista a seguir, a posição que é mais provável de ser submetida a uma reação de substituição eletrofílica aromática.

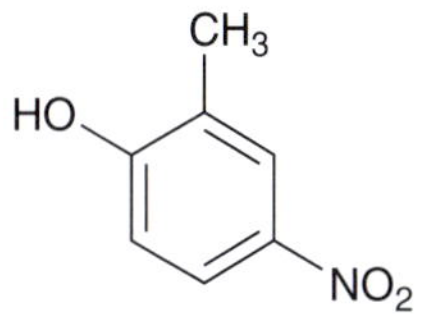

SOLUÇÃO

ETAPA 1 Identificação da natureza de cada grupo.

Começamos identificando o efeito de cada grupo no anel aromático.

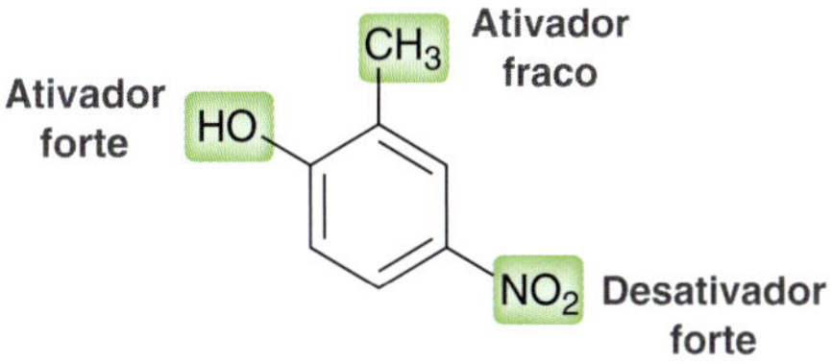

ETAPA 2 Seleção do ativador mais forte e identificação das posições que são *orto* ou *para* em relação a esse grupo.

O ativador mais forte vai dominar os efeitos de orientação. Neste caso, o grupo OH é o ativador mais forte. Agora consideramos as posições que são *orto* e *para* em relação ao grupo OH.

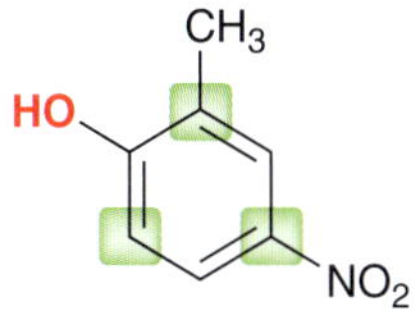

ETAPA 3 Identificação das posições desocupadas.

Duas dessas posições já estão ocupadas. Resta somente uma posição. Portanto, prevemos que esta posição é mais suscetível de sofrer uma reação de substituição eletrofílica aromática.

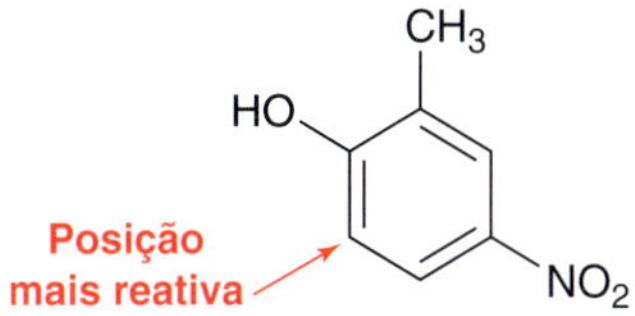

PRATICANDO o que você aprendeu

19.19 Para cada substância vista a seguir, identifique a(s) posição(ões) que é/são mais provável(is) de sofrer(em) uma reação de substituição eletrofílica aromática.

(a)
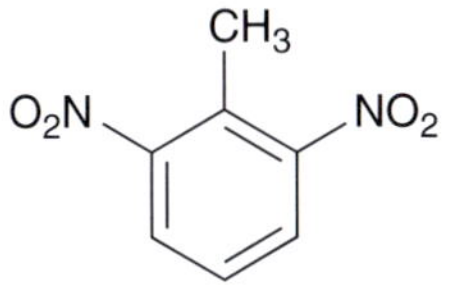

(b)
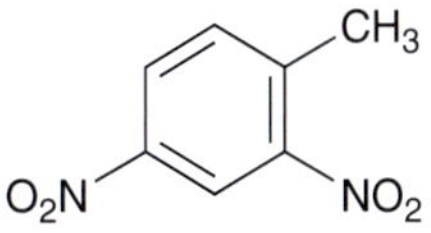

(c)
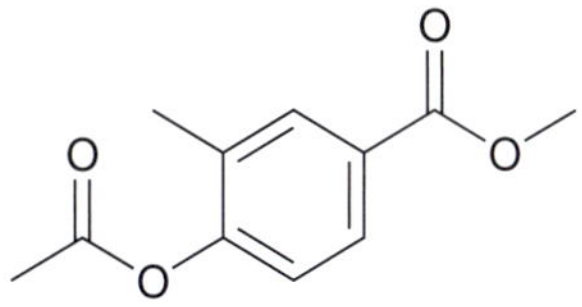

(d)
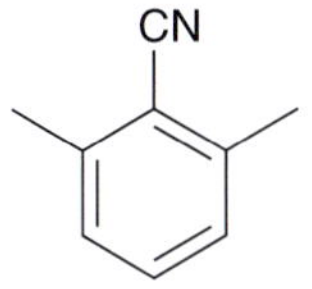

(e)
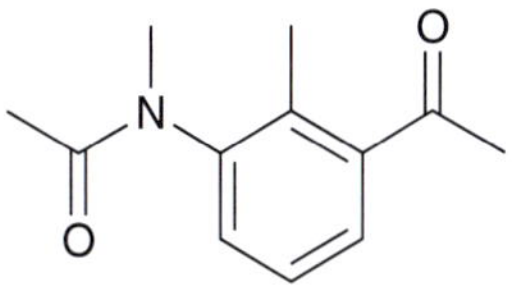

(f)
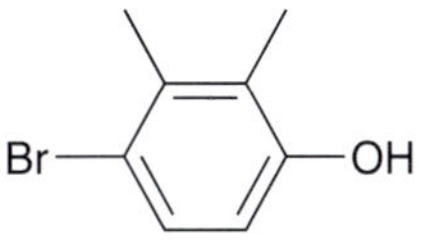

(g) 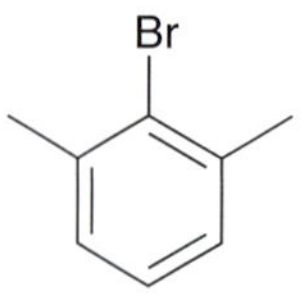

(h) 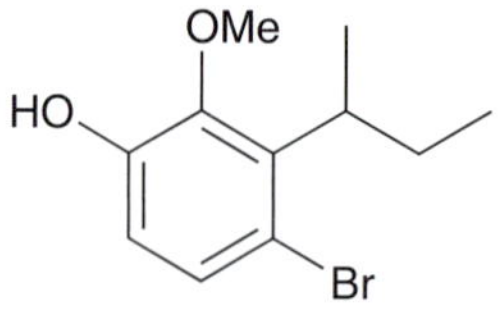

(i) 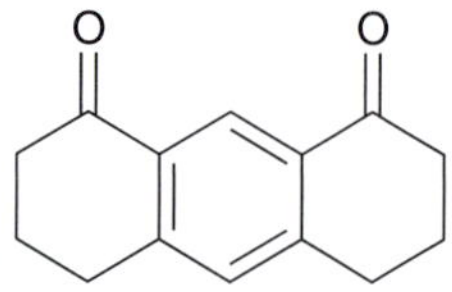

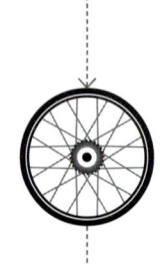

APLICANDO o que você aprendeu

19.20 Preveja o(s) produto(s) para cada uma das seguintes reações:

(a) 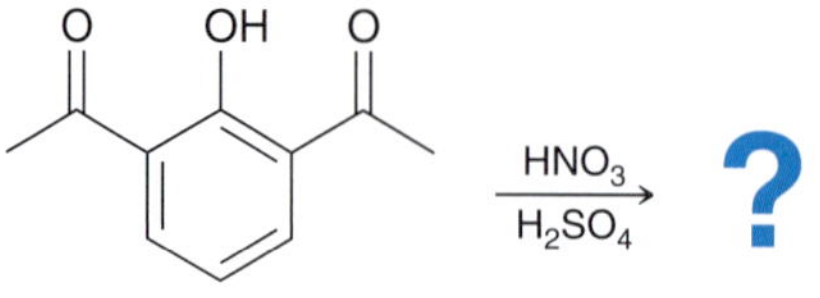

(b) 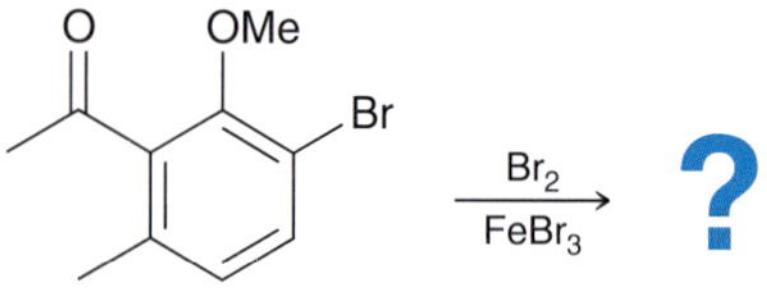

(c) 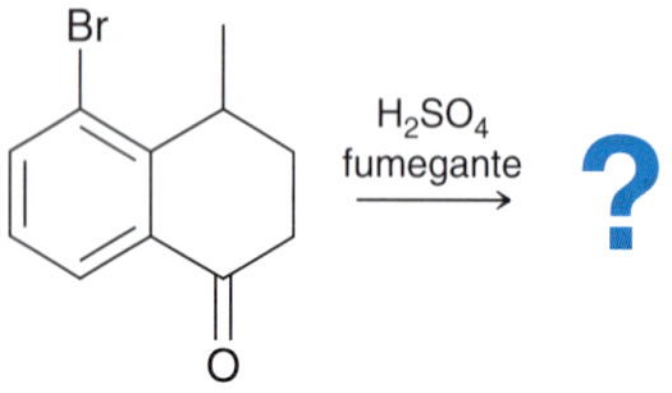

19.21 Quando o 2,4-dibromo-3-metiltolueno é tratado com bromo na presença de ferro (Fe), uma substância com a fórmula molecular $C_8H_7Br_3$ é obtida. Identifique a estrutura desse produto.

é necessário **PRATICAR MAIS? Tente Resolver os Problemas 19.47e, 19.50k, 19.56a,b, 19.59, 19.69**

Efeitos Estéricos

Em muitos casos, os efeitos estéricos podem desempenhar um papel importante na determinação da distribuição do produto. Vamos começar com um caso simples em que existe apenas um substituinte no anel.

Quando um orientador *orto-para* está presente no anel, é difícil prever a proporção exata de produtos *orto* e *para*. No entanto, as seguintes orientações são úteis na maioria dos casos:

1. Para a maioria dos anéis aromáticos monossubstituídos, o produto *para* geralmente domina em relação ao produto *orto* como consequência de considerações de natureza estérica.

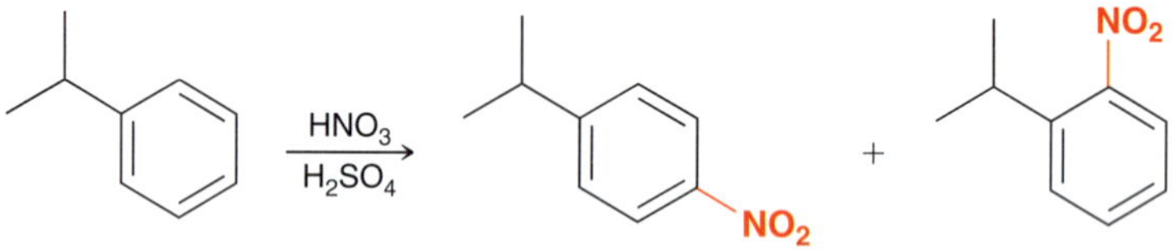

Principal **Secundário**

O impedimento estérico eleva a energia de ativação (E_a) para o ataque na posição *orto* e, como consequência, o produto *para* é o produto principal. Uma exceção notável é o tolueno (metilbenzeno), para o qual a razão entre os produtos *orto* e *para* é sensível às condições utilizadas, tal como a escolha do solvente. Em alguns casos, o produto *para* é favorecido, em outros, o produto *orto* é favorecido. Portanto, não é geralmente aconselhável utilizar os efeitos de orientação de um grupo metila para favorecer uma reação na posição *para* em relação à posição *orto*.

2. Para anéis aromáticos 1,4 dissubstituídos, efeitos estéricos novamente desempenham um papel significativo. Considere o seguinte caso:

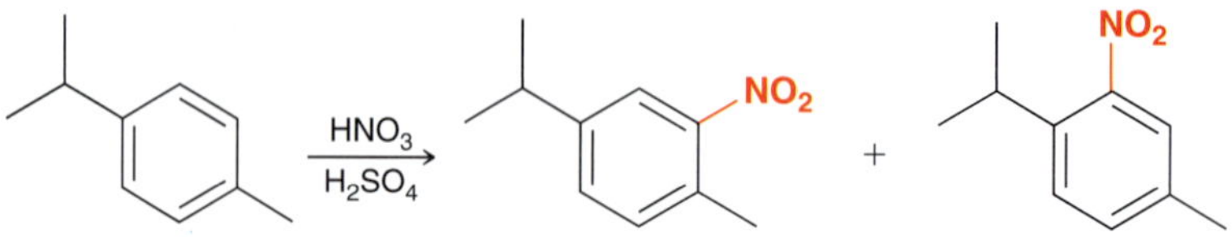

Principal **Secundário**

O resultado regioquímico dessa reação é controlado por efeitos estéricos. A nitração é mais provável de ocorrer na posição que é menos estericamente impedida (*orto* em relação ao grupo metils).

3. Para anéis aromáticos 1,3 dissubstituídos, é extremamente improvável que a substituição possa ocorrer na posição entre os dois substituintes. Essa posição é a posição mais estericamente impedida do anel, e a reação geralmente não ocorre nessa posição.

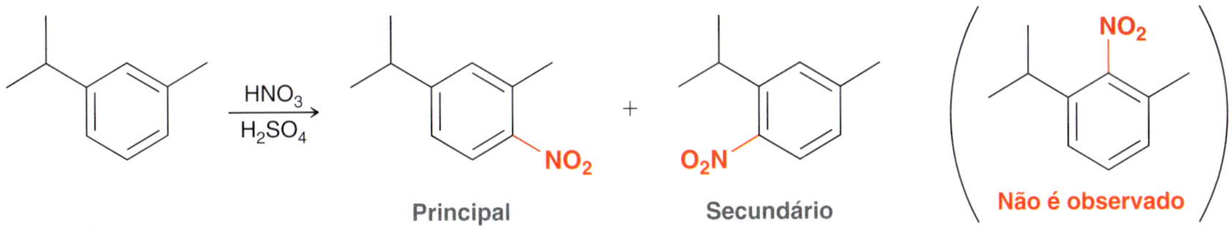

Usando as três diretrizes anteriores, vamos começar a praticar prevendo a distribuição do produto nos casos em que efeitos estéricos controlam o resultado.

DESENVOLVENDO A APRENDIZAGEM

19.3 IDENTIFICAÇÃO DOS EFEITOS ESTÉRICOS PARA ANÉIS BENZÊNICOS DISSUBSTITUÍDOS E POLISSUBSTITUÍDOS

APRENDIZAGEM Determine, na substância vista a seguir, a posição mais provável de ser o local de uma reação de substituição eletrofílica aromática.

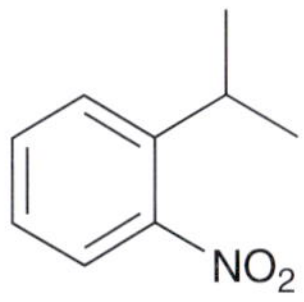

SOLUÇÃO

ETAPA 1 Identificação da natureza de cada grupo.

Começamos identificando o efeito de cada grupo no anel aromático.

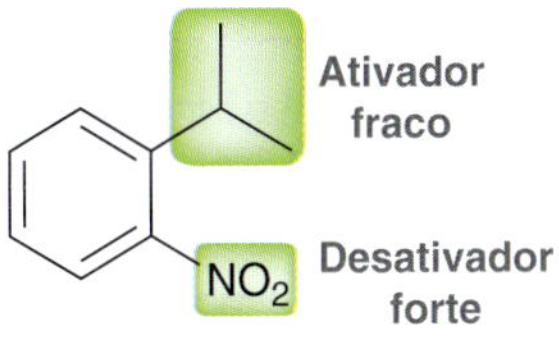

ETAPA 2 Seleção do grupo ativador mais forte e identificação das posições que são *orto* ou *para* em relação àquele grupo.

Neste caso, um ativador fraco compete com um desativador forte para os efeitos de orientação. Lembre-se de que o ativador mais forte controla os efeitos de orientação, assim, neste caso, o grupo isopropila é responsável pelo resultado. O grupo isopropila é um orientador *orto-para*, de modo que temos de considerar as posições que são *orto* e *para* em relação ao grupo isopropila.

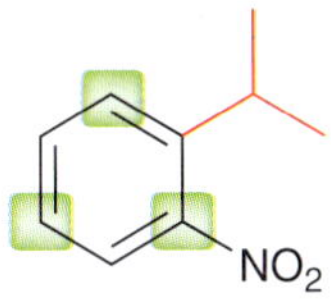

ETAPA 3 Identificação das posições desocupadas que são menos impedidas estericamente.

Uma dessas posições já está ocupada, deixando duas escolhas. A posição *orto* é impedida estericamente, enquanto a posição *para* é livre estericamente. Neste caso, espera-se que a substituição ocorra principalmente na posição *para* e, em menor grau na posição *orto*.

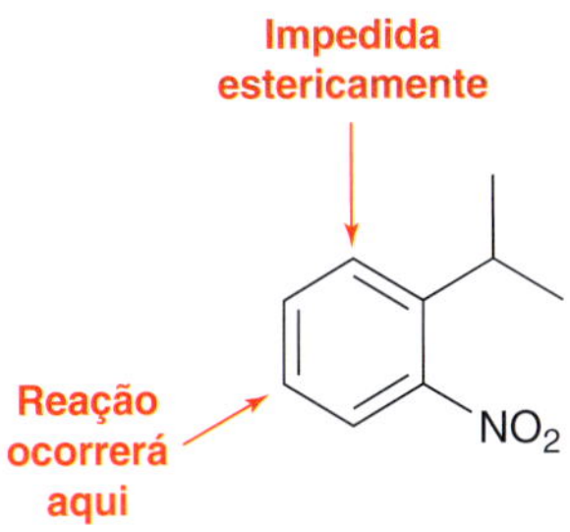

PRATICANDO o que você aprendeu

19.22 Para cada uma das substâncias vistas a seguir, determine a posição que é mais provável de ser o local de uma reação de substituição eletrofílica aromática:

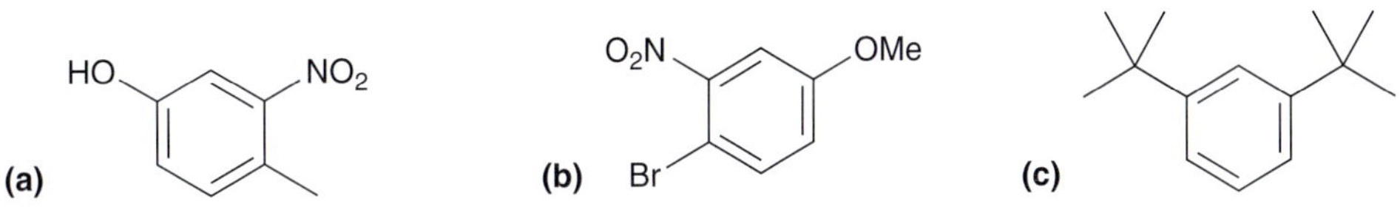

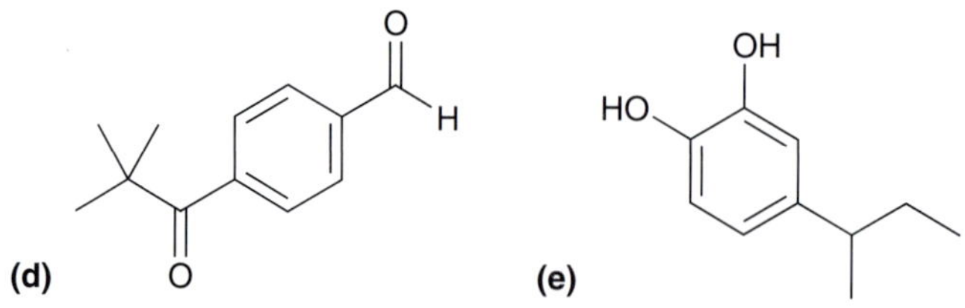

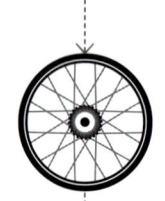

APLICANDO o que você aprendeu

19.23 A substância vista a seguir é altamente ativada, mas, no entanto, sofre bromação muito lentamente. Explique.

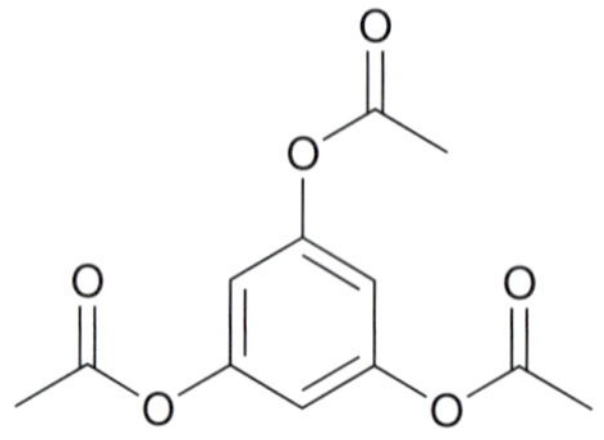

19.24 Quando a substância vista a seguir é tratada com Br_2, na presença de um ácido de Lewis, um produto predomina. Determine a estrutura desse produto.

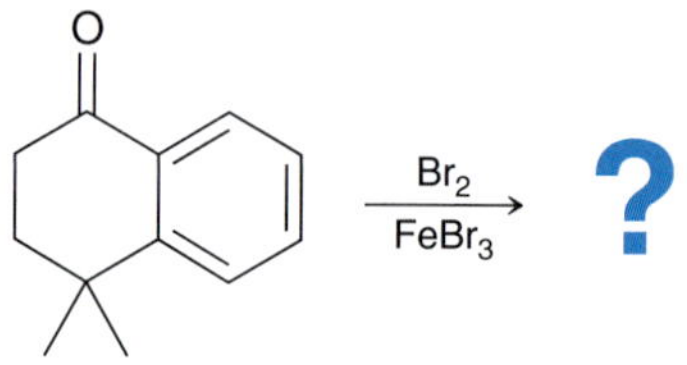

é necessário **PRATICAR MAIS?** **Tente Resolver os Problemas 19.59, 19.63, 19.69**

Grupos Bloqueadores

Considere como a seguinte transformação poderia ser realizada:

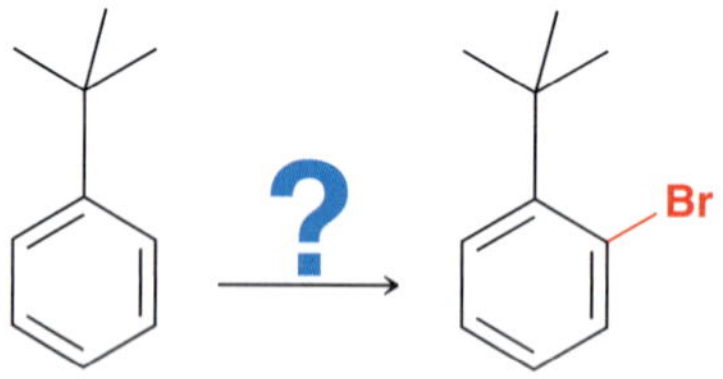

A bromação direta do *terc*-butilbenzeno produz o produto *para* como produto principal, enquanto o produto *orto* desejado é o produto secundário. Nessa situação, um **grupo bloqueador** pode ser utilizado para orientar a bromação para a posição *orto*. Neste caso, o grupo bloqueador é inicialmente inserido na posição *para*.

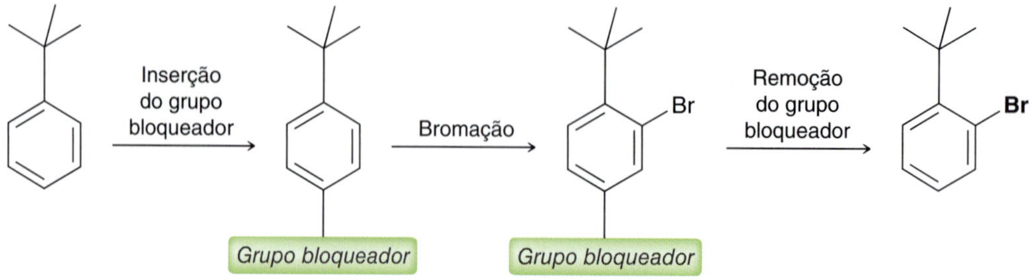

Uma vez que a posição *para* está ocupada, a reação desejada é forçada a ocorrer na posição *orto*. Finalmente, o grupo bloqueador é removido. A fim de que um grupo se comporte como um grupo bloqueador, ele deve ser facilmente removível após a reação desejada ter sido alcançada. Existem muitos grupos bloqueadores que podem ser utilizados. A sulfonação é normalmente usada para este propósito, porque o processo de sulfonação é reversível.

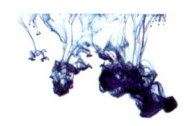

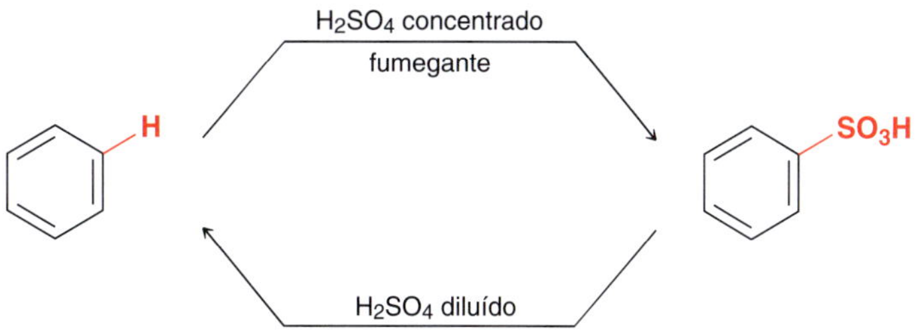

A sulfonação fornece uma técnica valiosa de bloqueio que permite alcançar a transformação desejada.

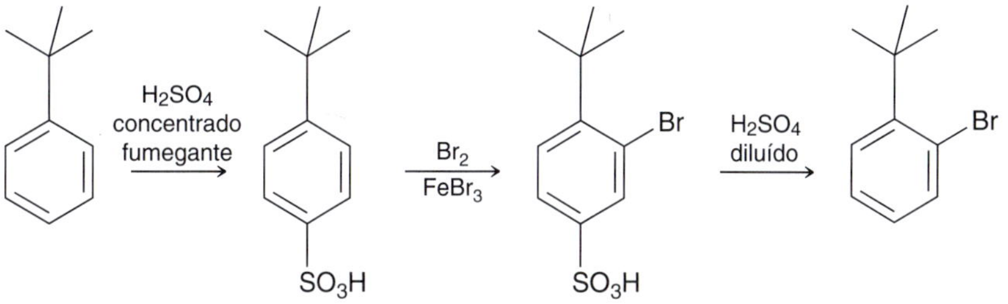

DESENVOLVENDO A APRENDIZAGEM

19.4 USO DE GRUPOS BLOQUEADORES PARA CONTROLAR O RESULTADO REGIOQUÍMICO DE UMA REAÇÃO DE SUBSTITUIÇÃO ELETROFÍLICA AROMÁTICA

APRENDIZAGEM Identifique se um grupo bloqueador é necessário para realizar a seguinte transformação:

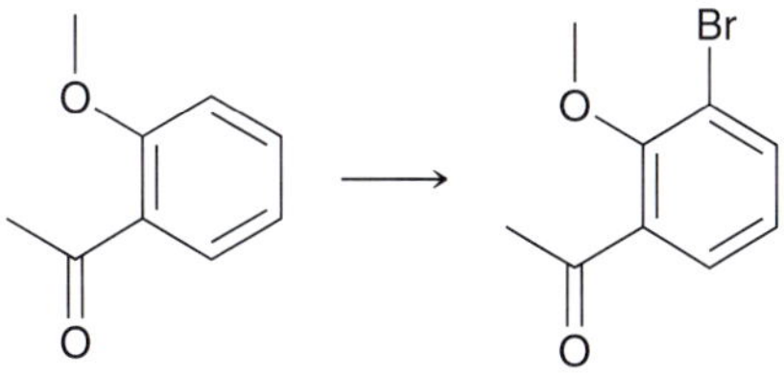

SOLUÇÃO

Analisamos o material de partida. Os dois substituintes são o grupo metoxi, que é um ativador moderado, e o grupo acila, que é um desativador moderado.

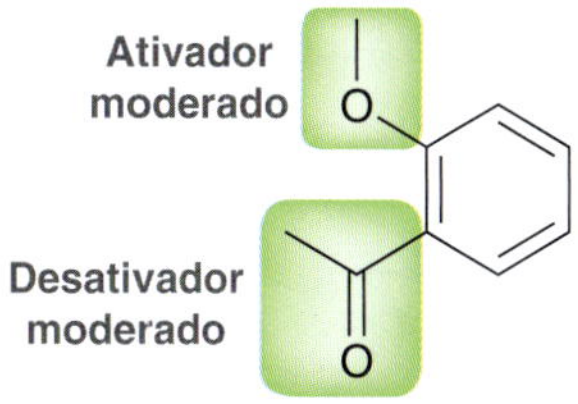

Neste caso, o grupo metoxi controla os efeitos de orientação e, portanto, os centros reativos são as posições *orto* e *para* desocupadas.

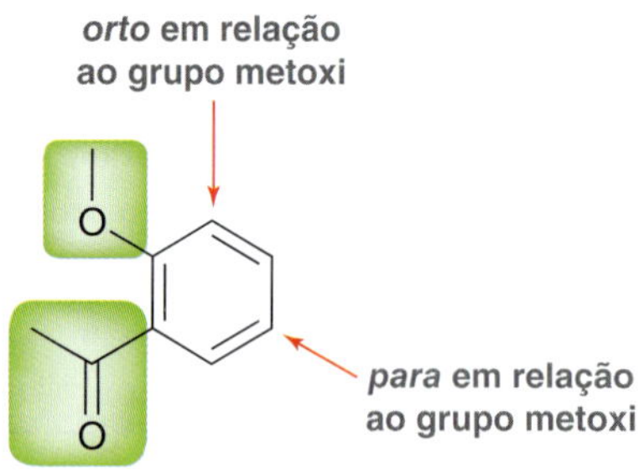

A posição *orto* é mais estericamente impedida, enquanto a posição *para* não é estericamente impedida. Portanto, espera-se que a reação de substituição ocorra na posição *para* em relação ao grupo metoxi. Se quiséssemos inserir um grupo na posição *orto*, seria necessário um grupo bloqueador.

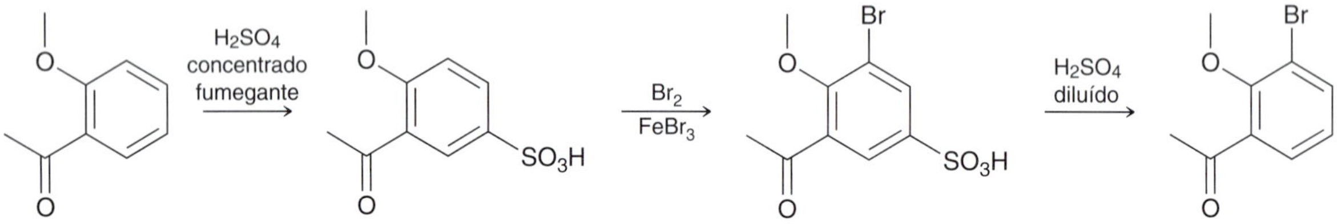

PRATICANDO o que você aprendeu

19.25 Determine se é necessário um grupo bloqueador para realizar cada uma das seguintes transformações.

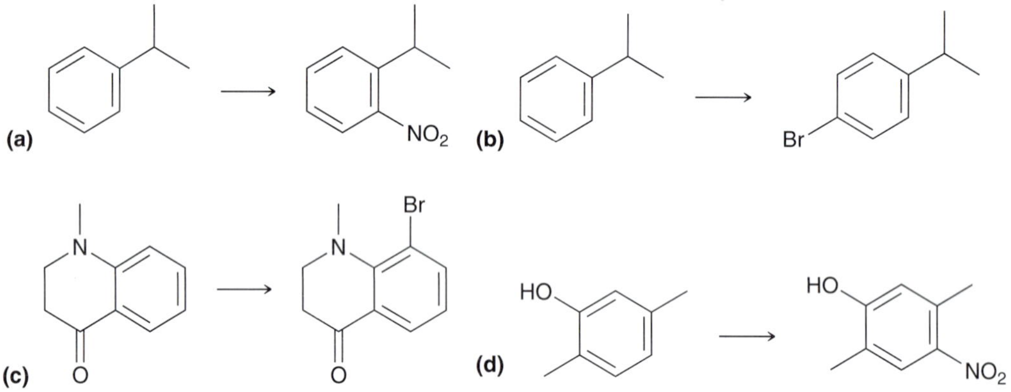

APLICANDO o que você aprendeu

19.26 Preveja o produto principal da seguinte reação:

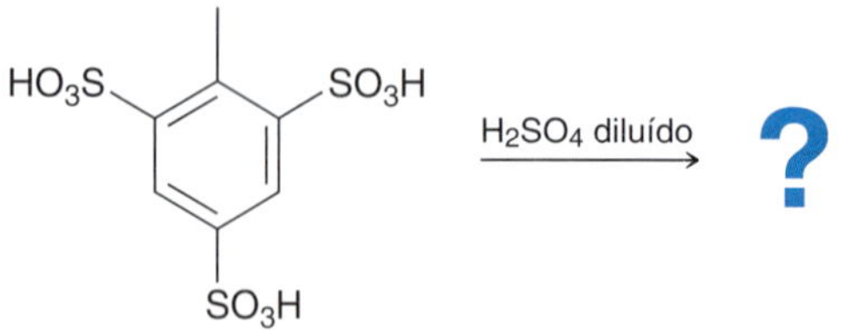

19.27 As transformações vistas a seguir não podem ser realizadas, mesmo com a ajuda de grupos bloqueadores. Em cada caso, explique por que um grupo de bloqueador não vai ajudar.

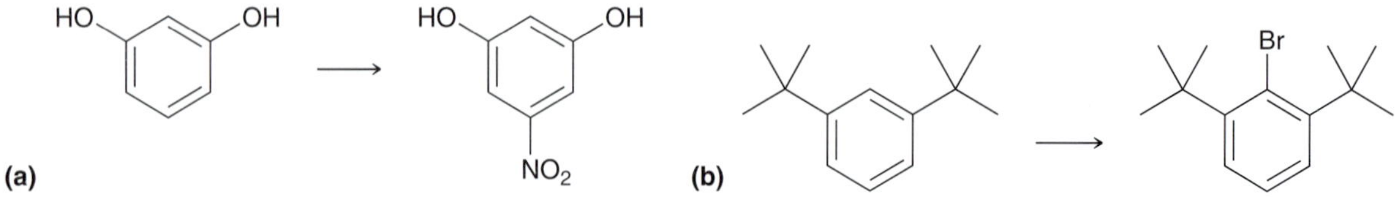

é necessário **PRATICAR MAIS?** **Tente Resolver os Problemas 19.58d, 19.68c**

19.12 Estratégias de Síntese

Anéis Benzênicos Monossubstituídos

O tipo mais simples de síntese é um problema que requer a formação de um anel benzênico monossubstituído. Efeitos de orientação são irrelevantes nesse caso. Você só precisa saber que reagentes são necessários para inserir o grupo desejado. A Figura 19.14 é uma lista dos reagentes que vimos até agora. Essa lista deve ser memorizada antes de passar para problemas mais sofisticados de síntese. No total, vimos 10 grupos diferentes que podem ser inseridos em um anel aromático. Dedique atenção especial aos quatro grupos apresentados em azul. A instalação desses grupos requer duas etapas.

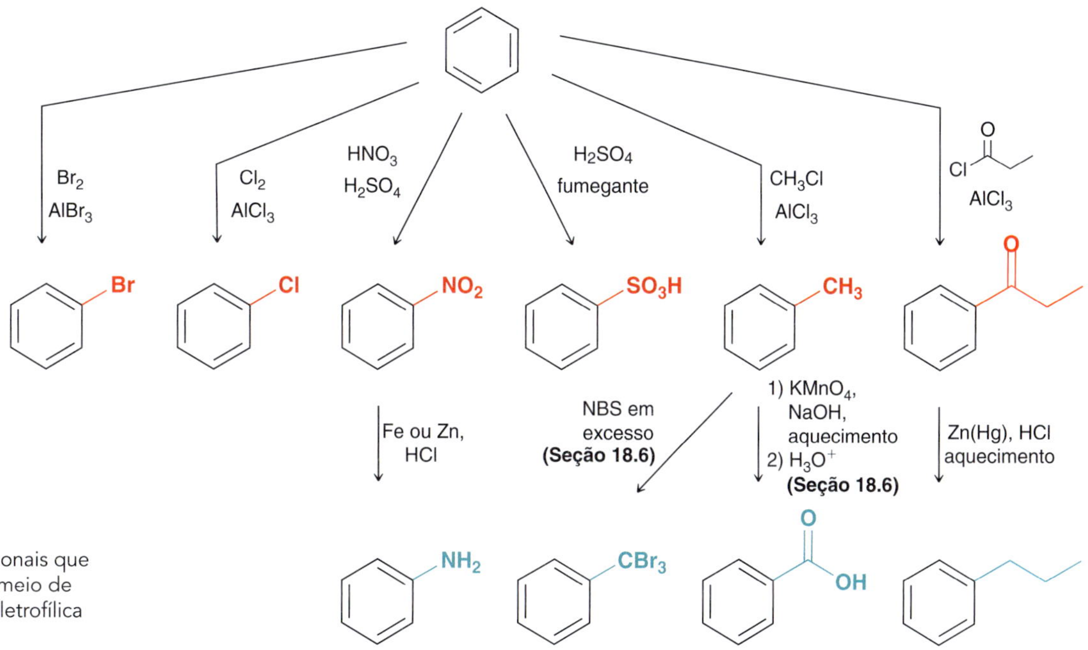

FIGURA 19.14
Uma lista de grupos funcionais que podem ser inseridos por meio de reações de substituição eletrofílica aromática.

VERIFICAÇÃO CONCEITUAL

19.28 Identifique os reagentes necessários para converter o benzeno em cada uma das seguintes substâncias:

(a) Clorobenzeno (b) Nitrobenzeno
(c) Bromobenzeno (d) Etilbenzeno
(e) Propilbenzeno (f) Isopropilbenzeno
(g) Anilina (aminobenzeno) (h) Ácido benzoico
(i) Tolueno

19.29 Identifique o produto obtido quando o benzeno é tratado com cada um dos seguintes reagentes:

(a) Ácido sulfúrico fumegante (b) HNO_3/H_2SO_4
(c) Cl_2, $AlCl_3$ (d) Cloreto de etila, $AlCl_3$
(e) Br_2, Fe
(f) HNO_3/H_2SO_4 seguido de Zn, HCl

Anéis Benzênicos Dissubstituídos

A proposição de uma síntese de um anel benzênico dissubstituído requer uma análise cuidadosa de efeitos de orientação para determinar qual o grupo que deve ser inserido primeiro. Como um exemplo, considere a substância vista a seguir.

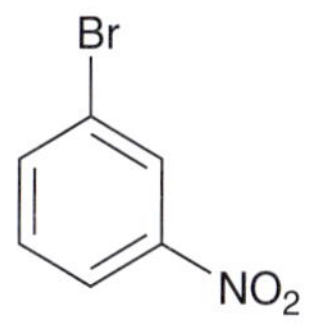

A obtenção desta substância a partir do benzeno requer duas etapas separadas – bromação e nitração. Bromação seguida por nitração não irá produzir o produto desejado, porque um bromo como substituinte é orientador *orto-para*. A fim de alcançar a posição *meta* entre os dois grupos, a nitração tem que ser executada em primeiro lugar. O grupo nitro é um orientador *meta*, que, em seguida, orienta o bromo de entrada para a posição desejada.

O exemplo anterior é bastante simples, pois cada grupo é inserido em apenas uma etapa. Uma consideração adicional é necessária quando a instalação de um dos grupos requer duas etapas e envolve uma mudança nos efeitos de orientação. Estas alterações estão resumidas na Tabela 19.2.

TABELA 19.2 CONVERSÕES DE GRUPOS FUNCIONAIS QUE MUDAM OS EFEITOS DE ORIENTAÇÃO

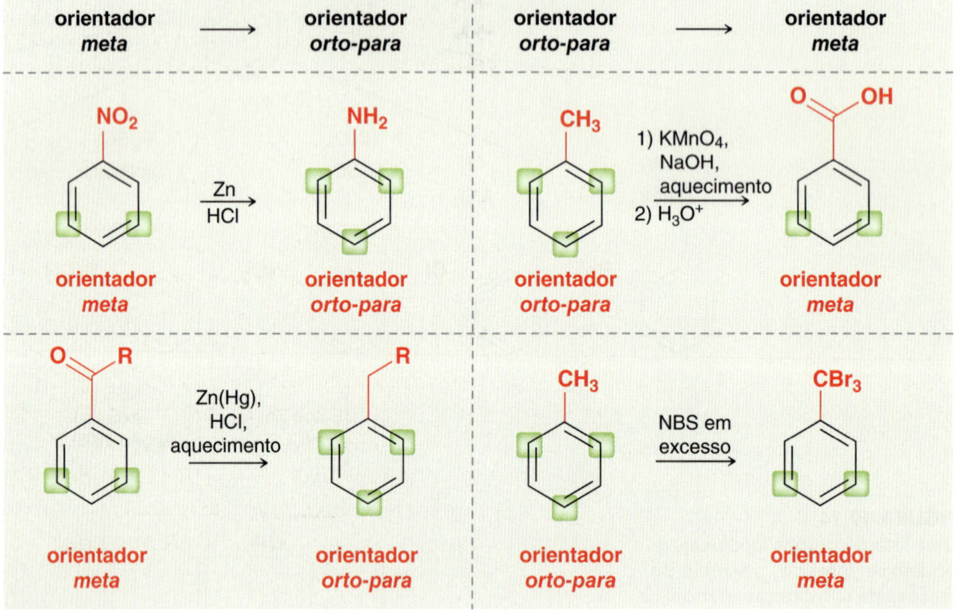

Como um exemplo, considere a inserção de um grupo amino, que requer (1) nitração, seguida por (2) redução. A redução converte um grupo nitro orientador *meta* em um grupo amino orientador *orto-para*. Esta mudança nos efeitos de orientação tem que ser considerada no planejamento de uma síntese que exige a inserção de um grupo amino. Para ilustrar esse ponto, considere o exemplo visto a seguir.

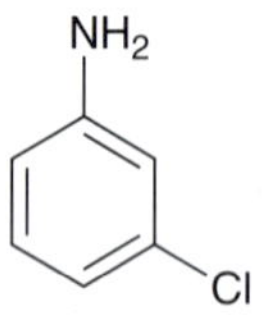

Essa substância tem dois grupos que estão na posição *meta*, um em relação ao outro, e temos que decidir qual o grupo que deve ser inserido em primeiro lugar. O problema é que ambos os grupos são orientadores *orto-para*, de modo que nenhum dos grupos orientará o outro grupo para a posição correta. Este problema pode ser resolvido se reconhecermos que a inserção do grupo amino envolve uma mudança nos efeitos de orientação.

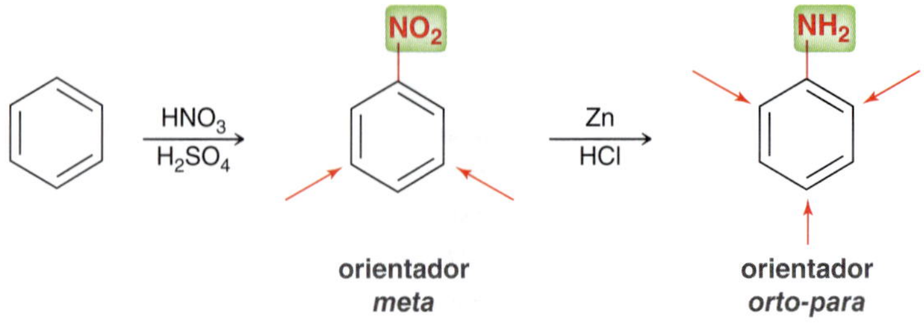

O grupo nitro é orientador *meta*, enquanto o grupo amino é orientador *orto-para*. As duas etapas anteriores não precisam ser consecutivas, e nós podemos explorar as propriedades de orientação *meta* do grupo nitro para inserir o substituinte cloro na posição correta. Especificamente, o resultado regioquímico correto é obtido com a seguinte ordem de eventos: (1) nitração, (2) cloração, e (3) redução.

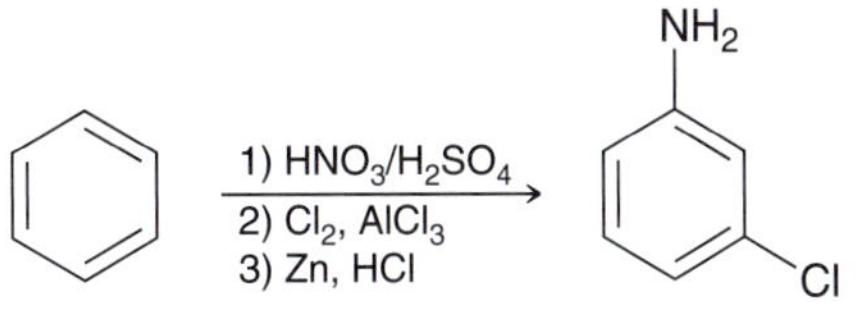

Além de considerar a ordem dos eventos, as limitações vistas a seguir também têm que ser consideradas quando se planeja uma síntese.

1. A nitração não pode ser realizada em um anel que contém um grupo amino.

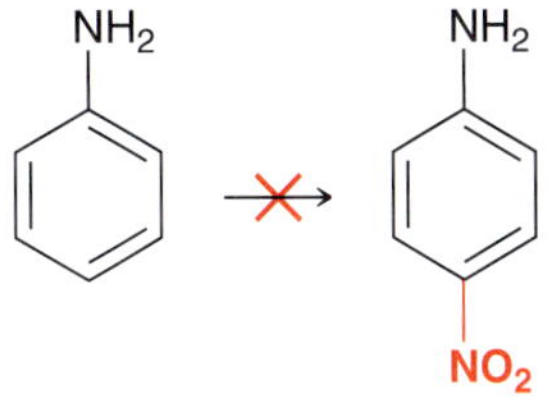

   Os reagentes para a nitração (uma mistura de HNO_3 e H_2SO_4) podem oxidar o grupo amino, frequentemente conduzindo para uma mistura de produtos indesejáveis. As tentativas de realizar esta reação geralmente produzem uma substância chamada alcatrão.

2. Uma reação de Friedel-Crafts (alquilação ou acilação), não pode ser realizada em anéis que estão desativados fortemente ou moderadamente. O anel tem de ser ativado ou fracamente desativado para que uma reação de Friedel-Crafts ocorra.

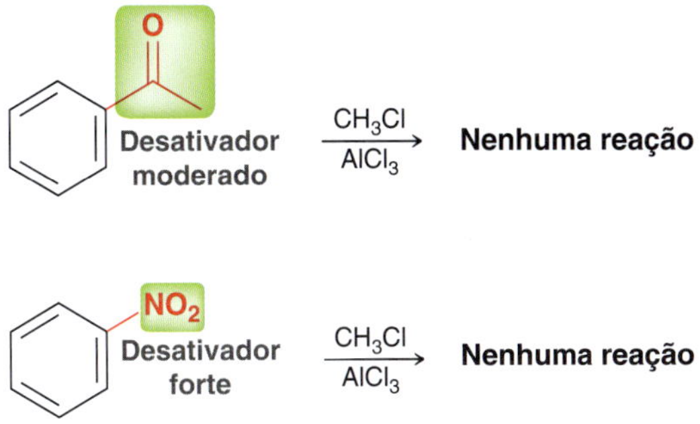

DESENVOLVENDO A APRENDIZAGEM

19.5 PROPOSIÇÃO DE UMA SÍNTESE PARA UM ANEL BENZÊNICO DISSUBSTITUÍDO

APRENDIZAGEM Partindo do benzeno e utilizando quaisquer outros reagentes necessários de sua escolha, projete uma síntese da substância vista a seguir.

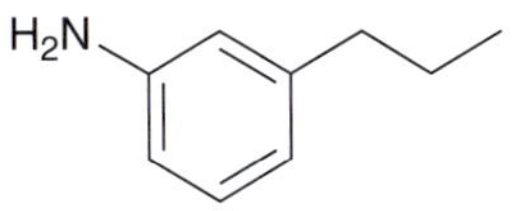

SOLUÇÃO

ETAPA 1
Identificação dos reagentes necessários para inserir cada um dos substituintes.

A inserção do grupo amino requer um processo de duas etapas – nitração seguida de redução. A inserção do grupo propila, também requer um processo de duas etapas – acilação seguida de redução (a fim de evitar rearranjos de carbocátions que ocorreriam durante a alquilação direta).

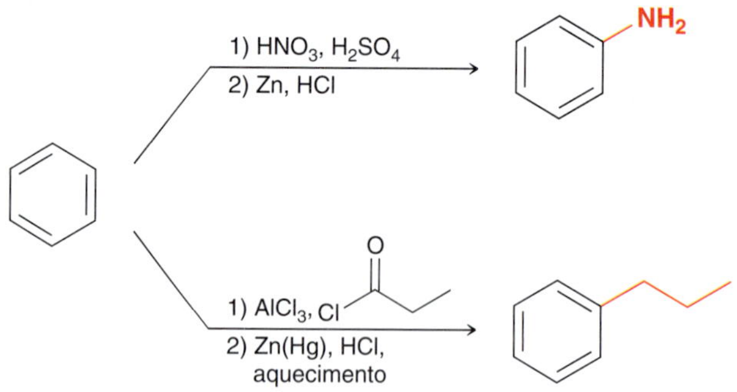

ETAPA 2 Determinação da ordem dos eventos que atinge o resultado regioquímico desejado.

Agora vamos considerar a ordem dos eventos. Esses dois grupos têm de ser inseridos de modo que eles fiquem na posição *meta*, um em relação ao outro. O grupo amino é orientado *orto-para*, de modo que não pode ser inserido primeiro. No entanto, o grupo propila também é orientado *orto-para*, de modo que também não pode ser inserido primeiro. Neste caso, somos forçados a explorar os efeitos de orientação *meta* do grupo nitro ou do grupo acila.

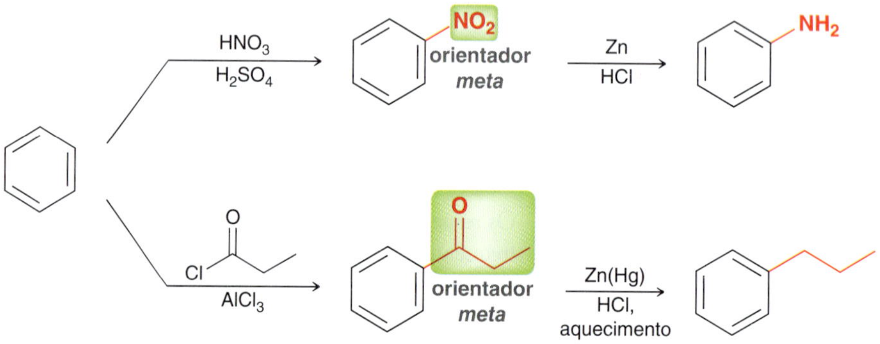

Ao tirar vantagem dos efeitos de orientação *meta* do grupo nitro ou do grupo acila, temos duas rotas possíveis para considerar:

Rota 1

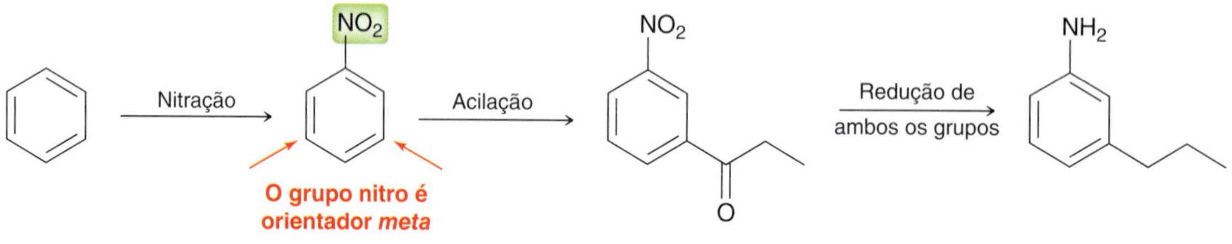

Rota 2

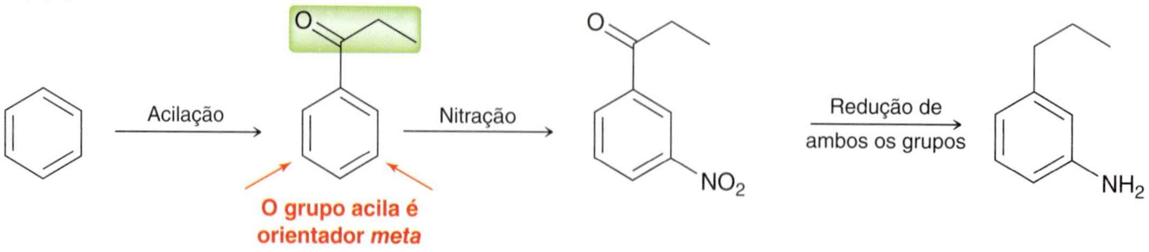

Ao considerar a viabilidade de cada rota, temos de ter certeza de não violar nenhuma das duas limitações vistas a seguir: (1) A nitração não pode ser realizada em um anel que possui um grupo amino e (2) as reações de Friedel-Crafts não podem ser realizadas em um anel moderadamente ou fortemente desativado.

Nenhuma das rotas propostas viola a primeira limitação, mas uma das rotas, de fato, viola a segunda limitação. Especificamente, a primeira rota envolve a acilação de Friedel-Crafts com um anel fortemente desativado (nitrobenzeno). Isso não vai funcionar. Portanto, somente a segunda rota é viável. Na última etapa dessa rota, ambos os grupos são reduzidos sob condições de Clemmensen.

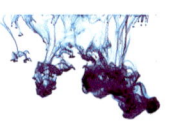

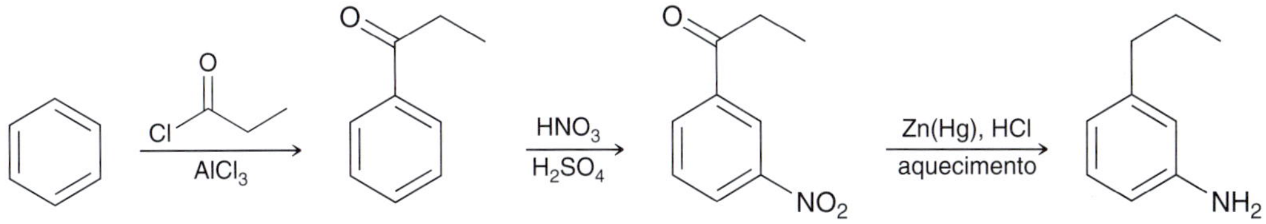

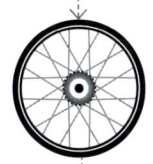

PRATICANDO o que você aprendeu

19.30 Partindo do benzeno e utilizando quaisquer outros reagentes necessários de sua escolha, projete uma síntese de cada uma das substâncias vistas a seguir. Observação: alguns desses problemas têm mais do que uma resposta plausível.

(a) 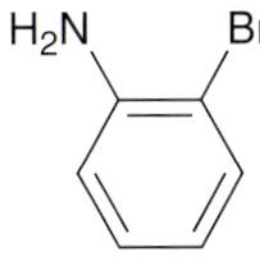

(b) 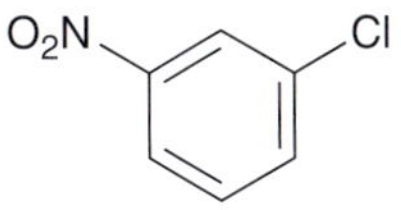

(c) 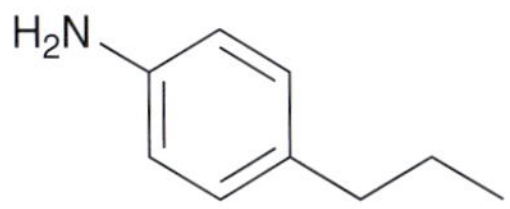

(d) 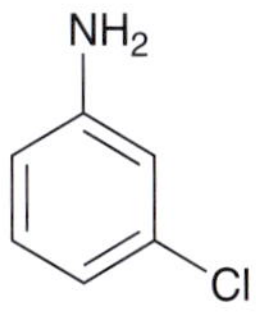

(e) 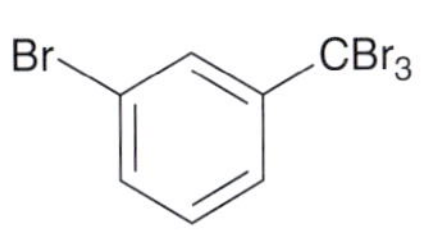

(f) 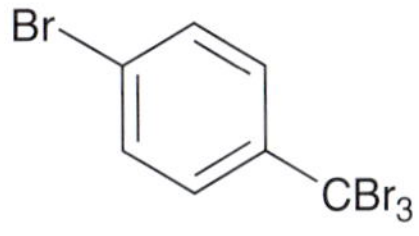

(g) 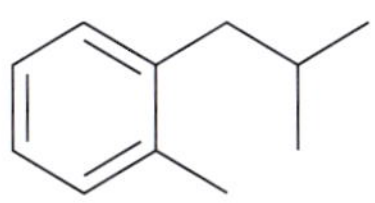

(h) 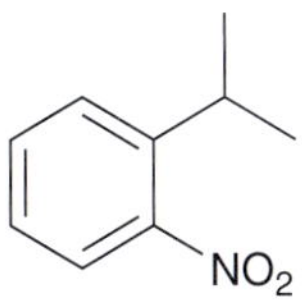

(i) 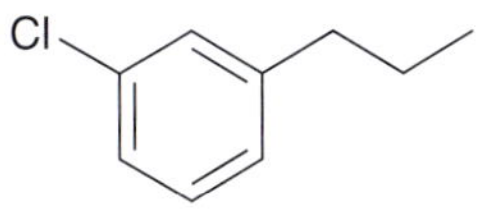

(j) 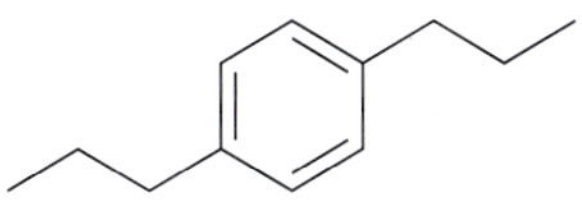

APLICANDO o que você aprendeu

19.31 Usando apenas as reações que aprendemos neste capítulo, há duas maneiras diferentes de preparar a substância vista a seguir a partir de benzeno. Identifique as duas maneiras, e então escolha a que é suscetível de produzir um melhor rendimento do produto desejado. Explique sua escolha.

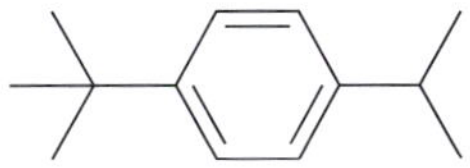

19.32 As substâncias vistas a seguir não podem ser obtidas usando-se apenas as reações que aprendemos neste capítulo. Para cada substância, explique as questões que impedem a sua formação:

(a) 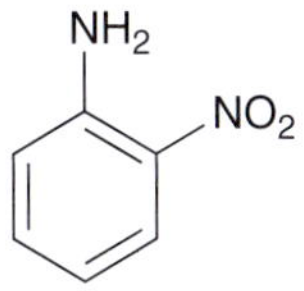

(b) 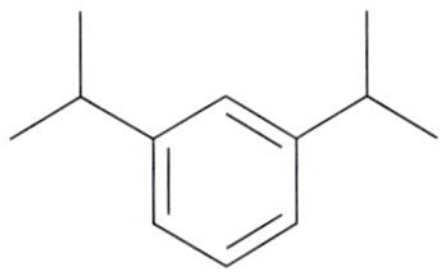

é necessário **PRATICAR MAIS?** **Tente Resolver os Problemas 19.57, 19.58, 19.68, 19.75**

Anéis Benzênicos Polissubstituídos

Ao conceber uma síntese de um anel benzênico polissubstituído, é frequentemente mais eficiente utilizar uma análise retrossintética, como discutido na Seção 12.5. O exemplo a seguir ilustra o processo.

DESENVOLVENDO A APRENDIZAGEM

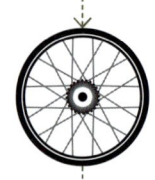

19.6 PROPOSIÇÃO DE UMA SÍNTESE PARA UM ANEL BENZÊNICO POLISSUBSTITUÍDO

APRENDIZAGEM Partindo do benzeno e utilizando quaisquer outros reagentes necessários de sua escolha, planeje uma síntese para a substância vista a seguir:

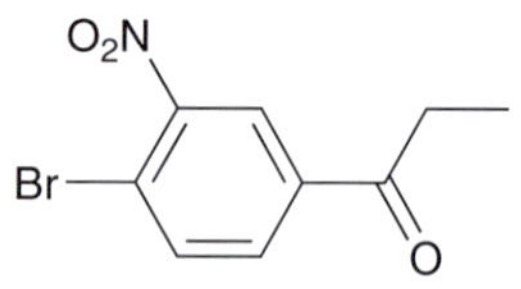

SOLUÇÃO

ETAPA 1 Determinação da última etapa da síntese.

Abordamos esse problema a partir de um ponto de vista retrossintético. Começamos determinando a última etapa da síntese. Existem três possibilidades: (1) o grupo Br é inserido por último, (2) o grupo NO_2 é inserido por último, ou (3) o grupo acila é inserido por último.

Vamos começar pela suposição de que o grupo Br é inserido por último.

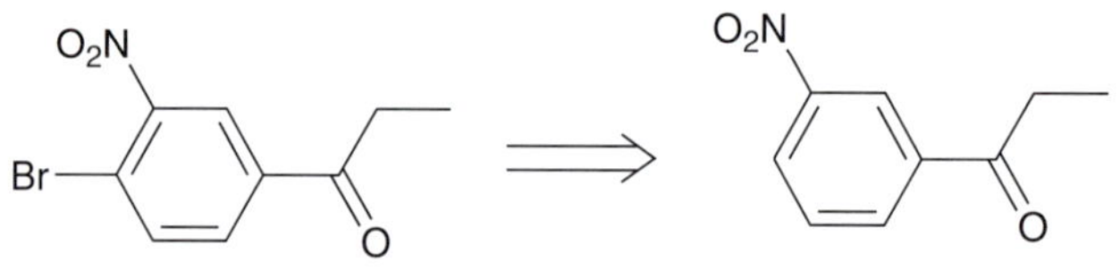

Lembre-se de que esta seta é retrossintética, e isso significa que a primeira substância pode ser feita a partir da segunda substância. Nossa última etapa seria, portanto, uma reação de bromação.

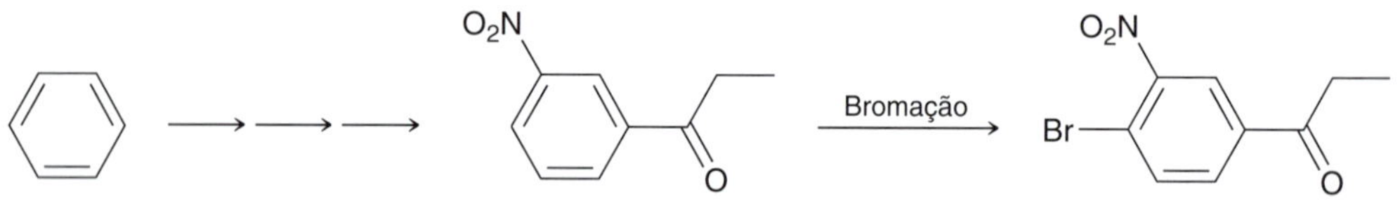

Para considerar a plausibilidade desta reação como nossa última etapa, é preciso primeiro verificar se o resultado regioquímico desejado será alcançado. Neste caso, estamos tentando atingir a bromação de um anel dissubstituído, em que ambos os grupos (grupo nitro e grupo acila) são orientadores *meta*. Neste caso, o grupo Br de entrada seria inserido na posição *meta* em relação a ambos os grupos, o que não é a posição desejada. Portanto, essa etapa não pode ser a última etapa da nossa síntese.

Vamos agora considerar a inserção do grupo acila como a última etapa. Mais uma vez, temos de considerar se o resultado regioquímico desejado seria alcançado.

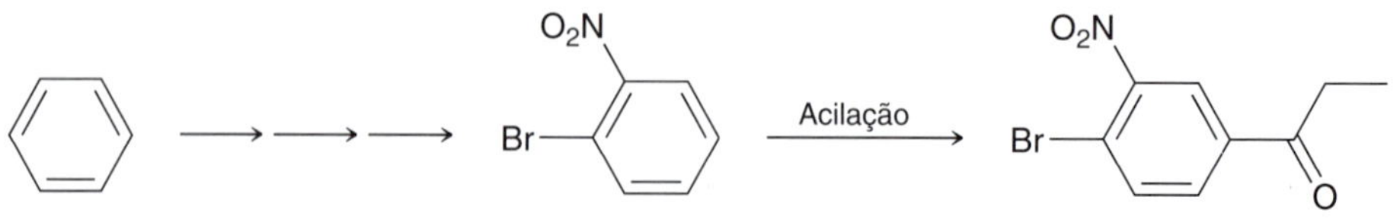

Neste caso, o resultado regioquímico desejado seria alcançado porque tanto o grupo Br quanto o grupo NO_2 orientam para a posição desejada. No entanto, essa transformação é uma acilação de Friedel-Crafts, de modo que temos de considerar se a reação proposta viola qualquer das limitações para a acilação de Friedel-Crafts. De fato, existe uma violação aqui porque o anel é fortemente desativado pela presença de um grupo nitro, e a reação desejada simplesmente não pode ser realizada.

Existe apenas uma possibilidade deixada para a última etapa da nossa síntese, que tem de ser a inserção do grupo nitro.

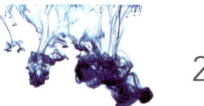

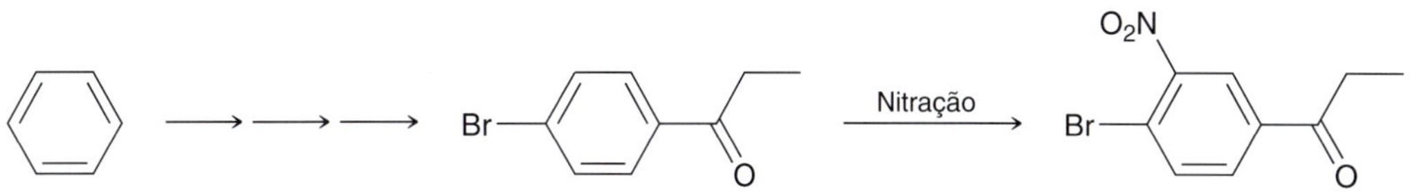

Tanto o grupo Br quanto o grupo acila vão orientar o grupo nitro de entrada para a posição desejada e essa reação é plausível. Esta tem que ser a última etapa.

ETAPA 2 Determinação da penúltima etapa da síntese.

Continuando a trabalhar para trás, temos agora de considerar a ordem em que os dois grupos restantes têm que ser inseridos:

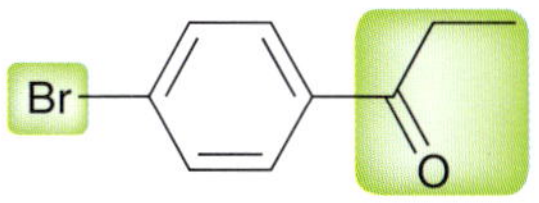

ETAPA 3 Consideração das limitações de uma etapa da proposta.

ETAPA 4 Reescrita da síntese do início para o fim.

Mais uma vez, temos de escolher uma sequência de eventos que leve ao resultado regioquímico desejado. Os grupos Br e acila estão na posição *para* um em relação ao outro, de modo que temos de considerar que grupo é um orientador *para*. De fato, o grupo Br é um orientador *orto-para* (com uma preferência por *para*), enquanto o grupo acila é um orientador *meta*. Portanto, conclui-se que a bromação tem que ser realizada em primeiro lugar seguida pela acilação. Sempre que executar uma etapa de acilação, é necessário ter em conta as limitações da acilação. Este caso exige a acilação do bromobenzeno. O grupo Br é apenas fracamente desativador, o que não interfere com o processo de acilação (a acilação é apenas inatingível com anéis moderadamente ou fortemente desativados). Em resumo, a nossa proposta de síntese tem a seguinte sequência de eventos:

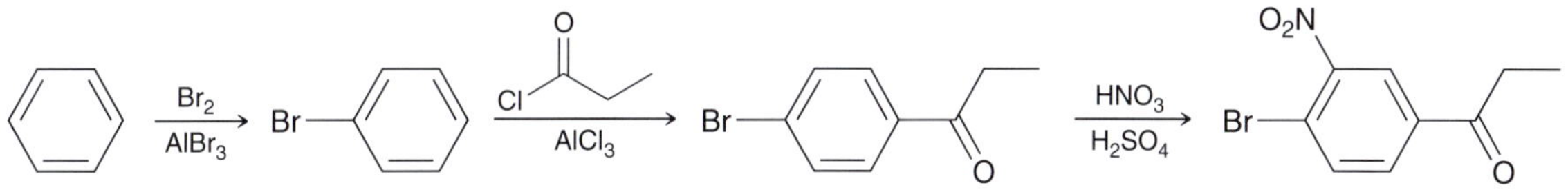

PRATICANDO o que você aprendeu

19.33 Partindo do benzeno e utilizando quaisquer outros reagentes necessários de sua escolha, planeje uma síntese de cada uma das substâncias vistas a seguir. Em alguns casos, pode haver mais do que uma resposta plausível.

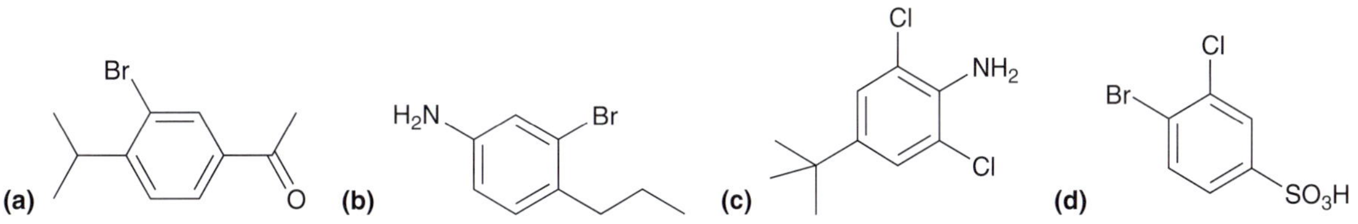

APLICANDO o que você aprendeu

19.34 A substância vista a seguir tem um anel benzênico pentassubstituído.

(a) Partindo do benzeno e utilizando quaisquer outros reagentes necessários de sua escolha, projete uma síntese para essa substância.

(b) É muito difícil inserir um sexto substituinte. Explique.

(c) O anel é ativado ou desativado (em relação ao benzeno)? Justifique sua resposta.

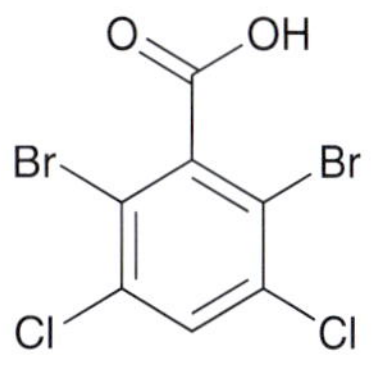

é necessário **PRATICAR MAIS?** **Tente Resolver os Problemas 19.68, 19.73**

19.13 Substituição Nucleofílica Aromática

Até agora, só temos explorado reações em que o anel aromático ataca um eletrófilo (E^+). Tais reações são chamadas de reações de substituição eletrofílica aromática. Nesta seção, consideramos as reações em que o anel é atacado por um nucleófilo. Tais reações são chamadas de reações de **substituição nucleofílica aromática**. No exemplo visto a seguir, uma substância aromática é tratada com um nucleófilo forte (hidróxido), que desloca um grupo de saída (brometo).

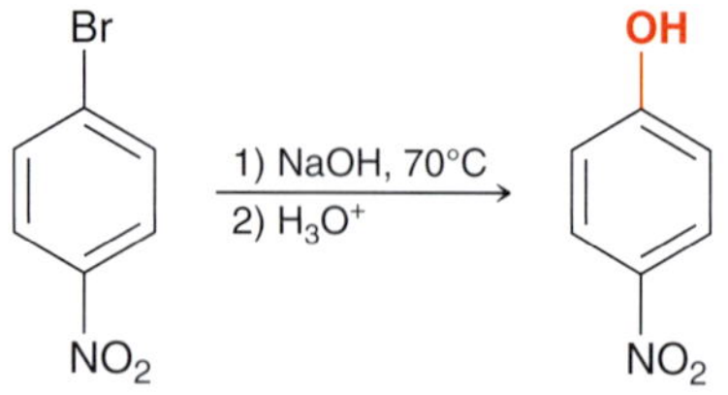
Br
1) NaOH, 70°C
2) H3O+
OH
NO2
NO2

Para que uma reação como esta ocorra, três critérios têm de ser atendidos:

1. O anel tem que conter um grupo retirador de elétrons forte (geralmente um grupo nitro).
2. O anel tem de conter um grupo de partida (normalmente um haleto).
3. O grupo de partida tem de estar na posição *orto* ou *para* em relação ao grupo retirador de elétrons. Se o grupo de saída estiver na posição *meta* em relação ao grupo nitro, a reação não será observada.

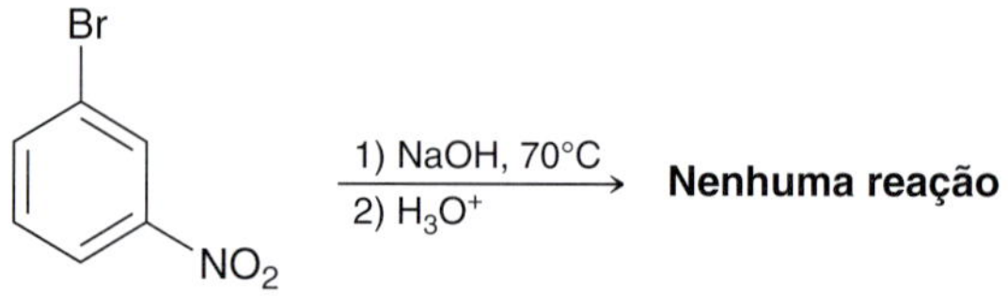
Br
NO2
1) NaOH, 70°C
2) H3O+
Nenhuma reação

Neste exemplo, os dois primeiros critérios são preenchidos, mas o último critério não é cumprido.

Qualquer mecanismo que propomos para a substituição nucleofílica aromática com sucesso tem de cumprir os três critérios. O Mecanismo 19.8 obedece a esses critérios e é chamado de mecanismo S_NAr.

MECANISMO 19.8 SUBSTITUIÇÃO NUCLEOFÍLICA AROMÁTICA S_NAr

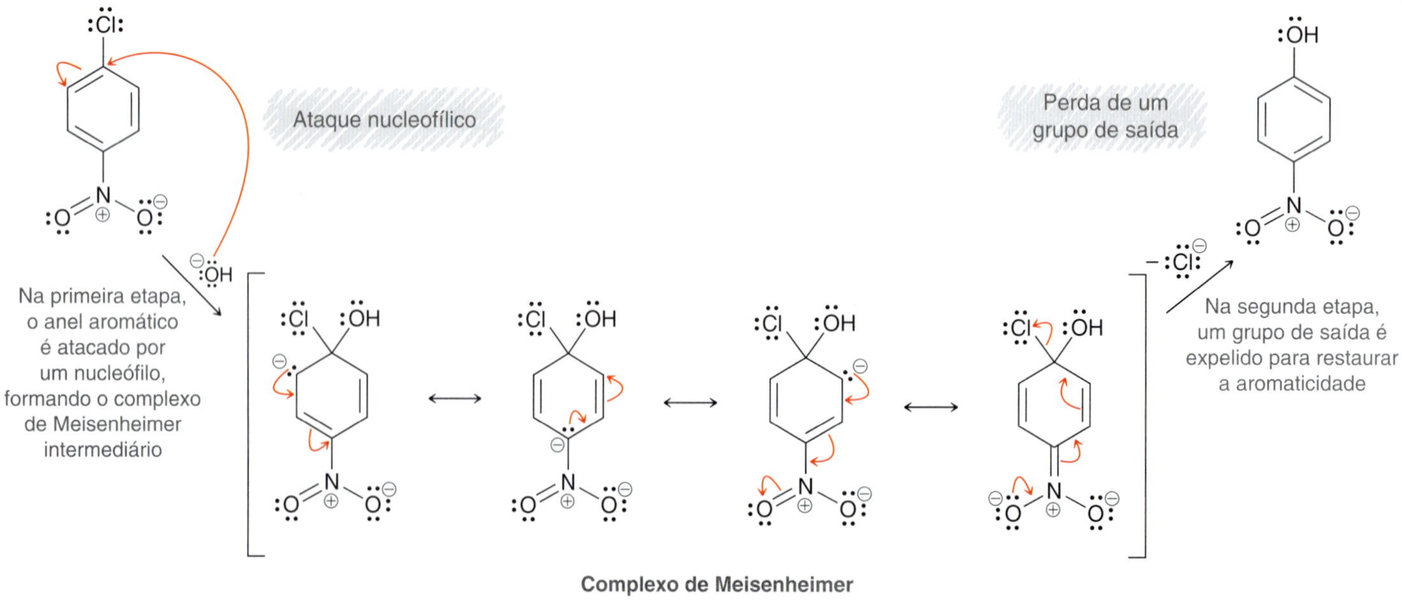
Ataque nucleofílico
Perda de um grupo de saída
Na primeira etapa, o anel aromático é atacado por um nucleófilo, formando o complexo de Meisenheimer intermediário
Na segunda etapa, um grupo de saída é expelido para restaurar a aromaticidade
Complexo de Meisenheimer

Assim como as reações que temos visto até agora, este mecanismo também envolve duas etapas, mas preste muita atenção no intermediário estabilizado por ressonância, chamado de **complexo de Meisenheimer**. Este intermediário apresenta uma carga negativa que é estabilizada por ressonância ao longo do anel. Este intermediário é muito diferente de um complexo sigma, que apresenta uma carga positiva e é estabilizado por ressonância ao longo do anel. A diferença entre esses intermediários faz sentido, pois a substituição eletrofílica aromática envolve o ataque E^+ao anel, de modo que o intermediário resultante será carregado positivamente; a substituição nucleofílica aromática envolve o anel sendo atacado por um nucleófilo com carga negativa, então o intermediário resultante será carregado negativamente. A segunda etapa do mecanismo S_NAr envolve a perda de um grupo de saída para restabelecer a aromaticidade.

A fim de compreender a função do grupo nitro nesta reação, consideramos a última estrutura de ressonância do complexo de Meisenheimer no Mecanismo 19.8. Nessa estrutura de ressonância, a carga negativa é removida a partir do anel e reside em um átomo de oxigênio. Essa estrutura de ressonância estabiliza o complexo de Meisenheimer, e podemos pensar no grupo nitro como um reservatório temporário para a densidade eletrônica. Isto é, o nucleófilo ataca o anel, despejando a sua densidade eletrônica no anel, onde é armazenada temporariamente no grupo nitro. Em seguida, o grupo nitro libera a densidade eletrônica para expelir um grupo de saída. Com isso em mente, podemos entender a exigência para o grupo nitro, bem como a exigência do grupo de saída. Além disso, o mecanismo de S_NAr também explica o requisito para o grupo nitro a ser *orto* ou *para* em relação ao grupo de saída. Se o grupo nitro é *meta* em relação ao grupo de saída, ele não pode funcionar como um reservatório. Para convencer-se que este é o caso, represente a estrutura do *meta*-cloronitrobenzeno e, em seguida, ataque a estrutura com hidróxido na posição que contém o átomo de cloro. Tente representar as estruturas de ressonância do intermediário gerado e verá que a carga negativa não pode ser colocada no grupo nitro.

Quando o hidróxido é usado como o nucleófilo de ataque, o produto resultante é um fenol substituído, que será desprotonado pelo hidróxido para dar um íon fenolato. Portanto, ácido é necessário em uma etapa separada para protonar o íon fenolato e obter um produto neutro.

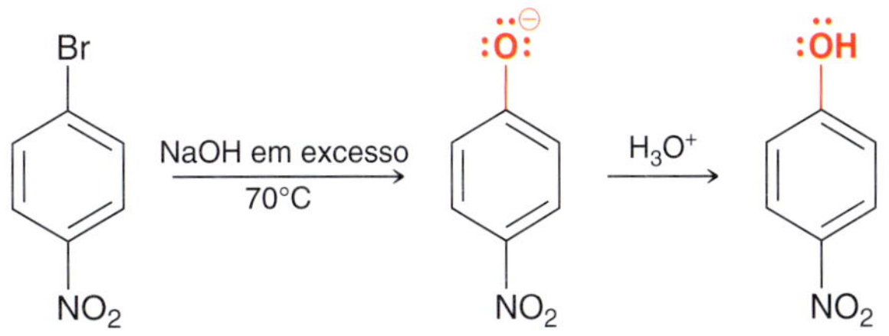

VERIFICAÇÃO CONCEITUAL

19.35 Preveja o produto da reação vista a seguir.

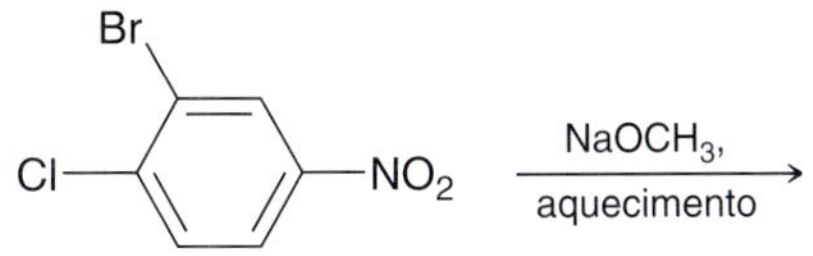

19.36 Partindo do benzeno e com quaisquer outros reagentes necessários de sua escolha, projete uma síntese para a substância vista a seguir.

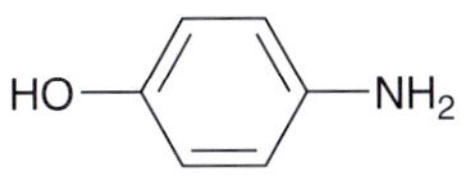

19.37 A presença de grupos nitro adicionais pode ter um impacto na temperatura em que a substituição nucleofílica aromática irá ocorrer rapidamente. Considere o exemplo visto a seguir.

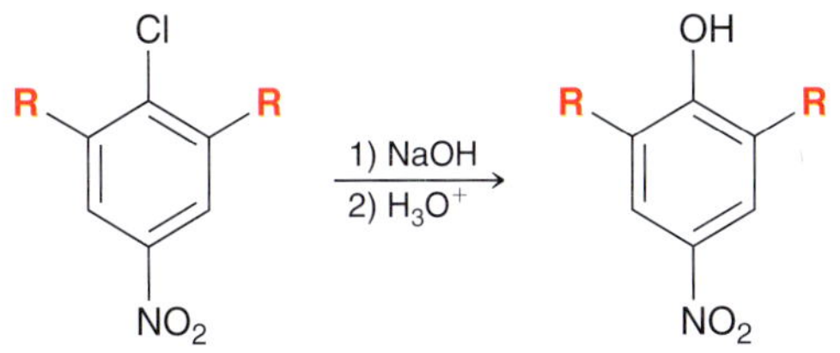

Quando ambos os grupos R são átomos de hidrogênio, a reação ocorre prontamente a 130°C. Quando um dos grupos R é um grupo nitro, a reação ocorre rapidamente, a 100°C. Quando ambos os grupos R são grupos nitro, a reação ocorre rapidamente a 35°C.

(a) Forneça uma explicação que justifique a temperatura exigida ser mais baixa, quando existem outros grupos nitro.

(b) Se um quarto grupo nitro é colocado no anel, você esperaria que a temperatura exigida seja ainda mais reduzida? Justifique sua resposta.

19.14 Eliminação-Adição

Na seção anterior, foi explicado por que um grupo nitro é necessário para que uma reação de substituição nucleofílica aromática prossiga. Na ausência de um substituinte retirador de elétrons forte, a reação simplesmente não ocorre.

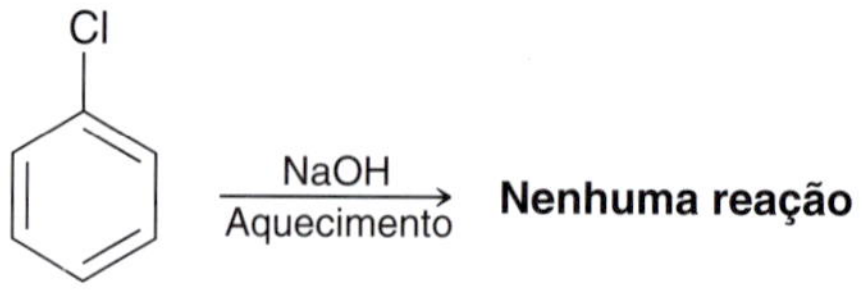

No entanto, se a temperatura e a pressão aumentam de forma significativa, a reação é observada.

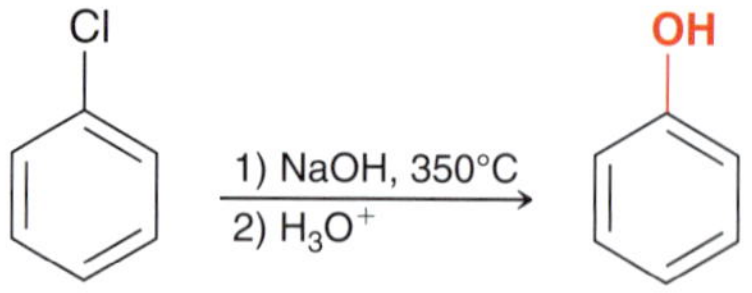

Essa reação foi descoberta pela primeira vez em 1928 por cientistas da Dow Chemical Company. A reação pode também ser realizada em temperaturas mais baixas utilizando o íon amida (H_2N^-), como um nucleófilo.

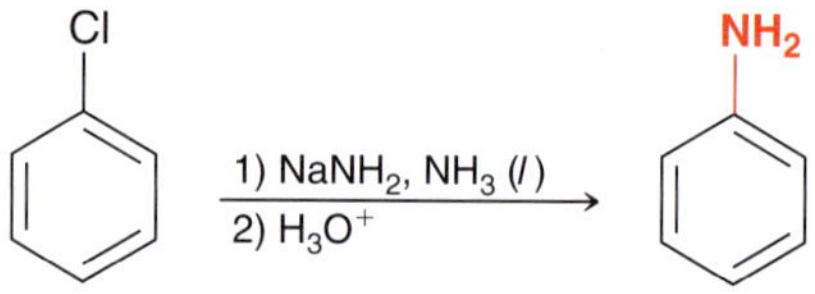

Quando outros substituintes estão presentes no anel, o resultado regioquímico não é o que se poderia esperar.

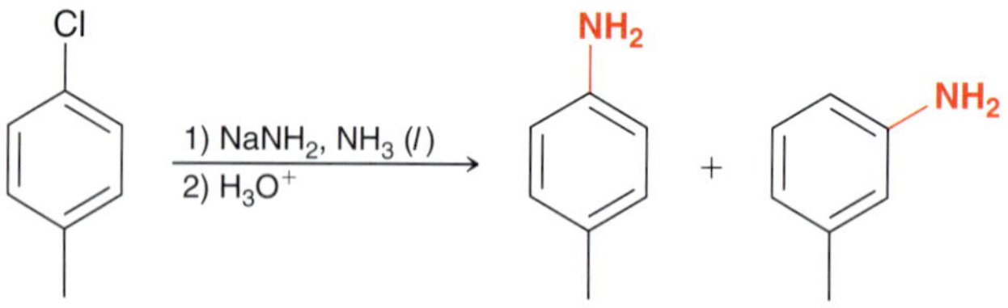

Neste caso, dois produtos são obtidos. Este resultado regioquímico inicialmente confundiu os químicos, uma vez que ele não podia ser explicado com um mecanismo S_NAr simples. Em vez dele, é necessário um mecanismo diferente para explicar esses resultados.

Uma pista para esse quebra-cabeça vem de uma experiência de marcação isotópica. O clorobenzeno pode ser preparado de tal forma que o carbono que se liga ao átomo de cloro é ^{14}C, um isótopo radioativo do carbono. A posição do marcador isotópico (assinalado com um asterisco) pode então ser rastreada antes e após a reação.

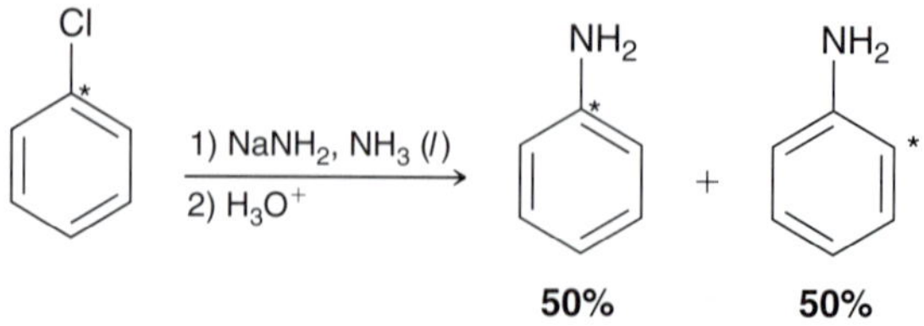

Observe a posição do marcador isotópico nos produtos. O mecanismo proposto mais consistente com essas observações envolve a formação de um intermediário um pouco estranho chamado **benzino**.

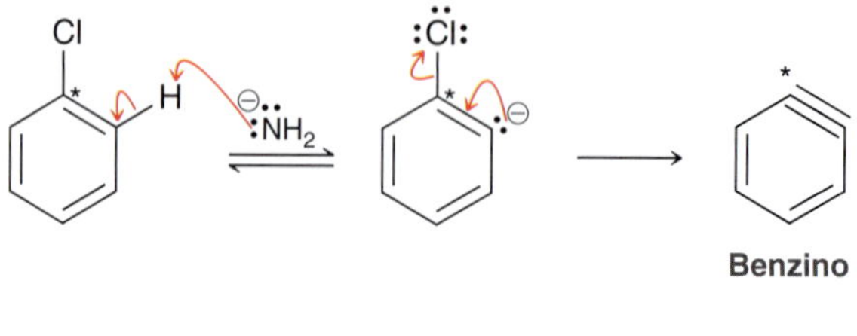

A eliminação de H e Cl produz um intermediário de energia muito elevada chamado benzino. Este intermediário não sobrevive por muito tempo, porque é rapidamente atacado pelo nucleófilo, produzindo uma reação de adição. O ataque nucleofílico pode ocorrer (a) na posição do marcador isotópico ou (b) na outra extremidade da ligação tripla.

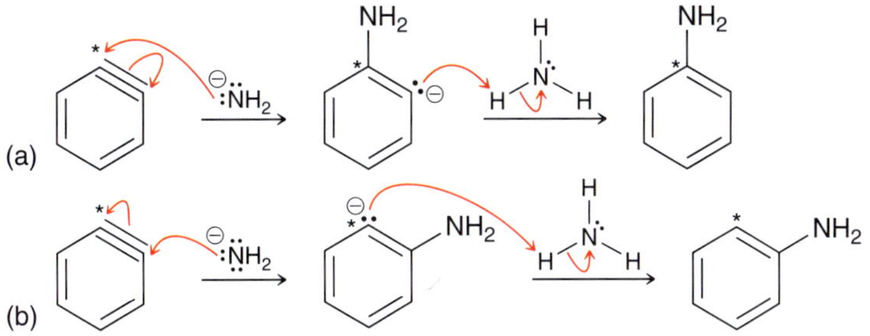

(a)
(b)

O ataque pode ter lugar em cada extremidade da ligação tripla com a mesma probabilidade, explicando os resultados observados. Este mecanismo proposto é chamado de **eliminação-adição** (Mecanismo 19.9).

MECANISMO 19.9 ELIMINAÇÃO-ADIÇÃO

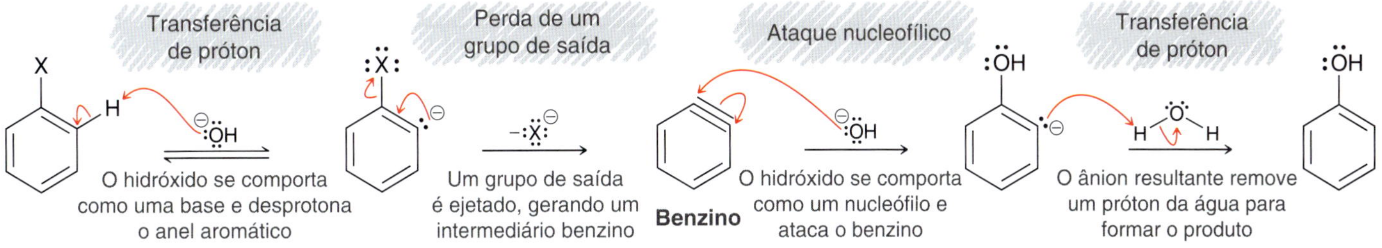

Transferência de próton
Perda de um grupo de saída
Ataque nucleofílico
Transferência de próton
O hidróxido se comporta como uma base e desprotona o anel aromático
Um grupo de saída é ejetado, gerando um intermediário benzino
Benzino
O hidróxido se comporta como um nucleófilo e ataca o benzino
O ânion resultante remove um próton da água para formar o produto

A evidência para este mecanismo vem de uma experiência de captura. Quando furano é adicionado à mistura de reação, uma pequena quantidade do cicloaduto de Diels-Alder é obtido.

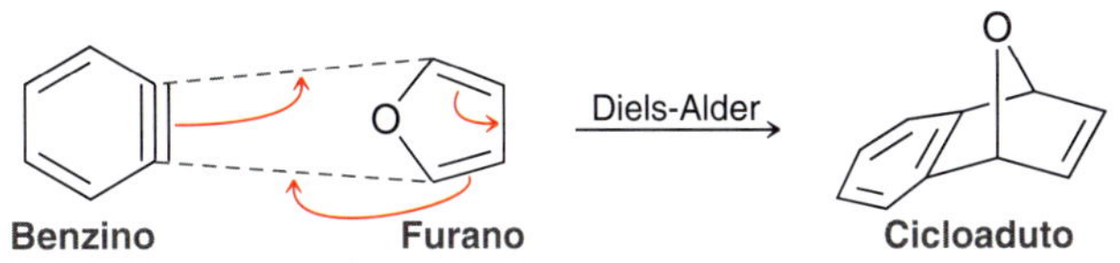

Diels-Alder
Benzino
Furano
Cicloaduto

A presença deste cicloaduto só pode ser explicada pelo uso de um intermediário benzino, que é *capturado* pelo furano. A prova exige que expliquemos como o benzino pode existir, mesmo que por um breve momento. Apesar de tudo, uma ligação tripla não pode ser incorporada em um anel de seis membros. Esta "ligação tripla" estranha é melhor explicada como resultante da sobreposição de orbitais sp^2 em vez de sobreposição de orbitais *p*.

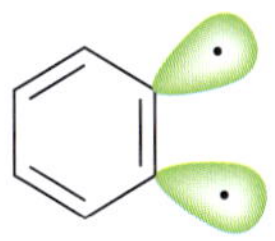

A sobreposição é muito fraca, e o intermediário mais parece com um diradical do que uma ligação tripla. Isso explica por que ele é muito instável e de vida tão curta.

VERIFICAÇÃO CONCEITUAL

19.38 Represente os dois produtos que são obtidos quando o 4-cloro-2-metiltolueno é tratado com amida de sódio seguido por tratamento com H_3O^+.

19.39 Partindo do benzeno e utilizando quaisquer outros reagentes necessários de sua escolha, projete uma síntese para o anisol (metoxibenzeno).

19.15 Identificação do Mecanismo de uma Reação de Substituição Aromática

Vimos três mecanismos diferentes de reações de substituição aromática (Figura 19.15).

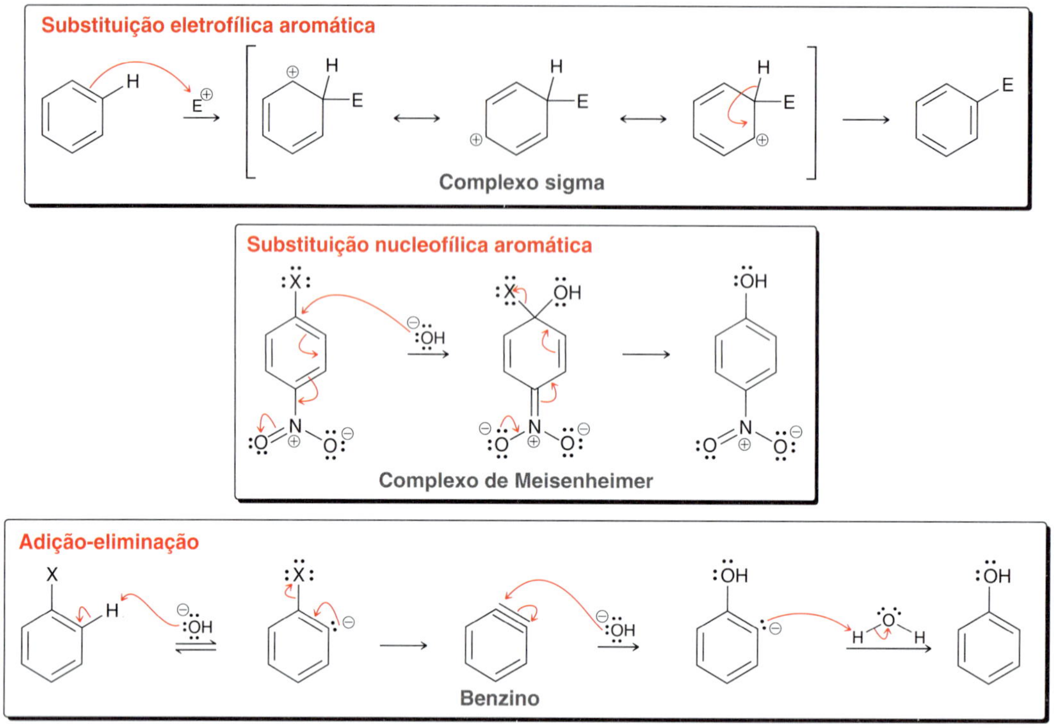

FIGURA 19.15 Três possíveis mecanismos para substituição aromática.

Todos os três mecanismos explicam a substituição aromática, mas há algumas diferenças fundamentais que merecem a nossa atenção:

1. *O intermediário:* a substituição eletrofílica aromática avança através de um complexo sigma, a substituição nucleofílica aromática progride através de um complexo de Meisenheimer, e a eliminação-adição prossegue através de um intermediário benzino.
2. *O grupo de saída:* na substituição eletrofílica aromática, o substituinte de entrada substitui um próton. Nos outros dois mecanismos, um grupo de saída carregado negativamente separável (tal como um íon haleto) é expulso.
3. *Efeitos dos substituintes:* na substituição eletrofílica aromática, grupos retiradores de elétrons desativam o anel para o ataque, enquanto na substituição nucleofílica aromática, um grupo retirador de elétrons é necessário para que a reação prossiga.

Devido a essas diferenças fundamentais, é importante ser capaz de determinar qual o mecanismo que opera em uma dada situação qualquer. A Figura 19.16 ilustra uma árvore de decisão para a proposição de um mecanismo para uma substituição aromática.

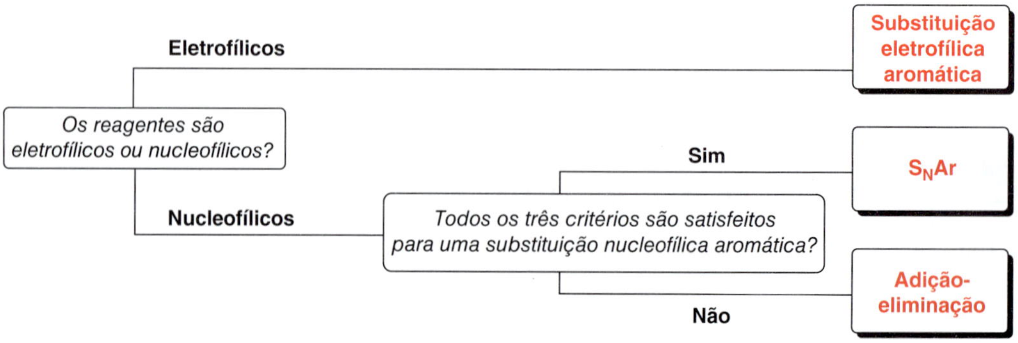

FIGURA 19.16 Uma árvore de decisão para determinar um mecanismo para uma reação de substituição aromática.

DESENVOLVENDO A APRENDIZAGEM

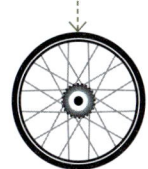

19.7 DETERMINAÇÃO DO MECANISMO DE UMA REAÇÃO DE SUBSTITUIÇÃO AROMÁTICA

APRENDIZAGEM Represente o mecanismo mais provável para a transformação vista a seguir.

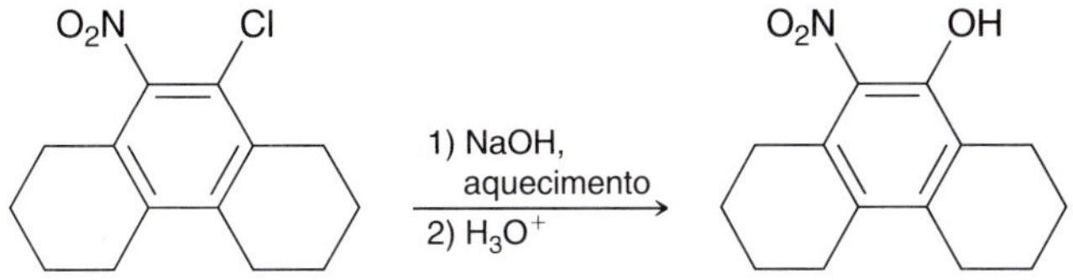

SOLUÇÃO

ETAPA 1
Determinação se os reagentes são eletrofílicos ou nucleofílicos.

Primeiro, examinamos os reagentes. O NaOH é uma fonte comum de íons hidróxido (o Na^+ é o contraíon). O hidróxido é um nucleófilo, não é um eletrófilo, de modo que podemos descartar a substituição eletrofílica aromática.

Em seguida, verificamos o substrato, para determinar se todos os três critérios estão presentes para uma substituição nucleofílica aromática: (1) há um grupo de saída (cloreto), (2) existe um grupo nitro e (3) o grupo nitro é *orto* em relação ao grupo de saída. Todos os três critérios são cumpridos, de modo que o mecanismo é provavelmente S_NAr, que avança através de um complexo de Meisenheimer.

ETAPA 2
Se o reagente é nucleofílico, então determina-se se todos os três critérios são satisfeitos para uma substituição nucleofílica aromática.

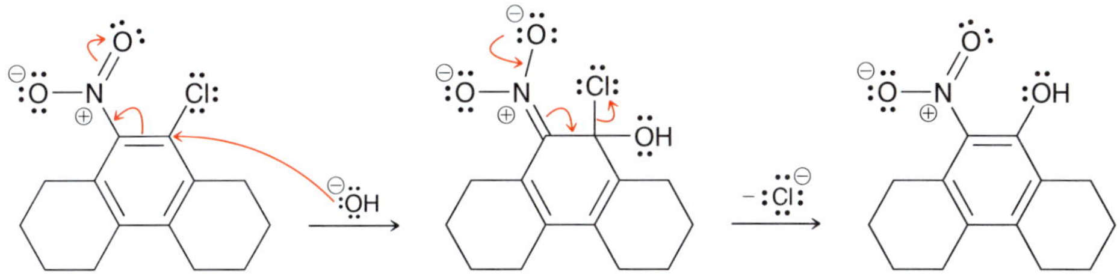

Complexo de Meisenheimer

PRATICANDO o que você aprendeu

19.40 Represente o mecanismo mais provável para cada uma das transformações vistas a seguir.

(a)

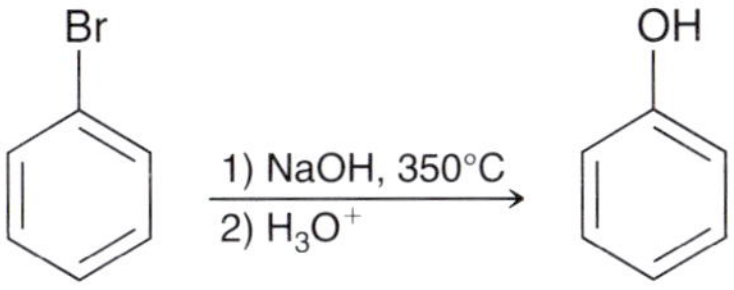

(b)

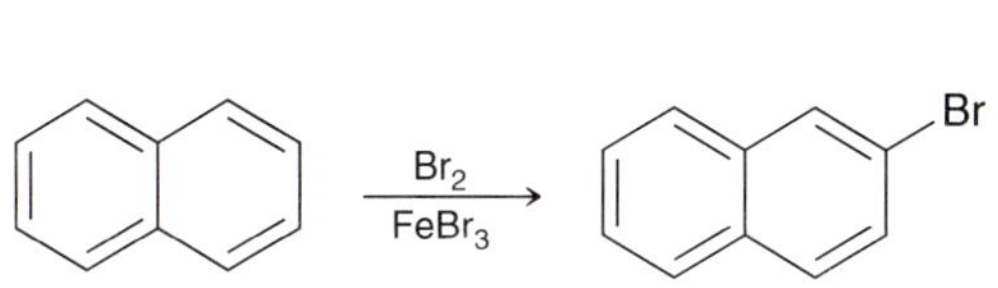

(c)

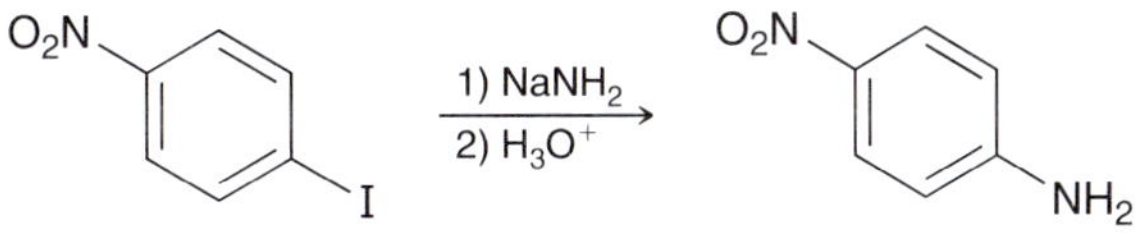

19.41 Quando o 2-etil-5-clorotolueno foi tratado com hidróxido de sódio em temperatura elevada, seguido por tratamento com H_3O^+, três isômeros constitucionais com a fórmula molecular $C_9H_{12}O$ foram obtidos. Represente os três produtos.

APLICANDO o que você aprendeu

19.42 Quando *orto*-bromonitrobenzeno é tratado com NaOH em temperatura elevada, apenas um produto é formado.

(a) Represente o produto.

(b) Identifique o intermediário formado no caminho reacional para o produto.

(c) A reação ocorreria se a substância de partida fosse o *meta*-bromonitrobenzeno?

(d) A reação ocorreria se a substância de partida fosse o *para*-bromonitrobenzeno?

é necessário **PRATICAR MAIS?** **Tente Resolver os Problemas 19.53-19.55, 19.60**

REVISÃO DAS REAÇÕES

Substituição Eletrofílica Aromática

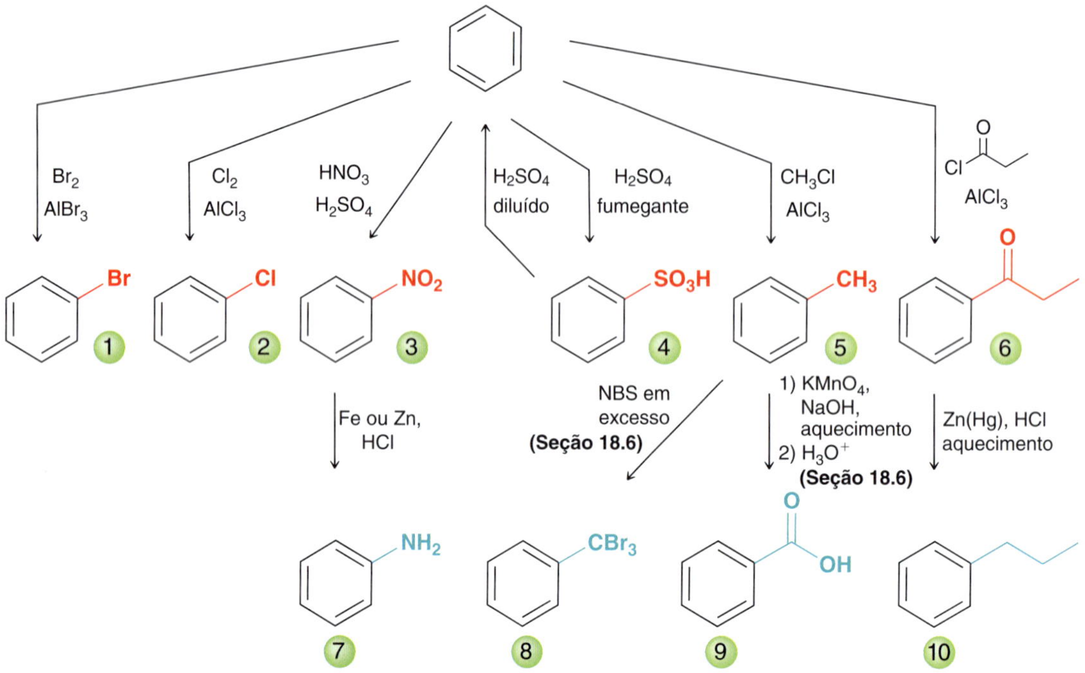

1. Bromação
2. Cloração
3. Nitração
4. Sulfonação/dessulfonação
5. Alquilação de Friedel-Crafts
6. Acilação de Friedel-Crafts
7. Redução
8. Bromação benzílica
9. Oxidação
10. Redução de Clemmensen

Outras Reações de Substituição Aromática

Substituição Nucleofílica Aromática

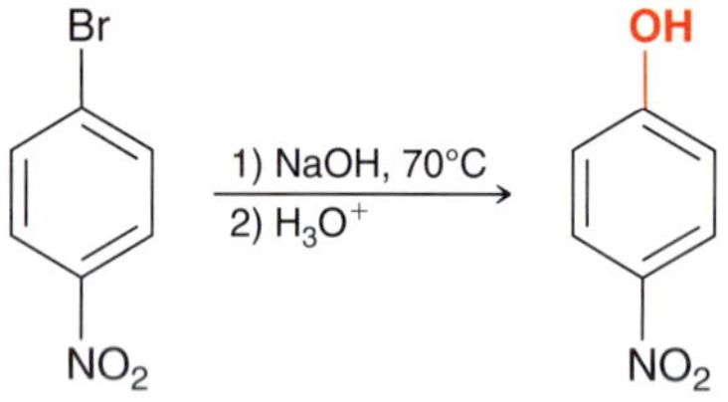

Eliminação-Adição

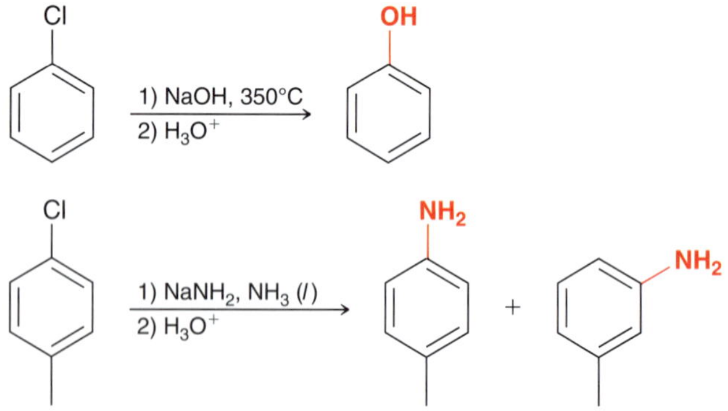

REVISÃO DE CONCEITOS E VOCABULÁRIO

SEÇÃO 19.1

- Alquenos sofrem adição quando tratados com bromo, enquanto o benzeno é inerte sob as mesmas condições.
- Na presença de ferro, uma reação de **substituição eletrofílica aromática** é observada entre o benzeno e o bromo.

SEÇÃO 19.2

- Tribrometo de ferro é um ácido de Lewis que interage com Br_2 e gera Br^+, que é suficientemente eletrofílico para ser atacado pelo benzeno.
- A substituição eletrofílica aromática envolve duas etapas:

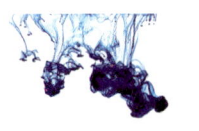

- A formação do **complexo sigma**, ou íon arênio. Essa etapa é endergônica.
- Desprotonação, que restaura a aromaticidade.
- O tribrometo de alumínio ($AlBr_3$) é outro ácido de Lewis comum, que pode servir como uma alternativa adequada para o $FeBr_3$.
- A cloração do benzeno é realizada com um ácido de Lewis adequado, tal como o tricloreto de alumínio.

SEÇÃO 19.3

- O trióxido de enxofre (SO_3) é um eletrófilo muito poderoso que está presente no ácido sulfúrico fumegante. O benzeno reage com o SO_3, em um processo reversível chamado de **sulfonação**.

SEÇÃO 19.4

- Uma mistura de ácido sulfúrico e ácido nítrico produz uma pequena quantidade de **íon nitrônio** (NO_2^+). O benzeno reage com o íon nitrônio em um processo chamado de **nitração**.
- Um grupo nitro pode ser reduzido a um grupo amino, proporcionando um método de duas etapas para a inserção de um grupo amino.

SEÇÃO 19.5

- A **alquilação de Friedel-Crafts** permite a inserção de um grupo alquila em um anel aromático.
- Na presença de um ácido de Lewis, um haleto de alquila é convertido em um carbocátion, que pode ser atacado pelo benzeno em uma substituição eletrofílica aromática.
- Uma alquilação de Friedel-Crafts é eficiente apenas nos casos em que o carbocátion não pode sofrer rearranjo.
- Ao escolher um haleto de alquila, o átomo de carbono ligado ao halogênio tem que ser hibridizado sp^3.
- Polialquilações são comuns e podem geralmente ser evitadas através do controle das condições de reação.

SEÇÃO 19.6

- A **acilação de Friedel-Crafts** permite a inserção de um **grupo acila** em um anel aromático.
- Quando tratado com um ácido de Lewis, um cloreto de acila vai gerar um **íon acílio**, que é estabilizado por ressonância e não suscetível a rearranjos de carbocátion.
- Quando uma acilação de Friedel-Crafts é seguida por uma **redução de Clemmensen**, o resultado é a inserção de um grupo alquila. Esse processo em duas etapas é um método sintético útil para a inserção de grupos alquila que não podem ser inseridos de forma eficiente com um processo de alquilação direta.
- Poliacilação não é observada, porque a introdução de um grupo acila desativa o anel para acilação adicional.

SEÇÃO 19.7

- Um anel aromático é **ativado** por um grupo metila, que é um **orientador *orto-para***.
- Um anel aromático é ainda mais ativado por um grupo metoxi, que é também um orientador *orto-para*.
- Todos os ativadores são orientadores *orto-para*.

SEÇÃO 19.8

- Um grupo nitro **desativa** um anel aromático e é um orientador *meta*. A maioria dos desativadores é orientador *meta*.

SEÇÃO 19.9

- Halogênios (tais como Cl, Br ou I) são uma exceção, pois eles são desativadores, mas são orientadores *orto-para*.

SEÇÃO 19.10

- **Ativadores fortes** são caracterizados pela presença de um par de elétrons isolado imediatamente adjacente ao anel aromático.
- **Ativadores moderados** apresentam um par de elétrons isolado que já está deslocalizado fora do anel. Grupos alcoxi são uma exceção e são ativadores moderados.
- Os grupos alquila são **ativadores fracos**.
- Halogênios (tais como Cl, Br ou I) são **desativadores fracos**.
- **Desativadores moderados** são grupos que apresentam uma ligação π com um átomo eletronegativo, onde a ligação π é conjugada com o anel aromático.
- **Desativadores fortes** são fortes retiradores de elétrons por ressonância ou por indução. Há três grupos comuns que se enquadram nesta categoria.

SEÇÃO 19.11

- Quando vários substituintes estão presentes, o grupo de ativação mais forte domina os efeitos de orientação.
- Efeitos estéricos desempenham frequentemente um papel importante na determinação da distribuição do produto.
- Um **grupo bloqueador** pode ser usado para controlar o resultado regioquímico de uma substituição eletrofílica aromática.

SEÇÃO 19.12

- A proposição de uma síntese para um anel benzênico dissubstituído requer uma análise cuidadosa dos efeitos de orientação para determinar que grupo deve ser inserido primeiro.
- Ao conceber uma síntese para um anel benzênico polissubstituído, é frequentemente mais eficiente utilizar uma análise retrossintética.

SEÇÃO 19.13

- Em uma reação de **substituição nucleofílica aromática**, o anel aromático é atacado por um nucleófilo. Essa reação tem três requisitos:
  - O anel tem de conter um grupo retirador de elétrons forte (geralmente um grupo nitro).
  - O anel tem de conter um grupo de saída.
  - O grupo de saída tem que ser *orto* ou *para* em relação ao grupo retirador de elétrons
- A substituição nucleofílica aromática envolve duas etapas:
  - Formação de um **complexo de Meisenheimer**
  - Perda de um grupo de saída para restabelecer a aromaticidade

SEÇÃO 19.14

- Uma reação de **eliminação-adição** ocorre através de um intermediário **benzino**. A evidência para este mecanismo vem de experiências de marcação isotópica bem como uma experiência de captura.

SEÇÃO 19.15

- Os três mecanismos de substituição aromática diferem (1) no intermediário, (2) no grupo de saída, e (3) nos efeitos dos substituintes.

REVISÃO DA APRENDIZAGEM

19.1 IDENTIFICAÇÃO DOS EFEITOS DE UM SUBSTITUINTE

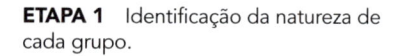

ATIVADORES			DESATIVADORES		
FORTE	**MODERADO**	**FRACO**	**FRACO**	**MODERADO**	**FORTE**
Um par isolado imediatamente adjacente ao anel. **Exemplos:** $—\ddot{N}H_2$ $—\ddot{O}H$ **Exceção:** $—\ddot{O}R$ (Ativador moderado)	Um par isolado que já está participando de ressonância fora do anel. **Exemplo:** 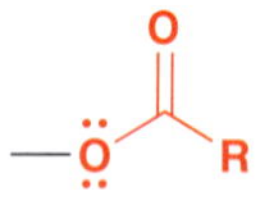	Grupos alquila: —R	Halogênios: —Cl —Br —I	Uma ligação π com um heteroátomo, onde a ligação π é conjugada com o anel. **Exemplos:** 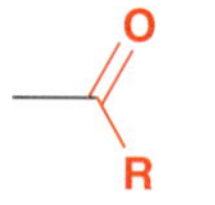 —C≡N	Os três grupos seguintes: $—NO_2$ $—\overset{\oplus}{N}R_3$ $—CX_3$
← ORIENTADORES *ORTO-PARA* →				← ORIENTADORES *META* →	

Tente Resolver os Problemas 19.16-19.18, 19.44-19.46, 19.47a-c,f,h, 19.49a-d, 19.50a,b,d-g, 19.59a,b, 19.64, 19.66

19.2 IDENTIFICAÇÃO DOS EFEITOS DE ORIENTAÇÃO PARA ANÉIS BENZÊNICOS DISSUBSTITUÍDOS E POLISSUBSTITUÍDOS

ETAPA 1 Identificação da natureza de cada grupo.

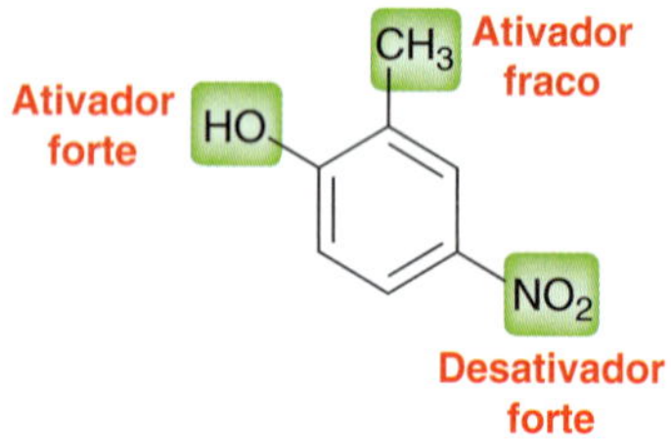

ETAPA 2 Seleção do ativador mais forte e, a seguir, identificação das posições que são *orto* e *para* em relação ao grupo selecionado.

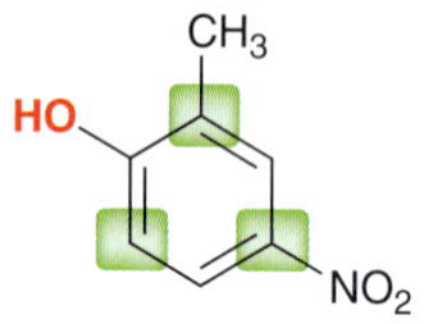

ETAPA 3 Identificação das posições desocupadas.

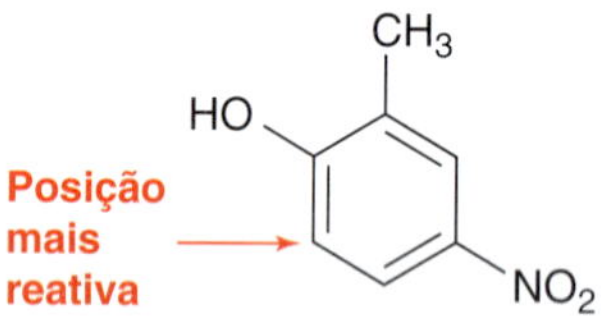

Tente Resolver os Problemas 19.19-19.21, 19.47e, 19.50k, 19.56a,b, 19.59, 19.69

19.3 IDENTIFICAÇÃO DOS EFEITOS ESTÉRICOS PARA ANÉIS BENZÊNICOS AROMÁTICOS DISSUBSTITUÍDOS E POLISSUBSTITUÍDOS

ETAPA 1 Identificação da natureza de cada grupo.

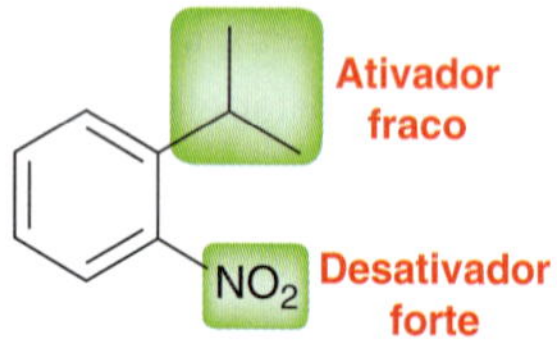

ETAPA 2 Seleção do ativador mais forte (mostrado a seguir em vermelho) e, então, identificação das posições que são *orto* e *para* em relação ao grupo selecionado.

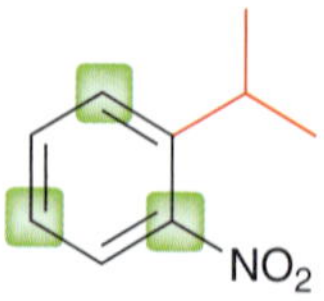

ETAPA 3 Identificação das posições desocupadas que estão menos impedidas estericamente.

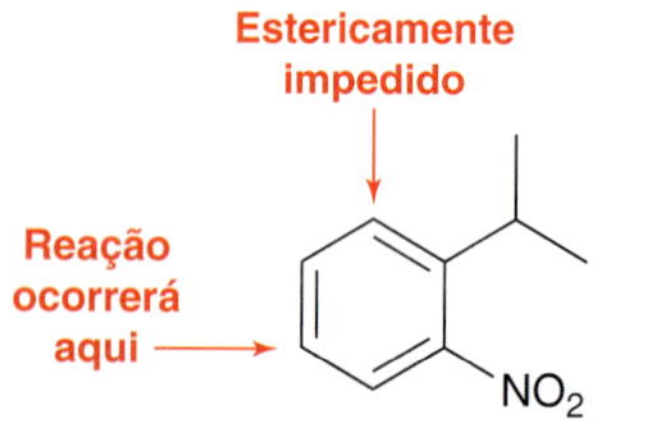

Tente Resolver os Problemas 19.22-19.24, 19.59, 19.63, 19.69

19.4 USO DE GRUPOS BLOQUEADORES PARA CONTROLAR O RESULTADO REGIOQUÍMICO DE UMA REAÇÃO DE SUBSTITUIÇÃO ELETROFÍLICA AROMÁTICA

ETAPA 1 Determinação se um grupo bloqueador é necessário.

ETAPA 2 Inserção do grupo bloquesdor.

ETAPA 3 Realização da reação desejada.

ETAPA 4 Remoção do grupo bloqueador.

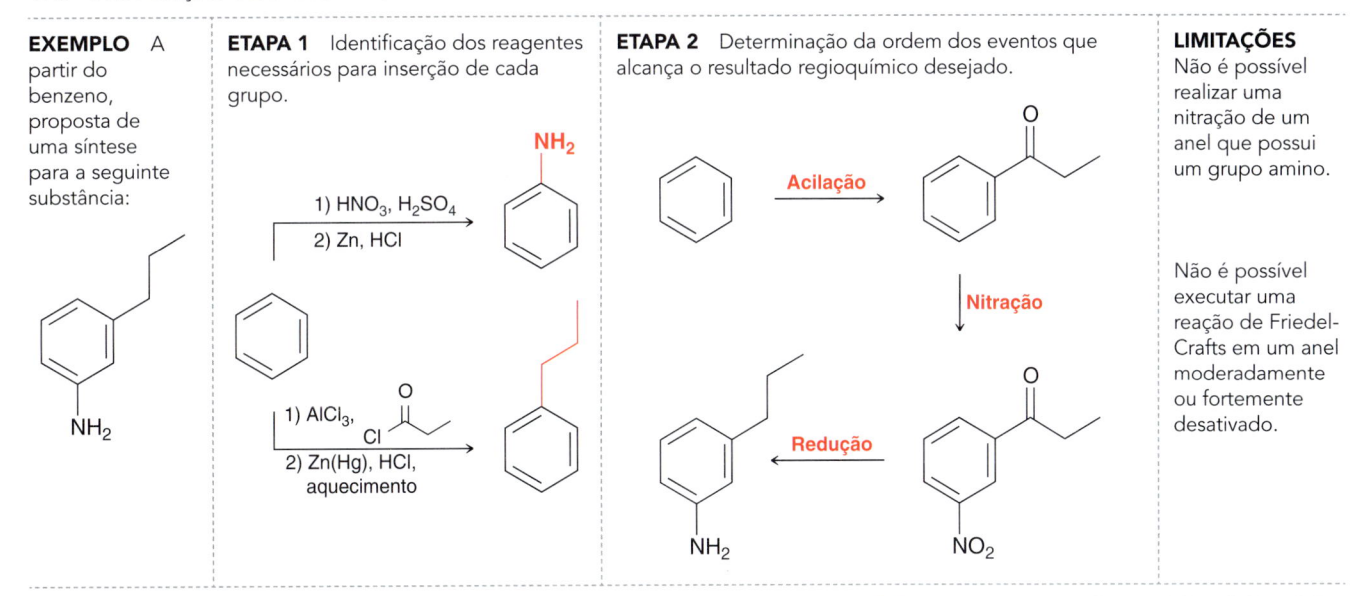

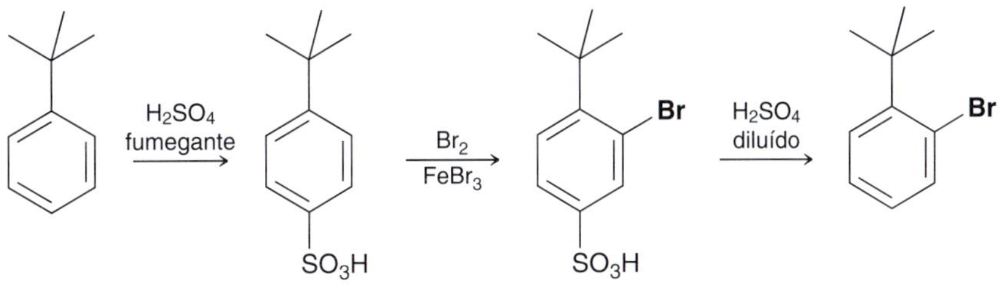

Tente Resolver os Problemas **19.25-19.27, 19.58d, 19.68c**

19.5 PROPOSIÇÃO DE UMA SÍNTESE PARA UM ANEL BENZÊNICO DISSUBSTITUÍDO

EXEMPLO A partir do benzeno, proposta de uma síntese para a seguinte substância:

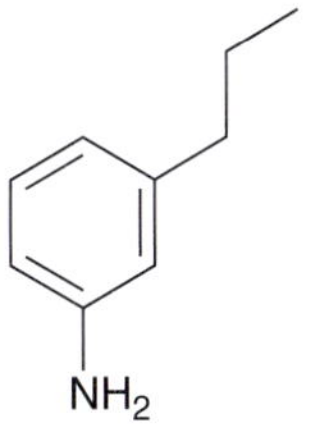

ETAPA 1 Identificação dos reagentes necessários para inserção de cada grupo.

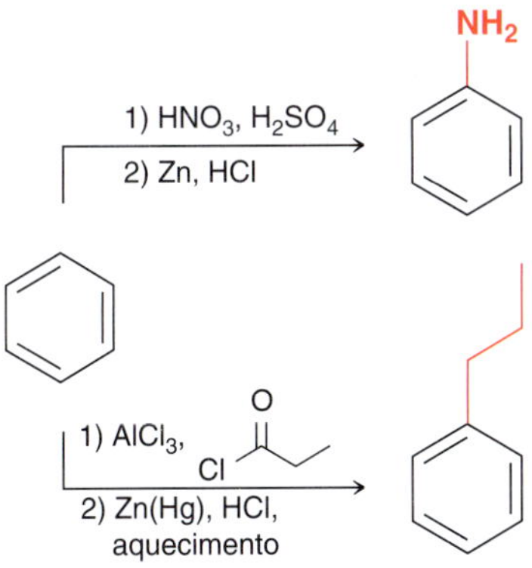

ETAPA 2 Determinação da ordem dos eventos que alcança o resultado regioquímico desejado.

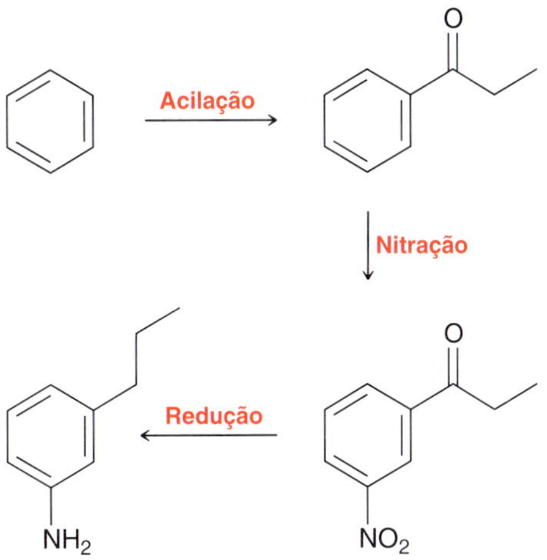

LIMITAÇÕES
Não é possível realizar uma nitração de um anel que possui um grupo amino.

Não é possível executar uma reação de Friedel-Crafts em um anel moderadamente ou fortemente desativado.

Tente Resolver os Problemas **19.30-19.32, 19.57, 19.58, 19.68, 19.75**

19.6 PROPOSIÇÃO DE UMA SÍNTESE PARA UM ANEL BENZÊNICO POLISSUBSTITUÍDO

ANÁLISE RETROSSINTÉTICA

Exemplo:

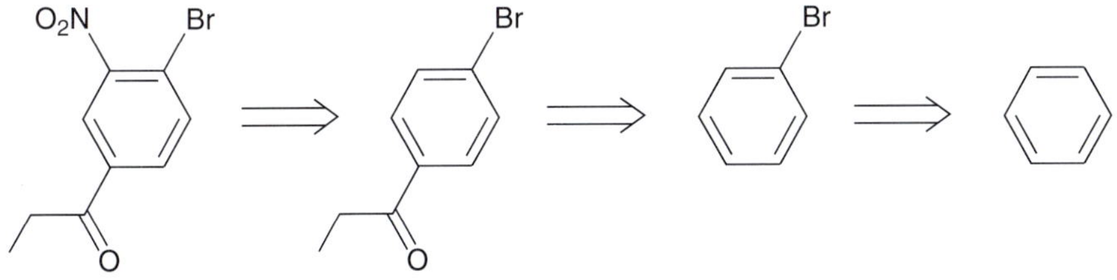

FATORES A CONSIDERAR
1. Efeitos de orientação eletrônicos
2. Efeitos de orientação estéricos
3. Ordem de eventos
4. Limitações:
   - Não é possível nitrar um anel que possui um grupo amino
   - Não é possível realizar uma reação de Friedel-Crafts em um anel moderadamente desativado

Tente Resolver os Problemas **19.33, 19.34, 19.68, 19.73**

19.7 DETERMINAÇÃO DO MECANISMO DE UMA REAÇÃO DE SUBSTITUIÇÃO AROMÁTICA

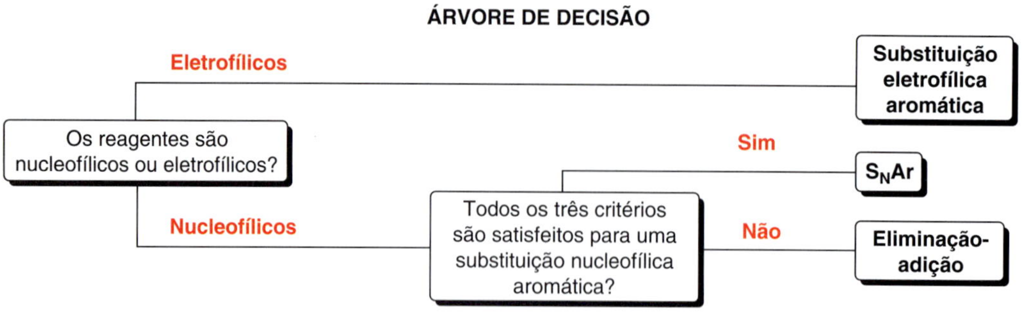

Tente Resolver os Problemas 19.40-19.42, 19.53-19.55, 19.60

PROBLEMAS PRÁTICOS

19.43 Identifique os reagentes necessários para realizar cada uma das seguintes transformações:

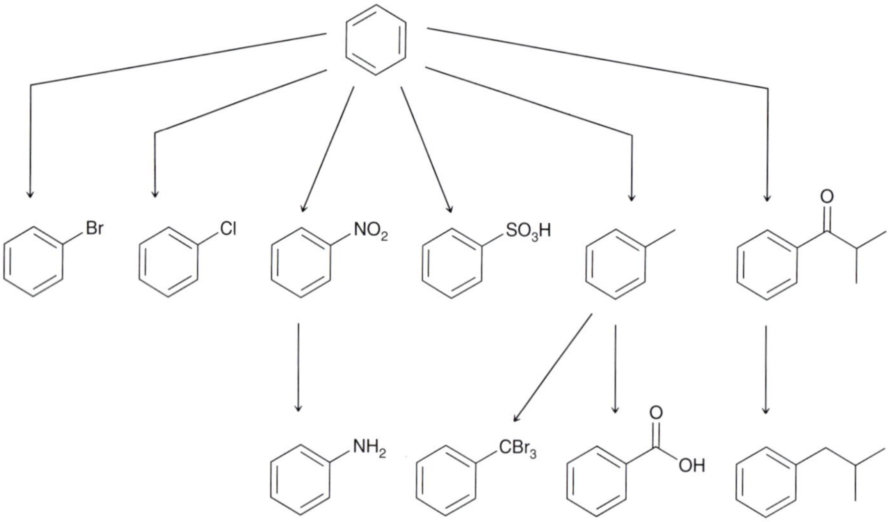

19.44 Classifique as seguintes substâncias em ordem de reatividade crescente para a substituição eletrofílica aromática:

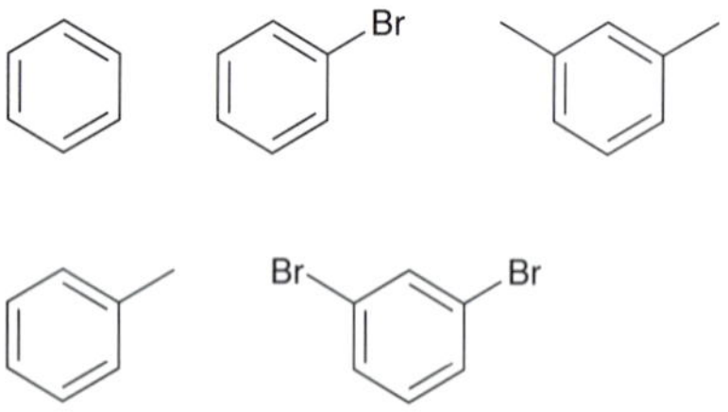

19.45 Identifique qual das seguintes substâncias é mais ativada para substituição eletrofílica aromática. Que substância é menos ativada?

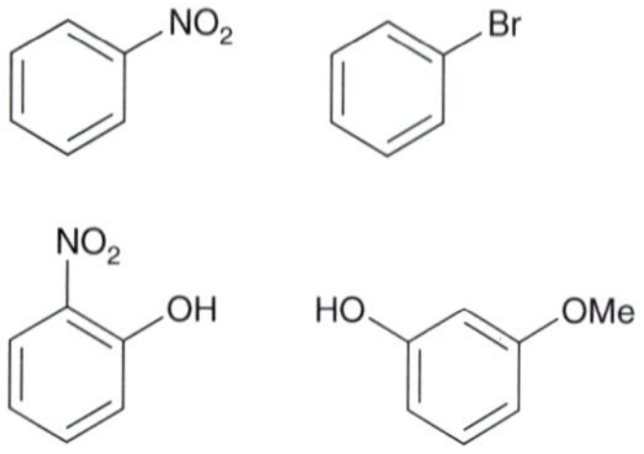

19.46 Preveja o(s) produto(s) obtido(s) quando cada uma das seguintes substâncias é tratada com uma mistura de ácido nítrico e de ácido sulfúrico:

(a) 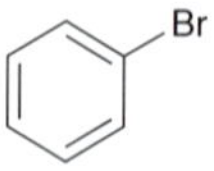

(b) 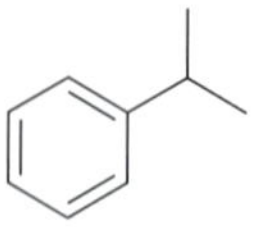

(c) 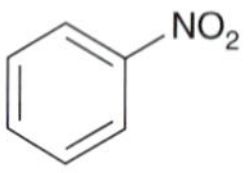

(d) 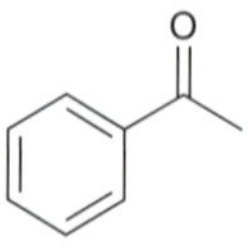

(e) 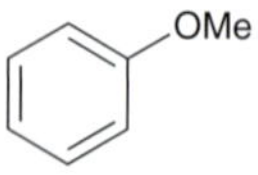

19.47 Preveja o produto principal obtido quando cada uma das seguintes substâncias é tratada com ácido sulfúrico fumegante:

(a) Clorobenzeno
(b) Fenol
(c) Benzaldeído
(d) *orto*-Nitrofenol
(e) *para*-Bromotolueno
(f) Ácido benzoico
(g) *para*-Etiltolueno
(h) Benzeno

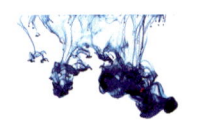

19.48 Para cada um dos seguintes grupos, identifique se ele é um ativador ou um desativador, e determine os seus efeitos de orientação:

(a) 

(b) 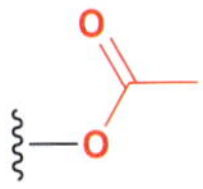

(c) 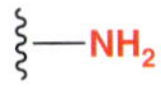

(d) 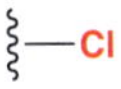

(e) 

(f) 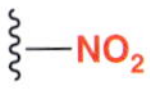

(g) 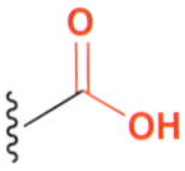

(h) 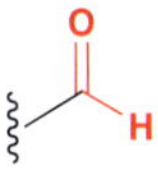

(i) 

(j) 

19.49 Preveja o(s) produto(s) obtido(s) quando cada uma das substâncias vistas a seguir é tratada com clorometano e tricloreto de alumínio. Algumas das substâncias podem não ser reativas. Para aquelas que são reativas, suponha que as condições sejam controladas para favorecer monoalquilação.

(a) 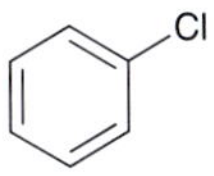

(b) 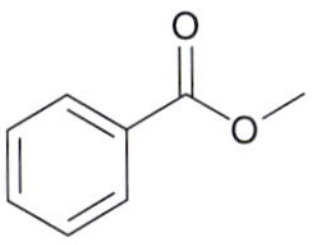

(c) 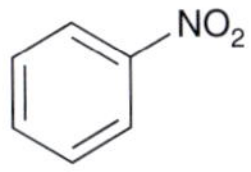

(d) 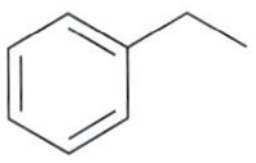
(e) 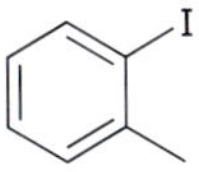

(f) 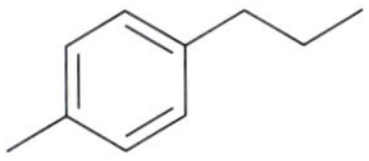
(g) 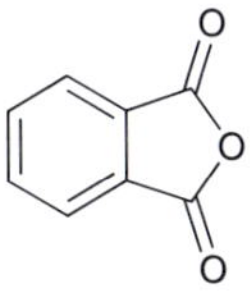

(h) 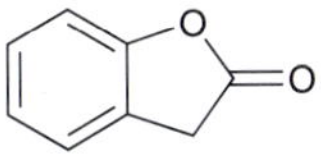

19.50 Preveja o produto principal obtido quando cada uma das substâncias vistas a seguir é tratada com bromo na presença de tribrometo de ferro.

(a) Bromobenzeno
(b) Nitrobenzeno
(c) *orto*-Xileno
(d) *terc*-Butilbenzeno
(e) Ácido benzenossulfônico
(f) Ácido benzoico
(g) Benzaldeído
(h) *orto*-Dibromobenzeno
(i) *meta*-Nitrotolueno
(j) *meta*-Dibromobenzeno
(k) *para*-Dibromobenzeno

19.51 Quando a substância vista a seguir é tratada com uma mistura de ácido nítrico e ácido sulfúrico a 50°C, ocorre a nitração obtendo-se uma substância com dois grupos nitro. Represente a estrutura deste produto.

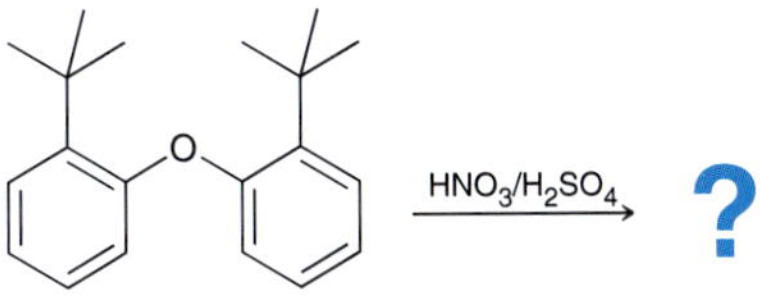

19.52 Quando o benzeno é tratado com 2-metilpropeno e ácido sulfúrico, o produto obtido é o *terc*-butilbenzeno. Proponha um mecanismo para essa transformação.

19.53 Represente um mecanismo para cada uma das seguintes transformações:

(a) 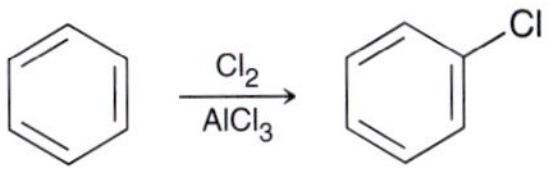

(b) 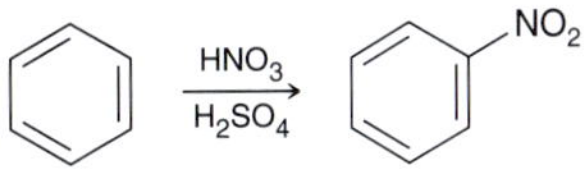

(c) 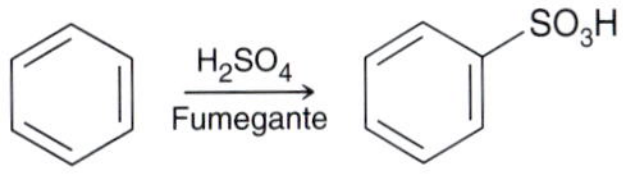

(d) 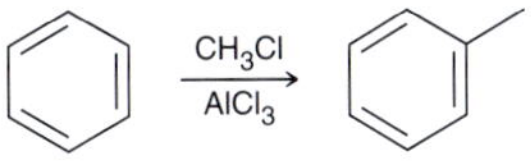

(e) 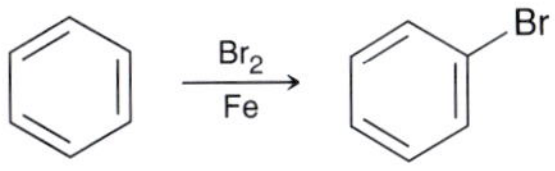

19.54 Proponha um mecanismo plausível para cada uma das seguintes transformações:

(a) 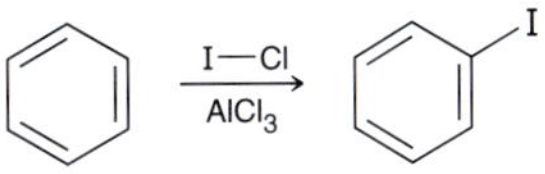

(b) 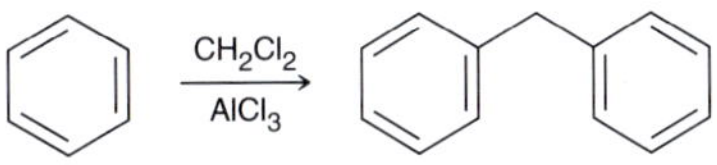

19.55 Proponha um mecanismo plausível para a seguinte transformação:

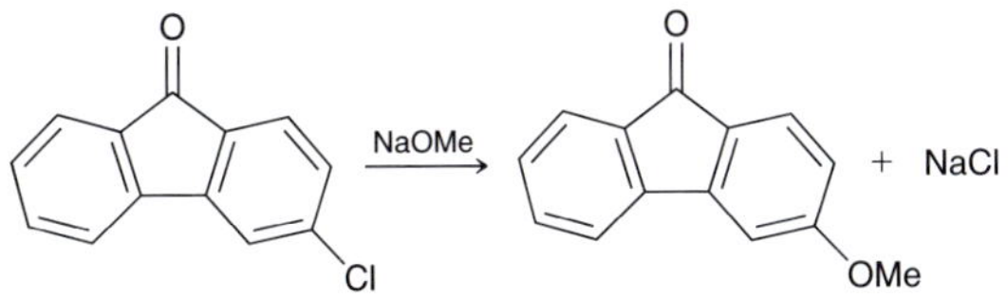

19.56 Preveja o(s) produto(s) das seguintes reações:

(a) 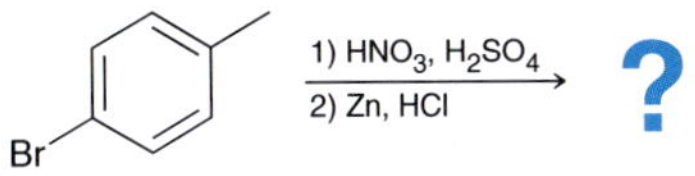

(b) 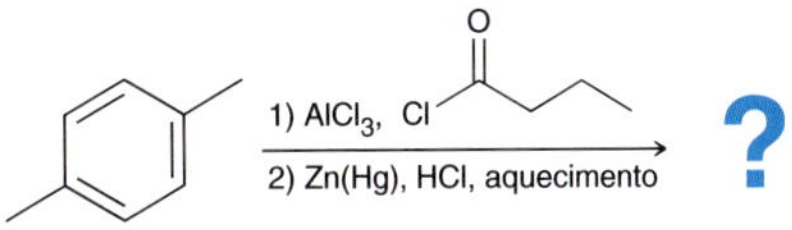

(c) 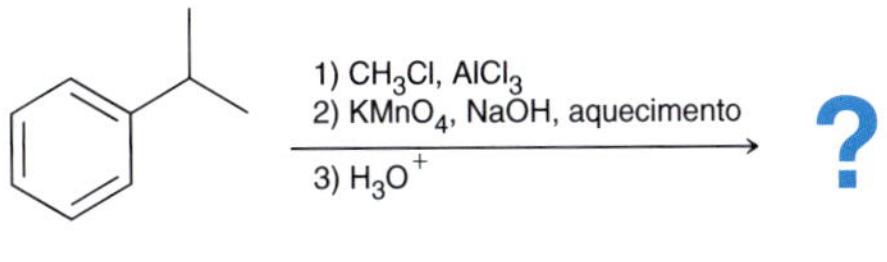

(d) 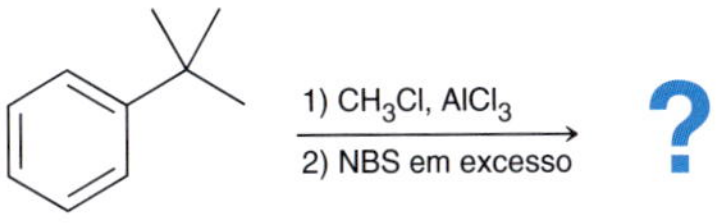

19.57 Partindo do benzeno e utilizando quaisquer outros reagentes necessários de sua escolha, projete uma síntese de cada uma das seguintes substâncias:

(a) 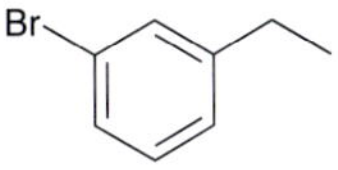

(b) 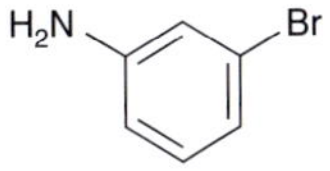

(c) 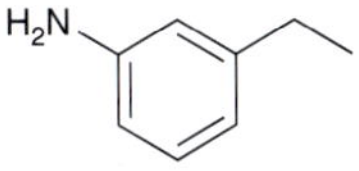

19.58 Cada uma das sínteses vistas a seguir não produzirá o produto desejado. Em cada caso, identifique o problema na síntese.

(a)

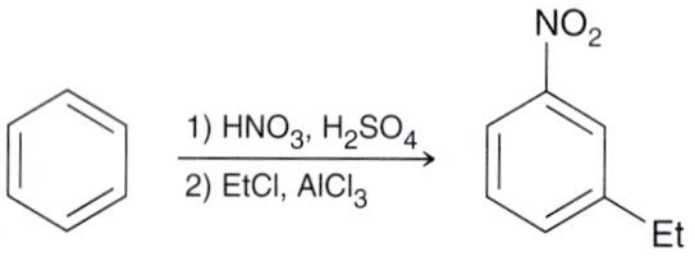

(b)

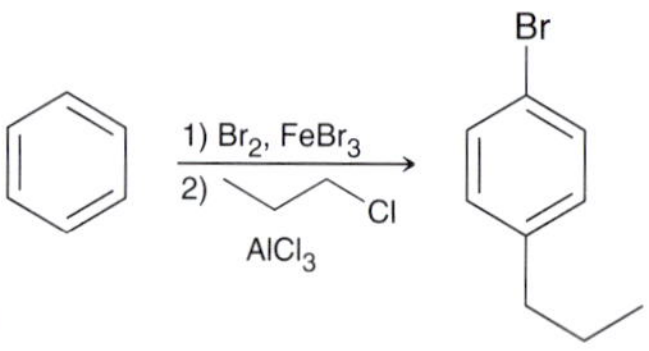

(c)

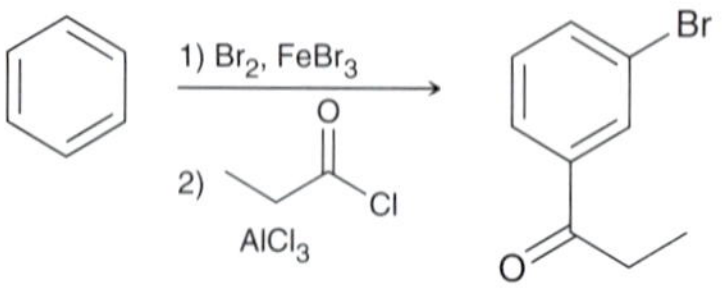

(d)

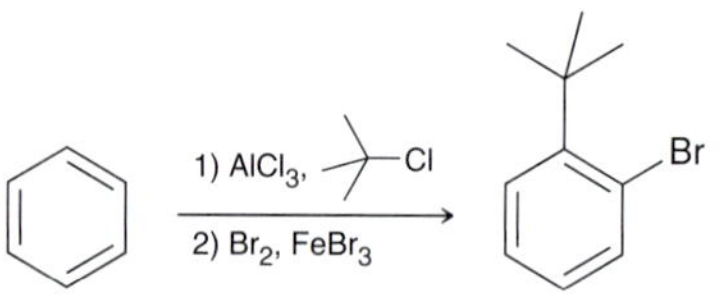

19.59 Em cada caso identifique a posição mais provável em que a monobromação ocorreria.

(a)

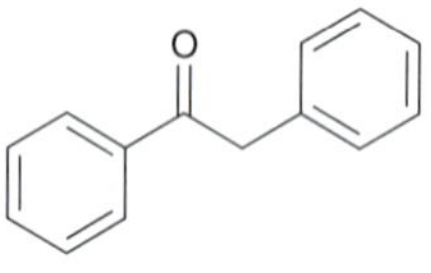

(b)

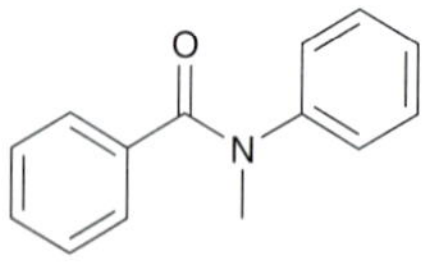

(c)

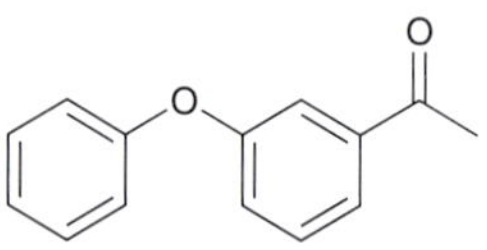

19.60 Quando *para*-bromotolueno é tratado com amida de sódio, dois produtos são obtidos. Represente os dois produtos e proponha um mecanismo plausível para a sua formação.

19.61 O ácido pícrico é um explosivo militar formado através da nitração do fenol sob condições em que são inseridos três grupos nitro. Represente a estrutura e forneça um nome de acordo com a IUPAC para o ácido pícrico.

19.62 Proponha um mecanismo plausível para a seguinte transformação:

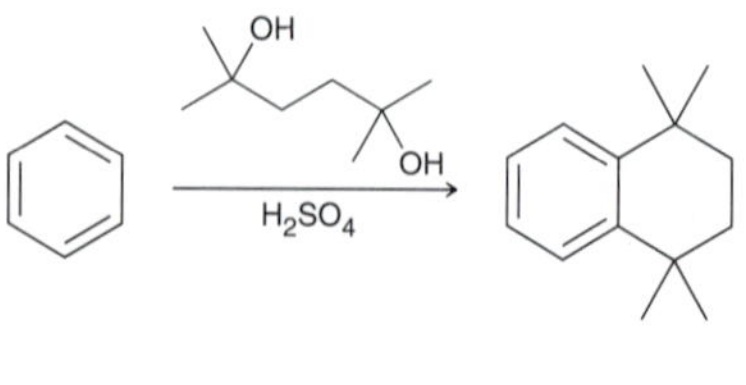

19.63 O benzeno foi tratado com cloreto de isopropila, na presença de tricloreto de alumínio em condições que favorecem a dialquilação. Represente o produto principal esperado a partir nessa reação.

19.64 Considere a estrutura do nitrosobenzeno.

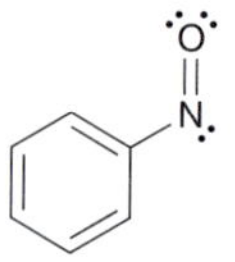

(a) Represente as estruturas de ressonância do complexo sigma formado quando o nitrosobenzeno reage com um eletrófilo (E^+) na posição *orto*.

(b) Represente as estruturas de ressonância do complexo sigma formado quando o nitrosobenzeno reage com um eletrófilo (E^+) na posição *meta*.

(c) Represente as estruturas de ressonância do complexo sigma formado quando o nitrosobenzeno reage com um eletrófilo (E^+) na posição *para*.

(d) Compare a estabilidade dos intermediários a partir das partes a-c deste problema, e, em seguida, preveja se o grupo nitroso é orientador *orto-para* ou orientador *meta*.

(e) O grupo nitroso tem um par de elétrons isolado adjacente ao anel (o que sugere que poderia ser um ativador), contudo ele também tem uma ligação π com um heteroátomo em conjugação com o anel (o que sugere que poderia ser um desativador). Experimentos revelaram que esse grupo é um desativador. Com base nesta informação, identifique quais dos seguintes grupos espera-se que tenha as propriedades mais semelhantes às do grupo nitroso e explique a sua escolha:

19.65 Represente todas as estruturas de ressonância do complexo sigma formado quando o tolueno é submetido a cloração na posição para.

19.66 Para cada um dos grupos de substâncias vistas a seguir, identifique qual a substância que reage mais rapidamente com o cloreto de etila, na presença de tricloreto de alumínio. Explique a sua escolha em cada caso e, então, preveja os produtos esperados dessa reação.

(a)

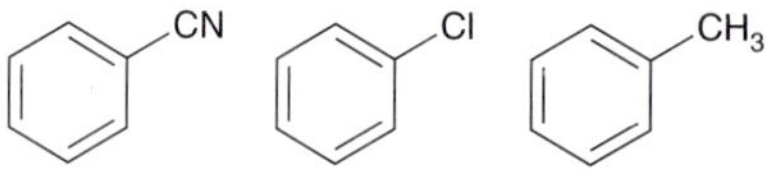

(b)

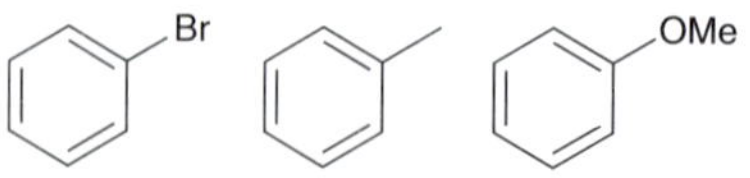

19.67 A substância **A** e a substância **B** são ambas ésteres aromáticos com fórmula molecular $C_8H_8O_2$. Quando tratadas com bromo na presença de tribrometo de ferro, a substância **A** é convertida em um único produto, enquanto a substância **B** é convertida em dois produtos monobromados diferentes. Identifique a estrutura da substância **A** e a da substância **B**.

19.68 Proponha uma síntese plausível para cada uma das seguintes transformações:

(a)

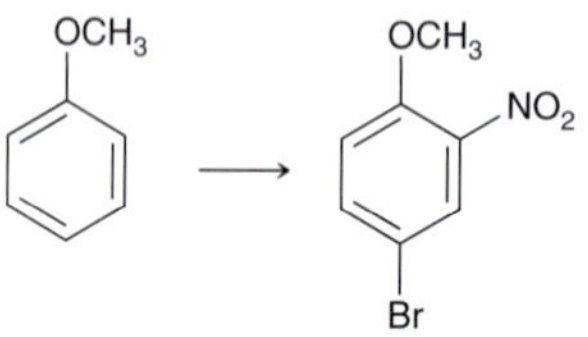

(b) 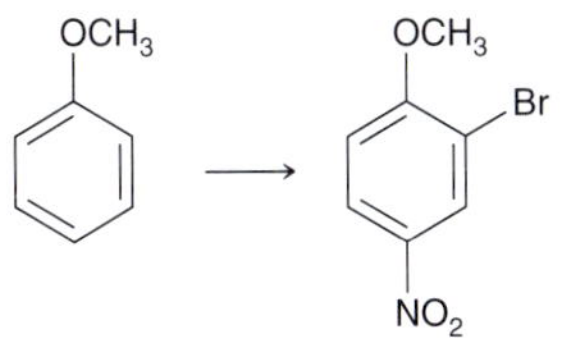

(c) 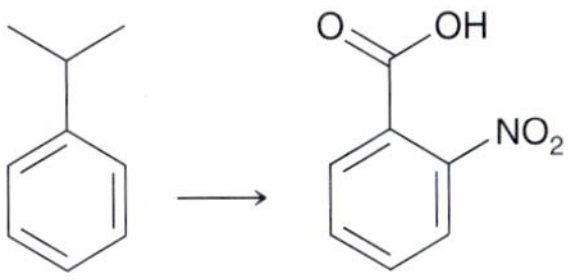

(d) 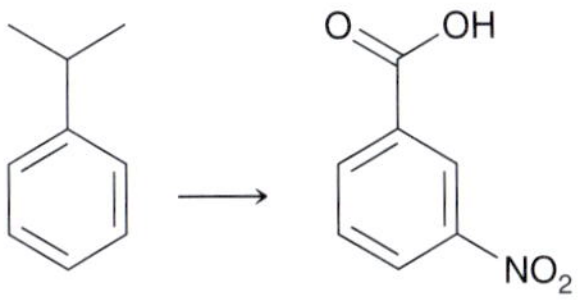

19.69 Preveja o(s) produto(s) para cada uma das seguintes reações:

(a) 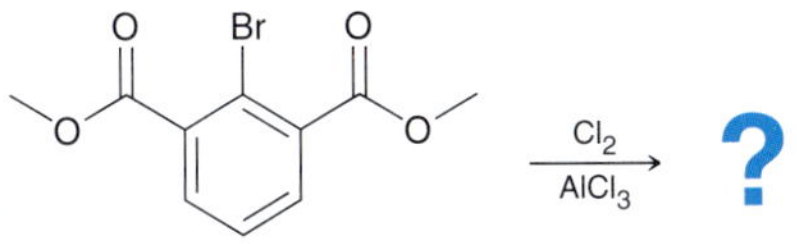

(b) 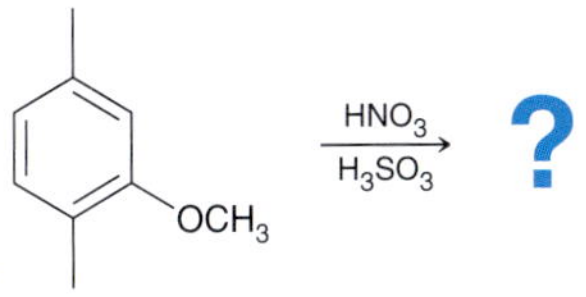

(c) 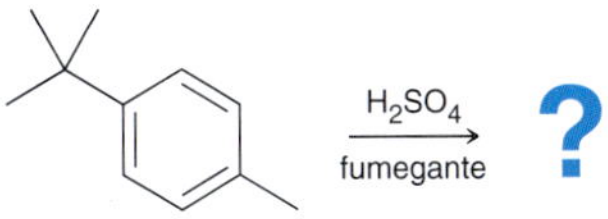

(d) 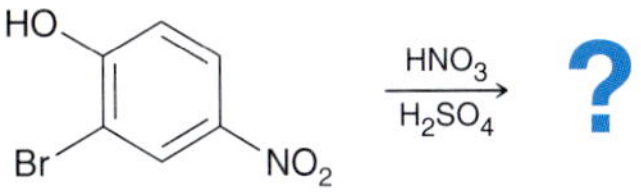

19.70 Cada uma das substâncias vistas a seguir pode ser feita com uma acilação de Friedel-Crafts. Identifique o cloreto de acila e a substância aromática que você usaria para produzir cada substância.

(a) 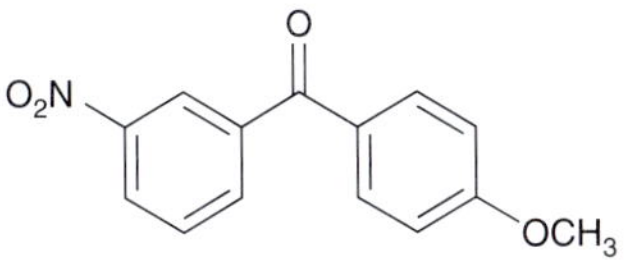

(b) 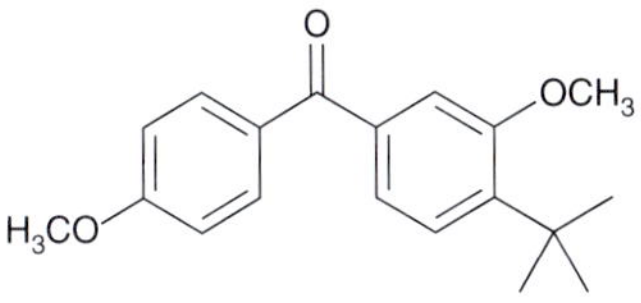

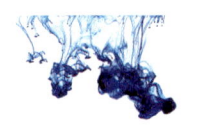

19.71 Heterociclos aromáticos são também capazes de sofrer substituição eletrofílica aromática. Por exemplo, quando o furano é tratado com um eletrófilo, uma reação de substituição eletrofílica aromática ocorre em que o eletrófilo é inserido exclusivamente na posição C2. Explique por que esta reação ocorre na posição C2, em vez de na posição C3.

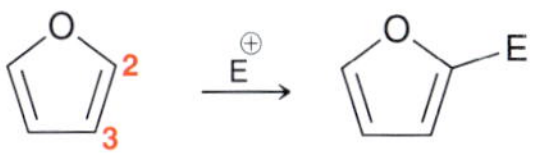

19.72 A partir do benzeno e utilizando quaisquer outros reagentes necessários de sua escolha, planeje uma síntese para cada uma das substâncias vistas a seguir. Em alguns casos, pode haver mais do que uma resposta plausível.

(a) 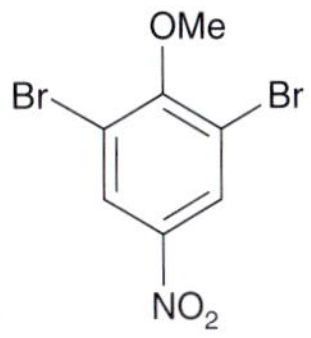

(b) 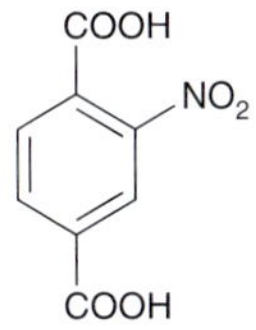

(c) 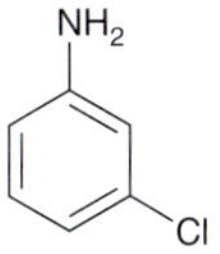

(d) 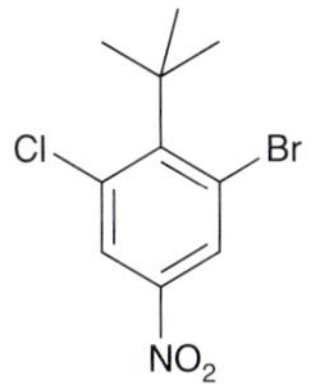

(e) 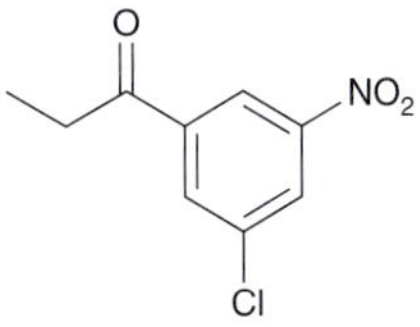

(f) 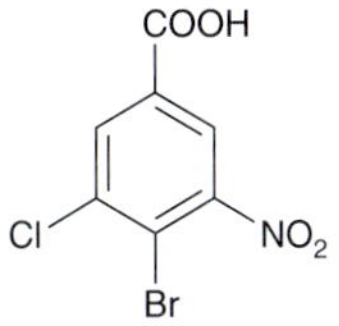

(g) 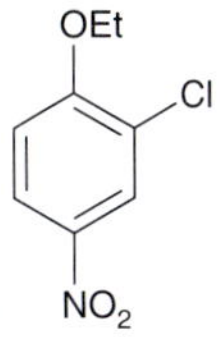

(h) 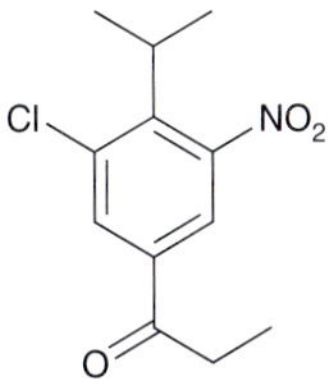

(i) 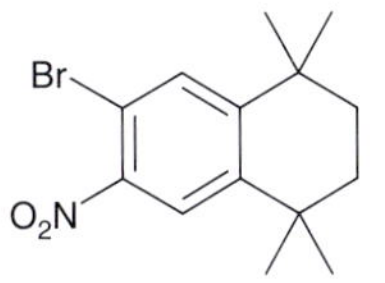

19.73 Quando o benzeno é tratado com cloreto de metila e de tricloreto de alumínio em condições que favorecem trialquilação, um produto principal é obtido. Represente esse produto, e forneça um nome de acordo com a IUPAC.

PROBLEMAS INTEGRADOS

19.74 A substância **A** tem a fórmula molecular C_8H_8O. Um espectro de IV da substância **A** apresenta um sinal em 1680 cm^{-1}. O espectro de RMN de ^1H da substância **A** apresenta um grupo de sinais entre 7,5 e 8 ppm (com uma integração combinada de 5), e um sinal em campo alto com uma integração de 3. A substância **A** é convertida na substância **B** nas seguintes condições:

Substância A $\xrightarrow{\text{Zn(Hg), HCl, aquecimento}}$ **Substância B**

Quando a substância **B** é tratada com Br_2 e $AlBr_3$, dois produtos diferentes monobromados são obtidos. Identifique ambos os produtos, e preveja qual será o produto principal. Explique seu raciocínio.

19.75 Partindo do benzeno e utilizando quaisquer outros reagentes de sua escolha, planeje uma síntese de cada uma das substâncias vistas a seguir. Cada substância tem um Br e um outro substituinte que nós não aprendemos a inserir. Em cada caso, você terá que escolher um dos substituentes que nós aprendemos neste capítulo e, em seguida, modificar esse substituinte usando reações dos capítulos anteriores. Tenha o cuidado de considerar a ordem dos eventos em cada caso.

(a) 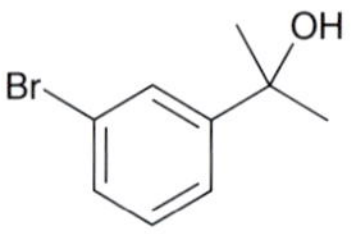

(b) 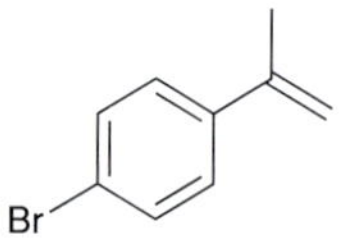

19.76 O benzeno foi tratado com (*R*)-2-clorobutano, na presença de tricloreto de alumínio, e a mistura de produtos resultante foi encontrada para ser opticamente inativa.

(a) Que produtos são esperados admitindo-se que as condições são escolhidas para favorecer a monoalquilação?

(b) Explique por que a mistura de produtos é opticamente inativa.

19.77 O espectro de RMN de ^1H do fenol apresente três sinais na região aromática do espectro. Esses sinais aparecem em 6,7, 6,8 e 7,2 ppm. Use a sua compreensão dos efeitos de blindagem e desblindagem (Capítulo 16) para determinar que sinal corresponde aos prótons *meta*. Explique seu raciocínio.

19.78 Quando tolueno é tratado com uma mistura de ácido sulfúrico e ácido nítrico em excesso a uma temperatura elevada, é obtida uma substância que apresenta apenas dois sinais no seu espectro de RMN de ^1H. Um sinal aparece em campo alto e tem uma integração de 3. O outro sinal aparece em campo baixo e tem uma integração de 2. Identifique a estrutura dessa substância e atribua um nome de acordo com a IUPAC.

19.79 Cada uma das substâncias vistas a seguir é uma substância aromática tendo um substituinte que nós não discutimos neste capítulo. Usando os princípios que discutimos neste capítulo, preveja o produto principal para cada uma das seguintes reações:

(a) 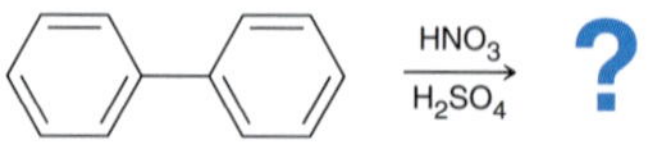

(b) 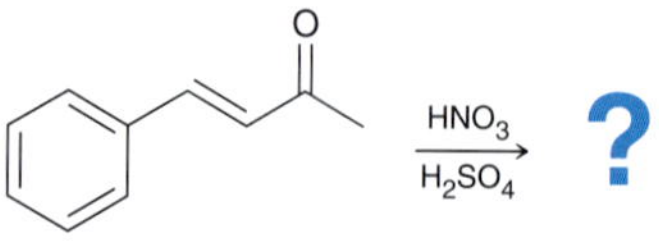

19.80 Preveja o principal produto da reação que é vista a seguir.

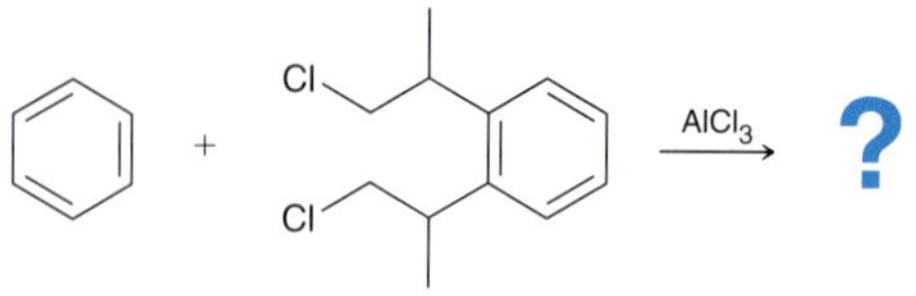

19.81 Baquelite foi um dos primeiros polímeros sintéticos conhecidos e foi usada para fazer invólucros de rádio e de telefones bem como de partes de automóveis no início do século XX. A baquelite é obtida pelo tratamento do fenol com o formaldeído em condições ácidas. Represente um mecanismo plausível para a formação da baquelite.

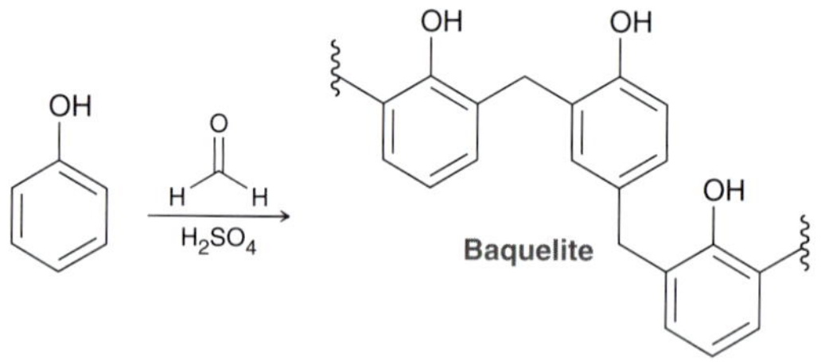

19.82 Proponha um mecanismo plausível para a seguinte transformação:

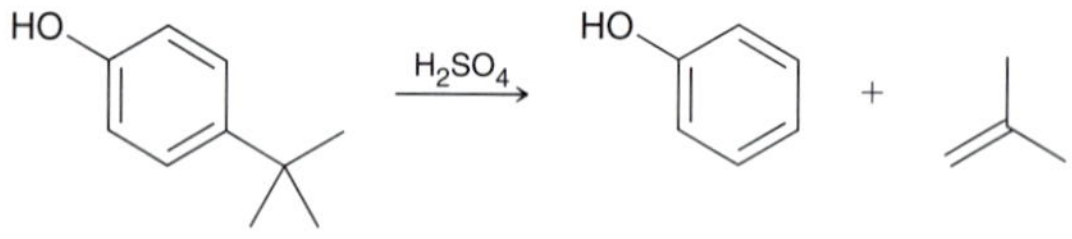

19.83 Quando *N*,*N*-dimetilanilina é tratada com bromo, são observados produtos *orto* e *para*. No entanto, quando *N*,*N*-dimetilanilina é tratada com uma mistura de ácidos nítrico e sulfúrico, apenas o produto *meta* é observado. Explique esses resultados curiosos.

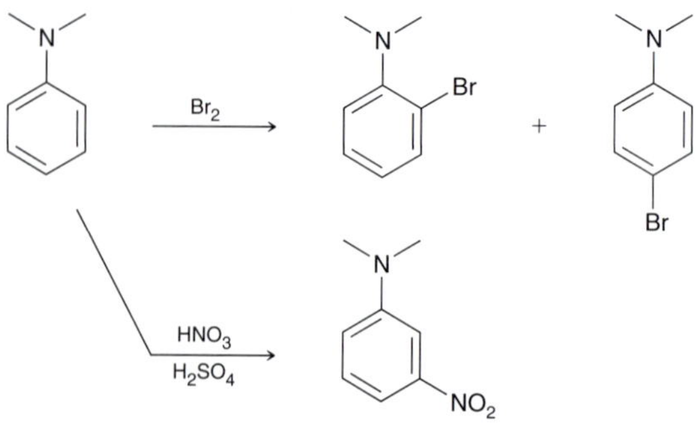

DESAFIOS

19.84 As constantes de velocidade para a bromação de vários estilbenos dissubstituídos são apresentadas na tabela vista a seguir (*J. Org. Chem.* **1973**, *38*, 493–499). Dado que a ligação dupla do estilbeno atua como nucleófilo, forneça uma explicação razoável para a tendência observada entre as constantes de velocidade.

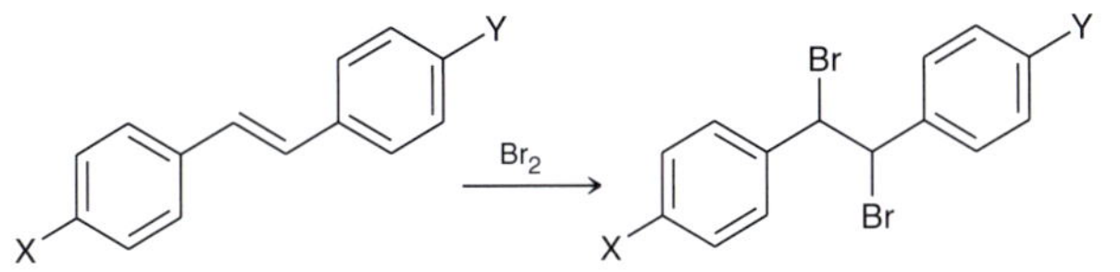

X	Y	k ($\times 10^3$ l/mol·min)
—OMe	— OMe	220
—OMe	— Me	114
—OMe	— Cl	45
—OMe	— NO_2	5,2

19.85 Aminotetralinas são uma classe de substâncias atualmente sendo estudadas por sua promessa como fármacos antidepressivos. A reação vista a seguir foi utilizada durante um estudo mecanístico relacionado com uma rota sintética para a produção de fármacos de aminotetralinas (*J. Org. Chem.* **2012**, *77*, 5503–5514). Proponha um mecanismo plausível para essa transformação.

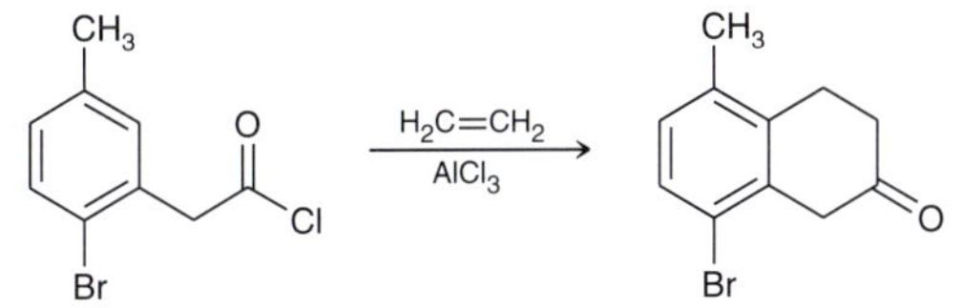

19.86 Considere a reação vista a seguir, em que o produto resulta da substituição do flúor e não da substituição do cloro (*Org. Lett.* **2007**, *9*, 2741–2743):

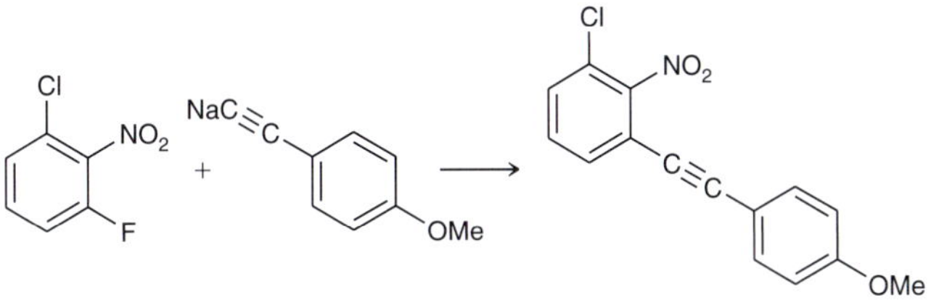

(a) Represente um mecanismo para essa reação.

(b) Com base no resultado regioquímico observado, identifique a etapa do mecanismo que é determinante da velocidade. Justifique sua resposta.

19.87 Compare as ligações indicadas (***a*** e ***b***) na substância vista a seguir. A ligação ***a*** tem um comprimento de ligação de 1,45 Å, enquanto a ligação ***b*** tem um comprimento de ligação de 1,35 Å (*Prog. Stereochem.* **1958**, *2*, 125). Sugira uma razão para essa diferença no comprimento de ligação para ligações aparentemente semelhantes.

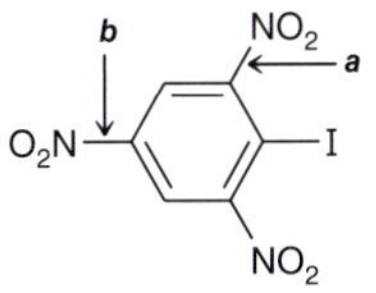

19.88 A substância **1** e a substância **2** contêm trítio (T), que é um isótopo do hidrogênio (trítio = ^{3}H). As duas substâncias são estáveis após tratamento com base aquosa. Entretanto, após um tratamento prolongado com um ácido aquoso, as substâncias **1** e **2**, perdem trítio formando 1,3-dimetoxibenzeno e 1,3,5-trimetoxibenzeno, respectivamente (*J. Am. Chem. Soc.* **1967**, *89*, 4418–4424):

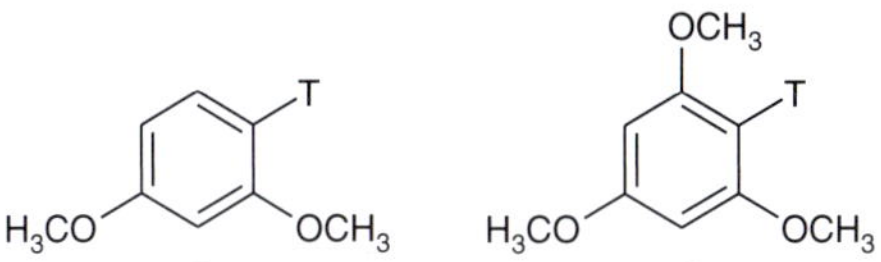

1 **2**

(a) Represente um mecanismo que mostre como o trítio é removido a partir das substâncias **1** e **2**.

(b) Use o seu mecanismo para prever qual a substância (**1** ou **2**) que se espera que perca trítio com uma velocidade mais rápida. Justifique sua resposta.

19.89 Durante a síntese de um agente anticancerígeno em potencial, 7-hidroxinitidina, os pesquisadores trataram o brometo **1** com dois equivalentes de uma base forte para formar a substância **2** (*Org. Lett.* **1999**, *1*, 985–988). Proponha um mecanismo plausível para explicar a transformação vista a seguir de formação de anel:

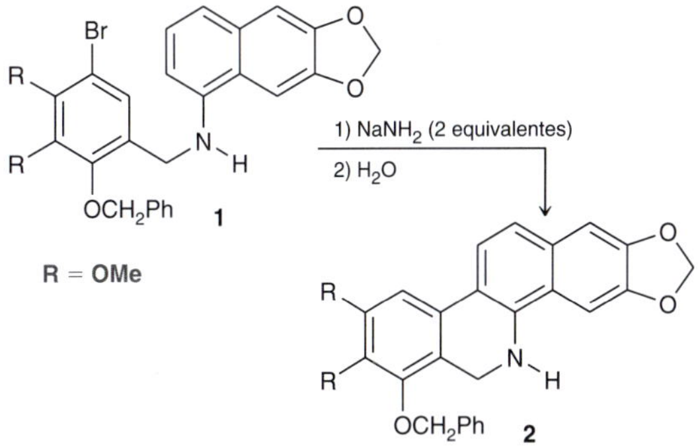

19.90 Na reação vista a seguir, o monocloreto de iodo (ICl) se comporta efetivamente como uma fonte de uma espécie de iodônio eletrofílico, I$^+$ (*J. Org. Chem.* **2005**, *70*, 3511–3517):

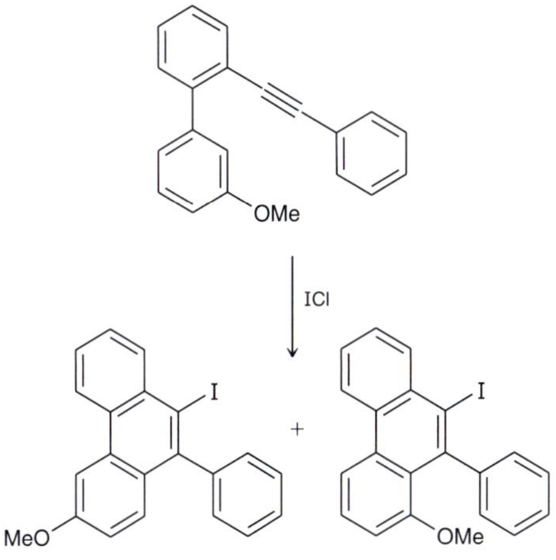

A **B**

(a) Proponha um mecanismo para a formação de cada um dos dois produtos, **A** e **B**.

(b) Encontrou-se que a proporção de A:B na mistura de produtos é mais ou menos de 3:1. Explique por que a formação de **A** é favorecida em relação à formação de **B**.

19.91 O tratamento da substância **1** com benzeno em ácido tríflico (CF_3SO_3H) produz o íon amônio **3** (*J. Org. Chem.* **1999**, *64*, 6702–6705). O ácido tríflico é um ácido muito forte (pK_a = −14), sendo mais ácido do que o ácido sulfúrico; sob essas condições, acredita-se que a transformação prossiga através do intermediário **2**, um dicátion altamente eletrofílico. Represente um mecanismo para a conversão completa de **1** em **3**.

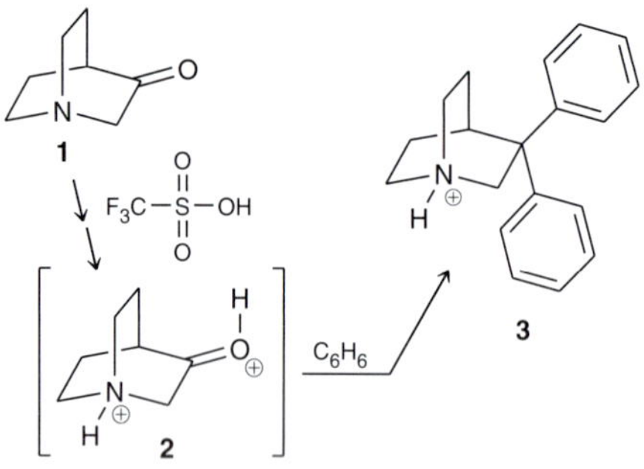

19.92 Um método para a síntese de 9,9′-espirobifluorenos (substâncias rígidas com aplicação em eletrônica molecular e os materiais emissores de luz) envolve a protonação da cetona **1** com uma quantidade catalítica de ácido aquoso. A protonação do grupo C=O gera um eletrófilo extremamente potente que facilita uma ciclização espontânea (*Org. Lett.* **2004**, *6*, 2381–2383). Proponha um mecanismo plausível para essa transformação.

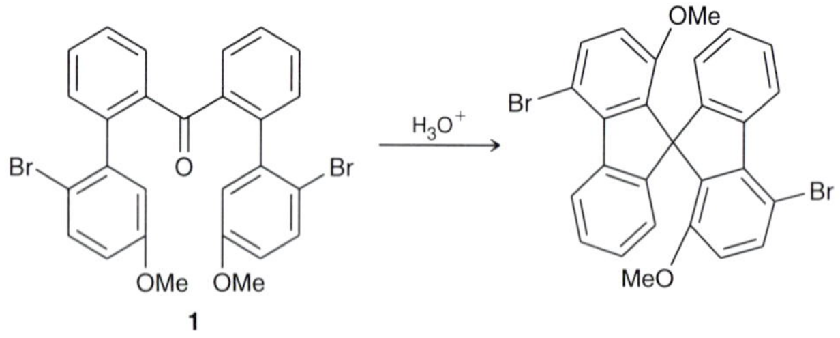

19.93 A síntese vista a seguir foi desenvolvida em um esforço para preparar um análogo de um hidrocarboneto aromático policíclico em que uma das ligações C=C foi substituída por uma unidade B–N (*J. Am. Chem. Soc.* **2011**, *133*, 18614–18617). Tais derivados são esperados apresentar propriedades ópticas e elétricas únicas e, assim, podem ser úteis na preparação de novos materiais orgânicos eletrônicos.

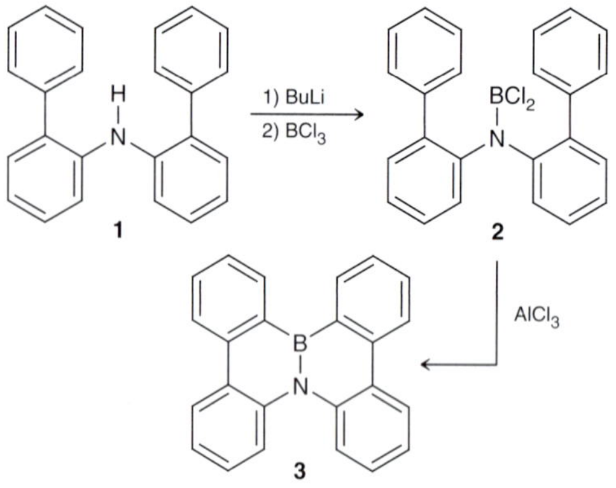

(a) Proponha um mecanismo para a conversão da substância **1** na substância **3**.

(b) Na substância **3**, você espera que cada um dos seis anéis seja aromático, formando um sistema aromático estendido para a substância? Justifique sua resposta.

(c) Análise da estrutura real de **3** (bem como o seu hidrocarboneto análogo) revela que os dois anéis centrais estão ligeiramente torcidos (isto é, não são planos). Forneça uma explicação para essa descoberta.

20

Aldeídos e Cetonas

VOCÊ JÁ SE PERGUNTOU...

por que o betacaroteno, a substância responsável pela cor das cenouras ser laranja, é bom para os olhos?

Neste capítulo iremos explorar a reatividade dos aldeídos e cetonas. Especificamente, veremos que uma grande variedade de nucleófilos reage com aldeídos e cetonas. Muitas dessas reações são comuns em processos biológicos, incluindo o papel que o betacaroteno desempenha em promover uma boa visão. Como veremos várias vezes neste capítulo, as reações de aldeídos e cetonas também são engenhosamente exploradas no desenvolvimento de fármacos. As reações e os princípios presentes neste capítulo são fundamentais para o estudo da química orgânica e serão utilizados como guias ao longo dos capítulos restantes deste livro.

VOCÊ SE LEMBRA?

Antes de avançar, tenha certeza de que você compreende os tópicos citados a seguir. Se for necessário, revise as seções sugeridas para se preparar para este capítulo:

- Reagentes de Grignard (Seção 13.6, do Volume 1)
- Análise restrossintética (Seção 12.5, do Volume 1)
- Oxidação de álcoois (Seção 13.10, do Volume 1)

20.1 Introdução aos Aldeídos e Cetonas

Aldeídos (RCHO) e cetonas (R_2CO) têm estruturas semelhantes em relação ao fato de ambas as classes de substâncias possuem uma ligação C=O, chamada de **grupo carbonila**:

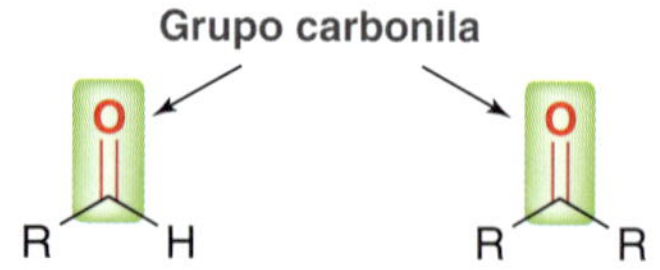

Um aldeído   Uma cetona

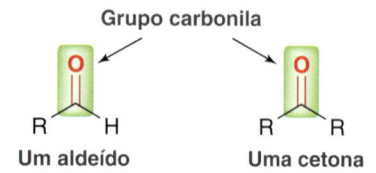

O grupo carbonila de um aldeído é flanqueado por um átomo de hidrogênio, enquanto o grupo carbonila de uma cetona é flanqueado por dois átomos de carbono.

Aldeídos e cetonas são responsáveis por muitos sabores e odores que você reconhecerá facilmente:

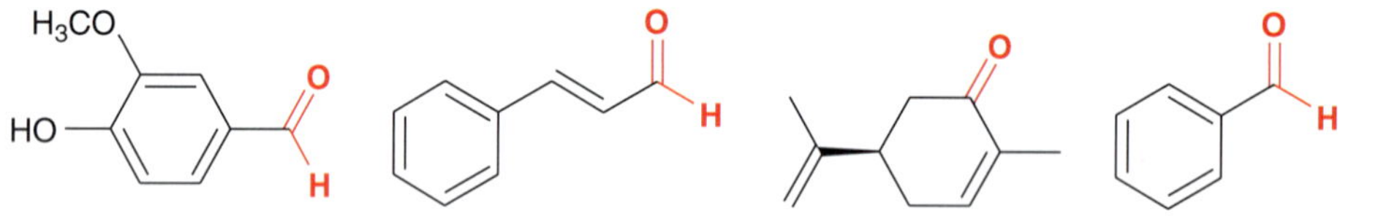

Vanilina (Aroma de baunilha)   **Cinamaldeído** (Aroma de canela)   **(*R*)–Carvona** (Aroma de hortelã)   **Benzaldeído** (Aroma de amêndoas)

Muitas substâncias biológicas importantes também apresentam o grupo carbonila, incluindo a progesterona e a testosterona, os hormônios sexuais feminino e masculino.

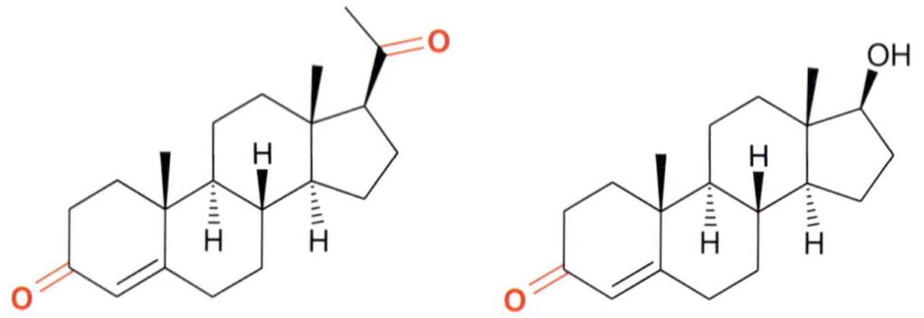

Progesterona   **Testosterona**

Aldeídos e cetonas simples são importantes industrialmente; por exemplo:

Formaldeído   **Acetona**

A acetona é utilizada como solvente e é normalmente encontrada em removedores de esmalte de unha, enquanto o formaldeído é utilizado como conservante em algumas formulações de vacinas. Aldeídos e cetonas são também utilizados como blocos de construção na síntese de substâncias comercialmente importantes, incluindo produtos farmacêuticos e polímeros. Substâncias contendo um grupo carbonila reagem com uma grande variedade de nucleófilos, proporcionando inúmeros produtos possíveis. Devido à reatividade versátil do grupo carbonila, os aldeídos e cetonas ocupam um papel central na química orgânica.

20.2 Nomenclatura

Nomenclatura de Aldeídos

Lembre-se de que são necessárias quatro etapas discretas para nomear a maioria das classes de substâncias orgânicas (como vimos para os alcanos, alquenos, alquinos e álcoois):

1. Identificamos e nomeamos a cadeia principal.
2. Identificamos e nomeamos os substituintes.
3. Atribuímos uma posição para cada substituinte.
4. Ordenamos os substituintes em ordem alfabética.

Os aldeídos também são denominados utilizando-se o mesmo procedimento de quatro etapas. Ao aplicar este procedimento para nomear aldeídos, as seguintes orientações devem ser seguidas:

Ao nomear a cadeia principal, o sufixo "-al" indica a presença de um grupo aldeído:

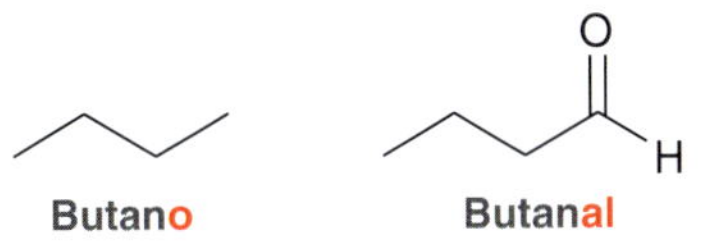

Ao escolher a cadeia principal de um aldeído, identificamos a cadeia mais longa *que inclui o átomo de carbono do grupo aldeídico*:

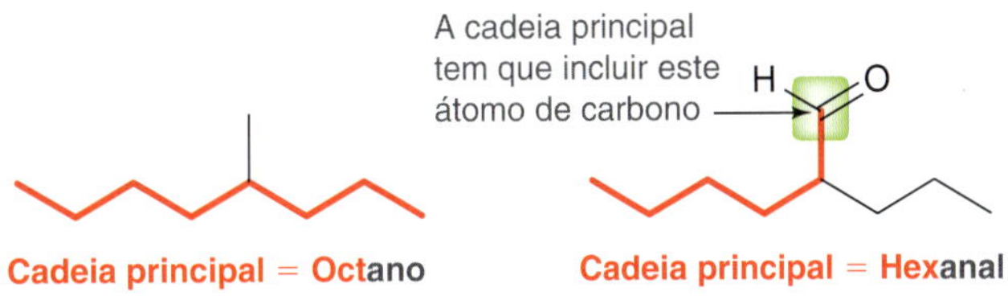

Quando numeramos a cadeia principal de um aldeído, atribuímos o número 1 ao carbono aldeídico, independente da presença de substituintes alquila, ligações π ou grupos hidroxila:

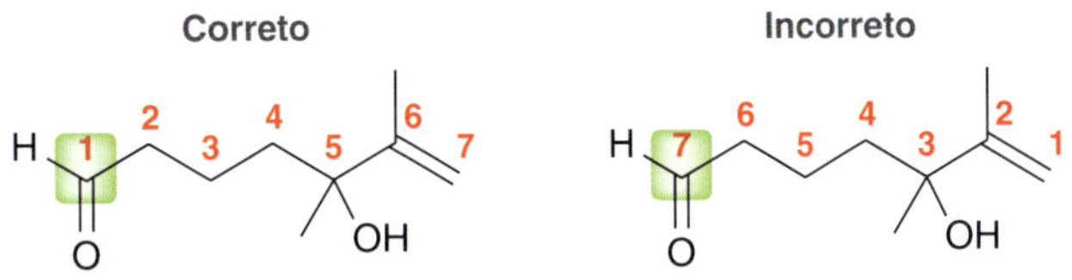

Não é necessário incluir a posição no nome, uma vez que se entende que o carbono aldeídico é a posição número 1.

Tal como acontece com todas as substâncias, quando um centro de quiralidade está presente, a configuração é indicada no início do nome, por exemplo:

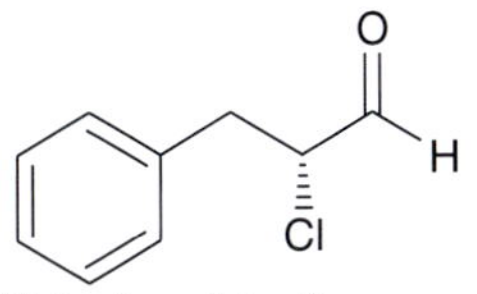

(*R*)-2-cloro-3-fenilpropanal

Uma substância cíclica contendo um grupo aldeído imediatamente adjacente ao anel é chamada de carbaldeído:

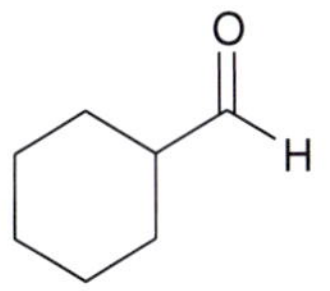

Ciclo-hexanocarbaldeído

A União Internacional de Química Pura e Aplicada (IUPAC) também reconhece os nomes vulgares de muitos aldeídos simples, incluindo os três exemplos vistos a seguir:

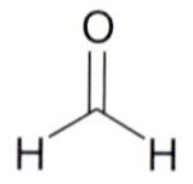
Formaldeído

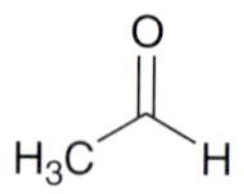
Acetaldeído

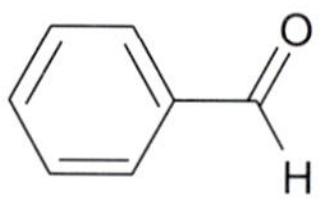
Benzaldeído

Nomenclatura de Cetonas

As cetonas, assim como os aldeídos, são nomeadas usando-se o mesmo procedimento de quatro etapas. Ao nomear a cadeia principal, o sufixo "ona" indica a presença de um grupo cetona:

Butano

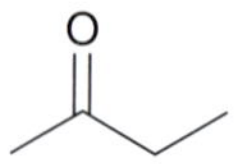
Butanona

A posição do grupo cetona é indicada utilizando-se um localizador. As regras da IUPAC publicadas em 1979 indicam que este localizador seja colocado imediatamente antes do nome da cadeia principal, enquanto as recomendações da IUPAC publicadas em 1993 e 2004 permitem que o localizador seja colocado imediatamente antes do sufixo "-ona":

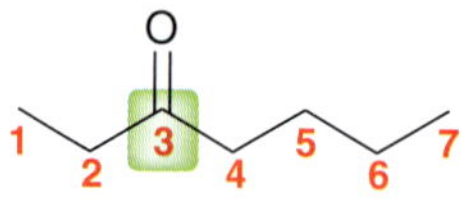

3-Heptanona
ou
Heptan-3-ona

Os dois nomes são aceitáveis como nomes de acordo com a IUPAC. A nomenclatura da IUPAC reconhece os nomes vulgares de muitas cetonas simples, incluindo os três exemplos apresentados a seguir:

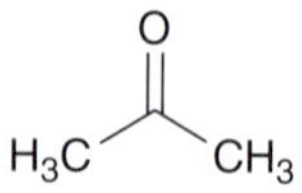
Acetona

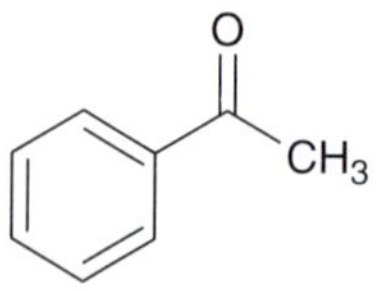
Acetofenona

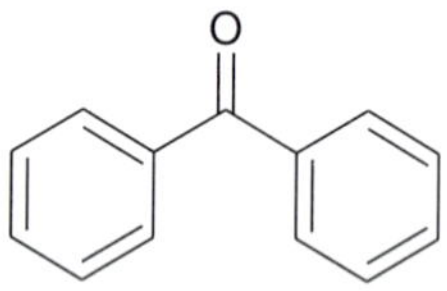
Benzofenona

Embora raramente usadas, as regras da IUPAC também permitem que cetonas simples sejam nomeadas como *alquil alquil cetonas*. Por exemplo, a 3-hexanona pode também ser chamada de etil propil cetona:

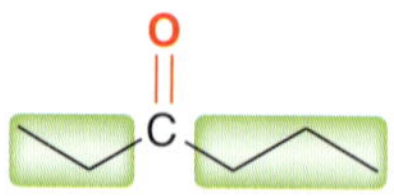
Etil propil cetona

DESENVOLVENDO A APRENDIZAGEM

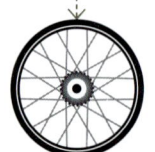

20.1 NOMEANDO ALDEÍDOS E CETONAS

APRENDIZAGEM Forneça um nome sistemático (IUPAC) para a seguinte substância:

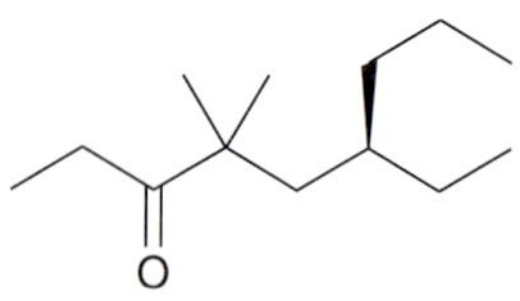

SOLUÇÃO

ETAPA 1 Identificação e nomeação da cadeia principal.

A primeira etapa consiste em identificar e nomear a cadeia principal. Escolhemos a cadeia mais longa que inclui o grupo carbonila e, a seguir, numeramos a cadeia de modo que o número que corresponde ao grupo carbonila seja o menor número possível:

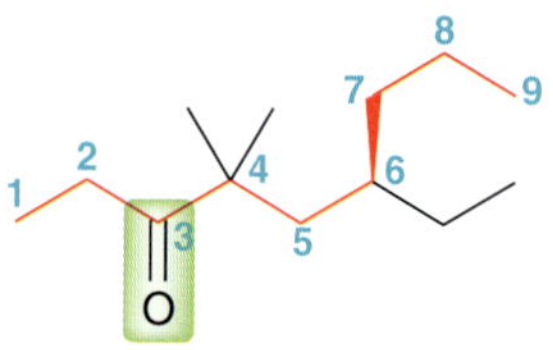

3-Nonanona

ETAPA 2 Identificação e nomeação dos substituintes.

ETAPA 3 Atribuição de uma posição para cada substituinte.

A seguir, identificamos os substituintes e atribuímos as posições:

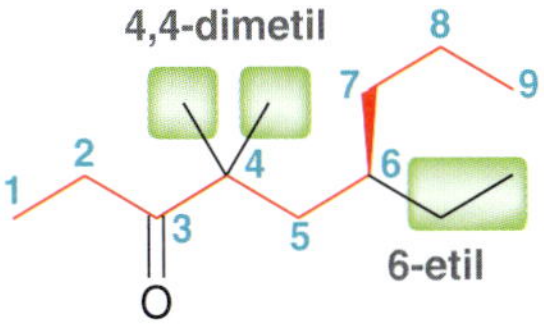

ETAPA 4 Os substituintes são ordenados alfabeticamente.

Finalmente, ordenamos os substituintes alfabeticamente: 6-etil-4,4-dimetil-3-nonanona. Antes de concluir, temos sempre que verificar para ver se existem centros de quiralidade. Essa substância apresenta um centro de quiralidade. Usando as seções de aprendizagem da Seção 5.3, do Volume 1, atribuímos a configuração *R* a este centro de quiralidade:

ETAPA 5 Atribuição da configuração de quaisquer centros de quiralidade presentes.

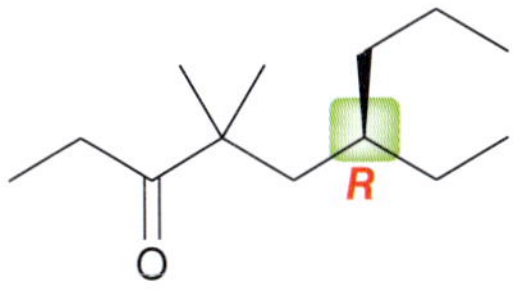

Portanto, o nome completo é **(*R*)-6-etil-4,4-dimetil-3-nonanona.**

PRATICANDO o que você aprendeu

20.1 Dê o nome sistemático (IUPAC) de cada uma das seguintes substâncias:

(a) 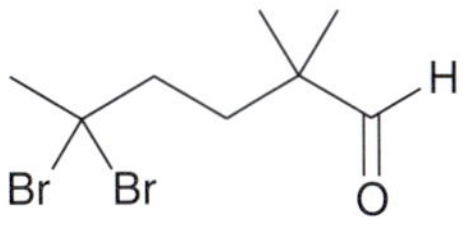

(b) 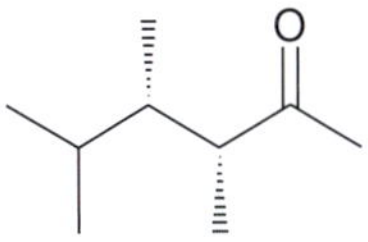

(c) 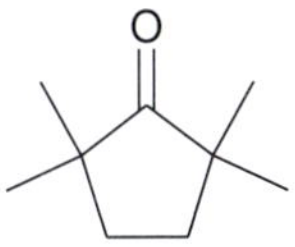

(d) 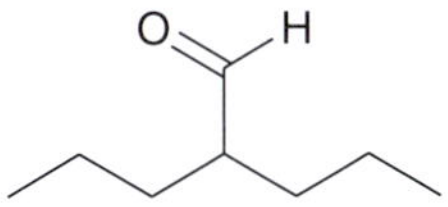

(e) 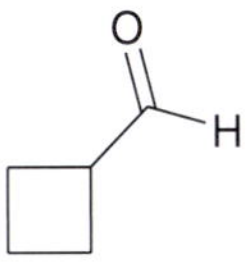

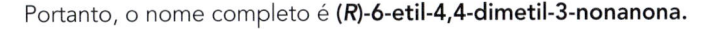

APLICANDO o que você aprendeu

20.2 Represente a estrutura de cada uma das seguintes substâncias:

(a) (*S*)-3,3-dibromo-4-etilciclo-hexanona

(b) 2,4-dimetil-3-pentanona

(c) (*R*)-3-bromobutanal

20.3 Forneça um nome sistemático (IUPAC) para a substância vista a seguir. Seja cuidadoso: essa substância tem dois centros de quiralidade (você pode encontrá-los?).

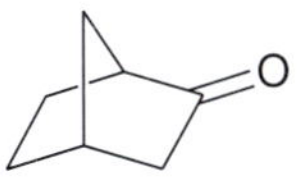

20.4 Substâncias com dois grupos cetona são nomeadas como alcanodionas; por exemplo:

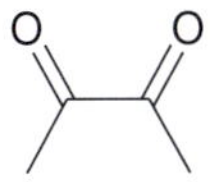

2,3-Butanodiona

A substância anterior fornece um sabor quando é adicionada às pipocas de micro-ondas, vendidas principalmente nas entradas dos cinemas; ela simula um sabor de manteiga. É interessante notar que essa mesma substância também é conhecida por contribuir para o odor corporal. Dê o nome das seguintes substâncias:

(a) 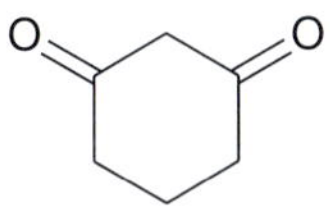

(b) 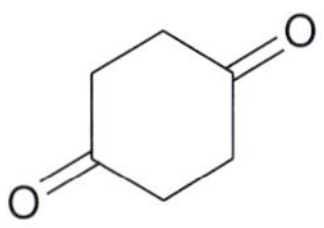

(c) 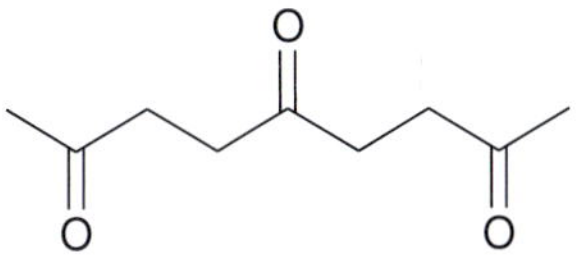

é necessário **PRATICAR MAIS?** **Tente Resolver os Problemas 20.44-20.49**

20.3 Preparação de Aldeídos e Cetonas: Uma Revisão

Nos capítulos anteriores, estudou-se uma variedade de métodos para a preparação de aldeídos e cetonas, que são resumidos nas Tabelas 20.1 e 20.2, respectivamente.

TABELA 20.1 UM RESUMO DOS MÉTODOS DE PREPARAÇÃO DE ALDEÍDOS VISTOS NOS CAPÍTULOS ANTERIORES

REAÇÃO | SEÇÃO

Oxidação de Álcoois Primários | 13.10

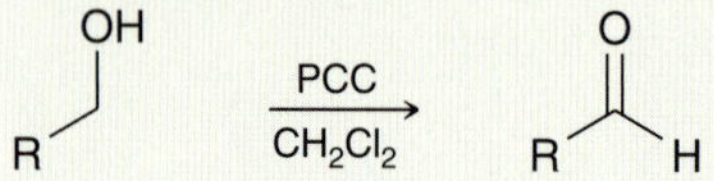

Quando tratados com um agente oxidante forte, os álcoois primários são oxidados a ácidos carboxílicos. A formação de um aldeído requer um agente oxidante, tal como PCC, que não oxidará posteriormente o aldeído resultante.

Ozonólise de Alquenos | 9.11

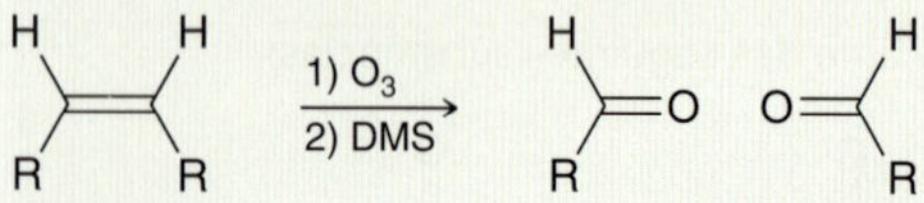

A ozonólise quebrará uma ligação dupla C=C. Se qualquer um dos átomos de carbono tem um átomo de hidrogênio, um aldeído será formado.

Hidroboração-Oxidação de Alquinos Terminais | 10.7

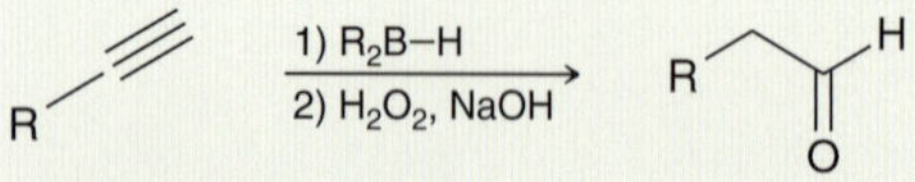

A hidroboração-oxidação resulta em uma adição *anti*-Markovkinov de água através de uma ligação π, seguida pela tautomerização do enol resultante para formar um aldeído.

TABELA 20.2 UM RESUMO DOS MÉTODOS DE PREPARAÇÃO DE CETONAS VISTOS NOS CAPÍTULOS ANTERIORES

REAÇÃO | SEÇÃO

Oxidação de Álcoois Secundários | 13.10

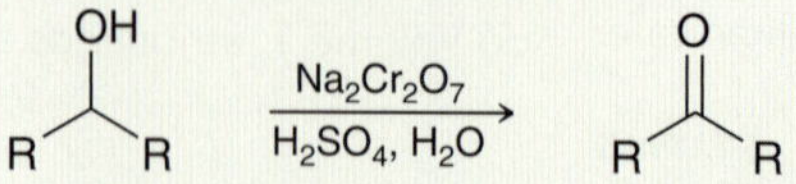

Vários agentes oxidantes fortes e fracos podem ser usados para oxidar álcoois secundários. A cetona resultante não sofre oxidação posterior.

Ozonólise de Alquenos | 9.11

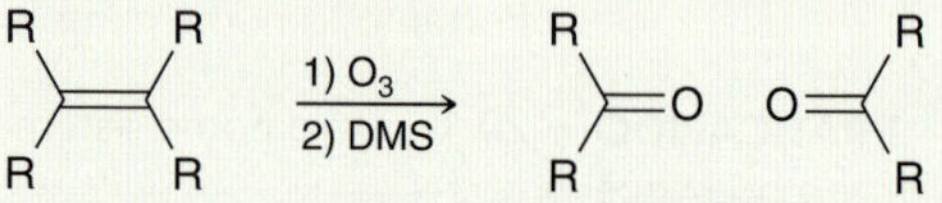

Alquenos tetrassubstituídos são quebrados para formar cetonas.

Hidratação Catalisada por Ácido de Alquinos Terminais | 10.7

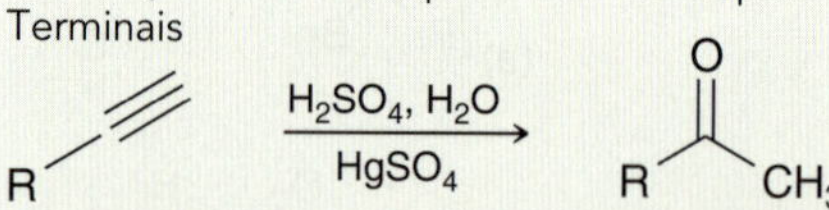

Este procedimento resulta em uma adição Markovkinov de água através da ligação π, seguida pela tautomerização para formar uma metil cetona.

Acilação de Friedel-Crafts | 19.6

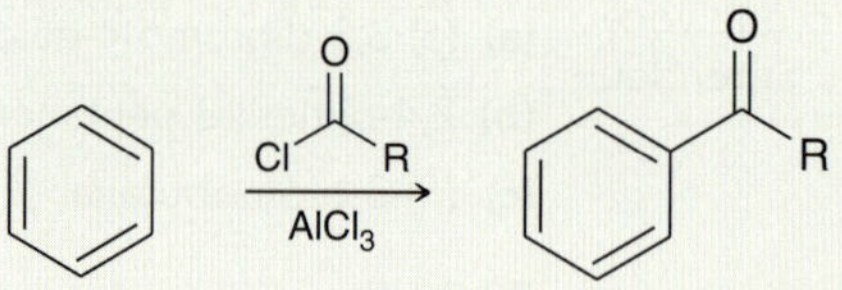

Anéis aromáticos que não são muito fortemente ativados reagirão com haletos ácidos na presença de um ácido de Lewis para produzir uma aril cetona.

VERIFICAÇÃO CONCEITUAL

20.5 Identifique os reagentes necessários para realizar cada uma das seguintes transformações:

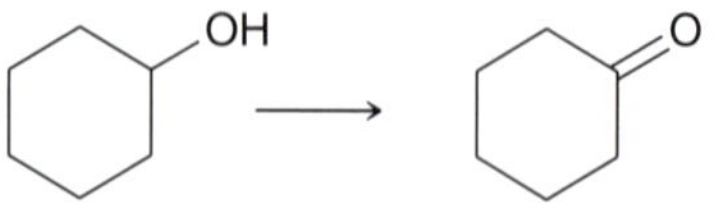

(a)

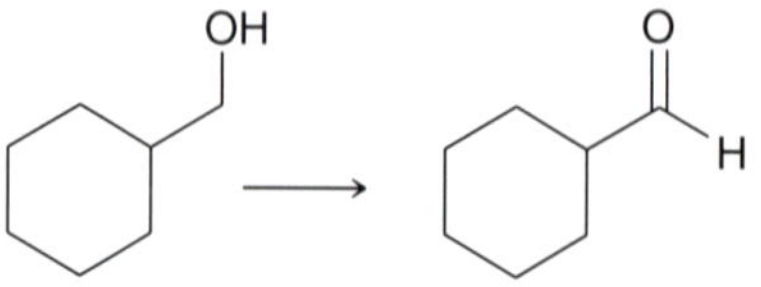

(b)

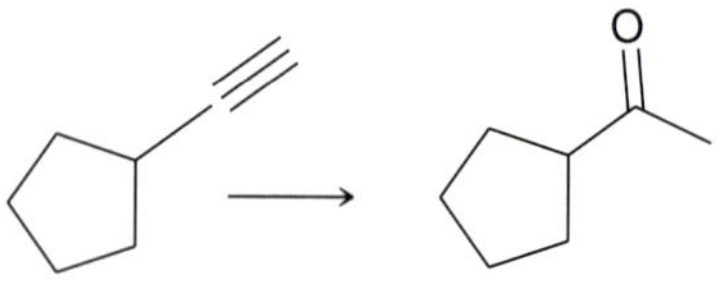

(c)

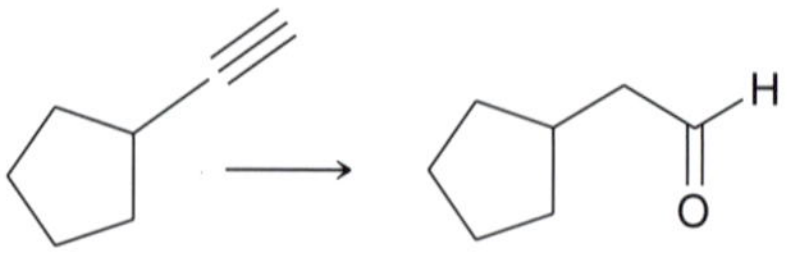

(d)

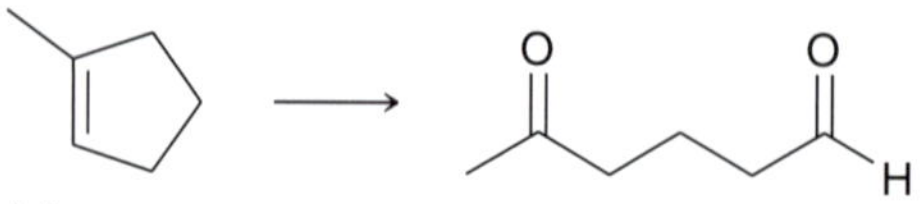

(e)

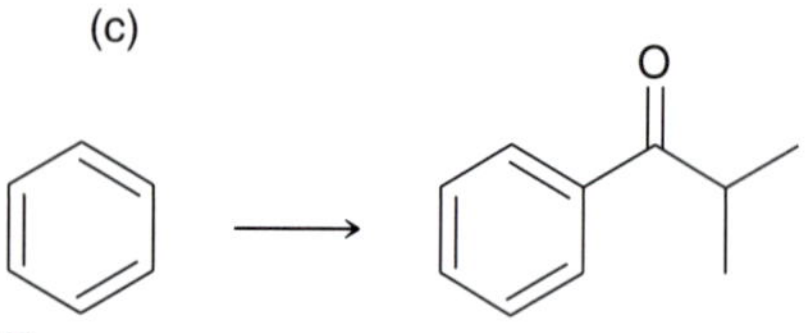

(f)

20.4 Introdução às Reações de Adição Nucleofílica

A eletrofilicidade de um grupo carbonila deriva de efeitos de ressonância, bem como de efeitos indutivos:

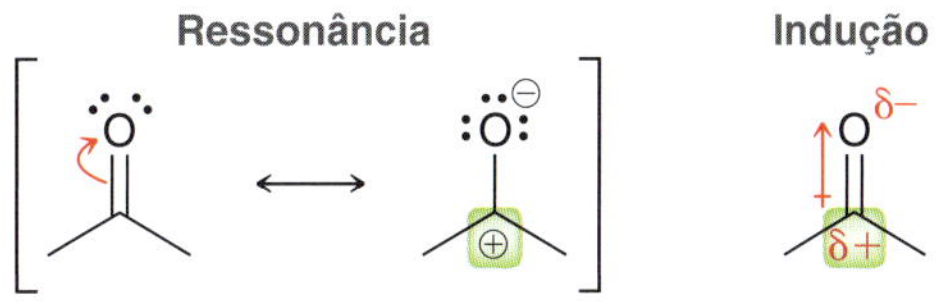

Uma das estruturas de ressonância apresenta uma carga positiva no átomo de carbono, o que indica que o átomo de carbono é deficiente em densidade eletrônica (δ+). Efeitos indutivos também tornam o átomo de carbono deficiente em densidade eletrônica. Como resultado, esse átomo de carbono é particularmente eletrofílico e passível de ser atacado por um nucleófilo. Cálculos através de orbitais moleculares sugerem que o ataque nucleofílico ocorre em um ângulo de aproximadamente 107° em relação ao plano do grupo carbonila e, no processo, o estado de hibridização do átomo de carbono varia (Figura 20.1).

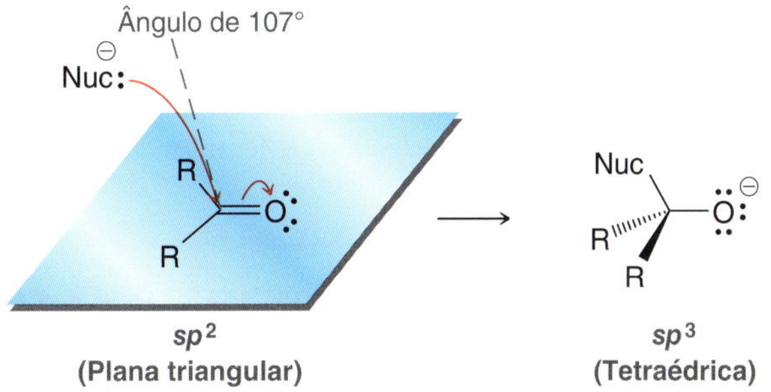

FIGURA 20.1
Quando um grupo carbonila é atacado por um nucleófilo, o átomo de carbono sofre uma mudança de hibridização e de geometria.

O átomo de carbono tem originalmente uma hibridização sp^2 com uma geometria plana triangular. Depois do ataque, a hibridização do átomo de carbono é sp^3 com uma geometria tetraédrica.

Em geral, os aldeídos são mais reativos do que as cetonas em relação ao ataque nucleofílico. Essa observação pode ser explicada em termos dos efeitos estéricos e eletrônicos:

1. *Efeitos estéricos*. A cetona tem dois grupos alquila (um em cada lado da carbonila) que contribuem para o impedimento estereoquímico no estado de transição de um ataque nucleofílico. Em contraste, um aldeído tem apenas um grupo alquila, de modo que o estado de transição é menos congestionado e de menor energia.
2. *Efeitos eletrônicos*. Lembre-se de que grupos alquila são doadores de elétrons. Uma cetona tem dois grupos alquila doadores de elétrons que podem estabilizar o δ+ no átomo de carbono do grupo carbonila. Ao contrário, os aldeídos têm apenas um grupo doador de elétrons:

Uma cetona
tem dois grupos alquila doadores de elétrons que estabilizam a carga positiva parcial

Um aldeído
tem somente um grupo alquila doador de elétrons que estabiliza a carga positiva parcial

A carga δ+ de um aldeído é menos estabilizada do que de uma cetona. Em consequência, os aldeídos são mais eletrofílicos do que as cetonas e, portanto, mais reativos.

Aldeídos e cetonas reagem com uma grande variedade de nucleófilos. Como veremos nas próximas seções deste capítulo, alguns nucleófilos exigem condições básicas, enquanto outros requerem condições ácidas. Por exemplo, lembre-se do Capítulo 13, do Volume 1, que reagentes de Grignard são nucleófilos muito fortes que irão atacar aldeídos e cetonas para produzir álcoois:

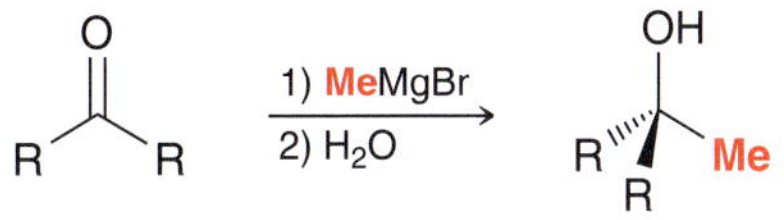

O próprio reagente de Grignard fornece condições fortemente básicas, pois os reagentes de Grignard são nucleófilos fortes e bases fortes. Esta reação não pode ser realizada sob condições ácidas, porque, como explicado na Seção 13.6, reagentes de Grignard são destruídos na presença de um ácido. A reação de Grignard anterior segue um mecanismo geral para a reação entre um nucleófilo e um grupo carbonila sob condições básicas (Mecanismo 20.1). Este mecanismo geral tem duas etapas: (1) um ataque nucleofílico, seguido por (2) transferência de próton.

MECANISMO 20.1 ADIÇÃO NUCLEOFÍLICA SOB CONDIÇÕES BÁSICAS

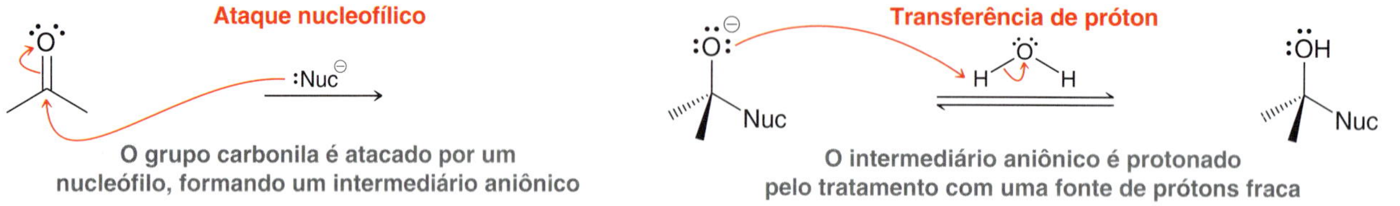
Ataque nucleofílico
:Nuc
O grupo carbonila é atacado por um nucleófilo, formando um intermediário aniônico
Transferência de próton
Nuc
:OH
O intermediário aniônico é protonado pelo tratamento com uma fonte de prótons fraca

Aldeídos e cetonas também reagem com uma grande variedade de outros nucleófilos sob condições ácidas. Em condições ácidas, as mesmas duas etapas mecanísticas são observadas, mas na ordem inversa – isto é, o grupo carbonila é protonado primeiro e, em seguida, submetido a um ataque nucleofílico (Mecanismo 20.2).

MECANISMO 20.2 ADIÇÃO NUCLEOFÍLICA SOB CONDIÇÕES ÁCIDAS

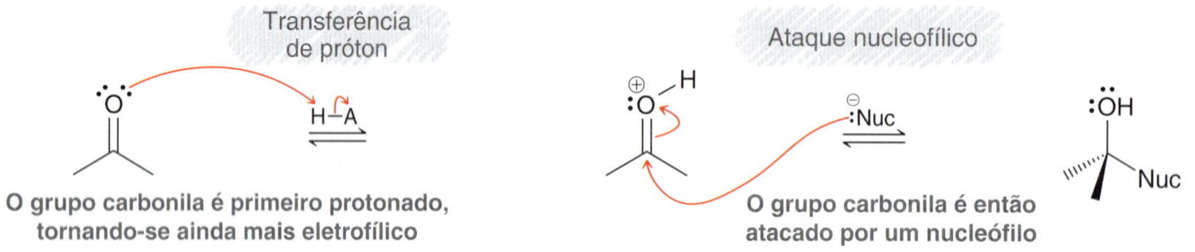
Transferência de próton
H–A
O grupo carbonila é primeiro protonado, tornando-se ainda mais eletrofílico
Ataque nucleofílico
:Nuc
O grupo carbonila é então atacado por um nucleófilo
:OH
Nuc

Em condições ácidas, a primeira etapa tem um papel importante. Especificamente, a protonação do grupo carbonila gera um eletrófilo muito potente:

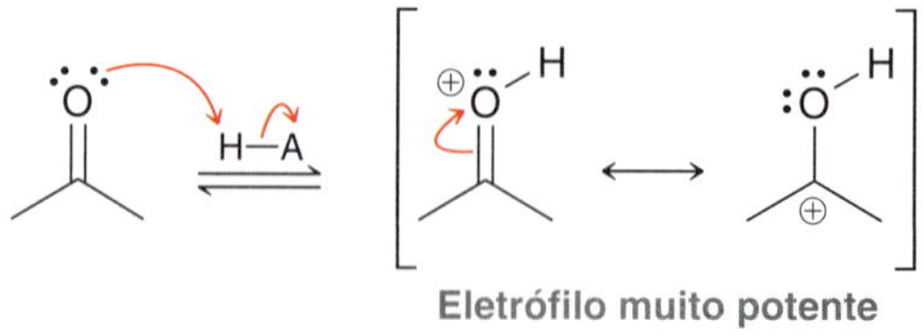
H–A
Eletrófilo muito potente

É verdade que o grupo carbonila já é um eletrófilo muito forte, no entanto, um grupo carbonila protonado tem uma carga total positiva, tornando o átomo de carbono ainda mais eletrofílico. Isto é especialmente importante quando nucleófilos fracos, como H_2O ou ROH, são empregados, como veremos nas próximas seções.

Quando um nucleófilo ataca um grupo carbonila, quer sob condições ácidas ou básicas, a posição de equilíbrio é muito dependente da capacidade do nucleófilo se comportar como um grupo de saída. Um reagente de Grignard é um nucleófilo muito forte, mas que não se comporta como um grupo de saída (um carbânion é demasiado instável para ser um grupo de saída). Em consequência disso, o equilíbrio favorece tanto os produtos que a reação efetivamente ocorre apenas em uma direção. Com uma quantidade suficiente de nucleófilo presente, a cetona não é observada na mistura de produtos. Ao contrário, os haletos são bons nucleófilos, mas são também bons grupos de saída. Portanto, quando um haleto funciona como o nucleófilo, um equilíbrio é estabelecido, com a cetona de partida geralmente sendo favorecida:

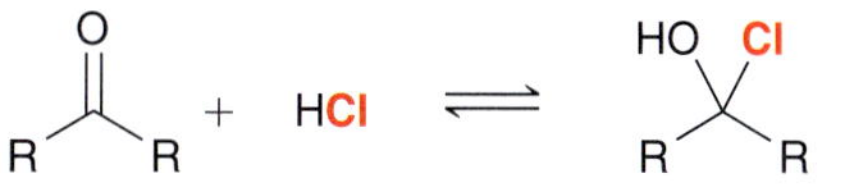

Uma vez que o equilíbrio foi alcançado, a mistura consiste essencialmente na cetona e apenas pequenas quantidades do produto de adição.

Neste capítulo, iremos explorar uma grande variedade de nucleófilos, que serão classificados de acordo com a natureza do átomo de ataque. Especificamente, veremos nucleófilos com base no oxigênio, enxofre, nitrogênio, hidrogênio e carbono (Figura 20.2).

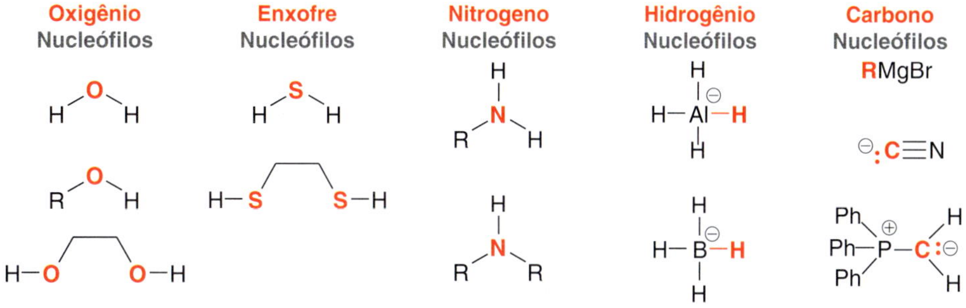

FIGURA 20.2
Vários nucleófilos que podem atacar um grupo carbonila.

O restante do capítulo será uma pesquisa metódica das reações que ocorrem entre os reagentes na Figura 20.2 e cetonas e aldeídos. Vamos começar a nossa pesquisa com nucleófilos de oxigênio.

VERIFICAÇÃO CONCEITUAL

20.6 Represente um mecanismo para cada uma das seguintes reações:

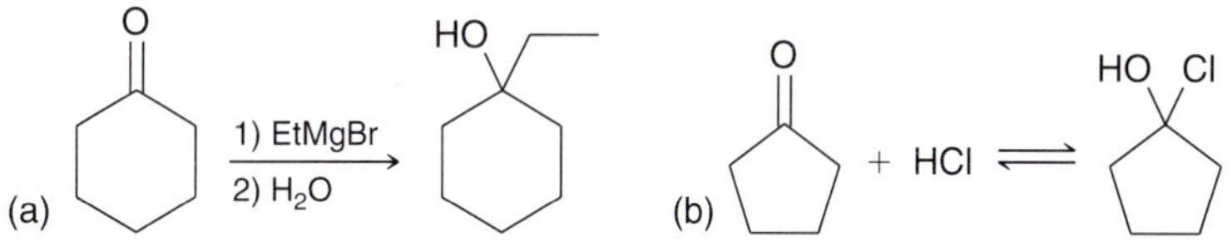

20.5 Nucleófilos de Oxigênio

Formação de Hidrato

Quando um aldeído ou cetona é tratado com água, o grupo carbonila pode ser convertido em um **hidrato**:

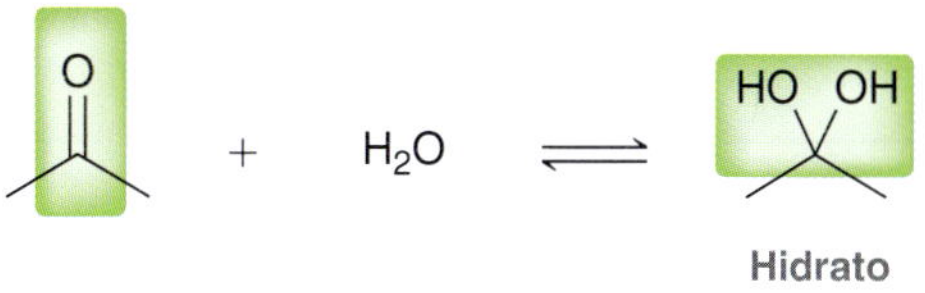

A posição de equilíbrio favorece geralmente o grupo carbonila em vez do hidrato, exceto no caso de aldeídos muito simples, tais como o formaldeído:

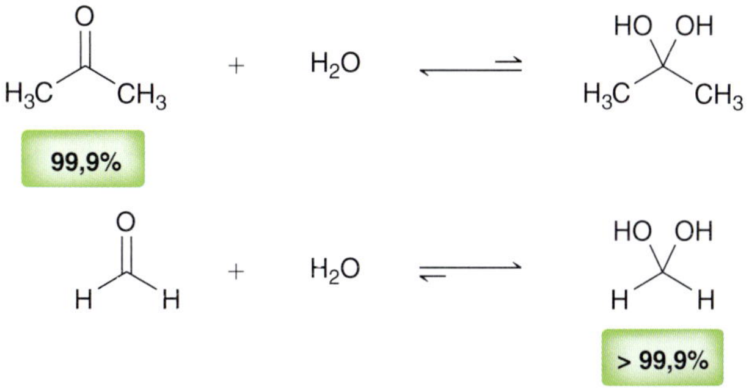

A velocidade da reação é relativamente lenta sob condições neutras, mas é facilmente aumentada na presença de ácido ou base. Isto é, a reação pode ser catalisada por ácido ou catalisada por base, permitindo que o equilíbrio seja alcançado muito mais rapidamente. Consideremos a hidratação do formaldeído catalisada por base (Mecanismo 20.3).

MECANISMO 20.3 HIDRATAÇÃO CATALISADA POR BASE

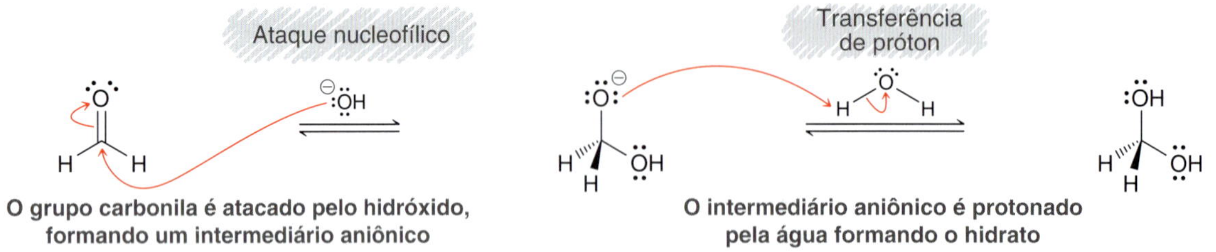
Ataque nucleofílico
Transferência de próton
O grupo carbonila é atacado pelo hidróxido, formando um intermediário aniônico
O intermediário aniônico é protonado pela água formando o hidrato

Na primeira etapa, um íon hidróxido (em vez de água) se comporta como um nucleófilo. Então, na segunda etapa, o intermediário tetraédrico é protonado com a água, regenerando um íon hidróxido. Desse modo, o hidróxido serve como catalisador para a adição de água através do grupo carbonila.

Consideremos agora a hidratação do formaldeído catalisada por ácido (Mecanismo 20.4).

MECANISMO 20.4 HIDRATAÇÃO CATALISADA POR ÁCIDO

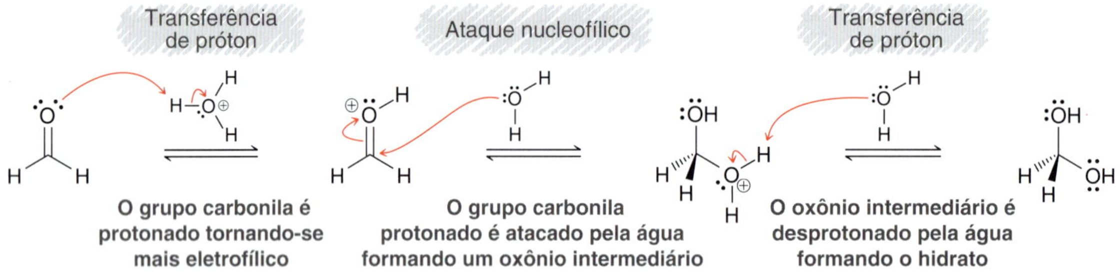
Transferência de próton
Ataque nucleofílico
Transferência de próton
O grupo carbonila é protonado tornando-se mais eletrofílico
O grupo carbonila protonado é atacado pela água formando um oxônio intermediário
O oxônio intermediário é desprotonado pela água formando o hidrato

Sob condições de catálise ácida, o grupo carbonila é primeiro protonado, gerando um intermediário carregado positivamente, que é extremamente eletrofílico (ele tem uma carga total positiva). Esse intermediário é então atacado pela água para formar um íon oxônio (um cátion no qual a carga positiva está localizada sobre um átomo de oxigênio), que é desprotonado para dar o produto.

VERIFICAÇÃO CONCEITUAL

20.7 Para a maioria das cetonas, a formação de hidrato é desfavorável, porque o equilíbrio favorece a cetona em vez do hidrato. No entanto, o equilíbrio de hidratação da hexafluoroacetona favorece a formação do hidrato. Dê uma explicação plausível para essa observação.

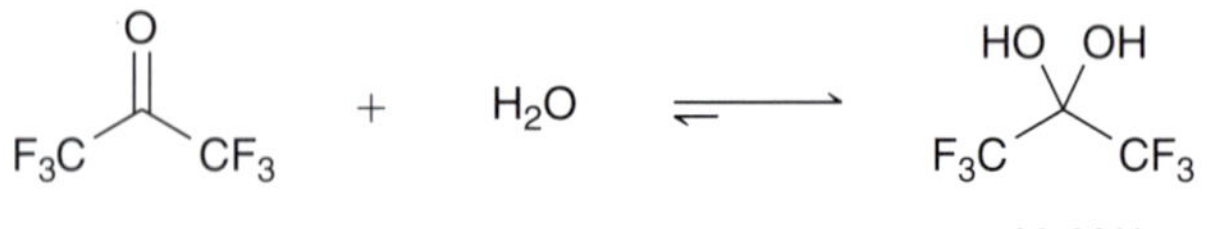
> 99,99%

Uma Regra Importante para a Representação de Mecanismos

Se compararmos os mecanismos apresentados para a hidratação catalisada por base (Mecanismo 20.3) e para a hidratação catalisada por ácido (Mecanismo 20.4), surge uma característica extremamente importante. Sob condições básicas, o mecanismo utiliza uma base forte (hidróxido) e um ácido fraco (água). Observe que um ácido forte não é representado (seja como um reagente ou como um intermediário), porque é improvável que ele esteja presente. Ao contrário, em condições ácidas, o mecanismo utiliza um ácido forte (H_3O^+) e uma base fraca (água). Observe que uma base forte não é representada (seja como um reagente ou como um intermediário), porque é improvável que ela esteja presente. Esse é um princípio muito importante. Ao representar mecanismos, é importante considerar as condições que estão sendo utilizadas e ficar em conformidade com essas condições. Ou seja, evite a representação de espécies químicas que são improváveis de estarem presentes. Essa regra pode ser resumida da seguinte maneira:

- *Sob condições ácidas, um mecanismo só será razoável se ele evita a utilização ou a formação de bases fortes (apenas bases fracas podem ser utilizadas).*
- *Sob condições básicas, um mecanismo só será razoável se evita a utilização ou a formação de ácidos fortes (apenas ácidos fracos podem ser utilizados).*

Seria interessante memorizar essa regra, pois veremos sua aplicação várias vezes ao longo deste capítulo e nos próximos capítulos também.

Formação de acetal

A seção anterior discutiu uma reação que pode ocorrer quando a água ataca um aldeído ou uma cetona. Esta seção irá explorar uma reação semelhante, em que um álcool ataca um aldeído ou uma cetona:

A PROPÓSITO
Quando a substância de partida é uma cetona, o produto também é chamado de "cetal". *Acetal* é um termo mais geral e será usado exclusivamente para o restante desta discussão.

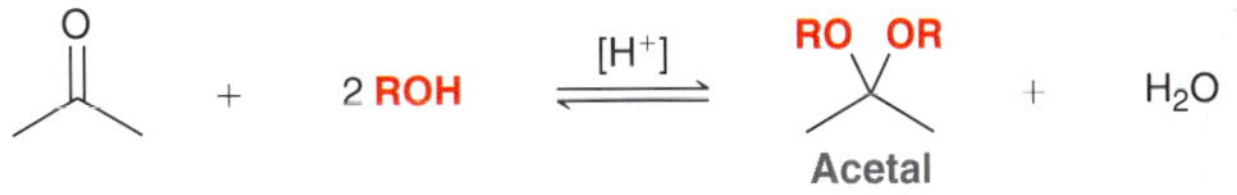
O
2 ROH
[H⁺]
RO OR
H₂O
Acetal

Em condições ácidas, um aldeído ou uma cetona reage com duas moléculas de álcool para formar um **acetal**. Os colchetes em torno do H^+ indicam que o ácido é um catalisador (colchetes não são a convenção padrão para representação de catálise ácida; no entanto, usaremos colchetes para indicar catálise ácida ao longo do restante deste livro). Ácidos comuns utilizados para este fim incluem o ácido *para*-toluenossulfônico (TsOH) e o ácido sulfúrico (H_2SO_4):

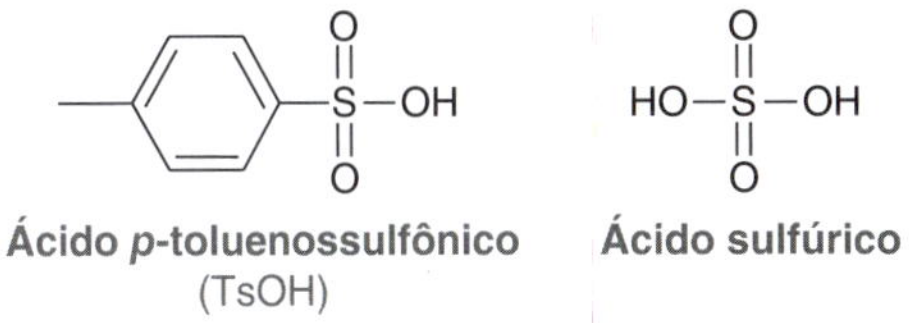
Ácido *p*-toluenossulfônico
(TsOH)
Ácido sulfúrico

Como mencionado anteriormente, o catalisador ácido exerce um papel importante nesta reação. Especificamente, na presença de um ácido, o grupo carbonila é protonado, tornando o átomo de carbono ainda mais eletrofílico. Isto é necessário porque o nucleófilo (um álcool) é fraco; ele reage com o grupo carbonila mais rapidamente se o grupo carbonila é protonado primeiro. Um mecanismo para a formação de acetal é mostrado no Mecanismo 20.5. Este mecanismo tem muitas etapas, e é melhor dividi-lo conceitualmente em duas partes: (1) as três primeiras etapas produzem um intermediário chamado de **hemiacetal** e (2) as últimas quatro etapas convertem o hemiacetal em um acetal:

MECANISMO 20.5 FORMAÇÃO DE ACETAL

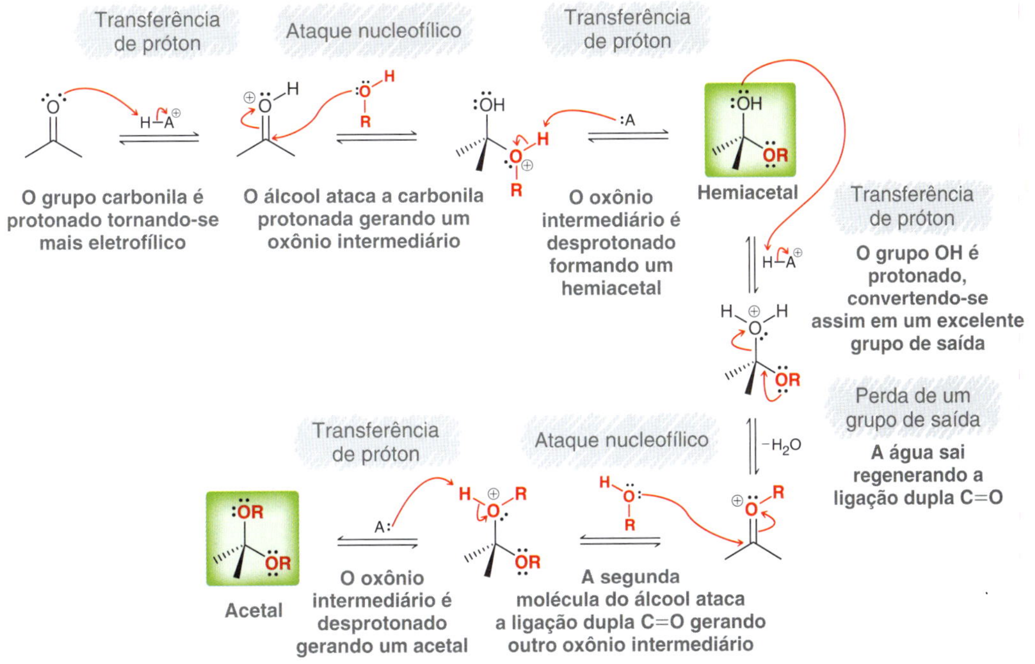
Transferência de próton
Ataque nucleofílico
Transferência de próton
O grupo carbonila é protonado tornando-se mais eletrofílico
O álcool ataca a carbonila protonada gerando um oxônio intermediário
O oxônio intermediário é desprotonado formando um hemiacetal
Hemiacetal
Transferência de próton
O grupo OH é protonado, convertendo-se assim em um excelente grupo de saída
Perda de um grupo de saída
A água sai regenerando a ligação dupla C=O
Ataque nucleofílico
A segunda molécula do álcool ataca a ligação dupla C=O gerando outro oxônio intermediário
Transferência de próton
O oxônio intermediário é desprotonado gerando um acetal
Acetal

Vamos começar nossa análise deste mecanismo centralizando a nossa atenção na primeira parte: formação do hemiacetal, o que envolve as três etapas na Figura 20.3.

FIGURA 20.3
A sequência de etapas envolvidas na formação de um hemiacetal.

Observamos que a sequência de etapas começa e termina com uma transferência de próton. Vamos nos concentrar nos detalhes dessas três etapas:

1. A carbonila é protonada na presença de um ácido. A identidade do ácido, HA^+, é mais provável que seja um álcool protonado, que recebeu o protón extra do catalisador ácido:

2. A carbonila protonada é um grupo que é eletrófilo muito potente e é atacada por uma molécula de álcool (ROH) para formar um íon oxônio.
3. O íon oxônio é desprotonado por uma base fraca (A), que é suscetível de ser uma molécula de álcool presente na solução.

Observamos que o ácido não é consumido no processo. Um protón é utilizado na etapa 1 e, em seguida, ressurge na etapa 3, confirmando a natureza catalítica do protón na reação.

Vamos agora nos concentrar na segunda parte do mecanismo, a conversão do hemiacetal em um acetal, o que é realizado com as quatro etapas na Figura 20.4.

FIGURA 20.4
A sequência de etapas que convertem um hemiacetal em um acetal.

Observamos, mais uma vez, que a sequência de etapas começa e termina com uma transferência de próton. Um protón é utilizado na primeira etapa e, em seguida, ressurge na última etapa, mas, desta vez, existem duas etapas intermediárias em vez de apenas uma. Quando representar o mecanismo de formação de acetal, certifique-se de representar essas duas etapas separadamente. A combinação dessas duas etapas é incorreta e representa um dos erros mais comuns dos alunos ao representar esse mecanismo:

Essas duas etapas não podem ocorrer simultaneamente, porque isso iria representar um processo S_N2 ocorrendo em um substrato estericamente impedido. Esse processo é desfavorecido e não ocorre com uma velocidade apreciável. Em vez disso, o grupo de saída sai primeiro para formar um intermediário estabilizado por ressonância, que é então atacado pelo nucleófilo em uma etapa separada.

As setas de equilíbrio no mecanismo completo de formação do acetal indicam que o processo é governado por um equilíbrio. Para muitos aldeídos simples, o equilíbrio favorece a formação do acetal, de modo que os aldeídos são prontamente convertidos em acetais por tratamento com dois equivalentes de álcool em condições ácidas:

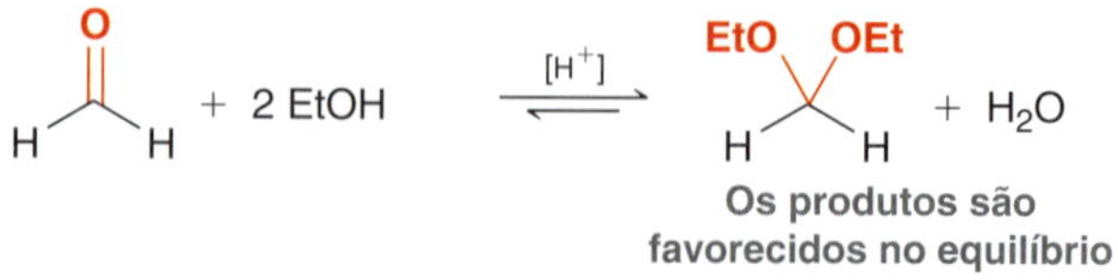

No entanto, para a maioria das cetonas, o equilíbrio favorece os reagentes em vez de os produtos:

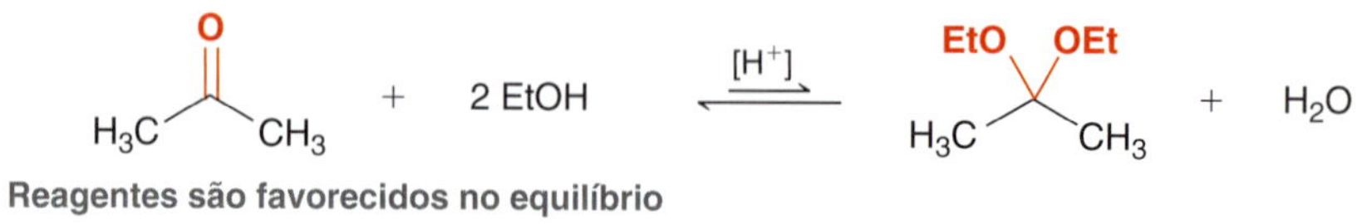

A PROPÓSITO
Essa técnica explora o princípio de Le Châtelier, que você deve ter visto no seu curso de química geral. De acordo com o princípio de Le Châtelier, se um sistema em equilíbrio é perturbado de alguma maneira, o sistema irá mudar de uma maneira que restaura o equilíbrio.

Nesses casos, a formação do acetal pode ser realizada através da remoção de um dos produtos (água) por meio de uma técnica de destilação especial. Através da remoção da água, tão logo ela é formada, a reação pode ser forçada a se completar.

Observamos que a formação de acetal requer dois equivalentes do álcool. Isto é, duas moléculas de ROH são necessárias para cada molécula de cetona. Alternativamente, uma substância contendo dois grupos OH pode ser utilizado formando um acetal cíclico. Essa reação avança através do mecanismo de sete etapas regulares para formação de acetal: três etapas para a formação do hemiacetal, seguido de quatro etapas para a formação do acetal cíclico.

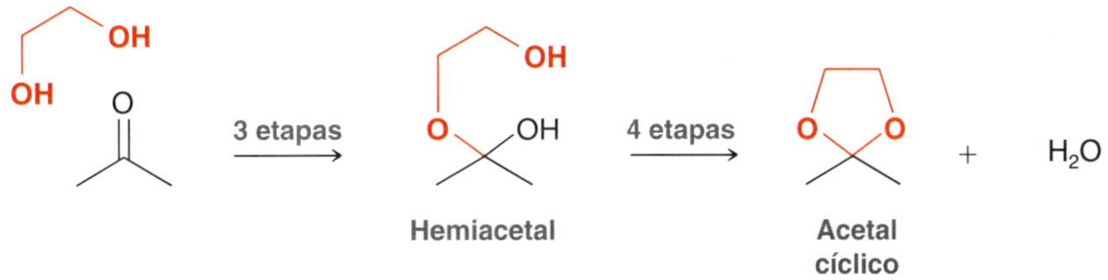

O mecanismo de sete etapas para a formação de acetal é muito semelhante a outros mecanismos que exploraremos. Portanto, é fundamental dominar essas sete etapas. Para ajudar você a representar o mecanismo corretamente, lembre-se de dividir o mecanismo inteiro em duas partes, onde cada parte começa e termina com uma etapa de transferência de próton. Vamos praticar um pouco.

DESENVOLVENDO A APRENDIZAGEM

20.2 REPRESENTAÇÃO DO MECANISMO DE FORMAÇÃO DE ACETAL

APRENDIZAGEM Represente um mecanismo plausível para a seguinte transformação:

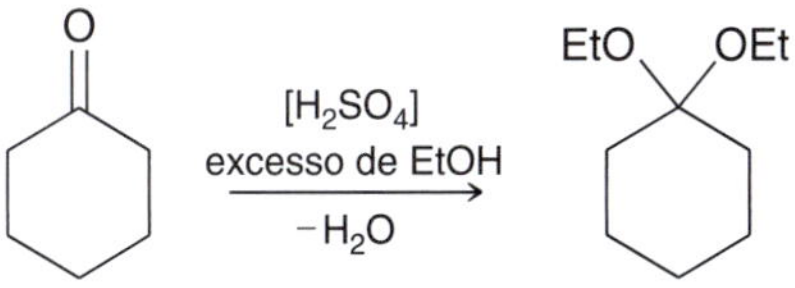

SOLUÇÃO

A reação anterior é um exemplo da formação de acetal catalisada por ácido, em que o produto é favorecido pela remoção da água. O mecanismo pode ser dividido em duas partes: (1) formação do hemiacetal e (2) formação do acetal. A formação do hemiacetal envolve três etapas mecanísticas:

ETAPA 1
Representação das três etapas necessárias para formação do hemiacetal.

Transferência de próton | Ataque nucleofílico | Transferência de próton

Ao representar essas três etapas, concentre-se na colocação da seta adequada (como descrito no Capítulo 6, do Volume 1), e certifique-se de colocar todas as cargas positivas em seus locais apropriados. Observe que cada etapa requer duas setas curvas.

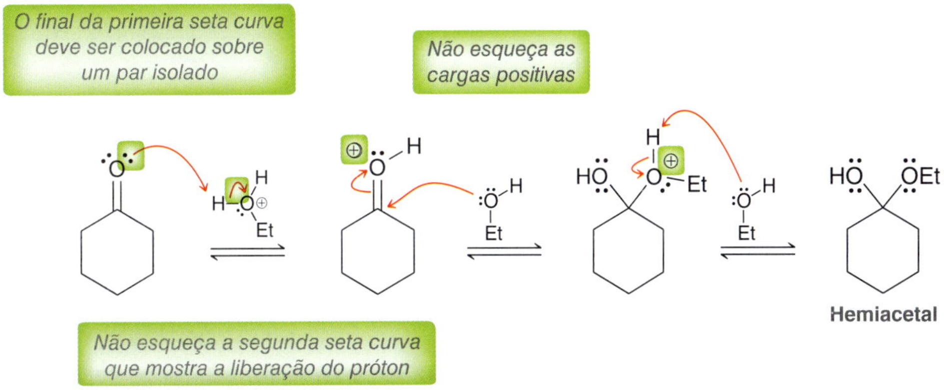

ETAPA 2
Representação das quatro etapas necessárias para converter um hemiacetal em um acetal.

Vamos agora nos concentrar nas quatro últimas etapas do mecanismo, em que o hemiacetal é convertido em um acetal:

Transferência de próton | Perda de um grupo de saída | Ataque nucleofílico | Transferência de próton

Mais uma vez, esta sequência de etapas começa com uma transferência de próton e termina com uma transferência de próton. Ao representar essas quatro etapas, certifique-se de representar as duas etapas intermediárias separadamente, como discutido anteriormente. Além disso, certifique-se de se concentrar sobre a colocação da seta apropriada, e certifique-se de colocar todas as cargas positivas em seus locais apropriados:

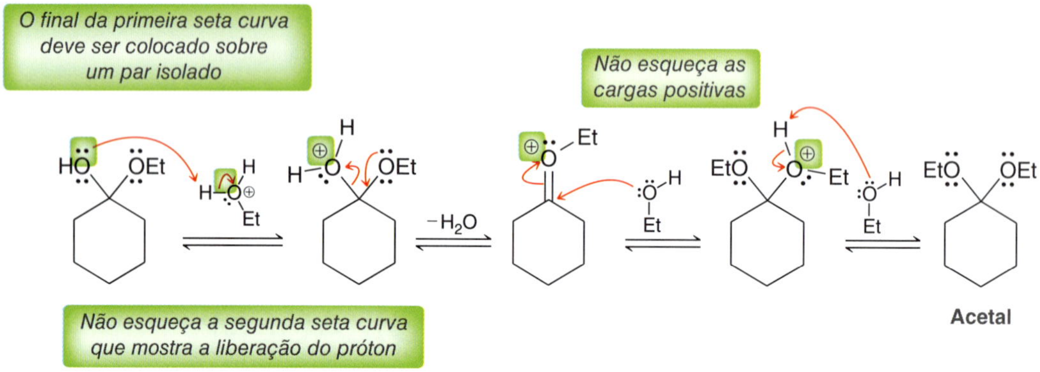
O final da primeira seta curva deve ser colocado sobre um par isolado
Não esqueça as cargas positivas
Não esqueça a segunda seta curva que mostra a liberação do próton
−H₂O
Acetal

PRATICANDO o que você aprendeu

20.8 Represente um mecanismo plausível para cada uma das seguintes transformações:

(a) 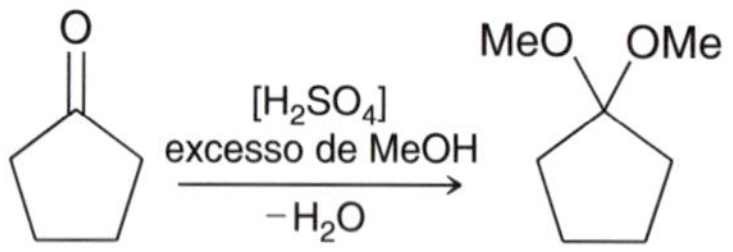

(b) 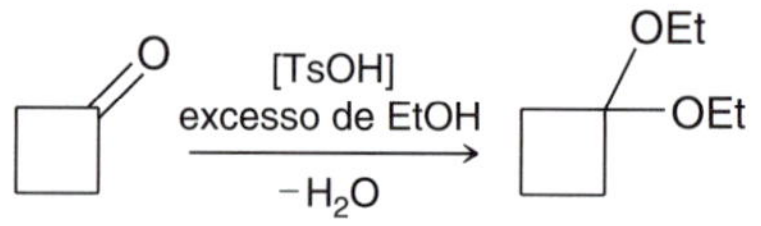

(c) 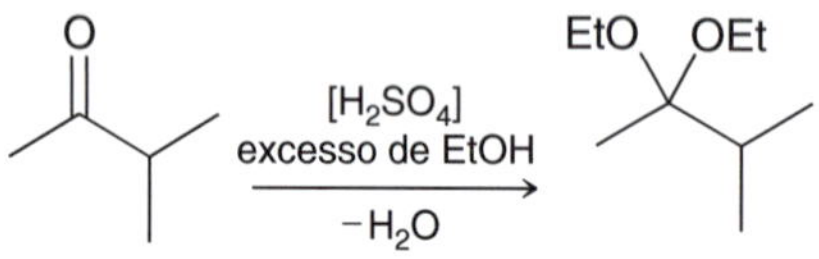

(d) 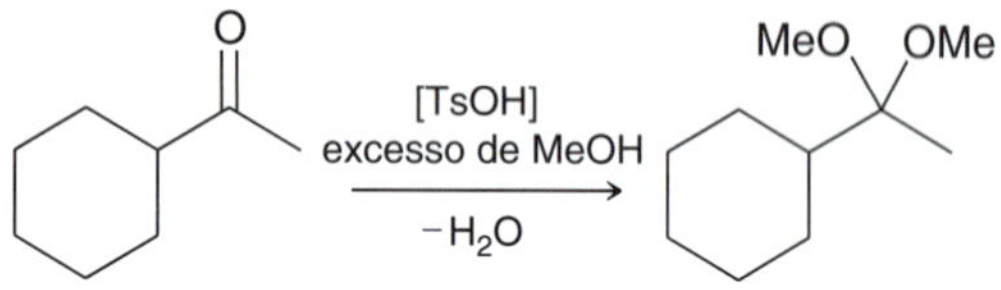

APLICANDO o que você aprendeu

20.9 Represente um mecanismo plausível para cada uma das seguintes reações:

(a) 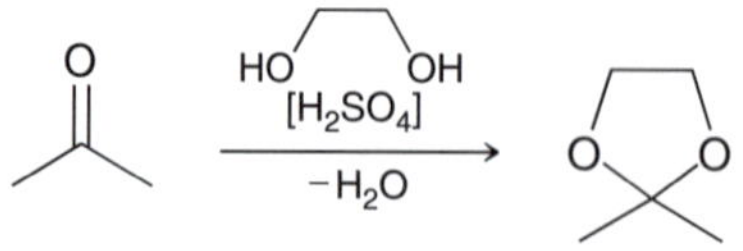

(b) 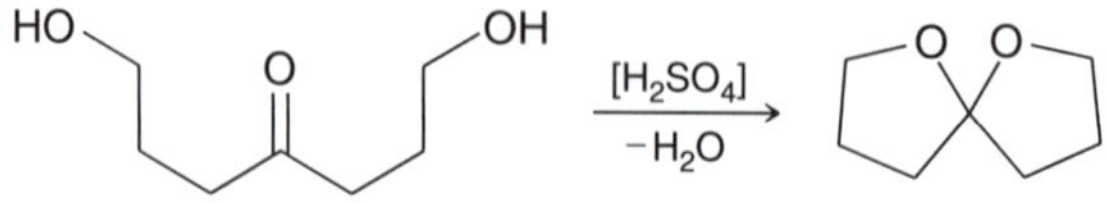

20.10 Preveja o produto de cada uma das seguintes reações:

(a) 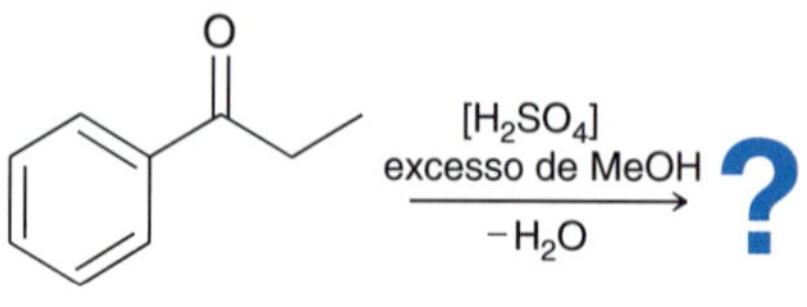

(b) 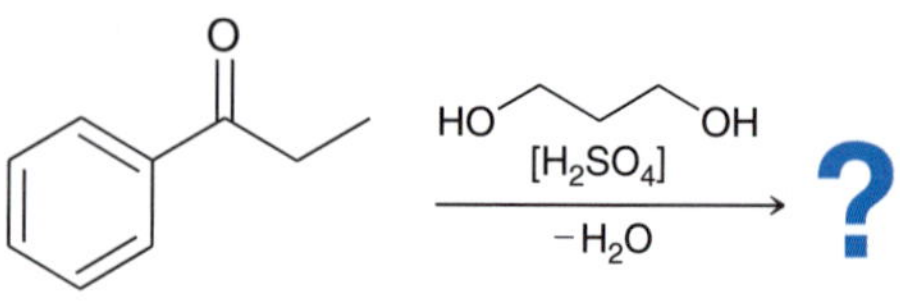

é necessário **PRATICAR MAIS?** **Tente Resolver os Problemas 20.57, 20.62, 20.67**

Acetais como Grupos de Proteção

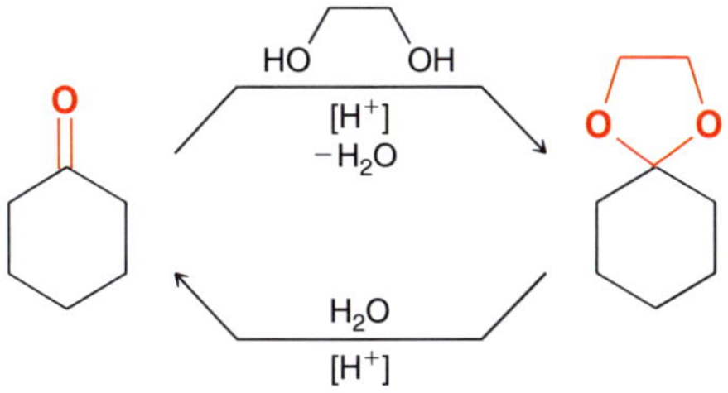

A formação de acetal é um processo reversível que pode ser controlado pela escolha cuidadosa de reagentes e condições:

Como mencionado na seção anterior, a formação de acetal é favorecida pela remoção da água. Para converter um acetal de volta para o aldeído ou cetona correspondente, ele é simplesmente tratado com água na presença de um catalisador ácido. Deste modo, os acetais podem ser usados para proteger as cetonas ou aldeídos. Por exemplo, considere como a seguinte transformação pode ser realizada:

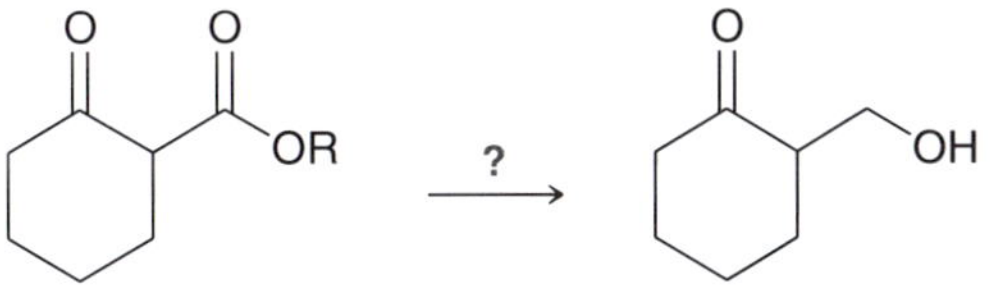

Esta transformação envolve a redução de um éster para formar um álcool. Lembre-se de que o hidreto de alumínio e lítio (HAL) pode ser utilizado para realizar este tipo de reação. No entanto, sob essas condições, o grupo cetona também será reduzido. Esse problema requer a redução do grupo éster sem reduzir também o grupo cetona. Para realizar isso, um grupo de proteção pode ser utilizado. A primeira etapa consiste em converter a cetona em um acetal:

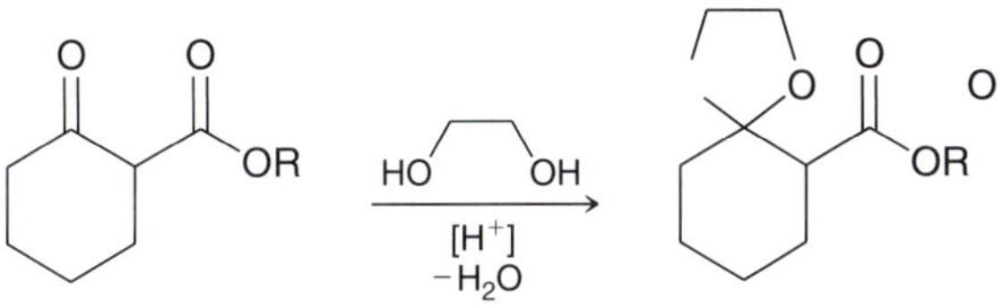

Observe que o grupo cetona é convertido em um acetal, mas o grupo éster não é. O grupo acetal resultante é estável em condições fortemente básicas e não reagirá com o HAL. Isso faz com que seja possível reduzir apenas o éster, após o que o acetal pode ser removido para regenerar a cetona. As três etapas são resumidas a seguir:

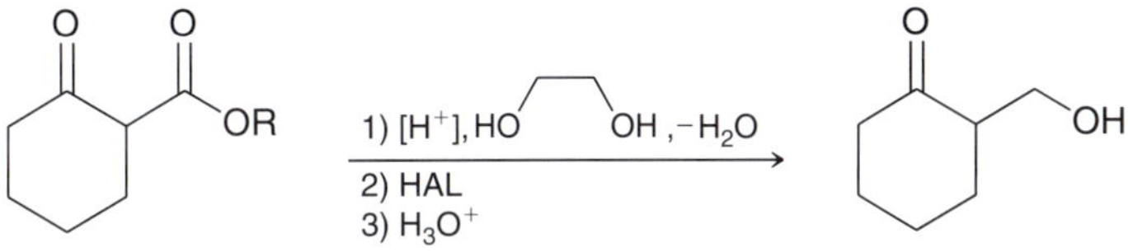

VERIFICAÇÃO CONCEITUAL

20.11 Proponha uma síntese eficiente para cada uma das seguintes transformações:

(a) 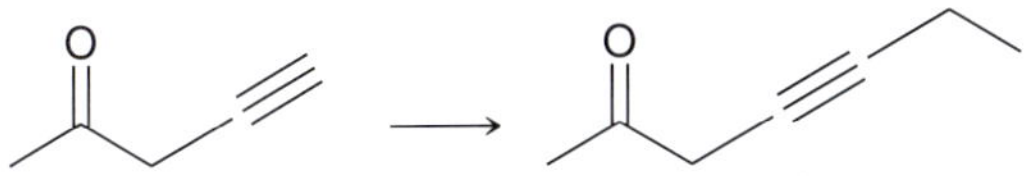

(b) 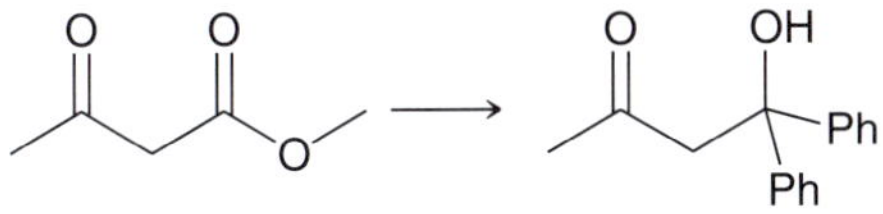

(c) 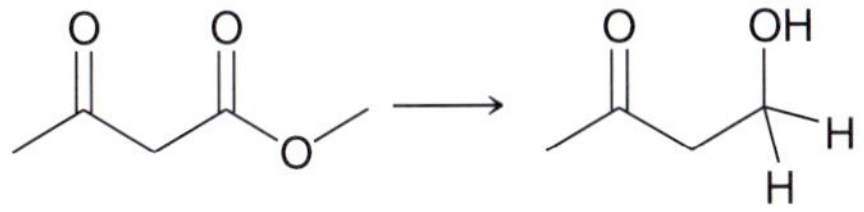

20.12 Preveja o(s) produto(s) para cada uma das reações vistas a seguir:

(a) 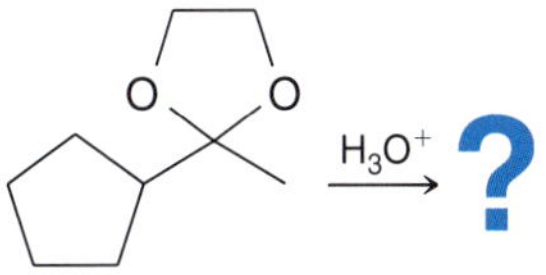

(b) 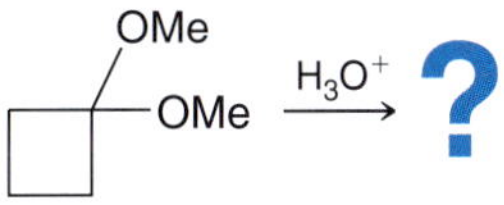

(c) 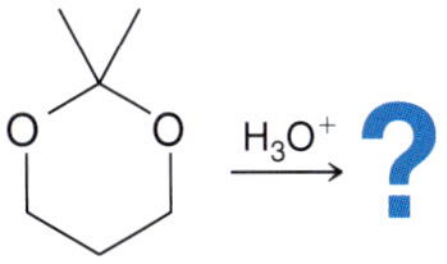

(d) 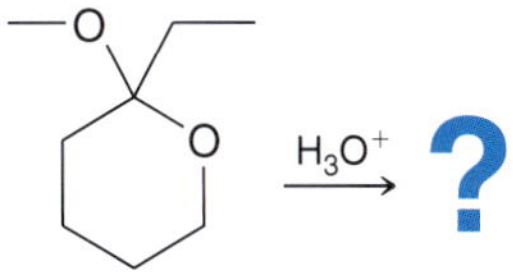

medicamente falando | Acetais como Profármacos

No Capítulo 19, exploramos o conceito de profármacos – substâncias farmacologicamente inativas que são convertidas pelo corpo em substâncias ativas. Muitas estratégias são utilizadas na concepção de profármacos. Uma dessas estratégias envolve um grupo acetal.

Como exemplo, fluocinonida é um profármaco que contém um grupo acetal e é vendida na forma de creme utilizado para o tratamento tópico de eczema e outros problemas de pele.

A pele tem várias funções importantes, incluindo a prevenção da absorção de substâncias estranhas na circulação geral. Esse recurso nos protege de substâncias nocivas, mas também impede que medicamentos benéficos possam penetrar profundamente na pele. Este efeito é mais pronunciado para os fármacos que contêm grupos OH. Tais fármacos geralmente apresentam baixa permeabilidade dérmica (eles não são facilmente absorvidos pela pele). Para contornar esse problema, dois grupos OH podem ser temporariamente convertidos em um acetal. O profármaco com o acetal é capaz de penetrar mais profundamente na pele, uma vez que não possui os grupos OH. Uma vez que o profármaco alcança o seu alvo, o grupo acetal é lentamente hidrolisado, liberando assim o fármaco ativo:

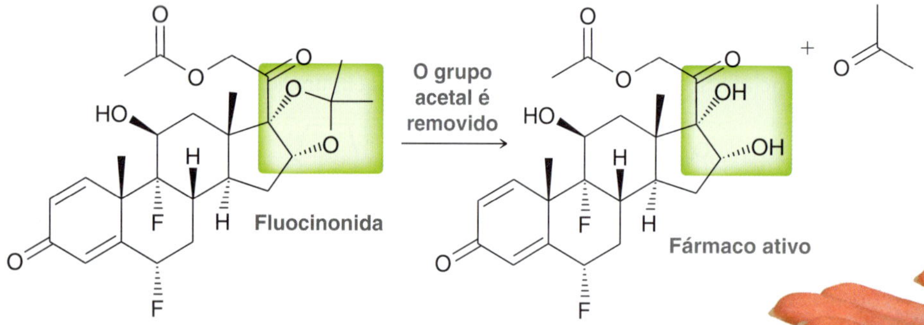

O tratamento com fluocinonida é significativamente mais eficaz do que o tratamento direto com o fármaco ativo, porque este último não pode alcançar todas as áreas afetadas.

Hemiacetais Estáveis

Na seção anterior, vimos como converter um aldeído ou cetona em um acetal. Na maioria dos casos, é muito difícil isolar o hemiacetal intermediário:

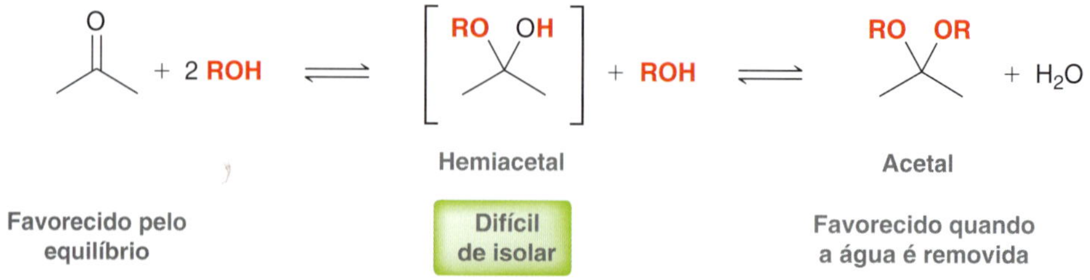

Para cetonas vimos que o equilíbrio geralmente favorece os reagentes a menos que a água seja removida, o que permite a formação do acetal. O hemiacetal não é favorecido em nenhum conjunto de condições (com ou sem remoção de água). No entanto, quando uma substância contém um grupo carbonila e um grupo hidroxila, o hemiacetal cíclico resultante pode muitas vezes ser isolado, como, por exemplo:

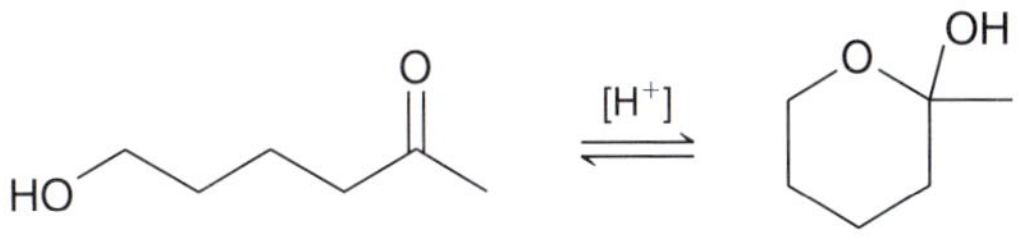

Hemiacetal cíclico

Isto será importante quando estudarmos a química de carboidratos no Capítulo 24. A glicose, a principal fonte de energia do corpo, existe principalmente como um hemiacetal cíclico:

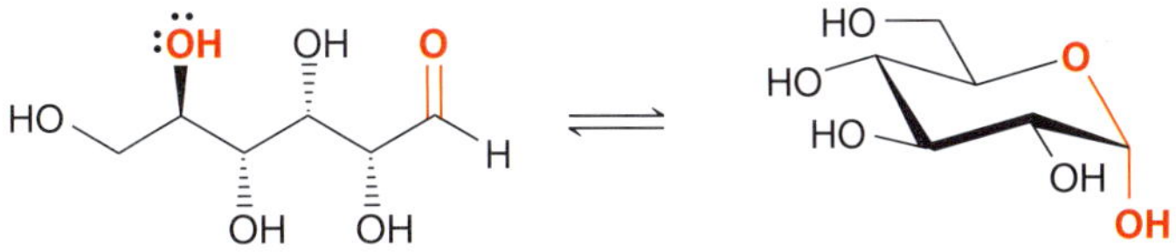

Glicose (Cadeia aberta)

Glicose (Hemiacetal cíclico)

VERIFICAÇÃO CONCEITUAL

20.13 Represente um mecanismo plausível para a seguinte transformação:

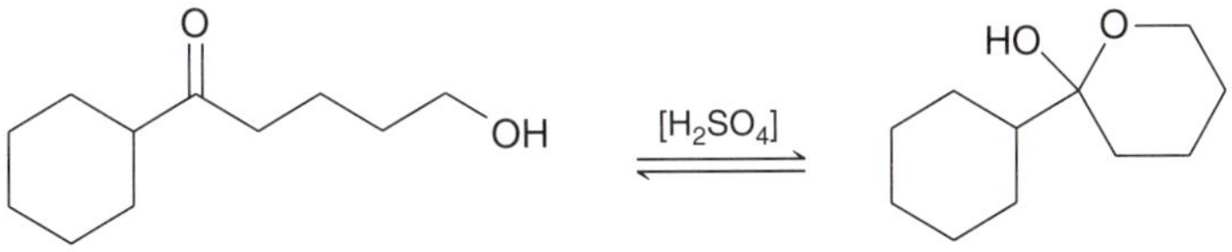

20.14 A substância A tem a fórmula molecular $C_8H_{14}O_2$. Após tratamento com ácido catalítico, a substância A é convertida no hemiacetal cíclico. Identifique a estrutura da substância A.

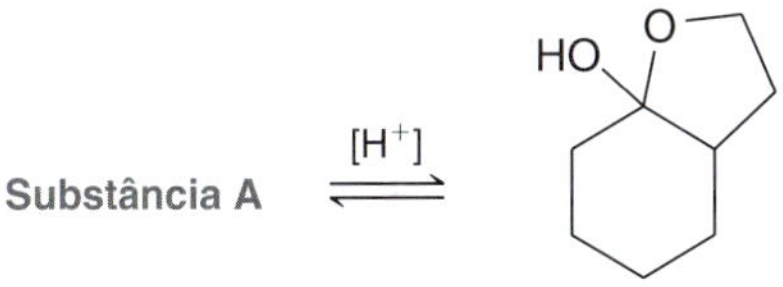

20.6 Nucleófilos de Nitrogênio

Aminas Primárias

Em condições fracamente ácidas, um aldeído ou cetona reage com uma amina primária de modo a formar uma **imina**:

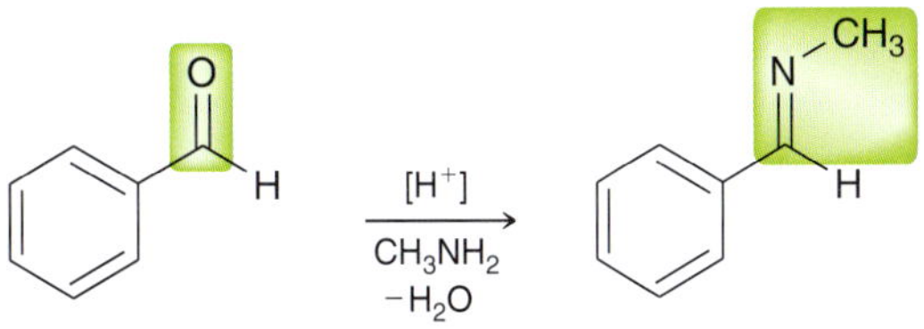

As iminas são substâncias que possuem uma ligação dupla C=N e são comuns em caminhos reacionais biológicos. As iminas também são chamadas de bases de Schiff, em homenagem a Hugo Schiff, um químico alemão que foi o primeiro a descrever a sua formação. Um mecanismo de seis etapas para a formação de imina é mostrado no Mecanismo 20.6. É melhor dividir o mecanismo conceitualmente em duas partes (tal como fizemos para conceituar o mecanismo de formação de acetal): (1) as três primeiras etapas produzem um intermediário chamado de **carbinolamina** e (2) as três últimas etapas convertem a carbinolamina em uma imina.

MECANISMO 20.6 FORMAÇÃO DE IMINA

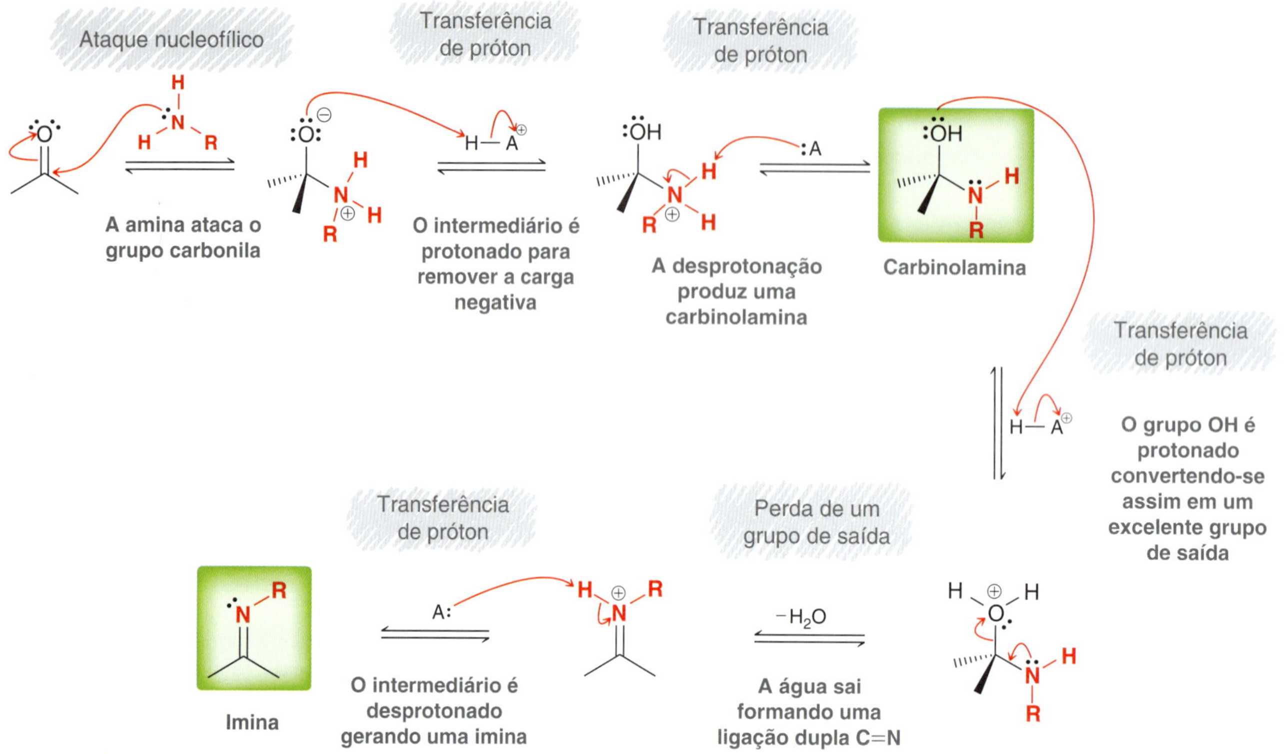
Ataque nucleofílico
Transferência de próton
Transferência de próton
A amina ataca o grupo carbonila
O intermediário é protonado para remover a carga negativa
A desprotonação produz uma carbinolamina
Carbinolamina
Transferência de próton
O grupo OH é protonado convertendo-se assim em um excelente grupo de saída
Transferência de próton
Perda de um grupo de saída
Imina
O intermediário é desprotonado gerando uma imina
A água sai formando uma ligação dupla C=N

FIGURA 20.5
A sequência de etapas envolvidas na formação de uma carbinolamina.

Ataque nucleofílico
Transferência de próton
Transferência de próton

Vamos começar nossa análise deste mecanismo, concentrando-nos na primeira parte: formação da carbinolamina, que envolve as três etapas na Figura 20.5. Observe que essas três etapas são semelhantes às três primeiras etapas de formação do acetal (Mecanismo 20.5), mas a ordem das etapas mudou. Especificamente, a formação da imina começa com um ataque nucleofílico, enquanto a formação do acetal começa com uma transferência de próton. Para entender a diferença, temos de reconhecer que, na presença de uma amina, qualquer catalisador ácido forte irá transferir seu próton para a amina, produzindo um íon amônio:

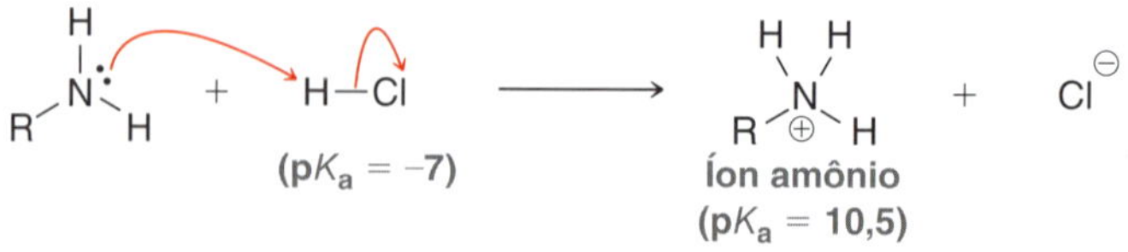
(pK_a = –7)
Íon amônio
(pK_a = 10,5)

Esse processo é efetivamente irreversível devido à grande diferença nos valores de pK_a. Isto é, o número de moléculas de HCl em solução é desprezível, e no seu lugar as espécies ácidas serão íons amônio. Nessas condições, é muito pouco provável que uma cetona seja protonada, porque cetonas protonadas são espécies altamente ácidas (pK_a ≈ –7). A concentração da cetona protonada é, portanto, desprezível, assim é improvável que sirva como um intermediário no nosso mecanismo.

A primeira etapa no Mecanismo de 20.6 é um ataque nucleofílico no qual uma molécula de amina (que não tenha sido protonada) se comporta como um nucleófilo e ataca o grupo carbonila. O intermediário resultante pode então ser submetido a duas etapas sucessivas de transferência de próton, gerando uma carbinolamina. Como explicado a pouco, a identidade do ácido HA^+ é provavelmente um íon amônio:

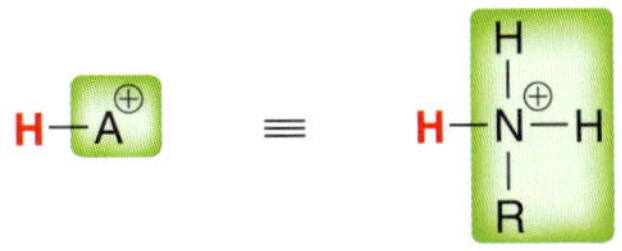

Uma vez que a carbinolamina tenha sido formada, a formação da imina é realizada em três etapas (Figura 20.6).

FIGURA 20.6
A sequência de etapas que converte uma carbinolamina em uma imina.

Transferência de próton | Perda de um grupo de saída | Transferência de próton

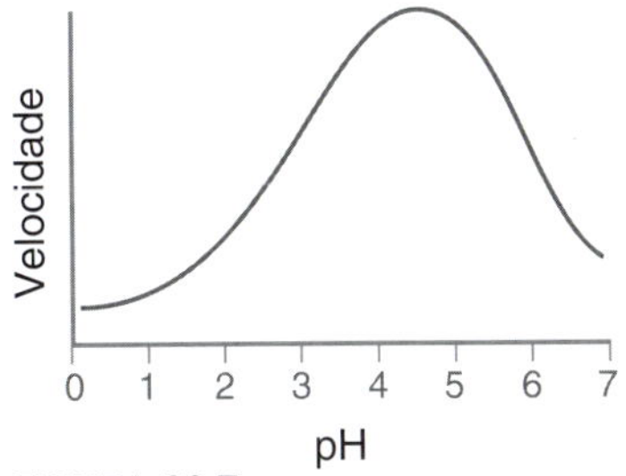

FIGURA 20.7
A velocidade de formação de imina em função do pH.

O pH da solução é uma consideração importante durante a formação da imina, com a velocidade de reação sendo maior quando o pH é de cerca de 4,5 (Figura 20.7). Se o pH for muito elevado (isto é, se não for utilizado um catalisador ácido), a carbinolamina não é protonada (etapa 4 do mecanismo), de modo que a reação ocorre mais lentamente. Se o pH é muito baixo (excesso de ácido é utilizado), a maioria das moléculas da amina será protonada formando íons amônio, que são nucleofílicos. Sob essas condições, a etapa 2 do mecanismo ocorre muito lentamente. Em consequência, é preciso ter cuidado para garantir um pH da solução ótimo durante a formação da imina.

DESENVOLVENDO A APRENDIZAGEM

20.3 REPRESENTAÇÃO DO MECANISMO DE FORMAÇÃO DE IMINA

APRENDIZAGEM Represente um mecanismo plausível para a seguinte transformação:

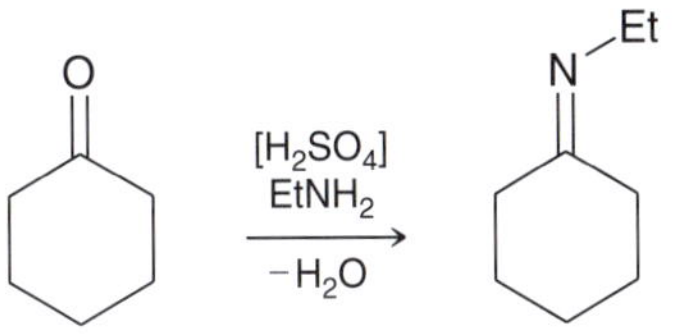

SOLUÇÃO

A reação acima é um exemplo da formação do imina. O mecanismo pode ser dividido em duas partes: (1) formação da carbinolamina e (2) formação da imina.

A formação da carbinolamina envolve três etapas mecanísticas:

Ataque nucleofílico | Transferência de próton | Transferência de próton

Ao representar essas três etapas, certifique-se de colocar a ponta e a parte final de cada seta curva em sua posição exata, e certifique-se de colocar todas as cargas positivas em seus locais apropriados. Observe que cada etapa requer duas setas curvas.

ETAPA 1
Representação das três etapas necessárias para formar uma carbinolamina.

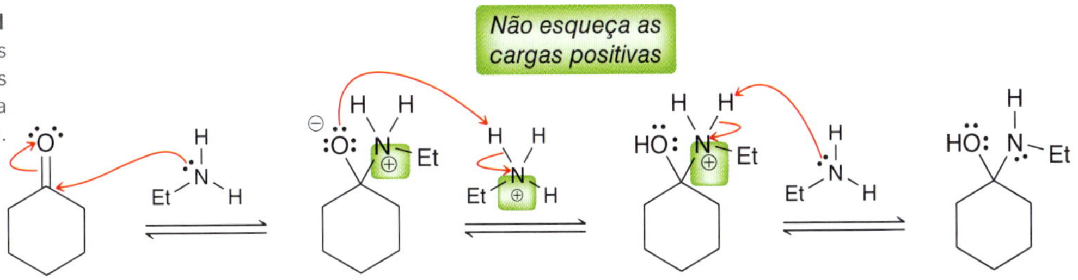

Vamos agora nos concentrar na segunda parte do mecanismo, em que a carbinolamina é convertida em uma imina. Isso requer três etapas.

Transferência de próton | Perda de um grupo de saída | Transferência de próton

Certifique-se de colocar a ponta e a parte final de cada seta curva em sua posição exata, e certifique-se de colocar todas as cargas positivas em seus locais apropriados:

ETAPA 2
Representação das três etapas necessárias para converter a carbinolamina em uma imina.

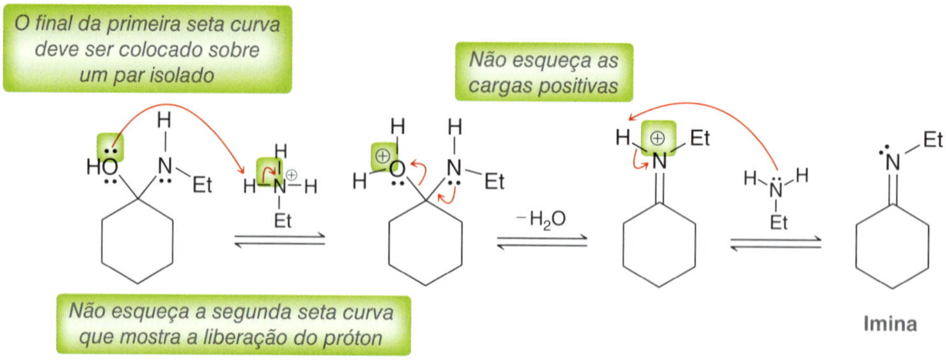

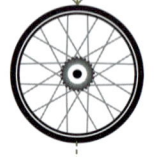

PRATICANDO o que você aprendeu

20.15 Represente um mecanismo plausível para cada uma das seguintes transformações:

(a) 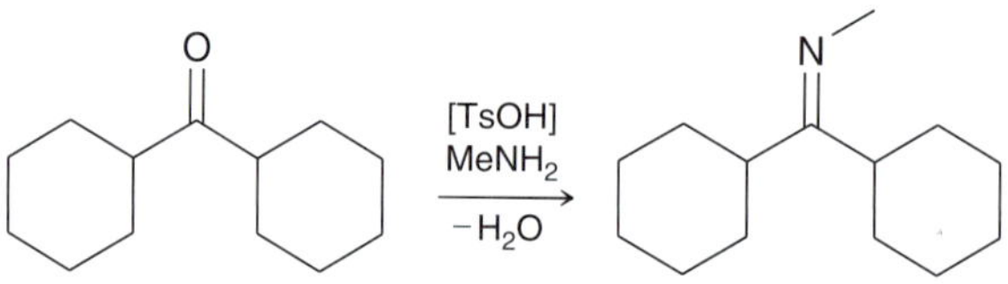

(b) 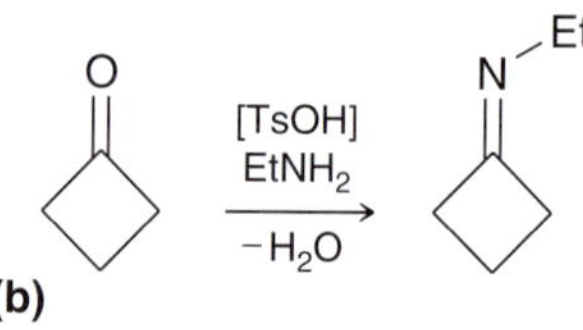

APLICANDO o que você aprendeu

20.16 Preveja o produto principal de cada uma das seguintes reações:

(a) 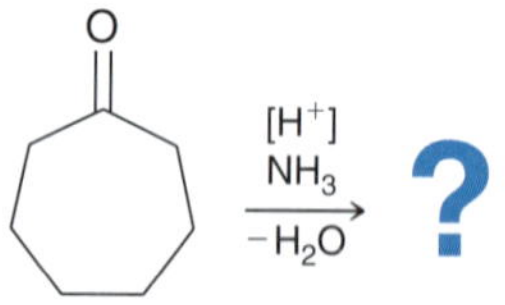

(b) 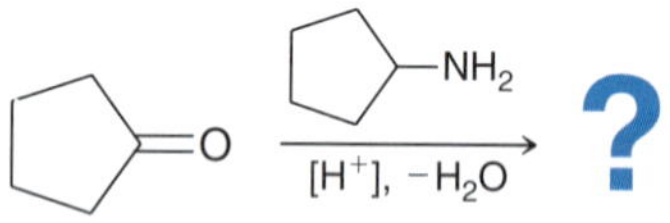

20.17 Preveja o produto principal de cada uma das seguintes reações intramoleculares:

(a) 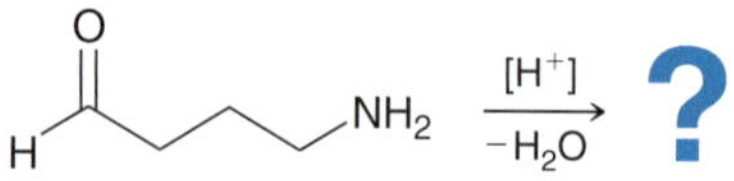

(b) 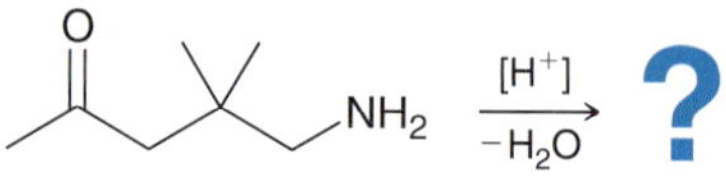

20.18 Identique os reagentes que você usaria para obter cada uma das seguintes iminas:

(a) 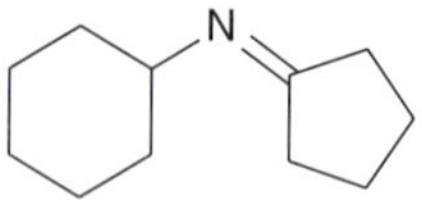

(b) 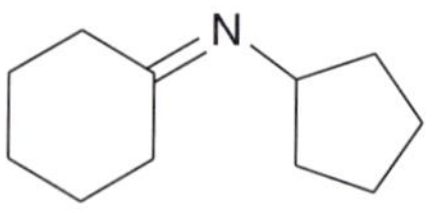

(c) 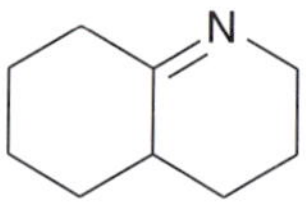

é necessário **PRATICAR MAIS?** **Tente Resolver o Problema 20.72**

Muitas substâncias diferentes da forma RNH_2 reagem com aldeídos e cetonas, incluindo substâncias em que R não é um grupo alquila. Nos exemplos vistos a seguir, o grupo R da amina foi substituído por um grupo que está destacado em vermelho.

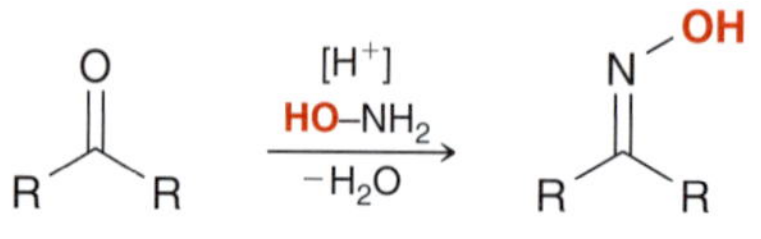

Uma oxima

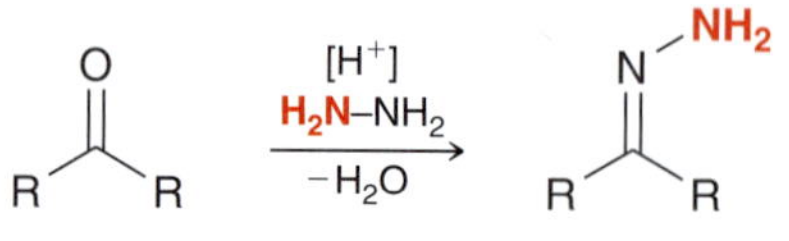

Uma hidrazona

OLHANDO ADIANTE
As hidrazonas são sinteticamente úteis como veremos na discussão da redução de Wolff-Kishner neste capítulo.

Quando a hidroxilamina (NH_2OH) é usada como um nucleófilo, ocorre a formação de uma **oxima**. Quando a hidrazina (NH_2NH_2) é usada como um nucleófilo, forma-se a **hidrazona**. O mecanismo para cada uma dessas reações é diretamente análogo ao mecanismo de formação de imina.

falando de modo prático | O Betacaroteno e a Visão

O betacaroteno é uma substância de ocorrência natural encontrado em muitas frutas e vegetais de cor laranja, incluindo cenouras, batata-doce, abóbora, manga, melão e damasco. Como mencionado na abertura deste capítulo, o betacaroteno é conhecido por ser bom para os olhos. Para entender por que, temos que investigar o que acontece ao betacaroteno no nosso corpo. A formação de imina desempenha um papel importante nesse processo.

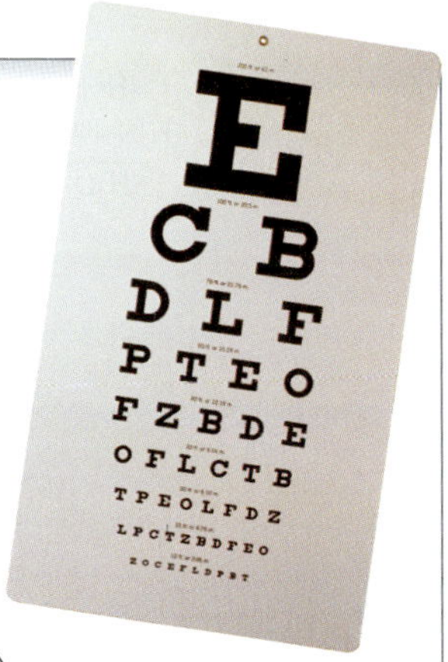

O betacaroteno é metabolizado no fígado para produzir vitamina A (também chamada de retinol):

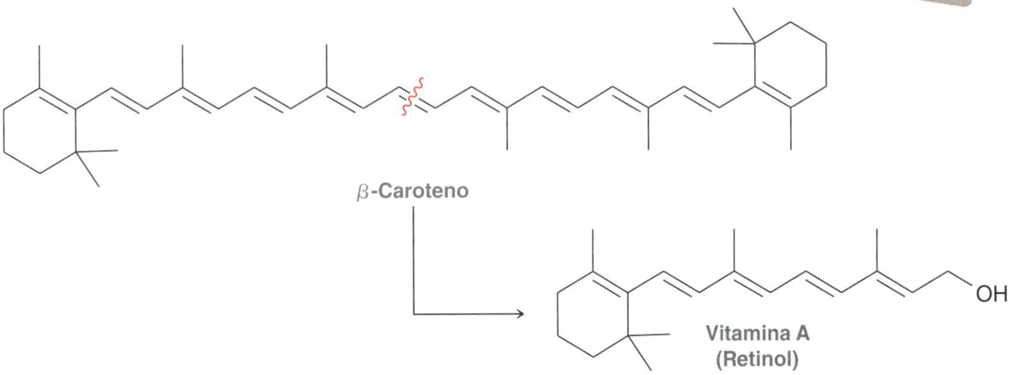

A vitamina A é então oxidada e uma das ligações duplas sofre isomerização produzindo 11-*cis*-retinal:

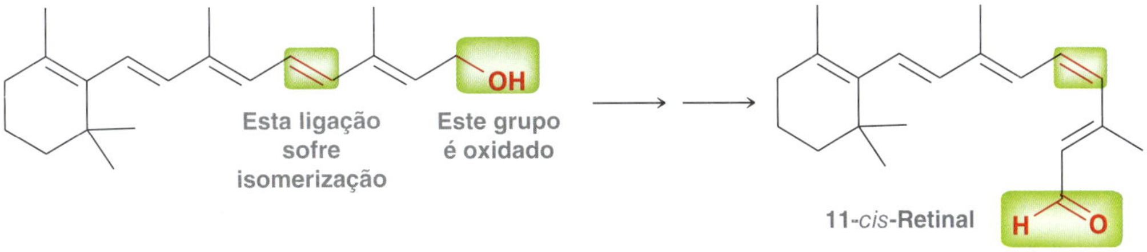

Em seguida, o aldeído resultante reage com um grupo amino de uma proteína (chamada opsina) produzindo a rodopsina, que possui um grupo imina:

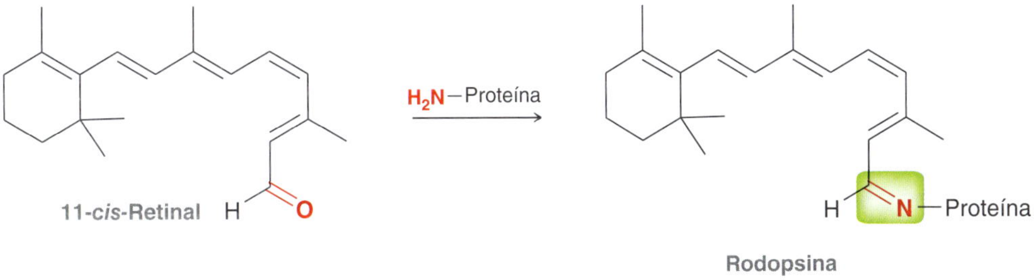

Tal como descrito na Seção 17.13, a rodopsina pode absorver um fóton de luz, iniciando uma fotoisomerização da ligação dupla *cis* para formar uma ligação dupla *trans*. A alteração resultante na geometria desencadeia um sinal que é, em última análise, detectado pelo cérebro e interpretado como a visão.

A deficiência de vitamina A pode levar à "cegueira noturna", uma condição que impede os olhos de se ajustarem a ambientes com pouca luz.

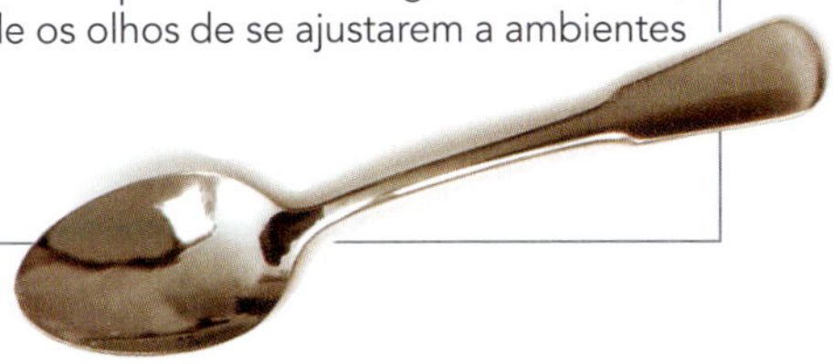

VERIFICAÇÃO CONCEITUAL

20.19 Preveja o produto de cada uma das seguintes reações:

(a)

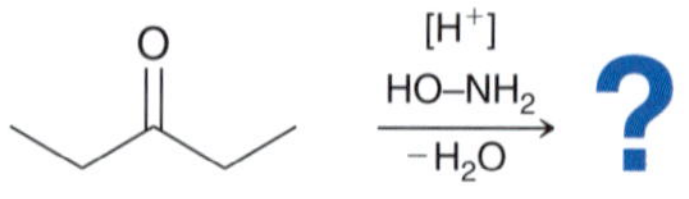

(b)

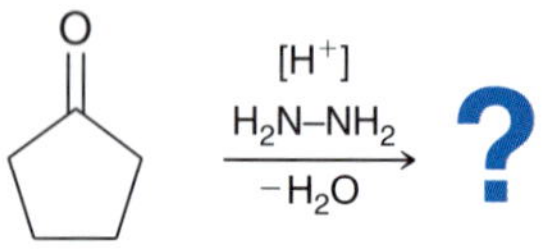

20.20 Identifique os reagentes que você usaria para obter cada uma das seguintes substâncias:

(a)

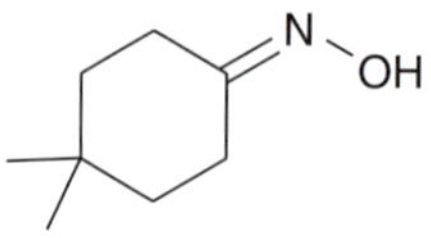

(b)

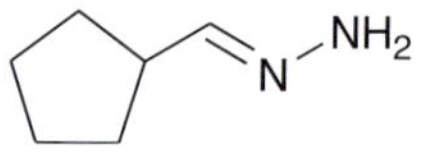

Aminas Secundárias

Em condições ácidas, um aldeído ou uma cetona reage com uma amina secundária para formar uma **enamina**:

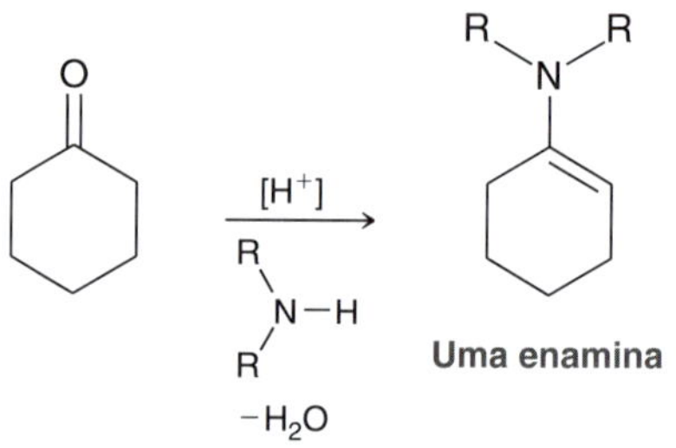

Enaminas são substâncias em que o par de elétrons isolado do nitrogênio é delocalizado pela presença de uma ligação dupla C=C adjacente. Um mecanismo para a formação de enamina é mostrado no Mecanismo 20.7.

MECANISMO 20.7 FORMAÇÃO DE ENAMINAS

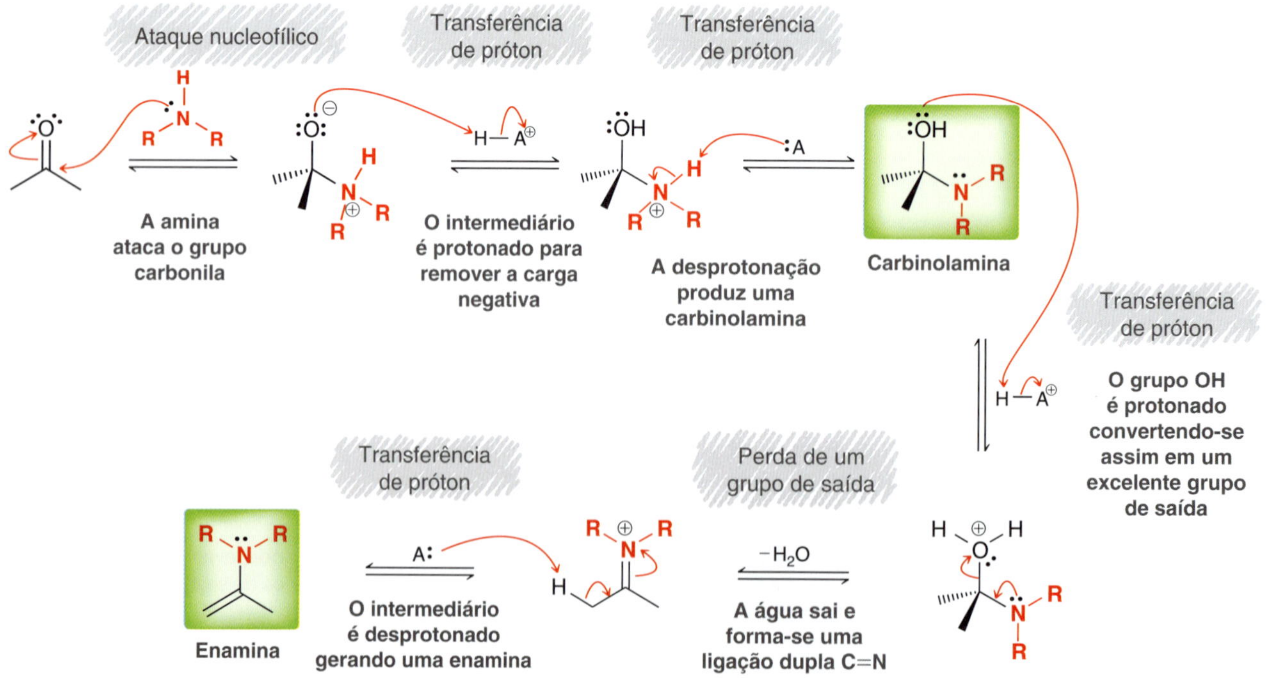

Esse mecanismo de formação de enamina é idêntico ao mecanismo de formação de imina, exceto para a última etapa:

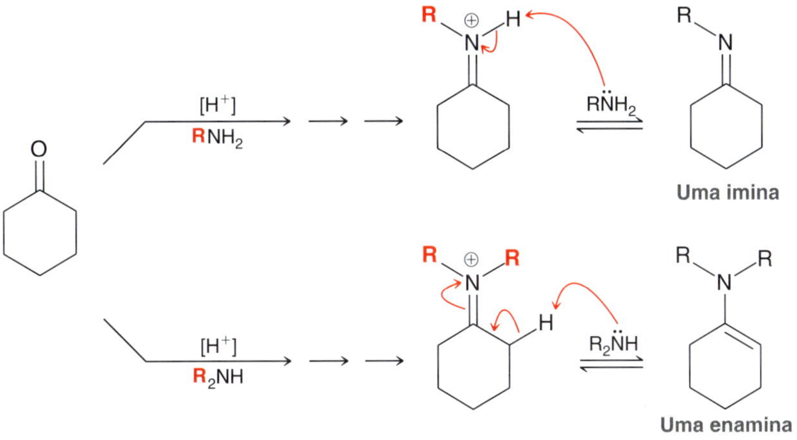

A diferença entre os íons imínio explica os resultados diferentes para as duas reações. Durante a formação da imina, o átomo de nitrogênio do íon imínio possui um protón que pode ser removido como a etapa final do mecanismo. Ao contrário, durante a formação da enamina, o átomo de nitrogênio do íon imínio não possui um protón. Em consequência, a eliminação do átomo de carbono adjacente é necessária a fim de produzir uma espécie neutra.

DESENVOLVENDO A APRENDIZAGEM

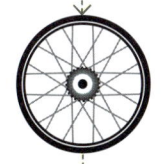

20.4 REPRESENTAÇÃO DO MECANISMO DE FORMAÇÃO DE UMA ENAMINA

APRENDIZAGEM Represente um mecanismo plausível para a seguinte reação:

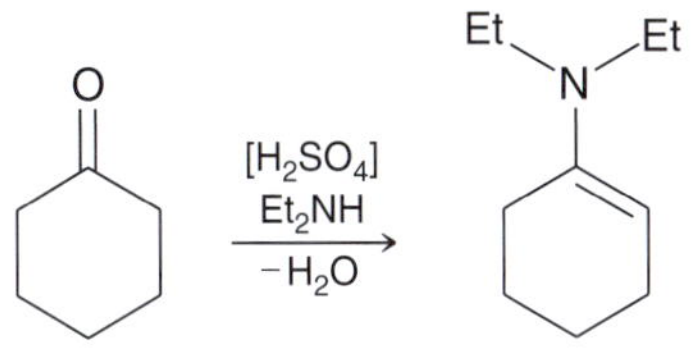

SOLUÇÃO

A reação anterior é um exemplo da formação de enamina. O mecanismo pode ser dividido em duas partes: (1) formação da carbinolamina e (2) formação da enamina.

A formação da carbinolamina envolve três etapas mecanísticas:

Ataque nucleofílico → Transferência de próton → Transferência de próton

ETAPA 1 Representação das três etapas necessárias para formar a carbinolamina.

Ao representar essas três etapas, certifique-se de colocar a ponta e o final de cada seta curva em sua localização precisa, e certifique-se de colocar todas as cargas positivas em seus locais apropriados. Observe que cada etapa requer duas setas curvas.

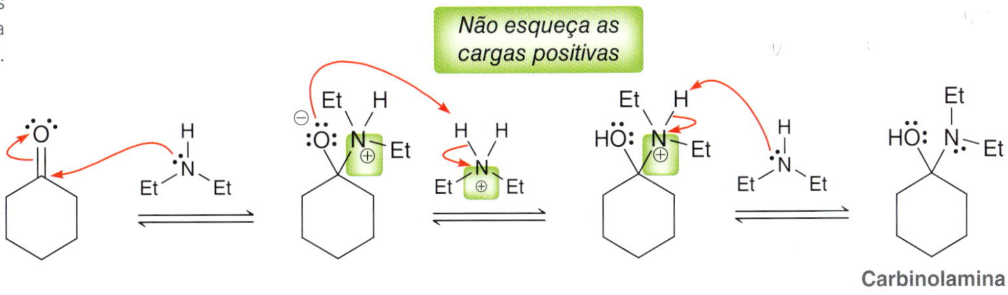

Na segunda parte do mecanismo, a carbinolamina é convertida em uma enamina através de um processo de três etapas.

ETAPA 2 Representação das três etapas necessárias para converter a carbinolamina em uma enamina.

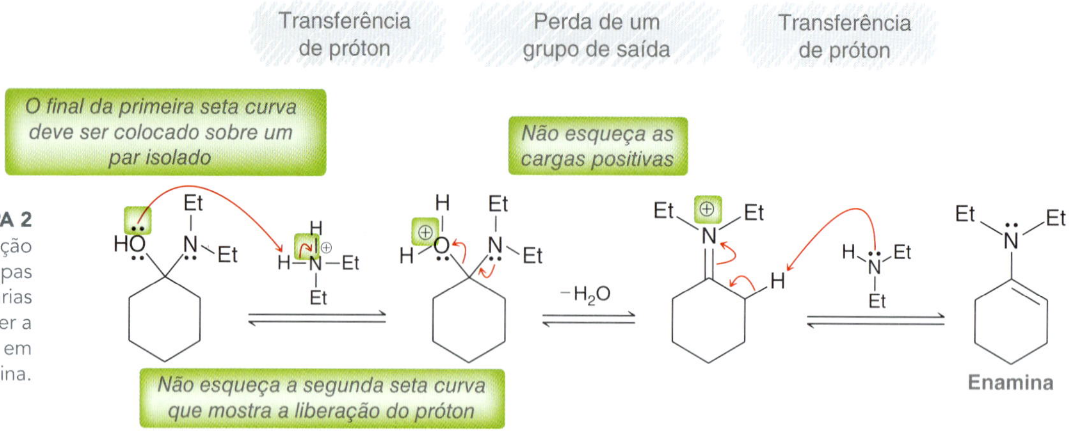
Transferência de próton
Perda de um grupo de saída
Transferência de próton
O final da primeira seta curva deve ser colocado sobre um par isolado
Não esqueça as cargas positivas
Não esqueça a segunda seta curva que mostra a liberação do próton
−H₂O
Enamina

PRATICANDO o que você aprendeu

20.21 Represente um mecanismo plausível para cada uma das seguintes reações:

(a)
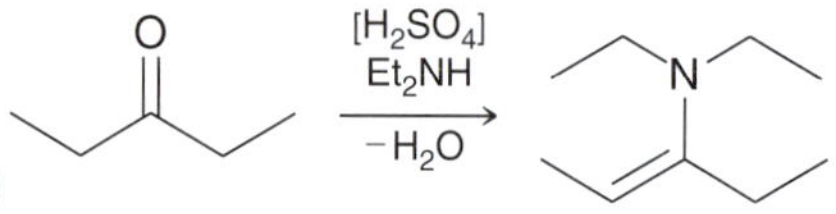

(b)
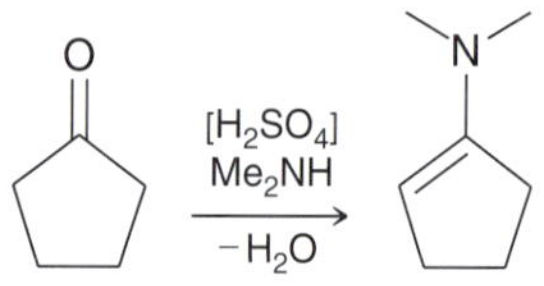

APLICANDO o que você aprendeu

20.22 Preveja o produto principal de cada uma das seguintes reações:

(a)
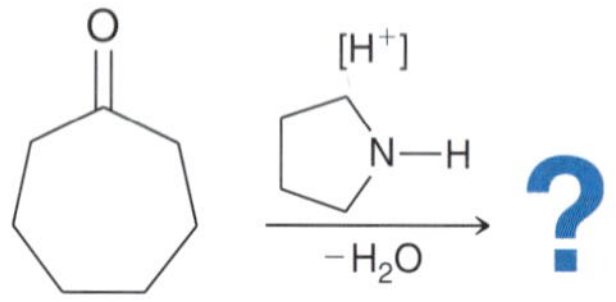

(b)
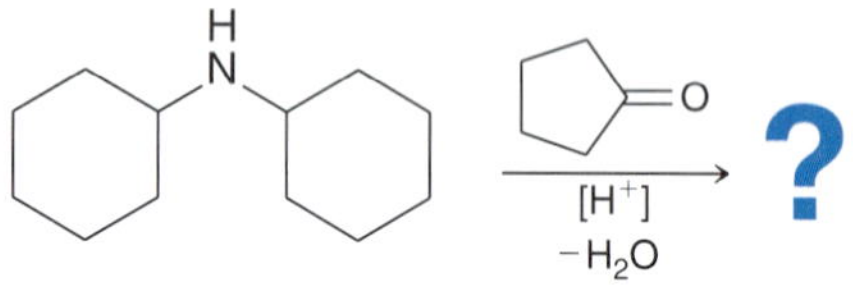

20.23 Preveja o produto principal de cada uma das seguintes reações intramoleculares:

(a)
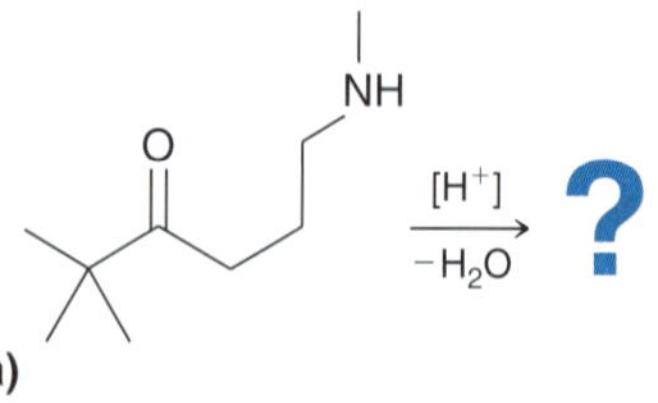

(b)
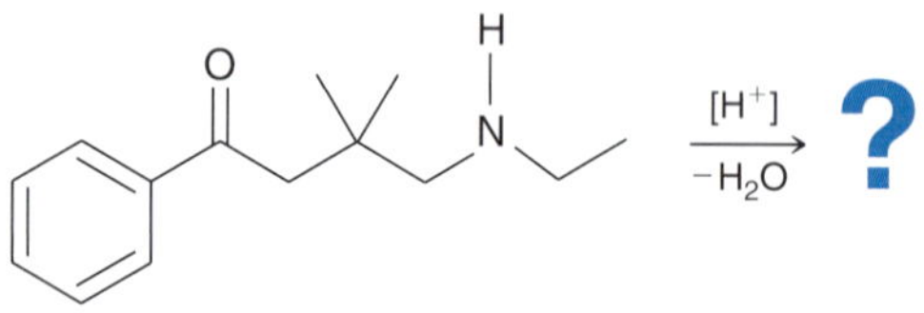

20.24 Identifique os reagentes que você usaria para obter cada uma das seguintes enaminas:

(a)
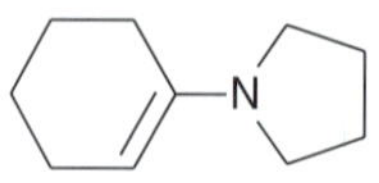

(b)
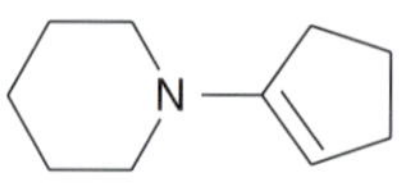

(c)
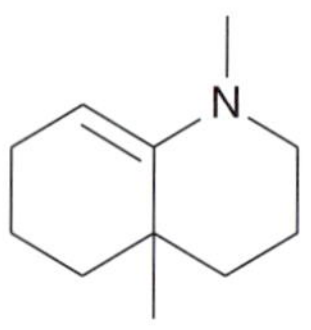

é necessário **PRATICAR MAIS?** **Tente Resolver os Problemas 20.64, 20.65a, 20.66e, 20.75g**

Redução de Wolff-Kishner

No final da seção anterior, observamos que as cetonas podem ser convertidas em hidrazonas. Essa transformação tem utilidade prática, porque hidrazonas são prontamente reduzidas sob condições fortemente básicas:

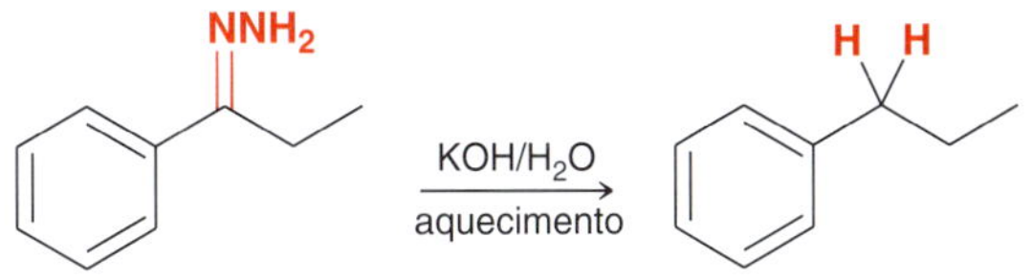
NNH2
H H
KOH/H2O
aquecimento

Uma hidrazona (82%)

Essa transformação é chamada de **redução de Wolff-Kishner**, em homenagem ao químico alemão Ludwig Wolff e ao químico russo N. M. Kishner. Ela fornece um processo em duas etapas para a redução de uma cetona a um alcano:

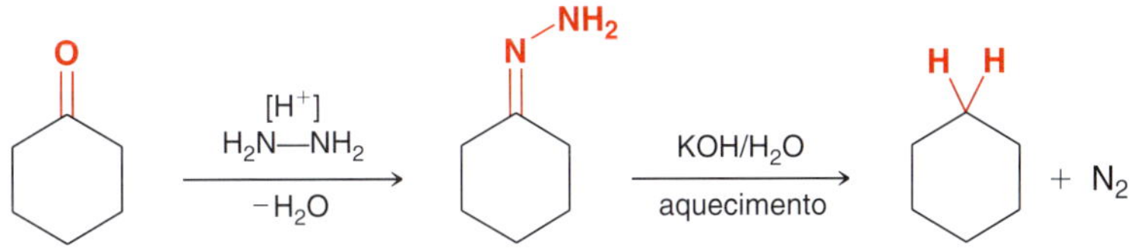
O
[H+]
H2N—NH2
−H2O
N
NH2
KOH/H2O
aquecimento
H H
+ N2

(80%)

Acredita-se que a segunda parte da redução de Wolff-Kishner prossiga através do Mecanismo 20.8.

MECANISMO 20.8 A REDUÇÃO DE WOLFF-KISHNER

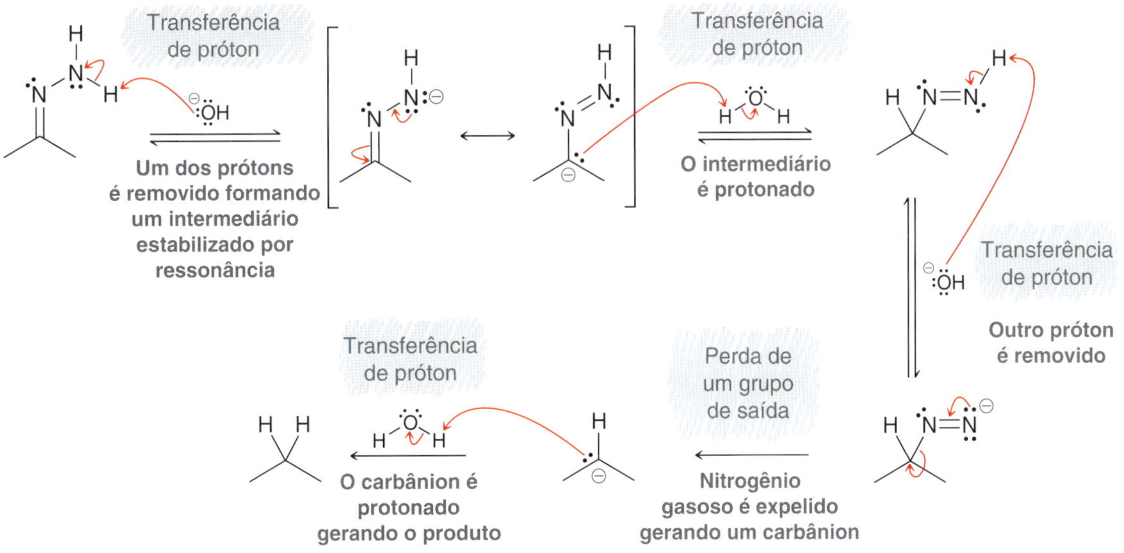
Transferência de próton
Um dos prótons é removido formando um intermediário estabilizado por ressonância
Transferência de próton
O intermediário é protonado
Transferência de próton
Outro próton é removido
Perda de um grupo de saída
Nitrogênio gasoso é expelido gerando um carbânion
Transferência de próton
O carbânion é protonado gerando o produto

Observe que quatro das cinco etapas no mecanismo são transferências de próton, a exceção sendo a perda de N_2 gasoso gerando um carbânion. Esta etapa justifica uma atenção especial, porque a formação de um carbânion em uma solução aquosa de hidróxido é termodinamicamente desfavorável (*significativamente* de energia elevada). Por que, então, essa etapa ocorre? É verdade que o equilíbrio para essa etapa desfavorece muito a formação do carbânion e, portanto, apenas um número muito reduzido de moléculas inicialmente perderá N_2 para formar o carbânion. No entanto, em seguida, o N_2 gasoso resultante borbulha para fora da mistura reacional e o equilíbrio é ajustado de modo a formar mais nitrogênio gasoso, que sai de novo da mistura reacional. A evolução de nitrogênio gasoso, em última análise, torna essa etapa irreversível e força a reação a se completar. Como consequência disso, os rendimentos para esse processo são geralmente muito bons.

VERIFICAÇÃO CONCEITUAL

20.25 Preveja o produto do procedimento em duas etapas visto a seguir, e represente um mecanismo para sua formação:

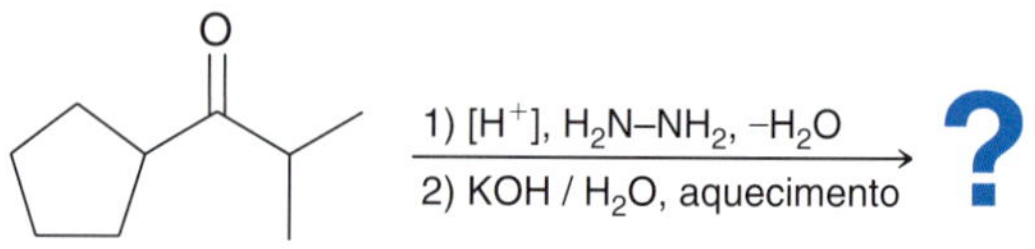
O
1) [H+], H2N–NH2, –H2O
2) KOH / H2O, aquecimento
?

20.7 Hidrólise de Acetais, Iminas e Enaminas

Na nossa discussão de acetais como grupos protetores (Seção 20.5), vimos que o tratamento de um acetal com ácido aquoso produz o aldeído ou a cetona correspondente:

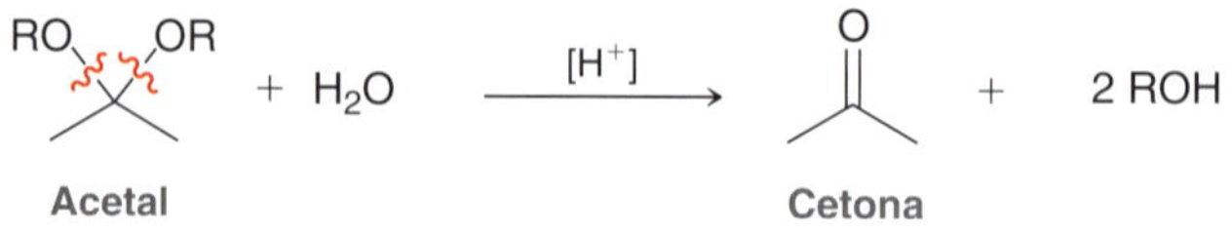
RO OR
+ H2O
[H+]
O
+ 2 ROH
Acetal
Cetona

Esse processo é chamado de reação de **hidrólise**, porque as ligações são quebradas (mostradas com linhas onduladas vermelhas) pelo tratamento com água. A hidrólise dos acetais geralmente requer catálise ácida. Isto é, acetais não sofrem hidrólise sob condições aquosas básicas:

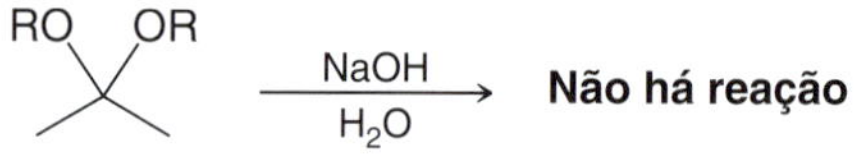
RO OR
NaOH
H2O
Não há reação

Acredita-se que a hidrólise dos acetais ocorra através do Mecanismo 20.9. Uma vez que se utilizam condições ácidas, o mecanismo não envolve nenhuns reagentes ou intermediários que sejam bases fortes. Por exemplo, na terceira etapa do mecanismo, a água é utilizada como um nucleófilo, em vez de hidróxido, devido ao hidróxido não estar presente em quantidades substanciais. Da mesma forma, o H_3O^+ é usado em todas as etapas de protonação (tal como a primeira etapa), porque o uso da água como uma fonte de prótons iria gerar um íon hidróxido, que é pouco provável de se formar em condições ácidas. Lembre-se sempre de que um mecanismo deve ser coerente com as condições utilizadas. Em condições ácidas, bases fortes não devem ser utilizadas como reagentes ou intermediários.

MECANISMO 20.9 HIDRÓLISE DE ACETAIS

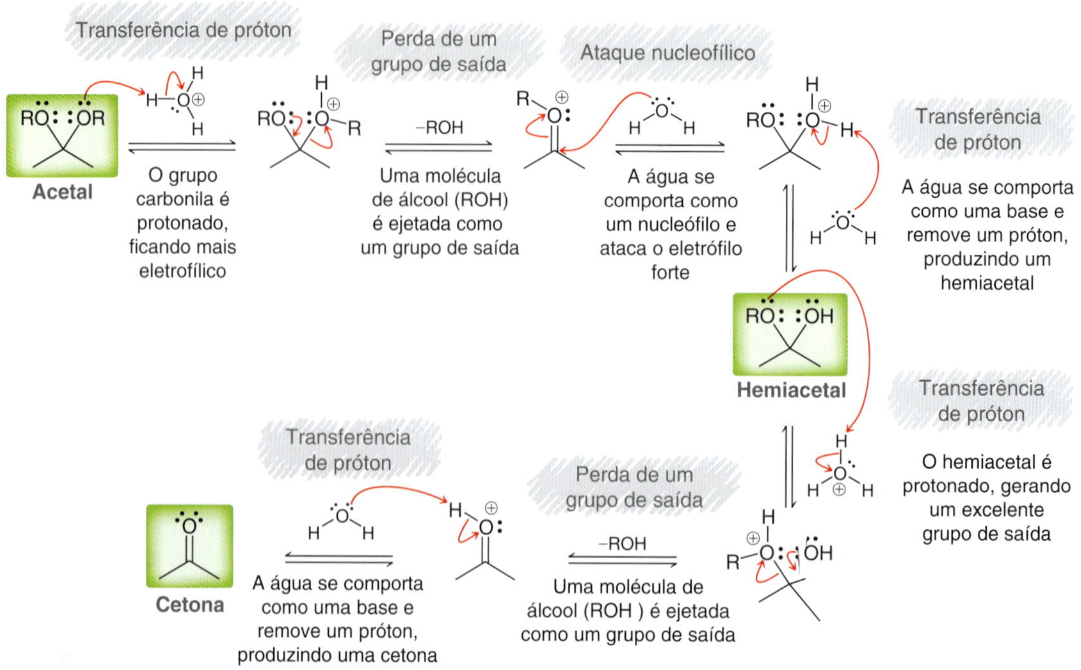
Transferência de próton
Acetal
O grupo carbonila é protonado, ficando mais eletrofílico
Perda de um grupo de saída
–ROH
Uma molécula de álcool (ROH) é ejetada como um grupo de saída
Ataque nucleofílico
A água se comporta como um nucleófilo e ataca o eletrófilo forte
Transferência de próton
A água se comporta como uma base e remove um próton, produzindo um hemiacetal
Hemiacetal
Transferência de próton
O hemiacetal é protonado, gerando um excelente grupo de saída
Perda de um grupo de saída
–ROH
Uma molécula de álcool (ROH) é ejetada como um grupo de saída
Transferência de próton
A água se comporta como uma base e remove um próton, produzindo uma cetona
Cetona

Observe que a hidrólise de acetais ocorre via um hemiacetal intermediário, assim como vimos com a formação de acetais. Na verdade, todos os intermediários envolvidos na hidrólise de acetais são idênticos aos intermediários envolvidos na formação de acetais, mas na ordem inversa. Isso está ilustrado no esquema visto a seguir:

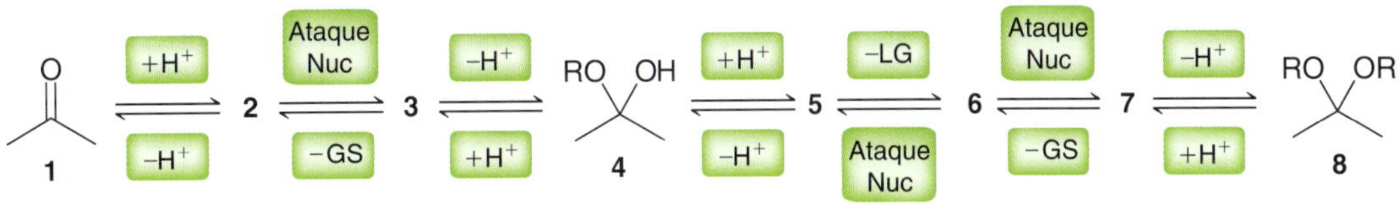

A conversão de uma cetona (substância **1**) em um acetal (substância **8**) é obtida através dos intermediários **2–7**. O processo inverso (conversão de **8** para **1**) é obtido através dos mesmos intermediários (**2–7**), mas na ordem inversa (em primeiro lugar **7**, em seguida **6** etc.).

Iminas e enaminas também sofrem hidrólise quando tratadas com ácido aquoso, e as linhas onduladas vermelhas (vistas a seguir) indicam as ligações que sofrem clivagem:

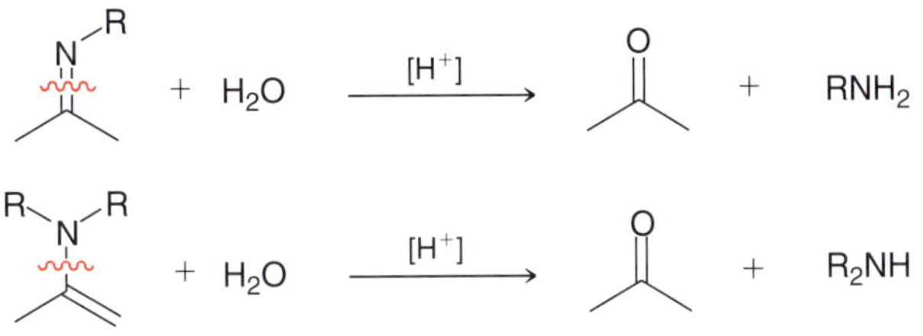

Mais uma vez, os intermediários envolvidos na hidrólise de iminas são os mesmos intermediários envolvidos na formação de iminas, mas na ordem inversa. Semelhantemente, os intermediários envolvidos na hidrólise de enaminas são os mesmos intermediários envolvidos na formação de enaminas, mas na ordem inversa.

Vamos começar a praticar um pouco identificando os produtos de algumas reações de hidrólise.

DESENVOLVENDO A APRENDIZAGEM

20.5 REPRESENTAÇÃO DOS PRODUTOS DE UMA REAÇÃO DE HIDRÓLISE

APRENDIZAGEM Represente os produtos que são esperados a partir da seguinte reação:

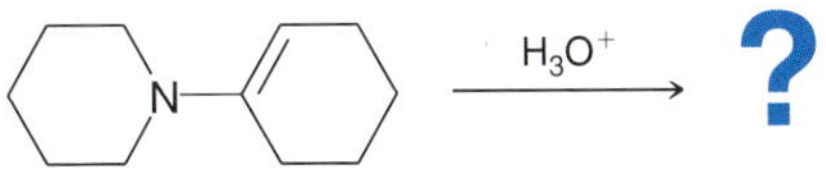

SOLUÇÃO

ETAPA 1
Identificação de ligação(ões) que sofre(m) clivagem.

A substância de partida é uma enamina, e ela está sendo tratada com ácido aquoso, de modo que se espera uma reação de hidrólise. Começamos identificando a ligação(ões) que sofre(m) clivagem. Quando uma enamina sofre hidrólise, ocorre a quebra da ligação entre o átomo de nitrogênio e o átomo de carbono com hibridização sp^2 ao qual está ligado:

No nosso caso, isso corresponde à seguinte ligação:

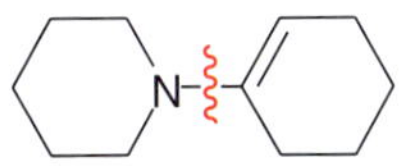

ETAPA 2
Identificação do átomo de carbono que é convertido em um grupo carbonila.

Em seguida, identificamos o átomo de carbono que finalmente vai se tornar um grupo carbonila no produto. Para a hidrólise de enamina, ele é o átomo de carbono com hibridização sp^2 ligado ao átomo de nitrogênio, que é realçado a seguir:

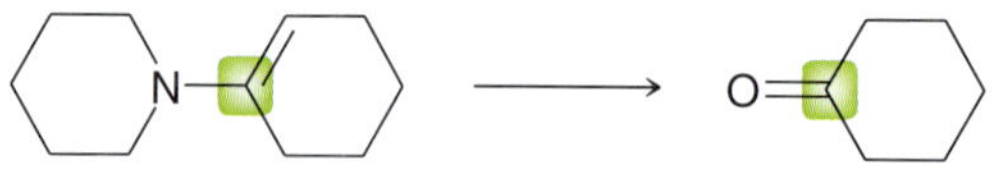

ETAPA 3
Representação do(s) outro(s) fragmento(s).

Finalmente, determinamos a identidade do(s) outro(s) fragmento(s). Como consequência da quebra da ligação C—N, o átomo de carbono torna-se um grupo carbonila e o átomo de nitrogênio aceitará um próton gerando uma amina secundária, como mostrado a seguir:

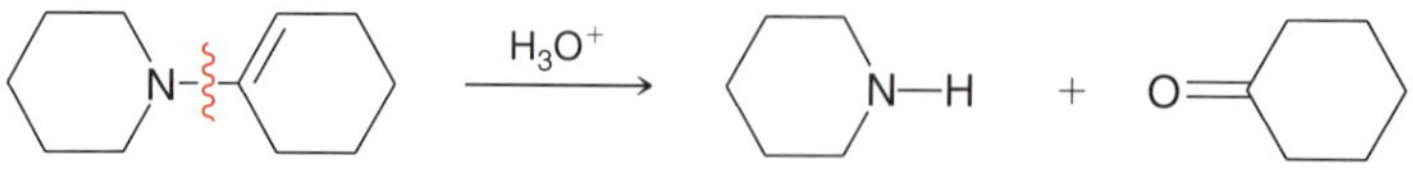

PRATICANDO o que você aprendeu

20.26 Represente os produtos que são esperados para cada uma das seguintes reações:

(a)
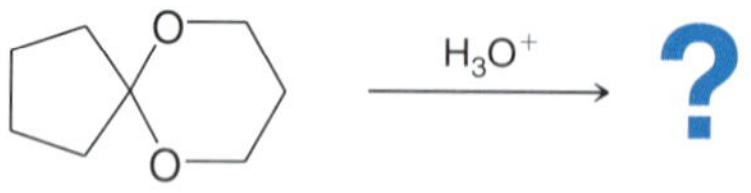

(b)
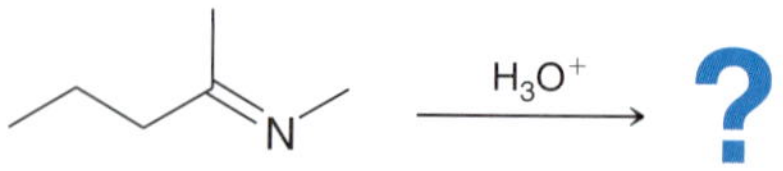

(c)
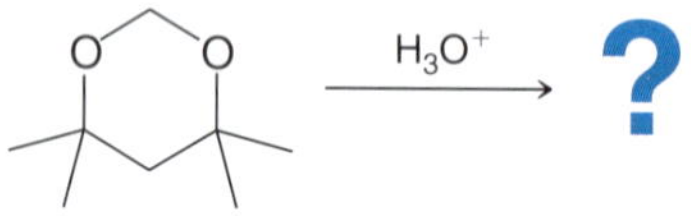

(d)
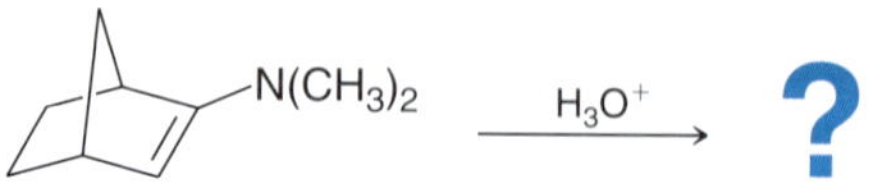

APLICANDO o que você aprendeu

20.27 Represente os produtos que são esperados para cada uma das seguintes reações:

(a)
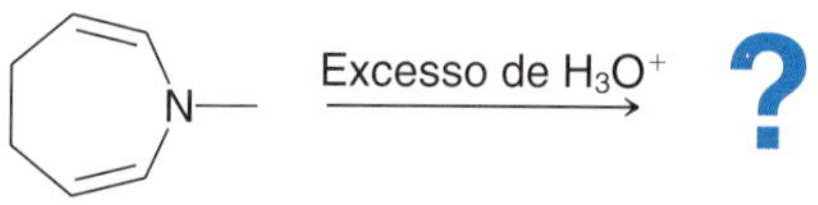

(b)
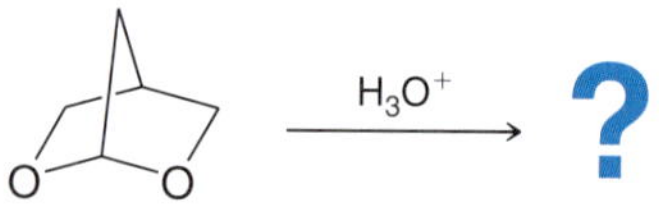

é necessário **PRATICAR MAIS?** **Tente Resolver os Problemas 20.63, 20.64**

O boxe Medicamente Falando, visto a seguir, apresenta dois exemplos de reações de hidrólise que são exploradas na concepção de fármacos.

medicamente falando | Profármacos

Metenamina como um Profármaco do Formaldeído

O formaldeído tem propriedades antissépticas e pode ser utilizado no tratamento de infecções do trato urinário, devido à sua capacidade em reagir com nucleófilos presentes na urina. No entanto, o formaldeído pode ser tóxico quando exposto a outras regiões do corpo. Portanto, o uso do formaldeído como um agente antisséptico requer um método seletivo para o trato urinário. Isso pode ser conseguido através de um profármaco chamado metenamina:

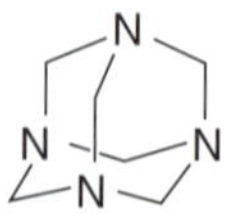

Metenamina

Essa substância é um análogo de nitrogênio de um acetal. Isto é, cada átomo de carbono está ligado a dois átomos de nitrogênio, muito parecido com um acetal em que um átomo de carbono está ligado a dois átomos de oxigênio. Um átomo de carbono que está ligado a dois heteroátomos (O ou N) pode ser submetido a hidrólise catalisada por ácido:

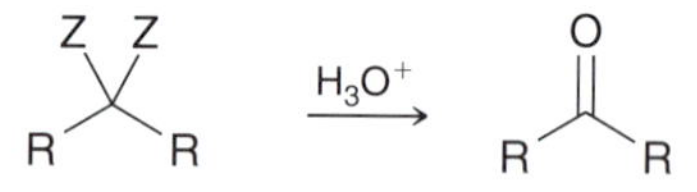

Z = O ou N

Cada um dos átomos na metenamina pode ser hidrolisado, liberando formaldeído:

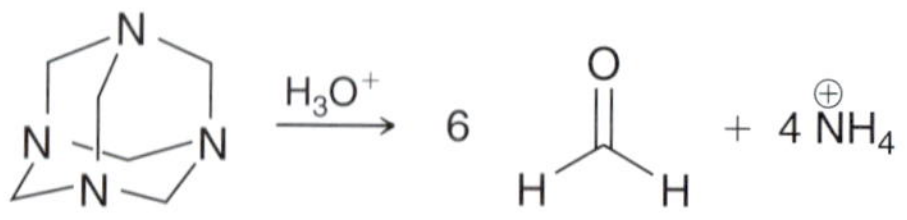

Formaldeído

A metenamina é colocada em comprimidos especiais, que não se dissolvem enquanto se deslocam através do ambiente ácido do estômago, mas que se dissolvem quando chegam ao ambiente básico do trato intestinal. A metenamina é assim liberada no trato intestinal, em que ela é estável em condições básicas. Uma vez que ela atinge o ambiente ácido do trato urinário, a metenamina é hidrolisada liberando formaldeído, como mostrado anteriormente. Dessa forma, a metenamina é utilizada como um profármaco que permite o fornecimento de formaldeído especificamente para o aparelho urinário. Este método evita a liberação sistêmica de formaldeído em outros órgãos do corpo, onde ele seria tóxico.

VERIFICAÇÃO CONCEITUAL

20.28 Como mostrado anteriormente, a metenamina é hidrolisada em ácido aquoso para produzir formaldeído e amônia. Represente um mecanismo que mostre a formação de uma molécula de formaldeído (cada uma das cinco moléculas de formaldeído restantes é liberada através de uma sequência similar de etapas). A liberação de cada molécula de formaldeído é diretamente análoga à hidrólise de um acetal. Para ajudar você a começar, as duas primeiras etapas são fornecidas a seguir:

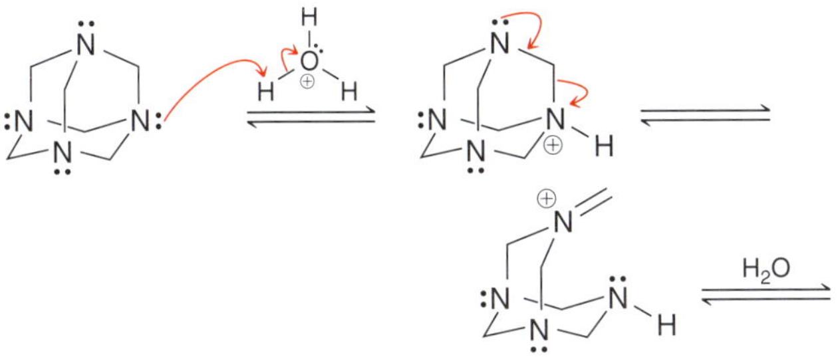

Iminas como Profármacos

O grupo imina é usado na concepção de muitos profármacos. Vamos explorar aqui um exemplo.

A substância vista a seguir, o ácido γ-aminobutírico, é um importante neurotransmissor:

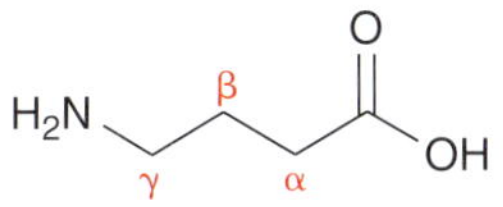

Ácido γ-aminobutírico

Uma deficiência dessa substância pode causar convulsões. A administração do ácido γ-aminobutírico diretamente a um paciente não é um tratamento eficaz, porque a substância não atravessa facilmente a barreira sangue-cérebro. Por que não? No pH fisiológico, o grupo amino está protonado e o grupo ácido carboxílico está desprotonado:

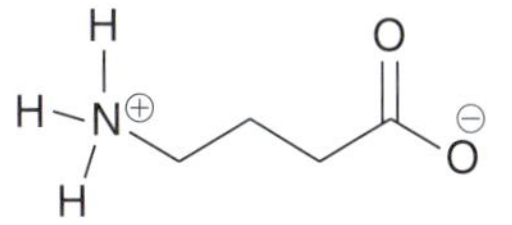

A substância existe principalmente nesta forma iônica, que não pode atravessar o ambiente apolar da barreira sangue-cérebro. Progabida é um profármaco derivado utilizado para tratar pacientes que exibem sintomas de deficiência do ácido γ-aminobutírico:

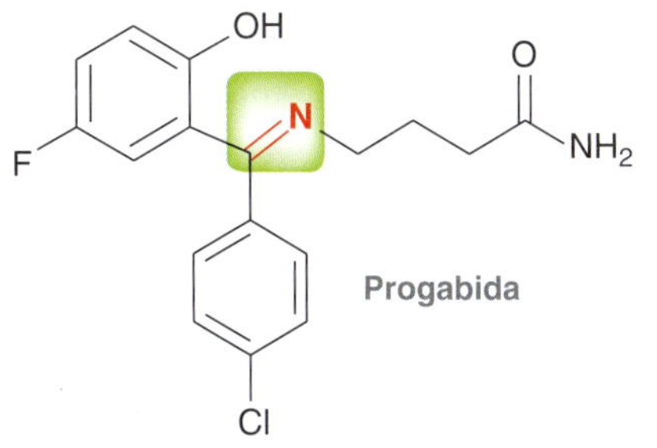

Progabida

O ácido carboxílico foi convertido em uma amida, e o grupo amino foi convertido em uma imina (destacada). No pH fisiológico, essa substância existe principalmente como uma substância neutra (sem carga), e pode, por conseguinte, atravessar a barreira sangue-cérebro. Uma vez no cérebro, ela é convertida no ácido γ-aminobutírico através da hidrólise dos grupos imina e amida:

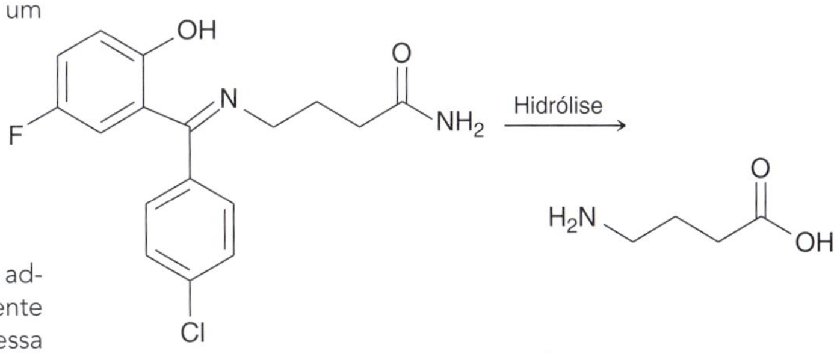

A progabida é apenas um exemplo em que o grupo imina foi utilizado no desenvolvimento de um profármaco.

20.8 Nucleófilos de Enxofre

Em condições ácidas, um aldeído ou uma cetona reage com dois equivalentes de um tiol para formar um **tioacetal**:

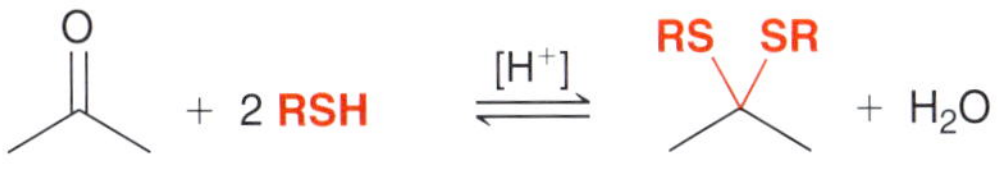

Tioacetal

O mecanismo dessa transformação é diretamente análogo à formação de acetal, com os átomos de enxofre tomando o lugar dos átomos de oxigênio. Se uma substância com dois grupos SH é utilizada, é formado um tioacetal cíclico:

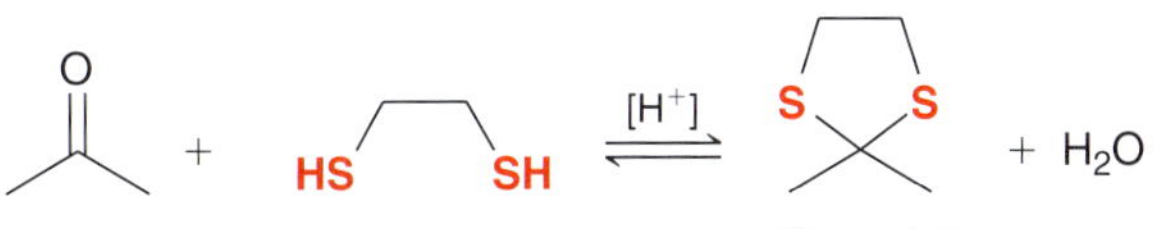

Tioacetal cíclico

Quando tratados com níquel de Raney, tioacetais sofrem **dessulfurização**, produzindo um alcano:

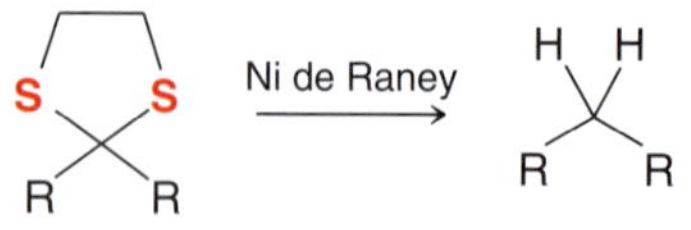

O Ni de Raney é uma liga de Ni-Al porosa em que a superfície tem átomos de hidrogênio adsorvidos. São esses átomos de hidrogênio que, em última análise, substituem os átomos de enxofre, embora uma discussão sobre o mecanismo para a dessulfurização esteja além do âmbito deste livro.

As reações anteriores nos fornecem outro método de duas etapas para a redução de uma cetona:

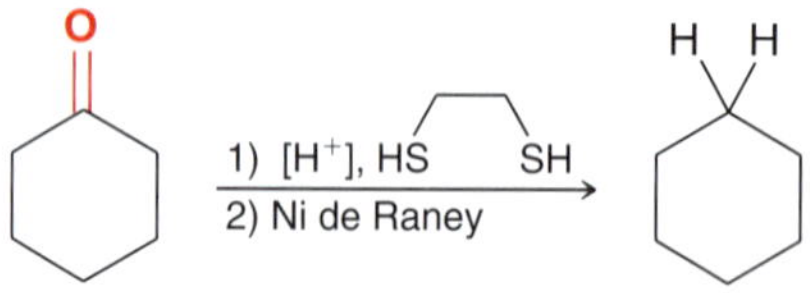

Esse método envolve a formação do tioacetal seguida de dessulfurização com níquel de Raney. Ele é o terceiro método que encontramos para conseguir esse tipo de transformação. Os outros dois métodos são a redução de Clemmensen (Seção 19.6) e a redução de Wolff-Kishner (Seção 20.6).

VERIFICAÇÃO CONCEITUAL

20.29 Preveja o produto principal para cada uma das reações vistas a seguir:

(a)

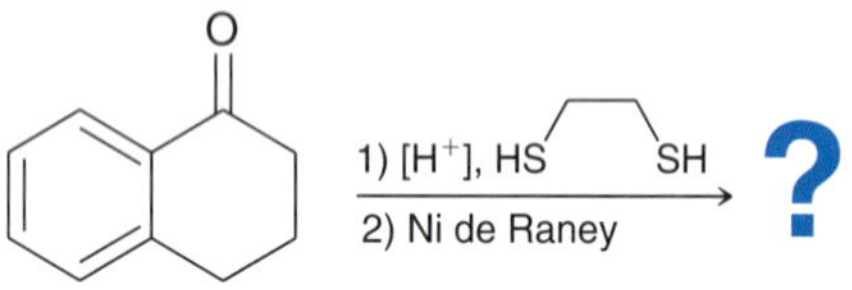

(b)

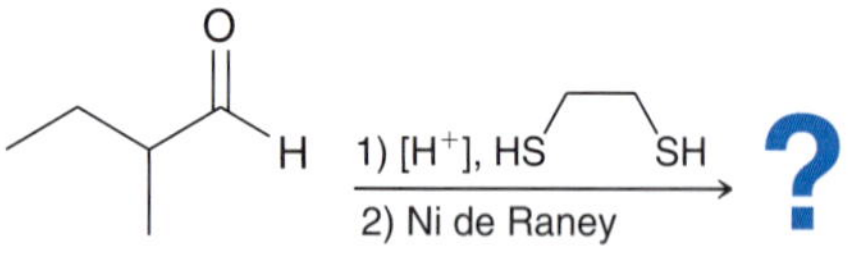

20.30 Represente a estrutura da substância cíclica que é produzida quando a acetona é tratada como 1,3-propanoditiol na presença de um catalisador ácido.

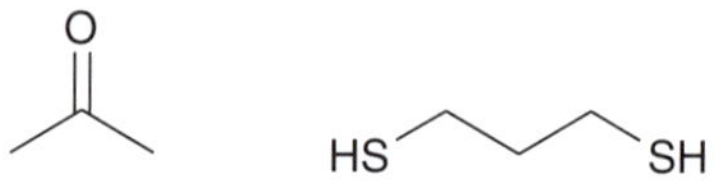

Acetona **1,3-propanoditiol**

20.9 Nucleófilos de Hidrogênio

Quando tratados com um agente redutor, tal como o hidreto de alumínio e lítio (HAL) ou o boro-hidreto de sódio ($NaBH_4$), aldeídos e cetonas são reduzidos a álcoois:

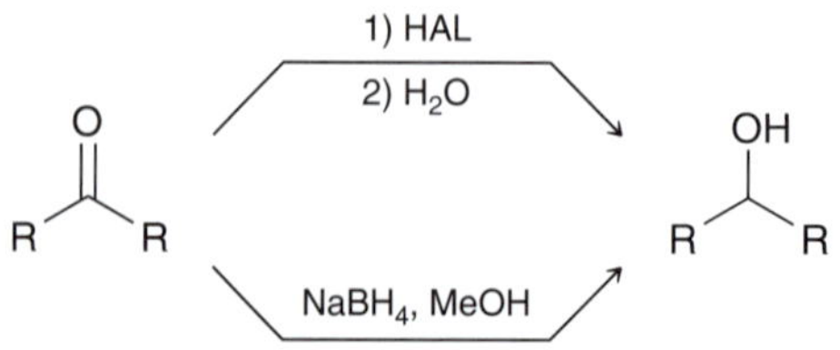

Essas reações foram discutidas na Seção 13.4, e vimos que HAL e $NaBH_4$ se comportam como agentes de liberação de hidreto (H^-). O mecanismo de ação para esses reagentes foi intensamente investigado e é de certa forma complexo. No entanto, a versão simplificada mostrada no Mecanismo 20.10 será suficiente para os nossos objetivos.

MECANISMO 20.10 A REDUÇÃO DE CETONAS OU ALDEÍDOS COM HIDRETOS

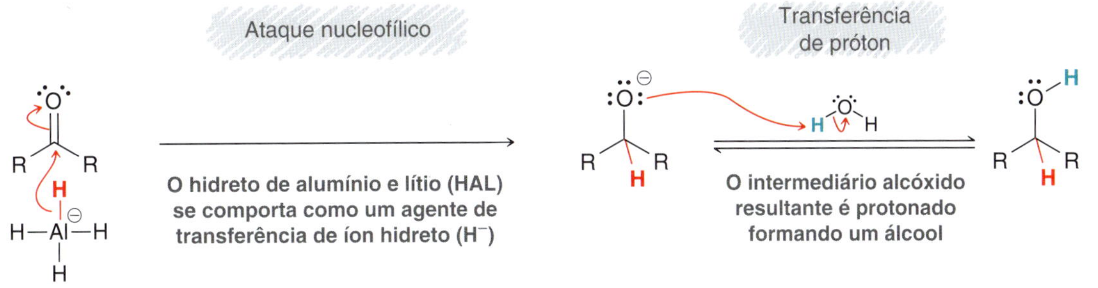

Na primeira etapa do mecanismo, o agente de redução proporciona um íon hidreto, que ataca o grupo carbonila produzindo um intermediário alcóxido. Este intermediário é então tratado com uma fonte de prótons para se obter o produto. Este mecanismo simplificado não leva em conta várias observações importantes, tais como o papel do cátion lítio (Li^+). Por exemplo, quando o 12-coroa-4 é adicionado à mistura de reação, os íons lítio são solvatados (como descrito na Seção 14.4), e a redução não ocorre. Claramente, o cátion lítio desempenha um papel fundamental no mecanismo. No entanto, um tratamento completo do mecanismo de agentes de redução de hidreto está além do âmbito deste livro, e a versão simplificada anterior será suficiente.

A redução de um grupo carbonila com HAL ou $NaBH_4$ não é um processo reversível, porque o hidreto não se comporta como um grupo de saída. Observe que a primeira etapa do mecanismo anterior utiliza uma seta de reação irreversível (em vez de setas de equilíbrio) para indicar que a velocidade do processo inverso é desprezível.

RELEMBRANDO
O hidreto não pode se comportar como um grupo de saída porque ele é fortemente básico. (Veja Seção 7.8, do Volume 1.)

VERIFICAÇÃO CONCEITUAL

20.31 Preveja o principal produto de cada uma das seguintes reações:

(a) 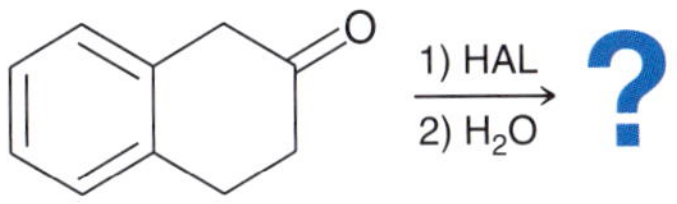

(b) 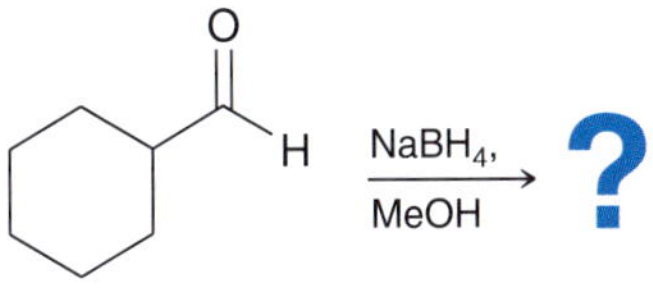

(c) 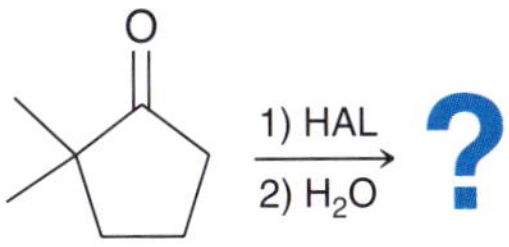

(d) 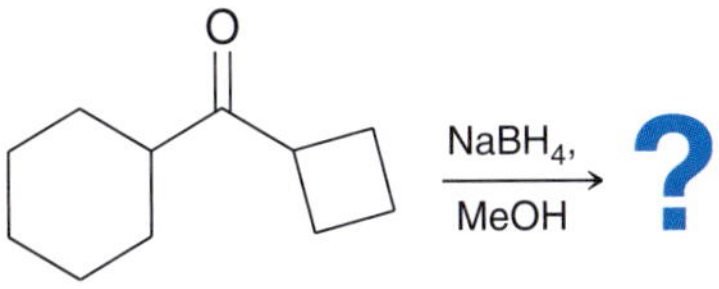

20.32 Quando 2 mols de benzaldeído são tratados com hidróxido de sódio, ocorre uma reação na qual 1 mol de benzaldeído é oxidado (formando ácido benzoico) enquanto o outro mol de benzaldeído é reduzido (produzindo álcool benzílico):

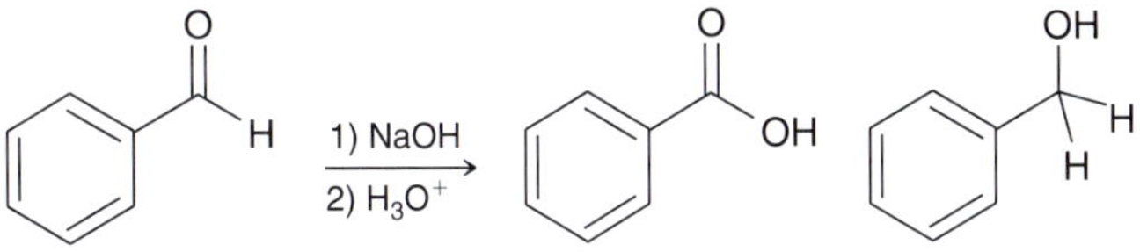

Acredita-se que essa reação, chamada de reação de Cannizzaro, ocorra através do seguinte mecanismo: um íon hidróxido se comporta como um nucleófilo atacando o grupo carbonila do benzaldeído. O intermediário resultante se comporta então como um agente de redução de hidreto através da liberação de um íon hidreto para outra molécula de benzaldeído. Desse modo, uma molécula é reduzida enquanto a outra é oxidada.

(a) Represente um mecanismo para a reação de Cannizzaro, consistente com a descrição anterior.

(b) Qual é a função do H_3O^+ na segunda etapa?

(c) A água sozinha não é suficiente para realizar a função da segunda etapa. Explique.

20.10 Nucleófilos de Carbono

Reagentes de Grignard

Quando tratados com um reagente de Grignard, aldeídos e cetonas são convertidos em álcoois acompanhados pela formação de uma nova ligação C—C:

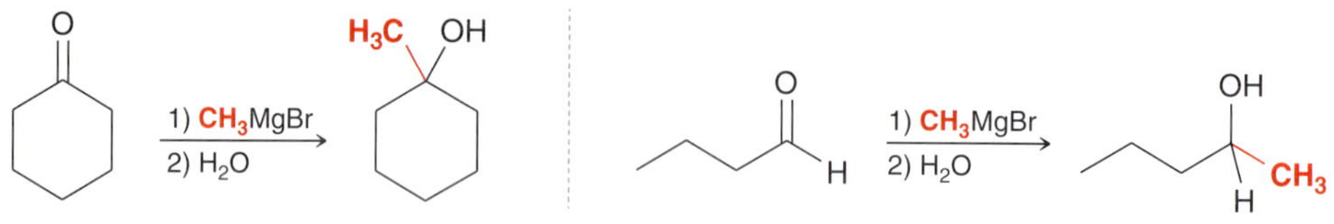

Reações de Grignard foram discutidas em mais detalhes na Seção 13.6. O mecanismo de ação preciso para esses reagentes tem sido muito investigado e é bastante complexo. A versão simplificada mostrada no Mecanismo 20.11 será suficiente para nossos propósitos.

MECANISMO 20.11 A REAÇÃO ENTRE UM REAGENTE DE GRIGNARD E UMA ACETONA OU ALDEÍDO

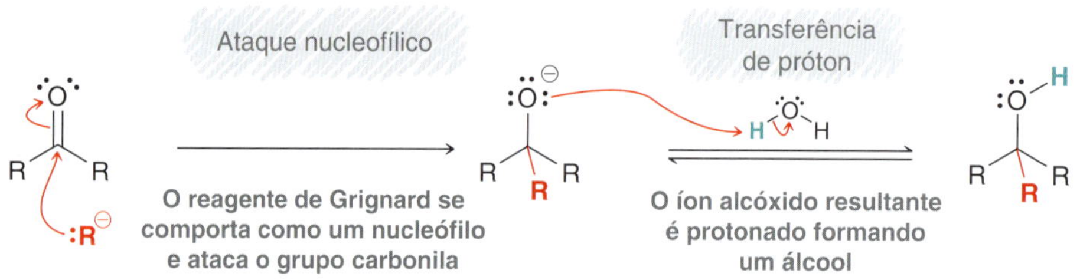

RELEMBRANDO
Carbânions raramente se comportam como grupos de saída porque eles geralmente são fortemente básicos. (Veja Seção 7.8, do Volume 1.)

Reações de Grignard não são reversíveis porque carbânions geralmente não se comportam como grupos de saída. Observe que a primeira etapa do mecanismo (ataque nucleofílico) é mostrada com uma seta de reação irreversível para indicar que o processo inverso é insignificante.

VERIFICAÇÃO CONCEITUAL

20.33 Preveja o produto principal de cada uma das seguintes reações:

(a)
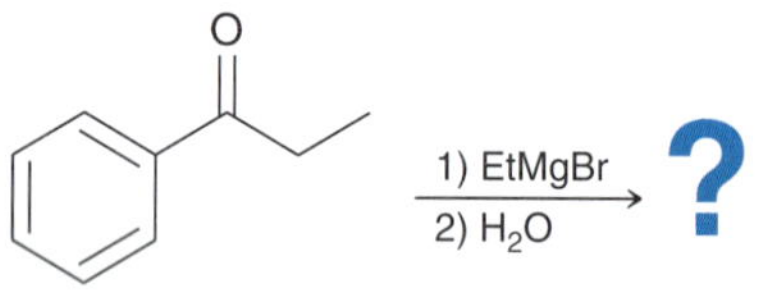

(b)
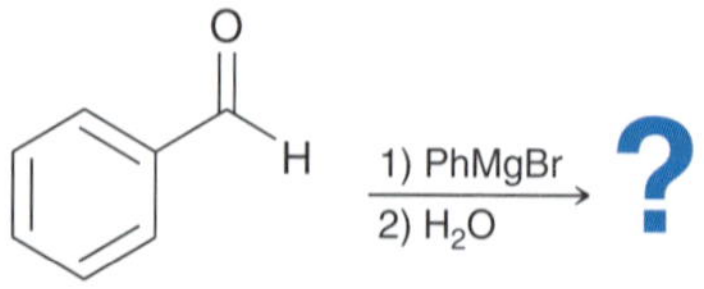

(c)
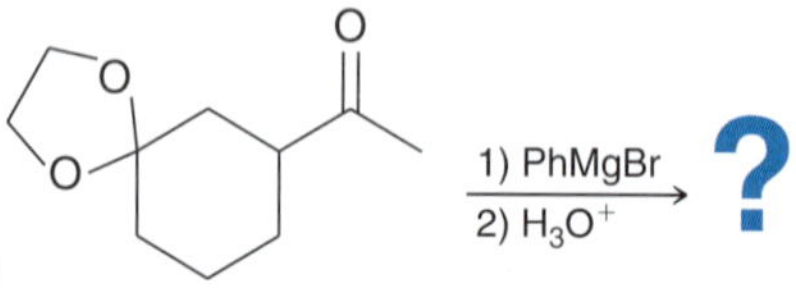

20.34 Identifique os reagentes necessários para realizar cada uma das seguintes transformações:

(a)
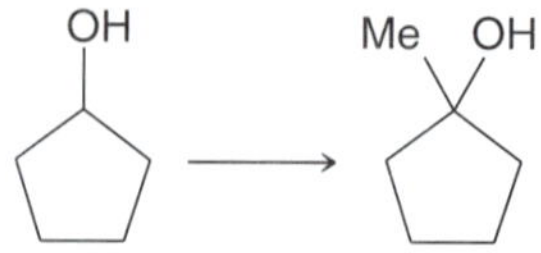

(b)
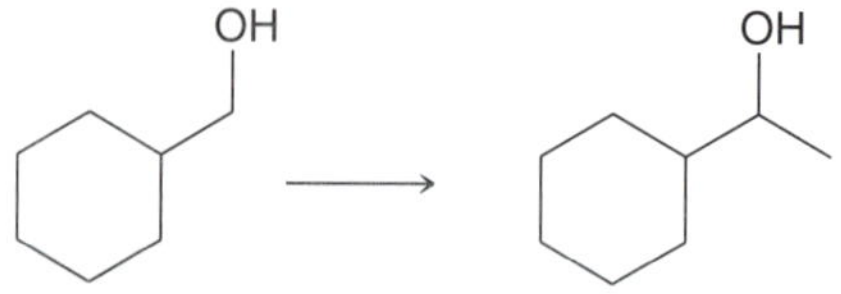

Formação de Cianoidrina

Quando tratados com cianeto de hidrogênio (HCN), aldeídos e cetonas são convertidos em **cianoidrinas**, que são caracterizadas pela presença de um grupo ciano e um grupo hidroxila ligados ao mesmo átomo de carbono:

Uma cianoidrina

Essa reação foi estudada extensivamente por Arthur Lapworth (Universidade de Manchester) e verificou-se ocorrer mais rapidamente em condições fracamente básicas. Na presença de uma quantidade catalítica de base, uma pequena quantidade de cianeto de hidrogênio é desprotonada para dar íons cianeto, que catalisam a reação (Mecanismo 20.12).

MECANISMO 20.12 FORMAÇÃO DE CIANOIDRINA

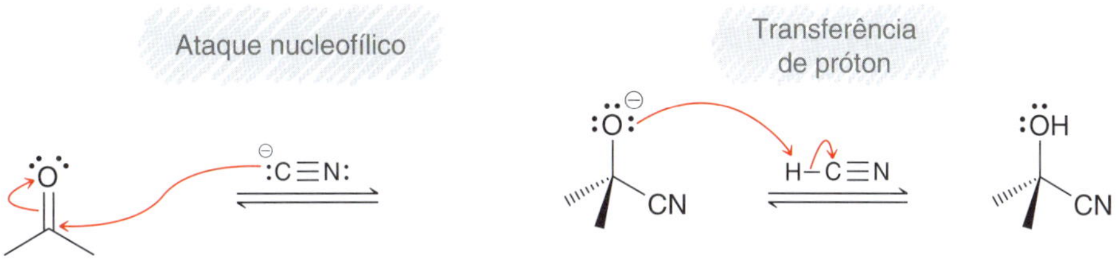

O íon cianeto se comporta como um nucleófilo e ataca o grupo carbonila

A protonação gera uma cianoidrina

Na primeira etapa, um íon cianeto ataca o grupo carbonila. O intermediário resultante, em seguida, retira um protón do HCN, regenerando um íon cianeto. Desse modo, o cianeto se comporta como um catalisador para a adição de HCN ao grupo carbonila.

Em vez de usar uma quantidade catalítica de base para formar o íon cianeto, a reação pode ser realizada simplesmente em uma mistura de HCN e de íons cianeto (a partir do KCN). O processo é reversível, e o rendimento dos produtos é, portanto, determinado pelas concentrações de equilíbrio. Para a maioria dos aldeídos e cetonas sem impedimento estérico, o equilíbrio favorece a formação da cianoidrina:

78%

88%

O HCN é líquido à temperatura ambiente e é extremamente perigoso de manusear, porque é altamente tóxico e volátil (ponto de ebulição = 26°C). Para evitar os perigos associados à manipulação de HCN, cianoidrinas também pode ser preparadas pelo tratamento de uma cetona ou de um aldeído com cianeto de potássio e uma fonte alternativa de prótons, tal como o HCl:

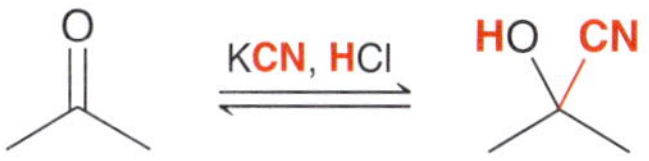

Cianoidrinas são úteis em síntese, porque o grupo ciano pode ser tratado posteriormente para se obter uma variedade de produtos. Dois exemplos são apresentados a seguir:

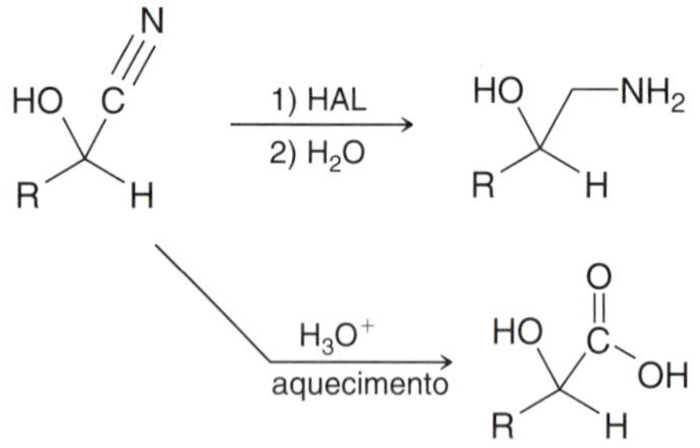

No primeiro exemplo, o grupo ciano é reduzido a um grupo amino. No segundo exemplo, o grupo ciano é hidrolisado para dar um ácido carboxílico. Ambas as reações e seus mecanismos serão explorados com mais detalhes no próximo capítulo.

VERIFICAÇÃO CONCEITUAL

20.35 Preveja o produto principal de cada uma das seguintes sequências reacionais:

(a) 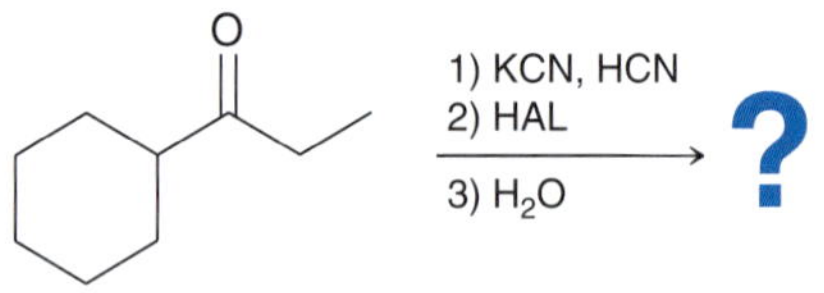

(b) 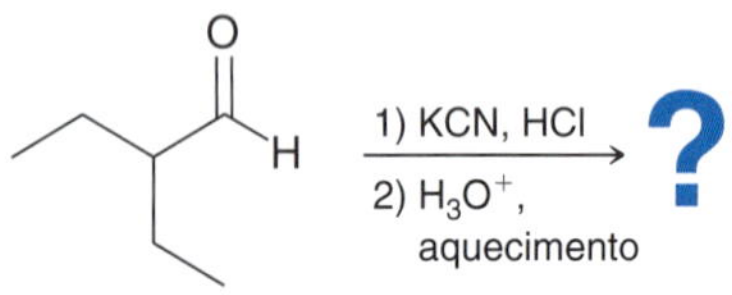

20.36 Identifique os reagentes necessários para realizar cada uma das seguintes transformações:

(a) 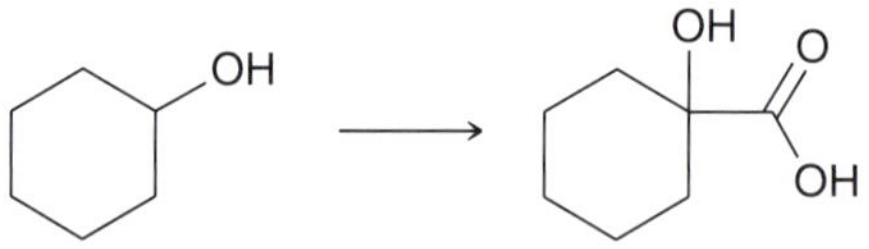

(b) 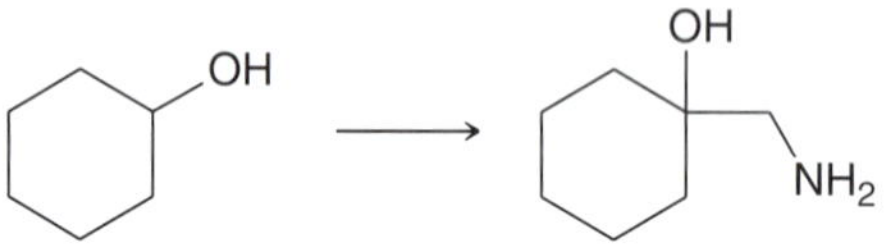

falando de modo prático | Derivados da Cianoidrina na Natureza

A amigdalina é uma substância que ocorre naturalmente e é encontrada nas sementes de damasco, cerejas silvestres e pêssegos.

Se ingerida, essa substância é metabolizada para produzir mandelonitrila, uma cianoidrina que é convertida pelas enzimas em benzaldeído e HCN gasoso, uma substância tóxica.

Esta última etapa (geração de HCN gasoso) é utilizada como um mecanismo de defesa por muitas espécies de centopeias (milípedes). As centopeias produzem e estocam mandelonitrila, e em um compartimento separado elas armazenam enzimas que são capazes de catalisar a conversão da mandelonitrila em benzaldeído e HCN. Para afastar os predadores, uma centopeia vai misturar o conteúdo dos dois compartimentos e secretar HCN gasoso.

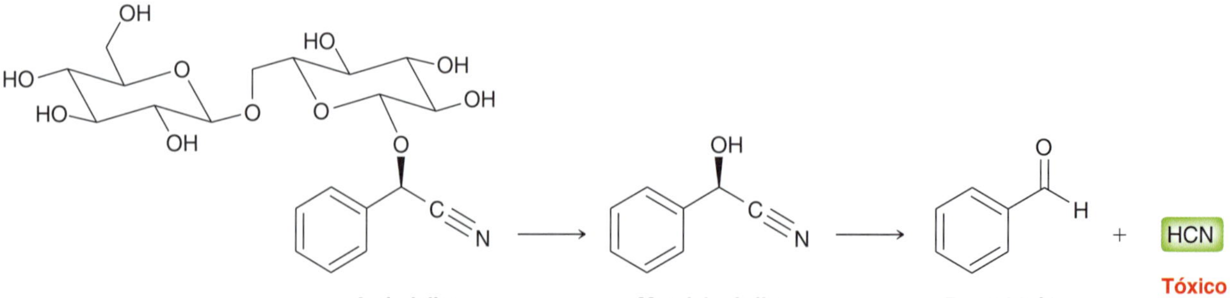

Amigdalina — Mandelonitrila — Benzaldeído — Tóxico

Reação de Wittig

Georg Wittig, um químico alemão, foi agraciado com o Prêmio Nobel de 1979 em Química por seu trabalho com substâncias de fósforo e sua descoberta de uma reação com enorme utilidade sintética. A seguir vemos um exemplo desta reação, chamada **reação de Wittig** (pronunciado como Vitig):

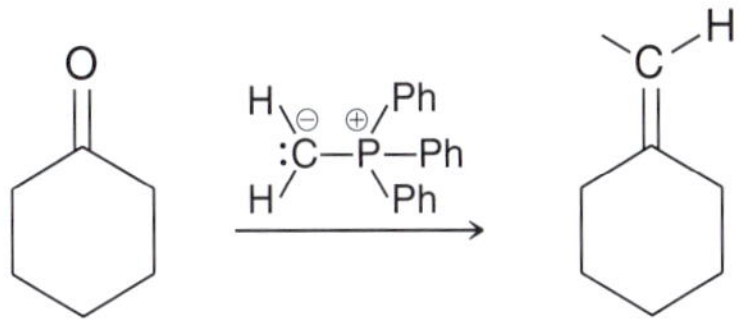

Essa reação pode ser utilizada para converter uma cetona em um alqueno através da formação de uma nova ligação C—C no local do grupo carbonila. O reagente contendo fósforo que realiza esta transformação é chamado de **ilídeo de fósforo**. Um ilídeo é uma molécula neutra que contém um átomo carregado negativamente (neste caso C^-) diretamente ligado a um heteroátomo carregado positivamente (neste caso P^+). O ilídeo de fósforo mostrado anteriormente, na realidade, tem uma estrutura de ressonância que é livre de quaisquer cargas:

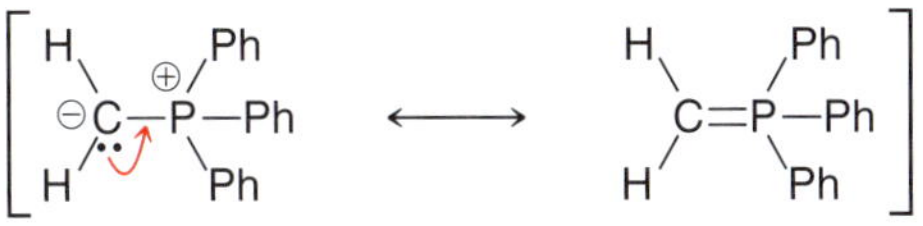

No entanto, essa estrutura de ressonância (com uma ligação dupla C=P) não contribui muito para o híbrido de ressonância global, porque os orbitais *p* no C e no P são muito diferentes em tamanho e não se sobrepõem de forma eficaz. Um argumento semelhante foi usado para descrever ligações S=O no capítulo anterior (Seção 19.3). Apesar desse fato, o ilídeo de fósforo visto anteriormente, também chamado de **reagente de Wittig**, é muitas vezes representado usando-se qualquer uma das estruturas de ressonância mostradas anteriormente.

Um mecanismo para a reação de Wittig é mostrado no Mecanismo 20.13. Há forte evidência de que a primeira etapa envolve um processo de cicloadição [2+2] (Seção 17.8), gerando um **oxafosfetano**, que a seguir sofre fragmentação para produzir o produto alqueno.

MECANISMO 20.13 A REAÇÃO DE WITTIG

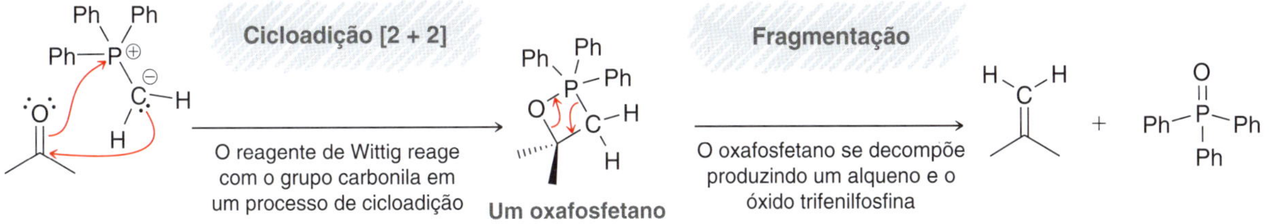
Cicloadição [2 + 2]
O reagente de Wittig reage com o grupo carbonila em um processo de cicloadição
Um oxafosfetano
Fragmentação
O oxafosfetano se decompõe produzindo um alqueno e o óxido trifenilfosfina

Reagentes de Wittig podem ser facilmente preparados por tratamento da trifenilfosfina com um haleto de alquila seguido por uma base forte:

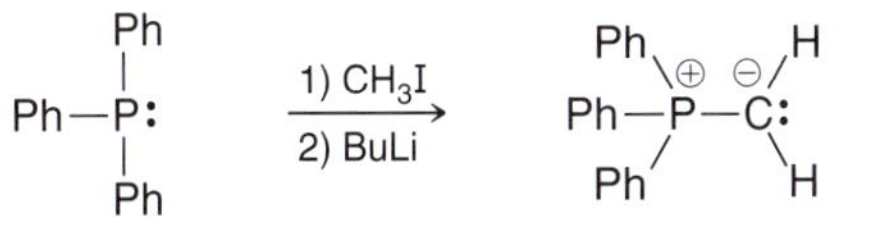

Trifenilfosfina **Reagente de Wittig**

O mecanismo de formação para os reagentes de Wittig envolve uma reação S_N2 seguida pela desprotonação com uma base forte:

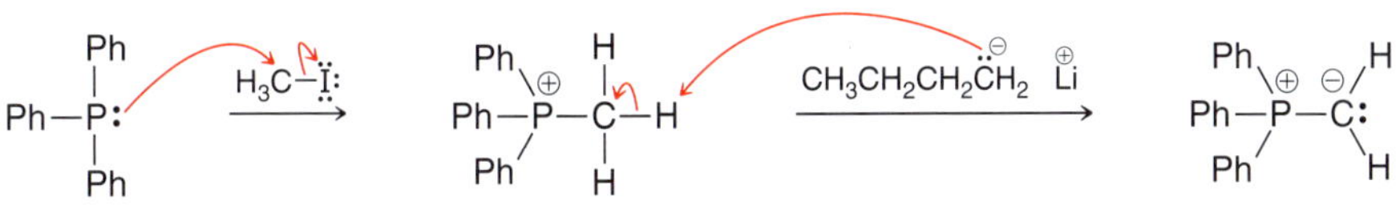

Trifenilfosfina

Uma vez que a primeira etapa é um processo S_N2, se aplicam as restrições habituais dos processos S_N2. Especificamente, os haletos de alquila primários irão reagir mais prontamente do que haletos de alquila secundários, e haletos de alquila terciários não podem ser utilizados. A reação de Wittig é útil para a preparação de alquenos mono-, di-, ou trissubstituídos. Alquenos tetrassubstituídos são mais difíceis de preparar devido ao impedimento estérico dos estados de transição.

O exercício visto a seguir ilustra como escolher os reagentes para uma reação de Wittig.

DESENVOLVENDO A APRENDIZAGEM

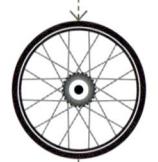

20.6 PLANEJAMENTO DE UMA SÍNTESE DE ALQUENO COM UMA REAÇÃO DE WITTIG

APRENDIZAGEM Identifique os reagentes necessários para preparar a substância vista a seguir utilizando uma reação de Wittig:

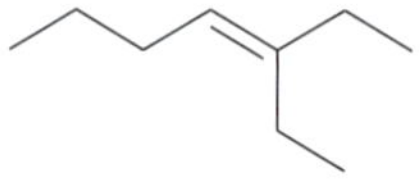

SOLUÇÃO

Começamos centralizando a nossa atenção nos dois átomos de carbono da ligação dupla. Um átomo de carbono tem que ter sido um grupo carbonila, enquanto o outro tem que ter sido um reagente de Wittig. Isso dá dois caminhos reacionais potenciais para explorar:

ETAPA 1
Determinação dos dois conjuntos de reagentes possíveis que podem ser usados para formar uma ligação C=C utilizando análise retrossintética.

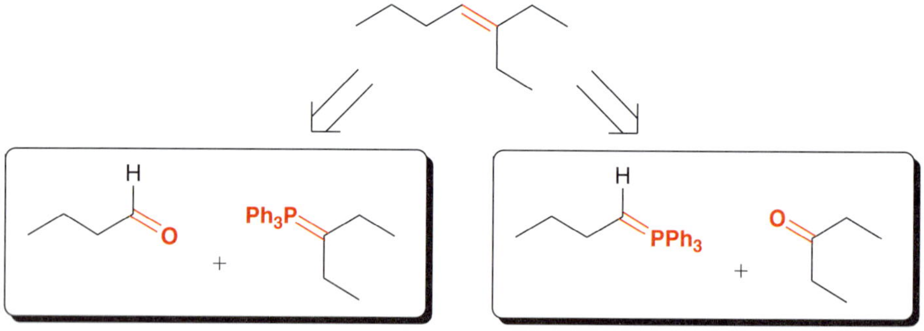

Método 1 **Método 2**

Vamos comparar esses dois métodos, centralizando a nossa atenção sobre o reagente de Wittig em cada caso. Lembre-se de que o reagente de Wittig é preparado por um processo S_N2 e que, portanto, os fatores estéricos têm que ser considerados durante a sua preparação. O método 1 requer o uso de um haleto de alquila secundário:

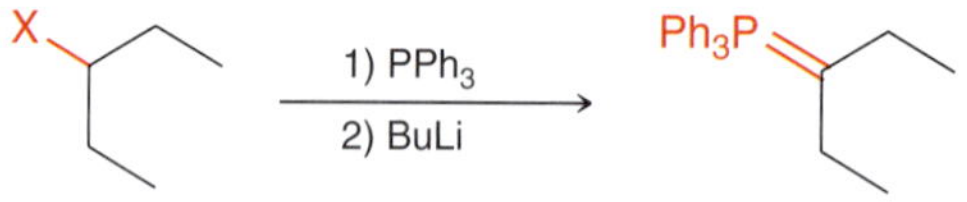

2° Haleto de alquila

mas o método 2 requer o uso de um haleto de alquila primário:

ETAPA 2
Consideração de como cada um dos possíveis reagentes de Wittig seria obtido e determinação de qual o método que envolve o haleto de alquila menos substituído.

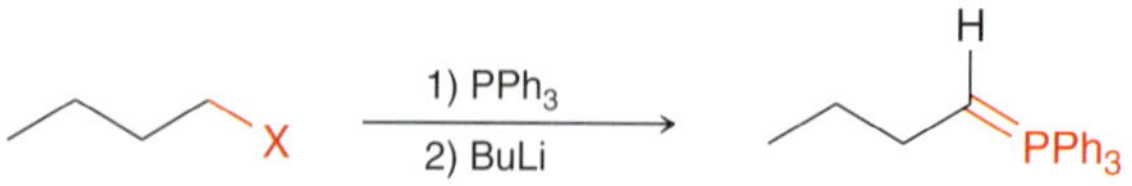

1° Haleto de alquila

É provável que o método 2 seja mais eficiente, pois um haleto de alquila primário vai sofrer um processo S_N2 mais rapidamente do que um haleto de alquila secundário. Portanto, o caminho reacional visto a seguir seria a síntese preferida:

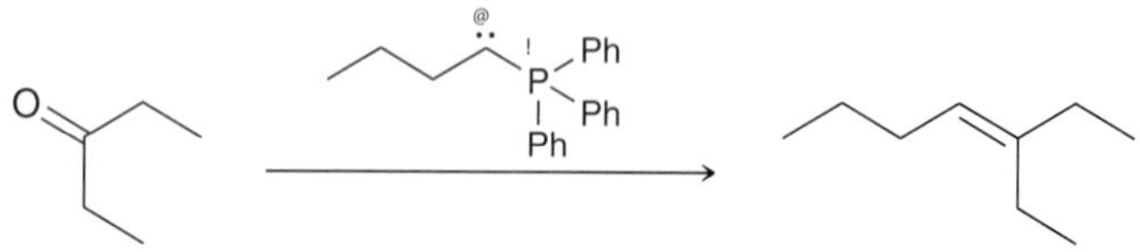

PRATICANDO o que você aprendeu

20.37 Identifique os reagentes necessários para preparar cada uma das substâncias vistas a seguir utilizando uma reação de Wittig:

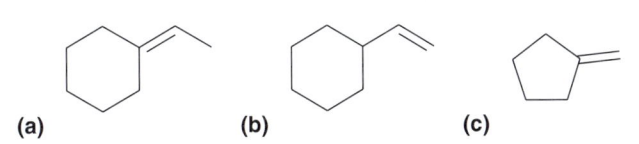

(a) 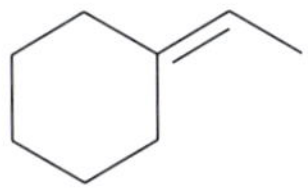
(b) 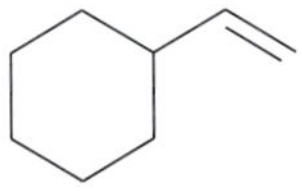
(c) 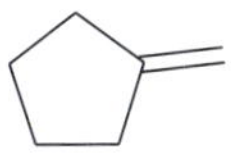

(d) 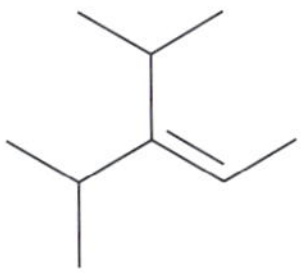
(e) 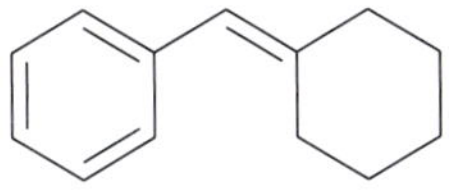

APLICANDO o que você aprendeu

20.38 Considere a estrutura do betacaroteno, mencionada anteriormente neste capítulo:

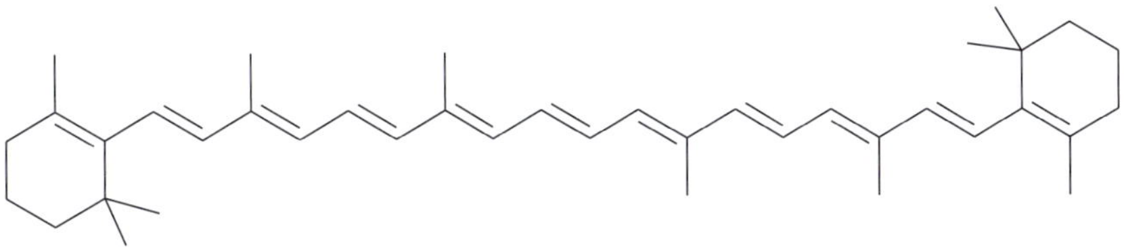

β-Caroteno

Imagine uma síntese do betacaroteno utilizando a substância vista a seguir como sua única fonte de átomos de carbono:

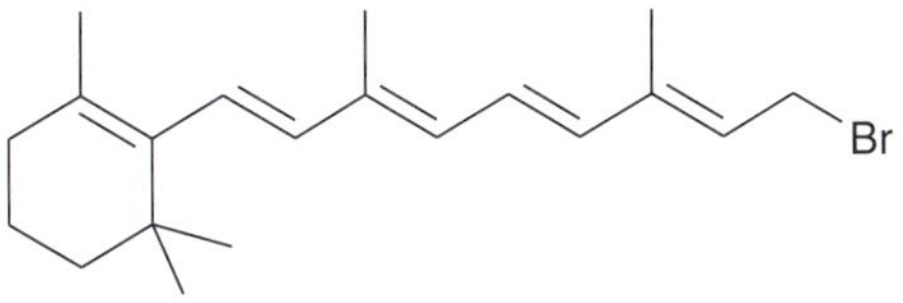

20.39 Identifique os reagentes necessários para realizar cada uma das seguintes transformações:

(a) 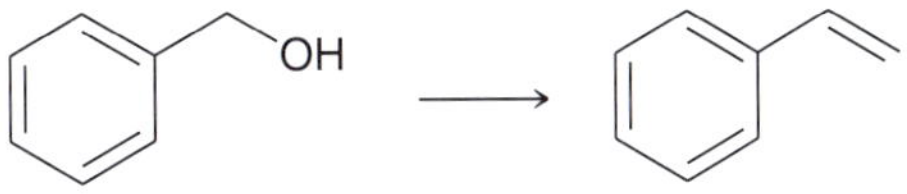

(b) 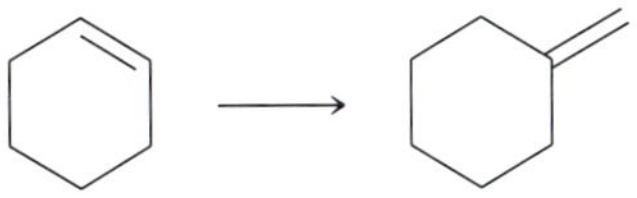

é necessário **PRATICAR MAIS? Tente Resolver os Problemas 20.51-20.53**

20.11 Oxidação de Baeyer-Villiger de Aldeídos e Cetonas

Quando tratadas com um peroxiácido, cetonas podem ser convertidas em ésteres através da inserção de um átomo de oxigênio:

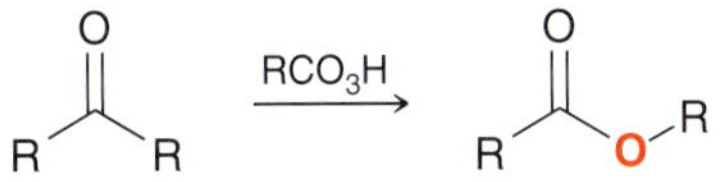

Essa reação descoberta por Adolf von Baeyer e Victor Villiger, em 1899, é chamada de **oxidação de Baeyer-Villiger.** Acredita-se que esse processo ocorra através do Mecanismo 20.14.

MECANISMO 20.14 A OXIDAÇÃO DE BAEYER-VILLIGER

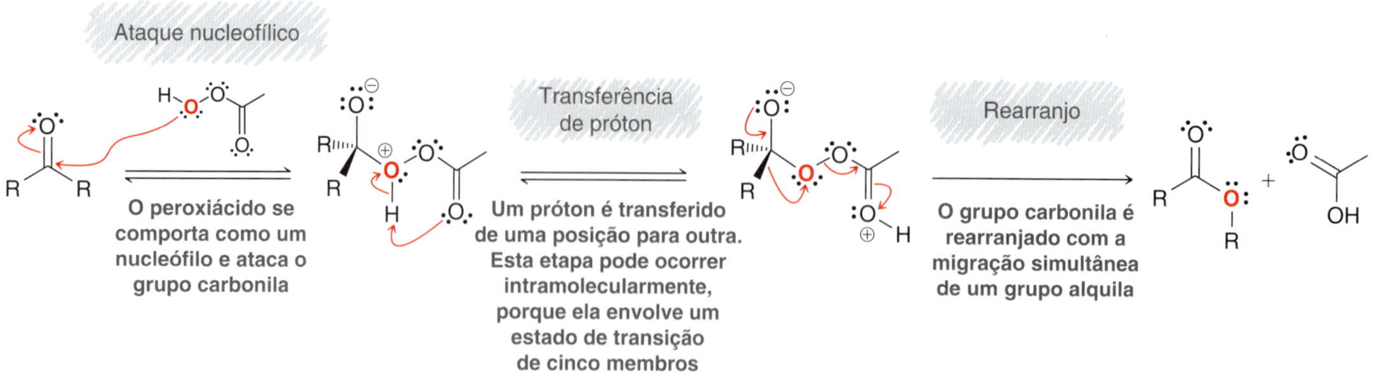
Ataque nucleofílico
O peroxiácido se comporta como um nucleófilo e ataca o grupo carbonila
Transferência de próton
Um próton é transferido de uma posição para outra. Esta etapa pode ocorrer intramolecularmente, porque ela envolve um estado de transição de cinco membros
Rearranjo
O grupo carbonila é rearranjado com a migração simultânea de um grupo alquila

O peroxiácido ataca o grupo carbonila da cetona, dando um intermediário que pode sofrer uma etapa de transferência de próton intramolecular (ou duas transferências de próton intermoleculares sucessivas). Finalmente, a ligação dupla C=O é refeita pela migração de um grupo R. Esse rearranjo produz o éster.

De maneira muita parecida, o tratamento de uma cetona cíclica com um peroxiácido produz um éster cíclico ou uma **lactona**.

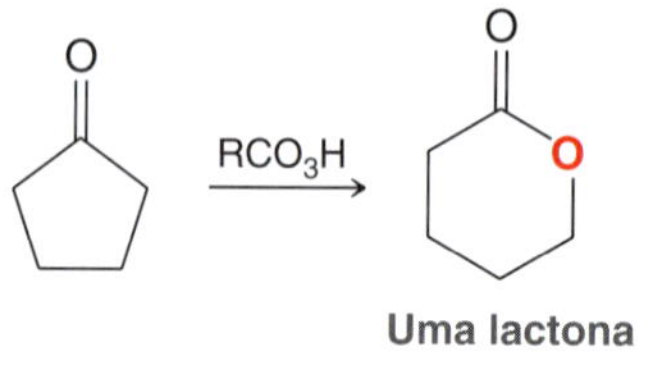
RCO3H
Uma lactona

Quando uma cetona assimétrica é tratada com um peroxiácido, a formação do éster é regiosseletiva; por exemplo:

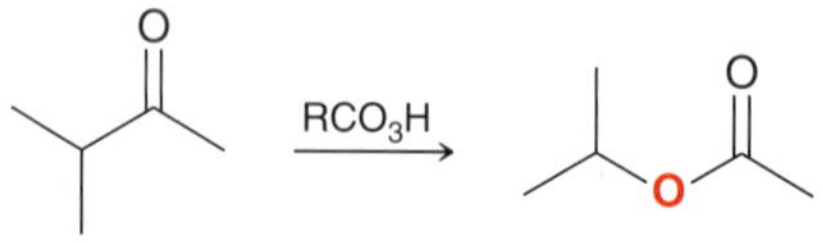
RCO3H

Neste caso, o átomo de oxigênio é introduzido no lado esquerdo do grupo carbonila, em vez de no lado direito. Isso ocorre porque o grupo isopropila migra mais rapidamente do que o grupo metila durante a etapa de rearranjo do mecanismo. As velocidades de migração de grupos diferentes, ou a **aptidão migratória**, podem ser resumidas como se segue:

$$H > 3° > 2°, Ph > 1° > \text{metila}$$

Um átomo de hidrogênio migra mais rapidamente do que um grupo alquila terciário, que migrará mais rapidamente do que um grupo alquila secundário ou um grupo fenila. A seguir vemos mais um exemplo que ilustra este conceito:

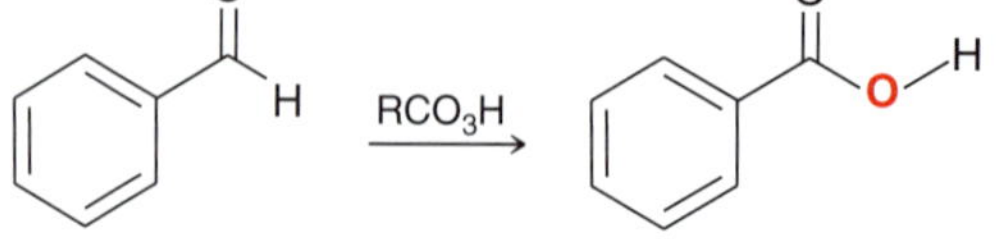
RCO3H

Neste exemplo, o átomo de oxigênio é introduzido no lado direito do grupo carbonila, porque o átomo de hidrogênio apresenta uma maior aptidão migratória do que o grupo fenila.

VERIFICAÇÃO CONCEITUAL

20.40 Preveja o produto principal de cada uma das seguintes reações:

(a) 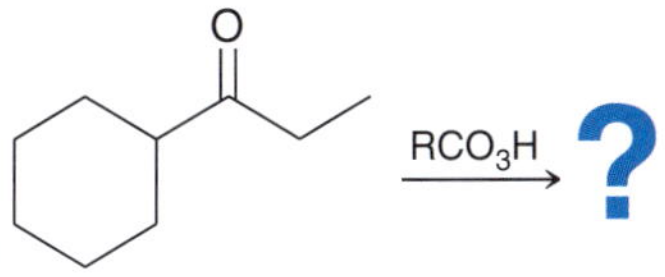

(b) 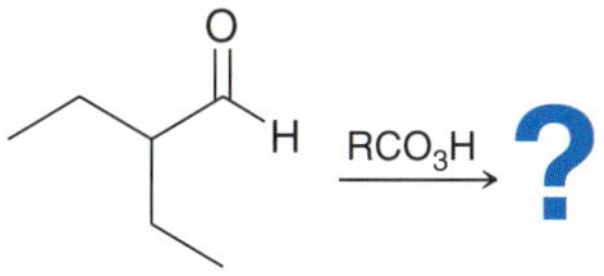

(c) 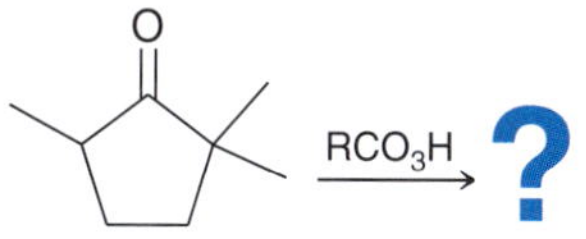

20.12 Estratégias de Síntese

Lembre-se do Capítulo 12, do Volume 1, que há duas questões principais para se perguntar quando se aborda um problema de síntese:

1. *Existe alguma variação na cadeia carbônica?*
2. *Existe alguma alteração no grupo funcional?*

Vamos nos concentrar sobre essas questões separadamente, começando com os grupos funcionais.

Interconversão de Grupos Funcionais

Nos capítulos anteriores, aprendemos a interconverter diversos grupos funcionais (Figura 20.8). As reações neste capítulo expandem o campo abrindo a fronteira para aldeídos e cetonas. Você deve ser capaz de listar os reagentes para cada transformação na Figura 20.8. Se você está tendo problemas, consulte a Figura 13.13 para ajuda. Em seguida, você deve ser capaz de fazer uma lista dos vários produtos que podem ser obtidos a partir de aldeídos e cetonas e identificar os reagentes necessários em cada caso.

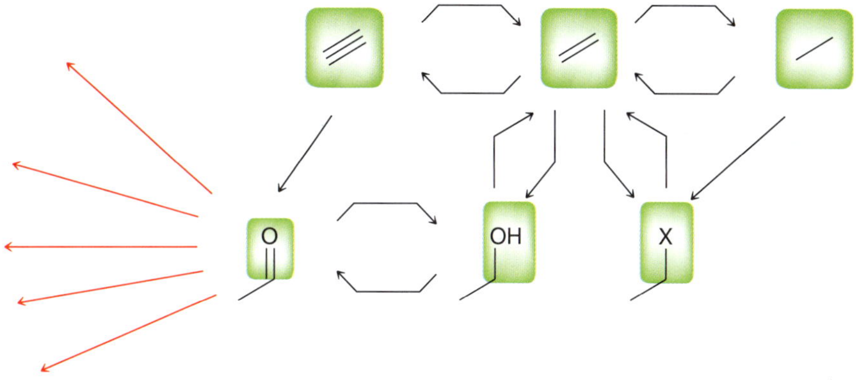

FIGURA 20.8
Grupos funcionais que podem ser interconvertidos utilizando-se as reações que foram vistas até agora.

Reações Envolvendo uma Mudança na Cadeia Carbônica

Neste capítulo, vimos três reações de formação da ligação C—C: (1) reação de Grignard, (2) formação de cianoidrina e (3) uma reação de Wittig:

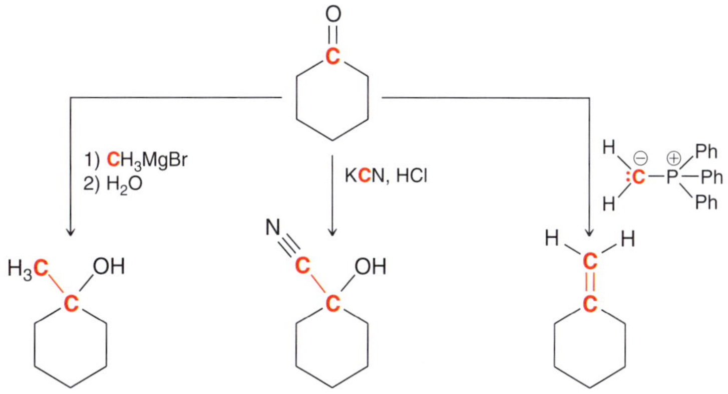

Vimos somente uma reação para quebra de uma ligação C—C: a oxidação de Baeyer-Villiger:

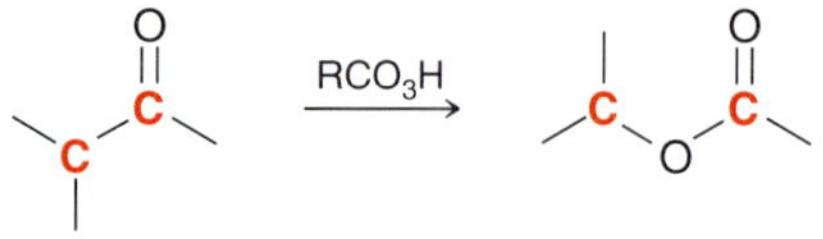

Essas quatro reações devem ser adicionadas à sua lista de reações que podem alterar uma cadeia carbônica. Vamos começar a exercitar o uso dessas reações.

DESENVOLVENDO A APRENDIZAGEM

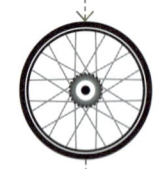

20.7 PROPONDO UMA SÍNTESE

APRENDIZAGEM Proponha uma síntese eficiente para a seguinte transformação:

SOLUÇÃO

ETAPA 1
Inspecione se há uma mudança na cadeia carbônica e/ou na identidade ou localização dos grupos funcionais.

Sempre começamos um problema de síntese fazendo as seguintes perguntas:

1. *Existe alguma variação na cadeia carbônica?* Sim. O produto tem dois átomos de carbono adicionais.
2. *Existe alguma mudança nos grupos funcionais?* Não. Tanto o material de partida quanto o produto têm uma ligação dupla exatamente na mesma posição. Se destruirmos a ligação dupla no processo de adição dos dois átomos de carbono, necessitamos ter certeza de que isso é feito de tal forma que podemos restaurar a ligação dupla.

Agora vamos considerar como podemos inserir os dois átomos de carbono adicionais. A ligação C—C vista a seguir é uma que precisa ser feita:

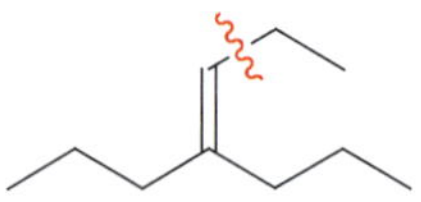

Neste capítulo, vimos três reações de formação de ligação C—C. Vamos considerar cada uma como uma possibilidade.

ETAPA 2
Quando há uma mudança na cadeia carbônica, consideram-se todas as reações que já foram estudadas até agora em que há formação da C—C e todas as reações, que já foram estudadas até agora, em que há quebra da ligação C—C.

Podemos imediatamente descartar a formação de cianoidrina, como o processo de inserção, pois esse processo insere apenas um átomo de carbono, não dois. Portanto, vamos considerar a formação da ligação C—C através de uma reação de Grignard ou através de uma reação de Wittig.

Um reagente de Grignard não vai atacar uma ligação dupla C=C, portanto, o uso de uma reação de Grignard exigiria a conversão primeiro da ligação dupla C=C em um grupo funcional que pode ser atacado por um reagente de Grignard, tal como um grupo carbonila:

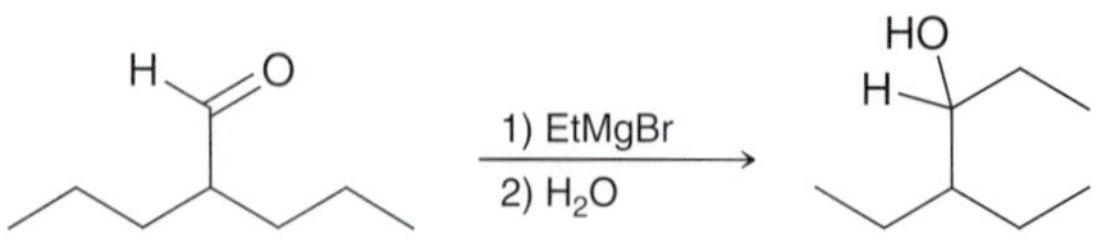

Essa reação pode, efetivamente, ser utilizada para formar a ligação C—C crucial. Para utilizar este método de formação da ligação C—C, é preciso primeiro formar o aldeído necessário, em seguida executar a reação de Grignard, e, finalmente, restaurar a ligação dupla em seu local apropriado. Isso pode ser realizado com os seguintes reagentes:

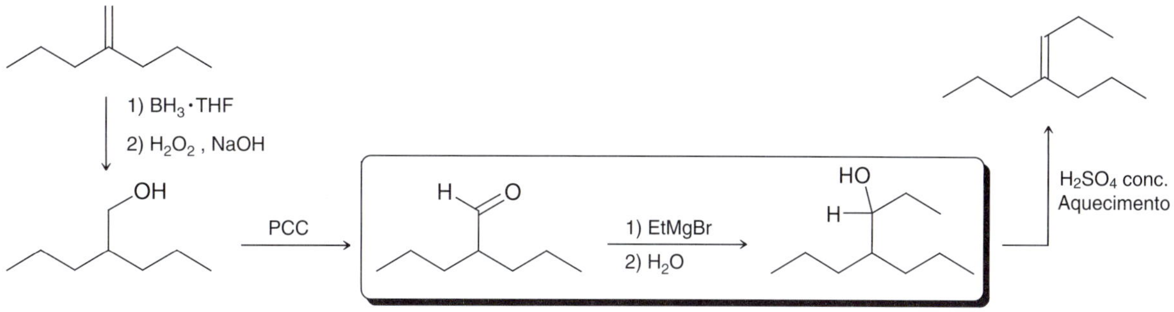

Reação de formação da ligação C—C

Isso nos proporciona um procedimento de quatro etapas, e esta resposta é certamente razoável.

Vamos agora explorar a possibilidade de propor uma síntese com uma reação de Wittig. Lembre-se de que uma reação de Wittig pode ser utilizada para formar uma ligação C=C, de modo que nós centralizamos a nossa atenção sobre a formação desta ligação:

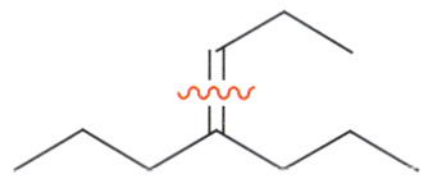

Essa ligação pode ser formada se nós começamos com uma cetona e utilizamos o seguinte reagente de Wittig:

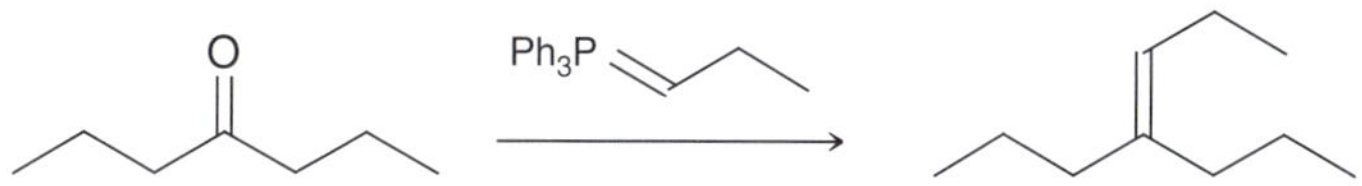

Para utilizar esta reação, é preciso primeiro formar a cetona necessária a partir do alqueno de partida:

Isso pode ser obtido com a ozonólise. Isso dá um procedimento de duas etapas para realizar a desejada transformação: ozonólise seguida por uma reação de Wittig. Esta abordagem é diferente da nossa primeira resposta. Nesta abordagem, não estamos inserindo uma cadeia de dois carbonos, mas, em vez disso, estamos em primeiro lugar expelindo um átomo de carbono e, em seguida, inserindo uma cadeia de três carbonos.

Em resumo, descobrimos dois métodos plausíveis. Ambos os métodos são aceitáveis, mas, é provável, que o método que utiliza a reação de Wittig seja mais eficiente, porque requer menos etapas.

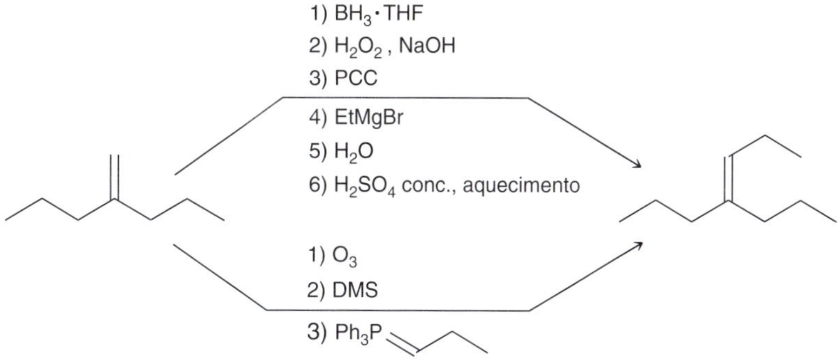

PRATICANDO o que você aprendeu

20.41 Proponha uma síntese eficiente para cada uma das seguintes transformações:

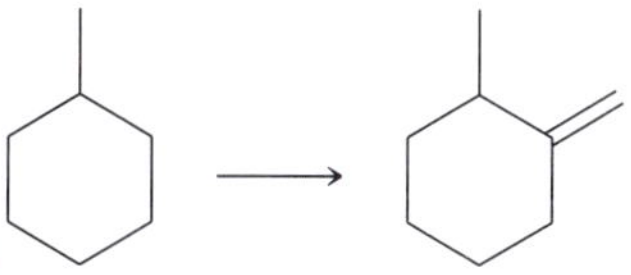

(a)

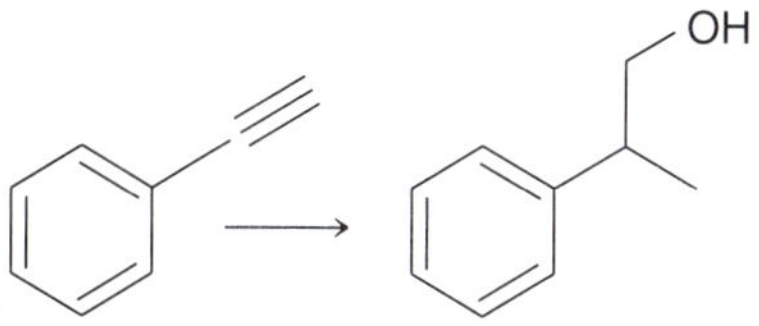

(b)

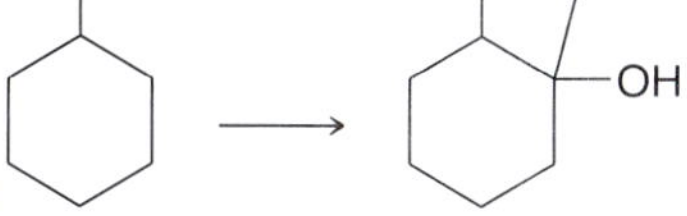

(c)

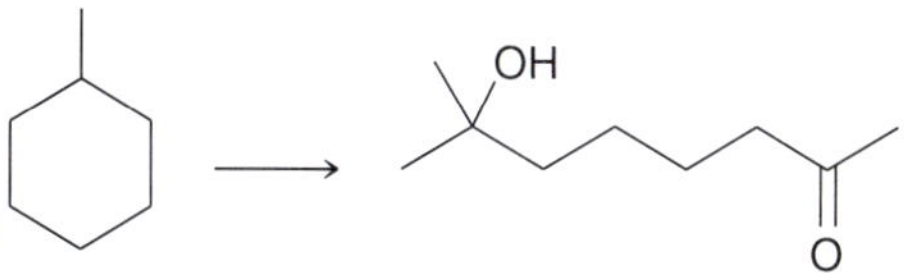

(d)

(e) 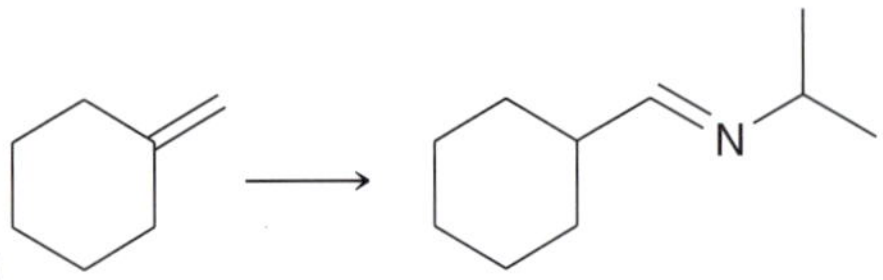

(f) 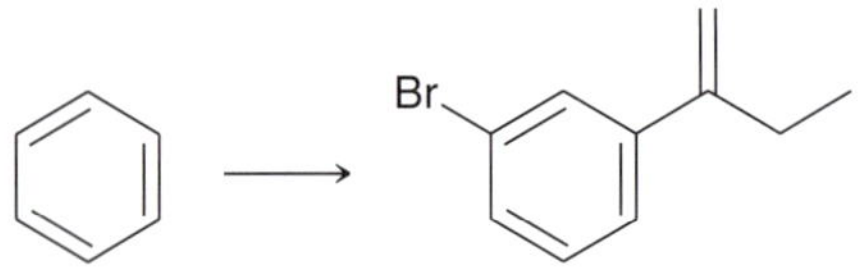

(g) 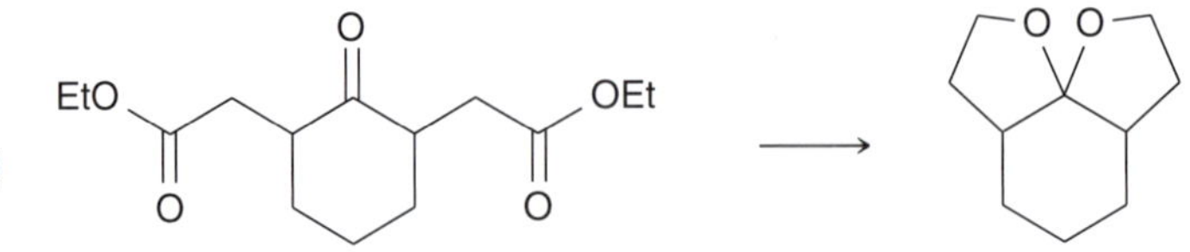

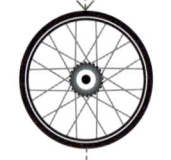

APLICANDO o que você aprendeu

20.42 Usando quaisquer substâncias de sua escolha, identifique um método para preparar cada uma das substâncias vistas a seguir. *Sua única limitação é que as substâncias utilizadas não podem ter mais do que dois átomos de carbono.* Para efeitos de contagem de átomos de carbono, pode ignorar os grupos fenila de um reagente de Wittig. Ou seja, você tem permissão para usar reagentes de Wittig.

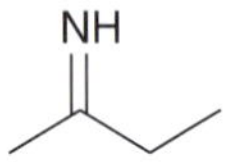
(a)

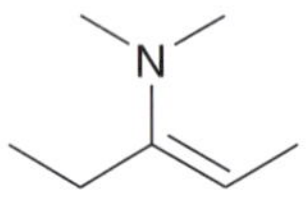
(b)

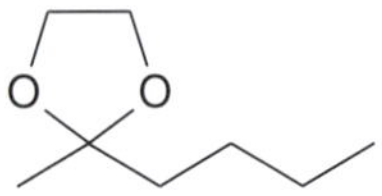
(c)

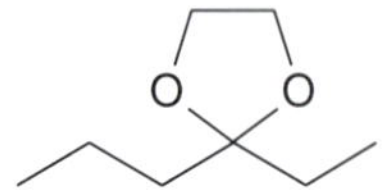
(d)

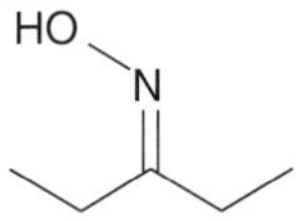
(e)

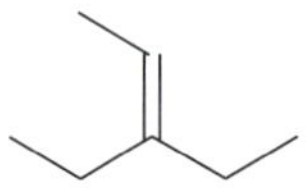
(f)

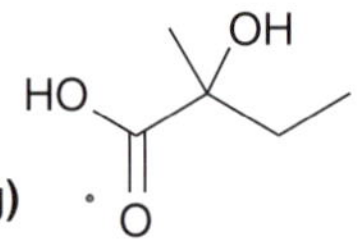
(g)

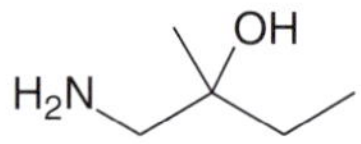
(h)

é necessário **PRATICAR MAIS?** **Tente Resolver os Problemas 20.55, 20.58, 20.67-20.69, 20.71, 20.75**

20.13 Análise Espectroscópica de Aldeídos e Cetonas

Aldeídos e cetonas apresentam vários sinais característicos em seus espectros de infravermelho (IV) e de ressonância magnética nuclear (RMN). Vamos agora resumir esses sinais característicos.

Sinais de IV

O grupo carbonila produz um sinal forte em um espectro de IV, em geral, em torno de 1715 ou 1720 cm^{-1}. No entanto, uma carbonila conjugada produzirá um sinal em um número de onda menor, como resultado da deslocalização do elétron através de efeitos de ressonância:

RELEMBRANDO
Para uma explicação desse efeito, veja a Seção 15.3.

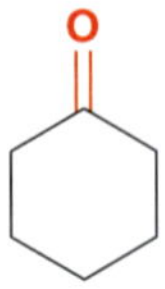
1715 cm^{-1}

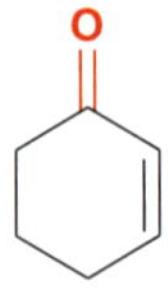
1680 cm^{-1}

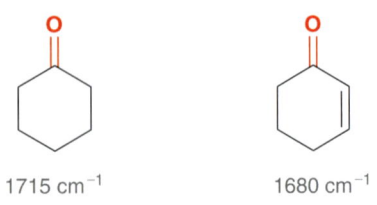

A tensão do anel tem o efeito oposto de um grupo carbonila. Ou seja, o aumento da tensão do anel tende a aumentar o número de onda de absorção:

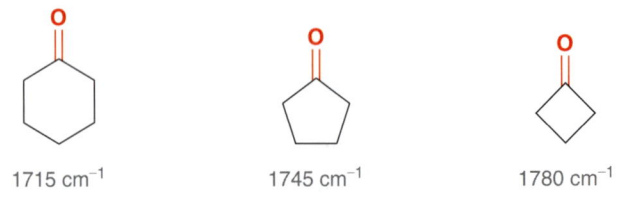

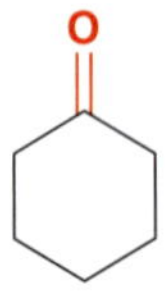
1715 cm^{-1}

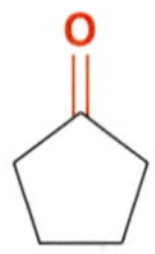
1745 cm^{-1}

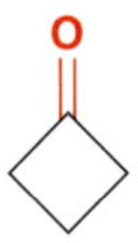
1780 cm^{-1}

Aldeídos apresentam geralmente um ou dois sinais (estiramento C—H) entre 2700 e 2850 cm^{-1} (Figura 20.9) além do estiramento C=O.

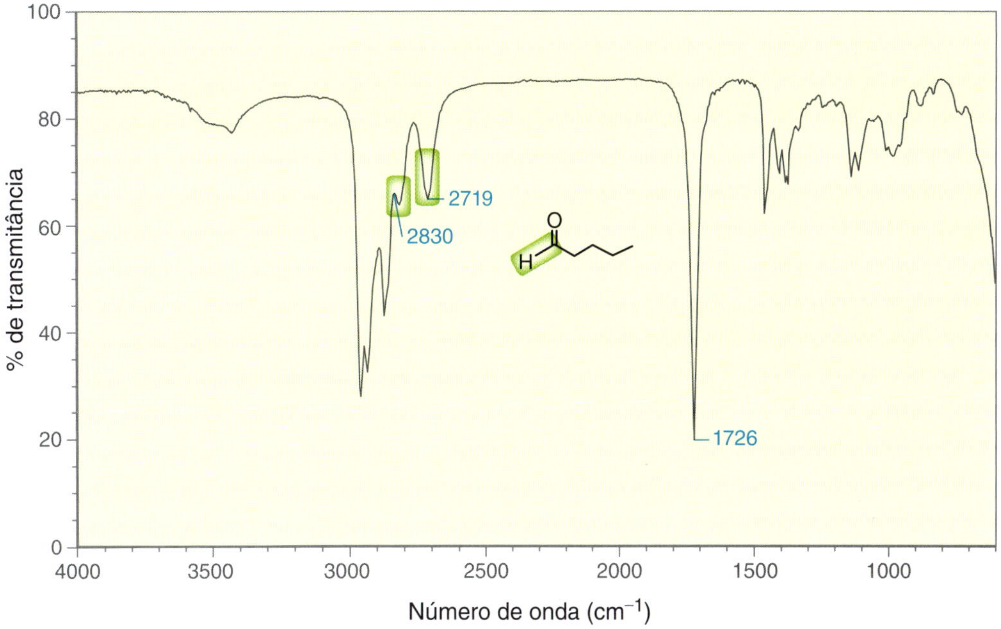

FIGURA 20.9
Um espectro de IV de um aldeído.

Sinais de RMN de ¹H

Em um espectro de RMN de ¹H, o grupo carbonila em si não produz um sinal. No entanto, tem um efeito pronunciado sobre o deslocamento químico de prótons vizinhos. Vimos na Seção 16.5 que um grupo carbonila geralmente adiciona cerca de +1 ppm para o deslocamento químico de seus vizinhos:

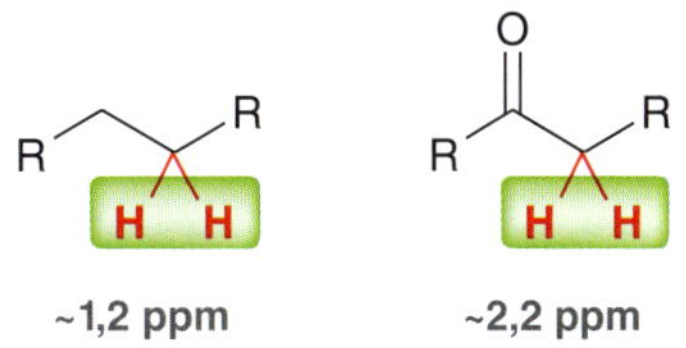

Prótons aldeídicos geralmente produzem sinais em torno de 10 ppm. Esses sinais geralmente podem ser identificados com relativa facilidade, porque poucos sinais aparecem em campo baixo em um espectro de RMN de ¹H (Figura 20.10).

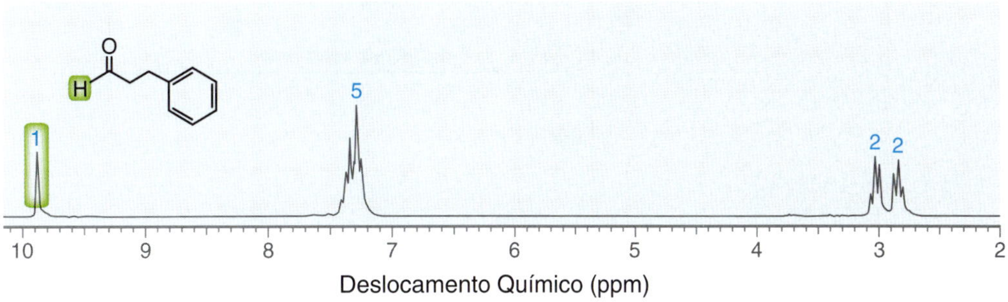

Figura 20.10
Um espectro de RMN de ¹H de um aldeído.

Sinais de RMN de ¹³C

Em um espectro de RMN de ¹³C, um grupo carbonila de uma cetona ou de um aldeído geralmente produz um sinal fraco próximo a 200 ppm. Este sinal pode ser identificado com relativa facilidade, porque poucos sinais aparecem em campo baixo em um espectro de RMN de ¹³C (Figura 20.11).

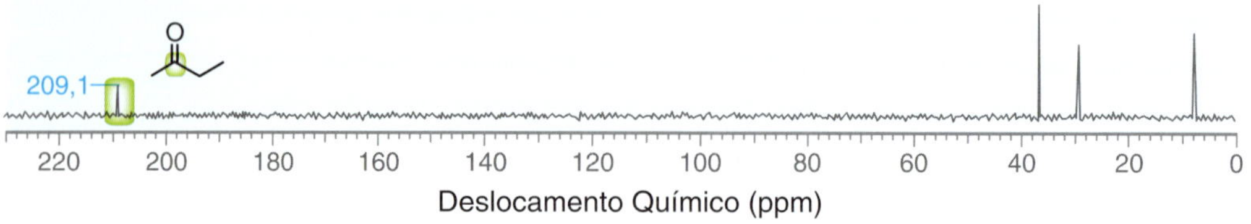

FIGURA 20.11
Um espectro de RMN de ^{13}C de uma cetona.

VERIFICAÇÃO CONCEITUAL

20.43 A substância A tem a fórmula molecular $C_{10}H_{10}O$ e apresenta um forte sinal em 1720 cm^{-1} no seu espectro de IV. O tratamento com 1,2-etanoditiol seguido por níquel de Raney proporciona o produto mostrado a seguir. Identifique a estrutura da substância A.

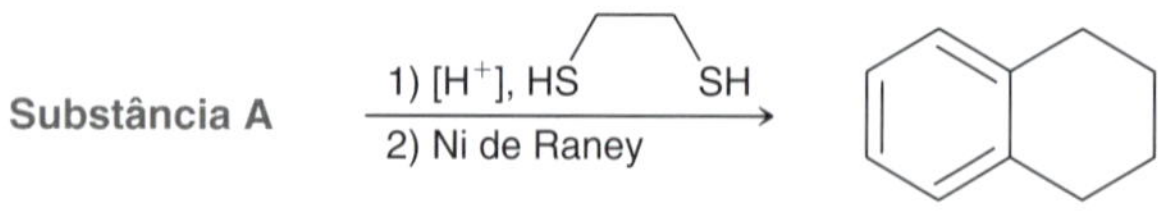

REVISÃO DE REAÇÕES

1. Formação de Hidrato
2. Formação de Acetal
3. Formação de Acetal Cíclico
4. Formação de Tioacetal Cíclico
5. Dessulfurização
6. Formação de Imina
7. Formação de Enamina
8. Formação de Oxima
9. Formação de Hidrazona
10. Redução de Wolff-Kishner
11. Redução de uma Cetona
12. Reação de Grignard
13. Formação de Cianoidrina
14. Reação de Wittig
15. Oxidação de Baeyer-Villiger

REAÇÕES SINTETICAMENTE ÚTEIS

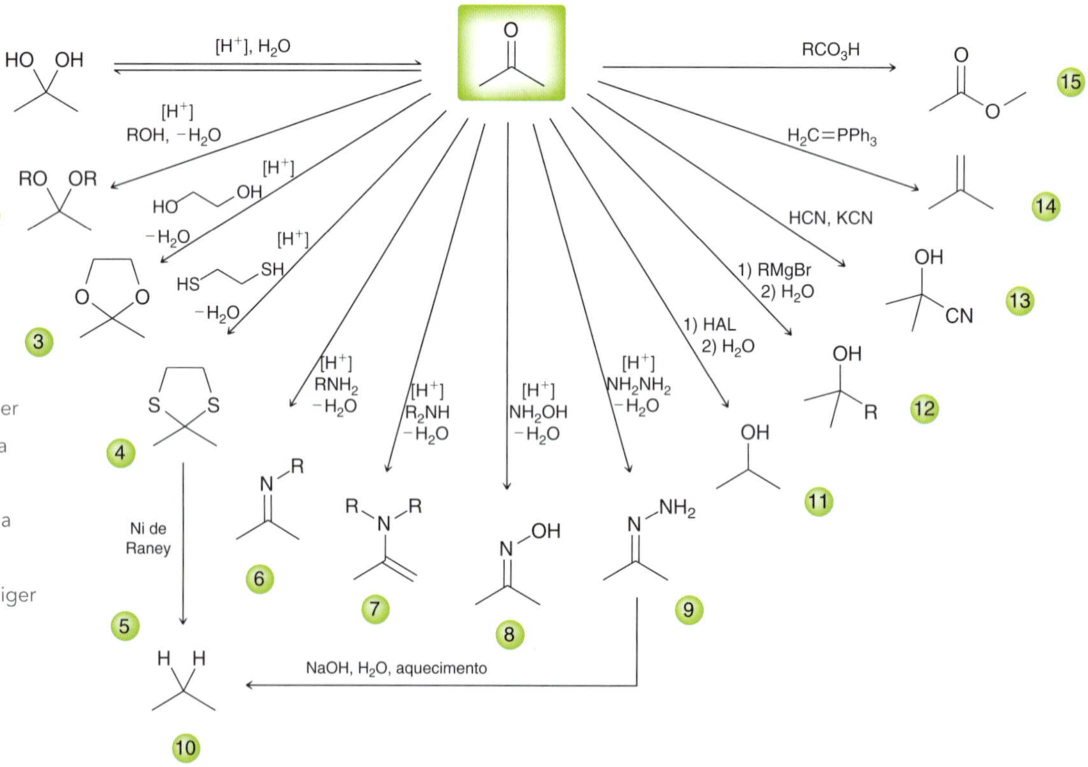

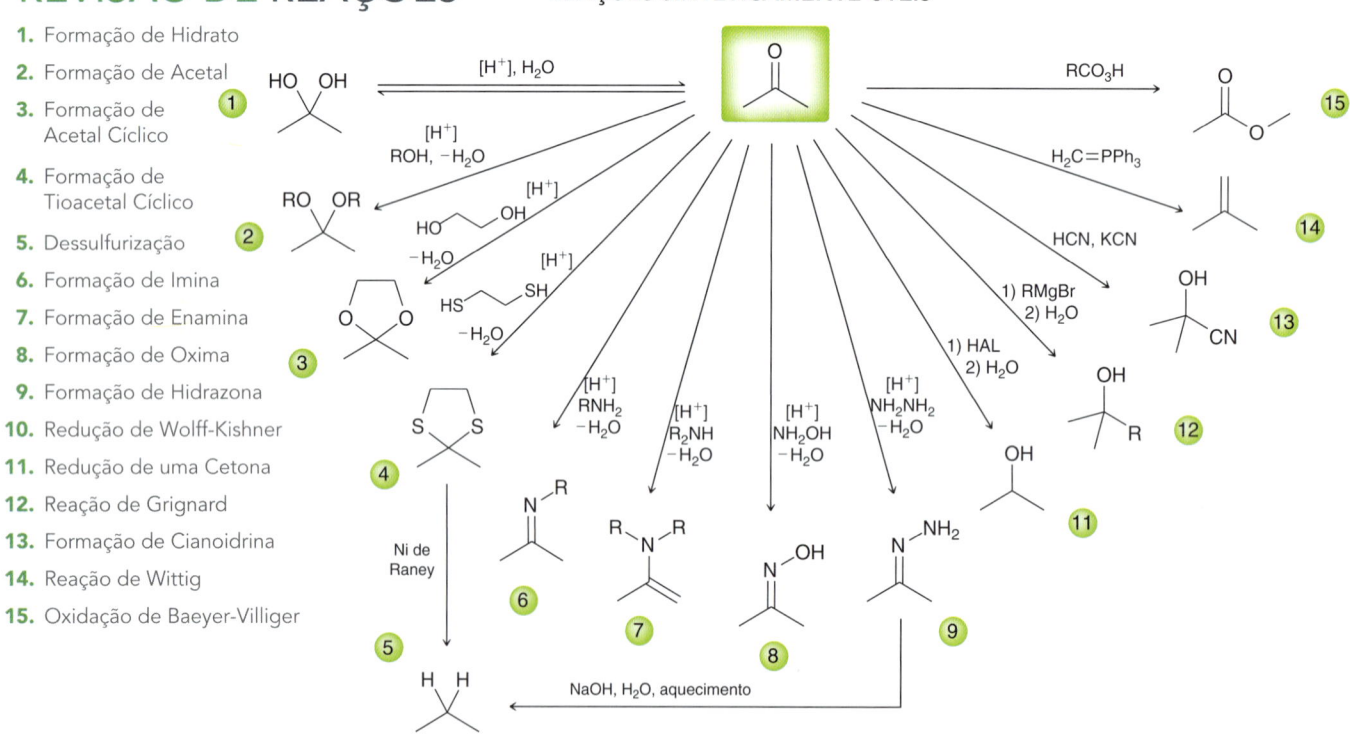

REVISÃO DE CONCEITOS E VOCABULÁRIO

SEÇÃO 20.1

- Tanto os aldeídos quanto as cetonas contêm um **grupo carbonila**, e ambos são comuns na natureza e na indústria e ocupam um papel central na química orgânica.

SEÇÃO 20.2

- O sufixo "-al" indica um grupo aldeídico, e o sufixo "-ona" é usado para cetonas.
- Na nomenclatura de aldeídos e cetonas, devem ser atribuídos localizadores de modo a dar ao grupo carbonila o menor número possível.

SEÇÃO 20.3

- Aldeídos podem ser preparados por oxidação de álcoois primários, ozonólise de alquenos, ou hidroboração-oxidação de alquinos terminais.

- As cetonas podem ser preparadas por oxidação de álcoois secundários, ozonólise de alquenos, hidratação de alquinos terminais catalisada por ácido, ou acilação de Friedel-Crafts.

SEÇÃO 20.4

- A eletrofilicidade de um grupo carbonila deriva dos efeitos de ressonância bem como dos efeitos indutivos.
- Aldeídos são mais reativos do que cetonas como resultado de efeitos estéricos e efeitos eletrônicos.
- Um mecanismo geral para a adição nucleofílica em condições básicas envolve duas etapas:
  1. Ataque nucleofílico.
  2. Transferência de próton.
- A posição de equilíbrio é dependente da capacidade do nucleófilo se comportar como um grupo de saída.

SEÇÃO 20.5

- Quando um aldeído ou uma cetona é tratado com água, o grupo carbonila pode ser convertido em um **hidrato**. O equilíbrio favorece geralmente o grupo carbonila, exceto no caso de aldeídos muito simples ou cetonas com substituintes que são fortes retiradores de elétrons.
- Em condições ácidas, um mecanismo só será razoável se ele evita o uso ou a formação de bases fortes (somente bases fracas podem ser utilizadas).
- Em condições alcalinas, um mecanismo só será razoável se ele evita o uso ou a formação de ácidos fortes (somente ácidos fracos podem ser utilizados).
- Em condições ácidas, um aldeído ou uma cetona reage com duas moléculas de álcool para formar um **acetal**.
- Na presença de um ácido, o grupo carbonila é protonado para formar um eletrófilo muito potente.
- O mecanismo para a formação de acetal pode ser dividido em duas partes:
  1. As três primeiras etapas produzem um **hemiacetal**.
  2. As quatro últimas etapas convertem o hemiacetal em um acetal.
- Para muitos aldeídos simples, o equilíbrio favorece a formação do acetal; no entanto, para a maioria das cetonas, o equilíbrio favorece os reagentes em vez dos produtos.
- Um aldeído ou uma cetona reage com uma molécula de um diol para formar um acetal cíclico.
- A reversibilidade da formação de acetais permite que eles se comportem como grupos de proteção para cetonas ou aldeídos. Os acetais são estáveis sob condições fortemente básicas.
- Hemiacetais geralmente são difíceis de ser isolados a menos que sejam cíclicos.

SEÇÃO 20.6

- Em condições ácidas, um aldeído ou uma cetona reage com uma amina primária para formar uma **imina**.
- As três primeiras etapas na formação de imina produzem uma **carbinolamina**, e as três últimas etapas convertem a carbinolamina em uma imina.
- Muitas substâncias diferentes da forma RNH_2 reagem com aldeídos e cetonas, como, por exemplo:
  1. Quando hidrazina é utilizada como um nucleófilo (NH_2NH_2), é formada uma **hidrazona**.
  2. Quando hidroxilamina é utilizada como nucleófilo (NH_2OH), é formada uma **oxima**.
- Em condições ácidas, um aldeído ou uma cetona reage com uma amina secundária para formar uma **enamina**. O mecanismo de formação de enamina é idêntico ao mecanismo de formação de imina, exceto para a última etapa.
- Na **redução de Wolff-Kishner**, a hidrazona é reduzida a um alcano em condições fortemente básicas.

SEÇÃO 20.7

- A **hidrólise** de acetais, iminas e enaminas sob condições ácidas produz cetonas ou aldeídos.

SEÇÃO 20.8

- Em condições ácidas, um aldeído ou uma cetona reage com dois equivalentes de um tiol para formar um **tioacetal**. Se uma substância com dois grupos SH é utilizada, forma-se um tioacetal cíclico.
- Quando tratados com níquel de Raney, tioacetais sofrem **dessulfurização** para produzir um grupo metileno.

SEÇÃO 20.9

- Quando tratados com um agente de redução constituído por um hidreto, tal como o hidreto de alumínio e lítio (HAL) ou o boro-hidreto de sódio ($NaBH_4$), aldeídos e cetonas são reduzidos a álcoois.
- A redução de um grupo carbonila com HAL ou $NaBH_4$ não é um processo reversível, porque o hidreto não se comporta como um grupo de saída.

SEÇÃO 20.10

- Quando tratados com um agente de Grignard, aldeídos e cetonas são convertidos em álcoois, acompanhados pela formação de uma nova ligação C—C.
- Reações de Grignard não são reversíveis porque carbânions não se comportam como grupos de saída.
- Quando tratado com cianeto de hidrogênio (HCN), aldeídos e cetonas são convertidos em **cianoidrinas**. Para a maioria dos aldeídos e cetonas sem impedimento estérico, o equilíbrio favorece a formação da cianoidrina.
- A **reação de Wittig** pode ser utilizada para converter uma cetona em um alqueno. O **reagente de Wittig** que realiza esta transformação é chamado de **ilídeo de fósforo**.
- O mecanismo de uma reação de Wittig envolve a formação inicial de um **oxafosfetano**, que sofre rearranjo para dar o produto.
- A preparação de reagentes de Wittig envolve uma reação S_N2, e se aplicam as restrições habituais dos processos S_N2.

SEÇÃO 20.11

- A **oxidação de Baeyer-Villiger** converte uma cetona em um éster através da inserção de um átomo de oxigênio ao lado do grupo carbonila. Cetonas cíclicas produzem ésteres cíclicos chamados de **lactonas**.
- Quando uma cetona assimétrica é tratada com um peroxiácido, a formação do éster é regiosseletiva, e o produto é determinado pela **aptidão migratória** de cada grupo próximo à carbonila.

SEÇÃO 20.12

- Este capítulo explorou três reações de formação de ligação C—C: (1) reação de Grignard, (2) formação de cianoidrina e (3) reação de Wittig.

- Este capítulo explorou apenas uma reação de quebra de ligação C—C: a oxidação de Baeyer-Villiger.

SEÇÃO 20.13

- Os grupos carbonila produzem um forte sinal de IV por volta de 1715 cm^{-1}. Uma carbonila conjugada produz um sinal em um número de onda menor, enquanto a tensão de anel aumenta o número de onda de absorção.
- Ligações C—H aldeídicas apresentam um ou dois sinais entre 2700 e 2850 cm^{-1}.
- Em um espectro de RMN de ^{1}H, um grupo carbonila adiciona aproximadamente +1 ppm para o deslocamento químico dos seus vizinhos, e um protón aldeídico produz um sinal em torno de 10 ppm.
- Em um espectro de RMN de ^{13}C, um grupo carbonila produz um sinal fraco perto de 200 ppm.

REVISÃO DE DESENVOLVENDO A APRENDIZAGEM

20.1 NOMEANDO ALDEÍDOS E CETONAS

ETAPA 1 Escolha da cadeia mais longa contendo o grupo carbonila e numeração da cadeia iniciando na extremidade mais próxima do grupo carbonila.

ETAPAS 2 E 3 Identifique os substituintes e atribua os localizadores.

ETAPA 4 Distribua os substituintes alfabeticamente.

ETAPA 5 Atribua a configuração de quaisquer centros de quiralidade.

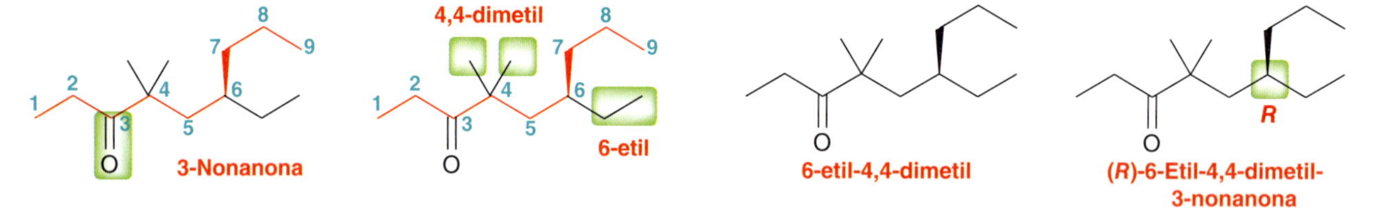

Tente Resolver os Problemas **20.1-20.4, 20.44-20.49**

20.2 REPRESENTAÇÃO DO MECANISMO DE FORMAÇÃO DE ACETAL

ETAPA 1 Represente as três etapas necessárias para a formação do hemiacetal.

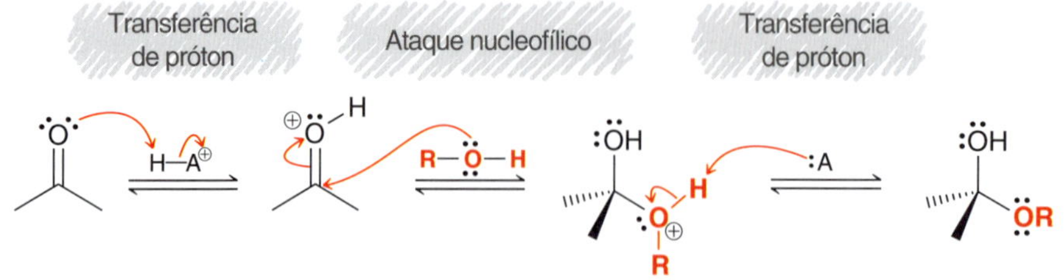

COMENTÁRIOS
- Cada etapa tem duas setas curvas. Represente-as precisamente.
- Não esqueça as cargas.
- Represente cada etapa separadamente.

ETAPA 2 Represente as quatro etapas que convertem o hemiacetal em um acetal.

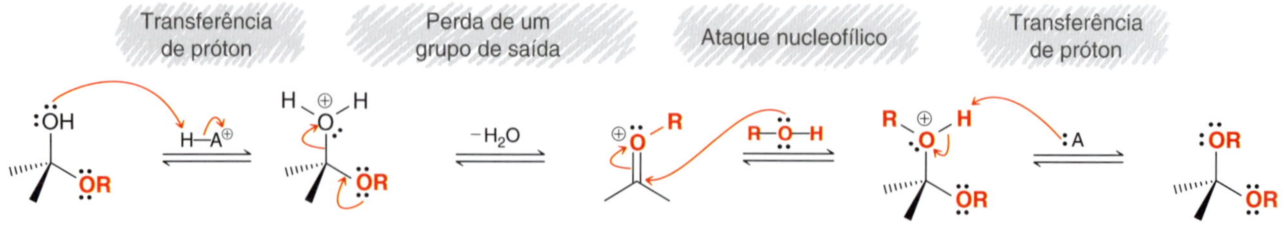

Tente Resolver os Problemas **20.8-20.10, 20.57, 20.62, 20.67**

20.3 REPRESENTAÇÃO DO MECANISMO DE FORMAÇÃO DE IMINA

ETAPA 1 Represente as três etapas necessárias para formação da carbinolamina.

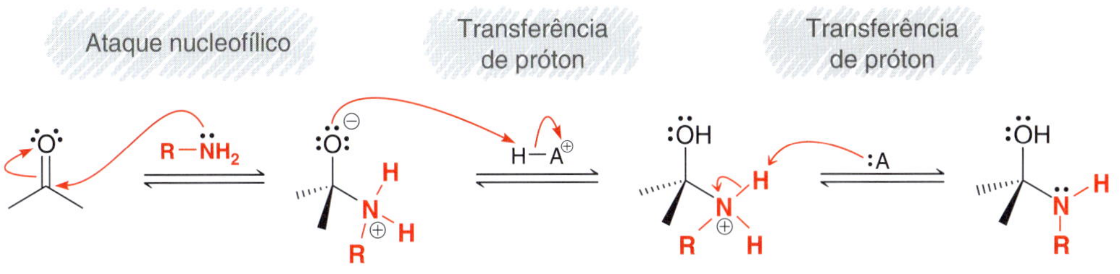

ETAPA 2 Represente as três etapas que convertem a carbinolamina em uma imina.

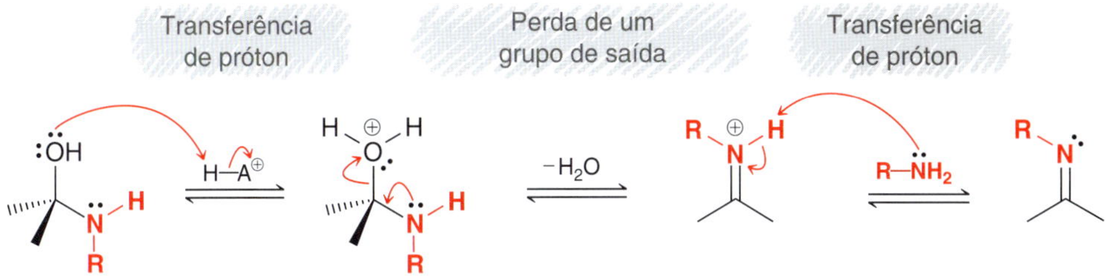

COMENTÁRIOS
- Cada etapa tem duas setas curvas. Tenha certeza de representá-las precisamente.
- Não se esqueça das cargas positivas.
- Represente cada etapa separadamente seguindo a ordem precisa de etapas.

Tente Resolver os Problemas **20.15-20.18, 20.72**

20.4 REPRESENTAÇÃO DO MECANISMO DE FORMAÇÃO DE UMA ENAMINA

ETAPA 1 Represente as três etapas necessárias para a formação da carbinolamina.

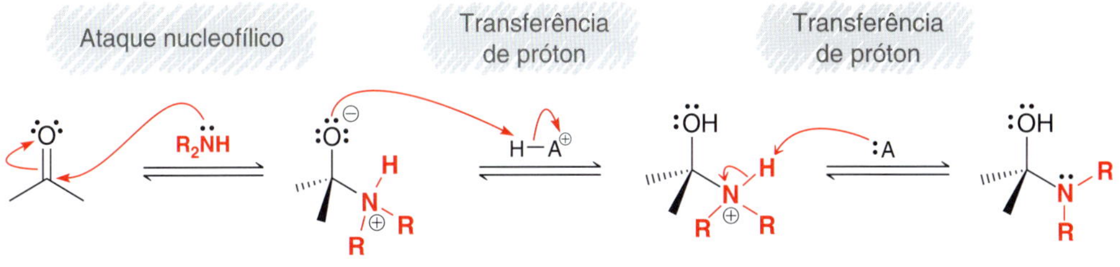

ETAPA 2 Represente as três etapas que convertem a carbinolamina em uma enamina.

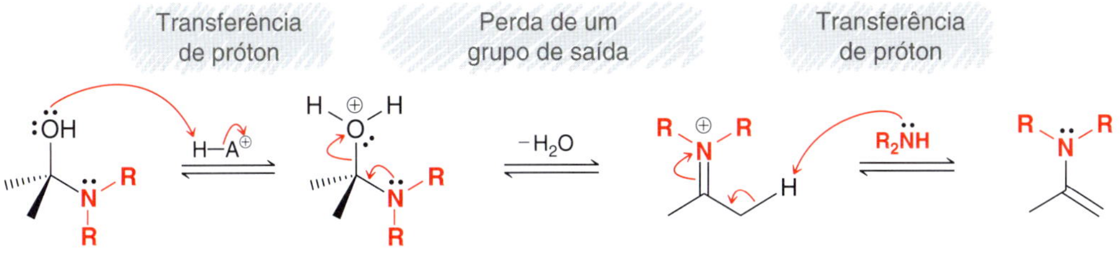

COMENTÁRIOS
- Cada etapa tem duas setas curvas. Certifique-se de colocá-las com precisão.
- Não se esqueça das cargas positivas.
- Cada etapa tem que ser representada separadamente seguindo a ordem exata das etapas.

Tente Resolver os Problemas **20.21-20.24, 20.64, 20.65a, 20.66e, 20.75g**

20.5 REPRESENTAÇÃO DOS PRODUTOS DE UMA REAÇÃO DE HIDRÓLISE

EXEMPLO Representação dos produtos esperados quando a seguinte substância é tratada com solução aquosa ácida:

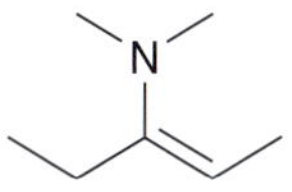

ETAPA 1 Identifique a(s) ligação(ões) que se espera que sofra(m) rompimento.

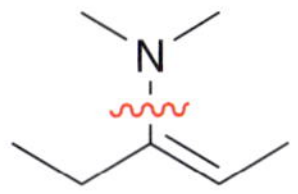

ETAPA2 Identifique o átomo de carbono que se tornará um grupo carbonila.

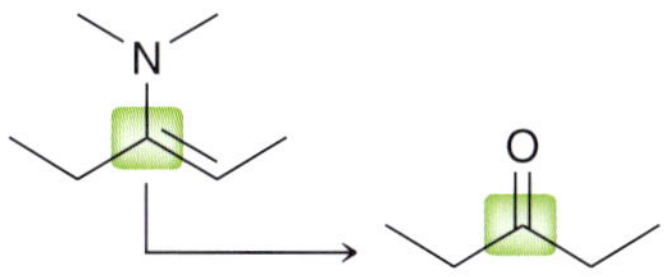

ETAPA 3 Determine a identidade do(s) outro(s) fragmento(s).

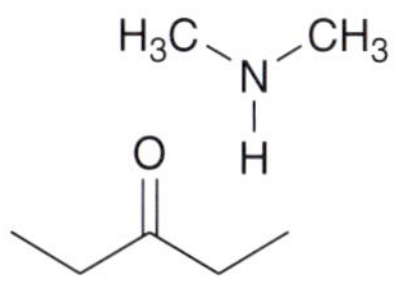

Tente Resolver os Problemas **20.26, 20.27, 20.63, 20.64**

20.6 PLANEJAMENTO DE UMA SÍNTESE DE ALQUENO COM UMA REAÇÃO DE WITTIG

EXEMPLO Identifique os reagentes que você usaria para preparar esta substância através de uma reação de Wittig.

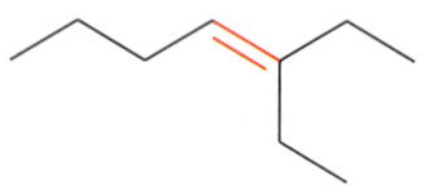

ETAPA 1 Determine, utilizando uma análise retrossintética, os dois conjuntos de reagentes possíveis que podem ser usados para formar a ligação C=C.

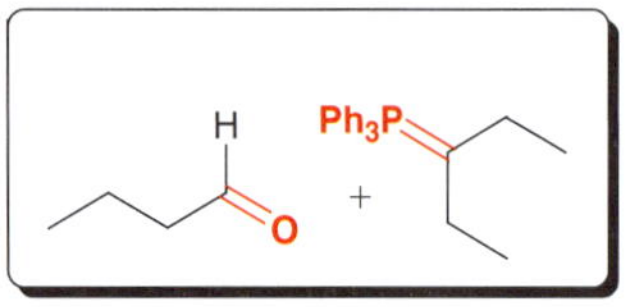

Método 1

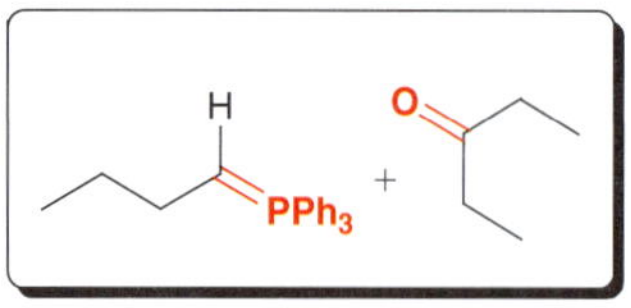

Método 2

ETAPA 2 Considere como você obteria cada um dos possíveis reagentes de Wittig e determine qual o método que envolve o haleto de alquila menos substituído.

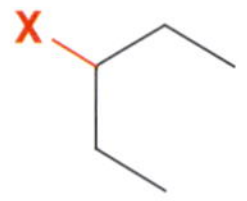

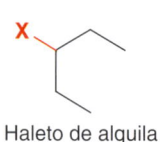

Haleto de alquila secundário

Haleto de alquila primário (Sofrerá S_N2 mais facilmente)

Tente Resolver os Problemas **20.37-20.39, 20.51-20.53**

20.7 PROPONDO UMA SÍNTESE

ETAPA 1 Começamos perguntando as duas questões vistas a seguir:
1. Existe uma mudança na cadeia carbônica?
2. Existe uma mudança nos grupos funcionais?

ETAPA 2 Se houver uma mudança na cadeia carbônica, considere todas as reações de formação de ligação C–C e todas as reações de quebra de ligaçãos C–C que estudamos até agora
Reações de formação de ligação C–C neste capítulo
- Reação de Grignard
- Formação de cianoidrina
- Reação de Wittig

Reações de quebra de ligação C–C neste capítulo
- Oxidação de Baeyer-Villiger

CONSIDERAÇÕES
Lembre-se de que o produto desejado deve ser o produto principal da sua síntese proposta.
Certifique-se de que o resultado regioquímico de cada etapa está correto.
Sempre pense para trás (análise retrossintética) bem como para a frente, e depois tente preencher as lacunas.
A maioria dos problemas de síntese terá várias respostas corretas. Não pense que você tem que encontrar a "única" resposta correta.

Tente Resolver os Problemas **20.41, 20.42, 20.55, 20.58, 20.67-20.69, 20.71, 20.75**

PROBLEMAS PRÁTICOS

20.44 Forneça um nome sistemático (IUPAC) para cada uma das substâncias que são vistas a seguir:

(a) 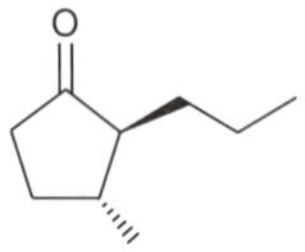

(b) 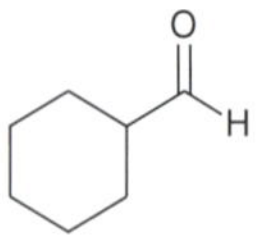

(c) 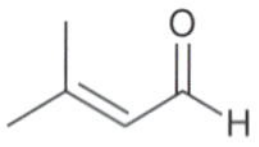

(d) 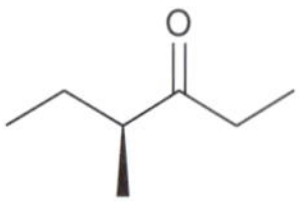

20.45 Represente a estrutura de cada uma das substâncias que são vistas a seguir:

(a) propanodiol

(b) 4-fenilbutanal

(c) (*S*)-3-fenilbutanal

(d) 3,3,5,5-tetrametil-4-heptanona

(e) (*R*)-3-hidroxipentanal

(f) *meta*-hidroxiacetofenona

(g) 2,4,6-trinitrobenzaldeído

(h) tribromoacetaldeído

(i) (3*R*,4*R*)-3,4-di-hidroxi-2-pentanona

20.46 Represente todos os aldeídos com fórmula molecular C_4H_8O que são isômeros constitucionais. Forneça um nome sistemático (IUPAC) para cada isômero.

20.47 Represente todos os aldeídos com fórmula molecular $C_5H_{10}O$ que são isômeros constitucionais. Forneça um nome sistemático (IUPAC) para cada isômero. Qual desses isômeros possui um centro de quiralidade?

20.48 Represente todas as cetonas com fórmula molecular $C_6H_{12}O$ que são isômeros constitucionais. Forneça um nome sistemático (IUPAC) para cada isômero.

20.49 Explique por que o nome IUPAC de uma substância é improvável de ter o sufixo "-1-ona".

25.50 Para cada par de substâncias visto a seguir, identifique qual a substância que é esperada reagir mais rapidamente com um nucleófilo:

(a) 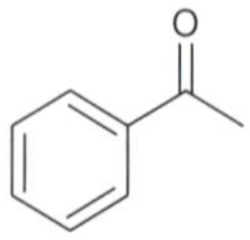 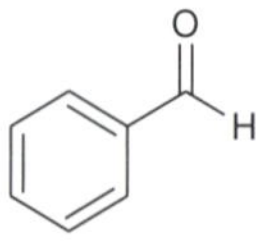

(b) 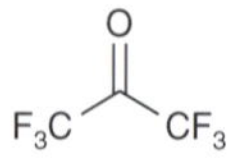 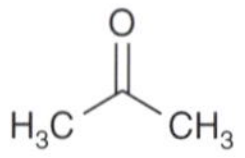

20.51 Represente os produtos de cada uma das reações de Wittig vistas a seguir. Se dois estereoisômeros são possíveis, represente-os.

(a) 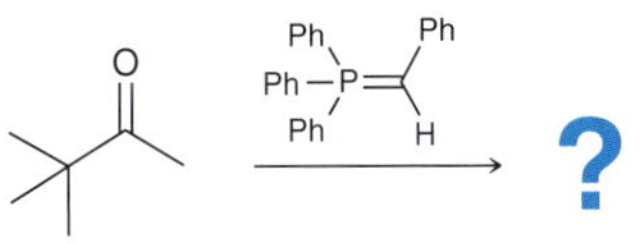

(b) 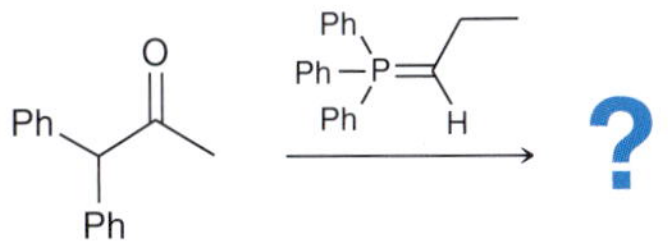

20.52 Represente a estrutura do haleto de alquila necessário para preparar cada um dos reagentes de Wittig vistos a seguir e, em seguida, determine qual o reagente de Wittig que será mais difícil de preparar. Explique sua escolha.

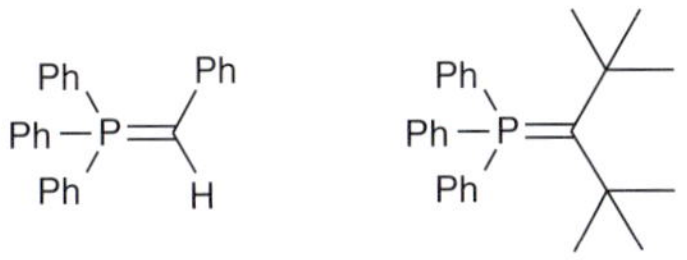

20.53 Mostre como uma reação de Wittig pode ser utilizada para preparar cada uma das substâncias vistas a seguir. Em cada caso, mostre também a forma como o reagente de Wittig seria preparado.

(a) 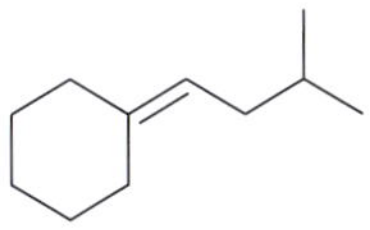

(b) 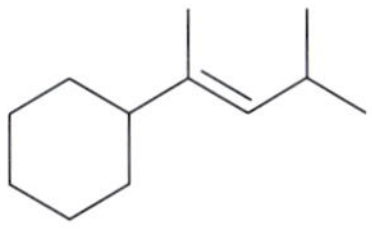

20.54 Escolha um reagente de Grignard e uma cetona, que podem ser usados para produzir cada uma das seguintes substâncias:

(a) 3-metil-3-pentanol
(b) l-etilciclo-hexanol
(c) trifenilmetanol
(d) 5-fenil-5-nonanol

20.55 Você está trabalhando em um laboratório e recebe a tarefa de converter ciclopenteno em 1,5-pentanodiol. O seu primeiro pensamento é simplesmente executar uma ozonólise seguida por redução com HAL, mas o seu laboratório não está equipado para uma reação de ozonólise. Sugira um método alternativo para a conversão de ciclopenteno em 1,5-pentanodiol. Para obter ajuda, consulte a Seção 13.4 (redução de ésteres formando alcoóis).

20.56 Preveja o(s) principal(is) produto(s) a partir do tratamento da acetona com as seguintes substâncias:

(a) $[H^+]$, NH_3, $(-H_2O)$
(b) $[H^+]$, CH_3NH_2, $(-H_2O)$
(c) $[H^+]$, EtOH em excesso, $(-H_2O)$
(d) $[H^+]$, $(CH_3)_2NH$, $(-H_2O)$
(e) $[H^+]$, NH_2NH_2, $(-H_2O)$
(f) $[H^+]$, NH_2OH, $(-H_2O)$
(g) $NaBH_4$, MeOH
(h) MCPBA
(i) HCN, KCN
(j) EtMgBr seguido por H_2O
(k) $(C_6H_5)_3P{=}CHCH_2CH_3$
(l) LAH seguido por H_2O

20.57 Proponha um mecanismo plausível para a seguinte transformação:

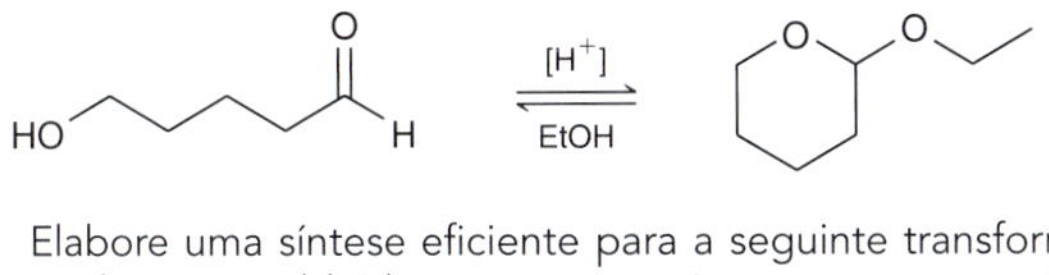

20.58 Elabore uma síntese eficiente para a seguinte transformação (lembre-se de que os aldeídos são mais reativos que as cetonas):

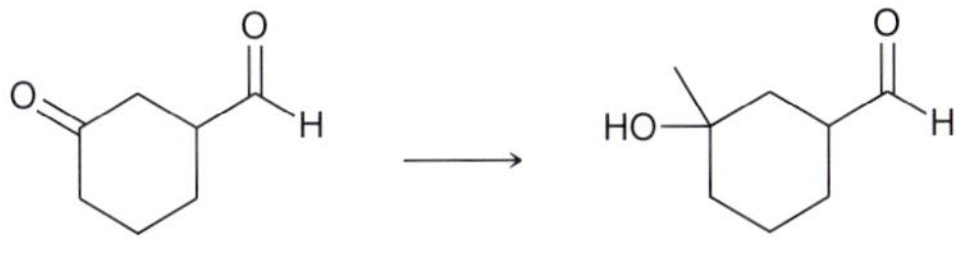

20.59 O tratamento de catecol com formaldeído na presença de um catalisador ácido produz uma substância com fórmula molecular $C_7H_6O_2$. Represente a estrutura deste produto.

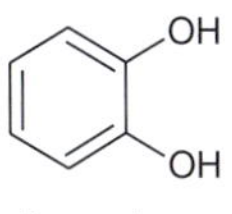

Catecol

20.60 Preveja o(s) principal(is) produto(s) de cada uma das reações vistas a seguir.

(a) 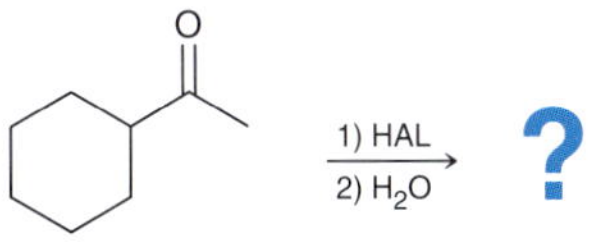

(b) 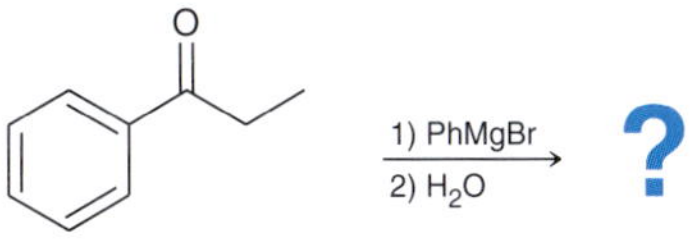

(c) 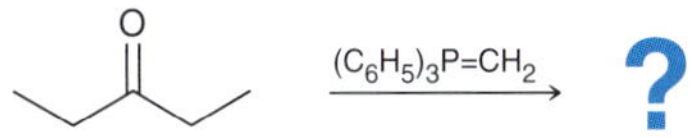

20.61 Começando com a ciclopentanona e usando quaisquer outros reagentes de sua escolha, identifique como você se prepararia cada uma das seguintes substâncias:

(a) 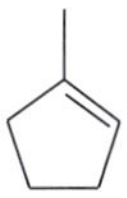
(b) 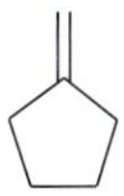
(c) 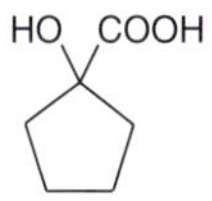
(d) 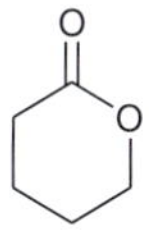

20.62 O glutaraldeído é um agente germicida que algumas vezes é utilizado para esterilizar equipamentos médicos demasiadamente sensíveis para serem aquecidos em uma autoclave. Em condições ligeiramente ácidas, glutaraldeído existe em uma forma cíclica (a seguir à direita). Represente um mecanismo plausível para essa transformação.

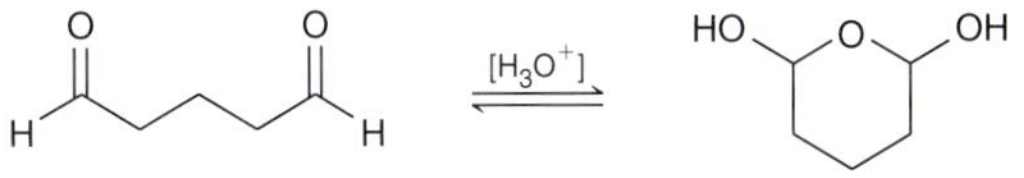

Glutaraldeído

20.63 Preveja o(s) principal(is) produto(s) obtido(s) quando cada uma das seguintes substâncias sofre hidrólise na presença de H_3O^+:

(a) 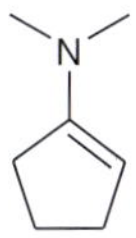
(b) 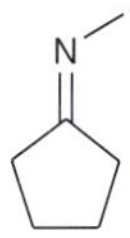
(c) 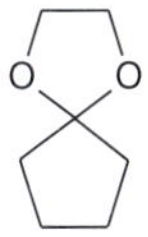
(d) 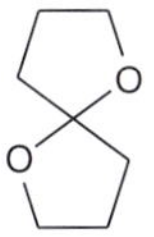
(e) 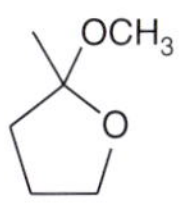

20.64 Identifique todos os produtos formados quando a substância vista a seguir é tratada com ácido em meio aquoso:

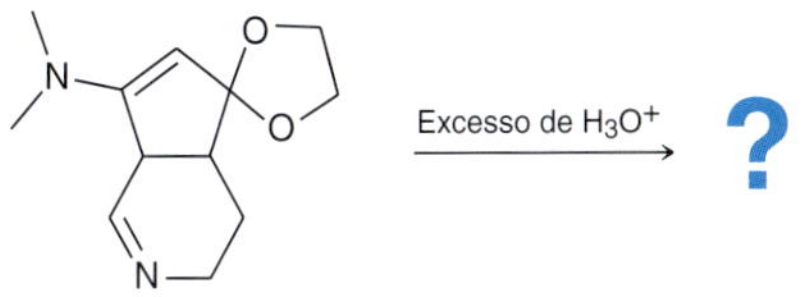

20.65 Represente um mecanismo plausível para cada uma das seguintes transformações:

(a) 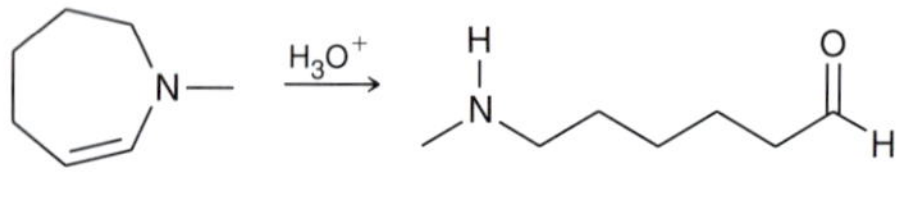

(b) 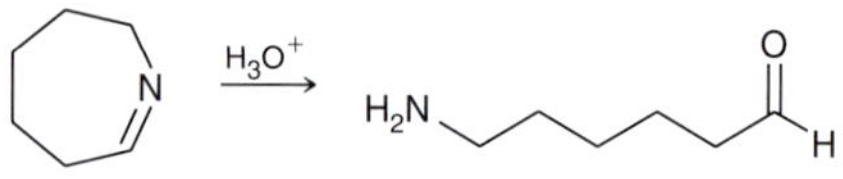

(c) 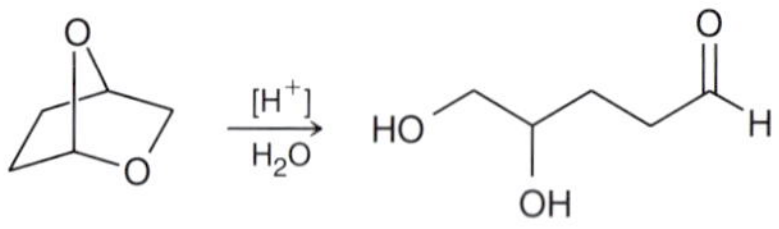

20.66 Preveja o(s) principal(is) produto(s) para cada uma das seguintes reações:

(a) 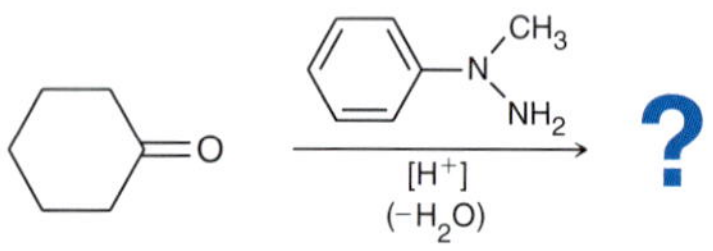

(b) 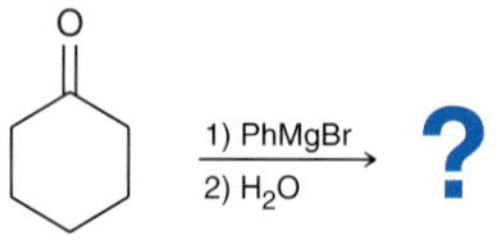

(c) 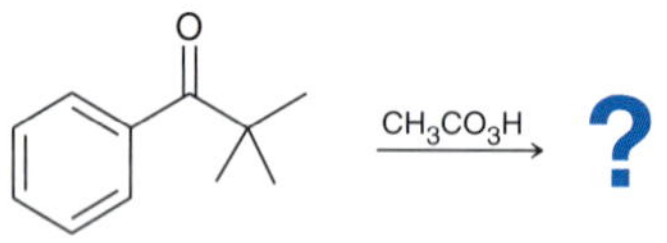

(d) 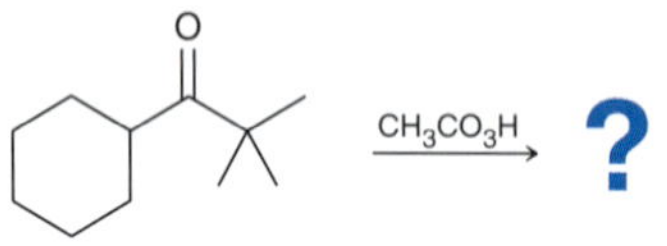

(e) 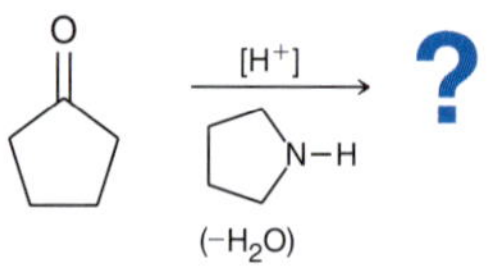

(f) 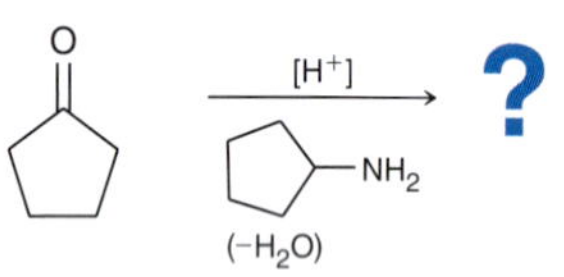

20.67 Identifique os materiais de partida necessários para fazer cada um dos seguintes acetais:

(a) 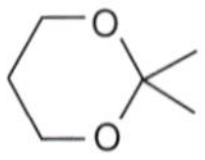

(b) 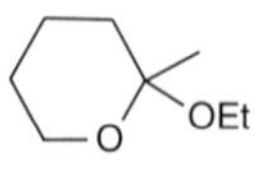

(c) 

20.68 Utilizando etanol como sua única fonte de átomos de carbono, imagine uma síntese para a seguinte substância:

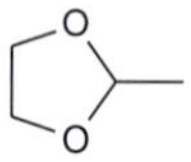

20.69 Proponha uma síntese eficiente para cada uma das seguintes transformações:

(a) 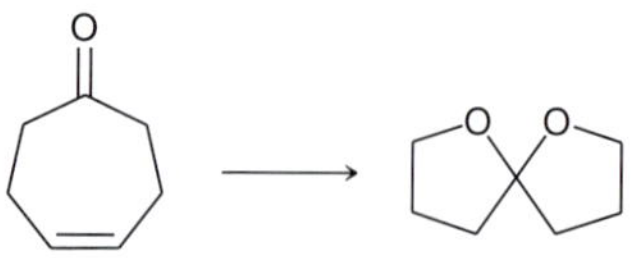

(b) 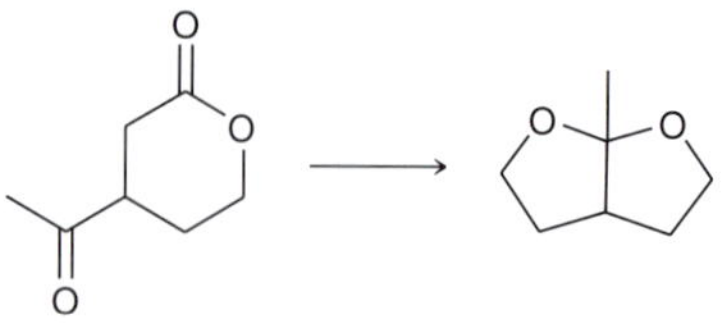

20.70 Acredita-se que a substância vista a seguir é uma feromona de vespa. Represente o produto principal formado quando essa substância é hidrolisada em ácido aquoso.

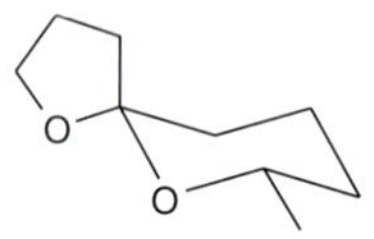

20.71 Proponha uma síntese eficiente para cada uma das seguintes transformações:

(a) 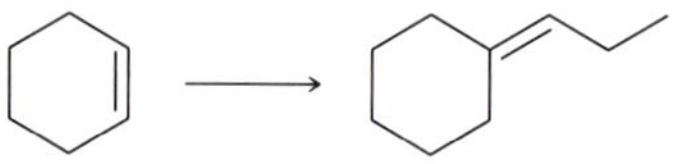

(b) 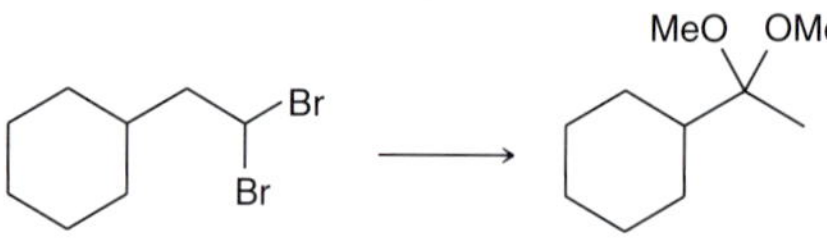

(c) 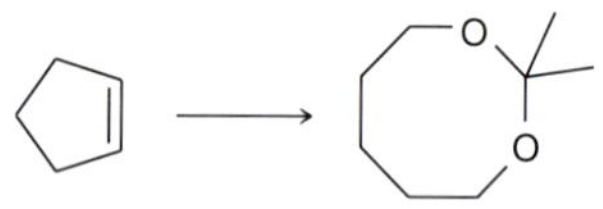

20.72 Represente um mecanismo plausível para a seguinte transformação:

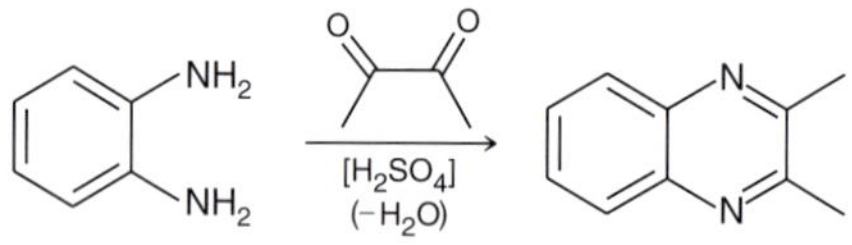

20.73 Quando ciclo-hexanona é tratada com H_2O, estabelece-se um equilíbrio entre a ciclo-hexanona e o seu hidrato. Esse equilíbrio favorece grandemente a cetona, e apenas vestígios do hidrato podem ser detectados. Ao contrário, quando a ciclopropanona é tratada com H_2O, o hidrato resultante predomina no equilíbrio. Sugira uma explicação para essa observação curiosa.

20.74 Considere os três isômeros constitucionais da dioxano ($C_4H_8O_2$):

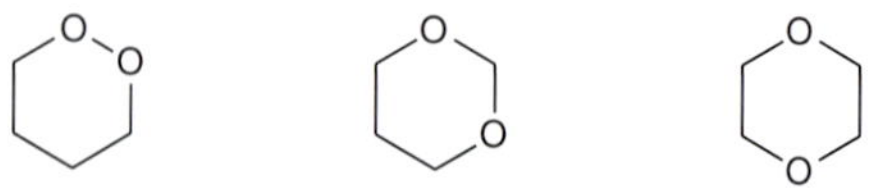

1,2-Dioxano **1,3-Dioxano** **1,4-Dioxano**

Um desses isômeros constitucionais é estável sob condições básicas ou moderadamente ácidas e, por isso, é utilizado como um solvente habitual. Outro isômero só é estável em condições básicas e sofre hidrólise sob condições ligeiramente ácidas. O isômero restante é extremamente instável e potencialmente explosivo. Identifique cada isômero e explique as propriedades de cada substância.

20.75 Proponha uma síntese eficiente para cada uma das seguintes transformações:

(a) 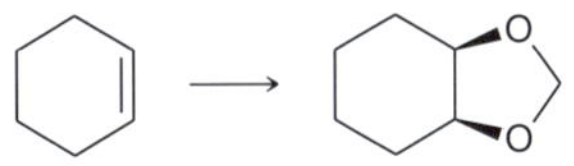

(b) 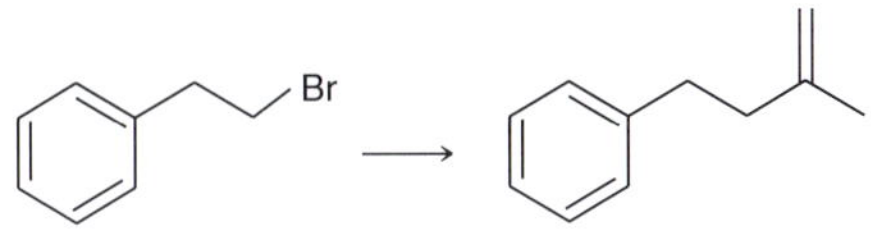

(c) 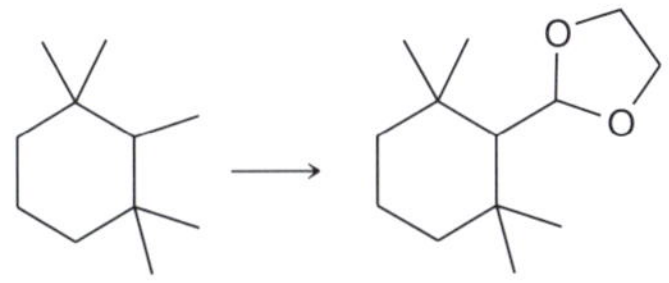

(d) 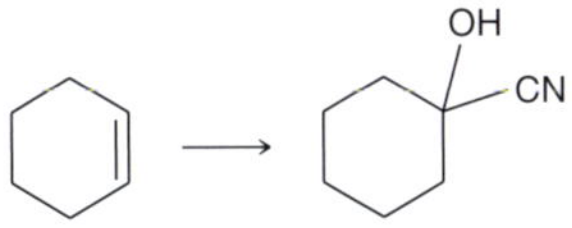

(e) 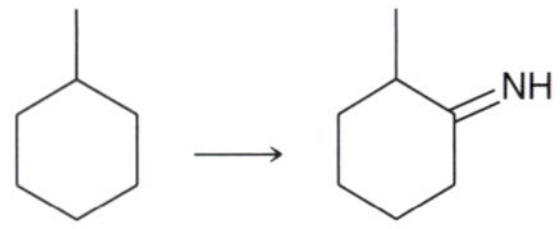

(f) 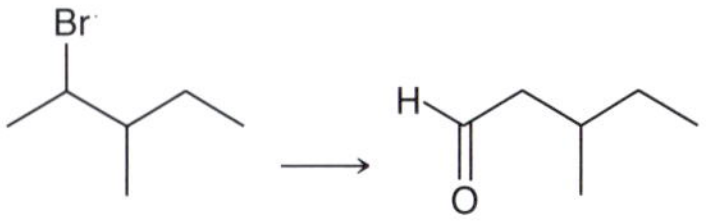

(g) 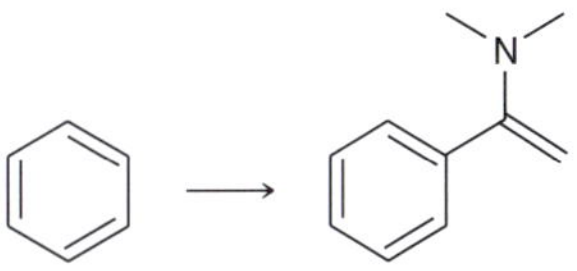

(h) 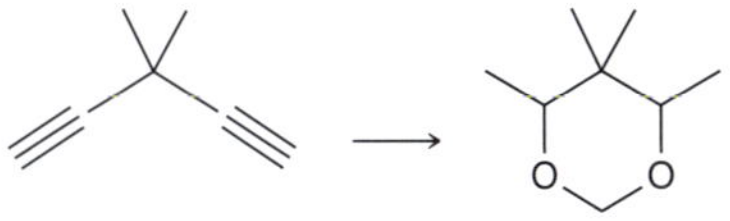

PROBLEMAS INTEGRADOS

20.76 A substância **A** tem fórmula molecular $C_7H_{14}O$ e reage com boro-hidreto de sódio em metanol formando um álcool. O espectro de RMN de ¹H da substância **A** apresenta apenas dois sinais: um dupleto (*I* = 12) e um septeto (*I* = 2). Tratando a substância **A** com o 1,2-etanoditiol ($HSCH_2CH_2SH$) sob condições ácidas, seguido por níquel de Raney obtém-se a substância **B**.

(a) Quantos sinais aparecerão no espectro de RMN de ¹H da substância **B**?

(b) Quantos sinais aparecerão no espectro de RMN de ¹³C da substância **B**?

(c) Descreva como você poderia usar a espectroscopia de infravermelho para verificar a conversão da substância **A** na substância **B**.

20.77 Usando as informações fornecidas a seguir, obtenha as estruturas das substâncias **A**, **B**, **C** e **D**.

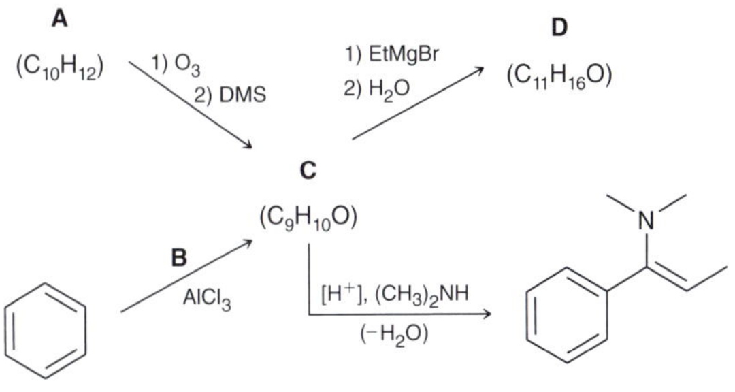

20.78 Identifique as estruturas das substâncias **A**, **B**, **C** e **D**, vistas a seguir, e em seguida, identifique os reagentes que podem ser usados para converter ciclo-hexeno na substância **D** em apenas uma etapa.

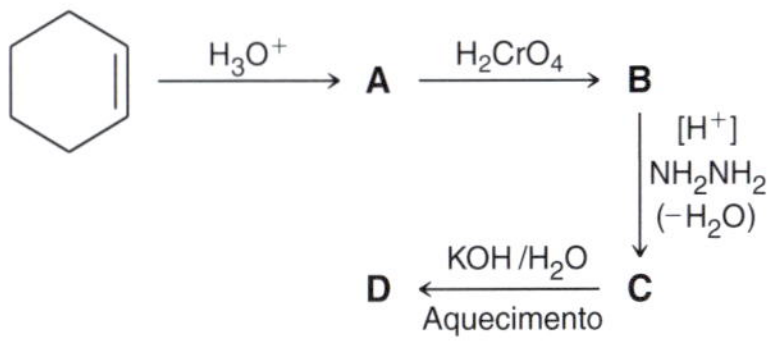

20.79 Identifique as estruturas das substâncias **A**, **B**, **C**, **D** e **E**, vistas a seguir:

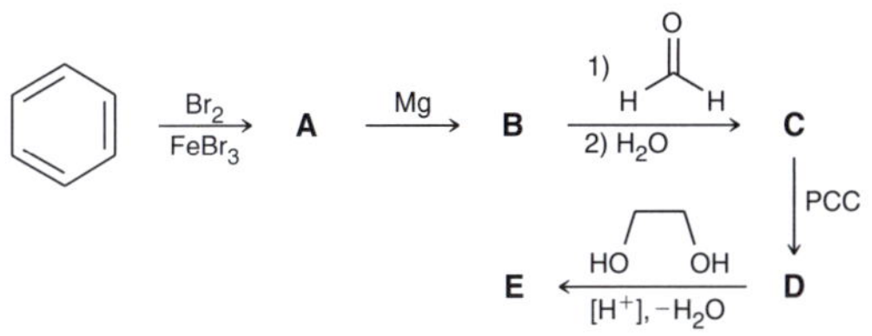

20.80 Um aldeído com a fórmula molecular C_4H_6O apresenta um sinal no IV em 1715 cm^{-1}.

(a) Proponha duas estruturas possíveis que são consistentes com essa informação.

(b) Descreva como você poderia usar a espectroscopia de RMN de ¹³C para determinar qual das duas estruturas possíveis é correta.

20.81 Uma substância com a fórmula molecular $C_9H_{10}O$ apresenta um forte sinal em 1687 cm^{-1} no seu espectro de IV. Os espectros de RMN de ¹H e ¹³C para essa substância são mostrados a seguir. Identifique a estrutura dessa substância.

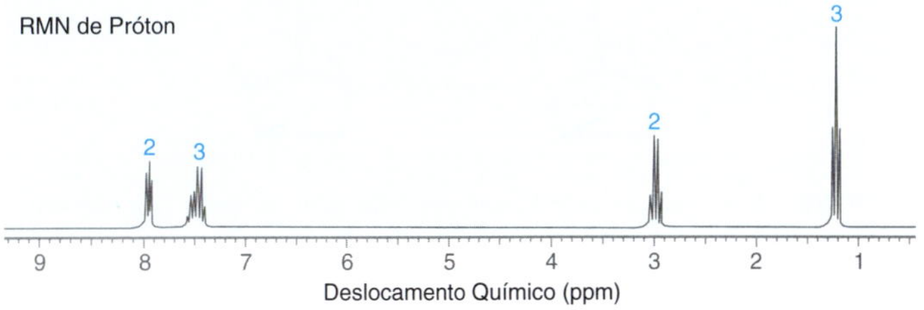

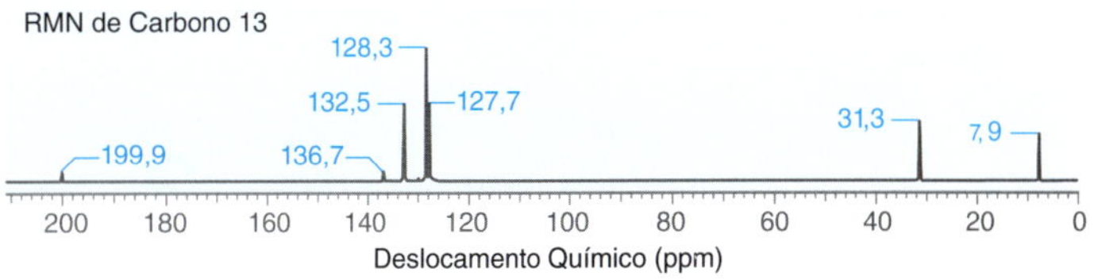

20.82 Uma substância com a fórmula molecular $C_{13}H_{10}O$ apresenta um forte sinal em 1660 cm^{-1} no seu espectro de IV. O espectro de RMN de ^{13}C para essa substância é mostrado a seguir. Identifique a estrutura dessa substância.

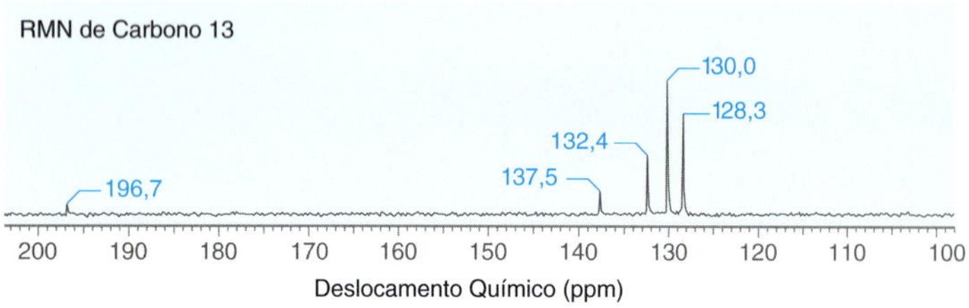

20.83 Uma cetona com a fórmula molecular $C_9H_{18}O$ exibe apenas um sinal no seu espectro de RMN de ^1H. Forneça um nome sistemático (IUPAC) para essa substância.

20.84 Represente um mecanismo plausível para cada uma das seguintes transformações:

(a)

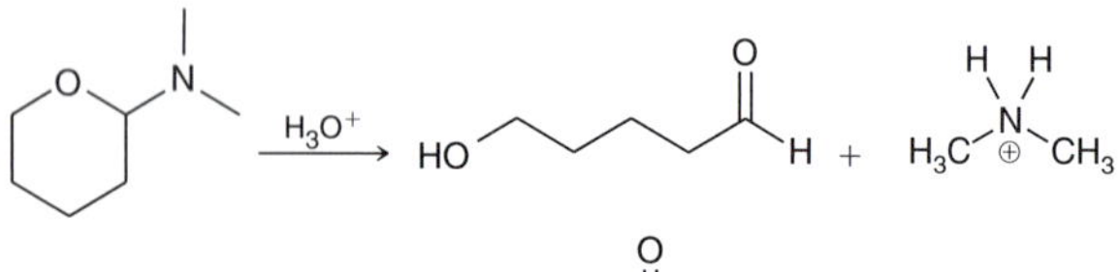

(b)

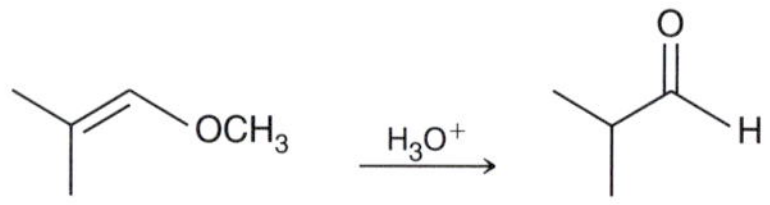

(c)

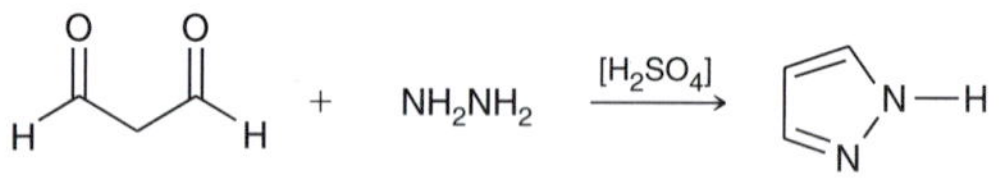

(d)

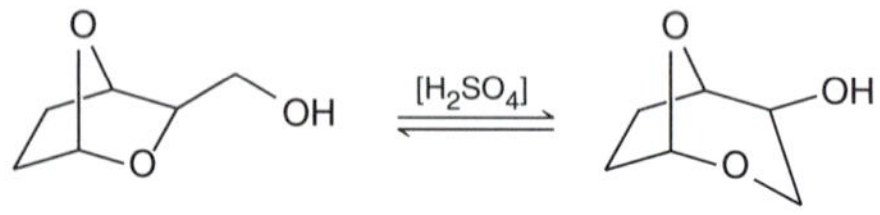

(e)

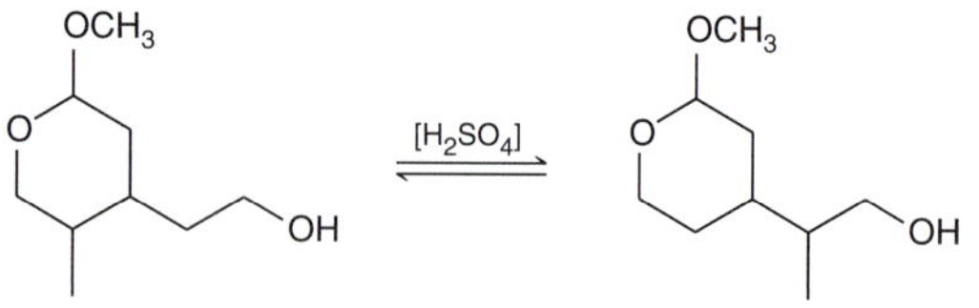

(f)

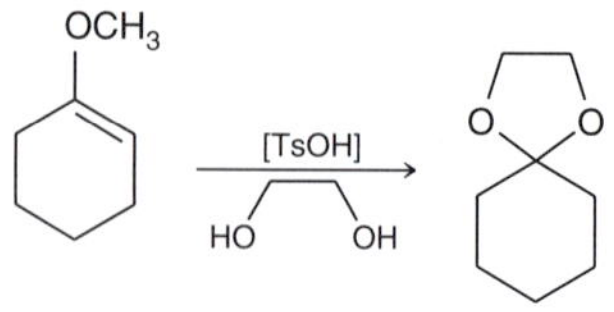

20.85 Sob condições de catálise por ácido, o formaldeído polimeriza produzindo uma série de substâncias, incluindo o metaformaldeído. Represente um mecanismo plausível para essa transformação.

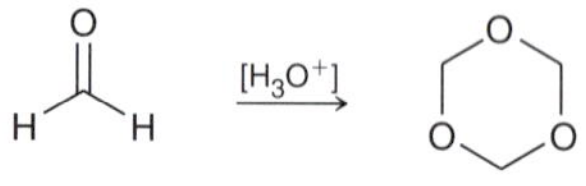

Metaformaldeído

20.86 A transformação vista a seguir foi utilizada durante os estudos sintéticos visando à síntese total do ciclodidemniserinol trissulfato, um inibidor da HIV-1 integrase (*Tetrahedron Lett.* **2009**, *50*, 4587–4591). Proponha uma síntese em quatro etapas para realizar essa transformação.

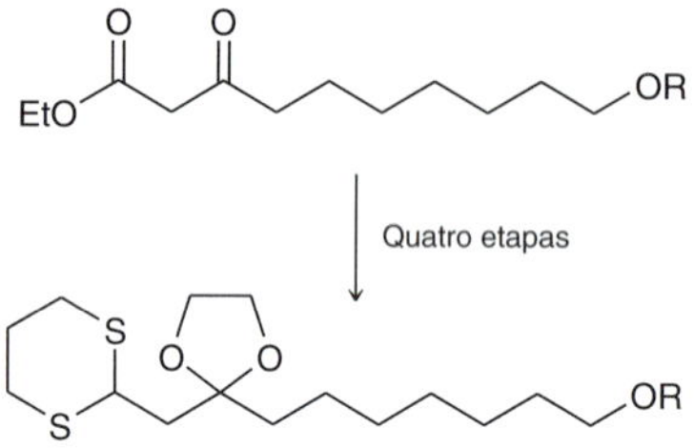

DESAFIOS

20.87 Proponha uma síntese eficiente para a conversão da cetona vista a seguir para o éter visto a seguir. Uma dessas substâncias tem quase o dobro de sinais no espectro de RMN de ^1H que a outra substância. Identifique a substância que é esperada produzir menos sinais e explique a sua escolha (*J. Org. Chem.* **2001**, *66*, 2072–2077).

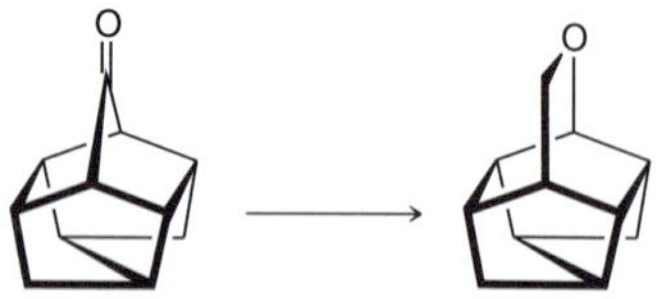

20.88 A reação da ciclo-hexanona com o aminoéster opticamente puro visto a seguir resultou na formação de duas enaminas que eram isômeros conformacionais uma da outra (*Tetrahedron Lett.*, **1969**, *10*, 4233–4236). Represente as estruturas dos dois isômeros usando cunhas cheias e tracejadas para indicar a estereoquímica. Explique por que as duas enaminas se interconvertem muito lentamente à temperatura ambiente.

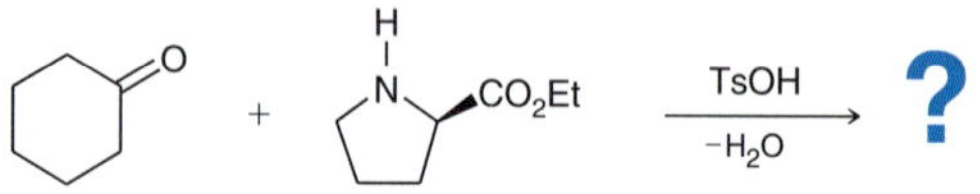

20.89 Qual das sequências vistas a seguir é a sequência correta de reações necessárias para transformar a cetona **1** no aldeído **2**, ou será que todas as três rotas produzem o produto desejado? (*J. Org. Chem.* **2003**, *68*, 6455–6458). Explique sua(s) escolha(s).

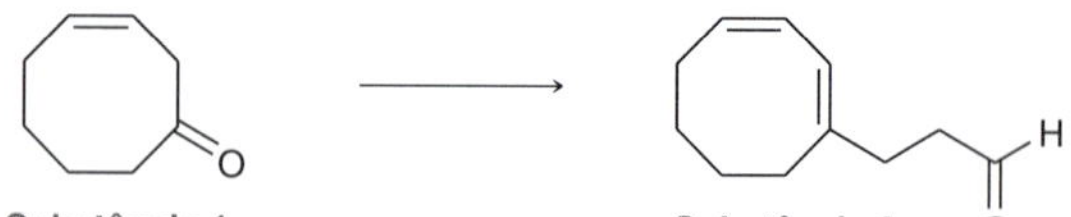

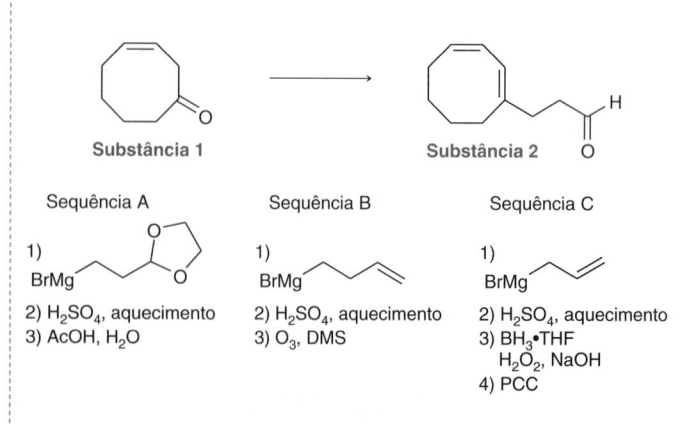

Substância 1 **Substância 2**

Sequência A

1) 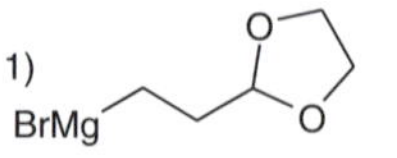

2) H_2SO_4, aquecimento
3) AcOH, H_2O

Sequência B

1) 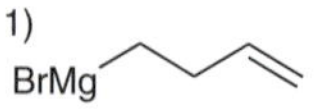

2) H_2SO_4, aquecimento
3) O_3, DMS

Sequência C

1) 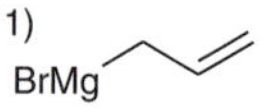

2) H_2SO_4, aquecimento
3) BH_3•THF
H_2O_2, NaOH
4) PCC

20.90 Furo[2,3-*b*]indóis são substâncias cujas características estruturais estão presentes em muitos produtos naturais com atividade biológica. Em um método recentemente relatado para a síntese de furo[2,3-*b*] indóis, a conversão da substância **1** na substância **2** foi realizada em apenas duas etapas (*Tetrahedron Lett.* **2010**, *51*, 4494–4496). Proponha uma síntese de duas etapas para esta transformação.

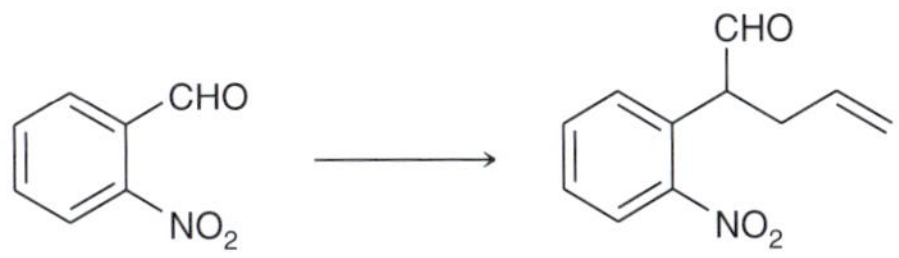

1 **2**

20.91 Em uma reação de Bamford-Stevens-Shapiro, uma sulfonil-hidrazona (**1**) é submetida à decomposição catalisada por base para produzir uma espécie de vinilítio (**2**), que pode então reagir com um eletrófilo, tal como a substância **3**. Essa reação foi recentemente utilizada na síntese total de frondosina B, um produto natural marinho, com potencial aplicação na quimioterapia do câncer (*Chem. Sci.* **2010**, *1*, 37–42). Acredita-se que a formação de **2** ocorra através de um processo que é mecanisticamente análogo à redução de Wolff-Kishner. Represente um mecanismo plausível para a conversão de **1** para **2**.

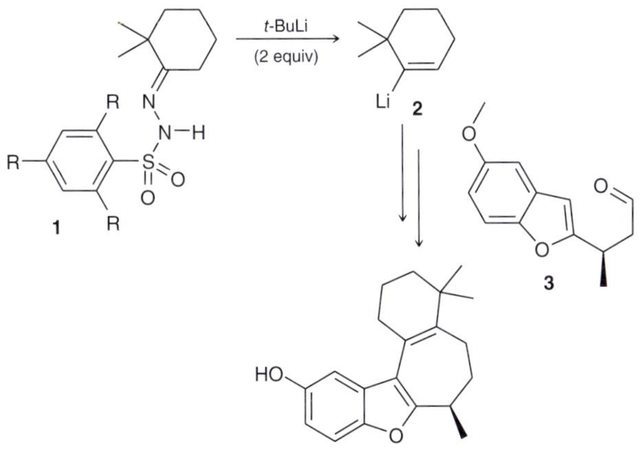

(+)-Frondosina B

20.92 Um método conveniente para a realização da transformação vista a seguir envolve o tratamento da cetona com reagente de Wittig **1** seguido por uma hidratação catalisada por ácido (*Chem. Ber.* **1962**, *95*, 2514–2525):

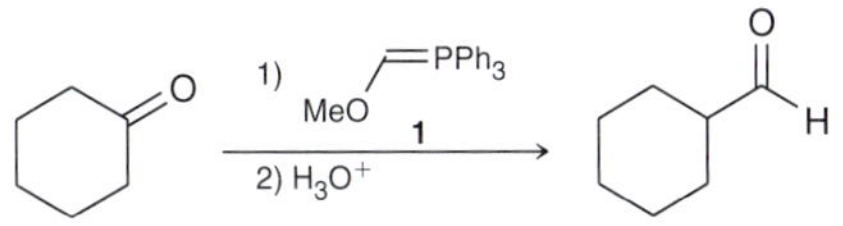

(a) Preveja o produto da reação de Wittig.

(b) Proponha um mecanismo plausível para a hidratação catalisada por ácido que forma o aldeído.

20.93 Durante uma síntese recente de hispidospermidin, um isolado fúngico e um inibidor da fosfolipase C, os pesquisadores utilizaram uma nova acilação de Friedel-Crafts alifática (*J. Am. Chem. Soc.* **1998**, *120*, 4039–4040). O cloreto ácido visto a seguir foi tratado com um ácido de Lewis, produzindo dois produtos em uma proporção de 3:2. Proponha um mecanismo plausível para a formação das substâncias **1** e **2**.

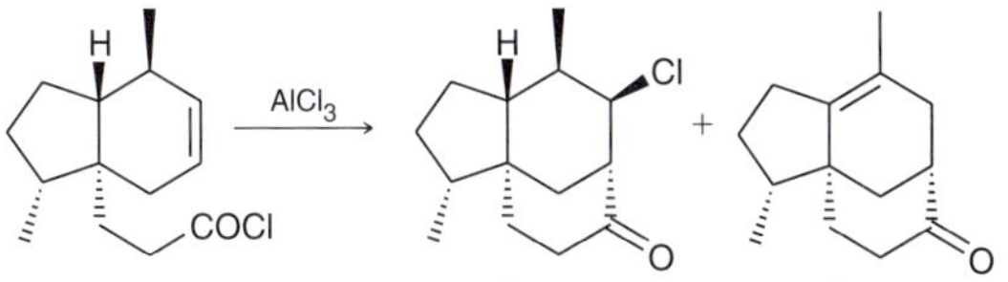

1 **2**

20.94 Durante a síntese total recente da kibdelona C, um produto natural citotóxico isolado a partir de bactérias do solo, os pesquisadores trataram a substância **1** com acetona e ácido aquoso catalítico para produzir o acetal **2** (*J. Am. Chem. Soc.* **2011**, *133*, 9956–9959). Proponha um mecanismo plausível para essa transformação.

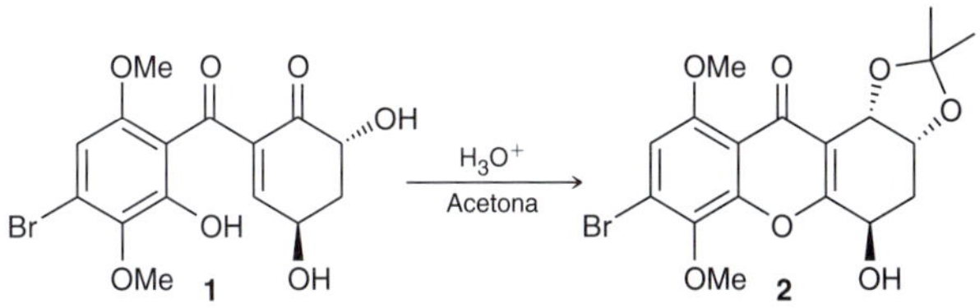

20.95 O tratamento da cetona vista a seguir com HAL produz dois produtos, **A** e **B**. A substância **B** tem a fórmula molecular $C_8H_{14}O$ e apresenta sinais fortes em 3305 cm^{-1} (banda largo) e 2117 cm^{-1} no seu espectro de IV (*J. Am. Chem. Soc.* **2006**, *128*, 6499–6507):

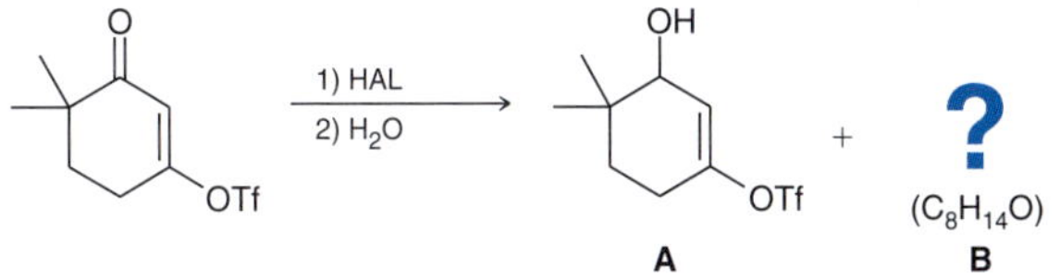

(a) Utilizando os dados de RMN de ^1H vistos a seguir, deduza a estrutura da substância **B**: δ 0,89 (6H, singleto), δ 1,49 (1H, singleto largo), δ 1,56 (2H, tripleto), δ 1,95 (1H, singleto), δ 2,19 (2H, tripleto), δ 3,35 (2H, singleto).

(b) Forneça um mecanismo plausível para explicar a formação da substância **B**. (**Sugestão:** Tf = triflato, Seção 7.8, do Volume 1.)

21

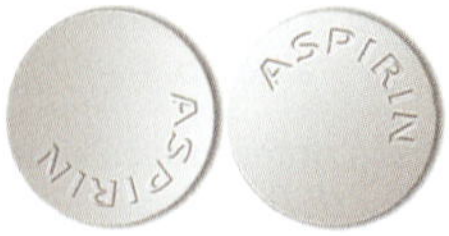

Ácidos Carboxílicos e Seus Derivados

VOCÊ JÁ SE PERGUNTOU...
como a aspirina é capaz de reduzir a febre?

Este capítulo vai explorar a reatividade dos ácidos carboxílicos e seus derivados.

Uma reação em particular permitirá entender como funciona a aspirina. Vamos estudar muitas reações semelhantes a essa reação, o que também irá nos permitir compreender as propriedades dos antibióticos de penicilina que permitem salvar inúmeras vidas.

Ao longo deste capítulo estão presentes dezenas de reações, mas não desanime. Ao aprender alguns princípios mecanísticos, veremos que quase todas essas reações são exemplos de um tipo de reação chamada *reação de substituição nucleofílica acílica*. Ao estudar os princípios mecanísticos que fundamentam esse processo, seremos capazes de unificar as reações apresentadas neste capítulo e reduzir a necessidade de memorização.

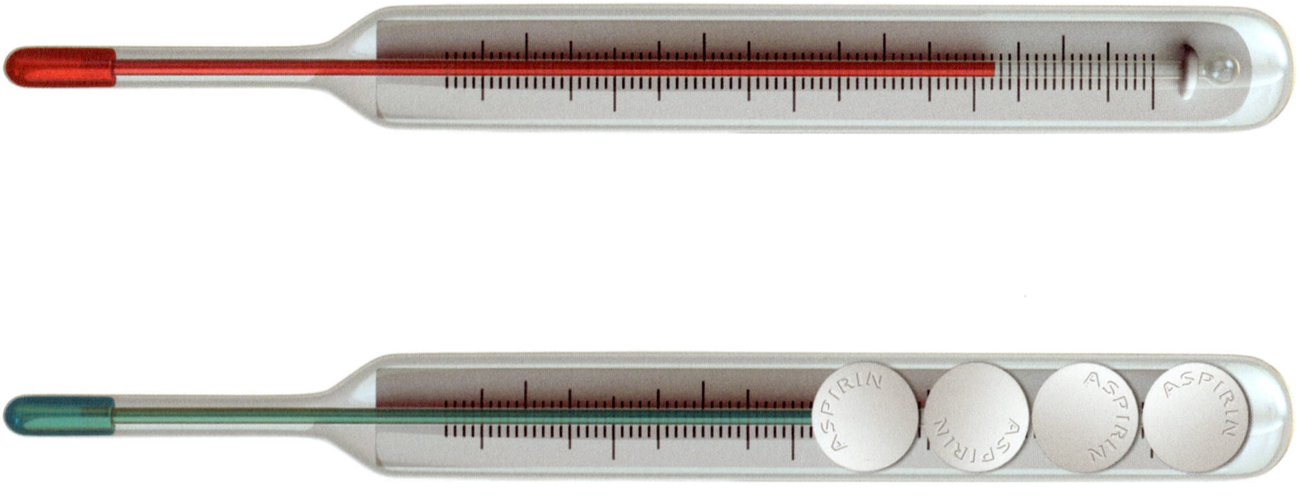

VOCÊ SE LEMBRA?

Antes de avançar, tenha certeza de que você compreendeu os tópicos citados a seguir. Se for necessário, revise as seções sugeridas para se preparar para este capítulo.

- Mecanismos e Representação do Movimento de Elétrons Através de Setas (Seção 6.8, do Volume 1)
- Ataque Nucleofílico (Seção 6.8)
- Perda de um Grupo de Saída (Seção 6.8)
- Transferências de Prótons (Seção 6.8)
- Representação de Setas Curvas (Seção 6.10, do Volume 1)

1.1 Introdução aos Ácidos Carboxílicos

Ácidos carboxílicos, introduzidos na Seção 3.4, do Volume 1, são substâncias com um grupo –COOH. Essas substâncias são abundantes na natureza, sendo responsáveis por vários odores conhecidos.

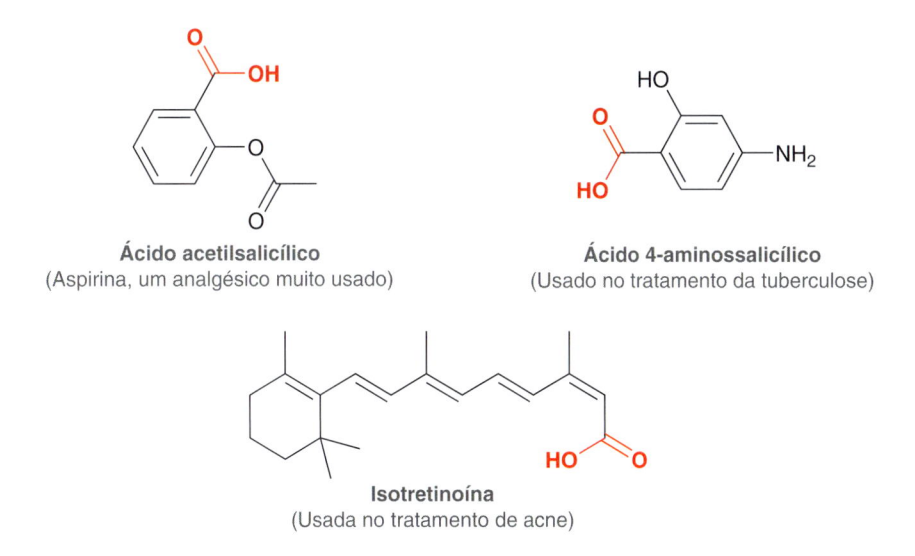

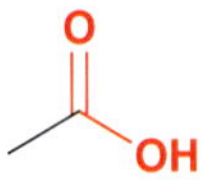

Ácido acético
(Responsável pelo cheiro forte de vinagre)

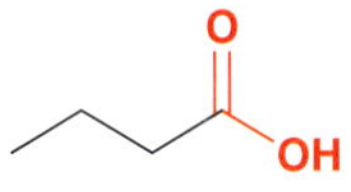

Ácido butanoico
(Responsável pelo odor rançoso de manteiga azeda)

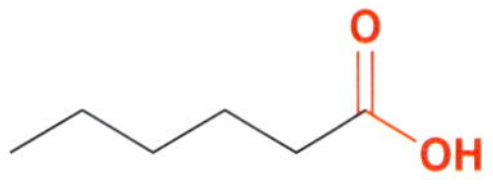

Ácido hexanoico
(Responsável pelo odor de meias sujas)

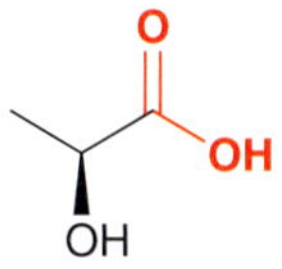

Ácido lático
(Responsável pelo sabor de leite azedo)

Os ácidos carboxílicos são também encontrados em uma ampla gama de produtos farmacêuticos que são usados para tratar inúmeros problemas.

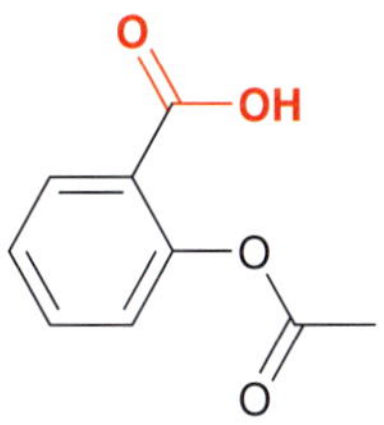

Ácido acetilsalicílico
(Aspirina, um analgésico muito usado)

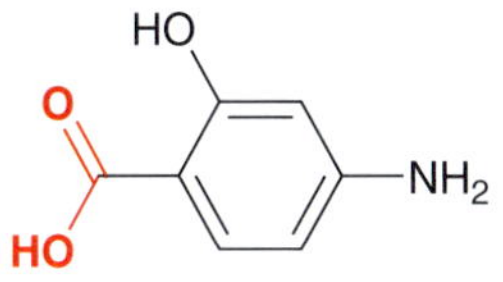

Ácido 4-aminossalicílico
(Usado no tratamento da tuberculose)

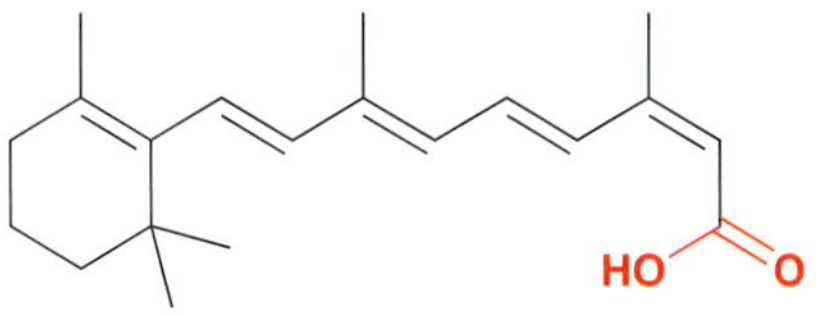

Isotretinoína
(Usada no tratamento de acne)

A cada ano os Estados Unidos produzem mais de 2,5 milhões de toneladas de ácido acético a partir de metanol e monóxido de carbono. A principal utilização do ácido acético é na síntese do acetato de vinila, usado em tintas e adesivos.

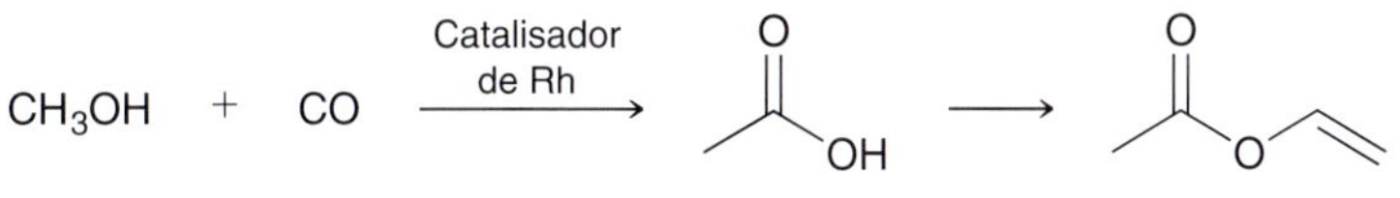

Ácido acético **Acetato de vinila**

O acetato de vinila é um derivado do ácido acético e, portanto, é considerado um *derivado de ácido carboxílico*. Como veremos neste capítulo, os ácidos carboxílicos e seus derivados ocupam um papel central na química orgânica.

21.2 Nomenclatura dos Ácidos Carboxílicos

Ácidos Monocarboxílicos

Ácidos monocarboxílicos, substâncias contendo um grupo ácido carboxílico, são nomeados usando-se o sufixo "oico".

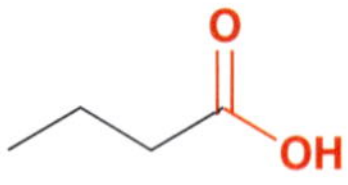

Ácido butanoico

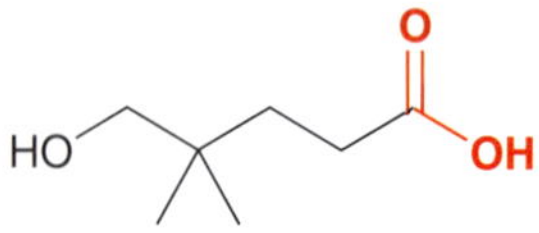

Ácido 5-hidroxi-4,4-dimetil-pentanoico

A cadeia principal é a cadeia mais longa que inclui o átomo de carbono do grupo ácido carboxílico. A esse átomo de carbono sempre é atribuído o número 1 quando se numera a cadeia principal.

Quando um grupo ácido carboxílico está ligado a um anel, a substância é chamada de ácido alcanocarboxílico, como, por exemplo,

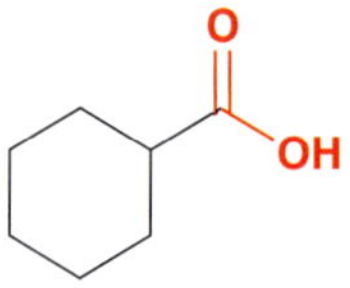

Ácido ciclo-hexanocarboxílico

Muitos ácidos carboxílicos simples têm nomes comuns (vulgares) aceitos pela IUPAC. Os exemplos mostrados a seguir devem ser memorizados, pois eles vão aparecer com frequência ao longo deste capítulo.

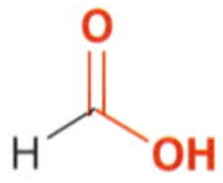

Ácido fórmico

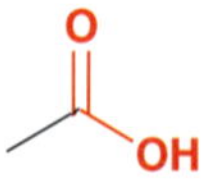

Ácido acético

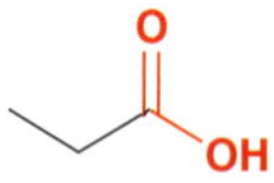

Ácido propiônico

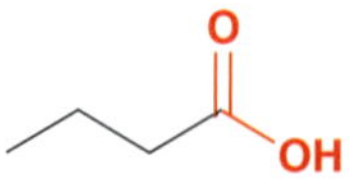

Ácido butírico

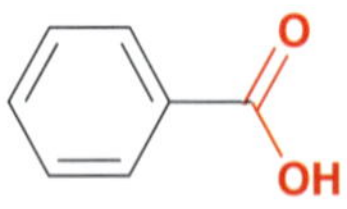

Ácido benzoico

Diácidos

Diácidos, substâncias que contêm dois grupos ácido carboxílico, são nomeados usando-se o sufixo "dioico", por exemplo;

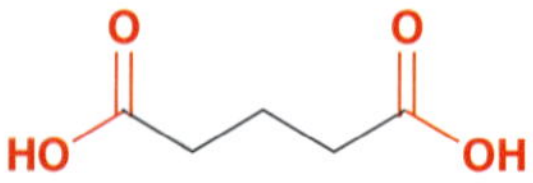

Ácido pentanodioico

Muitos diácidos têm nomes comuns aceitos pela IUPAC.

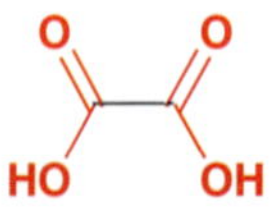

Ácido oxálico

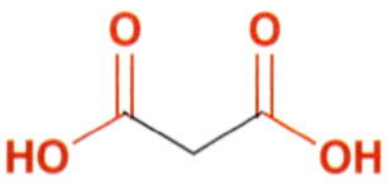

Ácido malônico

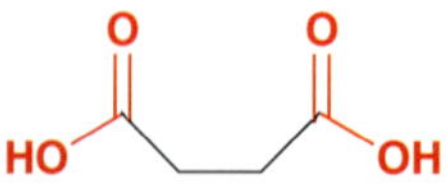

Ácido succínico

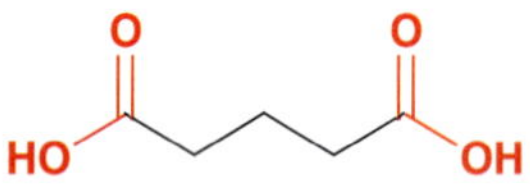

Ácido glutárico

Essas substâncias diferem entre si apenas no número de metilenos (CH_2) que separam os grupos ácido carboxílico. Esses nomes são usados com muita frequência no estudo de reações bioquímicas e, portanto, devem ser memorizados.

VERIFICAÇÃO CONCEITUAL

21.1 Forneça um nome IUPAC e um nome comum para cada uma das seguintes substâncias:

(a) $HO_2C(CH_2)_3CO_2H$

(b) $CH_3(CH_2)_2CO_2H$

(c) $C_6H_5CO_2H$

(d) $HO_2C(CH_2)_2CO_2H$

(e) CH_3COOH

(f) HCO_2H

21.2 Represente a estrutura de cada uma das seguintes substâncias:

(a) Ácido ciclobutanocarboxílico (b) Ácido 3,3-diclorobutírico

(c) Ácido 3,3-dimetilglutárico

21.3 Forneça um nome IUPAC para cada uma das seguintes substâncias:

(a)

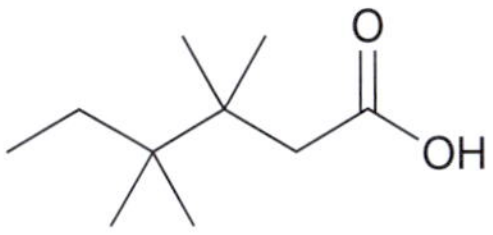

(b)

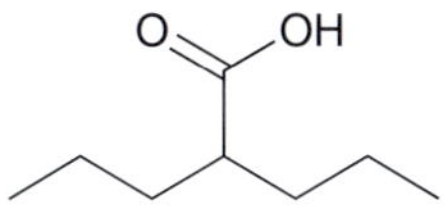

(c)

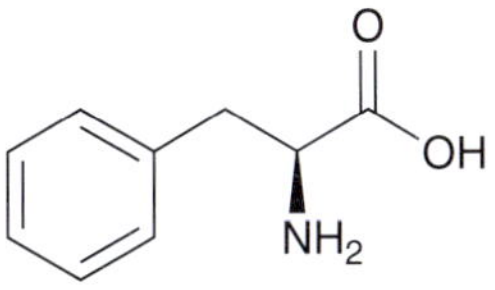

21.3 Estrutura e Propriedades dos Ácidos Carboxílicos

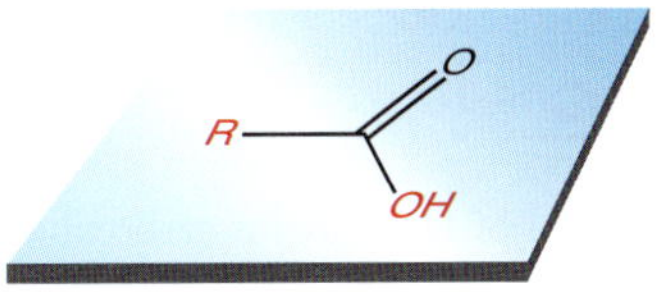

FIGURA 21.1
O grupo carbonila assim como os dois átomos ligados ao carbono da carbonila estão situados em um plano.

Estrutura

O átomo de carbono de um grupo ácido carboxílico tem hibridização *sp*^{2} e, portanto, apresenta geometria plana triangular com ângulos de ligação de aproximadamente 120° (Figura 21.1). Os ácidos carboxílicos podem interagir formando duas ligações de hidrogênio, permitindo que as moléculas se associem entre si em pares.

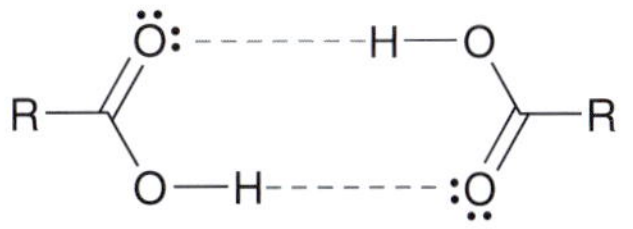

Essas interações através de ligação de hidrogênio explicam os pontos de ebulição relativamente elevados dos ácidos carboxílicos. Por exemplo, compare os pontos de ebulição do ácido acético e do etanol. O ácido acético tem um ponto de ebulição mais elevado porque as forças intermoleculares são mais fortes.

Ácido acético p.eb. = 118°C

Etanol p.eb. = 78°C

Acidez dos Ácidos Carboxílicos

Como seu nome sugere, ácidos carboxílicos apresentam prótons levemente ácidos. O tratamento de um ácido carboxílico com uma base forte, tal como hidróxido de sódio, produz um sal de carboxilato.

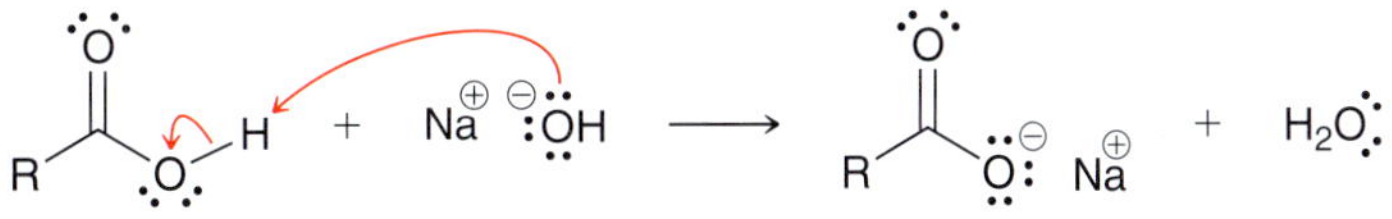

Um sal de carboxilato

Sais de carboxilato são iônicos e, portanto, mais solúveis em água do que os seus ácidos carboxílicos correspondentes. Íons carboxilato são nomeados substituindo-se o sufixo "ico" por "ato", por exemplo:

RELEMBRANDO
Íons carboxilato desempenham um papel importante na forma como os fármacos são distribuídos por todo o corpo, como vimos no boxe Medicamente Falando no final da Seção 3.3, do Volume 1, intitulado "Distribuição de Fármacos e pK_a".

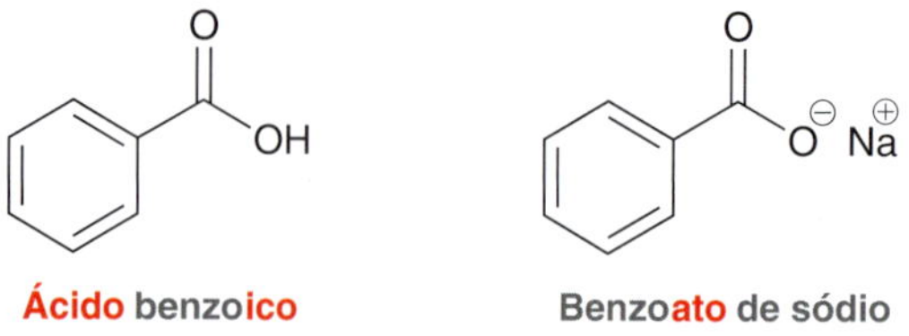

O nome benzoato de sódio é bem conhecido, pois ele é comumente encontrado em produtos alimentícios e bebidas. Ele inibe o crescimento de fungos e é utilizado como conservante de alimentos.

Quando o ácido carboxílico é dissolvido em água, estabelece-se um equilíbrio em que estão presentes o ácido carboxílico e o íon carboxilato.

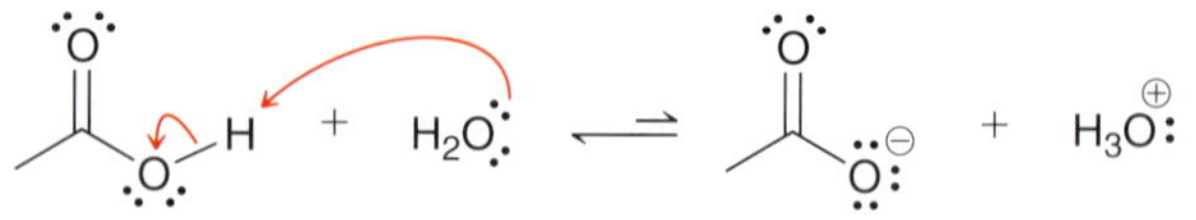

Na maioria dos casos, o equilíbrio favorece significativamente o ácido carboxílico com um K_a geralmente em torno de 10^{-4} ou 10^{-5}. Em outras palavras, o pK_a da maioria dos ácidos carboxílicos está entre 4 e 5.

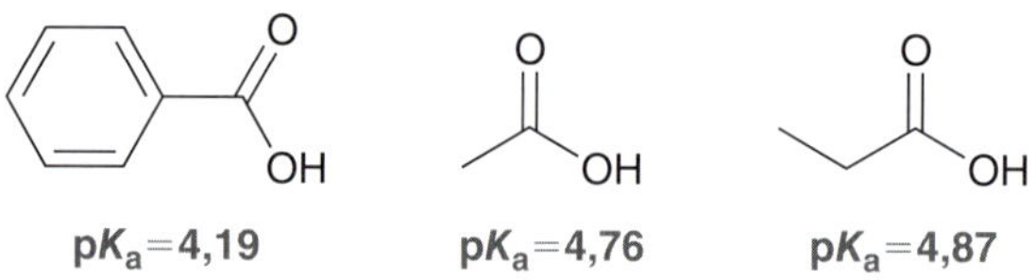

Quando comparado com os ácidos inorgânicos, tais como HCl ou H_2SO_4, os ácidos carboxílicos são ácidos muito fracos. Mas, quando comparados com a maioria das classes de substâncias orgânicas, como, por exemplo, os álcoois, eles são relativamente ácidos. Por exemplo, comparemos os valores de pK_a do ácido acético e do etanol.

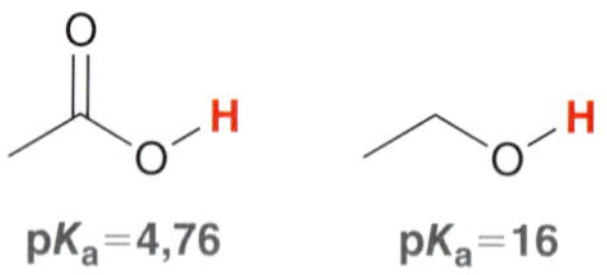

O ácido acético é 11 ordens de grandeza mais ácido do que o etanol (mais de cem bilhões de vezes mais ácido). Conforme explicado na Seção 3.4, do Volume 1, a acidez dos ácidos carboxílicos é principalmente decorrente da estabilidade da base conjugada, que é estabilizada por ressonância.

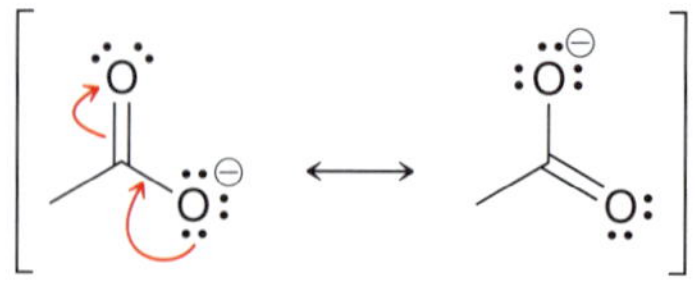

Na base conjugada do ácido acético, a carga negativa está deslocalizada sobre dois átomos de oxigênio, e por isso é mais estável do que a base conjugada do etanol. A deslocalização da carga pode ser vista em um mapa de potencial eletrostático do íon acetato (Figura 21.2).

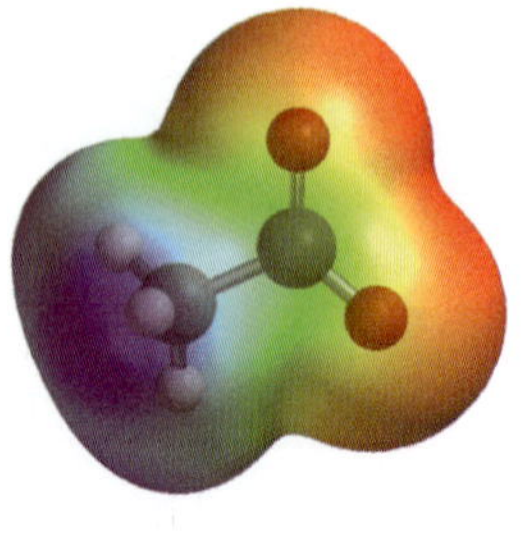

FIGURA 21.2
Um mapa de potencial eletrostático do íon acetato mostra como a densidade eletrônica está distribuída sobre os dois átomos de oxigênio.

VERIFICAÇÃO CONCEITUAL

21.4 As duas substâncias vistas a seguir são isômeros constitucionais. Identifique qual delas é esperada que seja a mais ácida, e explique sua escolha.

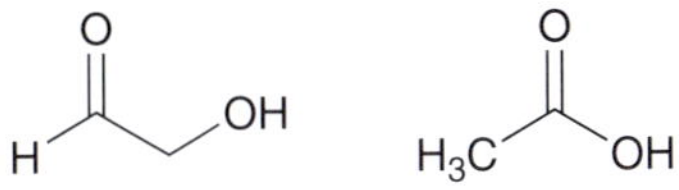

21.5 Considere a estrutura da *para*-hidroxiacetofenona, que tem um valor de pK_a na mesma faixa de um ácido carboxílico, não obstante o fato de ela não ter um grupo COOH. Ofereça uma explicação para a acidez da *para*-hidroxiacetofenona.

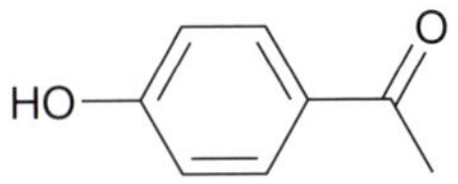

***para*-Hidroxiacetofenona**
pK_a=4,2

21.6 Baseado na sua resposta à pergunta anterior, você espera que a *meta*-hidroxiacetofenona seja mais ou menos ácida do que a *para*-hidroxiacetofenona? Justifique sua resposta.

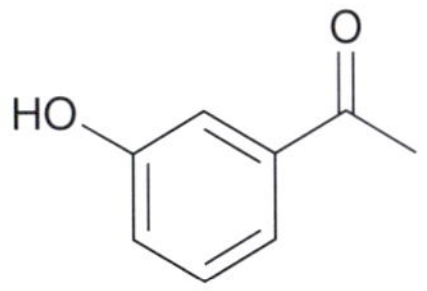

***meta*-Hidroxiacetofenona**

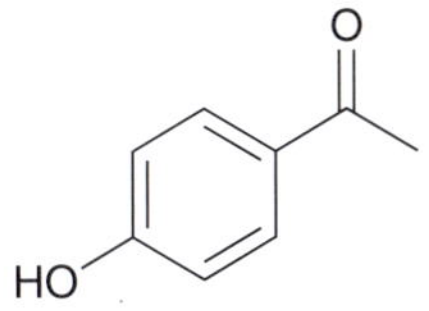

***para*-Hidroxiacetofenona**

21.7 Quando o ácido fórmico é tratado com hidróxido de potássio (KOH) ocorre uma reação ácido-base com a formação de um íon carboxilato. Represente o mecanismo dessa reação e identifique o nome do sal de carboxilato.

Ácidos Carboxílicos no pH Fisiológico

Nosso sangue é tamponado em um pH de aproximadamente 7,3, um valor chamado de **pH fisiológico**. Ao lidar com soluções tamponadas, você deve recordar a **equação de Henderson-Hasselbalch** do seu curso de química geral.

$$\text{pH} = \text{p}K_a + \log \frac{[\text{base conjugada}]}{[\text{ácido}]}$$

Esta equação é frequentemente utilizada para calcular o pH de soluções tamponadas, no entanto, para os nossos propósitos vamos reescrever a equação na seguinte forma:

$$\frac{[\text{base conjugada}]}{[\text{ácido}]} = 10^{(\text{pH} - \text{p}K_a)}$$

Essa forma rearranjada da equação de Henderson-Hasselbalch fornece um método para determinar a extensão em que um ácido se dissociará para formar a sua base conjugada em uma solução tamponada. Quando o valor do pK_a de um ácido é equivalente ao pH de uma solução tamponada na qual ele está dissolvido, então,

$$\frac{[\text{base conjugada}]}{[\text{ácido}]} = 10^{(\text{pH} - \text{p}K_a)} = 10^{(0)} = 1$$

A razão entre as concentrações de ácido e de base conjugada será 1. Em outras palavras, um ácido carboxílico e a sua base conjugada estarão presentes em quantidades aproximadamente iguais quando dissolvidos em uma solução tamponada tal que o pH = pK_a do ácido.

Agora vamos aplicar esta equação para ácidos carboxílicos no pH fisiológico (7,3), de modo que podemos determinar qual a forma predominante (o ácido carboxílico ou o íon carboxilato). Lembre que os ácidos carboxílicos têm geralmente um valor de pK_a compreendido entre 4 e 5. Portanto, no pH fisiológico:

$$\frac{[\text{base conjugada}]}{[\text{ácido}]} = 10^{(\text{pH} - \text{p}K_a)} = 10^{(7,3 - \text{p}K_a)} \approx 10^3$$

A razão entre as concentrações do íon carboxilato de metila e do ácido carboxílico será de aproximadamente 1000:1. Isto é, os ácidos carboxílicos existem principalmente na forma de sais de carboxilato no pH fisiológico. Por exemplo, o ácido pirúvico existe principalmente como o íon piruvato no pH fisiológico.

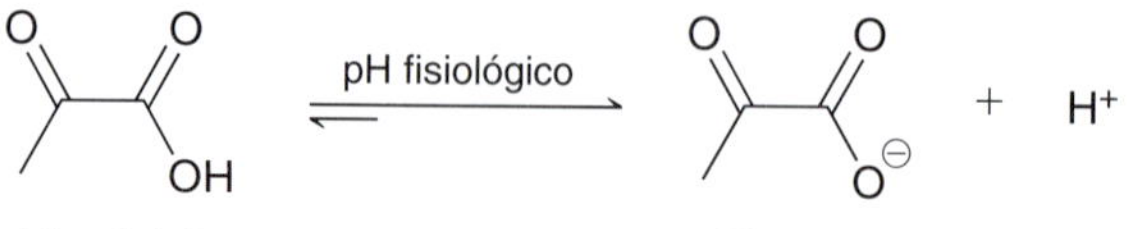

Ácido pirúvico — Piruvato

Íons carboxilato desempenham um papel vital em muitos processos biológicos, como veremos no Capítulo 25.

Efeito dos Substituintes sobre a Acidez

A presença de substituintes retiradores de elétrons pode ter um impacto profundo na acidez de um ácido carboxílico.

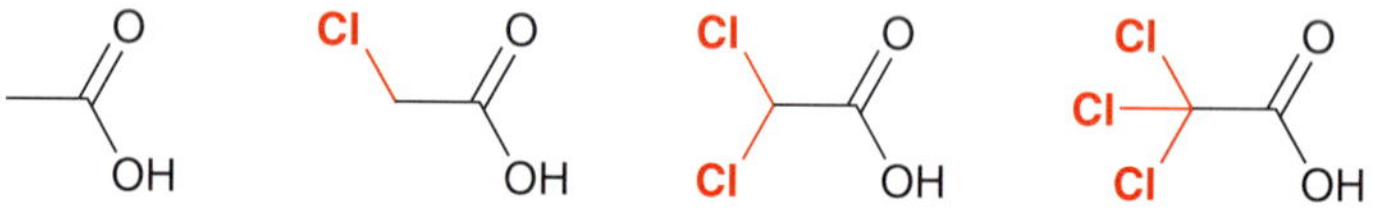

$pK_a = 4,8$ — $pK_a = 2,9$ — $pK_a = 1,3$ — $pK_a = 0,9$

Observe que o pK_a diminui com cada substituinte cloro adicional. Esta tendência é explicada em termos dos efeitos indutivos dos átomos de cloro, que podem estabilizar a base conjugada (como explicado na Seção 3.4). O efeito de um grupo retirador de elétrons depende da sua proximidade com o grupo ácido carboxílico.

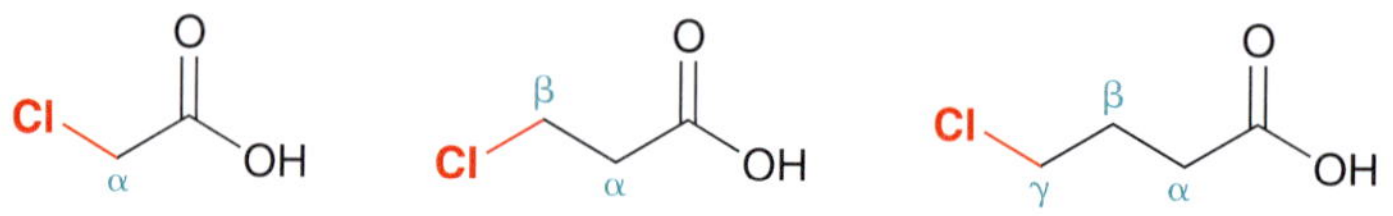

$pK_a = 2,9$ — $pK_a = 4,1$ — $pK_a = 4,5$

O efeito é mais pronunciado quando o grupo retirador de elétrons está localizado na posição α. À medida que a distância entre o átomo de cloro e o grupo carboxílico aumenta, o efeito do átomo de cloro torna-se menos pronunciado.

Os efeitos dos substituintes retiradores de elétrons são também observados em ácidos benzoicos substituídos (Figura 21.3). Nas Seções 19.7-19.10, discutimos os efeitos eletrônicos de cada um dos substituintes na Figura 21.3, e vimos que um grupo nitro é um poderoso grupo retirador de elétrons. Consequentemente, a presença do grupo nitro no anel irá estabilizar a base conjugada, dando um valor de pK_a baixo (em relação ao ácido benzoico). Ao contrário, um grupo hidroxila é um grupo doador de elétrons forte (Seção 19.10) e, portanto, a presença do grupo hidroxila irá desestabilizar a base conjugada, dando um valor de pK_a elevado (em relação ao ácido benzoico).

FIGURA 21.3 Valores de pK_a de vários ácidos benzoicos substituídos na posição *para*.

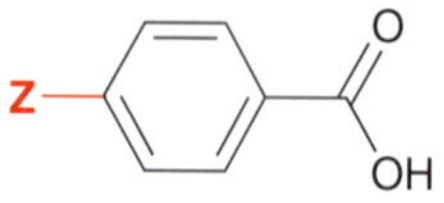

Z	$—NO_2$	—CHO	—Cl	—H	$—CH_3$	—OH
pK_a	3,4	3,8	4,0	4,2	4,3	4,5

VERIFICAÇÃO CONCEITUAL

21.8 Determine a razão entre as concentrações de íon acetato e de ácido acético em uma solução de ácido acético tamponada em um pH de 5,76. Qual a espécie que predomina nessas condições?

21.9 Classifique em ordem de acidez crescente as substâncias em cada um dos conjuntos de substâncias vistas a seguir:

(a) Ácido 2,4-diclorobutírico
Ácido 2,3-diclorobutírico
Ácido 3,4-dimetilbutírico

(b) Ácido 3-bromopropiônico
Ácido 2,2-dibromopropiônico
Ácido 3,3-dibromopropiônico

21.4 Preparação de Ácidos Carboxílicos

Nos capítulos anteriores estudamos vários métodos para a preparação de ácidos carboxílicos (Tabela 21.1). Além dos métodos que já vimos, existem muitas outras formas de preparação de ácidos carboxílicos. Vamos examinar duas delas.

TABELA 21.1 REVISÃO DE MÉTODOS PARA PREPARAÇÃO DE ÁCIDOS CARBOXÍLICOS

REAÇÃO	NÚMERO DA SEÇÃO	COMENTÁRIOS
Clivagem Oxidativa de Alquinos 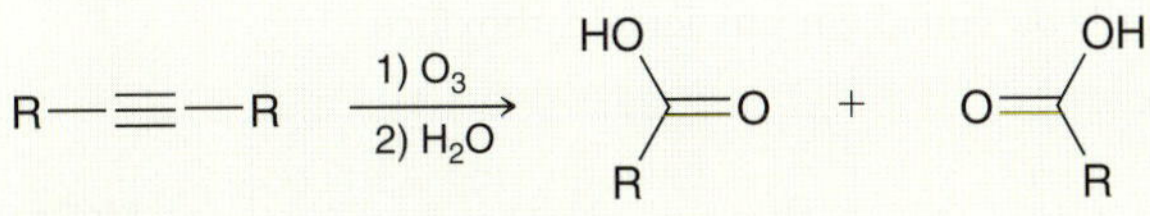	10.9	A clivagem oxidativa romperá uma ligação tripla C≡C formando dois ácidos carboxílicos.
Oxidação de Álcoois Primários 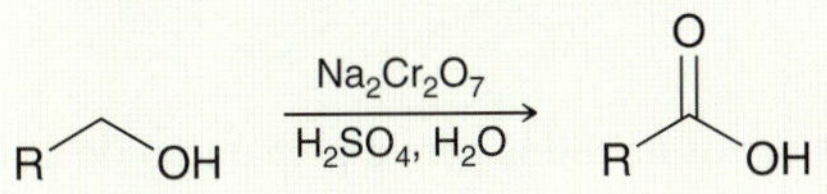	13.10	Podem ser usados vários agentes de oxidação fortes para oxidar álcoois primários e produzir ácidos carboxílicos.
Oxidação de Alquilbenzenos 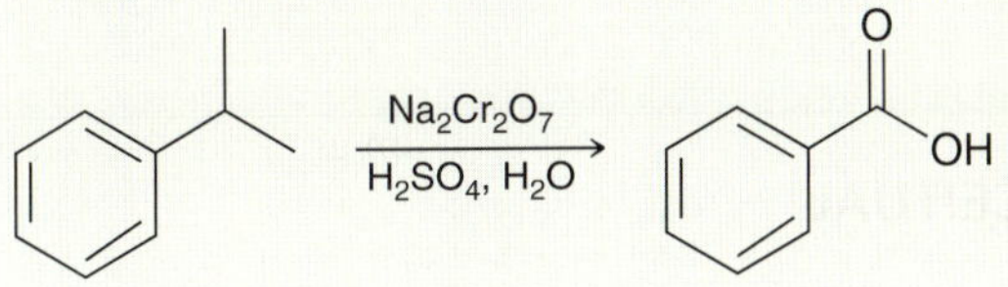	18.6	Qualquer grupo alquila em um anel aromático será completamente oxidado produzindo ácido benzoico, desde que a posição benzílica tenha pelo menos um átomo de hidrogênio

Hidrólise de Nitrilas

Quando tratada com ácido aquoso, uma *nitrila* (uma substância com um grupo ciano) pode ser convertida em um ácido carboxílico.

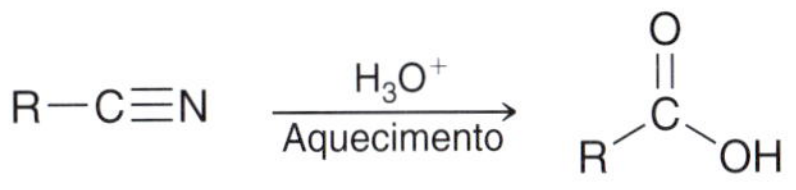

Este processo é chamado de *hidrólise*, e o mecanismo para a hidrólise de nitrilas será discutido mais adiante neste capítulo. Esta reação fornece um processo de duas etapas para conversão de um haleto de alquila em um ácido carboxílico.

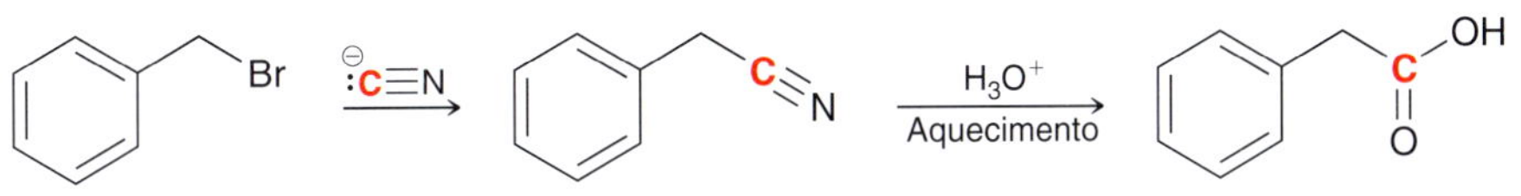

A primeira etapa é uma reação S_N2 em que o cianeto atua como um nucleófilo. A nitrila resultante é então hidrolisada produzindo um ácido carboxílico que tem um átomo de carbono a mais (mostrado em vermelho) do que o haleto de alquila original. Uma vez que a primeira etapa é um processo S_N2, a reação não ocorre com haletos de alquila terciários.

Carboxilação de Reagentes de Grignard

Os ácidos carboxílicos podem também ser preparados por tratamento de um reagente Grignard com dióxido de carbono:

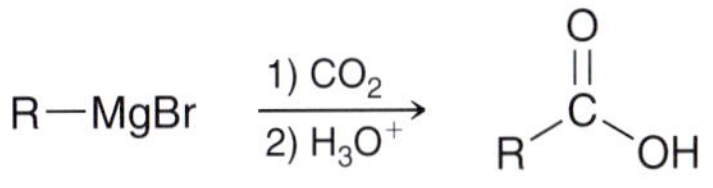

Um mecanismo para esse processo é mostrado a seguir:

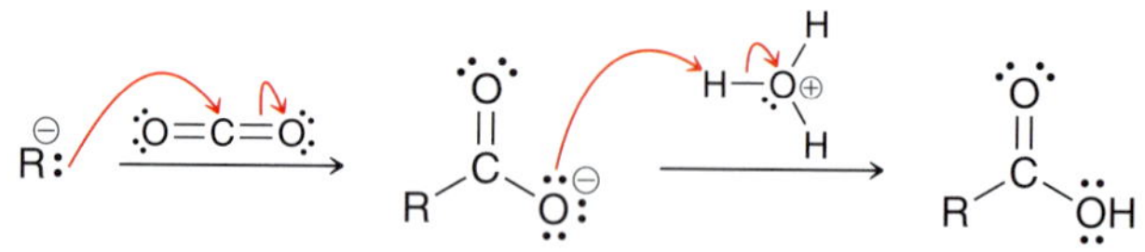

Na primeira etapa, o reagente de Grignard ataca o centro eletrofílico do dióxido de carbono, gerando um íon carboxilato. O tratamento do íon carboxilato com uma fonte de prótons produz o ácido carboxílico. Essas duas etapas ocorrem separadamente, pois a fonte de prótons não é compatível com o reagente de Grignard e só pode ser introduzida após a reação de Grignard estar completa. Essa reação fornece outro processo de duas etapas para a conversão de um haleto de alquila (ou arila ou vinila) em um ácido carboxílico.

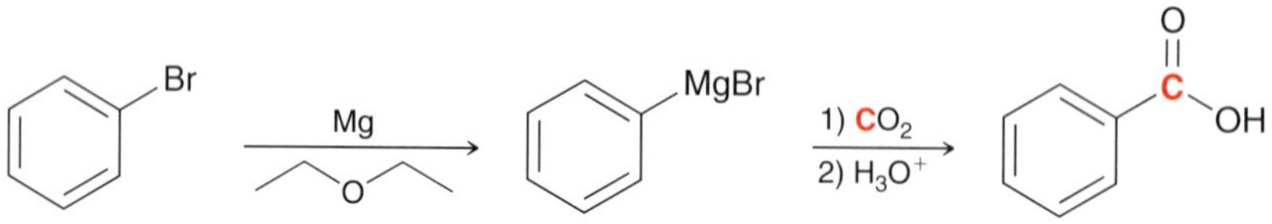

Vimos agora dois novos métodos para a preparação de ácidos carboxílicos, sendo que ambos envolvem a introdução de um átomo de carbono.

VERIFICAÇÃO CONCEITUAL

21.10 Identifique os reagentes que você usaria para executar as seguintes transformações:

(a) Etanol → Ácido acético
(b) Tolueno → Ácido benzoico
(c) Benzeno → Ácido benzoico
(d) 1-Bromobutano → Ácido pentanoico
(e) Etilbenzeno → Ácido benzoico
(f) Bromociclo-hexano → Ácido ciclo-hexanocarboxílico

21.5 Reações dos Ácidos Carboxílicos

Os ácidos carboxílicos são reduzidos a álcoois por tratamento com hidreto de alumínio e lítio.

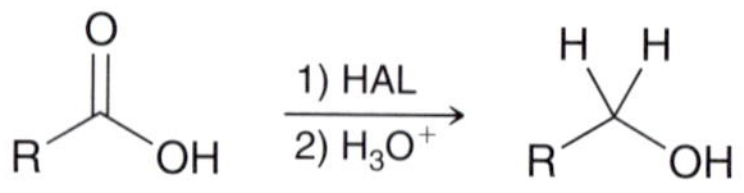

A primeira etapa do mecanismo é provavelmente uma transferência de próton, pois o HAL não é apenas um nucleófilo forte, mas também pode se comportar como uma base forte formando um íon carboxilato.

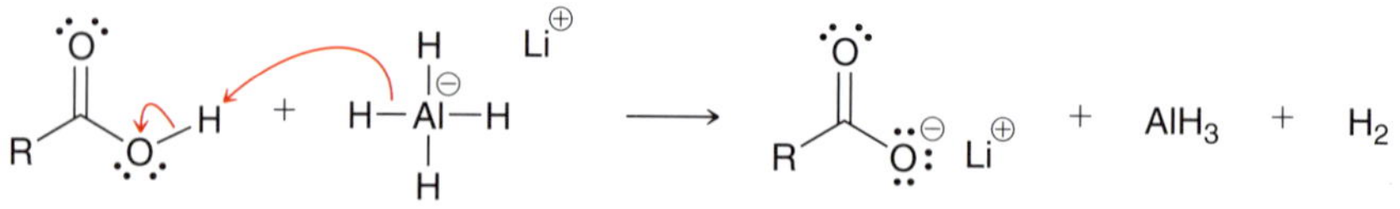

Existem várias possibilidades para o resto do mecanismo. Uma possibilidade envolve a reação do íon carboxilato com AlH_3 seguido de eliminação de modo a formar um aldeído:

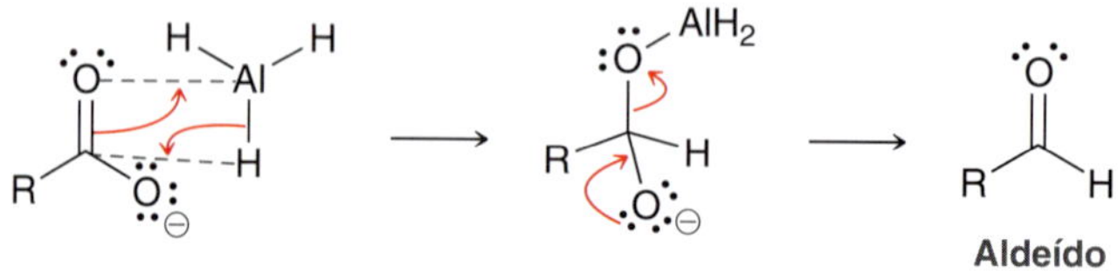

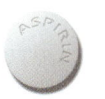

Sob essas condições, o aldeído não pode ser isolado. Em vez disso, ele é atacado posteriormente pelo HAL para formar um alcóxido, que é então protonado quando H_3O^+ é adicionado ao frasco de reação.

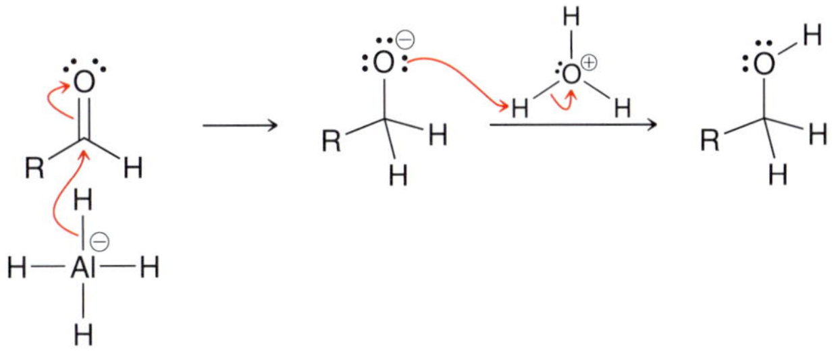

Um método alternativo para a redução de ácidos carboxílicos envolve a utilização de borano (BH_3).

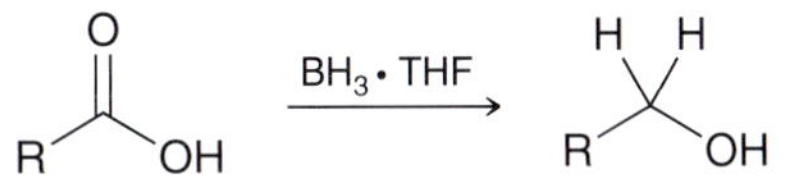

Redução com borano é muitas vezes preferida em vez da redução com HAL, porque o borano reage seletivamente com um grupo ácido carboxílico na presença de outro grupo carbonila. Como um exemplo, se a reação vista a seguir fosse realizada com HAL em vez de borano, os dois grupos carbonila seriam reduzidos.

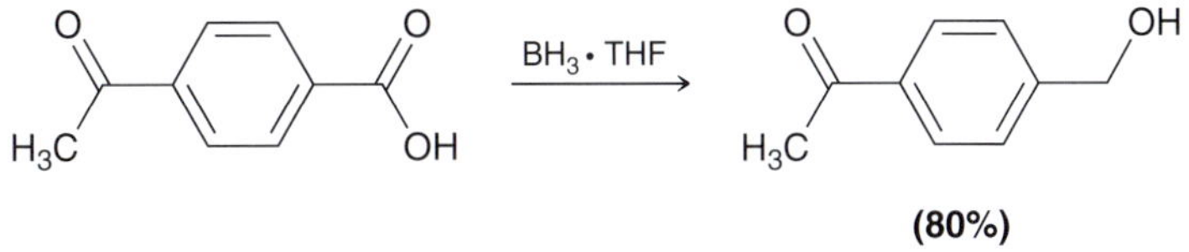

VERIFICAÇÃO CONCEITUAL

21.11 Cite os reagentes que você usaria para realizar cada uma das seguintes transformações:

(a) 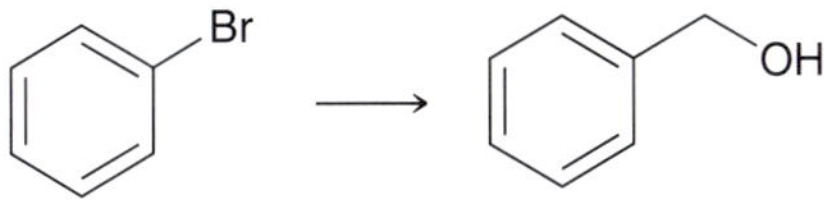

(b) 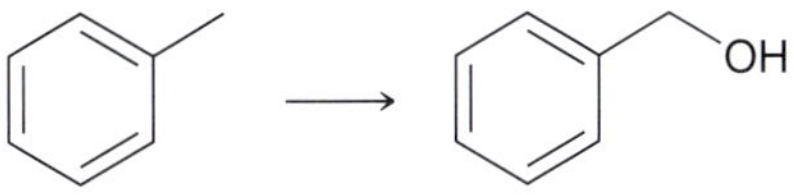

21.6 Introdução aos Derivados de Ácidos Carboxílicos

Classes de Derivados de Ácidos Carboxílicos

Na seção anterior, estudamos a reação entre um ácido carboxílico e HAL. Essa reação é uma redução, porque o átomo de carbono do grupo ácido carboxílico é reduzido no processo:

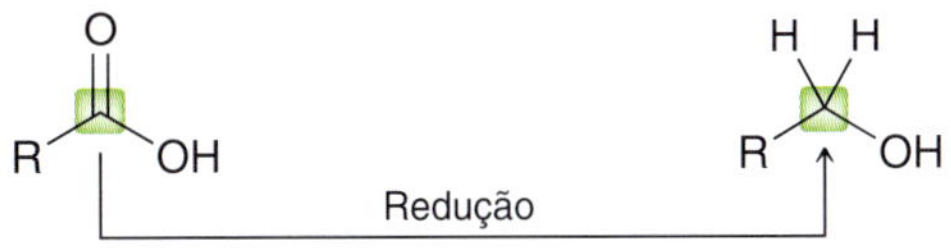

Ácidos carboxílicos também sofrem muitas outras reações que não envolvem uma mudança no estado de oxidação.

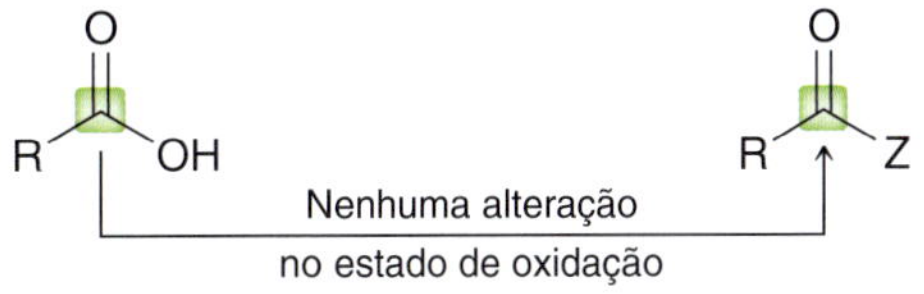

RELEMBRANDO
Para uma revisão de estados de oxidação, veja a Seção 13.4, do Volume 1.

A substituição do grupo OH por um grupo diferente (Z) não envolve uma mudança no estado de oxidação se Z for um heteroátomo (Cl, O, N etc.) As substâncias desse tipo são chamadas de **derivados de ácido carboxílico** e serão o foco do restante deste capítulo. Os quatro tipos mais comuns de derivados de ácido carboxílico são mostrados a seguir.

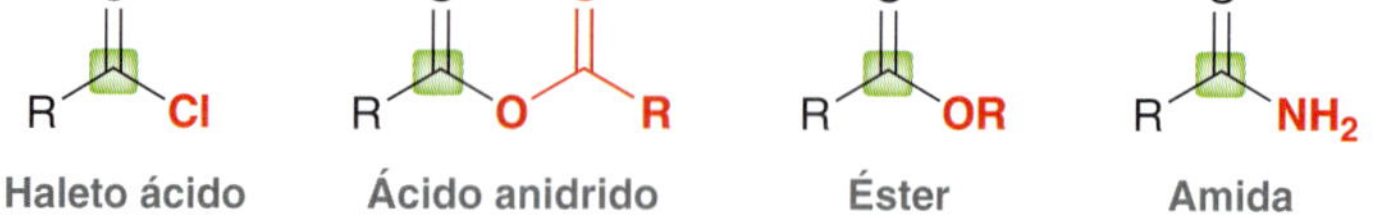

Haleto ácido — Ácido anidrido — Éster — Amida

Observamos que, em cada caso existe um átomo de carbono (destacado em verde) formando três ligações com heteroátomos. Como resultado, cada um desses átomos de carbono tem o mesmo estado de oxidação que o átomo de carbono de um ácido carboxílico. Apesar de todos esses derivados apresentarem um grupo carbonila, a presença de um grupo carbonila não é um requisito necessário para se qualificar como um derivado de ácido carboxílico. Qualquer substância com um átomo de carbono que forma três ligações com heteroátomos será classificada como um derivado de ácido carboxílico. Por exemplo, considere a estrutura das nitrilas.

$$R{-}C{\equiv}N$$

Uma nitrila

Nitrilas apresentam um átomo de carbono formando três ligações com um heteroátomo (nitrogênio). Como resultado, a conversão de uma nitrila em um ácido carboxílico (ou vice-versa), não é nem uma redução nem uma oxidação. Nitrilas são consideradas, portanto, derivados de ácidos carboxílicos, e elas também serão discutidas neste capítulo.

Derivados de Ácidos Carboxílicos na Natureza

Como veremos brevemente, haletos ácidos e anidridos ácidos são altamente reativos e, portanto, não são muito comuns na natureza. Ao contrário, os ésteres são mais estáveis e abundantes na natureza. Ésteres que ocorrem naturalmente, tais como os três exemplos vistos a seguir, têm, frequentemente, odores agradáveis e contribuem para os aromas das frutas e das flores.

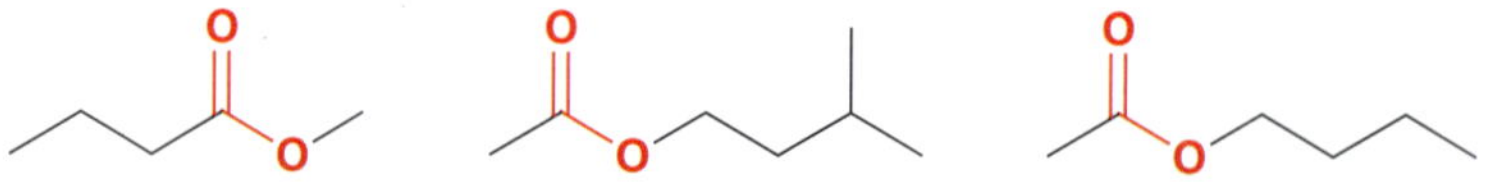

Butanoato de metila (abacaxi) — **Acetato de isopentila** (banana) — **Acetato de butila** (pera)

Amidas são abundantes nos organismos vivos. Por exemplo, as proteínas são substâncias onde existe repetição de ligações amida.

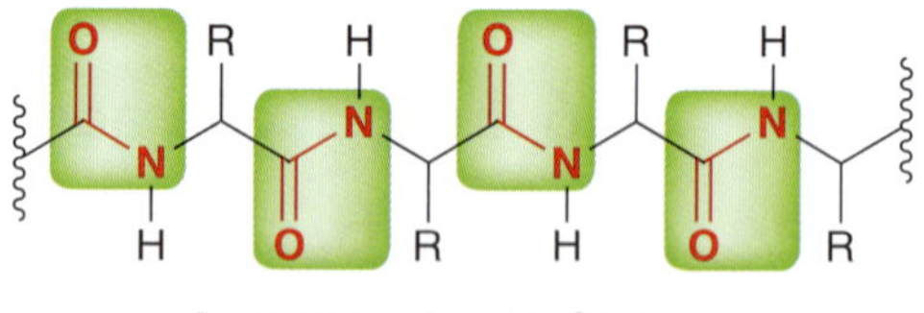

A estrutura de proteínas

O Capítulo 26 será centralizado na estrutura de proteínas, bem como o papel central que as proteínas têm em catalisar a maioria das reações bioquímicas.

Nomenclatura de Haletos Ácidos

Haletos ácidos são denominados como derivados de ácidos carboxílicos através da substituição de "ácido" pelo "haleto" e do sufixo "ico" por "ila":

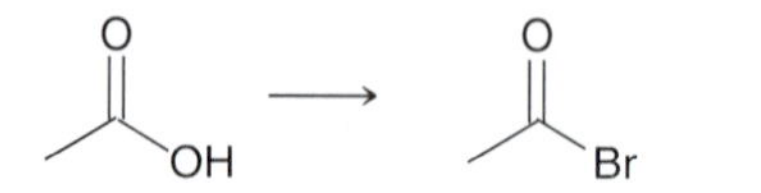

Ácido acético → **Brometo de acetila**

Ácido benzoico → **Cloreto de benzoíla**

medicamente falando — Sedativos

Os sedativos são substâncias que reduzem a ansiedade e induzem o sono. Nossos corpos utilizam muitos sedativos naturais, incluindo a melatonina.

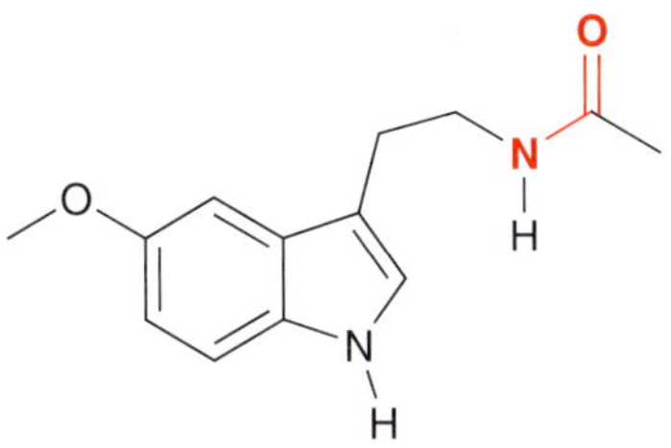

Melatonina

Há muitas evidências sugerindo que a melatonina tem um papel importante na regulação do ciclo natural sono-vigília do corpo. Por exemplo, tem-se observado que os níveis de melatonina para a maioria das pessoas aumentam durante a noite e, então, diminui de manhã. Por esta razão, muitas pessoas tomam suplementos de melatonina para tratar a insônia.

Observe o grupo amida na estrutura da melatonina (mostrado em vermelho). Esse grupo é uma característica comum em muitos fármacos que são comercializados como sedativos, como,

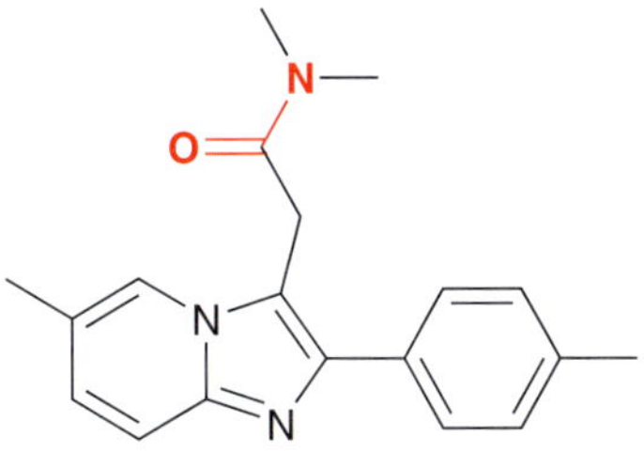

Zolpidem (Ambien™)

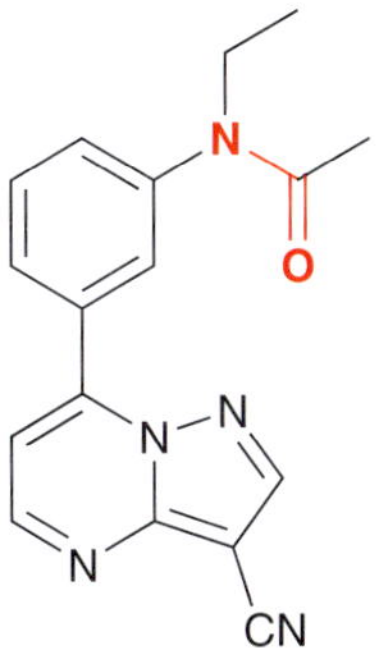

Zaleplon (Sonata™)

Esses fármacos, que são semelhantes em estrutura à melatonina, são utilizados para o tratamento de insônia. Outros sedativos são utilizados principalmente no tratamento de ansiedade excessiva:

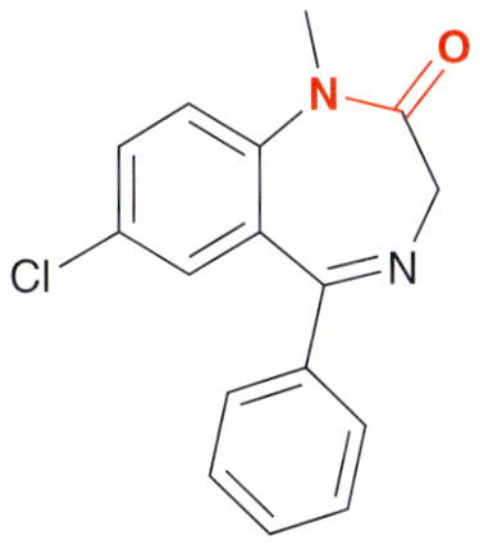

Diazepam (Valium™)

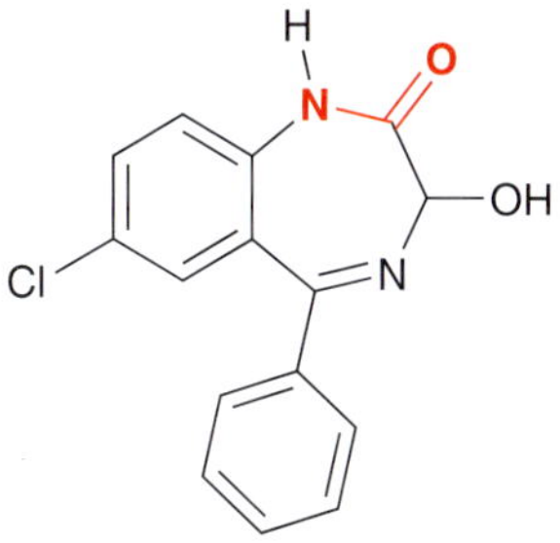

Oxazepam (Serax™)

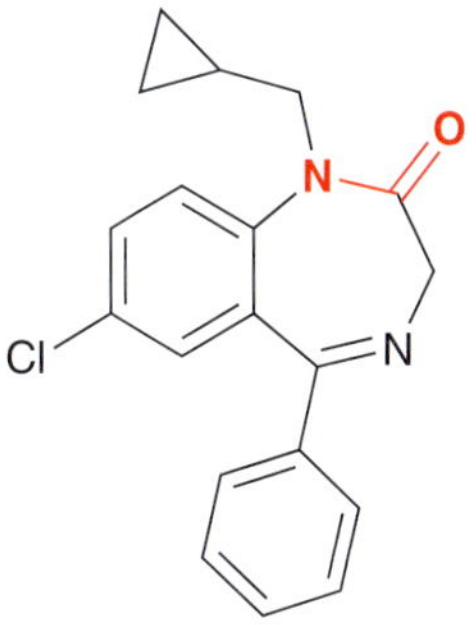

Prazepam (Verstran™)

Os fármacos utilizados no tratamento da ansiedade são chamados de agentes ansiolíticos. Os três exemplos apresentados são todos semelhantes em estrutura e pertencem a uma classe de substâncias chamadas benzodiazepinas. Foi realizada uma pesquisa extensiva para elucidar a relação entre a estrutura e a atividade de benzodiazepinas. Verificou-se que o grupo amida não é absolutamente necessário, mas a sua presença aumenta a potência desses agentes.

Quando um grupo haleto ácido está ligado a um anel, ocorre a substituição de "ácido" pelo "haleto" e do sufixo "carboxílico" por "carbonila", como,

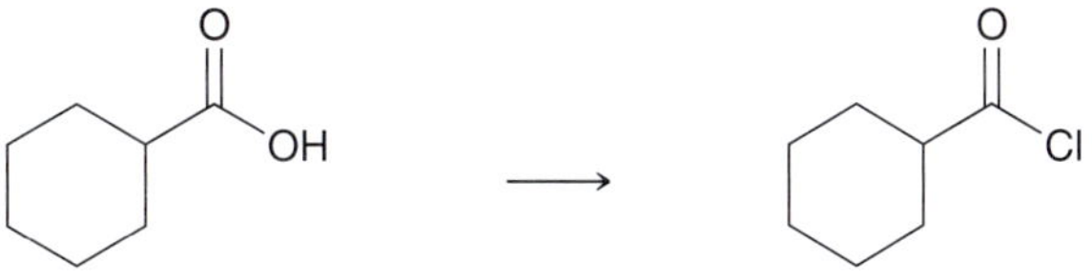

Ácido ciclo-hexanocarboxílico → **Cloreto de ciclo-hexanocarbonila**

Nomenclatura de Anidridos Ácidos

Anidridos ácidos são denominados derivados dos ácidos carboxílicos através da substituição de "ácido" por "anidrido".

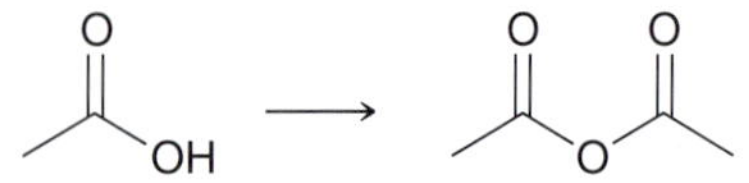

Ácido acético **Anidrido acético**

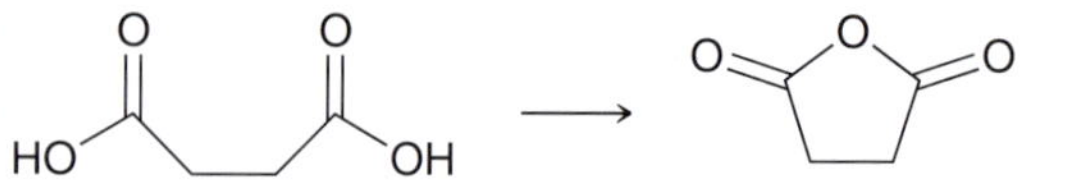

Ácido succínico **Anidrido succínico**

Anidridos assimétricos são preparados a partir de dois ácidos carboxílicos diferentes e são nomeados indicando os dois ácidos em ordem alfabética precedidos pelo nome "anidrido":

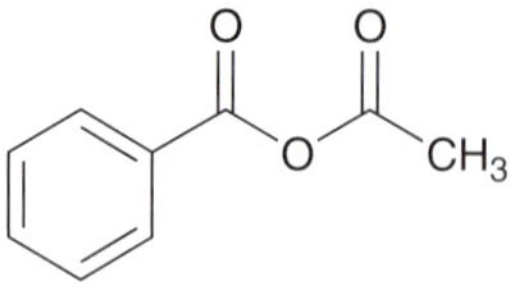

Anidrido acético benzoico

Nomenclatura de Ésteres

Os ésteres são nomeados indicando-se o grupo alquila ligado ao átomo de oxigênio, precedido pelo ácido carboxílico em que o sufixo "ico" é substituído por "ato".

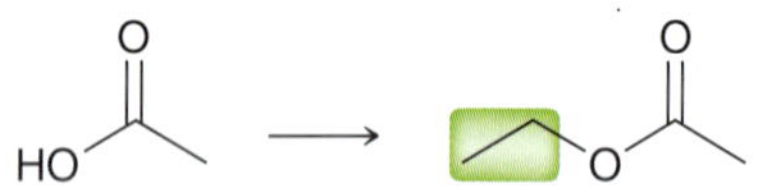

Ácido acético **Acetato de etila**

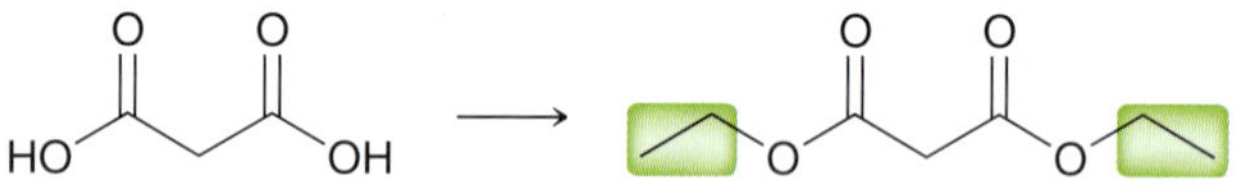

Ácido malônico **Malonato de dietila**

A mesma metodologia é aplicada quando o grupo éster está ligado a um anel, como, por exemplo:

Ácido ciclo-hexanocarboxílico **Ciclo-hexanocarboxilato de metila**

Nomenclatura de Amidas

Amidas são nomeadas como derivados de ácidos carboxílicos através da substituição do sufixo "ico" ou "oico" por "amida".

Ácido acético **Acetamida**

Ácido benzoico **Benzamida**

Quando um grupo amida está ligado a um anel, o sufixo "carboxílico" é substituído por "carboxamida".

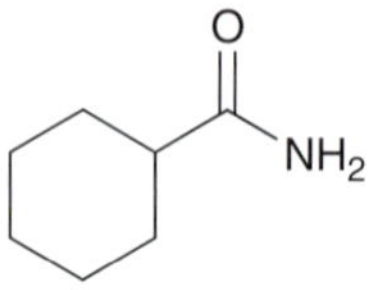

Ciclo-hexanocarboxamida

Se o átomo de nitrogênio está ligado a grupos alquila, esses grupos são colocados no início do nome, e a letra "*N*" é usada como um localizador para indicar que eles estão ligados ao átomo de nitrogênio.

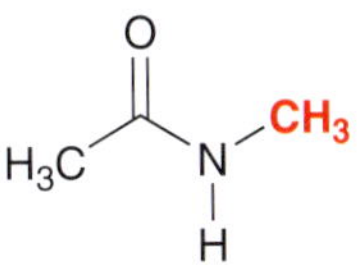

***N*-Metilacetamida**

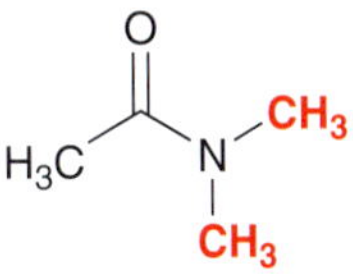

***N,N*-Dimetilacetamida**

Nomenclatura de Nitrilas

As nitrilas são nomeadas como derivados de ácidos carboxílicos através da substituição do sufixo "ico" ou "oico" por "onitrila".

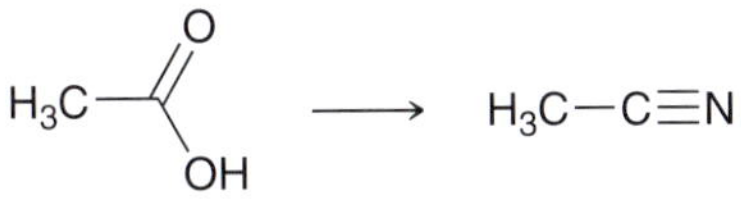

Ácido acético **Acetonitrila**

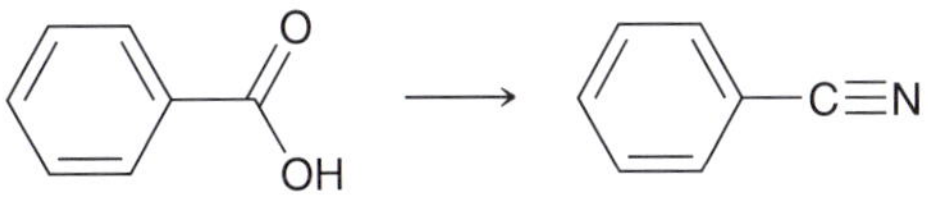

Ácido benzoico **Benzonitrila**

VERIFICAÇÃO CONCEITUAL

21.12 Dê o nome de cada uma das seguintes substâncias:

(a) 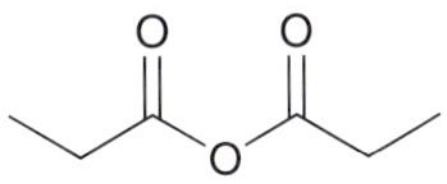

(b) 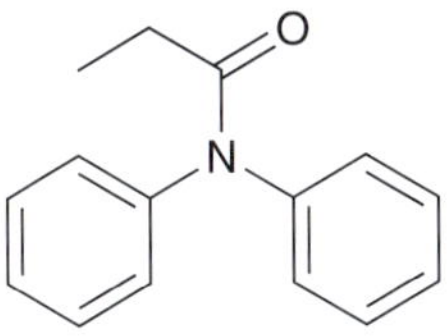

(c) 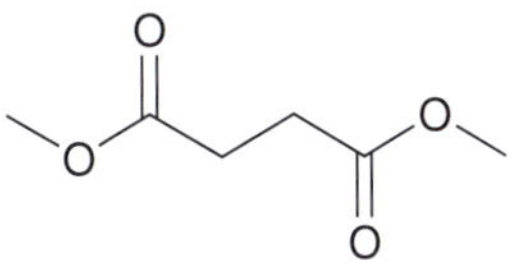

(d) 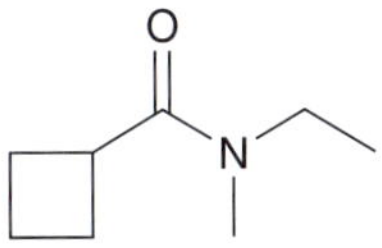

(e) 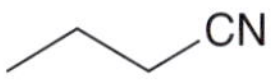

(f) 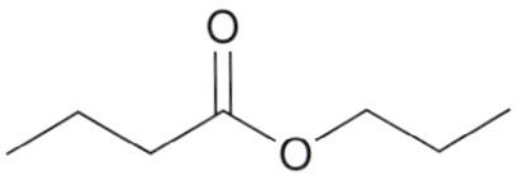

(g) 

(h) 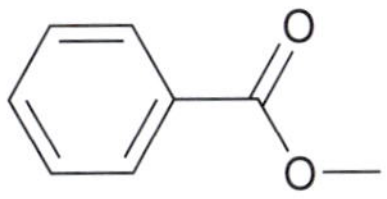

(i) 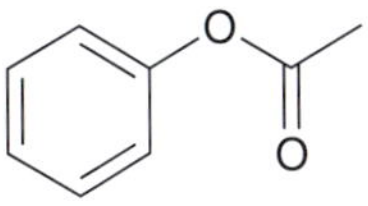

21.13 Represente uma estrutura para cada uma das seguintes substâncias:

(a) Oxalato de dimetila (b) Ciclopentanocarboxilato de fenila (c) *N*-Metilpropionamida (d) Cloreto de propionila

21.7 Reatividade dos Derivados de Ácidos Carboxílicos

Eletrofilicidade dos Derivados de Ácidos Carboxílicos

No capítulo anterior, vimos que o átomo de carbono de um grupo carbonila é eletrofílico em virtude de efeitos tanto indutivos quanto de ressonância. O mesmo é verdade para os derivados de ácidos carboxílicos, embora os derivados de ácidos carboxílicos apresentem uma vasta variedade de reatividade conforme ilustrado na Figura 21.4. Haletos ácidos são os mais reativos. Para explicar isso, temos de considerar os dois efeitos, os efeitos indutivos e os efeitos de ressonância. Vamos começar com a indução. O cloro é um átomo eletronegativo e, portanto, retira densidade eletrônica do grupo carbonila através de indução.

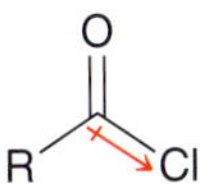

Esse efeito torna o grupo carbonila ainda mais eletrofílico quando comparado com o grupo carbonila de uma cetona.

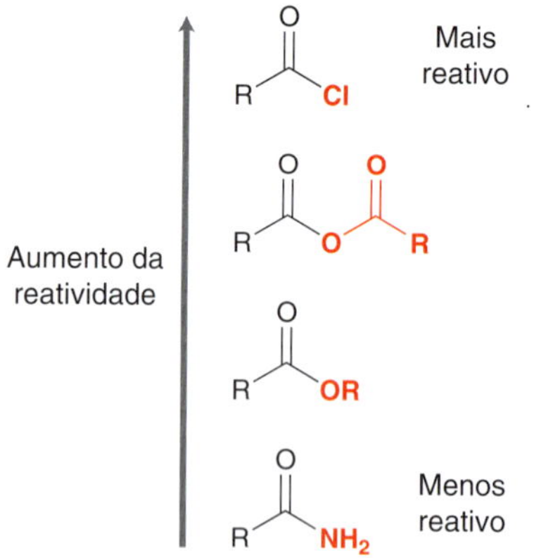

FIGURA 21.4
A ordem relativa de reatividade de derivados de ácidos carboxílicos.

Agora vamos considerar os efeitos de ressonância. Um haleto ácido tem três estruturas de ressonância.

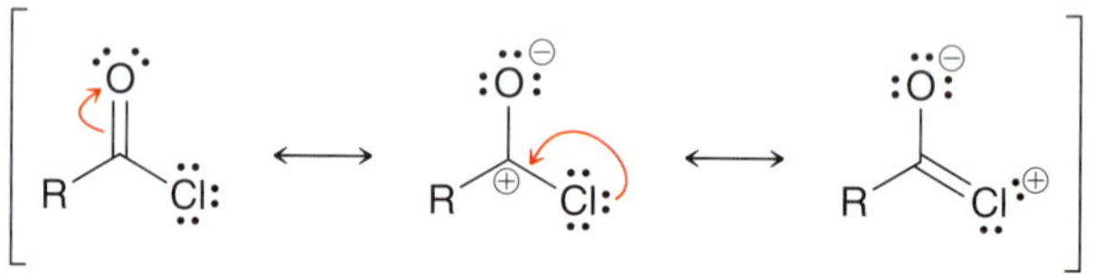

Não é um contribuidor significativo

A PROPÓSITO
Observe a semelhança desta análise e a análise do efeito de um átomo de cloro sobre a densidade eletrônica de um anel aromático (veja a Seção 19.9).

A terceira estrutura de ressonância não contribui muito para o híbrido de ressonância global, porque a sobreposição de orbitais *p* necessária para uma ligação C=Cl não é eficiente. Esse argumento é semelhante ao argumento utilizado para a sobreposição ineficiente de ligações S=O na Seção 19.3. Como consequência, o átomo de cloro não doa muita densidade eletrônica para a carbonila através de ressonância. O efeito líquido do átomo de cloro é o de retirar densidade eletrônica, fazendo o grupo carbonila extremamente eletrofílico.

Amidas são os derivados de ácidos carboxílicos menos reativos. Para explicar essa observação, mais uma vez temos que explorar os efeitos indutivos e os efeitos de ressonância. Vamos começar com a indução. O nitrogênio é menos eletronegativo que o cloro ou o oxigênio e não é um grupo retirador de elétrons eficiente. O átomo de nitrogênio não retira muita densidade eletrônica do grupo carbonila, e os efeitos indutivos não são significativos. No entanto, efeitos de ressonância são substanciais. Consideremos as três estruturas de ressonância de uma amida.

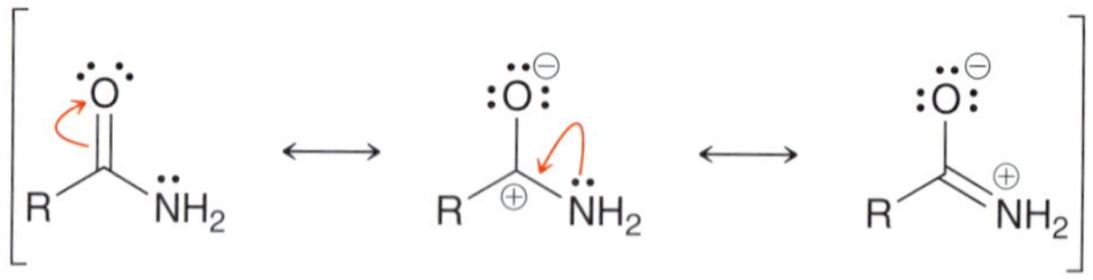

É um contribuidor significativo

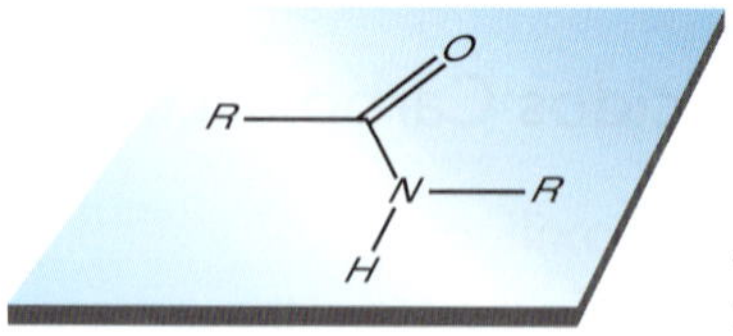

FIGURA 21.5
Uma ilustração da geometria plana das amidas.

Ao contrário de um haleto ácido, a terceira estrutura de ressonância de uma amida contribui significativamente para o híbrido de ressonância global. O orbital *p* do átomo de carbono se sobrepõe de forma eficiente com um orbital *p* no átomo de nitrogênio, e o átomo de nitrogênio pode facilmente acomodar a carga positiva 2. O átomo de nitrogênio tem uma hibridização sp^2, e a geometria do átomo de nitrogênio é plana triangular. Em consequência, o grupo amida inteiro se situa em plano (Figura 21.5). A ligação C–N de uma amida tem um caráter significativo de ligação dupla, o que pode ser verificado pela observação da barreira relativamente alta para rotação da ligação C–N.

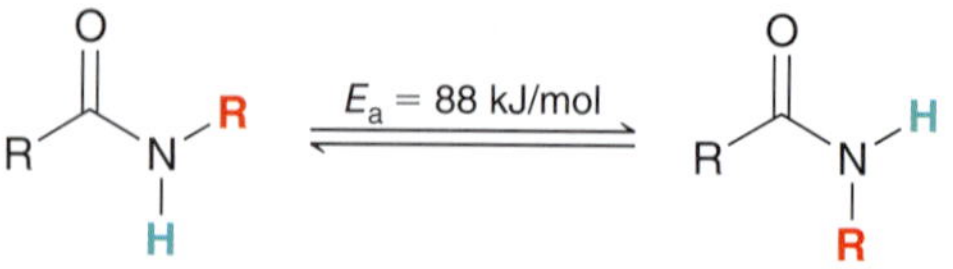

A rotação restrita da ligação C—N e a geometria plana dos grupos amida serão importantes quando discutirmos a estrutura das proteínas no Capítulo 27.

Substituição Nucleofílica Acílica

A reatividade dos derivados de ácidos carboxílicos é semelhante à reatividade de aldeídos e cetonas de várias maneiras. Em ambos os casos, o grupo carbonila é eletrofílico e sujeito ao ataque por um nucleófilo. Nos dois casos, as mesmas regras e princípios regem as transferências de prótons que acompanham as reações, como veremos em breve. No entanto, existe uma diferença fundamental entre os derivados de ácidos carboxílicos e os aldeídos/cetonas. Especificamente, os derivados de ácidos carboxílicos possuem um heteroátomo que pode se comportar como um grupo de saída, enquanto os aldeídos e cetonas não.

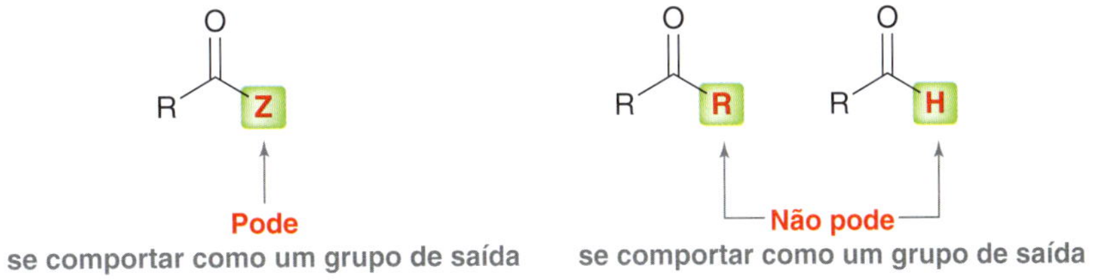
O
R
Z
Pode
se comportar como um grupo de saída
O
R
R
O
R
H
Não pode
se comportar como um grupo de saída

Quando um nucleófilo ataca um derivado de ácido carboxílico, uma reação pode ocorrer em que o nucleófilo substitui o grupo de saída:

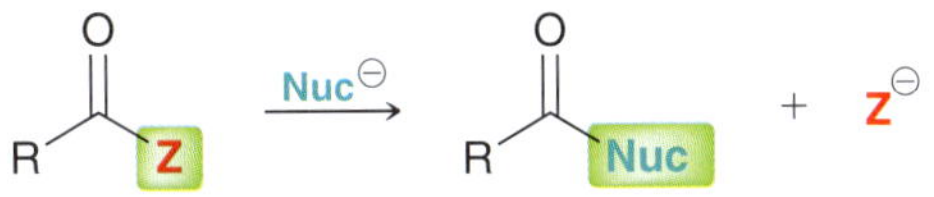
O
R
Z
Nuc⊖
O
R
Nuc
+
Z⊖

Esse tipo de reação é chamado de **substituição nucleofílica acílica**, e o restante do capítulo será dominado por vários exemplos desse tipo de reação. O mecanismo geral tem duas etapas principais (Mecanismo 21.1).

MECANISMO 21.1 SUBSTITUIÇÃO NUCLEOFÍLICA ACÍLICA

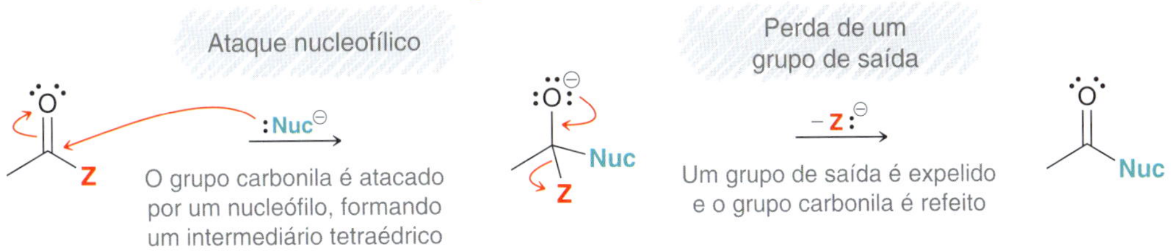
Ataque nucleofílico
Perda de um grupo de saída
:Nuc⊖
O grupo carbonila é atacado por um nucleófilo, formando um intermediário tetraédrico
Nuc
Z
–Z:⊖
Um grupo de saída é expelido e o grupo carbonila é refeito
Nuc

Na primeira etapa, um nucleófilo ataca o grupo carbonila, durante este ataque, o estado de hibridização do átomo de carbono muda. Tanto no material de partida como no produto, o átomo de carbono tem hibridização sp^2 com geometria plana triangular, mas o mesmo átomo no intermediário tem hibridização sp^3 com geometria tetraédrica. Devido a essa mudança de geometria, o intermediário é frequentemente chamado de **intermediário tetraédrico**. Na segunda etapa, o grupo carbonila se forma novamente através da perda de um grupo de saída. A formação novamente da ligação dupla C=O é uma poderosa força motriz, e mesmo grupos de saída fracos (tais como RO^-) podem ser expelidos sob certas condições. Íons hidreto (H^-) e carbânions (C^-) não podem se comportar como grupos de saída sob quaisquer condições, por isso esse tipo de reação não é observado para cetonas ou aldeídos. Existem apenas algumas raras exceções quando H^- ou C^- se comportam como grupos de saída, e nós especificamente explicaremos por que esses casos são exceções quando discutirmos esse assunto no Capítulo 22. Para os nossos propósitos, a seguinte regra guiará nossa discussão no restante deste capítulo: *Quando um nucleófilo ataca um grupo carbonila para formar um intermediário tetraédrico, o grupo carbonila, se possível, será sempre formado novamente, mas H^- e C^- não são geralmente expelidos como grupos de saída.* Não existem exceções a essa regra neste capítulo.

Vamos explorar um exemplo específico de uma substituição nucleofílica acílica, de modo que possamos ver como a regra se aplica. Consideremos a seguinte transformação:

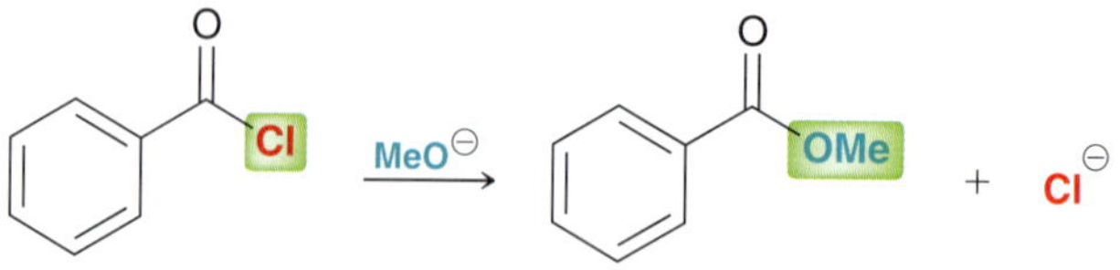

Nesta reação, um cloreto ácido é convertido em éster. O mecanismo dessa transformação tem duas etapas. Na primeira etapa, o metóxido se comporta como um nucleófilo e ataca o grupo carbonila, formando um intermediário tetraédrico:

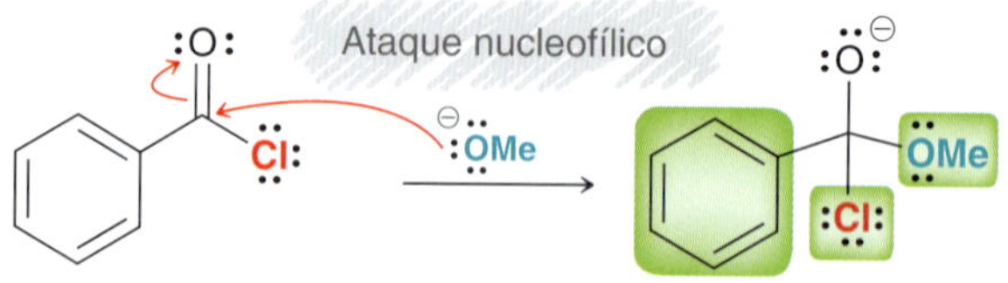

Agora aplicamos a regra: se for possível, o grupo carbonila se forma novamente, mas evitando expelir H^- ou C^-. De modo a voltar a formar o grupo carbonila neste caso, um dos três grupos, que foram destacados, tem que ser expelido como um grupo de saída possuindo uma carga negativa. O anel aromático não pode sair, porque isso implicaria no C^- ser expelido. As duas escolhas restantes (cloreto ou metóxido) são opções viáveis. O cloreto é mais estável do que o metóxido e é, portanto, um grupo de saída melhor, de modo que a carbonila provavelmente voltará a se formar expelindo o íon cloreto.

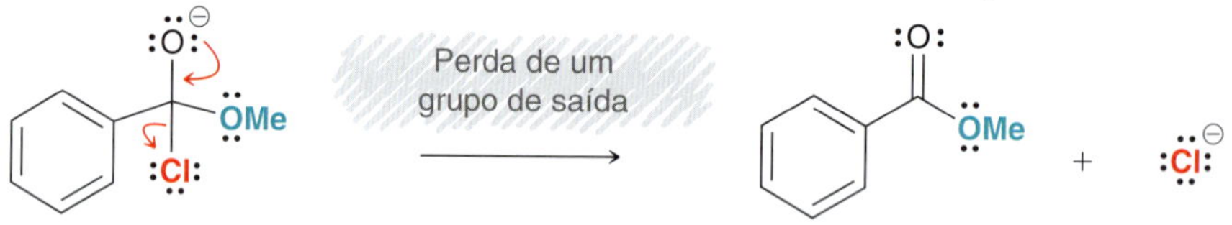

Em resumo, o mecanismo de uma reação de substituição nucleofílica acílica envolve duas etapas principais, ataque nucleofílico e perda de um grupo de saída. Observe que essas são as duas mesmas etapas envolvidas em um processo S_N2. No entanto, há uma diferença importante. Em um processo S_N2, as duas etapas ocorrem de uma forma concertada (simultaneamente), mas em uma reação de substituição nucleofílica acílica, as duas etapas têm de ocorrer separadamente. É um erro comum representar essas duas etapas como ocorrendo juntas.

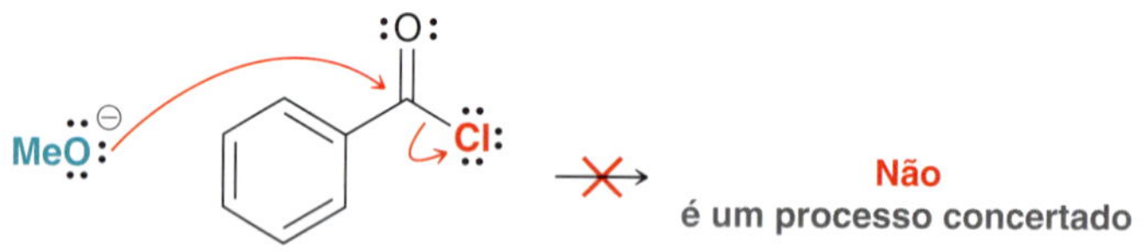

O mecanismo de reação não pode ser representado dessa maneira, porque reações S_N2 não ocorrem facilmente em centros com hibridização *sp*^{2}. Ao representar uma substituição nucleofílica acílica certifique-se de representar a primeira etapa, onde há a formação do intermediário tetraédrico, seguida de uma segunda etapa, que mostra como o grupo carbonila volta a se formar.

A maioria das reações neste capítulo são reações de substituição nucleofílica acílica. Todas essas reações irão apresentar as duas etapas principais do ataque nucleofílico e perda de um grupo de saída para voltar a formar o grupo carbonila. Mas, muitos dos mecanismos de reação também mostrarão transferências de prótons. A fim de representar cada mecanismo corretamente, é necessário saber por que a transferência de próton ocorre. A regra a seguir nos guiará para decidir se devemos ou não utilizar transferência de próton em um determinado mecanismo: *Em condições ácidas, evitamos a formação de uma base forte. Em condições alcalinas, tais como hidróxido ou metóxido, evitamos a formação de um ácido forte.*

Essa regra impõe que todos os participantes de uma reação (reagentes, intermediários e grupos de saída) devem ser compatíveis com as condições utilizadas. Como um exemplo, consideremos a reação vista a seguir.

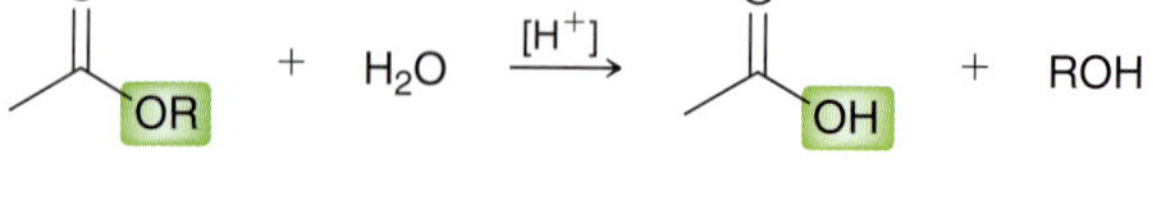

Nessa reação, um éster é convertido em um ácido carboxílico sob condições de catálise ácida. O nucleófilo neste caso é a água (H_2O); no entanto, a primeira etapa do mecanismo não pode ser simplesmente um ataque nucleofílico (Figura 21.6). O que está errado com essa etapa? O intermediário tetraédrico apresenta um átomo de oxigênio com uma carga negativa localizada, que é fortemente básica e, portanto, inconsistente com condições ácidas. O diagrama de energia na Figura 21.7 apresenta uma grande energia de ativação (E_a) para essa etapa. Para evitar a formação desse intermediário, o catalisador ácido é utilizado inicialmente para protonar o grupo carbonila (como vimos no capítulo anterior com cetonas e aldeídos).

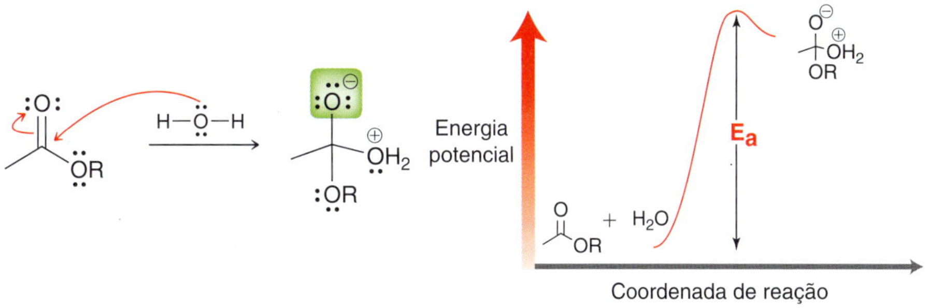

FIGURA 21.6 Um diagrama de energia mostrando a grande energia de ativação associada ao processo da água atacando diretamente um éster.

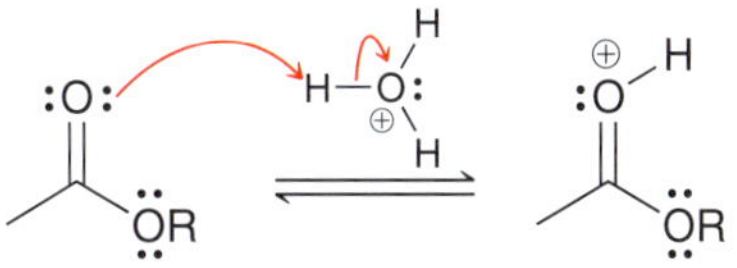

Um grupo carbonila protonado é significativamente mais eletrofílico e, agora, quando a água não é formada nenhuma carga é negativa. Essa etapa agora está de acordo com as condições ácidas, porque todos os participantes são neutros ou carregados positivamente. Como pode ser visto no diagrama de energia da Figura 21.7, a energia de ativação (E_a) é agora muito menor, porque os reagentes já têm energia elevada e nenhuma base forte está sendo formada.

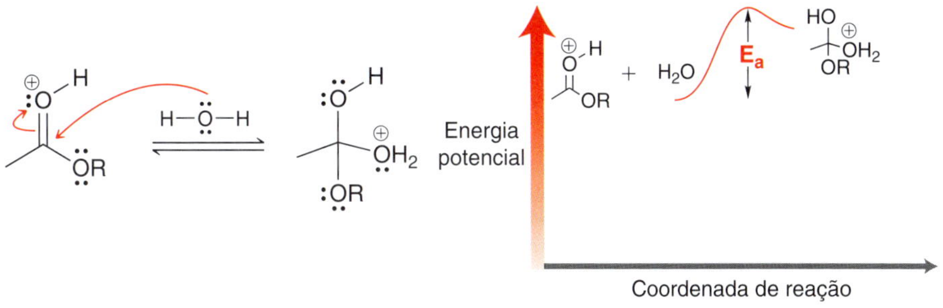

FIGURA 21.7 Um diagrama de energia mostrando a pequena energia de ativação associada ao processo da água atacando um éster protonado.

A formação de uma base forte tem que ser evitada somente em condições ácidas. A história é diferente sob condições básicas. Por exemplo, considere o que acontece quando um éster é tratado com o íon hidróxido. Nesse caso, o grupo carbonila não é protonado antes do ataque nucleofílico. Na realidade, a protonação do grupo carbonila envolveria a formação de um ácido forte, o que não é consistente com condições básicas. Sob condições básicas, o hidróxido ataca a carbonila diretamente para dar um intermediário tetraédrico. O diagrama de energia da Figura 21.8 mostra que a

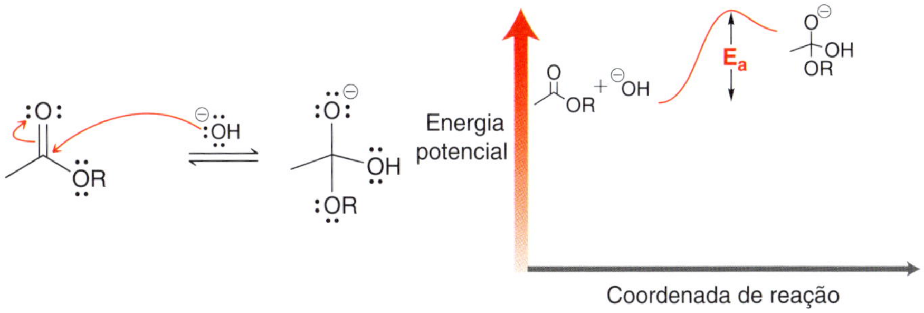

FIGURA 21.8 Um diagrama de energia mostrando a pequena energia de ativação associada ao hidróxido atacando um éster.

energia de ativação (E_a) não é muito elevada, porque uma carga negativa está presente nos reagentes e no intermediário. Em outras palavras, uma carga negativa não está sendo formada, mas ela está meramente sendo transferida de um local para outro.

Quando se utiliza uma amina como nucleófilo, é aceitável que ela ataque o grupo carbonila diretamente (sem ocorrer primeiro a protonação do grupo carbonila).

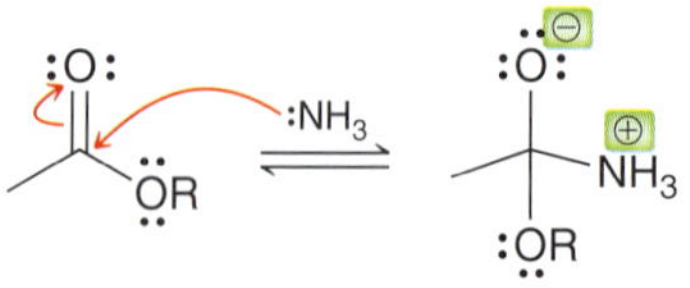

Isso gera um intermediário com uma carga positiva e uma carga negativa. Isso é razoável neste caso, porque as aminas são suficientemente nucleofílicas para atacar um grupo carbonila diretamente. Apenas evitamos representar um intermediário com duas cargas de mesmo tipo de carga (duas cargas positivas ou duas cargas negativas).

Para ilustrar ainda mais a regra, consideremos o que acontece quando um intermediário tetraédrico volta a se formar. Em condições básicas, é aceitável ejetar um íon metóxido.

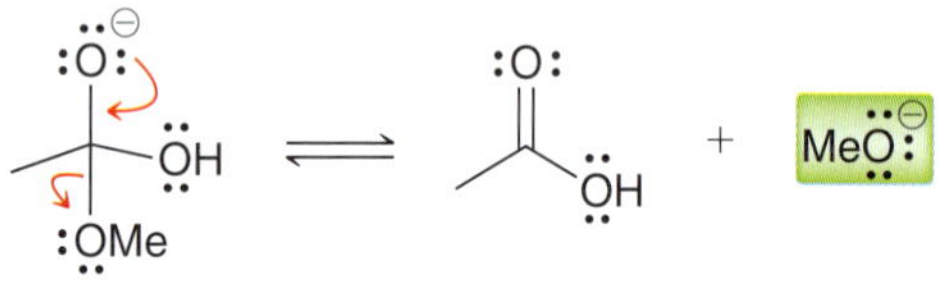

Isto não é problemático, porque o intermediário já apresenta uma carga negativa. Em outras palavras, uma carga negativa não está sendo formada, está meramente sendo transferida de um local para outro. No entanto, em condições ácidas, o grupo metoxi tem que ser protonado primeiro de modo a se comportar como um grupo de saída (para evitar formação de uma base forte).

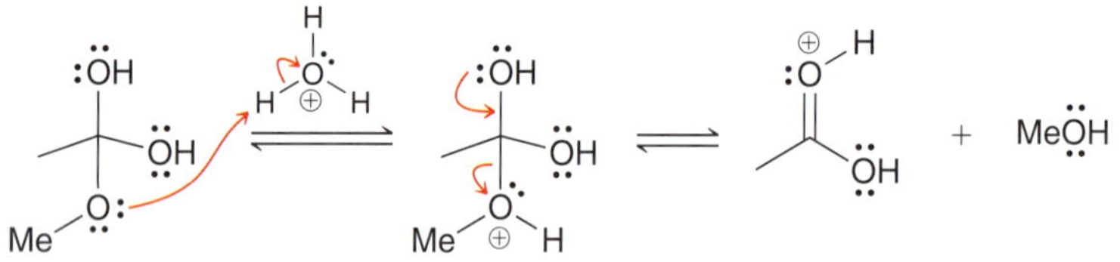

Em resumo, transferências de prótons são utilizadas nos mecanismos de modo a ser coerente com as condições utilizadas.

Quando representamos o mecanismo de uma reação de substituição nucleofílica acílica, existem três pontos em que você tem que decidir se quer ou não realizar uma transferência de próton.

A transferência de próton pode ocorrer (1) antes do ataque nucleofílico, (2) antes da perda do grupo de saída, ou (3) ao final do mecanismo. Alguns mecanismos terão transferência de próton em todos os três pontos, enquanto outros mecanismos podem apresentar apenas uma etapa de transferência de próton no final do mecanismo. Como um exemplo, consideremos a reação vista a seguir, que envolve a conversão de um cloreto ácido em um ácido carboxílico.

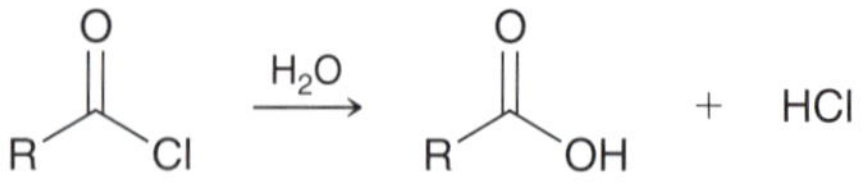

No mecanismo visto a seguir para essa reação, não há nenhuma etapa de transferência de próton, antes do ataque nucleofílico (isto é, o grupo carbonila não é primeiro protonado), porque os reagentes não são ácidos.

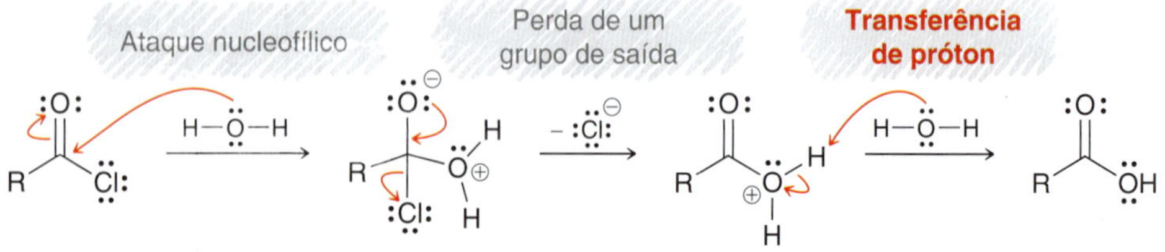

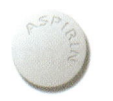

Do mesmo modo, não existe nenhuma etapa de transferência de próton antes da perda do grupo de saída, porque o grupo de saída não necessita ser protonado antes que possa sair. No entanto, há uma etapa de transferência de próton no final do mecanismo, a fim de remover um próton e formar o produto final. O mecanismo é constituído por duas etapas principais seguidas por uma transferência de próton. Este padrão é típico para as reações de haletos ácidos. Vamos ver brevemente uma dúzia de reações de haletos ácidos e todos os seus mecanismos seguirão esse padrão.

X ---- Ataque nucleofílico ---- X ---- Perda de um grupo de saída ---- Próton se transfere

(Nenhuma transferência de próton) (Nenhuma transferência de próton)

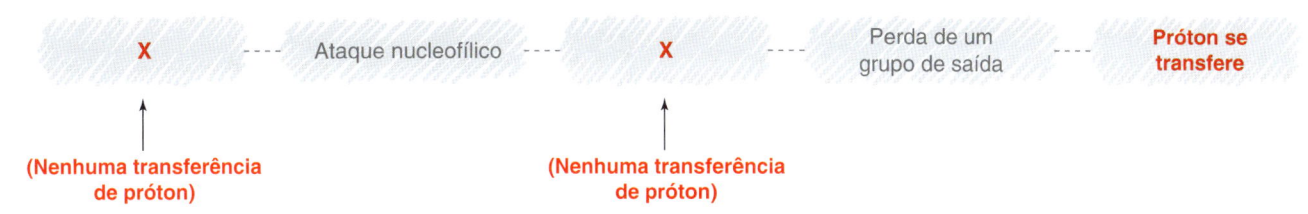

Ao contrário, as reações realizadas sob condições catalisadas por ácido geralmente têm etapas de transferência de próton em todos os três pontos possíveis. A seção Desenvolvendo a Aprendizagem a seguir ilustra tal caso.

DESENVOLVENDO A APRENDIZAGEM

21.1 REPRESENTAÇÃO DO MECANISMO DE UMA REAÇÃO DE SUBSTITUIÇÃO ACIL NUCLEOFÍLICA

APRENDIZAGEM Proponha um mecanismo plausível para a transformação vista a seguir.

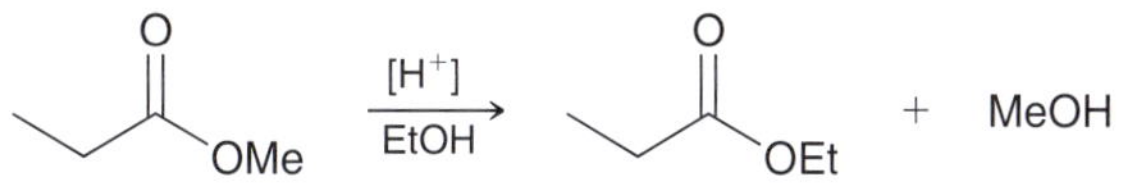

SOLUÇÃO

Nesta reação, um grupo metoxi é substituído por um grupo etoxi:

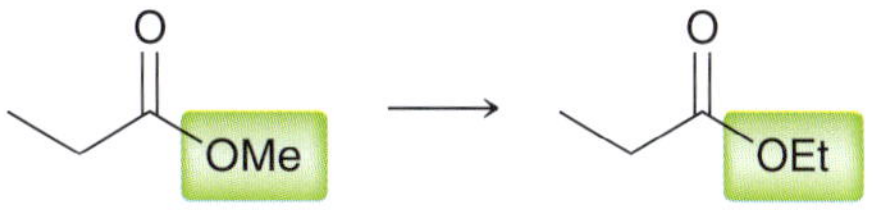

Tal como acontece com todas as reações de substituição nucleofílica acílica, esperamos que o mecanismo tenha as seguintes etapas principais:

Ataque nucleofílico ---- Perda de um grupo de saída

Quando representamos o mecanismo, certificamo-nos de representar essas etapas separadamente. Mas também temos de determinar se alguma transferência de próton é necessária. Há três pontos em que a transferência de próton pode ocorrer.

Transferência de próton --- Ataque nucleofílico --- Próton se transfere --- Perda de um grupo de saída --- Transferência de próton

Neste caso, condições ácidas são utilizadas, de modo que devemos evitar a formação de cargas negativas. Este requisito impõe que temos de executar as etapas de transferência de próton em todos os três pontos possíveis. O mecanismo começa com uma transferência de próton a fim de protonar o grupo carbonila, tornando-o um eletrófilo melhor:

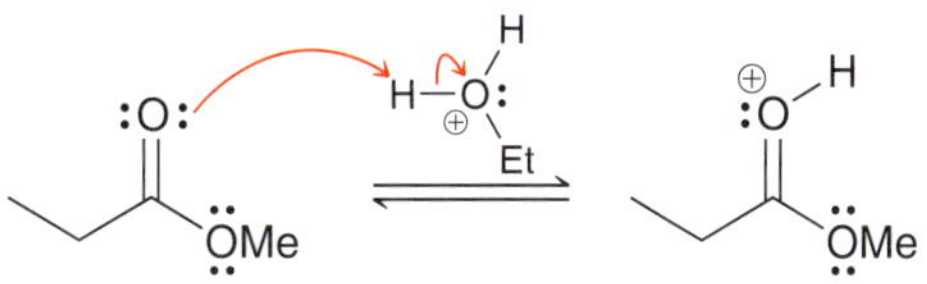

Observe a fonte de prótons que usamos para protonar o grupo carbonila. Não podemos usar EtOH como a fonte de prótons, pois a transferência de um próton a partir do etanol envolveria a criação de um íon etóxido, o que deve ser evitado em condições ácidas.

A etapa seguinte é um ataque nucleofílico, no qual o etanol se comporta como um nucleófilo e ataca o grupo carbonila protonado, formando um intermediário tetraédrico que não possui uma carga negativa.

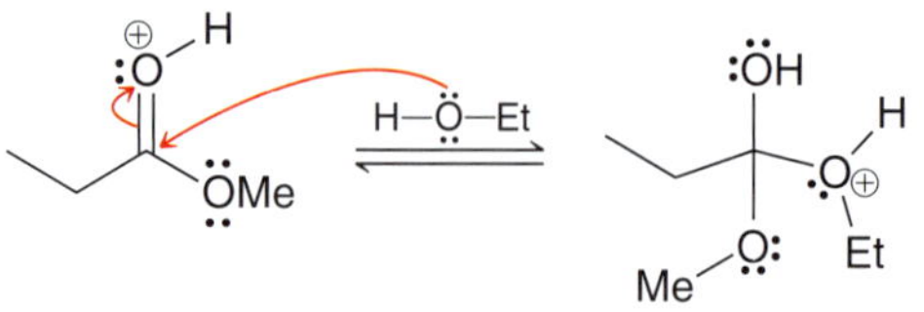

O intermediário tetraédrico formado nessa etapa não pode imediatamente expelir o metóxido para voltar a formar a carbonila, porque o metóxido é uma base forte, o que deve ser evitado em condições ácidas. Portanto, temos de primeiro protonar o grupo metoxi. No entanto, a protonação do grupo metoxi envolveria a formação de duas cargas positivas, o que também deve ser evitado. Em consequência, duas transferências de prótons separadas são necessárias.

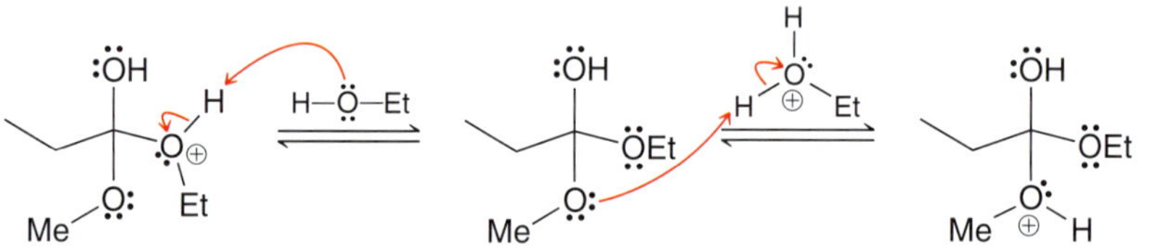

Em primeiro lugar, um próton é removido para formar um intermediário tetraédrico novo sem carga seguido de protonação do grupo metoxi. Tenha cuidado para não usar etóxido como base na primeira etapa (lembre-se de que não existem bases fortes em condições ácidas).

A próxima etapa é a perda do grupo de saída para voltar a formar a carbonila:

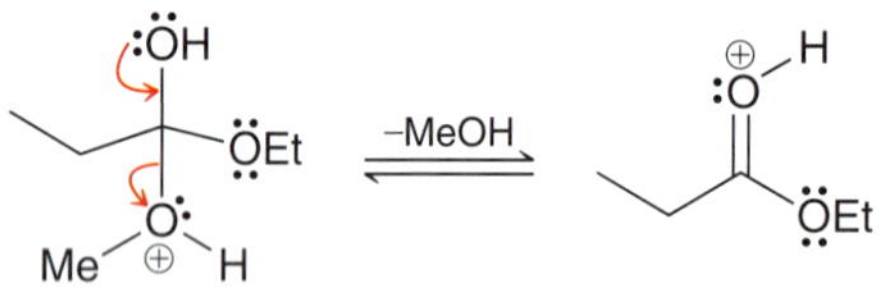

Finalmente, uma transferência de próton é usada para remover a carga positiva e formar o produto.

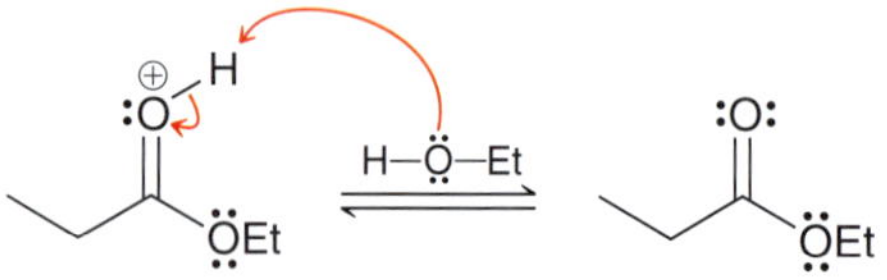

Em resumo, o mecanismo completo é mostrado a seguir:

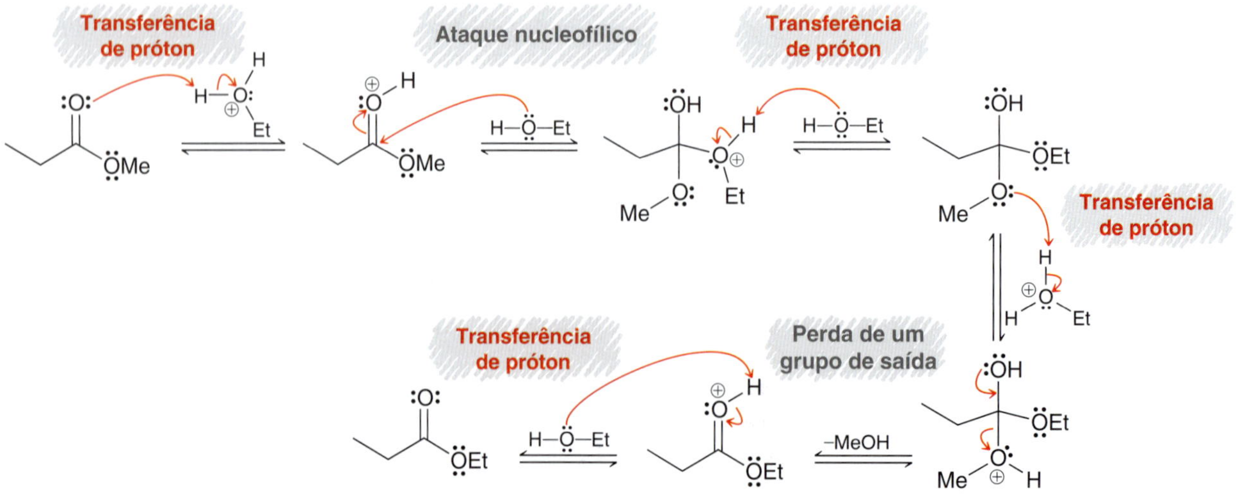

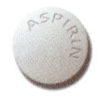

PRATICANDO o que você aprendeu

21.14 Proponha um mecanismo plausível para cada uma das transformações vistas a seguir. Todas essas reações aparecerão mais tarde neste capítulo, de modo que praticar os seus mecanismos agora servirá como preparação para o resto deste capítulo.

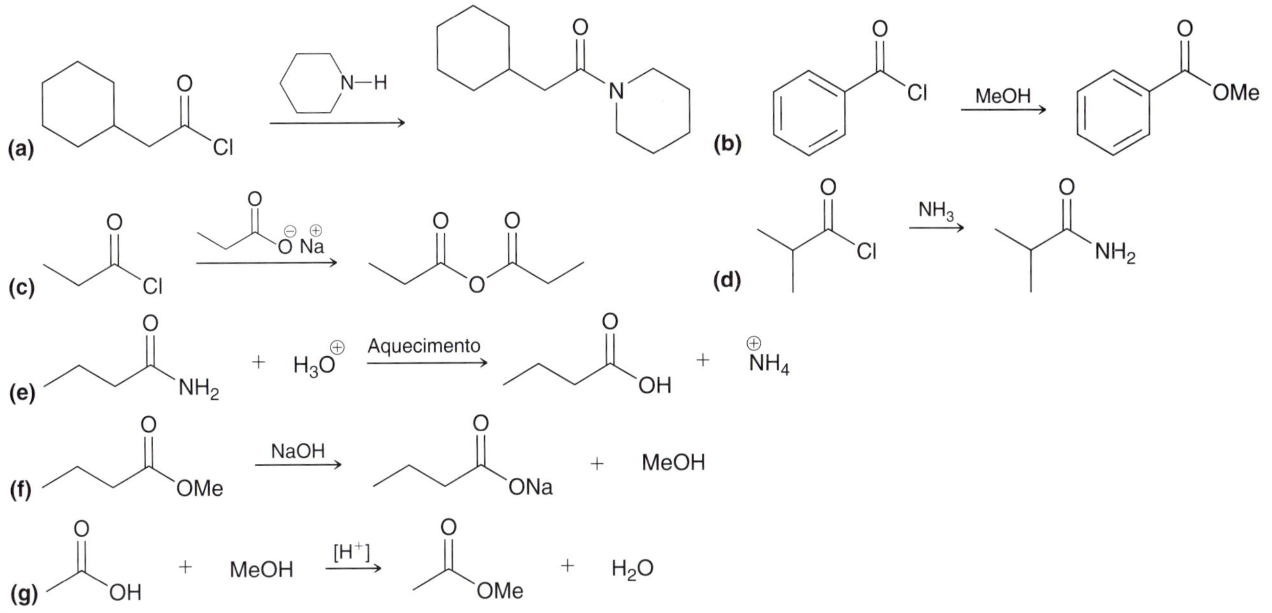

APLICANDO o que você aprendeu

21.15 Proponha um mecanismo plausível para a seguinte transformação:

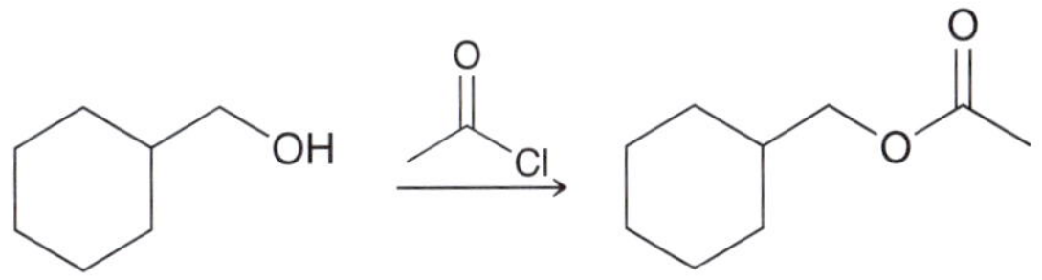

21.16 Proponha um mecanismo plausível para a seguinte transformação intramolecular:

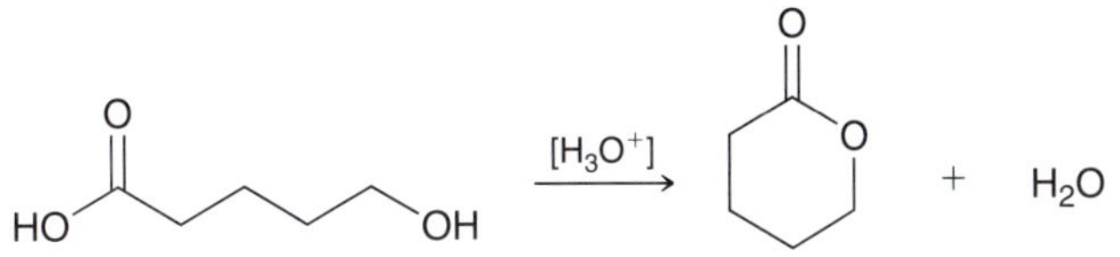

21.17 Proponha um mecanismo plausível para a seguinte transformação:

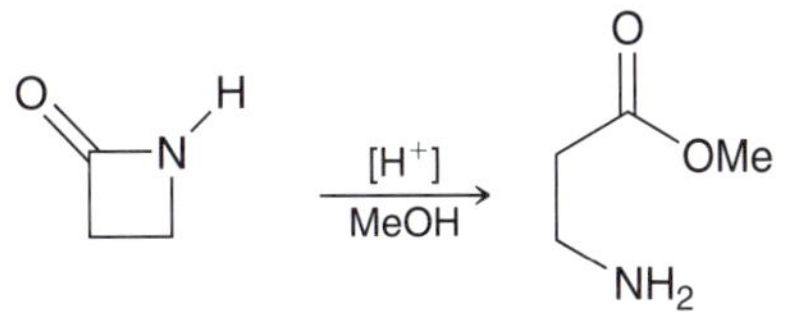

é necessário **PRATICAR MAIS?** **Tente Resolver os Problemas 21.61, 21.72**

21.8 Preparação e Reações de Cloretos Ácidos

Preparação de Cloretos Ácidos

Cloretos ácidos podem ser formados por tratamento de ácidos carboxílicos com cloreto de tionila ($SOCl_2$):

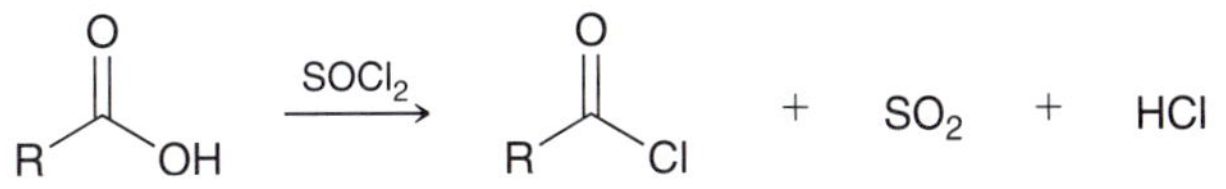

O mecanismo para essa transformação pode ser dividido em duas partes (Mecanismo 21.2).

MECANISMO 21.2 PREPARAÇÃO DE CLORETOS ÁCIDOS VIA CLORETO DE TIONILA

PARTE 1

PARTE 2

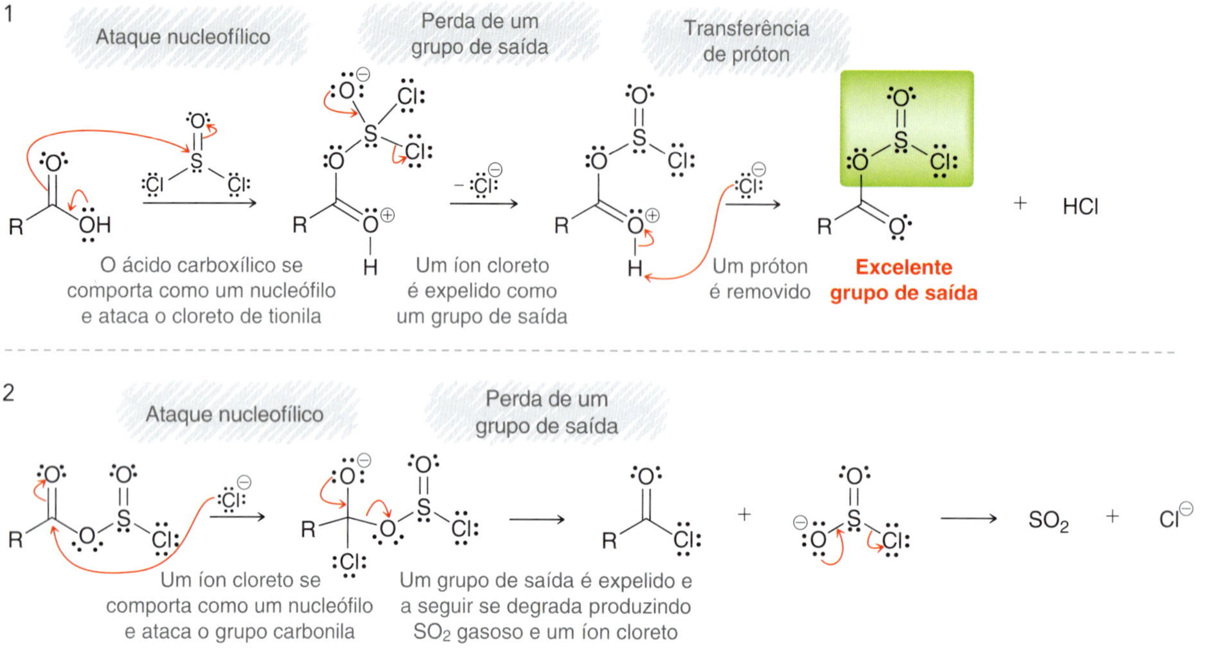
Ataque nucleofílico
Perda de um grupo de saída
Transferência de próton
O ácido carboxílico se comporta como um nucleófilo e ataca o cloreto de tionila
Um íon cloreto é expelido como um grupo de saída
Um próton é removido
Excelente grupo de saída
+ HCl
Ataque nucleofílico
Perda de um grupo de saída
Um íon cloreto se comporta como um nucleófilo e ataca o grupo carbonila
Um grupo de saída é expelido e a seguir se degrada produzindo SO2 gasoso e um íon cloreto
SO2 + Cl

A primeira parte do mecanismo, realizada em três etapas, converte o grupo OH em um grupo de saída melhor. Cada uma destas três etapas deve parecer familiar se focamos nossa atenção sobre a química da ligação S=O. Nas três etapas, a ligação S=O se comporta de forma muito parecida como uma ligação C=O de um derivado de ácido carboxílico (tal como descrito na seção anterior). Primeiro, a ligação S=O é atacada por um nucleófilo, em seguida, ela é novamente formada expelindo um grupo de saída e, finalmente, uma transferência de próton é usada para remover a carga. A parte 2 do mecanismo é uma substituição nucleofílica acílica típica, que é realizada em duas etapas: ataque nucleofílico seguido pela perda de um grupo de saída. Neste caso, o grupo de saída degrada posteriormente formando SO_2 gasoso. A formação de um gás (que sai da mistura de reação) força a reação a se completar.

Hidrólise de Cloretos Ácidos

Quando tratados com água, os cloretos ácidos são hidrolisados produzindo ácidos carboxílicos.

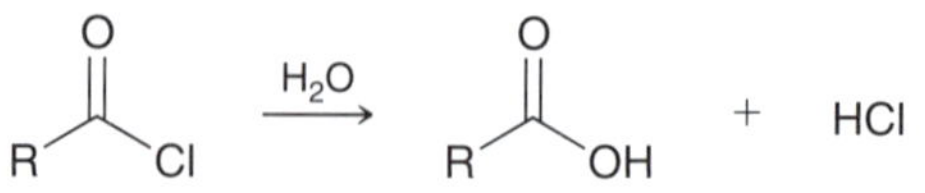
H2O
+ HCl

O mecanismo desta transformação requer três etapas (Mecanismo 21.3).

MECANISMO 21.3 HIDRÓLISE DE UM CLORETO ÁCIDO

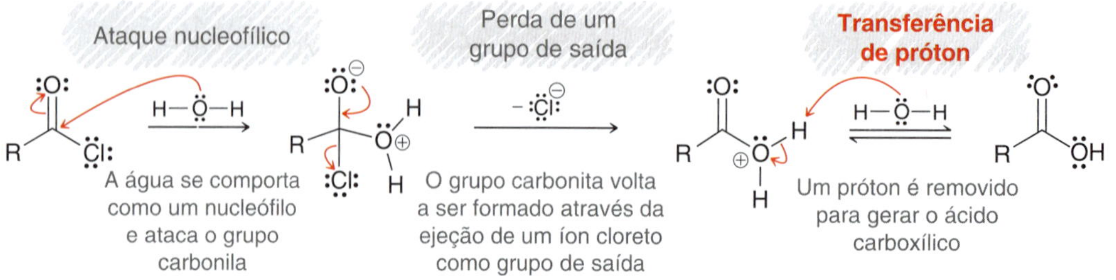
Ataque nucleofílico
Perda de um grupo de saída
Transferência de próton
A água se comporta como um nucleófilo e ataca o grupo carbonila
O grupo carbonila volta a ser formado através da ejeção de um íon cloreto como grupo de saída
Um próton é removido para gerar o ácido carboxílico

Essas são as mesmas três etapas utilizadas na parte 1 do mecanismo anterior. Esta reação produz HCl como um subproduto. O HCl pode muitas vezes produzir reações indesejadas com outros grupos funcionais que possam estar presentes na substância, de modo que a piridina é usada para remover o HCl à medida que ele é produzido.

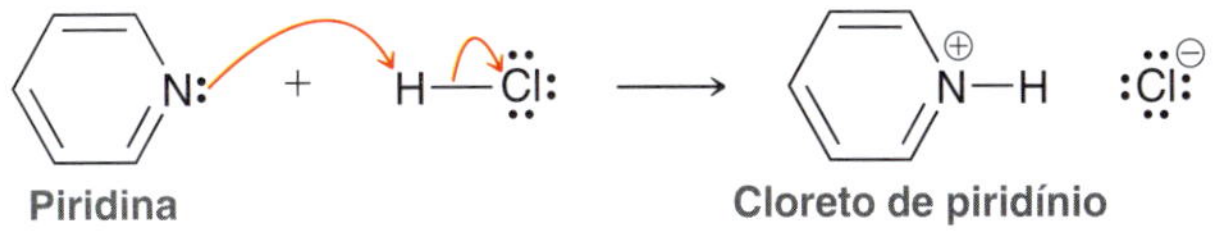

Piridina é uma base que reage com HCl para formar o cloreto de piridínio. Esse processo efetivamente captura o HCl de modo que ele não está disponível para quaisquer outras reações secundárias.

Alcoólise de Cloretos Ácidos

Quando tratados com um álcool, os cloretos ácidos são convertidos em ésteres.

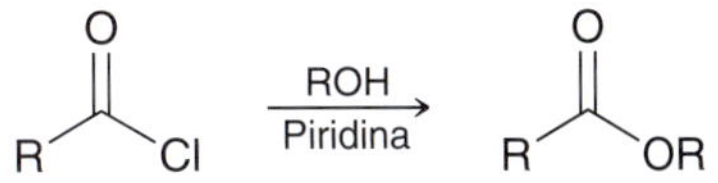

O mecanismo desta transformação é diretamente análogo à hidrólise de um cloreto ácido (três etapas mecanísticas) e a piridina é usada como uma base para neutralizar o HCl a medida que ele é produzido. Esta reação é vista a partir da perspectiva do cloreto ácido, mas a mesma reação pode ser escrita a partir da perspectiva do álcool.

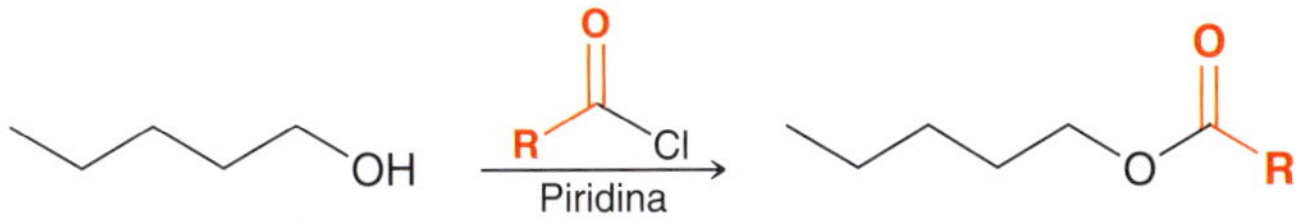

Quando mostrada dessa maneira, considera-se que o grupo OH sofre acilação, pois um grupo acila foi transferido para o grupo OH produzindo um éster. Este processo é sensível a efeitos estéricos, o que pode ser explorado para acilar seletivamente um álcool primário na presença de um álcool secundário (mais impedido).

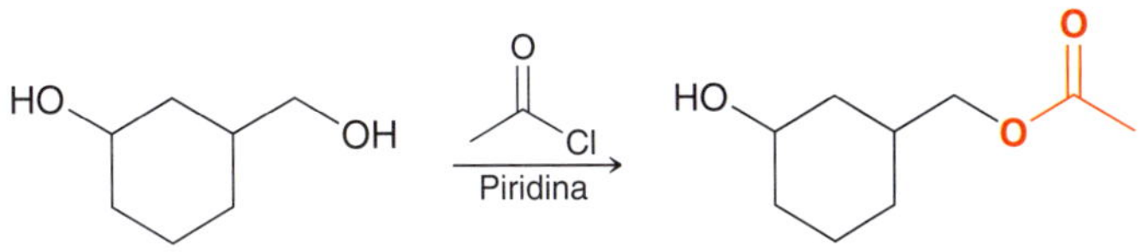

Aminólise de Cloretos Ácidos

Quando tratados com hidróxido de amônio, cloretos ácidos são convertidos em amidas.

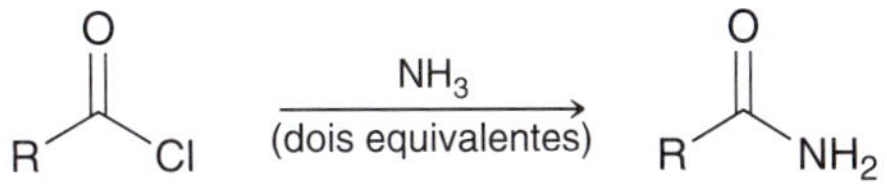

A piridina não é usada nesta reação, porque a própria amônia é uma base suficientemente forte para neutralizar o HCl a medida que ele é produzido. Para esta reação, são necessários dois equivalentes de amônia: um para o ataque nucleofílico e outro para neutralizar o HCl. Esta reação também ocorre com aminas primárias e secundárias produzindo amidas *N*-substituídas.

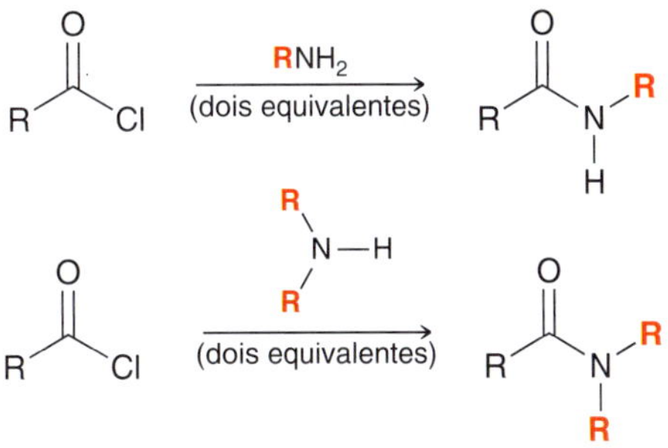

O mecanismo para cada uma dessas reações é diretamente análogo à hidrólise de um cloreto ácido. Há três etapas: (1) ataque nucleofílico, (2) perda de um grupo de saída para voltar a formar a carbonila e (3) transferência de próton para remover a carga positiva. Você pode representar o mecanismo?

Redução de Cloretos Ácidos

Quando tratados com hidreto de alumínio e lítio, cloretos ácidos são reduzidos produzindo álcoois:

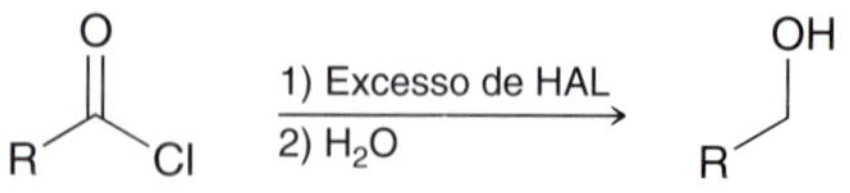
1) Excesso de HAL
2) H_2O

Observe que são necessárias duas etapas separadas. Primeiro, o cloreto ácido é tratado com HAL e, em seguida, a fonte de prótons é adicionada ao frasco de reação. Água (H_2O) pode servir como uma fonte de prótons, apesar do H_3O^+ também poder ser usado como uma fonte de prótons (Mecanismo 21.4).

MECANISMO 21.4 REDUÇÃO DE UM CLORETO ÁCIDO COM HAL

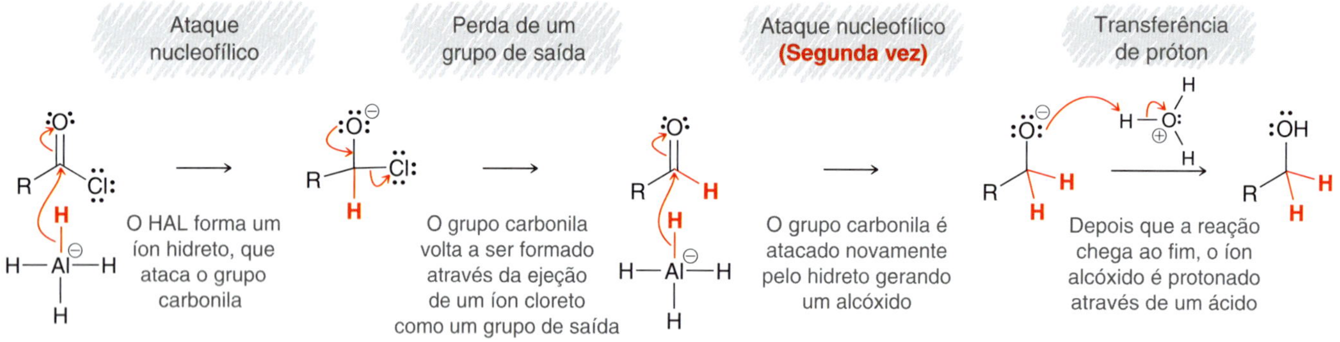
Ataque nucleofílico
Perda de um grupo de saída
Ataque nucleofílico (Segunda vez)
Transferência de próton
O HAL forma um íon hidreto, que ataca o grupo carbonila
O grupo carbonila volta a ser formado através da ejeção de um íon cloreto como um grupo de saída
O grupo carbonila é atacado novamente pelo hidreto gerando um alcóxido
Depois que a reação chega ao fim, o íon alcóxido é protonado através de um ácido

As duas primeiras etapas do mecanismo são exatamente o que poderíamos esperar: (1) ataque nucleofílico seguido por (2) perda de um grupo de saída para voltar a formar a carbonila. Essas duas etapas produzem um aldeído, que pode ser atacado mais uma vez para formar um íon alcóxido. Lembre-se de que o grupo carbonila deve sempre voltar a ser formado, se possível, mas sem expelir H^- e C^-. O íon alcóxido produzido após o segundo ataque não possui grupos que possam ser ejetados e, portanto, nada mais pode ocorrer até que uma fonte de prótons seja fornecida para protonar o íon alcóxido. Essa reação tem pouco valor prático, porque os cloretos ácidos são geralmente preparados a partir de ácidos carboxílicos, que podem simplesmente ser tratados diretamente com HAL para produzir o álcool.

A reação entre um cloreto ácido e HAL não pode ser usada para produzir um aldeído. O uso de um equivalente de HAL simplesmente leva a uma mistura de produtos. Produzir o aldeído requer o uso de um agente de redução (de um hidreto) mais seletivo, que irá reagir com cloretos ácidos mais rapidamente do que os aldeídos. Há muitos desses reagentes, incluindo o hidreto de tri(*t*-butoxi)alumínio.

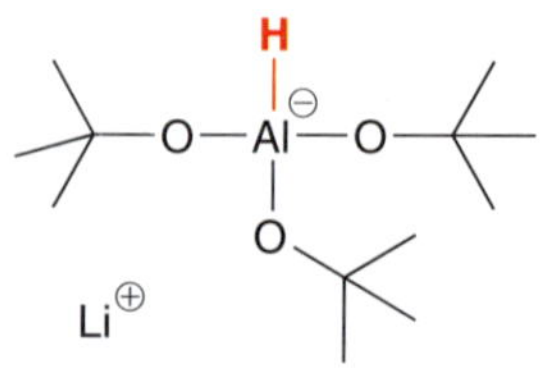

Hidreto de lítio e hidreto de tri(*t*-butoxi)alumínio

Três dos quatro átomos de hidrogênio foram substituídos pelos grupos *terc*-butoxi, os quais modificam a reatividade do último grupo hidreto restante. Esse agente redutor reagirá com o cloreto ácido rapidamente, mas irá reagir com o aldeído de forma mais lenta, permitindo que o aldeído seja isolado. Essas condições podem ser utilizadas para converter um cloreto ácido em um aldeído.

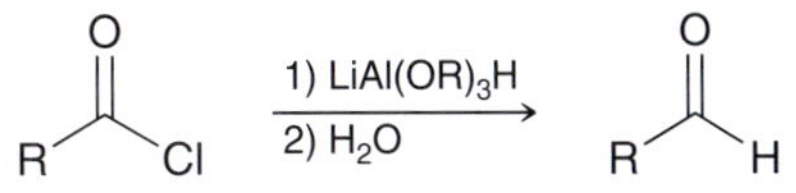
1) $LiAl(OR)_3H$
2) H_2O

Reações entre Cloretos Ácidos e Reagentes Organometálicos

Quando tratados com um reagente de Grignard, cloretos ácidos são convertidos em álcoois, com a introdução de dois grupos alquila.

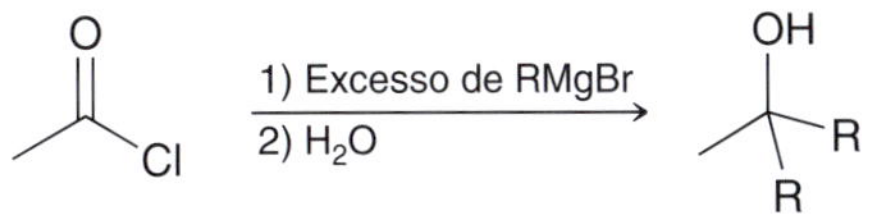
1) Excesso de RMgBr
2) H_2O

Assim como com o HAL, são necessárias duas etapas separadas. Primeiro o cloreto ácido é tratado com o reagente de Grignard e, em seguida, a fonte de prótons é adicionada ao frasco de reação. Água (H_2O) pode servir como uma fonte de prótons, apesar do H_3O^+ também poder ser utilizado (Mecanismo 21.5).

MECANISMO 21.5 A REAÇÃO ENTRE UM CLORETO ÁCIDO E UM REAGENTE DE GRIGNARD

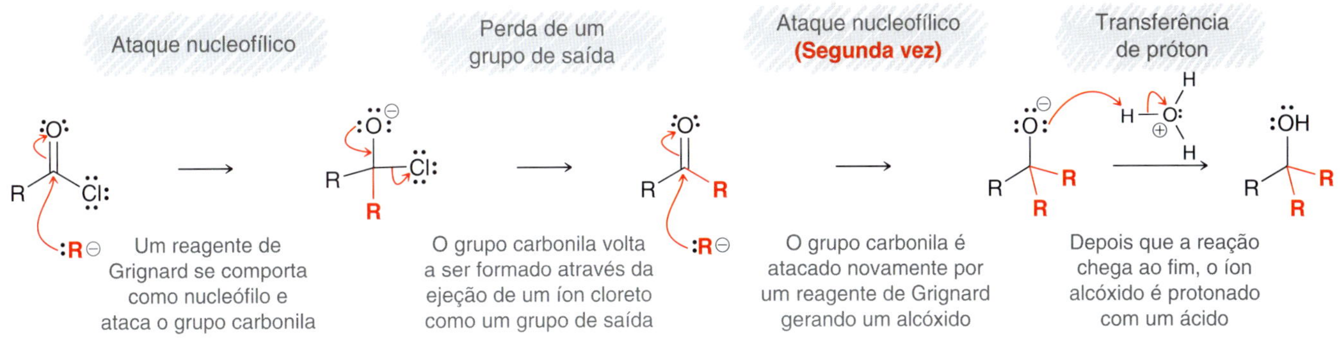
Ataque nucleofílico
Perda de um grupo de saída
Ataque nucleofílico (Segunda vez)
Transferência de próton
Um reagente de Grignard se comporta como nucleófilo e ataca o grupo carbonila
O grupo carbonila volta a ser formado através da ejeção de um íon cloreto como um grupo de saída
O grupo carbonila é atacado novamente por um reagente de Grignard gerando um alcóxido
Depois que a reação chega ao fim, o íon alcóxido é protonado com um ácido

As duas primeiras etapas do mecanismo são exatamente o que seria de esperar: (1) ataque nucleofílico seguido pela (2) perda de um grupo de saída para voltar a formar a carbonila. Essas duas etapas produzem uma cetona, que pode ser atacada de novo por um outro reagente de Grignard para formar um íon alcóxido. Lembre-se de que o grupo carbonila deve sempre voltar a ser formado, se possível, mas H^- e C^- não devem ser expelidos. O íon alcóxido produzido após o segundo ataque não possui grupos que possam sair, de modo que nada mais pode ocorrer até que uma fonte de prótons seja fornecida para protonar o íon alcóxido.

A reação entre um cloreto ácido e um reagente de Grignard não pode ser usada para produzir uma cetona. O uso de um equivalente do reagente de Grignard simplesmente leva a uma mistura de produtos. Produzir a cetona requer a utilização de um nucleófilo de carbono mais seletivo que irá reagir com cloretos ácidos mais rapidamente do que as cetonas. Há muitos desses reagentes. O reagente mais comumente utilizado para esse fim é um **dialquilcuprato de lítio**, também chamado de **reagente de Gilman**.

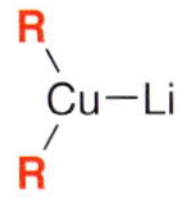

Dialquilcuprato de lítio

Os grupos alquila neste reagente estão ligados ao cobre em vez de magnésio, e o seu caráter carbaniônico é menos acentuado (uma ligação C–Cu é menos polarizada do que uma ligação C–Mg). Este reagente pode ser utilizado para converter os cloretos ácidos em cetonas com excelentes rendimentos. A cetona resultante não é posteriormente atacada sob essas condições.

Resumo das Reações de Cloretos Ácidos

A Figura 21.9 resume as reações de cloretos ácidos discutidas nesta seção.

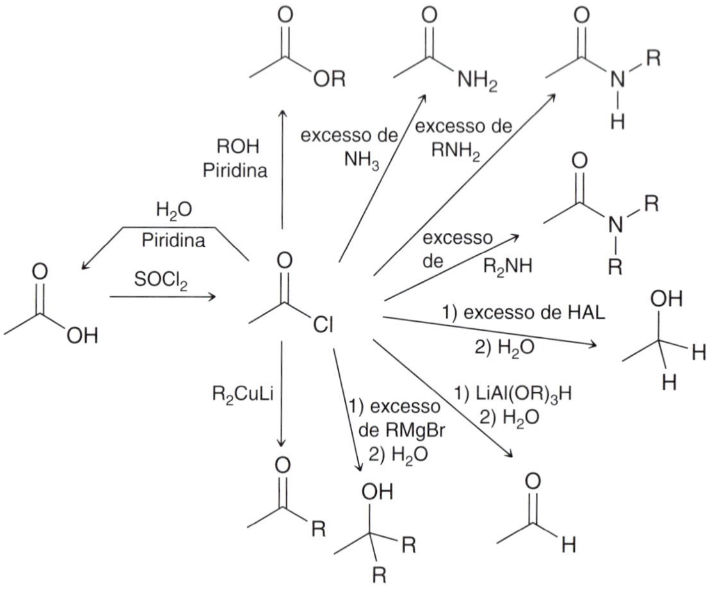

FIGURA 21.9
Reações de cloretos ácidos.

VERIFICAÇÃO CONCEITUAL

21.18 Preveja o(s) produto(s) principal(is) para cada uma das seguintes reações:

(a) 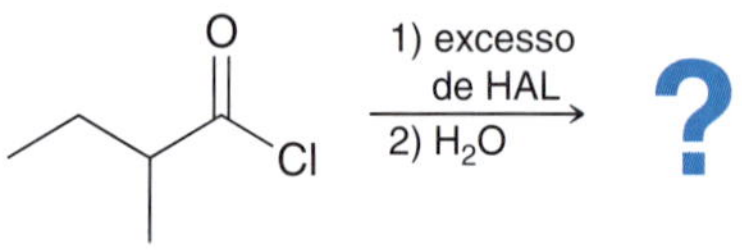

(b) 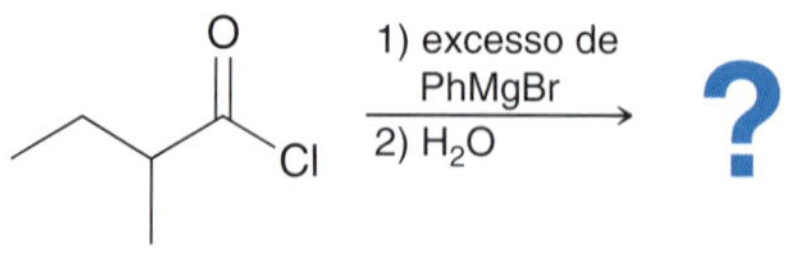

(c) 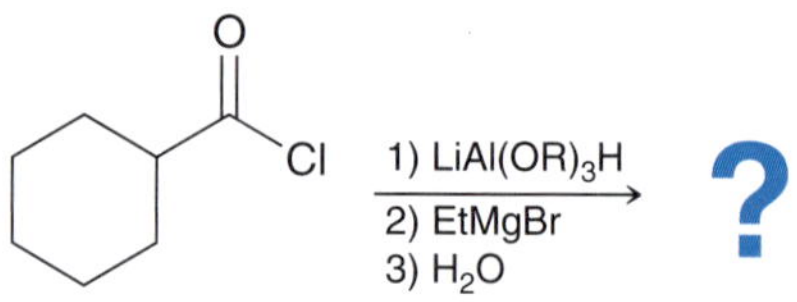

(d) 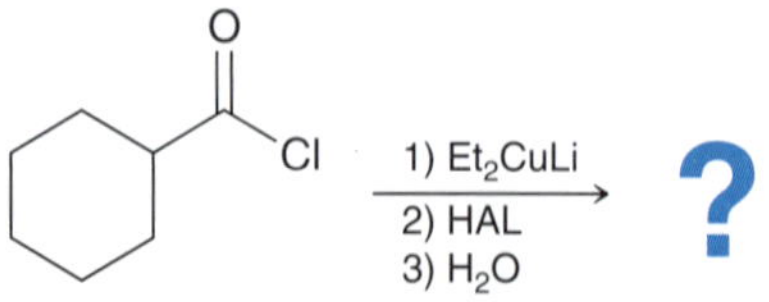

(e) 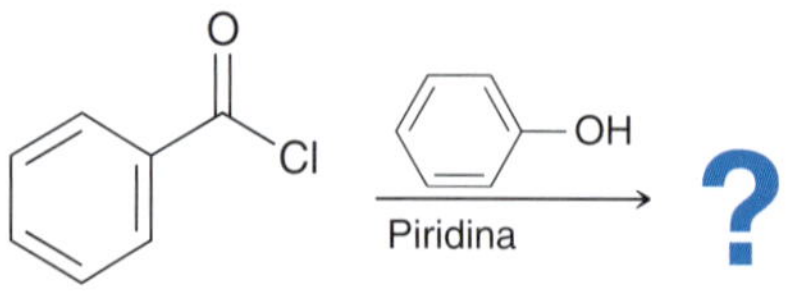

(f) 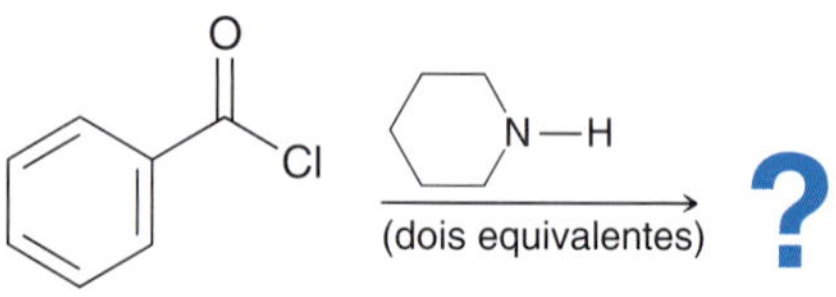

21.19 Identifique os reagents necessários para a seguinte transformação:

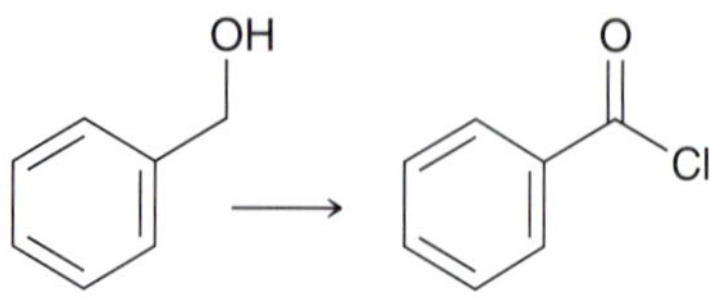

21.20 Proponha um mecanismo para a seguinte transformação:

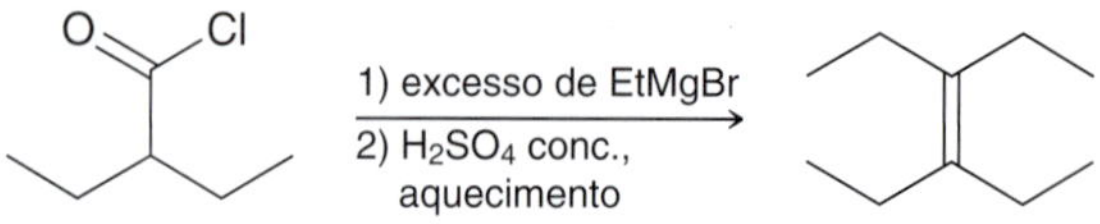

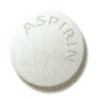

21.9 Preparação e Reações de Anidridos Ácidos

Preparação de Anidridos Ácidos

Os ácidos carboxílicos podem ser convertidos em anidridos ácidos com um forte aquecimento.

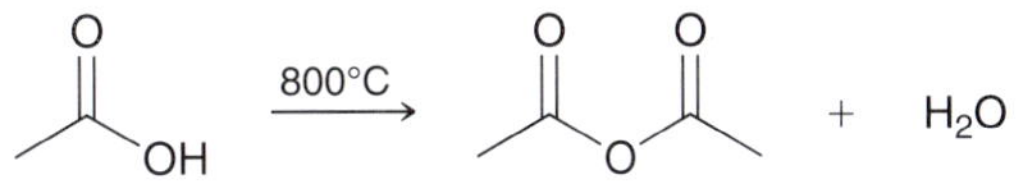

Esse método só é prático para o ácido acético, pois a maioria dos outros ácidos não pode sobreviver a um calor excessivo. Um método alternativo para a preparação de anidridos ácidos envolve o tratamento de um cloreto ácido com um íon carboxilato, que se comporta como um nucleófilo.

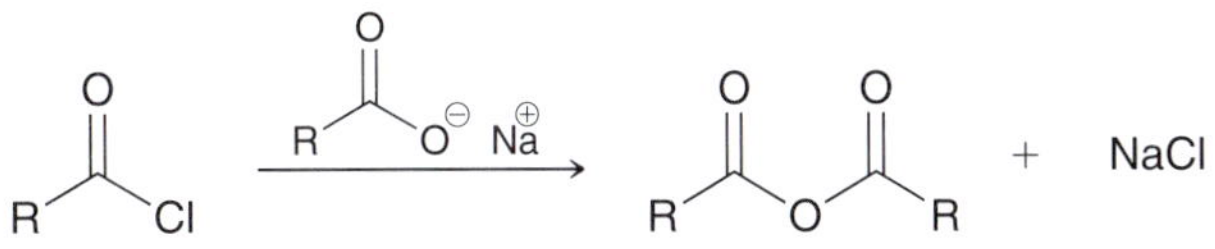

Como se poderia esperar, o mecanismo dessa transformação envolve somente duas etapas:

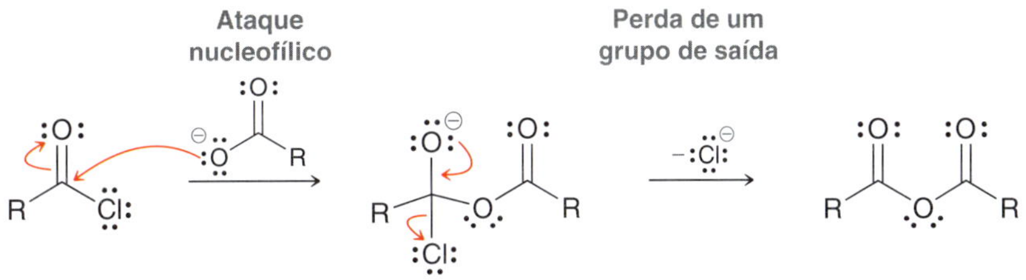

Esse método pode ser usado para preparar anidridos simétricos ou assimétricos.

Reações de Anidridos Ácidos

As reações envolvendo anidridos são diretamente análogas às reações de cloretos ácidos. A única diferença é a identidade do grupo de saída.

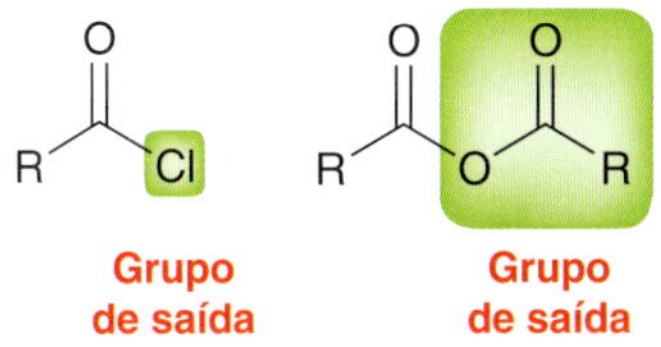

Com um cloreto ácido, o grupo de saída é um íon cloreto e o subproduto da reação é, portanto, HCl. Com um anidrido ácido, o grupo de saída é um íon carboxilato e o subproduto é, portanto, um ácido carboxílico. Como consequência disso, não é necessário utilizar piridina na reação com anidridos ácidos, porque o HCl não é produzido. A Figura 21.10 resume as reações dos

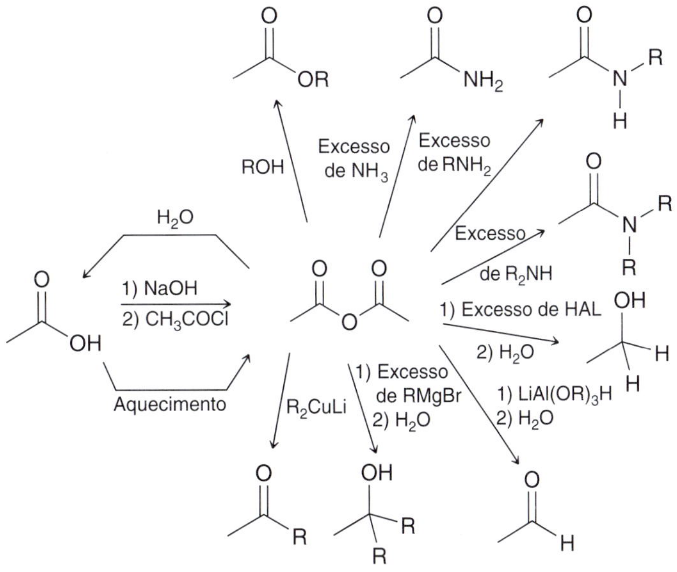

FIGURA 21.10
Reações de anidridos ácidos.

anidridos. Cada uma dessas reações produz ácido acético, como um subproduto. De um ponto de vista sintético, a utilização de anidridos (em vez de cloretos ácidos) envolve a perda de metade do material de partida, o que é ineficiente. Por essa razão, os cloretos ácidos são mais eficientes como materiais de partida do que anidridos ácidos.

Acetilação com Anidrido Acético

O anidrido acético é frequentemente utilizado para acetilar um álcool ou uma amina.

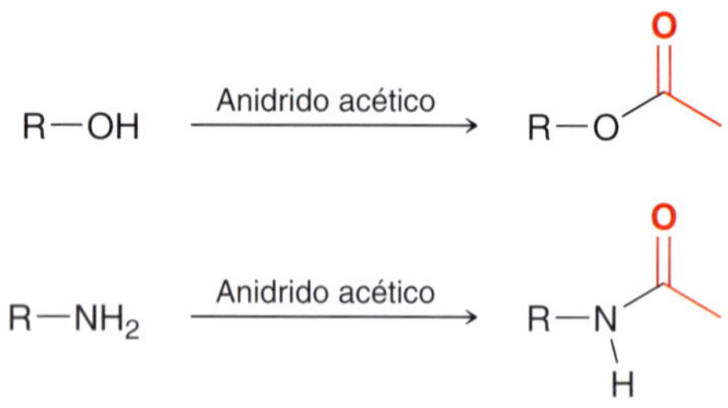

Essas reações são utilizadas na preparação comercial de aspirina e Tylenol™.

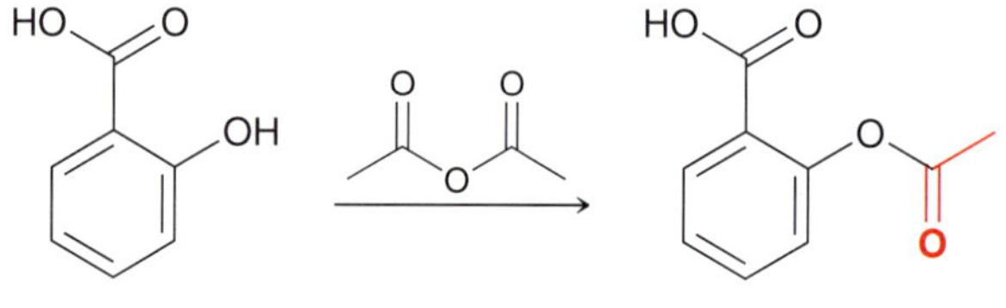

Aspirina

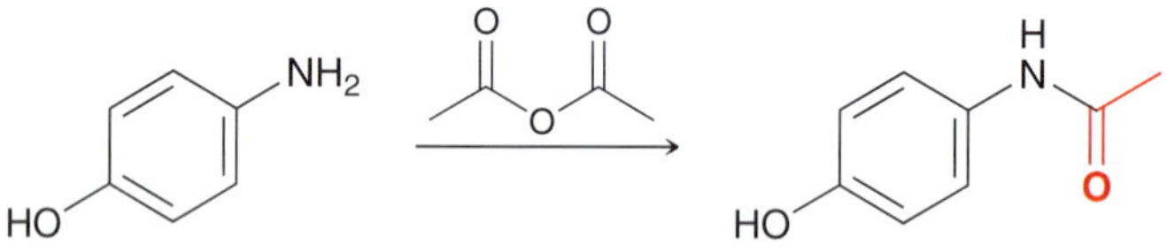

Tylenol™

VERIFICAÇÃO CONCEITUAL

21.21 Preveja o(s) produto(s) principal(is) para cada uma das seguintes reações:

(a) 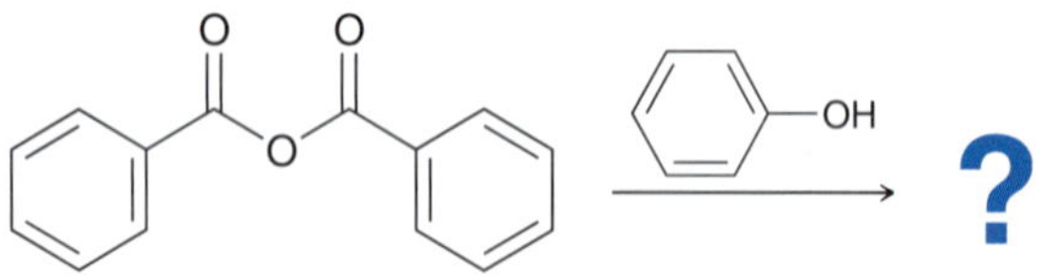

(b) 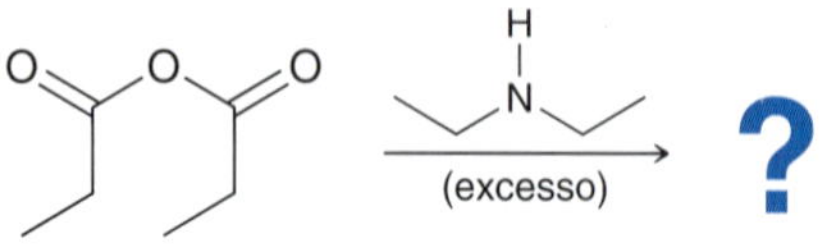

(c) 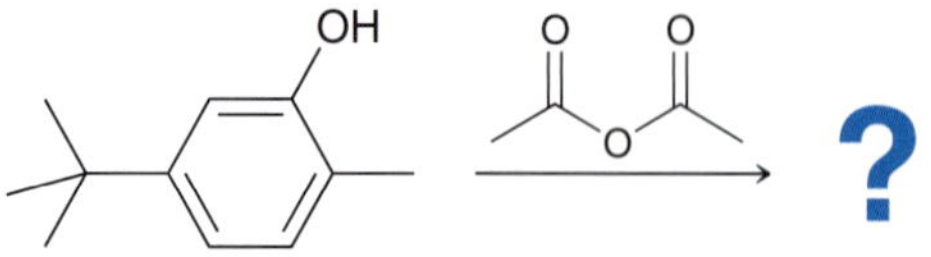

(d) 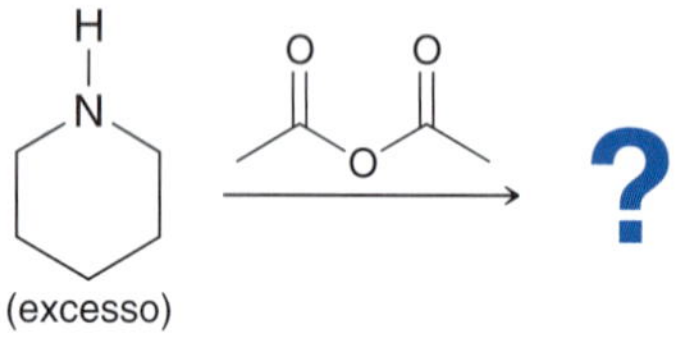

medicamente falando — Como a Aspirina Funciona?

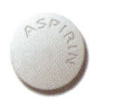

A aspirina é preparada a partir do ácido salicílico, uma substância encontrada na casca do salgueiro que tem sido utilizada pelas suas propriedades medicinais há milhares de anos. O mecanismo de ação da aspirina permaneceu desconhecido até início da década de 1970, quando John Vane, Bengt Samuelsson, e Sune Bergstrom elucidaram seu papel no bloqueio da síntese de prostaglandinas. Por esse trabalho, eles foram agraciados com o Prêmio Nobel de 1982 em Medicina. As prostaglandinas, que são substâncias contendo anéis de cinco membros, serão discutidas com mais detalhes no Capítulo 26. As prostaglandinas têm muitas funções biológicas importantes, incluindo o estímulo de inflamações e indução de febre. Elas são produzidas no organismo a partir do ácido araquidônico por meio de um processo que é catalisado por uma enzima chamada ciclo-oxigenase:

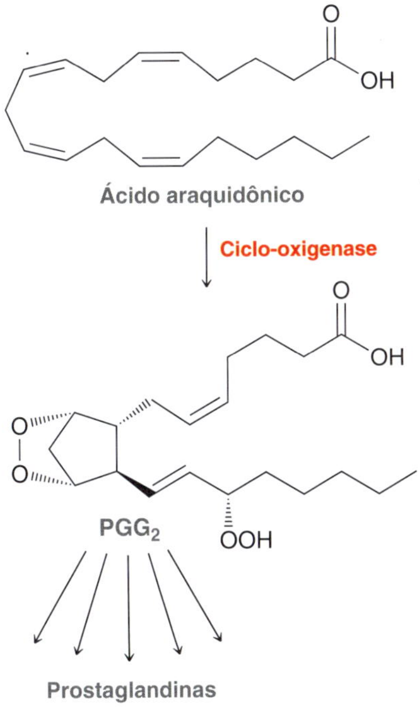

Um grupo OH da ciclo-oxigenase reage com a aspirina, o que resulta na transferência de um grupo acetila da aspirina para a ciclo-oxigenase:

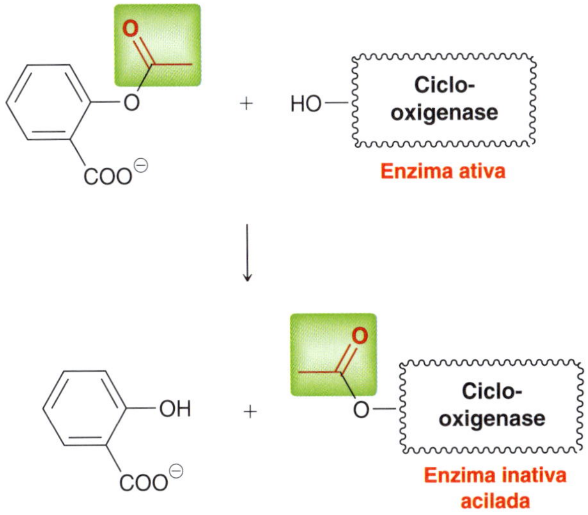

Desse modo, a aspirina se comporta como um agente de acetilação, da mesma forma que o anidrido acético se comporta como um agente de acetilação na preparação da aspirina. O mesmo grupo acetila, que veio do anidrido acético (na síntese da aspirina) é finalmente transferido para a ciclo-oxigenase. Este processo desativa a ciclo-oxigenase, interferindo assim com a síntese de prostaglandinas. Com uma diminuição da concentração de prostaglandinas, a presença da inflamação é retardada e a febre é reduzida.

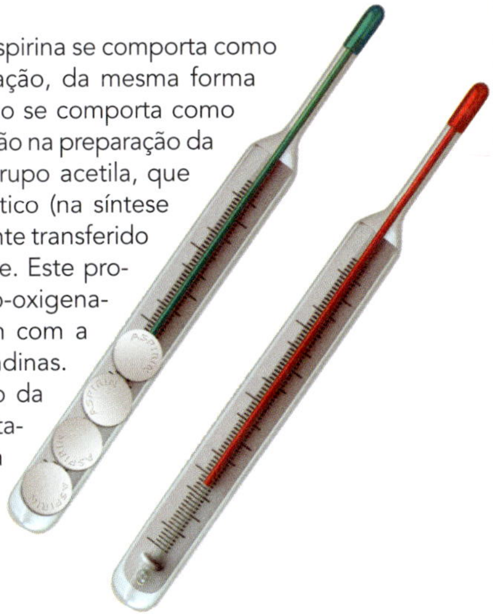

21.10 Preparação de Ésteres

Preparação de Ésteres via Reações S_N2

Quando tratados com uma base forte seguida por um haleto de alquila, os ácidos carboxílicos são convertidos em ésteres:

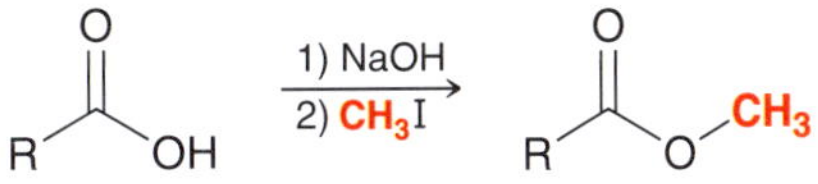

O ácido carboxílico é primeiro desprotonado formando um íon carboxilato, que, em seguida, se comporta como um nucleófilo e ataca o haleto de alquila, em um processo S_N2. Portanto, são válidas as limitações previstas para os processos S_N2. Especificamente, os haletos de alquila terciários não podem ser utilizados.

Preparação de Ésteres via Esterificação de Fischer

Os ácidos carboxílicos são convertidos em ésteres, quando tratados com um álcool na presença de um catalisador ácido. Esse processo é chamado de **esterificação de Fischer** (Mecanismo 21.6).

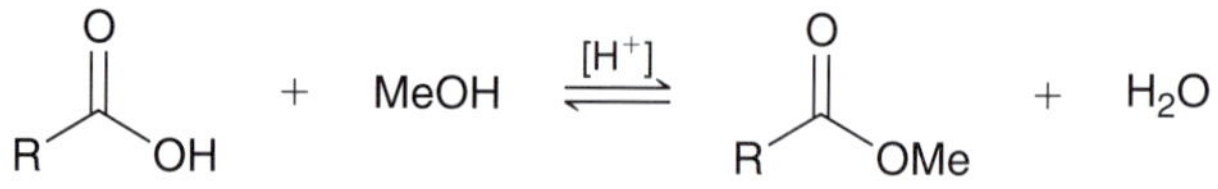

MECANISMO 21.6 O PROCESSO DE ESTERIFICAÇÃO DE FISCHER

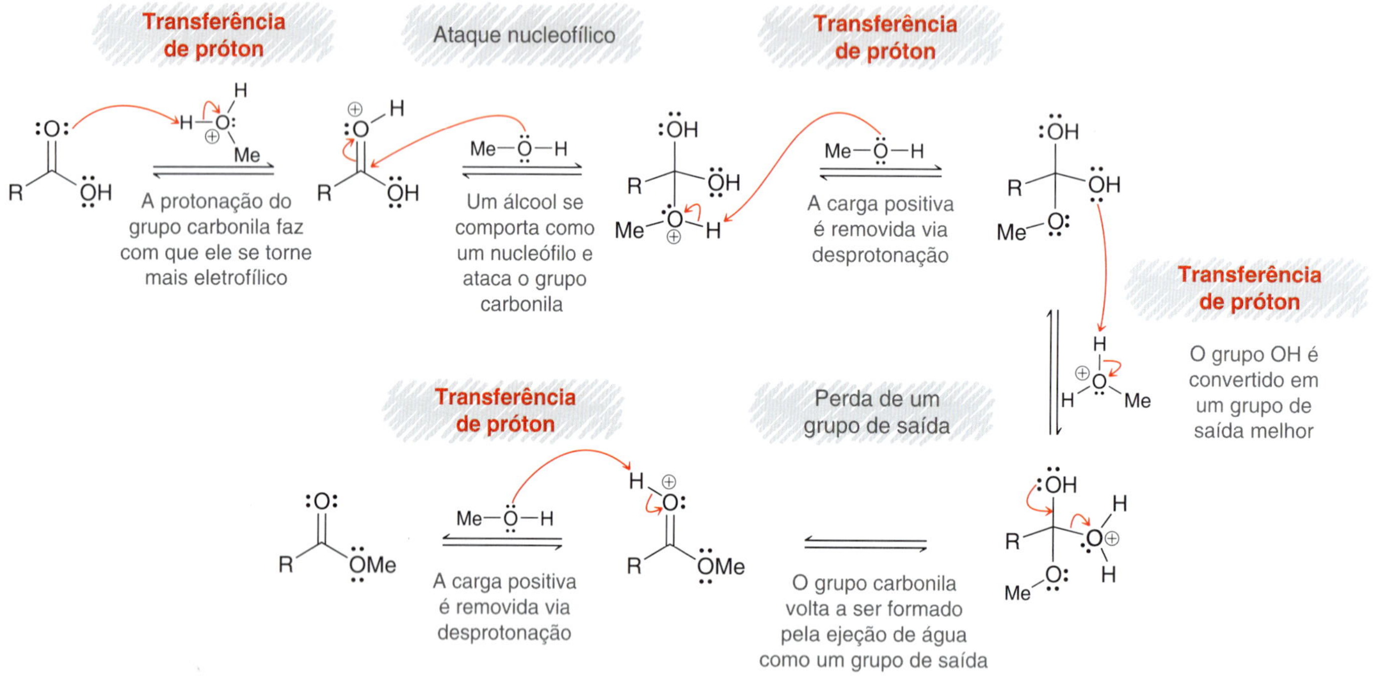
Transferência de próton
A protonação do grupo carbonila faz com que ele se torne mais eletrofílico
Ataque nucleofílico
Um álcool se comporta como um nucleófilo e ataca o grupo carbonila
Transferência de próton
A carga positiva é removida via desprotonação
Transferência de próton
O grupo OH é convertido em um grupo de saída melhor
Perda de um grupo de saída
O grupo carbonila volta a ser formado pela ejeção de água como um grupo de saída
Transferência de próton
A carga positiva é removida via desprotonação

O mecanismo aceito é exatamente o que se espera para uma substituição nucleofílica acílica que ocorre em condições ácidas. A evidência para este mecanismo vem de experiências de marcação isotópica na qual o átomo de oxigênio do álcool é substituído por um isótopo mais pesado de oxigênio (^{18}O), e a localização deste isótopo é monitorada durante a reação. A localização do isótopo no produto (mostrada em vermelho) suporta o Mecanismo 21.6.

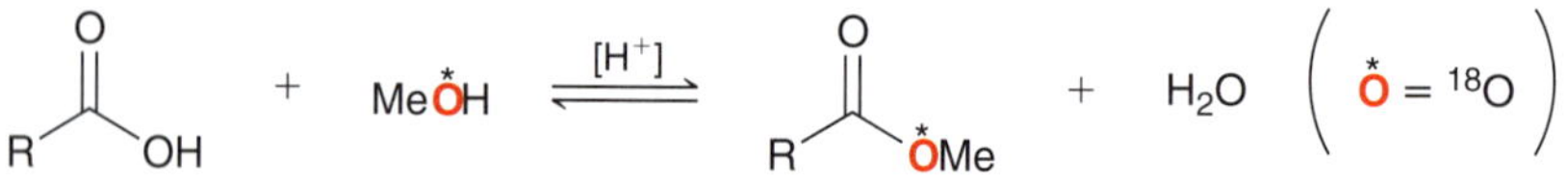

RELEMBRANDO
O princípio de Le Châtelier estabelece que um sistema em equilíbrio se ajustará de modo a minimizar qualquer perturbação exercida sobre o sistema.

O processo de esterificação de Fischer é reversível e pode ser controlado através da exploração do princípio de Le Châtelier. Isto é, a formação do éster pode ser favorecida pelo uso de um excesso do álcool (por exemplo, usando-se o álcool como solvente) ou pela remoção de água da mistura de reação, uma vez que ela seja formada.

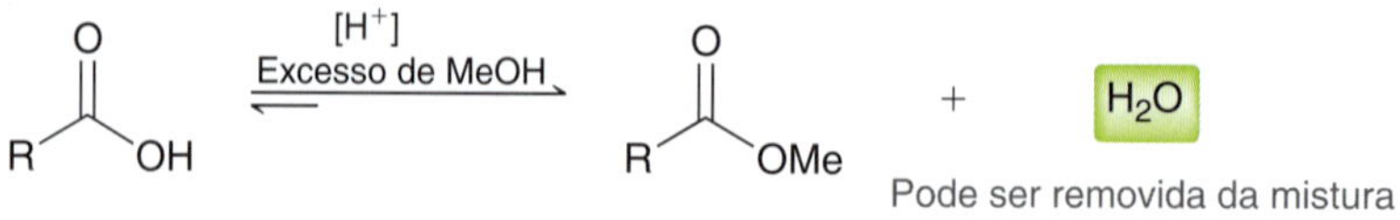
Excesso de MeOH
Pode ser removida da mistura

O processo inverso, que é a conversão do éster em um ácido carboxílico, pode ser realizado através da utilização de um excesso de água, como veremos na Seção 21.11.

Preparação de Ésteres via Cloretos Ácidos

Os ésteres podem também ser preparados através do tratamento de um cloreto ácido com um álcool. Nós já exploramos essa reação na Seção 21.8.

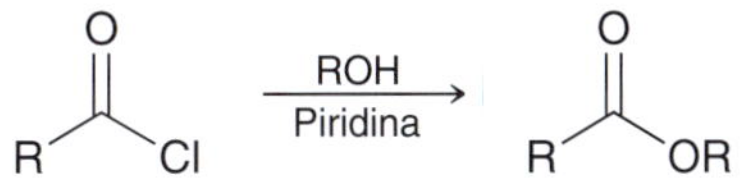

VERIFICAÇÃO CONCEITUAL

21.22 Nesta seção estudamos três maneiras de realizar a transformação vista a seguir. Identifique os reagentes necessários para os três métodos.

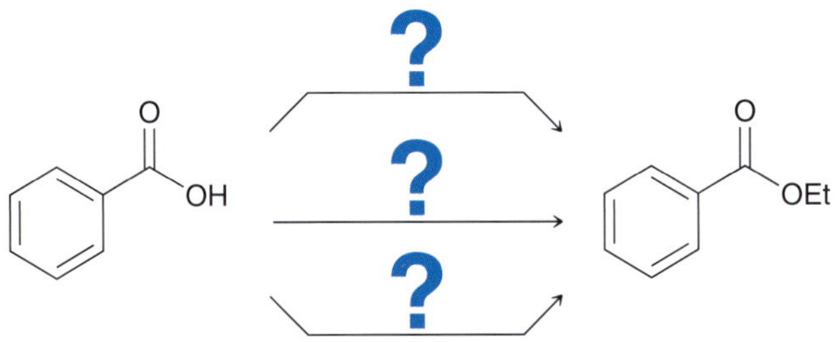

21.23 Identifique os reagentes que podem ser usados para realizar cada uma das transformações vistas a seguir.

(a)

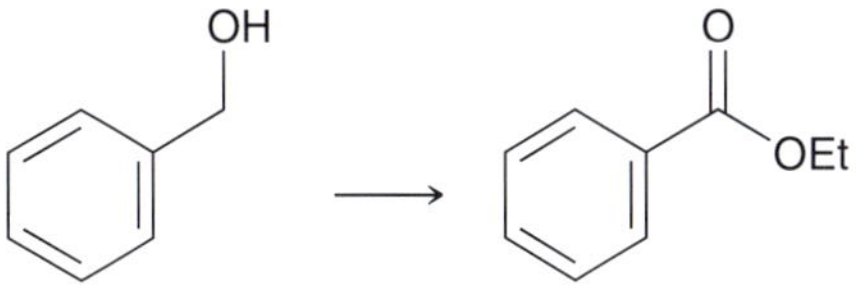

(b)

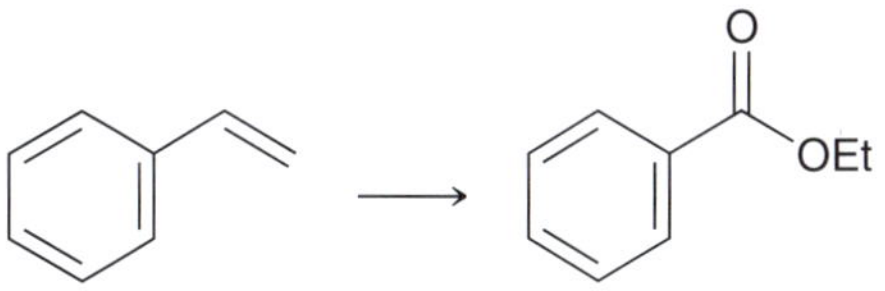

21.11 Reações dos Ésteres

Saponificação

Os ésteres podem ser convertidos em ácidos carboxílicos por tratamento com hidróxido de sódio seguido de um ácido. Este processo é chamado de **saponificação** (Mecanismo 21.7):

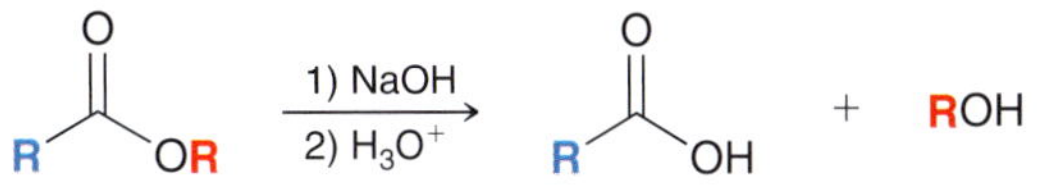

MECANISMO 21.7 SAPONIFICAÇÃO DE ÉSTERES

Ataque nucleofílico

Perda de um grupo de saída

Transferência de próton

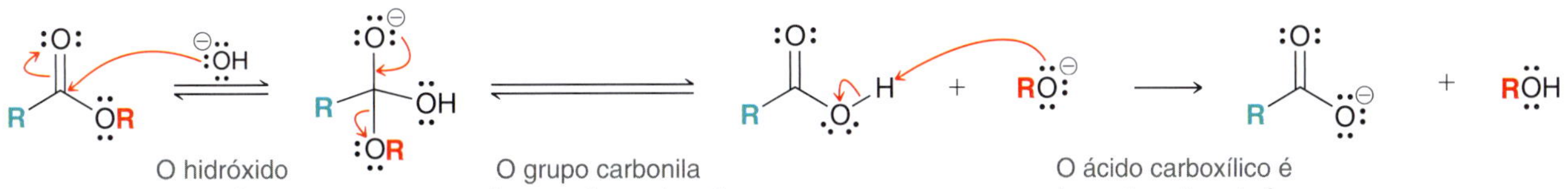

O hidróxido se comporta como um nucleófilo e ataca o grupo carbonila

O grupo carbonila volta a ser formado pela ejeção de um íon alcóxido como um grupo de saída

O ácido carboxílico é desprotonado pelo íon alcóxido gerando um íon carboxilato

As duas primeiras etapas desse mecanismo são exatamente o que se espera de uma reação de substituição nucleofílica acílica ocorrendo sob condições básicas: (1) ataque nucleofílico seguido pela (2) perda de um grupo de saída. Em condições básicas, um íon alcóxido pode se comportar como um grupo de saída e não é protonado antes da sua saída. Embora os íons alcóxido não sejam grupos de saída adequados em reações S_N2, eles podem se comportar como grupos de saída nessas circunstâncias porque o intermediário tetraédrico tem energia suficientemente elevada. O próprio intermediário tetraédrico é um íon alcóxido, de modo que a ejeção de um íon alcóxido não envolve muita energia.

Sob tais condições fortemente básicas, o ácido carboxílico não sobrevive, ele é desprotonado produzindo um sal carboxilato. De fato, a formação de um íon carboxilato estabilizado é uma força motriz que desloca o equilíbrio favorecendo a formação de produtos. Depois que a reação está completa, é necessário um ácido para protonar o íon carboxilato produzindo o ácido carboxílico.

A evidência para este mecanismo vem de experiências de marcação isotópica em que o átomo de oxigênio do álcool é substituído por um isótopo de oxigênio (^{18}O) que é monitorado durante a reação. A localização do isótopo no subproduto alcoólico suporta o Mecanismo 21.7.

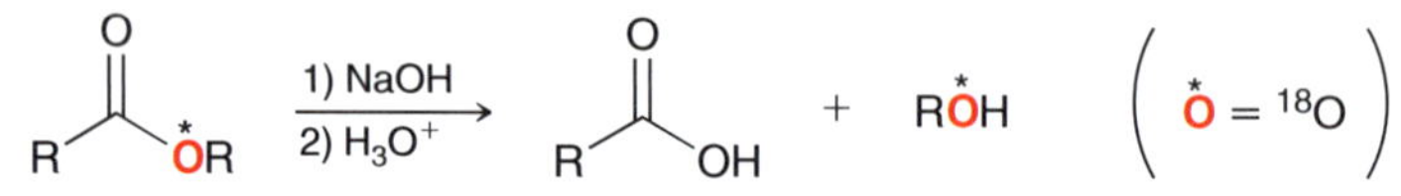

falando de modo prático | Como É Feito o Sabão

Lembre-se do Capítulo 1, do Volume 1, que sabões são substâncias que contêm um grupo polar em uma extremidade da molécula e um grupo apolar na outra extremidade:

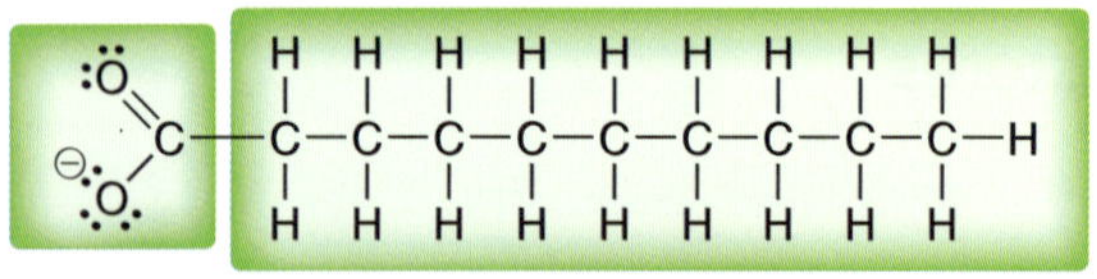

As extremidades hidrofóbicas das moléculas de sabão envolvem as moléculas de óleo, formando uma micela, como descrito na Seção 1.13.

A maioria dos sabões é produzida a partir de gorduras e óleos, que contêm três grupos éster. Após tratamento com uma base forte, tal como hidróxido de sódio, os grupos éster são hidrolisados, formando glicerol e três moléculas de sabão:

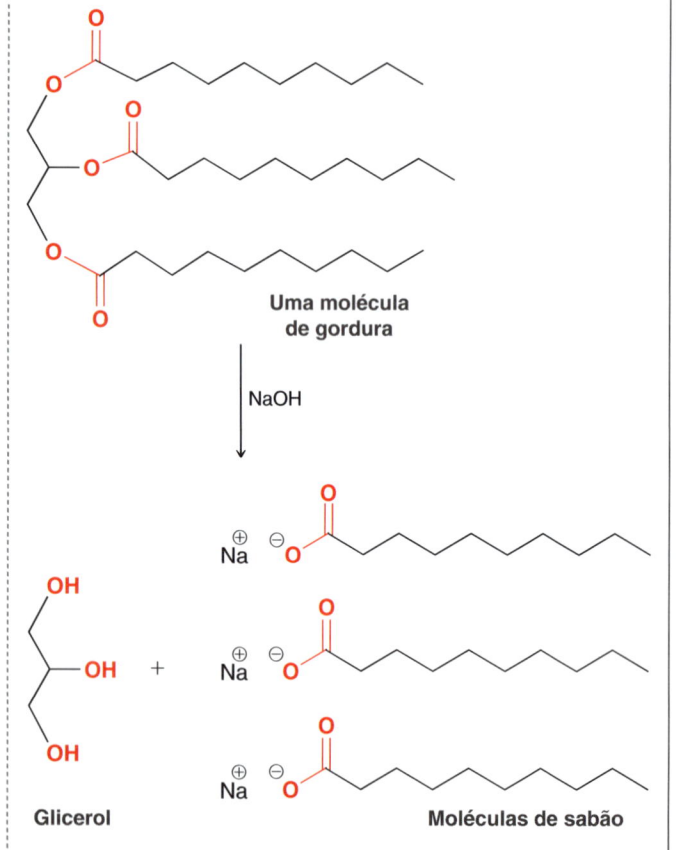

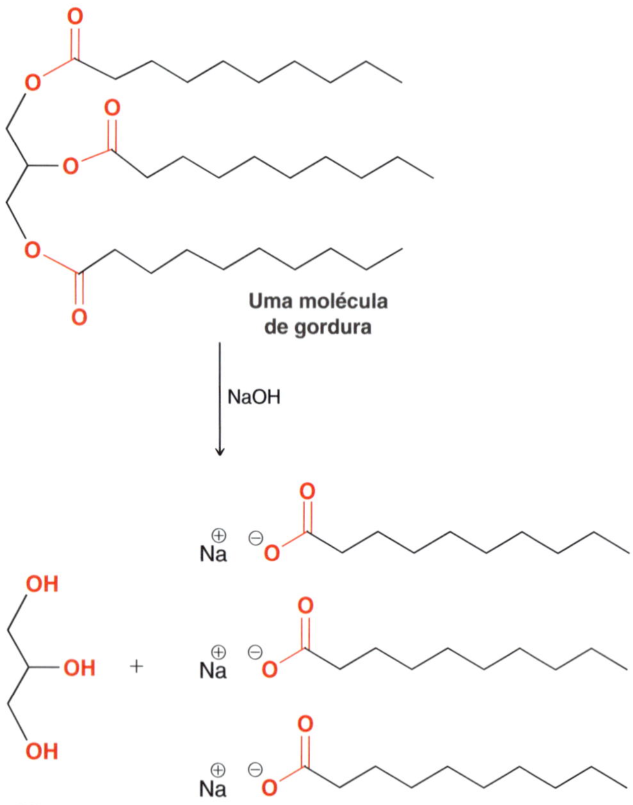

A identidade das cadeias alquílicas pode variar dependendo da fonte de gordura ou de óleo, mas o conceito é o mesmo para todos os sabões. Especificamente, os três grupos éster são hidrolisados sob condições básicas para produzir moléculas de sabão. Este processo é chamado saponificação, da palavra latina *sapo* (significando sabão).

Hidrólise de Ésteres Catalisada por Ácido

Os ésteres podem também ser hidrolisados sob condições ácidas.

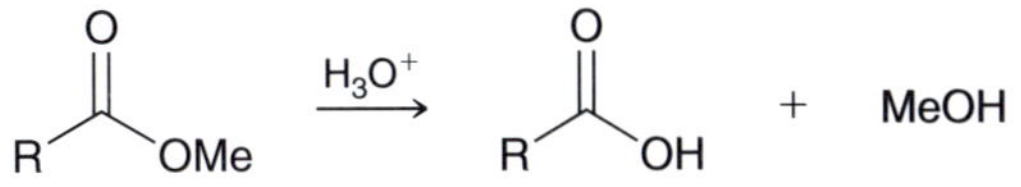

O
R
OMe
H_3O^+
O
R
OH
+
MeOH

Este processo (Mecanismo 21.8) é o inverso de uma esterificação de Fischer. O mecanismo é exatamente o que se espera para uma substituição nucleofílica acílica que ocorre em condições ácidas.

MECANISMO 21.8 HIDRÓLISE DE ÉSTERES CATALISADA POR ÁCIDO

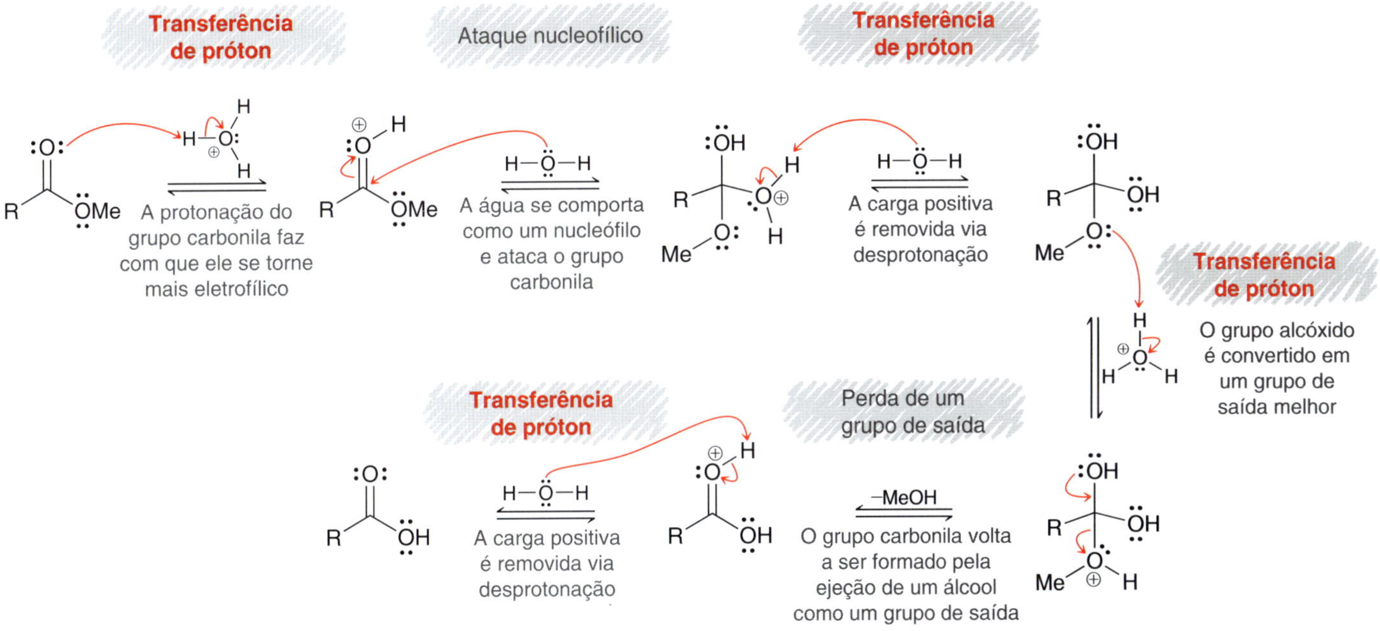

Transferência de próton
Ataque nucleofílico
Transferência de próton
A protonação do grupo carbonila faz com que ele se torne mais eletrofílico
A água se comporta como um nucleófilo e ataca o grupo carbonila
A carga positiva é removida via desprotonação
Transferência de próton
O grupo alcóxido é convertido em um grupo de saída melhor
Perda de um grupo de saída
−MeOH
O grupo carbonila volta a ser formado pela ejeção de um álcool como um grupo de saída
Transferência de próton
A carga positiva é removida via desprotonação

Aminólise de Ésteres

Ésteres reagem lentamente com aminas para produzir amidas.

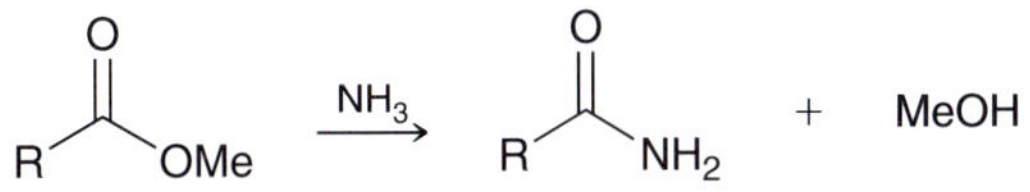

O
R
OMe
NH_3
O
R
NH_2
+
MeOH

Este processo tem pouca utilidade prática, porque a preparação de amidas é realizada de forma mais eficiente a partir da reação entre cloretos ácidos e amônia ou aminas primárias ou secundárias.

Redução de Ésteres com Agentes de Redução Formados por Hidretos

Quando tratados com hidreto de alumínio e lítio, os ésteres são reduzidos formando álcoois.

O
R
OMe
1) Excesso de HAL
2) H_2O
OH
R
+
MeOH

O mecanismo para esse processo é um pouco complexo, mas a versão simplificada mostrada no Mecanismo 21.9 é suficiente para os nossos propósitos.

medicamente falando — Ésteres como Profármacos

Fármacos que contêm grupos hidroxila são muitas vezes convertidos em profármacos de modo a se obterem melhores propriedades de absorção. Por exemplo, consideremos a estrutura da epinefrina (adrenalina), que é utilizada no tratamento de glaucoma:

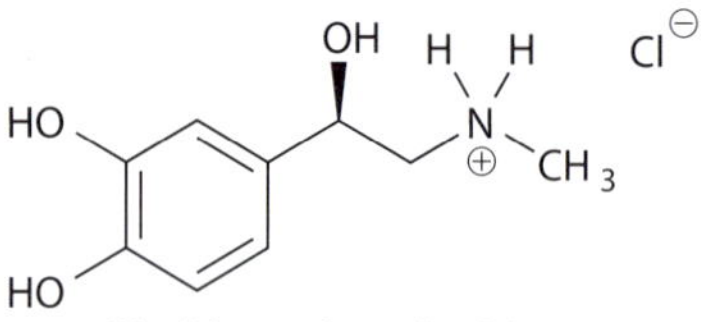

Cloridrato de epinefrina

Uma forma de profármaco da epinefrina tem sido desenvolvida em que os grupos hidroxila aromáticos são acetilados para formar grupos éster. Este profármaco é chamado dipivefrina:

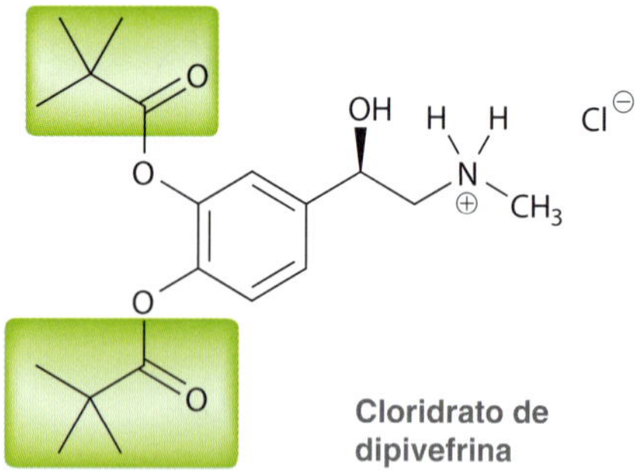

Cloridrato de dipivefrina

Nesta forma profármaco, os grupos *terc*-butila hidrofóbicos fazem com que a substância seja capaz de atravessar a membrana apolar do olho mais prontamente. Uma vez que o fármaco atinge o outro lado da membrana, ele é hidrolisado para liberar o fármaco ativo (epinefrina).

Na realidade, os ésteres representam um dos tipos mais comuns de profármaco, principalmente por causa da facilidade com que eles são preparados e a facilidade com que eles são hidrolisados no corpo. Além disso, o grupo éster exato que é usado em uma determinada situação pode ser escolhido para controlar a velocidade e a extensão da hidrólise. No exemplo anterior, os grupos *terc*-butila foram especificamente escolhidos devido ao seu volume estérico, o que diminui a velocidade de hidrólise, obtendo-se assim a liberação retardada ótima do fármaco.

Profármacos na forma de éster são usados por várias razões, não só para aumentar a velocidade de absorção de um fármaco. Por exemplo, consideremos a estrutura do agente antibiótico cloranfenicol:

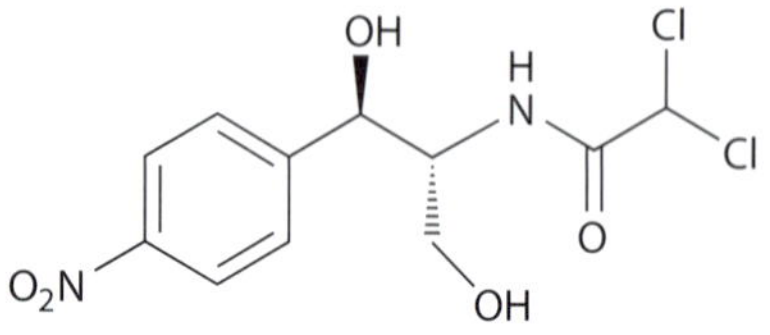

Cloranfenicol

Essa substância é capaz de se dissolver na boca, onde pode interagir com os receptores de sabor, produzindo um sabor muito amargo. Essa propriedade limita sua utilidade nas suspensões líquidas pediátricas, pois as crianças são pouco propensas a beber algo que tem um gosto muito ruim. Para evitar esse problema, o cloranfenicol foi convertido em um éster de palmitato. Essa forma profármaco tem uma grande extremidade apolar que impede que ele seja dissolvido na boca. Como consequência, ele não interage com os receptores de sabor e é insípido. Uma vez que ele atinge o intestino, as enzimas catalisam a hidrólise do radical éster, liberando o fármaco ativo (cloranfenicol).

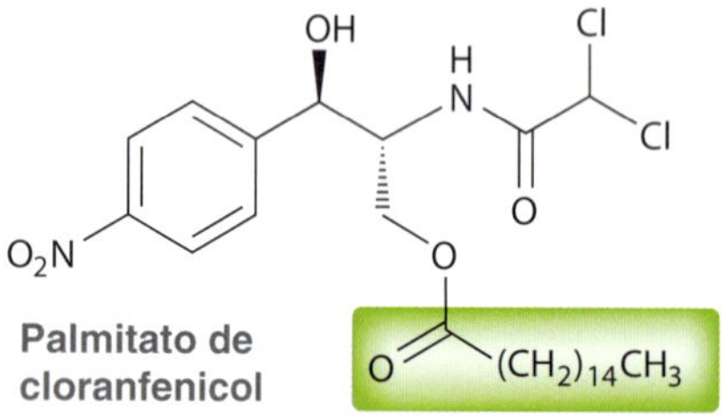

Palmitato de cloranfenicol

MECANISMO 21.9 REDUÇÃO DE UM ÉSTER COM HAL

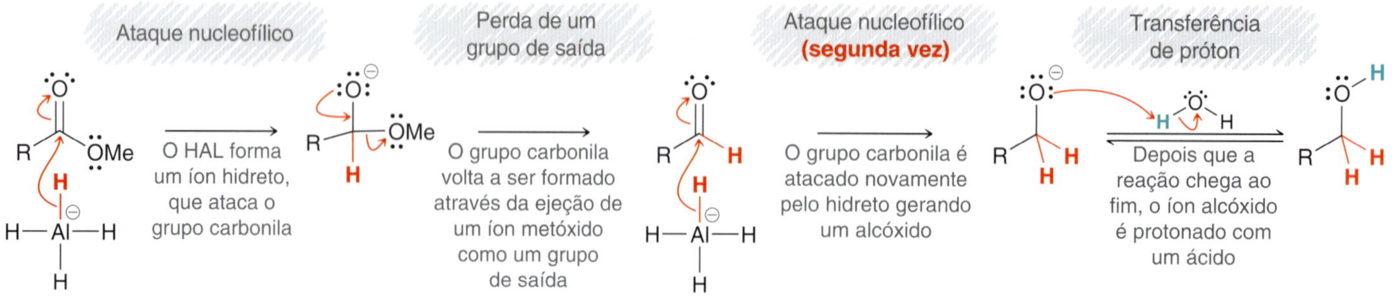
Ataque nucleofílico
O HAL forma um íon hidreto, que ataca o grupo carbonila
Perda de um grupo de saída
O grupo carbonila volta a ser formado através da ejeção de um íon metóxido como um grupo de saída
Ataque nucleofílico (segunda vez)
O grupo carbonila é atacado novamente pelo hidreto gerando um alcóxido
Transferência de próton
Depois que a reação chega ao fim, o íon alcóxido é protonado com um ácido

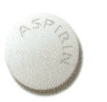

Esse mecanismo é diretamente análogo ao mecanismo de redução de um cloreto de ácido com HAL. O primeiro equivalente de HAL reduz o éster a um aldeído, e o segundo equivalente de HAL reduz o aldeído formando um álcool. O tratamento de um éster com um único equivalente de HAL não é um método eficiente para a preparação de um aldeído, porque os aldeídos são mais reativos do que os ésteres e reagirão com o HAL imediatamente depois de serem formados. Se o produto desejado é um aldeído, então o hidreto de di-isobutilalumínio (DIBAH) pode ser usado como um agente redutor em vez do HAL. A reação é realizada em temperaturas baixas para evitar a redução do aldeído.

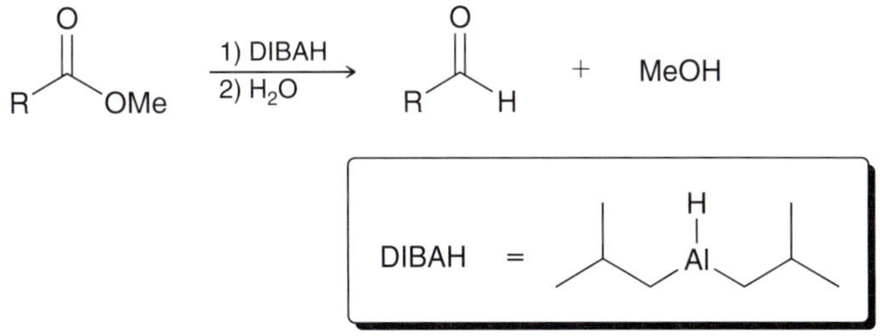

Reações entre Ésteres e Reagentes de Grignard

Quando tratados com um reagente de Grignard, os ésteres são reduzidos para se obterem álcoois com a introdução de dois grupos alquila.

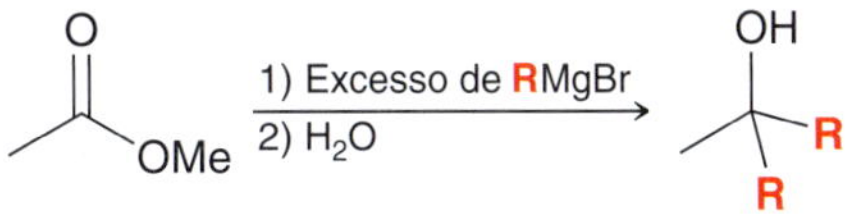

Esse processo (Mecanismo 21.10) é diretamente análogo à reação entre um reagente de Grignard e um cloreto ácido.

MECANISMO 21.10 A REAÇÃO ENTRE UM ÉSTER E UM REAGENTE DE GRIGNARD

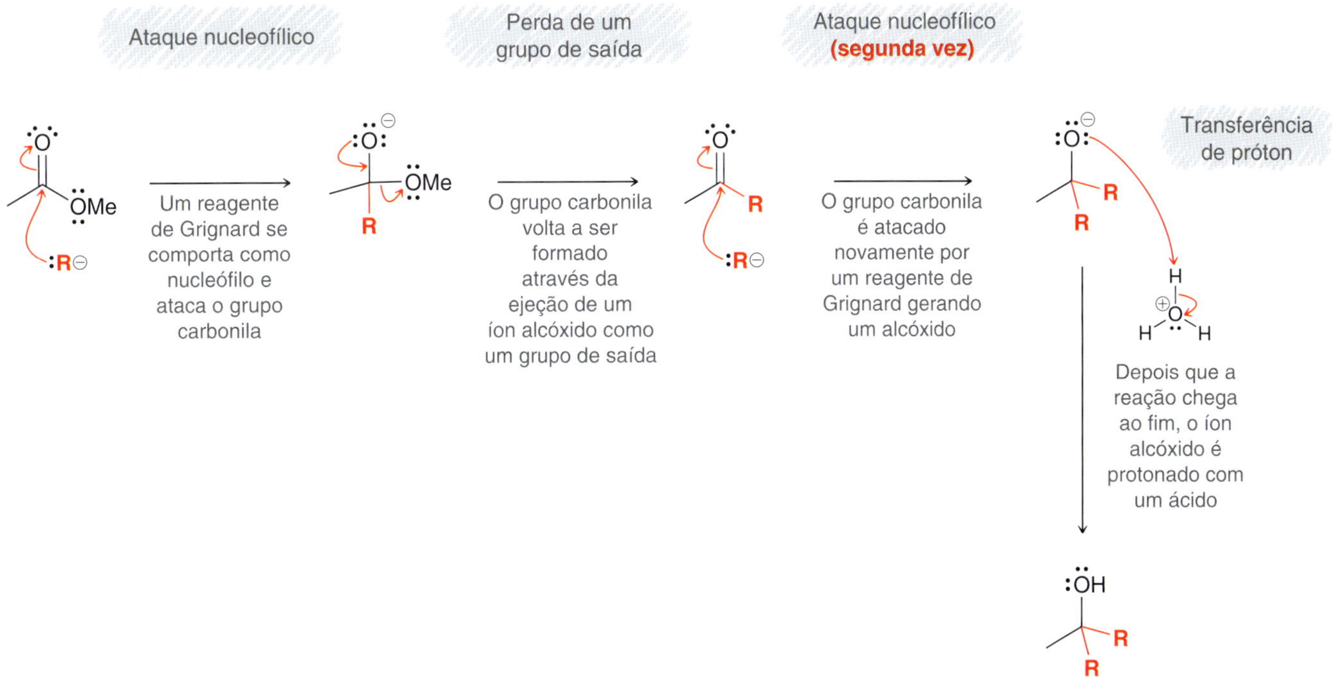

Depois que a reação chega ao fim, o íon alcóxido é protonado com um ácido

VERIFICAÇÃO CONCEITUAL

21.24 Preveja o(s) principal(is) produto(s) para cada uma das seguintes reações:

(a) 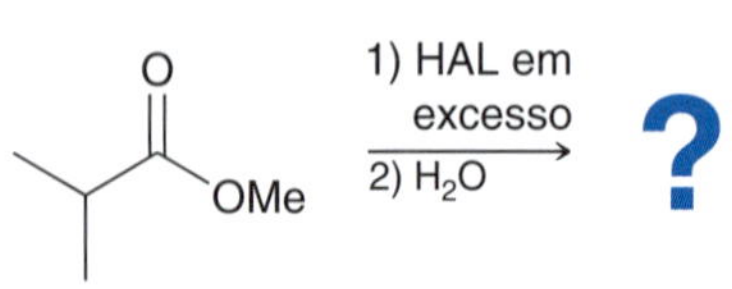

(b) 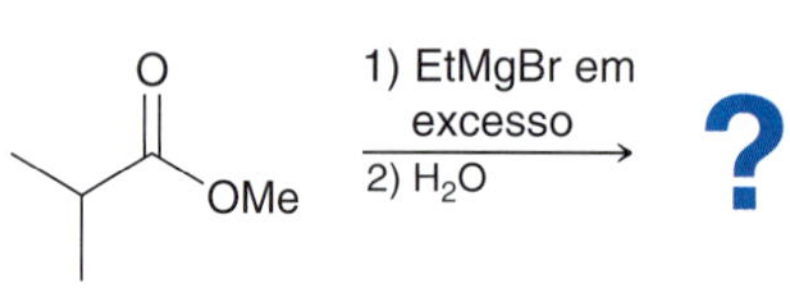

(c) 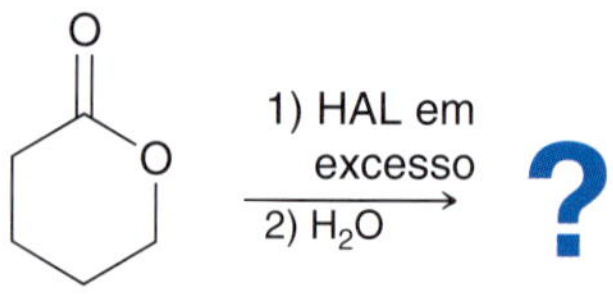

(d) 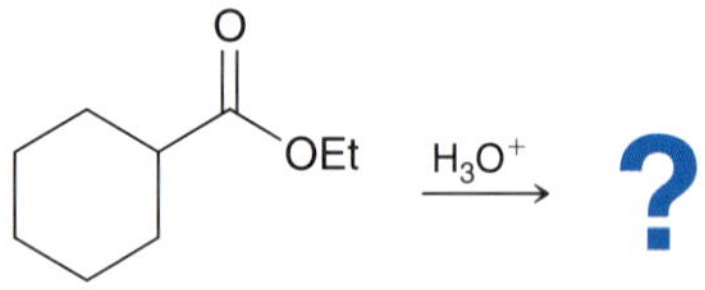

(e) 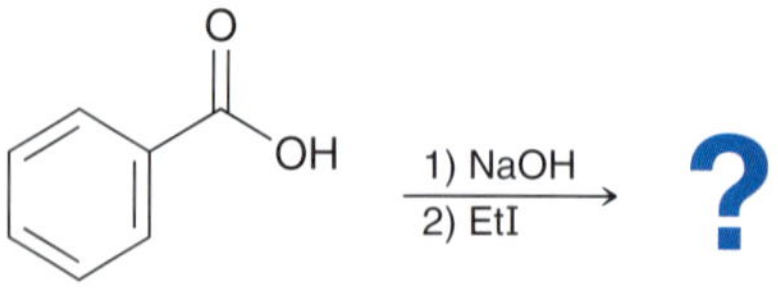

(f) 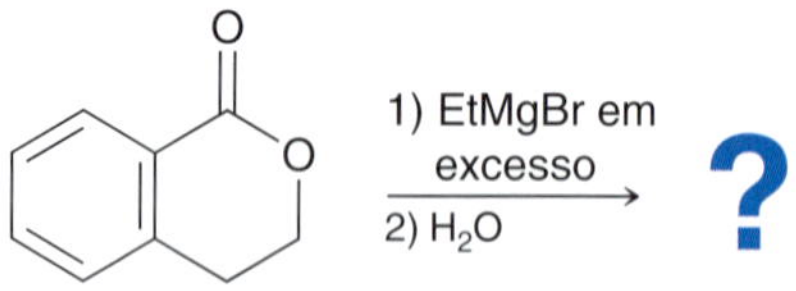

21.25 Proponha um mecanismo para a seguinte transformação:

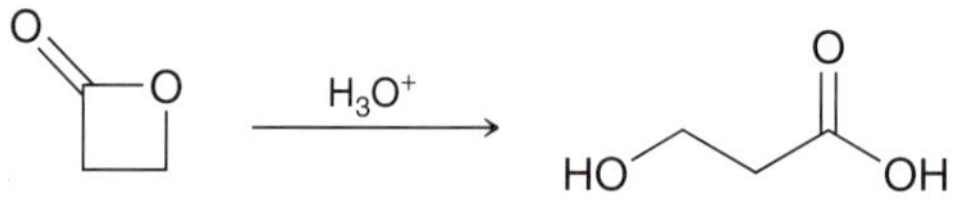

21.12 Preparação e Reações de Amidas

Preparação de Amidas

Amidas podem ser preparadas a partir de qualquer um dos derivados de ácidos carboxílicos discutidos anteriormente neste capítulo.

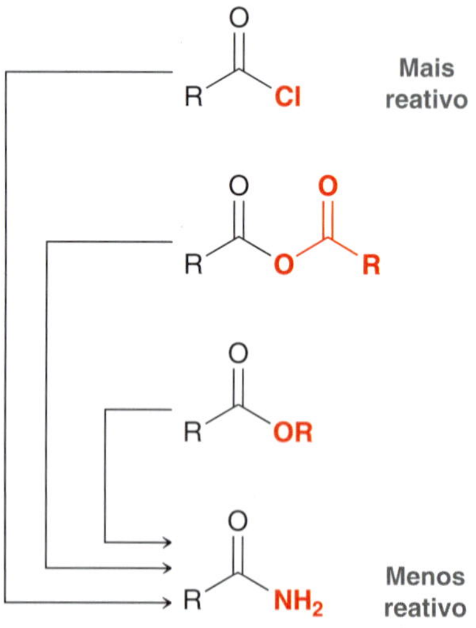

OLHANDO PARA O FUTURO
Amidas também podem ser preparadas eficientemente a partir de ácidos carboxílicos usando-se um reagente chamado DCC. Esse reagente e sua ação são discutidos na Seção 25.6.

Embora possam ser preparadas de várias maneiras, as amidas são preparadas mais eficientemente a partir de cloretos ácidos.

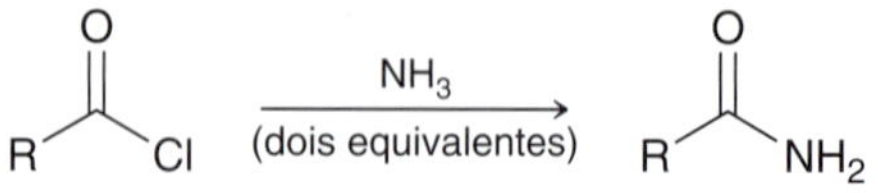

Haletos ácidos são os derivados de ácidos carboxílicos mais reativos, de modo que os rendimentos são melhores quando um cloreto ácido é utilizado como um material de partida.

falando de modo prático

Poliamidas e Poliésteres

Consideremos o que acontece quando um cloreto diácido e uma diamina reagem entre si:

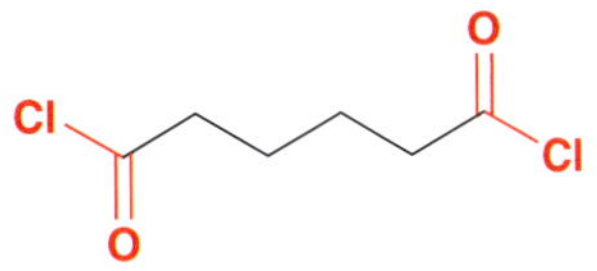

Um haleto diácido

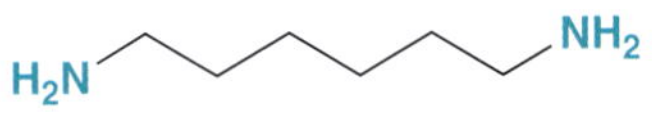

Uma diamina

Cada molécula tem duas extremidades reativas, o que permite a formação de um polímero:

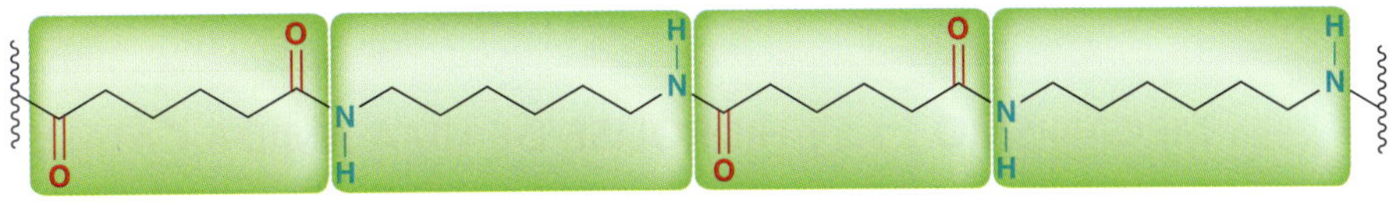

Náilon 6,6

O polímero apresenta ligações amida múltiplas e é, portanto, chamado de poliamida. Este exemplo específico é chamado de Náilon 6,6, porque ele é criado a partir de duas substâncias diferentes em que ambas contêm seis átomos de carbono. Náilon 6,6 foi usado pelos militares para a fabricação de paraquedas, mas rapidamente tornou-se popular como um substituto para a seda na fabricação de roupas.

Os poliésteres podem ser feitos de uma maneira similar. Consideremos o que acontece quando um diácido reage com um diol:

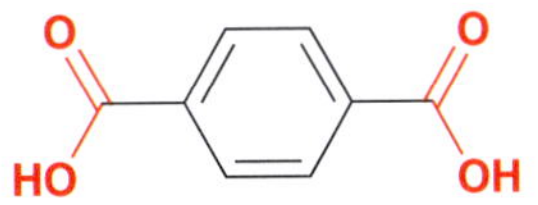

Um diácido

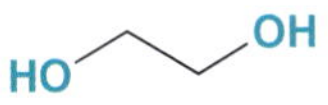

Um diol

Cada molécula tem duas extremidades reativas, o que permite a formação de um polímero:

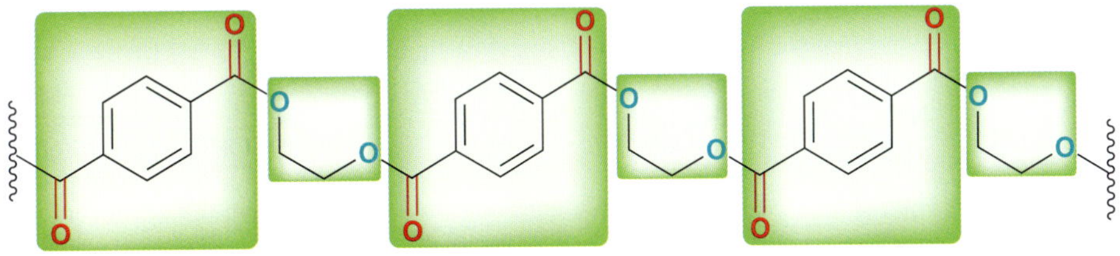

Tereftalato de polietileno (PET)

Esse polímero de tereftalato de polietileno (PET) apresenta ligações éster múltiplas e por isso é chamado de poliéster. PET é vendido com muitos nomes comerciais, incluindo Dacron e Mylar. Ele é utilizado principalmente para a fabricação de vestuário. Existem muitos tipos diferentes de poliamidas e poliésteres, que servem para vários propósitos. Kevlar™, por exemplo, é mais forte do que o aço e é usado em coletes a prova de bala:

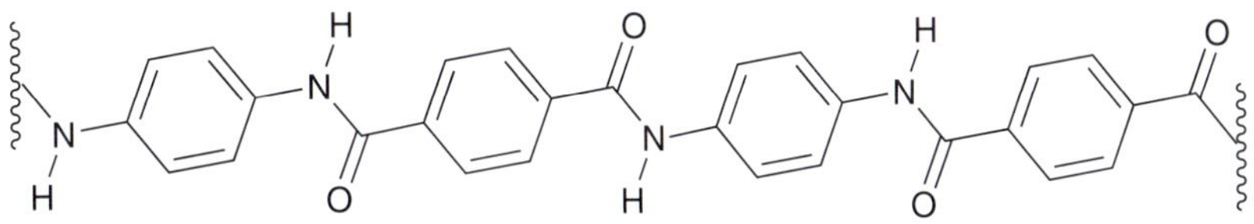

Kevlar™

Hidrólise de Amidas Catalisada por Ácido

Amidas podem ser hidrolisadas para formar ácidos carboxílicos na presença de solução aquosa ácida, mas o processo é lento e requer aquecimento para ocorrer com uma velocidade apreciável.

Aquecimento

O mecanismo para esta transformação (Mecanismo 21.11) é diretamente análogo à hidrólise de ésteres catalisada por ácido (Seção 21.11).

Nesta reação, observa-se que um íon amônio (NH_4^+) é formado como um subproduto. Uma vez que o íon amônio (pK_a = 9,2) é um ácido muito mais fraco do que o H_3O^+ (pK_a = −1,7), o equilíbrio favorece grandemente a formação dos produtos, tornando o processo efetivamente irreversível.

MECANISMO 21.11 HIDRÓLISE DE UMA AMIDA CATALISADA POR ÁCIDO

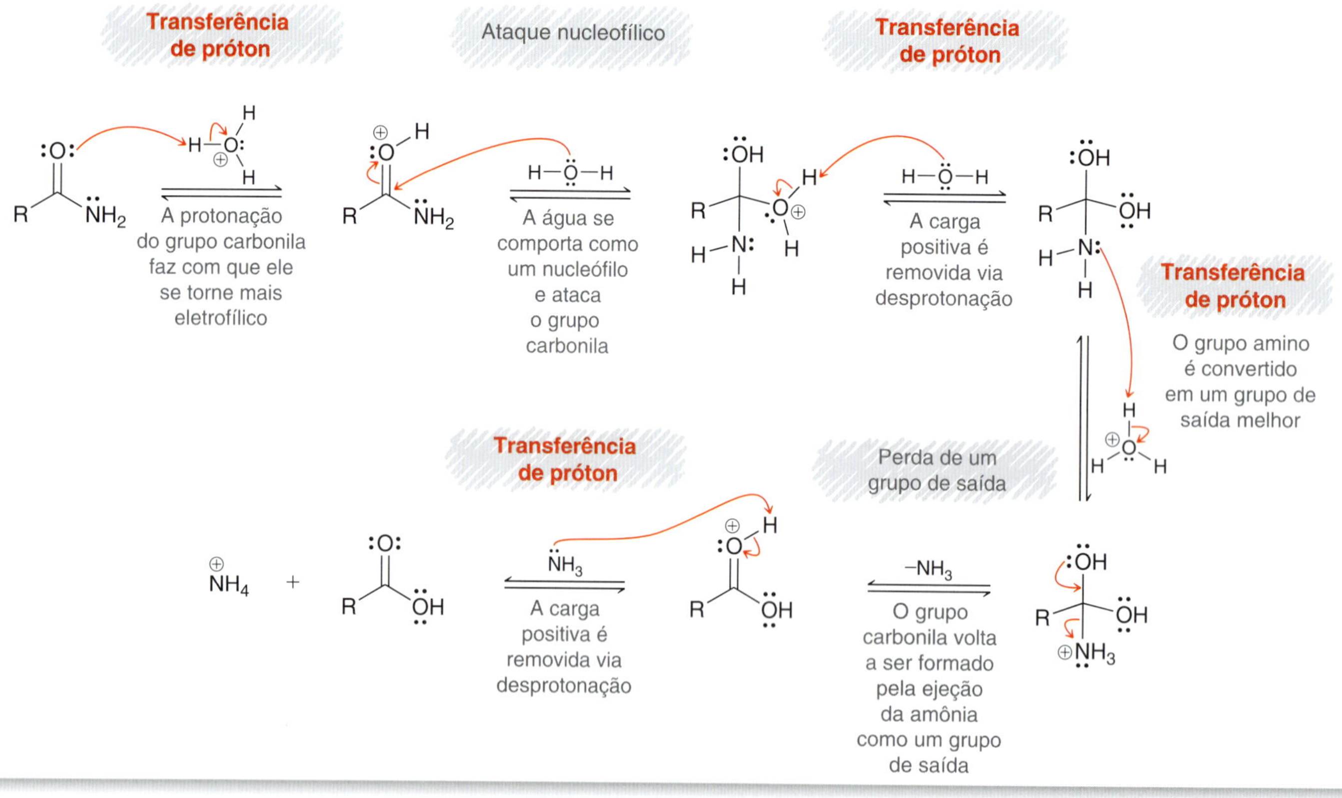
Transferência de próton
A protonação do grupo carbonila faz com que ele se torne mais eletrofílico
Ataque nucleofílico
A água se comporta como um nucleófilo e ataca o grupo carbonila
Transferência de próton
A carga positiva é removida via desprotonação
Transferência de próton
O grupo amino é convertido em um grupo de saída melhor
Perda de um grupo de saída
O grupo carbonila volta a ser formado pela ejeção da amônia como um grupo de saída
Transferência de próton
A carga positiva é removida via desprotonação

Hidrólise de Amidas em Condições Básicas

Amidas também são hidrolisadas quando aquecidas em soluções aquosas básicas, embora o processo seja muito lento.

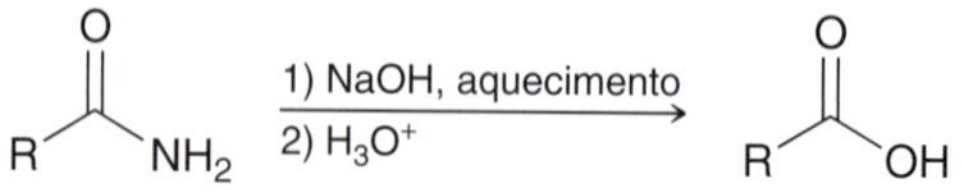
1) NaOH, aquecimento
2) H_3O^+

O mecanismo para este processo (Mecanismo 21.12) é diretamente análogo à saponificação de ésteres (Seção 21.11).

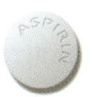

MECANISMO 21.12 HIDRÓLISE DE AMIDAS EM CONDIÇÕES BÁSICAS

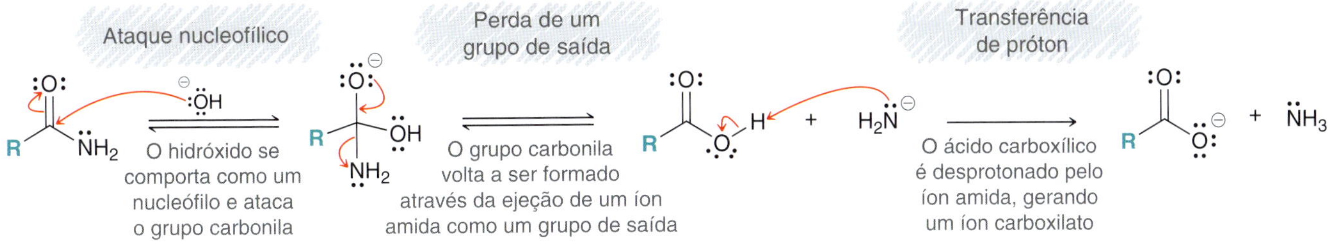

Na última etapa, a formação do íon carboxilato impulsiona a reação até ela estar completa e torna o processo irreversível.

Redução de Amidas

Quando tratadas com o excesso de HAL, as amidas são convertidas em aminas.

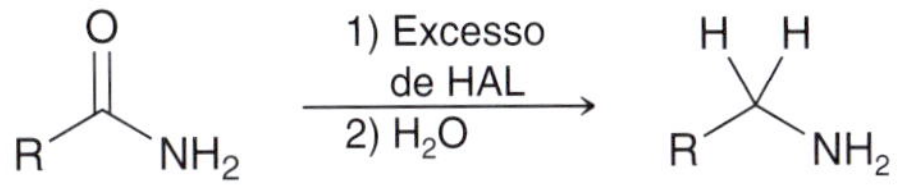

Esta é a primeira reação que vemos que é um pouco diferente das outras reações deste capítulo. Neste caso, o grupo carbonila é completamente removido.

VERIFICAÇÃO CONCEITUAL

21.26 Preveja o(s) principal(is) produto(s) para cada uma das seguintes reações:

(a)
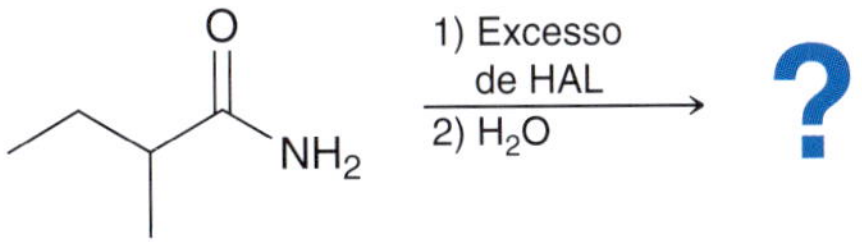

(b)

(c)
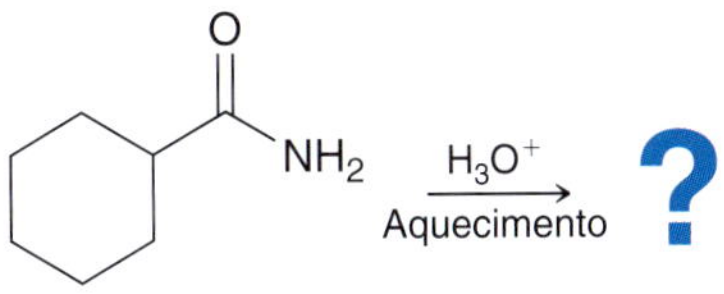

21.27 Identifique os reagentes necessários para a seguinte transformação:

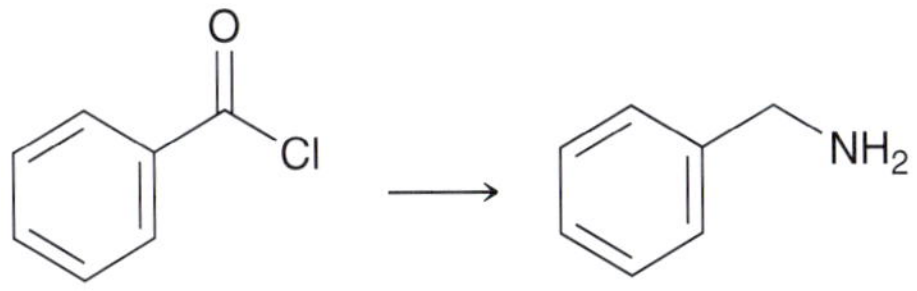

21.28 Proponha um mecanismo para cada uma das seguintes transformações:

(a)
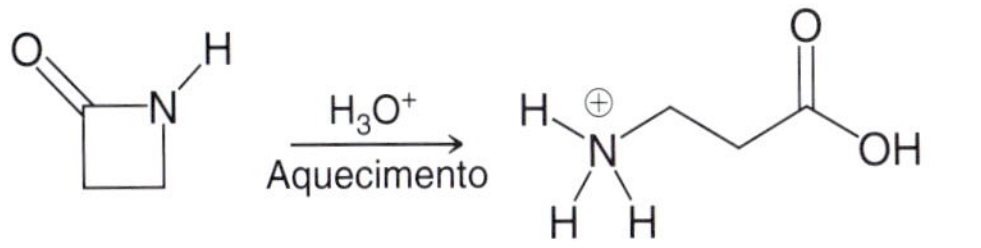

(b)
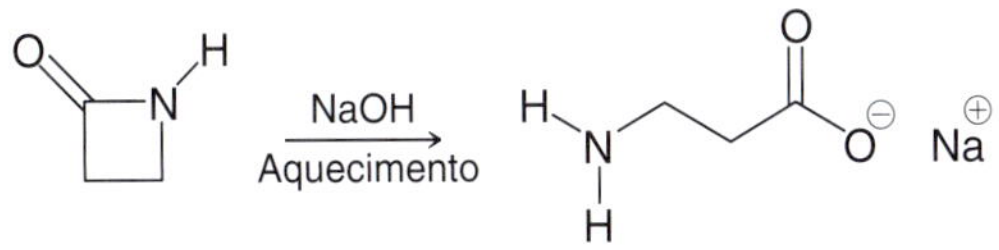

medicamente falando — Antibióticos Betalactâmicos

Em 1928, Alexander Fleming fez uma descoberta casual que teve um impacto profundo no campo da medicina. Ele estava cultivando uma colônia de bactérias *Staphylococcus* em uma placa de Petri que foi acidentalmente contaminado com esporos de mofo (bolor) *Penicillium notatum*. Fleming observou que os esporos de mofo impediam a colônia de crescer, e ele supôs que o mofo estava produzindo uma substância com propriedades antibióticas, que ele chamou de penicilina. A penicilina foi inicialmente utilizada para o tratamento de soldados feridos já em 1943 e pouco depois foi utilizada para a população em geral. Acredita-se que ela tenha salvado milhões de vidas, e pela sua descoberta, Fleming compartilhou o Prêmio Nobel de Medicina em 1945.

A penicilina foi inicialmente considerada uma substância, tal como Fleming tinha sugerido. No entanto, em 1944, tornou-se evidente que o mofo *P. notatum* produz muitas substâncias estruturalmente semelhantes, todas apresentando propriedades antibacterianas (bactericidas). Este grupo de substâncias pertence à família da penicilina e pode ser representado pela seguinte fórmula estrutural, em que o grupo R pode variar:

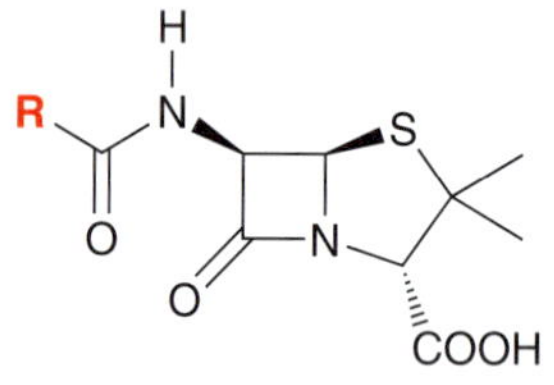

Penicilina

Mais de uma dúzia de fármacos da penicilina estão atualmente em uso clínico, dois dos quais são mostrados a seguir:

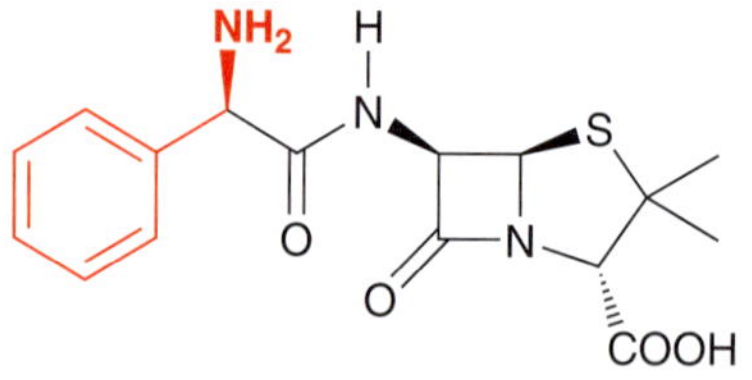

Ampicilina

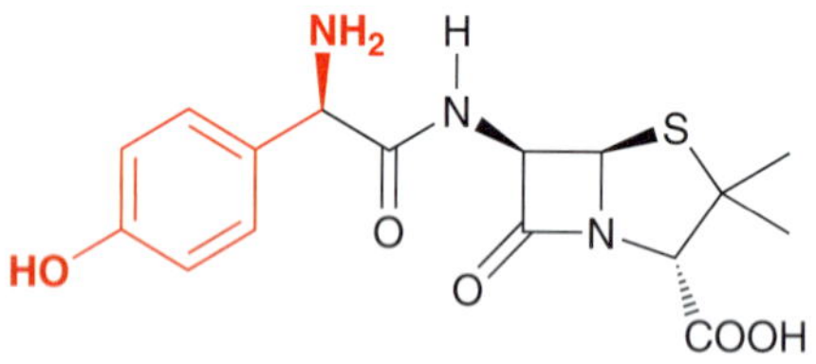

Amoxicilina

A principal característica estrutural comum a todos os fármacos da penicilina é um grupo amida contido em um anel de quatro membros, chamado de anel betalactâmico (β-lactâmico).

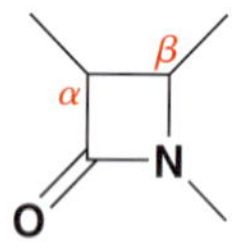

Amidas são geralmente estáveis – elas resistem a hidrólise na maioria das condições. Entretanto, β-lactâmicos são particularmente suscetíveis a hidrólise por causa da tensão do anel de quatro membros. A hidrólise abre o anel e libera a tensão devido ao anel. Acredita-se que o anel da β-lactâmase reage com a *trans*-peptidase, uma enzima que as bactérias utilizam na construção de suas paredes celulares:

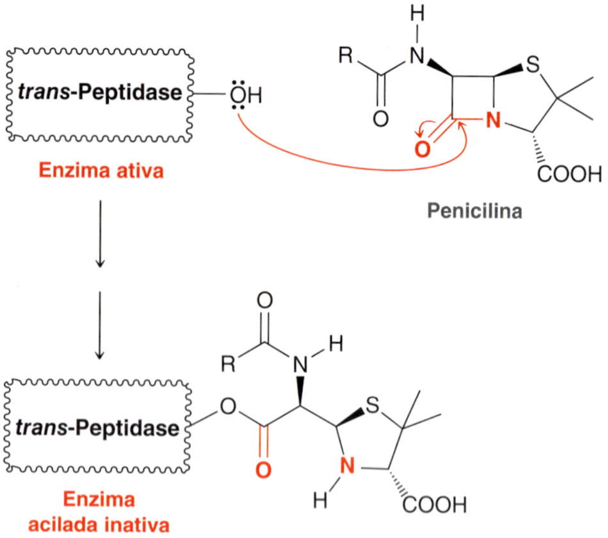

Essa reação efetivamente introduz um grupo OH no sítio ativo da enzima, e a enzima acilada é inativa. Através da inativação dessa enzima, os fármacos da penicilina são capazes de impedir as bactérias de produzirem paredes celulares funcionais. Nessas condições, as bactérias não são capazes de se reproduzir, o que permite que o sistema imunólogico natural do organismo tome o controle.

Algumas bactérias são resistentes aos fármacos da penicilina. Essas bactérias produzem enzimas, denominadas β-lactamases, que são capazes de hidrolisar o anel prematuramente antes que tenha oportunidade de reagir com a transpeptidase:

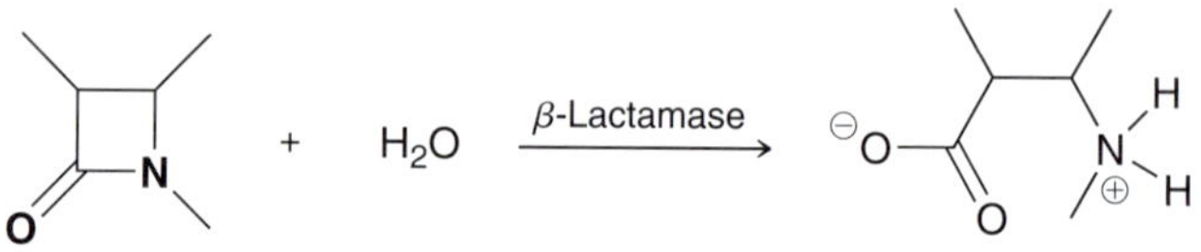

Uma vez que o anel da β-lactamase tenha sido aberto, o fármaco deixa de ter quaisquer propriedades antibióticas.

As cefalosporinas são outra família de antibióticos cujas estruturas estão estreitamente relacionadas com as estruturas das penicilinas:

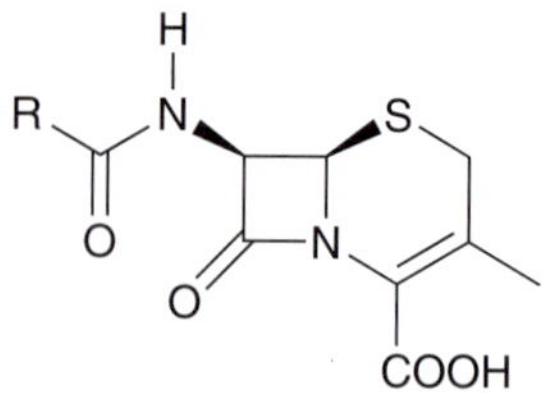

As cefalosporinas também apresentam um anel de β-lactamase, mas o anel lactâmico está condensado a um anel de seis membros. A família de antibióticos da cefalosporina foi isolada inicialmente a partir de fungos *Cephalosporium* em 1945.

Atualmente pesquisas extensivas estão em curso para identificar novos antibióticos β-lactâmicos com propriedades superiores. Ao longo das próximas décadas, a lista dos antibióticos conhecidos certamente crescerá.

21.13 Preparação e Reação de Nitrilas

Preparação de Nitrilas via Reações S_N2

Nitrilas podem ser preparadas tratando-se um haleto de alquila com um íon cianeto.

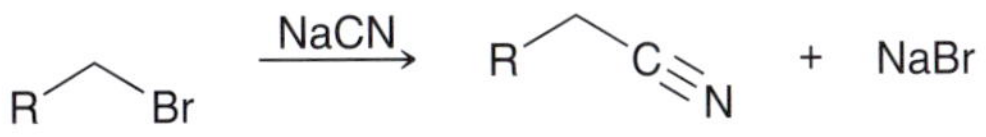
NaCN
+ NaBr

Este processo prossegue via um mecanismo S_N2, de modo que haletos de alquila terciários não podem ser utilizados.

Preparação de Nitrilas a Partir de Amidas

Nitrilas também podem ser preparadas através da desidratação de uma amida. Muitos reagentes podem ser usados para realizar a transformação. Um desses reagentes é o cloreto de tionila ($SOCl_2$).

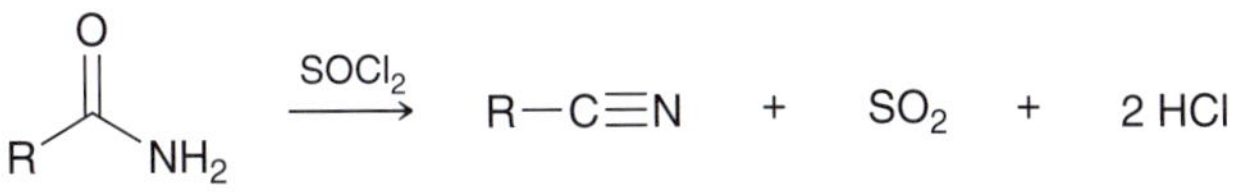
SOCl2
R—C≡N + SO2 + 2 HCl

Este processo (Mecanismo 21.13) é útil para a preparação de nitrilas terciárias, que não podem ser preparadas através de um processo S_N2.

MECANISMO 21.13 DESIDRATAÇÃO DE AMIDAS

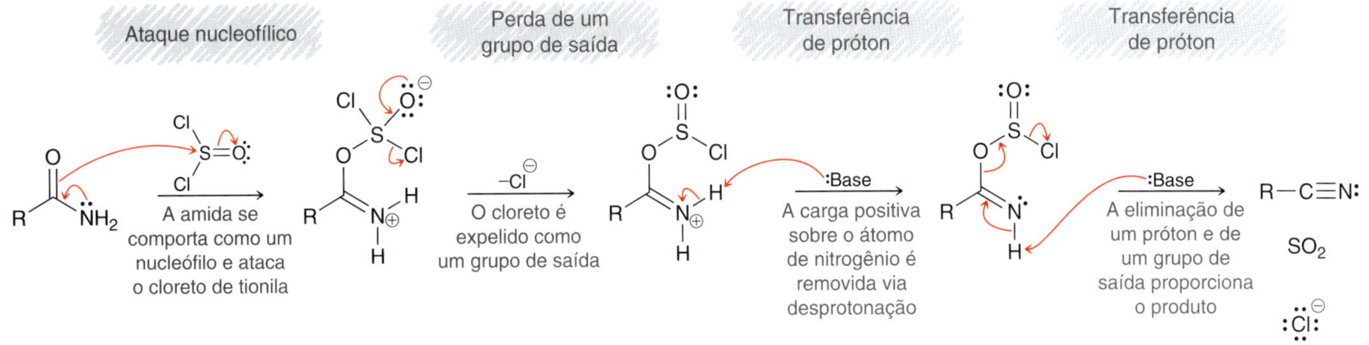
Ataque nucleofílico
Perda de um grupo de saída
Transferência de próton
Transferência de próton
A amida se comporta como um nucleófilo e ataca o cloreto de tionila
O cloreto é expelido como um grupo de saída
:Base
A carga positiva sobre o átomo de nitrogênio é removida via desprotonação
:Base
A eliminação de um próton e de um grupo de saída proporciona o produto
R—C≡N:
SO2

Hidrólise de Nitrilas

Em condições ácidas aquosas, nitrilas são hidrolisadas formando amidas, que são então hidrolisadas posteriormente para produzir ácidos carboxílicos.

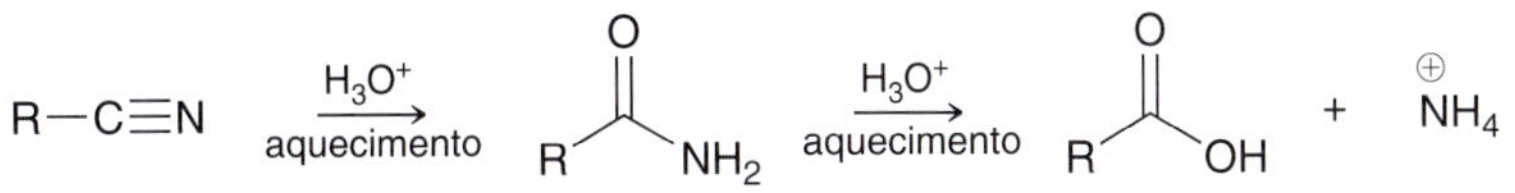
R—C≡N
H3O+
aquecimento
H3O+
aquecimento
+ NH4

A formação da amida ocorre através do Mecanismo 21.14, e a conversão da amida em ácido carboxílico foi discutida anteriormente (Mecanismo 21.11).

Alternativamente, nitrilas podem também ser hidrolisadas em solução aquosa básica.

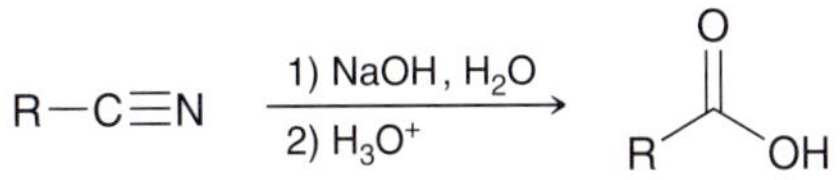
R—C≡N
1) NaOH, H2O
2) H3O+

Mais uma vez, a nitrila é convertida primeiro em uma amida (Mecanismo 21.15), que é então convertida em um ácido carboxílico (veja o Mecanismo 21.12).

MECANISMO 21.14 HIDRÓLISE DE NITRILAS CATALISADA POR ÁCIDO

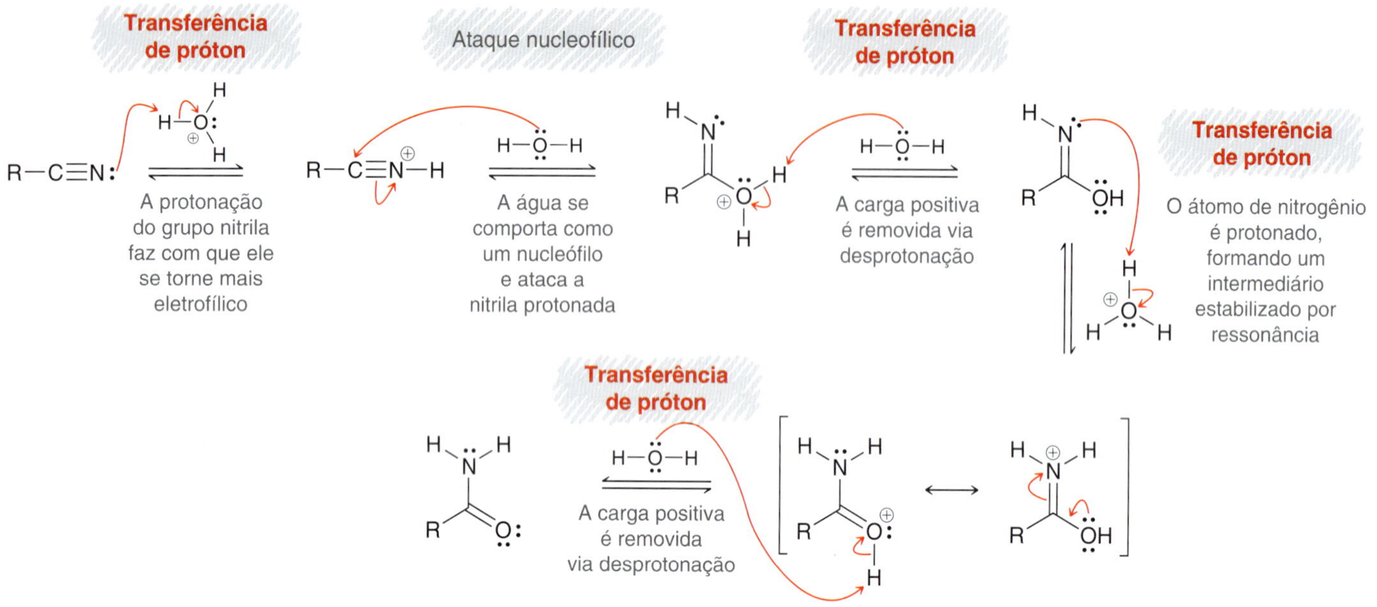
Transferência de próton
Ataque nucleofílico
Transferência de próton
Transferência de próton
Transferência de próton
A protonação do grupo nitrila faz com que ele se torne mais eletrofílico
A água se comporta como um nucleófilo e ataca a nitrila protonada
A carga positiva é removida via desprotonação
O átomo de nitrogênio é protonado, formando um intermediário estabilizado por ressonância
A carga positiva é removida via desprotonação

MECANISMO 21.15 HIDRÓLISE DE NITRILAS CATALISADA POR BASE

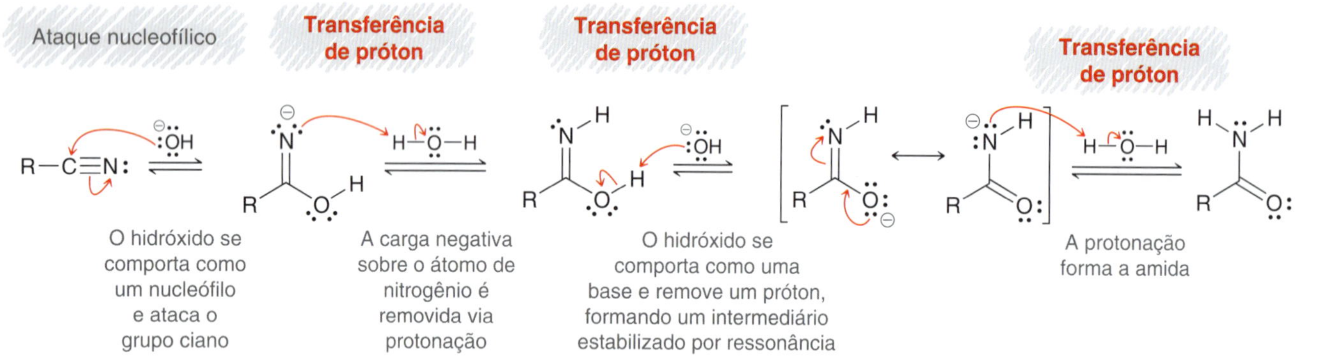
Ataque nucleofílico
Transferência de próton
Transferência de próton
Transferência de próton
O hidróxido se comporta como um nucleófilo e ataca o grupo ciano
A carga negativa sobre o átomo de nitrogênio é removida via protonação
O hidróxido se comporta como uma base e remove um próton, formando um intermediário estabilizado por ressonância
A protonação forma a amida

Reações entre Nitrilas e Reagentes de Grignard

Uma cetona é obtida quando uma nitrila é tratada com um reagente de Grignard, seguido por ácido em meio aquoso.

1) RMgBr
2) H_3O^+

O reagente de Grignard ataca a nitrila, assim como ele ataca um grupo carbonila.

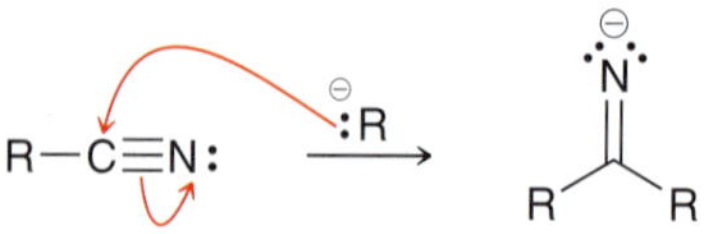

O ânion resultante é então tratado com ácido aquoso para se obter uma imina, que, em seguida, é hidrolisada para dar uma cetona sob condições ácidas (veja a Seção 20.6).

Redução de Nitrilas

No início deste capítulo, vimos que os ácidos carboxílicos podem ser reduzidos a álcoois por meio de tratamento com HAL. De modo semelhante, as nitrilas são convertidas em aminas quando tratadas com HAL.

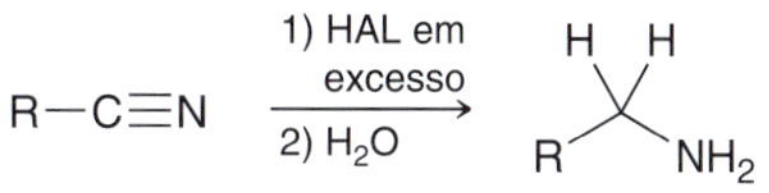

VERIFICAÇÃO CONCEITUAL

21.29 Preveja o(s) produto(s) principal(is) para cada uma das seguintes reações:

(a) 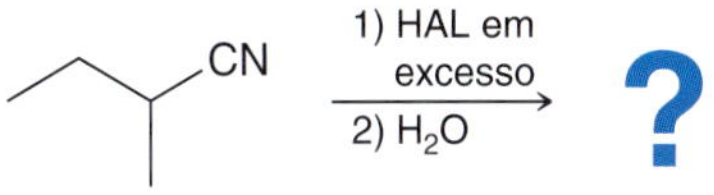

(b) 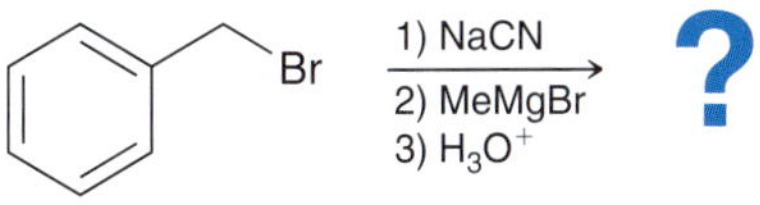

(c) 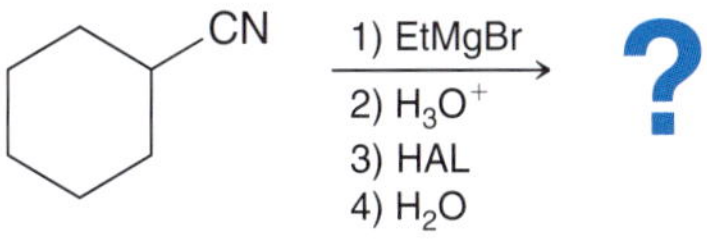

(d) 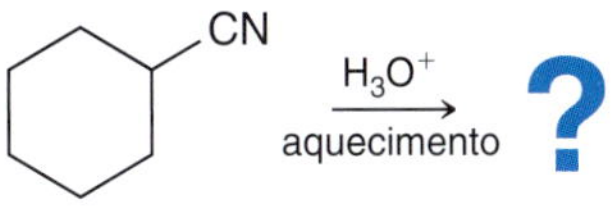

21.30 Identifique os reagentes necessários para cada uma das seguintes transformações:

(a) 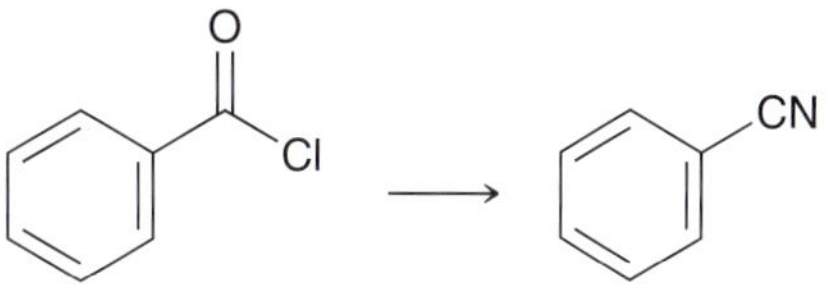

(b) 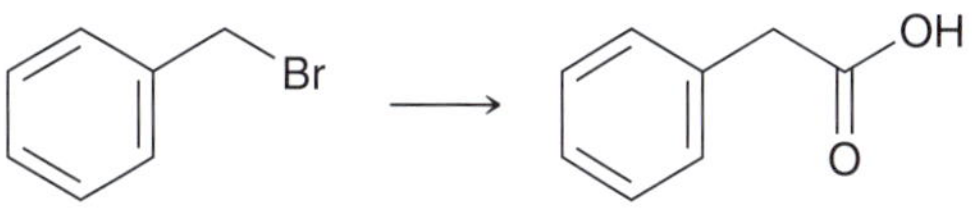

21.31 Proponha um mecanismo para a seguinte transformação:

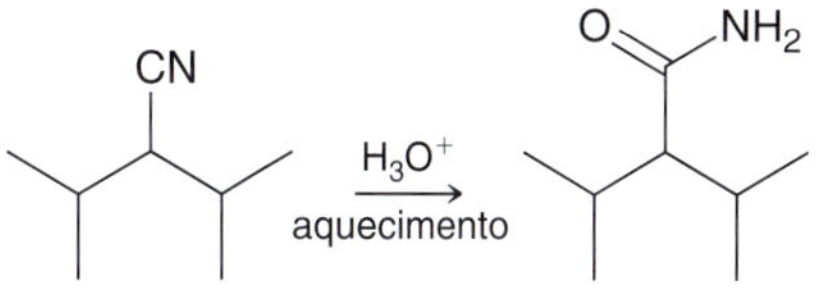

21.14 Estratégias de Síntese

Lembre-se do Capítulo 12 que existem duas considerações principais quando se aborda um problema de síntese: (1) uma alteração na cadeia carbônica e (2) uma mudança nos grupos funcionais.

Vamos nos concentrar em cada uma dessas questões separadamente, começando com os grupos funcionais.

Interconversões de Grupos Funcionais

Neste capítulo, vimos muitas reações diferentes que mudam a identidade de um grupo funcional, sem alterar a localização. A Figura 21.11 resume como grupos funcionais podem ser interconvertidos.

A figura mostra muitas reações, mas existem alguns aspectos essenciais do diagrama que merecem uma atenção especial:

- A figura está organizada de acordo com o estado de oxidação. Ácidos carboxílicos e seus derivados têm o mesmo estado de oxidação e são mostrados no topo da figura (para facilitar a apresentação, os ácidos carboxílicos são mostrados acima dos derivados, mas têm o mesmo estado de oxidação). Aldeídos apresentam um estado de oxidação menor e, portanto, são mostrados abaixo dos derivados. Álcoois e aminas estão na parte inferior da figura, uma vez que têm o menor estado de oxidação.

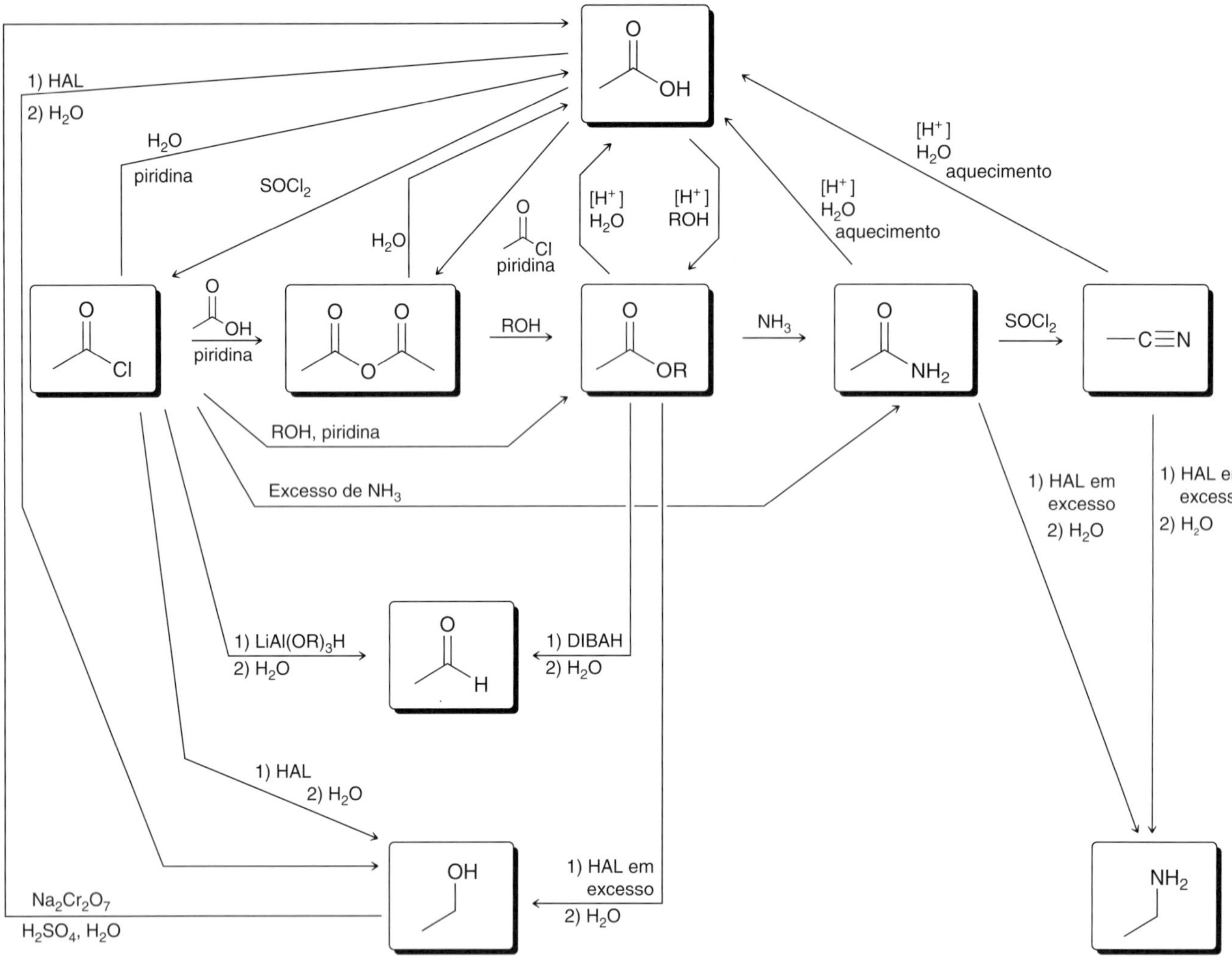

FIGURA 21.11 Um resumo das reações deste capítulo que permitem a interconversão de grupos funcionais.

- Entre os derivados de ácidos carboxílicos, as reações são apresentadas da esquerda para a direita, do mais reativo para o menos reativo. Ou seja, cloretos ácidos (mais a esquerda) são os mais reativos e mais prontamente convertidos em outros derivados:

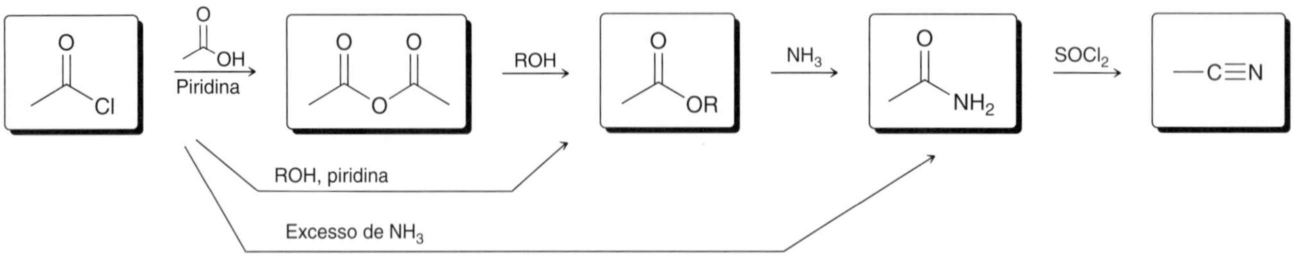

Indo da direita para a esquerda – por exemplo, a conversão de um éster em um cloreto ácido – são necessárias duas etapas: primeiro a hidrólise para formar um ácido carboxílico, em seguida, a conversão do ácido em um cloreto ácido.

- Nós não vimos um método de conversão direta de um ácido carboxílico em uma amida ou uma nitrila. Todos os outros derivados de ácidos carboxílicos (cloretos ácidos, anidridos ácidos e ésteres) podem ser obtidos diretamente a partir de um ácido carboxílico.
- Vimos apenas duas maneiras de preparar aminas neste capítulo (o Capítulo 24 irá cobrir muitas outras maneiras para se obter aminas).

DESENVOLVENDO A APRENDIZAGEM

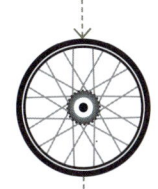

21.2 NTERCONVERSÃO DE GRUPOS FUNCIONAIS

APRENDIZAGEM Proponha uma síntese eficiente para a seguinte transformação:

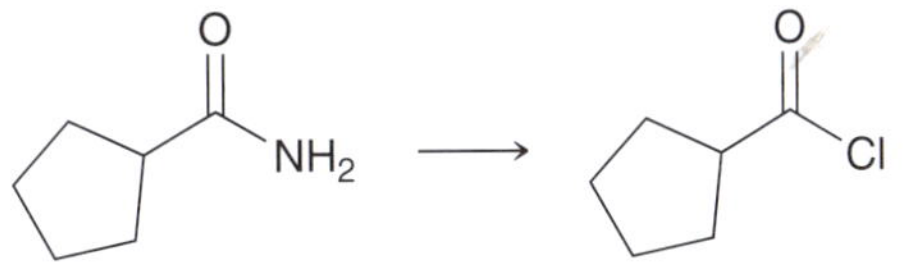

SOLUÇÃO

Este problema exige a transformação de uma amida em um cloreto ácido. Amidas são menos reativas do que cloretos ácidos, de modo que esta transformação requer um processo em duas etapas. A primeira etapa é a hidrólise da amida para formar um ácido carboxílico:

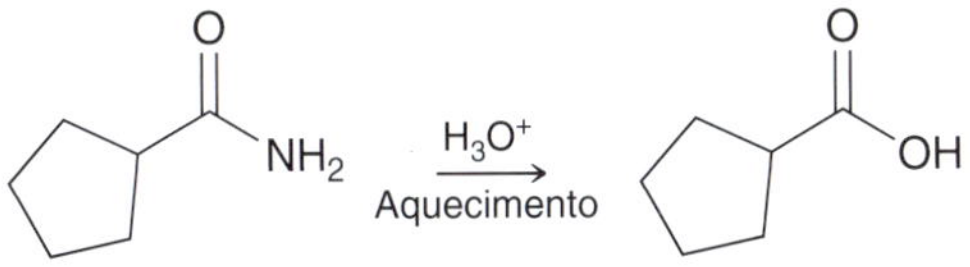

A segunda etapa é a conversão do ácido carboxílico no cloreto ácido desejado:

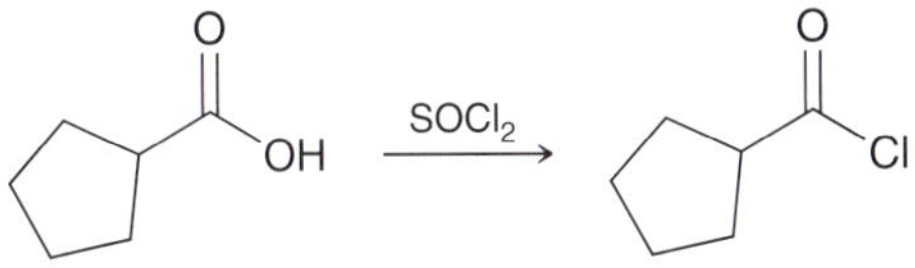

Em resumo, a conversão de uma amida em um cloreto ácido requer as duas etapas vistas a seguir:

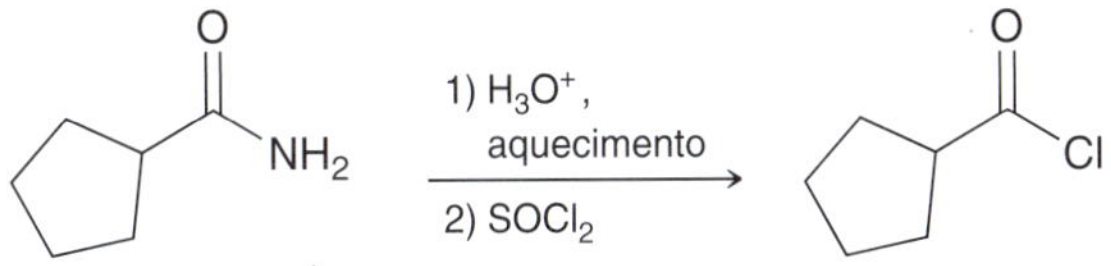

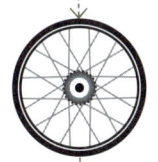

PRATICANDO o que você aprendeu

21.32 Identifique os reagentes que possibilitam a realização de cada uma das seguintes transformações:

(a) 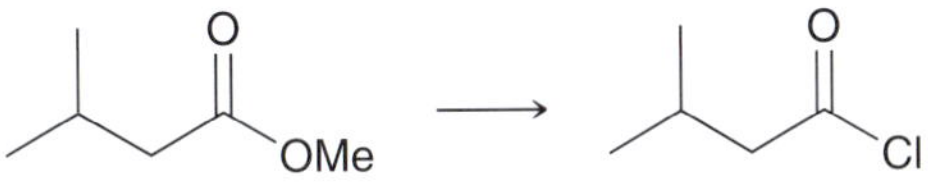

(b) 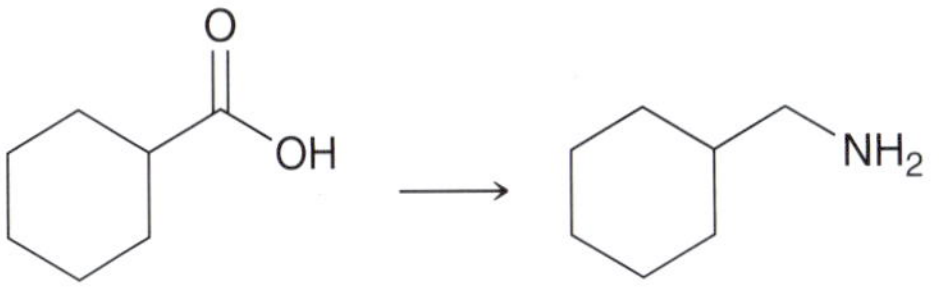

(c) 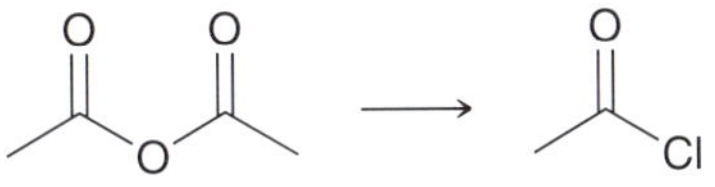

(d) 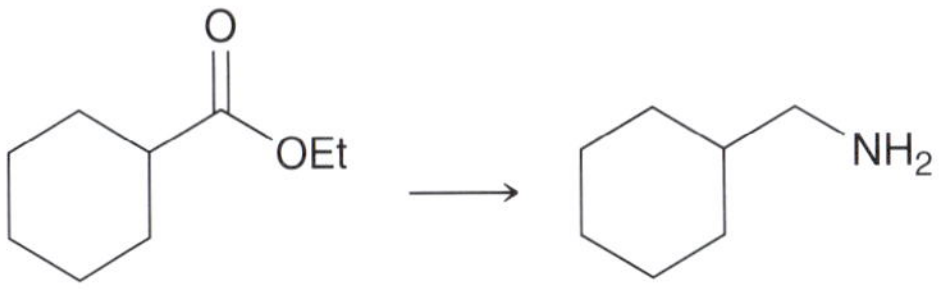

(e) 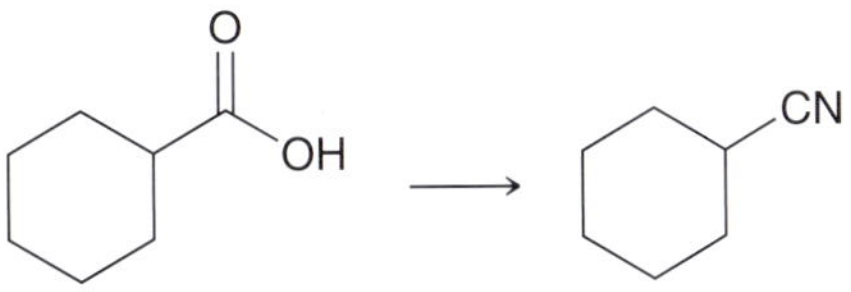

(f) 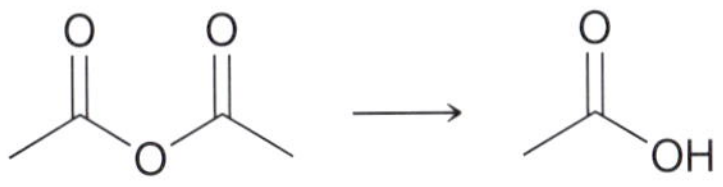

(g) 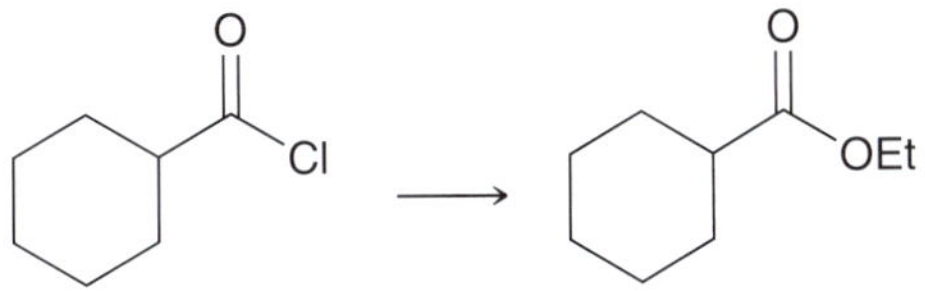

(h) 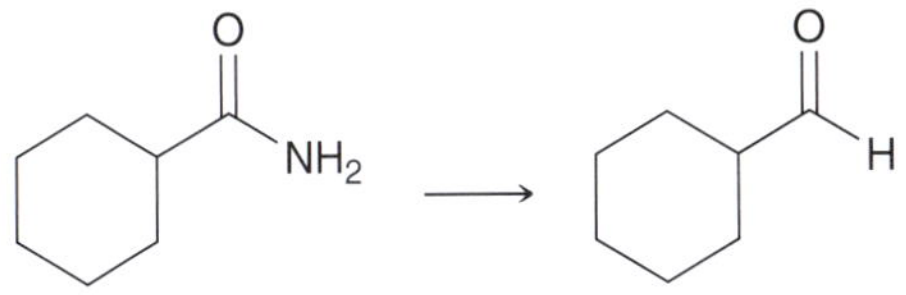

(i) 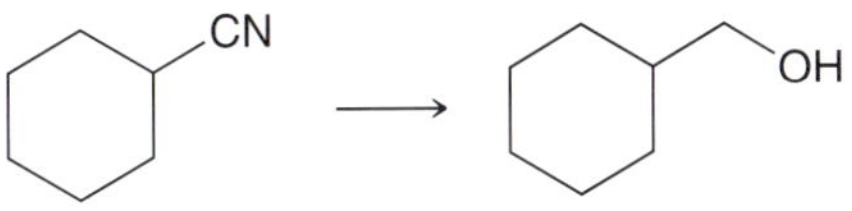

(j) 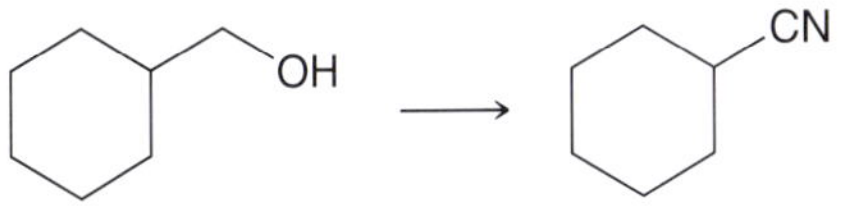

APLICANDO o que você aprendeu

21.33 Usando apenas as reações abordadas neste capítulo (Figura 21.11), identifique o número mínimo de etapas necessárias para converter um álcool primário em uma amina (no Capítulo 24, vamos aprender métodos mais eficientes para a realização deste tipo de transformação).

21.34 Proponha um método eficiente para a conversão de 1-hexeno em cloreto de hexanoíla. Você vai precisar usar reações dos capítulos anteriores no início de sua síntese.

é necessário **PRATICAR MAIS?** **Tente Resolver os Problemas 21.45a,b, 21.46a, 21.52, 21.53a,c,e, 21.57**

Reações de Formação da Ligação C–C

Este capítulo cobriu cinco novas reações de formação da ligação C–C, que podem ser classificadas em duas categorias (Tabela 21.2). Na primeira categoria (à esquerda), a localização do grupo funcional permanece inalterada. Em cada uma das três reações nesta categoria, o produto apresenta um grupo funcional na mesma localização que o reagente.

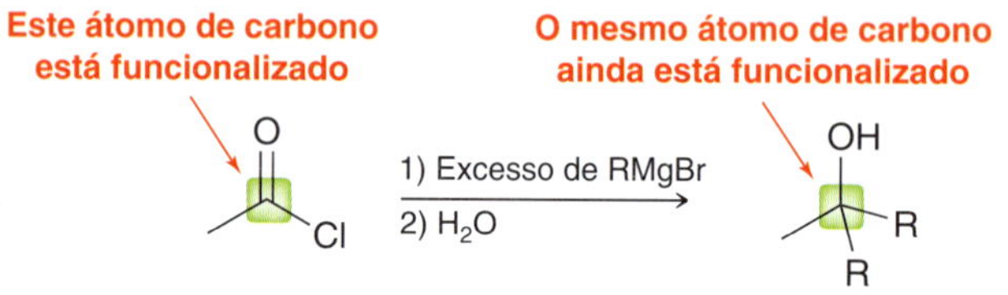

Na segunda categoria (lado direito da Tabela 21.2), ocorre a mudança da posição dos grupos funcionais.

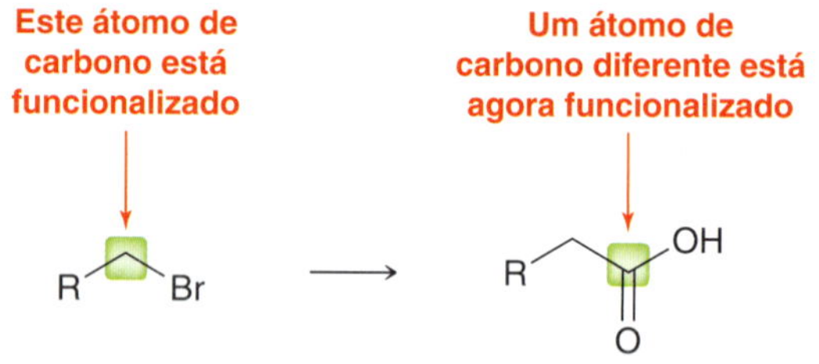

Neste caso, a inserção de um átomo de carbono adicional é acompanhada por uma alteração na localização do grupo funcional. Especificamente, o grupo funcional move-se para o átomo de carbono recentemente inserido. Em sua mente, você deve sempre classificar as reações de formação da ligação C–C em termos da posição final do grupo funcional. Será útil manter isso em mente ao planejar uma síntese, e será especialmente importante no Capítulo 22, onde se abordam muitas reações de formação da ligação C–C.

TABELA 21.2 AS DUAS ESPÉCIES DE REAÇÕES DE FORMAÇÃO DE LIGAÇÃO C–C ABORDADAS NESTE CAPÍTULO

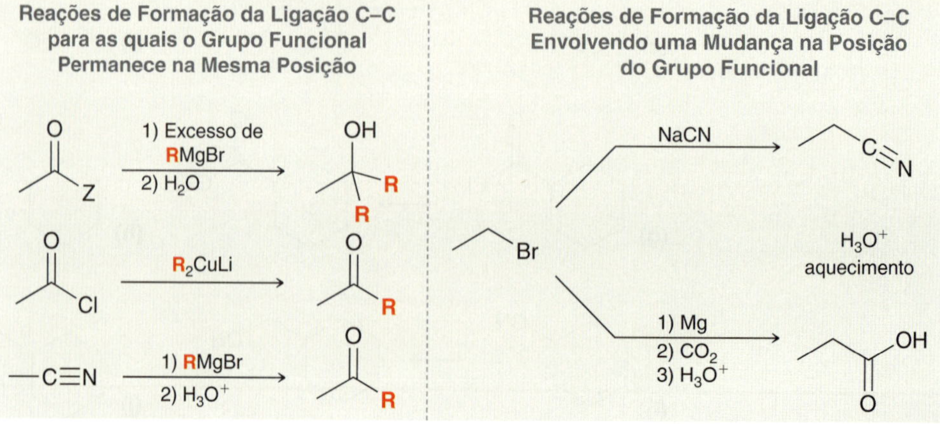

Na Seção 14.12, vimos também um método para a inserção de uma cadeia alílica enquanto simultaneamente movemos a posição de um grupo funcional de dois átomos de carbono.

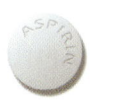

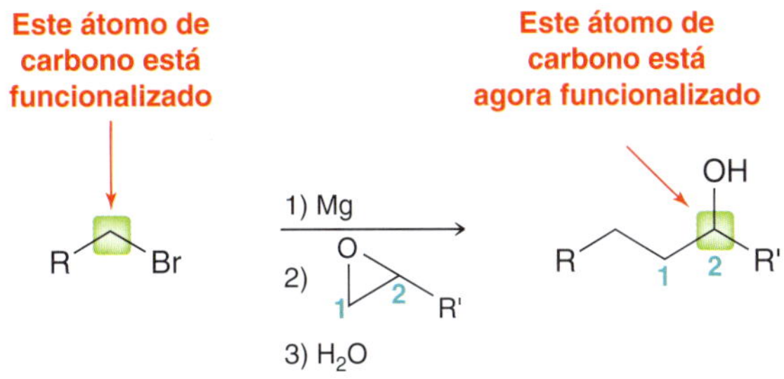

Este é apenas outro exemplo de uma reação de formação da ligação C–C em que a posição final do grupo funcional é um fator importante.

Quando se planeja uma síntese em que uma ligação C–C é formada, é muito importante considerar a localização do grupo funcional, pois isso irá indicar qual a reação de formação da ligação C–C que deverá ser escolhida. Uma vez que o átomo de carbono apropriado foi funcionalizado, é muito fácil alterar a identidade do grupo funcional naquele átomo de carbono (como se viu na seção anterior). No entanto, é um pouco mais complicado mudar a localização de um grupo funcional, se ele for inserido na posição errada. O exemplo a seguir ilustra essa ideia.

DESENVOLVENDO A APRENDIZAGEM

21.3 ESCOLHA DA REAÇÃO DE FORMAÇÃO DA LIGAÇÃO C–C MAIS EFICIENTE

APRENDIZAGEM Proponha uma síntese eficiente para a seguinte transformação:

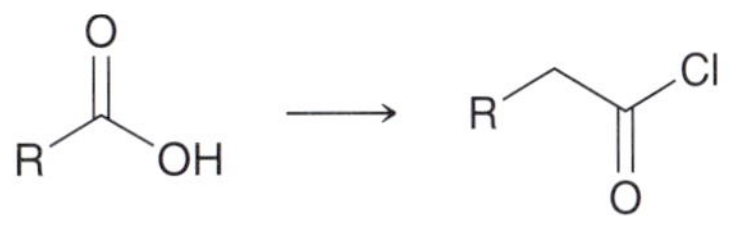

SOLUÇÃO

Sempre comece um problema de síntese fazendo as seguintes perguntas:

1. ***Existe alguma mudança na cadeia carbônica?*** Sim. O produto tem um átomo de carbono adicional.
2. ***Existe alguma mudança na identidade ou na posição do grupo funcional?*** Sim. O material de partida é um ácido carboxílico e o produto é um cloreto ácido. A posição do grupo funcional foi alterada.

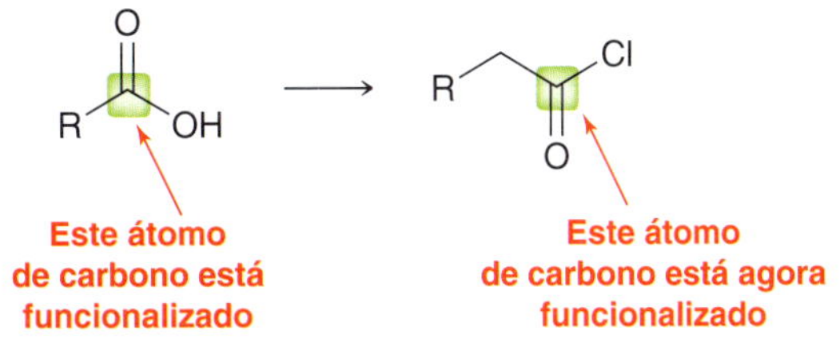

Se centralizarmos a nossa atenção na primeira pergunta, sem considerar a resposta da segunda questão, podemos acabar indo por um caminho longo e ineficiente. Por exemplo, imagine que, primeiro nós inserimos um grupo metila sem considerar a posição desejada do grupo funcional.

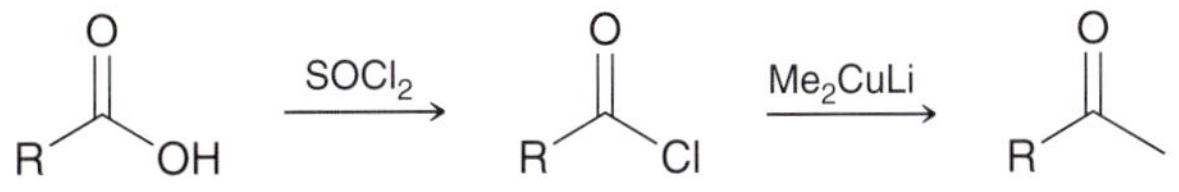

Agora, a cadeia carbônica está correta, mas a posição do grupo funcional está errada. Completar esta síntese envolve mover o grupo funcional com um processo envolvendo várias etapas.

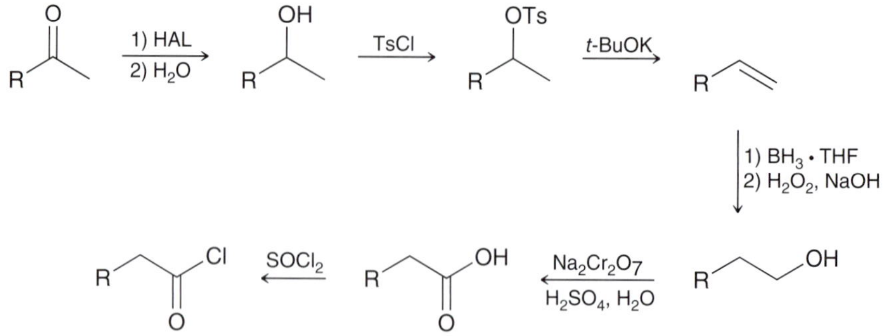

Esta síntese é desnecessariamente ineficiente. É mais eficiente considerar ambas as perguntas ao mesmo tempo (a mudança na cadeia carbônica e a localização do grupo funcional), porque é possível inserir o átomo de carbono de modo a que o grupo funcional seja colocado no local desejado.

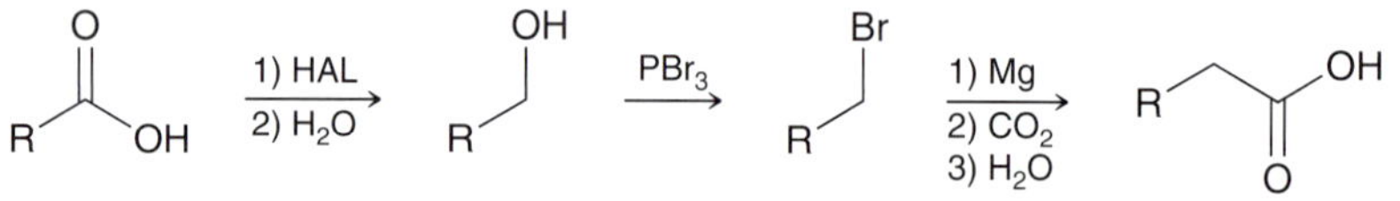

Esta abordagem forma a ligação C–C necessária, ao mesmo tempo em que insere um grupo funcional na posição desejada. Com esta abordagem, é possível obter o produto desejado usando apenas uma etapa adicional. Isso proporciona uma síntese mais curta, mais eficiente, sem complicações regioquímicas.

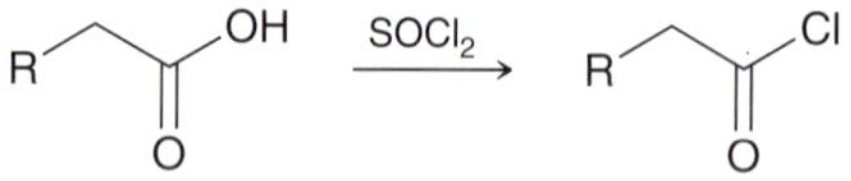

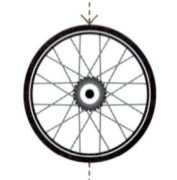

PRATICANDO o que você aprendeu

21.35 Proponha uma síntese eficiente para cada uma das seguintes transformações:

(a)

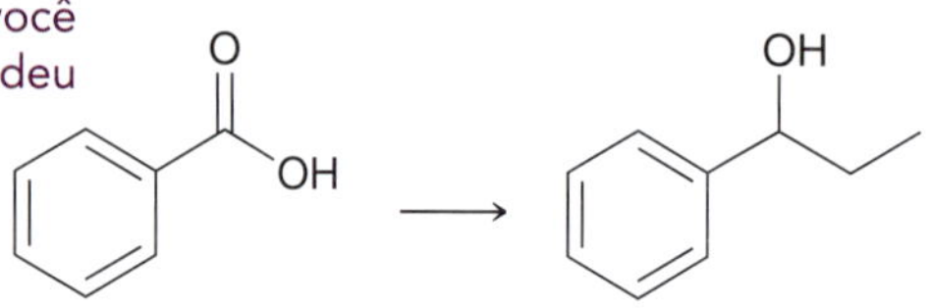

(b)

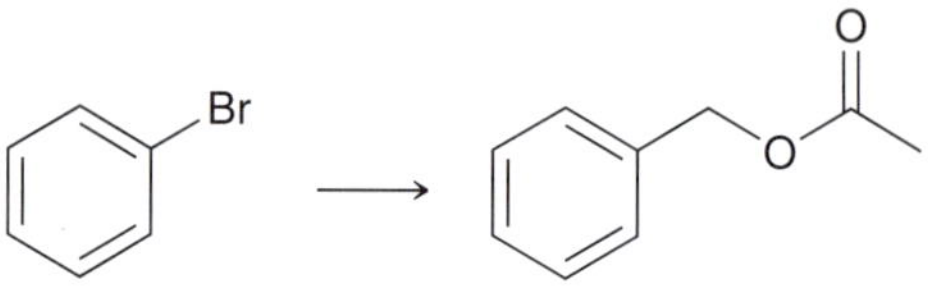

(c)

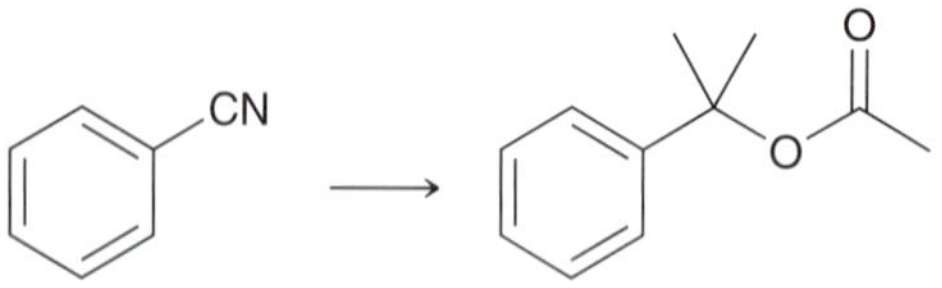

APLICANDO o que você aprendeu

21.36 Usando as reações deste capítulo e do capítulo anterior (cetonas e aldeídos), proponha uma síntese eficiente para a seguinte transformação:

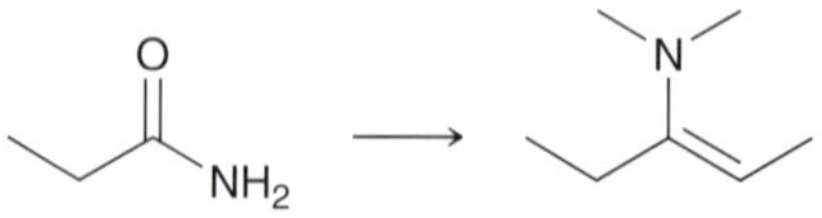

21.37 Usando acetonitrila (CH_3CN) e CO_2 como suas únicas fontes de carbono, idenfique como você poderia preparar cada uma das seguintes substâncias:

(a)

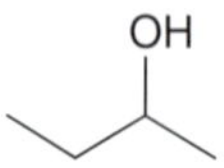

(b)

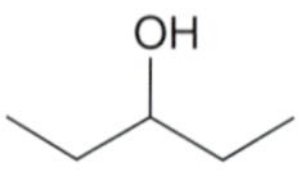

(c)

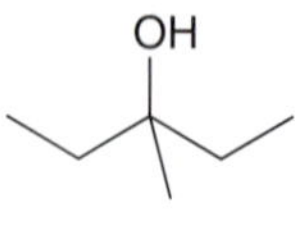

(d)

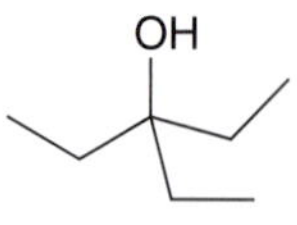

é necessário **PRATICAR MAIS?** **Tente Resolver os Problemas 21.45b, 21.53b,d,f, 21.54, 21.55, 21.58, 21.74**

21.15 Espectroscopia de Ácidos Carboxílicos e Seus Derivados

Espectroscopia de IV

Lembre-se de que um grupo carbonila produz um sinal muito forte entre 1650 e 1850 cm^{-1} em um espectro de IV. A localização exata do sinal depende da natureza do grupo carbonila. A Tabela 21.3 dá as frequências de estiramento da carbonila para cada um dos derivados de ácido carboxílico.

TABELA 21.3 SINAIS IMPORTANTES NA ESPECTROSCOPIA DE IV

Tipo de grupo carbonila	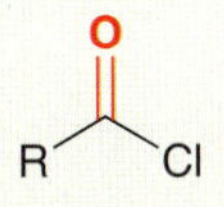	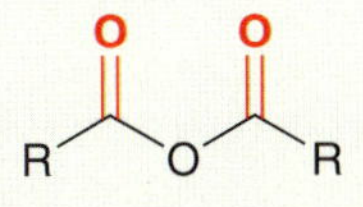	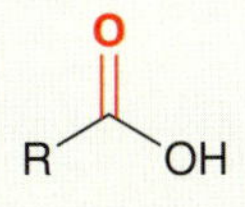	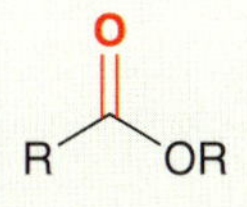	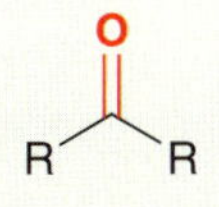	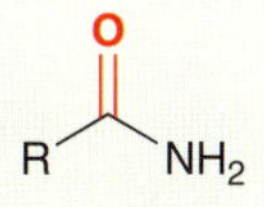
Número de onda de absorção (cm^{-1})	~1800	1760, 1820 (dois sinais)	~1760	~1740	~1720	~1660

Esses números podem ser utilizados para determinar o tipo do grupo carbonila de uma substância desconhecida. Ao realizar este tipo de análise, lembre-se de que grupos carbonila conjugados irão produzir sinais em frequências mais baixas (Seção 15.33).

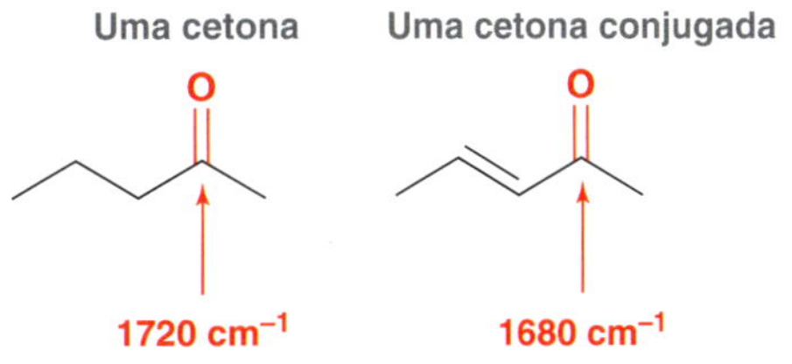

Esse deslocamento para frequências mais baixas é observado para todos os grupos carbonila conjugados, incluindo as carbonilas presentes nos derivados de ácido carboxílico. Por exemplo, um éster conjugado irá produzir um sinal abaixo de 1740 cm^{-1}, e isso tem que ser levado em conta quando se analisa o sinal.

Além disso, os ácidos carboxílicos mostram sinais associados ao O–H muito largos se alongando por distâncias entre 2500 e 3300 cm^{-1} (Seção 15.5). A ligação tripla C–N de uma nitrila aparece na região de ligação tripla do espectro, em aproximadamente 2200 cm^{-1} (Seção 15.3).

Espectroscopia de RMN de ^{13}C

O grupo carbonila de um derivado de ácido carboxílico geralmente aparece na região entre 160 e 185 ppm, e é muito difícil de usar a localização exata de um sinal para determinar o tipo de grupo carbonila presente em uma substância desconhecida. O átomo de carbono de uma nitrila normalmente produz um sinal entre 115 e 130 ppm em um espectro de RMN de ^{13}C.

Espectroscopia de RMN de ^{1}H

Como discutido na Seção 16.5, o próton de um ácido carboxílico normalmente produz um sinal em aproximadamente 12 em um espectro de RMN de ^{1}H.

VERIFICAÇÃO CONCEITUAL

21.38 A substância **A** tem a fórmula molecular $C_9H_8O_2$ e apresenta um forte sinal em 1740 cm^{-1} no seu espectro de IV. O tratamento com dois equivalentes de HAL, seguido por água dá o diol. Identifique a estrutura da substância **A**.

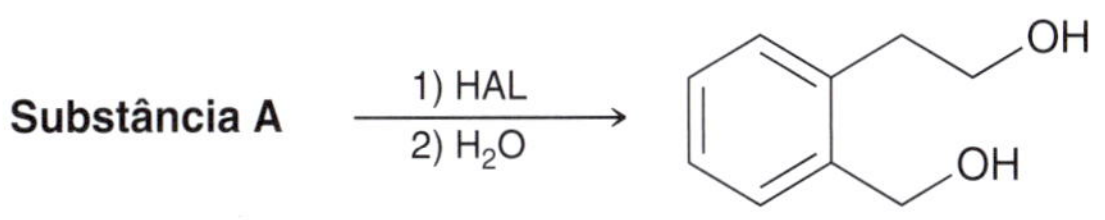

REVISÃO DE REAÇÕES

Preparação de Ácidos Carboxílicos

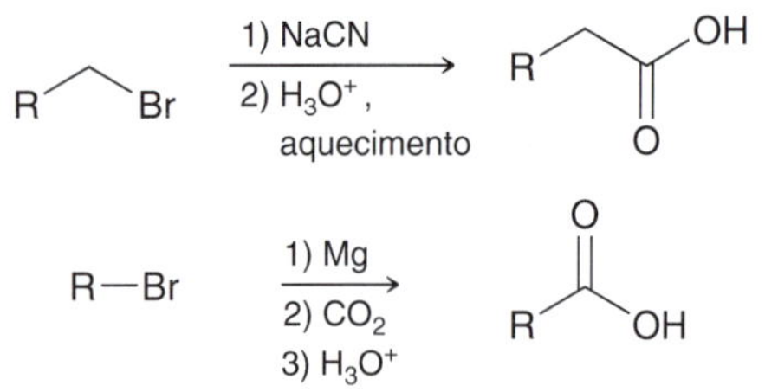

Reações de Ácidos Carboxílicos

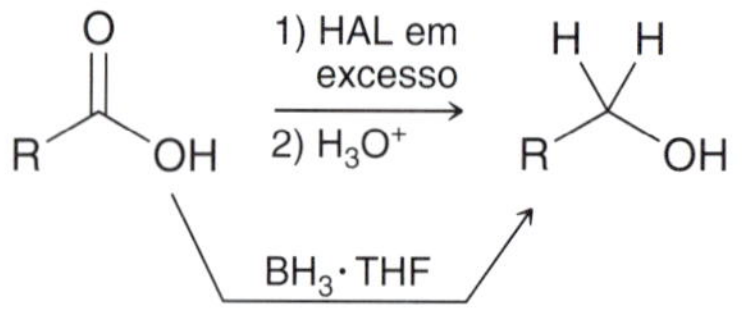

Preparação e Reações de Cloretos Ácidos

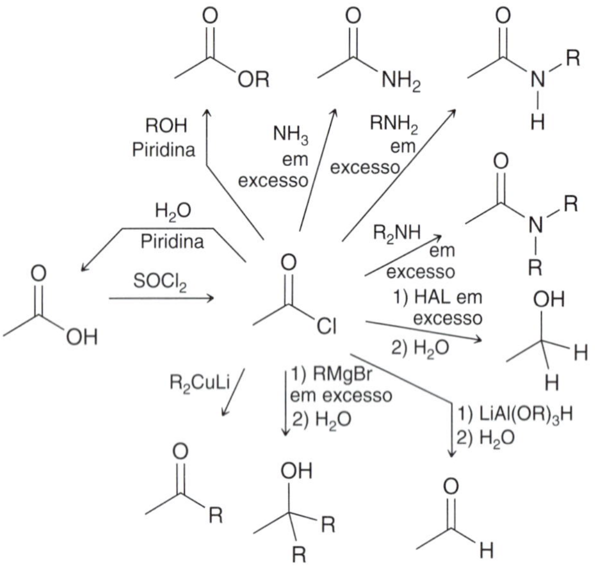

Preparação e Reações de Anidridos Ácidos

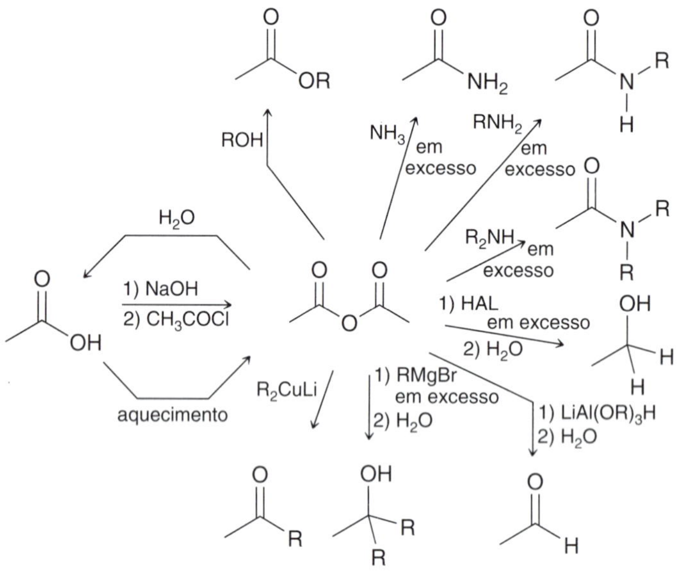

Preparação de Ésteres

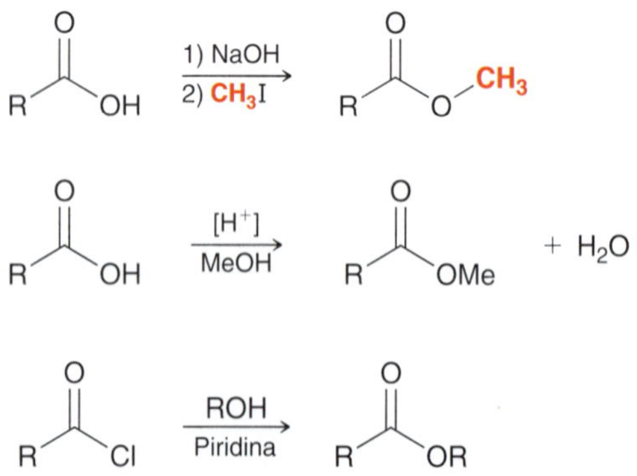

Reações de Ésteres

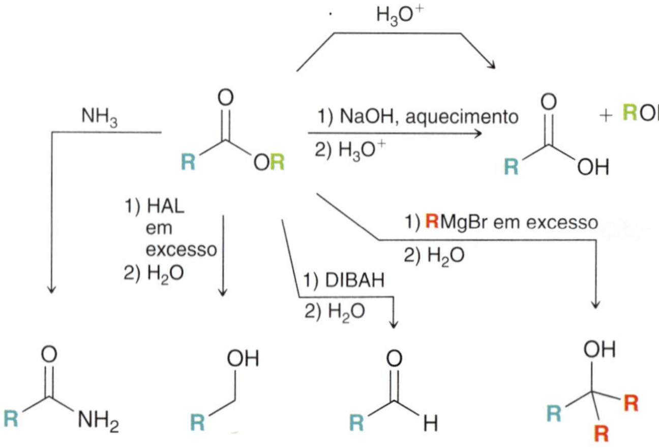

Preparação de Amidas

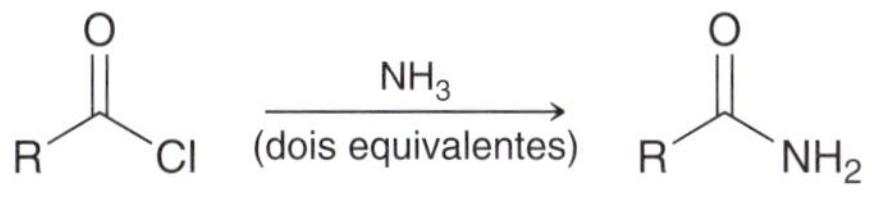

Reações de Amidas

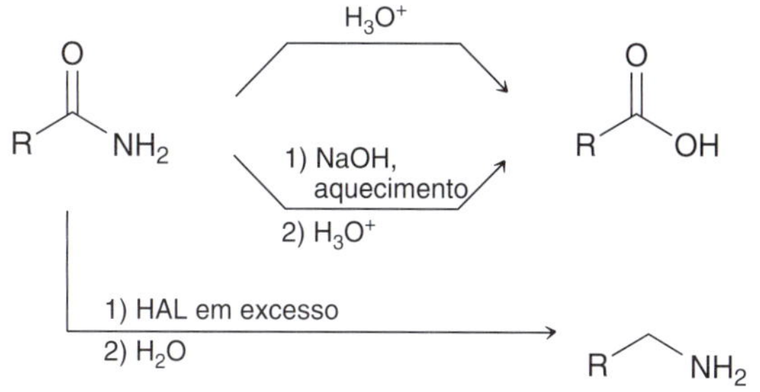

Preparação de Nitrilas

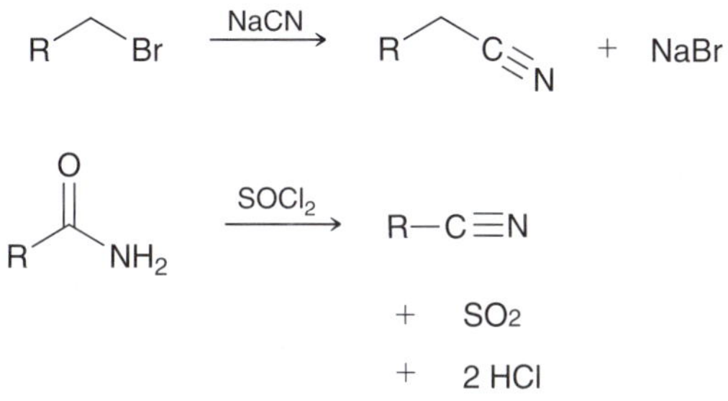

Reações de Nitrilas

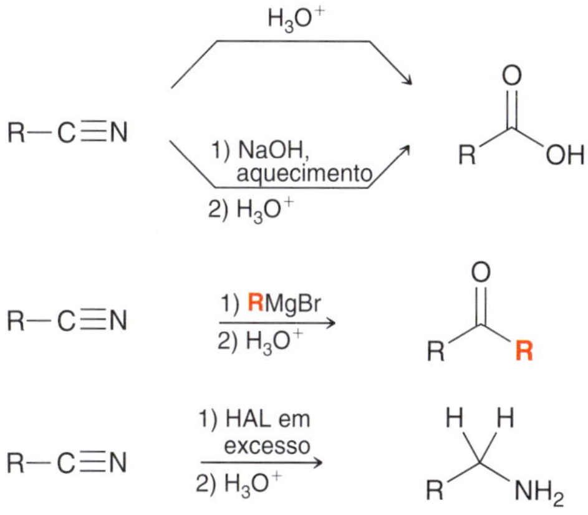

REVISÃO DE CONCEITOS E VOCABULÁRIO

SEÇÃO 21.1

- Os ácidos carboxílicos são abundantes na natureza e amplamente utilizados na indústria farmacêutica e outras indústrias.
- Para fins industriais, o ácido acético é convertido em acetato de vinila, que é um **derivado de ácido carboxílico**.

SEÇÃO 21.2

- Substâncias contendo um grupo ácido carboxílico são nomeadas com o sufixo "oico" e o nome da substância é precedido pela palavra ácido.
- As substâncias que contêm dois grupos ácidos carboxílicos são nomeadas com o sufixo "dioico" e o nome da substância é precedido pela palavra ácido.
- Muitos ácidos e diácidos carboxílicos simples têm nomes comuns aceitos pela IUPAC.

SEÇÃO 21.3

- Ácidos carboxílicos podem formar duas interações através de ligação de hidrogênio.
- O tratamento de um ácido carboxílico com uma base forte, tal como hidróxido de sódio, produz um sal de carboxilato.
- Os íons carboxilato são nomeados, substituindo-se o sufixo "ico" por "ato".
- O pK_a da maioria dos ácidos carboxílicos se situa entre 4 e 5.
- A acidez dos ácidos carboxílicos é decorrente da estabilidade da base conjugada, que é estabilizada por ressonância.
- Através do uso da **equação de Henderson-Hasselbalch**, pode-se mostrar que os ácidos carboxílicos existem principalmente na forma de sais de carboxilato no **pH fisiológico**.
- Substituintes retiradores de elétrons podem aumentar a acidez de um ácido carboxílico, a intensidade deste efeito depende da distância entre o substituinte retirador de elétrons e o grupo ácido carboxílico.

SEÇÃO 21.4

- Quando tratado com solução aquosa ácida, uma nitrila irá sofrer *hidrólise* produzindo um ácido carboxílico.
- Os ácidos carboxílicos podem também ser preparados pela reação de um reagente de Grignard com dióxido de carbono.

SEÇÃO 21.5

- Os ácidos carboxílicos são reduzidos a álcoois, por tratamento com hidreto de alumínio e lítio ou borano.

SEÇÃO 21.6

- Derivados de ácidos carboxílicos apresentam o mesmo estado de oxidação que os ácidos carboxílicos.
- Haletos ácidos são nomeados substituindo-se o sufixo "ico" por "ila".

- Anidridos ácidos são nomeados substituindo-se o nome "ácido" por "anidrido".
- Ésteres são nomeados substituindo-se o sufixo "ico" do ácido carboxílico por "ato", seguido do grupo alquila ligado ao átomo de oxigênio.
- Amidas são nomeadas substituindo-se o sufixo "ico" ou "oico" por "amida".
- Nitrilas são nomeadas substituindo-se o sufixo "ico" ou "oico" por "onitrila".

SEÇÃO 21.7

- Derivados de ácidos carboxílicos diferem de reatividade, com os haletos ácidos sendo os mais reativos e as amidas as menos reativas.
- A ligação C–N de uma amida tem caráter de ligação dupla e apresenta uma barreira relativamente elevada à rotação.
- Quando um nucleófilo ataca um derivado de ácido carboxílico, pode ocorrer uma **substituição nucleofílica acílica** em que o nucleófilo substitui o grupo de saída. O mecanismo dessa reação envolve duas etapas principais e frequentemente também utiliza várias etapas de transferência de prótons (especialmente em condições ácidas).
- Ao representar um mecanismo evitamos a formação de uma base forte em condições ácidas e evitamos a formação de um ácido forte em condições alcalinas.
- Quando um nucleófilo ataca um grupo carbonila para formar um **intermediário tetraédrico**, o grupo carbonila sempre volta a se formar, se possível, mas evitamos expelir H^- ou C^-.

SEÇÃO 21.8

- Cloretos ácidos podem ser formados tratando-se ácidos carboxílicos com cloreto de tionilo.
- Quando tratados com água, cloretos ácidos são hidrolisados produzindo ácidos carboxílicos.
- Quando tratados com um álcool, cloretos ácidos são convertidos em ésteres.
- Quando tratados com amônia, cloretos ácidos são convertidos em amidas. São necessários dois equivalentes de amônia: um para servir como um nucleófilo e o outro para servir como uma base.
- Quando tratados com o excesso de HAL, cloretos ácidos são reduzidos produzindo álcoois porque ocorre o ataque de dois equivalentes de hidreto. Agentes de redução seletivos na forma de hidretos, tais como o hidreto de tri(*t*-butoxi)alumínio, podem ser utilizados para preparar um aldeído.
- Quando tratados com um reagente de Grignard, cloretos ácidos são convertidos em álcoois com a introdução de dois grupos alquila. Ocorre o ataque de dois equivalentes do reagente de Grignard. Produzir uma cetona requer o uso de um reagente organometálico mais seletivo, tal como um **dialquilcuprato de lítio**, também chamado de **reagente de Gilman**.

SEÇÃO 21.9

- O ácido acético pode ser convertido em anidrido acético com aquecimento excessivo.
- Anidridos ácidos podem ser preparados por tratamento de um cloreto ácido com um íon carboxilato.
- As reações dos anidridos são as mesmas reações dos cloretos ácidos, com exceção da identidade do grupo de saída.

SEÇÃO 21.10

- Quando tratados com uma base forte seguida por um haleto de alquila, os ácidos carboxílicos são convertidos em ésteres.
- Em um processo chamado de **esterificação de Fischer**, os ácidos carboxílicos são convertidos em ésteres quando tratados com um álcool na presença de um catalisador ácido. Este processo é reversível.
- Ésteres também podem ser preparados por tratamento de um cloreto ácido com um álcool na presença de piridina.

SEÇÃO 21.11

- Ésteres podem ser hidrolisados produzindo ácidos carboxílicos por tratamento com uma base ou um ácido em meio aquoso. A hidrólise sob condições básicas é também chamada de **saponificação**.
- Quando tratados com hidreto de alumínio e lítio, os ésteres são reduzidos obtendo-se álcoois. Se o produto desejado é um aldeído, então DIBAH é usado como um agente redutor, em vez de HAL.
- Quando tratados com um reagente de Grignard, os ésteres são reduzidos formando-se álcoois com a introdução de dois grupos alquila.

SEÇÃO 21.12

- Amidas são preparadas de forma mais eficiente a partir de cloretos ácidos.
- Amidas são hidrolisadas produzindo ácidos carboxílicos por tratamento com uma base ou um ácido em meio aquoso.
- Quando tratadas com o excesso de HAL, as amidas são convertidas em aminas.

SEÇÃO 21.13

- Nitrilas podem ser preparadas tratando-se um haleto de alquila com um íon cianeto ou através da desidratação de uma amida.
- Nitrilas podem ser hidrolisadas produzindo ácidos carboxílicos através do tratamento com uma base ou um ácido em meio aquoso.
- Uma cetona é obtida quando uma nitrila é tratada com um reagente de Grignard, seguido por um ácido em meio aquoso.
- Nitrilas são convertidas em aminas quando tratadas com HAL.

SEÇÃO 21.14

- Os ácidos carboxílicos, seus derivados, aldeídos, álcoois e aminas podem ser facilmente interconvertidos utilizando-se as reações descritas neste capítulo.
- Quando ocorre a formação de uma ligação C–C, considere sempre onde você quer que o grupo funcional seja localizado, pois isso será responsável pela escolha da reação formadora da ligação C–C.

SEÇÃO 21.15

- Na espectroscopia de IV, a localização exata de um sinal devido ao estiramento da carbonila, que aparece entre 1650 e 1850 cm^{-1}, pode ser usada para determinar o tipo de grupo carbonila de uma substância desconhecida.
- Grupos carbonila conjugados produzem sinais em frequências mais baixas.
- Em um espectro de RMN de ^{13}C, o grupo carbonila de um derivado de ácido carboxílico, em geral aparecerá na região entre 160 e 185 ppm, e o átomo de carbono de uma nitrila produz um sinal entre 115 e 130 ppm.
- Em um espectro de RMN de ^{1}H, o próton de um ácido carboxílico produz um sinal em aproximadamente 12 ppm.

REVISÃO DA APRENDIZAGEM

21.1 REPRESENTAÇÃO DO MECANISMO DE UMA REAÇÃO DE SUBSTITUIÇÃO ACIL NUCLEOFÍLICA ACÍLICA

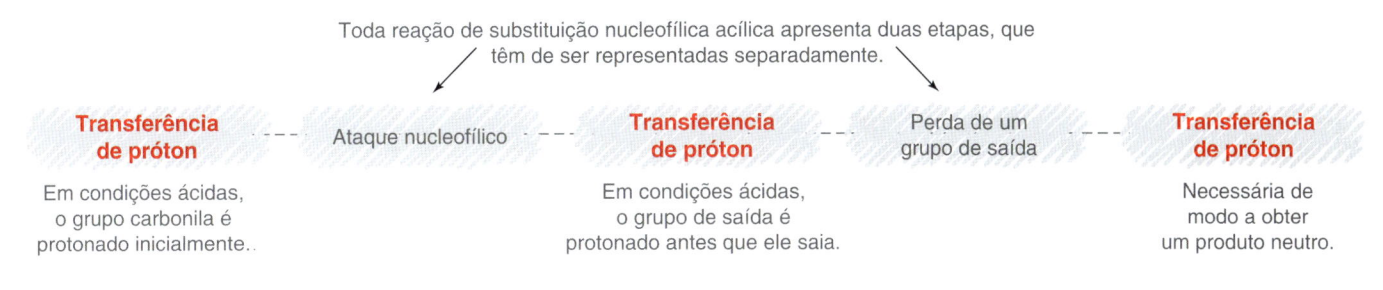

Toda reação de substituição nucleofílica acílica apresenta duas etapas, que têm de ser representadas separadamente.

Transferência de próton --- Ataque nucleofílico --- **Transferência de próton** --- Perda de um grupo de saída --- **Transferência de próton**

- **Transferência de próton**: Em condições ácidas, o grupo carbonila é protonado inicialmente.
- **Transferência de próton**: Em condições ácidas, o grupo de saída é protonado antes que ele saia.
- **Transferência de próton**: Necessária de modo a obter um produto neutro.

Tente Resolver os Problemas 21.14-21.17, 21.61, 21.72

21.2 INTERCONVERSÃO DE GRUPOS FUNCIONAIS

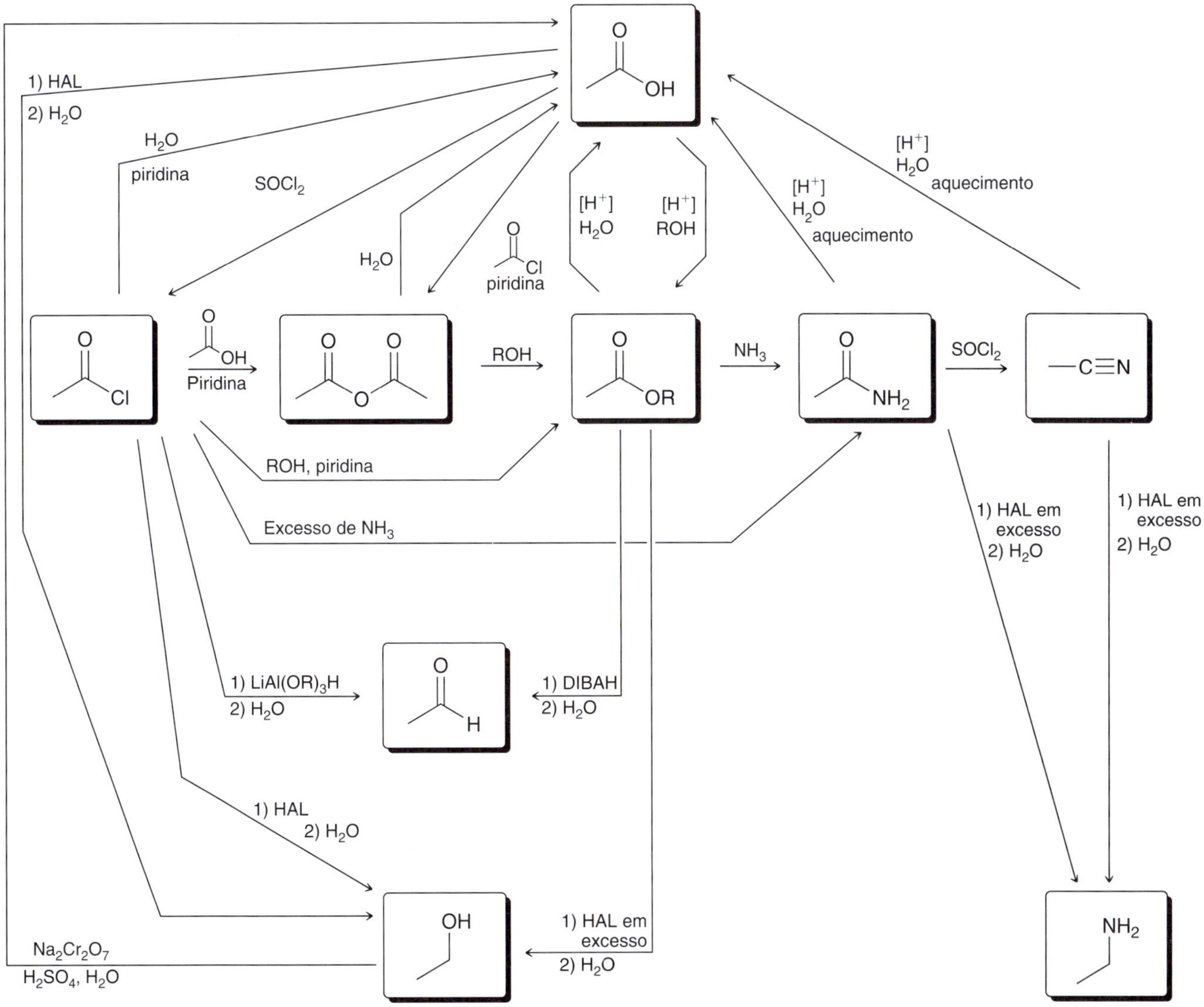

Tente Resolver os Problemas 21.32-21.34, 21.45a,b, 21.46a, 21.52, 21.53a,c,e, 21.57

21.3 ESCOLHA DA REAÇÃO DE FORMAÇÃO DA LIGAÇÃO C—C MAIS EFICIENTE

Reações de Formação da Ligação C–C para as quais o Grupo Funcional Permanece na Mesma Posição

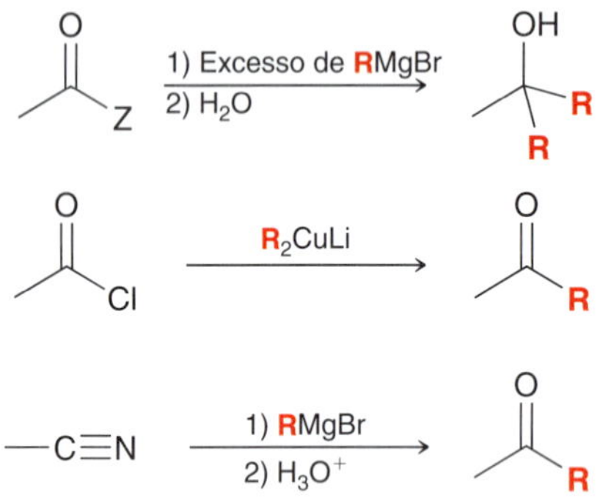

Reações de Formação da Ligação C–C Envolvendo uma Mudança na Posição do Grupo Funcional

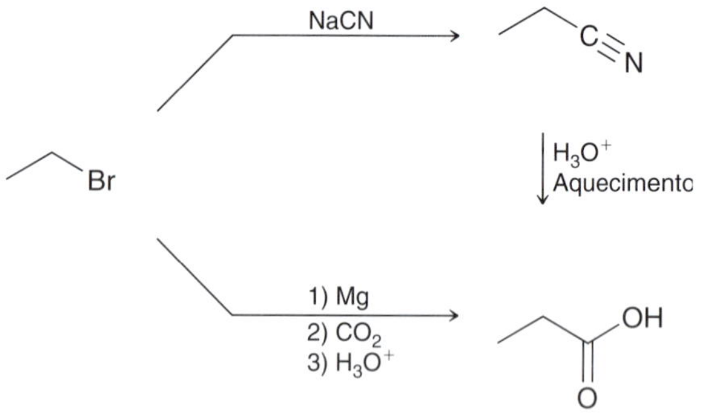

Tente Resolver os Problemas **21.35-21.37, 21.45b, 21.53b,d,f, 21.54, 21.55, 21.58, 21.74**

PROBLEMAS PRÁTICOS

21.39 Classifique cada um dos conjuntos de substâncias vistas a seguir em ordem de aumento de acidez:

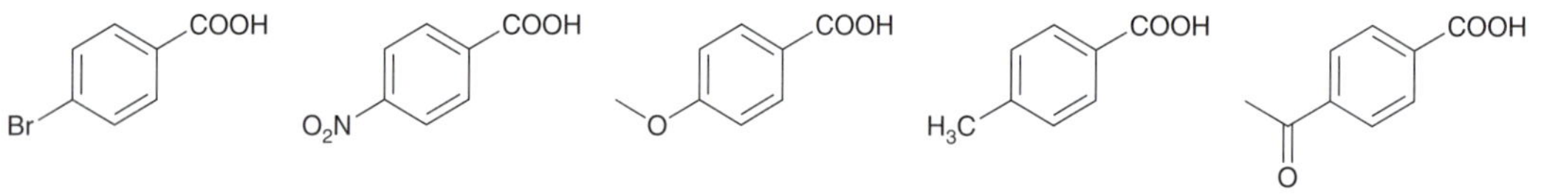

(a)

(b)

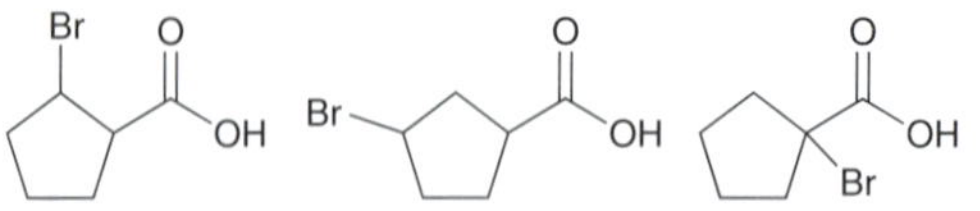

21.40 O ácido malônico tem dois prótons ácidos:

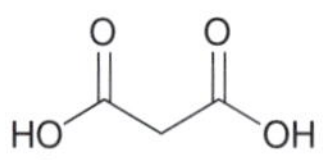

Ácido malônico

O pK_a do primeiro próton (pK_1) é medido experimentalmente como 2,8, enquanto o pK_a do segundo próton (pK_2) é medido experimentalmente como 5,7.

(a) Explique por que o primeiro próton é mais ácido do que o ácido acético (pK_a = 4,76).

(b) Explique por que o segundo próton é menos ácido do que o ácido acético.

(c) Represente a forma do ácido malônico que se espera que predomine no pH fisiológico.

(d) Para o ácido succínico ($HO_2CCH_2CH_2CO_2H$), pK_1 = 4,2 (que é mais elevado do que o pK_l do ácido malônico) e pK_2 = 5,6 (que é menor do que o pK_2 do ácido malônico). Em outras palavras, a diferença entre a pK_l e pK_2 para o ácido succínico não é tão grande como é para o ácido malônico. Explique essa observação.

21.41 Identifique um nome sistemático (IUPAC) para cada uma das substâncias vistas a seguir.

(a) 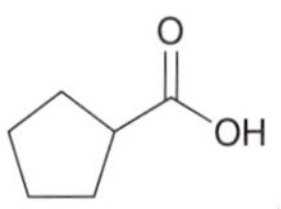 (b) 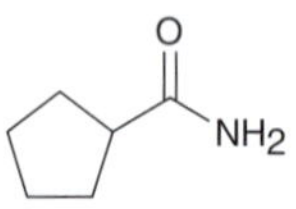 (c) 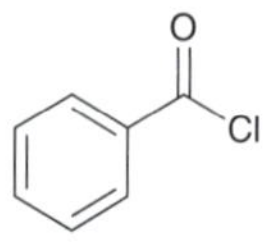

(d) 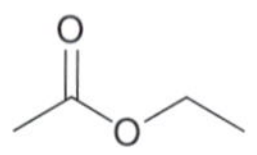 (e) $CH_3(CH_2)_4CO_2H$

(f) $CH_3(CH_2)_3COCl$ (g) $CH_3(CH_2)_4CONH_2$

21.42 Identifique o nome comum para cada uma das seguintes substâncias:

(a) 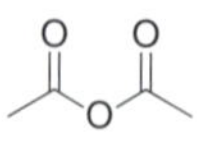 (b) 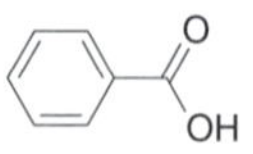 (c) 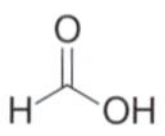 (d) 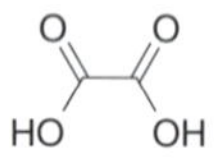

21.43 Represente as estruturas de oito ácidos carboxílicos diferentes com fórmula molecular $C_6H_{12}O_2$. Em seguida, dê um nome sistemático para cada substância e identifique os três isômeros que apresentam centros de quiralidade.

21.44 Represente e dê o nome de todos os cloretos ácidos que são isômeros constitucionais com fórmula molecular C_4H_7ClO. Em seguida, dê um nome sistemático para cada isômero.

21.45 Identifique os reagentes que você usaria para converter o ácido pentanoico em cada uma das seguintes substâncias:

(a) 1-Pentanol (b) 1-Penteno (c) Ácido hexanoico

21.46 Identifique os reagentes que você usaria para converter cada uma das seguintes substâncias no ácido pentanoico:

(a) 1-Penteno (b) 1-Bromobutano

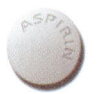

21.47 Medições cuidadosas mostram que o ácido *para*-metoxibenzoico é menos ácido do que o ácido benzoico, enquanto o ácido *meta*-metoxibenzoico é mais ácido que o ácido benzoico. Explique essas observações.

21.48 Preveja o(s) produto(s) principal(is) formado(s) quando o cloreto de hexanoíla é tratado com cada um dos seguintes reagentes:

(a) $CH_3CH_2NH_2$ (excesso) (b) HAL (excesso), seguido de H_2O
(c) CH_3CH_2OH, piridina (d) H_2O, piridina
(e) $C_6H_5CO_2Na$ (f) NH_3 (excesso)
(g) Et_2CuLi (h) EtMgBr (excesso), seguido de H_2O

21.49 Preveja o(s) produto(s) principal(is) formado(s) quando o ácido ciclopentanocarboxílico é tratado com cada um dos seguintes reagentes:

(a) $SOCl_2$ (b) HAL (excesso), seguido de H_2O
(c) NaOH (d) [H^+], EtOH

21.50 Preveja o(s) produto(s) principal(is) para cada uma das seguintes reações:

(a) 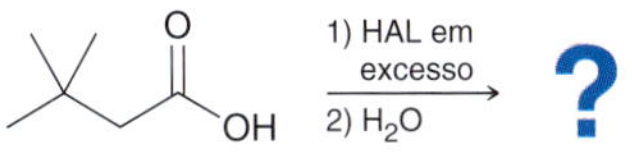

(b) 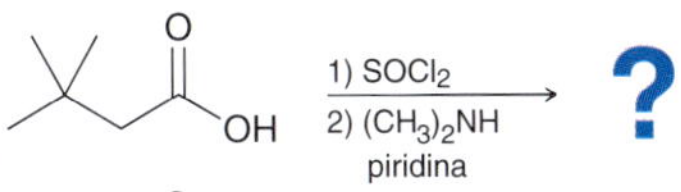

(c) 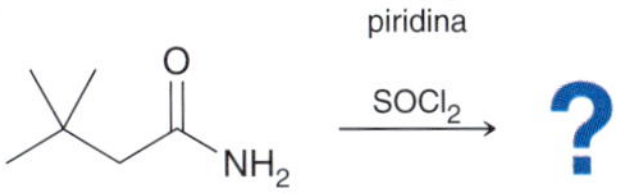

(d) 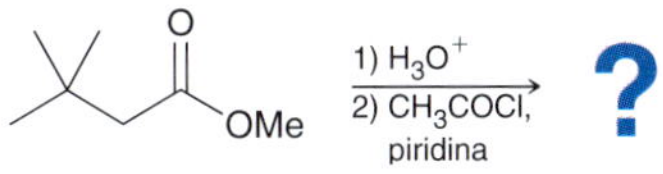

(e) 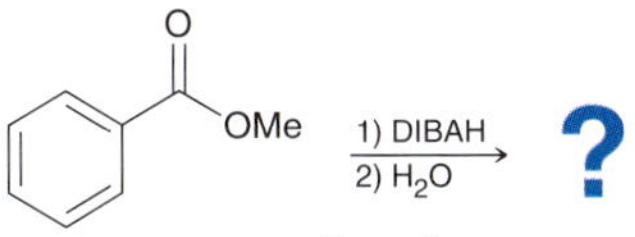

(f) 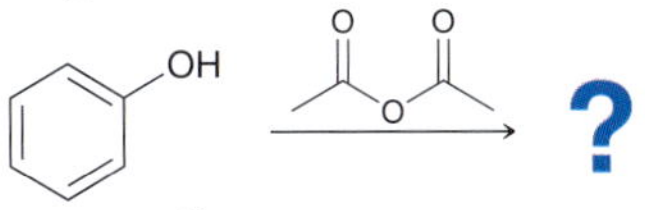

(g) 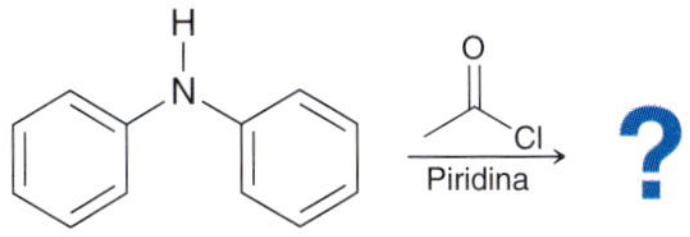

(h) 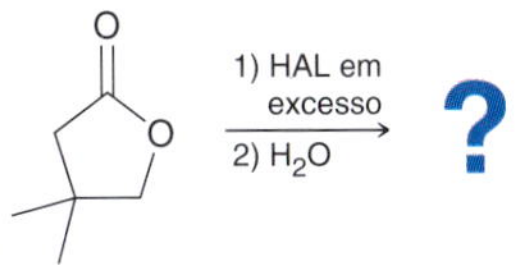

(i) 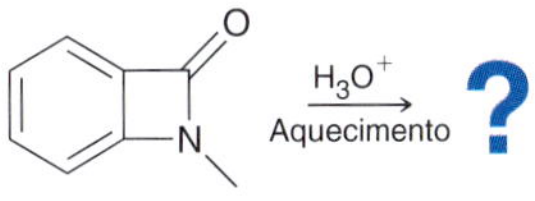

(j) 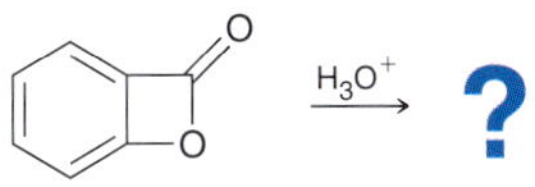

21.51 Identifique o ácido carboxílico e o álcool que são necessários a fim de formar cada uma das seguintes substâncias por meio de uma esterificação de Fischer:

(a) 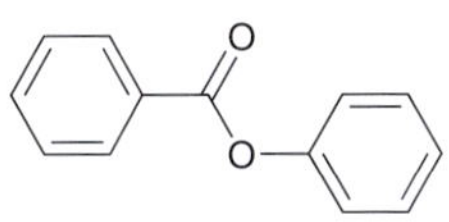

(b) 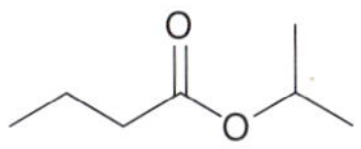

(c) $CH_3CH_2CO_2C(CH_3)_3$

21.52 Determine as estruturas das substâncias de **A** até **F**:

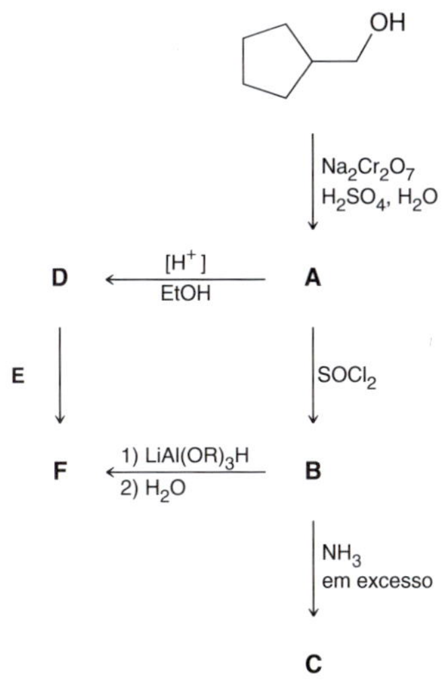

21.53 Identifique os reagentes que você usaria para converter o 1-bromopentano em cada uma das seguintes substâncias:

(a) Ácido pentanoico (b) Ácido hexanoico
(c) Cloreto de pentanoíla (d) Hexanamida
(e) Pentanamida (f) Hexanoato de etila

21.54 Começando com benzeno e usando quaisquer outros reagentes de sua escolha, mostre como você prepararia cada uma das seguintes substâncias:

(a) 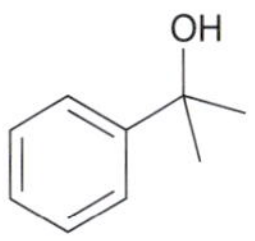

(b) 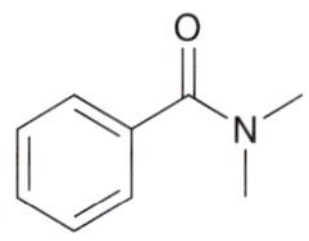

(c) 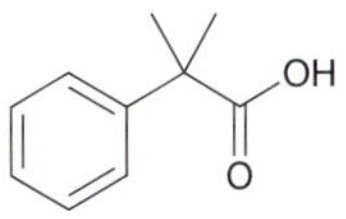

(d) 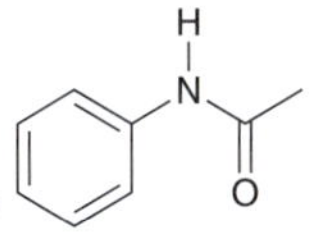

21.55 Proponha uma síntese eficiente para cada uma das seguintes transformações:

(a) 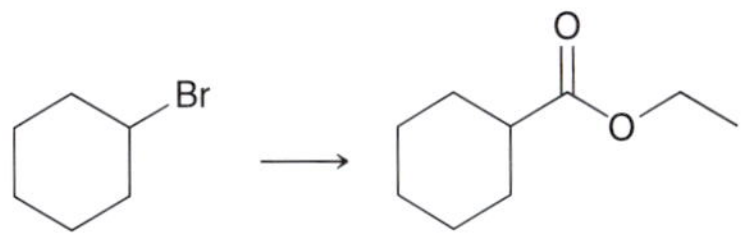

(b) 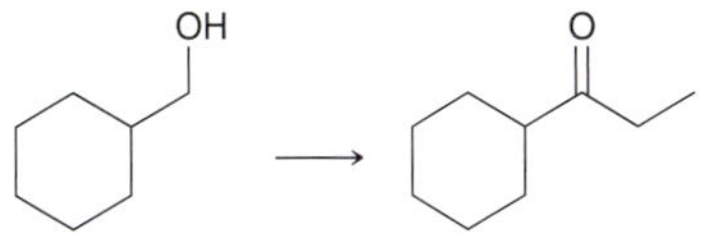

(c) 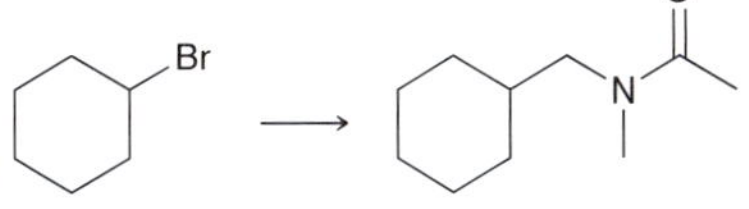

(d) 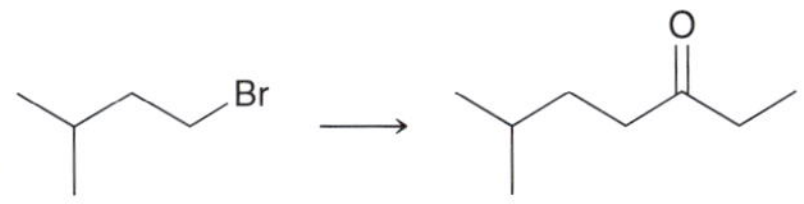

21.56 Quando o benzoato de metila tem um substituinte na posição *para*, a velocidade de hidrólise do grupo éster depende da natureza do substituinte na posição *para*. Aparentemente, um substituinte metoxi torna o éster menos reativo, enquanto um substituinte nitro torna o éster mais reativo. Explique essa observação.

21.57 Identifique os reagentes necessários para realizar cada uma das seguintes transformações:

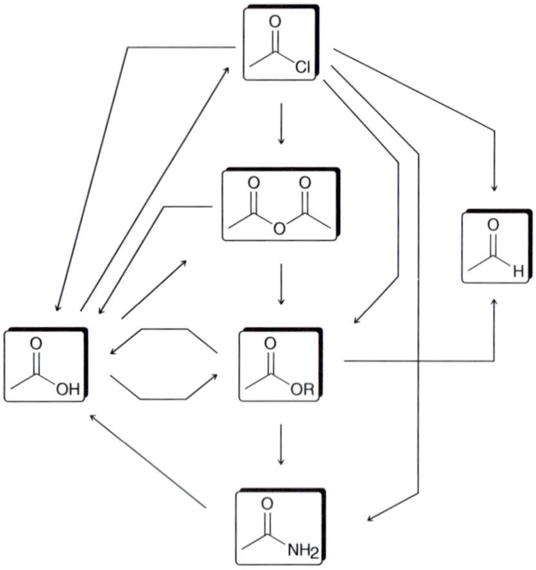

21.58 DEET é o ingrediente ativo em muitos repelentes de insetos, tais como OFF™. Partindo do *meta*-bromotolueno e usando quaisquer outros reagentes de sua escolha, proponha uma síntese eficiente de DEET.

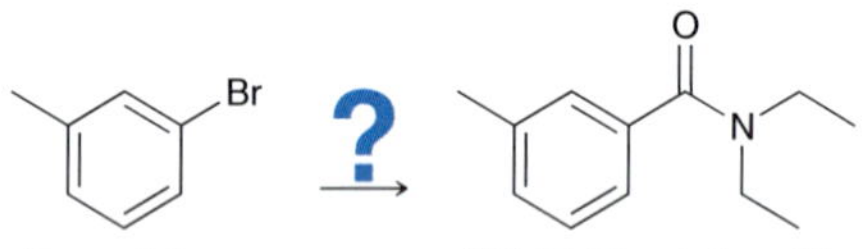

***m*-Bromotolueno** **N,N-Dietil-*m*-toluamida (DEET)**

21.59 Preveja os produtos que se formam quando o carbonato de difenila é tratado com brometo de metilmagnésio em excesso.

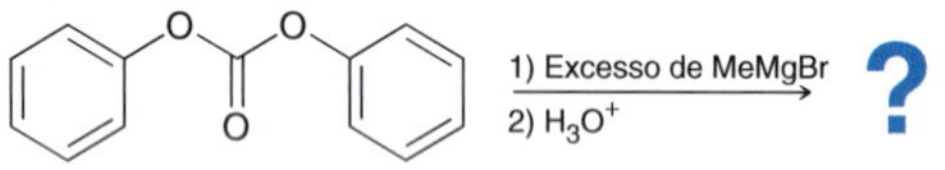

21.60 Quando o ácido acético é tratado com água isotopicamente marcada (^{18}O, mostrada em vermelho) na presença de uma quantidade catalítica de ácido, observou-se que o marcador isotópico torna-se incorporado nas duas posições possíveis do ácido acético. Represente um mecanismo que explique essa observação.

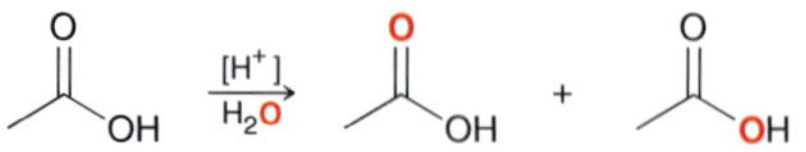

21.61 Fosgênio é altamente tóxico e foi usado como uma arma química na Primeira Guerra Mundial. Ele é também um precursor sintético usado na produção de muitos plásticos.

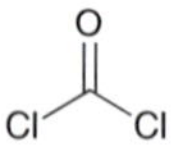

Fosgênio

(a) Quando os vapores de fosgênio são inalados, a substância reage rapidamente com quaisquer sítios nucleófilos presentes (grupos OH, grupos NH_2 etc.), produzindo HCl gasoso. Represente um mecanismo para esse processo.

(b) Quando o fosgênio é tratado com etilenoglicol ($HOCH_2CH_2OH$), é obtida uma substância com a fórmula molecular $C_3H_4O_3$. Represente a estrutura desse produto.

(c) Preveja o produto que se espera quando o fosgênio é tratado com brometo de fenilmagnésio em excesso, seguido de água.

21.62 Flufenazina é um fármaco antipsicótico administrado na forma de um éster profármaco através de injeção intramuscular:

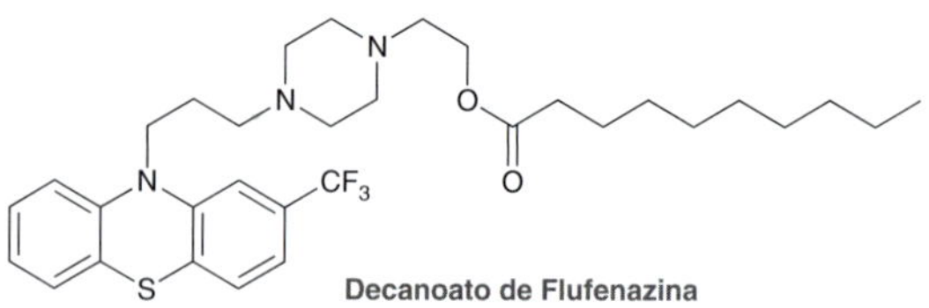

Decanoato de Flufenazina

A extremidade hidrofóbica do éster é deliberadamente concebida para permitir uma liberação lenta do profármaco para a corrente sanguínea, onde o profármaco é rapidamente hidrolisado para produzir o fármaco ativo.

(a) Represente a estrutura do fármaco ativo

(b) Represente a estrutura e dê um nome sistemático para o ácido carboxílico que é produzido como um subproduto da etapa de hidrólise.

21.63 O acetato de benzila é um éster de cheiro agradável encontrado no óleo essencial das flores de jasmim e é usado em formulações de muitos perfumes. Partindo do benzeno e utilizando quaisquer outros reagentes de sua escolha, proponha uma síntese eficiente para o acetato de benzila.

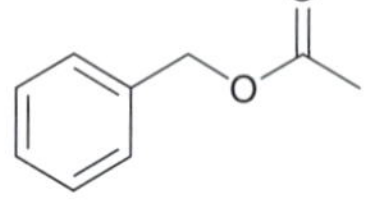

Acetato de benzila

21.64 Aspartame (visto a seguir) é um adoçante artificial usado em refrigerantes diet e é comercializado sob muitos nomes comerciais, incluindo Equal e Nutrasweet. No corpo, o aspartame é hidrolisado produzindo metanol, ácido aspártico e fenilalanina. A produção de fenilalanina representa um risco para a saúde dos recém-nascidos que têm uma doença genética rara chamada fenilcetonúria, que impede a fenilalanina de ser digerida corretamente. Represente as estruturas do ácido aspártico e da fenilalanina.

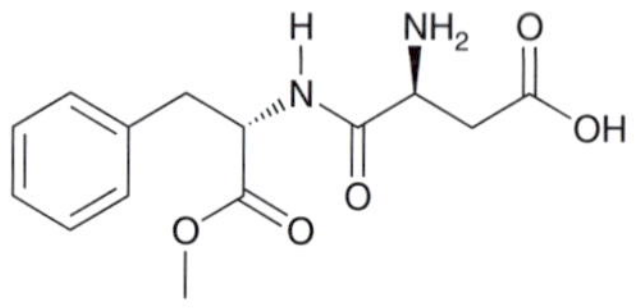

Aspartame

21.65 Represente um mecanismo plausível para cada uma das seguintes transformações:

(a) 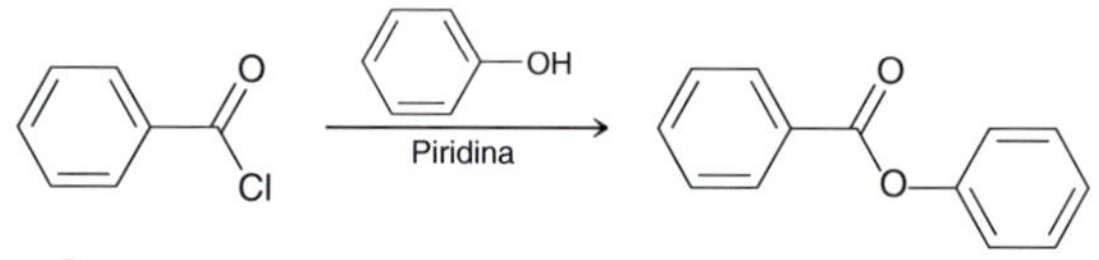

(b) 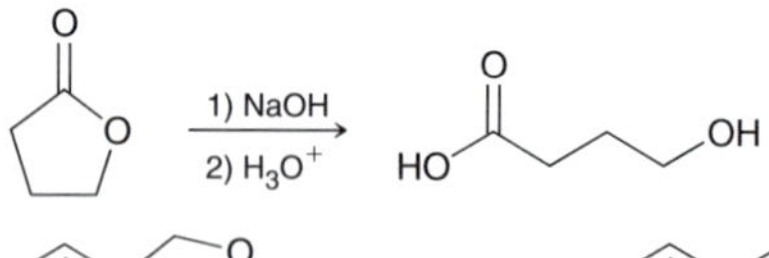

(c) 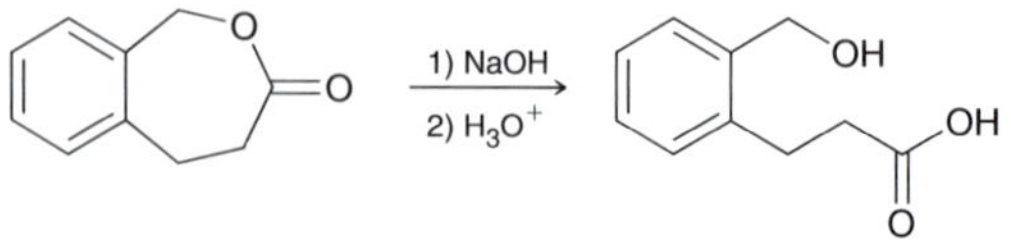

(d) 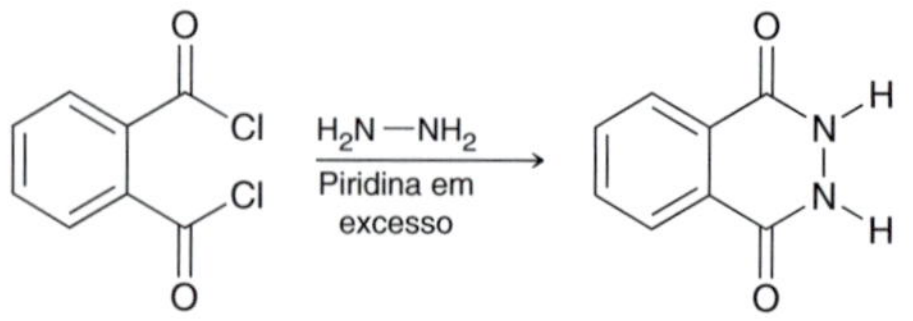

(e) 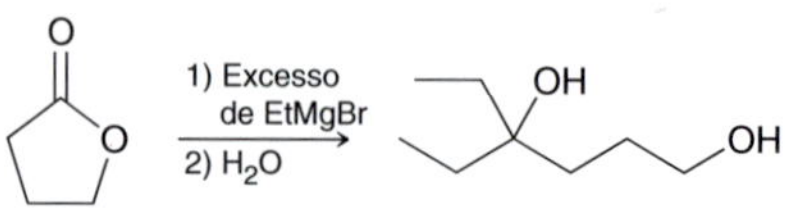

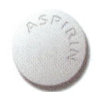

21.66 Tricloroacetato de etila é significativamente mais reativo a hidrólise do que o acetato de etila. Explique essa observação.

21.67 Represente a estrutura do diol que é produzido quando o carbonato visto a seguir é aquecido em meio aquoso ácido.

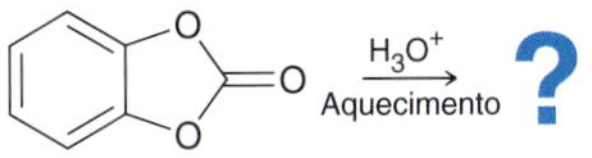

21.68 Pivampicilina é um profármaco da penicilina:

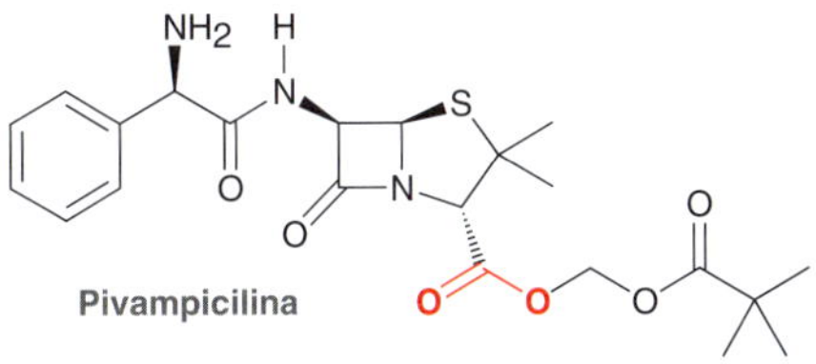

Pivampicilina

O grupo éster do profármaco (em vermelho), permite uma liberação mais rápida do profármaco na corrente sanguínea, onde o grupo éster é subsequentemente hidrolisado pelas enzimas liberando o fármaco ativo.

(a) Represente a estrutura do fármaco ativo.

(b) Qual é o nome do fármaco ativo (veja o boxe Medicamente Falando no final da Seção 21.12)?

21.69 Dexon™ (visto a seguir) é um poliéster transformado em fibras e utilizado para pontos cirúrgicos que se dissolvem ao longo do tempo, eliminando a necessidade de um procedimento para remoção dos pontos. Os grupos éster são lentamente hidrolisados pelas enzimas presentes no corpo e, dessa forma, os pontos são dissolvidos em um período de vários meses. A hidrólise do polímero produz o ácido glicólico, que é facilmente metabolizado pelo organismo. Represente a estrutura do ácido glicólico. Dê um nome sistemático para o ácido glicólico.

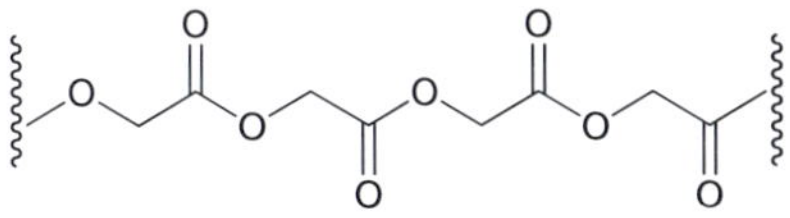

Dexon™

21.70 Represente a estrutura do polímero produzido quando os dois monômeros vistos a seguir reagem entre si:

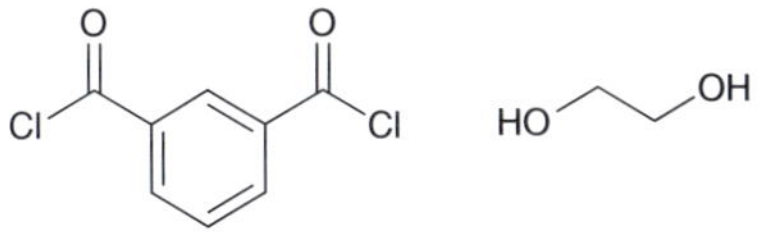

21.71 Identifique quais os monômeros que você usaria para produzir o seguinte polímero:

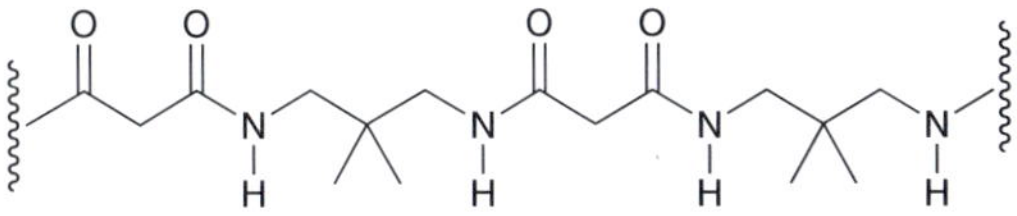

21.72 O cloreto de *meta*-hidroxibenzoíla não é uma substância estável e ele polimeriza quando é preparado. Mostre um mecanismo para a polimerização dessa substância hipotética.

PROBLEMAS INTEGRADOS

21.73 Proponha uma síntese eficiente para cada uma das seguintes transformações:

(a)
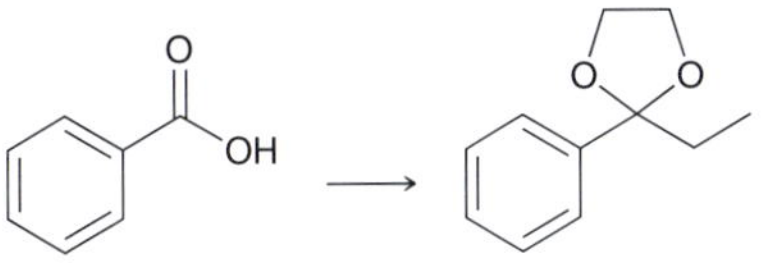

(b)
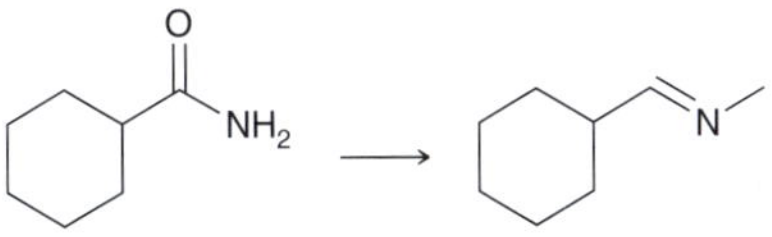

(c)
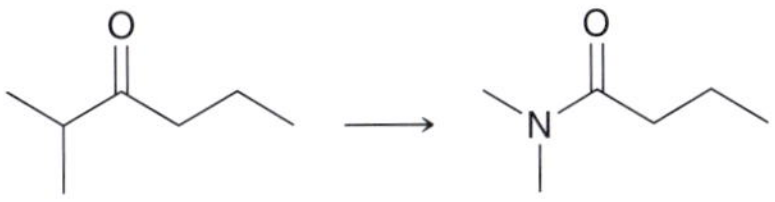

(d)
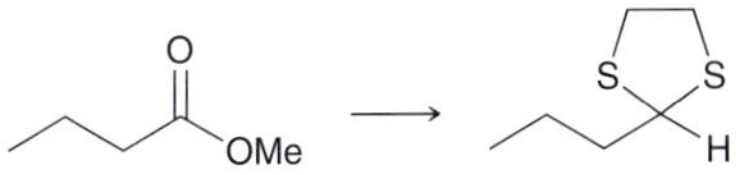

(e)

(f)
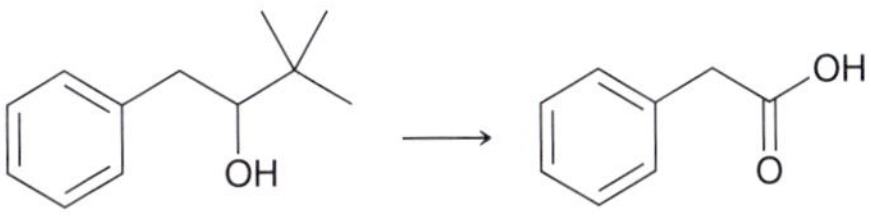

(g)
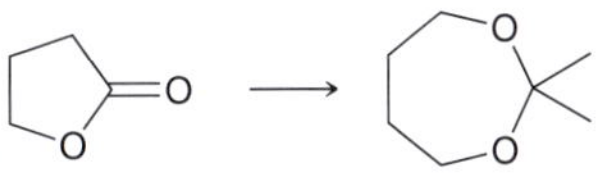

21.74 Partindo do benzeno e utilizando quaisquer outros reagentes de sua escolha, elabore uma síntese do acetaminofeno:

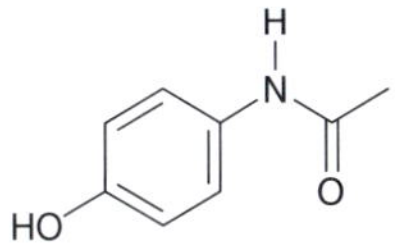

Acetaminofeno (Tylenol)

21.75 Represente um mecanismo plausível para a seguinte transformação:

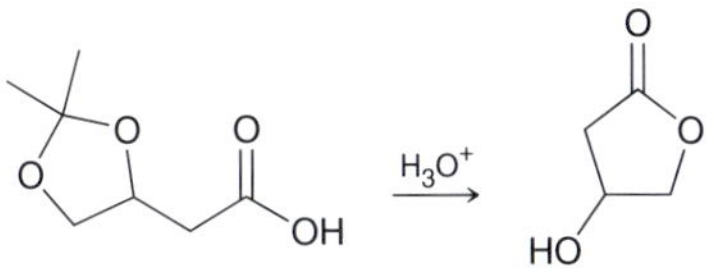

21.76 Um ácido carboxílico com a fórmula molecular $C_5H_{10}O_2$ é tratado com cloreto de tionila produzindo a substância **A**. A substância **A** tem apenas um sinal no seu espectro de RMN de ^1H. Represente a estrutura do produto que é formado quando a substância **A** é tratada com amônia em excesso.

21.77 Uma substância com a fórmula molecular $C_{10}H_{10}O_4$ apresenta apenas dois sinais no seu espectro de RMN de ^1H: um simpleto em 4,0 (I = 3H) e um simpleto em 8,1 (I = 2H). Identifique a estrutura desta substância.

21.78 Descreva como você poderia usar a espectroscopia de IV para distinguir entre acetato de etila e ácido butírico.

21.79 Descreva como você poderia usar a espectroscopia de RMN para distinguir entre o cloreto de benzoíla e o *para*-clorobenzaldeído.

21.80 Uma substância com a fórmula molecular $C_8H_8O_3$ apresenta os espectros de IV, RMN de ^1H e RMN de ^{13}C vistos a seguir. Deduza a estrutura dessa substância.

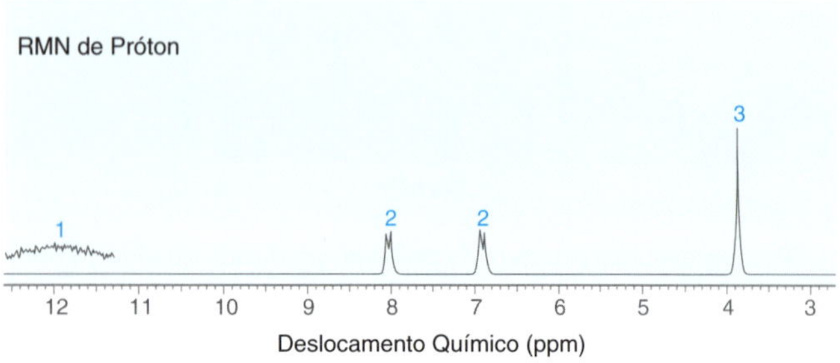

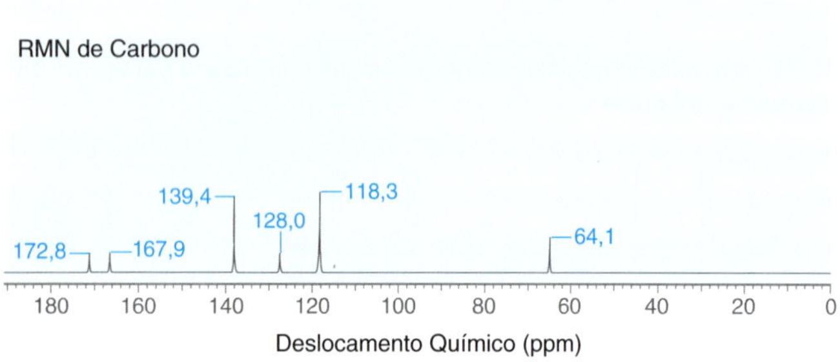

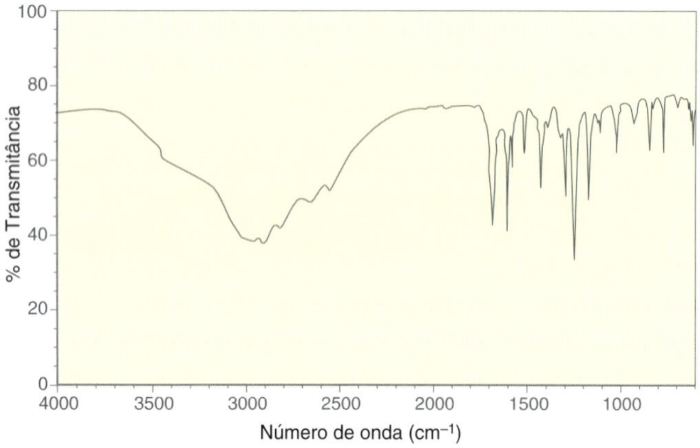

21.81 Proponha um mecanismo para a transformação vista a seguir, e explique como você pode usar um experimento de marcação isotópica para verificar seu mecanismo proposto:

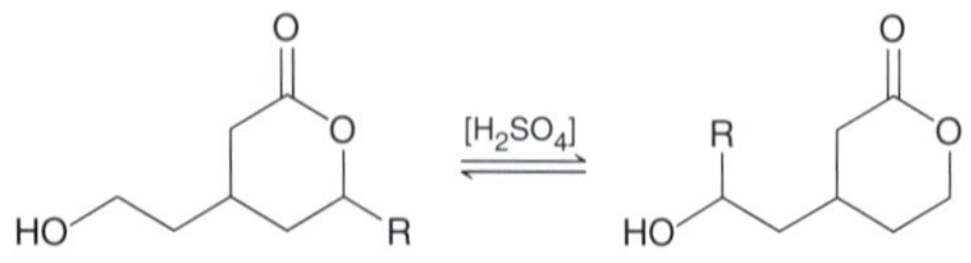

21.82 *N*-Acetilazolas sofrem hidrólise mais prontamente do que as amidas regulares. Sugira uma razão para a maior reatividade de *N*-acetilazolas em sofrerem substituição nucleofílica acílica:

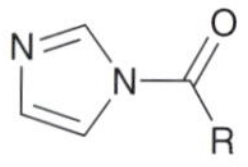

***N*-Acetilazola**

21.83 Dimetilformamida (DMF) é um solvente comum:

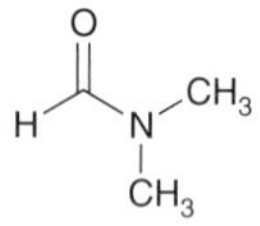

Dimetilformamida

(a) O espectro de RMN de ^1H da DMF apresenta três sinais. Após o tratamento com excesso de HAL seguido por água, a DMF é convertida em uma nova substância que apresenta apenas um sinal no seu espectro de RMN de ^1H. Explique.

(b) Com base em sua resposta na parte a, quantos sinais você espera no espectro de RMN de ^{13}C da DMF?

21.84 A reação de metátese de olefinas (Prêmio Nobel de 2005), utilizando o catalisador de Grubbs, surgiu como uma das ferramentas mais importantes para o químico orgânico (por exemplo, de **2** para **3**). A reação de metátese do substrato **2** pode ser preparada a partir de **1** em três etapas, mostradas a seguir (*Org. Lett.* **2000**, *2*, 791–794). Mostre o produto de cada etapa da síntese.

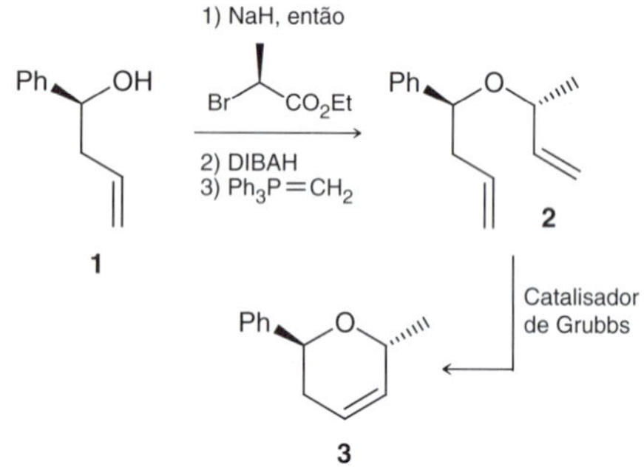

21.85 Aminotetralinas são uma classe de substâncias que atualmente estão sendo estudadas pela sua possível ação como fármacos antidepressivos. A conversão vista a seguir foi utilizada durante um estudo mecanístico associado a uma rota de síntese para a preparação de fármacos de aminotetralinas (*J. Org. Chem.* **2012**, *77*, 5503–5514). Proponha uma síntese em três etapas para esse processo.

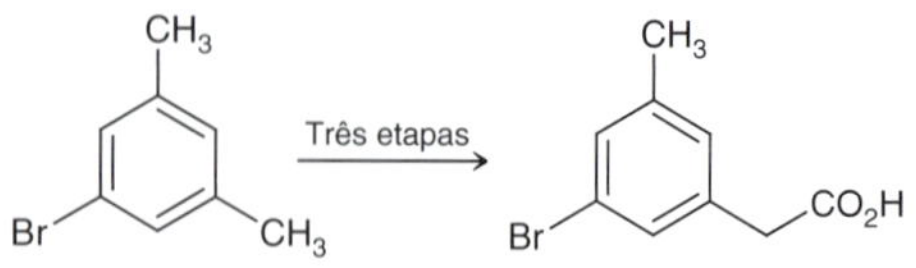

DESAFIOS

21.86 Derivados de esteroides são importantes farmacológica e biologicamente e continuam a ser uma estrutura popular na busca de novos análogos de hormônios esteroides biologicamente ativos. Proponha uma possível síntese em três etapas para a conversão do esteroide **1** no esteroide **2**, um intermediário na síntese de esteroides pentacíclicos (*Tetrahedron Lett.* **2012**, *53*, 1859–1862).

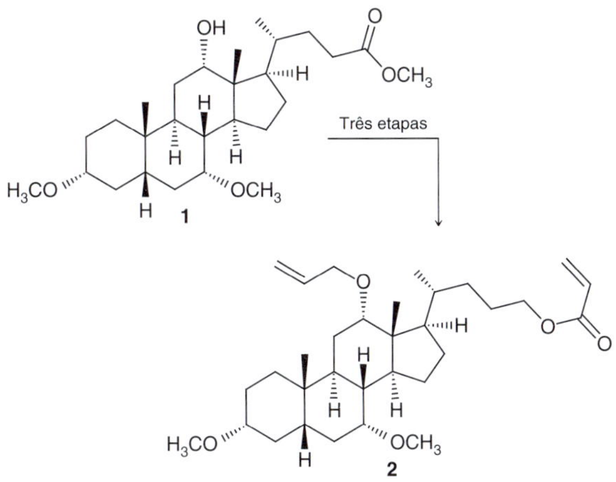

21.87 O brometo alílico **2** foi recentemente utilizado como uma peça-chave no desenvolvimento da síntese total de um análogo da anfidinolida N, um agente citotóxico potente isolado a partir do organismo marinho *Amphidinium* sp. (*Org. Biomol. Chem.* **2006**, *4*, 2119–2157). Proponha uma síntese eficiente do brometo **2** a partir do ácido carboxílico **1**.

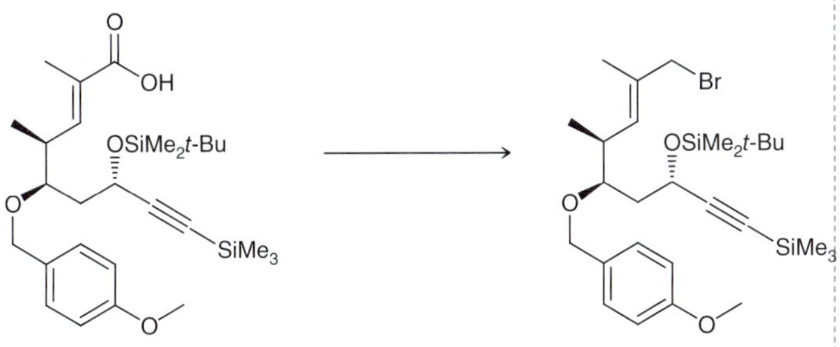

Substância 1 **Substância 2**

21.88 A substância **3** (a seguir) foi utilizada como um intermediário em uma síntese recentemente relatada do inibidor de γ-secretase BMS-708163 (*Tetrahedron Lett.* **2010**, *51*, 6542–6544). A substância **3** foi produzida a partir da substância **1** através do processo em duas etapas visto no final deste problema.

(a) A substância **1** não pode ser convertida diretamente na substância **3** por meio de tratamento com hidróxido de sódio aquoso, porque ocorrem produtos secundários indesejáveis. Identifique os possíveis produtos secundários.

(b) Represente um mecanismo completo para a síntese em duas etapas vista a seguir.

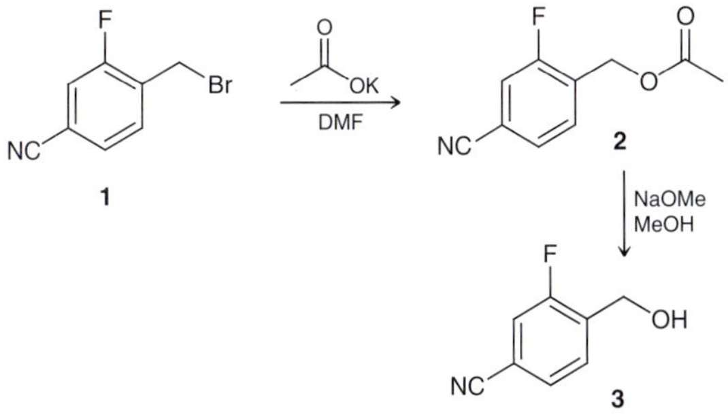

21.89 Os benzoatos de metila *m*- e *p*-substituídos mostrados na tabela vista a seguir, foram tratados com NaOH em dioxano e água. As constantes de velocidade de saponificação, *k*, também são apresentadas na tabela (*J. Am. Chem. Soc.* **1961**, *83*, 4214–4216). Forneça explicações estruturais sobre a tendência observada nas constantes de velocidade através da comparação dos efeitos dos vários substituintes sobre a constante de velocidade. Inclua todas as estruturas de ressonância necessárias em sua discussão.

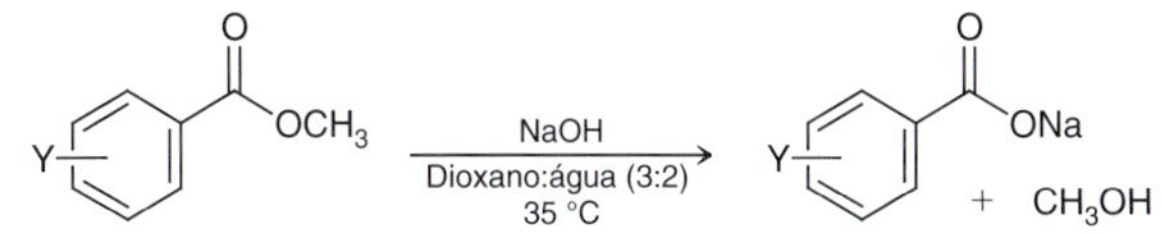

benzoatos de metila *m*- ou *p*-substituídos

Benzoatos de Metila *m*- e *p*-Substituídos	k ($M^{-1}min^{-1}$)
p-Nitrobenzoato de metila	102
m-Nitrobenzoato de metila	63
m-Clorobenzoato de metila	9,1
m-Bromobenzoato de metila	8,6
Benzoato de metila	1,7
p-Metilbenzoato de metila	0,98
p-Metoxibenzoato de metila	0,42
p-Aminobenzoato de metila	0,06

21.90 Prostaglandinas (Seção 26.7) compõem um grupo de substâncias estruturalmente relacionadas que se comportam como reguladores bioquímicos e apresentam uma grande variedade de atividades, incluindo a regulação da pressão arterial, coagulação do sangue, secreções gástricas, inflamação, função renal e sistemas reprodutivos. A transformação em duas etapas, que pode ser vista a seguir, foi utilizada por E. J. Corey durante a sua síntese de prostaglandinas clássica (*J. Am. Chem. Soc.* **1970**, *92*, 397–398). Identifique os reagentes que você usaria para converter a substância **1** na substância **3** e represente a estrutura da substância **2**.

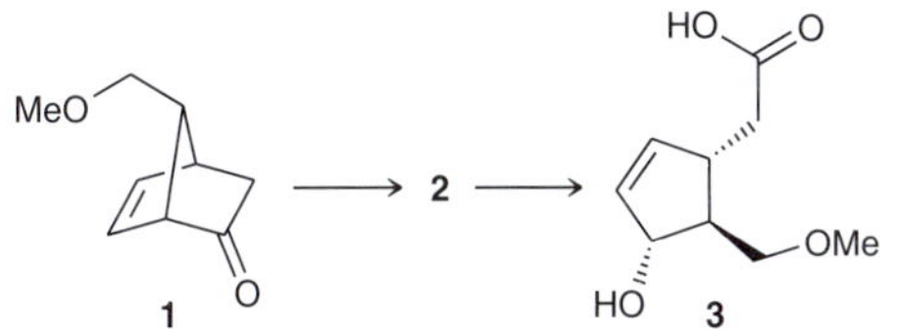

21.91 O rearranjo em duas etapas visto a seguir foi a pedra fundamental da primeira síntese total estereosseletiva da quadrona, um produto natural, biologicamente ativo isolado a partir de um fungo *Aspergillus* (*J. Org. Chem.* **1984**, *49*, 4094–4095). Proponha um mecanismo plausível para essa transformação.

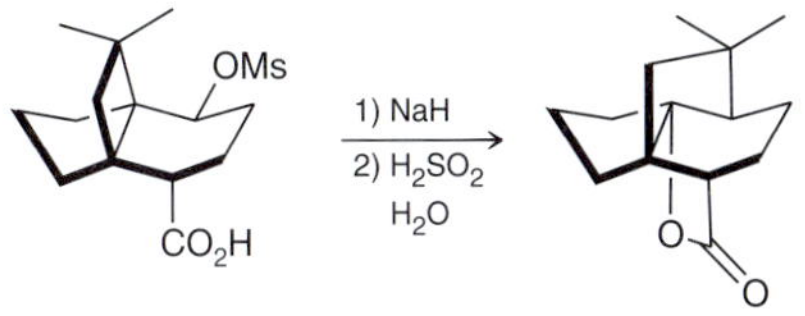

21.92 Durante estudos recentes para determinar a estereoquímica absoluta de uma bromidrina, os pesquisadores observaram um rearranjo inesperado da estrutura (*Tetrahedron Lett.* **2008**, *49*, 6853–6855). Forneça um mecanismo plausível para a formação do epóxido **2** a partir da bromidrina **1**.

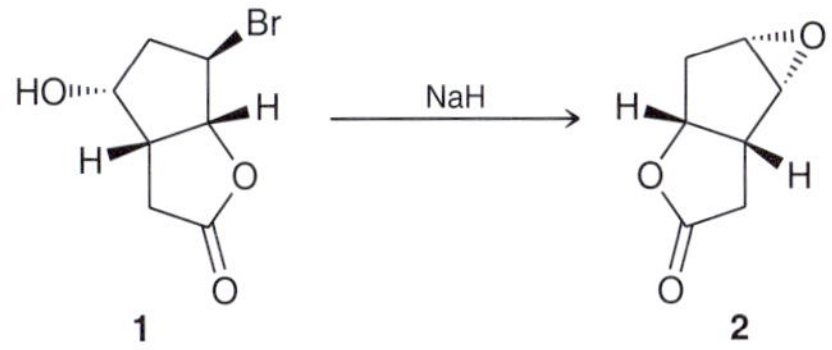

21.93 Durante a síntese total recente da englerina A, um produto natural citotóxico potente isolado a partir da casca do caule de uma planta da Tanzânia, os pesquisadores observaram a contração do anel catalisada por base (não usual) que pode ser vista a seguir (*Angew. Chem. Int. Ed.* **2009**, *48*, 9105–9108). Proponha um mecanismo plausível para essa transformação.

22

Química do Carbono Alfa: Enóis e Enolatos

VOCÊ JÁ SE PERGUNTOU...

como o nosso corpo converte alimentos em energia que movimenta nossos músculos?

Neste capítulo, vamos explorar várias reações de formação da ligação C–C que estão entre as reações mais versáteis disponíveis para os químicos orgânicos sintéticos. Muitas dessas reações também ocorrem em processos bioquímicos, incluindo as vias metabólicas que produzem energia para as contrações musculares. As reações neste capítulo irão expandir significativamente a sua capacidade em conceber sínteses para uma ampla variedade de substâncias.

VOCÊ SE LEMBRA?

Antes de prosseguir, certifique-se que você compreende os seguintes tópicos.
Se for necessário, faça uma revisão das seções sugeridas para se preparar para este capítulo.

- Acidez de Brønsted-Lowry (Seção 3.4, do Volume 1)
- Posição de Equilíbrio e Escolha de Reagentes (Seção 3.5, do Volume 1)
- Diagramas de energia: Termodinâmica *versus* Cinética (Seção 6.6, do Volume 1)
- Análise Retrossintética (Seção 12.5, do Volume 1)
- Substituição Nucleofílica Acílica (Seção 21.7)

22.1 Introdução à Química do Carbono Alfa: Enóis e Enolatos

O Carbono Alfa

Para as substâncias contendo um grupo carbonila são usadas letras gregas para descrever a proximidade de cada átomo de carbono ao grupo carbonila.

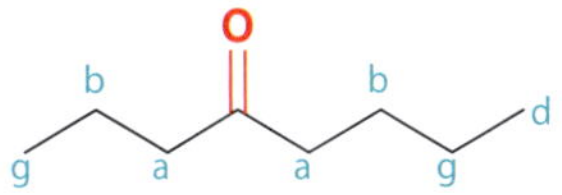

O próprio grupo carbonila não recebe uma letra grega. Neste exemplo existem dois átomos de carbono designados como posições alfa (α). Os átomos de hidrogênio são designados com a letra grega do carbono ao qual eles estão ligados, por exemplo, os átomos de hidrogênio (prótons) ligados aos átomos de carbono α são chamados de prótons α. Este capítulo irá explorar as reações que ocorrem na posição α.

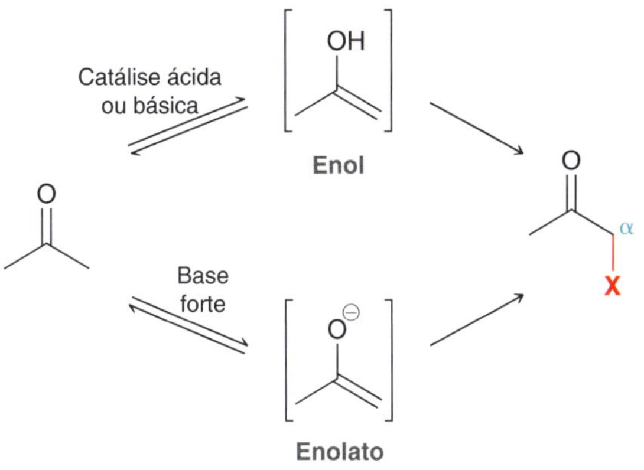

Essas reações podem ocorrer através de um intermediário enol ou de um intermediário enolato. A grande maioria das reações deste capítulo irá ocorrer através de um intermediário enolato, mas também vamos explorar algumas reações que ocorrem através de um intermediário enol.

Enóis

Na presença de catálise ácida ou básica, vai existir um equilíbrio entre uma cetona e um enol.

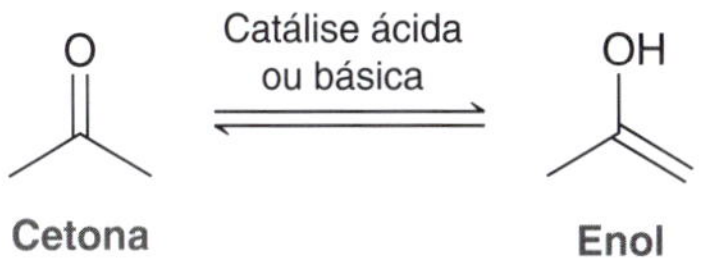

Lembre-se de que a cetona e o enol que são mostrados são tautômeros – isômeros constitucionais que se interconvertem rapidamente e que diferem um do outro na localização de um próton e na posição de uma ligação dupla. Não confunda tautômeros com estruturas de ressonância. As duas estruturas vistas anteriormente não são estruturas de ressonância porque elas diferem no arranjo dos seus átomos. Essas estruturas representam duas substâncias diferentes, que estão presentes em equilíbrio. Em geral, a posição de equilíbrio vai favorecer significativamente a cetona, como pode ser visto no exemplo a seguir.

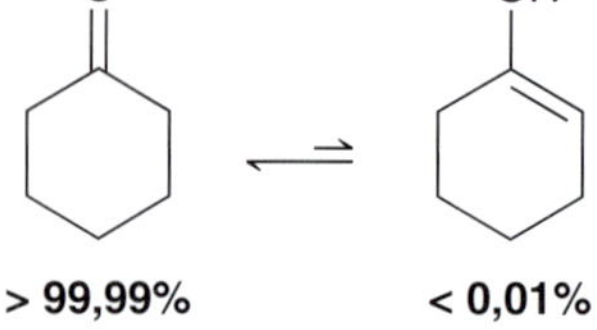
O
OH

> 99,99% **< 0,01%**

A ciclo-hexanona existe em equilíbrio com a sua forma enólica tautomérica, que está presente em uma quantidade muito reduzida. Este é o caso para a maioria das cetonas.

Em alguns casos, o tautômero enólico é estabilizado e apresenta uma quantidade mais substancial no estado de equilíbrio. Considere, por exemplo, a forma enólica de uma betadicetona, tal como a 2,4-pentanodiona.

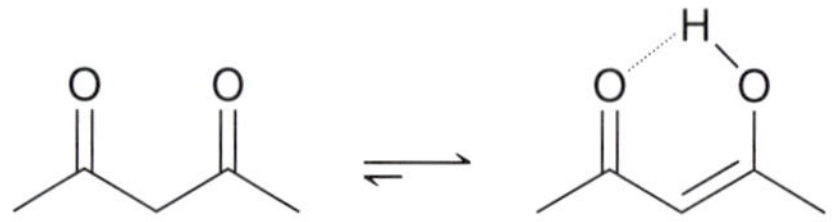
O
O
H
O
O

10–30% **70–90%**

As concentrações de equilíbrio da dicetona e do enol dependem do solvente que é utilizado, mas geralmente o enol predomina. Dois fatores contribuem para a estabilidade notável do enol neste caso: (1) O enol tem um sistema π conjugado, que é um fator de estabilização (veja a Seção 17.2), e (2), o enol pode formar uma ligação de hidrogênio intramolecular entre o próton do grupo hidroxila e o grupo carbonila próximo (mostrada na figura anterior como uma linha pontilhada cinza). Os dois fatores servem para estabilizar o enol.

O fenol é um exemplo extremo em que a concentração da cetona é praticamente desprezível. Neste caso, a cetona carece de aromaticidade, enquanto o enol é aromático e significativamente mais estável.

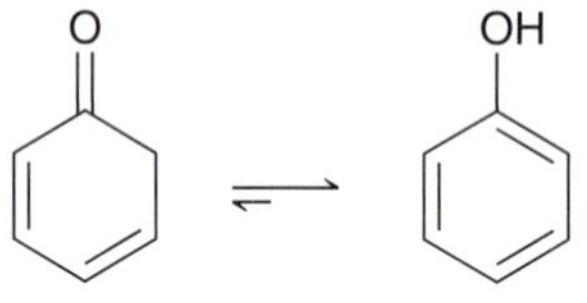
O
OH

< 0,01% **> 99,99%**

Tautomerização é catalisada por pequenas quantidades de ácido ou base. O processo catalisado por ácido é mostrado no Mecanismo 22.1 (visto anteriormente no Mecanismo 10.2, do Volume 1).

MECANISMO 22.1 TAUTOMERIZAÇÃO CATALISADA POR ÁCIDO

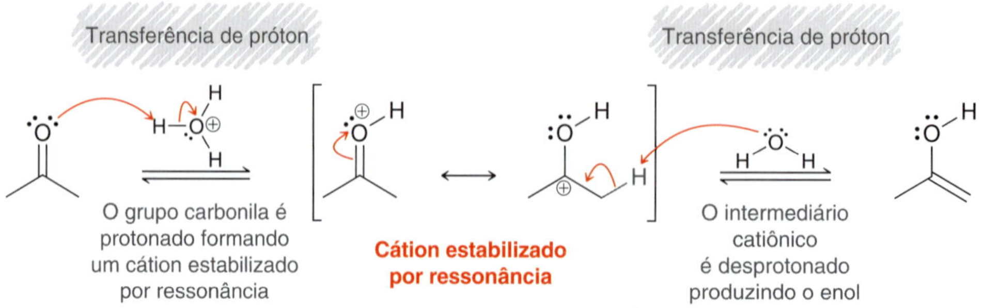
Transferência de próton
Transferência de próton
O grupo carbonila é protonado formando um cátion estabilizado por ressonância
Cátion estabilizado por ressonância
O intermediário catiônico é desprotonado produzindo o enol

RELEMBRANDO
Essa condição foi discutida na Seção 21.7.

Na primeira etapa, o grupo carbonila é protonado formando um cátion estabilizado por ressonância, o qual é então desprotonado na posição α para dar o enol. Observe que nenhum dos reagentes ou intermediários são bases fortes, o que é consistente com as condições ácidas.

O processo catalisado por base para tautomerização é mostrado no Mecanismo 22.2.

MECANISMO 22.2 TAUTOMERIZAÇÃO CATALISADA POR BASE

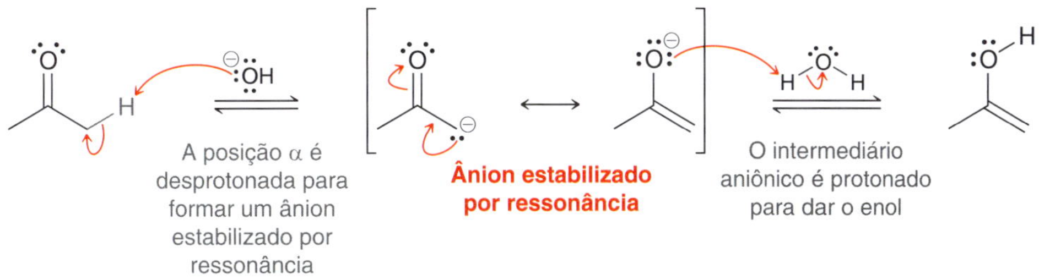
A posição α é desprotonada para formar um ânion estabilizado por ressonância
Ânion estabilizado por ressonância
O intermediário aniônico é protonado para dar o enol

Na primeira etapa, a posição α é desprotonada formando um ânion estabilizado por ressonância, que é então protonado para dar o enol. Observe que nenhum dos reagentes ou intermediários são ácidos fortes, de modo a ser compatível com as condições básicas.

Os mecanismos para a tautomerização catalisada por ácido e base envolvem as mesmas duas etapas (a protonação do grupo carbonila e a desprotonação da posição α). A diferença entre esses mecanismos é a ordem dos eventos. Em condições ácidas, a primeira etapa é a protonação do grupo carbonila, formando um intermediário carregado positivamente. Sob condições básicas, a primeira etapa é a desprotonação da posição α, dando um intermediário carregado negativamente.

É difícil evitar a tautomerização, mesmo que se tenha o cuidado de remover todos os ácidos e bases da solução. A tautomerização ainda pode ser catalisada pelas quantidades residuais de ácido ou de base que estão adsorvidas na superfície do vidro (mesmo após a lavagem do material de vidro ter sido feita rigorosamente). A menos que sejam utilizadas condições extremamente raras, devemos sempre admitir que ocorrerá tautomerização se for possível, e que um equilíbrio será rapidamente estabelecido favorecendo a tautômero mais estável. O tautômero enólico está geralmente presente apenas em pequenas quantidades, mas é muito reativo. Especificamente, a posição α é muito nucleofílica devido à ressonância.

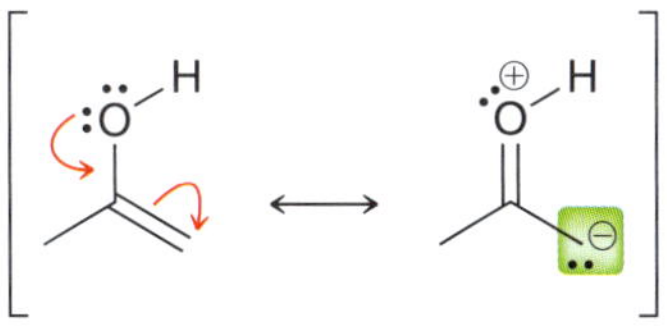

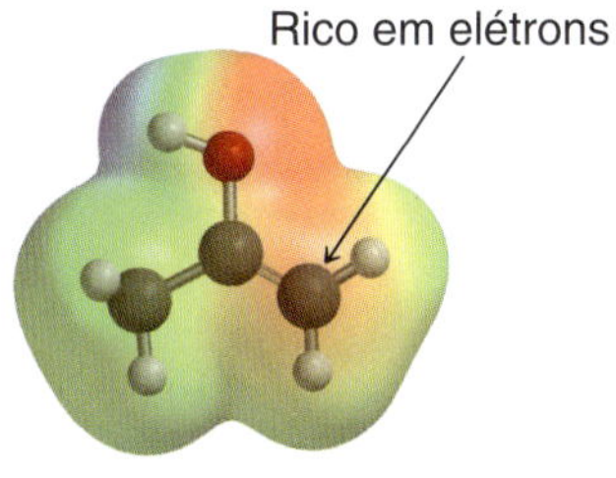
Rico em elétrons

FIGURA 22.1
Um mapa de potencial eletrostático do enol da acetona, mostrando o caráter nucleofílico da posição α.

Na segunda estrutura de ressonância, a posição α exibe um par de elétrons isolado, tornando essa posição nucleofílica. O efeito de um grupo OH na ativação da posição α é semelhante ao seu efeito na ativação de um anel aromático (como foi visto na Seção 19.10). O efeito doador de elétrons do grupo OH pode ser visualizado com um mapa de potencial eletrostático de um enol simples (Figura 22.1). Observe que a posição α é avermelhada, representando um sítio rico em elétrons. Na Seção 22.2, veremos duas reações em que a posição α de um enol se comporta como um nucleófilo.

VERIFICAÇÃO CONCEITUAL

22.1 Represente um mecanismo para a conversão catalisada por ácido da ciclo-hexanona em seu tautomérico enólico.

22.2 Represente um mecanismo para o processo inverso do problema anterior. Em outras palavras, represente a conversão catalisada por ácido do 1-ciclo-hexenol em ciclo-hexanona.

22.3 Represente dois enóis possíveis que podem se formar a partir da 3-metil-2-butanona, e mostre um mecanismo da formação de cada um deles sob condições de catálise ácida.

Enolatos

Quando tratada com uma base forte, a posição α de uma cetona é desprotonada para dar um intermediário estabilizado por ressonância chamado de **enolato**.

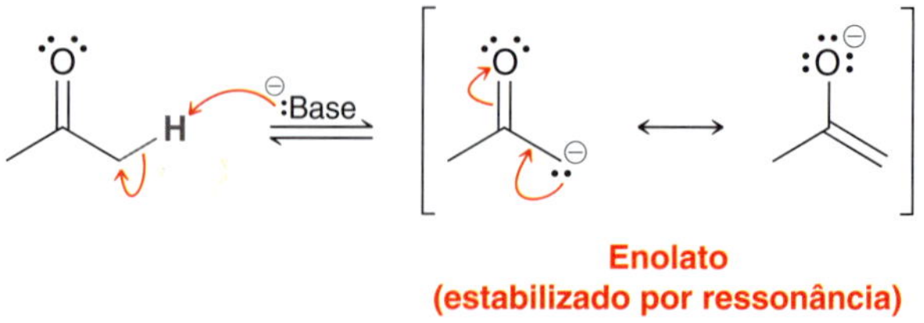

Enolatos são chamados de *nucleófilos ambidentados*, porque eles possuem dois sítios nucleofílicos, cada um dos quais pode atacar um eletrófilo. Quando o átomo de oxigênio ataca um eletrófilo, esse ataque é chamado de ataque do oxigênio (ataque O), e quando o carbono α ataca um eletrófilo, esse ataque é chamado de ataque do carbono α (ataque C).

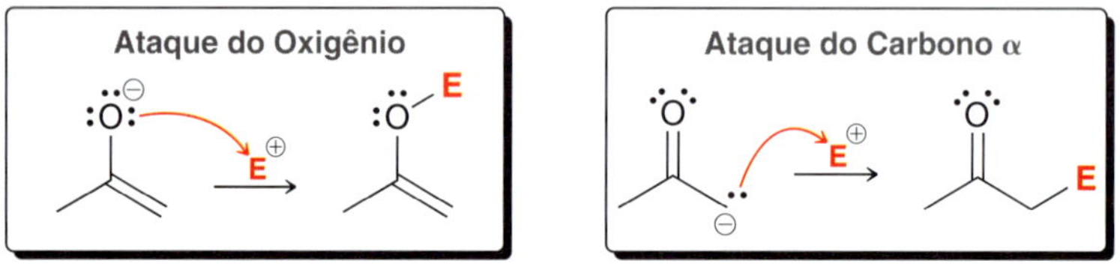

Embora o átomo de oxigênio de um enolato carregue a maioria da carga negativa, o ataque C, no entanto, é mais comum que o ataque O. Todas as reações apresentadas neste capítulo serão exemplos do ataque C. Ao representar o mecanismo de um enolato submetido a um ataque C, é teoricamente mais adequado representar a estrutura de ressonância do enolato em que a carga negativa aparece no átomo de oxigênio, pois essa representação mostra o contribuinte de ressonância mais importante. Portanto, o ataque C deve ser representado da seguinte forma:

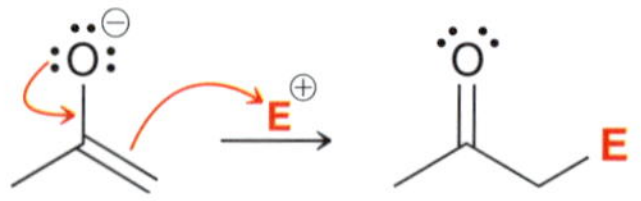

No entanto, por simplicidade, quando representamos mecanismos frequentemente representamos o contribuinte de ressonância menos significativo do enolato, no qual a carga negativa está no carbono α. Ou seja, o ataque C será representado da seguinte forma:

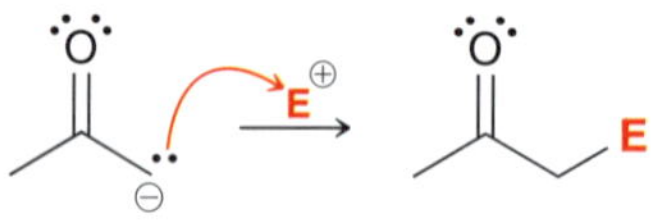

Quando representamos dessa maneira, são necessárias menos setas curvas, o que irá simplificar muitos dos mecanismos neste capítulo.

Enolatos são mais úteis do que enóis porque (1) enolatos possuem uma carga total negativa e, portanto, são mais reativos do que enóis, e (2) enolatos podem ser isolados e armazenados por curtos períodos de tempo ao contrário dos enóis, que não podem ser isolados ou armazenados. Por essas duas razões, a maioria das reações neste capítulo ocorre via intermediários enolato.

À medida que avançarmos através do capítulo, é importante ter em mente que apenas os prótons α de um aldeído ou de uma cetona são ácidos.

RELEMBRANDO
Para uma revisão dos fatores que afetam a acidez de um próton, veja a Seção 3.4, do Volume 1.

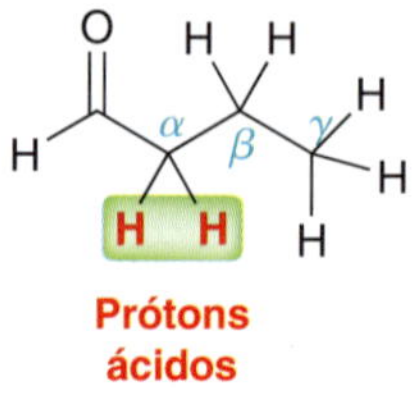

No exemplo que foi mostrado os prótons beta (β) e gama (γ) não são ácidos, assim como o próton aldeídico que também não é ácido. A desprotonação em qualquer uma dessas posições não conduz a um ânion estabilizado por ressonância.

DESENVOLVENDO A APRENDIZAGEM

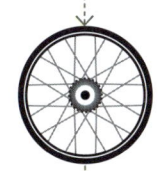

22.1 REPRESENTAÇÃO DE ENOLATOS

APRENDIZAGEM Quando a cetona vista a seguir é tratada com uma base forte, forma-se um íon enolato. Represente as duas estruturas de ressonância do enolato.

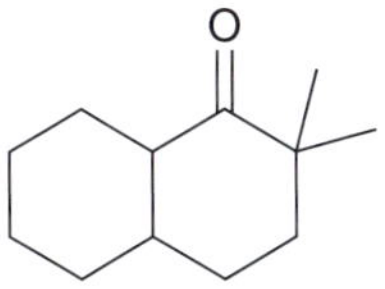

SOLUÇÃO

ETAPA 1 Identificação de todas as posições α.

Começamos identificando todas as posições α. Neste caso, existem duas posições α, mas só uma delas tem um próton. A posição α no lado direito do grupo carbonila não tem prótons, e, portanto, um enolato não pode se formar nesse lado do grupo carbonila. O outro carbono α (do lado esquerdo) tem um próton, de modo que um enolato pode ser formado nesse lado.

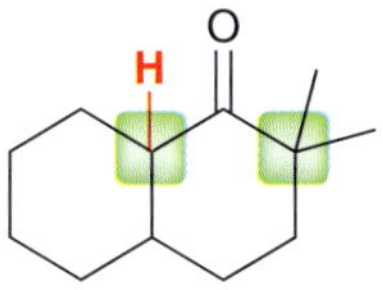

Usando duas setas curvas, removemos o próton e, em seguida, representamos o enolato com um par de elétrons isolado e uma carga negativa na posição α (no lugar do próton).

ETAPA 2 Remoção do próton na posição α e representação do ânion resultante.

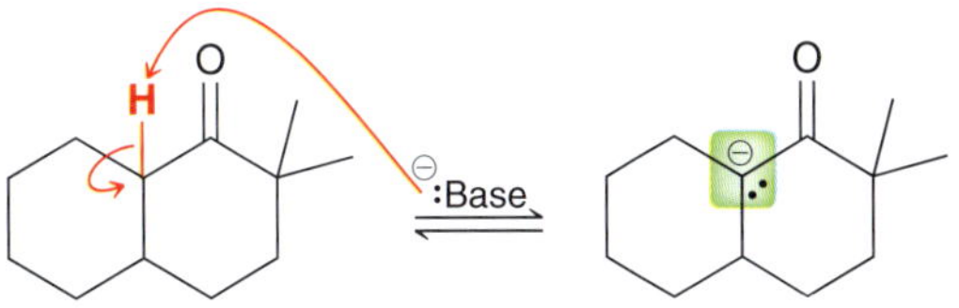

Finalmente, representamos a outra estrutura de ressonância utilizando o aprendizado adquirido na Seção 2.10, do Volume 1.

ETAPA 3 Representação da estrutura de ressonância, mostrando a carga sobre o átomo de oxigênio.

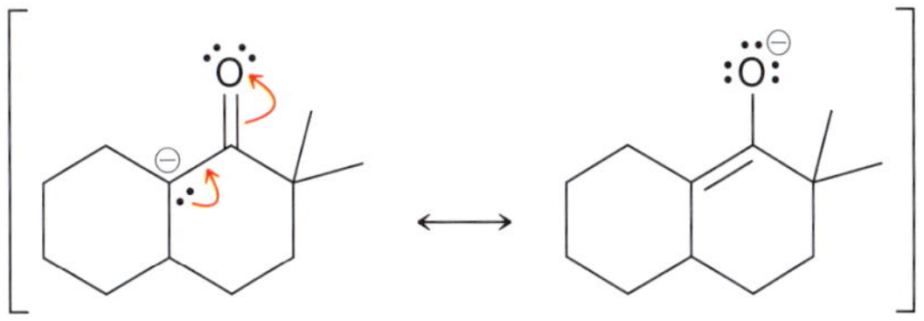

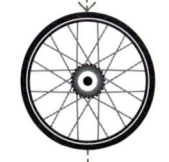

PRATICANDO o que você aprendeu

22.4 Represente as duas estruturas de ressonância do enolato formado quando cada uma das cetonas vistas a seguir é tratada com uma base forte:

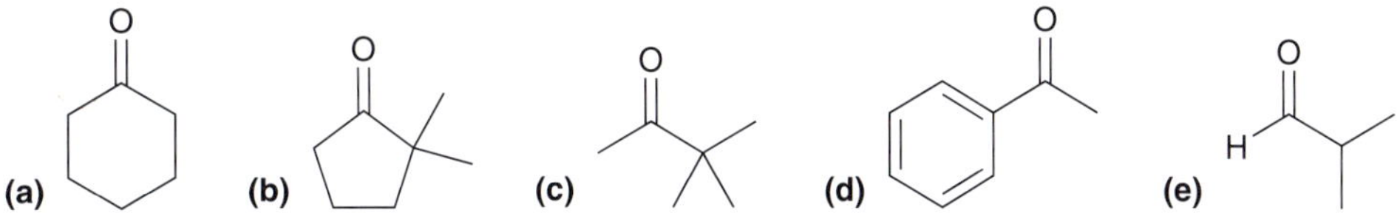

APLICANDO o que você aprendeu

22.5 Quando a 2-metilciclo-hexanona é tratada com uma base forte, dois enolatos diferentes são formados. Represente os dois.

é necessário **PRATICAR MAIS?** Tente Resolver o Problema 22.59

Escolha da Base para Formação do Enolato

Neste capítulo, veremos muitas reações envolvendo enolatos, e a escolha da base será sempre importante. Alguns casos requerem uma base relativamente fraca para formar o enolato, enquanto outros casos exigem uma base muito forte. Para escolher uma base apropriada, temos que olhar cuidadosamente os valores de pK_a. Os aldeídos e cetonas normalmente têm valores de pK_a na faixa de 16-20, como pode ser visto na Tabela 22.1. A faixa de valores de pK_a é semelhante à faixa mostrada pelos álcoois (o etanol tem um pK_a de 16 e o *terc*-butanol tem um pK_a de 18). Em consequência, quando a base utilizada é um íon alcóxido, é estabelecido um equilíbrio em que o íon alcóxido e o íon enolato estão ambos presentes. As quantidades relativas de íons alcóxido e enolato são determinadas pelos valores relativos de pK_a, embora normalmente exista menos enolato presente no equilíbrio. Considere o exemplo visto a seguir.

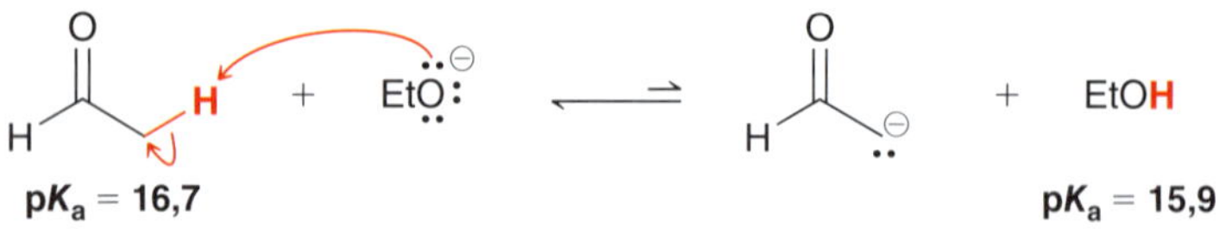

Neste exemplo, o etóxido é usado como uma base para desprotonar o acetaldeído. Observe que os valores de pK_a do acetaldeído e do etanol são semelhantes. O equilíbrio favorece ligeiramente o acetaldeído em vez do seu enolato, embora ambos estejam presentes. A presença de ambos, o aldeído e o seu enolato, é importante porque o enolato é um nucleófilo e o aldeído é um eletrófilo, e essas duas espécies reagem uma com a outra quando ambas estão presentes, como veremos na Seção 22.3.

Ao contrário, muitas outras bases, tais como o hidreto de sódio, podem irreversível e completamente converter o aldeído em um enolato.

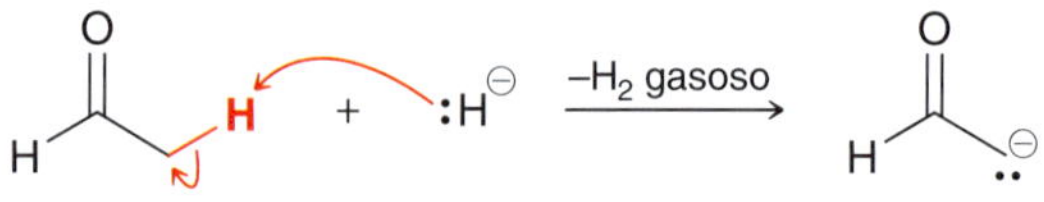

Quando o hidreto de sódio é utilizado como base, forma-se hidrogênio gasoso. O gás borbulha para fora da solução à medida que as moléculas de aldeído são convertidas em íons enolato. Sob essas condições, o aldeído e o enolato não estão presentes conjuntamente. Apenas o enolato está presente. Outra base comumente utilizada para a formação irreversível do enolato é a di-isopropilamida de lítio (LDA), que é preparada tratando-se a di-isopropilamida com butil-lítio.

TABELA 22.1 VALORES pK_a DE ALGUMAS CETONAS E ALDEÍDOS COMUNS

SUBSTÂNCIA	pK_a	ENOLATO
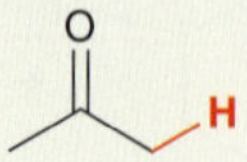 Acetona	19,2	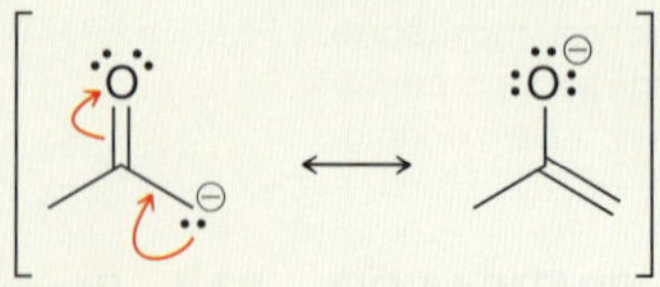
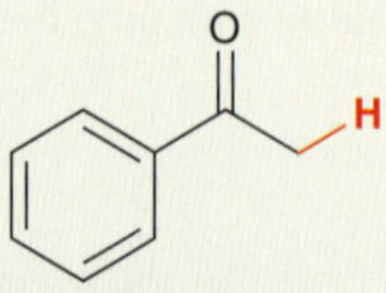 Acetofenona	18,3	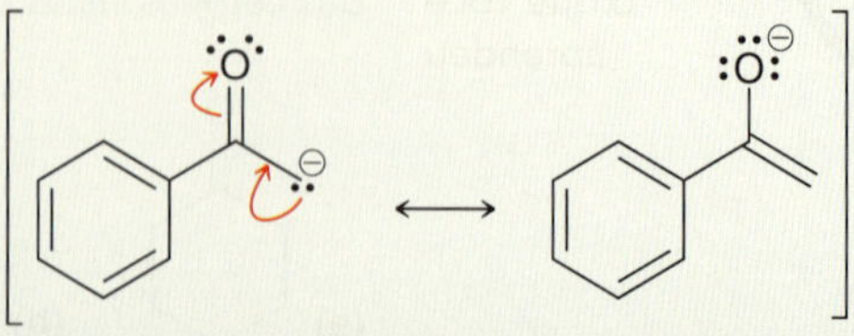
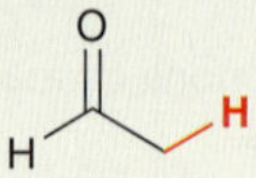 Acetaldeído	16,7	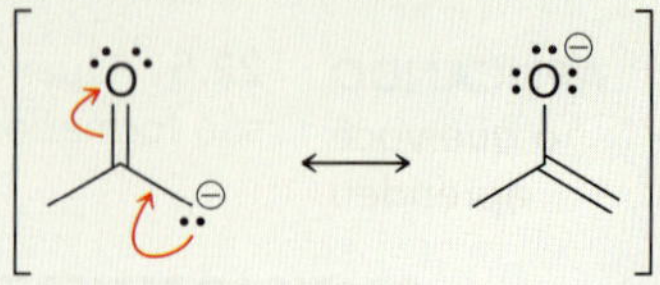

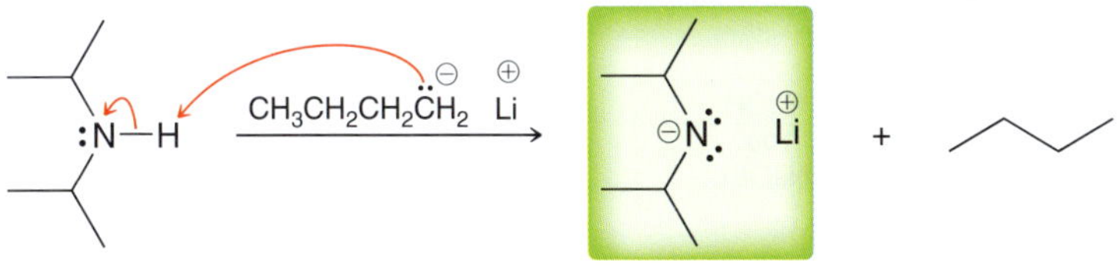

Di-isopropilamina **Di-isopropilamida de lítio**

O pK_a da di-isopropilamina é de aproximadamente 36, e, por conseguinte, a LDA pode ser usada para a formação irreversível do enolato.

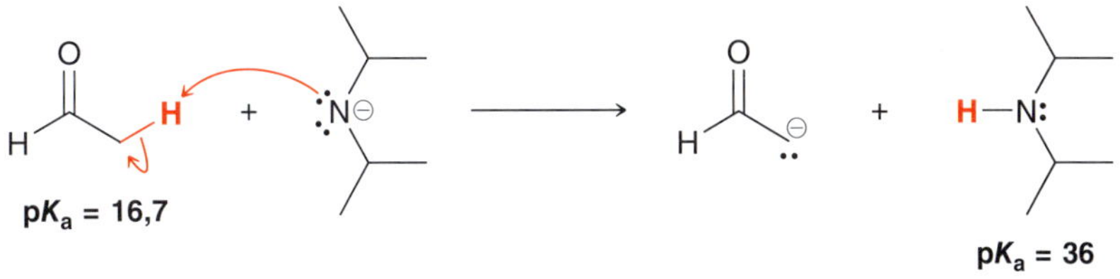

Quando a LDA é usada como uma base, a quantidade de aldeído presente no equilíbrio é desprezível.

Considere agora uma substância com dois grupos carbonila que estão na posição beta uma em relação a outra:

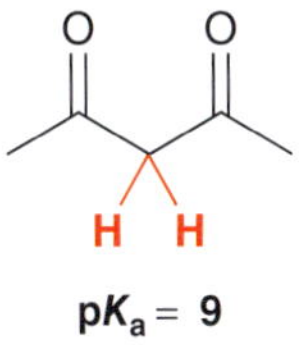

Neste caso, o grupo central CH_2 está flanqueado por dois grupos carbonila. Os prótons do grupo CH_2 (mostrados em vermelho) são, portanto, altamente ácidos. Ao contrário da maioria das cetonas (com um pK_a na faixa de 16-20), o pK_a dessa substância é de aproximadamente 9. A acidez desses prótons pode ser atribuída ao ânion altamente estabilizado formado após a desprotonação.

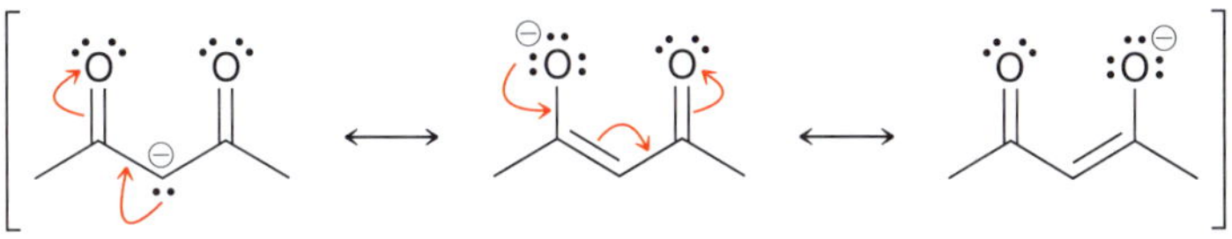

O ânion é um íon enolato duplamente estabilizado com a carga negativa estando distribuída sobre dois átomos de oxigênio e um átomo de carbono. Por causa da acidez relativamente elevada das betadicetonas, não é necessário o uso de LDA para desprotonar irreversivelmente essas substâncias. Pelo contrário, o tratamento com hidróxido ou um íon alcóxido é suficiente para assegurar a formação quase completa do enolato.

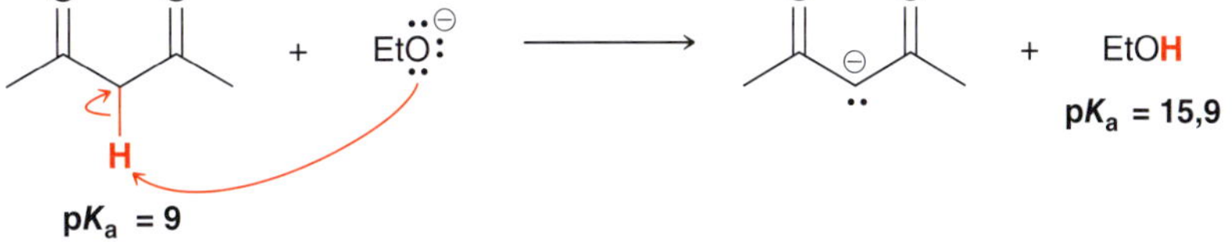

RELEMBRANDO
Para rever como valores de pK_a podem ser usados para determinar concentrações de equilíbrio para uma reação ácido-base, veja a Seção 3.3, do Volume 1.

A diferença nos valores de pK_a é de cerca de 7 (o que representa sete ordens de grandeza). Em outras palavras, quando a base usada é o etóxido, 99,99999% das moléculas de dicetona são desprotonadas para formar enolatos.

A Figura 22.2 resume os fatores relevantes para a escolha de uma base para formar um íon enolato. As informações resumidas nesta figura serão usadas várias vezes nas próximas seções deste capítulo.

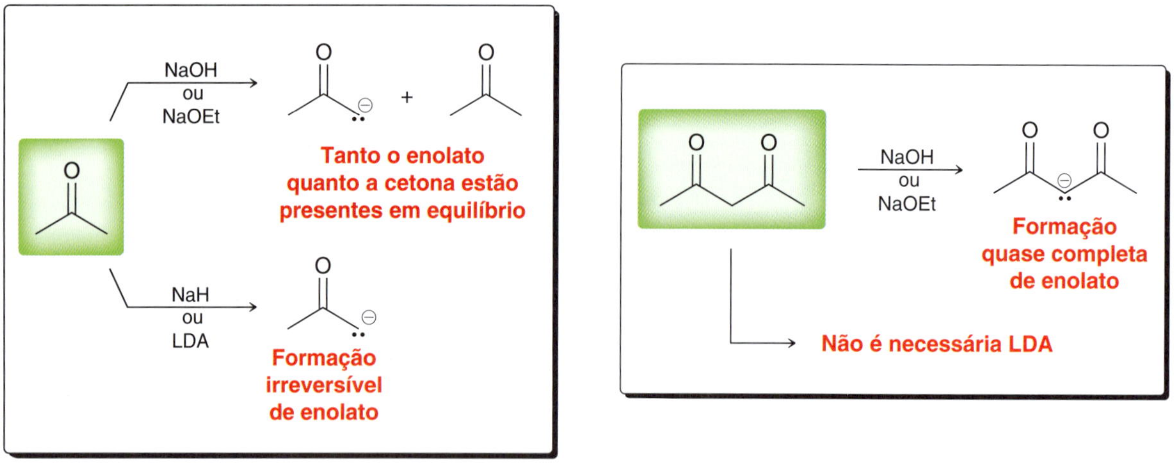

FIGURA 22.2
Um resumo dos resultados observados quando várias bases são usadas para desprotonar cetonas ou 1,3-dicetonas.

VERIFICAÇÃO CONCEITUAL

22.6 Represente o íon enolato que é formado quando cada uma das substâncias vistas a seguir é tratada com etóxido de sódio. Em cada caso, represente todas as estruturas de ressonância do íon enolato, e preveja se no equilíbrio uma quantidade substancial da cetona estará presente juntamente com o enolato.

(a) 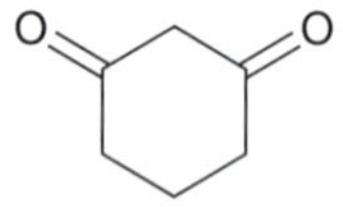

(b) 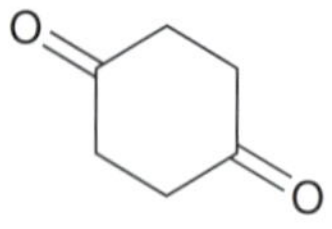

(c) 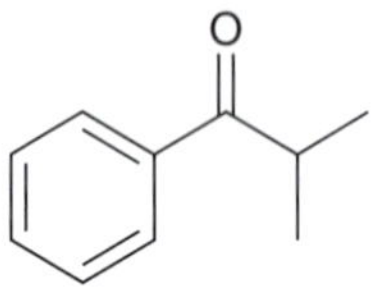

(d) 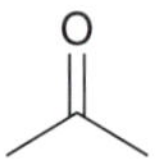

22.7 Quando a substância vista a seguir é tratada com etóxido de sódio, quase toda ela é convertida em um enolato. Represente as estruturas de ressonância do enolato que é formado, e explique por que a formação do enolato é quase completa, apesar da utilização de etóxido em vez de LDA.

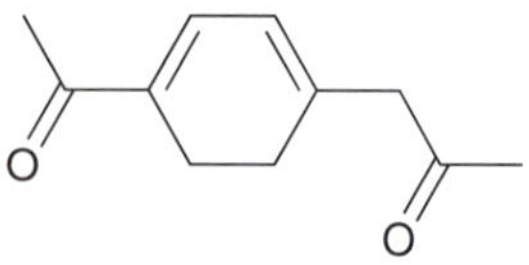

22.8 Para cada par de substâncias, identifique qual a substância que é mais ácida e explique a sua escolha.

(a) 2,4-Dimetil-3,5-heptanodiona ou 4,4-Dimetil-3,5-heptanodiona

(b) 1,2-Ciclopentanodiona ou 1,3-ciclopentanodiona

(c) Acetofenona ou benzaldeído

22.2 Halogenação Alfa de Enóis e Enolatos

Halogenação Alfa em Condições Ácidas

Sob condições catalisadas por ácido, cetonas e aldeídos sofrerão halogenação na posição α.

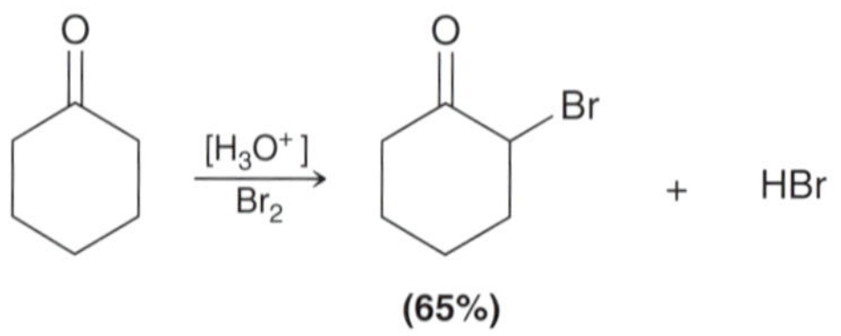

A reação é observada para o cloro, bromo e iodo, mas não para o flúor. Vários solventes podem ser usados, incluindo ácido acético, água, clorofórmio e éter dietílico. Observa-se que a velocidade de halogenação é independente da concentração e da natureza do halogênio, indicando que o halogênio não participa da etapa determinante da velocidade de reação. Esta informação é consistente com Mecanismo 22.3.

MECANISMO 22.3 HALOGENAÇÃO DE CETONAS CATALISADA POR ÁCIDO

PARTE 1: FORMAÇÃO DO ENOL

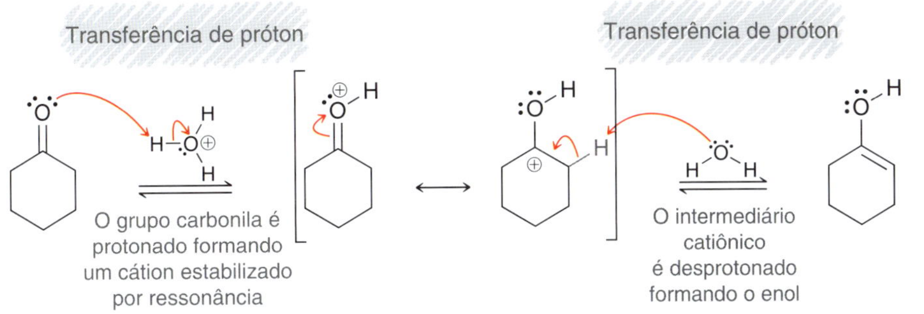
Transferência de próton
Transferência de próton
O grupo carbonila é protonado formando um cátion estabilizado por ressonância
O intermediário catiônico é desprotonado formando o enol

PARTE 2: HALOGENAÇÃO

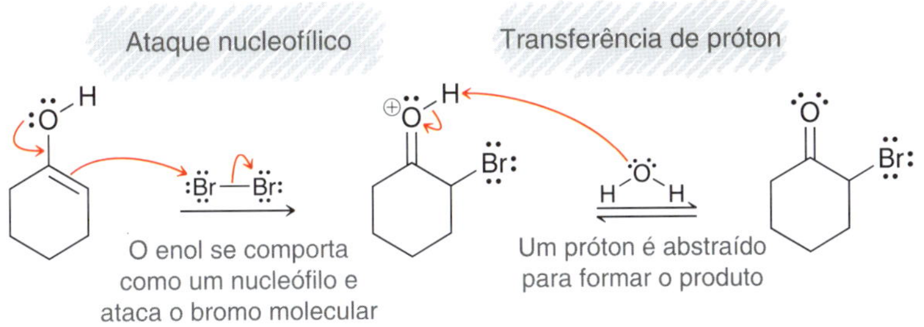
Ataque nucleofílico
Transferência de próton
O enol se comporta como um nucleófilo e ataca o bromo molecular
Um próton é abstraído para formar o produto

O mecanismo tem duas partes. Na primeira parte, a cetona sofre tautomerização produzindo um enol. Em seguida, na segunda parte do mecanismo, o enol se comporta como um nucleófilo e insere um átomo de halogênio na posição α. A segunda parte do mecanismo (halogenação) ocorre mais rapidamente do que a primeira parte (formação do enol), e, por conseguinte, a formação do enol constitui a etapa determinante da velocidade de reação. O halogênio não está envolvido na formação do enol, e, portanto, a concentração do halogênio não tem nenhum impacto mensurável sobre a velocidade do processo global.

O subproduto da bromação α é o HBr, que é um ácido capaz de catalisar a primeira parte do mecanismo (formação do enol). Como consequência, a reação é chamada de **autocatalítica**, isto é, o reagente necessário para catalisar a reação é produzido pela própria reação.

Quando uma cetona assimétrica é usada, a bromação ocorre principalmente no lado mais substituído da cetona.

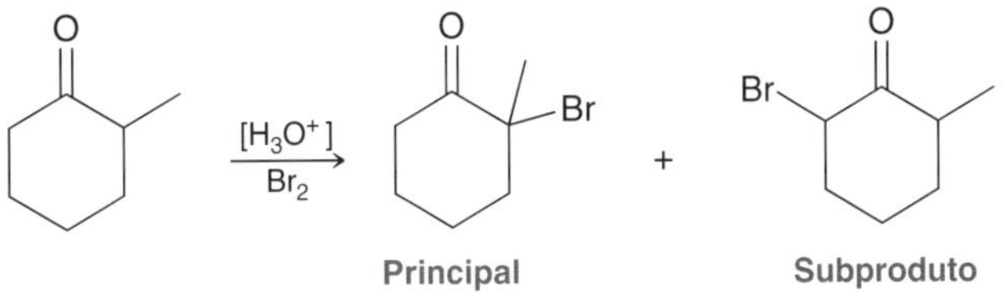
[H3O+]
Br2
Principal
Subproduto

Neste exemplo, uma mistura de produtos é geralmente inevitável. No entanto, a bromação ocorre principalmente no lado onde está localizado o grupo alquila, o que pode ser atribuído ao fato de que a reação avança mais rapidamente através do enol mais substituído.

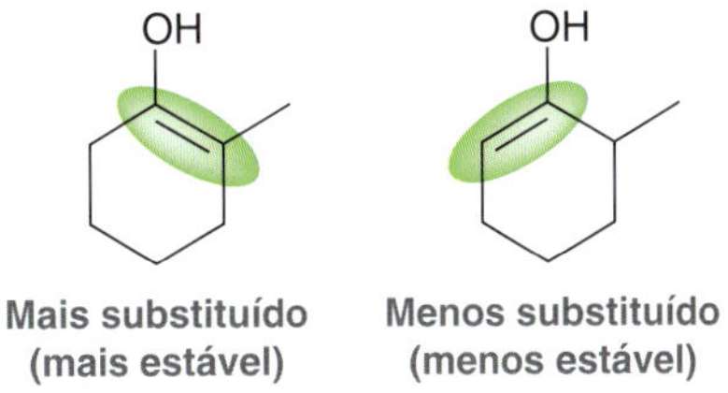
Mais substituído (mais estável)
Menos substituído (menos estável)

O produto halogenado pode sofrer eliminação, quando tratado com uma base.

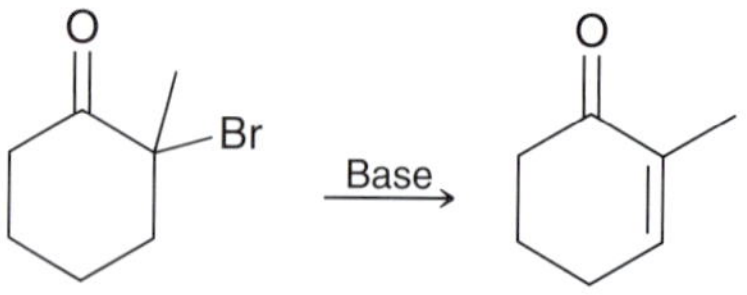

Várias bases podem ser usadas, incluindo piridina, carbonato de lítio (Li_2CO_3), ou *terc*-butóxido de potássio. Isso proporciona um método de duas etapas para introduzir insaturação α, β em uma cetona. Este processo só é prático em alguns casos, e os rendimentos são geralmente baixos.

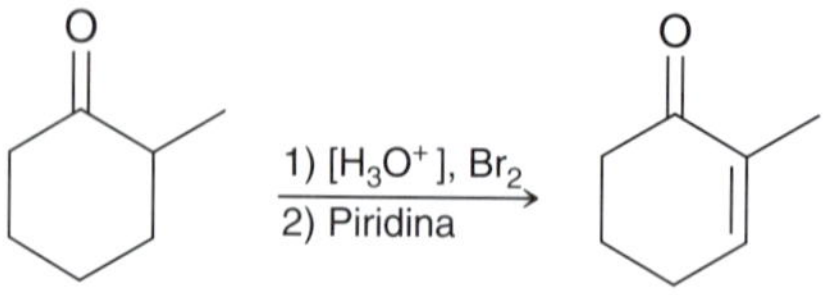

VERIFICAÇÃO CONCEITUAL

22.9 Preveja o produto principal para cada uma das seguintes transformações e proponha um mecanismo para a sua formação:

(a) 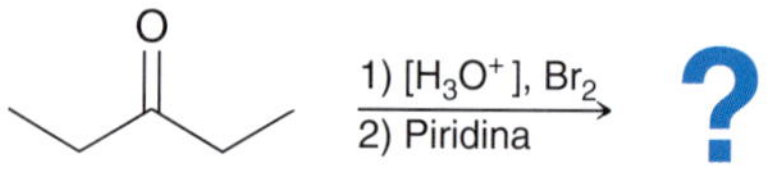

(b) 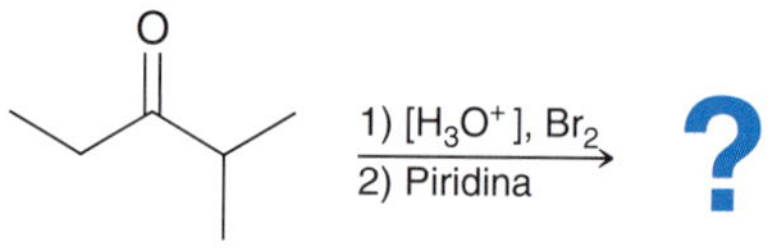

(c) 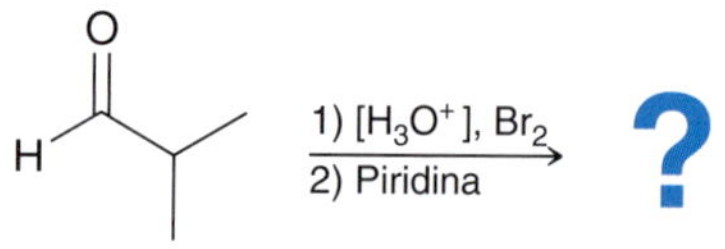

22.10 Identifique os reagentes que você usaria para realizar cada uma das seguintes transformações:

(a) 

(b) 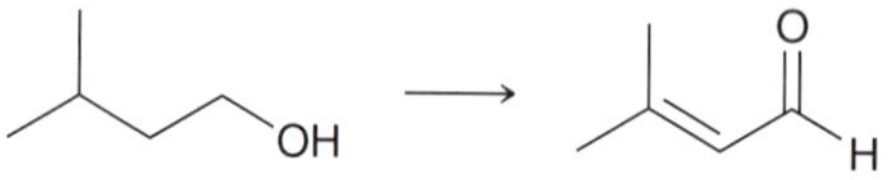

Bromação Alfa de Ácidos Carboxílicos: A Reação de Hell-Volhard

A halogenação alfa, tal como descrita na seção anterior, ocorre rapidamente com cetonas e aldeídos, mas não com ácidos carboxílicos, ésteres ou amidas. Isto é provavelmente devido ao fato de que esses grupos funcionais não são facilmente convertidos nos seus correspondentes enóis. No entanto, os ácidos carboxílicos sofrem halogenação alfa quando tratados com bromo na presença de PBr_3.

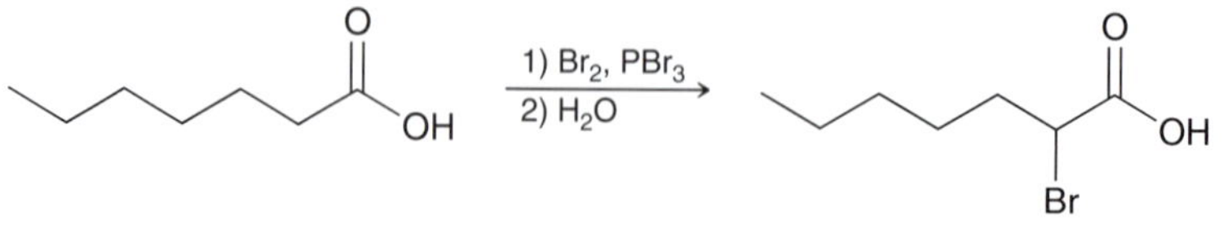

(90%)

Acredita-se que este processo, conhecido como **reação de Hell-Volhard**, ocorre através da seguinte sequência de eventos:

O ácido carboxílico reage primeiro com o PBr_3 formando um haleto ácido, que existe em equilíbrio com um enol. Este enol então funciona como um nucleófilo e sofre halogenação na posição α. Finalmente, a hidrólise regenera o ácido carboxílico.

VERIFICAÇÃO CONCEITUAL

22.11 Preveja o produto principal para cada uma das seguintes transformações:

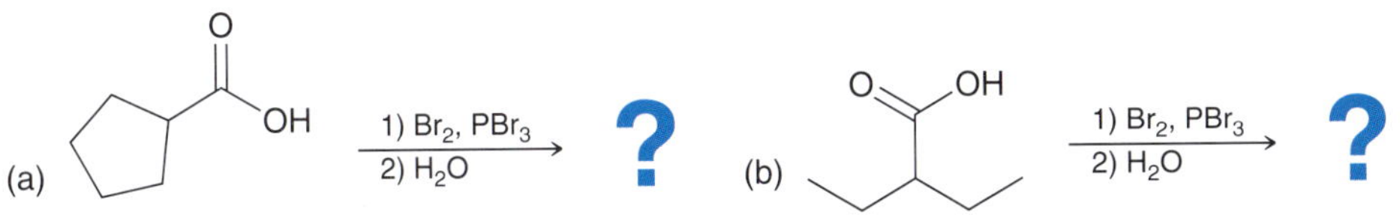

22.12 Identifique os reagentes que você usaria para realizar cada uma das seguintes transformações (você também vai precisar usar reações vistas nos capítulos anteriores).

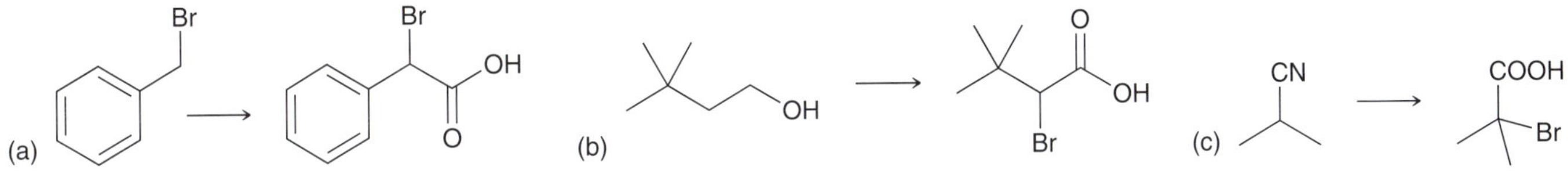

Halogenação Alfa em Condições Básicas: A Reação do Halofórmio

Vimos que as cetonas sofrem halogenação alfa em condições catalisadas por ácido. Um resultado semelhante também pode ser obtido em condições básicas:

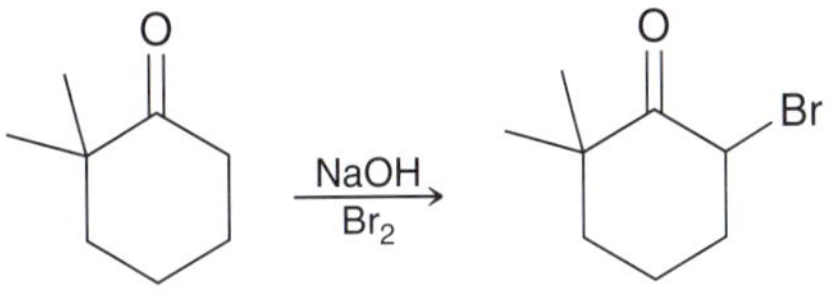

A base abstrai um próton para formar o enolato, que, em seguida, funciona como um nucleófilo e sofre halogenação alfa.

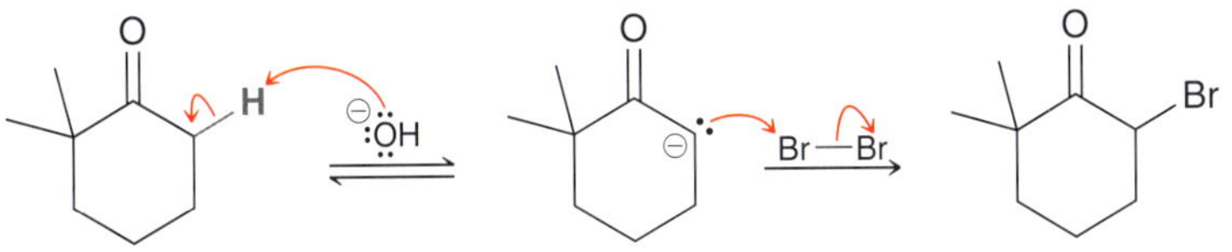

Quando a base é um hidróxido, a concentração de enolato é sempre baixa, mas é mantida continuamente pelo equilíbrio quando a reação avança.

Quando mais do que um próton α está presente, é difícil realizar a monobromação em condições básicas porque o produto bromado é mais reativo e rapidamente sofre bromação posterior.

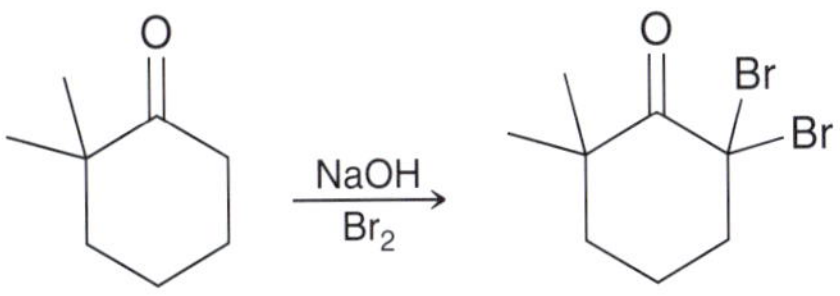

Depois de ocorrer a primeira reação de halogenação, a presença do halogênio torna a posição α mais ácida, e a segunda etapa de halogenação ocorre mais rapidamente. Como consequência, muitas vezes é difícil isolar o produto monobromado.

Quando uma metilcetona é tratada com base em excesso e halogênio em excesso, ocorre uma reação em que um ácido carboxílico é produzido depois da acidificação.

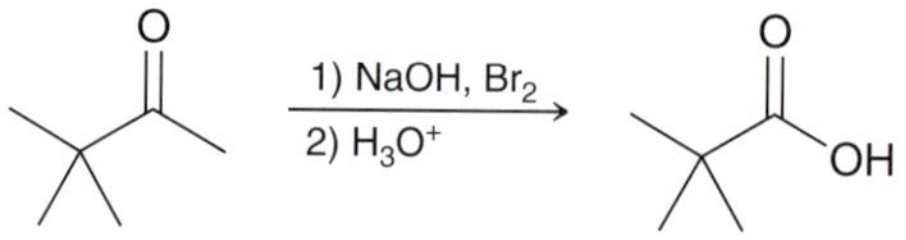

Acredita-se que o mecanismo envolva várias etapas. Em primeiro lugar, os prótons α são removidos e substituídos por átomos de bromo, um de cada vez. Em seguida, o grupo tribromometila pode se comportar como um grupo de saída, resultando em uma reação de substituição nucleofílica acílica.

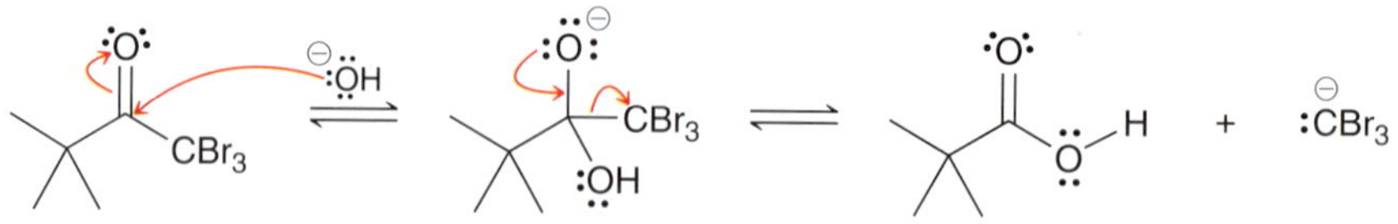

Observe que o grupo de saída é um carbânion, o que viola a regra que vimos na Seção 21.7 (a carbonila volta a se formar, se possível, mas evita expelir C^-). A discussão no Capítulo 21 indica que haveria algumas exceções à regra, e aqui está a primeira exceção. A carga negativa sobre carbono é estabilizada neste caso pelos efeitos de retirada de elétron dos três átomos de bromo, tornando o CBr_3^- um grupo de saída adequado. O ácido carboxílico resultante é então desprotonado, produzindo um íon carboxilato e $CHBr_3$ (chamado bromofórmio). A formação de um íon carboxilato impulsiona a reação para que ela se complete.

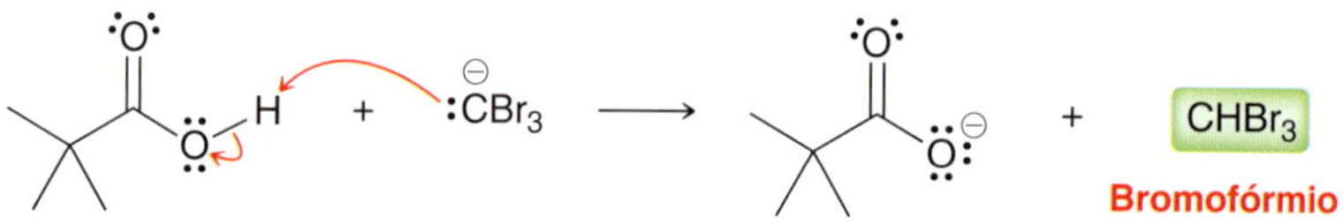

O mesmo processo ocorre com o cloro e o iodo, e os subprodutos são o clorofórmio e o iodofórmio, respectivamente. Esta reação é nomeada de acordo com o subproduto que é formado e é chamada de **reação do halofórmio**. A reação tem de ser seguida por tratamento com uma fonte de prótons para protonar o íon carboxilato e formar o ácido carboxílico. Este processo é sinteticamente útil para a conversão de metilcetonas em ácidos carboxílicos.

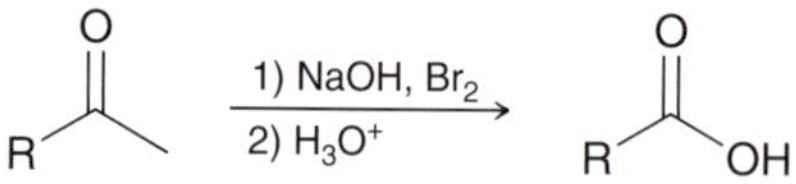

A reação do halofórmio é mais eficiente quando o outro lado da cetona não tem prótons α.

VERIFICAÇÃO CONCEITUAL

22.13 Preveja o produto principal obtido quando cada uma das substâncias vistas a seguir é tratada com bromo (Br_2) juntamente com hidróxido de sódio (NaOH), seguido por solução aquosa ácida (H_3O^+).

(a) 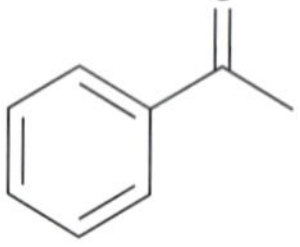 (b) 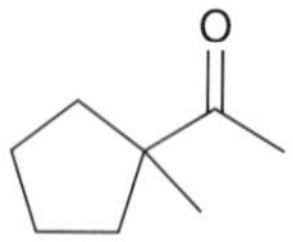 (c) 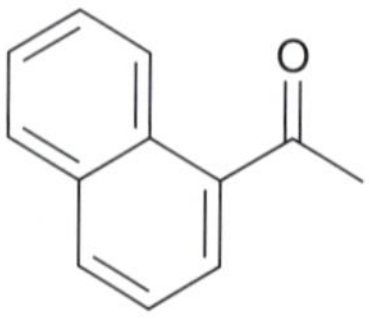

22.14 Identifique os reagentes que você usaria para realizar cada uma das transformações vistas a seguir (você vai precisar usar reações vistas nos capítulos anteriores).

(a) 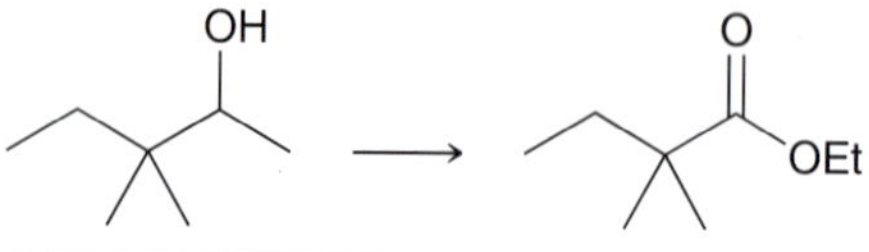

(b) 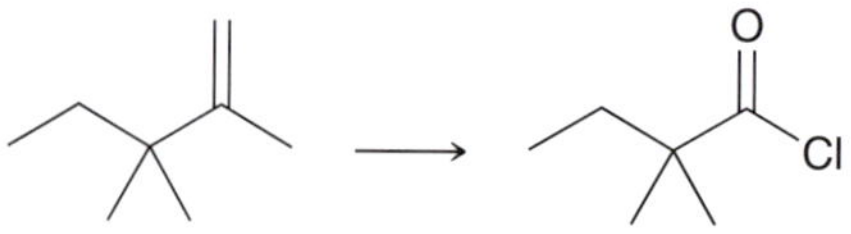

(c) 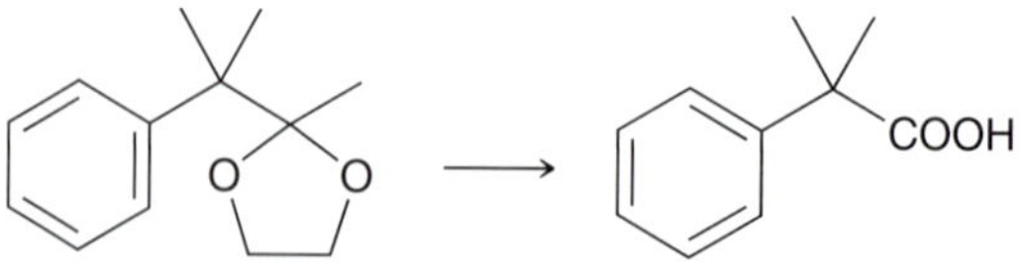

(d) 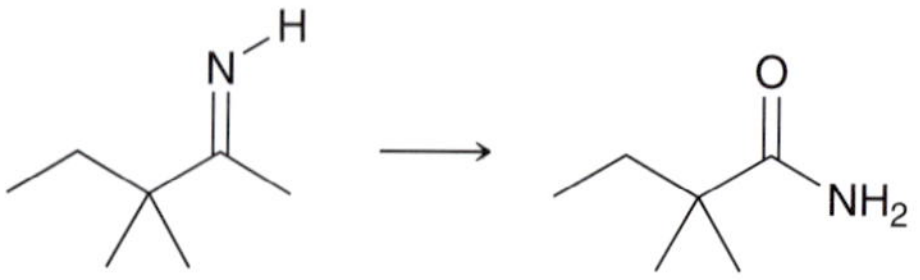

22.3 Reações Aldólicas

Adição Aldólica

Recorde que, quando um aldeído é tratado com hidróxido de sódio tanto o aldeído quanto o enolato estarão em equilíbrio. Sob tais condições, pode ocorrer uma reação entre essas duas espécies. Por exemplo, o tratamento do acetaldeído com o hidróxido de sódio dá 3-hidroxibutanal.

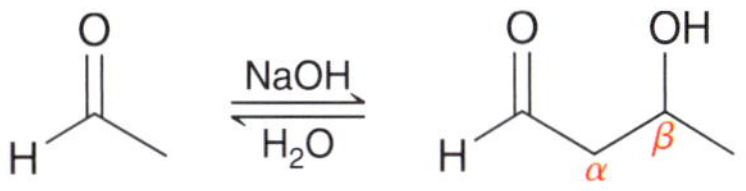

O
H
NaOH
H_2O
O
OH
H
α
β

O produto apresenta um grupo aldeído e um grupo hidroxila e por isso é chamado de aldol (*ald* de "aldeído" e *ol* de "álcool"). Em reconhecimento do tipo de produto formado, a reação é chamada de **reação de adição aldólica**. Observe que o grupo hidroxila está localizado especificamente na posição β em relação ao grupo carbonila. O produto de uma reação de adição aldólica é sempre um β-hidroxialdeído ou uma β-hidroxicetona (Mecanismo 22.4).

MECANISMO 22.4 ADIÇÃO ALDÓLICA

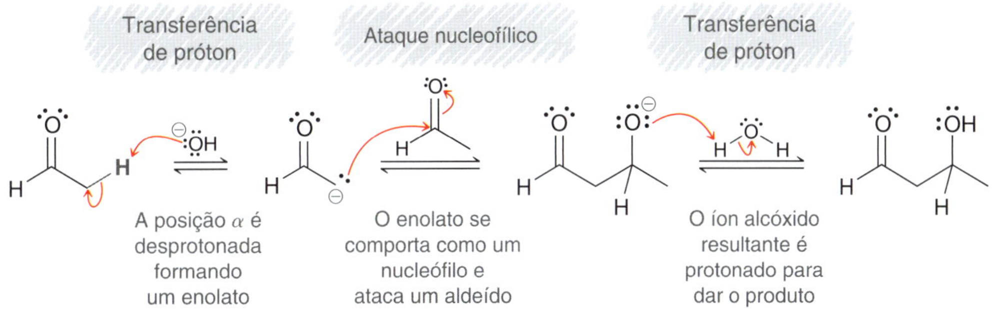

Transferência de próton
Ataque nucleofílico
Transferência de próton
A posição α é desprotonada formando um enolato
O enolato se comporta como um nucleófilo e ataca um aldeído
O íon alcóxido resultante é protonado para dar o produto

O mecanismo para uma adição aldólica tem três etapas. Na primeira etapa, o aldeído é desprotonado formando um enolato. Desde que seja usado hidróxido como base, o enolato e o aldeído estão presentes em equilíbrio e o enolato ataca o aldeído. O íon alcóxido resultante é então protonado para se obter o produto. Observe o uso de setas de equilíbrio para todas as etapas do mecanismo. Para aldeídos mais simples, a posição de equilíbrio favorece o produto aldólico.

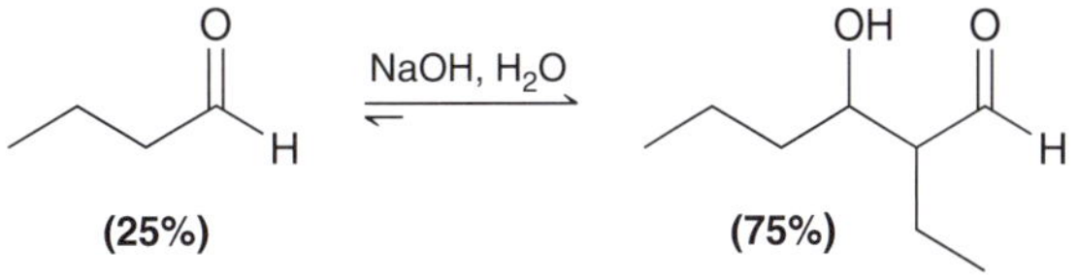

NaOH, H_2O
(25%)
(75%)

No entanto, para a maioria das cetonas, o produto aldólico não é favorecido e rendimentos pequenos são comuns.

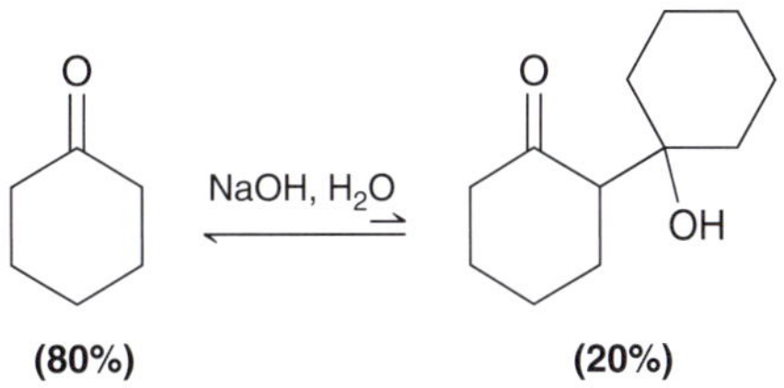

NaOH, H_2O
OH
(80%)
(20%)

Nesta reação, o processo inverso é favorecido, isto é, a β-hidroxicetona é convertida de volta em ciclo-hexanona mais prontamente do que a reação direta. Este processo inverso, que é chamado de **reação retroaldólica** (Mecanismo de 22.5), pode ser explorado em muitas situações (um exemplo pode ser visto no próximo boxe Falando de Modo Prático sobre a potência muscular).

MECANISMO 22.5 REAÇÃO RETROALDÓLICA

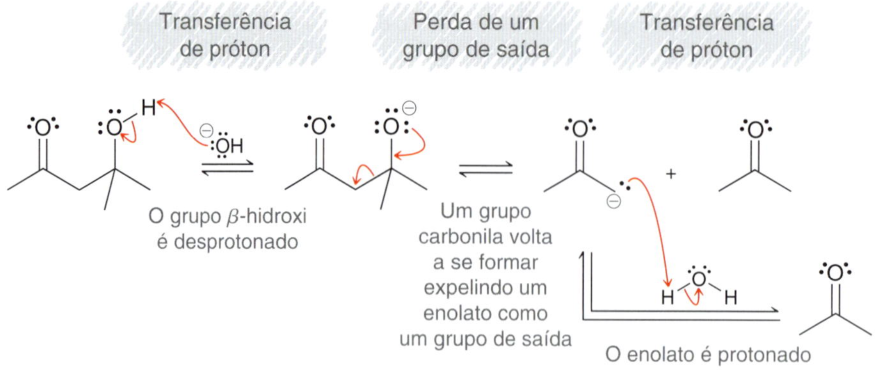

Mais uma vez, o mecanismo tem três etapas. Na verdade, essas três etapas são simplesmente o inverso das três etapas para uma adição aldólica. Observe que a segunda etapa desse mecanismo envolve a formação novamente de um grupo carbonila com um íon enolato sendo expelido como um grupo de saída. Essa reação representa, portanto, outra exceção à regra a respeito de evitar a expulsão de C^-. Esta exceção se justifica porque um enolato é estabilizado por ressonância, com a maioria da carga negativa residindo no átomo de oxigênio.

DESENVOLVENDO A APRENDIZAGEM

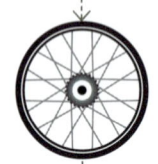

22.2 PREVISÃO DOS PRODUTOS DE UMA REAÇÃO DE ADIÇÃO ALDÓLICA

APRENDIZAGEM Preveja o produto da reação de adição aldólica que ocorre quando o aldeído visto a seguir é tratado com hidróxido de sódio aquoso.

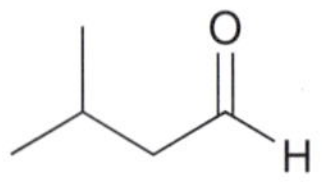

SOLUÇÃO

A melhor forma de se descobrir o produto de uma reação de adição aldólica é através do mecanismo. Na primeira etapa, a posição α do aldeído é desprotonada para formar um enolato.

ETAPA 1
Consideração de todas as três etapas do mecanismo.

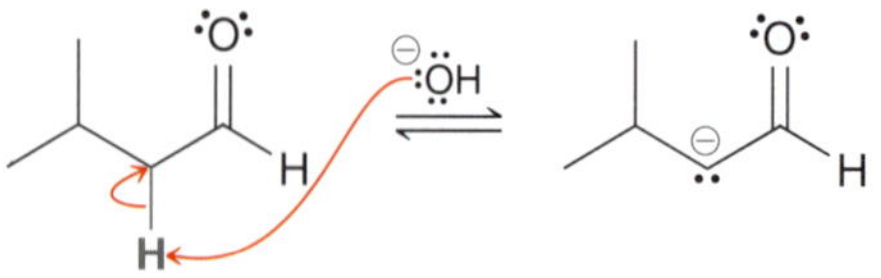

Lembre-se de que o próton aldeídico não é ácido. Apenas os prótons α são ácidos. Na segunda etapa do mecanismo, o enolato ataca um aldeído formando um íon alcóxido.

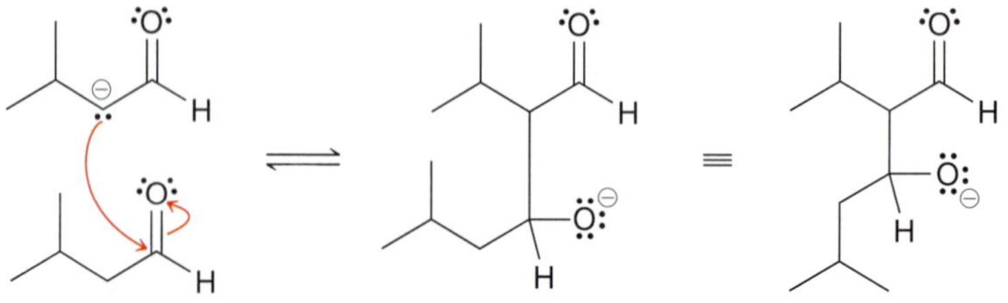

Finalmente, o alcóxido intermediário é protonado dando o produto.

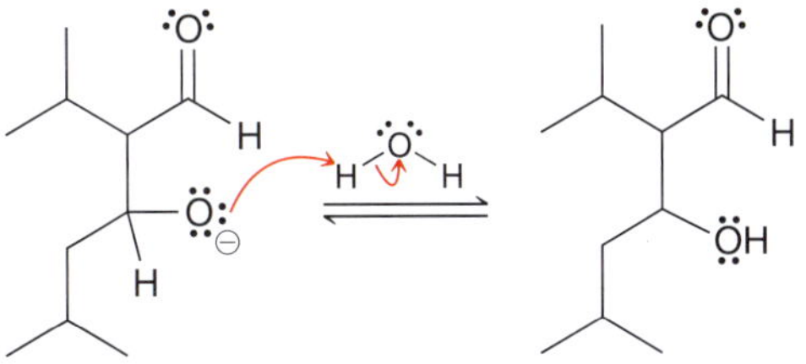

No total, há três etapas no mecanismo: (1) desprotonação, (2) ataque nucleofílico e (3) protonação. Observe que o produto é um β-hidroxialdeído. Ao representar o produto de uma reação de adição aldólica, certifique-se sempre que o grupo hidroxila está localizado na posição β em relação ao grupo carbonila.

ETAPA 2
Verifica-se duas vezes para ter certeza que o produto tem um grupo OH na posição β.

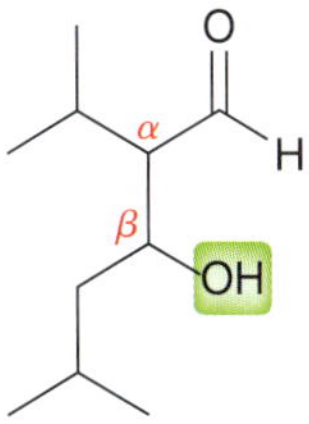

PRATICANDO o que você aprendeu

22.15 Preveja o produto principal que é obtido quando cada um dos seguintes aldeídos é tratado com hidróxido de sódio aquoso:

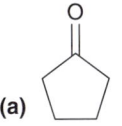

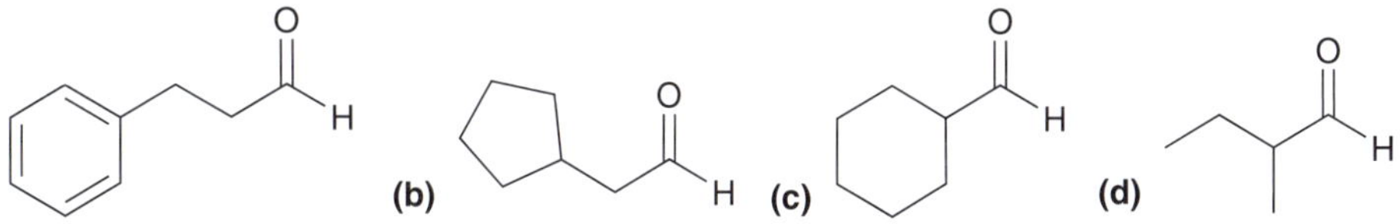

(a) (b) (c) (d)

22.16 Quando cada uma das cetonas vistas a seguir é tratada com hidróxido de sódio aquoso, o produto aldólico é obtido com baixos rendimentos. Nestes casos, técnicas de destilação especiais são usadas para aumentar o rendimento do produto aldólico. Em cada caso, preveja o produto da adição aldólica que é obtido e proponha um mecanismo para a sua formação.

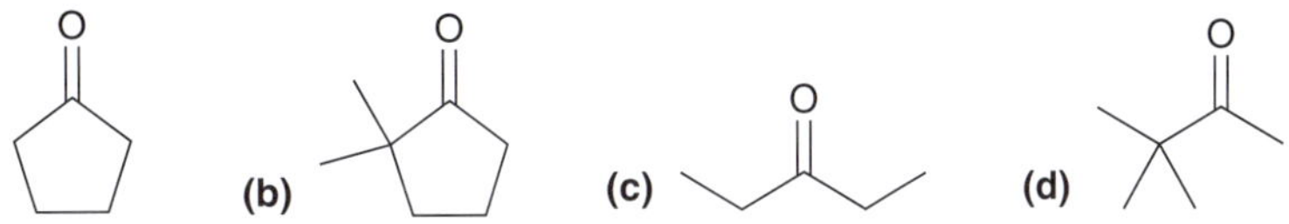

(a) (b) (c) (d)

APLICANDO o que você aprendeu

22.17 Quando tratada com hidróxido de sódio aquoso, o 2,2-dimetilbutanal não sofre uma reação de adição aldólica. Explique essa observação.

22.18 Um álcool de fórmula molecular $C_4H_{10}O$ foi tratado com PCC (clorocromato de piridínio) produzindo um aldeído que apresenta exatamente três sinais no espectro de RMN de ^1H. Preveja o produto da adição aldólica que é obtido quando este aldeído é tratado com hidróxido de sódio aquoso.

22.19 Usando acetaldeído como sua única fonte de carbono, mostre como você prepararia 1,3-butanodiol.

é necessário **PRATICAR MAIS?** Tente Resolver o Problema 22.72

Condensação Aldólica

Quando aquecido em condições ácidas ou básicas, o produto de uma reação de adição aldólica vai sofrer eliminação produzindo insaturação entre as posições α e β:

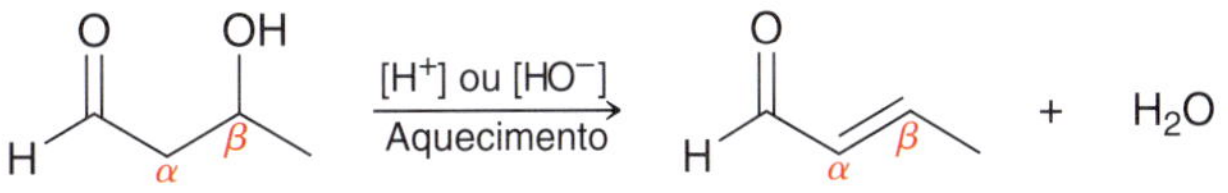

falando de modo prático | Potência Muscular

As reações retroaldólicas desempenham um papel fundamental em muitos processos bioquímicos, incluindo um dos processos pelos quais a energia é gerada para os nossos músculos. Mencionamos pela primeira vez na Seção 13.11, do Volume 1, que a energia em nosso corpo é armazenada na forma de moléculas de ATP. Ou seja, a energia do alimento que comemos é usada para converter ADP em ATP, que é armazenado. Quando é necessária energia, o ATP é quebrado formando ADP, e a energia que é liberada pode ser utilizada para vários processos bioquímicos, tais como a contração dos músculos.

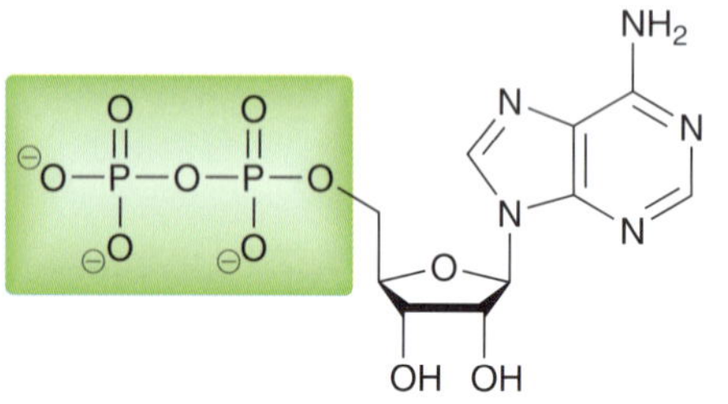

Difosfato de adenosina (ADP)

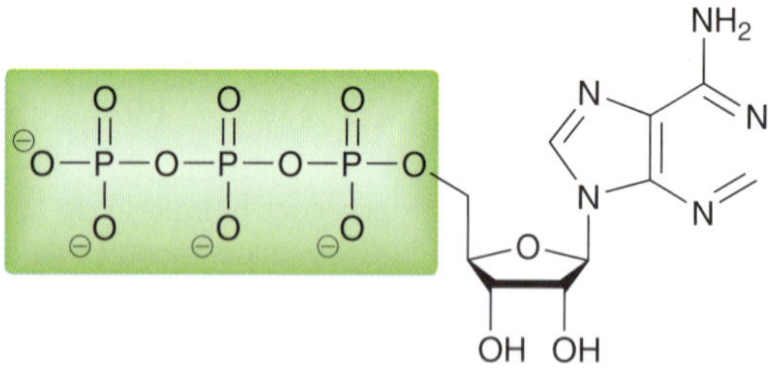

Trifosfato de adenosina (ATP)

Observe que a diferença estrutural entre o ATP e o ADP está no número de grupos fosfato presentes (dois no caso de ADP, três no caso de ATP). As moléculas de ATP em nossos músculos são usadas para qualquer atividade que necessite de uma explosão de energia em um curto intervalo de tempo, tal como um saque de tênis, um salto ou um chute em uma bola. Para atividades que duram mais de um segundo, como corrida, moléculas de ATP têm que ser sintetizadas no local. Isto é inicialmente alcançado por um processo chamado glicólise, em que uma molécula de glicose (obtida a partir do metabolismo dos carboidratos que comemos) é convertida em duas moléculas de ácido pirúvico.

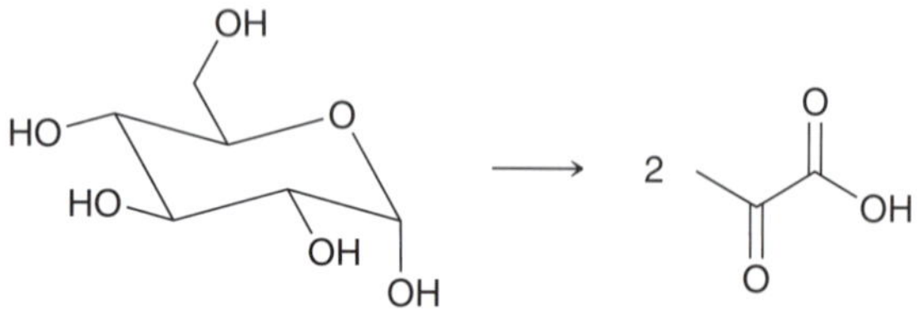

Glicose | **Ácido pirúvico**

A glicólise envolve muitas etapas e é acompanhada pela conversão de duas moléculas de ADP em ATP. Portanto, este processo metabólico gera o ATP necessário para a contração muscular. Uma das etapas envolvidas na glicólise é uma reação retroaldólica, que é realizada com a ajuda de uma enzima chamada aldolase.

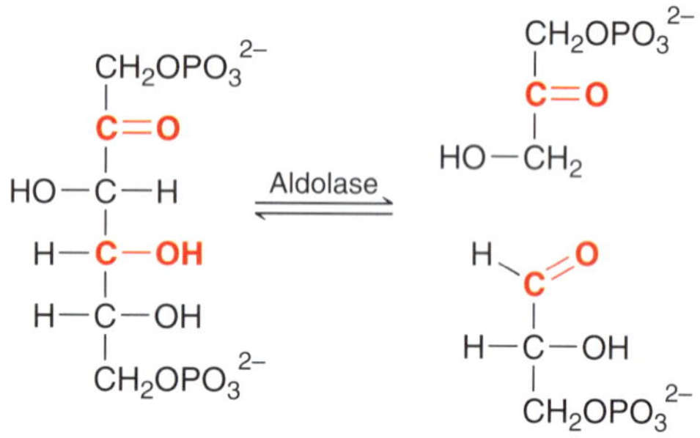

O produto final da glicólise é o ácido pirúvico, que é utilizado como material de partida em vários processos bioquímicos.

A glicólise fornece ATP para atividades que duram até 1,5 min. As atividades que ultrapassem este período de tempo, tais como corrida de longa distância, exigem um processo diferente para a geração de ATP, chamado ciclo do ácido cítrico. Ao contrário da glicólise, que pode ser alcançada sem oxigênio (é um processo anaeróbio), o ciclo do ácido cítrico requer oxigênio (é um processo aeróbico). Isso explica por que nós respiramos mais rapidamente durante e após uma atividade extenuante. O termo "exercícios aeróbicos" é geralmente utilizado para se referir a um exercício que utiliza ATP que foi gerado pelo ciclo do ácido cítrico (um processo aeróbio) em vez da glicólise (um processo anaeróbio). Um atleta casual pode sentir uma mudança da síntese anaeróbio do ATP para a síntese aeróbico de ATP depois de cerca de 1,5 min. Atletas experientes irão detectar a mudança depois de cerca de 2,5 min. Se você assiste aos Jogos Olímpicos, você está provavelmente ciente da distinção entre uma corrida de curta distância e uma corrida de longa distância. Os atletas podem correr mais rápido em uma corrida de curta distância, que se baseia principalmente na glicólise para produção de energia. Corridas de longas distâncias exigem o ciclo do ácido cítrico para a produção de energia.

Na prática, esta transformação é mais facilmente obtida quando uma adição aldólica é realizada em uma temperatura elevada. Sob essas condições básicas, a reação de adição aldólica ocorre seguida de desidratação formando um produto α,β-insaturado.

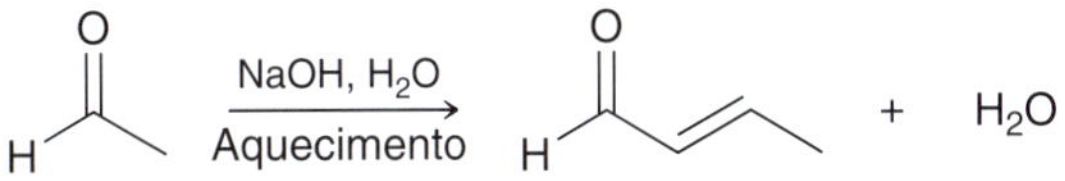
NaOH, H_2O
Aquecimento
H_2O

Este processo de duas etapas (adição aldólica mais desidratação) é chamado de **condensação aldólica**. O termo *condensação* é usado em referência a qualquer reação em que duas moléculas sofrem adição acompanhada pela perda de uma molécula pequena, tal como água, dióxido de carbono ou nitrogênio gasoso. No caso de condensações aldólicas, a água é a molécula pequena que é perdida. Observe que o produto de uma adição aldólica é um β-hidroxialdeído ou uma β-hidroxicetona, enquanto o produto de uma condensação aldólica é um aldeído ou uma cetona α,β-insaturada.

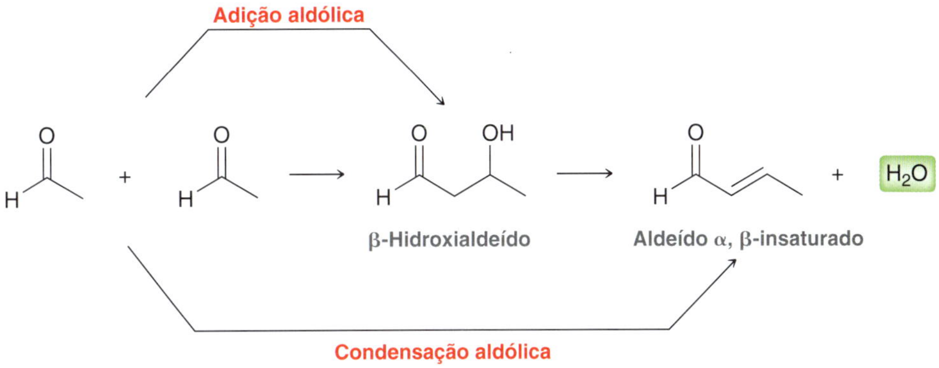
Adição aldólica
β-Hidroxialdeído
Aldeído α, β-insaturado
H_2O
Condensação aldólica

MECANISMO 22.6 CONDENSAÇÃO ALDÓLICA

PARTE 1: ADIÇÃO ALDÓLICA

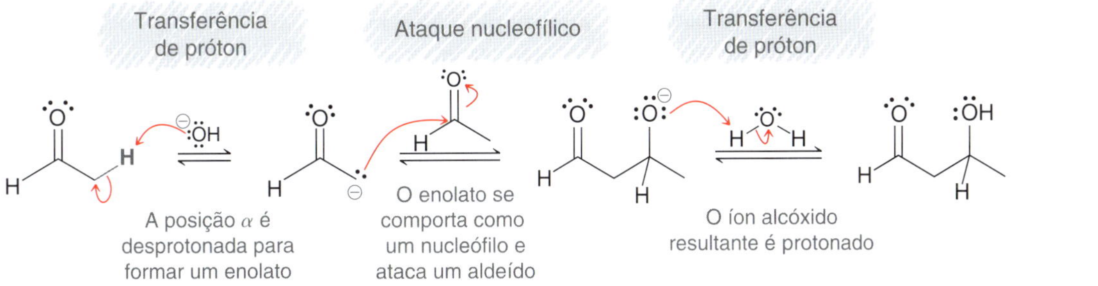
Transferência de próton
Ataque nucleofílico
Transferência de próton
A posição α é desprotonada para formar um enolato
O enolato se comporta como um nucleófilo e ataca um aldeído
O íon alcóxido resultante é protonado

PARTE 2: ELIMINAÇÃO DE H_2O

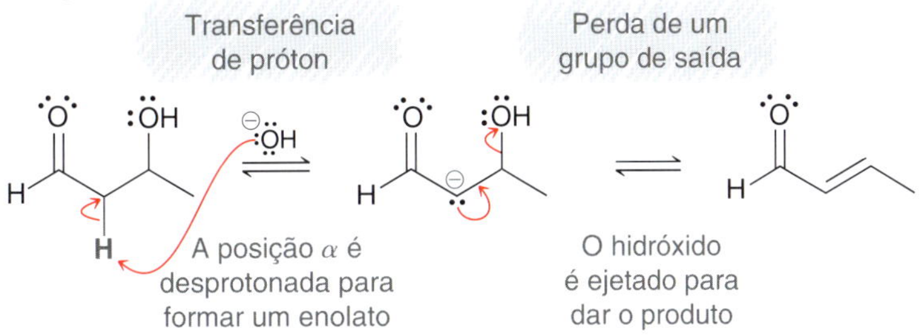
Transferência de próton
Perda de um grupo de saída
A posição α é desprotonada para formar um enolato
O hidróxido é ejetado para dar o produto

Uma condensação aldólica (Mecanismo 22.6) tem duas partes. A primeira parte é apenas uma reação de adição aldólica, que tem um mecanismo de três etapas. A segunda parte tem duas etapas que realizam a eliminação da água. Normalmente, os álcoois não são submetidos a desidratação na presença de uma base forte, mas aqui, a presença do grupo carbonila permite que a reação de desidratação ocorra. A posição α é inicialmente desprotonada, formando um íon enolato, seguida pela expulsão de um íon hidróxido produzindo α,β-insaturação. Esse processo de duas etapas, que é diferente das reações de eliminação que nós vimos no Capítulo 8, do Volume 1, é chamado de **mecanismo E1cb**. Em um mecanismo E1cb, o grupo de saída sai apenas após ocorrer a desprotonação.

Nos casos em que duas ligações π estereoisoméricas podem ser formadas, o produto com o impedimento estérico mínimo é geralmente o produto principal.

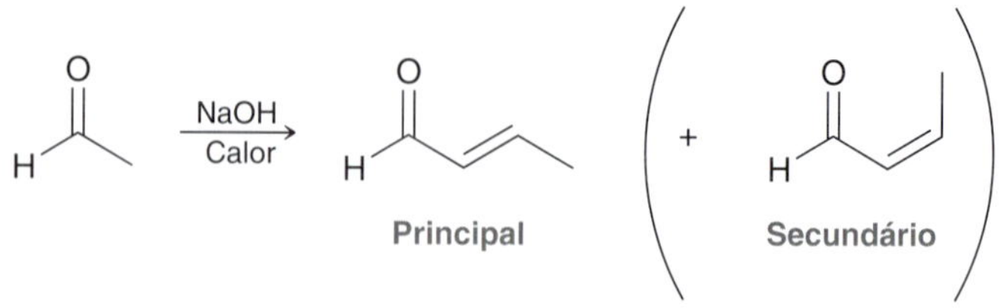

Neste exemplo, a formação da ligação π *trans* é favorecida em relação a formação da ligação π *cis*.

RELEMBRANDO
A estabilidade de sistemas π conjugados foi discutida na Seção 17.2.

A força motriz para uma condensação aldólica é a formação de um sistema conjugado. As condições de reação necessárias para uma condensação aldólica são apenas ligeiramente mais intensas do que as condições necessárias para uma reação de adição aldólica. Normalmente, uma condensação aldólica pode ser obtida simplesmente realizando a reação em uma temperatura elevada. Na verdade, em alguns casos, não é possível isolar a β-hidroxicetona. Como exemplo, considere o seguinte caso:

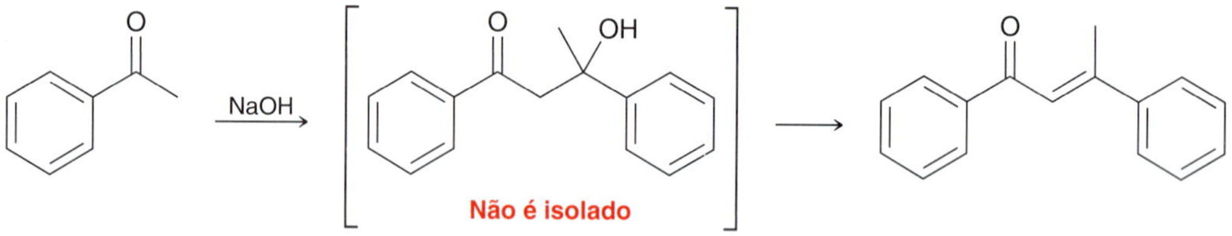

Neste caso, o produto de adição aldólica não pode ser isolado. Mesmo em temperaturas moderadas, apenas o produto da condensação é obtido, pois a reação de condensação envolve a formação de um sistema π altamente conjugado. Mesmo nos casos em que o produto de adição aldólica pode ser isolado (efetuando a reação em uma temperatura baixa), os rendimentos das reações de condensação são normalmente muito maiores do que os rendimentos das reações de adição. O exemplo a seguir ilustra esse ponto:

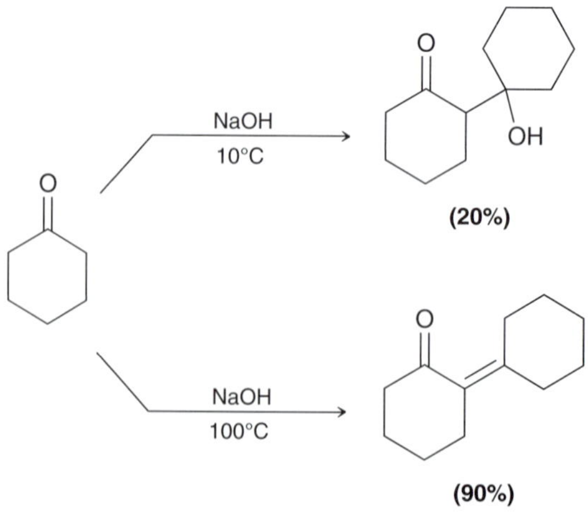

Quando a reação é realizada em uma temperatura baixa, o produto da adição aldólica é obtido, mas o rendimento é muito pequeno. Como explicado anteriormente, o material de partida é uma cetona, e o equilíbrio não favorece a formação do produto da adição aldólica. No entanto, quando a reação é realizada em uma temperatura elevada, o produto da condensação aldólica é obtido com muito bom rendimento porque o equilíbrio é fixado pela formação de um sistema π conjugado.

DESENVOLVENDO A APRENDIZAGEM

22.3 PREVISÃO DO PRODUTO DE UMA CONDENSAÇÃO ALDÓLICA

APRENDIZAGEM Preveja o produto da condensação aldólica que ocorre quando a cetona vista a seguir é aquecida na presença de hidróxido de sódio aquoso.

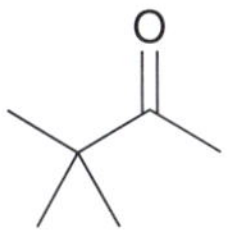

SOLUÇÃO

Uma maneira de descobrir o produto é representar o mecanismo inteiro, mas para as condensações aldólicas existe um método mais rápido para se descobrir o produto. Começamos identificando os prótons α:

ETAPA 1
Identificação das posições α.

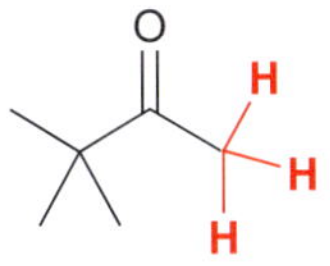

A fim de alcançar uma condensação aldólica, um dos átomos de carbono α tem de suportar pelo menos dois prótons. Neste caso, uma das posições α tem três prótons, e a outra posição α não tem nenhum.

A seguir, representamos duas moléculas da cetona orientadas de tal modo que dois prótons α de uma molécula estão de frente para o grupo carbonila da outra molécula:

ETAPA 2
Representação novamente das duas moléculas da cetona.

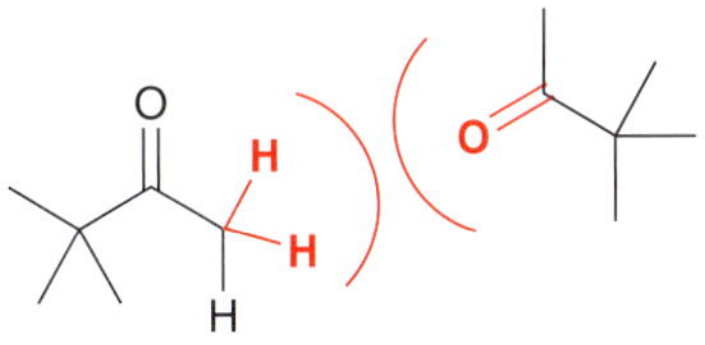

Quando a representação é feita dessa forma, é mais fácil prever o produto sem a necessidade de representar todo o mecanismo. Basta retirar os dois prótons α e o átomo de oxigênio (mostrados em vermelho), e substituí-los por uma ligação dupla:

ETAPA 3
Remoção de H_2O e substituição por uma ligação C=C.

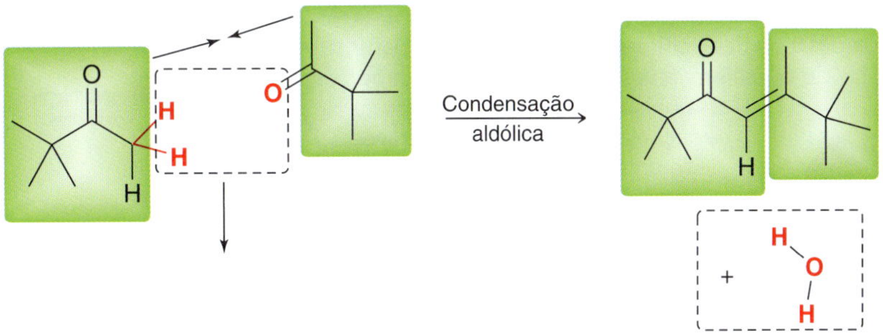

O produto é uma cetona α,β-insaturada e a água é liberada como um subproduto. Neste caso, são possíveis dois estereoisômeros, de modo que representamos o produto com menor impedimento estérico:

ETAPA 4
Representação do isômero com o menor impedimento estérico.

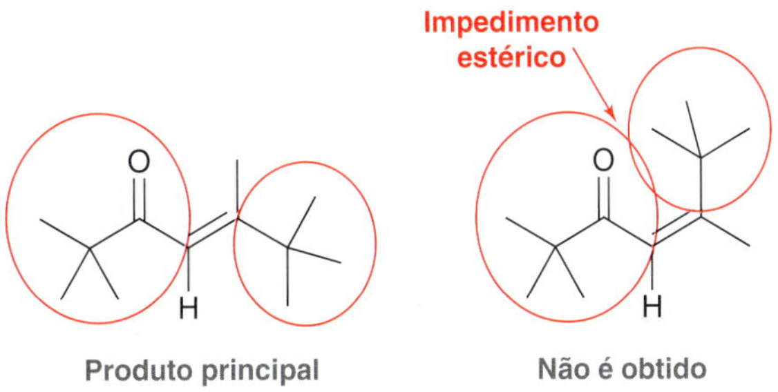

PRATICANDO o que você aprendeu

22.20 Represente o produto da condensação que é obtido quando cada uma das substâncias vistas a seguir é aquecida na presença de hidróxido de sódio aquoso.

(a) 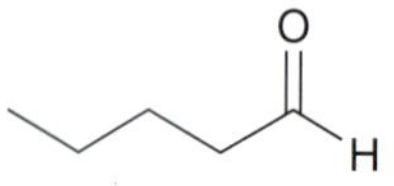

(b) 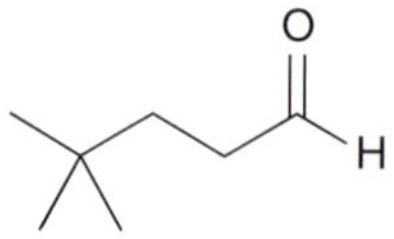

(c) 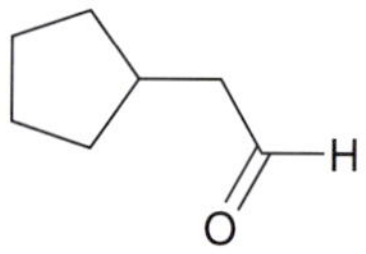

(d) 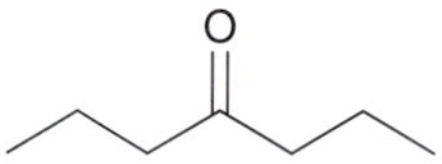

(e) 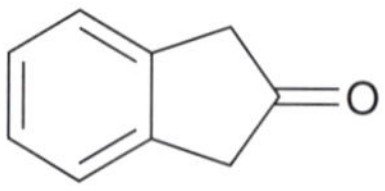

(f) 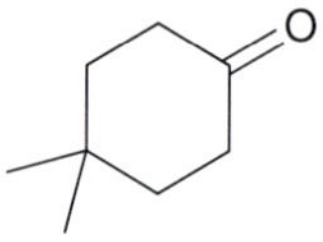

APLICANDO o que você aprendeu

22.21 Identifique o aldeído ou a cetona de partida necessária para produzir através de uma condensação aldólica cada uma das substâncias vistas a seguir.

(a) 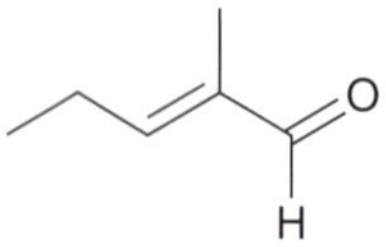

(b) 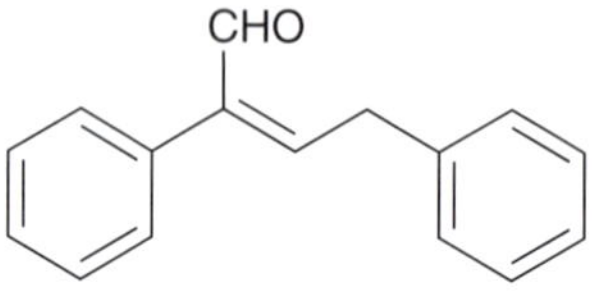

(c) 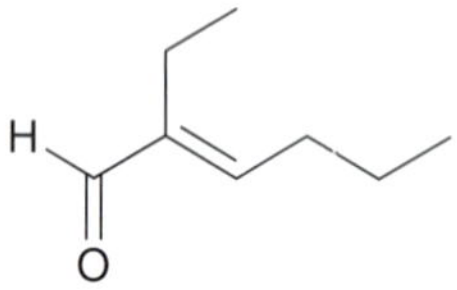

22.22 Quando a 2-butanona é aquecida na presença de hidróxido de sódio aquoso, quatro produtos de condensação são obtidos. Represente todos os quatro produtos.

é necessário **PRATICAR MAIS?** **Tente Resolver os Problemas 22.71, 22.84c**

falando de modo prático | Por que a Carne de Animais Mais Novos É Mais Macia?

Como mencionado no Capítulo 21, as proteínas são substâncias biológicas importantes constituídas de múltiplos grupos amida. As proteínas serão discutidas mais detalhadamente no Capítulo 25. Uma das proteínas mais abundantes encontradas nos mamíferos é chamada de colágeno. Ela é encontrada na pele, nos ossos e nos dentes, e é usada para fazer sobremesas à base de gelatina. Moléculas individuais de colágeno podem ser isoladas a partir de animais jovens, mas não a partir de animais mais velhos porque, com a idade, as moléculas de colágeno formam ligações cruzadas entre si através de uma reação de condensação aldólica. Primeiro, os grupos amina localizados nas cadeias laterais de colágeno são convertidos em grupos aldeído por meio de um processo chamado de desaminação oxidativa. Em seguida, os grupos aldeído resultantes podem ser submetidos a uma condensação aldólica, como mostrado.

Este processo resulta na ligação cruzada de duas moléculas de colágeno. Quando um animal envelhece, o número de proteínas com ligações cruzadas aumenta à custa das moléculas individuais de colágeno. Por essa razão, a carne de animais mais velhos é geralmente mais resistente do que a carne obtida a partir de animais mais novos.

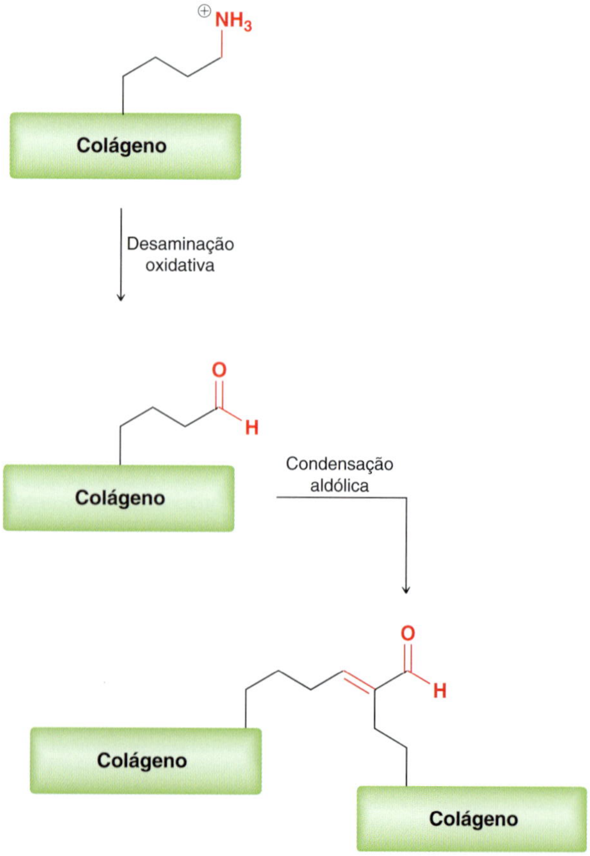

Reações Aldólicas Cruzadas

Até agora, temos nos concentrado em reações aldólicas simétricas, isto é, reações aldólicas que ocorrem entre duas moléculas iguais. Nesta seção, vamos explorar as **reações aldólicas cruzadas**, ou **reações aldólicas mistas**, que são reações aldólicas que podem ocorrer entre moléculas diferentes. Como um exemplo, considere o que acontece quando uma mistura de acetaldeído e propionaldeído é tratada com uma base. Sob essas circunstâncias, quatro produtos aldólicos possíveis podem ser formados (Figura 22.3). Os dois primeiros produtos são formados a partir de reações

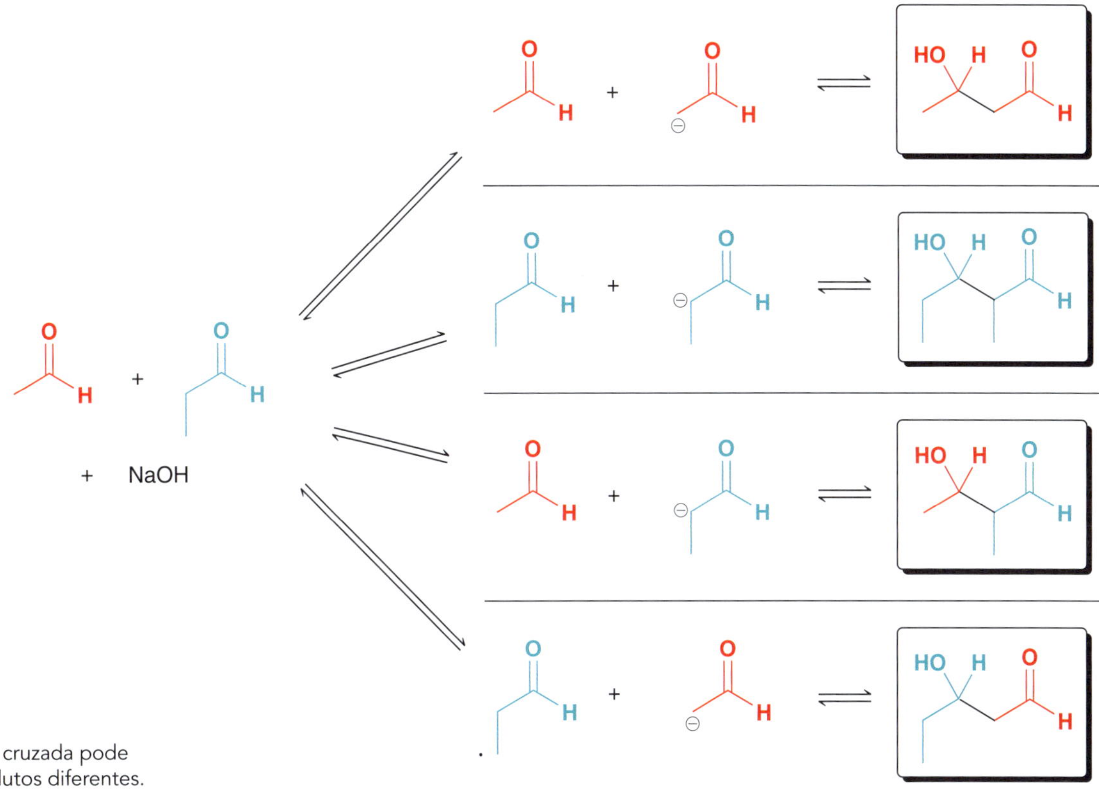

FIGURA 22.3
Uma reação aldólica cruzada pode produzir quatro produtos diferentes.

aldólicas simétricas, enquanto os dois últimos produtos são formados a partir de reações aldólicas cruzadas. As reações que formam misturas de produtos são de pouca utilidade e, portanto, reações aldólicas cruzadas são apenas eficazes se elas poderem ser realizadas de uma maneira que minimize o número de possíveis produtos. Isso pode ser realizado de forma melhor em qualquer um dos seguintes casos:

1. Se um dos aldeídos não tem prótons α e possui um grupo carbonila sem impedimento estérico, então uma reação aldólica cruzada pode ser realizada. Como um exemplo, considere o que acontece quando uma mistura de formaldeído e propionaldeído é tratada com uma base.

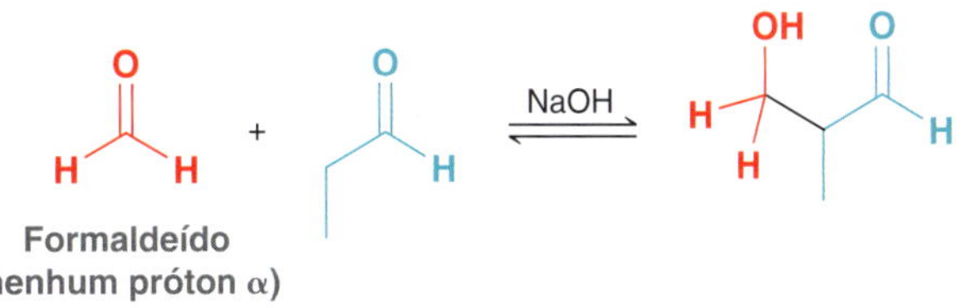

Neste caso, apenas um dos produtos aldólicos principais é produzido. Por quê? O formaldeído não tem nenhum próton α e, portanto, não pode formar um enolato. Como resultado, apenas o enolato formado a partir do propionaldeído está presente em solução. Nestas condições, existem apenas dois produtos possíveis. O enolato pode atacar uma molécula de propionaldeído para produzir uma reação aldólica simétrica, ou o enolato pode atacar uma molécula de formaldeído para produzir uma reação aldólica cruzada. Esta última reação ocorre mais rapidamente porque o grupo carbonila do fomaldeído é menos impedido estericamente do que o grupo carbonila do propionaldeído. Como resultado, um produto é predominante.

As reações aldólicas cruzadas também podem ser realizadas com benzaldeído.

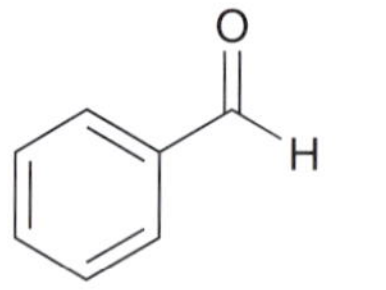

Benzaldeído
(nenhum próton α)

Quando o benzaldeído é usado, a etapa de desidratação é espontânea, e o equilíbrio favorece o produto de condensação em vez de o produto de adição, porque o produto de condensação é altamente conjugado.

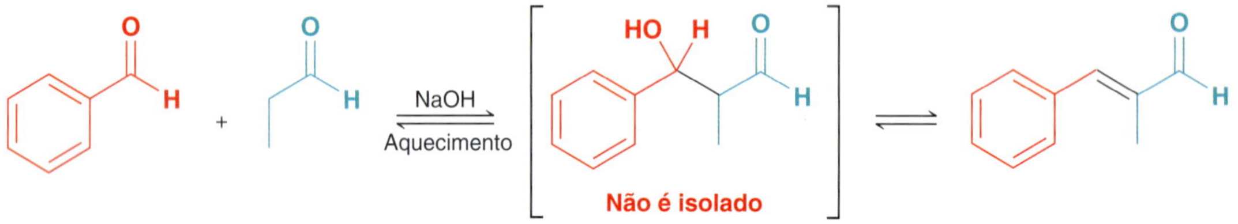

As reações aldólicas envolvendo aldeídos aromáticos geralmente produzem reações de condensação.

2. As reações aldólicas cruzadas também podem ser realizadas utilizando-se LDA (di-isopropilamida de lítio) como base.

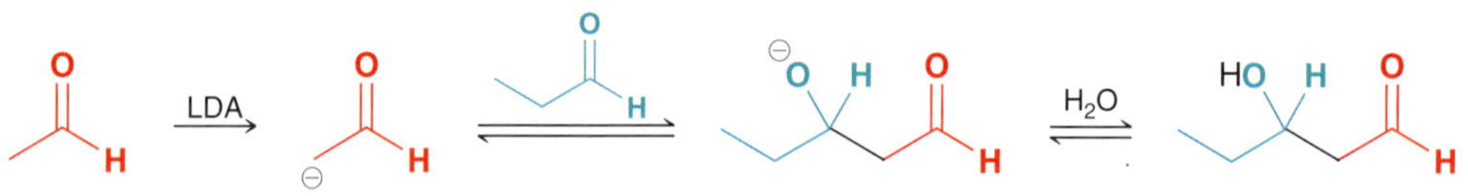

Lembre que LDA causa formação irreversível de enolato. Se o acetaldeído é adicionado gota a gota a uma solução de LDA, o resultado é uma solução de íons enolato. O propionaldeído pode então ser adicionado gota a gota à mistura, resultando em uma adição aldólica cruzada que produz um produto principal. Este tipo de processo é chamado de **adição aldólica dirigida**, e o seu sucesso é limitado pela velocidade com que os íons enolato podem alcançar o equilíbrio. Em outras palavras, é possível que um íon enolato se comporte como uma base (em vez de um nucleófilo) e desprotone uma molécula de propionaldeído. Se este processo ocorre muito rapidamente, então ocorrerá a formação de uma mistura de produtos.

DESENVOLVENDO A APRENDIZAGEM

22.4 IDENTIFICAÇÃO DOS REAGENTES NECESSÁRIOS PARA UMA REAÇÃO ALDÓLICA CRUZADA

APRENDIZAGEM Identifique os reagentes necessários para produzir a substância vista a seguir através de uma reação aldólica.

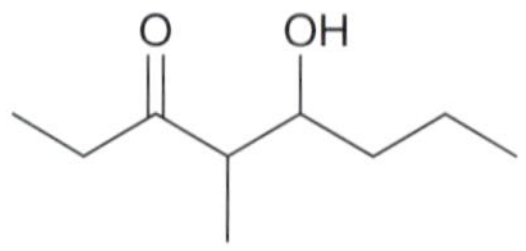

SOLUÇÃO

Começamos identificando as posições α e β.

ETAPA 1
Identificação das posições α e β.

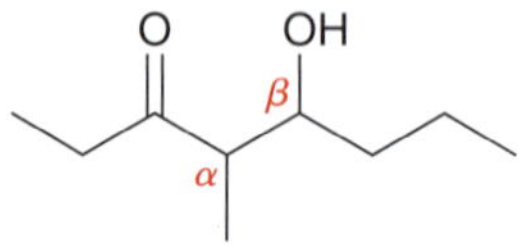

ETAPA 2
Uso de uma análise retrossintética focada sobre a ligação α,β.

Agora aplicamos uma análise retrossintética. A ligação entre as posições α e β é a ligação formada durante uma reação aldólica. Para encontrar os materiais de partida necessários, quebramos a ligação entre as posições α e β, representando um grupo carbonila no lugar do grupo OH.

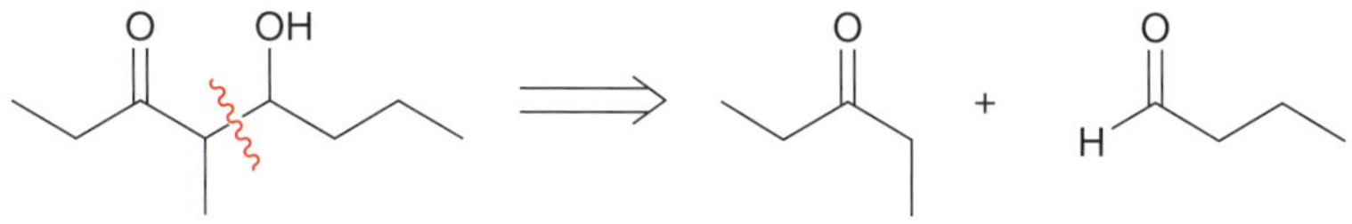

ETAPA 3
Identificação de uma base apropriada.

Essas são as duas substâncias carboniladas de partida. Elas não são idênticas, de modo que é necessária uma reação aldólica cruzada.

A etapa final é a determinação da base que deve ser utilizada. Ambas as substâncias iniciais têm prótons α, de modo que não podemos usar hidróxido como base, pois isso resultaria em uma mistura de quatro produtos. Neste caso, uma reação aldólica cruzada só pode ser realizada se LDA for usada para que se obtenha uma reação aldólica dirigida.

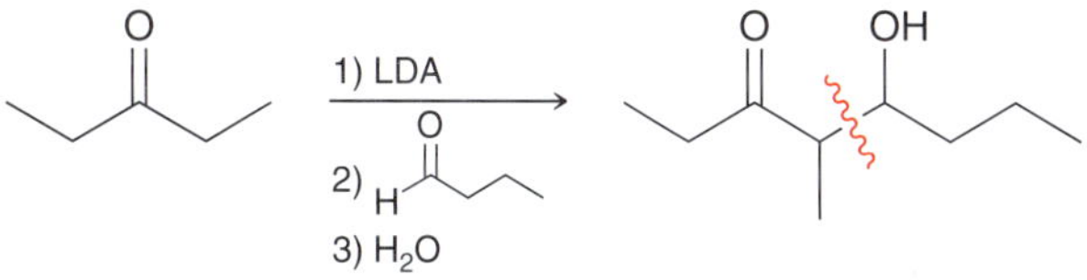

Na primeira etapa, a cetona simétrica é irreversível e completamente desprotonada pela LDA produzindo uma solução de íons enolato. Em seguida, o aldeído é adicionado gota a gota à solução para se obter uma adição aldólica dirigida.

PRATICANDO o que você aprendeu

22.23 Identifique os reagentes necessários para a produção de cada uma das substâncias vistas a seguir por meio de uma reação aldólica.

(a) 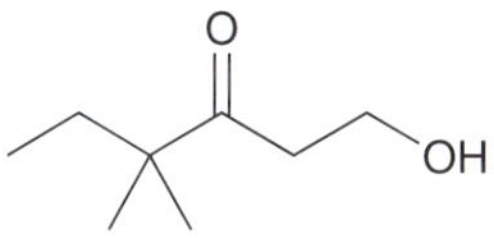

(b) 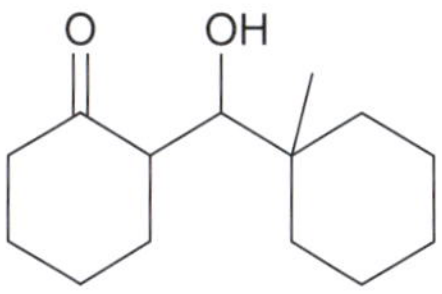

(c) 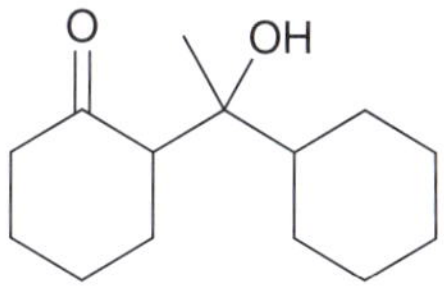

(d) 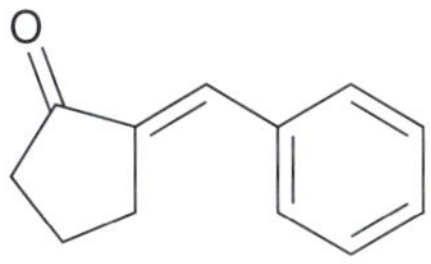

(e) 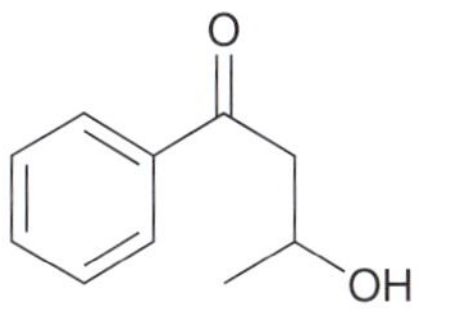

APLICANDO o que você aprendeu

22.24 Usando formaldeído e acetaldeído como suas únicas fontes de átomos de carbono, mostre como você pode obter cada uma das substâncias vistas a seguir. Talvez seja interessante que você faça uma revisão sobre a formação de acetal (Seção 20.5).

(a) 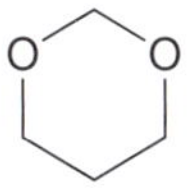

(b) 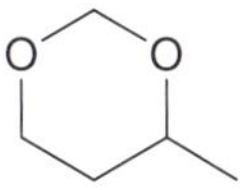

(c) 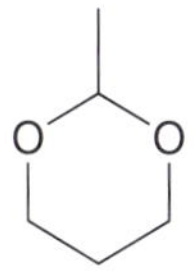

(d) 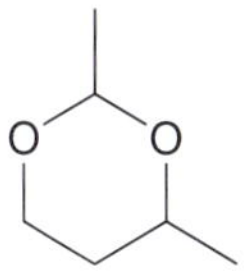

é necessário **PRATICAR MAIS?** **Tente Resolver os Problemas 22.67, 22.68**

Reações Aldólicas Intramoleculares

As substâncias que possuem dois grupos carbonila podem sofrer reações aldólicas intramoleculares. Considere a reação que ocorre quando a 2,5-hexanodiona é aquecida na presença de hidróxido de sódio aquoso.

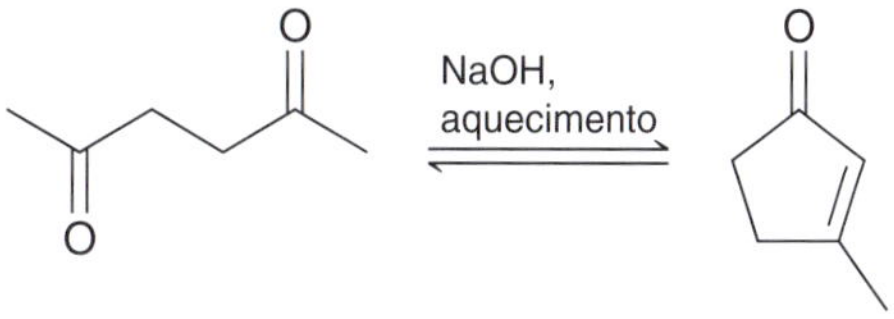

Neste caso é formado um produto cíclico. O mecanismo para este processo é quase idêntico ao mecanismo para qualquer outra condensação aldólica, mas com uma diferença notável – o enolato e o grupo carbonila estão ambos presentes na mesma molécula resultando em um ataque intramolecular.

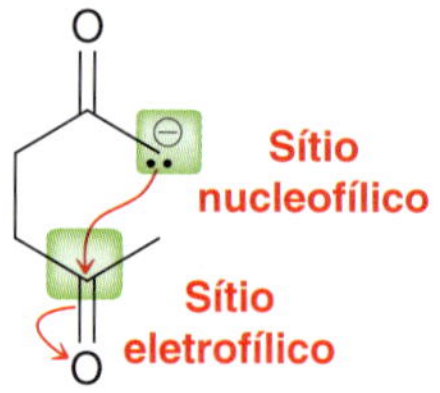

Reações aldólicas intramoleculares mostram uma preferência para a formação de anéis de cinco e de seis membros. Anéis menores são possíveis, mas não são geralmente observados.

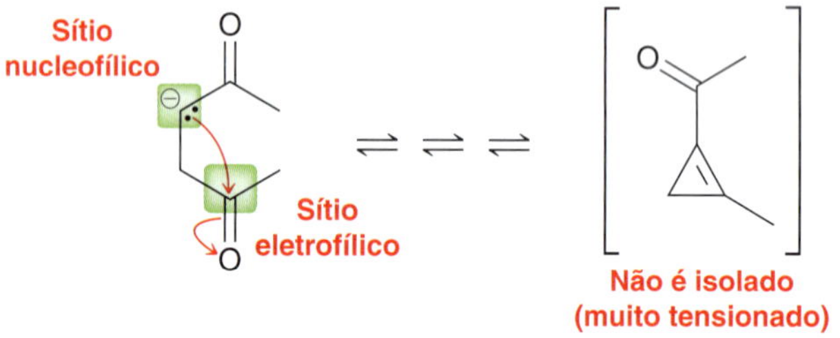

É concebível que o anel de três membros possa ser formado inicialmente, mas lembre que os produtos das reações aldólicas são determinados pelas concentrações de equilíbrio. Uma vez que o equilíbrio tenha sido alcançado, o anel tensionado de três membros não está presente em quantidades substanciais porque o equilíbrio favorece a formação de um produto quase livre de tensões.

VERIFICAÇÃO CONCEITUAL

22.25 Represente um mecanismo para a seguinte transformação:

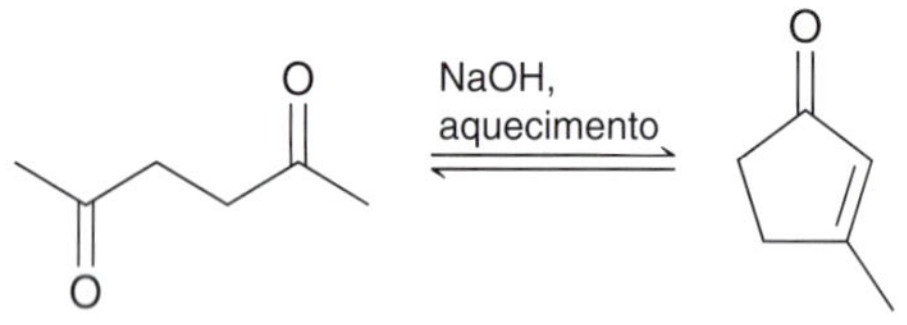

22.26 A reação do problema anterior é um processo de equilíbrio. Represente um mecanismo do processo inverso. Isto é, elabore um mecanismo que mostre a conversão da enona cíclica conjugada na diona acíclica.

22.27 Quando a 2,6-heptanodiona é aquecida na presença de hidróxido de sódio aquoso, um produto de condensação com um anel de seis membros é obtido. Represente o produto e mostre um mecanismo para a sua formação.

22.4 Condensações de Claisen

A Condensação de Claisen

Tal como os aldeídos e as cetonas, os ésteres também exibem reações de condensação reversível.

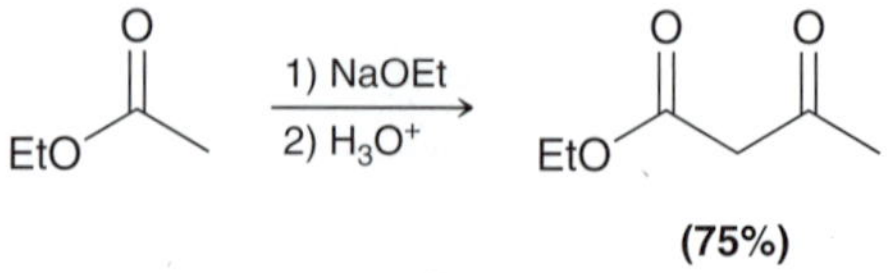

Este tipo de reação é chamado de **condensação de Claisen**, e um mecanismo para este processo é mostrado no Mecanismo de 22.7.

MECANISMO 22.7 CONDENSAÇÃO DE CLAISEN

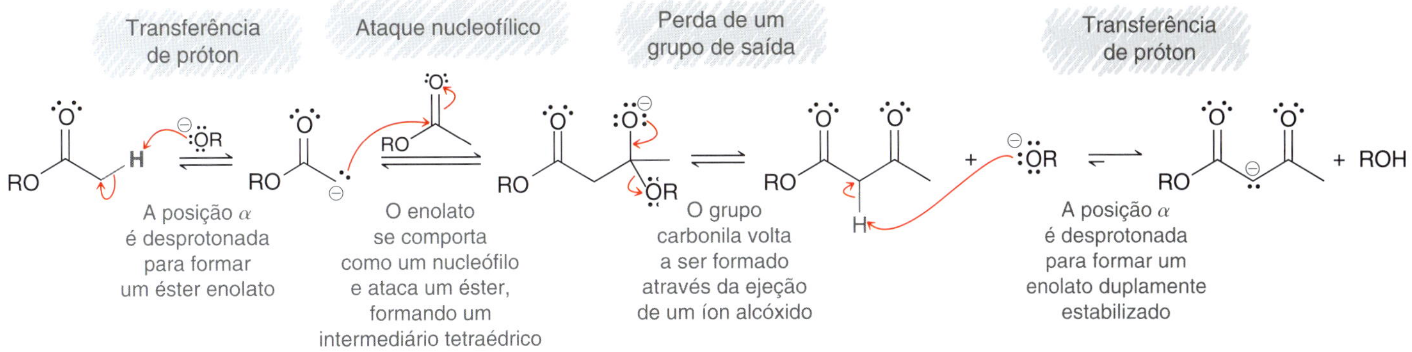

Transferência de próton
Ataque nucleofílico
Perda de um grupo de saída
Transferência de próton
A posição α é desprotonada para formar um éster enolato
O enolato se comporta como um nucleófilo e ataca um éster, formando um intermediário tetraédrico
O grupo carbonila volta a ser formado através da ejeção de um íon alcóxido
A posição α é desprotonada para formar um enolato duplamente estabilizado

As duas primeiras etapas deste mecanismo são muito parecidas com uma adição aldólica. Primeiro, o éster é desprotonado para formar um enolato, que, em seguida, se comporta como um nucleófilo e ataca outra molécula de éster. A diferença entre uma reação aldólica e uma reação de condensação de Claisen é o destino do intermediário tetraédrico. Em uma condensação de Claisen, o intermediário tetraédrico pode expulsar um grupo de saída para voltar a se formar uma ligação C=O. A condensação de Claisen é simplesmente uma reação de substituição nucleofílica acílica em que o nucleófilo é um éster enolato e o eletrófilo é um éster. O produto desta reação é um β-cetoéster.

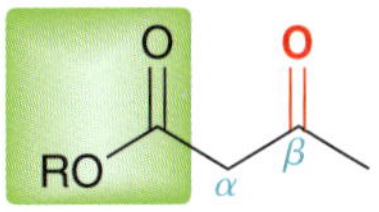

Observe que a última etapa do mecanismo é a desprotonação do β-cetoéster formando um enolato duplamente estabilizado. Essa etapa de desprotonação não pode ser evitada, porque a reação ocorre em condições básicas. Cada molécula de base (íon alcóxido) é convertida no enolato duplamente estabilizado, o que é uma transformação favorável (diminui em energia). Na verdade, a etapa de desprotonação no fim do mecanismo proporciona uma força motriz que faz com que o equilíbrio favoreça a condensação. Como resultado, a base não é um catalisador, mas é realmente consumida quando a reação prossegue. Depois de a reação estar completa, é necessário utilizar um ácido suave, a fim de protonar o enolato duplamente estabilizado.

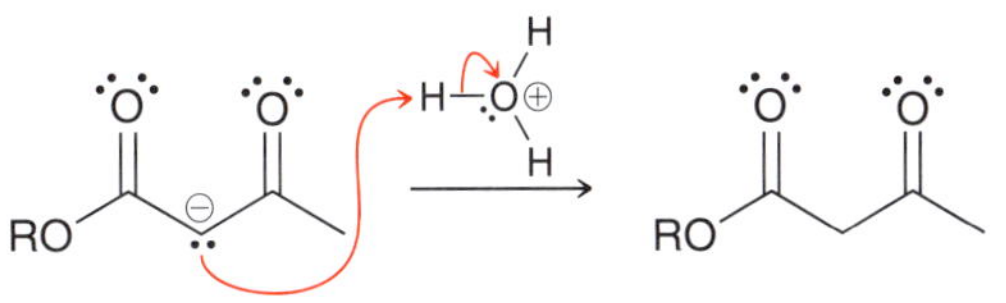

Ao realizar uma condensação de Claisen, o éster de partida tem que ter dois prótons α. Se ele tem apenas um próton α, então a força motriz para a condensação está ausente (um enolato duplamente estabilizado não pode ser formado).

O hidróxido não pode ser usado como a base para uma condensação de Claisen, pois pode provocar hidrólise do éster de partida.

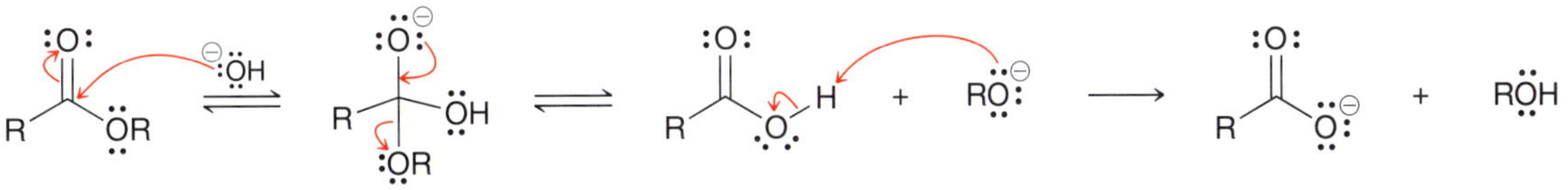

Se o hidróxido é utilizado como uma base, o éster é hidrolisado para formar um ácido carboxílico, que é, em seguida, desprotonado de forma irreversível formando um sal de carboxilato, evitando assim que ocorra a condensação de Claisen. Em vez disso, as condensações de Claisen são realizadas por meio de um íon alcóxido como a base. Especificamente, o alcóxido utilizado tem que ser o mesmo grupo OR que está presente no éster de partida, a fim de evitar a *transesterificação*.

Por exemplo, se um éster etílico é tratado com metóxido, a transesterificação pode converter éster etílico em um éster metílico.

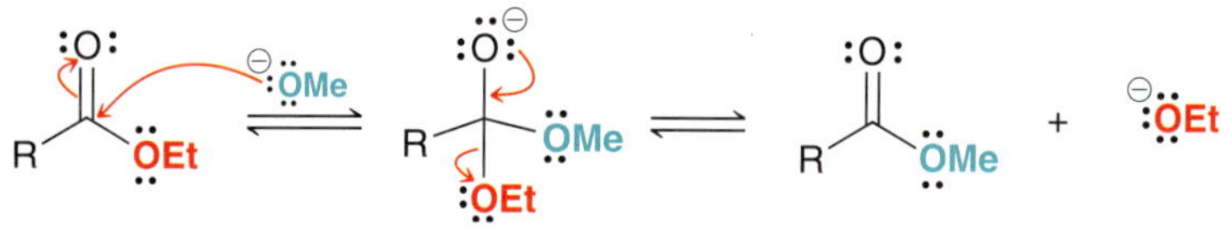

Condensações de Claisen Cruzadas

Reações de condensação de Claisen, que ocorrem entre as duas moléculas diferentes são chamadas de **condensações de Claisen cruzadas**. Assim como vimos com as reações aldólicas, as reações de condensação de Claisen cruzadas também produzem uma mistura de produtos e só são eficientes se um dos dois critérios vistos a seguir for atendido:

1. Se um éster não tem nenhum próton α e não pode formar um enolato, por exemplo:

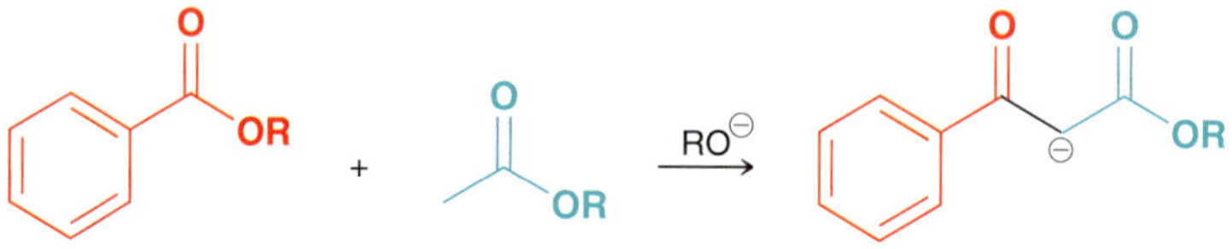

Nesta reação, o éster arílico carece de prótons e não pode formar um enolato. Apenas o outro éster é capaz de formar um enolato, o que reduz o número de possíveis produtos.

2. Uma condensação de Claisen dirigida pode ser realizada utilizando LDA como uma base para formar irreversivelmente um éster enolato, que é então tratado com um éster diferente.

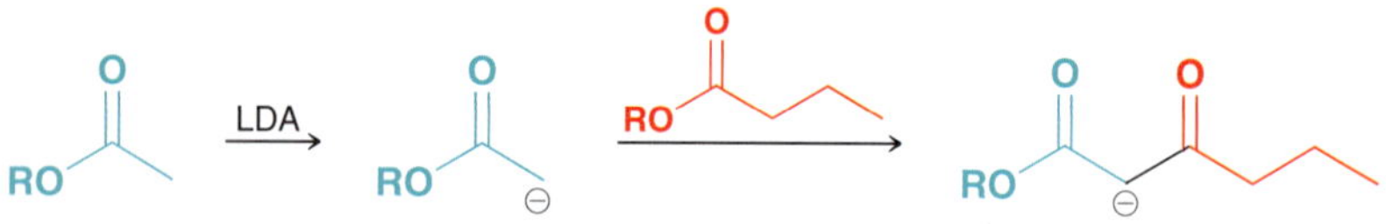

Condensações de Claisen Intramoleculares: A Ciclização de Dieckmann

Assim como vemos com as reações aldólicas, condensações de Claisen também podem ocorrer de forma intramolecular, por exemplo:

A PROPÓSITO
Quando se representa o produto de uma ciclização de Dieckmann, é aconselhável usar um sistema de numeração para assinalar todos os átomos de carbono, como mostrado aqui.

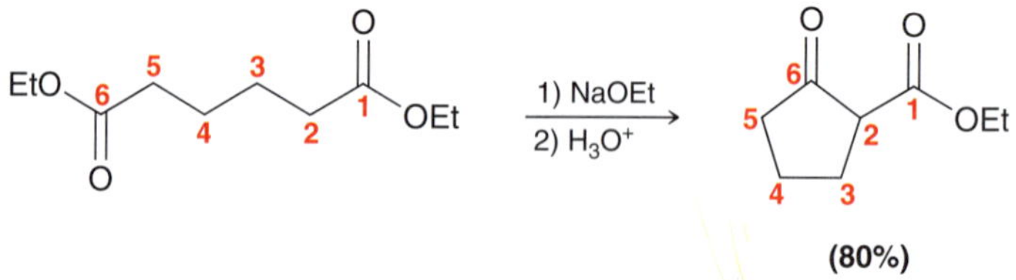

Este processo é chamado de **ciclização de Dieckmann**, e o produto é um β-cetoéster cíclico. Observe que o éster enolato e o grupo éster estão presentes na mesma molécula, o que resulta em um ataque intramolecular.

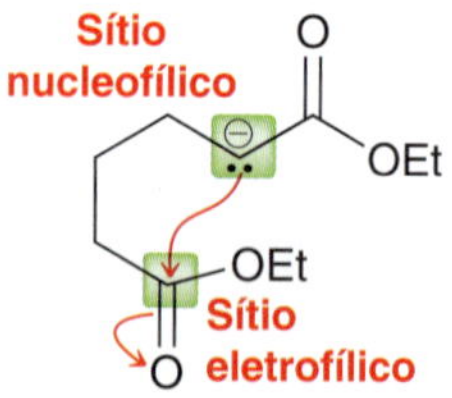

Condensações de Claisen intramoleculares mostram uma preferência para a formação de anéis de cinco e de seis membros, assim como vimos com as reações aldólicas intramoleculares.

VERIFICAÇÃO CONCEITUAL

22.28 Identifique a base que você usaria para cada uma das transformações vistas a seguir.

(a) 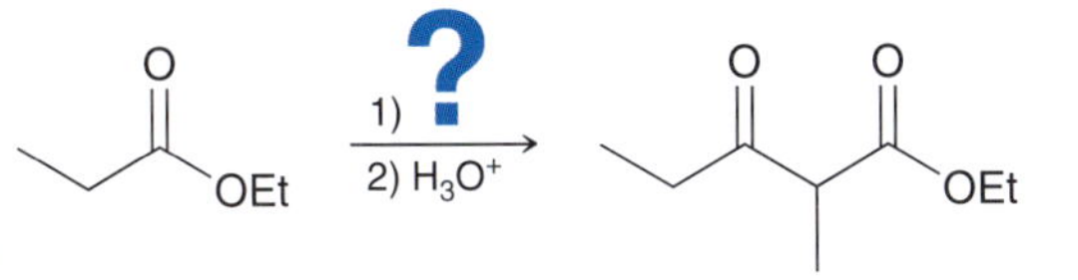

(b) 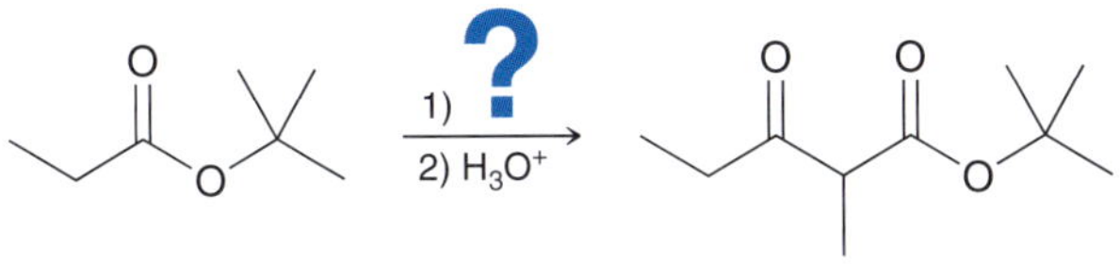

22.29 Preveja o produto principal obtido quando cada uma das substâncias vistas a seguir sofre uma condensação de Claisen.

(a) 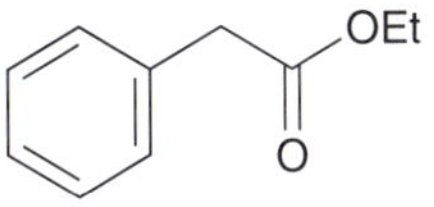

(b) 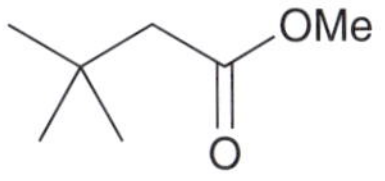

(c) 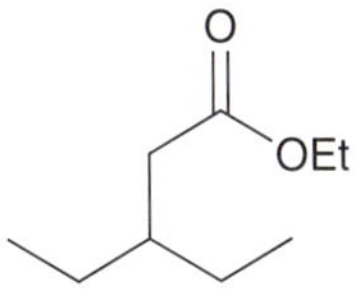

22.30 Identifique os reagentes que você usaria para produzir cada uma das substâncias vistas a seguir utilizando uma condensação de Claisen.

(a) 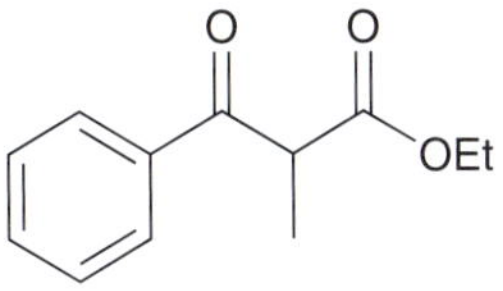

(b) 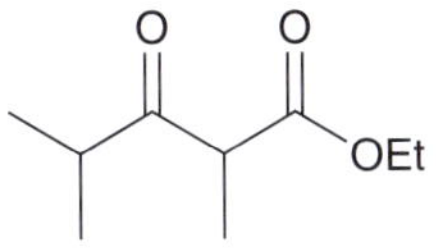

(c) 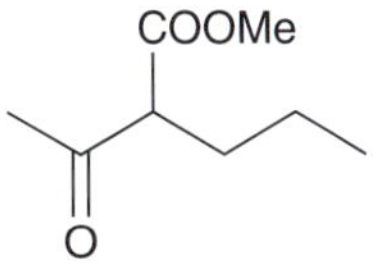

(d) 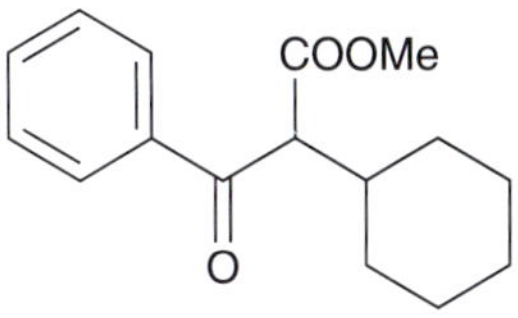

(e) 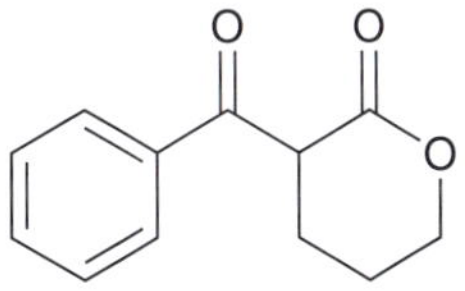

22.31 Preveja o produto da ciclização de Dieckmann que ocorre quando cada uma das substâncias vistas a seguir é tratada com etóxido de sódio.

(a) 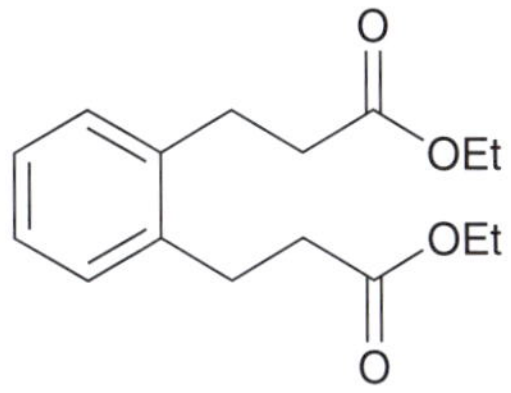

(b) 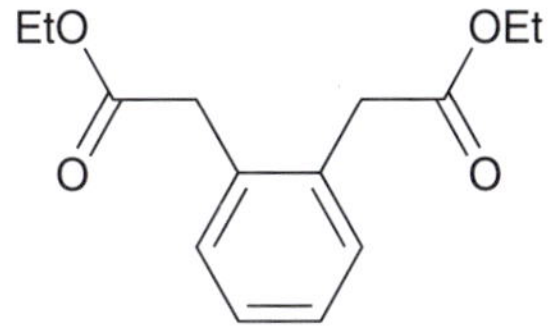

(c) 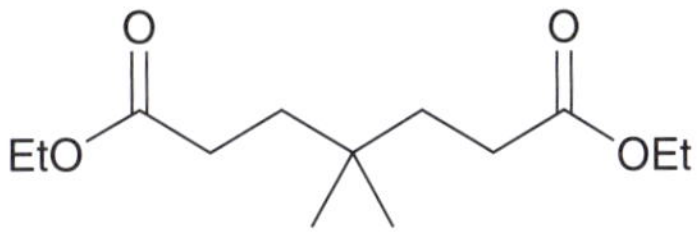

22.32 Quando a substância vista a seguir é tratada com etóxido de sódio, dois produtos de condensação são obtidos, sendo que ambos são produzidos através de ciclizações de Dieckmann. Represente os dois produtos.

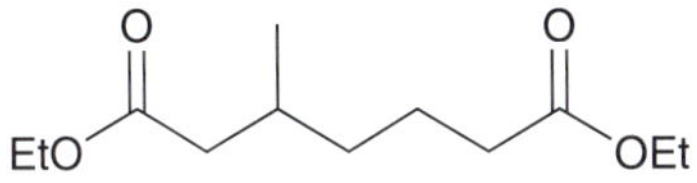

22.5 Alquilação da Posição Alfa

Alquilação Através de Íons Enolato

A posição α de uma cetona pode ser alquilada por meio de um processo em duas etapas: (1) a formação de um enolato, seguida por (2) tratamento do enolato com um haleto de alquila.

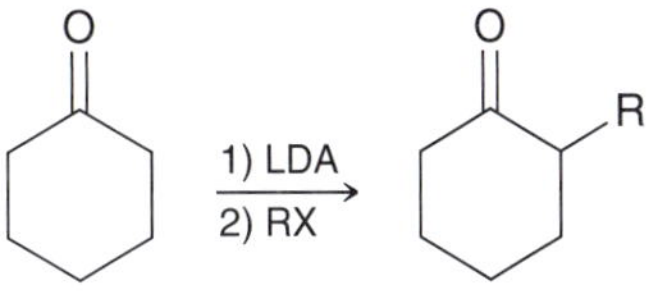

Neste processo, os íons enolato funcionam como um nucleófilo e atacam o haleto de alquila em uma reação S_N2.

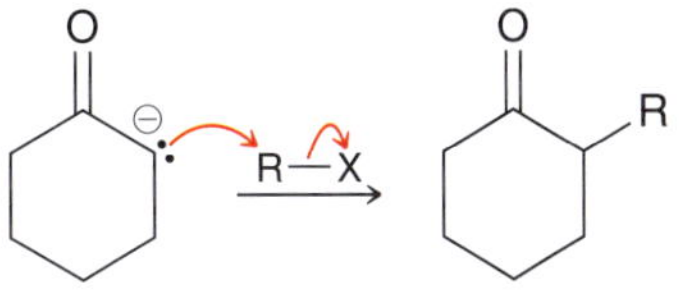

As restrições usuais para as reações S_N2 se aplicam, de modo que o haleto de alquila deve ser um haleto de metila ou um haleto primário. Com um grupo alquila secundário ou terciário, o enolato se comporta como base em vez de um nucleófilo, e o haleto de alquila sofre eliminação em vez de substituição.

Para formar o enolato em um processo de alquilação, a escolha da base é importante. Hidróxido ou íons alcóxido não podem ser utilizados porque, nestas condições (1) tanto a cetona quanto o seu enolato estão presentes em equilíbrio e as reações aldólicas vão competir com a alquilação e (2) um pouco da base que não é consumida (um equilíbrio será estabelecida) pode atacar o haleto de alquila diretamente, proporcionando uma competição entre as reações S_N2 e E2.

Esses dois problemas são evitados pela utilização de uma base mais forte, tal como a LDA. Com uma base forte, a cetona é irreversível e quantitativamente desprotonada formando íons enolato. As reações aldólicas não ocorrem facilmente porque a cetona não está mais presente. Além disso, a utilização de um equivalente de LDA assegura que não resta nenhuma base após o enolato ser formado.

Com uma cetona assimétrica, dois enolatos possíveis podem ser formados.

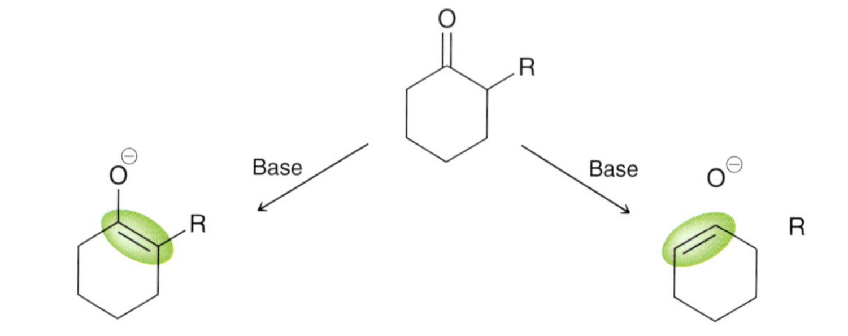

O enolato mais substituído é mais estável e é chamado de *enolato termodinâmico*. O enolato menos substituído é menos estável, mas é formado mais rapidamente e, portanto, é chamado de *enolato cinético*. A Figura 22.4 compara os caminhos reacionais que levam a cada um desses enolatos. Observe que a formação do enolato cinético (caminho reacional vermelho) envolve uma barreira mais baixa de energia (E_a) e, portanto, ocorre mais rapidamente, enquanto o enolato termodinâmico (caminho reacional azul) é o enolato mais estável.

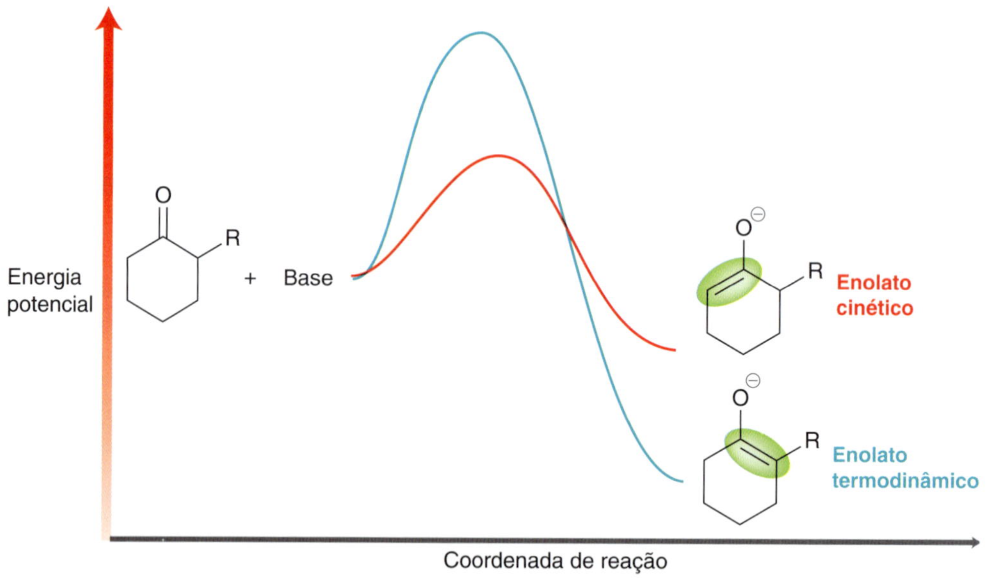

FIGURA 22.4 Um diagrama de energia mostrando dois caminhos reacionais possíveis para a desprotonação de uma cetona assimétrica. Um caminho reacional leva ao enolato cinético, e o outro caminho reacional conduz ao enolato termodinâmico. As diferenças de energia entre esses dois caminhos reacionais foi exagerada para facilitar a visualização na apresentação.

Em geral, é possível escolher condições que favorecem a formação de qualquer um dos enolatos. Quando o enolato cinético é desejado, a LDA é usada em uma temperatura baixa (–78°C). A LDA é uma base com impedimento estérico e pode desprotonar mais facilmente a posição α menos impedida estericamente, formando assim o enolato cinético. A baixa temperatura é necessária para favorecer a formação do enolato cinético e para impedir o equilíbrio dos enolatos através da transferência de prótons. Quando o enolato termodinâmico é desejado, uma base sem impedimento estérico (tal como o NaH) é utilizada, e a reação é realizada à temperatura ambiente. Nestas condições, os dois enolatos são formados e ocorre um processo de equilíbrio que favorece o enolato mais estável, o enolato termodinâmico. Dessa forma, a alquilação pode ser realizada em qualquer posição α escolhendo-se cuidadosamente os reagentes e as condições.

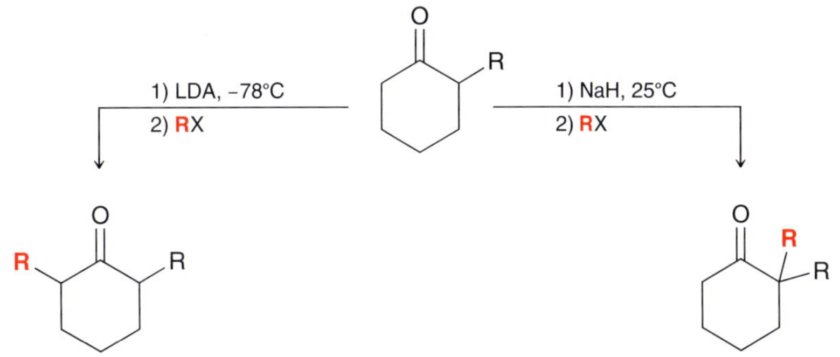

VERIFICAÇÃO CONCEITUAL

22.33 Para cada uma das reações vistas a seguir, preveja o produto principal e proponha um mecanismo para a sua formação.

(a) 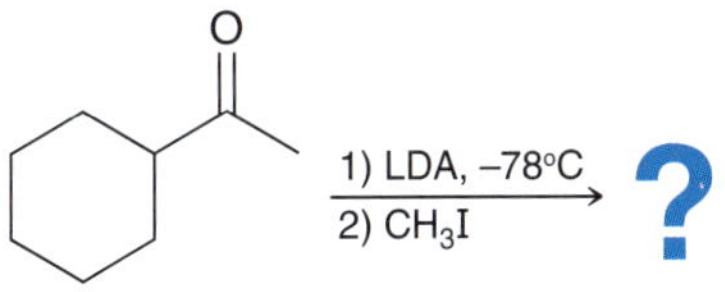

(b) 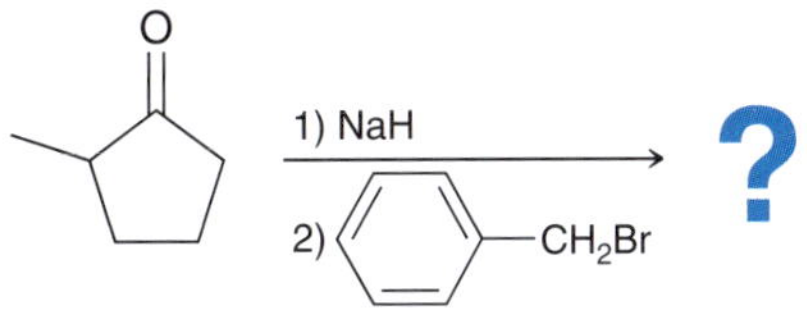

(c) 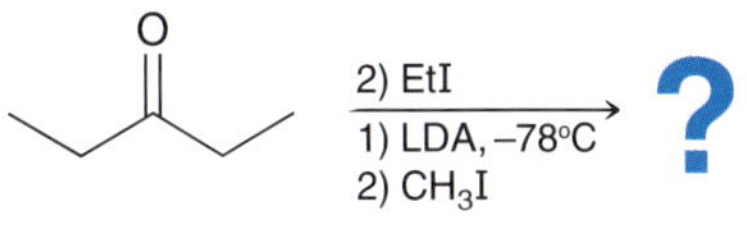

22.34 Identifique os reagentes que você usaria para realizar a seguinte transformação:

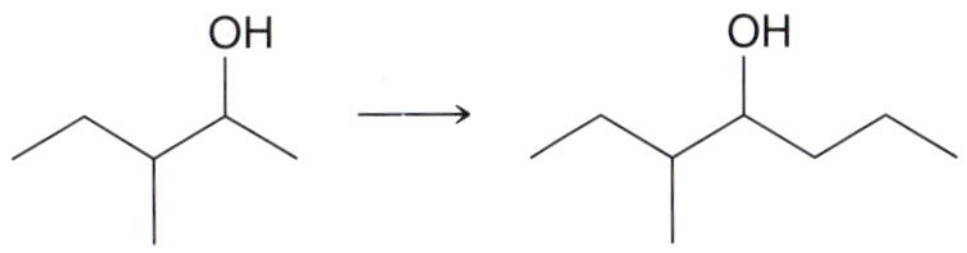

A Síntese do Éster Malônico

A **síntese de éster malônico** é uma técnica que permite a transformação de um haleto em um ácido carboxílico com a introdução de dois novos átomos de carbono.

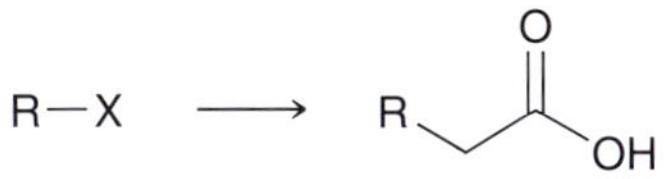

Um dos principais reagentes usados para conseguir esta transformação é o malonato de dietila.

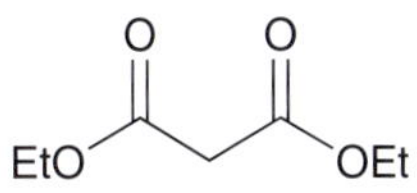

Malonato de dietila

Esse éster malônico é uma substância relativamente ácida. A primeira etapa da síntese do éster malônico é a desprotonação do malonato de dietila e a formação de um enolato duplamente estabilizado.

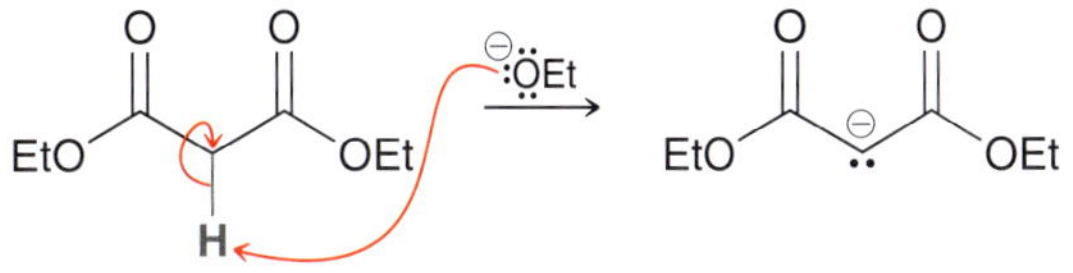

Esse enolalo é então tratado com um haleto de alquila (RX), resultando em uma etapa de alquilação.

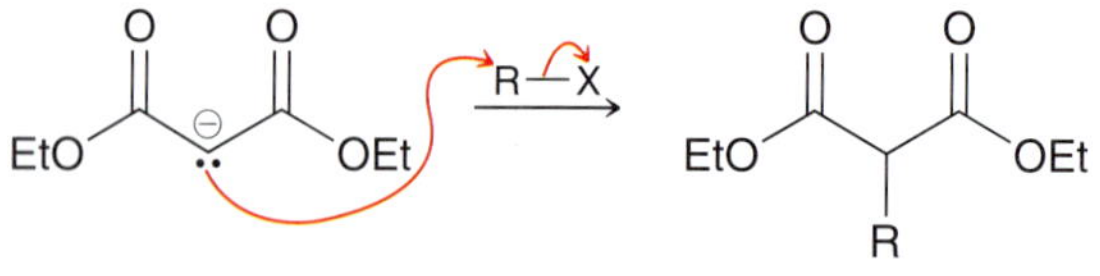

O tratamento com ácido aquoso resulta então na hidrólise dos dois grupamentos éster:

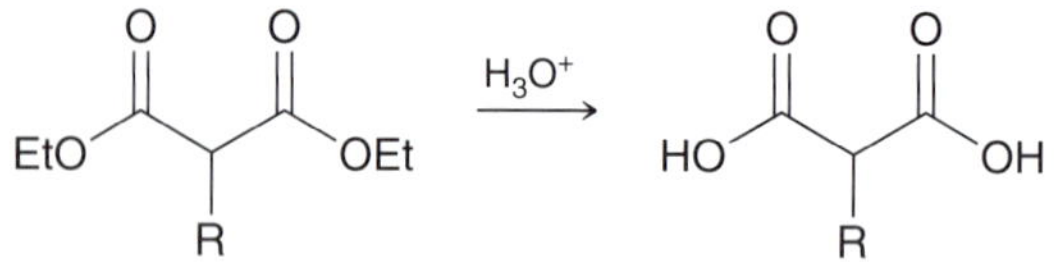

Um mecanismo para a hidrólise de ésteres catalisada por ácido foi discutido na Seção 21.11. Se a hidrólise for realizada em temperaturas elevadas, o ácido 1,3-dicarboxílico resultante vai sofrer **descarboxilação** produzindo um ácido acético monossubstituído e dióxido de carbono.

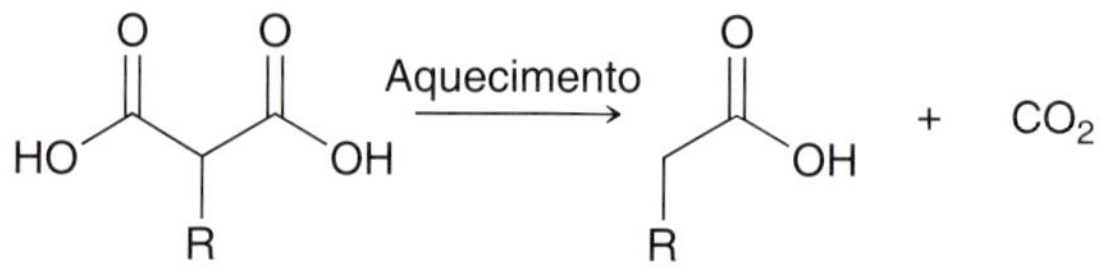

Nesta etapa, um dos grupos ácido carboxílico é expelido como no mecanismo visto a seguir.

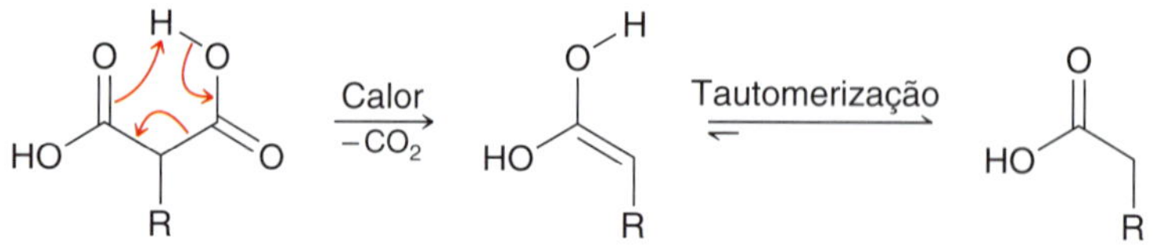

Na primeira etapa, ocorre uma reação pericíclica formando um enol, que então é submetido a tautomerização. O processo produz um ácido monocarboxílico, que não sofre mais descarboxilação.

A reação que se segue é um exemplo de uma síntese de éster malônico.

RELEMBRANDO
Para uma revisão de tautomerização, veja a Seção 10.7, do Volume 1.

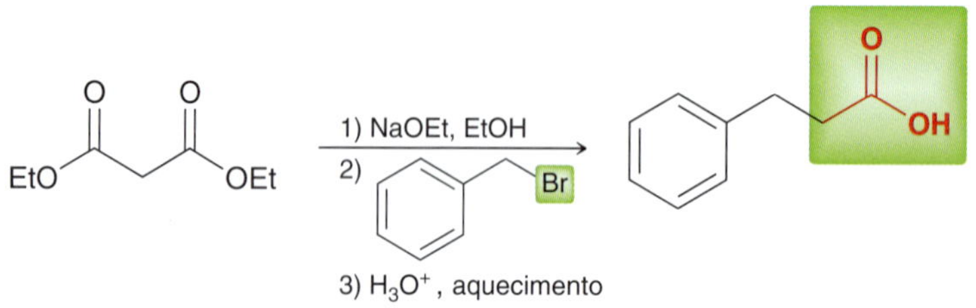

O malonato de dietila, o material de partida, é primeiro desprotonado, em seguida tratado com um haleto de alquila, e depois tratado com ácido aquoso em temperatura elevada. O malonato de dietila pode também ser dialquilado, seguido por tratamento com ácido aquoso, para produzir ácidos carboxílicos.

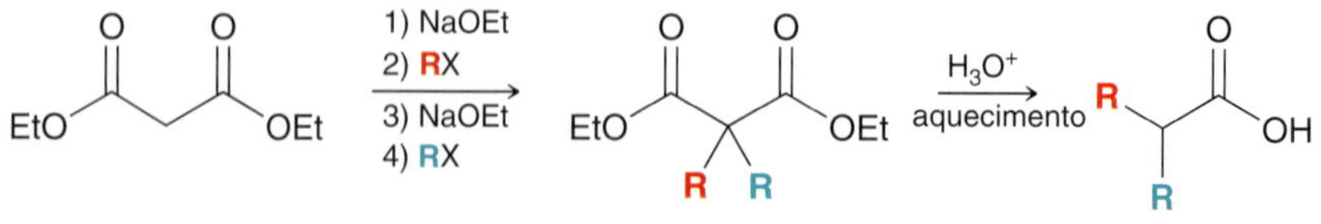

Nesta sequência de reação, o malonato de dietila é alquilado duas vezes, cada uma das vezes com um grupo alquila diferente. Depois, hidrólise seguida de descarboxilação produz um ácido carboxílico com dois grupos alquila na posição α.

DESENVOLVENDO A APRENDIZAGEM

22.5 USO DA SÍNTESE DO ÉSTER MALÔNICO

APRENDIZAGEM Mostre como você usaria a síntese do éster malônico para preparar a seguinte substância:

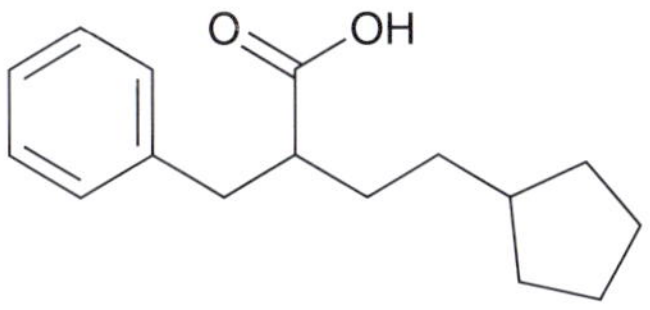

SOLUÇÃO

Começamos encontrando o grupo ácido carboxílico e a posição α.

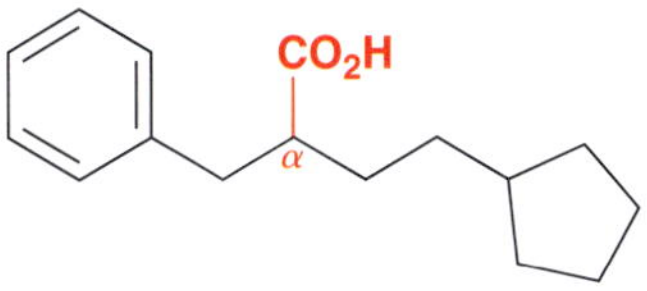

Identificamos os grupos alquila ligados à posição α.

ETAPA 1
Identificação dos grupos alquila ligados à posição α.

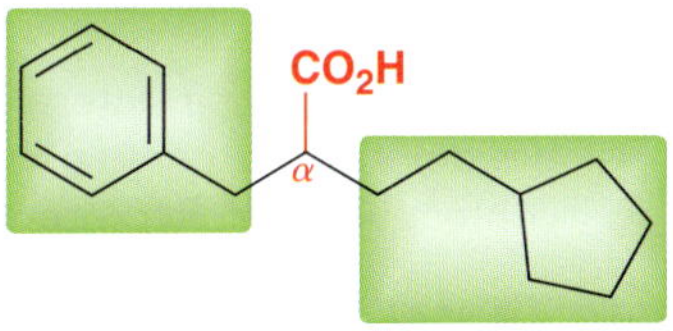

ETAPA 2
Identificação dos haletos de alquila necessários e verificação de que eles se comportam como substratos em um processo S_N2.

Neste caso, existem dois. Em seguida, identificamos os haletos de alquila que são necessários para inserir os dois grupos alquila. Basta voltar a representar os grupos alquila ligados a algum haleto (iodeto e brometo são os mais comumente usados como grupos de saída, embora o cloreto possa ser utilizado). A seguir vemos os brometos de alquila que podem ser utilizados:

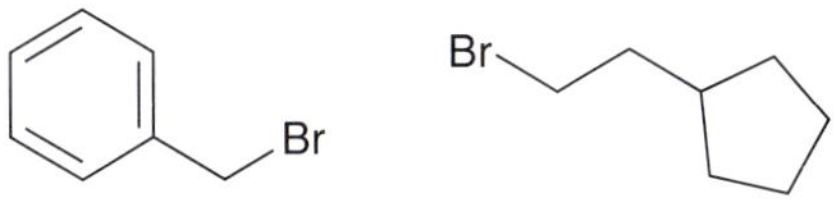

Analisamos as estruturas desses haletos de alquila e nos asseguramos que ambos irão prontamente sofrer um processo S_N2. Se o substrato for terciário, então a síntese do éster malônico vai falhar, porque a etapa de alquilação não ocorrerá. Neste caso, ambos os haletos de alquila são primários, de modo que a síntese do éster malônico pode ser usada.

A fim de realizar a síntese do éster malônico, precisamos do malonato de dietila e dos dois haletos de alquila mostrados anteriormente. Não importa qual o grupo alquila é inserido primeiro. A síntese pode ser resumida como se segue.

ETAPA 3
Identificação de todos os reagentes, iniciando com o malonato de dietila.

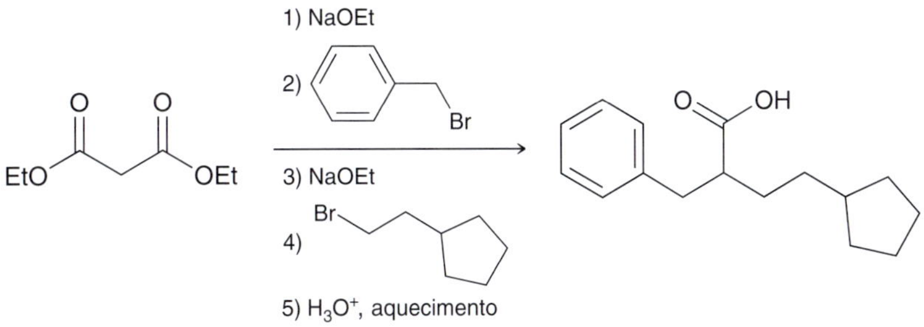

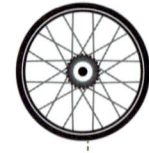

PRATICANDO o que você aprendeu

22.35 Proponha uma síntese eficiente para cada uma das substâncias vistas a seguir utilizando a síntese do éster malônico.

(a) 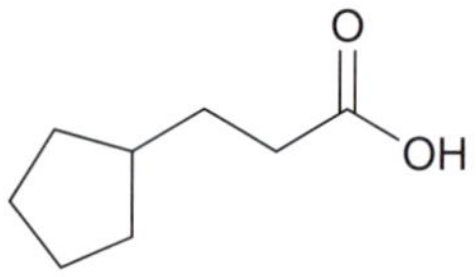

(b) 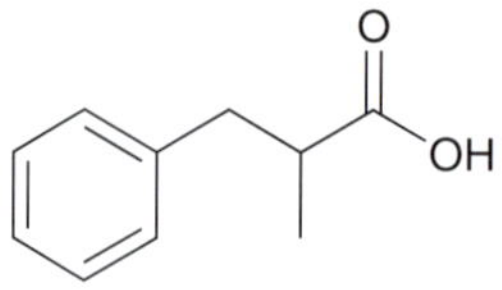

(c) 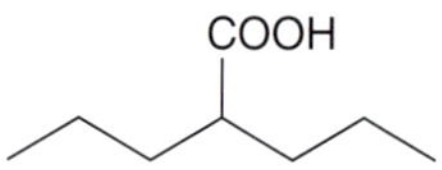

(d) 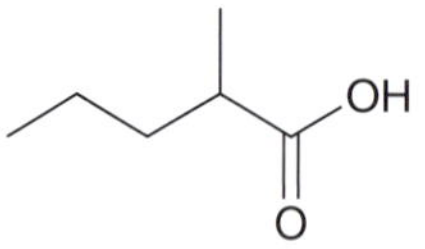

(e) 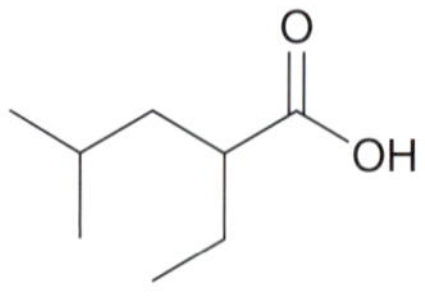

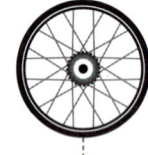

APLICANDO o que você aprendeu

22.36 Partindo do malonato de dietila e usando quaisquer outros reagentes de sua escolha, proponha uma síntese eficiente para cada uma das seguintes substâncias:

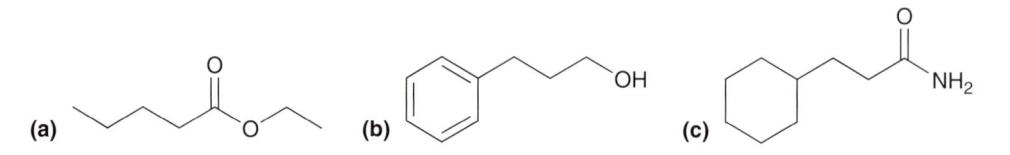

(a) 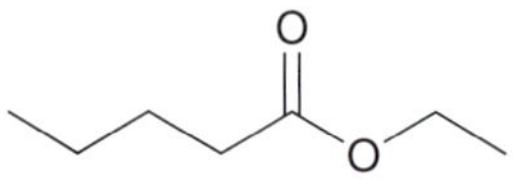

(b) 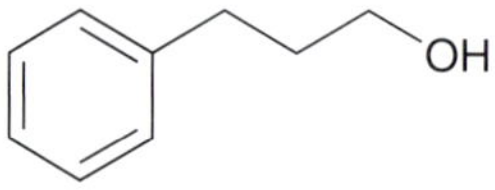

(c) 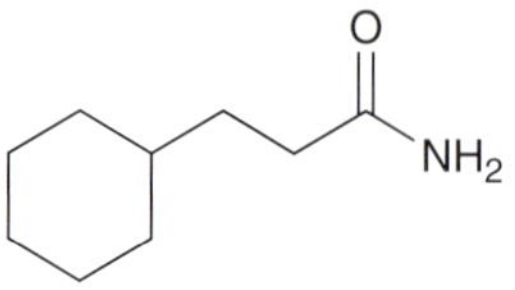

22.37 A síntese do éster malônico não pode ser usada para fazer o ácido 2,2-dimetil-hexanoico. Explique por que não.

22.38 Quando a síntese do éster malônico é realizada utilizando excesso de base e o 1,4-dibromobutano, como o halogeneto de alquila, ocorre uma reação intramolecular e o produto contém um anel. Represente o produto deste processo.

é necessário **PRATICAR MAIS?** **Tente Resolver o Problema 22.78**

A Síntese do Éster Acetoacético

A **síntese do éster acetoacético** é uma técnica muito útil na conversão de um haleto de alquila em uma metilcetona com a introdução de três novos átomos de carbono.

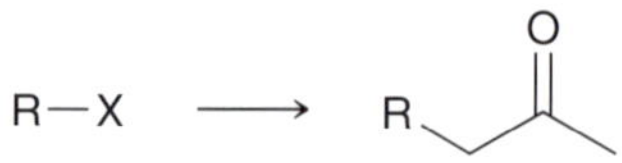

Esse processo é muito semelhante à síntese do éster malônico, exceto que o principal reagente é o acetoacetato de etila em vez do malonato dietila.

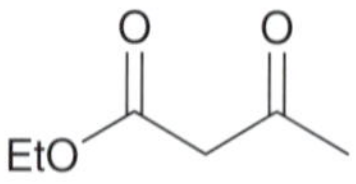

Acetoacetato de etila

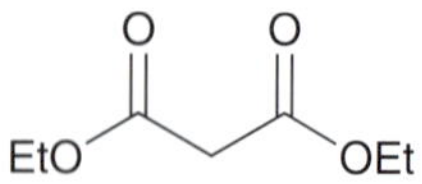

Malonato de dietila

O acetoacetato de etila é muito semelhante em estrutura ao malonato de dietila, mas um dos grupos éster foi substituído por um grupo cetona.

A primeira etapa da síntese do éster acetoacético é análoga à primeira etapa da síntese do éster malônico. O acetoacetato de etila é desprotonado em primeiro lugar, formando um enolato duplamente estabilizado.

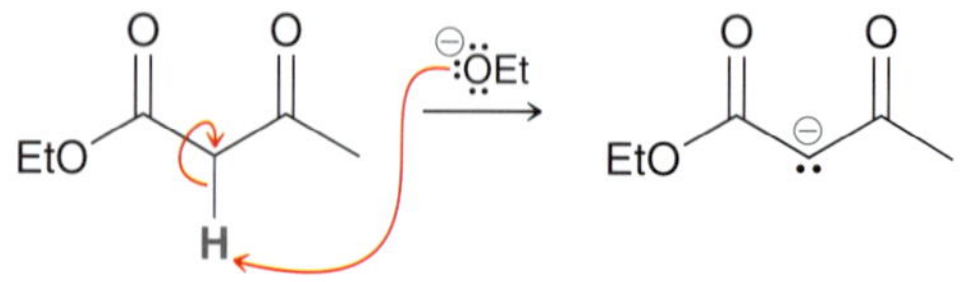

Esse enolato é então tratado com um haleto de alquila (RX), resultando em uma etapa de alquilação.

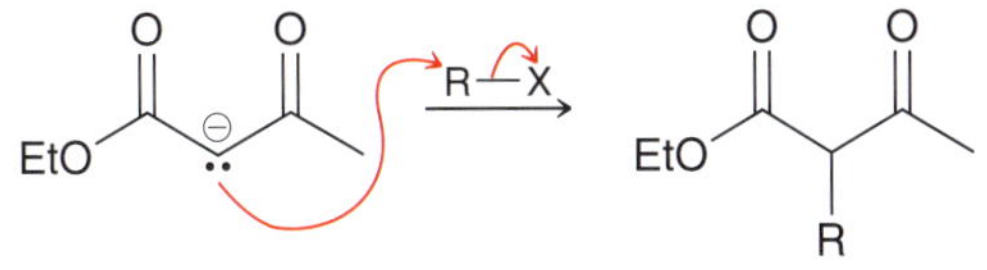

Em seguida, o tratamento com ácido aquoso resulta na hidrólise do grupo éster.

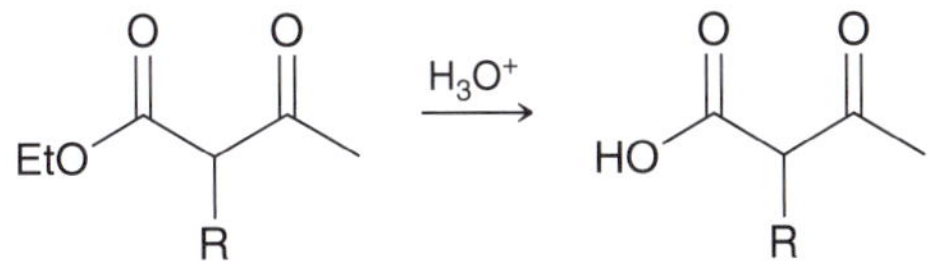

Se a hidrólise for realizada a uma temperatura elevada, o β-cetoácido resultante vai sofrer descarboxilação produzindo uma cetona e dióxido de carbono.

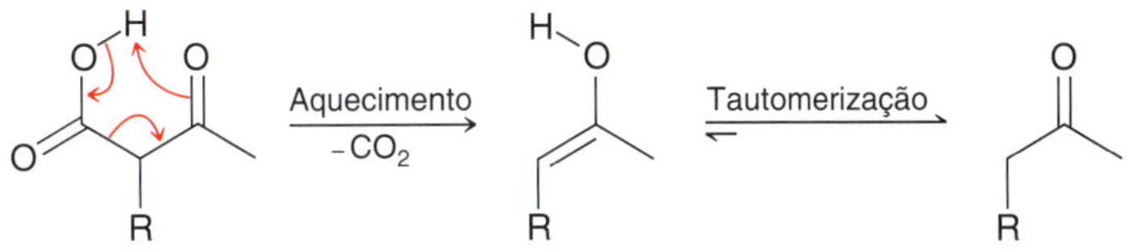

Esse processo é muito semelhante ao processo que discutimos para os ácidos 1,3-dicarboxílicos. Na primeira etapa, uma reação pericíclica forma um enol, que então sofre tautomerização formando uma cetona. A descarboxilação pode ocorrer porque o ácido carboxílico apresenta um grupo carbonila na posição β, o que permite a reação pericíclica mostrada anteriormente. A seguir vemos um exemplo de uma síntese do éster acetoacético.

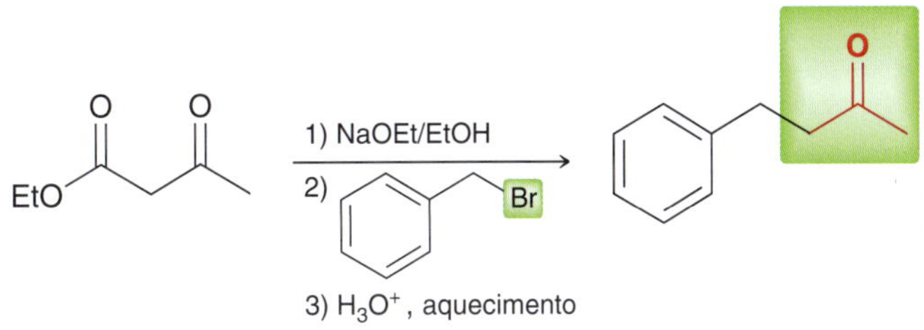

Observe a semelhança com a síntese do éster malônico. O acetoacetato de etila é o material de partida. Ele é primeiro desprotonado, a seguir tratado com um haleto de alquila, e, em seguida, tratado com ácido em solução aquosa a temperatura elevada. O acetoacetato de etila também pode ser dialquilado, seguido por tratamento com ácido aquoso, para produzir cetonas conforme vemos a seguir:

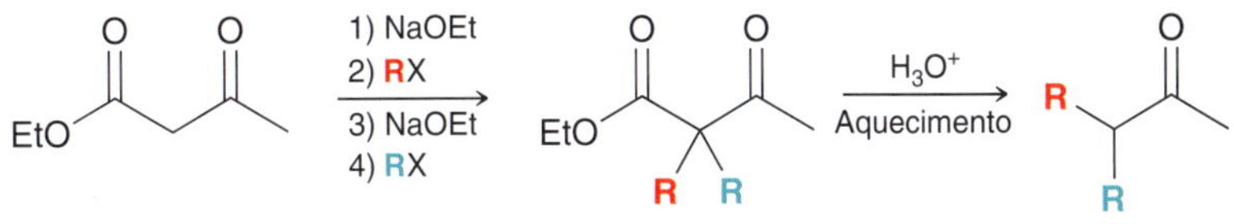

Nesta sequência de reação, o acetoacetato de etila é alquilado duas vezes, cada uma das vezes com um grupo alquila diferente. Em seguida, hidrólise seguida por descarboxilação produz um derivado da acetona em que dois grupos alquila estão posicionados na posição α. Por que é necessária a utilização de uma síntese do éster acetoacético, em vez de simplesmente tratar o enolato da acetona com um haleto de alquila? Este não seria um método mais direto para a preparação de acetonas substituídas? Existem duas respostas para esta questão: (1) A alquilação direta de enolatos é muitas vezes difícil de ser realizada com bons rendimentos, e (2) enolatos não são apenas nucleófilos fortes, mas eles também são bases fortes, de modo que os enolatos podem reagir com haletos de alquila produzindo produtos de eliminação.

DESENVOLVENDO A APRENDIZAGEM

22.6 SÍNTESE DO ÉSTER ACETOACÉTICO

APRENDIZAGEM Mostre como você usaria a síntese do éster acetoacético para preparar a seguinte substância:

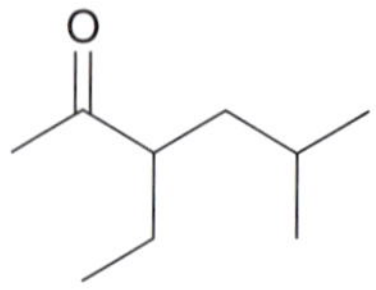

SOLUÇÃO

Localizamos a posição α ligada ao grupo metilcetona e identificamos os grupos alquila ligados à posição α:

ETAPA 1 Identificação dos grupos alquila ligados à posição α.

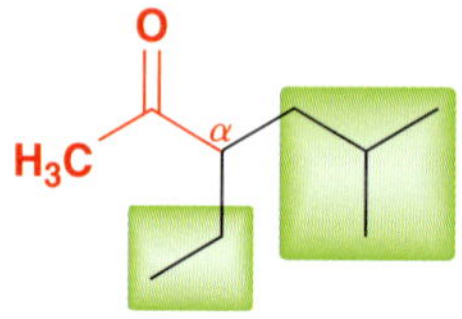

ETAPA 2 Identificação dos haletos de alquila necessários e verificação de que eles podem ser usados como substratos em um processo S_N2.

Neste caso, existem dois. Em seguida, identificamos os haletos de alquila necessários para inserir os dois grupos alquila. Basta voltar a representar os grupos alquila ligados a algum haleto. A seguir vemos dois iodetos de alquila que podem ser usados.

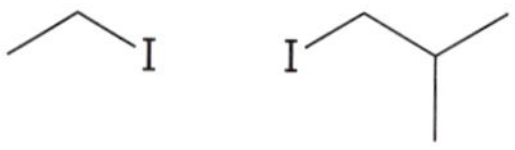

Analisamos as estruturas desses haletos de alquila e certificamo-nos de que ambos sofrerão prontamente reações S_N2. Se o substrato é terciário, então uma síntese do éster acetoacético falhará, porque a etapa de alquilação não ocorrerá. Neste caso, os dois haletos de alquila são primários, de modo que a síntese do éster acetoacético pode ser usada. Vimos que a síntese do éster acetoacético requer o acetoacetato de etila e os dois haletos de alquila que foram mostrados. Não importa que grupo alquila é inserido primeiro. A síntese pode ser resumida como se segue:

ETAPA 3 Identificação de todos os reagentes, começando com o acetoacetato de etila.

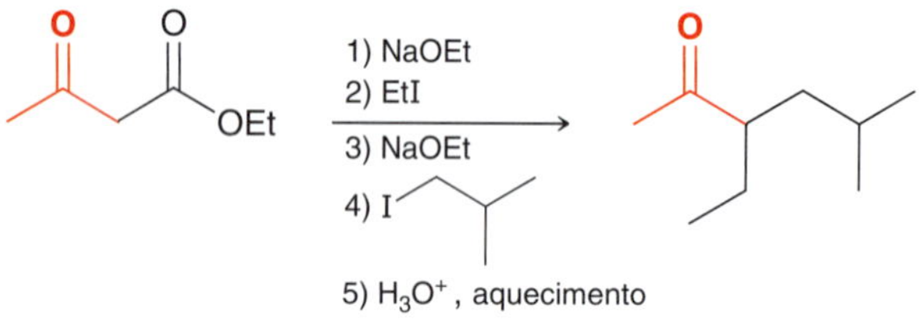

PRATICANDO o que você aprendeu **22.39** Proponha uma síntese eficiente para cada uma das substâncias vistas a seguir utilizando a síntese do éster acetoacético.

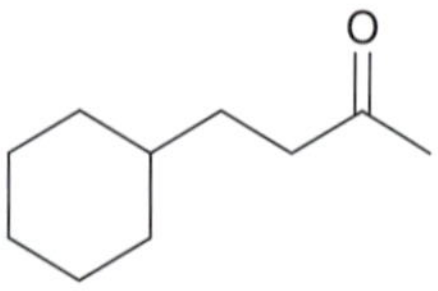

(a)

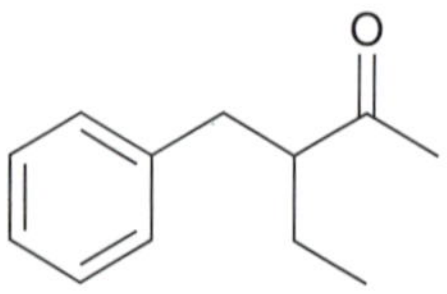

(b)

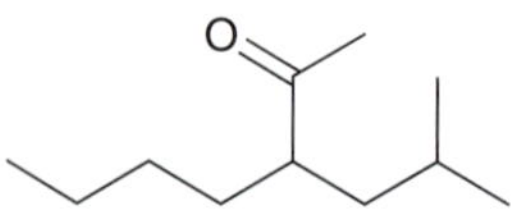

(c)

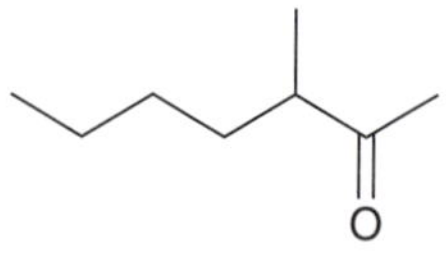

(d)

APLICANDO o que você aprendeu **22.40** No Problema 22.38, vimos um exemplo intramolecular de uma síntese do éster malônico com excesso de base e o 1,4 dibromobutano. Se este dibrometo é utilizado em uma síntese do éster acetoacético, também pode ocorrer um processo intramolecular. Preveja o produto dessa reação.

22.41 Começando com o acetoacetato de etila e com quaisquer outros reagentes de sua escolha, proponha uma síntese eficiente para cada uma das substâncias vistas a seguir.

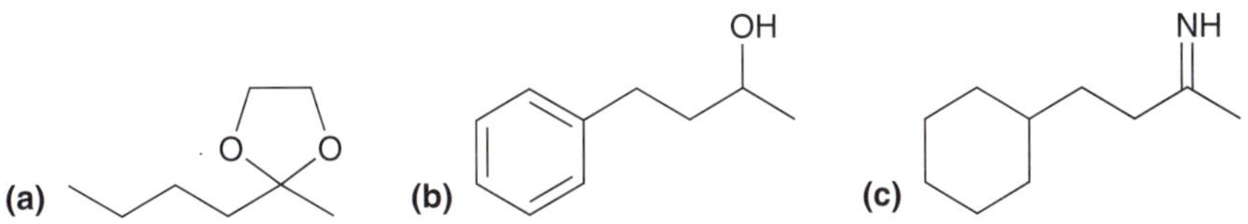

22.42 A síntese do éster acetoacético não pode ser usada para se obter o 3,3-dimetil-2-hexanona. Explique por que não.

22.43 O produto de uma ciclização de Dieckmann pode ser submetido a alquilação, hidrólise e descarboxilação. Esta sequência representa um método eficiente para a preparação de ciclopentanonas e ciclo-hexanonas substituídas na posição 2 (a seguir). Usando esta informação, proponha uma síntese eficiente da 2-propilciclo-hexanona utilizando 1,7-heptanodiol e iodeto de propila.

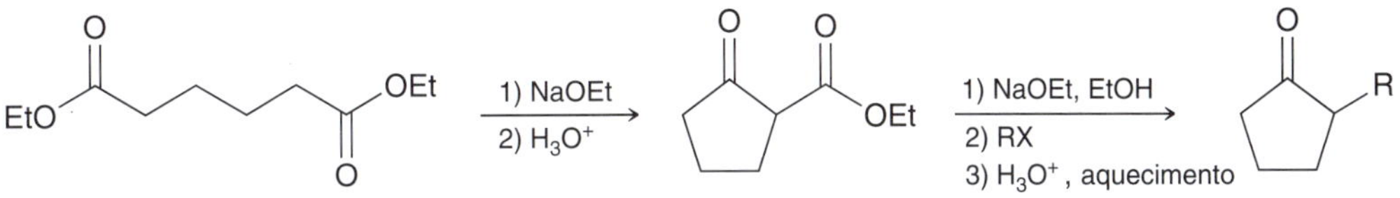

é necessário **PRATICAR MAIS?** **Tente resolver o Problema 22.79**

22.6 Reações de Adição Conjugada

Reações de Michael

Lembre-se que o produto da condensação aldólica é um aldeído ou uma ou cetona α,β-insaturada, por exemplo:

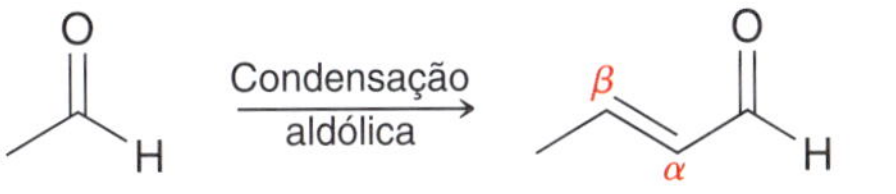

Os aldeídos e cetonas que são α,β-insaturados, como a substância vista anteriormente, mostram uma reatividade única na posição β. Nesta seção, vamos explorar as reações que podem ocorrer na posição β. Para entender por que a posição β é reativa, temos de representar as estruturas de ressonância da substância.

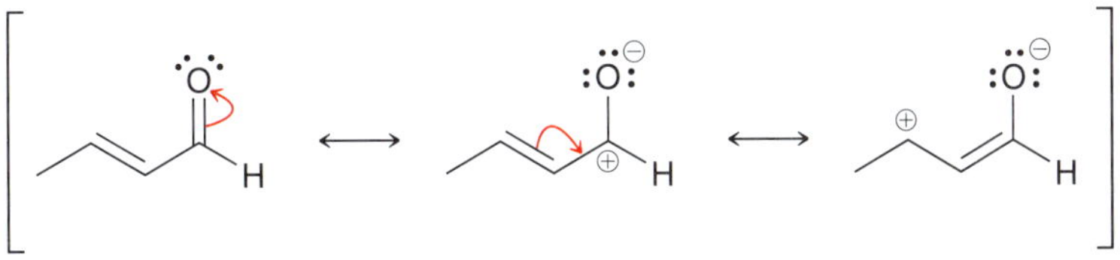

Observe que dois dos contribuintes de ressonância apresentam cargas positivas. Em outras palavras, a substância terá duas posições eletrofílicas, o carbono do grupo carbonila bem como a posição β.

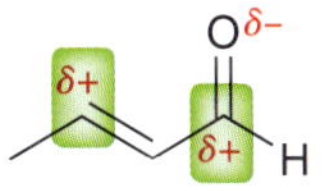

Duas posições eletrofílicas

Essas duas posições estão, portanto, sujeitas ao ataque por um nucleófilo, e a natureza do nucleófilo determina qual a posição que é atacada. Por exemplo, os reagentes Grignard tendem a atacar o grupo carbonila em vez da posição β.

Nesta reação, o nucleófilo ataca o grupo carbonila, formando um intermediário tetraédrico, que é então tratado com uma fonte de prótons em uma etapa separada. Neste processo dois grupos (R e H) foram adicionados através da ligação π C=O em uma adição 1,2 (para uma revisão da diferença entre as adições 1,2 e as adições 1,4, consulte a Seção 17.4).

Um resultado diferente é observado quando um dialquilcuprato de lítio (R_2CuLi) é utilizado.

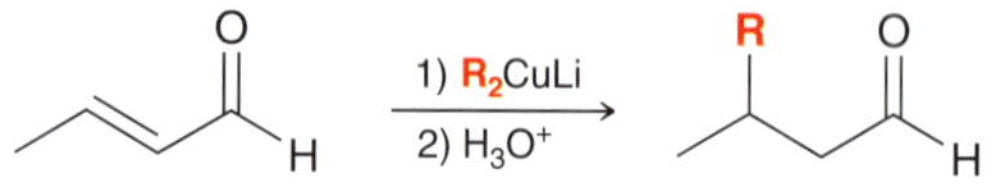

Neste caso, o nucleófilo é menos reativo do que um reagente de Grignard, e o grupo R é finalmente posicionado na posição β. Vários nucleófilos podem ser usados para atacar a posição β de um aldeído ou uma cetona α,β-insaturada. O mecanismo envolve o ataque na posição β seguido por protonação para dar um enol.

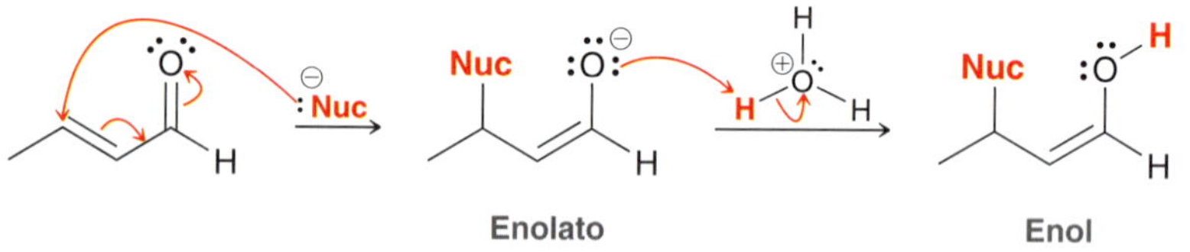

Esse tipo de reação é chamado de **adição conjugada**, ou uma *adição 1,4*, porque o nucleófilo e o próton são adicionados nas extremidades de um sistema π conjugado. Reações de adição conjugada foram discutidas pela primeira vez na Seção 17.4, quando exploramos a reatividade dos dienos conjugados. A principal diferença entre a adição conjugada através de um dieno e a adição conjugada através de uma enona é que neste último caso ocorre a formação de um enol como produto, e o enol tautomeriza rapidamente para formar um grupo carbonila.

Depois de a reação estar completa, pode parecer que os dois grupos (mostrados em vermelho) foram adicionados nas posições α e β em uma adição 1,2. No entanto, o verdadeiro mecanismo provavelmente envolve uma adição 1,4 seguido de tautomerização para dar o produto final que é mostrado.

Com isso em mente, vamos agora explorar o resultado de uma reação em que um íon enolato é usado como um nucleófilo para atacar um aldeído ou uma cetona α,β-insaturada. Em geral, os enolatos são menos reativos do que os reagentes de Grignard, mas mais reativos do que os dialquilcupratos de lítio. Assim, a adição 1,2 e a adição 1,4 são observadas e uma mistura de produtos é obtida. Ao contrário, enolatos duplamente estabilizados são suficientemente estabilizados somente para adições conjugadas 1,4.

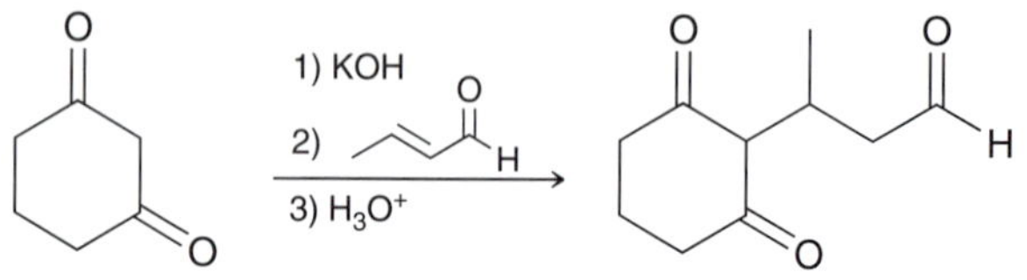

Neste caso, a dicetona de partida é desprotonada para formar um íon enolato duplamente estabilizado, que serve então como um nucleófilo em uma adição conjugada 1,4. Este processo é chamado de **reação de Michael**. O enolato duplamente estabilizado é chamado de **doador de Michael**, enquanto o aldeído α,β-insaturado é chamado de **receptor de Michael**.

Doador de Michael   Receptor de Michael

Observa-se que vários doadores e receptores de Michael reagem entre si para produzir uma reação de Michael. A Tabela 22.2 mostra alguns exemplos comuns de doadores e receptores de Michael. Qualquer um dos doadores de Michael nesta tabela vai reagir com qualquer um dos receptores de Michael para dar uma reação de adição conjugada 1,4.

TABELA 22.2 UMA LISTA DE DOADORES E RECEPTORES DE MICHAEL COMUNS

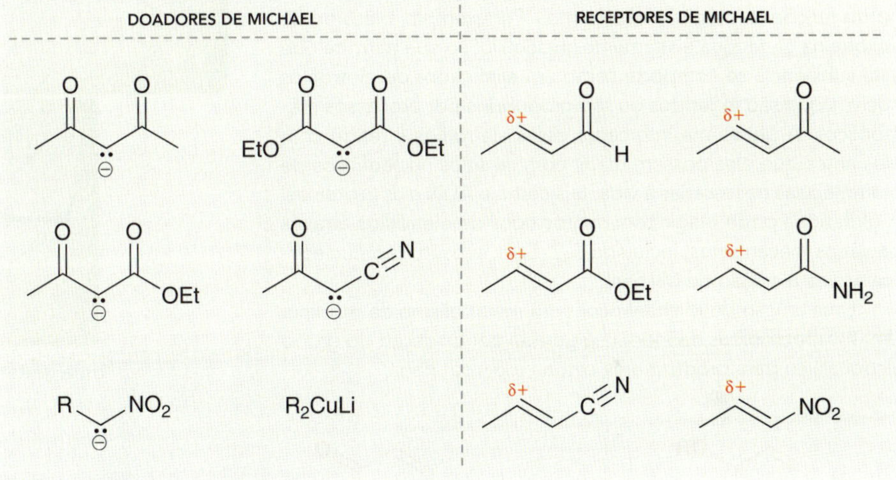

VERIFICAÇÃO CONCEITUAL

22.44 Identifique o produto principal formado quando cada uma das substâncias vistas a seguir é tratada com Et_2CuLi seguido por um ácido fraco.

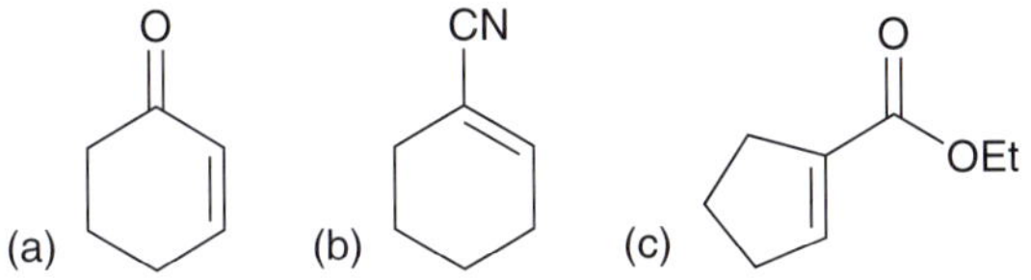

22.45 Preveja o produto principal das três etapas vistas a seguir e mostre um mecanismo para a sua formação

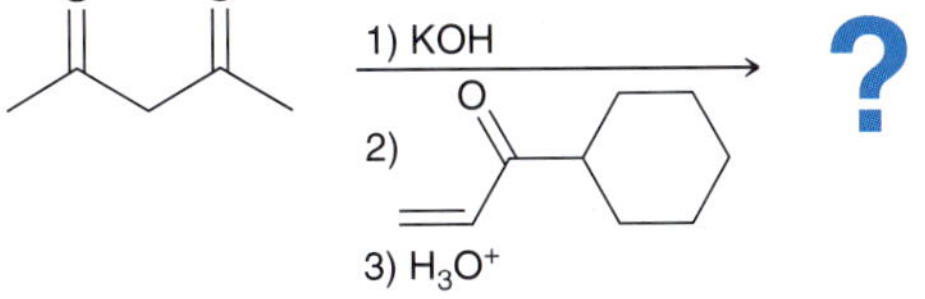

22.46 Na seção anterior, aprendemos como utilizar o malonato de dietila como matéria-prima para a preparação de ácidos carboxílicos substituídos (a síntese do éster malônico). Esse método utilizou uma etapa em que o enolato do malonato de dietila atacou um haleto para dar um produto de alquilação. Nesta seção, vimos que o enolato do malonato de dietila pode atacar muitos outros reagentes eletrofílicos além de haletos de alquila simples. Especificamente, o enolato do malonato de dietila pode atacar qualquer um dos receptores de Michael na Tabela 22.2. Usando malonato de dietila como o seu material de partida e quaisquer outros reagentes de sua escolha, mostre como você prepararia cada uma das substâncias que são vistas a seguir.

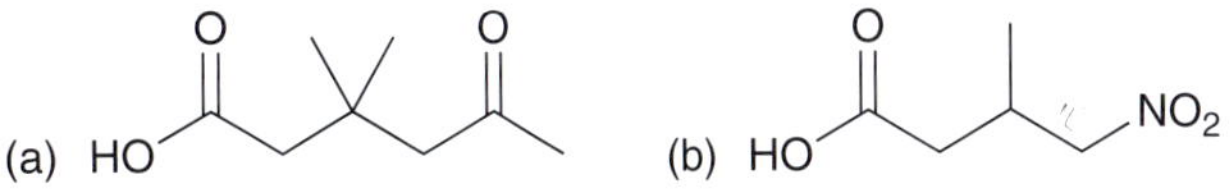

medicamente falando — Conjugação da Glutationa e Reações de Michael Bioquímicas

A glutationa é encontrada em todos os mamíferos e desempenha vários papéis biológicos.

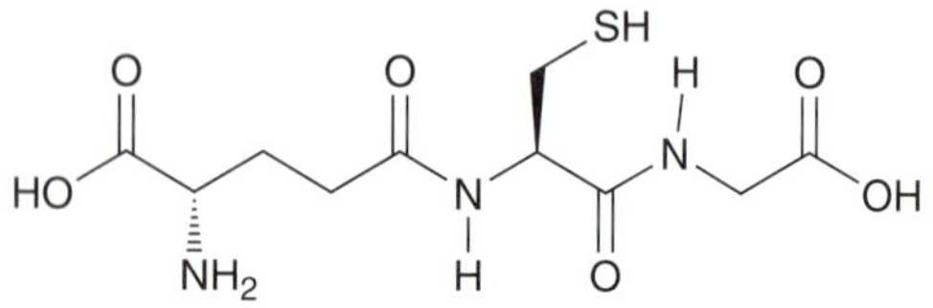

Glutationa

Como vimos no boxe Medicamente Falando no final da Seção 11.9, do Volume 1, a glutationa funciona como um eliminador de radicais através da reação com radicais livres que são gerados durante os processos metabólicos. Essa substância tem muitas outras funções biológicas importantes. Por exemplo, o átomo de enxofre na glutationa é altamente nucleofílico, o que permite que esta substância se comporte como um eliminador de eletrófilos nocivos que são ingeridos ou são produzidos por processos metabólicos. A glutationa intercepta esses eletrófilos e reage com eles antes que eles possam reagir com os sítios nucleofílicos de biomoléculas necessárias à vida, tais como o ADN e as proteínas. A glutationa pode reagir com muitos tipos de eletrófilos através de vários mecanismos, incluindo S_N2, S_NAr, substituição nucleofílica acílica e adição de Michael.

Uma adição de Michael ocorre no metabolismo da morfina. Um dos metabólitos da morfina é gerado por oxidação do grupo álcool alílico para produzir uma cetona α,β-insaturada:

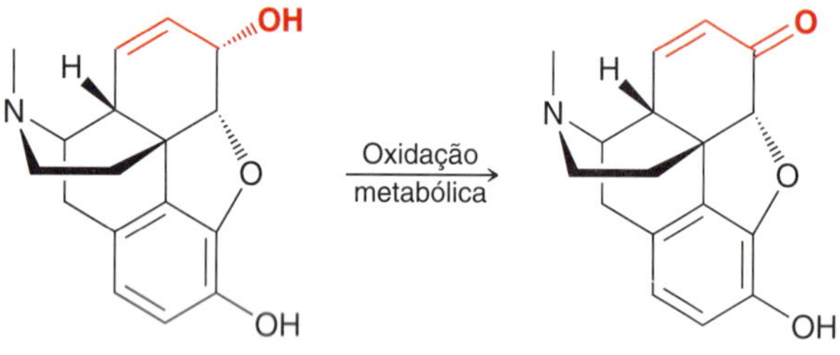

Morfina

Um metabólito da morfina

A posição β desse metabólito é agora altamente eletrofílica e sujeita ao ataque por vários nucleófilos. O átomo de enxofre da glutationa ataca na posição β, produzindo uma adição de Michael. Este processo é chamado de conjugação da glutationa, e o produto é denominado glutationa conjugada, que pode ser posteriormente metabolizada para produzir um conjugado do ácido mercaptúrico, uma substância que é excretada na urina.

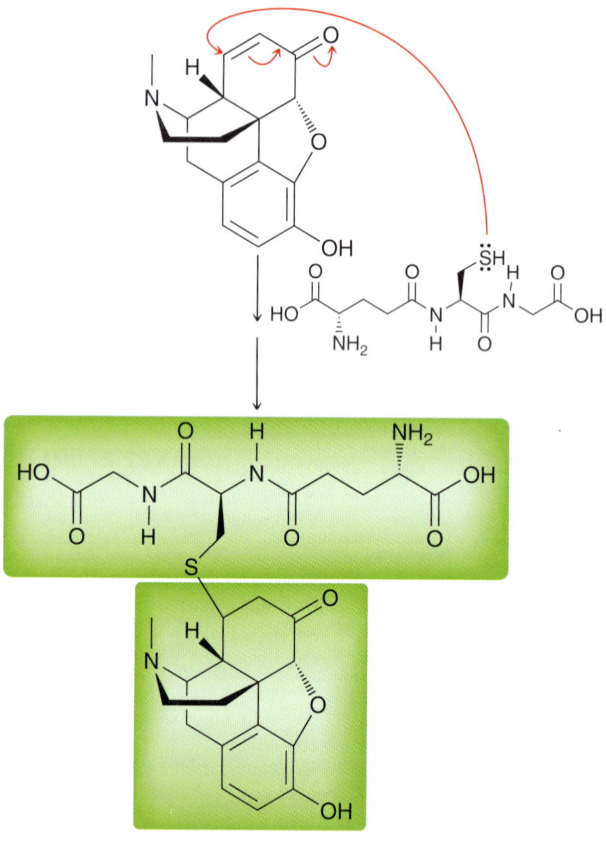

Uma glutationa conjugada

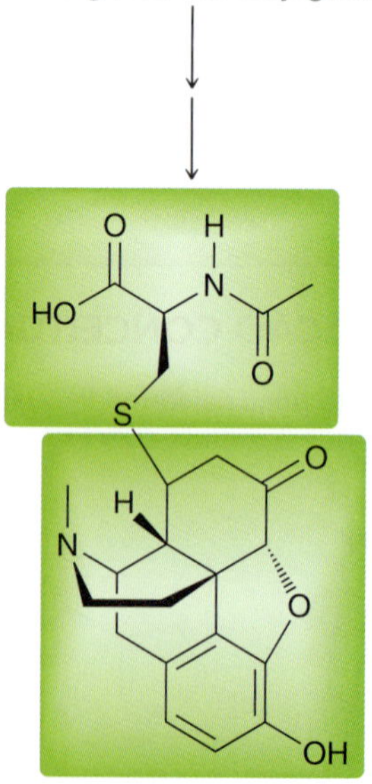

Um ácido mecarptúrico conjugado

A conjugação da glutationa também ocorre no metabolismo do acetaminofeno (Tylenol). Oxidação metabólica produz uma *N*-acetilimidoquinona intermediária, que é altamente reativa.

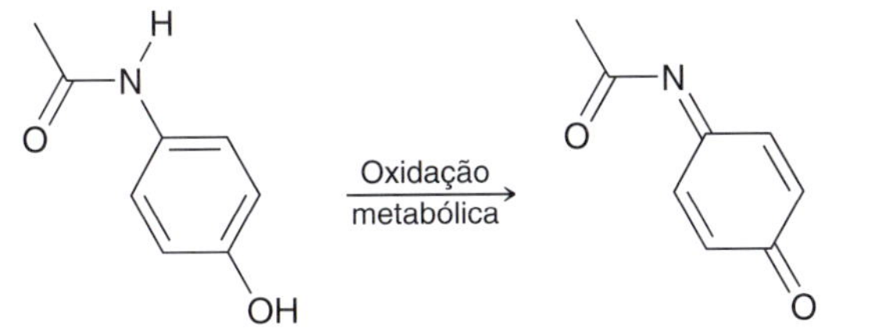

Acetoaminofeno

Um metabólito do acetaminofeno (*N*-acetilimidoquinona)

Esse metabólito sofre conjugação da glutationa seguida pelo metabolismo posterior que gera um derivado do ácido mercaptúrico solúvel em água que é excretado na urina.

Em nossa primeira discussão da glutationa e seu papel como um eliminador de radicais, mencionamos que uma dose excessiva de paracetamol causa uma depleção temporária da glutationa no fígado, durante a qual os radicais prejudiciais e eletrófilos estão livres para se movimentarem e causarem danos permanentes. Nossa discussão atual da glutationa explica agora por que os níveis de glutationa diminuem na presença de muito paracetamol. Para rever como uma dose excessiva de paracetamol é tratada, veja o boxe Medicamente Falando no final da Seção 11.9.

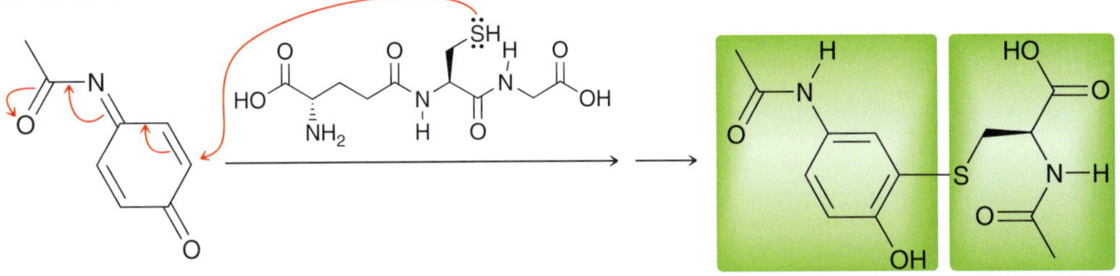

Um ácido mercaptúrico conjugado do acetaminofeno

A Síntese de Enamina de Stork

Vimos na seção anterior que enolatos duplamente estabilizados podem se comportar como doadores de Michael. É importante salientar que enolatos regulares não servem como doadores de Michael.

É um doador de Michael | **Não é um doador de Michael**

Portanto, a síntese vista a seguir não será eficiente.

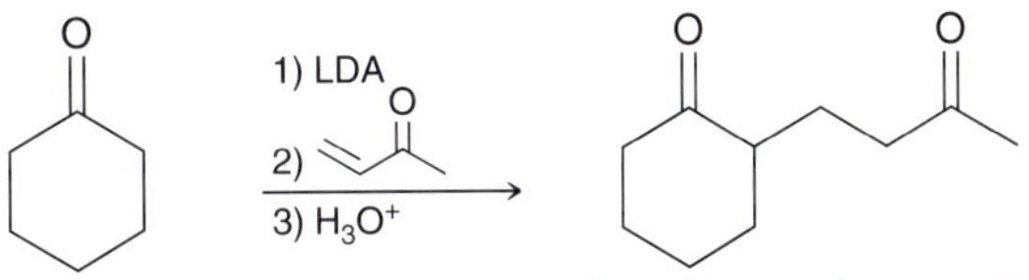

Não é obtido com bom rendimento

Essa rota de síntese depende de um enolato se comportar como um doador de Michael e atacar a posição β de uma cetona α,β-insaturada. O processo não vai funcionar porque enolatos não são suficientemente estáveis para se comportarem como doadores de Michael. Esta transformação exige um enolato estabilizado, ou alguma espécie que se comporte como um enolato estabilizado. Gilbert Stork (Universidade de Columbia), desenvolveu um método para essa transformação, em que a cetona é convertida em uma enamina por tratamento com uma amina secundária.

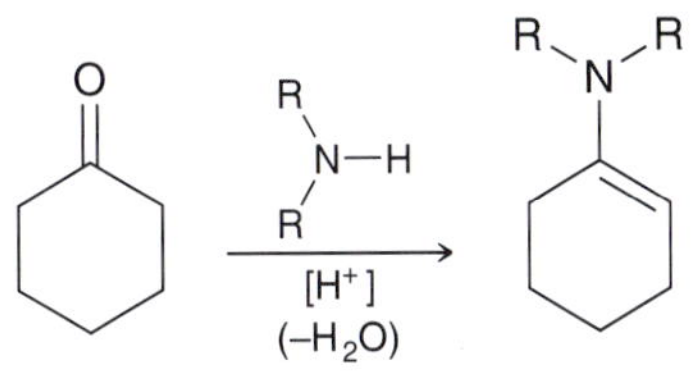

O mecanismo para a conversão de uma cetona em uma enamina foi discutido na Seção 20.6. Para ver a semelhança entre um enolato e uma enamina, comparamos as estruturas de ressonância de um enolato com as estruturas de ressonância de uma enamina.

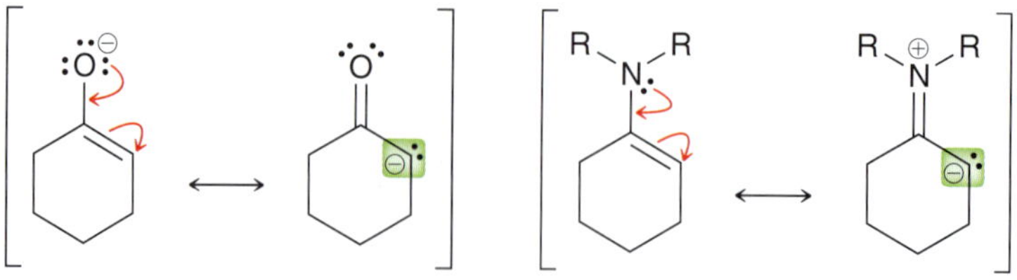

Muito parecidas com um enolato, as enaminas também são nucleófilos na posição α. No entanto, as enaminas não possuem uma carga líquida negativa como os enolatos e, portanto, as enaminas são menos reativas que os enolatos. Assim, as enaminas são doadores de Michael efetivos e vão participar de uma reação de Michael com um receptor de Michael adequado.

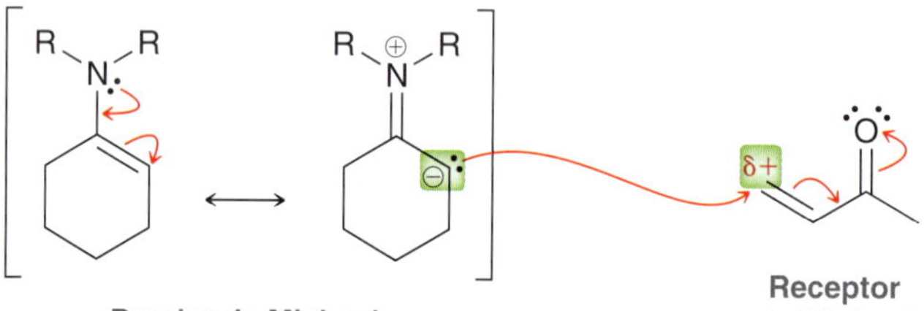

Essa reação de Michael gera um intermediário que é um íon imínio e um íon enolato, como mostrado a seguir. Quando tratado com ácido aquoso, os dois grupos são convertidos em grupos carbonila.

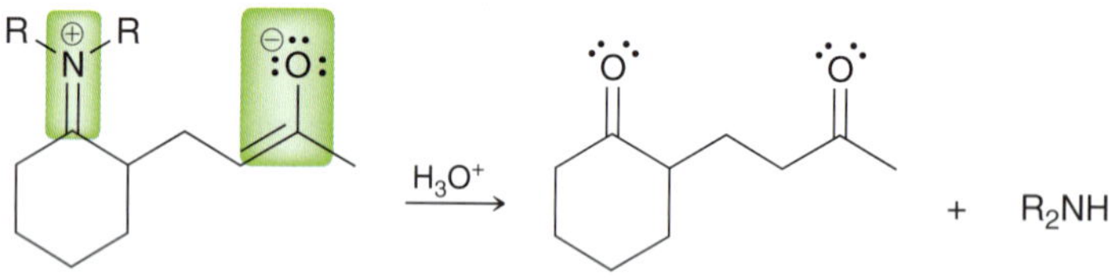

O íon imínio sofre hidrólise para formar um grupo carbonila, e o íon enolato é protonado para formar um enol, que sofre tautomerização para formar um grupo carbonila.

O resultado líquido é um processo para realizar o seguinte tipo de transformação:

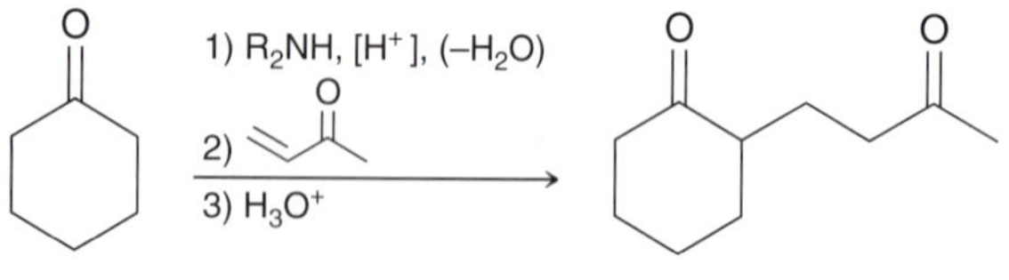

Esse processo é chamado de **síntese da enamina de Stork**, e tem três etapas: (1) a formação de uma enamina, (2) uma adição de Michael e (3) hidrólise.

DESENVOLVENDO A APRENDIZAGEM

22.7 DETERMINAÇÃO DE QUANDO USAR UMA SÍNTESE DA ENAMINA DE STORK

APRENDIZAGEM Usando quaisquer reagentes de sua escolha, mostre como você pode realizar a seguinte transformação:

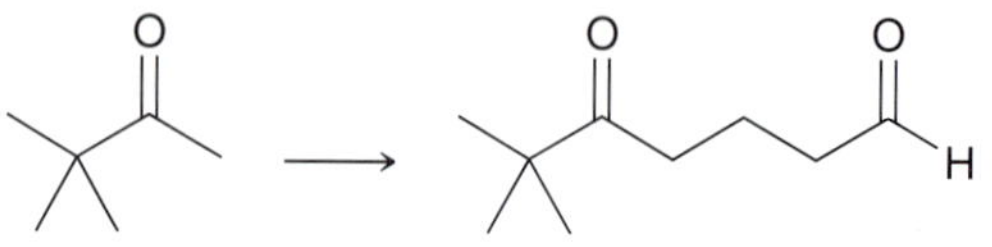

SOLUÇÃO

Essa transformação exige a inserção do grupo visto a seguir na posição α do material de partida.

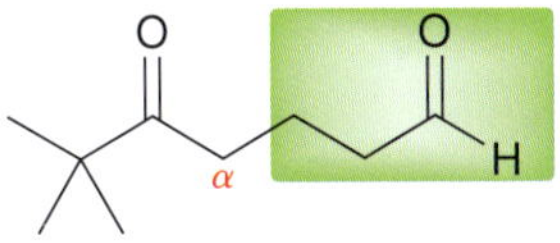

Utilizando uma análise retrossintética, podemos determinar que esta transformação é possível através de uma adição de Michael:

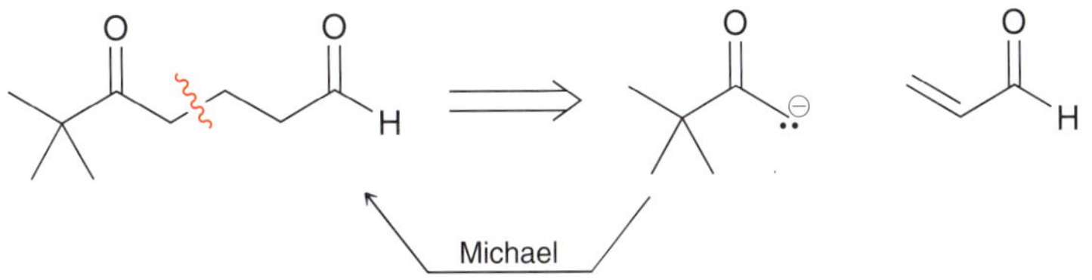

No entanto, uma reação de Michael não irá funcionar porque o enolato não é suficientemente estabilizado para se comportar como um doador de Michael. Esse processo é, portanto, um exemplo perfeito de uma situação em que uma síntese da enamina de Stork pode ser utilizada para realizar a adição de Michael desejada.

Primeiro a cetona de partida é convertida em uma enamina, que é então utilizada como um doador de Michael seguida por hidrólise.

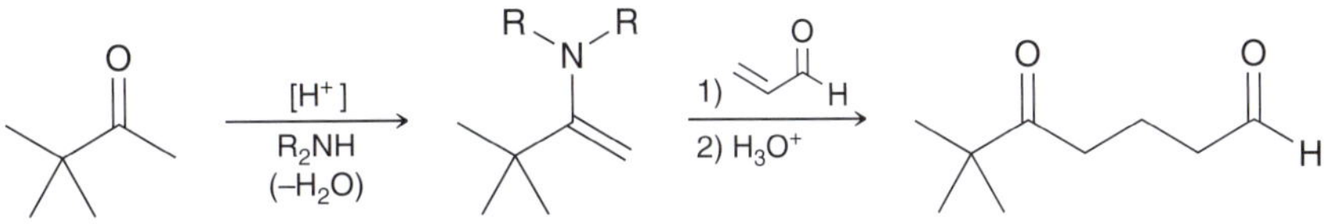

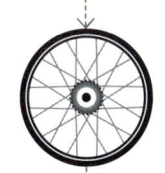

PRATICANDO o que você aprendeu

22.47 Usando uma síntese da enamina de Stork, mostre como você pode realizar cada uma das transformações vistas a seguir.

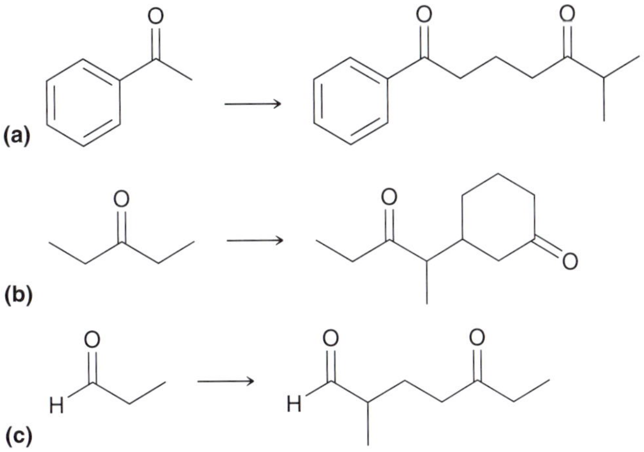

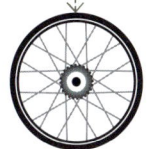

APLICANDO o que você aprendeu

22.48 Usando acetofenona como sua única fonte de átomos de carbono, proponha uma síntese para a substância vista a seguir.

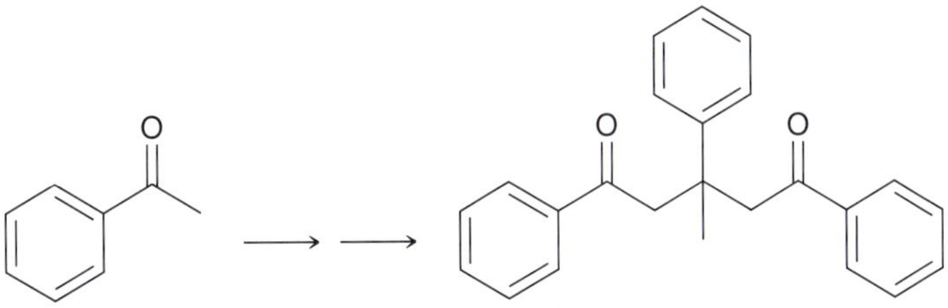

Acetofenona

é necessário **PRATICAR MAIS?** **Tente Resolver o Problema 22.87c**

A Reação de Anelação de Robinson

Neste capítulo, vimos muitas reações. Quando realizadas de forma combinada, elas podem ser muito versáteis. Um exemplo é um método em duas etapas para formar um anel, em que uma adição de Michael é seguida por uma condensação aldólica intramolecular.

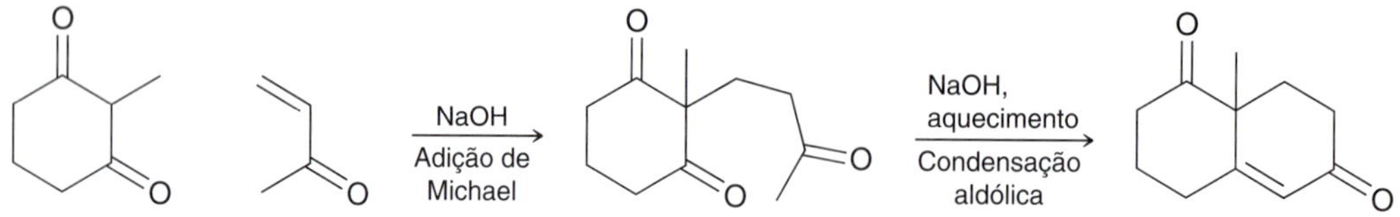

Esse método de duas etapas é chamado de **anelação de Robinson**, em homenagem a sir Robert Robinson (Oxford University), e é frequentemente usado para a síntese de substâncias policíclicas. O termo *anelação* é relacionado com o termo *anel.*

VERIFICAÇÃO CONCEITUAL

22.49 Represente um mecanismo completo para a transformação vista a seguir.

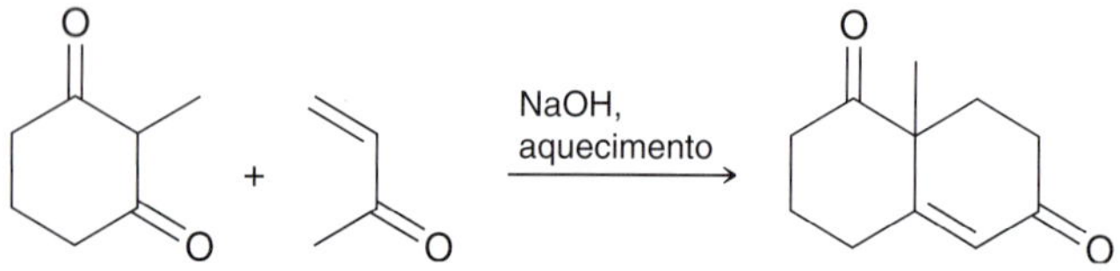

22.50 Identifique os reagentes que você usaria para preparar a substância vista a seguir através de uma anelação de Robinson.

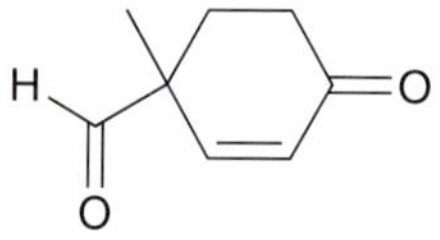

22.7 Estratégias de Sínteses

Reações que Produzem Substâncias Bifuncionalizadas

Neste capítulo, vimos muitas reações que formam ligações C–C. Três dessas reações são dignas de atenção especial, devido à sua capacidade em produzir substâncias com dois grupos funcionais. A adição aldólica, a condensação de Claisen e a síntese da enamina de Stork produzem substâncias com dois grupos funcionais, ainda que elas difiram entre si pelo posicionamento final dos grupos funcionais. A síntese da enamina de Stork produz substâncias com dois grupos funcionais nas posições 1 e 5.

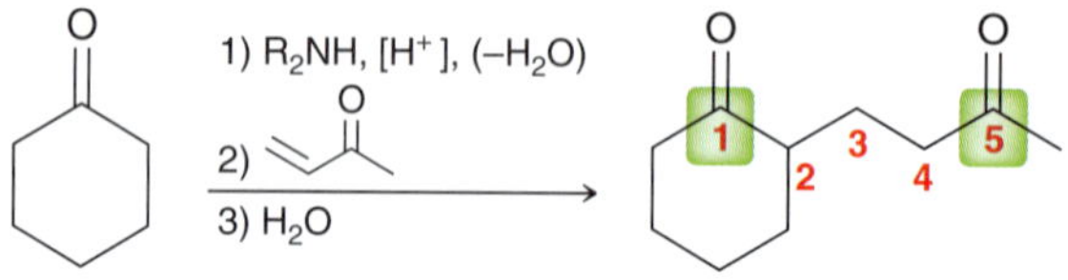

Em contraste, as reações de adição aldólica e as reações de condensação de Claisen produzem substâncias com dois grupos funcionais nas posições 1 e 3.

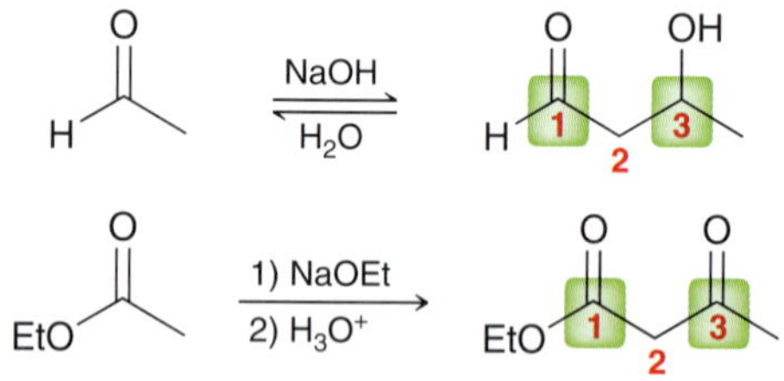

Embora o posicionamento relativo dos grupos funcionais seja semelhante para as adições aldólicas e as condensações de Claisen, os estados de oxidação são diferentes. Uma adição aldólica produz um grupo carbonila e um grupo hidroxila, enquanto uma condensação de Claisen produz um éster e um grupo carbonila.

Essas considerações podem ser muito úteis ao se conceber uma síntese. Se a substância-alvo tem dois grupos funcionais, então você deve olhar para as suas posições relativas. Se a substância-alvo tem os grupos funcionais nas posições 1 e 5, então você deve pensar em usar uma síntese da enamina de Stork. Se ele tem os grupos funcionais nas posições 1 e 3, então você deve pensar em usar uma adição aldólica ou uma condensação de Claisen. A escolha (aldólica *versus* Claisen) será influenciada pelos estados de oxidação dos grupos funcionais. O exercício a seguir ilustra esse tipo de análise.

DESENVOLVENDO A APRENDIZAGEM

22.8 DETERMINAÇÃO DE QUAL A REAÇÃO DE ADIÇÃO OU CONDENSAÇÃO QUE DEVE SER USADA

APRENDIZAGEM Usando 1-butanol como sua única fonte de carbono, proponha uma síntese para a seguinte substância:

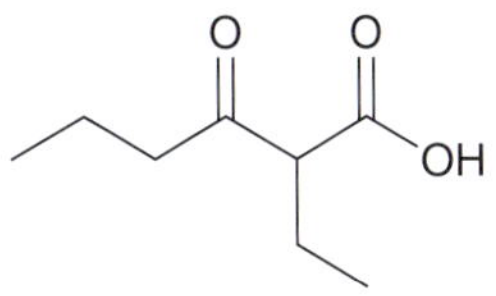

SOLUÇÃO

Lembre-se do Capítulo 12, do Volume 1, que existem sempre duas situações a serem analisadas quando se aborda um problema de síntese: (1) quaisquer mudanças na estrutura C–C e (2) a localização e a natureza dos grupos funcionais. Vamos começar com a estrutura C–C. A substância-alvo tem um total de oito átomos de carbono, e o material de partida tem apenas quatro átomos de carbono. Portanto, a nossa síntese exigirá duas moléculas de butanol para construir a estrutura C–C da substância-alvo. Em outras palavras, teremos de usar algum tipo de adição ou reação de condensação. Vimos muitas dessas reações. Para determinar qual será mais eficiente neste caso, analisamos a localização e a natureza dos grupos funcionais.

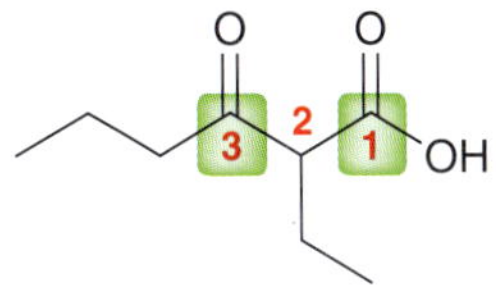

Essa substância tem dois grupos funcionais nas posições 1 e 3, por isso, devemos concentrar a nossa atenção em uma reação aldólica ou uma condensação de Claisen. Para decidir qual a reação que devemos usar, verificamos os estados de oxidação dos dois grupos funcionais (um grupo carbonila e um grupo ácido carboxílico). Neste caso, uma condensação de Claisen parece ser a candidata provável. O produto da condensação de Claisen é sempre um β-cetoéster, de modo que, se utilizamos uma condensação de Claisen para formar o esqueleto de carbono, então, a última etapa da nossa síntese será a hidrólise do éster para dar um ácido carboxílico.

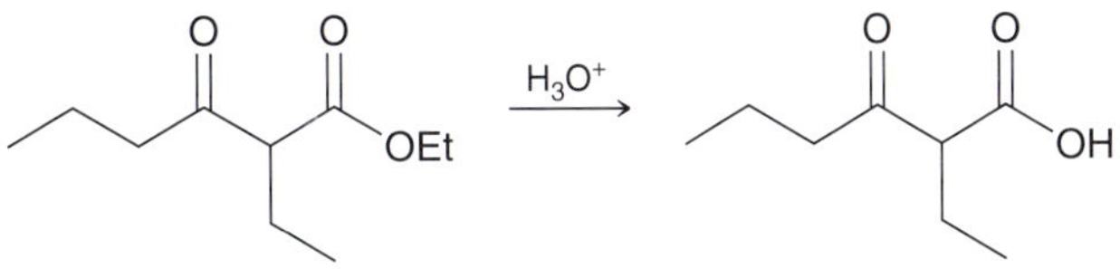

A penúltima etapa seria uma condensação de Claisen entre dois ésteres.

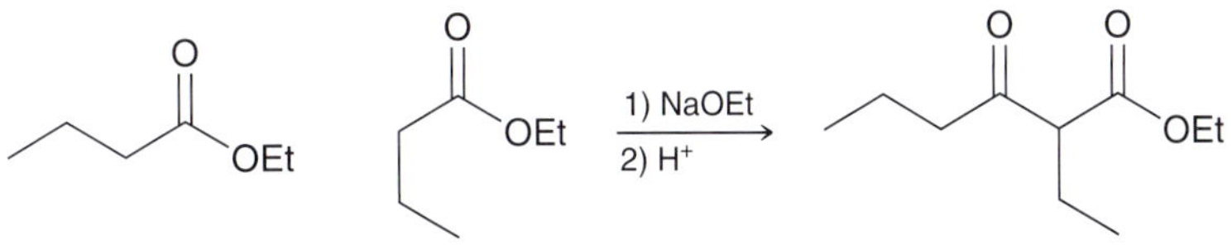

Neste caso, os dois ésteres de partida são idênticos, o que simplifica o problema (não é necessária a realização de uma Claisen mista). Esta transformação é realizada simplesmente tratando o éster (butanoato de etila) com etóxido de sódio.

Para completar a síntese é necessário um método para formar o éster necessário a partir de 1-butanol. Isso pode ser realizado através da utilização de reações vistas nos capítulos anteriores.

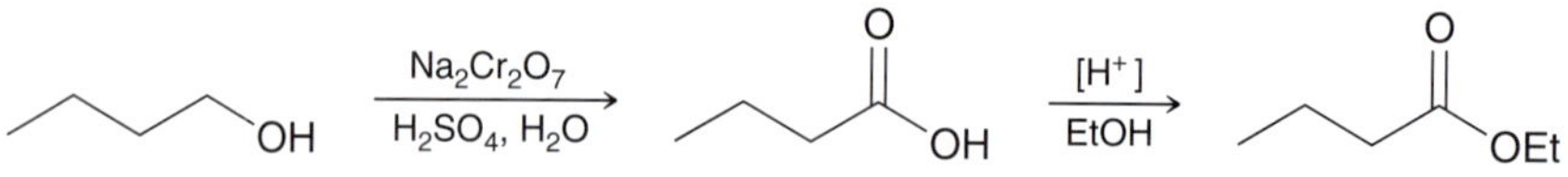

Nossa proposta de síntese é resumida como se segue.

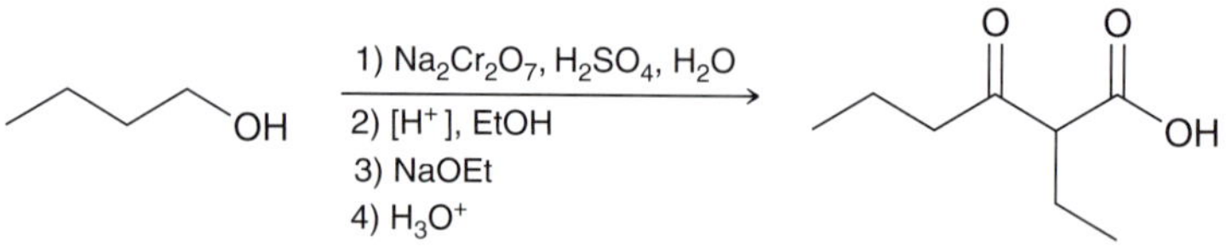

A última etapa tem duas funções: (1) protonar o enolato duplamente estabilizado que é produzido pela condensação de Claisen e (2) hidrolisar o éster resultante para dar um ácido carboxílico. A hidrólise poderia requerer um aquecimento suave, mas o aquecimento excessivo deve ser evitado, uma vez que provavelmente causaria descarboxilação.

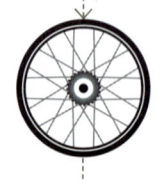

PRATICANDO o que você aprendeu

22.51 Usando ciclopentanona como seu material de partida e utilizando quaisquer outros reagentes de sua escolha, proponha uma síntese eficiente para cada uma das substâncias vistas a seguir.

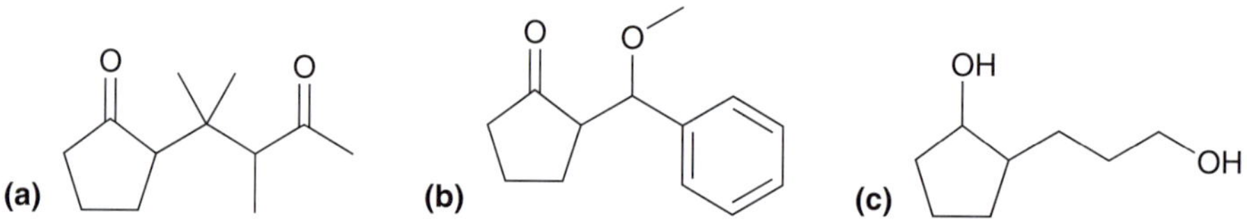

22.52 Usando 1-propanol como a sua única fonte de carbono, proponha uma síntese eficiente para cada uma das substâncias vistas a seguir.

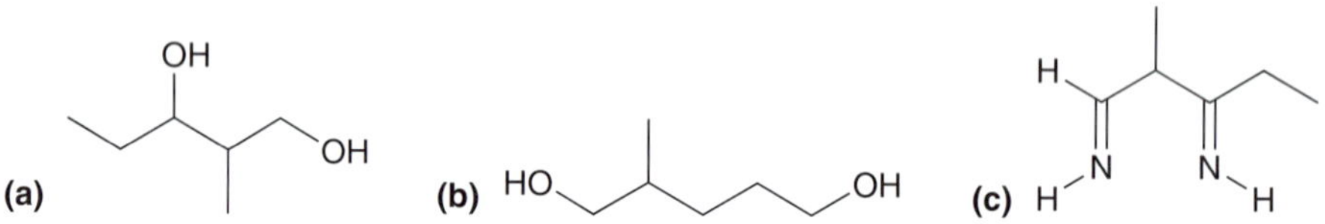

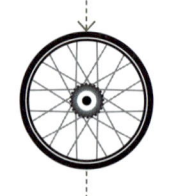

APLICANDO o que você aprendeu

22.53 Utilizando etanol como a sua única fonte de átomos de carbono, proponha uma síntese para cada uma das substâncias vistas a seguir.

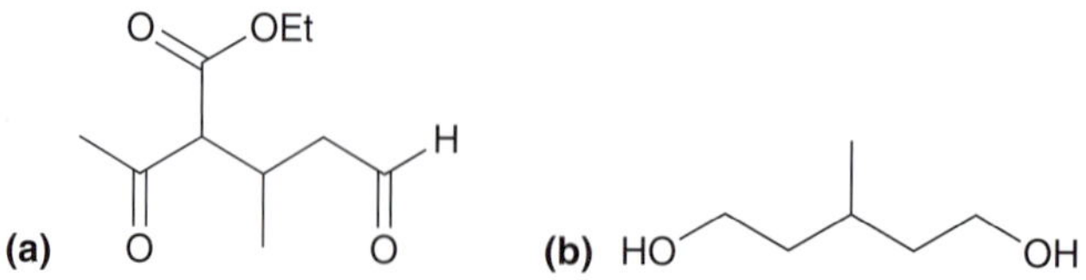

é necessário **PRATICAR MAIS?** **Tente Resolver o Problema 22.87c**

Alquilação das Posições Alfa e Beta

Lembre-se de que o produto inicial de uma adição de Michael é um íon enolato, que é então tratado com água para dar o produto.

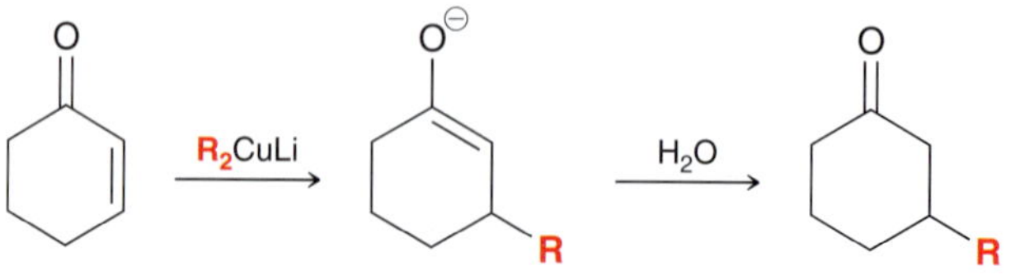

Enolato

Em vez de ser tratado com água, o enolato gerado a partir de uma adição de Michael pode ser tratado com um haleto de alquila, o que resulta na alquilação da posição α.

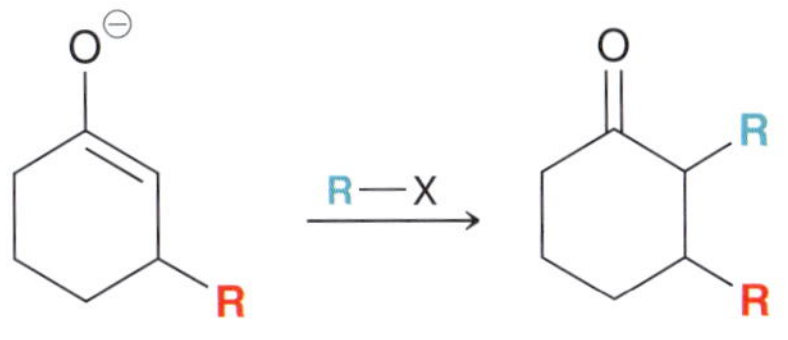

Enolato

Isso proporciona um método para alquilar as posições α e β em um frasco de reação. Ao utilizar este método, os dois grupos alquila não precisam ser iguais. A seguir pode ser visto um exemplo dessa reação.

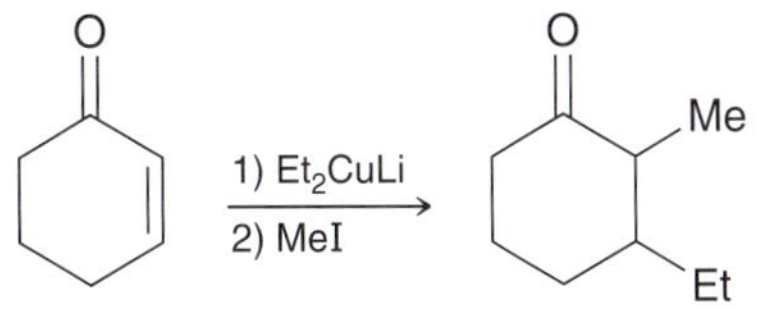

Inicialmente, um nucleófilo de carbono é utilizado para inserir um grupo alquila na posição β, e, em seguida, um eletrófilo de carbono é utilizado para inserir um grupo alquila na posição α. O exercício visto a seguir demonstra o uso desta técnica.

DESENVOLVENDO A APRENDIZAGEM

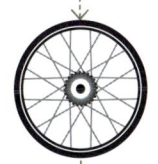

22.9 ALQUILAÇÃO DAS POSIÇÕES ALFA E BETA

APRENDIZAGEM Proponha uma síntese eficiente para a seguinte transformação:

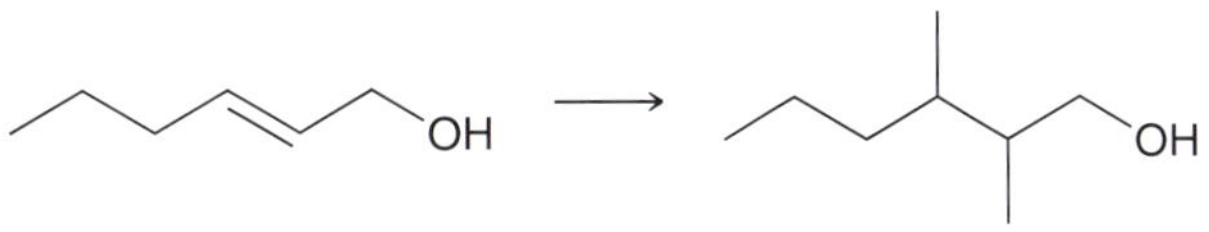

SOLUÇÃO

Lembre-se de que há sempre duas situações a serem analisadas quando se aborda um problema de síntese: (1) as mudanças na estrutura C–C e (2) a localização e a natureza dos grupos funcionais. Neste caso, vamos começar com os grupos funcionais, porque pouca mudança parece ter ocorrido. O grupo hidroxila permanece na mesma posição, mas a ligação dupla é destruída. Agora vamos nos concentrar na estrutura C–C. Parece que dois grupos metila foram adicionados na ligação dupla.

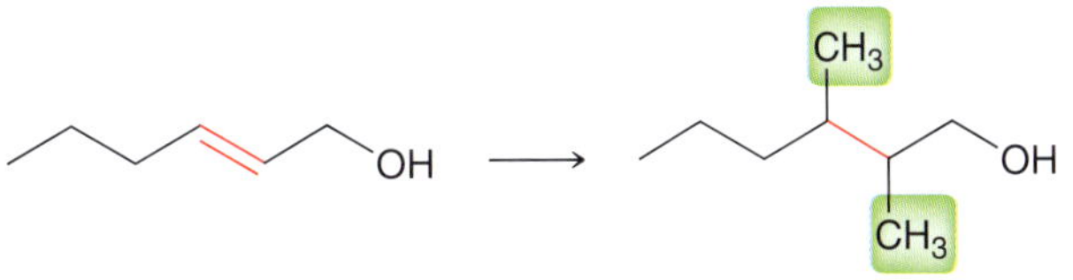

Nós não vimos uma maneira de adicionar dois grupos alquila em uma ligação dupla, mas vimos uma maneira de inserir dois grupos alquila quando a ligação dupla está conjugada com um grupo carbonila.

Para utilizar este método de inserir os grupos alquila, temos primeiro que oxidar o álcool para obter um grupo carbonila, que terá então de ser reduzido de volta a um álcool no final da síntese.

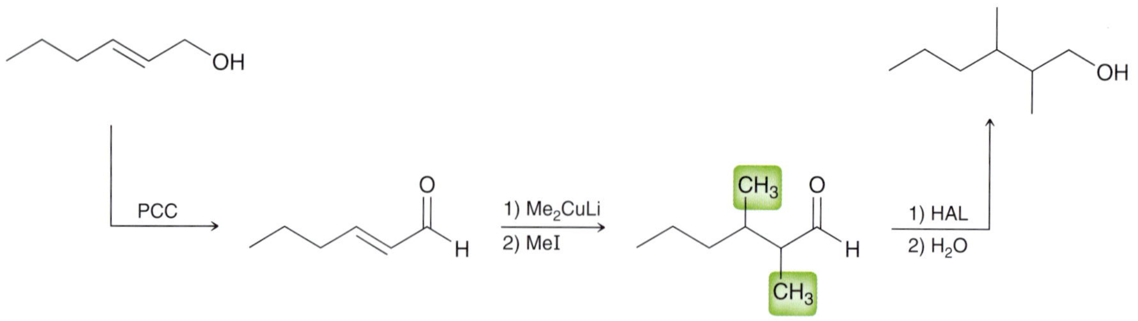

Resolver este problema nos obrigou a reconhecer que o grupo hidroxila pode ser oxidado e depois reduzido. A capacidade de trocar grupos funcionais é uma possibilidade importante, como demonstra este problema.

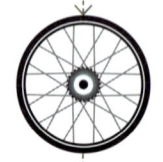

PRATICANDO o que você aprendeu

22.54 Proponha uma síntese eficiente para cada uma das seguintes transformações:

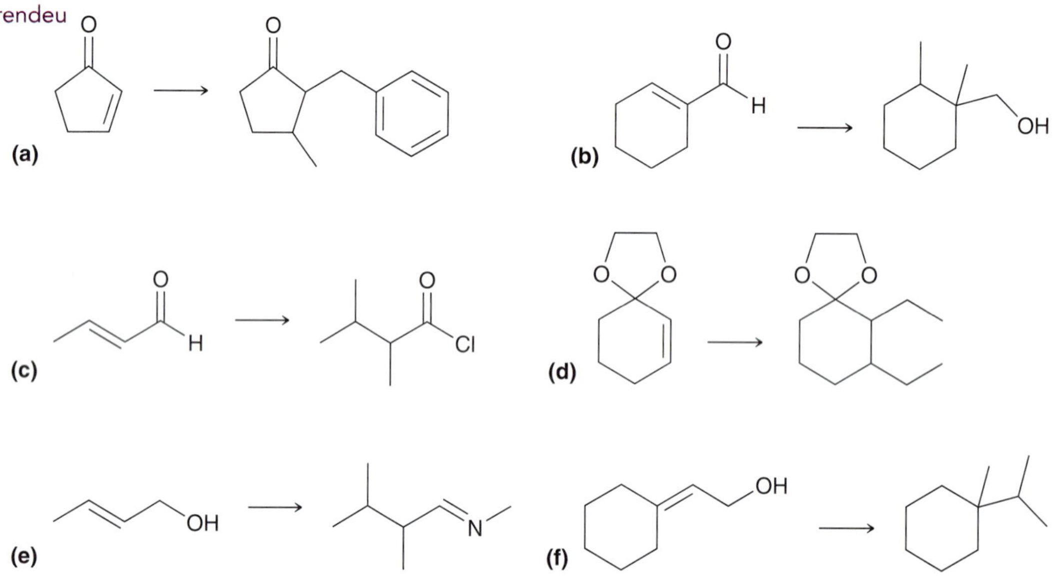

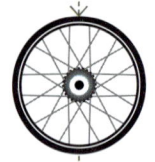

APLICANDO o que você aprendeu

22.55 Proponha uma síntese eficiente para a seguinte transformação:

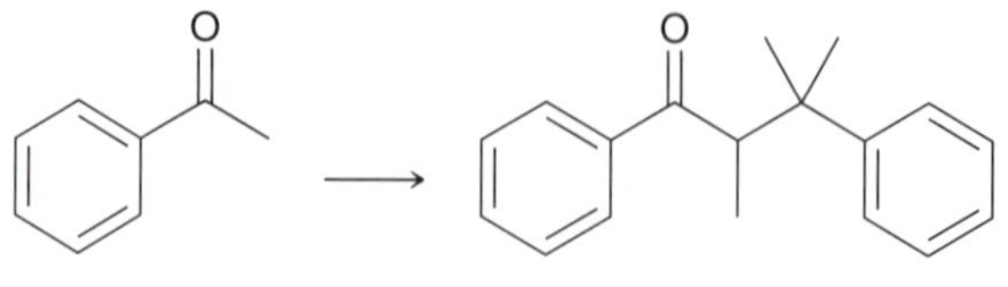

22.56 Proponha uma síntese eficiente para a transformação vista a seguir. Preste uma atenção especial ao fato de que o material de partida tem um anel de seis membros, enquanto o produto possui um anel de cinco membros.

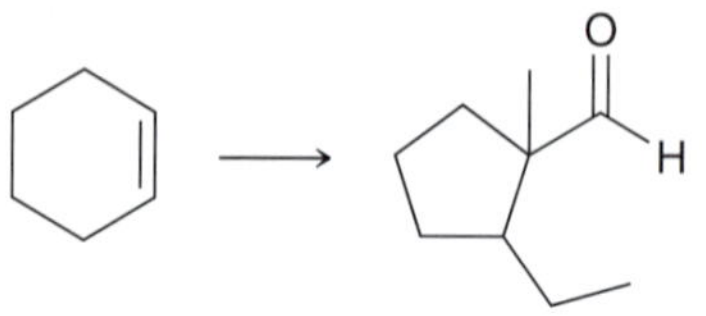

é necessário **PRATICAR MAIS?** **Tente Resolver os Problemas 22.82, 22.89**

REVISÃO DE REAÇÕES

Halogenação Alfa

De Cetonas

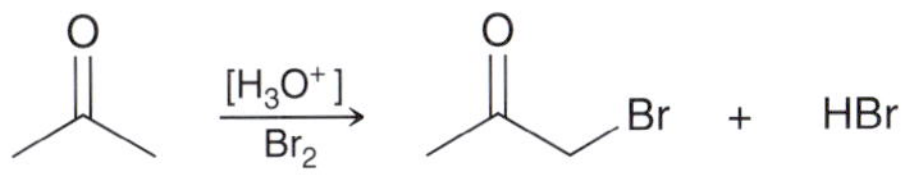

Reação do Halofórmio

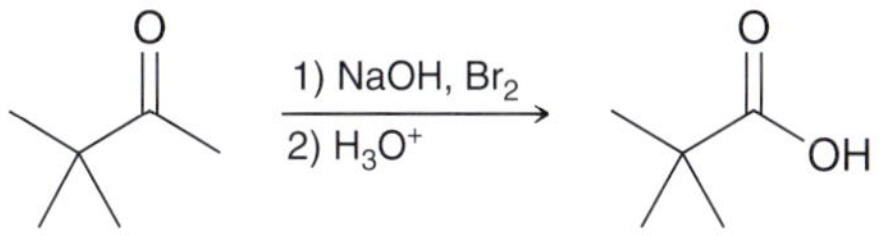

De Ácidos Carboxílicos (Reação de Hell-Volhard)

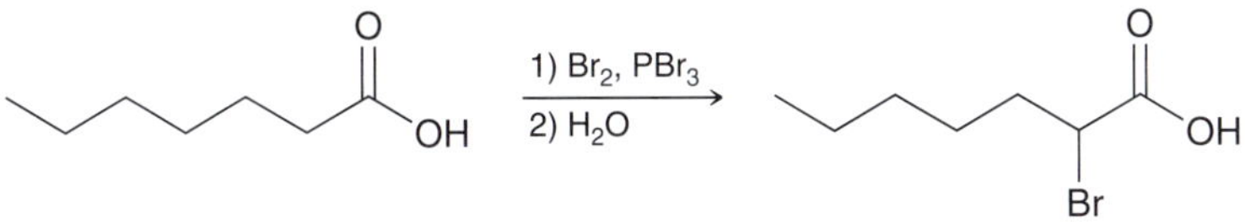

Reações Aldólicas

Adição e Condensação Aldólica

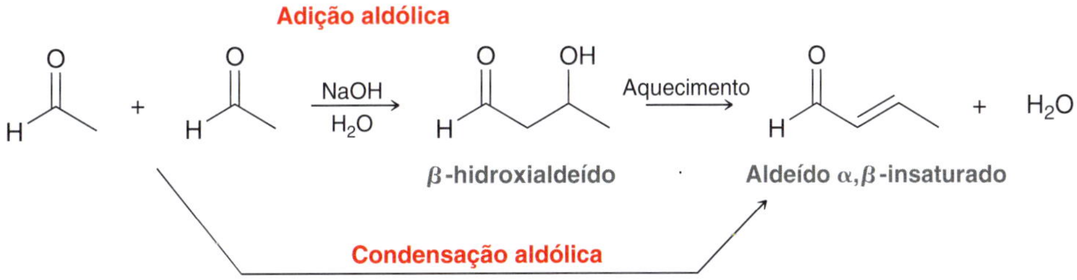

Condensação Aldólica Cruzada

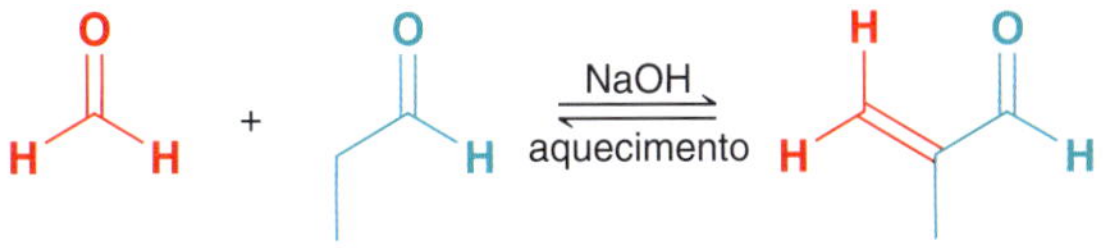

Condensação de Claisen Intramolecular

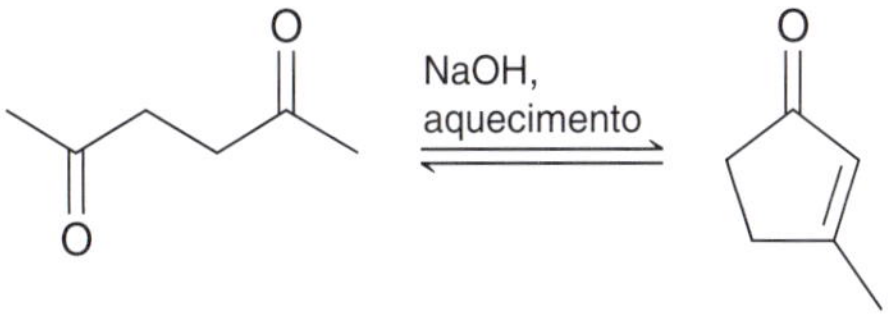

Condensação de Claisen

Condensação de Claisen

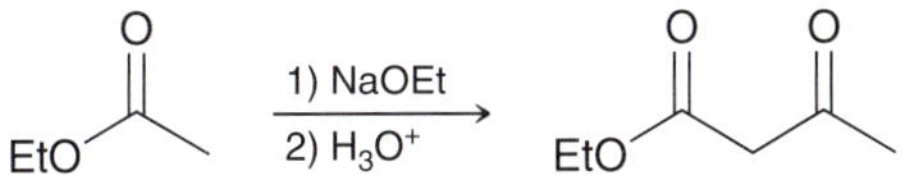

Condensação de Claisen Intramolecular (Ciclização de Dieckmann)

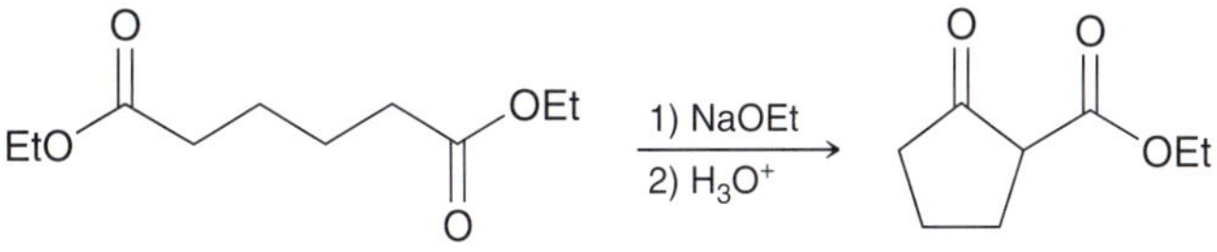

Condensações de Claisen Cruzadas

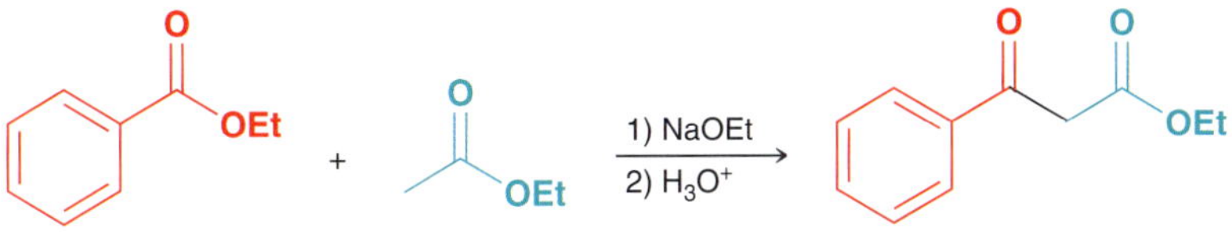

Alquilação

Através de Íons Enolato

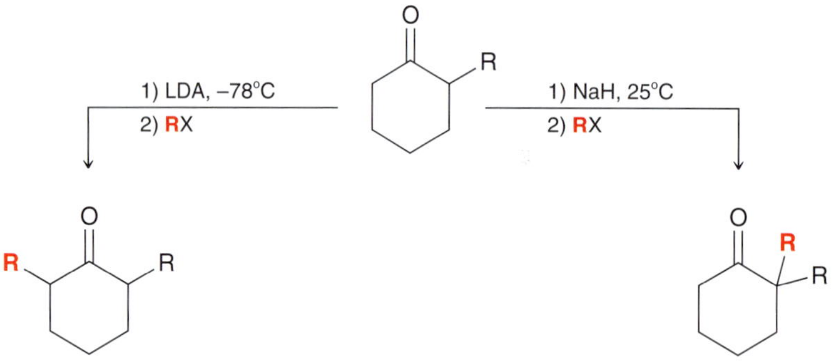

A Síntese do Éster Malônico

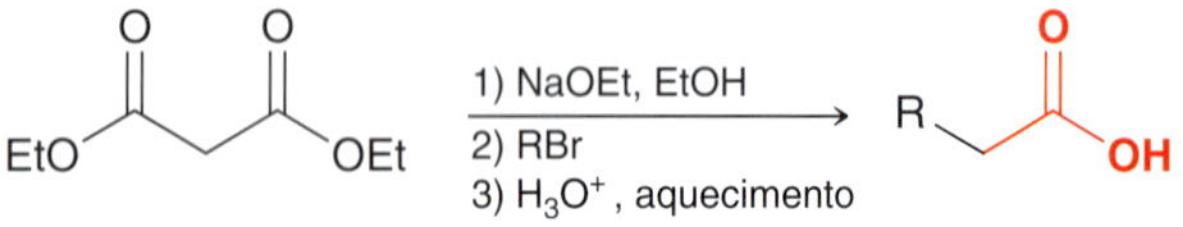

A Síntese do Éster Acetoacético

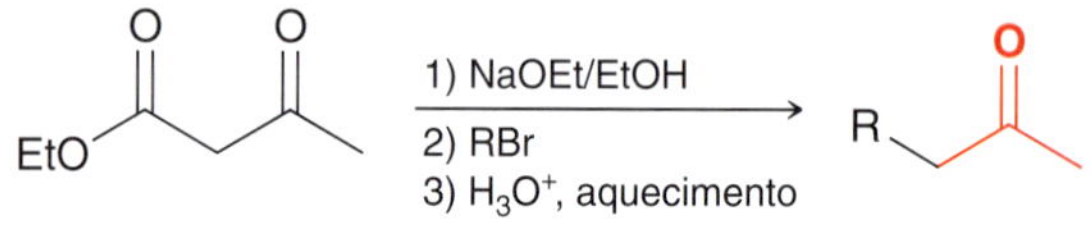

Adições de Michael

Nucleófilos de Carbono Estabilizados

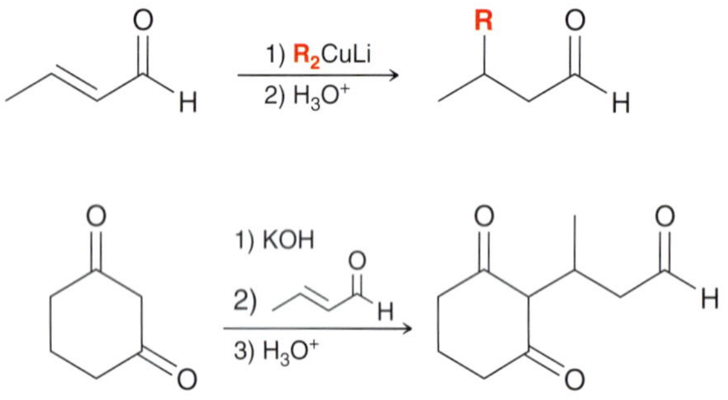

A Síntese da Enamina de Stork

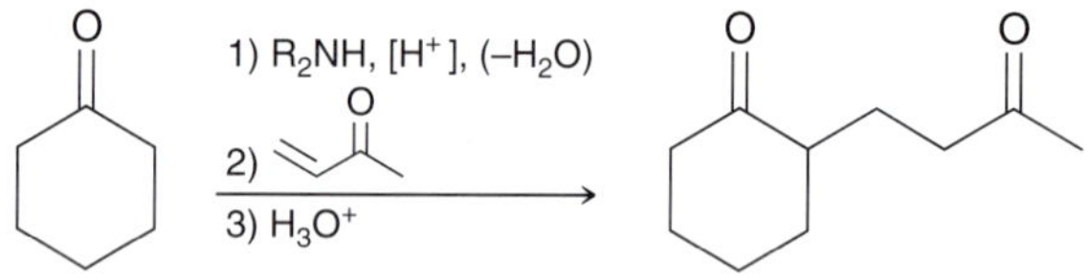

A Anelação de Robinson

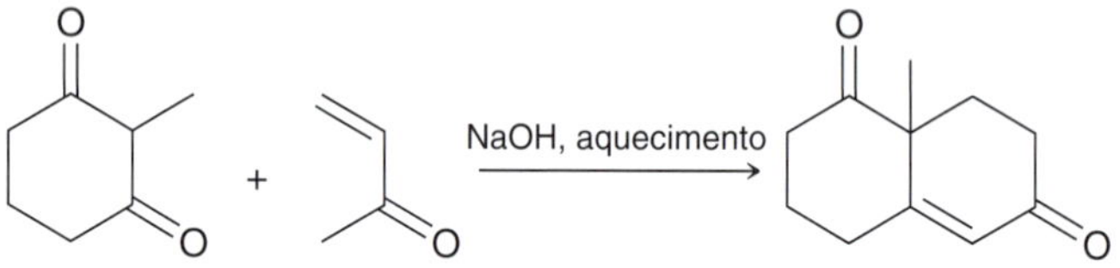

REVISÃO DE CONCEITOS E VOCABULÁRIO

SEÇÃO 22.1

- Letras gregas são utilizadas para descrever a proximidade de cada átomo de carbono ao grupo carbonila. Prótons alfa (α) são os prótons ligados ao carbono α.
- Na presença de catálise ácida ou básica, uma cetona vai existir em equilíbrio com um enol. Em geral, o equilíbrio vai favorecer significativamente a cetona.
- A posição α de um enol pode se comportar como um nucleófilo.
- Quando tratada com uma base forte, a posição α de uma cetona é desprotonada para dar um **enolato**.
- Hidreto de sódio ou LDA converterá irreversível e completamente um aldeído ou cetona em um enolato.

SEÇÃO 22.2

- Cetonas e aldeídos sofrerão halogenação alfa em condições ácidas ou básicas.
- O processo catalisado por ácido produz HBr e, portanto, é **autocatalítico**.
- Na **reação de Hell-Volhard**, um ácido carboxílico sofre halogenação alfa quando é tratado com bromo na presença de PBr_3.
- Na **reação do halofórmio**, uma metilcetona é convertida em um ácido carboxílico por tratamento com uma base em excesso e excesso de halogêneo, seguido por tratamento com ácido.

SEÇÃO 22.3

- Quando um aldeído é tratado com hidróxido de sódio, ocorre uma **reação de adição aldólica**, e o produto é um β-hidroxialdeído ou uma β-hidroxicetona.
- Para a maioria dos aldeídos simples, a posição de equilíbrio favorece o produto aldólico.
- Para a maioria das cetonas, o processo inverso, chamado de **reação retroaldólica**, é favorecido.

- Quando um aldeído é aquecido em hidróxido de sódio aquoso, ocorre uma **reação de condensação aldólica**, e o produto é um aldeído ou uma cetona α,β-insaturada. A eliminação da água ocorre através de um **mecanismo E1cb**.
- **Reações aldólicas cruzadas** ou **aldólicas mistas** são reações aldólicas que ocorrem entre moléculas diferentes, e só são eficientes se uma das moléculas carece de prótons α ou se uma **adição aldólica dirigida** for realizada.
- A reação aldólica intramolecular mostra uma preferência pela formação de anéis de cinco e de seis membros.

SEÇÃO 22.4

- Quando o éster é tratado com uma base alcóxido, ocorre uma **reação de condensação de Claisen**, e o produto é um β-cetoéster.
- Uma condensação de Claisen entre duas moléculas diferentes é chamada de **condensação de Claisen cruzada**.
- Uma condensação de Claisen intramolecular, chamada de **ciclização de Dieckmann**, produz um β-cetoéster cíclico.

SEÇÃO 22.5

- A posição α de uma cetona pode ser alquilada através da formação de um enolato e do seu tratamento com um haleto de alquila.
- Para cetonas assimétricas, reações com LDA em baixa temperatura favorecem a formação do enolato cinético, enquanto as reações com NaH a temperatura ambiente favorecem o enolato termodinâmico.
- Quando LDA é usada com uma cetona assimétrica, a alquilação ocorre na posição menos impedida estericamente.

- A **síntese do éster malônico** permite a conversão de um haleto de alquila em um ácido carboxílico com a introdução de dois novos átomos de carbono. A **síntese do éster acetoacético** permite a conversão de um haleto de alquila em uma metilcetona com a introdução de três novos átomos de carbono.
- A **descarboxilação** ocorre mediante o aquecimento de um ácido carboxílico com um grupo carbonila na posição β.

SEÇÃO 22.6

- Os aldeídos e cetonas que possuem α,β-insaturação são suscetíveis de ataque nucleofílico na posição β. Esta reação é chamada de **adição conjugada**, *adição 1,4* ou **reação de Michael**.
- O nucleófilo é chamado de **doador de Michael** e o eletrófilo é chamado de **receptor de Michael**.
- Enolatos regulares não servem como doadores de Michael, mas a reação de Michael desejada pode ser realizada com uma **síntese de enamina de Stork**.
- Uma **anelação de Robinson** é uma adição de Michael seguida por uma reação aldólica intramolecular e pode ser utilizada para se sintetizarem substâncias cíclicas.

SEÇÃO 22.7

- A síntese de enamina de Stork produz substâncias com dois grupos funcionais nas posições 1 e 5.
- Reações de adição aldólica e reações de condensação de Claisen produzem substâncias com dois grupos funcionais nas posições 1 e 3.
- O produto inicial de uma adição de Michael é um íon enolato, o qual pode ser tratado com um haleto de alquila, alquilando-se assim as posições α e β.

REVISÃO DA APRENDIZAGEM

22.1 REPRESENTAÇÃO DE ENOLATOS

ETAPA 1 Identificação de todos os prótons α.

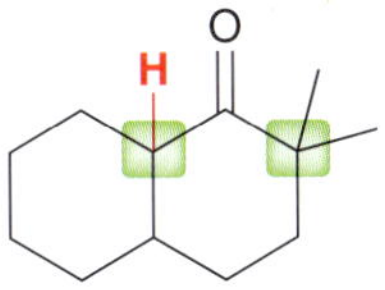

ETAPA 2 Utilização de duas setas curvas para remoção do próton e, em seguida, representação do enolato com um par de elétrons isolado e uma carga negativa na posição α.

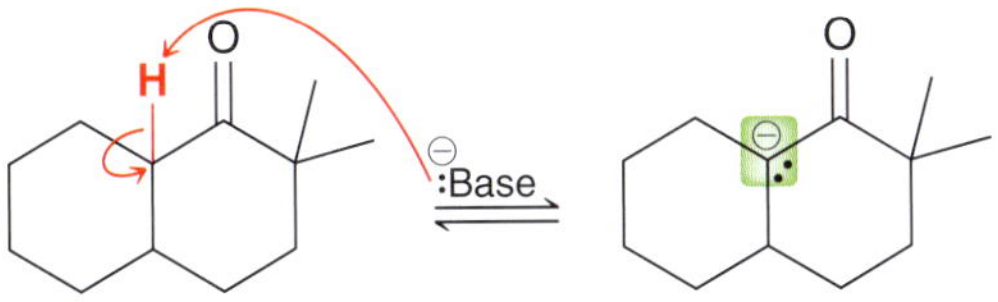

ETAPA 3 Representação da outra estrutura de ressonância do enolato.

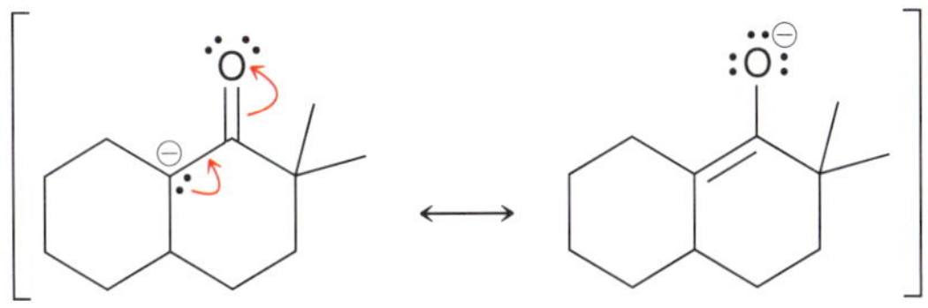

Tente Resolver os Problemas 22.4, 22.5, 22.59

22.2 PREVISÃO DOS PRODUTOS DE UMA REAÇÃO DE ADIÇÃO ALDÓLICA

ETAPA 1 Representação de todas as três etapas do mecanismo como um guia para a previsão do produto.

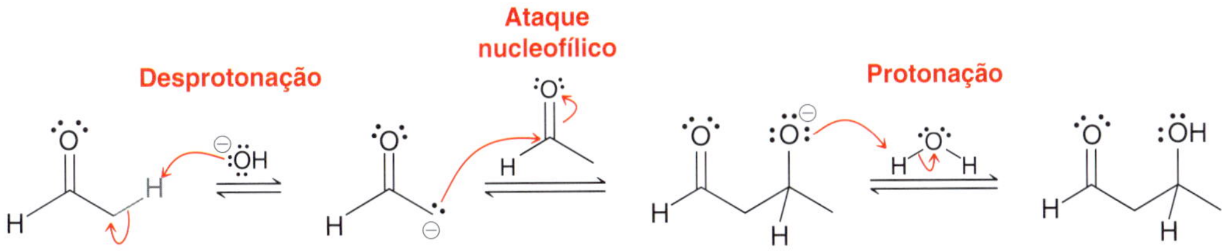

A posição α é desprotonada para formar um enolato

O enolato se comporta como um nucleófilo e ataca um aldeído

O íon alcóxido resultante é protonado para dar o produto

ETAPA 2 Verificação da resposta para garantir que o produto tem um grupo hidroxila na posição β.

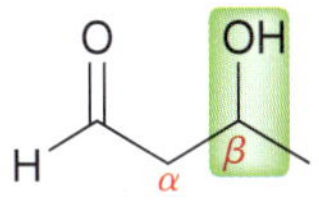

Tente Resolver os Problemas 22.15-22.19, 22.72

22.3 PREVISÃO DO PRODUTO DE UMA CONDENSAÇÃO ALDÓLICA

ETAPA 1 Identificação dos prótons α.

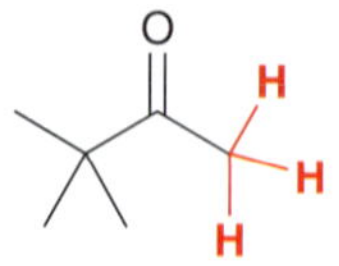

ETAPA 2 Representação de duas moléculas da cetona, orientadas de tal modo que os dois prótons α de uma molécula estão de frente para o grupo carbonila da outra molécula.

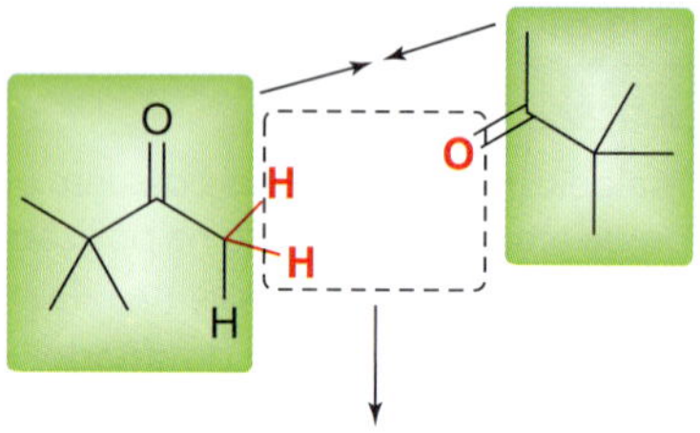

ETAPA 3 Remoção dos dois prótons α e do átomo de oxigênio, formando uma ligação dupla no lugar desses grupos.

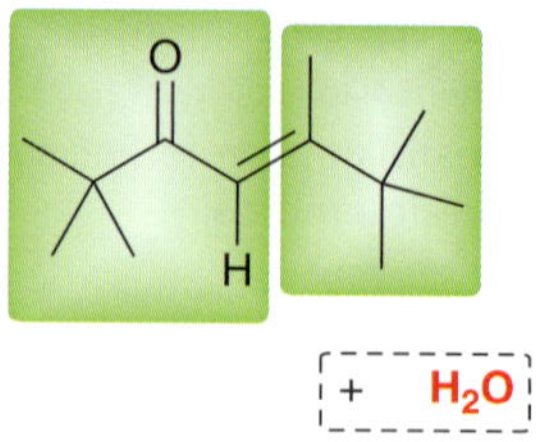

ETAPA 4 Verificação de que o produto representado tem o menor impedimento estérico.

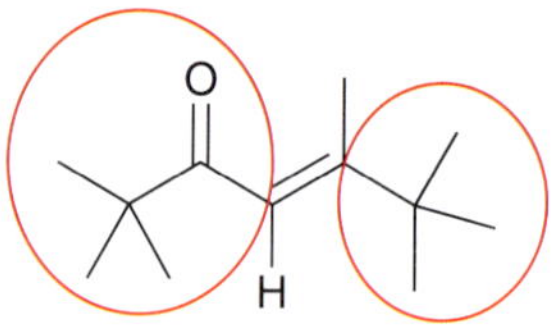

Tente Resolver os Problemas 22.20-22.22, 22.71, 22.84c

22.4 IDENTIFICAÇÃO DOS REAGENTES NECESSÁRIOS PARA UMA REAÇÃO ALDÓLICA CRUZADA

ETAPA 1 Identificação das posições α e β.

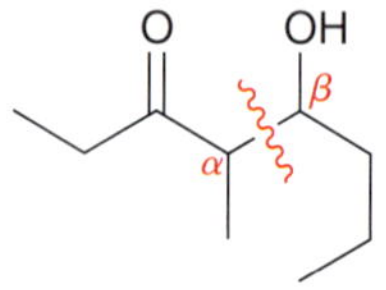

ETAPA 2 Utilização de uma análise retrossintética quebrando a ligação entre as posições α e β, colocando um grupo carbonila no lugar do grupo hidroxila.

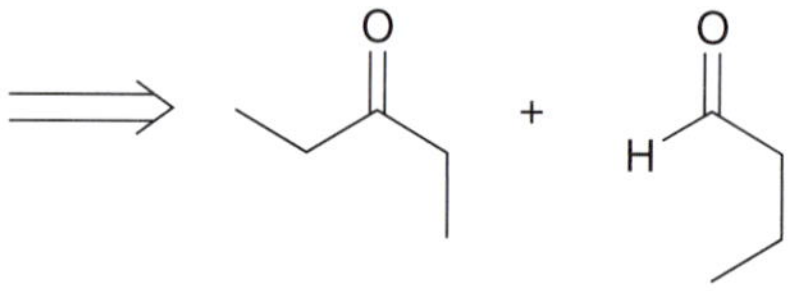

ETAPA 3 Determinação da base que deve ser usada. Uma reação aldólica cruzada exigirá a utilização de LDA.

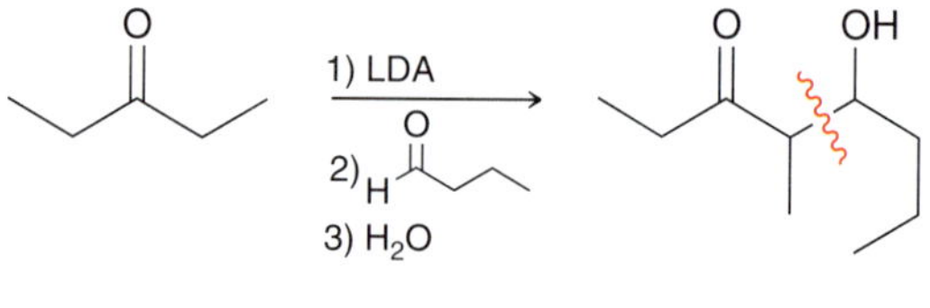

Tente Resolver os Problemas 22.23, 22.24, 22.67, 22.68

22.5 USO DA SÍNTESE DO ÉSTER MALÔNICO

ETAPA 1 Identificação dos grupos alquila que estão ligados à posição α do ácido carboxílico.

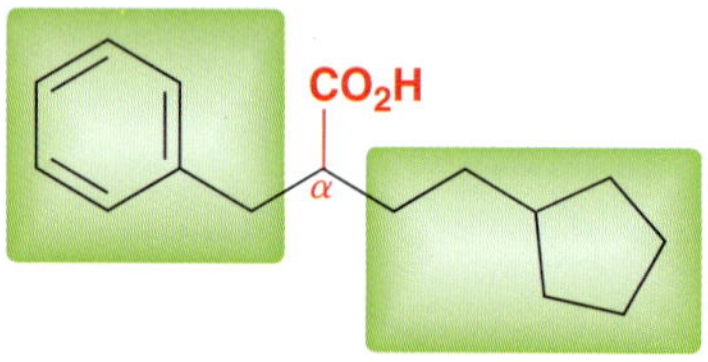

ETAPA 2 Identificação dos haletos de alquila necessários e garantia de que ambos prontamente sofrerão um processo S_N2.

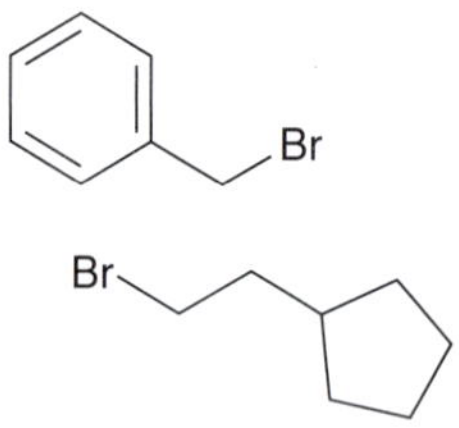

ETAPA 3 Identificação dos reagentes. Começa-se com o malonato de dietila como material de partida. Realiza-se cada alquilação e, em seguida, aquece-se com ácido aquoso.

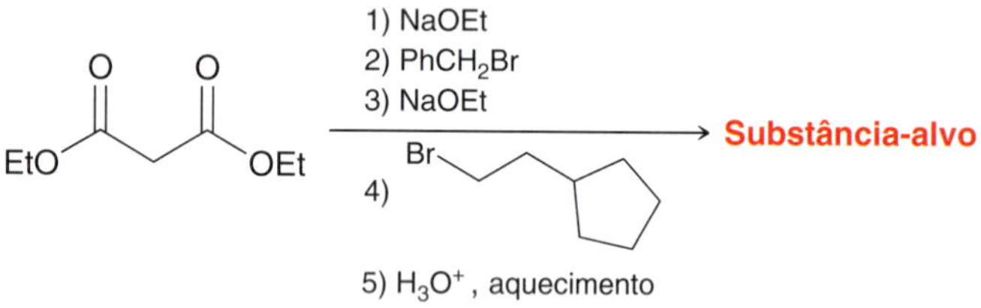

Tente Resolver os Problemas 22.35-22.38, 22.78

22.6 SÍNTESE DO ÉSTER ACETOACÉTICO

ETAPA 1 Identificação dos grupos alquila que estão ligados à posição α da metilcetona.

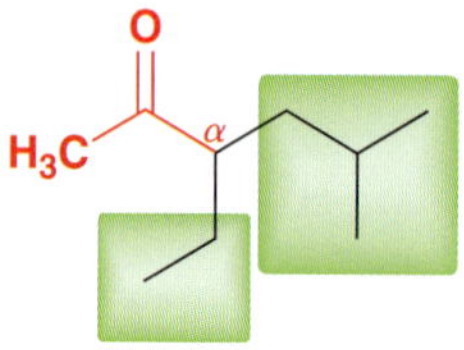

ETAPA 2 Identificação dos haletos de alquila necessários e garantia de que ambos prontamente sofrem um processo S_N2.

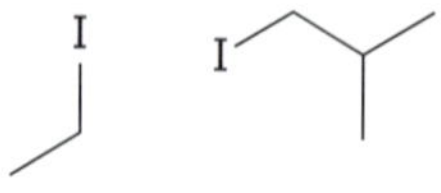

ETAPA 3 Identificação dos reagentes. Começa-se com o acetoacetato de etila como material de partida. Realiza-se cada alquilação e, em seguida, aquece-se com ácido aquoso.

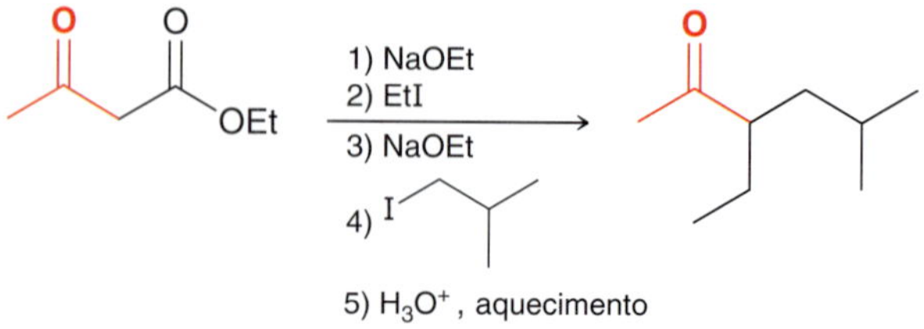

Tente Resolver os Problemas 22.39-22.43, 22.79

22.7 DETERMINAÇÃO DE QUANDO USAR UMA SÍNTESE DE ENAMINA DE STORK

ETAPA 1 Uso de uma análise retrossintética para identificar se é possível preparar a substância desejada com uma adição de Michael.

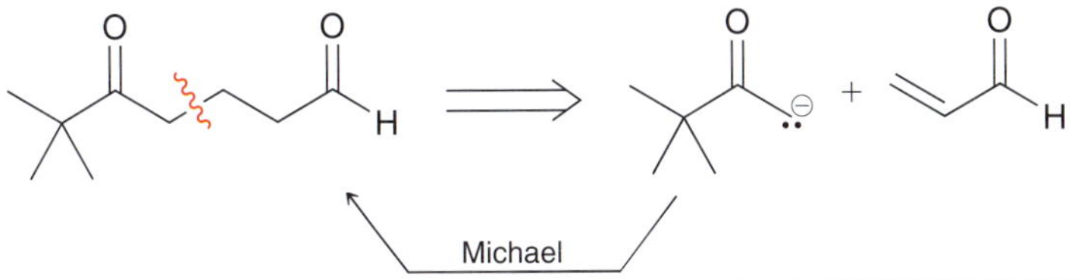

ETAPA 2 Se o doador de Michael tem que ser um enolato, então é necessário a síntese da enamina de Stork.

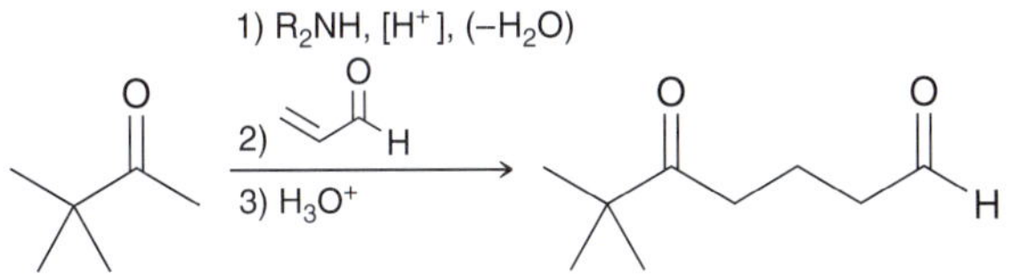

Tente Resolver os Problemas **22.47, 22.48, 22.87c**

22.8 DETERMINAÇÃO DE QUAL REAÇÃO DE ADIÇÃO OU DE CONDENSAÇÃO QUE DEVE SER USADA

Para as substâncias com dois grupos funcionais, o posicionamento relativo dos grupos, bem como os seus estados de oxidação, vai indicar a reação de adição ou a reação de condensação que deve ser utilizada.

SUBSTÂNCIAS COM DOIS GRUPOS FUNCIONAIS NAS POSIÇÕES 1 E 5

Síntese da enamina de Stork

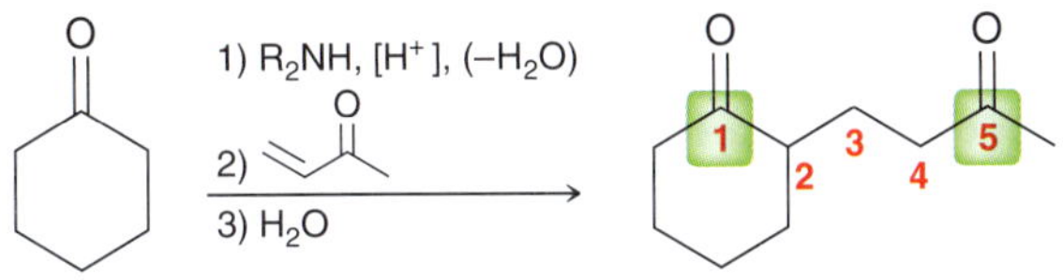

SUBSTÂNCIAS COM DOIS GRUPOS FUNCIONAIS NAS POSIÇÕES 1 E 3

Adição aldólica

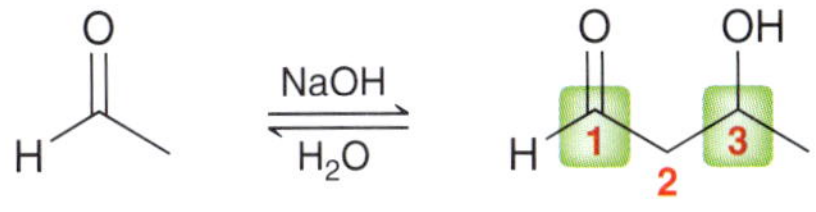

Condensação de Claisen

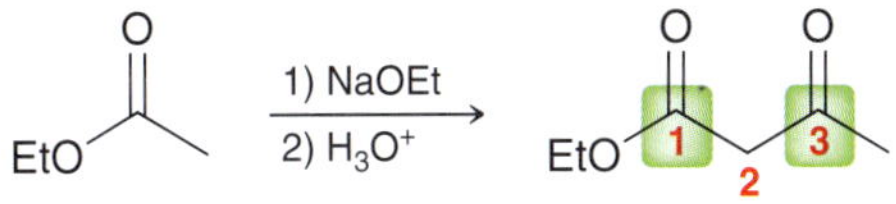

Tente Resolver os Problemas **22.51-22.53, 22.87c**

22.9 ALQUILAÇÃO DAS POSIÇÕES α E β

A estratégia para a inserção de dois grupos alquila vizinhos nas posições α e β.

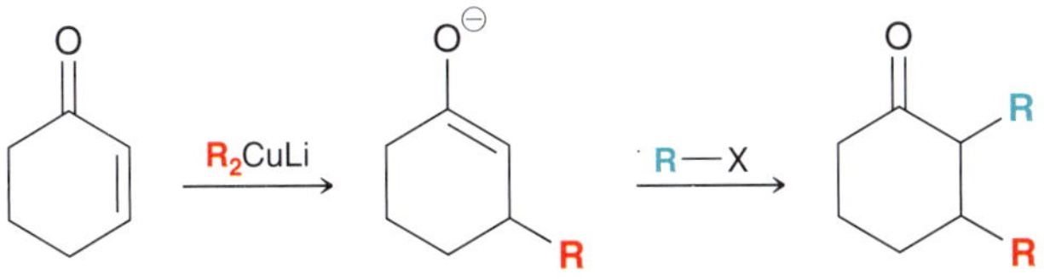

Enolato

Tente Resolver os Problemas **22.54-22.56, 22.82, 22.89**

PROBLEMAS PRÁTICOS

22.57 Identifique quais das substâncias vistas a seguir espera-se que tenham pK_a < 20. Para cada substância, com pK_a < 20, identifique o próton mais ácido na substância.

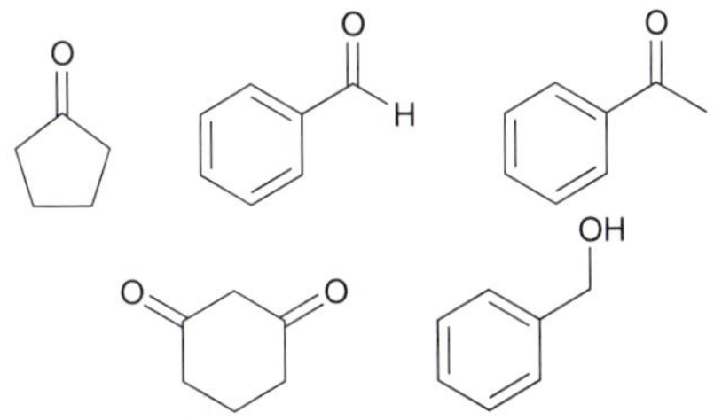

22.58 Uma das substâncias do problema anterior tem pK_a < 10. Identifique essa substância e explique por que ela é muito mais ácida do que todas as outras substâncias.

22.59 Represente as estruturas de ressonância para a base conjugada que é produzida quando cada uma das substâncias vistas a seguir é tratada com etóxido de sódio.

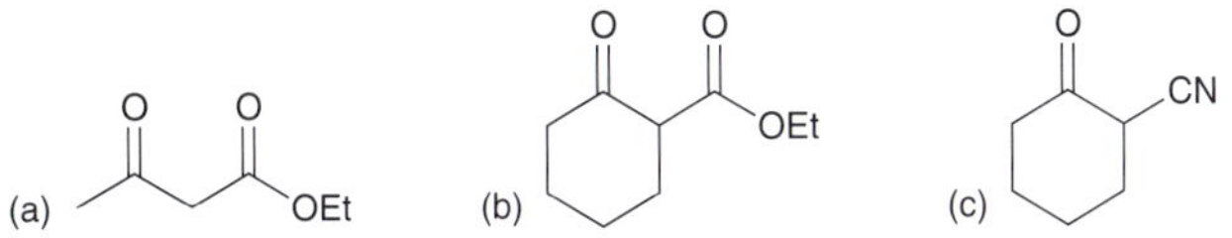

22.60 Ordene as substâncias vistas a seguir em termos de aumento da acidez.

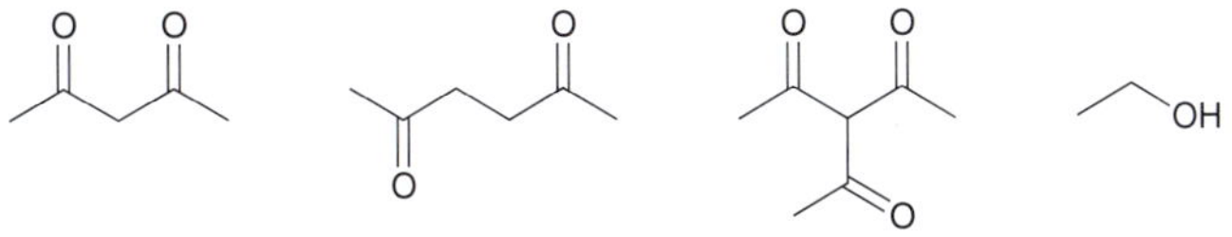

22.61 Represente o enol de cada uma das substâncias vistas a seguir, e identifique se o enol tem uma presença significativa no equilíbrio. Explique.

(a) 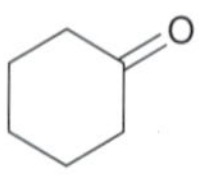

(b) 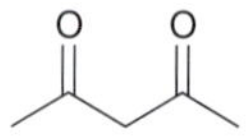

(c) 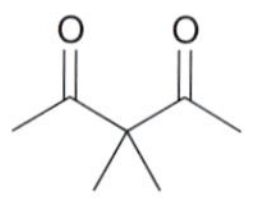

(d) 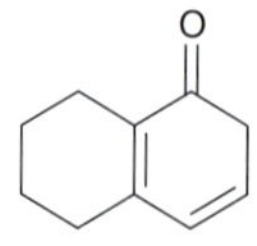

22.62 O acetoacetato de etila tem três isômeros enólicos. Represente todos os três.

22.63 Represente o enolato que é formado quando cada uma das substâncias vistas a seguir é tratada com LDA.

(a) 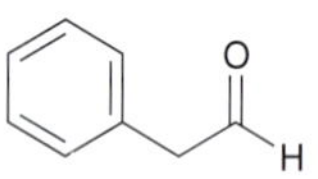

(b) 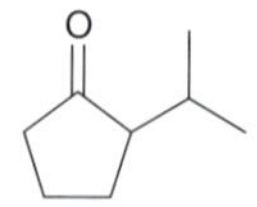

(c) 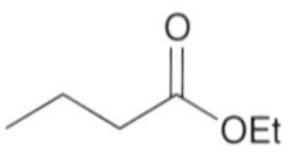

(d) 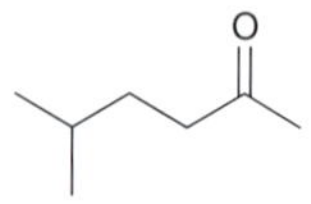

22.64 Quando a 2-hepten-4-ona é tratada com LDA, um próton é removido de uma das posições gama (γ). Identifique qual a posição γ que é desprotonada e explique por que o próton γ é o próton mais ácido na substância.

22.65 Quando a (*S*)-2-metilciclopentanona, opticamente ativa, é tratada com base em meio aquoso, a substância perde a sua atividade óptica. Explique essa observação e represente um mecanismo que mostra como ocorre racemização.

22.66 O processo de racemização descrito no problema anterior também ocorre em condições ácidas. Represente um mecanismo para o processo de racemização em ácido aquoso.

22.67 Represente todos os quatro β-hidroxialdeídos que são formados quando uma mistura de acetaldeído e pentanal é tratada com hidróxido de sódio aquoso.

22.68 Identifique todos os diferentes β-hidroxialdeídos que são formados quando uma mistura do benzaldeído e hexanal é tratada com hidróxido de sódio aquoso.

22.69 Proponha um mecanismo para a isomerização vista a seguir, e explique a força motriz por trás dessa reação. Em outras palavras explique por que o equilíbrio favorece o produto.

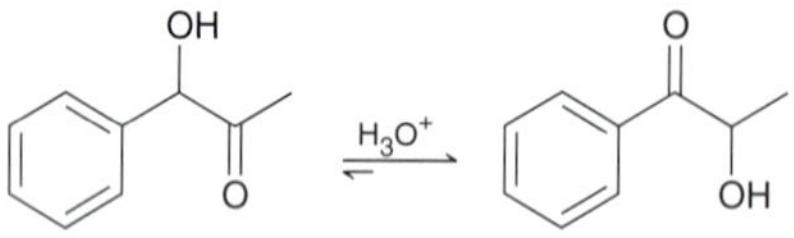

22.70 A isomerização no problema anterior também pode ocorrer em condições básicas. Represente um mecanismo para a transformação na presença de hidróxido como catalisador.

22.71 Represente o produto obtido quando cada uma das substâncias vistas a seguir é aquecida na presença de uma base para dar uma condensação aldólica.

(a) 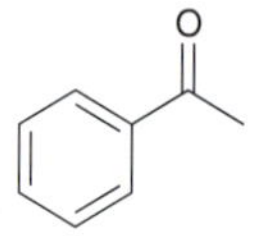

(b) 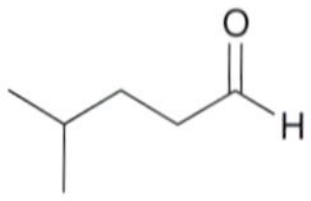

(c) 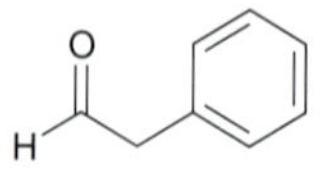

22.72 O trimetilacetaldeído não sofre uma reação aldólica quando tratado com base. Explique por que não.

22.73 Identifique os reagentes necessários para obter cada uma das substâncias vistas a seguir com uma condensação aldólica.

(a) 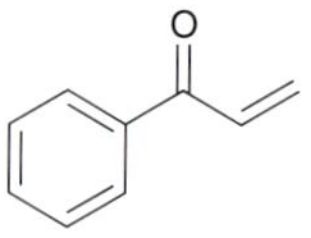

(b) 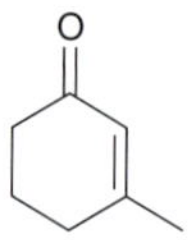

(c) 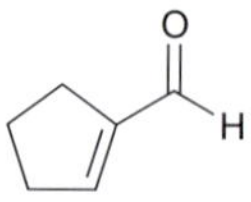

(d) 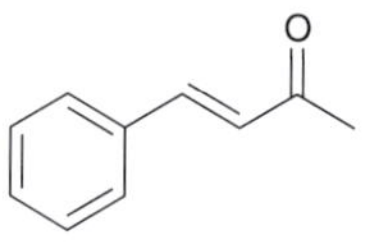

22.74 Quando o acetaldeído é tratado com ácido aquoso, uma reação aldólica pode ocorrer. Em outras palavras, as reações aldólicas também podem ocorrer em condições ácidas, embora o intermediário seja diferente do intermediário envolvido na reação catalisada por base. Represente um mecanismo para o processo catalisado por ácido.

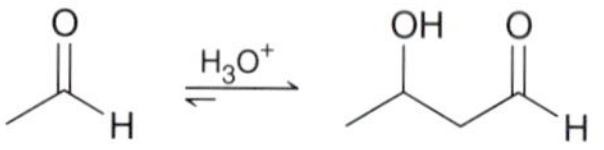

22.75 O malonato de dietila (o material de partida para a síntese de éster malônico) reage com bromo em condições catalisadas por ácido, para formar um produto com a fórmula molecular $C_7H_{11}BrO_4$.

(a) Represente a estrutura do produto.
(b) Represente um mecanismo de formação para o produto.
(c) Você esperaria que este produto esteja mais ou menos ácido do que o malonato de etila?

22.76 O cinamaldeído é um dos principais constituintes do óleo de canela e contribui significativamente para o odor de canela. Começando com benzaldeído e utilizando quaisquer outros reagentes necessários, mostre como você pode preparar o cinamaldeído.

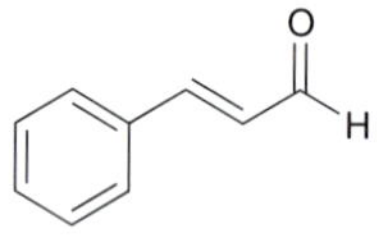

Cinamaldeído

22.77 Represente o produto da condensação que é esperado quando cada um dos ésteres vistos a seguir é tratado com etóxido de sódio seguido por ácido.

(a) 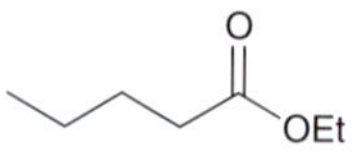

(b) 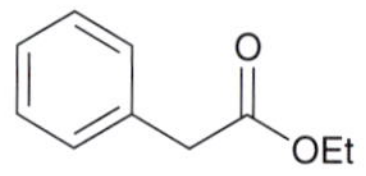

22.78 A partir do malonato de etila, e usando quaisquer outros reagentes de sua escolha, mostre como você iria preparar cada uma das substâncias vistas a seguir.

(a) 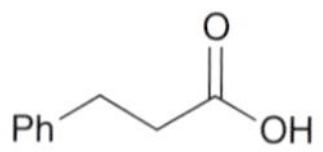

(b) 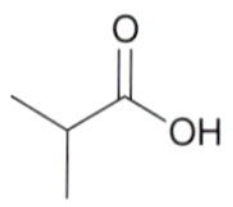

(c) 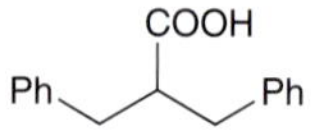

22.79 A partir do acetoacetato de etila, e usando quaisquer outros reagentes de sua escolha, mostre como você iria preparar cada uma das substâncias vistas a seguir.

(a) 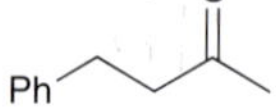

(b) 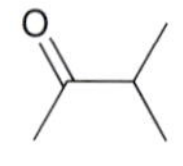

(c) 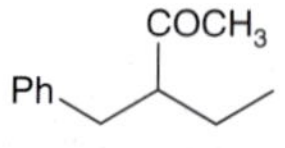

22.80 Proponha um mecanismo plausível para a transformação vista a seguir.

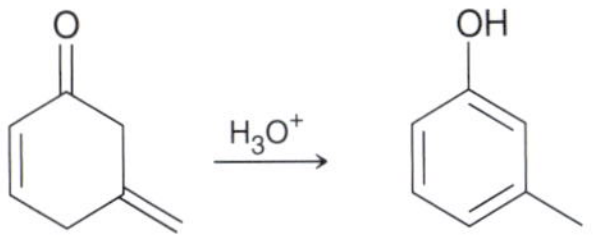

22.81 Represente o produto de condensação obtido quando a substância vista a seguir é aquecida na presença de hidróxido de sódio aquoso.

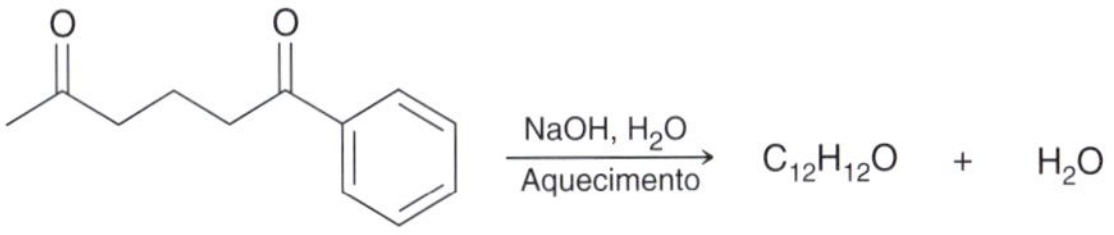

22.82 Identifique os reagentes que você usaria para converter a 3-pentanona na 3-hexanona.

22.83 Identifique os reagentes necessários para realizar cada uma das transformações vistas a seguir.

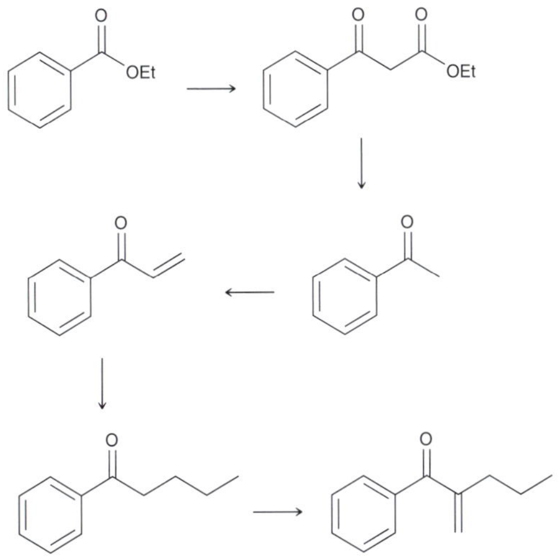

22.84 Represente a estrutura do produto que é obtido quando a acetofenona é tratada com cada um dos reagentes vistos a seguir.

(a) Hidróxido de sódio e excesso de iodo seguido por H_3O^+

(b) Bromo em ácido acético

(c) Hidróxido de sódio aquoso em uma temperatura elevada

22.85 Represente um mecanismo razoável para a transformação vista a seguir.

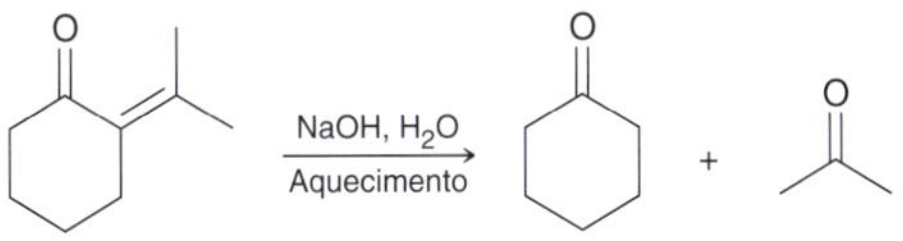

22.86 Preveja o produto principal para cada uma das transformações vistas a seguir.

(a)

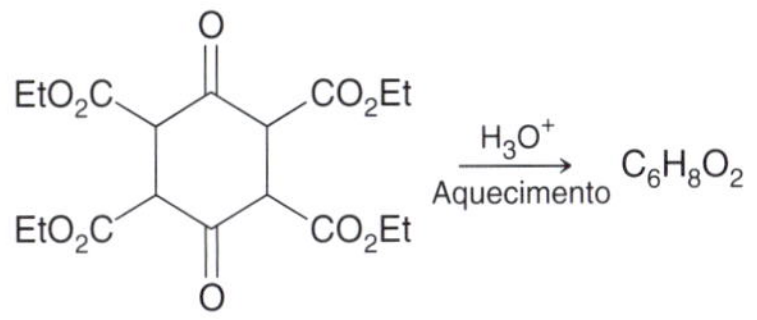

(b)

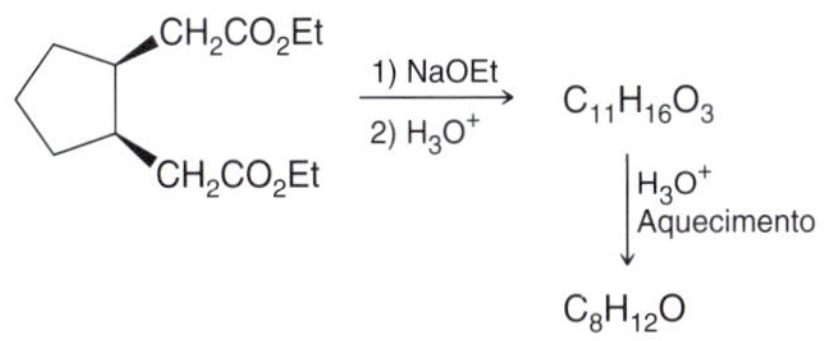

(c)

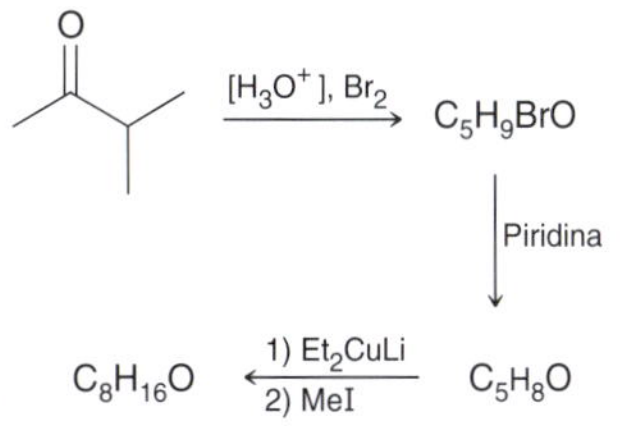

(d)

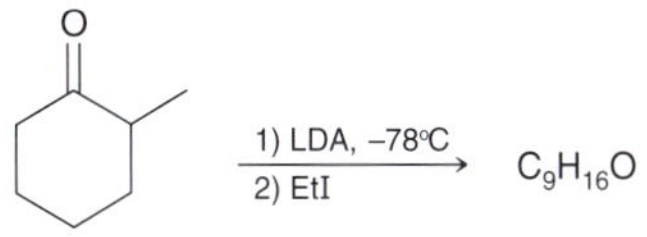

22.87 Proponha uma síntese eficiente para cada uma das transformações vistas a seguir.

(a)

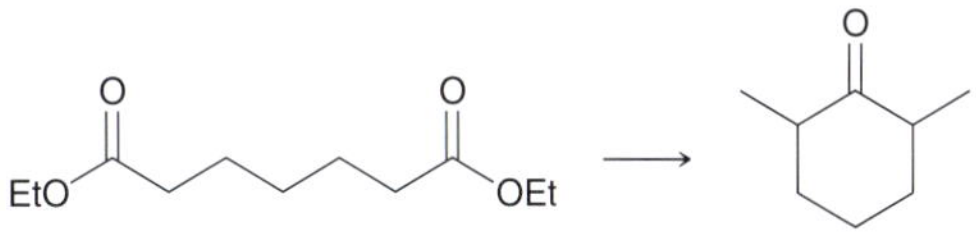

(b)

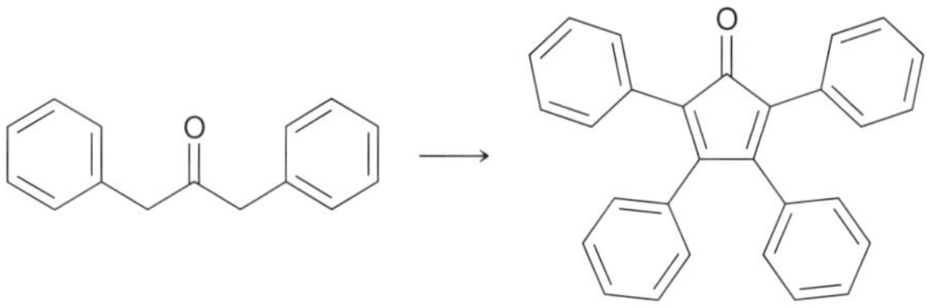

(c)

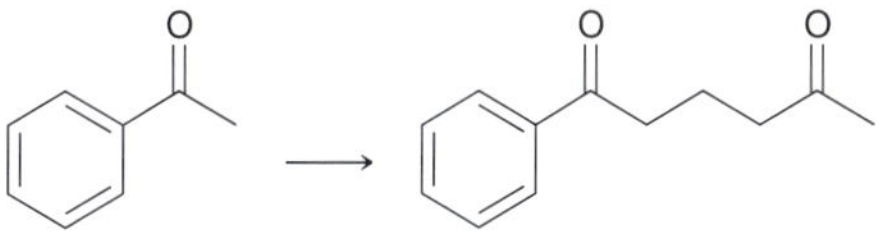

22.88 O produto de condensação aldólica é uma cetona α,β-insaturada que é capaz de sofrer hidrogenação formando uma cetona saturada. Usando esta técnica, identifique os reagentes que você precisa para preparar a rheosmin (também chamada de cetona da framboesa) através de uma reação aldólica cruzada. A cetona da framboesa é isolada a partir de framboesas e é frequentemente usada em formulações de perfumes devido ao seu odor agradável. **Sugestão:** A presença de um próton fenólico será problemática durante uma reação aldólica (você pode explicar por quê?) Considere o uso de um grupo de proteção (Seção 13.7, do Volume 1).

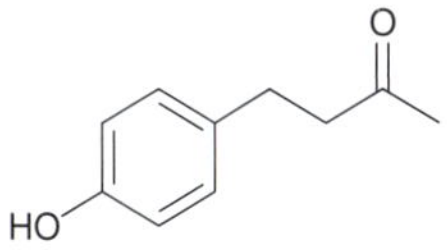

Rheosmin
(cetona da framboesa)

22.89 Identifique os reagentes que você usaria para converter a ciclohexanona em cada uma das substâncias vistas a seguir.

(a) 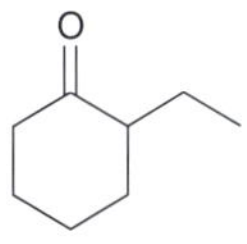

(b) 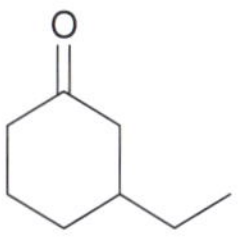

(c) 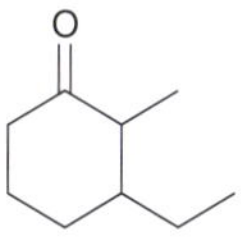

(d) 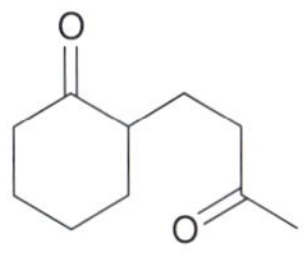

(e) 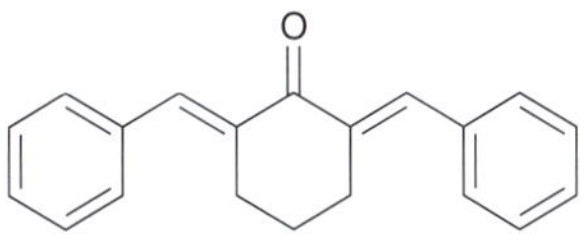

(f) 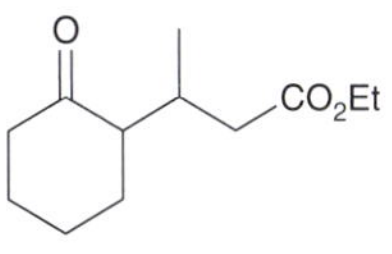

(g) 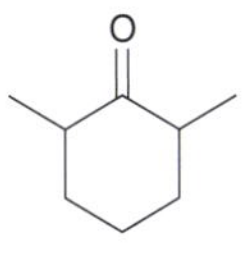

22.90 O enolato de uma cetona pode ser tratado com um éster para se obter uma dicetona. Represente um mecanismo para esta reação parecida com a de Claisen, e explique por que é necessária uma fonte de ácido depois de a reação estar completa.

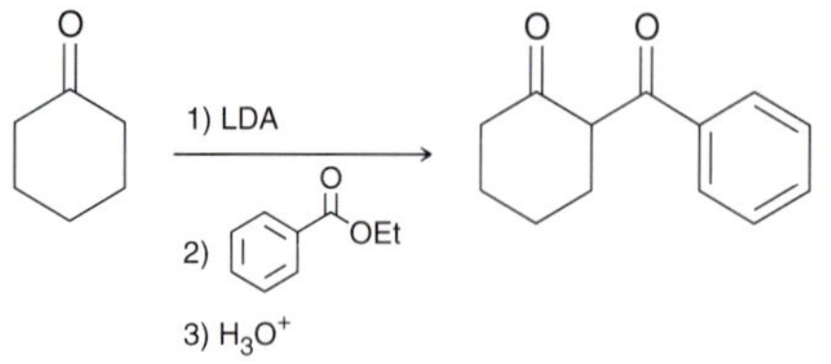

22.91 Betacetoésteres podem ser preparados por tratamento do enolato de uma cetona com carbonato de dietila. Represente um mecanismo plausível para essa reação.

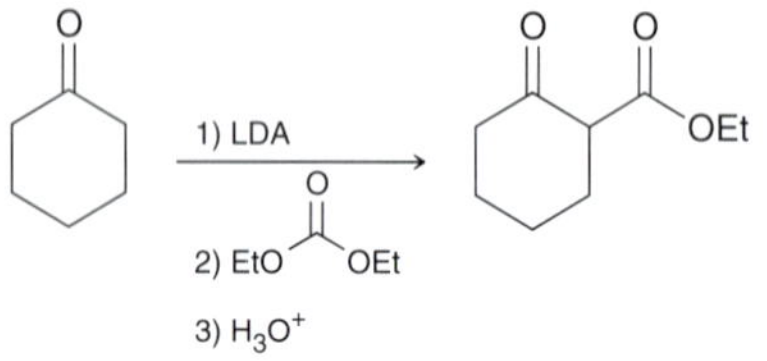

22.92 O enolato de um éster pode ser tratado com uma cetona para se obter um β-hidroxiéster. Represente um mecanismo para esta reação semelhante a uma reação aldólica.

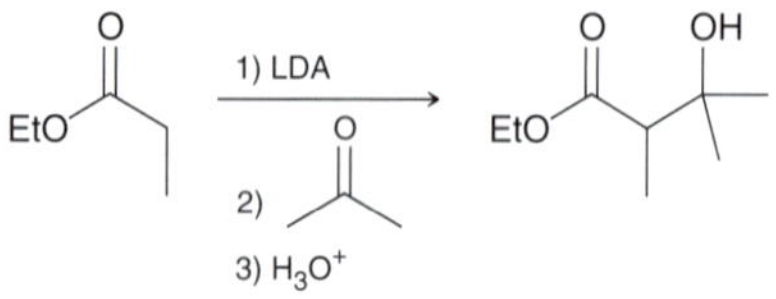

22.93 Nitrilas sofrem alquilação na posição α assim como as cetonas sofrem alquilação na posição α.

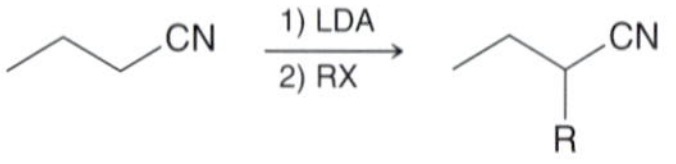

A posição α da nitrila é primeiro desprotonada para dar um ânion estabilizado por ressonância (como um enolato), que, em seguida, se comporta como um nucleófilo para atacar o haleto de alquila.

(a) Represente o mecanismo descrito anteriormente.

(b) Usando esse processo, mostre os reagentes que você usaria para realizar a seguinte transformação:

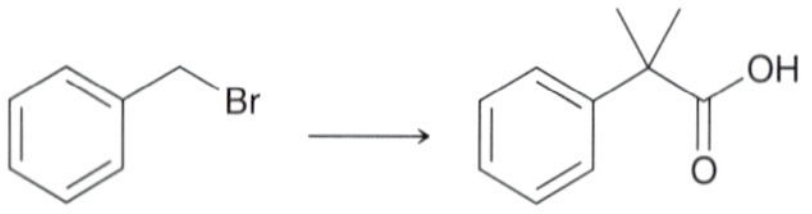

22.94 Identifique o doador e o receptor de Michael que poderiam ser usados para preparar cada uma das substâncias vistas a seguir por meio de uma adição de Michael.

(a) 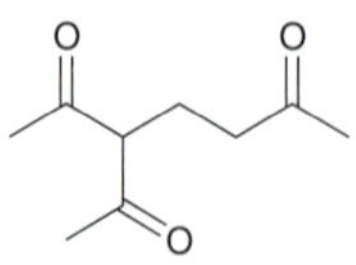

(b) 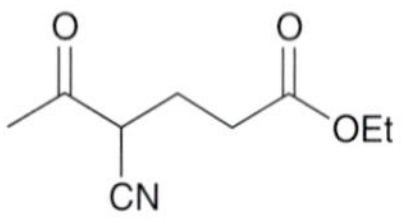

(c) 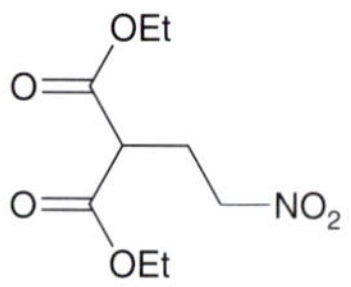

(d) 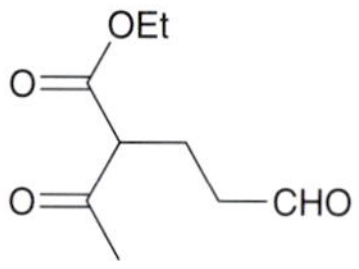

(e) 

22.95 A base conjugada do malonato de dietila pode servir como um nucleófilo para atacar uma grande variedade de eletrófilos. Identifique o produto que é formado quando a base conjugada do malonato de dietila reage com cada um dos eletrófilos vistos a seguir, seguido por tratamento ácido.

(a) 

(b) 

(c) 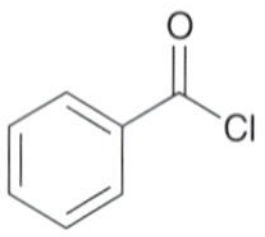

(d) 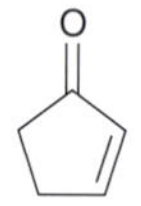

(e) 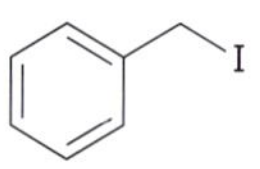

(f) 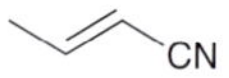

(g) 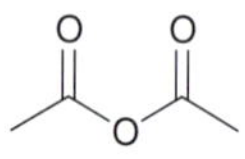

(h) 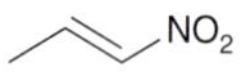

22.96 Represente o produto da reação de anelação de Robinson, que ocorre quando as substâncias vistas a seguir são tratadas com hidróxido de sódio aquoso.

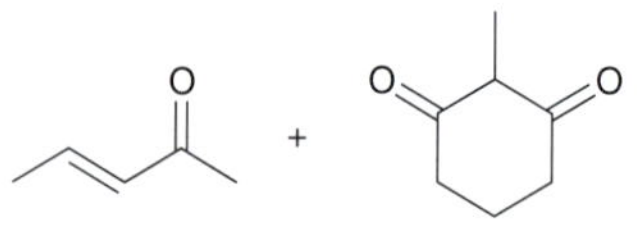

22.97 Identifique quais os reagentes que você usaria para obter a substância vista a seguir com uma reação de anelação de Robinson.

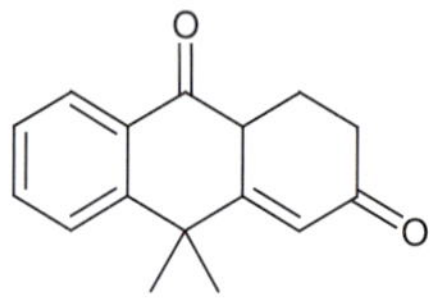

22.98 Represente um mecanismo plausível para a transformação vista a seguir.

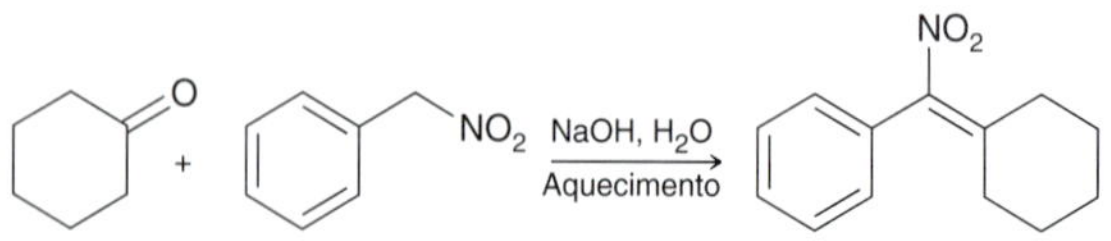

22.99 Proponha uma síntese eficiente para a transformação vista a seguir.

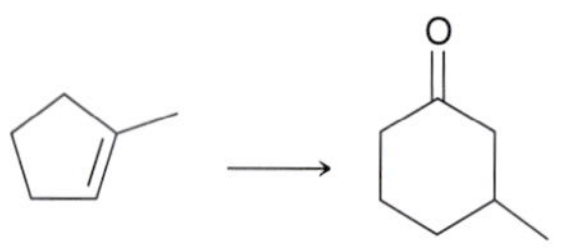

PROBLEMAS INTEGRADOS

22.100 Para um par de tautômeros cetoenólicos, explique como a espectroscopia de infravermelho pode ser utilizada para identificar se o equilíbrio favorece a cetona ou o enol.

22.101 A acroleína é um aldeído α,β-insaturado utilizado na produção de vários polímeros. A acroleína pode ser preparada por tratamento de glicerol com um catalisador ácido. Proponha um mecanismo plausível para essa transformação.

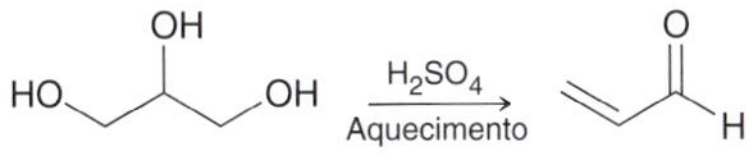

Glicerol **Acroleína**

22.102 Represente a estrutura do produto que tem fórmula molecular $C_{10}H_{10}O$ e que é obtido quando a substância vista a seguir é aquecida em meio ácido aquoso.

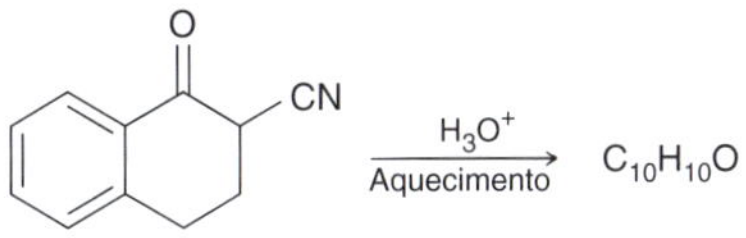

22.103 Lactonas podem ser preparadas a partir de malonato de dietila e epóxidos. O malonato de dietila é tratado com uma base, seguido de um epóxido, seguido por aquecimento em meio ácido aquoso.

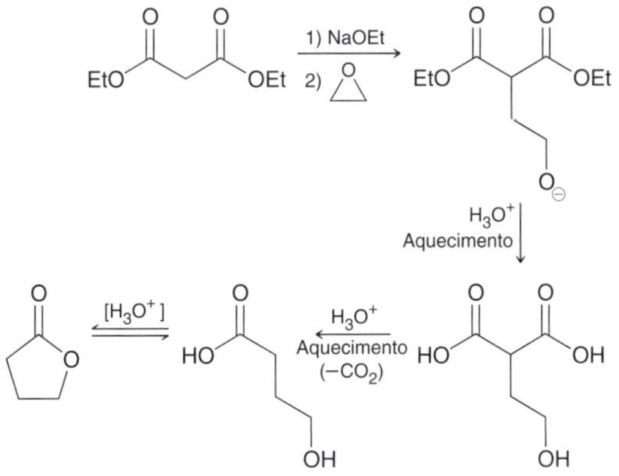

Usando este processo, identifique que reagentes que você precisa para preparar a seguinte substância:

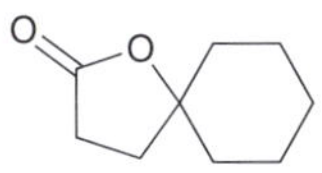

22.104 Preveja o produto principal da transformação vista a seguir.

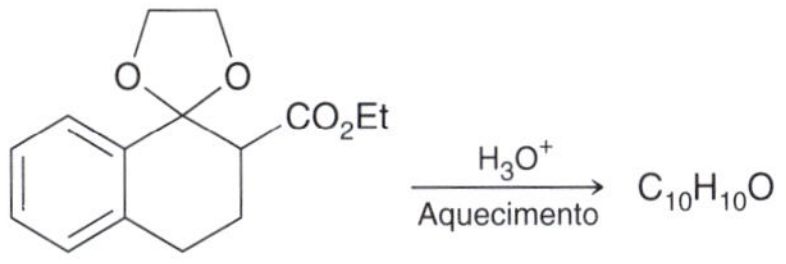

22.105 Considere as estruturas dos isômeros constitucionais, substância **A** e substância **B**. Quando tratada com ácido aquoso, a substância **A** sofre isomerização formando um estereoisômero *cis*. Ao contrário, a substância **B** não sofre isomerização quando tratada com as mesmas condições. Isto é, a substância **B** permanece na configuração *trans*. Explique a diferença de reatividade entre a substância **A** e a substância **B**.

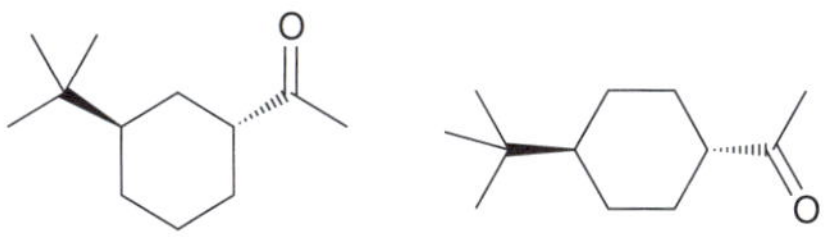

Substância A **Substância B**

22.106 Proponha um mecanismo plausível para a transformação vista a seguir.

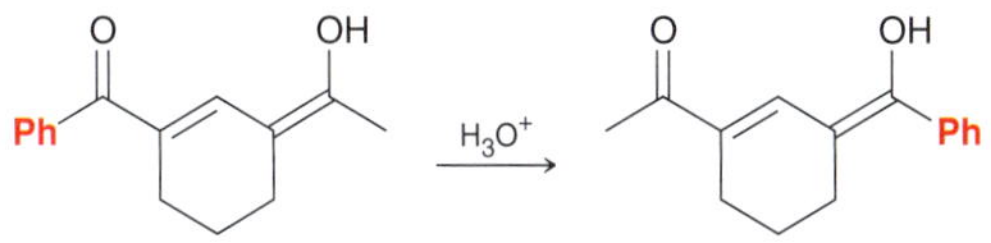

22.107 Proponha um mecanismo plausível para a transformação vista a seguir.

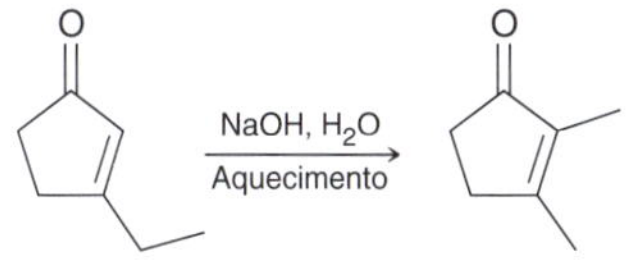

22.108 Este capítulo abordou muitas reações de formação da ligação C–C, incluindo reações aldólicas, condensações de Claisen e reações de adição de Michael. Duas ou mais dessas reações são geralmente realizadas sequencialmente, proporcionando uma grande complexidade e versatilidade no tipo de estruturas que podem ser preparadas. Proponha um mecanismo plausível para cada uma das transformações vistas a seguir.

(a)

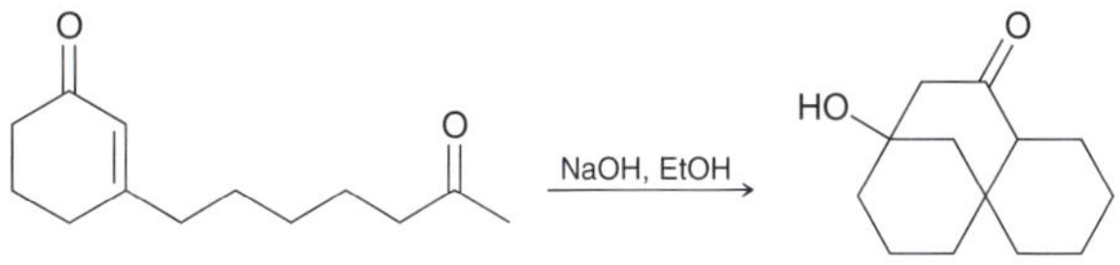

(b)

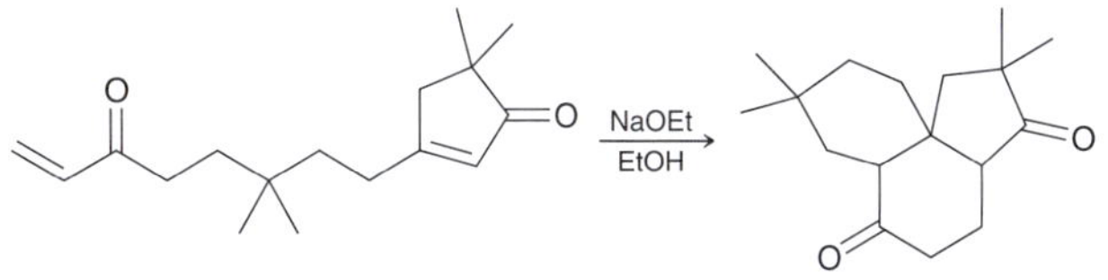

22.109 A transformação vista a seguir não pode ser realizada por alquilação direta de um enolato. Explique por que não, e, em seguida, elabore uma síntese alternativa para essa transformação.

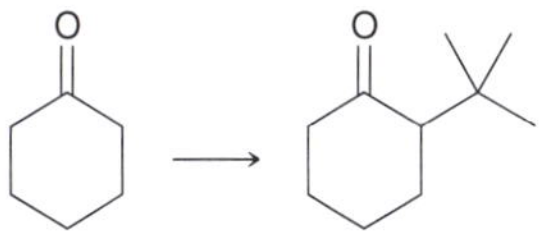

22.110 Vimos que o carbono alfa de uma enamina pode se comportar como um nucleófilo em uma reação de Michael; na realidade, enaminas podem se comportar como nucleófilos em uma grande variedade de reações. Por exemplo, uma enamina sofrerá alquilação quando tratada com um haleto de alquila. Represente a estrutura do intermediário **A**

e a do produto de alquilação **B** no esquema reacional visto a seguir (*J. Am. Chem.Soc.* **1954**, *76*, 2029-2030):

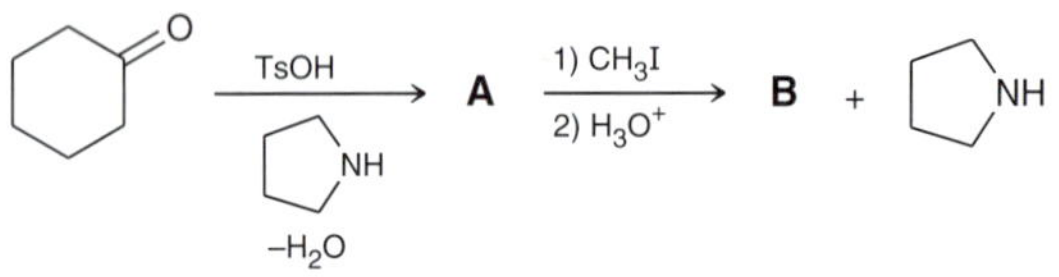

22.111 Considere a reação, mostrada a seguir, entre a ciclo-hexanona e a amina pura opticamente (*J. Org. Chem.*, **1977**, *42*, 1663-1664). (a) Represente a estrutura da enamina resultante e discuta quantos isômeros, se for o caso, se formam nesta reação. (b) Quando a(s) enamina(s) formada(s) na parte (a) é(são) tratada(s) com iodeto de metila, seguido por ácido aquoso, a 2-metilciclo-hexanona com 83% de *ee* é isolada. Explique a origem do excesso enantiomérico observado (em comparação com a mistura racêmica obtida no Problema 22.110), e identifique o enantiômero que predomina.

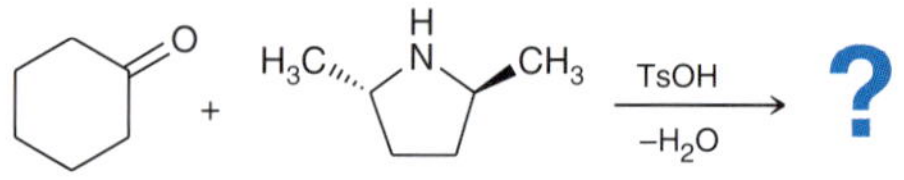

22.112 Preveja o produto da sequência reacional vista a seguir, que foi recentemente utilizada em uma rota de síntese para uma série de 1,3,6-fulvenos substituídos (*J. Org. Chem.* **2012**, *77*, 6371–6376):

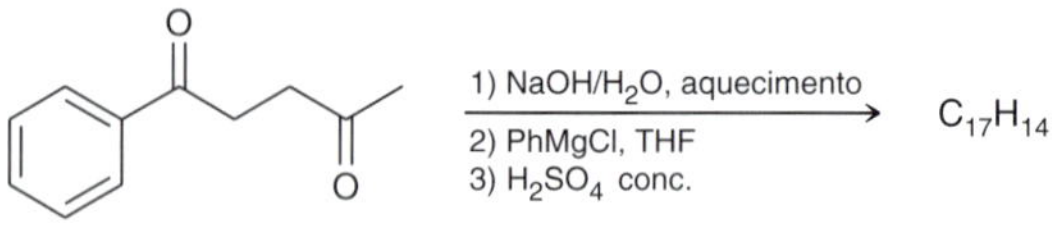

DESAFIOS

22.113 O produto natural isotiocianato de (–)-*N*-metilwelwitindolinona C é isolado a partir de uma alga azul-esverdeada e foi identificado como uma substância promissora para o tratamento de tumores resistentes aos medicamentos. A substância X (R = grupo de proteção) foi utilizada como um intermediário sintético decisivo na síntese do produto natural (*J. Am. Chem. Soc.* **2011**, *133*, 15797–15799). A substância X pode ser preparada em uma reação de formação de anel a partir da substância Y sob condições fortemente básicas (excesso de $NaNH_2$).

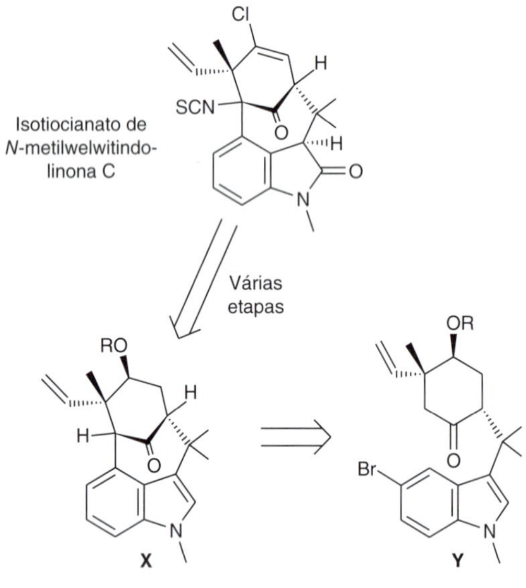

(a) Proponha um mecanismo plausível para a conversão de Y em X em condições básicas.

(b) Quando Y é convertido em X, um produto secundário da reação é um isômero constitucional de X que carece de um grupo cetona. Proponha uma estrutura para esse produto secundário. (**Sugestão:** Lembre-se de que enolatos são nucleófilos ambidentados.)

22.114 Quando uma mistura de enaminas conformacionalmente isoméricas, mostrada a seguir, é tratada com acrilato de metila, seguido por ácido aquoso, o produto esperado **A** da síntese de enamina de Stork é isolado em *ee* de 21% (*Tetrahedron Lett.*, **1969**, *10*, 4233–4236). Partindo do princípio que as duas enaminas isoméricas estão presentes em igual concentração, por que resultaria tal mistura enantiomérica de **A**? Explique fornecendo uma análise mecanística para a possível reação de Michael via cada enamina. Com base na sua análise, determine se o enantiômero *R* ou *S* de **A** predomina na mistura dos produtos e explique a sua escolha.

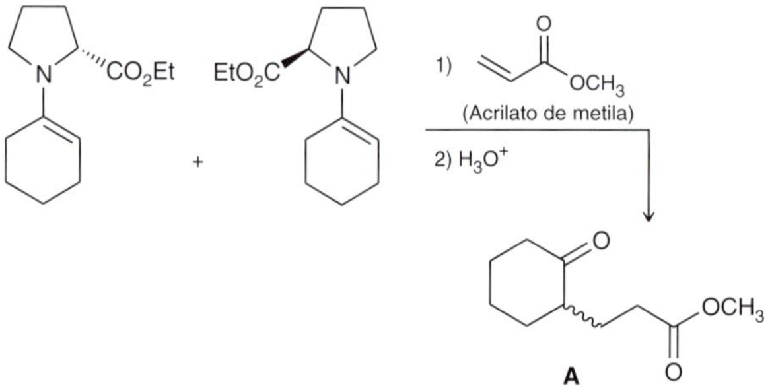

22.115 A sequência reacional vista a seguir, começando com um hemiacetal cíclico (substância **A**), fazia parte de uma síntese enantioespecífica relatada recentemente de um poderoso feromônio sexual (atualmente utilizado no manejo de pragas) da cochonilha *Pseudococcus viburni* (*Tetrahedron Lett.* **2010**, *51*, 5291–5293):

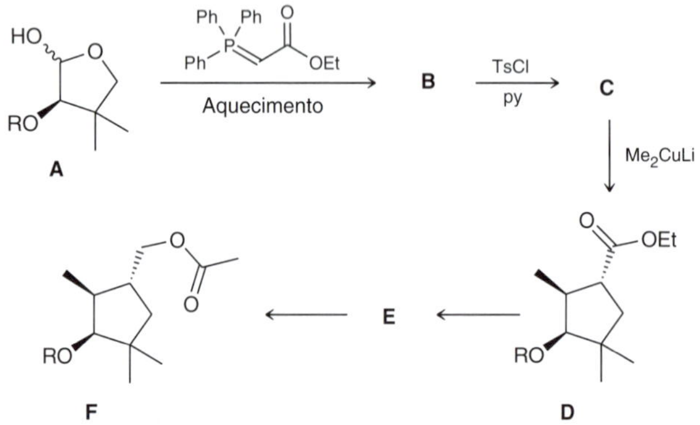

(a) Represente as estruturas das substâncias **B** e **C**.

(b) Descreva em palavras como o anel ciclopentila é fechado durante a conversão da substância **C** na substância **D**.

(c) Identifique os reagentes que você usaria para converter a substância **D** na substância **F** (em apenas duas etapas). Identifique também a estrutura da substância **E**.

22.116 A etapa sintética vista a seguir foi utilizada como parte de uma síntese recente do produto natural policíclico haouamina B (*J. Am. Chem. Soc.* **2012**, *134*, 9291–9295). Nesta reação, a função do primeiro reagente (anidrido tríflico) é ativar o receptor de Michael que está presente na substância de partida (tornando-o ainda mais eletrofílico), de modo que ele pode sofrer uma reação de Michael intramolecular. Represente um mecanismo para essa reação e explique a estereoquímica observada do centro de quiralidade recém-formado.

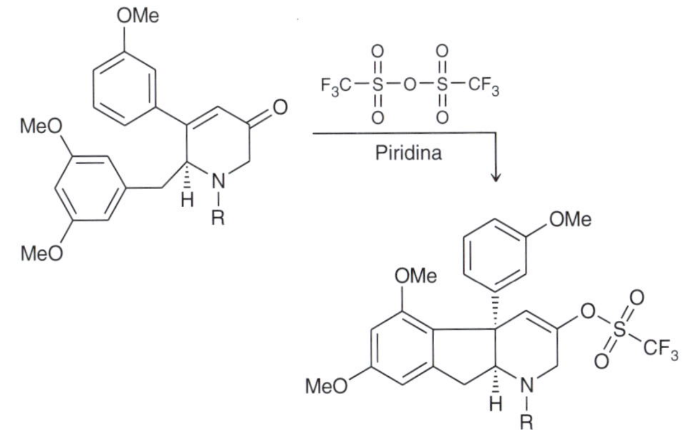

22.117 Em um esforço recente para desenvolver uma nova rota de síntese para a preparação de blocos de construção úteis para a síntese de produtos naturais, a substância **2** foi preparada tratando-se a substância **1** com malonato de dietila na presença de carbonato de potássio (*Tetrahedron Lett.* **2010**, *51*, 6918–6920). Proponha um mecanismo plausível para essa reação.

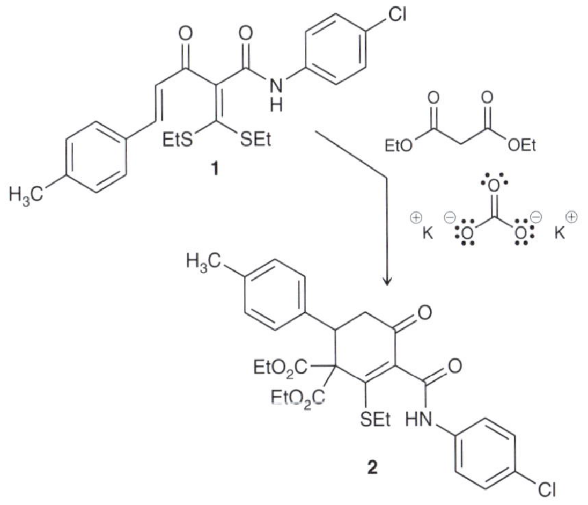

22.118 A substância fusarisetina A (isolada a partir de um fungo de solo) apresenta significativa atividade anticancerígena sem citotoxicidade (toxicidade para as células) detectável. Uma etapa decisiva na síntese relatada do enantiômero da fusarisetina A envolve uma ciclização de Dieckmann, seguida pela formação intramolecular de um hemiacetal em condições básicas (*J. Am. Chem. Soc.* **2012**, *134*, 920–923). Forneça um mecanismo consistente com essa transformação.

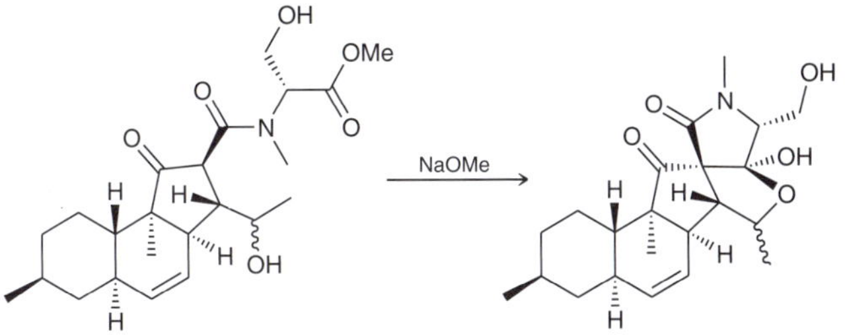

22.119 Forneça um mecanismo adequado para explicar a formação da substância 2, incluindo uma análise racional que possa explicar a estereoquímica observada do produto (*Org. Lett.* **2012**, *14*, 4738–4741). Observe que o NaHMDS é uma base forte, comparável a LDA. (**Sugestão:** Considere as duas estruturas de ressonância do intermediário formado na primeira etapa do mecanismo.)

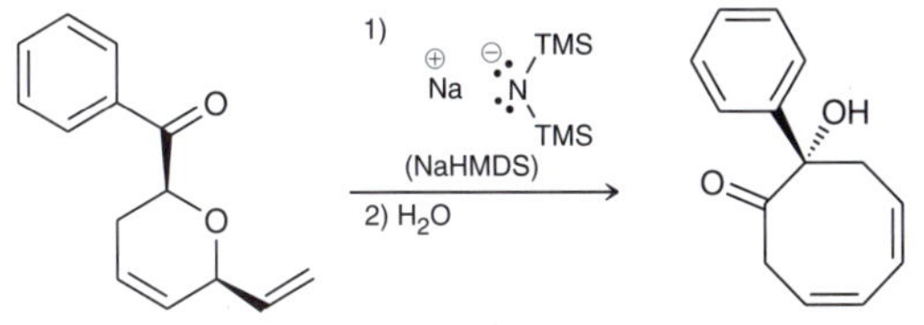

1 2

22.120 Giberelinas (denominadas GA_1 até GA_n em ordem de descoberta, mais de 120 são conhecidas) são hormônios vegetais que regulam o crescimento e influenciam diversos processos de desenvolvimento, tais como germinação, floração etc. Existe uma expectativa considerável de que a giberelina modificada *exo*-16,17-di-hidro-GA_5-13-acetato (**1**) seja eficiente para reduzir o *risk of lodging* (prejudicial para o crescimento de uma planta) em culturas de cereais, tais como milho e trigo.

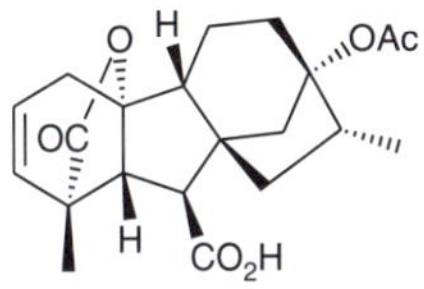

1

Quando se desenvolve um novo fármaco para uso em vegetais ou para uso humano, é frequentemente importante introduzir um *marcador radioativo*, ou um isótopo, na estrutura, de modo que ele possa ser rastreado quando ele exerce o seu papel, e, subsequentemente, os metabólitos (fragmentos menores da substância original formados quando uma molécula é metabolizada) possam ser testados quanto à toxicidade para o hospedeiro ou para o ambiente. Para a substância **1**, o carbono-3 será marcado com ^{14}C (ilustrado com um asterisco, *), e uma etapa muito importante na síntese dessa substância marcada envolve uma reação do tipo aldólica intramolecular de modo a formar um anel (*Can. J. Chem.* **2004**, *82*, 293–300). Represente um mecanismo detalhado, passo a passo, para a transformação do aldeído **2** no álcool **3**.

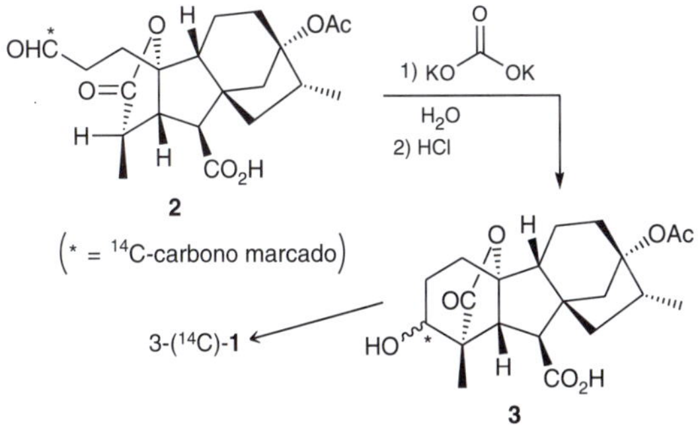

23 Aminas

VOCÊ JÁ SE PERGUNTOU...

como fármacos tais como Tagamet®, Zantac® e Pepcid® são capazes de controlar a produção de ácido no estômago e aliviar os sintomas da doença de refluxo ácido?

Tagamet®, Zantac® e Pepcid® são substâncias que contêm vários átomos de nitrogênio importantes para o comportamento desses fármacos. Neste capítulo, vamos explorar propriedades, reações e atividade biológica de muitas substâncias que contêm nitrogênio. Ao final do capítulo, iremos rever as estruturas e a atividade desses três fármacos, com uma ênfase especial em como os bioquímicos desenvolveram a primeira dessas substâncias de sucesso.

VOCÊ SE LEMBRA?

Antes de prosseguir, certifique-se de que você compreende os seguintes tópicos.
Se for necessário, faça uma revisão das seções sugeridas para se preparar para este capítulo.

- Pares de Elétrons Isolados Deslocalizados e Localizados (Seção 2.12, do Volume 1)
- Acidez de Brønsted-Lowry: Uma Perspectiva Quantitativa (Seção 3.3, do Volume 1)
- Heterociclos Aromáticos (Seção 18.5)
- Grupos Ativantes e Grupos Desativantes (Seções 19.7 e 19.8)

23.1 Introdução às Aminas

Classificação das Aminas

As **aminas** são derivadas da amônia em que um ou mais prótons foram substituídos por grupos alquila ou arila.

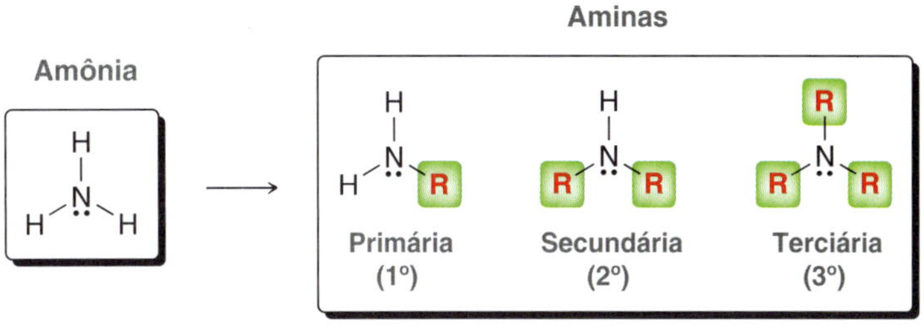

As aminas são classificadas como primária, secundária ou terciária, dependendo do número de grupos ligados ao átomo de nitrogênio. Observe que esses termos têm um significado diferente do que eles tinham quando foram usados nos nomes dos alcoóis. Um álcool terciário tem três grupos ligados ao carbono α, enquanto uma amina terciária tem três grupos ligados ao átomo de nitrogênio.

As aminas são abundantes na natureza, ocorrendo naturalmente isoladas a partir de plantas são chamadas **alcaloides**. A seguir, podem ser vistos exemplos de vários alcaloides conhecidos da população devido a sua atividade fisiológica:

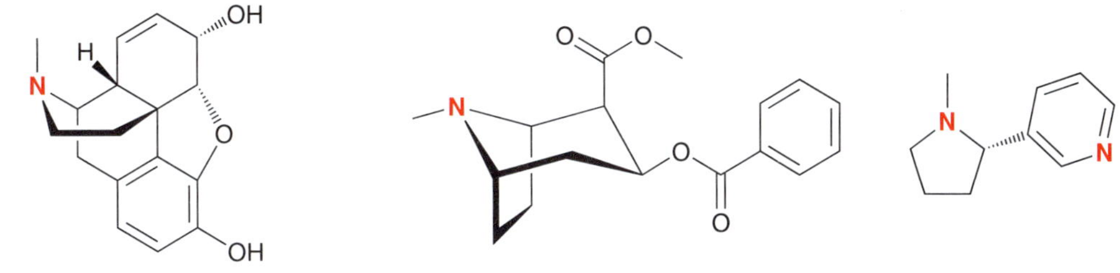

Morfina
(Um analgésico potente isolado a partir de sementes imaturas da planta papoula dormideira – *Papaver somniferum*)

Cocaína
(Um estimulante potente isolado das folhas da planta de coca)

Nicotina
(Uma substância viciante e tóxica encontrada no tabaco)

Muitas aminas também desempenham um papel vital na neuroquímica (química que ocorre no cérebro). A seguir podem ser vistos alguns exemplos:

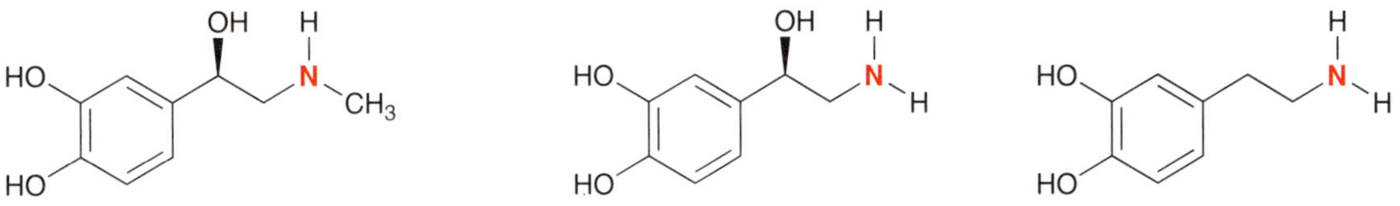

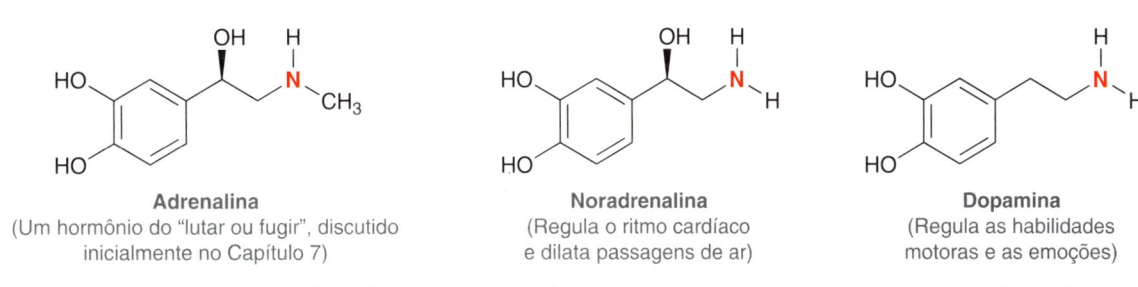

Adrenalina
(Um hormônio do "lutar ou fugir", discutido inicialmente no Capítulo 7)

Noradrenalina
(Regula o ritmo cardíaco e dilata passagens de ar)

Dopamina
(Regula as habilidades motoras e as emoções)

Muitos produtos farmacêuticos também contêm grupos amina, como veremos ao longo deste capítulo.

medicamente falando — Estudos do Metabolismo de Fármacos

Lembre-se de que muitos fármacos são convertidos em nossos corpos em substâncias solúveis em água que podem ser excretadas na urina (veja o boxe Medicamente Falando na Seção 13.9, do Volume 1). Esse processo, chamado metabolismo de fármacos, muitas vezes envolve a conversão de um fármaco em muitas substâncias diferentes denominadas metabólitos. Sempre que um novo fármaco é desenvolvido, bioquímicos realizam estudos sobre o metabolismo desse fármaco, a fim de determinar se a atividade observada é uma propriedade do fármaco em si ou se a atividade é derivada de um dos metabólitos do fármaco. Cada um dos metabólitos é isolado, se for possível, e testado para verificar a sua atividade. Em alguns casos, verificou-se que tanto o fármaco quanto um dos seus metabólitos exibem atividade. Em outros casos, o fármaco em si não tem nenhuma atividade, mas é encontrado que um dos seus metabólitos é responsável pela atividade observada. Estudos do metabolismo de fármacos têm, em alguns casos, levado ao desenvolvimento de fármacos mais seguros. Um exemplo será descrito a seguir.

A terfenadina, comercializada sob o nome comercial Seldane® foi um dos primeiros anti-histamínicos não sedativos. Depois de ter sido amplamente utilizada, descobriu-se causar arritmia cardíaca (ritmo cardíaco anormal) entre os pacientes que estavam concomitantemente utilizando tanto o agente antifúngico cetoconazol quanto o agente antibiótico eritromicina. Acredita-se que esses agentes inibem a enzima responsável pelo metabolismo da terfenadina, de modo que o fármaco permanece no corpo durante um longo tempo. Depois de várias doses de terfenadina, o fármaco se acumula, e as concentrações elevadas levam à arritmia observada.

Os bioquímicos foram capazes de investigar esse problema analisando e testando cuidadosamente os metabólitos da terfenadina. Especificamente, um dos metabólitos foi isolado e verificou-se possuir um grupo ácido carboxílico. Estudos posteriores mostraram que esse metabólito, chamado de fexofenadina, é a substância ativa e que a terfenadina se comporta simplesmente como um profármaco. Mas, ao contrário do profármaco, esse metabólito é metabolizado na presença de agentes antifúngicos ou antibióticos. Como resultado, a terfenadina foi retirada do mercado e substituída pela fexofenadina, que agora é comercializada nos Estados Unidos sob o nome comercial Allegra®. Esse exemplo ilustra como os estudos do metabolismo de um fármaco podem levar ao desenvolvimento de fármacos mais seguros.

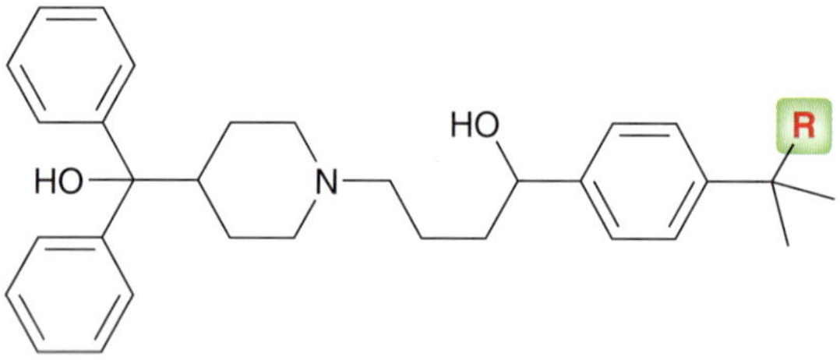

R= CH_3
Seldane®
(terfenadina)

R= COOH
Allegra®
(fexofenadina)

Reatividade das Aminas

O nitrogênio de uma amina possui um par de elétrons isolado que representa uma região de elevada densidade eletrônica. Isso pode ser visto em um mapa de potencial eletrostático da trimetilamina (Figura 23.1). A presença desse par de elétrons isolado é responsável pela maior parte das reações das aminas. Especificamente, o par de elétrons isolado pode se comportar como uma base ou como um nucleófilo:

Se comportando como uma base

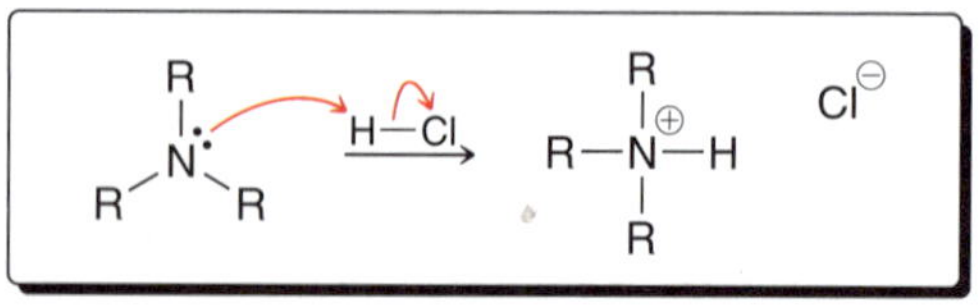

Se comportando como um nucleófilo

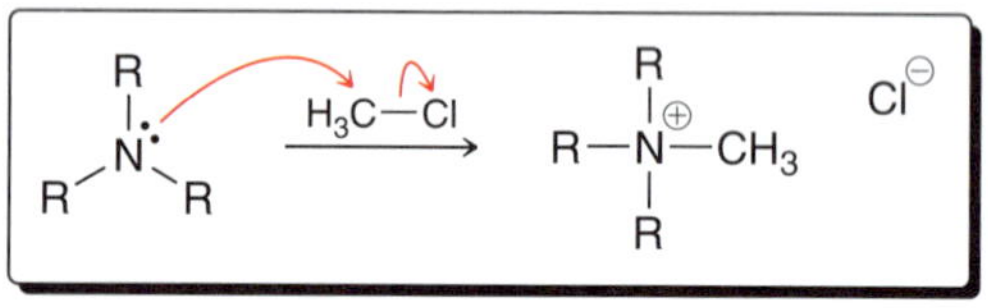

A Seção 23.3 explora a basicidade das aminas, enquanto as Seções 23.8-23.11 exploram as reações em que as aminas se comportam como nucleófilos.

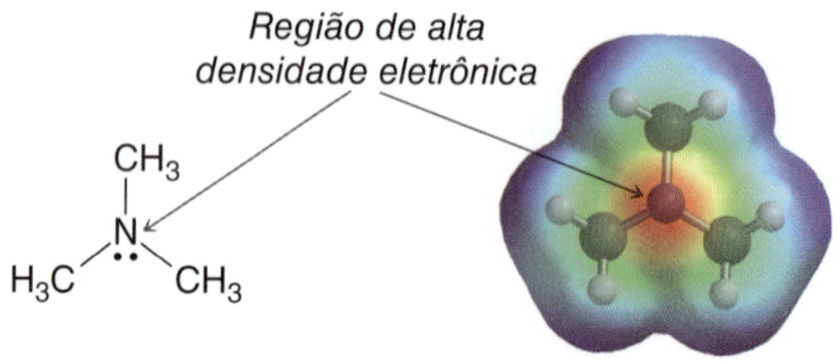

FIGURA 23.1
Um mapa de potencial eletrostático da trimetilamina. A área vermelha indica uma região de alta densidade eletrônica.

23.2 Nomenclatura das Aminas

Nomenclatura das Aminas Primárias

Uma amina primária é uma substância contendo um grupo NH_2 ligado a um grupo alquila. A nomenclatura da IUPAC permite duas formas diferentes de nomear as aminas primárias. Embora ambos os métodos possam ser usados na maioria dos casos, a escolha frequentemente depende da complexidade do grupo alquila. Se o grupo alquila é bastante simples, então a substância é geralmente denominada como uma **alquilamina**. Com essa abordagem, o substituinte alquila é identificado seguido do sufixo "amina". A seguir podem ser vistos vários exemplos.

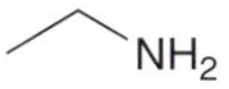

Etilamina

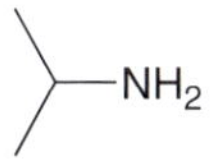

Isopropilamina

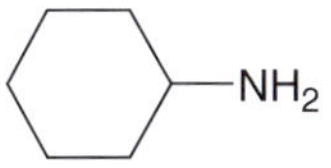

Ciclo-hexilamina

Aminas primárias, contendo grupos alquila mais complexos, são geralmente nomeadas como **alcanaminas**. Com essa abordagem, a amina é denominada de forma parecida a um álcool, sendo que o sufixo *-amina* é usado no lugar do *-ol*.

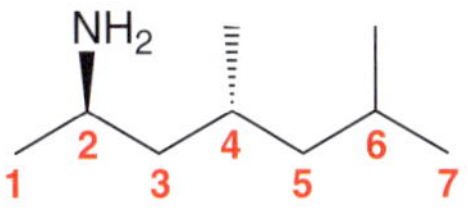

(2*R*,4*R*)-4,6-Dimetil-2-heptanamina

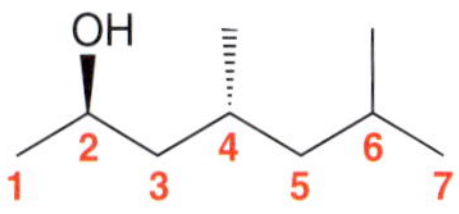

(2*R*,4*R*)-4,6-Dimetil-2-heptanol

Para usar essa abordagem, seleciona-se uma cadeia principal e a posição de cada substituinte é identificada com um localizador apropriado. A cadeia principal é numerada começando no lado que está mais próximo do grupo funcional. Quaisquer centros de quiralidade são indicados no início do nome. Quando outro grupo funcional está presente na substância, o grupo amina é geralmente classificado como um substituinte. O outro grupo funcional (com a exceção dos halogênios) recebe prioridade e o seu nome torna se o sufixo.

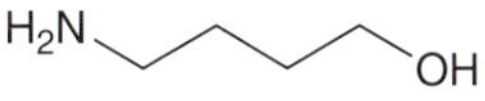

4-Aminobutanol

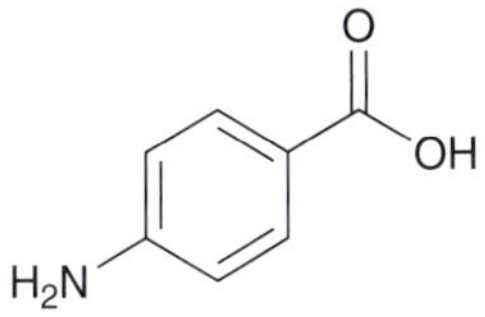

Ácido *para*-aminobenzoico

Aminas aromáticas, também chamadas **arilaminas**, são geralmente nomeadas como derivados da anilina.

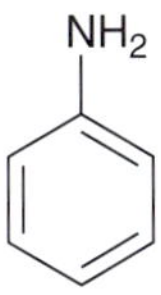

Anilina

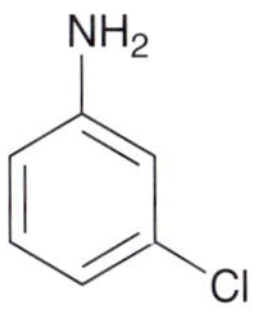

meta-Cloroanilina

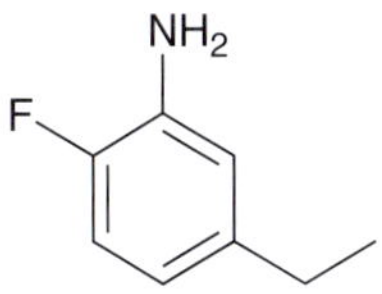

5-Etil-2-fluoroanilina

Observe no último exemplo que a numeração começa no átomo de carbono ligado ao grupo amina e continua na direção que dá o número mais baixo para o primeiro ponto de diferença (2-fluoro em vez de 3-etila). Quando o nome é montado, todos os substituintes são listados por ordem alfabética, de modo que etila é escrito antes de fluoro.

Nomenclatura das Aminas Secundárias e Terciárias

Assim como as aminas primárias, as aminas secundárias e terciárias também podem ser denominadas como alquilaminas ou como alcanaminas. Uma vez mais, a complexidade dos grupos alquila normalmente determina qual sistema é escolhido. Se todos os grupos alquila são bastante simples em estrutura, então os grupos são listados em ordem alfabética. Os prefixos "di" e "tri" são usados se o mesmo grupo alquila aparece mais de uma vez.

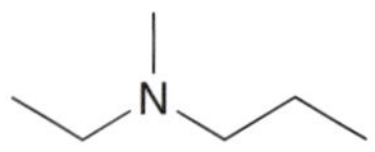

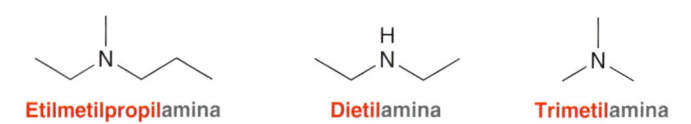

Etilmetilpropilamina

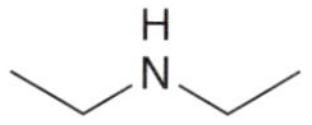

Dietilamina

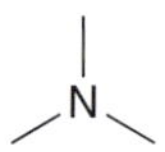

Trimetilamina

Se um dos grupos alquila é complexo, então a substância é normalmente denominada como uma alcanamina, com o grupo alquila mais complexo sendo tratado como o principal e os grupos alquila simples tratados como substituintes.

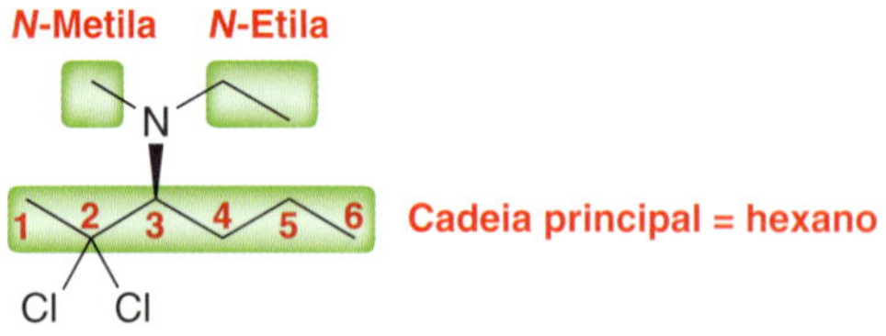

(*S*)-2,2-Dicloro-*N*-etil-*N*-metil-3-hexamina

Nesse exemplo, a cadeia principal é uma cadeia hexano e o sufixo é *-amina*. Os grupos metila e etila são listados como substituintes utilizando o localizador "*N*" para identificar que eles estão ligados ao átomo de nitrogênio.

DESENVOLVENDO A APRENDIZAGEM

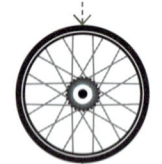

23.1 DANDO O NOME A UMA AMINA

APRENDIZAGEM Atribua um nome para a substância vista a seguir.

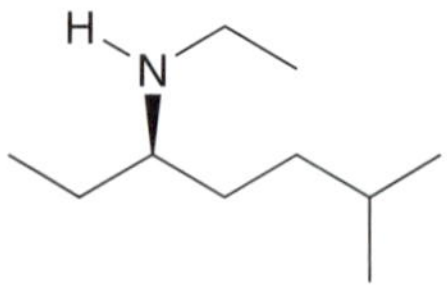

SOLUÇÃO

ETAPA 1
Identificação dos grupos alquila ligados ao átomo de nitrogênio.

Primeiro identificamos todos os grupos alquila ligados ao átomo de nitrogênio: Existem dois grupos alquila, de modo que essa substância é uma amina secundária.

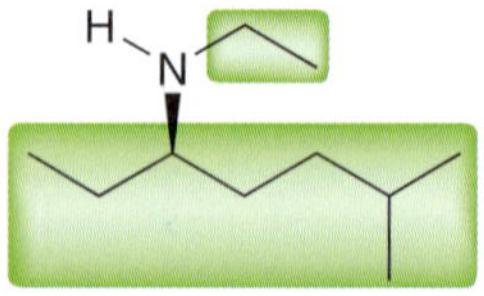

ETAPA 2
Determinação de qual método será usado.

ETAPA 3
Ao nomear como uma alcanamina escolhe-se o grupo mais complexo como sendo o principal.

A seguir, determinamos o nome da substância como uma alquilamina ou como uma alcanamina. Se os grupos alquila são simples, então a substância pode ser denominada como uma alquilamina; caso contrário, deve ser denominada como uma alcanamina. Nesse caso, um dos grupos alquila é complexo, de modo que a substância será denominada como uma alcanamina. O grupo alquila complexo é escolhido como o principal e o outro grupo alquila é listado como um substituinte, utilizando-se a letra *N* como um localizador. Observe que a cadeia principal é numerada a partir do lado mais próximo do grupo amina.

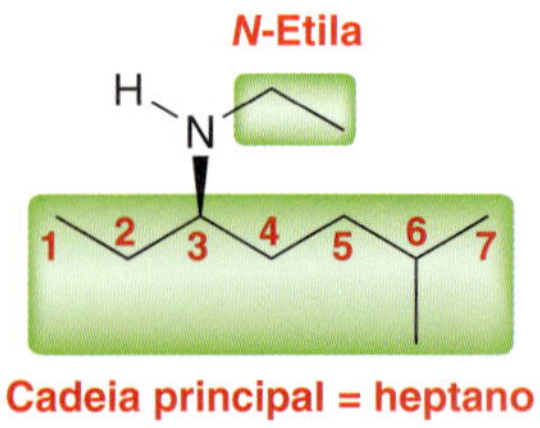

ETAPA 4
Atribuição das posições, montagem do nome e atribuição da configuração.

Finalmente, atribuímos localizadores para cada substituinte, montamos o nome e atribuímos a configuração de todos os centros de quiralidade:

(*R*)-*N*-Etil-6-metil-3-heptanamina

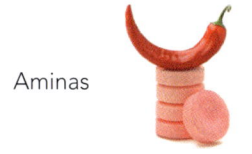

PRATICANDO o que você aprendeu

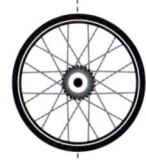

23.1 Atribua um nome para cada uma das seguintes substâncias:

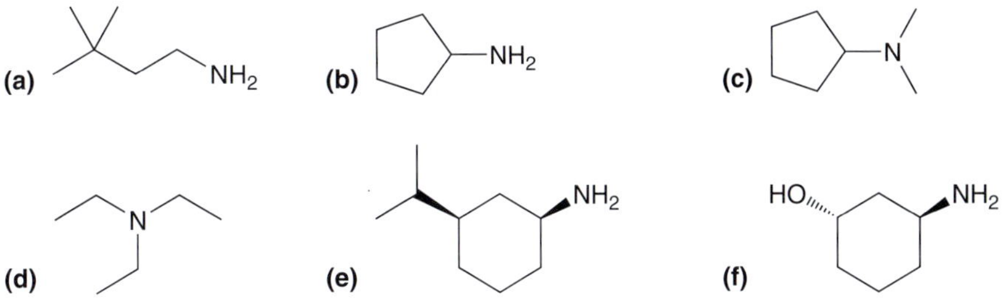

APLICANDO o que você aprendeu

23.2 Represente a estrutura de cada uma das seguintes substâncias:

(a) Ciclo-hexilmetilamina **(b)** Triciclobutilamina **(c)** 2,4-Dietilanilina

(d) (*1R,2S*)-2-Metilciclo-hexanamina **(e)** *orto*-Aminobenzaldeído

23.3 Represente todos os isômeros constitucionais com fórmula molecular C_3H_9N, e forneça um nome para cada isômero.

é necessário **PRATICAR MAIS?** **Tente Resolver os Problemas 23.42, 23.46, 23.47**

23.3 Propriedades das Aminas

Geometria

Normalmente o átomo de nitrogênio de uma amina tem uma hibridização *sp*^{3}, com o par de elétrons isolado ocupando um orbital com hibridização *sp*^{3}. Considere a trimetilamina como um exemplo:

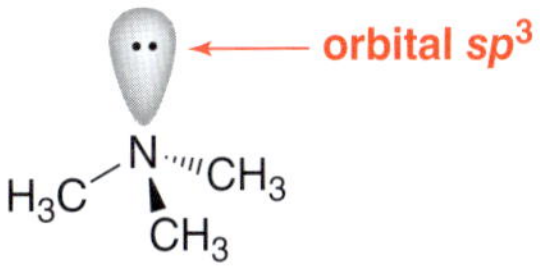

Todos os quatro orbitais estão dispostos em uma forma que se aproxima de um tetraedro, com ângulos de ligação de 108°. O comprimento das ligações C–N é de 147 pm, que é mais curto do que o de uma ligação C–C média de um alcano (153 pm) e mais longo do que o de uma ligação C–O média de um álcool (143 pm).

As aminas que contêm três grupos alquila diferentes são substâncias quirais (Figura 23.2). O átomo de nitrogênio tem um total de quatro diferentes grupos (três grupos alquila e um par de elétrons isolado) e é, portanto, um centro de quiralidade. Substâncias desse tipo geralmente não são oticamente ativas à temperatura ambiente, porque a inversão piramidal ocorre muito rapidamente, produzindo uma mistura racêmica de enantiômeros (Figura 23.3). Durante a inversão piramidal, a substância passa por um estado de transição em que o átomo de nitrogênio tem hibridização *sp*^{2}. Esse estado de transição é de apenas cerca de 25 kJ/mol (6 kcal/mol) mais elevado em energia do que a geometria de hibridização *sp*^{3}. Essa barreira de energia é relativamente pequena e é facilmente superada na temperatura ambiente. Por esse motivo, a maioria das aminas tendo três grupos alquila diferentes não podem ser resolvidas à temperatura ambiente.

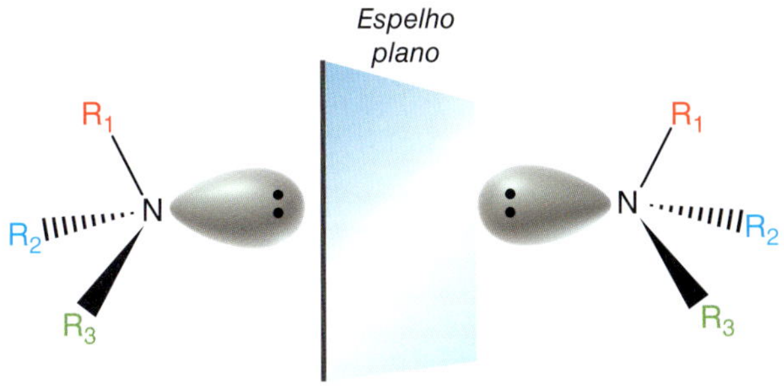

FIGURA 23.2
A imagem especular de aminas enantioméricas.

Propriedades Coligativas

As aminas apresentam tendências de solubilidade que são semelhantes às tendências apresentadas pelos álcoois. Especificamente, aminas com menos de cinco átomos de carbono por grupo amina serão normalmente solúveis em água, enquanto aminas com mais de cinco átomos de carbono por grupo amina serão apenas moderadamente solúveis. Por exemplo, a etilamina é solúvel em água, enquanto a octilamina, não é.

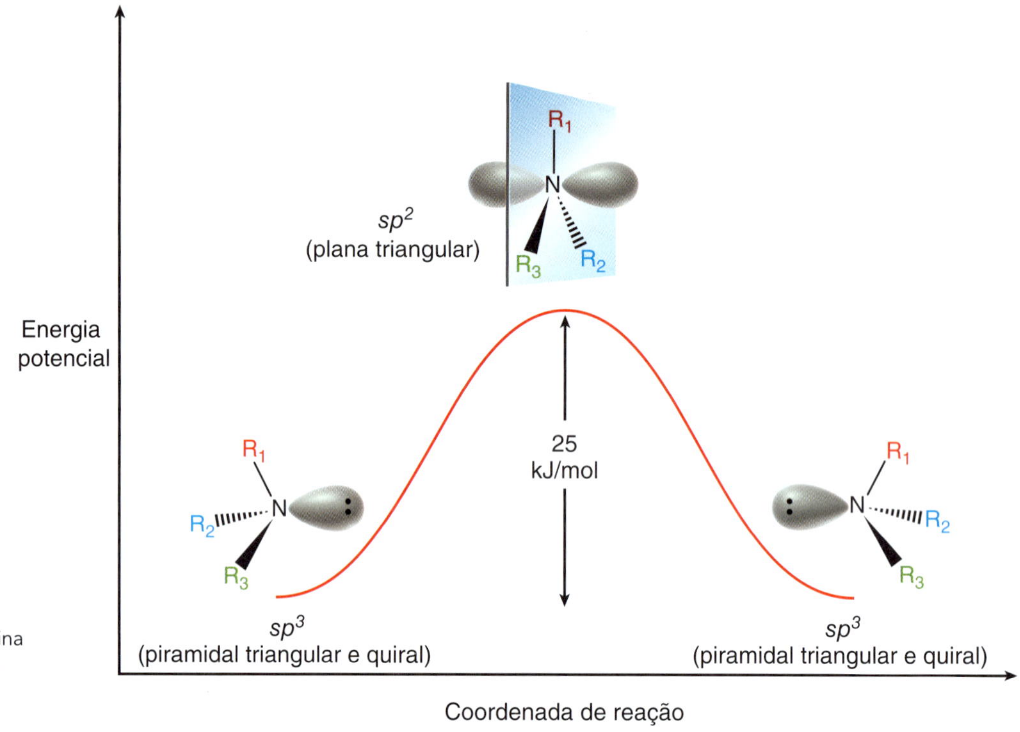

FIGURA 23.3
A inversão piramidal de uma amina permite que os enantiômeros se interconvertam rapidamente na temperatura ambiente.

As aminas primárias e secundárias podem formar ligações de H intermoleculares e geralmente têm pontos de ebulição mais elevados do que os alcanos análogos, mas pontos de ebulição inferiores aos alcoóis análogos.

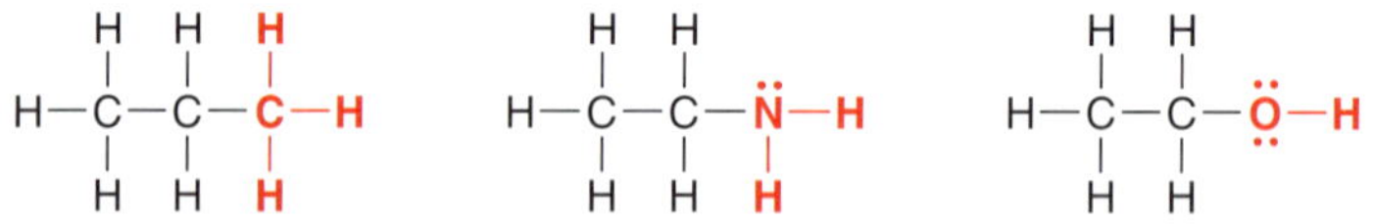

Propano **p.eb. = –42°C** | **Etilamina** **p.eb. = 17°C** | **Etanol** **p.eb. = 78°C**

O ponto de ebulição das aminas aumenta como uma função da sua capacidade em formar ligações de hidrogênio. Como resultado, as aminas primárias têm normalmente pontos de ebulição mais elevados, enquanto as aminas terciárias têm pontos de ebulição mais baixos. Essa tendência pode ser observada comparando-se as propriedades físicas dos três isômeros constitucionais vistos a seguir.

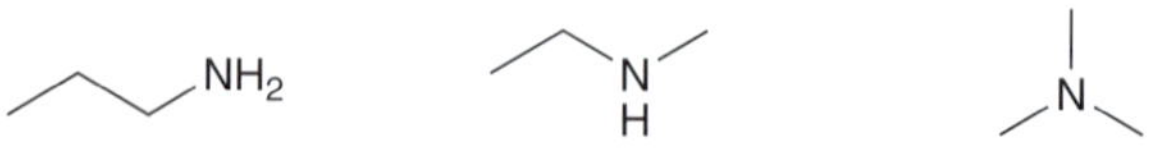

Propilamina **p.eb. = 50°C** | **Etilmetilamina** **p.eb. = 34°C** | **Trimetilamina** **p.eb. = 3°C**

Outras Características Distintas das Aminas

As aminas com baixa massa molecular, como a trimetilamina, normalmente têm um odor de peixe. Na verdade, o odor de peixe é causado por aminas que são produzidas quando as enzimas quebram certas proteínas dos peixes. A putrescina e a cadaverina são exemplos de substâncias presentes em peixes podres. Elas também estão presentes na urina, contribuindo para o seu odor característico.

Putrescina (1,4-butanodiamina) | **Cadaverina (1,5-pentanodiamina)**

VERIFICAÇÃO CONCEITUAL

23.4 Classifique este grupo de substâncias em ordem crescente de ponto de ebulição.

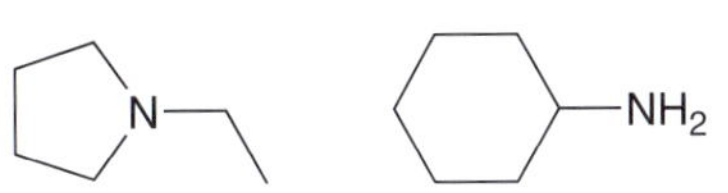

23.5 Identifique se cada uma das seguintes substâncias é esperada ser solúvel em água:

(a) 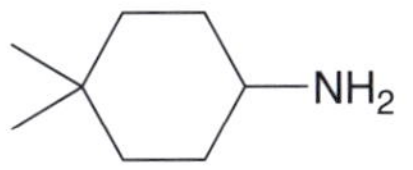

(b) 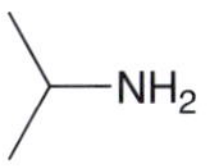

(c) 

medicamente falando — Efeitos Colaterais Afortunados

A maioria dos fármacos produz mais de uma resposta fisiológica. Em geral, uma delas é a resposta desejada e as demais são consideradas efeitos colaterais indesejáveis. No entanto, em alguns casos, os efeitos colaterais se tornaram descobertas afortunadas. Essas descobertas acidentais levaram ao desenvolvimento de novos tratamentos para uma ampla gama de doenças. A seguir, podem ser vistos alguns dos exemplos históricos mais conhecidos desse fenômeno.

Dimenidrinato, que foi originalmente desenvolvido como um anti-histamínico, é uma mistura de duas substâncias: difenidramina (Benadryl®) e 8-cloroteofilina:

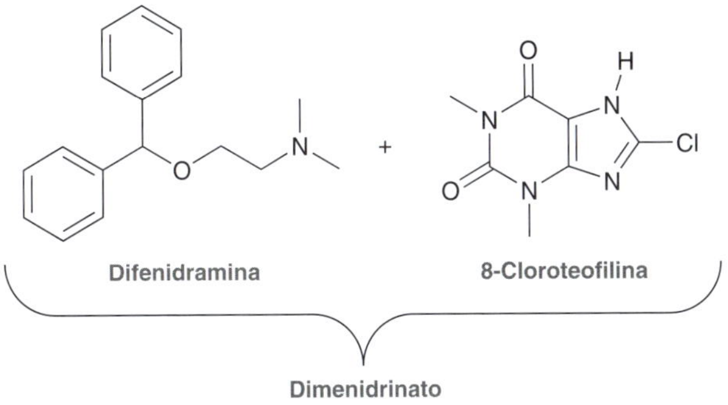

O primeiro é um anti-histamínico de primeira geração (sedativo), enquanto o último é um derivado clorado da cafeína (um estimulante). Acreditava-se que a sonolência do primeiro seria reduzida pelos efeitos do último. Infelizmente, os efeitos sedativos do anti-histaminíco foram demasiadamente fortes e dominaram os efeitos do estimulante. No entanto, uma descoberta foi feita acidentalmente quando essa mistura foi testada em 1947. Durante os estudos clínicos na Johns Hopkins University (EUA), um paciente que sofria de uma forma da doença de movimento (doença de carro) relatou alívio de seus sintomas. Estudos posteriores foram então conduzidos e descobriu-se que a mistura das substâncias era eficaz no tratamento de outras formas da doença de movimento, incluindo a doença de ar e o enjoo (viagem pelo mar). Comercializado sob o nome comercial de Dramin®, essa formulação se tornou rapidamente um dos medicamentos mais utilizados para o tratamento da doença de movimento. Desde então, foi substituído por um novo fármaco, chamado de meclizina, o qual é vendido sob o nome comercial Meclin® (fórmula que causa menos sonolência).

Bupropiona e sildenafil são outros dois fármacos que têm efeitos colaterais úteis:

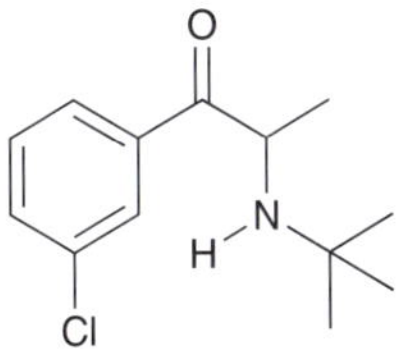

Zyban®
(bupropiona)

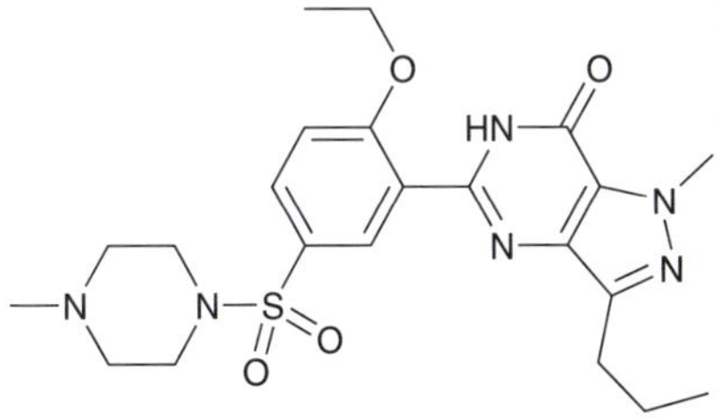

Viagra®
(sildenafil)

A bupropiona foi desenvolvida como um antidepressivo, mas verificou-se que ela ajudava os pacientes a parar de fumar durante os ensaios clínicos. Ela é agora comercializada como uma ajuda para parar de fumar sob o nome comercial de Zyban®. Sildenafil foi desenvolvido para tratar a angina (dor no peito que ocorre quando o músculo cardíaco recebe oxigênio insuficiente). Em ensaios clínicos, muitos dos voluntários experimentaram aumento da função erétil. Como foi descoberto que o sildenafil era ineficaz no tratamento da angina, seu fabricante (Pfizer), decidiu comercializar o fármaco para tratamento da disfunção erétil, uma condição que aflige um em nove homens adultos. Atualmente, o sildenafil é comercializado e vendido sob o nome comercial Viagra®, com vendas anuais superiores a 1 bilhão de dólares.

Basicidade das Aminas

Uma das propriedades mais importantes das aminas é a sua basicidade. As aminas são geralmente bases mais fortes do que os alcoóis ou éteres, e podem ser eficazmente protonadas mesmo por ácidos fracos.

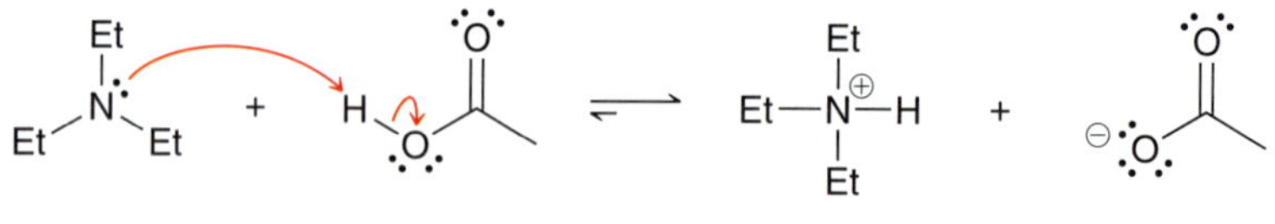

pK_a = 4,76 pK_a = 10,76

Nesse exemplo, a trietilamina é protonada usando-se ácido acético. Compare os valores de pK_a do ácido acético (4,76), e do íon amônio (10,76). Lembre que o equilíbrio vai favorecer o ácido mais fraco. Nesse caso, o íon amônio é seis ordens de grandeza mais fraco do que o ácido acético e, portanto, a amina existirá quase completamente na forma protonada (uma em cada um milhão de moléculas estará na forma neutra). Esse exemplo ilustra como a basicidade de uma amina pode ser quantificada medindo o pK_a do íon amônio correspondente. *Um pK_a elevado indica que a amina é fortemente básica, enquanto um pK_a baixo indica que a amina é apenas fracamente básica.* A Tabela 23.1 mostra os valores de pK_a para os íons amônio de muitas aminas.

TABELA 23.1 VALORES DE pK_a DO ÍON AMÔNIO DE VÁRIAS AMINAS

Amina	pK_a do Íon Amônio	Amina	pK_a do Íon Amônio
Alquilaminas		*Alquilaminas*	
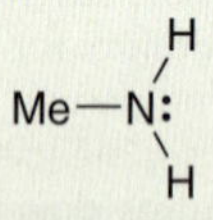 Metilamina	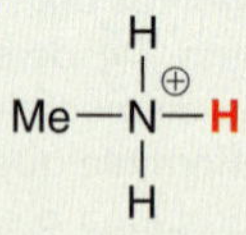 pK_a = 10,6	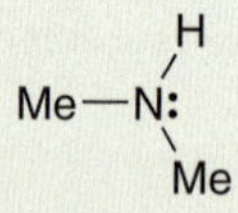 Dimetilamina	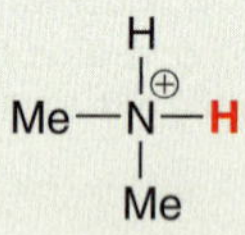 pK_a = 10,7
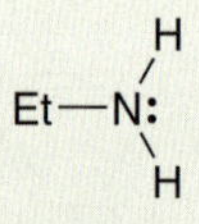 Etilamina	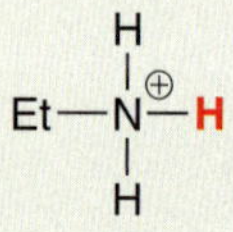 pK_a = 10,6	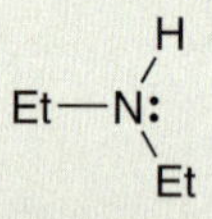 Dietilamina	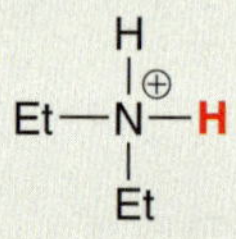 pK_a = 11,0
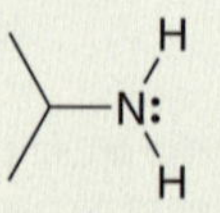 Isopropilamina	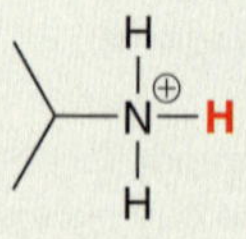 pK_a = 10,6	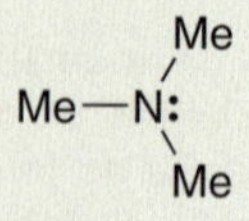 Trimetilamina	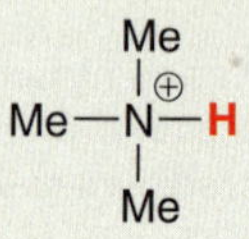 pK_a = 9,8
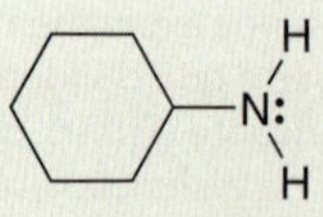 Ciclo-hexilamina	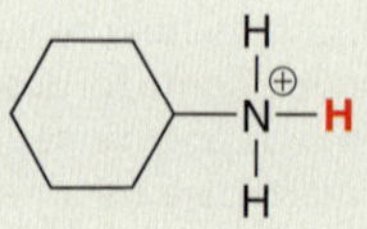 pK_a = 10,7	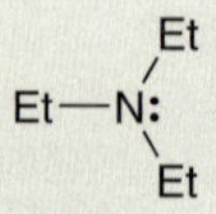 Trietilamina	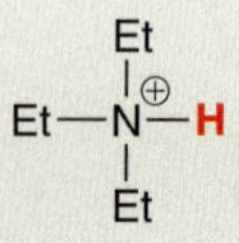 pK_a = 10,8

Continua

TABELA 23.1 VALORES DE pK_a DO ÍON AMÔNIO DE VÁRIAS AMINAS *(continuação)*

AMINA	pK_a DO ÍON AMÔNIO		AMINA	pK_a DO ÍON AMÔNIO	
Alquilaminas			*Aminas heterocíclicas*		
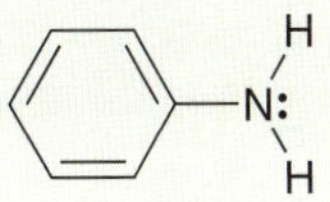 Anilina	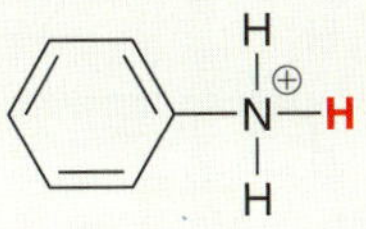	pK_a = 4,6	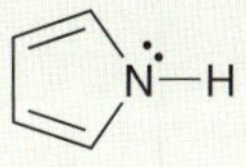 Pirrol	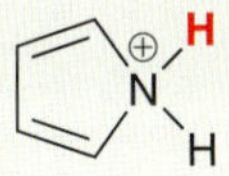	pK_a = 0,4
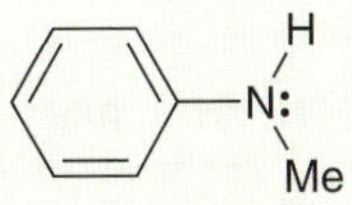 *N*-Metilanilina	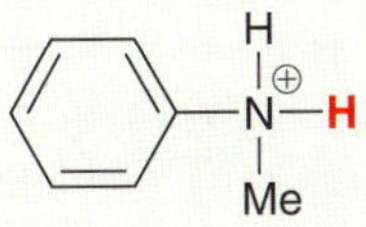	pK_a = 4,8	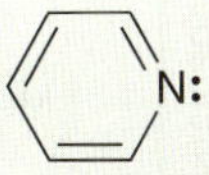 Piridina	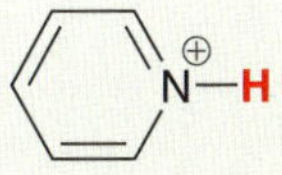	pK_a = 5,3
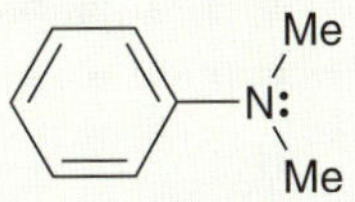 *N*,*N*-Dimetilanilina	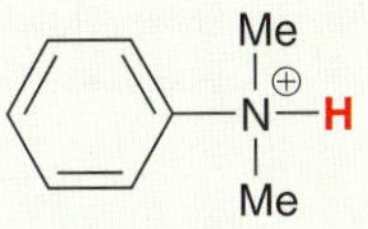	pK_a = 5,1			

A facilidade com que as aminas são protonadas pode ser usada para removê-las a partir de misturas de substâncias orgânicas. Este processo é chamado de **extração por solvente**. Uma mistura de substâncias orgânicas é inicialmente dissolvida em um solvente orgânico. A seguir, uma solução aquosa ácida é adicionada à mistura, que é agitada vigorosamente. Após algum tempo de repouso, as camadas orgânica e aquosa se separam uma da outra, da mesma maneira que óleo e água se separam entre si nos frascos de molho de salada. Sob essas condições, a maioria das moléculas de amina são protonadas, formando íons amônio. Os íons amônio possuem carga e, portanto, são mais solúveis na fase aquosa do que na fase orgânica. A separação manual da camada aquosa fornece os íons amônio, que são então tratados com uma base para regenerar a amina neutra. Desse modo, as aminas podem ser facilmente separadas de uma mistura de substâncias orgânicas. Esse processo foi amplamente utilizado no século XIX para isolar aminas de extratos de plantas. Foi reconhecido desde o início que as aminas podem ser isoladas de plantas por meio da exploração de suas propriedades básicas. Por essa razão, as aminas extraídas de plantas foram chamadas alcaloides (derivação da palavra *alcalino*, que significa básico).

Efeitos de Deslocalização

Os íons amônio da maioria das alquilaminas caracterizam-se por um valor de pK_a compreendido entre 10 e 11, mas as arilaminas são muito diferentes. Íons amônio de arilaminas são mais ácidos (pK_a menor) do que os íons amônio das alquilaminas (Tabela 23.2). Em outras palavras, as arilaminas são menos básicas. Isso pode ser explicado considerando-se a natureza deslocalizada do par de elétrons isolado de uma arilamina:

RELEMBRANDO
Para uma revisão de pares de elétrons isolados deslocalizados, veja a Seção 2.12, do Volume 1.

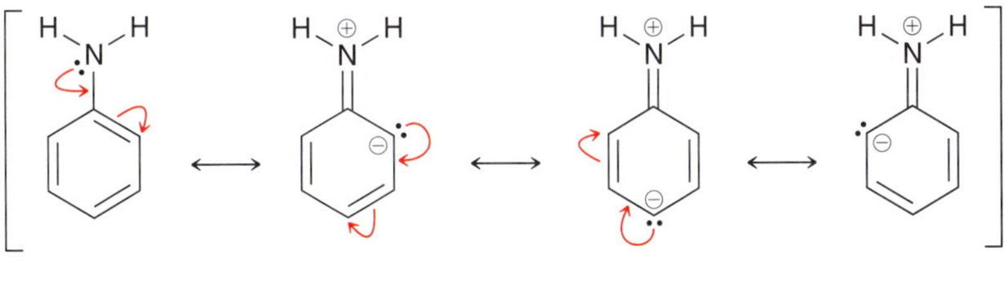

Um par de elétrons isolado ocupa um orbital *p* e está deslocalizado pelo sistema aromático. A estabilização por ressonância é perdida se o par de elétrons isolado é protonado, e como resultado, o átomo de nitrogênio de uma arilamina é menos básico do que o átomo de nitrogênio de uma alquilamina.

TABELA 23.2 OS VALORES DE pK_a DOS ÍONS AMÔNIO DE VÁRIAS ANILINAS PARASSUBSTITUÍDAS

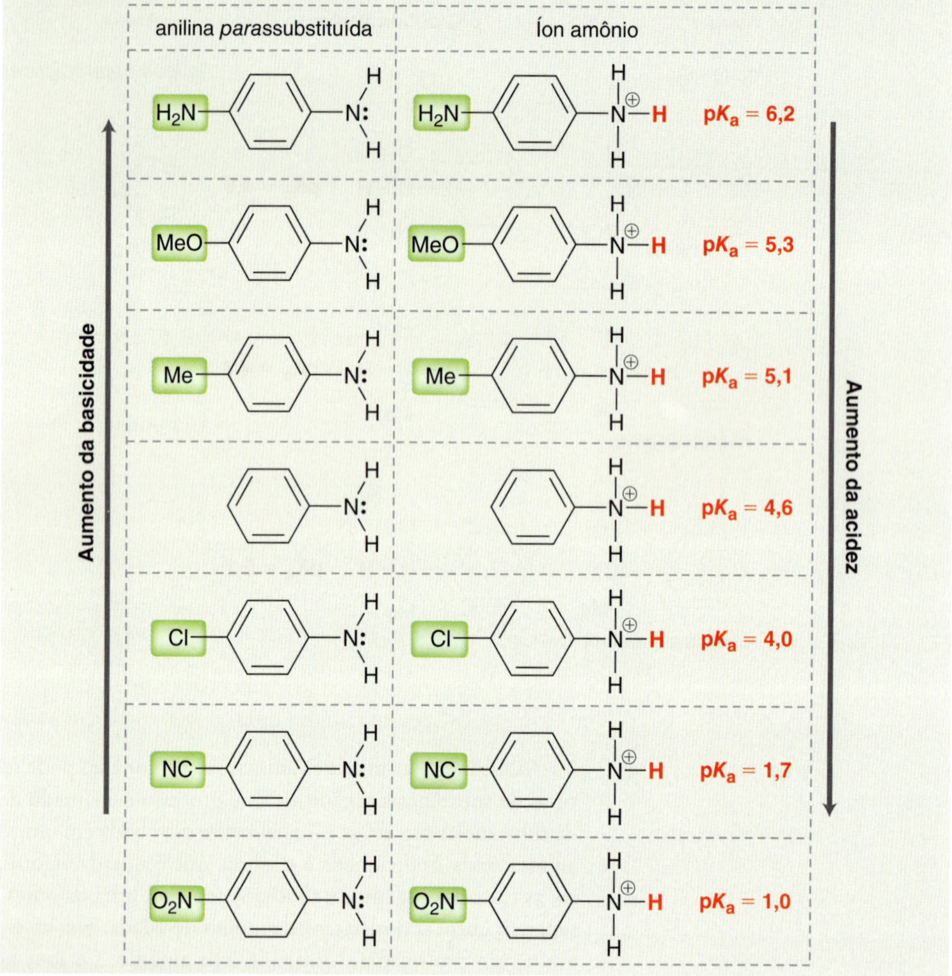

Se o anel aromático possui um substituinte, a basicidade do grupo amina vai depender da identidade do substituinte (Tabela 23.2). Grupos dadores de elétrons, como o grupo metóxido, aumentam ligeiramente a basicidade das arilaminas, enquanto os grupos retiradores de elétrons, como o grupo nitro, podem diminuir significativamente a basicidade das arilaminas. Esse efeito importante é atribuído ao fato de o par de elétrons isolado na *para*nitroanilina estar extensivamente deslocalizado:

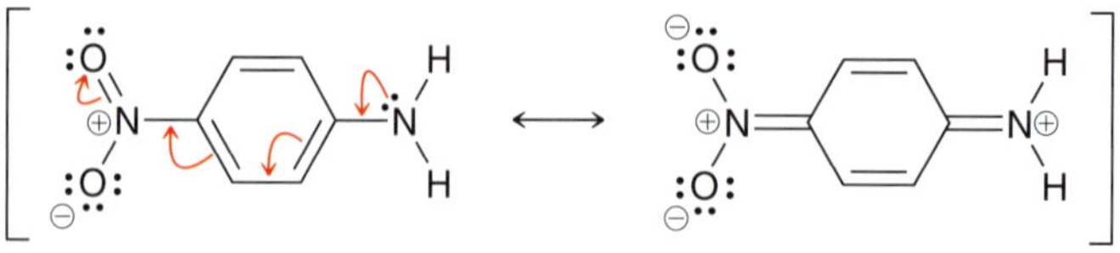

Amidas também representam um caso extremo de deslocalização do par de elétrons isolado. O par de elétrons isolado no átomo de nitrogênio de uma amida é altamente deslocalizado por ressonância. De fato, o átomo de nitrogênio apresenta muito pouca densidade eletrônica, como pode ser visto em um mapa de potencial eletrostático (Figura 23.4). Por essa razão, as amidas não se comportam como bases e são nucleófilos muito fracos.

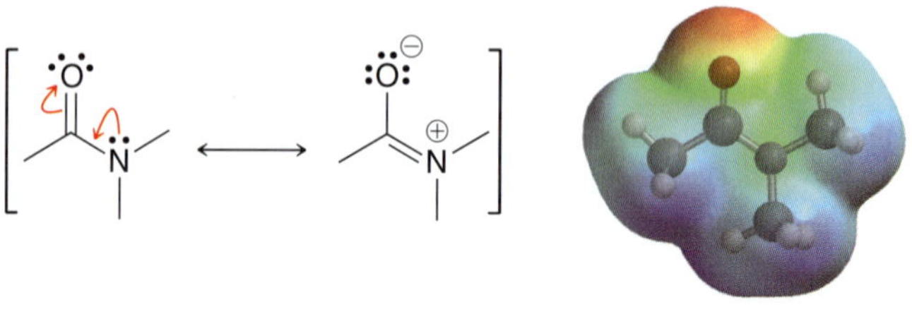

FIGURA 23.4
Um mapa de potencial eletrostático de uma amida. O átomo de nitrogênio não é uma região de densidade eletrônica elevada.

RELEMBRANDO
Para visualizar os orbitais ocupados pelos pares de elétrons isolados no pirrol e na piridina, veja as Figuras 18.14 e 18.15.

Outro exemplo de deslocalização de elétrons pode ser visto na comparação dos mapas de potencial eletrostático do pirrol e da piridina na Figura 18.16. O par de elétrons isolado do pirrol é deslocalizado devido à sua participação para instaurar a estabilização aromática. Como resultado, o pirrol é uma base extremamente fraca porque sua protonação resultaria na perda da aromaticidade. Em contraste, o par de elétrons isolado da piridina é localizado e não participa no estabelecimento da aromaticidade. Como consequência, a piridina pode se comportar como uma base, sem destruir a sua estabilização aromática. Por essa razão, a piridina é uma base mais forte do que o pirrol. De fato, uma verificação dos valores de pK_a na Tabela 23.1 revela que a piridina é cinco ordens de grandeza (~100.000 vezes) mais básica que o pirrol.

Aminas no pH Fisiológico

No Capítulo 21, utilizou-se a equação de Henderson-Hasselbalch para mostrar que um grupo ácido carboxílico (COOH) existe principalmente como um íon carboxilato no pH fisiológico. Um argumento similar pode ser usado para mostrar que um grupo amina também existe principalmente como um íon amônio carregado no pH fisiológico:

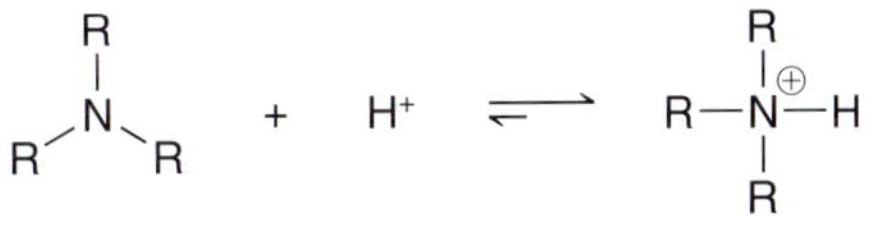

O íon amônio predomina no pH fisiológico

Esse fato é importante para a compreensão da atividade de produtos farmacêuticos contendo grupos amina, um tema explorado no boxe "Medicamente Falando" visto na página 436.

VERIFICAÇÃO CONCEITUAL

23.6 Para cada um dos seguintes pares de substâncias, identifique qual a substância que é a base mais forte:

(a) 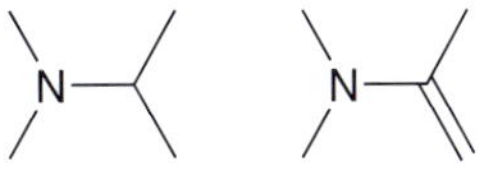

(b) 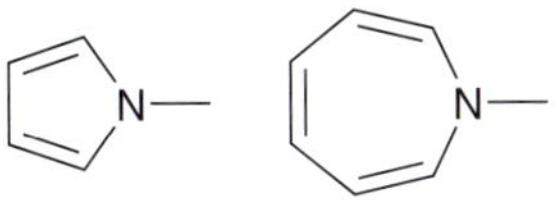

(c) 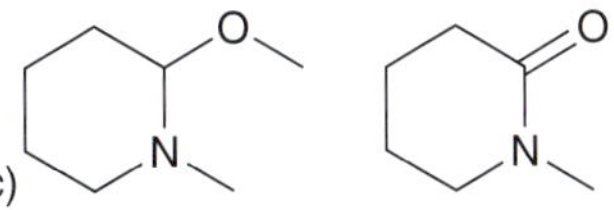

(d) 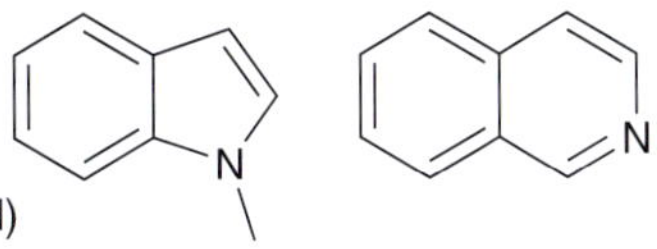

23.7 Ordene as seguintes substâncias em termos de basicidade crescente:

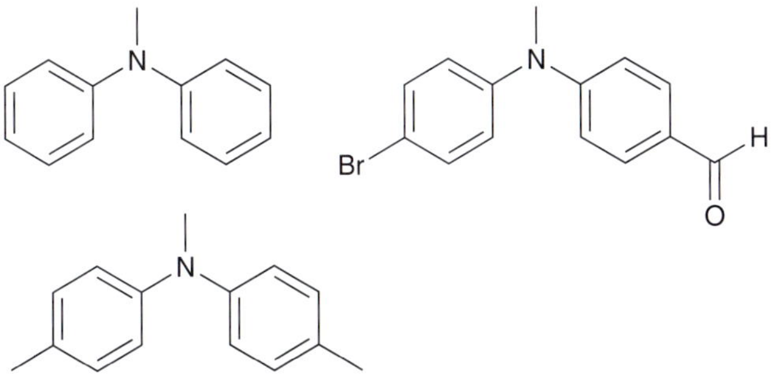

23.8 Quando a (*E*)-4-amino-3-buten-2-ona é tratada com hidrogênio molecular, na presença de platina, a amina resultante é mais básica do que o reagente. Descreva o reagente e o produto, e explique por que o produto é uma base mais forte do que o reagente.

23.9 Para cada uma das seguintes substâncias, represente a forma que predomina no pH fisiológico:

(a) 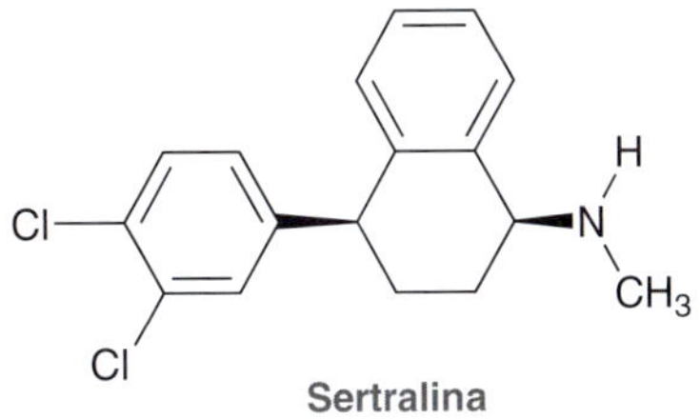

Sertralina (Zoloft®)
Um antidepressivo

(b) 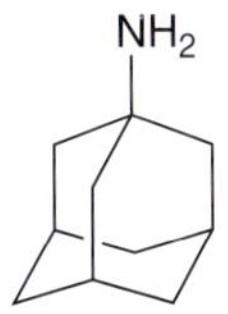

Amantadina
Usada no tratamento da doença de Parkinson

(c) 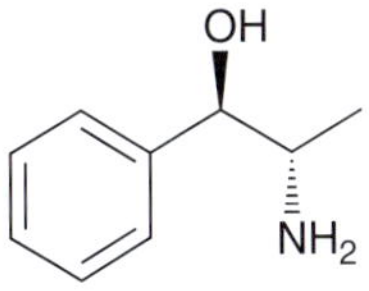

Fenilpropanolamina
Um descongestionante nasal

medicamente falando | Ionização de Aminas e Distribuição de Fármacos

No Capítulo 18 vimos que as reações alérgicas são provocadas pela ligação da histamina aos receptores H_1. As substâncias que competem com a histamina para se ligar aos receptores H_1, sem desencadear a reação alérgica, são chamadas antagonistas H_1 e pertencem à classe de substâncias denominadas anti-histamínicos. Para uma substância apresentar antagonismo H_1 ela tem de possuir dois anéis aromáticos muito próximos bem como um grupo de amina terciária.

O grupo amina de um anti-histamínico existe como um equilíbrio entre as formas neutra e iônica. As concentrações de equilíbrio das duas formas dependem do pK_a da substância e do pH do meio. A maioria dos anti-histamínicos têm um grupo amônio com um pK_a entre 8 e 9. Como resultado, ambas as formas, neutra e iônica, estão presentes em quantidades substanciais no pH fisiológico, embora a forma iônica predomine ligeiramente. Isso é importante porque é a forma iônica que se liga ao receptor. O íon amônio carregado positivamente liga-se com uma carga negativa no receptor. A forma neutra do medicamento pode não se ligar com o receptor.

Embora a forma iônica seja necessária para a ligação com o receptor, ela é incapaz de atravessar o ambiente apolar das membranas celulares. Então, como é que o fármaco atinge a sua meta? A resposta decorre do equilíbrio entre as formas iônica e neutra do fármaco. A forma neutra atravessa a membrana, e uma vez do outro lado, ela restabelece o equilíbrio, produzindo uma grande concentração da forma iônica, que então se liga ao receptor. No outro lado da membrana, as formas iônicas que não atravessaram a membrana também restabelecem o equilíbrio, gerando mais da forma neutra, que é capaz de atravessar a membrana. Desse modo, o fármaco pode atravessar a membrana sob a forma neutra e interagir com o receptor na forma iônica. A velocidade com que esse processo ocorre depende das concentrações de equilíbrio. Se a concentração de equilíbrio da forma neutra é muito pequena, então o fármaco não irá atravessar a membrana celular com uma velocidade apreciável. Da mesma maneira, se a concentração de equilíbrio da forma iônica é muito pequena, então o fármaco não vai se ligar com uma velocidade apreciável ao receptor. Esse balanço delicado entre a distribuição do fármaco e a ligação ao receptor é, portanto, altamente dependente das concentrações de equilíbrio no pH fisiológico, o que, por sua vez, é dependente do pK_a do fármaco. Mais adiante neste capítulo, vamos ver um exemplo de como os valores de pK_a têm de ser levados em conta quando novos fármacos são desenvolvidos.

23.4 Preparação das Aminas: Uma Revisão

Nos capítulos anteriores, vimos reações que podem ser usadas para produzir aminas a partir de haletos de alquila, ácidos carboxílicos ou benzeno. Esta seção irá resumir cada um desses três métodos.

Preparação de uma Amina a Partir de um Haleto de Alquila

As aminas podem ser preparadas a partir de haletos de alquila em um processo de duas etapas em que o haleto de alquila é convertido em uma nitrila, que, em seguida, sofre redução.

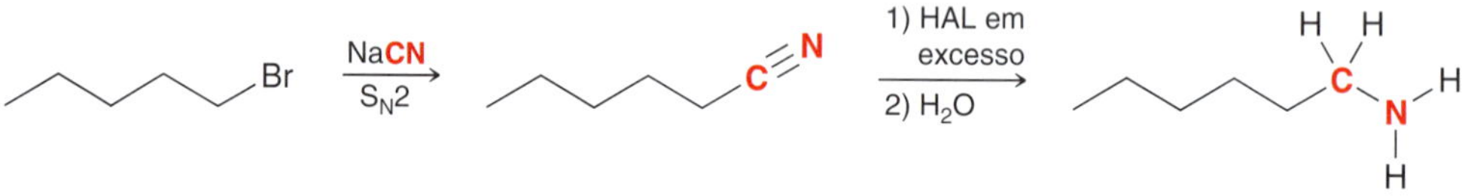

A primeira etapa é um processo S_N2 em que um íon cianeto se comporta como um nucleófilo, deslocando o grupo de saída haleto. As limitações das reações S_N2 se aplicam, de modo que haletos de alquila terciários e haletos de vinila não podem ser utilizados. A segunda etapa envolvendo a redução da nitrila resultante pode ser realizada com um agente redutor forte, como o HAL. Observe que a inserção de um grupo amina utilizando essa abordagem é acompanhada pela introdução de um átomo de carbono adicional (destacado em vermelho).

Preparação de uma Amina a Partir de um Ácido Carboxílico

As aminas podem ser preparadas a partir de ácidos carboxílicos utilizando a seguinte abordagem:

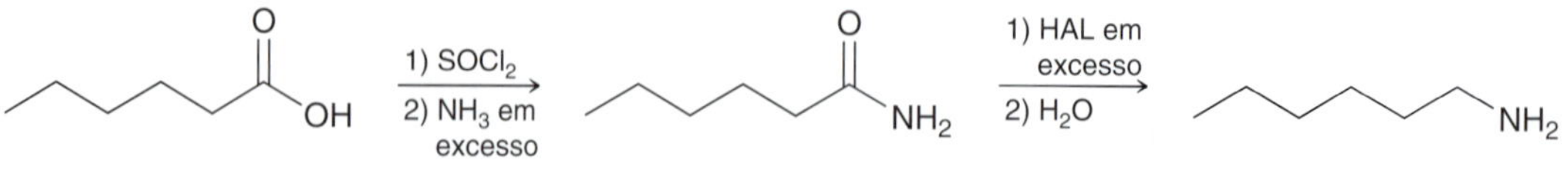

O ácido carboxílico é primeiramente convertido em uma amida, que é então reduzida para dar uma amina (Seção 21.14). Observe que, utilizando-se essa abordagem, a inserção de um grupo amina não envolve a introdução de quaisquer átomos de carbono adicionais, ou seja, o esqueleto de carbono não é alterado.

Preparação da Anilina e de Seus Derivados a Partir de Benzeno

Arilaminas, como a anilina, podem ser preparadas a partir de benzeno utilizando-se a seguinte metodologia:

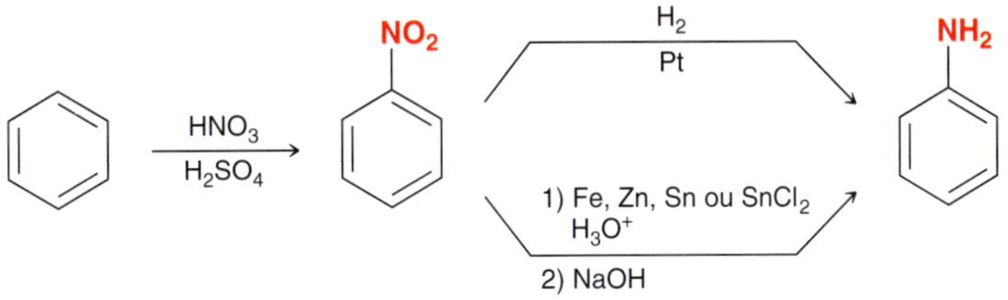

A primeira etapa envolve a nitração do anel aromático, e a segunda, envolve a redução do grupo nitro. Vários reagentes podem ser usados para realizar essa redução, incluindo hidrogenação na presença de um catalisador ou redução com ferro, zinco, estanho, ou cloreto de estanho(II) ($SnCl_2$), na presença de ácido aquoso. O último método é uma abordagem mais leve, usada quando outros grupos funcionais, que estão presentes, seriam suscetíveis de outro modo à hidrogenação.

Por exemplo, um grupo nitro pode ser reduzido seletivamente na presença de um grupo carbonila:

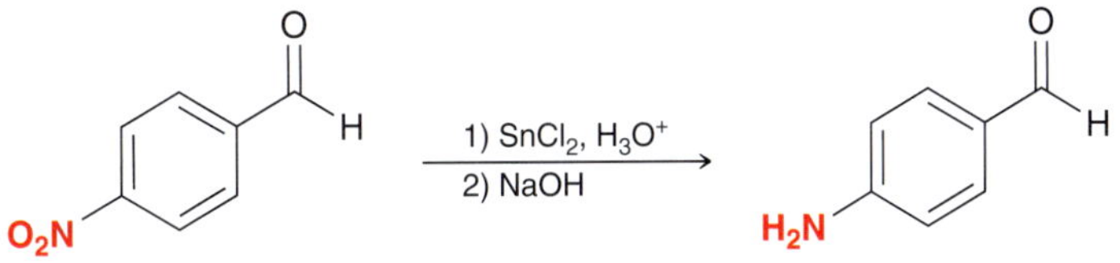

Quando a redução de um grupo nitro é feita em condições ácidas, a reação tem de ser seguida pela adição de uma base, tal como hidróxido de sódio, uma vez que o grupo amina resultante estará protonado sob condições ácidas (como se viu na Seção 23.3).

VERIFICAÇÃO CONCEITUAL

23.10 Represente a estrutura de um haleto de alquila ou de um ácido carboxílico que pode servir como um precursor para a preparação de cada uma das seguintes aminas:

(a) 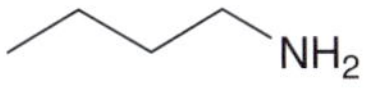

(b) 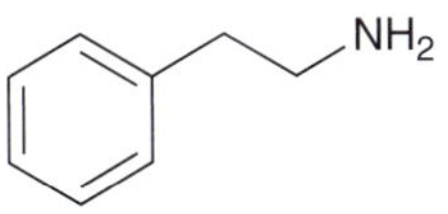

(c) 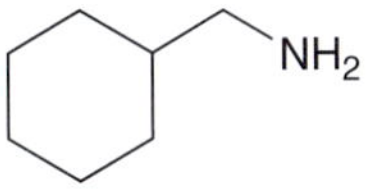

23.11 A substância vista a seguir não pode ser preparada a partir de um haleto de alquila ou de um ácido carboxílico utilizando os métodos descritos nesta seção. Explique por que cada síntese não pode ser realizada.

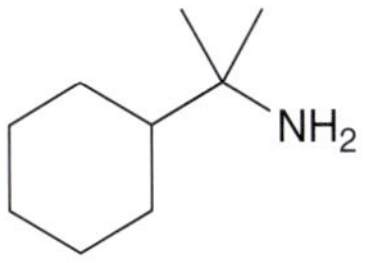

23.5 Preparação das Aminas por Meio de Reações de Substituição

Alquilação da Amônia

A amônia é um nucleófilo muito bom e prontamente sofrerá alquilação quando tratada com um haleto de alquila.

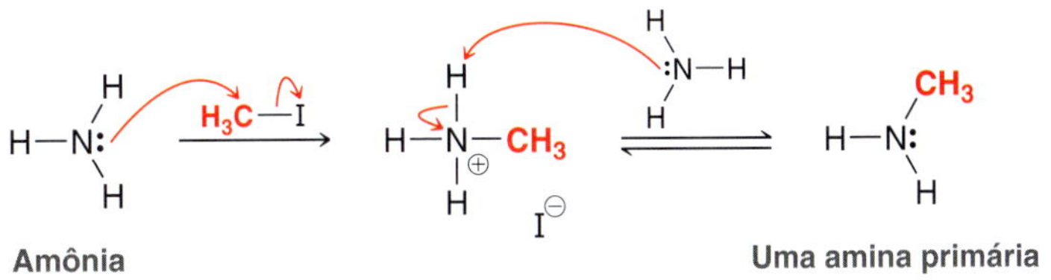

Amônia **Uma amina primária**

Essa reação prossegue via um processo S_N2 seguido pela desprotonação para produzir uma amina primária. À medida que a amina primária é formada, ela pode sofrer alquilação posterior para produzir uma amina secundária, que ainda sofre alquilação posterior para produzir uma amina terciária. Finalmente, a amina terciária sofre alquilação mais uma vez para produzir um **sal de amônio quaternário**.

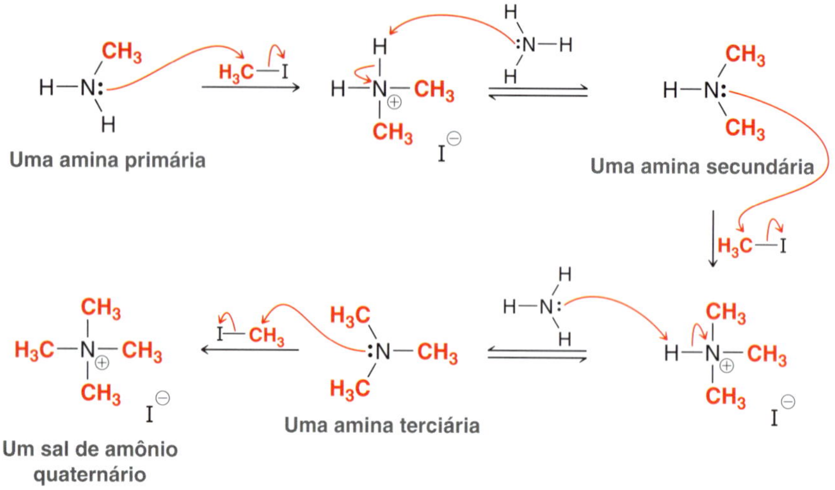
Uma amina primária
Uma amina secundária
Uma amina terciária
Um sal de amônio quaternário

Se sal de amônio quaternário é o produto desejado, utiliza-se, em seguida, um excesso de haleto de alquila, e a amônia sofre **alquilação exaustiva**. No entanto, monoalquilação é difícil de ser obtida, porque cada sucessiva alquilação torna o átomo de nitrogênio mais nucleofílico. Se a amina primária é o produto desejado, então o processo gralmente não é eficiente porque quando um mol de amônia é tratado com 1 mol de haleto de alquila, uma mistura de produtos é obtida. Por essa razão, a alquilação da amônia só é útil quando o haleto de alquila de partida é barato e o produto desejado pode ser facilmente separado ou quando a alquilação exaustiva é realizada para produzir o sal de amônio quaternário.

Síntese de Azidas

A **síntese de azidas** é um método melhor para a preparação de aminas primárias que a alquilação da amônia, porque evita a formação de aminas secundárias e terciárias. Esse método envolve o tratamento de um haleto de alquila com azida de sódio seguido por redução (Mecanismo 23.1).

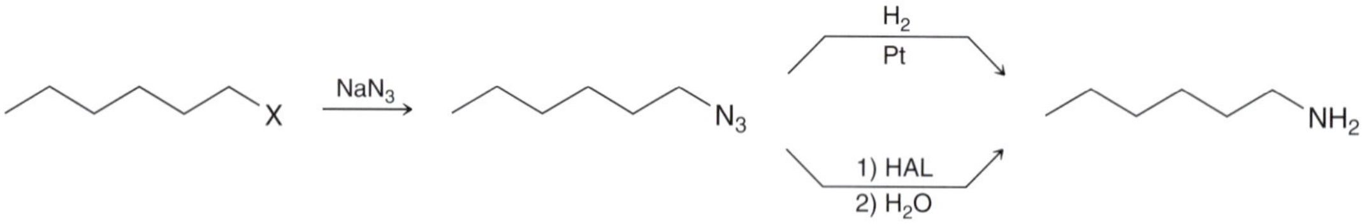
NaN3
H2
Pt
1) HAL
2) H2O

MECANISMO 23.1 SÍNTESE DE AZIDAS

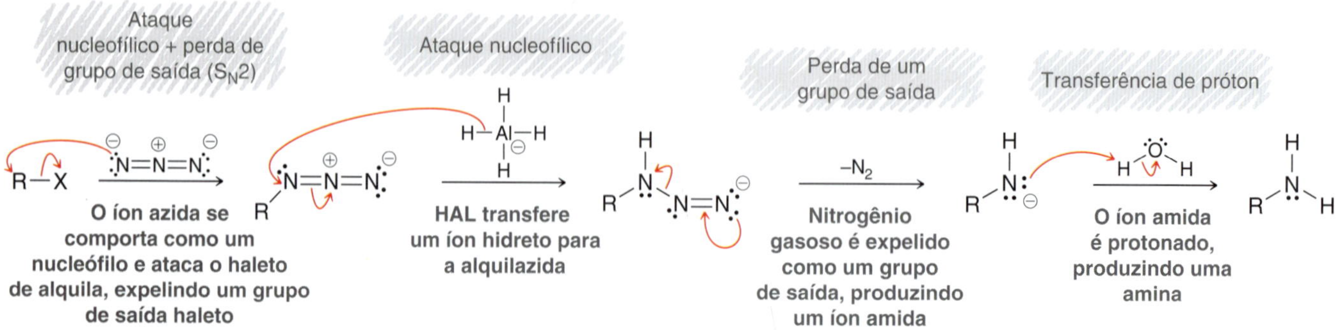
Ataque nucleofílico + perda de grupo de saída (SN2)
O íon azida se comporta como um nucleófilo e ataca o haleto de alquila, expelindo um grupo de saída haleto
Ataque nucleofílico
HAL transfere um íon hidreto para a alquilazida
Perda de um grupo de saída
−N2
Nitrogênio gasoso é expelido como um grupo de saída, produzindo um íon amida
Transferência de próton
O íon amida é protonado, produzindo uma amina

Na primeira etapa desse mecanismo, o íon azida se comporta como nucleófilo e ataca o haleto de alquila em um processo S_N2, produzindo uma alquilazida. A alquilazida é então reduzida utilizando HAL. Ao realizar esse procedimento, precauções especiais devem ser observadas, pois alquilazidas podem ser explosivas, liberando nitrogênio gasoso.

Síntese de Gabriel

A **síntese de Gabriel** é outro método para a preparação de aminas primárias evitando a formação de aminas secundárias e terciárias. O principal reagente é a ftalimida de potássio, que é preparada tratando-se a ftalimida com hidróxido de potássio.

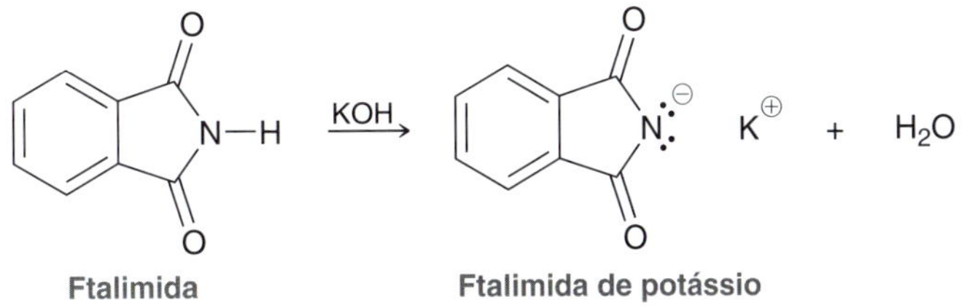

O hidróxido se comporta como uma base e deprotonata a ftalamida. O próton é relativamente ácido (pK_a = 8,3), porque ele está flanqueado por dois grupos C=O (semelhante a um β-cetoéster). A ftalimida de potássio pode se comportar como um nucleófilo e é prontamente alquilada para formar uma ligação C–N (diretamente análoga à síntese do éster acetoacético, Seção 22.5):

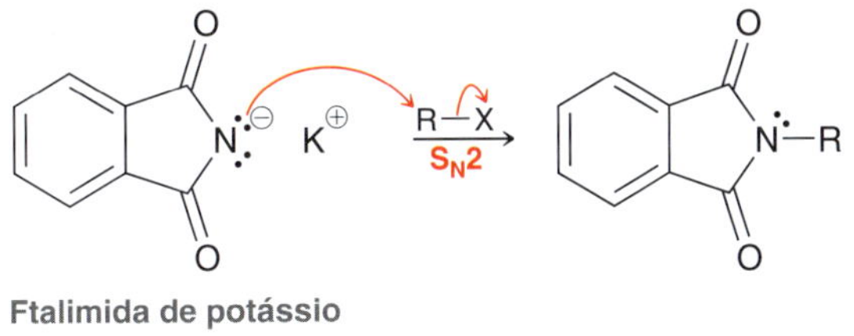

Essa reação ocorre por meio de um processo S_N2, por isso funciona melhor com haletos de alquila primários. Ela pode ser realizada com haletos de alquila secundários em muitos casos, mas haletos de alquila terciários não podem ser utilizados. A hidrólise, catalisada por ácido ou por base, é então realizada para liberar a amina. Condições ácidas são mais comuns do que as condições básicas.

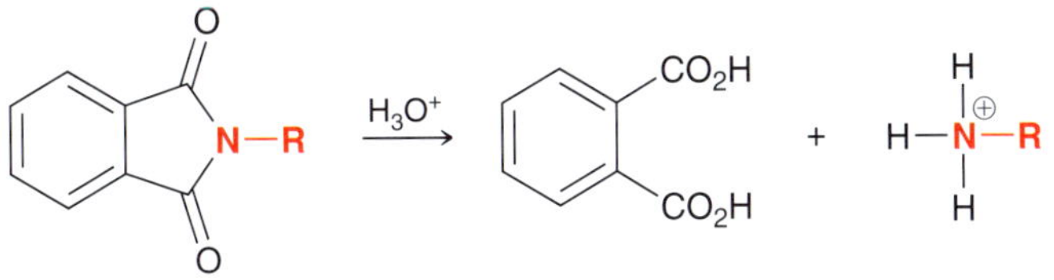

Sob condições ácidas, um íon amônio é gerado, o qual tem de ser tratado com uma base para liberar a amina não carregada.

O mecanismo de hidrólise é diretamente análogo à hidrólise de amidas, como pode ser visto na Seção 21.12. A etapa de hidrólise é lenta e muitas abordagens alternativas têm sido desenvolvidas. Uma dessas alternativas emprega hidrazina para liberar a amina e envolve duas reações de substituição nucleofílica acílica sucessivas.

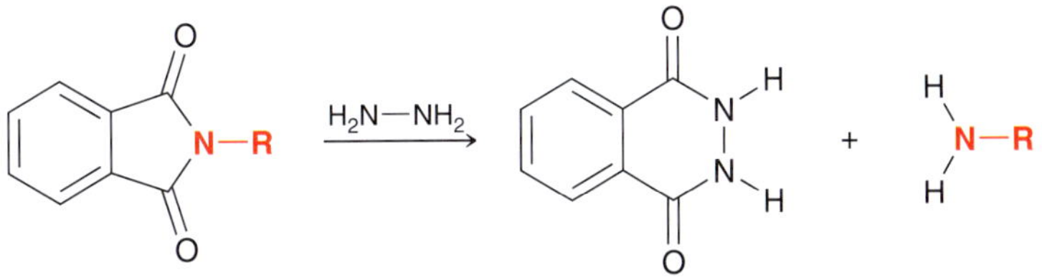

DESENVOLVENDO A APRENDIZAGEM

23.2 PREPARAÇÃO DE UMA AMINA PRIMÁRIA POR MEIO DA REAÇÃO DE GABRIEL

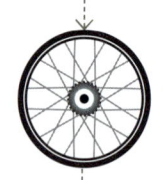

APRENDIZAGEM A anfetamina é um estimulante (mais forte do que a cafeína), que aumenta a atividade motora e diminui o apetite. Ela foi amplamente utilizada durante a Segunda Guerra Mundial para evitar a fadiga de combate.

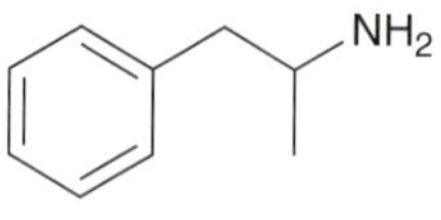

Anfetamina

Proponha um método para a preparação da anfetamina que utilize uma síntese de Gabriel.

SOLUÇÃO

Primeiro identificamos um haleto de alquila que pode servir como um precursor na preparação da anfetamina. Para representar esse precursor, simplesmente substituímos o grupo amina por um haleto:

ETAPA 1
Identificação do haleto de alquila apropriado para uso.

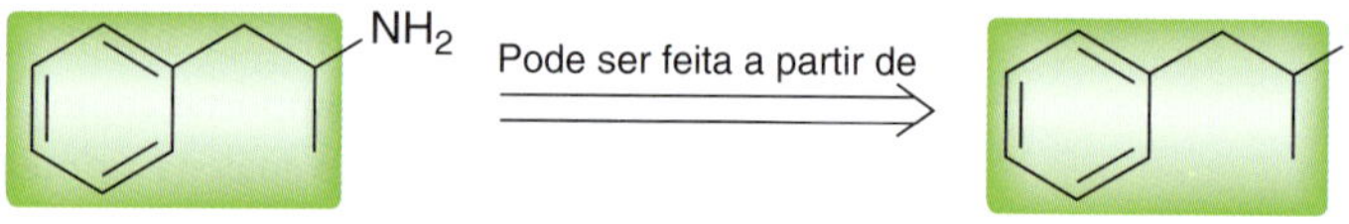

Na síntese de Gabriel, o átomo de nitrogênio vem da ftalimida, que serve como material de partida. O processo requer três etapas: (1) desprotonação para formar a ftalimida de potássio, (2) ataque nucleofílico com um haleto de alquila e (3) hidrólise liberando a amina por hidrólise ou via tratamento com hidrazina. Represente os reagentes para as três etapas da síntese de Gabriel:

ETAPA 2
Representação de todas as três etapas, começando com a ftalimida.

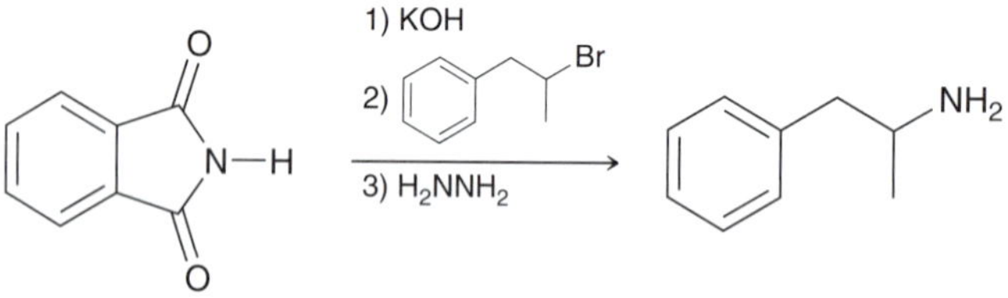

Observação: O planejamento de uma síntese de Gabriel requer a identificação do haleto de alquila que será utilizado na segunda etapa do processo. A primeira e a terceira etapas permanecem as mesmas, independentemente da natureza do produto desejado.

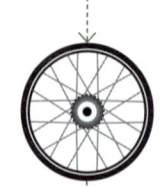

PRATICANDO o que você aprendeu

23.12 Utilizando uma síntese de Gabriel, mostre como você obteria cada uma das seguintes substâncias:

(a) 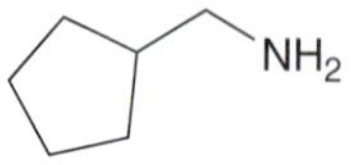

(b) 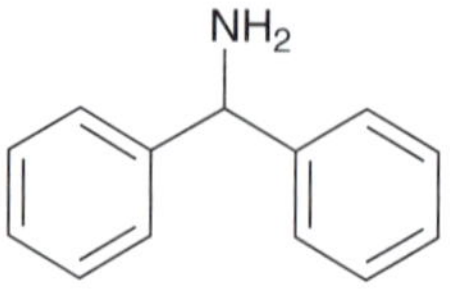

(c) 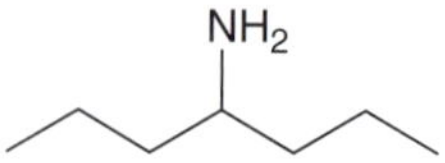

(d) 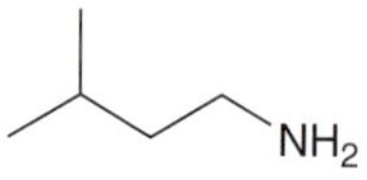

APLICANDO o que você aprendeu

23.13 Utilizando uma síntese de Gabriel, proponha uma síntese eficiente para cada uma das transformações vistas a seguir. Em cada caso, será necessário utilizar as reações dos capítulos anteriores para converter o material de partida em um haleto de alquila apropriado, que pode ser usado em uma síntese de Gabriel.

(a) 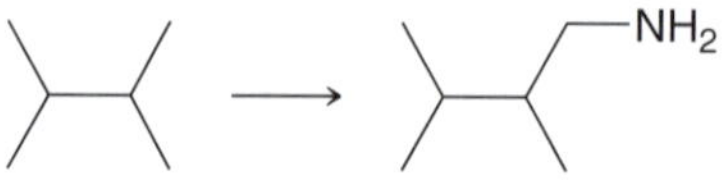

(b) 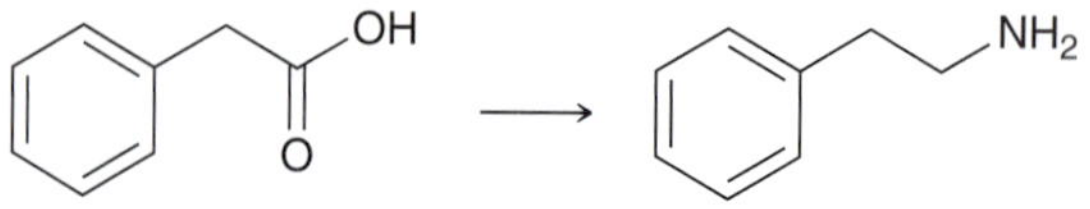

é necessário **PRATICAR MAIS?** **Tente Resolver os Problemas 23.51a, 23.60, 23.61, 23.62b**

23.6 Preparação das Aminas por Meio de Aminação Redutiva

Lembre que cetonas ou aldeídos podem ser convertidos em iminas, quando tratados com amônia em condições ácidas (Seção 20.6). Se a reação é levada a cabo na presença de um agente redutor, tal como H_2, então a imina é reduzida tão logo ela é formada, dando uma amina.

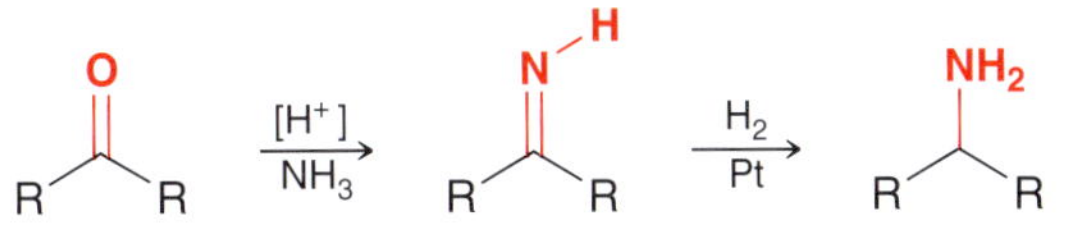

Uma cetona Uma imina Uma amina

Esse processo, chamado de **aminação redutiva**, pode ser realizado em um frasco de reação por hidrogenação de uma solução contendo cetona, amônia e uma fonte de prótons. Com essa abordagem, a imina é reduzida nas condições da sua formação. Muitos outros agentes de redução também são frequentemente utilizados em vez da hidrogenação. O agente redutor mais comum para esse fim é o **cianoboro-hidreto de sódio** ($NaBH_3CN$), que é semelhante em estrutura ao boro-hidreto de sódio ($NaBH_4$), mas um grupo ciano substitui um dos átomos de hidrogênio.

Boro-hidreto de sódio ($NaBH_4$) Cianoboro-hidreto de sódio ($NaBH_3CN$)

Lembre-se de que um grupo ciano é retirador de elétrons (Seção 19.10) e a sua presença estabiliza a carga negativa no átomo de boro. Como resultado, $NaBH_3CN$ é um hidreto redutor mais seletivo do que o $NaBH_4$. Essa seletividade pode ser explorada para atingir a aminação redutiva de uma cetona ou um aldeído:

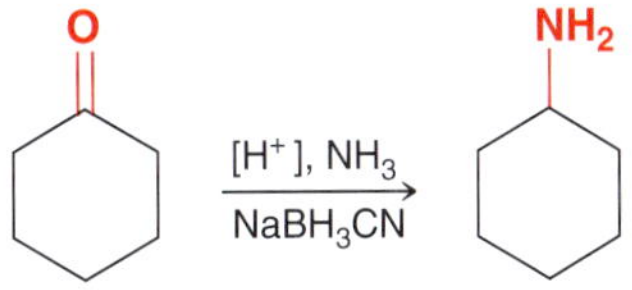

Esse processo não pode ser realizado com $NaBH_4$, que simplesmente reduziria a cetona antes de ser convertida em uma imina. Em contraste, o $NaBH_3CN$ não reage com as cetonas, mas irá reduzir um íon imínio (uma imina protonada). Esse processo permite a conversão de uma cetona ou um aldeído em uma amina em um frasco de reação. A natureza do nucleófilo (NH_3) pode ser alterada, permitindo a preparação de aminas primárias, secundárias ou terciárias:

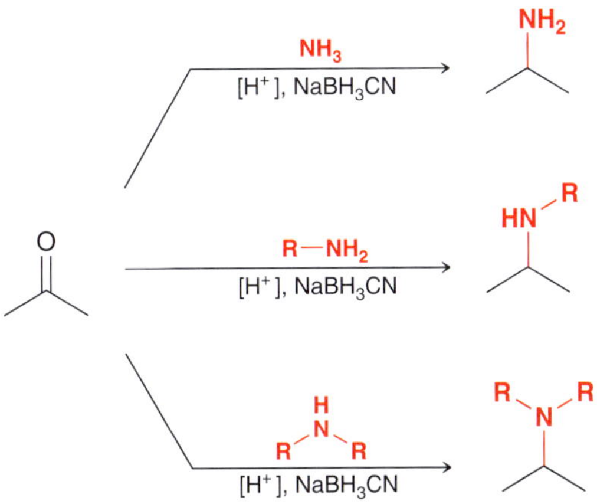

Amina primária

Amina secundária

Amina terciária

DESENVOLVENDO A APRENDIZAGEM

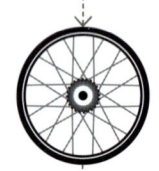

23.3 PREPARAÇÃO DE UMA AMINA POR MEIO DE UMA AMINAÇÃO REDUTIVA

APRENDIZAGEM A fluoxetina, vendida sob o nome comercial Prozac®, é utilizada no tratamento da depressão e da desordem obsessiva compulsiva. Mostre duas maneiras diferentes de preparar a fluoxetina via aminação redutiva.

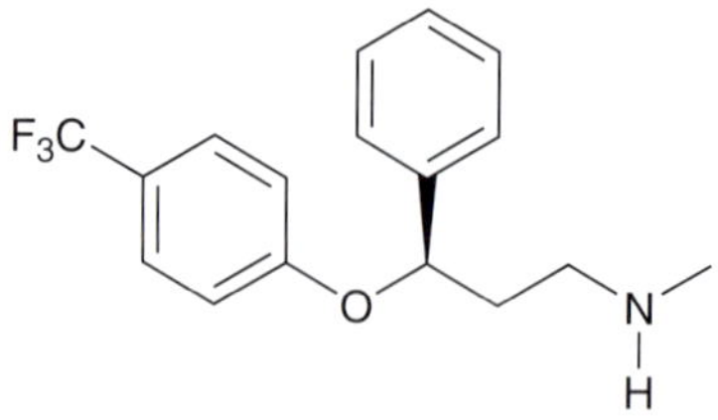

Fluoxetina

ETAPA 1 Identificação de todas as ligações C–N

ETAPA 2 Aplicação de uma análise retrossintética a cada ligação C–N.

SOLUÇÃO

Começamos identificando todas as ligações C–N. Em seguida, usando uma análise retrossintética, identificamos a amina de partida e a substância com carbonila que podem ser usadas para fazer cada uma das ligações C–N:

Método 1

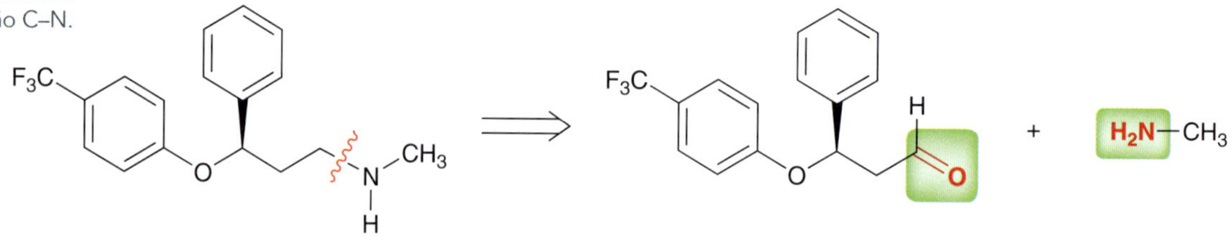

Método 2

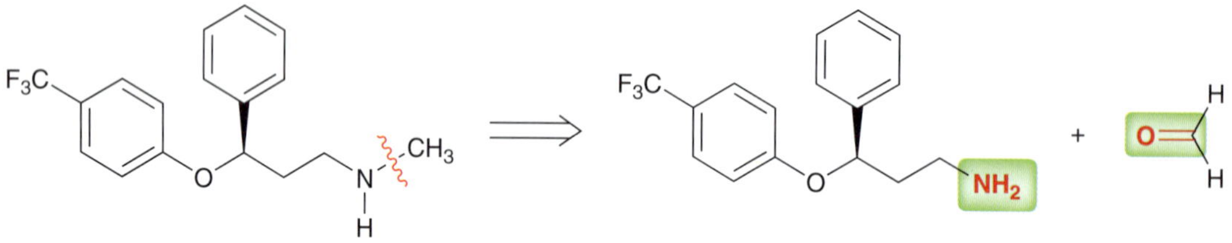

ETAPA 3 Representação de todos os reagentes necessários para cada rota possível.

Finalmente, mostramos todos os reagentes necessários para ambas as rotas de síntese mostradas. Em cada caso, a substância desejada pode ser produzida em apenas uma etapa, utilizando $NaBH_3CN$:

Método 1

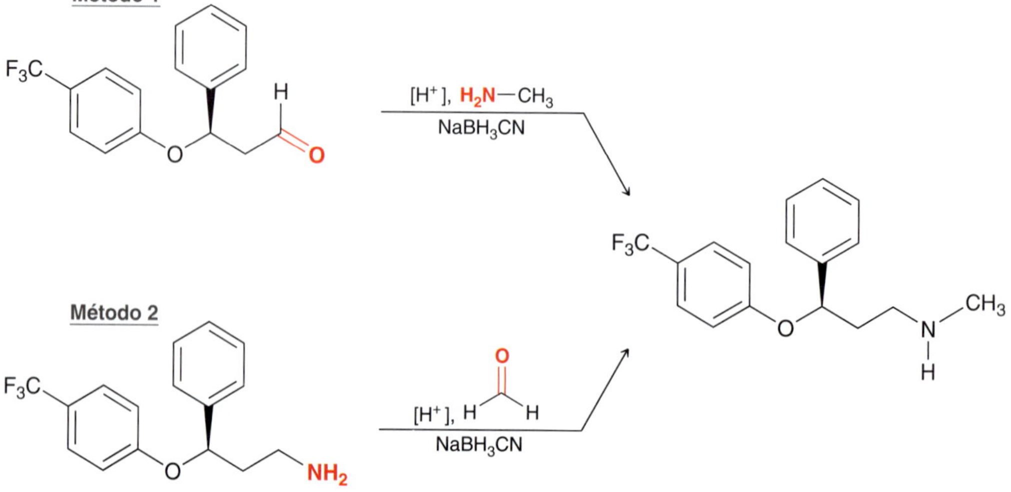

PRATICANDO o que você aprendeu

23.14 Mostre duas maneiras diferentes de preparação de cada uma das substâncias vistas a seguir por meio de uma aminação redutiva:

(a)
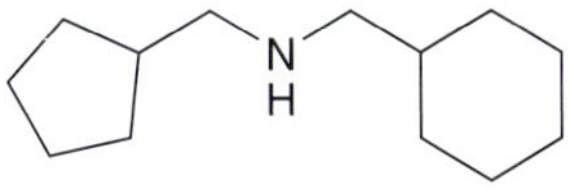

(b)
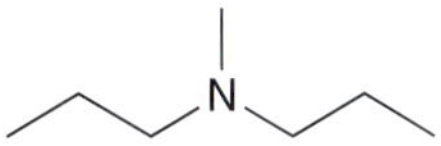

(c)
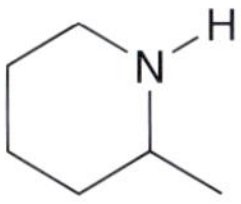

(d)
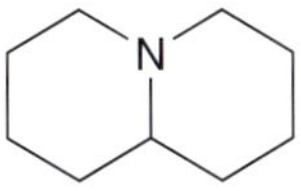

(e)
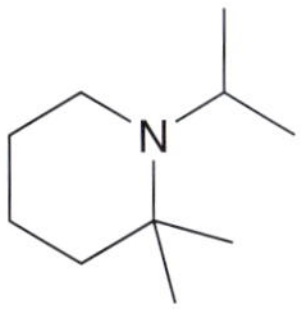

APLICANDO o que você aprendeu

23.15 A metanfetamina é utilizada em algumas formulações para o tratamento do distúrbio de déficit de atenção e pode ser preparada por aminação redutiva usando fenilacetona e metilamina. Represente a estrutura da metanfetamina.

23.16 A tri-*terc*-butilamina não pode ser preparada por meio de uma aminação redutiva. Explique.

23.17 Proponha uma síntese eficiente para a seguinte transformação:

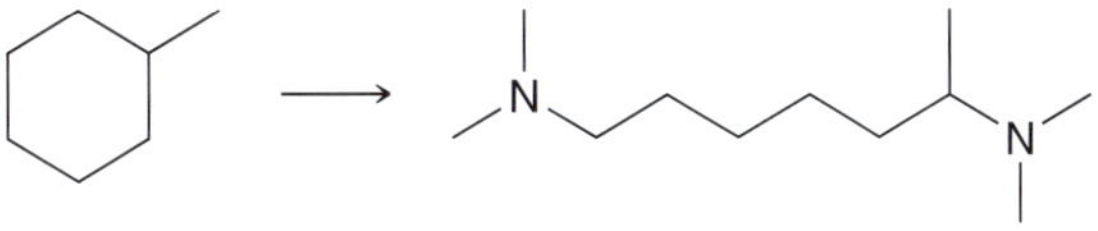

é necessário **PRATICAR MAIS?** **Tente Resolver os Problemas 23.65, 23.66**

23.7 Estratégias de Síntese

Nas seções anteriores, exploramos vários métodos para a preparação de aminas primárias. Cada um desses métodos utiliza uma fonte diferente de átomos de nitrogênio.

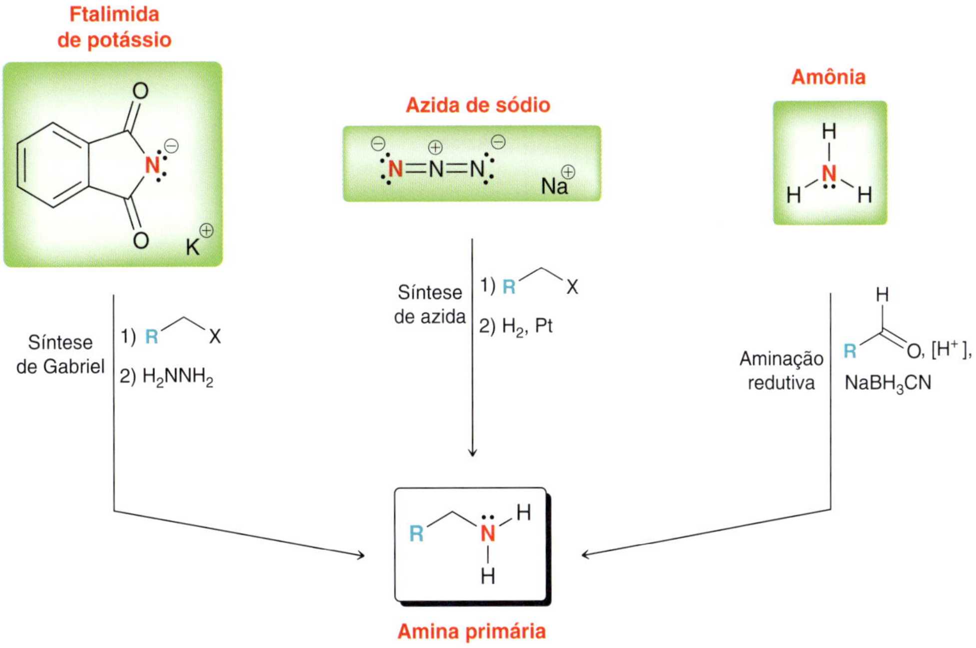

A síntese de Gabriel usa a ftalimida de potássio como fonte de nitrogênio, a síntese utiliza a azida de sódio como a fonte de nitrogênio e a aminação redutiva utiliza amônia como fonte de nitrogênio. Ao preparar uma amina primária, os materiais de partida disponíveis irão ditar qual dos três métodos será escolhido.

As aminas secundárias são facilmente preparadas a partir de aminas primárias por meio de aminação redutiva. Do mesmo modo, as aminas terciárias são prontamente preparadas a partir de aminas secundárias por meio de aminação redutiva.

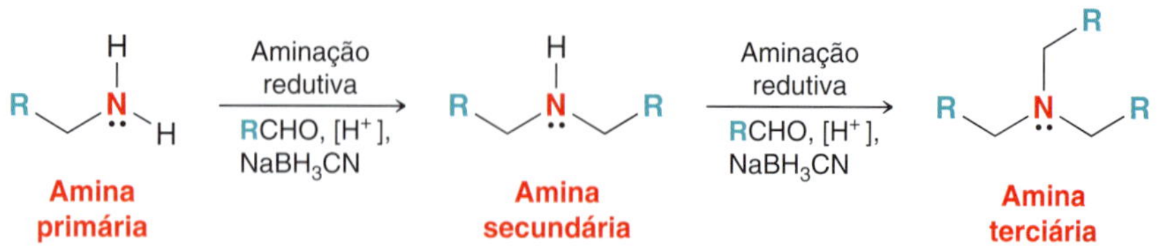

A alquilação direta da amina primária não é eficiente porque polialquilação é geralmente inevitável, como pode ser visto na Seção 23.5. Portanto, é mais eficiente utilizar a aminação redutiva como um método indireto para a alquilação do átomo de nitrogênio de uma amina.

As aminas terciárias podem ser convertidas em sais de amônio quaternário por meio de alquilação. Esse processo é eficiente porque polialquilação não é possível com as aminas terciárias.

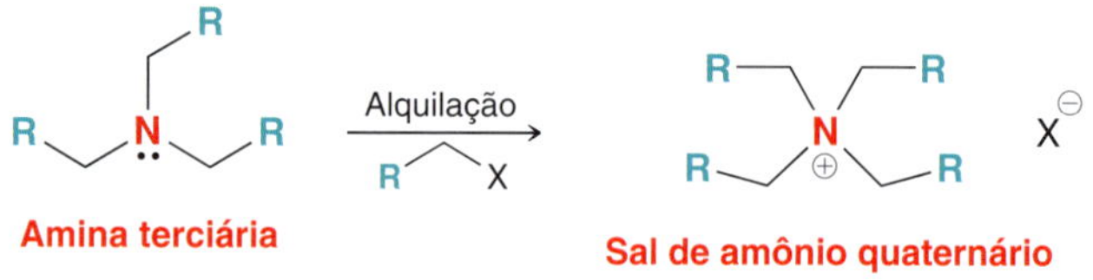

Usando apenas algumas poucas reações é possível preparar uma grande variedade de aminas a partir de materiais de partida simples.

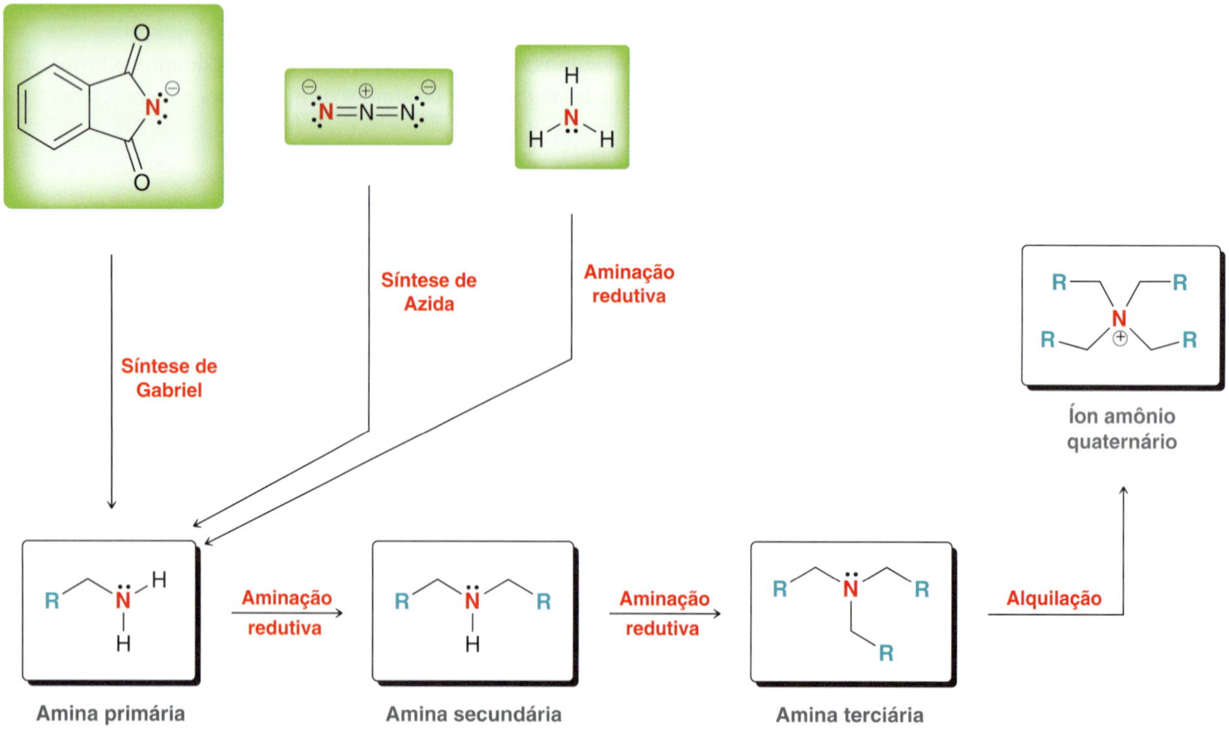

Usando ftalimida de potássio, azida de sódio ou amônia em conjunto com haletos de alquila adequados, cetonas ou aldeídos, é possível gerar uma grande variedade de aminas primárias, secundárias e terciárias, bem como sais de amônio quaternário. Vamos começar praticando com esses métodos para preparar aminas.

DESENVOLVENDO A APRENDIZAGEM

23.4 PROPOSIÇÃO DE SÍNTESE PARA UMA AMINA

APRENDIZAGEM Usando amônia como fonte de nitrogênio, mostre quais reagentes você usaria para preparar a seguinte amina:

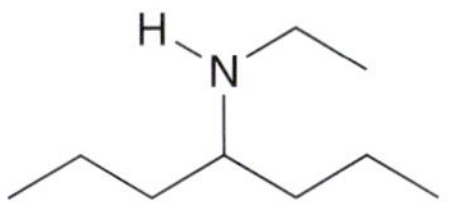

SOLUÇÃO

Começamos identificando os grupos alquila ligados ao átomo de nitrogênio e determinamos se a amina é primária, secundária ou terciária.

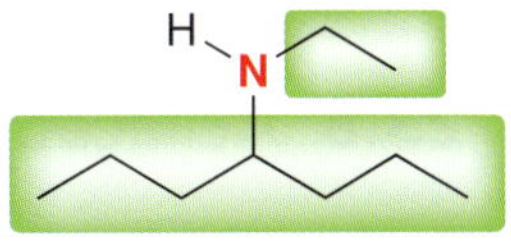

Nesse caso, a amina é secundária porque o átomo de nitrogênio possui dois grupos alquila e um átomo de hidrogênio. Cada um dos grupos destacados deve ser inserido separadamente. A fonte de nitrogênio é a amônia, o que faz com que ambos os grupos tenham de ser inseridos pela aminação redutiva. A análise retrossintética vista a seguir revela os materiais de partida necessários.

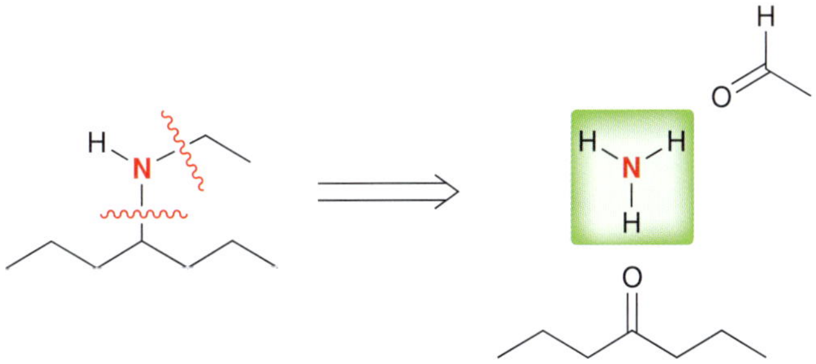

Cada ligação C–N no produto (à esquerda) pode ser formada por meio da reação entre a amônia e uma cetona ou um aldeído. Essa síntese requer, portanto, duas aminações redutivas sucessivas, que podem ser realizadas em qualquer ordem. Uma reação é utilizada para inserir o primeiro grupo,

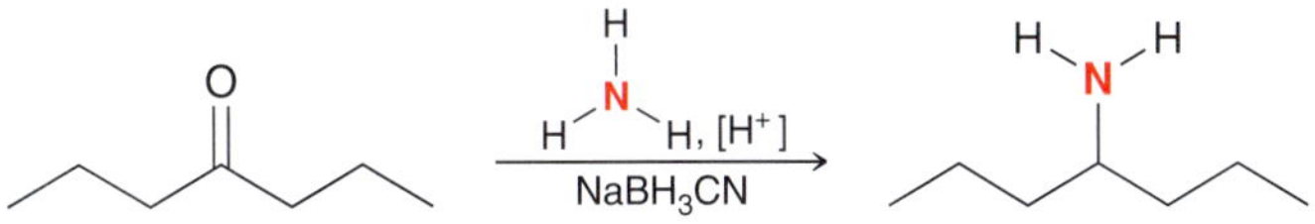

e outra aminação redutiva é utilizada para inserir o segundo grupo.

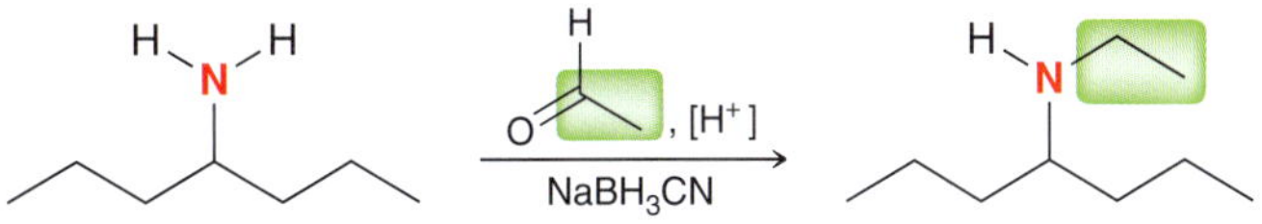

PRATICANDO o que você aprendeu

23.18 Usando amônia como fonte de nitrogênio, mostre os reagentes que você usaria para preparar cada uma das seguintes aminas:

(a) 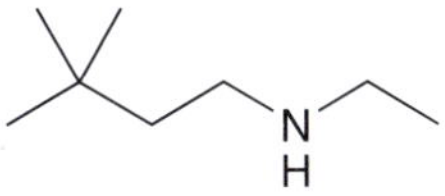 **(b)** 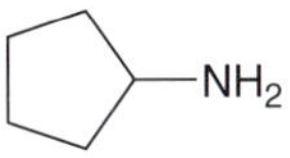 **(c)** 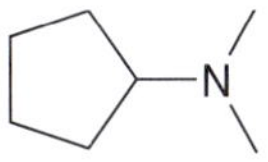

(d) 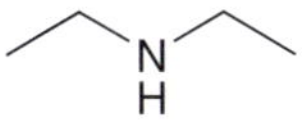 **(e)** 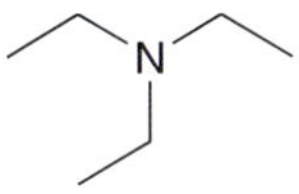 **(f)** 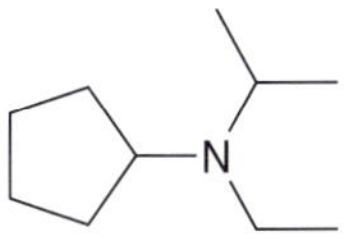

23.19 Começando com a ftalamida de potássio como fonte de nitrogênio e utilizando quaisquer outros reagentes de sua escolha, mostre como você prepararia cada uma das substâncias do Problema 23.18.

23.20 Começando com a azida de sódio como fonte de nitrogênio e utilizando quaisquer outros reagentes de sua escolha, mostre como você prepararia cada uma das substâncias do Problema 23.18.

APLICANDO o que você aprendeu

23.21 Mostre os reagentes que você usaria para realizar a seguinte transformação:

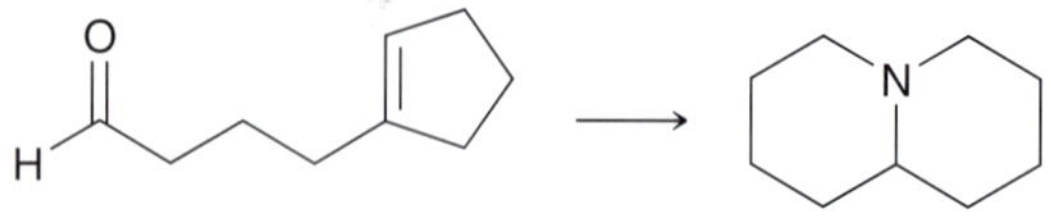

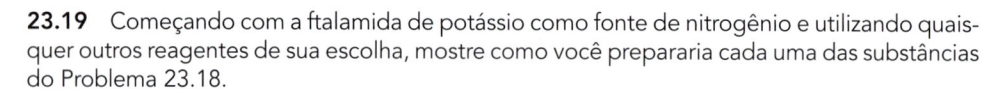

é necessário **PRATICAR MAIS?** Tente Resolver os Problemas 23.50, 23.51, 23.86

23.8 Acilação das Aminas

Conforme foi discutido no Capítulo 21, as aminas reagem com haletos de acila para produzir amidas.

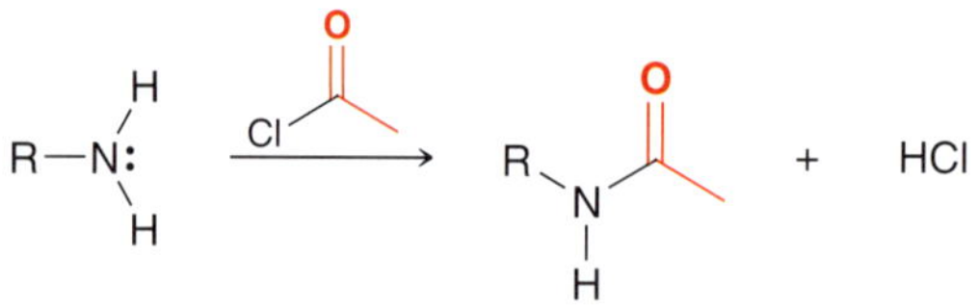

A reação ocorre via um processo de substituição nucleofílica acílica, e o HCl é um subproduto da reação. Como o HCl é produzido, a amina de partida é protonada para formar um íon amônio, que não ataca o haleto de acila. Portanto, são necessários dois equivalentes da amina. Poliacilação não ocorre porque a amida resultante não é nucleofílica.

A acilação de um grupo amina é uma técnica extremamente útil quando reações de substituição eletrofílicas aromáticas são realizadas, porque permite transformações que de outro modo são difíceis de realizar. Por exemplo, considere o que acontece quando a anilina é tratada com bromo.

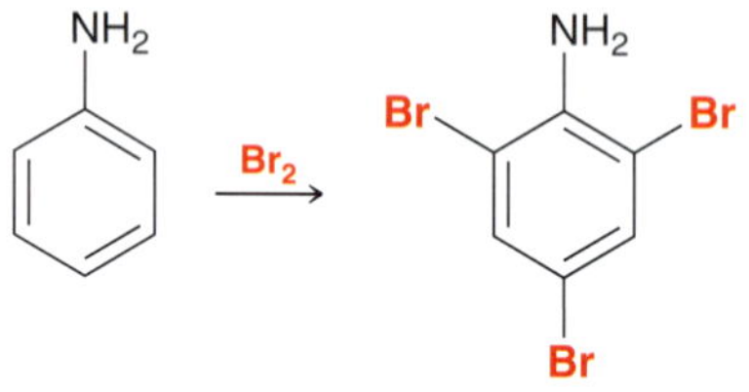

O grupo amina ativa fortemente o anel e a tribromação ocorre prontamente. A monobromação da anilina é extremamente difícil de ser obtida. Mesmo quando um equivalente de bromo é utilizado, obtém-se uma mistura de produtos. Esse problema pode ser contornado pela primeira acilação do grupo amina. A amida resultante é menos ativa do que um grupo amina, e a monobromação torna-se possível. Após a etapa de bromação, o grupo amida pode ser removido por hidrólise. Essa rota em três etapas proporciona um método para a monobromação da anilina, que de outra forma seria difícil de realizar.

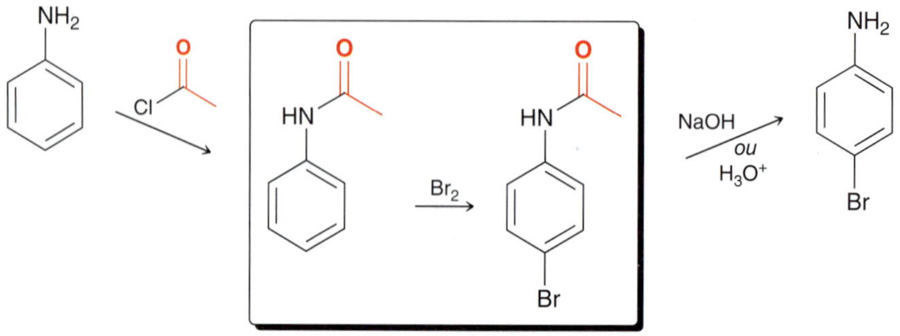

Como outro exemplo, consideramos o que acontece se tentamos realizar uma reação de Friedel-Crafts (alquilação ou acilação) usando anilina como material de partida.

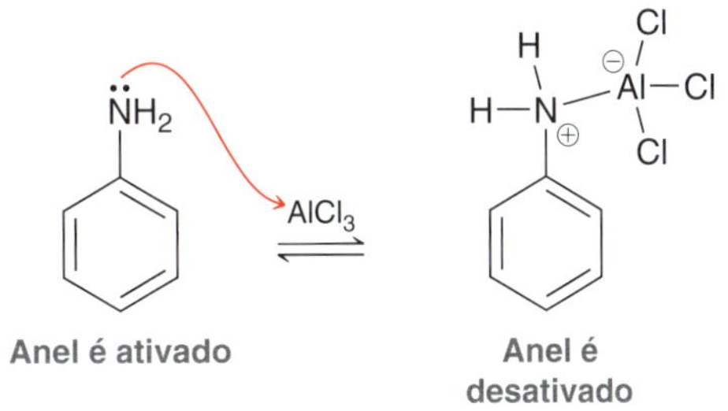

O grupo amina ataca o ácido de Lewis para formar um complexo ácido-base no qual o anel aromático está fortemente desativado. Lembre-se de que os anéis fortemente desativados não são reativos para reações de Friedel-Crafts. Como resultado, não é possível realizar uma reação de Friedel-Crafts com anilina como material de partida. Mais uma vez, esse problema pode ser contornado pela primeira acilação do grupo amina. O átomo de nitrogênio da amida resultante não é nucleofílico. Sob essas condições, a reação de Friedel-Crafts pode ser realizada, e o grupo amida pode, então, ser removido por meio de hidrólise. Essa rota em três etapas proporciona um método para a alquilação da anilina, algo que não pode ser realizado diretamente.

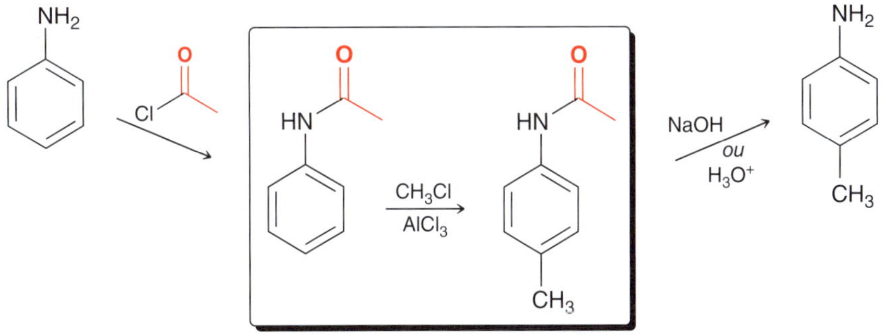

VERIFICAÇÃO CONCEITUAL

23.22 Quando a anilina é tratada com uma mistura de ácido nítrico e ácido sulfúrico, o produto esperado da nitração (*para*nitroanilina) é obtido com baixo rendimento. O produto principal a partir da nitração é a *meta*nitroanilina. Aparentemente, o grupo amina é protonado sob essas condições ácidas, e o grupo amônio resultante é um orientador *meta*, em vez de um orientador *orto-para*. Proponha um método plausível para a conversão da anilina em *para*nitroanilina.

23.23 A partir do nitrobenzeno, e utilizando quaisquer outros reagentes de sua escolha, esboce uma síntese da *para*cloroanilina.

23.24 Usando o ácido acético como sua única fonte de átomos de carbono, mostre como você pode fazer *N*-etilacetamida.

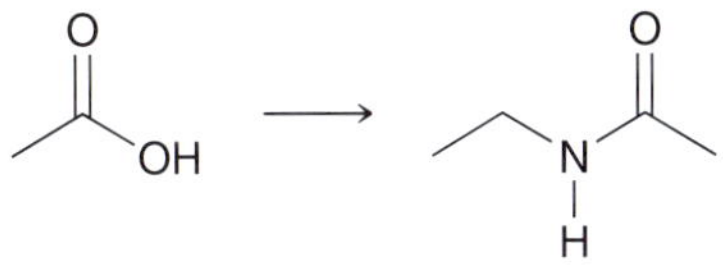

23.9 Eliminação de Hofmann

Aminas, assim como os álcoois, podem servir como precursores na preparação de alquenos.

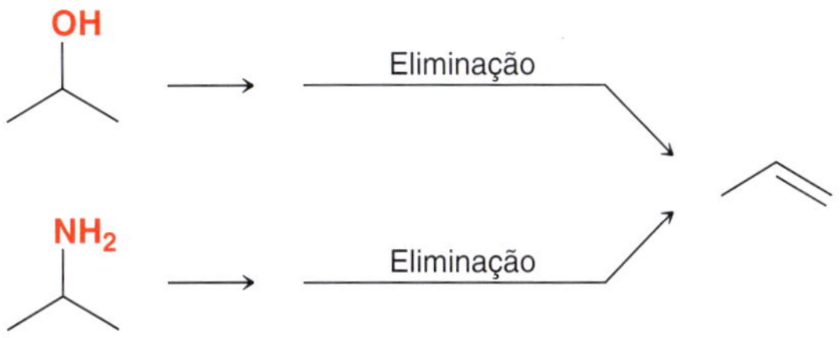

Lembre-se de que os álcoois só podem ser submetidos a um processo E2 se o grupo OH for convertido primeiro em um grupo de saída melhor (tal como um tosilato). Do mesmo modo, as aminas podem também sofrer uma reação E2 se o grupo amina é convertido primeiro em um grupo de saída melhor. Isso pode ser feito pelo tratamento da amina com iodeto de metila em excesso.

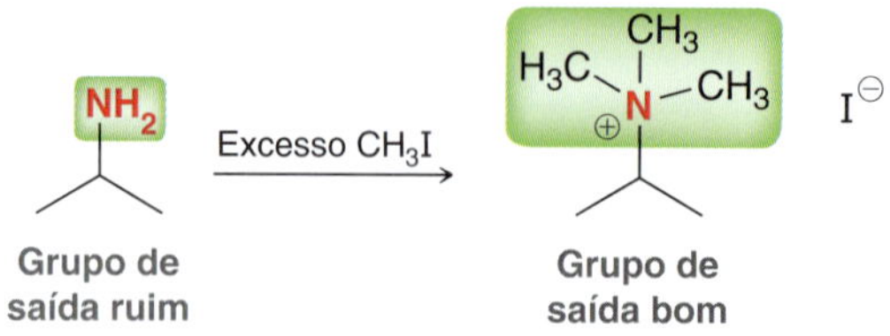

Como vimos no início deste capítulo, as aminas vão sofrer alquilação exaustiva na presença de iodeto de metila em excesso, produzindo um sal de amônio quaternário. Esse processo transforma o grupo amina em um excelente grupo de saída. O tratamento do sal de amônio quaternário com uma base forte provoca uma reação E2 que produz um alqueno. O reagente mais comumente utilizado é o óxido de prata aquoso (Ag_2O):

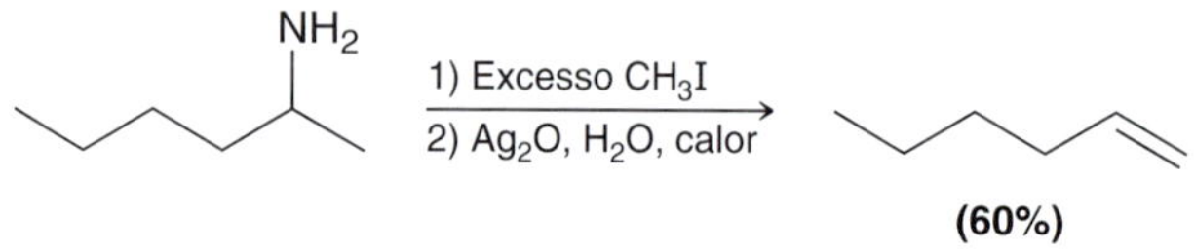

Esse processo é chamado de **eliminação de Hofmann**. A função do óxido de prata consiste em converter um sal de amônio em outro sal de amônio por meio da troca do íon iodeto por um íon hidróxido.

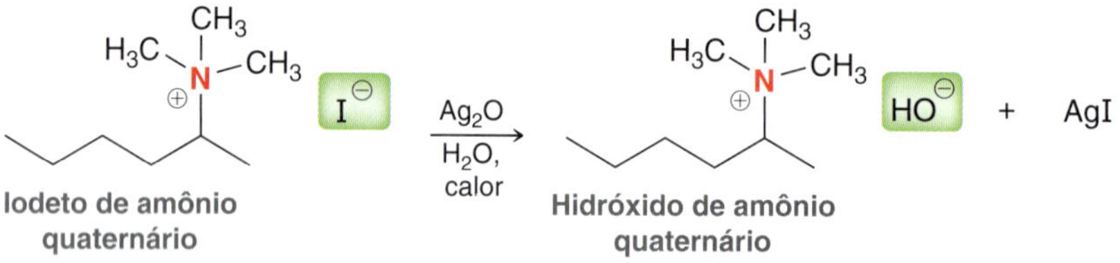

O íon hidróxido recém-formado atua então como a base que desencadeia o processo E2:

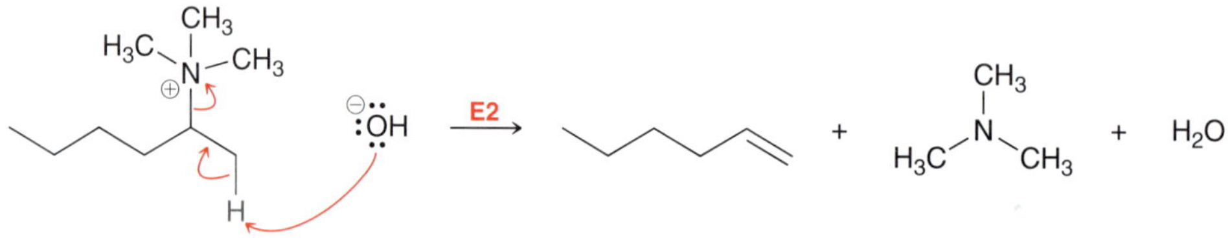

Mas a atenção ao resultado regioquímico: ele não é o que poderíamos esperar. Lembre que as reações E2 prosseguem para formar o alqueno mais substituído. Mas, nesse caso, o produto principal é o alqueno menos substituído, e apenas traços do produto mais substituído são formados. Essa observação pode ser explicada com um argumento estérico, pois o grupo de saída é muito volumoso. Para compreender o efeito do grupo de saída no controle do resultado regioquímico, lembre que as reações E2 ocorrem a partir de uma conformação na qual o grupo de saída é anticoplanar com o próton sendo removido. Consideramos a projeção de Newman mostrando a conformação anticoplanar que leva ao alqueno mais substituído.

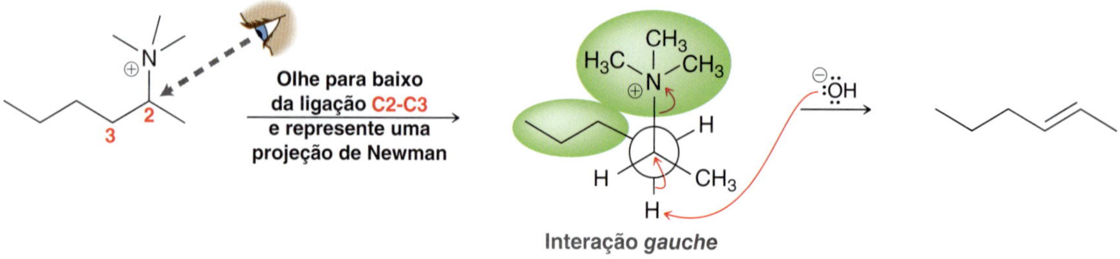

Essa conformação apresenta uma interação *gauche*, o que aumenta a energia do estado de transição. Essa interação *gauche* não está presente na conformação anticoplanar, levando ao alqueno menos substituído.

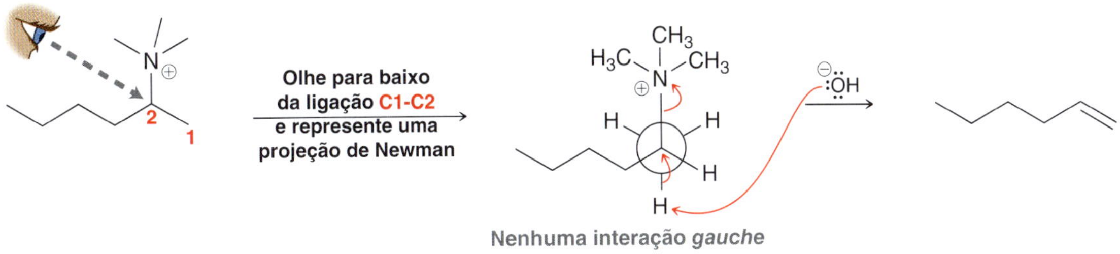

Como resultado, o estado de transição para a formação do alqueno menos substituído é inferior em energia ao estado de transição para a formação do alqueno mais substituído (Figura 23.5). A formação do alqueno menos substituído (representado em vermelho) ocorre muito rapidamente porque tem uma energia de ativação menor, apesar de o produto não ser o mais estável. É dito, portanto, que esse processo está sob controle cinético.

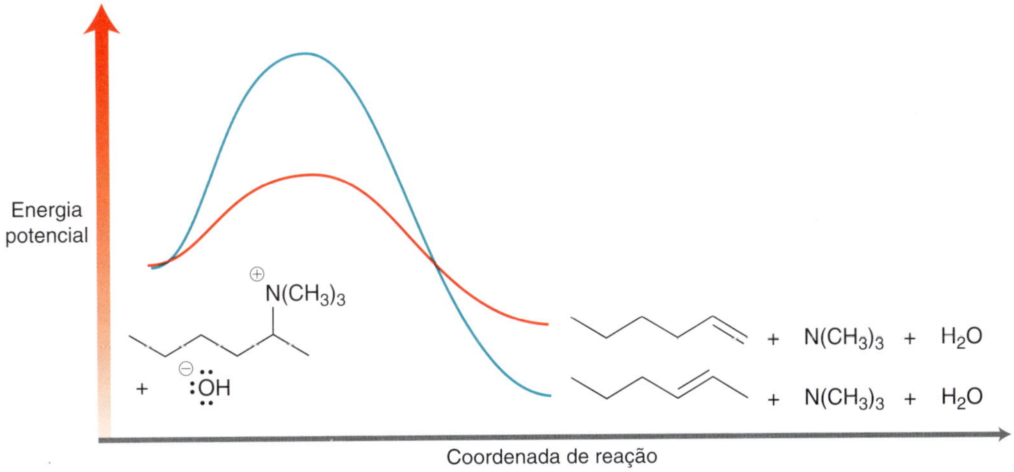

FIGURA 23.5 Um diagrama de energia mostrando os dois caminhos reacionais possíveis para a eliminação de Hofmann. O alqueno menos substituído é formado porque a energia de ativação é menor para esse caminho.

DESENVOLVENDO A APRENDIZAGEM

23.5 PREVISÃO DO PRODUTO DE UMA ELIMINAÇÃO DE HOFMANN

APRENDIZAGEM Represente o produto principal que é obtido quando a 3-metil-3-hexanamina é tratada com iodeto de metila em excesso, seguido por solução aquosa de óxido de prata e calor.

SOLUÇÃO

Começamos representando a amina de partida e identificando todas as posições α e β. Em seguida, consideramos a formação de uma ligação dupla C=C entre cada possível par de posições α e β:

ETAPA 1 Identificação de todas as posições α e β.

ETAPA 2 Consideração das possibilidades regioquímicas.

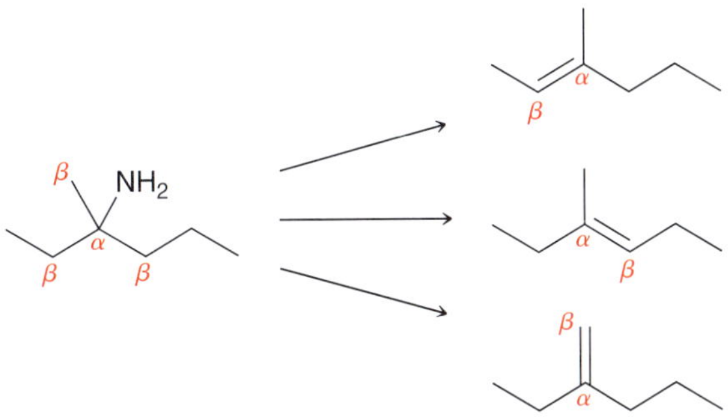

ETAPA 3
Identificação do alqueno menos substituído.

Comparamos os produtos e identificamos o alqueno que é menos substituído.

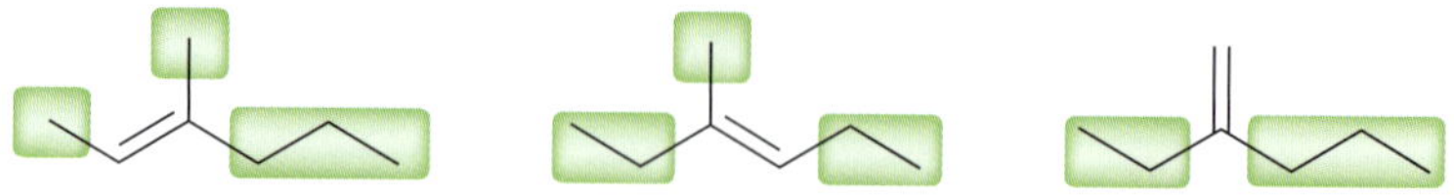

Trissubstituído **Trissubstituído** **Dissubstituído**

Espera-se que o produto dissubstituído seja o produto principal:

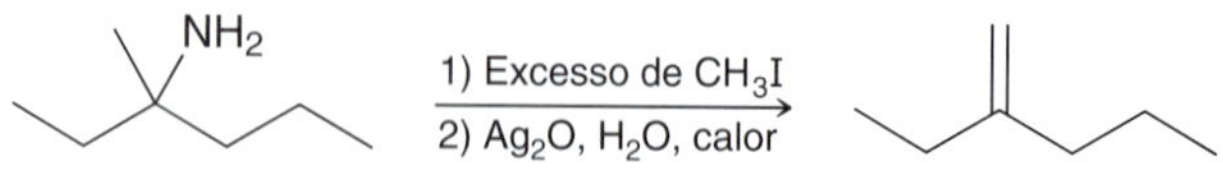

PRATICANDO o que você aprendeu

23.25 Represente o produto principal que é esperado quando cada uma das seguintes substâncias é tratada com iodeto de metila em excesso, seguido por solução aquosa de óxido de prata e calor:

(a) Ciclo-hexilamina **(b)** (*R*)-3-Metil-2-butanamina

(c) *N*,*N*-Dimetil-1-fenilpropan-2-amina

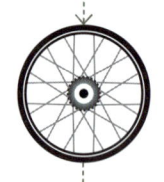

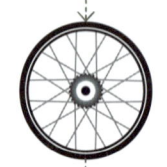

APLICANDO o que você aprendeu

23.26 Proponha uma síntese para a seguinte transformação (não se esqueça de contar os átomos de carbono):

23.27 A substância **A** é uma amina que não tem um centro de quiralidade. A substância **A** foi tratada com iodeto de metila em excesso e, em seguida, aquecida na presença de óxido de prata aquoso para produzir um alqueno. O alqueno foi posteriormente submetido à ozonólise para produzir butanal e pentanal. Represente a estrutura da substância **A**.

23.28 A fenciclidina (PCP) foi originalmente desenvolvida como um anestésico para animais, mas desde então se tornou uma droga de rua ilegal porque é um alucinógeno poderoso. Tratamento de PCP com iodeto de metila em excesso seguido de óxido de prata aquoso fornece os três produtos principais vistos a seguir. Represente a estrutura do PCP.

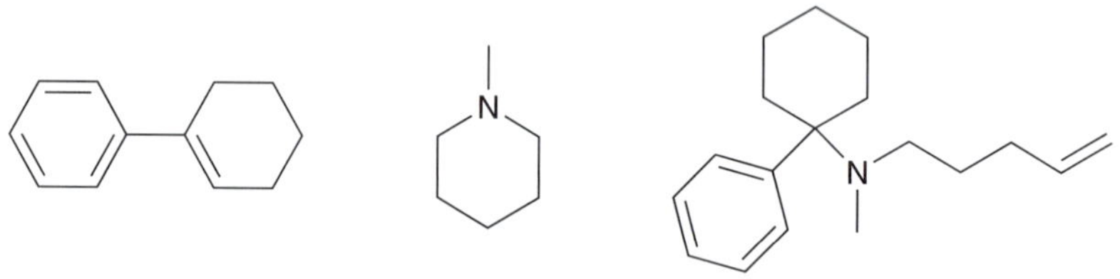

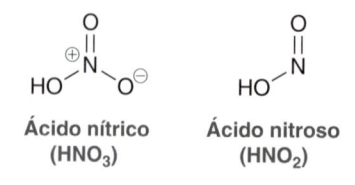

é necessário **PRATICAR MAIS?** **Tente Resolver os Problemas 23.57, 23.69, 23.78**

23.10 Reações das Aminas com Ácido Nitroso

Esta seção irá explorar as reações que ocorrem quando as aminas são tratadas com **ácido nitroso**. Compare as estruturas do ácido nítrico (HNO_3) e do ácido nitroso (HNO_2):

Ácido nítrico (HNO_3) **Ácido nitroso (HNO_2)**

O ácido nitroso é instável e, por conseguinte, o tratamento de uma amina com ácido nitroso requer que ele seja preparado na presença da amina; esse processo é denominado preparação *in situ*. Isso é conseguido com o tratamento do nitrito de sódio ($NaNO_2$) com um ácido forte, tal como HCl ou H_2SO_4. Sob essas condições, o ácido nitroso é posteriormente protonado, seguido pela perda de água, para dar um **íon nitrosônio** (Mecanismo 23.2).

MECANISMO 23.2 FORMAÇÃO DO ÁCIDO NITROSO E DO ÍON NITROSÔNIO

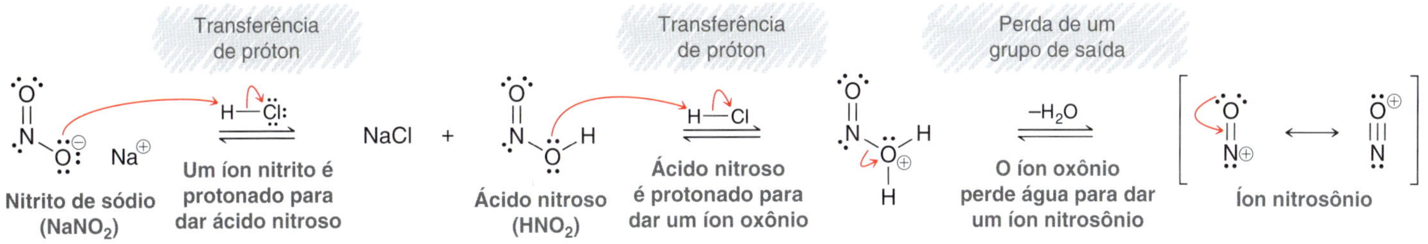
Transferência de próton
Transferência de próton
Perda de um grupo de saída
Na⊕
NaCl
−H₂O
Nitrito de sódio (NaNO₂)
Um íon nitrito é protonado para dar ácido nitroso
Ácido nitroso (HNO₂)
Ácido nitroso é protonado para dar um íon oxônio
O íon oxônio perde água para dar um íon nitrosônio
Íon nitrosônio

O íon nitrosônio é um eletrófilo extremamente forte e está sujeito ao ataque por qualquer amina que esteja presente na solução. Um equilíbrio é estabelecido no qual a concentração do íon nitrosônio é muito pequena. No entanto, quando o íon nitrosônio é formado, ele pode reagir com a amina que está presente. O equilíbrio então se ajusta para produzir mais íons nitrosônio. O resultado da reação depende de se a amina é primária ou secundária. Vamos explorar essas possibilidades separadamente, começando com as aminas secundárias.

Aminas Secundárias e Ácido Nitroso

Quando uma amina secundária é tratada com nitrito de sódio e HCl, a reação produz uma ***N*-nitrosamina** (Mecanismo 23.3):

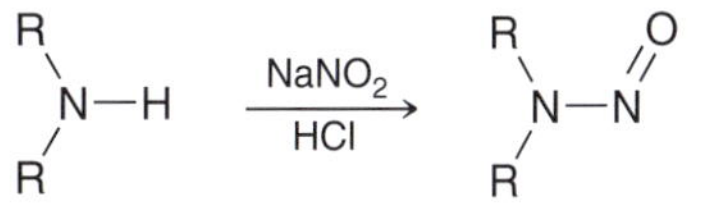
NaNO₂
HCl

Uma *N*-nitrosamina

MECANISMO 23.3 FORMAÇÃO DE *N*-NITROSAMINAS

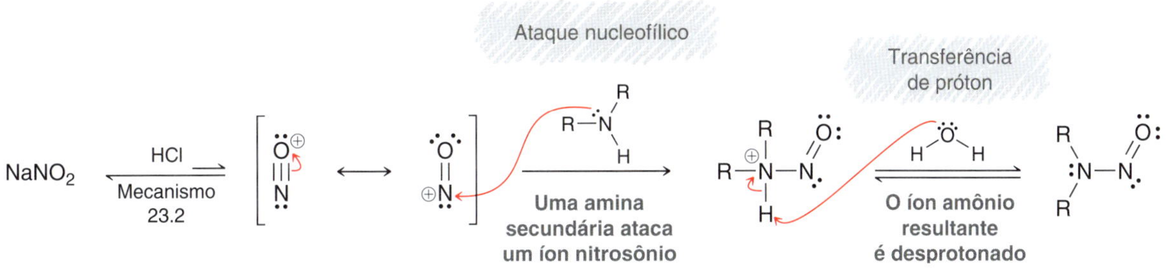
Ataque nucleofílico
Transferência de próton
NaNO₂
HCl
Mecanismo 23.2
Uma amina secundária ataca um íon nitrosônio
O íon amônio resultante é desprotonado

A amina se comporta como um nucleófilo e ataca um íon nitrosônio que foi gerado *in situ* a partir de nitrito de sódio e HCl. O íon amônio resultante é então desprotonado para dar o produto. As nitrosaminas são conhecidas por serem potentes carcinogênios. Vários exemplos são apresentados a seguir:

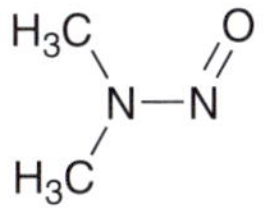

***N*-nitrosodimetilamina**
(Encontrada em muitos produtos alimentares, incluindo carne curada [carne seca], peixes e cerveja)

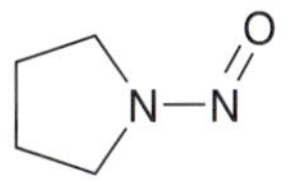

***N*-nitrosopirrolidina**
(Encontrada no bacon frito)

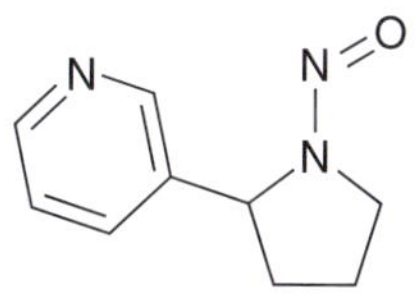

***N*-nitrosonornicotina**
(Encontrada no fumo de tabaco)

Aminas Primárias e Ácido Nitroso

Quando uma amina primária é tratada com nitrito de sódio e HCl, a reação produz um **sal de diazônio** (*azo* indica um átomo de nitrogênio, *diazo* indica dois átomos de nitrogênio e *diazônio* indica dois átomos de nitrogênio com carga positiva).

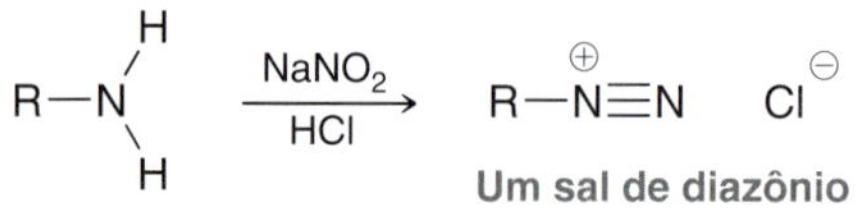

NaNO2
HCl
Um sal de diazônio

Esse processo é chamado de **diazotização** e acredita-se que ele ocorra como no Mecanismo 23.4. A amina se comporta como um nucleófilo e ataca um íon nitrosônio que foi gerado *in situ* a partir de nitrito de sódio e HCl. Seguem-se várias transferências de próton e a última etapa envolve a perda de água para gerar o sal de diazônio.

MECANISMO 23.4 DIAZOTIZAÇÃO

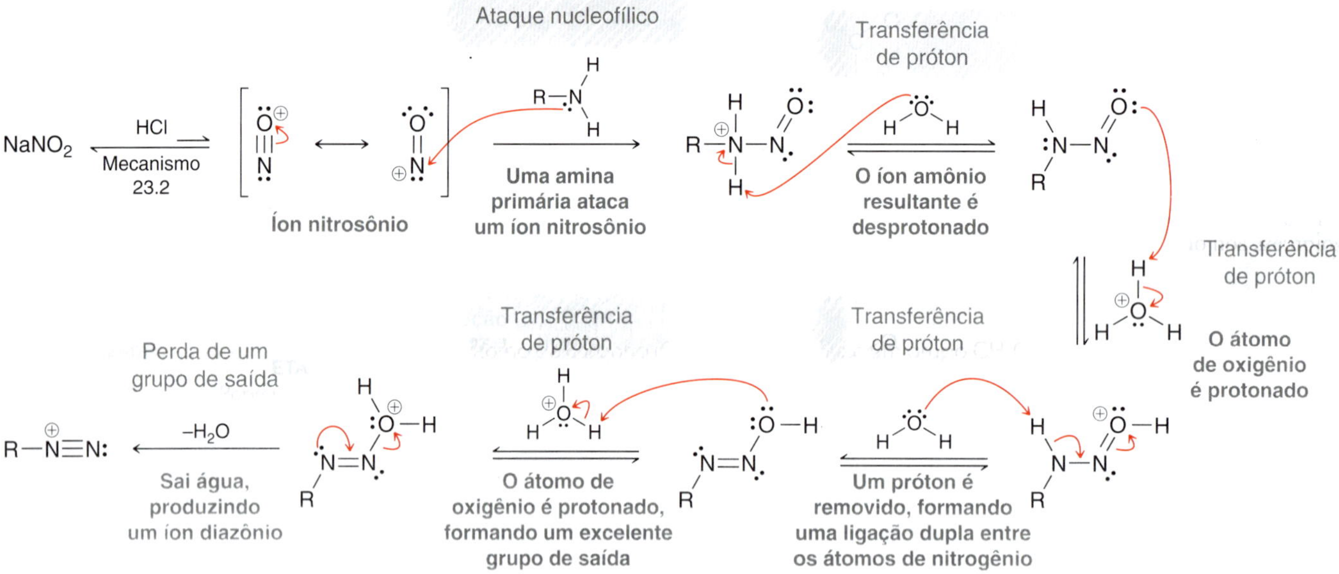

NaNO2
HCl
Mecanismo 23.2
Íon nitrosônio
Ataque nucleofílico
Uma amina primária ataca um íon nitrosônio
Transferência de próton
O íon amônio resultante é desprotonado
Transferência de próton
O átomo de oxigênio é protonado
Transferência de próton
Um próton é removido, formando uma ligação dupla entre os átomos de nitrogênio
Transferência de próton
O átomo de oxigênio é protonado, formando um excelente grupo de saída
Perda de um grupo de saída
−H2O
Sai água, produzindo um íon diazônio

Quando o grupo R da amina primária é um grupo alquila, em oposição a um grupo arila, então o sal de diazônio resultante é altamente instável e é muito reativo para ser isolado. Ele pode espontaneamente liberar nitrogênio gasoso para formar um carbocátion, que reage então de várias maneiras.

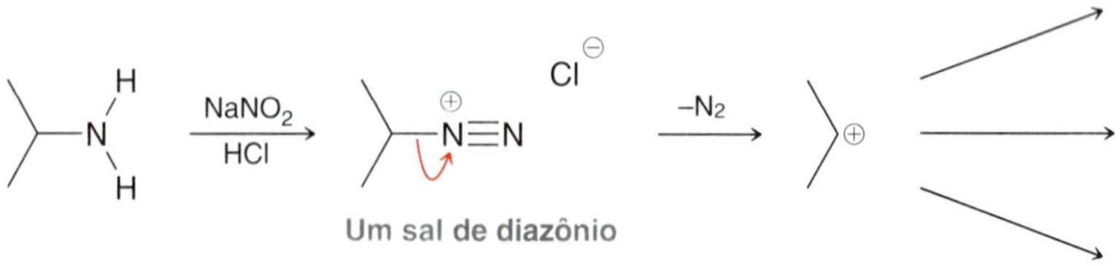

NaNO2
HCl
−N2
Um sal de diazônio

Por exemplo, o carbocátion pode ser capturado pela água para formar um álcool ou pode perder um próton para formar um alqueno. A reação produz uma mistura de produtos e, portanto, não é útil. Além disso, o processo também é perigoso porque a expulsão de nitrogênio gasoso pode ser um processo explosivo.

Se, no entanto, a amina primária é uma arilamina, então o sal de arildiazônio resultante é suficientemente estável para ser isolado. Ele não libera nitrogênio gasoso porque isso envolveria a formação de um cátion arila, que tem demasiada energia para se formar.

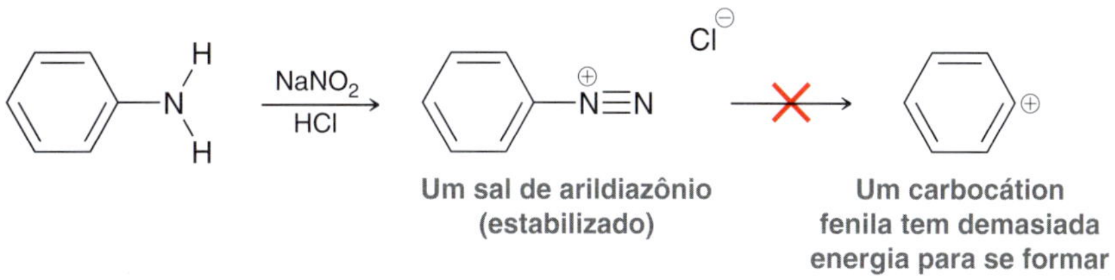

Os sais de arildiazônio são extremamente úteis, porque o grupo diazônio pode ser facilmente substituído por vários outros grupos que são, de outro modo, difíceis de inserir em um anel aromático. Reações de sais de arildiazônio serão discutidas na próxima seção.

VERIFICAÇÃO CONCEITUAL

23.29 Preveja o principal produto obtido quando cada uma das seguintes aminas é tratada com uma mistura de $NaNO_2$ e HCl:

(a) (b) (c) (d)

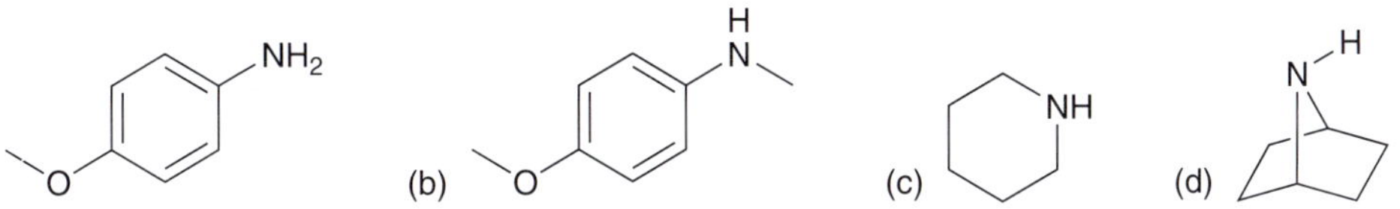

23.11 Reações de Íons Arildiazônio

Na seção anterior, vimos que arilaminas podem ser convertidas em sais de arildiazônio após tratamento com ácido nitroso.

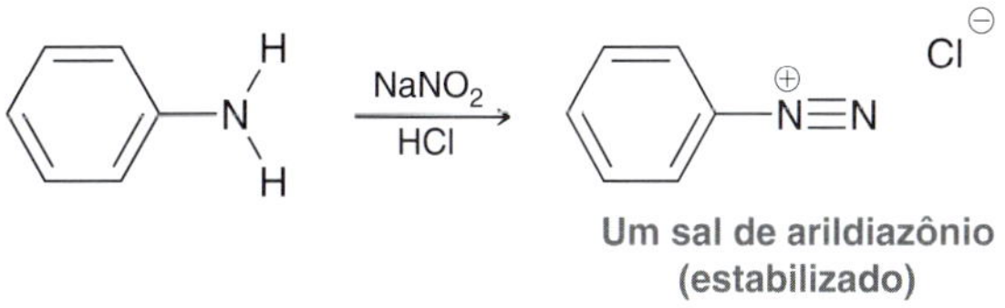

Como mencionado anteriormente, essa reação é extremamente útil porque muitos reagentes diferentes vão substituir o grupo diazo, permitindo um procedimento simples para a inserção de uma grande variedade de grupos em um anel aromático:

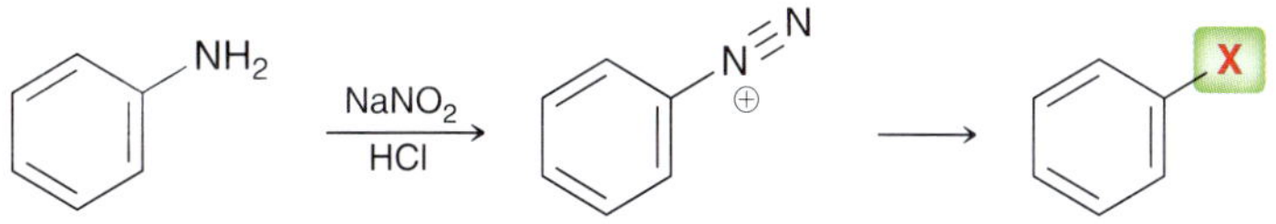

Nesta seção, vamos explorar alguns dos grupos que podem ser inseridos em um anel aromático usando esse procedimento.

Reações de Sandmeyer

As **reações de Sandmeyer** utilizam sais de cobre (CuX) e permitem a inserção de um halogênio ou um grupo ciano em um anel aromático:

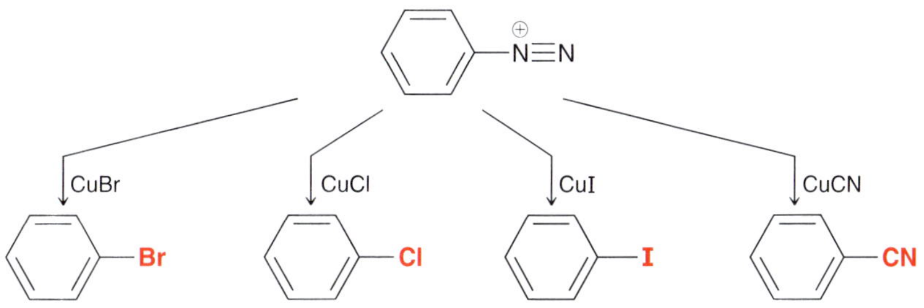

Observe a inserção de um grupo ciano. Lembre que um grupo ciano pode ser hidrolisado em meio aquoso ácido ou básico, o que proporciona um método para a inserção de um grupo ácido carboxílico em um anel aromático.

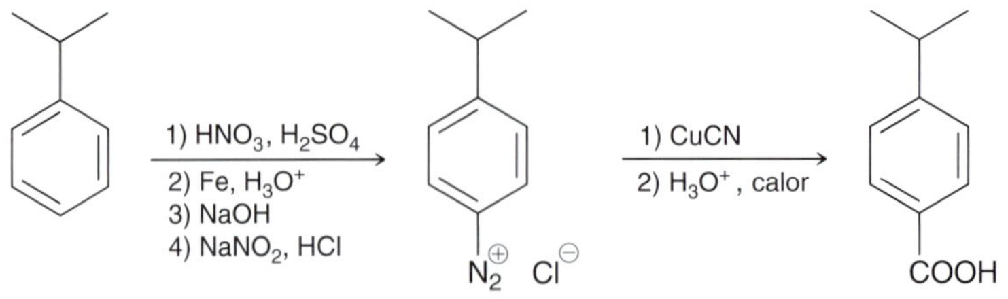

Fluoração

Quando tratado com ácido fluorobórico (HBF_4), um sal de arildiazônio é convertido em um fluorobenzeno. Essa reação, chamada **reação de Schiemann,** é útil para inserção de flúor em um anel aromático, o que não é fácil de realizar com outros métodos.

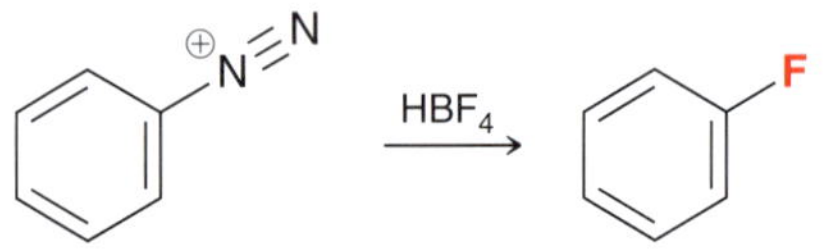

Outras Reações de Substituição de Sais de Arildiazônio

Quando um sal de arildiazônio é aquecido na presença de água, o grupo diazo é substituído por um grupo hidroxila.

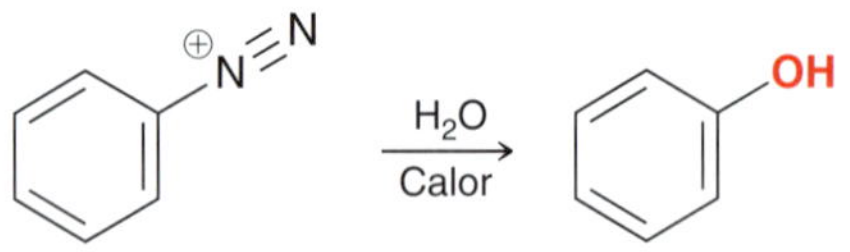

Esse procedimento é muito útil porque não há muitas outras maneiras de inserir um grupo OH em um anel aromático. Um exemplo desse processo é mostrado a seguir.

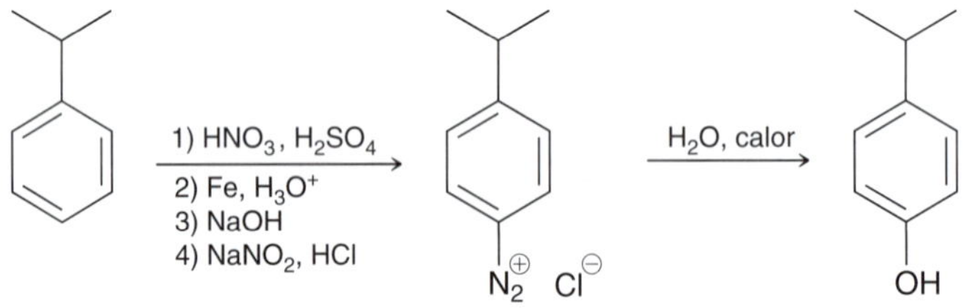

Quando tratado com ácido hipofosforoso (H_3PO_2), o grupo diazo de um sal de arildiazônio é substituído por um átomo de hidrogênio:

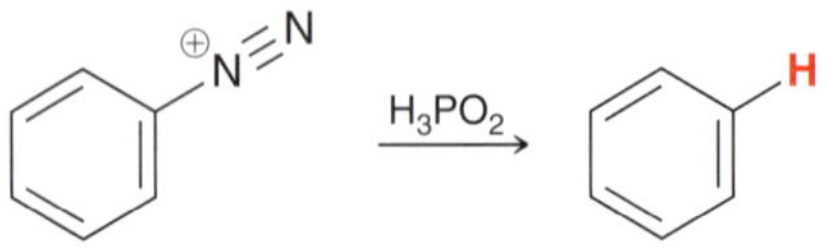

Essa reação pode ser útil para a manipulação dos efeitos de orientação em um anel aromático substituído. Por exemplo, considere a síntese do 1,3,5-tribromobenzeno vista a seguir.

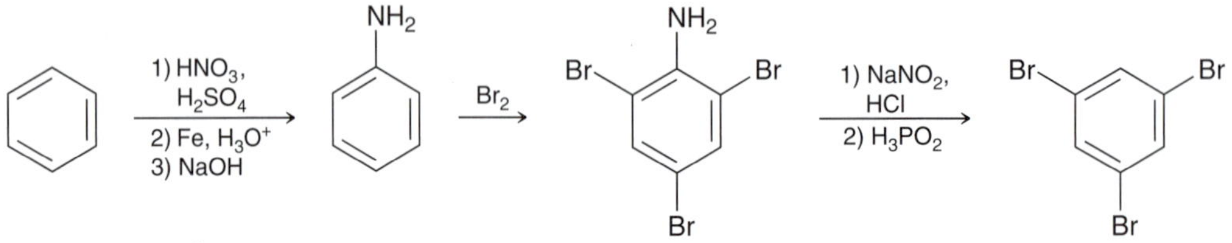

O grupo amina é inicialmente inserido, os seus efeitos de ativação e orientação são explorados, e então ele é completamente removido. O produto dessa sequência não pode ser facilmente preparado a partir do benzeno em sucessivas reações de halogenação porque halogênios são orientadores *orto-para*.

Acredita-se que as reações dos sais de diazônio ocorrem via intermediários radicalares e seus mecanismos estão fora do escopo de nossa discussão.

VERIFICAÇÃO CONCEITUAL

23.30 Proponha uma síntese eficiente para cada uma das seguintes transformações:

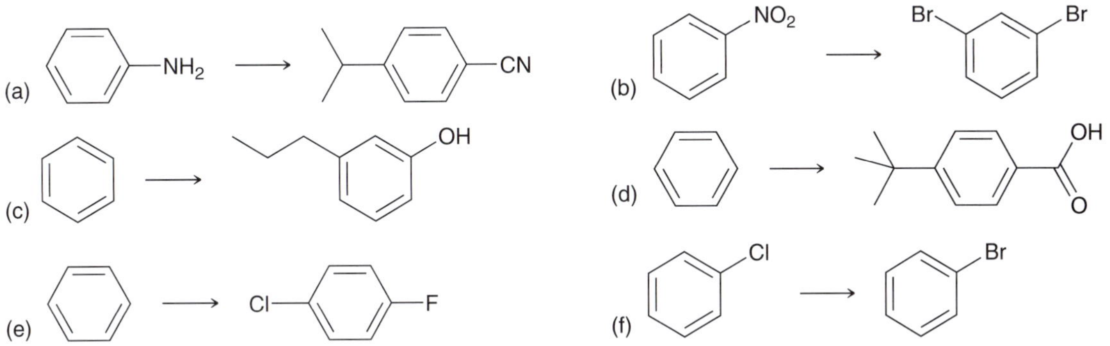

Acoplamento Azo

Os sais de arildiazônio são também conhecidos por reagirem com anéis aromáticos ativados.

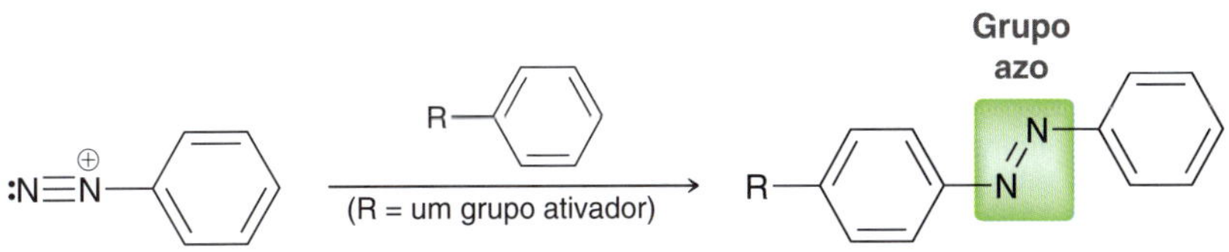

Acredita-se que esse processo, chamado de **acoplamento azo**, ocorre por meio de uma reação de substituição eletrofílica aromática.

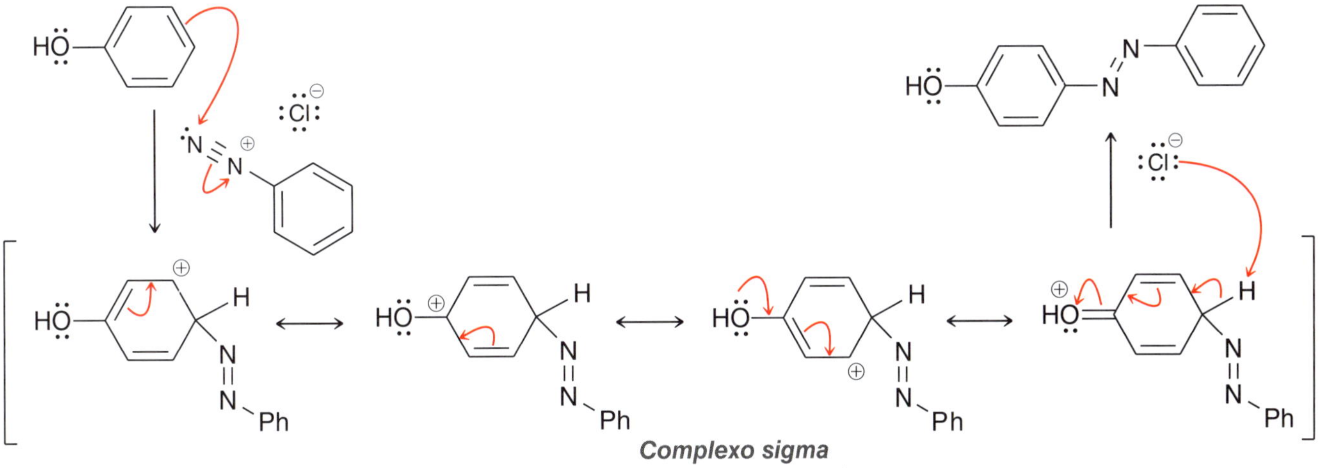

Complexo sigma (estabilizado por ressonância)

RELEMBRANDO
Para saber mais sobre a origem das cores, veja a Seção 17.12.

A reação ocorre melhor quando o nucleófilo é um anel aromático ativado. A substância azo resultante estende a conjugação e, portanto, apresenta cor. Ao modificar estruturalmente os materiais de partida (colocando substituintes nos anéis aromáticos antes do acoplamento azo), vários produtos podem ser obtidos, cada um dos quais irá apresentar uma única cor. Essas substâncias, chamadas **corantes azo**, foram discutidas com mais detalhes no boxe "Falando de Modo Prático", na Seção 19.3.

DESENVOLVENDO A APRENDIZAGEM

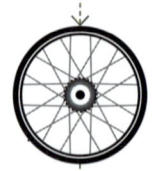

23.6 DETERMINAÇÃO DOS REAGENTES PARA PREPARAR UM CORANTE AZO

APRENDIZAGEM Identifique os reagentes que você usaria para preparar o corante azo visto a seguir via uma reação de acoplamento azo.

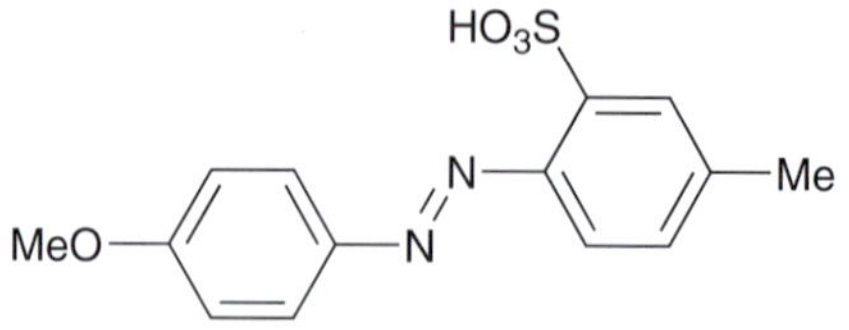

SOLUÇÃO

Começamos identificando todos os substituintes como ativadores ou desativadores (para ajuda, consulte a Tabela 19.1).

ETAPA 1
Determinação de qual anel é mais fortemente ativado.

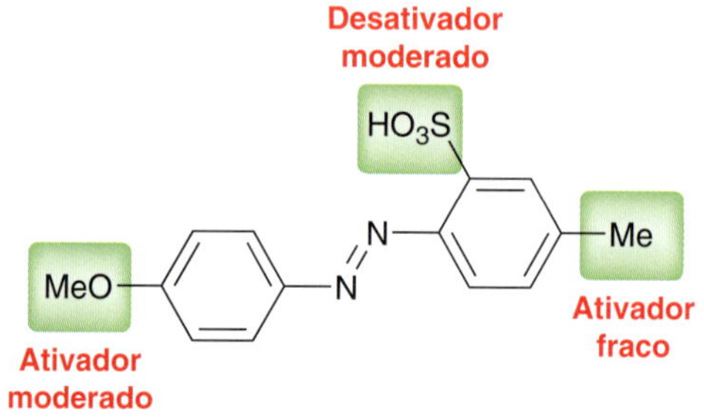

Com base nessa informação, identificamos qual anel é mais fortemente ativado. Nesse caso, é o anel que suporta o substituinte metoxi. Utilizando uma análise retrossintética, identificamos o nucleófilo de partida e o eletrófilo necessários para formar esse corante azo. O anel ativado tem de ser o nucleófilo, e outro anel tem de se comportar como o sal de diazônio:

ETAPA 2
Identificação do nucleófilo de partida e do eletrófilo.

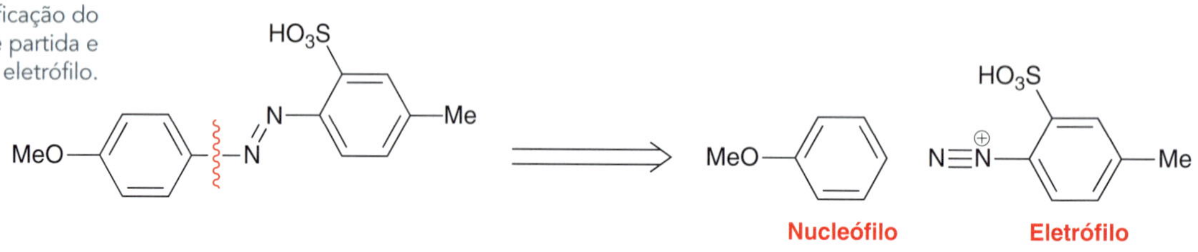

Em seguida, identificamos a anilina de partida, que é necessária para fazer o sal de diazônio (eletrófilo):

ETAPA 3
Identificação da anilina substituída, que é necessária para produzir o eletrófilo desejado.

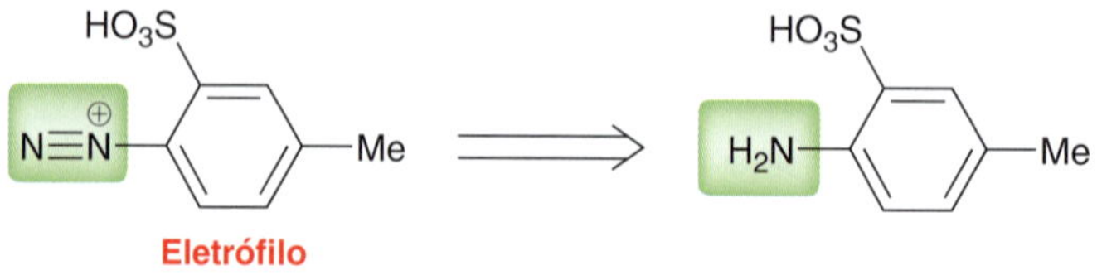

Finalmente, mostramos todos os reagentes. Representamos a anilina substituída como um reagente e, em seguida, mostramos as duas etapas necessárias para converter essa substância no produto desejado. A primeira etapa utiliza $NaNO_2$ e HCl para produzir o sal de diazônio, e a segunda etapa utiliza uma reação de acoplamento azo:

ETAPA 4
Mostrar todos os reagentes.

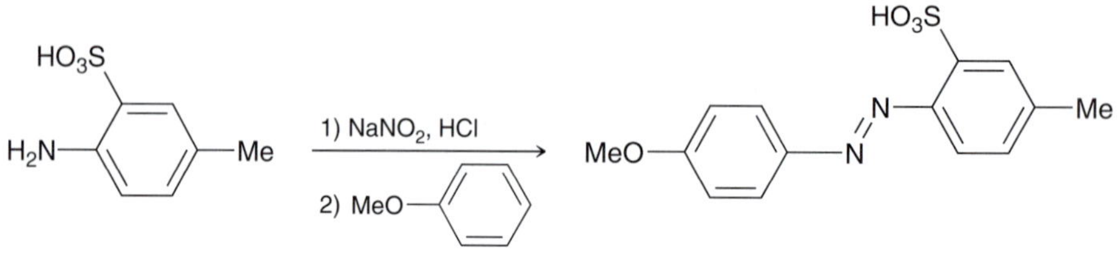

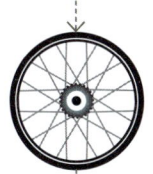

PRATICANDO o que você aprendeu

23.31 Identifique os reagentes que você usaria para preparar cada um dos seguintes corantes azo por meio de uma reação de acoplamento azo:

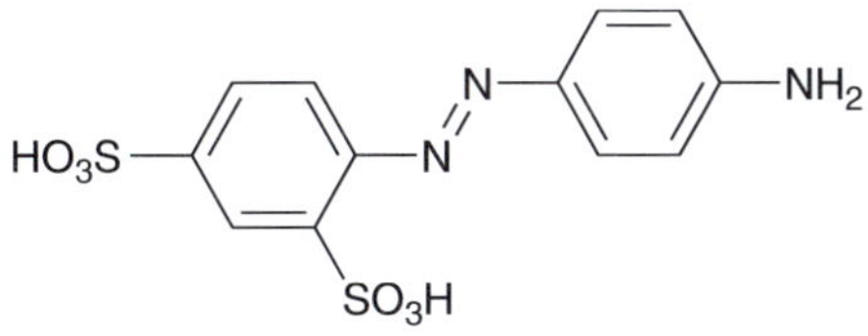

(a)

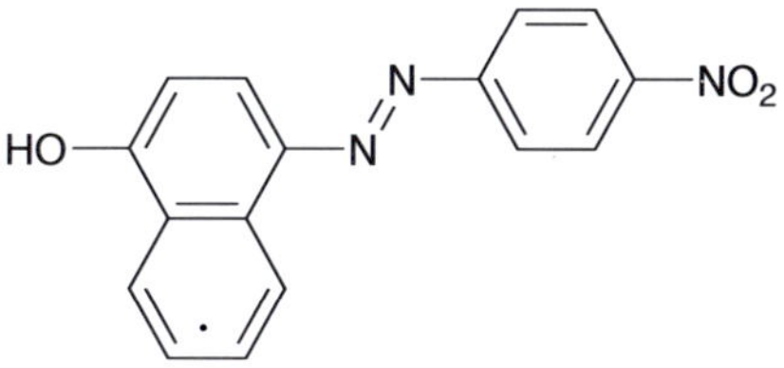

(b)

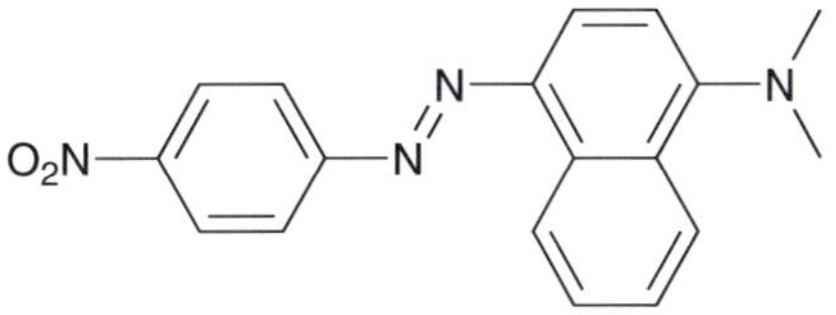

(c)

APLICANDO o que você aprendeu

23.32 A partir do benzeno e do cloreto de isopropila, mostre como você prepararia a seguinte substância:

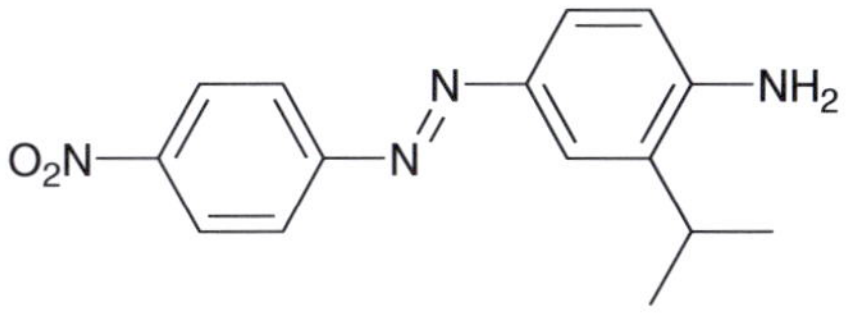

23.33 Represente o produto obtido quando o sal de diazônio formado a partir da anilina é tratado com cada uma das seguintes substâncias:

(a) Anilina **(b)** Fenol **(c)** Anisol (metoxibenzeno)

é necessário **PRATICAR MAIS?** **Tente Resolver os Problemas 23.68, 23.73d**

23.12 Heterociclos Nitrogenados

Um *heterociclo* é um anel que contém átomos de mais de um elemento. Heterociclos orgânicos comuns são constituídos de carbono e ou de nitrogênio, ou de oxigênio ou de enxofre. Consideramos, por exemplo, as estruturas do Viagra® e do Nexium®. As duas substâncias são heterociclos contendo nitrogênio, destacado em vermelho. Muitos tipos diferentes de heterociclos são comumente encontrados nas estruturas de moléculas biológicas e produtos farmacêuticos. Vamos discutir apenas algums heterociclos simples nesta seção.

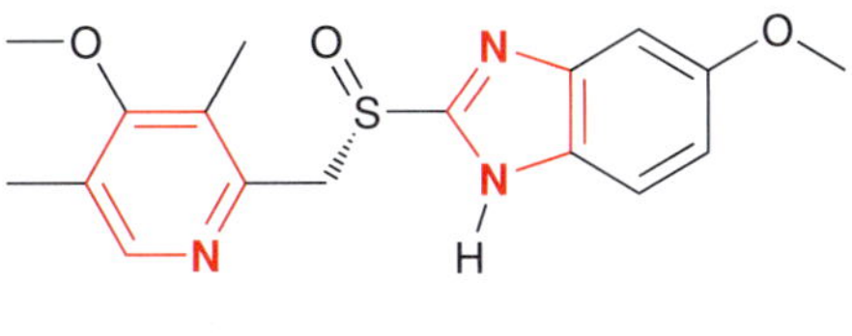

Esomeprazol
(Nexium®)
Um inibidor de bomba de prótons usado no tratamento de úlceras e doença do refluxo ácido

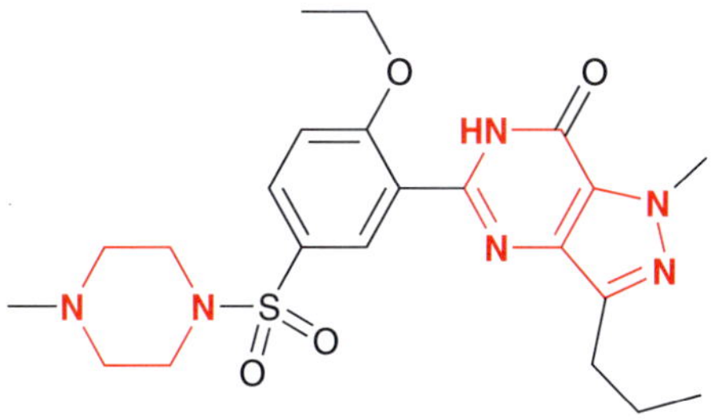

Sildenafil
(Viagra®)
Usado no tratamento da disfunção erétil e hipertensão aterial pulmonar

Pirrol e Imidazol

Pirrol, um anel aromático de cinco membros contendo um átomo de nitrogênio, é numerado começando no átomo de nitrogênio. Como foi visto no Capítulo 18, o par de elétrons isolado deste átomo de nitrogênio participa da aromaticidade (Figura 18.15) e é, portanto, muito menos básico e menos nucleofílico do que

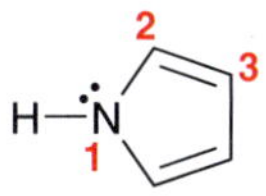

Pirrol

uma amina comum. O pirrol sofre reações que são esperadas de um sistema aromático, tal como substituição eletrofílica aromática. Na verdade, o pirrol é ainda mais reativo do que o benzeno, e muitas vezes são necessárias temperaturas baixas para controlar a reação.

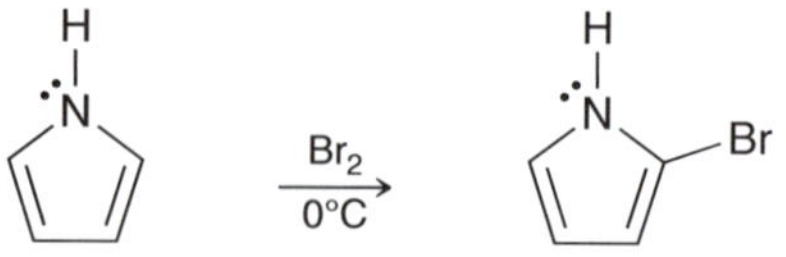

Pirrol **2-Bromopirrol (90%)**

Substituição eletrofílica aromática ocorre principalmente em C2, porque o intermediário formado durante o ataque em C2 é estabilizado por ressonância.

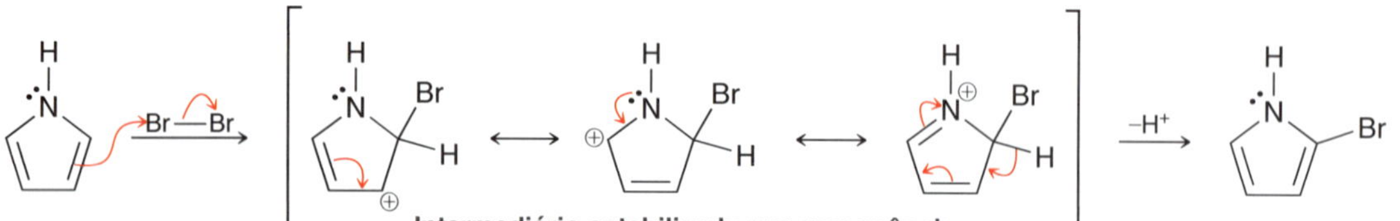

Intermediário estabilizado por ressonância

Quando o ataque ocorre em C2, o intermediário tem três estruturas de ressonância. Ao contrário, quando o ataque ocorre em C3, o intermediário tem apenas duas estruturas de ressonância.

Um anel de **imidazol** é como um pirrol, mas tem um átomo de nitrogênio adicional na posição 3. A histamina é um exemplo de uma substância biológica importante que contém um anel de imidazol.

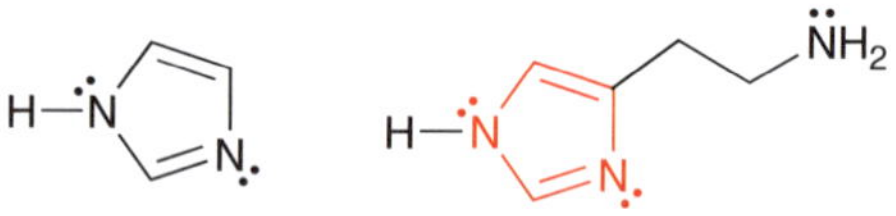

Imidazol **Histamina**

medicamente falando — Antagonistas dos Receptores H_2 e o Desenvolvimento da Cimetidina

Lembre-se de que a histamina se liga ao receptor H_1, desencadeando reações alérgicas (como foi visto no boxe Medicamente Falando na Seção 18.5). Sabe-se agora que a histamina se liga também a outros tipos de receptores, cada um dos quais provoca uma resposta fisiológica diferente. O receptor H_2 tem sido associado a estimulação da secreção de ácido gástrico (estômago). Embora a histamina possa se ligar tanto com receptores H_1 como H_2, anti-histamínicos tradicionais se ligam somente com receptores H_1. Isto é, eles são antagonistas H_1, mas eles não mostram nenhuma atividade para receptores H_2. A descoberta do receptor H_2 conduziu naturalmente à procura de novos fármacos que se ligam seletivamente ao receptor H_2 e não se ligam com o receptor H_1. A expectativa era de que esses fármacos poderiam teoricamente ser usados para controlar a produção excessiva de ácido gástrico associado a doença de refluxo ácido e úlceras. Anos de pesquisa finalmente levaram ao desenvolvimento da cimetidina (Tagamet®), o primeiro antagonista H_2 seletivo.

A história da cimetidina começa com a consideração das características que podiam ser necessárias para uma substância mostrar antagonismo H_2 seletivo. Bioquímicos chegaram a conclusão que a substância tinha de ser suficientemente semelhante em estrutura à histamina para se ligar ao receptor H_2, mas tinha de ser suficientemente diferente de modo a ser um antagonista, em vez de um agonista. Presumiu-se que o anel do imidazol era necessário para a ligação, de modo que várias centenas de derivados do imidazol foram produzidos e testados. A primeira substância que mostrou alguma atividade antagonista H_2 foi a *N*-guanil-histamina.

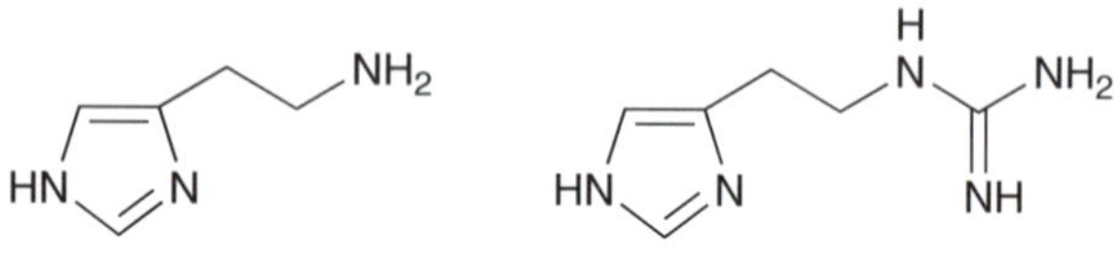

Histamina ***N*-Guanil-histamina**

Outros estudos revelaram que a *N*-guanil-histamina não é, na verdade, um antagonista H_2, mas, ao contrário, é um agonista parcial H_2. Ele se liga com o receptor H_2 e induz a estimulação da secreção de ácido gástrico, mas em uma extensão menor do que a histamina. Isso, é claro, frustra a sua finalidade. Assim, os químicos continuaram sua busca, usando *N*-guanil-histamina como um ponto de partida. Descobriu-se que essa substância era protonada no pH fisiológico.

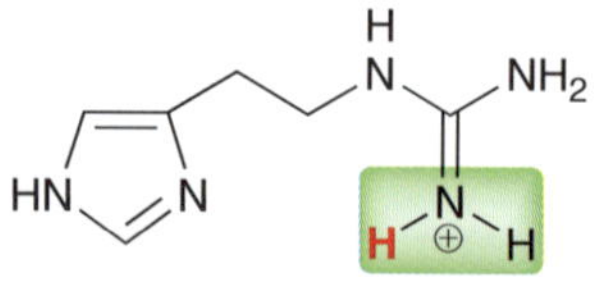

Em seguida, bioquímicos tentaram modificar o grupo guanila de modo que ele seria neutro no pH fisiológico. Depois de muitas possibilidades diferentes, um análogo da tioureia foi produzido tendo um grupo CH_2 adicional na cadeia lateral, e o átomo de nitrogênio básico do grupo guanila foi substituído por um átomo de enxofre, que não é protonado no pH fisiológico.

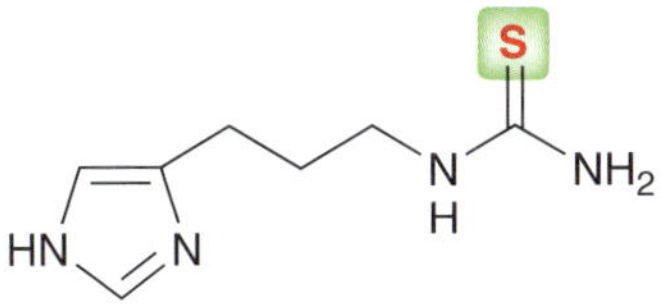

Essa substância, de fato, exibe atividade antagonista fraca. A busca então foi centralizada na criação de análogos que poderiam apresentar maior potência. Um CH_2 adicional foi inserido na cadeia lateral, e o átomo de nitrogênio terminal foi metilado. A substância resultante, chamada burimamida, foi demonstrada ser eficaz na inibição da secreção de ácido gástrico em ratos.

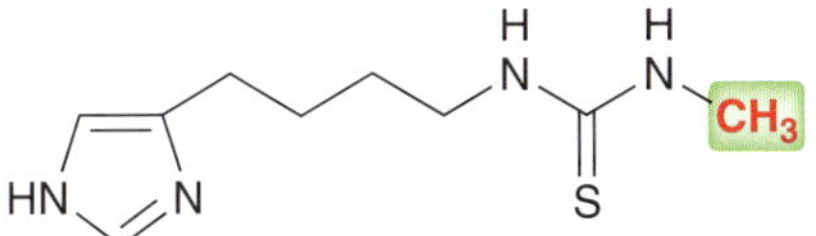

Burimamida

A burimamida foi o primeiro antagonista H_2 testado em seres humanos. Infelizmente, ele não apresentou atividade suficiente quando tomado por via oral, de modo que a busca continuou, dessa vez utilizando a estrutura da burimamida como um ponto de partida.

Uma abordagem foi comparar a basicidade da histamina com a burimamida. Em outras palavras, comparamos os valores de pK_a do anel do imidazol protonado na histamina e na burimamida:

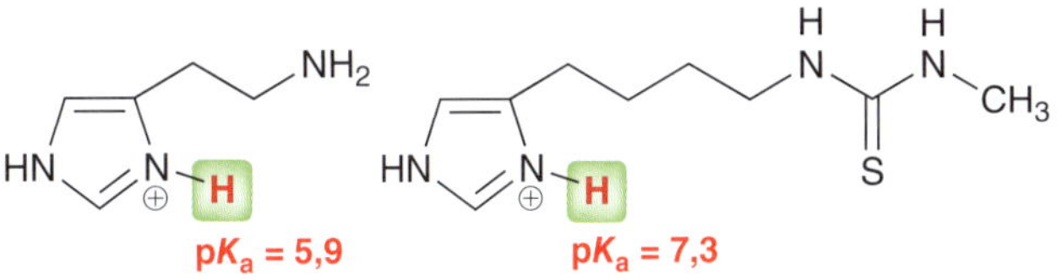

Histamina **Burimamida**

O anel do imidazol protonado da histamina tem um pK_a de 5,9, enquanto o anel do imidazol protonado da burimamida tem um pK_a de 7,3. Portanto, no pH fisiológico, as concentrações de equilíbrio das formas neutra e iônica são diferentes para a histamina e a burimamida. Os esforços de pesquisa foram, então, direcionados para o desenvolvimento de um análogo da burimamida que mais se assemelhasse à basicidade da histamina. Presumiu-se que a presença de um grupo retirador de elétrons na cadeia lateral reduziria o pK_a, enquanto um grupo doador de elétrons na posição C4 iria aumentar a basicidade do átomo de nitrogênio. Essa lógica levou ao desenvolvimento da metiamida.

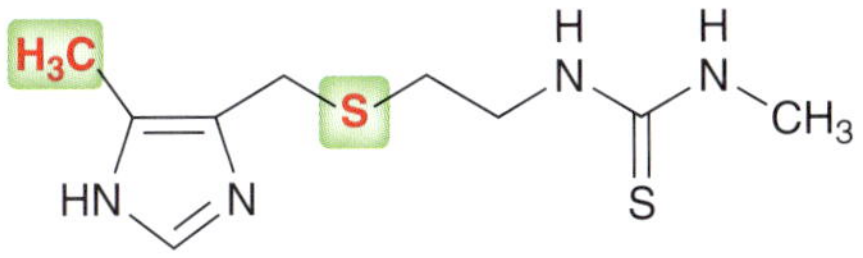

Metiamida

A estrutura da metiamida difere da burimamida devido à presença de um grupo metila em C4 e à substituição de um dos grupos CH_2 na cadeia lateral por um átomo de enxofre retirador de elétrons. Esse tipo de substituição é chamado de substituição isostérica, porque o átomo de enxofre ocupa aproximadamente a mesma quantidade de espaço que um grupo CH_2, mas tem propriedades eletrônicas muito diferentes. O resultado líquido é que a forma protonada da metiamida tem um pK_a que é quase idêntico ao da forma protonada da histamina. Ensaios clínicos mostraram que a metiamida apresentou atividade antagonista H_2 que era nove vezes maior do que a burimamida, e ela foi eficaz em aliviar os sintomas de úlcera; no entanto, alguns pacientes desenvolveram granulocitopenia (diminuição da contagem de células brancas do sangue). Esse efeito secundário não é aceitável, porque isso impediria temporariamente a capacidade do sistema imunológico de funcionar corretamente. Acredita-se que os casos de granulocitopenia foram causados pela presença do grupo tioureia, de modo que grupos alternativos foram considerados. Finalmente, o grupo tioureia foi substituído por um grupo cianoguanidina.

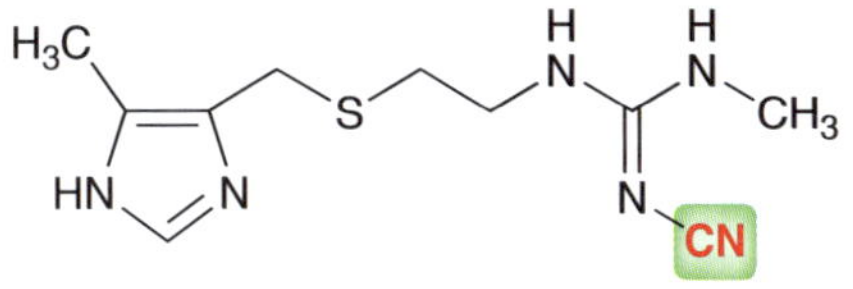

Tagamet®
(cimetidina)

Lembre-se de que, anteriormente na discussão que fizemos, a presença do grupo guanila impedia a atividade antagonista porque o grupo guanila estava carregado no pH fisiológico. Entretanto, nesse derivado, o grupo ciano retira densidade eletrônica a partir do átomo de nitrogênio vizinho e delocaliza seu par de elétrons isolado. O grupo resultante é menos básico e não é protonado no pH fisiológico. Observou-se que essa substância, denominada cimetidina, mostra potentes propriedades antagonistas H_2 e não causou granulocitopenia nos pacientes.

A cimetidina tornou-se disponível ao público na Inglaterra em 1976 e nos Estados Unidos em 1979, vendida sob o nome comercial de Tagamet®. As vendas anuais desse fármaco dispararam, finalmente chegando a mais de 1 bilhão de dólares em vendas anuais. A cimetidina ganhou seu lugar na história como o fármaco mais vendido no mundo. Desde o desenvolvimento da cimetidina, outros antagonistas dos receptores H_2 foram desenvolvidos e aprovados para utilização:

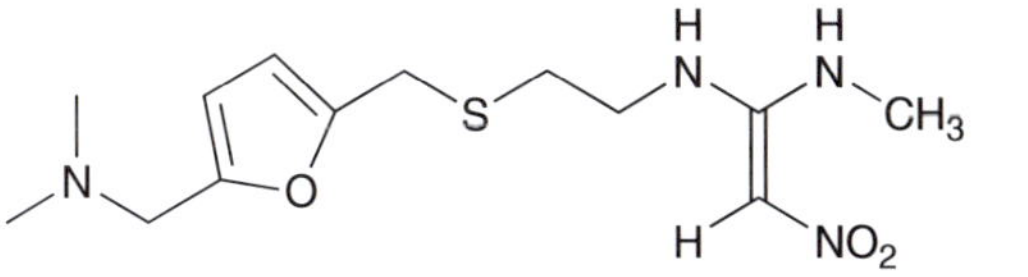

Zantac®
(ranitidina)

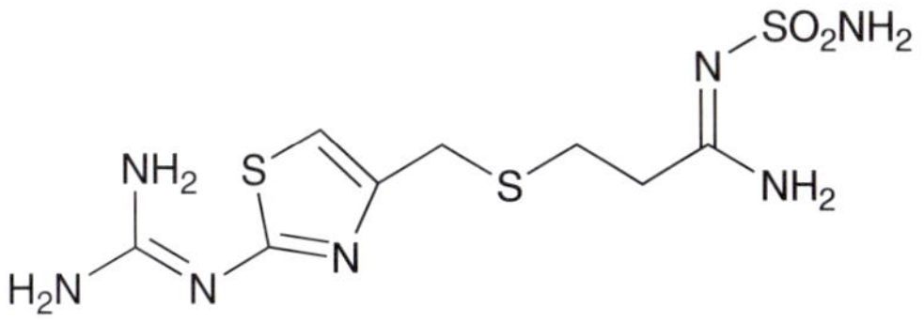

Pepcid®
(famotidina)

A ranitidina (Zantac®) logo superou a cimetidina (Tagamet®) como o fármaco mais vendido em todo o mundo. Após a inspeção das suas estruturas, é claro que o anel do imidazol não é absolutamente essencial para a atividade antagonista H_2, pois anéis aromáticos heterocíclicos análogos podem substituir o anel do imidazol. Entretanto, todos esses análogos parecem ter algum derivado do grupo guanila na cadeia lateral.

Piridina e Pirimidina

A piridina é um anel aromático de seis membros contendo um átomo de nitrogênio e é numerada começando no átomo de nitrogênio:

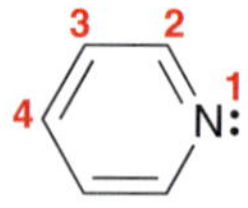

Piridina

O par de elétrons isolado do átomo de nitrogênio é localizado e ocupa um orbital com hibridização sp^2, e, como resultado, a piridina é uma base mais forte do que o pirrol. Entretanto, a piridina ainda é uma base mais fraca do que uma alquilamina, porque o par de elétrons isolado está alojado em um orbital com hibridização sp^2, em vez de um orbital com hibridização sp^3 (como pode ser visto na Figura 18.14). Ao ocupar um orbital com hibridização sp^2, os elétrons do par de elétrons isolado têm mais caráter *s* e, portanto, estão mais perto do núcleo de carga positiva, o que faz com que eles sejam menos básicos.

Uma vez que a piridina é uma substância aromática, seria de esperar que ela apresentasse reações que são características de sistemas aromáticos. Na verdade, a piridina sofre reações de substituição eletrofílica aromática; no entanto, os rendimentos geralmente são muito baixos, porque o efeito indutivo do átomo de nitrogênio torna o anel pobre em elétrons. Altas temperaturas são necessárias:

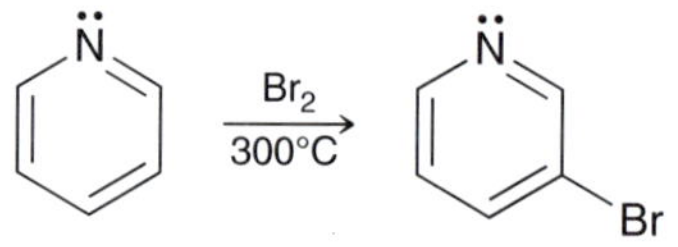

Piridina 3-Bromopiridina (30%)

A **pirimidina** é semelhante em estrutura à piridina, mas contém um átomo de nitrogênio adicional na posição 3. Anéis de pirimidina são muito comuns em moléculas biológicas. A pirimidina é menos básica do que a piridina devido ao efeito indutivo do segundo átomo de nitrogênio:

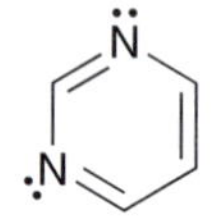

Pirimidina

VERIFICAÇÃO CONCEITUAL

23.34 A piridina sofre substituição eletrofílica aromática na posição C3. Justifique esse resultado regioquímico representando as estruturas de ressonância do intermediário produzido a partir do ataque em C2, em C3 e em C4.

23.35 Preveja o produto obtido quando o pirrol é tratado com uma mistura de ácido nítrico e de ácido sulfúrico a 0°C.

23.13 Espectroscopia de Aminas

Espectroscopia no IV

Nos seus espectros de IV, aminas primárias e secundárias apresentam sinais entre 3350 e 3500 cm^{-1}. Esses sinais correspondem ao estiramento N–H e são normalmente menos intensos do que os sinais O–H. As aminas primárias dão dois picos (estiramento simétrico e estiramento assimétrico), enquanto as aminas secundárias mostram somente um único pico (Figura 15.19). Esse fenômeno foi explicado pela primeira vez na Seção 15.5.

As aminas terciárias não têm uma ligação N–H e não mostram um sinal na região entre 3350 e 3500 cm^{-1}. As aminas terciárias podem ser detectadas por meio de espectroscopia no IV, por tratamento com HCl. A ligação N–H resultante exibe um sinal característico entre 2200 e 3000 cm^{-1}:

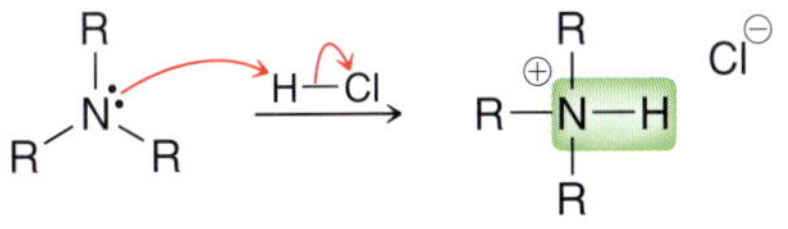

Espectroscopia de RMN

No espectro de RMN de ^{1}H de uma amina, qualquer próton ligado diretamente ao átomo de nitrogênio (para aminas primárias e secundárias), normalmente aparece como um sinal largo entre 0,5 e 5,0 ppm. A localização exata é sensível a muitos fatores, incluindo solvente, concentração e temperatura. Desdobramento geralmente não é observado para esses prótons, porque eles são instáveis e são trocados em uma velocidade que é mais rápida do que a escala de tempo do espectrômetro de RMN (como descrito na Seção 16.7). O sinal largo para esses prótons geralmente pode ser removido do espectro dissolvendo-se a amina em D_2O, o que resulta em uma troca de prótons que substitui esses prótons por deutério.

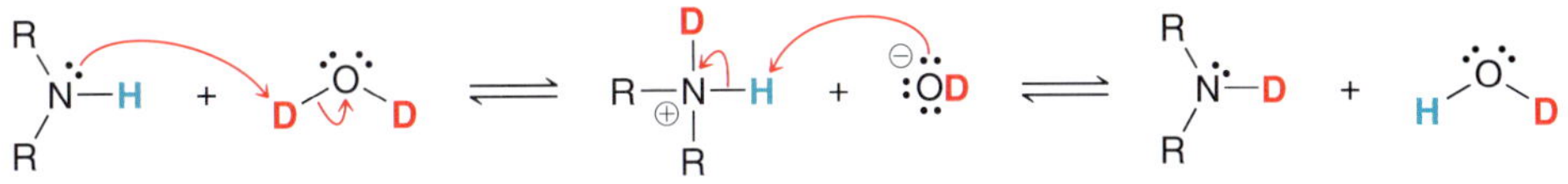

Os prótons ligados na posição α aparecem normalmente entre 2 e 3 ppm em virtude do efeito de desblindagem do átomo de nitrogênio. Como exemplo, considere os deslocamentos químicos dos prótons na propilamina:

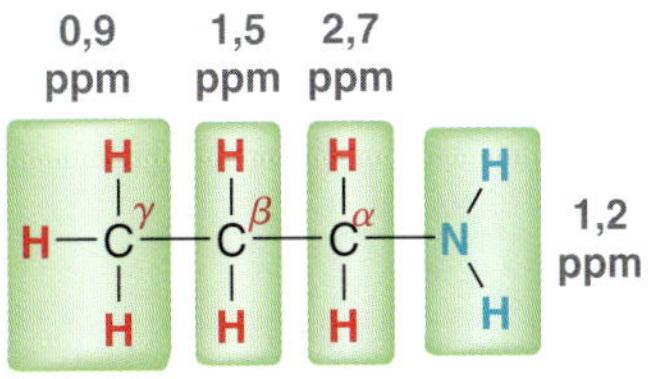

Observe que o efeito de desblindagem do átomo de nitrogênio é maior para os prótons α (2,7 ppm) e diminui com a distância. Os prótons β são afetados em menor extensão (1,5 ppm) e os prótons γ não são afetados de forma mensurável (0,9 ppm).

No espectro de RMN de ^{13}C de uma amina, os átomos de carbono α aparecem normalmente entre 30 e 50 ppm. Isto é, eles estão deslocados cerca de 20 ppm para campo baixo devido ao efeito de desblindagem do átomo de nitrogênio.

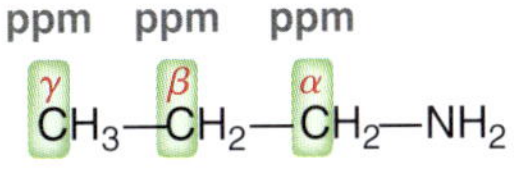

Mais uma vez, observe que o efeito de desblindagem do átomo de nitrogênio é maior para o carbono α (44,4 ppm) e diminui com a distância. O β carbono é afetado em menor grau (27,1 ppm) e o γ carbono não é afetado de forma mensurável (11,4 ppm).

Espectrometria de Massa

O espectro de massa de uma amina é caracterizado pela presença de um íon molecular (precursor) com uma massa molecular ímpar. Isso segue a regra do nitrogênio (veja a Seção 15.9), que afirma que uma substância com um número ímpar de átomos de nitrogênio irá produzir um íon molecular com uma massa molecular ímpar. Além disso, as aminas geralmente mostram um padrão de fragmentação característico. Elas sofrem clivagem α para gerar um radical e um cátion estabilizado por ressonância (veja a Seção 15.12).

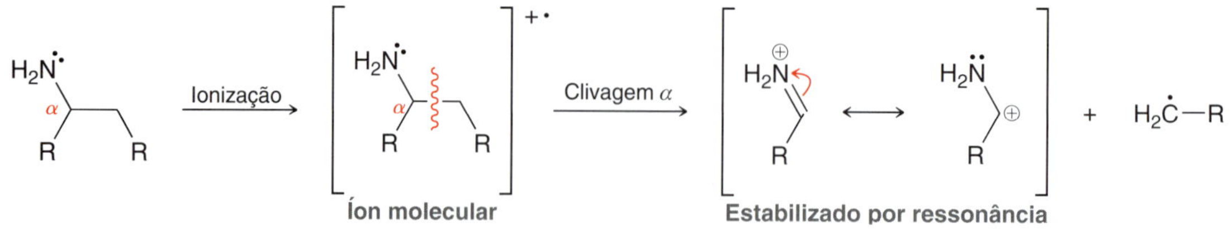

VERIFICAÇÃO CONCEITUAL

23.36 Como você usaria a espectroscopia no infravermelho para distinguir entre os pares de substâncias vistas a seguir?

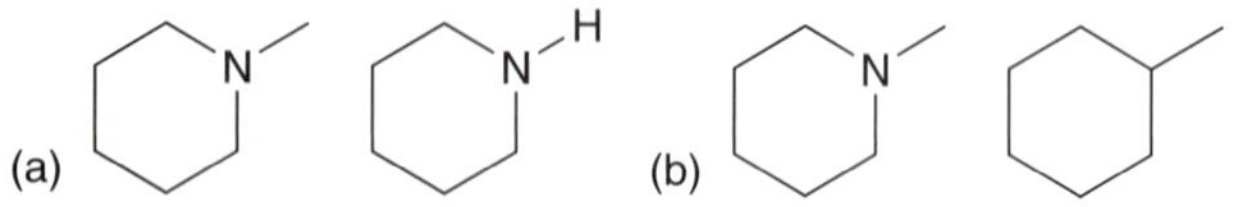

23.37 Como você usaria a espectroscopia de RMN para distinguir entre os pares de substâncias vistas a seguir?

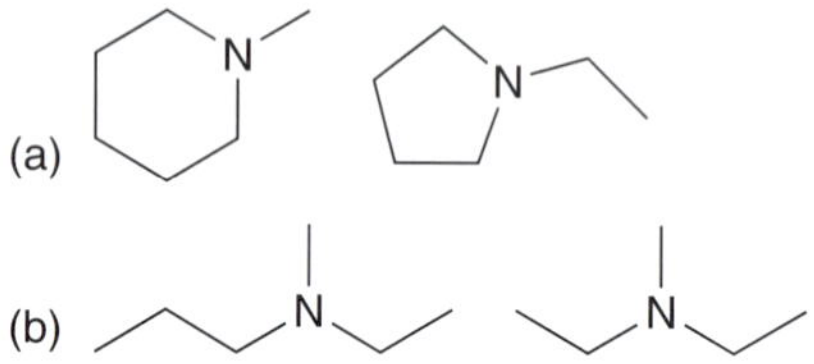

REVISÃO DAS REAÇÕES

Preparação de Aminas

A Partir de Haletos de Alquila

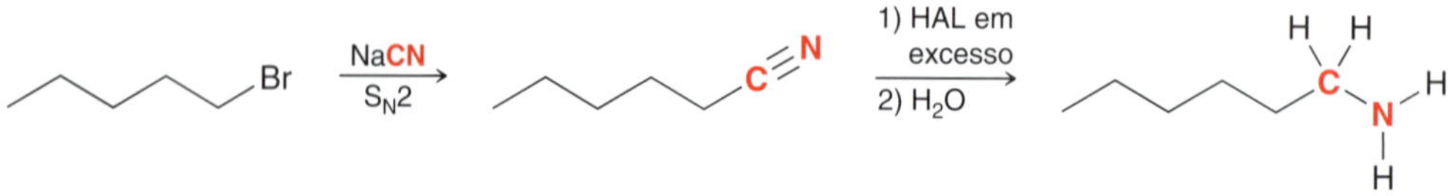

A Partir de Ácidos Carboxílicos

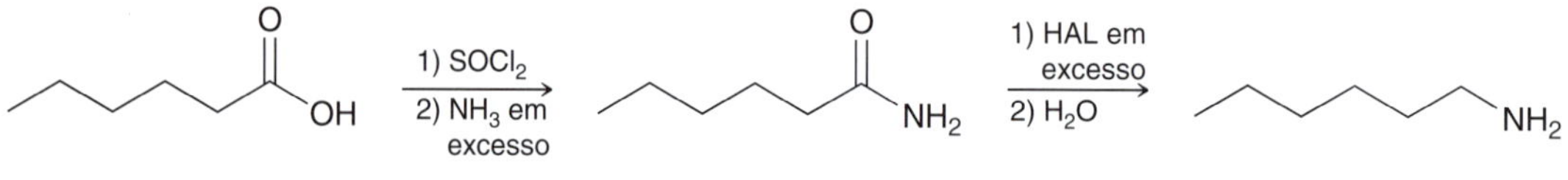

A Partir do Benzeno

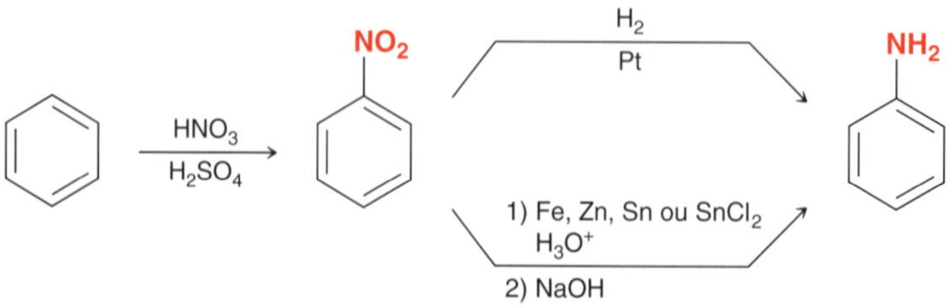

A Síntese de Azida

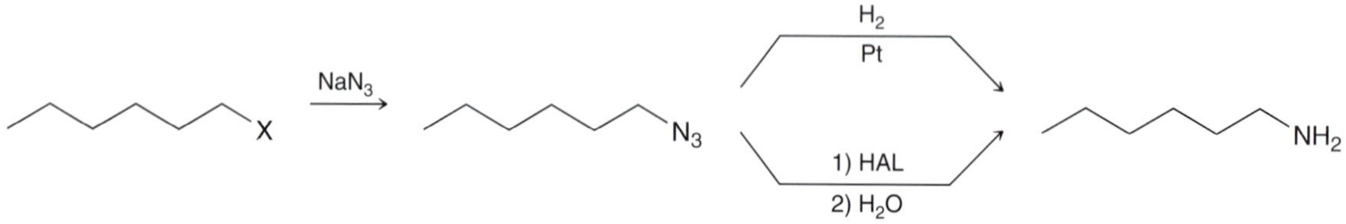

A Síntese de Gabriel

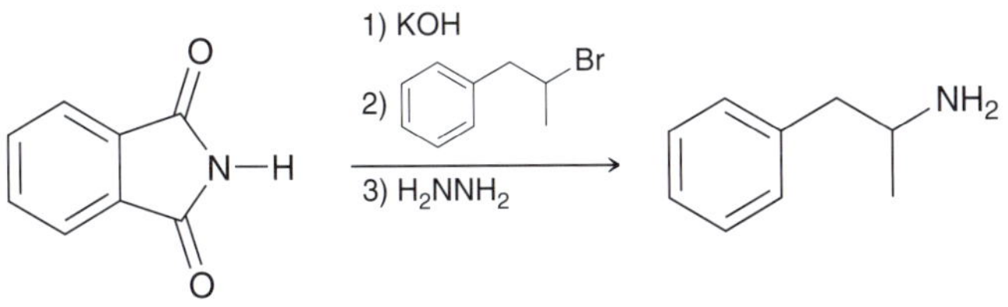

Via Aminação Redutiva

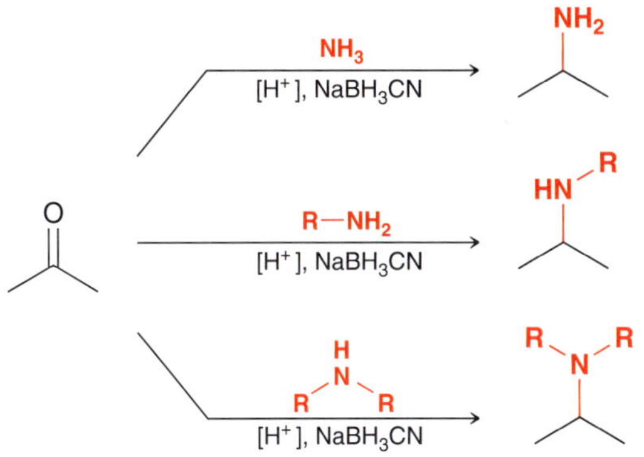

Reações de Aminas

Acilação

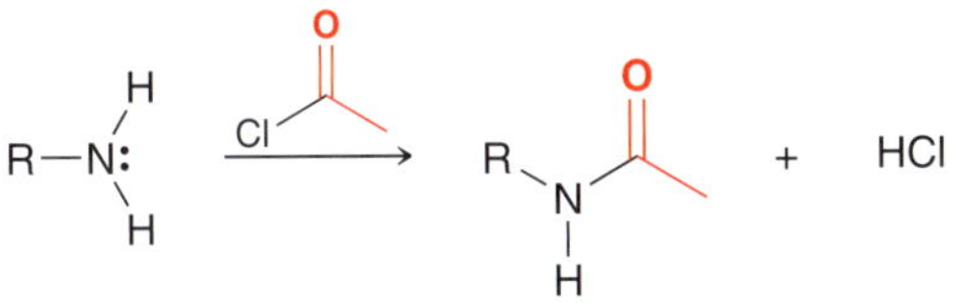

Eliminação de Hofmann

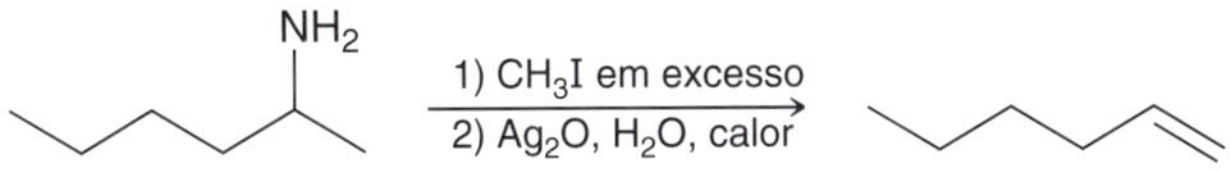

Reações com Ácido Nitroso

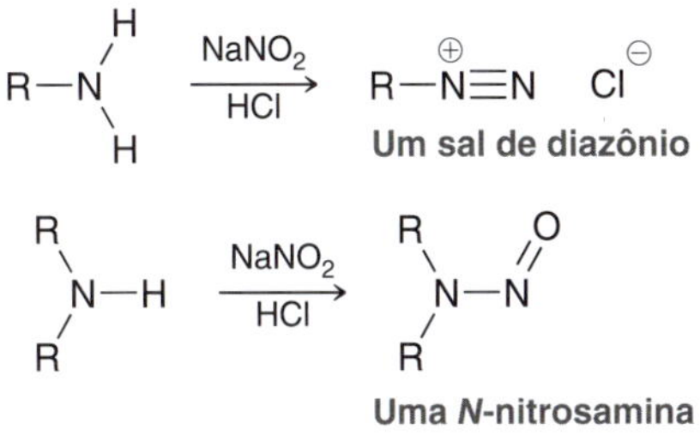

Reações de Sais de Arildiazônio

Reações de Sandmeyer

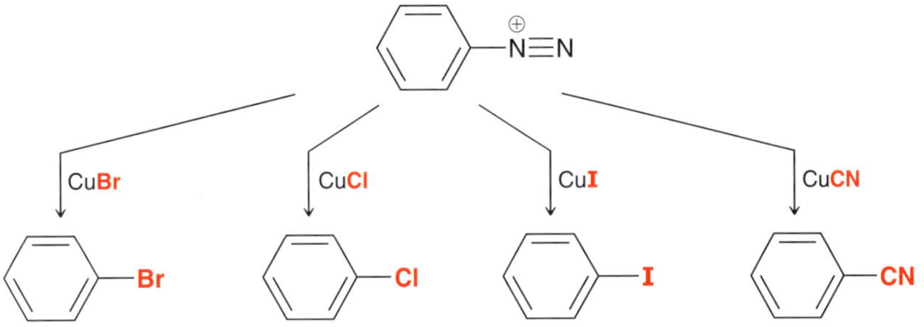

Fluoração (Reação de Schiemann)

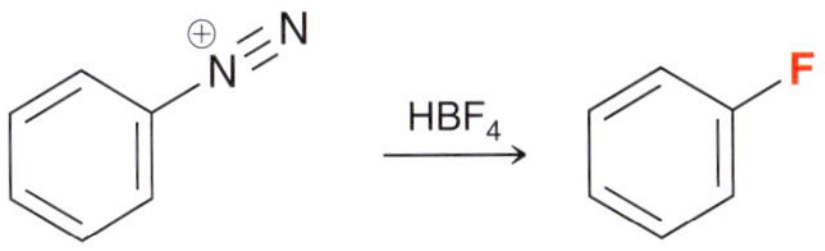

Outras Reações de Sais de Arildiazônio

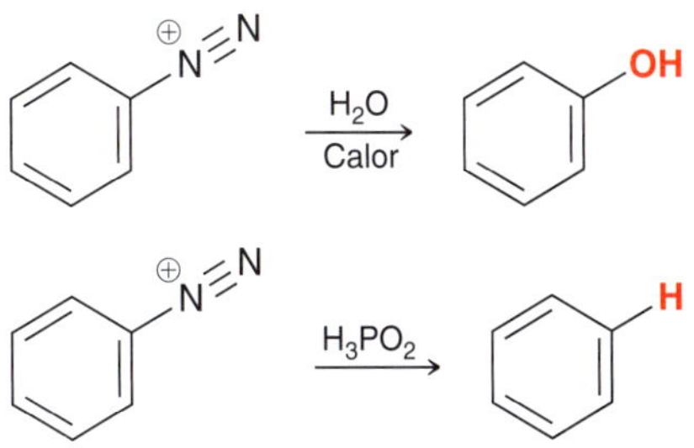

Acoplamento Azo

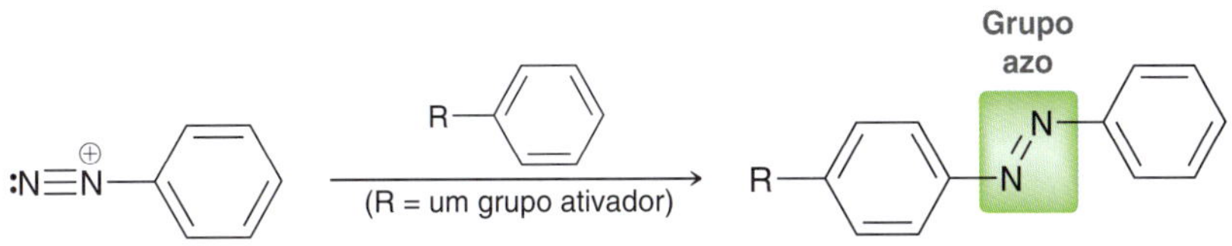

Reações de Heterociclos de Nitrogênio

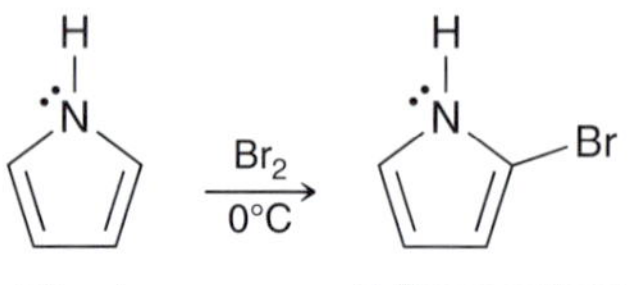

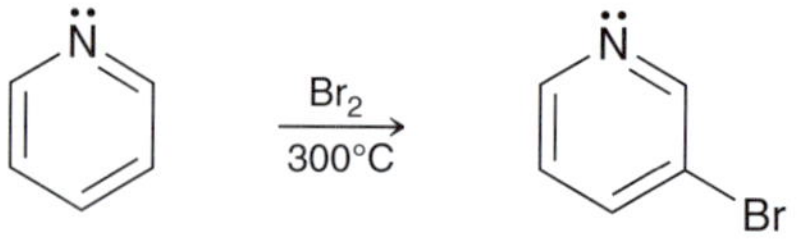

REVISÃO DE CONCEITOS E VOCABULÁRIO

SEÇÃO 23.1

- **Aminas** são derivados da amônia, em que um dos prótons, ou mais de um, é substituído por grupos alquila ou arila.
- Aminas são primárias, secundárias ou terciárias, dependendo do número de grupos ligados ao átomo de nitrogênio.
- As aminas que ocorrem naturalmente isoladas de plantas são chamadas **alcaloides**.
- Um par de elétrons isolado no átomo de nitrogênio de uma amina pode se comportar como uma base ou um nucleófilo.

SEÇÃO 23.2

- As aminas podem ser chamadas de **alquilaminas** ou **alcanaminas**, dependendo da complexidade dos grupos alquila.
- Quando uma amina é chamada de alcanamina, o grupo alquila mais complexo é escolhido como o principal e os grupos alquila restantes são listados como substituintes N.
- As aminas aromáticas, também chamadas **arilaminas**, são geralmente nomeadas como derivados da anilina.

SEÇÃO 23.3

- O átomo de nitrogênio de uma amina tem normalmente hibridização sp^3; o par de elétrons isolado ocupa um orbital com hibridização sp^3.
- As aminas contendo três grupos alquila diferentes são quirais, mas elas não são opticamente ativas à temperatura ambiente.
- As aminas com menos de cinco átomos de carbono por grupo funcional normalmente serão solúveis em água, enquanto as aminas com mais de cinco átomos de carbono por grupo funcional serão apenas moderadamente solúveis.
- O ponto de ebulição de uma amina aumenta como uma função da sua capacidade em formar ligações de hidrogênio.
- As aminas são efetivamente protonadas até mesmo por ácidos fracos.
- A basicidade de uma amina pode ser quantificada medindo-se o pK_a do íon amônio correspondente. Um pK_a grande indica uma amina fortemente básica, enquanto um pK_a baixo indica uma amina fracamente básica.
- A facilidade com que as aminas são protonadas pode ser usada para removê-las a partir de misturas de substâncias orgânicas em um processo chamado de **extração por solvente**.
- Arilaminas são menos básicas do que alquilaminas, porque o par de elétrons isolado está deslocalizado.
- Os grupos doadores de elétrons aumentam ligeiramente a basicidade das arilaminas, enquanto os grupos que retiram elétrons diminuem significativamente a basicidade das arilaminas.
- As amidas geralmente não se comportam como bases e elas são nucleófilos muito fracos.
- A piridina é uma base mais forte do que o pirrol, porque o par de elétrons isolado no pirrol participa da aromaticidade.
- Um grupo amina existe principalmente como um íon amônio carregado no pH fisiológico.

SEÇÃO 23.4

- As aminas podem ser formadas a partir de haletos de alquila, ou a partir de ácidos carboxílicos.
- Arilaminas, como a anilina, podem ser preparadas a partir do benzeno.

SEÇÃO 23.5

- A monoalquilação da amônia é difícil de conseguir porque a amina primária resultante é ainda mais nucleofílica que a amônia.
- Se o **sal de amônio quaternário** é o produto desejado, então, um excesso de haleto de alquila pode ser usado, e a amônia sofre **alquilação exaustiva**.
- A **síntese de azida** envolve o tratamento de um haleto de alquila com azida de sódio seguido por redução.
- A **síntese de Gabriel** gera aminas primárias por tratamento da ftalimida de potássio com um haleto de alquila, seguido por hidrólise ou reação com N_2H_4.

SEÇÃO 23.6

- As aminas podem ser produzidas por meio de **aminação redutiva**, na qual uma cetona ou aldeído é convertido em uma imina na presença de um agente redutor, tal como **cianoborohidreto de sódio** ($NaBH_3CN$).

SEÇÃO 23.7

- As aminas podem ser preparadas por uma variedade de métodos, cada um usando uma fonte diferente de nitrogênio. Os materiais de partida ditam qual o método que será utilizado.
- As aminas secundárias são facilmente preparadas a partir de aminas primárias por meio de aminação redutiva. As aminas terciárias são prontamente preparadas a partir de aminas secundárias, por meio de aminação redutiva.
- Sais de amônio quaternários são preparados a partir de aminas terciárias por meio de alquilação direta.

SEÇÃO 23.8

- As aminas reagem com haletos de acila para produzir amidas.
- A acilação de um grupo amina é uma técnica útil na realização de reações de substituição eletrofílica aromática, porque permitem transformações que de outro modo são difíceis de realizar.

SEÇÃO 23.9

- Na **eliminação de Hofmann**, um grupo amina é convertido em um grupo de saída melhor, que é expelido em um processo E2 para formar um alqueno.
- O alqueno menos substituído é formado por causas estéricas.

SEÇÃO 23.10

- **Ácido nitroso** é instável e tem de ser preparado *in situ* a partir de nitrito de sódio e um ácido.
- Na presença de HCl, o ácido nitroso é protonado, seguido por perda de água, para dar um **íon nitrosônio**.
- As aminas primárias reagem com um íon nitrosônio para produzir um **sal de diazônio** em um processo chamado de **diazotização**.
- Sais de alquildiazônio são instáveis, mas sais de arildiazônio podem ser isolados.
- As aminas secundárias reagem com um íon nitrosônio para produzir uma ***N*-nitrosamina**.

SEÇÃO 23.11

- Sais de arildiazônio são muito úteis, porque muitos reagentes diferentes vão substituir o grupo diazo.
- **Reações de Sandmeyer** utilizam sais de cobre (CuX), permitindo a inserção de um halogênio ou um grupo ciano.
- Na **reação de Schiemann**, um sal de arildiazônio é convertido em um fluorobenzeno por tratamento com ácido fluorobórico (HBF_4).
- Um sal de arildiazônio pode ser tratado com água para inserir um grupo hidroxila e com o ácido hipofosforoso (H_3PO_2) para substituir o grupo diazo por um átomo de hidrogênio.
- Sais de arildiazônio reagem com anéis aromáticos ativados em um processo chamado de **acoplamento azo** para a produção de substâncias coloridas chamadas **corantes azo**.

SEÇÃO 23.12

- Um **heterociclo** é um anel que contém átomos de mais de um elemento.
- O pirrol sofre reações de substituição eletrofílica aromática, que ocorrem principalmente em C2.
- Um anel do **imidazol** é como o pirrol, mas tem um átomo de nitrogênio adicional na posição 3.
- Piridina vai sofrer substituição eletrofílica aromática; no entanto, o rendimento é bastante baixo.
- **Pirimidina** é semelhante em estrutura à piridina, mas contém um átomo de nitrogênio adicional na posição 3.

SEÇÃO 23.13

- Nos seus espectros de IV, aminas primárias e secundárias apresentam sinais entre 3350 e 3500 cm^{-1}. As aminas primárias dão dois picos (estiramento simétrico e estiramento assimétrico), enquanto as aminas secundárias dão somente um único pico.
- Quando tratadas com HCl, as aminas terciárias podem ser facilmente detectadas pela espectroscopia no IV.
- No espectro de RMN de ^1H de uma amina, qualquer próton ligado diretamente ao átomo de nitrogênio normalmente aparece como um sinal largo entre 0,5 e 5,0 ppm.
- Os prótons ligados à posição α aparecem normalmente entre 2 e 3 ppm.
- No espectro de RMN de ^{13}C de uma amina, os átomos de carbono α aparecem normalmente entre 30 e 50 ppm.

REVISÃO DA APRENDIZAGEM

23.1 DANDO O NOME A UMA AMINA

ETAPA 1 Identificamos todos os grupos alquila ligados ao átomo de nitrogênio.

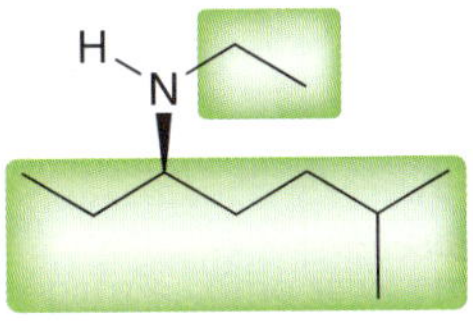

ETAPA 2 Determinamos se a substância será nomeada como uma alquilamina ou como um alcanamina:

Alquilamina = se todos os grupos alquila são simples

Alcanamina = se um dos grupos alquila é complexo

ETAPA 3 Se a nomeação for como uma alcanamina, escolhemos o grupo alquila complexo como o grupo principal, e listamos todos os outros grupos alquila como substituintes (usando a letra "N" como um localizador).

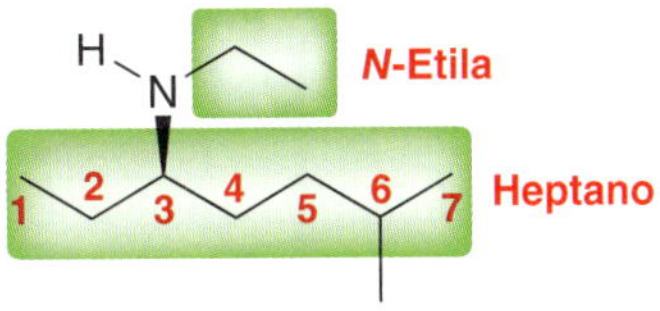

ETAPA 4 Atribuímos localizadores para cada substituinte, montamos o nome e atribuímos a configuração de todos os centros de quiralidade.

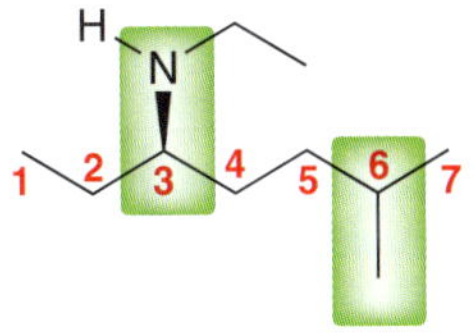

(R)-*N*-Etil-6-metil-3-heptanamina

Tente Resolver os Problemas **23.1-23.3, 23.42, 23.46, 23.47**

23.2 PREPARAÇÃO DE UMA AMINA PRIMÁRIA POR MEIO DA REAÇÃO DE GABRIEL

ETAPA 1 Identificamos um haleto de alquila que pode servir como um precursor para a preparação da amina desejada. Basta substituir o grupo amina com um haleto.

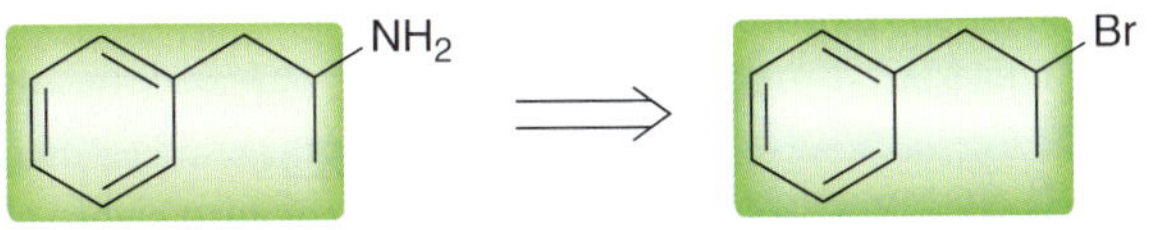

ETAPA 2 Representamos os reagentes para todas as três etapas, começando com a ftalimida como material de partida.

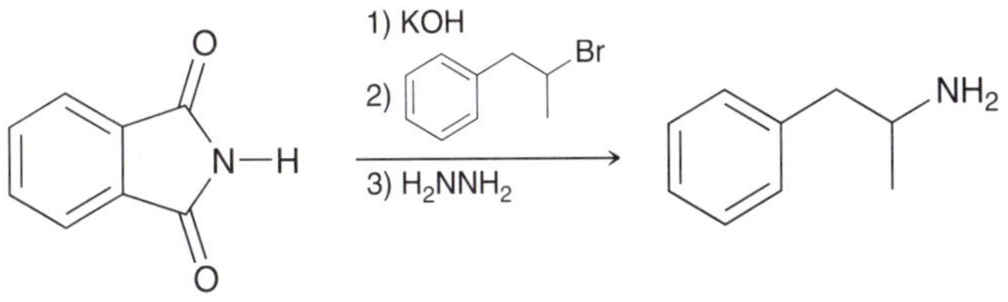

Tente Resolver os Problemas **23.12, 23.13, 23.51a, 23.60, 23.61, 23.62b**

23.3 PREPARAÇÃO DE UMA AMINA POR MEIO DE UMA AMINAÇÃO REDUTIVA

ETAPA 1 Identificamos todas as ligações C–N.

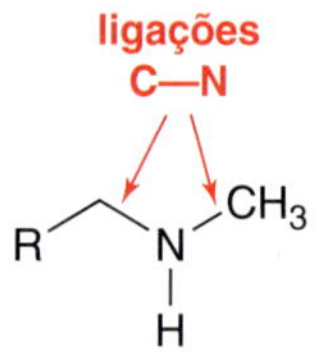

ETAPA 2 Utilizando uma análise retrossintética, identificamos a amina de partida e o grupo carbonila que podem ser usados para fazer cada uma das ligações C–N.

Método 1

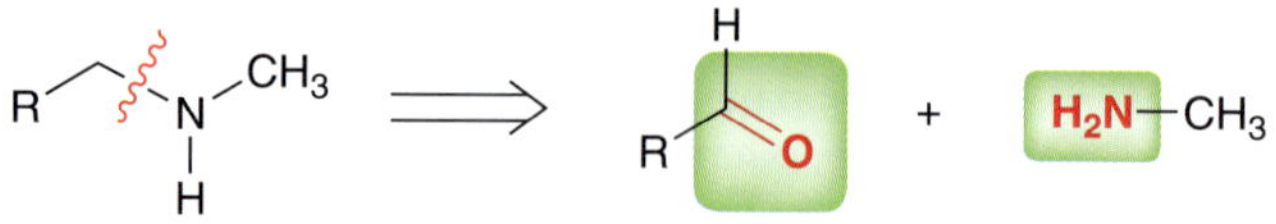

Método 2

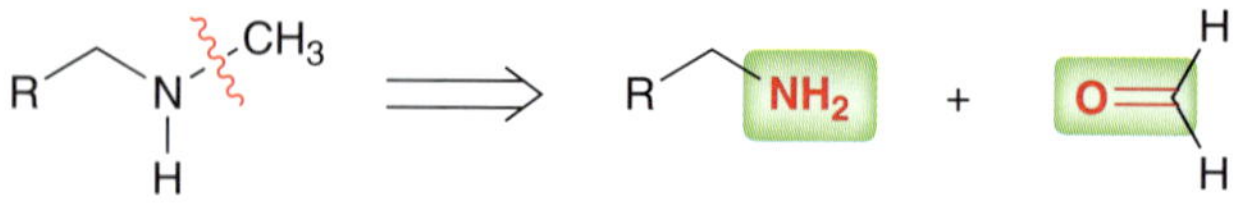

ETAPA 3 Mostramos todos os reagentes necessários para cada rota de síntese.

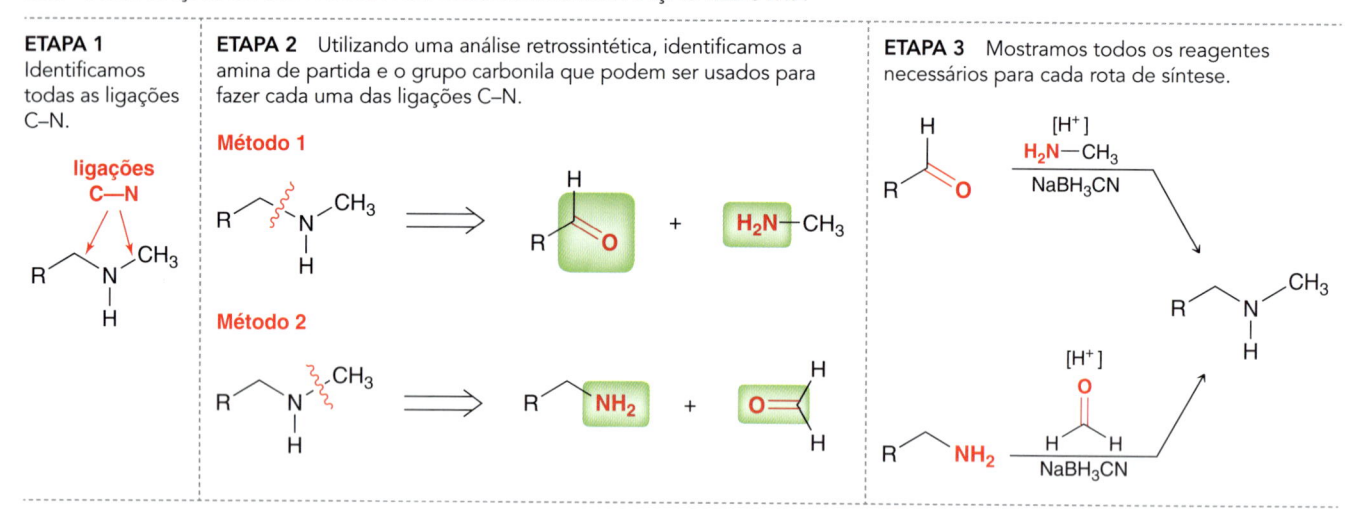

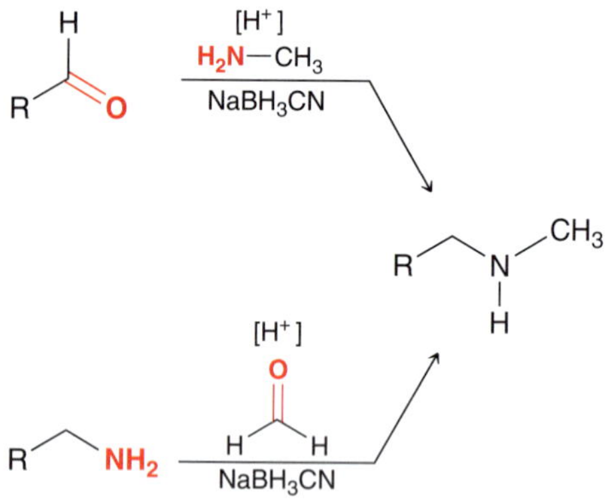

Tente Resolver os Problemas **23.14-23.17, 23.65, 23.66**

23.4 PROPOSIÇÃO DE SÍNTESE PARA UMA AMINA

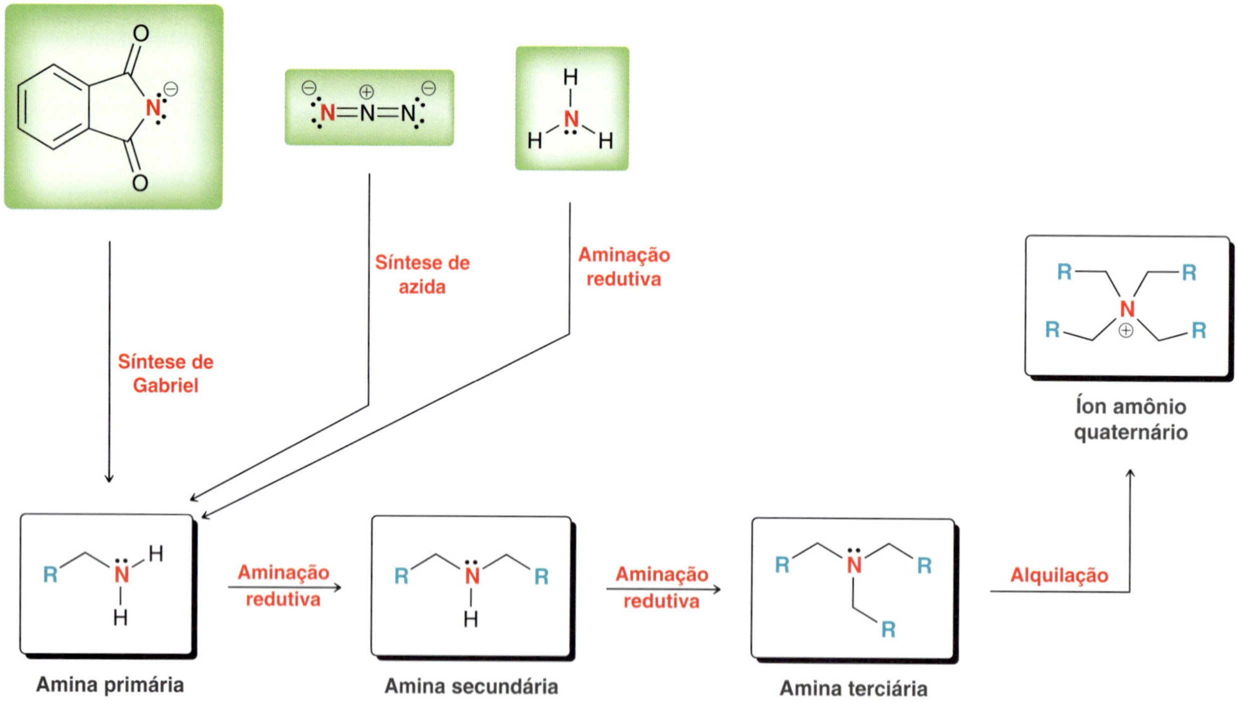

Tente Resolver os Problemas **23.18-23.21, 23.50, 23.51, 23.86**

23.5 PREVISÃO DO PRODUTO DE UMA ELIMINAÇÃO DE HOFMANN

ETAPA 1 Identificamos todas as posições α e β.

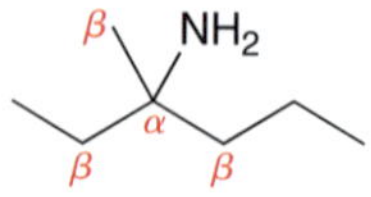

ETAPA 2 Consideramos a formação de uma ligação C=C entre cada par de posições α e β.

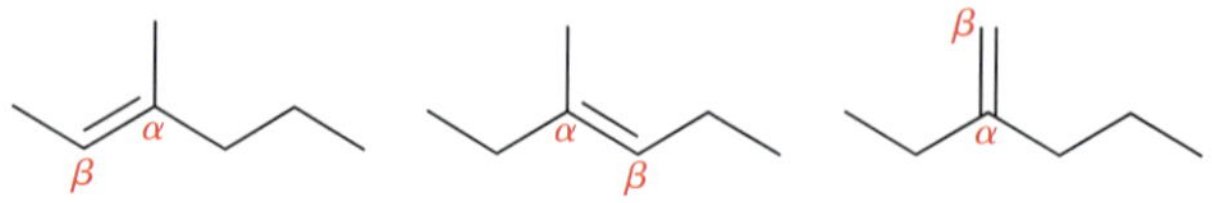

ETAPA 3 Comparamos todos os alquenos possíveis e identificamos qual é o menos substituído.

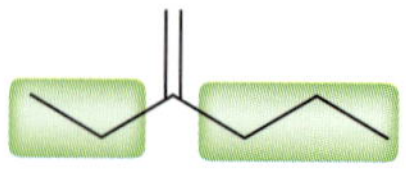

Tente Resolver os Problemas **23.25-23.28, 23.57, 23.69, 23.78**

23.6 DETERMINAÇÃO DOS REAGENTES PARA PREPARAR UM CORANTE AZO

ETAPA 1 Analisamos todos os substituintes e determinamos qual anel é mais ativado.

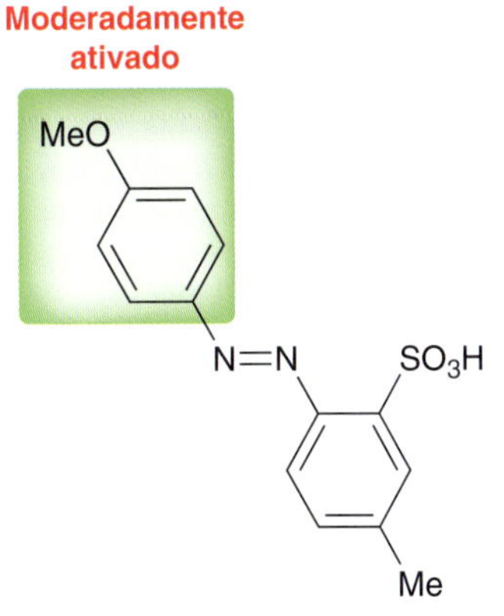

ETAPA 2 Utilizando uma análise retrossintética, identificamos o nucleófilo de partida e o eletrófilo.

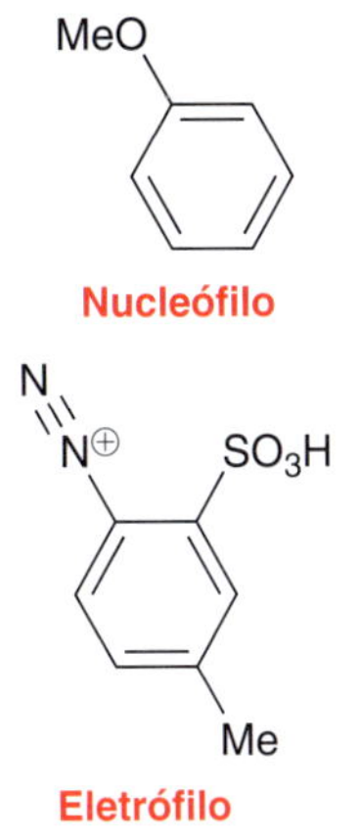

ETAPA 3 Identificamos a anilina de partida, que é necessária para produzir o sal de diazônio.

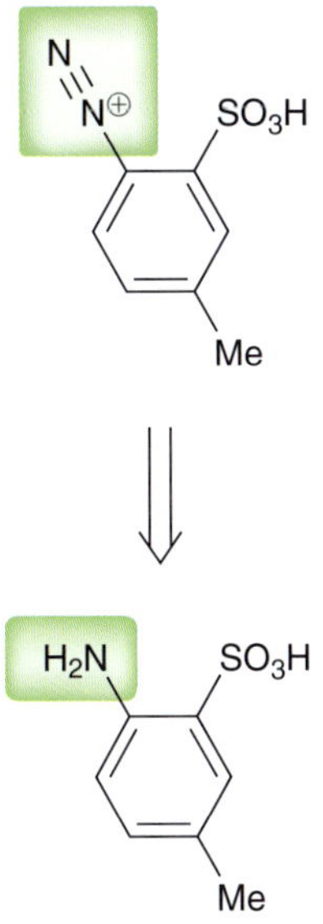

ETAPA 4 Mostramos todos os reagentes.

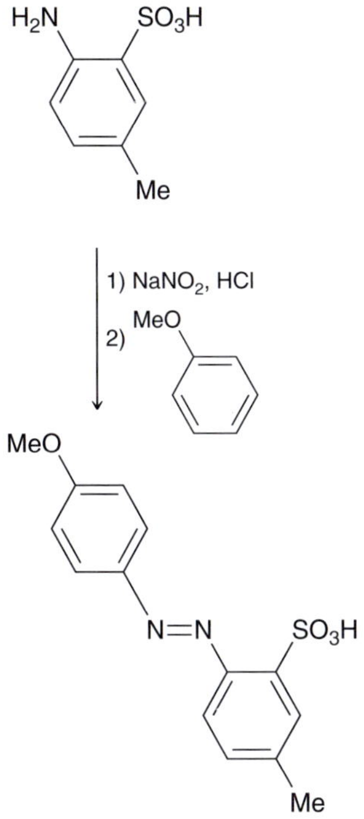

Tente Resolver os Problemas **23.31-23.33, 23.68, 23.73d**

PROBLEMAS PRÁTICOS

23.38 Espermina é uma substância que ocorre naturalmente e que contribui para o odor característico do sêmen. Classifique cada átomo de nitrogênio na espermina como primário, secundário ou terciário.

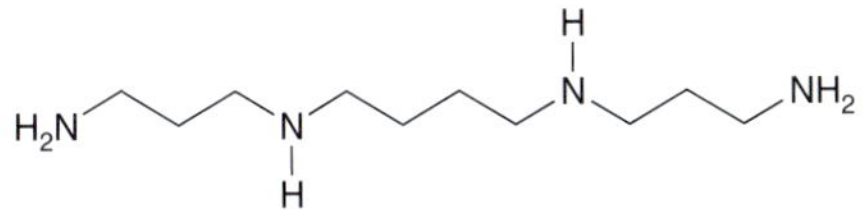

Espermina

23.39 Clomipramina é comercializada sob o nome comercial de Anafranil® e é utilizada no tratamento de distúrbio obsessivo compulsivo.

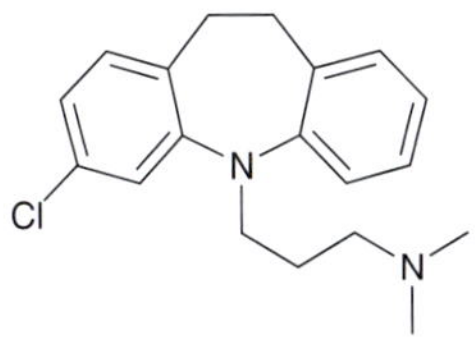

Clomipramina

(a) Identifique qual o átomo de nitrogênio na clomipramina que é mais básico e justifique a sua escolha.

(b) Represente a forma da clomipramina que é esperada predominar no pH fisiológico.

23.40 Cinchocaína é um anestésico local de longa duração utilizado em raquianestesia (anestesia raquidiana). Identifique o átomo de nitrogênio mais básico na cinchocaína.

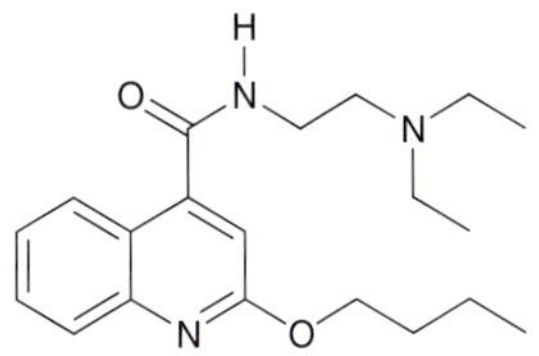

Cinchocaína

23.41 Para cada par de substâncias, identifique a base mais forte.

(a) 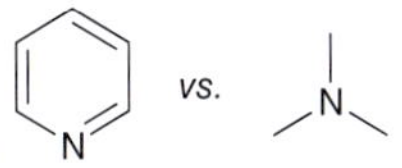

(b) 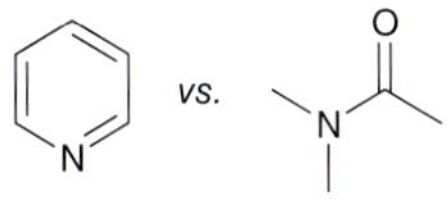

(c) 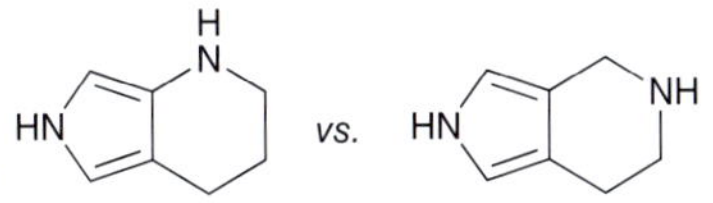

23.42 Represente a estrutura de cada uma das seguintes substâncias:

(a) *N*-Etil-*N*-isopropilanilina (b) *N*,*N*-Dimetilciclopropilamina

(c) (2*R*,3*S*)-3-(*N*,*N*-Dimetilamina)-2-pentanamina

(d) Benzilamina

23.43 Considere a estrutura da dietilamida do ácido lisérgico (LSD), um alucinógeno potente que contém três átomos de nitrogênio. Um desses três átomos de nitrogênio é significativamente mais básico do que os outros dois. Identifique o átomo de nitrogênio mais básico no LSD, e explique a sua escolha.

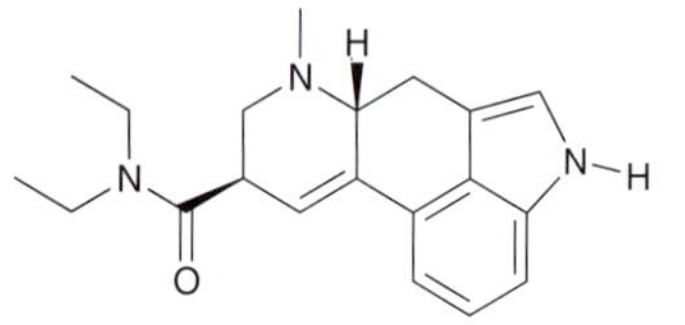

LSD

23.44 Identifique o número de centros de quiralidade de cada uma das seguintes estruturas:

(a) 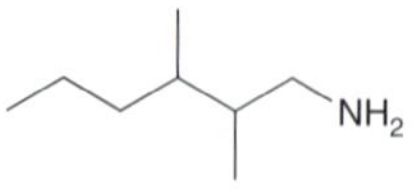

(b) 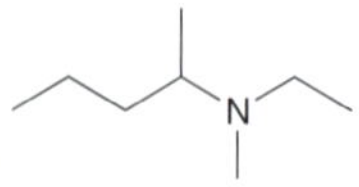

(c) 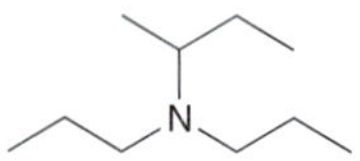

23.45 Atribua um nome para cada uma das seguintes substâncias:

(a) 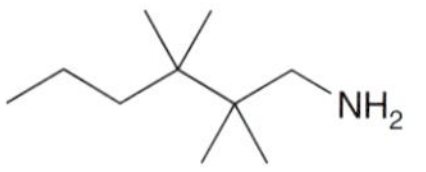

(b) 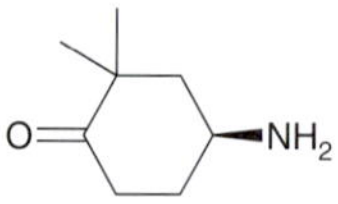

(c) 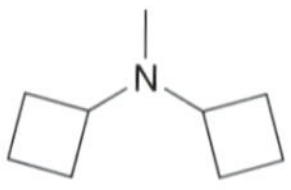

(d) 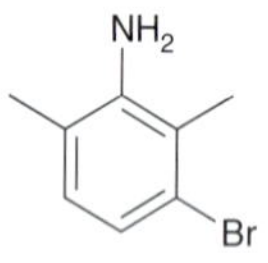

(e) 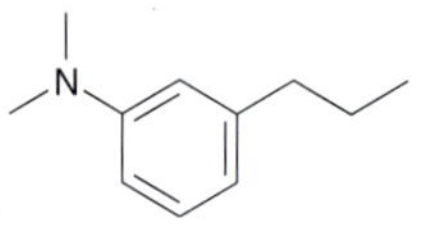

(f) 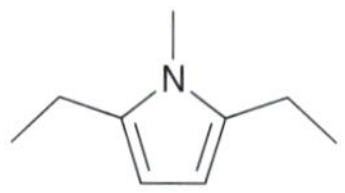

23.46 Represente todos os isômeros constitucionais com fórmula molecular $C_4H_{11}N$, e forneça um nome para cada isômero.

23.47 Represente todas as aminas terciárias com fórmula molecular $C_5H_{13}N$, e forneça um nome para cada isômero. Alguma dessas substâncias é quiral?

23.48 Cada par de substâncias vistas a seguir sofre uma reação ácido-base. Em cada caso, identifique o ácido, identifique a base, represente setas curvas que mostrem a transferência de um próton e represente os produtos.

(a) 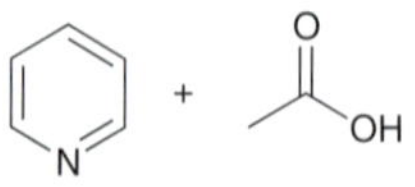

(b) 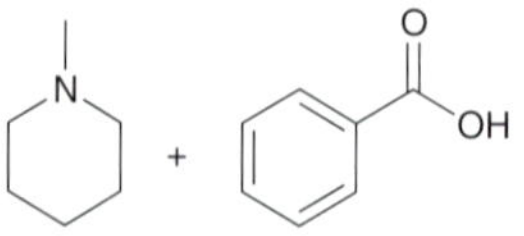

23.49 Represente a estrutura do produto principal obtido quando a anilina é tratada com cada um dos seguintes reagentes:

(a) Br_2 em excesso

(b) $PhCH_2COCl$, piridina

(c) Excesso de iodeto de metila

(d) $NaNO_2$ e HCl seguido por H_3PO_2

(e) $NaNO_2$ e HCl seguido por CuCN

23.50 Identifique como você gostaria de fazer cada uma das seguintes substâncias a partir do 1-hexanol.

(a) Hexilamina (b) Heptilamina (c) Pentilamina

23.51 Identifique como você faria a hexilamina a partir de cada uma das seguintes substâncias:

(a) 1-Bromo-hexano (b) 1-Bromopentano

(c) Ácido hexanoico (d) 1-Cianopentano

23.52 Aminas terciárias com três grupos alquila diferentes são quirais, mas não podem ser resolvidas porque a inversão piramidal provoca racemização à temperatura ambiente. No entanto, aziridinas quirais podem ser resolvidas e armazenadas à temperatura ambiente. Aziridina é um heterociclo de três membros contendo um átomo de nitrogênio. A substância vista a seguir é um exemplo de uma aziridina quiral. Nessa substância, o átomo de nitrogênio é um centro de quiralidade. Sugira uma razão pela qual aziridinas quirais não sofrem racemização à temperatura ambiente.

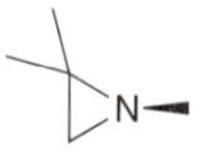

23.53 A lidocaína é um dos anestésicos locais mais amplamente utilizados. Represente a forma da lidocaína que é esperada predominar no pH fisiológico.

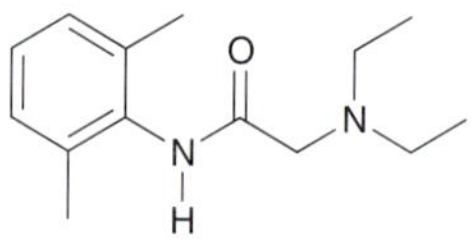

Lidocaína

23.54 Proponha um mecanismo para a seguinte transformação:

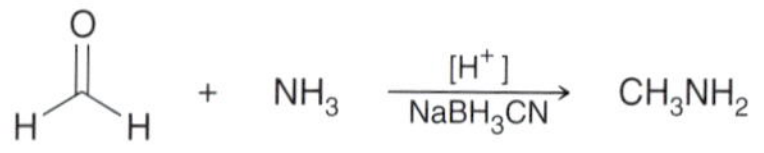

23.55 Quando a anilina é tratada com ácido sulfúrico fumegante, uma reação de substituição eletrofílica aromática ocorre na posição *meta* em vez de na posição *para*, apesar do fato de que o grupo amina é um diretor *orto-para*. Explique esse resultado curioso.

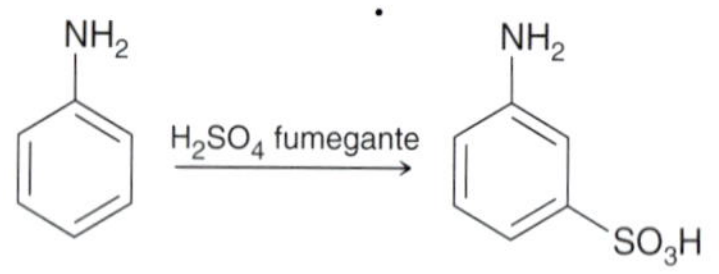

23.56 A *para*nitroanilina é uma ordem de grandeza menos básica do que a *meta*nitroanilina.

(a) Explique a diferença observada na basicidade.

(b) Você espera que a basicidade da *orto*nitroanilina seja mais póxima do valor da *meta*nitroanilina ou da *para*nitroanilina?

23.57 A metadona é um potente analgésico usado para suprimir os sintomas de abstinência na reabilitação de viciados em heroína. Identifique o principal produto que é obtido quando a metadona é submetida a uma eliminação de Hofmann.

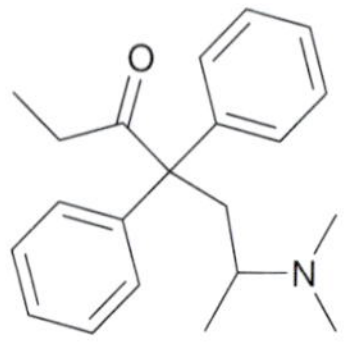

Metadona

23.58 Em geral, os átomos de nitrogênio são mais básicos do que os átomos de oxigênio. Entretanto, quando uma amida é tratada com um ácido forte, tal como o ácido sulfúrico, o átomo de oxigênio da amida que é protonado, em vez do átomo de nitrogênio. Explique essa observação.

23.59 Proponha uma síntese para cada uma das seguintes transformações:

(a)
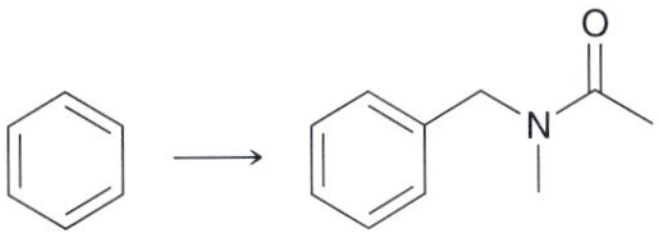

(b)
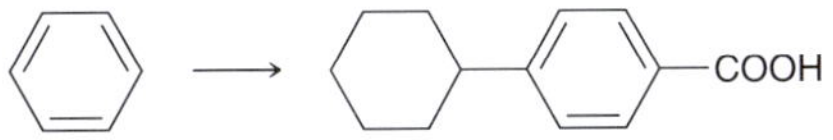

23.60 Represente um mecanismo para a última etapa da síntese de Gabriel, realizada sob condições básicas.

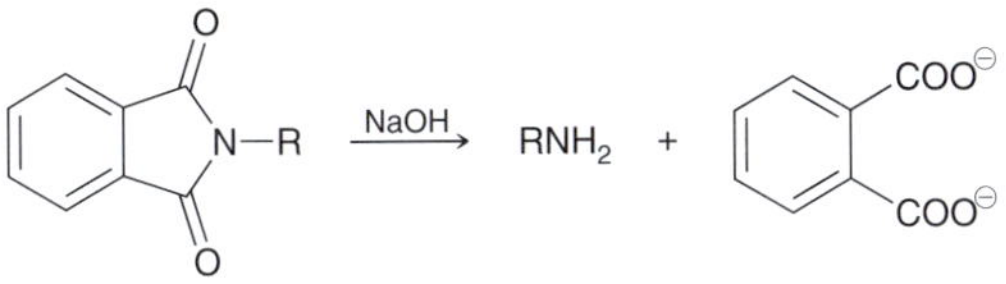

23.61 Uma variação da síntese de Gabriel utiliza hidrazina para liberar a amina na etapa final da síntese. Represente o subproduto obtido nesse processo.

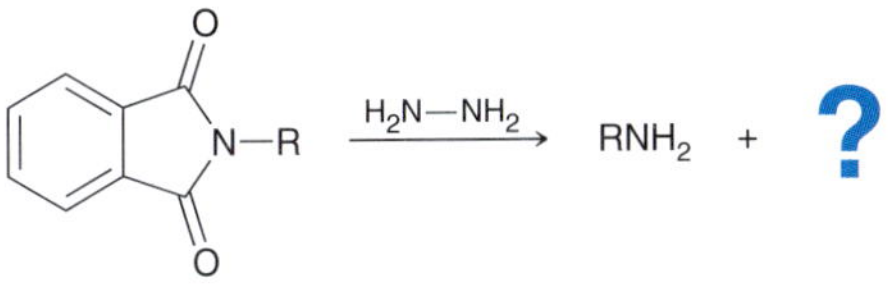

23.62 Preveja o produto principal para cada uma das reações vistas a seguir.

(a)
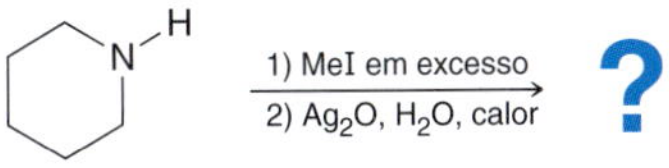

(b)
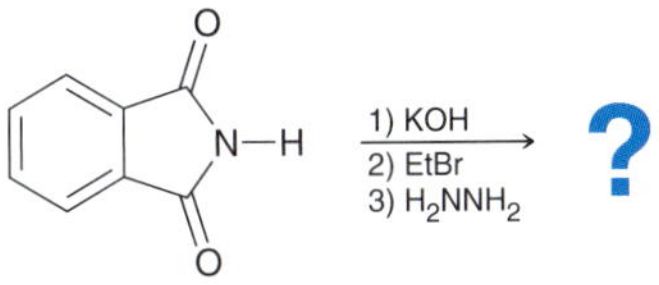

(c)
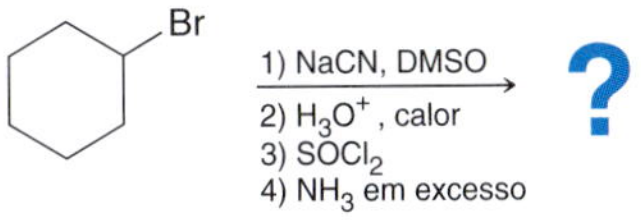

(d)
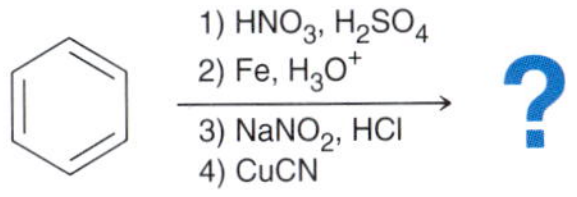

23.63 Escreva os reagentes que faltam:

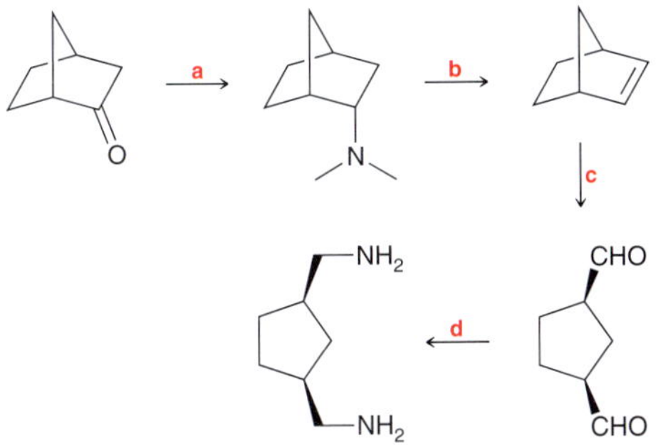

23.64 Neste capítulo, explicamos por que o pirrol é uma base fraca, mas nós não discutimos a acidez do pirrol. Na verdade, o pirrol é 20 ordens de grandeza mais ácido do que aminas mais simples. Represente a base conjugada do pirrol e explique a sua relativamente alta acidez.

23.65 Rimantadina é um fármaco antiviral usado para tratar pessoas infectadas com o vírus da gripe. Identifique a cetona de partida que seria necessária para preparar a rimantadina por meio de uma aminação redutiva.

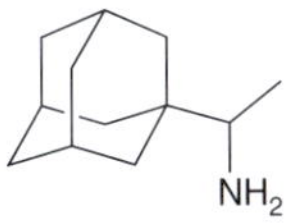

Rimantadina

23.66 Benzofetamina é um supressor de apetite que é comercializado sob o nome comercial Didrex® e utilizado no tratamento da obesidade. Identifique pelo menos duas formas diferentes de produzir a benzofetamina por meio de um processo de aminação redutiva.

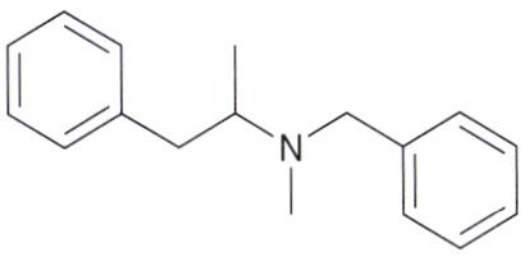

Benzofetamina

23.67 Represente o produto formado quando cada uma das seguintes substâncias é tratada com $NaNO_2$ e HCl:

(a)
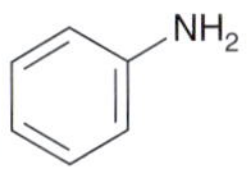

(b)
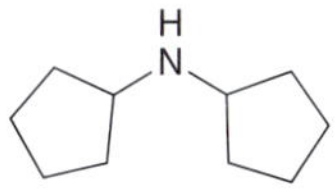

23.68 Considere a estrutura do corante azo chamado amarelo de alizarina R (a seguir). Mostre os reagentes que você usaria para preparar essa substância por meio de um processo de acoplamento azo.

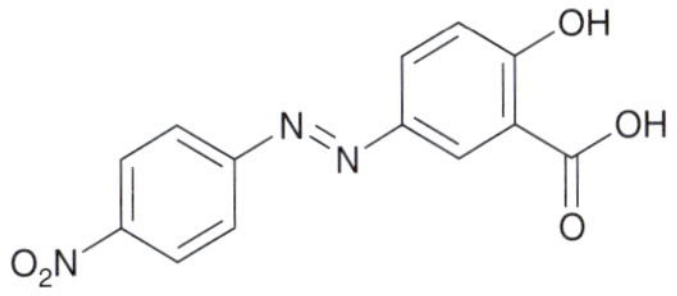

23.69 Represente o(s) principal(is) produto(s) que é(são) esperado(s) quando uma das seguintes aminas é tratada com iodeto de metila em excesso e, em seguida, aquecida na presença de óxido de prata aquoso.

(a)
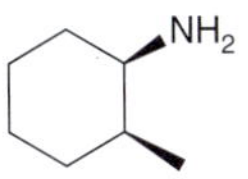

(b)
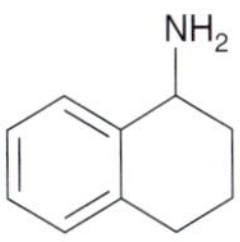

23.70 Preveja o(s) principal(is) produto(s) de cada uma das seguintes reações:

(a)
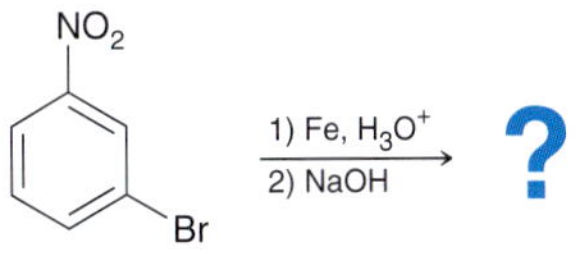

(b)
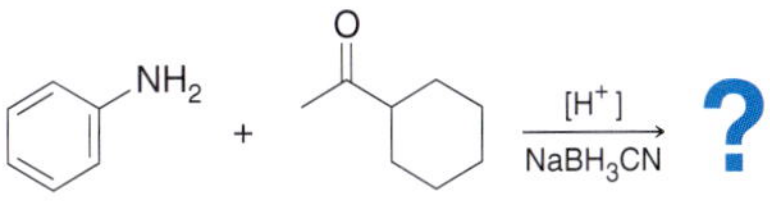

(c) 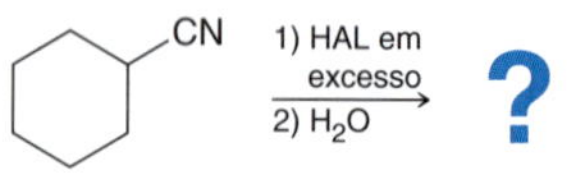

(d) 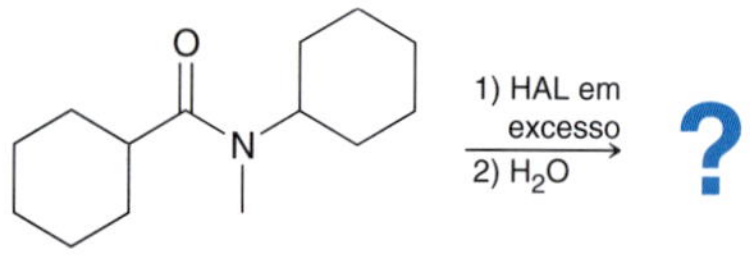

23.71 A *meta*bromoanilina foi tratada com $NaNO_2$ e HCl para se obter um sal de diazônio. Represente o produto obtido quando o sal de diazônio é tratado com cada um dos seguintes reagentes:

(a) H_2O (b) HBF_4 (c) CuCN (d) H_3PO_2 (e) CuBr

23.72 Represente o produto esperado da seguinte aminação redutiva:

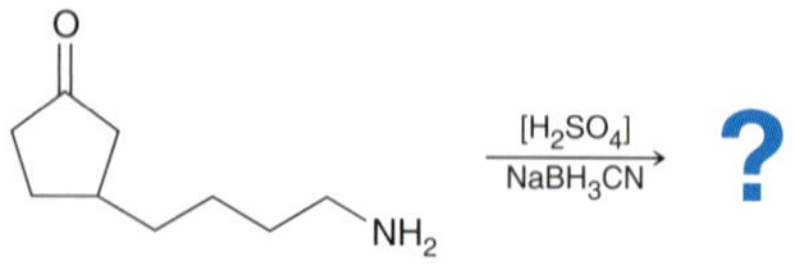

23.73 A partir do benzeno e de quaisquer reagentes com três ou menos átomos de carbono, como você prepararia cada uma das seguintes substâncias:

(a) 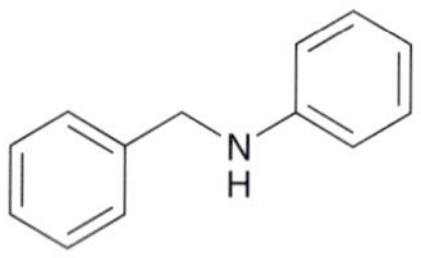

(b) 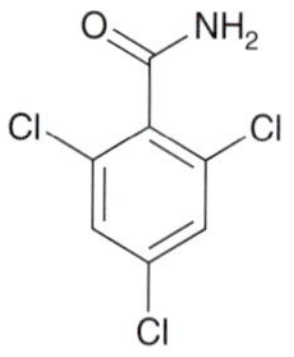

(c) 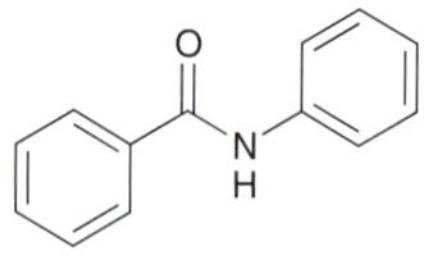

(d) 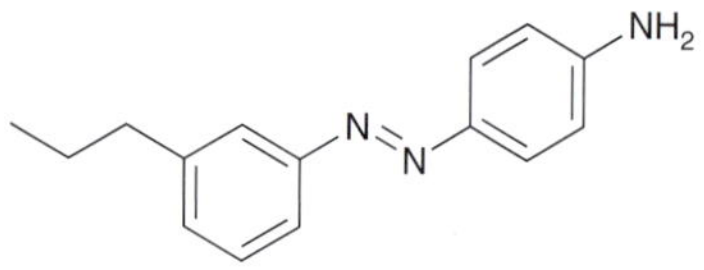

23.74 Represente as estruturas de todas as aminas isoméricas com fórmula molecular $C_6H_{15}N$ que não se espera que produzam qualquer sinal acima de 3000 cm^{-1} nos espectros de IV.

23.75 Quando a substância vista a seguir é tratada com iodeto de metila em excesso é obtido um sal de amônio quaternário que tem apenas uma carga positiva. Represente a estrutura do sal de amônio quaternário.

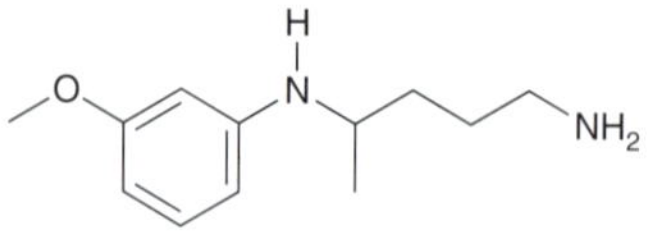

23.76 Represente um mecanismo para a seguinte transformação:

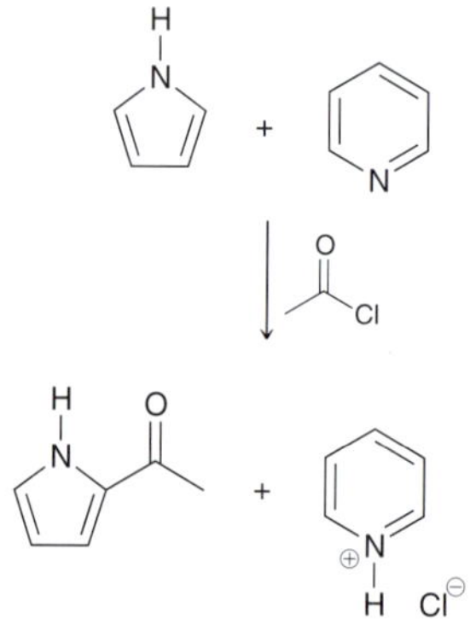

PROBLEMAS INTEGRADOS

23.77 Uma substância com a fórmula molecular $C_5H_{13}N$ exibe três sinais no espectro de RMN de próton e nenhum sinal acima de 3000 cm^{-1} no seu espectro de IV. Represente duas estruturas possíveis para essa substância.

23.78 Coniina tem fórmula molecular $C_8H_{17}N$ e estava presente no extrato de cicuta utilizado para executar o filósofo grego Sócrates. Submetendo-se a coniina a uma eliminação de Hofmann obtém-se (*S*)-*N*,*N*-dimetiloct-7-en-4-amina. A coniína apresenta um pico acima de 3000 cm^{-1} no seu espectro de IV. Represente a estrutura da coniina.

23.79 A piperazina é um agente anti-helmíntico (um fármaco utilizado no tratamento de vermes intestinais), que tem a fórmula molecular $C_4H_{10}N_2$. O espectro de RMN de próton da piperazina apresenta dois sinais. Quando dissolvida em D_2O, um desses sinais desaparece ao longo do tempo. Proponha uma estrutura da piperazina.

23.80 Aminas primárias ou secundárias vão atacar epóxidos no processo de abertura do anel:

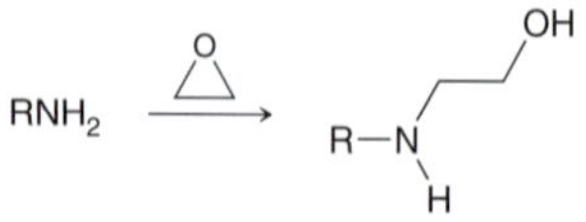

Para epóxidos substituídos, o ataque nucleófilo geralmente ocorre no lado menos estericamente impedido do epóxido. Usando esse tipo de reação, mostre como você pode preparar a substância vista a seguir a partir de benzeno, amônia e quaisquer outros reagentes de sua escolha.

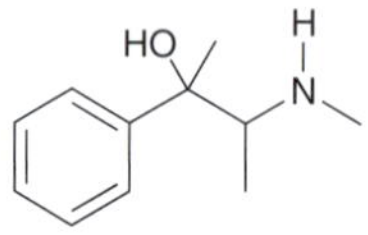

23.81 A fenacetina foi amplamente utilizada como um analgésico antes de ser retirada do mercado em 1983 por suspeita de ser uma substância cancerígena. Ela foi amplamente substituída pelo acetaminofeno (Tylenol®), que é muito semelhante em estrutura, mas não é cancerígeno. Partindo do benzeno e utilizando quaisquer outros reagentes de sua escolha, esboce uma síntese da fenacetina.

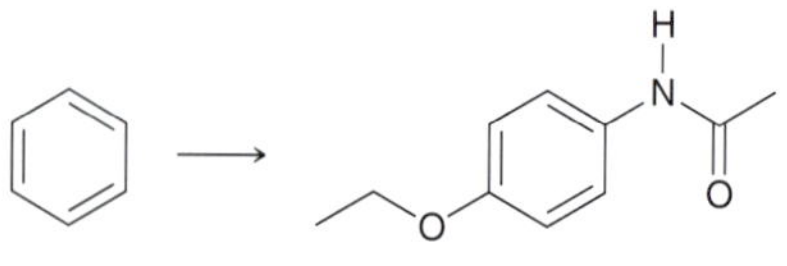

Fenacetina

23.82 Proponha um mecanismo para o seguinte processo:

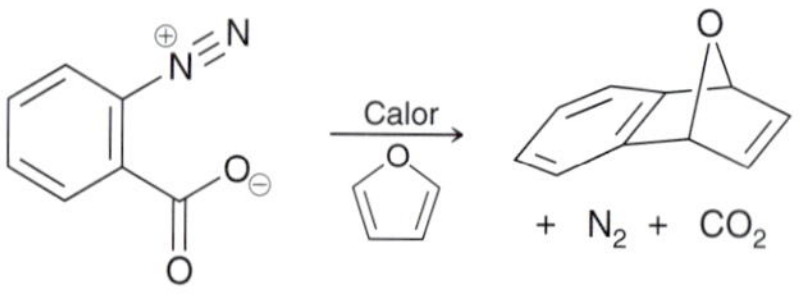

23.83 Represente a estrutura da substância com a fórmula molecular $C_6H_{15}N$ que apresenta os seguintes espectros de RMN de ^1H e ^{13}C:

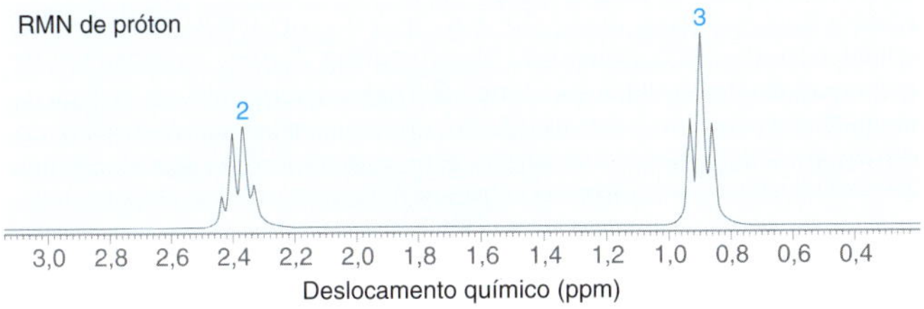

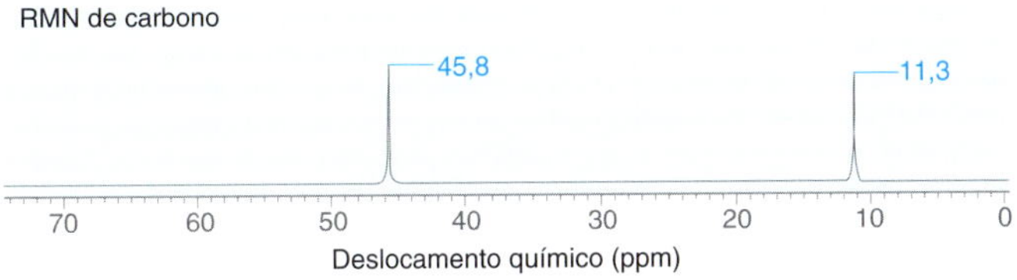

23.84 Represente a estrutura da substância com a fórmula molecular $C_8H_{11}N$ que apresenta os seguintes espectros de RMN de ^1H e ^{13}C:

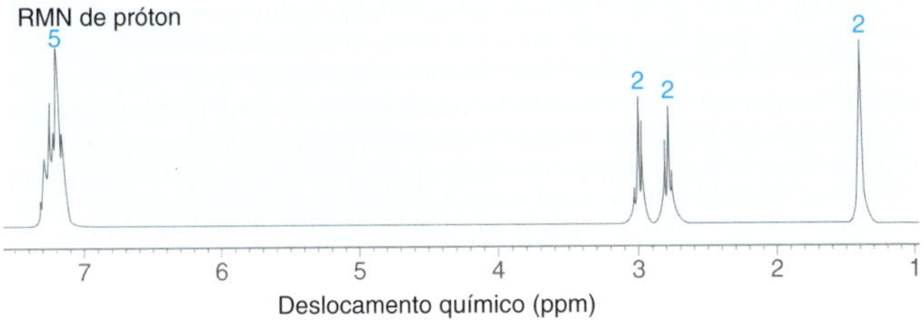

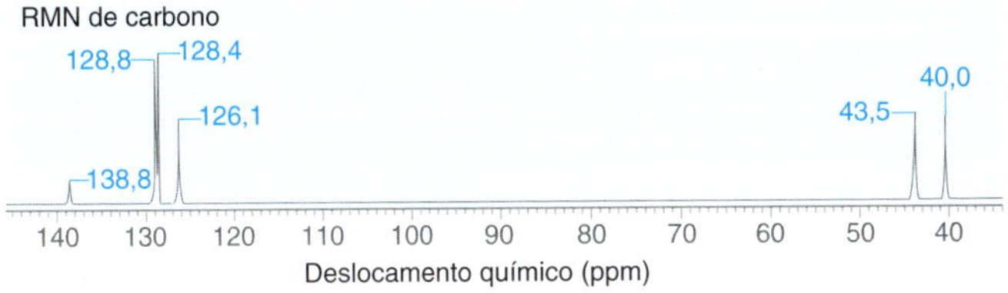

23.85 Usando benzeno como sua única fonte de átomos de carbono e amônia como sua única fonte de átomos de nitrogênio, proponha uma síntese para a seguinte substância:

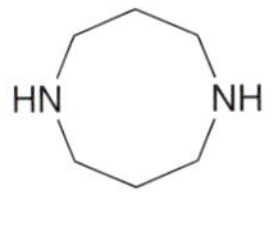

23.86 Proponha uma síntese para a seguinte transformação:

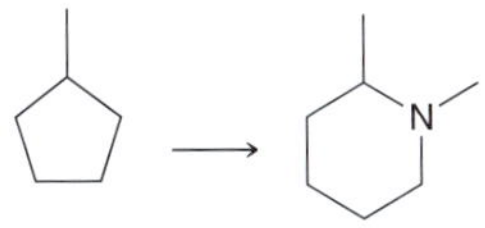

23.87 Quando 3-metil-3-fenil-1-butanamina é tratada com nitrito de sódio e HCl, obtém-se uma mistura de produtos. Verificou-se que a substância vista a seguir estava presente na mistura reacional. Explique a sua formação com um mecanismo completo (certifique-se de mostrar o mecanismo de formação de um íon nitrosônio).

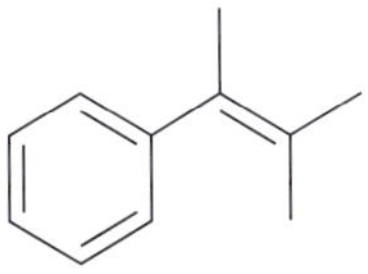

23.88 Guanidina é uma substância neutra, mas é uma base extremamente poderosa. Na verdade, ela é quase tão forte quanto um íon hidróxido. Identifique qual é o átomo de nitrogênio na guanidina que é tão básico, e explique por que a guanidina é uma base muito mais forte do que a maioria das outras aminas.

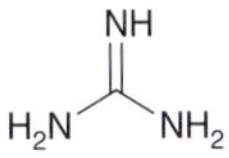

Guanidina

23.89 Na primeira síntese assimétrica da (–)-(*S,S*)-homalina, um alcaloide simétrico isolado no início dos anos 1970, um intermediário decisivo é a substância **2** (*Tetradhedron Lett.* **2012**, *53*, 1119-1121). Forneça os reagentes para a conversão da substância **1** na substância **2**.

1 **2**

23.90 A nicotina é bem conhecida por sua característica viciante presente no cigarro. Curiosamente, ela também tem sido sugerida como tendo um potencial terapêutico em doenças do sistema nervoso central, tais como doença de Alzheimer, doença de Parkinson e depressão. Entretanto, devido aos efeitos secundários tóxicos da nicotina, seus derivados estão sendo desenvolvidos, tais como a substância **2**, que mostra toxicidade muito inferior e exibe propriedades analgésicas (inibição a dor) (*Bioorg. Med. Chem. Lett.* **2006**, *16*, 2013– 2016). Proponha uma síntese eficiente da substância **2** a partir da substância **1**.

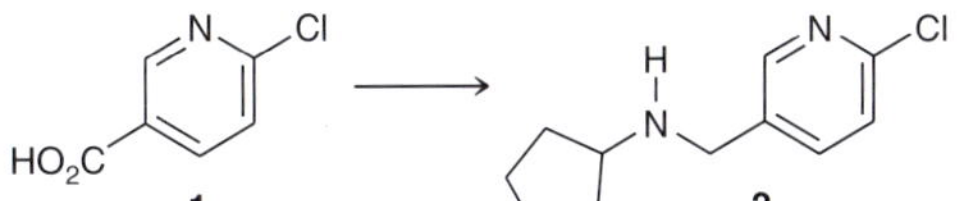

1 **2**

DESAFIOS

23.91 Halosalina é um alcaloide que ocorre naturalmente isolado a partir da planta *Lobelia inflata*. Sua síntese foi recentemente concluída através da redução de uma azida seguida por redução de uma amida (*Org. Lett.* **2007**, *9*, 2673–2676). A primeira dessas etapas, mostrada ao lado, foi uma contração do anel que converteu uma lactona em uma lactama:

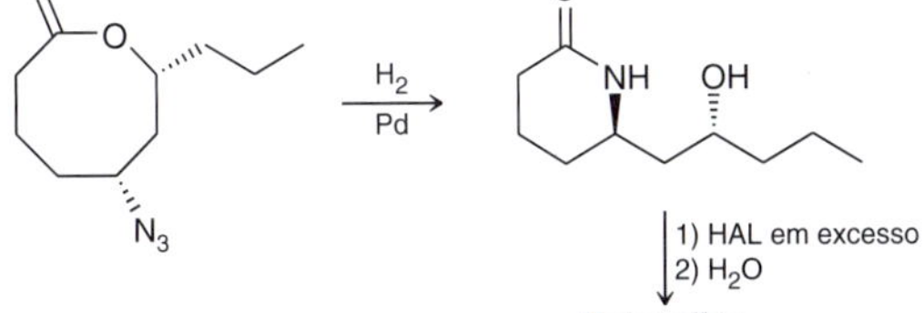

Halosalina

(a) Forneça uma estrutura para o alcaloide halosalina.

(b) Por que não é possível conseguir a transformação em apenas uma etapa (em vez de duas), utilizando HAL para reduzir tanto a azida como a amida, em um balão de reação?

(c) Represente um mecanismo para explicar a contração do anel de lactona a lactama.

23.92 A síntese formal do quinino em 1944 por Woodward e Doering foi uma realização marcante (*J. Am. Chem. Soc.*, **1945**, *67*, 860–874). Durante a sua síntese, a substância vista a seguir foi tratada com excesso de iodeto de metila, seguido por uma solução de alcalina de NaOH. Sob essas condições, o produto de eliminação de Hofmann inicial sofre conversão adicional para se obter um produto com a fórmula molecular $C_{10}H_{17}NO_2$. Identifique a estrutura do produto.

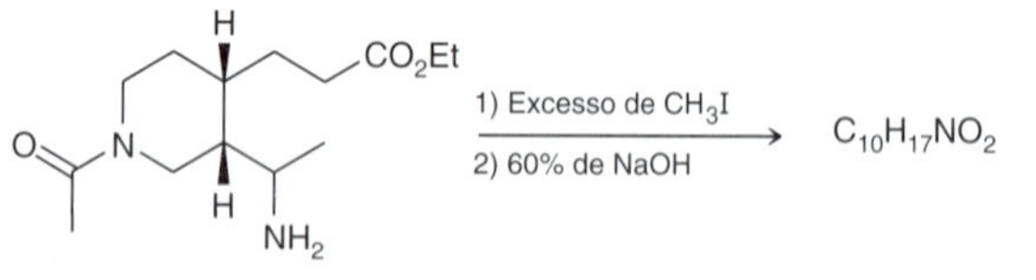

23.93 Derivados de piperazinona, tais como a substância **4**, estão sendo investigados quanto à sua potencial utilização no tratamento de enxaquecas, bem como uma variedade de outras doenças, incluindo a hipertensão e a sepse. O procedimento de síntese em duas etapas, visto a seguir, foi desenvolvido como um método geral para a produção de uma variedade de derivados da piperazinona (*Tetrahedron Lett.* **2009**, *50*, 3817–3819). A substância **1** é um material de partida facilmente disponível que pode ser convertido na substância **2** por meio de um processo S_N2. A aminação redutiva da substância **2** produz a substância **3**, que tem um pequeno tempo de vida e rapidamente sofre a formação de amida catalisada por ácido para o produto cíclico **4**, um derivado da piperazinona.

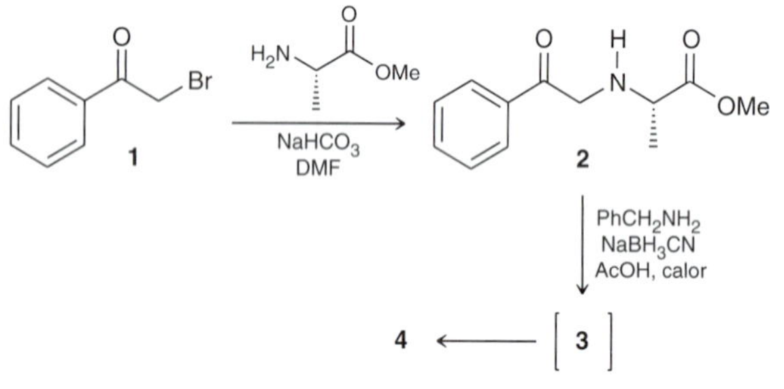

(a) Represente a estrutura de **3** e explique por que ela é produzida como uma mistura diastereômica.

(b) Represente a estrutura de 4 e determine se ela será produzida como uma mistura de diastereômeros. Explique seu raciocínio.

23.94 Agentes de alquilação são substâncias capazes de transferir um grupo alquila para um nucleófilo adequado, e representam uma importante classe de agentes anticancerígenos. Esses agentes podem transferir um grupo alquila para o DNA (em uma célula cancerígena), causando mudanças estruturais que conduzem finalmente à morte da célula. O produto da transformação vista a seguir, que ocorre através de duas reações sucessivas de substituição, foi concebido para atuar como um agente de alquilação anticancerígeno (*Tetrahedron Lett.* **2004**, 45, 5807–5810). Represente uma estrutura para esse produto.

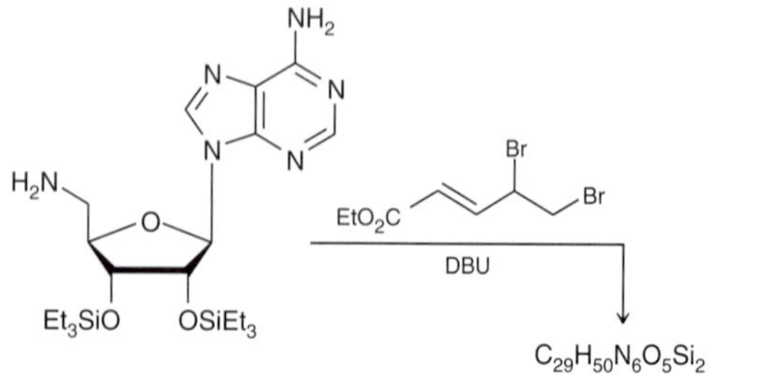

23.95 Enaminoésteres (também chamados carbamatos vinílogos), tais como a substância **4**, vista a seguir, podem servir como blocos de construção na síntese de heterociclos de nitrogênio. A substância **4** foi preparada a partir da substância **1** em um método de um só recipiente (toda a transformação teve lugar em um único vaso reacional). A substância **1** foi primeiro convertida na substância **2**, mas, na presença de acetoacetato de metila, a substância **2** foi posteriormente convertida na imina **3**, mesmo sem a introdução de um catalisador ácido. Após a sua formação, a substância **3** é, então, tautomerizada para dar a enamina **4** (*Tetrahedron Lett.*, **2005**, *46*, 979–982).

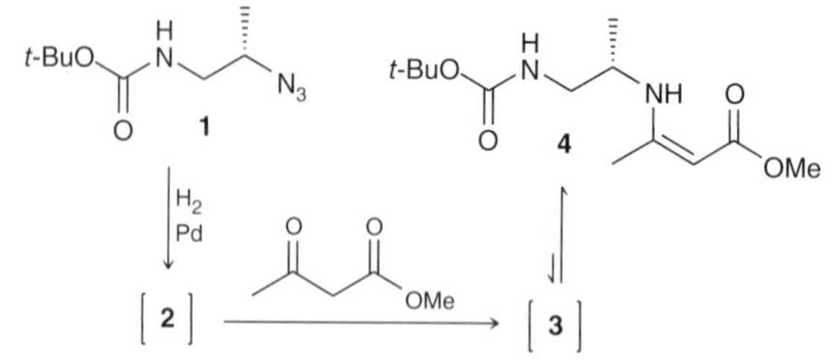

(a) Represente as estruturas de **2** e **3**.

(b) A tautomerização imina-enamina é muito semelhante à tautomerização ceto-enol. Represente um mecanismo catalisado por ácido (usando H_3O^+) para a conversão de **3** em **4**.

(c) O equilíbrio para a tautomerização imina-enamina geralmente favorece a imina, mas, neste caso, a enamina é favorecida. Dê pelo menos duas razões pelas quais o equilíbrio favorece a enamina **4** em relação à imina **3**.

23.96 A reação vista a seguir foi realizada durante a síntese total da crispina A, um alcaloide citotóxico isolado a partir de um cardo da Mongólia (*J. Org. Chem.* **2011**, *76*, 1605–1613). Proponha um mecanismo plausível para a formação da substância **2** a partir da amina **1**.

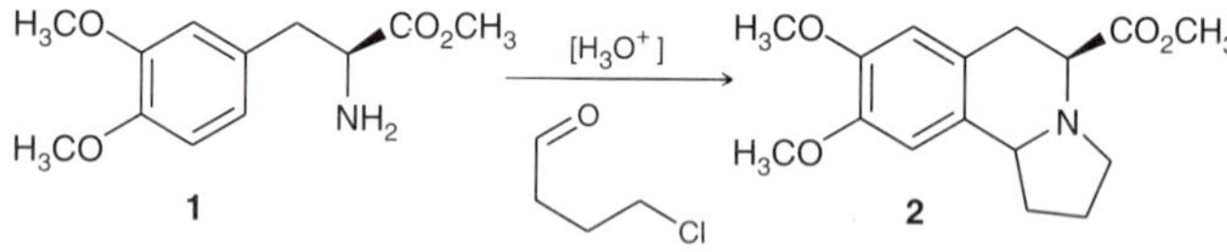

23.97 Durante um estudo recente da epibatidina, um potente analgésico isolado do veneno de um sapo equatoriano, os pesquisadores utilizaram uma interessante reação de fragmentação para obter análogos de anel aberto (*J. Org. Chem.* **1999**, *64*, 4966–4968). Proponha um mecanismo plausível para a seguinte transformação:

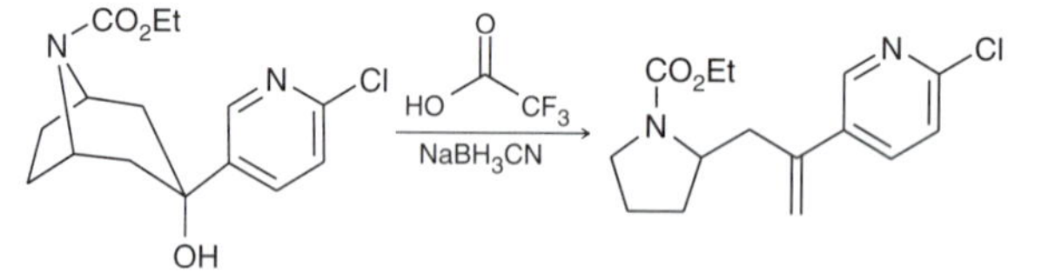

23.98 Proponha um mecanismo plausível para a transformação vista a seguir e justifique o resultado estereoquímico (*J. Org. Chem.* **1999**, *64*, 4617–4626):

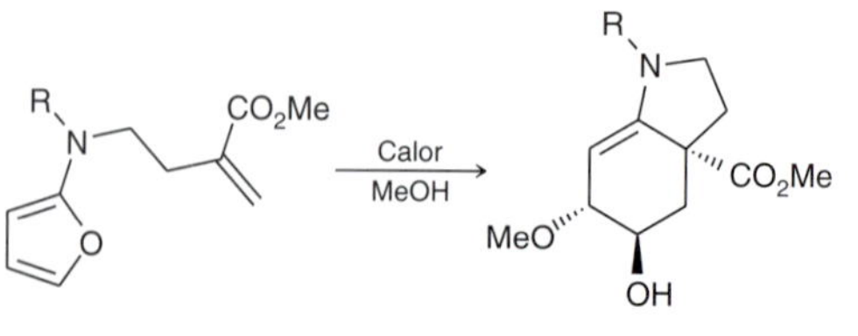

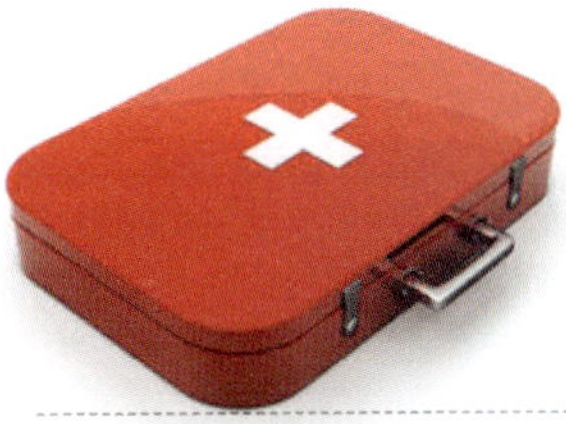

24

Carboidratos

VOCÊ JÁ SE PERGUNTOU...
o que é a Neosporina e como ela funciona?

A neosporina é um antibiótico que contém três ingredientes ativos. Um deles, chamado de neomicina, é um derivado de carboidrato. Neste capítulo investigaremos os carboidratos e os seus diversos papéis na natureza. Após uma introdução sobre a estrutura e reatividade dos carboidratos, retornaremos para analisar em mais detalhe a estrutura da neomicina e de antibióticos relacionados.

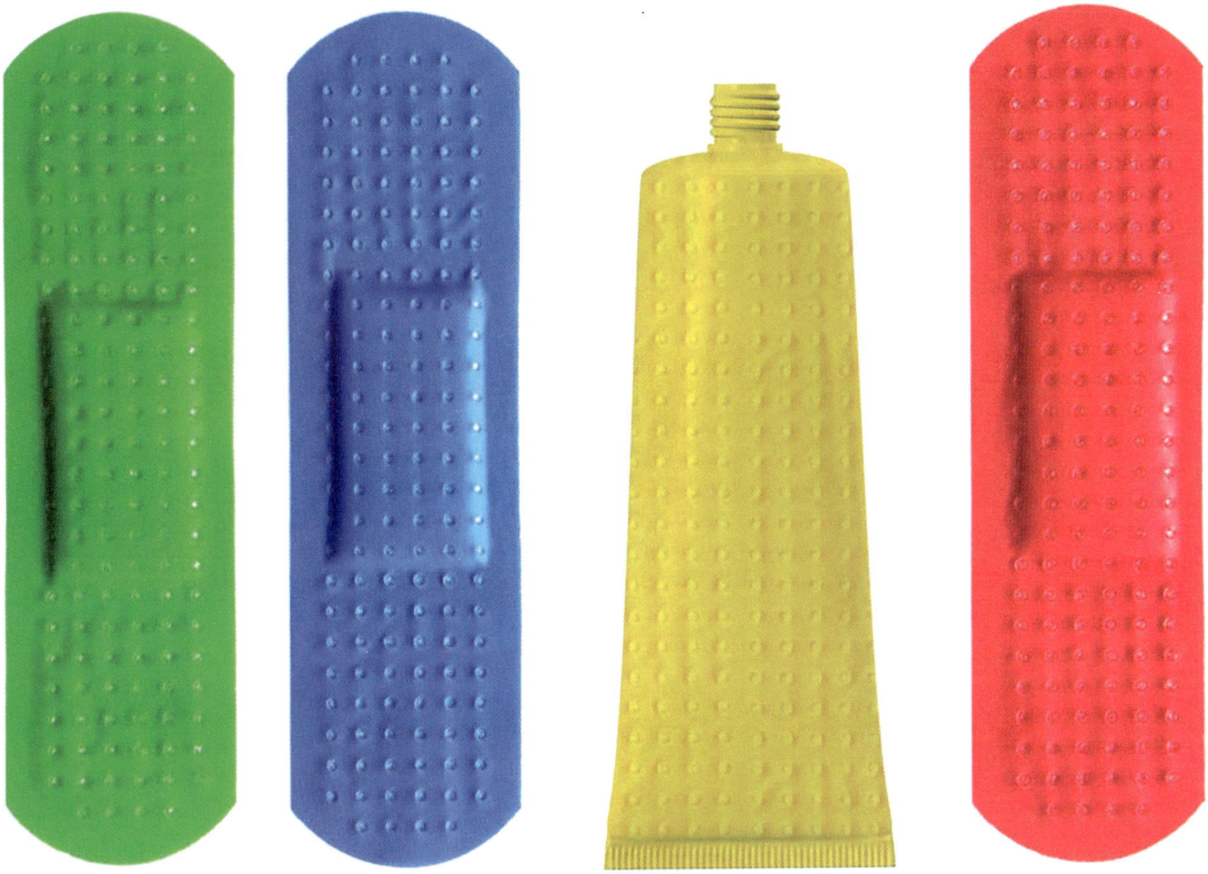

VOCÊ SE LEMBRA?

Antes de avançar, tenha certeza de que você compreende os tópicos citados a seguir. Se for necessário, revise as seções sugeridas para se preparar para este capítulo.

- Representação das Conformações em Cadeira (Seção 4.11, do Volume 1)
- Projeções de Haworth (Seção 4.14, do Volume 1)
- Projeções de Fischer (Seção 5.7, do Volume 1)
- Redução de Aldeídos e Cetonas (Seção 20.9)
- Hemiacetais e Acetais (Seção 20.5)

24.1 Introdução aos Carboidratos

Os **carboidratos**, normalmente chamados de açúcares, são abundantes na natureza. Eles representam uma parte significativa dos alimentos que ingerimos, fornecendo a energia necessária para conduzir os processos bioquímicos em nossos organismos. Os carboidratos são os blocos de construção utilizados para dar rigidez estrutural aos organismos vivos, incluindo a madeira encontrada nas árvores e a carapaça das lagostas. Até mesmo o nosso DNA é um conjunto de derivados de carboidratos, como veremos no final deste capítulo.

Os primeiros carboidratos isolados e purificados foram originalmente considerados como hidratos de carbono. Por exemplo, a glicose era conhecida como tendo a fórmula molecular $C_6H_{12}O_6$, a qual pode ser rearranjada como $C_6(H_2O)_6$ indicando seis átomos de carbono e seis moléculas de água. A estrutura da glicose foi elucidada e esta visão descartada, mas o termo *carboidrato* persistiu. Carboidratos são agora compreendidos como sendo poli-hidroxialdeídos e poli-hidroxicetonas. Por exemplo, considere a estrutura da glicose ocorrendo naturalmente. Árvores e plantas convertem dióxido de carbono e água em glicose durante a fotossíntese.

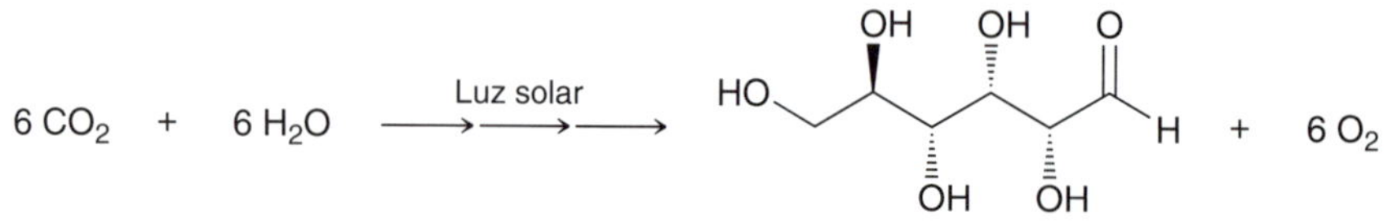

Glicose

A energia proveniente do sol é absorvida pela vegetação e utilizada para converter moléculas de CO_2 em substâncias orgânicas maiores. Essas substâncias orgânicas, tal como a glicose, têm ligações C–C e C–H, que possuem maior energia que as ligações C=O no CO_2. Nossos organismos utilizam uma série de reações químicas para converter essas substâncias de volta a CO_2, liberando assim a energia solar armazenada. Neste processo, liberamos dióxido de carbono e água de volta ao meio ambiente para serem reciclados. Essencialmente, nossos organismos são mantidos, em grande parte, pela energia solar armazenada na forma de moléculas de glicose.

24.2 Classificação dos Monossacarídeos

Aldoses *versus* Cetoses

Açúcares simples são chamados de **monossacarídeos**, um termo que deriva da palavra latina para açúcar, *saccharum*. Açúcares complexos, tais como dissacarídeos e polissacarídeos, são feitos pela união de monossacarídeos, e serão discutidos mais tarde neste capítulo.

Os monossacarídeos geralmente contêm diversos centros de quiralidade, e as projeções de Fischer são utilizadas para indicar a configuração de cada centro de quiralidade. Glicose e frutose são exemplos de monossacarídeos simples.

RELEMBRANDO
Para revisar as projeções de Fischer e as informações necessárias para interpretar estas representações veja a Seção 5.7, do Volume 1.

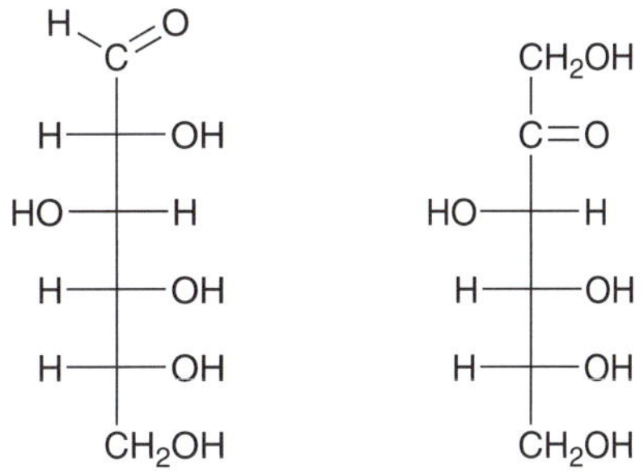

Glicose **Frutose**

O sufixo *-ose* é usado para indicar um carboidrato. Centenas de monossacarídeos diferentes são conhecidos, e cada um pode ser classificado como uma *aldose* ou uma *cetose*. **Aldoses** contêm um grupo aldeído, enquanto **cetoses** contêm um grupo cetona. De acordo com esta classificação a glicose é uma aldose e a frutose é uma cetose.

Aldoses e cetoses podem ainda ser classificadas segundo o número de átomos de carbono que elas contêm. Isto é realizado inserindo-se o termo (tri-, tetra-, pent-, hex- ou hept-,) imediatamente antes do sufixo *-ose*.

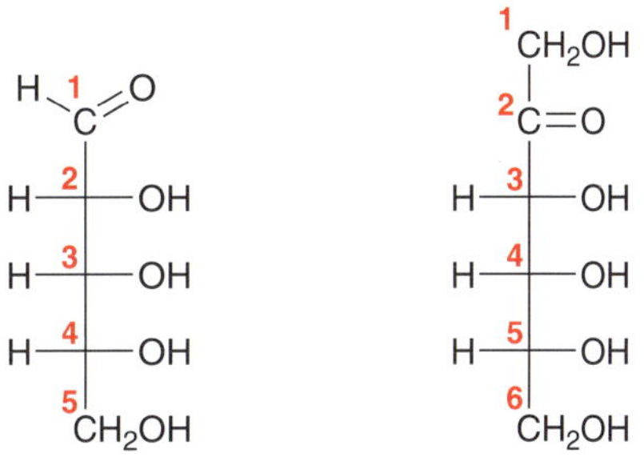

Uma aldopentose **Uma ceto-hexose**

A primeira substância é uma aldose com cinco átomos de carbono, portanto, chamada de *aldopentose*. A segunda substância é uma cetose com seis átomos de carbono e é, portanto, chamada de *ceto-hexose*. Dessa maneira, carboidratos são classificados segundo três descritores:

1. *aldo* ou *ceto*, indicando se a substância é um aldeído ou uma cetona
2. *tri-, tetra-, pent-, hex-* ou *hept-* indicando o número de átomos de carbono
3. *-ose* indicando um carboidrato

Açúcares D e L

O gliceraldeído é uma das menores substâncias consideradas como um carboidrato. Ele possui apenas um centro de quiralidade e, portanto, pode existir como um par de enantiômeros.

(+)-Gliceraldeído **(–)-Gliceraldeído**

Como foi discutido na Seção 5.4, do Volume 1, enantiômeros giram o plano da luz plano-polarizada em direções opostas. Um enantiômero gira o plano da luz plano-polarizada em um sentido horário (dextrorrotatório) e é designado como (+); o outro enantiômero gira o plano da luz plano-polarizada no sentido anti-horário (levorrotatório) sendo designado como (–). Apenas o gliceraldeído (+) ou dextrorrotatório é abundante na natureza, de modo que o gliceraldeído obtido de fontes naturais é geralmente chamado de D-gliceraldeído. O gliceraldeído levorrotatório ou L-gliceraldeído pode ser obtido no laboratório, mas geralmente não é observado na natureza.

Estudos anteriores com carboidratos revelaram que a maioria dos carboidratos que ocorrem na natureza pode ser degradada (quebrados) para produzir D-gliceraldeído. Por exemplo, a degradação da glicose ocorrendo naturalmente produz D-gliceraldeído (Figura 24.1). Durante o processo de degradação, os átomos de carbono são removidos um de cada vez (da parte superior da projeção de Fischer). A perda de três átomos de carbono da glicose ocorrendo naturalmente fornece o D-gliceraldeído. A mesma observação é realizada para outros carboidratos ocorrendo naturalmente.

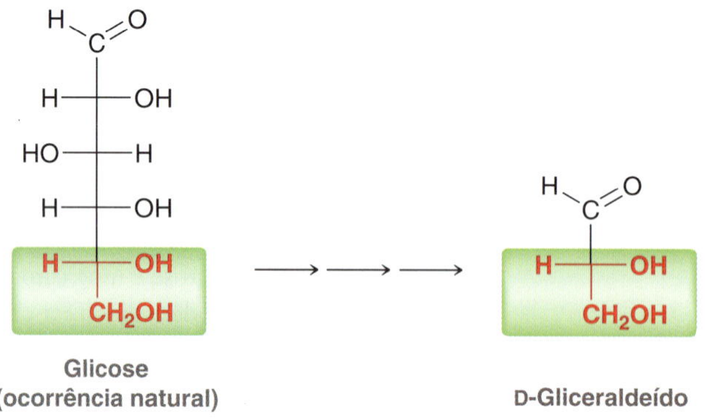

FIGURA 24.1
A degradação da maioria dos açúcares que ocorrem naturalmente produz o D-gliceraldeído.

Por outro lado, quando açúcares sintéticos (aqueles preparados em laboratório) são degradados eles produzem um mistura de D e L-gliceraldeídos. Em resposta a essas observações os químicos começaram a utilizar a convenção de Fischer-Rosanoff na qual a letra D designa qualquer açúcar que degrade a (+)-gliceraldeído. De acordo com essa convenção quase a totalidade dos carboidratos ocorrendo naturalmente são **açúcares D** – isto é, o centro de quiralidade mais distante do grupo carbonila terá um grupo OH apontando para a direita na projeção de Fischer, como nos exemplos vistos a seguir:

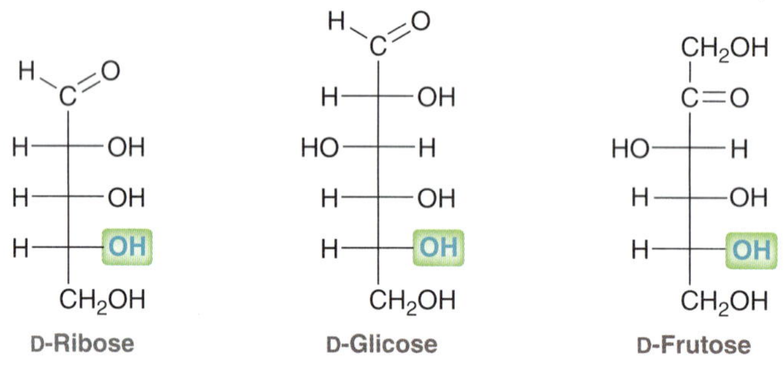

Enquanto o D-gliceraldeído é dextrorrotatório (por definição) outros açúcares D não são necessariamente dextrorrotatórios. Por exemplo, a D-eritrose e a D-treose são na verdade levorrotatórios.

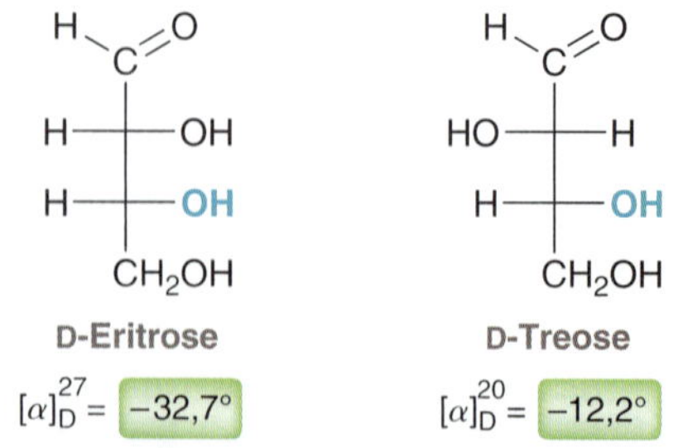

Neste contexto, o D não se refere mais a direção na qual o plano da luz plano-polarizada gira. Em vez disso, ele significa que o centro de quiralidade (o mais distante do grupo carbonila) tem a configuração *R* do mesmo modo que o (+)-gliceraldeído. De modo similar, os **açúcares L** não são necessariamente levorrotatórios, mas em vez disso um açúcar L é simplesmente o enantiômero do correspondente açúcar D.

VERIFICAÇÃO CONCEITUAL

24.1 Classifique cada um dos carboidratos vistos a seguir como uma aldose ou uma cetose, e então insira o prefixo apropriado para indicar o número de átomos de carbono presentes (por exemplo, uma aldo*pentose*):

(a) 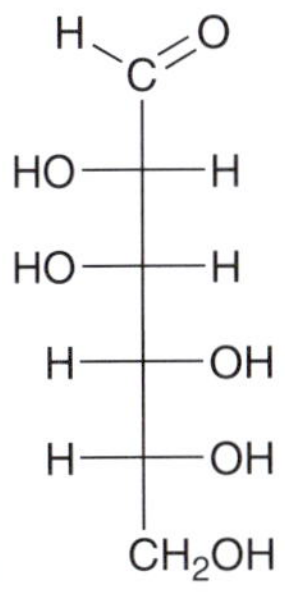

(b) 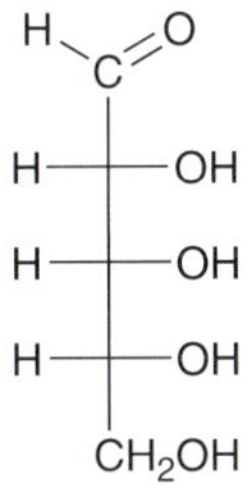

(c) 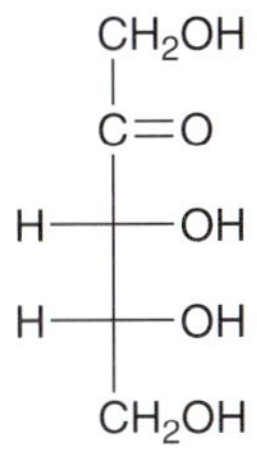

(d) 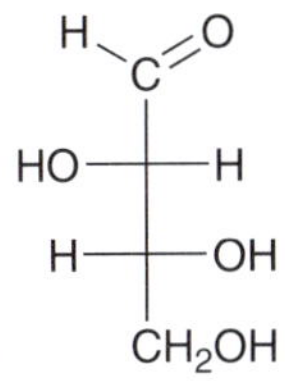

(e) 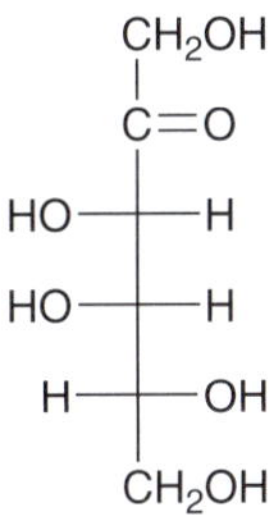

24.2 Você esperaria que uma aldo-hexose e uma ceto-hexose sejam constitucionalmente isoméricas? Explique por que ou por que não.

24.3 Determine se cada um dos carboidratos vistos a seguir é um açúcar D ou um açúcar L e assinale a configuração de cada um dos centros de quiralidade. Após atribuir a configuração de todos os centros de quiralidade, você nota alguma tendência que possibilite você atribuir mais rapidamente a configuração de um centro de quiralidade em um carboidrato?

(a) 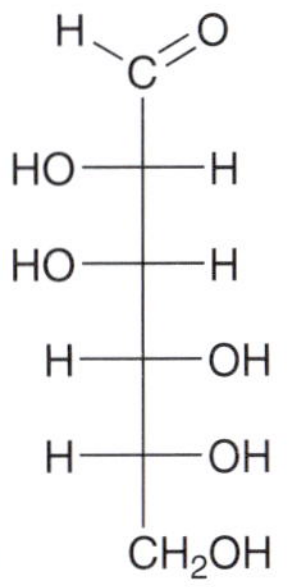

(b) 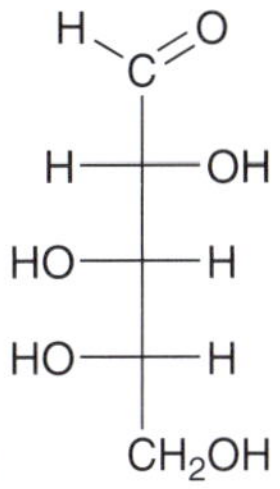

(c) 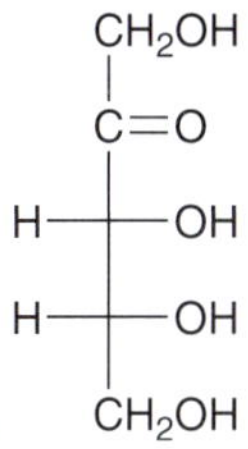

(d) 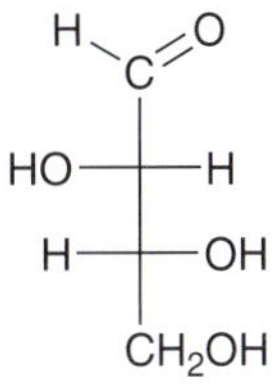

(e) 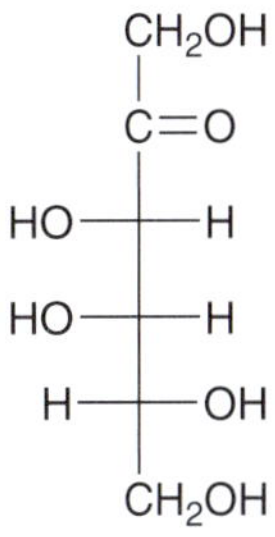

24.4 A D-alose é uma aldo-hexose na qual todos os quatro centros de quiralidade têm configuração *R*. Represente a estrutura de Fischer de cada uma das seguintes substâncias:

(a) D-Alose (b) L-Alose

24.5 Existem apenas duas cetotetroses estereoisoméricas.

(a) Represente ambas.

(b) Identifique a sua relação estereoisomérica.

(c) Identifique qual é um açúcar D e qual é um açúcar L.

24.6 Existem quatro aldotetroses estereoisoméricas.

(a) Represente as quatro e arranje-as em pares de enantiômeros.

(b) Identifique quais estereoisômeros são açúcar D e quais são açúcar L.

24.3 Configuração das Aldoses

Aldotetroses

Aldotetroses apresentam dois centros de quiralidade e existem apenas quatro possíveis aldotetroses (dois pares de enantiômeros). Duas tetroses possíveis são açúcares D, enquanto as outras duas são açúcares L. Os açúcares D são chamados de D-eritrose e D-treose (Figura 24.2). Os açúcares L, chamados de L-eritrose e L-treose, são os enantiômeros das D-aldotetroses.

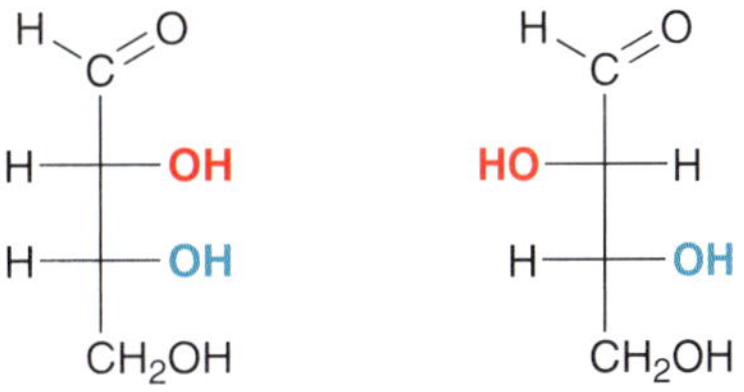

D-Eritrose **D-Treose**

FIGURA 24.2
As estruturas das D-aldotetroses.

Aldopentoses

RELEMBRANDO
Para uma revisão da regra 2^n, veja a Seção 5.5 do Volume 1.

Aldopentoses possuem três centros de quiralidade, o que significa que existem oito (2^3) aldopentoses possíveis (quatro pares de enantiômeros). Quatro das possíveis aldopentoses são açúcares D, enquanto as outras quatro são açúcares L. A Figura 24.3 mostra os açúcares D. A D-ribose é um importante bloco de construção do RNA, como veremos no final deste capítulo. A D-arabinose é produzida na maioria das plantas, e a D-xilose é encontrada na madeira.

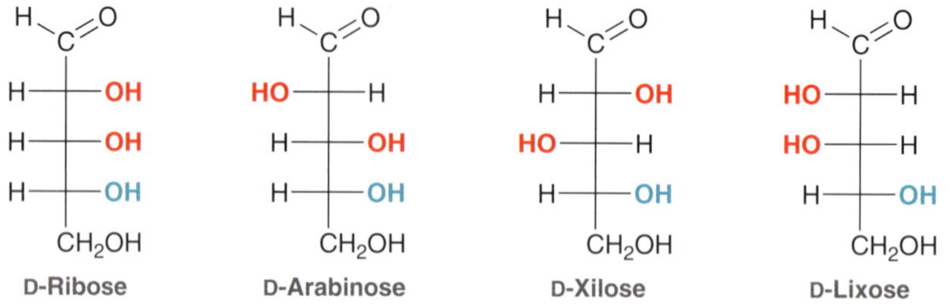

FIGURA 24.3
As estruturas das D-aldopentoses.

Aldo-hexoses

Aldo-hexoses possuem quatro centros de quiralidade, formando 2^4 (ou 16) estereoisômeros possíveis. Esses 16 estereoisômeros podem ser agrupados em 8 pares de enantiômeros, em que cada par consiste em um açúcar D e um açúcar L. Uma vez que açúcares D são observados na natureza, vamos centralizar a nossa atenção nos açúcares D. Existem seis deles (Figura 24.4).

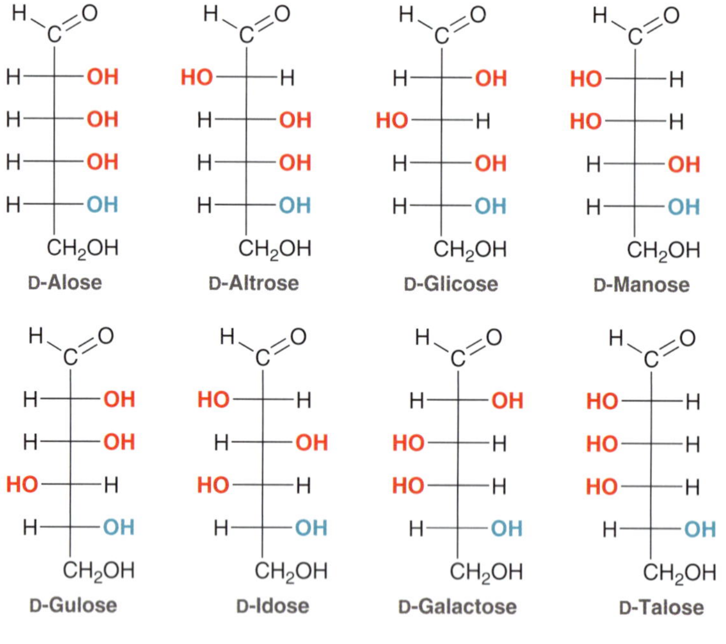

FIGURA 24.4
As estruturas das D-aldo-hexoses.

Das oito D-aldo-hexoses, a D-glicose é a mais comum e a mais importante, e no restante deste capítulo focaremos principalmente na D-glicose. A sua estrutura deve ser conhecida de cor por você.

A Figura 24.5 resume a família de D-aldoses discutida nesta seção. O organograma é construído da seguinte maneira: começamos com o D-gliceraldeído, um novo centro de quiralidade é inserido logo abaixo do grupo carbonila, gerando as duas aldotetroses possíveis. Um novo centro de quiralidade é então inserido logo abaixo da função carbonila de cada aldotetrose, gerando quatro aldopentoses possíveis. De modo semelhante cada aldopentose conduz a duas aldo-hexoses, totalizando oito aldo-hexoses. Cada substância na Figura 24.5 tem um enantiômero L correspondente que não é mostrado.

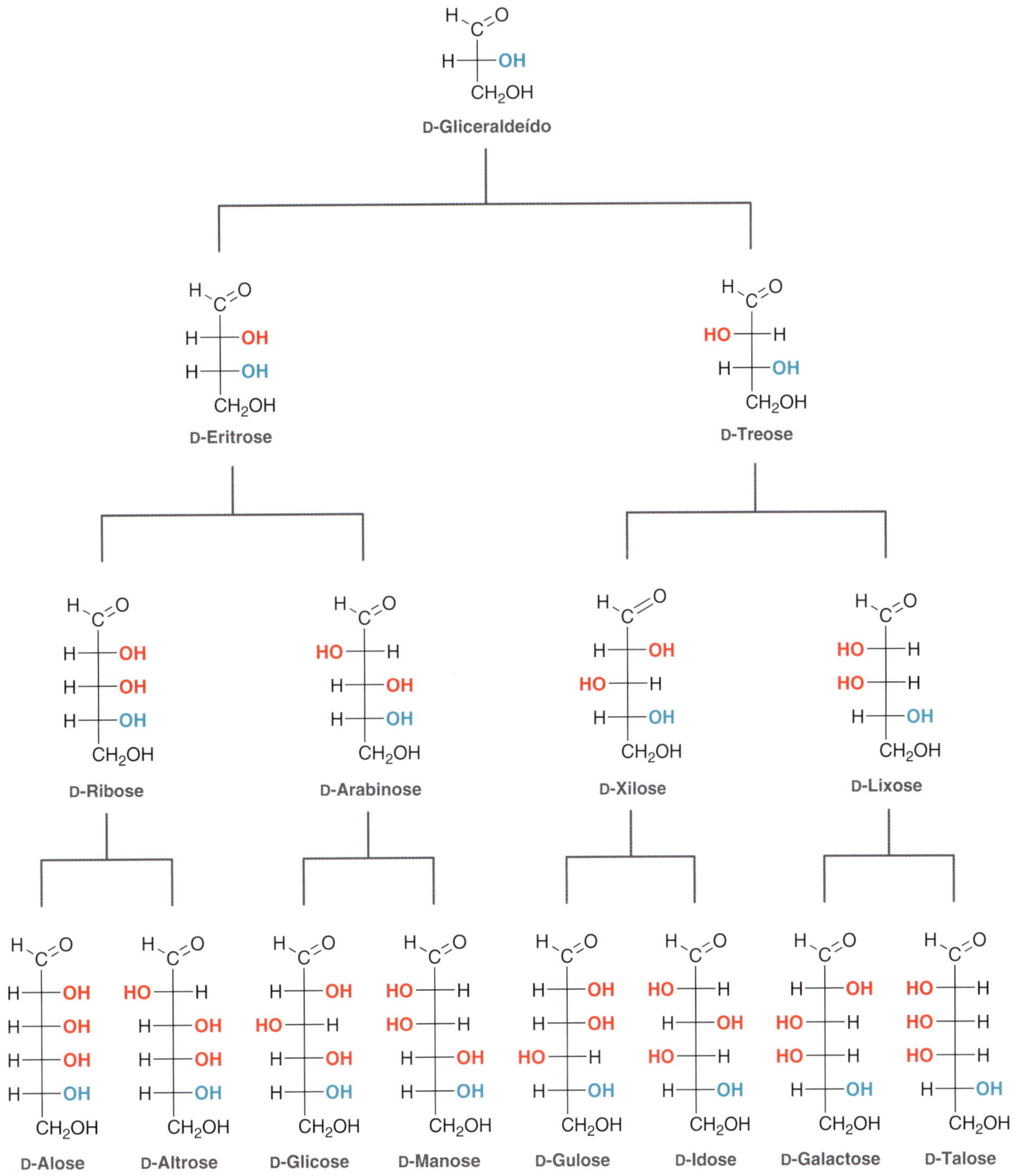

FIGURA 24.5
Organograma das D-aldoses que têm entre três e seis átomos de carbono.

24.4 Configuração das Cetoses

A Figura 24.6 resume a família de D-cetoses que têm entre três e seis átomos de carbono. Este organograma é construído da mesma maneira que o organograma das aldoses, começando com a di-hidroxiacetona como a origem. Entretanto, uma vez que a carbonila encontra-se em C2 em vez de C1, as cetoses possuem um centro de quiralidade a menos que as aldoses de mesma fórmula molecular. Como resultado, existem apenas quatro D-ceto-hexoses, em vez de oito. A cetose mais comum ocorrendo naturalmente é a D-frutose. Cada substância na Figura 24.6 tem um enantiômero L correspondente que não é mostrado.

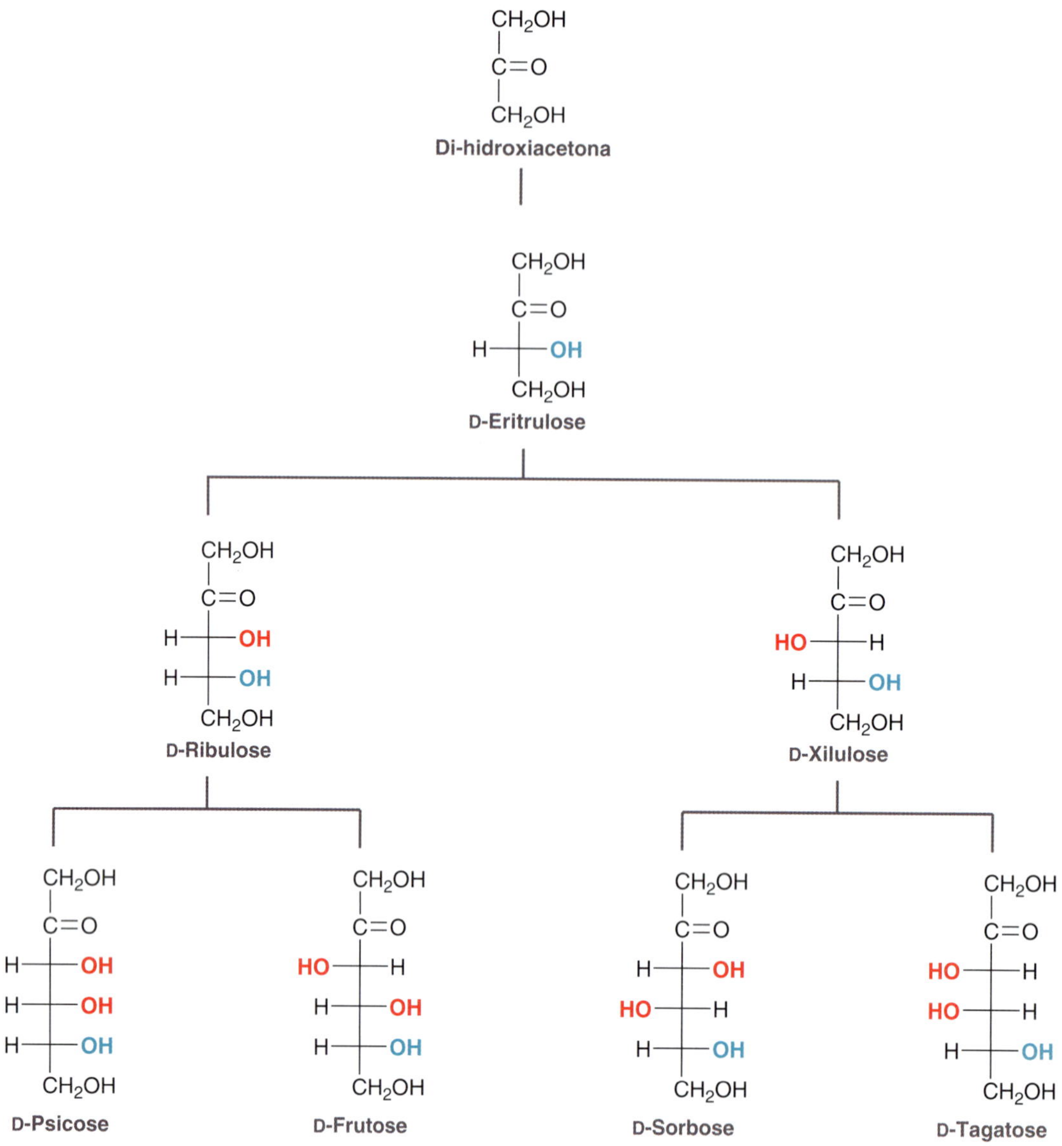

FIGURA 24.6 Organograma das D-cetoses que têm entre três e seis átomos de carbono.

VERIFICAÇÃO CONCEITUAL

24.7 Represente e nomeie o enantiômero da D-frutose.

24.8 Qual dos termos a seguir descreve melhor a relação entre a D-frutose e a D-glicose? Explique a sua escolha.

(a) Enantiômeros

(b) Diastereoisômeros

(c) Isômeros constitucionais

24.5 Estrutura Cíclica dos Monossacarídeos

Ciclização dos Hidroxialdeídos

Lembre-se da Seção 20.5 (Mecanismo 20.5) que um aldeído pode reagir com um álcool na presença de um catalisador ácido e produzir um hemiacetal.

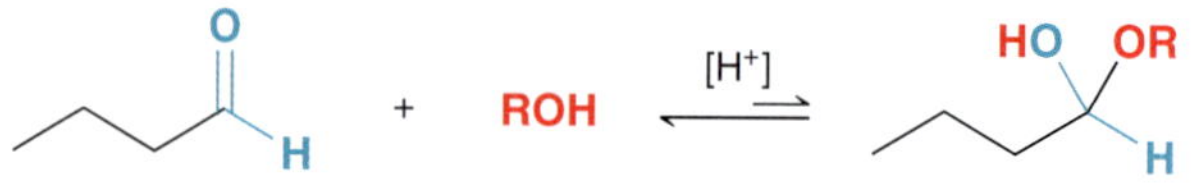

Hemiacetal

Vimos que o equilíbrio não favorece a formação do hemiacetal. Entretanto, quando o grupo aldeído e o grupo hidroxila estão contidos na mesma molécula, um processo intramolecular pode ocorrer para a formação de um hemiacetal cíclico com uma constante de equilíbrio mais favorável.

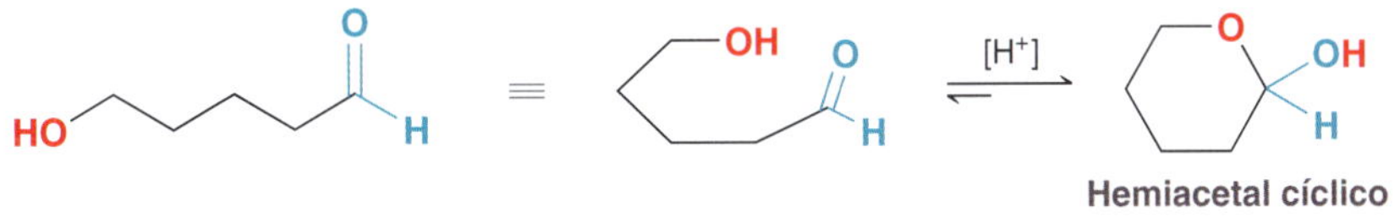

Anéis de seis membros são relativamente livres de tensão e o equilíbrio favorece a formação do hemiacetal cíclico. Este tipo de reação é característico de substâncias bifuncionais contendo um grupo hidroxila e um grupo carbonila (um grupo aldeído ou um grupo cetona). Quando representamos o hemiacetal de um hidroxialdeído ou de uma hidroxicetona é crucial marcarmos todos os átomos de carbono. É um erro comum representarmos os hemiacetais com átomos de carbono a mais ou átomos de carbono a menos. Os exercícios a seguir são elaborados para ajudá-lo a não cometer esses erros.

DESENVOLVENDO A APRENDIZAGEM

24.1 REPRESENTAÇÃO DO HEMIACETAL CÍCLICO DE UM HIDROXIALDEÍDO

APRENDIZAGEM Represente o hemiacetal cíclico que é formado quando o hidroxialdeído visto a seguir sofre uma ciclização em condições ácidas.

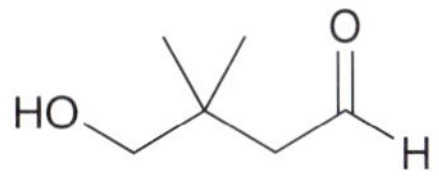

SOLUÇÃO

Essa substância contém um grupo hidroxila e um grupo aldeído, logo esperamos que ela forme um hemiacetal. Precisamos primeiro determinar o tamanho do anel que é formado. De modo a dar conta de todos os átomos de carbono e para evitar uma representação incorreta do anel, é melhor numerarmos os átomos de carbono de modo que possamos localizá-los. Começamos com o carbono do grupo aldeído e continuamos até chegarmos ao átomo de carbono ligado ao grupo OH.

ETAPA 1
Utilização de um sistema de numeração para determinação do tamanho do anel que é formado.

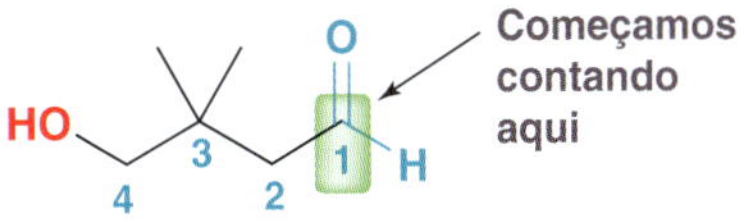

Por enquanto não vamos nos deter nos grupos metila que serão analisados após determinarmos o tamanho apropriado do anel. Neste caso existem quatro átomos de carbono que serão incorporados ao anel. O anel é formado quando o átomo de oxigênio do grupo OH ataca o grupo carbonila, e como resultado o átomo de oxigênio do grupo OH tem de ser também incorporado ao anel, isto é, o anel será constituído de quatro átomos de carbono e de um átomo de oxigênio, gerando um anel de cinco membros:

ETAPA 2
Representação do anel tendo certeza de incorporar um átomo de oxigênio ao anel.

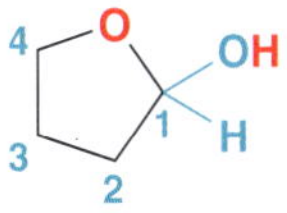

Repare que o primeiro átomo de carbono (a posição C1) está ligado ao átomo de oxigênio do anel assim como ao novo grupo OH formado. Em outras palavras, o grupo hemiacetal está localizado em C1. Este sistema de numeração não apenas ajuda na representação correta do anel, mas também facilita o posicionamento apropriado dos substituintes. Neste caso, existem dois grupos metila, ambos ligados na posição C3.

ETAPA 3
Posicionamento dos substituintes.

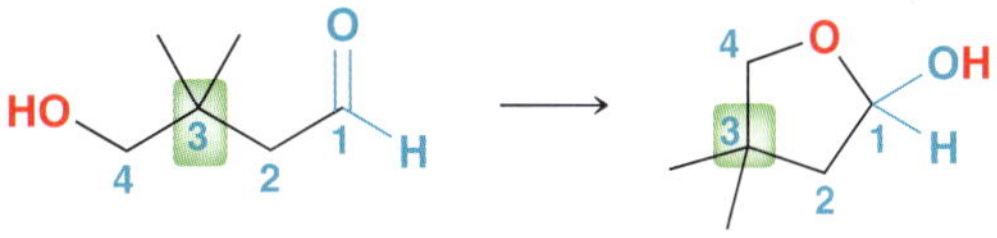

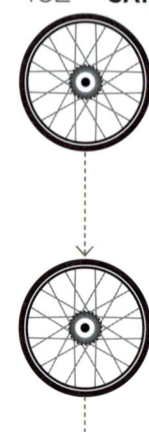

PRATICANDO o que você aprendeu

24.9 Represente o hemiacetal cíclico formado quando cada uma das substâncias bifuncionais vistas a seguir é tratada com um ácido em solução aquosa:

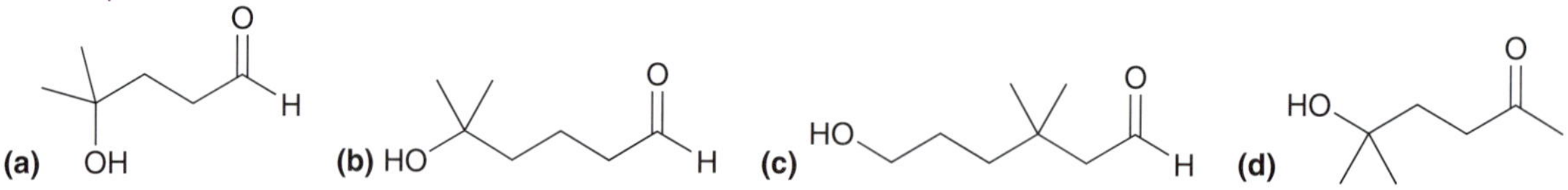

APLICANDO o que você aprendeu

24.10 Identifique o hidroxialdeído que sofrerá ciclização sob condições ácidas fornecendo o seguinte hemiacetal:

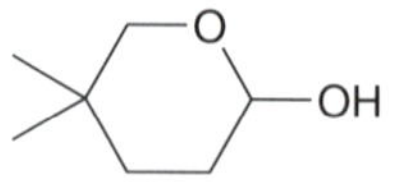

24.11 A substância vista a seguir tem um grupo aldeído e dois grupos OH. Sob condições ácidas, qualquer um dos grupos OH pode se comportar como um nucleófilo e atacar o grupo carbonila, dando origem a dois anéis de tamanhos diferentes.

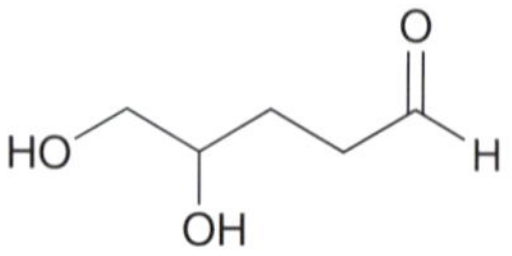

(a) Ignorando a estereoquímica (por enquanto) represente ambos os anéis.

(b) Na Seção 4.9, do Volume 1, discutimos a tensão no anel associada a anéis de tamanhos diferentes. Baseado naqueles conceitos, preveja qual hemiacetal cíclico será favorecido neste caso.

é necessário **PRATICAR MAIS?** **Tente Resolver os Problemas 24.46, 24.47**

Formas Piranosídicas dos Monossacarídeos

RELEMBRANDO
Para uma introdução à projeção da Haworth, veja a Seção 2.6, do Volume 1.

Vimos que uma substância contendo um grupo OH e um grupo aldeído sofrerá um processo intramolecular para formar um hemiacetal cíclico, com uma constante de equilíbrio favorável. Um equilíbrio semelhante entre as formas aberta e cíclica é observado para carboidratos. Por exemplo, a D-glicose pode existir sob ambas as formas, aberta e cíclica. A projeção de Haworth vista a seguir indica a configuração de cada centro de quiralidade:

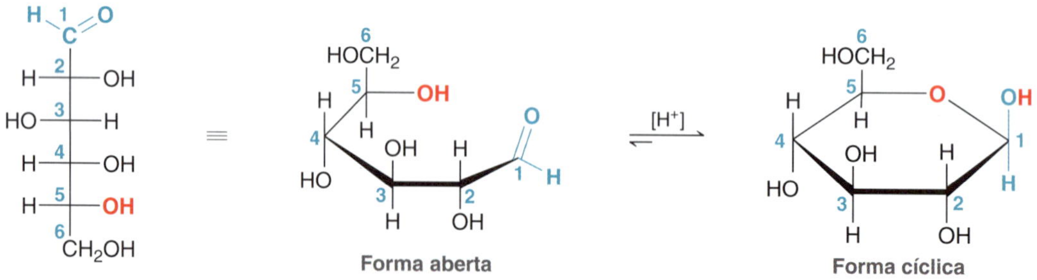

Na forma cíclica o anel é chamado de **anel piranosídico**, em função do pirano, uma substância simples que possui um anel de seis membros com um átomo de oxigênio incorporado ao anel. Esse equilíbrio favorece enormemente a formação do hemiacetal cíclico. Isto é, a D-glicose existe quase exclusivamente na forma de hemiacetal cíclico chamada de D-glicopiranose, e apenas quantidade traço da cadeia aberta está presente no equilíbrio.

Quando a D-glicose é fechada para formar um hemiacetal cíclico, dois estereoisômeros diferentes da D-glicopiranose podem ser formados (Figura 24.7). O carbono do aldeído (C1) se torna um centro de quiralidade e são possíveis duas configurações para esse novo centro de quiralidade. A posição C1 é chamada de **carbono anomérico** e os estereoisômeros são chamados de **anômeros**. Os dois anômeros são designados como α-D-glicopiranose e β-D-glicopiranose. No **anômero α**, o grupo hidroxila na posição anomérica é *trans* em relação ao grupo CH_2OH, enquanto no **anômero β**, o grupo hidroxila é *cis* em relação ao grupo CH_2OH (Figura 24.8). Um equilíbrio se estabelece entre a α-D-glicopiranose e a β-D-glicopiranose com o equilíbrio favorecendo o anômero β (63% de β e 37% de α). A forma de cadeia aberta está presente em uma quantidade mínima no equilíbrio (<0,01%), mas apesar disso é muito importante, pois serve de intermediário para o equilíbrio entre os dois anômeros.

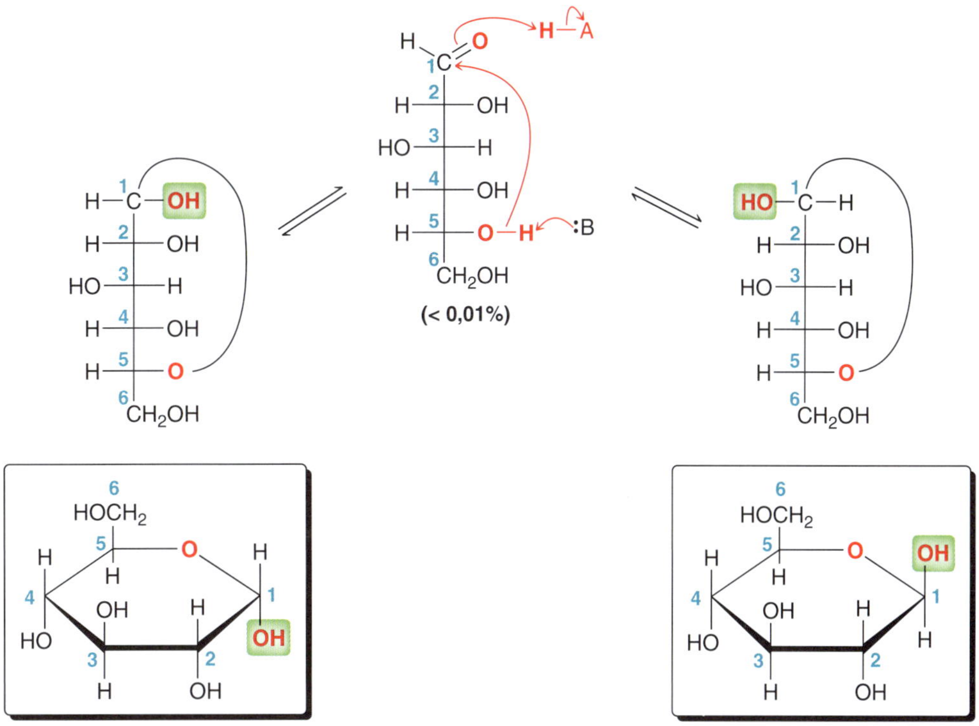

α-D-Glicopiranose

β-D-Glicopiranose

FIGURA 24.7
Formação de dois hemiacetais cíclicos da D-glicose.

Como esperado a α-D-glicopiranose e a β-D-glicopiranose possuem diferentes propriedades físicas porque apresentam uma relação diastereisomérica. Por exemplo, compare a rotação específica para essas duas substâncias:

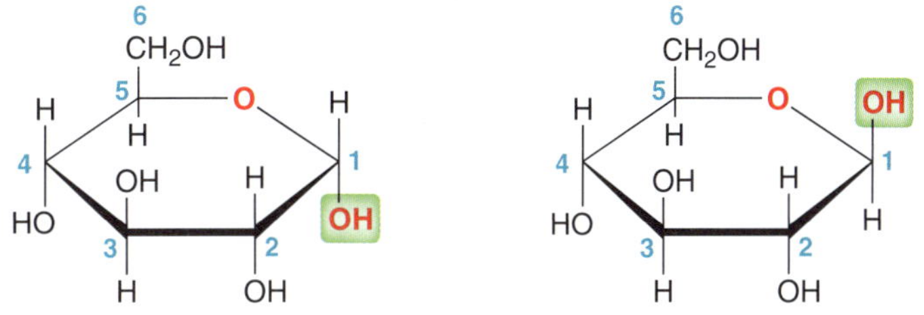

α-D-Glicopiranose
$[\alpha]_D = +112{,}2°$

β-D-Glicopiranose
$[\alpha]_D = +18{,}7°$

Quando o anômero α puro é dissolvido em água, começa a aparecer o equilíbrio entre ele e o anômero β, resultando em uma mistura que atinge as concentrações esperadas para o equilíbrio. Inicialmente o anômero puro apresenta rotação específica de +112°, mas à medida que ele entra em equilíbrio com o anômero β, a rotação específica muda até que o equilíbrio é estabelecido, e a rotação específica medida é de +52,6°. Resultado semelhante é observado quando o anômero β puro é dissolvido em água. Inicialmente, o anômero puro possui rotação específica de +18,7°, mas à medida que a mistura se encaminha para o equilíbrio, a rotação específica muda e finalmente é medida em +52,6°. Este fenômeno chama-se **mutarrotação**, um termo usualmente utilizado para descrever o fato dos anômeros α e β poderem atingir o equilíbrio através da forma de cadeia aberta. A mutarrotação ocorre mais rápido na presença de ácido ou base atuando como catalisadores.

FIGURA 24.8
Os anômeros α e β podem ser distinguidos pela posição relativa do grupo OH na posição anomérica e o grupo CH_2OH em C5.

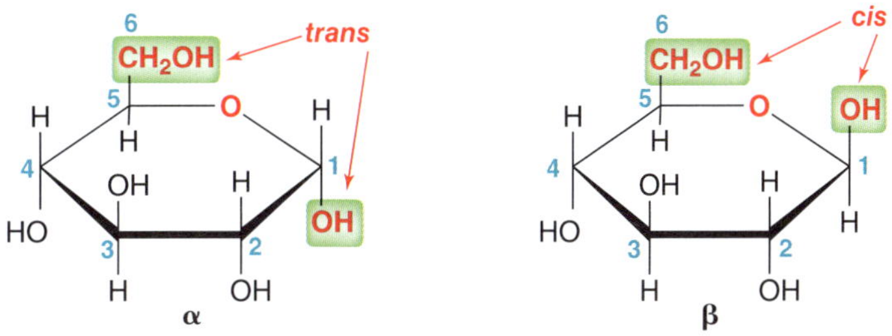

α β

Nem sempre é possível dizer simplesmente inspecionando-se as estruturas qual piranose (α ou β) predominará. Para a D-glicose, a forma β predomina uma vez que o equilíbrio tenha sido alcançado, enquanto para a D-manose, a forma α predomina no equilíbrio.

DESENVOLVENDO A APRENDIZAGEM

24.2 REPRESENTAÇÃO DA PROJEÇÃO DE HAWORTH DE UMA ALDO-HEXOSE

APRENDIZAGEM Represente a estrutura da α-D-galactopiranose.

SOLUÇÃO

ETAPA 1 Representação do esqueleto de uma projeção de Haworth.

Analisamos todas as partes do nome. Esta substância é a D-galactose que sofreu ciclização formando um anel α-piranosídico. Comecemos representando o esqueleto do anel piranosídico:

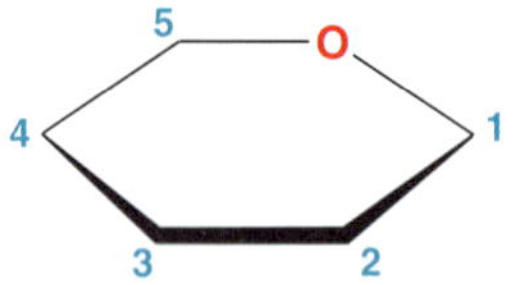

Quando representamos um anel piranosídico, a convenção é colocar o oxigênio na posição lateral à direita. Precisamos agora contar todos os átomos de carbono. Um anel piranosídico contém apenas cinco átomos de carbono, mas a D-galactose possui seis átomos de carbono:

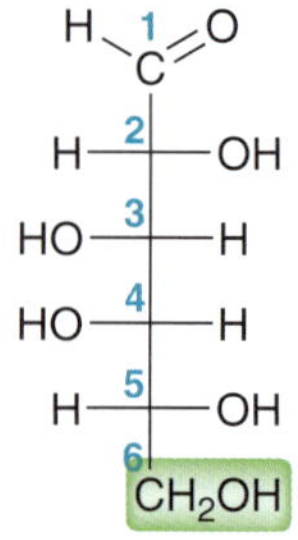

D-Galactose

ETAPA 2 Representação do grupo CH_2OH.

O sexto átomo de carbono (C6) na D-galactose é um grupo CH_2OH, e está ligado à posição C5. Portanto, representamos um grupo CH_2OH ligado à posição C5 no anel piranosídico. O "D" indica que o grupo CH_2OH tem que estar na posição superior no anel piranosídico:

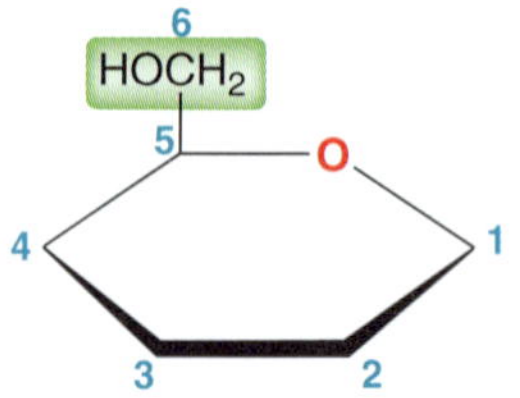

ETAPA 3 Representação do grupo OH na posição anomérica.

Esse procedimento resolve o problema da configuração em uma das posições do anel piranosídico. Vamos agora voltar a nossa atenção para as posições restantes. A configuração em C1 (o carbono anomérico) é indicada no nome da forma do anel piranosídico. O termo *alfa* significa que o grupo OH na posição C1 tem que ser representado para baixo (*trans* ao grupo CH_2OH):

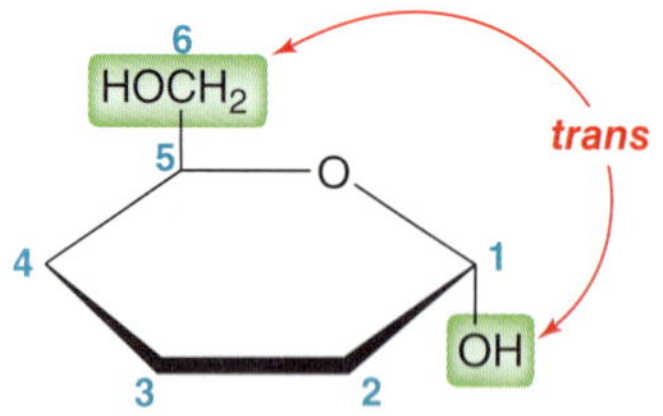

ETAPA 4 Representação dos grupos restantes.

Os centros de quiralidade restantes (C2, C3 e C4) são representados utilizando-se a seguinte regra: Quaisquer grupos OH do lado direito da projeção de Fischer da forma de cadeia aberta estará apontando para baixo na projeção de Haworth da forma cíclica, enquanto quaisquer grupos OH do lado esquerdo da projeção de Fischer estará apontando para cima na projeção de Haworth:

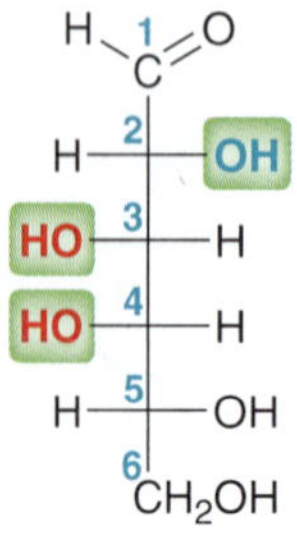

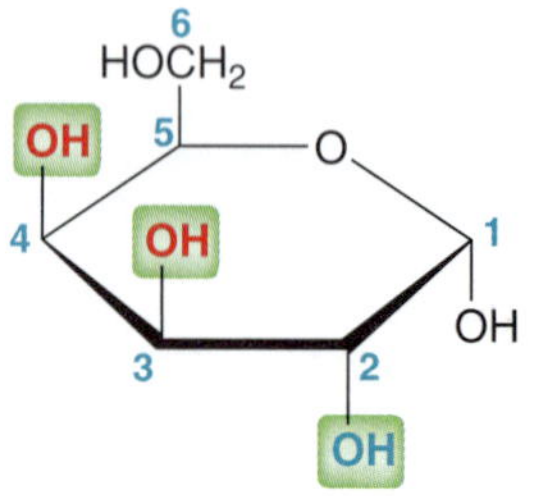

PRATICANDO o que você aprendeu

24.12 Represente na projeção de Haworth cada uma das seguintes substâncias:
(a) β-D-Galactopiranose **(b)** α-D-Manopiranose **(c)** α-D-Alopiranose
(d) β-D-Manopiranose **(e)** β-D-Glicopiranose **(f)** α-D-Glicopiranose

24.13 Escreva o nome completo para a seguinte substância:

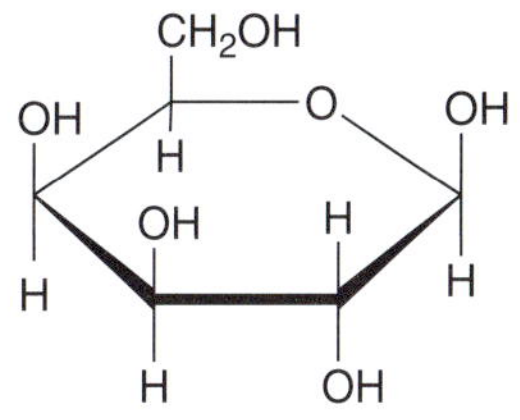

APLICANDO o que você aprendeu

24.14 A mutarrotação provoca a conversão da β-D-manopiranose na α-D-manopiranose. Utilizando a projeção de Haworth, represente o equilíbrio entre as duas formas piranosídicas e a forma de cadeia aberta da D-manose.

24.15 Quando a D-talose é dissolvida em água, um equilíbrio é estabelecido no qual duas formas piranosídicas estão presentes. Represente ambas as formas piranosídicas e dê os seus nomes.

é necessário **PRATICAR MAIS?** **Tente Resolver os Problemas 24.48a, 24.53b,c,d.**

Representações Tridimensionais dos Anéis Piranosídicos

Vimos que as projeções de Haworth são frequentemente utilizadas para representar a forma cíclica da D-glicose. Enquanto as projeções de Haworth são extremamente úteis para mostrar configurações, elas não são eficientes em informar sobre a conformação de uma substância. Uma forma cíclica da D-glicose passará a maior parte do tempo em uma conformação de cadeira.

RELEMBRANDO
Para uma revisão das conformações em cadeira e posições axial e equatorial, veja a Seção 4.11, do Volume 1.

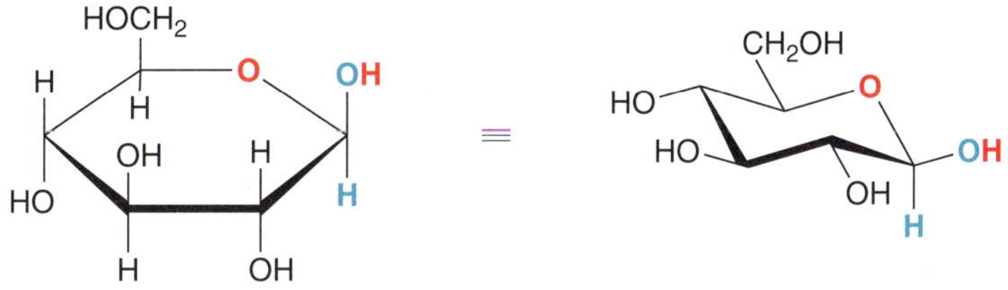

Quando representamos a projeção de Haworth ou a conformação em cadeira, a convenção é colocarmos o átomo de oxigênio na posição superior à direita, como destacado em vermelho. Observe que na forma cíclica da D-glicose todos os substituintes podem ocupar posições equatoriais, o que torna esta substância particularmente estável e explica por que a D-glicose é o monossacarídeo mais comum na natureza.

DESENVOLVENDO A APRENDIZAGEM

24.3 REPRESENTAÇÃO DA CONFORMAÇÃO EM CADEIRA MAIS ESTÁVEL DE UM ANEL PIRANOSÍDICO

APRENDIZAGEM Represente a conformação em cadeira mais estável da α-D-galactopiranose.

SOLUÇÃO

A primeira etapa é representarmos a substância na projeção de Haworth, o que foi feito na seção Desenvolvendo a Aprendizagem anterior.

ETAPA 1
Representação da projeção de Haworth.

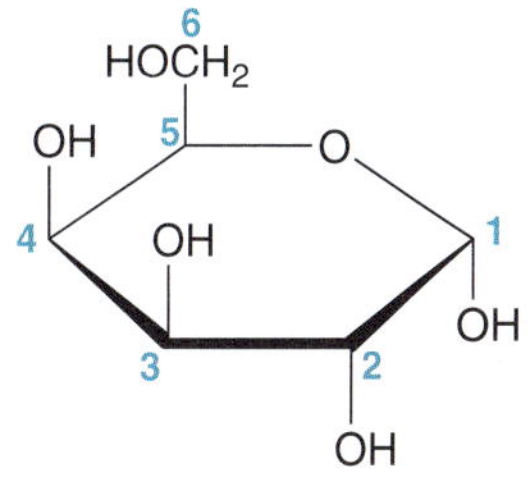

Essa substância pode adotar duas conformações em cadeira diferentes, e precisamos determinar qual é mais estável. Comecemos representando uma das conformações em cadeira. O oxigênio ocupa a posição superior à direita:

ETAPA 2
Representação do esqueleto da conformação em cadeira com um átomo de oxigênio na posição superior à direita.

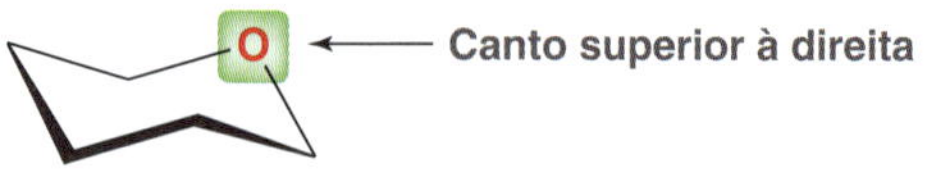

As alternativas a seguir não são convencionais pelas razões indicadas:

O oxigênio está no canto superior à direita, mas NÃO na parte de trás | **O oxigênio está na parte de trás à direita, mas NÃO no canto superior**

A representação do esqueleto de modo apropriado é fundamental para representarmos a conformação em cadeira de modo correto. A próxima etapa é representar todos os substituintes na cadeira utilizando o conhecimento adquirido nas seções Desenvolvendo a Aprendizagem 4.12 e 4.13. Cada substituinte é rotulado como PARA CIMA e PARA BAIXO e então colocado na posição correta da conformação em cadeira:

ETAPA 3
Cada substituindo é rotulado como PARA CIMA e PARA BAIXO e cada substituinte é representado na conformação em cadeira.

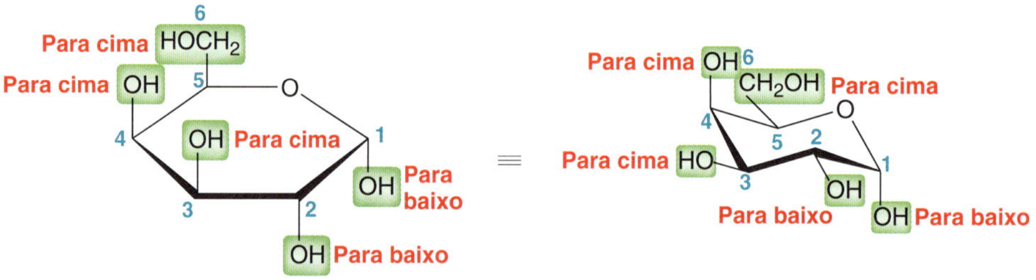

Essa é uma das duas conformações em cadeira que essa substância pode adotar. Antes de representar a inversão do anel que dá a outra conformação em cadeira, vamos primeiro analisar esta conformação. Olhemos especificamente para cada substituinte e determinemos se ele ocupa uma posição axial ou equatorial. Neste caso, dois dos grupos OH ocupam posições axiais, e dois ocupam posições equatoriais; o grupo CH_2OH ocupa uma posição equatorial.

ETAPA 4
Verifique se esta conformação em cadeira é a conformação em cadeira mais estável.

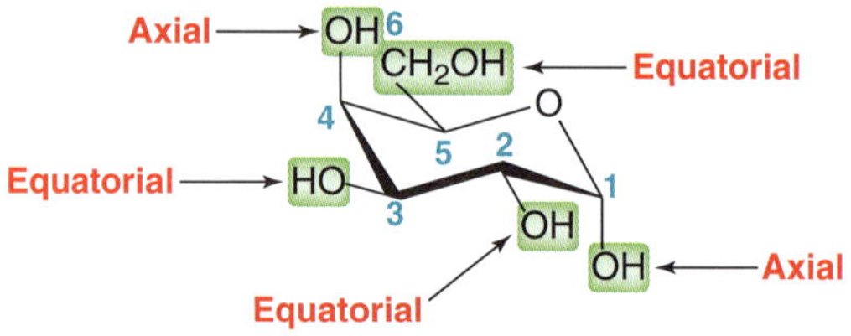

Lembre-se de que uma inversão do anel converte as posições axiais em posições equatoriais, e todas as posições equatoriais em posições axiais (Seção 4.10). Lembre-se também que a conformação em cadeira mais estável será aquela na qual os maiores grupos ocupam a posição equatorial. Neste caso o maior grupo é o CH_2OH, de modo que a conformação em cadeira mais estável será aquela na qual este grupo ocupa uma posição equatorial, como é mostrado. A outra conformação em cadeira será menos estável, de modo que não é necessário representarmos a inversão do anel. Este é geralmente o caso das D-aldo-hexoses (para uma exceção, veja o exercício 24.85 dos Desafios).

PRATICANDO o que você aprendeu

24.16 Represente a conformação em cadeira mais estável para cada uma das seguintes substâncias:

(a) β-D-Galactopiranose **(b)** α-D-Glicopiranose **(c)** β-D-Glicopiranose

APLICANDO o que você aprendeu

24.17 Represente a forma de cadeia aberta do seguinte monossacarídeo cíclico:

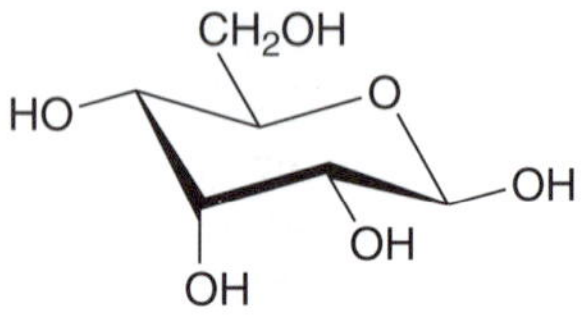

24.18 Existem duas conformações em cadeira para a β-D-glicopiranose. Represente a conformação em cadeira menos estável.

é necessário **PRATICAR MAIS?** **Tente Resolver o Problema 24.60**

Formas Furanosídicas dos Monossacarídeos

Como visto na seção Desenvolvendo a Aprendizagem 24.1, hidroxialdeídos podem formar hemiacetais cíclicos de cinco membros.

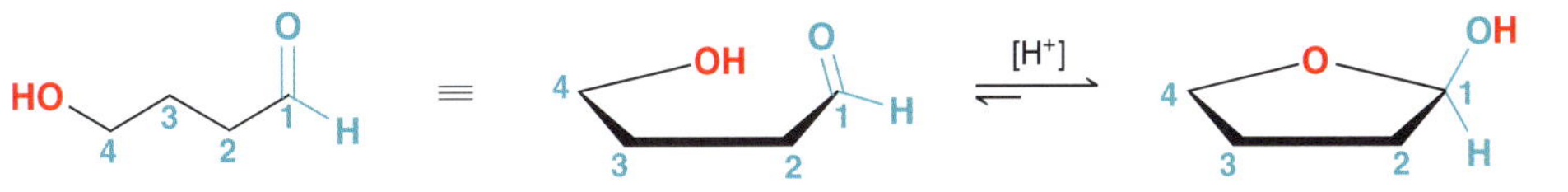

Hemiacetal cíclico

Da mesma maneira, muitos carboidratos podem também formar anéis de cinco membros, chamados de **anéis furanosídicos**, em função do furano, uma substância simples que também possui um anel de cinco membros com um átomo de oxigênio incorporado no anel. Como um exemplo, a D-frutose pode formar um anel furanosídico que resulta da reação entre o grupo carbonila e o grupo hidroxila ligado a C5.

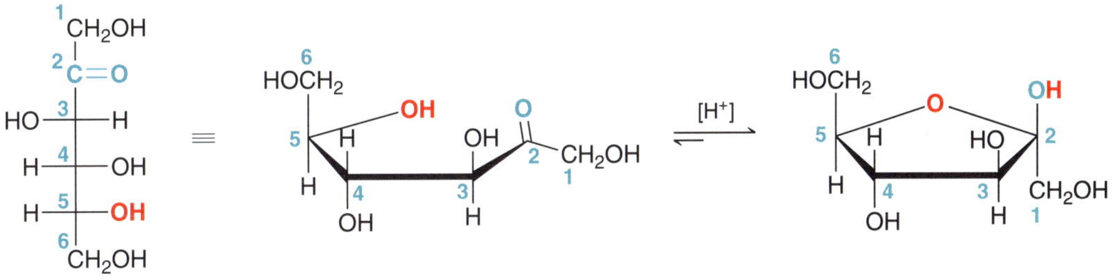

D-Frutose **Um anel furanosídico**

A D-frutose pode também ciclizar para fornecer a forma piranosídica que resulta da reação envolvendo a hidroxila em C6.

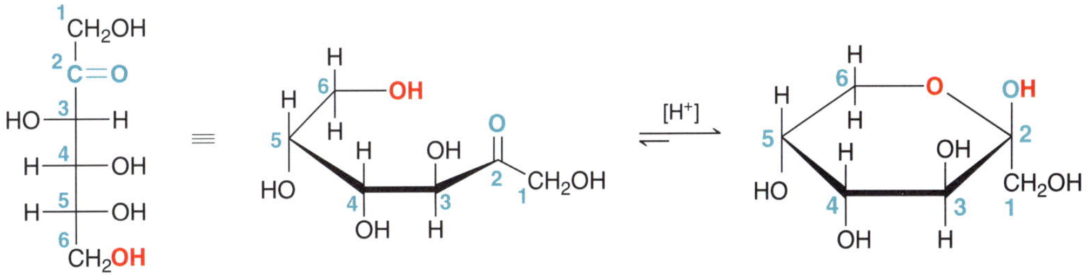

D-Frutose **Um anel piranosídico**

Portanto, a D-frutose existe como um equilíbrio entre uma forma aberta, duas formas piranosídicas (α e β) e duas formas furanosídicas (α e β). Quando a D-frutose é dissolvida em água as seguintes concentrações de equilíbrio são observadas: 70% de β-piranose, 2% de α-piranose, 23% de β-furanose, 5% de α-furanose e 0,7% de cadeia aberta. Apesar do fato de que o anel β-piranose predomina no equilíbrio como observado em laboratório, é a forma β-furanose da D-frutose que participa da maioria dos caminhos reacionais bioquímicos.

VERIFICAÇÃO CONCEITUAL

24.19 Considere a estrutura das duas D-aldotetroses vistas a seguir: Cada uma destas substâncias existe como um anel furanosídico, que é formado quando o OH em C4 ataca o grupo aldeído. Represente cada um dos seguintes anéis furanosídicos:

a) α-D-Eritrofuranose b) β-D-Eritrofuranose
c) α-D-Treofuranose d) β-D-Treofuranose

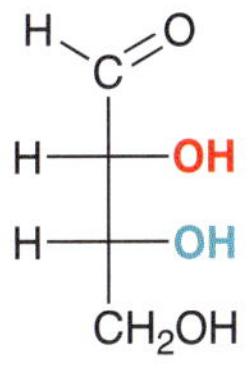

D-Eritrose

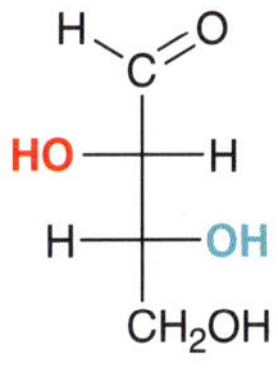

D-Treose

24.20 Represente o mecanismo da ciclização catalisada por ácido da L-treose produzindo β-L-treofuranose. (*Sugestão*: Você deve primeiro rever o mecanismo da formação de hemiacetais catalisada por ácido, Mecanismo 20.5.)

24.21 Represente o mecanismo para a ciclização catalisada por ácido da D-frutose formando a β-D-frutofuranose.

24.22 Represente a forma de cadeia aberta do carboidrato que pode sofrer uma ciclização catalisada por ácido para produzir a α-D-frutopiranose.

24.6 Reações dos Monossacarídeos

Formação de Éteres e Ésteres

Os monossacarídeos são muito solúveis em água (devido à presença de diversos grupos hidroxila), e são geralmente insolúveis na maioria dos solventes orgânicos. Essa propriedade torna a purificação dessas substâncias difícil por métodos convencionais. Entretanto, os ésteres derivados destes monossacarídeos são solúveis na maioria dos solventes orgânicos e são facilmente purificados. Monossacarídeos são transformados em seus ésteres quando tratados com excesso de cloreto de ácido ou anidrido ácido na presença de uma base, tal como a piridina. Nessas condições, todos os cinco grupos hidroxila da β-D-glicopiranose são convertidos em grupos éster.

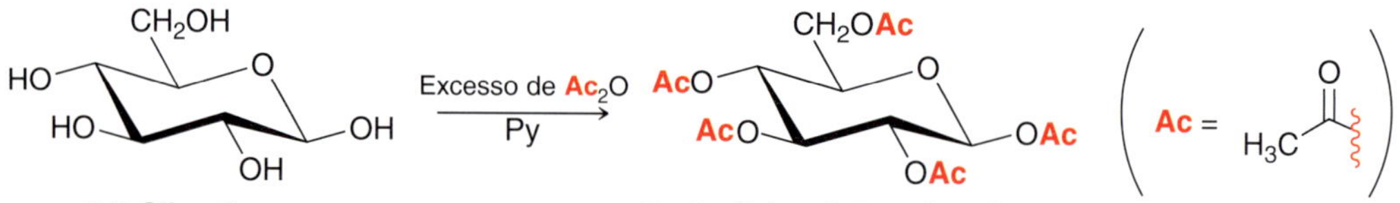

β-D-Glicopiranose **Penta-O-Acetil-β-D-glicopiranose**

Os monossacarídeos também podem ser transformados em seus respectivos éteres através da reação de eterificação de Williamson. Como discutido na Seção 14.5, este processo geralmente envolve o tratamento de um álcool com uma base forte formando um íon alcóxido seguido da reação deste com um haleto de alquila (um processo S_N2). Quando lidamos com monossacarídeos, não podemos utilizar uma base forte por motivos que discutiremos mais tarde. Em vez disso, utilizamos uma base fraca, tal como o óxido de prata. Sob essas condições, todos os cinco grupos hidroxila da β-D-glicopiranose são convertidos em grupos éter.

β-D-Glicopiranose **β-D-Glicopiranose pentametil éter**

VERIFICAÇÃO CONCEITUAL

24.23 Represente o produto que podemos obter quando cada uma das substâncias vistas a seguir é tratada com anidrido acético na presença de piridina:

a) α-D-Galactopiranose b) α-D-Glicopiranose

c) β-D-Galactopiranose

24.24 Represente o produto obtido quando cada uma das substâncias da questão anterior é tratada com iodeto de metila e óxido de prata (Ag_2O).

Formação de Glicosídeos

Lembre-se da Seção 20.5 que um hemiacetal reagirá com álcool na presença de um catalisador ácido produzindo um acetal.

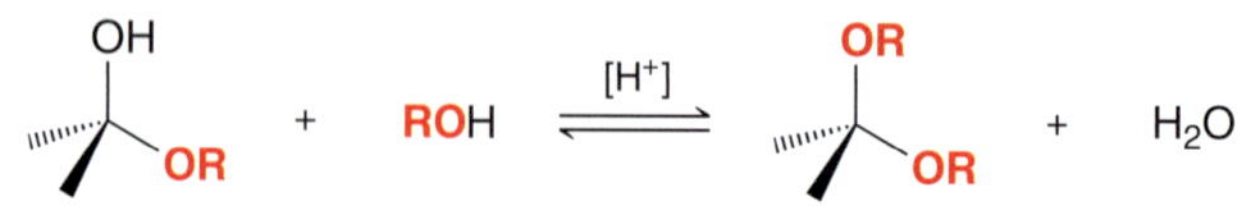

Hemiacetal **Acetal**

Como mencionado anteriormente neste capítulo, monossacarídeos existem fundamentalmente como hemiacetais cíclicos, sendo, portanto, convertidos em acetais quando tratados com álcool sob condições de catálise ácida. Os acetais obtidos são chamados de **glicosídeos**.

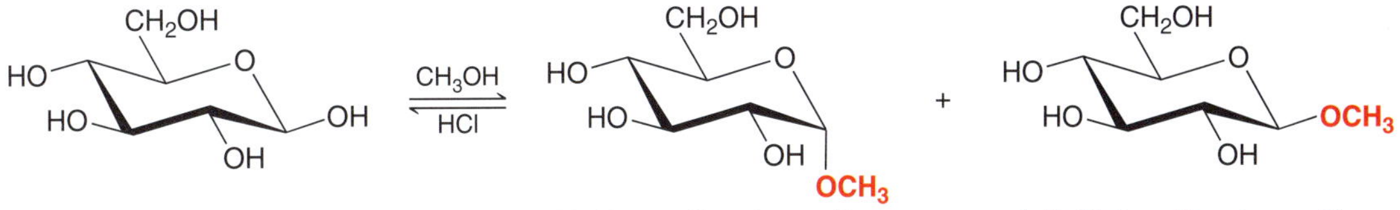

β-D-Glicopiranose (um hemiacetal cíclico)   Metil-α-D-glicopiranosídeo (66%)   3-Metil-β-D-glicopiranosídeo (33%)

Os glicosídeos são nomeados colocando-se o grupo alquila como um prefixo e o termo *-osídeo* como sufixo. Durante a formação do glicosídeo, apenas o grupo hidroxila anomérica é substituído. Podemos explicar melhor esta observação explorando o mecanismo da formação do glicosídeo, que é diretamente análogo ao mecanismo da formação de acetais descrito na Seção 20.5. O grupo hidroxila anomérica é protonado, seguido da perda de água gerando um carbocátion.

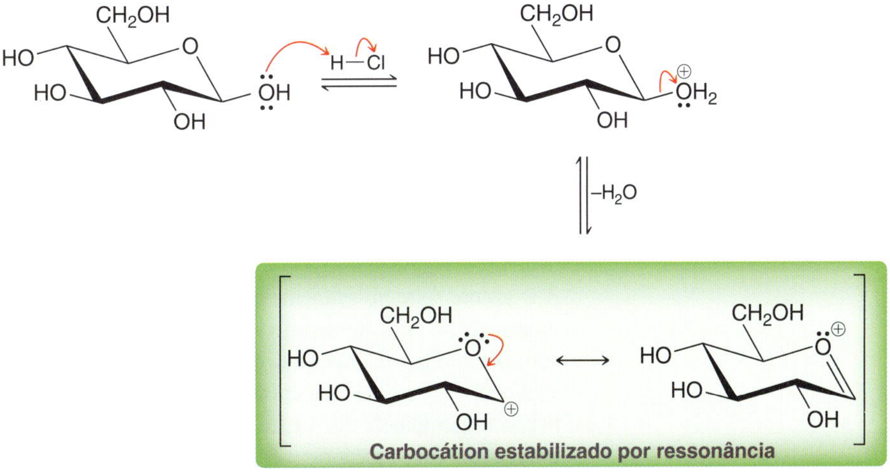

Observe que esse carbocátion intermediário é estabilizado por ressonância. Essa estabilização só é possível quando a reação ocorre na posição anomérica. O carbocátion intermediário sofre então ataque do álcool, seguido da perda de um próton, gerando o produto.

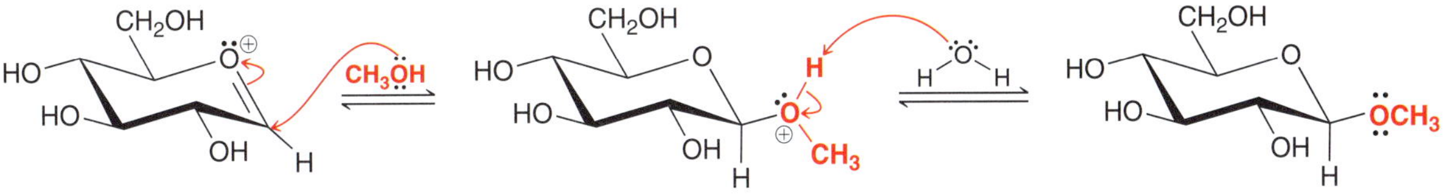

Esse mecanismo mostra a formação do anômero β. O anômero α também é observado porque o álcool pode atacar o carbocátion a partir da outra face do intermediário plano.

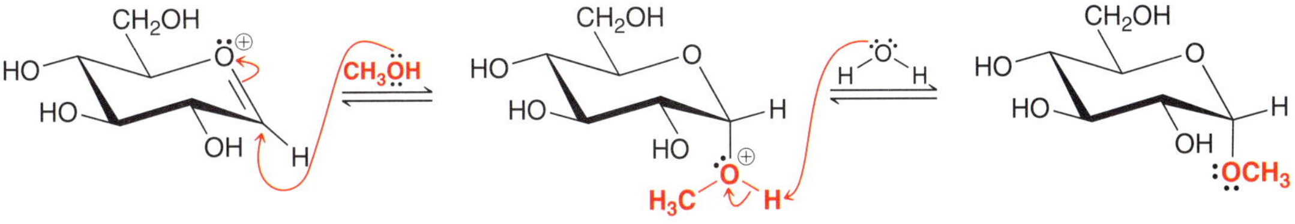

A distribuição de produtos é independente da natureza do anômero de partida – isto é, a α-D-glicopiranose e a β-D-glicopiranose fornecem a mesma razão de glicosídeos anoméricos quando tratadas com um álcool sob condições de catálise ácida. Uma vez isolados, os glicosídeos são estáveis sob condições neutras e básicas. Entretanto, sob tratamento em solução aquosa ácida eles são rapidamente convertidos de volta ao hemiacetal.

VERIFICAÇÃO CONCEITUAL

24.25 Quando tratamos a α-D-galactopiranose com etanol na presença de um catalisador ácido, tal como o HCl, dois produtos são formados. Represente a estrutura desses dois produtos e explique a sua formação com um mecanismo.

24.26 O metil-α-D-glicopiranosídeo é uma substância estável que não sofre mutarrotação sob condições neutras ou básicas. Entretanto, quando submetido a condições ácidas, é estabelecido um equilíbrio consistindo em metil-α-D-glicopiranosídeo e metil-β-D-glicopiranosídeo. Represente um mecanismo que explique essa observação.

Epimerização

Quando expomos a D-glicose a condições fortemente básicas, ela é convertida em uma mistura contendo D-glicose e D-manose através do seguinte processo:

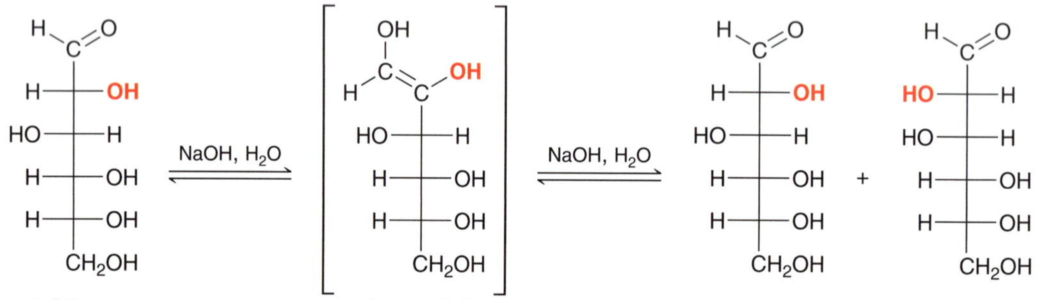

D-Glicose — Um enediol — D-Glicose — D-Manose

A D-glicose sofre inicialmente um tautomerização catalisada por base formando um enediol. Este intermediário pode novamente sofrer tautomerização revertendo para a aldose, mas neste processo, a configuração em C2 é perdida conduzindo a uma mistura de D-glicose e D-manose. Dizemos que a D-glicose e a D-manose são **epímeros** porque são diastereoisômeros que diferem um do outro apenas pela configuração de um centro de quiralidade. Quando a D-glicose ou a D-manose, ambas puras, é tratada com uma base forte, a epimerização ocorre, fornecendo uma mistura de D-glicose e D-manose. Por esta razão, os químicos geralmente evitam expor carboidratos a condições fortemente básicas.

VERIFICAÇÃO CONCEITUAL

24.27 Represente e nomeie a estrutura da aldo-hexose epimérica da D-glicose nas seguintes posições:

(a) C2 (b) C3 (c) C4

Reações dos Monossacarídeos

O grupo carbonila de uma aldo-hexose ou cetose pode ser reduzido quando tratado com boro-hidreto de sódio fornecendo um produto conhecido como **alditol**. Considere, por exemplo, a redução da D-glicose.

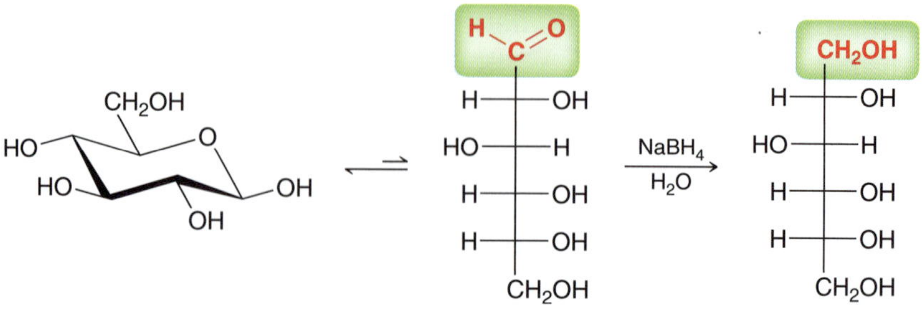

β-D-Glicopiranose — D-Glicose (forma aberta) — D-Glicitol (um alditol)

O monossacarídeo de partida existe fundamentalmente como um hemiacetal, que não reage com o boro-hidreto de sódio porque não possui um grupo carbonila. Entretanto, uma pequena quantidade da forma de cadeia aberta está presente no equilíbrio, e é esta forma que reage com o boro-hidreto de sódio produzindo um alditol. À medida que a forma de cadeia aberta da glicose é convertida no alditol, o equilíbrio é perturbado. De acordo com o princípio de Le Châtelier, isso faz com que mais moléculas de glicose fiquem na forma de cadeia aberta, as quais então também sofrem redução. Esse processo continua até que praticamente todas as moléculas de glicose tenham sido reduzidas a D-glicitol. O D-glicitol é encontrado em muitas frutas e bagas. Também é chamado de D-sorbitol, ou apenas sorbitol, e é normalmente utilizado como substituinte da sacarose em alimentos processados.

VERIFICAÇÃO CONCEITUAL

24.28 O mesmo produto é obtido quando a D-altrose ou a D-talose é tratada com boro-hidreto de sódio na presença de água. Explique esta observação.

24.29 O mesmo produto é obtido quando a D-alose ou a L-alose é tratada com boro-hidreto de sódio na presença de água. Explique essa observação.

24.30 Das oito D-aldo-hexoses, apenas duas delas formam alditóis oticamente inativos quando tratadas com boro-hidreto de sódio, na presença de água. Identifique essas duas aldo-hexoses e explique por que os seus alditóis são opticamente inativos.

Oxidação dos Monossacarídeos

Quando tratado com um agente oxidante adequado, o grupo aldeído de uma aldose pode ser oxidado produzindo uma substância chamada **ácido aldônico**.

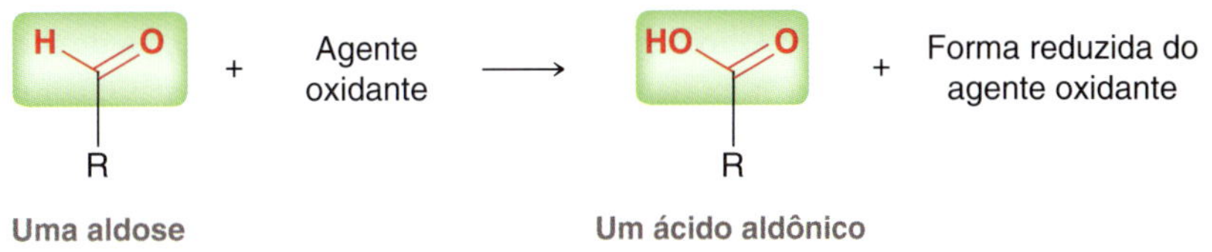

Essa reação é observada para uma grande variedade de agentes oxidantes. Quando altos rendimentos são desejados, um agente oxidante adequado é uma solução aquosa de bromo tamponada em um pH de 6. Por exemplo:

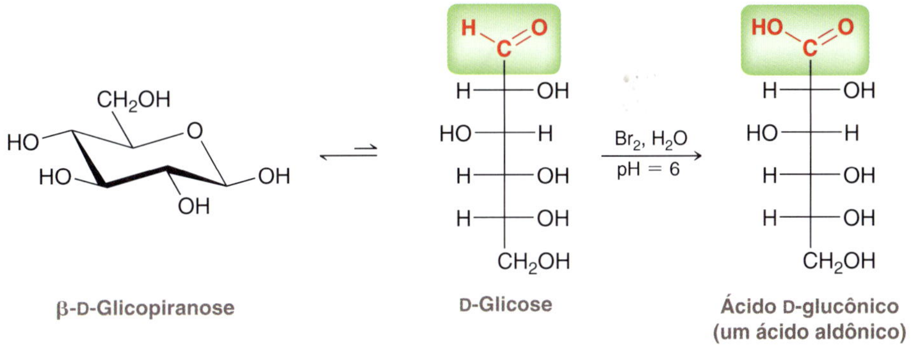

O monossacarídeo de partida existe fundamentalmente como um hemiacetal, e os grupos OH não são oxidados por este agente oxidante brando. Entretanto, uma pequena quantidade da forma de cadeia aberta está presente no equilíbrio, e é o grupo aldeído da forma de cadeia aberto que reage com o agente oxidante produzindo um ácido aldônico. À medida que a forma de cadeia aberta da glicose é convertida no ácido aldônico, o equilíbrio é perturbado. Isso faz com que mais moléculas de glicose adotem uma forma de cadeia aberta, que então sofrem oxidação. Este processo continua até que praticamente todas as moléculas de glicose tenham sido oxidadas.

O agente oxidante anterior oxidará aldoses, mas não reagirá com cetoses. Uma cetose não possui o hidrogênio aldeídico que é característico de uma aldose.

É verdade que cetoses lentamente alcançam o equilíbrio com aldoses através de um processo semelhante a epimerização, e podemos esperar, portanto, que uma pequena concentração de cetose seja convertida em uma aldose, que sofreria então oxidação, fornecendo um caminho reacional para que a cetose também seja oxidada. Entretanto, as condições fracamente ácidas empregadas (uma solução tamponada em pH = 6) não permitem que ocorra isomerização. Nessas condições, uma cetose não sofre isomerização para produzir uma aldose com uma velocidade razoável, e as cetoses não são, portanto, oxidadas em uma solução aquosa tamponada de bromo. Isso, de fato, propicia uma metodologia para diferenciarmos entre aldoses e cetoses. Por outro lado, existem muitos outros agentes de oxidação que são utilizados sob condições em que a isomerização pode ocorrer. Esses reagentes alternativos podem oxidar tanto cetoses quanto aldoses. Exemplos desses agentes oxidantes são o reagente de Tollens (Ag^+ em solução de amônia), o reagente de Fehling (Cu^{2+} em solução de tartarato de sódio) e o reagente de Benedict (Cu^{2+} em solução de citrato de sódio). Todos os três podem ser usados como testes químicos para a presença de aldose ou cetose.

O reagente de Tollens indica a presença de uma aldose ou cetose quando a superfície do frasco reacional é recoberta com prata metálica (parecendo um espelho), enquanto os outros dois testes indicam a presença de uma aldose ou cetose a partir do aparecimento de um precipitado vermelho (Cu_2O). Essas três reações são utilizadas apenas como teste para a obtenção de informação estrutural sobre carboidratos desconhecidos, mas não são eficientes como métodos preparativos quando grandes quantidades do ácido aldônico são desejáveis. Um carboidrato que fornece teste positivo para qualquer um desses três testes é chamado de **açúcar redutor** porque o carboidrato pode reduzir o agente oxidante.

Esses testes químicos são úteis para distinguir entre aldoses e cetoses de seus respectivos glicosídeos. Enquanto aldoses e cetoses são açúcares redutores, os seus glicosídeos correspondentes não são. Glicosídeos não são capazes de sofrer reações de abertura de anel sob condições neutras ou básicas e, portanto, não produzem sequer pequenas quantidades da forma de cadeia aberta contendo um grupo aldeído. Assim, eles não são oxidados por nenhum dos agentes oxidantes discutidos.

Na presença de um agente oxidante mais forte, como o HNO_3, a hidroxila primária é também oxidada, fornecendo um ácido dicarboxílico, chamado de **ácido aldárico**. Essa reação envolve a oxidação dos dois grupos realçados na figura vista a seguir:

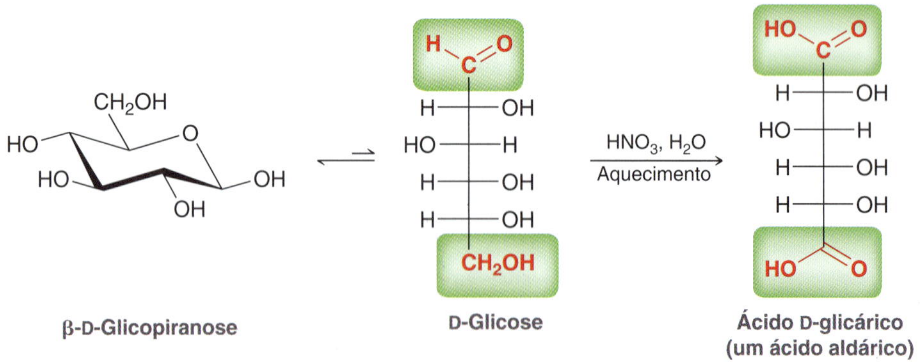

DESENVOLVENDO A APRENDIZAGEM

24.4 IDENTIFICAÇÃO DE UM AÇÚCAR REDUTOR

APRENDIZAGEM Identifique se a substância vista a seguir é um açúcar redutor.

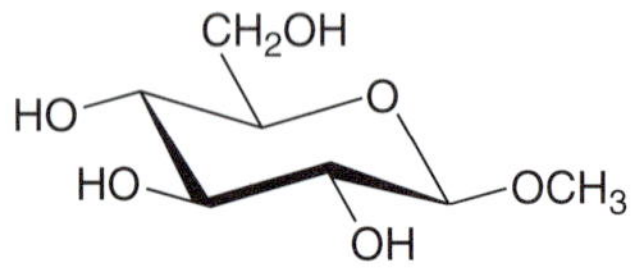

SOLUÇÃO

Vamos começar identificando a posição anomérica:

ETAPA 1
Identificação da posição anomérica.

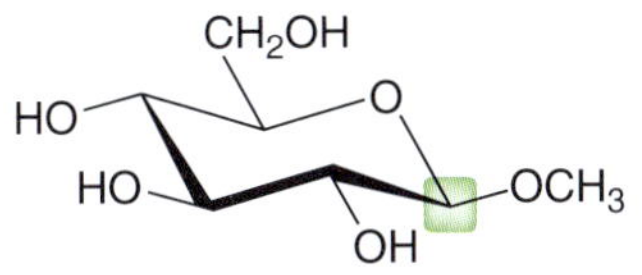

Agora determinamos se essa substância é um hemiacetal ou um acetal. Procuramos ver especificamente se o grupo ligado a posição anomérica é uma hidroxila (OH) ou um grupo alcóxido (OR). Se for um grupo hidroxila, então a substância é um hemiacetal e será um açúcar redutor. Se for um grupo alcóxido, então a substância é um acetal e não será um açúcar redutor. Neste caso, o grupo ligado à posição anomérica é um grupo metóxido. Portanto, essa substância é um acetal e não um açúcar redutor.

ETAPA 2
Determine se o grupo na posição anomérica é um grupo hidroxila ou grupo alcóxido.

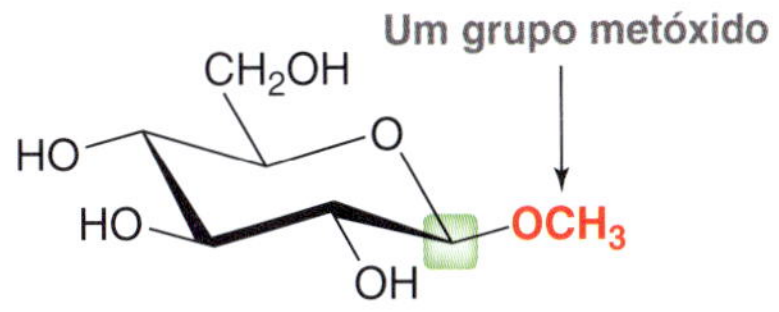

PRATICANDO o que você aprendeu

24.31 Determine se cada uma das seguintes substâncias é um açúcar redutor:

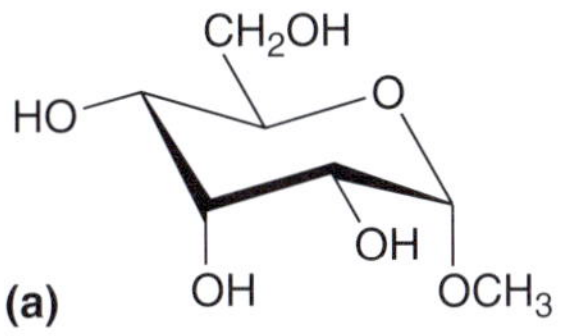
(a)

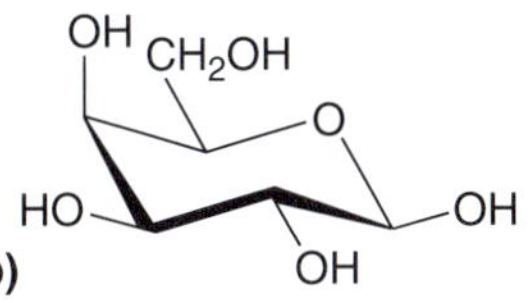
(b)

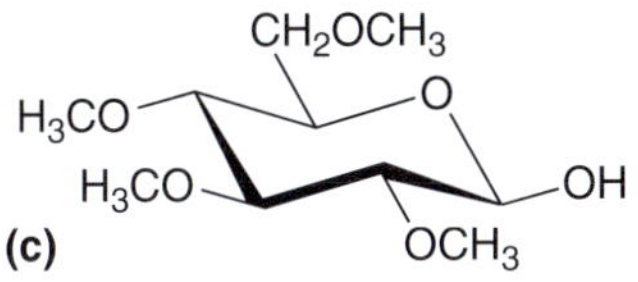
(c)

APLICANDO o que você aprendeu

24.32 Represente e nomeie o produto obtido quando cada uma das substâncias vistas a seguir é tratada com solução aquosa de bromo (pH = 6):

(a) α-D-Galactopiranose **(b)** β-D-Galactopiranose
(c) α-D-Glicopiranose **(d)** β-D-Glicopiranose

24.33 Você espera que a β-D-glicopiranose pentametil éter seja um açúcar redutor? Explique o seu raciocínio.

é necessário **PRATICAR MAIS? Tente Resolver os Problemas 24.69, 24.76a**

Aumento da Cadeia: A Síntese de Kiliani-Fischer

Em 1886, Heinrich Kiliani (Universidade de Freiburg, Alemanha) observou que uma aldose reagirá com HCN para formar um par de cianidrinas estereoisoméricas.

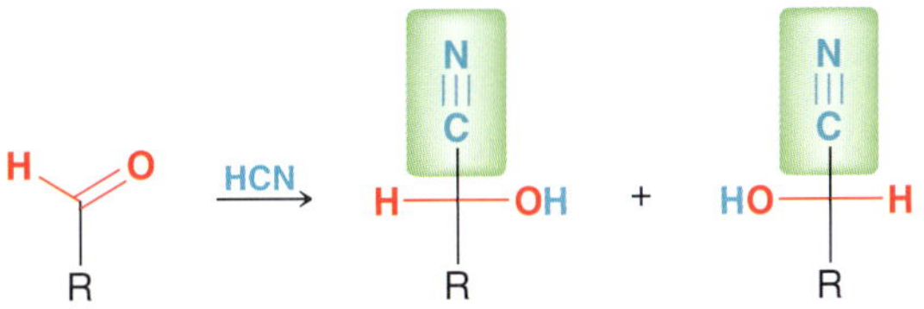

Esse processo ocorre através de uma adição nucleofílica acíclica. Um mecanismo para a formação de cianidrinas foi discutido na Seção 20.10. Baseado na observação de Kiliani, Emil Fischer (o mesmo Fischer responsável pelas projeções de Fischer) desenvolveu então uma metodologia em várias etapas para a conversão de um grupo ciano e um grupo aldeído.

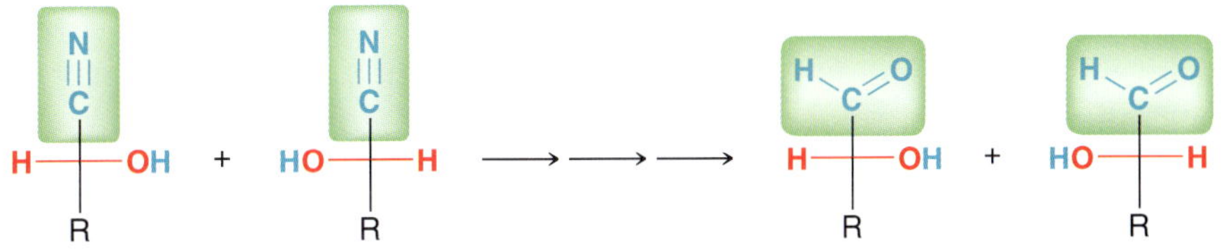

Por fim, o resultado líquido é a capacidade de aumentarmos o tamanho da cadeia do carboidrato em um átomo de carbono. Por exemplo, uma aldopentose pode ser convertida em uma aldo-hexose através deste processo, conhecido como a **síntese de Kiliani-Fischer**. Uma versão mais moderna da síntese de Kiliani-Fischer permite a conversão de um grupo ciano em um aldeído em apenas uma etapa (em vez de várias etapas). Isso é realizado através da hidrogenação em solução aquosa do grupo ciano utilizando-se um catalisador envenenado. Nessas condições, o grupo ciano é reduzido a uma imina, a qual então sofre hidrólise produzindo um aldeído.

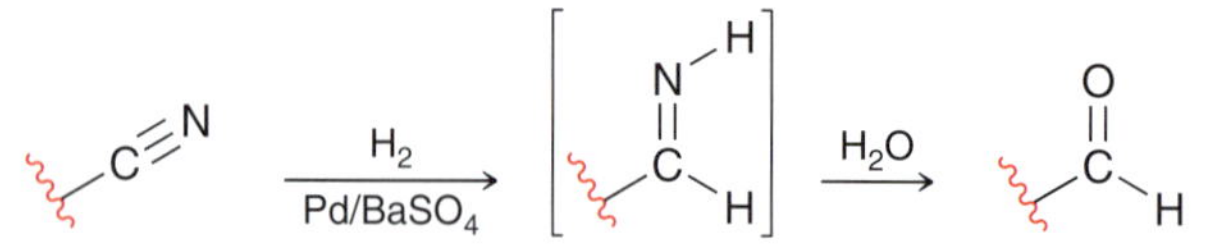

Como exemplo desse processo, considere o resultado obtido quando a versão moderna da síntese de Kiliani-Fischer é realizada com a D-arabinose como material de partida:

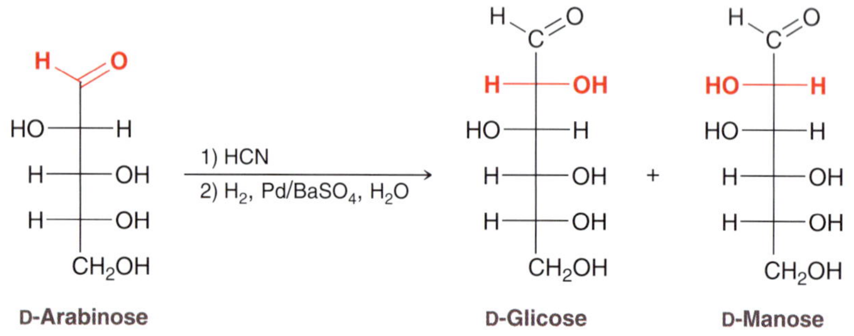

A D-arabinose tem cinco átomos de carbono (uma aldopentose), e cada um dos produtos tem seis átomos de carbono (aldo-hexoses). Neste processo o C1 do material de partida é transformado em C2 nos produtos. Observe que dois produtos são formados porque a primeira etapa no processo não é estereosseletiva, isto é, o novo centro de quiralidade (C2) pode ter ambas as configurações, produzindo a D-glicose e a D-manose, que são epímeros no carbono C2.

VERIFICAÇÃO CONCEITUAL

24.34 Represente e nomeie o par de epímeros formados quando as seguintes aldopentoses são submetidas ao aumento da cadeia através da síntese de Kiliani-Fischer:

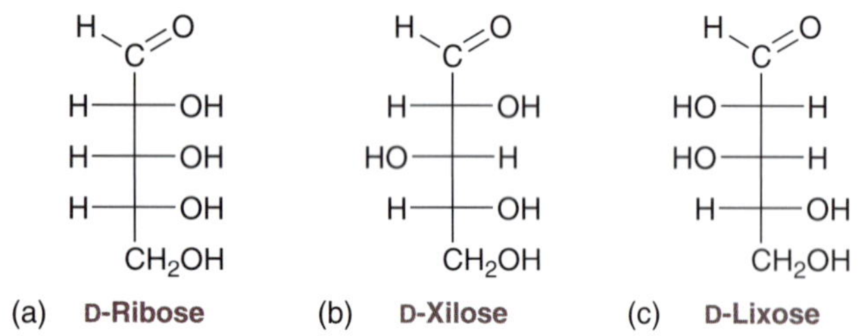

24.35 Identifique os reagentes que você usaria para converter a D-eritrose (Problema 24.22) na D-ribose. Qual o outro produto que é também formado neste processo?

Diminuição da Cadeia: A Degradação de Wohl

A **degradação de Wohl** é o inverso da síntese de Kiliani-Fischer e envolve a remoção de um átomo de carbono de uma aldose. O grupo aldeído é inicialmente convertido em uma cianidrina, seguida da perda de HCN na presença de uma base.

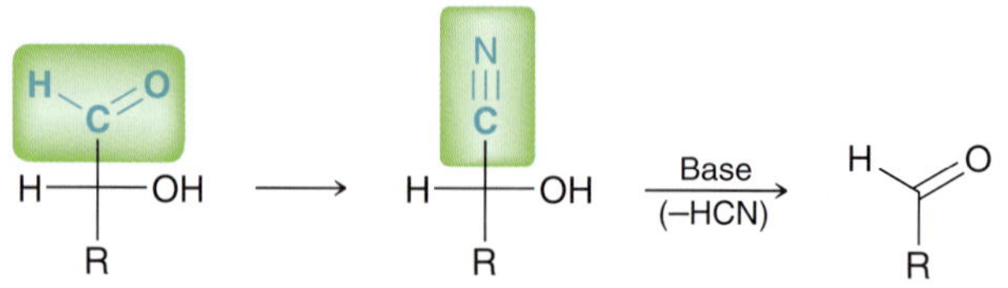

Por fim, o resultado líquido é o encurtamento da cadeia do carboidrato em um átomo de carbono. A conversão do aldeído em um grupo ciano é realizada pelo intermédio da formação de uma oxima (como visto na Seção 20.6), seguido pela desidratação. A cianidrina resultante perde então HCN quando tratada com uma base forte produzindo o novo carboidrato que tem um carbono a menos do que o carboidrato de partida:

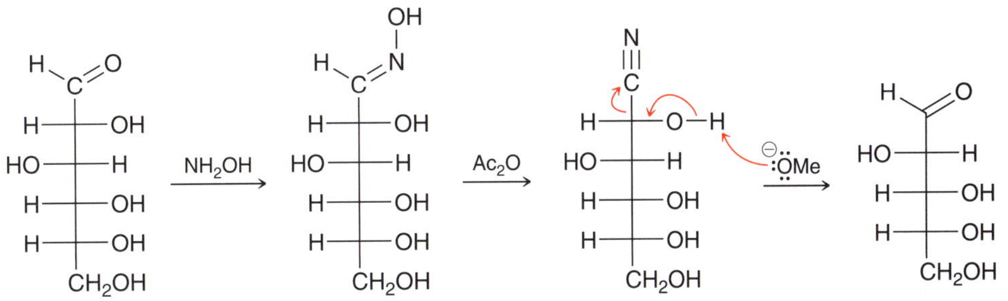

D-Glicose — Uma oxima — Uma cianidrina — D-Arabinose

Esse processo de redução da cadeia gera apenas um produto ao contrário da reação de aumento da cadeia (Kiliani-Fischer), que dá dois produtos. Os rendimentos da degradação de Wohl geralmente não são muito altos, mas esse processo e outros semelhantes a ele foram extremamente úteis durante as investigações iniciais na elucidação da estrutura dos monossacarídeos.

VERIFICAÇÃO CONCEITUAL

24.36 Represente e nomeie as duas aldo-hexoses que podem ser convertidas na D-ribose (Problema 24.34a) utilizando a degradação de Wohl.

24.37 Identifique os reagentes que você usaria para converter a D-ribose na D-eritrose (Problema 24.22).

24.38 Quando a D-glicose sofre uma degradação de Wohl seguida por um processo de aumento de cadeia de Kiliani-Fischer, uma mistura de dois produtos epiméricos é obtida. Identifique os epímeros.

24.7 Dissacarídeos

Maltose

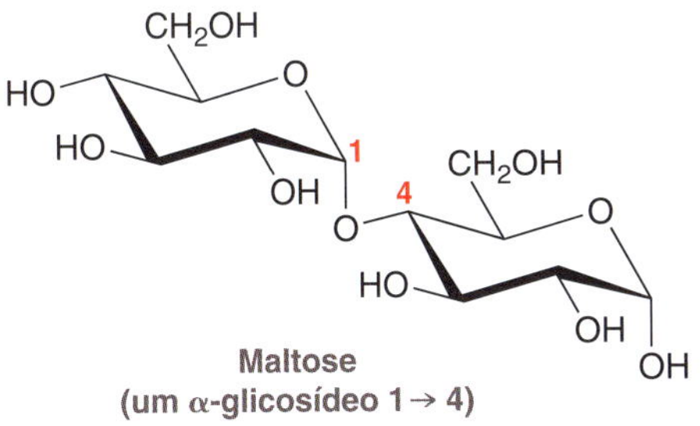

Maltose
(um α-glicosídeo 1→4)

Os **dissacarídeos** são carboidratos constituídos de duas unidades de monossacarídeos unidos através de uma ligação glicosídica entre o carbono anomérico de um monossacarídeo e o grupo hidroxila do outro monossacarídeo. Por exemplo, considere a estrutura da maltose.

A maltose é obtida a partir da hidrólise do amido. Ela é constituída de duas unidades de α-D-glicopiranose unidas entre o carbono anomérico (C1) de uma unidade glicopiranose e o OH em C4 da outra unidade glicopiranose. Esse tipo de ligação é chamada de uma ligação 1→4. Dois monossacarídeos podem unir-se de diferentes maneiras, mas a ligação 1→4 é a mais comum.

A maltose sofre mutarrotação, porque um dos anéis (inferior à direita) é um hemiacetal. Como resultado, a posição anomérica desse anel é capaz de abrir e fechar, possibilitando o estabelecimento do equilíbrio entre os dois anômeros possíveis.

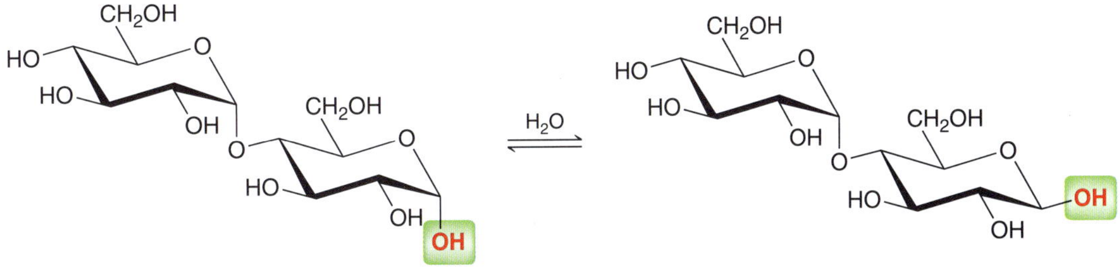

Esses anômeros se interconvertem como resultado da mutarrotação, que ocorre mais rapidamente na presença de catálise ácida ou básica.

A maltose também é um açúcar redutor porque um dos anéis é um hemiacetal e existe em equilíbrio com a forma de cadeia aberta.

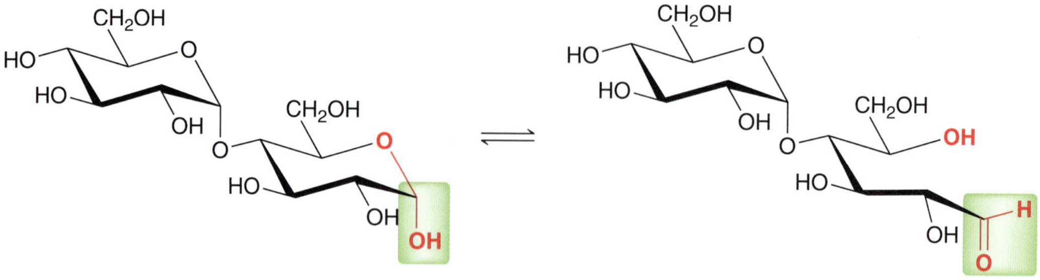

Na presença de um agente oxidante, o grupo aldeído da forma de cadeia aberta é oxidado fornecendo um ácido aldônico.

DESENVOLVENDO A APRENDIZAGEM

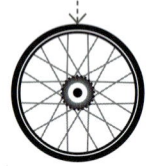

24.5 DETERMINANDO SE UM DISSACARÍDEO É UM AÇÚCAR REDUTOR

APRENDIZAGEM Determine se a lactose é um açúcar redutor:

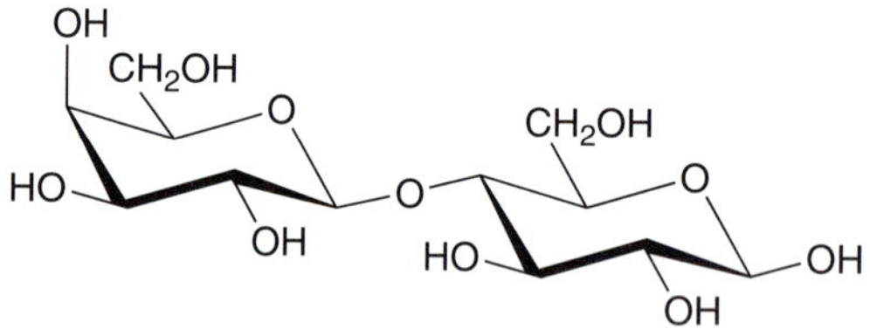

Lactose

SOLUÇÃO

Começamos identificando o carbono anomérico em cada anel. Lembre-se de que a posição anomérica de um anel é a posição que conecta dois átomos de oxigênio.

ETAPA 1
Identificação da posição anomérica em cada anel.

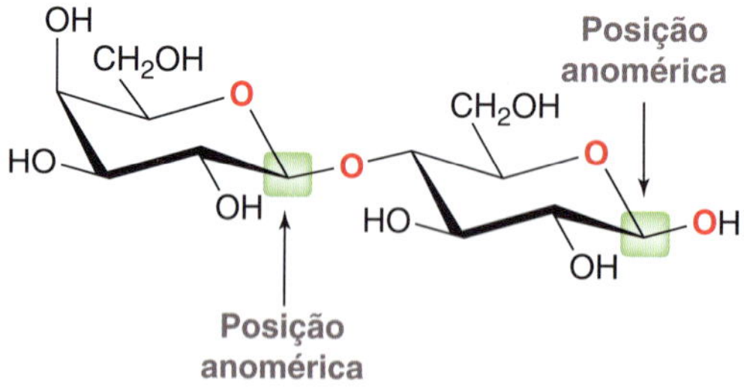

ETAPA 2
Determinando se o grupo ligado à posição anomérica é um grupo hidroxila ou alcóxido.

Agora, determinamos se cada uma dessas posições é um hemiacetal. Especificamente, identificamos se o grupo ligado a cada posição anomérica é um grupo hidroxila (OH) ou um grupo alcóxido (OR). Mesmo se apenas uma das posições anoméricas tiver um grupo OH, esta substância terá um grupo hemiacetal e será um açúcar redutor. Se nenhuma das posições anoméricas tiver um grupo OH, a substância não possuirá um grupo hemiacetal e não será um açúcar redutor. Neste caso, uma das posições anoméricas terá um grupo OH. Portanto, esta substância é um açúcar redutor.

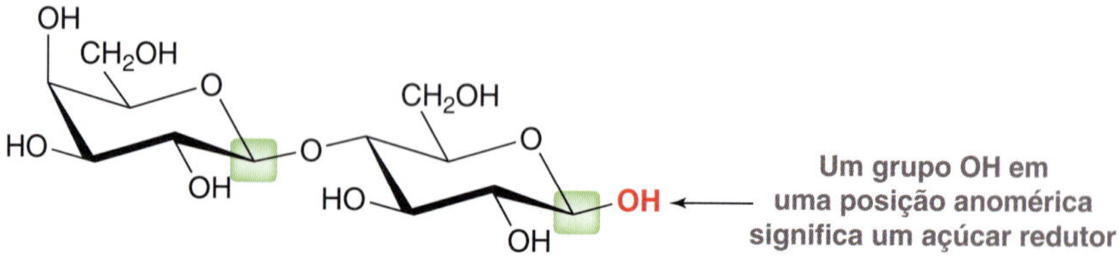

PRATICANDO o que você aprendeu

24.39 Determine se cada um dos dissacarídeos vistos a seguir é um açúcar redutor.

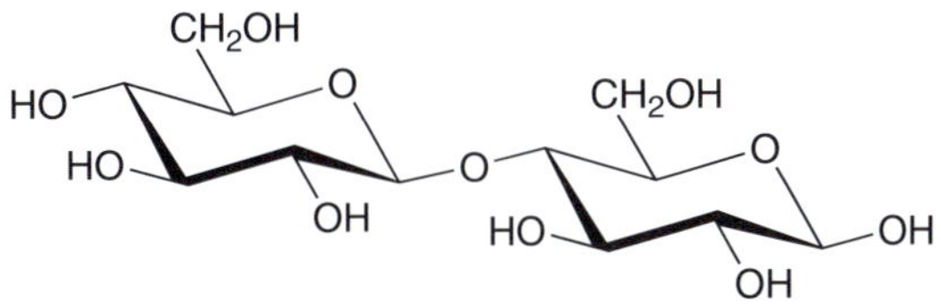

(a)

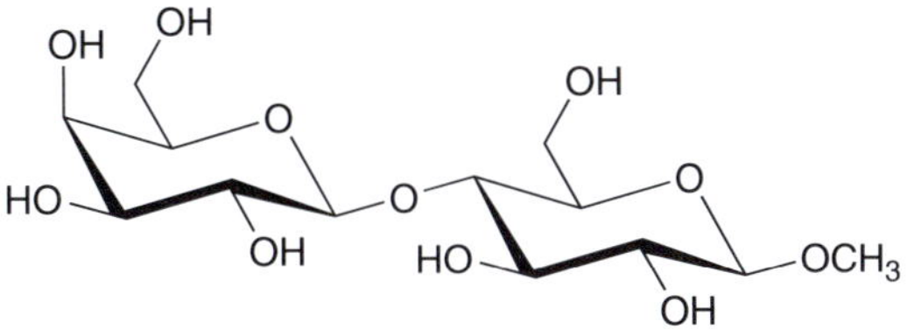

(b)

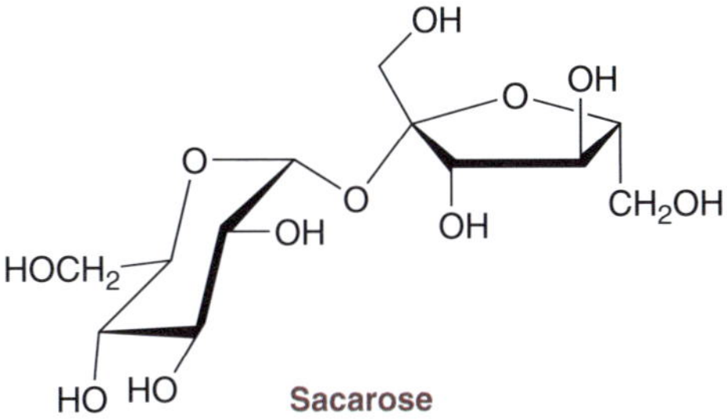

(c) **Sacarose**

APLICANDO o que você aprendeu

24.40 Represente a estrutura do produto obtido quando o dissacarídeo visto a seguir é tratado com $NaBH_4$ em metanol.

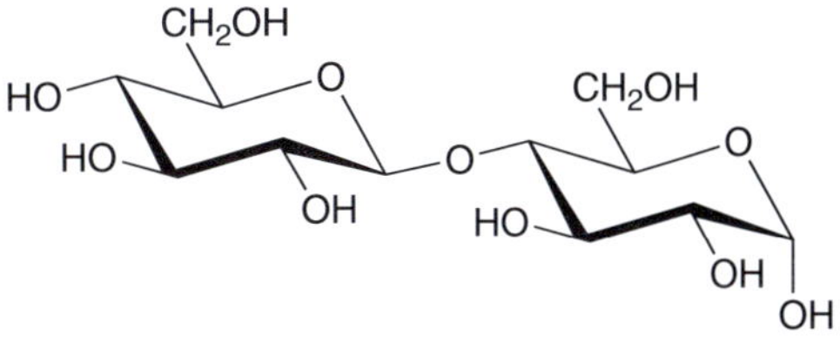

é necessário **PRATICAR MAIS?** **Tente Resolver o Problema 24.73**

Celobiose

Outro exemplo de um dissacarídeo é a celobiose, que é obtida a partir da hidrólise da celulose. Ela é constituída de duas unidades de β-D-glicopiranose unidas por uma ligação 1→4.

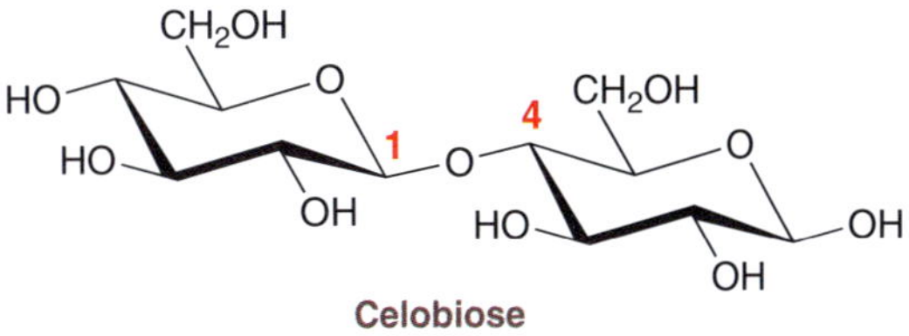

Celobiose
(um β-glicosídeo 1→4)

Essa substância é muito semelhante em estrutura com a maltose, com a diferença de que ela é constituída de unidades β-D-glicopiranose em vez de unidades α-D-glicopiranose. De modo semelhante à maltose, a celobiose exibe também o fenômeno de mutarrotação e é um açúcar redutor, pois o anel à direita é um hemiacetal e, portanto, capaz de abrir e fechar.

VERIFICAÇÃO CONCEITUAL

24.41 Represente o produto obtido quando a celobiose é tratada com cada um dos reagentes vistos a seguir:

(a) $NaBH_4$, H_2O (b) Br_2, H_2O (pH = 6) (c) CH_3OH, HCl (d) Ac_2O, piridina

Lactose

A lactose, normalmente chamada de açúcar do leite, é um dissacarídeo de ocorrência natural encontrado no leite. Ao contrário da maltose ou da celobiose, a lactose é constituída de dois monossacarídeos diferentes – galactose e glicose.

Os dois monossacarídeos são unidos por uma ligação 1→4, entre o C1 da galactose e o C4 da glicose. Assim como outros dissacarídeos que vimos até agora, a lactose também apresenta mutarrotação, e é um açúcar redutor porque o anel inferior à esquerda é um hemiacetal e, portanto, capaz de abrir e fechar.

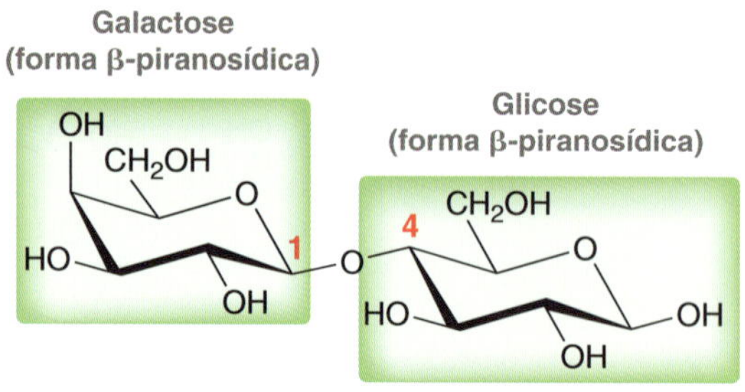

Lactose
(um β-glicosídeo 1 → 4)

medicamente falando | Intolerância à Lactose

Em nosso organismo, uma enzima chamada lactase (β-galactosidase) catalisa a hidrólise da lactose em glicose e galactose.

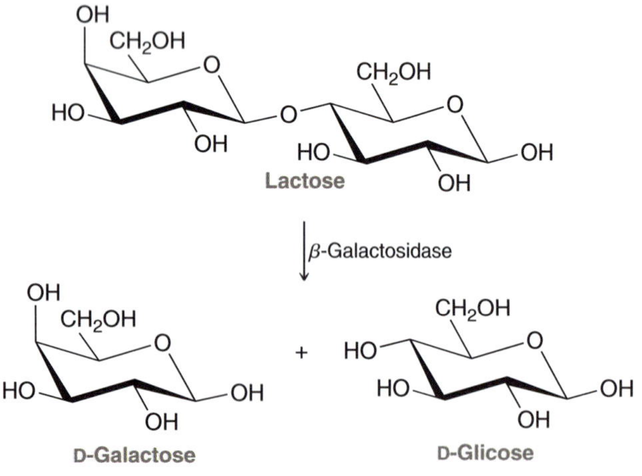

A galactose produzida nesse processo é subsequentemente convertida no fígado a glicose, que é então posteriormente metabolizada para a produção de energia. Muitas pessoas não produzem quantidades suficientes de lactase e são incapazes de hidrolisar grandes quantidades de lactose. Ao contrário, a lactose acumulada é por fim convertida em CO_2 e H_2 por bactérias presentes no intestino. A degradação da lactose por bactérias produz diversos subprodutos, entre eles o ácido lático.

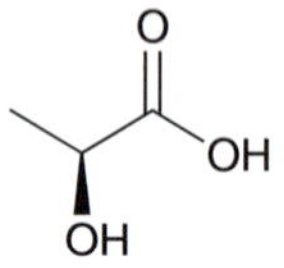

Ácido lático

O aumento de ácido lático e outros subprodutos ácidos causam cólicas, náuseas e diarreia. Essa condição é chamada de intolerância à lactose e estima-se que entre 30 e 50 milhões de americanos sejam intolerantes à lactose. Diferentes etnias e grupos raciais são afetados em escala diferente, com maior incidência da intolerância à lactose ocorrendo entre asiáticos e a menor entre europeus.

A intolerância à lactose se desenvolve com o tempo. A produção de lactase começa a diminuir para a maioria das crianças aos dois anos de idade, apesar de muitas pessoas não manifestarem os sintomas da intolerância à lactose até fases mais tardias de suas vidas. Estima-se que 75% da população adulta mundial desenvolverão intolerância à lactose. Essa condição também afeta outras espécies, incluindo cães e gatos, ambos são muito suscetíveis ao desenvolvimento de intolerância à lactose.

A intolerância à lactose é facilmente tratada com uma dieta rigorosa que minimiza a ingestão de alimentos que contenham lactose. Muitos laticínios são produzidos através de processos que removem lactose, e esses produtos são rotulados no mercado como "não contém lactose". Além disso, a enzima lactase é disponível em comprimidos sem necessidade de prescrição médica e pode ser ingerida antes do consumo de qualquer produto que contenha lactose.

Sacarose

A sacarose, também conhecida como açúcar de mesa, é um dissacarídeo constituído por glicose e frutose ligadas em C1 na glicose e C2 na frutose. A hidrólise da sacarose produz glicose e frutose. As abelhas têm enzimas que catalisam essa hidrólise possibilitando que elas convertam a sacarose em mel, que é fundamentalmente uma mistura de sacarose, glicose e frutose. O mel é mais doce que o açúcar de mesa, pois a frutose é mais doce que a sacarose.

Frutose (forma β-furanosídica)

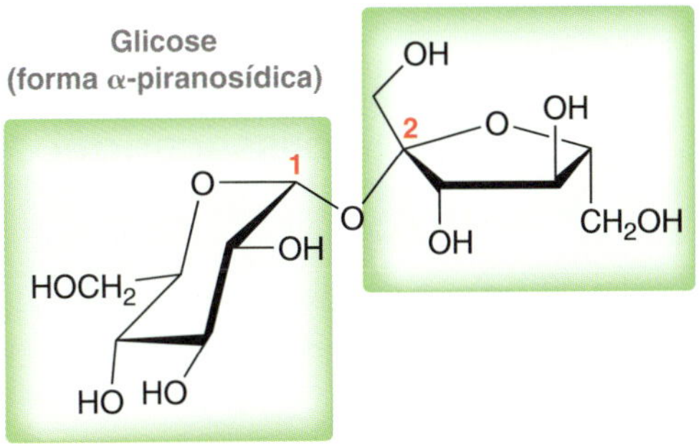

Sacarose
(um glicosídeo 1→2)

Diferente de outros dissacarídeos que vimos até agora, a sacarose não é um açúcar redutor e não sofre mutarrotação. Isso pode ser explicado observando-se que a sacarose é constituída de duas unidades que estão ligadas uma a outra através de suas posições anoméricas. Assim, nenhuma unidade tem um grupo hemiacetal e nenhuma unidade é capaz de adotar uma forma de cadeia aberta.

falando de modo prático | Adoçantes Artificiais

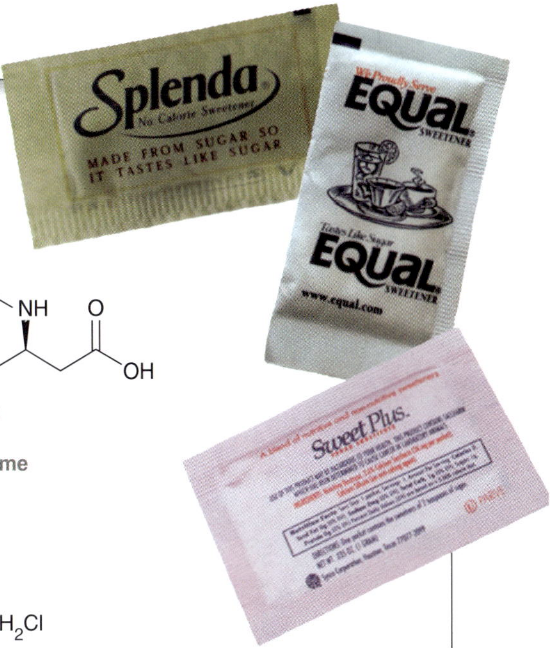

Diversos problemas de saúde estão associados ao consumo excessivo de sacarose, incluindo diabetes e cáries. Esses problemas, junto com o desejo de muitas pessoas em reduzir a ingestão de calorias, estimularam o desenvolvimento de muitos adoçantes artificiais, tais como as substâncias vistas a seguir:

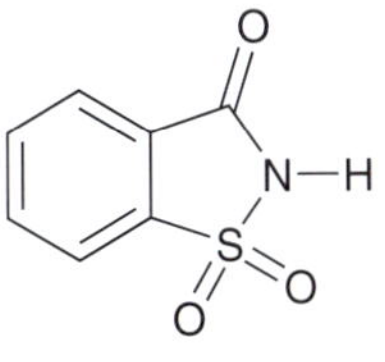

Sacarina

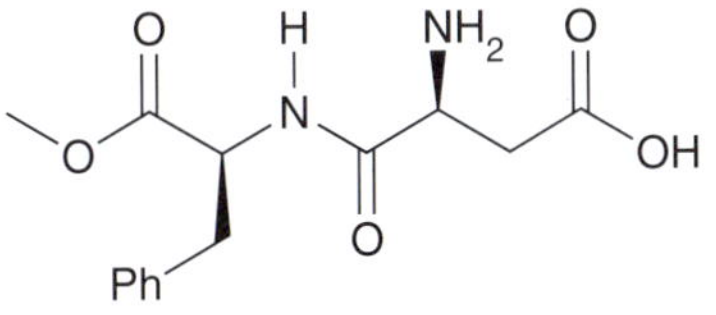

Aspartame

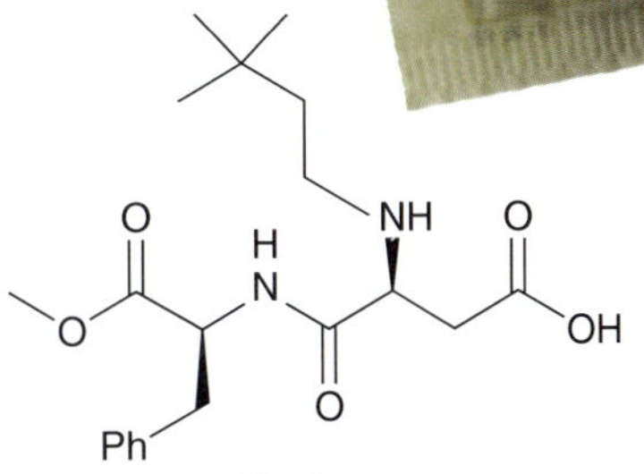

Neotame

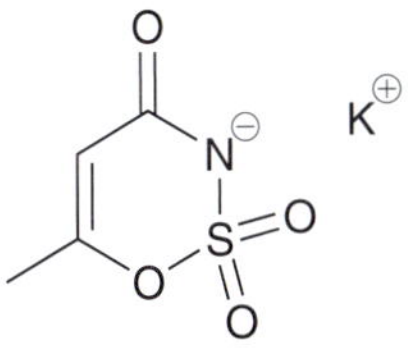

Acessulfame K

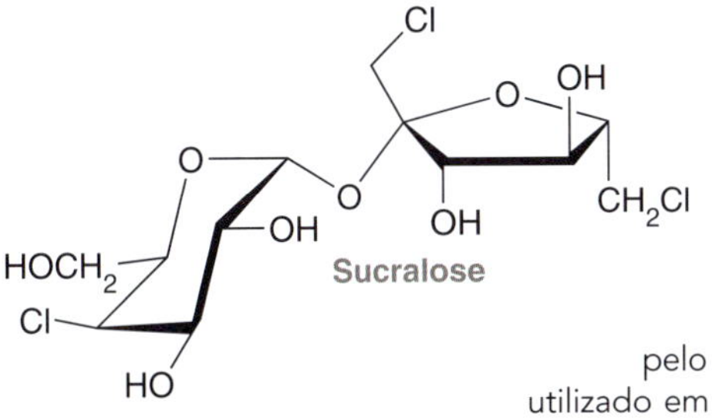

Sucralose

A sacarina é o adoçante artificial mais antigo. Foi descoberto acidentalmente em 1879 e foi utilizado por diabéticos como substituto da sacarose. Na década de 1970 alguns estudos sugeriram que ela poderia ser cancerígena. Muitas pesquisas desde então indicam que seu consumo é seguro. Entretanto, devido a seu sabor metálico residual, ela foi amplamente substituída por diversos outros adoçantes artificiais.

O aspartame (comercializado sob o nome de NutraSweet®) foi aprovado pelo FDA em 1981 e tem sido amplamente utilizado em refrigerantes desde então. Ele é cerca de 200 vezes mais doce que a sacarose. Pessoas que sofrem de *fenilcetonúria* são incapazes de metabolizar completamente o aspartame e têm de evitar o consumo dessa substância, como foi discutido no Problema 21.61. Um derivado do aspartame chamado de Neotame® foi aprovado pelo FDA em 2001 e é cerca de 10.000 vezes mais doce que a sacarose. O Neotame® tem também de ser evitado por portadores de fenilcetonúria.

O acessulfame de potássio, também chamado de acessulfame K, foi aprovado pelo FDA em 1998 para uso em bebidas e é atualmente misturado com aspartame em refrigerantes. A mistura de aspartame e acessulfame K é conhecida por ter menor gosto residual amargo que cada uma das substâncias isoladamente.

Dentre os adoçantes artificiais comuns, apenas a sucralose (600 vezes mais doce que a sacarose) parece estruturalmente um carboidrato. Ela é preparada a partir da sacarose em que três grupos hidroxila são substituídos por átomos de cloro. A presença dos átomos de cloro impossibilita que o organismo metabolize essa substância e libere o seu conteúdo calórico. A sucralose é especialmente popular para uso em produtos assados, pois não se decompõe com o aquecimento, como outros adoçantes artificiais.

Muitos adoçantes artificiais no mercado foram descobertos acidentalmente. Entretanto, muita pesquisa é realizada atualmente para o desenvolvimento de novos adoçantes com propriedades ainda melhores (nenhum adoçante artificial apresenta exatamente o mesmo sabor da sacarose, para o desânimo de muitos consumidores). Durante as próximas décadas é provável que muitos outros substitutos do açúcar entrem no mercado.

24.8 Polissacarídeos

Celulose

Os **polissacarídeos** são polímeros formados pela repetição de monossacarídeos ligados através de ligações glicosídicas. Por exemplo, a celulose é constituída de milhares de unidades de D-glicose ligadas através de ligações β-glicosídicas 1→4.

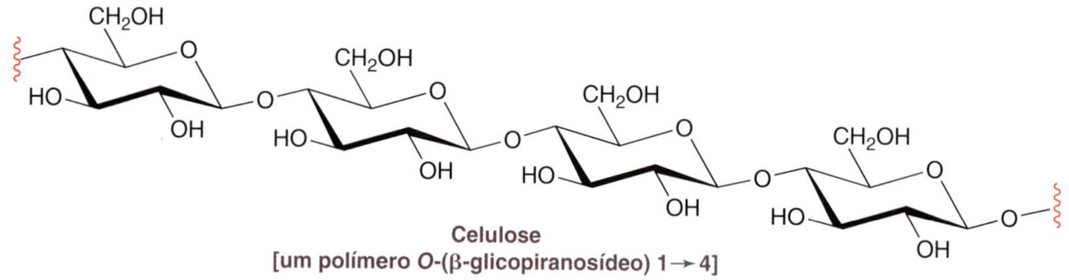

Celulose
[um polímero *O*-(β-glicopiranosídeo) 1→4]

Uma cadeia média de celulose é constituída de aproximadamente 7000 unidades de glicose, mas pode possuir até 12.000 unidades. As cadeias do polímero interagem umas com as outras através de ligações de hidrogênio, produzindo rigidez estrutural para árvores e plantas. A madeira é constituída de cerca de 30-40% de celulose, e o algodão é constituído de 90% de celulose.

Amido

O amido é o principal componente de muitos alimentos que consumimos, incluindo batatas, milho e cereais. O amido pode ser separado em dois componentes: amilose, que é insolúvel em água fria, e amilopectina, que é solúvel em água fria. A amilose é constituída de unidades de glicose ligadas através de ligações α-glicosídicas 1→4.

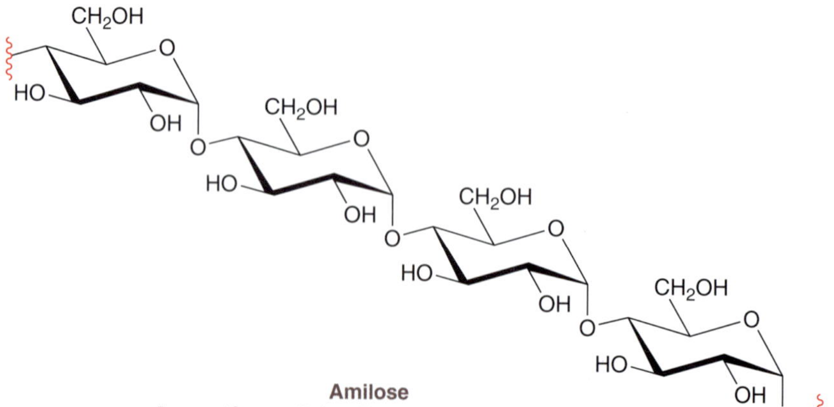

Amilose
[um polímero *O*-(α-glicopiranosídeo) 1→4]

Uma cadeia de amilose é linear, como a celulose, mas é formada de unidades repetidas de α-D-glicopiranose em vez de unidades β-D-glicopiranose. A amilose responde por aproximadamente 20% do amido. Os outros 80% do amido são amilopectina, que é semelhante à amilose, mas contém também ramificações α-glicosídicas 1→6 aproximadamente a cada 25 unidades de glicose:

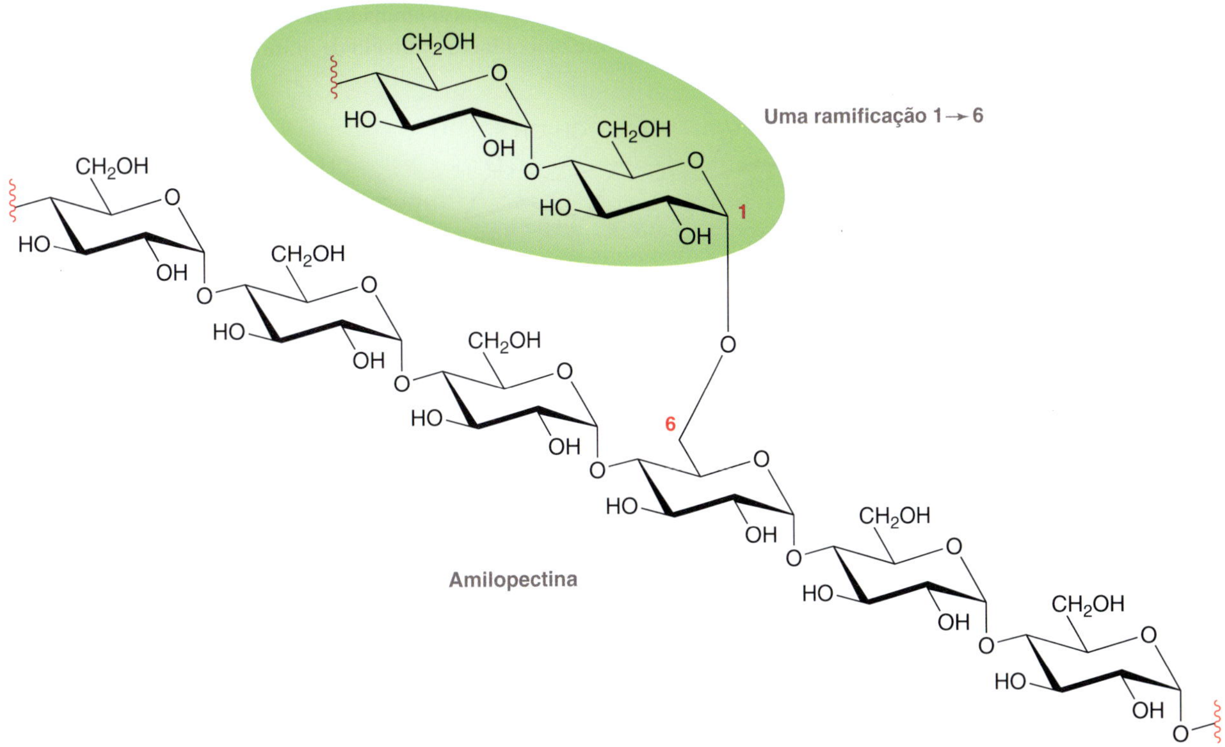

O amido é digerido por enzimas glicosidases que catalisam a sua hidrólise, liberando moléculas individuais de glicose. Essas enzimas são altamente seletivas em sua atividade e não catalisam a hidrólise de celulose. Existem organismos que possuem enzimas capazes de catalisar a hidrólise de celulose, mas os seres humanos não têm essas enzimas, razão pela qual podemos ingerir batata ou milho, mas não podemos ingerir grama. Os ruminantes também são incapazes de produzir as enzimas necessárias para digerir a celulose. Entretanto, no seu estômago estão presentes microrganismos que produzem as enzimas necessárias para a hidrólise da celulose. Como resultado, os ruminantes são capazes de ingerir grama.

Glicogênio

A glicose serve como combustível capaz de fornecer a energia necessária para animais e plantas. As moléculas de glicose não utilizadas imediatamente para a produção de energia são armazenadas sob a forma de um polímero. As plantas armazenam o excesso de glicose sob a forma de amido, enquanto animais estocam o excesso de glicose sob a forma de glicogênio. O glicogênio é semelhante em estrutura à amilopectina (o principal componente do amido), mas a sua cadeia polimérica possui ramificações mais regulares. Enquanto a amilopectina tem ramificações a cada 25 unidades de glicose aproximadamente, o glicogênio possui ramificações aproximadamente a cada 10 unidades de glicose. Moléculas individuais de glicogênio podem conter até 100.000 unidades de glicose.

24.9 Açúcares Aminados

Os **açúcares aminados** são derivados de carboidratos em que um grupo OH foi substituído por um grupo amino. Açúcares aminados são comuns na natureza e servem como importantes blocos de construção para polímeros biológicos. Um exemplo é a β-D-glicosamina, que é biossintetizada a partir da D-glicose.

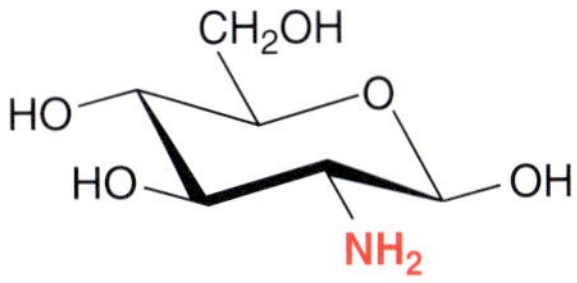

β-D-Glicosamina (um açúcar aminado)

Os derivados *N*-acetilados desse açúcar aminado servem como unidades monossacarídicas de repetição em um importante biopolímero chamado de quitina:

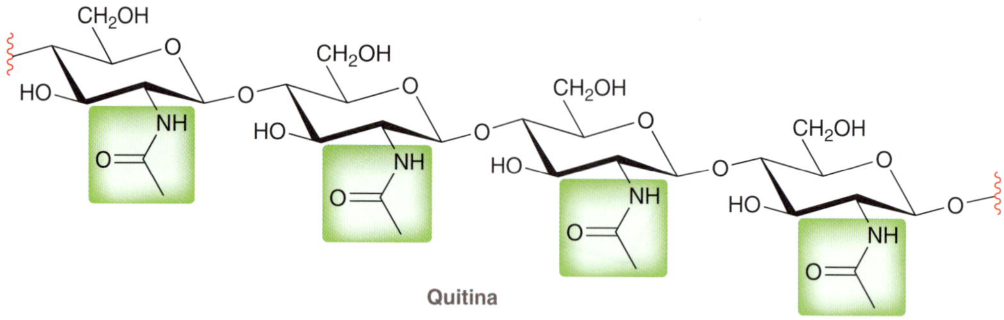

Quitina

A quitina possui estrutura semelhante à celulose, mas o grupo amida permite ligações de hidrogênio mais significativas entre cadeias vizinhas, o que torna o polímero ainda mais forte que a celulose (madeira). A quitina é o material utilizado como exoesqueleto de artrópodes e insetos, e mais de um trilhão de quilos deste polímero são produzidos por organismos vivos a cada ano.

24.10 *N*-Glicosídeos

Quando tratados na presença de aminas e de um catalisador ácido, monossacarídeos são convertidos em seus respectivos ***N*-glicosídeos**:

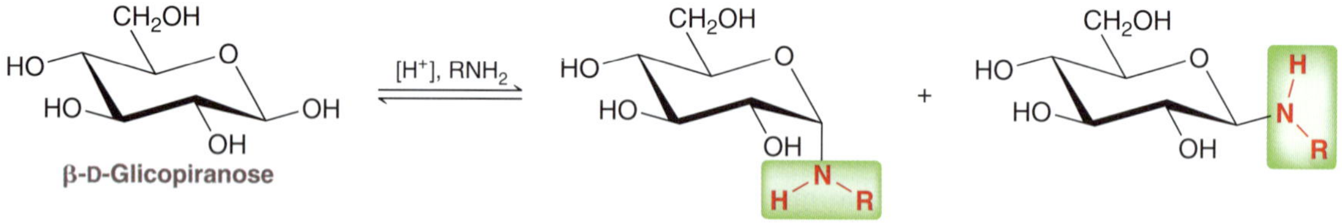

β-D-Glicopiranose **Um α-*N*-glicosídeo** **Um β-*N*-glicosídeo**

Esse processo provavelmente ocorre através de um mecanismo que é análogo ao mecanismo para a formação de glicosídeo. Dois carboidratos em particular, D-ribose e 2-desoxi-D-ribose, formam *N*-glicosídeos especialmente importantes.

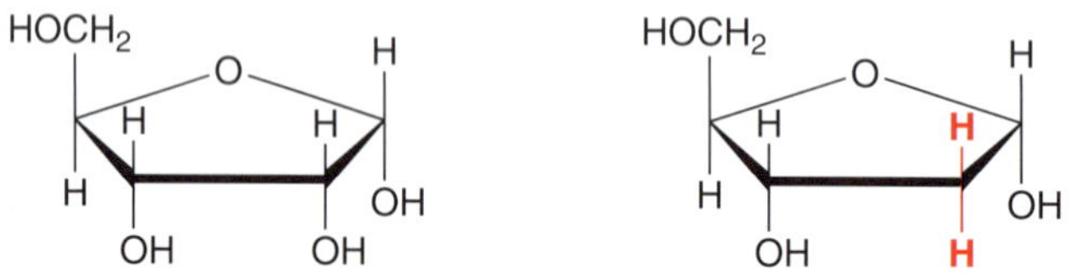

D-ribose (forma α-furanosídica) **2-Desoxi-D-ribose (forma α-furanosídica)**

Esses dois carboidratos servem como blocos de construção para o RNA e o DNA, respectivamente. Essas substâncias são acopladas biologicamente com heterociclos nitrogenados (chamados de bases) formando *N*-glicosídeos especiais chamados de **nucleosídeos**. Em cada caso, os anômeros β são formados exclusivamente.

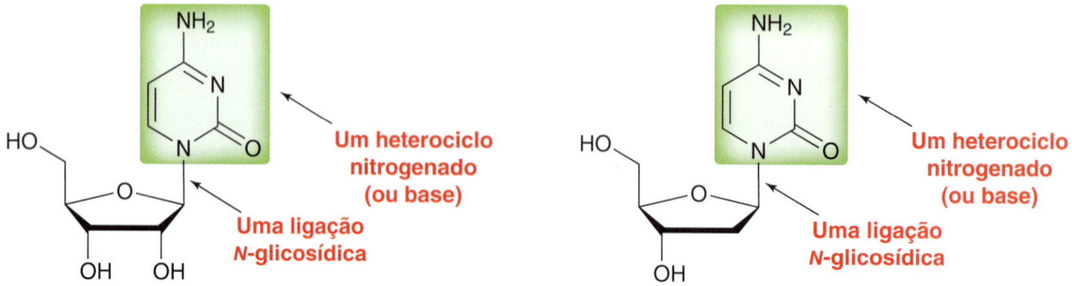

Um ribonucleosídeo **Um desoxirribonucleosídeo**

medicamente falando

Antibióticos Aminoglicosídeos

Antibióticos aminoglicosídeos são antibióticos que contêm tanto um açúcar aminado quanto uma ligação glicosídica. O primeiro exemplo conhecido, chamado de estreptomicina, foi isolado em 1944 a partir da espécie *Streptomyces:*

Estreptomicina

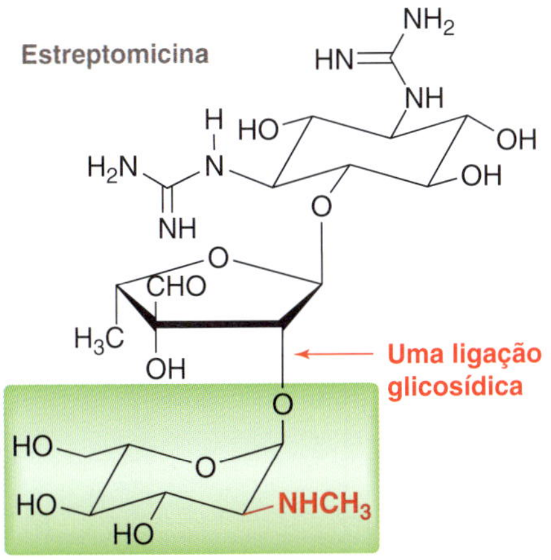

Uma amino-hexose

Observe que a estrutura da estreptomicina contém um açúcar aminado (realçado). Interessantemente, essa amino-hexose é um derivado da L-glicosamina em vez da D-glicosamina, indicando que o *Streptomyces* desenvolveu uma rota para síntese da L-glicose; isto é algo incomum, apesar de conhecermos outros exemplos de açúcares L na natureza.

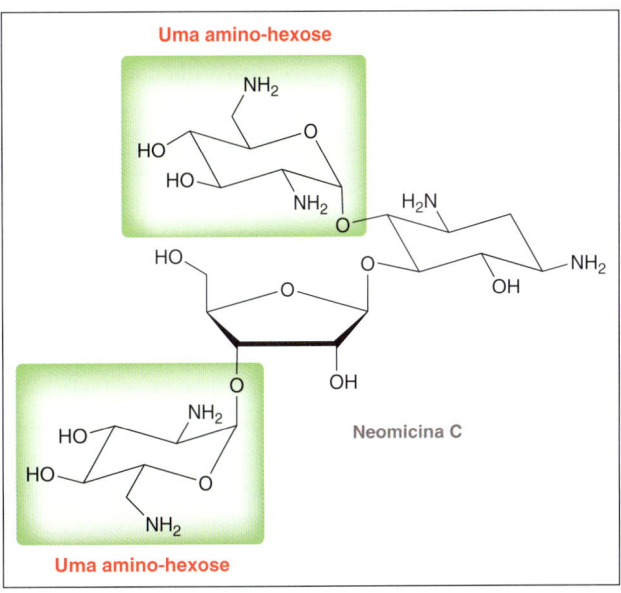

Muitos outros antibióticos foram também isolados a partir da espécie *Streptomyces*, sendo todos estruturalmente relacionados com a estreptomicina. Seis deles são atualmente utilizados nos Estados Unidos: kanamicina, neomicina, paromomicina, gentamicina, tobramicina e netilmicina. Todas estas substâncias apresentam pelo menos uma amino-hexose em sua estrutura, e muita pesquisa sobre a relação entre estrutura e atividade indica que pelo menos um açúcar aminado é necessário para a atividade antibiótica. Como mostrado, a kanamicina e a neomicina contêm dois açúcares aminados. Como mencionado na abertura deste capítulo, a neomicina é uma das três substâncias ativas na Neosporina.

Muitos estudos foram realizados para elucidar o mecanismo de ação dos aminoglicosídeos. Acredita-se que todas essas substâncias agem inibindo a síntese de proteínas nas bactérias. Em outras palavras, essas substâncias impedem que a bactéria sintetize as enzimas necessárias para a sua própria sobrevivência. O desenvolvimento de cepas de bactérias resistentes aos antibióticos é um problema muito sério na medicina. Os aminoglicosídeos não são exceção a este problema. O uso clínico dos antibióticos aminoglicosídeos tornou-se muito popular e algumas cepas de bactérias tornaram-se resistentes a eles. Especificamente, muitas cepas de bactérias desenvolveram a capacidade de produzir enzimas que catalisam modificações nos grupos hidroxila e amino desses antibióticos. Por exemplo, existem bactérias capazes de transformar todos os seis diferentes grupos funcionais da kanamicina B. Alguns desses grupos funcionais sofrem uma acetilação catalisada por enzima, enquanto outros são fosforilados. Se algum desses grupos for acetilado ou fosforilado, o antibiótico modificado não será mais capaz de se ligar ao RNA bacteriano. Muitas das pesquisas conduzidas atualmente sobre antibióticos aminoglicosídeos voltam-se para o desenvolvimento de estruturas menos suscetíveis à inativação por enzimas bacterianas.

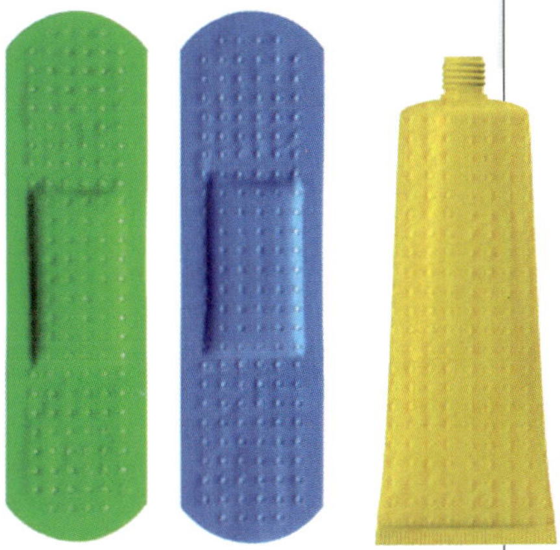

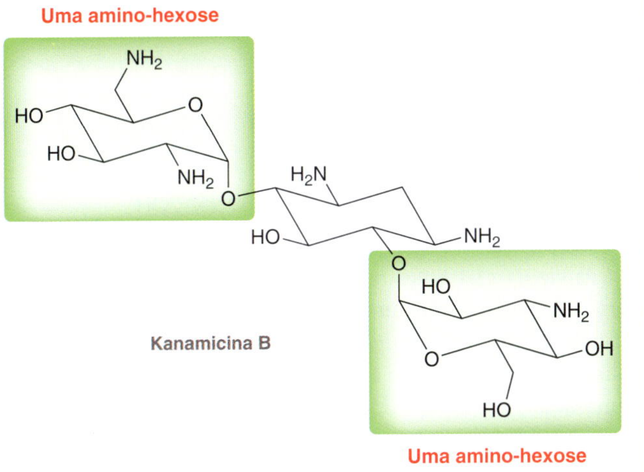

Kanamicina B

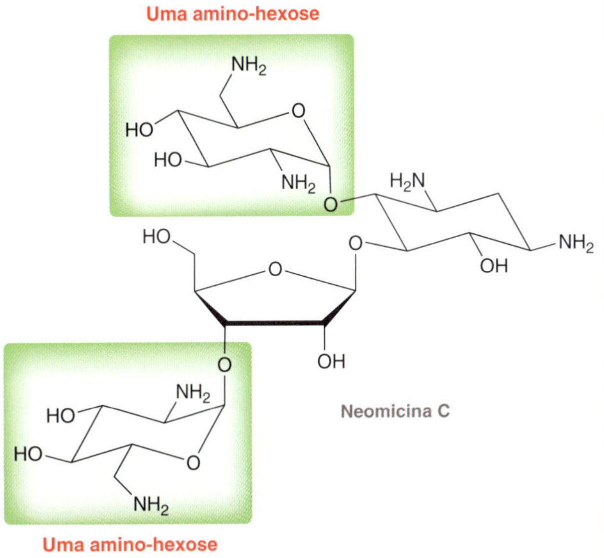

Neomicina C

DNA

Quatro tipos de aminas heterocíclicas são encontrados como bases no DNA: citosina (C), timina (T), adenina (A) e guanina (G):

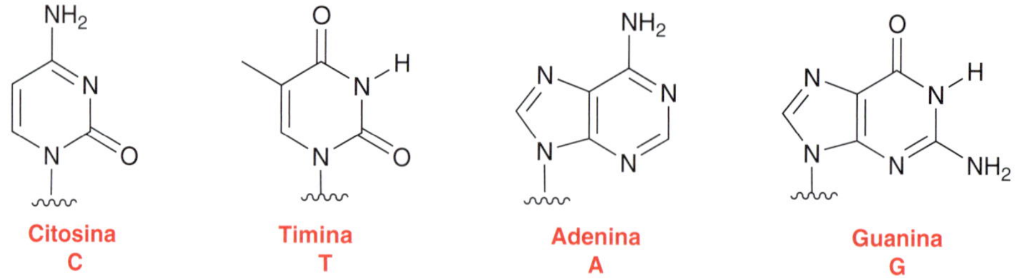

Cada uma dessas quatro bases pode se ligar a 2-desoxirribose dando origem a quatro desoxirribonucleosídeos (Figura 24.9).

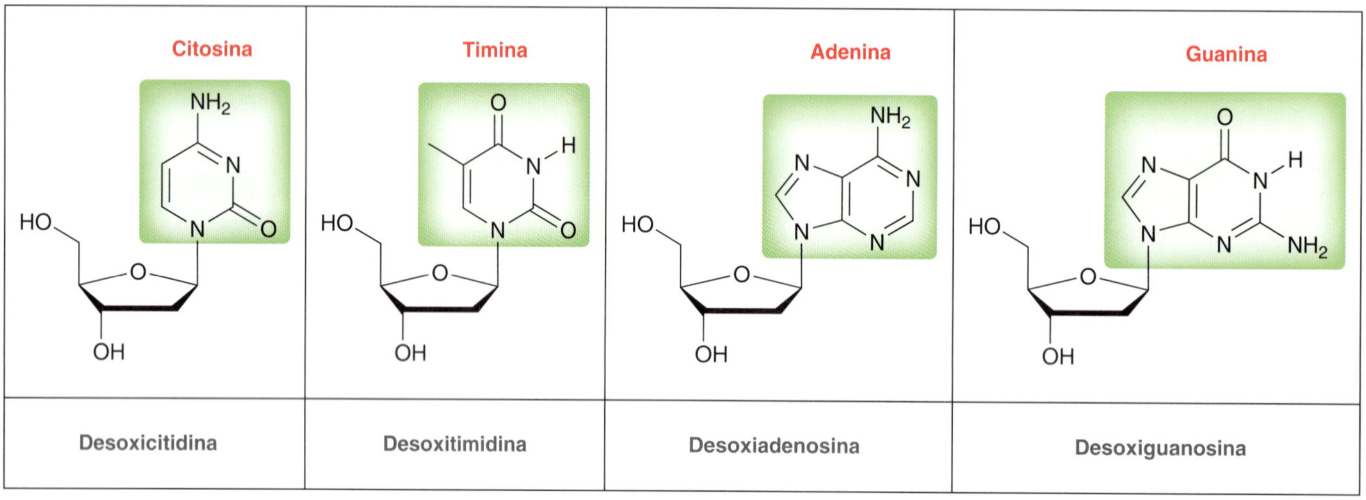

FIGURA 24.9
Estruturas dos quatro desoxirribonucleosídeos naturais presentes no DNA.

Cada um desses quatro nucleosídeos pode ligar-se a um grupo fosfato, produzindo substâncias conhecidas como **nucleotídeos** (no lugar de nucleosídeos). Um dos quatro desoxirribonucleotídeos possíveis está mostrado à direita:

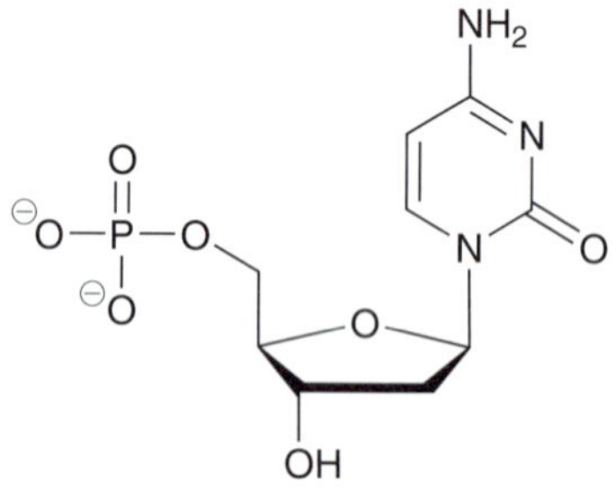

Um desoxirribonucleotídeo (desoxicitidina monofosfato)

A diferença entre um nucleosídeo e um nucleotídeo é a presença do grupo fosfato. Os desoxirribonucleotídeos são constituídos por três partes: desoxirribose, uma base nitrogenada, e um grupo fosfato. Quando unidos juntos, eles servem de blocos de construção para o DNA (Figura 24.10).

O segmento de DNA presente na Figura 24.10 mostra nucleotídeos unidos juntos em um polímero, ou **polinucleotídeo**. Observe que cada açúcar está ligado a dois grupos fosfato e serve como a espinha dorsal para o DNA. A dupla-hélice familiar do DNA é formada a partir de duas fitas de polinucleotídeos torcidas de modo a lembrarem uma escada em espiral (Figura 24.11). Os degraus da escada são ligações de hidrogênio entre as bases, que interagem umas com as outras em pares. Como mostrado na Figura 24.12, a citosina (C) forma ligações de hidrogênio com a guanina (G), enquanto a adenina (A) forma ligações de hidrogênio com a timina (T). As duas fitas da escada em espiral são, portanto, fitas complementares. Elas podem ser separadas uma da outra de forma semelhante à abertura de um zíper. O DNA codifica toda a nossa informação genética e serve como um modelo para a montagem do RNA, descrito na próxima seção.

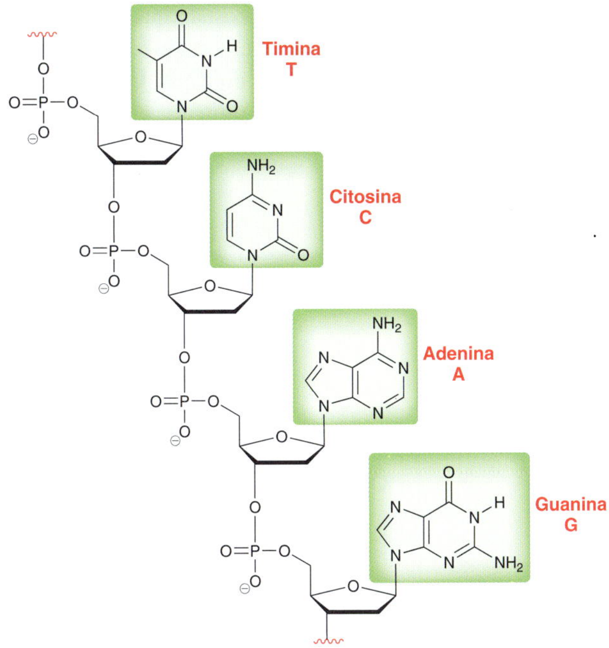

FIGURA 24.10
Um segmento do DNA formado de desoxirribonucleotídeos unidos juntos em um polímero.

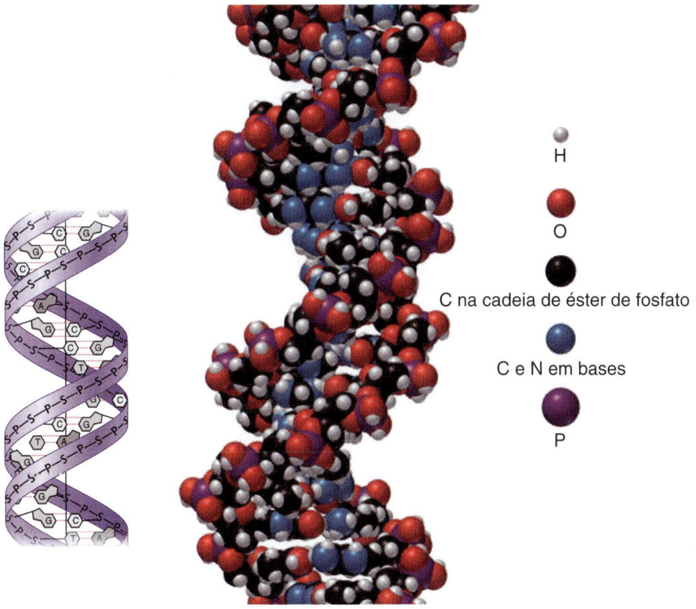

FIGURA 24.11
Duas ilustrações da estrutura em dupla-hélice do DNA. À esquerda, a estrutura mostrando a identidade de cada base individual. À direita, um modelo de espaço preenchido do DNA com cores codificadas.

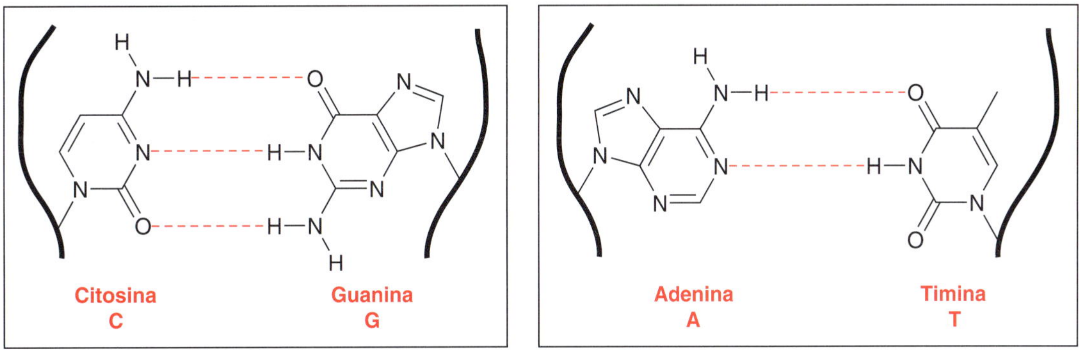

FIGURA 24.12
Interações de ligações de hidrogênio que ocorrem entre pares de bases complementares no DNA.

RNA

Uma fita de RNA é estruturalmente muito similar à fita do DNA. Ambas são constituídas de unidades de nucleotídeos que se repetem e onde cada unidade consiste em um açúcar, um fosfato e uma base. Existem duas importantes diferenças entre DNA e RNA: (1) o açúcar no DNA é a 2-desoxirribose, enquanto o açúcar no RNA é a D-ribose, e (2) no lugar da timina encontrada no DNA, o RNA contém uma base chamada uracila (U). A diferença entre timina e uracila é que a timina contém um grupo metila que está ausente na uracila. Assim como a timina, a uracila forma ligações de hidrogênio com a adenina (A).

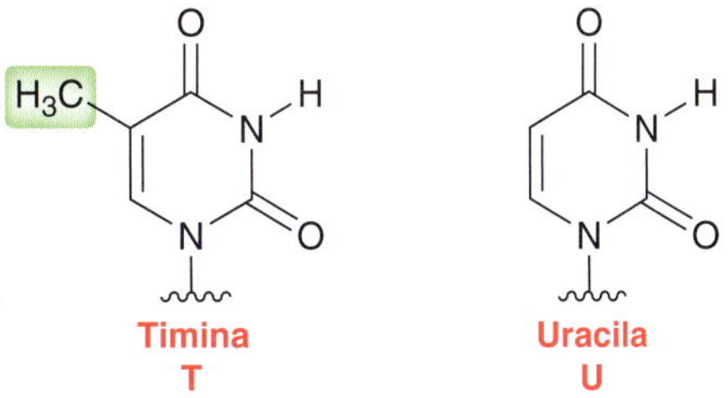

As quatro bases que formam o RNA são C, G, A e U, fazem com que existam quatro nucleosídeos possíveis (Figura 24.13). Cada um desses nucleosídeos está ligado a um grupo fosfato, dando origem a quatro nucleotídeos possíveis, que são os blocos de construção do RNA. Um segmento do RNA é mostrado na Figura 24.14. O RNA ordena a montagem das proteínas e das enzimas, que são utilizadas para catalisar as reações químicas que ocorrem nas células. Proteínas e enzimas são o assunto do Capítulo 26.

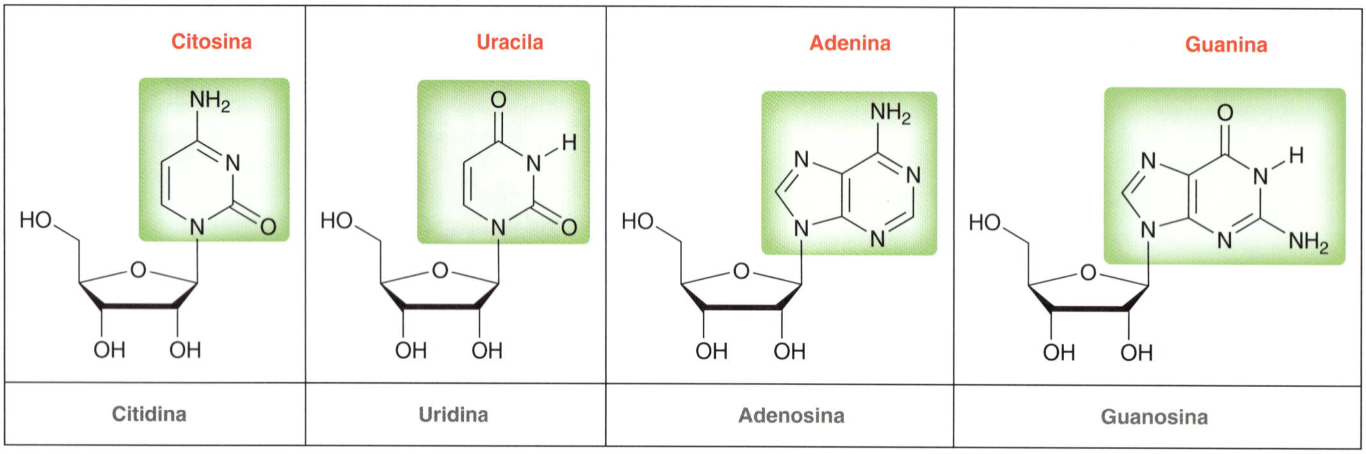

FIGURA 24.13
Estrutura dos quatro ribonucleosídeos naturais presentes no RNA.

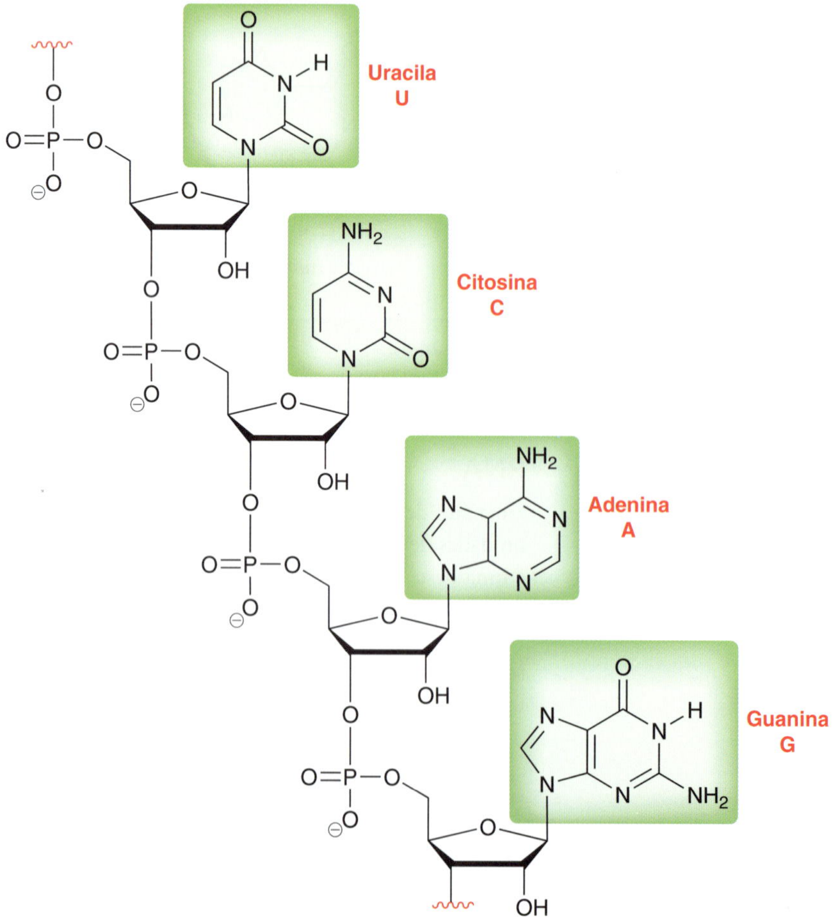

FIGURA 24.14
Um segmento do RNA consistindo em nucleotídeos ligados juntos em um polímero.

medicamente falando — Biossíntese da Eritromicina

O código genético (DNA) de todas as coisas vivas, incluindo bactérias e fungos, é um modelo para a biossíntese de uma grande variedade de complexos estruturalmente constituídos com uma vasta variedade de funções. Alguns desses compostos podem ter aplicações medicinais eficazes como demonstrado pela penicilina, descoberta por Alexander Fleming em 1928. Essa descoberta alimentou uma busca intensiva por outros compostos produzidos por microrganismos, que se comportassem como antibióticos. Muitos desses compostos foram descobertos, incluindo a eritromicina, um antibiótico de largo espectro identificado na década de 1950.

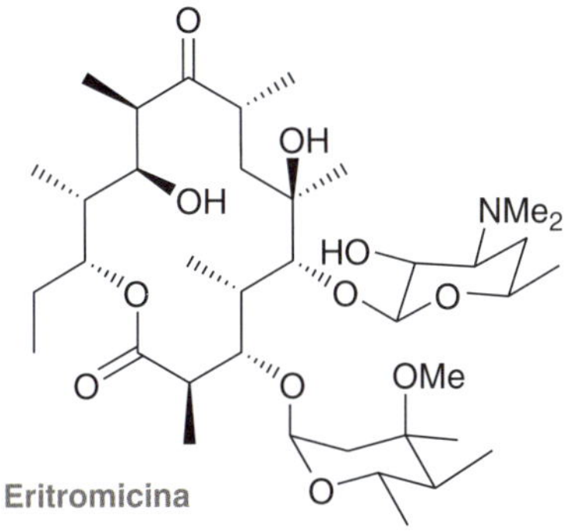

Eritromicina

A eritromicina é eficaz contra certos tipos de bactérias, incluindo *Staphylococcus aureus* e *Streptococcus pneumonia*, duas bactérias patogênicas responsáveis por numerosas infecções em seres humanos. A eritromicina é produzida pela fermentação utilizando a bactéria *Saccharopolyspora erythraea*, e cepas desse organismo ainda são usadas até hoje para a produção industrial em larga escala de eritromicina.

A eritromicina é um membro de uma classe de compostos chamados antibióticos macrolídeos, que recebem esse nome devido à presença de um grande anel que forma a parte central das suas estruturas. Ligados à estrutura central do macrólido eritromicina, existem dois anéis de hidratos de carbono, que se acredita serem essenciais para a sua atividade antibiótica. A eritromicina se comporta inibindo a formação de proteínas essenciais para a sobrevivência das bactérias.

Muito trabalho tem sido feito para entender como a eritromicina é produzida pela *S. erythraea*. Um dos mais excitantes desenvolvimentos tem sido a sequenciação completa dos genes na *S. erythraea* que são responsáveis pela biossíntese da eritromicina. Ao introduzir modificações específicas nesses genes, os cientistas criaram bactérias modificadas que produzem análogos da eritromicina que podem também ter potentes propriedades antibióticas. Os exemplos incluem a introdução de átomos de carbono adicionais (análogo 1) ou um anel aromático (análogo 2) ou mesmo um halogênio (análogo 3). Esses derivados, e muitos outros produzidos de modo semelhante, estão sendo investigados na esperança de se encontrar novos compostos antibióticos que sejam mais potentes do que a eritromicina. Em outras palavras, os cientistas aprenderam a usar bactérias como instalações de produção em miniatura de compostos que de outra forma seriam muito difíceis de preparar em laboratório. Bactérias modificadas podem ser usadas para se realizar a biossíntese de estruturas complexas que os químicos orgânicos sintéticos levariam anos para obter através de técnicas de síntese convencionais.

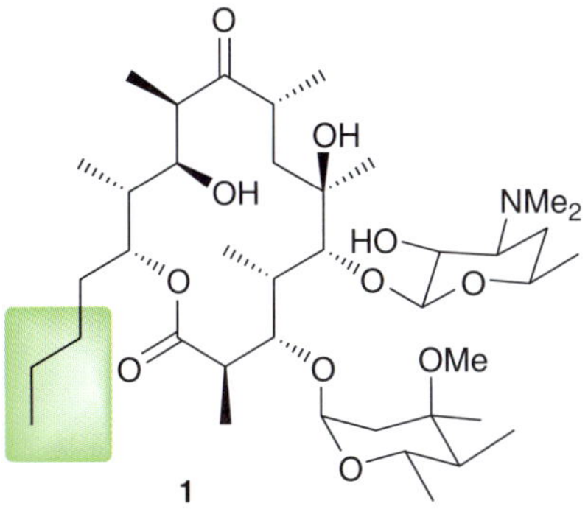

1

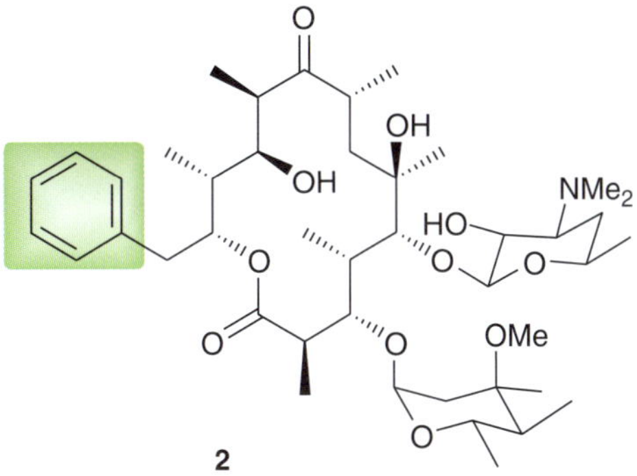

2

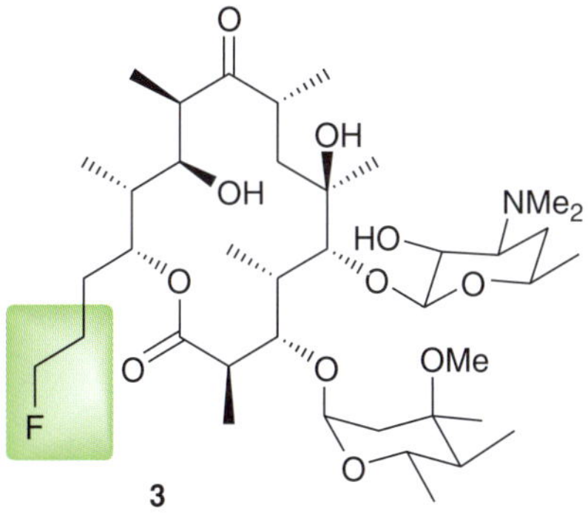

3

REVISÃO DE REAÇÕES

Formação de Hemiacetais

Anéis Piranosídicos

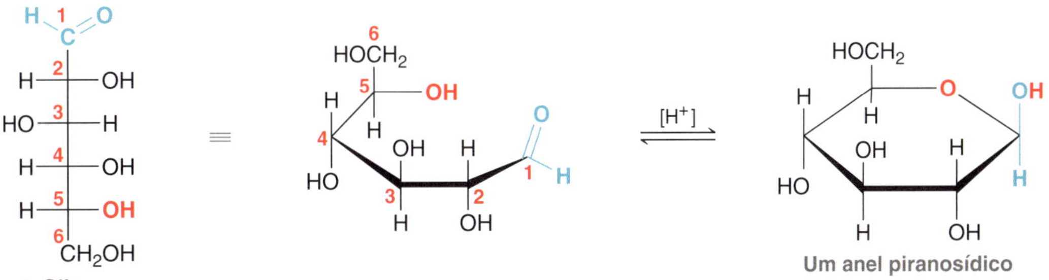

D-Glicose

Um anel piranosídico

Anéis Furanosídicos

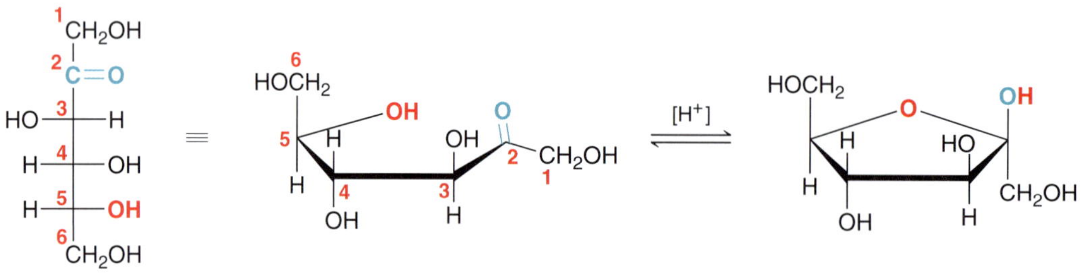

D-Frutose

Um anel furanosídico

Reações dos Monossacarídeos

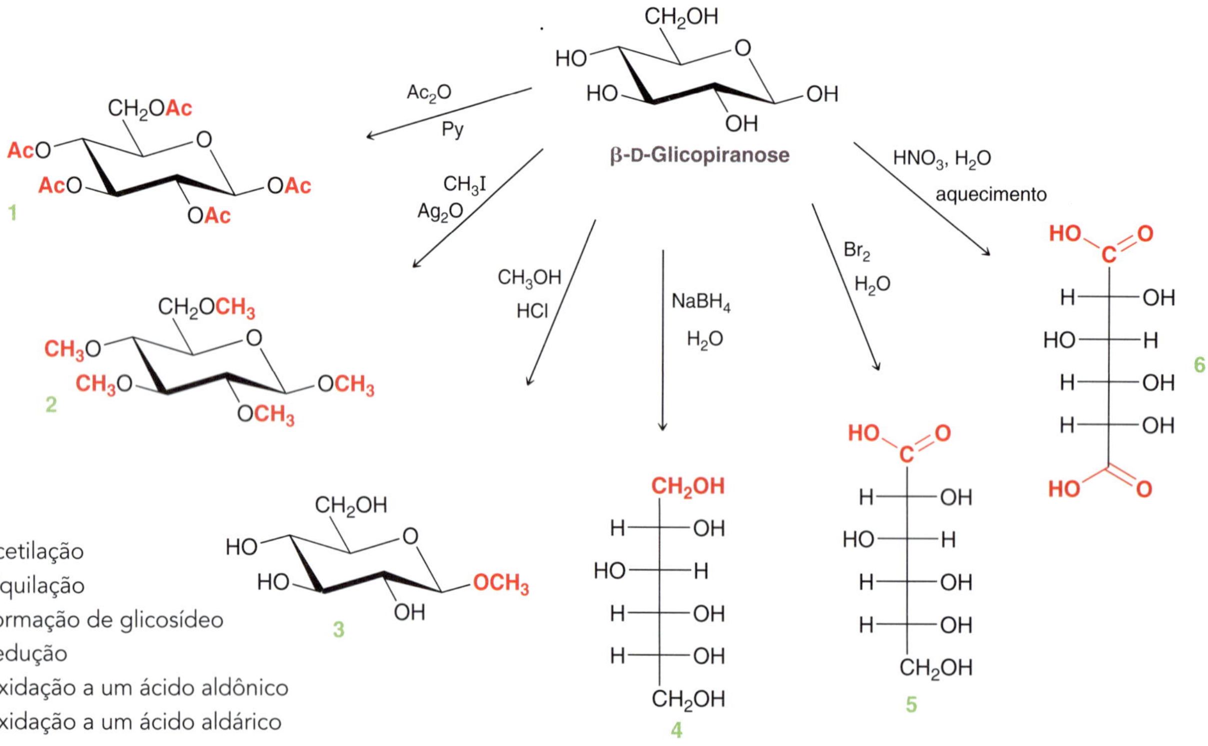

1. Acetilação
2. Alquilação
3. Formação de glicosídeo
4. Redução
5. Oxidação a um ácido aldônico
6. Oxidação a um ácido aldárico

Aumento da Cadeia e Diminuição da Cadeia

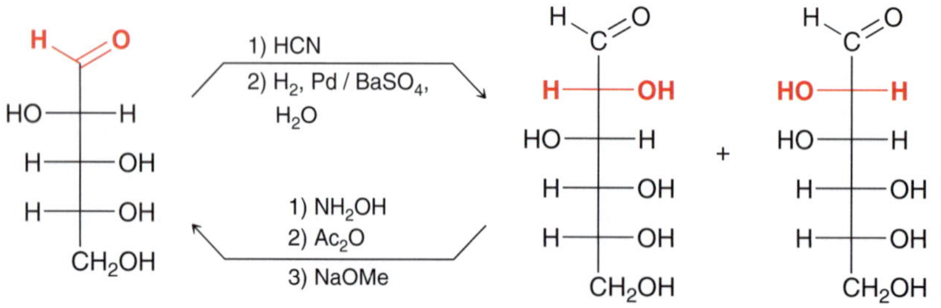

D-Arabinose

D-Glicose

D-Manose

REVISÃO DE CONCEITOS E VOCABULÁRIO

SEÇÃO 24.1

- **Carboidratos** são poli-hidroxialdeídos ou poli-hidroxicetonas.
- Na natureza, os carboidratos são utilizados como fonte de energia e para rigidez estrutural.

SEÇÃO 24.2

- Açúcares simples são chamados de **monossacarídeos** e são geralmente classificados como **aldoses** e **cetoses**.
- Aldoses e cetoses são então classificadas de acordo com o número de carbonos que contêm.
- (+)-Gliceraldeído, chamado de D-gliceraldeído, é abundante na natureza, mas seu enantiômero não.
- Para todos os **açúcares D**, o centro de quiralidade mais longe do grupo carbonila tem a configuração *R*.
- Um **açúcar L** é o enantiômero do açúcar D correspondente e não é necessariamente levorrotatório.

SEÇÃO 24.3

- Existem duas D-aldotetroses chamadas D-eritrose e D-treose.
- Existem quatro D-aldopentoses, chamadas D-ribose, D-arabinose, D-xilose, e D-lixose.
- Existem oito D-aldo-hexoses, das quais a D-glicose é a mais abundante na natureza.

SEÇÃO 24.4

- Existe uma D-cetotetrose chamada de D-eritrulose.
- Existem duas D-cetopentoses chamadas de D-ribulose e D-xilulose.
- Existem quatro D-ceto-hexoses chamadas de D-psicose, D-frutose, D-sorbose, e D-tagatose.

SEÇÃO 24.5

- Aldo-hexoses podem formar hemiacetais cíclicos que possuem um anel **piranosídico**.
- A ciclização produz dois hemiacetais estereoisoméricos, chamados de **anômeros**. O novo centro de quiralidade formado é chamado de **carbono anomérico.**
- No **anômero** α, o grupo hidroxila na posição anomérica é *trans* ao grupo CH_2OH, enquanto no **anômero** β, o grupo hidroxila é *cis* ao grupo CH_2OH.
- A forma de cadeia aberta está presente em concentrações mínimas no equilíbrio.
- Os anômeros atingem o equilíbrio através de um processo chamado de **mutarrotação**, que é catalisado por ácidos ou bases.
- Alguns carboidratos, como a D-frutose, também podem formar anéis de cinco membros, chamados de anéis **furanosídicos**.

SEÇÃO 24.6

- Monossacarídeos são convertidos em seus ésteres quando tratados com excesso de cloreto de ácido ou anidrido.
- Monossacarídeos são convertidos em seus éteres quando tratados com excesso de haleto de alquila e óxido de prata.
- Quando tratados com álcool sob condições de catálise ácida, os monossacarídeos são convertidos em acetais, chamados de **glicosídeos**. Ambos anômeros são formados.
- Quando tratados com boro-hidreto de sódio, uma aldose ou uma cetose pode ser reduzida produzindo um **alditol**.
- Quando tratada com um agente oxidante adequado, uma aldose pode ser oxidado produzindo um **ácido aldônico**.
- Aldoses e cetoses são **açúcares redutores**.
- Quando tratada com HNO_3, uma aldose é oxidada produzindo um ácido dicarboxílico chamado de **ácido aldárico**.
- A D-glicose e a D-manose são **epímeros** e são interconvertidos sob condições fortemente básicas.
- A **síntese de Kiliani-Fischer** pode ser utilizada para aumentar a cadeia de uma aldose.
- A **degradação de Wohl** pode ser utilizada para diminuir a cadeia de uma aldose.

SEÇÃO 24.7

- **Dissacarídeos** são constituídos de duas unidades de monossacarídeos ligadas através de uma ligação glicosídica.
- Exemplos de dissacarídeos são maltose, celobiose, lactose e sacarose.

SEÇÃO 24.8

- **Polissacarídeos** são polímeros que consistem na repetição de unidades de monossacarídeos ligadas por ligações glicosídicas.
- Exemplos de polissacarídeos são amido, celulose e glicogênio.

SEÇÃO 24.9

- **Açúcares aminados** são derivados de carboidratos nos quais um ou mais grupos OH são substituídos por grupos amino.
- O derivado *N*-acetil da β-D-glicosamina serve como a unidade monossacarídica que se repete na quitina.

SEÇÃO 24.10

- Quando tratados com uma amina na presença de um catalisador ácido, os monossacarídeos são convertidos nos correspondentes ***N*-glicosídeos**.
- A D-ribose e a D-2-desoxirribose são carboidratos que formam *N*-glicosídeos especialmente importantes chamados de **nucleosídeos**.
- Existem quatro nucleosídeos de ocorrência natural da 2-desoxirribose, cada um dos quais pode ser acoplado a um grupo fosfato para formar um **nucleotídeo**.
- O DNA é constituído por nucleotídeos ligados em um polímero, ou **polinucleotídeo**.
- O RNA difere-se do DNA uma vez que contém D-ribose em vez de desoxirribose, contém uracila em vez de timina e possui apenas uma fita em vez da dupla fita encontrada no DNA.

REVISÃO DA APRENDIZAGEM

24.1 REPRESENTAÇÃO DO HEMIACETAL CÍCLICO DE UM HIDROXIALDEÍDO

ETAPA 1 Atribuição de números aos átomos de carbono, começando com o carbono do grupo aldeído, e continuando até alcançar o carbono ligado ao grupo OH.

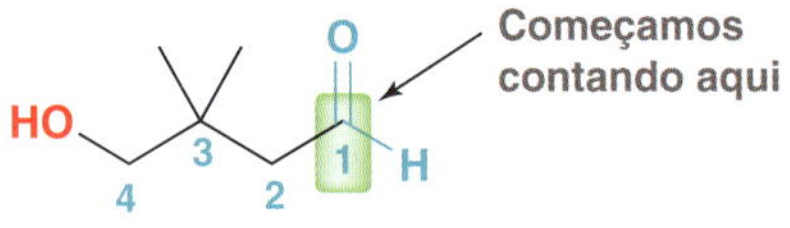

ETAPA 2 Utilização do sistema de numeração da etapa 1 para representar um anel que incorpora um átomo de oxigênio no anel.

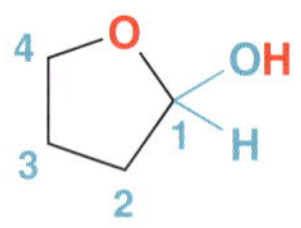

ETAPA 3 Utilização do sistema de numeração da etapa 1 para colocar os substituintes nos locais corretos.

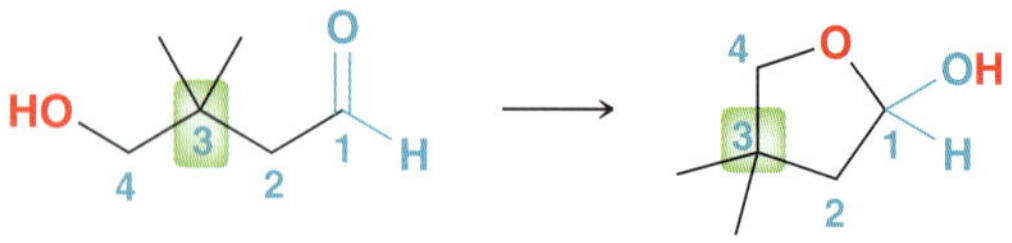

Tente Resolver os Problemas **24.9-24.11, 24.46, 24.47**

24.2 REPRESENTAÇÃO DE UMA PROJEÇÃO DE HAWORTH DE UMA ALDO-HEXOSE

ETAPA 1 Representação do esqueleto de uma projeção de Haworth, com o oxigênio do anel no canto à direita atrás. Cada posição recebe um número.

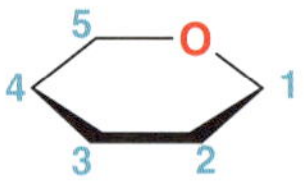

ETAPA 2 Para os açúcares D colocação do grupo CH_2OH no carbono C5.

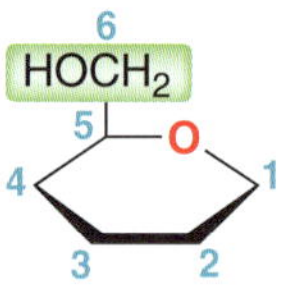

ETAPA 3 Representação do grupo OH na posição anomérica. Para o anômero α, o grupo OH deve ficar *trans* ao grupo CH_2OH.

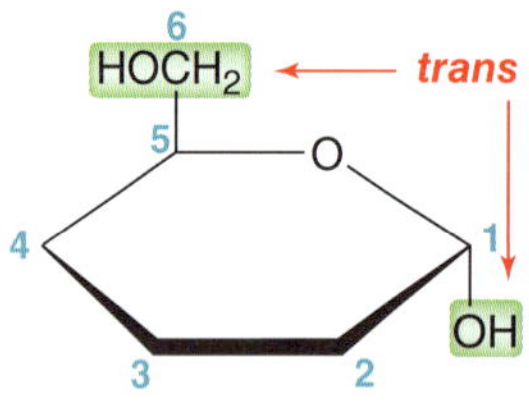

ETAPA 4 Representação dos grupos OH restantes em C2, C3 e C4. Grupos no lado esquerdo da projeção de Fischer devem ficar para cima. Grupos no lado direito da projeção de Fischer devem ficar para baixo:

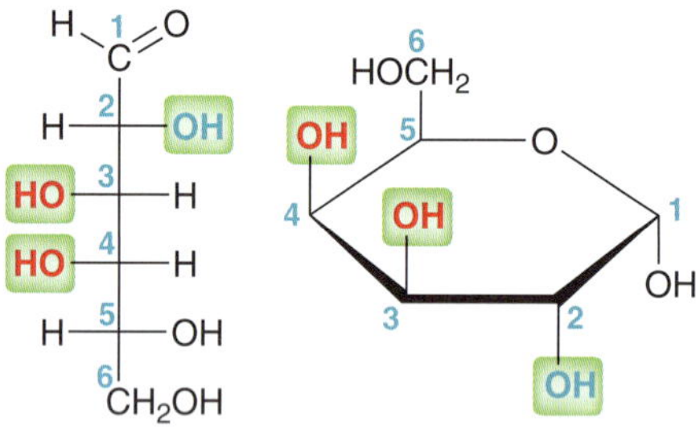

Tente Resolver os Problemas **24.12-24.15, 24.48a, 24.53b,c,d**

24.3 REPRESENTAÇÃO DA CONFORMAÇÃO EM CADEIRA MAIS ESTÁVEL DE UM ANEL PIRANOSÍDICO

ETAPA 1 Representação da projeção de Haworth.

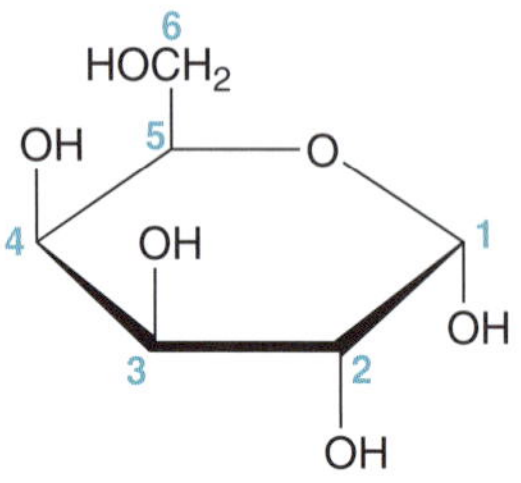

ETAPA 2 Representação do esqueleto de uma conformação em cadeira com o átomo de oxigênio no canto superior à direita.

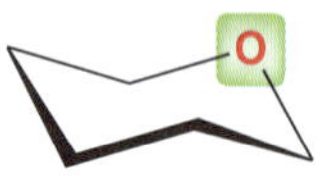

ETAPA 3 Atribuição dos rótulos "para cima" e "para baixo" para cada substituinte e colocação de cada substituinte na conformação em cadeira.

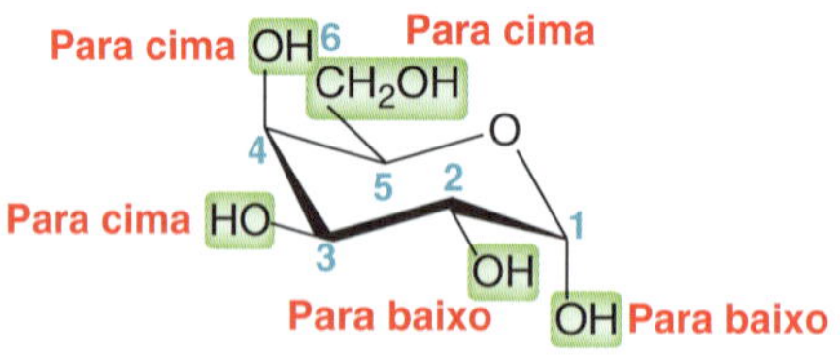

ETAPA 4 Verificação se esta conformação em cadeira é a mais estável. Procura pelo maior grupo e verificação se ele está na posição equatorial.

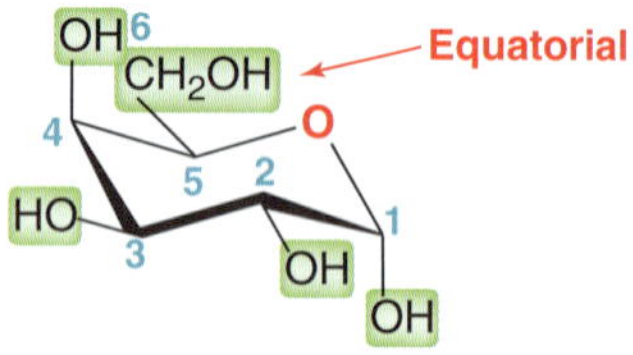

Tente Resolver os Problemas **24.16-24.18, 24.60**

24.4 IDENTIFICAÇÃO DE UM AÇÚCAR REDUTOR

ETAPA 1 Identificação da posição anomérica.

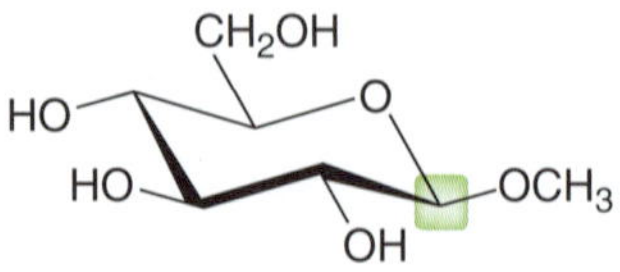

ETAPA 2 Determinando se o grupo ligado à posição anomérica é um grupo hidroxila ou alcóxido.

- Se for um grupo hidroxila, então a substância é um açúcar redutor.
- Se for um grupo alcóxido, então a substância não é um açúcar redutor.

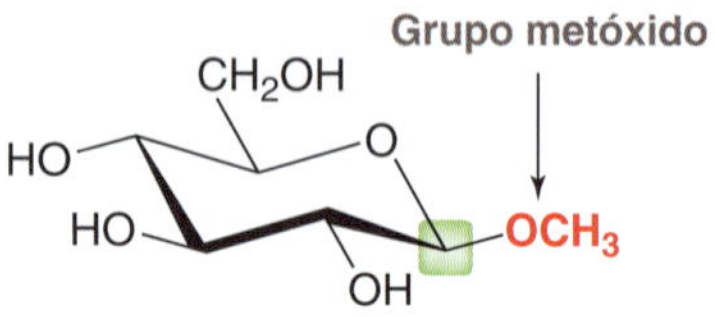

Tente Resolver os Problemas **24.31-24.33, 24.69, 24.76a**

24.5 DETERMINANDO SE UM DISSACARÍDEO É UM AÇÚCAR REDUTOR

ETAPA 1 Identificação da posição anomérica.

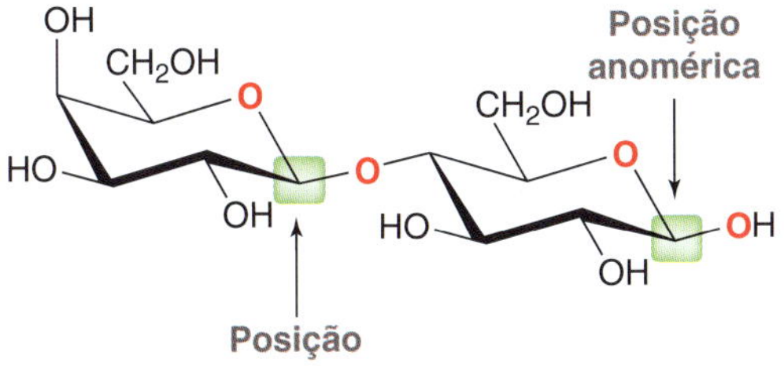

ETAPA 2 Determinação se o grupo ligado à posição anomérica é um grupo hidroxila ou alcóxido.

- Se pelo menos um é um grupo hidroxila, então a substância é um açúcar redutor
- Se nenhum é um grupo hidroxila, então a substância não é um açúcar redutor.

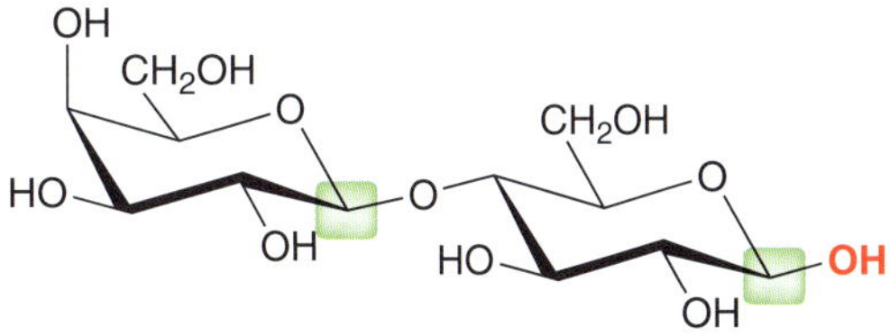

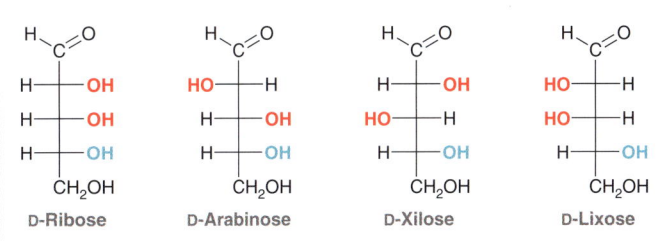

Tente Resolver os Problemas 24.39, 24.40, 24.73

PROBLEMAS PRÁTICOS

24.42 Classifique cada um dos monossacarídeos vistos a seguir como D ou L, como uma cetose ou uma aldose e como uma tetrose, pentose ou hexose.

(a) 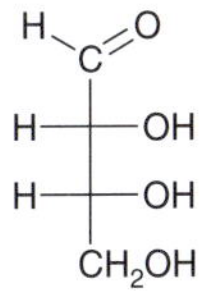 (b) 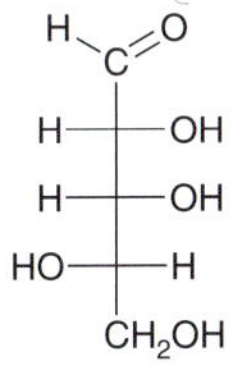 (c) 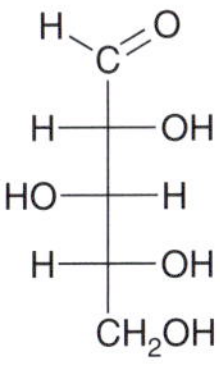

(d) 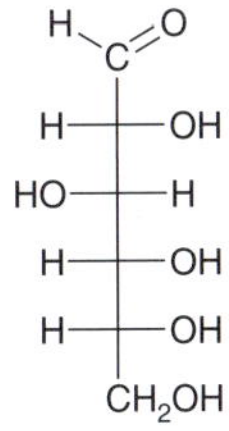 (e) 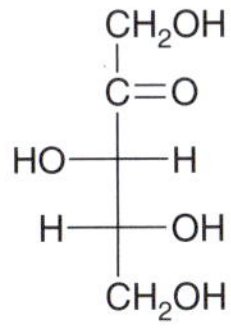

24.43 Identifique cada uma das substâncias vistas a seguir como o D ou L-gliceraldeído:

(a) 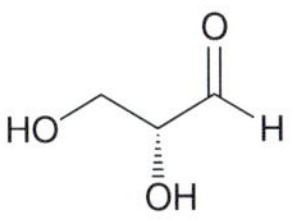 (b) 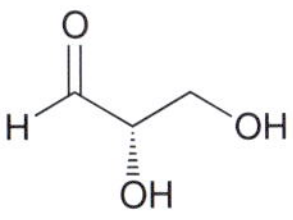

(c) 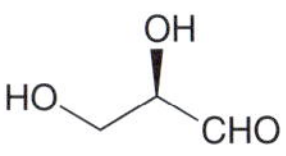 (d) 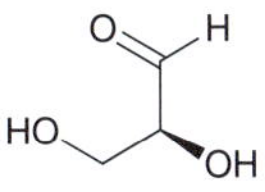

24.44 Dê o nome de cada uma das aldo-hexoses vistas a seguir:

(a) 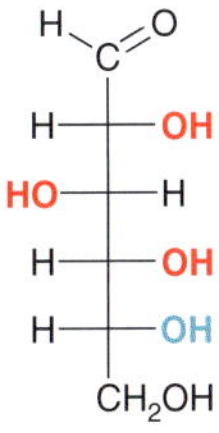 (b) 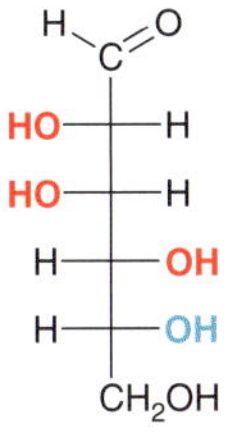 (c) 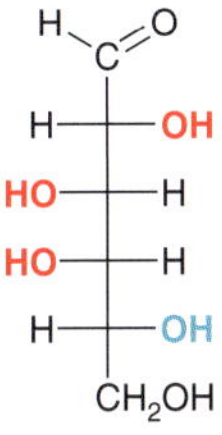 (d) 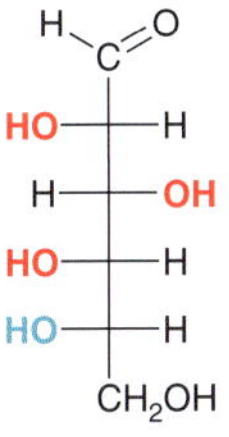

24.45 Considere as estruturas das D-aldopentoses:

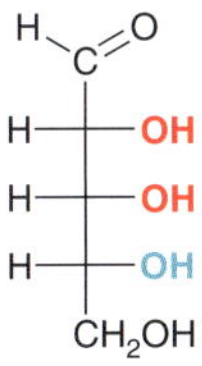
D-Ribose

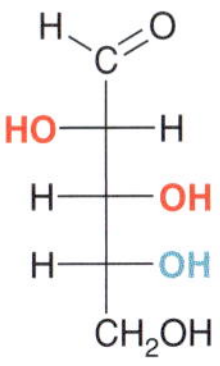
D-Arabinose

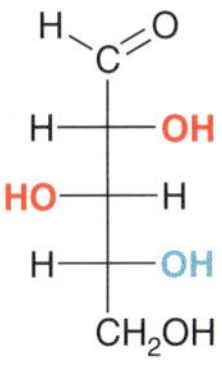
D-Xilose

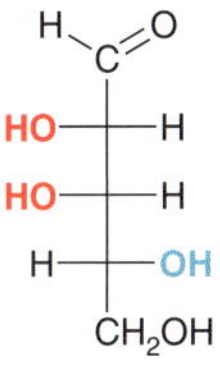
D-Lixose

(a) Identifique a aldopentose que é epimérica com a D-arabinose em C2.

(b) Identifique a aldopentose que é epimérica com a D-lixose em C3.

(c) Represente o enantiômero da D-ribose.

(d) Identifique a relação entre o enantiômero da D-arabinose e o epímero em C2 da D-ribose.

(e) Identifique a relação entre a D-ribose e a D-lixose.

24.46 Represente o hemiacetal cíclico que é formado quando cada uma das substâncias bifuncionais vistas a seguir é tratada com ácido aquoso.

(a) 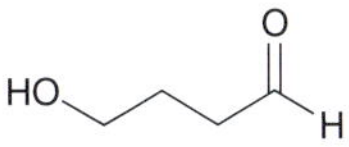 (b) 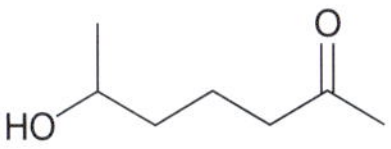

(c) 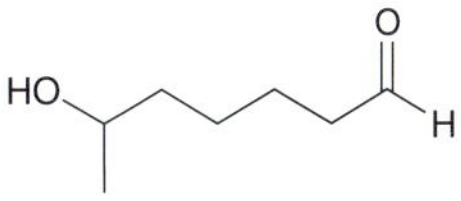

24.47 Identifique o hidroxialdeído que cicliza sob condições ácidas fornecendo o hemiacetal visto a seguir:

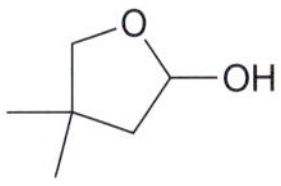

24.48 A D-ribose pode adotar duas formas piranosídicas e duas formas furanosídicas.

(a) Represente ambas as formas piranosídicas da D-ribose e identifique cada uma delas como α ou β.

(b) Represente ambas as formas furanosídicas da D-ribose e identifique cada uma delas como α ou β.

24.49 Para cada um dos pares de substâncias vistos a seguir, determine se eles são enantiômeros, epímeros, diastereoisômeros que não são epímeros, ou substâncias idênticas:

(a) 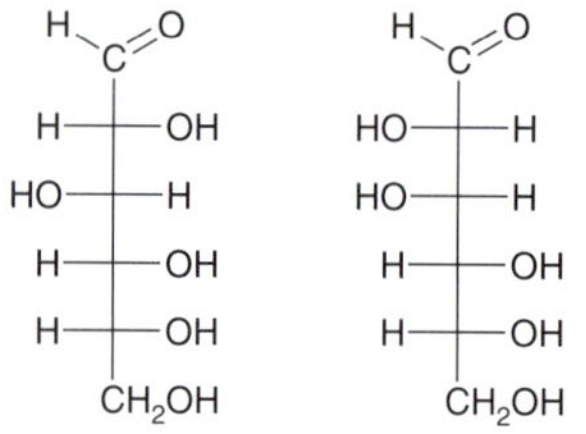

(b) 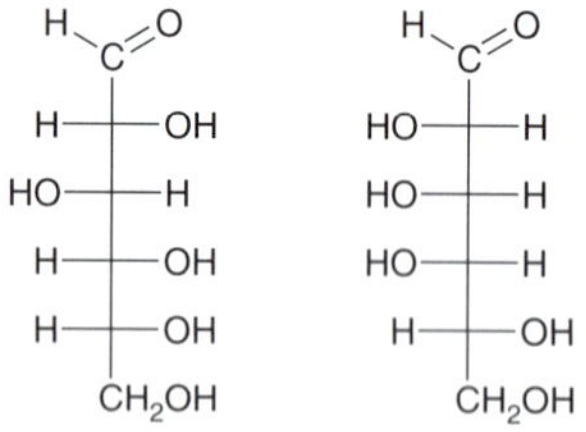

(c) 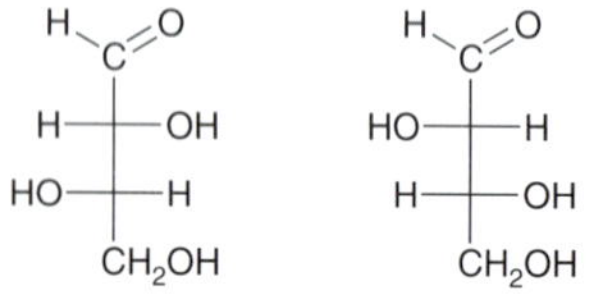

(d) 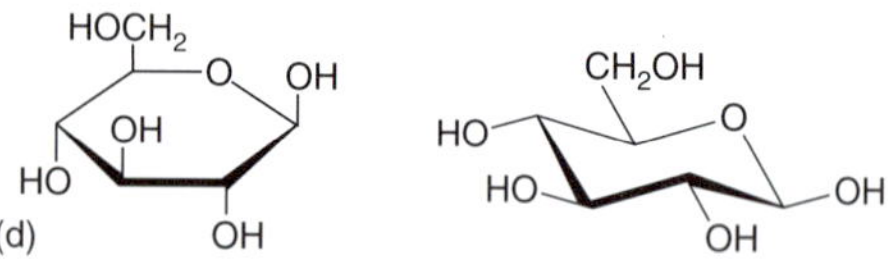

24.50 Represente a forma de cadeia aberta da substância formada quando metil-β-D-glicopiranosídeo é tratado com ácido aquoso.

24.51 Assinale a configuração de cada centro de quiralidade nas substâncias vistas a seguir:

(a) 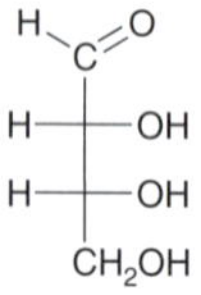

(b) 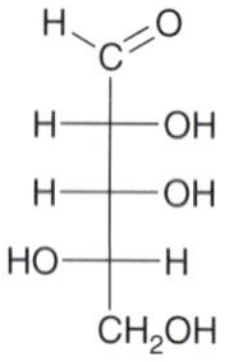

(c) 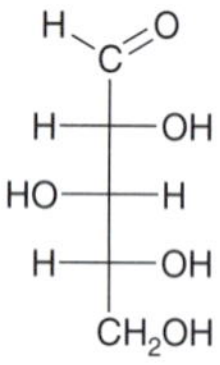

(d) 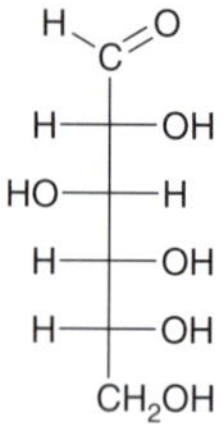

(e) 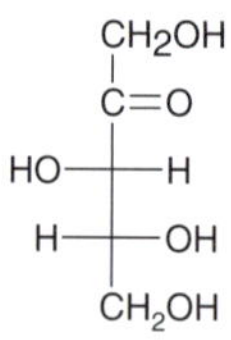

24.52 Represente uma projeção de Fischer para cada uma das substâncias vistas a seguir:

(a) D-Glicose

(b) D-Galactose

(c) D-Manose

(d) D-Alose

24.53 Represente uma projeção de Haworth para cada uma das seguintes substâncias:

(a) β-D-Frutofuranose

(b) β-D-Galactopiranose

(c) β-D-Glicopiranose

(d) β-D-Manopiranose

24.54 Represente a projeção de Haworth mostrando a forma α-piranose da D-aldo-hexose que é epimérica com a D-glicose em C3.

24.55 Escreva o nome completo de cada uma das seguintes substâncias:

(a) 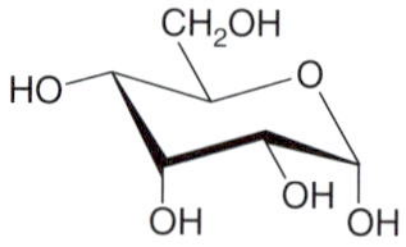

(b) 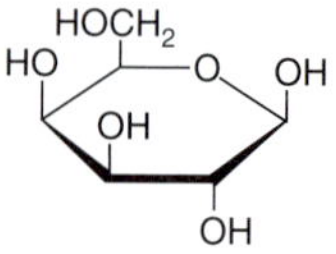

(c) 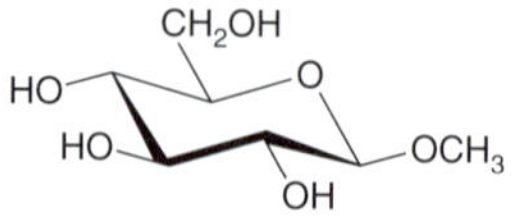

24.56 Represente a forma de cadeia aberta de cada uma das substâncias do problema anterior.

24.57 Represente os produtos que são esperados quando a β-D-alopiranose é tratada com cada um dos seguintes reagentes:

(a) Excesso de CH_3I, Ag_2O

(b) Excesso de anidrido acético, piridina

(c) CH_3OH, HCl

24.58 Quando a D-galactose é aquecida na presença de ácido nítrico, uma substância opticamente inativa é obtida. Represente a estrutura do produto e explique por que ele é opticamente inativo.

24.59 Além da D-galactose, outra D-aldo-hexose também forma um ácido aldárico opticamente inativo quando tratada com ácido nítrico. Represente a estrutura dessa aldo-hexose.

24.60 Represente a conformação em cadeira mais estável da α-D-altropiranose, e indique todos os substituintes como axial ou equatorial.

24.61 Represente os produtos que são esperados quando a α-D-galactopiranose é tratada com excesso de iodeto de metila na presença de óxido de prata, seguido de solução ácida aquosa.

24.62 Para cada um dos pares de substâncias vistos a seguir, determine se eles são enantiômeros, epímeros, diastereoisômeros que não são epímeros, ou substâncias idênticas:

(a) D-Glicose e D-gulose

(b) 2-Desoxi-D-ribose e 2-desoxi-D-arabinose

24.63 Represente todas as possíveis 2-ceto-hexoses que são açúcares D.

24.64 Identifique as duas aldo-hexoses que ao sofrer uma degradação de Wohl produzem a D-ribose. Represente uma projeção de Fischer da forma de cadeia aberta de cada uma dessas duas aldo-hexoses.

24.65 Identifique as duas aldo-hexoses que são obtidas quando a D-arabinose sofre uma síntese de Kiliani-Fischer.

24.66 Identifique os dois produtos obtidos quando o D-gliceraldeído é tratado com HCN e determine a relação entre esses dois produtos.

24.67 Quando tratada com boro-hidreto de sódio, a D-glicose é convertida em um alditol.

(a) Represente a estrutura do alditol.

(b) Qual a L-aldo-hexose que produz o mesmo alditol quando tratada com boro-hidreto de sódio?

24.68 Quais das D-aldo-hexoses são convertidas em alditóis opticamente inativos quando tratadas com boro-hidreto de sódio?

24.69 Determine se cada uma das seguintes substâncias é um açúcar redutor:

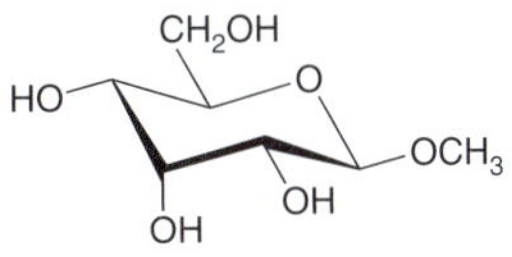

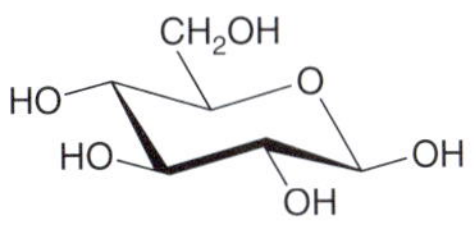

24.70 Identifique os reagentes que você usaria para converter a β-D-glicopiranose em cada um dos produtos vistos a seguir:

(a) 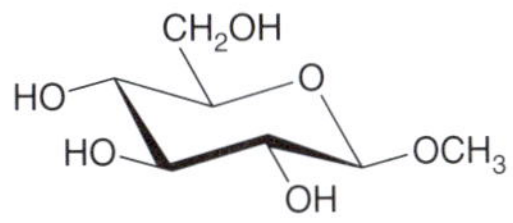

(b) 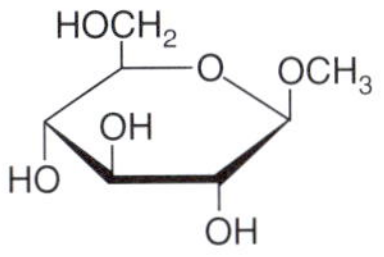

(c) 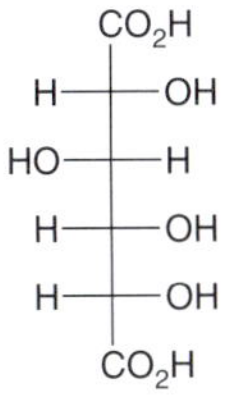

(d) 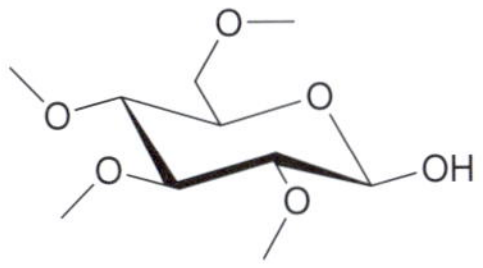

24.71 Identifique o(s) produto(s) formado(s) quando cada uma das seguintes substâncias é tratada com solução ácida aquosa:

(a) Metil-α-D-glicopiranosídeo

(b) Etil-β-D-galactopiranosídeo

24.72 Considere a estrutura das quatro D-aldopentoses (Figura 24.3).

(a) Qual a D-aldopentose que produz o mesmo ácido aldárico que a D-lixose?

(b) Quais as D-aldopentoses que produzem alditóis opticamente inativos quando tratadas com boro-hidreto de sódio?

(c) Qual a D-aldopentose que produz o mesmo alditol que a L-lixose?

(d) Qual D-aldopentose que pode fechar uma forma β-piranosídica em que todos os substituintes são equatoriais?

24.73 A trealose é um dissacarídeo natural encontrado em bactérias, insetos e muitas plantas. Ele protege as células em ambientes secos pela sua capacidade de reter água, prevenindo, portanto, qualquer dano celular por desidratação. Esta propriedade da trealose também foi explorada na produção de alimentos e cosméticos. A trealose não é um açúcar redutor, ela é hidrolisada produzindo dois equivalentes de D-glicose, e não apresenta nenhuma ligação β-glicosídica. Represente a estrutura da trealose.

24.74 O xilitol é encontrado em muitos tipos de frutas. É aproximadamente tão doce quanto à sacarose, mas menos calórico. Ele é frequentemente utilizado em goma de mascar sem açúcar. O xilitol é obtido a partir da redução da D-xilose. Represente a estrutura do xilitol.

24.75 A isomaltose possui uma estrutura semelhante à da maltose, exceto que ela é um α-glicosídeo 1→6, em vez de um α-glicosídeo 1→4. Represente a estrutura da isomaltose.

24.76 Salicina é um analgésico natural presente na casca do salgueiro, e foi utilizado por milhares de anos contra dores e febre.

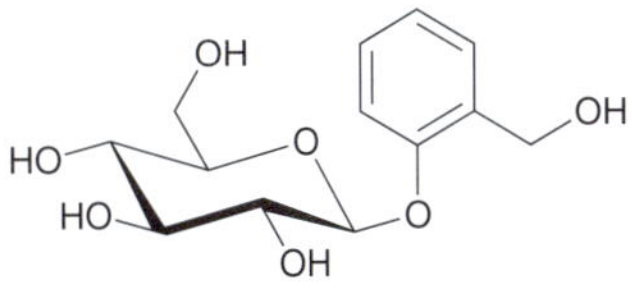

Salicina

(a) A salicina é um açúcar redutor?

(b) Identifique os produtos obtidos quando a salicina é hidrolisada na presença de um ácido.

(c) A salicina é um glicosídeo α ou β?

(d) Represente o produto principal esperado quando a salicina é tratada com excesso de anidrido acético na presença de piridina.

(e) Você esperaria que a salicina apresentasse mutarrotação quando dissolvida em água?

24.77 Represente um mecanismo para a transformação vista a seguir:

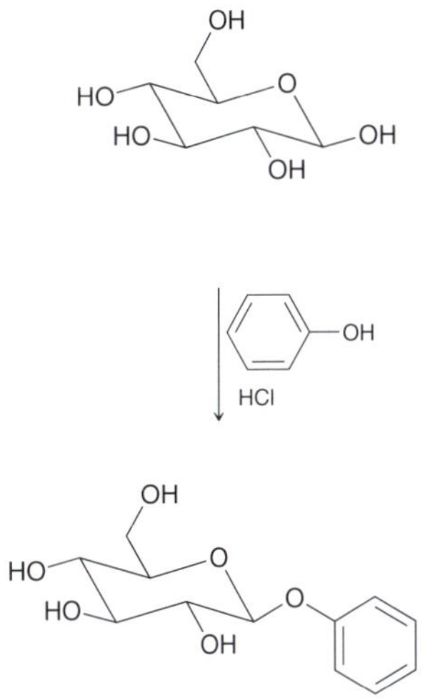

24.78 Represente o α-*N*-glicosídeo e o β-*N*-glicosídeo formados quando a D-glicose é tratada com anilina ($C_6H_5NH_2$).

24.79 Represente e dê o respectivo nome do nucleosídeo formado a partir de cada um dos pares de substâncias vistas a seguir:

(a) 2-Desoxi-D-ribose e adenina

(b) D-Ribose e guanina

24.80 A substância **A** é uma D-aldopentose que é convertida em um alditol opticamente ativo quando tratada com boro-hidreto de sódio. Represente duas estruturas possíveis para a substância **A**.

PROBLEMAS INTEGRADOS

24.81 Quando a D-glicose é tratada com uma solução aquosa de bromo (tamponada em pH = 6), um ácido aldônico, chamado de ácido glicônico, é formado. O tratamento do ácido glicônico com um catalisador ácido produz uma lactona (éster cíclico) com um anel de seis membros.

(a) Represente a estrutura do ácido D-glicônico.

(b) Represente a estrutura da lactona formada a partir do ácido D-glicônico, mostrando a configuração de cada centro de quiralidade.

(c) Você espera que esta lactona seja opticamente ativa?

(d) Explique como você distinguiria entre o ácido glicônico e a lactona usando espectroscopia no infravermelho.

24.82 Quando cada uma das aldo-hexoses assume a forma α-piranosídica, o grupo CH_2OH ocupa uma posição equatorial na conformação em cadeira mais estável. A única exceção é a D-idose, na qual o grupo CH_2OH ocupa uma posição axial na conformação em cadeira mais estável. Explique esta observação e então represente a conformação em cadeira mais estável para a D-idose em sua forma α-piranosídica.

24.83 Represente o produto que é esperado quando a forma β-piranosídica da substância **A** é tratada com excesso de iodeto de etila na presença de óxido de prata. As informações vistas a seguir podem ser usadas para determinar a identidade da substância **A**:

1. A fórmula molecular da substância **A** é $C_6H_{12}O_6$.
2. A substância **A** é um açúcar redutor.
3. Quando a substância **A** é submetida a uma degradação de Wohl duas vezes seguidas, obtém-se a D-eritrose.
4. A substância **A** é epimérica com a D-glicose em C3.
5. A configuração em C2 é *R*.

24.84 Explique por que a glicose é o monossacarídeo mais comum observado na natureza.

DESAFIOS

24.85 Quando a D-glicose é tratada com solução aquosa de hidróxido de sódio, uma mistura complexa de carboidratos é formada, incluindo D-manose e D-frutose. Com o tempo, quase todas as aldo-hexoses estarão presentes na amostra. Até mesmo a L-glicose pode ser detectada, embora em concentrações muito pequenas. Utilizando o menor número possível de etapas mecanísticas, represente um mecanismo razoável mostrando a formação da L-glicose a partir da D-glicose:

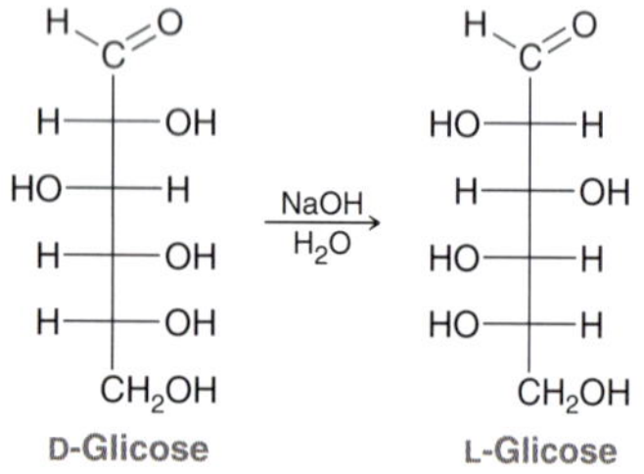

24.86 A substância **X** é uma D-aldo-hexose que pode adotar a forma β-piranosídica com apenas um substituinte em posição axial. A substância **X** sofre uma degradação de Wohl produzindo uma aldopentose, que é convertida em um alditol opticamente ativo quando tratada com boro-hidreto de sódio. A partir das informações apresentadas, existem apenas duas estruturas possíveis para a substância **X**. Identifique as duas possibilidades e proponha um teste químico que permita distinguir entre as duas possibilidades e, portanto, determine a estrutura da substância **X**.

24.87 A substância **A** é uma D-aldopentose. Quando tratada com boro-hidreto de sódio, a substância **A** é convertida em um alditol que mostra três sinais no seu espectro de RMN de ^{13}C. A substância **A** sofre uma síntese de Kiliani-Fischer produzindo duas aldo-hexoses, as substâncias **B** e **C**. Quando tratadas com ácido nítrico a substância **B** produz a substância **D**, enquanto a substância **C** produz a substância **E**. Ambas, **D** e **E**, são ácidos aldáricos opticamente ativos.

(a) Represente a estrutura da substância **A**.

(b) Represente as estruturas das substâncias **D** e **E**, e descreva como você faria para distinguir entre essas substâncias utilizando espectroscopia de RMN de ^{13}C.

25

Aminoácidos, Peptídeos e Proteínas

VOCÊ JÁ SE PERGUNTOU...

como os investigadores da cena do crime são capazes de encontrar impressões digitais invisíveis e torná-las visíveis?

Uma impressão digital muitas vezes pode ser a peça mais importante de evidência deixada para trás na cena de um crime. Os investigadores da polícia usam vários métodos para visualizar as impressões digitais. Um desses métodos envolve a utilização de um agente químico chamado ninidrina, que reage com os aminoácidos presentes na impressão digital para produzir substâncias coloridas que podem ser vistas. Mas o que são os aminoácidos, por que eles estão presentes em nossas impressões digitais, e qual é a função desempenhada pelos aminoácidos?

Neste capítulo, vamos explorar a estrutura e as propriedades dos aminoácidos, e vamos ver como eles se comportam como blocos de construção que a natureza utiliza para montar substâncias biológicas importantes chamadas peptídeos e proteínas. Essas substâncias cumprem várias funções, como veremos mais adiante neste capítulo. Este capítulo se concentra sobre a estrutura, propriedades, função e síntese de aminoácidos, peptídeos e proteínas.

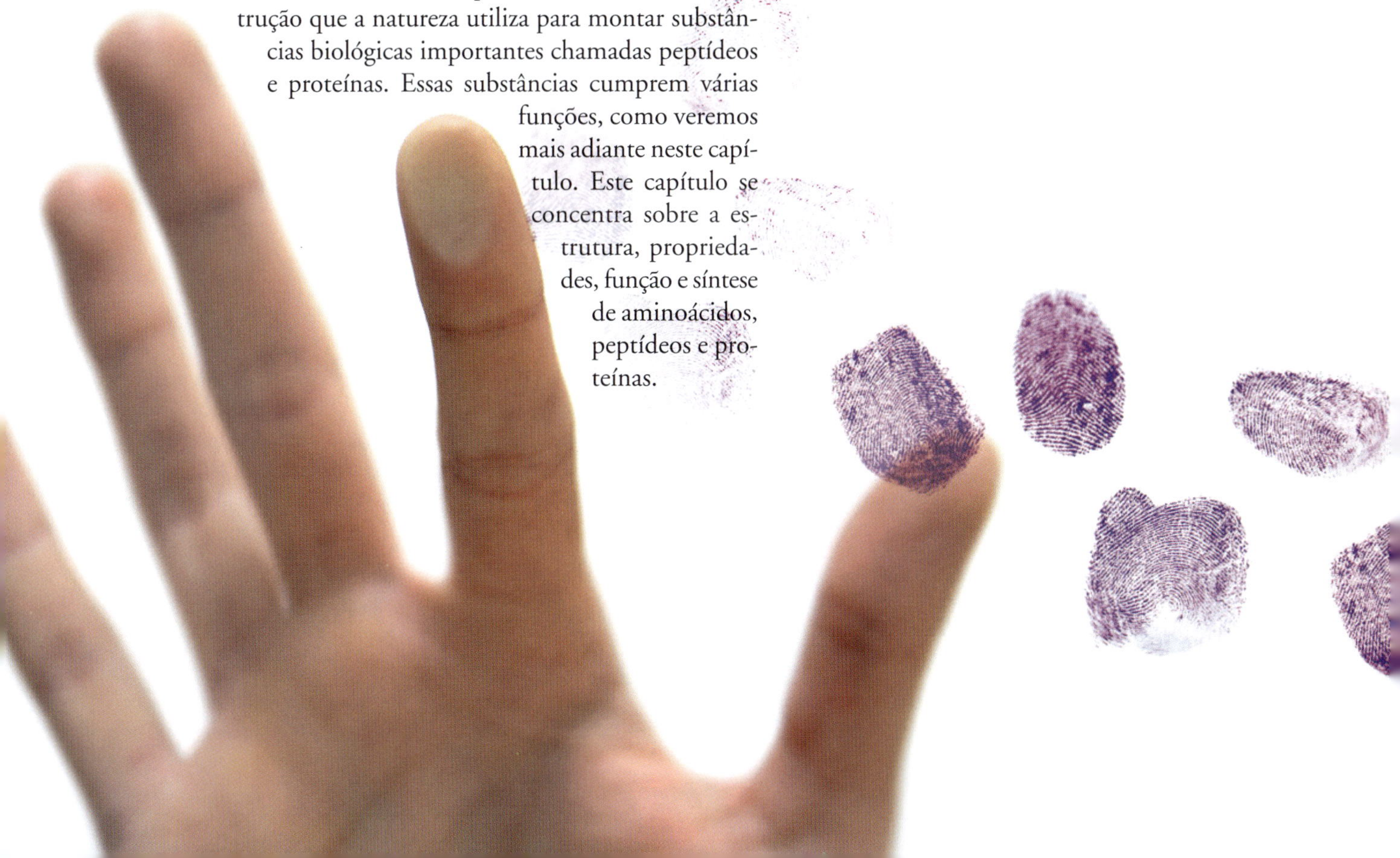

VOCÊ SE LEMBRA?

Antes de avançar, tenha certeza de que você compreende os tópicos citados a seguir. Se for necessário, revise as seções sugeridas para se preparar para este capítulo.

- Atribuição de Configuração Utilizando o Sistema de Cahn-Ingold-Prelog (Seção 5.3, do Volume 1)
- Estrutura e Propriedades dos Ácidos Carboxílicos (Seção 21.3)
- Substituição Nucleofílica Acílica (Seção 21.7)
- Propriedades das Aminas (Seção 23.3)

25.1 Introdução aos Aminoácidos, Peptídeos e Proteínas

Ao longo deste livro, particularmente nos boxes Medicamente Falando, exploramos a relação entre a estrutura de uma substância e a sua atividade biológica. A relação entre a estrutura e a atividade talvez seja mais impressionante para as moléculas biológicas chamadas de proteínas. As **proteínas** são polímeros constituídos por monômeros formados por aminoácidos que se ligam entre si, do mesmo modo que as peças de um quebra-cabeça (Figura 25.1). Cada **aminoácido** contém um grupo amino e um grupo ácido carboxílico. É a presença desses dois grupos funcionais que permite que os aminoácidos se liguem entre si.

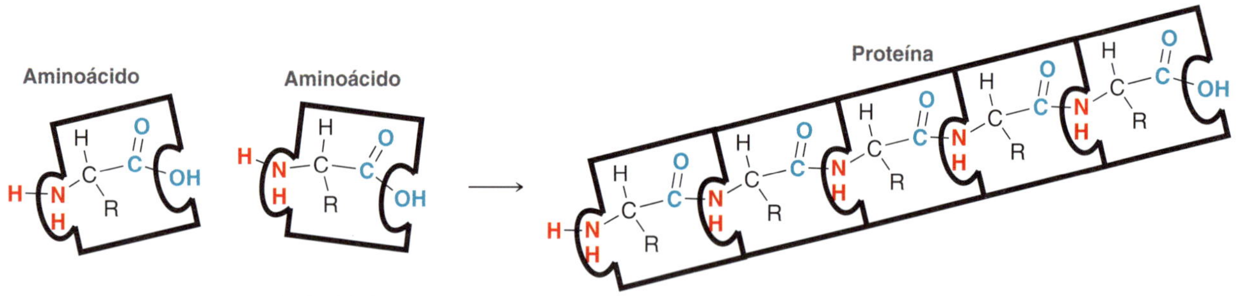

FIGURA 25.1
Uma ilustração que mostra como os aminoácidos se comportam como blocos de construção para as proteínas.

Um aminoácido pode ter qualquer número de átomos de carbono separando os dois grupos funcionais, mas são de particular interesse os **alfa-aminoácidos** (**α-aminoácidos**), nos quais os dois grupos funcionais estão separados por exatamente um átomo de carbono.

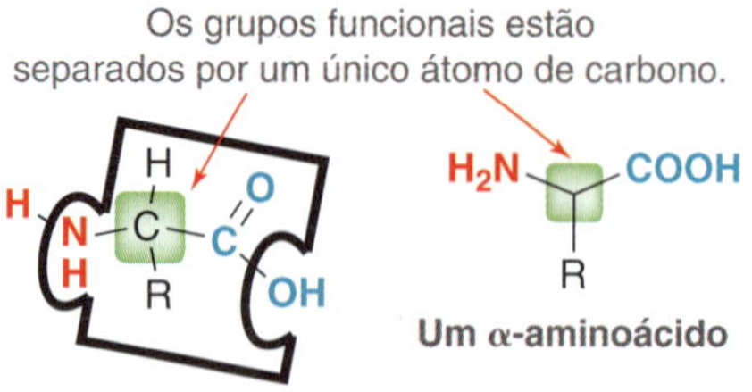

Os aminoácidos deste tipo são chamados de α-aminoácidos porque o grupo amino está ligado ao átomo de carbono que está na posição alfa (α) em relação ao grupo ácido carboxílico. Observe que este carbono é um centro de quiralidade, desde que o grupo R não é simplesmente um átomo de hidrogênio. A configuração da posição α será discutida nas próximas seções.

Os aminoácidos são acoplados entre si por ligações amida, também chamadas **ligações peptídicas**:

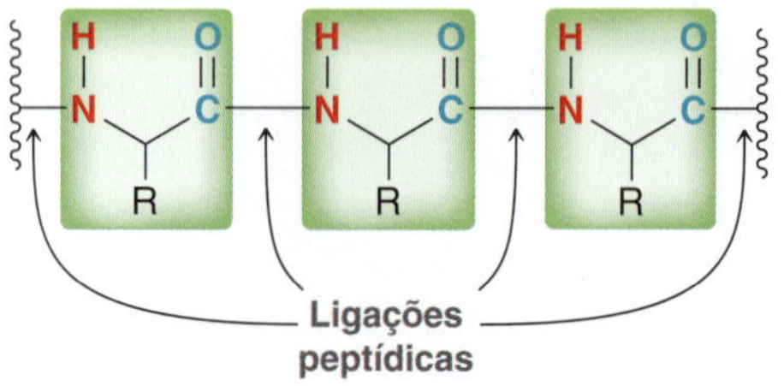

As cadeias de aminoácidos relativamente curtas são chamadas de **peptídeos**. Um dipeptídeo é formado quando dois aminoácidos são acoplados em conjunto, um tripeptídeo no caso de três aminoácidos, um tetrapeptídeo no caso de quatro, e assim por diante. Cadeias constituídas por menos de 40 ou 50 aminoácidos são frequentemente chamadas de polipeptídeos, enquanto as cadeias maiores são chamadas de proteínas. Proteínas cumprem uma grande variedade de funções biológicas importantes, como veremos na seção final deste capítulo. Certas proteínas, chamadas enzimas, se comportam como catalisadores para a maioria das reações que ocorrem nas células vivas, e estima-se que são necessárias mais de 50 mil enzimas diferentes para que os nossos corpos se comportem corretamente.

A fim de compreender a estrutura e função das proteínas, é preciso primeiro explorar a estrutura e as propriedades dos constituintes mais básicos das proteínas, ou seja, os aminoácidos.

25.2 Estrutura e Propriedades dos Aminoácidos

Aminoácidos Ocorrendo Naturalmente

Centenas de aminoácidos diferentes são observados na natureza, mas apenas 20 aminoácidos são abundantemente encontrados nas proteínas. Estes vinte α-aminoácidos diferem uns dos outros apenas na natureza da cadeia lateral (do grupo R, em destaque).

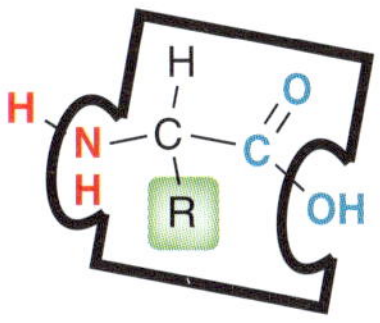

As estruturas de todos os 20 aminoácidos são apresentadas na Tabela 25.1, em conjunto com a abreviatura de três letras e abreviatura de uma letra para cada aminoácido. Exceto para a glicina (R = H), todos esses aminoácidos são quirais, e a natureza normalmente emprega apenas um enantiômero de cada um deles. Os aminoácidos observados principalmente na natureza são chamados de **aminoácidos L**, porque as suas projeções de Fischer assemelham-se às projeções de Fischer dos açúcares L.

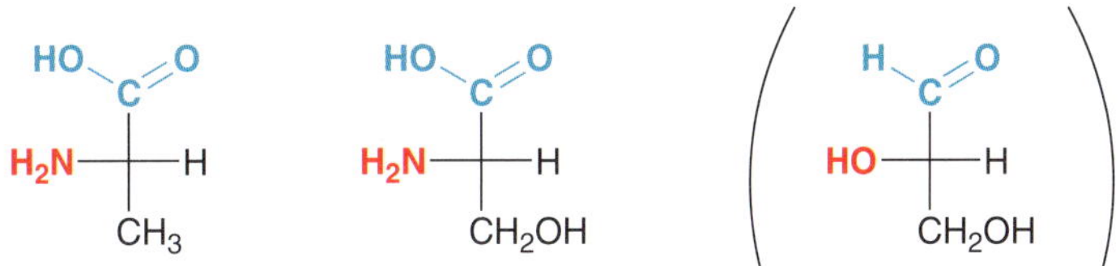

Existem alguns exemplos de aminoácidos D encontrados na natureza, mas a maior parte dos peptídeos e proteínas que se encontram nos seres humanos e em outros mamíferos é construída quase exclusivamente a partir de aminoácidos L.

VERIFICAÇÃO CONCEITUAL

25.1 Embora a maioria das proteínas que ocorrem naturalmente seja constituída apenas de aminoácidos L, as proteínas isoladas a partir de bactérias, algumas vezes, contêm aminoácidos D. Represente as projeções de Fischer para a D-alanina e D-valina. Em cada caso, atribua a configuração (*R* ou *S*) dos centros de quiralidade.

25.2 Represente uma estrutura em bastão de cada um dos aminoácidos vistos a seguir.

(a) L-Leucina (b) L-Triptofano
(c) L-Metionina (d) L-Valina

25.3 Dos 20 aminoácidos que ocorrem naturalmente mostrados na Tabela 25.1, identifique quaisquer aminoácidos que mostrem as seguintes características:

(a) Uma estrutura cíclica (b) Uma cadeia lateral aromática
(c) Uma cadeia lateral com um grupo básico
(d) Um átomo de enxofre
(e) Uma cadeia lateral com um grupo ácido
(f) Uma cadeia lateral contendo um próton que provavelmente irá participar da ligação de hidrogênio

TABELA 25.1 AS ESTRUTURAS DOS VINTE AMINOÁCIDOS QUE OCORREM NATURALMENTE E QUE SÃO ENCONTRADOS NAS PROTEÍNAS

Aminoácidos com cadeias laterais apolares

NOME	ESTRUTURA	ABREVIATURA
Glicina	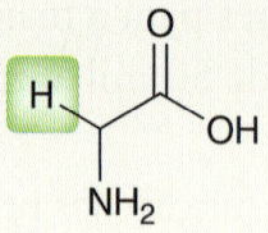	Gly G
Alanina	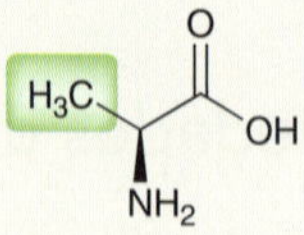	Ala A
Valina	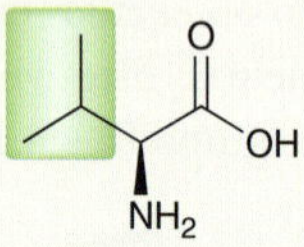	Val V
Leucina	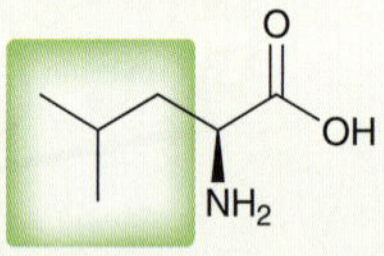	Leu L
Isoleucina	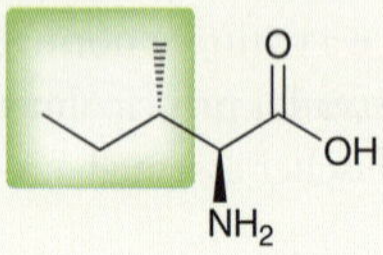	Ile I
Metionina	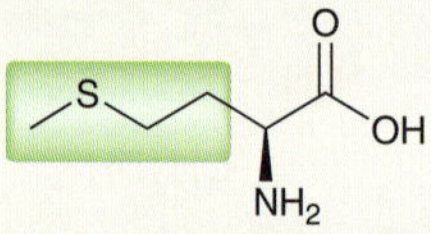	Met M
Prolina	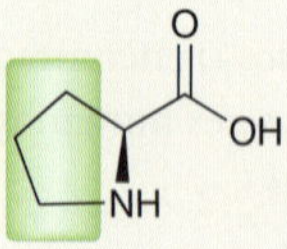	Pro P
Fenilalanina	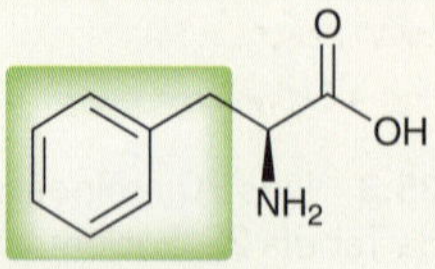	Phe F
Triptofano	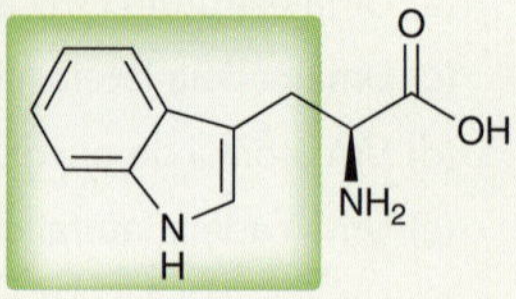	Trp W

Aminoácidos com cadeias laterais polares

NOME	ESTRUTURA	ABREVIATURA
Asparagina	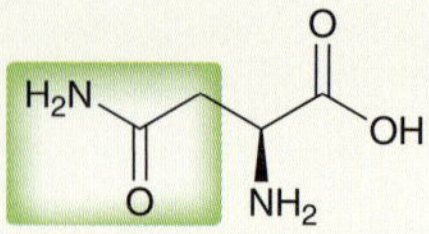	Asn N
Glutamina	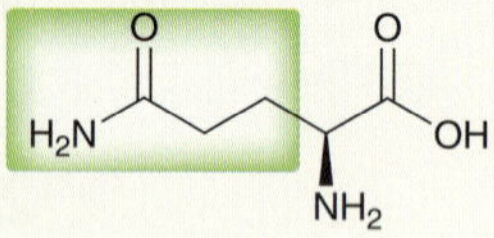	Gln Q
Serina	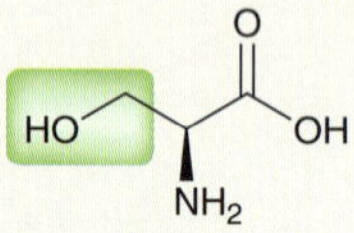	Ser S
Treonina	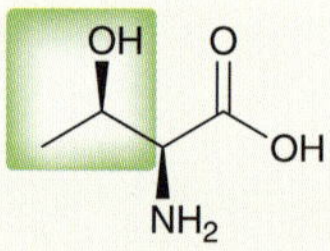	Thr T
Tirosina	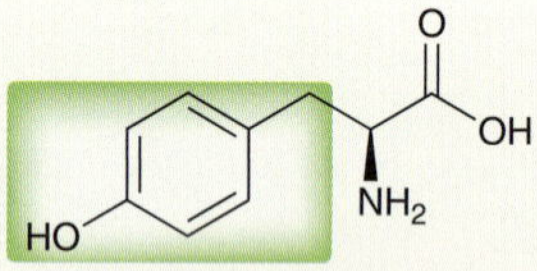	Tyr Y
Cisteína	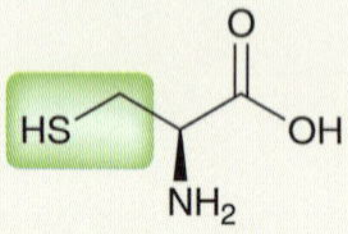	Cys C

Aminoácidos com cadeias laterais ácidas

NOME	ESTRUTURA	ABREVIATURA
Ácido aspártico	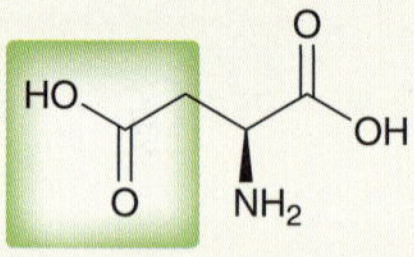	Asp D
Ácido glutâmico	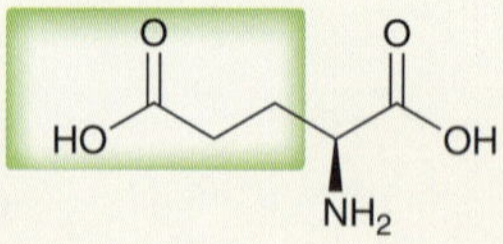	Glu E

Aminoácidos com cadeias laterais básicas

NOME	ESTRUTURA	ABREVIATURA
Arginina	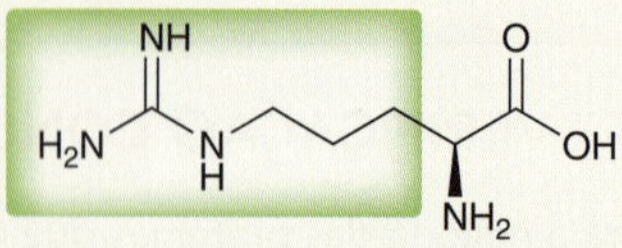	Arg R
Histidina	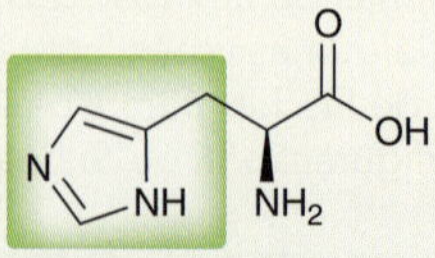	His H
Lisina	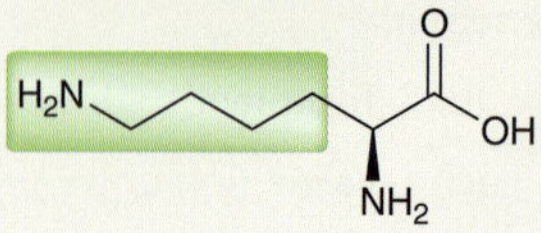	Lys K

falando de modo prático | Nutrição e Fontes de Aminoácidos

Na Seção 25.1, vimos que as proteínas são constituídas de 20 aminoácidos L diferentes. Nossos corpos podem sintetizar 10 desses aminoácidos em quantidade suficiente, mas os outros 10, chamados de *aminoácidos essenciais*, têm de ser obtidos a partir de nossa alimentação. Os aminoácidos essenciais são isoleucina, leucina, metionina, fenilalanina, treonina, triptofano, valina, arginina, histidina e lisina. Esses aminoácidos são obtidos a partir da digestão de alimentos que contêm proteínas.

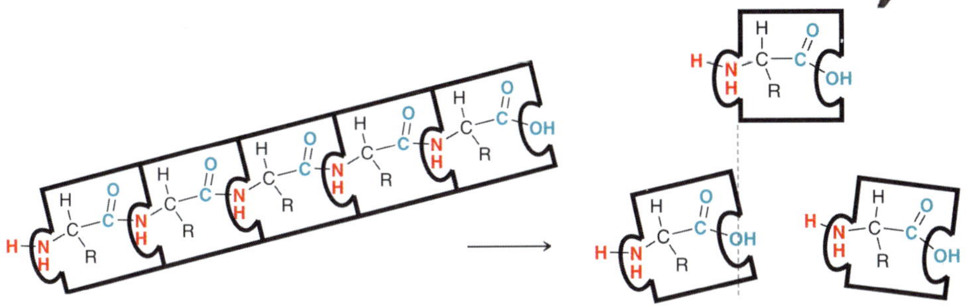

Proteínas que contêm todos os 10 aminoácidos essenciais são chamadas de *proteínas completas*, pois elas nos fornecem todos os blocos de construção que precisamos. Exemplos de proteínas completas incluem carne, peixe, leite e ovos. Proteínas que são deficientes em um ou mais dos aminoácidos essenciais são denominadas *proteínas incompletas*. Exemplos incluem arroz (deficiente em lisina e treonina), milho (deficiente em lisina e triptofano), e feijões e ervilhas (deficientes em metionina).

A ingestão inadequada dos aminoácidos essenciais pode conduzir a uma série de doenças, que podem ser evitadas com uma alimentação correta. Carnívoros obtêm todos os aminoácidos necessários a partir de um pedaço de carne, enquanto os vegetarianos têm de comer uma variedade de alimentos de origem vegetal que se complementam entre si. Alternativamente, os vegetarianos podem suplementar a sua dieta com uma fonte de proteínas completas, tais como leite ou ovos.

Outros Aminoácidos Ocorrendo Naturalmente

Além dos 20 aminoácidos encontrados nas proteínas (Tabela 25.1), existem outros aminoácidos utilizados pelos organismos para uma variedade de funções. Por exemplo, considere as estruturas do ácido γ-aminobutírico (GABA) e da tiroxina.

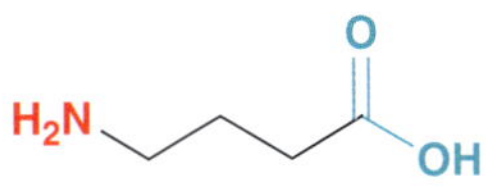

Ácido γ-aminobutírico (GABA)

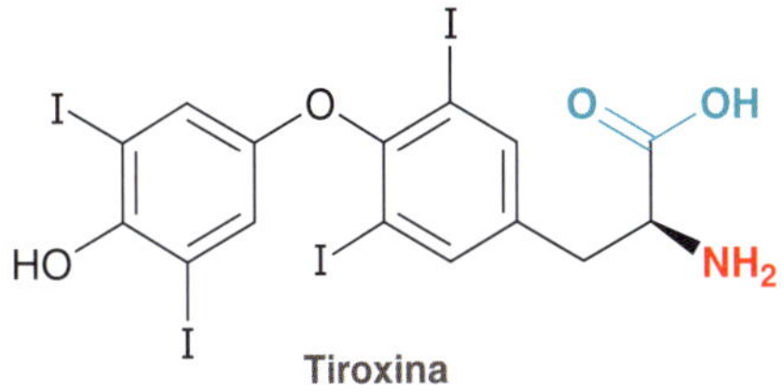

Tiroxina

Essas duas substâncias são aminoácidos, mas elas não são encontradas em proteínas. O GABA é encontrado no cérebro e atua como um neurotransmissor, enquanto a tiroxina é encontrada na glândula tiroide e atua como um hormônio. Existem muitos outros exemplos, mas neste capítulo vamos nos concentrar quase exclusivamente sobre os 20 aminoácidos encontrados nas proteínas.

Propriedades Ácido-Base

Quando um aminoácido é dissolvido em uma solução em pH igual a 1, os dois grupos funcionais passam a existir principalmente nas suas formas protonadas.

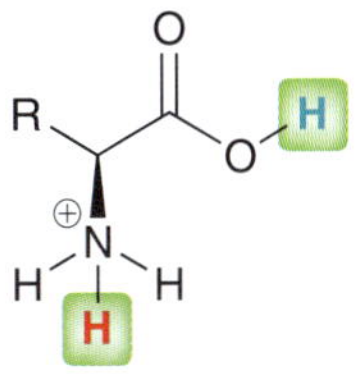

Cada um dos prótons em destaque tem seu próprio valor de pK_a, muitas vezes chamados de pK_{a1} e pK_{a2}.

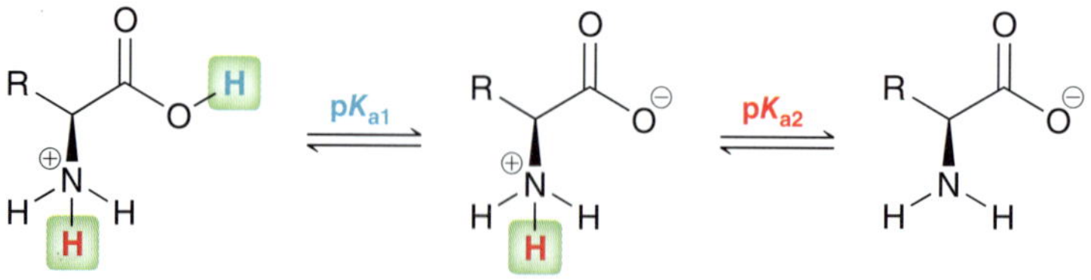

Observe que o grupo ácido carboxílico é desprotonado por primeiro. Isto é, o primeiro valor de pK_a refere-se à acidez do grupo ácido carboxílico, enquanto o segundo valor de pK_a refere-se à acidez do grupo amônio. Alguns aminoácidos têm cadeias laterais contendo grupos básicos ou grupos ácidos. Esses aminoácidos têm um terceiro valor de pK_a associado à cadeia lateral, como se pode observar na Tabela 25.2.

Observa-se que os valores de pK_a para os grupos ácido carboxílico estão no intervalo de 2-3 para quase todos os aminoácidos mostrados. Por exemplo, a alanina tem um pK_{a1} de 2,34. Esse valor indica que a forma não carregada (COOH) e a forma aniônica (COO^-) estarão presentes em quantidades iguais em um pH de 2,34. Em qualquer pH abaixo de 2,34 (condições altamente ácidas), a forma não carregada predominará. Em qualquer pH acima de 2,34, o ânion carboxilato predominará. De fato, essa forma aniônica predomina no pH fisiológico.

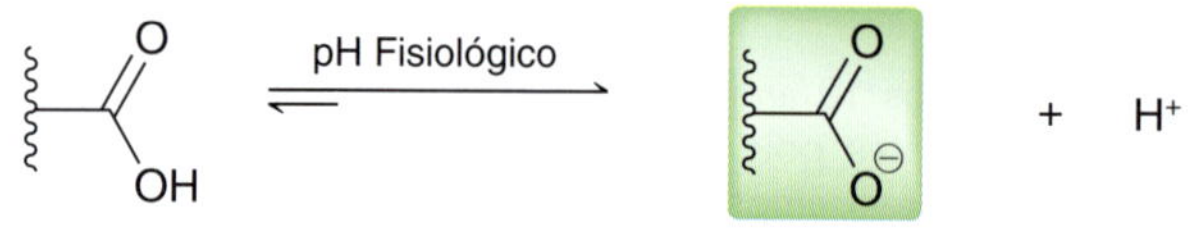

RELEMBRANDO
Lembre-se de que o pH do sangue é aproximadamente 7,4, que é chamado pH fisiológico (veja a Seção 21.3).

Agora vamos centralizar a nossa atenção nos valores de pK_a para os grupos amônio dos aminoácidos. A Tabela 25.2 indica que esses valores estão no intervalo de 9-10 para quase todos os aminoácidos. Por exemplo, a alanina tem um pK_{a2} de 9,69. Este valor indica que as formas não carregada e cati-

TABELA 25.2 OS VALORES DE pK_a PARA OS VINTE AMINOÁCIDOS QUE OCORREM NATURALMENTE

AMINOÁCIDO	α-COOH	α-NH_3^+	CADEIA LATERAL
Ácido aspártico	1,88	9,60	3,65
Ácido glutâmico	2,19	9,67	4,25
Alanina	2,34	9,69	—
Arginina	2,17	9,04	12,48
Asparagina	2,02	8,80	—
Cisteína	1,96	10,28	8,18
Fenilalanina	1,83	9,13	—
Glicina	2,34	9,60	—
Glutamina	2,17	9,13	—
Histidina	1,82	9,17	6,00
Isoleucina	2,36	9,60	—
Leucina	2,36	9,60	—
Lisina	2,18	8,95	10,53
Metionina	2,28	9,21	—
Prolina	1,99	10,60	—
Serina	2,21	9,15	—
Tirosina	2,20	9,11	10,07
Treonina	2,09	9,10	—
Triptofano	2,83	9,39	—
Valina	2,32	9,62	—

ônica do grupo amônio estarão presentes em quantidades iguais em um pH de 9,69. Em qualquer pH acima de 9,69, a forma não carregada predominará. Em qualquer pH abaixo de 9,69, o grupo amônio catiônico predominará. Com efeito, a forma catiônica predomina no pH fisiológico.

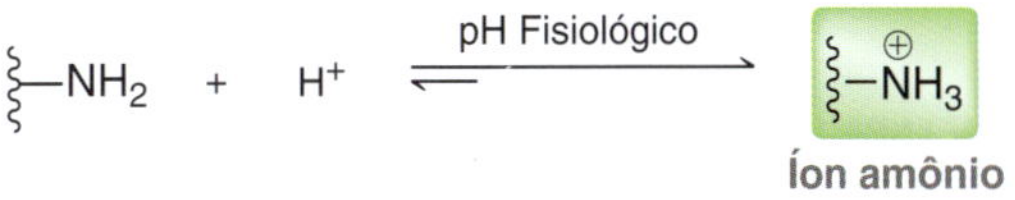

Resumindo, analisemos a estrutura de um aminoácido no pH fisiológico. O grupo amino está protonado, enquanto o grupo ácido carboxílico está desprotonado.

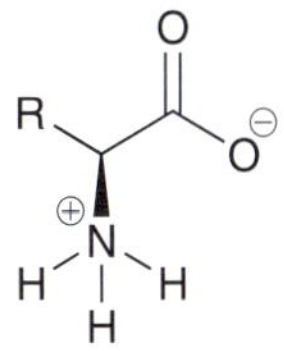

Nessa forma, o aminoácido é dito ser um **zwitteríon**, que é uma substância neutra no global que apresenta separação de carga. Um aminoácido pode ser considerado como um sal interno e, como tal, apresentará muitas das propriedades físicas dos sais. Por exemplo, os aminoácidos são altamente solúveis em água e possuem pontos de fusão muito elevados. Os aminoácidos também são **anfóteros**, pois reagem com ácidos ou bases. Quando tratado com uma base, um aminoácido se comportará como um ácido cedendo um próton (o grupo amônio é desprotonado).

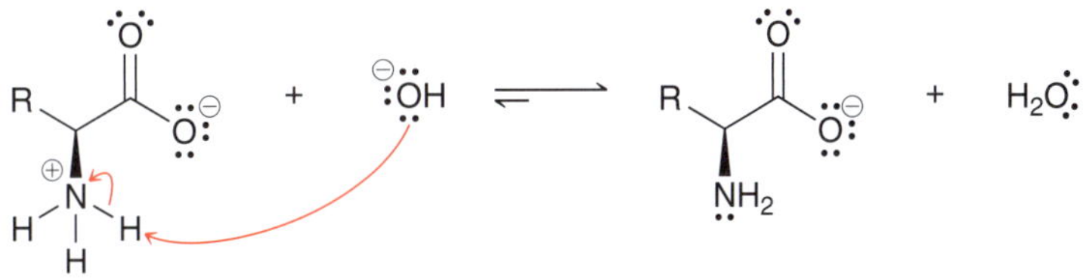

Contudo, quando tratado com um ácido, um aminoácido se comportará como uma base, recebendo um próton (o grupo carboxilato é protonado).

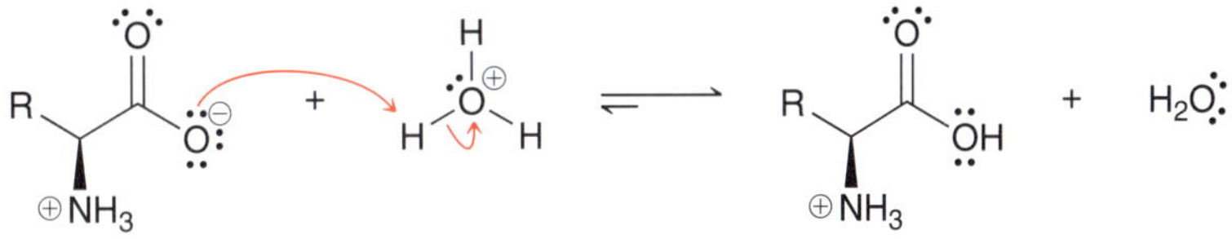

As duas reações mostram que, na sua forma zwitteriônica, um aminoácido pode se comportar como um ácido ou como uma base.

DESENVOLVENDO A APRENDIZAGEM

25.1 DETERMINAÇÃO DA FORMA PREDOMINANTE DE UM AMINOÁCIDO EM UM pH ESPECÍFICO

APRENDIZAGEM Represente a forma da lisina que predomina em um pH de 9,5.

SOLUÇÃO

A identidade da cadeia lateral da lisina pode ser encontrada na Tabela 25.1. Este aminoácido tem uma cadeia lateral básica, o que significa que a substância tem três posições que temos de considerar.

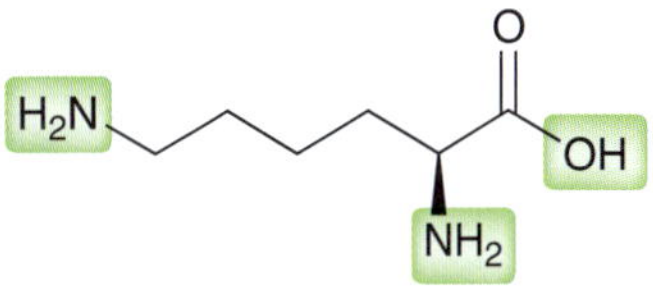

ETAPA 1
Identificação do pK_a do grupo ácido carboxílico e determinação de qual a forma predominante.

Temos de considerar se cada grupo amino está protonado ou não, e se o grupo ácido carboxílico está desprotonado no pH indicado ou não. Vamos começar com o grupo ácido carboxílico. A Tabela 25.2 indica que o pK_{a1} para a lisina é 2,18. Em um pH abaixo de 2,18 (condições altamente ácidas), esperamos que o grupo COOH esteja com seu próton. Mas em um pH mais elevado, esperamos que o ânion carboxilato predomine. Por conseguinte, em um pH de 9,5 espera-se que a forma desprotonada (o carboxilato) predomine.

ETAPA 2
Identificação do pK_a do grupo α-amino e determinação de qual a forma predominante.

A seguir consideramos o grupo α-amino. A Tabela 25.2 indica que o pK_{a2} para a lisina é 8,95. Em um pH abaixo de 8,95 (pH mais baixo = mais ácido), espera-se que o grupo amino esteja protonado, mas em um pH mais elevado, esperamos que o grupo amino predomine na sua forma não carregada. Por conseguinte, em um pH de 9,5 espera-se que a forma não carregada do grupo α-amino predomine.

Finalmente, consideramos a cadeia lateral, que tem um pK_a de 10,53. Em um pH abaixo de 10,53 (pH mais baixo = mais ácido), esperamos que o grupo amino esteja protonado, mas em um pH mais elevado, esperamos que o grupo amino predomine na sua forma não carregada. Por conseguinte, em um pH de 9,5, esperamos que a forma protonada do grupo amino da cadeia lateral predomine. Portanto, a forma da lisina que é esperada predominar em um pH de 9,5 é a seguinte:

ETAPA 3
Identificação do pK_a da cadeia lateral, se for necessário, e determinação da forma predominante.

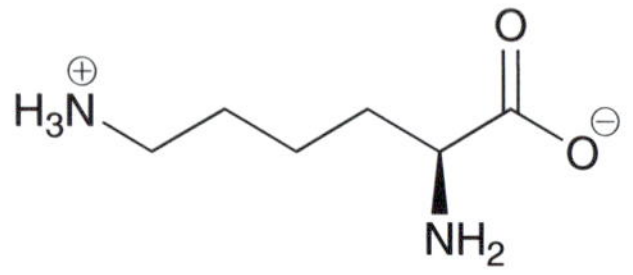

PRATICANDO o que você aprendeu

25.4 Represente a forma do aminoácido que é esperada predominar no pH indicado.

(a) Alanina em um pH de 10
(b) Prolina em um pH de 10
(c) Tirosina em um pH de 9
(d) Asparagina no pH fisiológico
(e) Histidina no pH fisiológico
(f) Ácido glutâmico em um pH de 3

APLICANDO o que você aprendeu

25.5 Em um pH de 11, a arginina é um doador de prótons mais eficaz do que a asparagina. Explique.

25.6 O grupo OH na cadeia lateral da serina não é desprotonado em um pH de 12. No entanto, o grupo OH na cadeia lateral da tirosina é desprotonado em um pH de 12. Isso pode ser verificado através da observação dos valores de pK_a na Tabela 25.2. Proponha uma explicação para a diferença nas propriedades ácido-base desses dois grupos OH.

é necessário **PRATICAR MAIS? Tente Resolver os Problemas 25.40, 25.47, 25.48**

Ponto Isoelétrico

Cada aminoácido tem um valor de pH específico em que a concentração da forma zwitteriônica atinge o seu valor máximo. Esse pH é chamado de **ponto isoelétrico (pI)**, e cada aminoácido tem o seu próprio pI. Para aminoácidos que não possuem uma cadeia lateral ácida nem básica, o pI é simplesmente a média dos dois valores de pK_a. O exemplo visto a seguir mostra o cálculo para o pI da alanina.

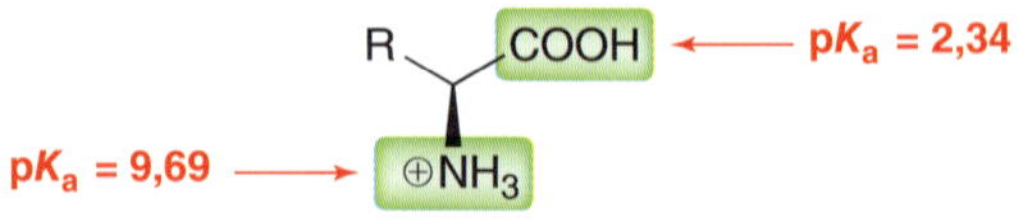

$$\text{pI} = \frac{2{,}34 + 9{,}69}{2} = 6{,}02$$

Para aminoácidos com cadeias laterais ácidas ou básicas, o pI é a média dos dois valores de pK_a que correspondem com os grupos semelhantes. Por exemplo, o pI da lisina é determinado pelos dois grupos amino, enquanto o pI do ácido glutâmico é determinado pelos dois grupos ácido carboxílico,

Lisina

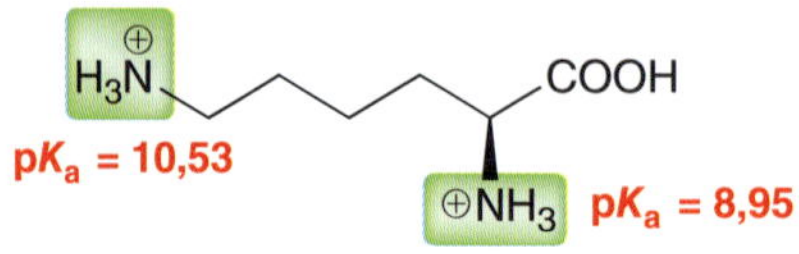

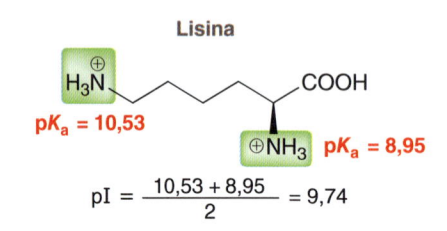

$$\text{pI} = \frac{10{,}53 + 8{,}95}{2} = 9{,}74$$

Ácido glutâmico

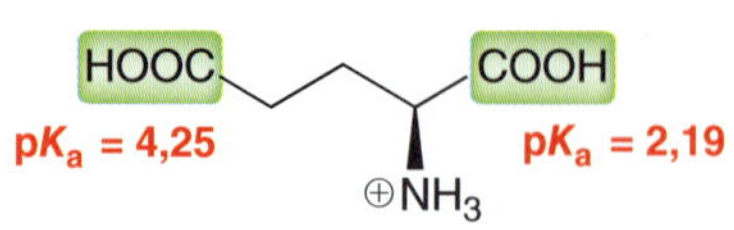

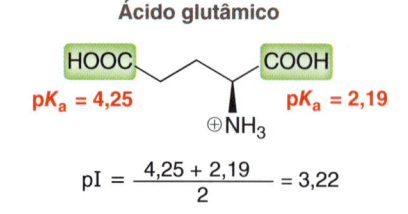

$$\text{pI} = \frac{4{,}25 + 2{,}19}{2} = 3{,}22$$

Separação de Aminoácidos por Eletroforese

Os aminoácidos podem ser separados entre si por várias técnicas. Um desses métodos, chamado de **eletroforese**, depende da diferença de valores de pI e pode ser usado para determinar o número de diferentes aminoácidos presentes em uma mistura. Na prática, algumas gotas da mistura são aplicadas sobre um gel, ou um papel-filtro, que é colocado em uma solução tamponada entre dois eletrodos. Quando um campo elétrico é aplicado, os aminoácidos se separam baseados em seus valores de pI diferentes. Se o pI de um aminoácido for maior do que o pH da solução, o aminoácido existirá predominantemente sob uma forma que tem uma carga positiva e irá migrar na direção do catodo. Quanto maior a diferença entre o pI e o pH, mais rápido ele vai migrar. Um aminoácido com um pI que é menor do que o pH da solução irá existir predominantemente sob uma forma que tem uma carga negativa e migrará para o anodo. Quanto maior a diferença entre o pI e o pH, mais rápido ele vai migrar (Figura 25.2). Se dois aminoácidos têm valores de pI muito semelhantes (tais como a glicina e a leucina), o aminoácido com a massa molecular maior irá mover-se mais lentamente, porque a carga tem de transportar uma massa maior.

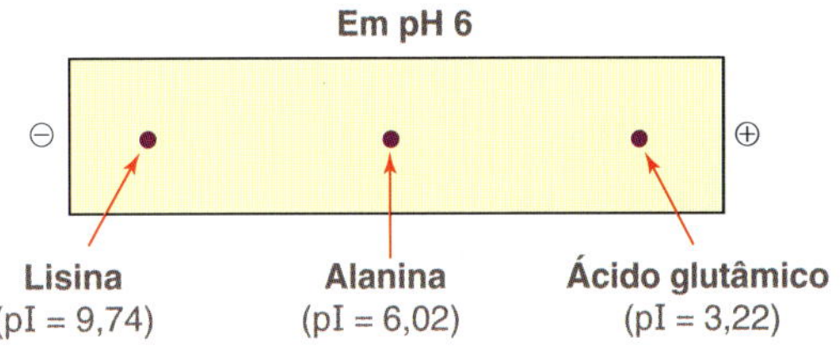

FIGURA 25.2
Separação de aminoácidos através da eletroforese.

Os aminoácidos são incolores, de modo que é necessária uma técnica de deteção a fim de visualizar a localização dos vários pontos. O método mais comum consiste em tratar o gel, ou o papel-filtro, com uma solução contendo ninidrina seguido por aquecimento em um forno. A ninidrina reage com os aminoácidos produzindo um produto de cor púrpura.

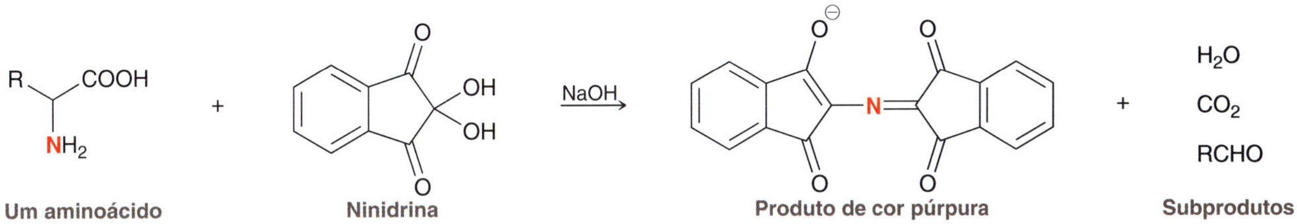

O átomo de nitrogênio do aminoácido é finalmente incorporado no produto púrpura, e o resto do aminoácido é degradado em alguns subprodutos (água, dióxido de carbono e um aldeído), A substância púrpura é obtida independentemente da natureza do aminoácido, desde que o aminoácido seja primário (isto é, não é a prolina). O número de manchas púrpuras indica o número de diferentes tipos de aminoácidos presentes.

A eletroforese não pode ser utilizada para separar grandes quantidades de aminoácidos. Ela é usada apenas como um método analítico para a determinação do número de aminoácidos em uma mistura. A fim de separar realmente uma mistura completa de aminoácidos, são utilizadas outras técnicas de laboratório, tais como cromatografia de coluna.

VERIFICAÇÃO CONCEITUAL

25.7 Com base nos dados da Tabela 25.2, calcule o pI dos aminoácidos vistos a seguir.

(a) Ácido aspártico (b) Leucina
(c) Lisina (d) Prolina

25.8 Para cada grupo de aminoácidos, identifique o aminoácido com o menor pI (tente resolver este problema observando suas estruturas, em vez de executar cálculos).

(a) Alanina, ácido aspártico ou lisina
(b) Metionina, ácido glutâmico ou histidina

25.9 Identifique quais os dois aminoácidos, dos 20 que ocorrem naturalmente, que são esperados ter o mesmo pI.

25.10 Uma mistura contendo fenilalanina, triptofano e leucina foi submetida a eletroforese. Determine qual dos aminoácidos se moveu através de uma distância maior partindo do princípio que o experimento foi realizado no pH indicado:

(a) pH 6,0 (b) pH 5,0

25.11 Represente o aldeído que é obtido como um subproduto quando a L-leucina é tratada com ninidrina.

falando de modo prático | Química Forense e Detecção de Impressões Digitais

Existem muitos programas de TV populares que retratam o trabalho dos investigadores da cena do crime e os métodos que utilizam para analisar as evidências. A utilização de produtos químicos para visualizar impressões digitais latentes (invisíveis) é uma prática bastante comum, e muitas substâncias podem ser utilizadas para este fim, incluindo o teste da ninidrina.

Impressões digitais latentes são criadas pelo resíduo de suor existente na superfície da pele. O suor é constituído principalmente de água (99%), mas também contém uma grande variedade de substâncias orgânicas, incluindo aminoácidos. Esses aminoácidos estão presentes somente em concentrações muito pequenas, mas são relativamente estáveis durante longos períodos de tempo. Quando tratados com ninidrina, ocorre uma reação entre os aminoácidos e a ninidrina, produzindo uma imagem púrpura fluorescente.

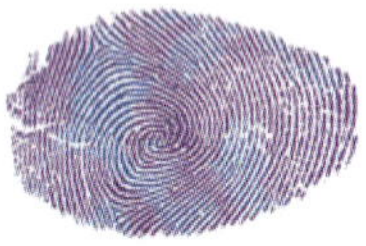

Para revelar uma impressão digital, é aplicada uma solução de ninidrina através de uma pulverização e, em seguida, utiliza-se um aquecimento moderado para acelerar a reação. O processo tem várias características indesejáveis, incluindo a coloração de fundo (que reduz o contraste da imagem), bem como o desvanecimento da imagem induzido pela luz. Para melhores resultados, a solução de ninidrina deve ser aplicada no escuro e à temperatura ambiente. Sob tais condições, o desenvolvimento do processo pode levar até duas semanas, o que não é possível para a maioria dos casos em que é necessária uma análise rápida.

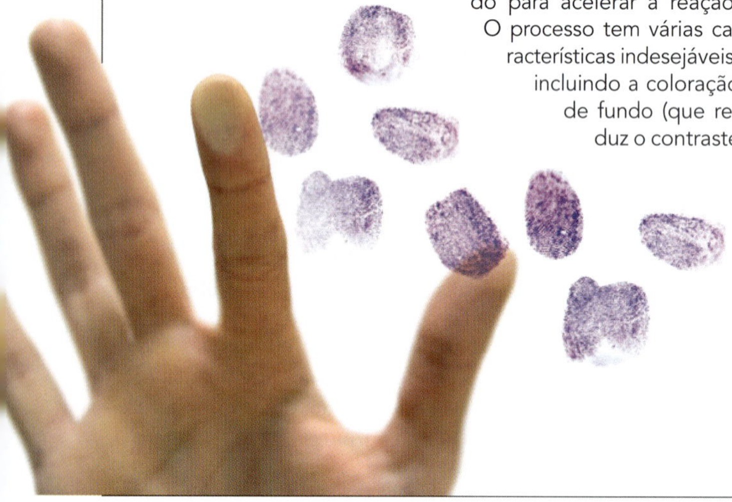

Ao longo dos últimos 50 anos, foram feitas muitas tentativas para criar análogos da ninidrina com propriedades melhores. A seguir podem ser vistos alguns exemplos.

Alguns desses reagentes têm propriedades ligeiramente melhoradas, mas as melhoras não são suficientemente importantes para justificar o custo adicional associado à substituição da ninidrina como um método-padrão usado pelos químicos forenses para revelar impressões digitais latentes.

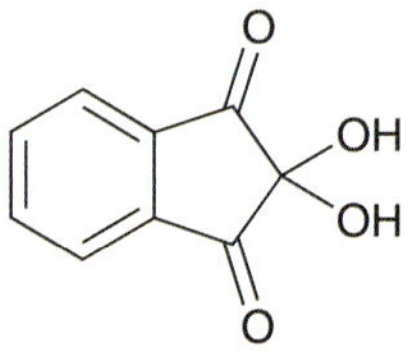

Ninidrina

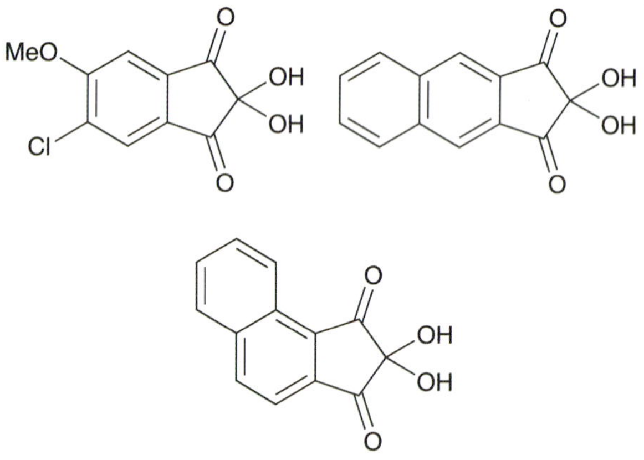

Análogos da ninidrina

25.3 Síntese de Aminoácidos

Ao longo do século passado, vários métodos têm sido utilizados para preparar aminoácidos em laboratório. Nesta seção, vamos explorar alguns desses métodos.

Síntese de Aminoácidos Através de α-Haloácidos

Um dos métodos mais antigos para a preparação de misturas racêmicas de α-aminoácidos envolve a utilização da reação de Hell-Volhard-Zelinski (Seção 22.2) para funcionalizar a posição α de um ácido carboxílico.

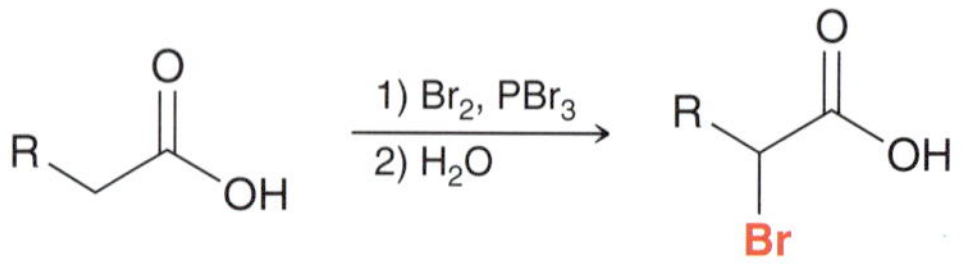

(Racemato)

O halogênio é, então, substituído por um grupo amino em uma reação S_N2.

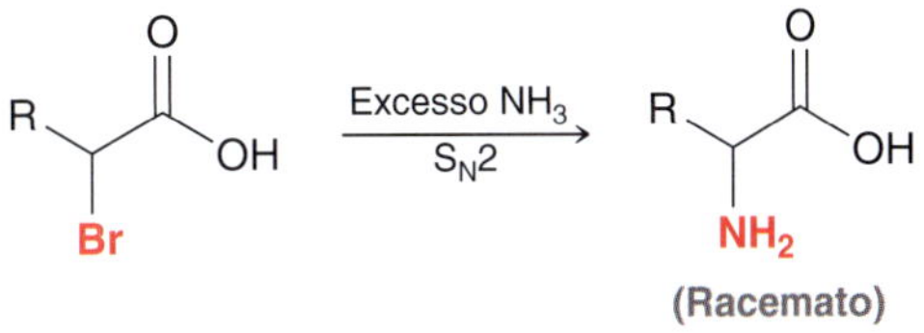

Na Seção 23.5, vimos que polialquilação muitas vezes é inevitável quando a amônia é tratada com um haleto de alquila. No entanto, neste caso, a polialquilação não é um problema porque o haleto de alquila é bastante grande e o impedimento estérico impede alquilações subsequentes.

VERIFICAÇÃO CONCEITUAL

25.12 Identifique os reagentes necessários para produzir cada um dos aminoácidos vistos a seguir utilizando uma reação de Hell-Volhard-Zelinski.

(a) Leucina (b) Alanina (c) Valina

25.13 Cada um dos ácidos carboxílicos vistos a seguir foi tratado com bromo e PBr_3 seguido por água, e o α-haloácido resultante foi então tratado com excesso de amônia. Em cada caso, represente e dê o nome do aminoácido que é produzido.

(a) 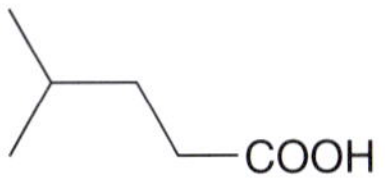

(b) 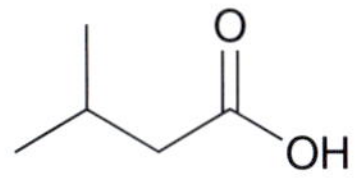

(c) 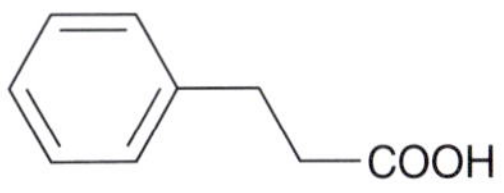

(d) Ácido acético

Síntese de Aminoácidos Através da Síntese do Amidomalonato

Lembre-se de que a síntese do éster malônico (Seção 22.5) pode ser usada para preparar ácidos carboxílicos, começando com o malonato de dietila.

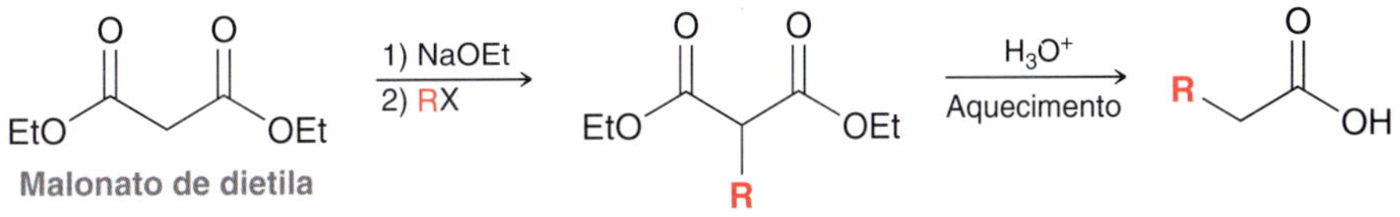

Uma adaptação inteligente desse processo, chamada de **síntese do amidomalonato**, emprega o acetamidomalonato de dietila como material de partida, permitindo a preparação de uma mistura racêmica de α-aminoácidos.

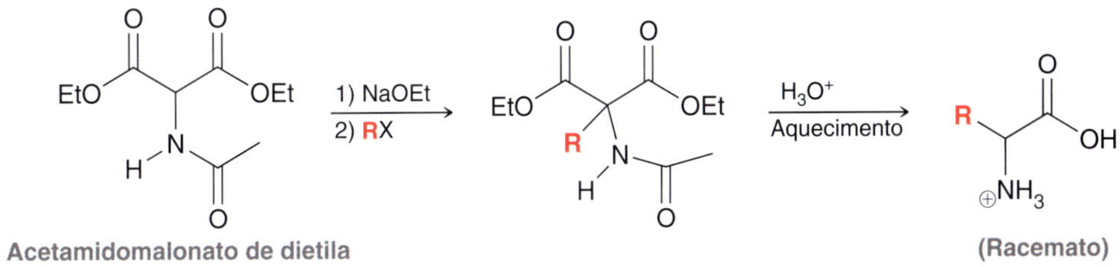

O processo envolve as mesmas três etapas usadas na síntese do éster malônico: (1) desprotonação, (2) alquilação e (3) hidrólise e descarboxilação. Durante a etapa de hidrólise, a amida também é hidrolisada. Como um exemplo, considere a síntese da fenilalanina por meio da síntese do amidomalonato.

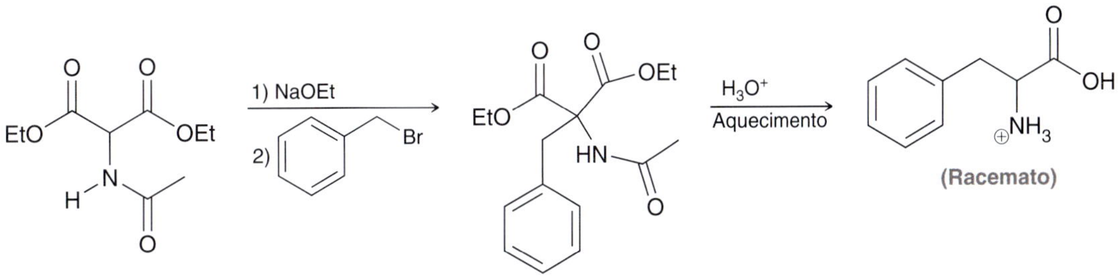

A natureza do aminoácido obtido é determinada pela escolha do haleto de alquila na segunda etapa.

DESENVOLVENDO A APRENDIZAGEM

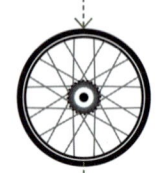

25.2 UTILIZAÇÃO DA SÍNTESE DO AMIDOMALONATO

APRENDIZAGEM Mostre como você usaria a síntese do amidomalonato para preparar uma mistura racêmica de triptofano.

SOLUÇÃO

Começamos identificando a cadeia lateral ligada à posição α do triptofano (veja a Tabela 25.1).

ETAPA 1
Identificação da cadeia lateral ligada à posição α.

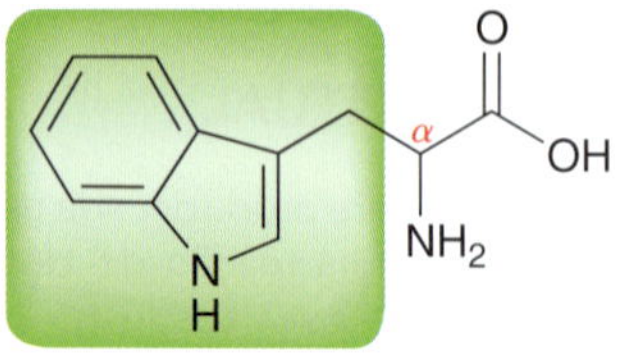

Em seguida, identificamos o haleto de alquila que é necessário para inserir esse grupo. Basta redesenhar o grupo alquila ligado a um grupo de saída. Iodeto e brometo são frequentemente utilizados como grupos de saída.

ETAPA 2
Identificação do haleto de alquila necessário e garantia de que ele sofrerá prontamente uma reação S_N2.

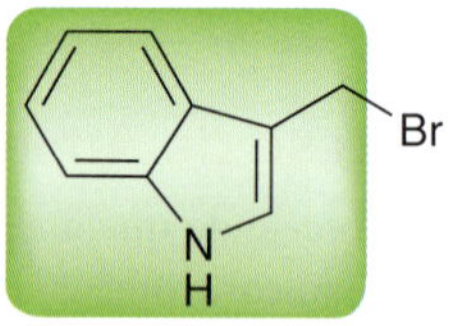

ETAPA 3
Identificação dos reagentes começando com o acetamidomalonato.

Analisamos a estrutura deste haleto de alquila e certificamo-nos de que ele irá prontamente participar de uma reação S_N2. Se o substrato for terciário, então uma síntese do amidomalonato falhará, porque a etapa de alquilação não ocorrerá. Neste caso, o haleto de alquila é primário e é de se esperar que sofra um processo S_N2 muito rapidamente.

A fim de realizar a síntese do amidomalonato, temos primeiro que desprotonar o acetamidomalonato de dietila com uma base forte e, em seguida, tratar o ânion resultante com o haleto de alquila. O produto resultante é então aquecido na presença de ácido aquoso para que ocorra a hidrólise e a descarboxilação.

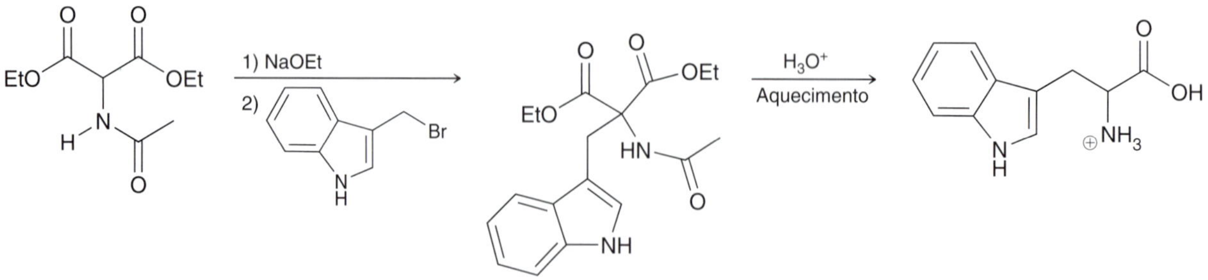

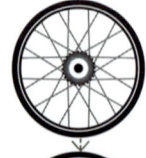

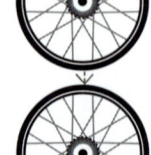

PRATICANDO o que você aprendeu

25.14 Identifique os reagentes necessários para produzir cada um dos aminoácidos vistos a seguir através da síntese do amidomalonato.

(a) Isoleucina **(b)** Alanina **(c)** Valina

APLICANDO o que você aprendeu

25.15 Uma síntese do amidomalonato foi realizada utilizando cada um dos haletos de alquila vistos a seguir. Em cada caso, represente e dê o nome do aminoácido que é produzido.

(a) Cloreto de metila **(b)** Cloreto de isopropila

(c) 2-Metil-l-cloropropano

25.16 A leucina e a isoleucina podem ser preparadas através da síntese do amidomalonato, embora um desses aminoácidos possa ser produzido com rendimento mais elevado. Identifique o processo de maior rendimento e explique a sua escolha.

é necessário **PRATICAR MAIS?** **Tente Resolver os Problemas 25.57, 25.58, 25.59c, 25.60b, 25.84**

Síntese de Aminoácidos Através da Síntese de Strecker

Misturas racêmicas de α-aminoácidos podem também ser preparadas a partir de aldeídos por meio de um processo de duas etapas chamado **síntese de Strecker**.

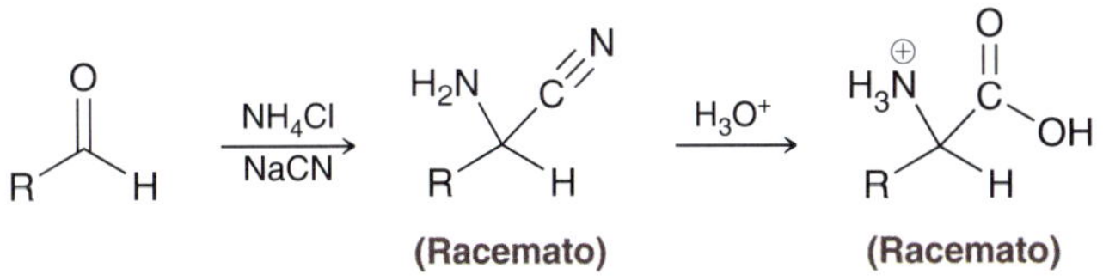

A primeira etapa envolve a conversão do aldeído em uma α-aminonitrila, e a segunda etapa envolve a hidrólise do grupo ciano para se obter um grupo ácido carboxílico.

A formação da α-aminonitrila ocorre provavelmente através do Mecanismo 25.1. A α-aminonitrila resultante sofre então hidrólise por meio de um mecanismo encontrado na Seção 21.13.

MECANISMO 25.1 FORMAÇÃO DE UMA α-AMINONITRILA

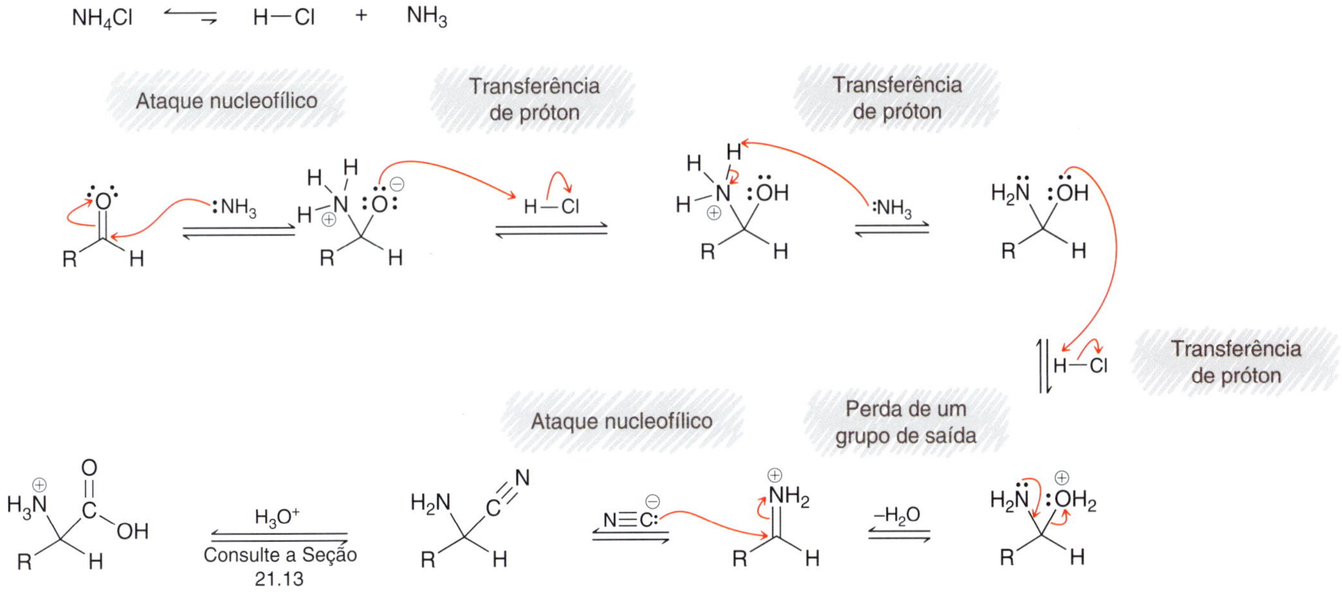

Como exemplo, considere a síntese da alanina através da síntese de Strecker:

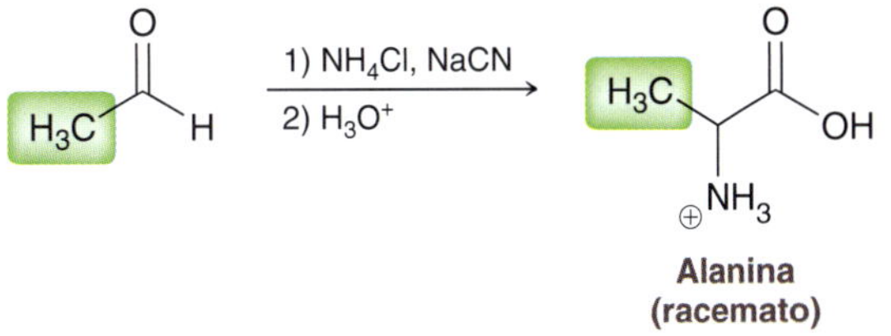

A natureza do aminoácido obtido é determinada pela escolha do aldeído de partida.

VERIFICAÇÃO CONCEITUAL

25.17 Identifique os reagentes necessários para obter cada um dos aminoácidos vistos a seguir utilizando uma síntese de Strecker.

(a) Metionina (b) Histidina

(c) Fenilalanina (d) Leucina

25.18 Cada um dos aldeídos vistos a seguir foi convertido em uma α-aminonitrila, seguido por hidrólise para se obter um aminoácido. Em cada caso, represente e dê o nome do aminoácido que foi produzido.

(a) Acetaldeído (b) 3-Metilbutanal (c) 2-Metilpropanal

Síntese Enantiosseletiva de Aminoácidos L

As misturas racêmicas de aminoácidos são produzidas a partir de um dos três métodos descritos até agora. A obtenção de aminoácidos opticamente ativos requer resolução da mistura racêmica ou uma síntese enantiosseletiva. A resolução é menos eficiente e mais cara porque metade do material de partida é desperdiçado no processo. A resolução não é necessária se uma síntese enantiosseletiva for realizada. Na Seção 9.7, vimos como Knowles desenvolveu um procedimento para a realização de hidrogenação assimétrica e, então, usou o procedimento para a síntese enantiosseletiva de L-dopa.

Hidrogenação assimétrica desta ligação π

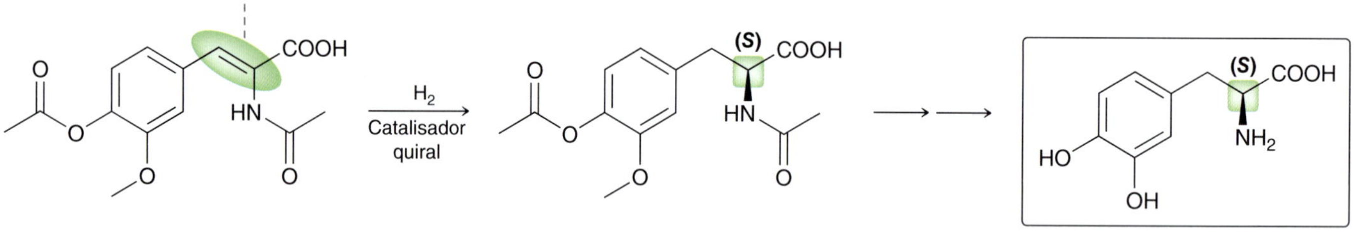

(S)-3,4-Di-hidroxifenilalanina (L-dopa)

Essa técnica utiliza um catalisador quiral e pode ser usada para preparar aminoácidos com um excesso enantiomérico muito elevado (% de *ee*). Muitos dos catalisadores quirais que têm sido desenvolvidos contêm um átomo de rutênio (Ru), complexado com um ligante quiral, tal como BINAP.

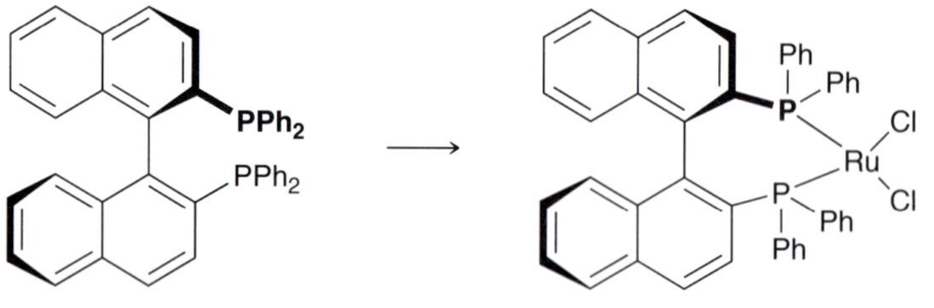

(R)-(+)-BINAP (R)-2,2'-Bis(difenilfosfina)-1,1'-binaftila

(R)-(+)-Ru(BINAP)Cl_2 (catalisador quiral)

Apenas pequenas quantidades de um catalisador quiral são necessárias para preparar aminoácidos com elevada enantiosseletividade. Por exemplo, a preparação da D-fenilalanina ocorre com 99% de *ee* quando este catalisador quiral é utilizado.

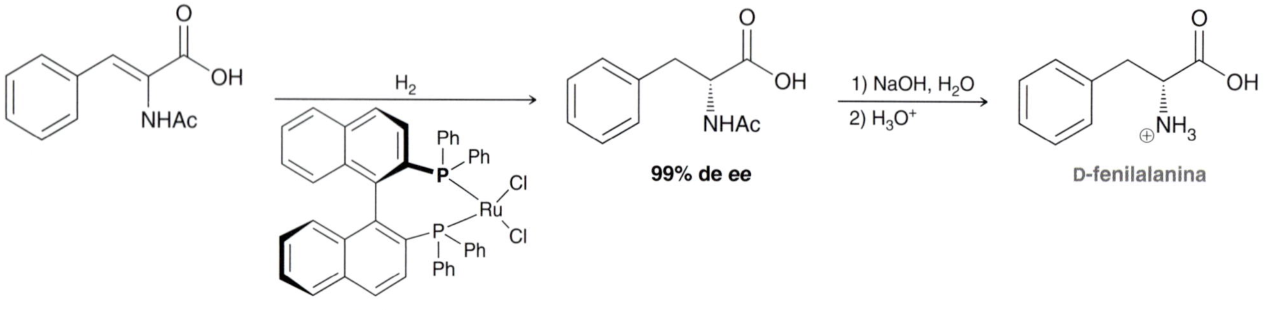

(R)-(+)-Ru(BINAP)Cl_2

VERIFICAÇÃO CONCEITUAL

25.19 Identifique o alqueno de partida que é necessário para fazer cada um dos aminoácidos vistos a seguir utilizando uma hidrogenação catalítica assimétrica.

(a) L-Alanina (b) L-Valina (c) L-Leucina (d) L-Tirosina

25.20 Explique por que é inapropriado usar um catalisador quiral na preparação da glicina.

25.4 Estrutura de Peptídeos

A Montagem de Peptídeos a Partir de Aminoácidos

Como mencionado no início deste capítulo, os aminoácidos se unem para formar peptídeos. Por exemplo, a glutationa é um tripeptídeo montado a partir de ácido glutâmico, cisteína e glicina (Figura 25.3).

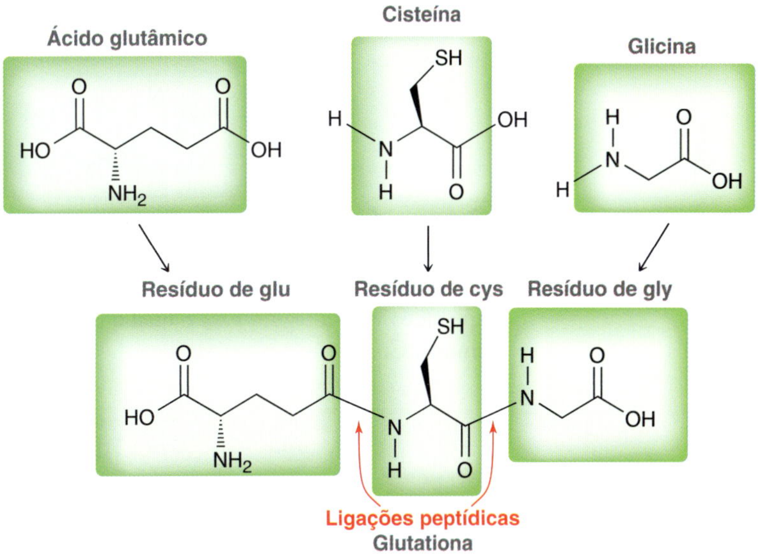

FIGURA 25.3
O tripeptídeo glutationa é montado a partir de três aminoácidos.

A glutationa é encontrada em todos os mamíferos, e exerce um papel importante como um eliminador de radicais e eletrófilos nocivos. A glutationa apresenta duas ligações peptídicas e é constituída de três **resíduos de aminoácidos**. Quando os aminoácidos se unem para formar um peptídeo, a ordem na qual eles estão ligados é importante. Por exemplo, considere um dipeptídeo simples feito pela união de alanina e glicina. A ligação peptídica pode ser formada entre o grupo COOH da alanina e o grupo NH_2 da glicina, ou a partir do grupo COOH da glicina e o grupo NH_2 da alanina.

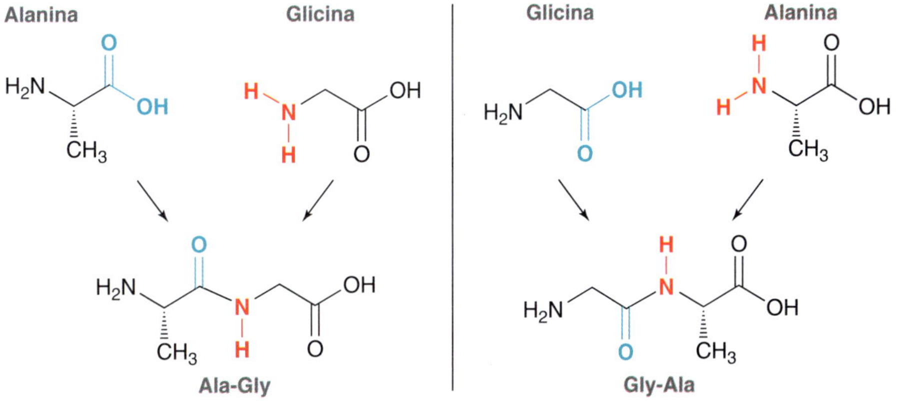

Esses dois dipeptídeos não são a mesma substância. Eles são, na verdade, isômeros constitucionais.

Cadeias peptídicas sempre têm um grupo amino em uma extremidade, chamada **terminal N**, e um grupo COOH na outra extremidade, chamada **terminal C** (Figura 25.4). Por convenção, os peptídeos são sempre representados com o terminal N no lado esquerdo.

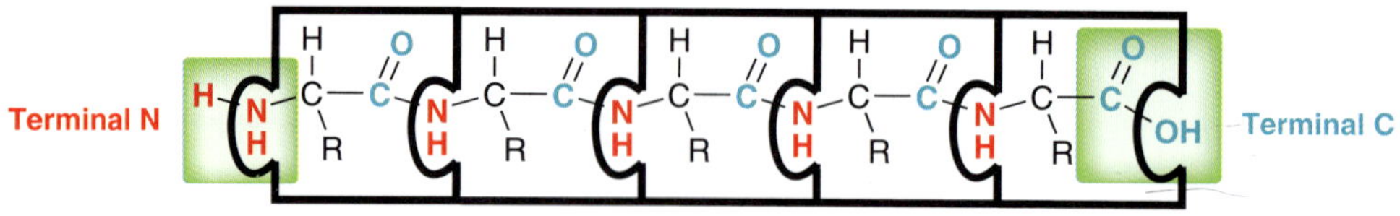

FIGURA 25.4
O terminal N e o terminal C de uma cadeia peptídica.

A sequência de resíduos dos aminoácidos de um peptídeo pode ser abreviada com abreviaturas de uma ou de três letras a partir do terminal N. Por exemplo, um dipeptídeo de glicina e alanina pode ser escrito da seguinte maneira:

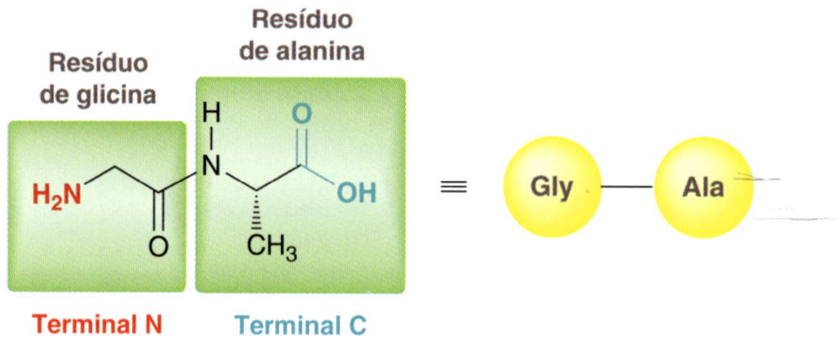

Cadeias peptídicas simples terão um terminal N e um terminal C. Por exemplo, considere o decapeptídeo visto a seguir, para o qual o resíduo de alanina é o terminal N e o resíduo leucina é o terminal C:

DESENVOLVENDO A APRENDIZAGEM

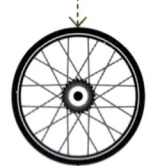

25.3 REPRESENTAÇÃO DE UM PEPTÍDEO

APRENDIZAGEM Represente uma estrutura em bastão mostrando o tripeptídeo Phe-Val-Trp (admita que todos os três resíduos são aminoácidos L).

SOLUÇÃO

Começamos representando um peptídeo constituído por três resíduos com o terminal N à esquerda e o terminal C à direita.

ETAPA 1
Representação de um peptídeo com o número correto de resíduos.

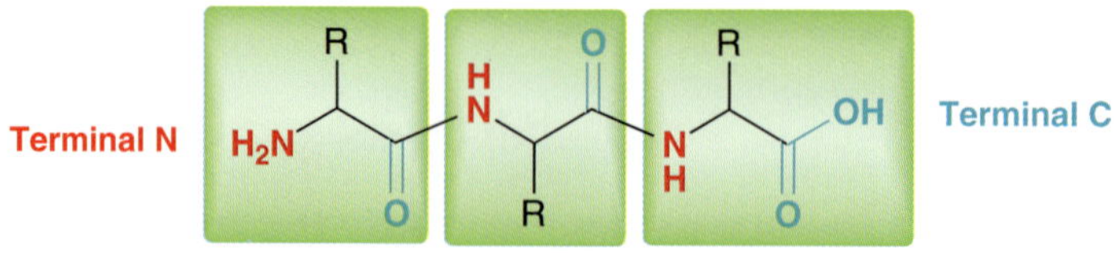

Em seguida, identificamos a cadeia lateral (grupo R) associada a cada resíduo. As cadeias laterais associadas a Phe, Trp e Val estão realçadas.

ETAPA 2
Identificação da cadeia lateral associada a cada resíduo.

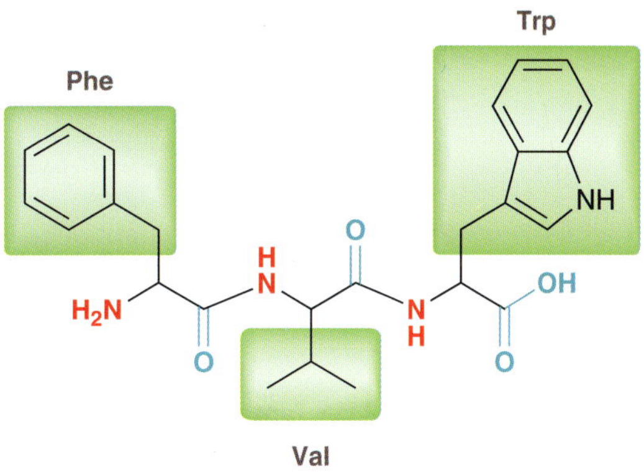

Finalmente, atribuímos a configuração adequada para cada cadeia lateral.

ETAPA 3
Atribuição da configuração adequada para cada posição α.

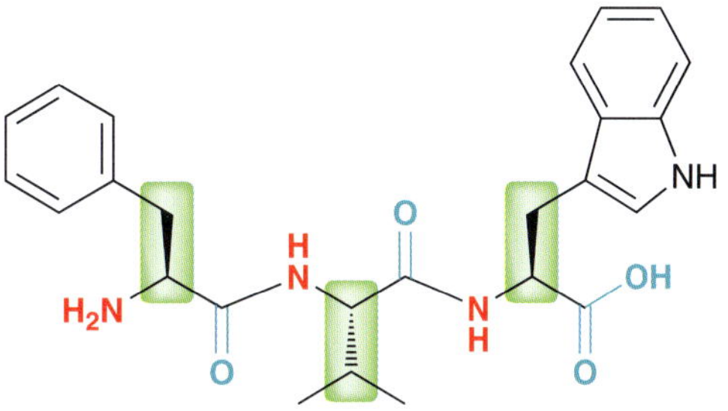

Lembre-se de que todos os aminoácidos de ocorrência natural terão a configuração *S*, exceto a cisteína, que tem a configuração *R*. Com esta informação é possível representar cada centro de quiralidade usando a convenção de Cahn-Ingold-Prelog (Seção 5.3). Alternativamente, a seguinte notação estereoquímica pode ser aplicada para poupar tempo: Quando o peptídeo é representado convencionalmente com o terminal N à esquerda e o terminal C à direita, todas as cadeias laterais na parte superior da representação estarão em cunhas e todas as cadeias laterais na parte inferior da representação estarão tracejadas.

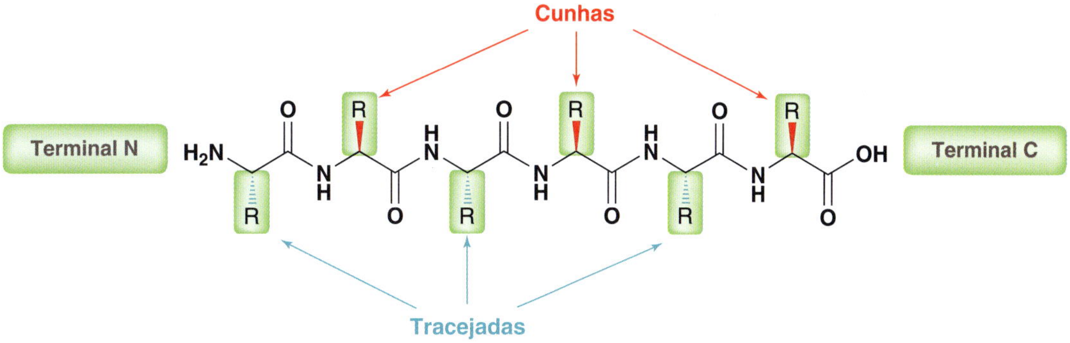

PRATICANDO o que você aprendeu

25.21 Represente a estrutura de cada um dos seguintes peptídeos:

(a) Leu-Ala-Gly **(b)** Cys-Asp-Ala-Gly **(c)** Met-Lys-His-Tyr-Ser-Phe-Val

APLICANDO o que você aprendeu

25.22 Usando abreviaturas de três letras e de uma única letra, mostre a sequência de resíduos de aminoácidos no pentapeptídeo visto a seguir.

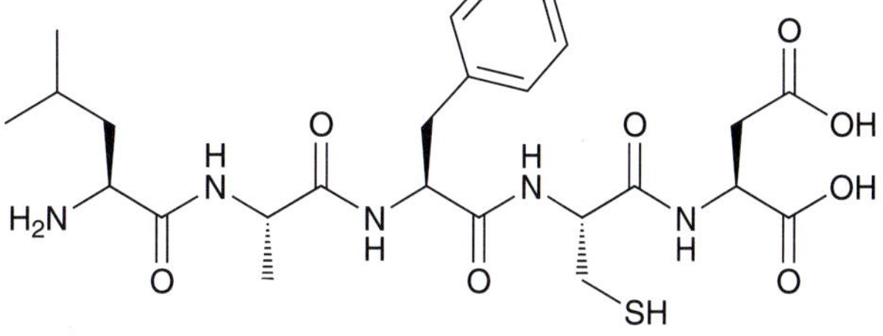

25.23 Determine qual dos peptídeos vistos a seguir terá a massa molecular mais elevada. (**Sugestão**: Não é necessário efetivamente calcular a massa molecular de cada peptídeo, em vez disso, basta comparar as cadeias laterais).

Cys-Tyr-Leu ou Cys-Phe-Ile

25.24 Compare os tripeptídeos vistos a seguir e determine se eles são isômeros constitucionais ou a mesma substância.

Ala-Gly-Leu e Leu-Gly-Ala

é necessário **PRATICAR MAIS? Tente Resolver os Problemas 25.65, 25.66**

A Geometria das Ligações Peptídicas

A fim de compreender a geometria tridimensional dos peptídeos, temos que primeiro explorar a geometria das ligações peptídicas. Lembre-se de que as ligações peptídicas são ligações amida e que as amidas têm uma estrutura de ressonância significativa que faz com que a ligação C–N tenha algum caráter de ligação dupla.

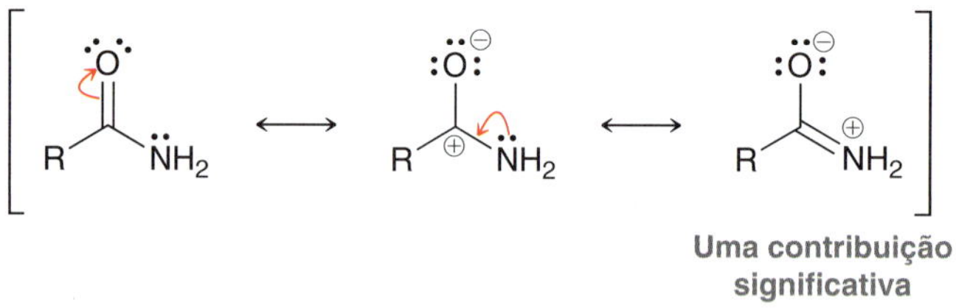

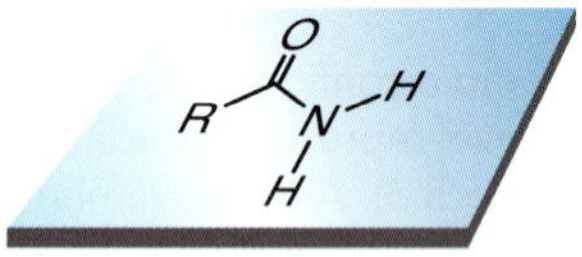

FIGURA 25.5
A Estrutura plana de uma amida.

Em consequência, o átomo de nitrogênio tem hibridização sp^2 e se localiza no plano (Figura 25.5). Ligações peptídicas são simplesmente amidas e, portanto, apresentam caráter de ligação dupla assim como as amidas habituais. Logo, a rotação em uma ligação peptídica é restrita, dando origem a duas conformações possíveis denominadas *s-trans* e *s-cis*.

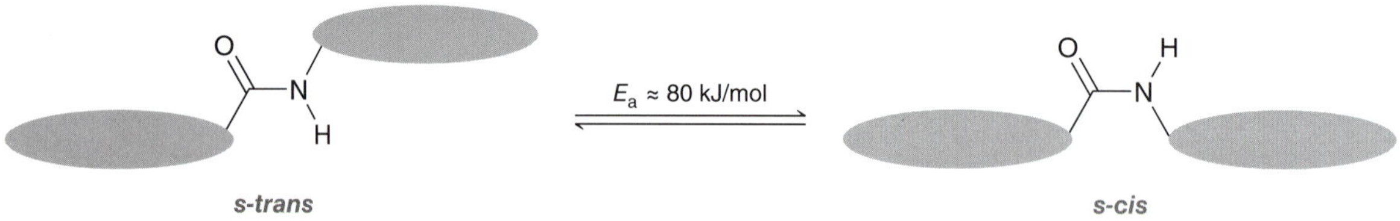

A conformação *s-trans* é geralmente mais estável porque falta o impedimento estérico que está presente na conformação *s-cis*.

Em um polipeptídeo, cada ligação peptídica vai mostrar uma preferência em adotar uma conformação *s-trans*. No entanto, polipeptídeos não são inteiramente planos, pois eles ainda possuem ligações σ que sofrem rotação livre. Somente a rotação das ligações peptídicas é restrita.

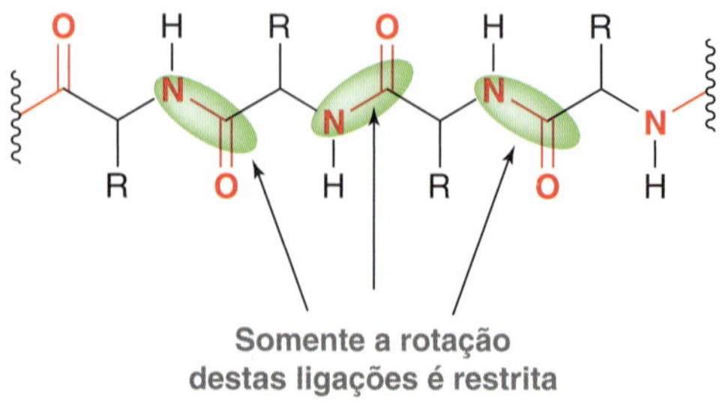

Em consequência, os polipeptídeos podem assumir uma variedade de conformações, tal como será discutido nas próximas seções deste capítulo.

Pontes de Dissulfeto

Na Seção 14.11, do Volume 1, vimos que dois tióis podem ser unidos por meio de um processo de oxidação formando um dissulfeto.

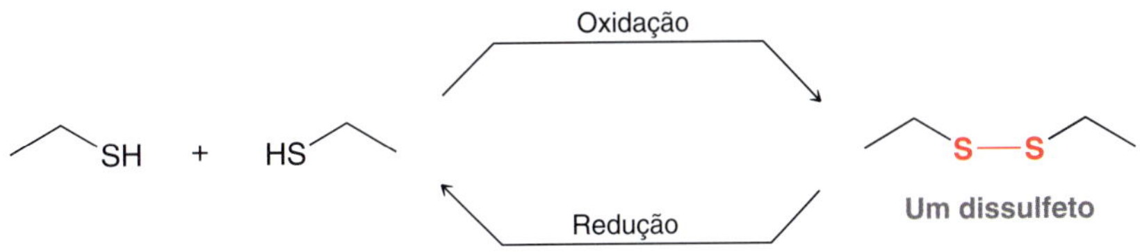

Dos 20 aminoácidos encontrados nas proteínas, apenas a cisteína contém um grupo tiol. Logo, os resíduos de cisteína são os únicos capazes de serem unidos entre si através de **pontes de dissulfeto**.

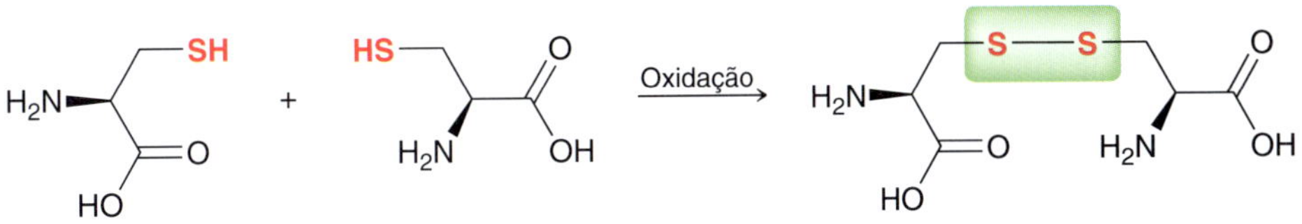

Uma ponte de dissulfeto

Pontes de dissulfeto são comumente observadas entre resíduos de cisteína na mesma fita, ou entre resíduos de cisteína em fitas diferentes.

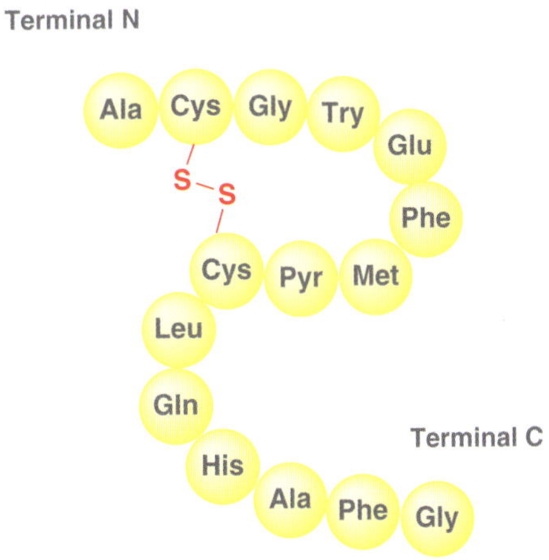

Uma ponte de dissulfeto **intra**fitas

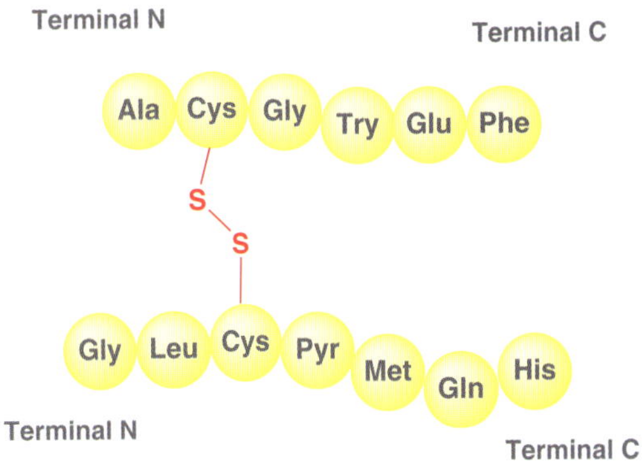

Uma ponte de dissulfeto **inter**fita

Essas pontes de dissulfeto afetam muito a estrutura tridimensional e as propriedades dos peptídeos e das proteínas, tal como será discutido mais tarde neste capítulo.

Alguns Peptídeos Interessantes

Peptídeos exercem uma variedade de funções biológicas importantes. Por exemplo, considere as estruturas dos dois pentapeptídeos vistos a seguir:

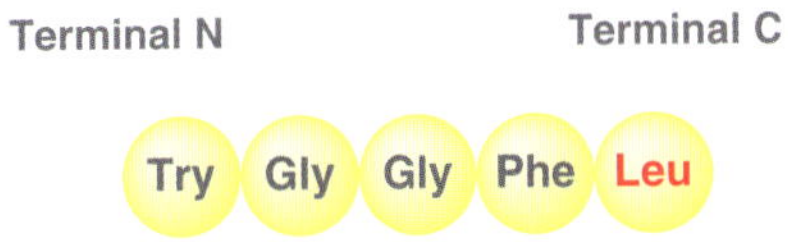

Encefalina leucina

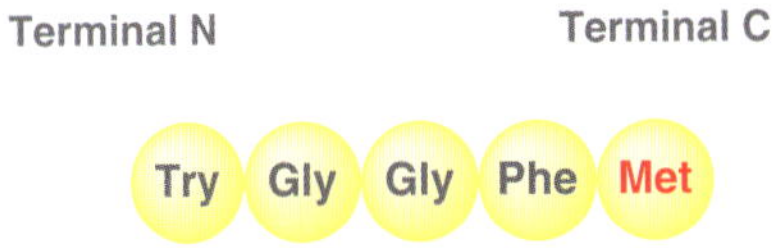

Encefalina metionina

Encefalina leucina e encefalina metionina são encontradas no cérebro, onde participam do controle da dor. Acredita-se que elas interagem com o mesmo receptor que a morfina. Observe que as sequências dessas substâncias são as mesmas, exceto para o último resíduo (Leu *vs.* Met).

A bradicinina é outro peptídeo biologicamente importante. Ela se comporta como um hormônio que dilata os vasos sanguíneos e age como um agente anti-inflamatório. A bradicinina é um nonapeptídeo (nove resíduos) com a seguinte sequência:

Vasopressina e a oxitocina (ou ocitocina) são muito semelhantes em estrutura e representam mais dois peptídeos biologicamente importantes.

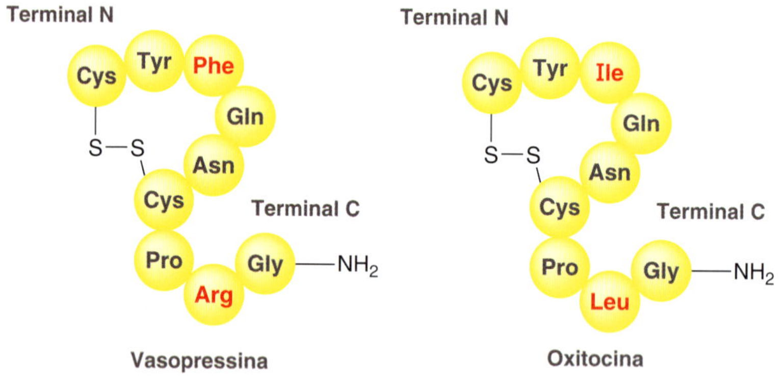

Cada um destes peptídeos contém uma ponte de dissulfeto. Além disso, observe que a extremidade do terminal C em cada caso foi modificada. O grupo NH_2 em cada caso indica que o grupo OH do terminal C foi substituído por um grupo NH_2. Em outras palavras, o grupo COOH foi convertido em um grupo $CONH_2$ (um grupo amida). A vasopressina e a oxitocina são semelhantes em estrutura (diferindo apenas na natureza de dois resíduos, realçados em vermelho), no entanto, elas têm funções muito diferentes. A vasopressina é liberada a partir da glândula pituitária e provoca a readsorção de água pelos rins e controla a pressão arterial. A oxitocina induz o trabalho de parto e estimula a produção de leite nas mães que estão amamentando. Este exemplo ilustra como uma pequena diferença na estrutura pode produzir uma grande diferença na função. Durante o resto deste capítulo, veremos vários outros exemplos da relação entre estrutura e função.

VERIFICAÇÃO CONCEITUAL

25.25 Represente a conformação *s-trans* do dipeptídeo Phe-Leu e identifique o terminal N e o terminal C.

25.26 Represente a conformação *s-cis* do dipeptídeo Phe-Phe e identifique a origem da grande interação estérica associada a essa conformação.

25.27 Utilizando a notação de estrutura em bastão, mostre o tetrapeptídeo obtido quando duas moléculas de Cis-Fen são unidas por uma ponte de dissulfeto.

25.28 Aspartame é um adoçante artificial vendido com o nome comercial NutraSweet. O aspartame é o éster metílico de um dipeptídeo formado a partir do ácido L-aspártico e da L-fenilalanina, e pode ser resumido como Asp-Phe-OCH_3. Surpreendentemente, o éster etílico análogo (Asp-Fen-OCH_2CH_3) não é doce. Se qualquer resíduo L for substituído por seu resíduo D enantiomérico, a substância resultante será amarga, em vez de doce.

(a) Represente a estrutura do aspartame através da notação de estrutura em bastão.

(b) Represente uma estrutura em bastão de cada um dos três estereoisômeros amargos do aspartame.

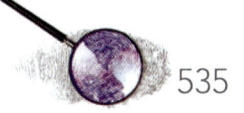

medicamente falando

Antibióticos Polipeptídicos

Alguns polipeptídeos naturais estão entre os mais poderosos antibióticos bactericidas. A maioria tem estruturas cíclicas e muitas vezes eles contêm aminoácidos D, que não são normalmente encontrados em plantas e animais. Além disso, muitos antibióticos polipeptídicos contêm regiões constituídas por carboidratos ou heterociclos, em vez de aminoácidos.

No capítulo anterior, exploramos a estrutura da neomicina, um dos principais componentes do Neosporin. Os outros dois ingredientes no Neosporin são antibióticos polipeptídicos, chamados bacitracina e polimixina.

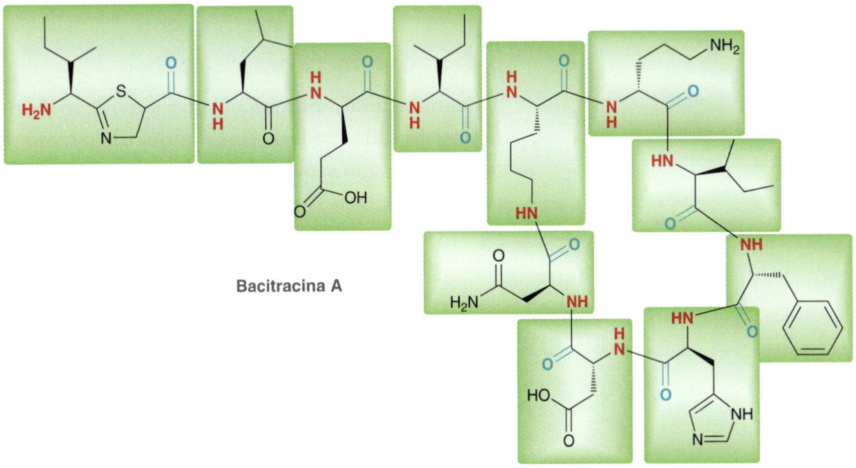

Bacitracina A

A bacitracina é uma mistura complexa de polipeptídeos que foi isolada pela primeira vez em 1945 a partir de uma cepa de *Bacillus subtillis*. O produto comercial denominado bacitracina é uma mistura constituída essencialmente por bacitracina A.

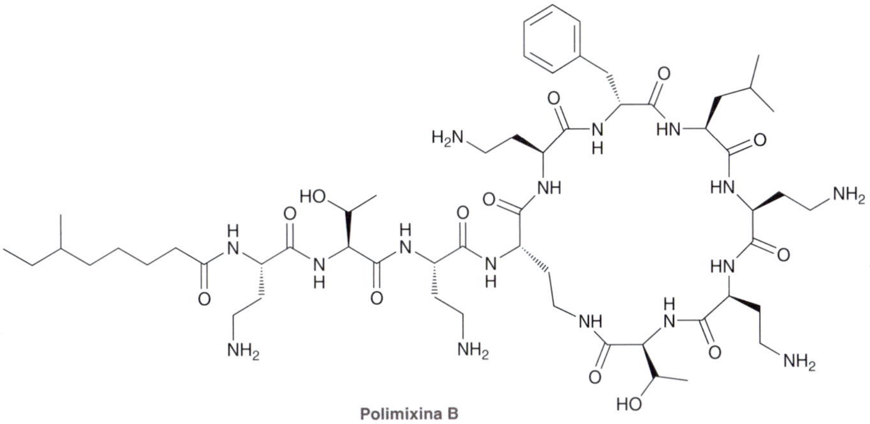

Polimixina B

Acredita-se que esta substância se liga a uma enzima que a bactéria utiliza para a síntese das suas paredes celulares, inibindo desse modo a síntese da parede celular. Sob estas condições, as bactérias não podem sustentar a elevada pressão osmótica interna (4-20 atm), que faz com que as bactérias arrebentem. Verificou-se que os efeitos da bacitracina são reforçados pela presença de zinco, e, portanto, a bacitracina de zinco é usada frequentemente em preparações tópicas para o tratamento de infecções locais. Ela não é absorvida pelo trato gastrointestinal, de modo que a administração oral é geralmente ineficaz.

A polimixina B, foi isolada pela primeira vez a partir da bactéria *Bacillus polymyxa*, em 1947.

A polimixina B também é frequentemente usada em preparações tópicas para o tratamento de infecções locais. Assim como a bacitracina A, ela também não é absorvida pelo trato gastrointestinal, de modo que a administração oral é ineficaz, exceto no tratamento de infecções intestinais. A bacitracina A e a polimixina B têm diferentes bactérias-alvo e, por conseguinte, são normalmente misturadas em preparações tópicas, tais como o Neosporin.

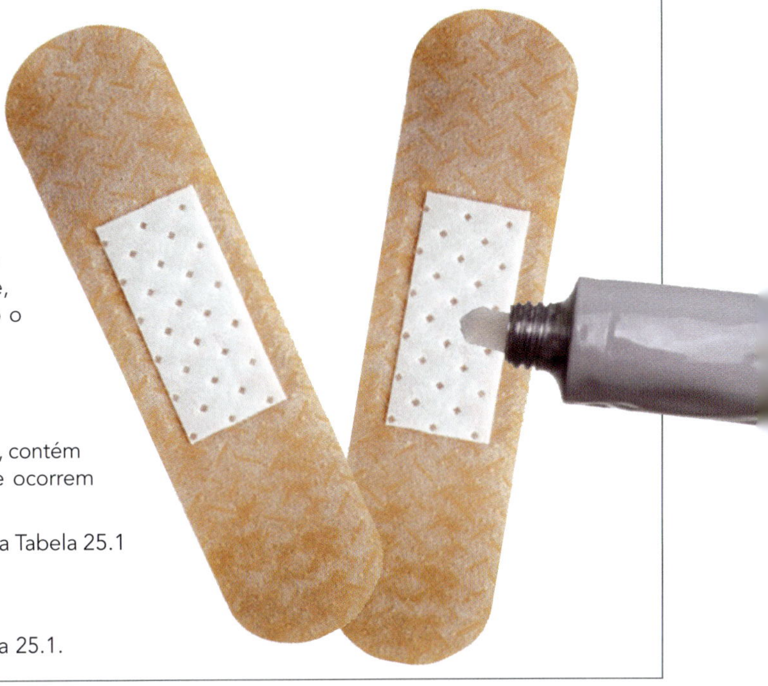

VERIFICAÇÃO CONCEITUAL

25.29 Bacitracina A é produzida por bactérias e, por conseguinte, contém alguns resíduos que não estão na lista dos 20 aminoácidos que ocorrem naturalmente (Figura 25.1).

(a) Identifique os resíduos de aminoácidos que são encontrados na Tabela 25.1 e dê os seus nomes.

(b) Identifique quais desses aminoácidos são D em vez de L.

(c) Identifique todos os resíduos que não estão listados na Tabela 25.1.

25.5 Sequenciamento de um Peptídeo

A sequência de aminoácidos em um peptídeo pode ser analisada utilizando-se várias técnicas. Um desses métodos é chamado de degradação de Edman.

Degradação de Edman

A **degradação de Edman** envolve a remoção de um resíduo de aminoácido de cada vez e identificação de cada resíduo, uma vez que ele é removido. O processo é repetido até que todo o peptídeo tenha sido sequenciado. Para executar uma degradação de Edman, um peptídeo é tratado inicialmente com isotiocianato de fenila seguido por ácido trifluoroacético. Esses dois reagentes removem o resíduo de aminoácido no terminal N e fazem a sua conversão em um derivado da feniltio-hidantoína (PTH).

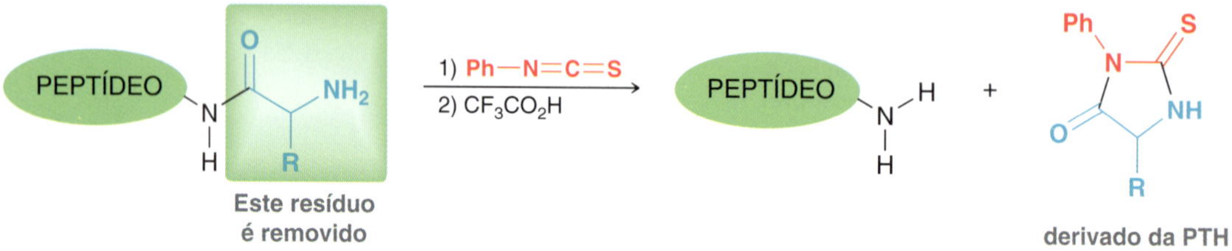

O derivado da PTH pode então ser analisado por várias técnicas diferentes de modo a determinar a identidade do resíduo de aminoácido que foi removido. Acredita-se que a transformação ocorre através do Mecanismo 25.2.

MECANISMO 25.2 A DEGRADAÇÃO DE EDMAN

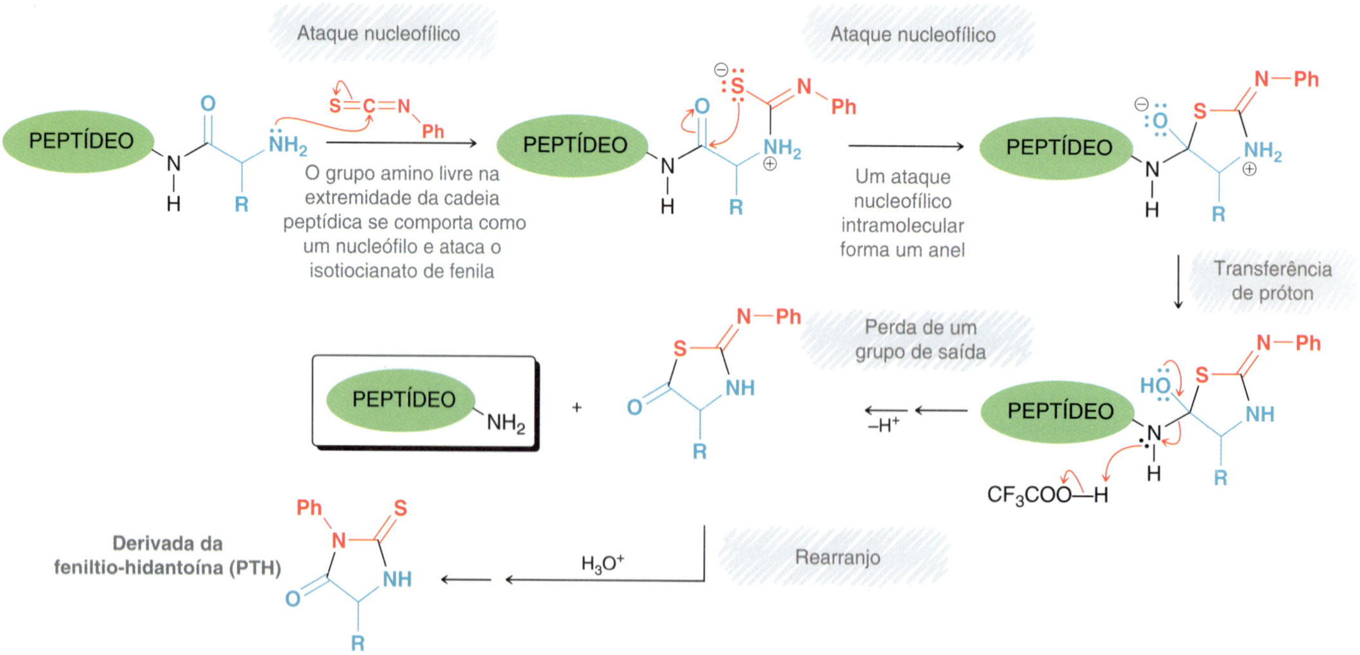

O processo pode ser repetido com o peptídeo cuja cadeia se tornou menor para remover outro resíduo de aminoácido. Dessa maneira, os resíduos de aminoácidos são removidos um de cada vez, até que toda a sequência tenha sido identificada. Todo esse processo foi totalmente automatizado, e sequenciadores automatizados de peptídeos são capazes de sequenciar uma cadeia peptídica com até 50 resíduos de aminoácidos.

VERIFICAÇÃO CONCEITUAL

25.30 Represente a estrutura do derivado da PTH inicial formado quando o tripeptídeo Ala-Fen-Val sofre uma degradação de Edman.

Clivagem Enzimática

Para os peptídeos contendo mais do que 50 resíduos, a remoção de um resíduo de cada vez não é prática porque os produtos secundários indesejados se acumulam e interferem nos resultados, A análise dos peptídeos maiores é feita inicialmente através da sua clivagem em fragmentos menores e, em seguida, através da sequenciação dos fragmentos. Várias enzimas, denominadas **peptidases**, hidrolisam seletivamente ligações peptídicas específicas. Por exemplo, a tripsina é uma enzima digestiva que catalisa a hidrólise da ligação peptídica no lado da carboxila dos aminoácidos básicos arginina e lisina.

Ala-Phe-**Lys** ⸾ Pro-Met-Try-Gly-**Arg** ⸾ Ser-Trp-Leu-His —Tripsina→ Ala-Phe-**Lys** + Pro-Met-Try-Gly-**Arg** + Ser-Trp-Leu-His

A tripsina cliva o peptídeo nestas posições

A quimotripsina, outra enzima digestiva, hidrolisa seletivamente a carboxila terminal de aminoácidos contendo cadeias laterais aromáticas, que incluem a fenilalanina, a tirosina e o triptofano.

Ala-**Phe** ⸾ Lys-Pro-Met-**Try** ⸾ Gly-Arg-Ser-**Trp** ⸾ Leu-His —Quimotripsina→ Ala-**Phe** + Lys-Pro-Met-**Try** + Gly-Arg-Ser-**Trp** + Leu-His

A quimotripsina cliva o peptídeo nestas posições

São conhecidas muitas outras enzimas digestivas, e a sua capacidade para clivar ligações peptídicas seletivamente tem sido explorada. Os fragmentos obtidos são então sequenciados individualmente e comparados. Desse modo, mesmo os grandes peptídeos podem ser inteiramente sequenciados.

DESENVOLVENDO A APRENDIZAGEM

25.4 SEQUENCIAMENTO DE PEPTÍDEOS ATRAVÉS DA CLIVAGEM ENZIMÁTICA

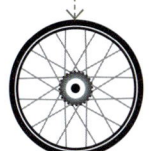

APRENDIZAGEM Um peptídeo com 16 resíduos de aminoácidos é tratado com tripsina obtendo-se três fragmentos, enquanto o tratamento com quimotripsina resulta em quatro fragmentos (mostrados a seguir). Identifique a sequência dos 16 resíduos de aminoácidos no peptídeo de partida.

FRAGMENTOS DA TRIPSINA	FRAGMENTOS DA QUIMOTRIPSINA
Ala-Ser-Ala-Gly-Phe-Lys	Ile-Trp
Pro-Cys	Lys-Pro-Cys
Ile-Trp-Met-His-Phe-Met-Cys-Arg	Met-His-Phe
	Met-Cys-Arg-Ala-Ser-Ala-Gly-Phe

SOLUÇÃO

Primeiro, consideramos os fragmentos gerados após a clivagem com tripsina. Lembre-se de que a tripsina hidrolisa uma ligação peptídica no lado da carboxila da arginina e lisina. Portanto, esperamos que todos os fragmentos terão um terminal C que é arginina ou lisina, exceto para o fragmento que contém o terminal C do peptídeo original. Isso nos permite identificar qual foi o último fragmento na sequência peptídica.

Pro—Cys

↑

Este resíduo tem que ter sido o terminal C do peptídeo original

Existem apenas dois outros fragmentos, por isso há apenas duas possibilidades para a sequência do peptídeo original. A sequência correta pode ser determinada através da análise dos fragmentos produzidos pela quimotripsina. Especificamente, procuramos o fragmento que termina com Pro-Cys, e encontramos que este fragmento tem um resíduo de lisina imediatamente antes do resíduo de prolina.

Lys—Pro—Cys

Essa informação torna possível determinar a ordem dos fragmentos produzidos pela tripsina.

Ile—Trp—Met—His—Phe—Met—Cys—Arg- - - - - -Ala—Ser—Ala—Gly—Phe—Lys- - - - - -Pro—Cys

Terminal N (↑ Ile) **Terminal C** (↑ Cys)

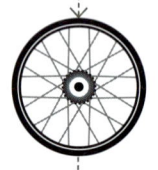

PRATICANDO o que você aprendeu

25.31 Um peptídeo com 22 resíduos de aminoácidos é tratado com tripsina obtendo-se quatro fragmentos, enquanto o tratamento com quimotripsina produz seis fragmentos. Identifique a sequência dos 22 resíduos de aminoácidos no peptídeo de partida.

FRAGMENTOS DA TRIPSINA		FRAGMENTOS DA QUIMOTRIPSINA	
Trp-His-Phe-Met-Cys-Arg	Pro-Val-Ile-Leu-Arg	Lys-Pro-Val-Ile-Leu-Arg-Trp	His-Phe
Met-Phe-Val-Ala-Tyr-Lys	Gly-Pro-Phe-Ala-Val	Val-Ala-Tyr	Ala-Val
		Met-Cys-Arg-Gly-Pro-Phe	Met-Phe

APLICANDO o que você aprendeu

25.32 O tetrapeptídeo Val-Lys-Ala-Phe é clivado em dois fragmentos após tratamento com tripsina. Identifique a sequência de um tetrapeptídeo que produzirá os mesmos dois fragmentos quando tratado com quimotripsina.

25.33 Considere a estrutura do octapeptídeo cíclico visto a seguir. Será que a clivagem deste peptídeo com tripsina produzirá fragmentos diferentes daqueles produzidos com a clivagem através da quimotripsina? Explique.

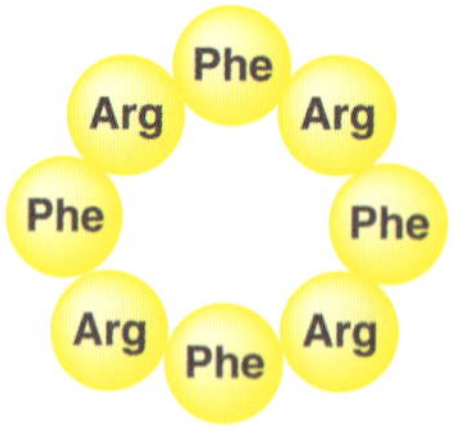

é necessário **PRATICAR MAIS?** **Tente Resolver os Problemas 25.71, 25.74**

25.6 Síntese de Peptídeos

Formação de Ligação Peptídica

A formação de uma ligação peptídica requer o acoplamento de um grupo ácido carboxílico com um grupo amino.

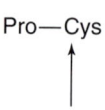

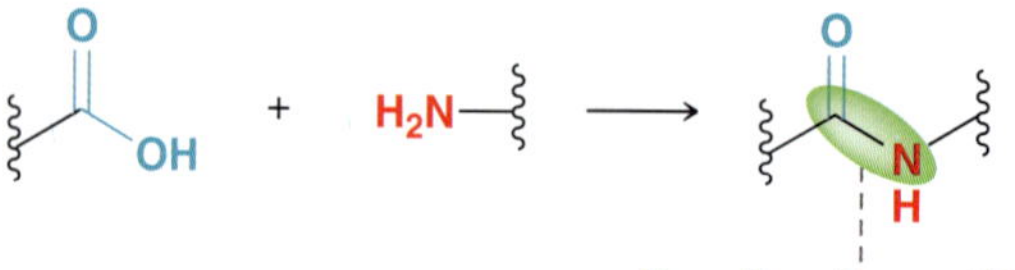

Uma ligação peptídica

Vários reagentes estão disponíveis para se obter este tipo de transformação. Um reagente comum é o diciclo-hexilcarbodi-imida (DCC):

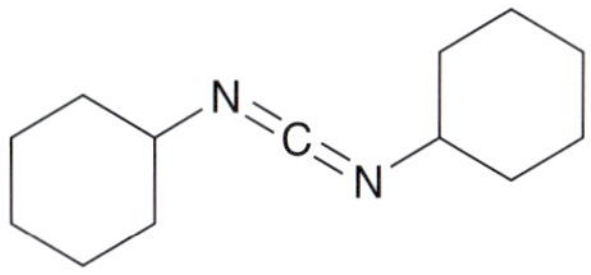

Diciclo-hexilcarbodi-imida (DCC)

Acredita-se que a formação de uma ligação peptídica através da DCC ocorra através do Mecanismo 25.3.

MECANISMO 25.3 FORMAÇÃO DE LIGAÇÃO PEPTÍDICA ATRAVÉS DE DCC

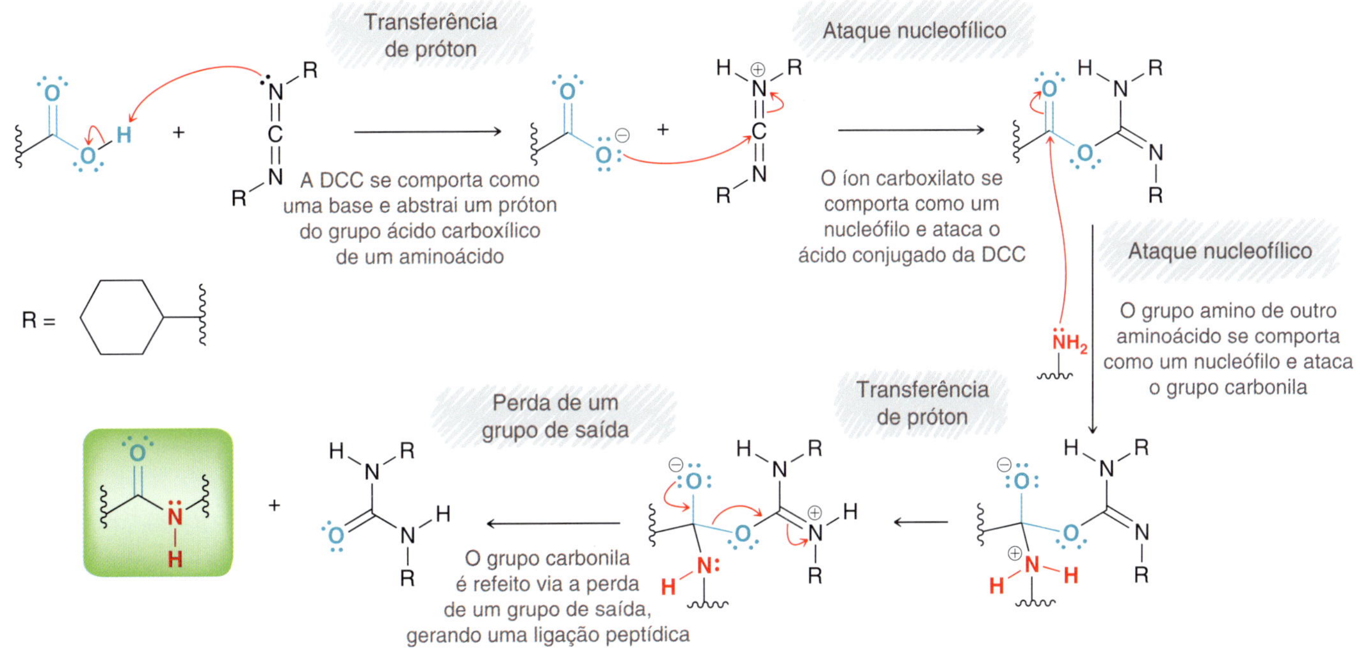
Transferência de próton
A DCC se comporta como uma base e abstrai um próton do grupo ácido carboxílico de um aminoácido
Ataque nucleofílico
O íon carboxilato se comporta como um nucleófilo e ataca o ácido conjugado da DCC
Ataque nucleofílico
O grupo amino de outro aminoácido se comporta como um nucleófilo e ataca o grupo carbonila
Transferência de próton
Perda de um grupo de saída
O grupo carbonila é refeito via a perda de um grupo de saída, gerando uma ligação peptídica
R =

A falta de regiosseletividade torna-se problemática quando a DCC é usada para acoplar dois aminoácidos diferentes. Especificamente, quatro dipeptídeos diferentes são possíveis:

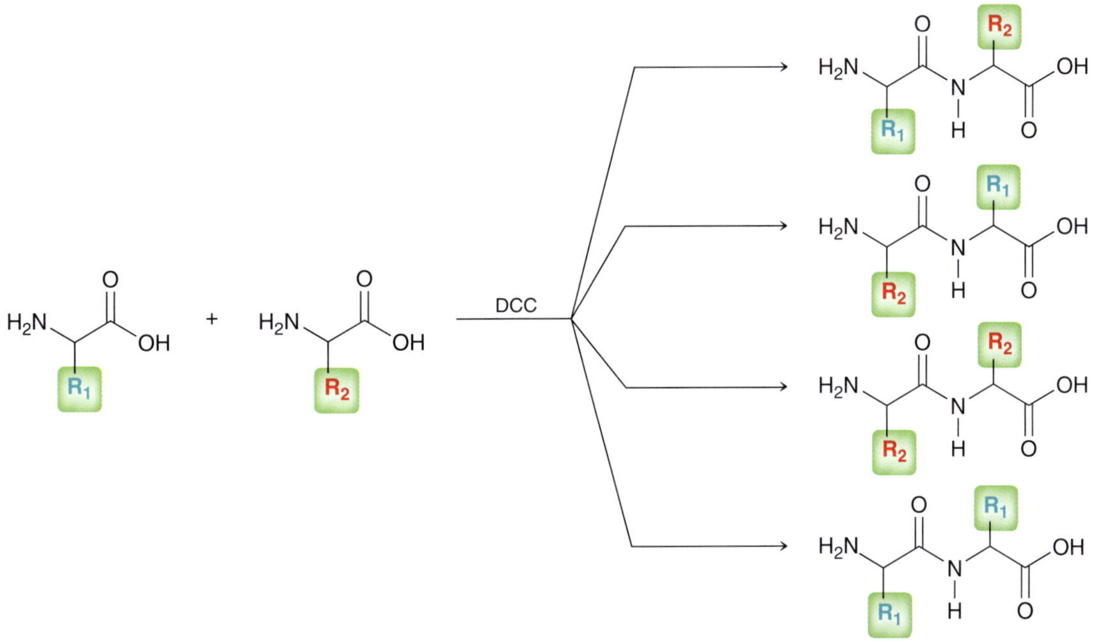

Esse problema pode ser contornado protegendo-se primeiro o grupo NH_2 de um aminoácido e o grupo COOH do outro aminoácido (Figura 25.6). Os aminoácidos protegidos podem ser acoplados regiosseletivamente, seguido pela remoção dos grupos protetores. As seções a seguir descrevem como grupos amino e grupos ácido carboxílico podem ser protegidos.

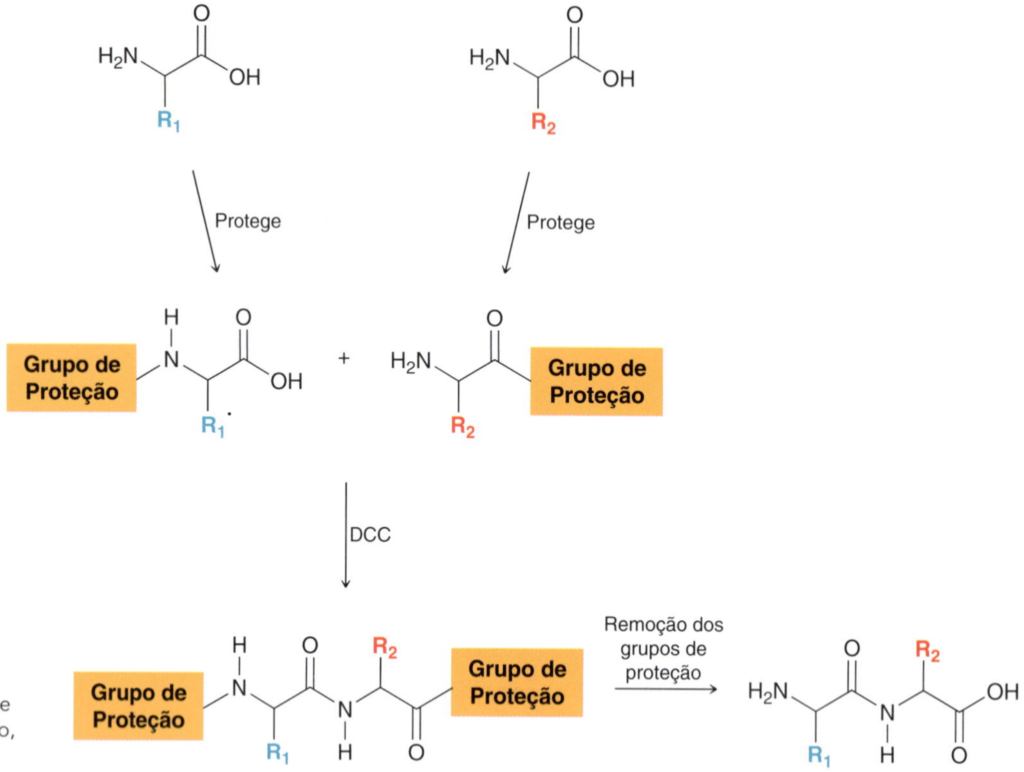

FIGURA 25.6
A estratégia global para a síntese de dipeptídeos envolve proteção, acoplamento e desproteção.

Proteção do Grupo Amino de um Aminoácido

Um grupo amino pode ser protegido sendo convertido em um carbamato.

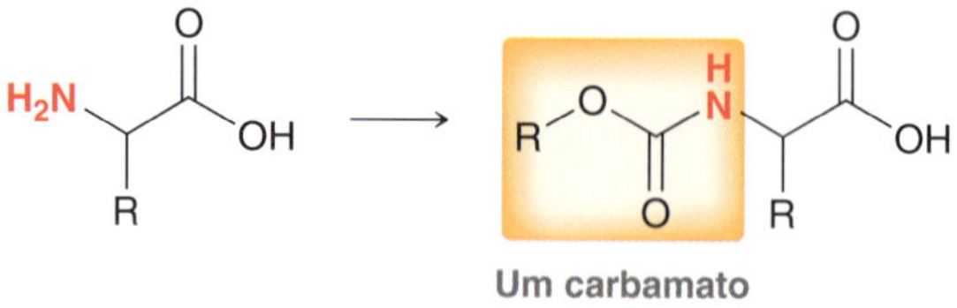

O átomo de nitrogênio de um carbamato é menos nucleofílico porque o seu par de elétrons isolado está deslocalizado pelo grupo carboxila vizinho. Um dos grupos de proteção carbamato mais comuns é o grupo *terc*-butoxicarbonila (Boc), formado através do tratamento com dicarbonato de di-*terc*-butila.

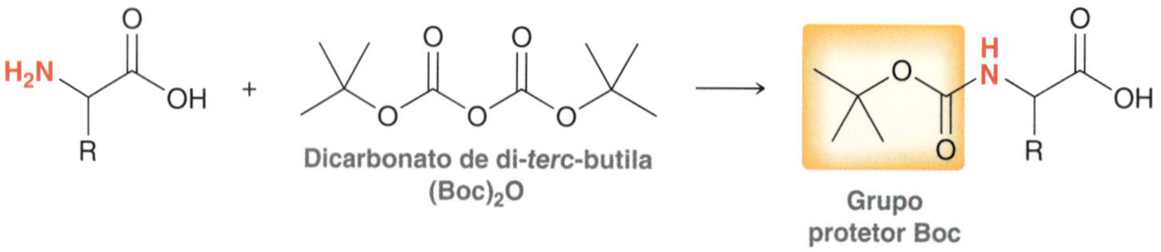

Um mecanismo provável para este processo envolve o grupo amino se comportando como um nucleófilo e realizando uma reação de substituição nucleofílica acílica (Mecanismo 25.4).

MECANISMO 25.4 INSERÇÃO DE UM GRUPO DE PROTEÇÃO BOC

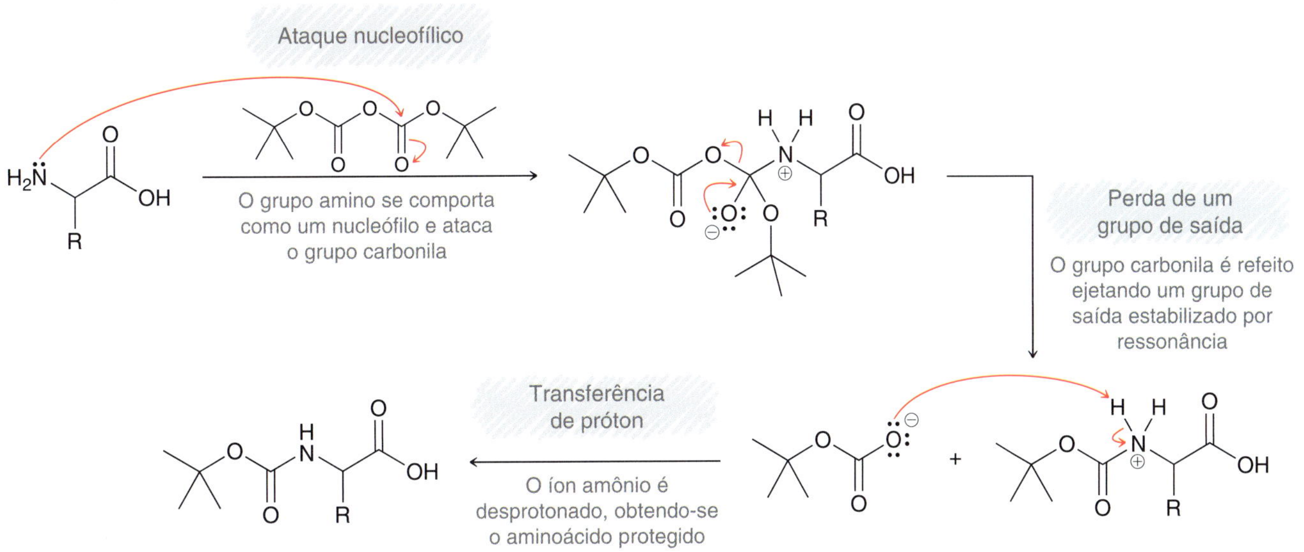

Ataque nucleofílico
O grupo amino se comporta como um nucleófilo e ataca o grupo carbonila
Perda de um grupo de saída
O grupo carbonila é refeito ejetando um grupo de saída estabilizado por ressonância
Transferência de próton
O íon amônio é desprotonado, obtendo-se o aminoácido protegido

MECANISMO 25.5 REMOÇÃO DE UM GRUPO DE PROTEÇÃO BOC

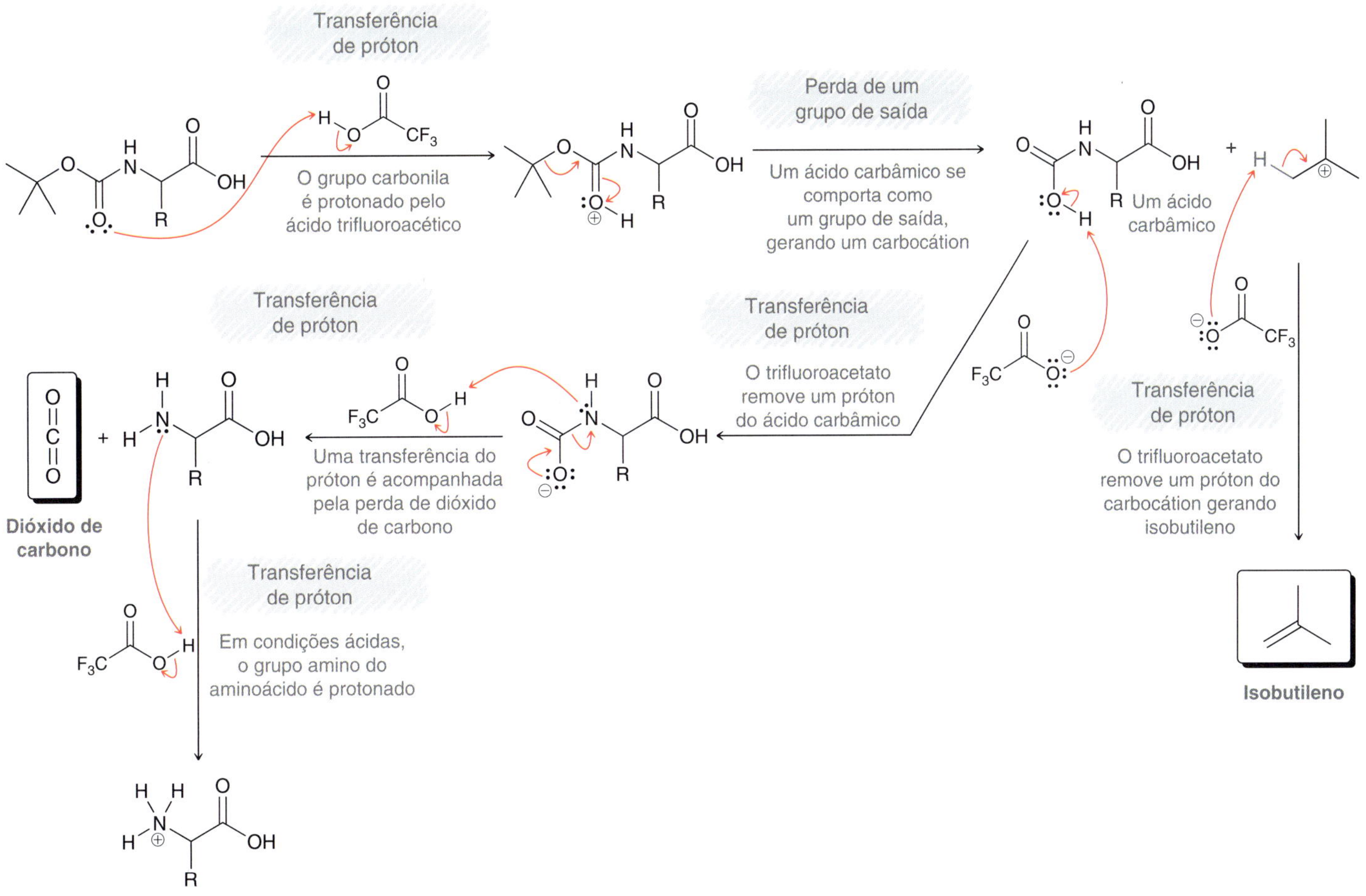

Transferência de próton
O grupo carbonila é protonado pelo ácido trifluoroacético
Perda de um grupo de saída
Um ácido carbâmico se comporta como um grupo de saída, gerando um carbocátion
Um ácido carbâmico
Transferência de próton
O trifluoroacetato remove um próton do carbocátion gerando isobutileno
Isobutileno
Transferência de próton
O trifluoroacetato remove um próton do ácido carbâmico
Transferência de próton
Uma transferência do próton é acompanhada pela perda de dióxido de carbono
Dióxido de carbono
Transferência de próton
Em condições ácidas, o grupo amino do aminoácido é protonado

O grupo Boc é um dos grupos protetores mais frequentemente utilizados por causa da facilidade com que pode ser removido. Vários reagentes podem ser usados para remover um grupo Boc, incluindo o ácido trifluoroacético.

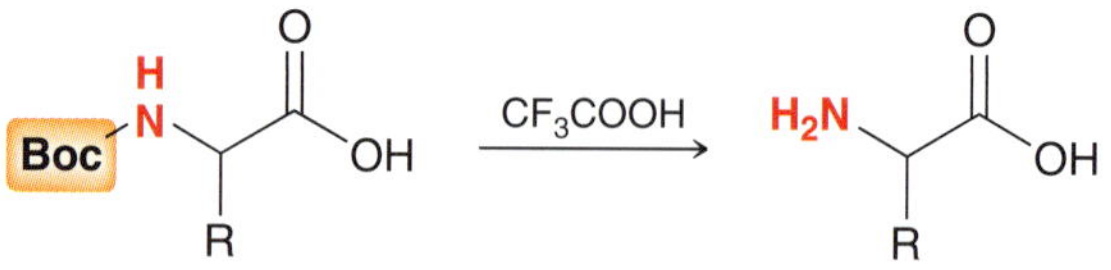

Acredita-se que o mecanismo envolve a protonação do grupo carbonila seguido pela formação de um carbocátion e perda de dióxido de carbono (Mecanismo 25.5). Esse processo gera isobutileno e dióxido de carbono, que são gases. A liberação de gases faz efetivamente com que a reação se complete, e o rendimento de remoção de um grupo Boc é geralmente 100%.

Um grupo protetor alternativo é conhecido como Fmoc; ele é formado pelo tratamento de um aminoácido com cloroformato de 9-fluorenilmetila.

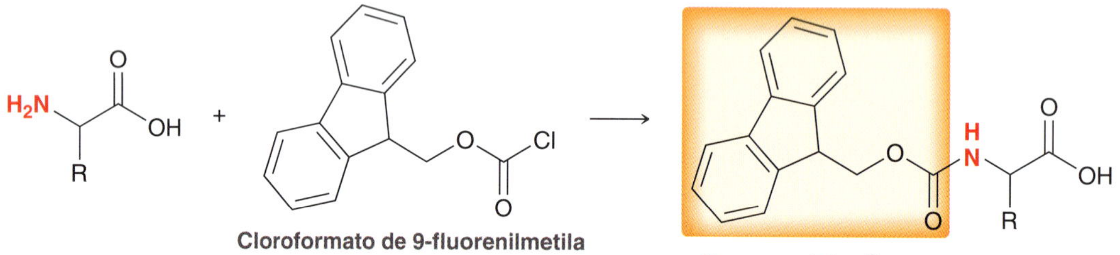

Cloroformato de 9-fluorenilmetila

Grupo protetor Fmoc

O mecanismo para este processo é semelhante ao mecanismo de inserção de um grupo Boc, ou seja, o grupo amino se comporta como um nucleófilo e provoca uma reação de substituição nucleofílica acílica (em que o cloreto é o grupo de saída que é substituído). O grupo protetor Fmoc pode ser removido com uma base, tal como a piperidina, que inicia o processo de desprotonação na posição do ácido benzílico (Mecanismo 25.6). A desprotonação nessa posição gera um ânion que é semelhante ao ânion do ciclopentadieno. O ânion é aromático e é, portanto, muito estabilizado. A perda de dióxido de carbono então conduz o processo de desproteção até a conclusão.

MECANISMO 25.6 REMOÇÃO DE UM GRUPO DE PROTEÇÃO FMOC

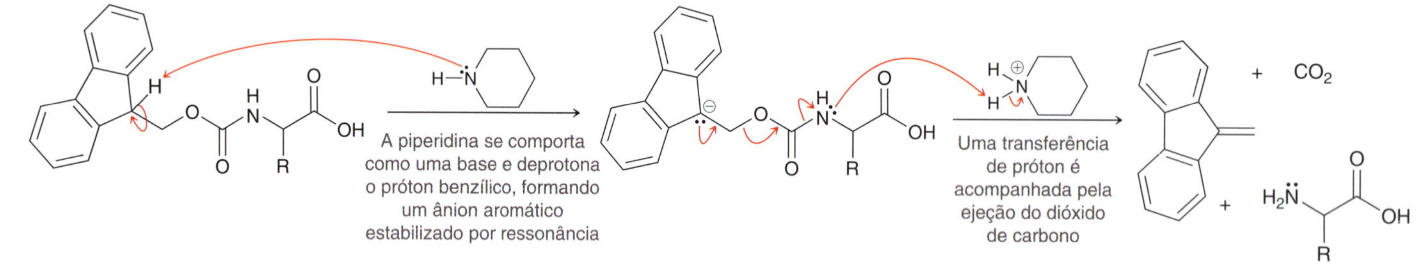

Proteção de um Grupo Ácido Carboxílico de um Aminoácido

Um grupo ácido carboxílico pode ser protegido pela sua conversão em um éster, o que é realizado pelo tratamento com um álcool sob condições ácidas.

RELEMBRANDO
Para uma revisão deste processo, veja a Seção 21.10.

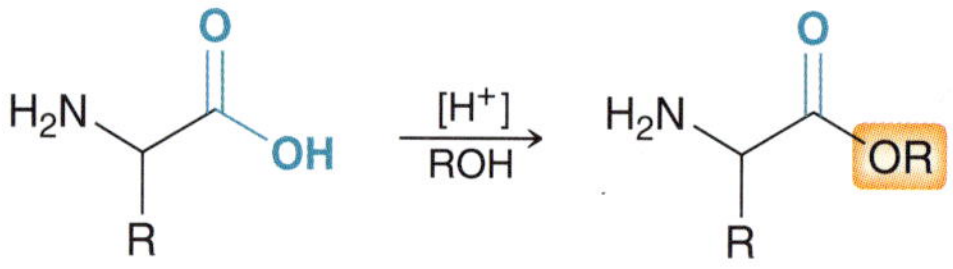

Um éster

Grupos ácido carboxílico são frequentemente convertidos em ésteres metílicos por tratamento com MeOH ou em ésteres benzílicos por tratamento com $PhCH_2OH$.

O grupo éster protetor pode ser removido com uma base aquosa (H_2O, NaOH).

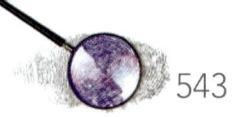

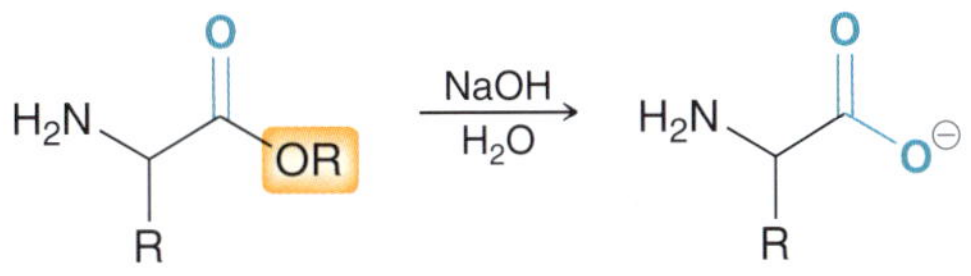

Os ésteres benzílicos também podem ser removidos com hidrogenólise ou com HBr em ácido acético.

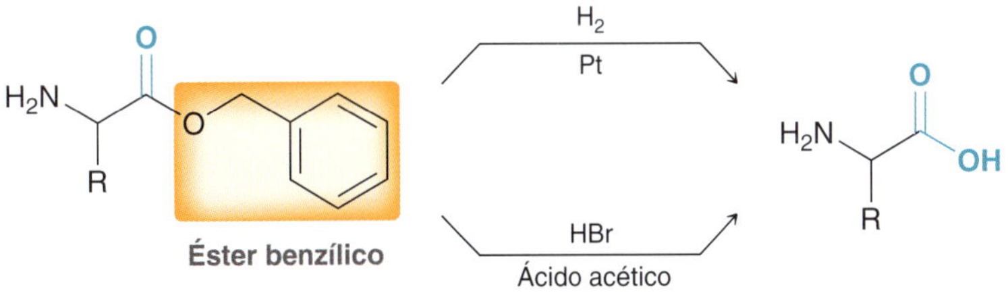

Preparação de um Dipeptídeo

A síntese global de um dipeptídeo requer várias etapas: (1) proteção do grupo COOH de um aminoácido e do grupo NH_2 do outro aminoácido, (2) acoplamento dos aminoácidos protegidos com DCC e (3) remoção dos grupos protetores. Este processo é ilustrado na síntese de Ala-Gli.

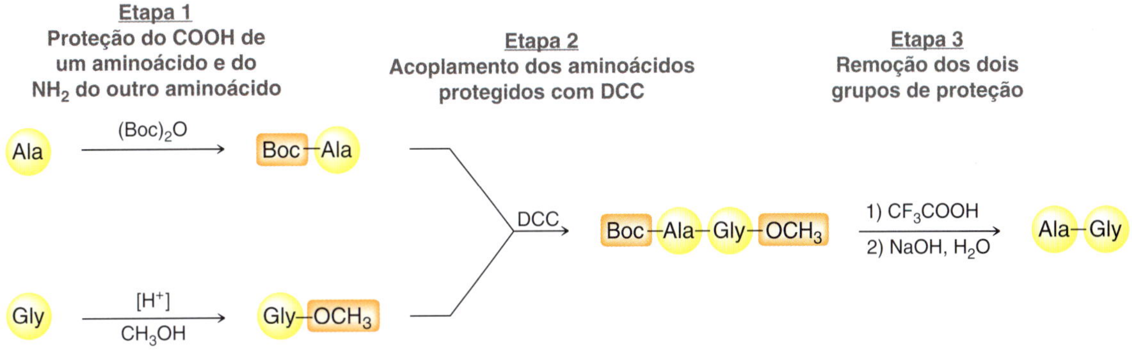

Um método semelhante pode ser usado para preparar tripeptídeos e tetrapeptídeos.

DESENVOLVENDO A APRENDIZAGEM

25.5 PLANEJAMENTO DA SÍNTESE DE UM DIPEPTÍDEO

APRENDIZAGEM Proponha uma síntese para o seguinte dipeptídeo: Phe-Val

SOLUÇÃO

Representamos os dois aminoácidos necessários e identificamos os grupos funcionais que têm de ser unidos para formar uma ligação peptídica.

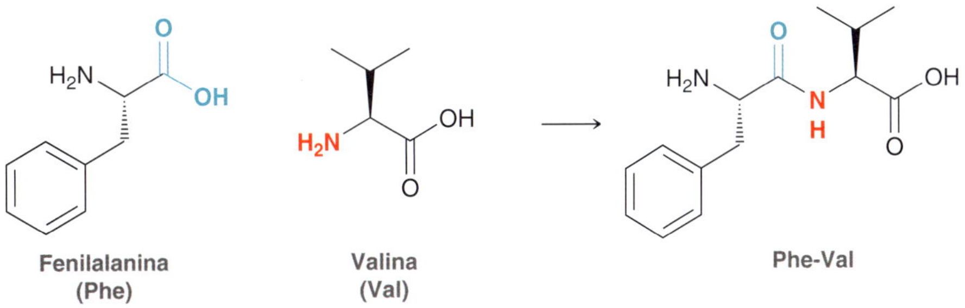

Identificamos os grupos que têm de ser protegidos (os grupos que não estão sendo acoplados). O grupo amino é protegido pela inserção de um grupo protetor Boc.

ETAPA 1
Inserção dos grupos de proteção apropriados.

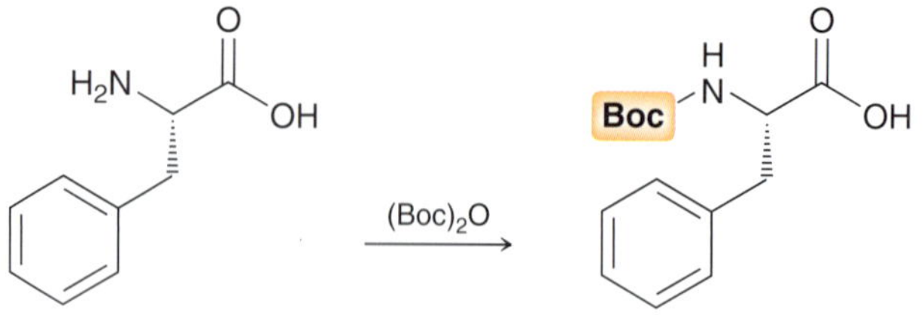

O grupo ácido carboxílico é protegido convertendo-o em um éster, como, por exemplo, um éster benzílico.

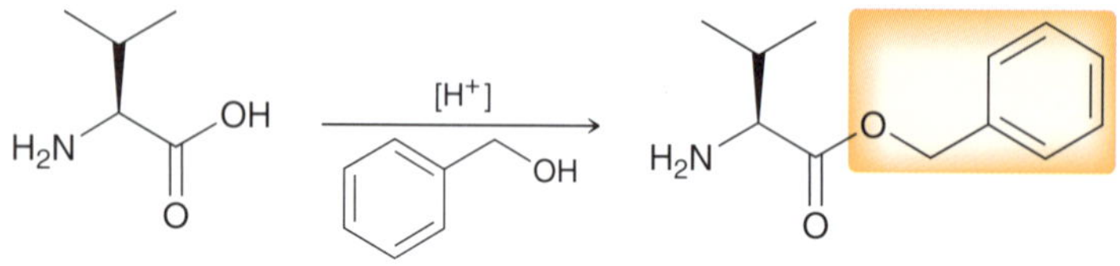

ETAPA 2
Acoplamento dos aminoácidos protegidos usando DCC.

Com os grupos protetores posicionados, a próxima etapa é formar a ligação peptídica desejada usando DCC.

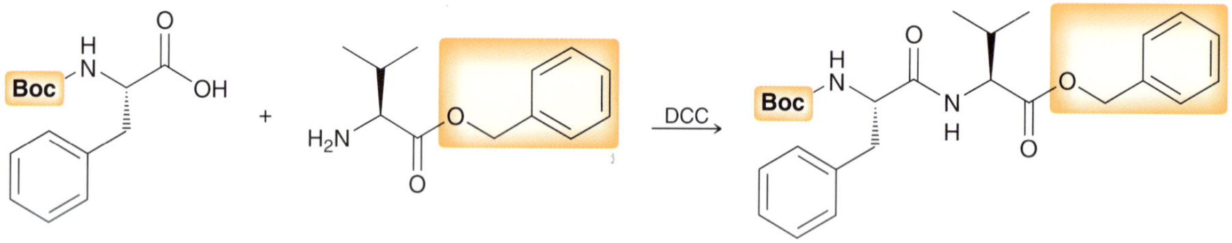

A etapa final é a remoção dos grupos protetores para se obter o produto desejado.

ETAPA 3
Remoção dos grupos protetores.

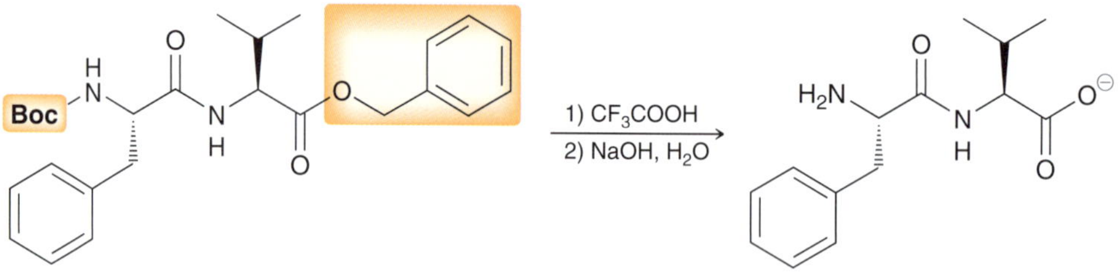

PRATICANDO o que você aprendeu

25.34 Represente todas as etapas e reagentes necessários para preparar cada um dos dipeptídeos vistos a seguir a partir de seus aminoácidos correspondentes.

(a) Trp-Met **(b)** Ala-Ile **(c)** Leu-Val

APLICANDO o que você aprendeu

25.35 Represente todas as etapas e reagentes necessários para a preparação de um tripeptídeo com a sequência Ile-Phe-Gly.

25.36 Represente todas as etapas e reagentes necessários para preparar um pentapeptídeo com a sequência Leu-Val-Phe-Ile-Ala.

é necessário **PRATICAR MAIS? Tente Resolver os Problemas 25.77-25.79**

A Síntese de Merrifield

O método descrito na seção anterior funciona muito bem para pequenos peptídeos, mas não é viável para ser utilizado para os peptídeos maiores, uma vez que cada etapa requer o isolamento e purificação devido à acumulação de produtos secundários indesejados. Peptídeos maiores podem ser preparados com a **síntese de Merrifield**, desenvolvida por R. Bruce Merrifield (Rockefeller University), em que, inicialmente, um aminoácido protegido é preso a pérolas formadas por um polímero insolúvel. Um desses polímeros é um derivado de poliestireno com grupos CH_2Cl em alguns dos anéis aromáticos.

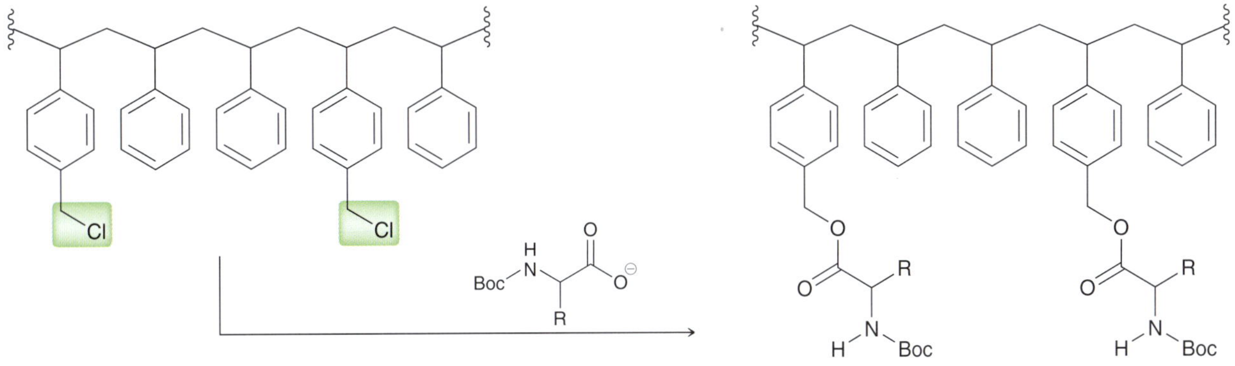

Primeiro, um aminoácido protegido com um grupo Boc é ligado ao polímero através de uma reação S_N2. Dessa forma, o polímero se comporta como um "pregador" que mantém o aminoácido no lugar. O grupo protetor Boc é então removido e usa-se DCC para acoplar o próximo aminoácido protegido com Boc:

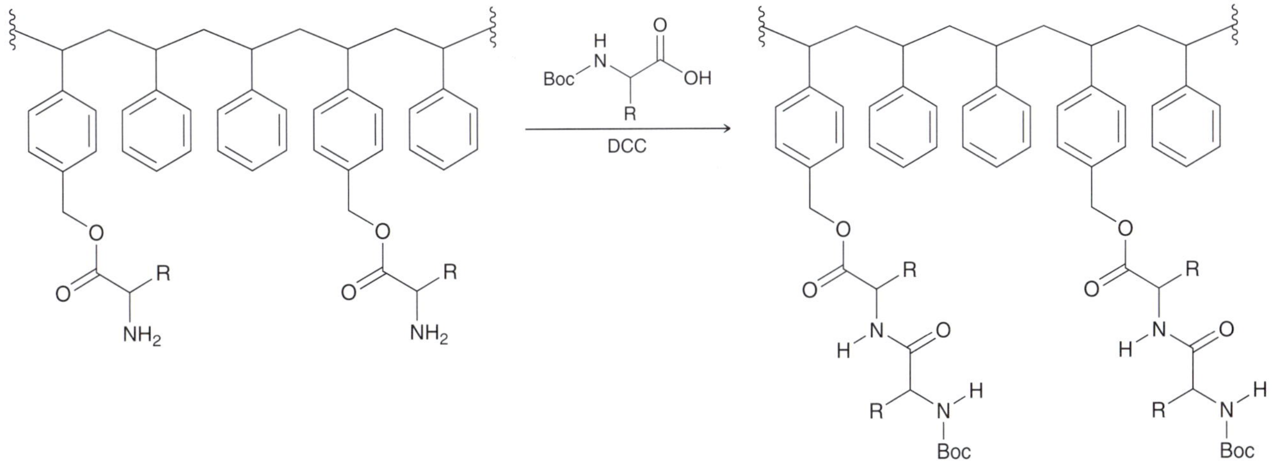

Após a etapa de acoplamento, as impurezas e subprodutos são simplesmente retirados por lavagem, enquanto a cadeia peptídica permanece presa ao polímero insolúvel. O processo pode então ser repetido muitas vezes, cada vez alongando a cadeia do peptídeo por um resíduo de aminoácido. Quando o polipeptídeo desejado for obtido, ele é removido do polímero, utilizando ácido fluorídrico (HF).

Em 1969, Merrifield utilizou esta técnica na preparação de uma proteína chamada ribonuclease, que é constituída por 128 resíduos. O procedimento exigiu 369 reações separadas, que foram realizadas em seis semanas. O rendimento global do processo foi de 17%, implicando que cada etapa individual tinha um rendimento superior a 99%. O método engenhoso de Merrifield definiu o cenário para uma maneira inteiramente nova de realizar reações químicas. Por seu trabalho inovador, ele recebeu o Prêmio Nobel de 1984 em Química. O método em fase sólida de Merrifield está agora totalmente automatizado e é realizado por máquinas chamadas de sintetizadores de peptídeos.

DESENVOLVENDO A APRENDIZAGEM

25.6 PREPARAÇÃO DE UM PEPTÍDEO UTILIZANDO A SÍNTESE DE MERRIFIELD

APRENDIZAGEM Identifique as etapas que você usaria para preparar o peptídeo visto a seguir através da síntese de Merrifield:

Ile-Gly-Leu-Ala-Phe

SOLUÇÃO

Começamos com o terminal C. Neste caso, o terminal C tem de ser um resíduo de fenilalanina, de modo que a primeira etapa consiste em ligar uma fenilalanina protegida por Boc ao polímero através de um processo S_N2.

ETAPA 1
Ligação do resíduo apropriado, protegido por Boc, ao polímero.

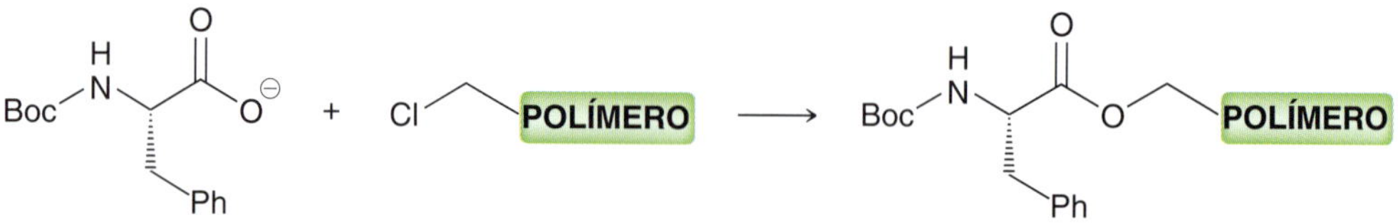

A segunda etapa consiste em remover o grupo de proteção, expondo o terminal N do resíduo de fenilalanina.

ETAPA 2
Remoção do grupo protetor Boc.

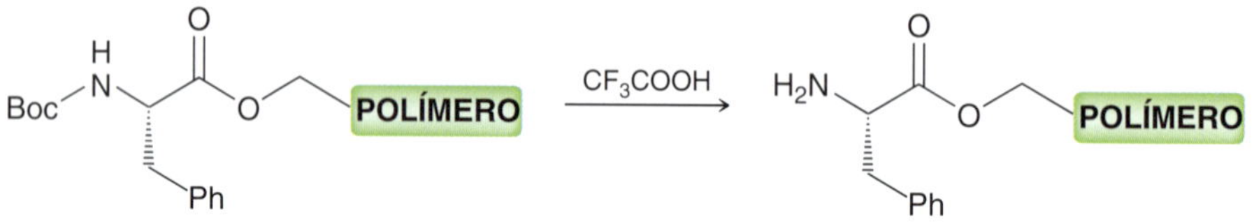

ETAPA 3
Uso de DCC para formação de uma nova ligação peptídica com um aminoácido protegido por Boc.

Na terceira etapa, o próximo resíduo (Ala) é inserido como um resíduo protegido por Boc usando DCC para formar a ligação peptídica.

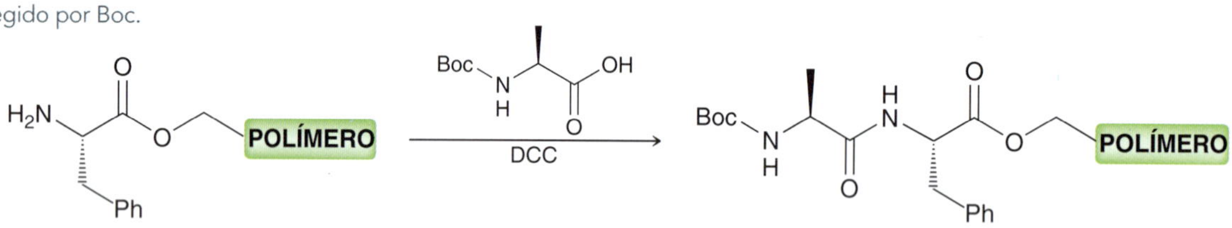

As etapas 2 e 3 são então repetidas para a inserção de cada resíduo adicional até que a cadeia peptídica desejada tenha sido obtida.

ETAPA 4
Repetição das etapas 2 e 3 para cada resíduo que é para ser adicionado à cadeia peptídica em crescimento.

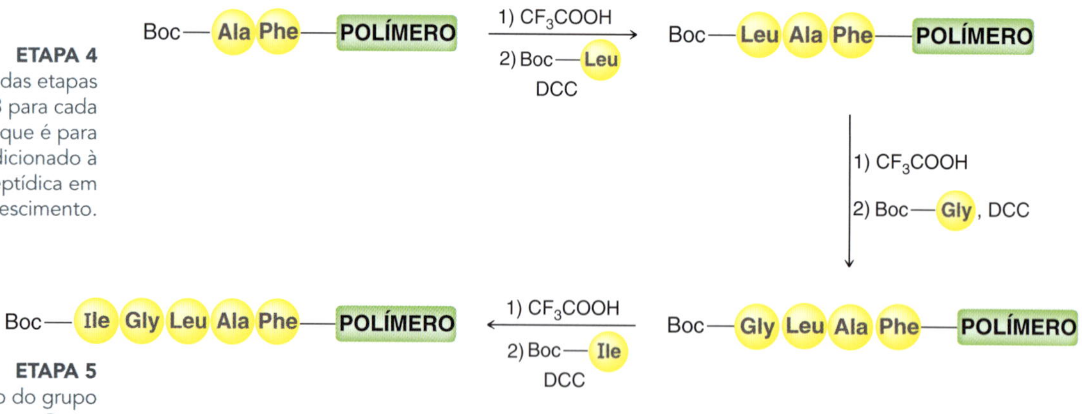

ETAPA 5
Remoção do grupo protetor Boc e separação do peptídeo do polímero.

Finalmente, o grupo protetor é removido e o peptídeo é liberado do polímero.

PRATICANDO o que você aprendeu

25.37 Identifique todas as etapas necessárias para preparar cada um dos peptídeos vistos a seguir utilizando uma síntese de Merrifield.

(a) Phe-Leu-Val-Phe **(b)** Ala-Val-Leu-Ile

APLICANDO o que você aprendeu

25.38 Identifique a sequência do tripeptídeo que seria formado a partir da seguinte ordem de reagentes. Identifique o terminal C e o terminal N do tripeptídeo.

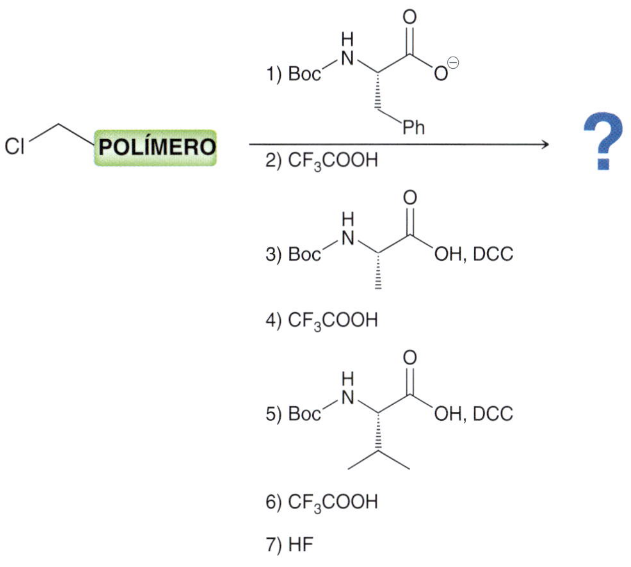

é necessário **PRATICAR MAIS?** **Tente Resolver os Problemas 25.80, 25.81**

25.7 Estrutura das Proteínas

As proteínas são substâncias orgânicas muito grandes e, como tal, a estrutura de uma proteína é mais complexa do que as estruturas de substâncias orgânicas simples. Na verdade, as proteínas são geralmente descritas em termos de quatro níveis de estrutura: primária, secundária, terciária e quaternária.

Estrutura Primária

A **estrutura primária** de uma proteína é a sequência de resíduos de aminoácidos. A Figura 25.7 ilustra a estrutura primária da insulina humana. A insulina é constituída por duas cadeias polipeptídicas, chamadas cadeias A e B, que estão ligadas entre si por pontes de dissulfeto.

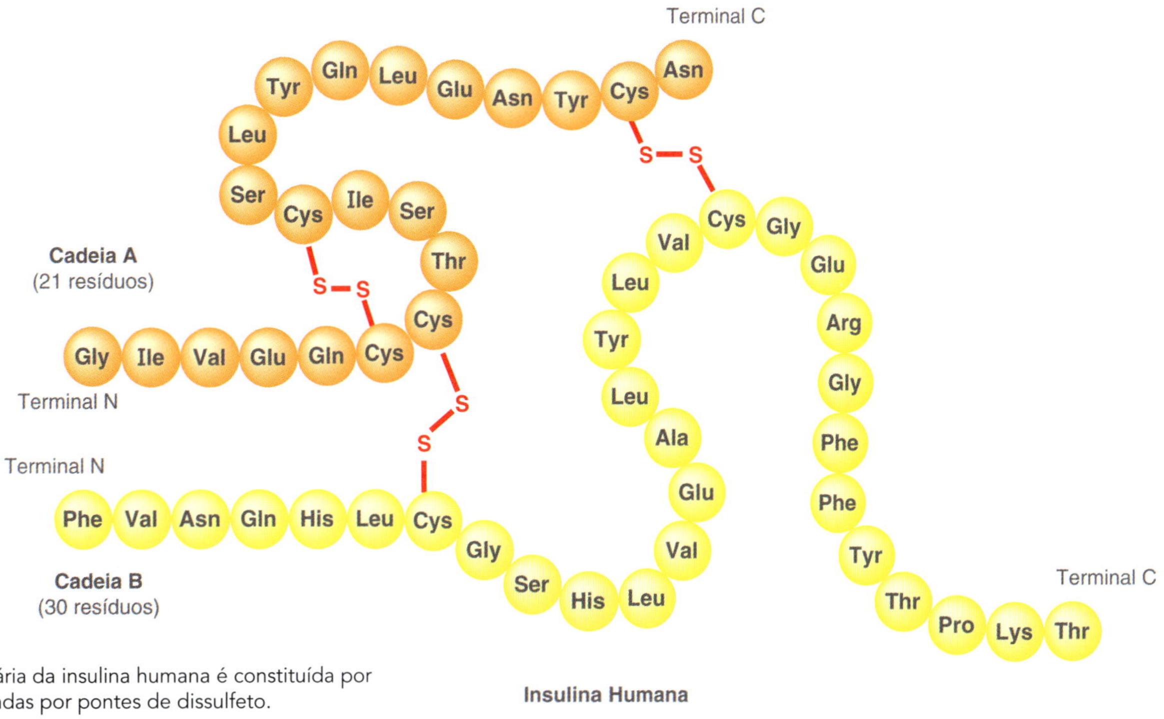

FIGURA 25.7
A estrutura primária da insulina humana é constituída por duas cadeias ligadas por pontes de dissulfeto.

Estrutura Secundária

A **estrutura secundária** de uma proteína se refere as conformações tridimensionais das regiões localizadas da proteína. Lembre-se de que cada ligação peptídica apresenta rotação restrita e geometria plana (Figura 25.8). Este é o caso de cada um dos resíduos de aminoácidos em uma proteína (Figura 25.9).

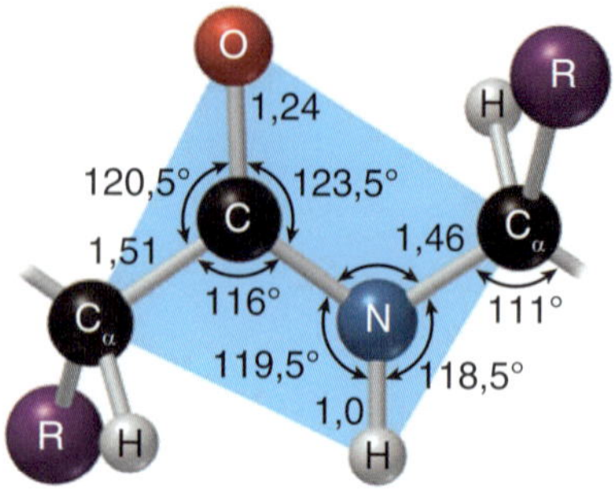

FIGURA 25.8
A geometria plana de uma ligação peptídica.

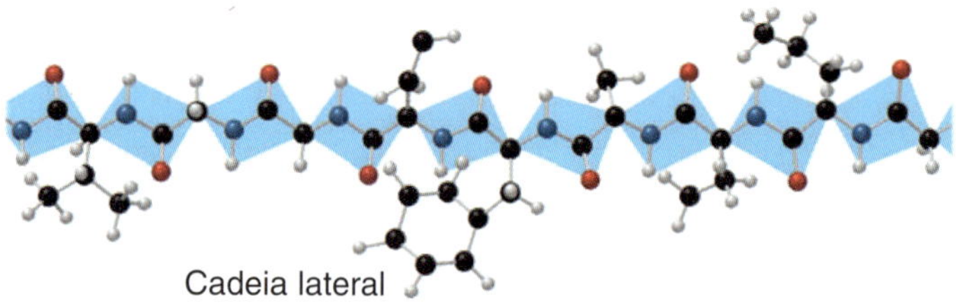

FIGURA 25.9
Proteínas são constituídas de unidades de repetição planas, cada uma das quais pode girar livremente em relação às outras.

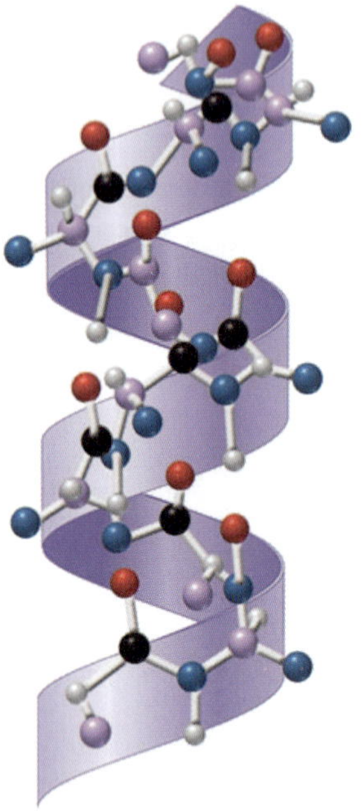

FIGURA 25.10
Uma hélice α. (Ilustração, Irving Geis. Imagem de Irving Geis Coleção/Howard Hughes Medical Institute. Direitos de propriedade: *HHMI*. Não deve ser reproduzida sem permissão.)

Embora os planos individuais sejam livres para girar um em relação ao outro, a sua presença limita as conformações disponíveis para a proteína. Dependendo da sequência de resíduos de aminoácidos, as regiões localizadas dos peptídeos frequentemente adotam formas particulares. Dois arranjos particularmente estáveis são a **hélice α** e a **folha β pregueada**. Uma hélice α se forma quando uma parte da proteína gira em uma espiral no sentido horário (Figura 25.10). Cada volta tem cerca de quatro resíduos de aminoácidos, e cada grupo C=O apresenta ligação de hidrogênio com um grupo N–H que está quatro resíduos mais longe ao longo da cadeia. Em uma hélice α, os grupos R (cadeias laterais) se estendem para o exterior, para longe da hélice. Um resíduo de prolina não pode ser parte de uma hélice α, pois lhe falta um próton N–H e não participa na ligação de hidrogênio. Muitas proteínas contêm hélices α. Por exemplo, α-queratina, o principal componente do cabelo, é constituída quase inteiramente por hélices α. A composição do cabelo vai ser discutida na Seção 25.8.

Folhas β pregueadas são formadas quando duas ou mais cadeias de proteínas se alinham lado a lado (Figura 25.11). Em uma folha β pregueadas, ocorre ligação de hidrogênio entre o grupo C=O e o grupo N–H das cadeias vizinhas. Os grupos R (cadeias laterais) estão posicionados acima e abaixo do plano da folha, em um padrão alternado. Folhas β são geralmente formadas a partir de segmentos que possuem resíduos com grupos R pequenos, como Ala e Gly. Com cadeias laterais maiores, o impedimento estérico impede que as cadeias fiquem suficientemente próximas para participar da ligação de hidrogênio. Teias de aranha são constituídas principalmente de fibroína, uma proteína que contém um arranjo de folha pregueada que dota a fibroína com resistência estrutural. A fibroína também é a principal componente da seda.

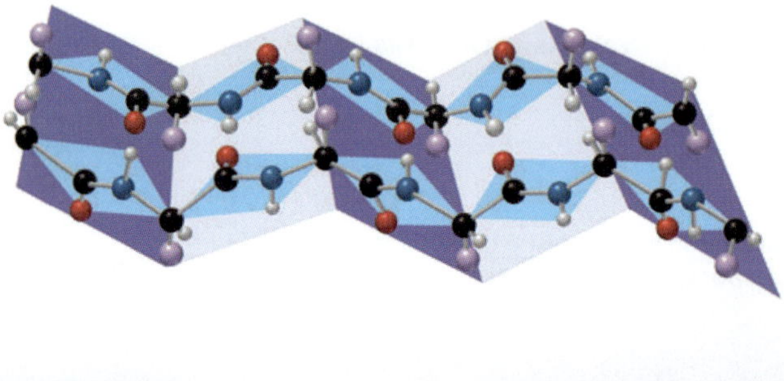

FIGURA 25.11
Um folha β pregueada.

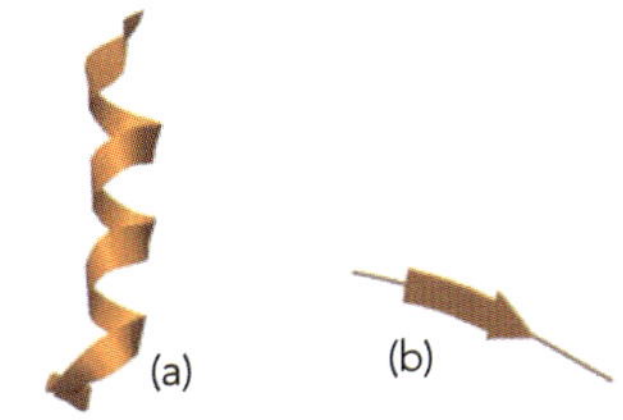

FIGURA 25.12
Símbolos usados quando se ilustra a estrutura secundária de proteínas: (a) uma hélice α e (b) uma folha β pregueada.

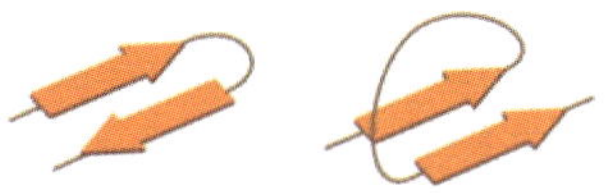

FIGURA 25.13
Folhas β paralelas e antiparalelas.

As proteínas são geralmente constituídas por muitos domínios estruturais, incluindo hélices α, bem como folhas β pregueadas. A fim de representar uma proteína de uma maneira que ilustra a sua estrutura secundária, a notação simbólica abreviada indicada na Figura 25.12 é frequentemente utilizada. A fita plana helicoidal representa uma hélice α, enquanto a seta larga fixa representa uma folha β. Folhas β podem ser paralelas ou antiparalelas, dependendo da direção dos segmentos vizinhos (Figura 25.13). As duas cadeias da insulina humana apresentam hélices α (Figura 25.14).

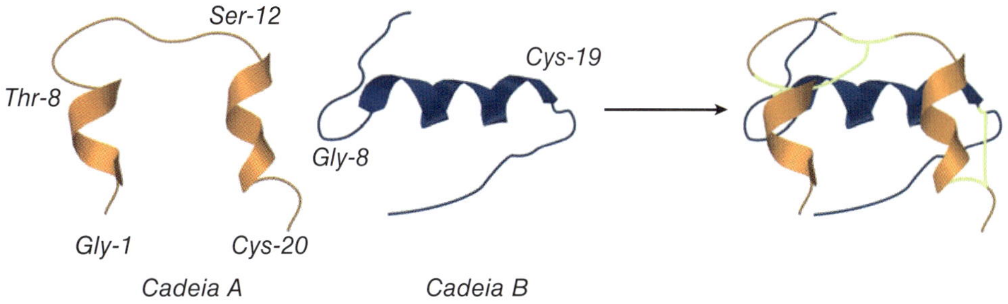

FIGURA 25.14
Hélices α nas duas cadeias peptídicas da insulina humana.

VERIFICAÇÃO CONCEITUAL

25.39 A seguir vemos a estrutura principal de um peptídeo. Identifique as regiões que são mais propensas em formar folhas β pregueadas.

Trp-His-Pro-Ala-Gly-Gly-Ala-Val-His-Cys-Asp-Ser-Arg-Arg-Ala-Gly-Ala-Phe

Estrutura Terciária

A **estrutura terciária** de uma proteína refere-se à sua forma tridimensional. As proteínas normalmente adotam conformações que maximizam a sua estabilidade. Em solução aquosa, uma proteína irá adotar uma conformação em que os grupos polares estão apontando para o exterior da proteína e os grupos apolares estão localizados no interior. Considere a estrutura da mioglobina, uma proteína usada para armazenar oxigênio molecular (Figura 25.15). As regiões marcadas em vermelho representam grupos laterais polares, e eles estão posicionados sobre a superfície da estrutura tridimensional de modo que eles podem interagir com a água, maximizando assim a estabilidade da proteína.

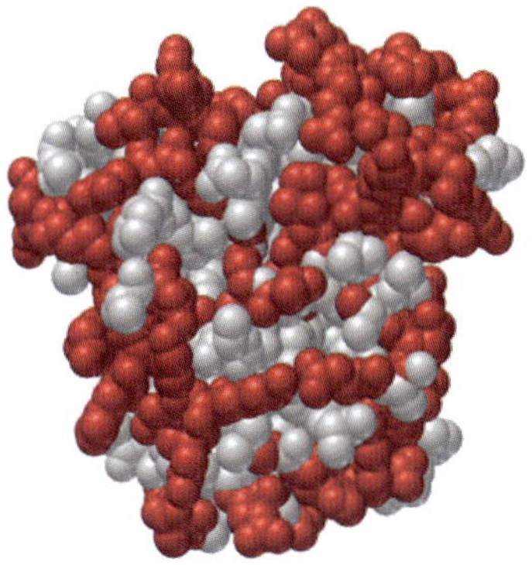

FIGURA 25.15
Um modelo de espaço preenchido da mioglobina com grupos hidrofílicos destacados em vermelho.

As forças intramoleculares que mantêm uma proteína típica na sua forma dobrada são relativamente fracas, e sob condições de aquecimento moderado, uma proteína pode desdobrar em um processo denominado **desnaturação** (Figura 25.16). Um exemplo comum é o cozimento de um ovo, durante o qual a proteína albumina é desnaturada e muda de uma solução límpida para um

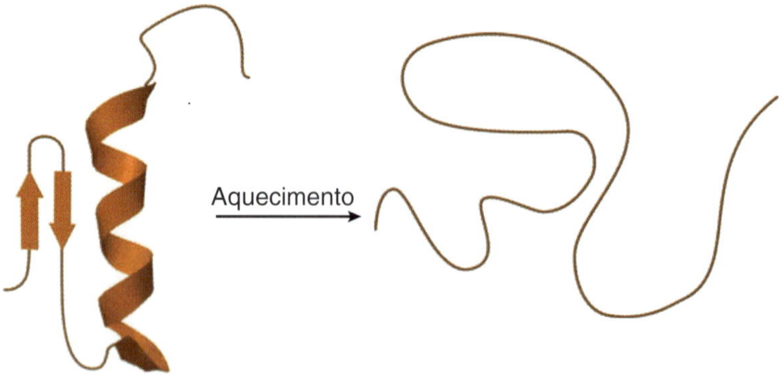

FIGURA 25.16
Uma proteína perde as suas estruturas secundária e terciária, quando é desnaturada.

sólido branco. As estruturas secundária e terciária são perdidas, mas a estrutura primária permanece intacta. Isto é, a sequência de resíduos de aminoácidos não se altera. A perda da estrutura terciária é normalmente acompanhada por uma perda de função, porque a função de uma proteína é muito dependente da sua forma tridimensional. O processo de desnaturação é irreversível na maioria dos casos. Outros fatores além do calor também podem causar a desnaturação, incluindo uma mudança de pH ou uma mudança de solvente.

medicamente falando

Doenças Causadas por Proteínas Deformadas

Até recentemente, acreditava-se que todas as doenças infecciosas eram causadas por agentes patogênicos vivos, tais como vírus, bactérias ou fungos. Para um pequeno número de doenças contagiosas, os cientistas ficaram perplexos por sua incapacidade de identificar o agente patogênico responsável. Exemplos incluem a doença de Creutzfeldt-Jakob em seres humanos e tremor epizoótico em ovinos. Ambas as doenças são semelhantes, provocando a perda de função mental e morte. Autópsias das vítimas revelaram placas de proteína amiloide cercadas por tecido esponjoso no cérebro. Essas doenças passaram a ser conhecidas como encefalopatias espongiformes. A crença predominante era de que algum vírus ou outro organismo logo seria isolado e identificado como o patógeno responsável.

Na década de 1980, Stanley Prusiner, um neurologista da Universidade da Califórnia, em São Francisco, separou, de forma sistemática e rigorosa, todos os componentes dos cérebros de ovinos infectados com tremor epizoótico. Ele encontrou que o agente infeccioso era uma determinada proteína. Ele sugeriu que o tremor epizoótico e outras doenças relacionadas são provocados por proteínas infecciosas, que ele chamou de príons. Essa conclusão foi altamente significativa, uma vez que representa o primeiro exemplo de um agente patogênico não vivo capaz de causar infecções letais sem o emprego de DNA ou RNA. Por seu trabalho inovador, Prusiner foi agraciado com o Prêmio Nobel de 1997 em Medicina.

Doenças de príon atraíram significativamente a atenção da população na década de 1990, quando vacas na Inglaterra, no Canadá e nos Estados Unidos tornaram-se infectadas com uma doença chamada encefalopatia espongiforme bovina, que levava os animais a se movimentarem de forma irregular e, eventualmente, morrer. Esta doença, comumente referida como a doença da vaca louca, foi provavelmente causada pelo uso de restos de ovelhas infectadas com tremor epizoótico para alimentação das vacas. A doença da vaca louca representa um risco significativo para os seres humanos porque comer carne infectada pode desencadear uma forma de doença de Creutzfeldt-Jakob, que é uma doença fatal sem cura.

Os príons são considerados proteínas normais que se tornam deformadas. Em outras palavras, a estrutura primária da proteína permanece inalterada, mas a estrutura terciária é diferente. A proteína normal se desdobra e, em seguida, volta a se dobrar em uma nova forma (um príon). Quando os animais comem restos de ovelhas infectadas com tremor epizoótico, o príon não é digerido e não é detectado pelo sistema imunológico como uma substância nociva. A forma infecciosa do príon então faz com que outras proteínas normais se deformem também. Quando a quantidade de proteínas deformadas aumenta, elas começam a se agregar no cérebro, causando as placas e tecidos esponjosos associados a encefalopatias espongiformes.

Durante a última década, o progresso na busca de uma cura para doenças de príon tem sido lento, mas constante. Esforços de pesquisa atuais estão focados principalmente no desenvolvimento de fármacos que inibem potencialmente a deformação. Compreende-se agora que o corpo utiliza uma variedade de proteínas chamadas *chaperonas* químicas para orientar o processo de dobra de outras proteínas. Ao estudar como estas chaperonas se comportam, os cientistas acreditam que eles serão capazes de sintetizar chaperonas que vão impedir a formação das proteínas deformadas, características de doenças de príon. Doenças de príon são um exemplo extremo da relação entre estrutura e função.

Estrutura Quaternária

Uma **estrutura quaternária** surge quando uma proteína é constituída por duas ou mais cadeias polipeptídicas dobradas, denominadas *subunidades*, que se agregam para formar um complexo proteico. Por exemplo, considere a estrutura quaternária da hemoglobina, que é constituída de quatro subunidades diferentes (Figura 25.17). Cada subunidade de hemoglobina é mostrada em uma cor diferente. As subunidades têm muitos resíduos de aminoácidos apolares e, portanto, encontram-se diversos grupos apolares nas suas superfícies. Esses grupos apolares experimentam interações de van der Waals, que mantêm a estrutura quaternária junta.

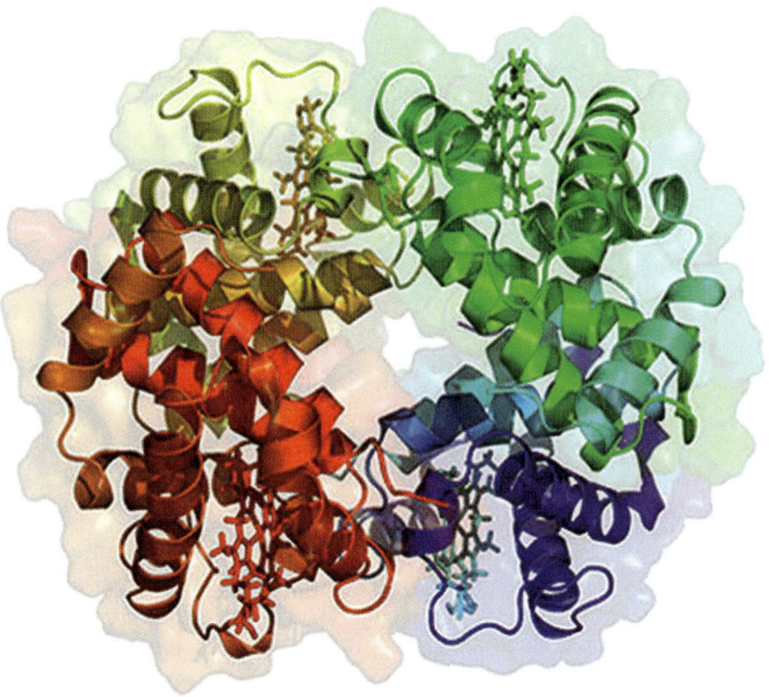

FIGURA 25.17
A estrutura quaternária da hemoglobina. Para maior clareza, cada subunidade é apresentada em uma cor diferente.

25.8 Função das Proteínas

Com base no seu formato, as proteínas são muitas vezes classificadas como fibrosas ou globulares. **Proteínas fibrosas** consistem em cadeias lineares que são agrupadas juntas. **Proteínas globulares** são cadeias que estão enoveladas em formas compactas.

As proteínas também são classificadas de acordo com sua função. Algumas classes diferentes de proteínas são descritas nas seções seguintes.

Proteínas Estruturais

As **proteínas estruturais** são proteínas fibrosas utilizadas por sua rigidez estrutural. Por exemplo, as α-queratinas são proteínas estruturais encontradas no cabelo, unhas, pele, penas e lã. O cabelo é formado por muitas cadeias polipeptídicas de α-queratina, cada uma espiralada em uma hélice α dextrógira, como pode ser visto na Figura 25.18. Quatro dessas hélices dextrógiras são então envoltas em super-hélices levógiras, similar à maneira que uma corda é feita da torção dos fios individuais. Essas super-hélices são então agrupadas para formar os cabelos individuais. De modo geral, α-queratinas contêm vários resíduos de cisteína, o que lhes permite formar pontes de dissulfeto. O número de pontes de dissulfeto determina a força da proteína, Por exemplo, as α-queratinas nas unhas têm mais pontes de dissulfeto do que as α-queratina no cabelo.

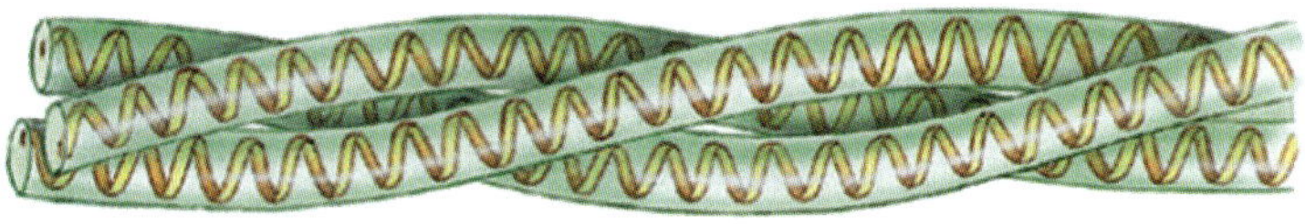

FIGURA 25.18
Cadeias polipeptídicas de α-queratina, espiraladas em uma hélice dextrógira.

Enzimas

As **enzimas** estão entre as mais importantes moléculas biológicas porque elas catalisam virtualmente todos os processos celulares. Por exemplo, as enzimas glicosidase aceleram a hidrólise de polissacarídeos por um fator de 10^{17}. Em outras palavras, uma reação que normalmente levaria milhões de anos é realizada em milissegundos na presença de uma enzima. As enzimas aceleram as reações através das suas capacidades em se ligarem ao estado de transição de uma determinada reação, diminuindo assim a energia do estado de transição (Figura 25.19).

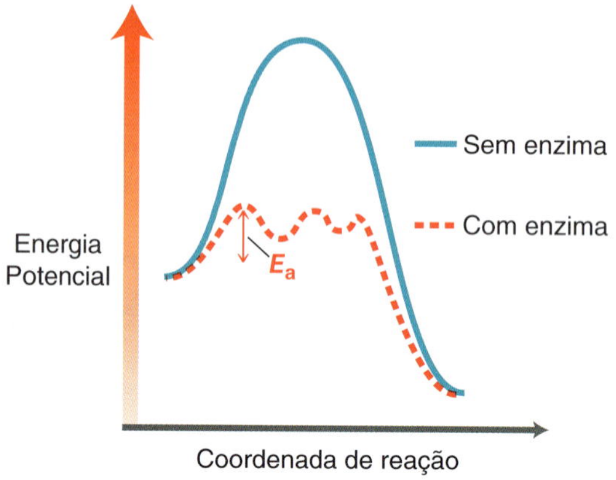

FIGURA 25.19
Um diagrama de energia mostrando que uma enzima acelera uma reação diminuindo a energia do estado de transição.

Com a diminuição da energia do estado de transição, a energia de ativação é reduzida e a reação ocorre mais rapidamente. Mesmo as bactérias mais simples necessitam de milhares de enzimas para realizar seus processos associados à vida, e os seres humanos necessitam de mais de cinquenta mil.

Proteínas de Transporte

As **proteínas de transporte** são utilizadas para transporte de moléculas ou íons de um local para outro. A hemoglobina é um exemplo clássico de uma proteína de transporte, utilizada para o transporte de oxigênio molecular dos pulmões para todos os tecidos do corpo. A hemoglobina é constituída por uma unidade proteica ligada a uma unidade não proteica chamada de **grupo prostético**. A parte proteica da hemoglobina foi mostrada na Figura 25.17. O grupo prostético da hemoglobina se liga ao oxigênio.

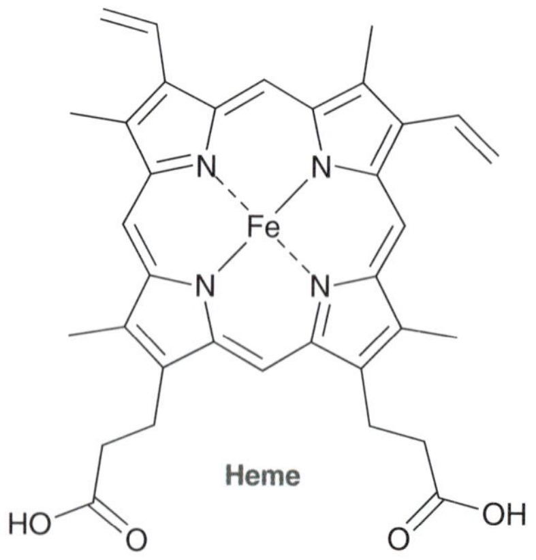

Uma pequena mudança na estrutura primária pode resultar em uma grande alteração na função. A hemoglobina é um bom exemplo deste fenômeno. Centenas de variantes da hemoglobina foram descobertas. A maioria dos seres humanos têm o tipo comum, chamado de HbA, mas algumas pessoas têm variações genéticas em que um resíduo de aminoácido é diferente. Em muitos desses casos, a variação genética não tem nenhum efeito sobre a estrutura ou atividade da hemoglobina. No entanto, algumas variações podem ser mortais. Em uma dessas variações, chamada de HbS, o sexto resíduo do terminal N da cadeia β (consistindo de 146 resíduos) é a valina em vez do ácido glutâmico. Esta variação afeta muito a estrutura e a atividade da hemoglobina, fazendo com que as células vermelhas do sangue sejam deformadas, fiquem em forma de foice (Figura 25.20). Essas

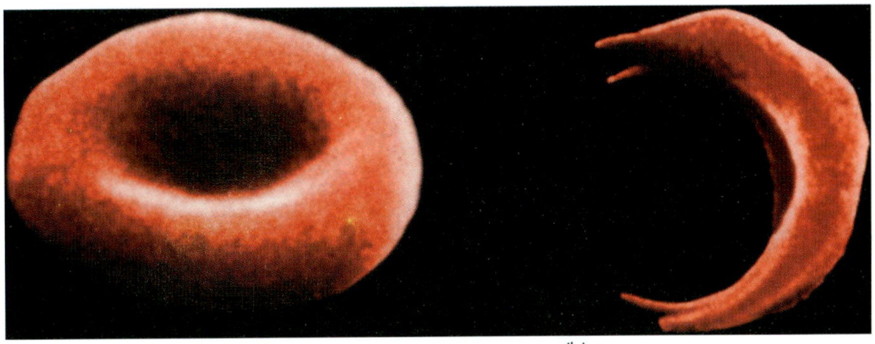

(a) (b)

FIGURA 25.20
(a) Glóbulos vermelhos saudáveis e (b) glóbulos vermelhos em forma de foice.

células deformadas são altamente suscetíveis a ruptura e interferem no fluxo normal de sangue. Esta condição é chamada de anemia falciforme, e pode ser fatal. Uma pessoa com anemia falciforme herdou duas cópias do gene para hemoglobina anormal, um do pai e um da mãe. Diz-se que uma pessoa que transporta apenas uma cópia do gene da anemia falciforme tem traço falciforme, que é uma forma menos grave da doença, mas ela ainda pode causar sérios problemas em condições de estresse. Curiosamente, o traço falciforme oferece uma vantagem em que ele parece ser acompanhado por uma resistência à malária. Este exemplo ilustra como uma alteração em um único resíduo de aminoácido pode afetar muito a estrutura e função de uma proteína.

REVISÃO DE REAÇÕES

Análise de Aminoácidos

Reação com Ninidrina

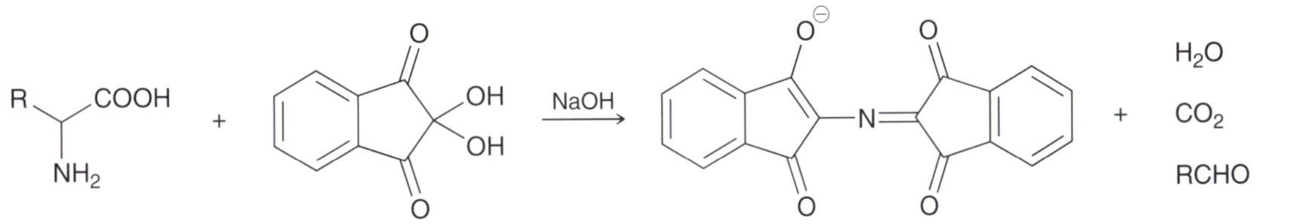

Um aminoácido — Ninidrina — Produto de cor púrpura — Subprodutos

Síntese de Aminoácidos

Através de um α-Haloácido

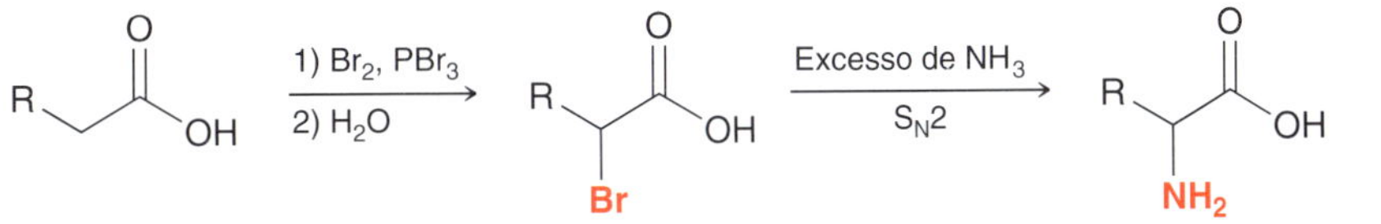

Através da Síntese do Amidomalonato

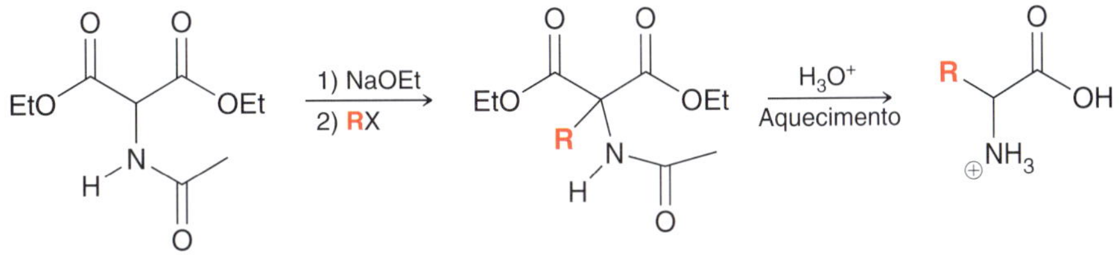

Através da síntese de Strecker

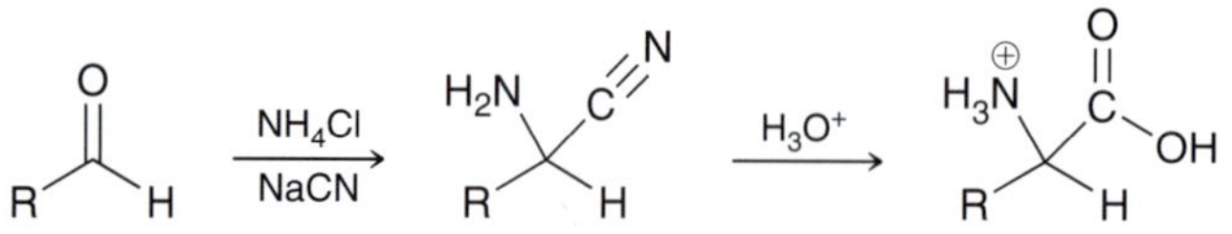

Síntese Enantiosseletiva

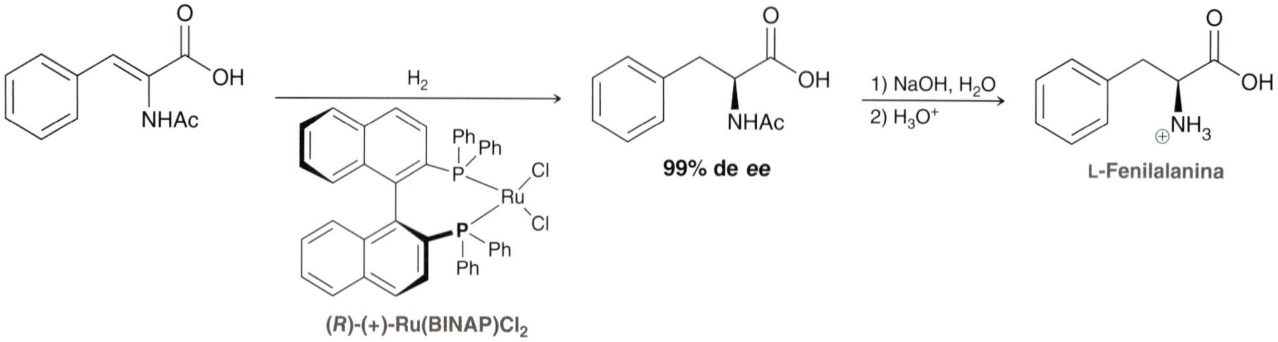

Análise de Aminoácidos

Degradação de Edman

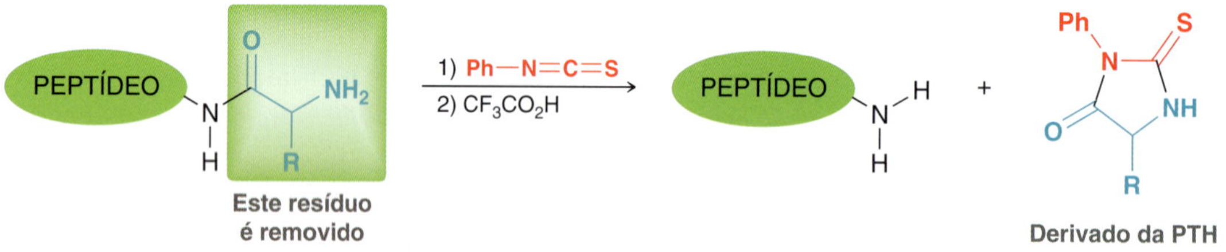

Síntese de Peptídeos

Formação da Ligação Peptídica

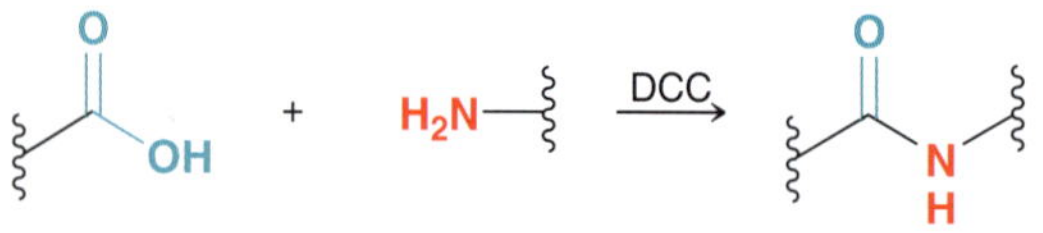

Proteção e Desproteção do Terminal N

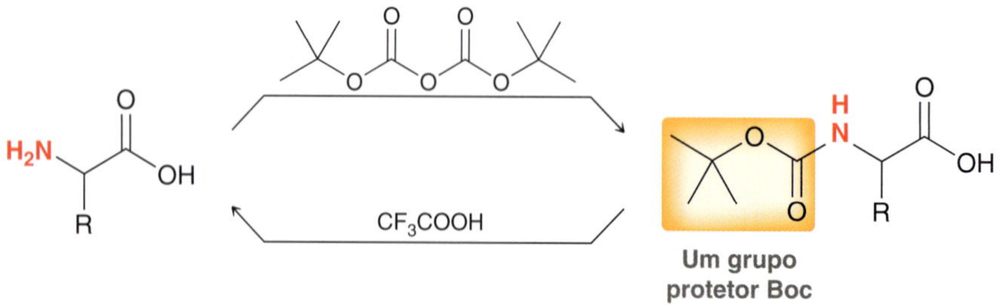

Proteção e Desproteção do Terminal C

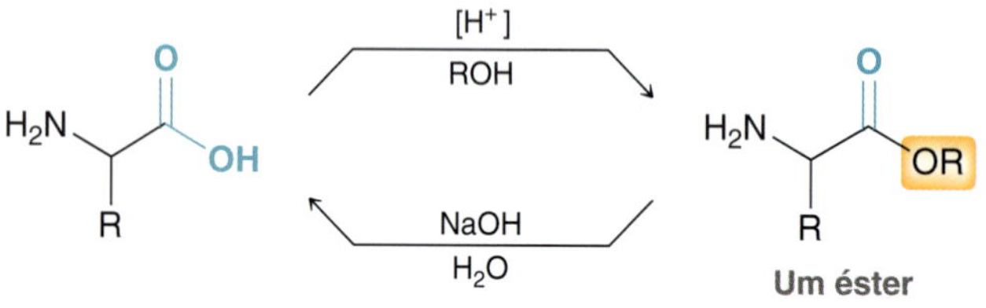

REVISÃO DE CONCEITOS E VOCABULÁRIO

SEÇÃO 25.1

- **Proteínas** são substâncias grandes formadas a partir de **aminoácidos** ligados entre si.
- Cada aminoácido contém um grupo amino e um grupo ácido carboxílico. Os aminoácidos nos quais os dois grupos funcionais estão separados por exatamente um átomo de carbono são chamados de **aminoácidos alfa**.
- Os aminoácidos são acoplados entre si por ligações amida chamadas de **ligações peptídicas**.
- Cadeias relativamente curtas de aminoácidos são chamadas de **peptídeos**.

SEÇÃO 25.2

- Os aminoácidos são chamados de **anfóteros**, pois eles podem se comportar como ácidos ou como bases.
- Apenas 20 aminoácidos são abundantemente encontrados nas proteínas, sendo que todos eles são **aminoácidos L** com exceção da glicina, que carece de um centro de quiralidade.
- Os aminoácidos possuem dois valores de pK_a, um para o grupo ácido carboxílico e um para o grupo amônio.
- Aminoácidos com cadeias laterais ácidas ou básicas apresentam um terceiro valor de pK_a.
- Os aminoácidos existem principalmente como **zwitteríons** no pH fisiológico.
- O **ponto isoelétrico (pI)** de um aminoácido é o pH no qual a concentração da forma zwitteriônica atinge o seu valor máximo. Durante a **eletroforese**, os aminoácidos são separados com base nos valores do pI.

SEÇÃO 25.3

- Misturas racêmicas de aminoácidos podem ser preparadas no laboratório através α-haloácidos, através da **síntese do amidomalonato**, ou através da **síntese de Strecker**. Aminoácidos opticamente ativos são obtidos mediante a resolução de uma mistura racêmica ou por síntese enantiosseletiva.

SEÇÃO 25.4

- Peptídeos são constituídos por **resíduos de aminoácidos** ligados por ligações peptídicas.
- Cadeias peptídicas têm um grupo amino chamado **terminal N** e um grupo COOH chamado **terminal C**.
- Ligações peptídicas têm rotação restrita dando origem a duas conformações possíveis, denominadas ***s-trans*** e ***s-cis***. A conformação *s-trans* é geralmente a mais estável.
- Os resíduos de cisteína são os únicos capazes de serem unidos um ao outro através de **pontes de dissulfeto**.

SEÇÃO 25.5

- A sequência de aminoácidos de um peptídeo pode ser analisada utilizando-se uma **degradação de Edman**.
- Grandes peptídeos são clivados inicialmente em fragmentos menores utilizando-se **peptidases**, tais como tripsina ou quimotripsina.

SEÇÃO 25.6

- DCC é comumente utilizada para formar ligações peptídicas.
- Grupos de proteção são utilizados para controlar a regiosseletividade.
- Grupos amino podem ser protegidos por conversão em carbamatos, enquanto grupos ácido carboxílico podem ser protegidos por conversão em ésteres.
- Na **síntese de Merrifield**, uma cadeia peptídica é formada enquanto está presa a um polímero insolúvel.

SEÇÃO 25.7

- A **estrutura primária** de uma proteína é a sequência de resíduos de aminoácidos.
- A **estrutura secundária** de uma proteína se refere às conformações tridimensionais das regiões localizadas da proteína. Dois arranjos particularmente estáveis são a **hélice** α e **folha** β **pregueada**.
- A **estrutura terciária** de uma proteína refere-se à sua forma tridimensional.
- Sob condições de aquecimento moderado, uma proteína pode desdobrar, um processo chamado de **desnaturação**.
- A **estrutura quaternária** surge quando uma proteína consiste em duas ou mais cadeias polipeptídicas dobradas, denominadas *subunidades*, que se agregam para formar um complexo proteico.

SEÇÃO 25.8

- **Proteínas fibrosas** consistem em cadeias lineares que são agrupadas juntas.
- **Proteínas globulares** são cadeias que são enoveladas em formas compactas.
- **Proteínas estruturais**, tais como a α-queratina, são proteínas fibrosas que fornecem rigidez estrutural.
- As **enzimas** catalisam praticamente todos os processos celulares.
- **Proteínas de transporte**, como a hemoglobina, são utilizadas para transporte de moléculas ou íons de um local para outro. A hemoglobina consiste em uma unidade proteica ligada a uma unidade não proteica chamada um **grupo prostético**.
- Uma pequena mudança na estrutura primária pode resultar em uma grande alteração na função.

REVISÃO DA APRENDIZAGEM

25.1 DETERMINAÇÃO DA FORMA PREDOMINANTE DE UM AMINOÁCIDO EM UM pH ESPECÍFICO

ETAPA 1 Identificação do pK_a associado ao grupo ácido carboxílico e determinação se este grupo vai predominar como a forma não carregada ou como o ânion carboxilato no pH especificado.

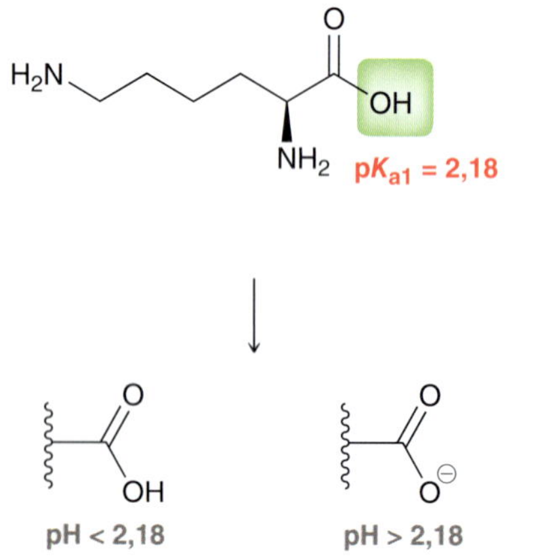

ETAPA 2 Identificação do pK_a associado ao grupo α-amino e determinação se esse grupo vai predominar como a forma não carregada ou como a forma catiônica no pH especificado.

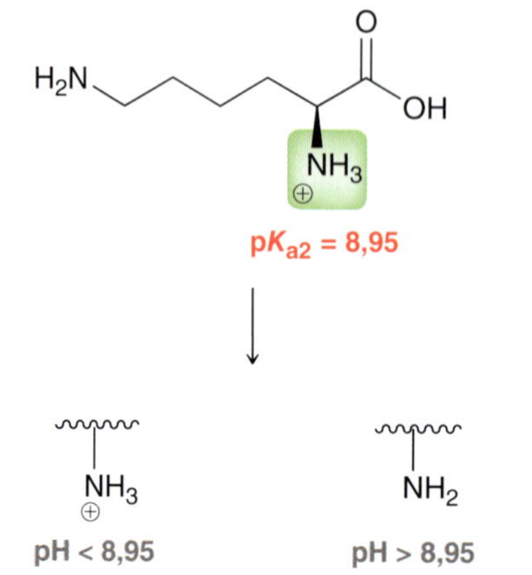

ETAPA 3 Se a cadeia lateral tem um grupo ionizável, identifica-se o pK_a associado a cadeia lateral e determina-se a forma da cadeia lateral que vai predominar no pH especificado.

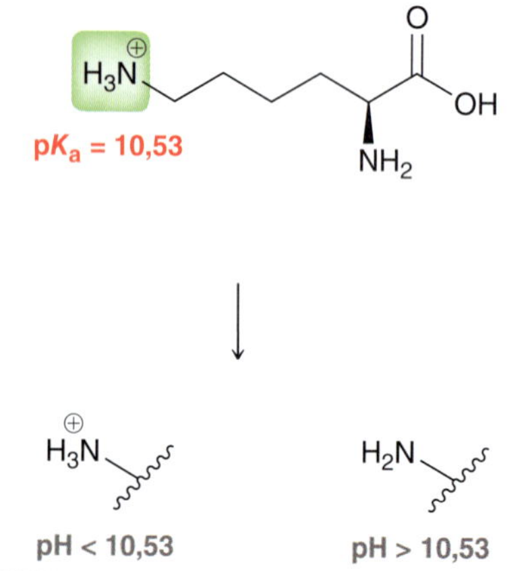

Tente Resolver os Problemas 25.4-25.6, 25.40, 25.47, 25.48

25.2 UTILIZAÇÃO DA SÍNTESE DO AMIDOMALONATO

ETAPA 1 Identificação da cadeia lateral que está ligada à posição α.

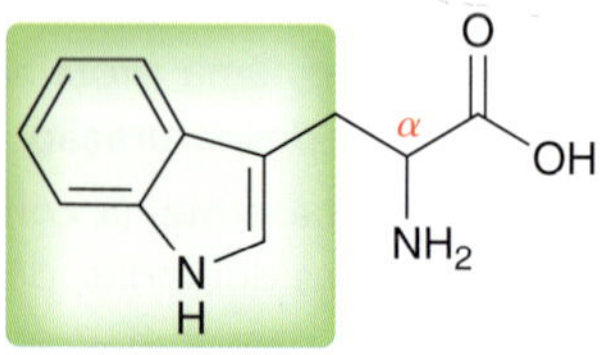

ETAPA 2 Identificação do haleto necessário e garantia de que ele prontamente sofrerá um processo S_N2.

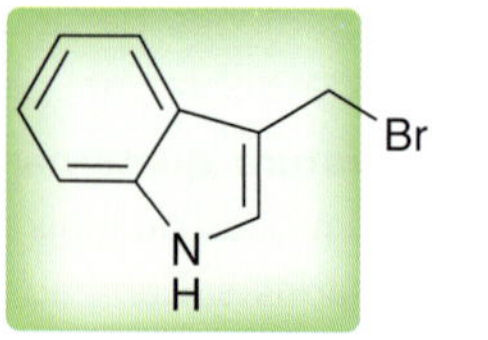

ETAPA 3 Identificação dos reagentes. Começa-se com o acetamidomalonato de dietila como material de partida. Realiza-se a alquilação e, em seguida, aquece-se com ácido aquoso.

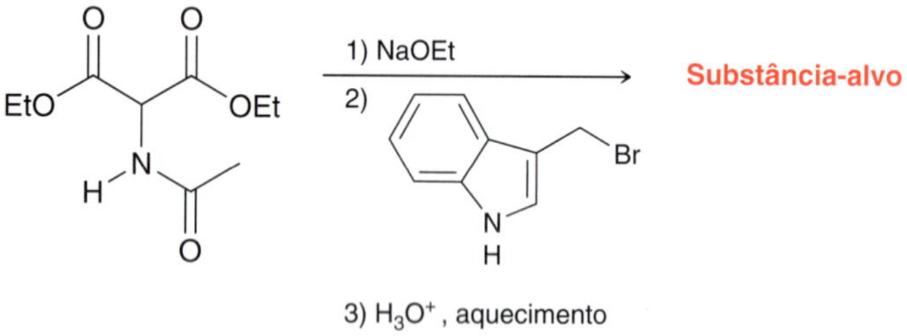

Tente Resolver os Problemas 25.14-25.16, 25.57, 25.58, 25.59c, 25.60b, 25.84

25.3 REPRESENTAÇÃO DE UM PEPTÍDEO

ETAPA 1 Representação de um peptídeo com o número correto de resíduos:

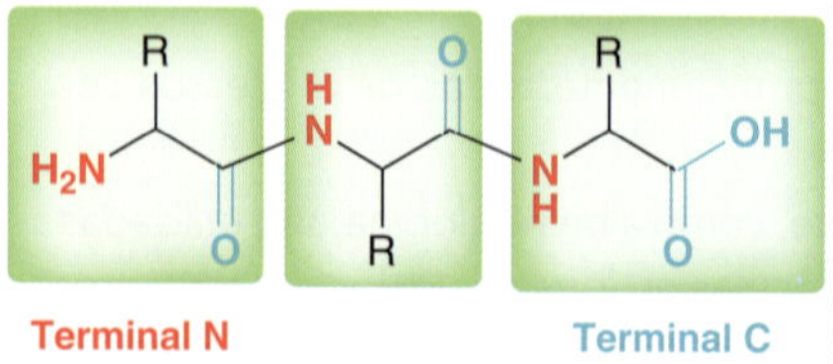

ETAPA 2 Identificação da cadeia lateral associada a cada resíduo:

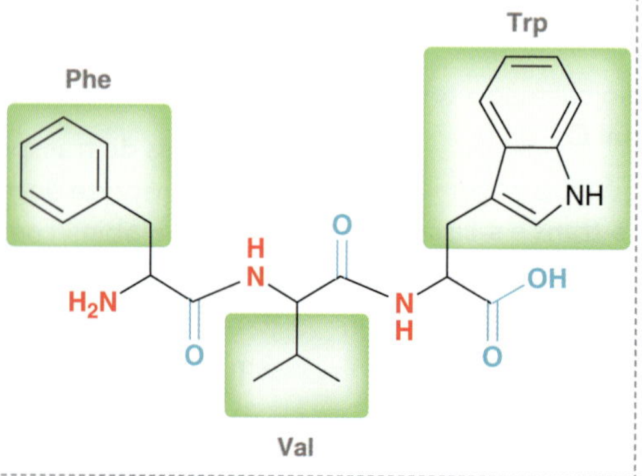

ETAPA 3 Atribuição da configuração adequada para cada posição α.

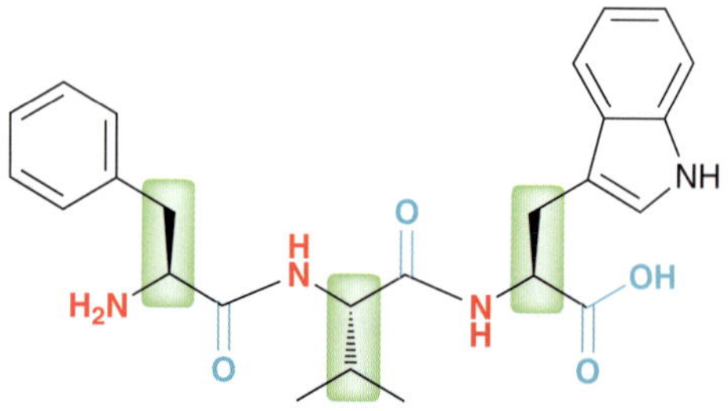

Tente Resolver os Problemas 25.21-25.24, 25.65, 25.66

25.4 SEQUENCIAMENTO DE PEPTÍDEOS ATRAVÉS DA CLIVAGEM ENZIMÁTICA

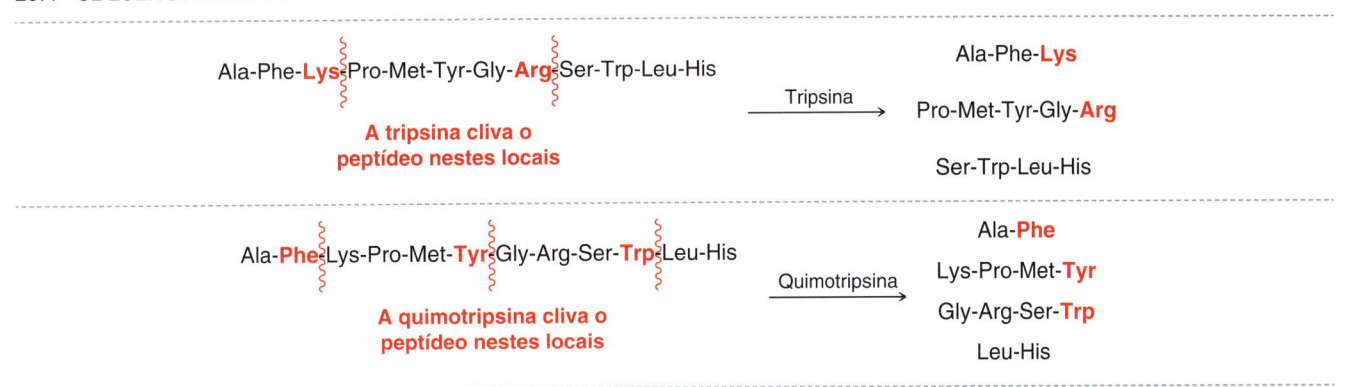

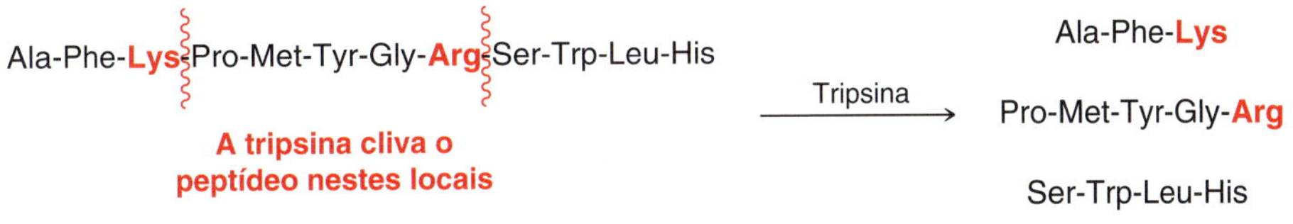

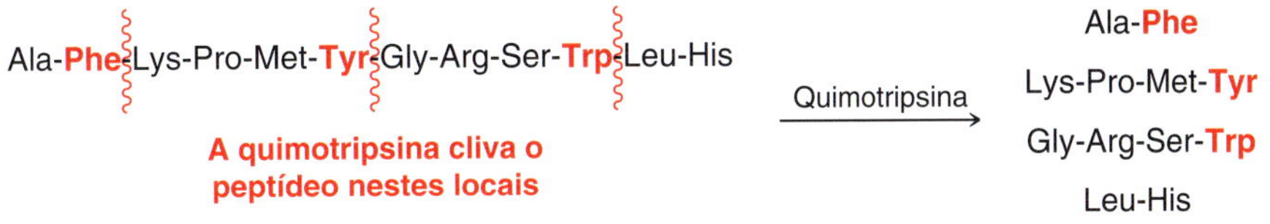

Tente Resolver os Problemas **25.31-25.33, 25.71, 25.74**

25.5 PLANEJAMENTO DA SÍNTESE DE UM DIPEPTÍDEO

ETAPA 1 Inserção dos grupos de proteção adequados.

ETAPA 2 Acoplamento dos aminoácidos protegidos usando DCC.

ETAPA 3 Remoção dos grupos de proteção.

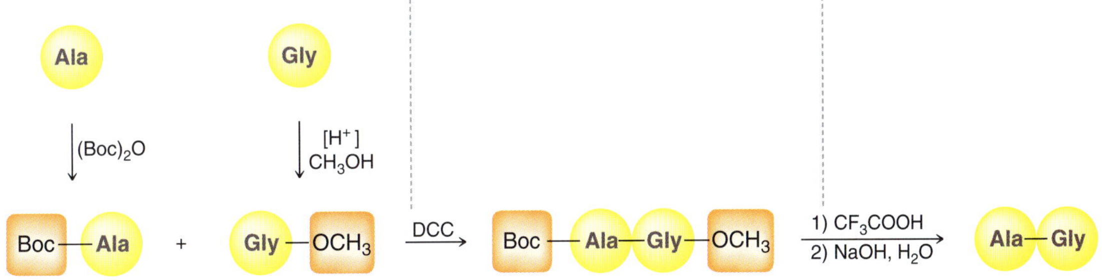

Tente Resolver os Problemas **25.34-25.36, 25.77-25.79**

25.6 PREPARAÇÃO DE UM PEPTÍDEO UTILIZANDO A SÍNTESE DE MERRIFIELD

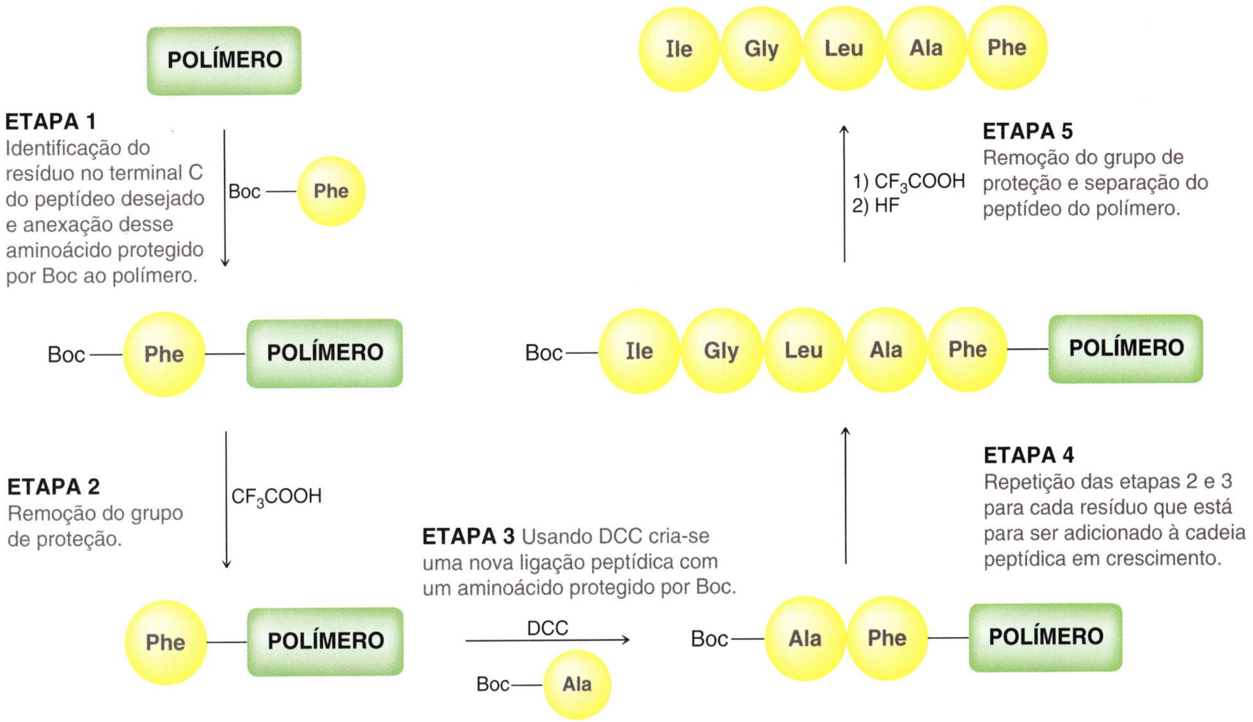

Tente Resolver os Problemas **25.37, 25.38, 25.80, 25.81**

PROBLEMAS PRÁTICOS

25.40 Represente uma estrutura em bastão mostrando a forma zwitteriônica de cada um dos seguintes aminoácidos:

(a) L-Valina (b) L-Triptofano
(c) L-Glutamina (d) L-Prolina

25.41 Os 20 aminoácidos de ocorrência natural (Tabela 25.1) são todos os aminoácidos L, e todos eles têm a configuração *S*, com a exceção da glicina (que carece de um centro de quiralidade) e da cisteína. A cisteína de ocorrência natural é um aminoácido L, mas ela tem a configuração *R*. Explique.

25.42 Represente uma projeção de Fischer para cada um dos seguintes aminoácidos:

(a) L-Treonina (b) L-Serina
(c) L-Fenilalanina (d) L-Asparagina

25.43 Dezessete dos 20 aminoácidos que ocorrem naturalmente (Tabela 25.1) apresentam exatamente um centro de quiralidade. Dos três aminoácidos restantes, a glicina não tem um centro de quiralidade, e os outros dois aminoácidos têm cada um deles dois centros de quiralidade.

(a) Identifique os aminoácidos com dois centros de quiralidade.
(b) Atribua a configuração de cada centro de quiralidade nestes dois ácidos aminoácidos.

25.44 Represente todos os estereoisômeros da L-isoleucina. Em cada estereoisômero, atribua a configuração (*R* ou *S*) de todos os centros de quiralidade.

25.45 A arginina é o mais básico dos 20 aminoácidos que ocorrem naturalmente. No pH fisiológico, a cadeia lateral da arginina está protonada. Identifique o átomo de nitrogênio na cadeia lateral que está protonado. (**Sugestão**: Considere as três possibilidades e represente todas as estruturas de ressonância.)

25.46 A histidina possui uma cadeia lateral básica que é protonada no pH fisiológico. Identifique o átomo de nitrogênio na cadeia lateral que é protonado.

25.47 Represente a forma do ácido L-glutâmico que predomina em cada pH:

(a) 1,9 (b) 2,4 (c) 5,8 (d) 10,4

25.48 Para cada um dos aminoácidos vistos a seguir, represente a forma que se espera que predomine no pH fisiológico:

(a) L-Isoleucina (b) L-Triptofano
(c) L-Glutamina (d) Ácido L-glutâmico

25.49 Usando os dados da Tabela 25.2, calcule o pI dos seguintes aminoácidos:

(a) L-Alanina (b) L-Asparagina
(c) L-Histidina (d) Ácido L-glutâmico

25.50 Assim como cada aminoácido tem um único valor de pI, as proteínas também têm um pI observável global. Por exemplo, a lisozima (presentes nas lágrimas e saliva) tem um pI de 11,0, enquanto a pepsina (utilizada no estômago para digerir outras proteínas) tem um pI de 1,0. Quais são as informações que isso dá a você sobre os tipos de resíduos de aminoácidos que predominantemente compõem cada uma dessas proteínas?

25.51 Para cada aminoácido visto a seguir, represente a estrutura que predomina no ponto isoelétrico:

(a) L-Glutamina (b) L-Fenilalanina
(c) L-Prolina (d) L-Treonina

25.52 Aminoácidos opticamente ativos sofrem racemização na posição α quando tratados com condições fortemente básicas. Forneça um mecanismo que suporte essa observação.

25.53 Uma mistura contendo L-glicina, L-glutamina e L-asparagina foi submetida a eletroforese. Identifique qual dos aminoácidos percorrerá a maior distância admitindo que o experimento foi realizado no pH indicado:

(a) 6,0 (b) 5,0

25.54 Represente os produtos que são esperados quando cada um dos seguintes aminoácidos é tratado com ninidrina:

(a) Ácido L-aspártico (b) L-Leucina
(c) L-Fenilalanina (d) L-Prolina

25.55 Uma mistura de aminoácidos foi tratada com ninidrina, e os seguintes aldeídos foram todos observados na mistura de produtos:

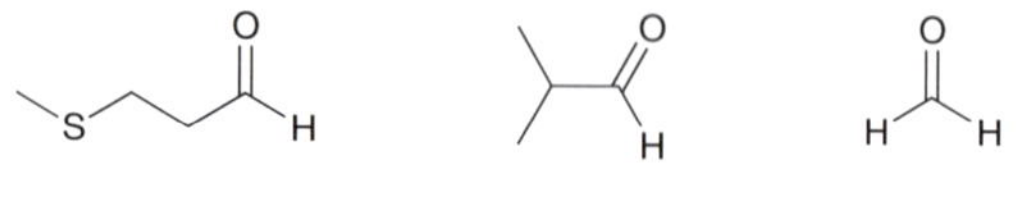

(a) Identifique a estrutura e dê o nome de três aminoácidos na mistura de partida.
(b) Além dos aldeídos, é obtido um produto de cor púrpura. Represente a estrutura da substância responsável pela cor púrpura.
(c) Descreva a origem da cor púrpura.

25.56 Mostre como você usaria uma síntese de Strecker para obter a valina.

25.57 Sob condições similares, a alanina e a valina foram preparadas, cada uma delas, com uma síntese do amidomalonato, e a alanina foi obtida com rendimento mais elevado do que a valina. Explique a diferença nos rendimentos.

25.58 A síntese do amidomalonato pode ser usada para preparar aminoácidos a partir de haletos de alquila. Quando a síntese do amidomalonato é usada para obter a glicina, não é necessário o haleto de alquila. Explique.

25.59 Preveja o(s) principal(is) produto(s) de cada uma das seguintes reações:

(a)
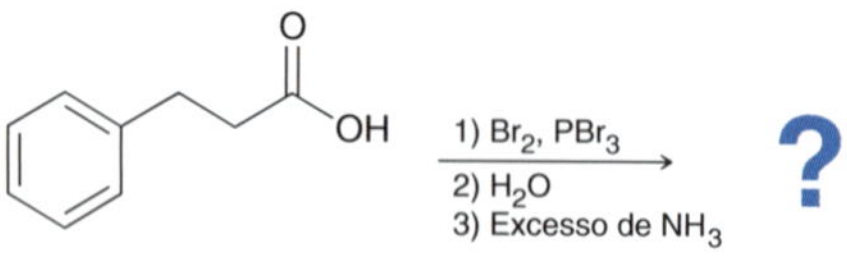

(b)
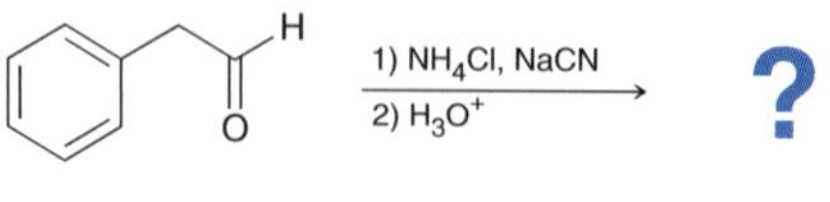

(c)
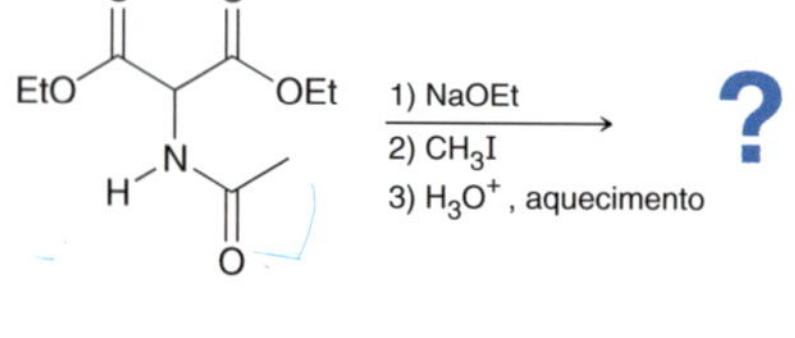

25.60 Mostre como valina racêmica pode ser preparada por cada um dos seguintes métodos:

(a) Reação de Hell-Volhard-Zelinski
(b) Síntese do amidomalonato
(c) Síntese de Strecker

25.61 Quantos pentapeptídeos diferentes podem ser construídos a partir dos 20 aminoácidos que ocorrem naturalmente na Tabela 25.1?

25.62 Usando uma hidrogenação catalítica assimétrica, identifique o alqueno de partida que você usaria para obter a L-histidina.

25.63 Usando a notação com abreviatura de três letras, identifique todos os possíveis tripeptídeos acíclicos contendo L-leucina, L-metionina e L-valina.

25.64 Represente a forma predominante de Asp-Lys-Phe no pH fisiológico.

25.65 Represente uma estrutura em bastão do peptídeo que corresponde à sequência de resíduos de aminoácido vista a seguir e identifique o terminal N e o terminal C:

Trp-Val-Ser-Met-Gly-Glu

25.66 A encefalina metionina é um pentapeptídeo que é produzido pelo corpo para controlar a dor. A partir da sequência de seus resíduos de aminoácidos, represente uma estrutura em bastão da encefalina metionina.

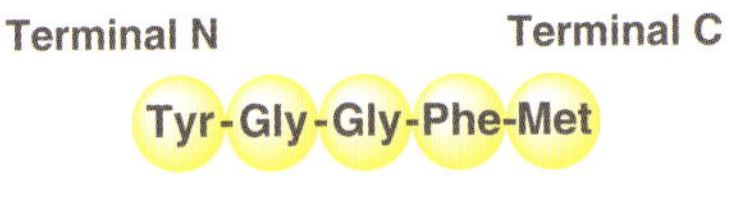

Encefalina metionina

25.67 A partir da sua sequência de aminoácidos, represente a forma do aspartame que se espera que predomine no pH fisiológico:

Asp-Phe-OCH_3

25.68 Acredita-se que os antibióticos de penicilina são biossintetizados a partir de aminoácidos precursores. Identifique os dois aminoácidos que são provavelmente utilizados durante a biossíntese dos antibióticos de penicilina:

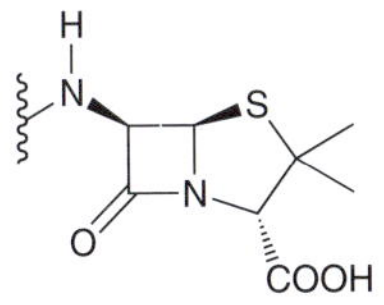

25.69 A proteína fluorescente verde (GFP), isolada pela primeira vez a partir da medusa bioluminescente, é uma proteína contendo 238 resíduos de aminoácidos. A descoberta da GFP revolucionou o campo da microscopia de fluorescência permitindo que os bioquímicos monitorem a biossíntese de proteínas. O Prêmio Nobel de 2008 em Química foi dado a Martin Chalfie, Osamu Shimomura e Roger Tsien pela descoberta e desenvolvimento da GFP. A subunidade estrutural da GFP responsável pela fluorescência, chamada o fluoróforo, ocorre quando três resíduos de aminoácidos sofrem ciclização. Identifique os três aminoácidos que entram na biossíntese deste fluoróforo:

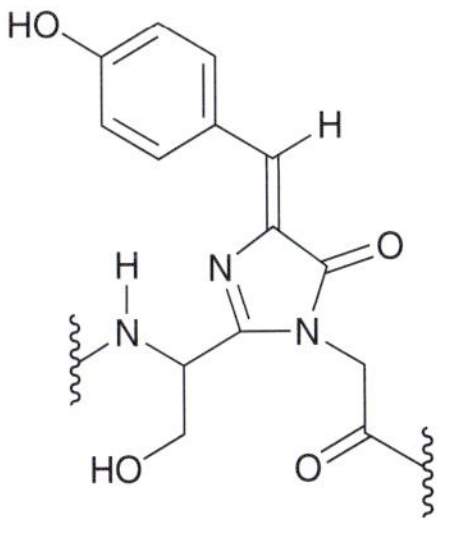

25.70 Proponha duas estruturas para um tripeptídeo que contém glicina, L-alanina e L-fenilalanina, mas não reage com isotiocianato de fenila.

25.71 A bradicinina tem a seguinte sequência:

(*terminal N*) ***Arg-Pro-Pro-Gly-Phe-Ser-Pro-Phe-Arg*** (*terminal C*)

Identifique todos os fragmentos que irão ser produzidos quando a bradicinina é tratada com:

(a) Tripsina (b) Quimotripsina

25.72 Identifique o resíduo do terminal N de um peptídeo que produz o seguinte derivado da PTH em uma degradação de Edman:

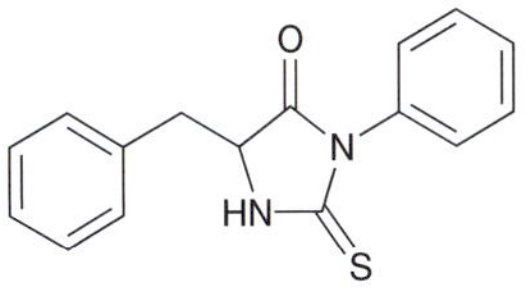

25.73 Tratamento de um tripeptídeo com isotiocianato de fenila produz a substância **A** e um dipeptídeo. Tratamento do dipeptídeo com isotiocianato de fenila produz a substância **B** e a glicina. Identifique a estrutura do tripeptídeo de partida.

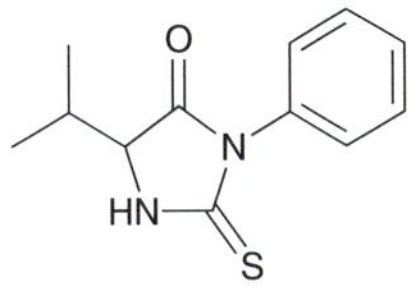

Substância A

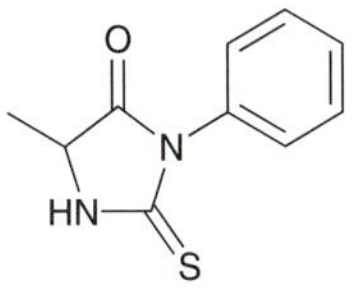

Substância B

25.74 O glucagon é um hormônio peptídico produzido pelo pâncreas que, com a insulina, regula os níveis de glicose no sangue. O glucagon é constituído por 29 resíduos de aminoácidos. O tratamento com tripsina produz quatro fragmentos, enquanto o tratamento com quimotripsina produz seis fragmentos. Identifique a sequência de resíduos de aminoácidos para o glucagon, e determine se existem pontes de dissulfeto presentes.

Fragmentos de tripsina

His-Ser-Gln-Gly-Thr-Phe-Thr-Ser-Asp-Tyr-Ser-Lys
Ala-Gln-Asp-Phe-Val-Gln-Trp-Leu-Met-Asn-Thr
Tyr-Leu-Asp-Ser-Arg
Arg

Fragmentos quimotripsina

His-Ser-Gln-Gly-Thr-Phe
Thr-Ser-Asp-Tyr
Leu-Met-Asn-Thr
Ser-Lys-Tyr
Leu-Asp-Ser-Arg-Arg-Ala-Gln-Asp-Phe
Val-Gln-Trp.

25.75 Quando o terminal N de um peptídeo é acetilado, o derivado do peptídeo que é formado não é reativo frente ao isotiocianato de fenila. Explique.

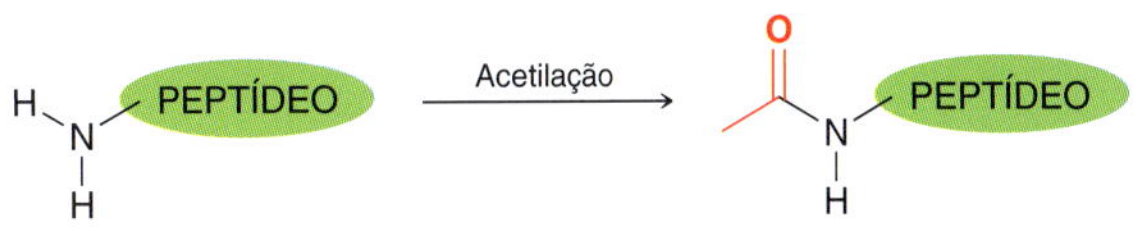

25.76 Preveja o(s) principal(is) produto(s) da reação entre a L-valina e:

(a) MeOH, H^+ (b) Dicarbonato de di-*terc*-butila
(c) NaOH, H_2O (d) HCl

25.77 Mostre todas as etapas necessárias para formar o dipeptídeo Phe-Ala a partir de L-fenilalanina e L-alanina.

25.78 Represente todos os quatro possíveis dipeptídeos que são obtidos quando uma mistura de L-fenilalanina e L-alanina é tratada com DCC.

25.79 Identifique as etapas que você usaria para combinar Val-Leu e Phe-Ile para formar o tetrapeptídeo Phe-Ile-Val-Leu.

25.80 Identifique todas as etapas necessárias para preparar o tripeptídeo Leu-Val-Ala com uma síntese de Merrifield.

25.81 Represente a estrutura do aminoácido protegido que tem de ser fixado ao suporte sólido a fim de usar uma síntese de Merrifield para preparar a encefalina leucina.

(*terminal N*) ***Try-Gly-Gly-Phe-Leu*** (*terminal C*)

25.82 Um resíduo de prolina muitas vezes aparece na extremidade de uma hélice α, mas raramente vai aparecer no meio. Explique por que a prolina geralmente não pode ser incorporada em uma hélice α.

25.83 Represente um mecanismo para a seguinte reação:

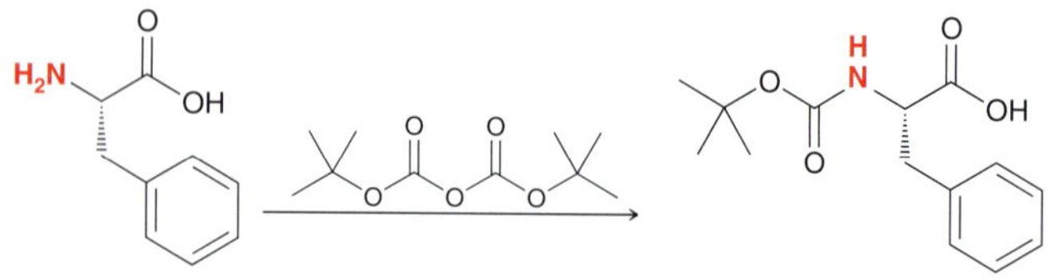

PROBLEMAS INTEGRADOS

25.84 Represente o haleto de alquila que seria necessário para produzir o aminoácido tirosina usando uma síntese do amidomalonato. Esse haleto de alquila é altamente suscetível à polimerização. Represente a estrutura do material polimérico esperado.

25.85 Quando a leucina é preparada com uma síntese do amidomalonato, o isobutileno (também denominado 2-metilpropeno) é um subproduto gasoso. Represente um mecanismo para a formação desse subproduto.

25.86 A cadeia lateral do triptofano não é considerada básica, não obstante o fato dela possuir um átomo de nitrogênio com um par de elétrons isolado. Explique.

25.87 Considere um processo que tenta preparar a tirosina usando uma reação de Hell-Volhard-Zelinski:

(a) Identifique o ácido carboxílico de partida necessário.

(b) Quando tratado com Br_2, o ácido carboxílico de partida pode reagir com dois equivalentes para produzir uma substância com a fórmula molecular $C_9H_8Br_2O_3$, em que nenhum dos átomos de bromo está localizado na posição α. Identifique a estrutura provável deste produto.

DESAFIOS

25.88 Espectroscopia de RMN de próton fornece evidência para a rotação restrita de uma ligação peptídica. Por exemplo, a *N,N*-dimetilformamida apresenta três sinais no espectro de RMN de próton à temperatura ambiente. Dois desses sinais são observados em campo alto, em 2,9 e 3,0 ppm. À medida que a temperatura aumenta, os dois sinais começam a se fundir. Acima de 180°C, esses dois sinais se combinam em um sinal. Explique como esses resultados provam a rotação restrita de ligações peptídicas.

25.89 Vimos na Seção 25.6 que o DCC pode ser utilizado para formar uma ligação peptídica. Exploramos o mecanismo e vimos que o DCC ativa o grupo COOH para que ele sofra prontamente substituição nucleofílica acílica. Um método alternativo para a ativação de um grupo COOH envolve a sua conversão em um éster ativado, tal como um éster de *para*nitrofenila:

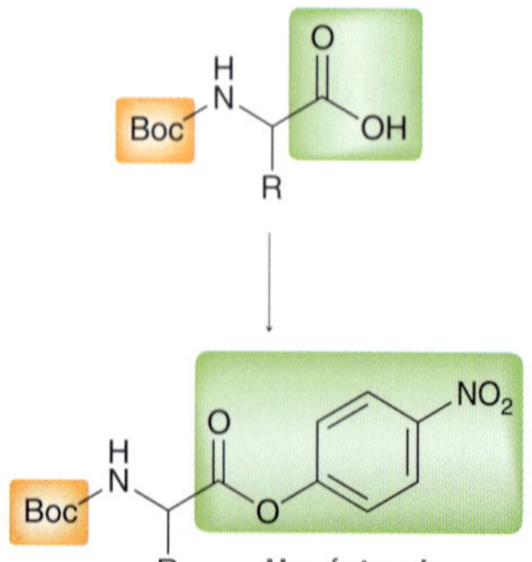

Um éster de *para*nitrofenila

O éster ativado é prontamente atacado por um aminoácido adequadamente protegido formando uma ligação peptídica:

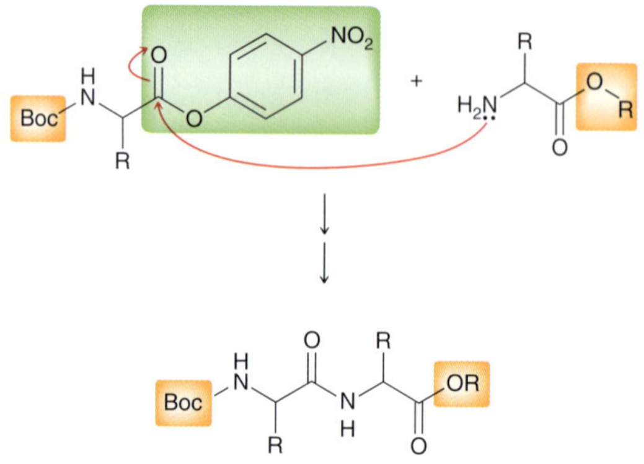

(a) Explique como o éster de *p*-nitrofenila ativa o grupo carbonila para a substituição nucleofílica acílica.

(b) Qual é a função do grupo nitro?

(c) Um éster de *meta*nitrofenila é menos ativo do que um éster de *para*nitrofenila. Explique.

25.90 Quando a substância vista a seguir é tratada com HCl concentrado a 100°C durante várias horas, ocorre hidrólise produzindo um dos 20 aminoácidos que ocorrem naturalmente. Identifique esse aminoácido.

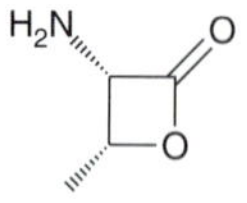

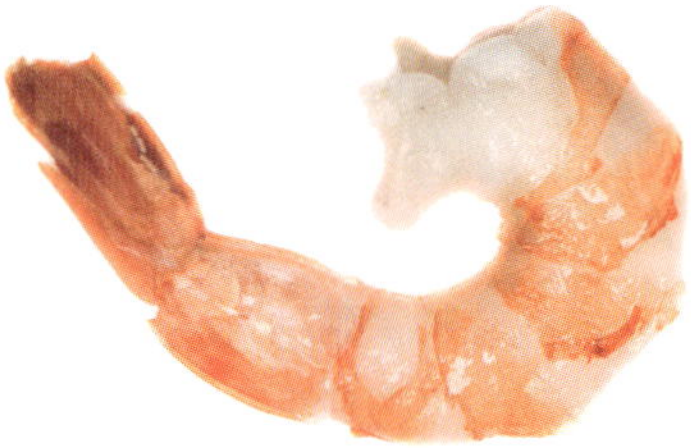

26

Lipídios

VOCÊ JÁ SE PERGUNTOU...
por que os níveis elevados de colesterol aumentam o risco de um ataque cardíaco?

O colesterol é um tipo de esteroide que pertence a uma grande classe de substâncias que ocorrem naturalmente chamadas lipídios. O colesterol tem muitas funções importantes como veremos neste capítulo, e a manutenção de níveis saudáveis de colesterol pode realmente ser uma questão de vida ou morte. Neste capítulo, vamos explorar as propriedades e funções de esteroides, bem como as propriedades e funções de muitas outras classes de lipídios.

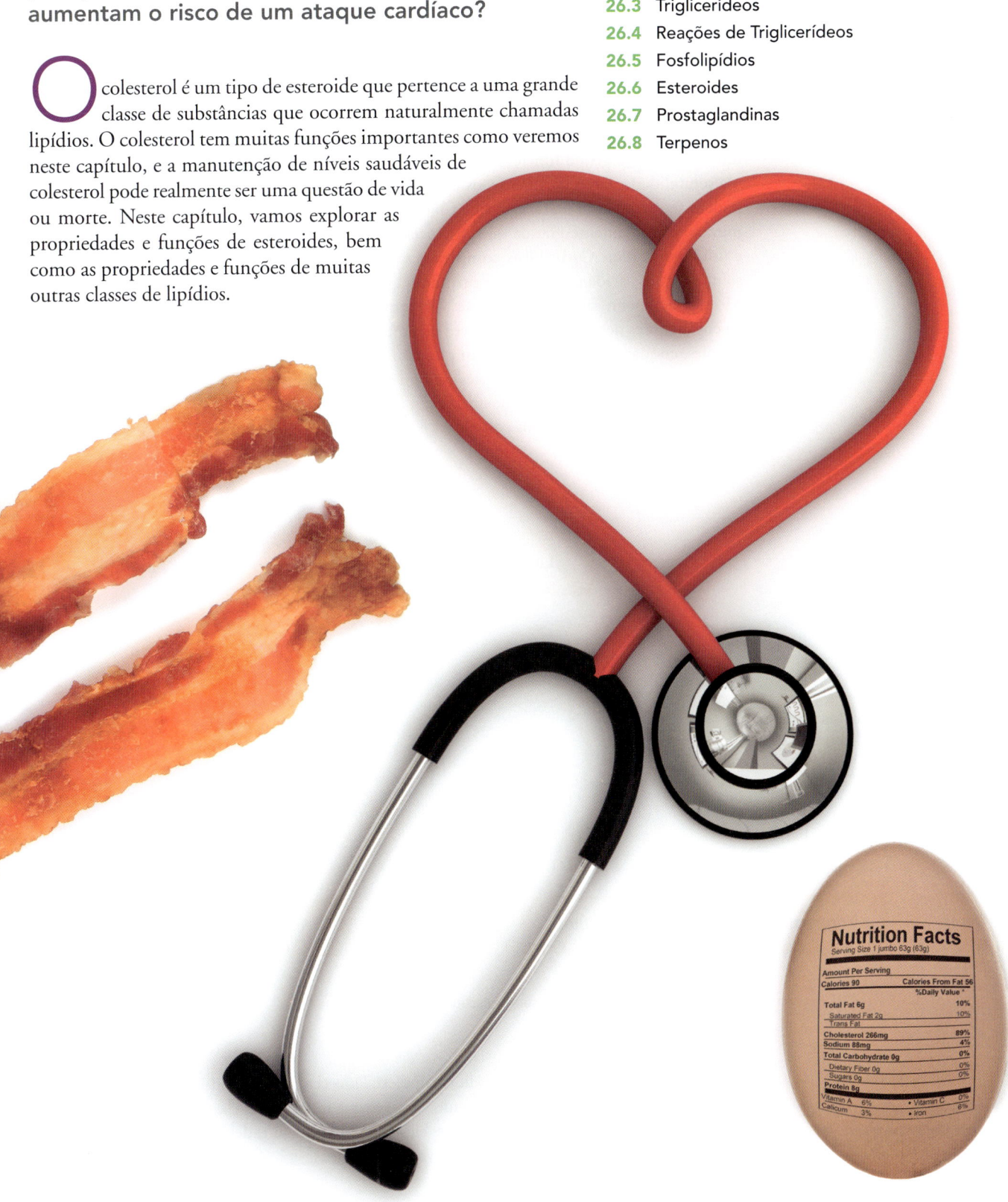

VOCÊ SE LEMBRA?

Antes de avançar, tenha certeza de que você compreende os tópicos citados a seguir. Se for necessário, revise as seções sugeridas para se preparar para este capítulo:

- Gorduras Parcialmente Hidrogenadas (Seção 9.7, do Volume 1)
- Auto-oxidação e Antioxidantes (Seção 11.9, do Volume 1)
- Hidrólise de Ésteres Catalisada por Base: Saponificação (Seção 21.11)

26.1 Introdução aos Lipídios

Ao longo dos capítulos deste livro, temos classificado regularmente as substâncias orgânicas com base em seus grupos funcionais (por exemplo, alquenos, alquinos, álcoois). Os **lipídios** representam uma classe um pouco diferente porque eles não são definidos pela presença ou ausência de um determinado grupo funcional. Em vez disso, eles são definidos por uma propriedade física – a solubilidade. Especificamente, os lipídios são substâncias que ocorrem naturalmente, e que podem ser extraídas a partir de células biológicas utilizando solventes orgânicos apolares. Um número extremamente grande de substâncias biológicas é considerado lipídios, de modo que é útil classificá-los. Os **lipídios complexos** são lipídios que prontamente sofrem hidrólise em solução aquosa ácida ou básica produzindo fragmentos menores, enquanto os **lipídios simples** não são facilmente sujeitos a hidrólise. Os termos "simples" e "complexo" podem ser um pouco enganadores neste contexto, uma vez que muitos lipídios complexos têm estruturas bastante simples, enquanto muitos lipídios simples têm estruturas mais complexas. Lipídios complexos são chamados dessa forma porque eles contêm um ou mais grupos éster, que podem ser hidrolisados produzindo um ácido carboxílico e um álcool (veja a Seção 21.11). Neste capítulo, vamos explorar três classes de lipídios complexos e três classes de lipídios simples, como pode ser visto na Figura 26.1.

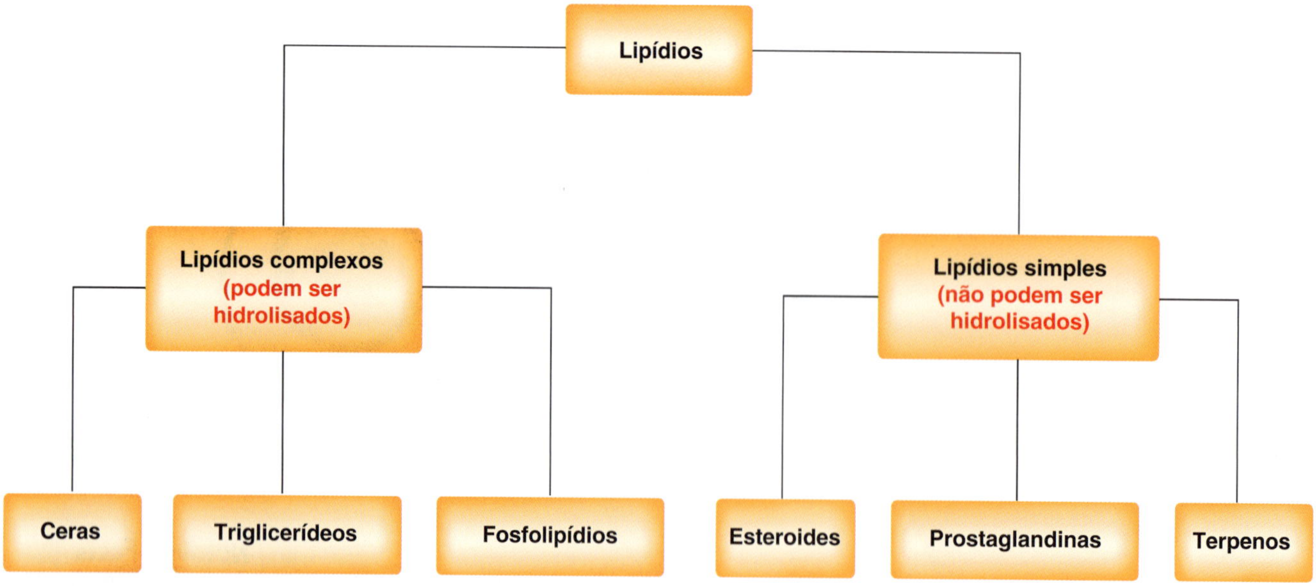

FIGURA 26.1
As seis classes de lipídios que serão discutidos neste capítulo.

As três principais classes de lipídios complexos são ceras, triglicerídeos e fosfolipídios. Um exemplo de cada classe é mostrado a seguir. Observe que todas as três classes contêm grupos éster, tornando-os facilmente hidrolisáveis, e que eles contêm também cadeias hidrocarbônicas longas, fazendo com que eles sejam solúveis em solventes orgânicos.

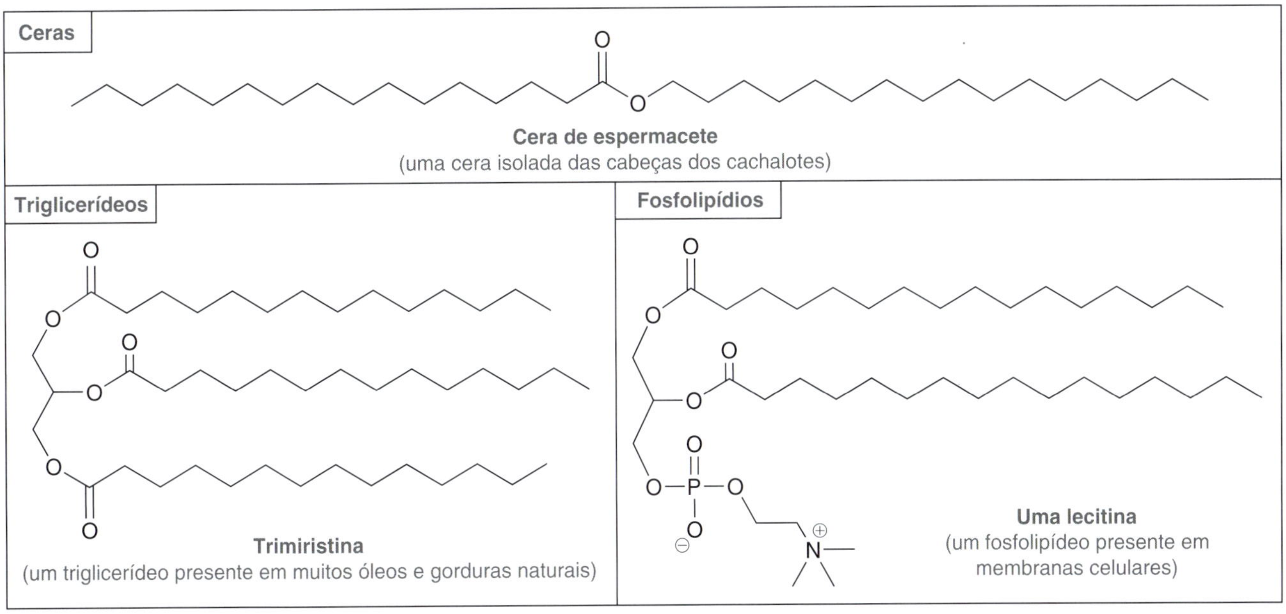

Assim como os lipídios complexos podem ser divididos em várias classes, lipídios simples também podem ser divididos em várias classes. Neste capítulo, vamos explorar três dessas classes: esteroides, prostaglandinas e terpenos. Um exemplo de cada uma das classes é mostrado a seguir.

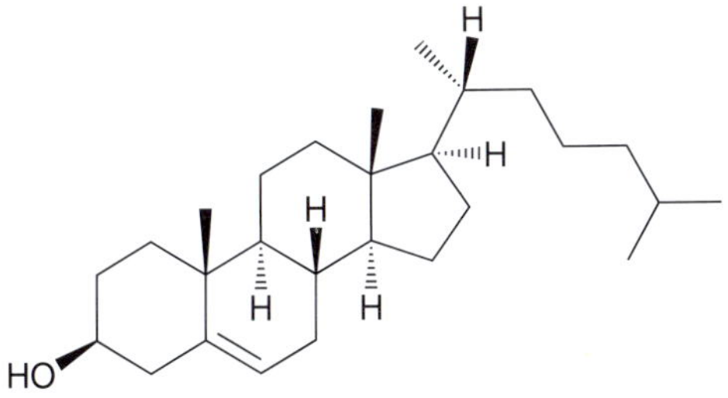

Colesterol
(um esteroide)

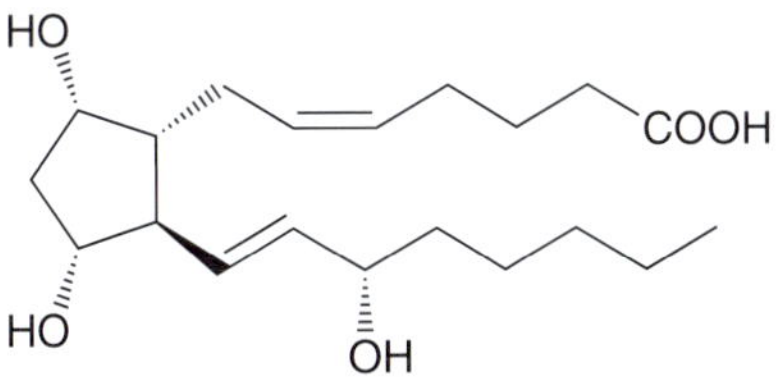

$PGF_{2\alpha}$
(uma prostaglandina)

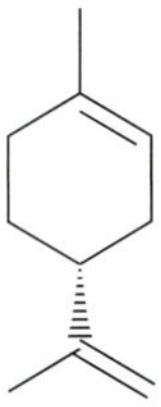

Limoneno
(um terpeno)

26.2 Ceras

As **ceras** são ésteres de massa molecular elevada, que são construídos a partir de ácidos carboxílicos e álcoois. Por exemplo, o hexadecanoato de triacontilo, um importante componente da cera de abelhas, é construído a partir de um ácido carboxílico com 16 átomos de carbono e de um álcool com 30 átomos de carbono.

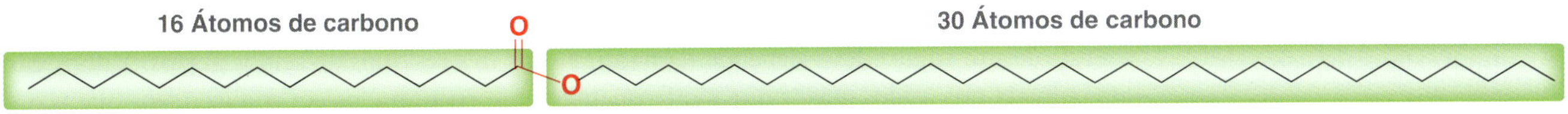

Hexadecanoato de triacontilo
(o principal componente da cera de abelha)

RELEMBRANDO
Para uma revisão das forças de dispersão de London, veja a Seção 1.12, do Volume 1.

Outras ceras são semelhantes em estrutura, diferindo apenas no número de átomos de carbono em ambos os lados do grupo éster. Essas longas cadeias hidrocarbônicas fazem com que essas substâncias tenham alto ponto de fusão como resultado das forças de dispersão de London intermoleculares entre as cadeias hidrocarbônicas.

As ceras têm uma grande variedade de funções nos organismos vivos. Acredita-se que os cachalotes utilizem a cera existente na sua cabeça como uma antena para a detecção de ondas sonoras (sonar), permitindo que ele mapeie o seu ambiente. Muitos insetos têm revestimentos protetores de cera em seus exoesqueletos. As aves utilizam ceras sobre as penas, tornando-as repelentes à água. Da mesma forma, a pele de alguns mamíferos, tais como as ovelhas, é revestida com uma mistura de ceras chamadas lanolina. O revestimento da superfície das folhas de muitas plantas por ceras evita a evaporação, reduzindo assim a perda de água. Por exemplo, a cera de carnaúba (uma mistura de ésteres de massa molecular elevada) é produzida pela palmeira brasileira chamada carnaúba, e é comumente usada em formulações para polimento de barcos e automóveis.

VERIFICAÇÃO CONCEITUAL

26.1 Ceras podem ser hidrolisadas para se obter um álcool e um ácido carboxílico. Represente os produtos obtidos quando o hexadecanoato de triacontilo sofre hidrólise.

26.2 A lanolina é uma mistura de muitas substâncias, uma das quais foi isolada, purificada e depois tratada com hidróxido de sódio aquoso, obtendo-se um álcool ramificado com 20 átomos de carbono e um ácido carboxílico não ramificado com 22 átomos de carbono. Represente a estrutura dessa substância.

26.3 Triglicerídeos

A Estrutura e Função dos Triglicerídeos

Os **triglicerídeos** são triésteres formados a partir de glicerol e três ácidos carboxílicos de cadeia longa ou **ácidos graxos** (Figura 26.2).

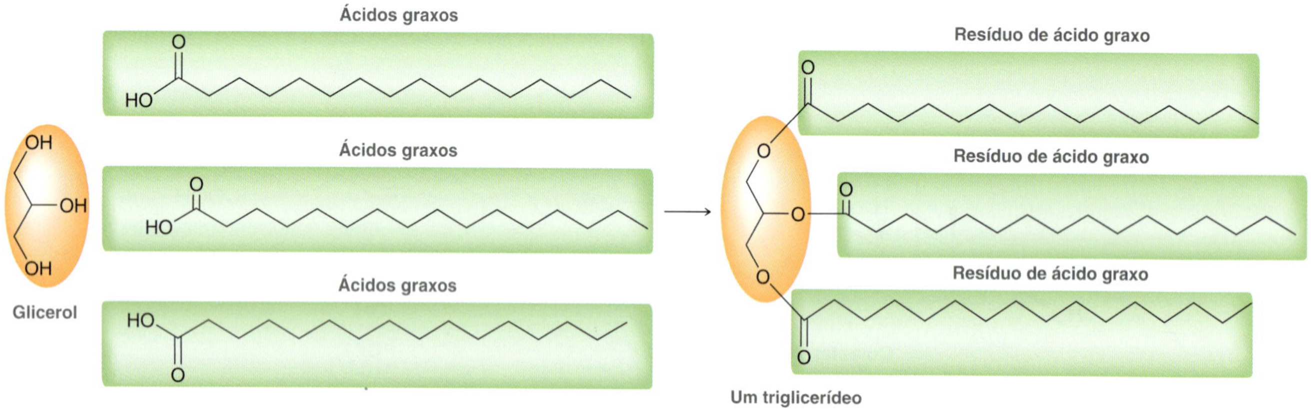

FIGURA 26.2
Triglicerídeos são triésteres formados a partir de um equivalente de glicerol e três equivalentes de ácidos graxos.

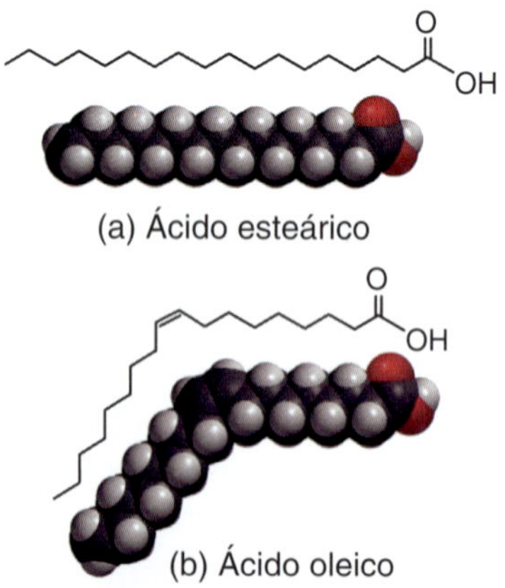

FIGURA 26.3
(a) Um modelo de espaço preenchido para a conformação de menor energia do ácido esteárico. (b) Um modelo de espaço preenchido para a conformação de menor energia do ácido oleico.

Um triglicerídeo é considerado como tendo três *resíduos de ácidos graxos*. Os triglicerídeos são utilizados pelos mamíferos e plantas para armazenamento de energia de longo prazo. Os triglicerídeos armazenam aproximadamente 9 kcal/g, o que significa que eles são mais de duas vezes eficientes para o armazenamento de energia do que os carboidratos e proteínas, que só podem armazenar aproximadamente 4 kcal/g. A estrutura exata, as propriedades físicas e quantidade de energia de um triglicerídeo depende da natureza dos três resíduos de ácidos graxos. Vamos dar uma olhada nos ácidos graxos que são frequentemente encontrados em triglicerídeos que ocorrem naturalmente.

Propriedades de Ácidos Graxos e Triglicerídeos

Os ácidos graxos, obtidos a partir da hidrólise de triglicerídeos que ocorrem naturalmente, são ácidos carboxílicos ramificados de comprimento longo, normalmente contendo entre 12 e 20 átomos de carbono. Eles contêm em geral um número par de átomos de carbono (12, 14, 16, 18 ou 20), porque os ácidos graxos são biossintetizados a partir de "blocos de construção" contendo dois átomos de carbono. Alguns ácidos graxos são saturados (não contêm ligações π carbono-carbono), enquanto outros são insaturados (contêm ligações π carbono-carbono). A Figura 26.3 compara modelos de espaço preenchido de um ácido graxo saturado (ácido esteárico) e de um ácido graxo insaturado (ácido oleico), ambos com 18 átomos de carbono. Em sua conformação de mais baixa energia, o ácido esteárico é bastante linear (Figura 26.3a). Ao contrário, o ácido oleico apresenta uma angulação que impede que a substância adote uma conformação linear (Figura 26.3b). A presença ou ausência de uma angulação tem um profundo impacto sobre o ponto de fusão dos ácidos graxos. A Tabela 26.1 fornece o ponto de fusão de vários ácidos graxos saturados e insaturados.

TABELA 26.1 PONTOS DE FUSÃO DE ÁCIDOS GRAXOS SATURADOS E INSATURADOS COMUNS

ESTRUTURA E NOME	NÚMERO DE ÁTOMOS DE CARBONO	NÚMERO DE LIGAÇÕES DUPLAS CARBONO-CARBONO	PONTO DE FUSÃO (°C)
SATURADO			
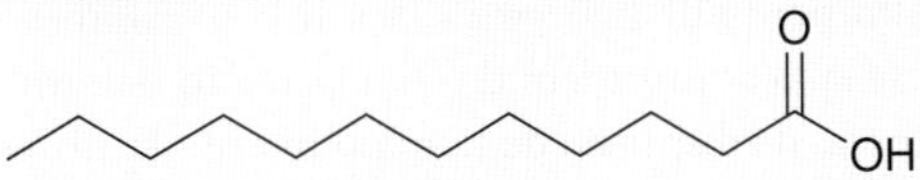 Ácido láurico	12	0	43
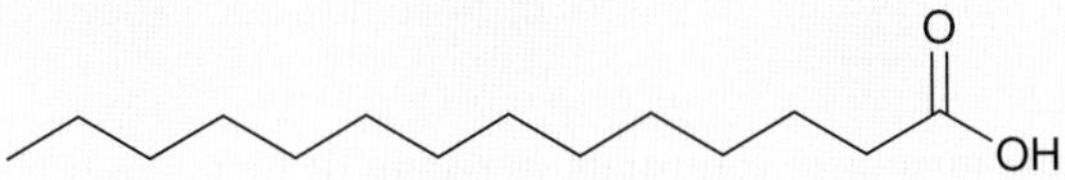 Ácido mirístico	14	0	54
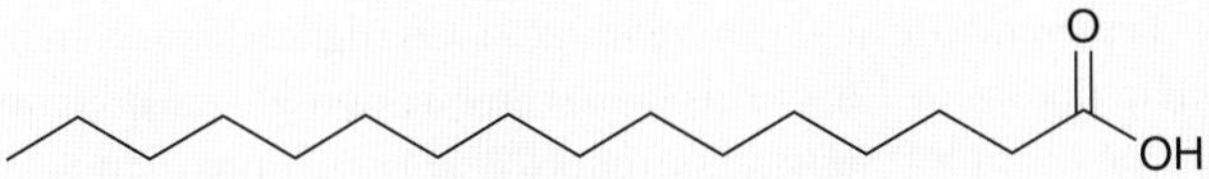 Ácido palmítico	16	0	63
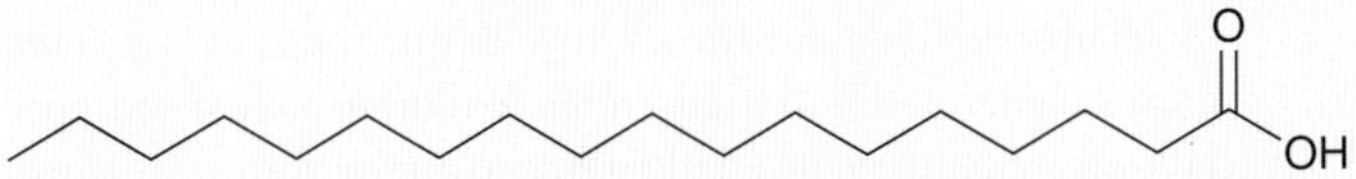 Ácido esteárico	18	0	69
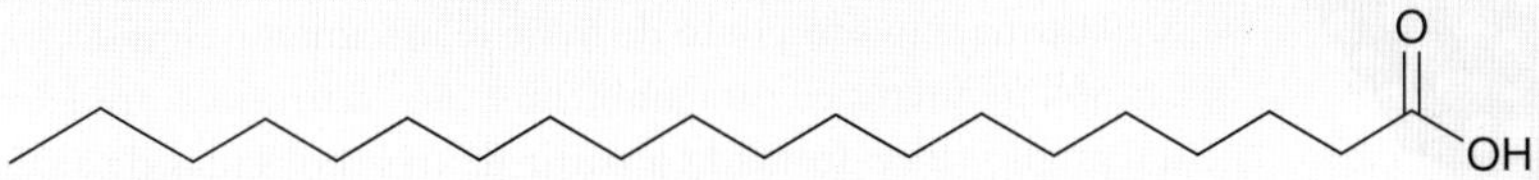 Ácido araquídico	20	0	77
INSATURADO			
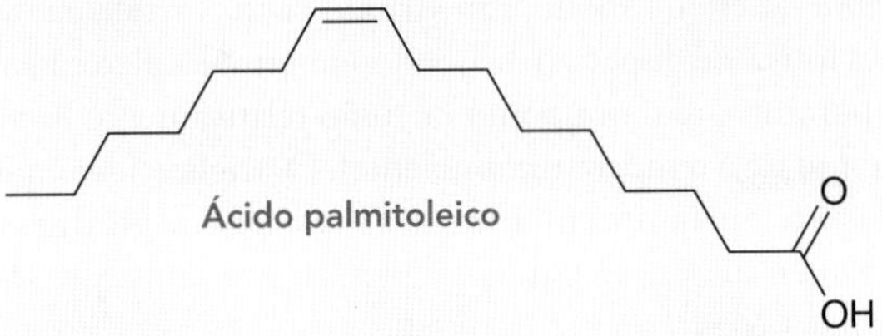 Ácido palmitoleico	16	1	0
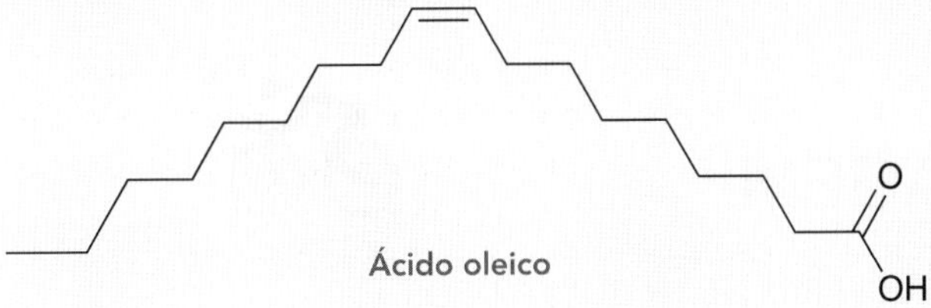 Ácido oleico	18	1	13
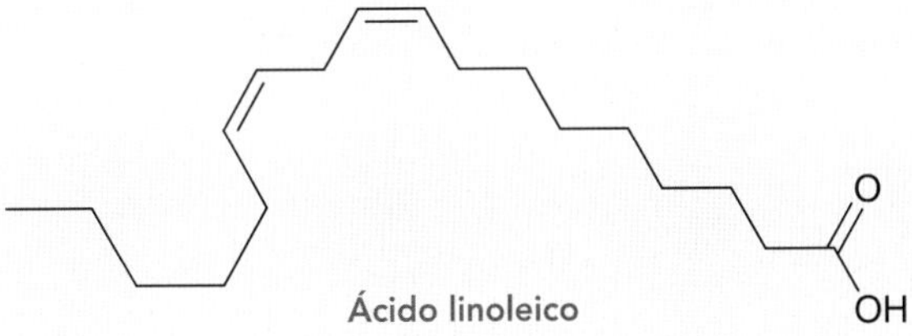 Ácido linoleico	18	2	−5
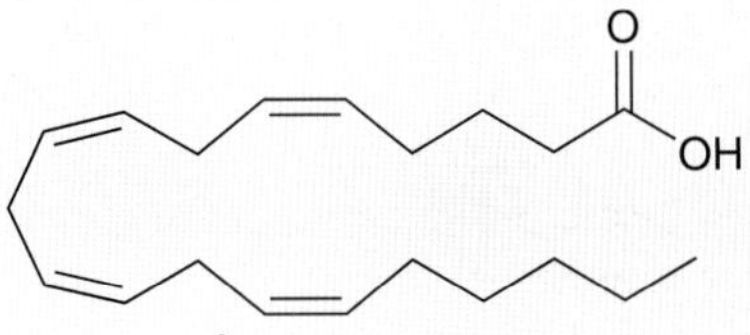 Ácido araquidônico	20	4	−50

Duas tendências importantes emergem a partir dos dados da Tabela 26.1:

1. Para os ácidos graxos saturados, o ponto de fusão aumenta com o aumento da massa molecular. Por exemplo, o ácido mirístico mostra um ponto de fusão mais elevado do que o ácido láurico, porque o ácido mirístico tem mais átomos de carbono.
2. A presença de uma ligação dupla *cis* causa uma diminuição do ponto de fusão. Por exemplo, o ácido oleico, apresenta um ponto de fusão menor do que o ácido esteárico, porque o ácido oleico tem uma ligação dupla *cis*. Moléculas de ácido esteárico podem ficar mais compactadas na fase sólida, fazendo com que as forças de dispersão de London intermoleculares sejam mais fortes e, consequentemente, o ácido esteárico tenha um ponto de fusão mais elevado. Ao contrário, as moléculas de ácido oleico têm uma angulação que as impedem de compactarem de forma eficiente, diminuindo assim a intensidade das forças de dispersão de London intermoleculares; logo, o ponto de fusão é mais baixo. Ligações duplas adicionais reduzem ainda mais o ponto de fusão, tal como pode ser visto quando se comparam os pontos de fusão do ácido oleico e do ácido linoleico.

Essas duas tendências também são observadas quando se comparam os pontos de fusão dos triglicerídeos. Isto é, o ponto de fusão dos triglicerídeos depende do número de átomos de carbono nos resíduos de ácidos graxos, bem como da presença de qualquer insaturação. Os triglicerídeos com resíduos de ácidos graxos insaturados têm pontos de fusão mais baixos do que os triglicerídeos com resíduos de ácidos graxos saturados. Por exemplo, compare os modelos de espaço preenchido da triestearina e da trioleína (Figura 26.4). A triestearina é um triglicerídeo formado a partir de três moléculas de ácido esteárico. Uma vez que todos os três ácidos graxos são saturados, o triglicerídeo resultante pode ser compactado eficientemente no estado sólido, o que permite fortes forças de dispersão de London intermoleculares. Como consequência, a triestearina tem um ponto de fusão relativamente elevado (ela é um sólido à temperatura ambiente). Ao contrário, a trioleína é um triglicerídeo formado a partir de três moléculas de ácido oleico. Uma vez que todos os três ácidos graxos são insaturados, o triglicerídeo resultante não pode ser compactado de forma tão eficiente no estado sólido. Em virtude disso, a trioleina experimenta forças de dispersão de London intermoleculares mais fracas e, portanto, tem um ponto de fusão relativamente baixo (ela é um líquido à temperatura ambiente). Os triglicerídeos que são sólidos à temperatura ambiente são chamados de **gorduras**, enquanto aqueles que são líquidos à temperatura ambiente são chamados de **óleos**.

Triestearina
p.fus. = 72°C

Trioleína
p.fus. = –4°C

FIGURA 26.4
Modelos de espaço preenchido da triestearina e da trioleína.

DESENVOLVENDO A APRENDIZAGEM

26.1 COMPARAÇÃO DAS PROPRIEDADES MOLECULARES DE TRIGLICERÍDEOS

APRENDIZAGEM Qual o triglicerídeo que é esperado ter o ponto de fusão mais elevado?

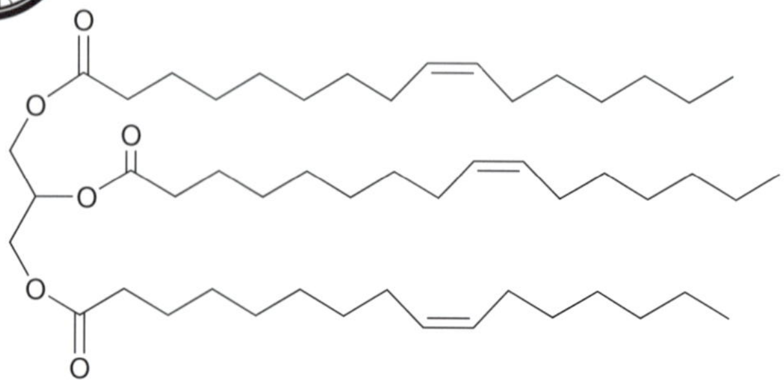

Tripalmitoleína

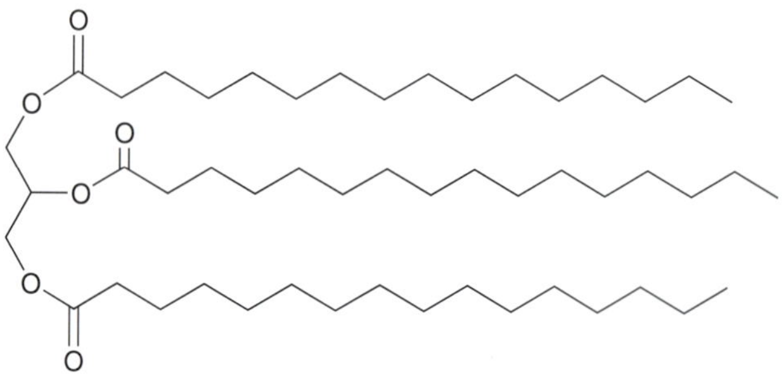

Tripalmitina

SOLUÇÃO

Primeiro identificamos os resíduos de ácidos graxos de cada triglicerídeo:

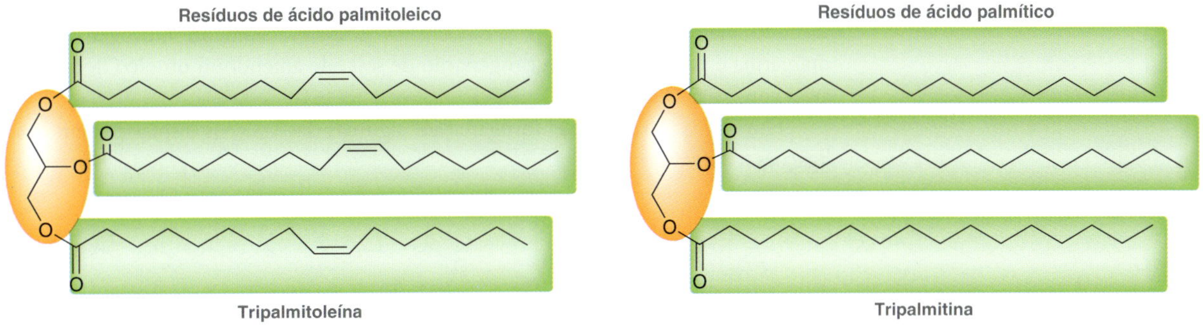

ETAPA 1
Identificação dos resíduos de ácidos graxos.

ETAPA 2
Comparação do comprimento e da saturação dos resíduos.

Como os nomes sugerem, a tripalmitoleína contém três resíduos de ácido palmitoleico e a tripalmitina contém três resíduos de ácido palmítico. Temos que comparar esses resíduos de ácidos graxos, tendo em mente que duas características contribuem para um ponto de fusão mais elevado.

1. Comprimento dos resíduos de ácidos graxos (cadeia mais longa = ponto de fusão mais elevado)
2. Ausência de insaturação C = C (sem insaturação = maior ponto de fusão).

A primeira característica não pode ser utilizada para distinguir esses triglicerídeos porque o ácido palmitoleico e o ácido palmítico têm cada um deles 16 átomos de carbono. No entanto, a segunda característica permite distinguir esses triglicerídeos. Especificamente, o ácido palmitoleico é um ácido carboxílico insaturado, enquanto o ácido palmítico é um ácido carboxílico saturado. Vimos que a insaturação causa compactação ineficiente, diminuindo, assim, o ponto de fusão. Portanto, espera-se que a tripalmitoleína tenha um ponto de fusão inferior e a tripalmitina um ponto de fusão mais alto.

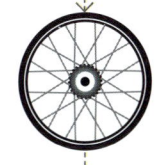

PRATICANDO o que você aprendeu

26.3 Para cada par de triglicerídeos vistos a seguir, identifique a substância que é esperada ter o ponto de fusão mais elevado. Consulte a Tabela 26.1 para determinar quais os resíduos de ácidos graxos que estão presentes em cada um dos triglicerídeos.

(a) Trilaurina e trimiristina
(b) Triaraquidina e trilinoleína
(c) Trioleína e trilinoleína
(d) Trimiristina e triestearina

APLICANDO o que você aprendeu

26.4 Disponha os três triglicerídeos vistos a seguir em ordem crescente de ponto de fusão.

Triestearina, tripalmitina e tripalmitoleína

26.5 A triestearina tem um ponto de fusão de 72°C. Com base nessa informação, você esperaria que a triaraquidina seja classificada como uma gordura ou como um óleo?

26.6 Identifique cada uma das substâncias vistas a seguir como uma gordura ou um óleo. Explique as suas respostas.

(a) Um triglicerídeo contendo um resíduo de ácido palmítico e dois resíduos de ácido esteárico
(b) Um triglicerídeo contendo um resíduo de ácido oleico e dois resíduos de ácido linoleico

é necessário **PRATICAR MAIS?** **Tente Resolver os Problemas 26.40a,d,e, 26.41a,d,e, 26.43**

26.4 Reações de Triglicerídeos

Hidrogenação de Triglicerídeos

Triglicerídeos contendo resíduos de ácidos graxos insaturados sofrerão hidrogenação (veja a Seção 9.7, do Volume 1).

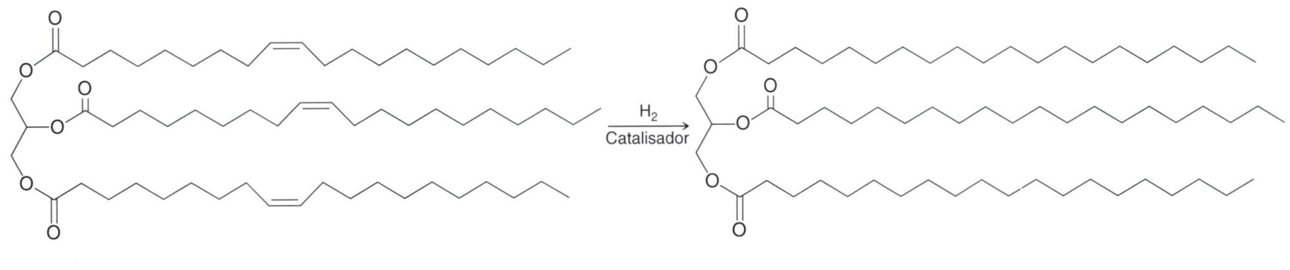

Esse tipo de transformação é geralmente obtida usando-se temperaturas elevadas e um catalisador, tal como o níquel (Ni). No exemplo anterior, todas as ligações π carbono-carbono são hidrogenadas, mas também é possível controlar as condições de forma que apenas algumas ligações π carbono-carbono sejam hidrogenadas para dar óleos vegetais parcialmente hidrogenados. Por exemplo, a margarina é produzida pela hidrogenação de soja, de amendoim ou óleo de semente de algodão, até a consistência desejada.

Durante o processo de hidrogenação, algumas das ligações duplas podem isomerizar dando ligações π *trans*.

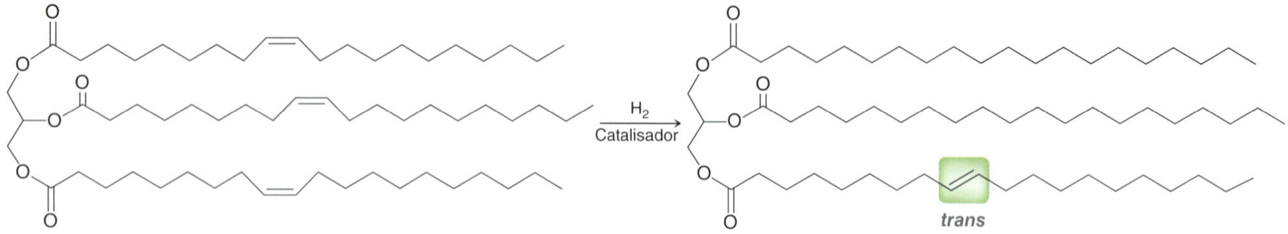

O processo de hidrogenação normalmente fornece uma mistura contendo 10-15% de ácidos graxos *trans* insaturados. Essas "gorduras *trans*" têm sido consideradas responsáveis pela elevação dos níveis de colesterol, aumentando assim o risco de ataques cardíacos (como descrito mais adiante neste capítulo). A FDA (agência federal americana que regula os produtos alimentícios nos Estados Unidos) exige agora que os rótulos dos produtos alimentícios indique a quantidade de gorduras *trans* presentes nos alimentos.

Nutrition Facts
Serving Size 1 ounce Servings in bag 4
Amount Per Serving
Calories 155 Calories from Fat 93
% Daily Value*
Fat 13g 20%
Saturated Fat 3g
+ Trans Fat 2g 25%
Cholesterol 0mg 0%
Sodium 148mg 6%
Total Carbohydrate 14g 5%
Dietary Fiber 1g 5%
Sugars 1g
Protein 2g
Vitamin A 0% • Vitamin C 9%
Calcium 1% • Iron 3%
*Percent Daily Values are based on a 2,000 calorie diet. Your daily values may be higher or lower depending on your calorie needs.

VERIFICAÇÃO CONCEITUAL

26.7 Trioleína foi tratada com hidrogênio molecular a uma temperatura elevada na presença de níquel. Ao término, a reação havia consumido três equivalentes de hidrogênio molecular.

(a) Represente a estrutura do produto.

(b) Identifique o nome do produto.

(c) Determine se o ponto de fusão do produto é superior ou inferior ao da trioleína.

(d) Quando o produto é tratado com uma base aquosa, são produzidos três equivalentes de um ácido graxo. Identifique esse ácido graxo.

26.8 Hidrogenação parcial da trioleína produz várias gorduras *trans* diferentes. Represente todas as possíveis gorduras *trans* que podem ser obtidas no processo.

Auto-oxidação de Triglicerídeos

Na presença de oxigênio molecular, os triglicerídeos que contêm resíduos de ácidos graxos insaturados são especialmente suscetíveis à auto-oxidação na posição alílica produzindo hidroperóxidos (veja a Seção 11.9, do Volume 1)

Um hidroperóxido

Esse processo ocorre através de um mecanismo radicalar iniciado por uma abstração de hidrogênio na posição alílica produzindo um radical alílico estabilizado por ressonância (Mecanismo 11.2).

Tal como acontece com todos os mecanismos radicalares, a reação líquida é a soma das etapas de propagação:

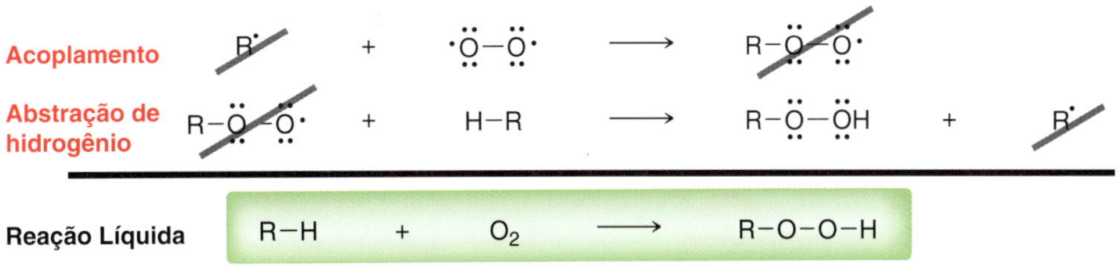
Acoplamento
Abstração de hidrogênio
Reação Líquida
R–H + O2 ⟶ R–O–O–H

O hidroperóxido resultante é responsável pelo cheiro rançoso que se desenvolve ao longo do tempo em alimentos contendo óleos insaturados. Além disso, os hidroperóxidos também são tóxicos. Portanto, os produtos alimentícios contendo óleos insaturados têm um prazo de validade curto, a menos que inibidores de radicais sejam utilizados para retardar a formação de hidroperóxidos. O papel dos inibidores de radicais na química dos alimentos foi discutido na Seção 11.9, do Volume 1.

Hidrólise de Triglicerídeos

Quando tratados com base aquosa, os triglicerídeos sofrem hidrólise, produzindo glicerol e três íons carboxilato.

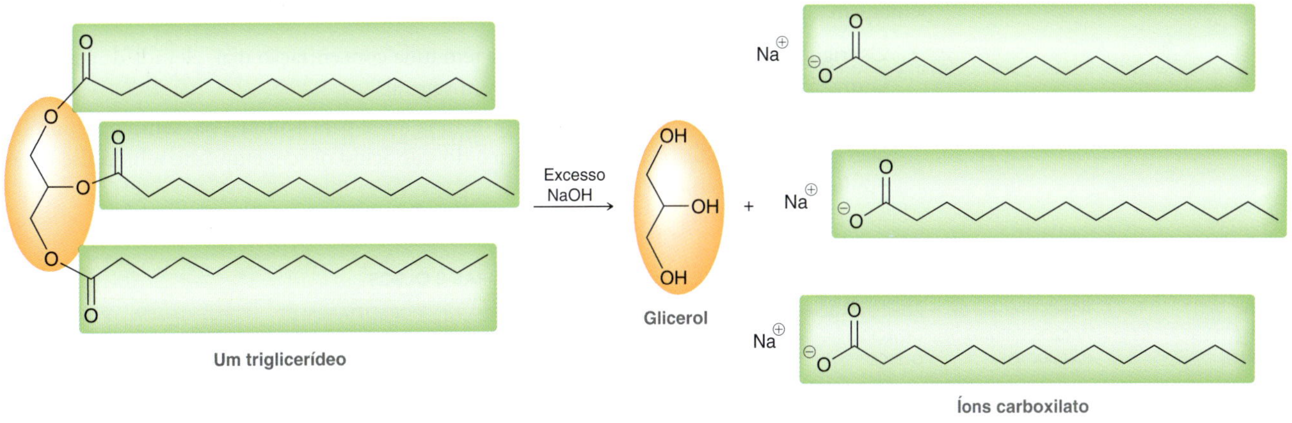
Excesso NaOH
Um triglicerídeo
Glicerol
Íons carboxilato

Cada um dos três grupos éster do triglicerídeo é hidrolisado por meio de uma reação de substituição nucleófila acílica (Mecanismo 26.1).

MECANISMO 26.1 HIDRÓLISE DE UM ÉSTER EM CONDIÇÕES BÁSICAS

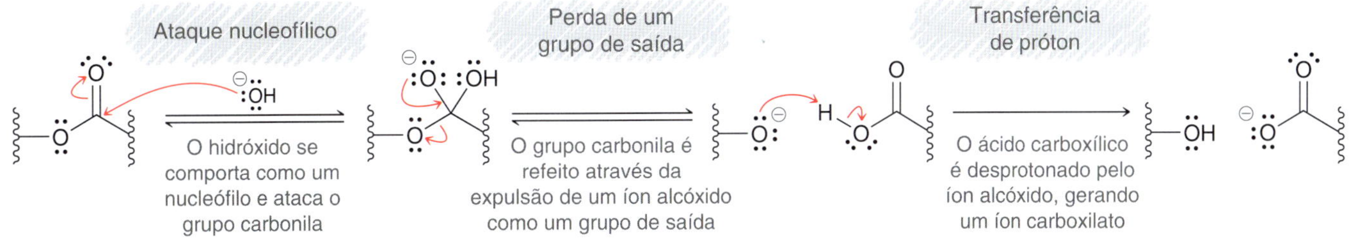
Ataque nucleofílico
O hidróxido se comporta como um nucleófilo e ataca o grupo carbonila
Perda de um grupo de saída
O grupo carbonila é refeito através da expulsão de um íon alcóxido como um grupo de saída
Transferência de próton
O ácido carboxílico é desprotonado pelo íon alcóxido, gerando um íon carboxilato

Na primeira etapa, um íon hidróxido se comporta como um nucleófilo e ataca o grupo carbonila do éster, gerando um intermediário tetraédrico. Esse intermediário tetraédrico, em seguida, volta a formar o grupo carbonila através da expulsão de um íon alcóxido como um grupo de saída. Íons alcóxido são geralmente grupos de saída fracos, mas, neste caso, o próprio intermediário tetraédrico é um íon alcóxido, de modo que a expulsão de um íon alcóxido não implica uma elevação de energia. Na etapa final, o íon alcóxido se comporta como uma base e desprotona o ácido carboxílico, gerando um íon carboxilato. Para um triglicerídeo, este processo de três etapas é repetido até que todos os três resíduos de ácidos graxos tenham sido liberados.

Gorduras e óleos que ocorrem naturalmente são geralmente misturas complexas de vários triglicerídeos diferentes. Na verdade, os três resíduos de ácidos graxos em um único triglicerídeo são frequentemente diferentes, como é visto no exemplo a seguir.

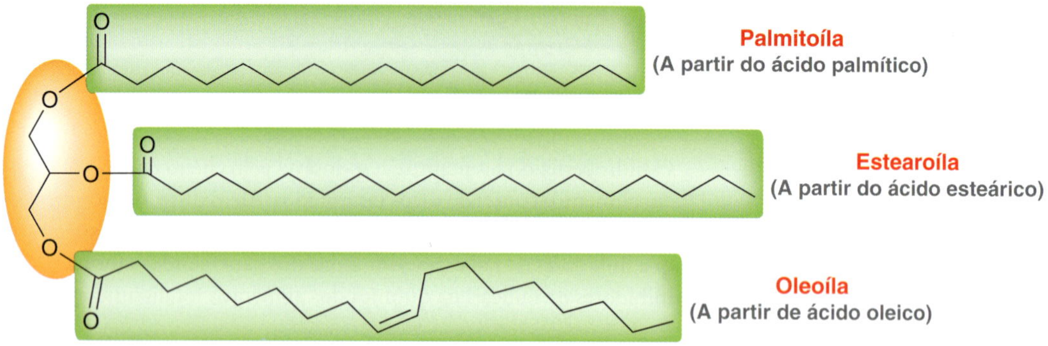

Quando aquecidos com uma base aquosa, as gorduras e os óleos podem ser completamente hidrolisados, produzindo uma mistura de carboxilatos de ácidos graxos. A Tabela 26.2 dá a composição aproximada de ácidos graxos de diversas gorduras e óleos comuns. Duas observações importantes emergem a partir dos dados da Tabela 26.2:

1. Os triglicerídeos encontrados em animais têm uma concentração mais elevada de ácidos graxos saturados do que os triglicerídeos de origem vegetal.
2. A proporção exata de ácidos graxos difere de uma fonte para a outra. Por exemplo, a hidrólise do óleo de milho produz mais ácido linoleico do que ácido oleico, enquanto a hidrólise do azeite produz mais ácido oleico.

TABELA 26.2 COMPOSIÇÃO APROXIMADA DE ÁCIDOS GRAXOS PARA VÁRIAS GORDURAS E ÓLEOS

FONTE	PORCENTAGEM DE ÁCIDOS GRAXOS SATURADOS	PORCENTAGEM DE ÁCIDO OLEICO	PORCENTAGEM DE ÁCIDO LINOLEICO	FONTE	PORCENTAGEM DE ÁCIDOS GRAXOS SATURADOS	PORCENTAGEM DE ÁCIDO OLEICO	PORCENTAGEM DE ÁCIDO LINOLEICO
Gordura Animal				**Óleo Vegetal**			
Gordura da carne	55	40	3	Óleo de milho	14	34	48
Gordura do leite	37	33	3	Azeite	11	82	5
Banha	41	50	6	Óleo de canola	9	54	30
Gordura humana	37	46	10	Óleo de amendoim	12	60	20

DESENVOLVENDO A APRENDIZAGEM

26.2 IDENTIFICAÇÃO DOS PRODUTOS DA HIDRÓLISE DE TRIGLICERÍDEOS

APRENDIZAGEM Identifique os produtos esperados quando o triglicerídeo visto a seguir é hidrolisado com uma base aquosa.

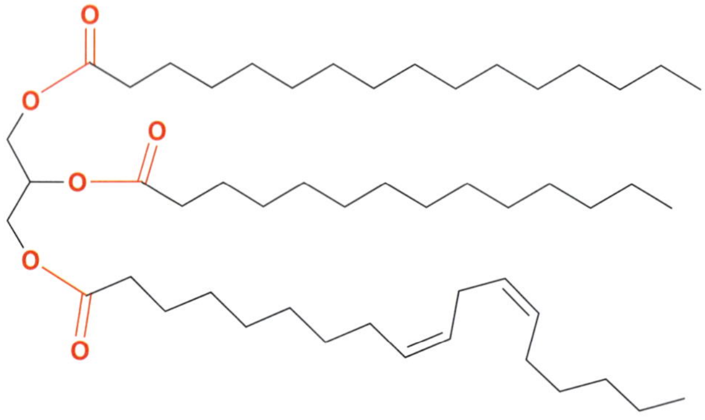

SOLUÇÃO

ETAPA 1
Identificação dos grupos éster.

Primeiro identificamos os três grupos éster (destacados em vermelho). Cada grupo éster é hidrolisado para dar um álcool e um íon carboxilato, de acordo com o seguinte mecanismo:

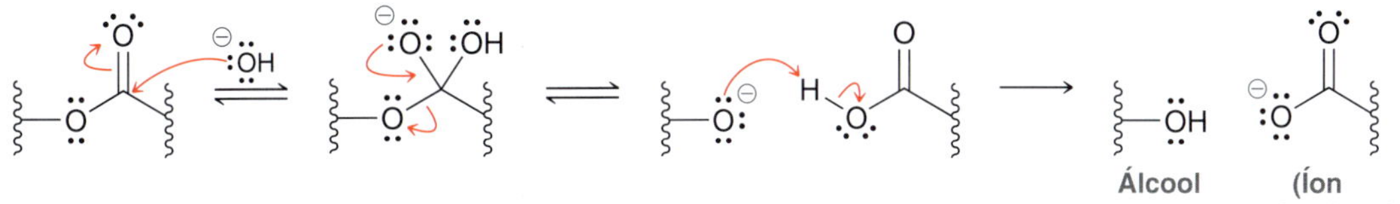

ETAPA 2
Representação do glicerol e dos três íons carboxilato apropriados.

Portanto, esperamos os seguintes produtos:

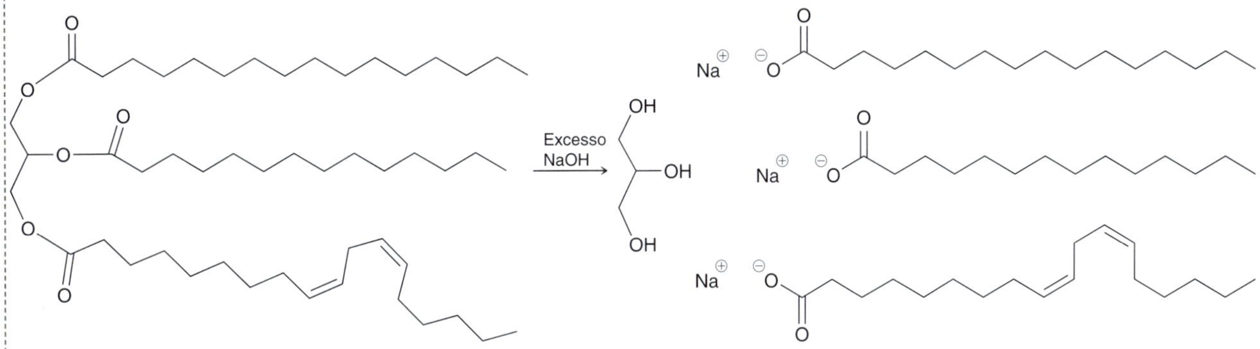

Os produtos são o glicerol e três íons carboxilato. Utilizando a Tabela 26.1, podemos identificar esses íons carboxilato como as bases conjugadas do ácido palmítico, do ácido mirístico e do ácido linoleico.

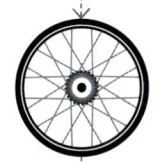

PRATICANDO o que você aprendeu

26.9 Identifique os produtos que são esperados quando o triglicerídeo visto a seguir é hidrolisado com hidróxido de sódio aquoso.

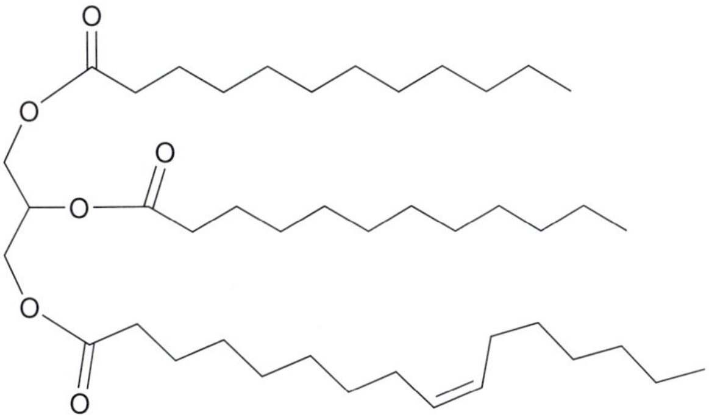

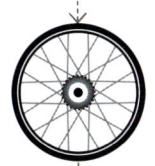

APLICANDO o que você aprendeu

26.10 Um triglicerídeo foi tratado com hidróxido de sódio para se obter glicerol e três equivalentes de laurato de sódio (a base conjugada do ácido láurico). Represente a estrutura do triglicerídeo.

26.11 Um triglicerídeo opticamente inativo foi hidrolisado para se obter um equivalente de ácido palmítico e dois equivalentes de ácido láurico. Represente a estrutura do triglicerídeo.

é necessário **PRATICAR MAIS?** **Tente Resolver os Problemas 26.30b, 26.40c, 26.41c**

A hidrólise de triglicerídeos é comercialmente importante, porque o sabão é preparado por meio deste processo. Por esse motivo, a hidrólise dos triglicerídeos na presença de uma base aquosa é também chamada de saponificação, derivada da palavra latina para sabão, *saponis*. A saponificação dos triglicerídeos produz íons carboxilato, que são os constituintes principais do sabão. Lembre-se do Capítulo 1 de que os íons carboxilato se comportam como sabão, porque ambos têm um grupo polar hidrofílico e um grupo hidrofóbico apolar.

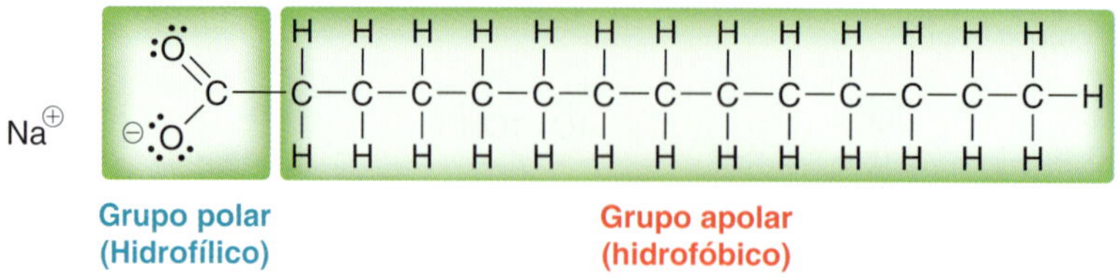

Quando dissolvidas em água, substâncias deste tipo se distribuem em torno de substâncias apolares para formar esferas chamadas *micelas* (Figura 1.54). A substância apolar está localizada no centro da micela, onde ela interage com as extremidades apolares das moléculas de sabão através de forças de dispersão de London intermoleculares. A superfície da micela é constituída por grupos polares, que interagem com o solvente polar. Isto é, a micela atua como uma unidade que está solvatada pelo solvente polar. Desse modo, as moléculas de sabão podem solvatar substâncias apolares, tais como lã, em solventes polares, tais como água.

A maioria dos sabões é produzida fervendo-se gordura animal ou óleo vegetal juntamente com uma solução alcalina forte, tal como hidróxido de sódio aquoso. A natureza das cadeias alquila pode variar dependendo da fonte de gordura ou óleo, mas o conceito é o mesmo para todos os sabões.

falando de modo prático | Sabões *versus* Detergentes Sintéticos

Os sabões têm sido usados há mais de dois milênios, pois há muito tempo as pessoas descobriram que o sabão pode ser feito aquecendo-se gordura animal com cinzas de madeira, que contêm substâncias alcalinas. Contudo, a utilidade do sabão diminui na presença de água que contém elevadas concentrações de íons cálcio (Ca^{2+}) ou íons magnésio (Mg^{2+}). Quando o sabão é usado com uma água desse tipo, chamada de água dura, um precipitado é formado como resultado da reação de troca iônica vista a seguir:

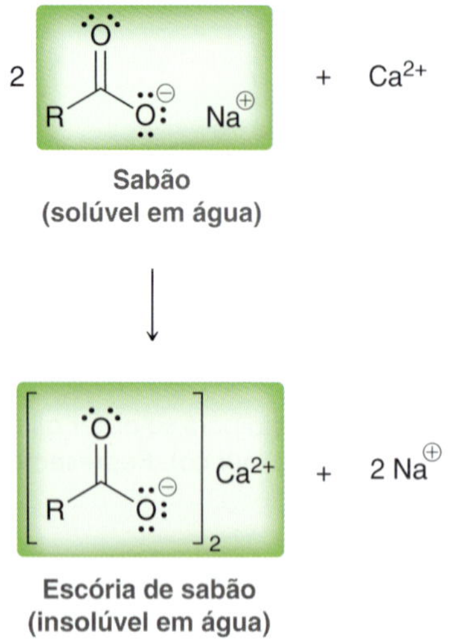

A formação de um precipitado, muitas vezes chamado de escória de sabão, limita a utilidade do sabão. Para contornar esse problema, os químicos têm desenvolvido detergentes sintéticos que não formam precipitados quando utilizados com água dura. Assim como os sabões, os detergentes sintéticos também contêm as regiões hidrofóbica e hidrofílica, mas a natureza da região hidrofílica foi modificada. Em vez de utilizar um grupo carboxilato, detergentes sintéticos utilizam um grupo diferente. Por exemplo, considere a estrutura do lauril sulfato de sódio (ou dodecil sulfato de sódio).

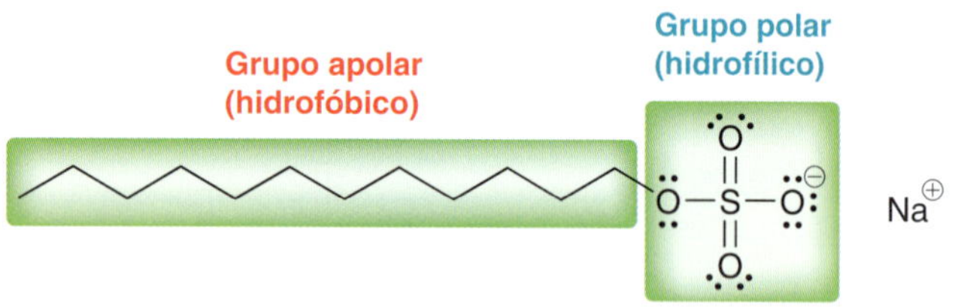

Lauril sulfato de sódio

Assim como as moléculas de sabão, essa substância também tem um grupo hidrobóbico e um grupo hidrofílico. No entanto, neste caso, uma reação de troca iônica não forma um precipitado, porque o sal de cálcio é solúvel em água, logo, não é uma escória de sabão. O lauril sulfato de sódio é, na realidade, um ingrediente comum encontrado em muitas formulações de xampu.

Transesterificação de Triglicerídeos

Vimos que os triglicerídeos são extremamente eficientes no armazenamento de energia. Por esse motivo, o nosso corpo usa triglicerídeos como uma fonte de combustível. Portanto, não é nenhuma surpresa que os motores a diesel possam ser modificados para usar óleo de cozinha como combustível. Na verdade, o óleo de coco foi amplamente utilizado como combustível para veículos na Primeira Guerra Mundial e na Segunda Guerra Mundial, quando o fornecimento de gasolina era escasso. Esta técnica não pode ser usada em climas mais frios, porque muitos óleos irão solidificar em baixas temperaturas. Uma alternativa para o óleo vegetal é o biodiesel, que é formado a partir da transesterificação de óleos vegetais para produzir uma mistura de ésteres metílicos de ácidos graxos.

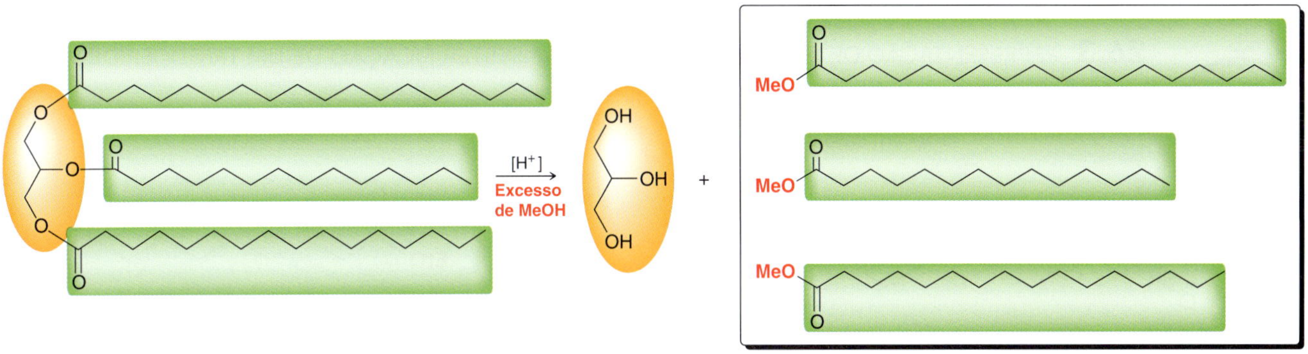
[H+]
Excesso de MeOH
OH
OH
OH
MeO
MeO
MeO

Biodiesel
(uma mistura de ésteres metílicos de ácidos graxos)

Essa transformação pode ser realizada com catálise ácida ou catálise básica. O Mecanismo 26.2 mostra o mecanismo catalisado por ácido.

MECANISMO 26.2 TRANSESTERIFICAÇÃO CATALISADA POR ÁCIDO

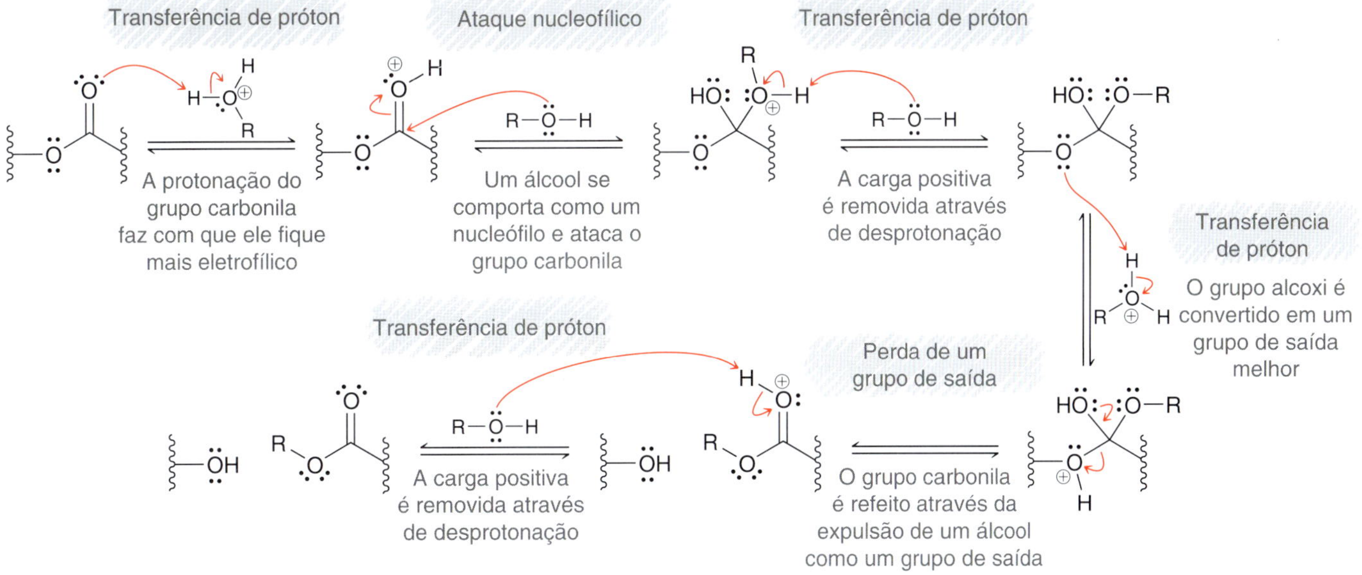
Transferência de próton
A protonação do grupo carbonila faz com que ele fique mais eletrofílico
Ataque nucleofílico
Um álcool se comporta como um nucleófilo e ataca o grupo carbonila
Transferência de próton
A carga positiva é removida através de desprotonação
Transferência de próton
O grupo alcoxi é convertido em um grupo de saída melhor
Perda de um grupo de saída
O grupo carbonila é refeito através da expulsão de um álcool como um grupo de saída
Transferência de próton
A carga positiva é removida através de desprotonação

RELEMBRANDO
Para rever a função dessas quatro transferências de próton, consulte a Seção 21.7.

Na primeira etapa, o grupo carbonila do éster é protonado, o que torna o grupo carbonila mais eletrofílico. Um álcool, tal como metanol, se comporta então como um nucleófilo e ataca o grupo carbonila protonado, proporcionando um intermediário tetraédrico. Após duas etapas de transferência de próton, o grupo carbonila volta a se formar, seguido por uma etapa de transferência de próton final. Este mecanismo é idêntico ao Mecanismo 21.8 (Seção 21.11). O mecanismo consiste em duas etapas principais (ataque nucleofílico e perda de um grupo de saída) e quatro transferências de próton.

Uma transesterificação torna possível converter os triglicerídeos em biodiesel. Uma vez que o biodiesel pode ser obtido a partir de vegetais (é um óleo vegetal), ele serve como uma alternativa potencial para a gasolina à base de petróleo como uma fonte de energia renovável. Infelizmente, o custo atual associado à produção de biodiesel supera o custo de produção de uma quantidade equivalente de gasolina, de modo que é improvável que o biodiesel vá substituir completamente os combustíveis à base de petróleo no futuro próximo. No entanto, como o preço do petróleo aumenta, o biodiesel se tornará uma alternativa atraente.

DESENVOLVENDO A APRENDIZAGEM

26.3 REPRESENTAÇÃO DE UM MECANISMO DE TRANSESTERIFICAÇÃO DE UM TRIGLICERÍDEO

APRENDIZAGEM Represente um mecanismo para a transesterificação de trilaurina usando etanol, na presença de um catalisador ácido.

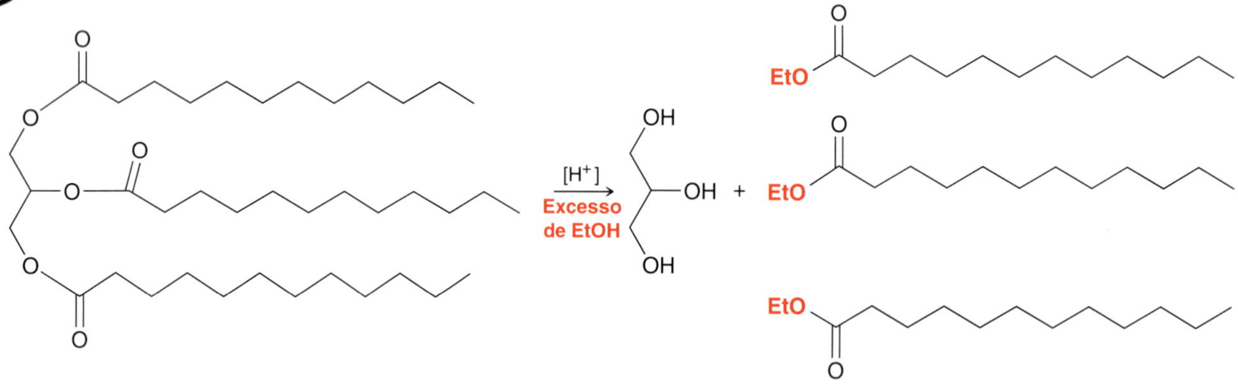

SOLUÇÃO

Cada grupo éster sofre transesterificação através de um mecanismo que tem duas etapas principais e quatro transferências de próton.

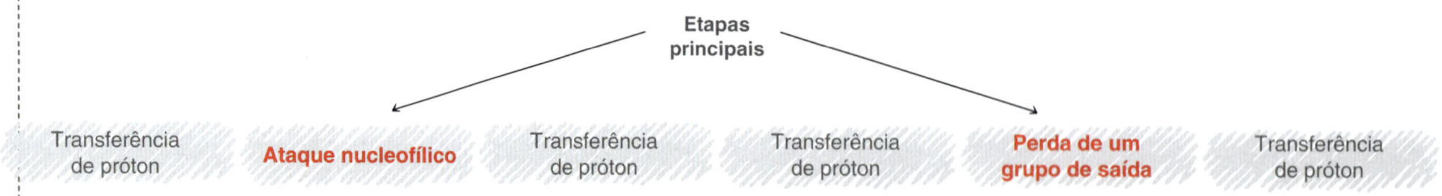

RELEMBRANDO Para uma revisão de como esta regra é aplicada na representação de mecanismos, veja a Seção 21.7.

Cada uma das quatro transferências de próton tem uma função, como vimos pela primeira vez no Capítulo 21 quando discutimos as reações de derivados de ácidos carboxílicos. Lembre-se de que há uma regra de orientação que determina quando as transferências de próton são usadas: *Em condições ácidas, um mecanismo só será razoável se impedir o uso ou formação de bases fortes.* A primeira etapa é para protonar um dos grupos éster. Isso torna o grupo carbonila mais eletrofílico e evita a formação de uma base forte, que seria o resultado se o grupo carbonila fosse atacado pelo nucleófilo sem primeiro ser protonado.

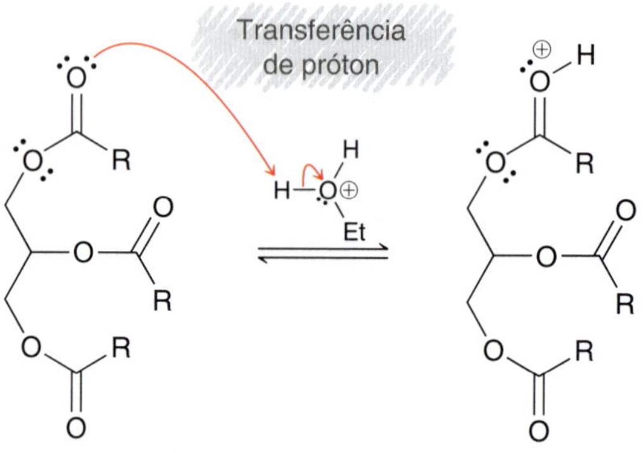

A segunda etapa é um ataque nucleofílico. O etanol se comporta como um nucleófilo e ataca o grupo carbonila protonado.

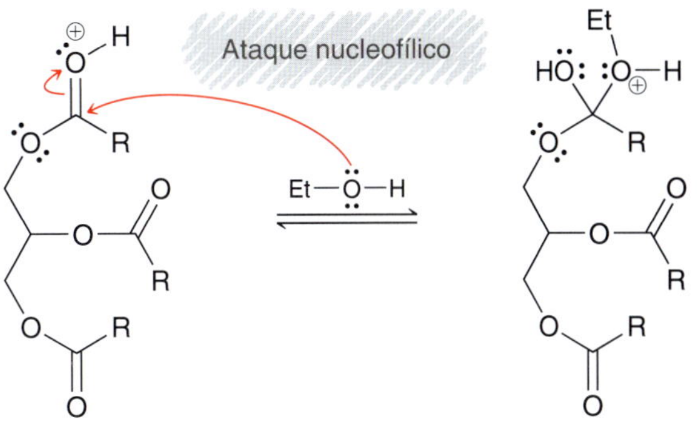

As próximas duas etapas são ambas de transferência de próton.

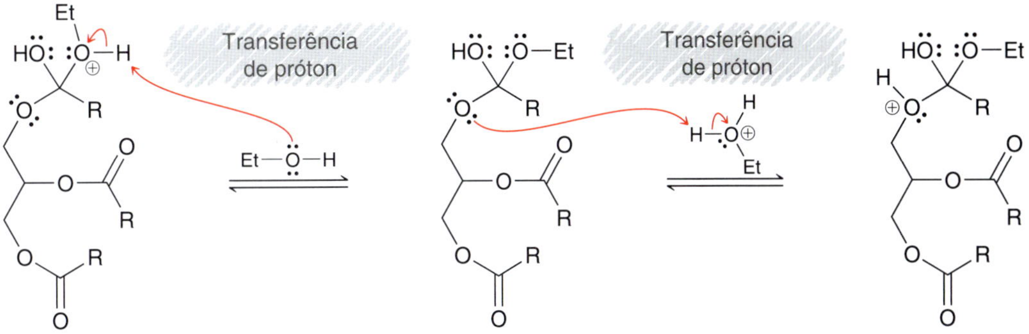

A primeira transferência de próton remove a carga positiva de modo a evitar a formação de duas cargas positivas que resultariam da segunda transferência de próton. A segunda transferência de próton ocorre para protonar o grupo de saída. Isso evita a formação de uma carga negativa quando ocorre a perda do grupo de saída na etapa seguinte.

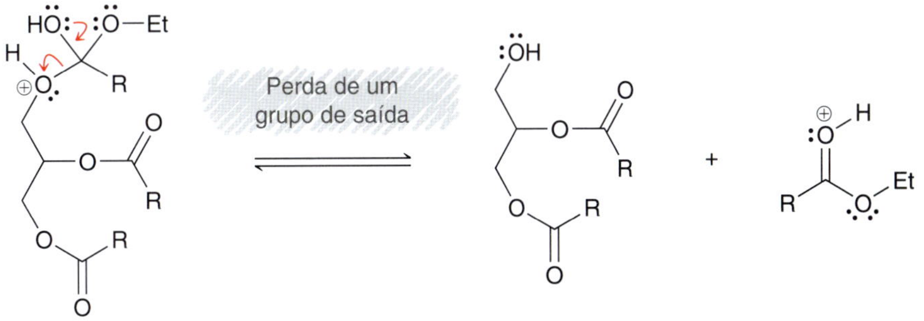

A transferência de próton final remove a carga positiva.

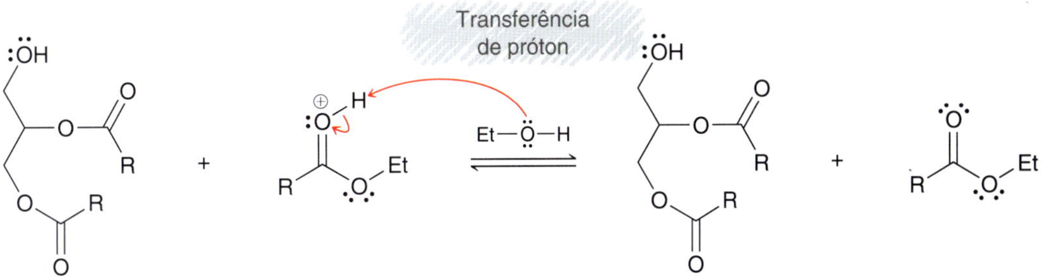

Essas seis etapas são repetidas para cada um dos outros resíduos de ácidos graxos restantes.

PRATICANDO o que você aprendeu

26.12 Represente um mecanismo para a transesterificação da triestearina usando metanol na presença de um ácido catalítico.

26.13 Represente os produtos obtidos quando a trioleína sofre transesterificação usando álcool isopropílico, na presença de ácido sulfúrico catalítico.

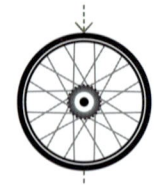

APLICANDO o que você aprendeu

26.14 A conversão de triglicerídeos em biodiesel pode ser obtida na presença de um catalisador ácido ou um catalisador básico. Vimos um mecanismo para transesterificação com um catalisador ácido. Em contraste, o mecanismo para a transesterificação catalisada por base tem menos etapas. A base, por exemplo, um hidróxido, se comporta como um catalisador, estabelecendo um equilíbrio em que alguns íons alcóxido estão presentes.

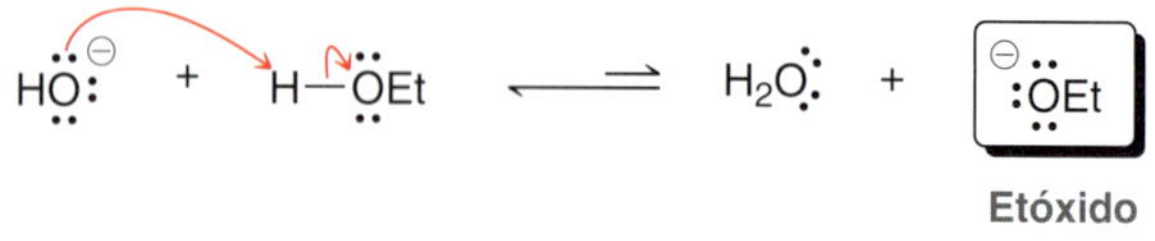

Esse equilíbrio favorece os íons hidróxido. No entanto, alguns íons etóxido estão presentes no equilíbrio. Esses íons etóxido são nucleófilos fortes que podem atacar cada grupo éster do triglicerídeo de acordo com o mecanismo visto a seguir.

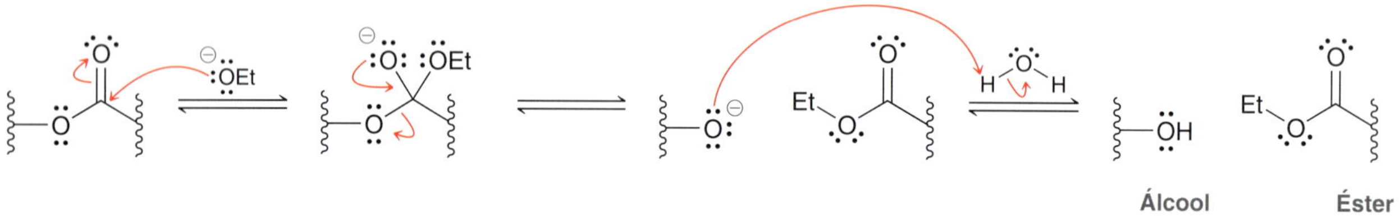

Na etapa final, a água é desprotonada regenerando o catalisador.

(a) Represente um mecanismo para o processo visto a seguir.

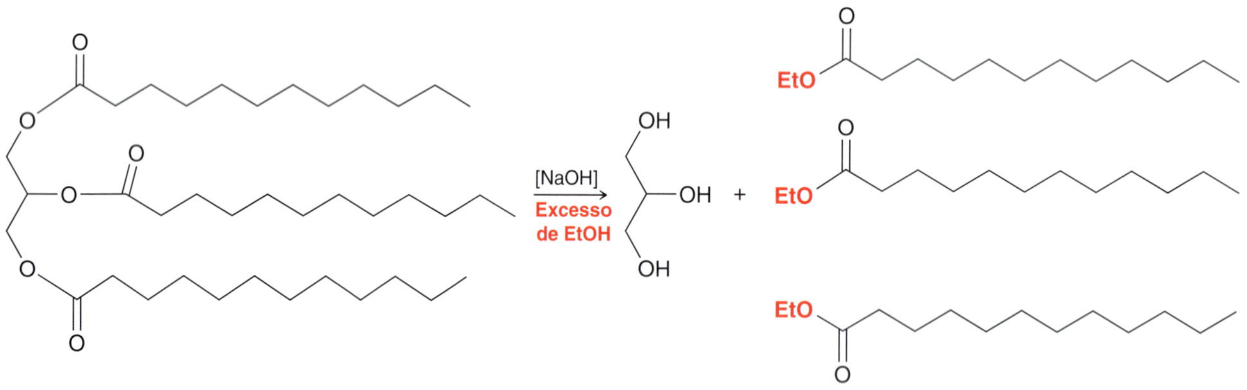

(b) Quando o hidróxido de sódio é usado como um catalisador de transesterificação, é essencial que apenas uma pequena quantidade de catalisador esteja presente. Explique o que aconteceria na presença de excesso de hidróxido de sódio.

é necessário **PRATICAR MAIS?** **Tente Resolver os Problemas 26.44, 26.45**

26.5 Fosfolipídios

Os **fosfolipídios** são ésteres derivados do ácido fosfórico.

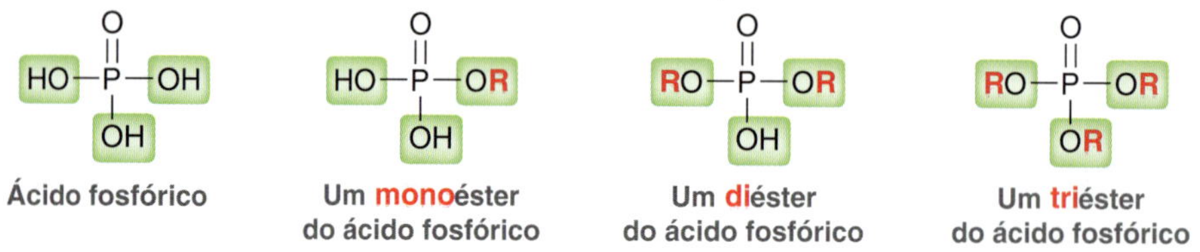

Os fosfolipídios mais comuns são fosfoglicerídeos.

Fosfoglicerídeos

Os **fosfoglicerídeos** são muito semelhantes em estrutura aos triglicerídeos, sendo a principal diferença que nos fosfoglicerídeos um dos três resíduos de ácidos graxos é substituído por um grupo fosfoéster. O tipo mais simples de fosfoglicerídeo é um monoéster fosfórico chamado de **ácido fosfatídico**.

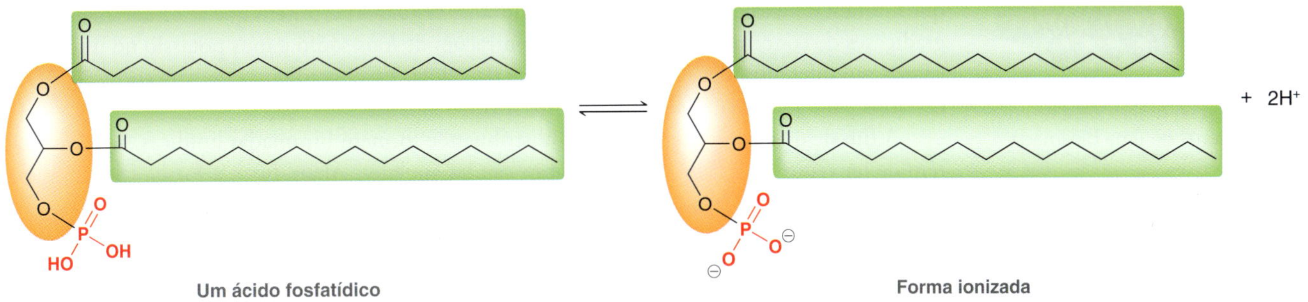

Um ácido fosfatídico

Forma ionizada

No pH fisiológico, a forma ionizada de um ácido fosfatídico predomina.

Os fosfoglicerídeos mais abundantes são os diésteres do ácido fosfórico:

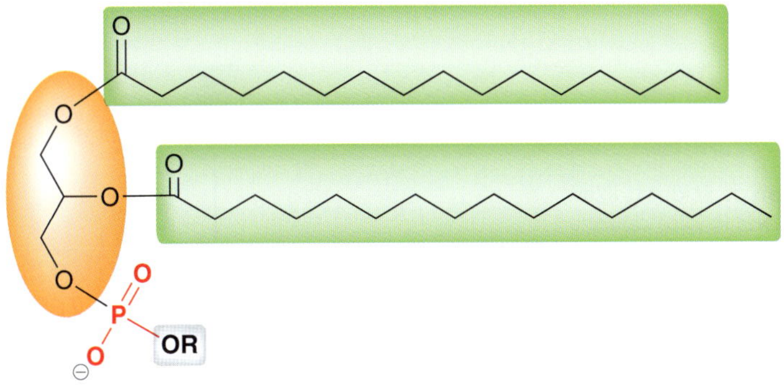

A natureza do grupo alcoxi pode variar. Fosfoglicerídeos derivados de etanolamina e de colina são particularmente abundantes nas células de plantas e animais.

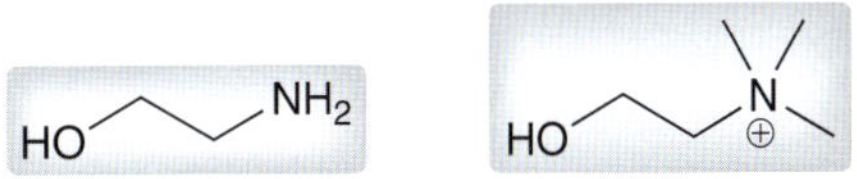

Etanolamina

Colina

Os fosfoglicerídeos que contêm etanolamina são chamados de **cefalinas**, enquanto aqueles que contêm colina são chamados **lecitinas**.

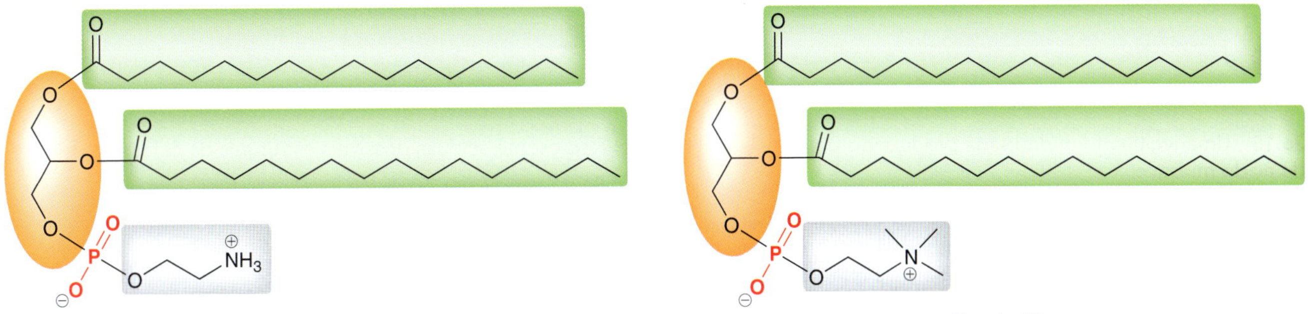

Uma cefalina

Uma lecitina

Essas substâncias contêm um centro de quiralidade (C2 da unidade glicerol) e, geralmente, exibem a configuração R. Cefalinas e lecitinas têm duas caudas hidrofóbicas, apolares e uma cabeça polar. A cabeça polar consiste do esqueleto de glicerol, bem como do fosfodiéster, enquanto as caudas apolares são cadeias hidrocarbônicas. Essas características determinam a sua função nas células, como será descrito na próxima seção.

Bicamadas Lipídicas

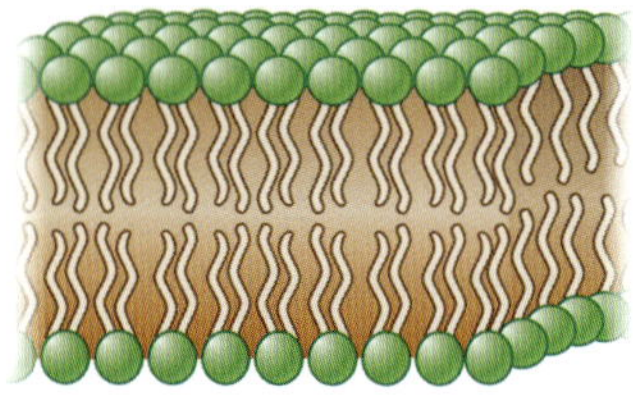

FIGURA 26.5
Uma ilustração gráfica da estrutura tridimensional de uma bicamada lipídica.

Na água, fosfoglicerídeos se autodistribuem em uma **bicamada lipídica** (Figura 26.5). Dessa forma, as caudas hidrofóbicas evitam o contato com a água e interagem entre si através das forças de dispersão de London. A superfície da bicamada é polar e, portanto, solúvel em água. Bicamadas lipídicas constituem o tecido principal das membranas celulares, onde funcionam como barreiras que limitam o fluxo de água e íons. As membranas celulares permitem que as células mantenham gradientes de concentração, isto é, as concentrações de íons sódio e íons potássio no interior das células são diferentes das concentrações fora da célula. Esses gradientes de concentração são necessários para que uma célula se comporte adequadamente,

A fim de que as substâncias se autodistribuam e formem bicamadas lipídicas, as substâncias têm de ter tanto uma cabeça polar quanto caudas apolares. Além disso, a forma tridimensional das substâncias também é importante, tal como ilustrado na Figura 26.6. Os ácidos graxos têm uma cabeça polar e uma cauda apolar, mas sua geometria os impede de formar uma bicamada. Como pode ser visto na Figura 26.6a, ácidos graxos não podem formar uma bicamada, porque a sua distribuição em uma bicamada deixaria espaço vazio entre as moléculas de ácido graxo. Da mesma forma, os triglicerídeos (Figura 26.6c) também não têm a geometria apropriada para a formação de bicamada. Ao contrário, os fosfolipídios (Figura 26.6b) têm duas caudas hidrofóbicas e, portanto, apresentam a geometria necessária para a formação da bicamada.

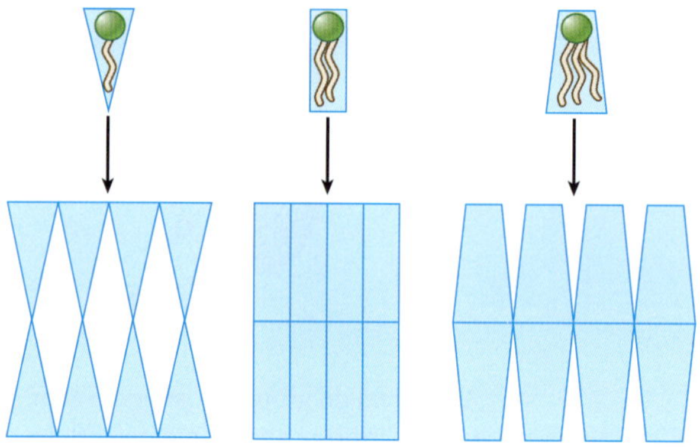

FIGURA 26.6
(a) A distribuição de ácidos graxos em uma bicamada lipídica deixaria espaço vazio entre as moléculas, desestabilizando assim a bicamada em potencial. (b) Fosfolipídios têm exatamente a geometria correta para formar bicamadas lipídicas, sem espaço vazio entre as moléculas. (c) A distribuição de triglicerídeos em uma bicamada lipídica deixaria espaço vazio entre as moléculas, desestabilizando assim a bicamada em potencial.

Muitos fosfolipídios diferentes contribuem para o tecido da bicamada lipídica, incluindo as cefalinas e as lecitinas contendo vários resíduos de ácidos graxos, bem como uma variedade de outros fosfolipídios.

VERIFICAÇÃO CONCEITUAL

26.15 Uma lecitina foi hidrolisada produzindo dois equivalentes de ácido mirístico.

(a) Represente a estrutura da lecitina.

(b) Essa substância é quiral, mas apenas um enantiômero predomina na natureza. Represente o enantiômero que é encontrado na natureza.

(c) O fosfodiéster está geralmente localizado no C3 da unidade de glicerol. Se o fosfodiéster estivesse localizado em C2, essa substância seria quiral?

26.16 Uma cefalina foi hidrolisada produzindo um equivalente de ácido palmítico e um equivalente de ácido oleico.

(a) Represente as duas possíveis estruturas da cefalina.

(b) Se o fosfodiéster estivesse localizado no C2 da unidade de glicerol, a substância seria quiral?

26.17 Represente as estruturas de ressonância de um ácido fosfatídico totalmente desprotonado.

26.18 O octanol é mais eficiente do que o hexanol para atravessar a membrana celular e entrar em uma célula. Explique.

26.19 Você esperaria que o glicerol atravessasse facilmente a membrana?

medicamente falando — Seletividade de Agentes Antifúngicos

Muitos fungos diferentes são conhecidos por causarem infecções na pele e nas unhas humanas. As condições causadas por estes fungos são chamadas de micose.

Tipo	Localização
Tinea manuum (micose da mão)	Mão
Tinea cruris (micose da virilha)	Virilha
Tinea sycosis (micose da barba)	Barba
Tinea capitis (micose do couro cabeludo)	Couro cabeludo
Tinea unguium (micose cutânea)	Unhas

O tratamento dessas condições pode muitas vezes ser difícil, porque as membranas celulares dos fungos são praticamente idênticas às membranas celulares de células humanas, e muitos dos processos bioquímicos que ocorrem nas membranas celulares são também similares para ambos os organismos. Portanto, quaisquer agentes que interferem na integridade da membrana dos fungos, em geral também interferem na integridade da membrana das células humanas, e os agentes que são tóxicos para os fungos também são tóxicos para os seres humanos. Existem, no entanto, pequenas diferenças entre as membranas celulares dos fungos e dos seres humanos. Essas diferenças permitiram que bioquímicos desenvolvessem agentes que são tóxicos para as células fúngicas e menos tóxicos para as células humanas. Para entender como esses agentes se comportam, temos de nos concentrar sobre a natureza da região hidrofóbica da bicamada lipídica.

O centro da bicamada lipídica (a região hidrofóbica) é altamente fluido e se assemelha a um hidrocarboneto líquido.

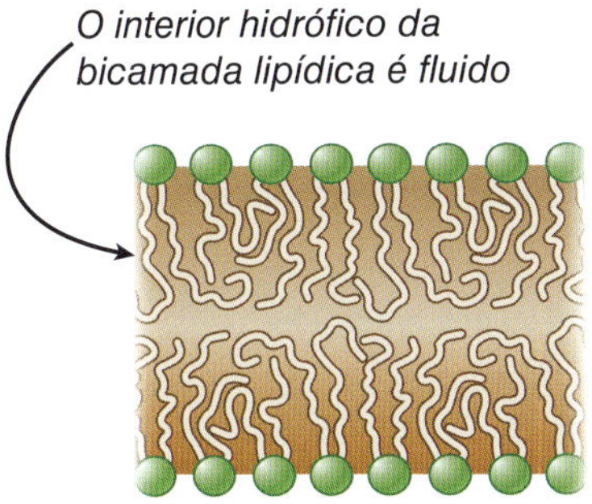

As caudas hidrofóbicas estão em movimento rápido. Esta é uma característica importante, uma vez que confere flexibilidade à bicamada lipídica. No entanto, se a bicamada é muito fluida, então ela se torna instável. Ela seria incapaz de manter sua forma e desempenhar as suas funções vitais. A fim de impedir que a bicamada se torne demasiadamente fluida, ela contém agentes de endurecimento incorporados. Esses agentes são normalmente lipídios com geometria rígida, e o seu efeito é limitar o movimento das caudas hidrocarbônicas.

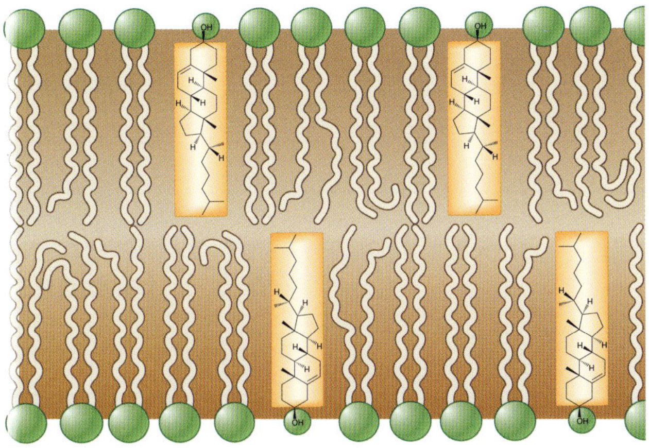

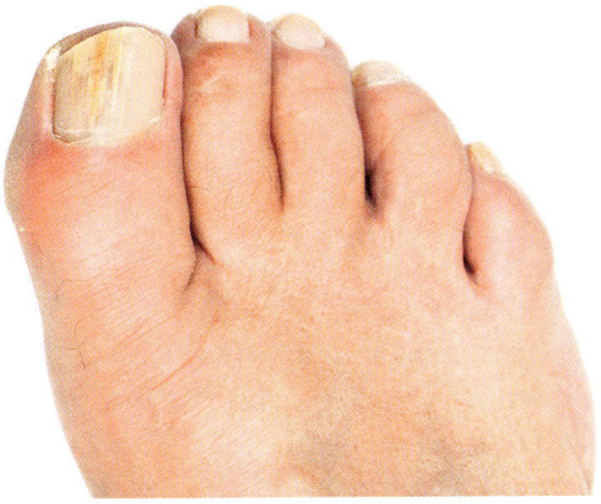

A região hidrofóbica da bicamada ainda é fluida, mas o movimento é mais limitado, tornando a membrana celular mais rígida. Nas células humanas, o agente de endurecimento predominante é o colesterol, enquanto em fungos, o agente de endurecimento predominante é o ergosterol. Cada uma dessas substâncias contém uma pequena cabeça polar e uma grande cauda apolar rígida.

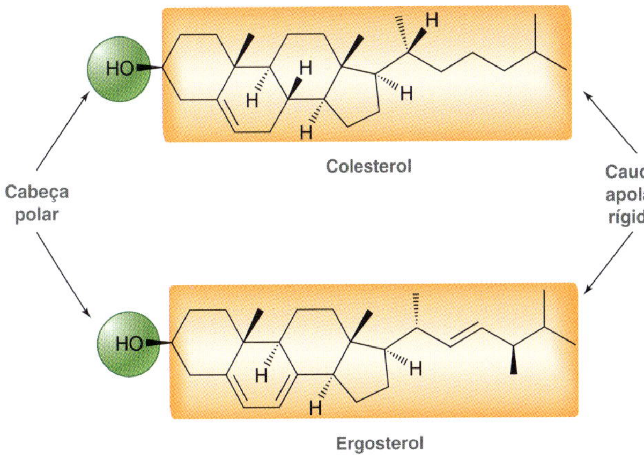

Esses agentes de endurecimento são esteroides que ocorrem naturalmente e serão discutidos na próxima seção. Cada uma dessas substâncias possui um grupo OH que serve como um pequeno grupo de cabeça polar, enquanto o resto da substância é hidrofóbica. Embora sejam muito semelhantes em estrutura, existem diferenças sutis. Especificamente, o ergosterol tem duas ligações π que não estão presentes no colesterol. Essas pequenas diferenças fornecem uma fonte de seletividade no tratamento de infecções fúngicas. A maioria das pesquisas sobre fármacos antifúngicos tem sido centralizada sobre o desenvolvimento de agentes que são capazes de se ligar de forma mais eficaz com o ergosterol do que com o colesterol, interferindo assim com a função do ergosterol como um agente de endurecimento mais do que eles interferem com a função do colesterol como um agente de endurecimento. Por exemplo, a anfotericina B é um agente antifúngico potente que é capaz de penetrar a membrana celular de fungos e se ligar intimamente com o ergosterol, perturbando assim a integridade das membranas das células dos fungos.

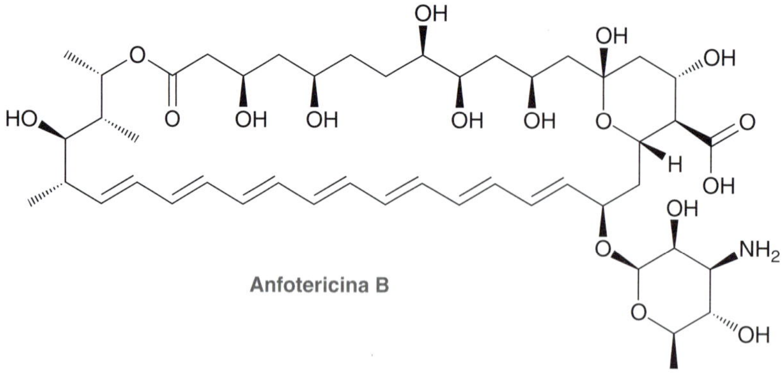

Anfotericina B

26.6 Esteroides

Introdução aos Esteroides

A maioria dos esteroides funciona como mensageiros químicos, ou hormônios, que são secretados pelas glândulas endócrinas e transportados através da corrente sanguínea para os órgãos-alvo. Os esteroides e seus derivados também estão entre os agentes terapêuticos mais amplamente utilizados. Eles são utilizados no controle da natalidade, na terapia de substituição hormonal e no tratamento de estados inflamatórios e câncer.

As estruturas dos **esteroides** são baseadas em um sistema de anéis tetracíclicos envolvendo três anéis de seis membros e um anel cinco membros.

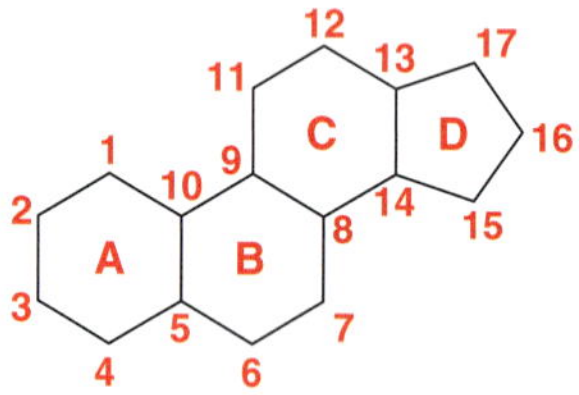

O esqueleto tetracíclico dos esteroides

Esses anéis são marcados utilizando-se as letras A, B, C e D, em que o anel D é o anel de cinco membros. Os átomos de carbono neste sistema são numerados como mostrado a seguir.

A fim de analisar a configuração de cada anel fundido, lembre-se das estruturas da *cis*-decalina e da *trans*-decalina.

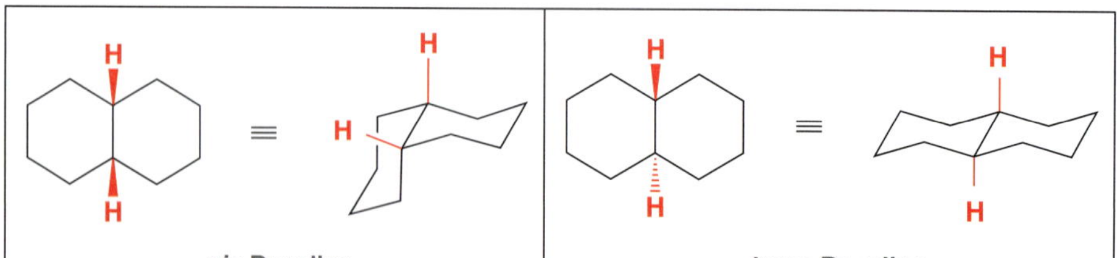

cis-Decalina

trans-Decalina

Quando os anéis de seis membros estão fundidos em uma configuração *cis*, tal como na forma *cis*-decalina, os dois anéis estão livres para mostrar inversão de anel. Ao contrário, a *trans*-decalina não mostra inversão de anel e é uma estrutura mais rígida. As fusões dos anéis são todas *trans* na maioria dos esteroides, produzindo esteroides com sua geometria rígida. Para alguns esteroides, a fusão de anel A–B é *cis*, embora as fusões B–C e C–D sejam quase sempre *trans* nos esteroides que

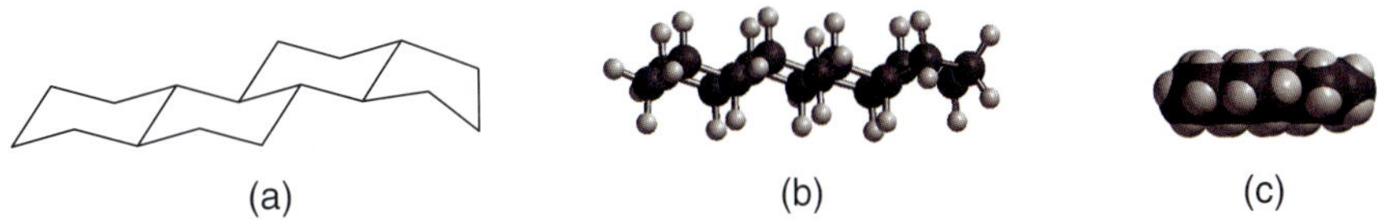

FIGURA 26.7
(a) O esqueleto de carbono da maioria dos esteroides, (b) um modelo de bola e vareta do esqueleto de carbono de um esteroide, e (c) um modelo de espaço preenchido do esqueleto de carbono de um esteroide.

ocorrem naturalmente. Como resultado, o esqueleto de carbono da maioria dos esteroides implica uma substância razoavelmente plana (Figura 26.7). A geometria rígida do colesterol serve como um exemplo.

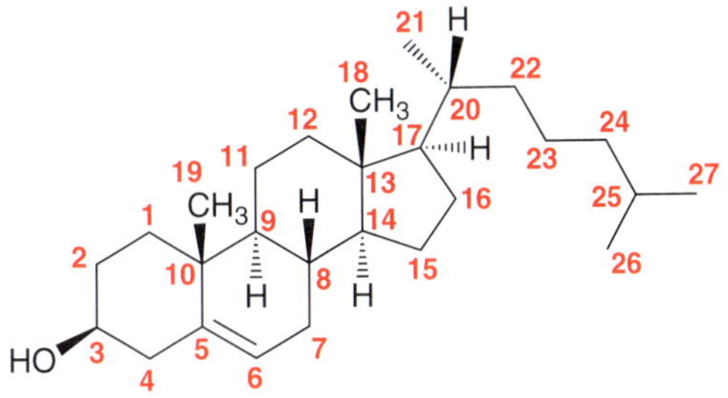

Colesterol
(um esteroide)

No boxe Medicamente Falando sobre fármacos antifúngicos, vimos que a estrutura rígida do colesterol permite que a substância se comporte como um agente de endurecimento para as bicamadas lipídicas. O colesterol contém dois grupos metila (um ligado ao C10 e o outro ligado a C13), assim como uma cadeia lateral ligada a C17. Este padrão de substituição é comum entre muitos esteroides. Os dois grupos metila ocupam posições axiais e são, portanto, perpendiculares ao esqueleto aproximadamente plano, enquanto a cadeia lateral ocupa uma posição equatorial. Isso pode ser visto mais claramente com representações tridimensionais do colesterol (Figura 26.8). O colesterol tem oito centros de quiralidade, dando origem a 2^8, ou 256, possíveis estereoisômeros. No entanto, apenas o único estereoisômero mostrado existe na natureza.

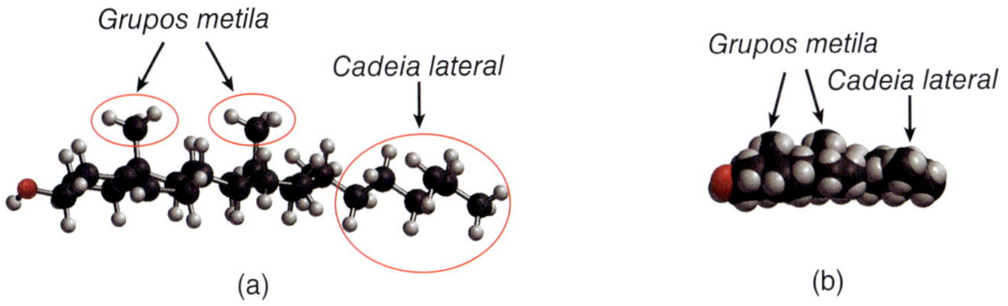

FIGURA 26.8
(a) Uma representação do modelo de bola e vareta para o colesterol, que mostra claramente que os dois grupos metila ocupam posições axiais, enquanto a cadeia lateral ocupa uma posição equatorial. (b) Um modelo de espaço preenchido do colesterol que também mostra as posições dos dois grupos metila e da cadeia lateral.

RELEMBRANDO
Para uma discussão sobre o papel de catalisadores quirais na epoxidação assimétrica, veja a Seção 14.9, do Volume 1.

Biossíntese do Colesterol

A biossíntese do colesterol envolve muitas etapas, algumas das quais são mostradas no Mecanismo 26.3. O material de partida é o esqualeno, que sofre epoxidação assimétrica via catálise enzimática. O epóxido em seguida abre para gerar um carbocátion, que sofre uma série de reações de ciclização intramolecular. Todas essas etapas envolvem uma ligação π se comportando como um nucleófilo e atacando um carbocátion em um processo intramolecular. Cada uma dessas etapas ocorre no interior da cavidade de uma enzima, onde a configuração de cada novo centro de quiralidade é cuidadosamente controlada. Em seguida, ocorre uma série de rearranjos que inclui deslocamentos metila e deslocamentos hidreto. Finalmente, a desprotonação produz o lanosterol, que é um precursor para o colesterol e todos os outros esteroides.

MECANISMO 26.3 BIOSSÍNTESE DO COLESTEROL

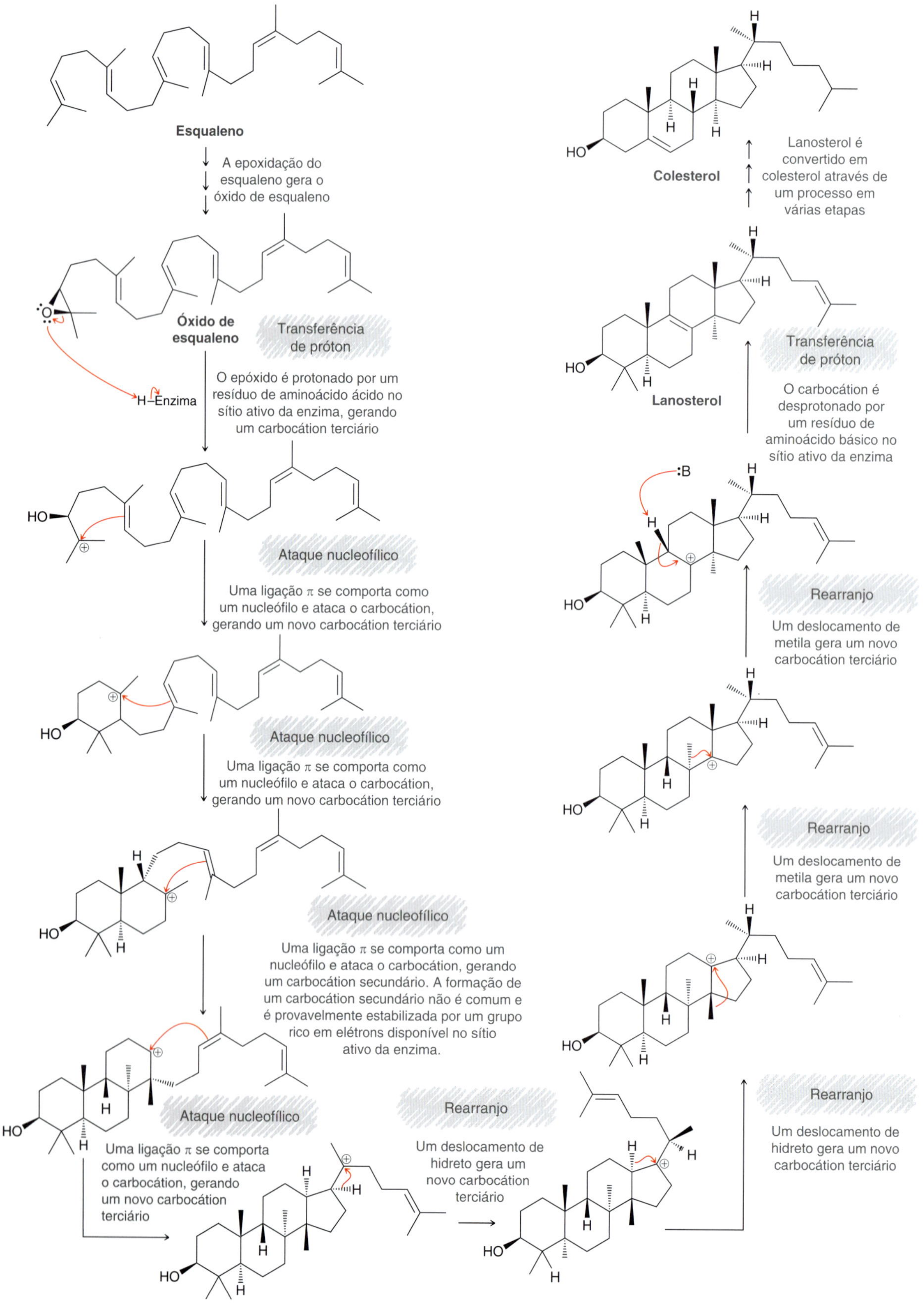
Esqualeno
A epoxidação do esqualeno gera o óxido de esqualeno
Óxido de esqualeno
H–Enzima
Transferência de próton
O epóxido é protonado por um resíduo de aminoácido ácido no sítio ativo da enzima, gerando um carbocátion terciário
HO
Ataque nucleofílico
Uma ligação π se comporta como um nucleófilo e ataca o carbocátion, gerando um novo carbocátion terciário
HO
Ataque nucleofílico
Uma ligação π se comporta como um nucleófilo e ataca o carbocátion, gerando um novo carbocátion terciário
H
HO
H
Ataque nucleofílico
Uma ligação π se comporta como um nucleófilo e ataca o carbocátion, gerando um carbocátion secundário. A formação de um carbocátion secundário não é comum e é provavelmente estabilizada por um grupo rico em elétrons disponível no sítio ativo da enzima.
HO
H
H
Ataque nucleofílico
Uma ligação π se comporta como um nucleófilo e ataca o carbocátion, gerando um novo carbocátion terciário
H
H
H
HO
H
Rearranjo
Um deslocamento de hidreto gera um novo carbocátion terciário
H
H
H
HO
H
Rearranjo
Um deslocamento de hidreto gera um novo carbocátion terciário
H
H
H
HO
H
Rearranjo
Um deslocamento de metila gera um novo carbocátion terciário
H
H
H
HO
H
Rearranjo
Um deslocamento de metila gera um novo carbocátion terciário
:B
H
H
H
HO
H
Transferência de próton
O carbocátion é desprotonado por um resíduo de aminoácido básico no sítio ativo da enzima
H
H
HO
H
Lanosterol
Lanosterol é convertido em colesterol através de um processo em várias etapas
H
H
H
H
H
HO
Colesterol

medicamente falando

O Colesterol e a Doença Cardíaca

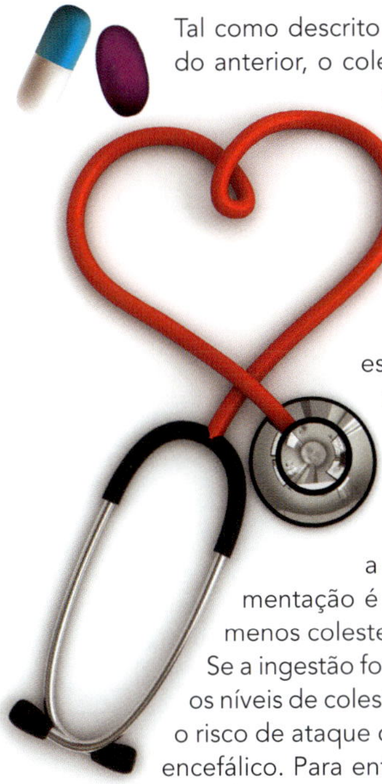

Tal como descrito no boxe Medicamente Falando anterior, o colesterol desempenha um papel fundamental na manutenção da integridade das membranas celulares. O colesterol também tem muitas outras funções biológicas importantes. Por exemplo, é um precursor na biossíntese da maior parte dos outros esteroides, incluindo os hormônios sexuais. Nossos corpos podem produzir todo o colesterol que necessitamos, mas nós também obtemos colesterol na alimentação. Se a ingestão de colesterol na alimentação é alta, nossos corpos produzem menos colesterol na tentativa de compensar. Se a ingestão for excessivamente grande, então os níveis de colesterol podem subir, aumentando o risco de ataque cardíaco e de acidente vascular encefálico. Para entender a razão disso, devemos considerar como o colesterol é transportado por todo o corpo.

O colesterol é um lipídio, o que significa que não é solúvel em água. Como resultado, o colesterol não pode, por si só, ser dissolvido no meio aquoso do sangue. O colesterol é produzido no fígado e, em seguida, transportado no sangue por partículas grandes chamadas lipoproteínas. Lipoproteínas consistem de muitas proteínas e lipídios ligados através de interações intermoleculares. O colesterol e os derivados éster do colesterol estão contidos no centro (a região lipofílica). As lipoproteínas são solúveis no meio aquoso do sangue e são utilizadas pelo corpo para transporte de lipídios, tais como o colesterol, por todo o corpo.

As lipoproteínas são classificadas em várias classes diferentes com base na sua massa específica. As lipoproteínas de alta densidade, ou HDLs, têm uma proporção mais elevada de proteínas, enquanto as lipoproteínas de baixa densidade, ou LDLs, têm uma proporção mais elevada de lipídios. Sabe-se agora que HDLs e LDLs têm funções diferentes. As LDLs transportam o colesterol do fígado para as células ao longo do corpo, enquanto as HDLs transportam o colesterol no percurso inverso, de volta para o fígado, onde ele é utilizado como precursor para a síntese de outros esteroides. É importante que a concentração de HDLs seja maior do que a concentração de LDLs. Se a concentração de LDLs for muito alta, então algumas das LDLs não serão capazes de descarregar as suas cargas, e em vez disso, acumulam-se e formam depósitos nas artérias. Esses depósitos restringem o fluxo de sangue, o que pode conduzir a um ataque cardíaco (causado por um fluxo de sangue insuficiente para o coração), ou um acidente vascular encefálico (causado por um fluxo de sangue insuficiente para o cérebro).

Existem muitos fármacos disponíveis para o tratamento de níveis elevados de colesterol LDL. Neste sentido, se destacam as *estatinas*, uma família de substâncias que foram todas desenvolvidas com base na estrutura química de um único produto natural, chamado lovastatina.

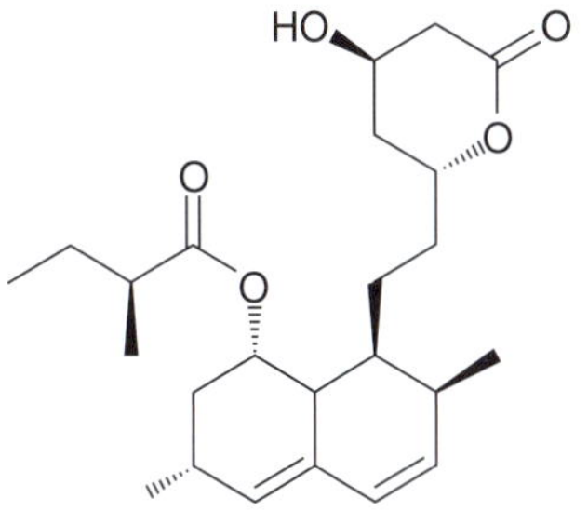

Lovastatina (Mevacor)

Cientistas do laboratório de pesquisa da Merck, nos Estados Unidos, descobriram, no final da década de 1970, a lovastatina em culturas de fermentação do fungo *Aspergillus terreus*. Em ensaios clínicos, verificou-se que a lovastatina é muito eficaz na redução dos níveis de colesterol LDL através da inibição de uma enzima (HMG-CoA redutase) que catalisa uma etapa crucial na biossíntese do colesterol em seres humanos. A lovastatina, vendida sob o nome comercial Mevacor, alcançava vendas anuais superiores a US$ 1 bilhão. Devido ao sucesso da lovastatina, foi realizada uma pesquisa de análogos que também poderiam ser utilizados para o tratamento de colesterol elevado.

Uma molécula muito similar à lovastatina, chamada compactina (faltando apenas um grupo metila), tinha sido isolada a partir de culturas de fermentação do fungo *Penicillium citrinum* por cientistas no Japão alguns anos antes da lovastatina ter sido descoberta. Embora a compactina não tivesse fornecido resultados positivos durante os testes clínicos, descobriu-se a biotransformação com uma bactéria que introduz um grupo álcool no anel, e essa simples modificação eliminou os problemas observados com a compactina. A estrutura modificada, chamada pravastatina, tornou-se um fármaco amplamente prescrito para a redução do colesterol, vendido sob o nome comercial Pravacol.

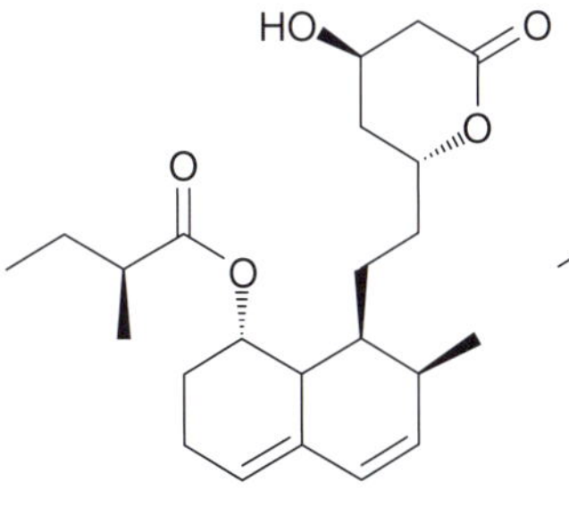

Compactina

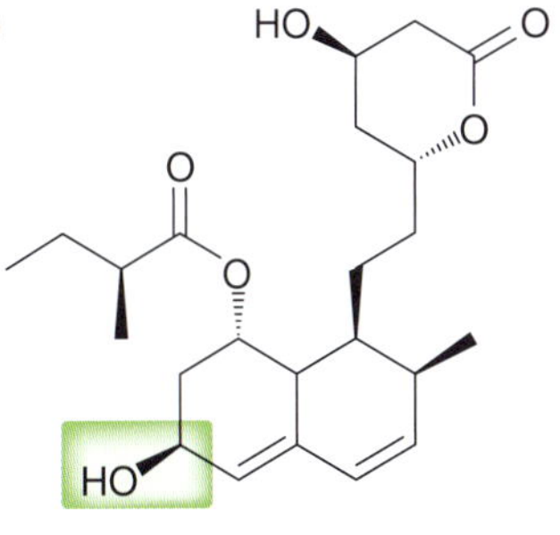

Pravastatina (Pravacol)

Esse fármaco é produzido através de um processo de fermentação em dois estágios, em que a compactina, isolada a partir de uma cultura de fermentação do fungo, é então transferida para uma cultura de bactérias para produzir a pravastatina.

Nos últimos anos, a química sintética tem sido utilizada para gerar uma série de análogos da lovastatina. Um análogo "semissintético" da lovastatina é a molécula da sinvastatina (Zocor), que é produzida através da introdução de um grupo metila na cadeia lateral da lovastatina, em uma única etapa da síntese. Outros análogos da lovastatina incluem a fluvastatina (Lescol) e a atorvastatina (Lipitor), ambos produzidos inteiramente por síntese química. A atorvastatina é atualmente um dos fármacos mais amplamente prescritos no mundo e provou ser extremamente bem-sucedido na redução do colesterol.

As estatinas servem como exemplo de como um único produto natural pode agir como inspiração para uma classe inteiramente nova de fármacos.

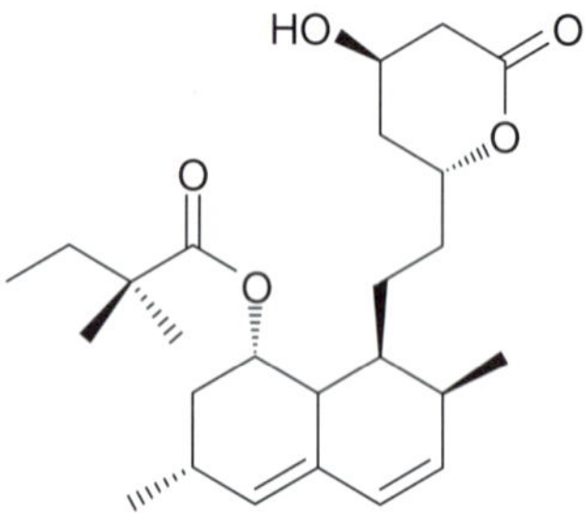

Sinvastatina
(Zocor)

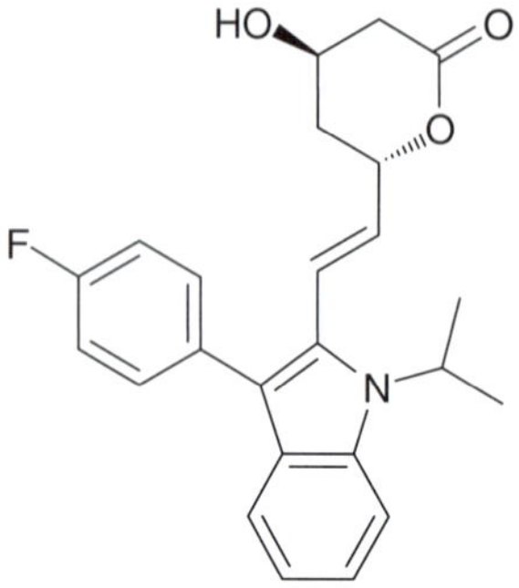

Fluvastatina
(Lescol)

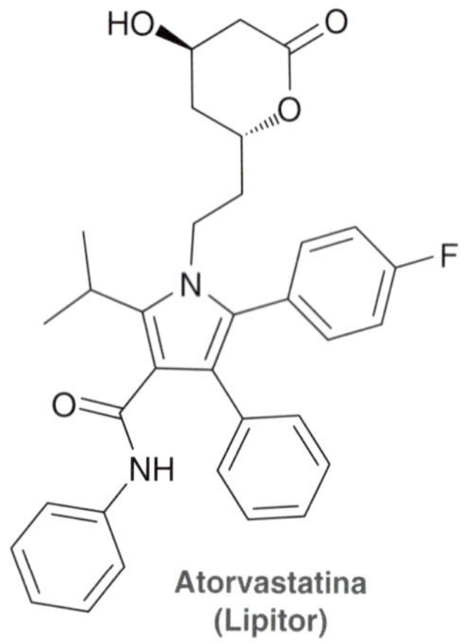

Atorvastatina
(Lipitor)

Hormônios Sexuais

Os hormônios sexuais humanos são esteroides que regulam o crescimento de tecidos e processos reprodutivos. Os hormônios sexuais masculinos são chamados de **androgênios**, e há dois tipos de hormônios sexuais femininos chamados de **estrogênio** e **progesterona**. A Tabela 26.3 mostra os hormônios sexuais masculino e feminino mais importantes. Esses cinco hormônios sexuais estão presentes em machos e fêmeas.

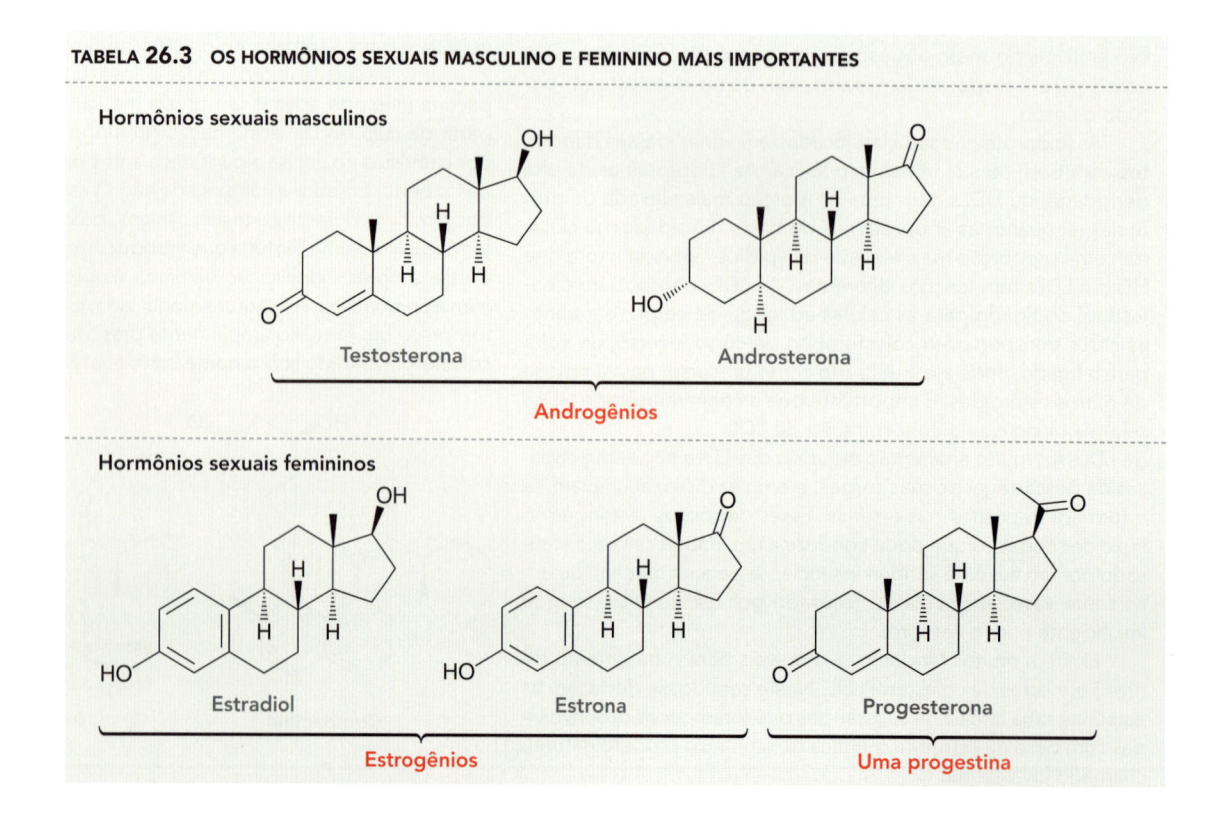

TABELA 26.3 OS HORMÔNIOS SEXUAIS MASCULINO E FEMININO MAIS IMPORTANTES

Hormônios sexuais masculinos

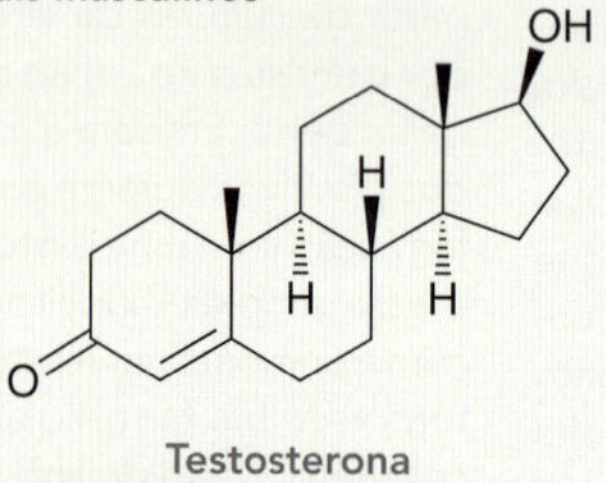

Testosterona

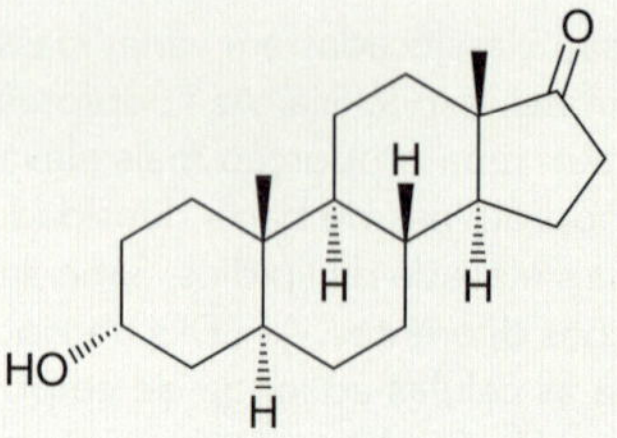

Androsterona

Androgênios

Hormônios sexuais femininos

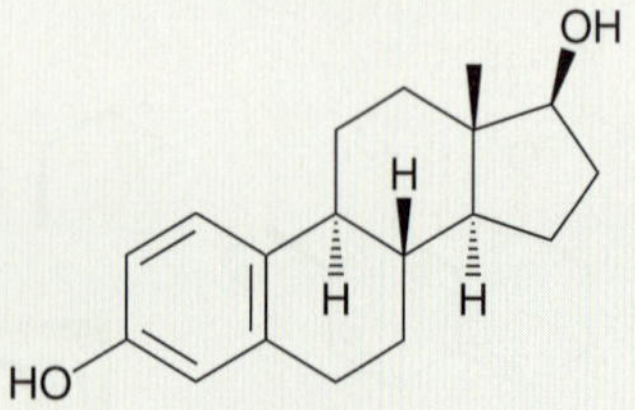

Estradiol

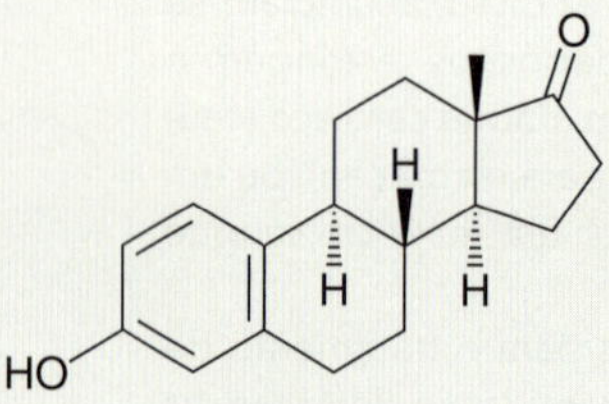

Estrona

Estrogênios

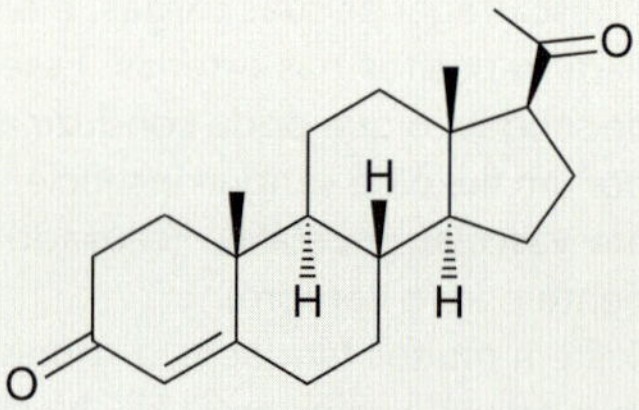

Progesterona

Uma progestina

Os estrogênios e as progestinas são produzidos em concentrações mais elevadas nas mulheres, enquanto os androgênios são produzidos em concentrações mais elevadas nos homens. A testosterona e a androsterona estão entre os androgênios mais potentes, e eles controlam o desenvolvimento das características sexuais secundárias nos homens. O estradiol e a estrona são estrogênios caracterizados por um anel aromático A e a ausência de um grupo metila em C10. Esses hormônios são produzidos nos ovários a partir da testosterona e desempenham papéis importantes na regulação do ciclo menstrual de uma mulher, Além disso, eles controlam o desenvolvimento das características sexuais secundárias. A progesterona é uma progestina que prepara o útero para nutrir um óvulo fertilizado durante a gravidez.

Durante a gravidez, a ovulação é inibida pela liberação de estrogênios e progestinas a partir da placenta e dos ovários. Esse processo é mimetizado pela maioria das formulações de contraceptivos, que geralmente contêm uma mistura de um estrogênio sintético (tal como etinilestradiol) e uma progestina sintética (como a noretindrona).

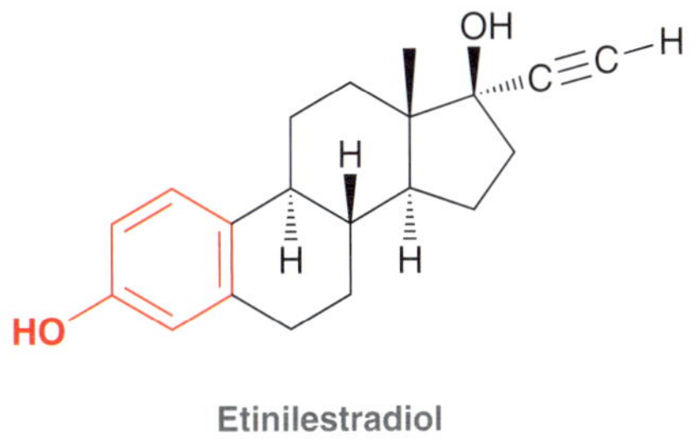

Essa mistura de substâncias inibe a ovulação de forma muito parecida com a maneira com que o corpo naturalmente inibe a ovulação durante a gravidez.

Hormônios Adrenocorticais

Os **hormônios adrenocorticais** são assim denominados porque são secretados pelo córtex (a camada externa) das glândulas suprarrenais ou adrenais. Os hormônios adrenocorticais são normalmente caracterizados por um grupo carbonila ou um grupo hidroxila em C11. Exemplos incluem a cortisona e o cortisol.

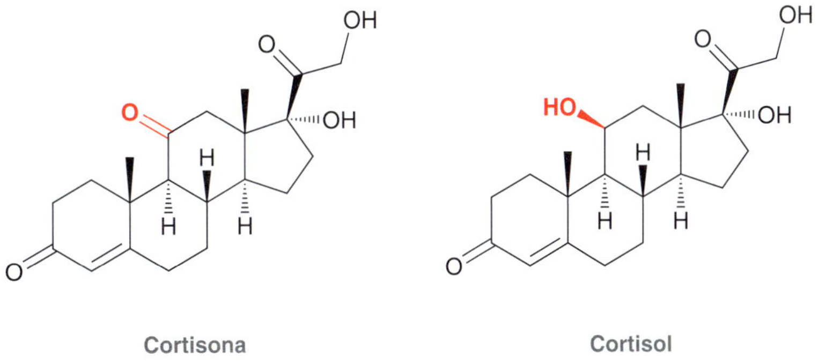

A cortisona e o cortisol apenas diferem na natureza de um grupo funcional (destacado em vermelho). A cortisona tem um grupo cetona em C11 (indicado pelo sufixo "ona"), enquanto o cortisol tem um grupo hidroxila em C11 (indicado pelo sufixo "ol"). O cortisol é mais abundante na natureza, mas a cortisona é mais conhecida devido à sua utilização terapêutica. Os dois agentes são utilizados para tratar os efeitos de doenças inflamatórias, incluindo a psoríase (inflamação da pele), a artrite (inflamação das articulações) e a asma (inflamação dos pulmões).

Muitos corticoides sintéticos têm sido desenvolvidos e são ainda mais potentes do que os seus análogos naturais. Corticoides sintéticos são utilizados no tratamento de erupções causadas por carvalho venenoso, hera venenosa e eczema, bem como doenças inflamatórias, tais como psoríase, artrite e asma.

medicamente falando | Esteroides Anabolizantes e Esportes Competitivos

Os esteroides anabolizantes são substâncias que promovem o crescimento dos músculos imitando o efeito da testosterona na construção dos tecidos. Muitos análogos sintéticos do androgênio foram criados que são ainda mais potentes do que a testosterona, incluindo estanozolol, nandrolona e metandrostenolona.

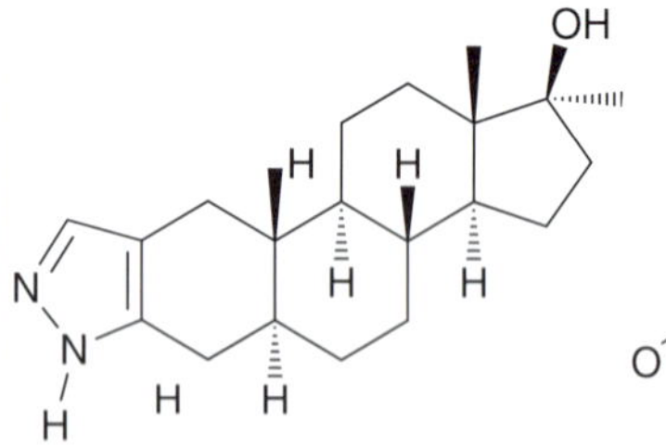

Estanozolol

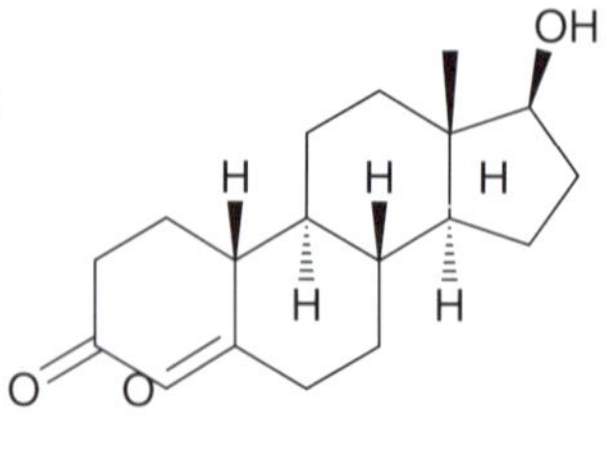

Nandrolona

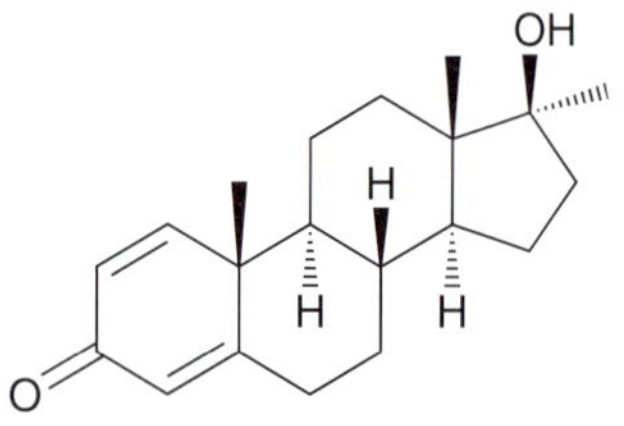

Metandrostenolona

Esteroides anabolizantes sintéticos foram originalmente desenvolvidos na década de 1930 para o tratamento de doenças e lesões que envolviam a deterioração muscular. Infelizmente, o desenvolvimento desses fármacos levou ao abuso desenfreado por atletas e fisiculturistas, desde a década de 1940. O problema recebeu grande atenção do público durante os Jogos Olímpicos de 1988, quando Ben Johnson (Canadá) foi desclassificado como o vencedor da medalha de ouro da corrida dos 100 metros porque sua urina deu teste positivo para traços de estanozolol.

O abuso de esteroides ainda é um grande problema, especialmente entre os fisiculturistas e jogadores profissionais de beisebol e de futebol. Muitos estudos têm sido realizados para determinar se existe alguma correlação entre o uso de esteroides e o aumento do desempenho atlético. Alguns estudos têm demonstrado uma pequena correlação, enquanto outros estudos não mostram nenhuma correlação. Parece que os riscos de saúde associados ao uso de esteroides superam os benefícios incertos. Os riscos para a saúde incluem aumento do risco de doença cardíaca, acidente vascular encefálico, câncer de fígado, esterilidade, bem como as alterações comportamentais adversas causadas pelo aumento das tendências agressivas (chamada "raiva esteroide").

VERIFICAÇÃO CONCEITUAL

26.20 As substâncias vistas a seguir são esteroides. Uma delas é um esteroide anabolizante chamado oximetolona e a outra, denominada norgestrel, é usada em formulações contraceptivas orais. Identifique essas substâncias com base em suas características estruturais.

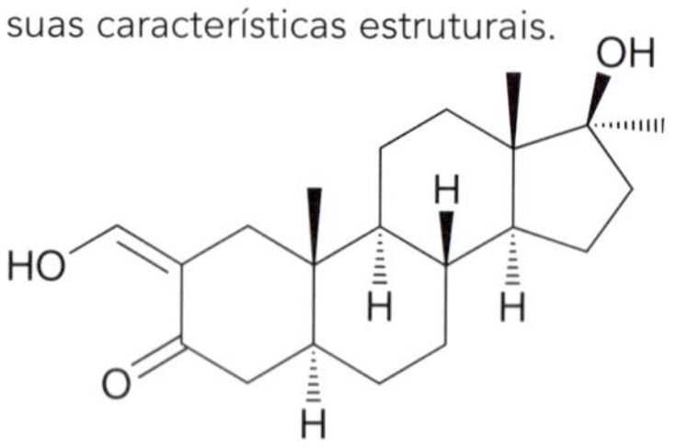

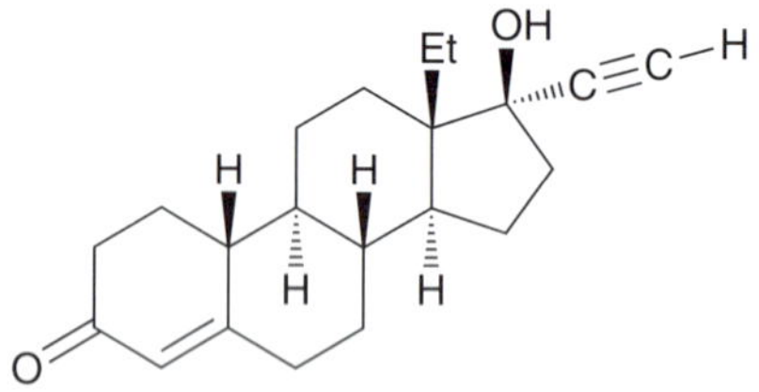

VERIFICAÇÃO CONCEITUAL

26.21 Represente a inversão de anel hipotética da *trans*-decalina e explique por que isso não ocorre. Use essa análise para explicar por que o colesterol tem uma geometria tridimensional bastante rígida.

26.22 Represente as conformações em cadeira para cada uma das substâncias vistas a seguir e, em seguida identifique se cada substituinte é axial ou equatorial:

(a) 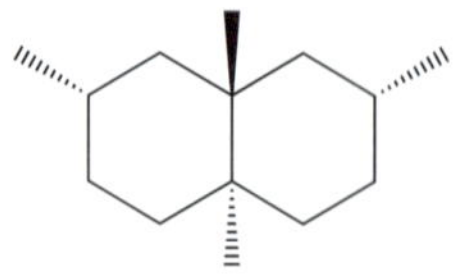

(b) 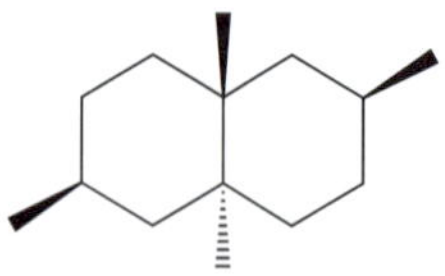

(c) 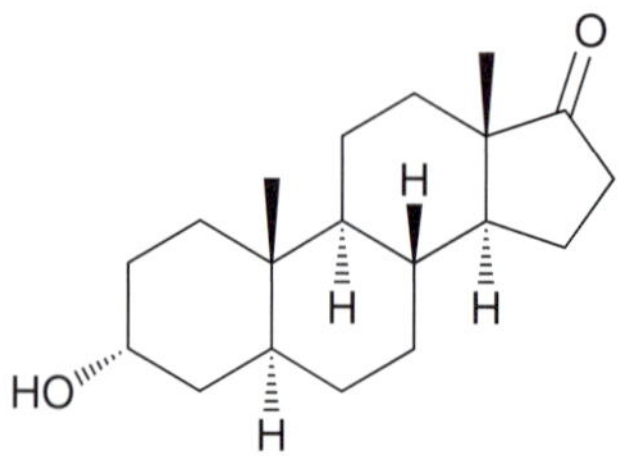

26.23 O acetato de prednisolona é um agente anti-inflamatório de uso clínico. Ele é semelhante em estrutura ao cortisol, com as duas diferenças vistas a seguir: (1) O acetato de prednisolona apresenta uma ligação dupla entre C1 e C2 do anel A e (2) o grupo hidroxila primário foi acetilado. Usando essas informações, represente a estrutura do acetato de prednisolona.

26.7 Prostaglandinas

No início da década de 1930, observou-se que o fluido seminal humano poderia induzir contrações musculares no tecido uterino. Acreditava-se que esse fenômeno fosse causado por uma substância ácida produzida na glândula da próstata. Essa substância desconhecida foi chamada de **prostaglandina** por Ulf von Euler (Karolina Institute na Suécia). Na década de 1950, foi observado que o extrato ácido de glândulas da próstata de ovinos não continha uma, mas muitas substâncias estruturalmente relacionadas com a prostaglandina. Essas substâncias relacionadas com a prostaglandina foram separadas, purificadas e caracterizadas e só agora é conhecido que elas estão presentes em todos os tecidos e fluidos do corpo em concentrações muito pequenas. Apesar da nossa atual compreensão da natureza ubíqua dessas substâncias, o nome original ainda é usado.

As prostaglandinas contêm 20 átomos de carbono e são caracterizadas por um anel de cinco membros, com duas cadeias laterais. São observados muitos padrões de substituição na natureza, os mais comuns sendo mostrados na Figura 26.9. Em cada caso, as letras PG indicam que a substância é uma prostaglandina e a terceira letra indica o padrão de substituição. PGAs, PGBs, PGCs todos

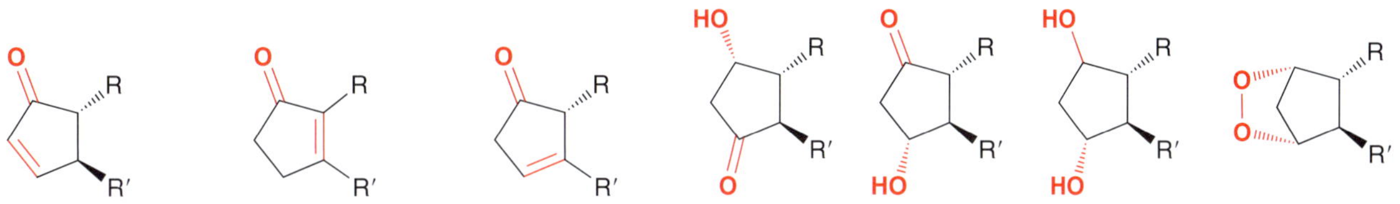

FIGURA 26.9
Padrões de substituição comuns para as prostaglandinas.

apresentam um grupo carbonila e uma ligação π carbono-carbono no anel de cinco membros. Esses três padrões de substituição diferem entre si apenas na localização da ligação π carbono-carbono. PGDs e PGEs são β-hidroxicetonas, PGFS são 1,3-dióis, e PGGs são endoperóxidos. O número de ligações π carbono-carbono nas cadeias laterais está indicado com um subscrito após a letra para o padrão de substituição. Por exemplo, a PGE_2 (dinoprostona) tem o padrão de substituição E e contém duas ligações duplas nas cadeias laterais.

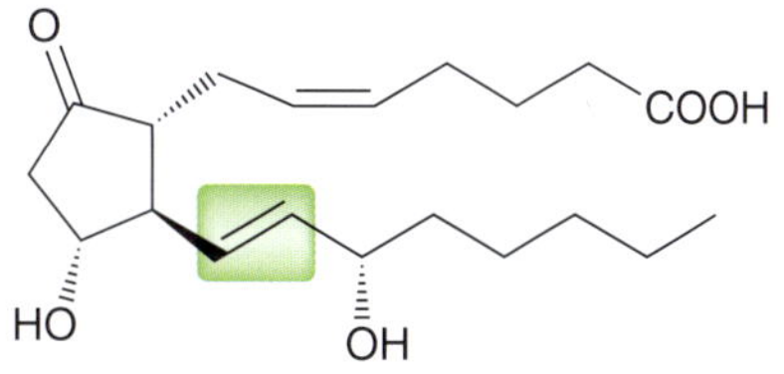

PGE_2

Essa prostaglandina especial regula as contrações musculares durante o parto e pode ser administrada em doses maiores para interromper a gravidez.

Para o padrão de substituição PGF, um descritor adicional é adicionado ao nome para indicar a configuração dos grupos OH. A diol *cis* é designada como "α", enquanto um diol *trans* é designado como "β".

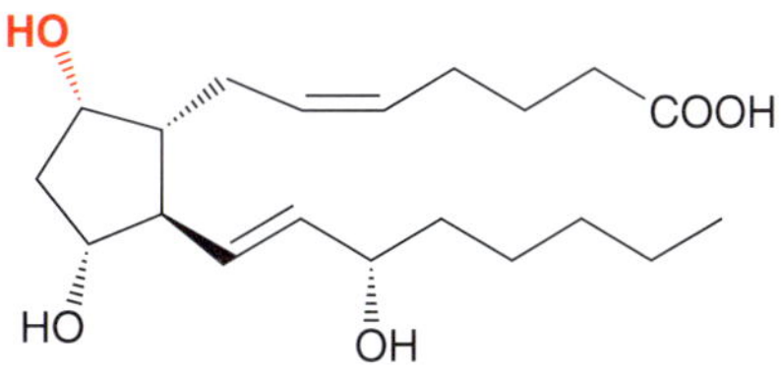

$PGF_{2\alpha}$

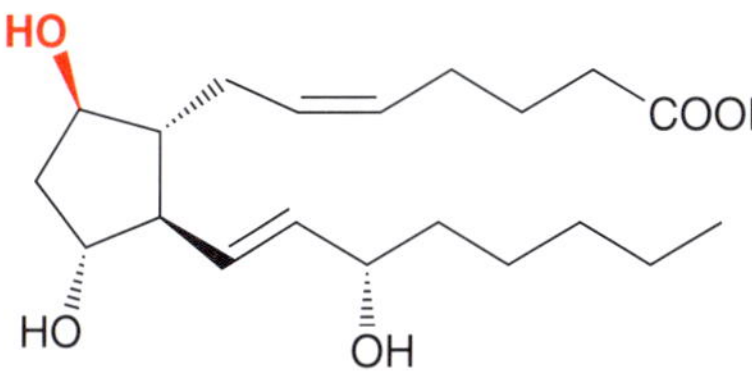

$PGF_{2\beta}$

VERIFICAÇÃO CONCEITUAL

26.24 Classifique cada prostaglandina de acordo com as instruções fornecidas na Seção 26.7.

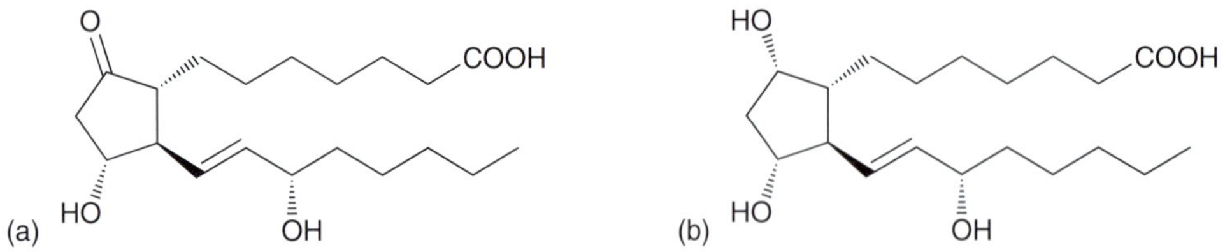

As prostaglandinas são reguladores bioquímicos ainda mais poderosos do que os esteroides. Ao contrário dos hormônios, que são produzidos em um local e, em seguida, transportados para outro local no corpo, as prostaglandinas são chamadas de mediadores locais porque executam a sua função onde são sintetizadas. As prostaglandinas exibem uma grande variedade de atividade biológica, incluindo a regulação da pressão sanguínea, agregação de plaquetas, secreções gástricas, inflamação, função renal e sistemas reprodutivos. Prostaglandinas são biossintetizadas a partir do ácido araquidônico com a ajuda de enzimas denominadas ciclo-oxigenases. Umas poucas etapas importantes desse processo são descritas no Mecanismo 26.4.

MECANISMO 26.4 BIOSSÍNTESE DE PROSTAGLANDINAS A PARTIR DO ÁCIDO ARAQUIDÔNICO

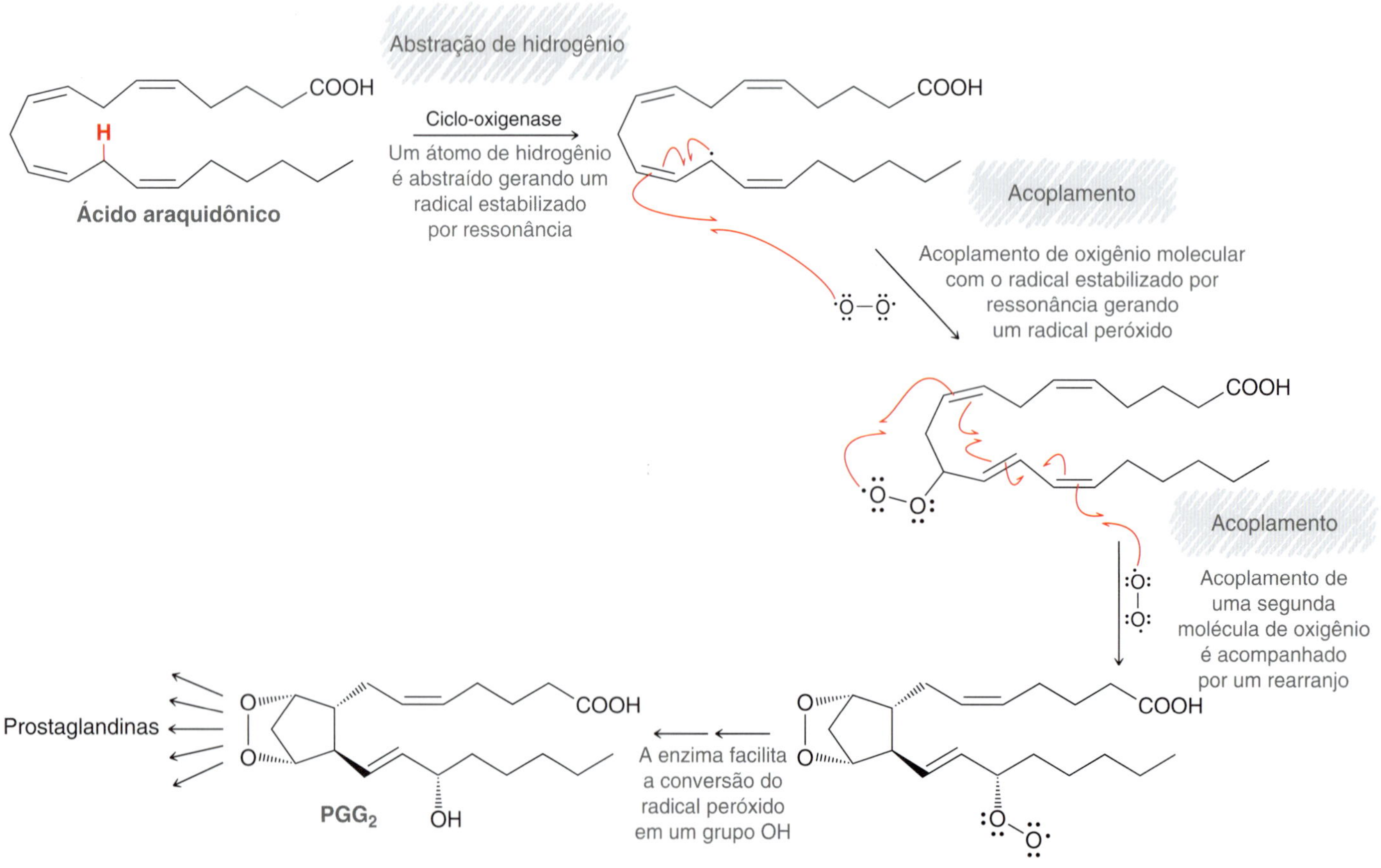

A liberação do ácido araquidônico é estimulada em resposta a um trauma (danos nos tecidos). Acredita-se que os efeitos anti-inflamatórios dos esteroides adrenocorticais derivam da sua capacidade para suprimir as enzimas que causam a liberação de ácido araquidônico, impedindo assim a biossíntese de prostaglandinas.

medicamente falando | Os Inibidores NSAIDs e COX-2

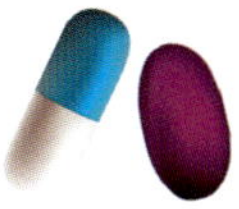

Como mencionado anteriormente, a ação de esteroides anti-inflamatórios provém da sua capacidade para impedir a liberação de ácido araquidônico. Há outra classe de agentes terapêuticos que também apresentam propriedades anti-inflamatórias, mas o seu modo de ação é totalmente diferente. Esses fármacos são chamados de fármacos anti-inflamatórios, não esteroides ou NSAIDs, e os exemplos mais comuns são a aspirina, o ibuprofeno e o naproxeno.

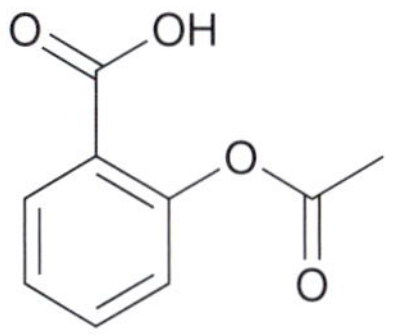

Aspirina

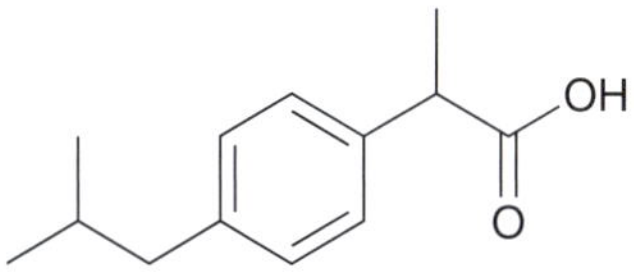

Ibuprofeno

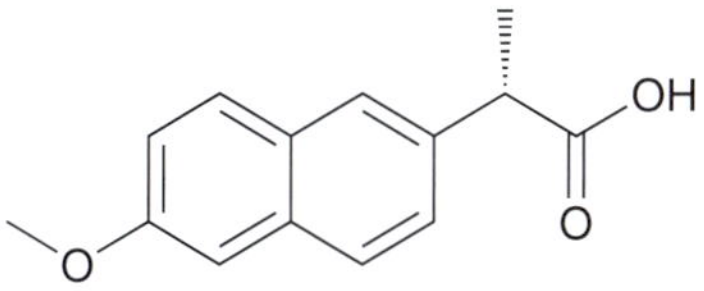

Naproxeno

Os NSAIDs não inibem as enzimas que causam a liberação de ácido araquidônico, mas, em vez disso, eles inibem as enzimas ciclo-oxigenase que catalisam a conversão do ácido araquidônico em prostaglandinas. O ibuprofeno e o naproxeno desativam as enzimas ciclo-oxigenase ligando-se a elas (impedindo desse modo a ligação do ácido araquidônico), enquanto a aspirina desativa as enzimas ciclo-oxigenase, transferindo um grupo acetila para um resíduo de serina no sítio ativo das enzimas.

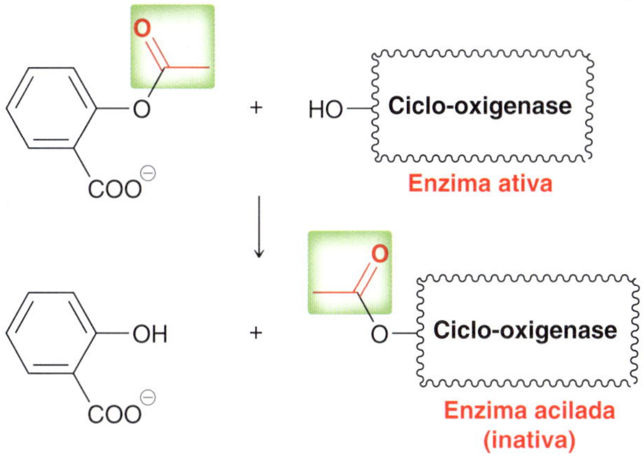

Dessa maneira, a aspirina se comporta como um agente de acetilação, que desativa eficazmente as enzimas, inibindo assim a produção de prostaglandinas. Com uma diminuição da concentração de prostaglandinas, o início da inflamação é retardado e as febres são reduzidas.

Mais recentemente, descobriu-se que existem dois tipos diferentes de enzimas ciclo-oxigenase, chamadas de COX-1 e COX-2. A função primária da COX-2 é catalisar a síntese de prostaglandinas que causam a inflamação e dor, enquanto a função principal da COX-1 é a de catalisar a síntese das prostaglandinas que protegem o estômago. Os NSAIDs inibem a ação das duas enzimas, COX-1 e COX-2, e descobriu-se que a inibição da COX-1 pode provocar irritação gástrica. Esse entendimento instigou uma busca intensiva de agentes terapêuticos capazes de inibir seletivamente a COX-2 sem também inibir a COX-1. Esforços de pesquisa extensos culminaram no lançamento no mercado de vários inibidores da COX-2 no final da década de 1990.

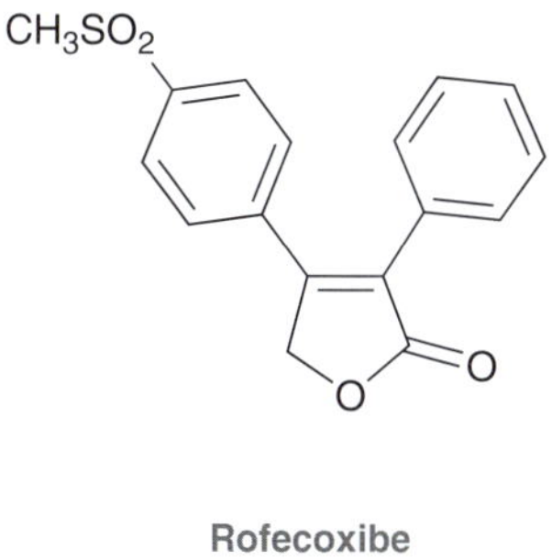

Rofecoxibe (Vioxx)

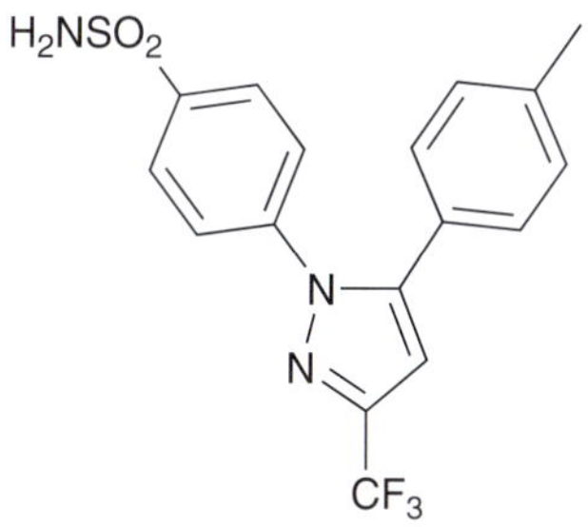

Celecoxibe (Celebrex)

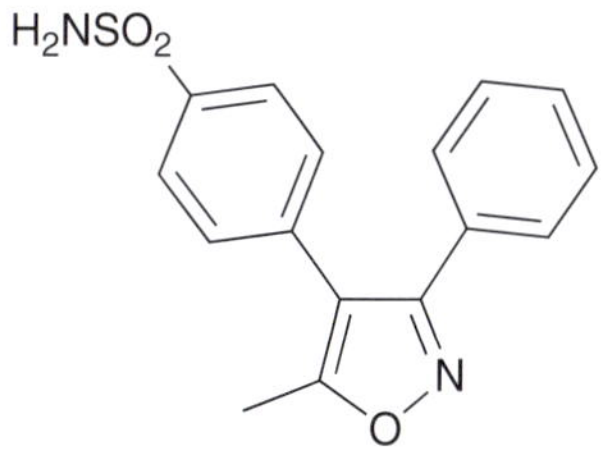

Valdecoxibe (Bextra)

Infelizmente, mais tarde foi descoberto que muitos desses medicamentos provocavam um aumento do risco de ataques cardíacos e acidentes vasculares encefálicos, especialmente em pacientes idosos. Em consequência, Vioxx e Bextra foram retirados do mercado em 2004 e 2005, respectivamente.

As prostaglandinas pertencem a uma classe maior de substâncias chamadas de **eicosanoides**, as quais incluem leucotrienos, prostaglandinas, tromboxanos, prostaciclinas, todos biossintetizados a partir do ácido araquidônico.

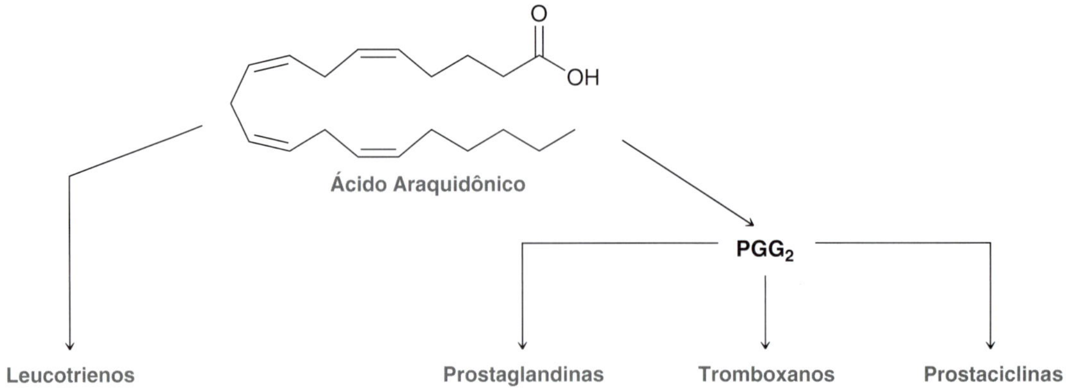

Essas quatro classes de substâncias apresentam uma ampla variedade de atividade biológica. Em alguns casos, as suas funções biológicas se opõem entre si. Por exemplo, os tromboxanos são geralmente vasoconstritores disparando a coagulação do sangue, enquanto prostaciclinas geralmente são vasodilatadores inibindo a coagulação do sangue. Nossos corpos são dependentes do equilíbrio entre os efeitos dessas substâncias.

26.8 Terpenos

Os **terpenos** são uma classe diversificada de substâncias ocorrendo naturalmente que compartilham uma característica em comum. De acordo com a regra do isopreno, todos os terpenos podem ser imaginados como formados a partir de unidades de **isopreno**, cada uma das quais contém cinco átomos de carbono.

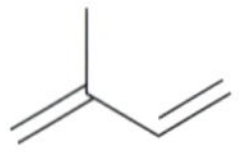

Isopreno

Consequentemente, o número de átomos de carbono presentes nos terpenos será um múltiplo de cinco. Os exemplos seguintes têm 10 ou 15 átomos de carbono.

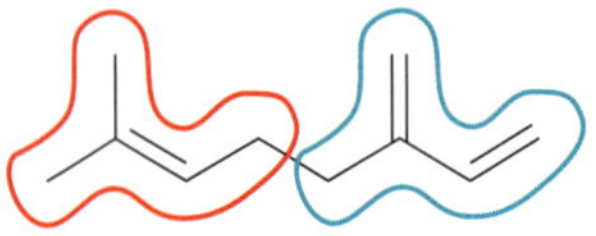

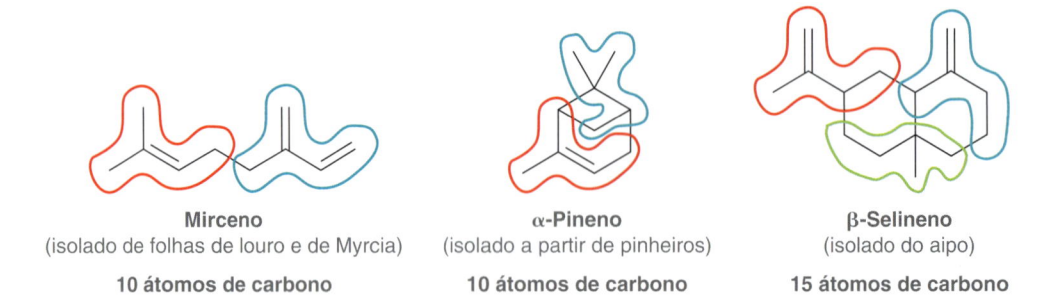

Mirceno
(isolado de folhas de louro e de Myrcia)
10 átomos de carbono

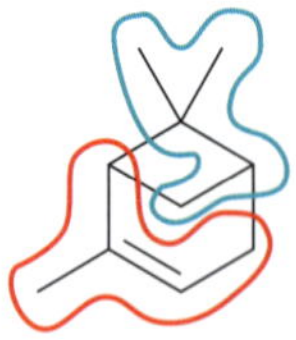

α-Pineno
(isolado a partir de pinheiros)
10 átomos de carbono

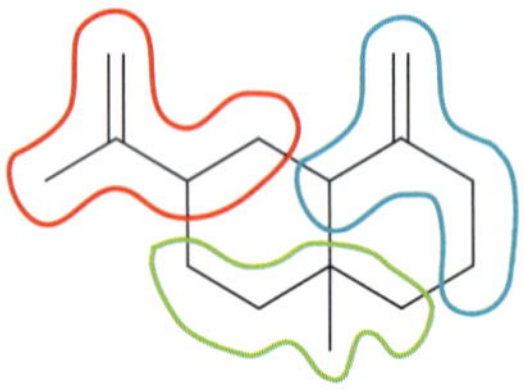

β-Selineno
(isolado do aipo)
15 átomos de carbono

Uma grande variedade de terpenos é isolada a partir de óleos essenciais de plantas. Terpenos geralmente têm um cheiro forte e muitas vezes são utilizados como agentes flavorizantes e aromatizantes em uma ampla variedade de aplicações, incluindo produtos alimentícios e cosméticos.

Durante a biossíntese de terpenos, unidades de isopreno são geralmente ligadas cabeça à cauda.

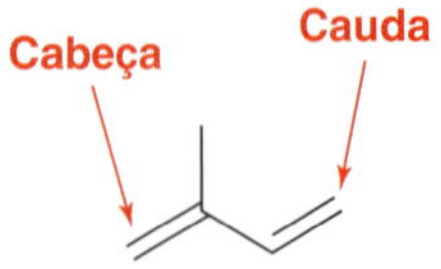

Isopreno

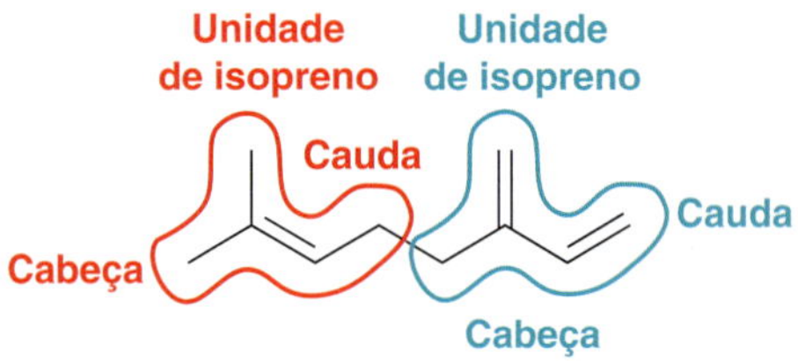

Mirceno

Muitos terpenos também contêm grupos funcionais:

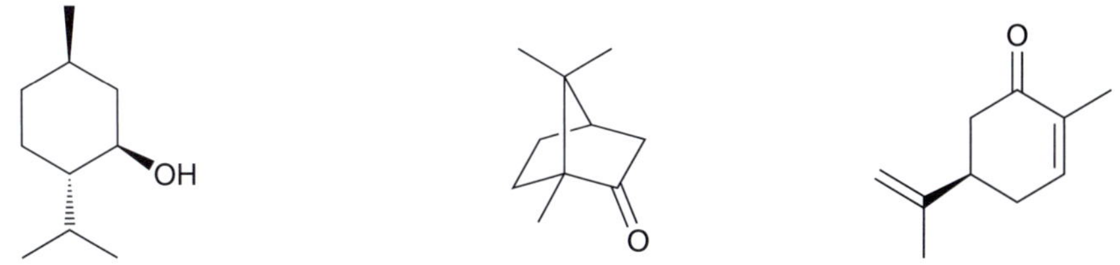

Mentol
(isolado do óleo de hortelã-pimenta)

Cânfora
(isolada a partir de árvores com folhas perenes)

***R*-Carvona**
(sabor de hortelã)

TABELA 26.4 CLASSIFICAÇÃO DOS TERPENOS

CLASSE	Nº DE ÁTOMOS DE CARBONO
Monoterpeno	10
Sesquiterpeno	15
Diterpeno	20
Triterpeno	30
Tetraterpeno	40

Classificação dos Terpenos

Os terpenos são classificados com base em unidades de 10 átomos de carbono (duas unidades de isopreno). Por exemplo, um terpeno com 10 átomos de carbono é chamado de monoterpeno, enquanto um terpeno com 20 átomos de carbono é chamado de diterpeno. Como pode ser visto na Tabela 26.4, uma substância com 15 átomos de carbono é chamada de sesquiterpeno. Um exemplo de um sesquiterpeno é o α-farneseno, encontrado na cera que envolve a casca da maçã.

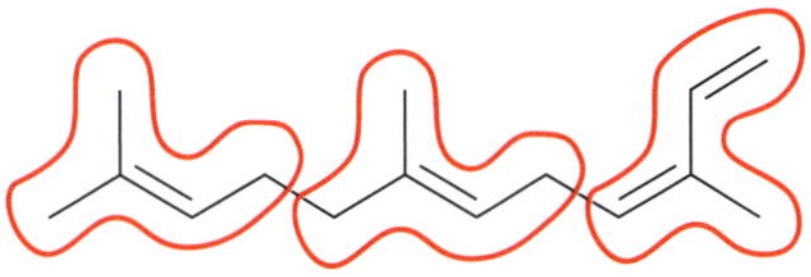

α-Farneseno

O β-caroteno e o licopeno contêm cada um 40 átomos de carbono e, portanto, são classificados como tetraterpenos.

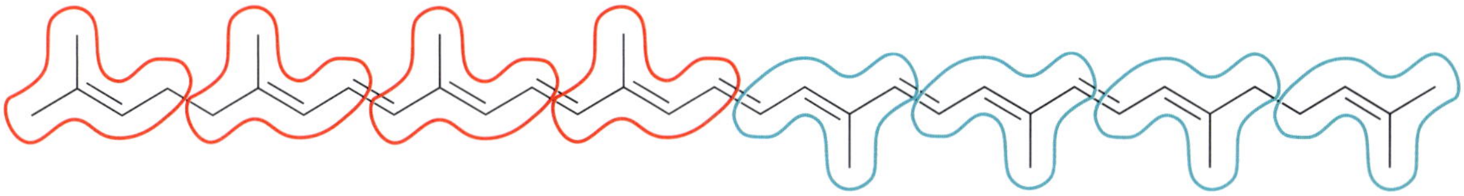

Licopeno

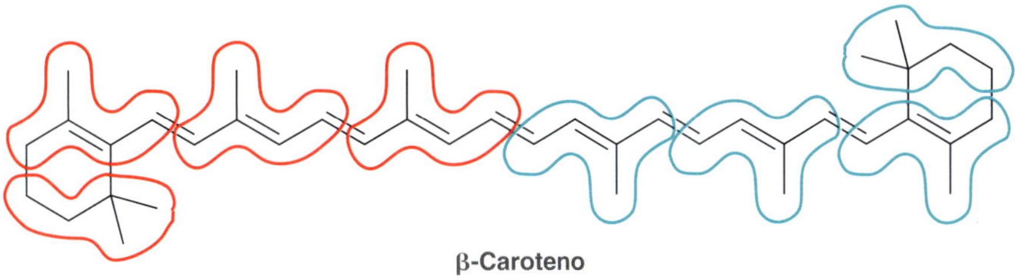

β-Caroteno

Cada uma dessas substâncias é obtida a partir de dois diterpenos.

DESENVOLVENDO A APRENDIZAGEM

26.4 IDENTIFICAÇÃO DE UNIDADES DE ISOPRENO EM UM TERPENO

APRENDIZAGEM Identifique as unidades de isopreno na cânfora:

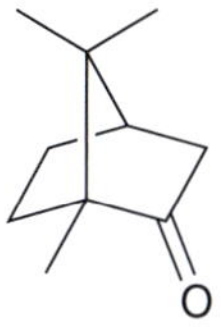

SOLUÇÃO

ETAPA 1
Contagem dos átomos de carbono e identificação do número de unidades de isopreno.

Primeiro contamos o número de átomos de carbono. Esta substância é um monoterpeno porque tem 10 átomos de carbono. Portanto, estamos procurando duas unidades de isopreno. Cada unidade de isopreno pode ter ou não ligações duplas, mas tem de ter quatro átomos de carbono em uma cadeia linear com exatamente uma ramificação.

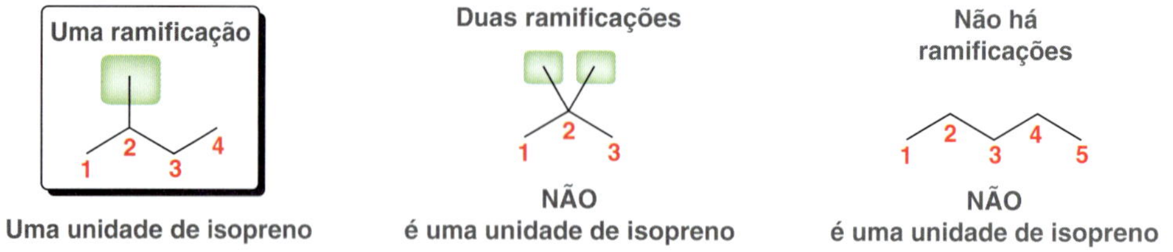

ETAPA 2
Procura de grupos metila.

Para identificar as unidades de isopreno é melhor se concentrar em quaisquer grupos metila, bem como os átomos de carbono aos quais eles estão ligados. Por exemplo, os seguintes átomos de carbono têm de ser agrupados juntos:

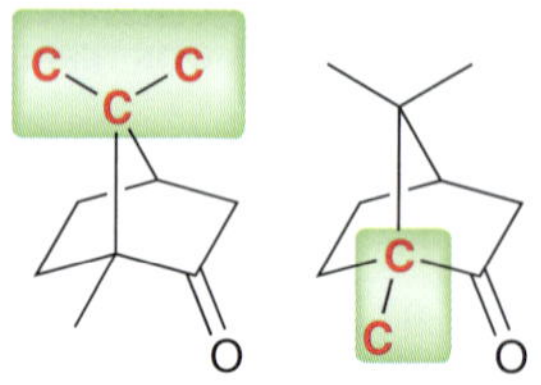

Vamos agora considerar se é possível para o grupo de cinco átomos de carbono representar uma unidade de isopreno. Esses cinco átomos de carbono estão ligados de uma forma que dá quatro átomos de carbono em uma cadeia linear, com uma ramificação?

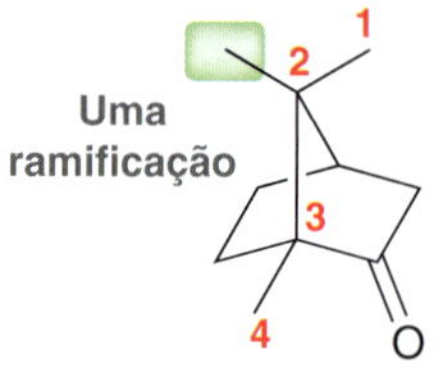

Realmente, esses cinco átomos de carbono podem ser uma unidade de isopreno, porque eles têm o padrão de ramificação correto. No entanto, quando analisamos os cinco átomos de carbono restantes, eles não têm o padrão de ramificação correto.

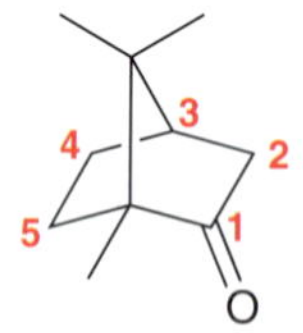

ETAPA 3
Uso de tentativa e erro para encontrar as unidades de isopreno.

Os cinco átomos de carbono restantes não podem representar uma unidade de isopreno, porque eles não mostram uma ramificação. Portanto, os cinco átomos de carbono iniciais que nós identificamos primeiro têm de ser de fato parte de duas unidades de isopreno separadas.

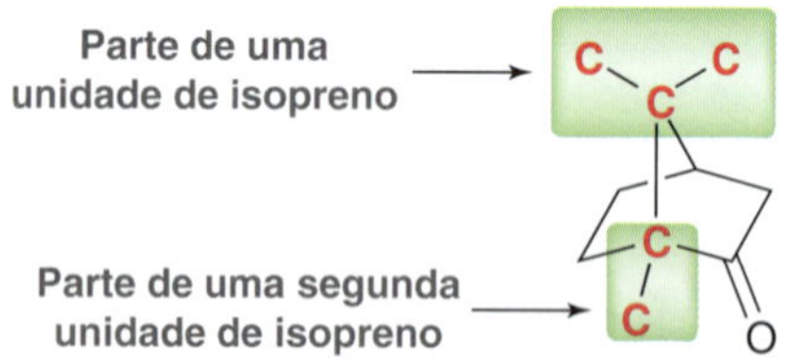

Encontrar cada unidade de isopreno às vezes requer um pouco de tentativa e erro. Neste caso, existem duas soluções aceitáveis.

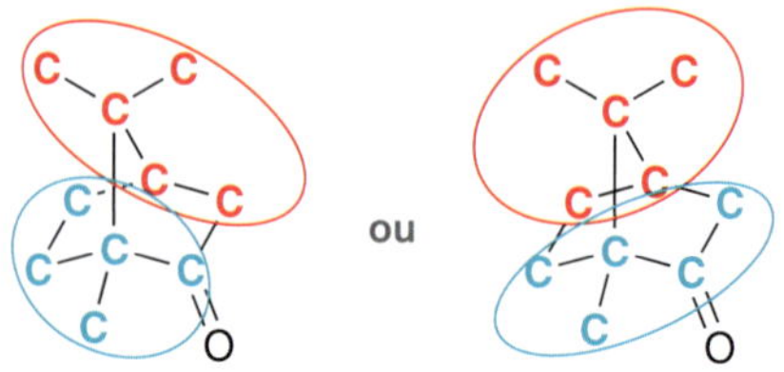

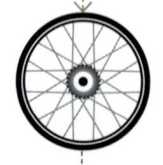

PRATICANDO o que você aprendeu

26.25 Circule as unidades de isopreno em cada uma das substâncias vistas a seguir.

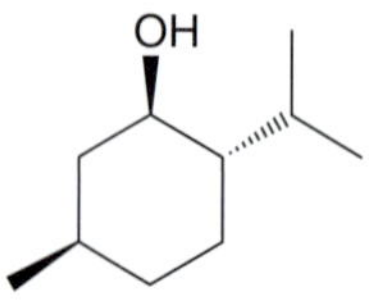

(a) Mentol

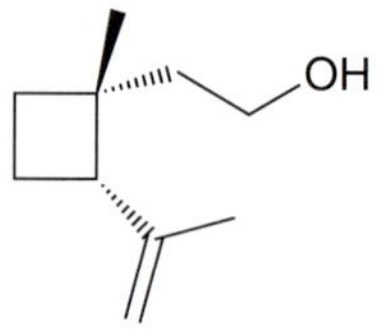

(b) Grandisol

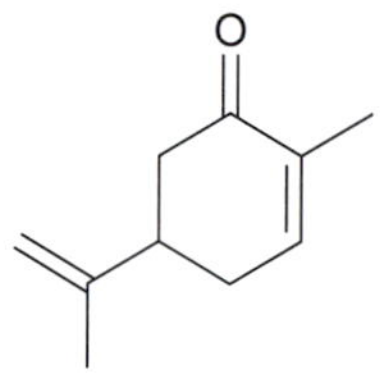

(c) Carvona

APLICANDO o que você aprendeu

26.26 Determine se cada uma das substâncias vistas a seguir é um terpeno.

(a) 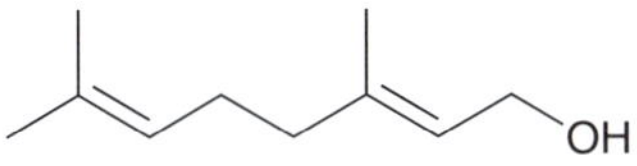

(b) 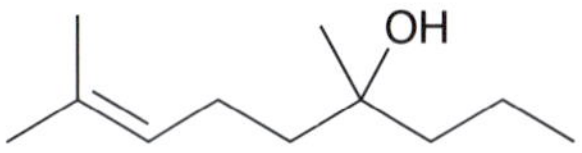

(c) 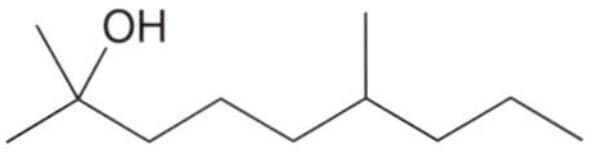

(d) 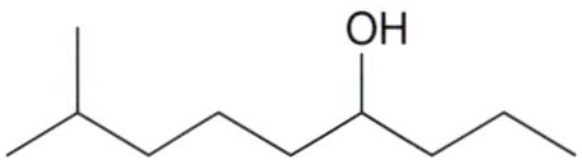

é necessário **PRATICAR MAIS?** **Tente Resolver o Problema 26.55**

Biossíntese de Terpenos

Embora a regra do isopreno considere que os terpenos são formados a partir de unidades de isopreno, os "blocos de montagem" reais são o pirofosfato de dimetilalila e o pirofosfato de isopentenila.

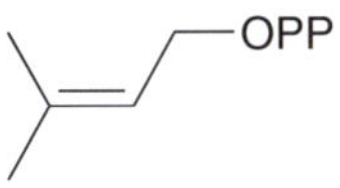

Pirofosfato de dimetilalila

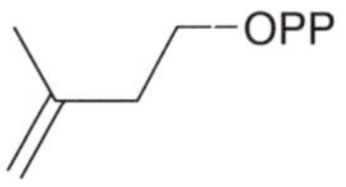

Pirofosfato de isopentenila

Todos os terpenos são biossintetizados a partir desses dois materiais de partida. Em cada uma dessas substâncias, o grupo OPP representa um grupo de saída biológico, chamado pirofosfato. O grupo OPP é um bom grupo de saída, pois é uma base fraca.

RELEMBRANDO
Para uma revisão da relação entre os grupos de saída e a basicidade, veja a Seção 7.8, do Volume 1.

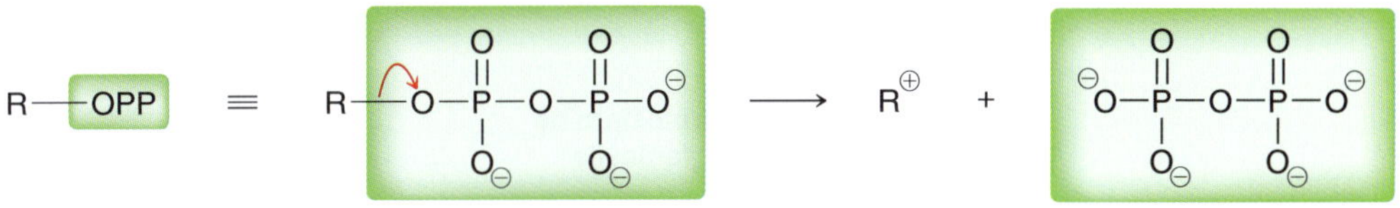

Pirofosfato (bom grupo de saída) **Base fraca**

A reação entre o pirofosfato de dimetilalila e o pirofosfato de isopentenila produz um monoterpeno chamado pirofosfato de geranila, que é o material de partida para todos os outros monoterpenos (Mecanismo 26.5).

MECANISMO 26.5 BIOSSÍNTESE DO PIROFOSFATO DE GERANILA

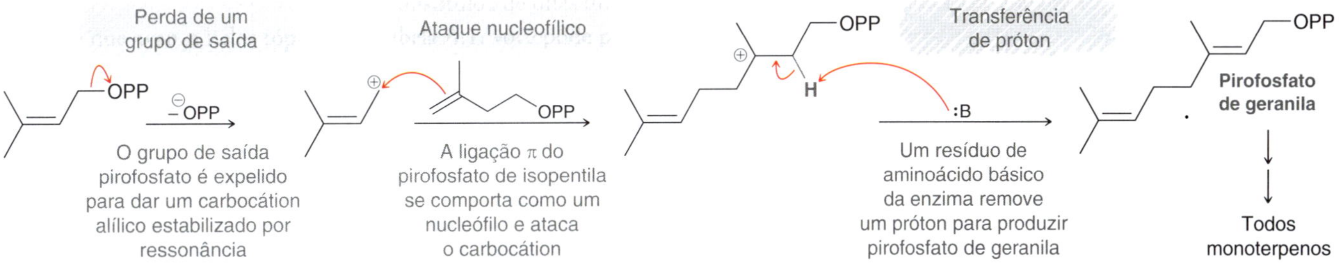
Perda de um grupo de saída
OPP
⊖OPP
O grupo de saída pirofosfato é expelido para dar um carbocátion alílico estabilizado por ressonância
Ataque nucleofílico
OPP
A ligação π do pirofosfato de isopentila se comporta como um nucleófilo e ataca o carbocátion
OPP
H
Transferência de próton
:B
Um resíduo de aminoácido básico da enzima remove um próton para produzir pirofosfato de geranila
OPP
Pirofosfato de geranila
Todos monoterpenos

A biossíntese do pirofosfato de geranila é realizada em apenas três etapas. A primeira etapa envolve a perda de um grupo de saída (pirofosfato) para gerar um carbocátion estabilizado por ressonância. A segunda etapa é um ataque nucleofílico, no qual o carbocátion é atacado pela ligação π do pirofosfato de isopentila para gerar um novo carbocátion. Por fim, a transferência de um próton produz o pirofosfato de geranila.

As mesmas três etapas mecanísticas podem ser repetidas para adicionar outra unidade isopreno ao pirofosfato de geranila, obtendo-se o pirofosfato de farnesila, um sesquiterpeno. Mais uma vez, a perda de um grupo de saída é seguida por ataque nucleofílico e, então, uma transferência de próton (Mecanismo 26.6). O pirofosfato de farnesila é o material de partida para todos os outros sesquiterpenos e diterpenos.

MECANISMO 26.6 BIOSSÍNTESE DO PIROFOSFATO DE FARNESILA

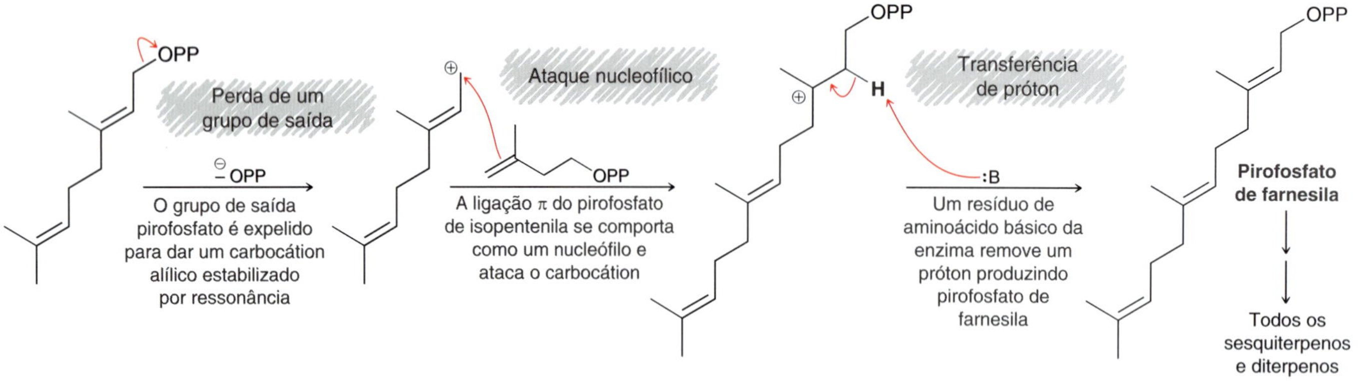
OPP
Perda de um grupo de saída
$^{\ominus}$OPP
O grupo de saída pirofosfato é expelido para dar um carbocátion alílico estabilizado por ressonância
Ataque nucleofílico
OPP
A ligação π do pirofosfato de isopentenila se comporta como um nucleófilo e ataca o carbocátion
OPP
H
Transferência de próton
:B
Um resíduo de aminoácido básico da enzima remove um próton produzindo pirofosfato de farnesila
OPP
Pirofosfato de farnesila
Todos os sesquiterpenos e diterpenos

O esqualeno, o precursor biológico para todos os esteroides (como foi visto no Mecanismo 26.3), é biossintetizado a partir do acoplamento de duas moléculas de pirofosfato de farnesila.

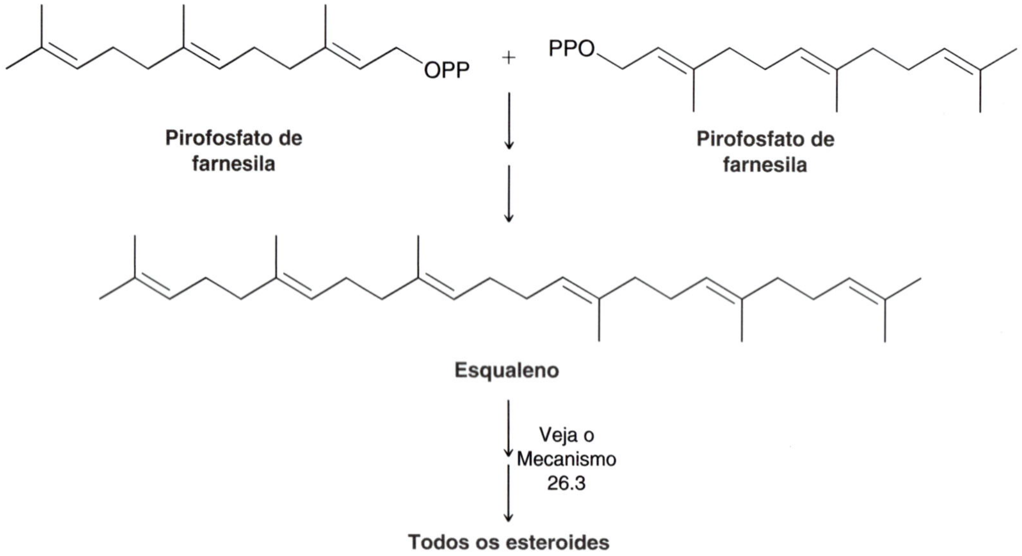
OPP
PPO
Pirofosfato de farnesila
Pirofosfato de farnesila
Esqualeno
Veja o Mecanismo 26.3
Todos os esteroides

VERIFICAÇÃO CONCEITUAL

26.27 Represente um mecanismo para a transformação vista a seguir.

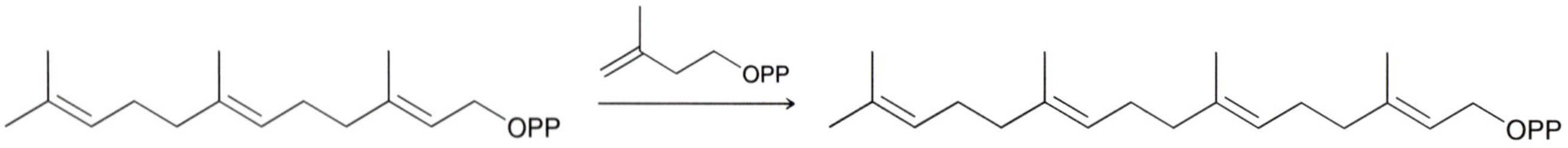
OPP
OPP
OPP

26.28 Represente um mecanismo para a biossíntese do α-farneseno partindo do pirofosfato de dimetilalila e pirofosfato de isopentenila.

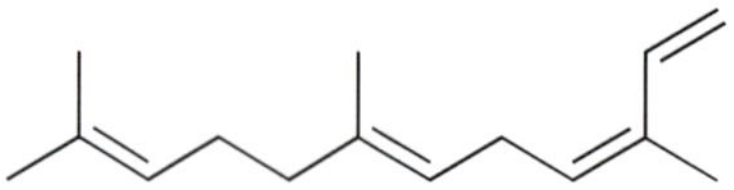

α-Farneseno

REVISÃO DAS REAÇÕES REAÇÕES SINTETICAMENTE ÚTEIS

Reações de Triglicerídeos

Hidrogenação (produção de margarina)

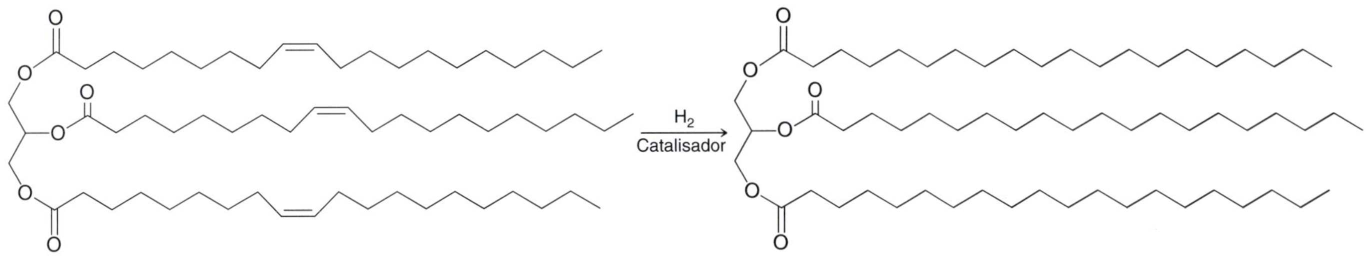

Saponificação (produção de sabão)

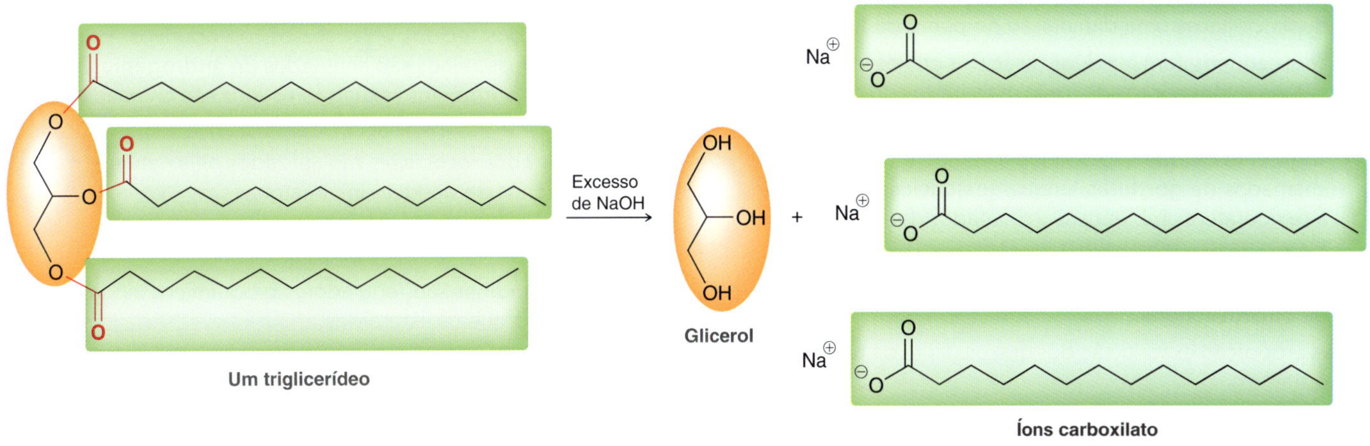

Transesterificação (produção de biodiesel)

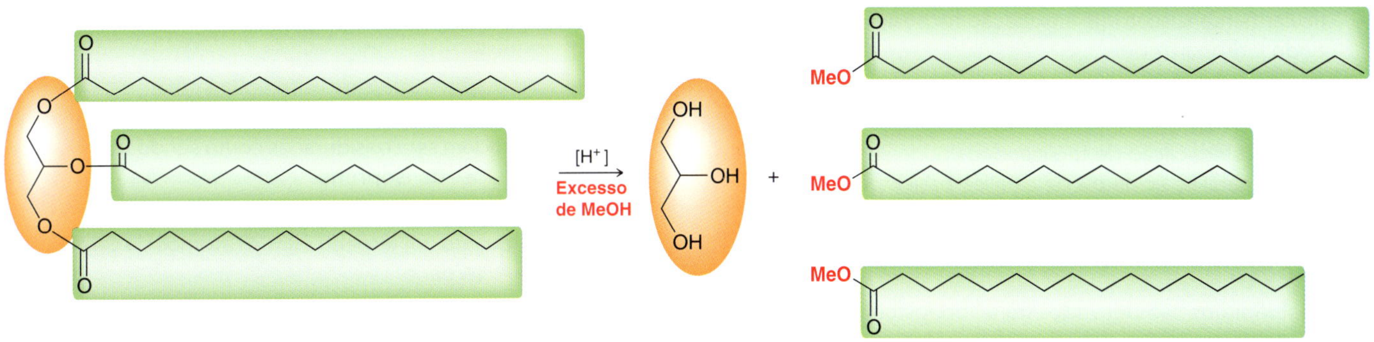

REVISÃO DE CONCEITOS E VOCABULÁRIO

SEÇÃO 26.1

- **Lipídios** são substâncias que ocorrem naturalmente e que são extraídas de células utilizando solventes apolares.
- **Lipídios complexos** sofrem prontamente hidrólise, enquanto os **lipídios simples** não sofrem hidrólise.

SEÇÃO 26.2

- As **ceras** são ésteres de alta massa molecular, que são obtidos a partir de ácidos carboxílicos e álcoois.

SEÇÃO 26.3

- **Triglicerídeos** são os triésteres formados a partir de glicerol e três ácidos carboxílicos de cadeia longa, chamados de **ácidos graxos**. O triglicerídeo resultante contém três *resíduos de ácidos graxos*.
- Para ácidos graxos saturados, o ponto de fusão aumenta com o aumento da massa molecular. A presença de uma ligação dupla *cis* causa uma diminuição no ponto de fusão.
- Triglicerídeos com resíduos de ácidos graxos insaturados geralmente têm pontos de fusão mais baixos do que os triglicerídeos com resíduos de ácidos graxos saturados.
- Triglicerídeos que são sólidos à temperatura ambiente são chamados de **gorduras**, enquanto aqueles que são líquidos à temperatura ambiente são chamados de **óleos**.
- Triglicerídeos encontrados em animais têm uma concentração maior de ácidos graxos saturados do que triglicerídeos de origem vegetal.
- A proporção exata de ácidos graxos difere de uma fonte para outra.

SEÇÃO 26.4

- Triglicerídeos que contêm resíduos de ácidos graxos insaturados sofrem hidrogenação. Durante o processo de hidrogenação, algumas das ligações duplas podem isomerizar dando ligações π *trans*.
- Na presença de oxigênio molecular, os triglicerídeos são particularmente suscetíveis à oxidação na posição alílica produzindo hidroperóxidos.
- Quando tratados com uma base aquosa, os triglicerídeos sofrem hidrólise, também chamada de saponificação.
- A transesterificação de triglicerídeos pode ser realizada através de catálise ácida ou de catálise básica para a produção de biodiesel.

SEÇÃO 26.5

- **Fosfolipídios** são derivados do ácido fosfórico semelhantes a ésteres.
- **Fosfoglicerídeos** são semelhantes em estrutura aos triglicerídeos, exceto que um dos três resíduos de ácidos graxos está substituído por um grupo fosfoéster.
- O tipo mais simples de fosfoglicerídeo é um monoéster fosfórico, chamado de **ácido fosfatídico**.
- Fosfoglicerídeos que contêm etanolamina são chamados de **cefalinas**, enquanto fosfoglicerídeos que contêm colina são chamados de **lecitinas**.
- Na água, fosfoglicerídeos se juntam entre si para formar uma **bicamada lipídica**.

SEÇÃO 26.6

- As estruturas dos **esteroides** são baseadas em um sistema de anéis tetracíclicos, envolvendo três anéis de seis membros e um anel de cinco membros.
- As fusões de anéis são todas *trans* na maioria dos esteroides, fornecendo aos esteroides sua geometria rígida.
- Todos os esteroides, incluindo o colesterol, são biossintetizados a partir do esqualeno.
- Hormônios sexuais humanos são esteroides que regulam o crescimento dos tecidos e processos reprodutivos. Hormônios sexuais masculinos são chamados de **androgênios**, e os dois tipos de hormônios sexuais femininos são chamados de **estrogênio** e **progesterona**.
- **Hormônios adrenocorticais** são utilizados pela natureza para tratar os efeitos de doenças inflamatórias.

SEÇÃO 26.7

- As **prostaglandinas** são reguladores bioquímicos ainda mais poderosos do que os esteroides.
- As prostaglandinas são biossintetizados a partir do ácido araquidônico, com a ajuda de enzimas denominadas ciclo-oxigenases.
- As prostaglandinas contêm 20 átomos de carbono e são caracterizadas por um anel de cinco membros com duas cadeias laterais.
- As prostaglandinas pertencem a uma classe maior de substâncias chamadas de **eicosanoides**, as quais incluem os leucotrienos, prostaglandinas, tromboxanos, prostaciclinas, todos exibindo uma grande variedade de atividades biológicas.

SEÇÃO 26.8

- Os **terpenos** são uma classe de substâncias ocorrendo naturalmente que podem ser consideradas como sendo formadas a partir de unidades de **isopreno**.
- Um terpeno com 10 átomos de carbono é chamado de monoterpeno, enquanto um terpeno com 20 átomos de carbono é chamado de diterpeno.
- Todos os terpenos são biossintetizados a partir de pirofosfato de dimetilalila e pirofosfato de isopentenila.
- O pirofosfato de geranila é o material de partida para todos os monoterpenos, e o pirofosfato de farnesila é o material de partida para todos os sesquiterpenos.

REVISÃO DA APRENDIZAGEM

26.1 COMPARAÇÃO DAS PROPRIEDADES MOLECULARES DE TRIGLICERÍDEOS

ETAPA 1 Identificação dos resíduos de ácidos graxos de cada triglicerídeo.

Resíduos de ácido palmitoleico

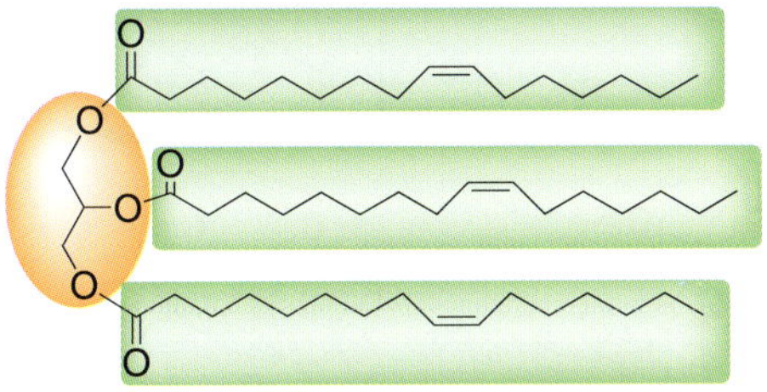

Tripalmitoleína

Resíduos de ácido palmítico

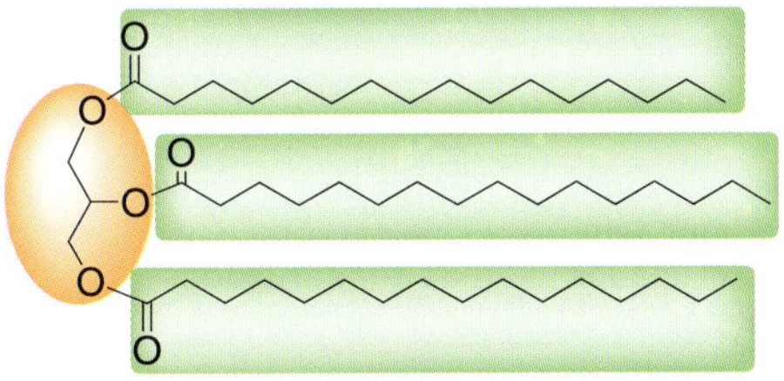

Tripalmitina

ETAPA 2 Comparação dos resíduos tendo em mente que o ponto de fusão é afetado por:

1) Comprimento da cadeia (cadeia mais longa = ponto de fusão mais alto).

2) Resíduos saturados (nenhuma ligação π C–C) têm pontos de fusão mais elevados.

Tente Resolver os Problemas **26.3-26.6, 26.40a,d,e, 26.41a,d,e, 26.43**

26.2 IDENTIFICAÇÃO DOS PRODUTOS DA HIDRÓLISE DE TRIGLICERÍDEOS

ETAPA 1 Identificação dos três grupos éster.

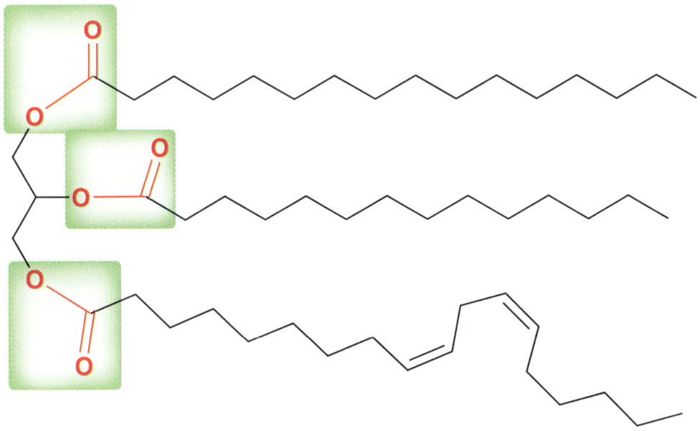

ETAPA 2 Cada grupo éster é hidrolisado gerando glicerol e três íons carboxilato.

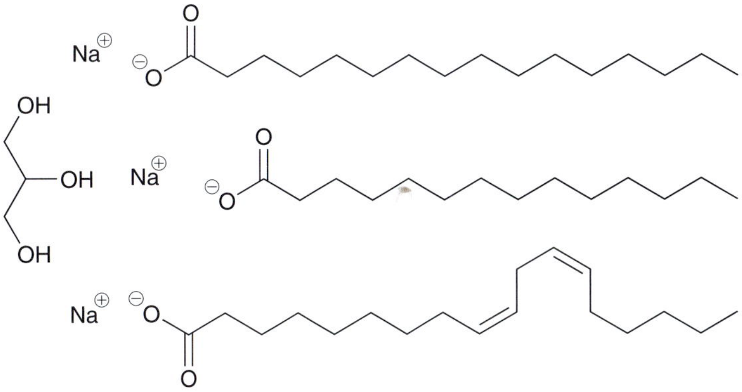

Tente Resolver os Problemas **26.9-26.11, 26.30b, 26.40c, 26.41c**

26.3 REPRESENTAÇÃO DE UM MECANISMO DE TRANSESTERIFICAÇÃO DE UM TRIGLICERÍDEO

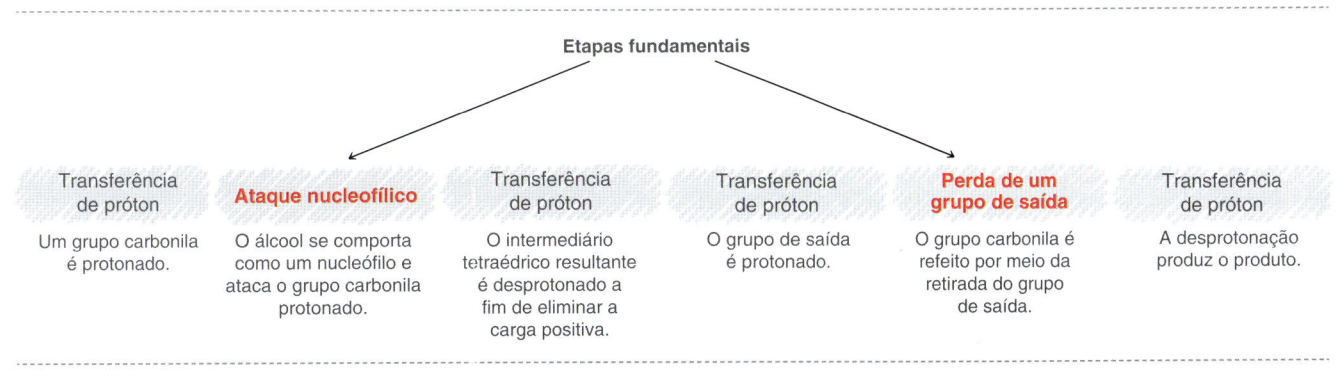

Etapas fundamentais

Transferência de próton	**Ataque nucleofílico**	Transferência de próton	Transferência de próton	**Perda de um grupo de saída**	Transferência de próton
Um grupo carbonila é protonado.	O álcool se comporta como um nucleófilo e ataca o grupo carbonila protonado.	O intermediário tetraédrico resultante é desprotonado a fim de eliminar a carga positiva.	O grupo de saída é protonado.	O grupo carbonila é refeito por meio da retirada do grupo de saída.	A desprotonação produz o produto.

Tente Resolver os Problemas **26.12-26.14, 26.44, 26.45**

26.4 IDENTIFICAÇÃO DE UNIDADES DE ISOPRENO EM UM TERPENO

ETAPA 1 Contagem do número de átomos de carbono, a fim de identificar o número de unidades de isopreno.

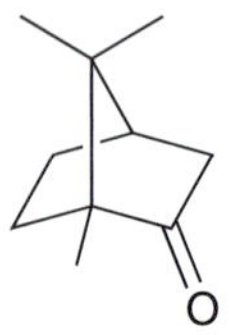

10 Átomos de carbono = 2 Unidades de isopreno

ETAPA 2 Procura por quaisquer grupos metila e os átomos de carbono aos quais eles estão ligados.

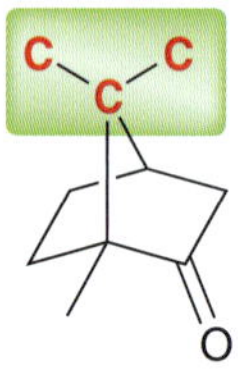

Estes três átomos de carbono têm de ser agrupados juntos

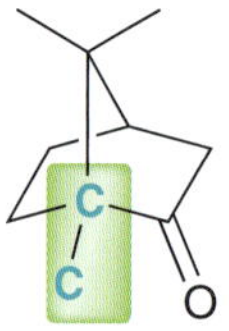

Estes dois átomos de carbono têm de ser agrupados juntos

ETAPA 3 Utilizando tentativa e erro identifique as unidades de isopreno que têm a estrutura de ramificação correta.

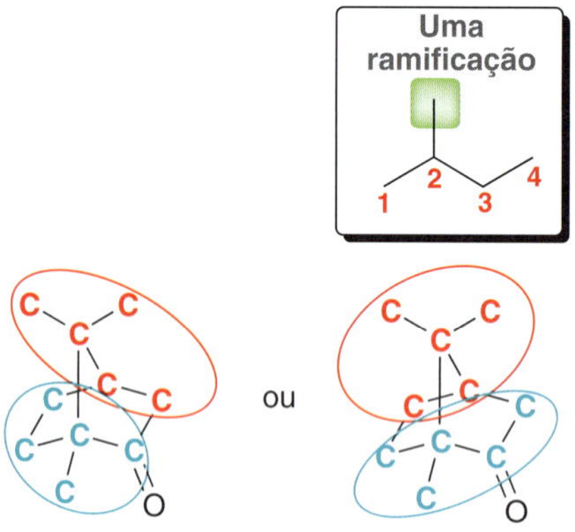

Tente Resolver os Problemas **26.25, 26.26, 26.55**

PROBLEMAS PRÁTICOS

26.29 Identifique cada uma das substâncias vistas a seguir como uma cera, um triglicerídeo, um fosfolipídio, um esteroide, uma prostaglandina, ou um terpeno.

(a) Estanozolol
(b) Licopeno
(c) Triestearina
(d) Distearoyl lecitina
(e) PGF_2
(f) Octadecanoato de pentadecila

26.30 Preveja o(s) produto(s) formado(s) quando a tripalmitoleína é tratada com cada um dos reagentes vistos a seguir.

(a) H_2 em excesso, Ni
(b) NaOH em excesso, H_2O

26.31 Represente duas cefalinas diferentes que contêm um resíduo de ácido láurico e um resíduo de ácido mirístico. Essas duas substâncias são quirais?

26.32 Represente um triglicerídeo opticamente ativo que contém um resíduo de ácido palmítico e dois resíduos de ácido mirístico. Esta substância reage com hidrogênio molecular na presença de um catalisador?

26.33 Quais das substâncias vistas a seguir são lipídios?

(a) L-Treonina
(b) 1-Octanol
(c) Licopeno
(d) Trimiristina
(e) Ácido palmítico
(f) D-Glicose
(g) Testosterona
(h) D-Manose

26.34 Represente a estrutura do ácido *trans*-oleico.

26.35 A triestearina é menos suscetível de se tornar rançosa que a trioleina. Explique.

26.36 Disponha as substâncias vistas a seguir em termos do aumento de solubilidade em água.

(a) Um triglicerídeo obtido a partir de um equivalente de glicerol e três equivalentes de ácido mirístico
(b) Um diglicerídeo obtido a partir de um equivalente de glicerol e dois equivalentes de ácido mirístico
(c) Um monoglicerídeo obtido a partir de um equivalente de glicerol e um equivalente de ácido mirístico

26.37 Determine se é o hexano ou a água que é mais apropriado para a extração de terpenos a partir de tecidos vegetais. Justifique sua resposta.

26.38 Identifique cada um dos ácidos graxos vistos a seguir como saturado ou insaturado.

(a) Ácido palmítico
(b) Ácido mirístico
(c) Ácido oleico
(d) Ácido láurico
(e) Ácido linoleico
(f) Ácido araquidônico

26.39 Qual dos ácidos graxos no problema anterior tem quatro ligações duplas carbono-carbono?

26.40 Qual das seguintes afirmações se aplica a trioleína?

(a) É um sólido à temperatura ambiente.
(b) Não é reativa com o hidrogênio molecular na presença de Ni.
(c) Sofre hidrólise produzindo ácidos graxos insaturados.
(d) É um lipídio complexo.
(e) É uma cera.
(f) Tem um grupo fosfato.

26.41 Identifique quais das seguintes afirmações se aplica a triestearina.

(a) É um sólido à temperatura ambiente.
(b) Não é reativa com o hidrogênio molecular na presença de Ni.
(c) Sofre hidrólise produzindo ácidos graxos insaturados.
(d) É um lipídio complexo.
(e) É uma cera.
(f) Tem um grupo fosfato.

26.42 Uma das substâncias presentes na cera de carnaúba foi isolada, purificada e, em seguida, tratada com hidróxido de sódio aquoso obtendo-se um álcool com 30 átomos de carbono e um íon carboxilato com 20 átomos de carbono. Represente a estrutura provável da substância.

26.43 Represente as estruturas da trimiristina e tripalmitina, e determine quem deve ter o ponto de fusão mais baixo. Explique sua escolha.

26.44 Represente um mecanismo para a transesterificação da trimiristina usando excesso de isopropanol na presença de um catalisador ácido.

26.45 Represente um mecanismo para a transesterificação catalisada por base da trimiristina usando etanol na presença de hidróxido de sódio.

26.46 Represente a estrutura de um triglicerídeo opticamente inativo que contém dois resíduos de ácido oleico e um resíduo de ácido palmítico.

26.47 Represente a estrutura de um triglicerídeo opticamente ativo que contém dois resíduos de ácido oleico e um resíduo de ácido palmítico.

26.48 Represente o enantiômero do colesterol.

26.49 Circule as unidades de isopreno em cada uma das seguintes substâncias

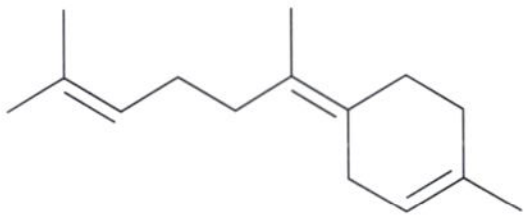

(a) **Bisaboleno**

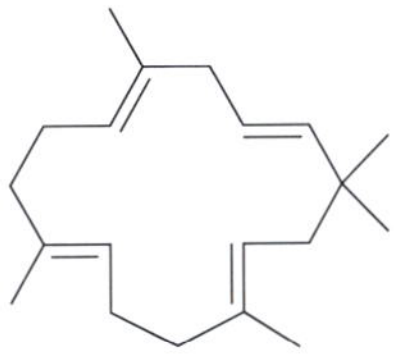

(b) **Flexibileno**

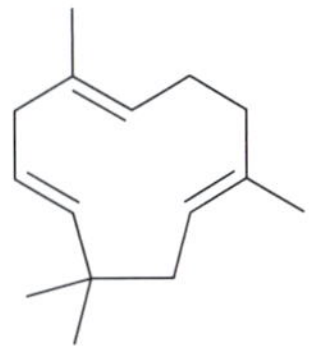

(c) **Humuleno**

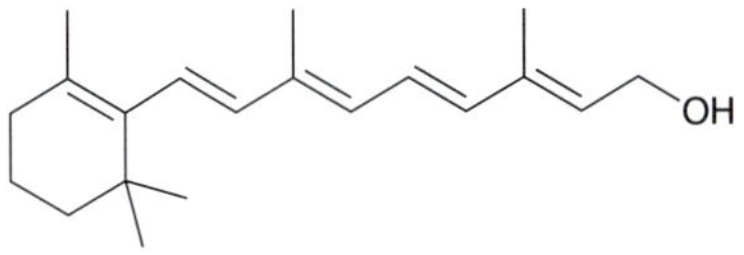

(d) **Vitamina A**

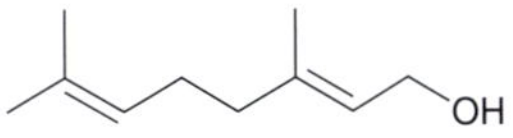

(e) **Geraniol**

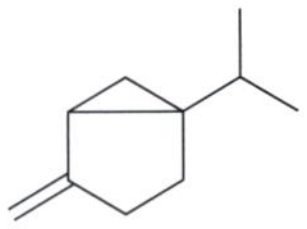

(f) **Sabineno**

26.50 Esfingomielinas são lípidios com a seguinte estrutura geral:

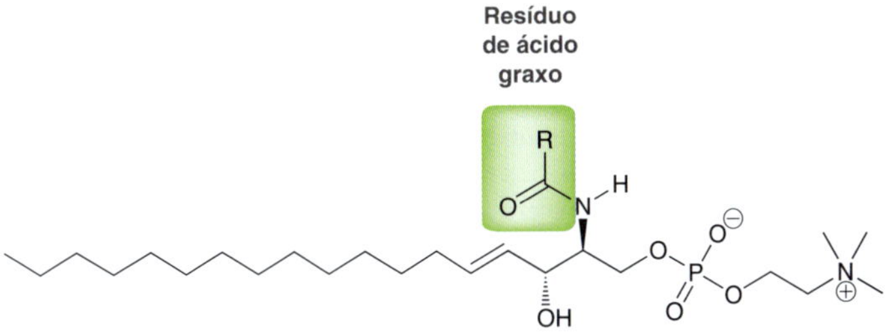

Esfingomielinas

(a) Identifique a cabeça polar e todas as caudas hidrofóbicas nas esfingomielinas.

(b) As esfingomielinas têm as características estruturais adequadas e a geometria tridimensional necessária para serem os principais constituintes das bicamadas lipídicas?

PROBLEMAS INTEGRADOS

26.51 Tratamento de colesterol com MCPBA pode produzir dois epóxidos diastereômicos.

(a) Represente os epóxidos diastereômicos.

(b) Apenas um desses epóxidos é formado. Preveja qual é, e explique por que o outro não é formado.

26.52 Identifique os produtos esperados quando o estradiol é tratado com cada um dos reagentes vistos a seguir.

(a) Excesso de Br_2

(b) PCC

(c) Uma base forte seguida por um excesso de iodeto de etila

(d) Excesso de cloreto de acetila na presença de piridina

26.53 Olestra é um substituto não calórico de óleos de cozinha. Esse substituto é produzido por esterificação da sacarose com oito equivalentes de ácidos graxos obtidos a partir da hidrólise de óleos vegetais. Os oito resíduos de ácidos graxos dão ao Olestra a consistência e sabor do óleo de cozinha, mas o volume estérico da substância impede a hidrólise dos grupos éster pelas enzimas digestivas. Como resultado, o Olestra passa inalterado através do trato digestivo. Represente a estrutura de uma molécula de Olestra que contém oito resíduos de ácido láurico. Esta substância é quiral?

26.54 Identifique os reagentes que você usaria para converter o ácido oleico em cada uma das substâncias vistas a seguir.

(a) Ácido esteárico

(b) Estearato de etila

(c) 1-Octadecanol

(d) Ácido nonanodioico

(e) Ácido 2-bromoesteárico

26.55 Limoneno é uma substância opticamente ativa isolada das cascas de limões e laranjas.

(a) O limoneno é um monoterpeno ou um diterpeno?

(b) Tratamento do limoneno com excesso de HBr produz uma substância com fórmula molecular $C_{10}H_{18}Br_2$. Identifique a estrutura desta substância e determine se ela é quiral ou aquiral.

(c) Represente os produtos obtidos quando o limoneno é tratado com O_3 seguido por DMS.

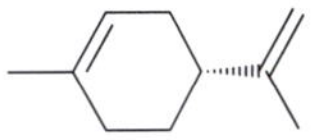

Limoneno

DESAFIOS

26.56 Partindo da substância vista a seguir e utilizando quaisquer outros reagentes de sua escolha, esboce uma síntese para a trimiristina.

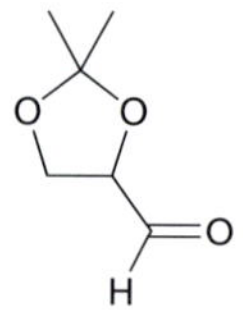

26.57 A substância vista a seguir foi isolada a partir de células nervosas.

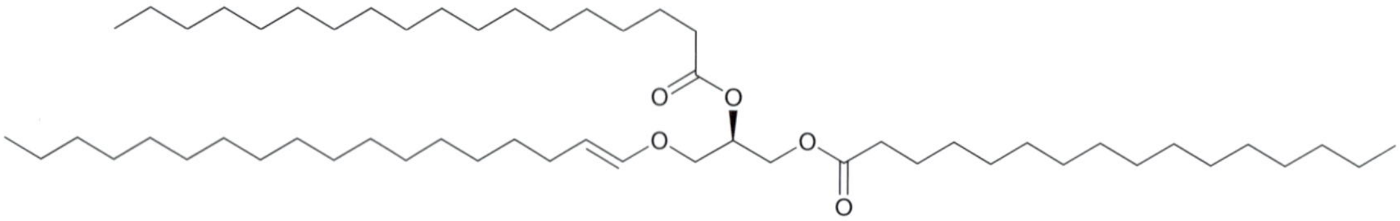

(a) Descreva como esta substância difere em estrutura das gorduras e óleos.

(b) São obtidos três produtos quando esta substância é hidrolisada com hidróxido de sódio aquoso. Represente as estruturas de todos os três produtos.

(c) São obtidos quatro produtos quando esta substância é hidrolisada com ácido aquoso. Represente as estruturas de todos os quatro produtos.

Apêndice

Nomenclatura de Substâncias Polifuncionais

As regras de nomenclatura foram introduzidas pela primeira vez no Capítulo 4 para dar nome aos alcanos. Em seguida, essas regras foram desenvolvidas nos capítulos subsequentes para incluir a nomenclatura de vários grupos funcionais. A Tabela A.1 contém uma lista de seções em que as regras de nomenclatura foram discutidas.

TABELA A.1 REGRAS DE NOMENCLATURA ABORDADAS NOS CAPÍTULOS ANTERIORES

GRUPO	SEÇÃO
Alcanos	4.2
Haletos de alquila	7.2
Alquenos	8.3
Alquinos	10.2
Álcoois e fenóis	13.1
Éteres	14.2
Epóxidos	14.7
Tióis e sulfetos	14.11
Derivados de benzeno	18.2
Aldeídos e cetonas	20.2
Ácidos carboxílicos	21.2
Derivados de ácidos carboxílicos	21.6
Aminas	23.2

À medida que avança pelos tópicos da Tabela A.1, você pode perceber que alguns padrões emergem. Por exemplo, o nome sistemático de uma substância orgânica geralmente tem pelo menos três partes, como se vê em cada um dos seguintes exemplos:

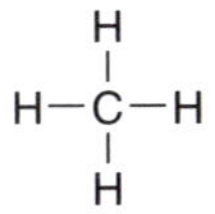
met a no

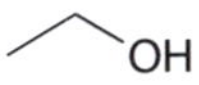
et an ol

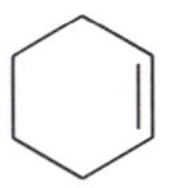
ciclo-hex en o

$H_3C-C\equiv C-H$
prop in o

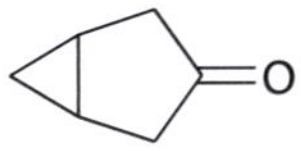
biciclo[3.1.0]hex na -3-ona

Cada uma dessas substâncias tem três partes (realçadas) no seu nome.

cadeia principal | insaturação | sufixo

A primeira é a *cadeia principal* (met, et etc.), que indica o número de átomos de carbono na estrutura da cadeia principal (veja a Seção 4.2). A próxima parte do nome, chamada *insaturação*, indica a presença ou ausência de ligações C═C ou C≡C (em que "an" significa ausência de quaisquer ligações C═C ou C≡C; "en" indica a presença de uma ligação C═C; e "in" indica a presença de uma ligação C≡C). A parte final do nome, ou *sufixo*, indica a presença de um grupo funcional (por exemplo, "-ol" indica a presença de um grupo OH, enquanto "-ona" designa um grupo cetona). Se nenhum grupo funcional está presente (outros além das ligações C═C e C≡C), então é usado o sufixo "o", como metano ou propino.

Se substituintes estão presentes, então o nome sistemático irá ter pelo menos quatro partes, em vez de apenas três. Por exemplo:

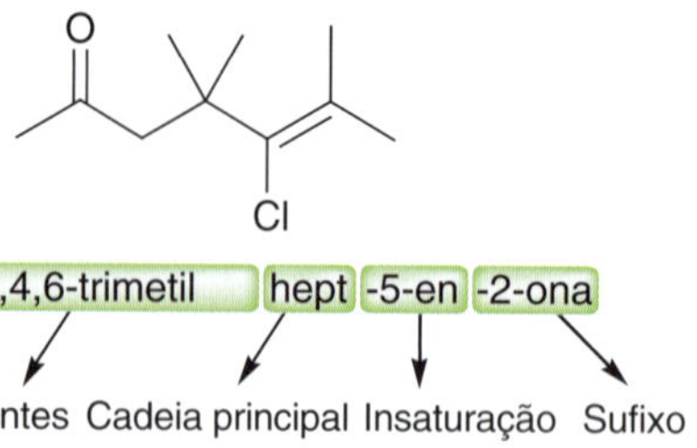

Observe que todos os substituintes aparecem antes da cadeia principal. Localizadores são utilizados para indicar as posições de todos os substituintes, bem como as posições de qualquer insaturação e a localização do grupo cujo nome é dado no sufixo. Observe também que os localizadores são separados das letras com hifens (5-cloro), mas separados entre si com uma vírgula (4,4,6). Quando vários substituintes estão presentes, eles são organizados em ordem alfabética (veja a Seção 4.2 para uma revisão das regras de alfabetização não intuitiva; por exemplo, "isopropila" é classificado pelo "i" em vez de "p", enquanto *terc*-butila é classificado por "b" em vez de "t").

As substâncias com centros de quiralidade ou ligações C═C estereoisoméricas têm que incluir estereodescritores para identificar a sua configuração. Esses estereodescritores (*R* ou *S*, *E* ou *Z*, *cis* ou *trans*) têm que ser colocados no início do nome, e constituem, portanto, uma quinta parte a considerar quando se atribui o nome de uma substância. Por exemplo, cada uma das substâncias vistas a seguir tem cinco partes no seu nome, em que a primeira parte indica configuração:

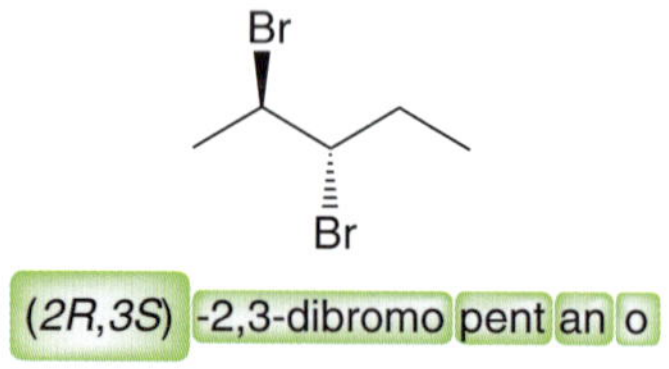

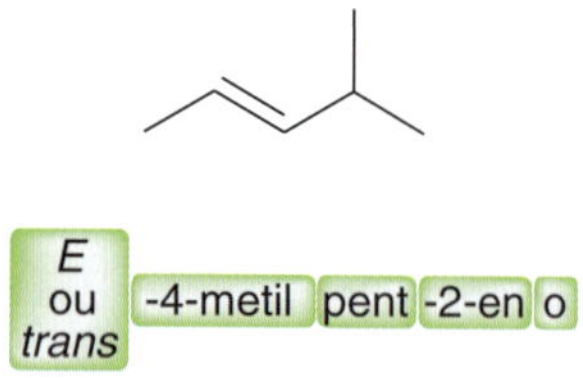

Quanto mais complexa é uma substância, mais longo será o seu nome. Mas, mesmo para nomes muito longos, que têm um parágrafo de comprimento, ainda deve ser possível separar esse nome em suas cinco partes:

estereoisomerismo | substituintes | cadeia principal | insaturação | sufixo

A Tabela A.2 contém a lista de seções em que foram introduzidas as regras para cada uma destas cinco partes.

TABELA A.2 AS SEÇÕES ANTERIORES EM QUE CADA UMA DAS CINCO PARTES DO NOME DE UMA SUBSTÂNCIA FOI INTRODUZIDA PELA PRIMEIRA VEZ

PARTE DO NOME	SEÇÕES
Estereoisomerismo	5.3, 8.4
Substituintes	4.2
Cadeia principal	4.2
Insaturação	8.3, 10.2
Sufixo	13.1, 14.2, 14.7, 14.11, 20.2, 21.2, 21.6 e 23.2

Quando uma substância contém vários grupos funcionais, temos que escolher qual grupo funcional tem a prioridade mais alta e atribuir o sufixo do nome. Os outros grupos funcionais têm que ser mostrados como substituintes. Por exemplo, considere a seguinte substância

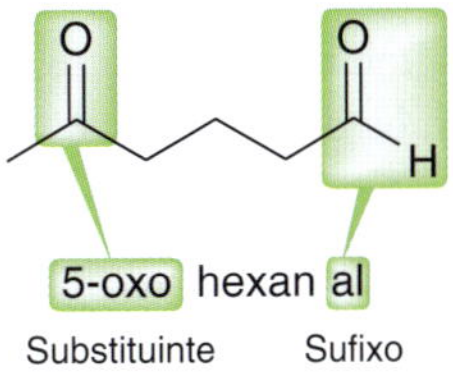

Observe que dois grupos funcionais estão presentes, mas o sufixo do nome de uma substância só pode indicar um grupo funcional. Nesse caso, o grupo aldeído recebe a prioridade (sufixo = "al"), e o grupo cetona tem que ser nomeado como um substituinte (oxo). A Tabela A.3 mostra a terminologia usada para vários grupos funcionais comumente encontrados, em ordem de prioridade, com ácidos carboxílicos tendo a maior prioridade.

TABELA A.3 NOMES DE GRUPOS FUNCIONAIS COMUNS, QUER COMO SUFIXO OU COMO SUBSTITUINTES. OS GRUPOS SÃO ORGANIZADOS EM ORDEM DE PRIORIDADE, COM OS ÁCIDOS CARBOXÍLICOS TENDO A MAIS ALTA PRIORIDADE E OS ÉTERES TENDO A MENOR PRIORIDADE

GRUPO FUNCIONAL	NOME COMO SUFIXO	NOME COMO SUBSTITUINTE
Ácidos carboxílicos*	-oico	carboxi
Ésteres	-oato	alcoxicarbonil
Haletos de ácido**	-oila	halocarbonil
Amidas	-amida	carbamoil
Nitrilas	-nitrila	ciano
Aldeídos	-al	oxo
Cetonas	-ona	oxo
Álcoois	-ol	hidroxi
Aminas	-amina	amino
Éteres	éter	alcoxi

*Os ácidos carboxílicos sempre começam pelo nome ácido.

**Nos haletos de ácidos o nome ácido é substituído por haleto.

Ao atribuir localizadores, deve ser atribuído o menor número possível ao grupo funcional no sufixo, por exemplo:

Correto

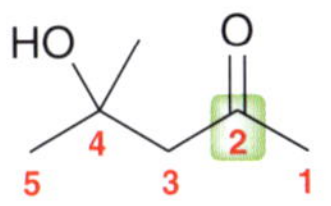

4-hidroxi-4-metilpentan-2-ona

Incorreto

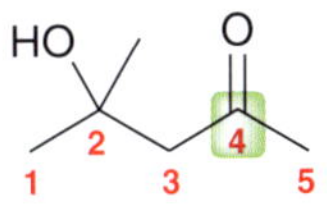

2-hidroxi-2-metilpentan-4-ona

Neste exemplo, existem dois grupos funcionais. O grupo cetona tem prioridade, de modo que o sufixo será "-ona," e o grupo OH será nomeado como um substituinte (hidroxi). Observe que o localizador para o grupo cetona é 2, em vez de 4.

Quando existe uma escolha, a cadeia principal deve incluir o grupo funcional que não recebe a prioridade, por exemplo:

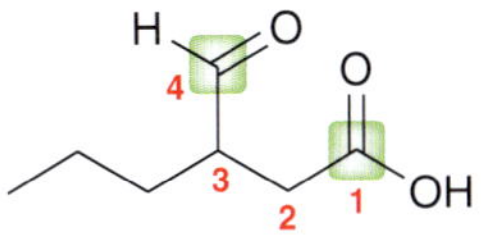

ácido 3-propil-4-oxobutanoico

Neste caso, há dois grupos funcionais — um grupo ácido carboxílico e um grupo aldeído. O primeiro tem maior prioridade para ser o sufixo, enquanto o último será indicado como um substituinte. É claro que o átomo de carbono do grupo ácido carboxílico tem que ser representado no início da cadeia principal, mas observe que o átomo de carbono do grupo aldeído também deve estar contido na cadeia principal, mesmo que isso resulte em um tamanho de cadeia menor (uma cadeia principal de quatro átomos de carbono, em vez de uma cadeia principal de seis, neste caso).

Ao atribuir localizadores em sistemas bicíclicos, tenha em mente que eles têm que começar em um átomo "cabeça" de ponte e, em seguida, continuar ao longo da ponte mais longa, seguido pela segunda ponte mais longa, e terminar com a ponte mais curta; mesmo que isso signifique que a atribuição do localizador ao sufixo será um número elevado, como pode ser visto no seguinte caso:

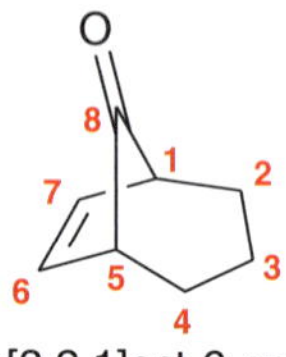

biciclo[3.2.1]oct-6-en-8-ona

Esse exemplo exibe um grupo cetona que vai comandar o sufixo. No entanto, esse grupo funcional está em C8 (o localizador mais elevado possível neste caso), porque ele está localizado sobre a ponte mais curta. Se houvesse um grupo hidroxila no C3 dessa substância, esse grupo seria nomeado como um substituinte (3-hidroxi), enquanto o grupo cetona permaneceria em C8. Essa é muitas vezes uma característica dos sistemas rígidos com sistemas de numeração definidos (como nas substâncias bicíclicas).

Créditos

Todos os capítulos Desenvolvendo a Aprendizagem: *ciclista, roda de bicicleta*: Criado por DeMarinis Designs, LLC, para John Wiley & Sons, Inc. Medicamente Falando: *comprimidos*, Norph/Shutterstock.

Capítulo 15 Abertura: *termograma de uma torrada*, Tony McConnell/Science Source, *pão e manteiga*, slobo/iStockphoto. Falando de modo prático (Fornos de Micro-Ondas): *forno de micro-ondas*, 2happy/Shutterstock; *caroço estourando*, Bill Grove/iStockphoto; *pipocas em um saco*, Joao Virissimo/Shutterstock; *caroço não estourado*, Charles B. Ming Onn/Shutterstock. Medicamente Falando (Imagem Térmica por IV para Detecção de Câncer): *casa*, Ted Kinsman/Science Source, Inc.; *tronco*, SPL/Science Source. Margem: *prato com sal*, Martyn F. Chillmaid/Science Source. Falando de modo prático (Espectroscopia de IV para Teste dos Níveis de Álcool no Sangue): *bafômetro Intoxilizer 5000*, © AP/Wide World Photos. Falando de modo prático (Espectrometria de Massa para Detecção de Explosivos): *pessoas*, © Media Bakery. Figuras 15.1, 15.2, 15.9, 15.11, 15.18 e 15.31 reimpressas com permissão de John Wiley & Sons, Inc. de Solomons, G., *Organic Chemistry, 10e.*, © 2011. Espectros nos Problemas 15.9, 15.10 e 15.12 © Dr. Richard A. Tomasi. Figura 15.21 Reimpressa com permissão de John Wiley & Sons, Inc. de Holum, J. R., *Organic Chemistry: A Brief Course*, © 1975. Espectros nos Problemas 15.24, 15.46, 15.53, 15.59, 15.60 e Figura 15.30 Reimpressos com permissão de SDBS, National Institute of Advanced Industrial Science and Technology. Título: John Wiley & Sons, Inc.

Capítulo 16 Abertura: *ímã*, Sideways Design/Shutterstock; *céu azul/nuvens*, Andresr/Shutterstock; *morango*, ranplett/iStockphoto; *morango com cabo*, Stephen Rees/iStockphoto; *rã*, Marcus Jones/iStockphoto; *avelãs*, fotosav/iStockphoto; *balão de ar quente*, Andy PiattGetty Images. Medicamente Falando (Imagem por Ressonância Magnética (IRM)): *IRM*, Chris Bjornberg/Science Source. Figuras 16.1, 16.2, 16.4, 16.5, 16.6, 16.9, 16.13, 16.14 e 16.21 Reimpressas com permissão de John Wiley & Sons, Inc. de Solomons, G., *Organic Chemistry, 10e.*, © 2011. Espectros nas páginas 731, 747, 748 e 757 e nos Problemas 16.11-16.13, 16.17, 16.23, 16.30, 16.56-16.58, 16.61, 16.62-16.64 © Dr. Richard A. Tomasi. Espectros nos Problemas 16.65, 16.66, 16.67, 16.68 e 16.69 reimpressos com permissão de John Wiley & Sons, Inc. de Field, L.D., Sternhell, S., e Kalman, J.R., *Organic Structures from Spectra*, 5e., © 2013. Título: *ímã*, Sideways Design/Shutterstock.

Capítulo 17 Abertura: *camiseta branca*, Kayros Studio Be Happy/Veer, *manchas de café*, R-studio/Shutterstock, *enchendo xícara de café*, ifong/Shutterstock. Falando de modo prático (Borrachas Sintéticas e Borrachas Naturais): *bola de elásticos*, Sam Cornwell/Shutterstock. Falando de modo prático (Alvejantes): *camiseta branca*, Kayros Studio Be Happy/Veer, *manchas de café*, R-studio/Shutterstock. Figura 17.7 Reimpressa com permissão de John Wiley & Sons, Inc. de Solomons, G., *Organic Chemistry, 10e.*, © 2011. Título: *camiseta branca*, Kayros Studio Be Happy/Veer, *manchas de café*, R-studio/Shutterstock.

Capítulo 18 Abertura: *comprimidos rosa*, franc/iStockphoto, *comprimidos brancos em embalagem blister*, topseller/Shutterstock, *embalagem blister na forma de v*, A-R-T/Shutterstock. Falando de modo prático (O que é o carvão?): *pedaços de carvão*, Roman Sigaev/Shutterstock; *carvão mineral*, Marek Kosmal/iStockphoto; *carvão vegetal/chama*, Don Nichols/iStockphoto. Medicamente Falando (O Desenvolvimento de Anti-Histamínicos Não Sedativos): *comprimidos rosa*, frenc/iStockphoto, *comprimidos brancos em embalagem blister*, topseller/Shutterstock, *embalagem blister na forma de v*, A-R-T/Shutterstock. Falando de modo prático (O que é o carvão?): *pedaços de carvão*, Roman Sigaev/Shutterstock. (O Desenvolvimento de Anti-Histamínicos Não Sedativos): Roman Sigaev/Shutterstock. Falando de modo prático (Buckybolas e Nanotubos): *modelo de esfera verde*, Fabrizio Denna/iStockphoto; arte reimpressa com permissão de Diederic, F., e de Whette, R. L. Accounts of Chemical Research, Vol. 25, p. 119-125, 1991. Copyright 1992 da American Chemical Society. Figuras 18.2-18.4 Reimpressas com permissão de John Wiley & Sons, Inc. de Solomons, G., *Organic Chemistry, 10e.*, © 2011. Figura 18.19 e espectros nos Problemas 18.59 e 18.60 © Dr. Richard A. Tomasi. Título: A-R-T/Shutterstock, Roman Sigaev/Shutterstock, franc/iStockphoto.

Capítulo 19 Abertura: *cereal*, Andy Waashnik; *esguicho azul*, Auke Holwerda/iStockphoto; *líquido azul*, Pulse/Corbis/Jupiter Images Corp.; *líquido verde*, Pulse/Corbis/Jupiter Images Corp.; *líquido amarelo*, Pulse/Corbis/Jupiter Images Corp.; *líquido vermelho*, Stuart Burford/iStockphoto; *garrafas*, John A. Meents/iStockphoto. Falando de modo prático (O que São as Cores em Vários Produtos Alimentícios): *cereal*, Andy Waashnik; *líquido azul*, Pulse/Corbis/Jupiter Images Corp.; *líquido verde*, Pulse/Corbis/Jupiter Images Corp.; *líquido amarelo*, Pulse/Corbis/Jupiter Images Corp.; *líquido vermelho*, Stuart Burford/iStockphoto; *garrafas*, John A. Meents/iStockphoto. Título: *esguicho azul*, Auke Holwerda/iStockphoto.

Capítulo 20 Abertura: *painel de exame*, © Media Bakery; *cenoura grande inteira*, Ints Vikmanis/iStockphoto; *cenoura menor*, Ints Vikmanis/Shutterstock; *talheres*, Lane V. Erickson/Shutterstock; *fatia de cenoura*, ZTS/Shutterstock. Medicamente Falando (Acetais como Profármacos): *mãos/loção*, LoaDao/Shutterstock. Falando de modo prático (O Betacaroteno e a Visão): *painel de exame*, © Media Bakery; *colher*, Lane V. Erickson/Shutterstock; *fatia de cenoura*, Ints Vikmanis/Shutterstock. Falando de modo prático (Derivados da Cianoidrina na Natureza): *minhoca*, © Media Bakery. Figuras 20.10–20.12 e espectros nos Problemas 20.81 e 20.82 © Dr. Richard A. Tomasi. Título: *painel de exame*, © Media Bakery; *cenoura*, EddWestmacott/iStockphoto.

Capítulo 21 Abertura: *termômetros*, EdwardHarkonen/iStockphoto; *aspirina*, Bruce Roiff/Shutterstock. Medicamente Falando (Como a Aspirina Funciona); *termômetros*, EdwardHarkonen/iStockphoto; *aspirina*, Bruce Roiff/Shutterstock. Falando de modo prático (Como É Feito o Sabão): *sabão*, Gabor Izso/iStockphoto. Espectros no Problema 21.80 © Dr. Richard A. Tomasi. Título: *termômetros*, Bruce Roiff/Shutterstock.

Capítulo 22 Abertura: *barra de abacaxi*, Daniel Loiselle/iStockphoto; *barras de abacaxi e de melancia*, Daniel Loiselle/iStockphoto. Falando de modo prático (Potência Muscular): *barras de abacaxi e de melancia*, Daniel Loiselle/iStockphoto. Falando de modo prático (Por que a Carne de Animais Mais Novos É Mais Macia?): *gelatina*, Lauri Patterson/iStockphoto. Título: *barras de abacaxi e de melancia*, Daniel Loiselle/iStockphoto.

Capítulo 23 Abertura: *par de pimentas vermelhas*, Doug Cannell/iStockphoto; *pimenta malagueta*, Katja Zgonc/iStockphoto; *pilha pequena de comprimidos rosa*, Bryan Sikora/Shutterstock; *pilha grande de comprimidos rosa*, Bryan Sikora/Shutterstock; *pimentão verde*, Reinhold Leitner/Shutterstock; *pimentão amarelo*, J. D. Rogers/Shutterstock. Medicamente Falando (Efeitos Colaterais Afortunados): *barco*, Carlos Arranz/iStockphoto. Medicamente Falando (Antagonistas dos Receptores H_2 e o Desenvolvimento da Cimetidina): *pimenta malagueta*, Katja Zgonc/iStockphoto; *pilha pequena de comprimidos rosa*, Bryan Sikora/Shutterstock; *pilha grande de comprimidos rosa*, Bryan Sikora/Shutterstock; *pimentão verde*, Reinhold Leitner/Shutterstock; *pimentão amarelo*, J. D. Rogers/Shutterstock. Espectros nos Problemas 23.83 e 23.84 © Dr. Richard A. Tomasi. Título: *pimenta malagueta*, Katja Zgonc/iStockphoto; *pilha pequena de comprimidos rosa*, Bryan Sikora/Shutterstock.

Capítulo 24 Abertura: *tubo*, ILYA AKINSHIN/123RF.com, *caixa de primeiros socorros*, negative productions/Shutterstock, *curativos*, Carlos Caetano/Shutterstock. Medicamente Falando (Intolerância à Lactose), *sorvete*, Donald Erickson/iStockphoto. Falando de modo prático (Adoçantes Artificiais): *adoçante*, Martin Bond/Science Source; *Equal*, Rachel Epstein/PhotoEdit; *Splenda*, KRT Photograph por Ken Lambert/Seattle Times/NewsCom. Medicamente Falando (Antibióticos Aminoglicosídeos), *tubo*, ILYA AKINSHIN/123RF.com, *curativos*, Carlos Caetano/ Shutterstock. Figura 24.11 (lado esquerdo) Reimpressa com permissão de John Wiley & Sons, Inc. de Solomons, G., *Organic Chemistry, 10e.* © 2011 (lado direito) Reimpressa com permissão de The McGraw-Hill Companies de Neal, L., *Chemistry and Biochemistry: A Comprehensive Introduction*, © 1971. Título: negative productions/Shutterstock.

Capítulo 25 Abertura: *lente de aumento*, dem10/iStockphoto; *impressões digitais*, blaneyphoto/iStockphoto; *mão*, TommL/iStockphoto. Falando de modo prático (Nutrição e Fontes de Aminoácidos): *galinha*, Ivan Kmit/iStockphoto; *bife*, Ivan Kmit/iStockphoto; *peixe*, PicturePartners/iStockphoto. Falando de modo prático (Química Forense e Detecção de Impressões Digitais): *impressões digitais*, blaneyphoto/iStockphoto; mão, TommL/iStockphoto. Medicamente Falando (Antibióticos Polipeptídicos): *curativo*, Ales Veluscek/iStockphoto; *tubo*, motorolka/Shutterstock. Medicamente Falando (Doenças Causadas por Proteínas Deformadas): *vaca*, Supertrooper/Shutterstock. Figura 25.8 Reimpressa com permissão de John Wiley & Sons, Inc. de Voet, D. e Voet, J. G., *Biochemistry*, Segunda edição. Copyright 1995 Voet, D. e Voet, J. G. Figura 25.9 Reimpressa com permissão de John Wiley & Sons, Inc. de Solomons, G., *Organic Chemistry*, 10e., © 2011. Figuras 25.10 e 25.11: Ilustração, Irving Geis. Imagem da Irving Geis Collection/Howard Hughes Medical Institute. Direitos detidos por do HHMI. Não deve ser reproduzida sem permissão. Figura 25.15 Reimpressa com permissão de John Wiley & Sons, Inc. de Pratt, C. e Cornely, K., *Essential Biochemistry, 1e.*, © 2004. Figura 25.18 Reimpressa com permissão de John Wiley & Sons, Inc. de Black, Jacquelyn G., *Microbiology*, 7e., © 2008. Figura 25.20, Mary Martin/Science Source. Título: *lente de aumento*, dem10/iStockphoto.

Capítulo 26 Abertura: *toucinho*, Craig Veltri/iStockphoto; *estetoscópio*, Mustafa Deliormanili/iStockphoto; *ovo*, Debbi Smirnoff/iStockphoto; *camarão*, Alex Staroseitsev/Shutterstock. Falando de modo prático (Sabões *versus* Detergentes Sintéticos): *bebê*, Tim Kimberley/iStockphoto. Medicamente Falando (Seletividade de Agentes Antifúngicos): *pé*, Ziga Lisjak/iStockphoto. Medicamente Falando (O Colesterol e a Doença Cardíaca): *estetoscópio*, Mustafa Deliormanili/iStockphoto; *ovo*, Debbi Smirnoff/iStockphoto. Medicamente Falando (Esteroides Anabolizantes e Esportes Competitivos): *braço*, Damir Spanic/iStockphoto. Figuras 26.5 e 26.6 Reimpressas com permissão de John Wiley & Sons, Inc. de Pratt, C. e Cornely, K., *Essential Biochemistry, 1e.*, © 2004. Título: *estetoscópio*, Mustafa Deliormanili/iStockphoto.

Capítulo 27 Abertura: *vidro*, Irina Tischenko/123.RF.com; *bala*, Vladimir Kirlenko/Shutterstock. Falando de modo prático (Vidro de Segurança e Para-Brisas de Carros): *vidro*, Irina Tischenko/123.RF.com. Título: *bala*, Vladimir Kirlenko/Shutterstock.

Glossário

A

absorbância (Seção 17.11): Na espectroscopia UV-Vis o valor de log (I_0/I), em que I_0 é a intensidade do feixe de referência, e I é a intensidade do feixe da amostra.

absortividade molar (Seção 17.11): Determina a quantidade de luz UV absorvida no $\lambda_{máx}$ de uma substância, tal como descrito pela lei de Beer.

acetal (Seção 20.5): Um grupo funcional caracterizado por dois grupos alcóxido (OR) ligados ao mesmo átomo de carbono. Os acetais podem ser utilizados como grupos de proteção para os aldeídos ou cetonas.

ácido aldárico (Seção 24.6): Um ácido dicarboxílico que é produzido quando uma aldose ou uma cetose é tratada com um agente oxidante forte, tal como o HNO_3.

ácido aldônico (Seção 24.6): O produto obtido quando o grupo aldeído de uma aldose é oxidado.

ácido fosfatídico (Seção 26.5): Um monoéster fosfórico, que é o tipo mais simples de fosfoglicerídeo.

ácido nitroso (Seção 23.10): Uma substância com a fórmula molecular HONO.

ácidos graxos (Seção 26.3): Ácidos carboxílicos de cadeia longa.

acilação de Friedel-Crafts (Seção 19.6): Uma reação de substituição eletrofílica aromática que insere um grupo acila em um anel aromático.

acoplamento (de prótons) (Seção 16.7): Um fenômeno observado mais frequentemente para prótons não equivalentes ligados a átomos de carbono adjacentes em que a multiplicidade de cada sinal é afetada pelo outro.

acoplamento azo (Seção 23.11): Uma reação de substituição eletrofílica aromática em que um sal de arildiazônio reage com um anel aromático ativado.

açúcar D (Seção 24.2): Um carboidrato em que o centro de quiralidade mais distante do grupo carbonila terá um grupo OH apontando para a direita na projeção de Fischer.

açúcar L (Seção 24.2): Um carboidrato em que o centro de quiralidade mais distante do grupo carbonila terá um grupo OH apontando para a esquerda na projeção de Fischer.

açúcar redutor (Seção 24.6): Um carboidrato que é oxidado por tratamento com o reagente de Tollens, com o reagente de Fehling ou com o reagente de Benedict.

açúcares aminados (Seção 24.9): Derivados de carboidratos em que um grupo OH foi substituído por um grupo amino.

adição 1,2 (Seção 17.4): Uma reação que envolve a adição de dois grupos a um sistema π conjugado, sendo que um grupo é inserido na posição C1 e o outro grupo é inserido na posição C2.

adição 1,4 (Seção 17.4): Uma reação envolvendo a adição de dois grupos a um sistema π conjugado em que um grupo é inserido na posição C1 e o outro grupo é inserido na posição C4.

adição aldólica dirigida (Seção 22.3): Uma técnica para a realização de uma adição aldólica cruzada que produz um produto principal.

adição conjugada (Seção 22.6): Uma reação de adição em que um nucleófilo e um próton são adicionados entre os dois extremos de um sistema π conjugado.

aduto 1,2 (Seção 17.4): O produto obtido a partir da adição 1,2 através de um sistema π conjugado.

aduto 1,4 (Seção 17.4): O produto obtido a partir da adição 1,4 através de um sistema π conjugado.

alcaloides (Seção 23.1): Aminas de ocorrência natural isoladas a partir de vegetais.

alcanamina (Seção 23.2): Uma forma de denominação de aminas primárias contendo um grupo alquila complexo.

alditol (Seção 24.6): O produto obtido quando o grupo aldeído de uma aldose é reduzido.

aldose (Seção 24.2): Um carboidrato que contém um grupo aldeído.

alfa-aminoácido (**α-aminoácido**) (Seção 25.1): Uma substância contendo um grupo ácido carboxílico (COOH) juntamente com um grupo amino (NH_2), ambos estando ligados ao mesmo átomo de carbono.

alquilação de Friedel-Crafts (Seção 19.5): Uma reação de substituição eletrofílica aromática que insere um grupo alquila em um anel aromático.

alquilaminas (Seção 23.2): Uma forma de denominação de aminas contendo grupos alquila simples.

amina (Seção 23.1): Substâncias que contêm um átomo de nitrogênio que está ligado a um, dois, ou três grupos alquila ou arila.

aminação redutiva (Seção 23.6): A conversão de uma cetona ou aldeído em uma imina em condições em que a imina é reduzida assim que é formado, produzindo uma amina.

aminoácido (Seção 25.1): Uma substância contendo um grupo ácido carboxílico (COOH) juntamente como um grupo amino (NH_2).

aminoácido L (Seção 25.2): Aminoácidos com projeções de Fischer que parecem com as projeções de Fischer de açúcares L.

amorfo (Seção 27.6): Uma região de um polímero em que as cadeias vizinhas não estão linearmente estendidas e não são paralelas umas as outras.

androgênios (Seção 26.6): Hormônios sexuais masculinos.

anel furanosídico (Seção 24.5): Uma forma hemiacetal cíclica de cinco membros de um carboidrato.

anel piranosídico (Seção 24.5): Uma forma de hemiacetal cíclico de seis membros de um carboidrato.

anelação de Robinson (Seção 22.6): A combinação de uma adição de Michael seguida por uma condensação aldólica para formar um anel.

anfótero (Seção 25.2): As substâncias que reagem tanto com ácidos quanto com bases. Os aminoácidos são anfóteros,

anisotropia diamagnética (Seção 16.5): Um efeito que faz com que diferentes regiões do espaço sejam caracterizadas por diferentes intensidades de campo magnético.

anômero alfa (α) (Seção 24.5): O hemiacetal cíclico de uma aldose em que o grupo hidroxila na posição anomérica é *trans* em relação ao grupo CH_2OH.

anômero beta (β) (Seção 24.5): O hemiacetal cíclico de uma aldose, em que o grupo hidroxila na posição anomérica é *cis* em relação ao grupo CH_2OH.

anômeros (Seção 24.5): Hemiacetais cíclicos estereoisoméricos de uma aldose ou cetose que diferem uns dos outros na sua configuração no carbono anomérico.

antiaromático (Seção 18.4): Instabilidade que surge quando um anel plano apresentando sobreposição contínua de orbitais *p* contém $4n$ elétrons π.

anulenos (Seção 18.5): Substâncias que consistem em um único anel contendo um sistema completamente conjugado. O benzeno é o [6]anuleno.

aptidão migratória (Seção 20.11): Em uma oxidação de Baeyer-Villiger, as velocidades de migração de diferentes grupos que determinam o resultado regioquímico da reação.

arilamina (Seção 23.2): Uma amina em que o átomo de nitrogênio está ligado diretamente a um anel aromático.

aromática (Seção 18.1): Uma substância contendo um anel plano apresentando sobreposição contínua de orbitais *p* com $4n + 2$ elétrons π.

atático (Seção 27.6): Um polímero em que as unidades de repetição contêm centros de quiralidade que não estão distribuídos segundo um padrão (eles têm configurações aleatórias).

ativadores fortes (Seção 19.10): Grupos que ativam fortemente um anel aromático para a substituição eletrofílica aromática, aumentando assim significativamente a velocidade da reação.

ativadores fracos (Seção 19.10): Grupos que ativam fracamente um anel aromático em relação à substituição eletrofílica aromática, aumentando assim a velocidade da reação.

ativadores moderados (Seção 19.10): Grupos que ativam moderadamente um anel aromático em direção a uma reação de substituição eletrofílica aromática.

ativar (Seção 19.7): Para um anel aromático substituído, o efeito de um substituinte doador de elétrons que aumenta a velocidade de substituição eletrofílica aromática.

autocatalítica (Seção 22.2): Uma reação em que o reagente necessário para catalisar a reação é produzido pela própria reação.

auxocromo (Seção 17.11): Ao aplicar as regras de Woodward-Fieser, os grupos ligados ao cromóforo.

B

benzino (Seção 19.14): Um intermediário de elevada energia formado durante a reação de eliminação-adição que ocorre entre clorobenzeno e NaOH (em alta temperatura) ou $NaNH_2$.

bicamada lipídica (Seção 26.5): Bicamadas lipídicas constituem o tecido principal das membranas celulares, formadas principalmente a partir de fosfoglicerídeos.

blindado (Seção 16.1): Na espectroscopia de RMN, prótons ou átomos de carbono cuja densidade eletrônica circundante é elevada.

C

campo alto (Seção 16.5): O lado direito do espectro de RMN.

campo baixo (Seção 16.5): O lado esquerdo de um espectro de RMN.

carbinolamina (Seção 20.6): Uma substância contendo um grupo hidroxila (OH) e um átomo de nitrogênio, os dois conectados ao mesmo átomo de carbono.

carboidratos (Seção 24.1): Poli-hidroxialdeídos ou poli-hidroxicetonas com fórmula molecular $C_xH_{2x}O_x$.

carbono anomérico (Seção 24.5): A posição C1 do hemiacetal cíclico de uma aldose ou a posição C2 do hemiacetal cíclico de uma cetose.

cefalinas (Seção 26.5): Fosfoglicerídeos que contêm etanolamina.

ceras (Seção 26.2): Ésteres de alta massa molecular que são formados a partir de ácidos carboxílicos e álcoois.

cetose (Seção 24.2): Um carboidrato que contém um grupo cetona.

cianoboro-hidreto de sódio (Seção 23.6): Um agente de redução seletivo ($NaBH_3CN$) que pode ser utilizado para aminação redutiva.

cianoidrina (Seção 20.10): Uma substância contendo um grupo ciano e um grupo hidroxila ligados ao mesmo átomo de carbono.

ciclização de Dieckmann (Seção 22.4): Uma condensação de Claisen intramolecular.

cicloadição [4+2] (Seção 17.7): Uma reação pericíclica, também chamada de reação de Diels-Alder, ocorre entre dois sistemas π diferentes, um dos quais está associado a quatro átomos, enquanto o outro está associado a dois átomos.

círculos de Frost (Seção 18.4): Um método simples para representar os níveis de energia relativos dos OM para um sistema de anel conjugado a partir de orbitais *p* continuamente sobrepostos.

complexo de Meisenheimer (Seção 19.13): O intermediário de uma reação de substituição nucleofílica aromática estabilizado por ressonância.

complexo sigma (Seção 19.2): O intermediário carregado positivamente de uma reação de substituição eletrofílica aromática.

comprimento de onda (Seção 15.1): A distância entre picos adjacentes de um campo magnético ou elétrico oscilante.

condensação aldólica (Seção 22.3): Uma adição aldólica seguida por desidratação produzindo uma cetona ou um aldeído α,β-insaturado.

condensação de Claisen (Seção 22.4): Uma reação de substituição acílica nucleofílica em que o nucleófilo é um éster enolato e o eletrófilo é um éster.

condensação de Claisen cruzada (Seção 22.4): Uma reação de condensação de Claisen que ocorre entre moléculas diferentes.

conjugada (Seção 15.3): Uma substância na qual duas ligações π estão separadas uma da outra por exatamente uma ligação σ.

conrotatória (Seção 17.9): Em reações eletrocíclicas, um tipo de rotação em que os orbitais usados para formar a nova ligação σ devem rodar da mesma maneira.

conservação da simetria orbital (Seção 17.8): Durante uma reação, o requerimento que as fases dos OM de fronteira têm que estar alinhadas.

constante de acoplamento (Seção 16.7): Quando ocorre o desdobramento de sinal em espectroscopia de RMN, a distância entre os picos individuais de um sinal.

controle cinético (Seção 17.5): Uma reação em que a distribuição do produto é determinada pelas velocidades relativas com que os produtos são formados.

controle termodinâmico (Seção 17.5): Uma reação para a qual a razão entre os produtos é determinada unicamente pela distribuição de energia entre os produtos.

copolímero (Seção 27.3): Um polímero que é construído a partir de mais do que uma unidade de repetição.

copolímero de blocos (Seção 27.3): Um copolímero em que as diferentes subunidades de homopolímero estão ligadas entre si em uma cadeia.

copolímero de enxerto (Seção 27.3): Um polímero que contém seções de um homopolímero que foram enxertadas em uma cadeia de outro homopolímero.

copolímeros aleatórios (Seção 27.3): Um polímero, constituído por mais de um tipo de unidade de repetição, em que existe uma distribuição aleatória de unidades de repetição.

copolímeros alternados (Seção 27.3): Um copolímero que contém uma distribuição alternada de unidades de repetição.

corantes azo (Seção 23.11): Uma classe de substâncias coloridas que são formadas por meio de acoplamento azo.

cristalito (Seção 27.6): Uma região de um polímero em que as cadeias estão linearmente estendidas e muito próximas uma da outra, resultando em forças de van der Waals que mantêm as cadeias próximas.

cromatógrafo a gás-espectrômetro de massa (CG-EM) (Seção 15.14): Um aparelho utilizado para a análise de uma mistura que contém diversas substâncias.

cromatograma (Seção 15.14): Na cromatografia em fase gasosa, uma representação gráfica que identifica o tempo de retenção de cada substância na mistura.

cromóforo (Seção 17.11): Na espectroscopia UV-Vis, a região da molécula responsável pela absorção (o sistema π conjugado).

D

decaimento de indução livre (Seção 16.2): Na espectroscopia de RMN, um sinal complexo que é uma combinação de todos os impulsos elétricos gerados por cada tipo de próton.

deformação angular (Seção 15.2): Na espectroscopia de IV, um tipo de vibração que geralmente produz um sinal na região de impressão digital de um espectro de IV.

degradação de Edman (Seção 25.5): Um método para a análise da sequência de aminoácidos de um peptídeo através da remoção de um resíduo de aminoácido de cada vez e a identificação de cada resíduo, uma vez que ele é removido.

degradação de Wohl (Seção 24.6): Um processo que envolve a remoção de um átomo de carbono de uma aldose. O grupo aldeído é convertido em primeiro lugar em uma cianidrina, seguido de perda de HCN na presença de uma base.

derivado de ácido carboxílico (Seção 21.6): Uma substância semelhante em estrutura a um ácido carboxílico (RCOOH), mas o grupo OH do ácido carboxílico foi substituído por um grupo diferente Z, em que Z é um heteroátomo tal como Cl, S, N etc. Nitrilas (R—C≡N) também são consideradas derivados de ácidos carboxílicos porque possuem o mesmo estado de oxidação que os ácidos carboxílicos.

desacoplamento de banda larga (Seção 16.11): Na espectroscopia de RMN de ^{13}C, uma técnica em que todo desdobramento ^{13}C—^{1}H é suprimido com a utilização de dois transmissores de rf.

desacoplamento fora de ressonância (Seção 16.11): Na espectroscopia de RMN, uma técnica em que são observados apenas os acoplamentos de uma ligação. Grupos CH_3 aparecem como quadrupletos, grupos CH_2 aparecem como tripletos, grupos CH aparecem como dupletos, e os átomos de carbono quaternários aparecem como singletos.

desativadores fortes (Seção 19.10): Grupos que desativam fortemente um anel aromático para a substituição eletrofílica aromática, diminuindo assim significativamente a velocidade de reação.

desativadores fracos (Seção 19.10): Grupos que desativam fracamente um anel aromático em relação a substituição eletrofílica aromática, diminuindo assim a velocidade da reação.

desativadores moderados (Seção 19.10): Grupos que desativam moderadamente um anel aromático em direção a uma reação de substituição eletrofílica aromática,

desativar (Seção 19.8): Para um anel aromático substituído, o efeito de um substituinte retirador de elétrons que diminui a velocidade de substituição eletrofílica aromática.

desblindado (Seção 16.1): Na espectroscopia de RMN, prótons ou átomos de carbono que estão envolvidos por uma densidade eletrônica menor.

descarboxilação (Seção 22.5): Uma reação que envolve a perda de CO_2, característica das substâncias contendo um grupo carbonila que é beta em relação ao grupo COOH.

desdobramento spin-spin (Seção 16.7): Um fenômeno observado mais comumente para prótons não equivalentes ligados a átomos de carbono adjacentes, em que a multiplicidade de cada sinal é afetada pelo outro.

deslocamento químico (δ) (Seção 16.5): Em um espectro de RMN, a localização de um sinal definida em relação à frequência de absorção de uma substância de referência, o tetrametilsilano (TMS).

desnaturação (Seção 25.7): Um processo no qual uma proteína se desenrola sob condições de aquecimento moderado.

dessulfurização (Seção 20.8): A conversão de um tioacetal em um alcano na presença de níquel de Raney.

dialquilcupratode lítio (Seção 21.8): Uma substância nucleofílica com a estrutura geral R_2CuLi.

diamagnetismo (Seção 16.1): O movimento circular da densidade eletrônica na presença de um campo magnético externo produzindo um campo magnético (induzido) local que se opõe ao campo magnético externo.

diastereotópico (Seção 16.4): Prótons não equivalentes para as quais o teste de substituição produz diastereômeros.

diazotização (Seção 23.10): O processo de formação de um sal de diazônio por tratamento de uma amina primária com $NaNO_2$ e HCl.

dieno (Seção 17.1): Uma substância que contém duas ligações π carbono-carbono.

dieno acumulado (Seção 17.1): Uma substância contendo duas ligações π adjacentes.

dieno conjugado (Seção 17.1): Uma substância em que duas ligações π carbono-carbono estão separadas uma da outra por exatamente uma ligação σ.

dieno isolado (Seção 17.1): Uma substância contendo duas ligações π carbono-carbono que estão separadas por duas ou mais ligações σ.

dienófilo (Seção 17.7) Uma substância que reage com um dieno em uma reação de Diels-Alder.

disrotatória (Seção 17.9): Em reações eletrocíclicas, um tipo de rotação em que os orbitais que formam uma nova ligação σ devem girar em direções opostas (um gira no sentido horário, enquanto o outro gira no sentido anti-horário).

dissacarídeo (Seção 24.7): Carboidratos constituídos por duas unidades de monossacarídeos unidos através de uma ligação glicosídica entre o carbono anomérico de um monossacarídeo e um grupo hidroxila do outro monossacarídeo.

doador de Michael (Seção 22.6): O nucleófilo em uma reação de Michael.

dupleto (Seção 16.7): Na espectroscopia de RMN, um sinal que é constituído por dois picos.

E

eicosanoides (Seção 26.7): Uma classe de lipídios que inclui os leucotrienos, prostaglandinas, tromboxanos e prostaciclinas.

elastômeros (Seção 27.7): Polímeros que retornam à sua forma original depois de serem estirados.

eletroforese (Seção 25.2): Uma técnica para separação de aminoácidos uns dos outros com base em uma diferença de valores de pI.

eliminação-adição (Seção 19.14): A reação que ocorre entre o clorobenzeno e o NaOH (em alta temperatura) ou o $NaNH_2$.

eliminação de Hofmann (Seção 23.9): Uma reação na qual um grupo amina é tratado com um excesso de iodeto de metila, convertendo-o assim em um excelente grupo de saída, seguido de tratamento com uma base forte para se obter uma reação E2 que produz um alqueno.

enamina (Seção 20.6): Uma substância contendo um átomo de nitrogênio ligado diretamente a uma ligação π carbono-carbono.

enantiotópico (Seção 16.4): Os prótons que não são intercambiáveis por simetria de rotação, mas são intercambiáveis por simetria de reflexão.

endo (Seção 17.7): Em reações de Diels-Alder que produzem estruturas bicíclicas, as posições que são *syn* com a maior ponte do sistema bicíclico.

enolato (Seção 22.1): A base conjugada estabilizada por ressonância de uma cetona, aldeído ou éster.

enzimas (Seção 25.8): Moléculas biológicas importantes que catalisam praticamente todos os processos celulares.

epímero (Seção 24.6): Diastereoisômeros que diferem um do outro na configuração de um único centro de quiralidade.

equação de Henderson-Hasselbalch (Seção 21.3): Uma equação que é frequentemente utilizada para calcular o pH de soluções tamponadas:

$$\text{pH} = \text{p}K_a + \log \frac{[\text{base conjugada}]}{[\text{ácido}]}$$

espectro de absorção (Seção 15.2): Na espectroscopia de IV, bem como na espectroscopia UV-Vis, uma representação gráfica que mede a porcentagem de transmitância ou de absorção em função da frequência.

espectro de massa (Seção 15.8): Na espectrometria de massa, uma representação gráfica que mostra a abundância relativa de cada metal que foi detetado.

espectro eletromagnético (Seção 15.1): O intervalo de todas as frequências da radiação eletromagnética, que é arbitrariamente dividido em várias regiões, mais comumente por comprimento de onda.

espectrometria de massa (Seção 15.8): O estudo da interação entre a matéria e uma fonte de energia diferente da radiação eletromagnética. A espectrometria de massa é usada principalmente para determinar a massa molecular e a fórmula molecular de uma substância.

espectrometria de massa de alta resolução (Seção15.13): Uma técnica que envolve a utilização de um detetor que pode medir os valores de *m/z* com quatro casas decimais. Esta técnica permite a determinação da fórmula molecular de uma substância desconhecida.

espectrômetro de massa (Seção 15.8): Um dispositivo no qual uma substância é inicialmente vaporizada e convertida em íons, que são então separados e detetados.

espectrômetro de onda contínua (CW) (Seção 16.2): Um espectrômetro de RMN que mantém o campo magnético constante e lentamente percorre uma gama de frequências de rf, monitorando quais frequências são absorvidas.

espectroscopia (Seção 15.1): O estudo da interação entre matéria e radiação eletromagnética.

estado excitado (Seção 17.3): Um estado que é alcançado quando uma substância absorve energia.

esterificação de Fischer (Seção 21.10): Um processo em que um ácido carboxílico é convertido em um éster quando tratado com um álcool na presença de um catalisador ácido.

esteroides (Seção 26.6): Lipídios que são baseados em um sistema de anel tetracíclico envolvendo três anéis de seis membros e um anel de cinco membros. O colesterol é um exemplo.

estiramento (Seção 15.2): Na espectroscopia de IV, um tipo de vibração que geralmente produz um sinal na região de diagnóstico de um espectro de IV.

estiramento assimétrico (Seção 15.5): Na espectroscopia de IV quando duas ligações estão sofrendo vibração de estiramento fora de fase uma com a outra.

estiramento simétrico (Seção 15.5): Na espectroscopia de IV, quando duas ligações sofrem estiramento em fase uma com a outra.

estrogênios (Seção 26.6): Hormônios sexuais femininos.

estrutura primária (Seção 25.7): Para proteínas, a sequência de resíduos de aminoácidos.

estrutura quaternária (Seção 25.7): A estrutura que surge quando uma proteína consiste em duas ou mais cadeias polipeptídicas dobradas que se agregam para formar uma proteína complexa.

estrutura secundária (Seção 25.7): As conformações tridimensionais das regiões localizadas de uma proteína, incluindo hélices e folhas β pregueadas.

estrutura terciária (Seção 25.7): A forma tridimensional de uma proteína.

excitação vibracional (Seção 15.1): Na espectroscopia de IV, a energia de um fóton é absorvida e temporariamente armazenada como energia vibracional.

exo (Seção 17.7): Em reações de Diels-Alder que produzem estruturas bicíclicas, as posições que são *anti* com a maior ponte do sistema bicíclico.

extração por solvente (Seção 23.3): Um processo pelo qual uma ou mais substâncias são retiradas de uma mistura de substâncias orgânicas com base em uma diferença de solubilidade e/ou propriedades ácido-base.

F

fibras (Seção 27.7): Fios de um polímero que são gerados quando o polímero é aquecido, forçado através de pequenos orifícios e, em seguida, resfriado.

folha pregueada beta (β) (Seção 25.7): Para as proteínas, uma característica da estrutura secundária que se forma quando duas ou mais cadeias de proteínas se alinham lado a lado.

fosfoglicerídeos (Seção 26.5): Substâncias que são muito semelhantes em estrutura aos triglicerídeos, com a principal diferença sendo que um dos três resíduos de ácidos graxos é substituído por um grupo fosfoéster.

fosfolipídios (Seção 26.5): Ésteres derivados do ácido fosfórico.

fóton (Seção 15.1): Quando a radiação eletromagnética é vista como uma partícula, um pacote individual de energia.

fragmentação (Seção 15.8): Na espectrometria de massa, quando o íon molecular se parte em fragmentos.

frequência (Seção 15.1): Para a radiação eletromagnética, o número de comprimentos de onda que passam em um determinado ponto no espaço por unidade de tempo.

G

glicosídeo (Seção 24.6): Um acetal que é obtido por tratamento da forma hemiacetal cíclica de um monossacarídeo com um álcool sob condições catalisadas por ácido.

gorduras (Seção 26.3): Triglicerídeos que são sólidos à temperatura ambiente.

grau de insaturação (Seção 15.16): A ausência de dois átomos de hidrogênio associados a um anel ou uma ligação π.

grupo acila (Seção 19.6): O termo que descreve um grupo carbonila (ligação C=O) ligado a um grupo alquila ou um grupo arila.

grupo bloqueador (Seção 19.11): Um grupo que pode ser facilmente inserido e retirado. Usado para controle regioquímico durante a síntese.

grupo fenila (Seção 18.2): Um grupo C_6H_5.

grupo metileno (Seção 16.5): Um grupo CH_2.

grupo metino (Seção 16.5): Um grupo CH.

grupo prostético (Seção 25.8): Uma unidade não proteica ligada a uma proteína, tal como o grupo heme na hemoglobina.

H

hélice alfa (α) (Seção 25.7): Para as proteínas, uma característica da estrutura secundária que se forma quando uma porção da proteína gira em uma espiral.

hemiacetal (Seção 20.5): Uma substância contendo um grupo hidroxila (OH) e um grupo alcoxi (OR) ligados ao mesmo átomo de carbono.

heterociclo (Seção 18.5): Uma substância cíclica contendo pelo menos um hereroátomo (tal como S, N ou S) no anel.

hidrato (Seção 20.5): Uma substância contendo dois grupos hidroxila (OH) ligados ao mesmo átomo de carbono.

hidrazona (Seção 20.6): Uma substância com a estrutura $R_2C{=}N{-}NH_2$.

hidrocarbonetos aromáticos policíclicos (HAP) (Seção 18.5): Substâncias que contêm múltiplos anéis aromáticos fundidos juntos.

hidrólise (Seção 20.7): Uma reação na qual as ligações são quebradas pelo tratamento com água.

homopolímero (Seção 27.3): Um polímero construído a partir de um único tipo de monômero.

homotópicos (Seção 16.4): Prótons que são intercambiáveis por simetria rotacional.

hormônios adrenocorticais (Seção 26.6): Hormônios secretados pelo córtex (a camada externa) das glândulas suprarrenais. Hormônios adrenocorticais são geralmente caracterizados por um grupo carbonila ou um grupo hidroxila no C11 da cadeia do esteroide.

I

ilídeo (Seção 20.10): Uma substância com dois átomos adjacentes tendo cargas opostas.

imidazol (Seção 23.12): Uma substância contendo um anel de cinco membros que é semelhante ao pirrol, mas tem um átomo de nitrogênio adicional na posição 3.

imina (Seção 20.6): Uma substância contendo uma ligação C=N.

índice de deficiência de hidrogênio (IDH) (Seção 15.16): Uma medida do número de graus de insaturação em uma substância.

insaturada (Seção 15.16): Uma substância contendo uma ou mais ligações π.

integração (Seção 16.6): Na espectroscopia de RMN de ^{1}H, a área sob um sinal indica o número de prótons que deram origem ao sinal.

intermediário tetraédrico (Seção 21.7): Um intermediário com geometria tetraédrica. Este tipo de intermediário é formado quando um nucleófilo ataca um grupo carbonila de um derivado de ácido carboxílico.

íon acílio (Seção 19.6): O intermediário catiônico, estabilizado por ressonância, de uma acilação de Friedel-Crafts, formado pelo tratamento de um haleto ácido com o tricloreto de alumínio.

íon arênio (Seção 19.2): O intermediário estabilizado por ressonância, carregado positivamente, de uma reação de substituição eletrofílica aromática. Também chamado de complexo sigma.

íon molecular (Seção 15.8): Na espectrometria de massa, o íon que é gerado quando a substância é ionizada.

íon nitrônio (Seção 19.4): O íon NO_2^+ que está presente em uma mistura de ácido nítrico e ácido sulfúrico.

íon nitrosônio (Seção 23.10): O íon NO^+ que é formado quando $NaNO_2$ é tratado com HCl.

íon principal (Seção 15.8): Na espectrometria de massa, o íon que é gerado quando a substância é ionizada.

ionização por eletrospray (ESI): (Seção 15.15): Na espectrometria de massa, uma técnica de ionização em que a substância é primeiro dissolvida em um solvente e, em seguida, pulverizada através de uma agulha de alta voltagem em uma câmara de vácuo. As minúsculas gotículas de solução se tornam carregadas pela agulha e a evaporação posterior forma íons moleculares em fase gasosa que geralmente carregam uma ou mais cargas.

ionização por impacto de elétron (IE) (Seção 15.8): Na epectrometria de massa, uma técnica de ionização que envolve o bombardeio de uma substância com elétrons de alta energia.

isopreno (Seção 26.8): 2-Metil-l,3-butadieno.

isotático (Seção 27.6): Um polímero em que as unidades de repetição contêm centros de quiralidade que têm a mesma configuração.

L

lábil (Seção 16.7): Os prótons que são trocados com uma velocidade rápida.

lactona (Seção 20.11): Um éster cíclico.

lambda máximo ($\lambda_{máx}$) (Seção 17.11) Na espectroscopia UV-Vis, o comprimento de onda de absorção máxima.

lecitinas (Seção 26.5): Fosfoglicerídeos que contêm colina.

lei de Beer (Seção 17.11): Na espectroscopia UV-Vis, uma equação que descreve a relação entre a absortividade molar (ε), a absorbância (A), a concentração (C) e o percurso óptico (l):

$$\varepsilon = \frac{A}{(C \times l)}$$

ligação peptídica (Seção 25.1): A ligação amida em que dois aminoácidos são unidos de modo a formar peptídeos.

lipídio (Seção 26.1): Substâncias ocorrendo naturalmente que podem ser extraídas de células utilizando-se solventes orgânicos apolares.

lipídio complexo (Seção 26.1): Um lipídio que facilmente sofre hidrólise em solução aquosa ácida ou básica produzindo fragmentos menores.

lipídios simples (Seção 26.1): Um lipídio que não sofre hidrólise em solução aquosa ácida ou básica para produzir fragmentos menores.

M

massa atômica padrão (Seção 15.13): A média ponderada para cada elemento, que leva em conta a abundância isotópica.

mecanismo E1cb (Seção 22.3): Uma reação de eliminação em que o grupo de saída sai somente depois que ocorre a desprotonação. Este processo ocorre no final de uma condensação aldólica.

meta (Seção 18.2): Em um anel aromático, a posição C3.

momento magnético (Seção 16.1): Um campo magnético gerado por um próton girando.

monossacarídeos (Seção 24.2): Açúcares simples que geralmente contêm vários centros de quiralidade.

multipleto (Seção 16.7): Na espectroscopia de RMN ^{1}H, um sinal cuja multiplicidade requer uma análise mais detalhada.

multiplicidade (Seção 16.7): Na espectroscopia de RMN de ^{1}H, o número de picos um um sinal.

mutarrotação (Seção 24.5): Um termo utilizado para descrever o fato de os anômeros α e β de carboidratos poderem atingir o equilíbrio através da forma de cadeia aberta.

N

não aromático (Seção 18.5): Uma substância que não tem um anel com um sistema contínuo de sobreposição de orbitais *p*.

***N*-glicosídeo** (Seção 24.10): O produto obtido quando um monossacarídeo é tratado com uma amina na presença de um catalisador ácido.

nitração (Seção 19.4): Uma reação de substituição eletrofílica aromática que envolve a inserção de um grupo nitro (NO_2) em um anel aromático.

***N*-nitrosamina** (Seção 23.10): Uma substância com a estrutura $R_2N{-}N{=}O$.

nucleosídeos (Seção 24.10): O produto formado quando D-ribose ou 2-desoxi-D-ribose é acoplada com certos heterociclos de nitrogênio (chamados bases).

nucleotídeos (Seção 24.10): O produto formado quando um nucleosídeo é acoplado a um grupo fosfato.

número de onda (Seção 15.2): Na espectroscopia de IV, a localização de cada um dos sinais é registrada em termos desta unidade relacionada com frequência.

O

óleos (Seção 26.3): Triglicerídeos que são líquidos à temperatura ambiente.

oligômeros (Seção 27.5): Durante o processo de polimerização, substâncias formadas a partir de apenas alguns monômeros.

orbitais de fronteira (Seção 17.3): O orbital molecular ocupado de maior energia (HOMO) e o orbital molecular desocupado de menor energia (LUMO) que participam de uma reação.

orientador *meta* (Seção 19.8): Um grupo retirador de elétrons que direciona a regioquímica de uma reação de substituição eletrofílica aromática de tal modo que o eletrófilo de entrada é inserido na posição *meta*.

orientador *orto-para* (Seção 19.7): Um grupo que direciona a regioquímica de uma reação de substituição eletrofílica aromática de tal modo que o eletrófilo de entrada é inserido na posição *orto* ou *para*.

orto (Seção 18.2): Em um anel aromático, a posição C2.

oxafosfetano (Seção 20.10): Um intermediário que se acredita ser formado durante as reações de Wittig.

oxidação de Baeyer-Villiger (Seção 20.11): Uma reação em que uma cetona é tratada com um peroxiácido e é convertida em um éster por meio da inserção de um átomo de oxigênio.

oxima (Seção 20.6): Uma substância com a estrutura $R_2C{=}N{-}OH$.

P

para (Seção 18.2): Em um anel aromático, a posição C4.

peptidases (Seção 25.5): Uma grande variedade de enzimas que hidrolisam seletivamente ligações peptídicas específicas.

peptídeo (Seção 25.1): Uma cadeia constituída por um pequeno número de resíduos de aminoácidos.

pH fisiológico (Seção 21.3): O pH do sangue (aproximadamente 7,3).

pico base (Seção 15.8): Em espectrometria de massa, o pico mais alto do espectro, ao qual é atribuído um valor relativo de 100%.

pirimidina (Seção 23.12): Uma substância que é semelhante em estrutura à piridina, mas contém um átomo de nitrogênio adicional na posição 3.

plastificantes (Seção 27.7): Moléculas pequenas que estão presas entre as cadeias poliméricas onde elas funcionam como lubrificantes, impedindo que o polímero seja quebradiço.

policarbonatos (Seção 27.4): Polímeros que são semelhantes em estrutura aos poliésteres, mas com unidades de repetição de grupos carbonato ($-O-CO_2-$) em vez de unidades de repetição de grupos éster ($-CO_2$).

polímero de condensação (Seção 27.4): Um polímero formado por meio de uma reação de condensação.

polímero linear (Seção 27.6): Um polímero que tem apenas uma quantidade mínima de ramificações ou nenhuma ramificação no total.

polímero ramificado (Seção 27.6): Um polímero que contém um grande número de ramificações ligadas à cadeia principal do polímero.

polímero reticulado (Seção 27.6): Um polímero em que as cadeias vizinhas estão ligadas entre si, por exemplo, através de ligações de dissulfeto.

polímero vivo (Seção 27.4): Um polímero que é formado por meio de polimerização aniônica.

polímeros biodegradáveis (Seção 27.8): Polímeros que podem ser quebrados por enzimas produzidas por microrganismos do solo.

polímeros de adição (Seção 27.4): Os polímeros que são formados através de adição catiônica, adição aniônica ou adição de radicais livres.

polímeros de crescimento de cadeia (Seção 27.5): Um polímero formado sob condições em que os monômeros não reajem diretamente uns com os outros, mas, em vez disso, cada monômero é adicionado à cadeia em crescimento, um de cada vez.

polímeros de crescimento por etapas (Seção 27.5): Polímeros que são formados em condições nas quais os monômeros individuais reagem uns com os outros para formar oligômeros, que são então unidos para formar polímeros.

polinucleotídeo (Seção 24.10): Um polímero formado a partir de nucleotídeos ligados um ao outro.

polissacarídeos (Seção 24.8): Polímeros formados por unidades repetidas de monossacarídeos ligados entre si por ligações glicosídicas.

poliuretanos (Seção 27.5): Polímeros formados por unidades de repetição de grupos uretano, também chamados às vezes grupos carbamato ($-N-CO_2-$).

ponte de dissulfeto (Seção 25.4): O grupo que é formado quando dois resíduos de cisteína de um polipeptídeo ou de uma proteína são ligados conjuntamente.

ponto isoelétrico (pI) (Seção 25.2): Para um aminoácido, o pH específico em que a concentração da forma zwitteriônica atinge o seu valor máximo.

posição benzílica (Seção 18.6): Um átomo de carbono que é imediatamente adjacente a um anel benzênico.

progestinas (Seção 26.6): Hormônios sexuais femininos.

prostaglandinas (Seção 26.7): Lipídios que contêm 20 átomos de carbono e são caracterizados por um anel de cinco membros, com duas cadeias laterais.

proteína de transporte (Seção 25.8): Uma proteína utilizada para o transporte de moléculas ou íons de um local para outro. A hemoglobina é um exemplo clássico de uma proteína de transporte, utilizada para o transporte de oxigênio molecular a partir dos pulmões para todos os tecidos do corpo.

proteínas (Seção 25.1): Cadeias de polipeptídeos constituídos por mais de 40 ou 50 aminoácidos.

proteínas estruturais (Seção 25.8): Proteínas fibrosas que são usadas por sua rigidez estrutural. Exemplos incluem α-queratinas encontradas no cabelo, unhas, pele, penas e lã.

proteínas fibrosas (Seção 25.8): Proteínas que consistem em cadeias lineares que são agrupadas conjuntamente.

proteínas globulares (Seção 25.8): Proteínas que consistem em cadeias que são enoveladas em formas compactas.

Q

quadrupleto (Seção 16.7): Na espectroscopia de RMN, um sinal que é constituído por quatro picos.

quimicamente equivalente (Seção 16.4): Na espectroscopia de RMN, prótons (ou átomos de carbono), que ocupam ambientes eletrônicos idênticos e produzem apenas um sinal.

quinteto (Seção 16.7): Na espectroscopia de RMN, um sinal que é constituído de cinco picos.

R

razão massa/carga (m/z) (Seção 15.8): O fator determinante através do qual íons são separados uns dos outros na espectrometria de massa.

reação aldólica cruzada (Seção 22.3): Uma reação aldólica que ocorre entre moléculas diferentes.

reação aldólica mista (Seção 22.3): Uma reação aldólica que ocorre entre diferentes espécies.

reação de adição aldólica (Seção 22.3): Uma reação que ocorre quando um aldeído ou uma cetona é atacada por um íon enolato. O produto de uma reação de adição aldólica é sempre um β-hidroxialdeído ou uma β-hidroxicetona.

reação de Hell-Volhard-Zelinski (Seção 22.2): Uma reação na qual um ácido carboxílico é submetido a halogenação alfa quando tratado com bromo na presença de PBr_3.

reação de Michael (Seção 22.6): Uma reação na qual um nucleófilo ataca um sistema *p* conjugado, resultando em uma adição 1,4.

reação de Schiemann (Seção 23.11): A conversão de um sal de arildiazônio em fluorobenzene por tratamento com ácido fluorobórico (HBF_4).

reação de Wittig (Seção 20.10): Uma reação que converte um aldeído ou uma cetona em um alqueno, com a introdução de um ou mais átomos de carbono.

reação do halofórmio (Seção 22.2): Uma reação na qual uma metilcetona é convertida em um ácido carboxílico por tratamento com um excesso de base e um excesso de halogênio, seguido de um ácido aquoso.

reação eletrocíclica (Seção 17.6): Um processo pericíclico no qual um polieno conjugado sofre ciclização. No processo, uma ligação π é convertida em uma ligação σ, enquanto todas as ligações π restantes mudam as suas localizações. A ligação σ recentemente formada une as extremidades do sistema π original, criando assim um anel.

reação fotoquímica (Seção 17.3): Uma reação que é realizada com excitação fotoquímica (normalmente luz UV).

reação retro Diels-Alder (Seção 17.7): O inverso de uma reação de Diels-Alder, realizada a uma temperatura elevada. Um derivado do ciclo-hexeno é convertido em um dieno e um dienófilo.

reação retroaldólica (Seção 22.3): O inverso de uma reação aldólica. Uma hidroxicetona ou um hidroxialdeído é convertido em duas cetonas ou dois aldeídos.

reações de cicloadição (Seção 17.6): Uma reação em que dois sistemas π estão unidos de uma maneira que forma um anel. No processo, duas ligações π são convertidas em duas ligações σ.

reações de Sandmeyer (Seção 23.11): Reações que utilizam sais de cobre (CuX) e permitem a inserção de um halogênio ou um grupo ciano em um anel aromático.

reações pericíclicas (Seção 17.6): Reações que ocorrem através de um processo concertado e não envolvem intermediários iônicos ou radicalares.

reagente de Gilman (Seção 21.8): Um dialquilcuprato de lítio (R_2CuLi).

reagente de Wittig (Seção 20.10): Um reagente utilizado para realizar uma reação de Wittig.

rearranjo de Claisen (Seção 17.10): Um rearranjo sigmatrópico [3,3] que é observado para alilviniléteres.

rearranjo de Cope (Seção 17.10): Um rearranjo sigmatrópico [3,3] em que todos os seis átomos do estado de transição cíclico são átomos de carbono.

rearranjos sigmatrópicos (Seção 17.6): Uma reação pericíclica na qual uma ligação σ é formada à custa de outra.

receptor de Michael (Seção 22.6): O eletrófilo em uma reação de Michael.

redução de Birch (Seção 18.7): A reação em que o benzeno é reduzido para dar 1,4-ciclo-hexadieno.

redução de Clemmensen (Seção 19.6): Uma reação na qual um grupo carbonila é completamente reduzido e substituído por dois átomos de hidrogênio.

redução de Wolff-Kishner (Seção 20.6): Um método para a conversão de um grupo carbonila em um grupo metileno (CH_2) sob condições básicas.

região de diagnóstico (Seção 15.3): A região de um espectro de IV que contém sinais que surgem a partir de ligações duplas, triplas e ligações X—H.

região de impressão digital (Seção 15.3): A região de um espectro de IV que contém sinais resultantes da excitação de vibração da maioria das ligações simples (estiramento e deformação angular).

regra de Hückel (Seção 18.4): A exigência de um número ímpar de pares de elétrons π para que uma substância seja aromática.

regra do nitrogênio (Seção 15.9): Na espectrometria de massa, uma massa molecular ímpar indica um número ímpar de átomos de nitrogênio na substância, enquanto uma massa molecular par indica um número par de átomos de nitrogênio ou a ausência de nitrogênio.

regra *n*+1 (Seção 16.7): Na espectroscopia de RMN, se n for o número de prótons vizinhos, então a multiplicidade será $n + 1$.

regras de Woodward-Fieser (Seção 17.11): Regras para prever o comprimento de onda de absorção máxima para uma substância com conjugação estendida.

resíduo de aminoácido (Seção 25.4): As unidades de repetição individual de uma cadeia polipeptídica ou de uma proteína.

resinas termofixas (Seção 27.7): Polímeros altamente reticulados que são, geralmente, muito rígidos e insolúveis.

ressonância magnética nuclear (RMN) (Seção 16.1): Uma forma de espectroscopia que envolve o estudo da interação entre a radiação eletromagnética e os núcleos dos átomos.

RMN com transformada de Fourier (RMN-TF) (Seção 16.2): Na espectroscopia de ressonância magnética nuclear (RMN), técnica na qual a amostra é irradiada com um pulso curto que cobre toda a faixa de frequências de RF relevantes.

RMN de ^{13}C-DEPT (Seção 16.13): Na espectroscopia de RMN de ^{13}C, uma técnica que utiliza dois emissores de radiação de rf e fornece informação sobre o número de prótons ligados a cada átomo de carbono em uma substância.

S

sal de amônio quaternário (Seção 23.5): Uma substância iônica que contém um átomo de nitrogênio carregado positivamente ligado a quatro grupos alquila.

sal de diazônio (Seção 23.10): Uma substância formada por tratamento de uma amina primária com $NaNO_2$ e HCl.

saponificação (Seção 21.11): A hidrólise de um éster catalisada por base. Este método é usado para fazer sabão.

saturada (Seção 15.16): Uma substância que não contém ligações π.

s-cis (Seção 17.2): Uma conformação de um dieno conjugado em que a disposição das duas ligações π em relação à ligação simples que as conecta é tipo *cis* (um ângulo de diedro de 0°).

simetria-permitida (Seção 17.8): Uma reação que obedece a conservação de simetria orbital.

simetria proibida (Seção 17.8): Uma reação que não obedece a conservação de simetria orbital.

simpleto (Seção 16.7): Na espectroscopia de RMN, um sinal que é constituído por um único pico.

sindiotático (Seção 27.6): Um polímero em que as unidades de repetição contêm centros de quiralidade com configuração alternada.

síntese da enamina de Stork (Seção 22.6): Uma reação de Michael em que uma enamina se comporta como um nucleófilo.

síntese de azidas (Seção 23.5): Um método para a preparação de aminas primárias que evita a formação de aminas secundárias e terciárias.

síntese de Gabriel (Seção 23.5): Um método para a preparação de aminas primárias que evita a formação de aminas secundárias e terciárias.

síntese de Kiliani-Fischer (Seção 24.6): Um processo pelo qual a cadeia de um carboidrato é aumentada por um átomo de carbono.

síntese de Merrifield (Seção 25.6): Um método para a preparação de um peptídeo a partir de blocos protegidos.

síntese de Strecker (Seção 25.3): Uma técnica de síntese para a preparação de α-aminoácidos racêmicos a partir de aldeídos.

síntese do amidomalonato (Seção 25.3): Um método de síntese que utiliza acetamidomalonato de dietila como o material de partida e permite a preparação de uma mistura racêmica de α-aminoácidos.

síntese do ester acetoacético (Seção 22.5): Um processo em três etapas que converte um haleto de alquila em uma metilcetona com a introdução de três novos átomos de carbono.

síntese do ester malônico (Seção 22.5): Uma técnica de síntese que permite a transformação de um haleto em um ácido carboxílico com a introdução de dois novos átomos de carbono.

s-trans (Seção 17.2): Uma conformação de um dieno conjugado em que a disposição das duas ligações π em relação à ligação simples que as conecta é tipo *trans* (um ângulo de diedro de 180°).

substituição eletrofílica aromática (Seção 19.1) Uma reação de substituição em que um próton aromático é substituído por um electrófilo e o grupamento aromático é preservado.

substituição nucleofílica acílica (Seção 21.7): Uma reação na qual um nucleófilo ataca um derivado de ácido carboxílico.

substituição nucleofílica aromática (Seção 19.13): Uma reação de substituição em que um anel aromático é atacado por um nucleófilo, que substitui um grupo de saída.

sulfonação (Seção 19.3): Uma reação de substituição eletrofílica aromática em que um grupo SO_3H é inserido em um anel aromático.

T

temperatura de transição de fusão (T_f) (Seção 27.6): A temperatura na qual as regiões cristalinas de um polímero se tornam amorfas.

temperatura de transição vítrea (T_v) (Seção 27.6): A temperatura em que polímeros não cristalinos tornam-se flexíveis.

tempo de retenção (Seção 15.14): O intervalo de tempo necessário para uma substância sair de um cromatógrafo a gás.

teoria dos orbitais de fronteira (Seção 17.3): A análise de uma reação usando a teoria OM, em que apenas os orbitais de fronteira (HOMO e LUMO) são considerados.

terminal C (Seção 25.4): Para uma cadeia peptídica, a extremidade que contém o grupo COOH.

terminal N (Seção 25.4): Para uma cadeia peptídica, a extremidade que contém o grupo amina.

termoplásticos (Seção 27.7): Polímeros que são rígidos à temperatura ambiente, mas flexíveis quando aquecidos.

terpenos (Seção 26.8): Uma classe diversificada de substâncias de ocorrência natural que podem ser consideradas como formadas a partir de unidades de isopreno, cada uma das quais contém cinco átomos de carbono.

teste de substituição (Seção 16.4): Um teste para determinar a relação entre os dois prótons. A substância é representada duas vezes, em cada uma das vezes substituindo-se um dos prótons por deutério. Se as duas substâncias são idênticas, os prótons são homotópicos. Se as duas substâncias são enantiômeros, os prótons são enantiotópicos. Se as duas substâncias são diastereisômeros, os prótons são diastereotópicos.

tioacetal (Seção 20.8): Uma substância que contém dois grupos SR, ambos ligados ao mesmo átomo de carbono.

triglicerídeo (Seção 26.3): Um triéster formado a partir de glicerol e três ácidos carboxílicos de cadeia longa.

tripleto (Seção 16.7): Na espectroscopia de RMN, um sinal que é constituído de três picos.

U

unidade de massa atômica (u): (Seção 15.13): Uma unidade de medida equivalente a 1 g dividido pelo número de Avogadro.

V

valor de *J* (Seção 16.7): Quando ocorre o desdobramento na espectroscopia de RMN de ^{1}H, a distância (em hertz) entre os picos individuais de um sinal.

Z

zwitteríon (Seção 25.2): Uma substância neutra líquida que apresenta separação de carga. Aminoácidos existem como zwitteríons no pH fisiológico.

Índice

Nota: Neste Índice os números de páginas seguidos de *f* e *t* indicam figuras e tabelas, respectivamente.

A

B

C

D

E

Cromosete
Gráfica e editora ltda.
Impressão e acabamento
Rua Uhland, 307
Vila Ema-Cep 03283-000
São Paulo - SP
Tel/Fax: 011 2154-1176
adm@cromosete.com.br

2016
10 1 2 3 4 5 6 7 8 9